秦琳晶
姜东梅
王晓坤 / 主编

中文版 CATIA V5R21 完全实战技术手册

清华大学出版社
北 京

内 容 简 介

本书基于 CATIA V5R21 软件的全功能模块进行全面细致的讲解。全书由浅到深、循序渐进地介绍了 CATIA V5R21 的基本操作及命令的使用，并配合大量的制作实例。

本书共分为 26 章，从 CATIA V5R21 软件的安装和启动开始，详细介绍了 CATIA V5R21 的基本操作与设置、草图绘图、草图约束与编辑、实体特征设计、特征编辑与操作、零件装配设计、工程图设计、机械运动与仿真分析、钣金件设计、机械零件设计、创成式曲线设计、创成式曲面设计、自由曲面设计、曲线与曲面优化分析、逆向工程曲面设计、曲面优化与模型渲染、关联设计、模具拆模、数控加工技术、2.5 轴铣削加工、三轴曲面铣削加 工、多轴铣削加工等内容。

本书结构严谨、内容翔实、知识全面、可读性强，设计实例实用性强、专业性强、步骤明确，是广大读者快速掌握 CATIA V5R21 中文版的自学实用指导书，也可作为大专院校计算机辅助设计课程的指导教材。

图书在版编目(CIP)数据

中文版CATIA V5R21 完全实战技术手册 / 秦琳晶，姜东梅，王晓坤主编.
—北京：清华大学出版社，2017（2024.1重印）
ISBN 978-7-302-44479-4

Ⅰ.①中… Ⅱ.①秦… ②姜… ③王… Ⅲ.①机械设计—计算机辅助设计—应用软件 Ⅳ.①TH122

中国版本图书馆CIP数据核字(2016)第171545号

责任编辑： 陈绿春
封面设计： 潘国文
责任校对： 胡伟民
责任印制： 曹婉颖

出版发行： 清华大学出版社
网　　址： https://www.tup.com.cn，https://www.wqxuetang.com
地　　址： 北京清华大学学研大厦A座　　**邮　　编：** 100084
社 总 机： 010-83470000　　**邮　　购：** 010-62786544
投稿与读者服务： 010-62776969，c-service@tup.tsinghua.edu.cn
质 量 反 馈： 010-62772015，zhiliang@tup.tsinghua.edu.cn
印 装 者： 三河市铭诚印务有限公司
经　　销： 全国新华书店
开　　本： 188mm×260mm　**印　　张：** 51.25　**字　　数：** 1520千字
版　　次： 2017年1月第1版　**印　　次：** 2024年 1月第11次印刷
定　　价： 99.00 元

产品编号：066741-01

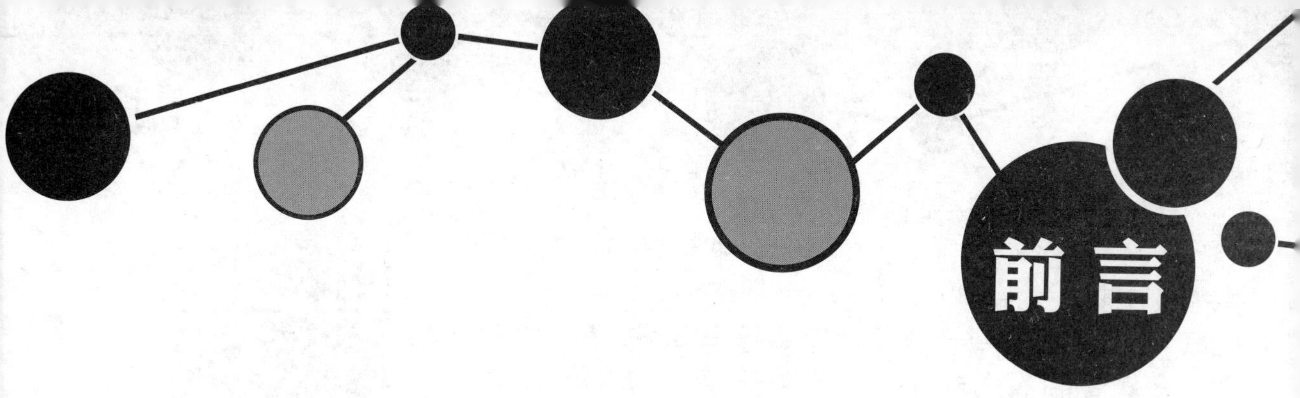

前言

CATIA软件的全称是Computer Aided Tri-Dimensional Interface Application，是法国DassaultSystem公司（达索公司）的CAD/CAE/CAM一体化软件，居世界CAD/CAE/CAM领域的领导地位。为了使软件能够易学易用，Dassault System于1994年开始重新开发全新的CATIA V5版本，新的V5版本界面更加友好，功能也日趋强大，并且开创了CAD/CAE/CAM 软件的一种全新风格，可实现产品开发过程中的全过程（包括概念设计、详细设计、工程分析、成品定义和制造乃至成品在整个生命周期中（PLM）的使用和维护），并能够实现工程人员和非工程人员之间的电子通讯。CATIA源于航空航天业，广泛应用于航空航天、汽车制造、造船、机械制造、电子\电器、消费品行业。

本书内容

全书分共26章节。章节内容安排如下：

第1~3章：主要介绍CATIA V5R21的界面、安装、基本操作与设置等内容。这些内容可以帮助用户熟练操作软件；

第4~12章：这部分所包含的章节从CATIA V5R21的草图→实体建模→零件装配→工程图制作→运动仿真→钣金设计，这样的一个循序渐进讲解过程，让读者轻松掌握CATIA V5R21强大的零件设计与装配功能；

第13~19章：这部分主要介绍了CATIA V5R21的曲线、曲面设计、逆向造型、曲面优化与渲染、关联设计等延伸知识；

第20~26章：主要是行业应用的设计与综合案例分析，包括产品造型设计、模具设计、数控加工等。

本书特色

本书突破了以往CATIA V5R21书籍的写作模式，主要针对使用CATIA V5R21的广大初、中级用户，同时本书还配备了视频教学光盘，将案例制作过程制作为多媒体进行讲解，讲解形式活泼，方便实用，便于读者学习使用。通过对本书内容的学习、理解和练习，能使读者真正具备工程设计者的水平和素质。

光盘下载

目前图书市场上，计算机图书中夹带随书光盘销售而导致光盘损坏的情况屡屡出现，有鉴于此，本书特将随书光盘制作成网盘文件。

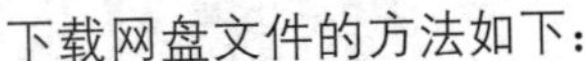

下载网盘文件的方法如下：

（1）下载并安装百度云管家客户端（如果是手机，请下载安卓版或苹果版；如果是电脑，请下载Windows版）；

（2）新用户请注册一个账号，然后登陆到百度云网盘客户端中；

（3）利用手机扫描右侧的网盘二维码，可进入光盘文件外链地址中，将光盘文件转存或者下载到自己的百度云网盘中；

（4）本书配套光盘文件在百度云网盘的下载地址：

https://pan.baidu.com/s/1ggWjlSn

（5）当手动输入百度网盘链接地址时，须注意区分字符中英文的大小写、数字与英文小写，容易引起混淆，特别提醒，上面1为数字1。

（6）若网盘链接地址实效，可扫描右侧二维码加入“设计之门-CATIA”群获取，或者加官方群159814370咨询，进群时请不要关闭弹窗公告，网盘地址就在弹窗公告中。

作者信息

本书由空军航空大学飞行器与动力系的秦琳晶、姜东梅和王晓坤老师主编，参加编写的还包括：张雨滋、黄成、孙占臣、罗凯、刘金刚、王俊新、董文洋、张学颖、鞠成伟、杨春兰、刘永玉、金大玮、陈旭、田婧、王全景、马萌、高长银、戚彬、张庆余、赵光、刘纪宝、王岩、任军、秦琳晶、李勇、李华斌、张旭、彭燕莉、李明新、杨桃、张红霞、李海洋、林晓娟、李锦、郑伟、周海涛、刘玲玲、吴涛、阮夏颖、张莹、吕英波。

感谢您选择了本书，希望我们的努力对您的工作和学习有所帮助，也希望您把对本书的意见和建议告诉我们。

官方QQ群：159814370

设计之门邮箱：Shejizhimen@163.com

编辑邮箱：chenlch@tup.tsinghua.edu.cn

作　者

2017年1月

目录

第1章 CATIA V5R21概论

第2章 踏出CATIA V5R21的第一步

第3章 踏出CATIA V5R21的第二步

第4章 草图绘图指令

第5章 草图约束与编辑指令

第6章 实体特征设计指令

第7章 特征编辑与操作指令

第8章 零件装配设计指令

第9章 工程图设计指令

第10章 机械运动与仿真分析

第11章 钣金件设计指令

第12章 机械零件设计综合案例

第13章 创成式曲线设计指令

第14章 创成式曲面设计指令

第15章 自由曲面设计

第16章 曲线与曲面优化分析

第17章 逆向工程曲面设计

第18章 曲面优化与模型渲染

第19章 关联设计

第20章 产品造型综合案例一

第21章 产品造型综合案例二

第22章 模具拆模设计

第23章 数控加工技术引导

第24章 2.5轴铣削加工

第25章 三轴曲面铣削加工要点

第26章 多轴铣削加工

第1章 CATIA V5R21概论

CATIA是法国Dassault公司于1975年起开始发展的一套完整的3D CAD/CAM/CAE一体化软件。它的内容涵盖了产品从概念设计、工业设计、三维建模、分析计算、动态模拟与仿真、工程图的生成到生产加工成产品的全过程，其中还包括了大量的电缆和管道布线、各种模具设计与分析和人机交换等实用模块。CATIA不但能够保证企业内部设计部门之间的协同设计功能，而且还可以为企业提供整个集成的设计流程和端对端的解决方案。CATIA 大量用于航空航天、汽车/摩托车行业、机械、电子、家电与3C 产业及NC 加工等各方面。

本章主要介绍CATIA V5R21的基础知识，包括软件的安装和基本界面的操作。

◎ 知识点01：了解CATIA V5R21
◎ 知识点02：学习CATIA V5R21的安装方法
◎ 知识点03：CATIA V5用户界面

1.1 了解CATIA V5R21

CATIA V5R21是法国达索公司的产品开发旗舰解决方案。作为PLM协同解决方案的一个重要组成部分，它可以帮助制造厂商设计他们未来的产品，并支持从项目前阶段、具体的设计、分析、模拟、组装到维护在内的全部工业设计流程。在航空航天、汽车及摩托车领域，CATIA一直居于统治地位。

1.1.1 CATIA的发展历程

CATIA是英文Computer Aided Tri-Dimensional Interface Application的缩写。它是世界上一种主流的CAD/CAE/CAM 一体化软件。在70年代Dassault Aviation成为了第一个用户，CATIA也应运而生。从1982年到1988年，CATIA相继发布了版本1、版本2、版本3，并于1993年发布了功能强大的版本4，现在的CATIA 软件分为V4版本和 V5版本两个系列。V4版本应用于UNIX平台，V5版本应用于UNIX和Windows 两种平台。V5版本的开发开始于1994年。为了使软件能够易学易用，Dassault System 于1994年开始重新开发全新的CATIA V5版本，新的V5版本界面更加友好，功能也日趋强大，并且开创了CAD/CAE/CAM 软件的一种全新风格。

法国 Dassault Aviation 是世界著名的航空航天企业。其产品以幻影2000和阵风战斗机最为著名。CATIA的产品开发商Dassault System成立于1981年。而如今其在CAD/CAE/CAM 以及PDM 领域内的领导地位，已得到全球的认可。其销售利润从最开始的一百万美元增长到现在的近二十亿美元。雇员人数由20人发展到2000多人。CATIA是法国Dassault System公司开发的CAD/CAE/CAM一体化软件，居世界CAD/CAE/CAM领域的领导地位，广泛应用于航空航天、汽车制造、造船、机械制造、电子\电器、消费品行业，它的集成解决方案覆盖所有的产品设计与制造领域，其特有的DMU电子样机模块功能及混合建模技术更是推动着企业竞争力和生产力的提高。CATIA 提供方便的解决方案，迎合所有工业领域的大、中、小型企业需要。包括：从大型的波音747飞机、火箭发动机到化妆品的包装盒，几乎涵盖了所有的制造业产品。在世界上有超过13,000的用户选择了CATIA。CATIA 源于航空航天业，但其强大的功能已得到各行业的认可，已成为欧洲汽车业的标准。CATIA 的著名用户包括波音、克莱斯勒、宝马、奔驰等一大批知名企业。其用户群体在世界制造业中具有举足轻重的地位。波音飞机公司使用CATIA完成了整个波音777的电子装配，创造了业界的一个奇迹，从而也确定了CATIA 在CAD/CAE/CAM 行业内的领先地位。

CATIA V5版本是IBM和达索系统公司长期以来在为数字化企业服务过程中不断探索的结晶。围绕数字化产品和电子商务集成概念进行系统结构设计的CATIA V5版本，可为数字化企业建立一个针对产品整个开发过程的工作环境。在这个环境中，可以对产品开发过程的各个方面进行仿真，并能够实现工程人员和非工程人员之间的电子通信。产品整个开发过程包括概念设计、详细设计、工程分析、成品定义和制造乃至成品在整个生命周期中的使用和维护。

1.1.2 CATIA的功能概览

CATIA V5是在一个企业中实现人员、工具、方法和资源真正集成的基础。其特有的“产品/流程/资源（PPR）”模型和工作空间提供了真正的协同环境，可以激发员工的创造性、共享和交流3D 产品信息以及以流程为中心的设计流程信息。CATIA 内含的知识捕捉和重用功能既能实现最佳的协同设计经验，又能释放终端用户的创新能力。除了CATIA V5的140多个产品，CATIA V5 开放的应用架构也允许越来越多的第三方供应商提供针对特殊需求的应用模块。

根据不同产品或过程的复杂程度或技术需求的不同，针对这些特定任务或过程需求的功能层次也有所不同。为了实现这一目标，并能以最低成本实施，CATIA V5的产品按以下三个层次进行组织。

CATIA V5 P1平台是一个低价位的3D PLM解决方案，并具有能随企业未来的业务增长进行扩充的能力。CATIA P1解决方案中的产品关联设计工程、产品知识重用、端到端的关联性、产品的验证以及协同设计变更管理等功能，特别适合中小型企业使用。

CATIA V5 P2平台通过知识集成、流程加速器以及客户化工具可实现设计到制造的自动化，并进一步对PLM流程优化。CATIA P2解决方案的应用包具有创成式产品工程能力。“针对目标的设计（design-to-target）”的优化技术可让用户轻松地捕捉并重用知识，同时也能激发更多的协同创新。

CATIA V5 P3平台使用专用性解决方案，提高特殊复杂流程的效率。这些独有的和高度专业化的应用将产品和流程的专业知识集成起来，支持专家系统和产品创新。

由于P1、P2和P3应用平台都是在相同的数据模型中操作，并使用相同的设计方法，所以CATIA V5具备高度的可扩展性，扩展型企业可随业务需要以较低成本进行扩充。多平台具有相同的用户界面，不但可以将培训成本降到最低，还可以大幅度提高工作效率。系统扩展了按需配置功能，用户可将P2产品安装在P1配置。

1. 基础功能

（1）CATIA交互式工程绘图产品

满足二维设计和工程绘图的需求：交互式工程绘图产品1是新一代的CATIA产品，可以满足二维设计和工程绘图的需求。本产品提供了高效、直观和交互的工程绘图系统。通过集成2D交互式绘图功能和高效的工程图修饰和标注环境，交互式工程绘图产品也丰富了创成式工程绘图产品。

（2）CATIA零件设计产品

在高效和直观的环境下设计零件：CATIA-零件设计产品(PD1)是P1产品，提供用于零件设计的混合造型方法。广泛使用的关联特征和灵活的布尔运算方法相结合，该产品提供的高效和直观的解决方案允许设计者使用多种设计方法。

（3）CATIA装配设计产品

CATIA装配设计产品(AS1)是高效管理装配的CATIA P1平台产品，它提供了在装配环境下可由用户控制关联关系的设计能力，通过使用自顶向下和自底向上的方法管理装配层次，可真正实现装配设计和单个零件设计之间的并行工程。装配设计产品 1通过使用鼠标动作或图形化的命令建立机械设计约束，可以方便直观地将零件放置到指定位置。

（4）实时渲染产品

利用材质的技术规范，生成模型的逼真渲染图：实时渲染产品(RT1)可以通过利用材质的技术规范来生成模型的逼真渲染显示。纹理可以通过草图创建，也可以由导入的数字图像或选择库中的图案来修改。材质库和零件的指定材质之间具有关联性，可以通过规范驱动方法或直接选择来指定材质。实时显示算法可以快速地将模型转化为逼真渲染图。

（5）CATIA线架和曲面产品

创建上下关联的线架结构元素和基本曲面：CATIA线架和曲面产品（WS1）可在设计过程的初步阶段创建线架模型的结构元素。通过使用线架特征和基本的曲面特征可丰富现有的3D机械零件设计。它所采用的基于特征的设计方法提供了高效直观的设计环境，可实现对设计方法与规范的捕捉与重用。

（6）CATIA创成式零件结构分析产品

此产品可以对零件进行明晰的、自动的结构分析，并将模拟仿真和设计规范集成在一起：CATIA创成式零件结构分析产品（GP1）允许设计者对零件进行快速的、准确的应力分析和变形分析。此产品所具有的明晰的、自动的模拟和分析功能，使得在设计的初级阶段，就可以对零部件进行反复多次的设计和分析计算，从而达到改进和加强零件性能的目的。通过为许多专业化的分析工具提供统一的界面，此产品也可以在设计过程中完成简短的分析循环。又因为和几何建模工具的无缝的集成而具有完美和统一的用户界面，CATIA创成式零件结构分析产品（GP1）为产品设计人员和分析工程师提供了一种简便的应用和分析环境。

（7）CATIA自由风格曲面造型产品

帮助设计者创建风格造型和曲面：CATIA-自由风格曲面造型产品（FS1)是一个P1产品，

提供使用方便的基于曲面的工具，用以创建符合审美要求的外形。通过草图或数字化的数据，设计人员可以高效创建任意的3D曲线和曲面，通过实时交互更改功能，可以在保证连续性规范的同时调整设计，使之符合审美要求和质量要求。为保证质量，提供了大量的曲线和曲面诊断工具进行实时质量检查。该产品也提供了曲面修改的关联性，曲面的修改会传送到所有相关的拓扑上，如曲线和裁剪区域。CATIA自由风格曲面造型产品1（FS1）可以与CATIA V4的数据进行交互操作。

2. 专业特殊功能

（1）CATIA钣金设计产品

在直观和高效的环境下设计钣金零件：CATIA钣金设计产品是专用于钣金零件设计的新一代CATIA产品。其基于特征的造型方法提供了高效和直观的设计环境。允许在零件的折弯表示和展开表示之间实现并行工程。CATIA钣金设计产品可以与当前和将来的CATIA V5应用模块（如零件设计、装配设计和工程图生成模块等）结合使用。由于钣金设计可能从草图或已有实体模型开始，因此强化了供应商和承包商之间的信息交流。CATIA钣金设计产品和所有CATIA V5的应用模块一样，提供了同样简便的使用方法和界面。大幅度地减少了培训时间并释放了设计者的创造性。既可以运行在NT平台，又可以以同一界面运行在跨NT和UNIX平台的混合网络环境中。

（2）CATIA 焊接设计产品

在直观高效的环境中进行焊接装配设计：CATIA焊接设计产品（WD1）是有关焊接装配的应用产品。该应用产品为用户提供了八种类型的焊接方法，用于创建焊接、零件准备和相关的标注。该产品为机械和加工工业提供了先进的焊接工艺。在3D数字样机中实现焊接，可使设计者对数字化预装配、质量惯性、空间预留和工程图标注等进行管理。

（3）CATIA 钣金加工产品

满足钣金零件的加工准备需求：CATIA钣金加工产品（SH1）是新一代的CATIA产品，用于满足钣金零件加工的准备工作需求。与钣金设计产品（SMD）结合，提供了覆盖钣金零件从设计到制造的整个流程的解决方案。CATIA钣金加工产品（SH1）可以将零件的3D折弯模型转化为展开的可制造模型，加强了OEM和制造承包商之间的信息交流。另外，该产品还包括钣金零件可制造性的检查工具，并拥有与其他外部钣金加工软件的接口。因而，CATIA钣金加工产品（SH1）特别适合于工艺设计部门和钣金制造承包商。

（4）CATIA阴阳模设计产品

可进行模具阴阳模的关联性定义，评估零件的可成型性、加工可行性和阴阳模板的详细设计：CATIA阴阳模设计产品（CCV）使用户快速和经济地设计模具生产和加工中用到的阴模和阳模。这个产品提供了快速分模工具，可将曲面或实体零件分割为带滑块和活络模芯的阴阳模。CATIA阴模与阳模设计产品（CCV）是一个卓越的产品，它的技术标准（是否可用模具成型）可以决定零件是否可以被加工。该产品也允许用户在阴阳模曲面上填补技术孔、识别分模线和生成分模曲面。

（5）CATIA航空钣金设计产品

针对航空业的钣金零件设计：CATIA航空钣金设计产品是专门用于设计航空业钣金零件的一个产品，用来定义航空业液压成型或冲压成型的钣金零件。它能捕捉企业有关方面的知识，包括设计和制造的约束信息。本产品以特征造型技术为基础，使用为航空钣金件预定义的一系列特征进行设计。基于规范驱动和创成式方法，本产品可以方便地描述典型的液压成型航空零件，同时创建零件的三维和展开模型。这些零件在基本造型工具中设计需要数小时或数天，使用本产品设计可能几分钟就能取得同样的结果。

（6）CATIA汽车A级曲面造型产品

使用创造性的曲面造型技术（如真实造型、自由关联和对设计意图的捕获等技术）创建具有美感和符合人机工程要求的形状，提高A级曲面造型的模型质量：CATIA汽车A级曲面造型产品使用真实造型、自由关联和捕获设计意图等多种创造性的曲面造型技术创建具有美感和符合人机工程学要求的曲面形状，提高A级曲面造型的模型质量。因此大大提高了A级曲面设计流程的生产率并在总开发流程中达到更高层次的集成。

（7）CATIA汽车白车身接合产品

在汽车装配环境中进行白车身零部件的

接合设计：CATIA-汽车白车身接合产品是实现汽车白车身接合设计的CATIA新一代产品。它支持焊接技术、铆接技术以及胶粘、密封等。汽车白车身接合产品为用户提供直观的工具来创建和管理像焊点一样的接合位置。在需要的情况下，用户能够将3D点的形状定义转换为3D半球形状规范。除了设置接合外，还可从应用中发布报告，以列出下述内容：接合位置坐标和每一个接合位置的连接件属性（接合厚度和翻边材料、翻边标准、连接件叠放顺序等）。当零件的设计（改变翻边的形状、翻边厚度或材料属性）或装配件结构（移动连接件、替换连接件）发生改变时，CATIA V5的创成式特征基础结构支持接合特征位置的关联更新。

3. 开发和增值服务功能

（1）CATIA 对象管理器

提供一个开放的可扩展的产品协同开发平台，采用了非常先进的技术，而且是对工业标准开放的：新一代的CATIA V5解决方案建立在一个全新的可扩展的体系结构之上，将CATIA现有的技术优势与新一代技术标准紧密地结合了起来。它提供一个单独的系统让用户可以在Windows NT环境或UNIX环境中使用，而且可扩展的环境使其可以满足数字化企业各方面的需求，从数字化样机到数字化加工 、数字化操作、数字化厂房设计等。V5系统结构提供了一个可扩展的环境，用户可以选择最合适的解决方案包，可以根据使用对象或项目的复杂性及其相应的功能需求定制特殊的CAD产品配置。三个可选平台分别是CATIA P1、CATIA P2 和CATIA P3。

（2）CATIA CADAM 接口产品

共享 CADAM 和 CATIA V5 之间的工程绘图信息：CATIA CADAM 接口产品(CC1)提供给用户一个集成的工具来共享CADAM工程图(CCD) 和 CATIA V5工程图之间的信息。这个集成的工具使得CCD用户可以平稳地把CATIA V5产品包很容易地集成到他们的环境当中，而同时可以继续维持他们目前的经验和使用CCD产品的工作流程。

（3）CATIA IGES 接口产品

帮助用户使用中性格式在不同CAD/CAM系统之间交换数据：CATIA-IGES 接口是一种P1产品，可以转换符合IGES格式的数据，从而有助于用户在不同的CAD/CAM环境中进行工作。为了实现几何信息的再利用，用户可以读取/输入一个IGES文件，以生成3D零件或2D工程图中的基准特征 (线框、曲面和裁剪的曲面)，同时可以写入/输出3D零件或2D工程图的IGES文件。使用与Windows 界面一致的File open和File Save As方式存取IGES文件，并使用直接和自动的存取方式，用户可在不同的系统中执行可靠的双向2D和3D数据转换。

（4）CATIA STEP 核心接口产品

可以交互式读写STEP AP214 和 STEP AP203格式的数据：CATIA STEP 核心接口产品(ST1) 允许用户通过交互的方式读取或写入STEP AP214 和 STEP AP203格式的数据。为了方便数据的读写操作， CATIA V5对所有支持的格式提供了相似的用户界面，采用Windows标准用户界面操作方式（例如 File > Open, File > Save as），并能对STEP文件类型自动识别。

（5）DMU运动机构模拟产品

可定义、模拟和分析各种规模的电子样机的机构运动：电子样机运动机构模拟产品(KIN)使用多个种类的运动副来定义各种规模的电子样机的机构，或者从机械装配约束中自动生成。电子样机运动机构模拟产品也可以通过基于鼠标的操作很容易地模拟机械运动，用来验证结构的有效性。电子样机运动机构模拟产品(KIN)可以通过检查干涉和计算最小距离分析机构的运动。为了进一步的设计，它可生成移动零件的轨迹和扫掠过的包络体积。最后，它可以通过和其他的DMU产品集成来共同应用。针对从机构设计到机构的功能校验，电子样机运动机构模拟产品2(KIN)适合各个行业。

（6）CATIA创成式零件结构分析产品

可对零件进行明晰的、自动的结构应力分析和振动分析，同时也集成了模拟仿真功能以及自动跟踪设计更改的规范：CATIA创成式零件结构分析产品（GPS）拥有先进的前处理、求解和后处理的能力。它可以使用户很好地完成机械部件性能评估中所要求的应力分析和振动分析，其中也包括接触分析。对于实体部件、曲面部件和线框结构部件都可以在此产品中实现结构分析。在一个非常直观的环境中，用户可以对零件进行明晰的、自动的应力分析

（包括接触应力分析）和模态频率分析。这个环境也可以完成对模型部件的交互式定义。CATIA创成式零件结构分析产品（GPS）自适应技术支持应力计算时的局部细化。此产品对于计算结果也提供先进的分析功能，例如动态的剖面。作为分析运算的核心模块，CATIA创成式零件结构分析产品（GPS）是一个平台，它集成了一系列的更高级的可定制的专业级的分析求解工具。此外该产品也与知识工程产品相集成。

（7）CATIA V5 快速曲面重建产品

通过CATIA 数字化外形编辑产品（DSE）导入数字化数据，快速方便地重建曲面：CATIA 快速曲面重建产品（QSR）可以根据数字化数据，方便快速地重建曲面，而这些数字化数据是经过数字化外形编辑产品 2剔除了坏点和网格划分后的数据。快速曲面重建产品提供若干方法重构曲面，这些方法取决于外形的类型：自由曲面拟合、机械外形识别（平面，圆柱，球体，锥体）和原始曲面延伸等。QSR有用于分析曲率和等斜率特性的工具，使用户可以方便地在有关的曲面区域中创建多边形线段。快速曲面重建产品2还包含它自己的质量检查工具。

（8）数字化外形编辑产品

CATIA 数字化外形编辑产品（DSE）用于解决数字化数据导入、坏点剔除、匀化、横截面、特征线、外形和带实时诊断的质量检查等问题。该产品用于逆向工程周期的开始阶段，在数字测量机测量之后，在CATIA V5的其他产品进行机械设计、自由风格曲面设计、加工等过程之前。通过联合使用云图点和CAD模型，这个检查过程可以用该产品直接处理。

（9）照片工作室产品

通过使用光线追踪引擎产生高品质、逼真的数字化样机的图像与动画：照片工作室产品（PHS）通过使用强大的光线追踪引擎产生高品质、逼真的数字化样机的图像与动画。这一引擎通过计算柔和的阴影和精确的光线折射和反射，极大地改善了图像的逼真程度。PHS用来管理可重用的场景设置和产生强大的动画功能。通过给出一个模型的仿真外观，它可以用来确认产品的最终设计。照片工作室产品因此能够给那些想在他们的客户环境下展现他们产品的公司以竞争优势。

（10）CATIA 自由风格曲面优化产品

扩展CATIA 自由风格曲面造型产品（FSS）的外形和曲面功能，针对复杂多曲面外形的变形设计：CATIA 自由风格曲面优化产品（FSO）扩展了CATIA 自由风格曲面造型产品（FSS）的外形和曲面造型功能，主要针对复杂的多曲面外形的变形设计。设计者可以像处理一个曲面片一样对多曲面进行整体更改，而同时保持每个曲面先前规定的设计品质。系统能够使一个设计和其他的几何（比如一个物理样机的扫描形状）匹配。为检验曲面的设计质量，用户可以实施一个虚拟展室，通过计算出的反射光线对曲面进行检查。

1.1.3 CATIA V5R21的新增功能

2010年3月，达索终于发布确切消息：一如既往的坚持V5版本，继续在所有领域与产业里向客户提供生产支持并提高产品质量，并推出了CATIA V5R21 SP0及SP1升级补丁，众多优秀功能让我们感到惊喜，感到现代3D技术革命的速度。

全新CATIA V5R21 提供的产品组合有：Mechanical Design / Shape Design and Styling / Product Synthesis / Equipment and Systems Engineering / Analysis / Machining / Infrastructure / CAA-RADE / Web-Based Learning Solutions等。

CATIA V5R21与以往的CATIA相比，增加了许多新的功能：

- ★ ICEM Shape Design (ISD) 提供CATIA整合的解决方案以满足汽车A级曲面设计要求。ISD R21现在成为了CATIA 部署中的完整的一部分，在A级建模领域拓展其高级、强大的自由形式曲面创建、修正和分析功能。
- ★ Extended STEP Interface ：CATIA V5R21 是首个在标准的STEP格式里支持复合材料数据的解决方案。CATIA扩展的STEP界面具备完全验证特性和嵌入式装配，能够促进长期归档。由于具备嵌入式装配支持，使采用STEP管理超大型装配结构成为可能。这个特征对于航空和汽车工业有重大意义。

★ Imagine & Shape：想象与造型中强大的新特征Subdivision Net Surfaces让用户能够把基于曲线的方案和细分曲面泥塑建模相结合。这个特征能够帮助提高设计品质，并更大地发挥设计师的创造力。它特别适用于运输工业和产品设计工业中的风格设计中心或设计部门，如汽车、航空航天、游艇、高科技电子、消费品、包装等产业以及生命科学产业中的医疗设备设计。

★ Mechanical Part Design：Functional Modeling Part（功能性建模零件）产品得到增强，它面向的是动力系统客户的设计流程，也支持复杂零件的设计。功能性建模技术令用户设计油底壳、变速箱或发动机托架的速度提高了40%。Fillet 功能也得到增强以确保牢固性，Wall Thickness Analysis（墙壁厚度分析）工具也得到增强以确保更高的设计品质和可制造性。所有这些增强都特别有益于优化动力系统。

★ CATIA 2D Layout for 3D Design：把2D图中的线条转换出3D型的特征令用户能够沿着多种层面切割一个零件。这样，他们就可以马上对多种内部特征进行可视化，如孔或洞，只需一个视图就能够更好地理解几何体及其所有备注。复杂视图的这种立刻显示不再需要计算，能够帮助用户提高工作效率。这个模块对于所有工业都具价值。

★ 3D Insight：产品的开发遵守FAA美国航空管理局的认证规定，要求同一个模型，同一个修正者，一个机械设计工程师，贯穿整个开发、部署、制造和管理生命周期。这个功能规范了航空工业。

★ Flex Simulation, Harness Installation and Harness Flattening：Flex仿真、线束安装、线束展平功能，人机工效学的恰当应用，会使用户生产效率得到提高，设备清单中的电气线束分析以及过滤和分拣功能得到增强，更加符合人机工效学原理。此外，电气线束展平中线束段的知识参数能够同步化。这些功能的增强对于促进航空航天和汽车工业的发展尤其有意义。

★ 材料去除仿真和高级精加工：能够缩短编程和加工时间。这样，企业不仅节约了时间也节约了资金。材料去除仿真特征通过帮助用户使用彩色编码更好地理解IPM（在制品毛坯模型），缩短编程时间。而高级精加工特征则通过提供一个只需操作一次的精加工路线并把纵向和横向区域都纳入战略考量的办法来缩短加工时间。这些特征增强了所有产业的加工工艺流程。

★ SIMULIA Rule Based Meshing：（基于SIMULIA规则的网格划分）能够实现高品质曲面网格划分创建流程自动化，适用于所有使用CATIA网格划分工具的工作流。新产品向用户提供一种方法，能够全面地详细说明实体需要进行的网格划分处理，例如孔、圆角和带孔的珠。它还向用户提供详细说明可接受的元素品质标准，如最小的刀口长、长宽比和斜度。一旦网格划分规则完整套件被详细制定出来，就不再另外需要用户介入，因为实际的网格生成是完全自动的。

1.2 学习CATIA V5R21的安装方法

CATIA V5R21使用之前要进行设置，安装相应的插件，安装过程比较简单，可以轻松完成。

安装CATIA V5R21版本，需要在windows系统下进行安装，安装前要确认系统是否安装如下软件。

★ 确保安装Microsoft .NET Framework 3.0（或者更高版本）；

★ 确保安装Java v5（或者更高版本）。

安装过程中如果遇到杀毒软件阻止，应放过或者允许；有Windows警报，应解除阻止。

动手操作——安装步骤

01 系统弹出CATIA V5R21的安装欢迎窗口，如图1-1所示。

02 单击【下一步】按钮，提示输入软件的安装位置，如图1-2所示，在【目标文件夹】填写或者单击【浏览】按钮进行选择。单击【下一步】按钮，如果目录没有【B20】文件夹，会弹出【确认创建目录】对话框，如图1-3所示，单击【是】按钮。

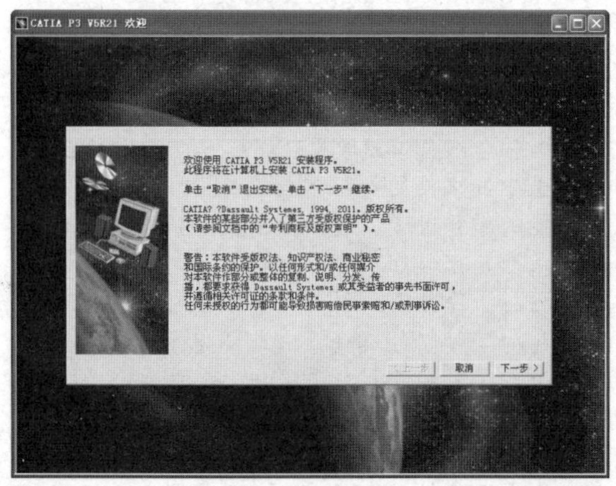

图1-1　CATIA安装界面

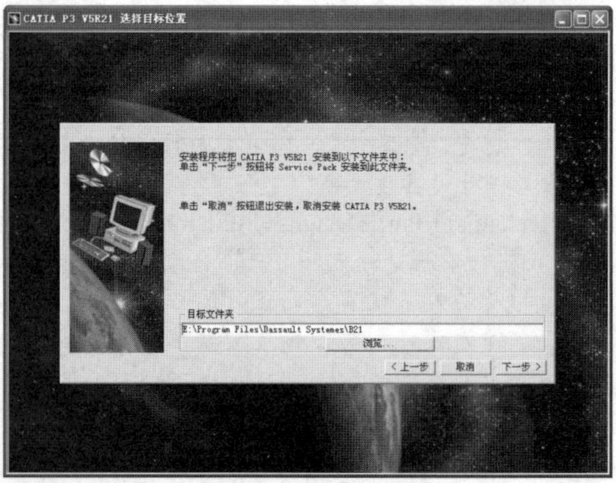

图1-2　选择目标位置

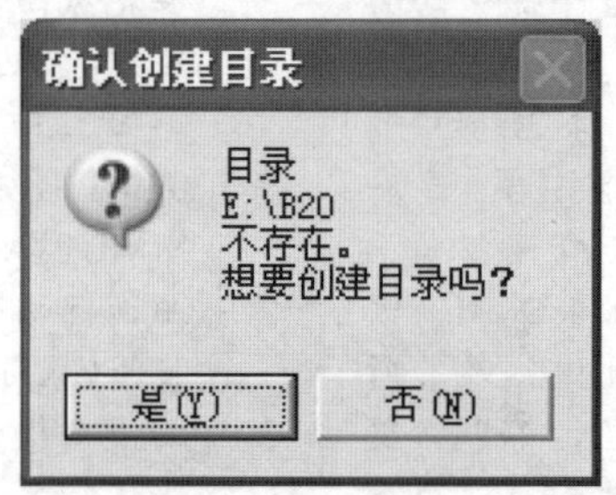

图1-3　【确认创建目录】对话框

03 在安装界面输入存储位置到【环境目录】，如图1-4所示，或者单击【浏览】按钮进行选择，单击【下一步】按钮。

04 接着选择【安装类型】，一般情况下我们选择【完全安装】，如果有特殊需要可以选择【自定义安装】，如图1-5所示。

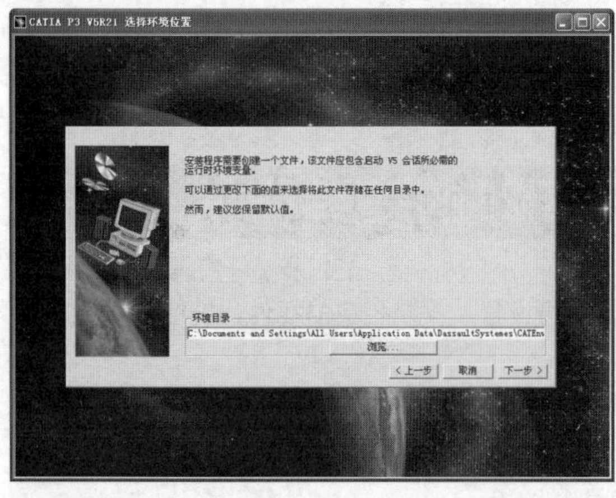

图1-4　选择环境位置

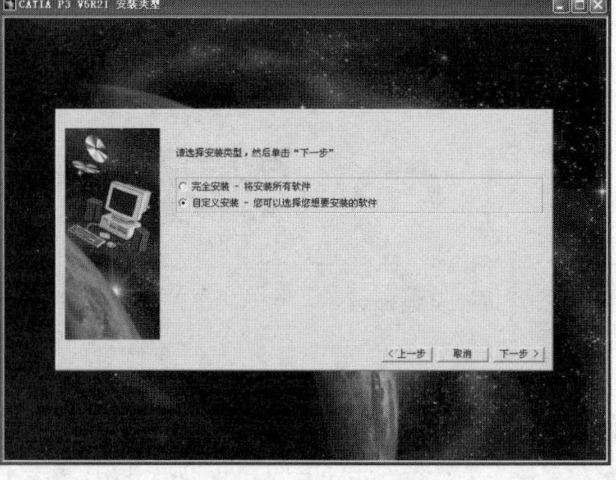

图1-5　安装类型

提示

如果用户要完全安装CATIA所有产品，请选择【完全安装】，如果只安装部分产品，那么就选择【自定义安装】。

05 单击【下一步】按钮，选择需要自定义安装的软件配置，如图1-6所示。

06 单击【下一步】按钮，选择额外产品，如图1-7所示。

图1-6 选择软件

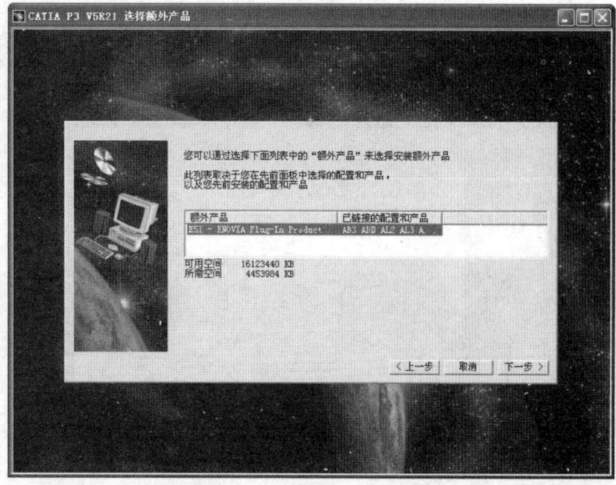

图1-7 选择额外产品

07 单击【下一步】按钮，选择Orbix配置，如图1-8所示。

08 单击【下一步】按钮，选择服务器超时配置，如图1-9所示。

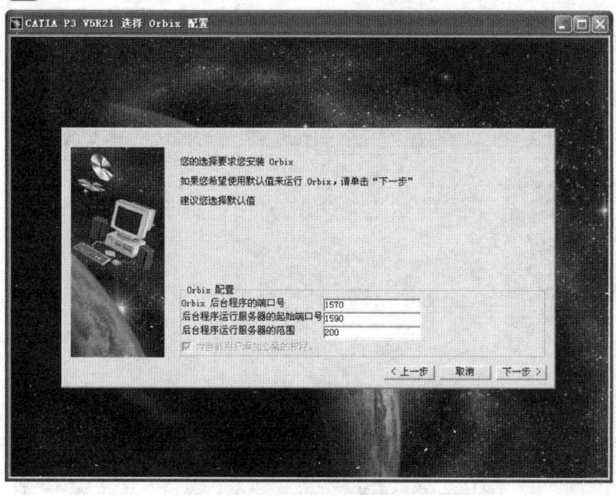

图1-8 选择Orbix配置

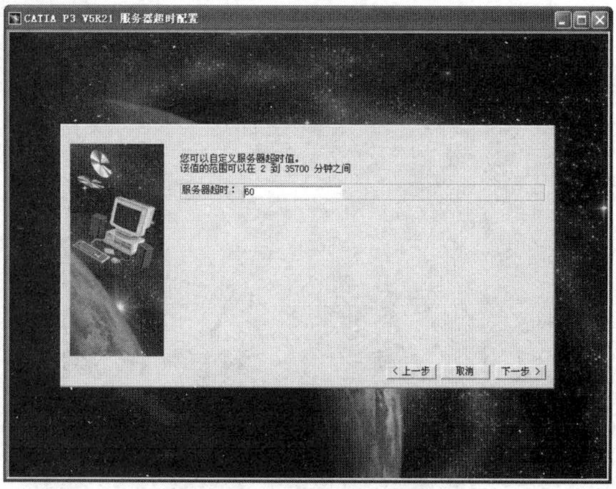

图1-9 服务器超时配置

09 单击【下一步】按钮，选择是否安装电子仓客户机，如图1-10所示。

10 单击【下一步】按钮，选择通信端口，如图1-11所示。

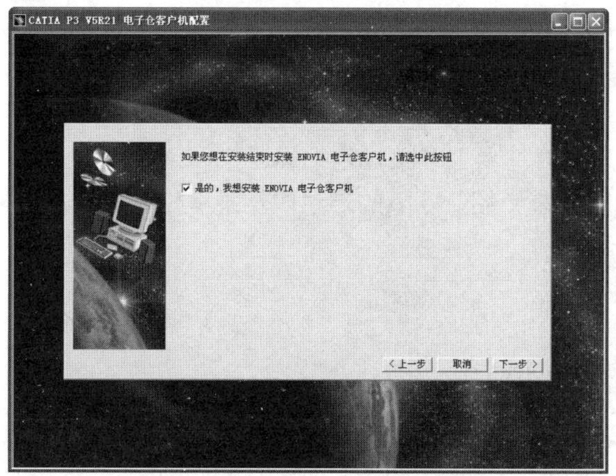

图1-10 电子仓客户机配置

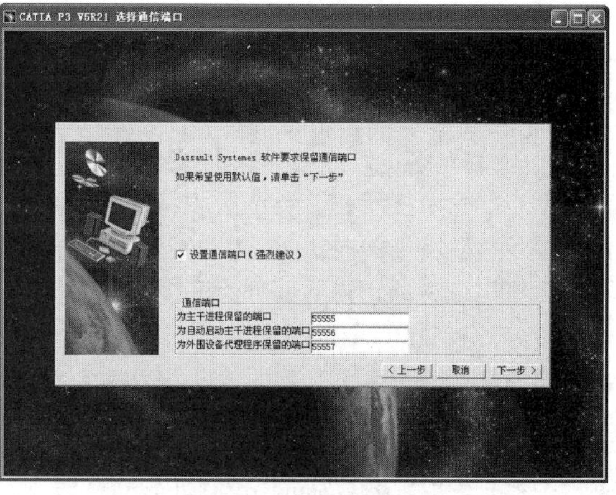

图1-11 选择通信端口

11 单击【下一步】按钮，选取安装联机文档，如图1-12所示。

12 单击【下一步】按钮，最后查看安装前的所有配置，如图1-13所示。

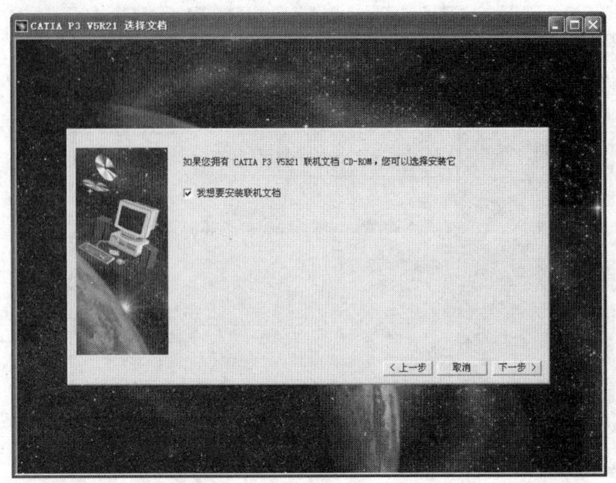

图1-12　选择安装联机文档

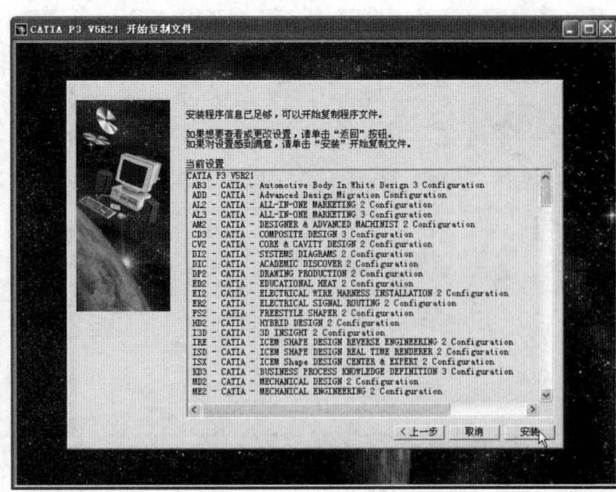

图1-13　显示安装前的所有配置

13 单击【安装】按钮，开始进行安装，如图1-14所示。安装完成之后单击【完成】按钮，如图1-15所示。

图1-14　安装程序

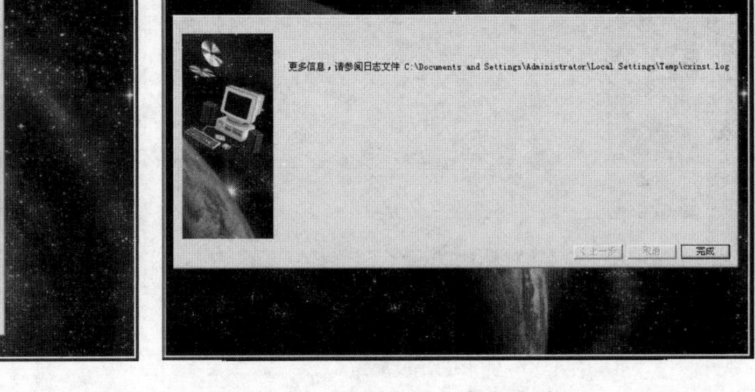

图1-15　完成安装

1.3 CATIA V5用户界面

CATIA各个模块下的用户界面基本上一致，包括标题栏、菜单栏、工具条、罗盘、命令提示栏、绘图区和特征树，我们这节着重介绍CATIA的启动以及菜单栏、工具条、命令提示栏和特征树的功能，以方便后续课程的学习。

CATIA软件的用户界面分为五个区域：

★ 顶部菜单区(Menus)
★ 左部为产品/部件/零件树形结构图(Tree & associated geometry)
★ 中部图形工作区(Graphic Zone)
★ 右部为与选中的工作台相应的功能菜单区(Active work bench toolbar)
★ 下部为工具菜单区(Standard Toolbars)
★ 工具菜单下为命令提示区(Dialog Zone)

1.3.1 启动CATIA V5R21

一般来说，有两种方法可启动并进入CATIA V5软件环境。

方法一：双击Windows桌面上的CATIA V5软件快捷图标（如图1-16所示）。

CATIA P3
V5R21

图1-16 CATIA快捷图标

> **技术要点**
>
> 只要是正常安装，Windows桌面上都会显示 CATIA V5软件快捷图标。快捷图标的名称可根据需要进行修改。

方法二：从Windows系统“开始”菜单进入CATIA V5，操作方法如下。

01 在Windows7系统的桌面左下角单击【开始】按钮。

02 选择 所有程序 → CATIA P3 → CATIA P3 V5R21 命令，如图1-17所示，便可进入CATIA V5软件环境。

图1-17 执行CATIA软件启动命令

双击桌面CATIA的快捷方式图标，打开软件启动界面，如图1-18所示，CATIA启动完成之后进入初始工作界面，如图1-19所示。

图1-18 启动界面

图1-19 CATIA V5工作界面

1.3.2 熟悉菜单栏

与其他Windows软件相似，CATIA的菜单栏位于用户界面主视窗的最上方。系统将控制命令按照性质分类放置于各个菜单中，如图1-20所示。

开始 ENOVIA V5 VPM 文件 编辑 视图 插入 工具 分析 窗口 帮助

图1-20 菜单栏

1.【开始】菜单

单击展开【开始】菜单，如图1-21所示。【开始】菜单包含了CATIA的各个不同设计模块，每个模块都有其相应的子菜单。

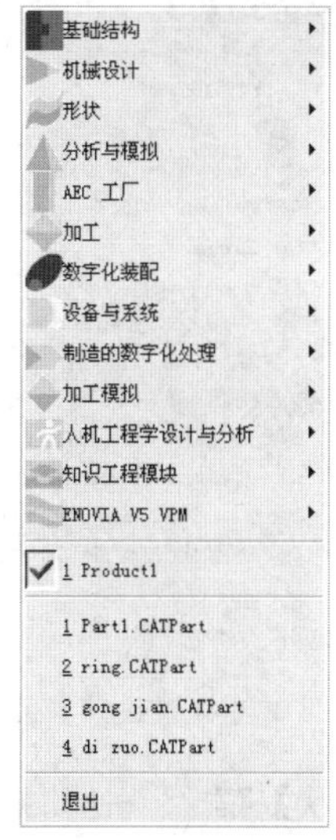

图1-21 【开始】菜单

（1）【基础结构】菜单

展开【基础结构】菜单，如图1-22所

示，它管理CATIA的整体架构，包括【产品结构】、【材料库】和【特征词典编辑器】等。

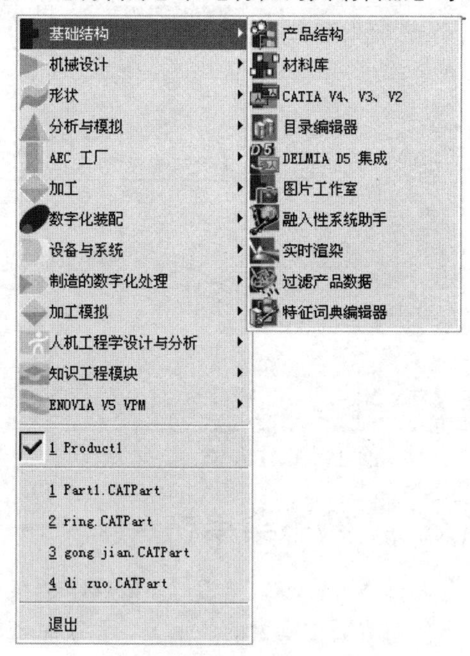

图1-22　【基础结构】菜单

（2）【机械设计】菜单

展开【机械设计】菜单，如图1-23所示，它包含机械设计的相关单元，包括【零件设计】、【装配设计】、【草图编辑器】和【工程制图】等。

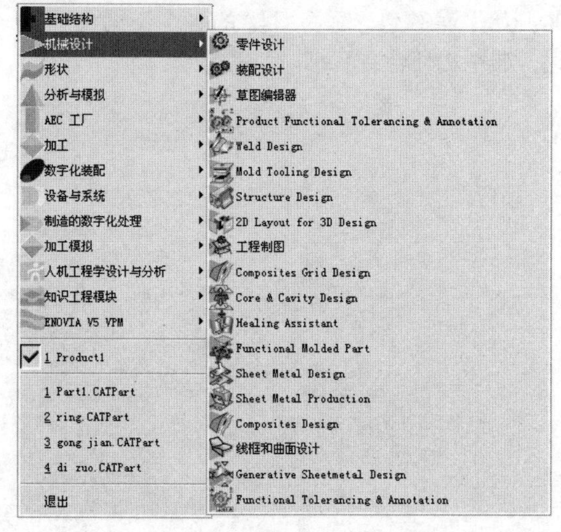

图1-23　【机械设计】菜单

（3）【形状】菜单

展开【形状】菜单，如图1-24所示，它提供曲面设计与逆向工程单元，包括【FreeStyle（自由曲面设计）】和【Digitized Shape Editor（数字曲面编辑器）】等。

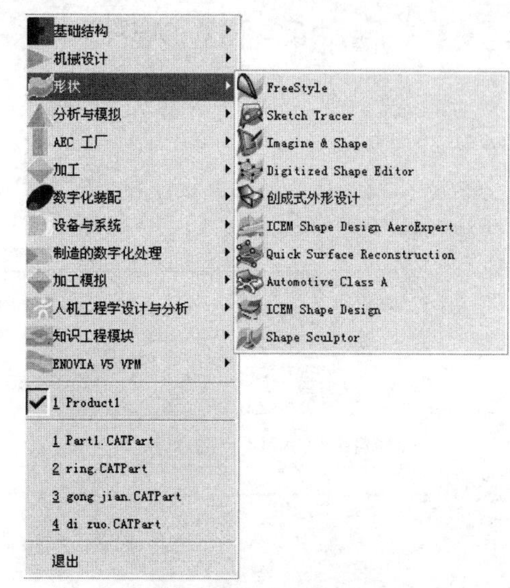

图1-24　【形状】菜单

（4）【分析与模拟】菜单

展开【分析与模拟】菜单，如图1-25所示，它提供实体的网格分割与静力、共振等有限元分析功能，并可输出网格分割数据供其他软件使用。

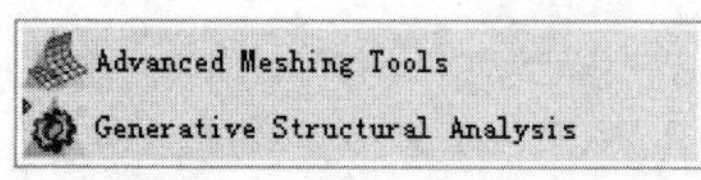

图1-25　【分析与模拟】菜单

（5）【AEC工厂】菜单

展开【AEC工厂】菜单，如图1-26所示，它提供工厂布局设计的配置规划功能。

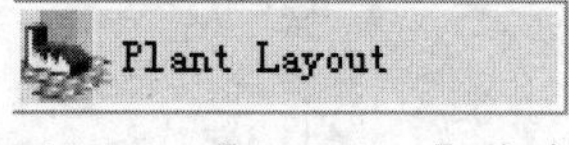

图1-26　【AEC工厂】菜单

（6）【加工】菜单

展开【加工】菜单，如图1-27所示，它提供多种高级数控加工的程序设计功能。

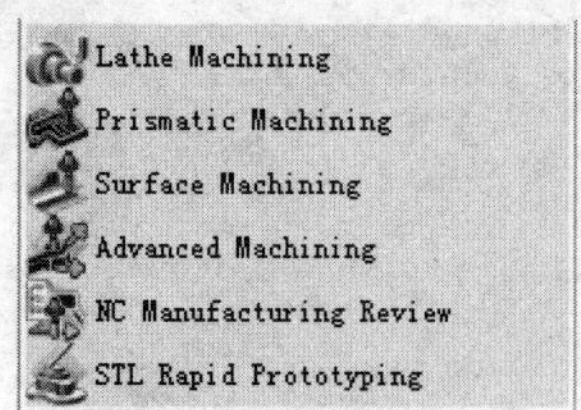

图1-27　【加工】菜单

（7）【数字化装配】菜单

展开【数字化装配】菜单，如图1-28所示，它提供了动态机构仿真、装配分析、产品功能分析与最佳化等功能。

图1-28 【数字化装配】菜单

（8）【设备与系统】菜单

展开【设备与系统】菜单，如图1-29所示，它提供了各种系统设备连接配置、管路及线路设计和电子零件装配等功能。

图1-29 【设备与系统】菜单

（9）【制造的数字化处理】菜单

展开【制造的数字化处理】菜单，如图1-30所示，它提供了在三维空间中对产品特征、公差与装配进行标注等功能。

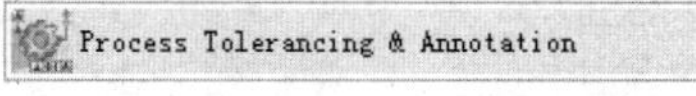

图1-30 【加工的数字流程】菜单

（10）【加工模拟】菜单

展开【加工模拟】菜单，如图1-31所示，它提供了零件加工之前的模拟加工检查功能。

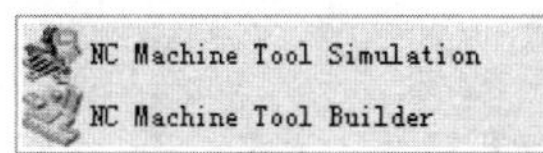

图1-31 【加工模拟】菜单

（11）【人机工程学设计与分析】菜单

展开【人机工程学设计与分析】菜单，如图1-32所示，它提供了人体模型的构造分析和人体姿态和行为分析，以利于人机更好的结合。

（12）【知识工程模块】菜单

展开【知识工程模块】菜单，如图1-33所示，它提供了知识工程的相关顾问和专家，以便解决问题。

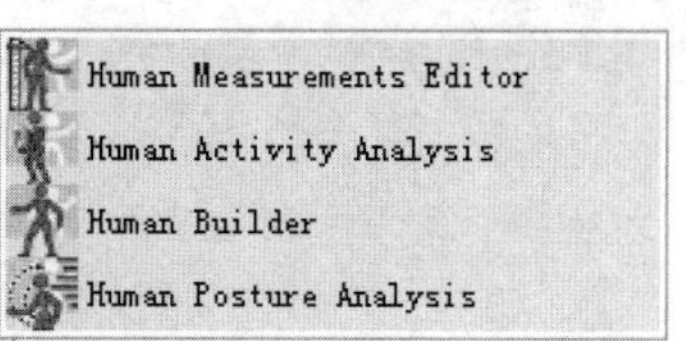

图1-32 【人机工程学设计与分析】菜单

图1-33 【知识工程模块】菜单

（13）【ENOVIA V5 VPM】菜单

展开【ENOVIA V5 VPM】菜单，如图1-34所示，ENOVIA V5 VPM是独立的插件，ENOVIA开放式SOA架构可以实现对任何业务流程和软件的无缝集成，这将给不同行业中的客户都带来很大的益处。

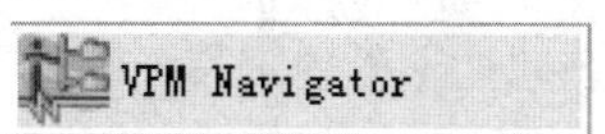

图1-34 【ENOVIA V5 VPM】菜单

2. 【ENOVIA V5 VPM】菜单

在菜单栏中展开的【ENOVIA V5 VPM】菜单，如图1-35所示。

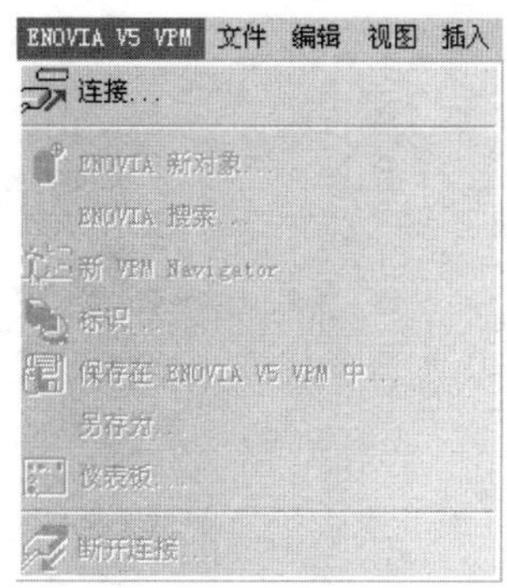

图1-35 【ENOVIA V5 VPM】菜单

3. 【文件】菜单

展开菜单栏中【文件】菜单，如图1-36所示，它包括了文件的新建、打开、关闭、保存和打印等命令。

4. 【编辑】菜单

在菜单栏中展开【编辑】菜单，如图1-37所示，它包括各种的操作命令，比如撤销、复制、粘贴以及集的选择等。

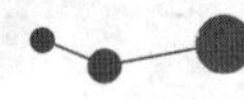

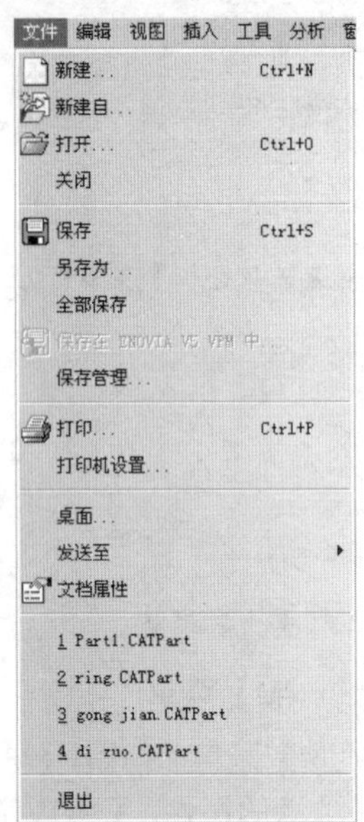

图1-36 【文件】菜单

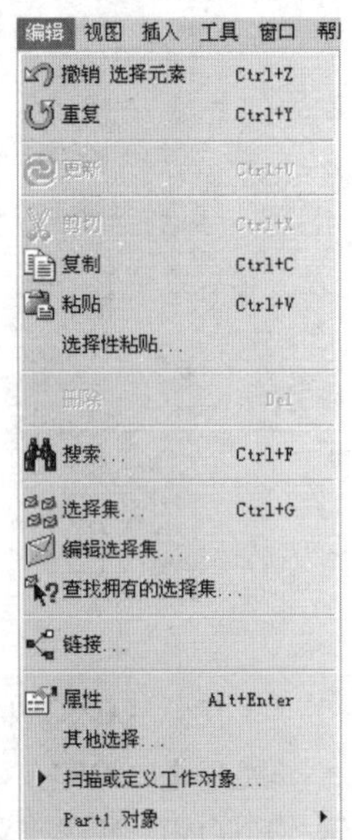

图1-37 【编辑】菜单

5. 【视图】菜单

在菜单栏中展开【视图】菜单，如图1-38所示，菜单包括不同的工具条和视图操作命令以及渲染等相关命令。

6. 【插入】菜单

展开菜单栏中的【插入】菜单，如图1-39所示，它包括插入几何体，标注和约束等命令。

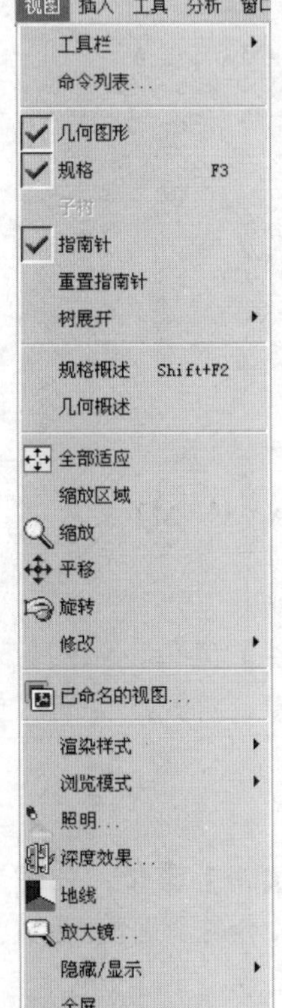

图1-38 【视图】菜单

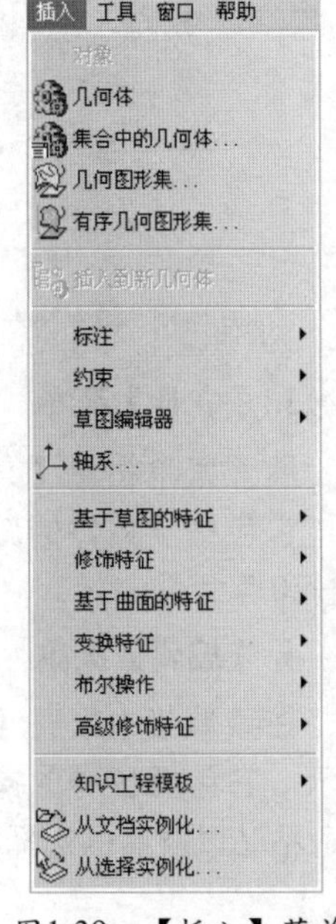

图1-39 【插入】菜单

7. 【工具】菜单

展开菜单栏中的【工具】菜单，如图1-40所示，它包括各种绘图和参数工具，也可以进行自定义操作，其中【选项】命令是软件进行多数属性设置的命令。

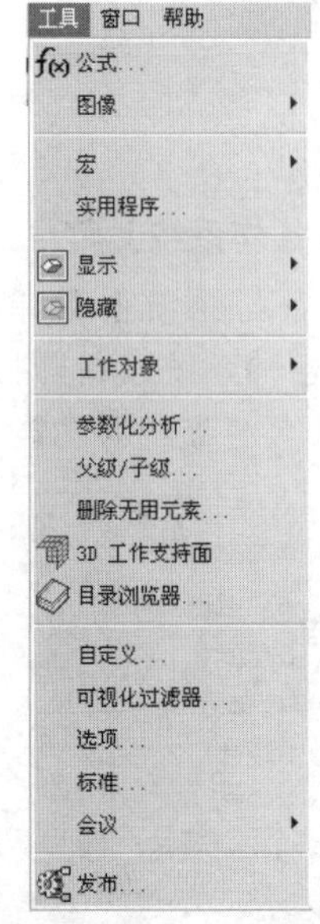

图1-40 【工具】菜单

8. 【窗口】和【帮助】菜单

展开菜单栏中的【窗口】和【帮助】菜单，如图1-41和图1-42所示，【窗口】菜单提供不同的窗口放置方式，【帮助】菜单可以帮助使用者更好的学习软件。

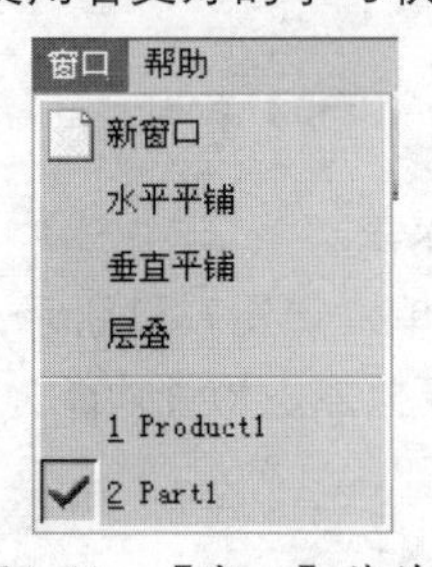

图1-41 【窗口】菜单

图1-42 【帮助】菜单

1.3.3 熟悉工具条

CATIA创建不同的模型，有不同的工具条和其对应，下面主要介绍一下零件设计的工具条，其他部分的工具条与其类似。选择【开始】|【机械设计】|【零件设计】菜单命令，如图1-43所示，创建一个新的零件模型。

打开的软件界面如图1-44所示，各种工具条可以在绘图区四周固定放置，也可以将工具条拖出放置到绘图区位置，如图1-45所示。

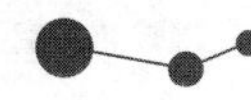

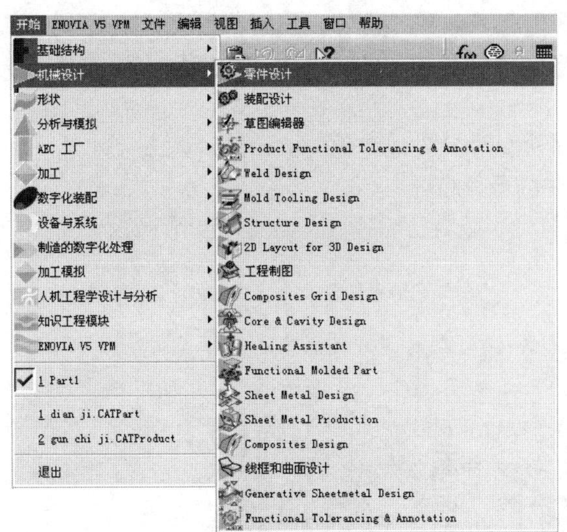

图1-43　选择【零件设计】菜单命令

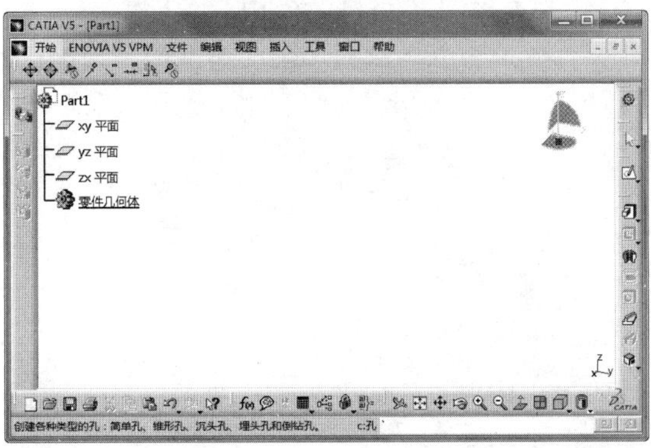

图1-44　工具条位置

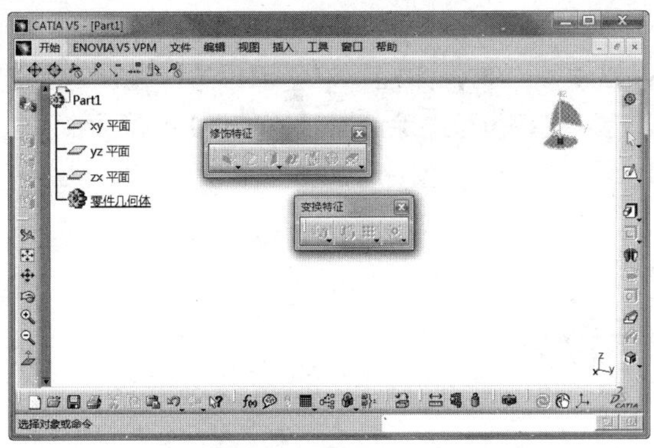

图1-45　改变工具条位置

如果关闭工具条，可以单击工具条右上角的【关闭】按钮，也可以在任何工具条上单击鼠标右键，在弹出的快捷菜单中选择和取消工具。比如选择【3Dx设备】工具，如图1-46所示，则弹出工具条，如图1-47所示。

有的工具条还有次级目录，打开【视图】工具条的视图样式下拉列表，可以进行多个同类别项目的选择，如图1-48所示。

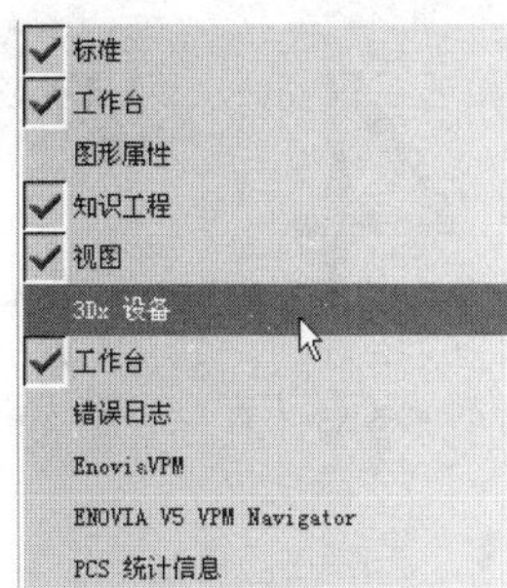

图1-46　选择【3Dx设备】工具

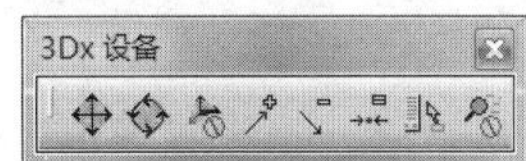

图1-47　【3Dx设备】工具条

图1-48　【视图】工具条视图样式下拉列表

在每个绘图环境都会有的工具条是【标准】工具条，如图1-49所示，它是文件打开、保存、新建、打印等的基础命令工具条，所以在绘图当中会经常用到。

技术要点：用户会看到有些菜单命令和按钮处于非激活状态（呈灰色，即暗色），这是因为它们目前还没有处在发挥功能的环境中，一旦它们进入有关的环境，便会自动激活。

图1-49　【标准】工具条

1.3.4　熟悉命令提示栏

命令提示栏位于软件界面最下方，如图1-50所示的命令提示栏，在鼠标无操作的状态下是选择状态，命令提示栏提示当前的状态为选定元素的状态，而右方的命令输入栏可以输入各种绘图命令。

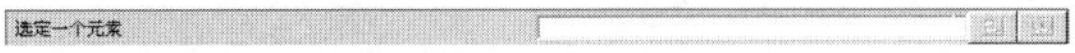

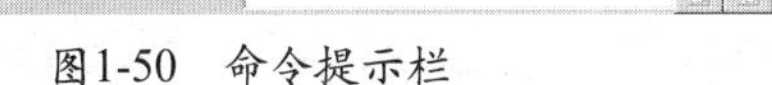

图1-50　命令提示栏

如果鼠标放到某一项命令上，如【草图编辑器】工具条【草图】按钮，命令提示栏会提示当前命令的作用和下一步将产生的内容，如图1-51所示。

根据参考（平面或平面曲面）创建草图或编辑选定的草图　c:草图

图1-51　命令提示栏

1.4 熟悉特征树

打开本章练习文件夹中的lingjian文件，如图1-52所示。

打开零件的特征树，如图1-53所示，它包括零件的所有特征。

单击特征树【零件几何体】的加号按钮，即可打开次级特征树项目，如图1-54所示。

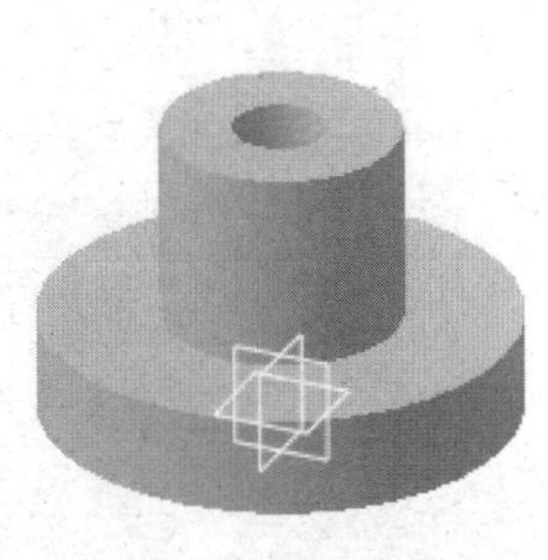

图1-52　打开的零件

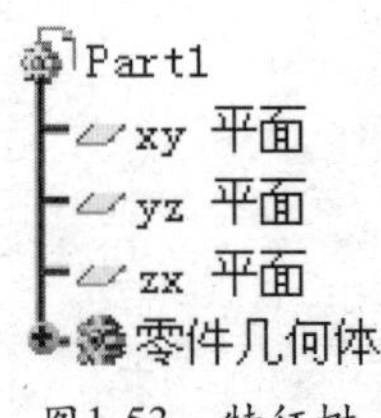

图1-53　特征树

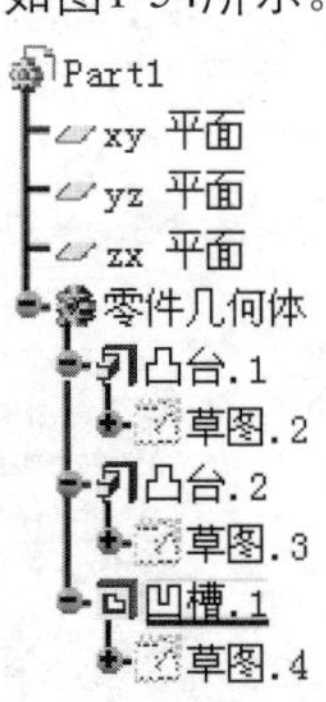

图1-54　次级特征树

单击选定特征树上的【凹槽1】选项，如图1-55所示；则可以选中零件模的凹槽特征，如图1-56所示。

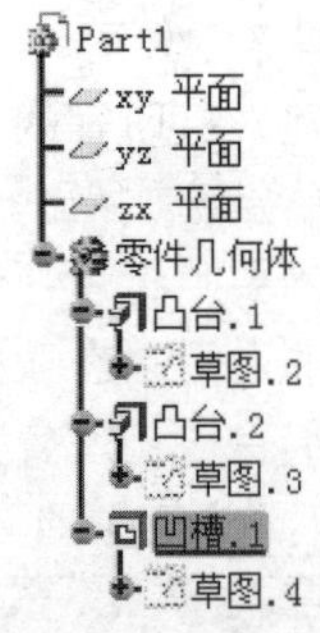

图1-55　选择【凹槽1】选项

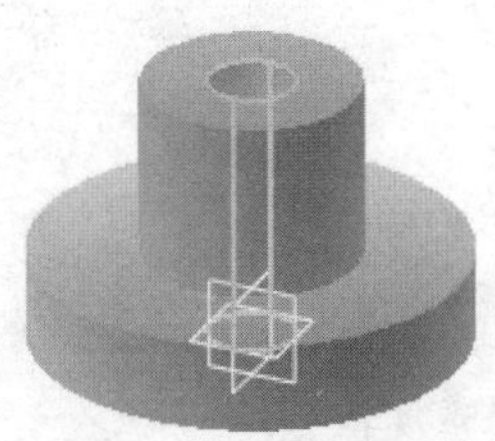

图1-56　选中的特征

在特征树中，鼠标右键单击【凹槽1】选项，弹出快捷菜单，如图1-57所示，选择【删除】选项，弹出【删除】对话框，如图1-58所示，单击【确定】按钮即可删除此特征，如图1-59所示。

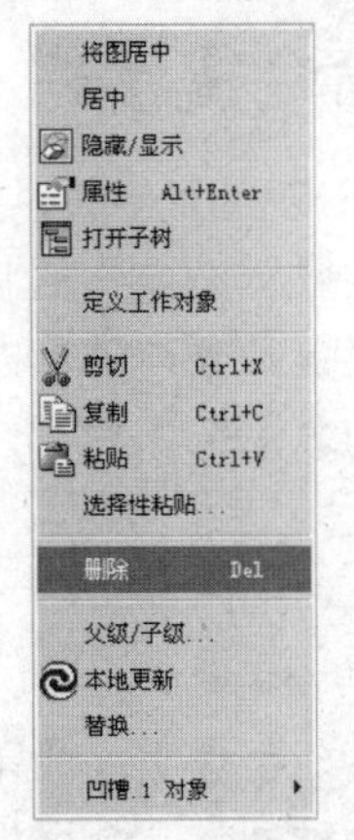

图1-57　快捷菜单

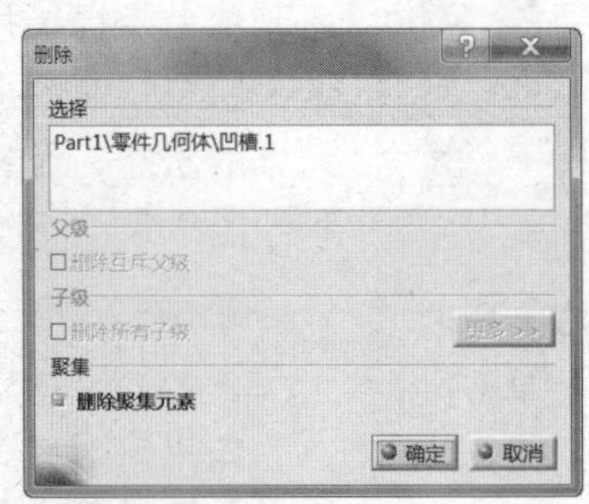

图1-58　【删除】对话框

图1-59　删除凹槽特征

在菜单栏中选择【编辑】|【撤销删除】菜单命令，可以撤销刚才的删除操作。

在特征树中，鼠标右键单击【凹槽1】选项，弹出快捷菜单，如图1-60所示，选择【居中】选项，凹槽特征可以自动放置到绘图区最中心位置，如图1-61所示。

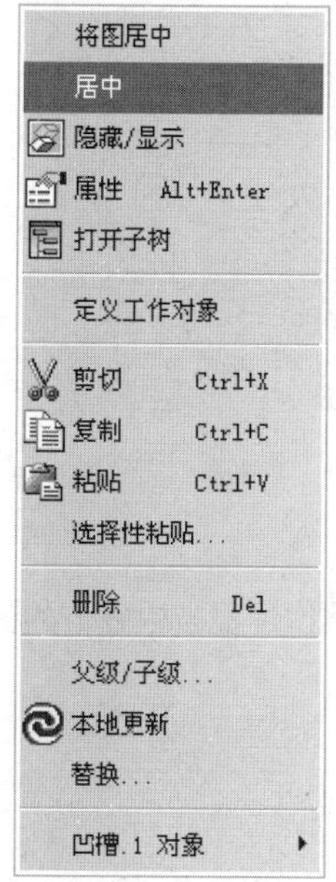

图1-60 快捷菜单

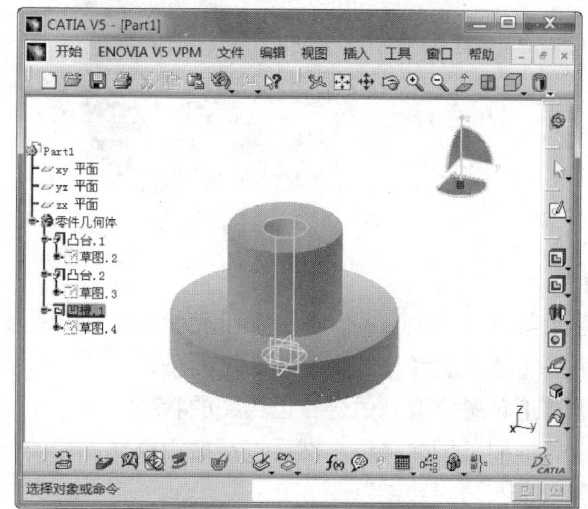

图1-61 特征显示

1.5 课后习题

在使用之前读者先根据介绍的方法安装软件。

1. 习题一

打开本练习文件夹中的“zhechi”文件，本章练习的零件如图1-62所示，读者根据以下提示进行相关操作，强化学习内容。

图1-62 打开的零件——折尺

练习内容：

（1）熟悉菜单栏、工具条、命令提示栏和特征树，并观察在操作过程当中它们的变化。

（2）调出【插入】和【图形属性】工具条。

（3）调整工具条位置到适合自己绘图的状态。

（4）在特征树上删除特征，然后进行撤销操作。

（5）修改之后，保存文件到不同位置。

2. 习题二

打开本练习文件夹中的diaohuan.CATpart文件，本章练习的零件如图1-63所示，读者根据以下提示进行相关操作，强化学习内容。

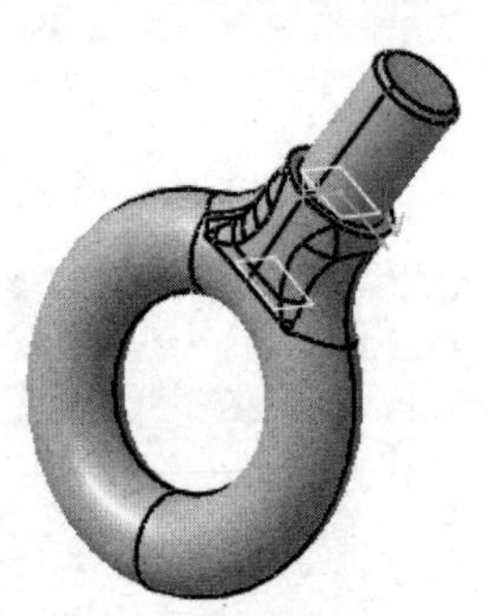

图1-63 打开的零件——吊环

练习内容：

（1）熟悉菜单栏、工具条、命令提示栏和特征树，并观察在操作过程当中它们的变化。

（2）调出【插入】和【图形属性】工具条。

（3）调整工具条位置到适合自己绘图的状态。

（4）在特征树上删除特征，然后进行撤销操作。

（5）利用草图功能绘制草图。

（6）利用零件设计功能建模。

（7）设计完成之后，保存文件到不同位置。

第2章 踏出CATIA V5R21的第一步

CATIA的基本操作包括辅助操作、新建文件，以及打开、保存文件和退出的操作，另外还有鼠标的操作方法，利用指南针进行操作，使用视图和窗口的调整功能进行绘图，这些基本操作是CATIA后续学习的基础，本章将进行详细介绍。

◎ 知识点01：辅助操作工具
◎ 知识点02：文件操作
◎ 知识点03：视图操作

2.1 辅助操作工具

使用CATIAV5 软件以鼠标操作为主，用键盘输入数值。执行命令时主要是用鼠标单击工具图标，也可以通过选择下拉菜单或用键盘输入来执行命令。

2.1.1 鼠标的操作

与其他CAD 软件类似，CATIA 提供各种鼠标按钮的组合功能，包括执行命令、选择对象、编辑对象以及对视图和树的平移、旋转和缩放等。

在CATIA 工作界面中，选中的对象被加亮(显示为橙色)，选择对象时，在图形区与在特征树上选择是相同的，并且是相互关联的。利用鼠标也可以操作几何视图或特征树，要使几何视图或特征树成为当前操作的对象，可以单击特征树或窗口右下角的坐标轴图标。

移动视图是最常用的操作，如果每次都单击工具条中的按钮，将会浪费用户很多时间。用户可以通过鼠标快速地完成视图的移动。

CATIA 中鼠标操作的说明如下。

★ 缩放图形区:按住鼠标中键，单击鼠标左键或右键，向前移动鼠标可看到图形在变大，向后移动鼠标可看到图形在缩小。

★ 平移图形区:按住鼠标中键，移动鼠标，可看到图形跟着鼠标移动。

★ 旋转图形区:按住鼠标中键，然后按住鼠标左键或右键，移动鼠标可看到图形在旋转。

动手操作—鼠标操作

01 打开Ch02文件夹中的ring文件，如图2-1所示。

图2-1 打开的文件

02 鼠标左键用于选取，单击模型的一个曲面，如图2-2所示，选中曲面；这时特征树上也会显示，如图2-3所示；直接单击模型树上的【花边】特征，模型特征即可被选取，如图2-4和2-5所示。

图2-2 选择曲面

图2-3 特征树

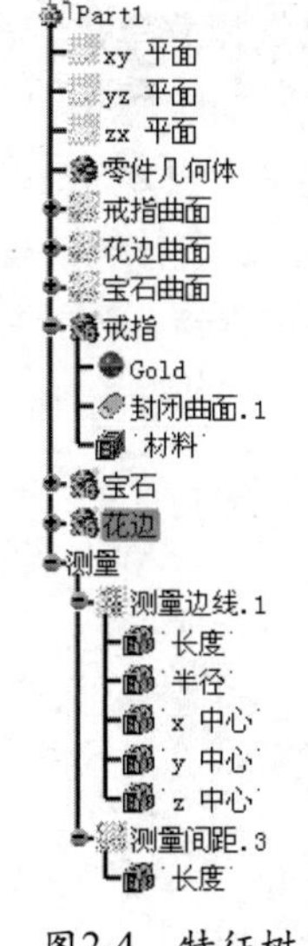

图2-4 特征树

图2-5 选中的特征

03 在特征树中，右键单击【花边】特征，弹出快捷菜单，如图2-6所示，选择【居中】选项，特征会在绘图区居中显示，如图2-7所示。

04 在特征树中，右键单击【花边】特征，弹出快捷菜单，选择【隐藏】选项，特征会隐藏起来，如图2-8所示。

图2-6 快捷菜单

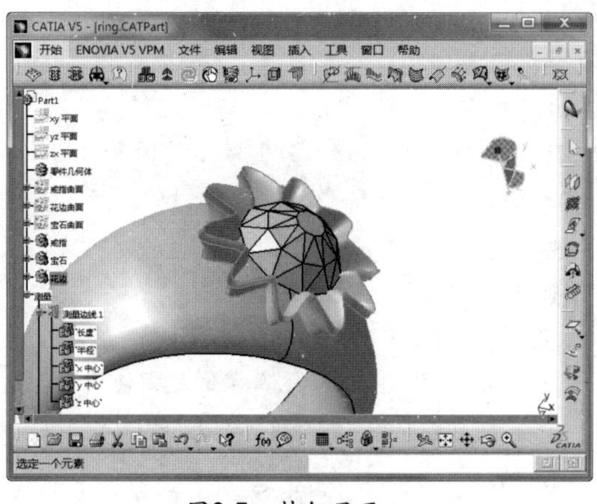

图2-7 特征显示

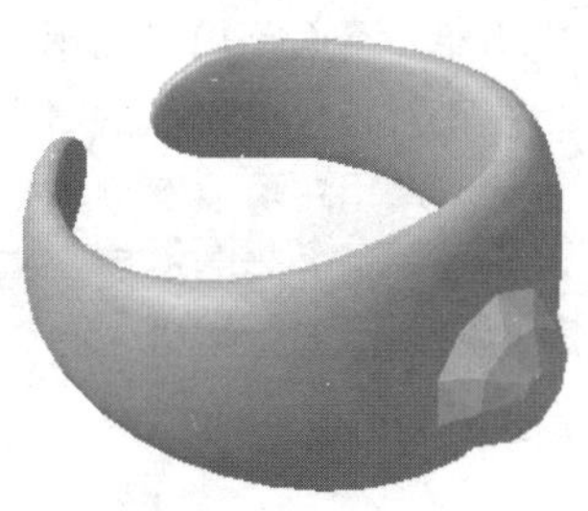

图2-8 隐藏特征

05 在特征树中，右键单击【花边】特征，弹出快捷菜单，选择【属性】选项，弹出【属性】对话框，分别切换到【特征属性】和【图形】选项卡，如图2-9和2-10所示，可以查看和更改特征属性和图形属性。

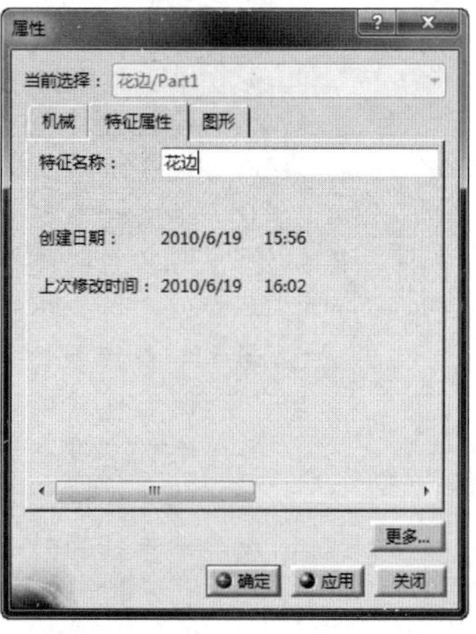

图2-9 【特征属性】选项卡

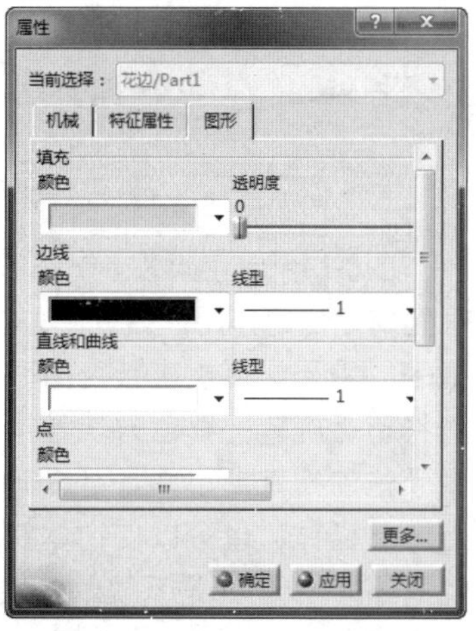

图2-10 【图形】选项卡

06 在特征树中，右键单击【花边】特征，弹出快捷菜单，选择【打开子树】选项，打开【Part1】对话框，如图2-11所示，显示的是【花边】特征的子项目。

07 因为模型是一个装配体，在特征树中，右键单击【花边】特征，弹出快捷菜单，选择【花边对象】选项，打开次级菜单，如图2-12所示，可以进行装配模型的各种操作。

08 按住鼠标中键不动，拖动鼠标可以对模型进行平移，此时模型显示如图2-13所示。

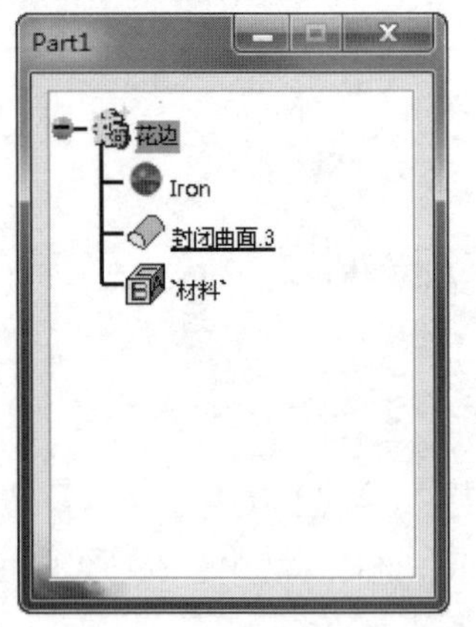

图2-11 【Part1】对话框

图2-12 次级菜单

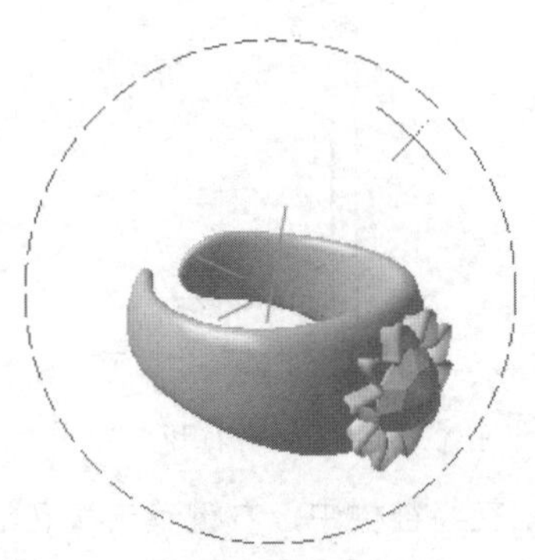
图2-13 模型显示

2.1.2 指南针的使用

图2-14所示的指南针是一个重要的工具，通过它可以对视图进行旋转、移动等多种操作。同时，指南针在操作零件时也有着非常强大的功能。下面简单介绍指南针的基本功能。

指南针位于图形区的右上角，并且总是处于激活状态，用户可以在菜单栏中选择视图下拉菜单中的指南针来隐藏或显示指南针。使用指南针既可以对特定的模型进行特定的操作，也可以对视点进行操作。

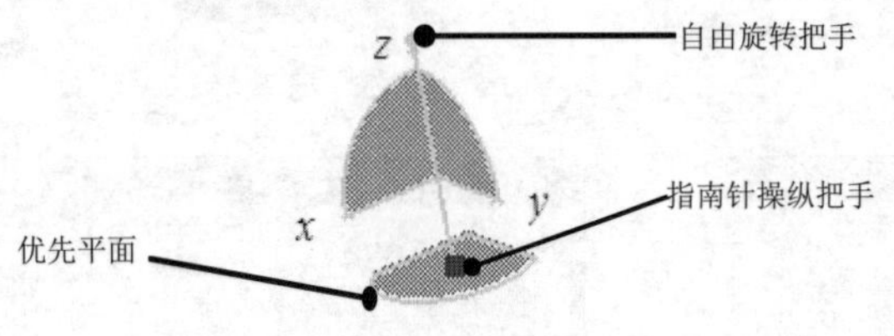

图2-14 指南针

图2-14所示字母X 、Y 、Z 表示坐标轴， Z轴起到定位的作用：靠近Z轴的点称为自由旋转把手，用于旋转指南针，同时图形区中的模型也将随之旋转；红色方块是指南针操纵把手，用于拖动指南针，并且可以将指南针置于物体上进行操作，也可以使物体绕该点旋转：指南针底部的XY平面是系统默认的优先平面，也就是基准平面。

提示

指南针可用于操纵未被约束的物体，也可以操纵彼此之间有约束关系的但是属于同一装配体的一组物体。

1. 视点操作:

★ 视点操作是指使用鼠标对指南针进行简单的拖动，从而实现对图形区的模型进行平移或者旋转操作。

★ 将鼠标移至指南针处，鼠标指针由变为，并且鼠标所经过之处，坐标轴、坐标平面的弧形边缘以及平面本身都会以亮色显示。

★ 单击指南针上的轴线(此时鼠标指针变为)并按住鼠标拖动，图形区中的模型会沿着该轴线移动，但指南针本身并不会移动。

★ 单击指南针上的平面并按住鼠标移动，则图形区中的模型和空间也会在此平面内移动，但是指南针本身不会移动。

★ 单击指南针平面上的弧线并按住鼠标移动，图形区中的模型会绕该法线旋转，同时，指南针本身也会旋转，而且鼠标离红色方块儿越近旋转越快。

★ 单击指南针上的自由旋转把手并按住鼠标移动，指南针会以红色方块为中心点自由旋转，且图形区中的模型和空间也会随之旋转。

★ 单击指南针上的X、Y或Z字母，则模型在图形区以垂直于该轴的方向显示，再次单击该字母，视点方向会变为反向。

2. 模型操作

★ 使用鼠标和指南针不仅可以对视点进行操作，而且可以把指南针拖动到物体上，对物体进行操作。

★ 将鼠标移至指南针操纵把手处(此时鼠标指针变为)，然后拖动指南针至模型上释放，此时指南针会附着在模型上，且字母X、Y、Z变为W、U、V，这表示坐标轴不再与文件窗口右下角的绝对坐标相一致。这时，就可以按上面介绍的对视点的操作方法对物体进行操作了。

★ 对模型进行操作的过程中，移动的距离和旋转的角度均会在图形区显示。显示的数据为正，表示与指南针指针正向相同;显示的数据为负，表示与指南针指针的正向相反。

★ 将指南针恢复到位置的方法：拖动指南针操纵把手到离开物体的位置，松开鼠标，指南针就会回到图形区右上角的位置，但是不会恢复为默认的方向。

★ 将指南针恢复到默认方向的方法：将其拖动到窗口右下角的绝对坐标系处;在拖动指南针离开物体的同时按Shift键，且先松开鼠标左键;选择下拉菜单视图中的【重置指南针命令】。

3. 编辑

★ 将指南针拖动到物体上右击，在系统弹出的快捷菜单中选择【编辑】命令，系统弹出如图2-15所示的【用于指南针操作的参数】对话框。利用此对话框可以对模型实现平移和旋转等操作。

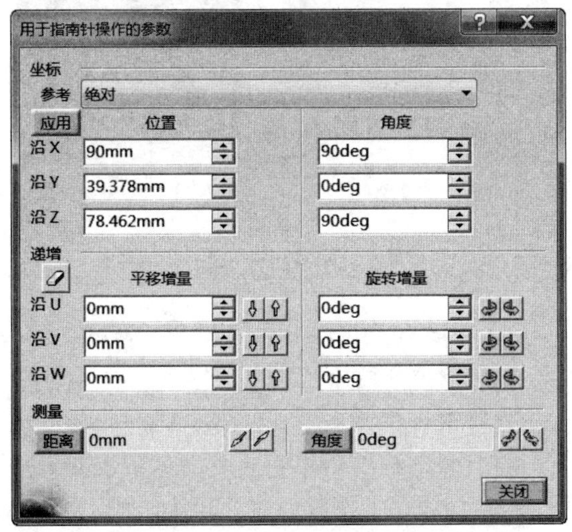

图2-15 【用于指南针操作的参数】对话框

图2-15所示【用于指南针操作的参数】对话框的说明如下。

★ 应用下拉列表：该下拉列表包含【绝对】和【活动对象】两个选项。【绝对】坐标是指模型的移动是相对于绝对坐标的；【活动对象】坐标是指模型的移动是相对于激活的模型的(激活模型的方法是：在特征树中单击模，激活的模型以蓝色高亮显示)。此时，就可以对指南针进行精确的移动、旋转等操作，从而对模型进行相应操作。

★ 位置文本框：此文本框显示当前的坐标值。

★ 角度文本框：此文本框显示当前坐标的角度值。

★ 平移增量区域：如果要沿着指南针的一根轴线移动，则需在该区域的U、V或W文本框中输入相应的距离，然后单击或者按钮。

★ 旋转增量区域：如果要沿着指南针的一根轴线旋转，则需在该区域的U、V或W文本框中输入相应的角度，然后单击或者按钮。

★ 【距离】区域：要使模型沿所选的两个元素产生的矢量移动，则需先单击距离按钮，然后选择两个元素(可以是点、线或平面)。两个元素的距离值经过计算会在距离按钮后的文本框中显示。当第一个元素为一条直线或一个平面时，除了可以选第二个元素以外，还可以在距离按钮后的文本框中填入相应数值。这样，单击或按钮，便可以沿着经过计算所得的平移方向的反向或正向移动模型了。

★ 【角度】区域：要使模型沿所选的两个元素产生的夹角旋转，则需先单击角度按钮，然后选择两个元素(可以是线或平面)。两个元素的角度值经过计算会在角度按钮后的文本框中显示。单击或按钮，便可以沿着经过计算所得的旋转方向的反向或正向旋转模型了。

★ 其他操作。

在指南针上右击，系统弹出如图2-16所示的快捷菜单。快捷菜单中的命令说明如下。

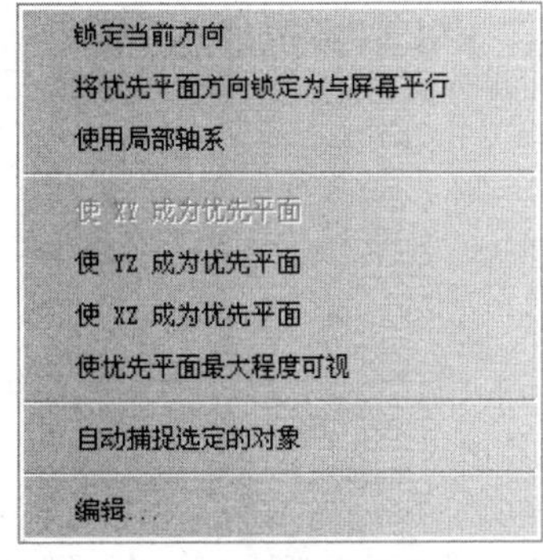

图2-16 快捷菜单

★ 锁定当前方向：即固定目前的视角，这样，即使选择下拉菜单命令，也不会回到原来的视角，而且将指南针拖动的过程中以及指南针拖动到模型上以后，都会保持原来的方向。欲重置指南针的方向，只需再次选择该命令。

★ 将优先平面方向锁定为与屏幕平行：指南针的坐标系同当前自定义的坐标系保持一致。如果无当前自定义坐标系，则与文件窗口右下角的坐标系保持一致。

★ 使用局部轴系：指南针的优先平面与屏幕方向相平行，这样，即使改变视点或者旋转模型，指南针也不会发生改变。

★ 使YZ成为优先平面：使v w平面成为指南针的优先平面，系统默认选用此平面。

★ 使XZ成为优先平面：使wu平面成为指南针的优先平面。

★ 使优先平面最大程度可视：使指南针的优先平面为可见程度最大的平面。

★ 自动捕捉选定的对象：使指南针自动到指定的未被约束的物体上。

★ 编辑：使用该命令可以实现模型的平移和旋转等操作，前面已详细介绍。

动手操作—指南针操作

01 在绘图区右上角显示的是模型的当前坐标系，即指南针，如图2-17所示。

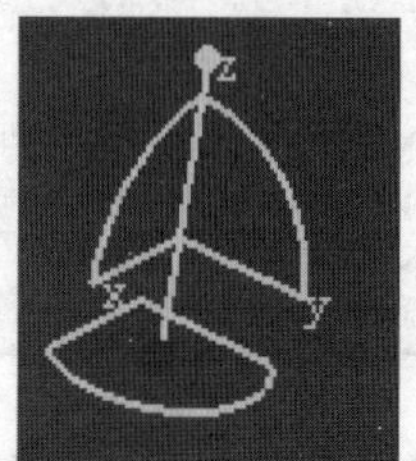

图2-17 指南针

02 双击指南针，弹出【用于指南针操作的参数】对话框，如图2-18所示，用于修改坐标系的参数。

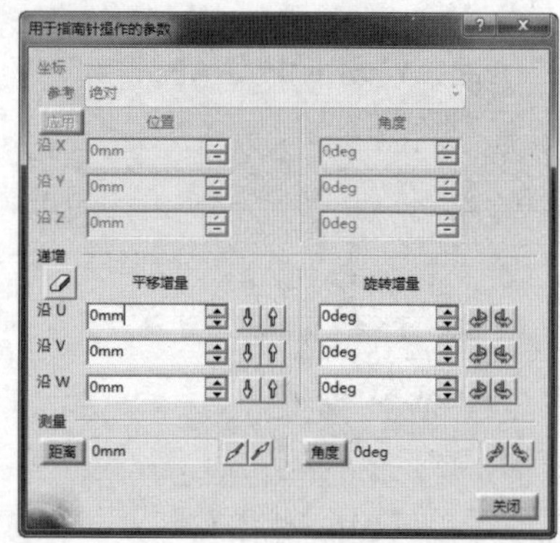

图2-18 【用于指南针操作的参数】对话框

03 鼠标左键按住指南针的红色方块，可以拖动指南针，拖动时如图2-19所示，可以将指南针拖至模型上，如图2-20所示。

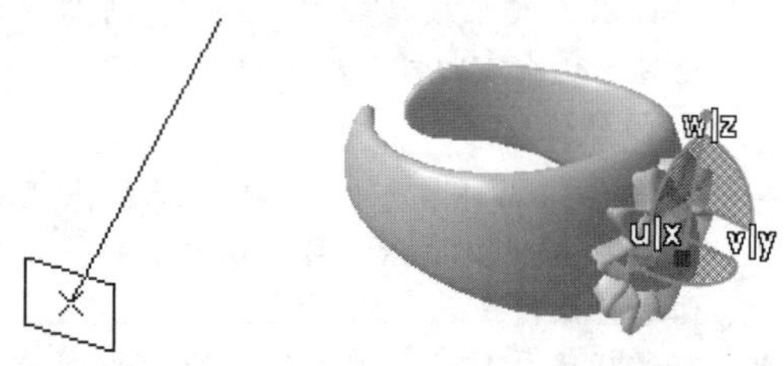

图2-19 拖动时的指南针　　图2-20 指南针显示

04 右键单击指南针，弹出快捷菜单，如图2-21所示，选择【锁定当前方向】选项，可以锁定当前的绘图方向。

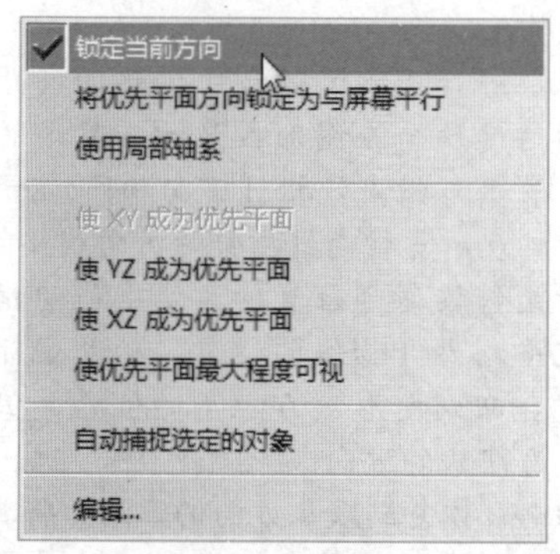

图2-21 快捷菜单

05 右键单击指南针，弹出快捷菜单，选择【将优先平面方向锁定为与屏幕平行】选项，可以调整指南针方向与模型的当前视角平行，如图2-22和2-23所示。

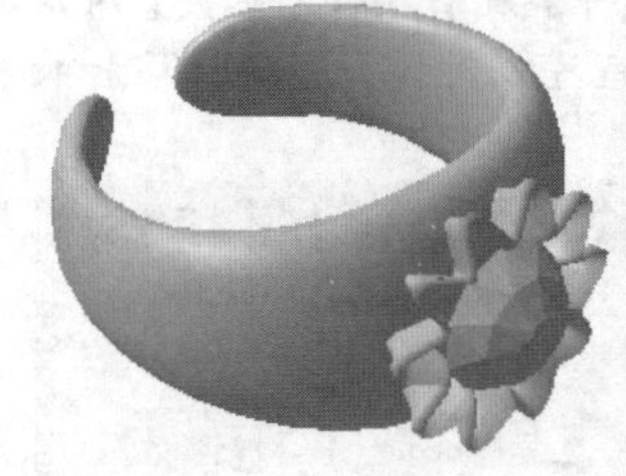

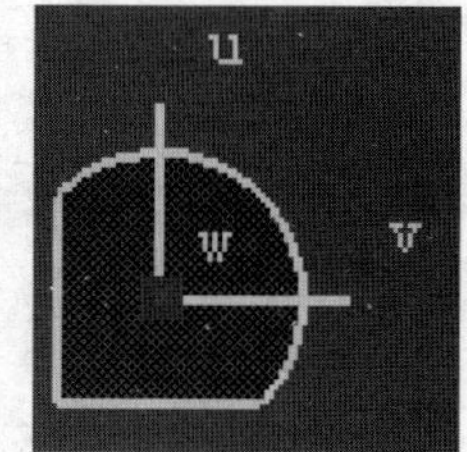

图2-22 模型视角　　图2-23 指南针显示

2.1.3 对象的选择

在CATIA V5中选择对象常用的几种方法如下。

1. 选取单个对象

直接用鼠标的左键单击需要选取的对象。

在“特征树”中单击对象的名称，即可选择对应的对象，被选取的对象会高亮显示。

2. 选取多个对象

按住Ctrl 键，用鼠标左键单击多个对象，可选择多个对象。

【选择】工具条

利用如图2-24所示的【选择】工具条选取对象。

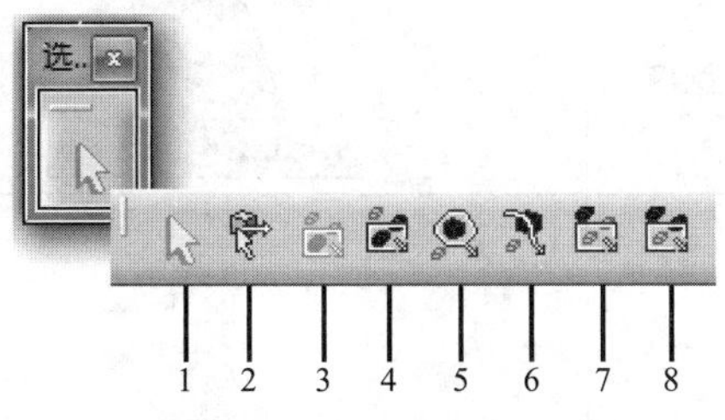

图2-24 【选择】工具条

【选择】工具条中的按钮的说明如下：

① 选择。选择系统自动判断的元素。

② 几何图形上的选择框。可以在特定元素上开始绘制封闭曲线选择对象。

③ 矩形选择框。选择矩形包括的元素。

④ 相交矩形选择框。选择与矩形相交的元素。

⑤ 多边形选择框。用鼠标绘制任意一个多边形，选择多边形包括的元素。

⑥ 手绘的选择框。用鼠标绘制任意形状，选择其包括的元素。

⑦ 矩形选择框之外。选择矩形外部的元素。

⑧ 相交于矩形选择框之外。选择与矩形相交的元素及矩形以外的元素。

3. 利用【搜索】功能，选择对象

【搜索】工具可以根据用户提供的名称、类型、颜色等信息快速选择对象。在菜单栏执行【编辑】|【搜索】命令，弹出【搜索】对话框，如图2-25所示。

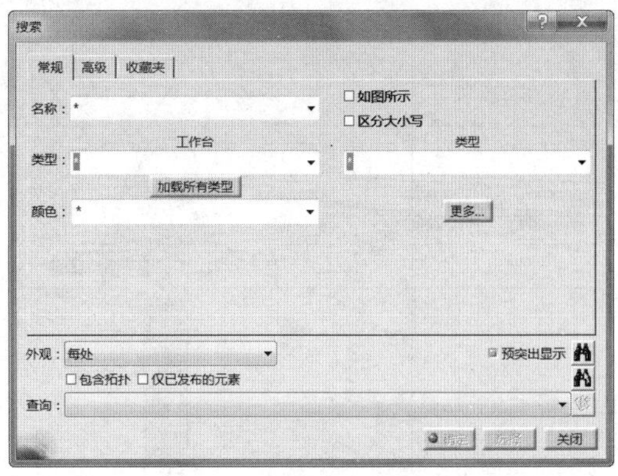

图2-25 【搜索】对话框

使用搜索功能需要先打开模型文件，然后在【搜索】对话框中输入查找内容，单击【搜索】按钮，对话框下方则显示出符合条件的元素，如图2-26所示。

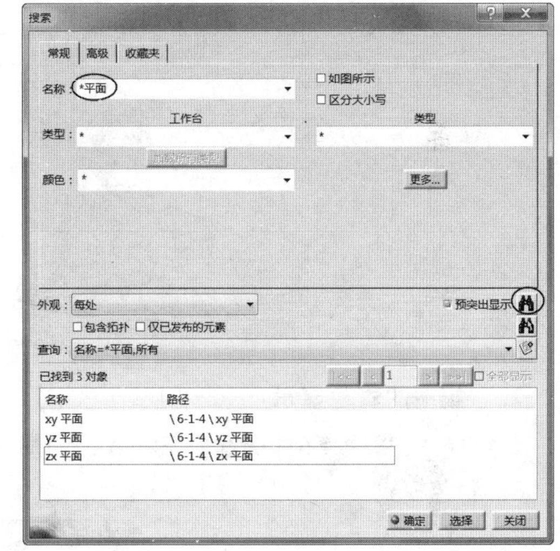

图2-26 搜索内容

知识要点

【搜索】对话框中的*是通配符，代表任意字符，可以是一个字符也可以是多个字符。

2.1.4 视图在屏幕上的显示

三维实体在屏幕上有两种显示方式：视图与着色显示。

1. 视图显示

模型的显示一般为7个基本视图，包括正、背、左、右、俯、仰和等轴侧视图，如表2-1所示。

表2-1 7个基本视图

视图名	状态	视图名	状态
正视图		背视图	

（续表）

视图名	状态	视图名	状态
左视图		右视图	
俯视图		仰视图	
等轴侧视图			

除了上述7种标准视图外，您还可以自定义视图。在视图菜单下拉列表中选择【已命名的视图】选项，弹出【已命名的视图】对话框。通过此对话框可以添加新的视图，如图2-27所示。

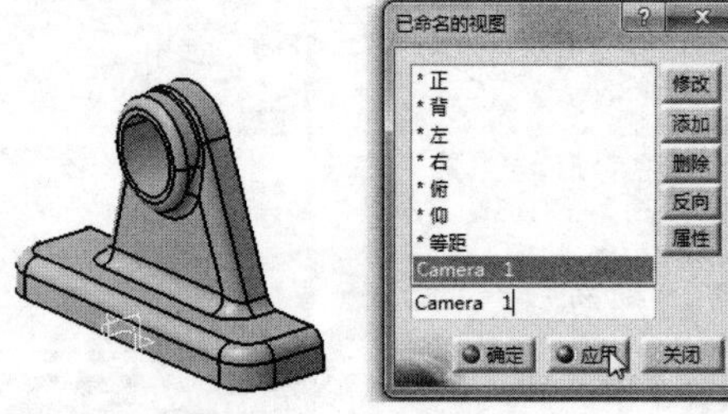

图2-27　添加新视图

2.　模型的着色显示

CATIA V5提供了6种标准显示模式，如图2-28所示。分别以模型的着色为例，表达如图2-29所示的6种着色模式。

图2-28　CATIA的6种标准显示模式

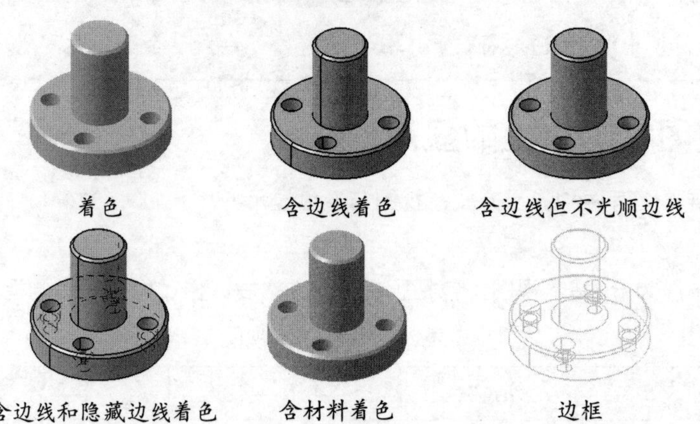

图2-29　6种标准的模型显示模式

若单击【自定义视图参数】按钮?，则弹出【视图模式自定义】对话框，如图2-30所示。通过此对话框可以对视图的边线和点进行详细的设置。

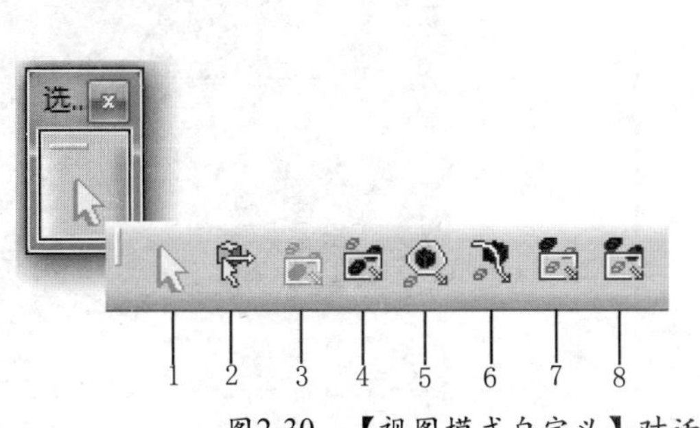

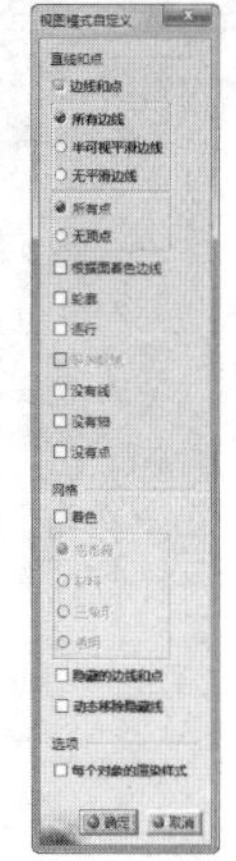

图2-30 【视图模式自定义】对话框

2.2 文件操作

文件的基本操作包括新建文件、打开文件、保存文件和退出文件，下面结合实例进行介绍。

动手操作—新建文件

01 启动CATIA，进入初始界面。

02 选择【文件】|【新建】菜单命令，如图2-31所示；弹出【新建】对话框，如图2-32所示，在【类型列表】选择合适的类型，这里选择【Part】选项，单击【确定】按钮；打开【新建零件】对话框，如图2-33所示，输入合适的零件名称“Part1”。

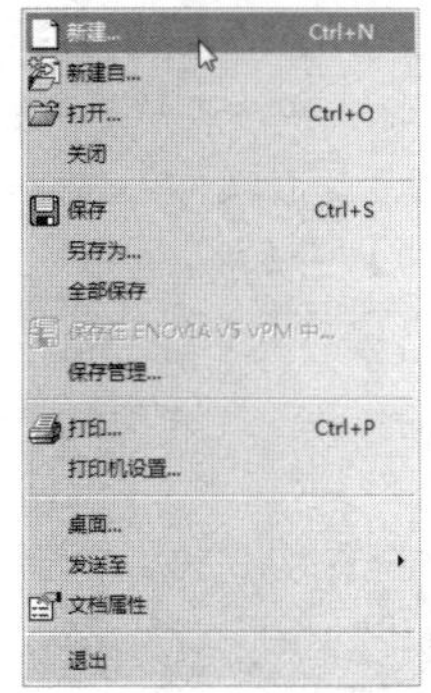

图2-31 【文件】|【新建】菜单命令

图2-32 【新建】对话框

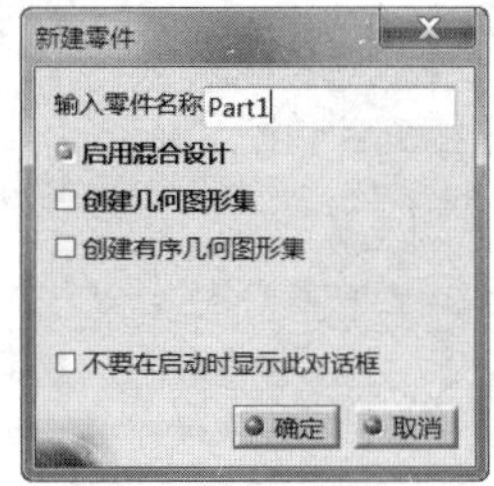

图2-33 【新建零件】对话框

03 单击【确定】按钮，进入零件设计环境，如图2-34所示。在界面中，一般有【标准】工具条、【视图】工具条、【基于草图的特征】工具条等零件设计的工具条。

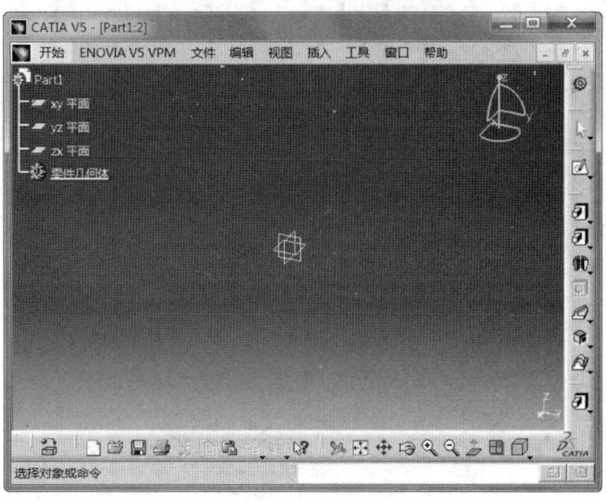

图2-34 零件设计环境

04 选择【开始】|【机械设计】|【装配设计】菜单命令，如图2-35所示。使用【开始】菜单一般比较直观，可以方便的选择不同的模块中不同的方式创建零件；这样创建的文件，名称需要在保存时进行更改。打开的装配零件界面如图2-36所示，界面会有【产品结构工具】工具条和【装配变量】工具条等相关装配工具，当然也可以自己添加。

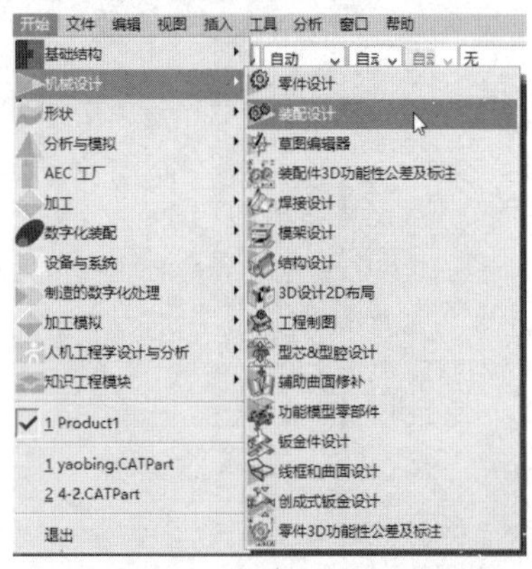

图2-35 选择【装配设计】菜单命令

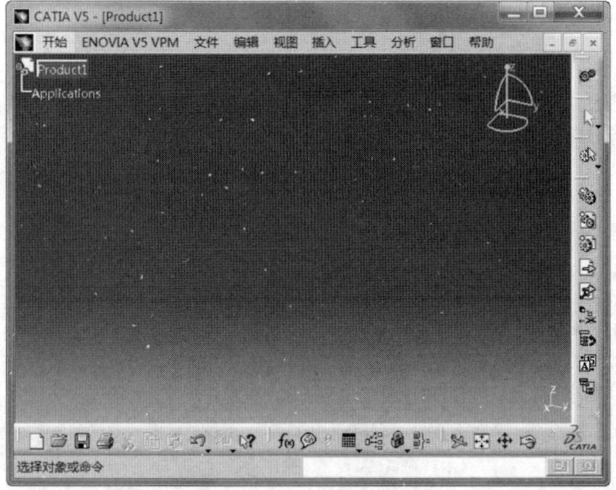

图2-36 装配界面

05 选择【开始】|【形状】|【自由曲面】菜单命令，如图2-37所示。创建自由曲面文件，打开的界面如图2-38所示。自由曲面设计是CATIA的特色，界面会有【工具仪表盘】、【Shape Modification】、【Surface Creation】等用于曲面造型的工具条。这时在开始创建的“Part1”机械零件也变为曲面零件。

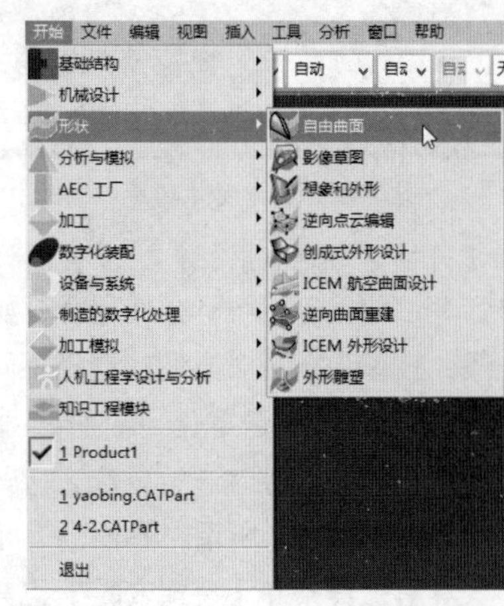

图2-37 选择【自由曲面】菜单命令

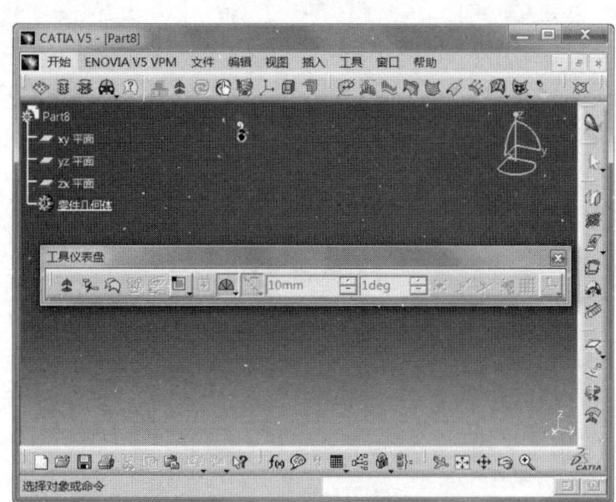

图2-38 曲面设计界面

动手操作—打开文件

01 单击【标准】工具条【打开】按钮，或者选择【文件】|【打开】菜单命令，弹出【选择文件】对话框，如图2-39所示，在Ch02文件夹找到“ring”文件，单击【打开】按钮。

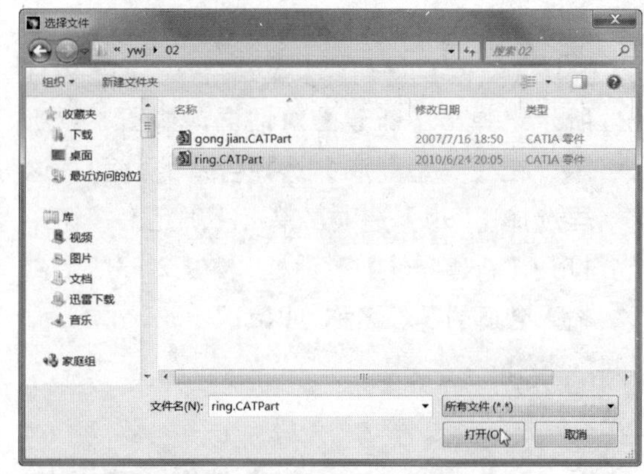

图2-39 【选择文件】对话框

02 打开的零件如图2-40所示。

图2-40 打开的零件

03 单击绘图区右上角的【最小化】按钮，将零件界面最小化，如图2-41所示，软件界面左下方显示的是包括前面创建的一共三个零件窗口。若要调用不同的零件，可以单击【最大化】按钮，进行打开。

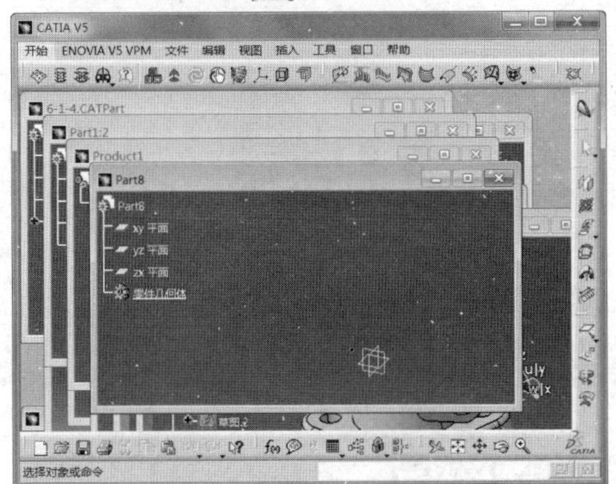

图2-41 最小化窗口

动手操作—保存文件

01 新建“Part1”零件，选择【文件】|【保存】菜单命令，如图2-42所示。

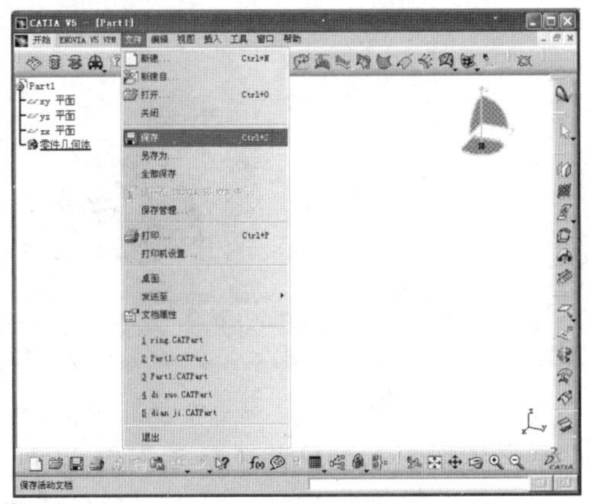

图2-42 选择【文件】|【保存】菜单命令

02 在弹出的【另存为】对话框中，如图2-43所示，可以修改文件名，单击【保存】按钮，进行保存。

03 打开先前创建的“Product1”零件，单击【标准】工具条【保存】按钮，打开【另存为】对话框，在【保存类型】下拉列表框中可以选择保存的文件类型，选择【3dxml】选项，如图2-44所示，单击【保存】按钮，进行保存。

图2-43 【另存为】对话框

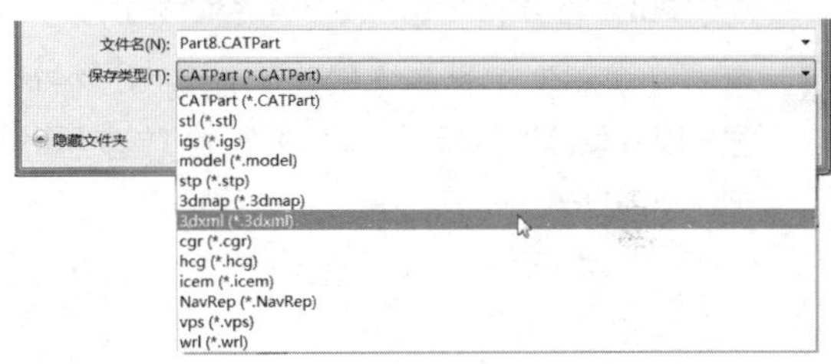

图2-44 选择另存的文件类型

动手操作—退出文件

01 在文件保存完毕之后，可以直接退出。单击绘图区右上方的【关闭】按钮，可以直接关闭已经保存的文件。

02 如果文件没有经过保存，单击【关闭】按钮后会弹出【关闭】对话框，提示进行保存，若不需保存，则单击【否】按钮即可；若单击【取消】按钮，则返回原绘图界面，如图2-45所示。

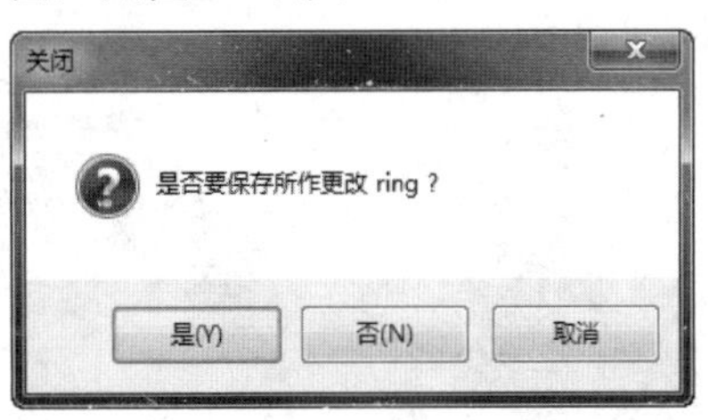

图2-45 【关闭】对话框

2.3 视图操作

模型的视图操作包括视图显示操作和多窗口的操作，视图和窗口显示在绘图当中十分重要，下面进行讲解。

动手操作—视图显示操作

01 视图操作有【视图】工具条，可以调出进行快捷操作，如图2-46所示。

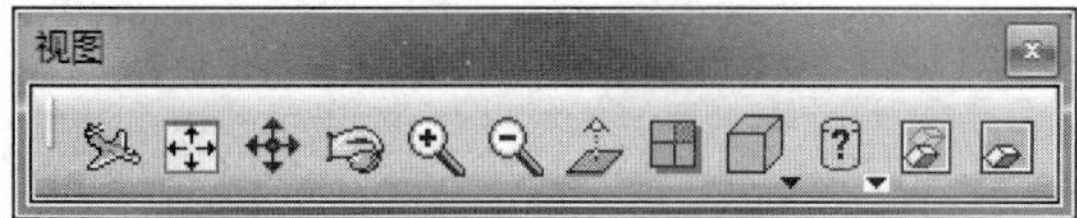

图2-46 【视图】工具条

02 单击【视图】工具条【飞行模式】按钮，进入飞行模式，此时【视图】工具条也变为如图2-47所示界面。

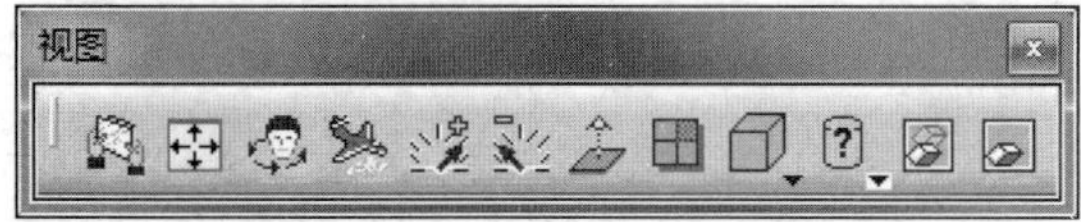

图2-47 【视图】工具条飞行模式

03 单击【视图】工具条【转头】按钮，按住鼠标左键拖动鼠标，可以进行旋转查看模型，如图2-48所示。

图2-48 旋转模型

04 单击【视图】工具条【飞行】按钮，按住鼠标左键拖动鼠标，拖动时模型如图2-49所示，绿色箭头显示移动速度和方向。单击【视图】工具条【加速】按钮和【减速】按钮，可以加减飞行模式的移动速度，如图2-50所示。

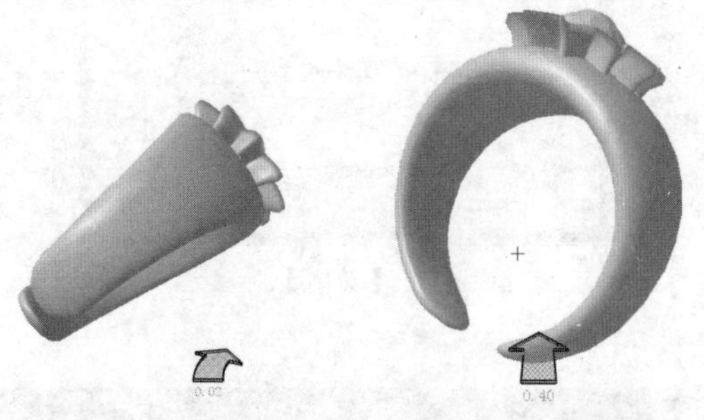

图2-49 模型显示　　图2-50 移动速度

05 单击【视图】工具条【检查模式】按钮，恢复【视图】工具条的原状态。单击【视图】工具条【全部适应】按钮，模型自动调整到最合适大小，居于绘图区正中，如图2-51所示。

图2-51 【全部适应】视图

06 单击【视图】工具条【平移】按钮，按住鼠标左键拖动鼠标，可以对模型进行平移，如图2-52所示。

图2-52 平移模型

07 单击【视图】工具条【旋转】按钮，按住鼠标左键拖动鼠标，可以对模型进行旋转，如图2-53所示。

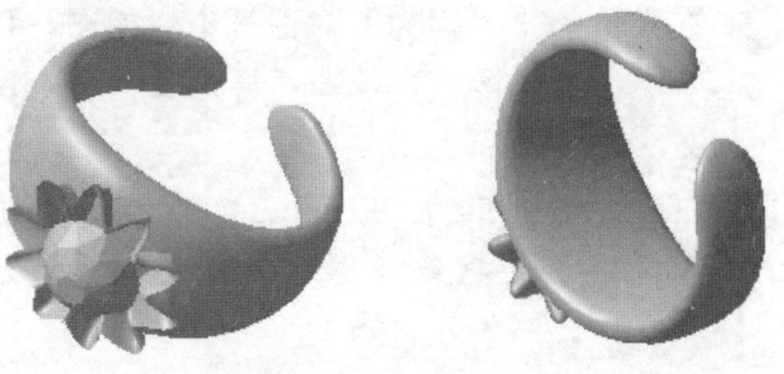

图2-53 旋转模型

08 单击【视图】工具条【放大】按钮和【缩小】按钮，按住鼠标左键拖动鼠标，可以对模型进行缩放，如图2-54所示。

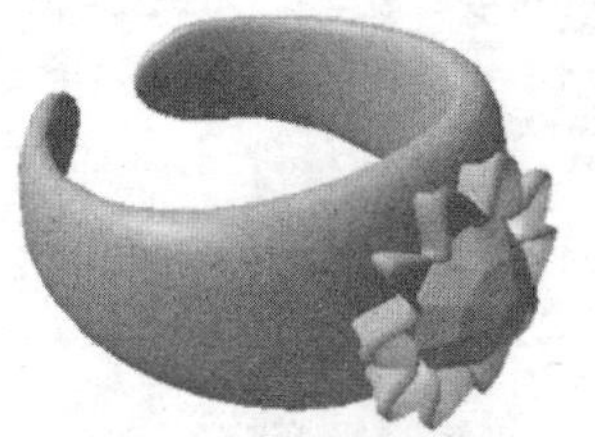
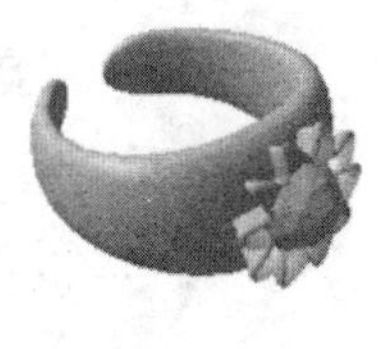

图2-54 缩放模型

09 旋转一个模型平面，单击【视图】工具条【法线视图】按钮，可以沿选定平面的法线方向调整模型，如图2-55所示。

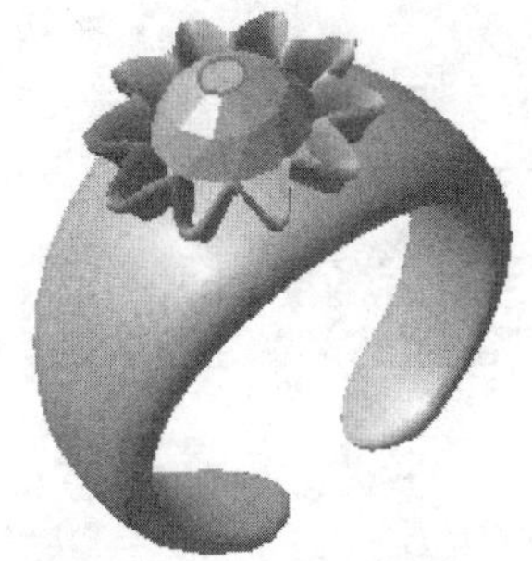
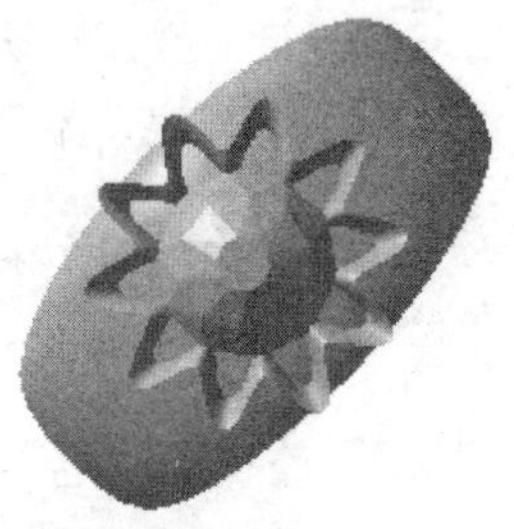

图2-55 法线视图

10 单击打开【视图】工具条视图方向的下拉列表，单击【已命名的视图】按钮，弹出【已命名的视图】对话框，如图2-56所示，输入新视图名称“Camera1”，单击【添加】按钮，即可添加当前视图为新的视图。单击【属性】按钮，可以查看视图的属性，如图2-57所示。

图2-56 【已命名的视图】对话框

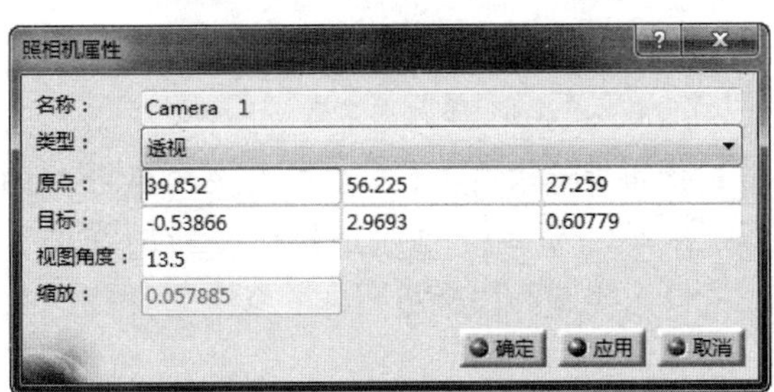

图2-57 【照相机属性】对话框

11 展开【视图】工具条模型显示的命令菜单，如图2-58所示。单击【着色】按钮，模型显示如图2-59所示。

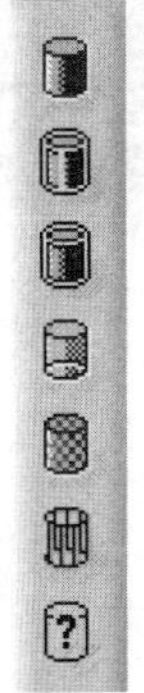
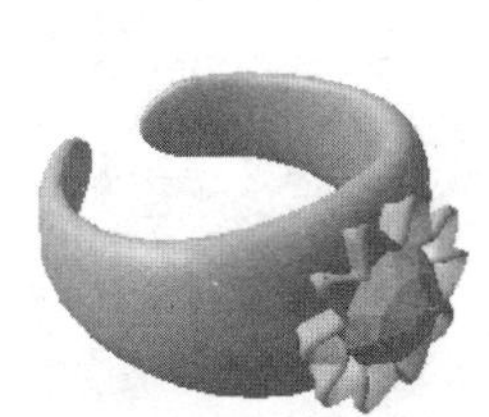

图2-58 模型显示的命令菜单　图2-59 着色模型

12 单击【视图】工具条【含边线着色】按钮，模型显示如图2-60所示。

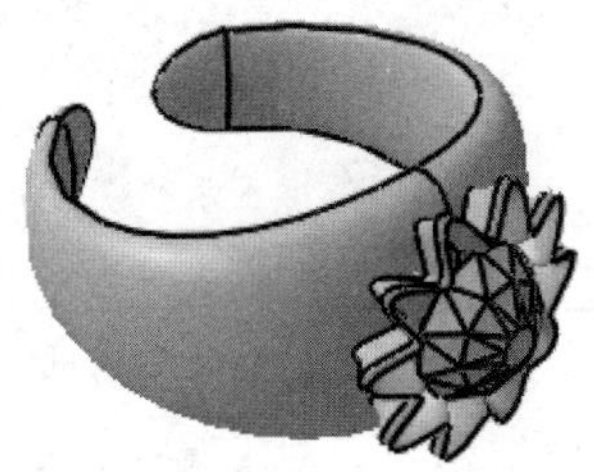

图2-60 含边线着色的模型

13 单击【视图】工具条【带边着色但不光顺边线】按钮，模型显示如图2-61所示。

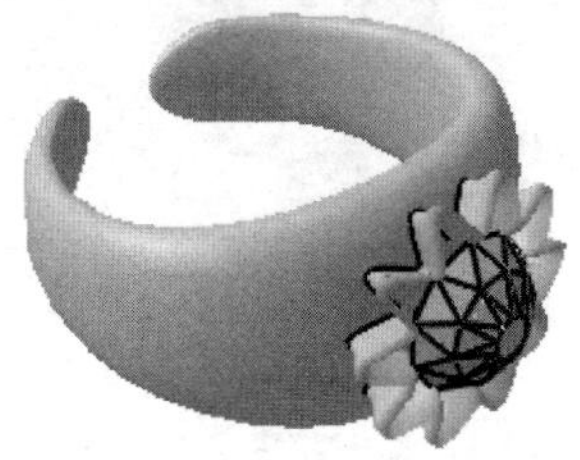

图2-61 带边着色但不光顺边线的模型

14 单击【视图】工具条【含边线和隐藏边线着色】按钮，模型显示如图2-62所示。

图2-62 含边线和隐藏边线着色的模型

15 单击【视图】工具条【含材料着色】按钮，模型显示如图2-63所示。

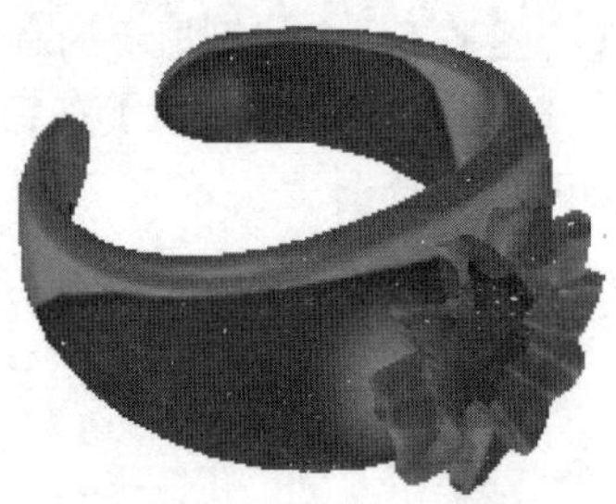

图2-63　含材料着色的模型

16 单击【视图】工具条【线框】按钮，模型显示如图2-64所示。

图2-64　线框显示的模型

17 单击【视图】工具条【自定义视图参数】按钮，弹出【视图模式自定义】对话框，如图2-65所示，启用【着色】复选框，再选中【三角形】单选按钮，单击【确定】按钮，完成新视图样式的创建，模型显示如图2-66所示。

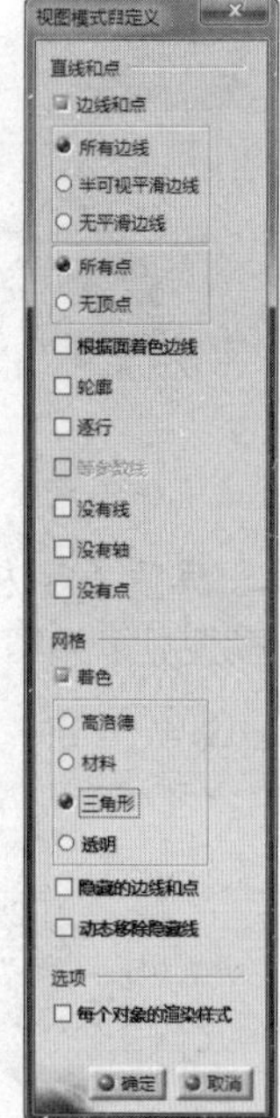

图2-65　【视图模式自定义】对话框

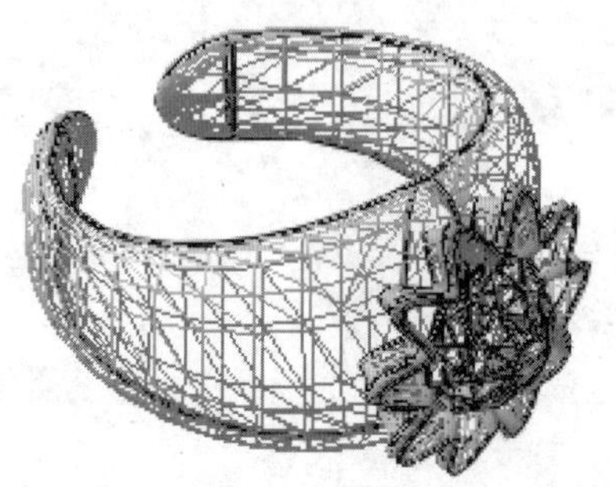

图2-66　自定义视图

动手操作——窗口操作

01 单击【视图】工具条【创建多视图】按钮，绘图界面默认分为四个部分，如图2-67所示，代表了不同的视图方向。

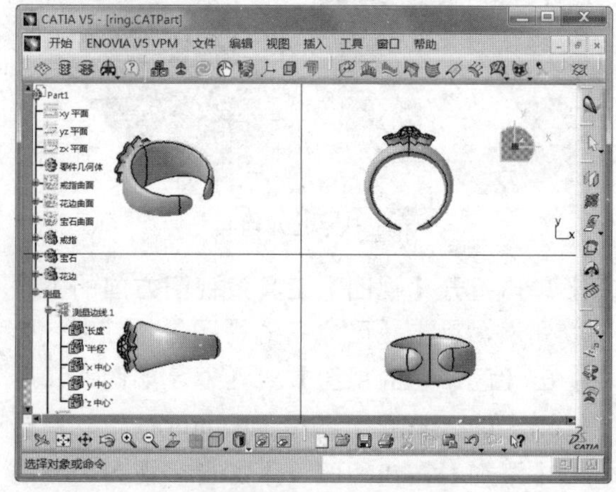

图2-67　多视图界面

02 单击不同的视图区域，坐标系就会转移到相应的区域，可以进行当前区域的操作，如图2-68所示。

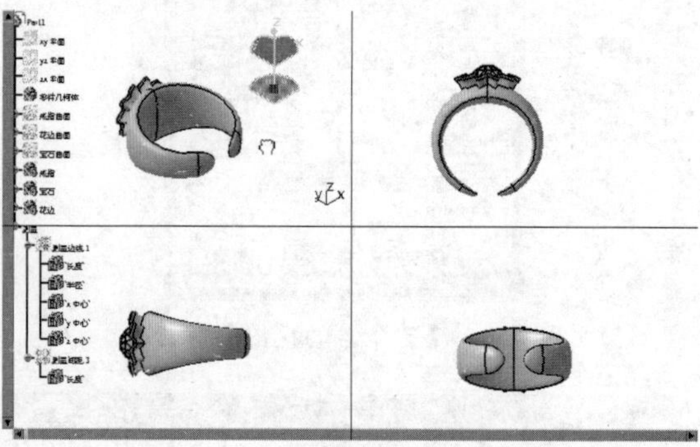

图2-68　多视图界面当前区域

03 选择【窗口】|【新窗口】菜单命令，如图2-69所示，可以创建一个新的文件窗口，如图2-70所示。

图2-69 选择【窗口】|【新窗口】菜单命令

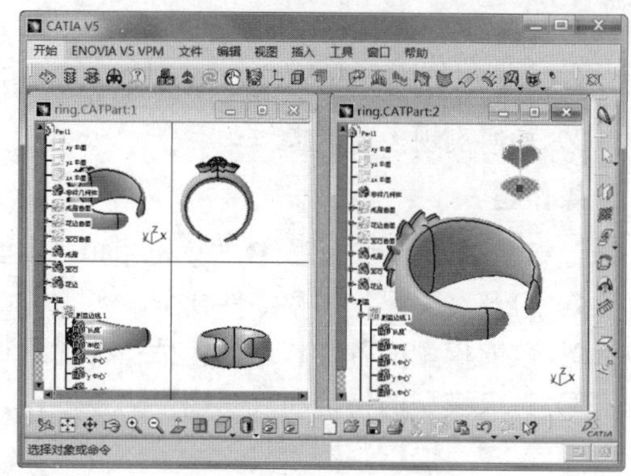

图2-70 新的文件窗口

04 分别选择【窗口】|【水平窗口】菜单命令、【窗口】|【垂直窗口】菜单命令、【窗口】|【层叠】菜单命令，窗口会显示不同的位置状态，如图2-71～2-73所示。

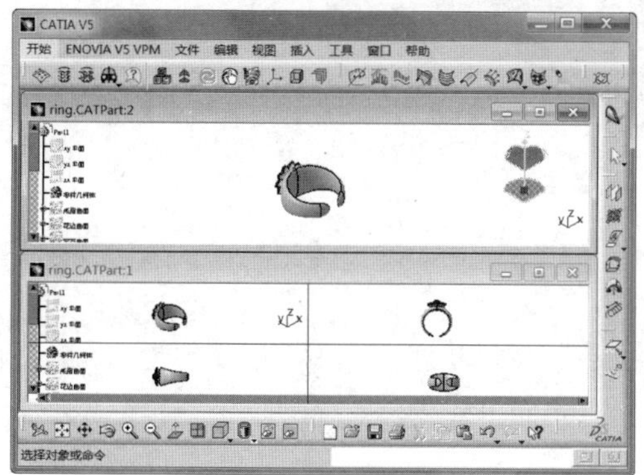

图2-71 水平窗口

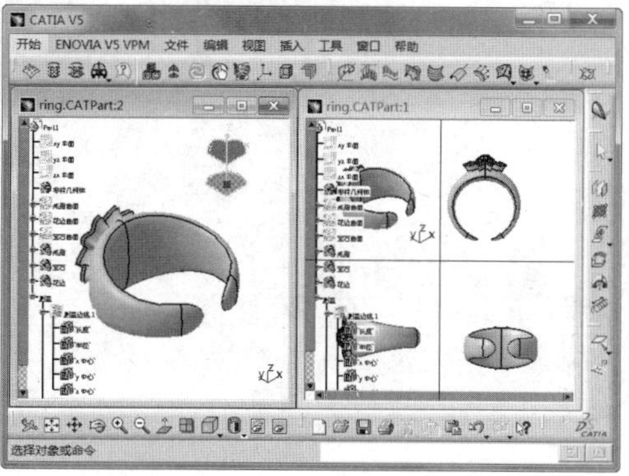

图2-72 垂直窗口

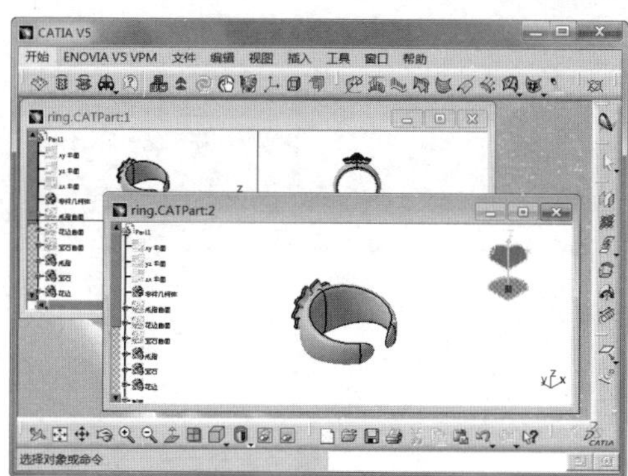

图2-73 层叠窗口

2.4 课后习题

1. 填空题

（1）在CATIA绘图过程中，是通过_____工具条对模型不同视角进行查看的。

（2）_____是CATIA绘图坐标系的名称。

（3）用命令行进行操作，是通过_____来实现的。

（4）鼠标_____是选取键。

2. 问答题

（1）在CATIA操作中，鼠标中键有什么作用？

（2）如何实现多窗口操作？

3. 操作题

通过如图2-74所示的装配体“gong jian”模型进行基本操作。

（1）打开、关闭、另存零件模型。

（2）改变模型的各种状态，包括各种视图和窗口。

（3）选取模型的特征和改变模型的显示。

图2-74　装配体

第3章
踏出CATIA V5R21的第二步

本章介绍了CATIA设计中各个环境设置的作用以及如何正确设置环境来提高工作效率。正确设置工作环境是高级用户必须了解的，正确的环境设置可以让你更得心应手地使用CATIA。本章同时讲解了定制界面的设置方法，以便于读者更方便的定制适合自己的界面，有利于设计过程的顺利进行。

◎ 知识点01：工作环境设置
◎ 知识点02：界面定制
◎ 知识点03：创建模型参考
◎ 知识点04：修改图形属性

3.1 工作环境设置

合理设置工作环境，对于提高工作效率，享受CATIA带给你的个性化环境，都是必需的。设置工作环境是高级用户必须掌握的技能。下面对工作环境的设置方法进行详细的介绍，以便读者对各项功能了然于胸。

动手操作—【常规】设置

01 打开CATIA V5R21，新建一个机械零件，进入绘制界面。

02 选择【工具】|【选项】菜单命令，如图3-1所示，弹出【选项】对话框，CATIA的大多数设置都可以在这里完成，如图3-2所示。

图3-1　选择【工具】|【选项】菜单命令

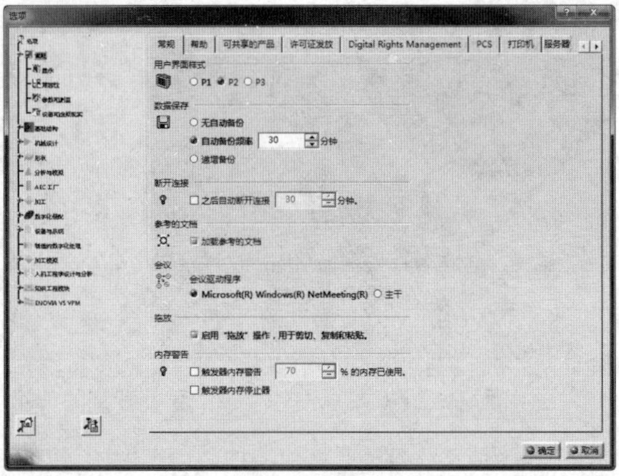

图3-2　【选项】对话框

03 在打开的【选项】选项树上的【常规】选项里，【常规】选项卡的显示如图3-2所示。选择【用户界面样式】为【P2】，当然也可以选择其他样式；【数据保存】设置为30，可以在每隔30分钟的时候自动进行保存文件，防止丢失；启用【加载参考的文档】和【启用“拖放”操作，用于剪切、复制和粘贴】复选框。

04 切换到【可共享的产品】选项卡，如图3-3所示，显示的是CATIA的不同部分和插件，即可以共享使用的产品列表。

05 切换到【打印机】选项卡，如图3-4所示，可以单击【新建】按钮，进行打印机的添加。

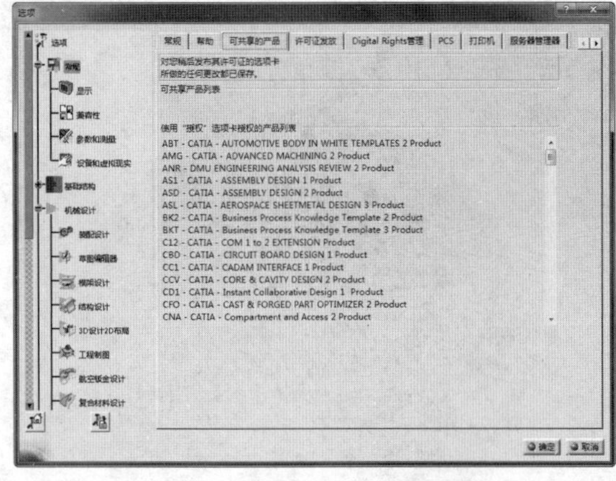

图3-3　【可共享的产品】选项卡

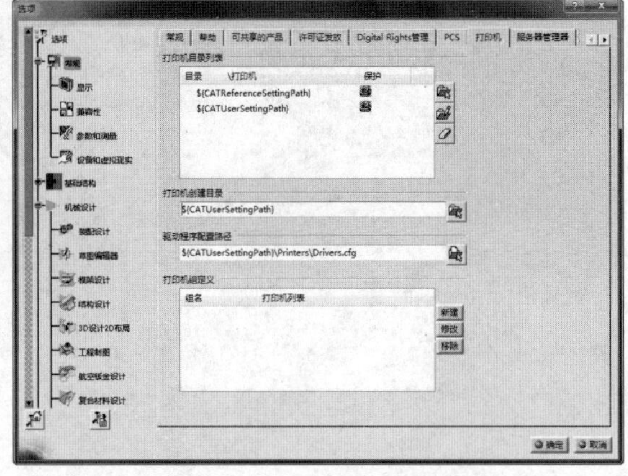

图3-4　【打印机】选项卡

06 打开选项树中【常规】选项的【显示】选项，切换到【树外观】选项卡，如图3-5所示。在【树类型】选项组，选中【经典Windows样式】单选按钮，便于使用；启用【树显示/不显示模式】复选框。

07 切换到【性能】选项卡。在【3D精度】选项组，选中【固定】单选按钮，设置参数为0.2，在【2D】精度组进行同样的设置，在【其他】选项组启用【仅对面和曲面启用两边光照】复选框；在【启用背面剔除】选项组启用【用于属于实体的面】复选框，如图3-6所示。

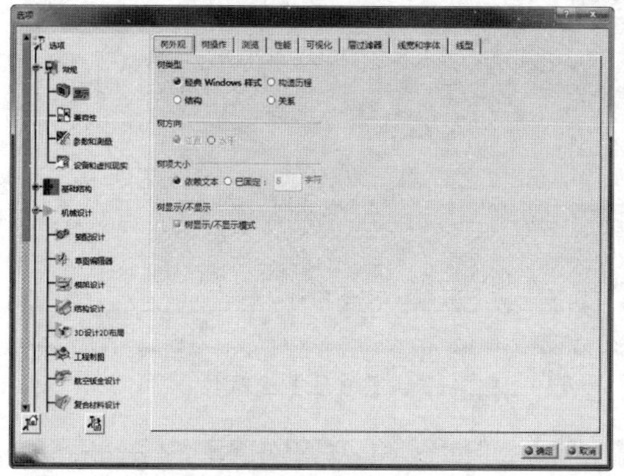

图3-5 【树外观】选项卡

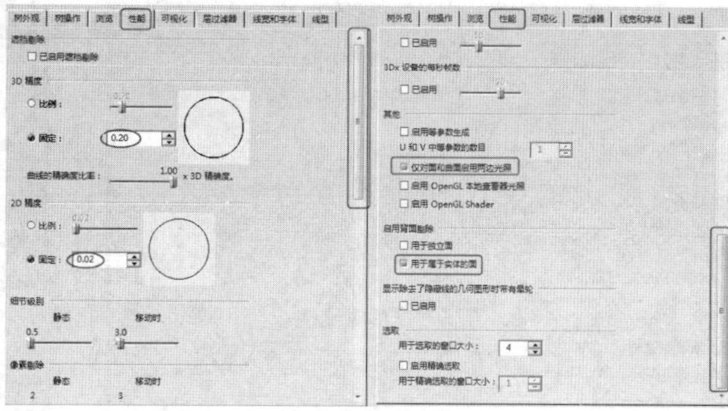

图3-6 【性能】选项卡

08 切换到【可视化】选项卡，如图3-7所示，这里主要设置可视化效果。系统默认的颜色一般可用于设计过程，可根据需要修改。单击展开【背景】下拉列表框，如图3-8所示，选择白色背景，在【预览】选项中可以查看选择的效果。

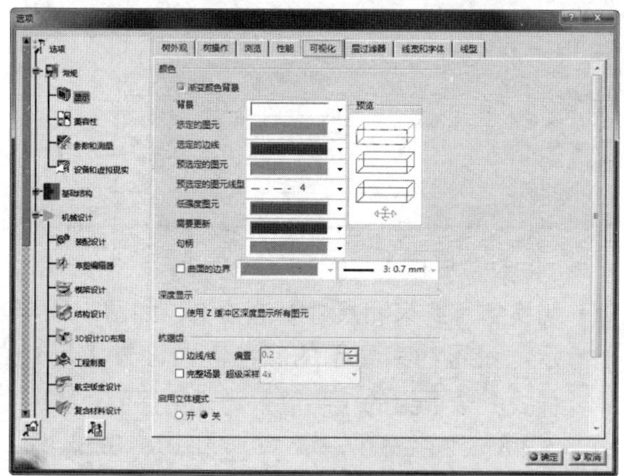

图3-7 【可视化】选项卡

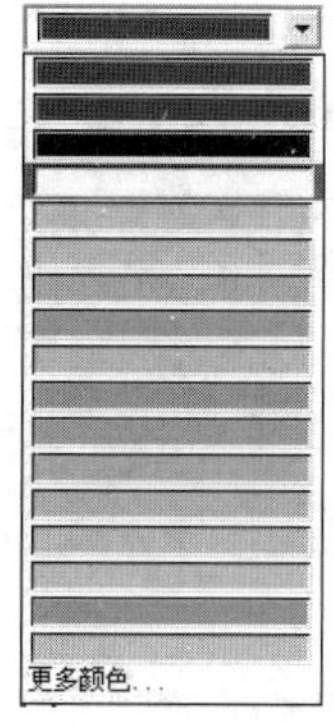

图3-8 【背景】下拉列表框

09 分别切换到【线宽和字体】和【线型】选项卡，如图3-9、图3-10所示，两个选项卡用于设置绘图区显示字体的大小以及线条的样式和宽度。

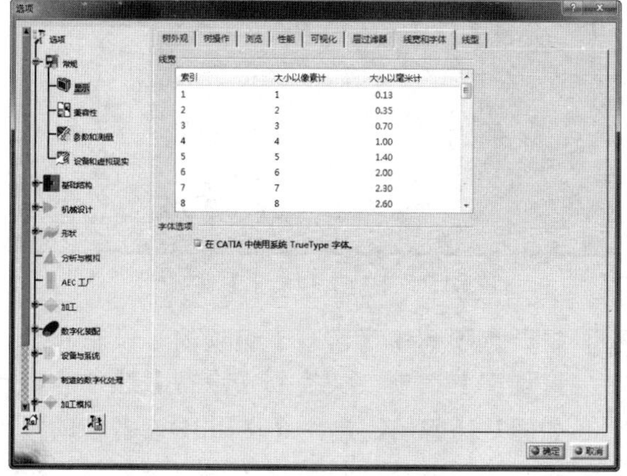

图3-9 【线宽和字体】选项卡

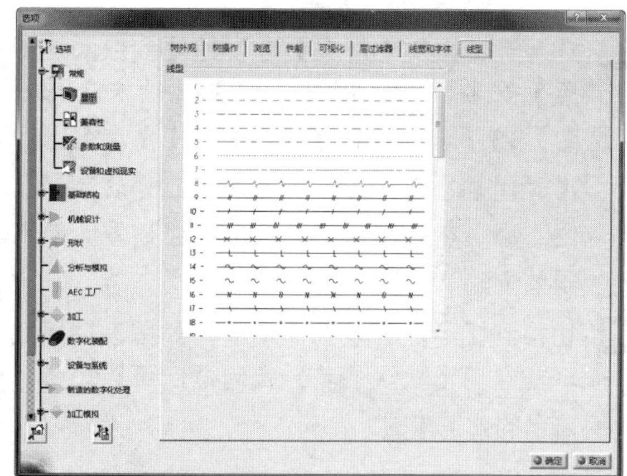

图3-10 【线型】选项卡

10 打开选项树中【常规】选项的【兼容性】选项，切换到【V4/V5工程图】选项卡，如图3-11所示。用于设置工程图的属性，设置【粗体属性限制为V4线宽】为0.2。

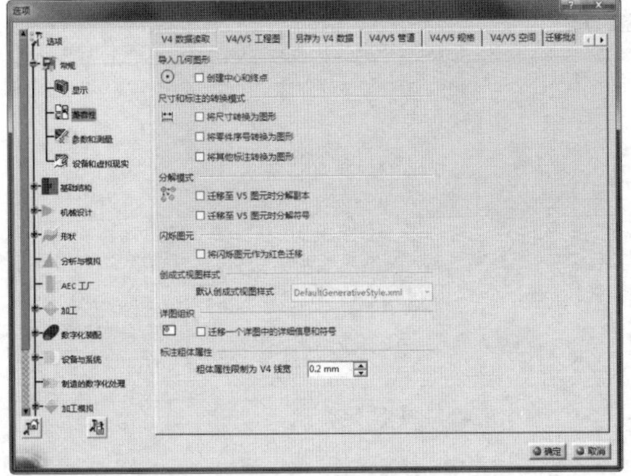

图3-11 【V4/V5工程图】选项卡

11 切换到【外部格式】选项卡，如图3-12所示，设置【每单位的毫米数】为1，设置【输出路径】，以确认输出图形的存储位置。

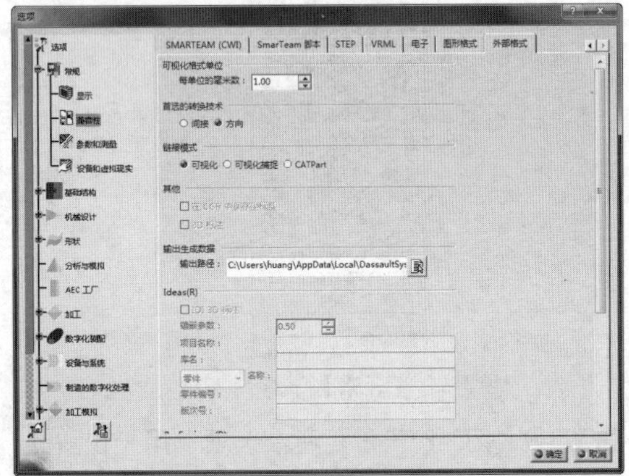

图3-12 【外部格式】选项卡

12 打开选项树中【常规】选项的【参数和测量】选项，切换到【单位】选项卡，如图3-13所示。设置【长度】、【角度】、【时间】、【质量】和【体积】为公制单位。如果在英制环境下，也可以设置为英制单位。

13 切换到【参数公差】选项卡，如图3-14所示，启用【默认公差】复选框，可以设置自己的公差范围。

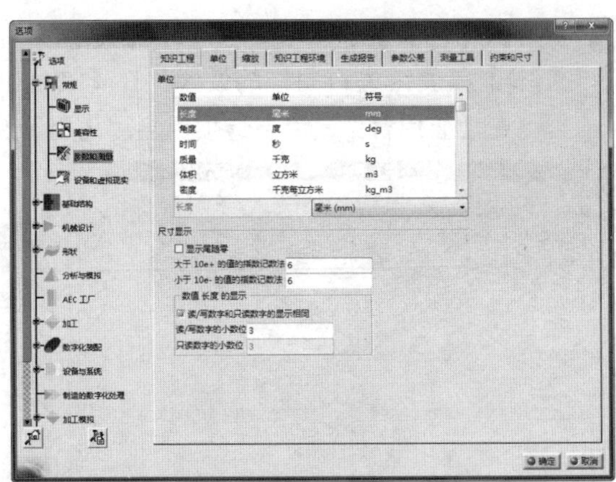

图3-13 【单位】选项卡

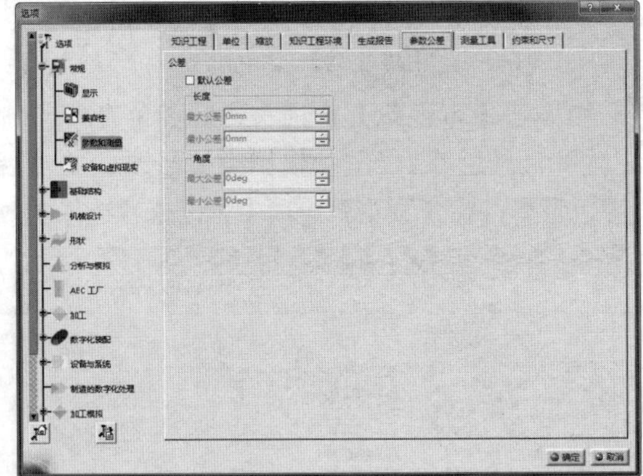

图3-14 【公差】选项卡

14 切换到【约束和尺寸】选项卡，如图3-15所示，设置约束显示的颜色，并设置【尺寸样式】选项组的【缩放】为【中等】。

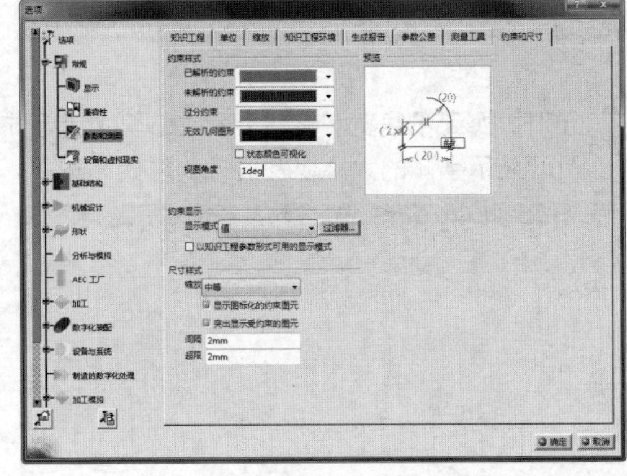

图3-15 【约束和尺寸】选项卡

15 打开选项树中【常规】选项的【设备和虚拟现实】选项，切换到【设备】选项卡，如图3-16所示。启用【使用3D设备移动指南针】复选框，可以使用虚拟设备来进行绘图。

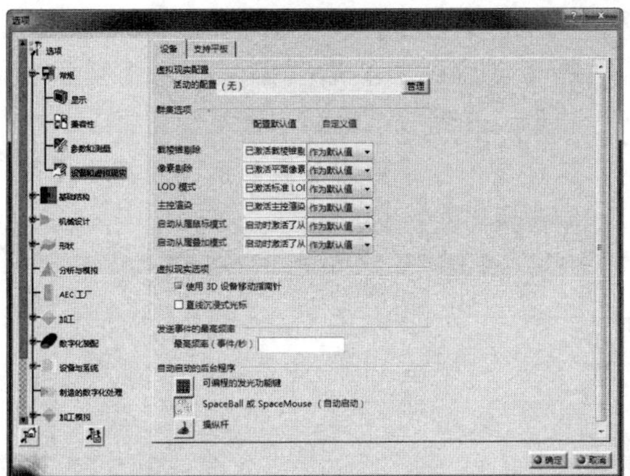

图3-16 【设备】选项卡

动手操作——【机械设计】设置

01 打开选项树中【机械设计】选项的【装配设计】选项，切换到【常规】选项卡，如图3-17所示。在【更新】选项组选中【手动】单选按钮；在【打开时计算精确更新状态】选项组中选择【手动】单选按钮。

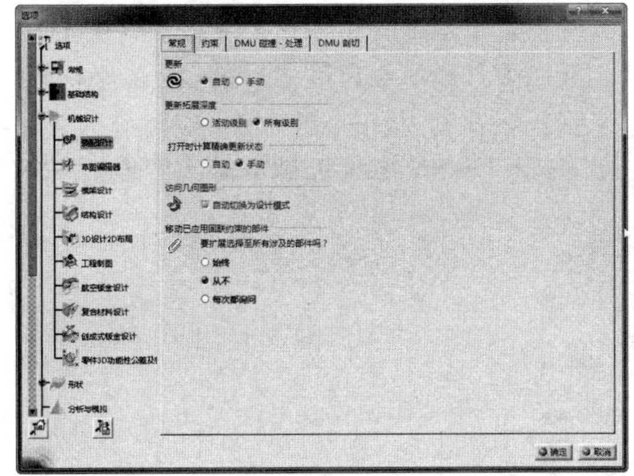

图3-17 【常规】选项卡

02 切换到【约束】选项卡，如图3-18所示，在【粘贴部件】选项组选中【不应用装配约束】单选按钮；在【创建约束】选项组选中【使用任何几何图形】单选按钮，使任何几何图形都可以创建约束。

03 打开选项树中【机械设计】选项的【草图编辑器】选项，如图3-19所示。在【网格】选项组启用【显示】复选框，设置【点捕捉】的【原始距离】为100，【刻度】为10；在【草图平面】选项组，取消启用【将草图平面着色】复选框，使草图透明显示，便于绘图。

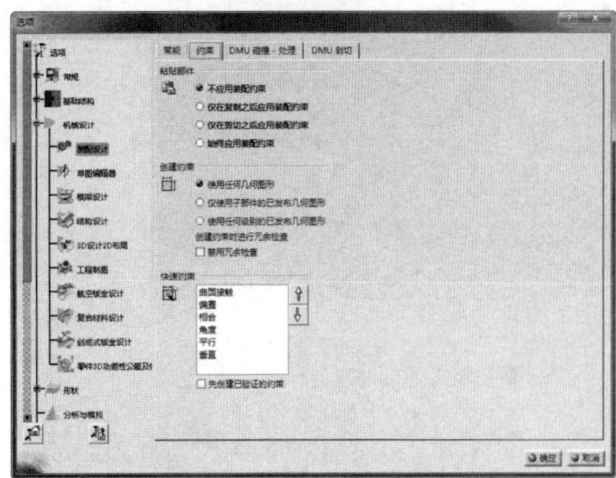

图3-18 【约束】选项卡

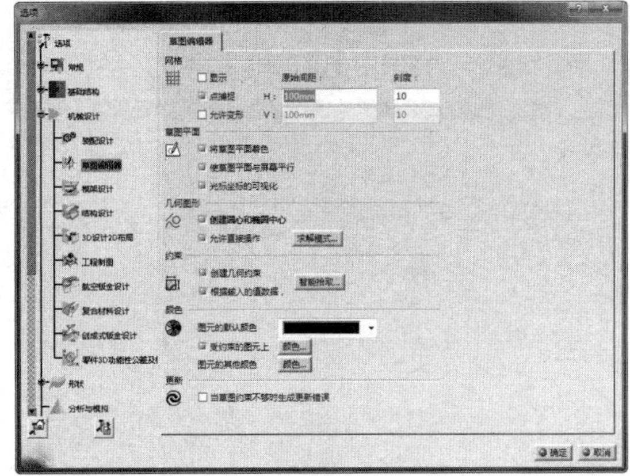

图3-19 【草图编辑器】选项卡

04 打开选项树中【机械设计】选项的【3D设计2D布局】选项，切换到【创建视图】选项卡，如图3-20所示。【显示模式】设置为【标准】选项。

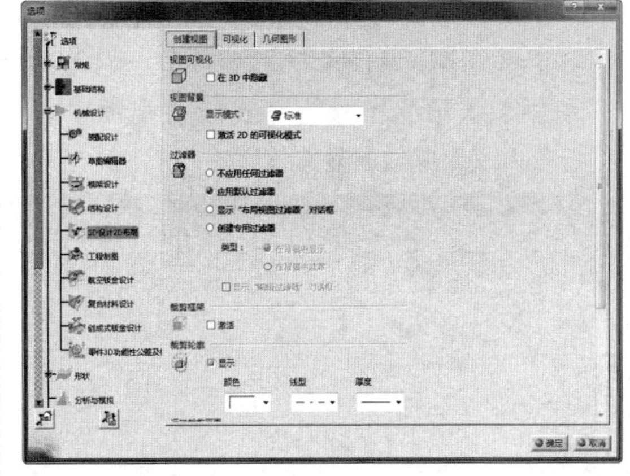

图3-20 【创建视图】选项卡

05 切换到【可视化】选项卡，如图3-21所示，启用【加载布局时显示】和【拓展突出显示】复选框。

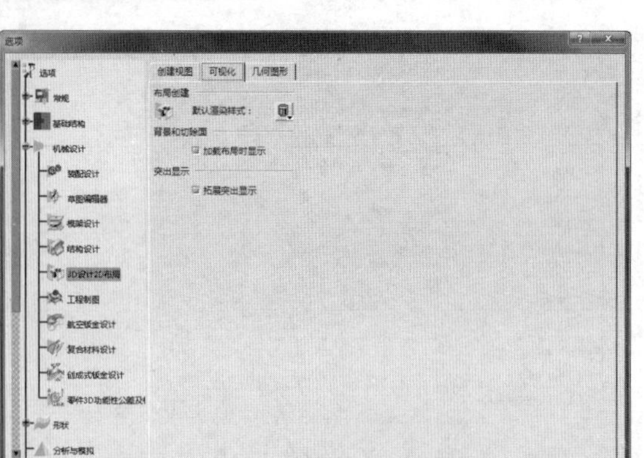

图3-21 【可视化】选项卡

06 切换到【几何图形】选项卡，如图3-22所示，设置【受保护的图元】颜色为黄色。

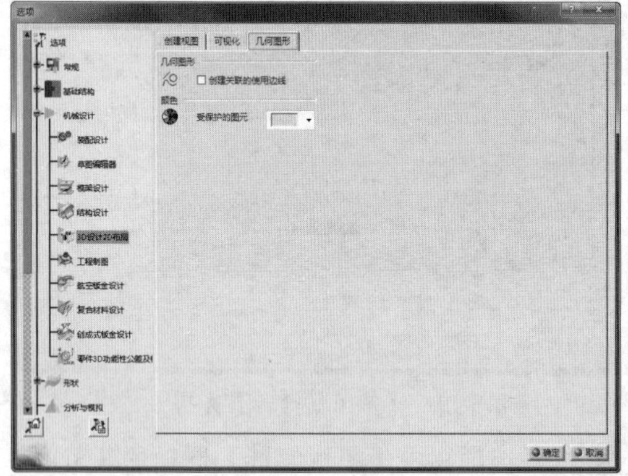

图3-22 【几何图形】选项卡

07 打开选项树中【机械设计】选项的【工程制图】选项，切换到【常规】选项卡，如图3-23所示。设置【网格】选项组【点捕捉】的【原始距离】和【刻度】；在【视图轴】选项组，启用【在当前视图中显示】和【可缩放】复选框。

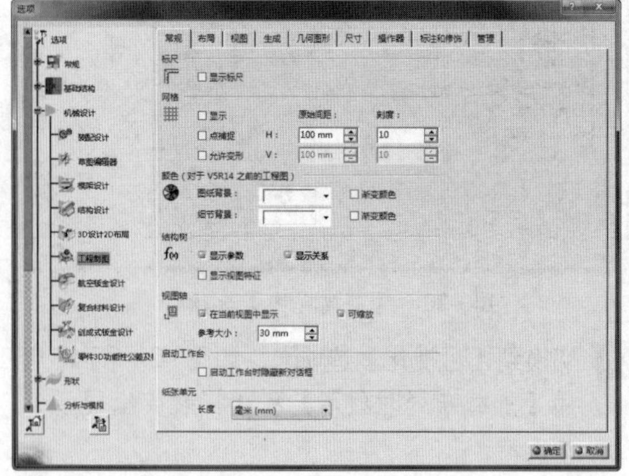

图3-23 【常规】选项卡

08 切换到【布局】选项卡，如图3-24所示，在【创建视图】选项组，启用【视图名称】、【缩放系数】和【视图框架】三个复选框；在【新建图纸】选项组启用【复制背景视图】复选框。

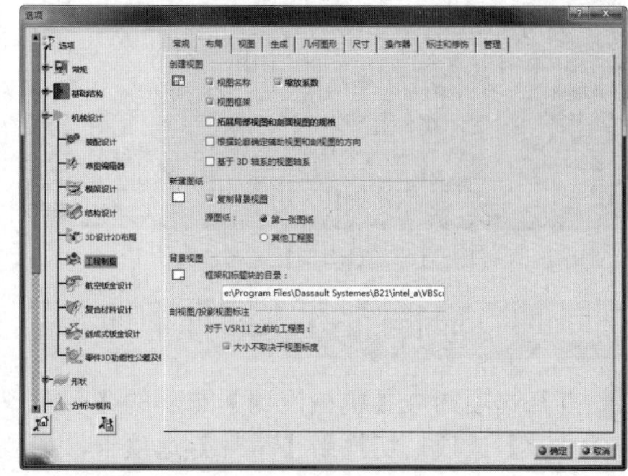

图3-24 【布局】选项卡

09 切换到【视图】选项卡，如图3-25所示，在【生成/修饰几何图形】选项组启用【生成圆角】和【应用3D规格】复选框；在【生成视图】选项组启用【视图生成的精确预览】复选框，便于查看精确视图。

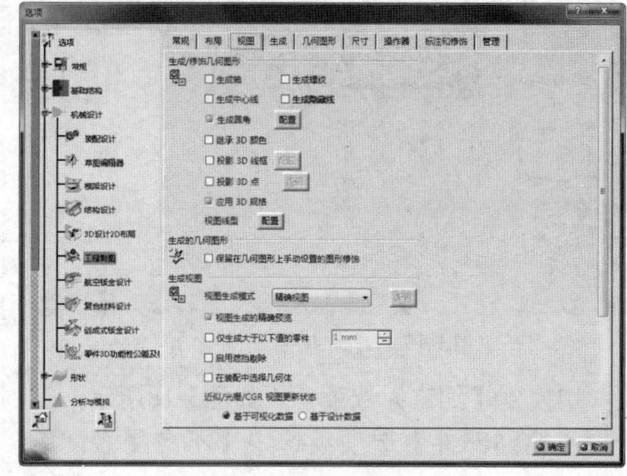

图3-25 【视图】选项卡

10 切换到【生成】选项卡，如图3-26所示，在【尺寸生成】选项组启用【生成后分析】复选框，在使用尺寸时可以进行分析，防止过约束。

11 切换到【几何图形】选项卡，如图3-27所示，在【几何图形】选项组，启用【创建圆心和椭圆中心】复选框；在【约束显示】选项组启用【显示约束】复选框，在绘图当中可以查看约束。

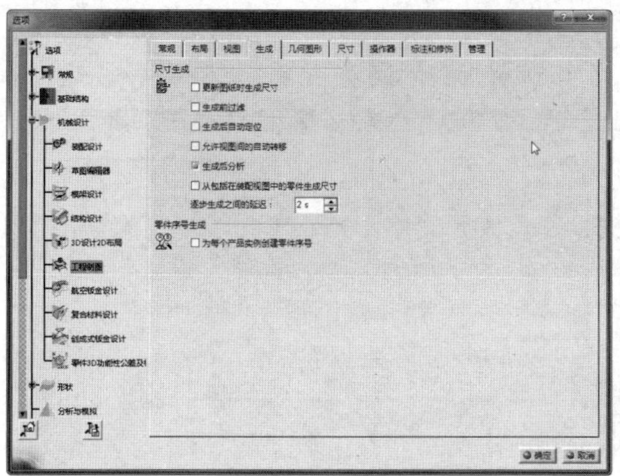

图3-26 【生成】选项卡

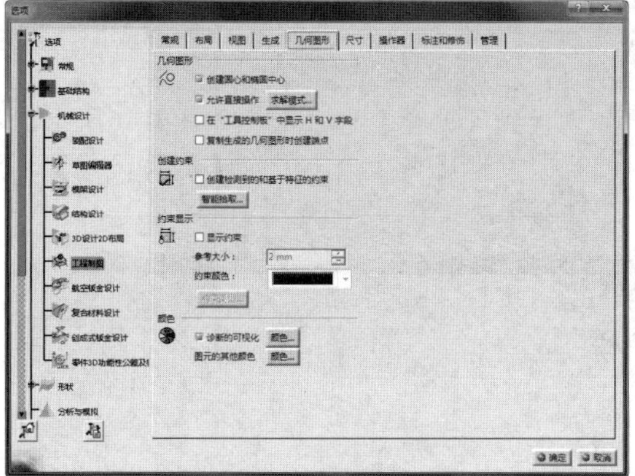

图3-27 【几何图形】选项卡

12 切换到【尺寸】选项卡，如图3-28所示，在【创建尺寸】选项组，启用【跟随光标（CTRL切换）的尺寸】复选框，可以在绘图时直接跟随光标进行捕捉目标；在【移动】选项组，启用【默认捕捉】复选框。

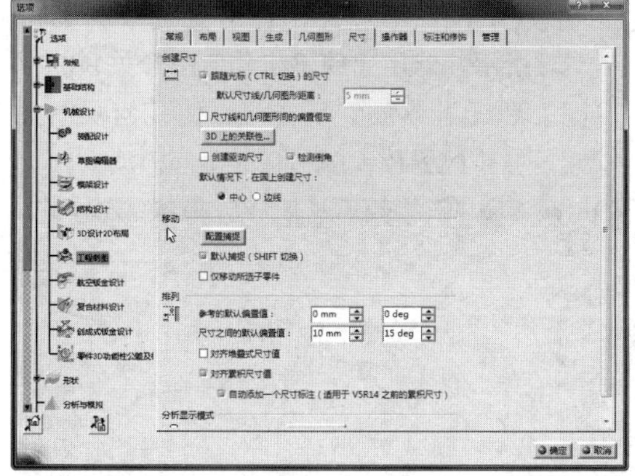

图3-28 【尺寸】选项卡

13 切换到【操作器】选项卡，如图3-29所示，在【尺寸操作器】选项组中选择启用【修改消隐】和【移动尺寸引出线】选项后的【修改】复选框，使其可以进行修改。

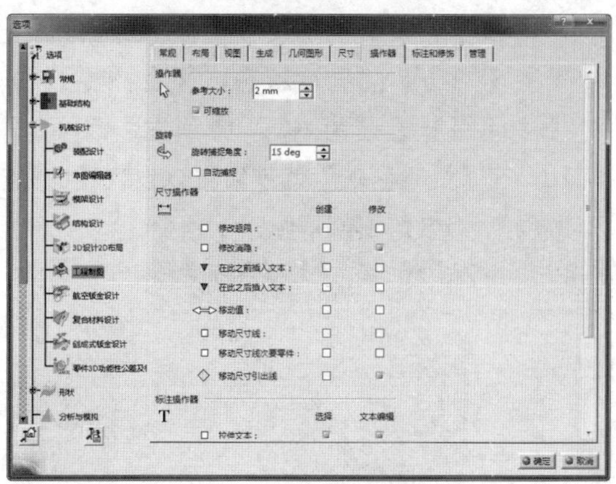

图3-29 【操作器】选项卡

14 切换到【标注和修改】选项卡，如图3-30所示，在【移动】选项组启用【默认捕捉】复选框，默认可以对目标进行捕捉。

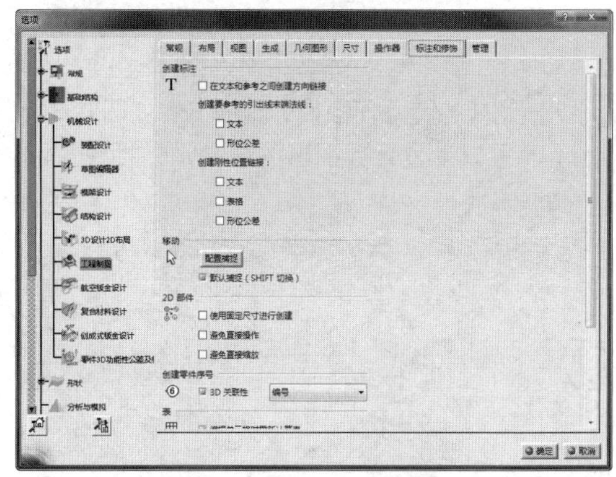

图3-30 【标注和修改】选项卡

15 打开选项树中【机械设计】选项的【零件3D功能性公差及标注】选项，切换到【公差】选项卡，如图3-31所示。在【公差标准】选项组【创建时的默认标准】下拉列表框中选择【ISO-3D】选项，使用国际公差标准。

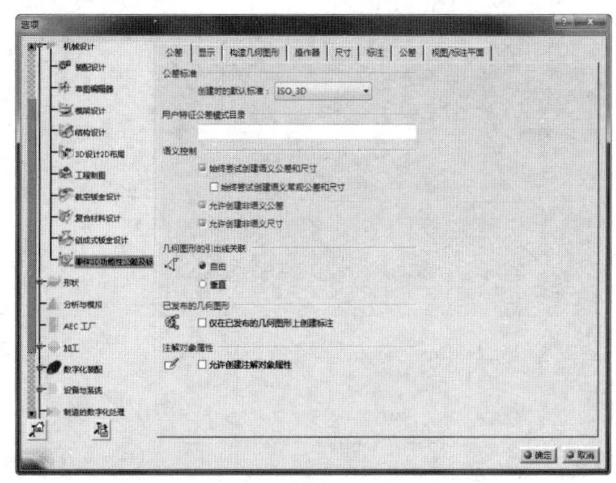

图3-31 【公差】选项卡

16 切换到【显示】选项卡，如图3-32所示，设置【网格】的显示状态，【点捕捉】的【主间距】设置为100，【刻度】设置为10；在【受限区域】选项组可以设置【曲面颜色】和边线的属性等。

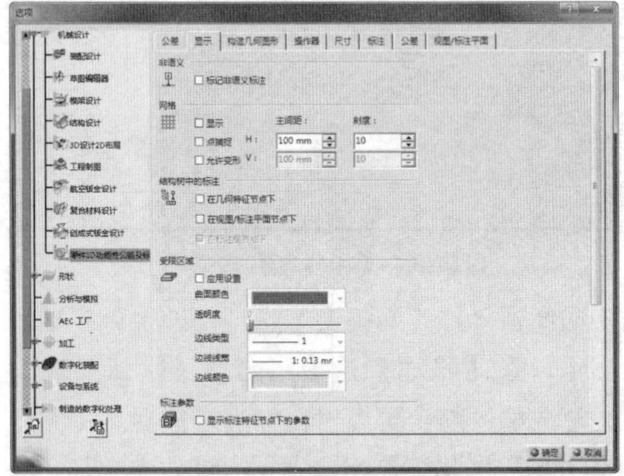

图3-32 【显示】选项卡

17 切换到【构造几何图形】选项卡，如图3-33所示，可以设置几何图形的属性，包括线型和颜色等。

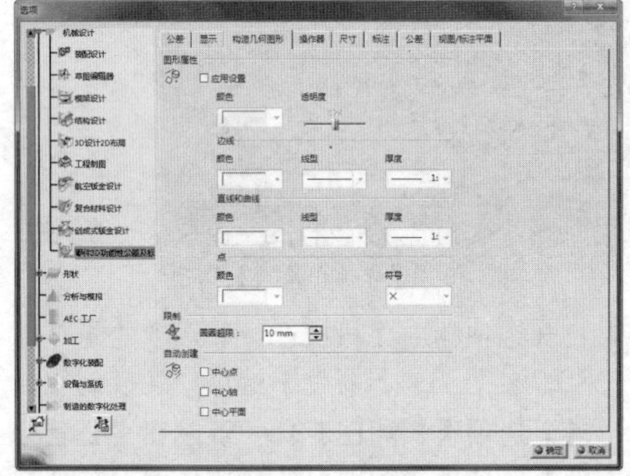

图3-33 【构造几何图形】选项卡

18 切换到【操作器】选项卡，如图3-34所示，可以设置图形属性。

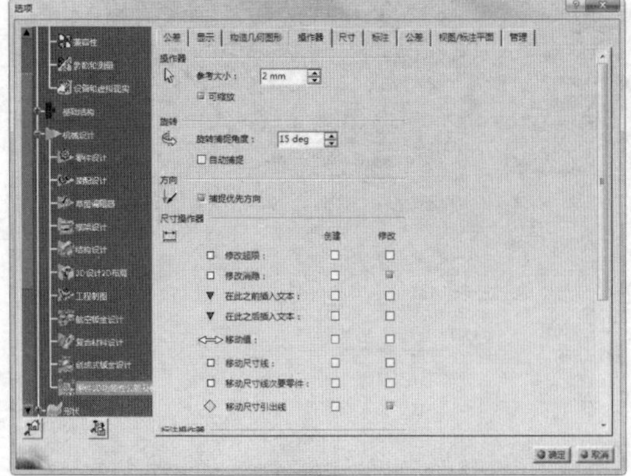

图3-34 【操作器】选项卡

19 切换到【尺寸】选项卡，如图3-35所示，可以设置尺寸的属性。

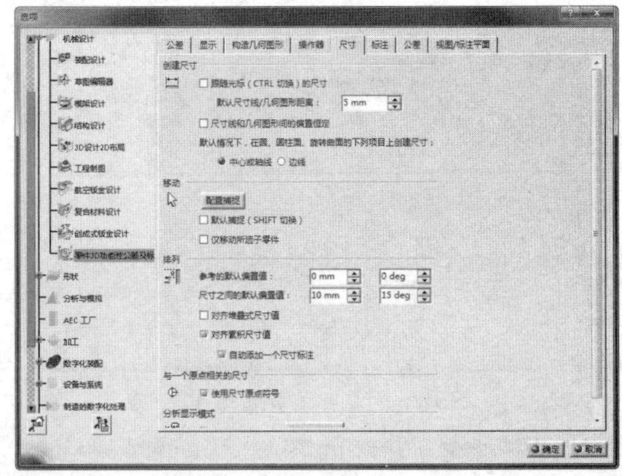

图3-35 【尺寸】选项卡

20 切换到【公差】选项卡，如图3-36所示，可以设置【角度大小】、【倒角尺寸】和【线性尺寸】的属性。

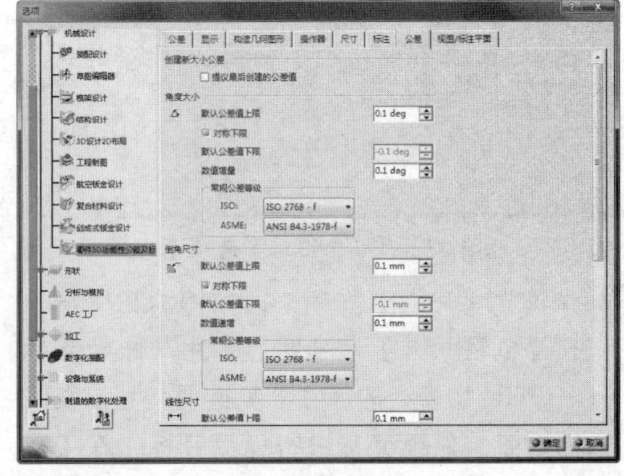

图3-36 【公差】选项卡

21 切换到【视图/标注平面】选项卡，如图3-37所示，启用【创建与几何图形关联的视图】和【可缩放】复选框，使几何视图关联，并可以缩放视图和标注平面。

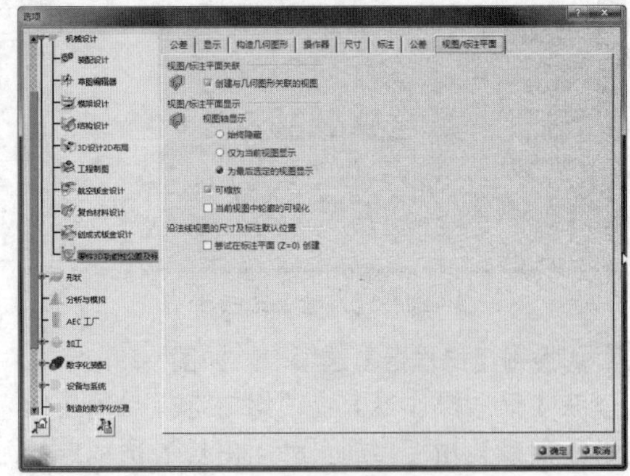

图3-37 【视图/标注平面】选项卡

动手操作——【形状】设置

01 打开选项树中【形状】选项的【自由曲面】选项，切换到【常规】选项卡，如图3-38所示。设置【几何图形】选项组的【公差】项目数值；在【显示】选项组启用【连续】、【阶次】和【接触点】复选框，用于自由曲面的属性显示。

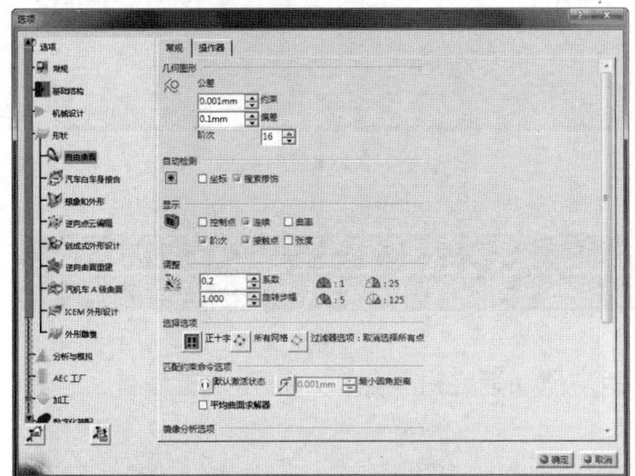

图3-38 【常规】选项卡

02 切换到【操作器】选项卡，如图3-39所示，可以设置转换器和网格的属性，包括【颜色】、【类型】和【线宽】选项。

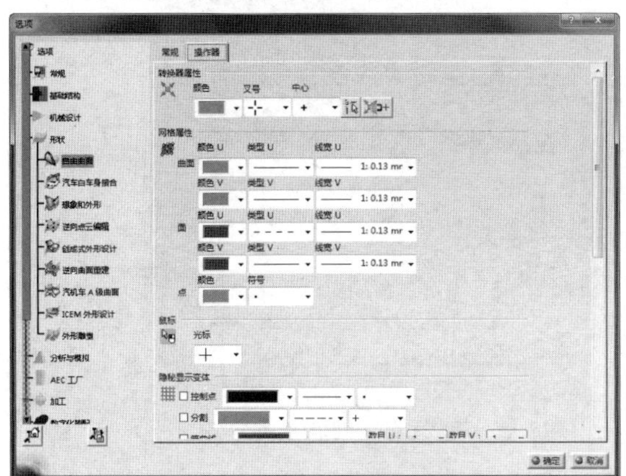

图3-39 【操作器】选项卡

03 打开选项树中【形状】选项的【创成式外形设计】选项，切换到【常规】选项卡，如图3-40所示。设置【合并距离】和【最大偏差】均为0.001，启用【限制为输入的边界框的轴可视化】复选框，使轴可视。

04 切换到【工作支持面】选项卡，如图3-41所示，设置【工作支持面】的【原始间距】和【刻度】。

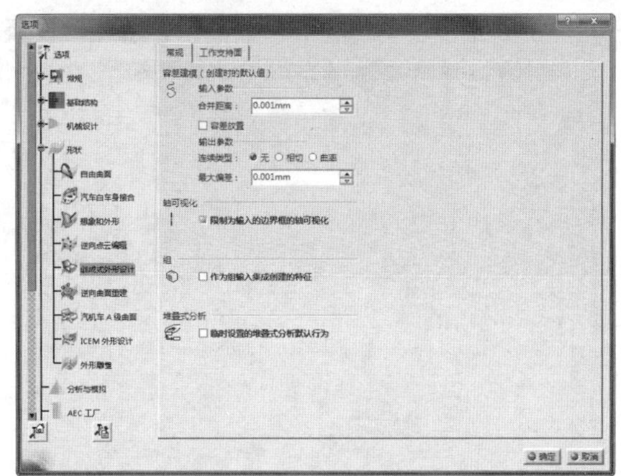

图3-40 【常规】选项卡

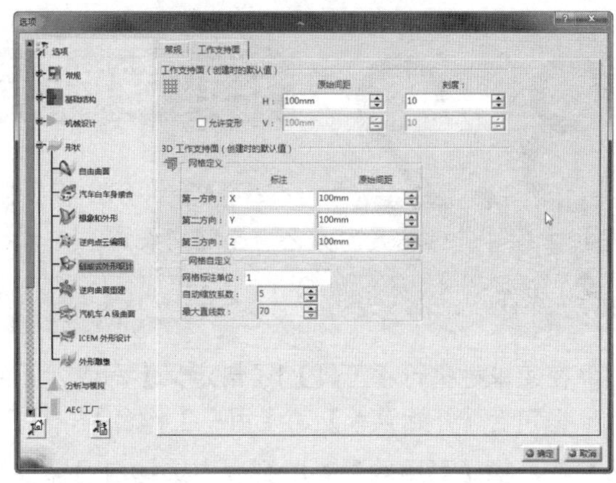

图3-41 【工作支持面】选项卡

05 打开选项树中【形状】选项的【汽机车A级曲面】选项，切换到【常规】选项卡，如图3-42所示。设置【几何图形】选项组的【公差】数值和【显示】选项组的各个属性。

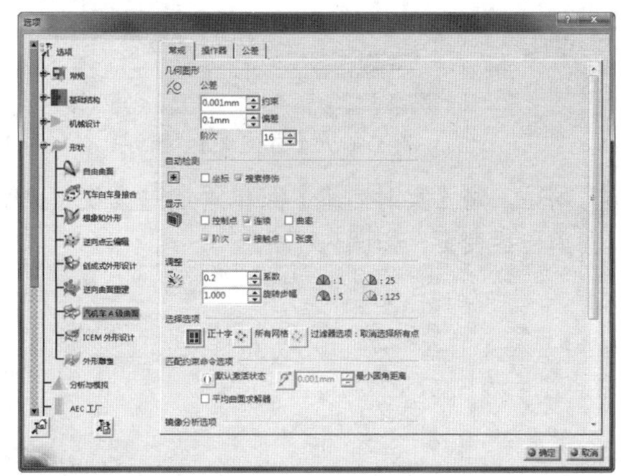

图3-42 【常规】选项卡

06 切换到【操作器】选项卡，如图3-43所示，设置【转换器属性】和【网格属性】。

07 切换到【公差】选项卡，如图3-44所示，设置【连续公差】属性和【约束条件的颜色】。

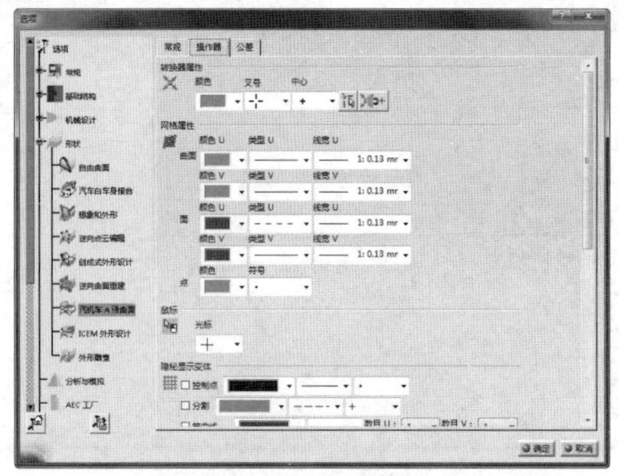

图3-43 【操作器】选项卡

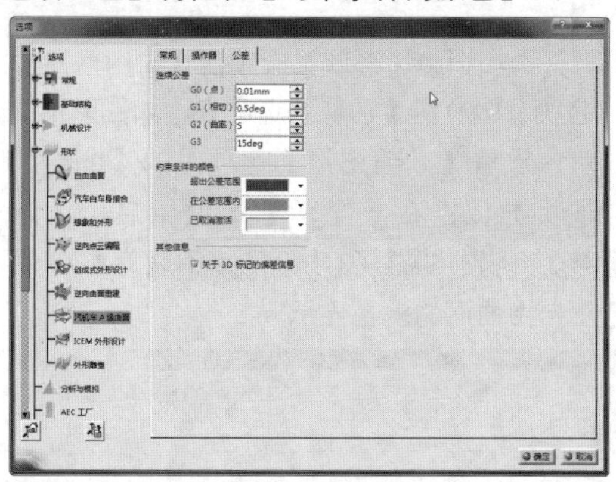

图3-44 【公差】选项卡

3.2 界面定制

CATIA允许用户根据自己的习惯和爱好对开始菜单、用户工作台、工具栏和命令等进行设置，称之为自定义设置。

动手操作—定制菜单

01 在菜单栏执行【工具】|【自定义】命令，系统弹出【自定义】对话框，如图3-45所示，该对话框包含【开始菜单】、【用户工作台】、【工具栏】、【命令】和【选项】5个选项卡。

02 在左侧【可用的】菜单列表中选择自己需要添加的选项，单击【添加】按钮，菜单选项将被添加进右侧的收藏夹中，如图3-46所示。

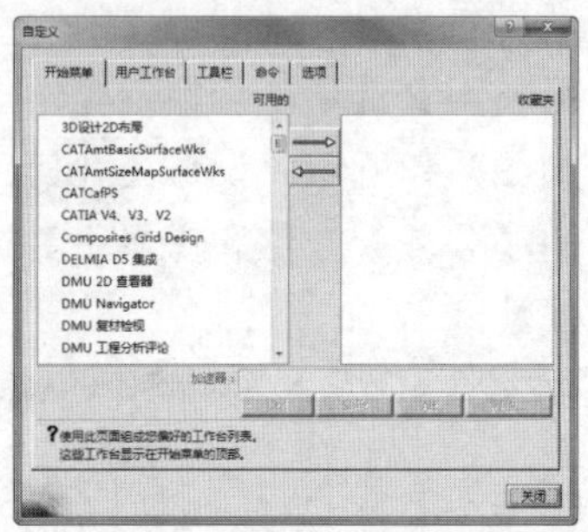

图3-45 【自定义】对话框

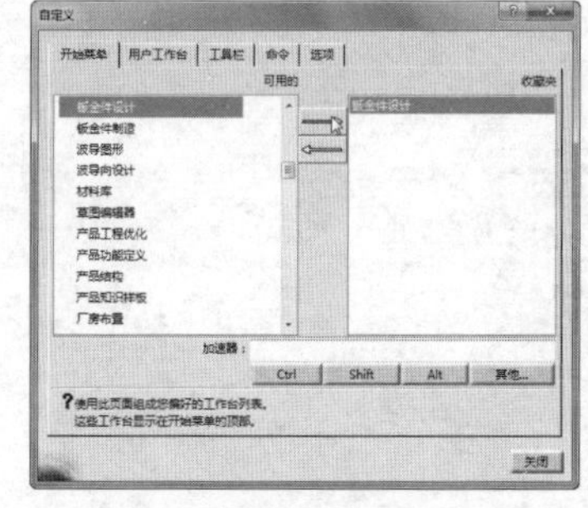

图3-46 添加菜单到收藏夹中

03 同理，将【实时渲染】菜单添加进【收藏夹】。这时打开【开始】菜单，可以看到【开始】菜单已经变更，如图3-47所示。

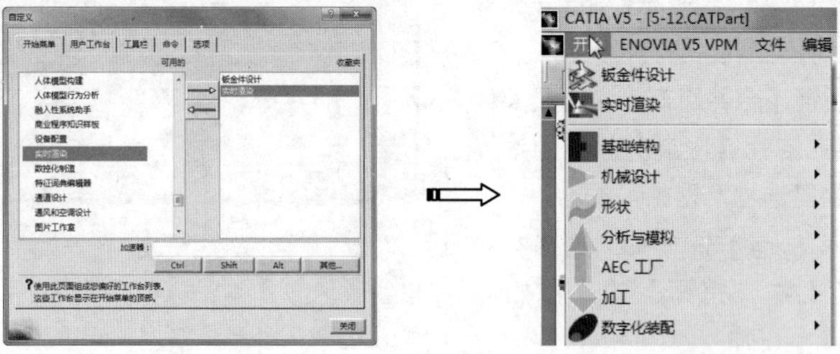

图3-47 添加【实时渲染】菜单到【开始】菜单中

如果要去除添加到【开始】菜单的项目，则在【自定义】对话框【收藏夹】列表选择相应的选项，单击向左的箭头即可移除菜单，如图3-48所示。

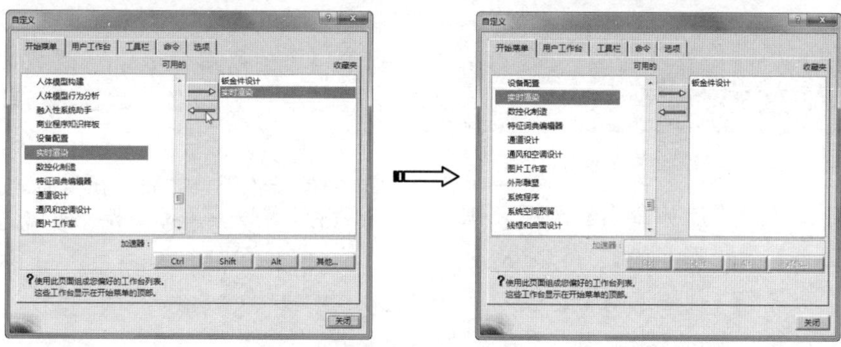

图3-48 移除菜单

动手操作——定制用户工作台

01 打开【用户工作台】选项卡，如图3-49所示。

02 对用户当前的工作台进行新建、删除以及重命名。

03 选择好当前工作台，再转到【工具栏】选项卡为当前工作台添加工具栏。

动手操作——定制工具栏

【工具栏】选项卡用于对在【用户工作台】选项卡中选中的当前工作台添加或删除工具栏，列表框中显示已经添加的工具栏，在默认情况下，系统会把一些常用的工具栏添加到用户定义的工作台中。

01 切换到【工具栏】选项卡，如图3-50所示。

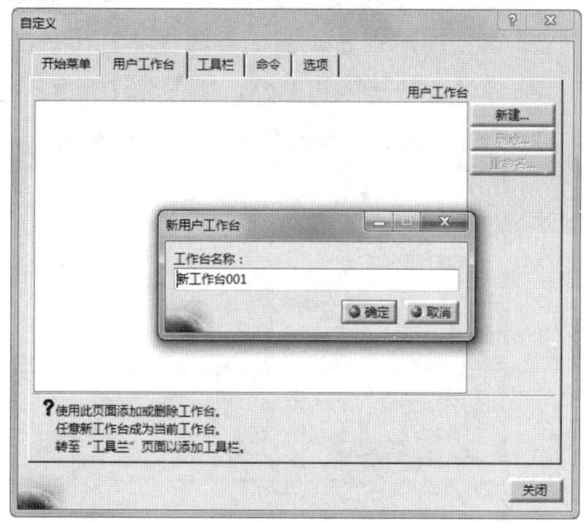

图3-49 【用户工作台】选项卡

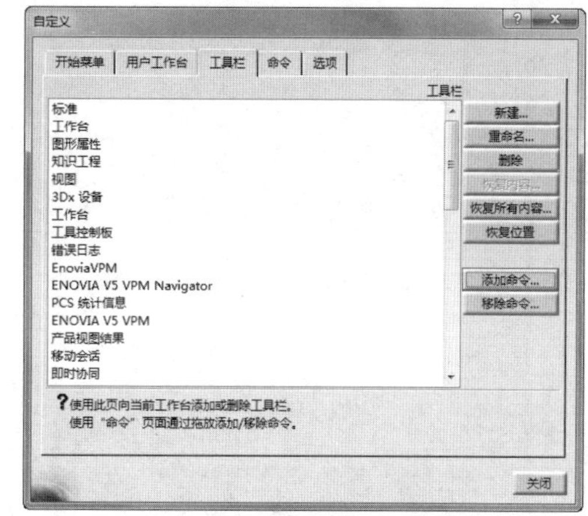

图3-50 【工具栏】选项卡

02 如果要新建工具条，单击【新建】按钮，弹出【新工具栏】对话框，如图3-51所示，选择【D5集成分析】选项的工具条，则绘图区会显示相应的工具条，如图3-52所示。

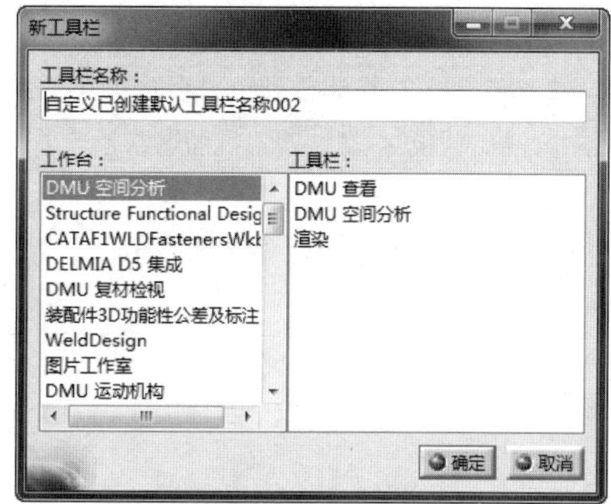

图3-51 【新工具栏】对话框

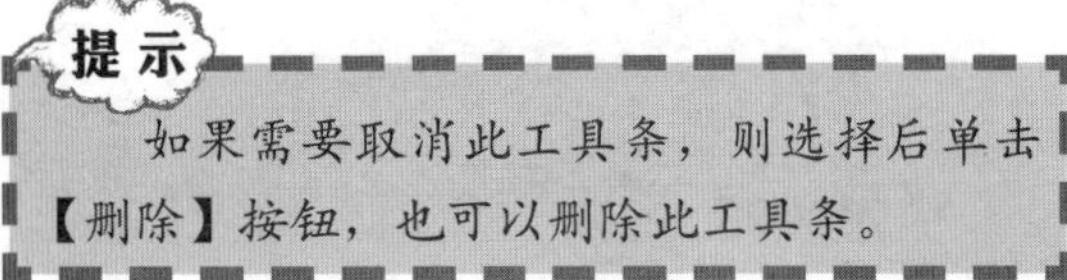

图3-52 【D5集成分析】工具条

提 示

如果需要取消此工具条，则选择后单击【删除】按钮，也可以删除此工具条。

03 当新建了工具条后，需要在工具条上添加新的命令。单击【添加命令】按钮，弹出【命令列表】对话框，如图3-53所示。选择【“虚拟现实”视图追踪】选项，单击【确定】按钮，则在【标准】工具条添加的新命令，如图3-54所示。

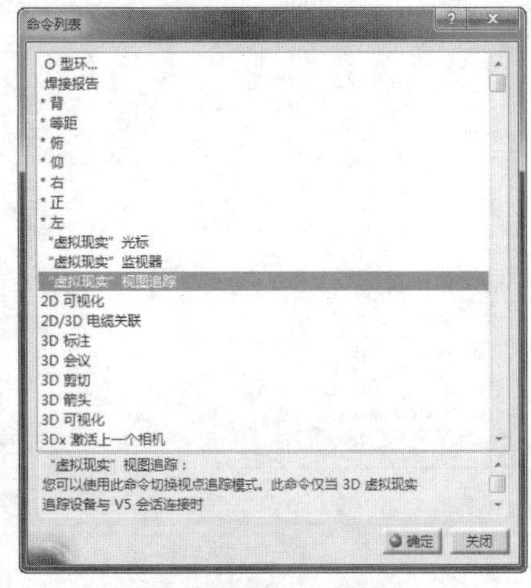

图3-53 【命令列表】对话框

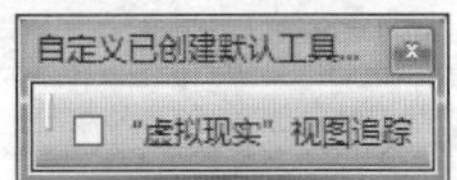

图3-54 添加新命令

04 如果要删除命令，单击【自定义】对话框的【移除命令】按钮，弹出【命令列表】对话框，选择【“虚拟现实”视图追踪】选项，单击【确定】按钮，即可删除。如图3-55所示。

图3-55 选择删除命

动手操作—定制命令

【命令】选项卡，该选项卡用于为【工具栏】选项卡中定义的工具栏添加命令。【类别】列表框中列出了当前可以使用的命令类别，在【命令】列表框中显示选中的类别下包含的所有命令，可以将命令直接拖到工具栏中，列表框下面显示当前命令的图标和简短描述。

01 新建一个工具栏后，在【命令】选项卡中找到所需要的命令，选中此命令拖动至新工具栏中，如图3-56所示。

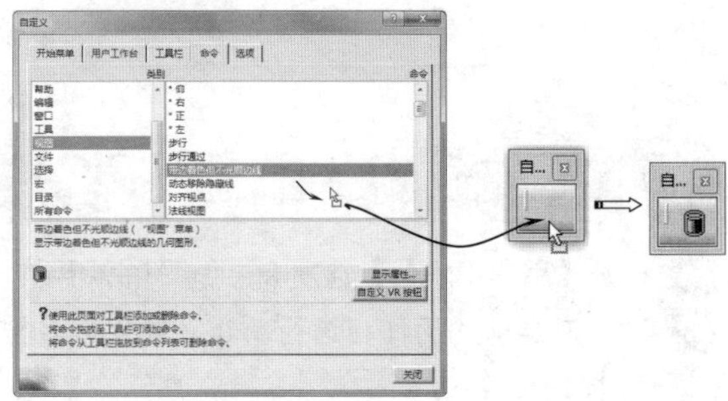

图3-56 添加新命令至工具栏中

02 单击【自定义VR】按钮，可以自定义按钮的图标样式。

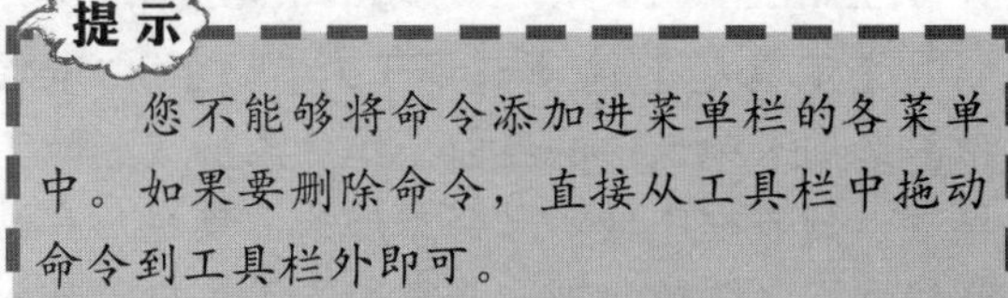

提 示

您不能够将命令添加进菜单栏的各菜单中。如果要删除命令，直接从工具栏中拖动命令到工具栏外即可。

03 单击【显示属性】按钮，对话框中增加了如图所示命令属性选项组，显示了当前命令的标题、用户别名、图标等属性，并可给当前命令设置快捷键和图标，如图3-57所示。

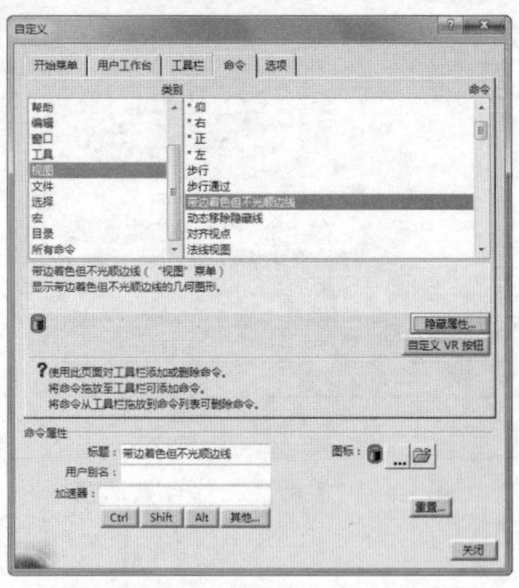

图3-57 显示命令的属性设置

动手操作—定制选项

【选项】选项卡用于设置Catia V5工具栏环境中的其他杂项，如图3-58所示。

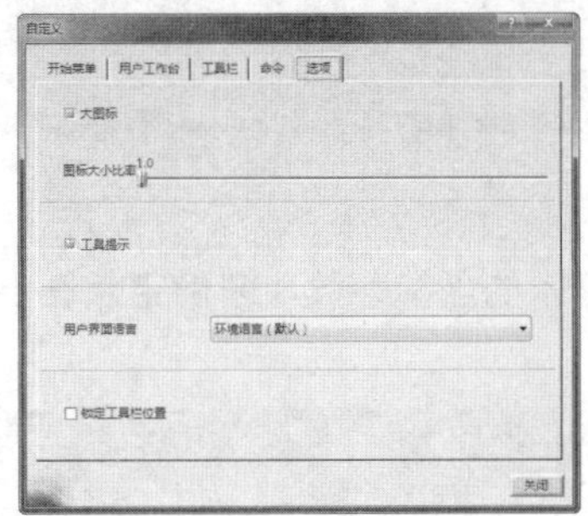

图3-58 【选项】选项卡

01 选中【大图标】复选框，工具栏中各个命令的图标都使用大图标。

02 选中【工具提示】复选框，鼠标移动到命令图标上时，会显示关于该工具功能的简短提示，否则不会给出提示。

03 【用户界面语言】下拉列表框用于设置用户界面语言，缺省设置为环境语言，修改此项设置，系统弹出提示对话框，提示该项设置的修改需要重新启动Catia V5系统才能生效。如图3-59所示。

04 选中【锁定工具栏位置】复选框，锁定的工具栏当前位置，用户不能移动。

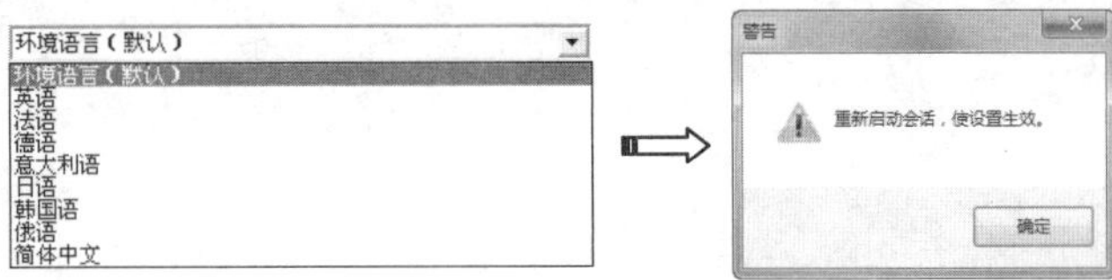

图3-59 设置环境语言

3.3 创建模型参考

用户在建模过程中，常常会利用CAITA的参考图元（基准工具）工具创建基准特征，包括基准点、基准线、基准平面和轴系（参考坐标系）。创建基准的【参考图元（扩展的）】工具条如图3-60所示。

图3-60 【参考图元（扩展的）】工具条

3.3.1 参考点

参考点的创建方法较多，下面详细列举。

在菜单栏执行【开始】|【机械设计】|【零件设计】命令，进入零件设计工作平台中。在【参考图元（扩展的）】工具条中单击【点】按钮▪，打开【点定义】对话框，如图3-61所示。

图3-61 【点定义】对话框

提示

“点类型”旁有一个锁定按钮，可以防止在选择几何图形时自动更改该类型。只需单击此按钮，锁就变为红色。例如，如果选择【坐标】类型，则无法选择曲线。如果想选择曲线，请在下拉列表中选择其他类型。

1.【坐标】方法

此方法是以输入当前工作坐标系的坐标参数，来确定点在空间中的位置。输入值是根据参考点和参考轴系进行的。

动手操作—以【坐标】方法创建参考点

01 单击【点】按钮，打开【点定义】对话框。

02 默认情况下，参考点以绝对坐标系原点作为参考进行创建的。您可以激活【点】，选取绘图区中的一个点作为参考，那么输入的坐标值就是以此点进行参考的，如图3-62所示。

提示

如果需要删除指定的参考点或轴系。可以选择右键菜单的【清除选择】命令。

03 在【点类型】列表中选择【坐标】类型，程序自动将绝对坐标系设为参考。输入新点的坐标值，如图3-63所示。

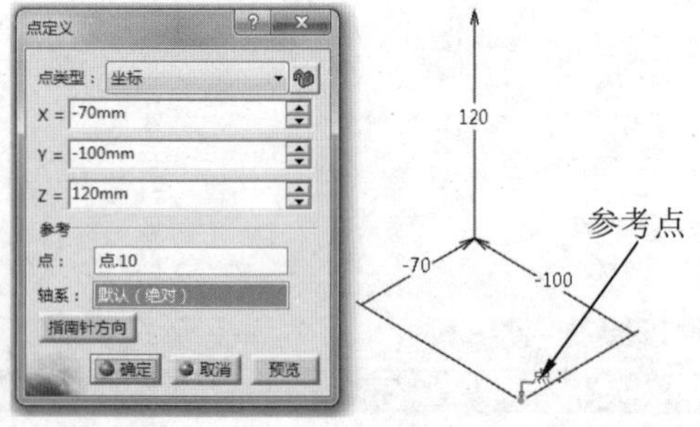

图3-62 指定参考点来输入新点坐标

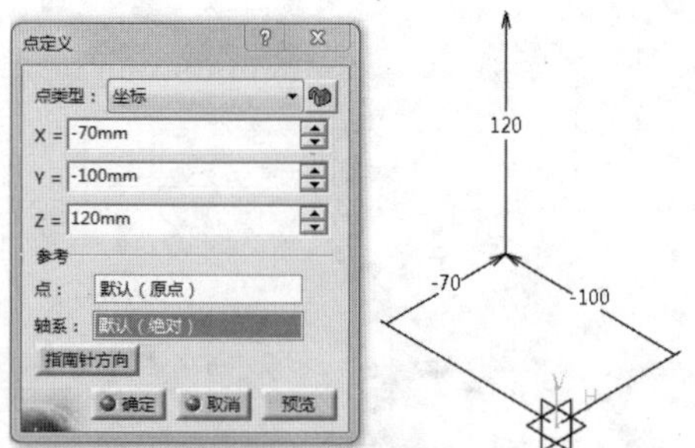

图3-63 以默认的绝对坐标系作为参考

04 当然用户也可以在绘图区中选择右键菜单的【创建轴系】命令，临时新建一个参考坐标系，如图3-64所示。

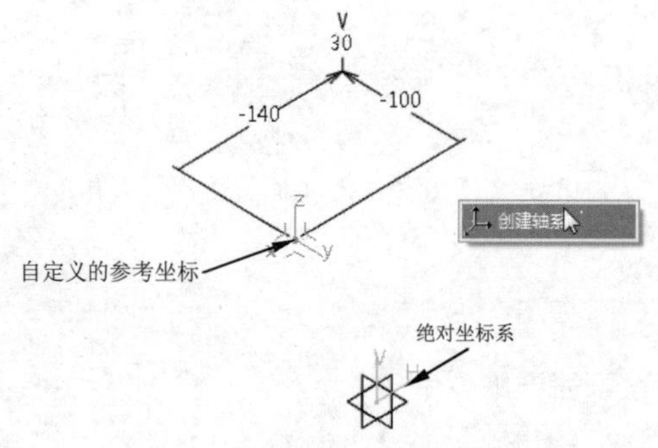

图3-64 创建自定义的参考坐标系

提示

提示一下，CATIA软件中的“轴系”，就是图形学中的“坐标系”。

05 最后单击【确定】按钮，完成参考点的创建。

2.【曲线上】方法

此方法是在指定的曲线上创建点。采用此方法的【点定义】对话框如图3-65所示。

定义【曲线上】方法的各参数选项含义如下：

★ 曲线上的距离：位于沿曲线到参考点的给定距离处，如图3-66所示。

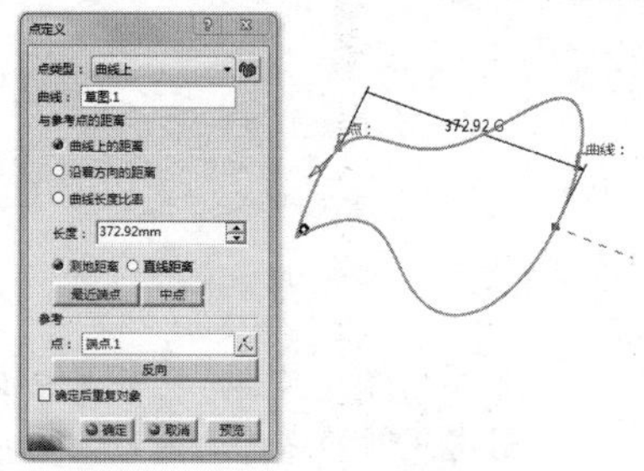

图3-65 【点定义】对话框

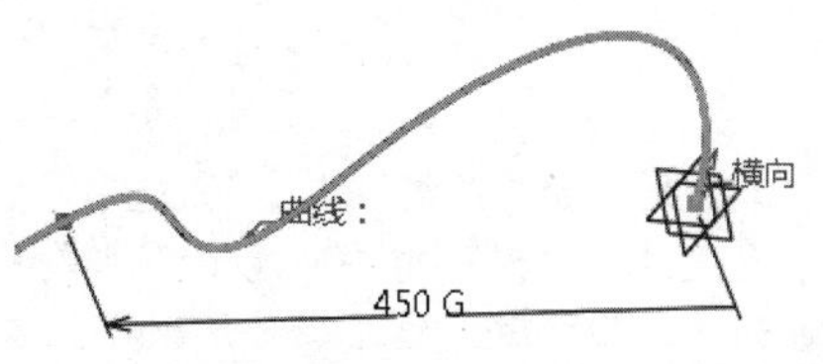

图3-66 曲线上的距离

★ 沿着方向的距离：沿着指定的方向来设置距离，如图3-67所示。用户可以指定直线或平面作为方向参考。

提示

要指定方向参考，如果是直线，且直线必须与点所在曲线的方向大致相同，此外还要注意参考点的方向（图3-67中的偏置值上的尺寸箭头）。若相反，则会弹出【更新错误】警告对话框，如图3-68所示。如果是选择平面，那么点所在的曲线必须在该平面上，或者与平面平行，否则不能创建点。

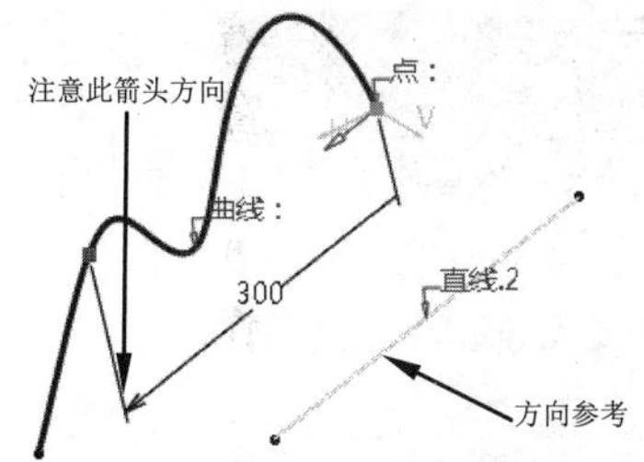

图3-67 沿着方向的距离

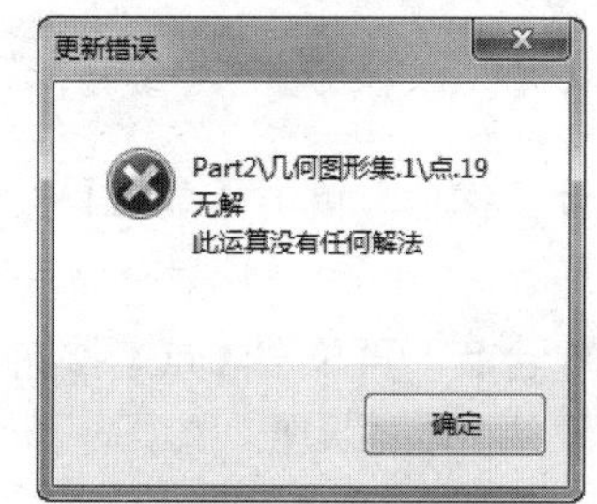

图3-68 【更新错误】警告对话框

★ 曲线长度比率：参考点和曲线的端点之间的给定比率，最大值为1。

★ 测地距离：从参考点到要创建的点，两者之间的最短距离（沿曲线测量的距离），如图3-69所示。

★ 直线距离：从参考点到要创建的点，两者之间的直线距离（相对于参考点测量的距离）。如图3-70所示。

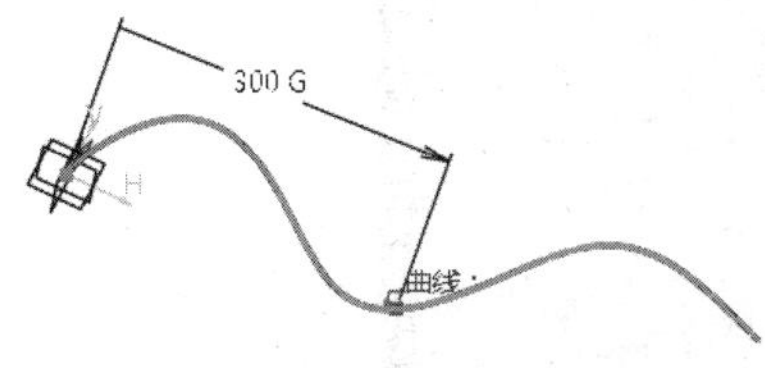

图3-69 最短距离

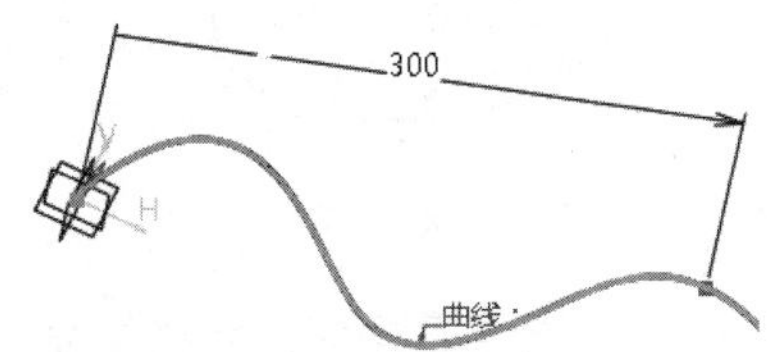

图3-70 直线距离

提示

如果距离或比率值定义在曲线外，则无法创建直线距离的点。

★ 最近端点：单击此按钮，将确定点创建在所在曲线的端点上。参考点与端点如图3-71所示。

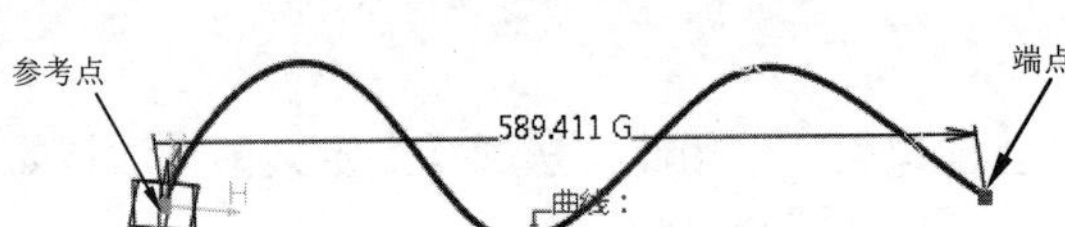

图3-71　参考点和端点

★　中点：单击此按钮，将在曲线的中点位置创建点，如图3-72所示。

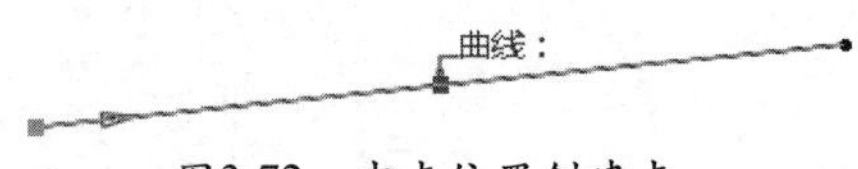

图3-72　中点位置创建点

★　反向：单击此按钮，改变参考点的位置。

★　确定后重复对象：如果需要创建多个点或者平分曲线，可以选择此选项。随后打开【点面复制】对话框，如图3-73所示。通过此对话框设置复制的个数，即可创建复制的点。如果勾选【同时创建法线平面】复选框，还会创建这些点与曲线垂直的平面，如图3-74所示。

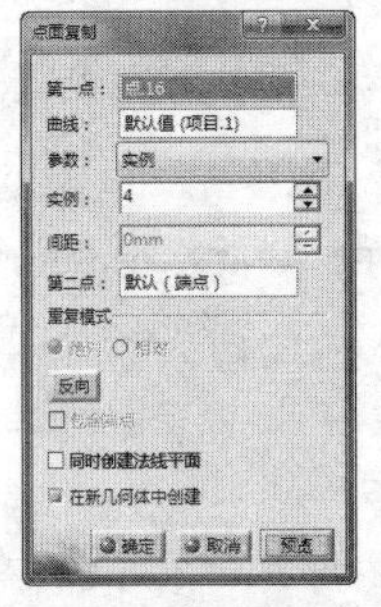

图3-73　【点面复制】对话框

图3-74　创建法线平面

动手操作——以【曲线上】方法创建参考点

01 进入零件设计工作台。单击【草图】按钮，选择XY平面作为草图平面，并绘制如图3-75所示的样条曲线。

02 退出草图工作台后，再单击【点】按钮，打开【点定义】对话框。选择【曲线上】类型，图形区中显示默认选取的元素，如图3-76所示。

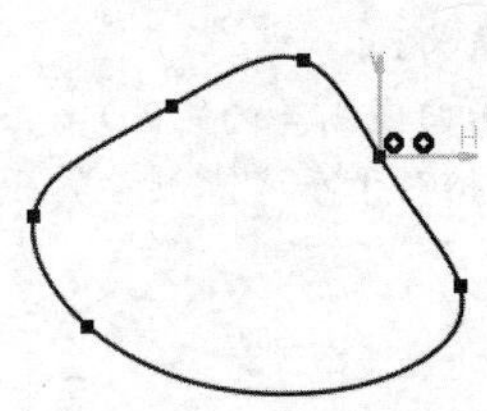

图3-75　绘制草图

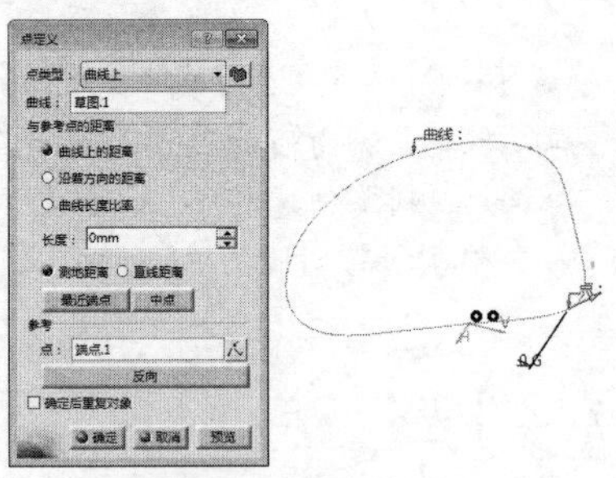

图3-76　选择点类型

03 由于程序自动选择了草图作为曲线参考，随后选择“与参考点的距离”方式——曲线长度比率，并输入比率值0.5。

04 保留其余选项的默认设置，单击【确定】按钮完成参考点的创建。如图3-77所示。

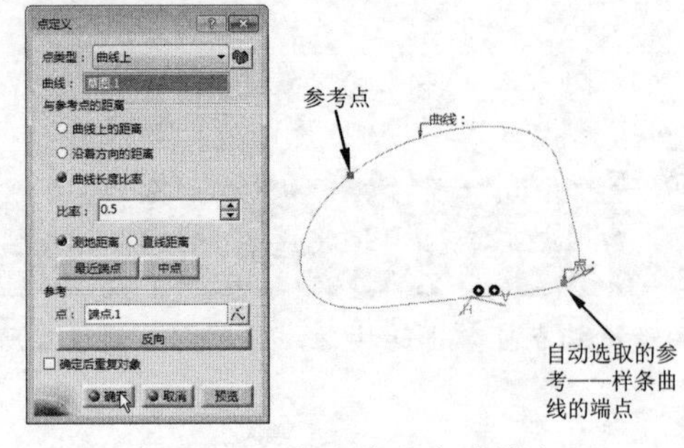

图3-77　完成参考点的创建

3.【平面上】方法

选择【平面上】选项来创建点，需要用户选择一个参考平面，平面可以是默认坐标系中的3种平面之一，也可以指定平面或者模型上的平面。

动手操作—以【平面上】方法创建参考点

01 新建文件并进入零件设计工作台。

02 单击【点】按钮▪，打开【点定义】对话框。选择【平面上】类型，然后选择xy平面作为参考平面，并拖移点到平面中的相对位置，如图3-78所示。

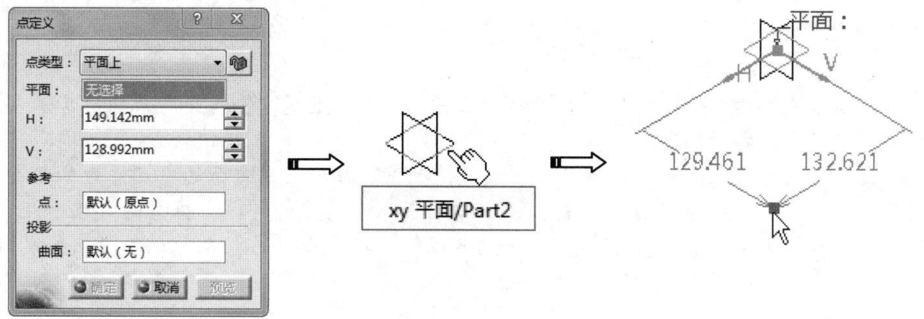

图3-78 在平面上创建点

03 在【点定义】对话框中修改H和V的值，再单击【确定】按钮完成参考点的创建，如图3-79所示。

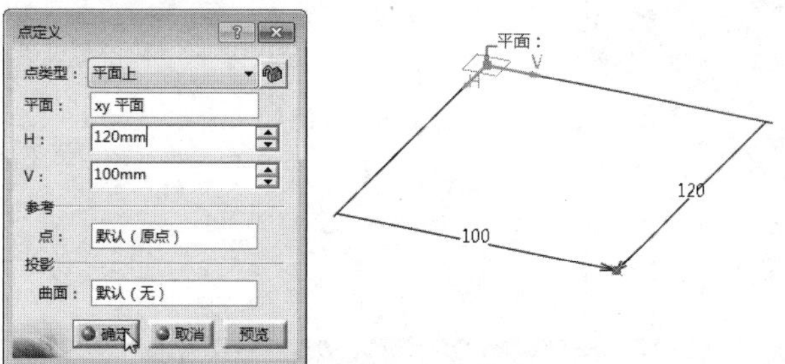

图3-79 输入参考点的H、V值

提示

当然，用户也可以选择一曲面作为点的投影参考，平面上的点将自动投影到指定的曲面上，如图3-80所示。

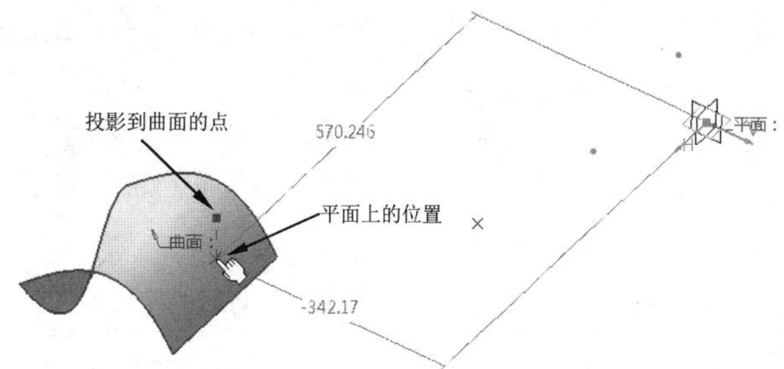

图3-80 选择投影参考曲面

4.【在曲面上】方法

在曲面上创建点，需要指定曲面、方向、距离和参考点。打开【点定义】对话框，如图3-81所示。

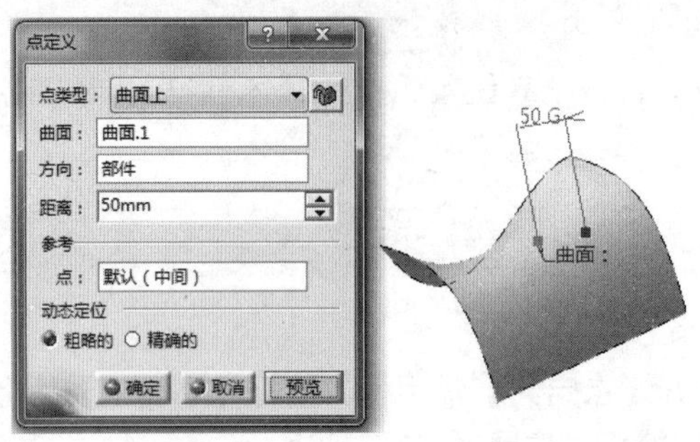

图3-81 在曲面上创建点

对话框中各选项含义如下。

★ 曲面：要创建点的曲面。
★ 方向：在曲面中需要指定一个点的放置方向，点将在此方向上通过输入距离来确定具体方位。
★ 距离：输入沿参考方向的距离。
★ 参考点：此参考点为输入距离的起点参考。默认情况下，程序采用曲面的中点作为参考点。
★ 动态定位：用于选择定位点的方法，包括“粗略的”和“精确的”。“粗略的”表示在参考点和鼠标单击位置之间计算的距离为直线距离，如图3-82所示。“精确的”表示在参考点和鼠标单击位置之间计算的距离为最短距离，如图3-83所示。

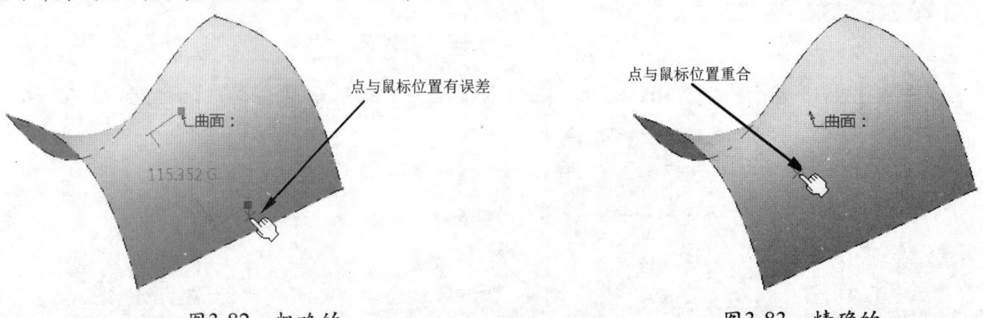

图3-82 粗略的　　图3-83 精确的

提示

在“粗略的”定位方法中，距离参考点越远，定位误差就越大。在“精确的”定位方法中，创建的点精确位于鼠标单击的位置。而且在曲面上移动鼠标时，操作器不更新，只有在单击曲面时才更新。在“精确的”定位方法中，有时，最短距离计算会失败。这种情况下，可能会使用直线距离，因此创建的点可能不位于鼠标单击的位置。使用封闭曲面或有孔曲面时的情况就是这样。建议先分割这些曲面，然后再创建点。

5.【圆/球面/椭圆中心】方法

此方法只能在圆曲线、球面或椭圆曲线的中心点位置创建点。如图3-84所示，选择球面，在鼠标位置自动创建点。

图3-84 创建“圆/球面/椭圆中心”中心点

6.【曲线上的切线】方法

“曲线上是切线”正确理解为在曲线上创建切点，例如在样条曲线中创建如图3-85所示的切点。

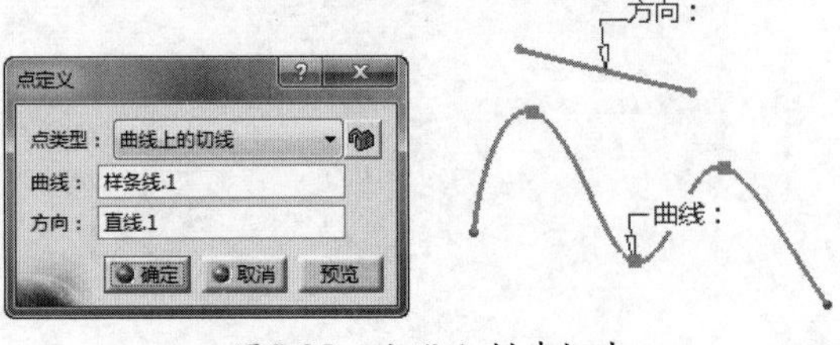

图3-85 曲线上创建切点

7.【之间】方法

此方式是在指定的2个参考点之间创建点。可以输入比率来确定点在两者之间的位置，也可以单击【中点】按钮，在两者之间的中点位置创建点，如图3-86所示。

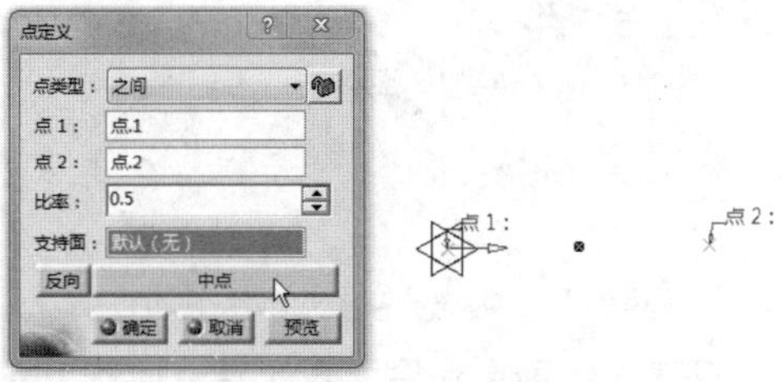

图3-86 在2点之间创建中点

提示

单击【反向】按钮，可以改变比率的计算方向。

3.3.2 参考直线

利用【直线】命令可以定义多种方式的直线。在【参考图元（扩展的）】工具条单击【直线】按钮╱，打开【直线定义】对话框，如图3-87所示。

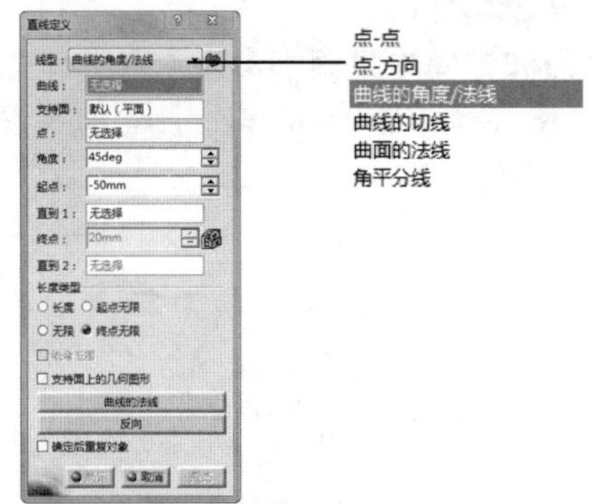

图3-87 【直线定义】对话框

下面详解6种直线的定义方式。

1. 点-点

此种方式是在两点的连线上创建直线。默认情况下，程序将在2点之间创建直线段，如图3-88所示。

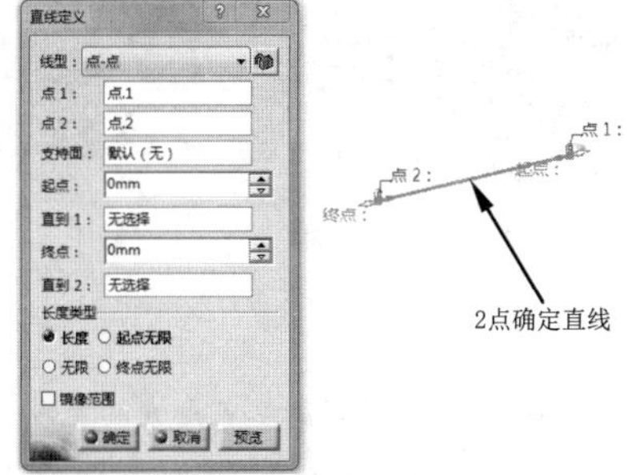

图3-88 创建直线

此方式的各选项含义如下：

★ 点1：选择起点。

★ 点2：选择终点。

★ 支持面：参考曲面。如果是在曲面上的2点之间创建直线，当选择支持面后，会创建曲线，如图3-89所示。

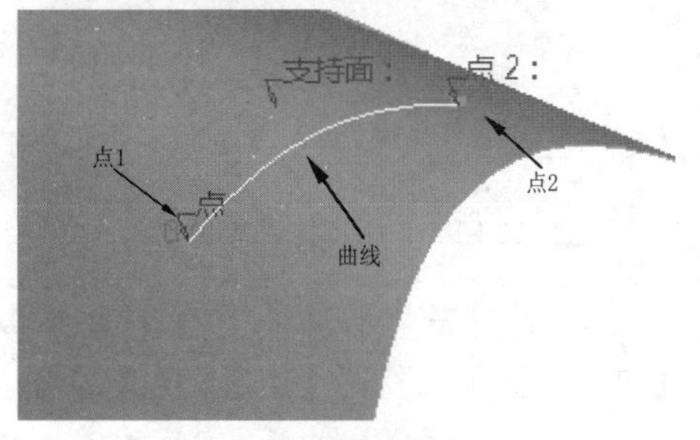

图3-89 选择支持面

★ 起点：超出点1的直线端点，也是直线起点。可以输入超出距离，如图3-90所示。

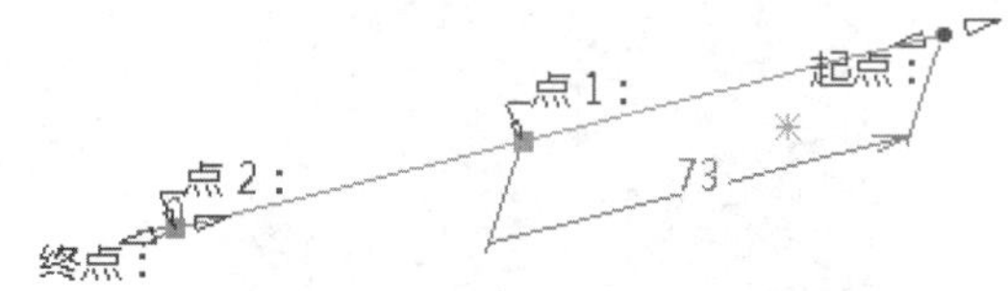

图3-90 输入超出起点的距离

★ 直到1：可以选择超出直线的截止参考。截止参考可以是曲面、曲线或点。

★ 终点：超出选定的第2点直线的端点，也是直线终点，如图3-91所示。

★ 长度类型：就是直线类型。如果是“长度”，表示将创建有限距离的直线段。若是“无限”，则创建无端点的无限直线。

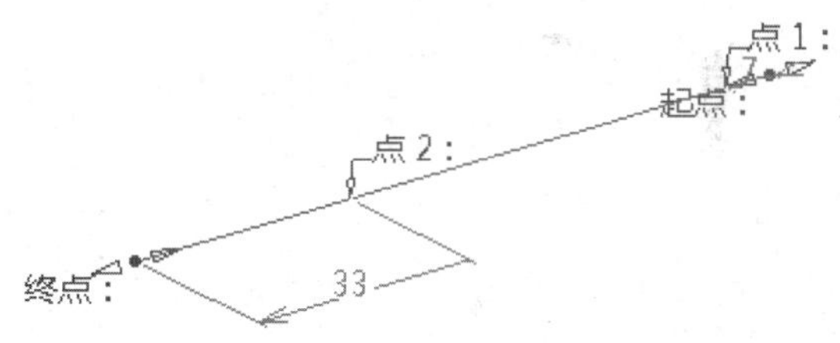

图3-91 终点

提示

如果超出2点的距离为0，那么起点、终点与2个指定点重合。

★ 镜像范围：勾选此复选框，可以创建起点与终点相同距离的直线，如图3-92所示。

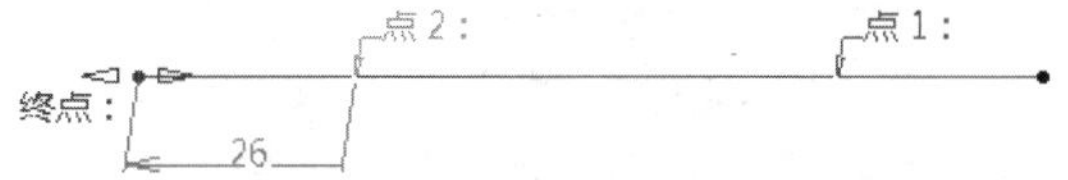

图3-92 镜像范围

动手操作—以【点-点】方式创建参考直线

01 打开本例素材源文件“3-1.CATPart”，并进入零件设计工作台中。如图3-93所示。

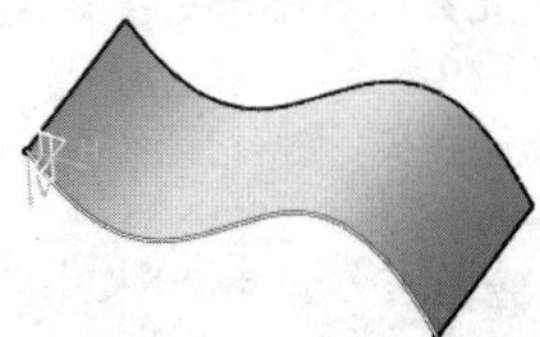

图3-93　打开的源文件

02 在【参考图元（扩展的）】工具条单击【点】按钮，打开【点定义】对话框。

03 选中曲面，然后输入距离为50，其余选项保留默认设置，再单击【确定】按钮完成第1个参考点的创建，如图3-94所示。

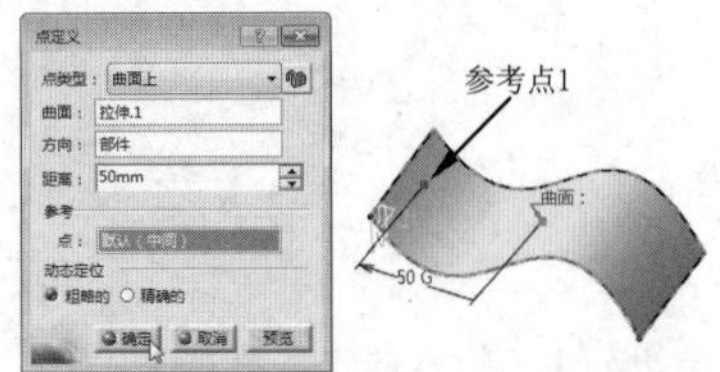

图3-94　创建第1个参考点

04 同理，继续在此曲面上创建第2个参考点，如图3-95所示。

05 在【参考图元（扩展的）】工具条单击【直线】按钮，打开【直线定义】对话框。然后选择【点-点】线类型，如图3-96所示。

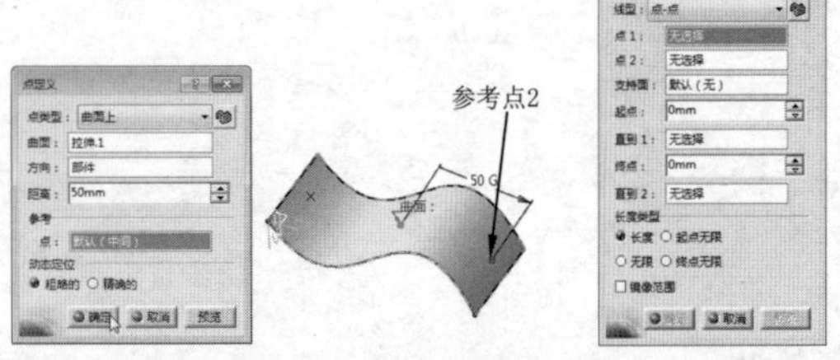

图3-95　创建第2个参考点　图3-96　选择线类型

06 激活【点1】命令，选择第1个参考点，如图3-97所示。激活【点2】命令，再选择第2个参考点，选择2个参考点后将显示直线预览，如图3-98所示。

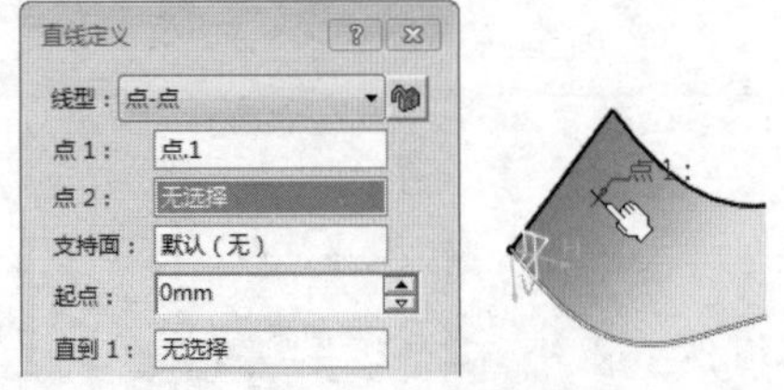

图3-97　选择点1

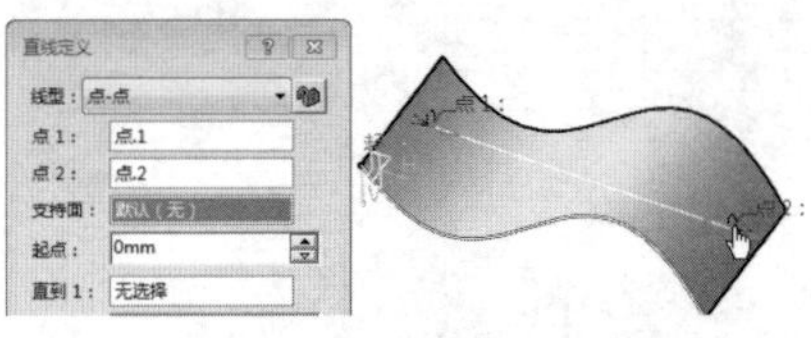

图3-98　选择点2显示直线预览

07 激活【支持面】命令，再选择曲面作为支持面，直线将依附在曲面上，如图3-99所示。

08 最后单击【确定】按钮完成参考直线的创建。

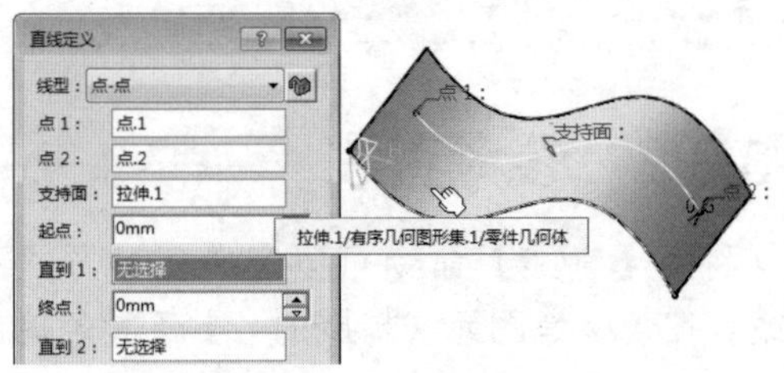

图3-99　选择支持面

2. 点和方向

“点和方向”是根据参考点和参考方向来创建的直线，如图3-100所示。此直线一定是与参考方向平行。

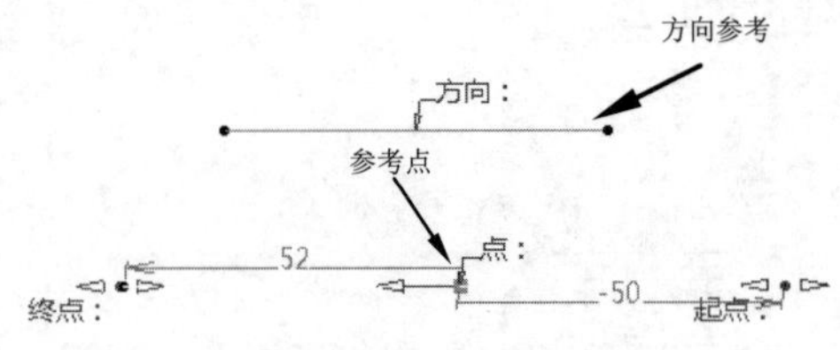

图3-100　点和方向

3. 曲线的角度/法线

此方式可以创建与指定参考曲线成一定角度的直线，或者与参考曲线垂直的直线，如图3-101所示。

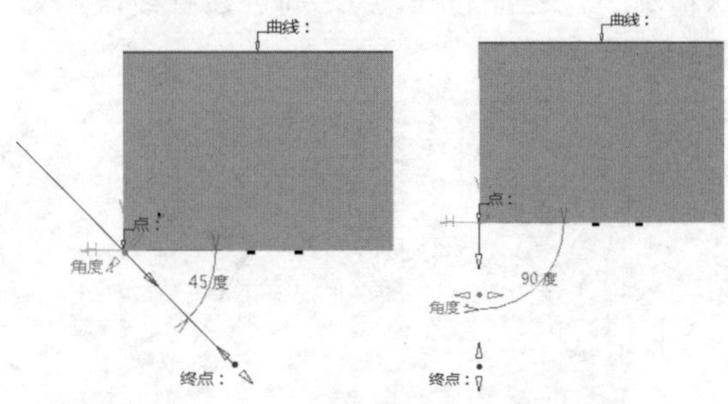

图3-101　创建带有角度或垂直的直线

如果需要创建多条角度、参考点和参考曲线相同的直线，可以勾选【确定后重复对象】复选框，如图3-102所示。

提 示

如果选择一个支持曲面，将在曲面上创建曲线。

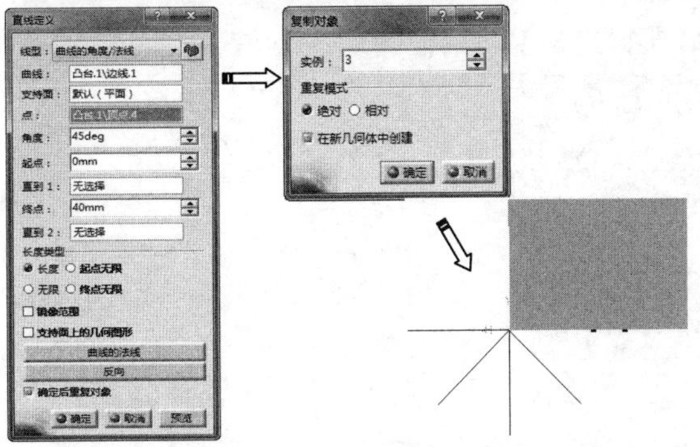

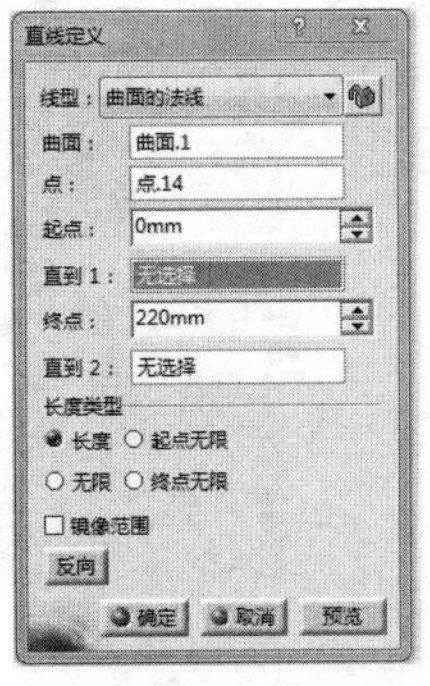

图3-102 重复创建多条直线

4. 曲线的切线

“曲线的切线”方式是通过指定相切的参考曲线和参考点来创建的直线，如图3-103所示。

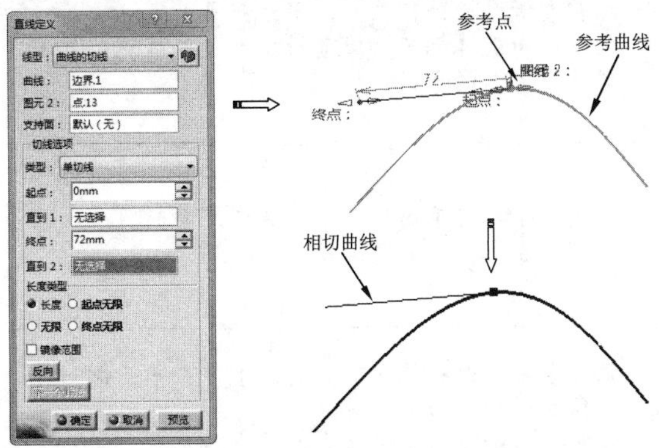

图3-103 建曲线的切线

提 示

当参考曲线为2条及以上时，就有可能会产生多个可能的解法，可以直接在几何体中选择一个（以红色显示）或单击【下一个解法】按钮。如图3-104所示。

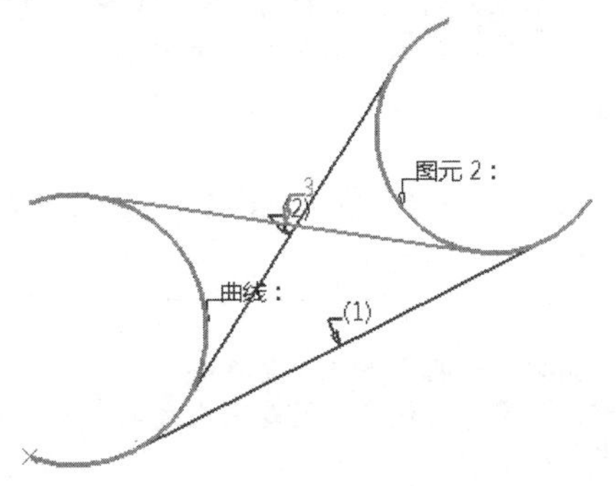

图3-104 多个解的选择

5. 曲面的法线

“曲面的法线”方式是在指定的位置点上创建与参考曲面法向垂直的直线，如图3-105所示。

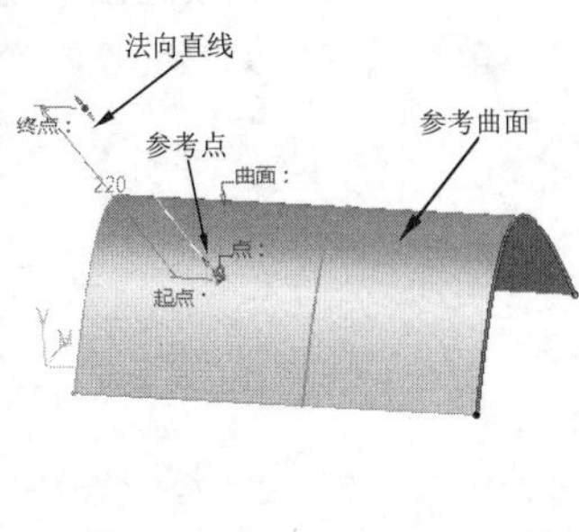

图3-105 创建曲面上的法向直线

提 示

如果点不在支持曲面上，则计算点与曲面之间的最短距离，并在结果参考点显示与曲面垂直的向量。如图3-106所示。

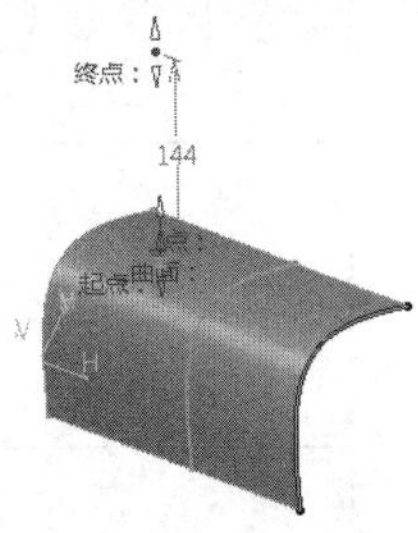

图3-106 点不在曲面上的情况

6. 角平分线

“角平分线”方式是在指定的具有一定夹角的2条相交直线中间创建角平分线，如图3-107所示。

技术要点

如果两直线仅存角度而没有相交，将不会创建角平分线。当存在多个解时，可以在对话框中单击【下一个解法】按钮，确定合理的这条角平分线。如上图中就存在2个解法，可以确定“直线2”是我们所需的这条角平分线。

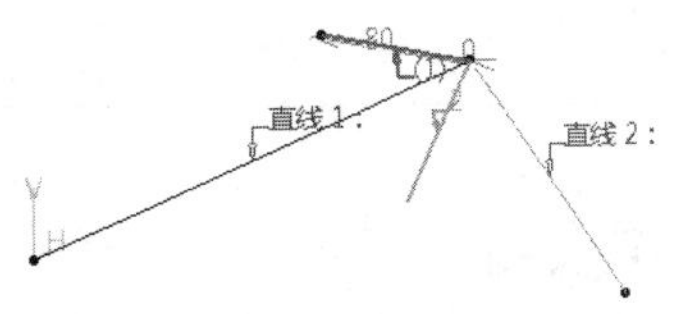

图3-107 创建角平分线

3.3.3 参考平面

参考平面是CATIA建模的模型参照平面，建立某些特征时必须创建参考平面，如凸台、旋转体、实体混合等。CATIA零件设计模式中有3个默认建立的基准平面xy平面、yz平面和zx平面。下面所讲的平面是在建模过程中创建特征时所需的参考平面。

单击【平面】按钮，会弹出如图3-108所示的【平面定义】对话框。

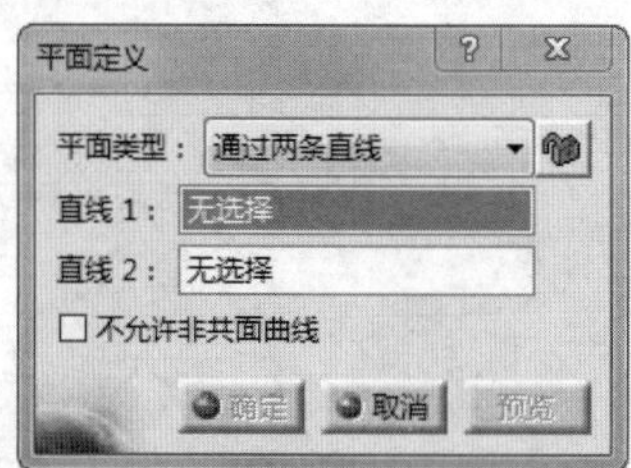

图3-108 【平面定义】对话框

对话框中包括有11种平面创建类型，表3-1中列出了这些类型的创建方法。

表3-1 平面定义类型

平面类型	图解方法	说明
偏置平面	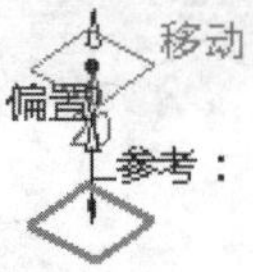	指定参考平面进行偏置，得到新平面 注意：勾选【确定后重复对象】复选框可以创建多个偏置的平面
平行通过点	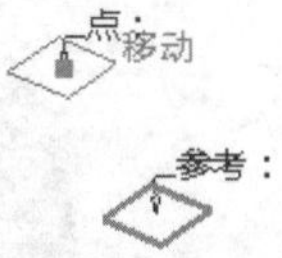	指定一个参考平面和一个放置点，平面将建立在放置点上。
与平面成一定角度或垂直	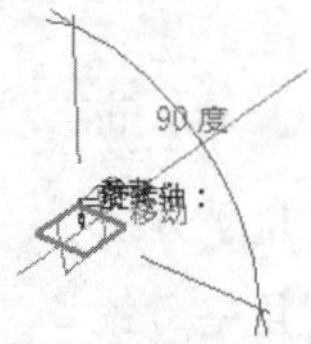	指定参考平面和旋转轴，创建于产品平面成一定角度的新平面。 注意：该轴可以是任何直线或隐式元素，例如圆柱面轴。要选择后者，请在按住 Shift 键的同时将指针移至元素上方，然后单击它。
通过三个点	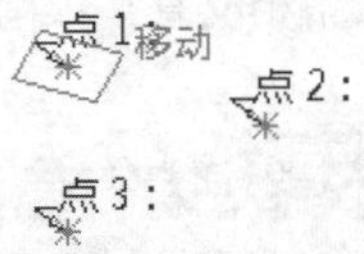	指定空间中的任意3个点，可以创建新平面。
通过两条直线	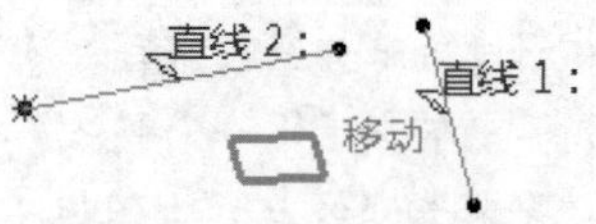	指定空间中的2条直线，可以创建新平面 注意：如果是同一平面的直线，可以勾选【不允许非共面曲线】复选框进行排除
通过点和直线	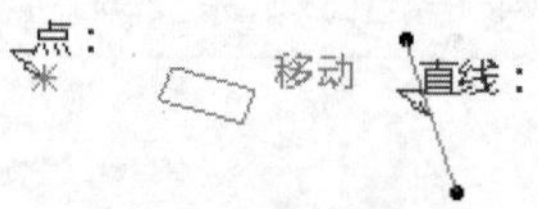	通过指定1个参考点和参考直线来建立新平面
通过平面曲线	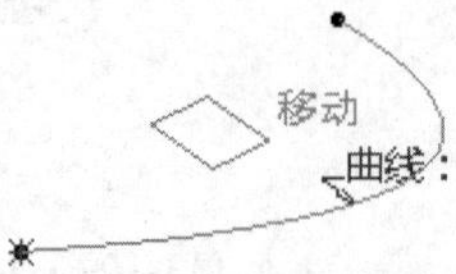	通过指定平面曲线来建立新平面。 注意：“平面曲线”指的是该曲线是在一个平面中创建的。

（续表）

平面类型	图解方法	说明
曲线的法线		通过指定曲线，来创建法向垂直参考点的新平面。 注意：如果没有指定参考点，程序将自动拾取该曲线的中点作为参考点。
曲面的切线		通过指定参考曲面和参考点，使新平面与参考曲面相切
方程式		通过输入多项式方程式中的变量值来控制平面的位置
平均通过点		通过指定三个或三个以上的点以通过这些点显示平均平面

3.4 修改图形属性

CATIA还提供了图形的属性修改功能，如修改几何对象的颜色、透明度、线宽、线型、图层等属性。

3.4.1 通过工具栏修改属性

用于图形属性修改的功能工具条如图3-109所示。

图3-109 【图形属性】工具条

首先选择要修改图形特性的几何对象，通过下列图标选择新的图形特性，然后单击作图区的空白处即可。

① 修改几何对象颜色：单击该列表框，从弹出列表中选取一种颜色即可。
② 修改几何对象的透明度：单击该列表框，从弹出列表中选取一个透明度比例即可，100%表示不透明。
③ 修改几何对象的线宽：单击该列表框，从弹出列表中选取一种线宽即可。
④ 修改几何对象的线型：单击该列表框，从弹出列表中选取一种线型即可。
⑤ 修改点的式样：单击该列表框，从弹出列表中选一个点的式样。
⑥ 修改对象的着色显示：单击该列表框，从弹出列表中选择一种着色模式。
⑦ 修改几何对象的图层单击该列表框，从弹出列表中选择一个图层即可。

技术要点

如果列表内没有合适的图层名，选择该列表的【其他层】选项，通过随后弹出的如图3-110所示有关命名图层的【已命名的层】对话框建立新的图层即可。

⑧ 格式刷：单击此按钮，可以复制格式（属性）到所选对象。
⑨ 图层属性向导：单击此按钮，可以从打开的【图层属性向导】对话框中设置自定义的属性，如图3-111所示。

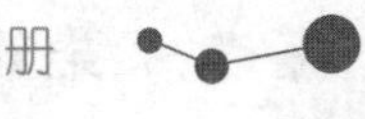

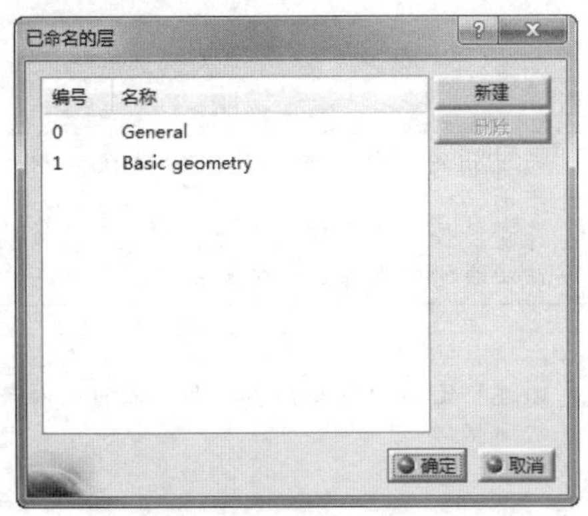

图3-110　【已命名的图层】对话框

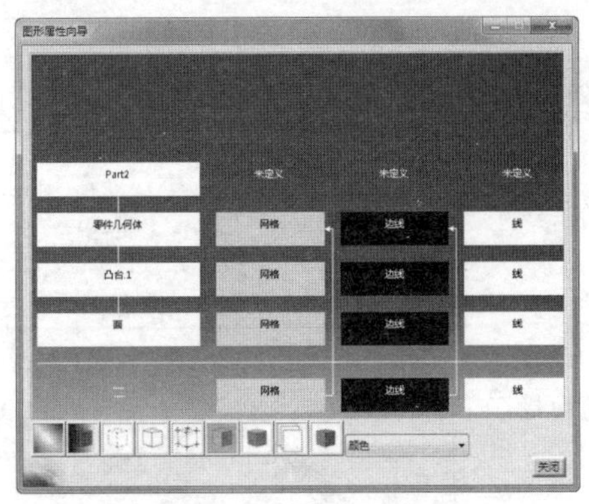

图3-111　自定义属性

3.4.2　通过上下文菜单修改属性

用户也可以在绘图区中选中某个特征，然后选择右键菜单中的【属性】命令，即可打开【属性】对话框。通过此对话框，也可设置颜色、线型、线宽、图层等图形属性，如图3-112所示。

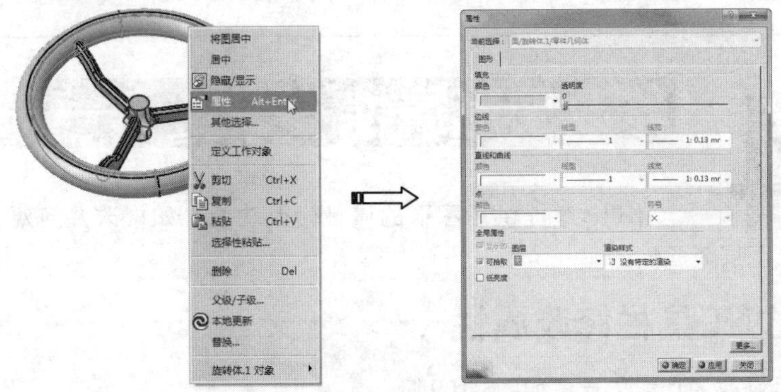

图3-112　选择右键菜单命令修改属性

3.5 实战应用——吊钩造型设计

引入光盘：无
结果文件：\实例\结果\Ch03\diaogou.CATpart
视频文件：\视频\Ch03\吊钩.avi

利用草图、零件设计功能设计如图3-113所示的吊钩模型。

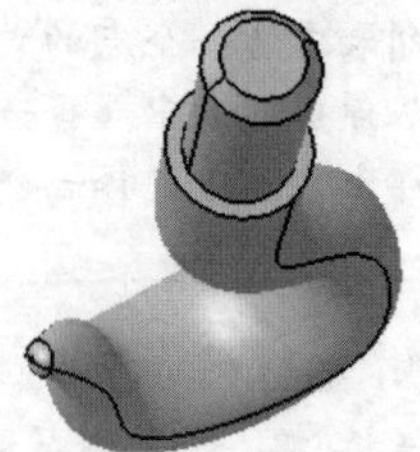

图3-113　吊钩

01 单击【草图编辑器】工具栏中的【草图】按钮，选择XY基准平面为绘图平面，系统进入草图编辑器。

02 绘制如图3-114所示的草图轮廓，单击【工作台】工具栏中的【退出工作台】按钮，返回零件设计平台。

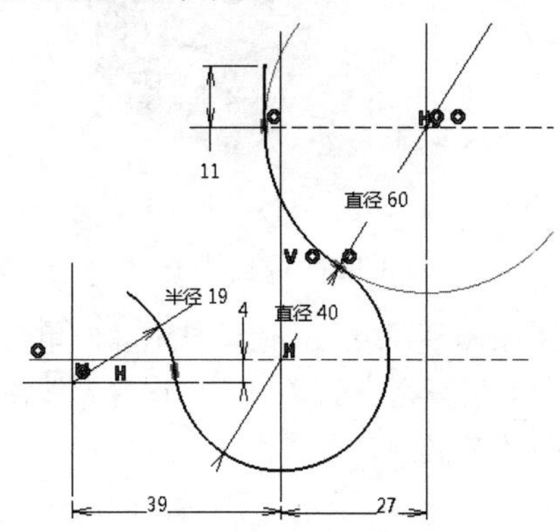

图3-114 草图轮廓

03 单击【参考元素】工具栏中【平面】按钮，系统弹出【平面定义】对话框。

04 在【平面类型】列表框中选择【曲线的法线】，单击【曲线】文本框。

05 从绘图区中选择刚才绘制的曲线。

06 单击【点】文本框，从绘图区中选择如图3-115所示的点。

07 单击【确定】按钮，完成参考平面的创建，效果如图3-116所示。

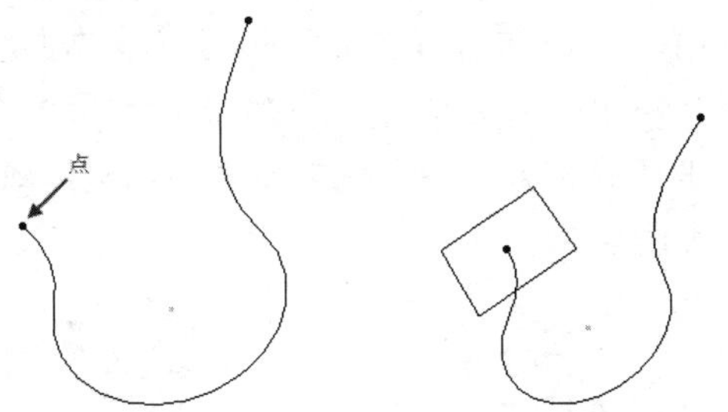

图3-115 平面通过的点 图3-116 创建的参考平面

08 重复步骤（3）～（7），绘制如图3-117所示的参考平面。

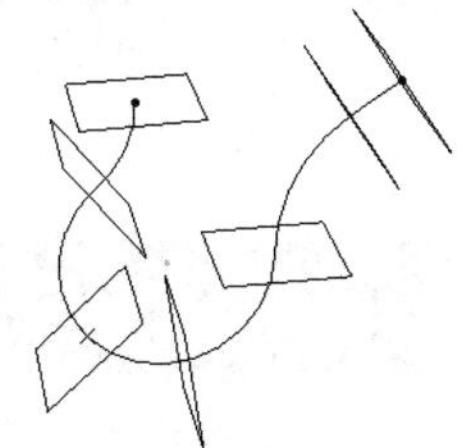

图3-117 创建的参考平面

09 单击【草图编辑器】工具栏中的【草图】按钮，选择如图3-118所示的平面1为绘图平面，系统进入草图编辑器。

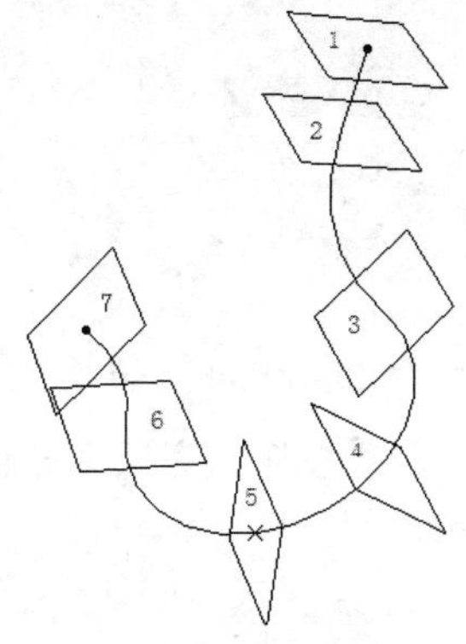

图3-118 草绘平面

10 绘制如图3-119所示的草图轮廓，单击【工作台】工具栏中的【退出工作台】按钮，返回零件设计平台。

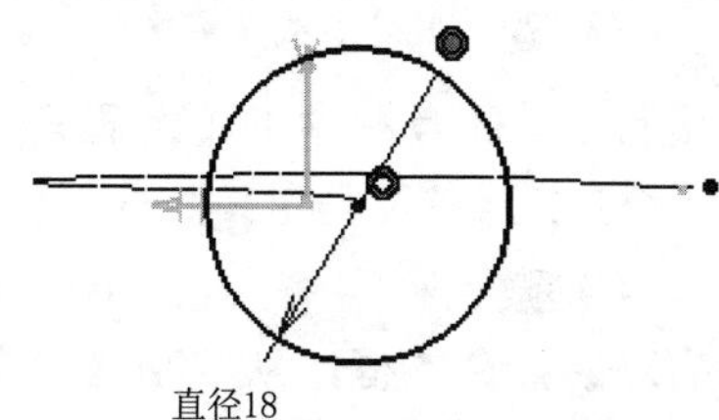

图3-119 草图轮廓

11 重复步骤（1）～（2），在基准平面2～7的平面中分别绘制出如图3-120所示的草图轮廓。

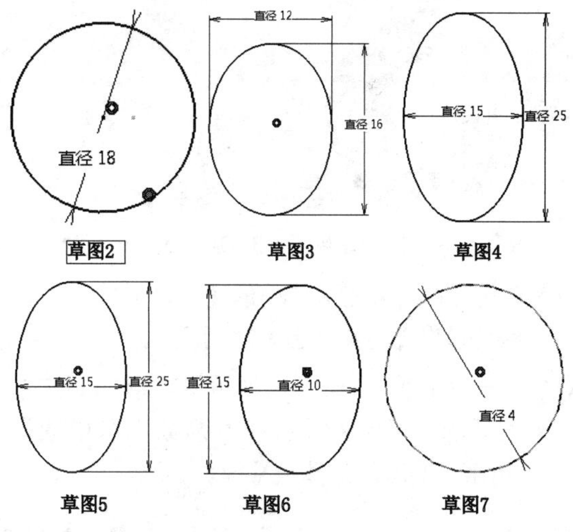

图3-120 草图轮廓

12 单击【基于草图的特征】工具栏中的【多截面实体】按钮，系统弹出【多截面实体定义】对话框。

13 从绘图区中选择刚才绘制的7个草图轮廓，修改闭合点位于同一条经线上，如图3-121所示。

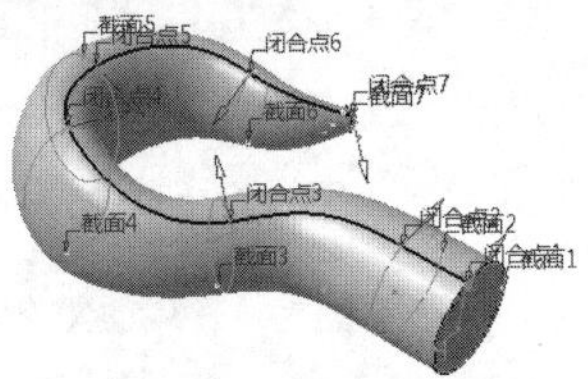

图3-121 闭合点

14 单击【确定】按钮，完成多截面实体的创建，效果如图3-122所示。

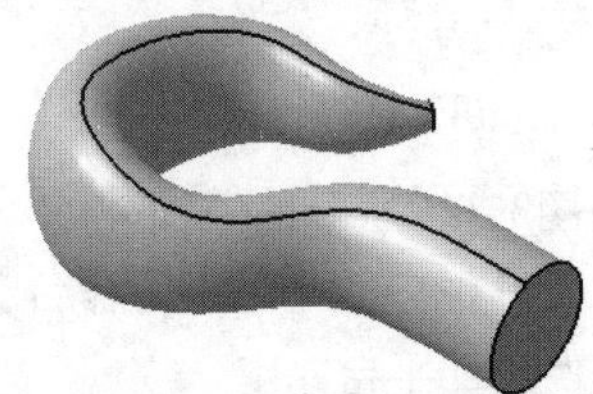

图3-122 创建多截面实体

15 单击【圆角】工具栏中的【倒圆角】按钮，系统弹出【倒圆角定义】对话框。

16 在【半径】微调框中输入2，单击【要圆角化的对象】文本框，从绘图区中选择如图3-123所示的边线。

17 单击【确定】按钮，完成倒圆角的创建，效果如图3-124所示。

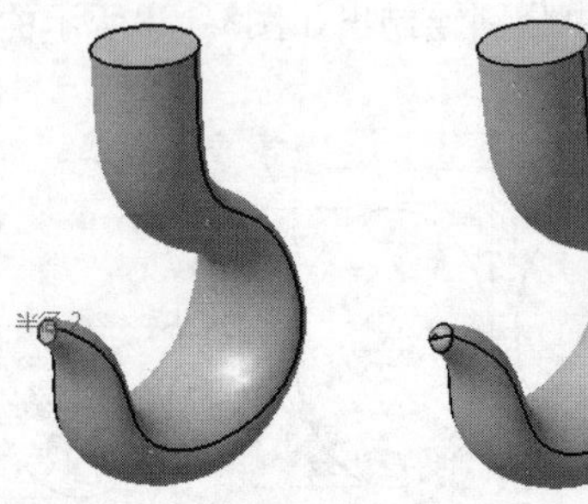

图3-123 倒圆角边线 图3-124 创建的倒圆角

18 单击【凸台】工具栏中的【凸台】按钮，系统弹出【定义凸台】对话框。

19 单击【轮廓/曲面】选项组中【选择】文本框后的【草图】按钮，从绘图区中选择如图3-125所示的草绘平面。

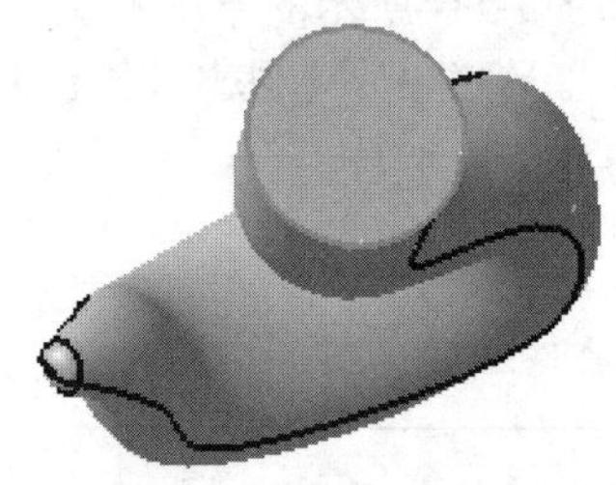

图3-125 草绘平面

20 绘制如图3-126所示的草图轮廓，单击【工作台】工具栏中的【退出工作台】按钮，返回【定义凸台】对话框。

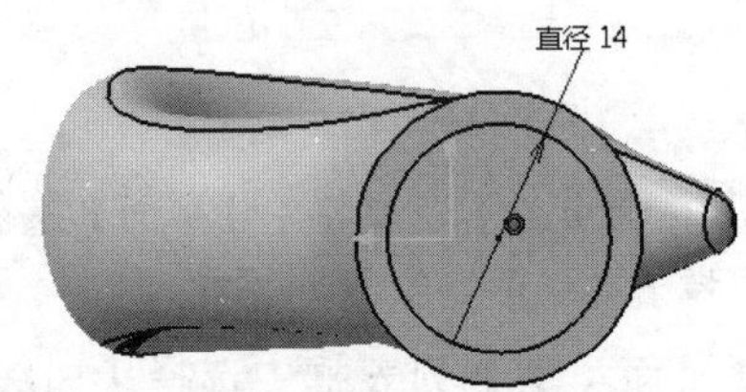

图3-126 草图轮廓

21 在【长度】微调框中输入23，单击【确定】按钮，完成拉伸凸台的创建。

22 单击【修饰特征】工具栏中的【倒角】按钮，系统弹出【定义倒角】对话框。

23 在【长度】微调框中输入2，【角度】微调框中输入45，单击【要倒角的对象】文本框。

24 从绘图区中选择如图3-127所示的边线，单击【确定】按钮，完成倒角的创建，效果如图3-128所示。

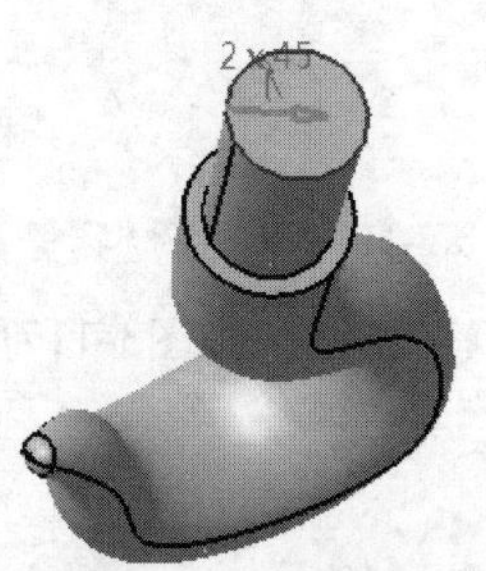

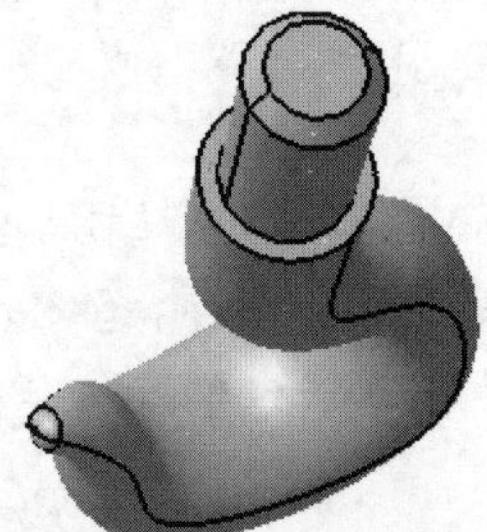

图3-127 倒角边线 图3-128 创建的倒角

3.6 课后习题

1. 创建参考点

打开本练习的素材源文件3-1.CATPart，然后利用【在曲面上】、【圆/球面/椭圆中心】方式创建2个参考点，如图3-129所示。

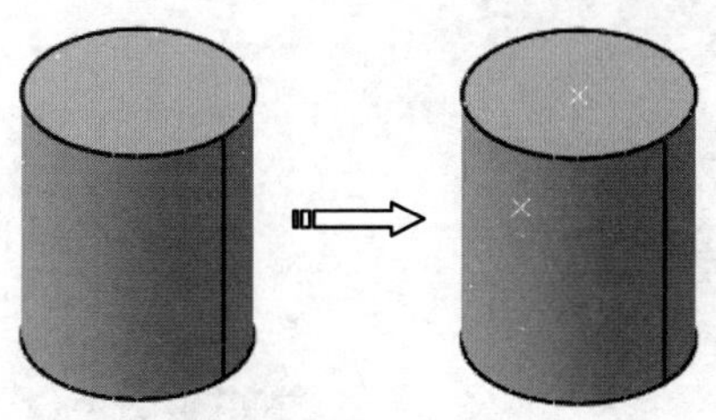

图3-129 创建参考点

2. 创建参考直线

打开本练习的素材源文件3-2.CATPart，然后利用【点-点】、【角平分线】方式创建2条参考直线，如图3-130所示。

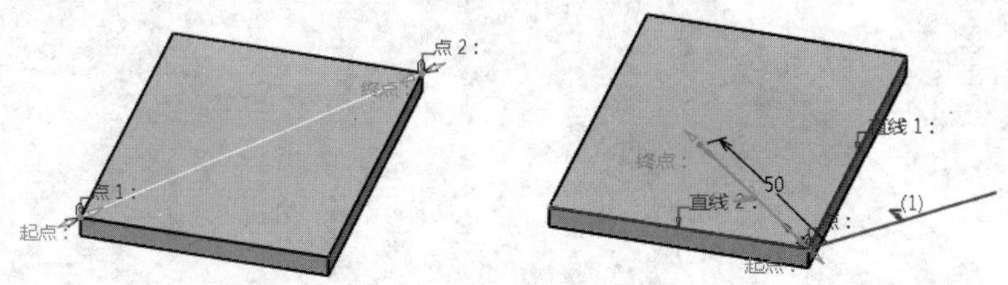

图3-130 参考创建直线

3. 创建参考平面

打开本练习的素材源文件3-3.CATPart，然后利用【曲线的法线】方式创建参考平面，如图3-131所示。

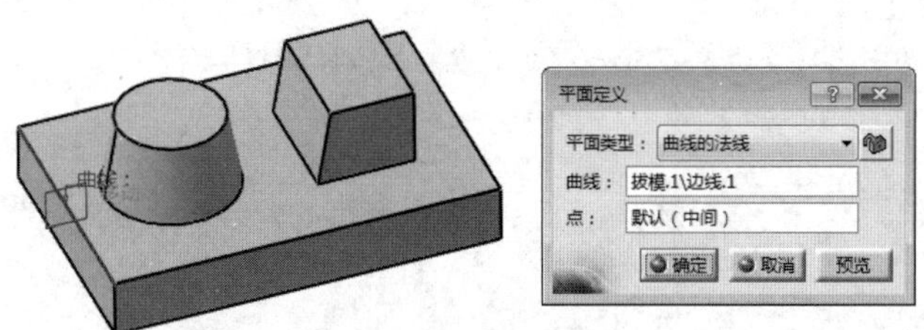

图3-131 创建参考平面

第4章 草图绘图指令

绘制草图生成3D模型的基础步骤。它是在草绘器中，使用草绘工具命令勾勒出实体模型的截面轮廓，然后使用零件设计功能生成实体模型。绘制草图是零件建模的基础，也是3D建模的必备技能。

本章主要讲解CATIA草图的基本绘制功能，包括草图环境的介绍、草图的智能捕捉、草图图形的基本命令等。

◎ 知识点01：草图工作台
◎ 知识点02：智能捕捉工具
◎ 知识点03：基本绘图命令
◎ 知识点04：绘制预定义轮廓线
◎ 知识点05：实战应用

4.1 认识草图工作台

草绘编辑器是CATIA进行草图绘制的专业模块，与其他模块配合进行3D模型的绘制。

4.1.1 草图工作台的进入

CAITA V5中有3种进入草图工作台（也可称为草绘环境或草绘模式）的方式。

1. 在零件模式中创建草图

用户可以在零件设计模式下，在菜单栏执行【插入】|【草图编辑器】|【草图】命令，或者在【草图编辑器】工具条中单击【草图】按钮，然后选择一个草图平面后自动进入草图工作台。草图工作台如图4-1所示。

2. 以“基于草图的特征”方式进入

当用户利用CATIA的基本特征命令，如凸台、旋转体等来创建特征时，通过对话框中的草图平面定义，进入草图工作台。如图4-2所示。

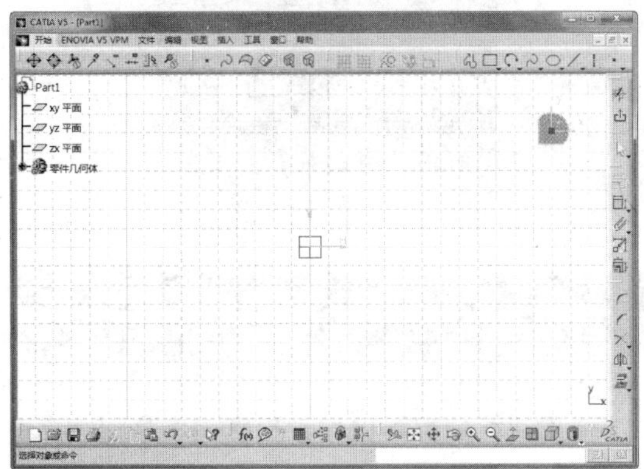

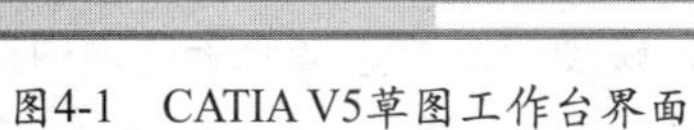

图4-1 CATIA V5草图工作台界面

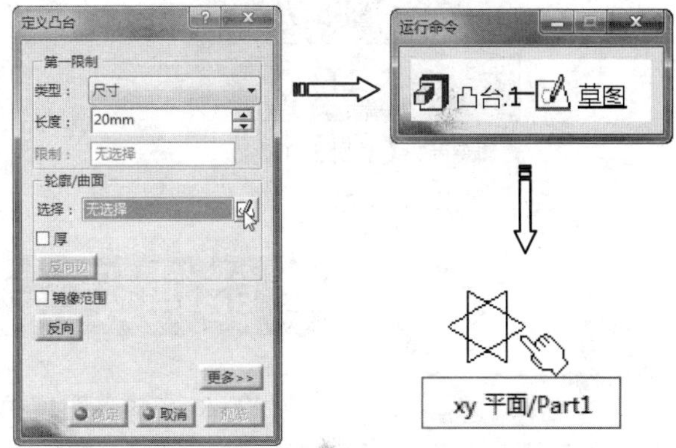

图4-2 通过定义草图平面进入草图工作台

技术拓展

什么是草图？

草图(Sketch)是三维造型的基础，绘制草图是创建零件的第一步。草图多是二维的，也有三维草图。在创建二维草图时，必须先确定草图所依附的平面，即草图坐标系确定的坐标面，这样的平面可以是一种“可变的、可关联的、用户自定义的坐标面”。

在三维环境中绘制草图时，三维草图用作三维扫掠特征、放样特征的三维路径，在复杂零件造型、电线电缆和管道中常用。草图并不仅仅是为三维模型准备的轮廓，它也是设计思维表达的一种手段。

3. 新建草图文件

执行【开始】|【机械设计】|【草图编辑器】菜单命令，打开如图4-3所示的【新建零件】对话框。单击【确定】按钮进入草图环境。接着选择草图平面，自动进入草图工作台。

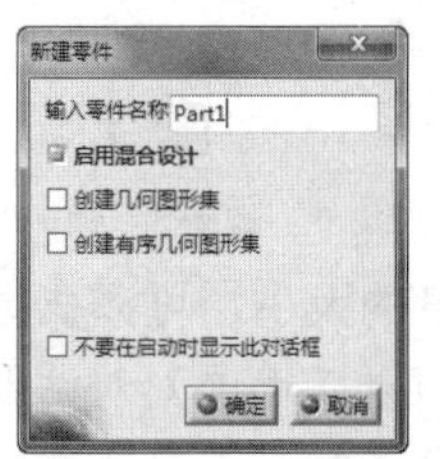

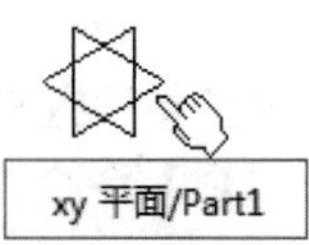

图4-3 新建草图文件

4.1.2 草图绘制工具

在草图工作台中，主要使用【草图工具】、【轮廓】、【约束】和【操作】四个工具条。工具条中显示常用的工具按钮，单击工具右侧黑色三角，展开下一级工具条。

1.【草图工具】工具条

如图4-4所示，该工具条包括网格、点对齐、构造/标准元素、几何约束和尺寸约束5个常用的工具按钮；该工具条显示的内容随着执行的命令不同而不同；该工具条是可以进行人机交换的唯一工具条。

2.【轮廓】工具条

如图4-5所示，该工具条包括点、线、曲线、预定义轮廓线等的绘制工具按钮。

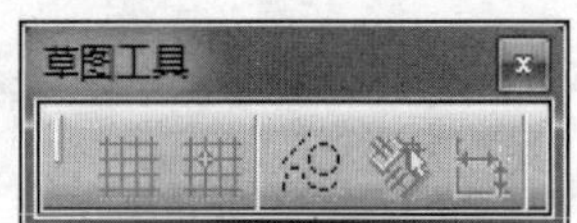

图4-4 【草图】工具条

图4-5 【轮廓】工具条

3.【约束】工具条

如图4-6所示，该工具条是实现点和线几何元素之间约束的工具按钮的集合。

4.【操作】工具条

如图4-7所示，该工具条中的工具是对绘制的轮廓曲线进行修改编辑的工具按钮集合。

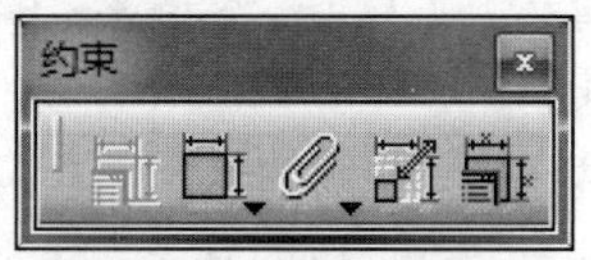

图4-6 【约束】工具条

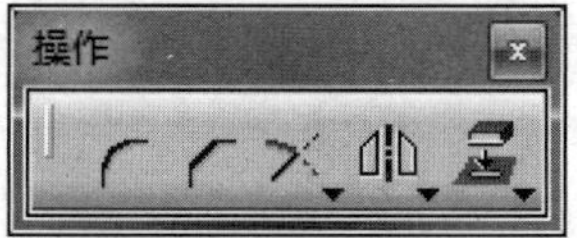

图4-7 【操作】工具条

4.2 智能捕捉

在CATIA V5的草图模式中，使用智能捕捉可以帮助设计者在使用大多数草绘命令创建几何外形时准确定位，可以大幅提高工作效率，减少为定位这些元素所须的交互操作次数。

智能捕捉使用以下四种方式来实现。

4.2.1 点捕捉

要实现智能捕捉点，可以在如图4-8所示的【草图工具】工具条中单击【点对齐】按钮，然后在绘制图形的过程中就能精确拾取点了。

您可以在网格中捕捉点，捕捉的间隔刻度为10，如图4-9所示。

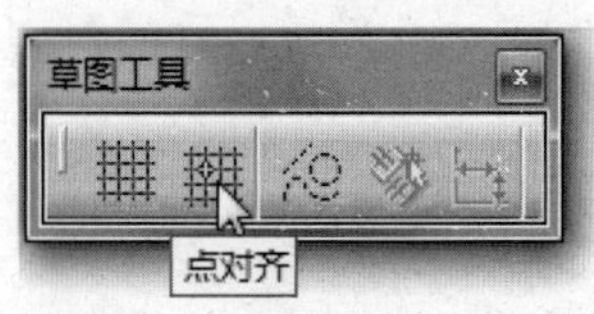

图4-8 【草图工具】工具条

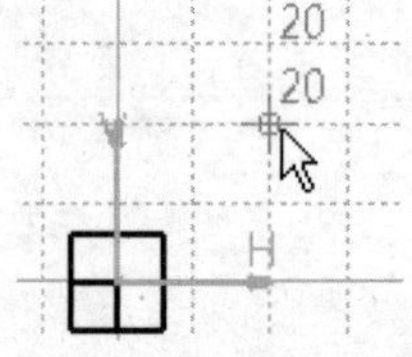

图4-9 捕捉的刻度

如果需要设置刻度的大小，可以执行【工具】|【选项】命令，打开【选项】对话框来设置草图编辑器中的网格显示，如图4-10所示。

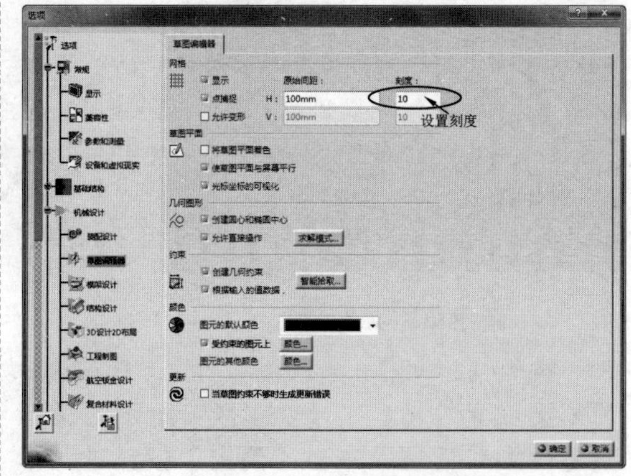

图4-10 设置网格的刻度

> **提示**
>
> 用户也可以在上图中设置网格的选项中勾选【点捕捉】复选框。与此前单击【点对齐】按钮所起的作用是相同的。

如果绘图区中已经存在图形，当绘制新图形时，可以捕捉已有图形中的点。如图4-11所示为光标捕捉到图形上的点。

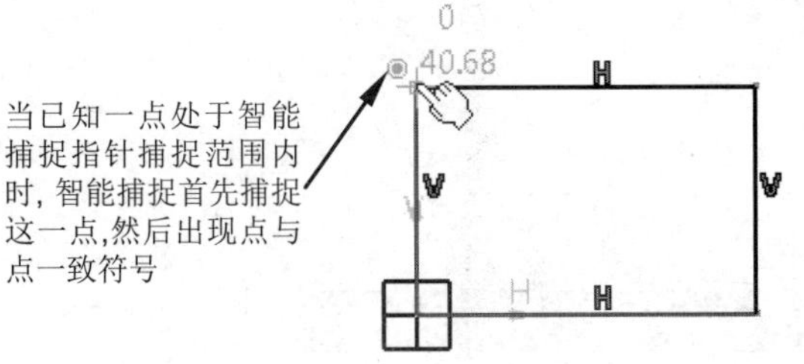

图4-11　捕捉已有点

利用智能捕捉，用户可以捕捉以下点：

- ★ 任意点
- ★ 坐标位置点
- ★ 已知一点
- ★ 曲线上的极点
- ★ 直线中点
- ★ 圆或椭圆中心点
- ★ 曲线上任意点
- ★ 两条曲线交点
- ★ 竖直或水平位置点
- ★ 假想的通过已知直线端点的垂直线上任意点
- ★ 任何以上几种可能情况的组合

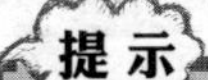

> **提示**
>
> 以捕捉圆心点为例，由于智能捕捉会产生多种可能的捕捉方式，因此设计者可以使用鼠标右键弹出下拉菜单进行选择，或按住Ctrl键对所捕捉方式予以选定，如图4-12所示。

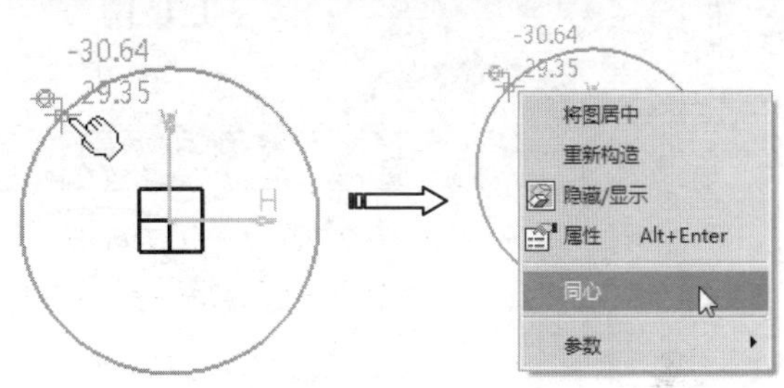

图4-12　选择右键菜单命令

表4-1中，根据右键弹出菜单的指示，显示几何元素的可能捕捉，这些捕捉与现有几何图形相关。

表4-1　根据右键菜单显示的可能捕捉

当前创建的元素	点	直线	圆	椭圆	圆锥	样条线
点		中点最近的一个端点	中心最近的一个端点	中心最近的一个端点	否	否
直线						
椭圆				否	否	否

4.2.2　坐标输入

坐标输入也是一种精确控制点的方式。如图4-13所示，执行【直线】草图轮廓绘制命令时，【草图工具】工具条中会显示坐标输入栏。

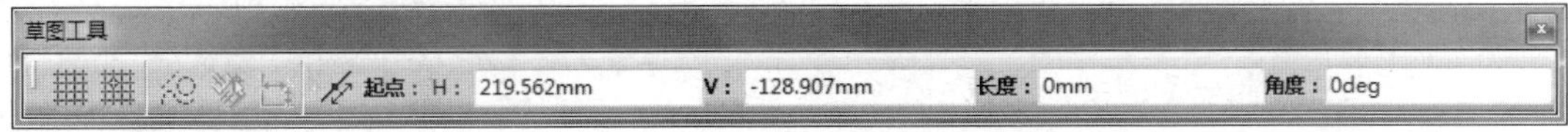

图4-13　【草图工具】工具条中显示坐标输入栏

其中，H值表示在X轴方向上的坐标值，V值表示在Y轴方向上的坐标值。“长度”表示直线长度，“角度”表示直线与X轴之间的角度。

提示

不同的轮廓命令，会显示不同的坐标输入栏。

通过输入坐标值定义位置，如果在H栏中输入一数值，智能捕捉将锁定H数值，当移动指针时V值将随指针变化，如图4-14所示。

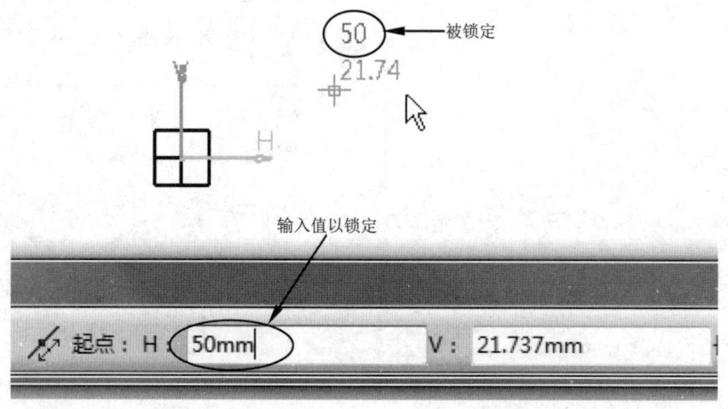

图4-14 坐标输入值

提示

假如想重新输入H、V值，可用鼠标右键在空白处单击，在弹出菜单中选择【重置】命令后，再重新输入。

4.2.3 在H、V轴上捕捉

当移动光标时，若出现水平的假想蓝色虚线，表明H值为0，若出现竖直的假想蓝色虚线，表明V值为0，如图4-15所示。

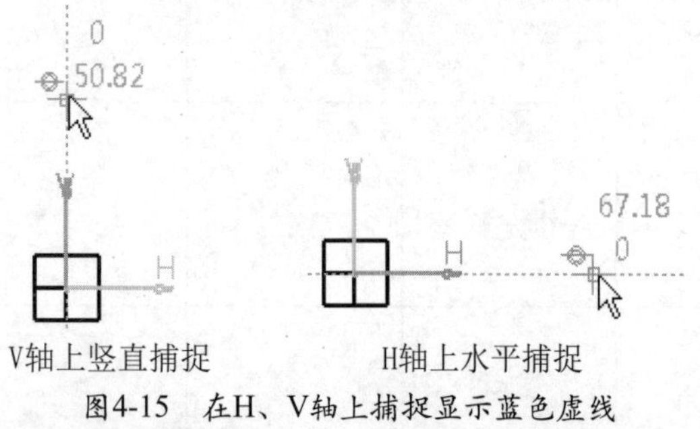

图4-15 在H、V轴上捕捉显示蓝色虚线

动手操作—利用智能捕捉绘制图形

下面用一个草图的绘制实例，来详解如何利用智能捕捉进行图形绘制。要绘制的草图如图4-16所示。

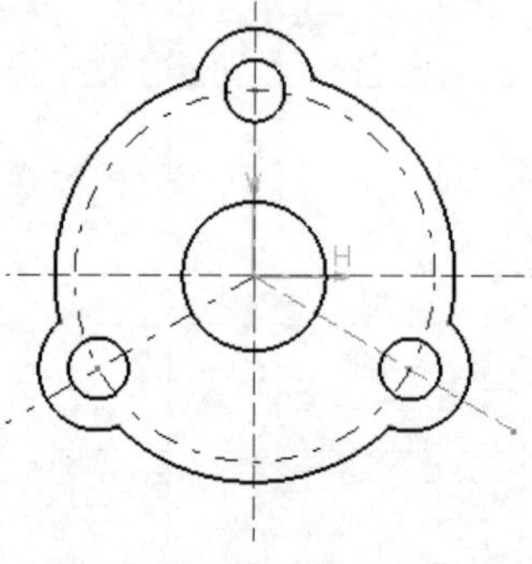

图4-16 要绘制的草图

01 启动CATIA，在菜单栏选择【开始】|【机械设计】|【草图编辑器】命令，新建一个命名为“4-1”的零件文件，如图4-17所示。

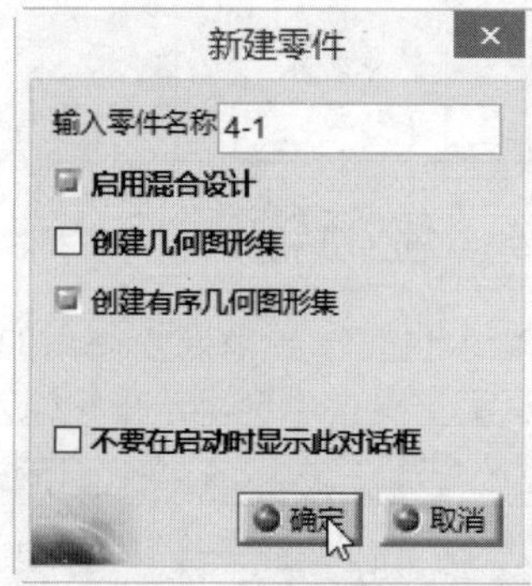

图4-17 新建文件

02 选择XY平面作为草图平面，进入草绘模式中。在【轮廓】工具条中单击【轴】按钮，然后捕捉V轴（移动光标到蓝色虚线上），绘制长度为150的中心线。如图4-18所示。

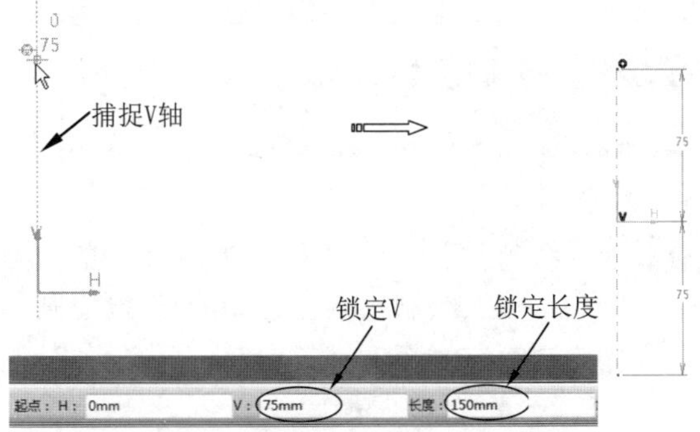

图4-18 绘制V轴上的中心线

提 示

当捕捉到V轴或H轴时，若要准确输入数值，必须使光标停止，按Tab键切换并激活数值文本框。

03 同理，捕捉H轴，绘制长度为150的中心线，如图4-19所示。

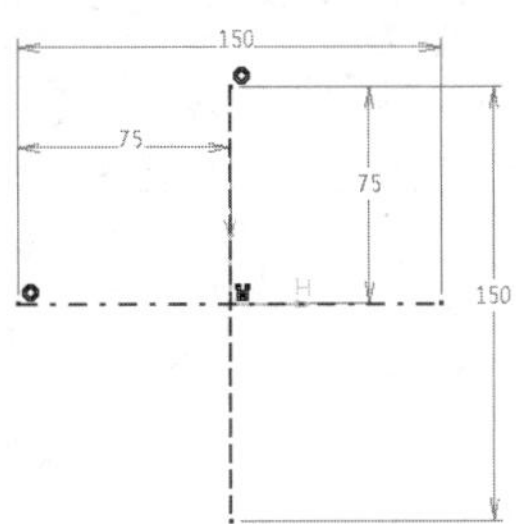

图4-19 绘制水平中心线

04 单击【圆】按钮，然后捕捉坐标系中心，使其成为圆的圆心。绘制的圆如图4-20所示。

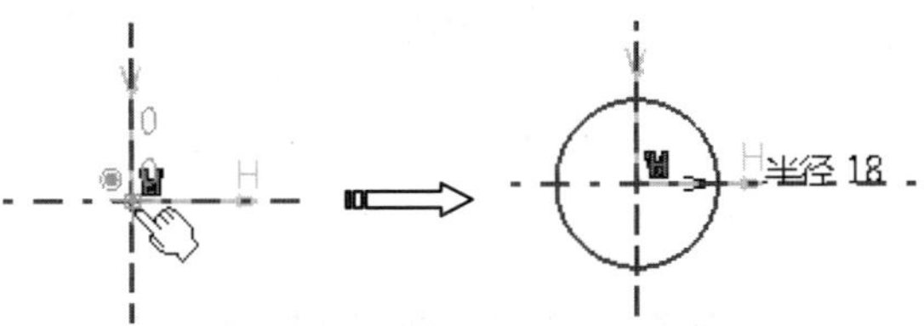

图4-20 捕捉坐标中心绘制圆

提 示

要想精确绘制半径为18的圆，您必须在【草图工具】工具条中，按Tab键切换到R数值文本框输入“18”。

05 单击【圆】按钮，捕捉第1个圆的圆心，然后绘制半径为45的第2个圆。如图4-21所示。

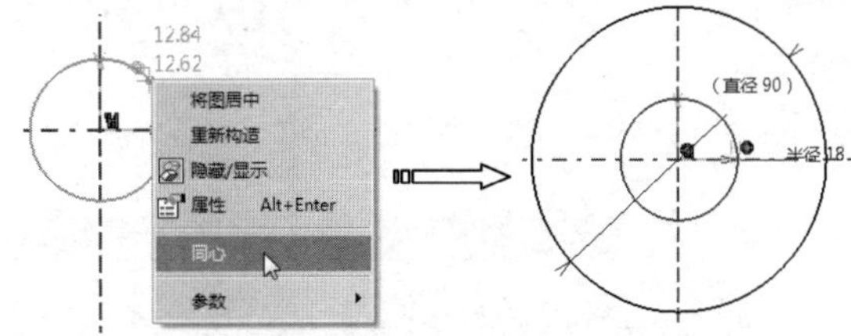

图4-21 捕捉圆心绘制同心圆

06 同理，捕捉圆心再绘制出如图4-22所示的第3个同心圆。

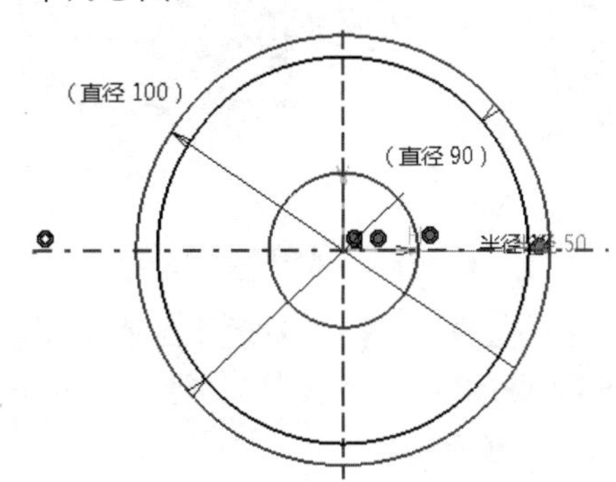

图4-22 绘制第3个同心圆

07 第2个同心圆仅仅作为定位用的，非轮廓线。因此，选中直径为90的圆，然后执行右键菜单【属性】命令，修改此圆的线型为4号线型（点画线），修改线宽为最小线宽，结果如图4-23所示。

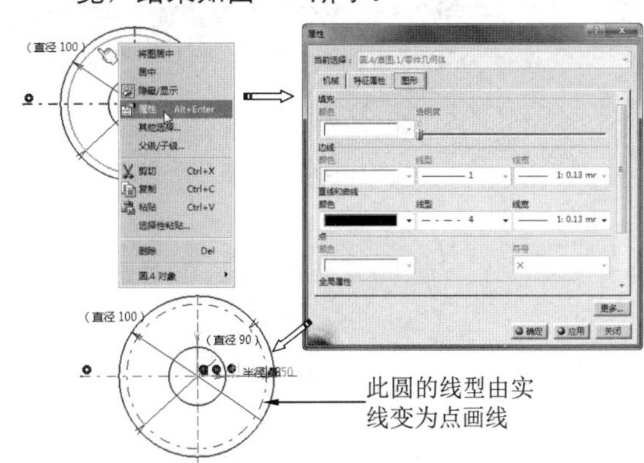

图4-23 修改线型和线宽

08 单击【轴】按钮，然后捕捉圆心作为轴线起点，输入长度为75、角度为-30（或者输入330），绘制的轴线如图4-24所示。

09 同样，按此方法再绘制一条轴线，如图4-25所示。

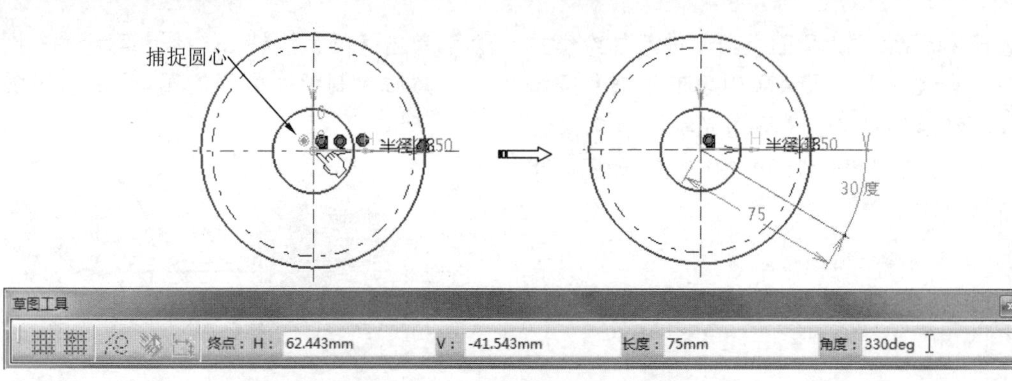

图4-24　绘制具有斜度的轴线

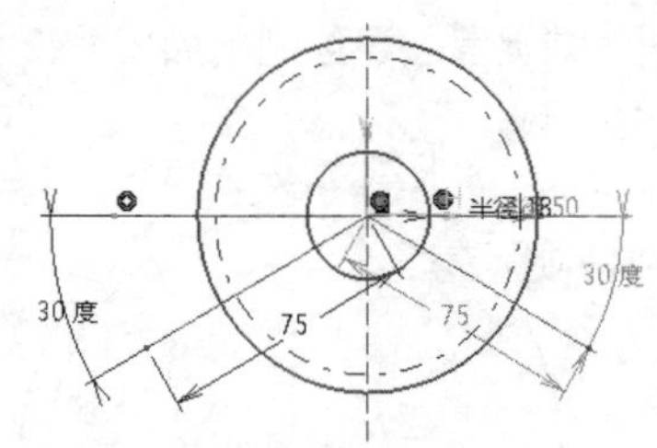

图4-25　绘制另一条轴线

10 单击【圆】按钮，然后捕捉轴线与直径为90的圆的交点，绘制出直径为15的小圆，如图4-26所示。

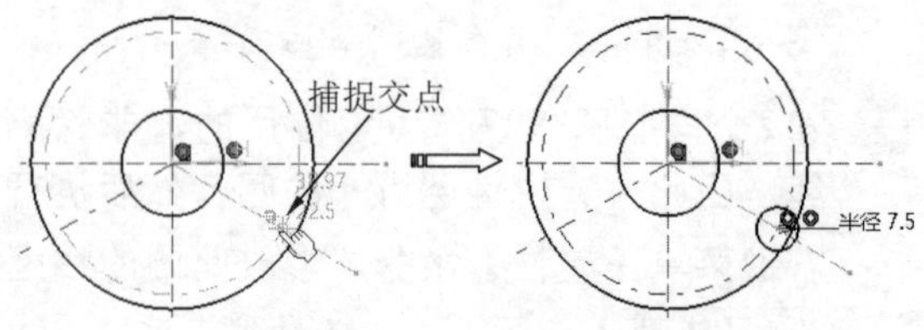

图4-26　绘制小圆

11 同理，在另2条轴线与圆的交点上，再绘制2个直径为15的小圆，结果如图4-27所示。

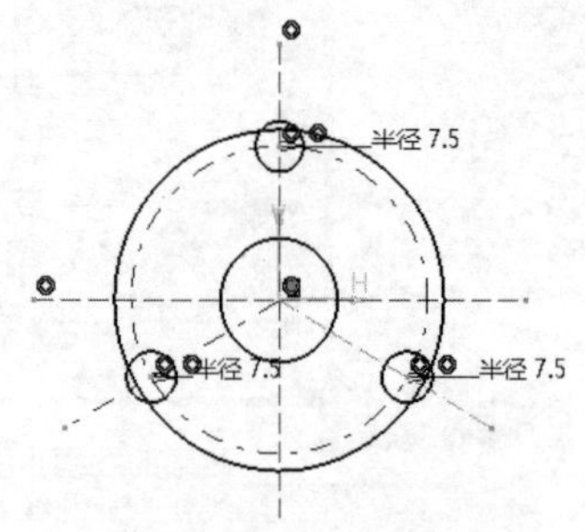

图4-27　再绘制2个小圆

12 继续绘制同心圆。捕捉3个半径为7.5的小圆圆心，依次绘制出半径为15的3个同心圆，结果如图4-28所示。

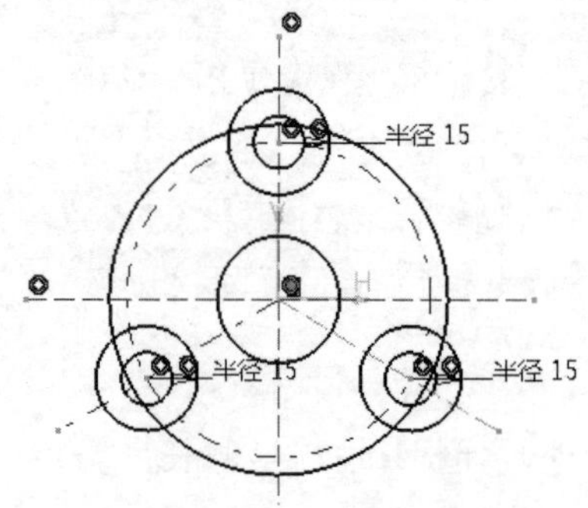

图4-28　绘制3个同心小圆

13 单击【快速修剪】按钮，然后修剪图形，得到最终结果，如图4-29所示。

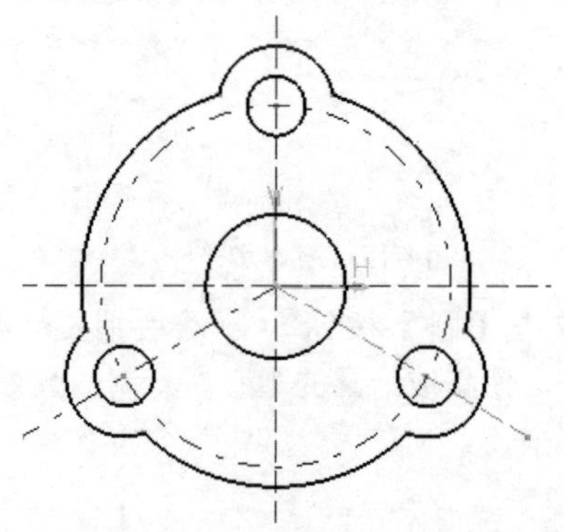

图4-29　最终修剪完成的草图

4.3 草图绘制命令

本小节介绍如何利用【轮廓】工具条生成草图轮廓，CATIA V5R21提供了8类草图轮廓供用户选用。它们是轮廓、预定义轮廓、圆、样条线、二次曲线、直线、轴线和点。绘制草图的方法有两种，即精确绘图和非精确绘图。精确绘图只需要在【草图工具】工具条中相应的文本框中键入参数，按下Enter键完成；非精确绘制，则使用鼠标在绘图区中单击确定图形参数位置点即可。本章中重点介绍非精确绘图方法，对精确绘图的【草图工具】工具条中的参数做简要介绍。

4.3.1 绘制点

单击【通过单击创建点】按钮右侧黑色三角，展开如图4-30所示的【点】工具条。它提供了通过单击创建点、使用坐标创建点、等距点、相交点和投影点等工具按钮。

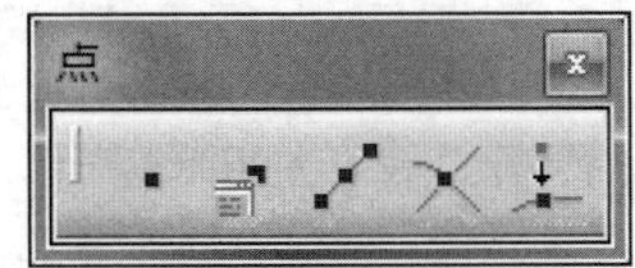

图4-30 【点】工具条

动手操作—通过单击创建点

01 单击【点】工具条中的【通过单击创建点】按钮，【草图工具】工具条展开为如图4-31所示。

02 在绘图区中，任意单击确定点的位置，完成点的创建。

提示

在【草图工具】工具栏中输入点的直角坐标值（H，V），按下Enter键，即可完成点的创建。

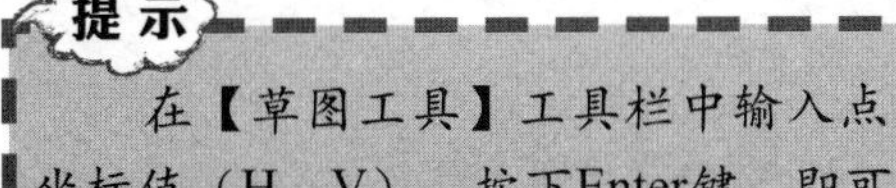

图4-31 【草图工具】工具条

提示

所绘制的点，可以通过【图形属性】工具栏中相应的选项设置点的形状，如图4-32所示。

图4-32 点的形状

动手操作—通过坐标系创建点

01 单击【点】工具条中的【通过坐标系创建点】按钮，打开【点定义】对话框，如图4-33所示。

提示

通过【点定义】对话框中【直角】选项卡中输入H、V值创建点，与使用【通过单击创建点】按钮，在【草图工具】栏中输入H、V值创建点的使用方法和效果相同。

02 单击【极】标签，切换到【极】选项卡。

03 在【半径】文本框中输入100，在【角度】文本框中输入45。

04 单击【确定】按钮，完成通过坐标系创建点的操作。

05 通过任何方法创建的点，只需双击该点，系统就会弹出如图4-33所示的【点定义】对话框，对该点进行编辑。

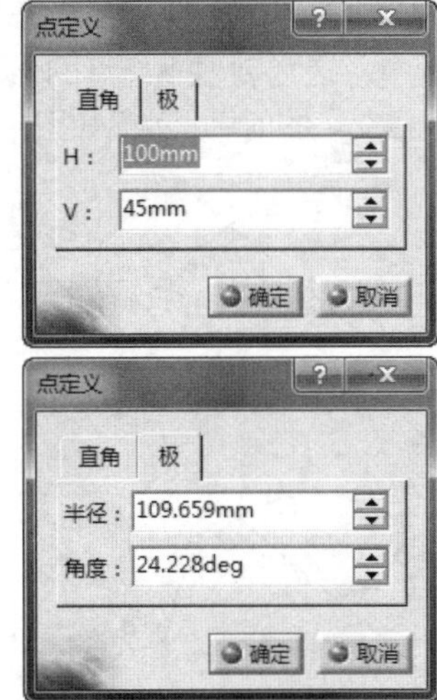

图4-33 【点定义】对话框

动手操作—创建等距点

01 单击【点】工具条中的【等距点】按钮。

02 在绘图区中，选择创建等距点的直线或曲线，系统弹出如图4-34所示的【等距点定义】对话框。

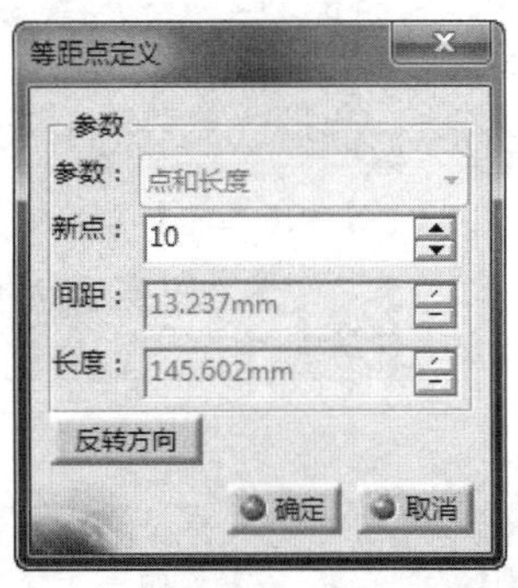

图4-34 【等距点定义】对话框

03 在【等距点定义】对话框中的【新点】微调框中输入5。

> **提示**
>
> 创建等距点为5，则对曲线或线段进行6等分。

04 单击【确定】按钮，完成等距点的创建，效果如图4-35所示。

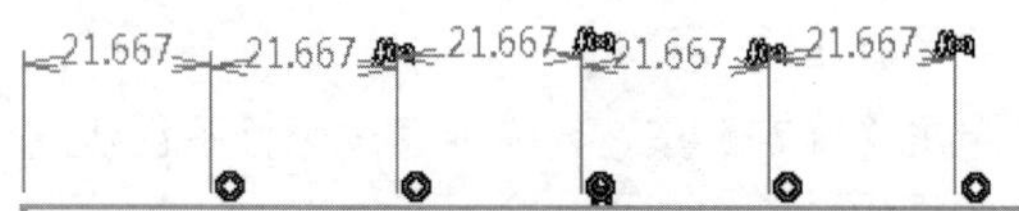

图4-35 创建的等距点

动手操作—创建相交点

01 单击【点】工具条中的【相交点】按钮。

02 在绘图区中，选择创建相交点的两个几何图元，完成相交点的创建，效果如图4-36所示。

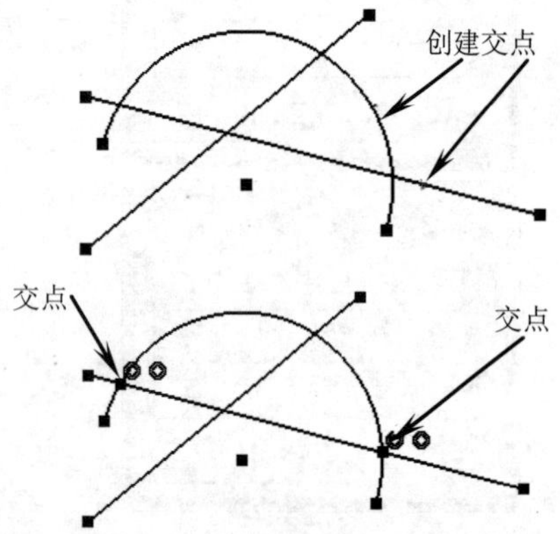

图4-36 创建的相交点

动手操作—创建投影点

01 单击【点】工具条中的【投影点】按钮，【草图工具】工具条展开投影选项按钮，如图4-37所示。

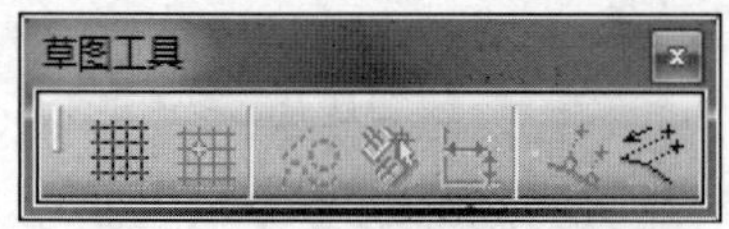

图4-37 【草图工具】工具条

02 按下【草图工具】工具条中的【正交投影】开关按钮。

03 在绘图区中，选择被投影点。

> **提示**
>
> 系统默认为按下【正交投影】开关按钮，如果以前按下【沿某一方向】开关按钮，则需要执行该步骤；如果按下【沿某一方向】开关按钮，【草图工具】工具栏中将显示定义投影方向的H、V和角度参数文本框。

04 在绘图区中，选择投影到其上的元素，完成投影点的创建，效果如图4-38所示。投影元素可以是点、线、面等几何图元。

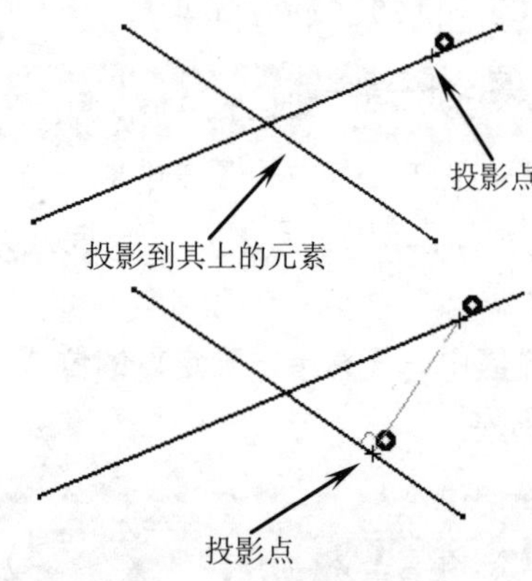

图4-38 创建的投影点

4.3.2 直线、轴

直线工具中有5种直线定义方式，如图4-39所示。

图4-39 直线工具

1. 直线

单击【直线】工具条中的【直线】按钮，【草图工具】工具条显示起点参数输入文本框，如图4-40所示。

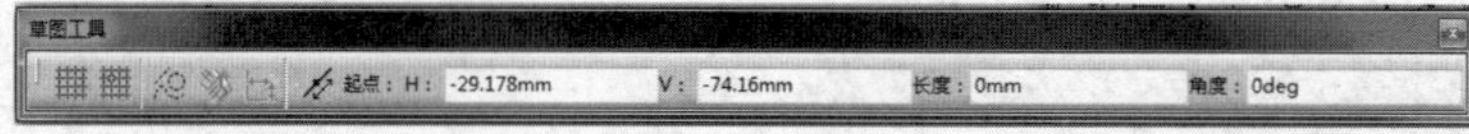

图4-40 【草图工具】工具条

> **提示**
>
> 只有设置完起点，【草图工具】工具条中才显示终点的设置。

用户可以在绘图区中创建任意位置的直线，也可以通过坐标输入方式来绘制直线。如图4-41所示。

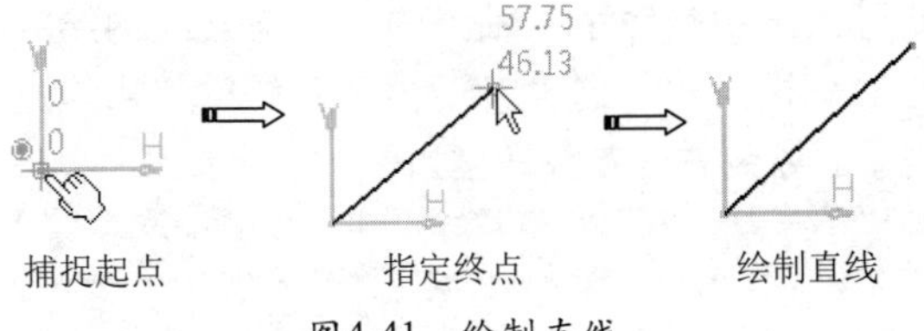

图4-41 绘制直线

2. 无限长线

无限长线就是没有起点和终点，也没有长度限制的直线。无限长线可以是水平的、垂直的或通过两点的。单击【无限长线】按钮，【草图工具】工具条中显示如图4-42所示的参数。

图4-42 创建无限长线的参数

参数文本框的H、V值为无限长线通过点的坐标值。

默认情况下将绘制水平的无限长线，单击【竖直线】按钮，可以绘制竖直的无限长线，如图4-43所示。单击【通过两点的直线】按钮，选择2个参考点确定无限长线的定位和方向，如图4-44所示。

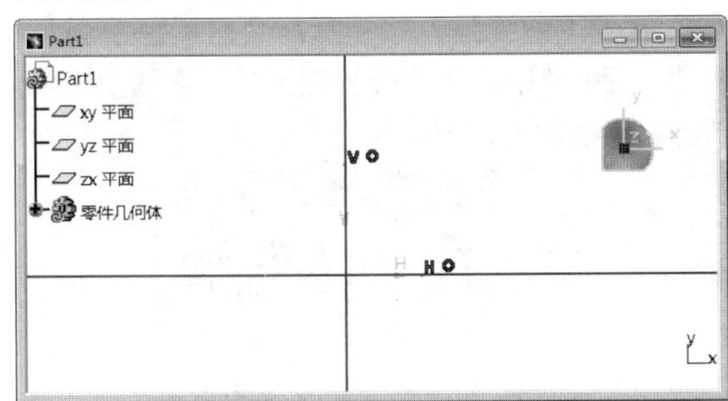

图4-43 绘制水平线和竖直线

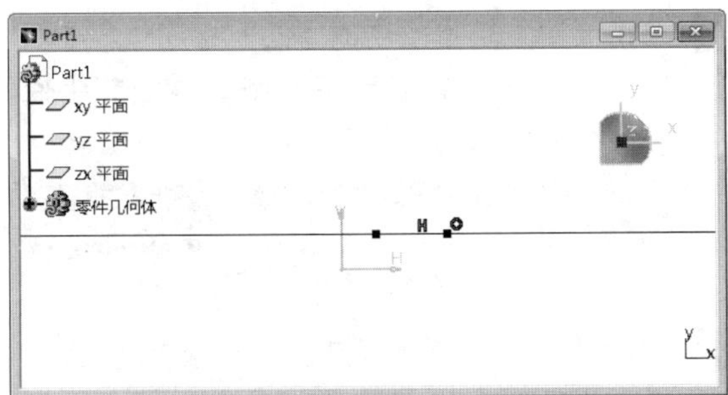

图4-44 通过参考点绘制无限长线

3. 双切线

单击【双切线】按钮，绘制与2个圆或圆弧同时相切的直线，如图4-45所示。

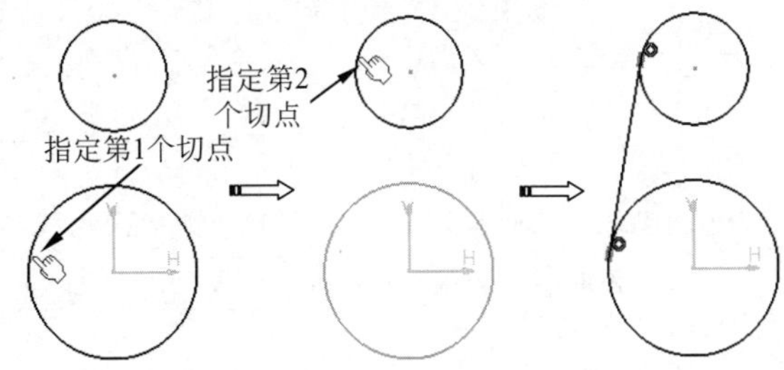

图4-45 绘制双切线

提示

光标所选位置确定了切线的位置。例如上图中当第2个切点在圆的右侧时，那么绘制的双切线将是如图4-46所示的情况。

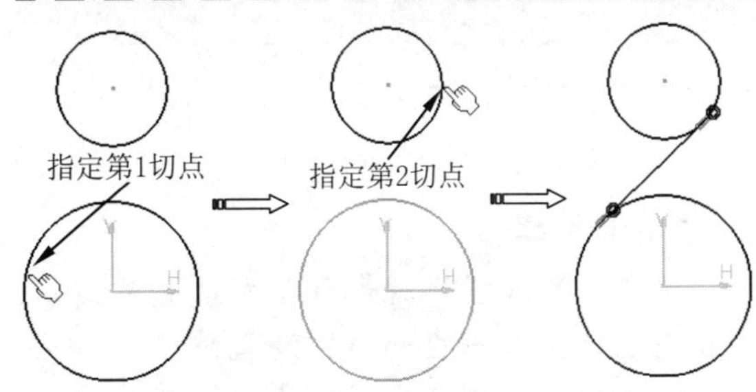

图4-46 不同的光标选取位置绘制不一样的双切线

4. 角平分线

“角平分线”就是通过单击两条现有直线上的两点来创建无限长角平分线。两直线可以是相交的，也可以是平行的。

绘制过程为：

（1）单击【角平分线】按钮。

（2）选择直线1。

（3）再选择直线2。

（4）随后自动创建两直线的角平分线，如图4-47所示。

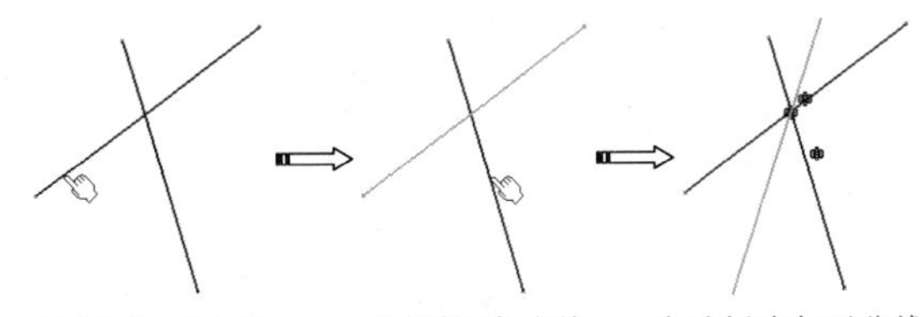

图4-47 绘制角平分线

提示

不同的光标选择位置，会产生不同的结果。如上图中2条相交直线，总的有2条角平分线。另一条角平分线由光标选择的位置来确定，如图4-48所示。

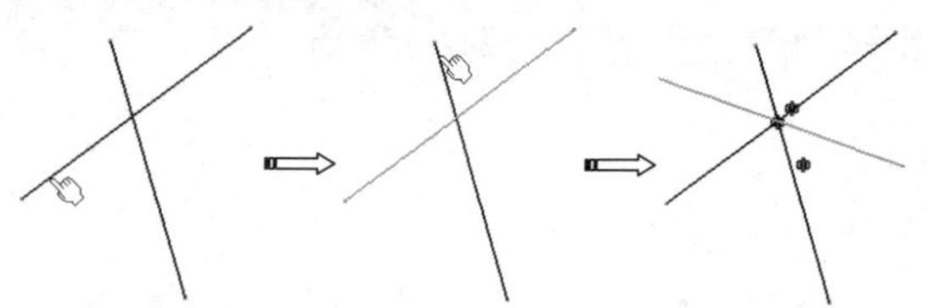

选择第1条直线　　选择第2条直线　　自动创建角平分线

图4-48　绘制另一条角平分线

> **提示**
>
> 如果选定的两条直线相互平行，将在这两条直线之间创建一条新直线，如图4-49所示。

图4-49　平行直线的角平分线

5. 曲线的法线

“曲线的法线”就是在指定曲线的点位置上创建与该点垂直的直线。直线的长度可以用鼠标拖动控制，也可以指定直线终止的参考点。

创建曲线的法线过程如下：

（1）单击【曲线的法线】按钮。

（2）选择法线的起点位置。

（3）指定参考点以确定法线的终点。

（4）随后自动创建曲线的法线，如图4-50所示。

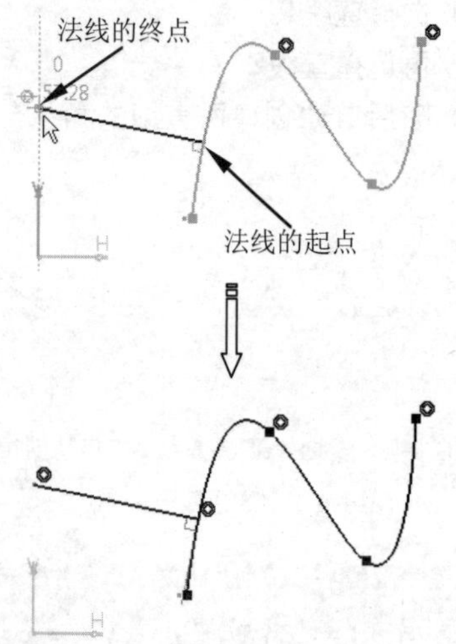

图4-50　创建曲线的法线

6. 创建轴

草图模式中的“轴”，也叫中心线。它是用来作为草图中的尺寸基准和定位基准。轴线的线型是点画线。

在【轮廓】工具条中单击【轴】按钮，就可以绘制轴线了。轴线的绘制与直线的绘制方法是相同的，这里就不再重复讲解其操作过程了。绘制轴的参数设置如图4-51所示。

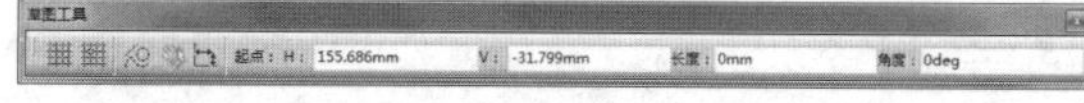

图4-51　轴线的参数设置

> **提示**
>
> 您也可以修改直线的属性。使其线型变为点画线，由此直线也变成了轴线（即中心线）。如图4-52所示。

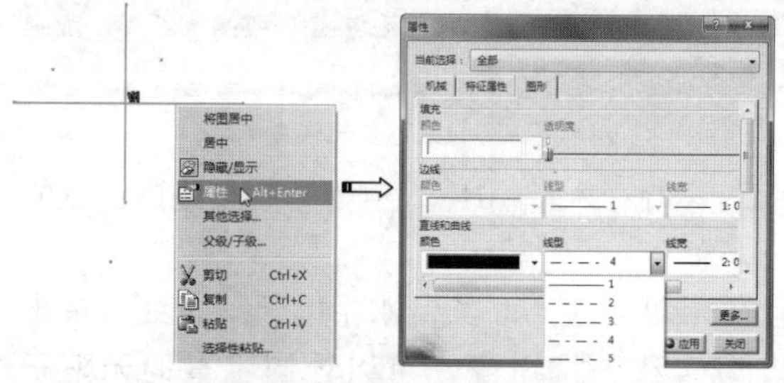

图4-52　设置直线的属性

4.3.3　绘制圆

单击【直线圆】按钮右侧的黑色三角，展开如图4-53所示的【圆】工具条。它提供了绘制圆和圆弧的各种方法按钮。

图4-53　【圆】工具条

动手操作—绘制圆

01 单击【圆】工具条中的【圆】按钮，【草图工具】工具条展开定义圆的圆心和半径参数输入文本框，如图4-54所示。

图4-54　【草图工具】工具条

02 在绘图区中，任意单击，确定圆心位置，【草图工具】工具条展开定义圆上点的直角坐标和半径参数输入文本框。

03 在绘图区中，单击确定圆的位置，即所绘制圆上的一点，完成圆的绘制。

> **提 示**
>
> 如果有确定的圆参数，在【草图工具】工具栏中输入参数值，按下Enter键，即可完成圆的绘制。

04 双击该圆，系统弹出如图4-55所示的【圆定义】对话框，可以通过对话框设置圆心坐标值和圆的半径。

05 单击对话框中的【确定】按钮，完成圆的修改。

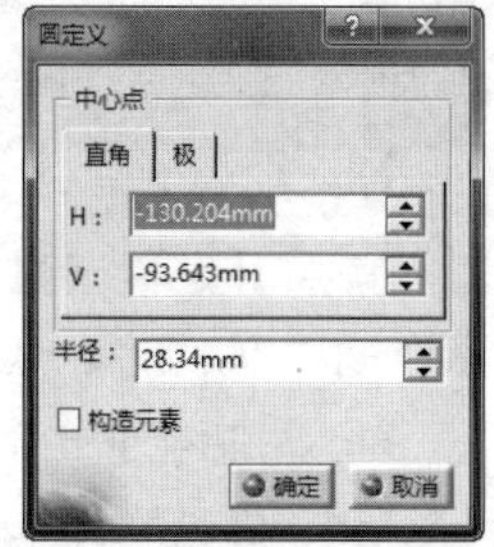

图4-55 【圆定义】对话框

动手操作—绘制三点圆

01 单击【圆】工具条中的【三点圆】按钮，【草图工具】工具条展开圆上第一点的直角坐标值输入文本框，如图4-56所示。

图4-56 【草图工具】工具条

02 在绘图区中，任意单击确定圆上的第一点，【草图工具】工具条展开圆上第二点的直角坐标值输入文本框。

03 在绘图区中，移动鼠标指针到合适位置，单击确定圆上的第二点，【草图工具】工具条展开圆上最后点的直角坐标值输入文本框。

04 在绘图区中，移动鼠标指针到合适位置，单击确定圆上的最后一点，完成圆的绘制，效果如图4-57所示。

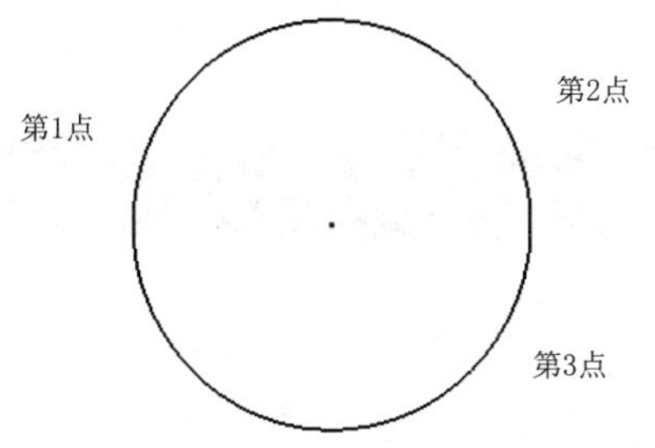

图4-57 绘制的三点圆

动手操作—使用坐标创建圆

01 单击【圆】工具条中【使用坐标创建圆】按钮，系统弹出如图4-58所示的【圆定义】对话框。

图4-58 【圆定义】对话框

02 单击【极】标签，切换到【极】选项卡。

03 在【极】选项卡的【半径】文本框中输入20，【角度】文本框中输入45，【半径】文本框中输入15。

04 单击【圆定义】对话框中【确定】按钮，完成通过坐标创建圆的绘制，效果如图4-59所示。

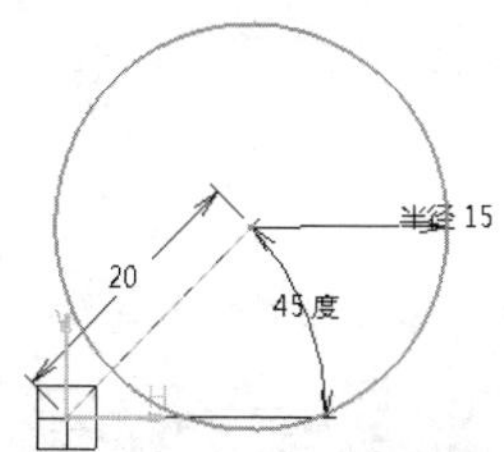

图4-59 通过坐标创建圆

动手操作—绘制三切线圆

01 单击【圆】工具条中【三切线圆】按钮。

02 在绘图区中，选择第一相切图形。

03 在绘图区中，选择第二相切图形。

04 在绘图区中，选择第三相切图形，完成三切线圆的创建，效果如图4-60所示。

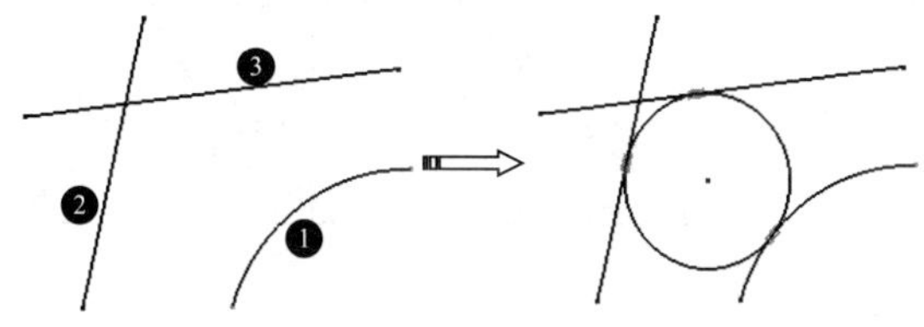

图4-60 绘制的三切线圆

4.3.4 绘制圆弧

单击【直线圆】按钮右侧的黑色三角，展开【圆】工具条。它提供了绘制圆和圆弧的各种方法按钮。

动手操作——绘制三点弧

01 单击【圆】工具条中【三点弧】按钮，【草图工具】工具条展开起点直角坐标输入文本框，如图4-61所示。

图4-61 【草图工具】工具条中的文本框

02 在绘图区中，任意单击确定圆弧的起点，【草图工具】工具条展开圆弧上第二点直角坐标输入文本框。

03 在绘图区中，移动鼠标指针到合适位置，单击确定圆弧的第二点，【草图工具】工具条展开圆弧上终点直角坐标输入文本框。

04 在绘图区中，移动鼠标指针到合适位置，单击确定圆弧的终点，完成圆弧的创建，效果如图4-62所示。

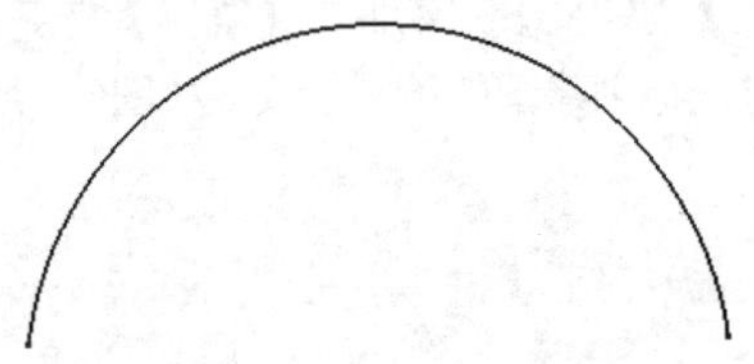

图4-62 绘制的三点圆弧

动手操作——绘制起始受限的三点弧

01 单击【圆】工具条中【三点弧】按钮，【草图工具】工具条展开起点直角坐标输入文本框。

02 在绘图区，任意单击确定圆弧的起点，【草图工具】工具条展开终点直角坐标输入文本框。

03 在绘图区，移动鼠标指针到合适位置，单击确定圆弧的终点，【草图工具】工具条展开圆弧第二点直角坐标输入文本框。

04 在绘图区，移动鼠标指针到合适位置，单击确定圆弧的第二点，完成圆弧的创建，效果如图4-63所示。

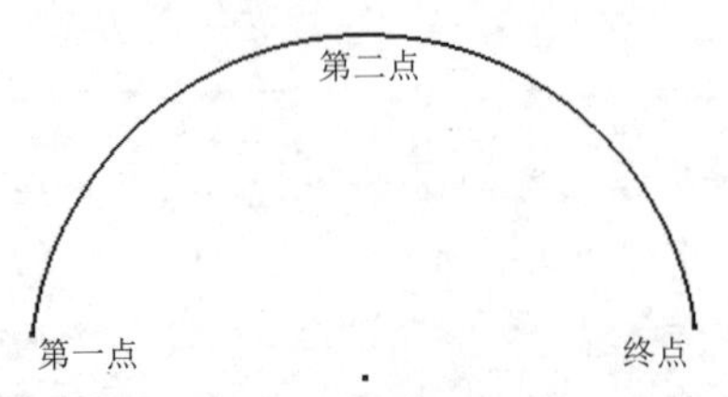

图4-63 绘制的起始受限的三点弧

提示

三点弧和起始受限的三点弧的参照相同，即起点、终点和第二点；只是绘制过程中前后顺序不同。

动手操作——绘制弧

01 单击【圆】工具条中的【弧】按钮，【草图工具】工具条展开定义圆弧参数的文本框，如图4-64所示，即圆弧中心（H，V）、半径（R）、圆心与圆弧起点的连线与H轴之间的夹角（A）、圆弧的圆心角（S）。

图4-64 【草图工具】工具条

02 在绘图区中，任意单击确定圆弧中心，【草图工具】工具条展开圆弧起点直角坐标输入文本框。

03 在绘图区中，移动鼠标指针到合适位置，单击确定为圆弧的起点，【草图工具】工具条展开圆弧终点直角坐标输入文本框。

04 在绘图区中，移动鼠标指针到圆弧终点，单击完成圆弧的绘制，效果如图4-65所示。

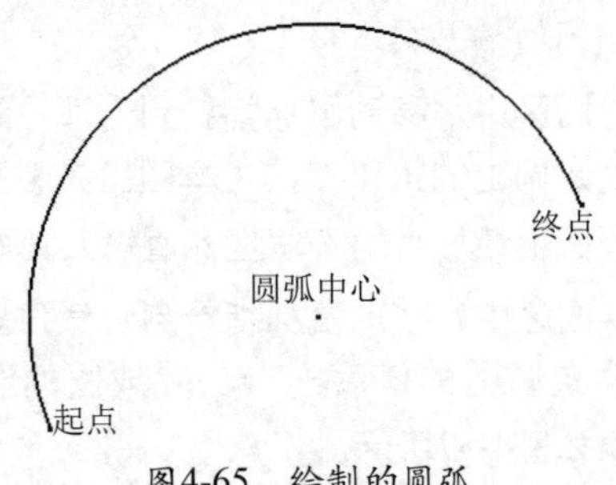

图4-65 绘制的圆弧

4.4 绘制预定义轮廓线

CATIA V5提供了9种预定义轮廓，方便用户生成一些常见的图形。单击【矩形】按钮右侧的黑色三角，展开如图4-66所示的【预定义的轮廓】对话框。

图4-66 【预定义的轮廓】对话框

动手操作—绘制矩形

01 单击【预定义的轮廓】工具条中的【矩形】按钮□，【草图工具】工具条展开第一点坐标值输入文本框。

02 在绘图区中，单击确定第一点，即矩形一个起点，【草图工具】工具条展开如图4-67所示的第二点参数输入文本框，即第二点的直角坐标（H，V）、或者宽度和高度（指定宽度和高度后，按下Enter键，以第一点与当前鼠标所在位置之间范围内生成矩形）。

提示

矩形是由对角线两端点确定。

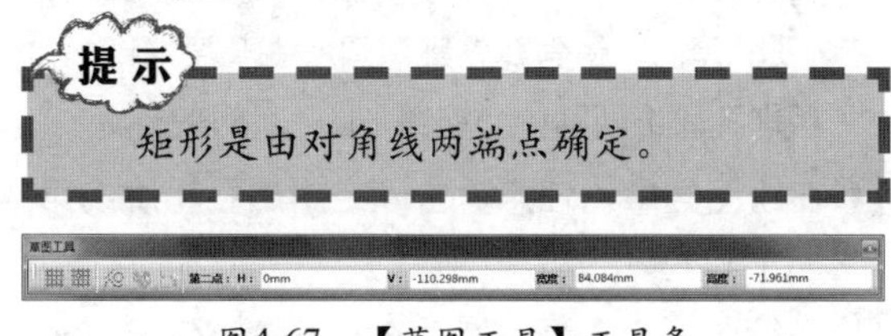

图4-67 【草图工具】工具条

03 在绘图区中，移动鼠标指针到所绘制矩形对角线另一点，单击完成矩形的绘制，效果如图4-68所示。

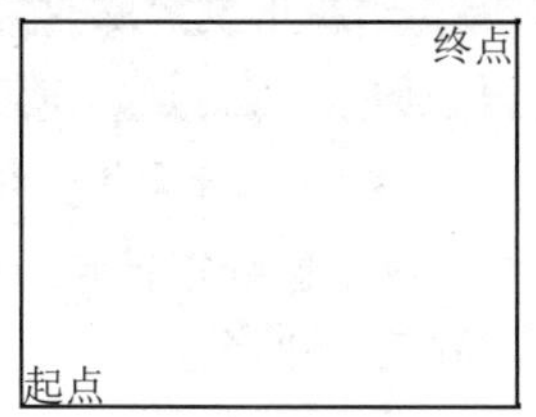

图4-68 绘制的矩形

动手操作—绘制斜置矩形

01 单击【预定义的轮廓】工具条中的【斜置矩形】按钮◇，【草图工具】工具条展开如图4-69所示的第一角参数输入文本框，即矩形顶点（H，V）、矩形边长（W）、矩形边与H夹角（A）。

提示

斜置矩形是由矩形3个顶点确定的。

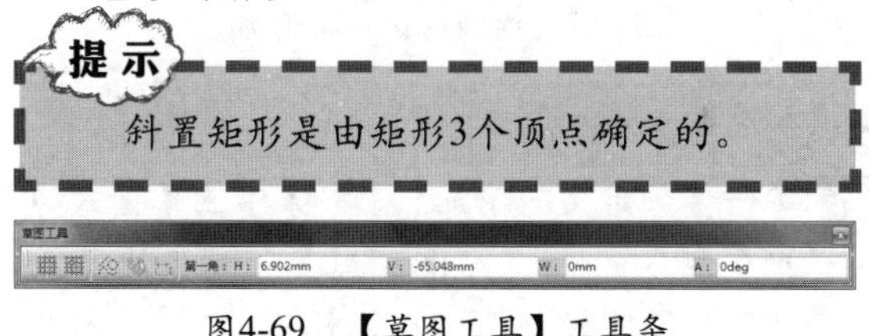

图4-69 【草图工具】工具条

02 在绘图区中，任意单击确定斜置矩形的第一个角点，【草图工具】工具条展开第二角直角坐标输入文本框。

03 在绘图区中，移动鼠标指针到合适位置，单击确定斜置矩形的第二个角点，【草图工具】工具条展开第三角直角坐标输入文本框。

04 在绘图区中，移动鼠标指针到合适位置，单击确定斜置矩形的第三个角点，完成斜置矩形的绘制，效果如图4-70所示。

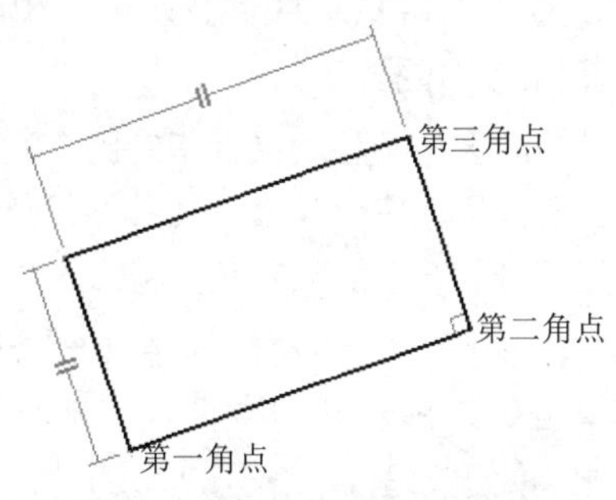

图4-70 绘制的斜置矩形

动手操作—绘制平行四边形

01 单击【预定义的轮廓】工具条中的【平行四边形】按钮▱，【草图工具】工具条展开第一角参数输入文本框，即矩形顶点（H，V）、矩形边长W、矩形边与H夹角（A）。

02 在绘图区中，任意单击确定平行四边形的第一个角点，【草图工具】工具条展开第二角直角坐标输入文本框。

03 在绘图区中，移动鼠标指针到合适位置，单击确定平行四边形的第二个角点，【草图工具】工具条展开第三角直角坐标输入文本框。

04 在绘图区中，单击确定平行四边形的第三个角点，完成平行四边形的绘制，效果如图4-71所示。

图4-71 绘制的平行四边形

动手操作——绘制延长孔

01 单击【预定义的轮廓】工具条中的【延长孔】按钮，【草图工具】工具条展开如图4-72所示的延长孔参数输入文本框，即第一中心点的直角坐标（H，V）、半径、两圆心距离L、两圆心连线与H之间的夹角。

图4-72 【草图工具】工具条

02 在绘图区中，任意单击确定第一中心位置，【草图工具】工具条展开第二中心直角坐标输入文本框。

03 在绘图区中，移动鼠标指针到合适位置，单击确定第二中心位置，【草图工具】工具条展开延长孔上的点直角坐标输入文本框。

04 在绘图区中，移动鼠标指针到合适位置，单击确定延长孔的半径，完成延长孔的绘制，效果如图4-73所示。

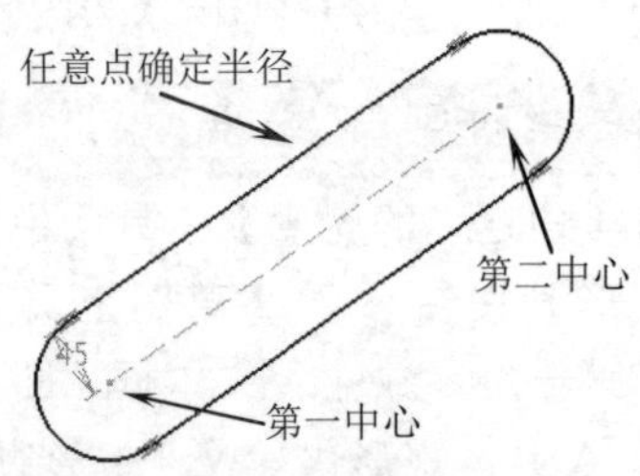

图4-73 绘制的延长孔

动手操作——绘制圆柱形延长孔

01 单击【预定义的轮廓】工具条中的【圆柱形延长孔】按钮，【草图工具】工具条展开如图4-74所示的圆柱形延长孔参数输入文本框，即延长孔半径、圆心直角坐标（H，V）、圆柱半径（R）、第一中心与圆柱中心连线与H之间的夹角（A）、圆柱形延长孔的圆心角（S）。

提示

圆柱形延长孔由5个参数确定，在绘图中只需要4点就能完成圆柱形延长孔的绘制。

图4-74 【草图工具】工具条

02 在绘图区中，任意单击确定圆柱圆心位置。

03 在绘图区中，移动鼠标指针到合适位置，单击确定第一中心位置。

04 在绘图区中，移动鼠标指针到合适位置，单击确定第二中心位置。

05 在绘图区中，移动鼠标指针到合适位置，单击确定圆柱形延长孔的半径，完成圆柱形延长孔的绘制，效果如图4-75所示。

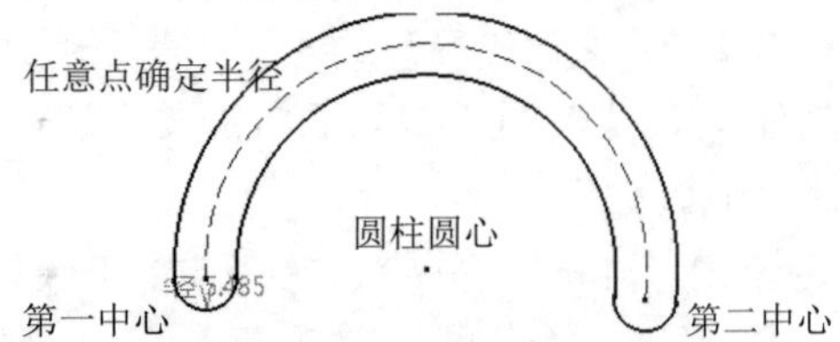

图4-75 绘制的圆柱形延长孔

动手操作——绘制钥匙孔轮廓

01 单击【预定义的轮廓】工具条中的【钥匙孔轮廓】按钮，【草图工具】工具条展开圆中心位置参数输入文本框，即第一圆心直角坐标（H，V）、钥匙孔轮廓两圆中心长度（L）、钥匙孔轮廓两圆中心连线与H之间的夹角。

02 在绘图区中，任意单击确定钥匙孔轮廓的第一个圆心。

03 在绘图区中，移动鼠标指针到合适位置，单击确定第二个圆心，【草图工具】工具条展开如图4-76所示的小半径参数输入文本框，即钥匙孔轮廓上任意点直角坐标（H，V）。

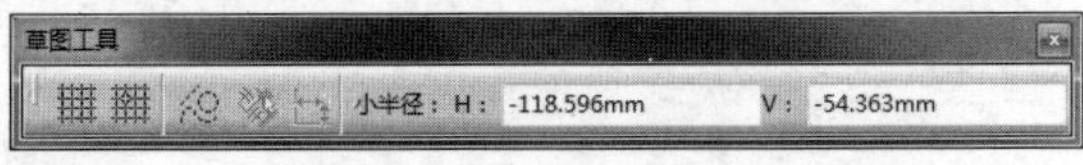

图4-76 【草图工具】工具条

04 在绘图区中，移动鼠标指针到合适位置，单击确定钥匙孔轮廓小半径。

05 在绘图区中，移动鼠标指针到合适位置，单击确定钥匙孔轮廓大半径，完成钥匙孔轮廓的绘制，效果如图4-77所示。

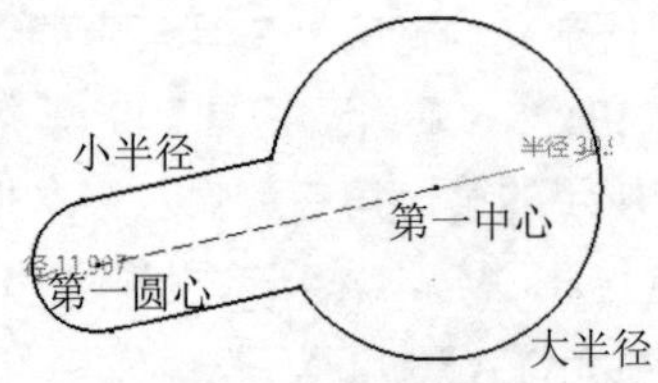

图4-77 绘制的钥匙孔轮廓

动手操作——绘制正六边形

01 单击【预定义的轮廓】工具条中的【正六边形】按钮，【草图工具】工具条展开六边形中心直角坐标输入文本框。

02 在绘图区中，任意单击确定六边形中心位置，【草图工具】工具条展开如图4-78所示的六边形上的点坐标参数输入文本框（只需输入H、V值或者尺寸、角度值）。

> **提示**
>
> 六边形边的中心坐标是由直角坐标（H，V）确定，或者极坐标参数尺寸和角度确定。

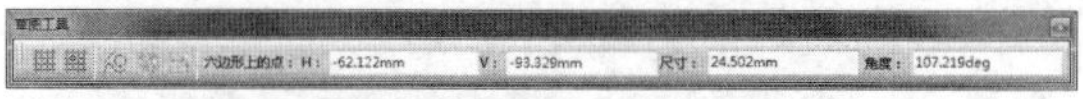

图4-78 【草图工具】工具条

03 在绘图区中，移动鼠标指针到合适位置，单击确定六边形边上的点，完成六边形的绘制，效果如图4-79所示。

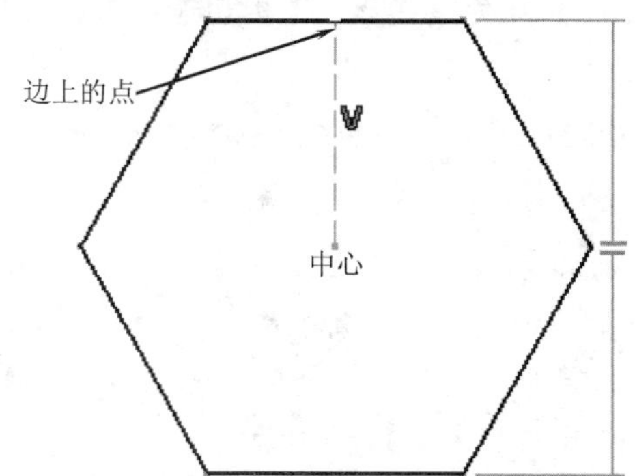

图4-79 绘制的六边形

动手操作——绘制居中矩形

01 单击【预定义的轮廓】工具条中的【居中矩形】按钮，【草图工具】工具条展开矩形中心直角坐标参数输入文本框。

02 在绘图区中，任意单击确定矩形中心，【草图工具】工具条展开如图4-80所示的第二点（矩形的一个顶点）参数输入文本框。

> **提示**
>
> 居中矩形是由中心和一个顶点两个参数确定的，顶点可以使用直角坐标（H，V）或者高度、宽度确定。

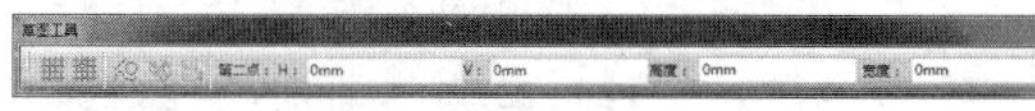

图4-80 【草图工具】工具条

03 在绘图区中，移动鼠标指针到合适位置，单击确定矩形的顶点，完成居中矩形的绘制，效果如图4-81所示。

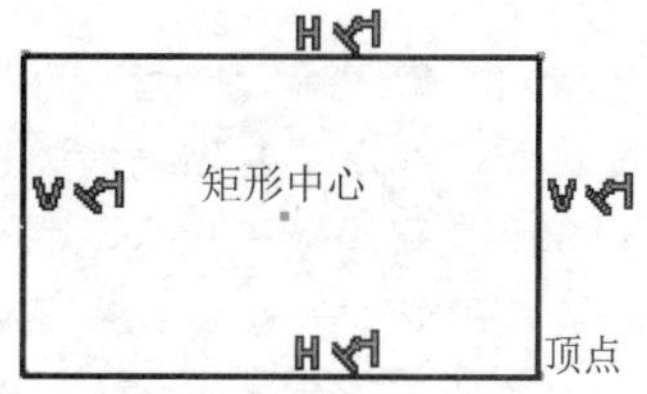

图4-81 绘制的居中矩形

动手操作——绘制居中平行四边形

01 单击【预定义的轮廓】工具条中的【居中平行四边形】按钮。

02 在绘图区中，选择一条直线。

03 在绘图区中，选择另一条直线。

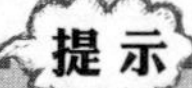

> **提示**
>
> 居中平行四边形的边是与两条不平行的直线段平行而生成的平行四边形。

04 在绘图区中，移动鼠标指针到合适位置，单击确定平行四边形的顶点，完成居中平行四边形的绘制，效果如图4-82所示。

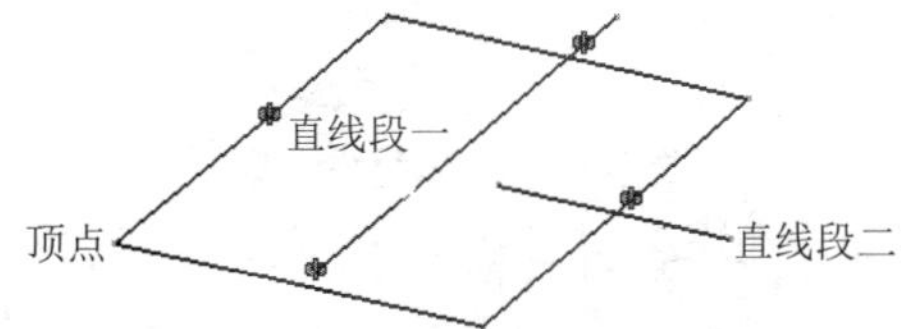

图4-82 绘制的居中平行四边形

4.4.1 绘制样条线

单击【轮廓】工具条中的【样条线】按钮右下方的黑色三角，展开如图4-83所示的【样条线】工具条。

图4-83 【样条线】工具条

动手操作——绘制样条线

01 单击【样条线】工具条中的【样条线】按钮，【草图工具】工具条展开控制点直角坐标输入文本框。

02 在绘图区中，连续单击确定样条线的控制点，按下Esc键或者单击其它按钮，完成样条线的绘制，效果如图4-84所示。

提示

所绘制的样条线是封闭的时，用鼠标右键单击绘图区空白处，从弹出的快捷菜单中选择【封闭样条线】命令，完成样条线的绘制，效果如图4-85所示。

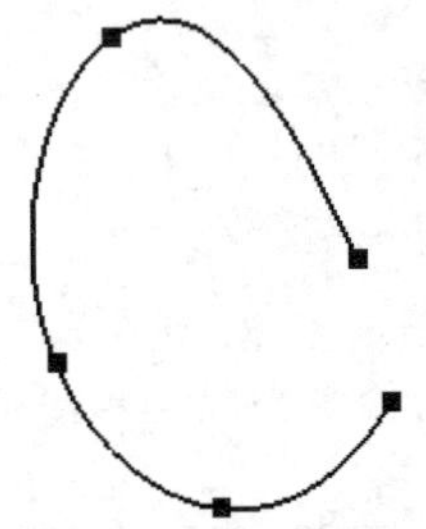

图4-84　绘制的样条线1

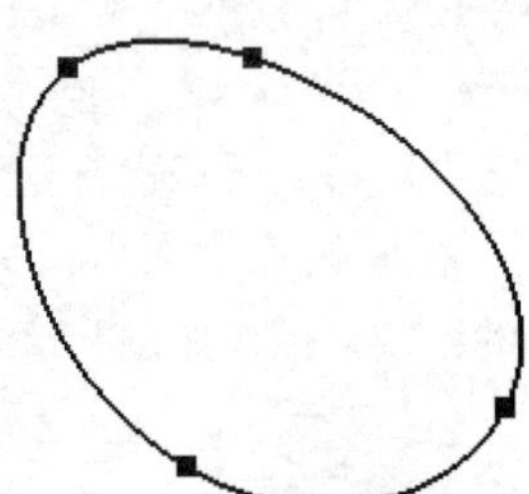

图4-85　绘制的样条线2

03 双击所绘制的样条线，系统弹出如图4-86所示的【样条线定义】对话框，在对话框中可以添加、移除和替换控制点，选中列表框中的点，可对其相切和曲率进行设置，以及对样条线进行是否封闭设置。

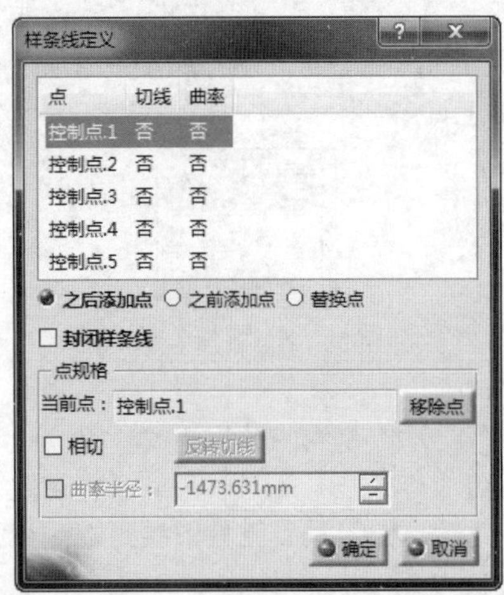

图4-86　【样条线定义】对话框

动手操作—绘制连接样条线

01 单击【样条线】工具条中的【连接】按钮，【草图工具】工具条展开如图4-87所示的样条线控制按钮。

02 【连接】是对两条曲线或直线进行连接的工具按钮，连接方式有以下几种：

★ 用弧连接：按下【草图工具】工具条中的【用弧连接】开关按钮，以圆弧的形式进行连接。

★ 用样条线连接：按下【草图工具】工具条中的【用样条线连接】开关按钮，以样条线的形式进行连接，与参照之间有三种连接方式：点连接、相切连接、曲率连接。

图4-87　【草图工具】工具条

03 按下【草图工具】工具条中的【用样条线连接】开关按钮、【相切连接】开关按钮。

04 在绘图区中，选择创建连接样条线的第一条曲线。

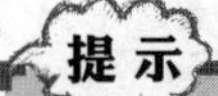

提示

生成的样条线以鼠标单击参照最近的端点进行连接，也可以选择创建连接样条线的曲线上的点，以选择的点进行连接。

05 在绘图区中，选择创建连接样条线的第二条曲线上的点，完成连接样条线的绘制，效果如图4-88所示。

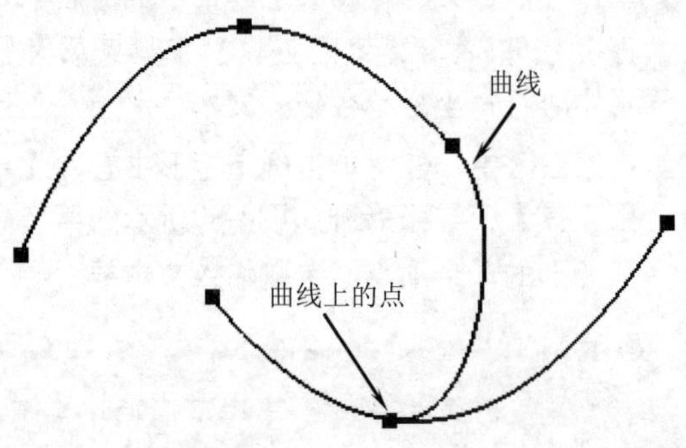

图4-88　绘制的连接样条线

06 双击所绘制的连接样条线，系统弹出如图4-89所示的【连接曲线定义】对话框，可以通过对话框设置两条曲线的连接方式和张度等参数。

07 单击【连接曲线定义】对话框中的【确定】按钮，完成连接曲线的修改。

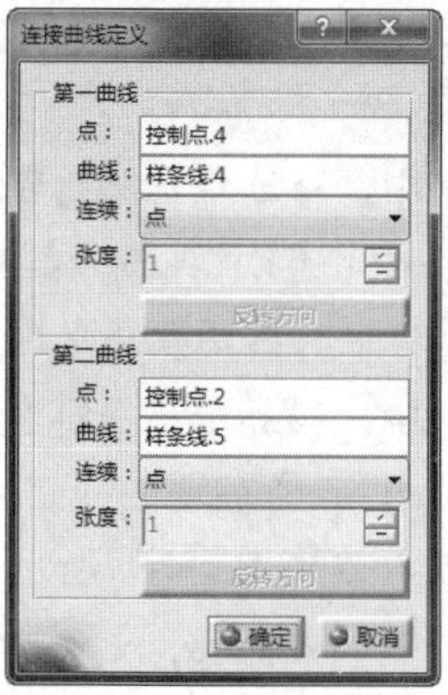

图4-89 【连接曲线定义】对话框

4.4.2 绘制二次曲线

单击【轮廓】工具条中的【椭圆】按钮右下角的黑色三角，展开如图4-90所示的【二次曲线】工具条。

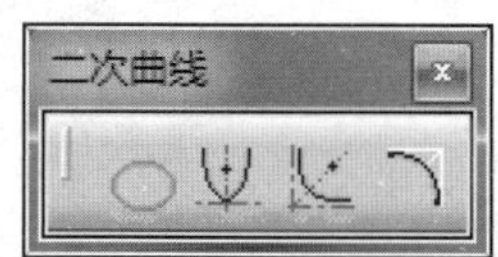

图4-90 【二次曲线】工具条

动手操作—椭圆的绘制

01 单击【二次曲线】工具条中的【椭圆】按钮，【草图工具】工具条展开如图4-91所示的椭圆参数输入文本框，即中心直角坐标（H，V）、长轴半径、短轴半径、长轴与H之间的夹角（A）。

图4-91 【草图工具】工具条

02 在绘图区中，任意单击确定椭圆中心，【草图工具】工具条展开长半轴端点参数输入文本框。

03 在绘图区中，移动鼠标指针到合适位置，单击确定长轴半径，【草图工具】工具条展开短半轴端点参数输入文本框。

04 在绘图区中，移动鼠标指针到合适位置，单击确定短轴半径，完成椭圆的绘制，效果如图4-92所示。

在绘图区中，单击确定长轴半径的点就是长轴与椭圆的交点，单击确定短轴半径的点位于椭圆上任意点。

05 双击所绘制的椭圆，系统弹出如图4-93所示的【椭圆定义】对话框，可以通过对话框设置中心点、长轴半径、短轴半径以及长轴半径与H之间的角度。

06 单击【椭圆定义】对话框中的【确定】按钮，完成椭圆的修改。

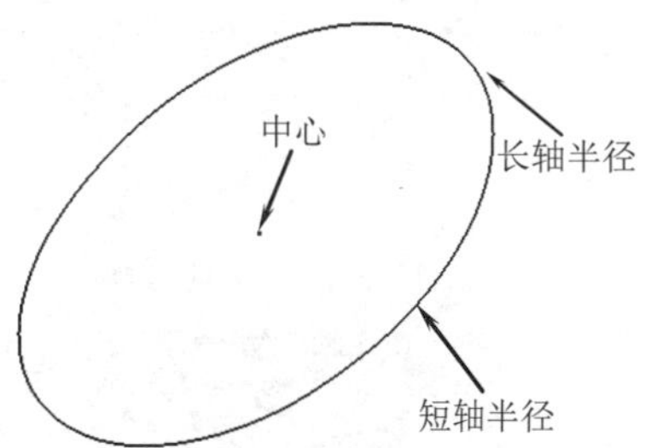

图4-92 绘制的椭圆

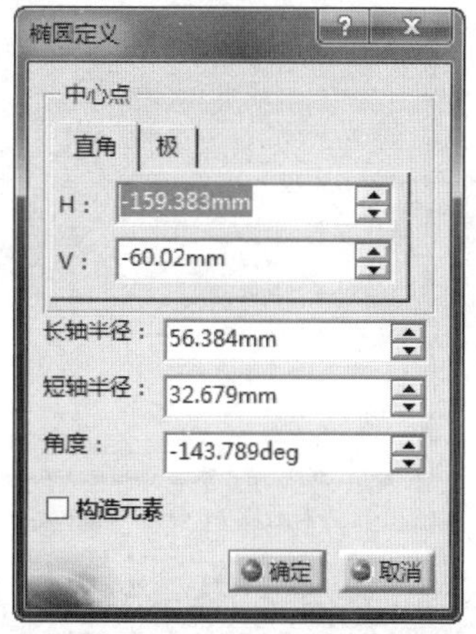

图4-93 【椭圆定义】对话框

动手操作—抛物线的绘制

01 单击【二次曲线】工具条中的【通过焦点创建抛物线】按钮，【草图工具】工具条展开焦点直角坐标输入文本框。

02 在绘图区中，任意单击确定焦点，【草图工具】工具条展开顶点直角坐标输入文本框。

03 在绘图区中，移动鼠标指针到合适位置，单击确定顶点，【草图工具】工具条展开起点直角坐标输入文本框。

04 在绘图区中，移动鼠标指针到合适位置，单击确定起点，【草图工具】工具条展开终点直角坐标输入文本框。

05 在绘图区中，移动鼠标指针到合适位置，单击确定终点，完成抛物线的绘制，效果如图4-94所示。

06 双击所绘制的抛物线，系统弹出如图4-95所示的【抛物线定义】对话框，可以通过对话框设置焦点和顶点坐标参数。

07 单击【抛物线定义】对话框中的【确定】按钮，完成抛物线的修改。

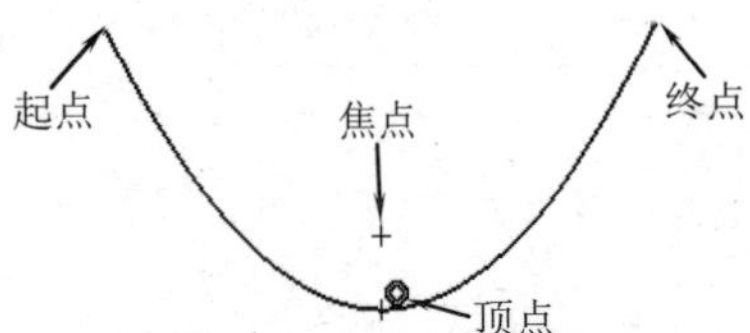

图4-94　绘制的抛物线

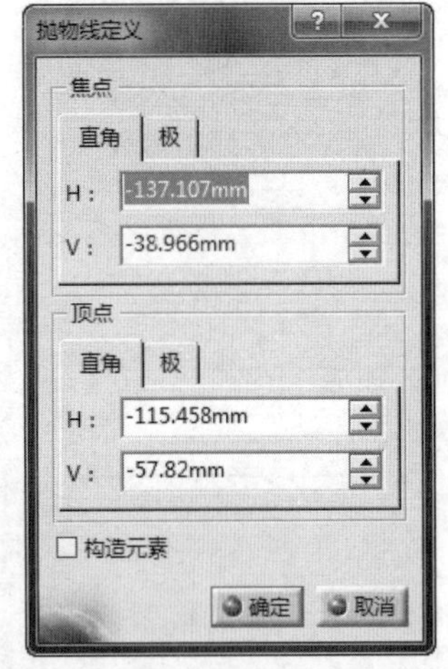

图4-95　【抛物线定义】对话框

动手操作——双曲线的绘制

01 单击【二次曲线】工具条中的【通过焦点创建双曲线】按钮，【草图工具】工具条展开如图4-96所示的焦点直角坐标输入文本框。

图4-96　【草图工具】工具条

提示

e为双曲线的偏心率，为大于1的数字。

02 在绘图区中任意位置单击确定双曲线焦点，【草图工具】工具条展开中心直角坐标输入文本框。

03 在绘图区中，移动鼠标指针到合适的位置，单击确定双曲线中心点，【草图工具】工具条展开顶点直角坐标输入文本框。

04 在绘图区中，移动鼠标指针到焦点与中心之间合适的位置，单击确定双曲线顶点，【草图工具】工具条展开起点直角坐标输入文本框。

05 在绘图区中，移动鼠标指针到双曲线上合适的位置，单击确定双曲线起点，【草图工具】工具条展开终点直角坐标输入文本框。

06 在绘图区中，移动鼠标指针到双曲线上合适的位置，单击确定双曲线终点，完成双曲线的绘制，效果如图4-97所示。

07 双击所绘制的双曲线，系统弹出如图4-98所示的【双曲线定义】对话框，可以通过对话框设置焦点、中心点坐标以及偏心率。

08 单击【双曲线定义】对话框中的【确定】按钮，完成双曲线的编辑。

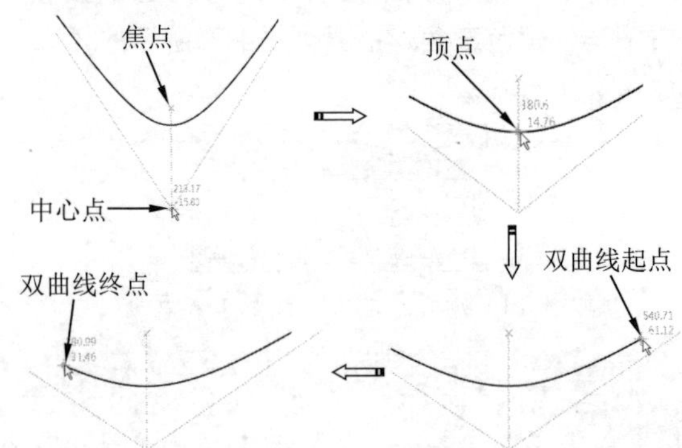

图4-97　绘制的双曲线

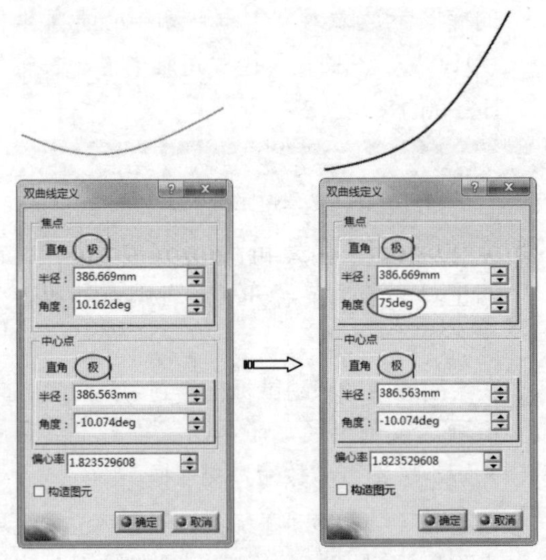

图4-98　【双曲线定义】对话框

动手操作——圆锥曲线的绘制

01 单击【二次曲线】工具条中的【二次曲线】按钮，【草图工具】工具条展开如图4-99所示的圆锥曲线参数设置开关按钮和起点直角坐标输入文本框。

图4-99 【草图工具】工具条

提示

圆锥曲线的绘制方法有：两点法、四点法和五点法。通过两点绘制圆锥曲线就是根据起点、终点、起点切线、终点切线和穿越点来生成圆锥，可以选择使用起点切线和终点切线或者切线相交点，即按下【起点切线和终点切线】开关按钮或者按下【切线相交点】开关按钮；通过四点绘制圆锥曲线就是通过起点、起点切线、终点、第一点和第二点来生成圆锥曲线，可以选择是否使用穿过点处的切线，即按下【穿过点处的切线】开关按钮；通过五点绘制圆锥曲线就是通过起点、终点、第一点、第二点和第三点生成圆锥曲线。

02 按下【草图工具】工具条中的【两个点】开关按钮和【切线相交点】开关按钮。

03 在绘图区中，任意单击确定起点，【草图工具】工具条展开终点直角坐标输入文本框。

04 在绘图区中，任意单击确定终点，【草图工具】工具条展开切线相交点直角坐标输入文本框。

05 在绘图区中，任意单击确定切线相交点，【草图工具】工具条展开穿越点直角坐标输入文本框。

06 在绘图区中，移动鼠标指针到两条直线相交范围内合适位置，单击确定穿越点，完成圆锥曲线的绘制，效果如图4-100所示。

07 双击所绘制的圆锥曲线，系统弹出如图4-101所示的【二次曲线定义】对话框，通过对话框可以对起点、终点、中间约束进行设置。

08 单击【二次曲线】对话框中的【确定】按钮，完成圆锥曲线的修改。

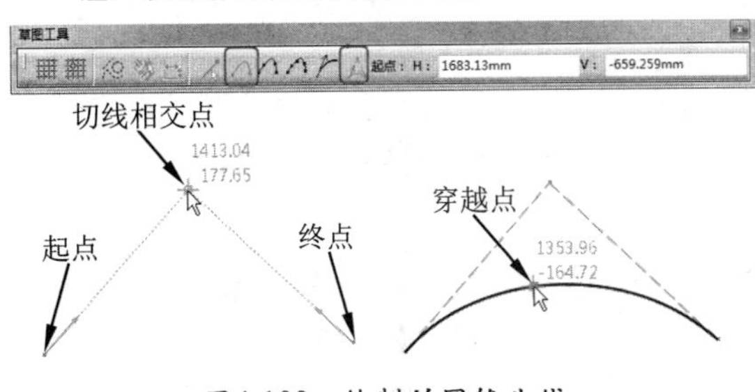

图4-100 绘制的圆锥曲线

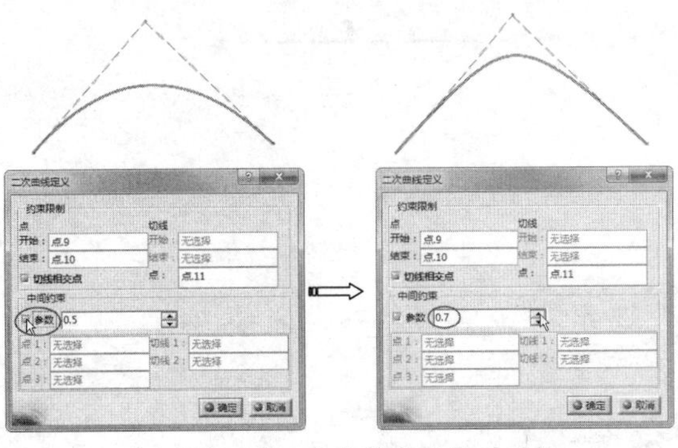

图4-101 【二次曲线定义】对话框

4.4.3 绘制轮廓线

绘制由若干直线段和圆弧段组成的轮廓线。单击【轮廓】按钮，提示区显示“单击或选择轮廓的起点”的提示信息，【草图工具】工具条中增加了轮廓线起点数值输入文本框，显示为图4-102所示的状态。

图4-102 【草图工具】工具条中轮廓线起点数值文本框

当绘制了一条直线后，工具条中将显示3种轮廓方法，介绍如下。

1. 直线

默认情况下，按钮被自动选中。若需要，将始终绘制多段直线，如图4-103所示。

提示

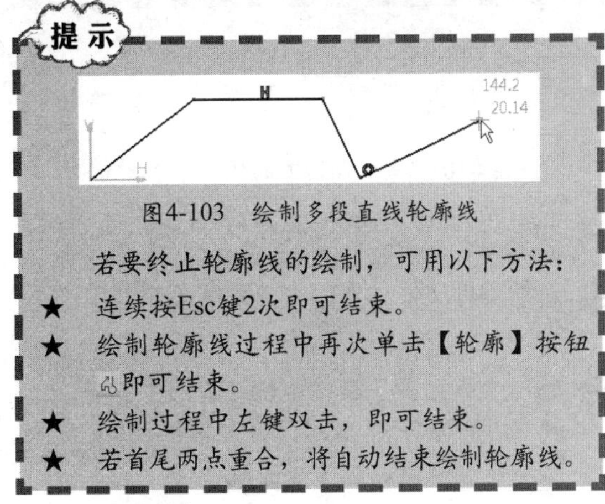

图4-103 绘制多段直线轮廓线

若要终止轮廓线的绘制，可用以下方法：

- ★ 连续按Esc键2次即可结束。
- ★ 绘制轮廓线过程中再次单击【轮廓】按钮即可结束。
- ★ 绘制过程中左键双击，即可结束。
- ★ 若首尾两点重合，将自动结束绘制轮廓线。

2. 相切弧

绘制直线后，可以单击【相切弧】按钮，在直线终点开始绘制相切圆弧，如图4-104所示。

通过拖动相切弧的端点，可以确定相切弧的长度、半径和圆心位置。用户也可以在【草图工具】工具条中的数值文本框中输入H值、V值或R值，锁定圆弧。

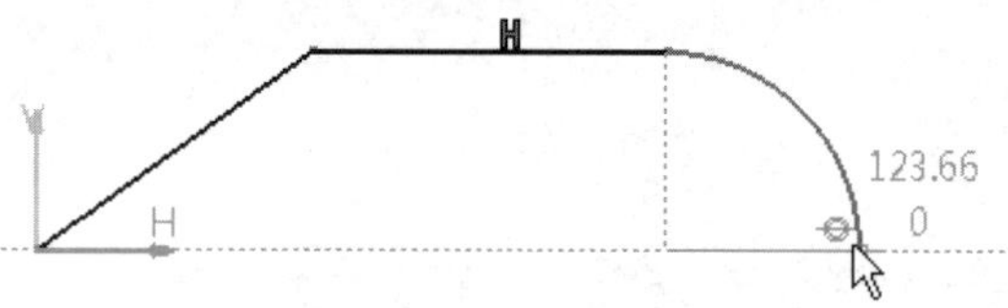

图4-104 绘制相切弧

> **提示**
> 无论用户怎样拖动圆弧端点，此圆弧始终与直线相切。

3. 三点弧

在绘制相切弧或直线的过程中，可以单击【三点弧】按钮，在前一图线的终点位置开始绘制3点圆弧。如图4-105所示。

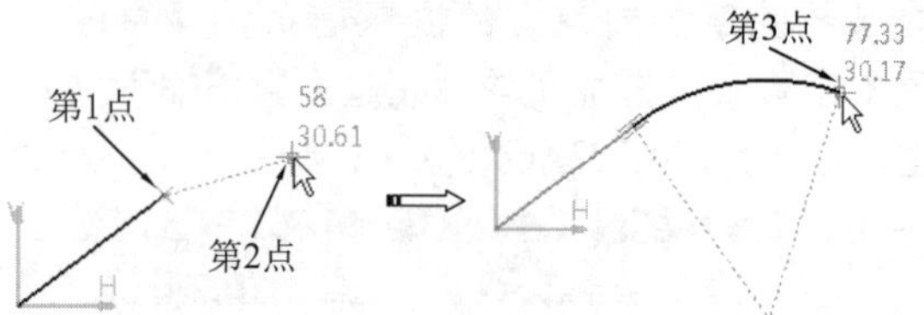

图4-105 绘制3点圆弧

> **提示**
> 如果按下左键从轮廓线的最后一点拖动一个矩形，将得到一个圆弧，该圆弧与前一段线相切，端点在矩形的对角点上。如图4-106所示。

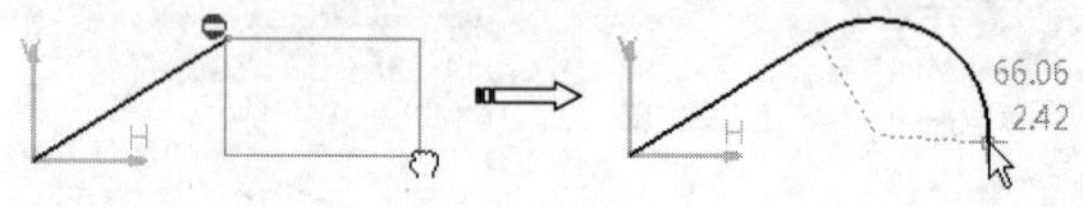

图4-106 绘制相切弧的另一种方法

动手操作——绘制轮廓线草图

01 新建零件文件。然后进入草图编辑器工作平台中。

02 单击【直线】工具栏中的【直线】按钮，【草图工具】工具栏展开如图4-107所示的定义直线的参数输入文本框。

03 按下【草图工具】工具栏中的【构造/标准元素】按钮。

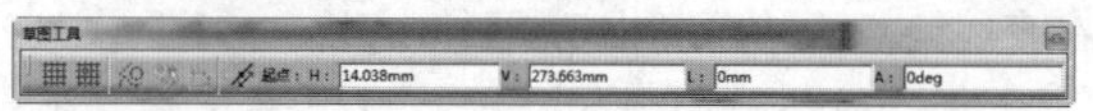

图4-107 【草图工具】工具栏

04 在绘图区中，任意单击确定直线段的起点。

05 在绘图区中，移动鼠标指针到合适位置，单击确定直线段的终点，绘制一条水平直线段。

06 重复步骤（2）～（5），绘制另一条竖直的直线段。

07 单击【圆】工具栏中【弧】按钮，【草图工具】工具栏展开弧参数输入文本框。

08 在绘图区中，鼠标拾取左边两条直线段的交点。

09 在【草图工具】工具栏中的【R】文本框中输入64，【S】文本框中输入60，按下Enter键。

10 在绘图区中，移动鼠标指针到圆心的下方直线段上，单击确定圆弧的起点，完成圆弧的创建，效果如图4-108所示。

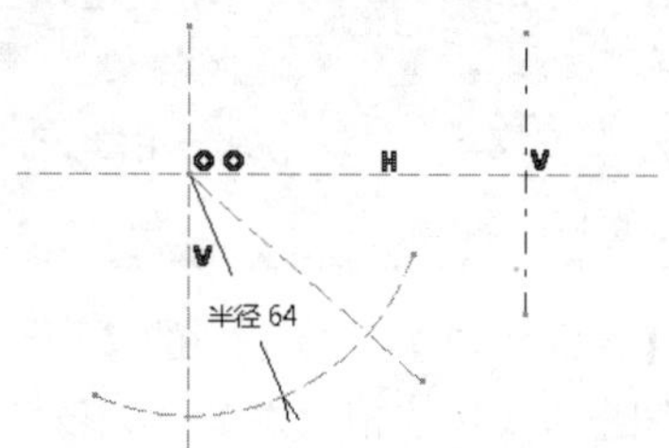

图4-108 绘制的构造线

11 按住Ctrl键，选择水平直线段和竖直直线段，单击【约束】工具栏中的【对话框中定义的约束】按钮，系统弹出【约束定义】对话框。

12 启动【约束定义】对话框中的【垂直】复选框，单击【确定】按钮，完成两直线段的垂直约束。

> **提示**
> 这里可以选择竖直的直线段，然后使用启动【约束定义】对话框中的【竖直】复选框，进行与水平直线段垂直的几何约束。

13 重复步骤（11）～（12），创建另一条直线段与水平直线段进行垂直几何约束。

14 单击【约束创建】工具栏中的【约束】按钮。

15 在绘图区中，选择垂直的两条直线段，移动鼠标指针到合适位置，单击确定标注尺寸的位置。

16 双击标注的尺寸数值，系统弹出如图4-109所示的【约束定义】对话框。

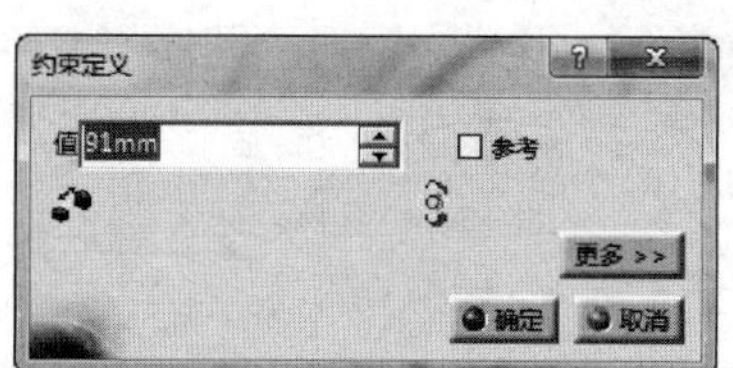

图4-109 【约束定义】对话框

17 在【约束定义】对话框中的【值】文本框中输入91，按下Enter键，完成尺寸的修改，效果如图4-110所示。

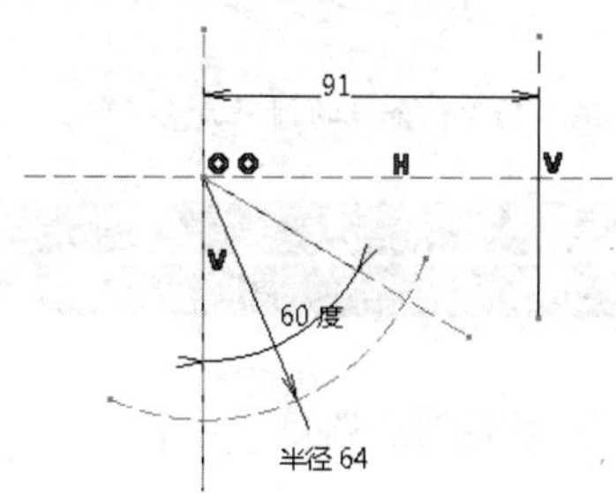

图4-110 创建的尺寸约束

18 单击【轮廓】工具栏中的【轮廓】按钮，【草图工具】工具栏展开第一点直角坐标输入文本框。

19 在绘图区中，移动鼠标指针到两垂直直线段中间水平直线段上部，单击确定起点。

20 向左移动鼠标指针到合适位置，单击确定第二点。

21 按下【草图工具】工具栏中的【相切弧】开关按钮，绘制相切圆弧。

22 继续按下【草图工具】工具栏中的【相切弧】开关按钮，绘制相切圆弧。

23 重复绘制相切圆弧，最后效果如图4-111所示。

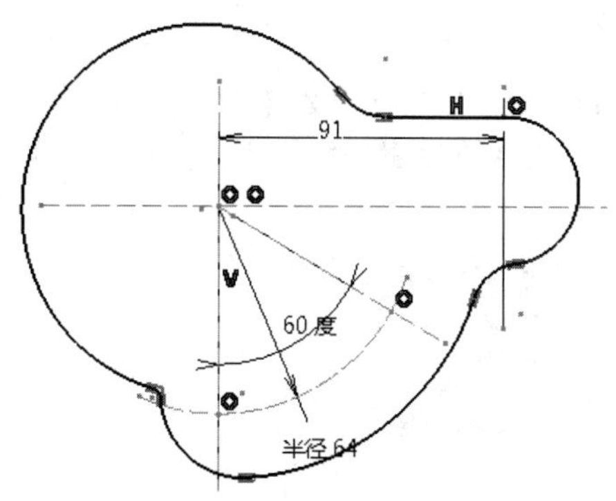

图4-111 绘制轮廓线

24 单击【圆】工具栏中的【圆】按钮，【草图工具】工具栏展开圆心直角坐标和半径输入文本框。

25 在绘图区中，移动鼠标指针到左边两构造线的交点位置，拾取该点为圆心。

26 在【草图工具】工具栏中【R】文本框中输入22.5，按下Enter键，完成圆的绘制，效果如图4-112所示。

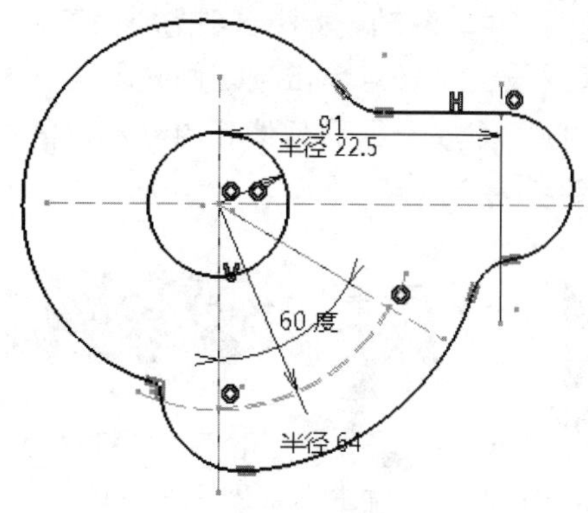

图4-112 绘制圆

27 单击【预定义的轮廓】工具栏中的【延伸孔】按钮，【草图工具】工具栏展开延伸孔参数输入文本框。

28 在【草图工具】工具栏中的【半径】文本框中输入9，【L】文本框中输入36，按下Enter键。

29 在绘图区中，移动鼠标指针到右侧构造线的交点位置，拾取该点为第一中心点。

30 在绘图区中，移动鼠标指针到第一中心点水平左侧，任意单击确定第二中心点的方向，完成延伸孔的创建，效果如图4-113所示。

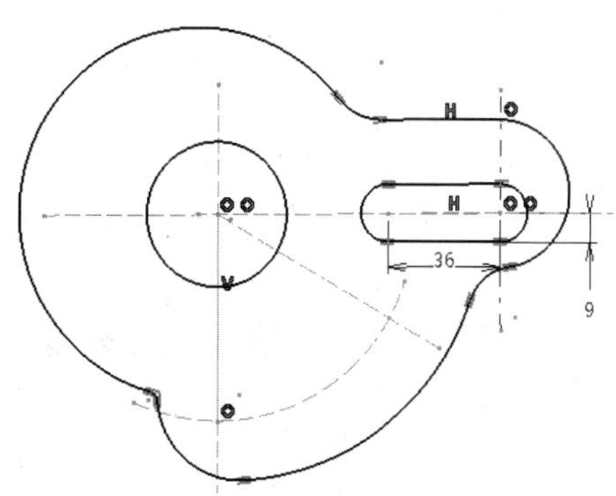

图4-113 绘制延伸孔

31 单击【预定义的轮廓】工具栏中的【圆柱形延伸孔】按钮，【草图工具】工具栏展开圆柱形延伸孔参数输入文本框。

32 在【草图工具】工具栏中的【半径】文本框中输入9，【R】文本框中输入64，【S】文本框中输入60，按下Enter键。

33 在绘图区中，移动鼠标指针到左侧构造线的交点位置，拾取该点为圆柱形延伸孔的圆心。

34 绘图区中，移动鼠标指针到圆心的下方垂直直线段上，任意单击确定圆柱形延伸孔的方向，完成圆柱形延伸孔的绘制，效果如图4-114所示。

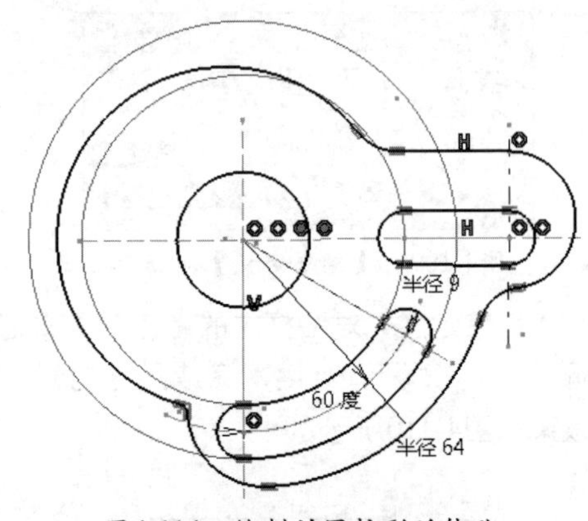

图4-114 绘制的圆柱形延伸孔

4.5 实战应用

下面以CATIA草图的绘制作为本章的拓展训练项目。目的是让大家巩固前面的知识，并熟练掌握基本绘图技巧。

4.5.1 实战一：绘制法兰草图

引入光盘：无
结果文件：\动手操作\结果文件\Ch04\falan.CATpart
视频文件：\视频\Ch04\绘制法兰草图.avi

法兰草图如图4-115所示。

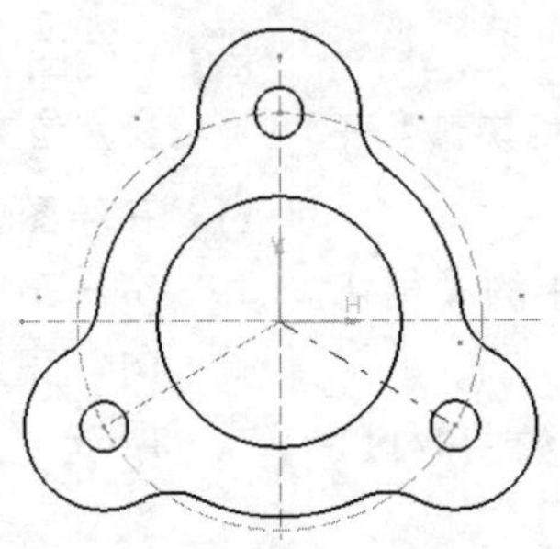

图4-115 法兰草图

01 在【标准】工具栏中单击【新建】按钮，在弹出的【新建】对话框中选择“part”，单击【确定】按钮新建一个零件文件。随后输入零件名称，再单击【确定】按钮进入【零件设计】工作台，如图4-116所示。

图4-116 新建零件文件

02 单击【草图】按钮，在工作窗口选择草图平面xy平面，进入草图编辑器。

03 单击【轮廓】工具栏上的【轴】按钮，通过原点绘制水平和垂直线，如图4-117所示。

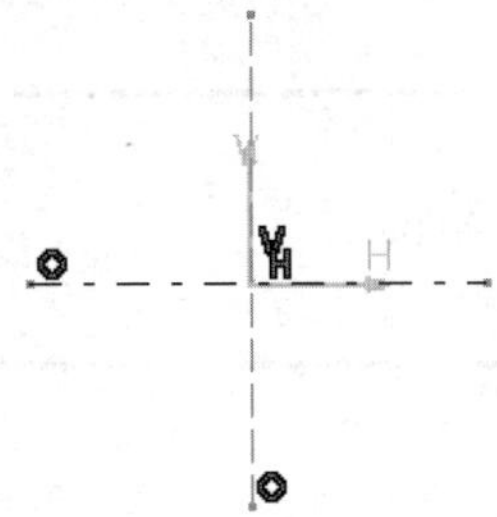

图4-117 绘制水平和垂直轴线

04 单击【轮廓】工具栏上的【圆】按钮，弹出【草图工具】工具栏，在图形区选择原点作为圆心，创建三个同心圆，如图4-118所示。单击【约束】工具栏上的【约束】按钮，选择圆标注直径尺寸。

图4-118 绘制圆并标注尺寸

操作技巧

我们将在本书第4章中详细讲解几何约束和尺寸约束，这里仅仅是简单的应用。

05 选中直径为100的圆，单击【草图工具】工具栏上的【构造/标准元素】按钮，将其转换为构造线，如图4-119所示。

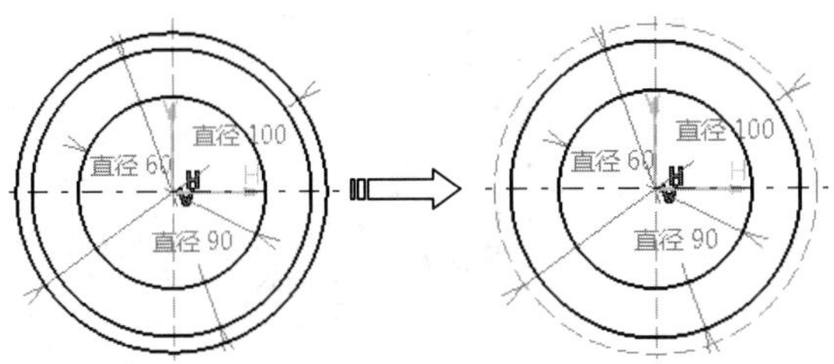

图4-119 转换构造线

06 单击【轮廓】工具栏上的【圆】按钮，弹出【草图工具】工具栏，在图形区选择构造线与竖直线交点作为圆心，创建2个圆，如图4-120所示。单击【约束】工具栏上的【约束】按钮，选择圆标注直径尺寸。

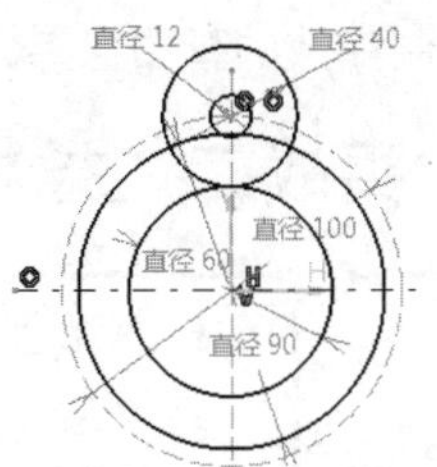

图4-120 创建圆

07 单击【操作】工具栏上的【旋转】按钮，弹出【旋转定义】对话框，选择上一步所创建的两个圆为旋转元素，再次选择原点为旋转中心点，设置【实例】为2，角度为120，单击【确定】按钮，系统自动完成旋转操作，如图4-121所示。

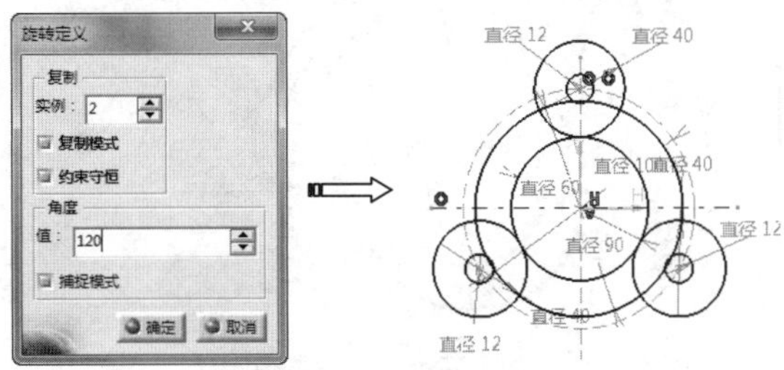

图4-121 选择复制圆

08 单击【操作】工具栏上的【快速修剪】按钮，修剪草图如图4-122所示。

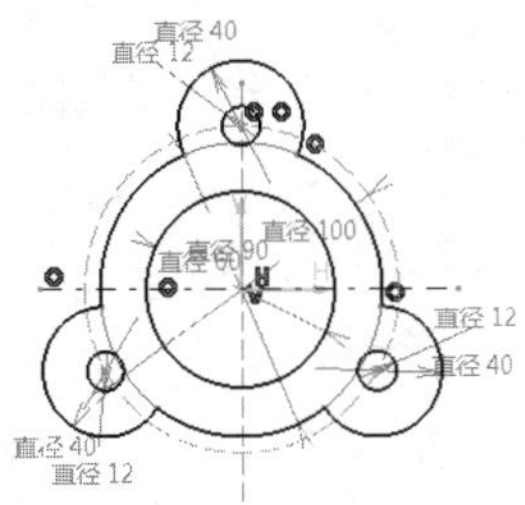

图4-122 修剪元素

09 单击【操作】工具栏上的【圆角】按钮，弹出【草图工具】工具栏，在图形区依次单击选择倒圆角的顶点，然后在【草图工具】工具栏文本框中输入半径值15，创建圆角，如图4-123所示。

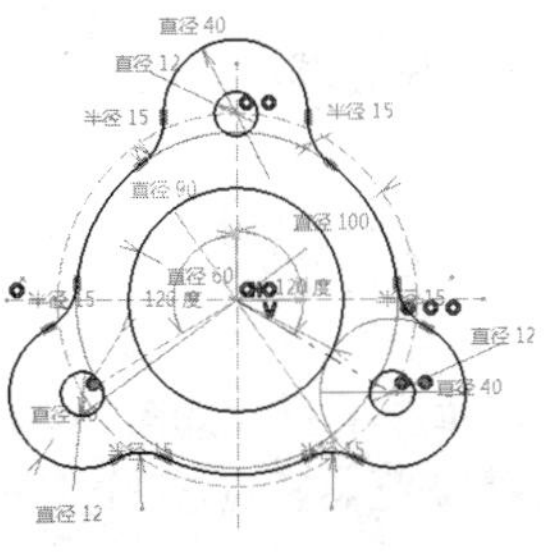

图4-123 创建圆角

10 最后将绘制完成的草图保存。

4.5.2 实战二：摇柄草图

引入光盘：无

结果文件：\动手操作\结果文件\yaobing.CATpart

视频文件：\视频\Ch04\绘制摇柄草图.avi

本例要绘制的摇柄草图如图4-124所示。

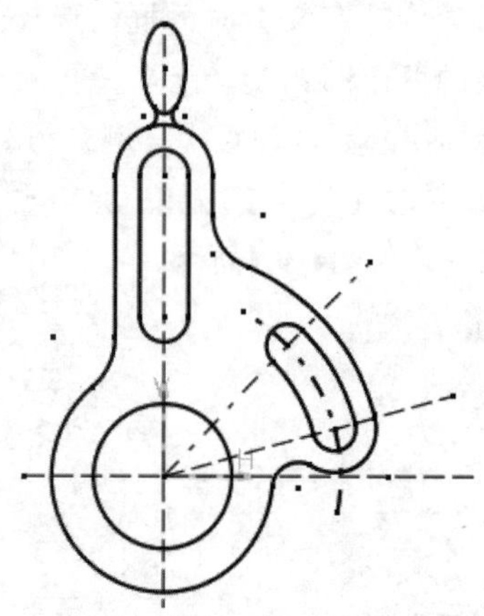

图4-124 摇柄草图

01 新建命名为“yaobing”的零件文件，选择xy平面作为草图平面，进入草图编辑器工作台中。

02 首先单击【轴】按钮，绘制如图4-125所示的基准中心线。

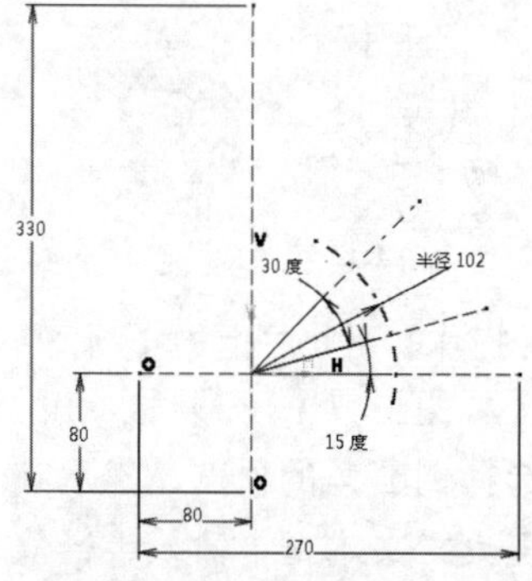

图4-125 绘制基准中心线

03 单击【圆】按钮，然后绘制如图4-126所示的多个圆。

04 单击【直线】按钮，绘制如图4-127所示的连接线段。

05 利用【弧】命令，绘制如图4-128所示的连接圆弧。绘制圆弧后将圆弧与圆进行相切约束。

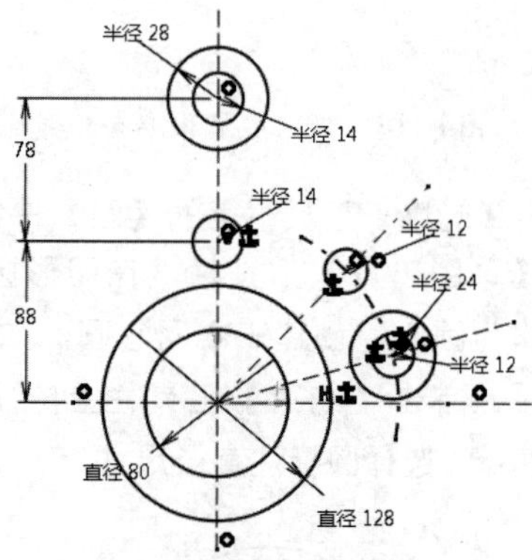

图4-126 绘制圆

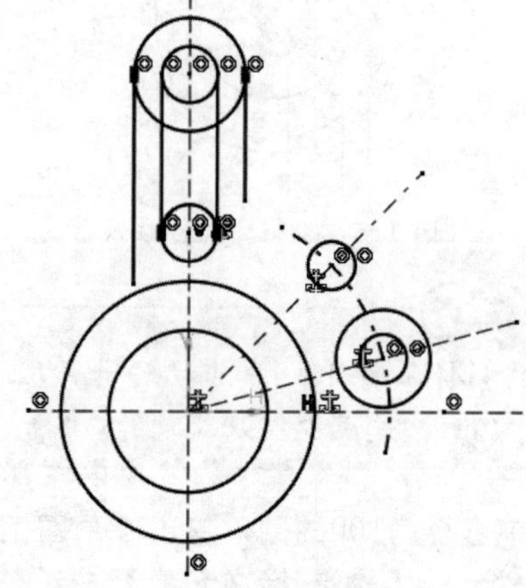

图4-127 绘制连接线段

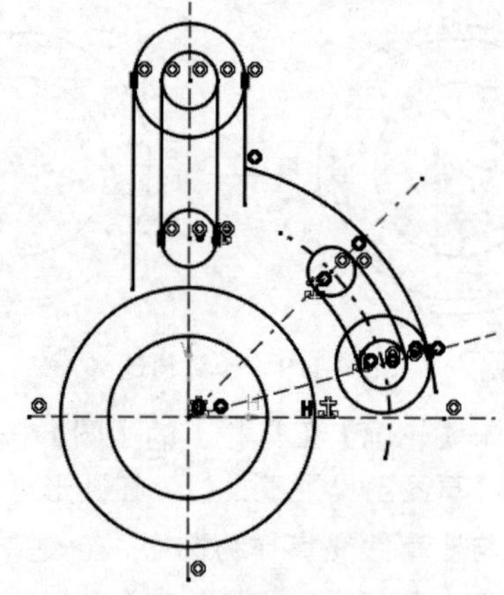

图4-128 绘制连接圆弧

06 在【操作】工具条中单击【圆角】按钮，然后在【草图工具】工具条单击【修剪所有图元】按钮，在草图中创建如图4-129所示的3个圆角。

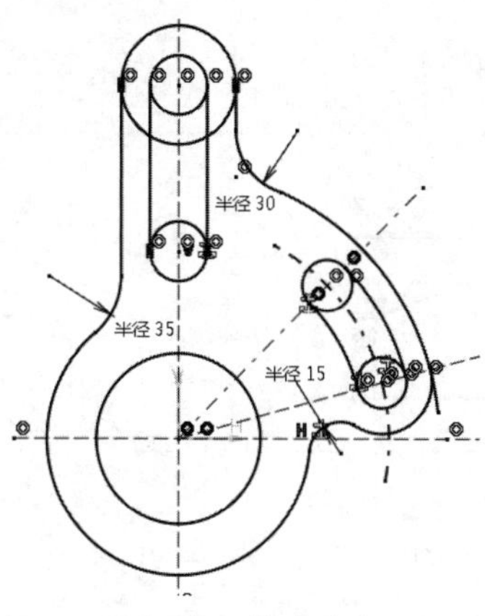

图4-129 创建圆角

07 利用【快速修剪】命令，修剪图形，结果如图4-130所示。

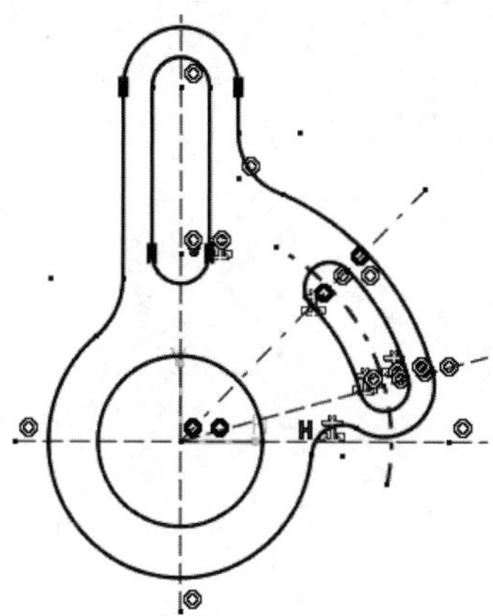

图4-130 修剪图形

08 单击【椭圆】按钮，然后绘制出如图4-131所示的椭圆。

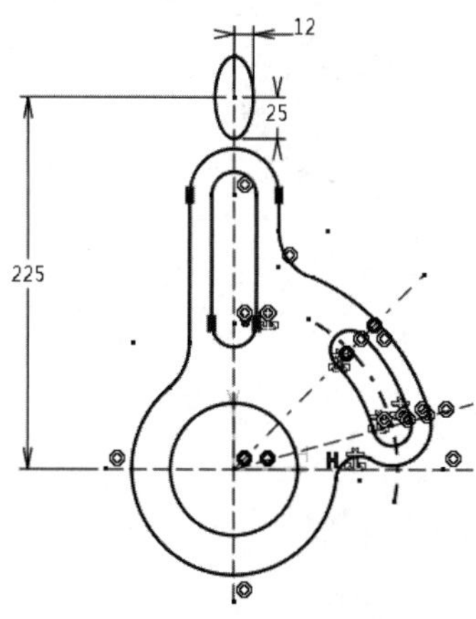

图4-131 绘制椭圆

09 单击【圆角】按钮，然后在【草图工具】工具条单击【不修剪】按钮，在草图中创建如图4-132所示的2个圆角。

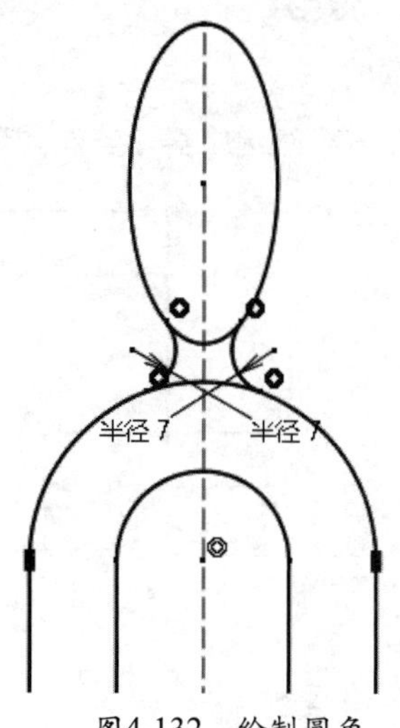

图4-132 绘制圆角

10 至此，完成了摇柄草图的绘制。结果如图4-133所示。

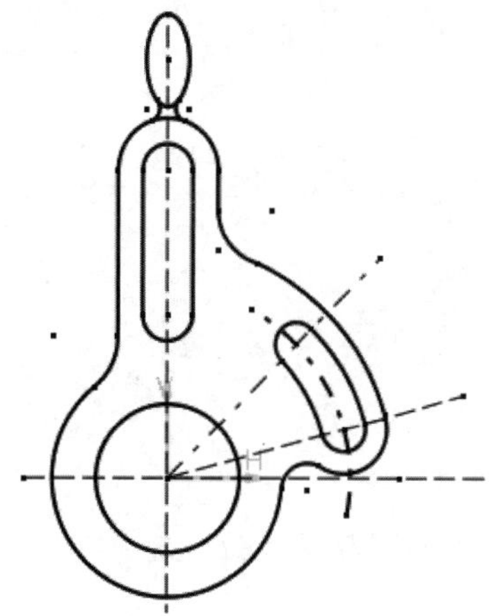

图4-133 绘制完成的摇柄草图

4.6 课后习题

1. 绘制草图一

进入CATIA草图编辑器，绘制如图4-134所示的草图。

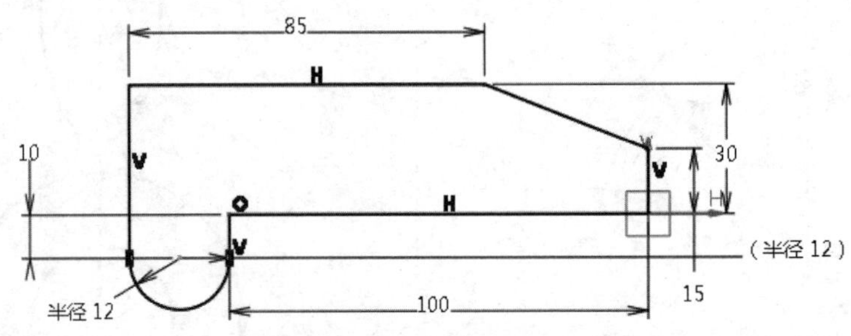

图4-134　绘制草图一

2. 绘制草图二

进入CATIA草图编辑器绘制如图4-135所示的草图二。

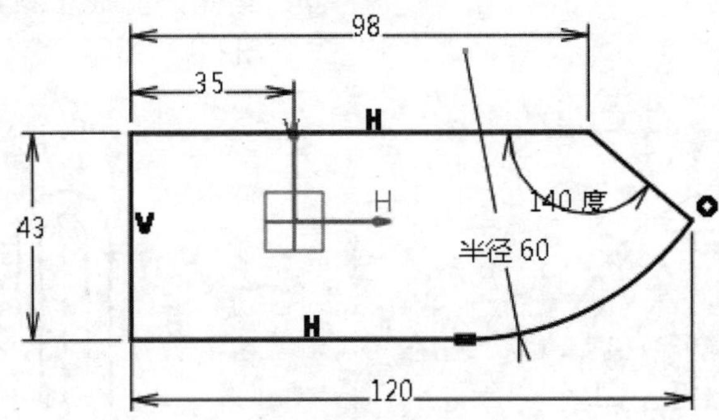

图4-135　绘制草图二

3. 绘制草图三

进入CATIA草图编辑器绘制如图4-136所示的草图三。

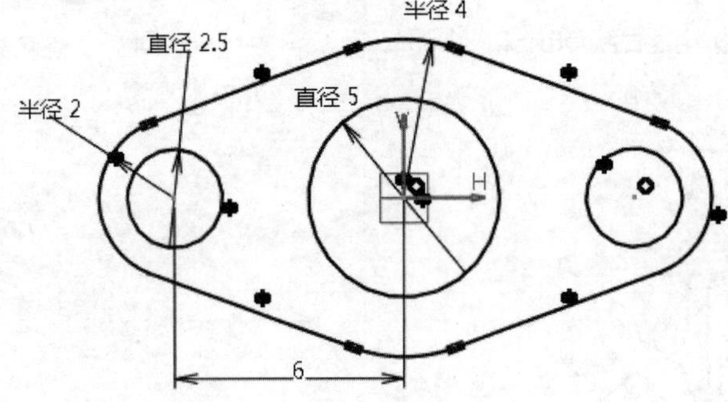

图4-136　绘制草图三

第5章 草图约束与编辑指令

前一章主要介绍了CATIA V5的基本草图命令，但一个完整的草图还应包括几何约束、尺寸约束、几何图形的编辑等内容。本章将把这些内容给大家详细讲解，这些内容将有助于绘制完整的草图。

◎ 知识点01：图形编辑
◎ 知识点02：几何约束
◎ 知识点03：尺寸约束
◎ 知识点04：实战应用

中文版
CATIA V5R21
完全实战技术手册

5.1 图形编辑

选取菜单【插入】|【操作】即可显示如图5-1所示有关图形编辑的菜单，从中选取编辑和修改图形的菜单项，或者单击如图5-2所示的【操作】工具栏的工具按钮，即可编辑所选的图形对象。

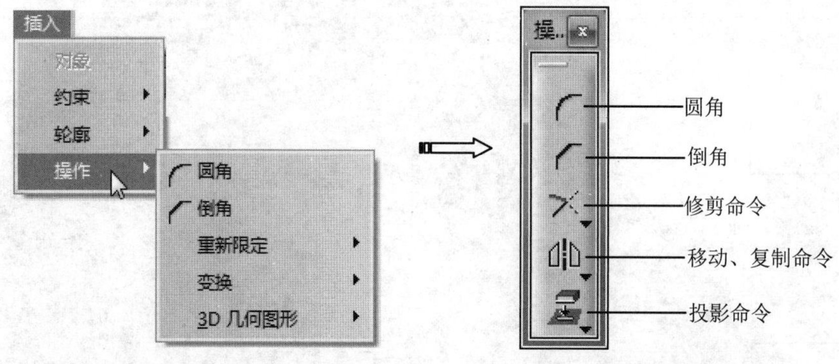

图5-1 图形编辑菜单命令　　图5-2 【操作】工具栏

5.1.1 圆角

“圆角”命令将创建与两个直线或曲线图形对象相切的圆弧。单击图标，提示区出现“选择第一曲线或公共点”的提示，【草图工具】工具栏显示如图5-3所示的状态。

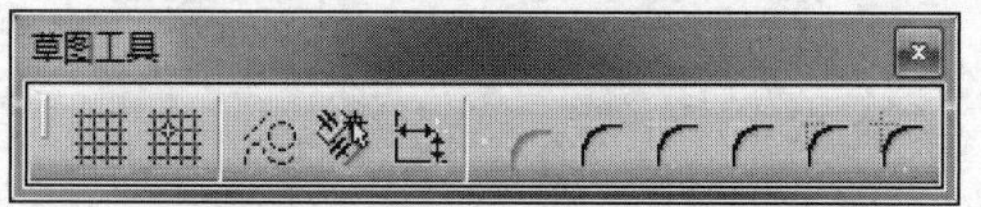

图5-3 【草图工具】工具栏

上图中显示了圆角特征的6种类型：

★ 修剪所有图形：单击此按钮，将修剪所选的2个图元，不保留原曲线，如图5-4所示。

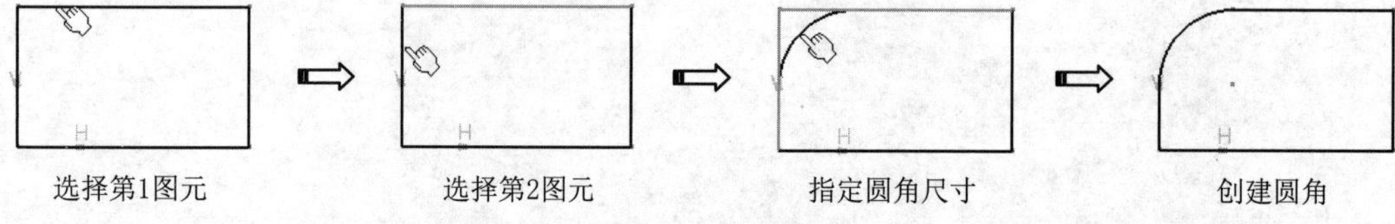

图5-4 修剪所有图形

★ 修剪第一图元：单击此按钮，创建圆角后仅仅修剪所选的第1个图元，如图5-5所示。

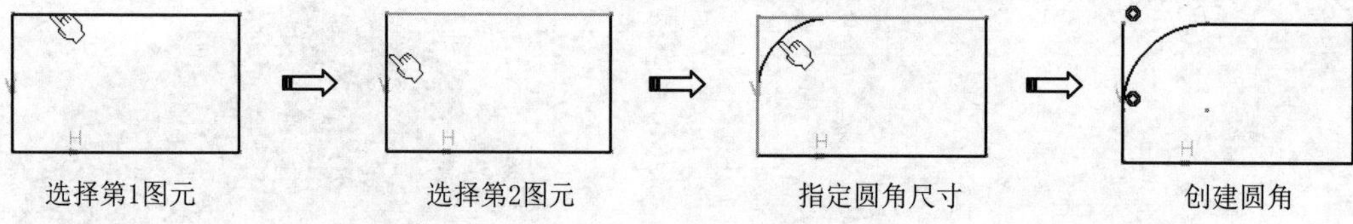

图5-5 修剪第一图元

★ 不修剪：单击此按钮，创建圆角后将不修剪所选图元，如图5-6所示。

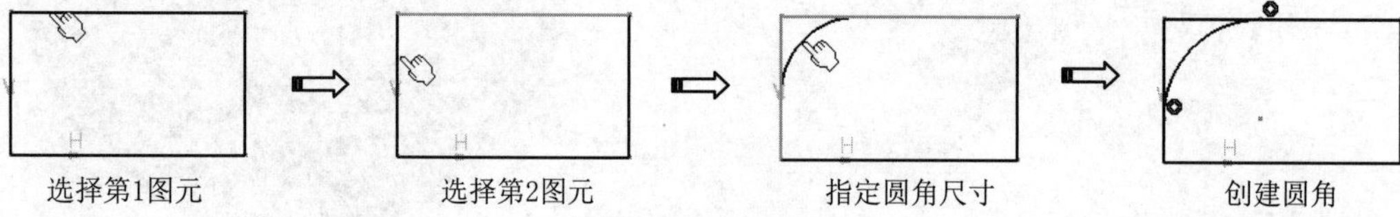

图5-6 不修剪

★ 标准线修剪：单击此按钮，创建圆角后，使原本不相交的图元相交，如图5-7所示。

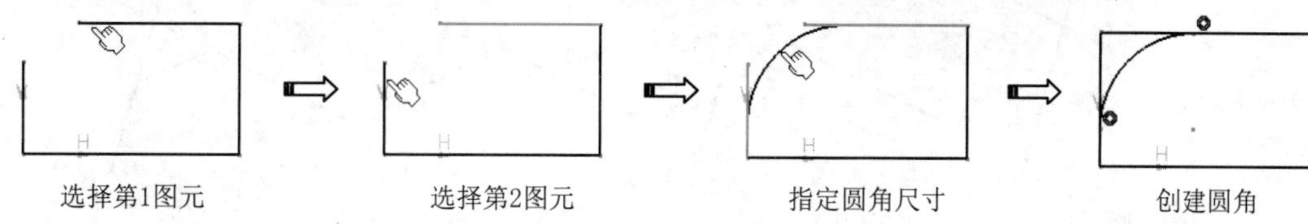

图5-7 标准线修剪

★ 构造线修剪：单击此按钮，修剪图元后，所选的图元将变成构造线，如图5-8所示。

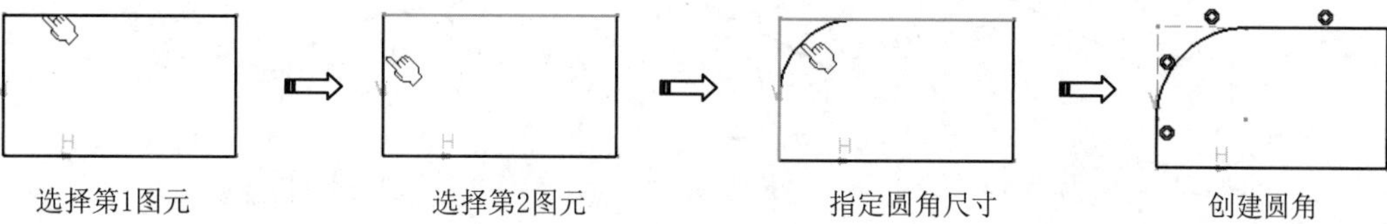

图5-8 构造线修剪

★ 构造线未修剪：单击此按钮，创建圆角后，所选图元变为构造线，但不修剪构造线，如图5-9所示。

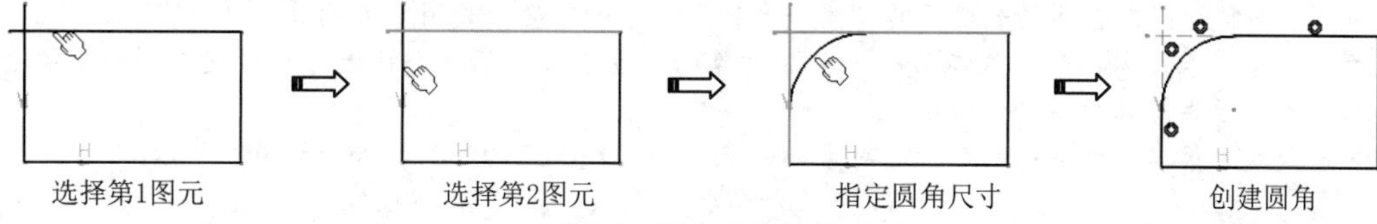

图5-9 构造线未修剪

提示

如果需要精确创建圆角，可以在【草图工具】工具条中显示的【半径】文本框中输入半径值，如图5-10所示。

图5-10 精确输入圆角半径

5.1.2 倒角

“倒角”命令将创建与两个直线或曲线图形对象相交的直线，形成一个倒角。在【操作】工具栏中单击【倒角】按钮，【草图工具】工具栏显示如图5-11所示的6种倒角类型。选取两个图形对象或者选取两个图形对象的交点，工具栏扩展如图5-12所示的状态。

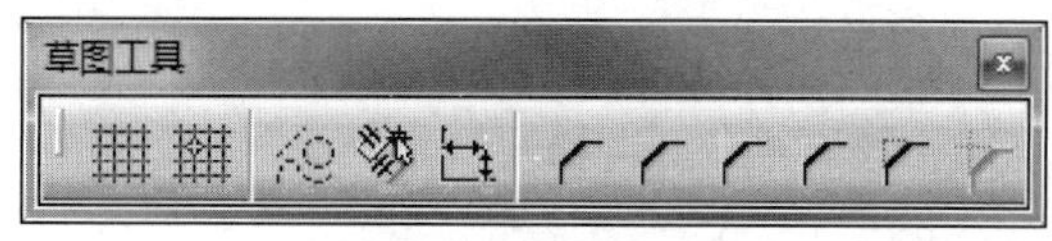

图5-11 6种倒角类型

图5-12 扩展的倒角选项

新创建的直线与两个待倒角的对象的交点形成一个三角形，选择【草图工具】工具栏的6个图标，可以创建与圆角类型相同的6种倒角类型，如图5-13所示。

提示

如果直线互相平行，由于不存在真实的交点，所以长度使用端点计算。

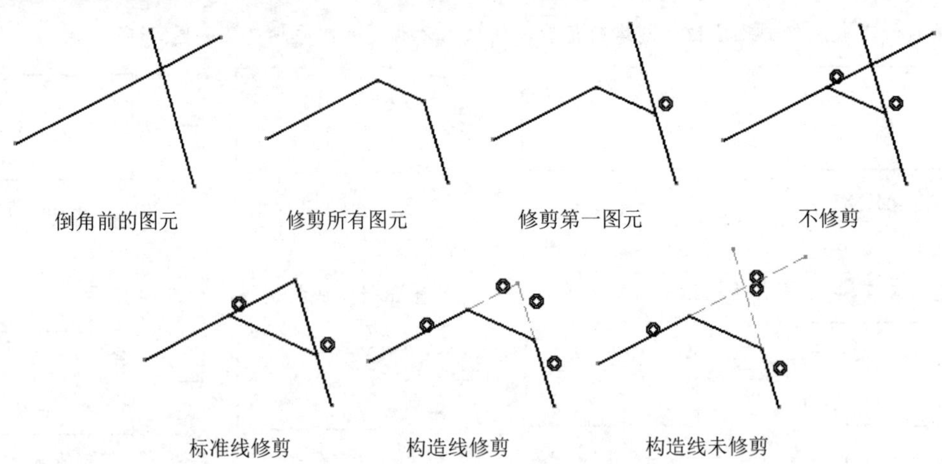

图5-13　6种倒角类型

当选择第1图元和第2图元后，【草图工具】工具栏中显示以下3种倒角定义：

★　角度和斜边：新直线的长度及其与第一个被选对象的角度，如图5-14(a)所示。

★　角度和第一长度：新直线与第一个被选对象的角度以及与第一个被选对象的交点到两个被选对象的交点的距离，如图5-14(b)所示。

★　第一长度和第二长度：两个被选对象的交点与新直线交点的距离，如图5-14(c)所示。

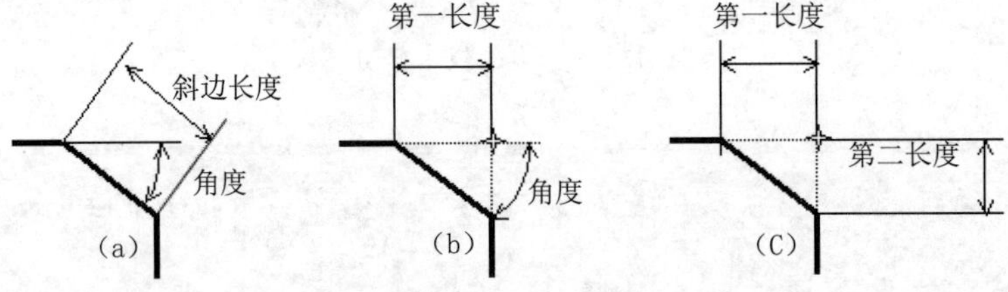

图5-14　3种角度定义

提示

如果要创建倒角的2图元是相互平行的直线，那么创建的倒角会是两平行直线之间的垂线，始终修剪光标选择位置的另一侧，如图5-15所示。

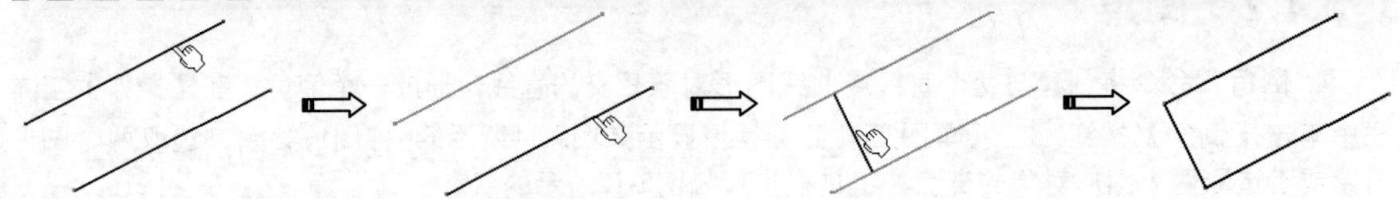

图5-15　在两平行直线间创建倒角

5.1.3　修剪图形

在【操作】工具栏中双击【修剪】按钮，将显示含有修改图形对象的工具栏，如图5-16所示。

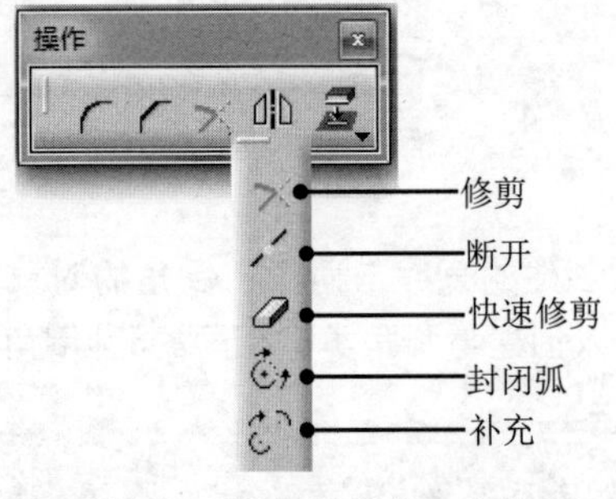

图5-16　修剪图形的工具栏

1. 修剪

【修剪】命令用于对两条曲线进行修剪。如果修剪结果是缩短曲线，则适用于任何曲线，如果是伸长则只适用于直线、圆弧和圆锥曲线。

单击【操作】工具栏上的【修剪】按钮，弹出【草图工具】工具栏，工具栏中显示2种修剪方式：

★ 修剪所有图元：修剪图元后，将修剪所选的2个图元，如图5-17所示。

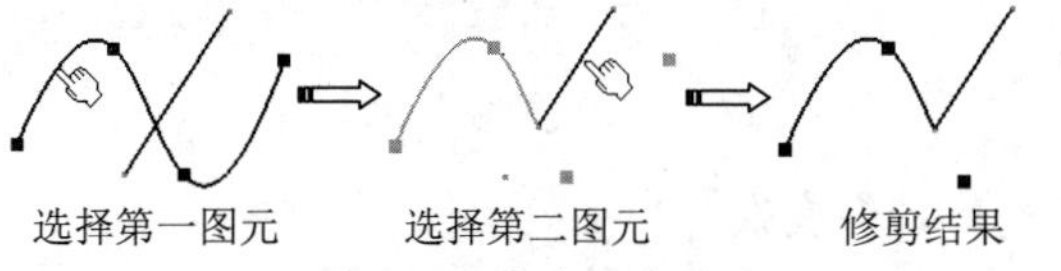

图5-17 修剪所有图元

> **提示**
>
> 修剪结果与鼠标单击曲线位置有关，在选取曲线时单击部分将保留。如果是单条曲线，也可以进行修剪，修剪时第1点是确定保留部分，第2点是修剪点，如图5-18所示。

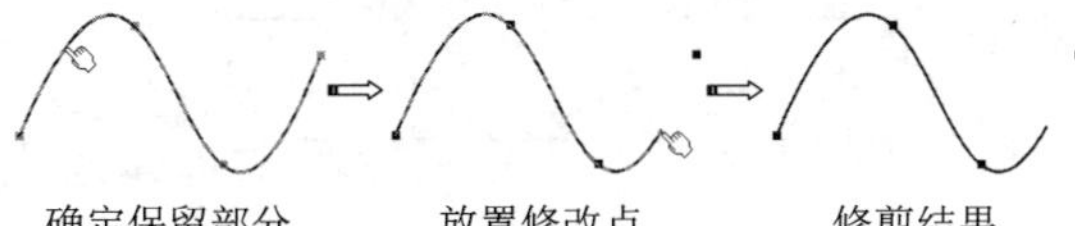

图5-18 修剪单条曲线

★ 修剪第一图元：修剪图元后，将只修剪所选的第一图元，保留第二图元，如图5-19所示。

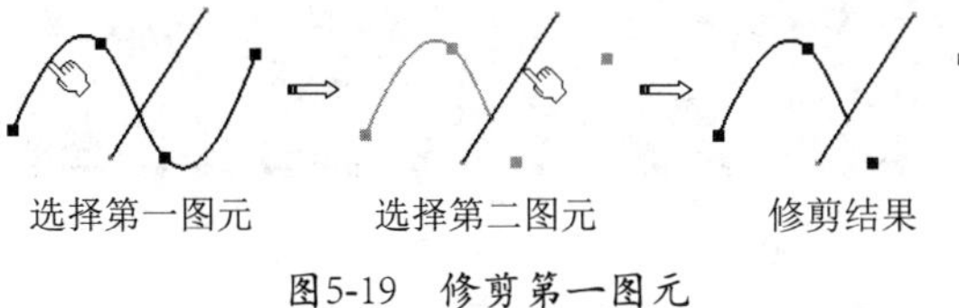

图5-19 修剪第一图元

2. 断开

【断开】命令将草图元素打断，打断工具可以是点、圆弧、直线、圆锥曲线、样条曲线等。

单击【操作】工具栏上的【断开】按钮，选择要打断的元素，然后选择打断工具（打断边界），系统自动完成打断，如图5-20所示。

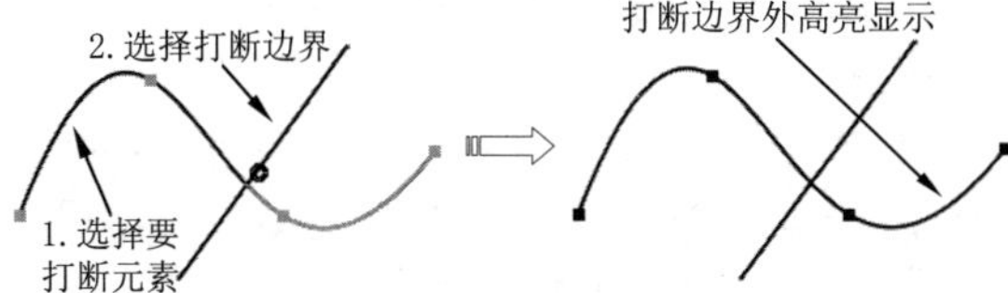

图5-20 打断操作

> **提示**
>
> 如果所指定的打断点不在直线上，则打断点将是指定点在该曲线上的投影点。

3. 快速修剪

【快速修剪】命令修剪直线或曲线。若选到的对象不与其他对象相交，则删除该对象；若选到的对象与其他对象相交，则该对象的包含选取点且与其他对象相交的一段被删除。图5-21(a)、(c)所示为修剪前的图形，圆点表示选取点，修剪结果如图5-21(b)、(d)所示。

> **提示**
>
> 值得注意的是：快速修剪命令一次只能修剪一个图元。因此要修剪更多的图元，需要反复使用【快速修剪】命令。

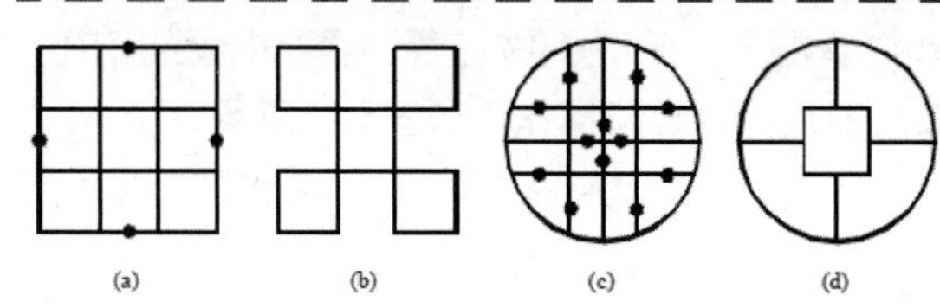

图5-21 快速修剪图形

快速修剪也有3种修剪方式：

★ 断开及内擦除：此方式是断开所选图元并修剪该图元，擦除部分为打断边界内，如图5-22所示。（上图中的修剪结果也是采用此种方式）

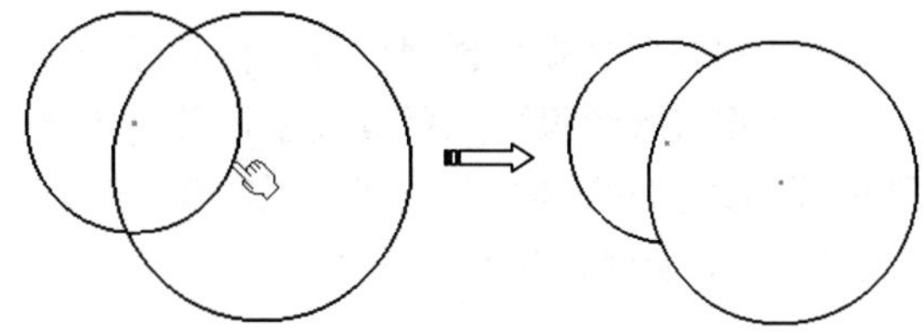

图5-22 断开及内擦除

★ 断开及外擦除：此方式是断开所选图元并修剪该图元，修剪位置为打断边界外，如图5-23所示。

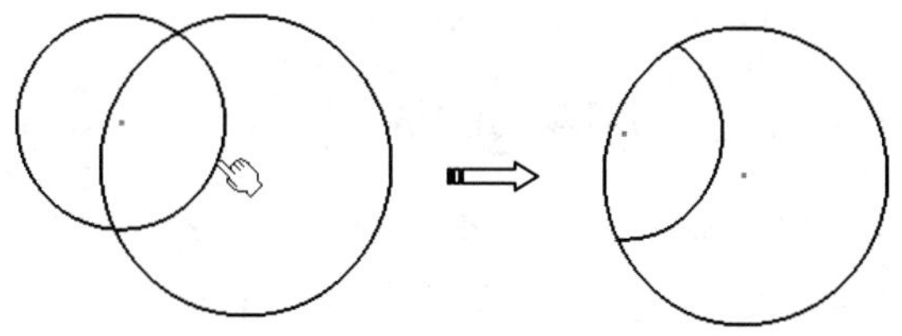

图5-23 断开及外擦除

★ 断开并保留：此方式仅仅打开所选图元，保留所有断开的图元，如图5-24所示。

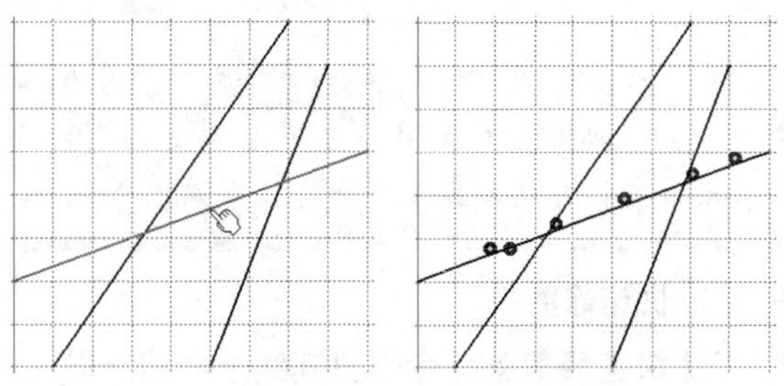

图5-24　断开并保留

提示

对于复合曲线（多个曲线组成的投影/相交元素）而言，无法使用【快速修剪】和【断开】命令。但是，可以通过使用修剪命令绕过该功能限制。

4. 封闭弧

使用【封闭弧】命令，可以将所选圆弧或椭圆弧封闭而生成整圆。封闭弧的操作较简单：单击【封闭弧】按钮，再选择要封闭的弧，即可完成封闭操作，如图5-25所示。

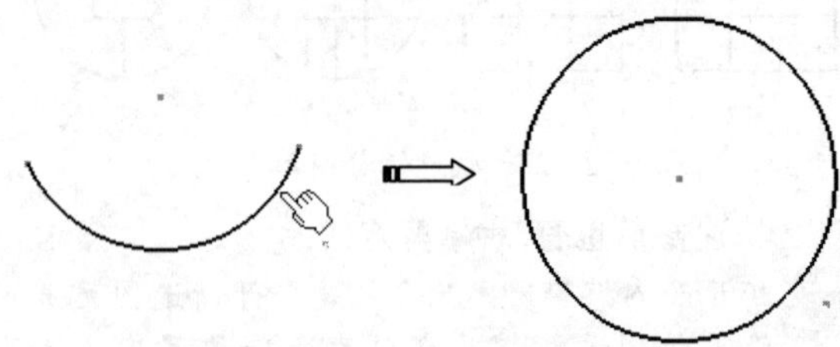

图5-25　封闭弧操作

5. 补充

【补充】命令就是创建圆弧、椭圆弧的补弧——补弧与所选弧构成整圆或整椭圆。单击【补充】按钮，选择要创建补弧的弧，程序随后自动创建补弧，如图5-26所示。

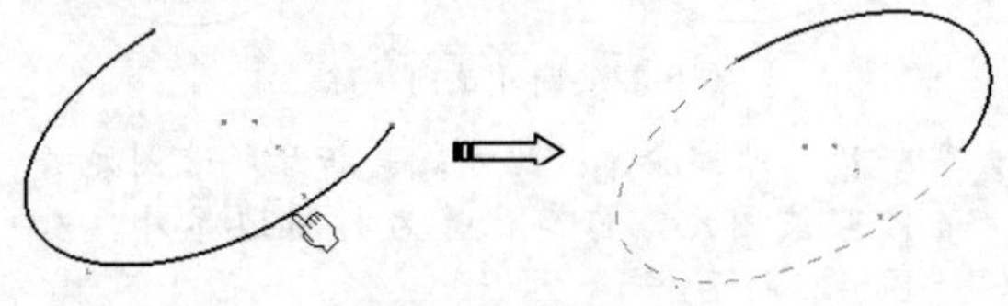

图5-26　创建补弧

5.1.4　图形变换

图形变换工具是快速制图的高级工具，如镜像、对称、平移、旋转、缩放、偏置等，熟练使用这些工具，可以提高用户的绘图效率。

【操作】工具栏中的变换操作工具如图5-27所示。

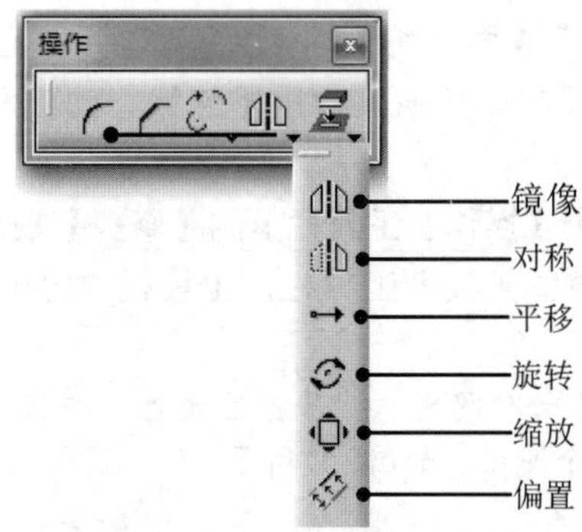

图5-27　变换操作工具

1. 镜像变换

【镜像】命令可以复制基于对称中心轴的镜像对称图形，原图形将保留。创建镜像图形前，须创建镜像中心线。镜像中心线可以是直线或轴。

单击【镜像】按钮，选取需要镜像的图形对象，再选取直线或轴线作为对称轴，即可得到原图形的对称图形，如图5-28所示。

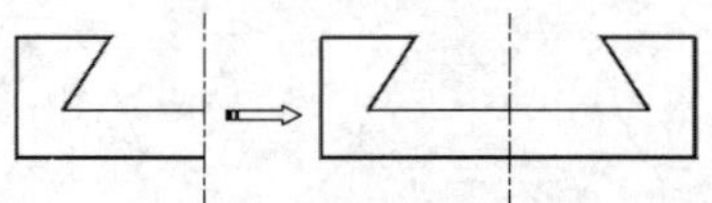

图5-28　创建镜像对象

提示

创建镜像对象时，如果要镜像的对象是多个独立的图形，您可以框选对象，或者按Ctrl键逐一选择对象。

2. 对称

【对称】命令也能复制具有镜像对称特性的对象，但是原对象将不保留，这与【镜像】命令的操作结果不同，如图5-29所示。

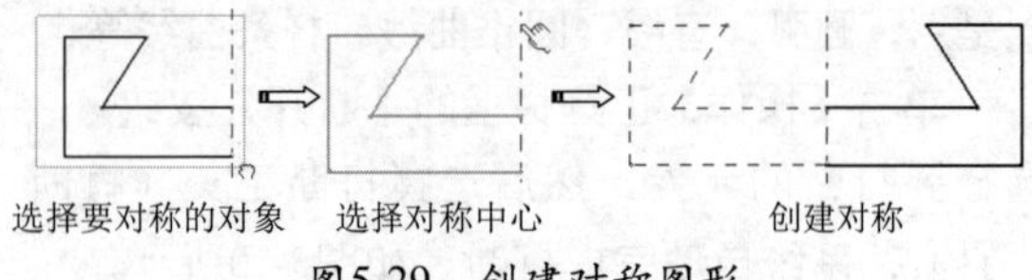

图5-29　创建对称图形

3. 平移

【平移】命令可以沿指定方向平移、复制图形对象。单击【平移】按钮，弹出如图5-30所示的【平移】对话框。

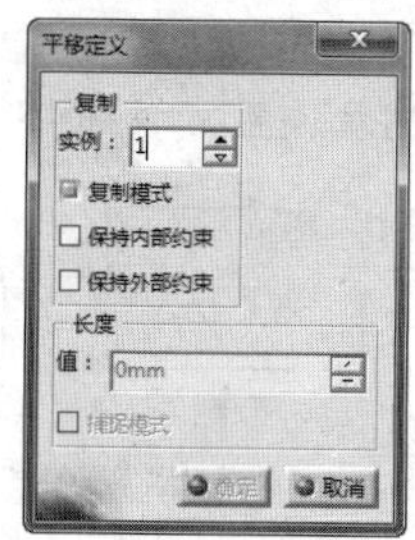

图5-30 【平移定义】对话框

对话框中各选项含义如下：

★ 实例：设置副本对象的个数。可以单击微调按钮来设置。

★ 复制模式：选择此选项，将创建原图形的副本对象，取消则仅仅平移图形而不复制副本。

★ 保持内部约束：此选项仅当选择【复制模式】选项后可用。此选项指定在平移过程中保留应用于选定元素的内部约束。

★ 保持外部约束：此选项仅当选择【复制模式】选项后可用。此选项指定在平移过程中保留应用于选定元素的外部约束。

★ 长度：平移的距离。

★ 捕捉模式：选择此选项，可采用捕捉模式，捕捉点来放置对象。

选取待平移或复制的一些图形对象，例如，选取如图5-31所示的小圆。依次选择小圆的圆心P1点和大圆的圆心P2点。若该对话框的【复制模式】复选框未被选中，小圆沿矢量P1、P2被平移到与大圆同心；若【复制模式】复选框被选中，小圆被复制到与大圆同心，如图5-32所示。

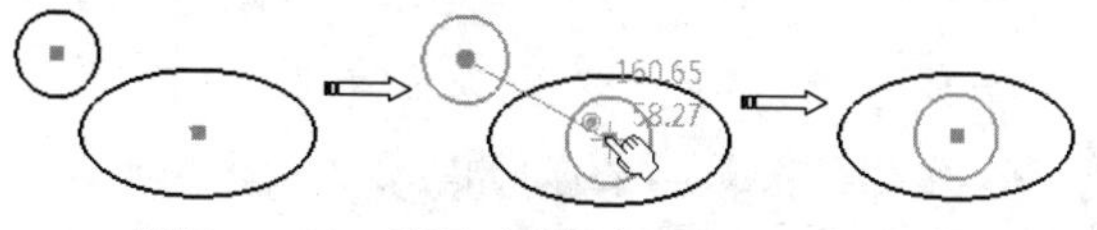

原图　选择平移起点与终点　仅平移对象

图5-31 平移对象1

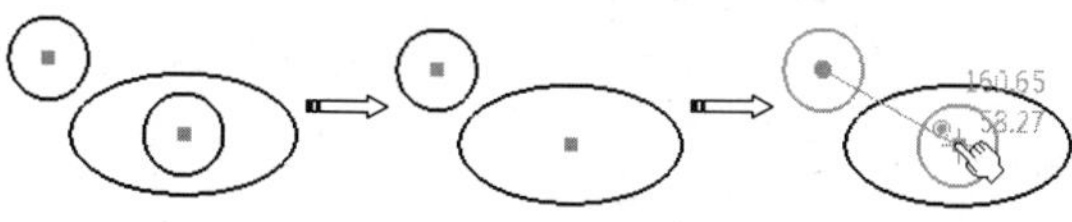

原图　选择平移起点与终点　平移且复制对象

图5-32 平移对象2

提 示

默认情况下，平移时按5mm的长度距离递增。每移动一段距离，可以查看长度值的变化。如果要修改默认的递增值，可以右键选中值，然后在快捷菜单中选择【更改步幅】命令，然后选择已有数值或选择【新值】命令，重新设置。如图5-33所示。

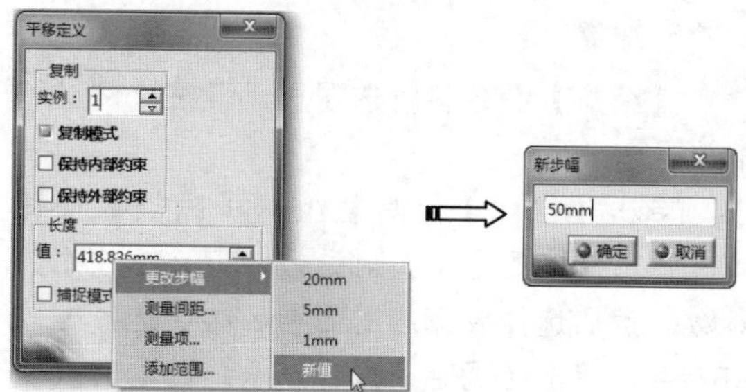

图5-33 设置步幅

提 示

用户可以使用上图弹出的快捷菜单中的测量命令，测量平移的距离、对象尺寸等。

4. 旋转

【旋转】命令是将所选的原图形旋转并可创建副本对象。单击【旋转】按钮，弹出如图5-34所示【旋转定义】对话框。

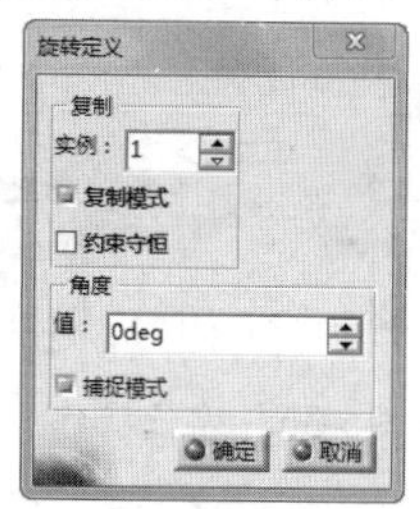

图5-34 【旋转定义】对话框

对话框中选项含义如下。

★ 角度：输入旋转角度值，正值表示逆时针，负值表示顺时针。

★ 约束守恒：保留所选几何元素约束。

选取待旋转的图形对象，例如选取如图5-35（a）的轮廓线。输入旋转的基点P1，在Value编辑框输入旋转的角度。若该对话框的【复制模式】复选框未被选中，轮廓线被旋转到指定角度，如图5-35（b）所示；若【复制模式】复选框被选中，轮廓线被复制然后旋转到指定角度，如图5-35（c）所示。

提 示

也可以通过输入的点确定旋转角度，若依次输入P2、P3点，∠P2 P1 P3 即为旋转的角度，如图5-35（a）所示。

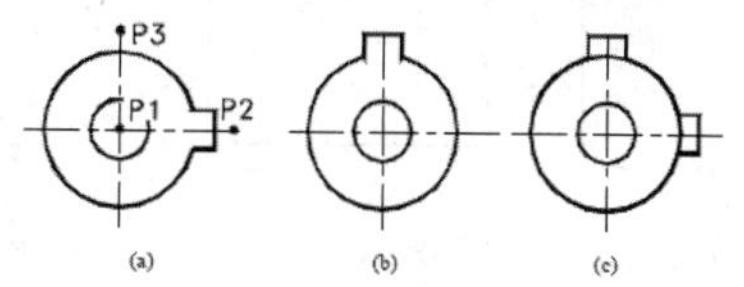

图5-35 旋转图形

5. 缩放

【缩放】命令将所选图形元素按比例进行缩放操作。

单击【操作】工具栏上的【缩放】按钮，弹出【缩放定义】对话框，定义缩放相关参数，然后选择要缩放的元素，再次选择缩放中心点，单击【确定】按钮，系统自动完成缩放操作，如图5-36所示。

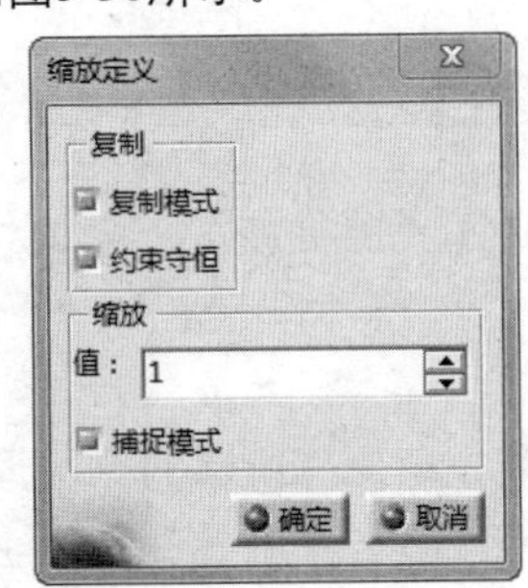

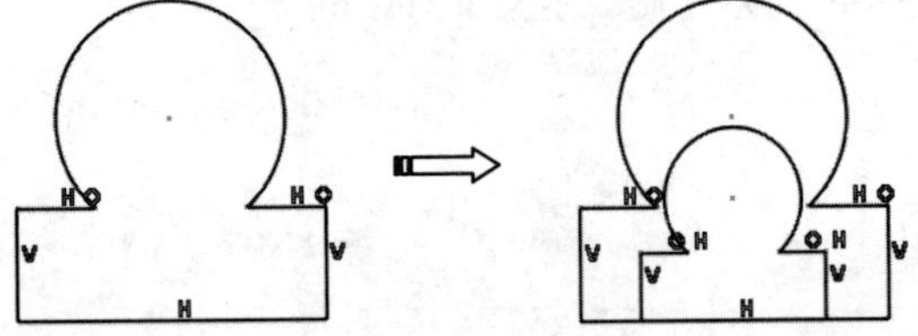

图5-36 缩放操作

> **提示**
>
> 可以首先选择几何图形，也可以首先单击【缩放】按钮。如果先单击【缩放】按钮，则不能选择多个元素。

6. 偏置

【偏置】命令用于对已有直线、圆等草图元素进行偏移复制。

单击【操作】工具栏上的【偏置】按钮，在【草图工具】工具栏中显示4种偏置方式，如图5-37所示。

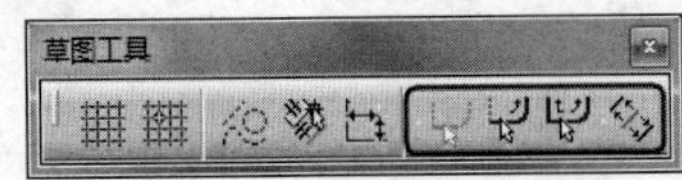

图5-37 4种偏置方式

★ 无拓展：此方式仅偏置单个图元，如图5-38所示。

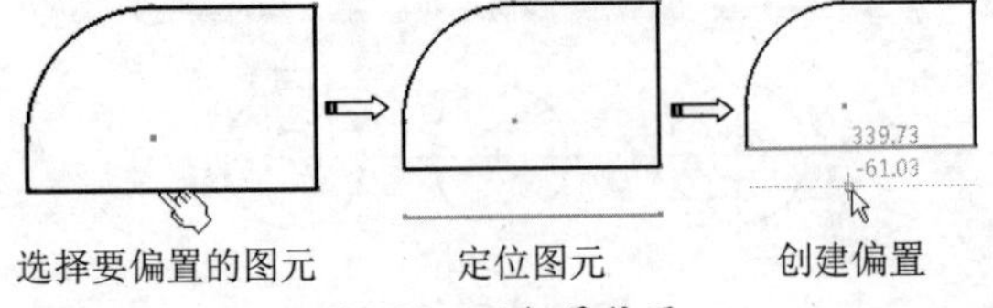

图5-38 无拓展偏置

★ 相切拓展：选择要偏置的圆弧，与之相切的图元将一同被偏置。如图5-39所示。

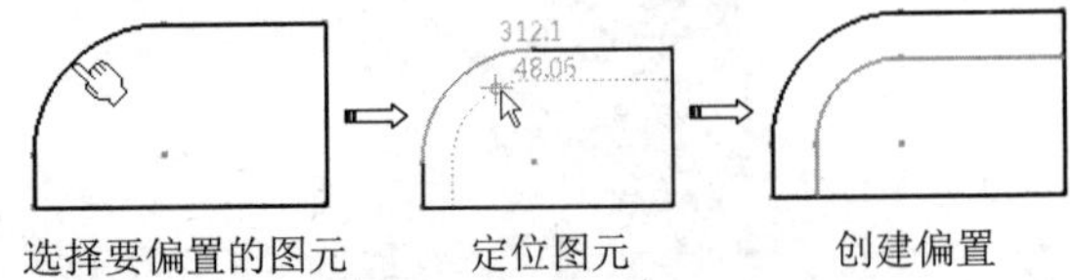

图5-39 相切拓展偏置

> **提示**
>
> 如果选择直线来偏置，将会创建与“无拓展”方式相同的结果。

★ 点拓展：此方式是在要偏置的图元上选取一点，然后偏置与之相连接的所有图元，如图5-40所示。

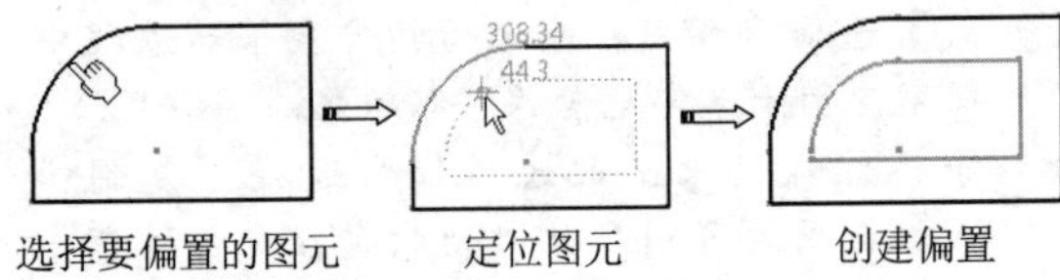

图5-40 点拓展偏置

★ 双侧偏置：此方式由“点拓展”方式延伸而来，偏置的结果是在所选图元的两侧创建偏置，如图5-41所示。

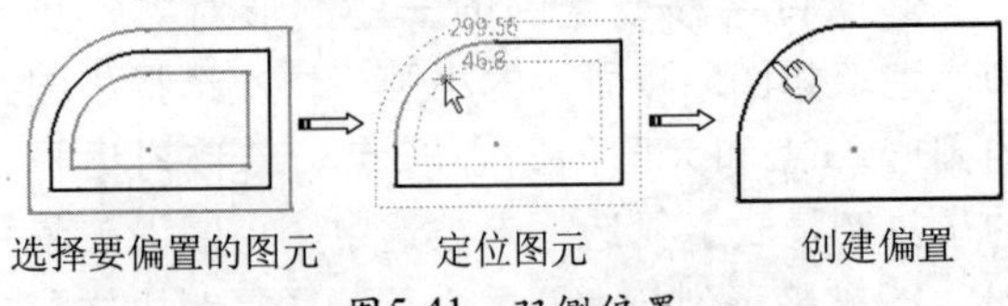

图5-41 双侧偏置

> **提示**
>
> 注意，如果您将光标置于允许创建给定元素的区域之外，将出现符号。例如图5-42所示的偏置，允许的区域为竖直方向区域，图元外的水平区域为错误区域。

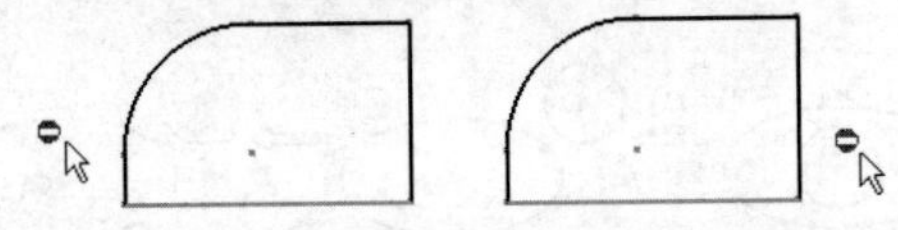

图5-42 在错误区域中定位图元

5.1.5 获取三维形体的投影

三维形体可以看作是由一些平面或曲面围起来的，每个面还可以看作是由一些直线或曲线作为边界确定的。通过获取三维形体的面和边在工作平面的投影，也可以得到平面图形，并可以获取三维形体与工作平面的交线。利用这些投影或交线，还可以进行编辑，构成新的图形。

单击【投影3D图元】按钮，将显示获取三维形体表面投影的工具栏，如图5-43所示。

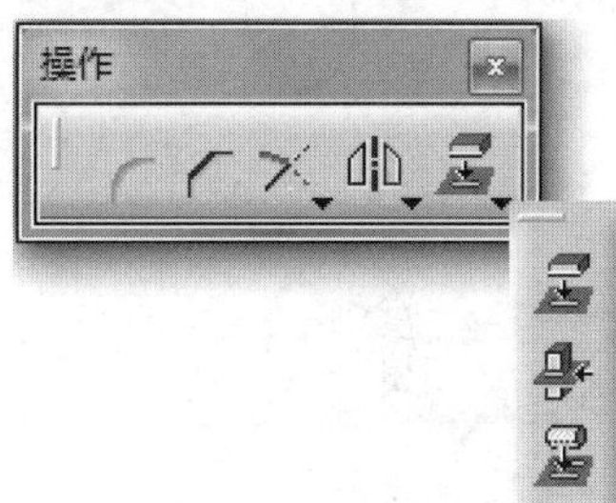

图5-43 投影工具

1. 投影3D图元

“投影3D图元”是获取三维形体的面、边在工作平面上的投影。选取待投影的面或边，即可在工作平面上得到它们的投影。

如果需要同时获取多个面或边的投影，应该首先选择多个面或边，然后再单击【投影3D图元】按钮。

例如，图5-44所示为壳体零件，单击【投影3D图元】按钮，选择要投影的平面，随后即可在草图工作平面上得到顶面的投影。

提 示

如果你选择垂直于草图平面的面，将投影为该面形状的轮廓曲线，如图5-45所示。如果选择它的侧面，在工作平面上将只得到轮廓曲线。

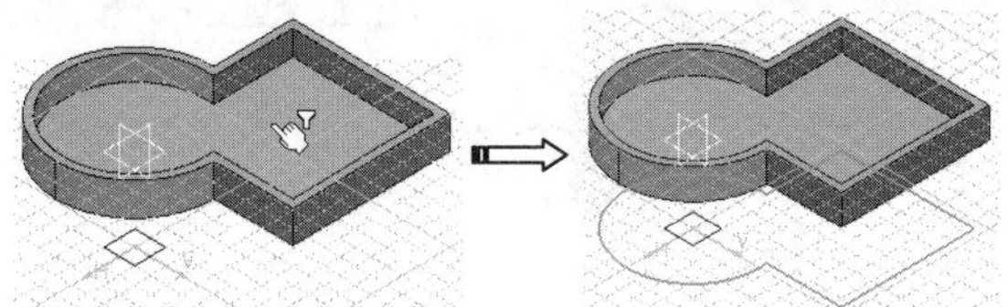

图5-44 形体的面、边在工作平面上的投影图

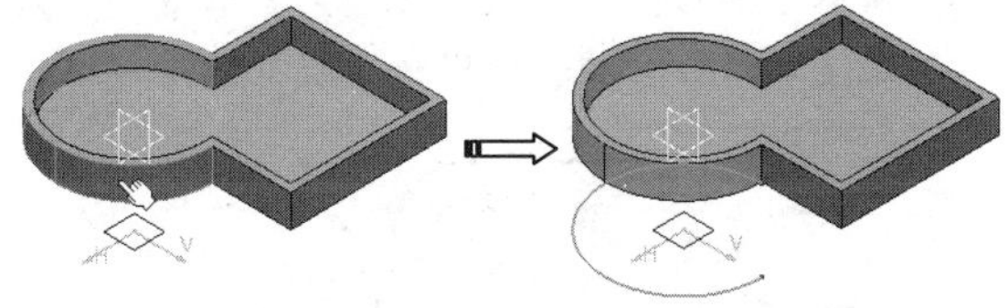

图5-45 选择垂直面将投影轮廓曲线

2. 与3D图元相交

“与3D图元相交”获取三维形体与工作平面的交线。如果三维形体与工作平面相交，单击该图标，选择求交的面、边，即可在工作平面上得到它们的交线或交点。

例如，图5-46所示是一个与倾斜草图平面相交的模型，按Ctrl键选择要相交的曲面，单击【与3D图元相交】按钮后，即可得到它们与工作平面的交线。

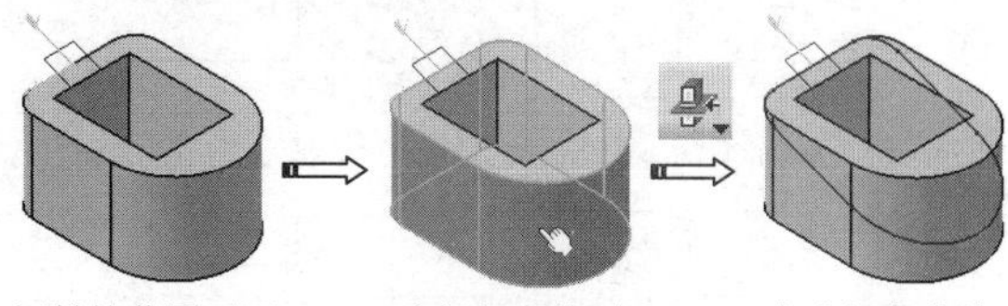

图5-46 与3D图元相交

3. 投影3D轮廓边线

“投影3D轮廓边线”是获取曲面轮廓的投影。单击该图标，选择待投影的曲面，即可在工作平面上得到曲面轮廓的投影。

例如，图5-47所示的是一个具有球面和圆柱面的手柄，单击【投影3D轮廓边线】按钮，选择球面，将在工作平面上得到一个圆弧。再单击按钮，选择圆柱面，将在工作平面上得到两条直线。

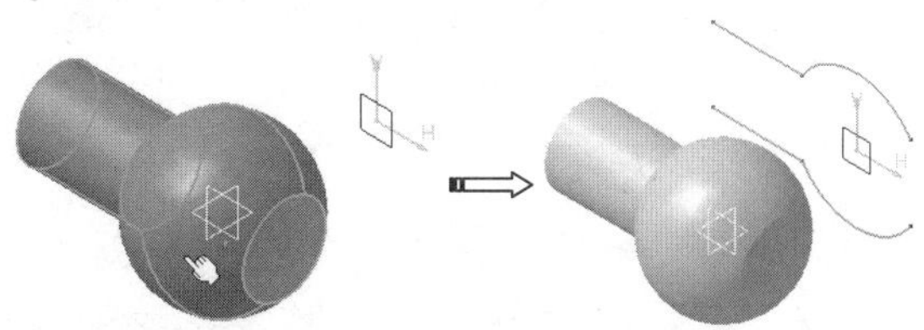

图5-47 曲面轮廓的投影

提 示

值得注意的是：此方式不能投影与草图平面相垂直的平面或面。此外，投影的曲线不能移动或进行属性修改，但可以删除。

动手操作——绘制与编辑草图1

绘制如图5-48所示的草图。

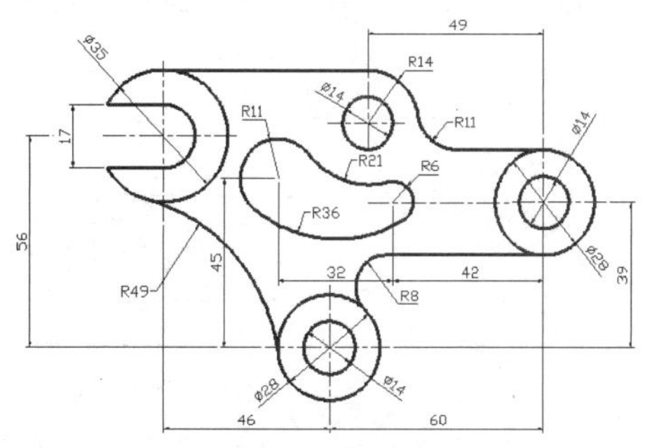

图5-48 草图1

01 新建零件文件并选择xy平面进入草图编辑器

工作平台。

02 利用【轴】命令，绘制整个草图的基准中心线，如图5-49所示。

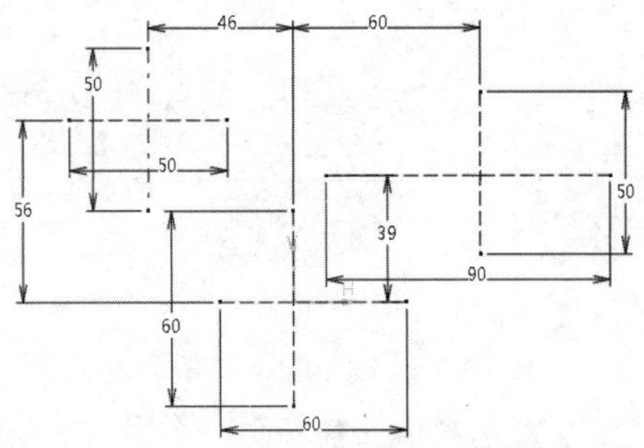

图5-49 绘制基准中心线

> **提示**
>
> 为了后续绘制图形时的观察需要，在【可视化】工具条单击【尺寸约束】，隐藏尺寸约束。

03 利用【圆】命令，在基准中心线绘制多个圆，如图5-50所示。

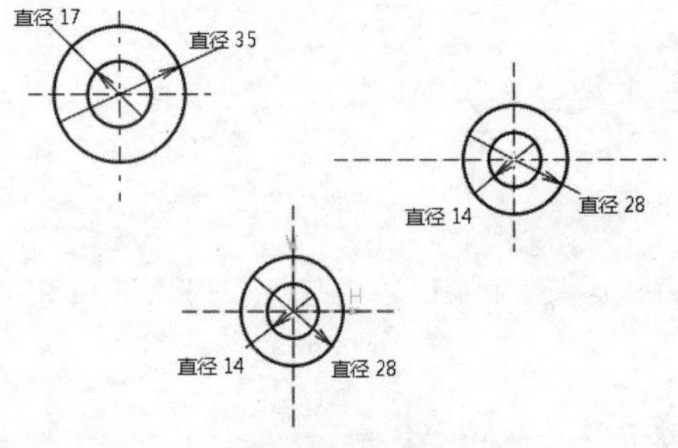

图5-50 绘制圆

> **提示**
>
> 为了后续绘制图形时的观察需要，在【可视化】工具条单击【几何约束】，隐藏几何约束。

04 利用【直线】命令作5条水平直线，如图5-51所示。

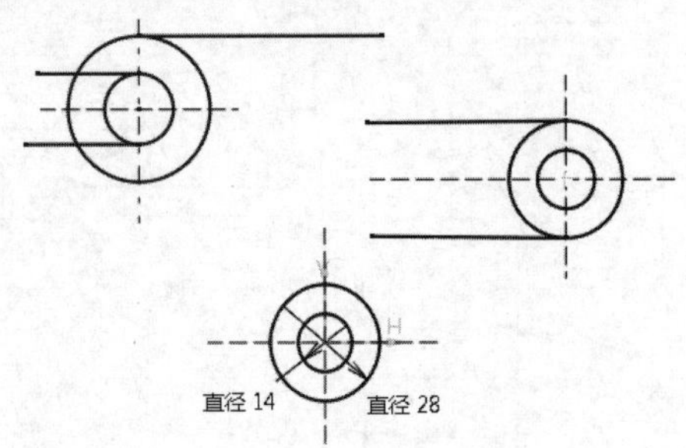

图5-51 绘制水平直线

05 利用【圆】命令，绘制如图5-52所示的同心圆。

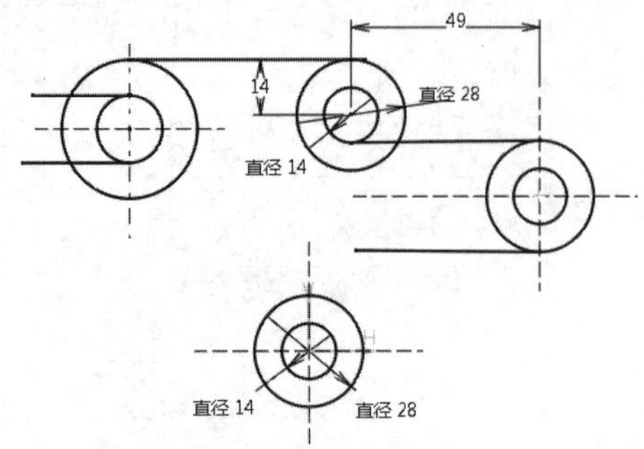

图5-52 绘制同心圆

06 利用【快速修剪】命令，先修剪图形。如图5-53所示。

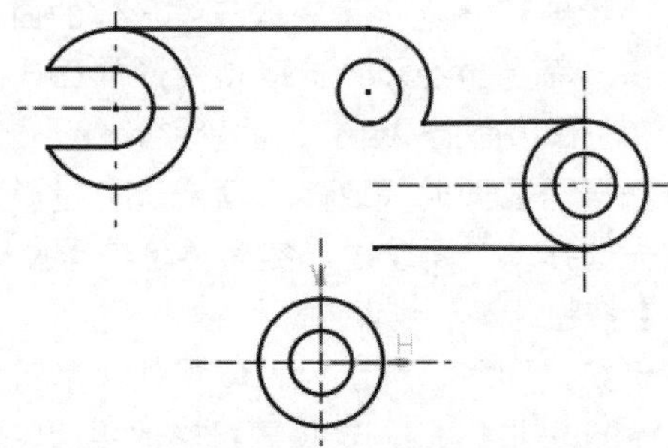
图5-53 修剪图形

07 利用【修剪所有图元】方式的【圆角】命令，创建如图5-54所示半径为11的圆角。

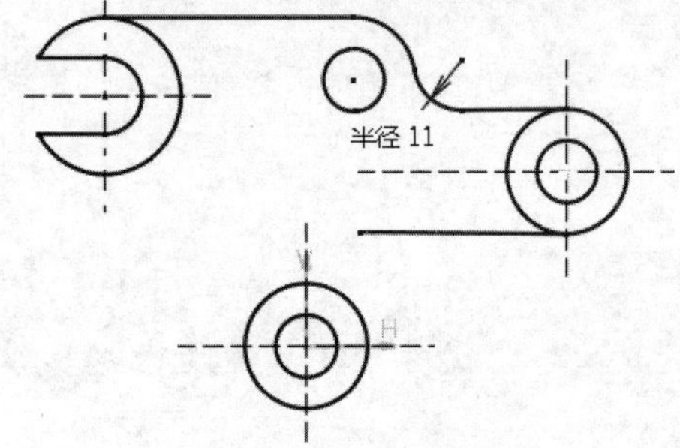

图5-54 绘制圆角1

08 利用【不修剪】方式的【圆角】命令，创建如图5-55所示半径为49的圆角。

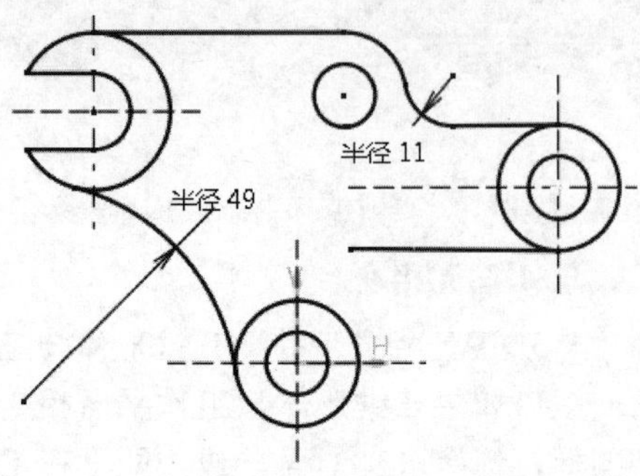

图5-55 绘制圆角2

09 利用【修剪第一图元】方式的【圆角】命令，创建如图5-56所示半径为8的圆角。

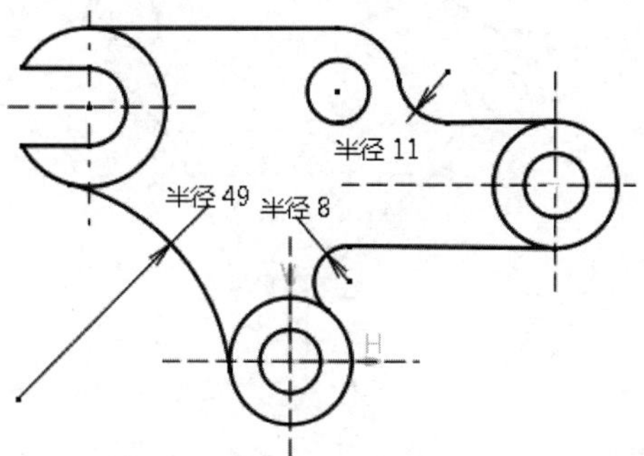

图5-56　绘制圆角3

10 利用【圆】命令，绘制2个圆，如图5-57所示。

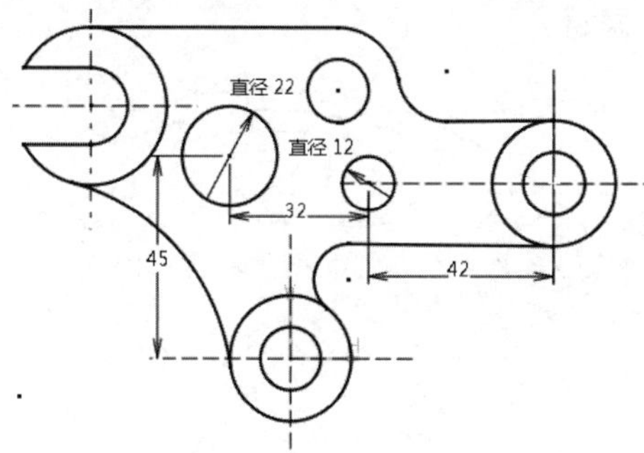

图5-57　绘制圆

11 利用【不修剪】方式的【圆角】命令，创建如图5-58所示半径为21的圆角。

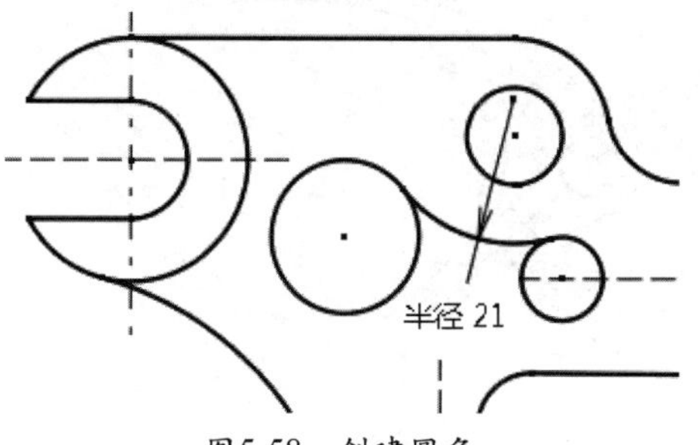

图5-58　创建圆角

12 再利用【三点弧】命令，绘制与两个圆相切且半径为36的圆弧，如图5-59所示。

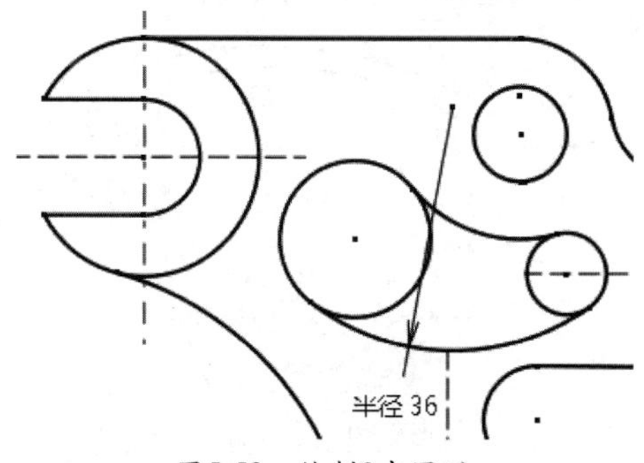

图5-59　绘制3点圆弧

13 最后修剪图形，得到最终的草图，如图5-60所示。

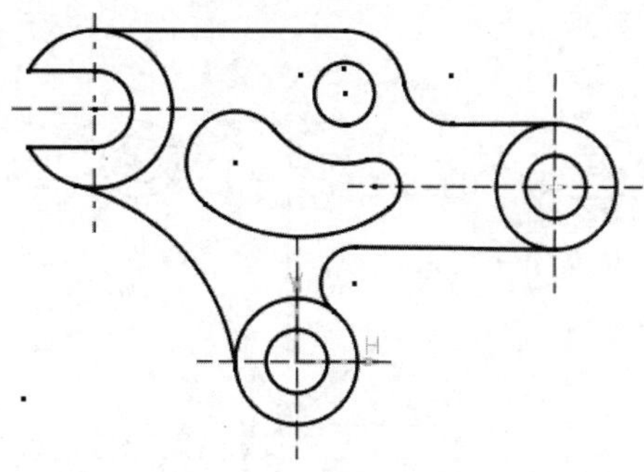

图5-60　完成的草图

14 将绘制的草图保存。

动手操作——绘制与编辑草图2

利用图形绘制与编辑命令，绘制出如图5-61所示的草图2。

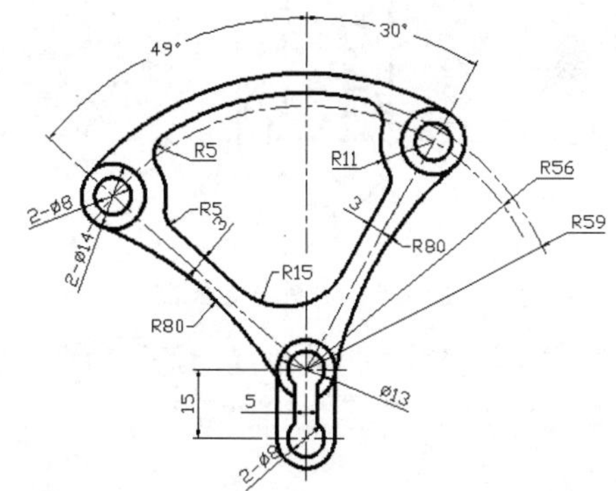

图5-61　草图2

01 新建零件文件。执行【开始】|【机械设计】|【草图编辑器】命令，选择xy平面进入到草图编辑器工作台中。

02 利用【轴】命令绘制基准中心线，如图5-62所示。

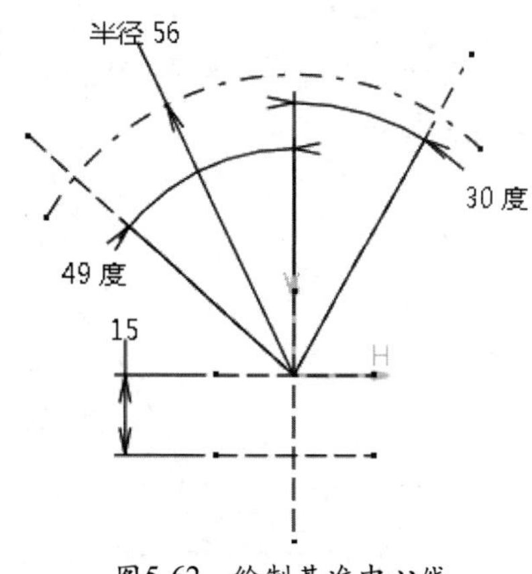

图5-62　绘制基准中心线

03 利用【圆】命令，绘制如图5-63所示的圆。再利用【直线】命令绘制竖直线段，如图5-64所示。

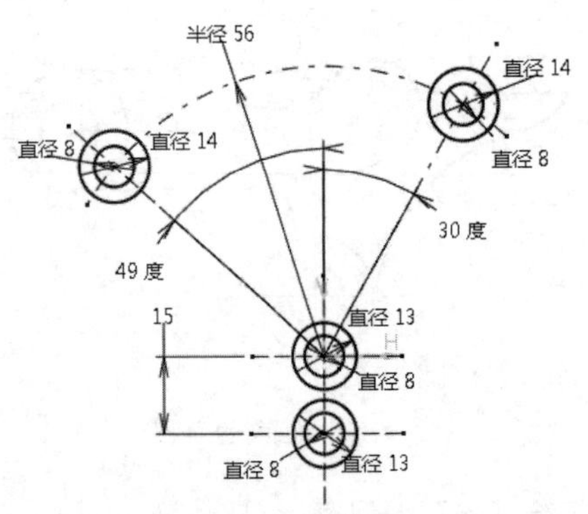

图5-63　绘制圆

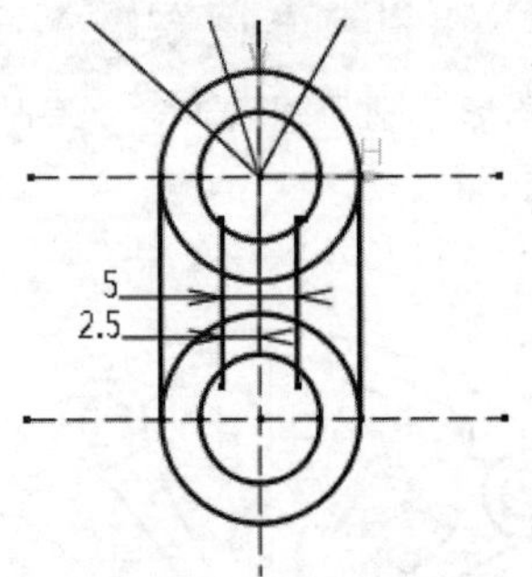

图5-64　绘制竖直线段

04 利用【不修剪】方式的【圆角】命令，创建如图5-65所示半径为80的圆角。

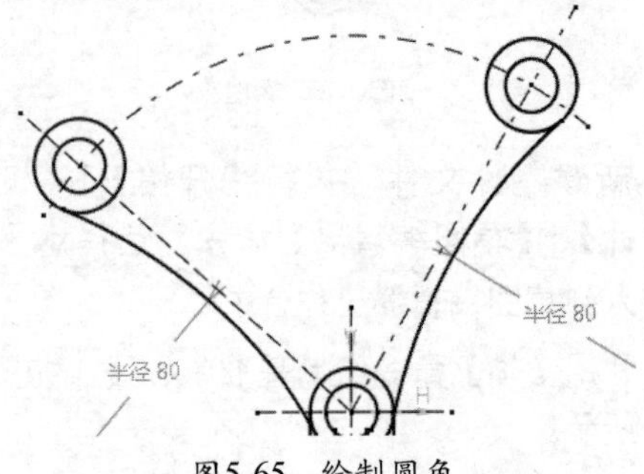

图5-65　绘制圆角

05 利用【三点弧】命令，绘制如图5-66所示的相切连接弧。

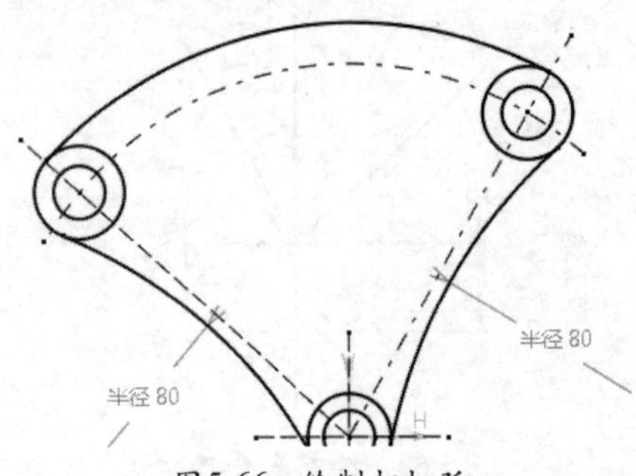

图5-66　绘制相切弧

06 修剪图形，结果如图5-67所示。

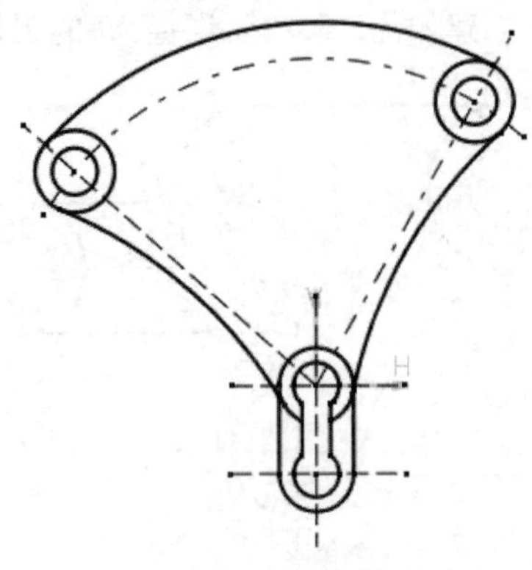

图5-67　修剪图形

07 利用【弧】命令，绘制如图5-68所示的3段圆弧。

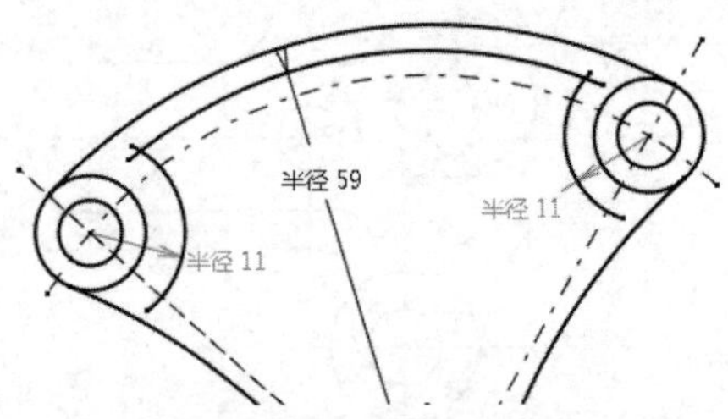

图5-68　绘制圆弧

08 利用【直线】命令，绘制2条平行线，如图5-69所示。

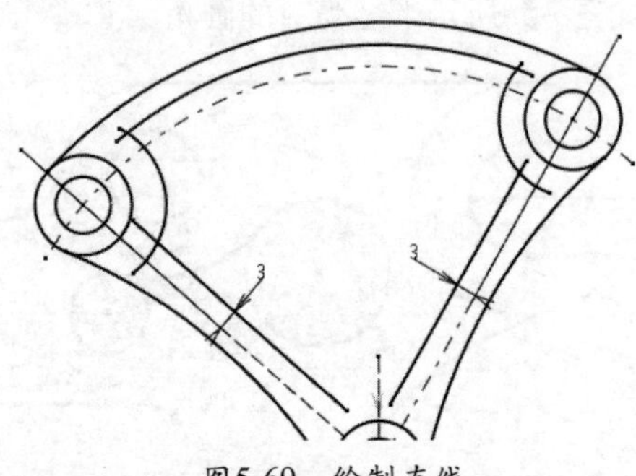

图5-69　绘制直线

09 利用【修剪所有图元】方式的【圆角】命令，创建如图5-70所示的圆角。

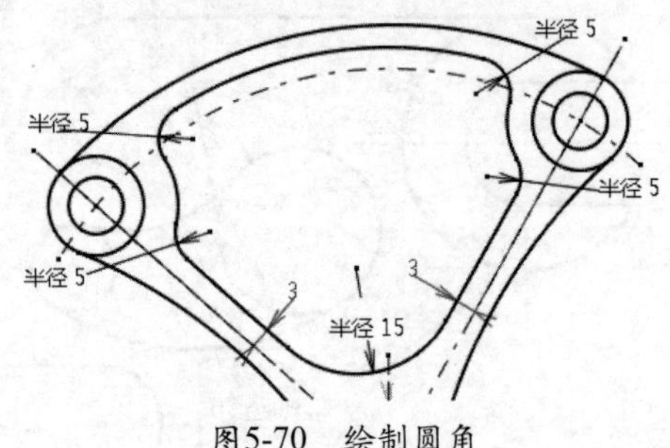

图5-70　绘制圆角

10 至此，完成草图2的绘制，最后将结果保存。

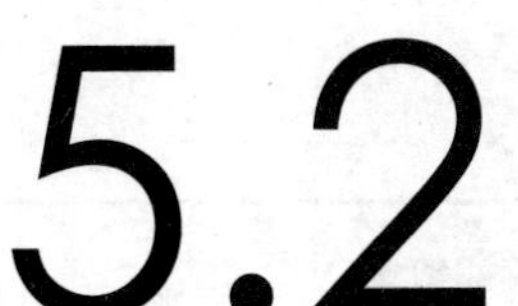

5.2 几何约束

在草图设计环境下，利用几何约束功能，可以便捷地绘制出需要的图形。CATIA V5草图中提供了手动几何约束和自动几何约束功能。下面作全面地讲解。

5.2.1 自动几何约束

自动约束的原意是，当用户激活了某些约束功能，绘制图形过程中会自动产生几何约束，起到辅助定位作用。

CATIA V5的自动约束功能见图5-71所示的【草图工具】工具条。

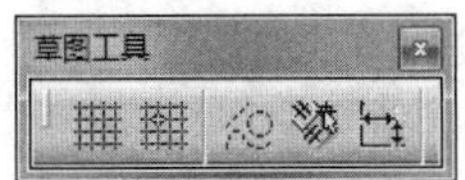

图5-71 CATIA V5的自动约束功能

1. 栅格约束

栅格约束就是用栅格约束光标的位置，约束光标只能在栅格的一个格点上。图5-72（a）所示为在关闭栅格约束的状态下，用光标确定的直线，图5-72（b）所示为在打开栅格约束的状态下，用光标在同样的位置确定的直线。显然，在打开栅格约束的状态下，容易绘制精度更高的直线。

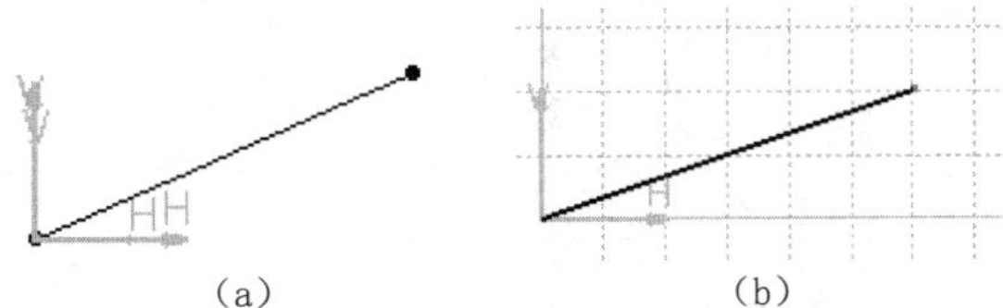

图5-72 栅格约束的作用

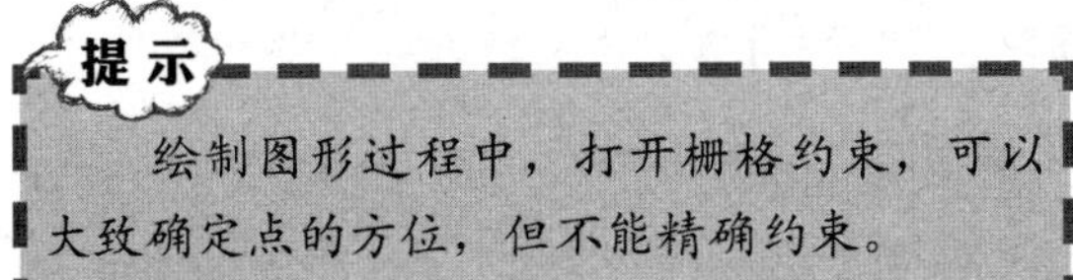

提示

绘制图形过程中，打开栅格约束，可以大致确定点的方位，但不能精确约束。

要想精确约束点的坐标方位，在【草图工具】工具栏单击【点对齐】按钮，即可将点约束到栅格的刻度点上，橙色显示的图标表示栅格约束为打开状态，如图5-73所示。

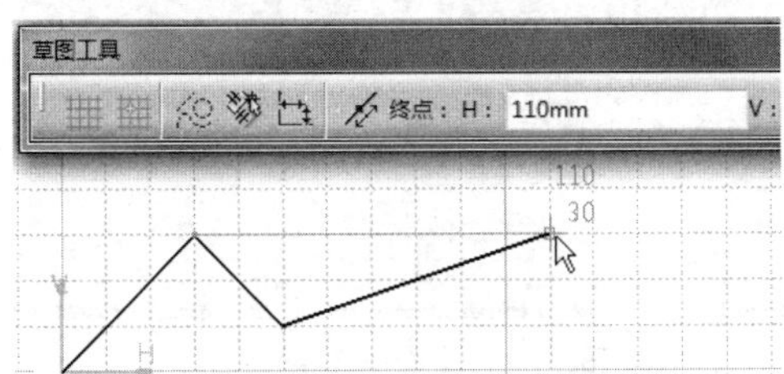

图5-73 打开【点对齐】精确约束

2. 构造/标准图元

当用户需要将草图实线变成辅助线型时，有2种方法可以达到目的：一种是通过设置图形属性，如图5-74所示。

图5-74 更改实线的线型

另一种就是在【草图工具】工具栏中单击【构造/标准图元】按钮。

将实线变换成构造图元，其实也是一种约束行为。单击此按钮，可以在实线与虚线之间相互切换，如图5-75所示。

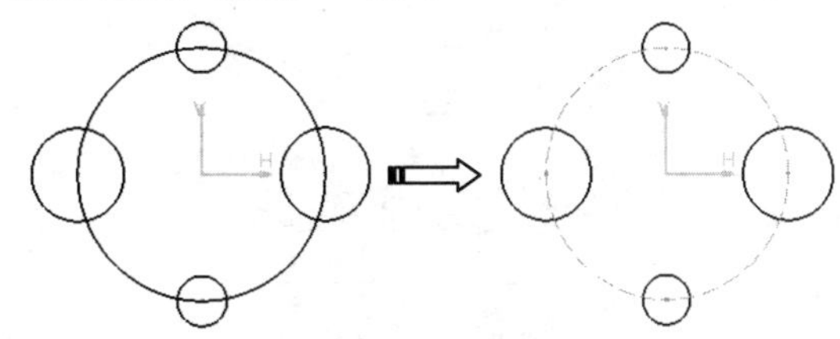

图5-75 变换构造线

3. 几何约束

用户在【草图工具】工具栏中单击【几何约束】按钮，然后绘制几何图形，在这个过程中会生成自动的约束。自动约束后会显示各种约束符号，如图5-76所示。

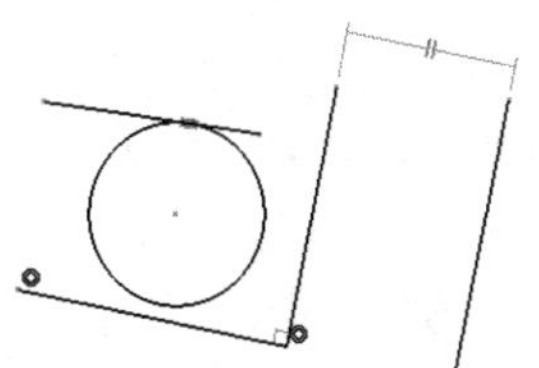

图5-76 自动生成的约束符号

5.2.2 手动几何约束

手动几何约束的作用是约束图形元素本身的位置或图形元素之间的相对位置。当图形元素被约束时，在其附近将显示表5-1所示的专用符号。被约束的图形元素在改变它的约束之前，将始终保持它的现有的状态。

几何约束的种类与图形元素的种类和数量有关，如表5-1所示。

表5-1 几何约束的种类与图形元素的种类和数量的关系

种类	符号	图形元素的种类和数量
固定	⚓	任意数量的点、直线等图形元素
水平	H	任意数量的直线
铅垂	V	任意数量的直线
平行	⫲	任意数量的直线
垂直	⊾	两条直线
相切	⫽	两个圆或圆弧
同心	◉	两个圆、圆弧或椭圆
对称	⫼	直线两侧的两个相同种类的图形元素
相合	○	两个点、直线或圆（包括圆弧）或一个点和一个直线、圆或圆弧

在【约束】工具条中，包括如图5-77所示的约束工具。

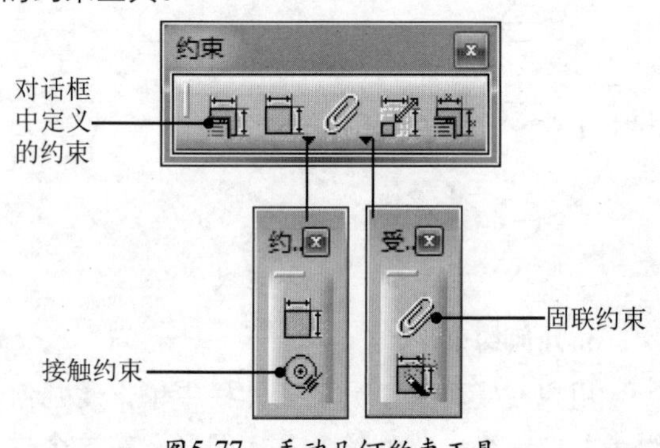

图5-77 手动几何约束工具

1. 对话框中定义的约束

“对话框中定义的约束”手动约束工具可以约束图形对象的几何位置，同时添加、解除或改变图形对象几何约束的类型。

其操作步骤是：选取待添加或改变几何约束的图形对象，例如选取一条直线，单击【对话框中定义的约束】按钮，弹出如图5-78所示【约束定义】对话框。

该对话框共有17个确定几何约束和尺寸约束复选框，所选图形对象的种类和数量决定了利用该对话框可定义约束的种类和数量。本例选取了一条直线，可供操作的只有固定、水平和竖直等3个状态几何约束和1个约束长度的复选框。

若勾选【固定】和【长度】复选框，单击【确定】按钮，即可在被选直线处标注尺寸和显示固定符号，如图5-79所示。

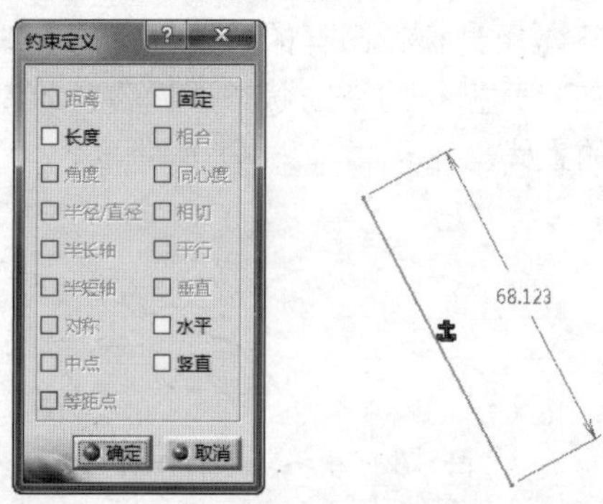

图5-78 【约束定义】对话框 图5-79 显示约束

提示

值得注意的是，手动约束后显示的符号仅仅是暂时的，当关闭【约束定义】对话框后，约束符号也就自动消失。每选择一种约束，都会弹出【警告】对话框，如图5-80所示。

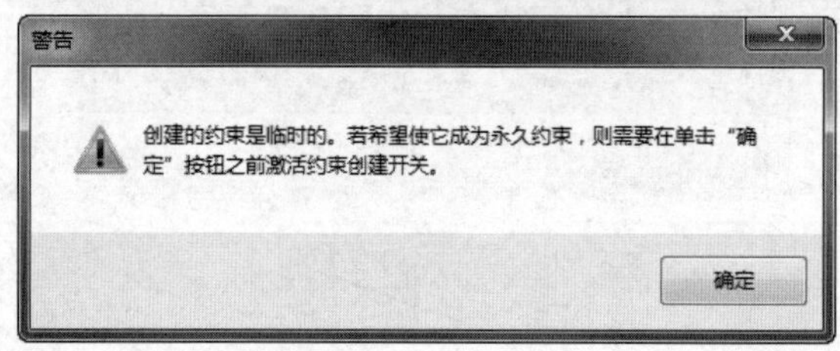

图5-80 【警告】对话框

正如上图中的警告信息提示，要想永久显示约束符号，只能通过激活自动约束功能（在【草图工具】工具栏中单击【几何约束】按钮）。

提示

如果只是解除图形对象的几何约束，只要删除几何约束符号即可。

2. 接触约束

单击【接触约束】按钮，选取两个图形元素，第二个被选对象移至与第一个被选对象接触。被选对象的种类不同，接触的含义也不同。

重合。若选取的两个图形元素中有一个是点，或两个都是直线，第二个被选对象移至与第一个被选对象重合，如图5-81（a）所示。

同心。若选取的两个图形元素是圆或圆弧，第二个被选对象移至与第一个被选对象同心，如图5-58（b）所示。

相切。若选取的两个图形元素不全是圆或圆弧，或者不全是直线，第二个被选对象移至与第一个被选对象（包括延长线）相切，如图5-81（c）、（d）、（e）所示。

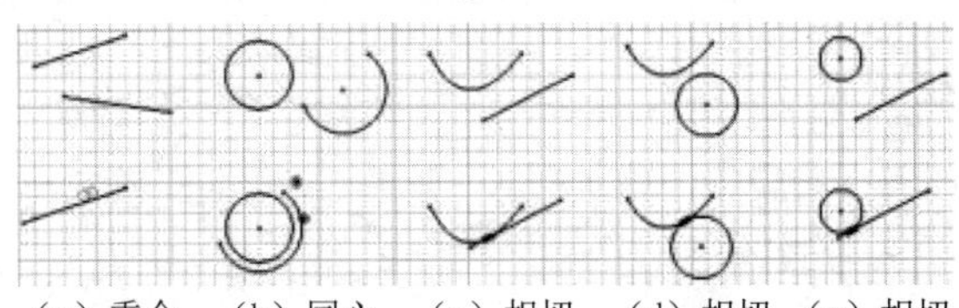

（a）重合 （b）同心 （c）相切 （d）相切 （e）相切

图5-81 接触约束

提示

上图中，第一行为接触约束前的两个图形元素，其中左上为第一个被选取的图形元素。

3. 固联约束

CATIA中的固联约束，其作用是将图形元素集合进行约束，使其成员之间存在关联关系，固联约束后的图形有3个自由度。

通过固联约束后的元素集合可以移动、旋转，要想固定这些元素，必须使用其他集合约束进行固定。

例如，将如图5-82所示的槽孔和矩形孔放置于较大的多边形内。

动手操作—使用固联约束

01 绘制如图5-82所示的3个图形。

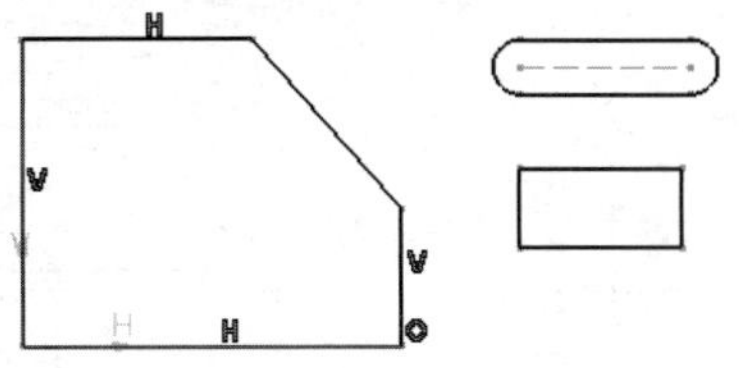

图5-82 多边形和2个孔

02 首先使用固联约束来约束槽孔，如图5-83所示。

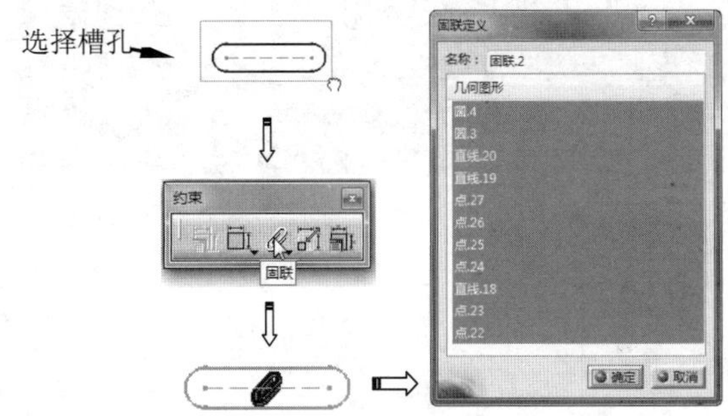

图5-83 固联约束槽孔

03 对矩形孔使用固联约束，如图5-84所示。

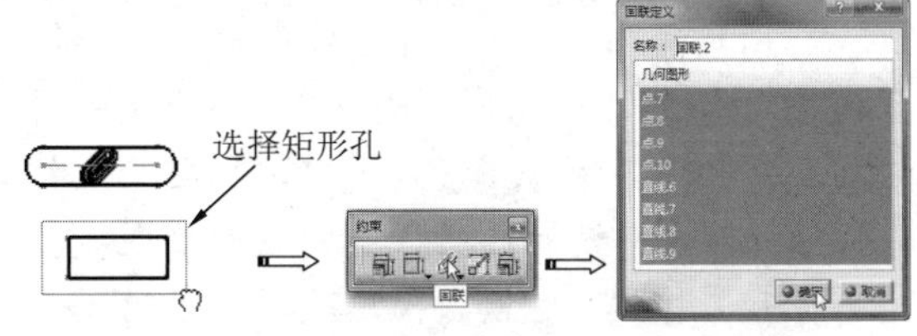

图5-84 固联约束矩形孔

04 拖动2个孔到多边形内的任意位置，如图5-85所示。

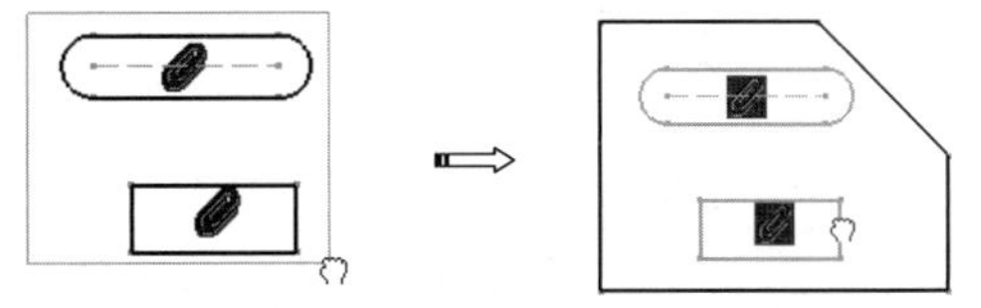

图5-85 拖动固联约束后的2个孔到多边形内

05 使用【旋转】命令，将矩形孔旋转一定角度（90°），如图5-86所示。

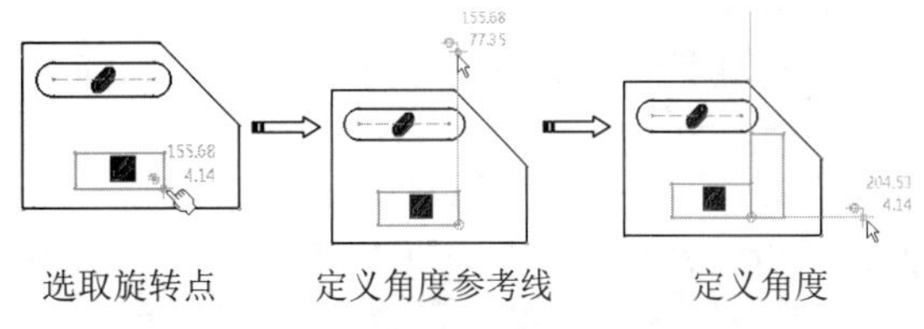

图5-86 旋转矩形孔

06 删除矩形孔的固联约束，然后对齐进行尺寸约束，改变矩形孔的尺寸，如图5-87所示。

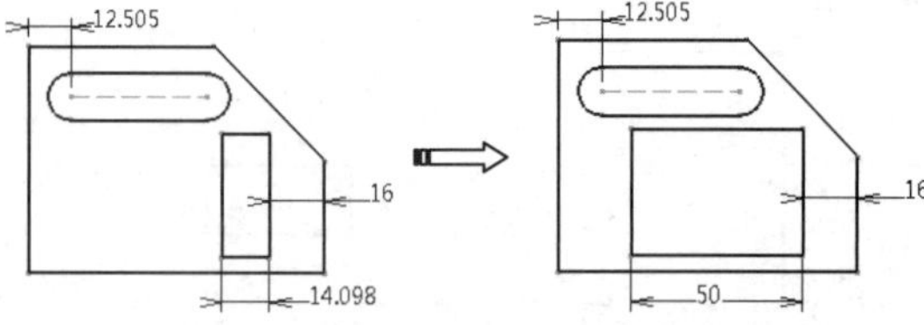

图5-87 改变矩形孔的形状尺寸

提示

我们在改变矩形孔尺寸时，须将另一图形“槽孔”进行尺寸约束，使其在多边形内的位置不发生变化。如图5-88所示为没有尺寸约束时槽孔的状态。

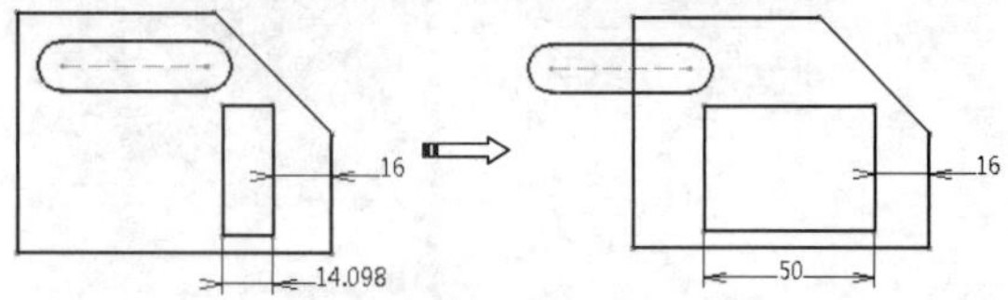

图5-88 没有对槽孔进行尺寸约束的结果

动手操作—利用几何约束关系绘制草图

利用几何约束关系和草图绘制命令、操作工具等来绘制如图5-89所示的草图。从下图中可以看出，图形中部分图形是有一定斜度的，若直接按所标尺寸进行绘图，有一定的难度。若是都在水平方向上绘制，然后旋转一定角度，绘图就变得容易多了。

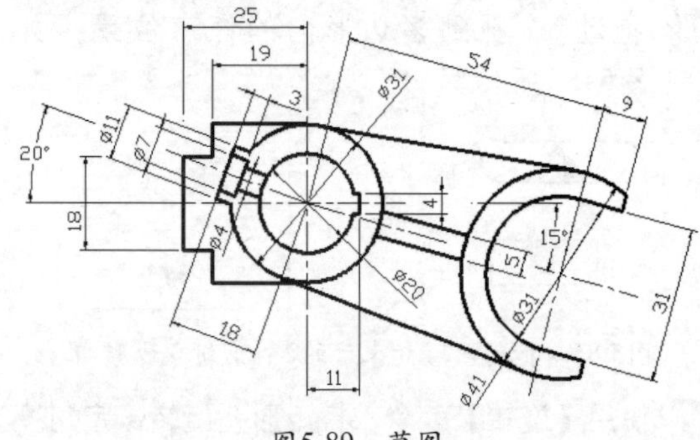

图5-89 草图

01 新建零件文件。执行【开始】|【机械设计】|【草图编辑器】命令，选择xy平面进入到草图编辑器工作台中。

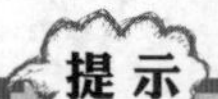

提示

绘制此草图的方法是首先绘制倾斜部分的图形，然后绘制其他部分。

02 利用【轴】命令绘制基准中心线，然后添加【固定】约束，如图5-90所示。

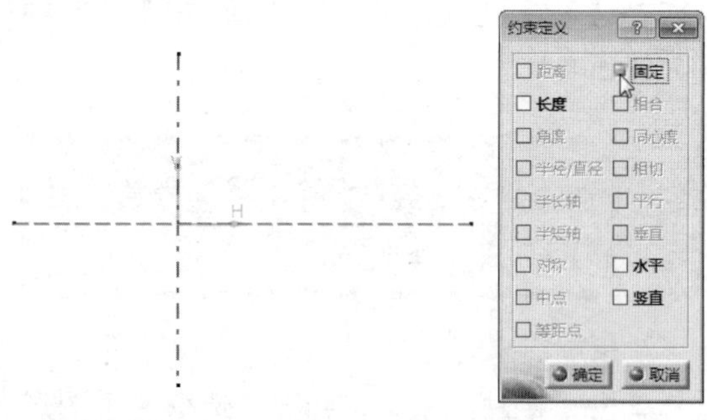

图5-90 绘制中心线并添加约束

03 利用【圆】命令，绘制如图5-91所示的圆。

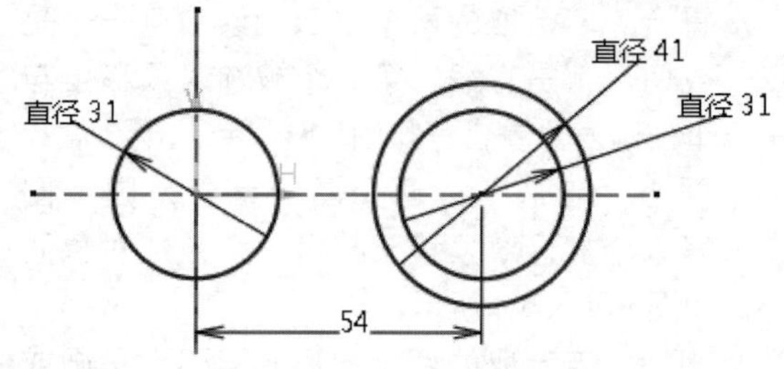

图5-91 绘制圆

04 利用【直线】命令，绘制如图5-92所示的水平和竖直直线。

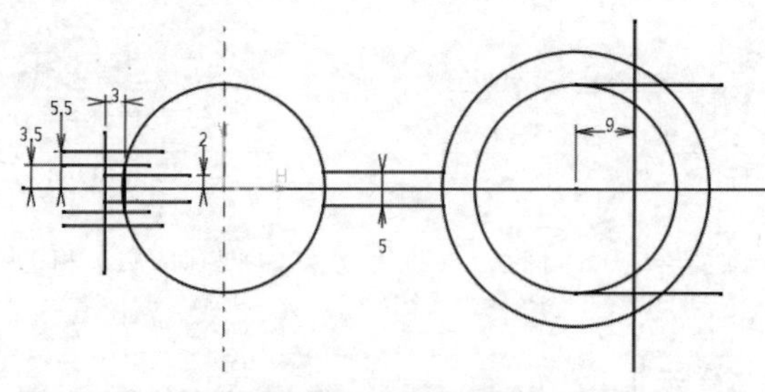

图5-92 绘制直线

05 利用【快速修剪】命令，修剪图形，得到的结果如图5-93所示。

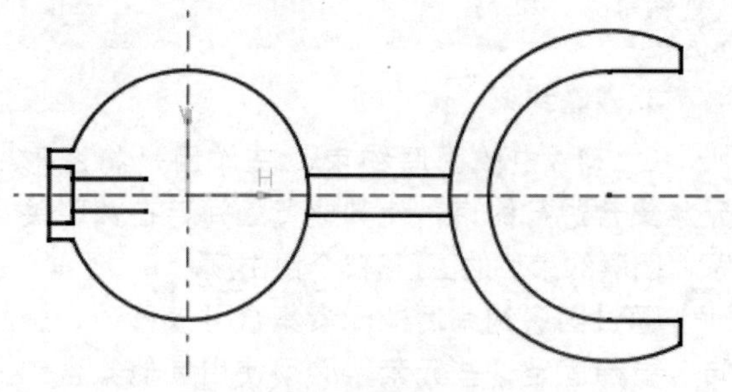

图5-93 修剪图形

06 删除尺寸，然后选择所有图形元素，单击【约束】按钮打开【约束定义】对话框。并将其【固定】约束关系取消。

提示

如果不取消固定约束关系，是不能进行操作的。

07 在【操作】工具条中单击【旋转】按钮，打开【旋转定义】对话框。取消【复制模式】复选选项，然后框选所有图形元素，如图5-94所示。

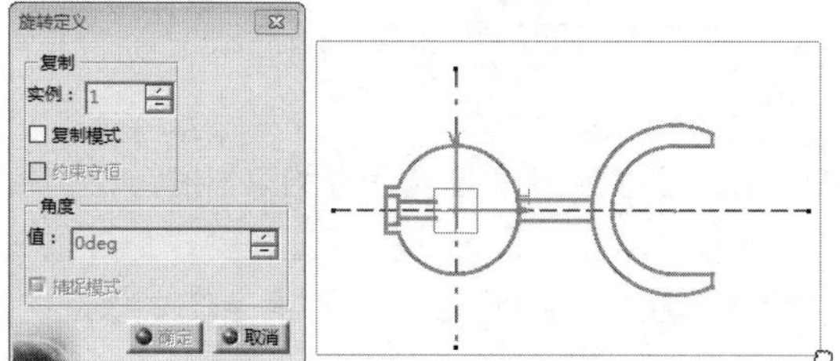

图5-94　框选要旋转的对象

08 选择坐标系原点作为旋转点，再选择水平中心线上的一点作为旋转角度参考点，如图5-95所示。

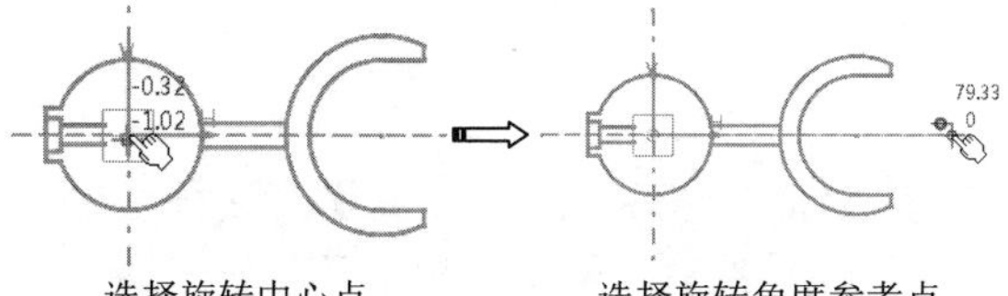

图5-95　选择旋转中心点和参考点

09 在【旋转定义】对话框中输入345的角度值，然后单击【确定】按钮完成旋转，如图5-96所示。

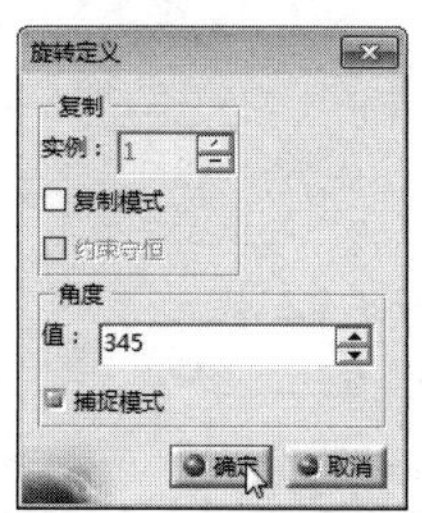

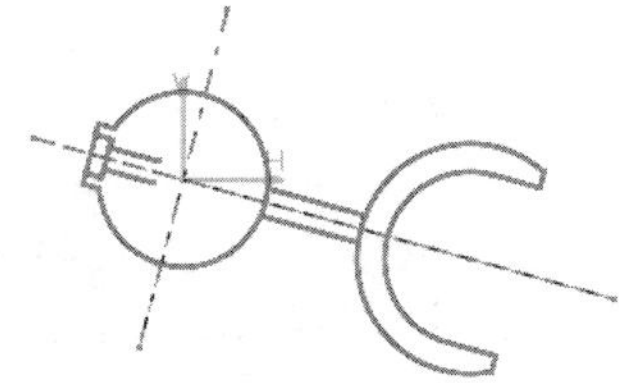

图5-96　输入旋转角度完成旋转

10 将旋转后的图形全选并约束为【固定】。随后继续绘制水平和竖直中心线，如图5-97所示。

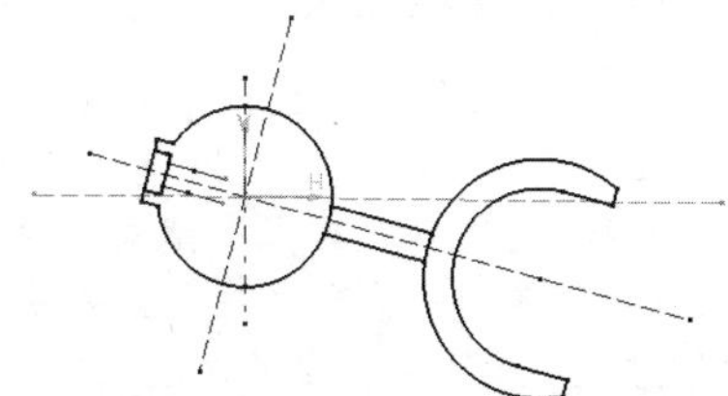

图5-97　绘制水平和垂直的中心线

11 再利用【圆】和【直线】命令绘制如图5-98所示的图形。

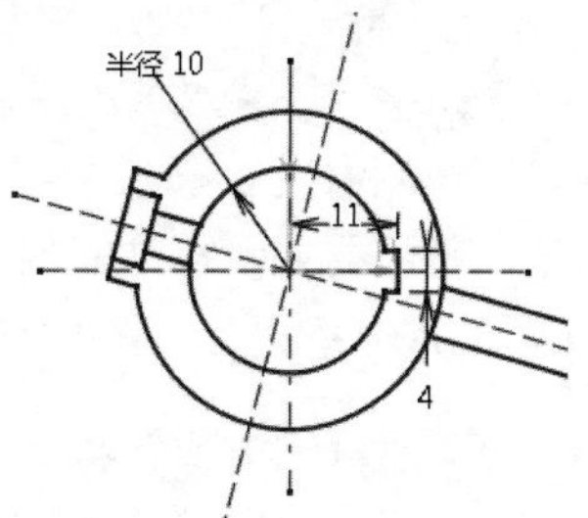

图5-98　绘制圆和直线

12 利用【轮廓】命令和【镜像】命令，绘制出如图5-99所示的图形。

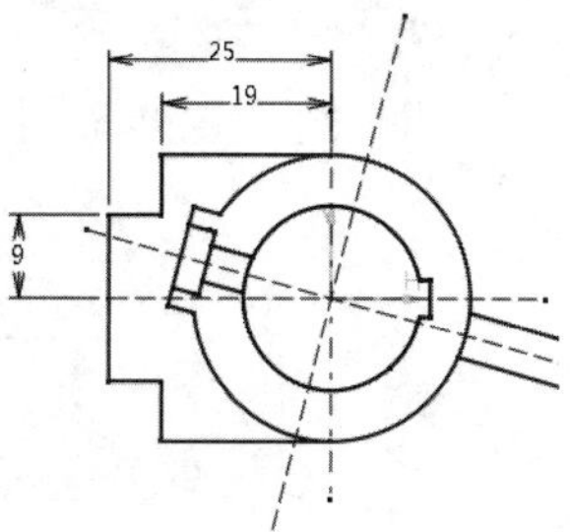

图5-99　绘制轮廓

13 利用【直线】命令先绘制如图5-100所示的2条直线。然后将其与圆约束为【相切】，如图5-101所示。

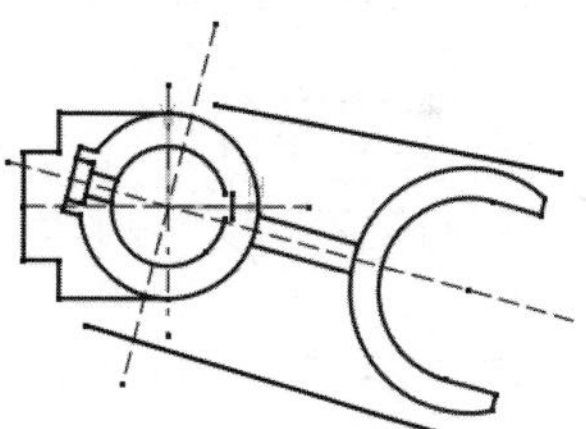

图5-100　绘制直线

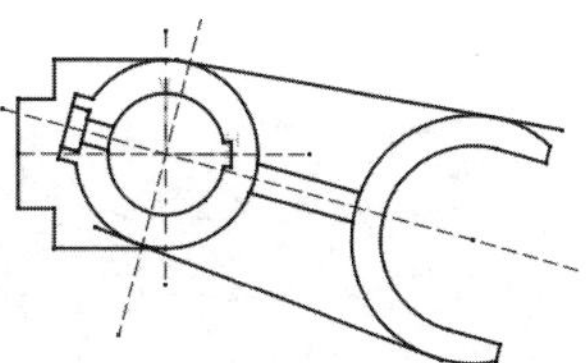

图5-101　约束直线

14 最后修剪图形，即可得到最终的草图，如图5-102所示。并将结果保存。

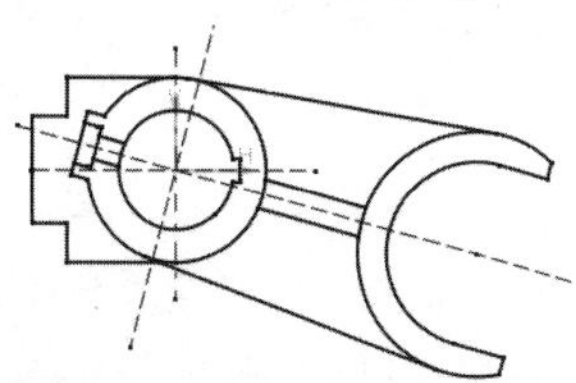

图5-102　绘制完成的草图

5.3 尺寸约束

尺寸约束就是用数值约束图形对象的大小。尺寸约束以尺寸标注的形式标注在相应的图形对象上。被尺寸约束的图形对象只能通过改变尺寸数值来改变它的大小。进入零件设计模式后，将不再显示标注的尺寸或几何约束符号。

CATIA V5的尺寸约束分自动尺寸约束、手动尺寸约束和动画约束，下面进行详解。

5.3.1 自动尺寸约束

自动尺寸约束有2种：一种是绘图时自动约束，另一种是绘图后同时添加尺寸约束。

1. 绘图时的自动约束

在【轮廓】工具条中执行某一绘图命令后，在【草图工具】工具条中单击【尺寸约束】按钮，绘图过程中将自动产生尺寸约束。

例如，绘制如图5-103所示的图形，启动自动尺寸约束功能后，在图形的各元素上产生相应的尺寸。

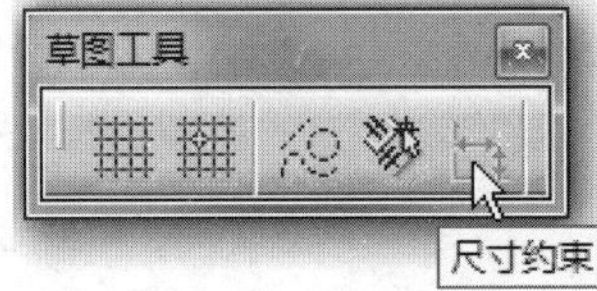

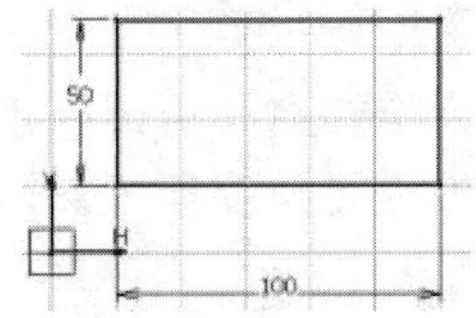

图5-103　自动尺寸约束

2. 绘图后添加自动约束

绘图后，可以在【约束】工具条中单击【自动约束】按钮，打开【自动约束】对话框。选择要添加自动约束的对象后，单击【确定】按钮即可创建自动尺寸约束，如图5-104所示。

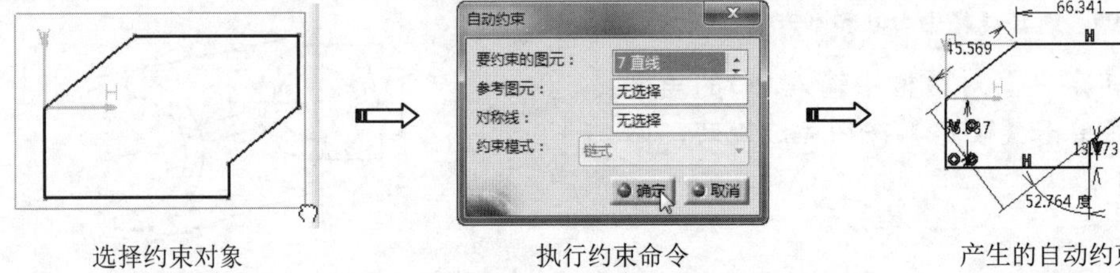

图5-104　自动约束

> **提示**
>
> 需要说明的是，【自动约束】工具不仅仅创建自动尺寸约束，还产生几何约束。它是一个综合约束工具。

【自动约束】对话框中各选项含义如下：

- ★ 要约束的图元：该文本框（也是图元收集器）显示了已选取图形元素的数量。
- ★ 参考图元：该文本框用于确定尺寸约束的基准。
- ★ 对称线：该文本框用于确定对称图形的对称轴。如图5-105所示图形是选择了水平和垂直的轴线作为对称轴并选择“链式”模式情况下的自动约束。

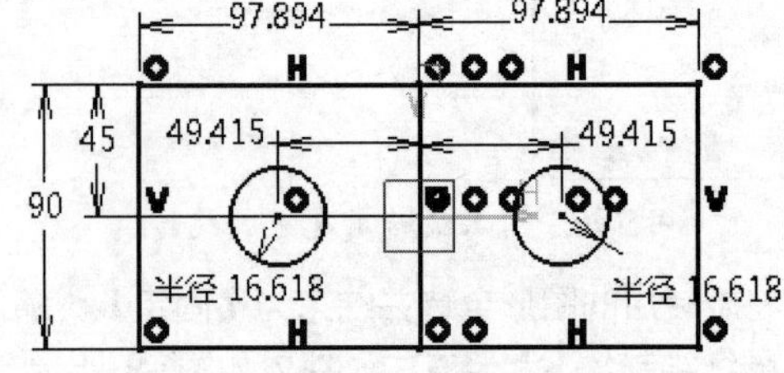

图5-105　选择了对称轴时的自动约束

- ★ 约束模式：该下拉列表框用于确定尺寸约束的模式，有“链式”和“堆叠式”两种模式。图5-106是选择“链式”模式下的自动约束；图5-107是以最左和最底直线为基准并选择“堆叠式”模式下的自动约束。

图5-106 “链式”模式下的自动约束

提示

要设置约束模式，必须先设置参考图元，此参考图元也是尺寸的基准线。

图5-107 “堆叠式”模式下的自动约束

5.3.2 手动尺寸约束

手动尺寸约束是通过在【约束】工具条上单击【约束】按钮，然后逐一地选择图元进行尺寸标注的一种方式。

手动尺寸约束大致有如图5-108所示的几种尺寸约束类。

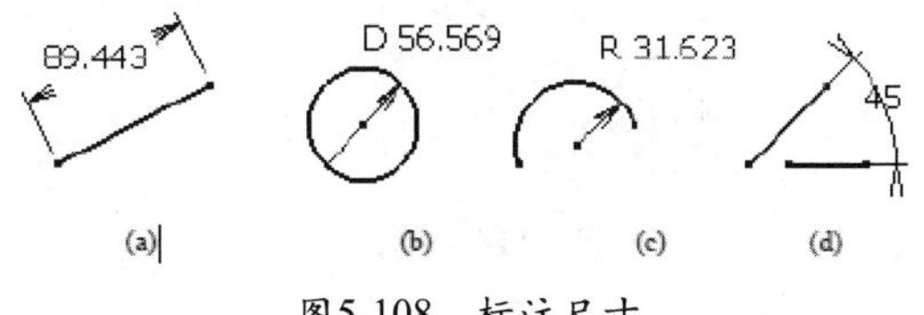

图5-108 标注尺寸

5.3.3 动画约束

对于一个约束完备的图形，改变其中一个约束的值，相关联的其他图形元素会随之作相应的改变。利用动画的约束可以检验机构的约束是否完备，自身是否会产生干涉，是否与其他部件产生干涉。

图5-109是一个曲柄滑块机构的原理图。曲柄（尺寸60mm）绕轴（原点）旋转，带动连杆（尺寸120mm），连杆的另一端为滑块（一个点），滑块在导轨（水平线）上滑动。如果将曲柄与水平线的角度约束（45°）定义为可动约束，其变化范围设置为0～360°，即可检验该机构的运动情况。

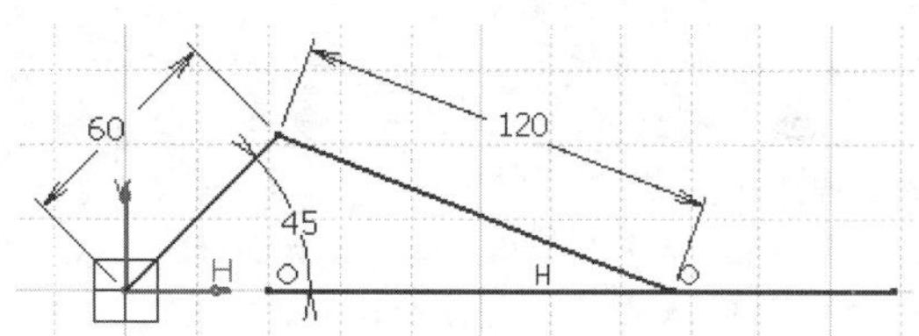

图5-109 曲柄滑块机构的原理图

动手操作—应用动画约束

01 在【草图工具】工具条中单击【几何约束】按钮，打开几何约束状态，绘制如图5-110所示的3条直线。

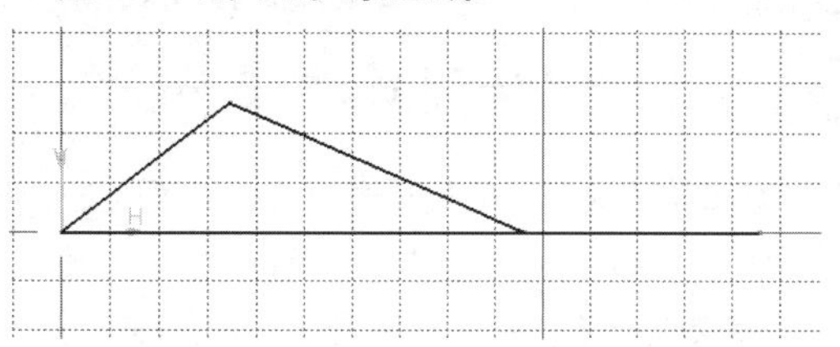

图5-110 绘制3条直线

02 在【约束】工具条中单击【标注】按钮，标注3条直线。如果绘图前没有打开几何约束状态，则单击【定义约束】按钮，添加曲柄轴（原点）为固定、导轨为水平的几何约束。

03 单击【对约束应用动画】按钮，选取角度尺寸45°，随之弹出图5-111所示的【对约束应用动画】对话框。

图5-111 【对约束应用动画】对话框

动画约束对话框中各控件的作用如下。

★ 【第一个值】文本框中输入所选约束的第一个数值；【最后一个值】文本框中输入所选约束的最后一个数值；【步骤数】文本框中输入从“第一个值”到“最后一个值”期间的步数。假定以上3个文本框依次输入0°、36°和360°，将依次显示曲柄转角为相对应值时整个机构的状态。
★ 【倒放动画】按钮◀：所选约束的数值从“第一个值”到“最后一个值”变化，且本例为顺时针旋转。
★ 【一个镜头】按钮→：按指定方向运动一次。
★ 【反向】按钮⇄：往返运动一次。
★ 【循环】按钮：连续往返运动，直至单击按钮■。
★ 【重复】按钮：按指定方向连续运动，直至单击按钮■。
★ 【隐藏约束】：若选中该复选框，将隐藏几何约束和尺寸约束。

04 设置好参数后，单击【播放】按钮。

5.3.4 编辑尺寸约束

如果需要对标注的尺寸进行编辑，可以双击该尺寸值，然后会打开对应的【约束定义】对话框。

如果是直线标注，双击尺寸值后会打开可以修改直线尺寸的【约束定义】对话框，如图5-112所示。在对话框中修改尺寸值，单击【确定】按钮后生效。

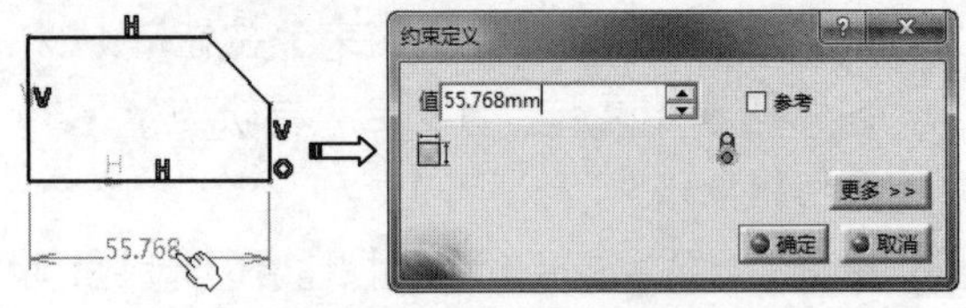

图5-112 直线尺寸的编辑

如果是直径或半径标注，双击尺寸值后会打开可以修改直径或半径尺寸的【约束定义】对话框，如图5-113所示。

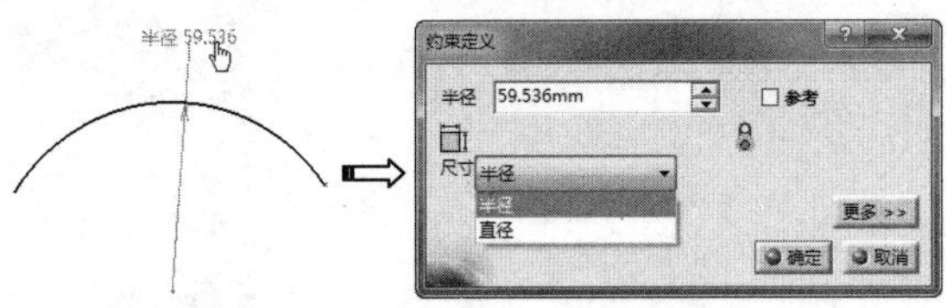

图5-113 半径或直径尺寸的编辑

提示

勾选【约束定义】对话框中的【参考】复选框，可以将尺寸设为“参考”。参考尺寸是不能被修改的。

动手操作—利用尺寸约束关系绘制草图

利用绘图命令、几何约束、尺寸约束和编辑尺寸等功能，来绘制如图5-114所示的草图。

01 新建零件文件。执行【开始】|【机械设计】|【草图编辑器】命令，选择xy平面进入到草图编辑器工作台中。

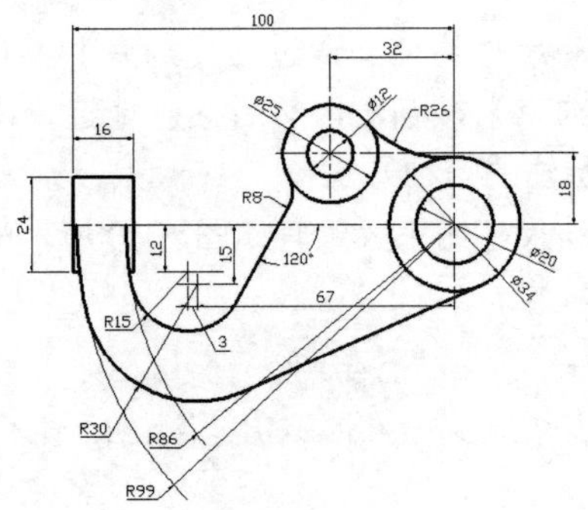

图5-114 草图

02 利用【轴】命令绘制如图5-115所示的基准中心线。

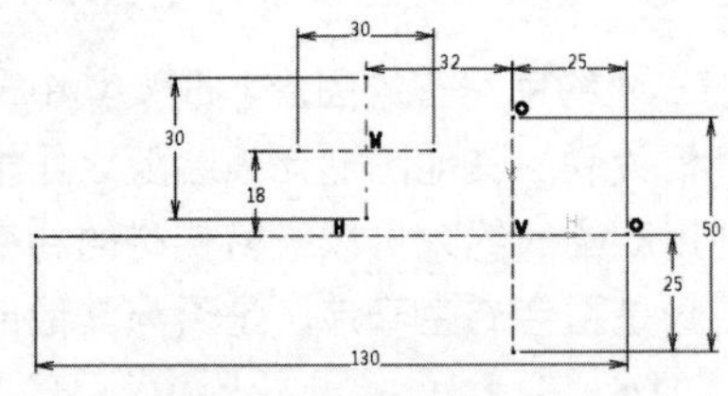

图5-115 绘制基准中心线

03 利用【圆】命令，绘制4个圆，如图5-116所示（暂且不管圆尺寸）。

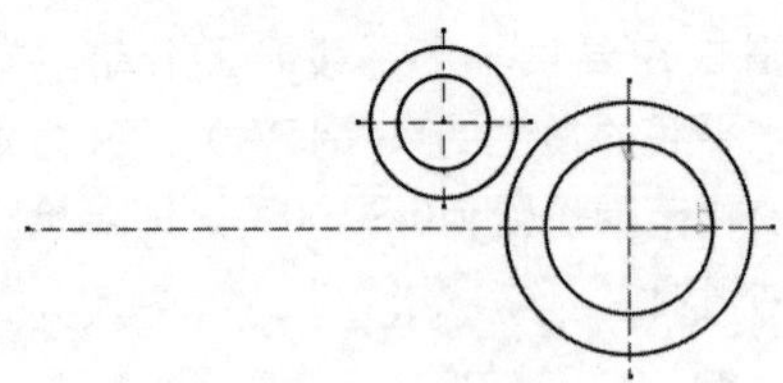

图5-116 绘制圆

04 依次双击绘制的圆，然后在打开的【圆定义】对话框中修改圆的半径，结果如图5-117所示。

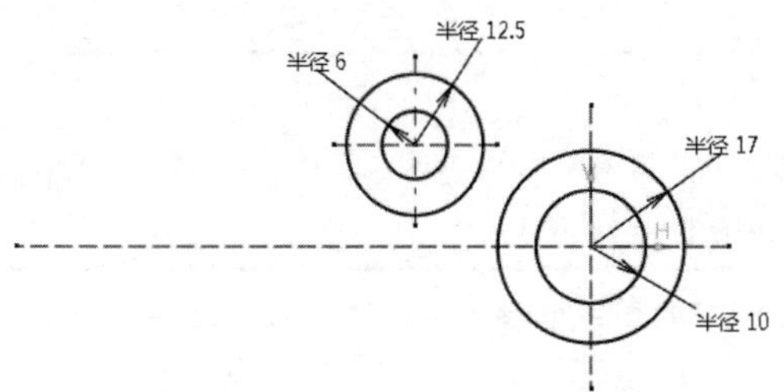

图5-117 修改圆的半径参数

05 利用【矩形】命令，绘制如图5-118所示的矩形。

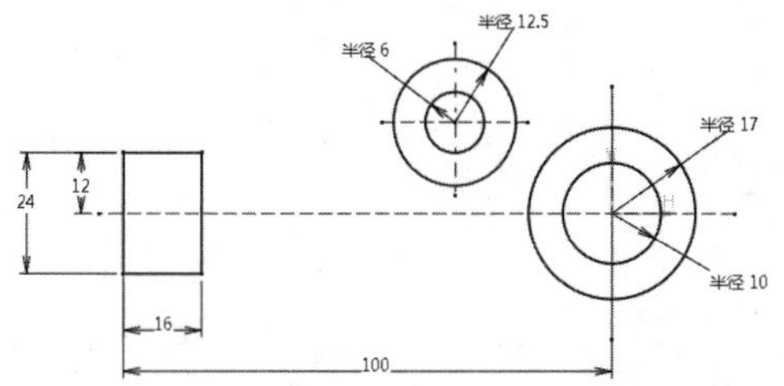

图5-118 绘制矩形

06 利用【弧】命令，绘制如图5-119所示的2段圆弧。

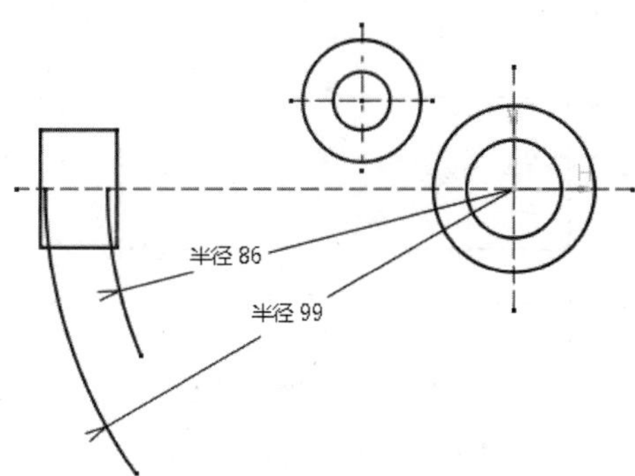

图5-119 绘制圆弧

07 再利用【弧】命令，绘制如图5-120所示的2段圆弧，这2段圆弧分别与前面绘制的圆弧相切。

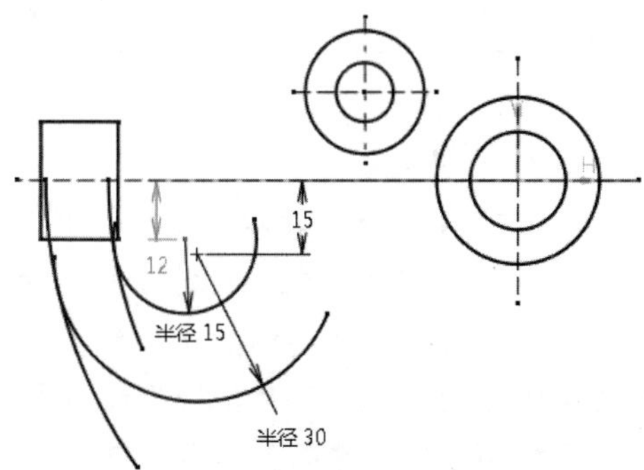

图5-120 绘制相切圆弧

08 利用【直线】命令绘制2直线，且2直线分别与相连圆弧相切，如图5-121所示。

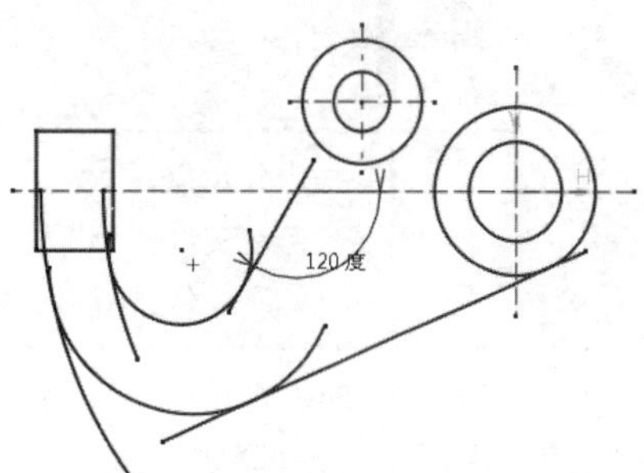

图5-121 绘制相切直线

09 利用【修剪第一图元】方式的【圆角】命令，创建半径为8的圆角，如图5-122所示。

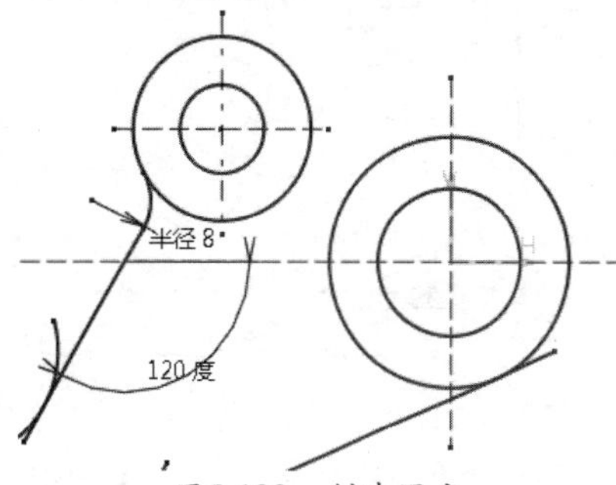

图5-122 创建圆角

10 再利用【不修剪】方式的【圆角】命令，创建如图5-123所示半径为26的圆角。

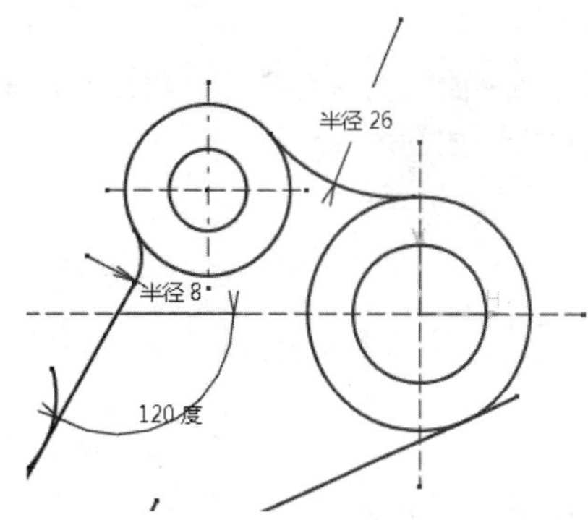

图5-123 创建圆角

11 最后修剪图形，得到最终的草图，结果如图5-124所示。

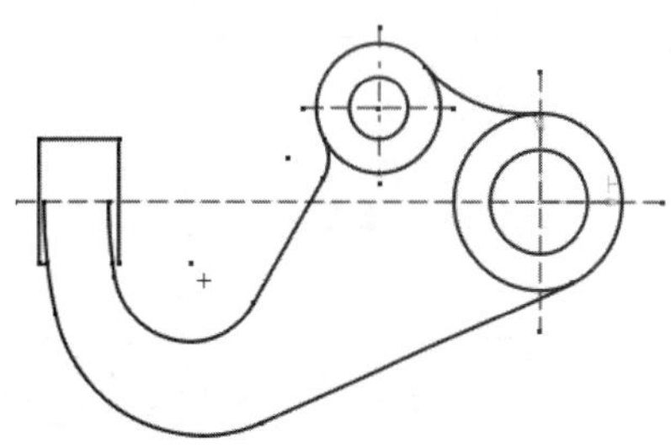

图5-124 修剪图形

5.4 实战应用——底座零件草图

引入光盘：无

结果文件：\动手操作\结果文件\Ch05\dizuo.CATpart

视频文件：\视频\Ch05\绘制底座零件草图.avi

下面我们以底座零件的草图绘制过程，详解CATIA V5的草图约束与编辑技巧。

底座零件草图如图5-125所示。

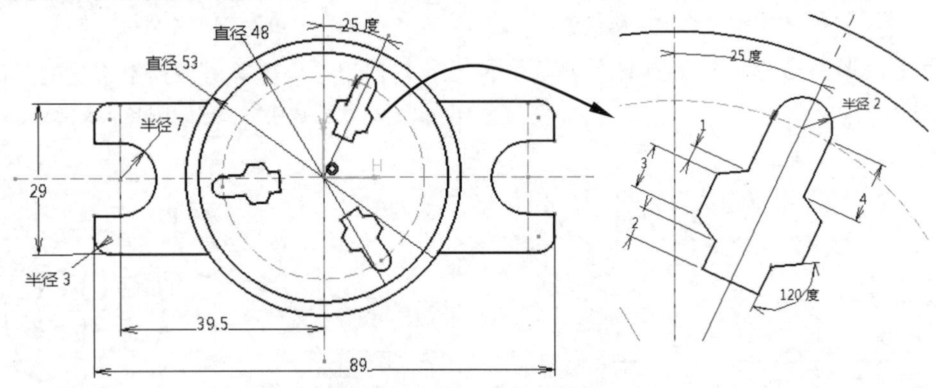

图5-125 底座零件草图

01 在CATIA V5初始界面中执行【开始】|【机械设计】|【草图编辑器】命令，在弹出的【新建】对话框中单击【确定】按钮进入【零件设计】工作台。

02 选择xy平面作为草绘平面，随后自动进入草绘模式。如图5-126所示。

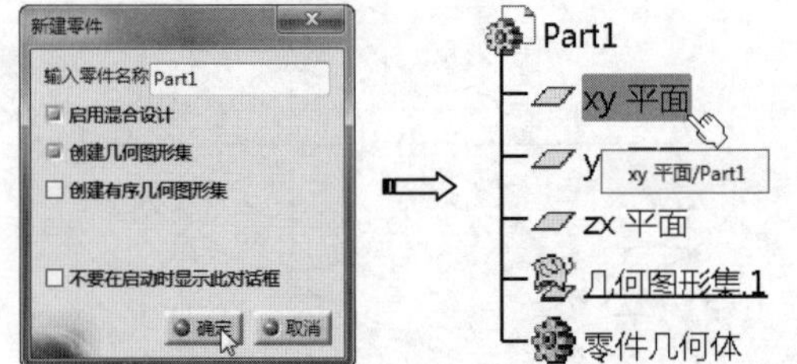

图5-126 选择草图平面进入草绘模式

03 首先绘制中心线。利用【轮廓】工具条中的【轴】命令，绘制如图5-127所示的中心线。

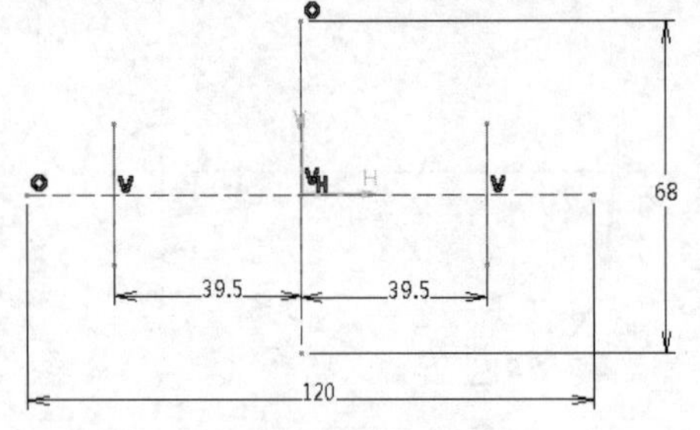

图5-127 绘制中心线

04 利用【矩形】命令，绘制如图5-128所示的矩形。

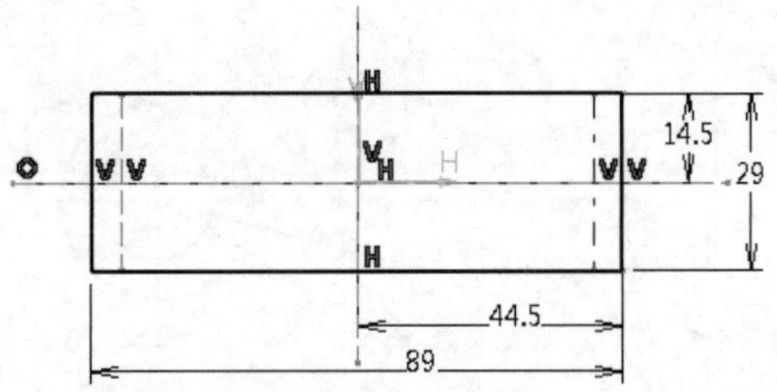

图5-128 绘制矩形

05 利用【圆】命令，绘制如图5-129所示的4个圆。

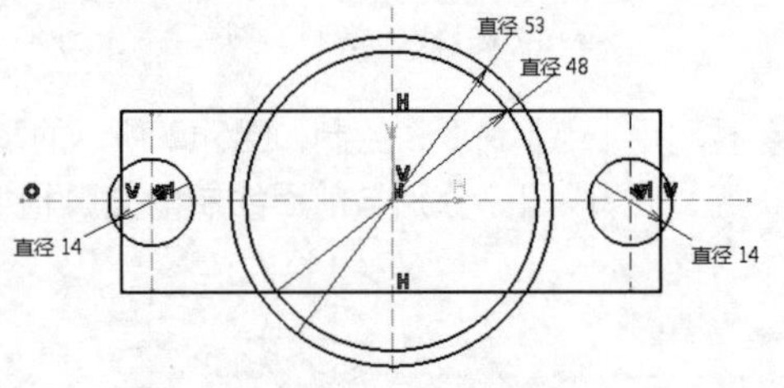

图5-129 绘制4个圆

06 利用【直线】命令，绘制4条与2个小圆（直径14）分别相切的水平直线。如图5-130所示。

07 利用【操作】工具条中的【圆角】命令，在矩形上创建4个半径为“3”的圆角。然后再利用【快速修剪】命令将图像进行修剪，结果如图5-131所示。

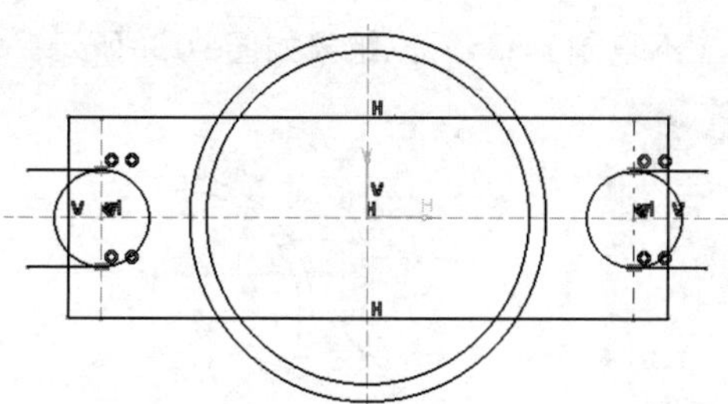

图5-130　绘制4条水平切线

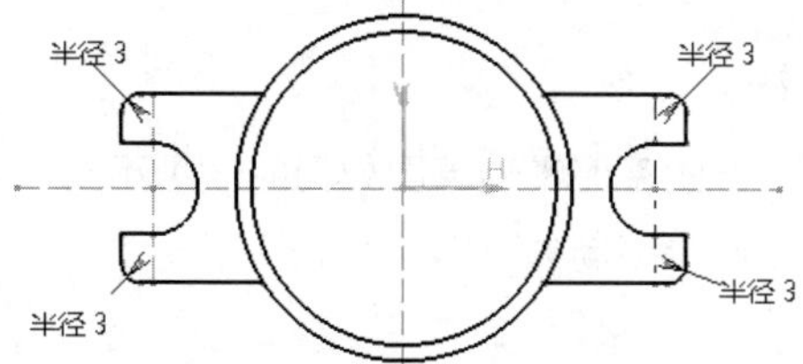

图5-131　创建圆角并修剪图形

08 下面绘制3个具有阵列特性的组合图形。利用【圆】命令，绘制如图5-132所示的辅助圆，然后在竖直中心线与辅助圆的交点位置再绘制半径为“2”的小圆。

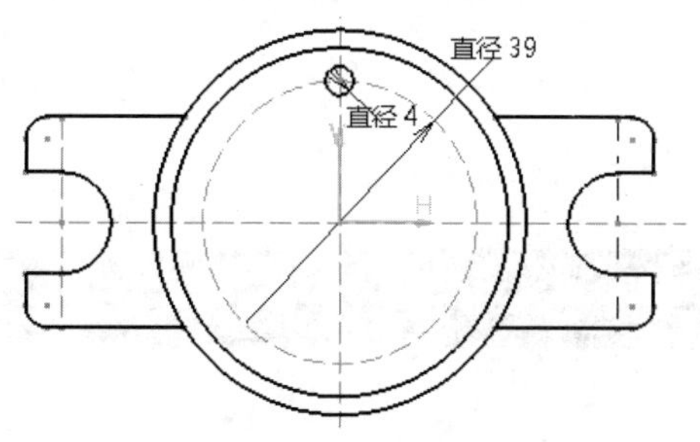

图5-132　绘制辅助圆

提示

绘制3个组合图形的思路是：首先在水平或竖直方向的中心线上绘制其中一个组合图形。然后将其旋转至合理位置，最后再进行【旋转】复制操作，得到其余2个组合图形。

09 利用【轮廓】命令，绘制如图5-133所示的连续图线。再利用【镜像】命令，将绘制的连续图线镜像到竖直中心线的另一侧，如图5-134所示。

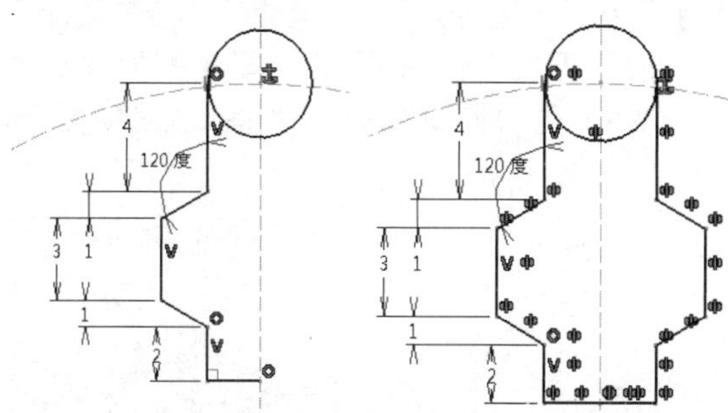

图5-133　绘制轮廓图线　　图5-134　镜像图线

提示

对于上图中斜线的标注尺寸为“1”来说，选取要约束的图元时需要注意选取方法。要想标注斜线在竖直方向的尺寸，必须选取斜线的两个端点，并且还要在右键菜单中确定是“水平测量方向”还是“竖直测量方向”，如图5-135所示。

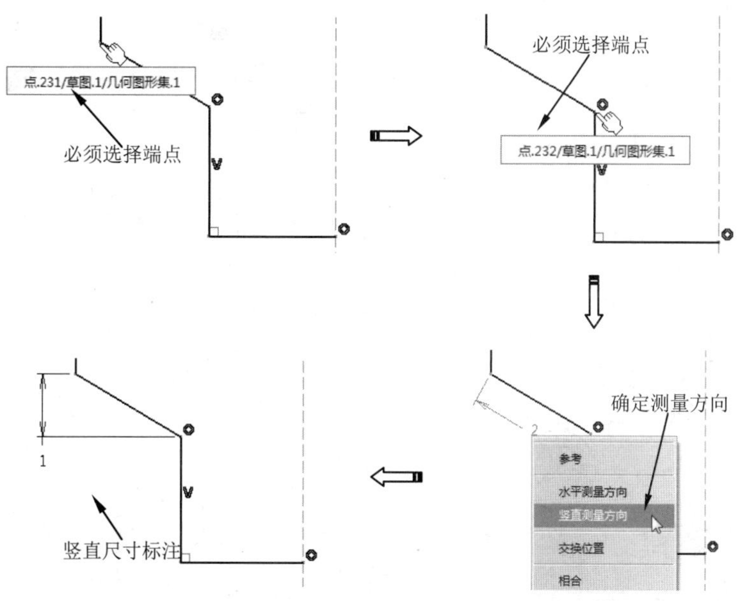

图5-135　斜线的竖直标注方法

10 利用【快速修剪】命令修剪图形。然后将图形旋转（不复制）335°，结果如图5-136所示。

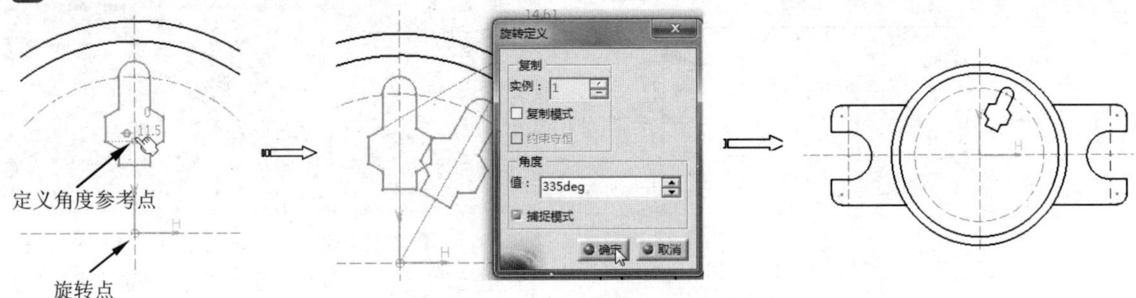

图5-136 旋转图形

11 再利用【旋转】命令，将上图中旋转后的图形，再次旋转120°并且复制图形（总数为3），以此可得到最终的零件草图，如图5-137所示。

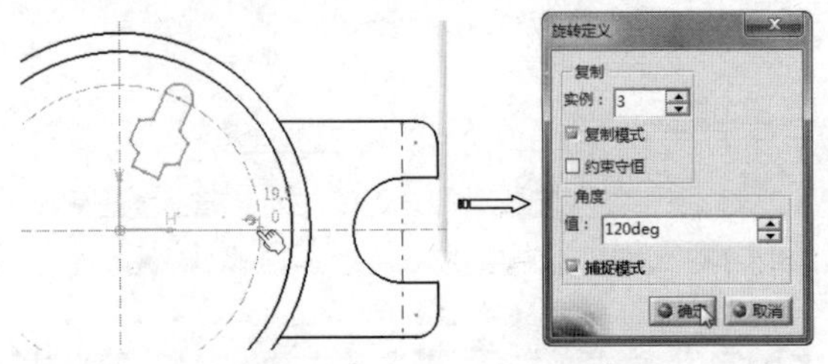

图5-137 旋转复制所选的图形

12 最终的底座零件草图如图5-138所示。

13 最后将绘制的草图保存。

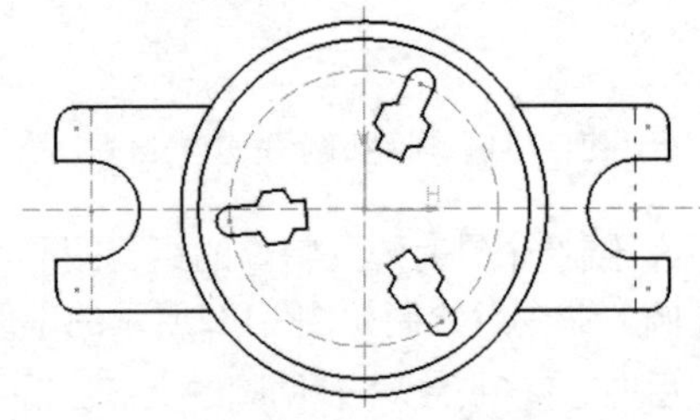

图5-138 绘制完成的零件草图

5.5 课后习题

1. 习题一

（1）利用草图工具绘制如图5-139所示的草图。

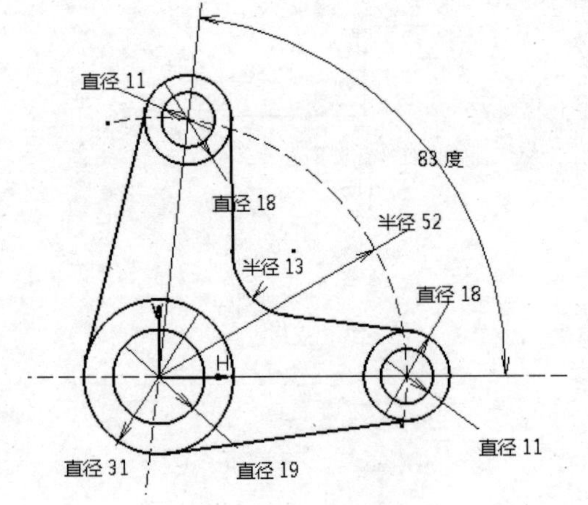

图5-139 草图1

2. 习题二

（2）利用草图工具绘制如图5-140所示的草图。

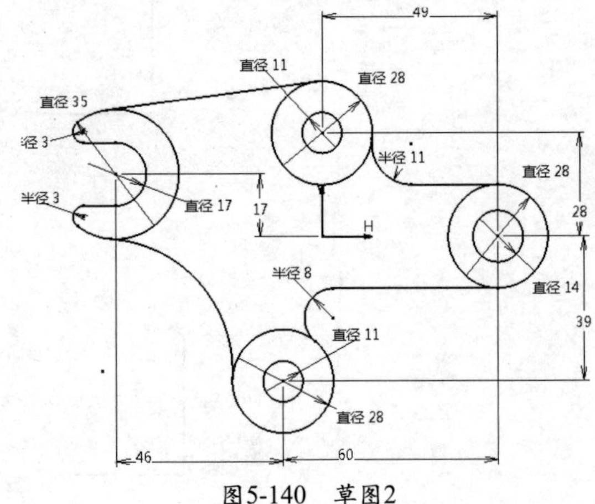

图5-140 草图2

第6章 实体特征设计指令

零件设计模块是CATIA进行机械零件的三维精确设计的功能模块，以界面直观易懂、操作丰富灵活著称。通过特征参数化造型极大地提高零件设计效率。本章讲解实体特征设计技术，包括凸台、凹槽、旋转、多截面实体以及基于曲面特征等。

- ◎ 凸台特征
- ◎ 凹槽特征
- ◎ 旋转体
- ◎ 旋转槽
- ◎ 孔特征
- ◎ 肋特征
- ◎ 开槽特征
- ◎ 多截面实体
- ◎ 加强筋
- ◎ 基于曲面的特征

6.1 实体特征设计概述

实体零件造型的基本组成单元是特征，特征包含作为三维模型基础的点、线、面或者实体单元，而且也具有工程制造意义。CATIA V5R21利用零件设计工作台来进行机械零件的三维精确设计，CATIA零件设计工作台界面以直观易懂、操作丰富灵活而著称，它采用特征设计方法，提供了丰富的布尔运算操作，可快速生成各种复杂几何形状的零件三维模型。

6.1.1 进入零件设计工作台

要创建零件首先要进行零件设计，CATIA V5R21实体设计是在【零件设计工作台】下进行的，常用以下3种形式进入零件设计工作台。

1. 系统没有开启任何文件

当系统没有开启任何文件时，执行【开始】|【机械设计】|【零件设计】命令，弹出【新建零件】对话框，在【输入零件名称】文本框中输入文件名称，然后单击【确定】按钮进入零件设计工作台，如图6-1所示。

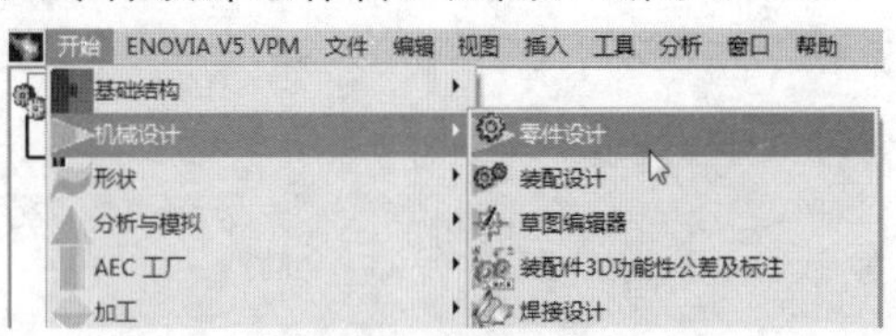

图6-1 【开始】菜单命令

2. 开启文件已在零件设计工作台

开启的文件已在零件设计工作台时，再执行【开始】|【机械设计】|【零件设计】命令，弹出【新建零件】对话框，系统以创建的方式绘制一个新零件，如图6-2所示。

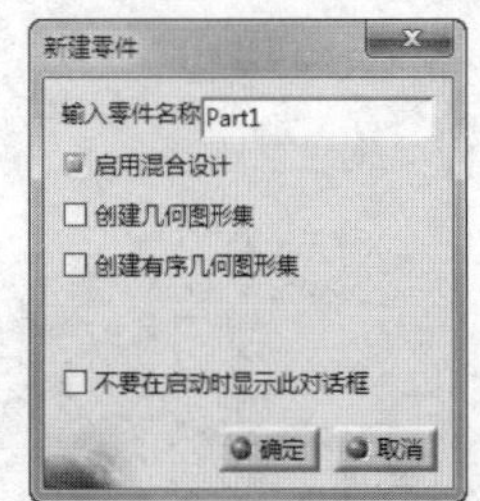

图6-2 【新建零件】对话框

★ 启动混合设计：在混合设计环境中，用户可以在同一主题创建线框架和平面，即实现零件工作台和线框和曲面设计工作台的相互切换。

★ 创建几何图形集：选中该复选框，用户创建了新的零件后，能够立即创建几何图形集合。

★ 创建有序几何图形集：选中该复选框，用于在创建了新的零件后立即创建有序的几何图形集合。

★ 不要在启动时显示此对话框：选中该复选框，当用户再次进入零件设计工作台时，不再显示【新建零件】对话框。

3. 开启文件在其他工作台

开启文件在其他工作台时，再执行【开始】|【机械设计】|【零件设计】命令，系统将零件切换到零件设计工作台。

6.1.2 零件设计工作台界面

零件设计工作台界面主要包括菜单栏、特征树、图形区、罗盘、工具栏、信息栏，如图6-3所示。

★ 菜单栏：菜单栏位于窗口顶部，包括开始、ENOVIA V5 VPM、文件、编辑、视图、插入、工具、窗口、帮助等，它包括零件设计工作台所需的所有命令。

★ 工具栏：位于窗口四周，是命令的快捷方式，包括标准、图形属性、工作台、测量、视图等通用工具栏和基于草图特征、变换特征、参考图元、草图编辑器、基于曲面特征、约束等零件设计工具栏。

★ 图形区：图形区也称为绘图区，是图形文件所在的区域，是供用户进行绘图的平台，它占工作界面的绝大部分，图形区左上角为特征树，右上角为罗盘。

★ 特征树：特征树上列出了所有创建的特征，并且自动以子树关系表示特征之间的父子关系。

★ 罗盘：罗盘也称为指南针，代表模型的三维空间坐标系，罗盘会随着模型的旋转而旋转，有助于建立空间位置概念。熟练应用罗盘，可方便确定模型的空间位置。

★ 状态栏：CATIA V5R21的命令指示栏位于用户界面下方，当光标指向某个命令时，该区域中即会显示描述文字，说明命令或按钮代表的含义。右下方为命令行，可以输入命令来执行相应的操作。

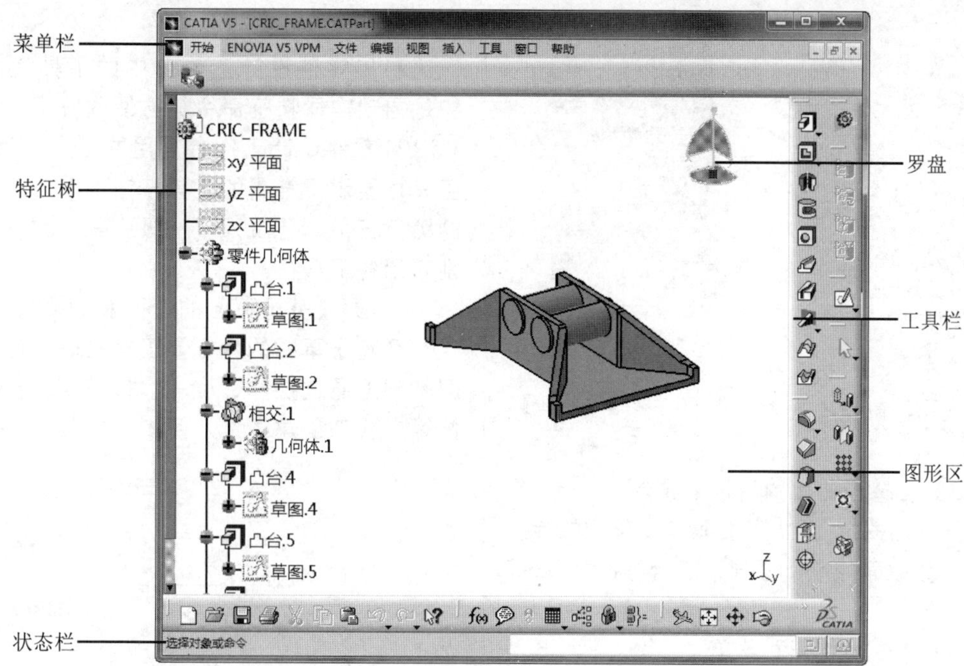

图6-3 零件设计工作台界面

1. 零件设计中的菜单

进入零件设计工作台后，整个设计平台的菜单与其他模式下的菜单有了较大区别，其中【插入】下拉菜单是零件设计工作台的主要菜单，如图6-4所示。该菜单集中了所有零件设计命令，当在工具栏中没有相关命令时，可选择该菜单中的命令。

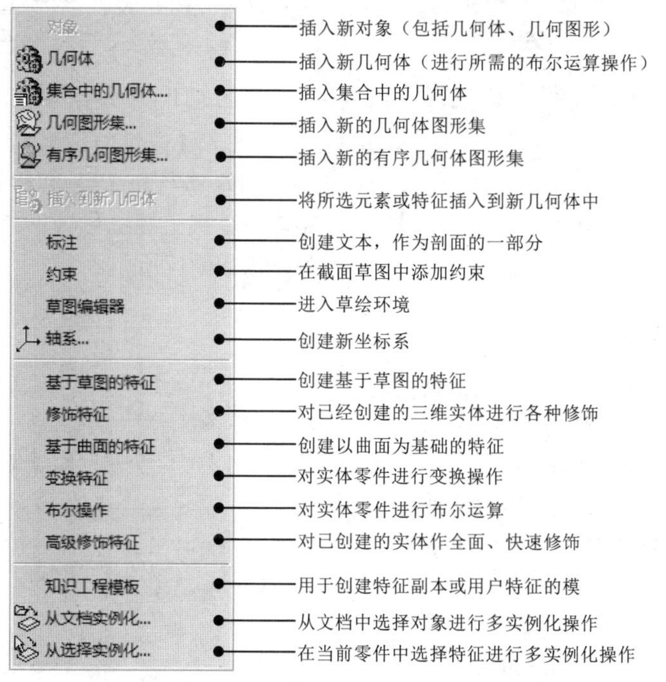

图6-4 【插入】下拉菜单

（1）【基于草图的特征】菜单

基于草图的特征须有草图才能执行相关命令，主要应用于零件粗轮廓的绘制，如图6-5所示。

（2）【修饰特征】菜单

修饰特征用于零件完成粗轮廓后添加修饰，包括拔模、倒圆角、倒角、抽壳等，如图6-6所示。

图6-5 【基于草图的特征】菜单

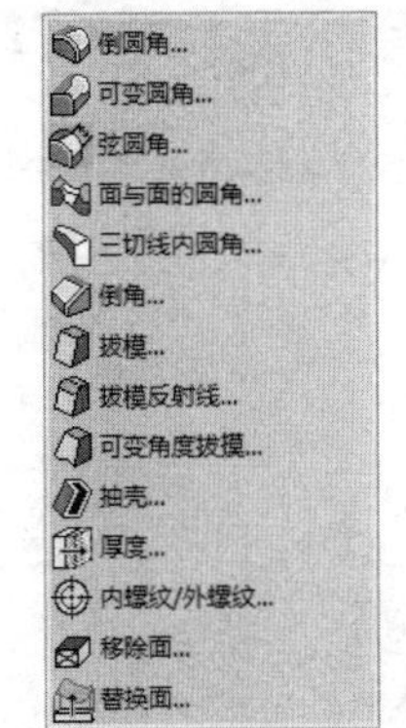

图6-6 【修饰特征】菜单

（3）【基于曲面的特征】菜单

基于曲面的特征常用于曲面与实体间的转换操作，包括曲面加厚、分割、缝合等，如图6-7所示。

（4）【变换特征】菜单

变换特征是对已生成的零件特征进行位置的变换、复制变换（包括镜像和阵列）以及缩放变换等，如图6-8所示。

图6-7 【基于曲面的特征】菜单

图6-8 【变换特征】菜单

（5）【布尔操作】菜单

布尔操作主要应用于相交的特征间的计算，包括在特征上添加特征、在特征上修剪特征、取两相交的特征等，如图6-9所示。

（6）【高级修饰特征】菜单

高级修饰特征用于零件上添加特殊的修饰，如双侧拔模、自动圆角，如图6-10所示。

图6-9 【布尔操作】菜单

图6-10 【高级修饰特征】菜单

2. 零件设计中的工具栏

利用零件设计工作台中的工具栏命令按钮是启动实体特征命令最方便的方法。CATIA V5R21零件设计工作台常用的工具栏有6个。工具栏显示了常用的工具按钮，单击工具右侧的黑色三角，可展开下一级工具栏。下面将分别介绍各工具栏。

（1）【基于草图的特征】工具栏

【基于草图的特征】工具栏命令是指在草图基础上通过拉伸、旋转、扫掠以及多截面实体等方式来创建三维几何体，如图6-11所示。

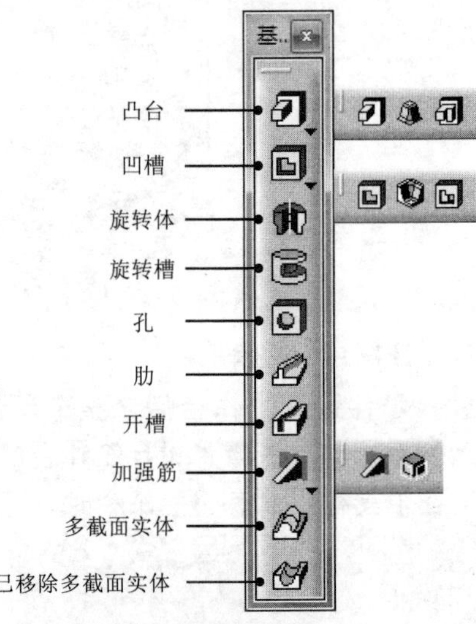

图6-11 【基于草图的特征】工具栏

（2）【修饰特征】工具栏

【修饰特征】工具栏命令是在已有基本实体的基础上建立修饰，如倒角、拔模、螺纹等，如图6-12所示。

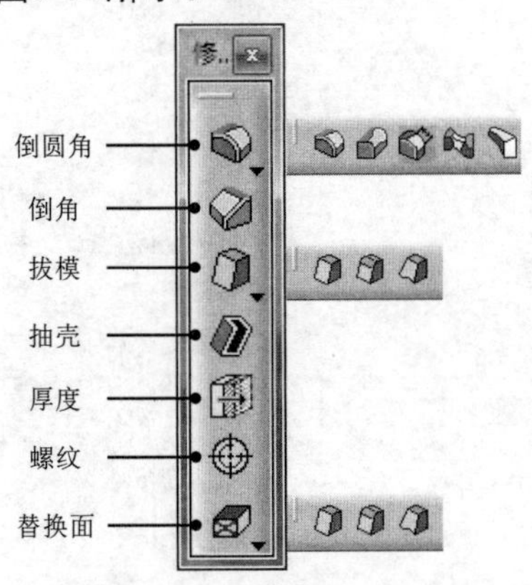

图6-12 【修饰特征】工具栏

（3）【基于曲面的特征】工具栏

【基于曲面的特征】工具栏是利用曲面来创建实体特征，如图6-13所示。

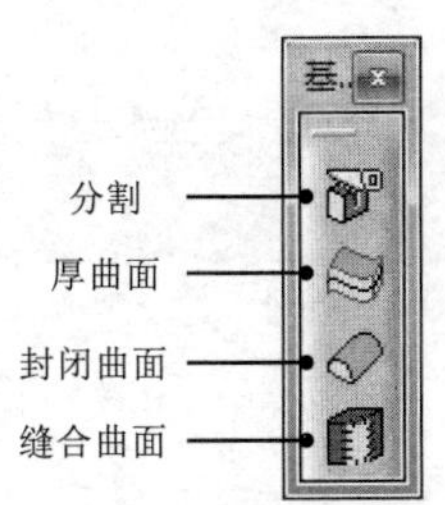

图6-13 【基于曲面的特征】工具栏

（4）【变换特征】工具栏

变换特征是指对已生成的零件特征进行位置的变换、复制变换（包括镜像和阵列）以及缩放变换等，如图6-14所示。

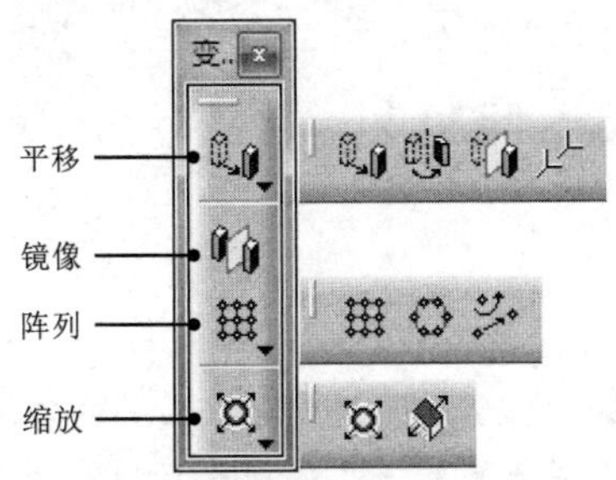

图6-14 【变换特征】工具栏

（5）【布尔操作】工具栏

布尔操作是将一个文件中的两个零件体组合到一起，实现添加、移除、相交等运算，如图6-15所示。

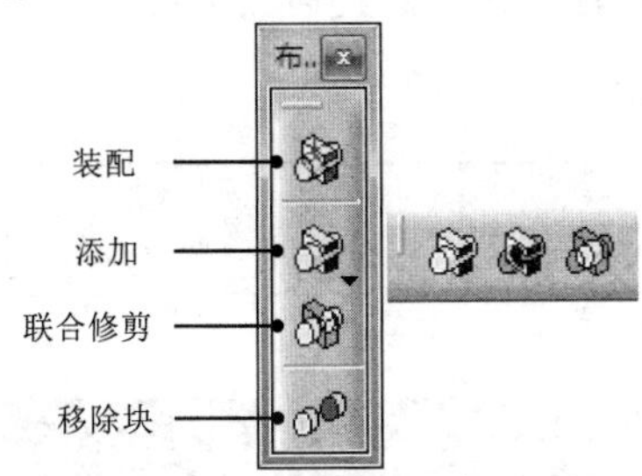

图6-15 【布尔操作】工具栏

（6）【参考元素】工具栏

参考元素用于创建点、直线、平面等基本几何元素，作为其他几何体建构时的参考，如图6-16所示。有关参考元素绘制命令请读者参考“第7章 曲线与曲面设计”相关内容。

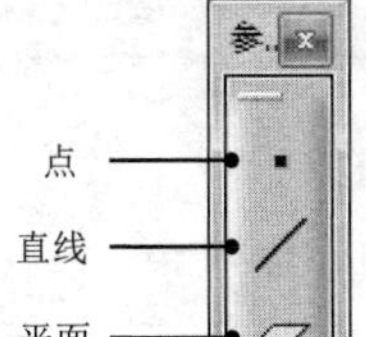

图6-16 【参考元素】工具栏

6.1.3 特征树

在【零件设计工作台】左侧树状图标是CATIA模型的特征树，它以树的形式显示当前活动模型中所有特征和实体，最顶端是当前工作空间的零件名称，下面是工作空间的三个坐标平面，零件几何体构成特征树的二级节点，构成零部件几何体的特征为特征树的三级节点，其下为构成它的草图、点、线、面等几何特征，如图6-17所示。

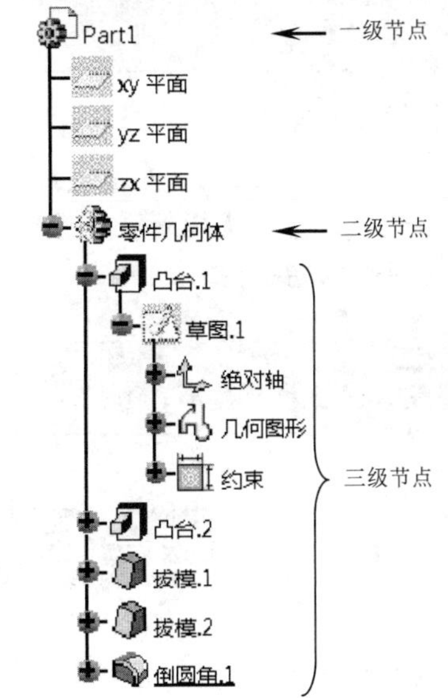

图6-17 特征树

1. 特征树平移

单击图形区右下角的坐标系，模型颜色将变灰暗，此时按住鼠标中键不放，移动鼠标或滚动鼠标滚轮，特征树将随着鼠标移动而平移，如图6-18所示。

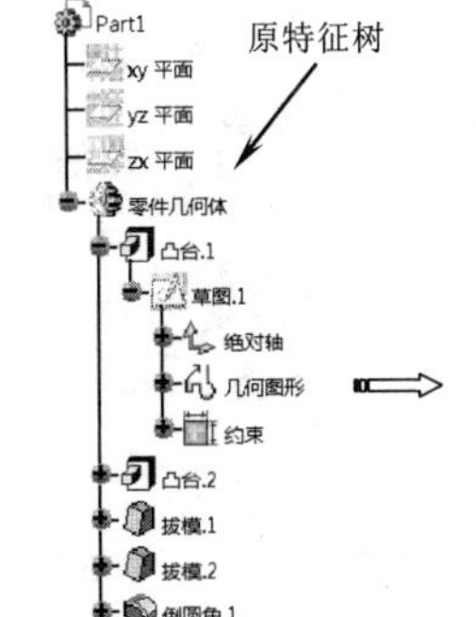
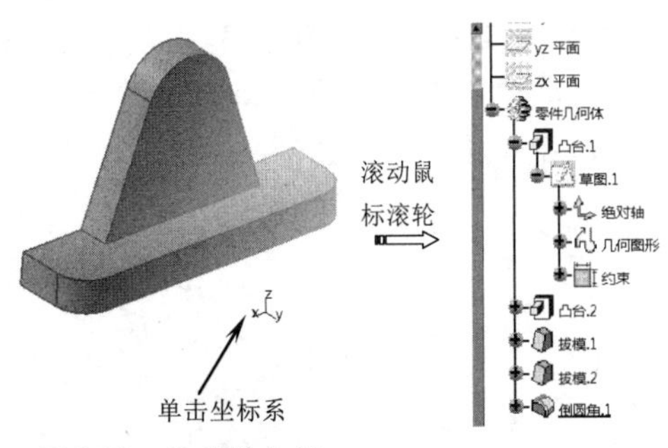

图6-18 平移特征树

提示

如果要激活模型，请再次单击图形区右下角的坐标系即可。

2. 特征树缩放

单击图形区右下角的坐标系，模型颜色将变灰暗，此时按住鼠标中键，同时按住鼠标右键，移动鼠标，特征树将随着鼠标移动而进行缩放，如图6-19所示。

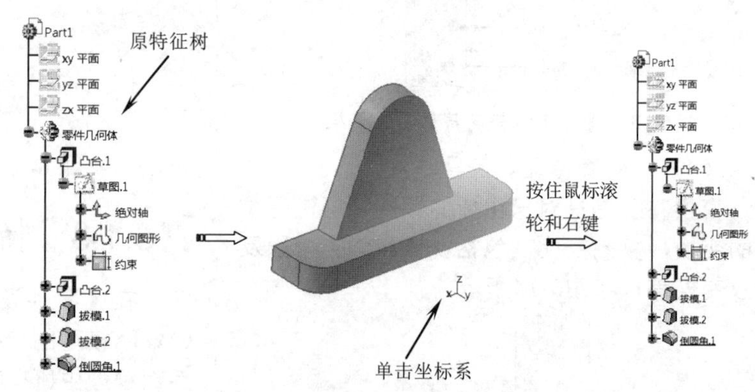

图6-19　特征树缩放

技术要点

用鼠标对特征树缩放时，可将特征树缩放为很小，此时要想使特征树重新显示的方法是：单击图形区右下角的坐标系，然后在图形区右击，在弹出的快捷菜单中选择【重新构造图形】命令，特征树将重新显示。

3. 特征树显示与隐藏

选择下拉菜单【工具】|【选项】命令，系统弹出【选项】对话框，选中左侧的【常规】下的【显示】选项，选中【树外观】选项卡中的【树显示/不显示模式】复选框可显示特征树，取消该复选框可隐藏特征树。

技术要点

快速实现特征树的显示与隐藏，直接按键盘上的F3键即可。

6.2 凸台特征

凸台是通过对在草图编辑器绘制的轮廓线以多种方式拉伸成为的三维实体。凸台特征虽然简单,但它是常用的、最基本的创建规则实体的造型方法，在工程中的许多实体模型都可看作是多个凸台特征互相叠加的结果。

CATIA V5R21提供了多种凸台实体创建方法，单击【基于草图的特征】工具栏上的【凸台】按钮右下角的小三角形，就会弹出有关凸台的命令按钮，如图6-20所示。

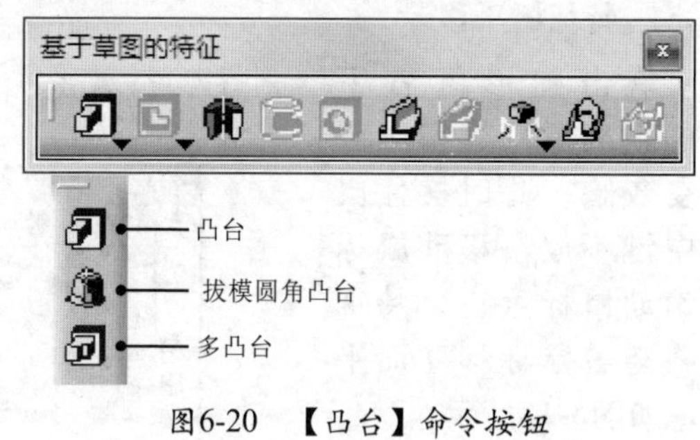

图6-20　【凸台】命令按钮

6.2.1 凸台特征

凸台特征用于根据选定的草图轮廓线或曲面沿某一方向或两个方向拉伸一定的长度创建实体特征。用于凸台的草图轮廓线或曲面是凸台的基本元素，拉伸长度和方向是凸台的两个基本参数，如图6-21所示。

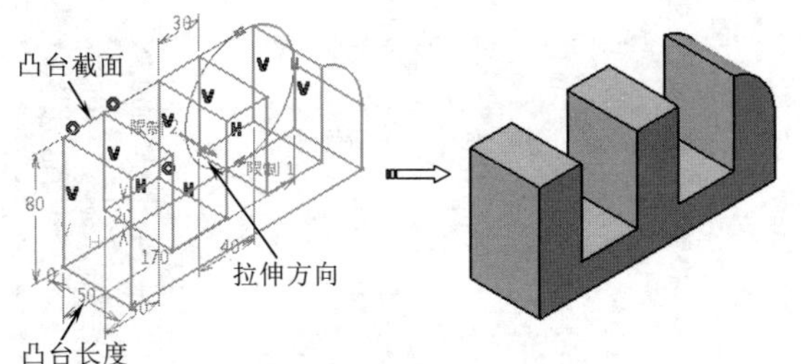

图6-21 凸台特征

1.【定义凸台】对话框

单击【基于草图的特征】工具栏上的【凸台】按钮，弹出【定义凸台】对话框，单击【更多】按钮可展开【定义凸台】对话框，如图6-22所示。

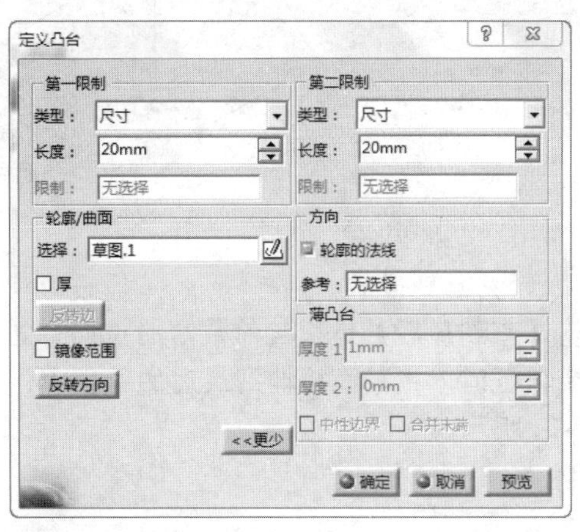

图6-22 【定义凸台】对话框

2. 凸台深度类型

在【定义凸台】对话框【第一限制】和【第二限制】组框中可定义凸台的拉伸深度类型，【类型】下拉列表提供了5种凸台拉伸方式，如图6-23所示。

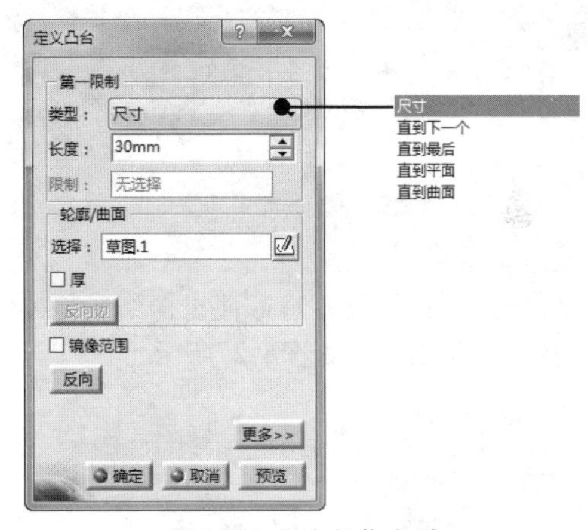

图6-23 凸台拉伸类型

（1）尺寸

【尺寸】是系统默认拉伸选项，是指将从草图轮廓面开始，以指定的距离（输入的长度值）向特征创建的方向一侧进行拉伸。如图6-24所示为a、b、c三种不同方法从草绘平面以指定的深度值拉伸的效果图。

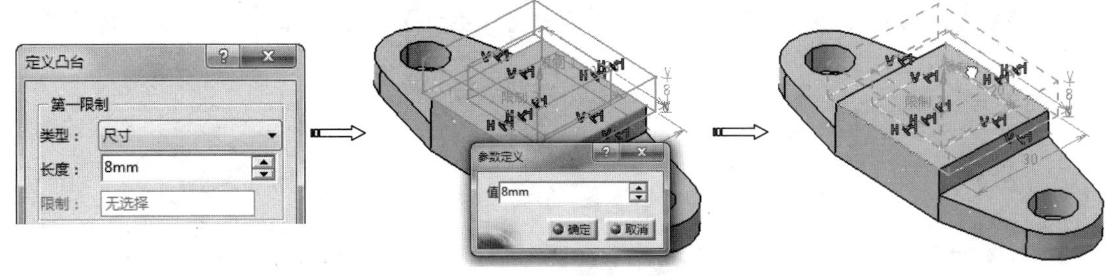

a 在对话框【长度】框中修改值　　b 双击尺寸直接修改值　　c 拖动限制1或限制2修改值

图6-24 3种数值输入方法设定拉伸深度

技术要点

当选择【尺寸】拉伸类型，如果在【长度】框中输入正值，拉伸将沿着当前拉伸箭头指示方向，如果输入长度为负值，拉伸方向为当前拉伸方向的反方向。

（2）直到下一个

【直到下一个】是指直接将截面拉伸至当前拉伸方向上的下一个特征，如图6-25所示。

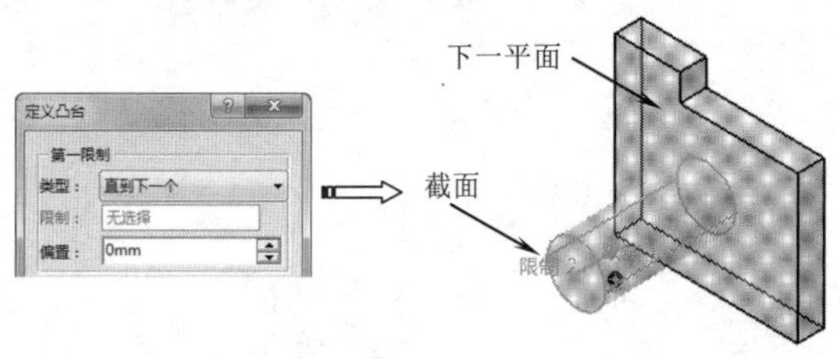

图6-25　直到下一个

（3）直到最后

【直到最后】是指当前截面的拉伸方向有多个特征时，将截面拉伸到最后的特征上，如图6-26所示。

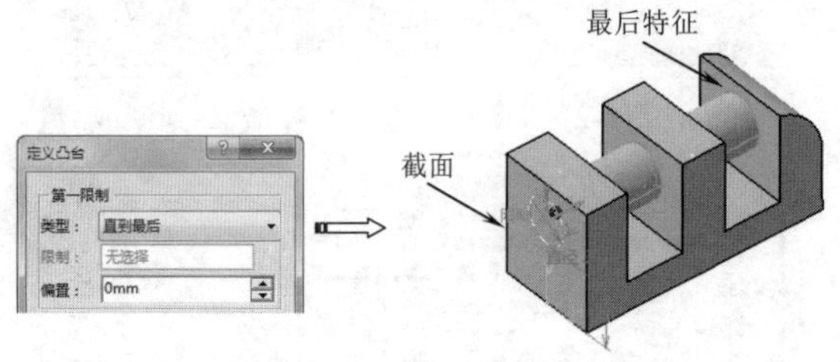

图6-26　直到最后

（4）直到平面

【直到平面】是指将截面拉伸到当前拉伸方向的指定平面上，如图6-27所示。

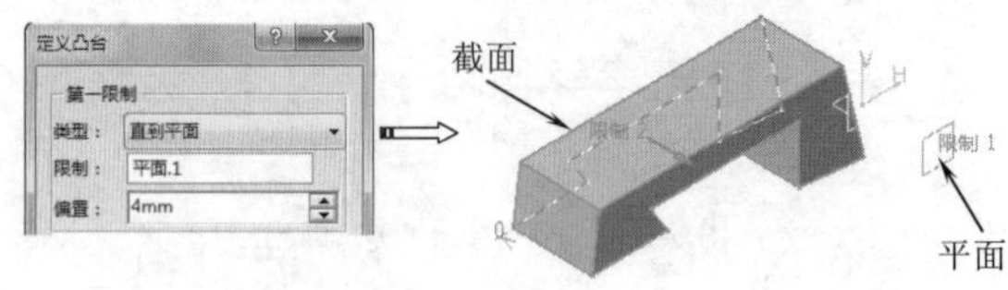

图6-27　直到平面

（5）直到曲面

【直到曲面】是将截面拉伸到当前拉伸方向的指定曲面上，如图6-28所示。

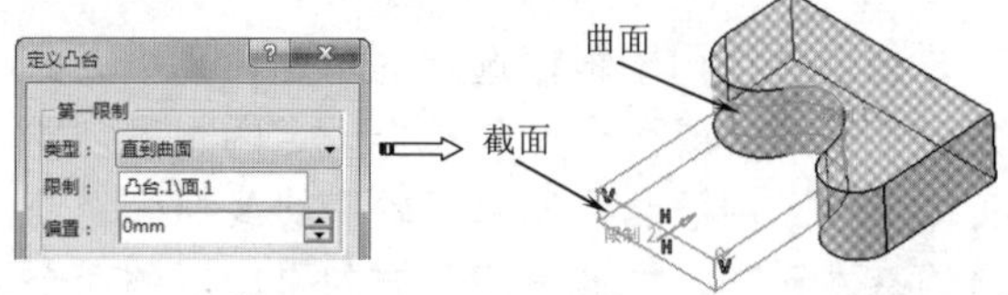

图6-28　直到曲面

提示

【偏置】选项是指当选择“直到曲面”、“直到平面”、“直到下一个”拉伸方式时，设置正偏移表示在当前拉伸方向上向前偏移拉伸实体，设置负偏移表示在当前拉伸方向上向后偏移拉伸实体。

3. 凸台轮廓/曲面

用于定义凸台基本元素的草图或曲面。定义凸台特征截面的方法有两种：第一是选择已有草图作为特征的截面草图（如果截面草图已经绘制，可直接选择凸台轮廓截面），第二是创建新的草图作为特征截面草图。

当截面没有绘制时，选择【选择】对话框，单击鼠标右键，弹出快捷菜单，如图6-29所示。

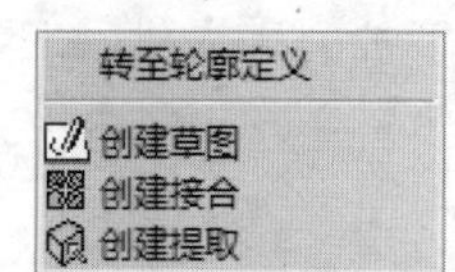

图6-29　【选择】快捷菜单

（1）转至轮廓定义

选择该命令，弹出【定义轮廓】对话框，选中【子图元】单选按钮，可选择草图轮廓的一部分作为凸台截面，如图6-30所示。

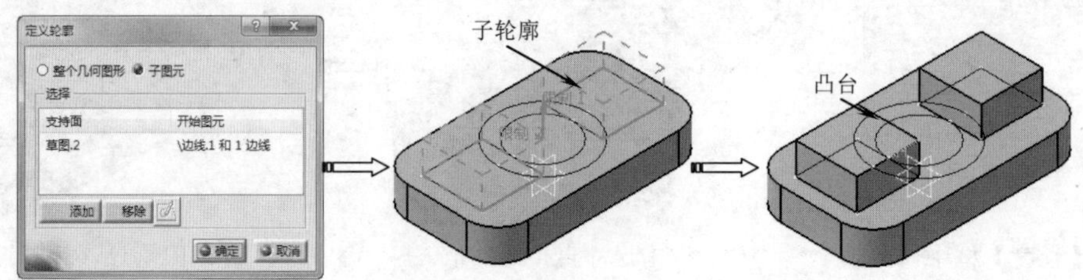

图6-30　转至轮廓定义操作

【定义轮廓】对话框中各选项命令如下。

★　整个几何图形：选择整个草图所有对象作为凸台截面轮廓。

★　子图元：选中该选项，可手工选择草图一部分封闭轮廓作为凸台截面轮廓。

（2）创建草图

选择该命令，弹出【运行命令】对话框，在系统提示“选择草图平面”下，选择草绘平面，进入草图编辑器绘制凸台截面，如图6-31所示。

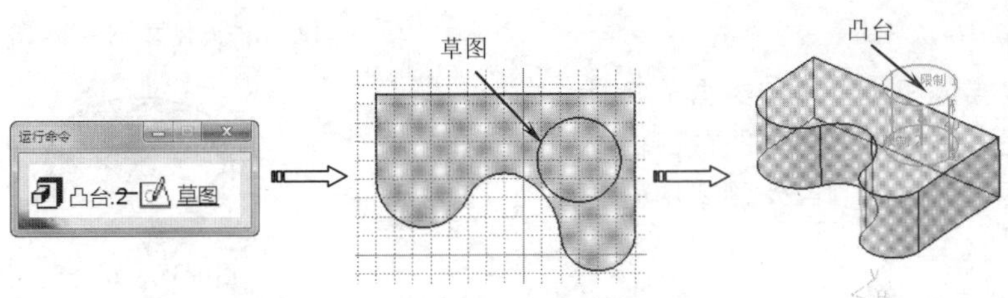

图6-31 创建草图的凸台

提示

在绘制草图时，可同时按住鼠标中键和右键旋转草图，旋转后选择下拉菜单【视图】|【修改】|【法线视图】命令，或单击【视图】工具栏上的【法线视图】按钮，恢复视图与屏幕平行。

（3）创建接合

选择该命令，弹出【接合定义】对话框，选择曲线或曲面作为凸台截面轮廓，如图6-32所示。

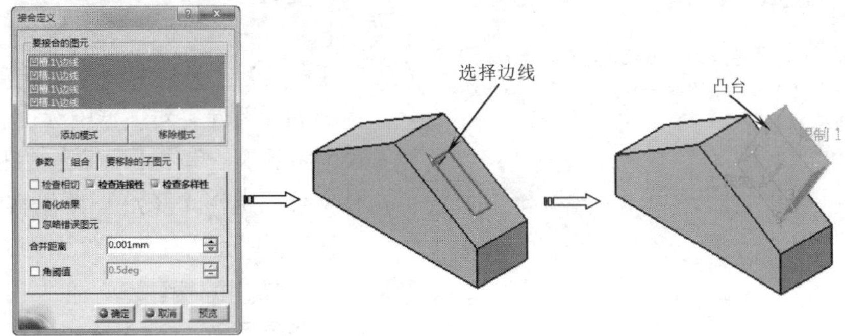

图6-32 创建接合

（4）创建提取

选择该命令，弹出【提取定义】对话框，选择非连接子元素生成凸台截面轮廓，如图6-33所示。

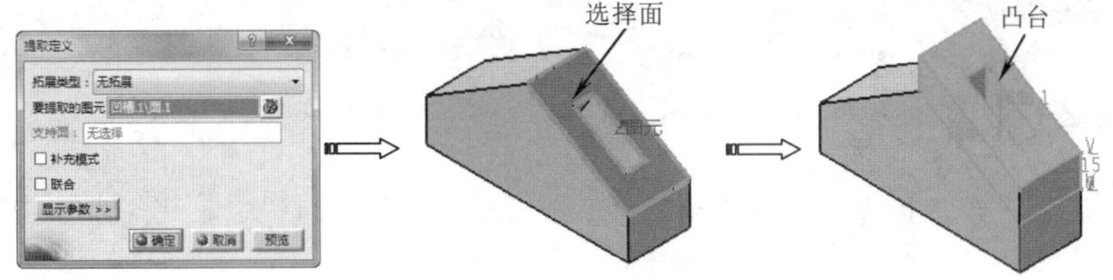

图6-33 创建提取

凸台截面的绘制

凸台特征的截面要求是闭合的，截面的任何部位不能有缺口，也不可以有多余的图元。截面只有单一的图元链时，可以是不闭合的，但开放端必须对齐在实体边界上。

若所选截面包含一个或多个封闭环，生成特征后，外环以实体填充，内环则为孔，环与环之间不能相交或相切，也不能有直线连接，如图6-34所示。

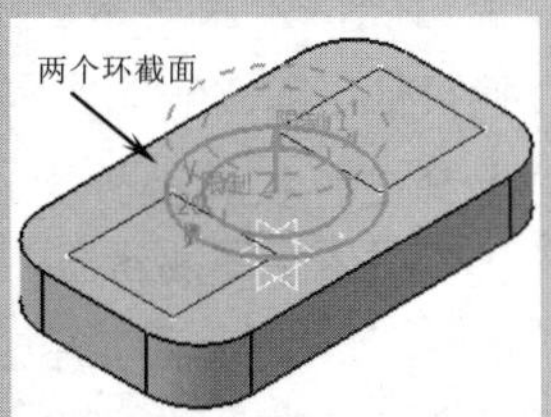

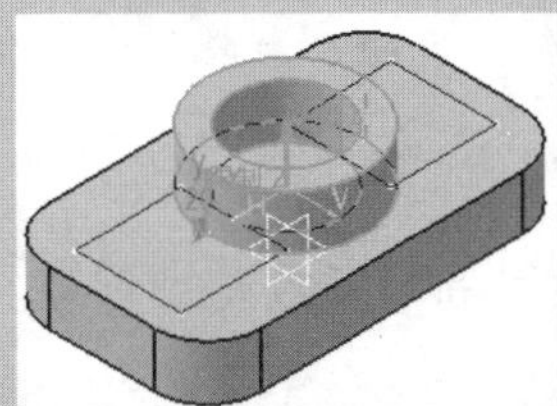

图6-34 多环截面

4. 薄壁实体

凸台可创建实体和薄壁两种类型的特征，实体为默认特征。薄壁特征的草图截面由材料填充成均厚的环，环的内侧或外侧或中心轮廓边是截面草图。

★ 厚：用于设置是否拉伸成薄壁件。选择该复选框后，可在【薄凸台】选项中设置薄凸台厚度。【厚度1】和【厚度2】文本框用于设置截面两侧方向薄壁厚度值，如图6-35所示。

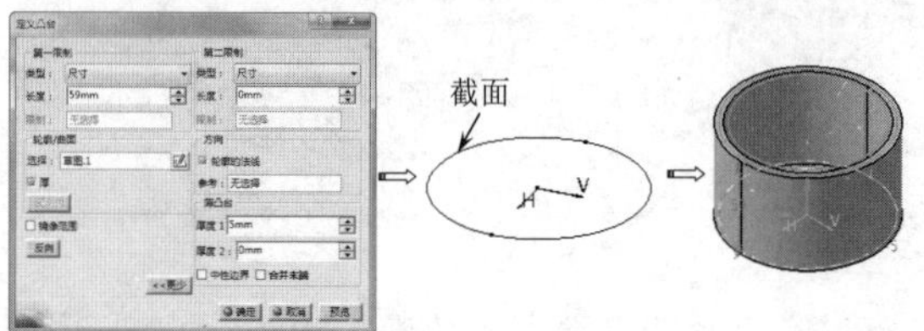

图6-35　厚度参数

★ 中性边界：薄壁厚度在截面轮廓中心两侧。此时在【厚度1】文本框中输入拉伸薄壁的总厚度，如图6-36所示。

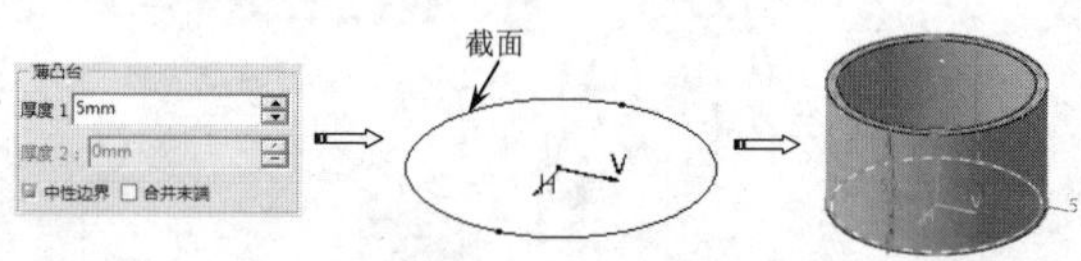

图6-36　中性边界

5. 凸台方向

CATIA V5R21中凸台特征可以通过定义方向以实线法向或斜向拉伸。如果不选择拉伸参考方向，则系统默认法向拉伸。

★ 轮廓的法线：系统默认选项。选中【轮廓的法线】复选框，拉伸方向为草图平面的法向。

★ 参考：用于设置凸台拉伸方向。当取消【轮廓的法线】复选框，单击【参考】文本框，可选择直线、轴线、坐标轴等作为拉伸方向，如图6-37所示。

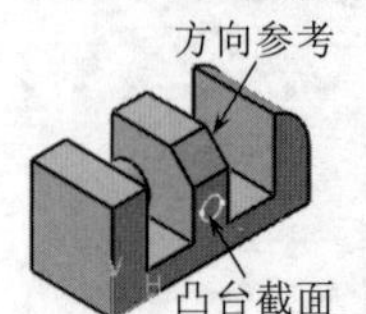

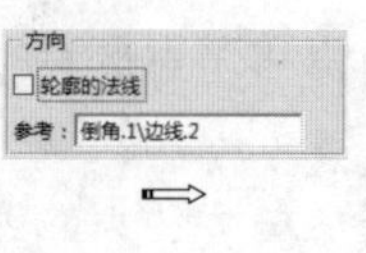

图6-37　方向

★ 反向：单击该按钮，反转凸台特征的拉伸方向。

6. 开放轮廓凸台

凸台特征创建中可利用开放轮廓创建实体，包括以下选项：

★ 反转边：适用于开放轮廓。单击该按钮，可反转拉伸轮廓实体方向，如图6-38所示。

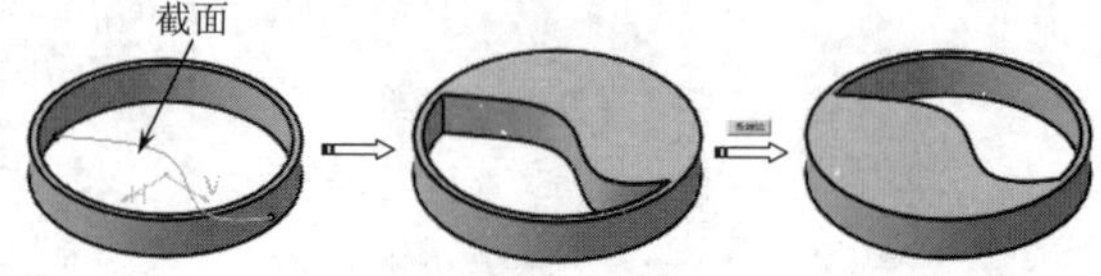

图6-38　反转边

★ 合并末端：选中该复选框，系统自动将草图轮廓延伸至现有实体，如图6-39所示。

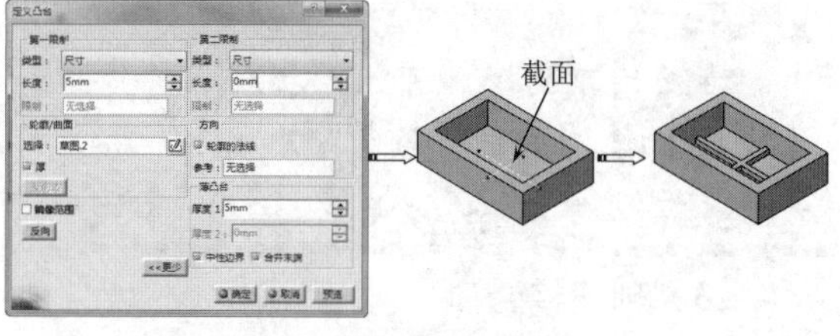

图6-39　合并末端

动手操作—凸台实例（支座设计）

01 在【标准】工具栏中单击【新建】按钮，在弹出的【新建】对话框中选择“part”，如图6-40所示。单击【确定】按钮新建一个零件文件，选择【开始】|【机械设计】|【零件设计】，进入【零件设计】工作台。

02 单击【草图】按钮，在工作窗口选择草图平面xy平面，进入草图编辑器。利用直线、圆弧等工具绘制如图6-41所示的草图。单击【工作台】工具栏上的【退出工作台】按钮，完成草图绘制。

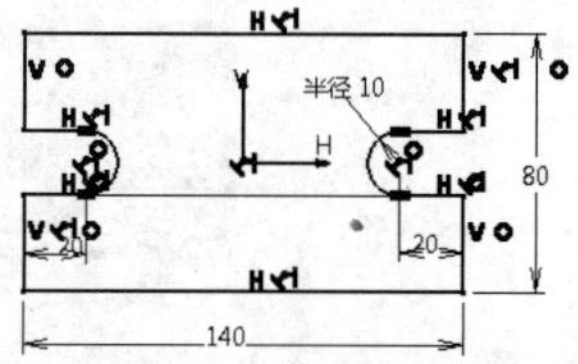

图6-40　【新建】对话框　图6-41　绘制草图截面

03 单击【基于草图的特征】工具栏上的【凸台】按钮，弹出【定义凸台】对话框，设置拉伸深度类型为【尺寸】，【长度】为20mm，选择上一步所绘制的草图，特征预览确认无误后单击【确定】按钮完成拉伸特征，如图6-42所示。

04 选择拉伸实体上端面，单击【草图】按钮，进入草图编辑器，利用圆等工具绘制如图6-43所示的草图。单击【工作台】工具栏上的【退出工作台】按钮，完成草图绘制。

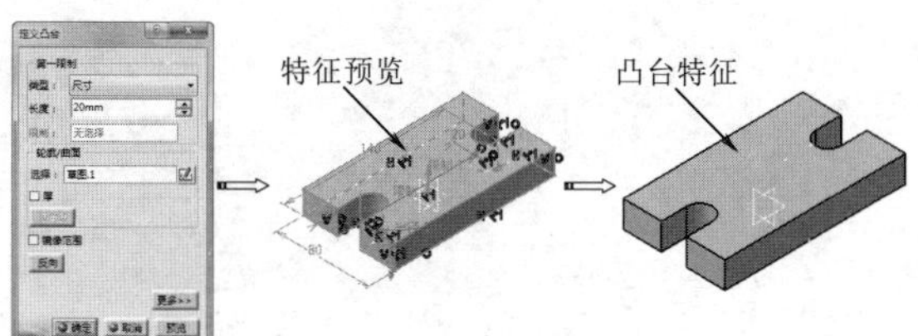

图6-42 创建凸台特征

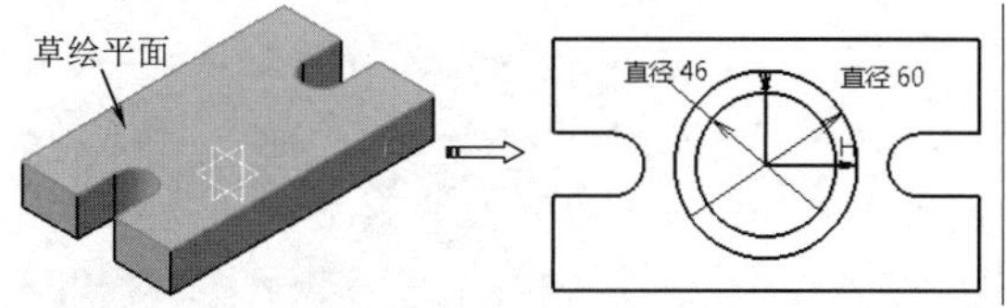

图6-43 绘制草图

05 单击【基于草图的特征】工具栏上的【凸台】按钮，弹出【定义凸台】对话框，设置拉伸深度类型为【尺寸】，【长度】为75mm，选择上一步所绘制的草图，特征预览确认无误后单击【确定】按钮完成拉伸特征，如图6-44所示。

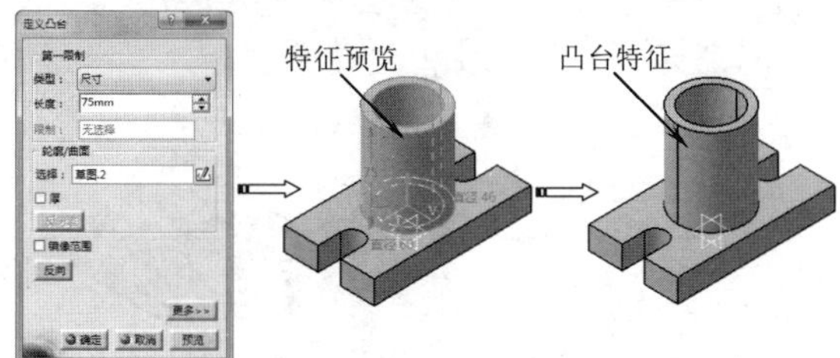

图6-44 创建凸台特征

06 选择拉伸实体上端面，单击【草图】按钮，进入草图编辑器。利用直线、圆、圆弧等工具绘制如图6-45所示的草图。单击【工作台】工具栏上的【退出工作台】按钮，完成草图。

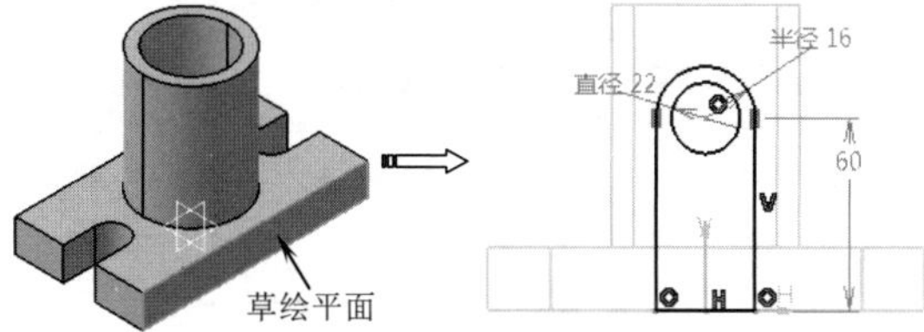

图6-45 绘制草图

07 单击【基于草图的特征】工具栏上的【凸台】按钮，弹出【定义凸台】对话框，设置拉伸深度类型为【直到最后】，选择上一步所绘制的草图，特征预览确认无误后单击【确定】按钮完成拉伸特征，整个支座零件的创建完成，如图6-46所示。

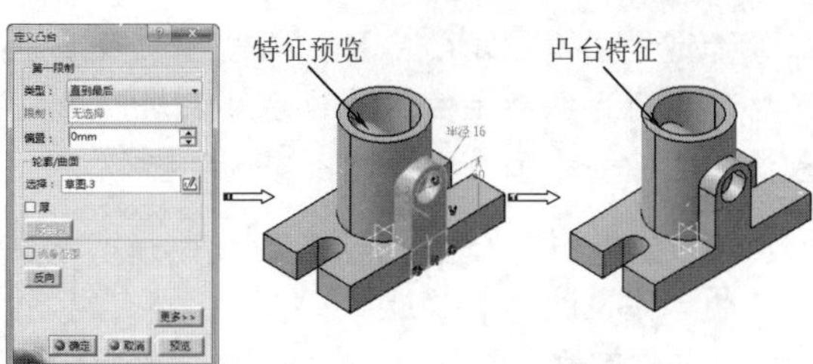

图6-46 创建凸台特征

提示

CATIA V5R21中的凸台特征只能增加实体，不能像SolidWorks、Pro/E、UG NX软件那样能够移除材料，如果要移除材料需要用到凹槽特征或者布尔运算。

6.2.2 拔模圆角凸台

【拔模圆角凸台】命令用于创建带有拔模角和圆角特征的凸台，如图6-47所示。

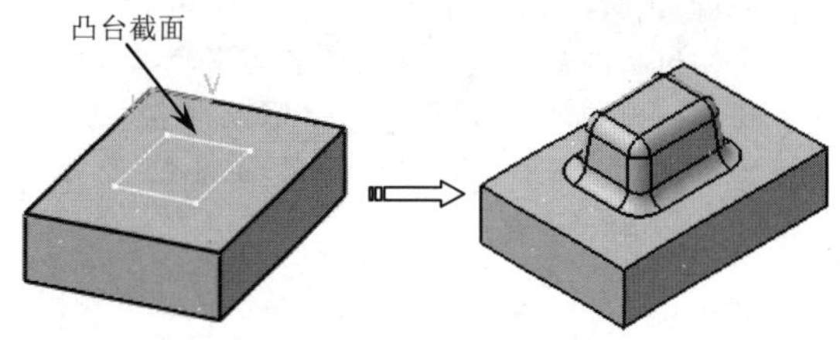

图6-47 拔模圆角凸台

技术要点

在创建拔模圆角凸台特征时，必须要完成凸台截面轮廓线绘制。

单击【基于草图的特征】工具栏上的【拔模圆角凸台】按钮，选择凸台截面后，弹出【定义拔模圆角凸台】对话框，如图6-48所示。

图6-48 【定义拔模圆角凸台】对话框

【定义拔模圆角凸台】对话框选项与【定义凸台】对话框中相关选项很多都类似，这里也就不再作赘述了，只介绍不同选项参数。

1. 第一限制

用于定义凸台的长度。

2. 第二限制

用于定义凸台零件的起始面，一般选择凸台截面草绘平面，但必须是一个平面。

3. 拔模

★ 角度：用于定义拔模角度，单位为度。

★ 中性元素：可选择【第一限制】或【第二限制】，选择其中之一作为拔模角度的中性面。拔模中性面是个参考面，被拔模面以拔模中性面与被拔模面的相交线为轴进行旋转从而实现拔模。

4. 圆角

用于定义凸台零件各边缘处的圆角半径，包括以下选项：

★ 【侧边半径】：定义侧面棱边的圆角半径。

★ 【第一限制半径】和【第二限制半径】：用于分别定义两个限制平面棱边处的圆角半径，如图6-49所示。

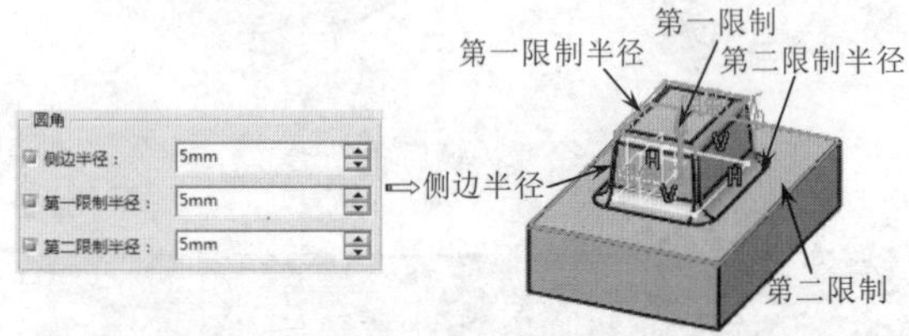

图6-49 圆角参数

动手操作—拔模圆角凸台实例

01 在【标准】工具栏中单击【打开】按钮，在弹出的【选择文件】对话框中选择“6-2.CATPart”文件。单击【打开】按钮打开一个零件文件。选择【开始】|【机械设计】|【零件设计】，进入【零件设计】工作台。

02 单击【基于草图的特征】工具栏上的【拔模圆角凸台】按钮，选择凸台截面后，弹出【定义拔模圆角凸台】对话框。

03 设置【第一限制】中的【长度】为20，选择如图6-50所示的表面为第二限制，设置好其他参数后，单击【确定】按钮，系统创建拔模圆角凸台实体。

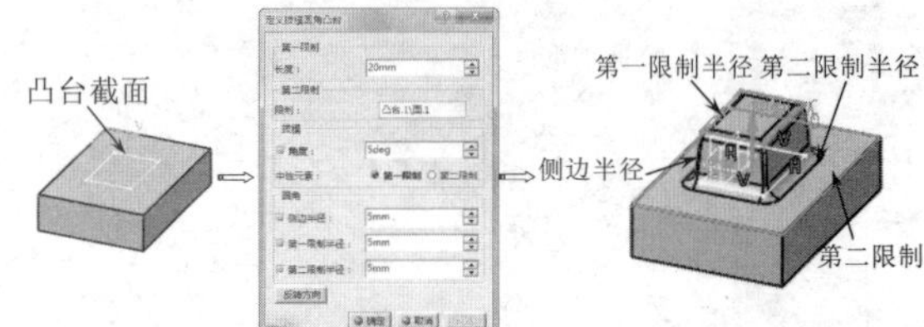

图6-50 拔模圆角凸台

> **提示**
>
> 创建的拔模圆角凸台是集凸台、拔模、倒圆角为一体的命令，创建后在特征树中出现1个凸台、1个拔模和3个圆角特征，因此用户也可以通过上述命令来创建拔模圆角凸台特征。

6.2.3 多凸台

【多凸台】命令是指对同一草绘截面轮廓中，定义不同封闭截面轮廓，以不同长度值进行拉伸，要求所有轮廓必须封闭且不相交，如图6-51所示。

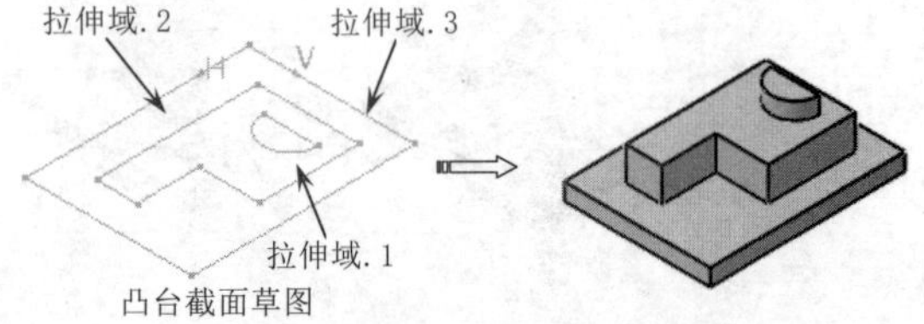

图6-51 多凸台

单击【基于草图的特征】工具栏上的【多凸台】按钮，选择好凸台截面后，弹出【定义多凸台】对话框，如图6-52所示。

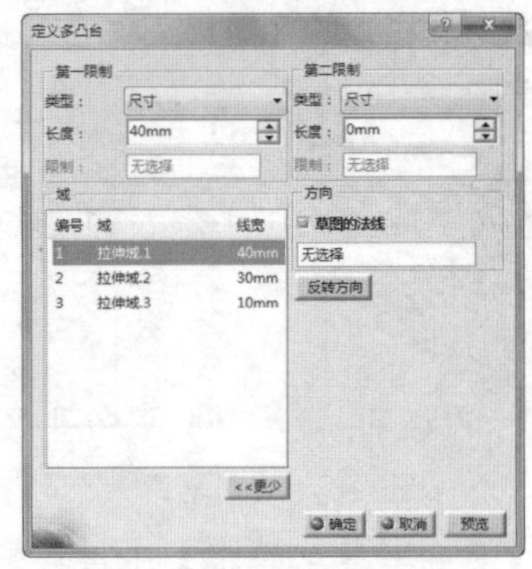

图6-52 【定义多凸台】对话框

【定义多凸台】对话框中的【域】将显示系统自动计算选择的草图轮廓中的封闭区域，在【域】列表框中分别选择各个域，然后在【第一限制】和【第二限制】框中输入拉伸长度。

提示

【域】列表框和【线宽】框中显示的是【第一限制】和【第二限制】选项组中所设置【长度】的数值之和。

动手操作—多凸台实例

01 在【标准】工具栏中单击【打开】按钮，在弹出【选择文件】对话框中选择“6-3.CATPart”文件。单击【打开】按钮打开一个零件文件。选择【开始】|【机械设计】|【零件设计】，进入【零件设计】工作台。

02 单击【基于草图的特征】工具栏上的【多凸台】按钮，选择如图6-53所示的凸台截面。

03 弹出【定义多凸台】对话框，系统自动计算选择的草图轮廓中的封闭域，并显示在【域】列表中，分别选择各个域，然后在【第一限制】和【第二限制】框中输入拉伸长度，单击【确定】按钮，系统创建多凸台实体。

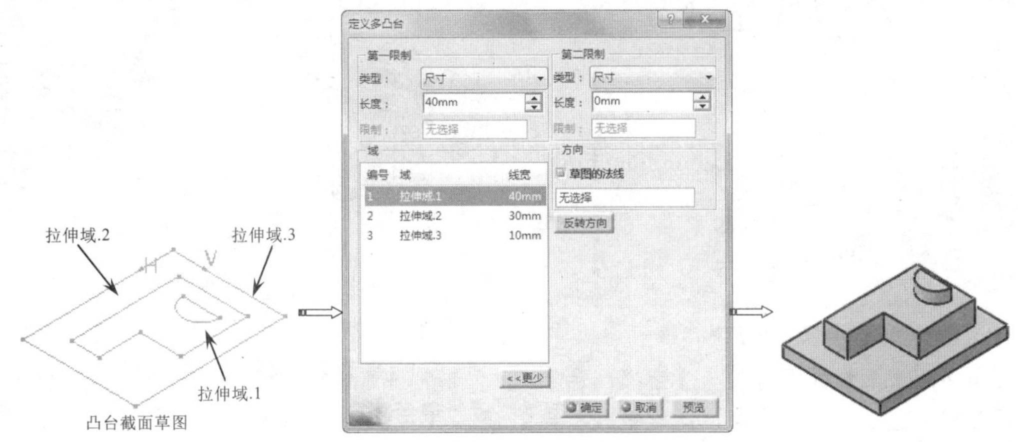

图6-53 多凸台

6.3 凹槽特征

凹槽特征是对草图编辑器中绘制的封闭轮廓线以多种方式拉伸以移除实体材料形成空腔。

CATIA V5R21提供了多种凹槽创建方法，单击【基于草图的特征】工具栏上的【凹槽】按钮右下角的小三角形，弹出有关凹槽命令按钮，如图6-54所示。

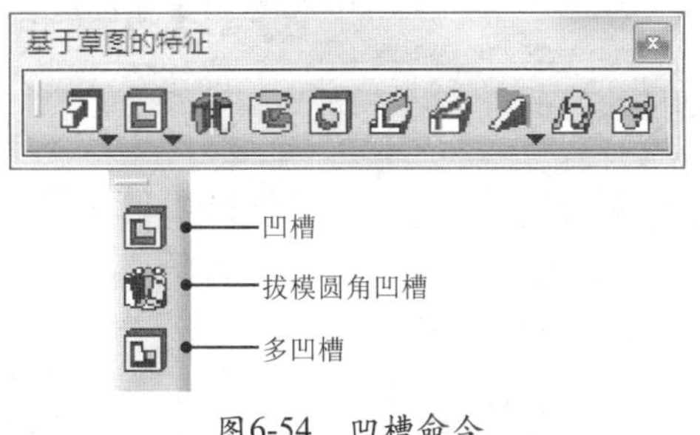

图6-54 凹槽命令

6.3.1 凹槽特征

【凹槽】命令是以剪切材料的方式拉伸轮廓或曲面。凹槽特征与凸台特征相似，只不过凸台是增加实体，而凹槽是去除实体，如图6-55所示。

单击【基于草图的特征】工具栏上的【凹槽】按钮，选择凹槽截面，弹出【定义凹槽】对话框，如图6-56所示。

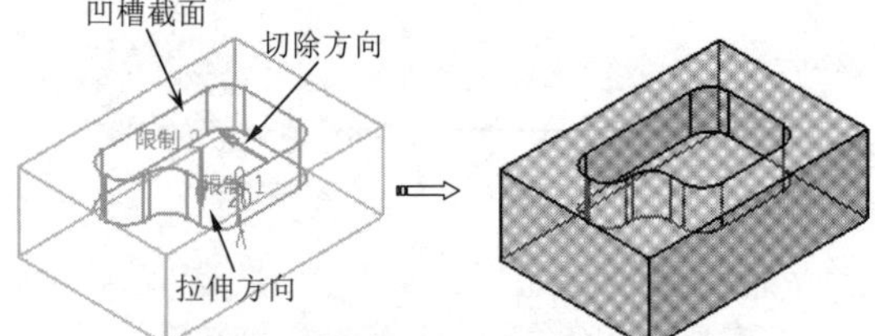

图6-55 凹槽特征

图6-56 【定义凹槽】对话框

【定义凹槽】对话框选项与【定义凸台】对话框中相关选项很多都类似，这里也就不再赘述了，只介绍不同选项参数。

★ 反向边：单击该按钮，可反转凹槽去除方向，如图6-57所示。

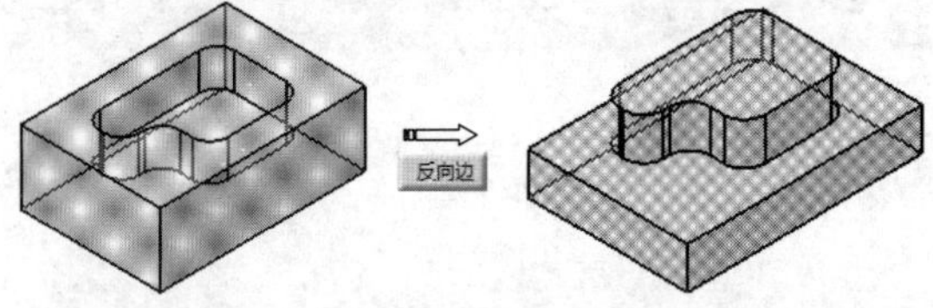

图6-57 反向边

提 示

创建凹槽特征时，要求需要有可修剪的对象，凹槽的草绘截面必须为封闭的状态。

动手操作—凹槽实例（支架孔设计）

01 在【标准】工具栏中单击【打开】按钮，在弹出的【选择文件】对话框中选择“6-4.CATPart”文件。单击【打开】按钮打开一个零件文件，如图6-58所示。选择【开始】|【机械设计】|【零件设计】，进入【零件设计】工作台。

02 选择如图6-59所示实体端面，单击【草图】按钮，进入草图编辑器。利用圆工具绘制图中所示的草图。单击【工作台】工具栏上的【退出工作台】按钮，完成草图绘制。

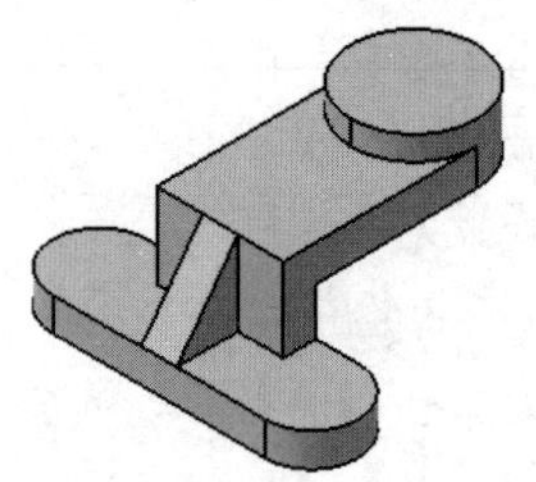

图6-58 打开的模型文件

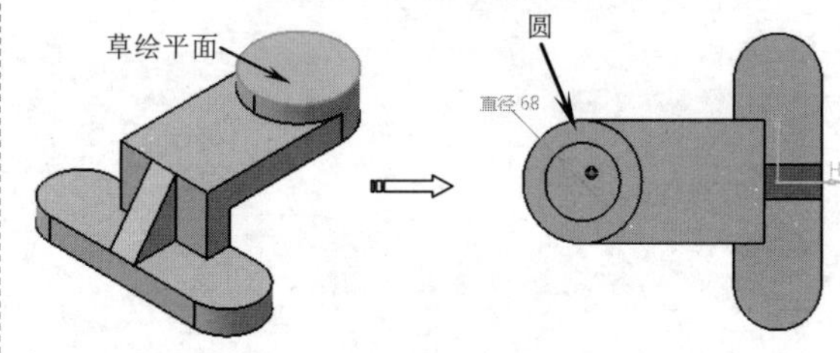

图6-59 绘制草图截面

03 单击【基于草图的特征】工具栏上的【凹槽】按钮，选择上一步草图，弹出【定义凹槽】对话框，设置凹槽类型为【直到最后】，单击【确定】按钮，系统自动完成凹槽特征，如图6-60所示。

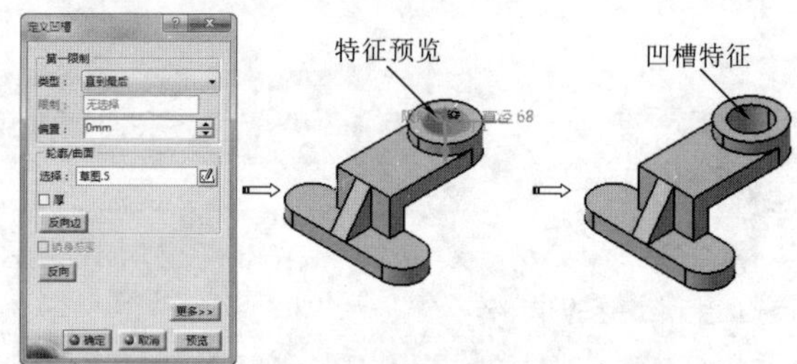

图6-60 创建凹槽特征

04 选择如图6-61所示实体端面，单击【草图】按钮，进入草图编辑器。利用圆工具绘制图中所示的草图。单击【工作台】工具栏上的【退出工作台】按钮，完成草图绘制。

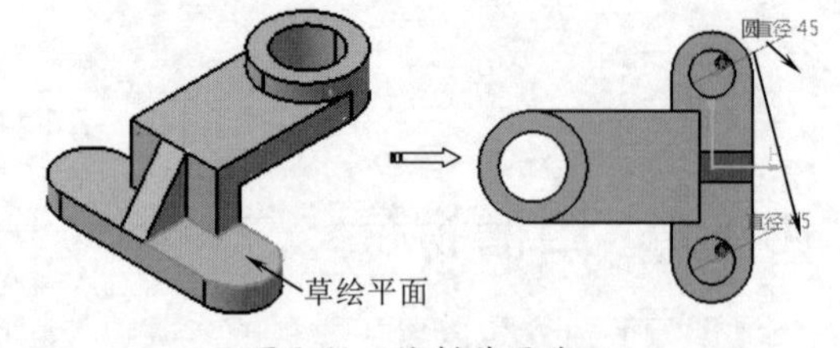

图6-61 绘制草图截面

05 单击【基于草图的特征】工具栏上的【凹槽】按钮，选择上一步草图，弹出【定义凹槽】对话框，设置凹槽类型为【直到最后】，单击【确定】按钮，系统自动完成凹槽特征，整个底座零件的创建完成，如图6-62所示。

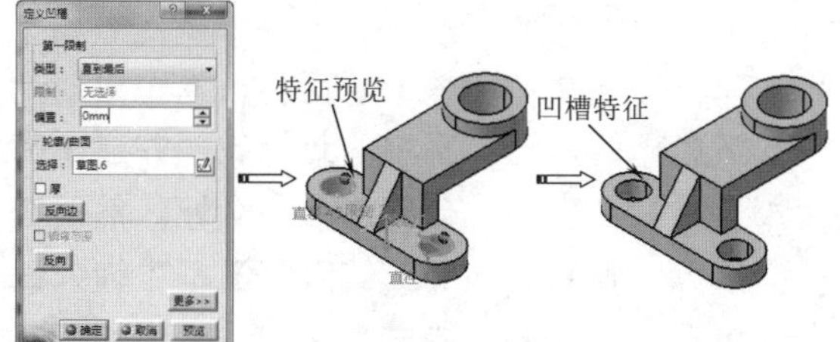

图6-62 创建凹槽特征

6.3.2 拔模圆角凹槽

【拔模圆角凹槽】命令用于创建带有拔模角和圆角特征的凹槽特征，系统不但对凹槽的侧面进行拔模，而且还在凹槽的顶部与底部倒圆角，如图6-63所示。

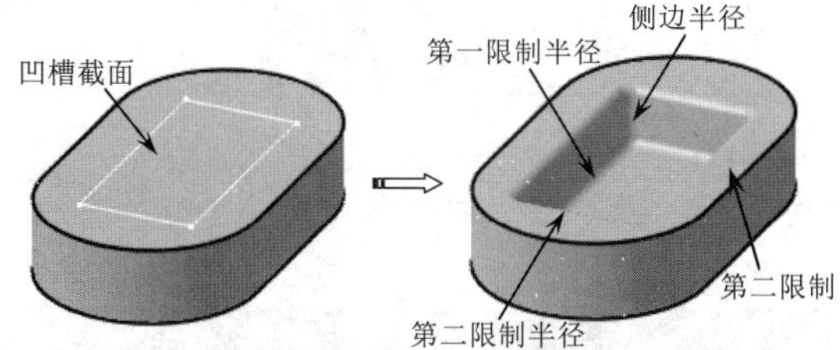

图6-63 拔模圆角凹槽特征

单击【基于草图的特征】工具栏上的【拔模圆角凹槽】按钮，弹出【定义拔模圆角凹槽】对话框，如图6-64所示。【定义拔模圆角凹槽】对话框选项与【定义拔模圆角凸台】对话框中相关选项很多都类似，这里也就不再赘述了。

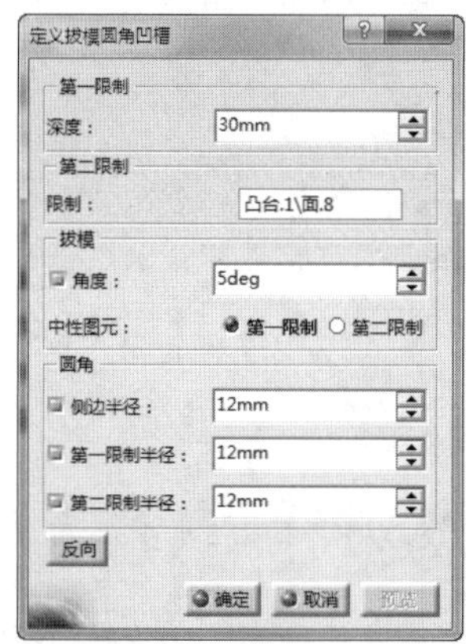

图6-64 【定义拔模圆角凹槽】对话框

动手操作—拔模圆角凹槽实例

01 在【标准】工具栏中单击【打开】按钮，在弹出的【选择文件】对话框中选择“6-5.CATPart”文件，单击【打开】按钮打开一个零件文件。选择【开始】|【机械设计】|【零件设计】，进入【零件设计】工作台。

02 单击【基于草图的特征】工具栏上的【拔模圆角凹槽】按钮，选择如图6-65所示的草图截面，弹出【定义拔模圆角凹槽】对话框。

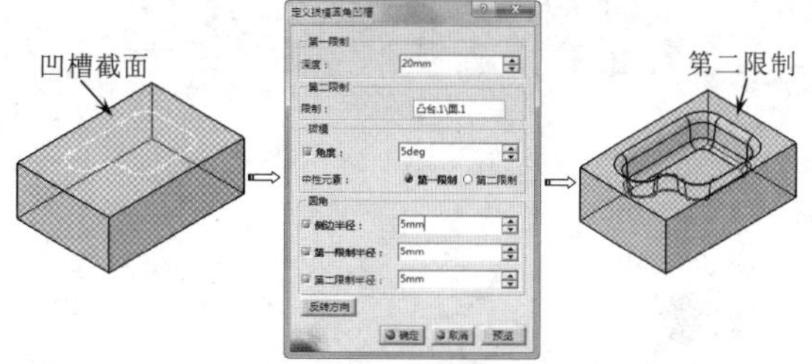

图6-65 拔模圆角凹槽

03 设置【第一限制】中的【长度】为20mm，选择如图6-65所示的表面为第二限制，设置好其他参数后，单击【确定】按钮，系统创建拔模圆角凹槽实体。

6.3.3 多凹槽

【多凹槽】命令是指在同一草绘截面上以不同指定深度创建不同的凹槽特征，如图6-66所示。多凹槽特征可以依次剪切处在不同深度的多个凹槽特征，但要求所有轮廓必须封闭且不相交。

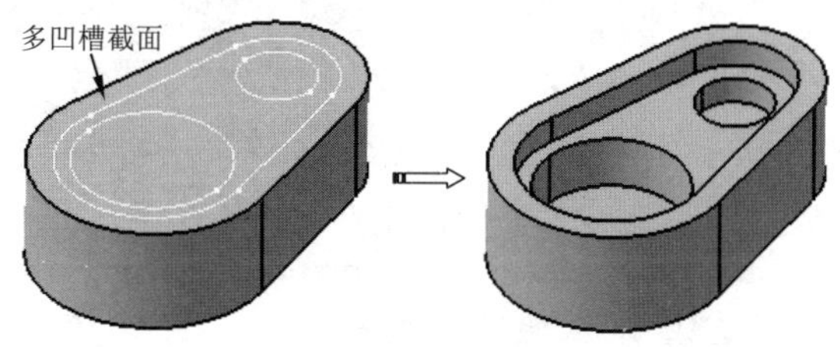

图6-66 多凹槽特征

单击【基于草图的特征】工具栏上的【多凹槽】按钮，选择凹槽截面后，弹出【定义多凹槽】对话框，如图6-67所示。【定义多凹槽】对话框选项与【定义多凸台】对话框中相关选项很多都类似，这里也就不再赘述了。

图6-67 【定义多凹槽】对话框

动手操作—多凹槽实例

01 在【标准】工具栏中单击【打开】按钮，在弹出的【选择文件】对话框中选择“6-6.CATPart”文件。单击【打开】按钮打开一个零件文件。选择【开始】|【机械设计】|【零件设计】，进入【零件设计】工作台。

02 单击【基于草图的特征】工具栏上的【多凹槽】按钮，选择如图6-68所示的草图为凹槽截面。

03 弹出【定义多凹槽】对话框，系统自动计算选择的草图轮廓中的封闭域，并显示在【域】列表中，分别选择各个域，然后在【第一限制】和【第二限制】框中输入凹槽深度，单击【确定】按钮，系统将创建多凹槽特征。

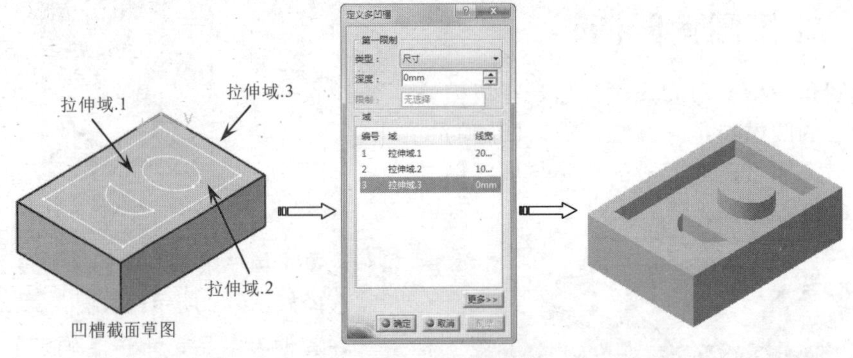

图6-68 创建多凹槽

6.4 旋转体

【旋转体】命令是指一个草图截面绕某一中心轴旋转指定的角度后得到的实体特征，对应于工程实际中的旋转特征形零件，如图6-69所示。

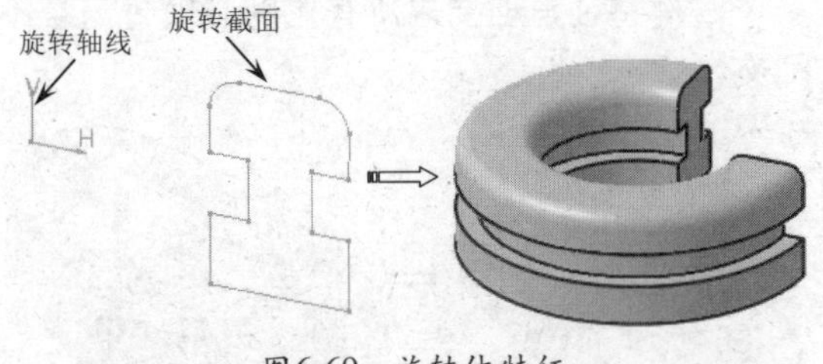

图6-69 旋转体特征

单击【基于草图的特征】工具栏上的【旋转体】按钮，选择旋转截面，弹出【定义旋转体】对话框，如图6-70所示。

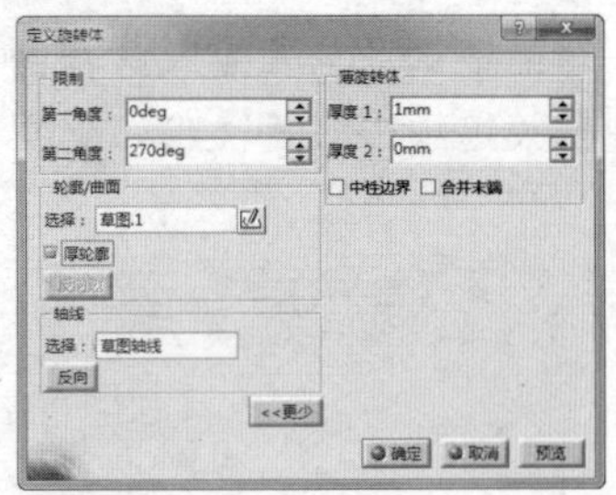

图6-70 【定义旋转体】对话框

【定义旋转体】对话框中相关选项参数含义如下：

1. 限制

★ 第一角度：以逆时针方向为正向，从草图所在平面到起始位置转过的角度，即旋转角度与中心旋转特征成右手系。

★ 第二角度：以顺时针方向为正向，从草图所在平面到终止位置转过的角度，即旋转角度与中心旋转特征成左手系。

提示

单击【反向】按钮，可切换旋转方向，即将【第一角度】和【第二角度】相互交换，两限制面旋转角度之和应小于等于360°。

2. 轴线

如果在绘制旋转轮廓的草图截面时已经绘制了轴线，系统会自动选择该轴线，否则选中【选择】文本框，可在绘图区选择直线、轴、边线等作为旋转体轴线，如图6-71所示。

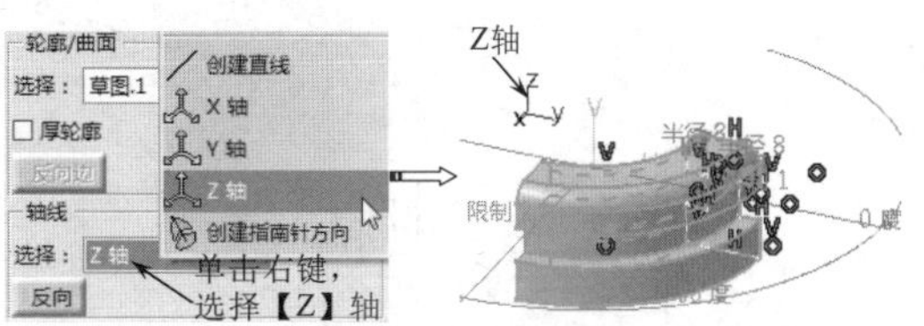

图6-71 选择轴线

提示

旋转截面必须有一条轴线，围绕轴线旋转的草图只能在该轴线一侧，旋转轴与旋转截面不能相交，而且当旋转截面为开放体时，绘制的旋转体是以薄壁形式存在。

3. 薄壁旋转

旋转体可创建实体和薄壁两种类型的特征，实体为默认特征。定义薄壁旋转体时，可设置【厚轮廓】、【中性边界】、【合并末端】等参数，如图6-72所示。薄壁旋转选项与薄壁凸台含义相同，这里也就不再赘述了。

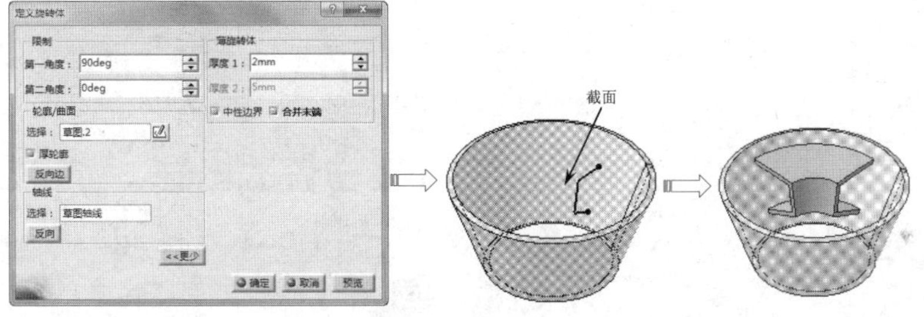

图6-72 薄壁旋转

动手操作—旋转体实例（三通零件）

01 在【标准】工具栏中单击【新建】按钮，在弹出的【新建】对话框中选择“Part”。单击【确定】按钮新建一个零件文件，选择【开始】|【机械设计】|【零件设计】，进入【零件设计】工作台。

02 单击【草图】按钮，在工作窗口选择草图平面xy平面，进入草图编辑器。利用直线等工具绘制如图6-73所示的草图。单击【工作台】工具栏上的【退出工作台】按钮，完成草图绘制。

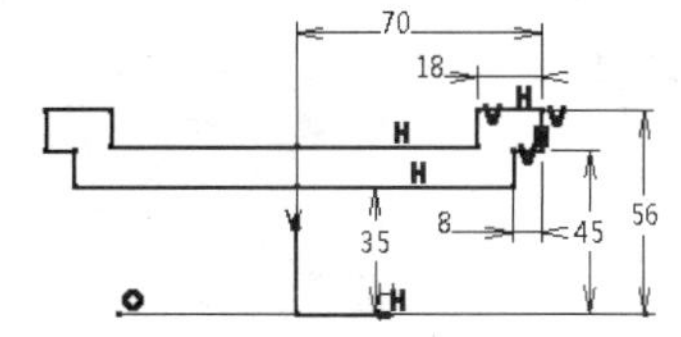

图6-73 绘制草图截面

03 单击【基于草图的特征】工具栏上的【旋转体】按钮，选择旋转截面，弹出【定义旋转体】对话框，选择上一步草图为旋转截面，选择“X轴”为轴线，单击【确定】按钮，完成旋转，如图6-74所示。

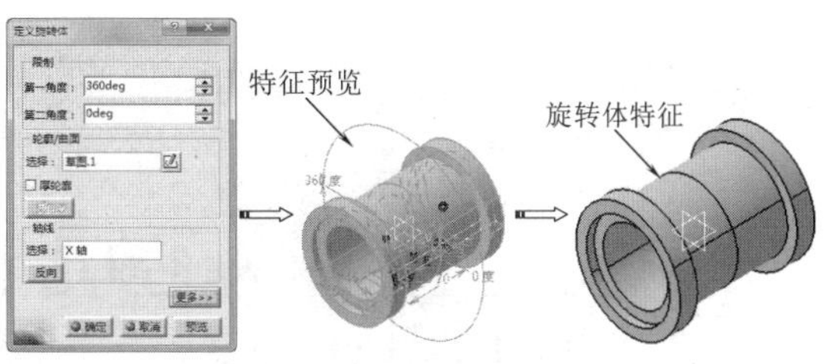

图6-74 创建旋转体特征

04 单击【草图】按钮，在工作窗口选择草图平面zx平面，进入草图编辑器。利用直线等工具绘制如图6-75所示的草图。单击【工作台】工具栏上的【退出工作台】按钮，完成草图绘制。

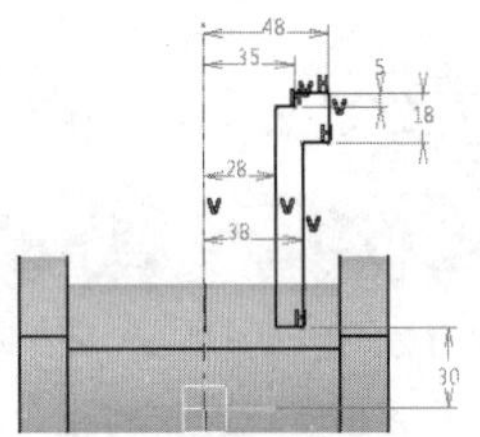

图6-75　绘制草图截面

05 单击【基于草图的特征】工具栏上的【旋转体】按钮，弹出【定义旋转体】对话框，选择上一步草图为旋转截面，单击【确定】按钮，完成旋转，如图6-76所示。

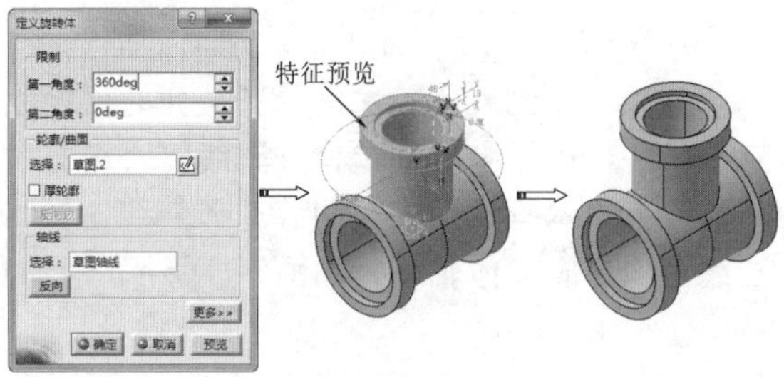

图6-76　创建三通模型

6.5 旋转槽

【旋转槽】命令是指由轮廓绕中心旋转，并将旋转扫过的零件上的材质去除，从而在零件上生成旋转剪切特征，如图6-77所示。旋转槽特征与旋转体特征相似，只不过旋转体是增加实体，而旋转槽是去除实体。

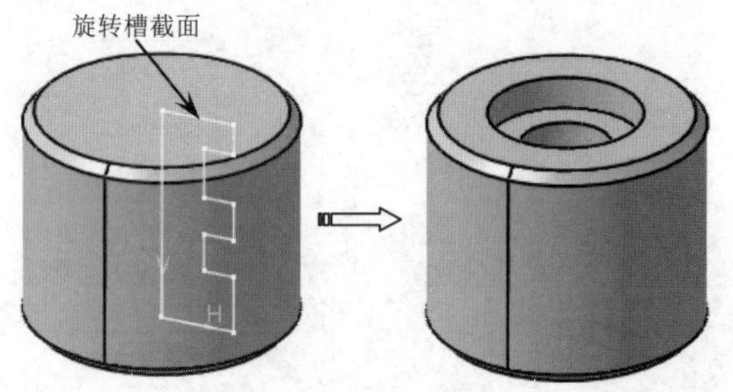

图6-77　旋转槽特征

单击【基于草图的特征】工具栏上的【旋转槽】按钮，弹出【定义旋转槽】对话框，如图6-78所示。【定义旋转槽】对话框选项与【定义旋转体】对话框中相关选项很多都类似，这里也就不再赘述了。

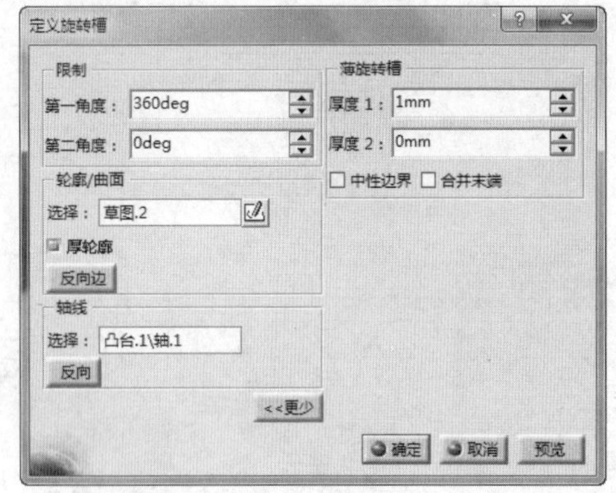

图6-78　【定义旋转槽】对话框

提示

旋转截面必须有一个条轴线，轴线可以是绝对轴，也可以是草图中的轴线。如果轴线和轮廓在同一草图中，系统会自动识别。

动手操作——旋转槽实例（接头体设计）

01 在【标准】工具栏中单击【打开】按钮，在弹出的【选择文件】对话框中选择“6-8.CATPart”文件。单击【打开】按钮打开一个零件文件，如图6-79所示。选择【开始】|【机械设计】|【零件设计】，进入【零件设计】工作台。

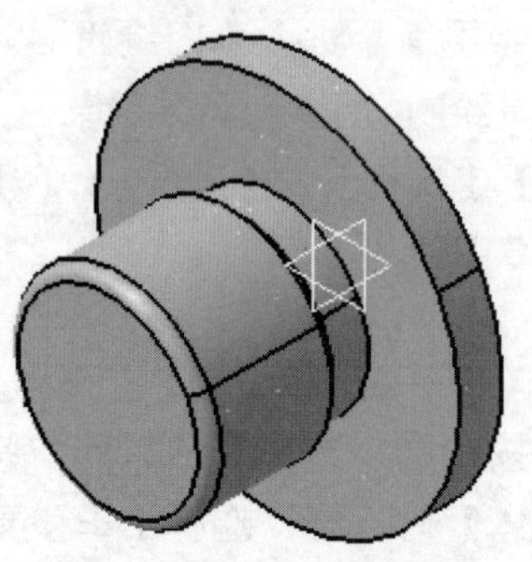

图6-79　打开模型文件

02 单击【草图】按钮，在工作窗口选择草图平面xy平面，进入草图编辑器。利用直线等工具绘制如图6-80所示的草图。单击【工作台】工具栏上的【退出工作台】按钮，完成草图绘制。

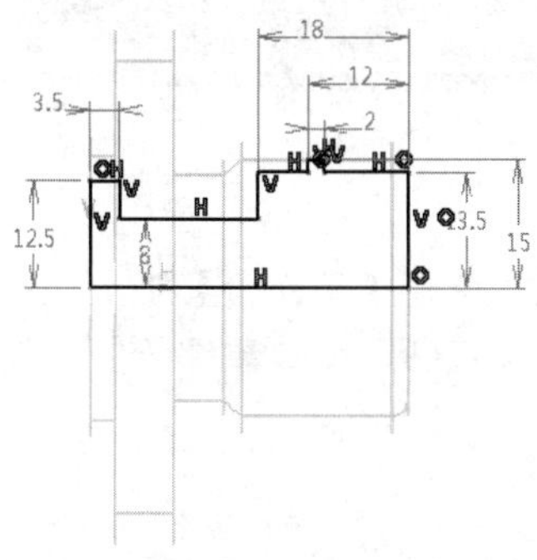

图6-80　绘制草图截面

03 单击【基于草图的特征】工具栏上的【旋转槽】按钮，弹出【定义旋转槽】对话框，选择上一步草图为旋转截面，选择“X轴”为轴线，单击【确定】按钮，完成旋转，如图6-81所示。

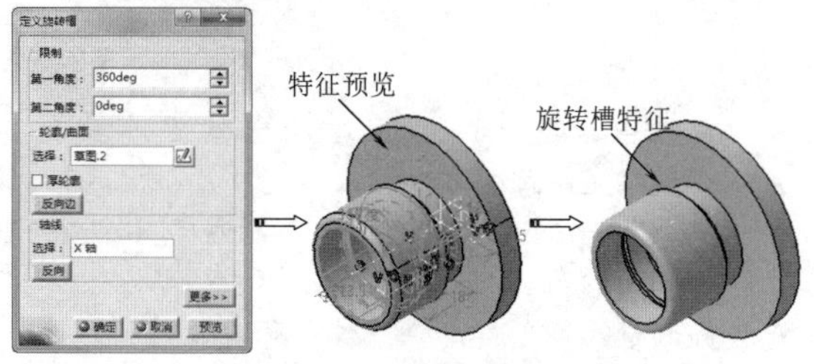

图6-81　创建旋转槽特征

6.6 孔特征

【孔】命令用于在实体上钻孔，包括盲孔、通孔、锥形孔、沉头孔、埋头孔、倒钻孔等，如图6-82所示。

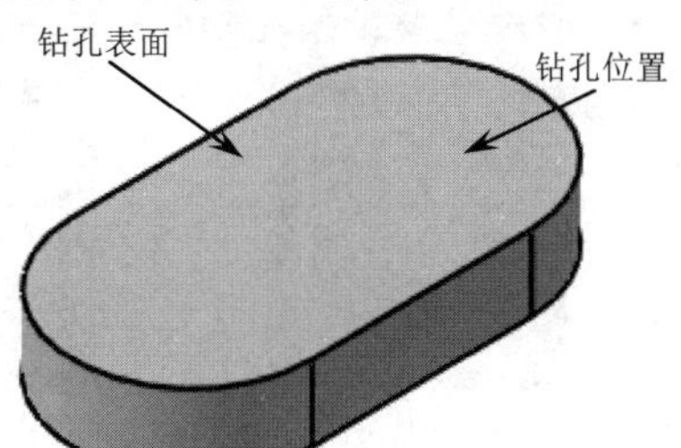

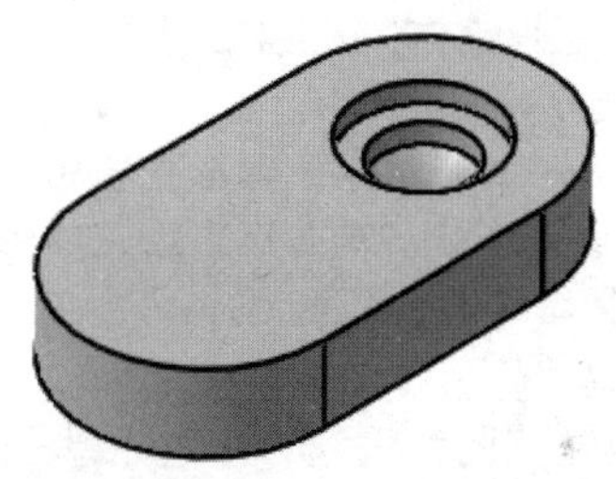

图6-82　孔特征

单击【基于草图的特征】工具栏上的【孔】按钮，选择钻孔的实体表面后，弹出【定义孔】对话框，如图6-83所示。

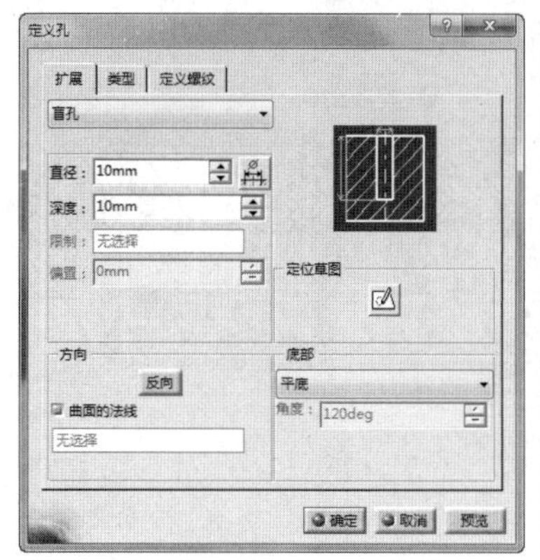

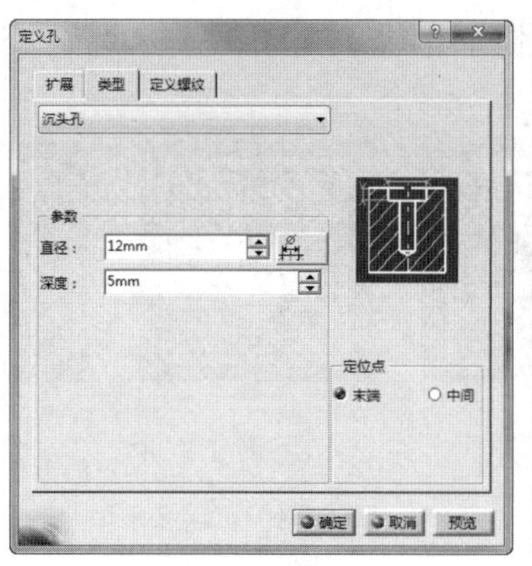

图6-83　【定义孔】对话框

1.【扩展】选项卡

（1）孔延伸方式

用于设置孔的延伸方式，包括“盲孔”、“直到下一个”、“直到最后”、“直到平面”和“直到曲面”等，如图6-84所示。

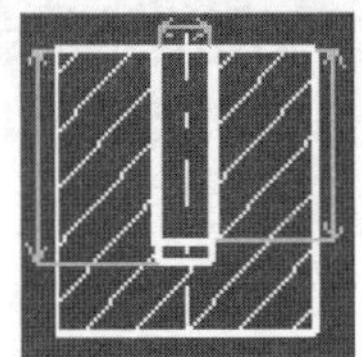

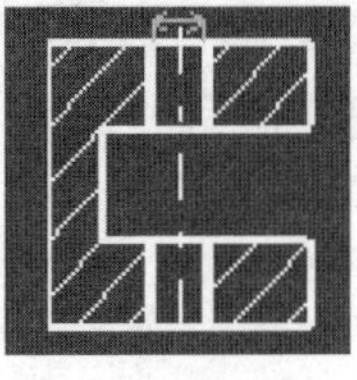

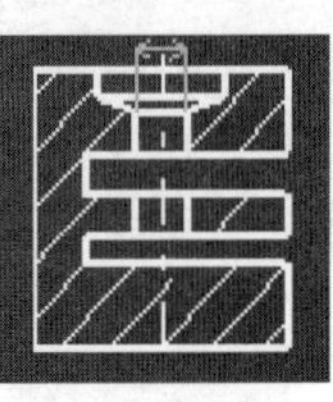

盲孔　直到下一个　直到最后　直到平面（曲面）　直到曲面

图6-84　孔延伸方式

★　盲孔：创建一个平底孔，如果选中该方式，必须指定深度值。

★　直到下一个：创建一个一直延伸到零件的下一个面的孔。

★　直到最后：创建一个穿过所有曲面的孔。

★　直到平面：创建一个穿过所有曲面直到指定平面的孔，必须选择一平面来创建孔的深度。

★　直到曲面：创建一个穿过所有曲面直到指定曲面的孔，必须选择一个面来确定孔的深度。

（2）尺寸

用于设置孔尺寸的大小，包括“直径”、“深度”等。

（3）方向

用于定义孔轴线方向，包括以下选项：

★　反转：单击【反向】按钮，反转孔轴线方向。

★　曲线的法线：孔的拉伸方向垂直于孔所在平面。取消该复选框，可选择直线、轴线、轴等作为孔轴线的拉伸方向。

（4）定位草图

单击【定位草图】按钮，进入草图编辑器，显示孔中心的位置，可调用约束功能确定孔的位置。单击【工作台】工具栏上的【退出工作台】按钮，完成草图绘制，退出草图编辑器环境。

提示

当用户在模型表面单击选择草图平面时，系统将在用户单击的位置自动建立V-H轴，并且V-H轴不随孔中心移动，因此，V-H轴不能作为几何约束的参照。

（5）底部

用于设置孔底部形状，包括“平底”和“V形底”两种，如图6-85所示。

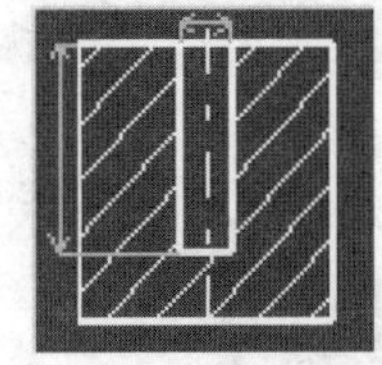
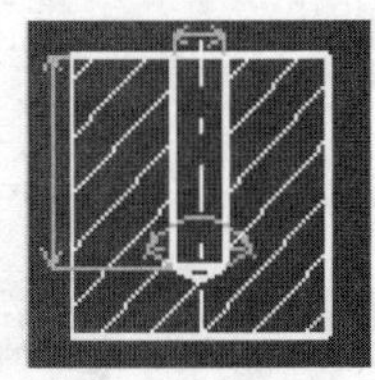

平底　V形底

图6-85　底部类型

2.【类型】选项卡

（1）孔类型

用于设置孔类型，包括“简单”、“锥形孔”、“沉头孔”、“埋头孔”和“倒钻孔”等，如图6-86所示。

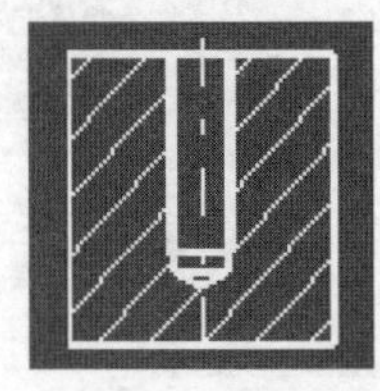
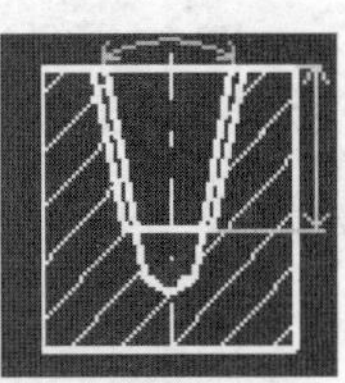
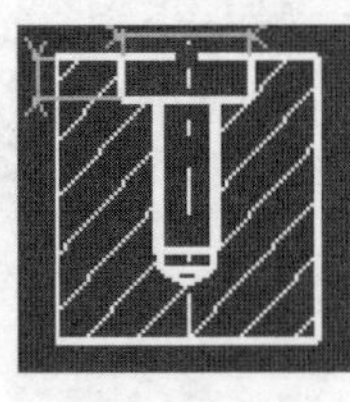
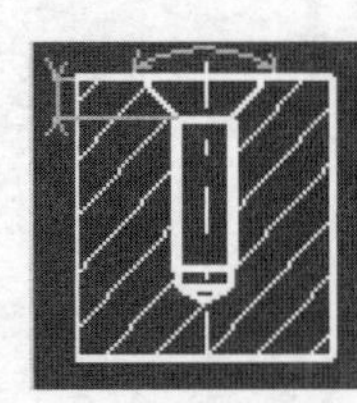

简单孔　锥形孔　沉头孔　埋头孔　倒钻孔

图6-86　孔类型

★　简单孔：用于创建简单直孔。

★　锥形孔：用于创建倾斜锥度孔，需设置锥形角度值。

★　沉头孔：用于创建沉头孔，需设置沉头部分的直径和深度。

★　埋头孔：用于设置埋头孔，需设置埋头孔的深度、角度和直径等参数。

★　倒钻孔：用于设置倒钻孔，需设置孔的直径、角度、深度等参数。

（2）定位点

用于设置定位类型孔的参数所位于的支持面，包括“末端”和“中间”两个选项，如图6-87所示。

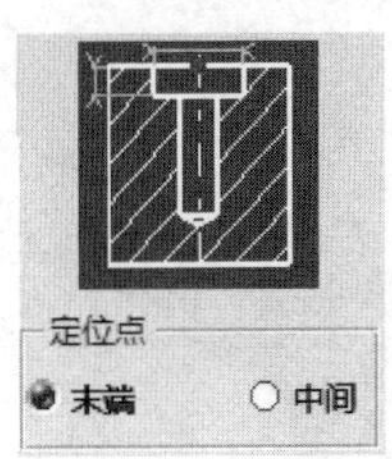

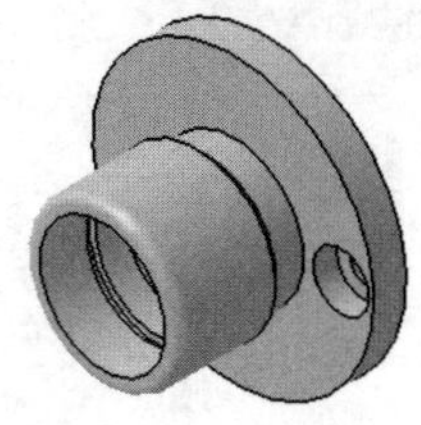
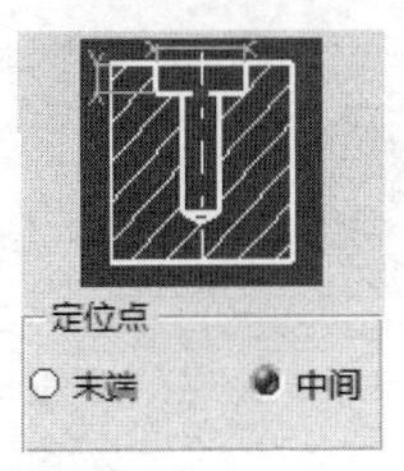

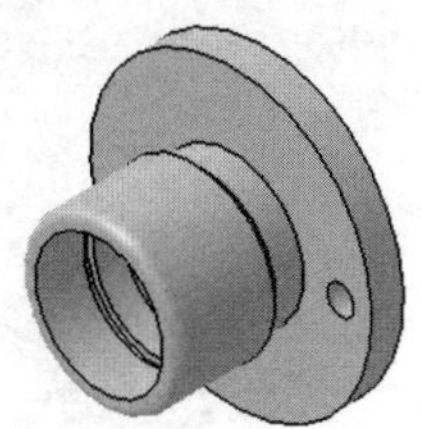

图6-87 定位点

3.【定义螺纹】选项卡

用于定义螺纹孔的相关参数，包括以下选项：

★ 类型：螺纹的标准，有“公制细牙螺纹”、“公制粗牙螺纹”和“非标准螺纹”等3种。
★ 螺纹直径：用于设置螺纹的大径。
★ 孔直径：用于设置螺纹的小径。
★ 螺纹深度：用于设置螺纹深度。
★ 孔深度：用于设置螺纹底孔深度，必须大于螺纹深度。
★ 螺距：用于设置螺纹节距，标准螺纹螺距自动确定，非标准螺纹需要指定。

4. 孔的定位

孔在零件表面的位置通过创建孔中心相对于零件表面边界的约束来进行定义。

（1）独立点草图定位

首先在开孔表面创建单独的孔为点的草图，然后按住Ctrl键同时选择开孔表面和草图点，然后单击【基于草图的特征】工具栏上的【孔】按钮，系统自动把孔定位于表面的圆心处，如图6-88所示。

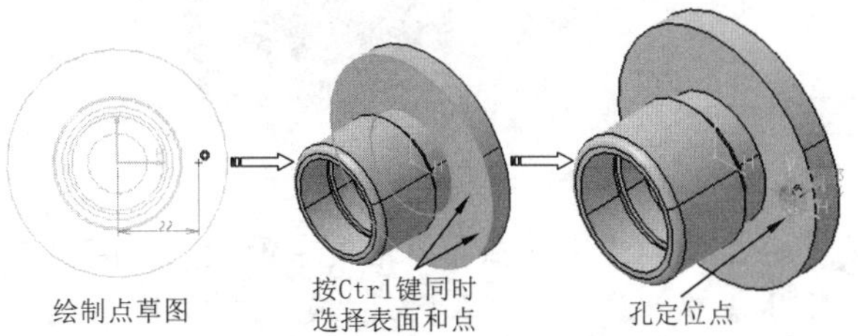

图6-88 独立点草图定位

（2）孔在直边界定位

按住Ctrl键同时选择开孔表面和约束边界，然后单击【基于草图的特征】工具栏上的【孔】按钮，系统在弹出【定义孔】对话框的同时自动创建两个约束孔的中心进行定位，双击某一个约束尺寸，弹出【约束定义】对话框，在【值】文本框中输入需要的尺寸数值，即完成定位，如图6-89所示。

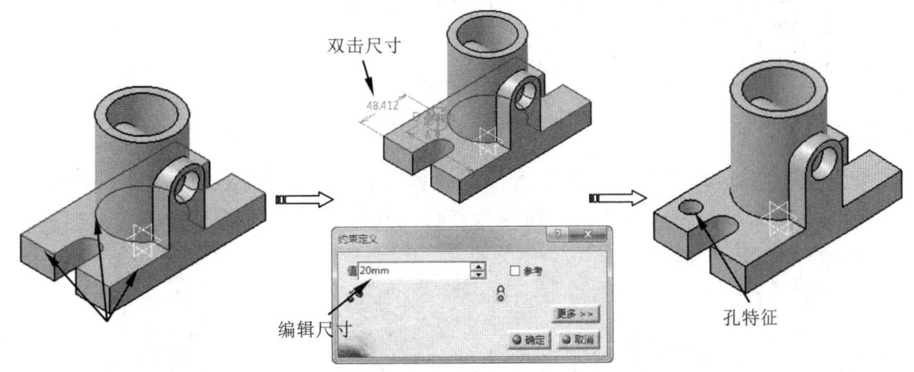

图6-89 定位孔到边界

（3）孔在圆心处定位

如果要在圆形表面的圆心处创建孔特征，只需在选定圆形表面的同时按Ctrl键选定圆边界，系统就会自动把孔定位于表面的圆心处，如图6-90所示。

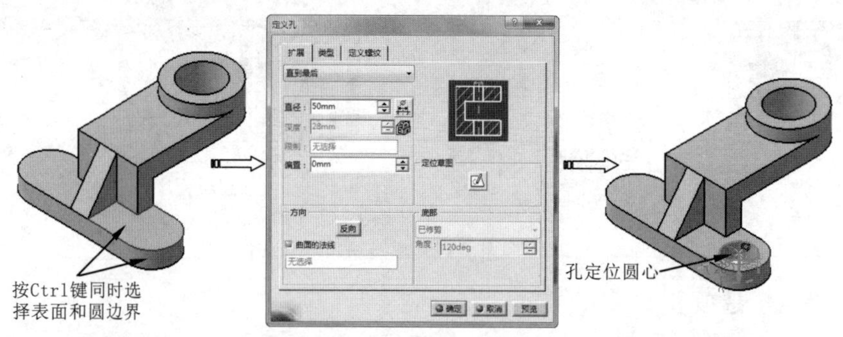

图6-90　孔在圆心处定位

动手操作—孔实例（接头体安装孔设计）

01 在【标准】工具栏中单击【打开】按钮，在弹出【选择文件】对话框中选择“6-9.CATPart”文件。单击【打开】按钮打开一个零件文件，如图6-91所示。选择【开始】|【机械设计】|【零件设计】，进入【零件设计】工作台。

02 单击【基于草图的特征】工具栏上的【孔】按钮，选择钻孔的实体表面后，如图6-92所示。

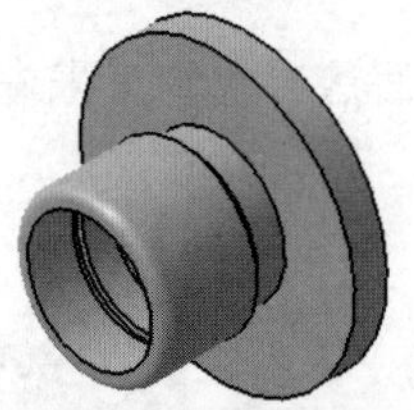

图6-91　打开模型文件

图6-92　选择钻孔表面

03 在弹出的【定义孔】对话框中设置孔深度为【直到最后】，【直径】为6mm，单击【定位草图】按钮，进入草图编辑器，约束定位钻孔位置，单击【工作台】工具栏上的【退出工作台】按钮，如图6-93所示。

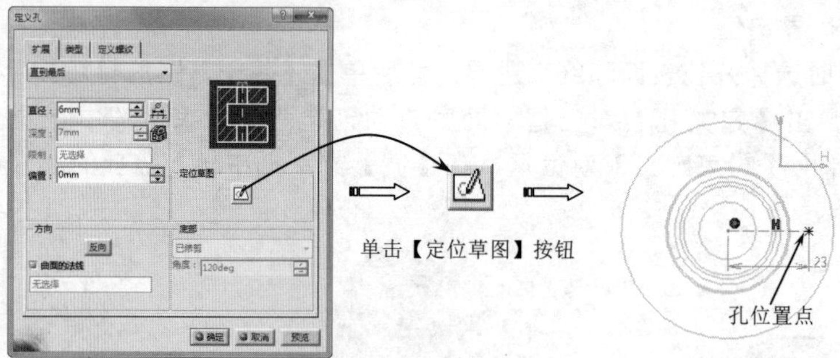

图6-93　定位钻孔位置

04 单击【类型】选项卡，选择【沉头孔】类型，设置【直径】为12，【深度】为5mm，单击【确定】按钮完成孔特征，如图6-94所示。利用圆周阵列功能可创建出所有定位孔，如图6-95所示。

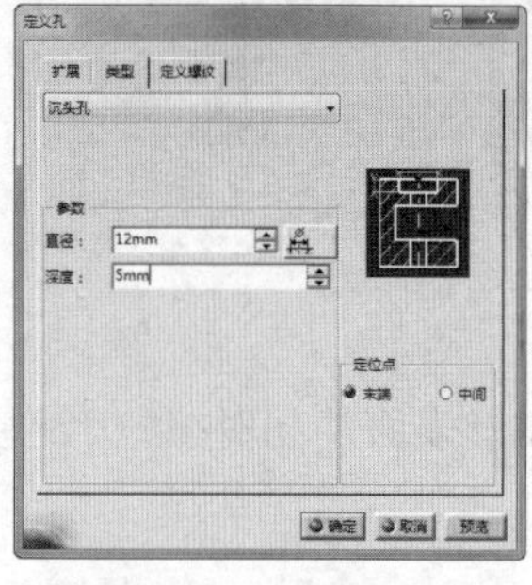

图6-94　创建孔特征

图6-95　创建所有定位孔

6.7 肋特征

【肋】命令也称为扫掠体，是草图轮廓沿着一条中心导向曲线扫掠来创建实体，如图6-96所示。通常轮廓使用封闭草图，而中心曲线可以是草图也可以是空间曲线，可以是封闭的也可以是开放的。

单击【基于草图的特征】工具栏上的【肋】按钮，弹出【定义肋】对话框，如图6-97所示。

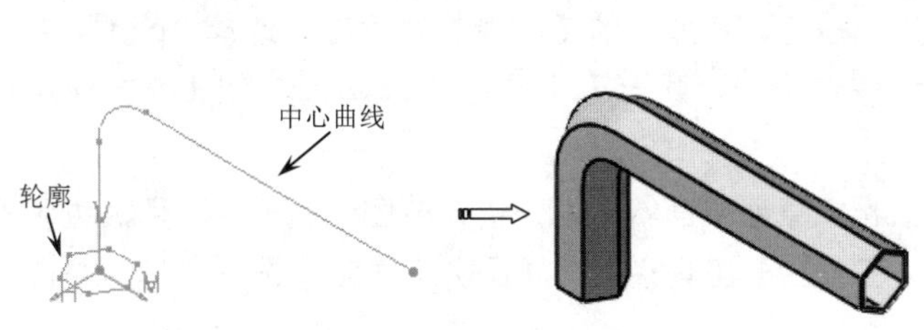

图6-96 肋特征

图6-97 【定义肋】对话框

【定义肋】对话框中相关选项参数含义如下：

1. 轮廓和中心曲线

★ 轮廓：选择创建肋特征的草图截面。既可以选择已经绘制好的草图，也可以单击编辑框右侧的【草图】按钮，进入草图编辑器绘制。

★ 中心曲线：选择创建肋特征的中心引导线。既可以选择已经绘制好的草图，也可以单击编辑框右侧的【草图】按钮，进入草图编辑器绘制。

提 示

如果中心曲线为3D曲线，则必须相切连接；如果中心曲线是平面曲线，则可以相切不连续；中心曲线不能由多个几何元素组成；中心曲线不能自相交。

2. 控制轮廓

用于设置轮廓沿中心曲线的扫掠方式，包括以下选项：

★ 保持角度：轮廓草图平面与中心线切线之间始终保持初始位置时的角度，如图6-98（a）所示。

★ 拔模方向：在扫掠过程中轮廓平面的法线方向始终与指定的牵引方向一致，如图6-98（b）所示。可以选择平面或实体边线，选择平面时，则方向由该面的法线方向确定，扫掠结果的起始和终止端面平行。

★ 参考曲面：轮廓平面的法线方向始终与制定参考曲面的法线保持恒定的夹角。如图6-98（c）所示，轮廓平面在起始位置与参考曲面是垂直的，在扫掠形成的扫掠特征的任一截面都保持与参考曲面垂直。

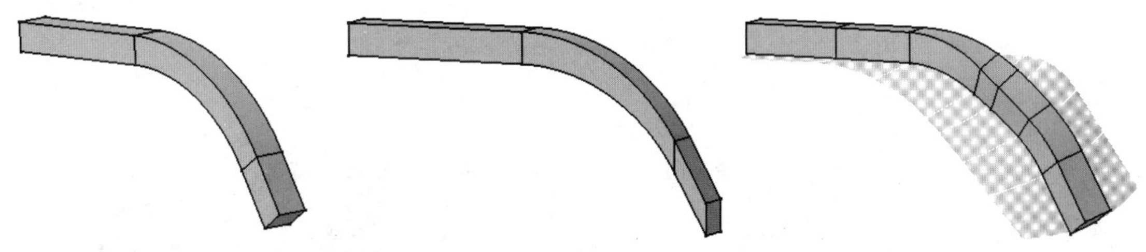

（a）保持角度　（b）拔模方向　（c）参考曲面

图6-98 控制轮廓

★ 将轮廓移动到路径：选中该复选框，将中心曲线和轮廓关联，并允许沿多条中心曲线扫掠单个草图，仅适用于“拔模方向”和“参考曲线”轮廓控制方式。

★ 合并肋的末端：选中该复选框，将肋的每个末端修剪到现有零件，即从轮廓位置开始延伸到现有材料。

3. 薄肋

★ 厚轮廓：选中该复选框，将在草图轮廓的两侧添加厚度。

★ 中性边界：选中该复选框，将在草图轮廓的两侧添加相等厚度。

★ 合并末端：选中该复选框，将草图轮廓延伸到现有的几何图元。

动手操作—肋特征实例（弯管设计）

01 在【标准】工具栏中单击【新建】按钮，在弹出的【新建】对话框中选择“part”,如图6-99所示。单击【确定】按钮新建一个零件文件，选择【开始】|【机械设计】|【零件设计】，进入【零件设计】工作台。

02 单击【草图】按钮，在工作窗口选择草图平面xy平面，进入草图编辑器。利用六边形等工具绘制如图6-100所示的草图。单击【工作台】工具栏上的【退出工作台】按钮，完成草图绘制。

图6-99 【新建】对话框

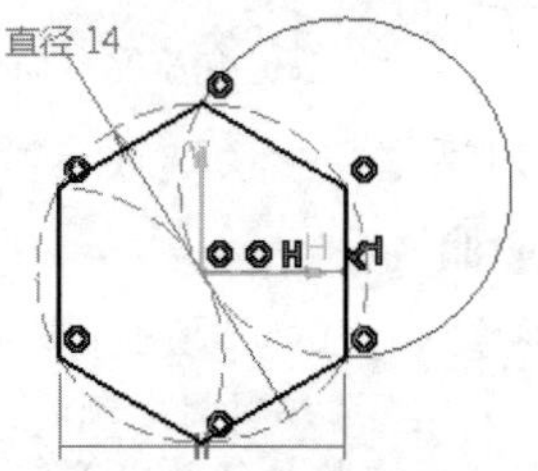

图6-100 绘制草图截面

03 单击【草图】按钮，在工作窗口选择草图平面yz平面，进入草图编辑器。利用六边形等工具绘制如图6-101所示的草图。单击【工作台】工具栏上的【退出工作台】按钮，完成草图绘制。

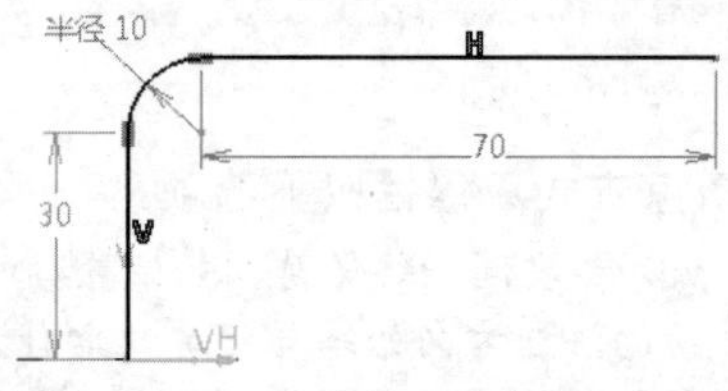

图6-101 绘制草图截面

04 单击【基于草图的特征】工具栏上的【肋】按钮，弹出【定义肋】对话框，选择第一个草图为轮廓，第二个草图为中心曲线，单击【确定】按钮创建肋特征，如图6-102所示。

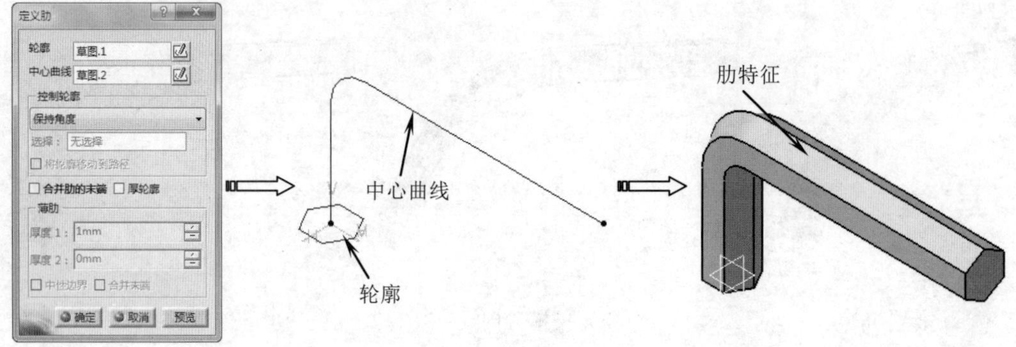

图6-102 创建肋特征

6.8 开槽特征

【开槽】命令是指在实体上以扫掠的形式创建剪切特征，如图6-103所示。开槽特征与肋特征相似，只不过肋是增加实体，而开槽是去除实体。

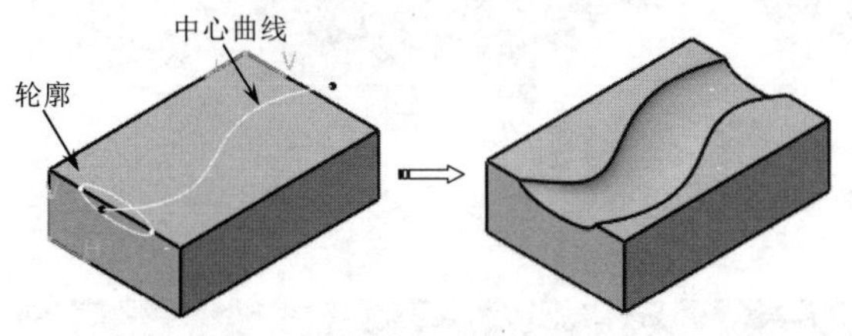

图6-103 开槽特征

单击【基于草图的特征】工具栏上的【开槽】按钮，弹出【定义开槽】对话框，如图6-104所示。【定义开槽】对话框选项与【定义肋】对话框中相关选项很多都类似，这里就不再赘述了。

图6-104 【定义开槽】对话框

动手操作—手轮设计

01 在【标准】工具栏中单击【打开】按钮，在弹出的【选择文件】对话框中选择“6-11.CATPart”文件。单击【打开】按钮打开一个零件文件，如图6-105所示。选择【开始】|【机械设计】|【零件设计】，进入【零件设计】工作台。

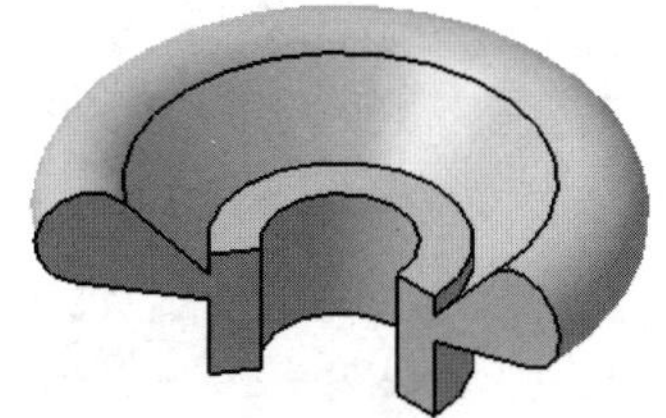

图6-105 打开模型文件

02 单击【草图】按钮，在工作窗口选择草图平面yz平面，进入草图编辑器。利用圆等工具绘制如图6-106所示的草图。单击【工作台】工具栏上的【退出工作台】按钮，完成草图绘制。

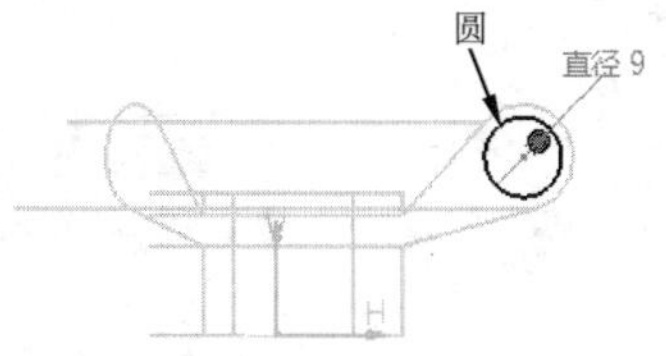

图6-106 绘制草图截面

03 单击【参考元素】工具栏上的【平面】按钮，弹出【平面定义】对话框，在【平面类型】下拉列表中选择【偏移平面】选项，选择平面作为参考，在【偏移】文本框中输入偏移距离，单击【确定】按钮，系统自动完成平面创建，如图6-107所示。

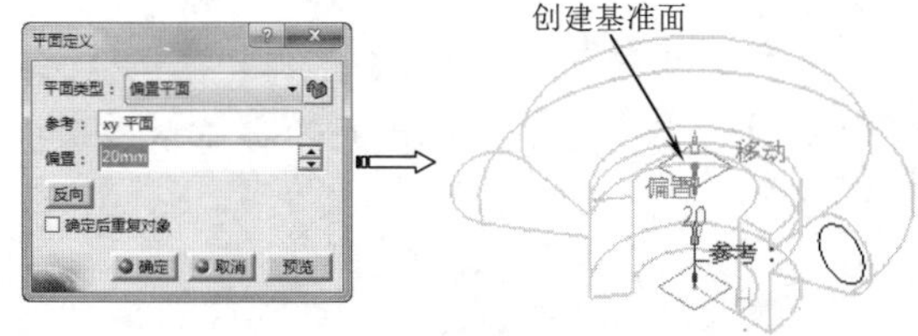

图6-107 创建平面

04 选择上一步创建的平面为草绘平面，单击【草图】按钮，进入草图编辑器。利用圆等工具绘制如图6-108所示的草图。单击【工作台】工具栏上的【退出工作台】按钮，完成草图绘制。

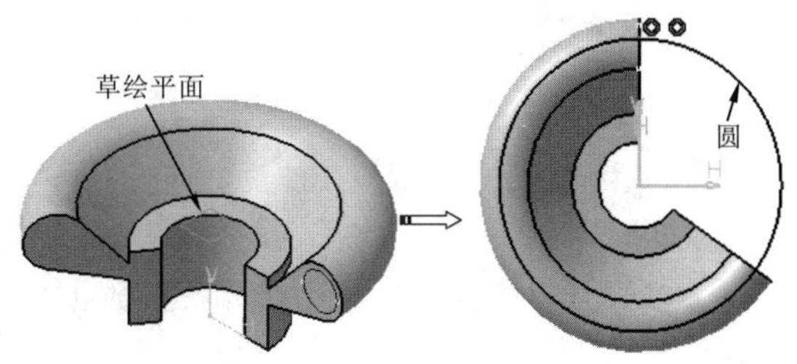

图6-108 绘制草图

05 单击【基于草图的特征】工具栏上的【开槽】按钮，弹出【定义开槽】对话框，选择轮廓和中心曲线后，单击【确定】按钮，完成开槽特征，如图6-109所示。

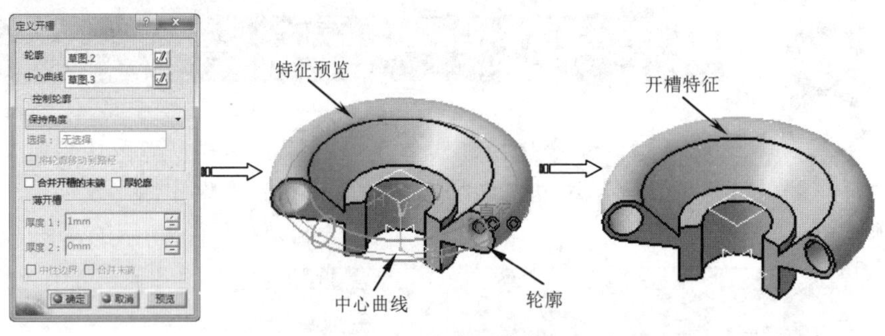

图6-109 创建开槽特征

6.9 多截面实体

【多截面实体】是指两个或两个以上不同位置的封闭截面轮廓沿一条或多条引导线以渐进方式扫掠形成的实体，也称为放样特征，如图6-110所示。

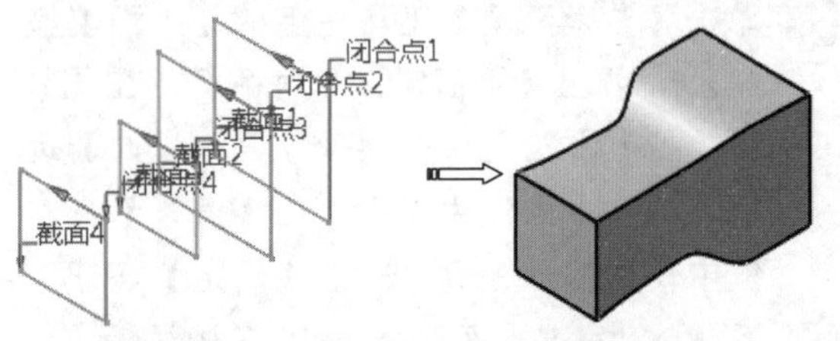

图6-110 多截面实体

单击【基于草图的特征】工具栏上的【多截面实体】按钮，弹出【多截面实体定义】对话框，如图6-111所示。

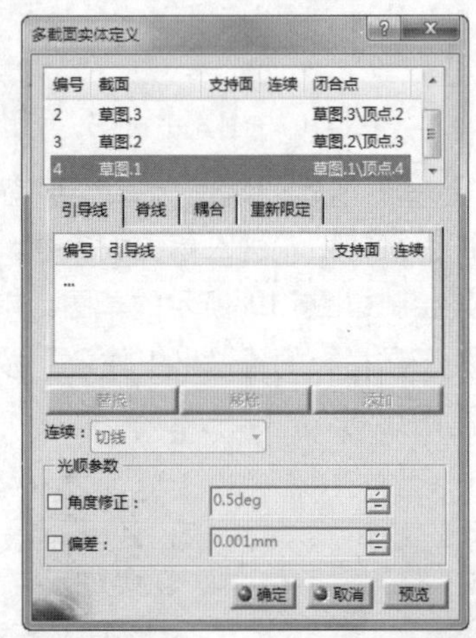

图6-111 【多截面实体定义】对话框

【多截面实体定义】对话框选项参数含义如下：

1. 截面

（1）截面

用于选择多截面实体草图截面轮廓，所选截面曲线被自动添加到列表框中，并自动进行编号，所选截面曲线的名称显示在列表框中的【截面】栏中。

选择截面轮廓后，在列表中选中任一个草图截面单击鼠标右键，弹出快捷菜单，如图6-112所示。

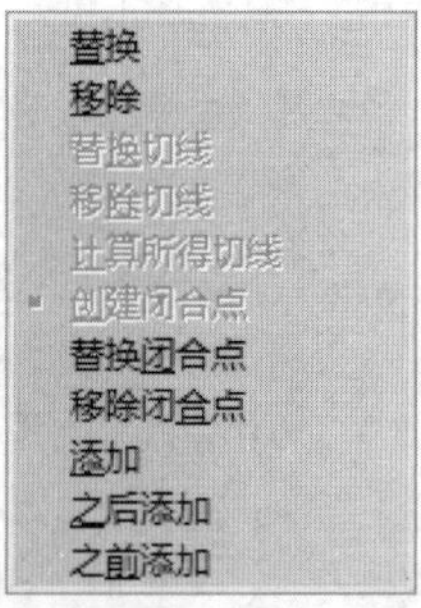

图6-112 截面右键快捷菜单

截面右键快捷菜单选项的含义如下：

- ★ 替换：选中该命令后，在图形区选择新的截面线替换现有列表中被选中的截面线。
- ★ 移除：删除选中的截面轮廓曲线。
- ★ 替换封闭点：替换选中截面的封闭点。
- ★ 移除封闭点：删除选中截面的封闭点。
- ★ 添加：添加截面轮廓，所添加的截面轮廓位于列表的最后。
- ★ 之后添加：添加截面轮廓，所添加的轮廓位于选中截面之后。
- ★ 之前添加：添加截面轮廓，所添加的轮廓位于选中截面之前。

提示

多截面实体所使用的每一个封闭截面轮廓都有一个闭合点和闭合方向，而且要求各截面的闭合点和闭合方向都必须处于正确的方位，否则会发生扭曲和出现错误。

（2）光顺参数

用于设置多截面实体表面的光滑程度，包括【角度修正】和【偏差】两个选项。

★ 角度修正：沿参考引导线光顺放样移动。如果检测到脊线与参考引导线法线存在轻微的不连续，则可能有必要执行该操作。【角度修正】复选框的取值范围为0.5~4.5°，光顺作用于任何角度偏差小于该值的不连续，有助于生成更好的多截面实体。

★ 偏差：通过偏移引导线光顺放样移动，【偏差】复选框的取值范围为0.002~0.099mm。

提示

如果同时使用【角度修正】和【偏差】复选框，则不能保证脊线平面保持在给定公差区域中，可以先在偏差公差范围内大概算出脊线，然后在角度修正公差范围内旋转每个移动平面。

2.【引导线】选项卡

引导线在多截面实体中起到边界的作用，它属于最终生成的实体。生成的实体零件是各截面线沿引导线延伸得到的，因此引导线必须与每个轮廓线相交，如图6-113所示。

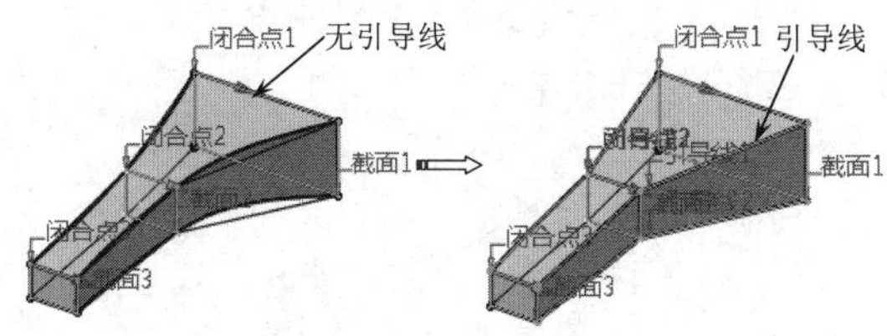

图6-113 引导线

3.【脊线】选项卡

用于引导实体的延伸方向，其作用是保证多截面实体生成的所有截面都与脊线垂直。通常情况下系统能通过所选草图截面自动使用一条默认的脊线，不必对脊线进行特殊定义。如需定义脊线，要保证所选曲线相切连续，如图6-114所示。

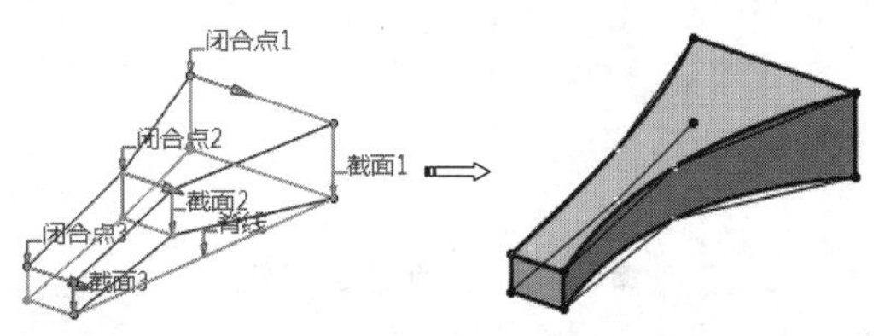

图6-114 脊线

提示

建议脊线应该垂直于每个截面平面，并且必须是相切连续的，否则可能会产生不可预知的造型特征；如果垂直于脊线的平面与一条引导线在不同的点相交，建议将距脊线点的最近点作为耦合点；如果脊线为自动计算的脊线，并且选择一条或两条引导线，多截面实体受引导线端点限制。如果存在两条以上的引导线，脊线将在对应于引导线端点的重心点处停止。在任何情况下，脊线端点的切线都是引导线端点的平均切线。

4.【耦合】选项卡

用于设置截面轮廓间的连接方式，包括以下选项：

★ 比率：比例连接。将轮廓线沿封闭点所指的方向等分，再将等分点依次连接，常用于各截面顶点数不同的场合。

★ 相切：斜率连接。在截面体实体中生成曲线的切向连续变化，要求各截面的顶点数必须相同。

★ 相切然后曲率：曲率连续。根据轮廓线的曲率不连续点进行连接，要求各截面的顶点数必须相同。

★ 顶点：顶点连接。根据轮廓线的顶点进行连接，要求各截面的顶点数必须相同。

5.【重新限定】选项卡

默认情况下，多截面实体是从第一个截面到最后一个截面，但也可以用引导线或脊线来限制，此时需要设置【重新限定】选项卡中的【起始截面重新限定】和【最终截面重新限定】选项。

★ 选中【起始截面重新限定】和【最终截面重新限定】复选框，则多截面实体限定在相应的截面上。

★ 取消【起始截面重新限定】和【最终截面重新限定】复选框，则沿着脊线放样多截面实体。如果脊线为用户定义脊线，多截面实体将由脊线端点或与脊线相交的第一个引导线端点限定；如果脊线为自动计算所得，且没有选定引导线，特征将由起始截面和最终截面限定；如果脊线为自动计算所得，且选择引导线，特征将由引导线端点限定。

动手操作——多截面实体实例（后视灯外形设计）

01 在【标准】工具栏中单击【打开】按钮，在弹出的【选择文件】对话框中选择“6-12.CATPart”文件。单击【打开】按钮打开一个零件文件，如图6-115所示。选择【开始】|【机械设计】|【零件设计】，进入【零件设计】工作台。

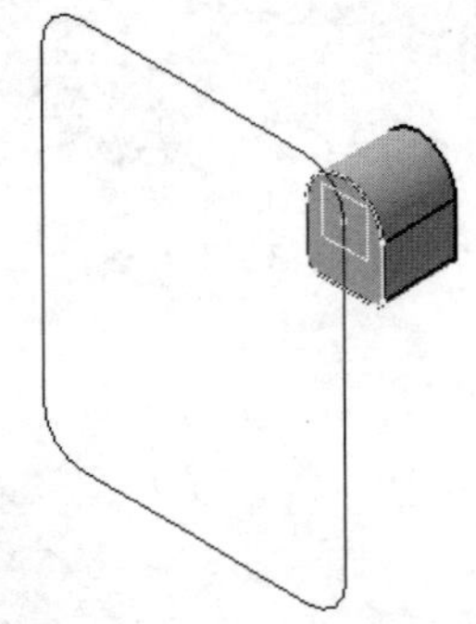

图6-115 打开模型文件

02 单击【基于草图的特征】工具栏上的【多截面实体】按钮，弹出【多截面实体定义】对话框，并在工作窗口选择如图6-116所示的两个截面轮廓。

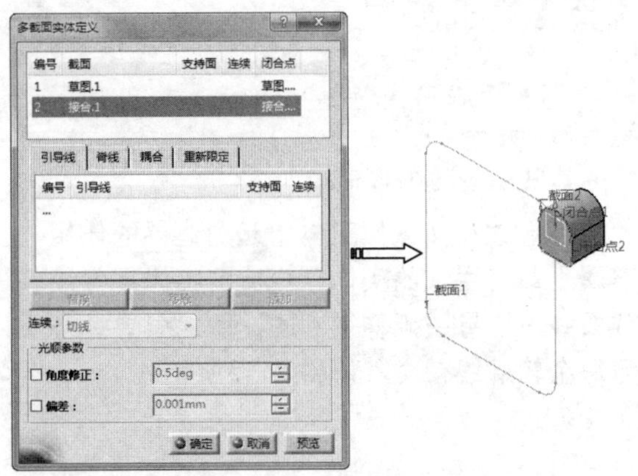

图6-116 【多截面实体定义】对话框

03 选中编号为2的截面线，单击鼠标右键，在弹出的快捷菜单中选择【替换闭合点】命令，然后在图形区选择如图6-117所示的点为闭合点。

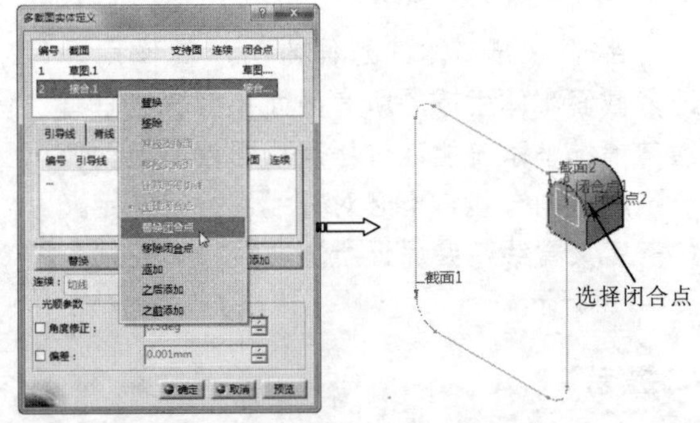

图6-117 重新选择闭合点

04 单击【耦合】选项卡，在【截面耦合】下拉列表中选择【比率】，特征预览确认无误后单击【确定】按钮，完成多截面实体特征，如图6-118所示。

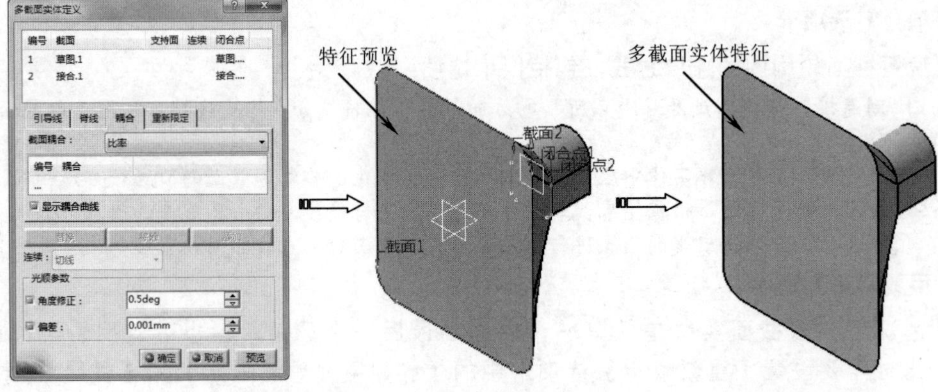

图6-118 创建多截面实体特征

6.10 已移除的多截面实体

【已移除多截面实体】用于通过多个截面轮廓的渐进扫掠在已有实体上去除材料生成特征，如图6-119所示。已移除多截面实体特征与多截面实体特征相似，只不过多截面实体是增加实体，而已移除多截面实体是去除实体。

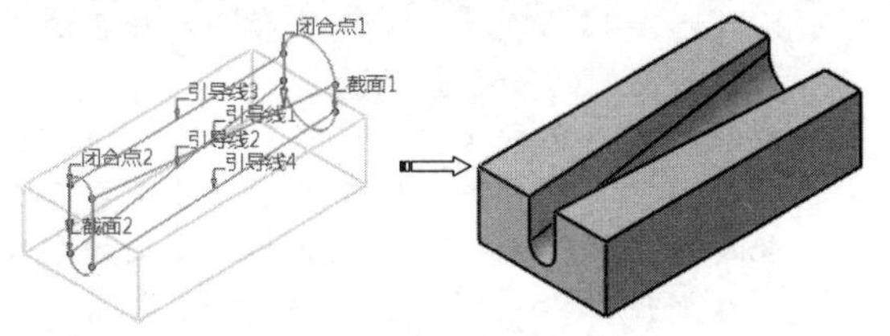

图6-119　已移除多截面实体

单击【基于草图的特征】工具栏上的【已移除的多截面实体】按钮，弹出【已移除的多截面实体定义】对话框，如图6-120所示。【已移除的多截面实体定义】对话框选项与【多截面实体】对话框中相关选项很多都类似，这里就不再赘述了。

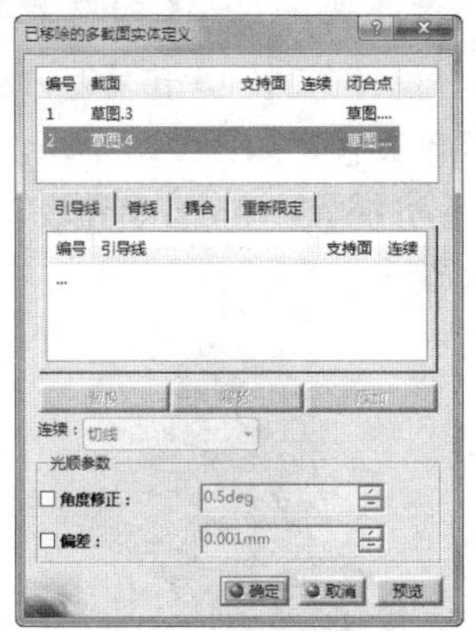

图6-120　【已移除的多截面实体定义】对话框

动手操作—已移除的多截面实体实例

01 在【标准】工具栏中单击【打开】按钮，在弹出的【选择文件】对话框中选择“6-13.CATPart”文件。单击【打开】按钮打开一个零件文件，如图6-121所示。选择【开始】|【机械设计】|【零件设计】，进入【零件设计】工作台。

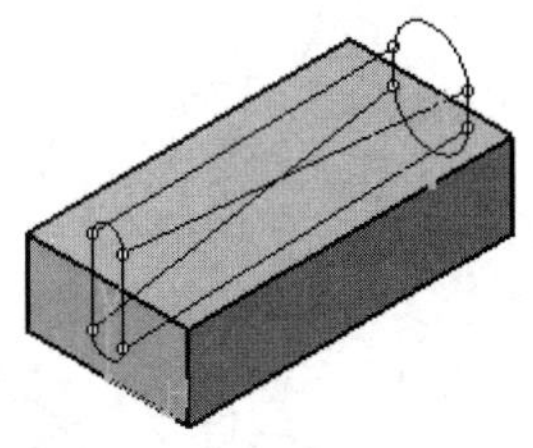

图6-121　打开模型文件

02 单击【基于草图的特征】工具栏上的【已移除的多截面实体】按钮，弹出【已移除的多截面实体定义】对话框，并在工作窗口选择如图6-122所示的两个截面轮廓。

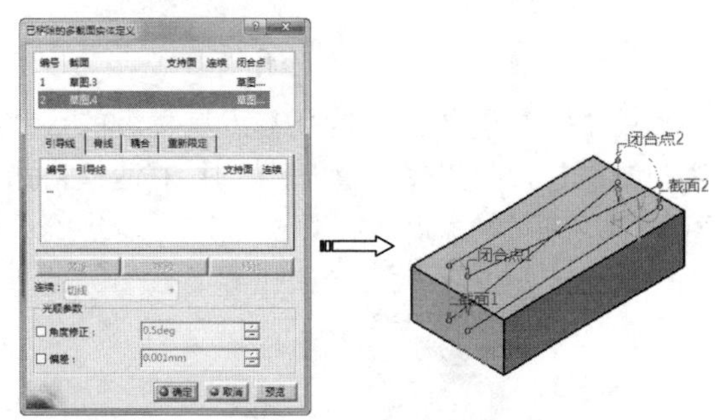

图6-122　【已移除的多截面实体定义】对话框

03 选中编号为2的截面线，单击鼠标右键，在弹出的快捷菜单中选择【替换闭合点】命令，然后在图形区选择如图6-123所示的点为闭合点，单击闭合点处箭头方向，将两个截面方向设置为同向。

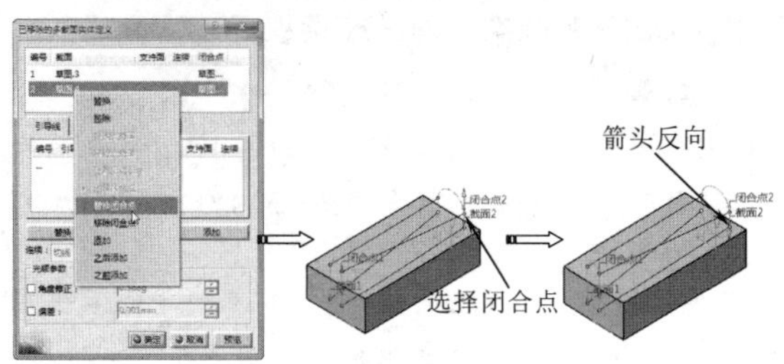

图6-123　重新选择闭合点

04 单击【耦合】选项卡，在【截面耦合】下拉列表中选择【相切然后曲率】，特征预览确认无误后单击【确定】按钮，完成多截面实体特征，如图6-124所示。

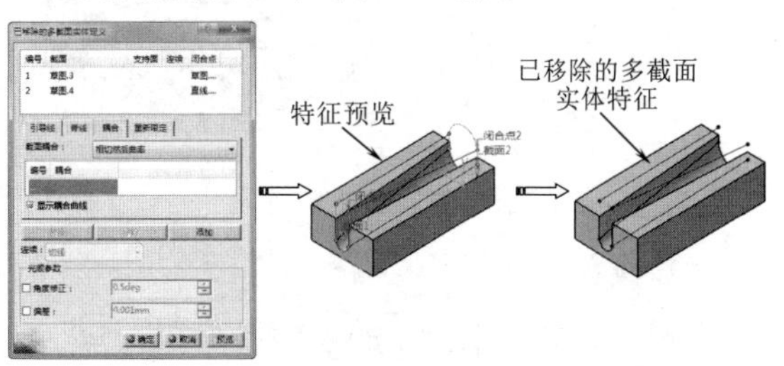

图6-124　创建已移除的多截面实体特征

6.11 加强肋

【加强肋】命令在草图轮廓和现有零件之间添加指定方向和厚度的材料，在工程上一般用于加强零件的强度，如图6-125所示。

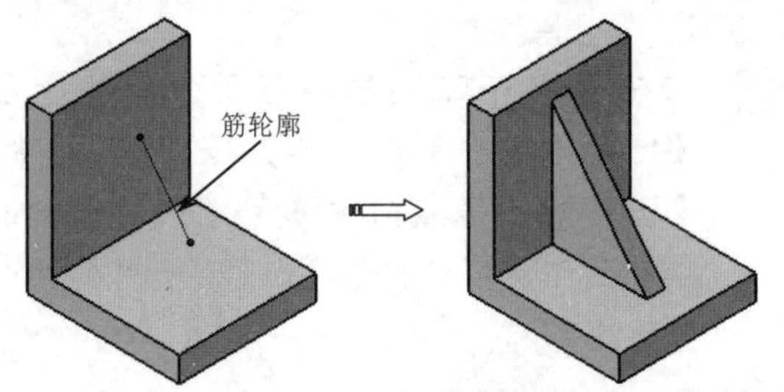

图6-125 加强肋特征

单击【基于草图的特征】工具栏上的【加强肋】按钮，弹出【定义加强肋】对话框，如图6-126所示。

图6-126 【定义加强肋】对话框

【定义加强肋】对话框选项参数含义如下：

1. 模式

★ 从侧面：加强肋厚度值被赋予在轮廓平面法线方向，轮廓在其所在平面内延伸得到加强肋零件，如图6-127（a）所示。

★ 从顶部：加强肋的厚度值被赋予在轮廓平面内，轮廓沿其所在平面的法线方向延伸得到加强肋零件，如图6-127（b）所示。

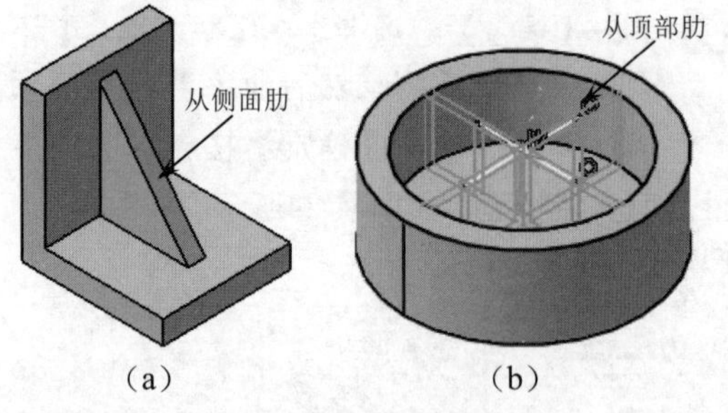

图6-127 加强肋模式

2. 线宽

用于设置轮廓沿中心曲线的扫掠方向，包括以下选项：

★ 厚度：用于定义加强肋的厚度。在【厚度1】和【厚度2】文本框中输入数值，对加强肋在轮廓线两侧的厚度进行定义。

★ 中性边界：选中【中性边界】单选按钮，将使加强肋在轮廓线两侧厚度相等；否则只在轮廓线一侧以【厚度1】文本框中定义的厚度创建加强肋。

3. 轮廓

用于定义加强肋的轮廓线。既可以选择已经绘制好的草图，也可以单击编辑框右侧的【草图】按钮进入草图编辑器绘制。

动手操作—加强肋实例

01 在【标准】工具栏中单击【打开】按钮，在弹出的【选择文件】对话框中选择“6-14.CATPart”文件。单击【打开】按钮打开一个零件文件，如图6-128所示。选择【开始】|【机械设计】|【零件设计】，进入【零件设计】工作台。

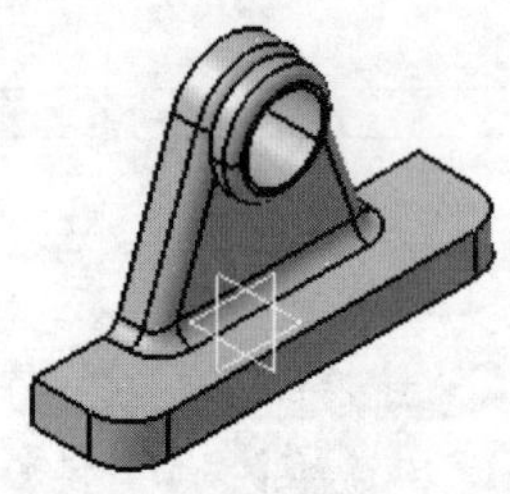

图6-128 打开模型文件

02 单击【草图】按钮，在工作窗口选择草图平面yz平面，进入草图编辑器。利用轮廓等工具绘制如图6-129所示的草图。单击【工作台】工具栏上的【退出工作台】按钮，完成草图绘制。

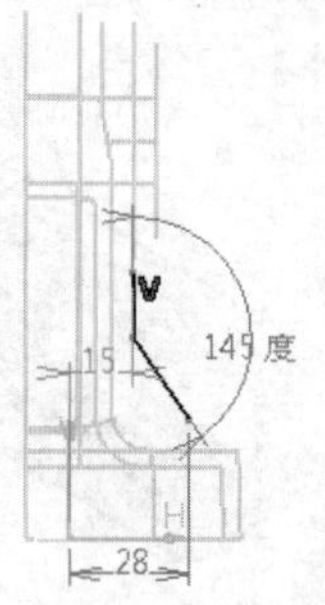

图6-129 绘制草图截面

03 单击【基于草图的特征】工具栏上的【加强肋】按钮，弹出【定义加强肋】对话框，选择上一步绘制的草图作为轮廓，特征预览确认无误后单击【确定】按钮，完成加强肋特征，如图6-130所示。

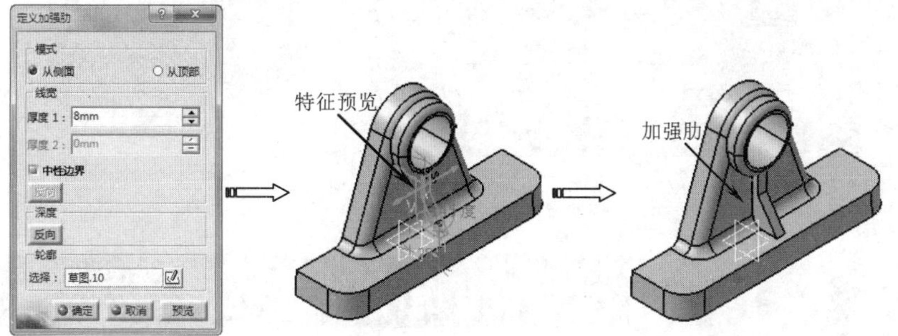

图6-130 创建加强肋特征

6.12 实体混合

【实体混合】命令是指两个草图截面分别沿着两个方向拉伸，生成交集部分实体特征，如图6-131所示。

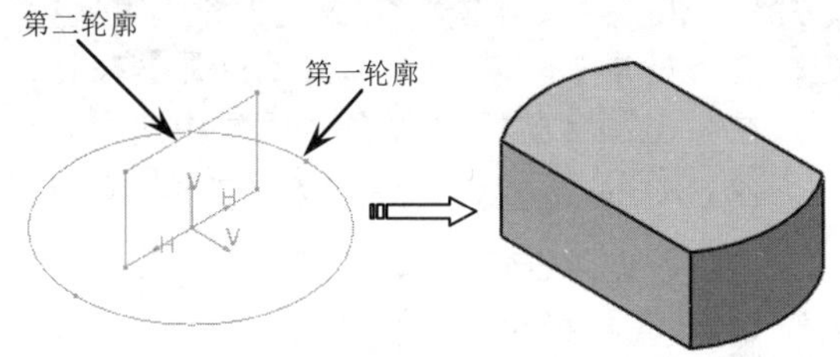

图6-131 实体混合特征

单击【基于草图的特征】工具栏上的【实体混合】按钮，弹出【定义混合】对话框，如图6-132所示。【定义混合】对话框选项与【定义凸台】对话框中相关选项类似，这里就不再赘述了。

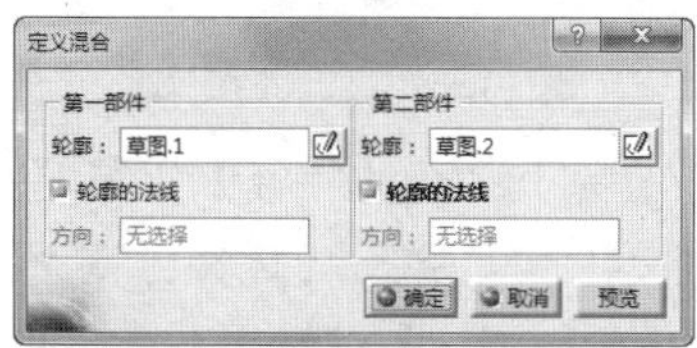

图6-132 【定义混合】对话框

动手操作—实体混合实例（阶梯键设计）

01 在【标准】工具栏中单击【新建】按钮，在弹出的【新建】对话框中选择“part”。单击【确定】按钮新建一个零件文件，选择【开始】|【机械设计】|【零件设计】，进入【零件设计】工作台。

02 单击【草图】按钮，在工作窗口选择草图平面xy平面，进入草图编辑器。利用直线、圆弧等工具绘制如图6-133所示的草图。单击【工作台】工具栏上的【退出工作台】按钮，完成草图绘制。

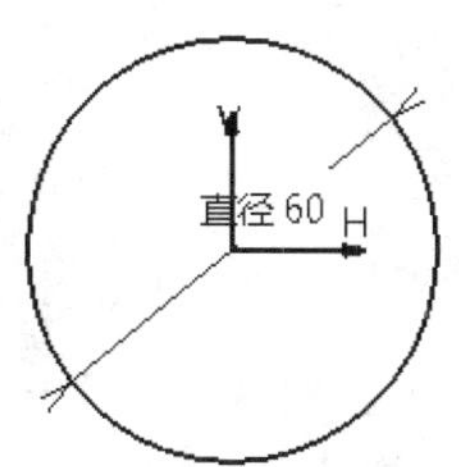

图6-133 绘制草图截面

03 单击【草图】按钮，在工作窗口选择草图平面zx平面，进入草图编辑器。利用轮廓等工具绘制如图6-134所示的草图。单击【工作台】工具栏上的【退出工作台】按钮，完成草图绘制。

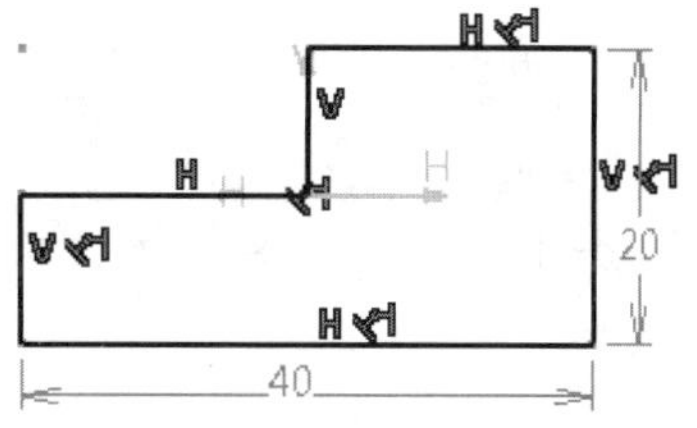

图6-134 绘制草图截面

04 单击【基于草图的特征】工具栏上的【实体混合】按钮，弹出【定义混合】对话框，选择两个绘制草图作为轮廓，特征预览确认无误后单击【确定】按钮，完成实体混合特征，如图6-135所示。

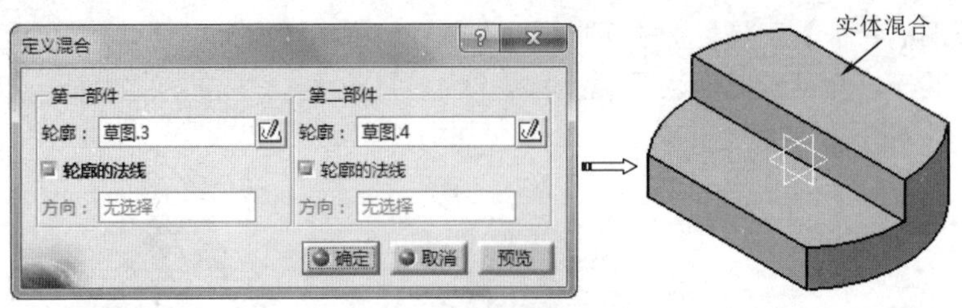

图6-135 创建实体混合特征

6.13 基于曲面的特征

使用基于草图的特征建模创建的零件形状都是规则的，而实际工程中，许多零件的表面往往都不是平面或规则曲面，这就需要通过曲面生成实体来创建特定表面的零件，该类命令主要集中于【基于曲面的特征】工具栏上，下面分别加以介绍。

6.13.1 分割特征

【分割】命令是指使用平面、面或曲面切除实体某一部分而生成所需的新实体，如图6-136所示。

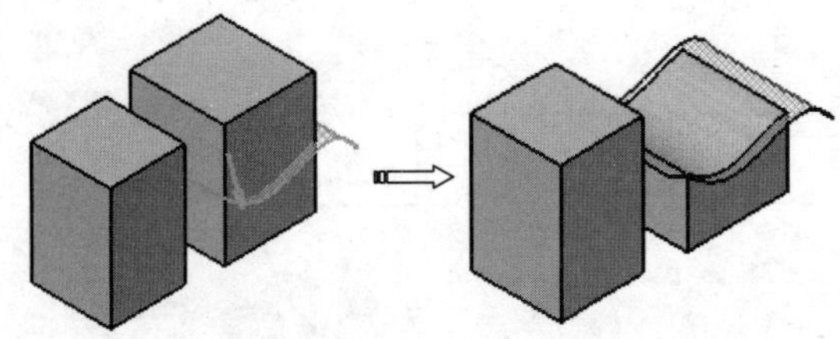

图6-136 分割特征

单击【基于曲面的特征】工具栏上的【分割】按钮，弹出【定义分割】对话框，如图6-137所示。激活【分割图元】编辑框，选择分割曲面，图形区显示箭头，箭头指向保留部分，可在图形区单击箭头改变实体保留方向。

图6-137 【定义分割】对话框

动手操作—分割特征实例（球面分割设计）

01 在【标准】工具栏中单击【打开】按钮，在弹出的【选择文件】对话框中选择“6-16.CATPart”文件。单击【打开】按钮打开一个零件文件，如图6-138所示。选择【开始】|【机械设计】|【零件设计】，进入【零件设计】工作台。

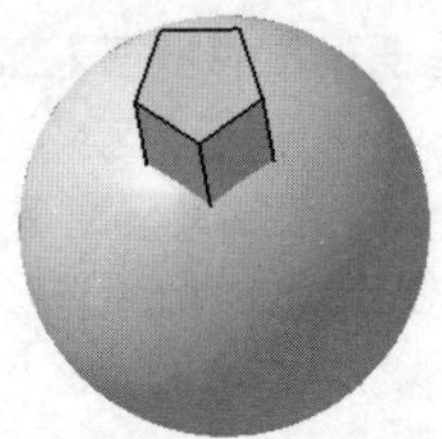

图6-138 打开模型文件

02 单击【基于曲面的特征】工具栏上的【分割】按钮，弹出【定义分割】对话框，激活【分割图元】编辑框，选择球面为分割曲面，箭头指向球内部保留，单击【确定】按钮，完成分割特征，如图6-139所示。

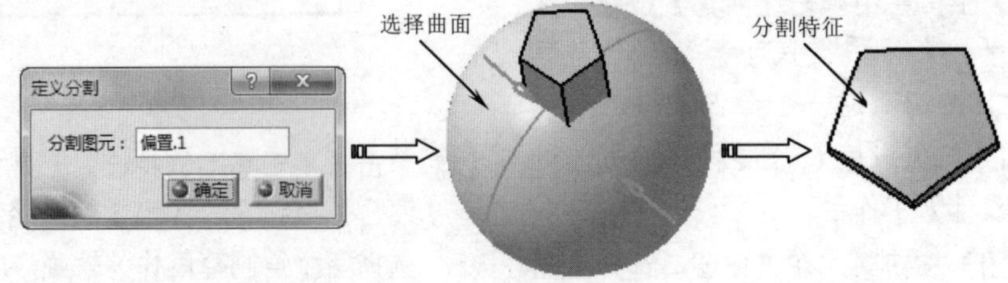

图6-139 创建分割特征

6.13.2 厚曲面特征

【厚曲面】命令是指对某一曲面，指定一个加厚方向，在该方向上根据给定的厚度数值增加曲面的厚度形成实体，如图6-140所示。

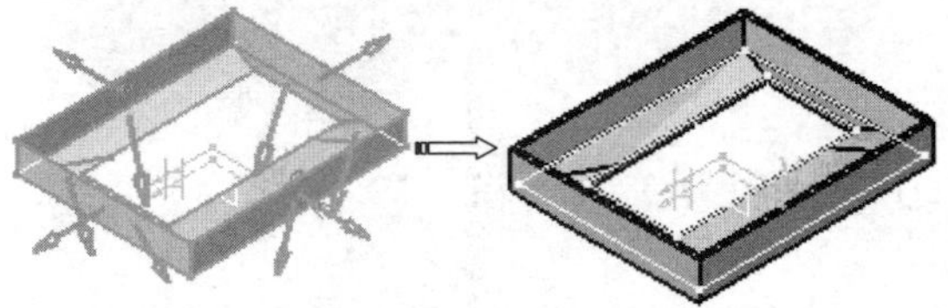

图6-140 厚曲面特征图

单击【基于曲面的特征】工具栏上的【厚曲面】按钮，弹出【定义后曲面】对话框，如图6-141所示。

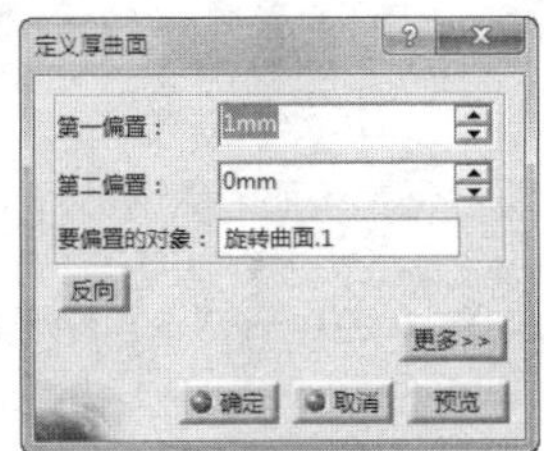

图6-141 【定义厚曲面】对话框

提示

厚曲面时，选择曲面后，在所选曲面上出现箭头，箭头方向指向增厚【第一偏置】方向。另外，加厚的曲面要保证具有足够的空间，为了避免自相交，厚度值必须小于属于同一几何体且方向相反面之间距离的一半。

动手操作—厚曲面特征实例

01 在【标准】工具栏中单击【打开】按钮，在弹出的【选择文件】对话框中选择“6-17.CATPart”文件。单击【打开】按钮打开一个零件文件，如图6-142所示。选择【开始】|【机械设计】|【零件设计】，进入【零件设计】工作台。

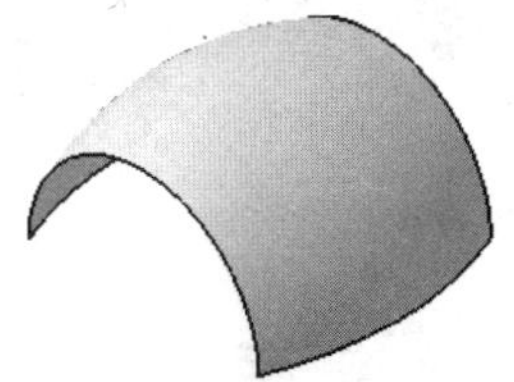

图6-142 打开模型文件

02 单击【基于曲面的特征】工具栏上的【厚曲面】按钮，弹出【定义厚曲面】对话框，激活【分割图元】编辑框，选择如图6-143所示的曲面，箭头指向加厚方向，激活【第一偏置】文本框，输入2mm，单击【确定】按钮，完成加厚特征。

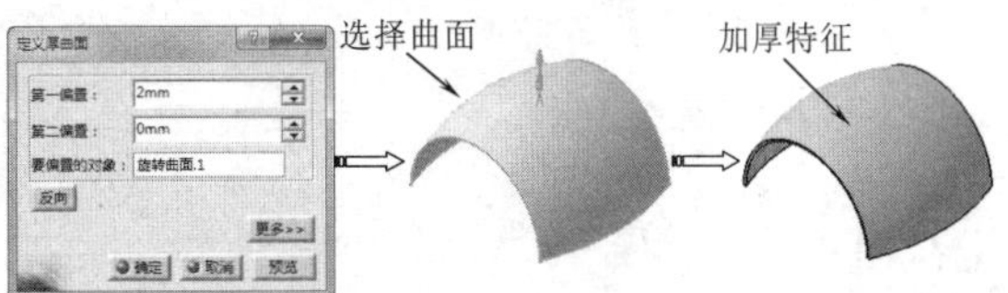

图6-143 创建加厚特征

6.13.3 封闭曲面

【封闭曲面】命令是指在封闭的曲面内部实体材质以封闭曲面为外部形状的实体零件，如图6-144所示。

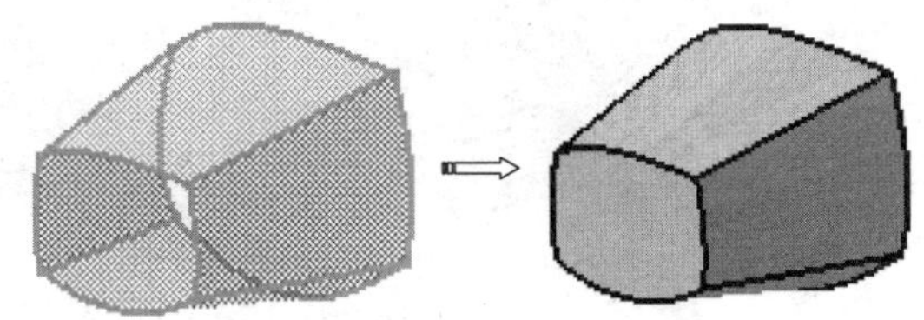

图6-144 封闭曲面

单击【基于曲面的特征】工具栏上的【封闭曲面】按钮，弹出【定义封闭曲面】对话框，如图6-145所示。

图6-145 【定义封闭曲面】对话框

提示

封闭曲面要求曲面在某个方向上截面线是封闭的，并不需要所有的曲面形成一个完全封闭的空间。

动手操作—封闭曲面实例

01 在【标准】工具栏中单击【打开】按钮，在弹出的【选择文件】对话框中选择“kaicao”文件。单击【打开】按钮打开一个零件文件，如图6-146所示。选择【开始】|【机械设计】|【零件设计】，进入【零件设计】工作台。

02 单击【基于曲面的特征】工具栏上的【封闭曲面】按钮，弹出【定义封闭曲面】对话框，选择如图6-147所示的曲面，单击【确定】按钮，系统创建封闭曲面实体特征。

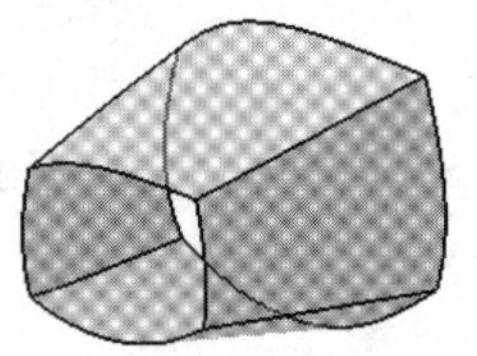

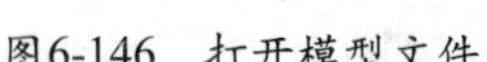
图6-146 打开模型文件

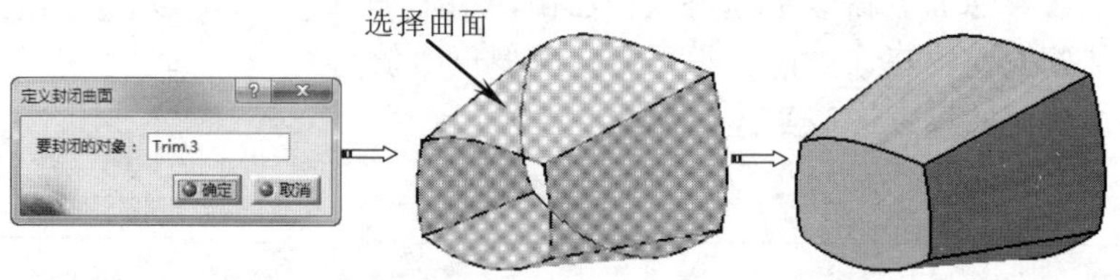

图6-147 创建封闭曲面特征

6.13.4 缝合曲面

【缝合曲面】是一种曲面和实体之间的布尔运算，该命令根据所给曲面的形状通过填充材质或删除部分实体来改变零件实体的形状，将曲面与实体缝合到一起，使零件实体保持与曲面一致的外形，如图6-148所示。

单击【基于曲面的特征】工具栏上的【缝合曲面】按钮，弹出【定义缝合曲面】对话框，如图6-149所示。

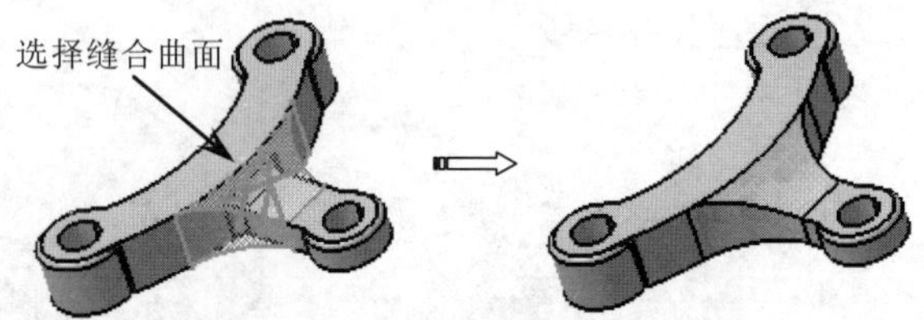

图6-148 缝合曲面

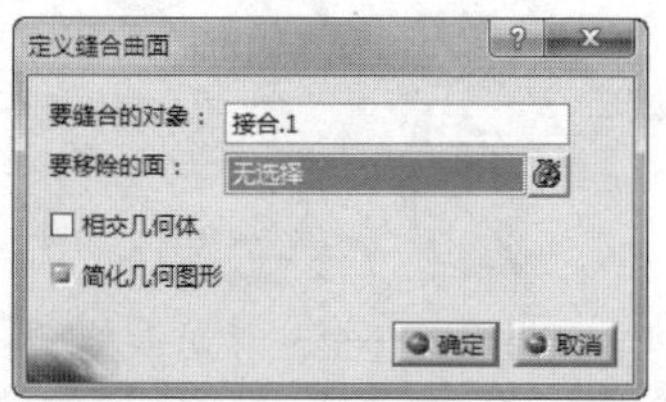

图6-149 【定义缝合曲面】对话框

【定义缝合曲面】对话框相关选项参数含义如下：

★ 要缝合的对象：选择要缝合到几何体上的曲面。
★ 要移除的面：指实体零件上要移除的表面，一般情况下系统会根据曲面与零件实体的位置关系，自动计算实体上哪些表面被移除，一般不需要定义。

动手操作—缝合曲面实例

01 在【标准】工具栏中单击【打开】按钮，在弹出的【选择文件】对话框中选择“6-19.CATPart”文件。单击【打开】按钮打开一个零件文件，如图6-150所示。选择【开始】|【机械设计】|【零件设计】，进入【零件设计】工作台。

02 单击【基于曲面的特征】工具栏上的【缝合曲面】按钮，弹出【定义缝合曲面】对话框，选择需要缝合到实体上的曲面，单击【确定】按钮，系统创建缝合曲面实体特征，如图6-151所示。

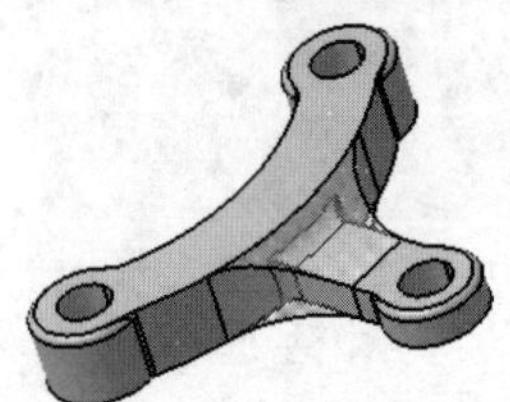
图6-150 打开模型文件

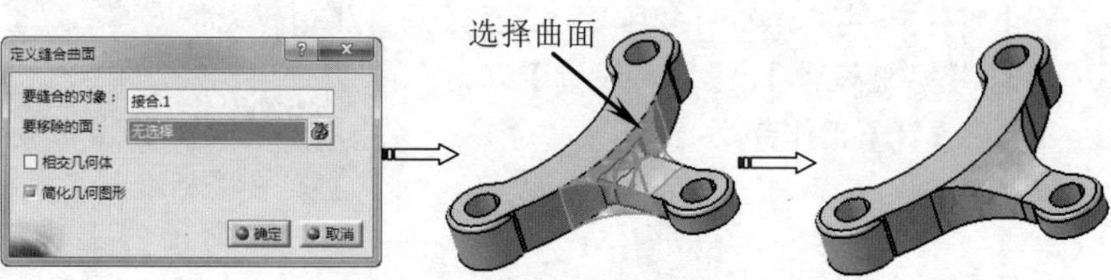

图6-151 创建缝合曲面特征

6.14 实战应用——座椅设计

引入光盘：无
结果文件：\动手操作\结果文件\Ch06\zuoyi.CATPart
视频文件：\视频\Ch06\座椅设计.avi

本节以一个工业产品——小座椅设计实例，来详解实体建模的应用技巧。座椅设计造型如图6-152所示。

图6-152 座椅渲染效果

01 在【标准】工具栏中单击【新建】按钮，在弹出的【新建】对话框中选择“part”，单击【确定】按钮，弹出【新建零件】对话框。单击【确定】按钮新建一个零件文件，并选择【开始】|【机械设计】|【零件设计】，进入【零件设计】工作台。

02 单击【草图】按钮，在工作窗口选择草图平面xy平面，进入草图编辑器。利用草图工具绘制如图6-153所示的草图。单击【工作台】工具栏上的【退出工作台】按钮，完成草图绘制。

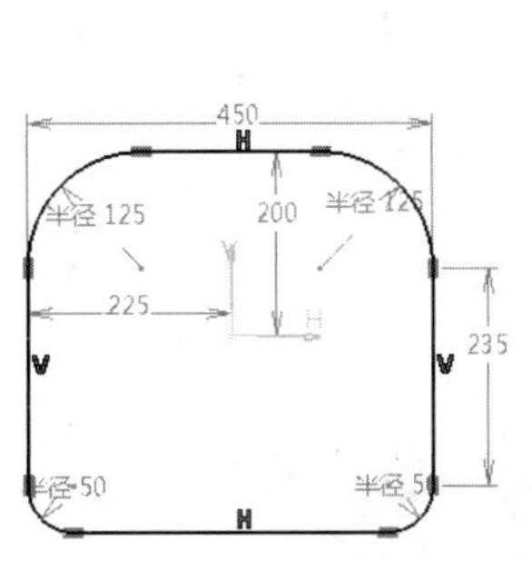

图6-153 绘制草图

03 单击【基于草图的特征】工具栏上的【凸台】按钮，弹出【定义凸台】对话框，选择上一步所绘制的草图，拉伸深度为15，选中【镜像范围】复选框，单击【确定】按钮完成拉伸特征，如图6-154所示。

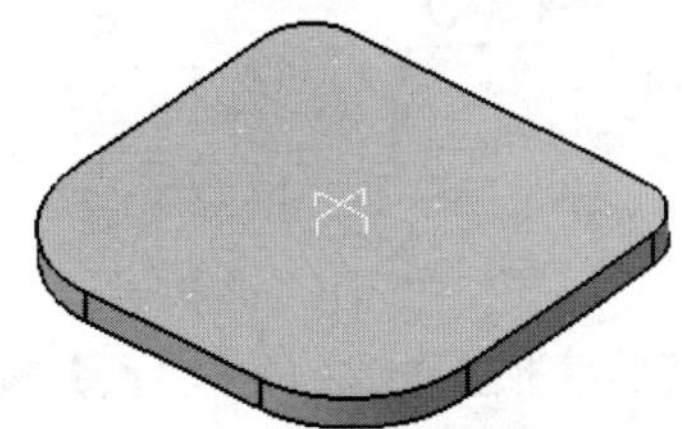

图6-154 创建凸台特征

04 单击【修饰特征】工具栏上的【倒圆角】按钮，弹出【倒圆角定义】对话框，在【要圆角化的对象】选择框中选择如图6-155所示的边线，在【半径】输入框设置15，单击【确定】按钮完成倒圆角特征。

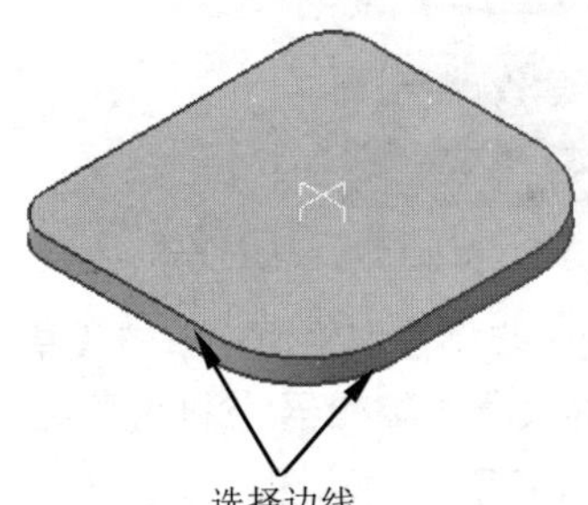

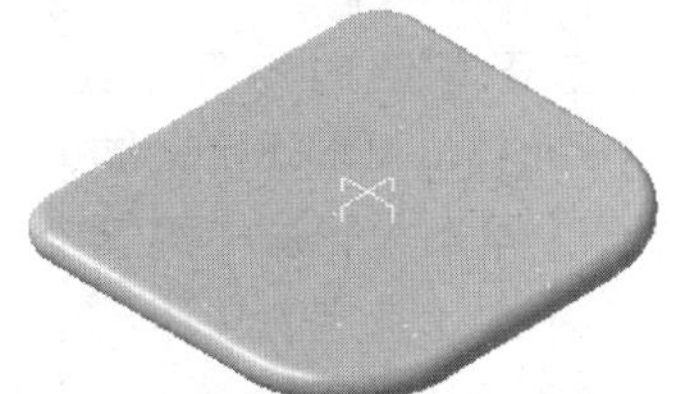

图6-155 创建倒圆角特征

05 单击【草图】按钮，在工作窗口选择草图平面yz平面，进入草图编辑器。利用草图工具绘制如图6-156所示的草图。单击【工作台】工具栏上的【退出工作台】按钮，完成草图绘制。

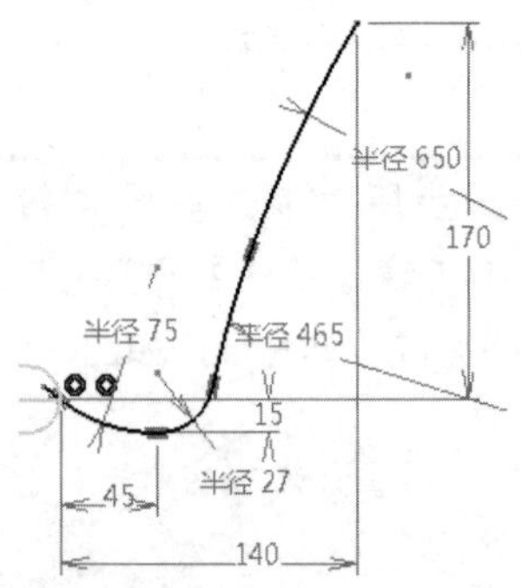

图6-156　绘制草图

06 单击【线框】工具栏上的【平面】按钮，弹出【平面定义】对话框，在【平面类型】下拉列表中选择【曲线的法线】选项，选择上一步创建的草图及其端点，单击【确定】按钮完成平面创建，如图6-157所示。

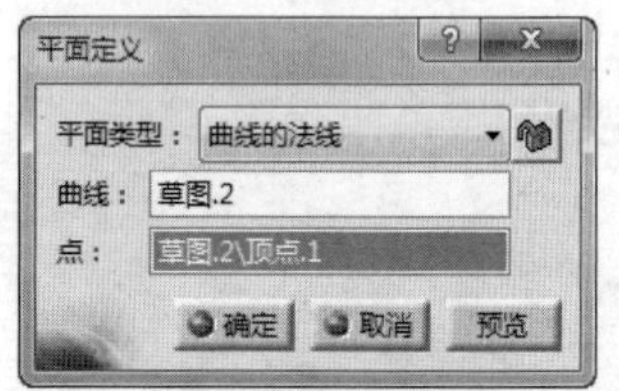

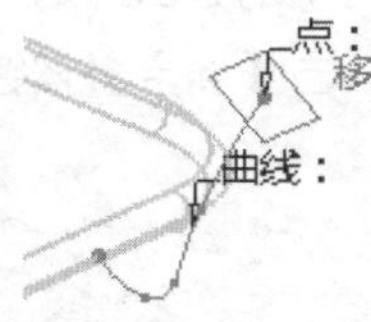

图6-157　创建平面

07 选择上一步创建的平面，单击【草图】按钮，进入草图编辑器。利用草绘工具绘制如图6-158所示的草图。单击【工作台】工具栏上的【退出工作台】按钮，完成草图绘制。

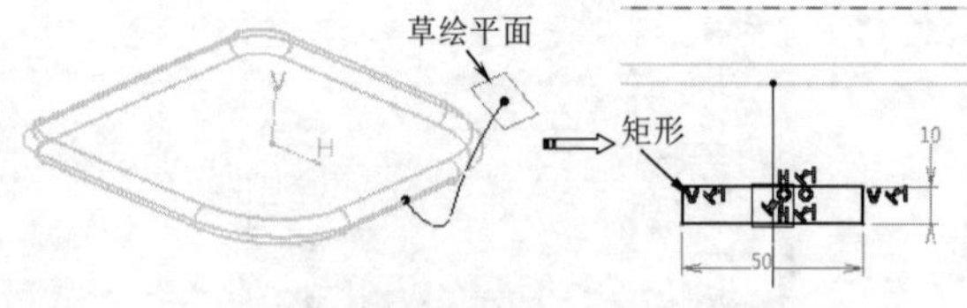

图6-158　绘制草图

08 单击【基于草图的特征】工具栏上的【肋】按钮，弹出【定义肋】对话框，选择第一个草图为轮廓，第二个草图为中心曲线，单击【确定】按钮创建肋特征，如图6-159所示。

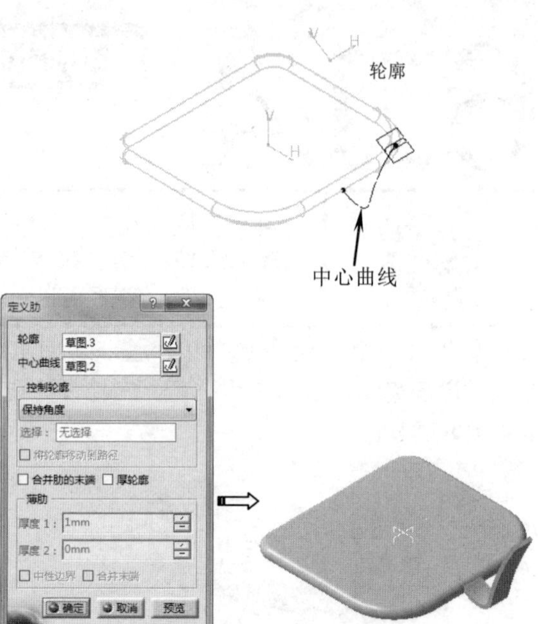

图6-159　创建肋特征

09 单击【草图】按钮，在工作窗口选择草图平面xy平面，进入草图编辑器。利用草图工具绘制如图6-160所示的草图。单击【工作台】工具栏上的【退出工作台】按钮，完成草图绘制。

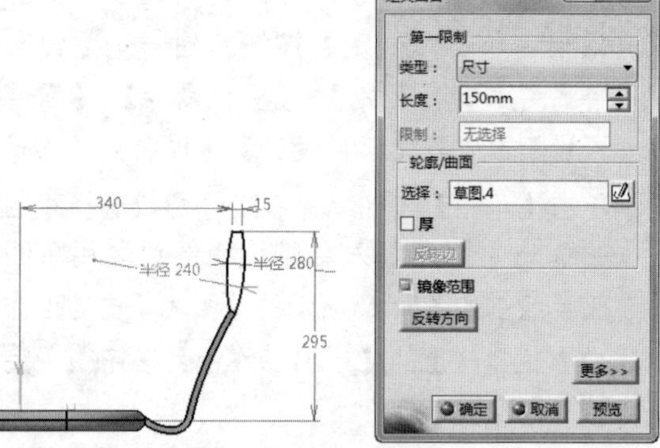

图6-160　绘制草图

10 单击【基于草图的特征】工具栏上的【凸台】按钮，弹出【定义凸台】对话框，选择上一步所绘制的草图，拉伸深度为150，选中【镜像范围】复选框，单击【确定】按钮完成拉伸特征，如图6-161所示。

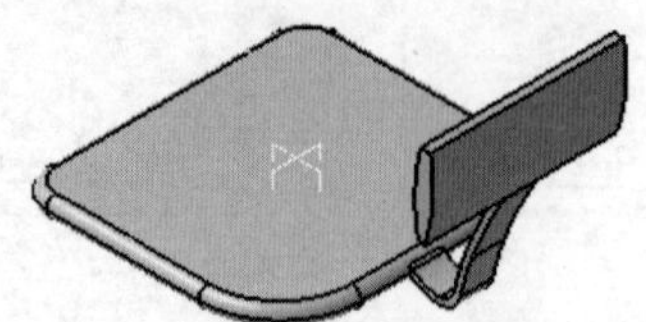

图6-161　创建凸台特征

11 单击【草图】按钮，在工作窗口选择草图平面yz平面，进入草图编辑器。利用草图工具绘制如图6-162所示的草图。单击【工作台】工具栏上的【退出工作台】按钮，完成草图绘制。

12 单击【线框】工具栏上的【平面】按钮，弹出【平面定义】对话框，在【平面类型】下拉列表中选择【偏移平面】选项，选择yz平面作为参考，在【偏移】文本框输入160，单击【确定】按钮，系统自动完成平面创建，如图6-163所示。

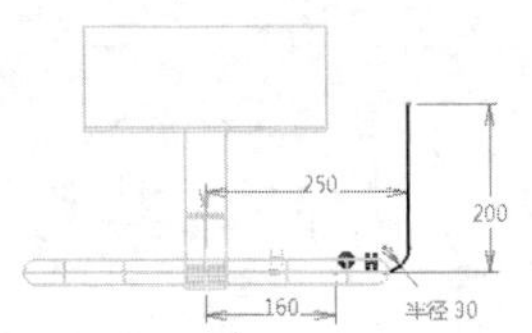

图6-162 绘制草图

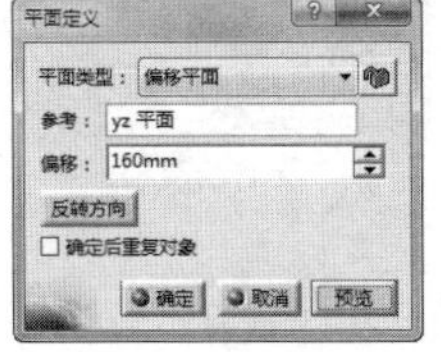

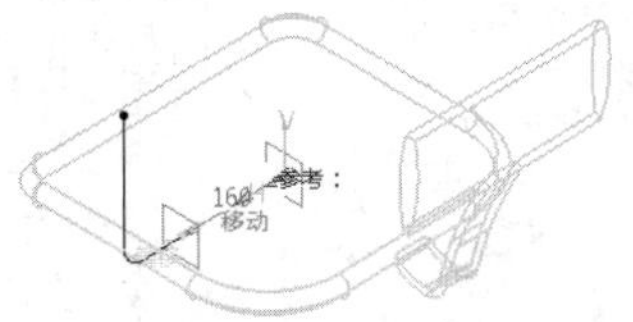

图6-163 偏移平面

13 选择上一步创建的平面，单击【草图】按钮，进入草图编辑器。利用椭圆工具绘制如图6-164所示的草图。单击【工作台】工具栏上的【退出工作台】按钮，完成草图绘制。

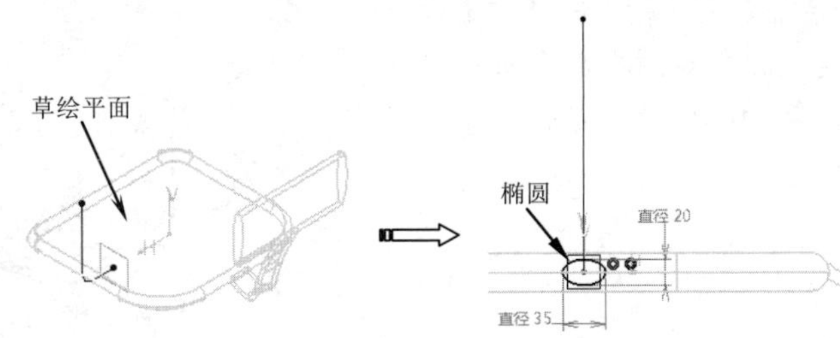

图6-164 绘制草图

14 单击【基于草图的特征】工具栏上的【肋】按钮，弹出【定义肋】对话框，选择如图6-165所示的轮廓和中心曲线，单击【确定】按钮创建肋特征，如图6-165所示。

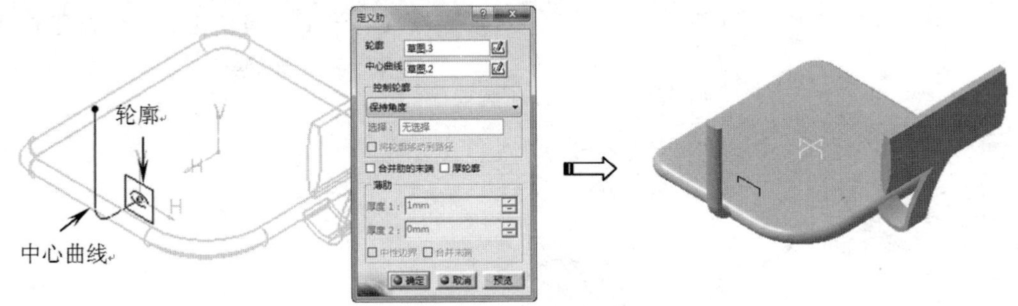

图6-165 创建肋特征

15 单击【线框】工具栏上的【平面】按钮，弹出【平面定义】对话框，在【平面类型】下拉列表中选择【偏移平面】选项，选择yz平面作为参考，在【偏移】文本框输入160，单击【确定】按钮，系统自动完成平面创建，如图6-166所示。

16 单击【草图】按钮，在工作窗口选择上一步所创建的平面，进入草图编辑器。利用草图工具绘制如图6-167所示的草图。单击【工作台】工具栏上的【退出工作台】按钮，完成草图绘制。

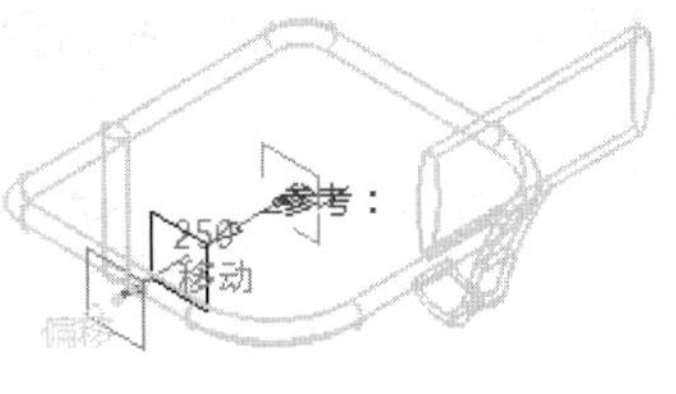

图6-166 偏移平面

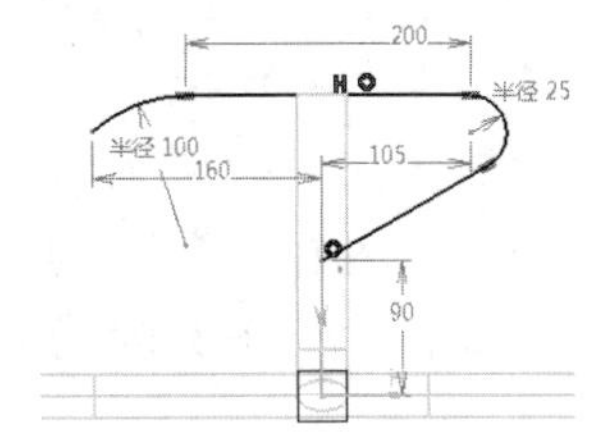

图6-167 绘制草图

17 单击【草图】按钮，在工作窗口选择zx平面作为草绘平面，进入草图编辑器。利用草图工具绘制如图6-168所示的草图。单击【工作台】工具栏上的【退出工作台】按钮，完成草图绘制。

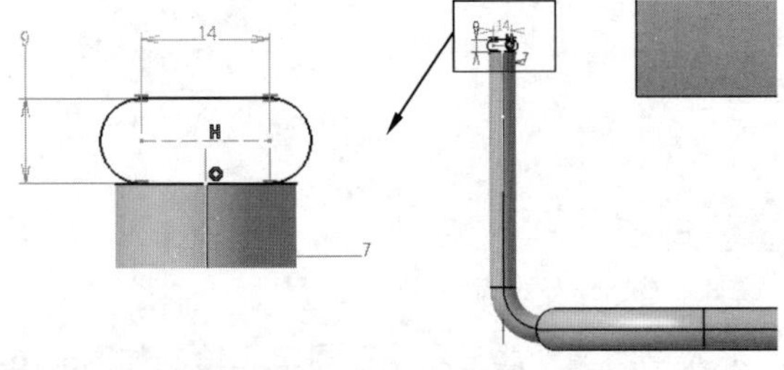

图6-168 绘制草图

18 单击【基于草图的特征】工具栏上的【肋】按钮，弹出【定义肋】对话框，选择如图6-169所示的轮廓和中心曲线，单击【确定】按钮创建肋特征。

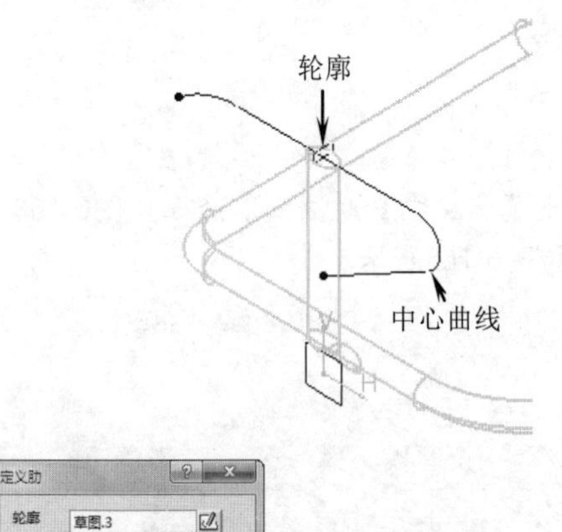

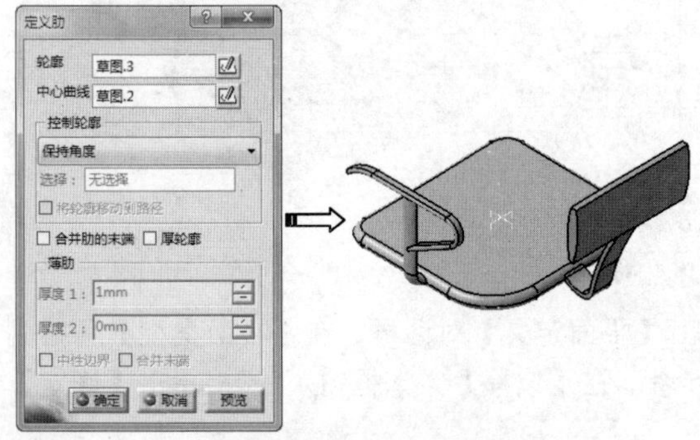

图6-169 创建肋特征

19 选择上面创建的两个肋特征，单击【变换特征】工具栏上的【镜像】按钮，弹出【定义镜像】对话框。激活【镜像图元】编辑框，选择yz平面作为镜像平面，显示镜像预览，单击【确定】按钮，系统完成镜像特征，如图6-170所示。

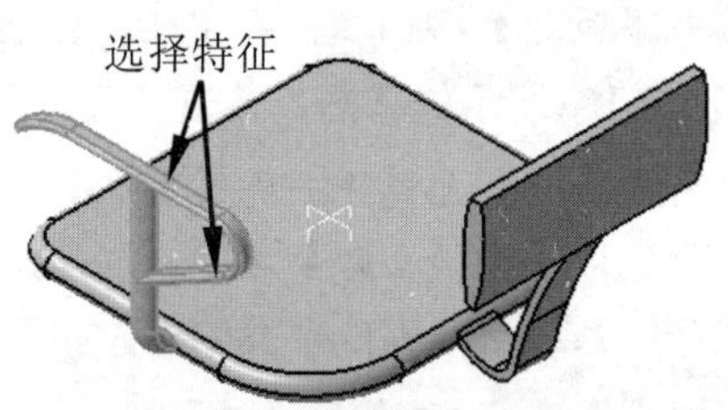

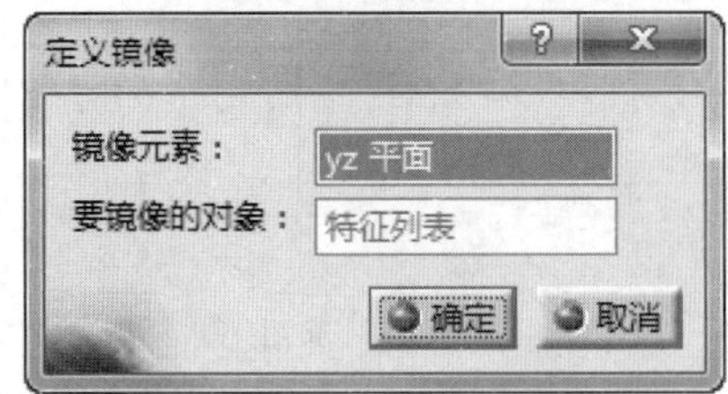

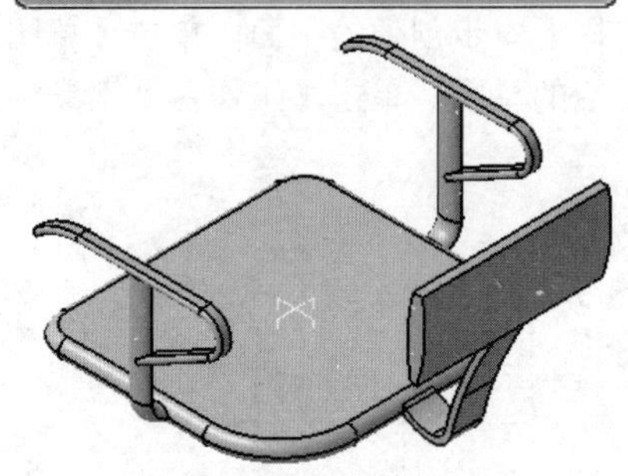

图6-170 创建镜像

20 单击【草图】按钮，在工作窗口选择草图平面yz平面，进入草图编辑器。利用圆弧和直线工具绘制如图6-171所示的草图。单击【工作台】工具栏上的【退出工作台】按钮，完成草图绘制。

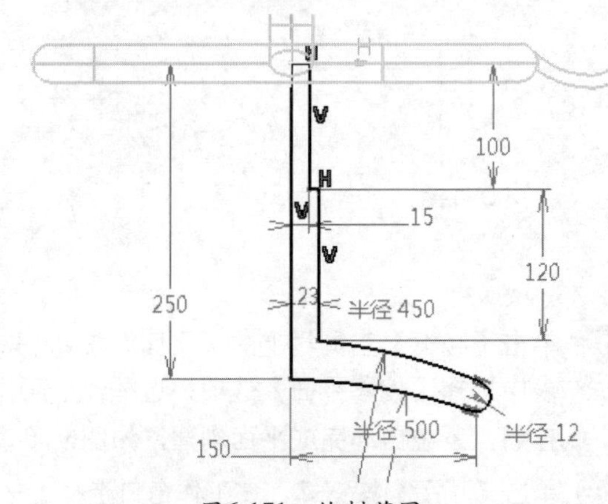

图6-171 绘制草图

21 单击【基于草图的特征】工具栏上的【旋转体】按钮，选择旋转截面，弹出【定义旋转体】对话框，选择上一步草图为旋转截面，选择“Z轴”为轴线，单击【确定】按钮，完成旋转，如图6-172所示。

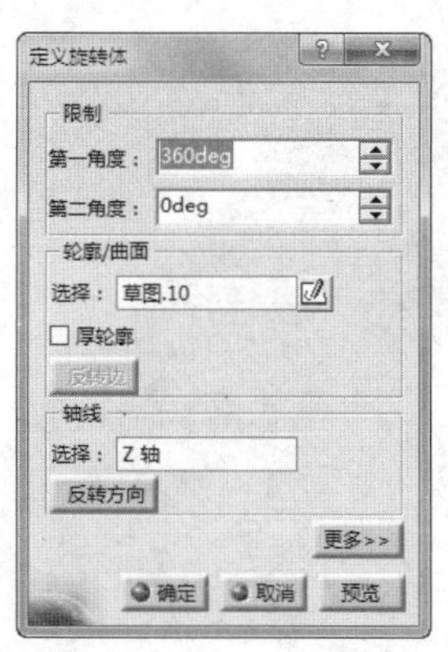

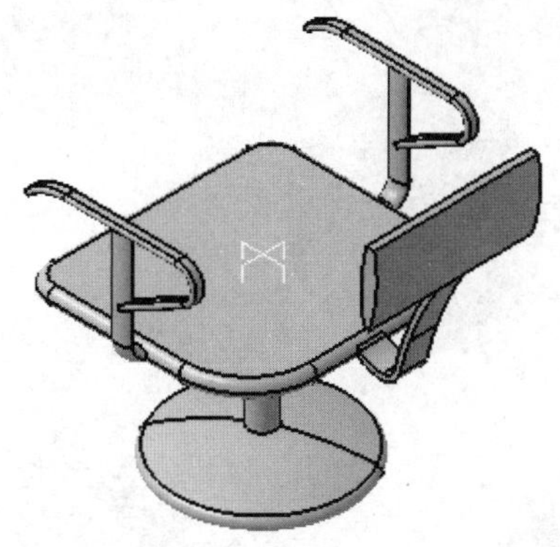

图6-172　创建旋转体特征

6.15 课后习题

1. 习题一

通过CATIA实体特征设计命令，创建如图6-173所示的模型。

读者将熟悉如下内容：

（1）创建草图特征。

（2）创建凸台特征。

（3）创建凹槽特征。

（4）创建孔特征。

2. 习题二

通过CATIA实体特征设计命令，创建如图6-174所示的模型。

读者将熟悉如下内容：

（1）创建草图特征。

（2）创建凸台特征。

（3）创建凹槽特征。

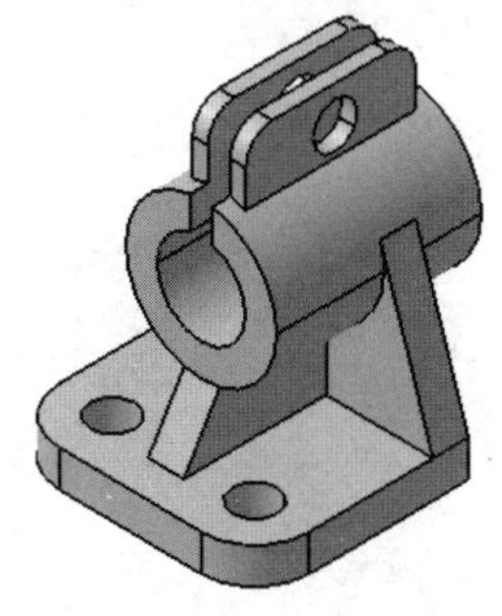

图6-173　范例图

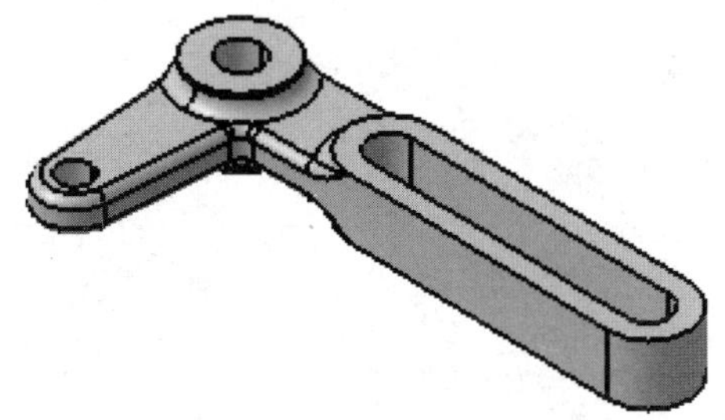

图6-174　范例图

第7章 特征编辑与操作指令

前一章主要介绍了CATIA V5的实体特征设计命令，但仅仅通过实体特征设计很难完成复杂模型的创建，往往需要与特征编辑与操作相配合，来实现复杂模型建立，同时可以减少创建各种特征时的工作量。本章将把这些内容详解介绍给大家，包括修饰特征、变换特征、布尔运算和特征编辑等。

◎ 知识点01：修饰特征
◎ 知识点02：变换特征
◎ 知识点03：布尔运算
◎ 知识点04：特征编辑

7.1 修饰特征

零件修饰特征是指在在已有基本实体的基础上建立修饰，如倒角、拔模、螺纹等，相关命令集中在【修饰特征】工具栏上，包括“倒圆角”、“倒角”、“拔模”、“抽壳”、“加厚”和“添加螺纹”等。

7.1.1 倒圆角

CATIA V5R21提供了多种圆角特征的创建方法，单击【修饰特征】工具栏上的【倒圆角】按钮右下角的小三角形，弹出有关倒圆角命令按钮，如图7-1所示。

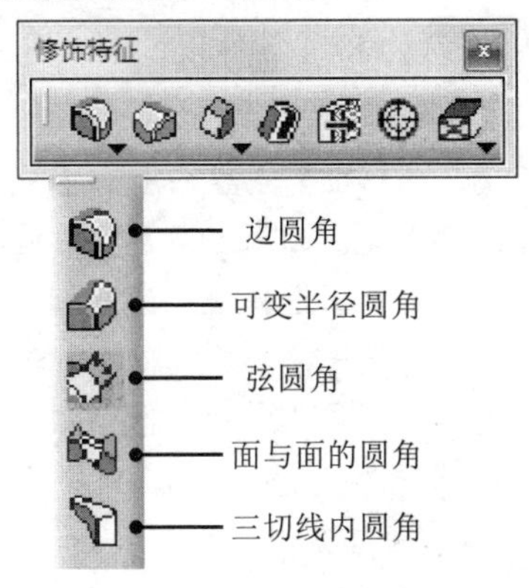

图7-1 【倒圆角】相关命令

1. 边圆角

【边圆角】命令通过指定实体的边线，在实体上建立与边线连接的两个曲面相切的曲面，如图7-2所示。

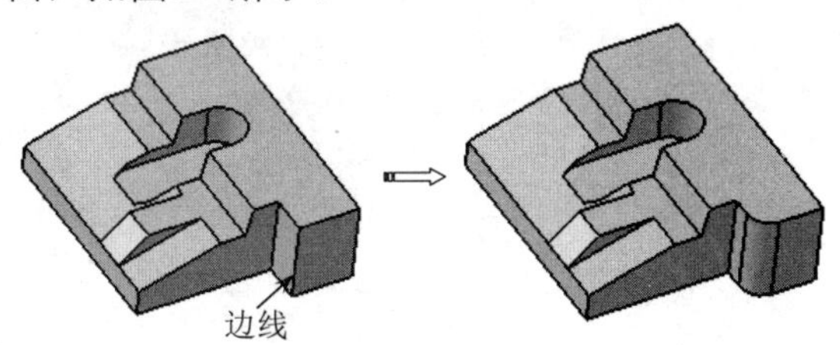

图7-2 边圆角

单击【修饰特征】工具栏上的【倒圆角】按钮，弹出【倒圆角定义】对话框，如图7-3所示。

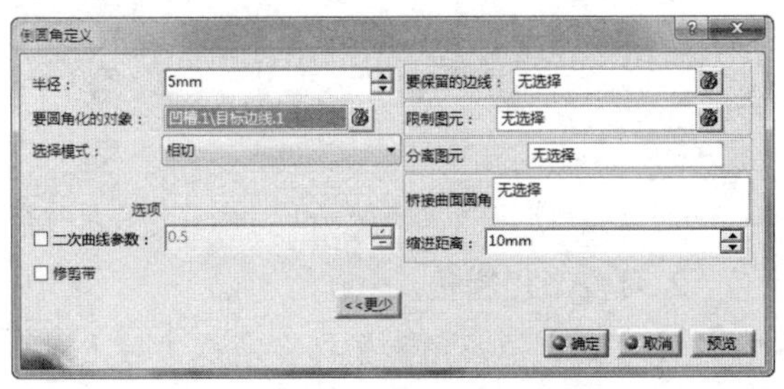

图7-3 【倒圆角定义】对话框

【倒圆角定义】对话框中相关选项参数含义如下：

（1）半径和要圆角化的对象

- ★ 半径：用于设置倒圆角的半径值。
- ★ 要圆角化的对象：用于选择倒圆角对象，倒圆角的对象可以是边线、面、特征、特征之间，其中“特征之间”是CATIA V5R21新增的功能。

提示

如果要选择多个倒圆角对象，可按住Ctrl键连续选择即可，或者单击【要圆角化的对象】选择框右侧的【编辑对象列表】按钮，弹出【圆角对象】对话框，在图形区依次选择倒圆角对象。

（2）选择模式

用于选择创建倒圆角的扩展方式，包括“相切”、“最小”、“相交”和“与选定特征相交”等方式。

- ★ 相切：当选择某一条边线时，所有和该边线光滑连接的棱边都将被选中进行倒圆角，如图7-4所示。
- ★ 最小：只对选中的边线进行倒圆角，并将圆角光滑过渡到下一条线段，如图7-4所示。
- ★ 相交：要圆角化的对象只能为特征，且系统只对与所选特征内部面之间相交的具有相切连续的边线倒圆角，如图7-4所示。
- ★ 与选定特征相交：要圆角化的对象只能为特征，且还要选择一个与其相交的特征作为相交对象，系统只对相交时产生的锐边进行倒圆角，如图7-4所示。

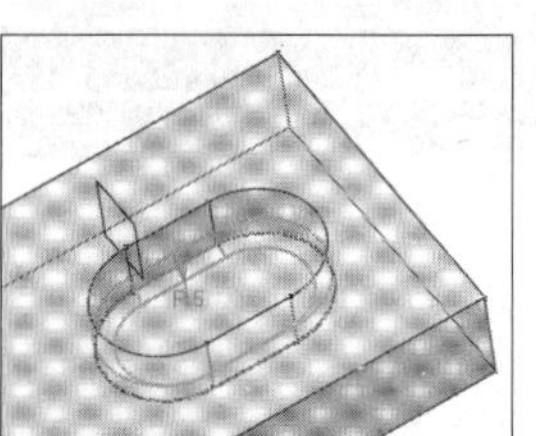

相切

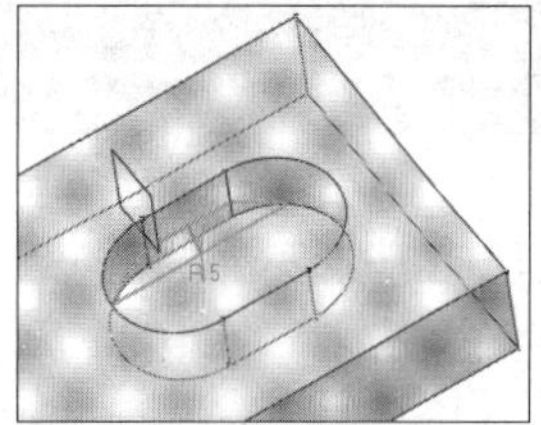

最小

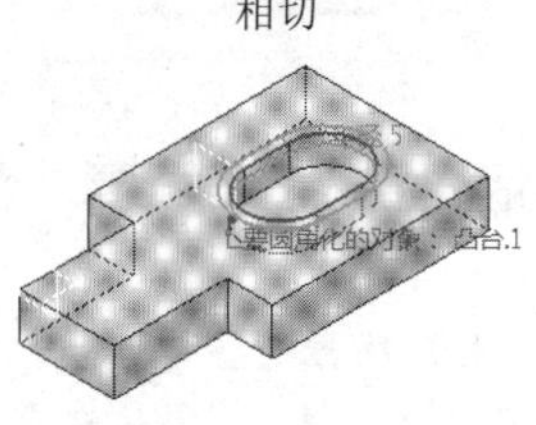

相交

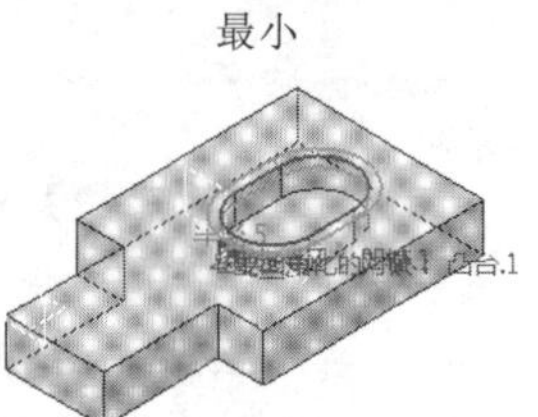

与选定特征相交

图7-4 选择模式

（3）选项

★ 二次曲线参数：在倒圆角半径范围内采用二次曲线圆滑过渡，如图7-5所示。

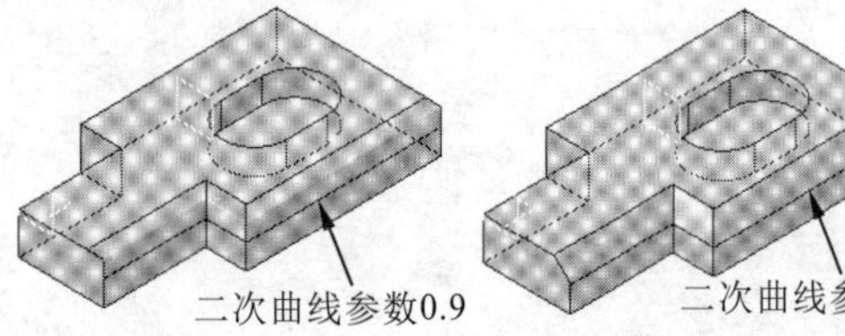

图7-5 二次曲线参数

★ 修剪带：用来处理倒圆角交叠部分，自动裁剪重叠部分，仅适合于“相切”选择模式，效果如图7-6所示。

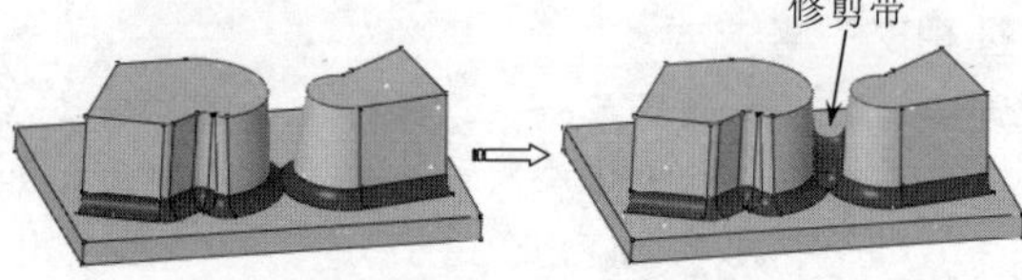

图7-6 修剪带

（4）要保留的边线

用于设置倒圆角时不需要圆角化的其他边线。在倒角过程中，当设置的圆角半径超过所能生成的圆角时，可通过选择保留边线来解决，如图7-7所示。

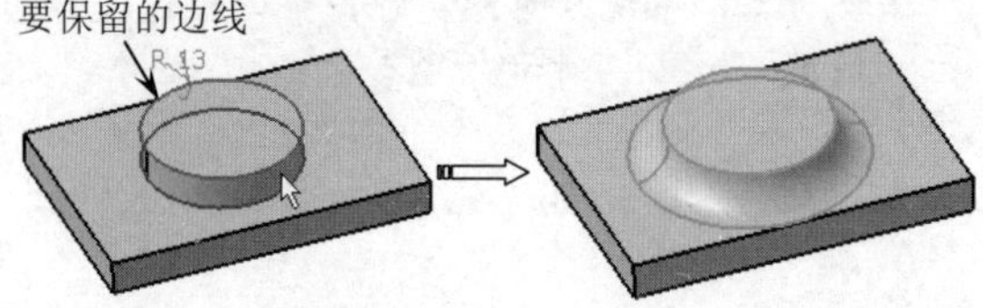

图7-7 要保留的边线

（5）限制元素

用于指定倒圆角边界，边界可以是平面、倒圆角的边线上的点等，如图7-8所示。

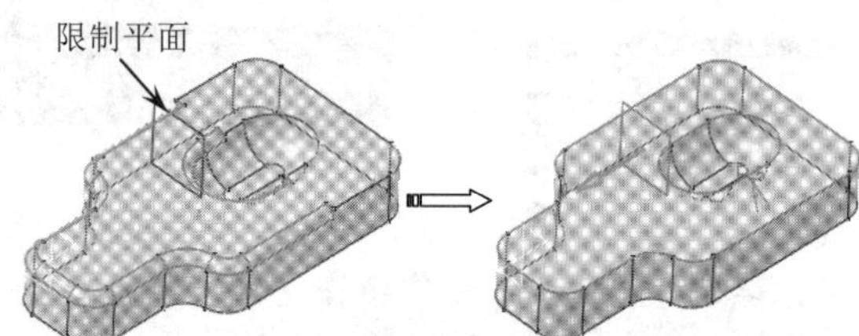

图7-8 限制元素

动手操作—倒圆角实例

01 在【标准】工具栏中单击【打开】按钮，在弹出的【选择文件】对话框中选择“7-1.CATPart”文件。单击【打开】按钮打开一个零件文件，如图7-9所示。选择【开始】|【机械设计】|【零件设计】，进入【零件设计】工作台。

02 单击【修饰特征】工具栏上的【倒圆角】按钮，弹出【倒圆角定义】对话框，在【要圆角化的对象】选择框中选择如图7-10所示的边线，在【半径】输入框设置5mm。

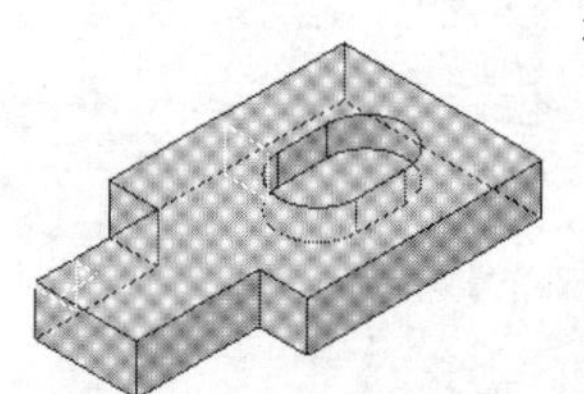

图7-9 打开模型文件

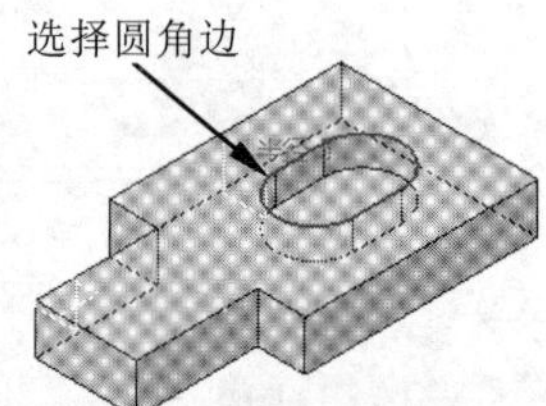

图7-10 选择圆角边线

03 激活【限制图元】选择框，选择如图7-11所示的平面作为限制图元，单击【确定】按钮完成倒圆角特征，如图7-12所示。

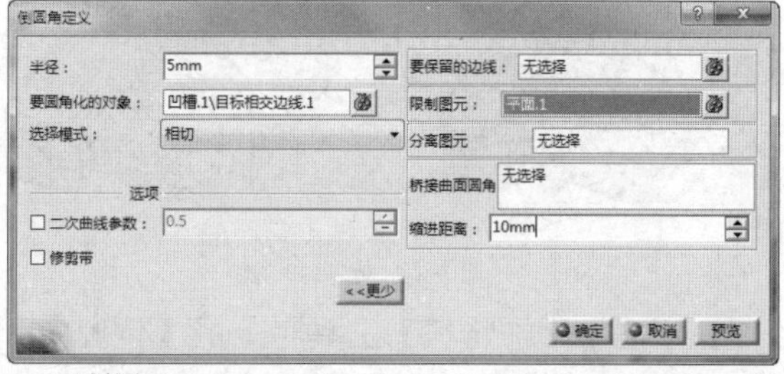

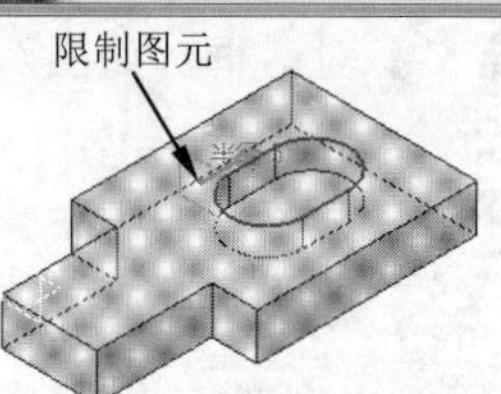

图7-11 选择限定图元

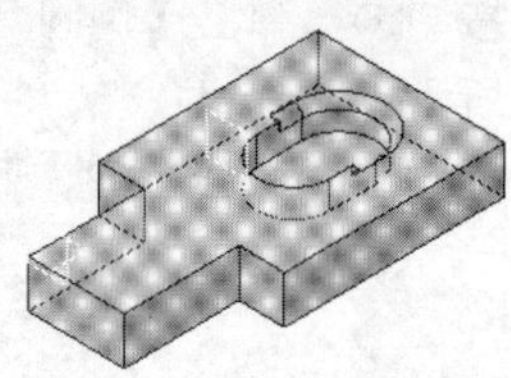

图7-12 创建倒圆角特征

2. 可变半径圆角

【可变半径圆角】是指在所选边线上生成多个圆角半径值的圆角，在控制点间圆角可按照“立方体”或“线性”规律变化，如图7-13所示。

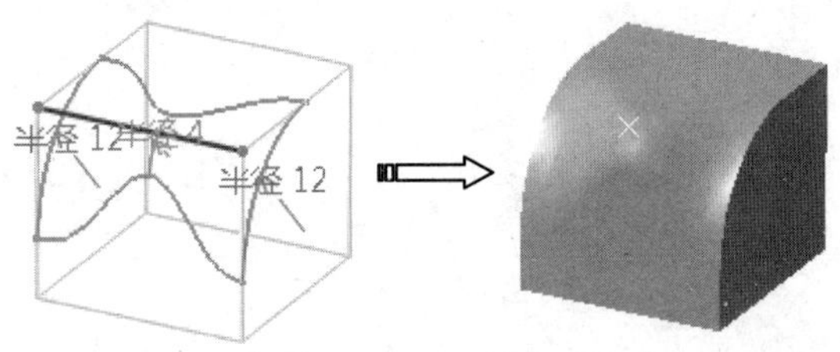

图7-13 可变半径圆角

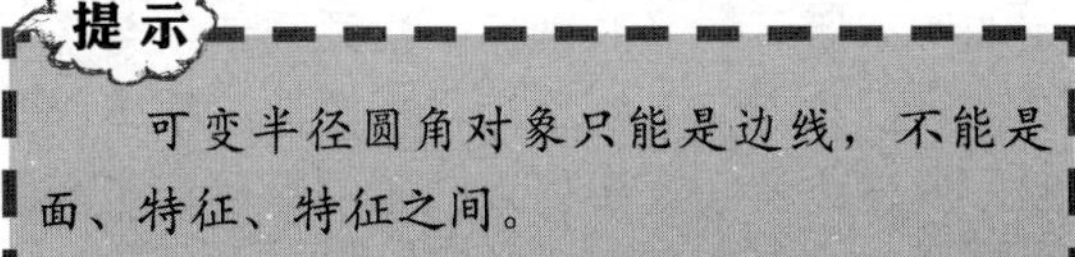

提 示

可变半径圆角对象只能是边线，不能是面、特征、特征之间。

单击【修饰特征】工具栏上的【可变半径圆角】按钮，弹出【可变半径圆角定义】对话框，如图7-14所示。

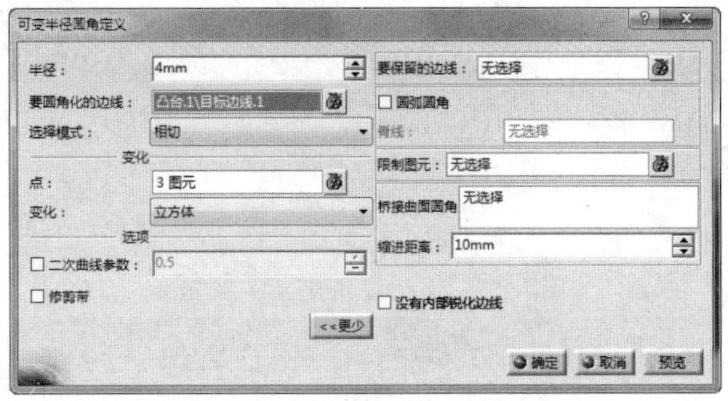

图7-14 【可变半径圆角定义】对话框

【可变半径圆角定义】对话框选项与【倒圆角定义】对话框中相关选项很多都类似，这里就不再赘述了，仅介绍不同选项。

（1）变化

★ 点：用于选择位于圆角棱边上的点作为可变半径圆角的半径控制点。如果圆角棱边上没有合适的点存在，在【点】选择框中单击鼠标右键，在弹出的快捷菜单中选择相应命令在圆角棱边创建点，如图7-15所示。

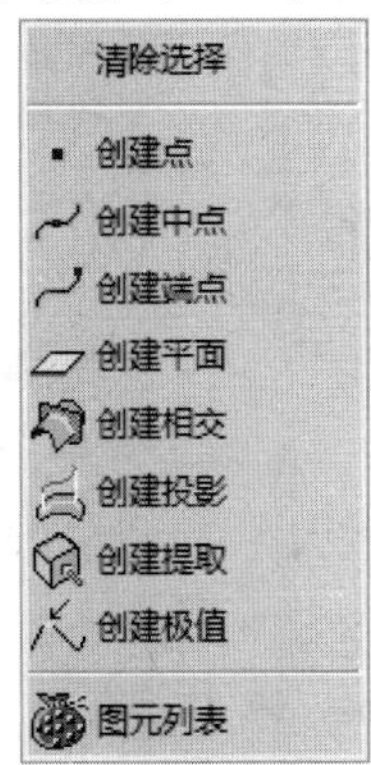

图7-15 右键快捷菜单命令

★ 变化：用于定义圆角半径沿圆角棱边的变化方式，包括“立方体”和“线性”2种方式，如图7-16所示。

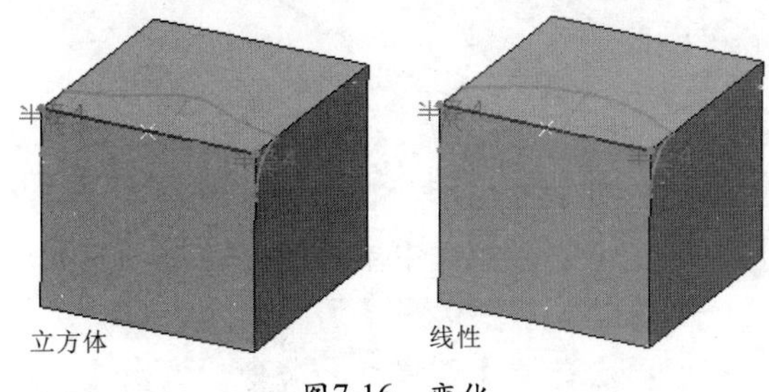

图7-16 变化

（2）圆弧圆角

用于设置倒圆角使用垂直于脊线的平面所包含的圆进行圆角化，如图7-17所示。

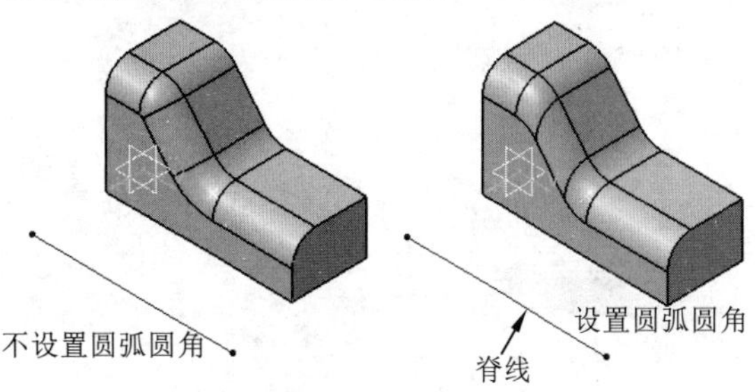

图7-17 圆弧圆角

提 示

使用圆弧圆角适用于需要圆角化且不具有切线连续性的多条连续边线，但是可以在逻辑上将这些边线视为单个边线；脊线可以是线框元素，也可以是草图元素。

（3）没有内部锐边边线

选中【没有内部锐边边线】复选框，将移除所有可能生成的边线。当计算可变半径圆角时，如果要连接的曲面是相切连接而不是曲率连续，则应用程序可能生成意外的锐化边线，此时可选中该复选框，移除所有可能生成的边线。

动手操作—可变半径圆角实例

01 在【标准】工具栏中单击【打开】按钮，在弹出的【选择文件】对话框中选择“jitouti”文件。单击【打开】按钮打开一个零件文件，如图7-18所示。选择【开始】|【机械设计】|【零件设计】，进入【零件设计】工作台。

02 单击【修饰特征】工具栏上的【可变半径圆角】按钮，弹出【可变半径圆角定义】对话框，在【要圆角化的边线】选择框中，选择如图7-19所示的边线。

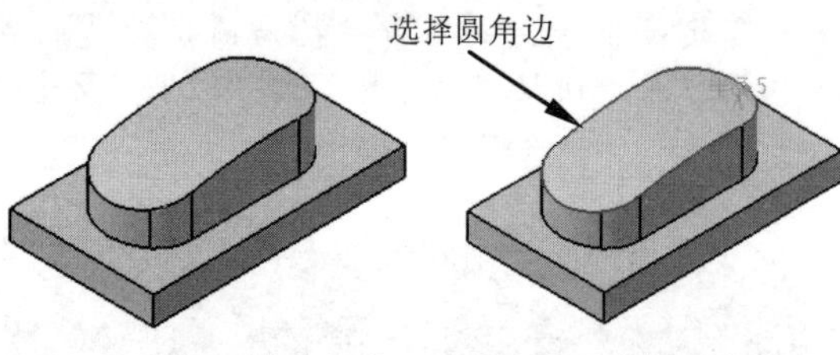

图7-18 打开模型文件　　图7-19 选择圆角边线

03 在【点】选择框中单击鼠标右键，在弹出的快捷菜单中选择【清除选择】命令，然后再次选择【创建点】命令，弹出【点定义】对话框，设置【点类型】为“曲线上”，选择如图7-20所示的边线，创建曲线的端点。

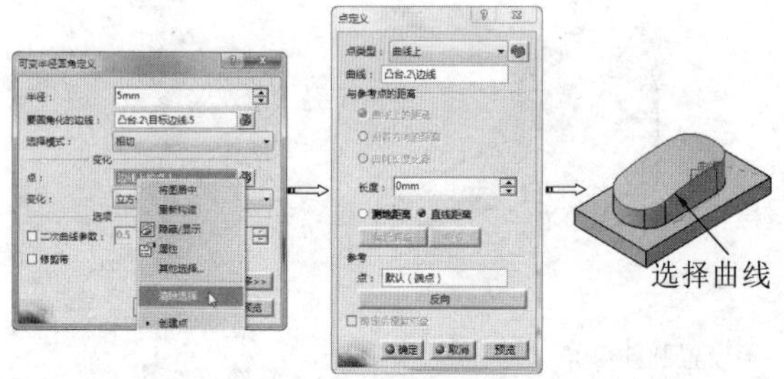

图7-20 创建点

04 定义半径控制点后，图形区域中的零件模型会适时地显示每个控制点处的圆角半径值，单击该圆角半径值，弹出【参数定义】对话框，设置【值】为6，单击【确定】按钮完成设置，如图7-21所示。

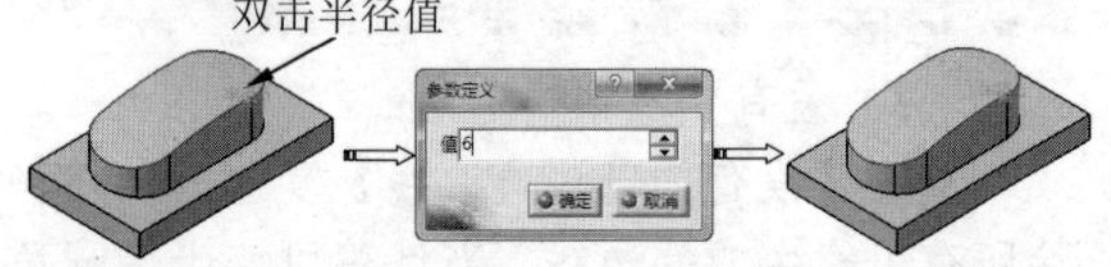

图7-21 修改半径值

05 重复上述半径控制点和半径值的定义过程，设置其他控制点和半径值，单击【确定】按钮，完成可变半径圆角特征，如图7-22所示。

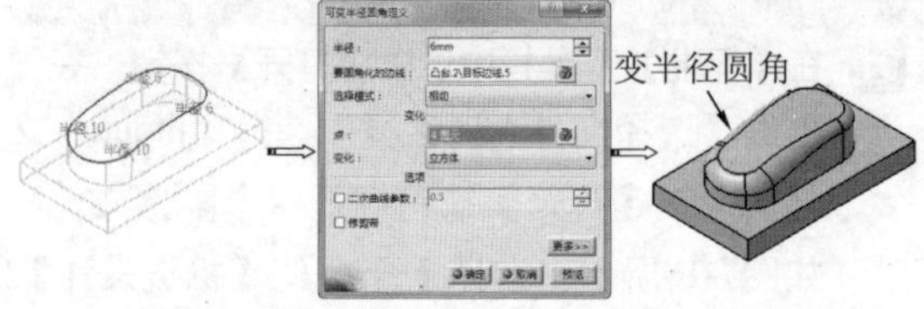

图7-22 创建可变半径圆角

3. 弦圆角

【弦圆角】是指通过控制倒圆角两条边之间的距离（即弦长）来生成圆角，如图7-23所示。

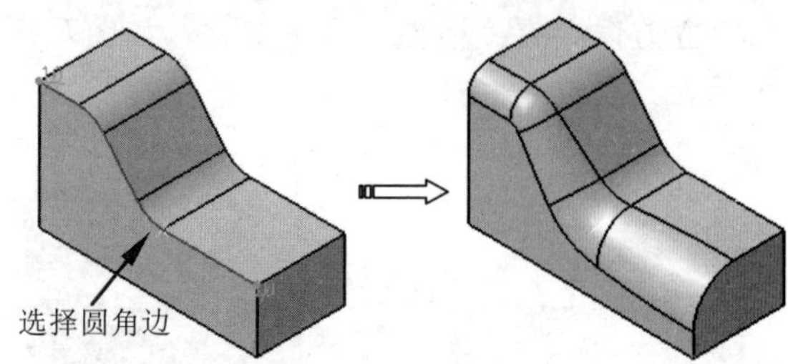

图7-23 弦圆角

单击【修饰特征】工具栏上的【弦圆角】按钮，弹出【弦圆角定义】对话框，如图7-24所示。【弦圆角】对话框选项与【可变半径圆角定义】对话框中相关选项很多都类似，只是弦圆角需要输入弦长，而可变半径圆角是输入半径值。

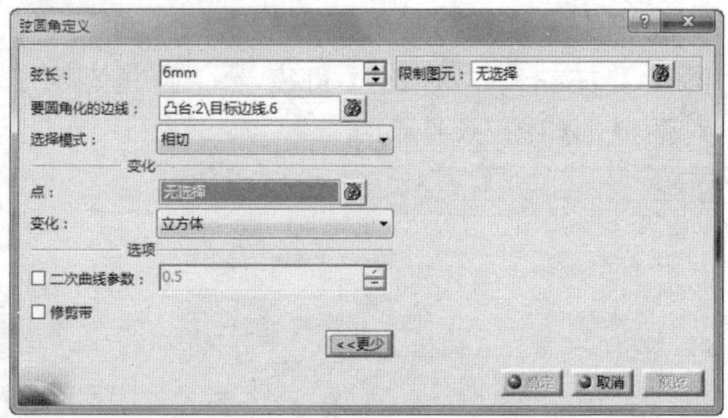

图7-24 【弦圆角定义】对话框

动手操作—弦圆角实例

01 在【标准】工具栏中单击【打开】按钮，在弹出的【选择文件】对话框中选择“7-3.CATPart”文件。单击【打开】按钮打开一个零件文件，如图7-25所示。选择【开始】|【机械设计】|【零件设计】，进入【零件设计】工作台。

02 单击【修饰特征】工具栏上的【弦圆角】按钮，弹出【弦圆角定义】对话框，在【要圆角化的边线】选择框中选择如图7-26所示的边线。

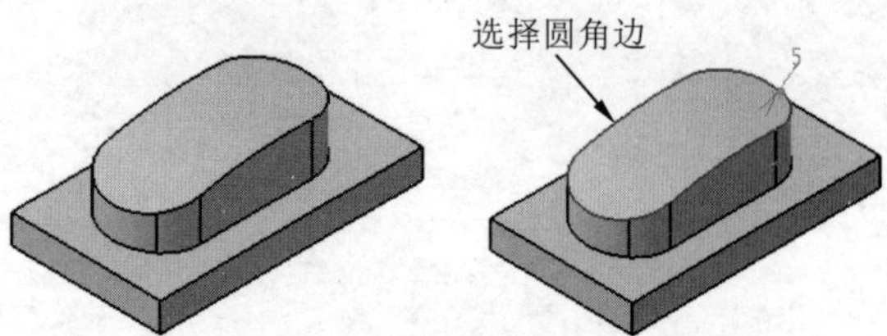

图7-25 打开模型文件　　图7-26 选择圆角边线

03 在【点】选择框中单击鼠标右键，在弹出的快捷菜单中选择【清除选择】命令，然后再次选择【创建中点】命令，弹出【运行命令】对话框，选择如图7-27所示的边线创建曲线的中点。

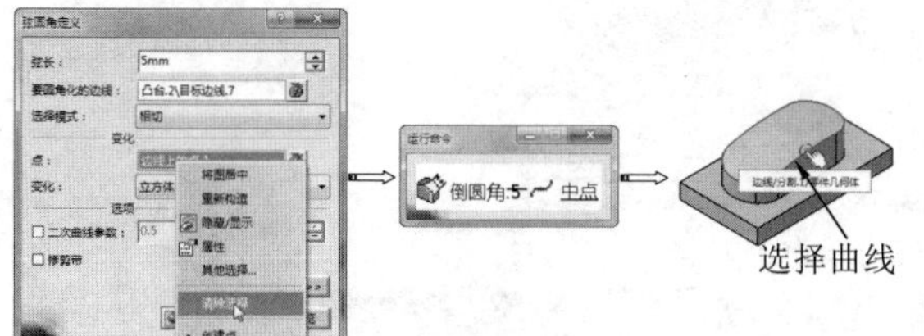

图7-27　创建中点

04 定义弦长控制点后，图形区域中的零件模型会适时地显示每个控制点处的圆角值，单击该圆角值，弹出【参数定义】对话框，设置【值】为12mm，单击【确定】按钮完成，如图7-28所示。

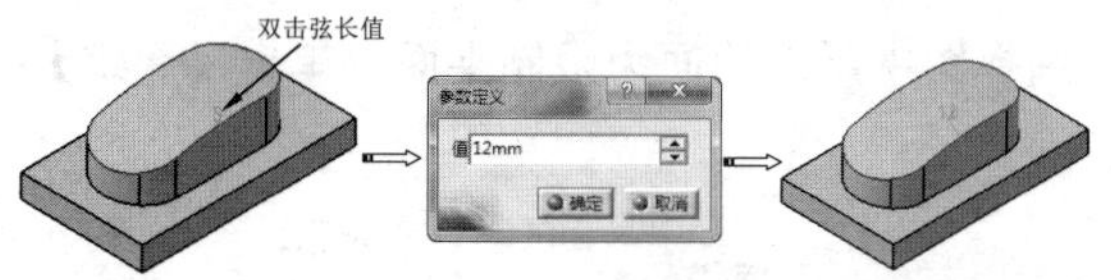

图7-28　修改弦长值

05 重复上述控制点和弦长值的定义过程，设置其他控制点和弦长值，单击【确定】按钮，完成弦圆角特征，如图7-29所示。

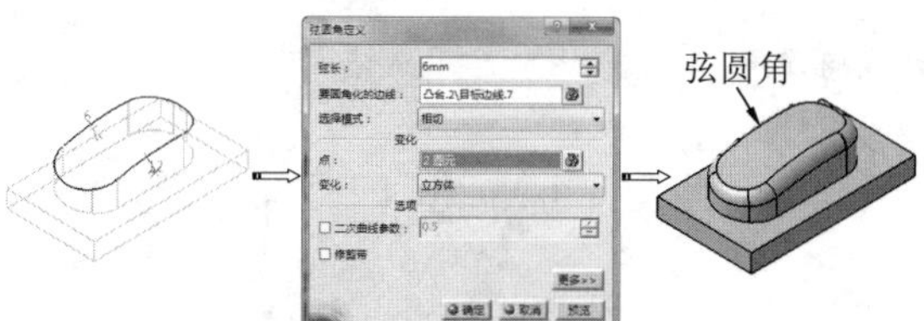

图7-29　创建弦圆角

4. 面与面的圆角

【面与面的圆角】是指在两个面之间进行倒圆角操作，并要求该圆角半径应小于最小曲面的高度，而大于曲面之间最小距离的1/2，如图7-30所示。

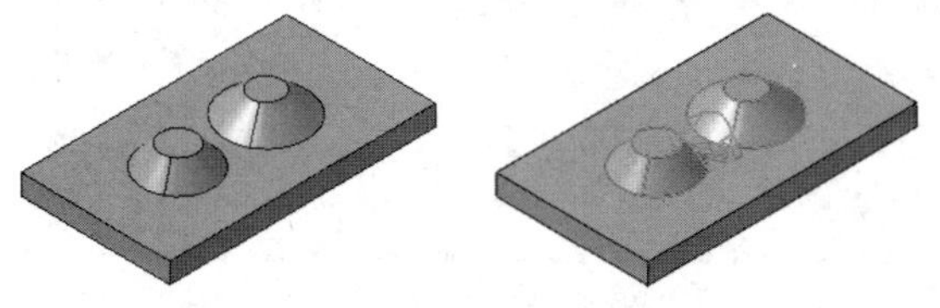

图7-30　创建面与面圆角

单击【修饰特征】工具栏上的【面与面的圆角】按钮，弹出【定义面与面的圆角】对话框，如图7-31所示。

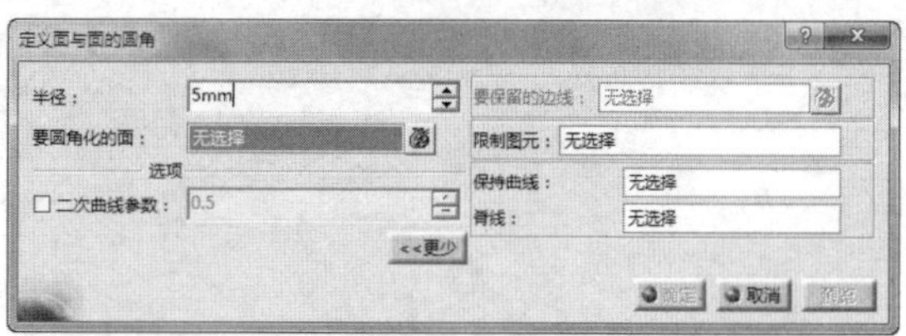

图7-31　【定义面与面的圆角】对话框

动手操作——面与面的圆角实例

01 在【标准】工具栏中单击【打开】按钮，在弹出的【选择文件】对话框中选择“7-4.CATPart”文件。单击【打开】按钮打开一个零件文件，如图7-32所示。选择【开始】|【机械设计】|【零件设计】，进入【零件设计】工作台。

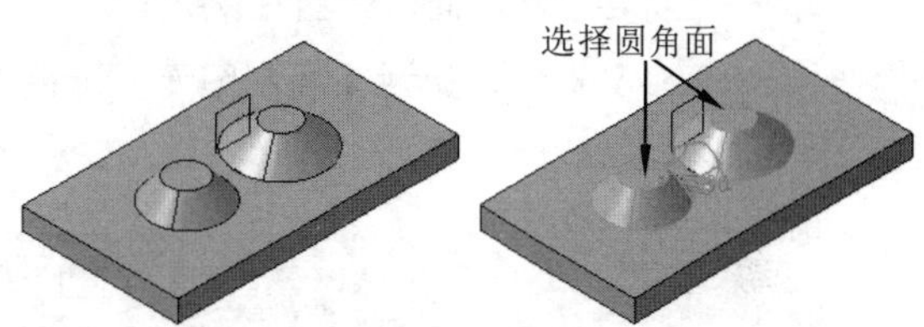

图7-32　打开模型文件　　图7-33　选择圆角边线

02 单击【修饰特征】工具栏上的【面与面的圆角】按钮，弹出【定义面与面的圆角】对话框，在【半径】文本框中输入圆角半径值30mm，激活【要圆角化的面】编辑框，依次选择两个圆锥台面，如图7-33所示。单击【确定】按钮，完成面与面圆角，如图7-34所示。

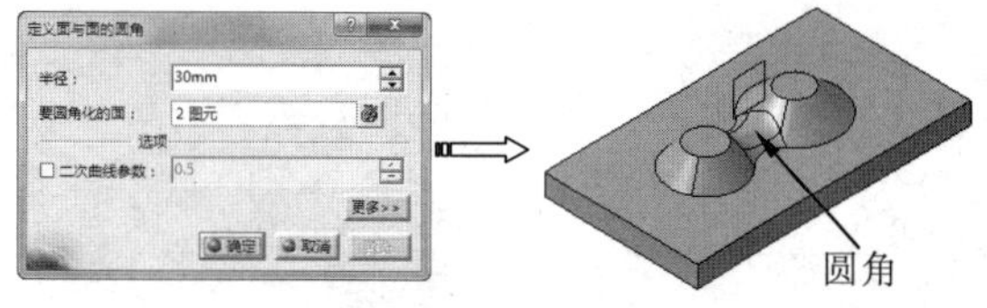

图7-34　创建面与面圆角

5. 三切线内圆角

【三切线内圆角】是指通过指定三个相交面，创建一个与这三个面相切的圆角，如图7-35所示。

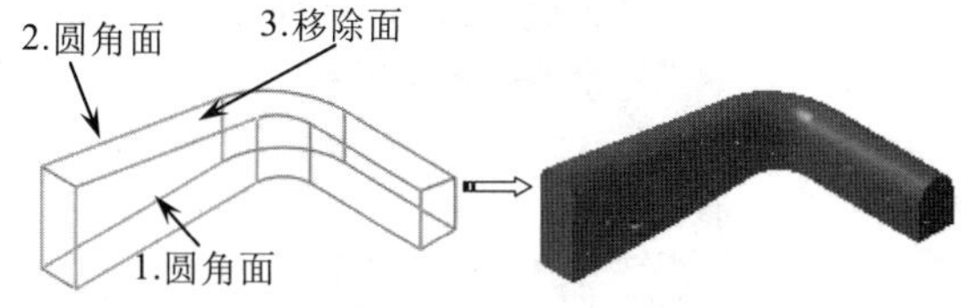

图7-35　三切线内圆角

单击【修饰特征】工具栏上的【三切线内

圆角】按钮，弹出【定义三切线内圆角】对话框，如图7-36所示。

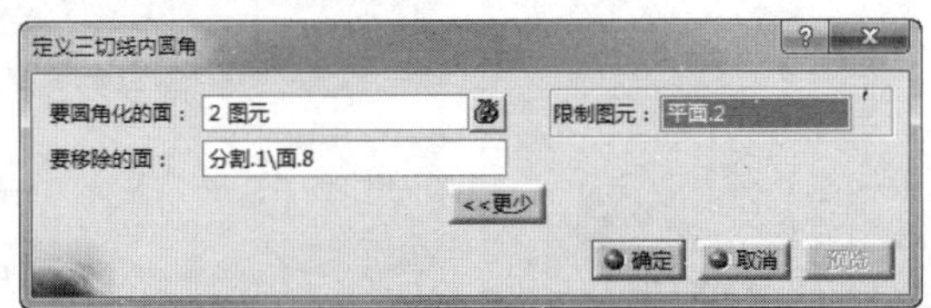

图7-36 【定义三切线内圆角】对话框

动手操作—三切线内圆角实例

01 在【标准】工具栏中单击【打开】按钮，在弹出的【选择文件】对话框中选择“7-5.CATPart”文件。单击【打开】按钮打开一个零件文件。选择【开始】|【机械设计】|【零件设计】，进入【零件设计】工作台。

02 单击【修饰特征】工具栏上的【三切线内圆角】按钮，弹出【定义三切线内圆角】对话框，激活【要圆角化的面】选择框，依次选择两个圆角连接面，然后激活【要移除的面】选择框，选择一个将要移除的面，如图7-37所示。

03 单击【更多】按钮，激活【限制图元】选择框，选择图中所示的面为限制平面，单击【确定】按钮完成三切线内圆角。

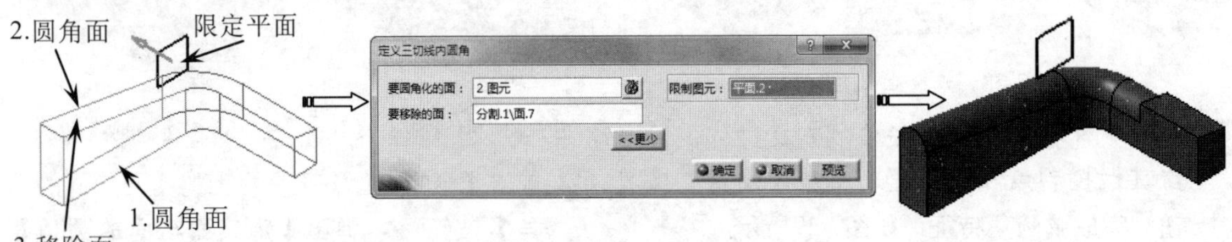

图7-37 创建三切线内圆角

7.1.2 倒角

【倒角】是指在存在交线的两个面上建立一个倒角斜面，如图7-38所示。

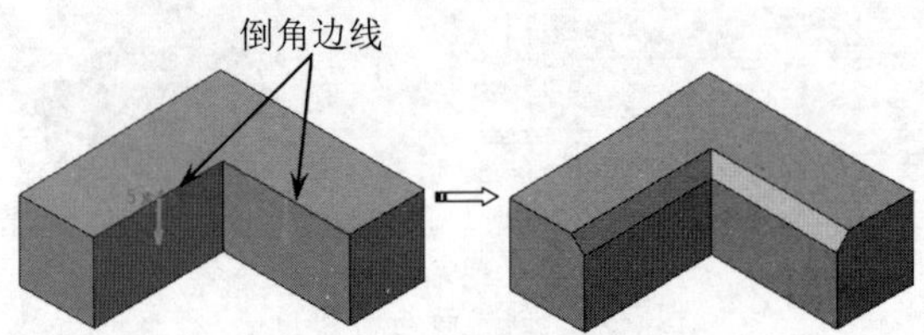

图7-38 倒角特征

单击【修饰特征】工具栏上的【倒角】按钮，弹出【定义倒角】对话框，如图7-39所示。【模式】下拉列表提供了“长度/角度”、“长度/长度”两种方式，如图7-40所示。

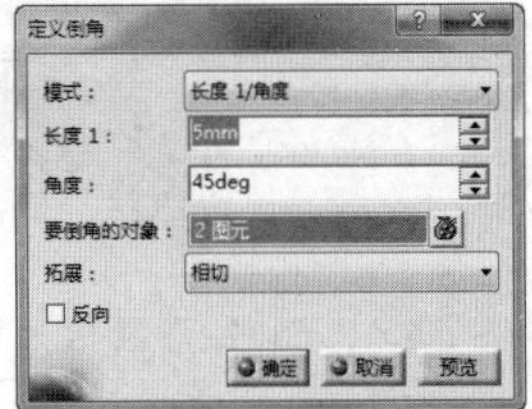

图7-39 【定义倒角】对话框

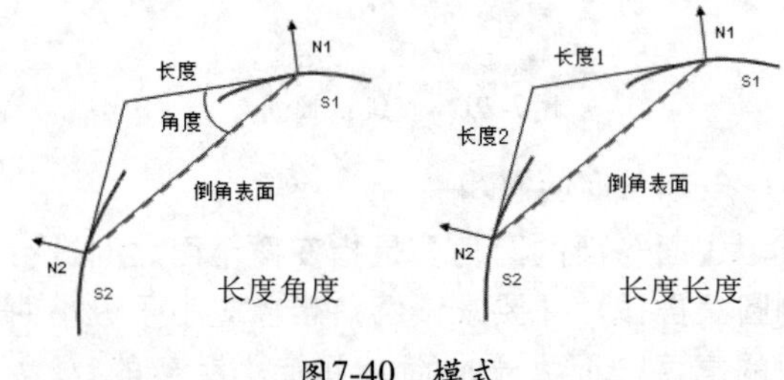

图7-40 模式

提示

【反向】复选框主要用于非对称性倒角，例如10×20,20×50，可反转调换两边的长度。

动手操作—倒角实例

01 在【标准】工具栏中单击【打开】按钮，在弹出的【选择文件】对话框中选择“7-6.CATPart”文件。单击【打开】按钮打开一个零件文件，如图7-41所示。选择【开始】|【机械设计】|【零件设计】，进入【零件

设计】工作台。

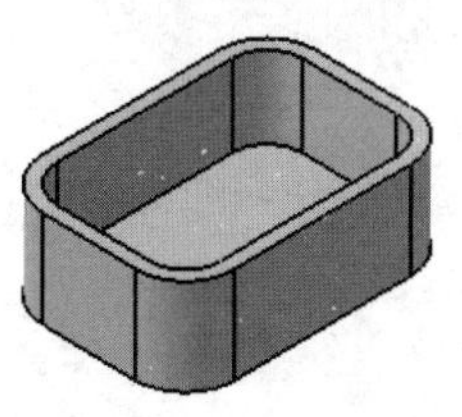

图7-41 打开模型文件

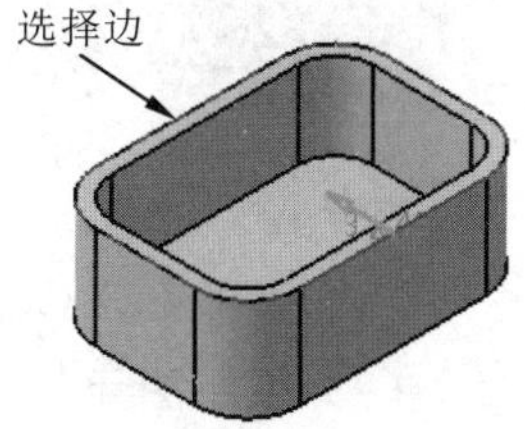

图7-42 选择边线

02 单击【修饰特征】工具栏上的【倒角】按钮，弹出【定义倒角】对话框，激活【要倒角的对象】选择框，选择如图7-42所示的边线。

03 在【模式】下拉列表中选择“长度1/角度”，【长度1】为3mm，【拓展】为“相切”，单击【确定】按钮完成倒角特征，如图7-43所示。

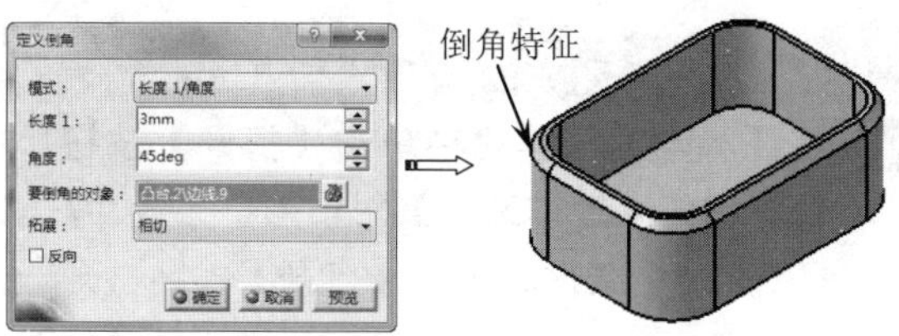

图7-43 创建倒角特征

7.1.3 拔模

对于铸造、模锻或者注塑等零件，为了便于启模或模具与零件分离，需要在零件的拔模面上构造一个斜角，称为拔模角。CATIA V5R21提供了多种拔模特征创建方法，单击【修饰特征】工具栏上的【拔模斜度】按钮右下角的小三角形，弹出有关拔模的相关命令，如图7-44所示。

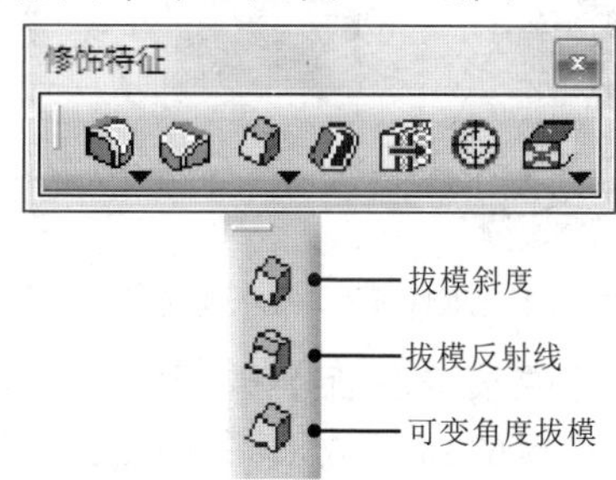

图7-44 【拔模】相关命令

1. 拔模斜度

【拔模斜度】命令是以拔模面和拔模方向之间的夹角作为拔模条件进行拔模，如图7-45所示。

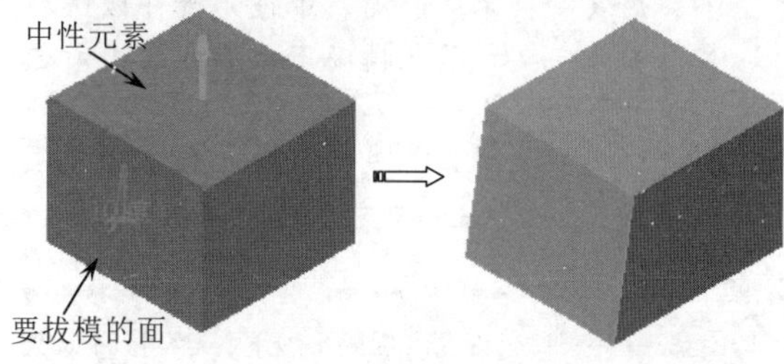

图7-45 拔模斜度特征

单击【修饰特征】工具栏上的【拔模斜度】按钮，弹出【定义拔模】对话框，如图7-46所示。

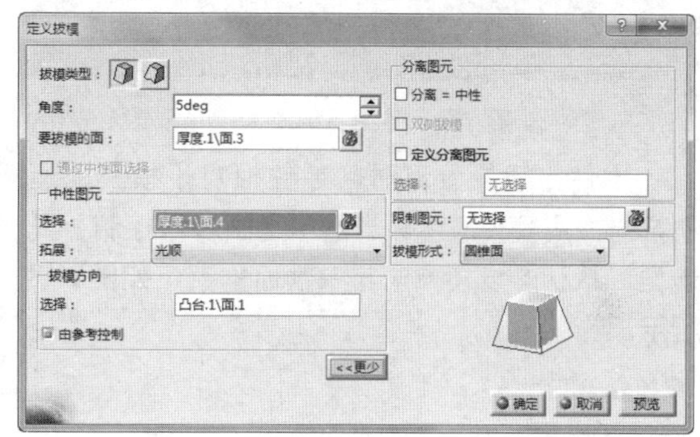

图7-46 【定义拔模】对话框

【定义拔模】对话框中相关选项参数含义如下：

（1）角度

用于设置拔模面与拔模方向间的夹角，正值表示向上拔模，即沿拔模方向的逆时针方向拔模；负值表示向下拔模，即沿拔模方向的顺时针方向拔模。

（2）要拔模的面

用于选择需要创建拔模斜度的面。

（3）通过中性面选择

选中【通过中性面选择】复选框，则只需选择实体上的一个面作为中性面，与其相交的面都会被定义为拔模面，如图7-47所示。此时，【要拔模的面】选择框不可用

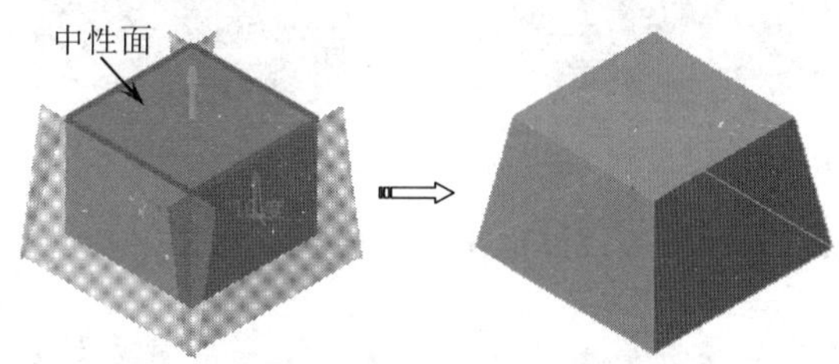

图7-47 通过中性面选择

（4）中性图元

★ 中性元素：用于设置添加拔模角前、后，大小和形状保持不变的面。中性元素可以选择多个面来定义，默认情况下拔模方向由所选的第一个面给定。

★ 拓展：用于选择拓展类型，【无】表示拔模不延伸，【光顺】表示平滑延伸拔模。

提示

建议使用与要拔模的面相交的中性元素，在某些情况下，可使用与拔模面不相交的中性元素，此时要求中性元素仅有一个面组成。如果该中性元素不属于要拔模面的几何体，则该元素要足够大，以便于与拔模面相交。

（5）拔模方向

零件与模具分离时，零件相对于模具的运动方向，用箭头表示。当选中【由参考控制】复选框，默认的拔模方向与中性面垂直，如图7-48所示。

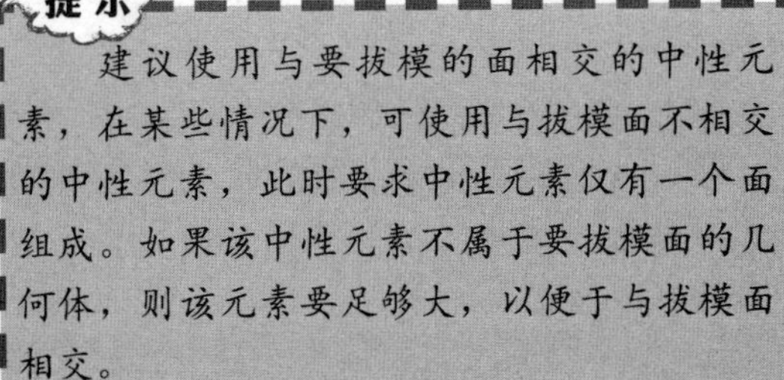

图7-48　拔模方向

（6）分离图元

用于定义拔模斜度的分离元素，选择平面、面或曲面作为分离图元将零部件分割成两部分，并且每部分根据先前定义的方向进行拔模。包括以下选项：

★ 分离=中性：选中【分离=中性】复选框，使用中性面作为分离元素，如图7-49所示。

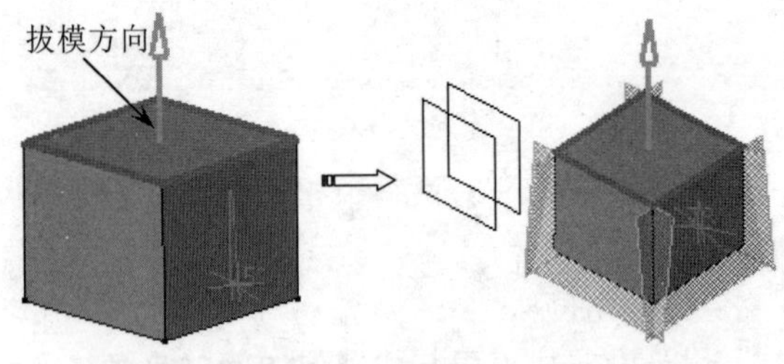

图7-49　分离=中性

★ 双侧拔模：以中性元素为界，上下两侧同时反向拔模。

★ 定义分离图元：选中【定义分离图元】复选框，选择一个平面或曲面作为分离元素，如图7-50所示。

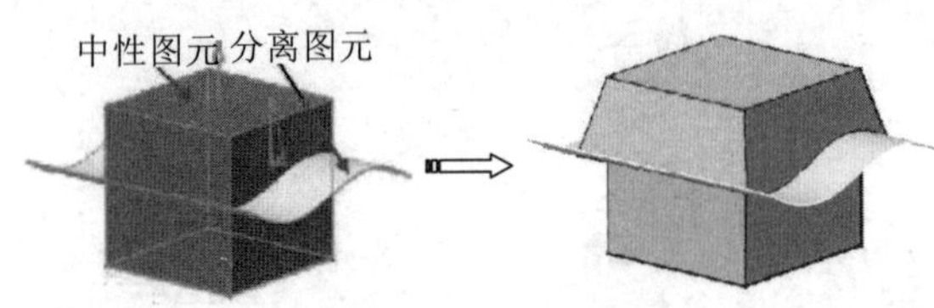

图7-50　定义分离图元

（7）限制图元

用于沿中性线方向限制拔模面范围的元素，中性线是指中性面与拔模面的交线，拔模前、后中性线的位置不变，如图7-51所示。

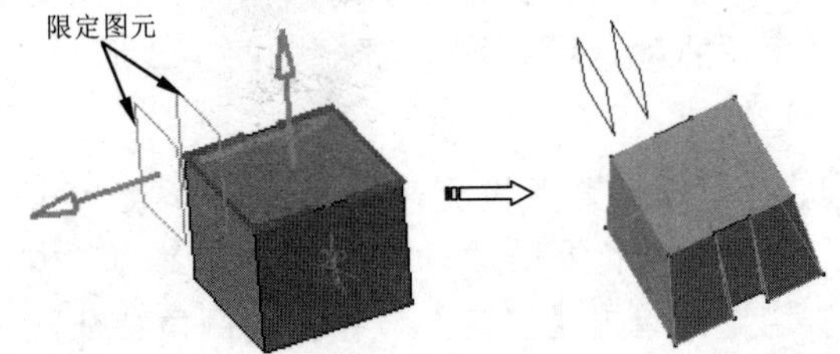

图7-51　限制图元

动手操作——拔模斜度实例（底座圆柱拔模设计）

01 在【标准】工具栏中单击【打开】按钮，在弹出的【选择文件】对话框中选择“7-7.CATPart”文件。单击【打开】按钮打开一个零件文件，如图7-52所示。选择【开始】|【机械设计】|【零件设计】，进入【零件设计】工作台。

02 单击【修饰特征】工具栏上的【拔模斜度】按钮，弹出【定义拔模】对话框，在【角度】文本框中输入2，如图7-53所示。

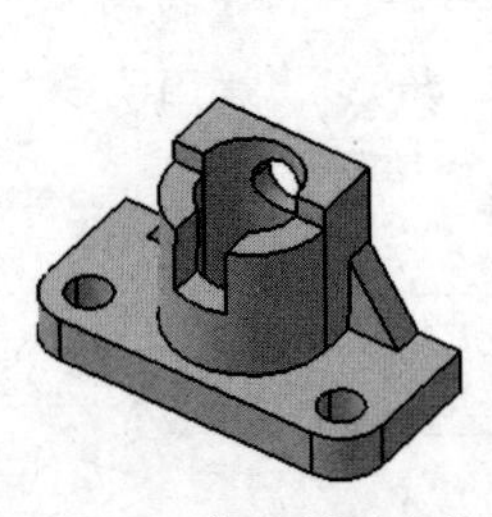

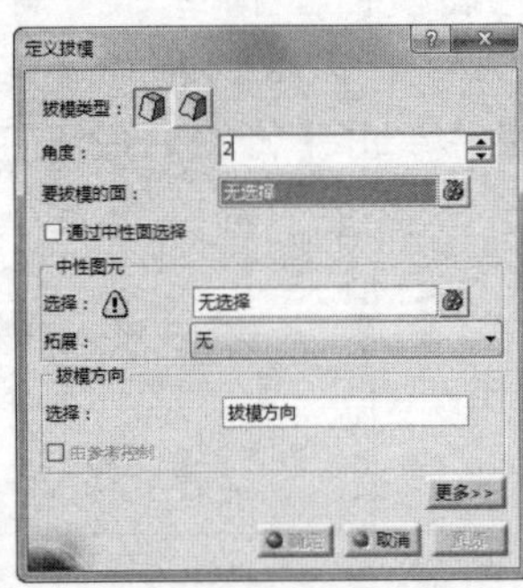

图7-52　打开模型文件　图7-53　【定义拔模】对话框

03 激活【要拔模的面】选择框，选择圆柱面要拔模的面，激活【中性图元】选择框，选择底座上表面为中性面，特征预览确认无误后单击【确定】按钮，系统自动完成拔模特征，如图7-54所示。

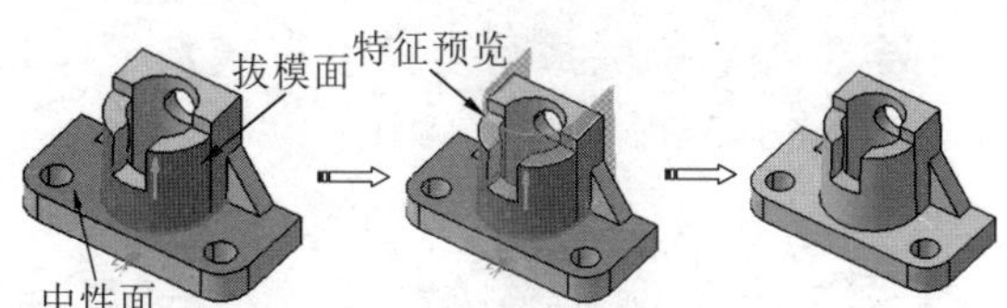

图7-54 拔模斜度特征

2. 拔模反射线

【拔模反射线】命令是用曲面的反射线（曲面和平面的交线）作为拔模特征的中性元素来创建拔模角特征，可用于对已倒圆角操作的零件表面进行拔模，如图7-55所示。

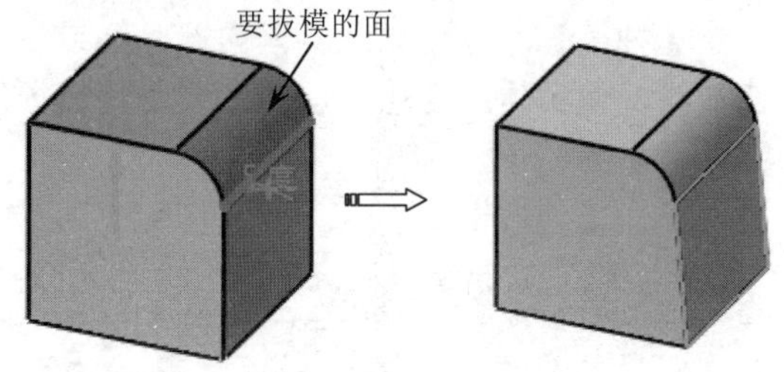

图7-55 拔模反射线特征

单击【修饰特征】工具栏上的【拔模反射线】按钮，弹出【定义拔模反射线】对话框，如图7-56所示。

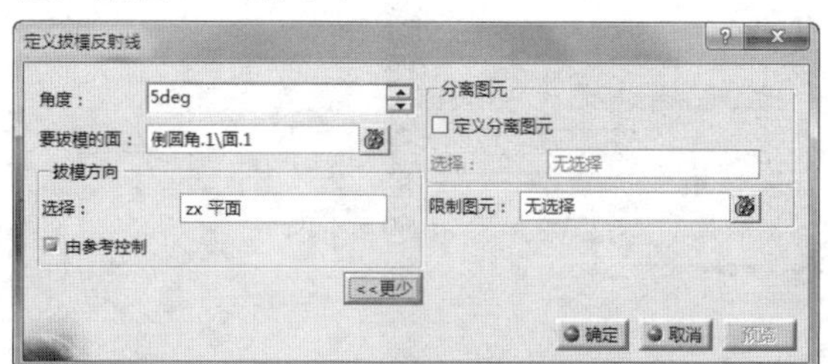

图7-56 【定义拔模反射线】对话框

动手操作——拔模反射线实例

01 在【标准】工具栏中单击【打开】按钮，在弹出的【选择文件】对话框中选择“kaicao”文件。单击【打开】按钮打开一个零件文件，如图7-57所示。选择【开始】|【机械设计】|【零件设计】，进入【零件设计】工作台。

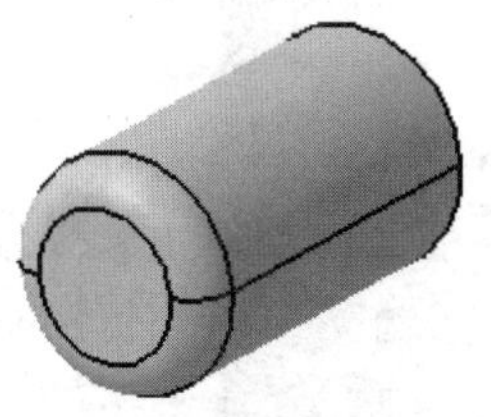

图7-57 打开模型文件

02 单击【修饰特征】工具栏上的【拔模反射线】按钮，弹出【定义拔模反射线】对话框，在【角度】文本框中输入11，如图7-58所示。

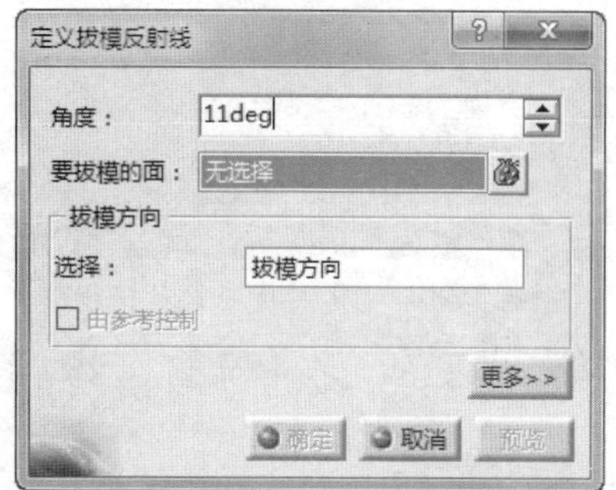

图7-58 【定义拔模反射线】对话框

03 激活【要拔模的面】选择框，选择圆柱面为要拔模的面，激活【拔模方向】选择框，选择zx平面为中性面，单击【更多】按钮，选中【定义分离图元】复选框，激活【选择】选择框，选择zx平面，特征预览确认无误后单击【确定】按钮，系统自动完成拔模特征，如图7-59所示。

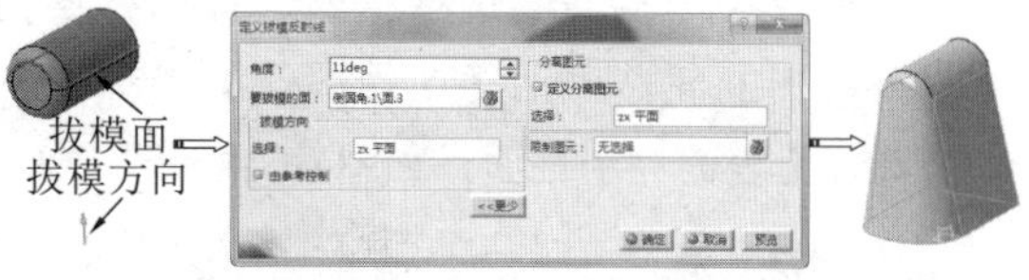

图7-59 创建拔模反射线特征

3. 可变角度拔模

【可变角度拔模】命令是指拔模中性线上的拔模角可以变化，中性线上的顶点、一般点或某平面与中性线的交点等都可以作为控制点来定义拔模角，如图7-60所示。

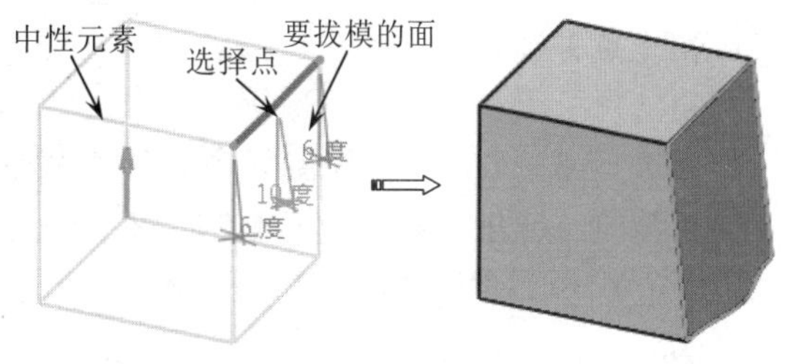

图7-60 可变角度拔模特征

单击【修饰特征】工具栏上的【可变角度拔模】按钮，弹出【定义拔模】对话框，如图7-61所示。

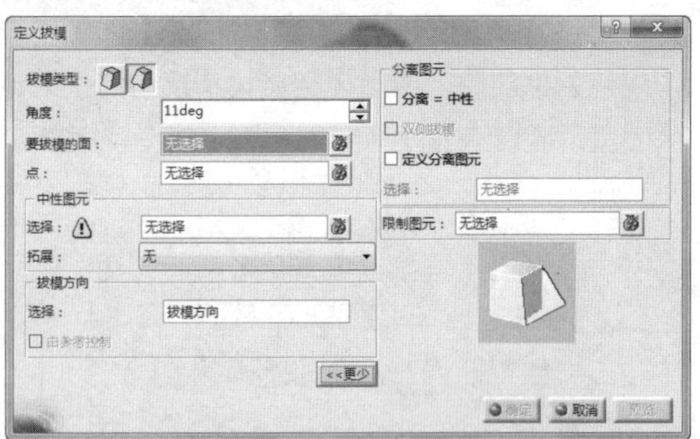

图7-61 【定义拔模】对话框

动手操作—可变角度拔模实例（电机圆柱拔模设计）

01 在【标准】工具栏中单击【打开】按钮，在弹出的【选择文件】对话框中选择“7-9.CATPart”文件。单击【打开】按钮打开一个零件文件，如图7-62所示。选择【开始】|【机械设计】|【零件设计】，进入【零件设计】工作台。

02 单击【修饰特征】工具栏上的【可变角度拔模】按钮，弹出【定义拔模】对话框，激活【要拔模的面】选择框，选择圆柱面为要拔模的面，激活【中性图元】选择框，选择上表面为中性面，如图7-63所示。

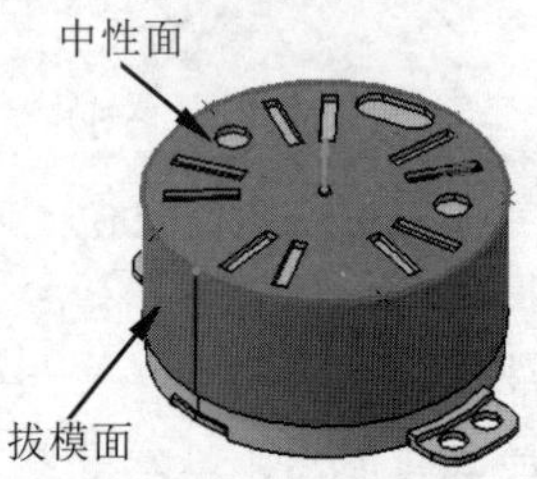

图7-62 打开模型文件 图7-63 【定义拔模】对话框

03 在【点】选择框中单击鼠标右键，在弹出的快捷菜单中选择【清除选择】命令，然后选择如图7-64所示的点，单击该点拔模角度值，弹出【参数定义】对话框，设置【值】为4，单击【确定】按钮完成。

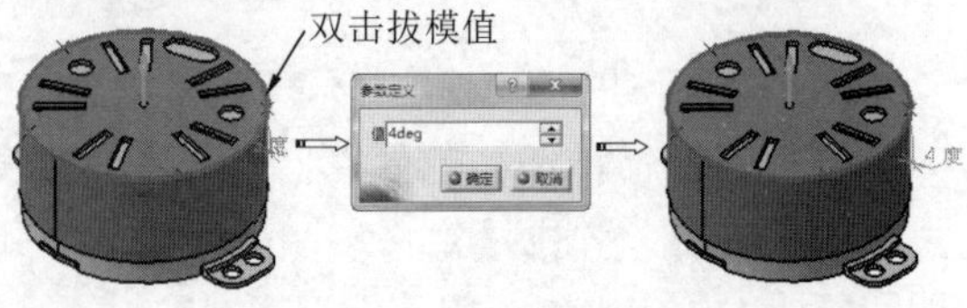

图7-64 修改拔模角度值

04 重复上述点和拔模角度值的定义过程，设置其他点和拔模角度值，单击【确定】按钮，完成可变角度拔模特征，如图7-65所示。

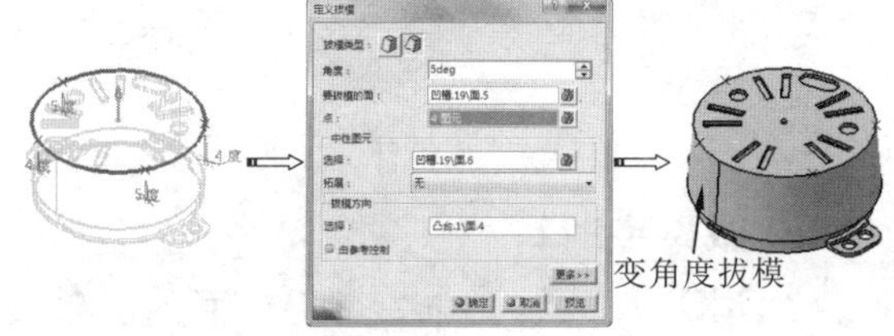

图7-65 创建可变角度拔模

7.1.4 抽壳

【抽壳】命令用于从实体内部除料或在外部加料，使实体中空化，从而形成薄壁特征的零件，如图7-66所示。

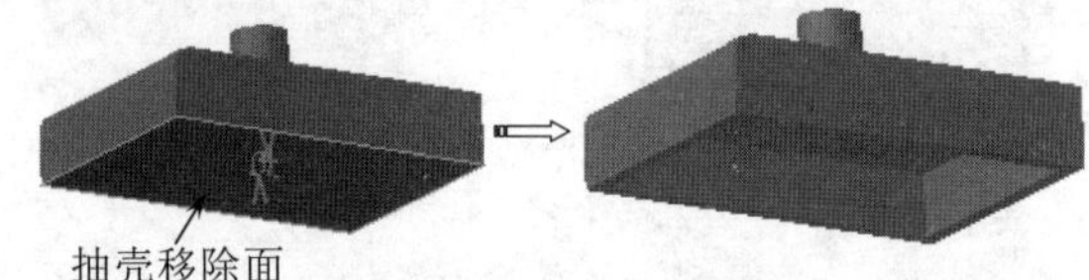

图7-66 抽壳特征

单击【修饰特征】工具栏上的【盒体】按钮，弹出【定义盒体】对话框，如图7-67所示。

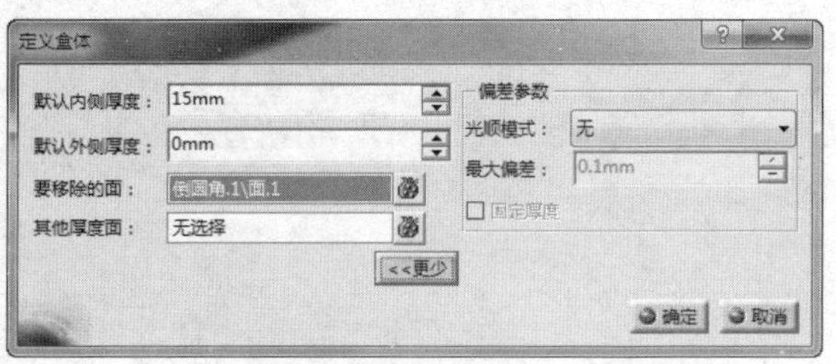

图7-67 【定义盒体】对话框

【定义盒体】对话框中相关选项参数含义如下：

1. 厚度

★ 默认内侧厚度：指实体外表面到抽壳后壳体内表面的厚度。

★ 默认外侧厚度：指实体抽壳后的外表面到抽壳前实体外表面的距离。该值不为0，则所抽壳的壳体外表面会沿着实体的外表面向外平移。

提示

抽壳的值必须小于几何体厚度的一半，否则可能会因为几何体自相交而无效；在某些特殊的情况下，可能需要连续执行两次抽壳，为了避免出现问题，第二次抽壳值应小于第一次抽壳值的一半。

2. 其他厚度面

用于定义不同厚度的面。激活【其他厚度面】编辑框后，选择实体的某一表面，双击该表面参数值，并在弹出的【参数定义】对话框中输入厚度值，单击【确定】按钮后，可实现壁厚不均匀的抽壳，如图7-68所示。

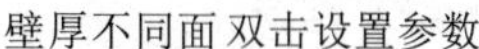

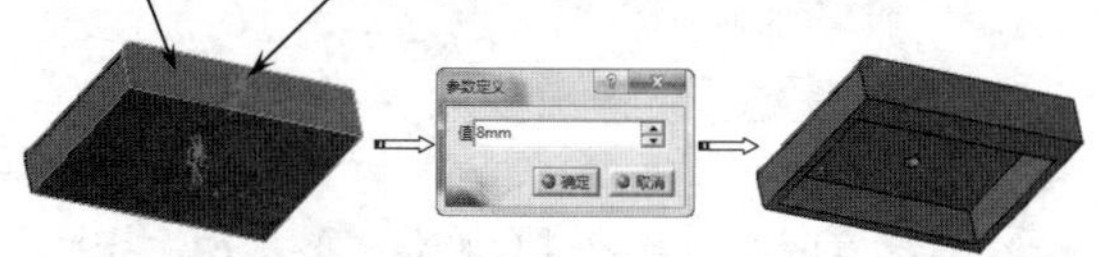

图7-68 壁厚不均匀抽壳

3. 偏差参数

用于定义抽壳的光顺模式，包括以下选项：

- ★ 无：不进行光顺，系统默认选项。选择该方式，【最大偏差】和【固定厚度】选项不可用。
- ★ 手动：使用最大偏差数值进行光顺。
- ★ 自动：系统自动光顺，也可以是固定厚度。

动手操作——抽壳实例（后视灯抽壳设计）

01 在【标准】工具栏中单击【打开】按钮，在弹出的【选择文件】对话框中选择“7-10.CATPart”文件。单击【打开】按钮打开一个零件文件，如图7-69所示。选择【开始】|【机械设计】|【零件设计】，进入【零件设计】工作台。

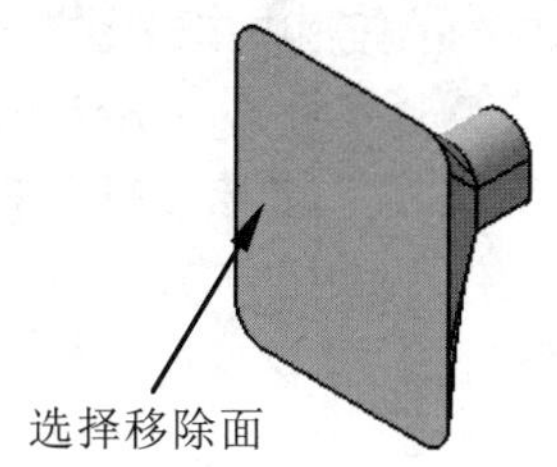

图7-69 打开模型文件

02 单击【修饰特征】工具栏上的【盒体】按钮，弹出【定义盒体】对话框，在【默认内侧厚度】文本框中输入2mm，激活【要移除的面】编辑框，选择如图7-69所示抽壳时去除的实体表面，单击【确定】按钮，系统自动完成抽壳特征，如图7-70所示。

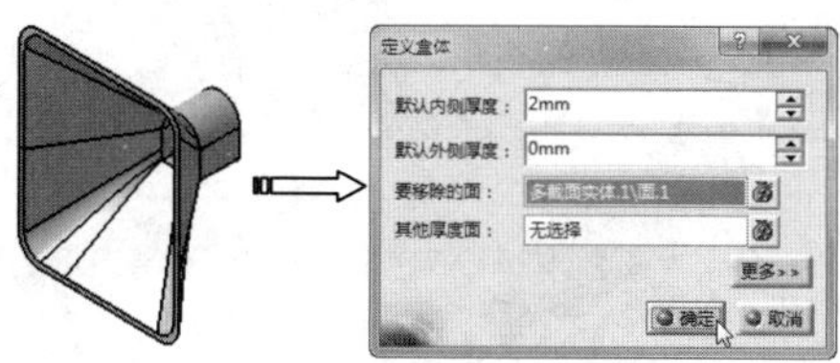

图7-70 创建抽壳特征

7.1.5 厚度

【厚度】用于在零件实体上选择一个厚度控制面，设置一个厚度值，实现增加现有实体的厚度，如图7-71所示。选择实体表面后，输入正值，则该表面沿法向增厚；负值则减薄。

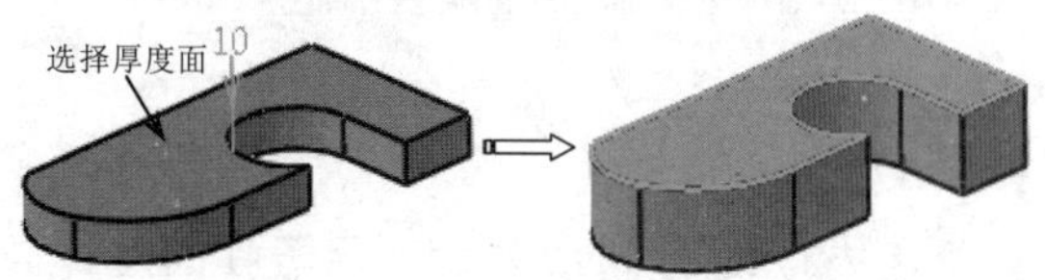

图7-71 厚度特征

单击【修饰特征】工具栏上的【厚度】按钮，弹出【定义厚度】对话框，如图7-72所示。【定义厚度】对话框选项与【定义盒体】对话框中相关选项很多都类似，这里就不再赘述了。

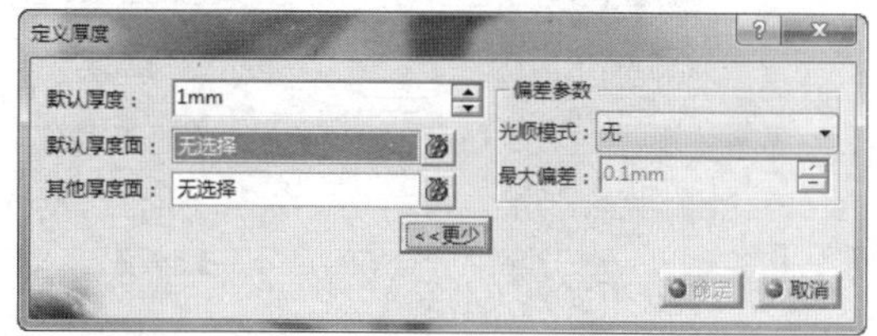

图7-72 【定义厚度】对话框

动手操作——厚度实例

01 在【标准】工具栏中单击【打开】按钮，在弹出的【选择文件】对话框中选择“7-11.CATPart”文件。单击【打开】按钮打开一个零件文件，如图7-73所示。选择【开始】|【机械设计】|【零件设计】，进入【零件设计】工作台。

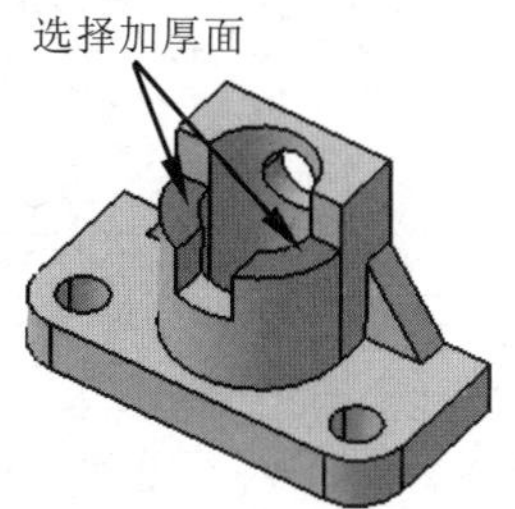

图7-73 打开模型文件

02 单击【修饰特征】工具栏上的【厚度】按钮，弹出【定义厚度】对话框，在【默认厚度】文本框中输入5mm，激活【默认厚度面】选择框，选择图中所示的实体表面，单击【确定】按钮，系统自动完成加厚特征，如图7-74所示。

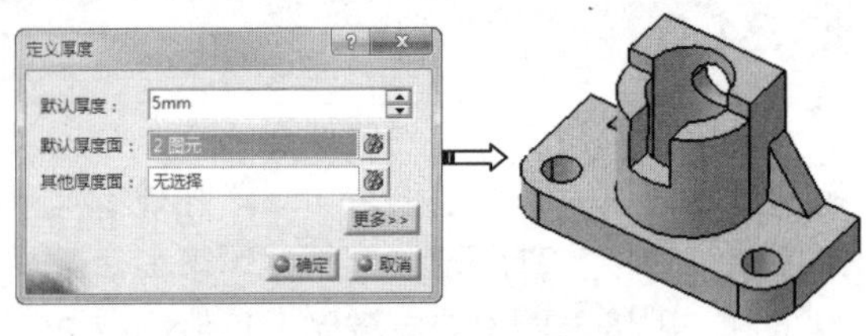

图7-74 创建加厚特征

7.1.6 内螺纹/外螺纹

【内螺纹/外螺纹】命令用于在圆柱体内或外表面上创建螺纹，建立的螺纹特征在三维实体上并不显示，但在特征树上记录螺纹参数，并在生成工程图时显示，如图7-75所示。

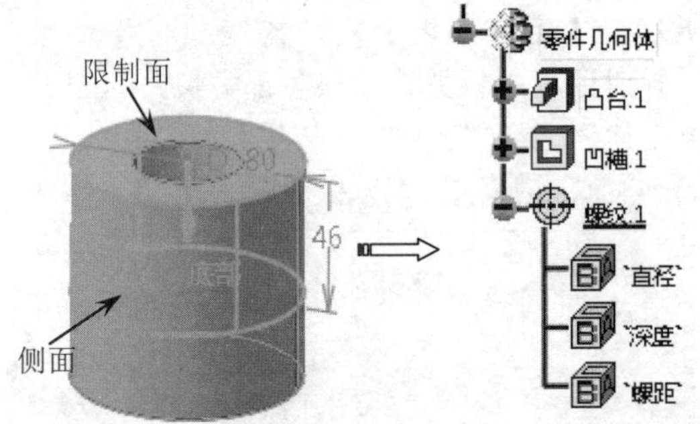

图7-75 螺纹特征

单击【修饰特征】工具栏上的【内螺纹/外螺纹】按钮，弹出【定义内螺纹/外螺纹】对话框，如图7-76所示。

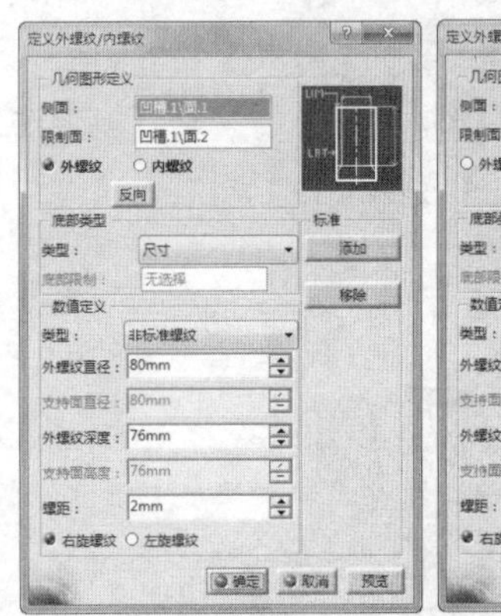

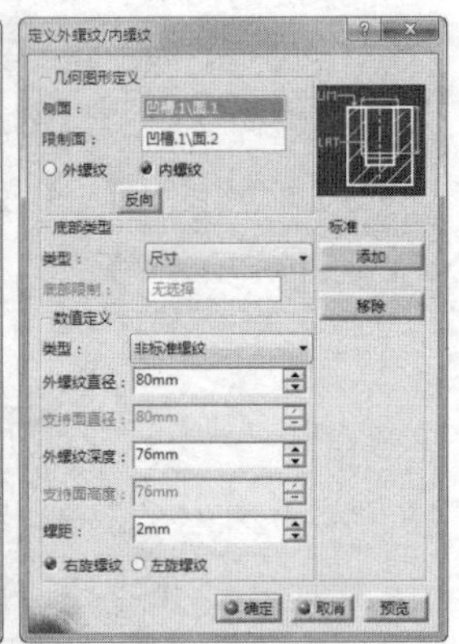

图7-76 【定义内螺纹/外螺纹】对话框

【定义内螺纹/外螺纹】对话框相关选项参数含义如下：

1. 几何图形定义

★ 侧面：用于定义产生螺纹的零件实体表面。
★ 限制面：用于定义螺纹起始位置的实体表面，该图形元素必须是平面。

2. 底部类型

用于选择螺纹的终止方式，包括“尺寸”、“支持面深度”、“直到平面”等3个选项：

★ 尺寸：通过定义螺纹深度来添加螺纹。
★ 支持面深度：添加的螺纹深度为添加螺纹的侧面的整个深度。
★ 直到平面：通过定义底部限制来添加螺纹深度。

3. 数值定义

用于设置螺纹详细参数，包括以下选项：

★ 类型：用于定义螺纹类型，可选择标准螺纹和非标准螺纹。标准螺纹包括“公制细牙螺纹”和“公制粗牙螺纹”，可以单击【添加】和【移除】按钮来添加或删除标准螺纹文件。
★ 外螺纹直径：用于定义螺纹的直径。当定义非标准螺纹时，需要手动输入螺纹的直径数值。定义标准螺纹时，该项变成【外螺纹描述】，只需在该框内选择相应标准螺纹标号即可。
★ 支持面直径：用于显示螺纹支持面直径，由几何定义中指定的螺纹限制表面决定，不可更改。
★ 外螺纹深度：用于定义螺纹长度。
★ 支持面高度：用于显示螺纹支持面的高度，由几何定义中指定的螺纹侧面决定，不可更改。
★ 螺距：用于定义螺纹螺距数值。
★ 右旋螺纹和左旋螺纹：用于选择螺纹的旋转方向。

动手操作——螺纹实例

01 在【标准】工具栏中单击【打开】按钮，在弹出的【选择文件】对话框中选择“7-12.CATPart”文件。单击【打开】按钮打开一个零件文件，如图7-77所示。选择【开始】|【机械设计】|【零件设计】，进入【零件设计】工作台。

02 单击【修饰特征】工具栏上的【内螺纹/外螺纹】按钮，弹出【定义内螺纹/外螺纹】对话框，激活【侧面】编辑框，选择产生螺纹的零件实体表面，激活【限制面】编辑框，选择限制螺纹起始位置实体表面（必须为平面），如图7-78所示。

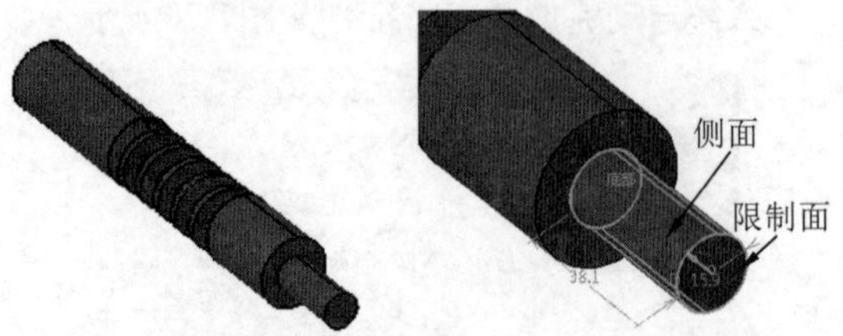

图7-77 打开模型 图7-78 选择螺纹侧面和限制面

03 设置【螺距】为2mm，选中【右旋螺纹】单选按钮，单击【确定】按钮，系统自动完成螺纹特征，如图7-79所示。

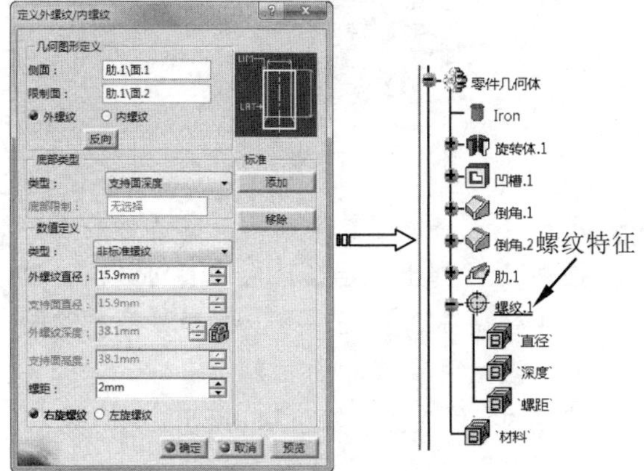

图7-79　创建螺纹特征

7.1.7　移除面

【移除面】命令用于在零件上移除一些面来简化零件操作，如图7-80所示。在有些情况下模型非常复杂，不利于有限元分析模型的建立，此时可通过在模型上创建移除面特征，移除模型上的某些修饰表面来将模型加以简化，同时在不需要简化模型时，只需将移除面特征删除，即可快速恢复零件的细致模型。

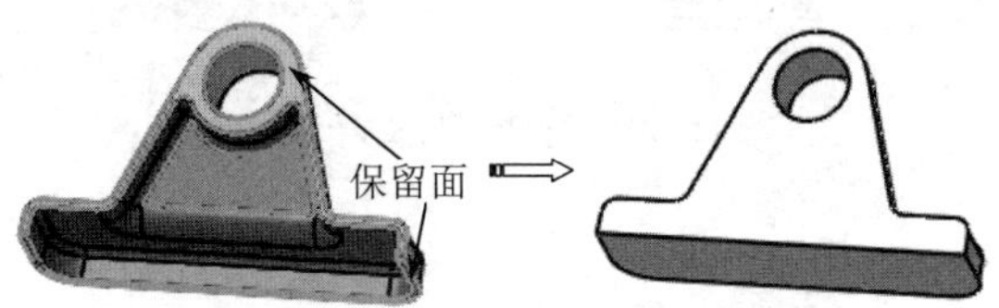

图7-80　移除面特征

单击【修饰特征】工具栏上的【移除面】按钮，弹出【移除面定义】对话框，如图7-81所示。

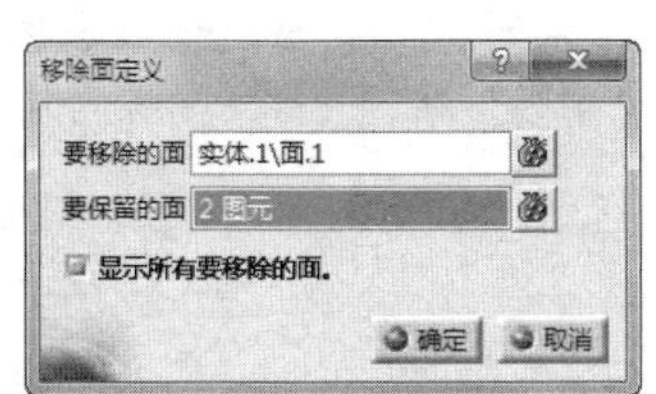

图7-81　【移除面定义】对话框

【移除面定义】对话框相关选项参数含义如下：

★　要移除的面：选择要移除的面。

★　要保留的面：选择要保留的面，选择的保留面要连续且形成封闭。

★　显示所有要移除的面：选中该复选框，将预览与要移除的紫色面相邻的所有面。

动手操作——移除面实例

01 在【标准】工具栏中单击【打开】按钮，在弹出的【选择文件】对话框中选择“7-13.CATPart”文件。单击【打开】按钮打开一个零件文件，如图7-82所示。选择【开始】|【机械设计】|【零件设计】，进入【零件设计】工作台。

02 单击【修饰特征】工具栏上的【移除面】按钮，弹出【移除面定义】对话框，如图7-83所示。激活【要移除的面】选择框，选择图中所示的要移除的实体表面，激活【要保留的面】选择框，选择图中所示要保留的实体表面。

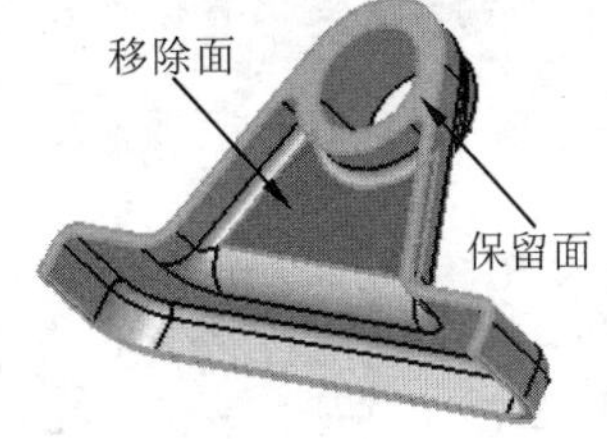

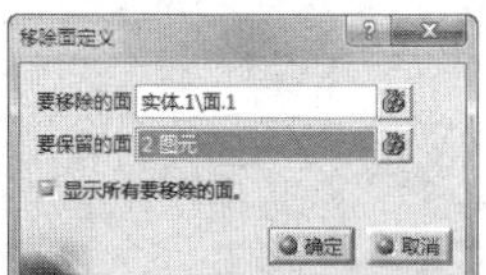

图7-82　打开模型文件　　图7-83　【移除面定义】对话框

03 选中【显示所有要移除的面】复选框，图形显示如图7-84所示所有要移除的面，单击【确定】按钮，完成移除面。

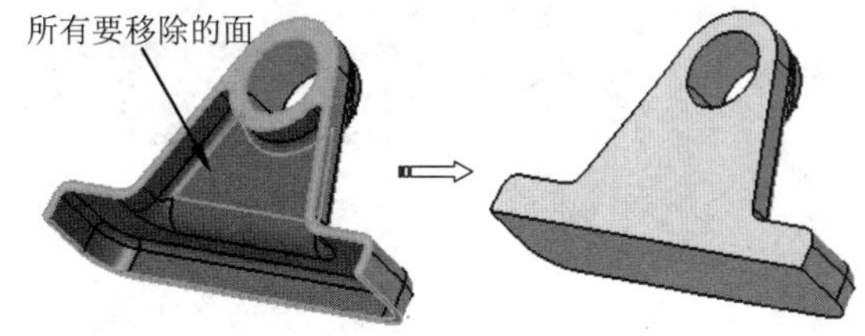

图7-84　创建移除面特征

7.1.8　替换面

【替换面】命令是以一个面或一组相切面替换一个曲面或一个与选定面属于相同几何体的面，通过修剪来生成几何体，常用于根据已有外部曲面形状来对零件表面形状进行修改得到特殊结构，如图7-85所示。

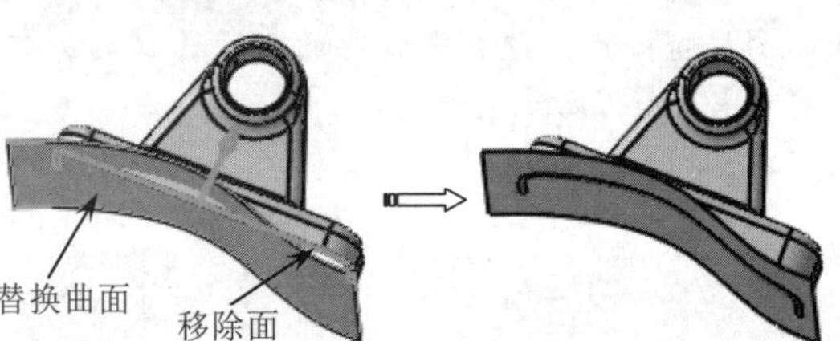

图7-85 替换面特征

单击【修饰特征】工具栏上的【替换面】按钮，弹出【定义替换面】对话框，如图7-86所示。

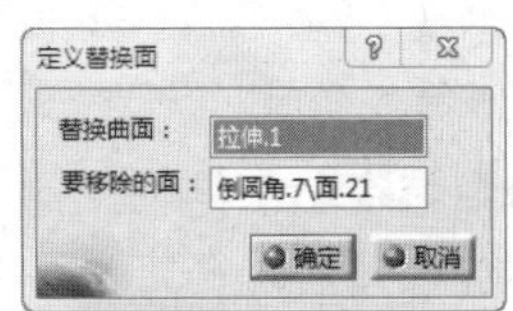

图7-86 【定义替换面】对话框

【定义替换面】对话框相关选项参数含义如下：

★ 替换曲面：用于选择曲面作为替换后的曲面，注意单击该曲面上箭头改变使其指向实体材料内部，否则替换不成功。
★ 要移除的面：选择零件模型上需要删除的表面。

动手操作—替换面实例

01 在【标准】工具栏中单击【打开】按钮，在弹出的【选择文件】对话框中选择"7-14.CATPart"文件。单击【打开】按钮打开一个零件文件，如图7-87所示。选择【开始】|【机械设计】|【零件设计】，进入【零件设计】工作台。

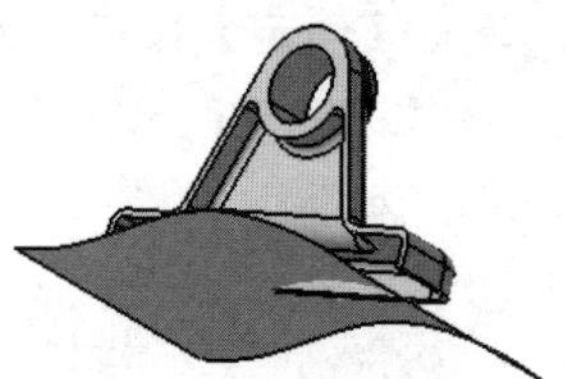

图7-87 打开模型文件

02 单击【修饰特征】工具栏上的【替换面】按钮，弹出【定义替换面】对话框，激活【替换曲面】编辑框，选择替换后的曲面，激活【要移除的面】编辑框，选择要移除的实体表面，如图7-88所示。

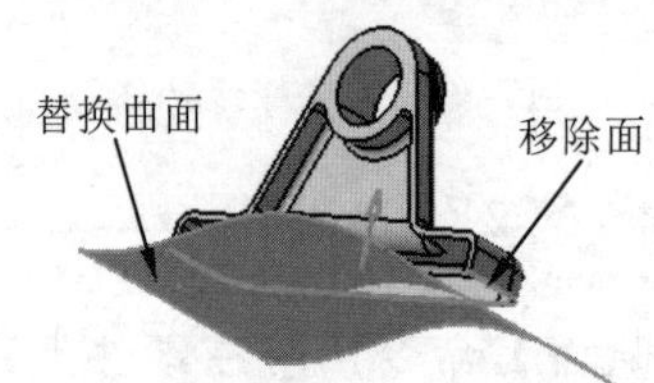

图7-88 选择命令曲面

03 单击【确定】按钮，系统自动完成替换面特征，如图7-89所示。

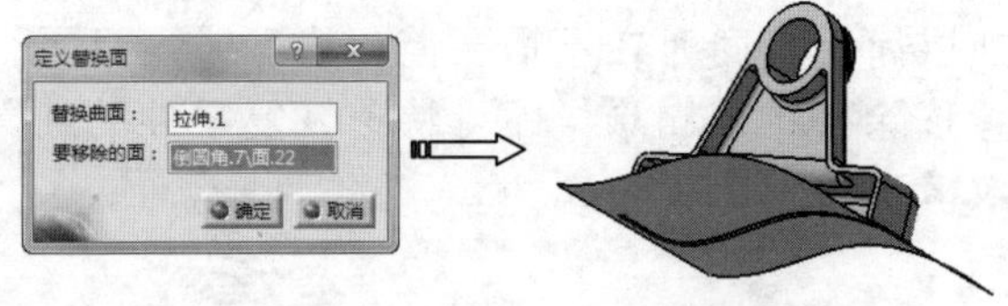

图7-89 创建替换面特征

7.2 变换特征

变换特征是指对已生成的零件特征进行位置的变换、复制变换（包括镜像和阵列）以及缩放变换等，相关命令集中在【变换特征】工具栏上，主要包括"平移"、"旋转"、"对称"、"定位"、"镜像"、"阵列"、"缩放"和"仿射"等。

7.2.1 平移

【平移】命令用于在特定的方向上将零件文档中的工作对象相对于坐标系移动指定距离，常用于零件几何位置的修改，如图7-90所示。

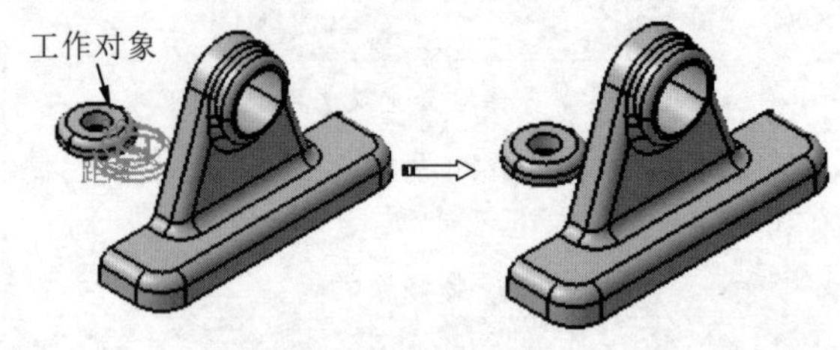

图7-90 平移特征

单击【变换特征】工具栏上的【平移】按钮，弹出【问题】对话框和【平移定义】对话框，单击【问题】对话框中的【是】按钮，显示【平移定义】对话框，如图7-91所示。

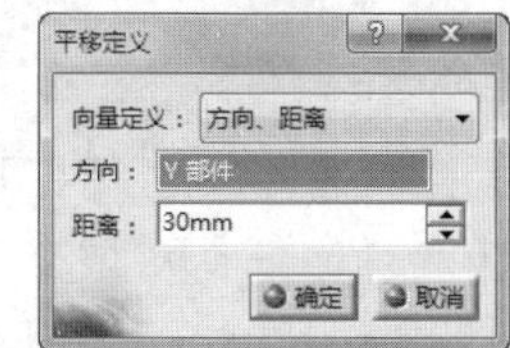

图7-91 【平移定义】对话框

【平移定义】对话框中【向量定义】下拉列表中的选项参数含义如下：

★ 【方向、距离】：单击【方向】选择框，选择已有直线、平面等参考元素作为平移方向，然后在【距离】框中输入移动距离。

★ 【点到点】：定义两个点，系统以这两点之间的线段来定义平移工作对象的方向和距离。

★ 【坐标】：直接定义需要将工作对象移动到的位置坐标来定义平移特征。

动手操作—平移实例

01 在【标准】工具栏中单击【打开】按钮，在弹出的【选择文件】对话框中选择“7-15.CATPart”文件。单击【打开】按钮打开一个零件文件，如图7-92所示。选择【开始】|【机械设计】|【零件设计】，进入【零件设计】工作台。

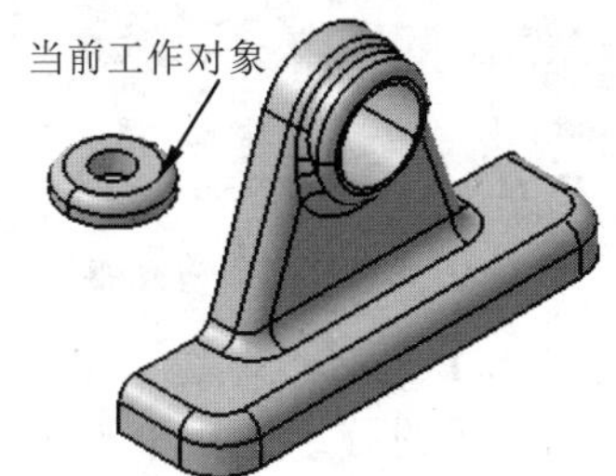

图7-92 打开模型文件

02 单击【变换特征】工具栏上的【平移】按钮，弹出【问题】对话框和【平移定义】对话框，如图7-93所示。单击【问题】对话框中的【是】按钮，才能使用【平移定义】对话框，单击【否】按钮将取消平移命令。

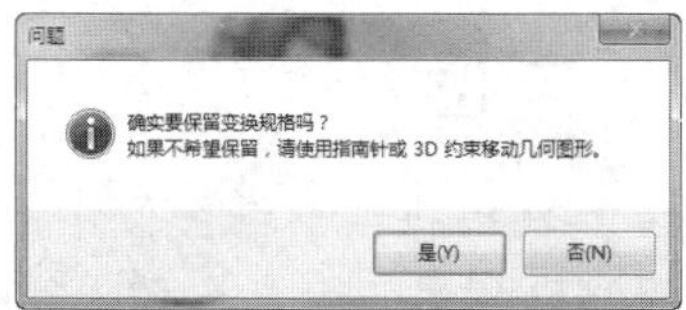

图7-93 【问题】对话框

03 在【向量定义】下拉列表中选择“方向、距离”，设定【距离】为30，激活【方向】选择框，单击右键选择【Y部件】，单击【确定】按钮，系统完成平移变换，如图7-94所示。

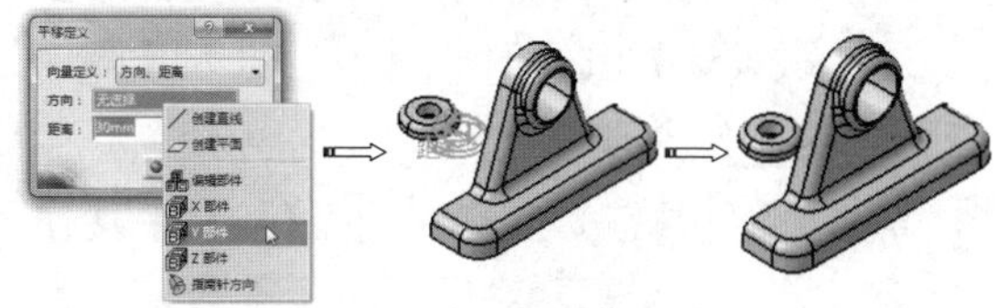

图7-94 创建平移变换

7.2.2 旋转

【旋转】命令用于将特征实体绕某一旋转轴旋转一定角度到达一个新的位置，如图7-95所示。与平移特征一样，旋转特征的操作对象也是当前工作对象，在创建旋转特征前要先定义工作对象。

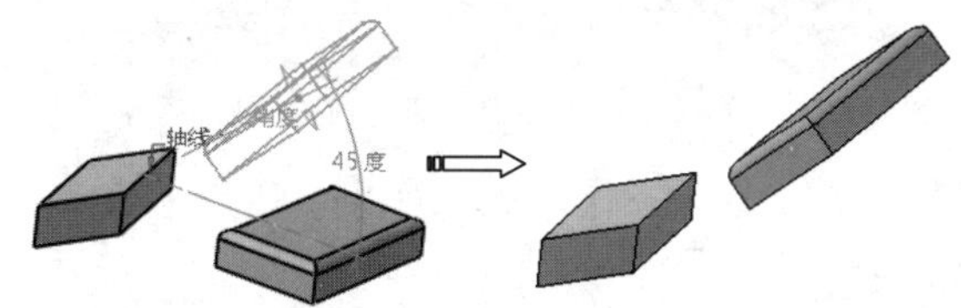

图7-95 旋转变换特征

单击【变换特征】工具栏上的【旋转】按钮，弹出【问题】对话框和【旋转定义】对话框，单击【问题】对话框中的【是】按钮，显示【旋转定义】对话框，如图7-96所示。

图7-96 【旋转定义】对话框

【旋转定义】对话框中【定义模式】下拉列表中各选项参数含义如下：

★ 【轴线-角度】：选择轴线作为旋转轴，然后输入绕轴线的角度。

★ 【轴线-两个元素】选择轴线作为旋转轴，然后通过（点、直线、平面）等两个几何元素来定义旋转角度。

★ 【三点】：旋转轴由通过第二点以及垂直于三点的平面法线来定义，旋转角度由三点创建的向量来定义（向量点2-点1、向量点2-点3）。

动手操作——旋转实例

01 在【标准】工具栏中单击【打开】按钮，在弹出的【选择文件】对话框中选择“7-16.CATPart”文件。单击【打开】按钮打开一个零件文件，如图7-97所示。选择【开始】|【机械设计】|【零件设计】，进入【零件设计】工作台。

02 单击【变换特征】工具栏上的【旋转】按钮，弹出【问题】对话框和【旋转定义】对话框，如图7-98所示。单击【问题】对话框中的【是】按钮，才能使用【旋转定义】对话框，单击【否】按钮将取消旋转命令。

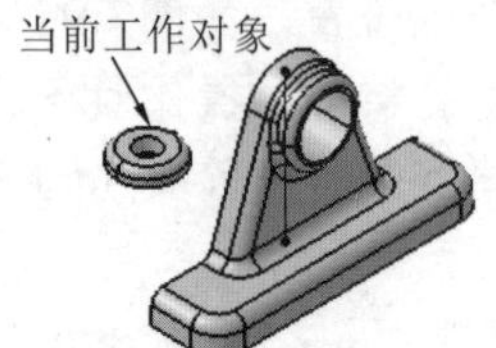

图7-97 打开模型文件 图7-98 【问题】对话框

03 在【向量定义】下拉列表中选择“轴线-角度”，选择如图7-99所示直线为轴线，【角度】为160，单击【确定】按钮，系统完成旋转变换，如图7-99所示。

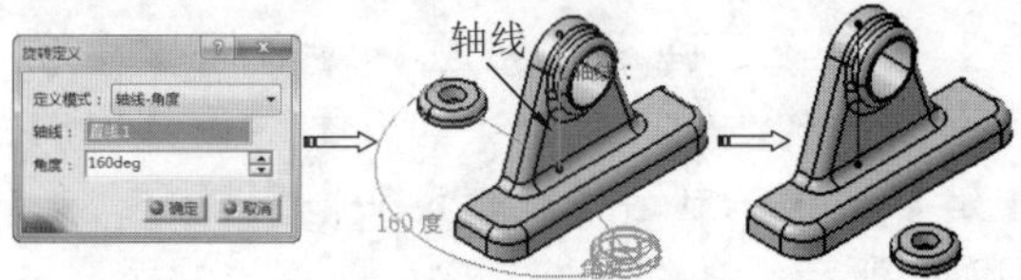

图7-99 创建旋转变换

7.2.3 对称

【对称】命令用于将工作对象对称移动到相关参考元素对称的位置上去，参考元素可以是点、线、平面等，如图7-100所示。

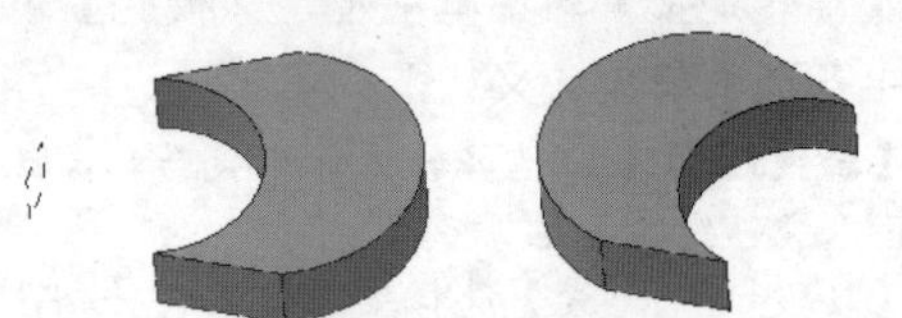

图7-100 对称变换特征

单击【变换特征】工具栏上的【对称】按钮，弹出【问题】对话框和【对称定义】对话框，单击【问题】对话框中的【是】按钮，激活【对称定义】对话框，如图7-101所示。

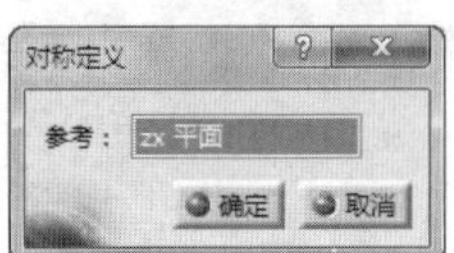

图7-101 【对称定义】对话框

动手操作——对称实例

01 在【标准】工具栏中单击【打开】按钮，在弹出的【选择文件】对话框中选择“7-17.CATPart”文件。单击【打开】按钮打开一个零件文件，如图7-102所示。选择【开始】|【机械设计】|【零件设计】，进入【零件设计】工作台。

图7-102 打开模型文件

02 单击【变换特征】工具栏上的【对称】按钮，弹出【问题】对话框和【对称定义】对话框，单击【问题】对话框中的【是】按钮，如图7-103所示。激活【对称定义】对话框，单击【否】按钮将取消对称命令。

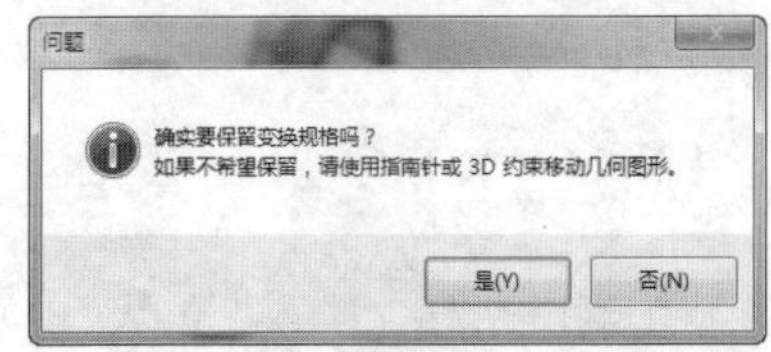

图7-103 【问题】对话框

03 激活【参考】编辑框，选择如图7-104所示的平面作为对称平面，单击【确定】按钮，系统完成对称变换。

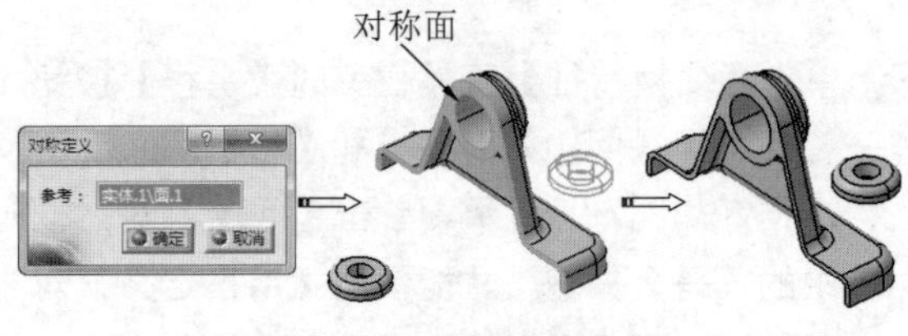

图7-104 创建对称变换

7.2.4 定位

【定位】是指将当前绘图区中的模型从一个坐标系移动到另一个坐标系，如图7-105所示。

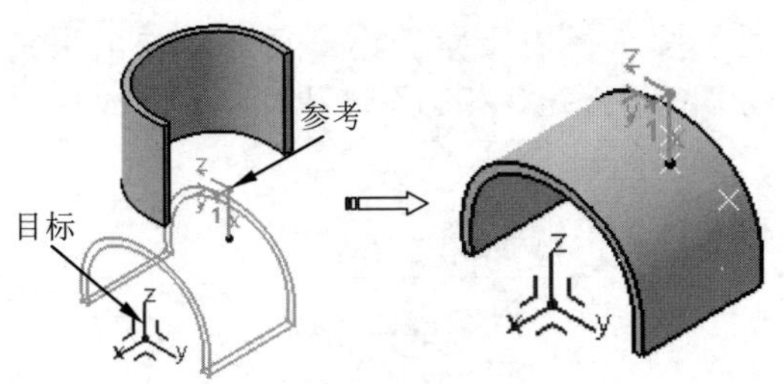

图7-105 定位特征

选择需要移动的实体或特征，单击【变换特征】工具栏上的【定位】按钮，弹出【问题】对话框和【“定位变换”定义】对话框，单击【问题】对话框中的【是】按钮，激活【“定位变换”定义】对话框，如图7-106所示。

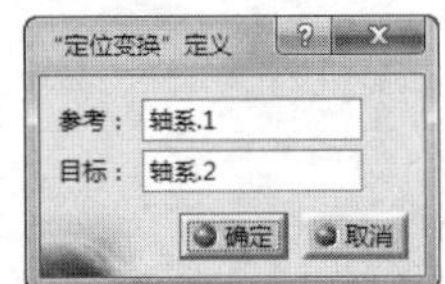

图7-106 【“定位变换”定义】对话框

动手操作—定位实例

01 在【标准】工具栏中单击【打开】按钮，在弹出的【选择文件】对话框中选择“7-18.CATPart”文件。单击【打开】按钮打开一个零件文件，如图7-107所示。选择【开始】|【机械设计】|【零件设计】，进入【零件设计】工作台。

02 单击【变换特征】工具栏上的【定位】按钮，弹出【问题】对话框和【“定位变换”定义】对话框，单击【问题】对话框中的【是】按钮，激活【“定位变换”定义】对话框，如图7-108所示。

图7-107 打开模型文件 图7-108 【问题】对话框

03 激活【参考】编辑框，选择如图7-109所示坐标系作为参考坐标系，激活【目标】编辑框，选择图中所示坐标系为目标坐标系，单击【确定】按钮，系统完成定位变换。

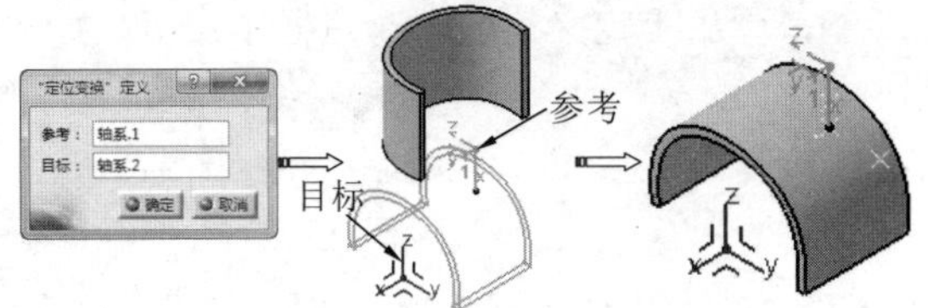

图7-109 创建定位变换

7.2.5 镜像

【镜像】命令用于对点、曲线、曲面、实体等几何元素相对于镜像平面进行镜像操作，如图7-110所示。镜像特征与对称特征的不同之处在于镜像特征是对目标元素进行复制，而对称是对目标进行移动操作。

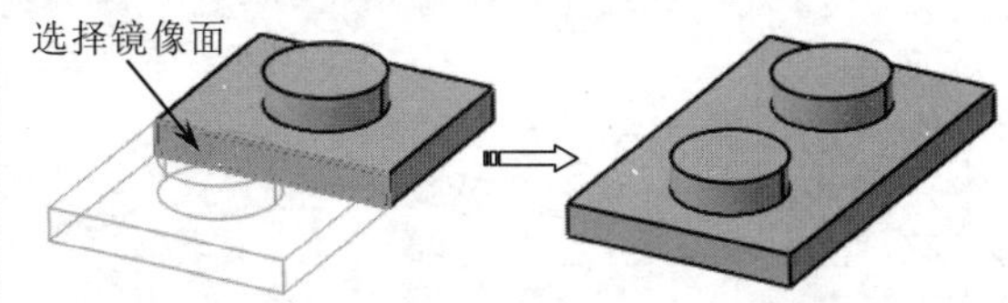

图7-110 镜像特征

选择需要镜像的实体或特征，单击【变换特征】工具栏上的【镜像】按钮，选择平面作为镜像平面，弹出【定义镜像】对话框，如图7-111所示。

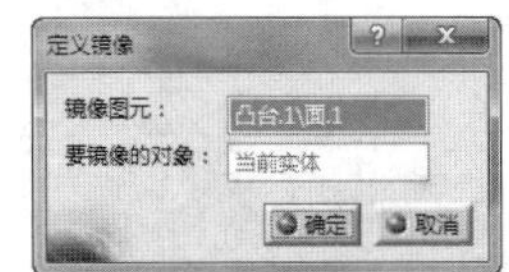

图7-111 【定义镜像】对话框

提 示

在启动镜像命令之前，应先选择镜像平面或镜像特征。如果没有选择镜像特征，系统自动选择当前工作对象为镜像对象；当选择特征时，可按住Ctrl键在特征树或图形区选择即可。

动手操作—镜像实例

01 在【标准】工具栏中单击【打开】按钮，在弹出的【选择文件】对话框中选择“7-19.CATPart”文件。单击【打开】按钮打开一个零件文件，如图7-112所示。

02 选择【开始】|【机械设计】|【零件设计】，进入【零件设计】工作台。

03 选择如图7-113所示的两个凸台特征，单击【变换特征】工具栏上的【镜像】按钮，弹出【定义镜像】对话框。

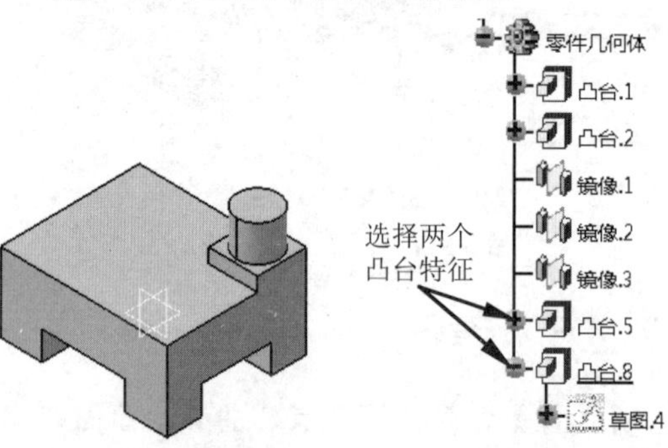

图7-112　打开模型文件　　　图7-113　选择特征

04 激活【镜像图元】编辑框，选择yz平面作为镜像平面，显示镜像预览，单击【确定】按钮，系统完成镜像特征，如图7-114所示。

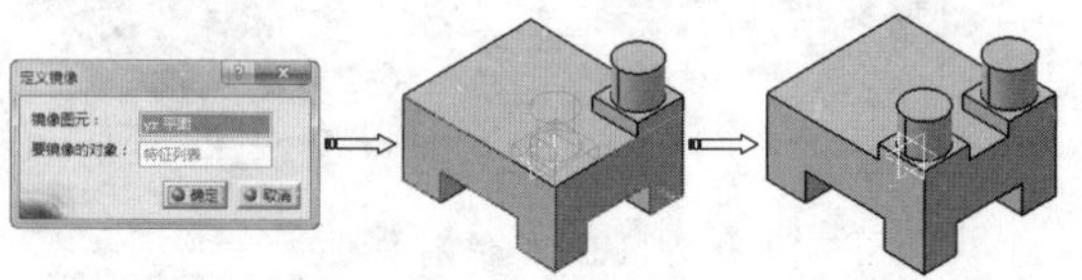

图7-114　创建镜像

05 重复上述过程，选择zx平面作为镜像平面，显示镜像预览，单击【确定】按钮，系统完成镜像特征，如图7-115所示。

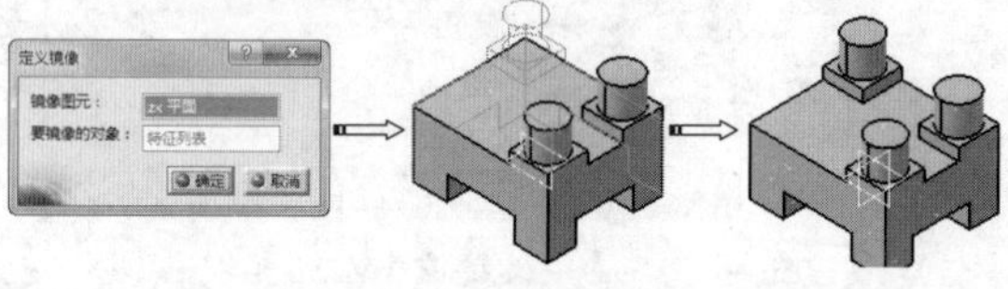

图7-115　创建镜像

06 在特征树上选择上一步创建的镜像特征，单击【变换特征】工具栏上的【镜像】按钮，弹出【特征定义错误】对话框，单击【确定】按钮，弹出【定义镜像】对话框，选择yz平面为镜像平面，单击【确定】按钮完成镜像特征，如图7-116所示。

图7-116　创建镜像

7.2.6　阵列特征

CATIA V5R21提供了多种阵列特征的创建方法，单击【变换特征】工具栏上的【矩形阵列】按钮右下角的小三角形，弹出相关阵列命令的按钮，如图7-117所示。

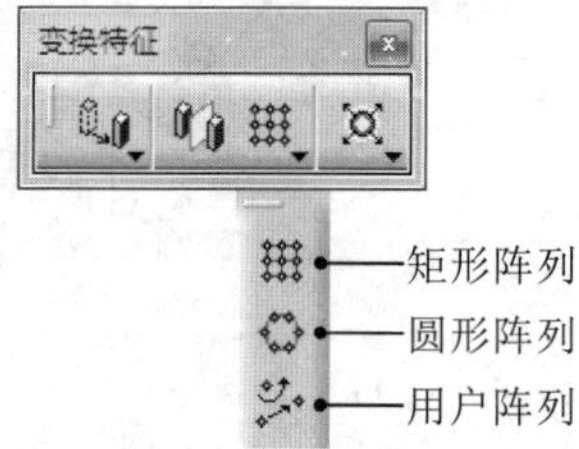

图7-117　【阵列】相关命令

1. 矩形阵列

【矩形阵列】命令是以矩形排列方式复制选定的实体特征，形成新的实体，如图7-118所示。

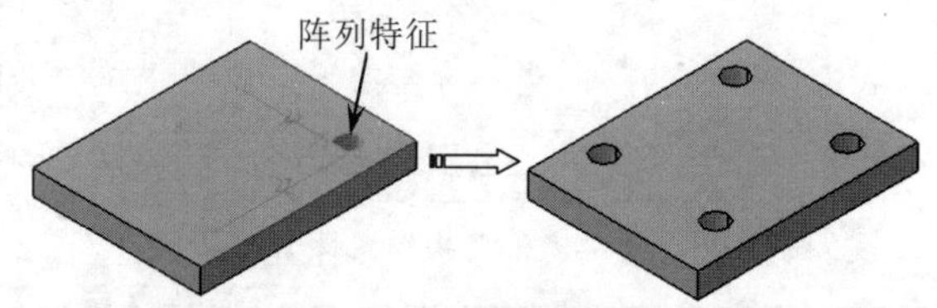

图7-118　矩形阵列

选择要阵列的实体特征，单击【变换特征】工具栏上的【矩形阵列】按钮，弹出【定义矩形阵列】对话框，如图7-119所示。

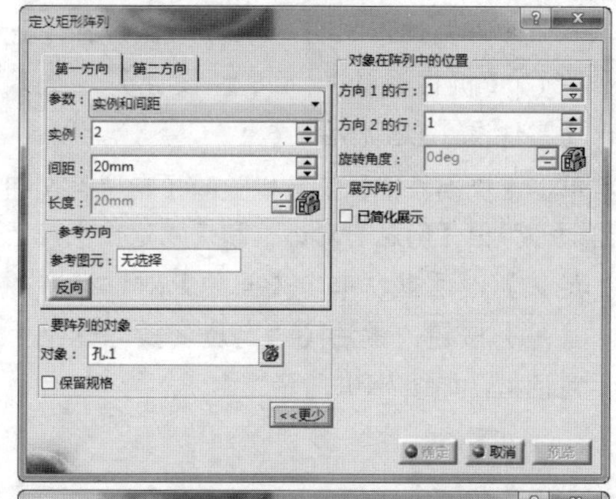

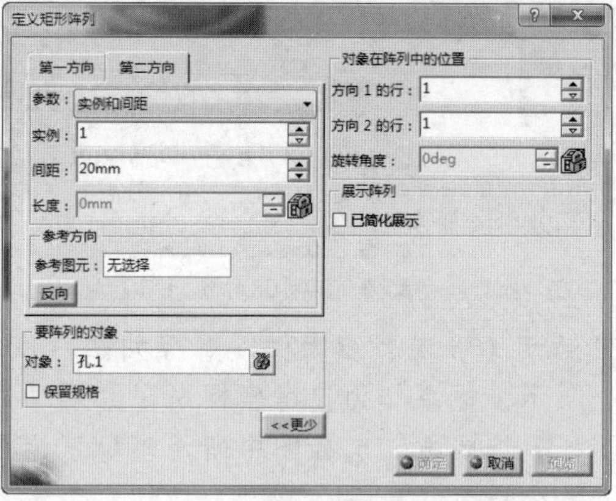

图7-119　【定义矩形阵列】对话框

【定义矩形阵列】对话框中相关选项参数的含义如下：

（1）参数

用于定义源特征在阵列方向上副本的分布数量和间距，包括以下选项：

★ 实例和长度：通过指定实例数量和总长度，系统自动计算实例之间的间距。

★ 实例和间距：通过指定实例数量和间距，系统自动计算总长度。

★ 间距和长度：通过指定间距和总长度，系统自动计算实例的数量。

★ 实例和不等间距：在每个实例之间分配不同的间距值。当选择该方式时，在图形区显示出所有阵列特征间距，双击间距值，弹出【参数定义】对话框，在【值】文本框中输入20，单击【确定】按钮，可完成不等间距阵列，如图7-120所示。

图7-120 创建不等间距阵列

（2）参考方向

用于选择线性图元定义阵列方向。单击【反向】按钮可反转阵列方向。

（3）要阵列的对象

★ 对象：用于选择阵列对象。如果先单击【矩形阵列】按钮，再选择特征，那么系统将对当前所有实体进行阵列；要选择特征阵列，需要先选择特征，然后再单击【矩形阵列】按钮。

★ 保留规格：选中该复选框，表示在阵列过程中使用原始特征中的参数生成特征。如图7-121所示凸台使用【直到曲面】限制，由于限制曲面为非平面，所以阵列后实例长度不同。

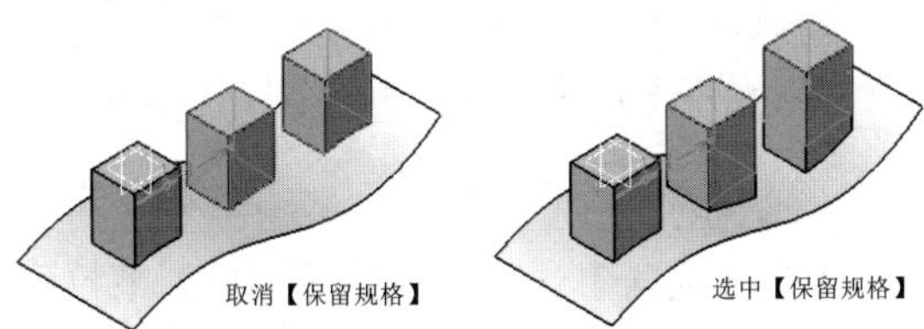

图7-121 保留规格

（4）对象在阵列中的位置

★ 方向X的行：用于设置源特征在阵列中的位置，如图7-122所示。

★ 旋转角度：用于设置阵列方向与参考图元之间的夹角，如图7-123所示。

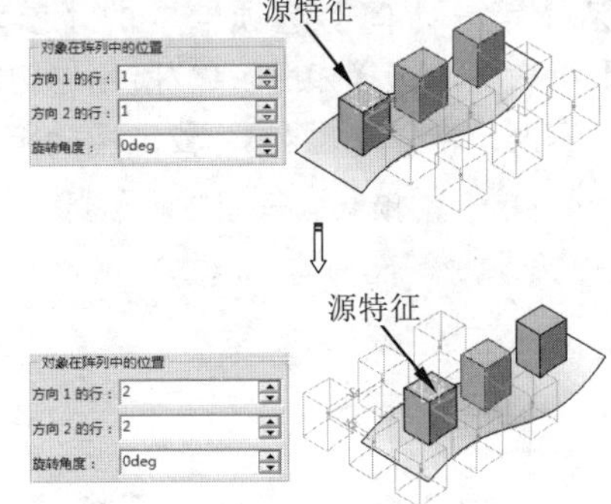

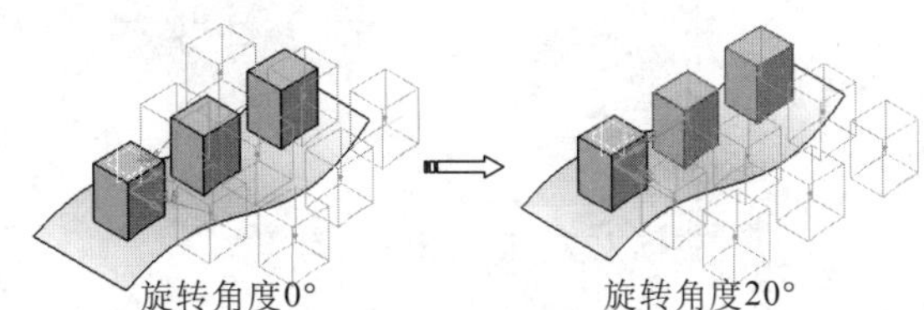

图7-122 方向的行

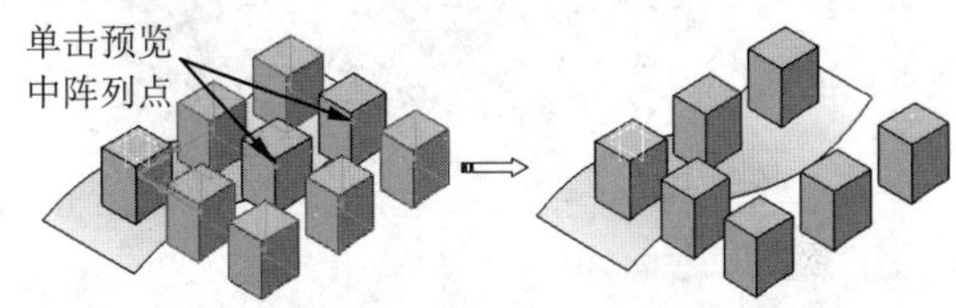

图7-123 旋转角度

提 示

创建阵列时，可删除不需要的阵列实例，只需在阵列预览中选择点即可删除，相反再次单击该点可重新创建相应阵列，如图7-124所示。

图7-124 删除阵列实例

动手操作—矩形阵列实例（支座定位孔设计）

01 在【标准】工具栏中单击【打开】按钮，在弹出的【选择文件】对话框中选择“7-20.CATPart”文件。单击【打开】按钮打开一个零件文件，如图7-125所示。选择【开始】|【机械设计】|【零件设计】，进入【零件设计】工作台。

02 选择如图7-126所示要阵列的孔特征，单击【变换特征】工具栏上的【矩形阵列】按钮，弹出【定义矩形阵列】对话框。

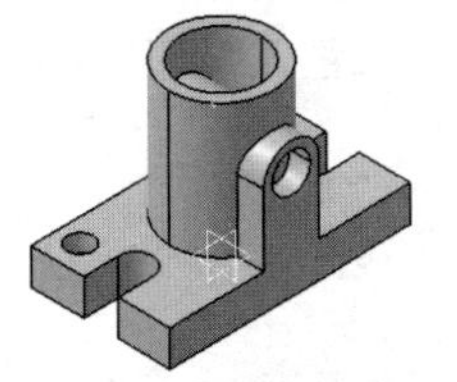

图7-125 打开模型文件

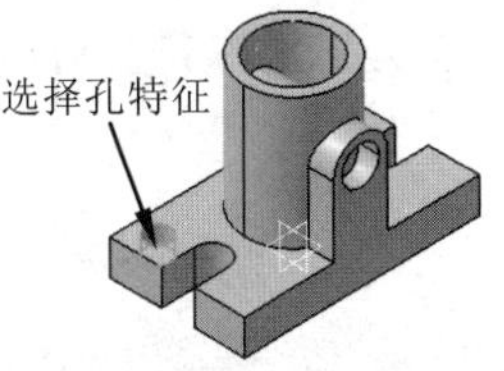

图7-126 选择孔特征

03 激活【第一方向】选项卡中的【参考图元】编辑框，选择如图7-127所示的边线为方向参考，设置【实例】为2，【间距】为50mm，单击【预览】按钮显示预览。

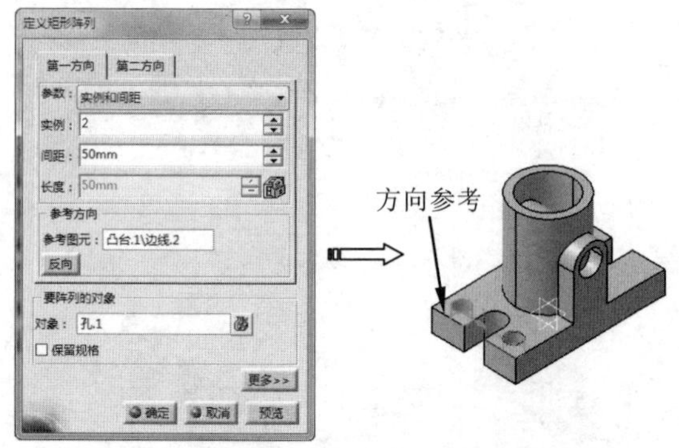

图7-127　设置第一方向

04 激活【第二方向】选项卡中的【参考图元】编辑框，选择如图7-128所示的边线为方向参考，设置【实例】为2，【间距】为115mm，单击【预览】按钮显示预览，单击【确定】按钮完成矩形阵列。

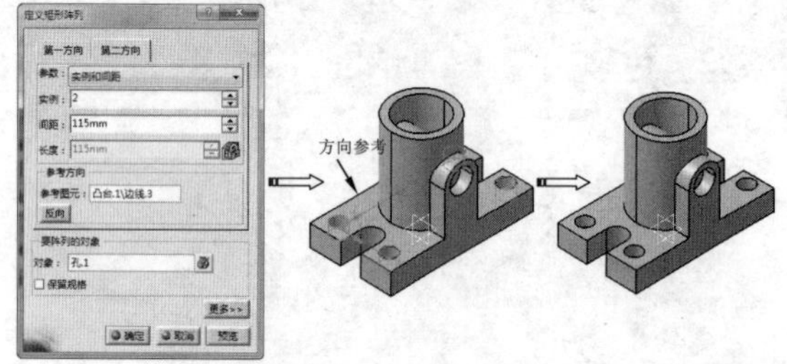

图7-128　创建矩形阵列

2. 圆形阵列

【圆形阵列】用于将实体绕旋转轴进行旋转阵列分布，如图7-129所示。

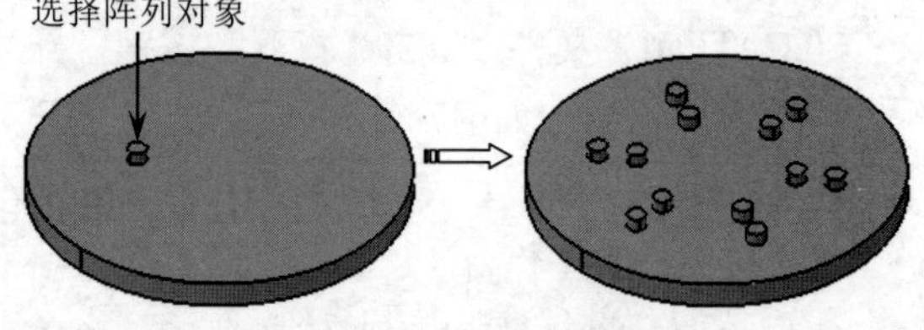

图7-129　圆形阵列

选择要阵列的实体特征，单击【变换特征】工具栏上的【圆形阵列】按钮，弹出【定义圆形阵列】对话框，如图7-130所示。

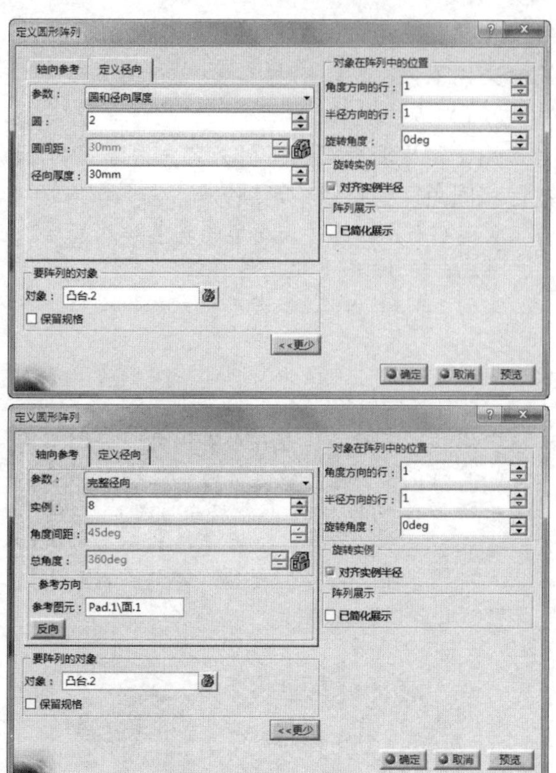

图7-130　【定义圆形阵列】对话框

【定义圆形阵列】对话框中相关选项参数含义如下：

（1）轴向参考

【轴向参考】选项卡中的【参数】下拉列表，用于定义源特征在轴向的副本分布数量和角度间距，包括以下选项：

★ 实例和总角度：通过指定实例数目和总角度值，系统将自动计算角度间距。

★ 实例和角度间距：通过指定实例数目和角度间距，系统将自动计算总角度。

★ 角度间距和总角度：通过指定角度间距和总角度，系统自动计算生成的实例数目。

★ 完整径向：通过指定实例数目，系统自动计算满圆周的角度间距。

★ 实例和不等角度间距：在每个实例之间分配不同的角度值。

（2）定义径向

【定义径向】选项卡中的【参数】下拉列表，用于定义源特征在径向的副本分布数量和角度间距，包括以下选项：

★ 圆和径向厚度：通过指定径向圆数目和径向总长度，系统可以自动计算圆间距。

★ 圆和圆间距：通过指定径向圆数目和径向间距生成实例。

★ 圆间距和径向厚度：通过指定圆间距和径向

总长度生成实例。

（3）对齐实例半径

用于定义阵列中实例的方向。选中该复选框，所有实例具有与原始特征相同的方向；取消该复选框，所有实例都将垂直于圆的切线，如图7-131所示。

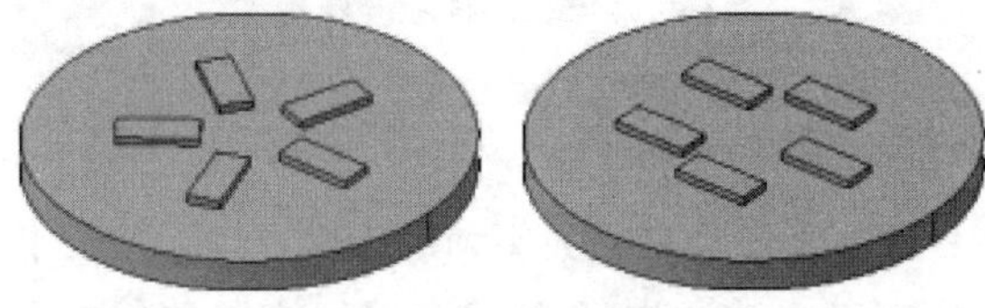

选中【对齐实例半径】　　取消【对齐实例半径】

图7-131　对齐实例半径

动手操作—圆形阵列实例（安装盘设计）

01 在【标准】工具栏中单击【打开】按钮，在弹出的【选择文件】对话框中选择“7-21.CATPart”文件。单击【打开】按钮打开一个零件文件，如图7-132所示。选择【开始】|【机械设计】|【零件设计】，进入【零件设计】工作台。

02 选择如图7-133所示要阵列的孔特征，单击【变换特征】工具栏上的【圆形阵列】按钮，弹出【定义圆形阵列】对话框。

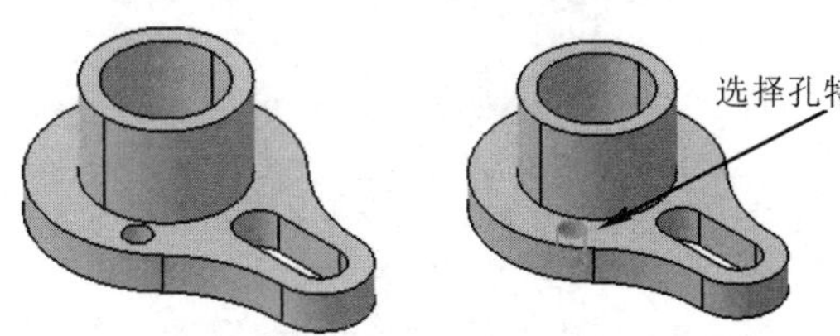

图7-132　打开模型文件　图7-133　选择孔特征

03 在【轴向参考】选项卡中设置【参数】为“实例和角度间距”，【实例】为9，【角度间距】为30，激活【参考图元】编辑框，选择如图7-134所示的外圆柱面，单击【预览】按钮显示预览，单击【确定】按钮完成圆形阵列，如图7-134所示。

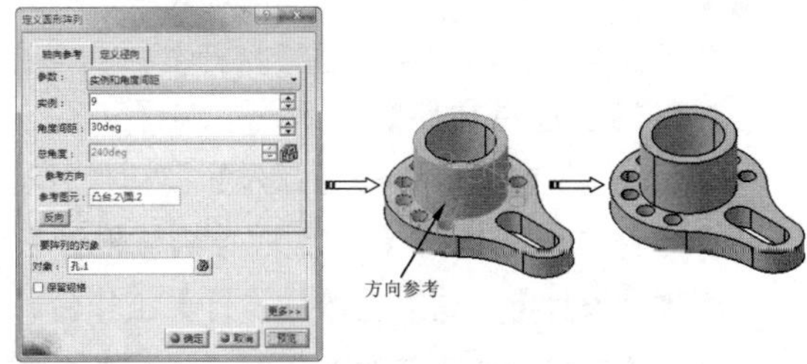

图7-134　创建圆形阵列

3. 用户阵列

用户阵列是指通过用户自定义方式对源特征或实体进行阵列操作，如图7-135所示。

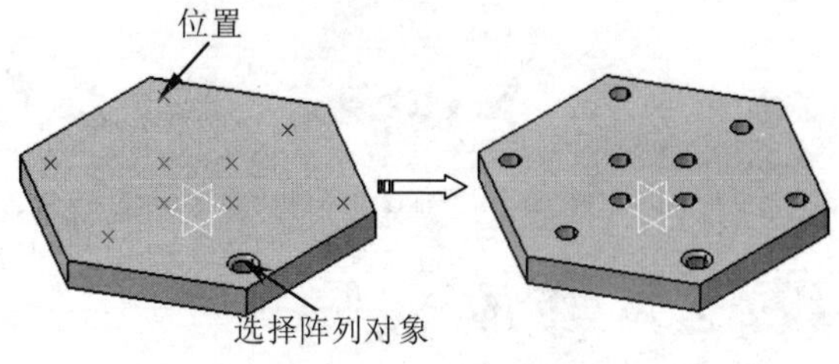

图7-135　用户阵列

选择要阵列的实体特征，单击【变换特征】工具栏上的【用户阵列】按钮，弹出【定义用户阵列】对话框，如图7-136所示。

图7-136　【定义用户阵列】对话框

★　位置：用于设定阵列实例的放置位置，该位置点可在草图中绘制。

★　定位：用于指定特征阵列的对齐方式，默认的对齐方式为实体特征的中心与制定的放置位置重合。

动手操作—用户阵列实例

01 在【标准】工具栏中单击【打开】按钮，在弹出的【选择文件】对话框中选择“7-22.CATPart”文件。单击【打开】按钮打开一个零件文件，如图7-137所示。选择【开始】|【机械设计】|【零件设计】，进入【零件设计】工作台。

02 选择如图7-138所示要阵列的凹槽特征，单击【变换特征】工具栏上的【用户阵列】按钮，弹出【定义用户阵列】对话框。

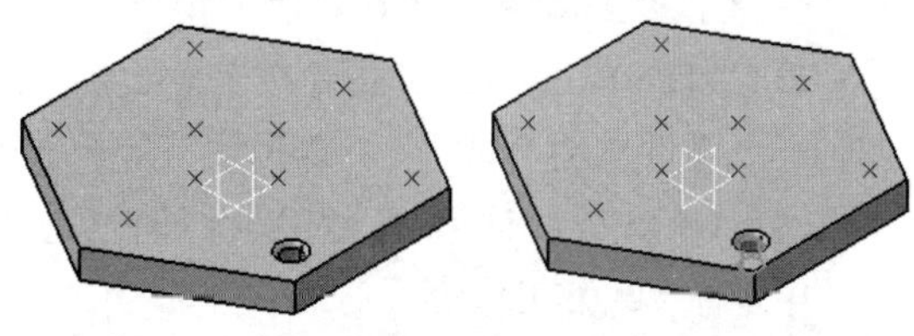

图7-137　打开模型文件　图7-138　选择凹槽特征

03 激活【位置】编辑框，选择如图7-139所示的草图作为阵列位置，单击【预览】按钮显示预览，单击【确定】按钮完成用户阵列。

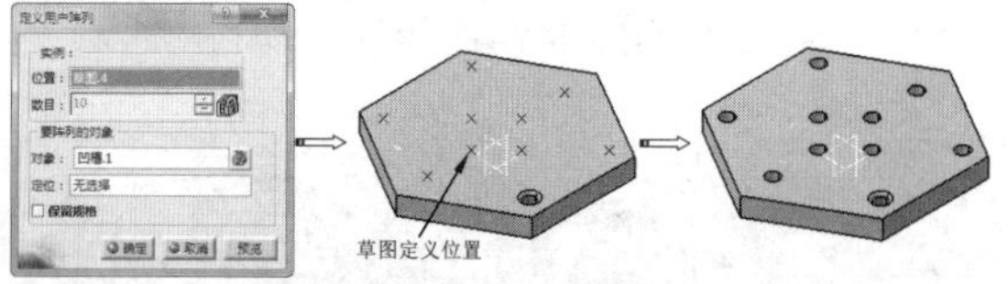

图7-139 创建用户阵列

7.2.7 缩放

【缩放】用于通过指定点、平面或曲面作为缩放参考将几何图形的大小调整为指定的尺寸，如图7-140所示。

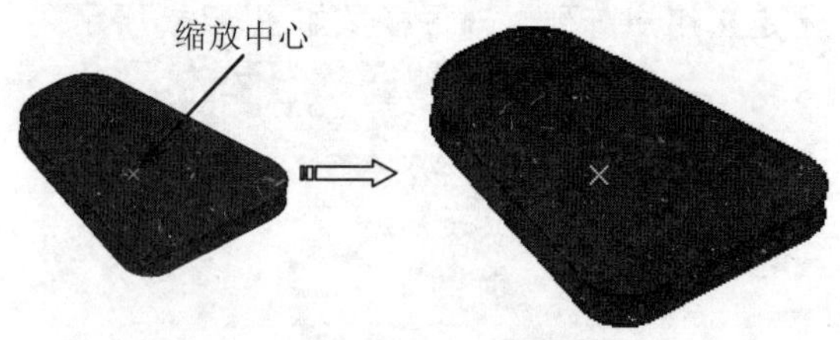

图7-140 缩放特征

选择要缩放的实体或特征，单击【变换特征】工具栏上的【缩放】按钮，弹出【缩放定义】对话框，如图7-141所示。

图7-141 【缩放定义】对话框

★ 参考：用于选择点或平面定义缩放参考。选择点时，模型以点为中心按照缩放比率在X、Y、Z方向上缩放；选择平面时，模型以平面为参考按照比例在参考平面的法平面内进行缩放。

★ 比率：用于输入缩放比例值，大于1为放大，小于1为缩小。

动手操作—缩放实例（基座缩放设计）

01 在【标准】工具栏中单击【打开】按钮，在弹出的【选择文件】对话框中选择“7-23.CATPart”文件。单击【打开】按钮打开一个零件文件，如图7-142所示。选择【开始】|【机械设计】|【零件设计】，进入【零件设计】工作台。

02 单击【变换特征】工具栏上的【缩放】按钮，弹出【缩放定义】对话框。激活【参考】编辑框，选择图中所示的平面，在【比率】文本框中设置为0.6，单击【确定】按钮完成缩放。

图7-142 创建缩放特征

7.2.8 仿射

【仿射】是指对当前绘图区域中的模型根据自定义轴系进行X、Y、Z轴方向的缩放，如图7-143所示。

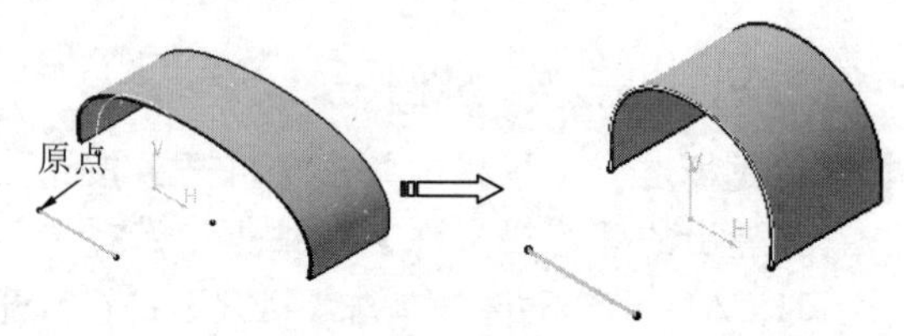

图7-143 仿射

单击【变换特征】工具栏上的【仿射】按钮，弹出【仿射定义】对话框，如图7-144所示。

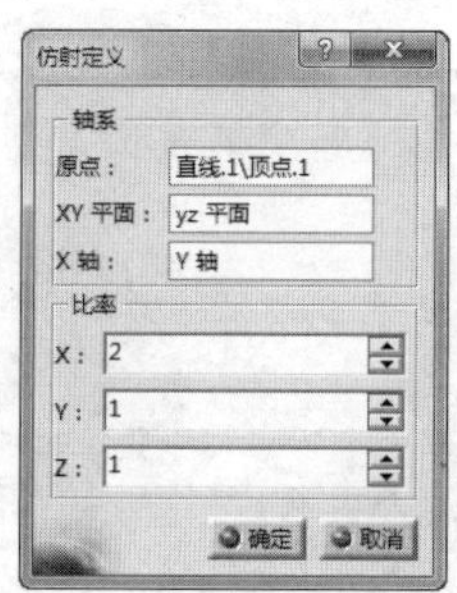

图7-144 【仿射定义】对话框

★ 原点：用于选择点定义仿射进行的坐标系原点。

★ XY平面：用于选择平面作为仿射进行平面。

★ X轴：用于选择线性图元定义X轴。

★ 比率：用于设置X、Y、Z方向上的缩放的比例。

动手操作—仿射实例

01 在【标准】工具栏中单击【打开】按钮，在弹出的【选择文件】对话框中选择“7-24.CATPart”文件。单击【打开】按钮打开一个零件文件。选择【开始】|【机械设计】|【零件设计】，进入【零件设计】工作台。

02 单击【变换特征】工具栏上的【仿射】按钮，弹出【仿射定义】对话框，激活【XY

平面】编辑框，选择yz平面为xy平面，激活【X轴】编辑框，选择如图7-145所示的直线，设置【比率X】为2，单击【确定】按钮，完成仿射特征。

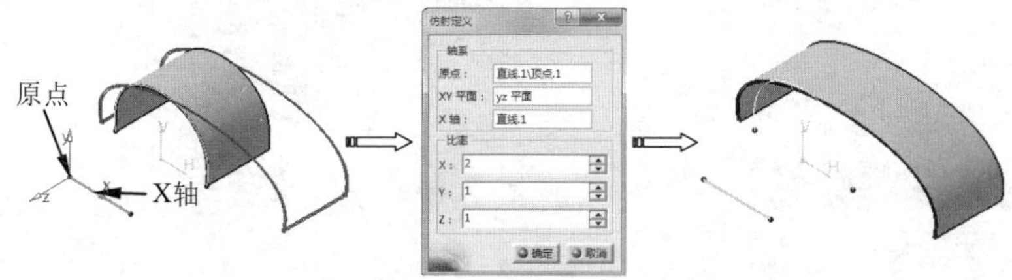

图7-145 创建仿射特征

7.3 布尔运算

布尔操作是将一个文件中的两个零件体组合到一起，实现添加、移除、相交等运算，布尔运算相关命令集中在【布尔操作】工具栏上，包括“装配”、“添加”、“移除”、“相交”、联合修剪”、“移除块”等。

提 示

布尔操作要两个或两个以上实体。默认情况下，在同一个零件文件中只有一个几何体。要插入新几何体，选择菜单栏【插入】|【几何体】命令即可创建新的几何体。

7.3.1 装配

【装配】用于将不同的几何体组合成一个新几何体，如图7-146所示。

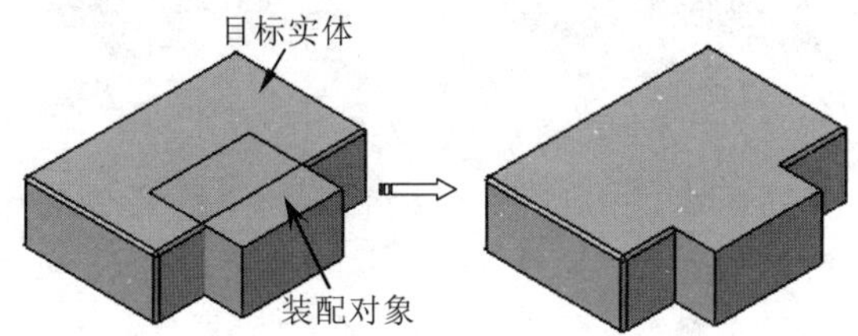

图7-146 装配运算

单击【布尔操作】工具栏上的【装配】按钮，弹出【装配】对话框，如图7-147所示。

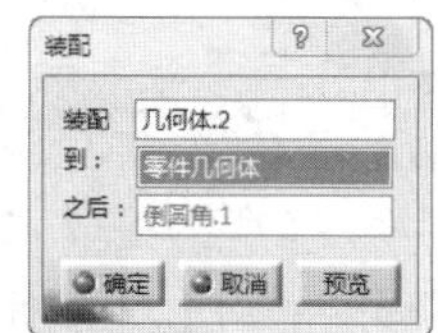

图7-147 【装配】对话框

激活【装配】选择框，选择要装配的对象实体，激活【到】选择框，选择装配目标实体，单击【确定】按钮，系统完成装配特征。

★ 装配：用于选择要装配的对象实体，即将要装配到目标实体中的实体。要实现装配必须创建负实体，在几何体中可使用凹槽、旋转槽、孔等创建负实体，在特征树以黄色的减号显示，如图7-148所示。

★ 到：用于选择装配目标实体。

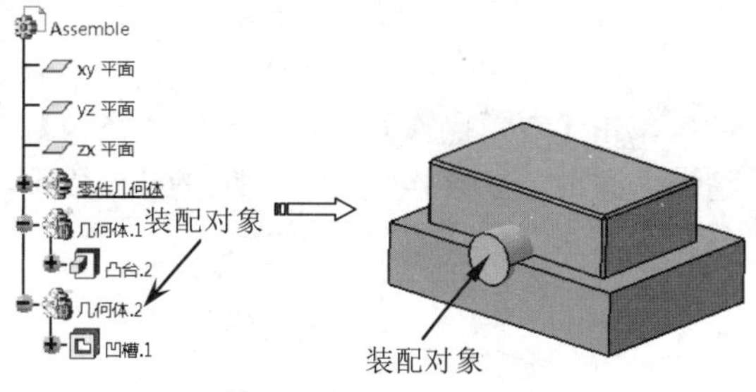

图7-148 装配实体

7.3.2 添加

【添加】用于将一个几何体添加到另一个几何体中，并取两个几何体的并集部分，如图7-149所示。

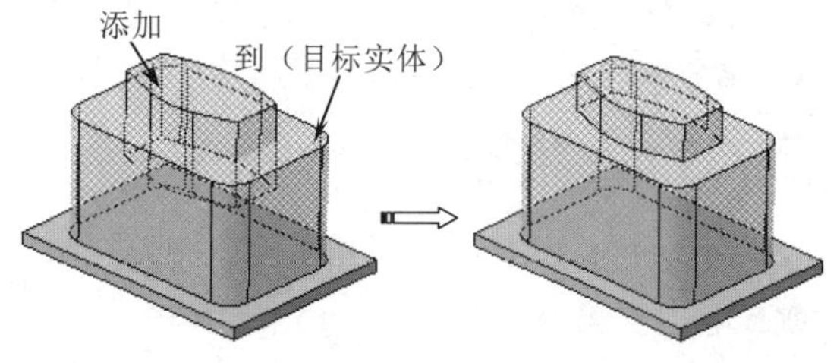

图7-149 添加运算

单击【布尔操作】工具栏上的【添加】按钮，弹出【添加】对话框，如图7-150所示。

图7-150 【添加】对话框

激活【添加】选择框，选择要添加的对象实体，激活【到】选择框，选择添加目标实体，单击【确定】按钮，系统完成添加特征。

★ 添加：用于选择要添加的对象实体，即将其添加到目标实体中的实体。

★ 到：用于选择添加目标实体。

7.3.3 移除

【移除】用于在一个几何体中减去另一个几何体所占据的位置来创建新的几何体，如图7-151所示。

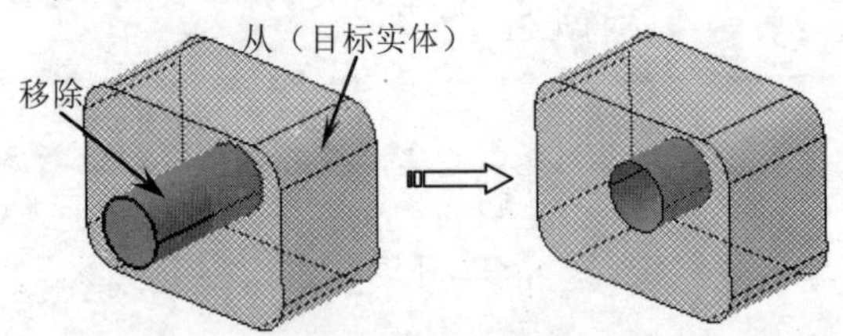

图7-151 移除运算

单击【布尔操作】工具栏上的【移除】按钮，弹出【移除】对话框，如图7-152所示。

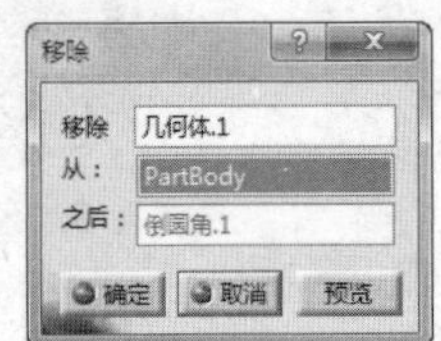

图7-152 【移除】对话框

激活【移除】选择框，选择要移除的对象实体，激活【从】选择框，选择移除目标实体，单击【确定】按钮，系统完成移除特征。

★ 移除：用于选择要移除的对象实体，即将要将从目标实体中删除掉的实体。

★ 从：用于选择目标实体。

7.3.4 相交

【相交】用于将两个几何体组合在一起，取二者的交集部分，如图7-153所示。

单击【布尔操作】工具栏上的【相交】按钮，弹出【相交】对话框，如图7-154所示。

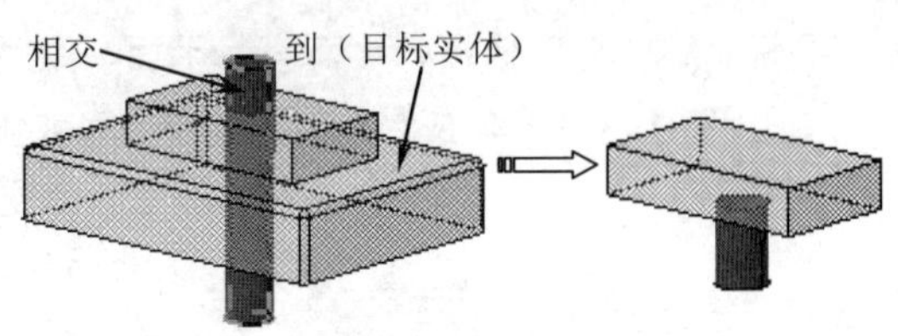

图7-153 相交

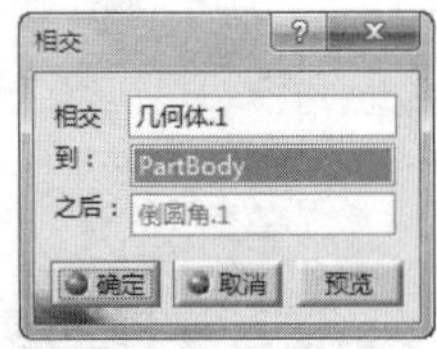

图7-154 【相交】对话框

激活【相交】选择框，选择要相交的对象实体，激活【到】选择框，选择相交目标实体，单击【确定】按钮，系统完成相交特征。

★ 相交：用于选择要相交的对象实体。

★ 到：用于选择目标实体。

7.3.5 联合修剪

【联合修剪】用于在两个几何体之间同时进行添加、移除、相交等操作，以提高进行多次布尔运算效率，如图7-155所示。

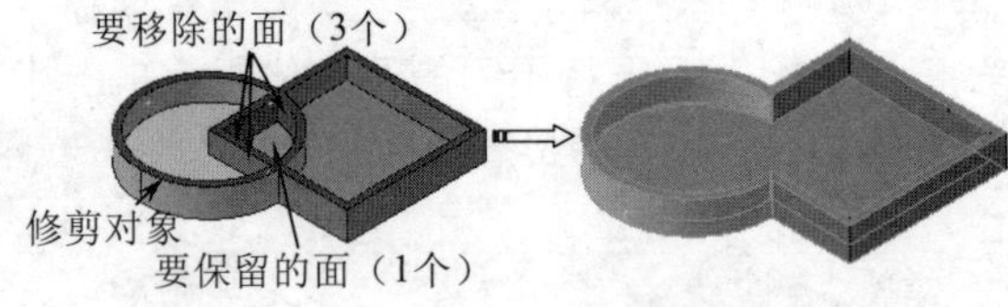

图7-155 联合修剪

单击【布尔操作】工具栏上的【联合修剪】按钮，选择要修剪的几何体，弹出【定义修剪】对话框，如图7-156所示。

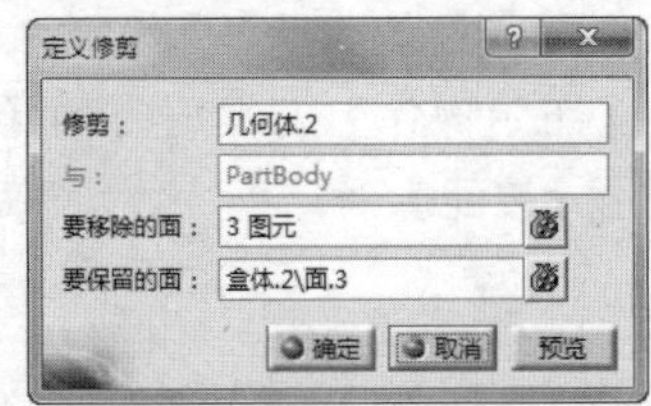

图7-156 【定义修剪】对话框

激活【要移除的面】选择框，选择修剪移除实体面，激活【要保留的面】选择框，选择修剪后的保留面，单击【确定】按钮，系统完成联合修剪特征。

7.3.6 移除块

【移除块】用于移除单个几何体内多余的且不相交的实体，如图7-157所示。

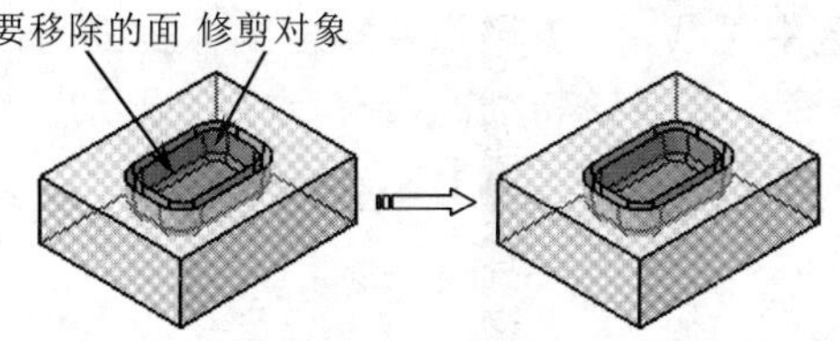

图7-157 移除块

单击【布尔操作】工具栏上的【移除块】按钮，选择要修剪的几何体，弹出【定义移除块（修剪）】对话框，如图7-158所示。

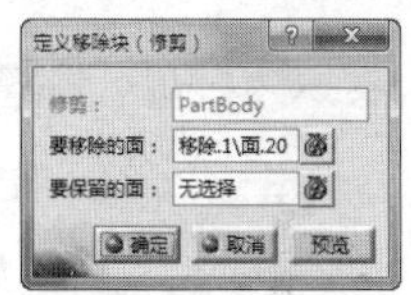

图7-158 【定义移除块（修剪）】对话框

激活【要移除的面】选择框，选择修剪移除实体面，激活【要保留的面】选择框，选择修剪后保留面，单击【确定】按钮，系统完成移除块特征。

动手操作—布尔运算实例（轴承座设计）

01 在【标准】工具栏中单击【打开】按钮，在弹出的【选择文件】对话框中选择“7-25.CATPart”文件。单击【打开】按钮打开一个零件文件。选择【开始】|【机械设计】|【零件设计】，进入【零件设计】工作台。

02 单击【布尔操作】工具栏上的【装配】按钮，弹出【装配】对话框，激活【装配】选择框，选择如图7-159所示的装配对象实体，激活【到】选择框，选择图中所示的目标实体，单击【确定】按钮，系统完成装配特征。

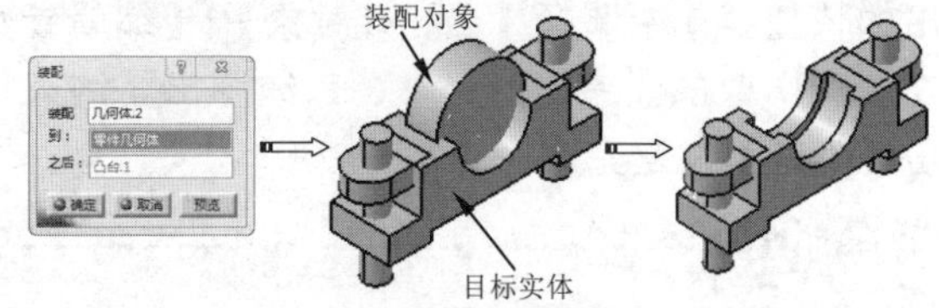

图7-159 装配运算

03 单击【布尔操作】工具栏上的【添加】按钮，弹出【添加】对话框。激活【添加】选择框，选择如图7-160所示的添加对象实体，激活【到】选择框，选择图中所示的目标实体，单击【确定】按钮，系统完成添加特征。

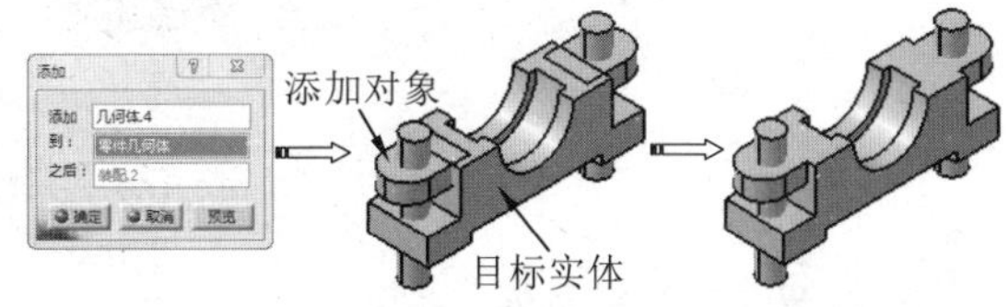

图7-160 添加运算

04 单击【布尔操作】工具栏上的【移除】按钮，弹出【移除】对话框，激活【移除】选择框，选择如图7-161所示要移除的对象实体，激活【到】选择框，选择图中所示目标实体，单击【确定】按钮，系统完成移除特征。

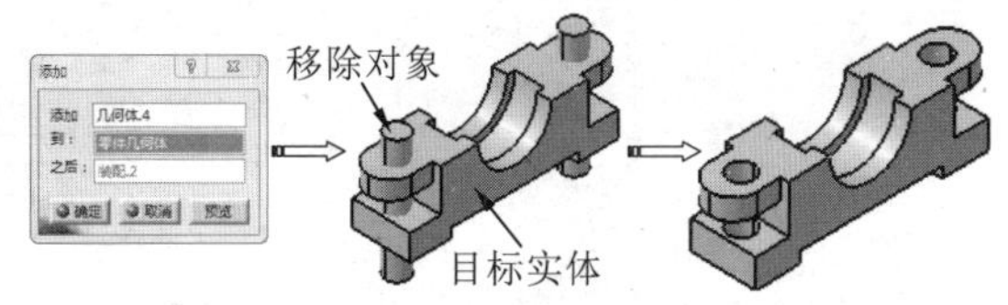

图7-161 移除运算

7.4 特征编辑

在设计过程中经常会对已经生成的模型不满意，要修改相关特征，即特征编辑。主要包括“重新定义特征”、“特征重排序与插入功能”、“分解特征”、“取消和激活局部特征”、“特征的撤销与重复”、“删除特征”等。

7.4.1 重新定义特征

重新定义特征根据不同的需要修改相关内容，如修改特征属性、修改特征参数、修改草绘截面等。

1. 重新定义特征尺寸参数

特征尺寸编辑是指对特征的尺寸和相关草图尺寸进行修改。

以图7-162所示活塞外径尺寸为例，在特征树中选中【凸台.1】节点，单击鼠标右键，在弹出的快捷菜单中选择【凸台.1对象】|【编辑参数】命令，此时该特征的所有尺寸都显示出来。在模型中双击要编辑的尺寸，系统弹出【约束定义】对话框，在【值】文本框中输入新值，单击【确定】按钮完成。

技术要点

编辑后的尺寸，必须进行再生操作。选择下拉菜单【编辑】|【更新】命令，或单击【工具】工具栏上的【全部更新】按钮即可。

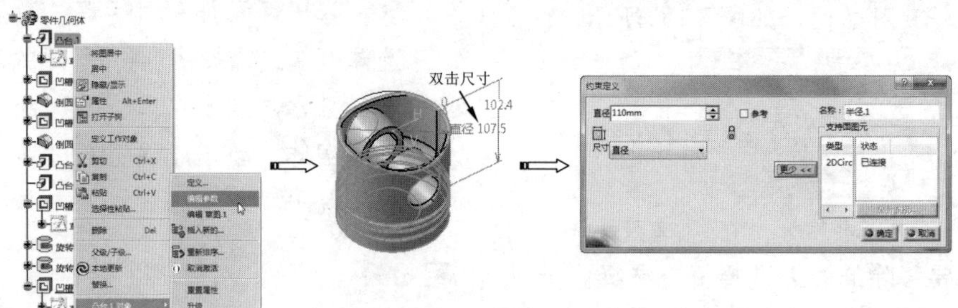

图7-162 重新定义特征尺寸

2. 重新修改特征属性

重新定义特征属性有两种方法：

（1）双击特征树模型特征

在特征树中双击模型特征，此时特征的所有尺寸和特征定义对话框重新显示出来，用于可重新定义特征，如图7-163所示。

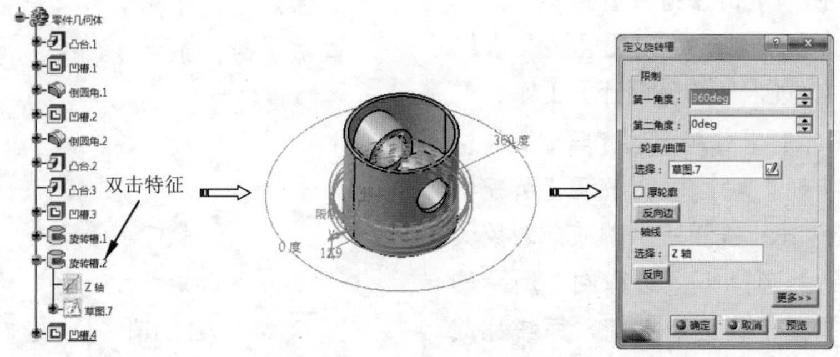

图7-163 重新定义特征属性

（2）右键快捷命令

以图7-164所示活塞槽尺寸为例，在特征树中选中【旋转槽.2】节点，单击鼠标右键，在弹出的快捷菜单中选择【旋转槽.2对象】|【定义】命令，此时特征的所有尺寸和特征定义对话框重新显示出来，用于可重新定义特征。

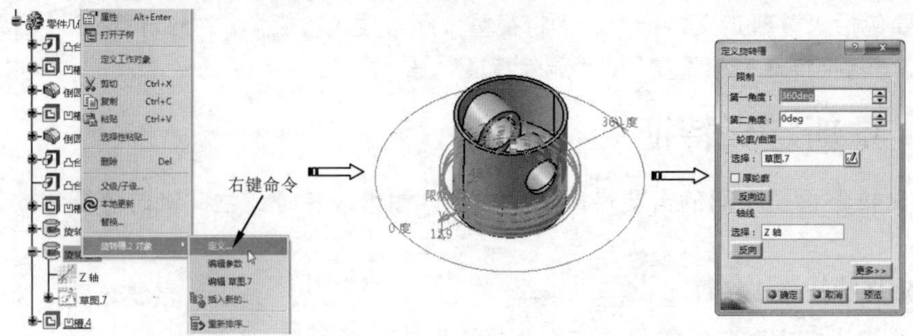

图7-164 右键快捷命令重新定义特征

3. 重新定义特征截面

展开特征树，并双击要重新定义特征的截面草图，可重新进入草图编辑器，重新修改草图即可，如图7-165所示。

在编辑特征过程中可能需要修改草图的基准平面，方法是：在特征树中选中该草图，单击鼠标右键，在弹出的快捷菜单中选择【草图.1对象】|【更改草图支持面】命令，弹出【草图定位】对话框，激活【参考】编辑框，重新选择草图平面即可，如图7-166所示。

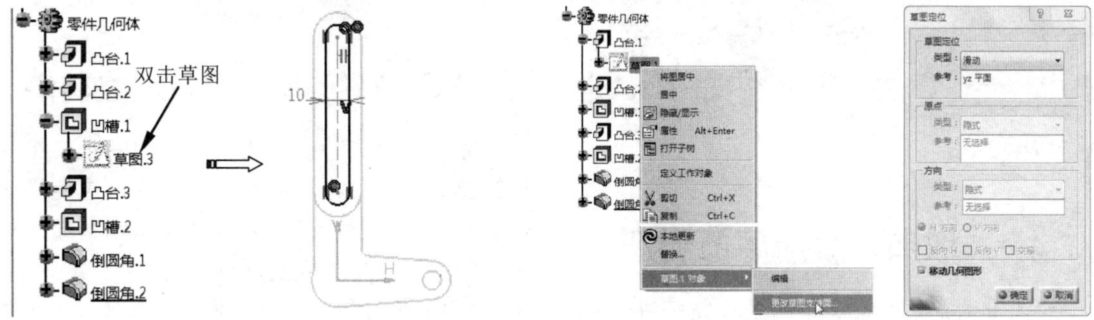

图7-165 重新编辑特征截面　　图7-166 更改草图基准面

7.4.2 特征的重排序与插入功能

零件中特征的创建顺序非常重要，如果特征创建顺序不对，可能导致某些特征无法实现，或者达不到设计者的设计意图，此时可采用特征重排序与插入功能。

1. 特征重排序

重新排列特征顺序，以图7-167为例，把“倒圆角.3”排到“倒圆角.1”前面，方法是：在特征树上选中“倒圆角.3”特征，单击鼠标右键，在弹出的快捷菜单中选择【倒圆角.3】|【重新排序】命令，弹出【重新排序特征】对话框，选择重新排序顺序，选择调整后特征位置，单击【确定】按钮完成。

技术要点

特征重新排序后，选中特征，单击右键快捷菜单中的【定义工作对象】命令，模型将重新生成该特征以及该特征之前的所有特征。

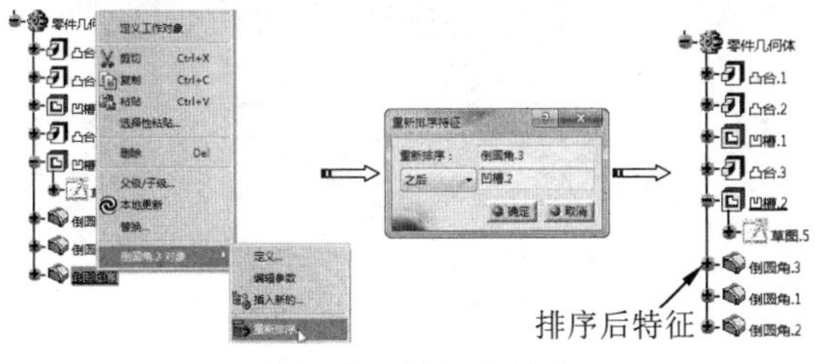

图7-167 特征重排序

2. 特征插入操作

当完成所有的特征以后，需要在一个特征后面添加一个特征，并要求该添加特征不是最后的特征时，此时要利用特征插入功能。

以图7-168为例，选择将要插入新特征位置【旋转槽.1】的节点，单击鼠标右键选择快捷菜单中的【定义工作对象】命令，然后添加抽壳特征。添加完后选中特征树最后特征，单击鼠标右键选择快捷菜单中的【定义工作对象】命令显示所有特征。

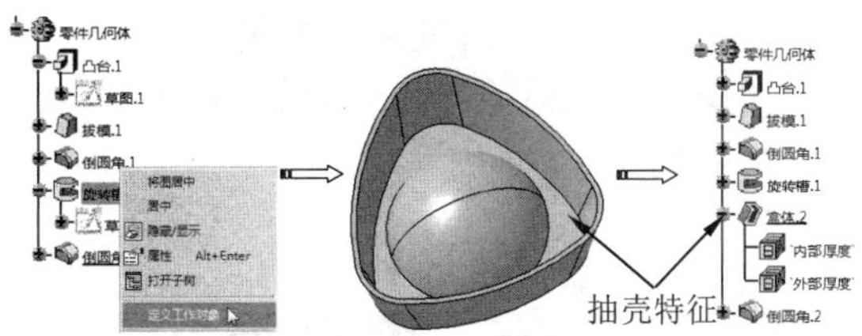

图7-168 特征插入操作

7.4.3 分解特征

分解特征是指对变换生成的特征进行分解，方便对变换后的特征进行编辑或者再变换，如镜像特征、阵列特征等，分解后的特征可以单独进行定义和编辑。

以图7-169为例，在特征树中选中要分解的镜像特征，单击鼠标右键，在弹出的快捷菜单中选择【镜像.4对象】|【分解】命令，系统即可完成镜像特征的分解。

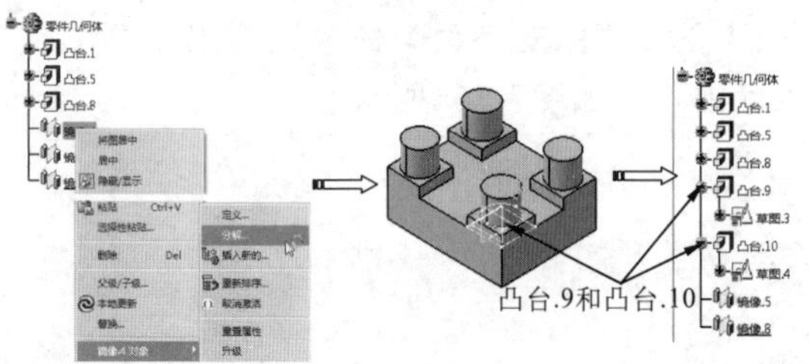

图7-169 分解特征

7.4.4 取消与激活局部特征

取消激活是对特征树中的部分特征进行冻结的一种操作，作用相当于暂时删除。激活时将取消的特征重新显示激活。

取消激活特征以7-170为例，在特征树中选中要取消激活的抽壳特征，单击鼠标右键，在弹出的快捷菜单中选择【盒体.2对象】|【取消激活】命令，系统即可完特征取消激活。

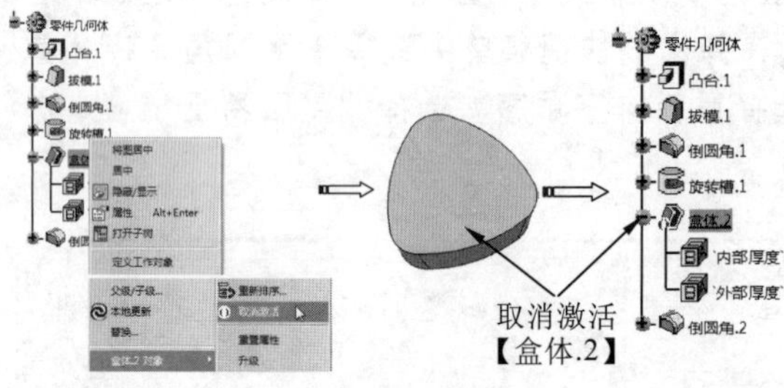

图7-170 取消激活

激活特征以7-171为例，在特征树中选中要激活的抽壳特征，单击鼠标右键，在弹出的快捷菜单中选择【盒体.2对象】|【激活】命令，系统即可完特征激活。

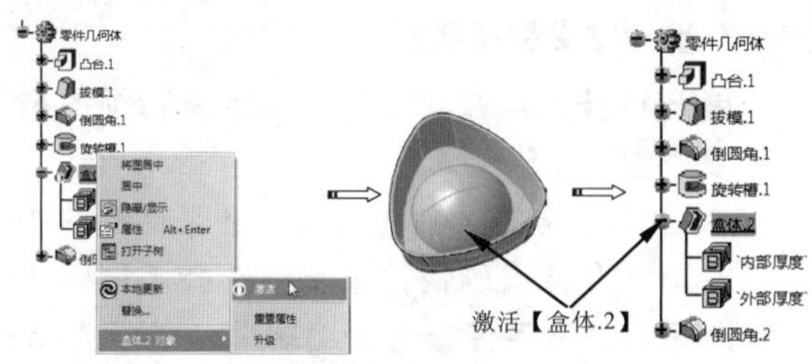

图7-171 激活特征

7.4.5 特征的撤销与重复功能

撤销和重复功能是指在所有对特征、组件和制图的操作中，如果错误地删除、重定义或修改了某些内容，只需要选择【撤销】或【重复】命令即可将其恢复原样。

★ 撤销：用于撤销上一个命令。可选择下拉菜单【编辑】|【撤销】命令，或者单击【标准】工具栏上的【撤销】按钮。

★ 重复：用于重复上一个撤销命令。可选择下拉菜单【编辑】|【重复】命令，或者单击【标准】工具栏上的【重复】按钮。

7.4.6 删除特征

删除特征是移除特征树中不需要的特征，删除的特征要跟其他特征无关联，否则系统会提示错误。

以图7-172为例，在特征树中选中要删除的抽壳特征，单击鼠标右键，在弹出的快捷菜单中选择【删除】命令，系统即可完成特征的删除。

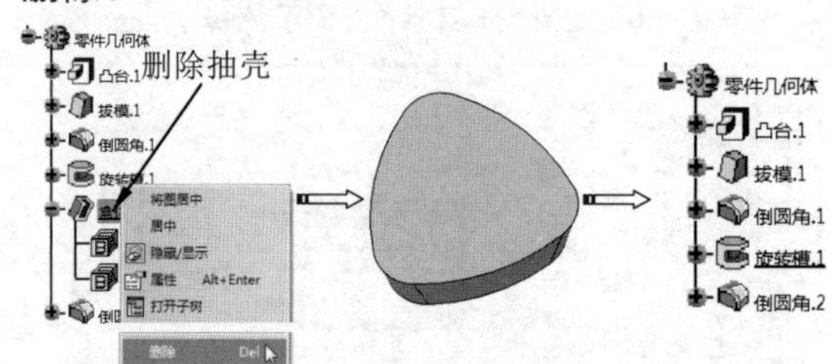

图7-172 删除特征

7.5 实战应用——铁铲设计

引入光盘：无

结果文件：\动手操作\结果文件\Ch07\chanzi.CATPart

视频文件：\视频\Ch07\铁铲设计.avi

下面我们以铲子零件的实体特征创建、编辑和操作过程，详解CATIA V5的实体编辑和操作技巧。铲子零件如图7-173所示。

图7-173　铲子零件

操作步骤

01 在【标准】工具栏中单击【新建】按钮，在弹出的【新建】对话框中选择“part”，单击【确定】按钮，弹出【新建零件】对话框。单击【确定】按钮新建一个零件文件，并选择【开始】|【机械设计】|【零件设计】，进入【零件设计】工作台。

02 单击【草图】按钮，在工作窗口选择草图平面zx平面，进入草图编辑器。利用圆工具绘制如图7-174所示的草图。单击【工作台】工具栏上的【退出工作台】按钮，完成草图绘制。

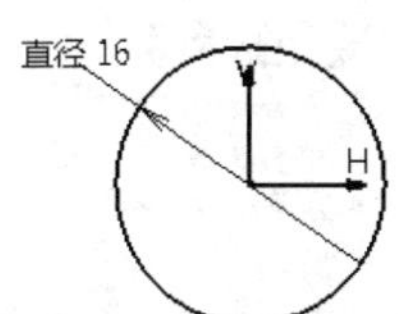

图7-174　绘制草图

03 单击【基于草图的特征】工具栏上的【凸台】按钮，弹出【定义凸台】对话框，选择上一步所绘制的草图，拉伸深度为25和190mm，单击【确定】按钮完成拉伸特征，如图7-175所示。

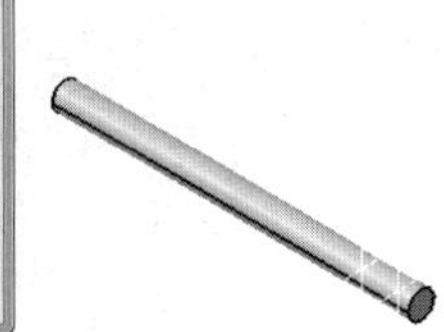

图7-175　创建凸台特征

04 单击【修饰特征】工具栏上的【倒圆角】按钮，弹出【倒圆角定义】对话框，在【要圆角化的对象】选择框中选择如图7-176所示的边线，在【半径】输入框设置8mm，单击【确定】按钮完成倒圆角特征。

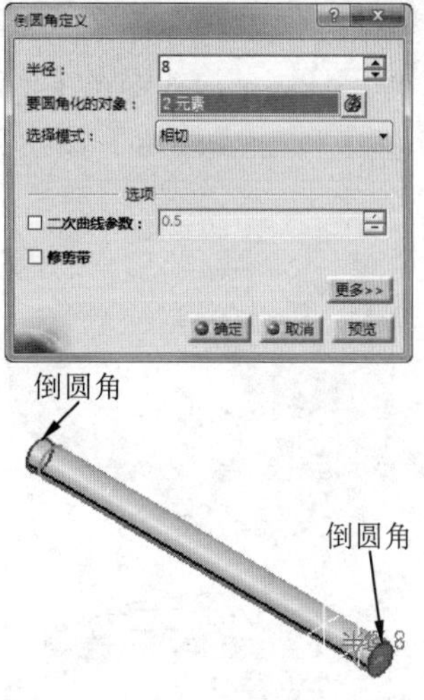

图7-176　创建倒圆角特征

05 单击【草图】按钮，在工作窗口选择草图平面xy平面，进入草图编辑器。利用圆弧和直线工具绘制如图7-177所示的草图。单击【工作台】工具栏上的【退出工作台】按钮，完成草图绘制。

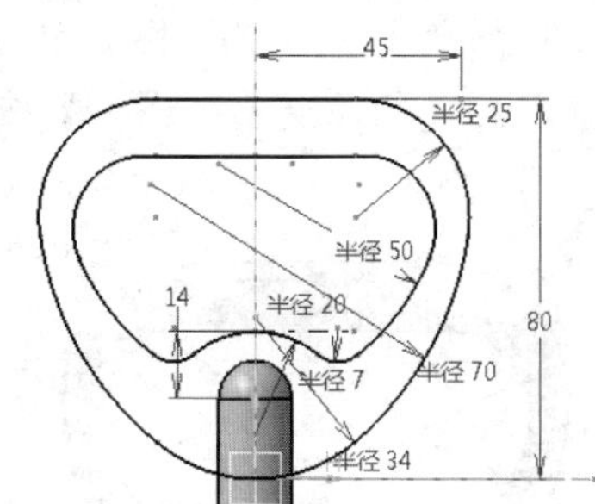

图7-177　绘制草图

06 单击【基于草图的特征】工具栏上的【凸台】按钮，弹出【定义凸台】对话框，选择上一步所绘制的草图，拉伸深度为6mm，选中【镜像范围】复选框，单击【确定】按钮完成拉伸特征，如图7-178所示。

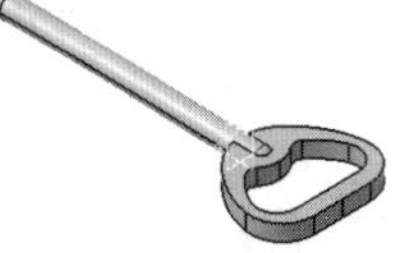

图7-178　创建凸台特征

07 单击【修饰特征】工具栏上的【倒圆角】按钮，弹出【倒圆角定义】对话框，在【要圆角化的对象】选择框中选择如图7-179所示的4条边线，在【半径】输入框设置3mm，单击【确定】按钮完成倒圆角特征。

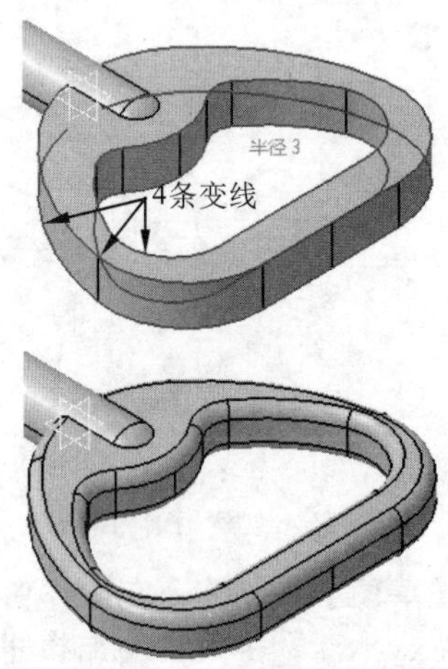

图7-179 创建倒圆角特征

08 单击【草图】按钮，在工作窗口选择草图平面xy平面，进入草图编辑器。利用圆工具绘制如图7-180所示的草图。单击【工作台】工具栏上的【退出工作台】按钮，完成草图绘制。

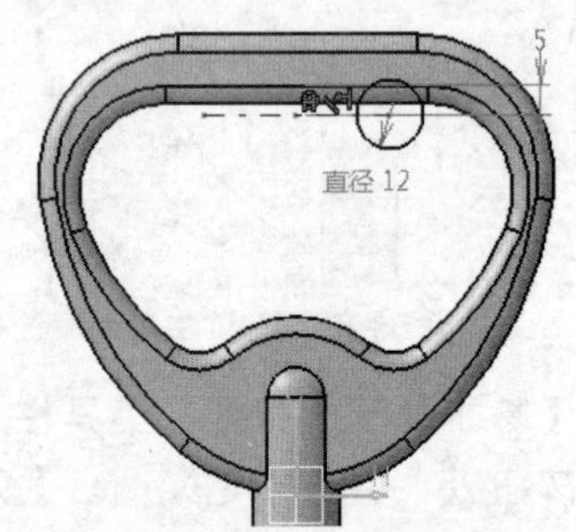

图7-180 绘制草图

09 单击【基于草图的特征】工具栏上的【凹槽】按钮，弹出【定义凹槽】对话框，激活【轮廓/曲面】选项中的【选择】编辑框，选择上一步创建的草图，在【类型】下拉列表中选择“直到最后”，单击【确定】按钮，系统自动完成凹槽特征，如图7-181所示。

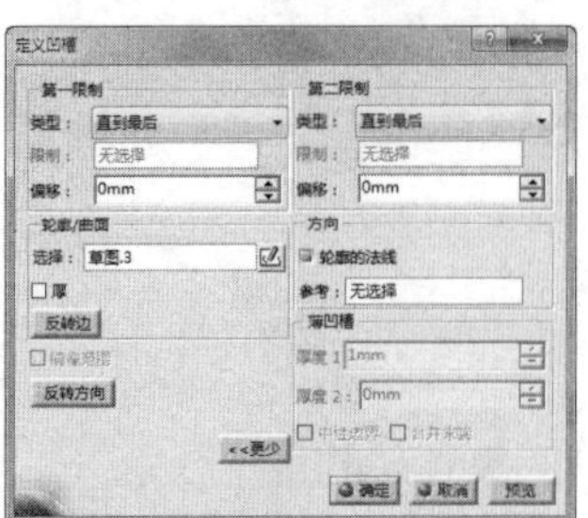

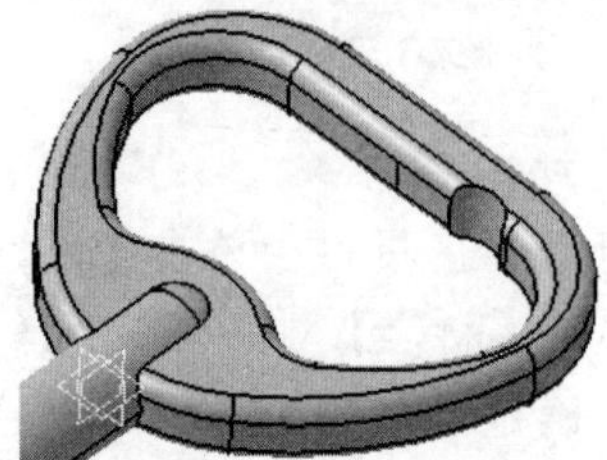

图7-181 创建凹槽特征

10 选择要阵列的凹槽特征，单击【变换特征】工具栏上的【矩形阵列】按钮，弹出【定义矩形阵列】对话框。激活【第一方向】选项卡中的【参考图元】编辑框，选择如图7-182所示的边线为方向参考，设置【实例】为3，【间距】为17mm，单击【预览】按钮显示预览，然后单击【确定】按钮完成矩形阵列。

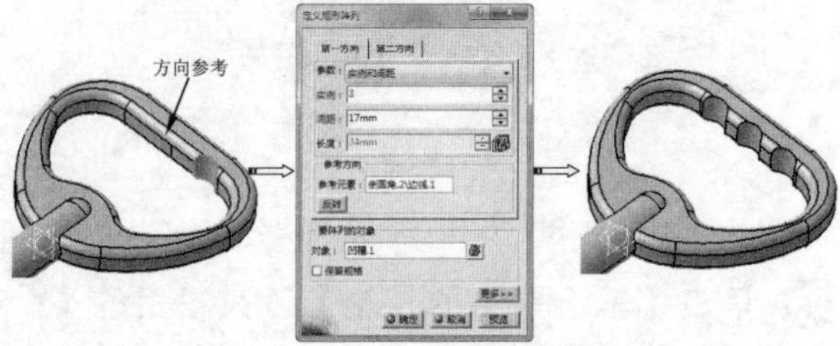

图7-182 创建矩形阵列

11 选择下拉菜单【插入】|【几何体】命令，插入新的几何体，特征树上出现“几何体.2”节点，并设置为当前工作对象，如图7-183所示。

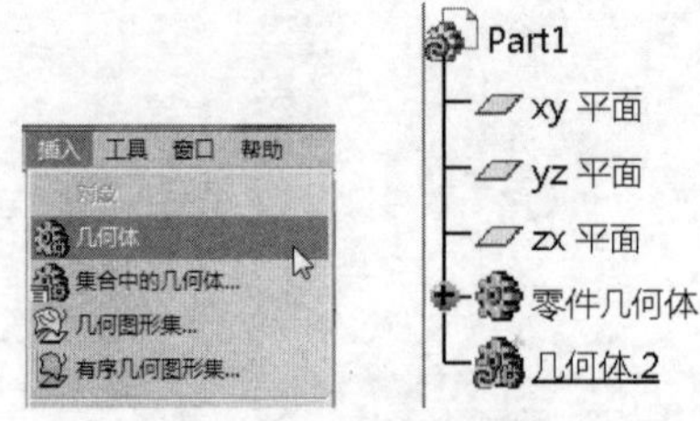

图7-183 插入新几何体

12 单击【草图】按钮，在工作窗口选择草图平面xy平面，进入草图编辑器。利用草绘工具绘制如图7-184所示的草图。单击【工作台】工具栏上的【退出工作台】按钮，完成草图绘制。

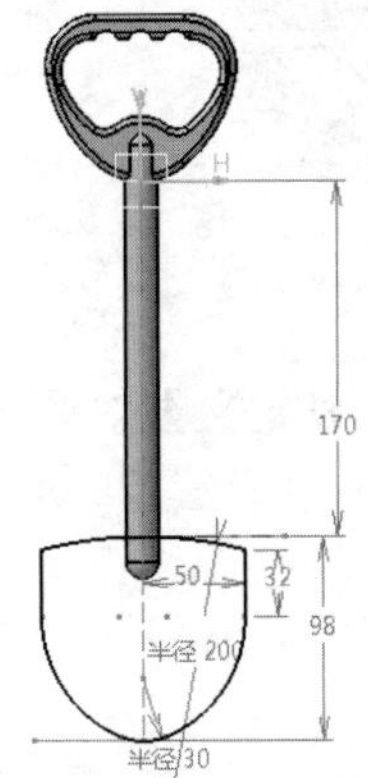

图7-184 绘制草图

13 单击【基于草图的特征】工具栏上的【凸台】按钮，弹出【定义凸台】对话框，选择上一步所绘制的草图，拉伸深度为5mm和11mm，单击【确定】按钮完成拉伸特征，如图7-185所示。

图7-185 创建凸台特征

14 单击【修饰特征】工具栏上的【倒圆角】按钮，弹出【倒圆角定义】对话框，在【要圆角化的对象】选择框中选择如图7-186所示的2条边线，在【半径】输入框设置12mm，单击【确定】按钮完成倒圆角特征。

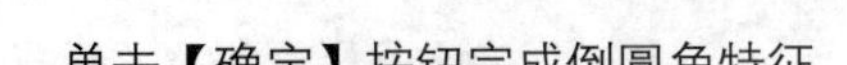

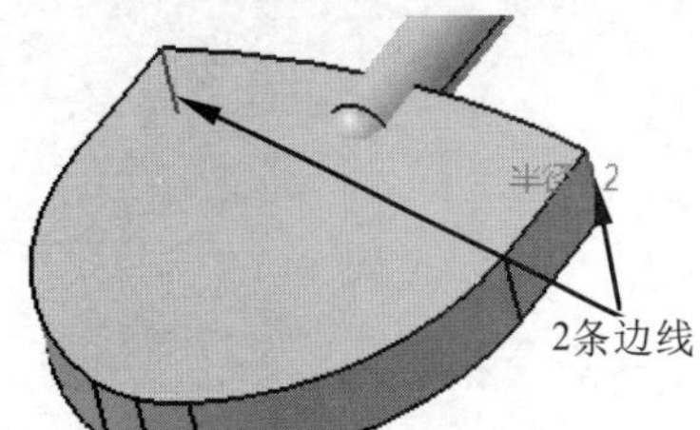

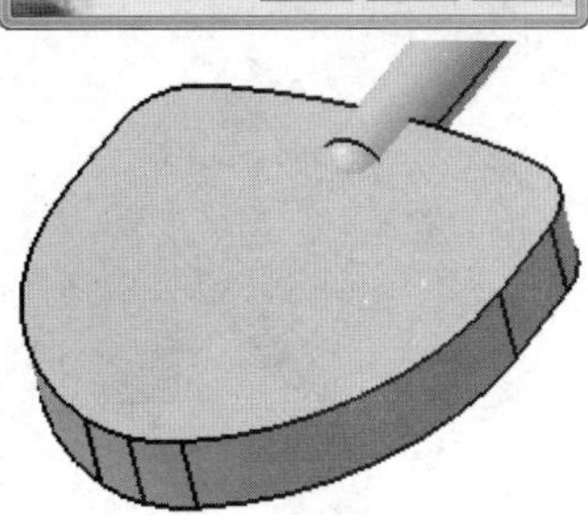

图7-186 创建倒圆角特征

15 选择上一步凸台上表面，单击【草图】按钮，进入草图编辑器。利用草绘工具绘制如图7-187所示的草图。单击【工作台】工具栏上的【退出工作台】按钮，完成草图绘制。

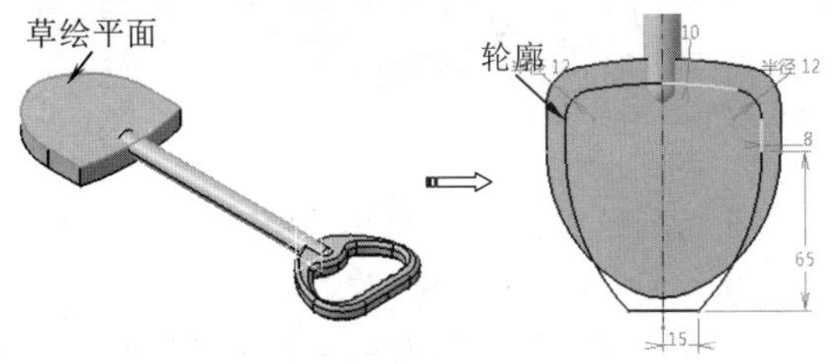

图7-187 绘制草图

16 单击【基于草图的特征】工具栏上的【凹槽】按钮，弹出【定义凹槽】对话框，激活【轮廓/曲面】选项中的【选择】编辑框，选择上一步创建的草图，设置拉伸深度为12mm，单击【确定】按钮，系统自动完成凹槽特征，如图7-188所示。

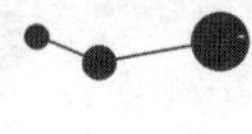

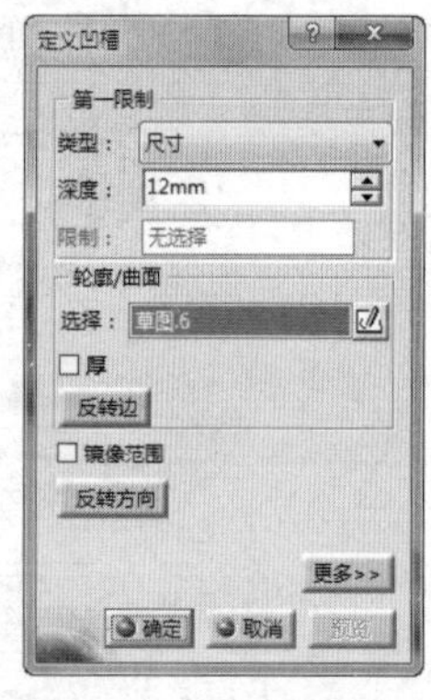

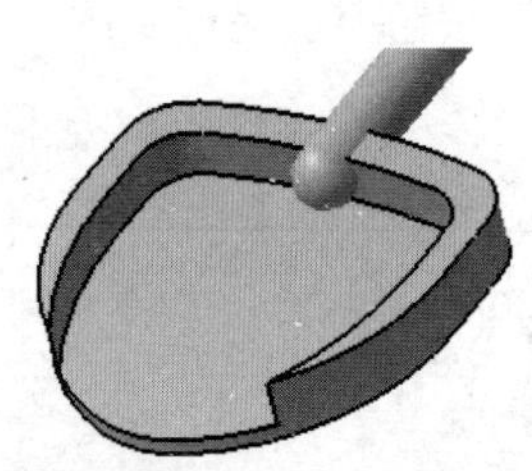

图7-188　创建凹槽特征

17 单击【修饰特征】工具栏上的【倒圆角】按钮，弹出【倒圆角定义】对话框，在【要圆角化的对象】选择框中选择如图7-189所示的边线，在【半径】输入框设置12mm，单击【确定】按钮完成倒圆角特征。

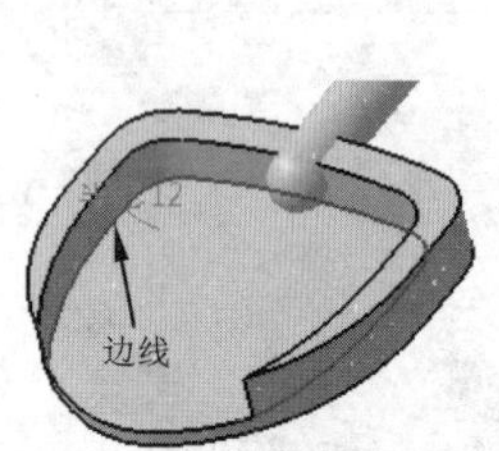

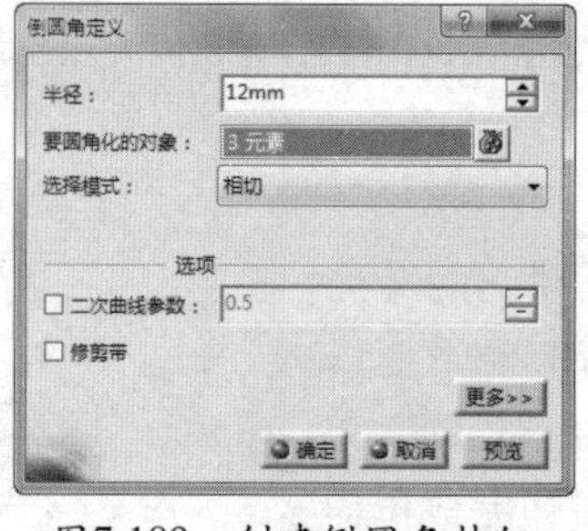

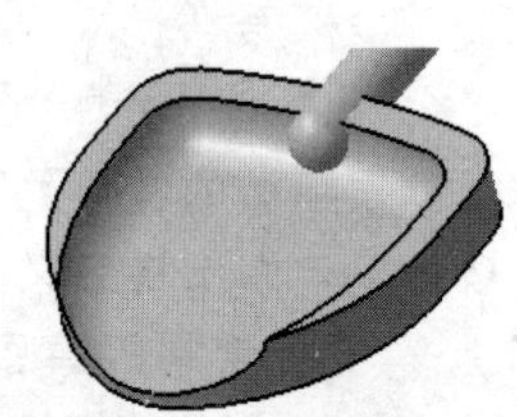

图7-189　创建倒圆角特征

18 单击【修饰特征】工具栏上的【盒体】按钮，弹出【定义盒体】对话框，在【默认内侧厚度】文本框中输入3mm，激活【要移除的面】编辑框，选择底面以及与底面相连的3个面作为去除的实体表面，单击【确定】按钮，系统自动完成抽壳特征，如图7-190所示。

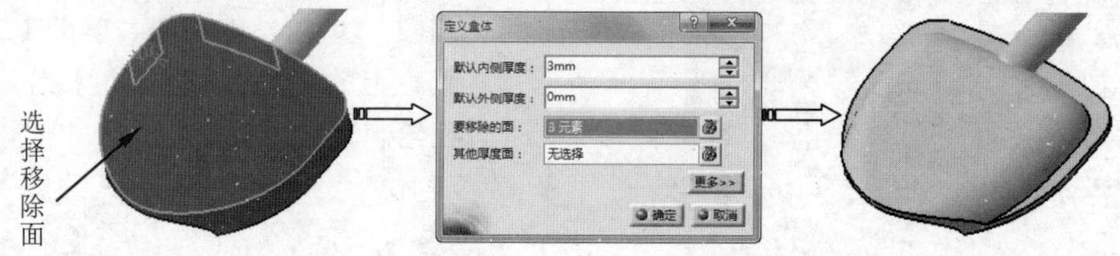

图7-190　创建抽壳特征

19 在特征树上选中"零件几何体"节点，单击鼠标右键，在弹出的快捷菜单中选择【定义工作对象】命令，如图7-191所示。

20 单击【布尔操作】工具栏上的【添加】按钮，弹出【添加】对话框，如图7-192所示。激活【添加】选择框，选择铲斗为添加对象实体，激活【到】选择框，选择零件几何体，单击【确定】按钮，系统完成添加特征，如图7-193所示。

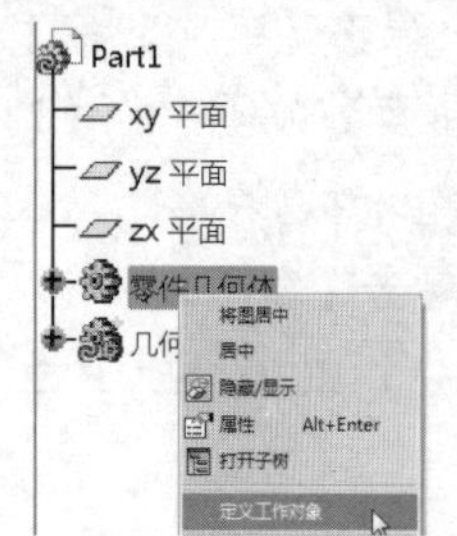

图7-191　定义工作对象

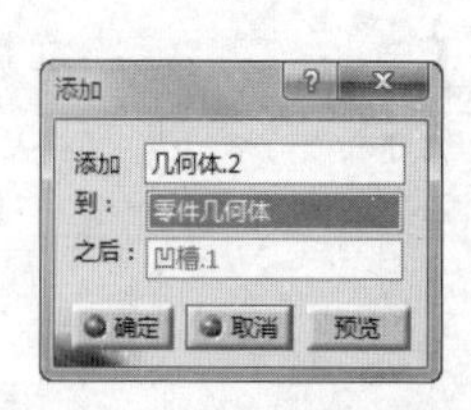

图7-192　【添加】对话框

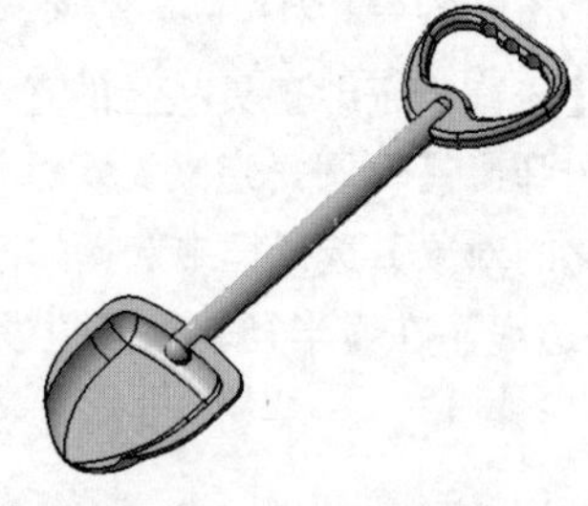

图7-193　添加运算完成造型设计

7.6 课后习题

1. 习题一

通过CATIA实体特征和编辑命令，创建如图7-194所示的模型。

读者将熟悉如下内容：

（1）创建凸台特征。

（2）创建凹槽特征。

（3）创建加强筋特征。

（4）创建倒圆角特征。

（5）创建镜像特征。

（6）创建矩形阵列。

2. 习题二

通过CATIA实体特征和编辑命令，创建如图7-195所示的模型。

读者将熟悉如下内容：

（1）创建凸台、凹槽特征。

（2）创建盒体特征。

（3）创建孔特征。

（4）创建圆周阵列。

（5）创建倒角特征。

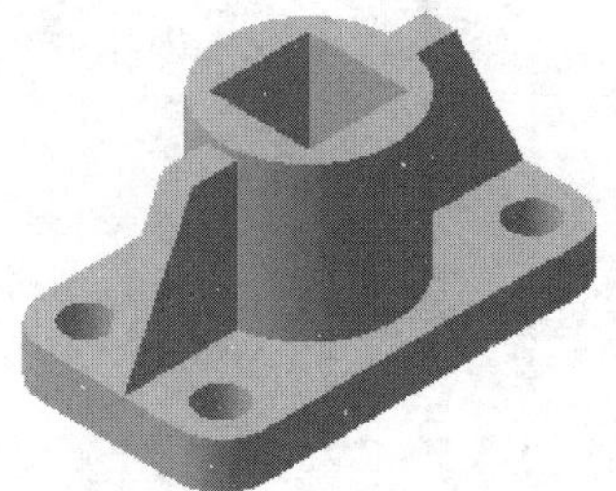

图7-194 范例图

图7-195 范例图

第8章 零件装配设计指令

CATIA V5R21中把各种零件、部件组合在一起形成一个完整装配体的过程叫做装配设计，而装配体实际上是保存在单个CATPart文档文件中的相关零件集合，该文件的扩展名为.CATProduct。装配体中的零部件是通过装配约束关系来确定他们之间的正确位置和相互关系，添加到装配体中的零件与源零件之间是相互关联的，改变其中的一个则另一个也将随之改变。

◎ 知识点01：装配设计概述
◎ 知识点02：装配结构设计与管理
◎ 知识点03：自底向上装配
◎ 知识点04：自顶向下装配
◎ 知识点05：装配编辑与修改
◎ 知识点06：装配特征
◎ 知识点07：装配分析

中文版
CATIA V5R21
完全实战技术手册

8.1 装配设计概述

CATIA装配设计有两种方法：自底向上和自顶向下。如果首先设计好全部零件，然后将零件作为部件添加到装配体中，则称为自底向上；如果首先设计好装配模型，然后在装配模型中建立零件，称为自顶向下。无论哪种方法，首先都要进入装配工作台，本节首先介绍装配体工作台基本知识。

8.1.1 进入装配设计工作台

1. 进入装配设计工作台的方法

要进行装配设计，首先必须进入装配设计工作台。进入装配设计工作台有2种方法：【开始】菜单法和新建装配文档法。

（1）【开始】菜单法

启动CATIA V5R21后，在菜单栏执行【开始】|【机械设计】|【装配设计】命令，系统自动进入装配设计工作台，如图8-1所示。

图8-1 【开始】菜单法

（2）新建装配文档法

启动CATIA之后，在菜单栏执行【文件】|【新建】|命令，弹出【新建】对话框，在【类型列表】中选择【Product】选项，如图8-2所示。单击【确定】按钮，系统自动进入装配设计工作台中。

图8-2 【新建】对话框

2. 打开装配文件

启动CATIA之后，在菜单栏执行【文件】|【打开】|命令，弹出【选择文件】对话框，选择一个装配文件（*.CATProduct），单击【打开】按钮即可进入装配模块。

3. 装配工作台用户界面

装配工作台中增加了装配相关命令和操作，其中与装配有关的菜单有【插入】菜单、【工具】菜单、【分析】菜单，与装配有关的工具栏有【产品结构工具】工具栏、【约束】工具栏、【移动】工具栏和【装配特征】工具栏等，如图8-3所示。

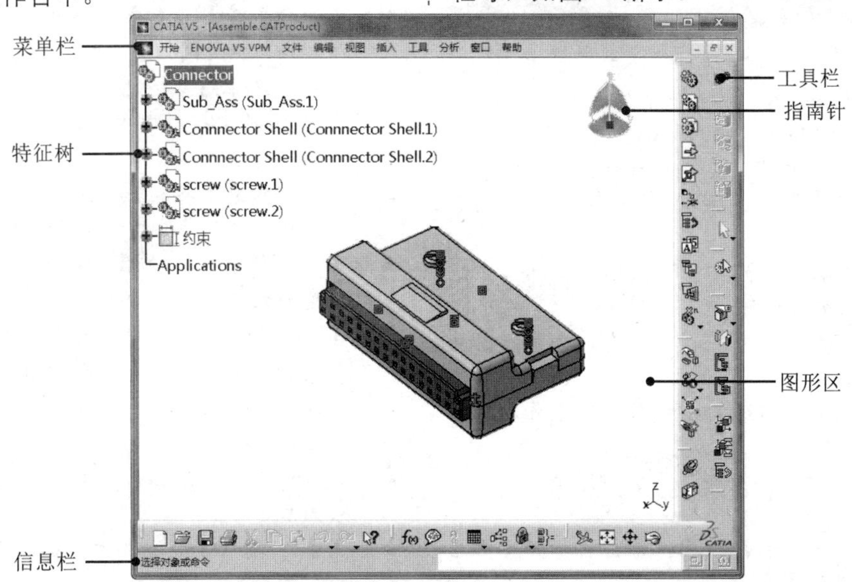

图8-3 装配工作台界面

4. 装配设计菜单

（1）【插入】菜单

【插入】菜单包括约束命令、产品结构管理命令和装配特征命令等，如图8-4所示。

（2）【工具】菜单

【工具】菜单包含产品管理、从产品生成CATPart命令以及场景命令等，如图8-5所示。

（3）【分析】菜单

【分析】菜单包括装配设计分析命令和测量命令等，如图8-6所示。

图8-4 【插入】菜单

图8-5 【工具】菜单

图8-6 【分析】菜单

5. 装配设计工具栏

利用装配设计工作台中的工具栏命令按钮是启动装配命令最方便的方法。CATIA V5R21装配设计中常用的工具栏有：【产品结构工具】工具栏、【约束】工具栏、【移动】工具栏、【装配特征】工具栏和【空间分析】工具栏等。

（1）【产品结构工具】工具栏

【产品结构工具】工具栏用于产品部件管理功能组合，包括部件插入和部件管理，如图8-7所示。

图8-7 【产品结构工具】工具栏

★ 【部件】按钮：插入一个新的部件。

★ 【产品】按钮：插入一个新的产品。

★ 【零件】按钮：插入一个新的零件。

★ 【现有部件】：插入系统中已经存在的零部件。

★ 【具有定位的现有部件】按钮：插入系统具有定位的零部件。

★ 【替换部件】按钮：将现有的部件以新的部件代替。

★ 【图形树重新排序】按钮：将零件在特征树中重新排列。

★ 【生成编号】按钮：将零部件逐一按序号排列。

★ 【选择性加载】按钮：单击将打开【产品加载管理】对话框。

★ 【管理展示】按钮：单击该按钮，在选择装配特征树中的“Product”将弹出【管理展示】对话框。

★ 【快速多实例化】按钮：根据定义多实例化输入的参数快速定义零部件。

★ 【定义多实例化】按钮：根据输入的数量及规定的方向创建多个相同的零部件。

（2）【约束】工具栏

【约束】工具栏用于定义装配体零部件的约束定位关系，如图8-8所示。

图8-8 【约束】工具栏

★ 【相合约束】按钮：在轴系间创建相合约束，轴与轴之间必须有相同的方向与方位。

★ 【接触约束】按钮：在两个共面间的共同区域创建接触约束，共同的区域可以是平面、直线和点。

★ 【偏移约束】按钮：在两个平面间创建偏移约束，输入的偏移值可以为负值。

★ 【角度约束】按钮：在两个平行面间创建角度约束。

★ 【固定部件】按钮：部件固定的位置方式有两种：绝对位置和相对位置，目的是在更新操作时避免此部件从父级中移开。

★ 【固联】按钮：将选定的部件连接在一起。

★ 【快速约束】按钮：用于快速自动建立约束关系。

★ 【柔性/刚性子装配】按钮：将子装配作为一个刚性或柔性整体。

★ 【更改约束】按钮：用于更改已经定义的约束类型。

★ 【重复使用阵列】按钮：按照零件上已有的阵列样式来生成其他零件的阵列。

（3）【移动】工具栏

【移动】工具栏用于移动插入到装配工作台中的零部件，如图8-9所示。

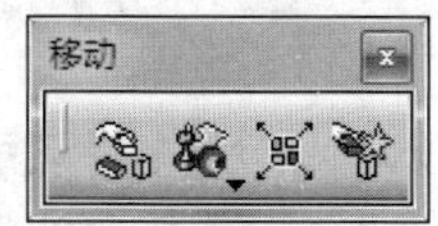

图8-9 【移动】工具栏

★ 【操作】按钮：将零部件向指定的方向移动或旋转。

★ 【捕捉】按钮：以单捕捉的形式移动零部件。

★ 【智能移动】按钮：以单捕捉和双捕捉结合在一起移动零部件。

★ 【分解】按钮：不考虑所有的装配约束，将部件分解。

★ 【碰撞时停止操作】按钮：检测部件移动时是否存在冲突，如有将停止动作。

（4）【装配特征】工具栏

【装配特征】工具栏用于在装配体中同时在多个零部件上创建特征，如图8-10所示。

图8-10 【装配特征】工具栏

★ 【分割】按钮：利用平面或曲面作为分割工具，将零部件实体分割。

★ 【对称】按钮：以一平面为镜像面，将现在零部件镜像至镜像面的另一侧。

★ 【孔】按钮：创建可同时穿过多个零件部的孔特征。

★ 【凹槽】按钮：创建可同时穿过多个零部件的凹槽特征。

★ 【添加】按钮：执行此命令，选择要添加的几何体，并选择需要从中添加的零件。

★ 【移除】按钮：执行此命令，选择要移除的几何体，并选择需要从中移除材料的零件。

（5）【空间分析】工具栏

【空间分析】工具栏用于分析装配体零部件之间的干涉以及切片观察等，如图8-11所示。

图8-11 【空间分析】工具栏

★ 【碰撞】按钮：用于检查零部件之间间距与干涉。

★ 【切割】按钮：用于三维环境下观察产品，也可创建局部剖视图和剖视体。

★ 【距离和区域分析】按钮：用于计算零部件之间的最小距离。

8.1.2 装配术语

1. 产品（Product）

装配设计的最终结果，它包含了部件与部件之间的约束关系和标注等内容，其文件名为*.CATProduct。

2. 部件（Component）

部件是组成产品的单位，它可以是一个零件（Part），也可以是多个零件的装配结果（Sub-assembly）。

3. 零件（part）

零件是组成产品和部件的基本单位。

4. 装配约束（Mating Condition）

配对关系是装配中用来确定组件间的相互位置和方位的，它通过一个或多个关联约束来实现。在两个组件之间可以建立一个或多个配对约束，用以部分或完全确定一个组件相对于其他组件的位置与方位。

5. 上下文设计（Design in Context）

上下文设计是指在装配环境中对装配部件的创建设计和编辑。即在装配建模过程中，可对装配中的任一组件进行添加几何对象、特征编辑等操作，可以其他的组件对象作为参照对象，进行该组件的设计和编辑工作。

6. 自底向上装配（Bottom-UP Assembly）

自底向上装配是先创建部件几何模型，再组合成子装配，最后生成装配部件的装配方法。即先产生组成装配的最低层次的部件，然后组装成装配部件。

7. 自顶向下装配（Top-Down Assembly）

自顶向下装配，是指在装配级中创建与其他部件相关的部件模型，是在装配部件的顶级向下产生子装配和部件（即零件）的装配方法。顾名思义，自顶向下装配是先在结构树的顶部生成一个装配，然后下移一层，生成子装配和组件。

8. 混合装配（Mixing Assembly）

混合装配是将自顶向下装配和自底向上装配结合在一起的装配方法。例如先创建几个主要部件模型，再将其装配在一起，然后在装配中设计其他部件，即为混合装配。在实际设计中，可根据需要在两种模式下切换。

8.2 装配结构设计与管理

装配文档不同于零件建模，零件建模以几何体为主，装配文档操作对象是组件，不同对象的建立过程对应不同的操作方法。本节将介绍装配结构设计与管理，相关命令集中在【产品结构工具】工具栏上，下面分别加以介绍。

8.2.1 创建产品

【产品】用于在空白装配文件或已有装配文件中添加产品。

单击【产品结构工具】工具栏中的【产品】按钮，系统提示“选择部件以添加产品”，在特征树中选择部件节点，系统自动添加一个产品，如图8-12所示。

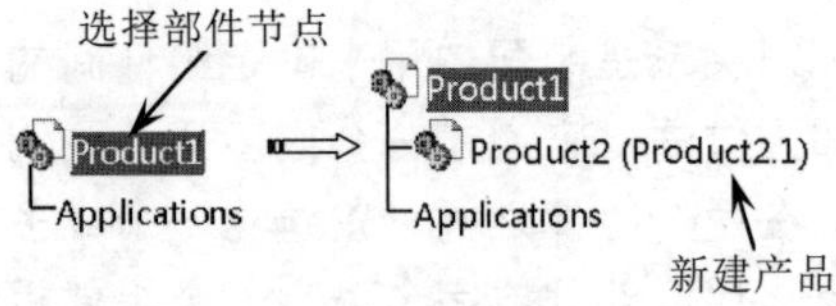

图8-12 创建产品

8.2.2 创建部件

【部件】用于在空白装配文件或已有装配文件中添加部件。

单击【产品结构工具】工具栏中的【部件】按钮，系统提示“选择部件以添加新部件”，在特征树中选择部件节点，系统自动添加一个产品，如图8-13所示。

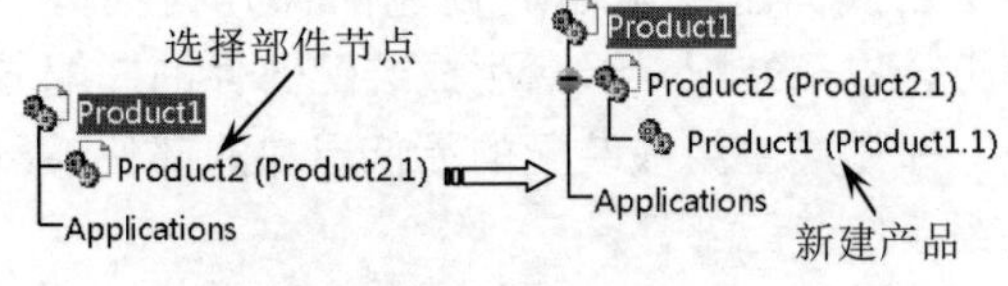

图8-13 创建部件

8.2.3 创建零件

【零件】用于在现有产品中直接添加一个零件。

单击【产品结构工具】工具栏中的【零件】按钮，系统提示“选择部件以插入新零件”，在特征树中选择部件节点，系统弹出【新零件：原点】对话框，如图8-14所示。新增的零件需要定位原点，单击【是】按钮，读取插入零件的原点，原点位置单独定义；单击【否】按钮，表示插入零件的原点位置同它的父组件原点位置相同。

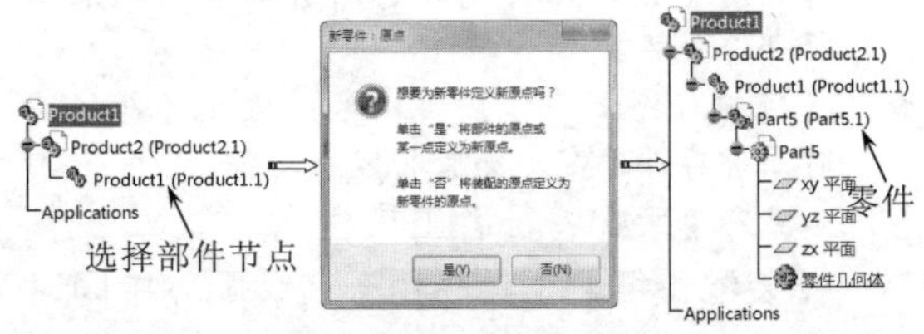

图8-14 创建零件

> **提示**
>
> 产品Product、部件Componet、零件Part是逐级减小的关系，产品的概念范畴比部件大，部件的概念范畴比零件大。或者说产品可以称为总装，部件（组件）称为部装，零件就是零件了。

8.2.4 从产品生成CATPart

从产品生成CATPart是指利用现有装配生成一个新零件，在新零件中，装配中的各个零部件转换为零件实体，通过这些现有实体的布尔运算，可创建一个相关的新零件。

动手操作—从产品生成CATPart实例

01 在【标准】工具栏中单击【打开】按钮，在弹出的【选择文件】对话框中选择“8-1. CATProduct”文件。单击【打开】按钮打开一个装配体文件，如图8-15所示。

02 选择下拉菜单【工具】|【从产品生成CATPart】命令，弹出【从产品生成

CATPart】对话框，零件的默认名称为原有产品名称后添加“_AllCATPart”，【将每个零件的所有几何体都合并为一个几何体】复选框用于定义将所有产品零件实体组成一个实体，如图8-16所示。

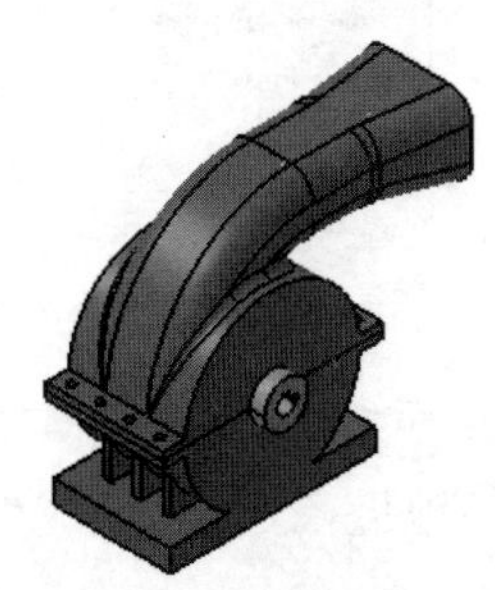

图8-15 打开装配体文件

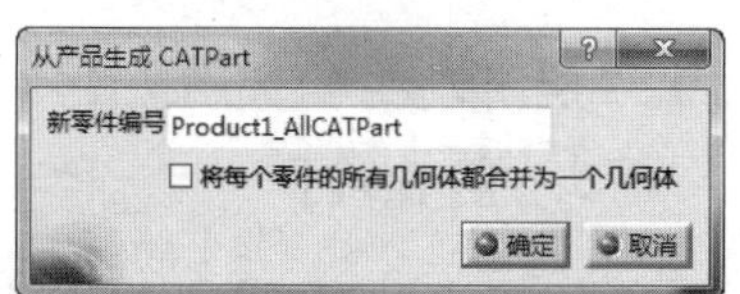

图8-16 【从产品生成CATPart】对话框

03 单击【确定】按钮，完成新零件的建立，生成的新零件中所有零部件已经转换成相应实体，如图8-17所示。

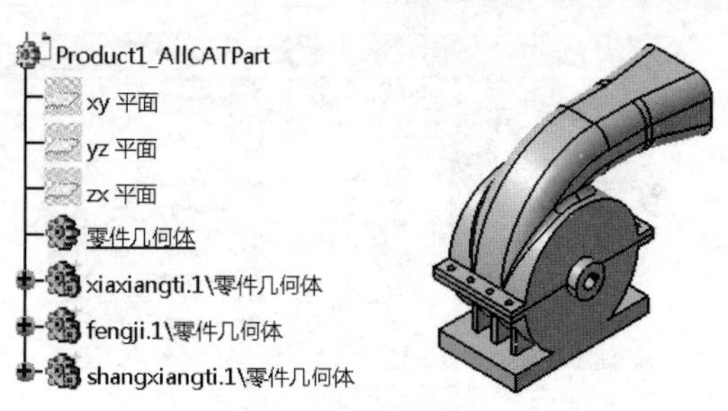

图8-17 生成的实体

8.2.5 装配更新

在装配设计时，每当添加约束或者添加新组件时，都可能产生需要更新的部分，此时可以使用“装配更新”功能来实现更新。

在设计状态下，打开一个装配或添加一个组件时，更新工具显示为【全部更新】按钮，当按钮为灰色显示，表明当前文档无需更新，如图8-18所示。

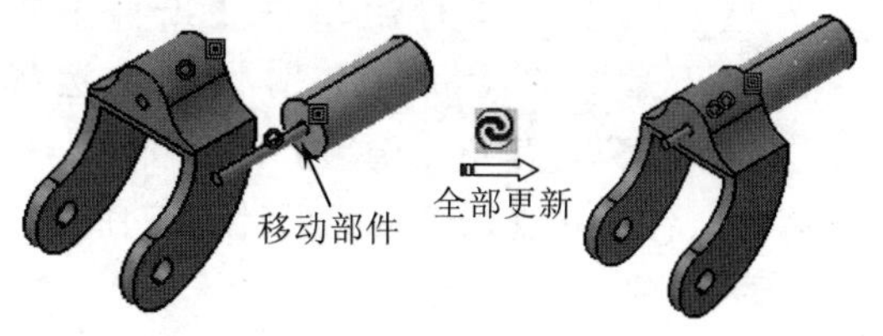

图8-18 装配更新

8.3 自底向上装配

自底向上（Bottom-Up）装配建模是先进行零件的详细设计，零件放进装配体之前，需要设计和编辑好，然后添加到装配体中，该方法适用于外购零件或现有的零件。

8.3.1 概念与步骤

在CATIA V5操作中，首先用户要通过“加载部件”操作，将已经设计好的部件依次加入到当前的装配模型中，然后再通过装配部件之间的约束操作，来确定这些零部件之间的位置关系，最后完成装配。

自底向上装配步骤如下：

（1）根据零部件设计参数，采用实体造型、曲面造型或钣金等方法创建装配产品中各个零部件的具体几何模型。

（2）新建一个装配文件或者打开一个已存在的装配文件。

（3）利用【加载现有部件】命令或【加载具有定位的现有部件】，选取需要加入装配中的相关零部件。

（4）利用【装配约束】命令，设置添加零部件之间的位置关系，完成装配结构。

8.3.2 加载现有部件

自底向上装配方法中的第一个重要步骤就是“加载现有部件”，它将已经存储在计算中的零件、部件或者产品作为一个个部件插入当前产品中，从而构成整个装配体。

单击【产品结构工具】工具栏中的【现有部件】按钮，在特征树中选取插入位置（可以是当前产品或者产品中的某个部件），弹出【选择文件】对话框，选择需要插入的文件，单击【打开】按钮，系统自动载入部件，如图8-19所示。

图8-19 加载现有部件

技术要点

在一个装配文件中，可以添加多种文件，包括CATPart、CATProduct、V4 CATIA Assembly、CATAnalysis、V4 session、V4 model、cgr、wrl等后缀类型文件。

动手操作—加载现有部件

01 在【标准】工具栏中单击【新建】按钮，在弹出的【新建】对话框中选择“Product”。单击【确定】按钮新建一个装配文件，并进入【装配设计】工作台，如图8-20所示。

02 单击【产品结构工具】工具栏中的【现有部件】按钮，在特征树中选取插入位置（Product节点），如图8-21所示。

图8-20 【新建】对话框

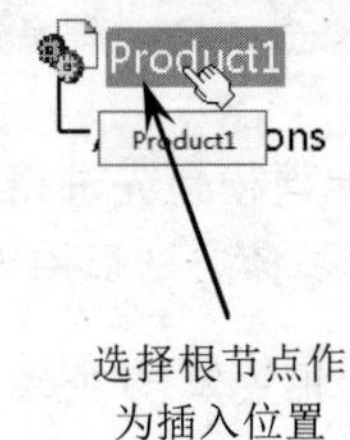

图8-21 选择根节点

03 弹出【选择文件】对话框，选择需要插入的文件（zhijia.CATPart），单击【打开】按钮，系统自动载入部件，如图8-22所示。

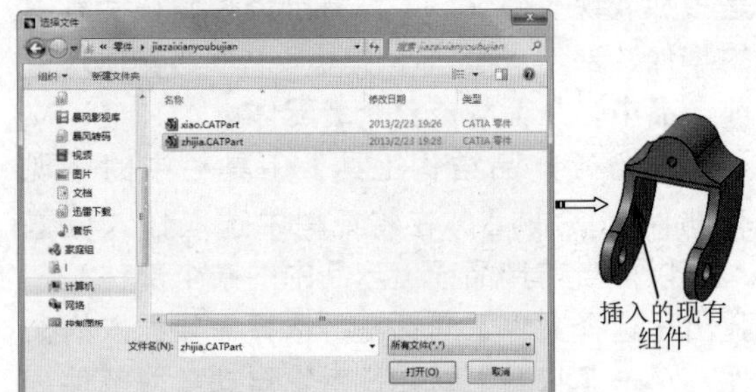

图8-22 加载现有部件

8.3.3 加载具有定位的现有部件

加载具有定位的现有部件是指相对于现有组件，在定位插入当前组件时，可利用【智能移动】对话框创建约束。

单击【产品结构工具】工具栏中的【具有定位的现有部件】按钮，在特征树中选取插入位置（可以是当前产品或者产品中的某个部件），弹出【选择文件】对话框，选择需要插入的文件，单击【打开】按钮，系统弹出【智能移动】对话框，如图8-23所示。

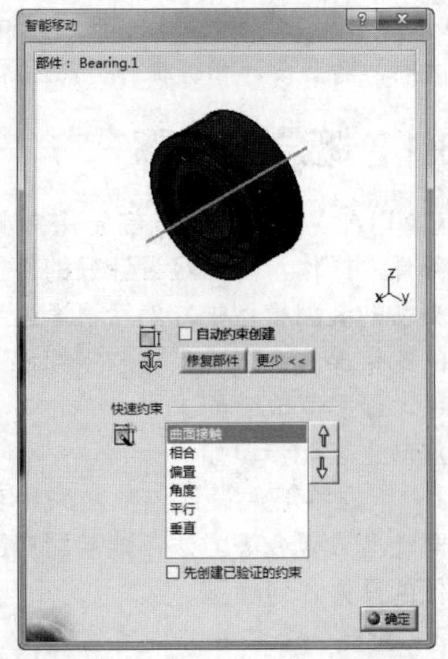

图8-23 【智能移动】对话框

【智能移动】对话框相关选项参数含义如下：

★ 【自动约束创建】复选框：选择该复选框，

系统自动按照【快速约束】列表框中的约束顺序创建约束。

★ 【修复部件】按钮：单击该按钮将创建固定约束，如图8-24所示。

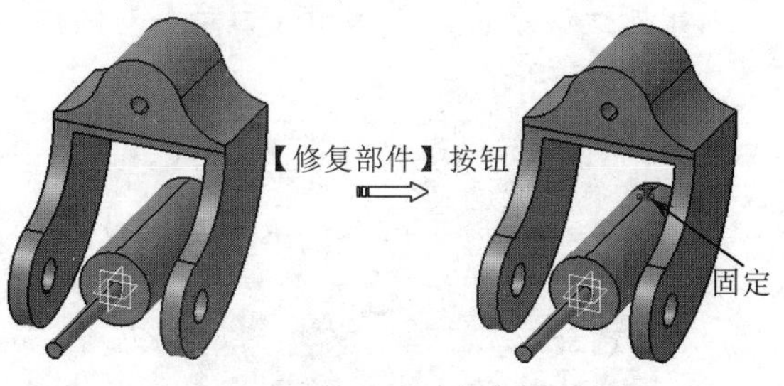

图8-24 修复部件

动手操作—加载具有定位的现有部件

01 在【标准】工具栏中单击【打开】按钮，在弹出的【选择文件】对话框中选择“8-3.CATProduct”文件。单击【打开】按钮打开一个装配体文件，如图8-25所示。

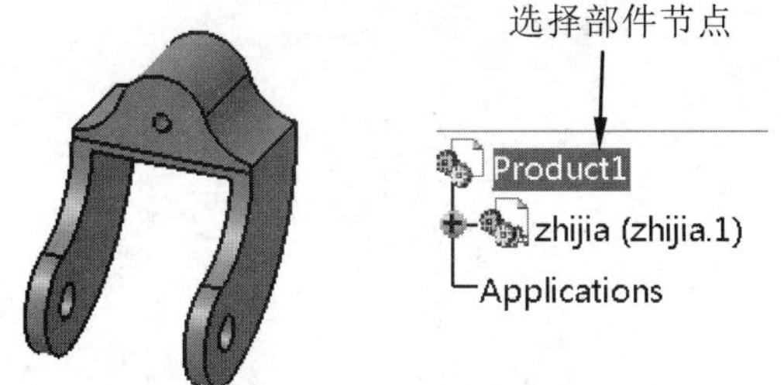

图8-25 打开装配体文件 图8-26 选择部件节点

02 单击【产品结构工具】工具栏中的【具有定位的现有部件】按钮，在特征树中选取插入位置（Product1），如图8-26所示，弹出【选择文件】对话框，选择需要插入的文件（xiao.CATPart），如图8-27所示。单击【打开】按钮，弹出【智能移动】对话框，如图8-28所示。

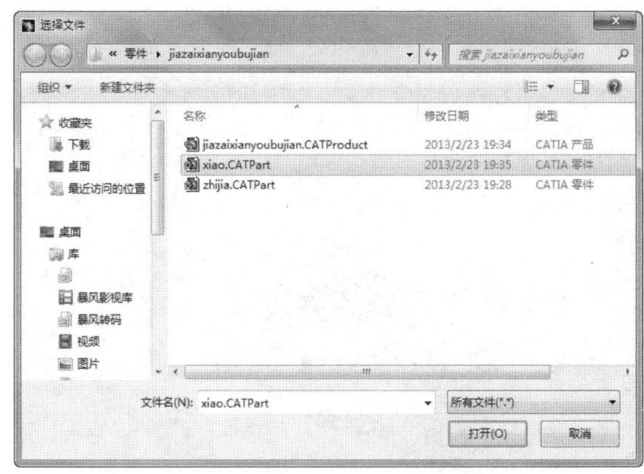

图8-27 【选择文件】对话框

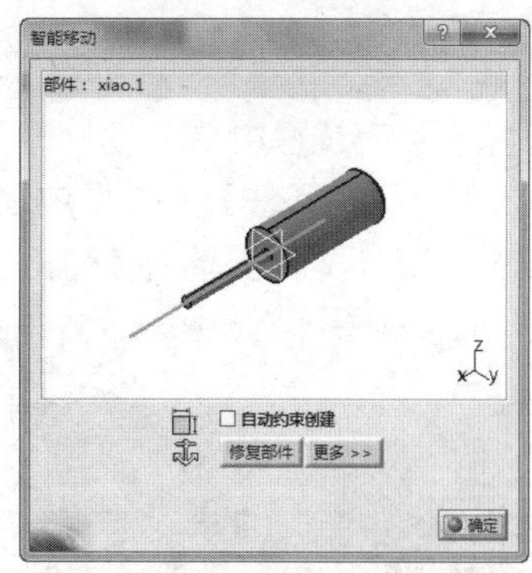

图8-28 【智能移动】对话框

03 在弹出的【智能移动】对话框中，依次选择两个零件轴线，单击【确定】按钮完成部件加载，如图8-29所示。

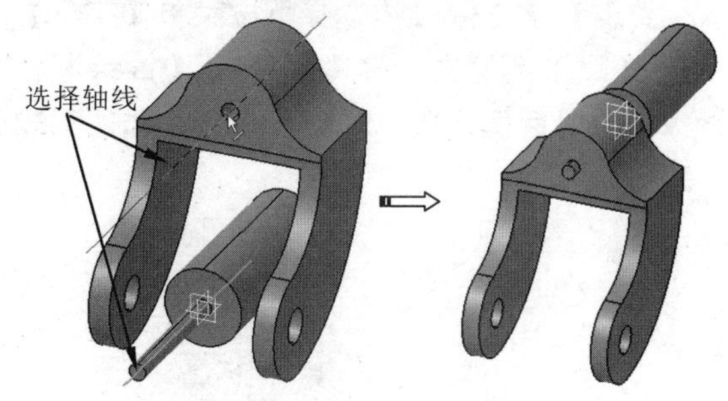

图8-29 完成部件加载定位

8.3.4 加载标准件

在CATIA V5中有一个标准件库，库中有大量的已经造型完成的标准件，在装配中可以直接将标准件调出来使用。

单击【目录浏览器】工具栏上的【目录浏览器】按钮，或选择下拉菜单【工具】|【目录浏览器】命令，弹出【目录浏览器】对话框，选中相应的标准件，双击所需的标准件，可将其添加到装配文件中，如图8-30所示。

图8-30 【目录浏览器】对话框

动手操作—加载标准件

01 在【标准】工具栏中单击【打开】按钮，在弹出的【选择文件】对话框中选择“8-4.CATProduct”文件。单击【打开】按钮打开一个装配体文件，如图8-31所示。

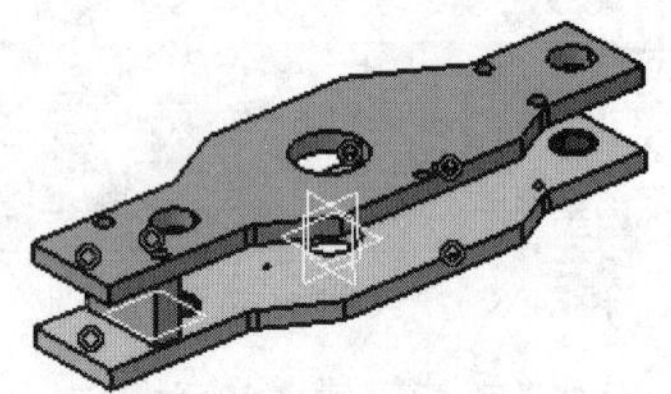

图8-31　打开装配体

02 单击【目录浏览器】工具栏上的【目录浏览器】按钮，或选择下拉菜单【工具】|【目录浏览器】命令，弹出【目录浏览器】对话框，选中Screws类型，如图8-32所示。

图8-32　【目录浏览器】对话框

03 双击Screws项目，展开该标准件，在下拉列表中选中ISO_4762_HEXAGON_SOCKET_HEAD_CAP_，如图8-33所示。

图8-33　选择Screws项目

04 双击ISO_4762_HEXAGON_SOCKET_HEAD_CAP_项目展开标准件库，选择【ISO 4762 M5x20】标准件，如图8-34所示。双击该标准件，在设计环境中显示出所选标准件，并弹出【目录】对话框，如图8-35所示。

图8-34　选择标准件

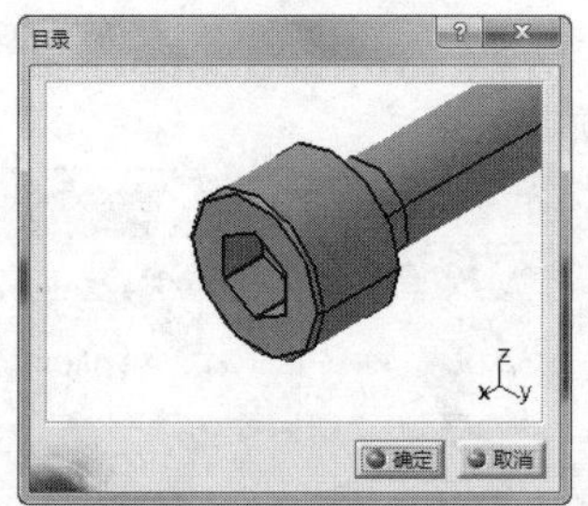

图8-35　【目录】对话框

05 单击【确定】按钮将标准件插入到装配文件中，关闭库浏览器对话框，并在设计树上添加了相应信息，如图8-36所示。

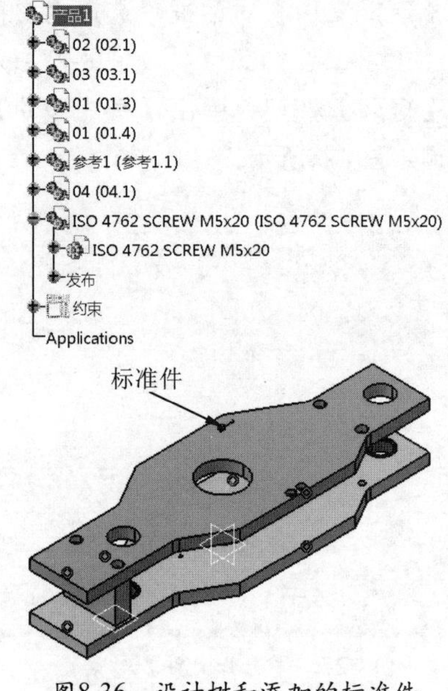

图8-36　设计树和添加的标准件

8.3.5 移动

创建零部件时坐标原点不是按装配关系确定的，导致装配中所插入零部件可能位置相互干涉，影响装配，因此需要调整零部件的位置，便于约束和装配。移动相关命令主要集中在【移动】工具栏上，下面分别加以介绍。

1. 利用指南针移动零部件

将指南针拖动到零部件上，可用于移动和旋转活动的组件。

（1）移动零部件

移动鼠标到【指南针操作把手】指针变成四向箭头，然后拖动指南针至模型上释放，此时指南针会附着在模型上，且字母X、Y、Z变为W、U、V，选择指南针上的任意一条直线，按住鼠标左键并移动鼠标，则零部件将沿着此直线平移，如图8-37所示。

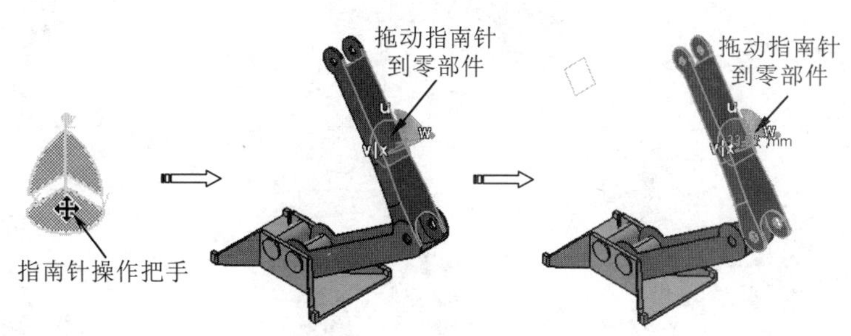

图8-37 指南针移动零部件

> **提示**
>
> 要是指南针脱离模型，可将其拖动到窗口右下角绝对坐标系处；或者拖到指南针离开物体的同时按住Shift键，并且要先松开鼠标左键；还可以选择菜单栏【视图】|【重置指南针】命令来实现。

（2）旋转零部件

移动鼠标到【指南针操作把手】指针变成四向箭头，然后拖动指南针至模型上释放，此时指南针会附着在模型上，且字母X、Y、Z变为W、U、V，选择指南针上的旋转把手，按住鼠标左键，则零部件将旋转，如图8-38所示。

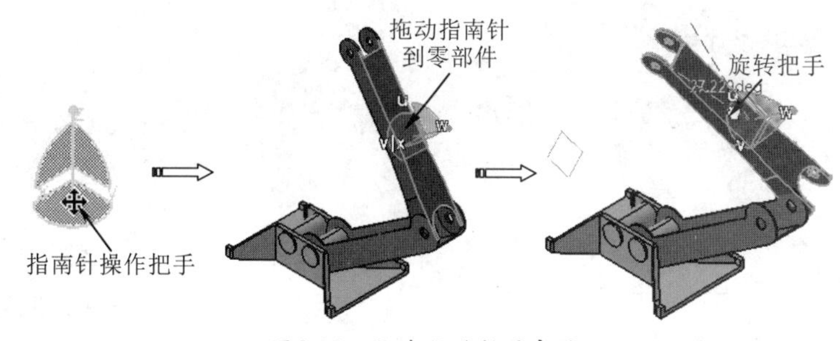

图8-38 指南针旋转零部件

> **提示**
>
> 利用指南针可移动已经约束的组件，移动后恢复约束，可单击【更新】工具栏上的【全部更新】按钮。

动手操作—指南针操作部件

01 在【标准】工具栏中单击【打开】按钮，在弹出的【选择文件】对话框中选择“8-5. CATProduct”文件。单击【打开】按钮打开一个装配体文件，如图8-39所示。

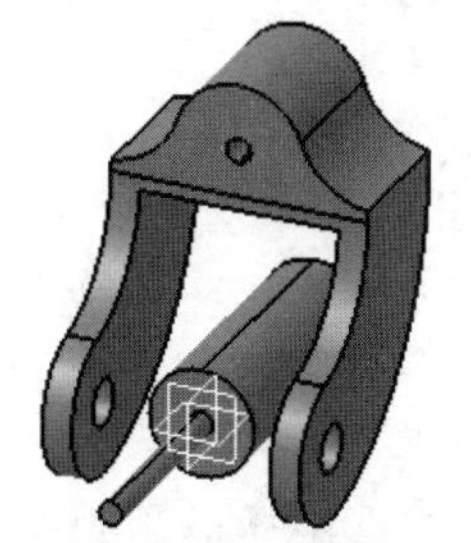

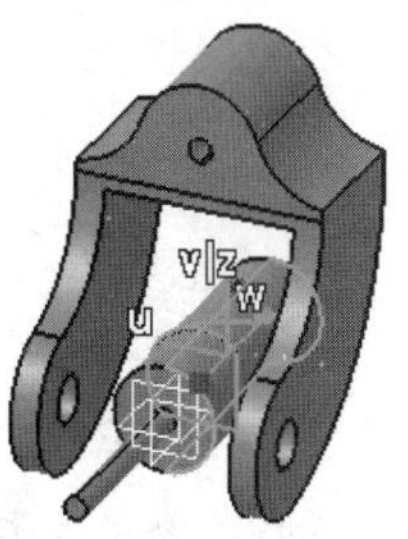

图8-39 打开装配体文件 图8-40 拖动指南针到模型

02 移动鼠标到【指南针操作把手】指针变成四向箭头，然后拖动指南针至小零件上释放，此时指南针会附着在模型上，且字母X、Y、Z变为W、U、V，如图8-40所示。

03 移动部件。选择指南针上的如图8-41所示的直线，按住鼠标左键并移动鼠标，则工作窗口中的模型将沿着此直线平移。

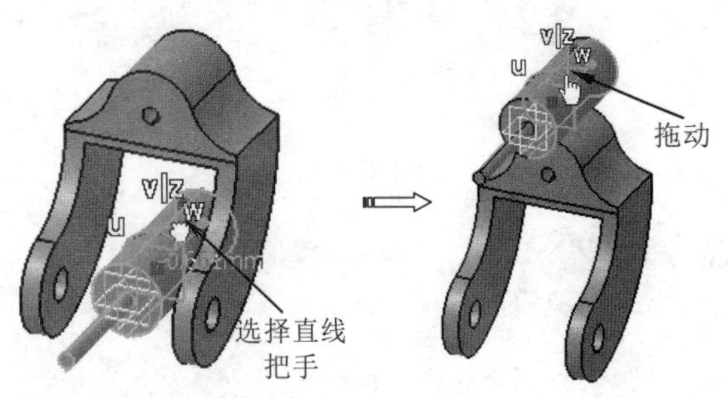

图8-41　移动部件

04 自由旋转部件。选择指南针z轴上的圆头，按住鼠标左键并移动鼠标，则指南针以红色方块为顶点自由旋转，工作窗口中的模型也会随着指南针一同以工作窗口的中心为转点进行旋转，如图8-42所示。

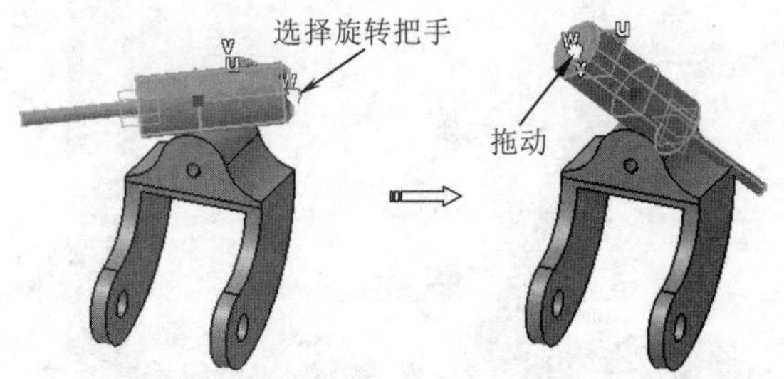

图8-42　自由旋转部件

2. 操作

【操作】命令允许用户使用鼠标徒手移动、旋转处于激活状态下的部件。

单击【移动】工具栏上的【操作】按钮，弹出【操作参数】对话框，如图8-43所示。

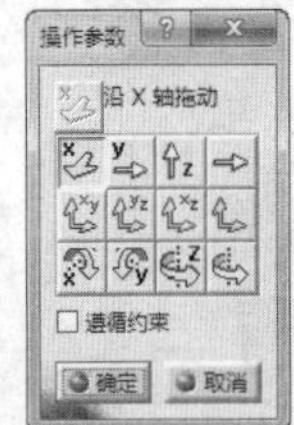

图8-43　【操作参数】对话框

【操作参数】对话框中选中【遵循约束】复选框后，不允许对已经施加约束的部件进行违反约束要求的移动、旋转等操作。

（1）沿直线移动零部件

【操作参数】对话框中第一行前三个按钮用于零部件沿着x,y,z坐标轴移动，如图8-44所示。第一行最后一个按钮用于沿着任意选定线方向移动，可选择直线或边线。

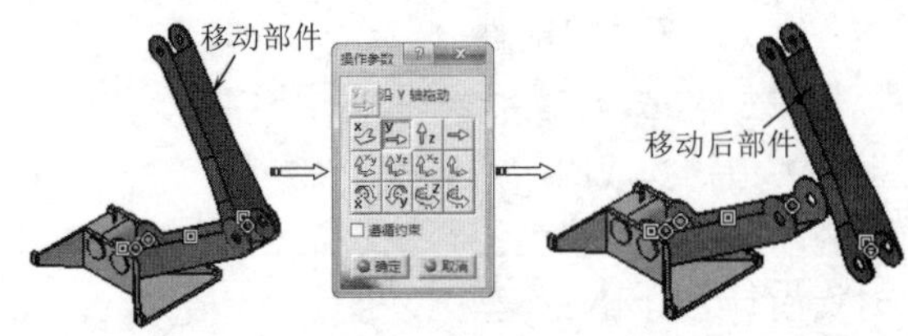

图8-44　沿坐标轴移动零部件

（2）沿平面移动零部件

【操作参数】对话框中第二行前三个按钮用于零部件在xy、yz、xz坐标平面移动，如图8-45所示。第二行最后一个按钮用于沿着选定面移动零部件。

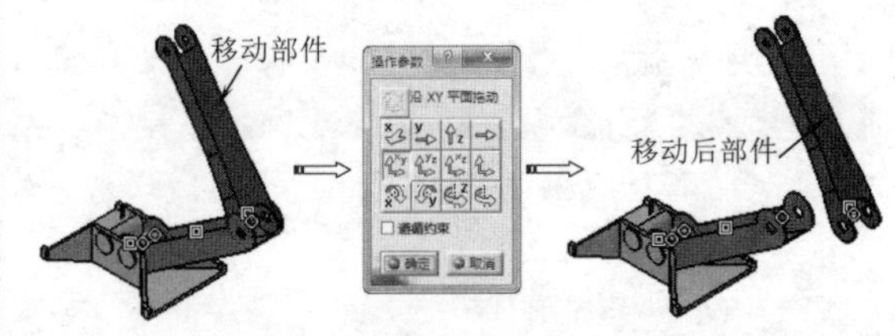

图8-45　沿坐标面移动零部件

（3）旋转零部件

【操作参数】对话框中第三行前三个按钮用于零部件绕着x、y、z坐标轴旋转，如图8-46所示。第三行最后一个按钮用于绕某一任意选定轴旋转零部件，选定轴可以是棱线或轴线。

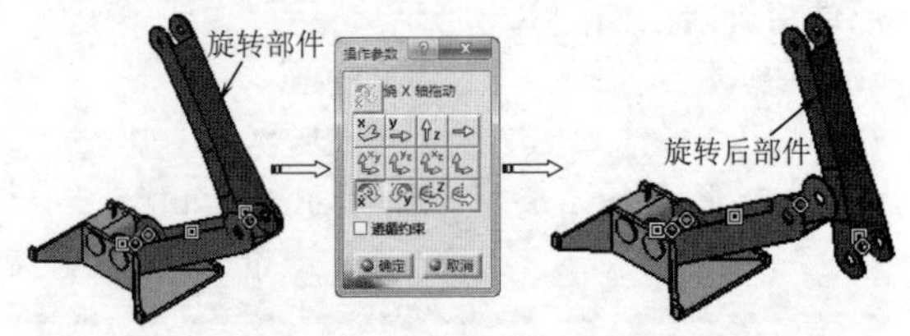

图8-46　旋转零部件

提示

利用操作工具按钮不可以移动或旋转已经约束的零部件，此时可利用指南针移动。此外，可变形组件不可以利用操作工具按钮移动。

动手操作—操作零部件

01 在【标准】工具栏中单击【打开】按钮，在弹出的【选择文件】对话框中选择“8-6.CATProduct”文件。单击【打开】按钮打开一个装配体文件，如图8-47所示。

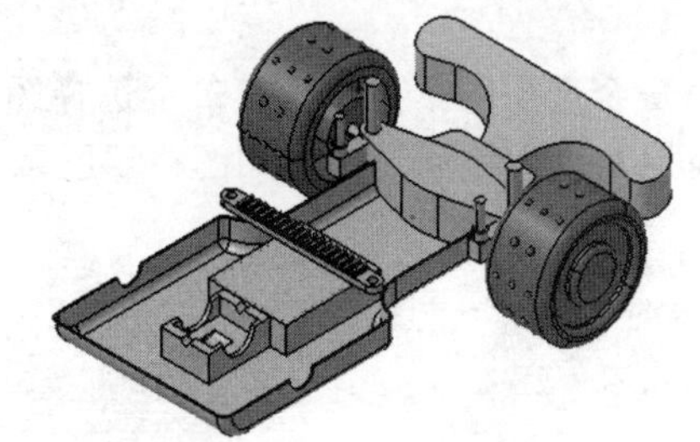

图8-47 打开装配体文件

02 单击【移动】工具栏上的【操作】按钮，弹出【操作参数】对话框。选择【操作参数】对话框中第一行第一个按钮，选择齿条零件，按住鼠标左键拖动移动，如图8-48所示。

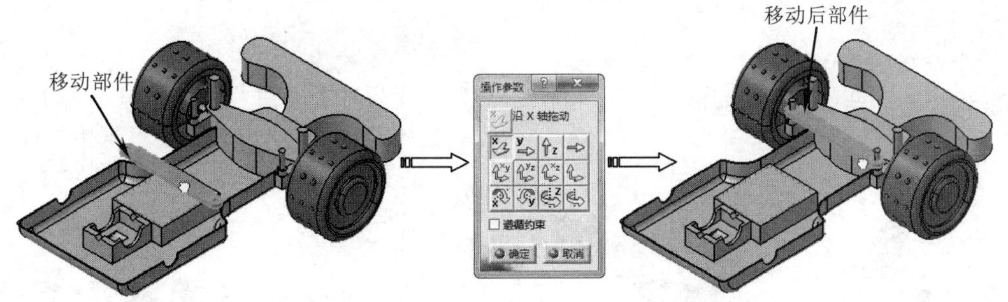

图8-48 沿X轴移动零部件

3. 捕捉

【捕捉】用于移动零件时，可以为它设置相应的参考，根据参考对象快速方便地移动对象。

单击【移动】工具栏上的【捕捉】按钮，选择第一个移动对象相关图素，然后再选择第二个参考对象相关图素，即可移动对象，如图8-49所示。

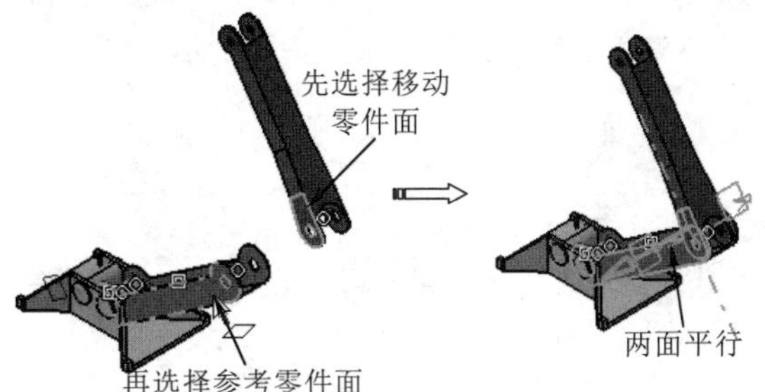

图8-49 捕捉移动零部件

在实际操作中，根据不同的选择顺序，可获得不同的结果，下面分别介绍。

（1）点与点

第一个选择图素为点，第二个选择图素为点，捕捉结果为同点，如图8-50所示。

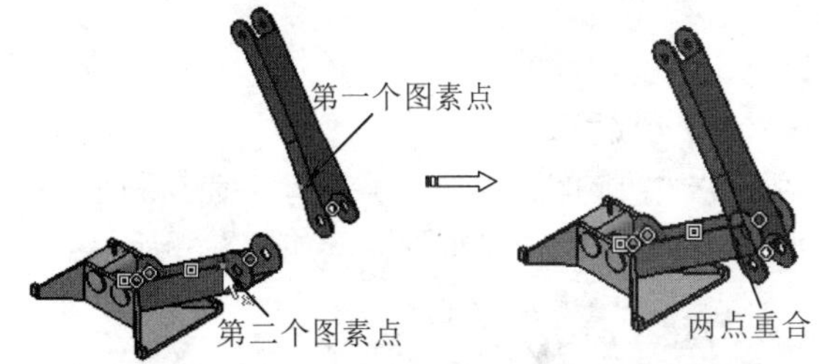

图8-50 点与点

（2）点和线

第一个选择图素为点，第二个选择图素为线，捕捉结果为点投影到线上，如图8-51所示。

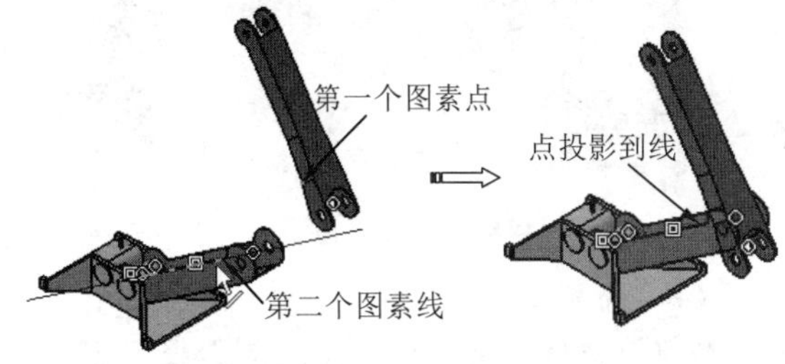

图8-51 点和线

（3）点和面

第一个选择图素为点，第二个选择图素为面，捕捉结果为点投影到面上，如图8-52所示。

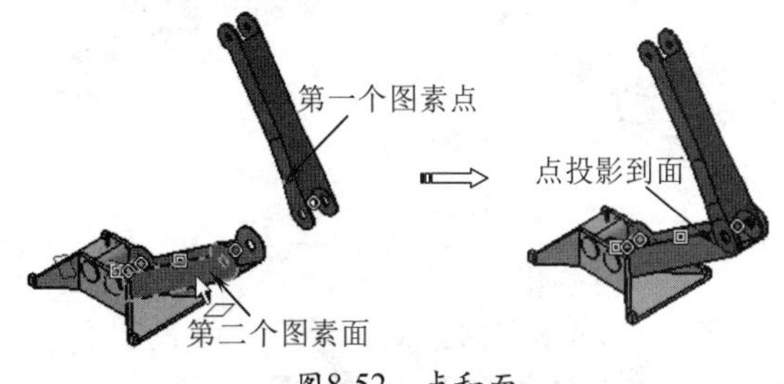

图8-52 点和面

（4）线和点

第一个选择图素为线，第二个选择图素为点，捕捉结果为线通过点，如图8-53所示。

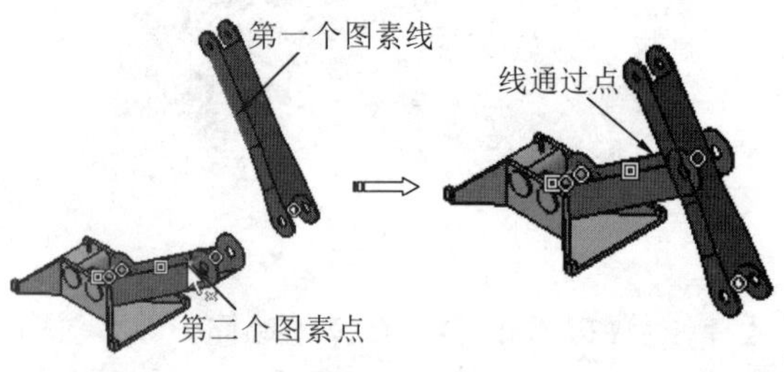

图8-53　线和点

（5）线和线

第一个选择图素为线，第二个选择图素为线，捕捉结果为同线，如图8-54所示。

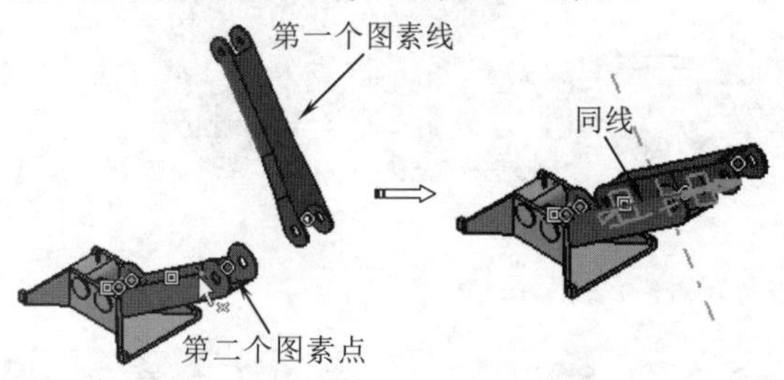

图8-54　线和线

（6）线和面

第一个选择图素为线，第二个选择图素为面，捕捉结果为线投影到面，如图8-55所示。

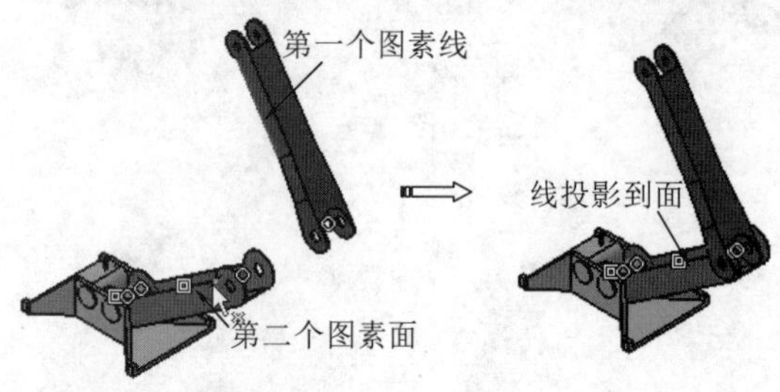

图8-55　线和面

（7）面和点

第一个选择图素为面，第二个选择图素为点，捕捉结果为面通过点，如图8-56所示。

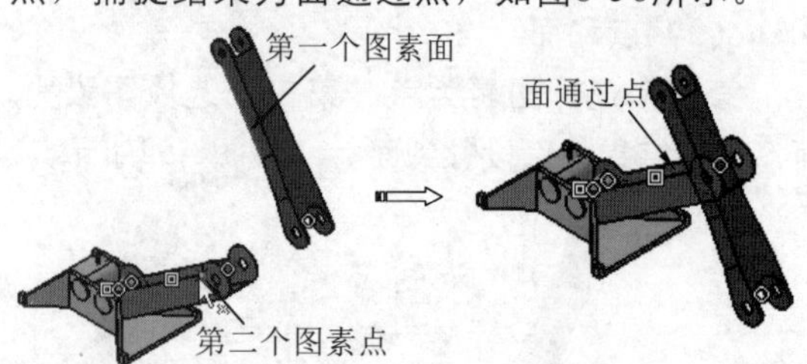

图8-56　面和点

（8）面和线

第一个选择图素为面，第二个选择图素为线，捕捉结果为面通过线，如图8-57所示。

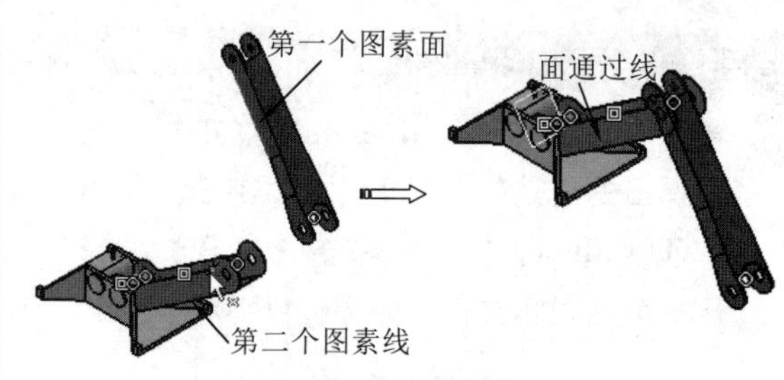

图8-57　面和线

（9）面和面

第一个选择图素为面，第二个选择图素为面，捕捉结果为面面平行，如图8-49所示。

动手操作——捕捉零部件

01 在【标准】工具栏中单击【打开】按钮，在弹出的【选择文件】对话框中选择“8-7.CATProduct”文件。单击【打开】按钮，打开一个装配体文件，如图8-58所示。

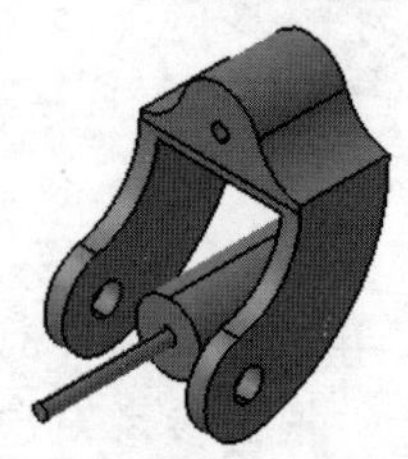

图8-58　打开装配体文件

02 单击【移动】工具栏上的【捕捉】按钮，选择销轴端面，该零件作为移动对象，然后再选择支架端面，此时显示出绿色箭头和平面，单击箭头可调整零件方位，在空白处单击鼠标放置，如图8-59所示。

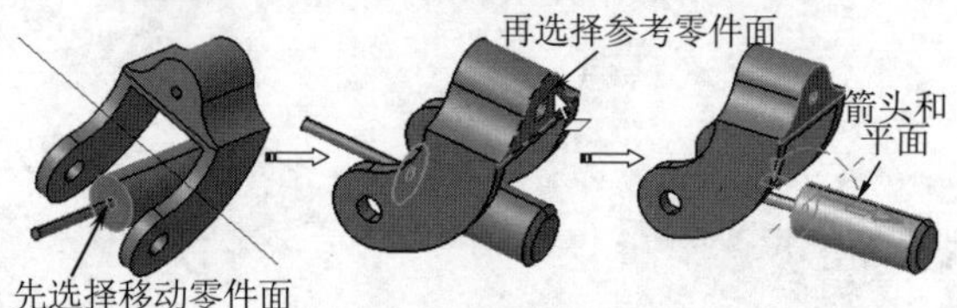

图8-59　捕捉约束对象

03 单击【移动】工具栏上的【捕捉】按钮，选择销轴端面，该零件作为移动对象，然后再选择支架端面，此时显示出绿色箭头和平面，单击箭头可调整零件方位，在空白处单击鼠标放置，如图8-60所示。

图8-60　捕捉约束对象

4. 智能移动

【智能移动】是指利用【智能移动】对话框在移动组件的同时创建相应的相合约束。

单击【移动】工具栏上的【智能移动】按钮，弹出【智能移动】对话框，选中【自动约束创建】复选框，选择第一个组件图素，然后再选择第二个组件图素，单击【确定】按钮即可完成移动约束，如图8-61所示。

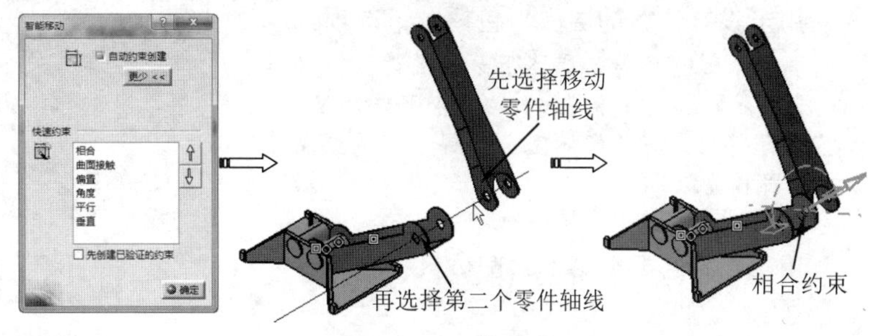

图8-61 智能移动

动手操作—智能移动

01 在【标准】工具栏中单击【打开】按钮，在弹出的【选择文件】对话框中选择“8-8. CATProduct”文件。单击【打开】按钮，打开一个装配体文件，如图8-62所示。

02 单击【移动】工具栏上的【智能移动】按钮，弹出【智能移动】对话框，选中【自动约束创建】复选框，选择销轴端面，该零件作为移动对象，然后再选择支架端面，此时显示出绿色箭头和平面，单击箭头可调整零件方位，单击【确定】按钮即可完成移动约束，如图8-63所示。

图8-62 打开装配体文件

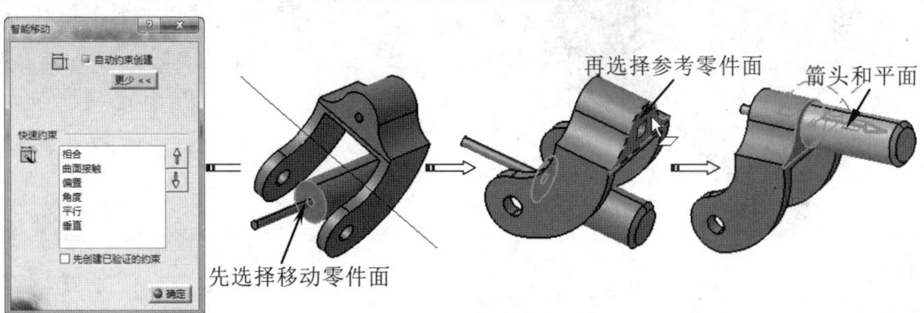

图8-63 智能移动

03 单击【移动】工具栏上的【智能移动】按钮，弹出【智能移动】对话框，选中【自动约束创建】复选框，选择销轴端面，该零件作为移动对象，然后再选择支架端面，此时显示出绿色箭头和平面，单击【确定】按钮即可完成移动约束，如图8-64所示。

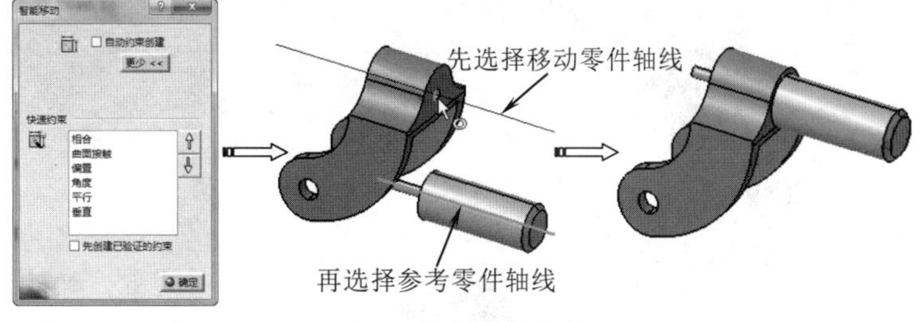

图8-64 智能移动

5. 分解

【分解】是为了了解零部件之间的位置关系，将当前已经完成约束的装配设计进行自动的爆炸操作，并有利于生成二维图纸。

单击【移动】工具栏上的【分解】按钮，弹出【分解】对话框，如图8-65所示。

图8-65 【分解】对话框

【分解】对话框相关选项参数含义如下：

（1）深度

用于设置分解的层次，包括以下选项：

★ 第一级别：只将装配体下第一层炸开，若其中有子装配，在分解时作为一个部件处理。

★ 所有级别：将装配体完全分解，变成最基本的部件等级。

（2）选择集

用于选择将要分解的装配体。

（3）类型

用于设置分解类型，包括以下选项（如图8-66所示）：

★ 3D：将装配体在三维空间中分解。

★ 2D：装配体分解后投影到XY平面上。

★ 受约束：将装配体按照约束条件进行分解，该方式仅在产品中存在工作或共面时有效。

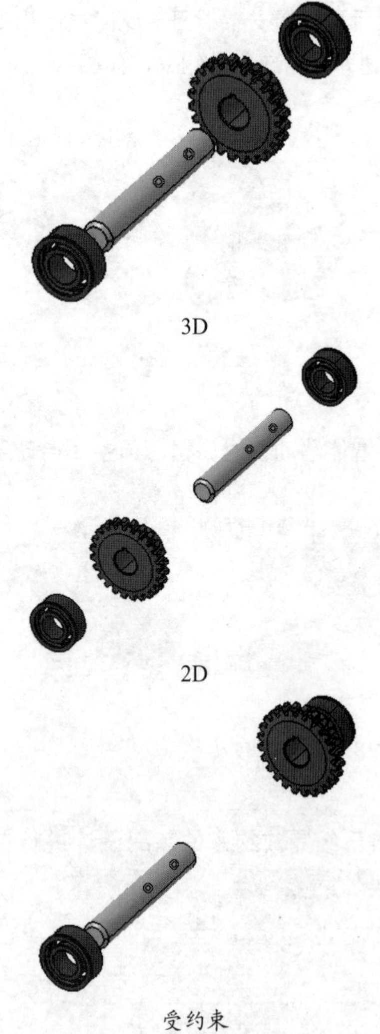

图8-66 分解类型

（4）固定产品

用于选择分解时固定不动的零部件。

提示

如果要想将分解图恢复到装配状态，可单击【工具】工具栏上的【全部更新】按钮即可。

动手操作——分解装配体

01 在【标准】工具栏中单击【打开】按钮，在弹出的【选择文件】对话框中选择“8-9.CATProduct”文件。单击【打开】按钮打开一个装配体文件，如图8-67所示。

图8-67 打开装配体文件

02 单击【移动】工具栏上的【分解】按钮，弹出【分解】对话框，如图8-68所示。在【深度】框中选择“所有级别”，激活【选择集】编辑框，在特征树中选择装配根节点（即选择所有的装配组件）作为要分解的装配组件，在【类型】下拉列表中选择“3D”，激活【固定产品】编辑框，选择图中所示的零件为固定零件。

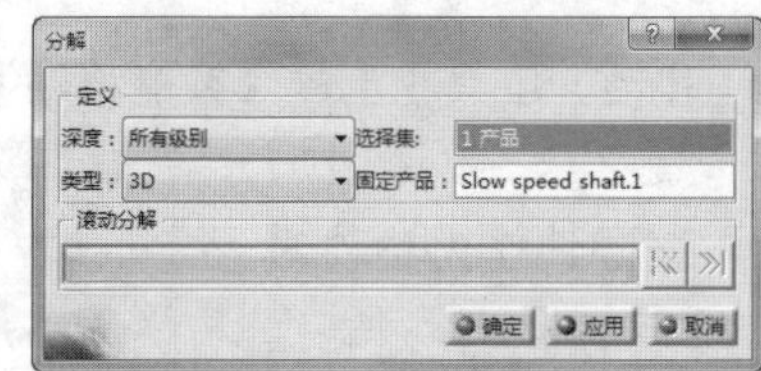

图8-68 选择边线

03 单击【应用】按钮，出现【信息框】对话框，如图8-69所示，提示可用3D指南针在分解视图内移动产品，并在视图中显示分解预览效果，如图8-70所示。

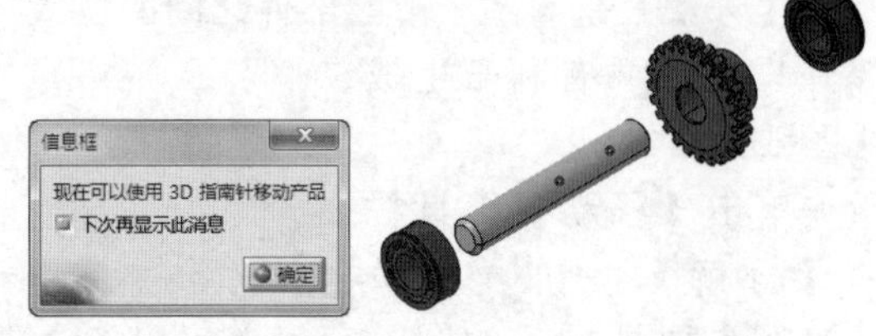

图8-69 【信息框】对话框　图8-70 分解预览

04 单击【确定】按钮，弹出【警告】对话框，如图8-71所示。单击【是】按钮，完成分解。

05 单击【工具】工具栏上的【全部更新】按钮即可将分解图恢复到装配状态，如图8-72所示。

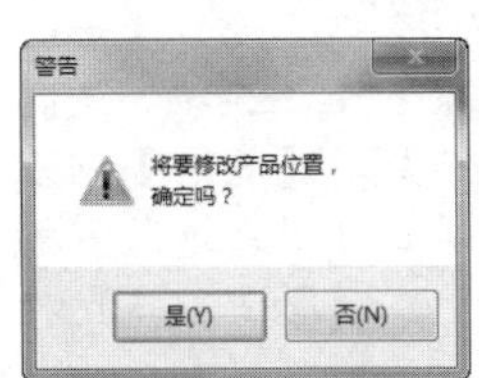

图8-71 【警告】对话框

图8-72 取消分解

提示

如果在创建分解状态时，没有理想中的分解状态，可单击【移动】工具栏上的【操作】按钮，在弹出的【操作参数】对话框中选择移动方向命令按钮，然后在图形区选择所需移动的模型，再执行分解。

8.3.6 装配约束

装配约束就是在部件之间建立相互约束条件以确定它们在装配体中的相对位置，主要是通过约束部件之间的自由度来实现的。通过约束将所有零件组成一个产品，装配约束相关命令集中在【约束】工具栏上，下面分别加以介绍。

1. 装配约束概述

对于一个装配体来说，组成装配体的所有零部件之间的位置不是任意的，而是按照一定关系组合起来的。因此，零部件之间必须要进行定位，移动和旋转零部件并不能精确地定位装配体中的零件，还必须通过建立零件之间的配合关系来达到设计要求。

设置约束必须在激活部件的两个子部件之间进行，在图形区显示约束几何符号，特征树中标记约束符号，如表8-1所示。

表8-1 约束类型

约束	几何显示符号	特征树中符号
相合		
接触		
偏移		
角度		
平行		
垂直		
固定		

提示

只有通过装配约束建立了装配中组件与组件之间的相互位置关系，才可以称得上是真正的装配模型。由于这种装配约束关系之间具有相关性，一旦装配组件的模型发生变化，装配部件之间可自动更新，并保持装配约束不变。

2. 相合约束

【相合约束】是通过设置两个部件中的点、线、面等几何元素重合来获得同心、同轴和共面等几何关系。当两个几何元素的最短距离小于0.001mm时，系统认为它们是相合的。

单击【约束】工具栏上的【相合约束】按钮，选择第一个零部件约束表面，然后选择第二个零部件约束表面，如果是两个平面约束，弹出【约束属性】对话框，如图8-73所示。

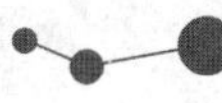

图8-73 【约束属性】对话框

【约束属性】对话框各选项参数含义如下：

★ 名称：用于输入约束名称。
★ 方向：用于选择约束方向，分别是方向相同、方向相反、未定义（系统寻找最佳的位置）。
★ 状态：用于显示所选约束表面的连接状态。单击【支持面图元】选项组的【状态】列表框的“已连接”，然后单击【重新连接】按钮，在弹出的窗口中可重新选择连接支持面，如图8-74所示。

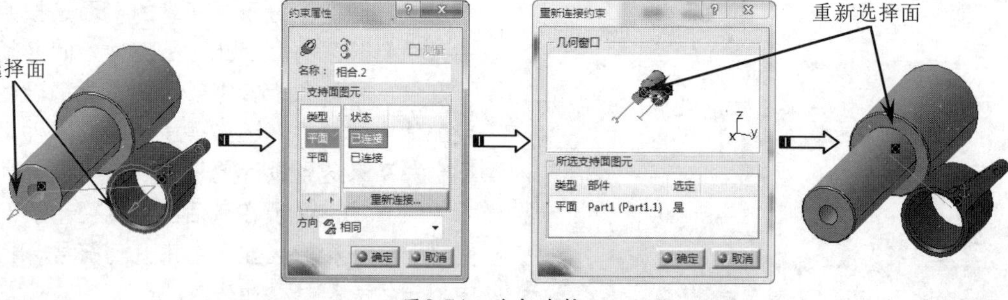

图8-74 重新连接

提 示

如果约束定义完成后，部件的相对几何关系未发生变化，可单击【工具】工具栏上的【更新】按钮，部件之间的相互位置将发生改变。

在相合约束中，对于所选的不同对象，相合约束定位方式不同，分别介绍如下：

（1）点与点

用于设置两个点重合，如图8-75所示。

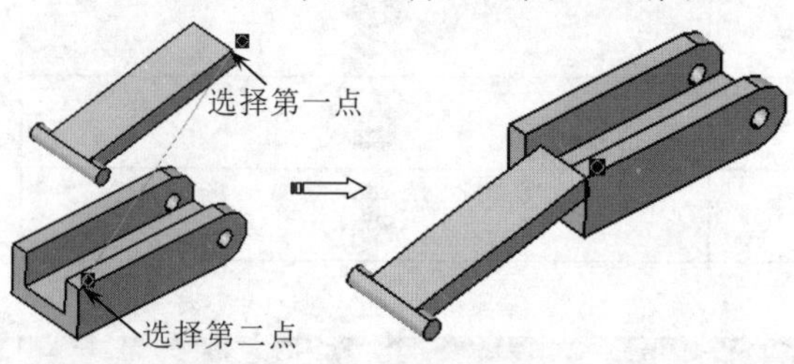

图8-75 点与点相合

提 示

在相合约束中，移动的总是第一个选择元素，第二个选择元素保持固定状态。

（2）线与线相合

用于设置两条直线重合，特别是选择两个圆柱面的轴线，系统自动约束两个轴线重合，如图8-76所示。

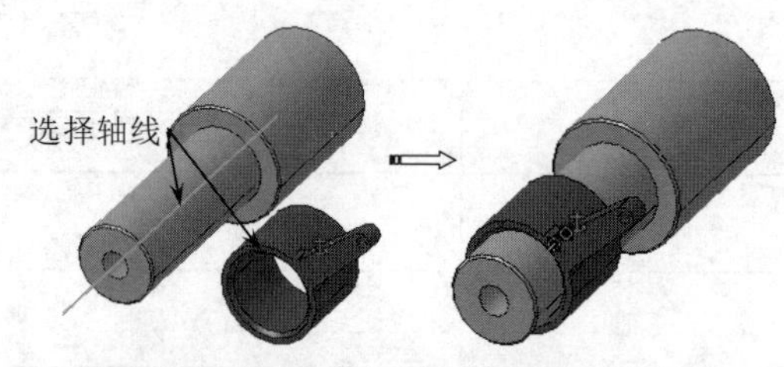

图8-76 轴线与轴线相合

提 示

在相合约束中，若选择的是轴元素，鼠标要尽量靠近几何体的圆孔面或圆柱面，此时系统会显示轴线，单击即可选中轴线。

（3）面与面相合

用于设置两面重合，通过【方向】选项可以设置面方向相同或相反，如图8-77所示。

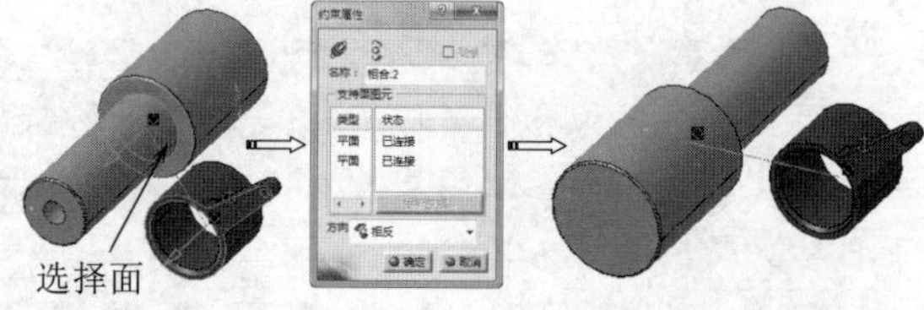

图8-77 面与面相合

提 示

使用相合约束时，两个参照不必为同一类型，直线与平面、点与直线等都可以使用相合约束。

3. 接触约束

【接触约束】是对选定的两个面或平面进行约束，使它们处于点、线或者面接触状态。

单击【约束】工具栏上的【接触约束】按钮，依次选择两个部件的约束表面，系统自动完成接触约束。双击特征树【约束】节点下的相关接触约束，弹出【约束定义】对话框，可重新选择约束对象，如图8-78所示。

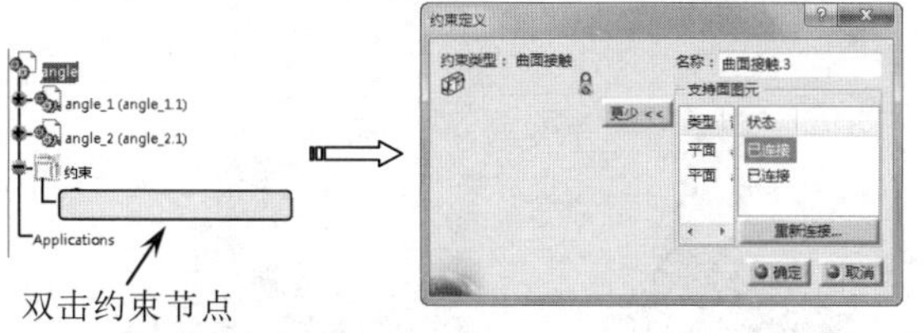

图8-78　编辑接触约束

（1）球面与平面接触约束

当选择球面与平面时创建相切约束，如图8-79所示。

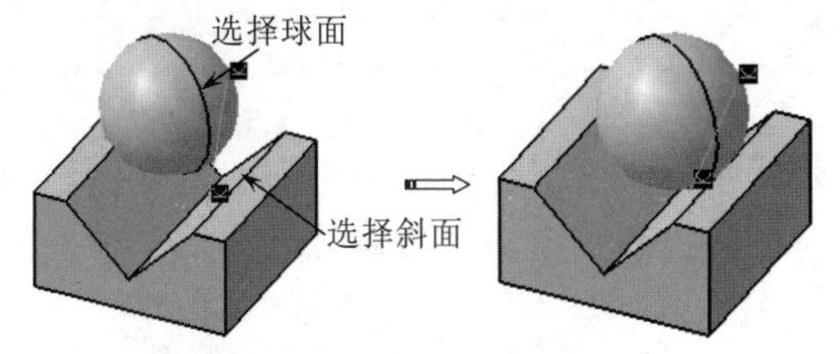

图8-79　球面与平面接触约束

（2）圆柱面与平面接触约束

选择圆柱面与平面时创建相切约束，如图8-80所示。

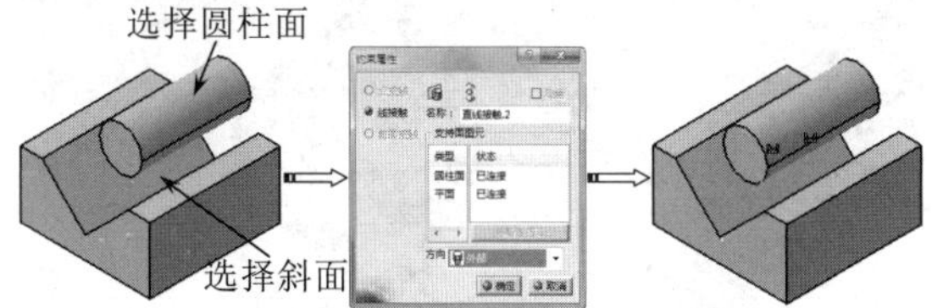

图8-80　圆柱面与平面接触约束

（3）平面与平面接触约束

选择平面与平面时创建重合约束，两个平面的法线方向相反，如图8-81所示。

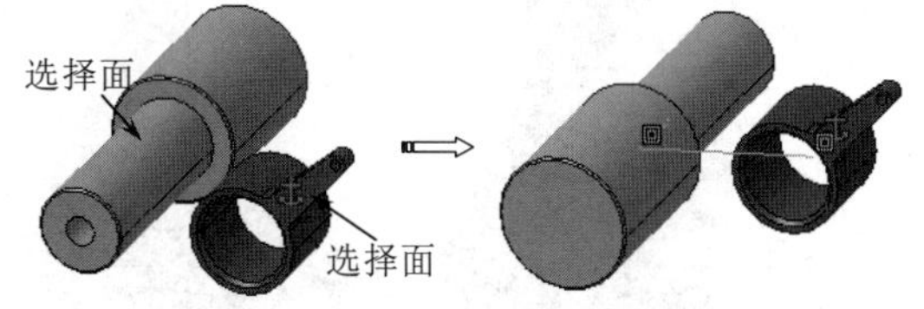

图8-81　平面与平面接触约束

4. 偏移约束

【偏移约束】通过设置两个部件上的点、线、面等几何元素之间的距离几何关系。

单击【约束】工具栏上的【偏移约束】按钮，依次选择两个部件的约束表面，弹出【约束属性】对话框，在【名称】框可改变约束名称，在【方向】下拉列表中选择约束方向，在【偏移】框中输入距离值，单击【确定】按钮，如图8-82所示。

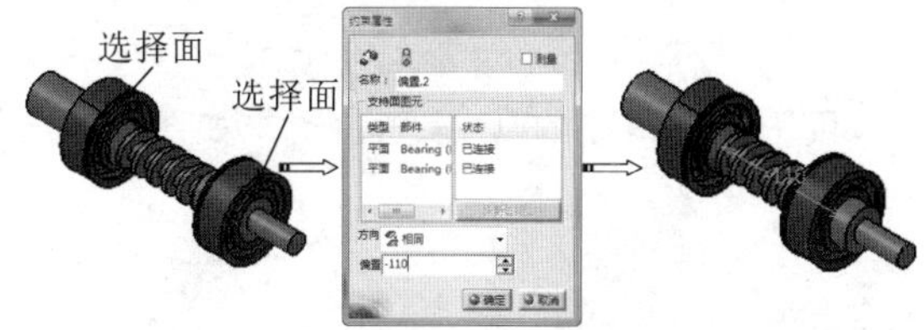

图8-82　偏移约束

【约束属性】对话框相关选项参数含义如下：

★　方向：用于显示选择的两个图元的位置关系，包括“相同”、“相反”和“未定义”等。

★　偏移：用于定义选定图元之间的距离，该数值可以是正值也可以是负值，正值为选择的第一个图元的法向方向。

（1）角度约束

【角度约束】是指通过设定两个部件几何元素的角度关系来约束两个部件之间的相对几何关系。

单击【约束】工具栏上的【偏角度约束】按钮，依次选择两个部件的约束表面，弹出【约束属性】对话框，选择约束类型为【角度】，在【名称】框可改变约束名称，在【角度】框中输入角度值，单击【确定】按钮，系统自动完成角度约束，如图8-83所示。

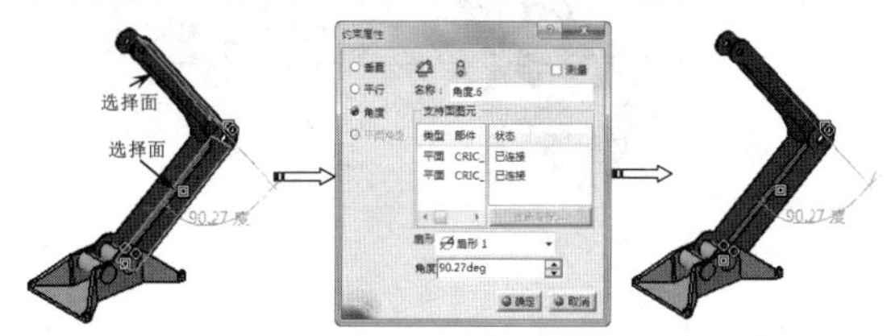

图8-83　角度约束

（2）约束模式

【约束属性】对话框可添加3种角度约束模式，下面分别介绍如下：

★　垂直：用于设置特殊的角度约束，角度值为90，如图8-84所示。

★　平行：用于设置特殊的角度约束，角度值为0，如图8-85所示。

★　角度：用于设置两部件几何元素间角度约束，如图8-86所示。

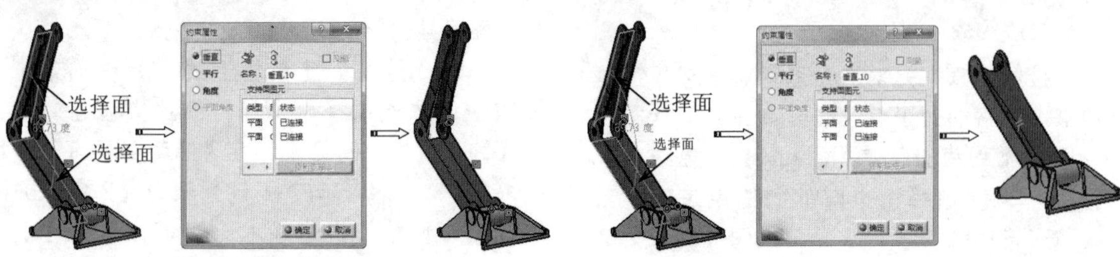

图8-84　垂直　　　　图8-85　平行

（3）扇形

用于设置角度的4个扇形位置，如图8-86所示。

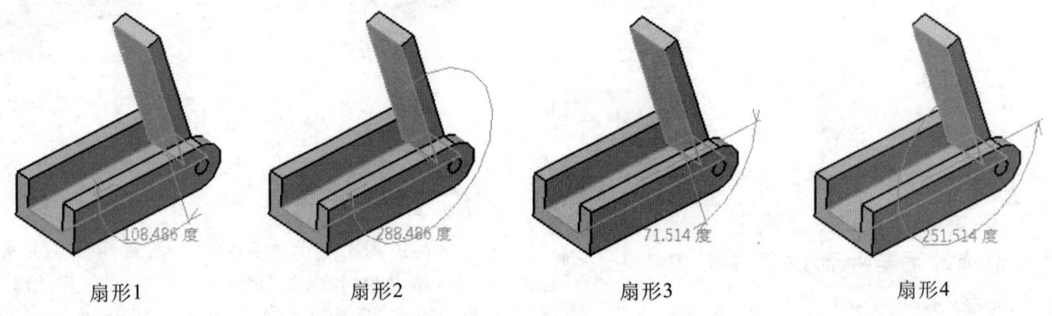

扇形1　　扇形2　　扇形3　　扇形4

图8-86　扇形

5. 固定约束

【固定约束】用于将一个部件固定在设计环境中，一种是将部件固定于空间固定处，称为绝对固定；另外一种是将其他部件与固定部件的相对位置关系固定，当移动时，其他部件相对固定组件会移动。

（1）绝对固定

单击【约束】工具栏上的【固定约束】按钮，选择要固定的部件，系统自动创建固定约束。选择用指南针移动固定部件时，单击【全部更新】按钮，已经被固定的组件重新恢复到原始的空间位置，如图8-87所示。

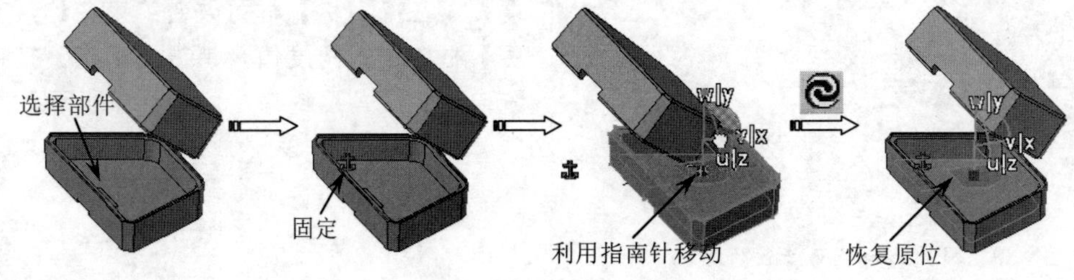

图8-87　绝对固定

（2）相对固定

双击绝对约束标志，打开【约束定义】对话框，取消【在空间中固定】复选框，用指南针移动固定部件时，单击【全部更新】按钮，固定组件位置没有发生变化，但其他部件的位置将移动，各组件之间位置重新固定，如图8-88所示。

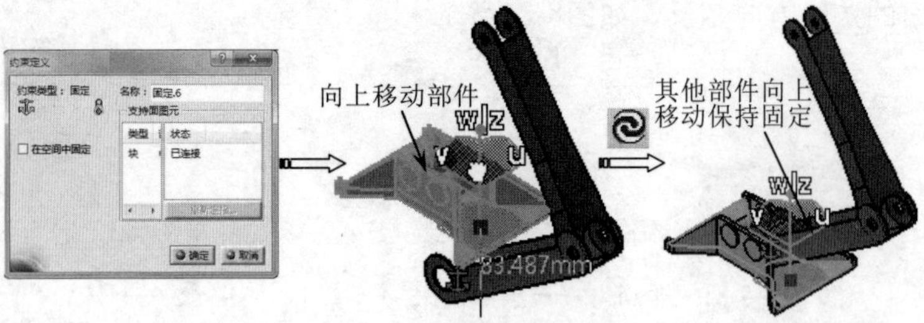

图8-88　相对固定

（3）固联约束

【固联约束】用于将多个部件按照当前位置固定成一个整体，移动其中一个部件，其他部件也将被移动。

单击【约束】工具栏上的【固联约束】按钮，弹出【固联】对话框，选择多个要固联部件，单击【确定】按钮，系统自动创建约束，如图8-89所示。

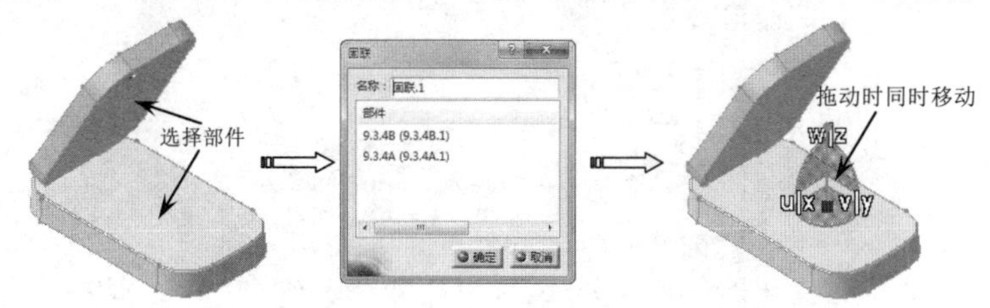

图8-89　固联约束

提示

当固联移动设置后，若整个部件需要随零件移动而移动，要进行如下设置。选择下拉菜单【工具】|【选项】命令，在弹出的【选项】对话框中选择【机械设计】|【装配设计】|【常规】，在选项卡中，选中【移动已应用固定约束的部件】选项组中的【始终】单选按钮，可使固联组件一起移动；选中【从不】单选按钮，可单独移动固联中的任一部件，如图8-90所示。

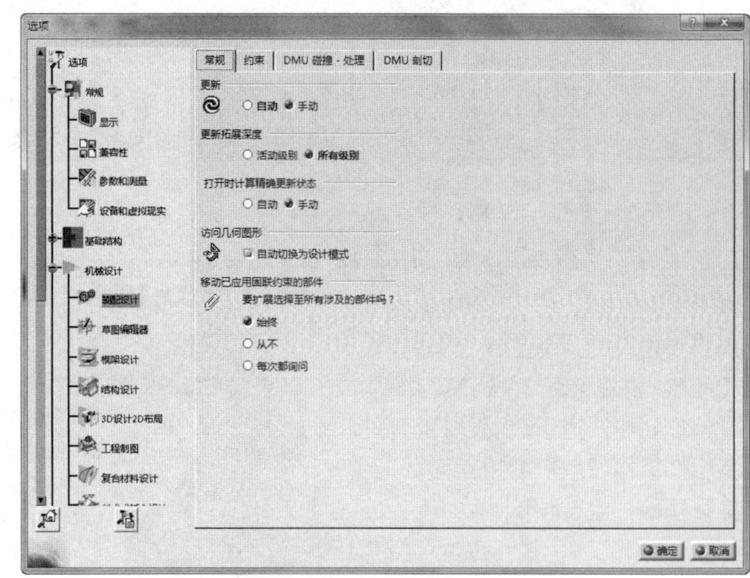

图8-90　【选项】对话框

6. 快速约束

【快速约束】用于快速添加一些已经设置好的约束，例如“面接触”、“相合接触”、“距离”、“角度”和“平行”等。

单击【约束】工具栏上的【快速约束】按钮，选择两个约束部件表面，系统根据所选部件情况自动创建相关约束，如图8-91所示。

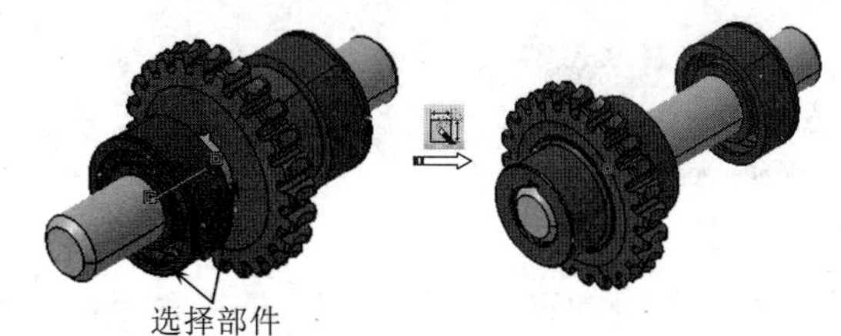

图8-91　快速约束

提示

当固联移动设置后，若整个部件需要随零件移动而移动，要进行如下设置。选择下拉菜单【工具】|【选项】命令，在弹出的【选项】对话框中选择【机械设计】|【装配设计】|【约束】，在选项卡中，在【快速约束】列表中设置生成约束的先后顺序，如图8-92所示。

7. 柔性/刚性装配

子装配内零件在产品中的固定方式有两种：刚性固定和柔性固定，柔性固定是指子装配中的零部件像其他零部件一样利用指南针等工具进行自由移动；刚性固定是指整个子装配只能作为刚性整体移动。通常，在装配设计中一个子装配往往作为一个刚性的整体来移动，此时可利用【柔性/刚性装配】命令将一个子装配中的组件单独处理。

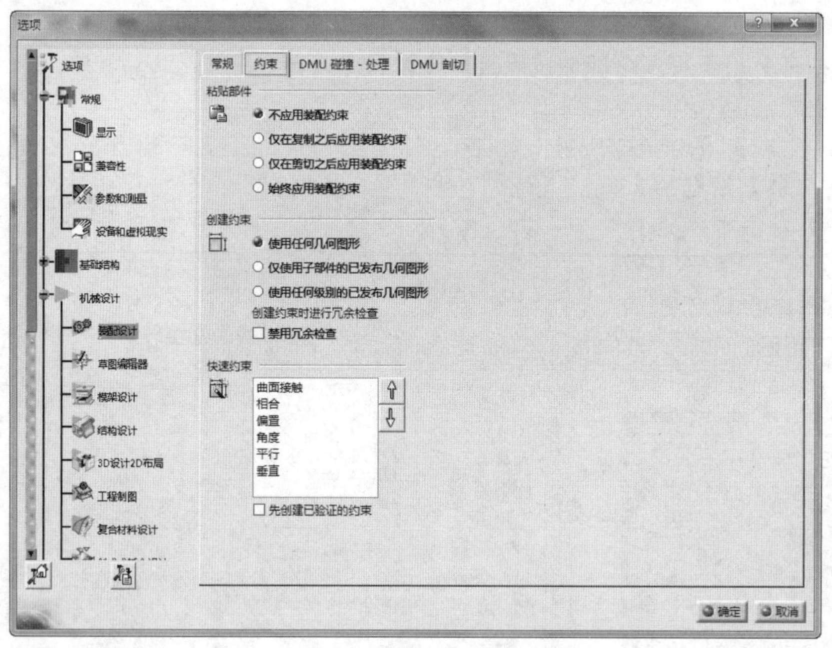

图8-92　【选项】对话框

单击【约束】工具栏上的【柔性/刚性装配】按钮，在特征树中选择子装配，将子装配变成柔性，可利用指南针单独移动，如图8-93所示。

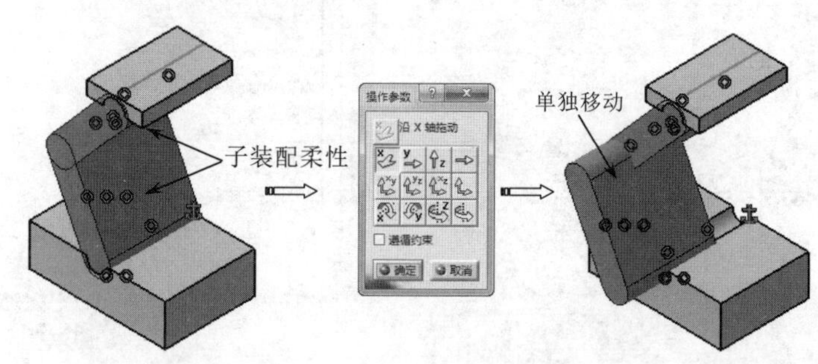

图8-93　快速约束

提 示

无论执行何种机械修改，刚性子装配始终与原始产品同步，而柔性子装配可以单独移动，与子装配在原始产品中的位置无关。

8. 更改约束

【更改约束】是指在一个已经完成的约束上，更改一个约束类型。

在特征树上选择需要更改的约束，单击【约束】工具栏上的【更改约束】按钮，弹出【可能的约束】对话框，选择要更改的约束类型，单击【确定】按钮，系统完成约束更改，如图8-94所示。

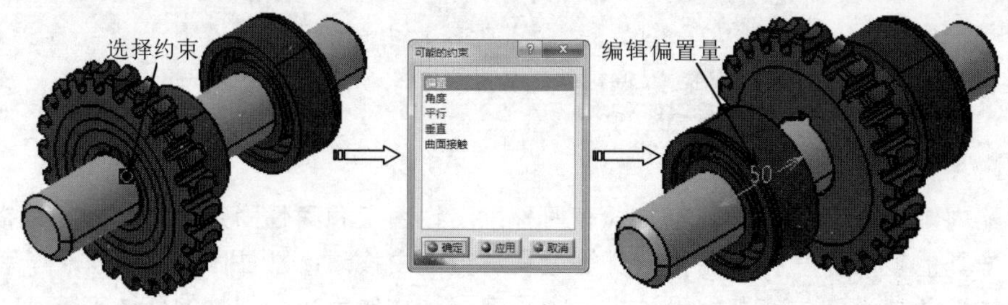

图8-94　更改约束

8.4 自顶向下装配

自顶向下装配的思想是由顶向下产生子装配和零部件，在装配层次上建立和编辑零部件。

8.4.1 基本概念

自顶向下装配方法主要用在上下文设计，即在装配中参照其他零部件对当前零部件进行设计或创建新的零部件。可利用链接关系引用其他部件中的几何对象到当前零部件中，再用这些几何对象生成几何体。这样，一方面提高设计效率，另一方面保证了部件之间的关联性，便于参数化设计。一般而言，设计一个产品其零件数量不超过10个，可采用自底向上的装配方法，简单有效。但是如果作一个大型的复杂总成件，如一辆汽车，就不能一个一个零件做完后再进行装配，此时可采用自顶向下的方法，先建立主干件，然后在装配中一步一步创建其他零件。

8.4.2 自顶向下装配方法

先建立一个空的新零件，它不包含任何几何对象，然后使其成为工作部件，再在其中建立几何模型，然后利用装配约束定位零件。用户可按照以下步骤进行：

1. 打开或新建装配文件

打开一个装配文件，该文件可以是一个不含任何几何模型和组件的文件，也可以是一个含有几何模型或装配部件的文件。

2. 创建空的新零件

单击【产品结构工具】工具栏中的【零件】按钮，系统提示“选择部件以插入新零件”，在特征树中选择部件节点，创建新零件。新建零件不含任何几何对象。

3. 建立新零件几何对象

新零件产生后，可在其中建立几何对象，首先在特征树中展开零件节点，可以观察到产品和零件的不同标识，双击零件标识系统自动切换到零件设计模块。然后利用建模命令和方法创建新的几何对象，最后双击特征树中的根节点返回装配模块，如图8-95所示。

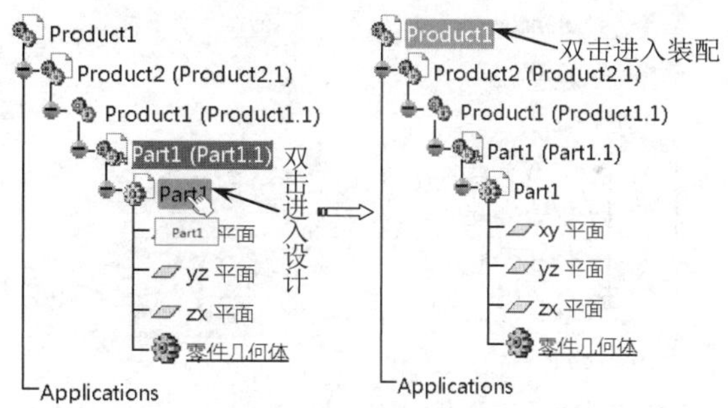

图8-95 模型创建和重新进入装配

4. 施加装配约束新组件

利用【约束】工具栏上的相关命令按钮对新建立的零部件对象施加装配约束定位。

动手操作—自顶向下装配实例

01 在【标准】工具栏中单击【打开】按钮，在弹出的【选择文件】对话框中选择“8-10.CATProduct”文件。单击【打开】按钮打开一个装配体文件，如图8-96所示。

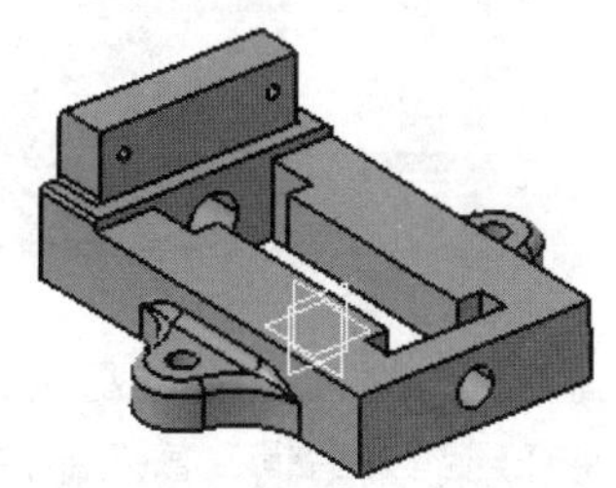

图8-96 打开装配体文件

02 单击【产品结构工具】工具栏中的【零件】按钮，系统提示“选择部件以插入新零件”，在特征树中选择特征树根节点，系统弹出【新零件：原点】对话框，单击【是】按钮，插入空白零件，如图8-97所示。

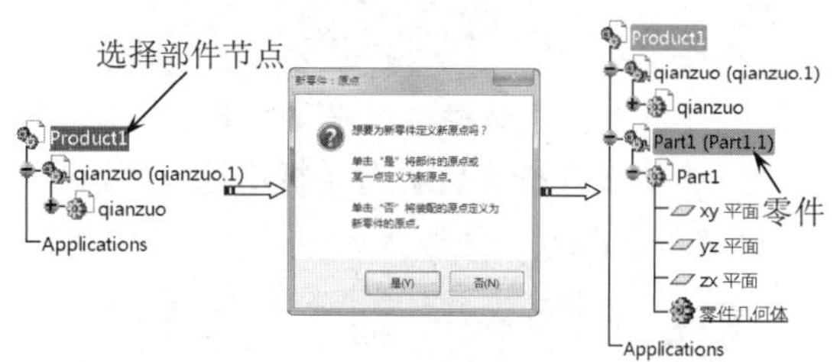

图8-97 创建零件

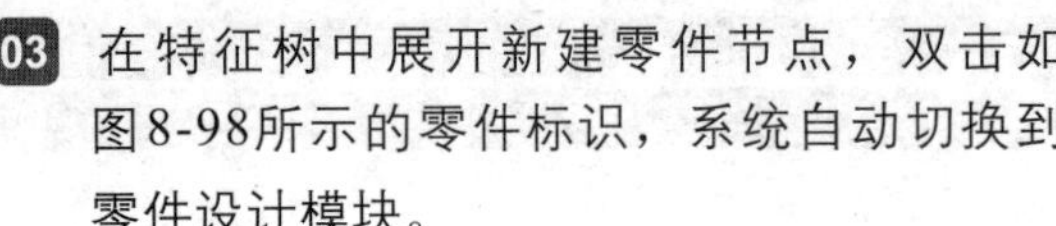

03 在特征树中展开新建零件节点，双击如图8-98所示的零件标识，系统自动切换到零件设计模块。

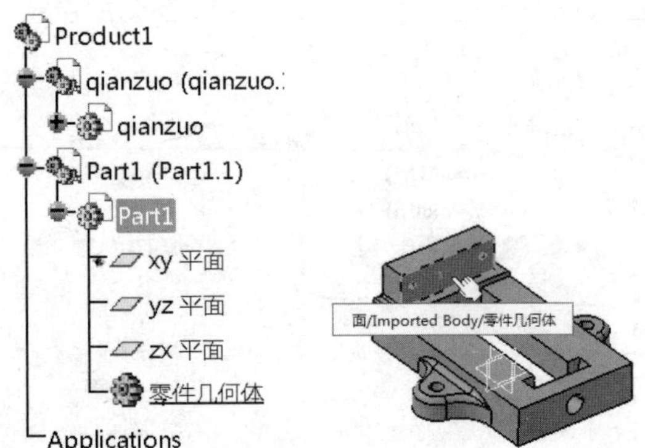

图8-98　双击零件标识　　图8-99　选择草绘平面

04 选择如图8-99所示的草绘平面，利用矩形工具绘制如图8-100所示的矩形。利用草图和实体创建功能创建如图8-101所示的实体。

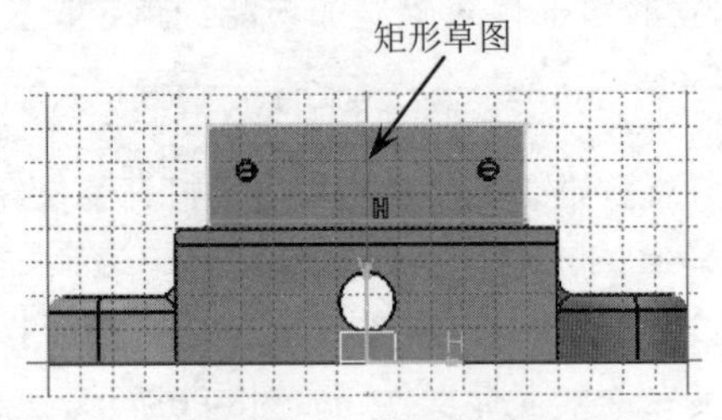

图8-100　绘制矩形草图

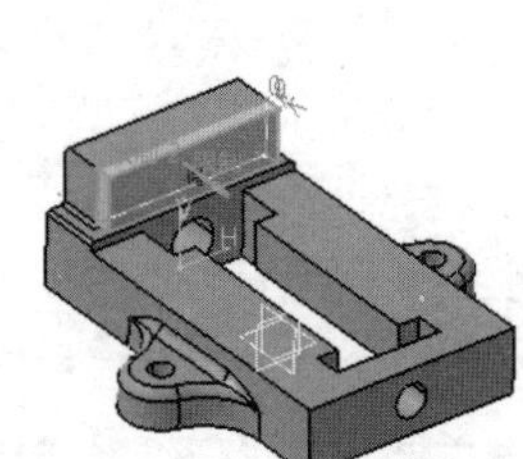

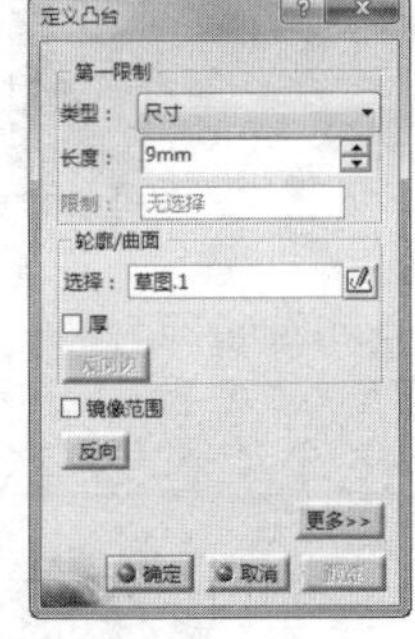

图8-101　创建凸台实体

05 双击特征树中的根节点返回装配模块，单击【约束】工具栏上的【相合约束】按钮，施加3个相合约束，如图8-102所示。

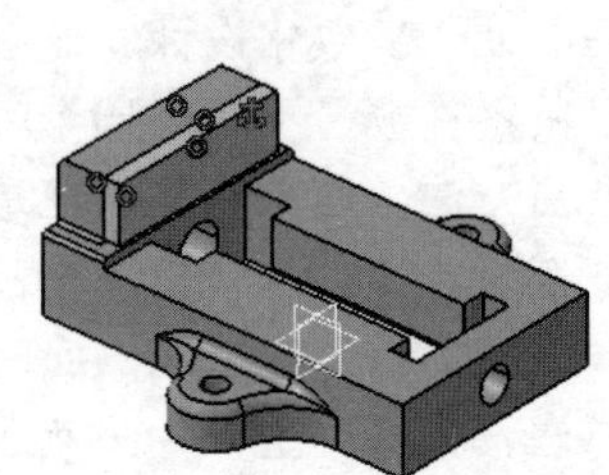

图8-102　施加约束

06 选择下拉菜单【文件】|【保存】命令，保存装配文件，系统提示保存新建文件，单击【确定】按钮完成即可。

8.5 装配编辑与修改

在装配设计过程中，对装配零部件、约束对象等往往需要进行适当修改。本节将介绍约束编辑、替换部件、多实例化、重新使用阵列等。

8.5.1 约束编辑

约束创建后，可进行重命名约束、替换参考几何图素、约束重新连接等约束编辑操作，其中约束重新连接是指调整修改现有约束的约束元素。下面通过实例进行介绍。

动手操作—编辑约束实例

01 在【标准】工具栏中单击【打开】按钮，在弹出的【选择文件】对话框中选择“jitouti.CATProduct”文件。单击【打开】按钮打开一个装配体文件，如图8-103所示。

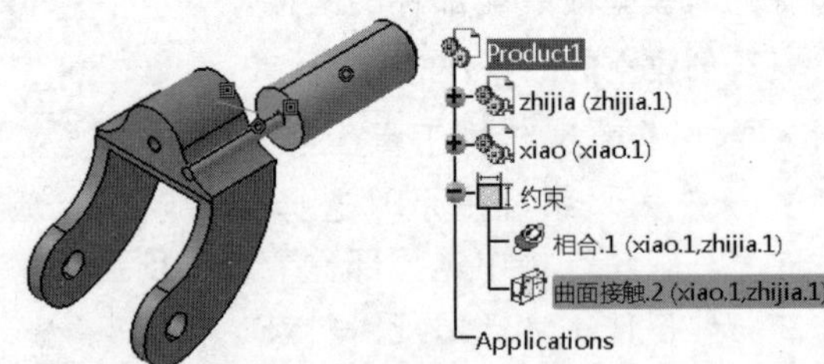

图8-103　打开装配体文件　图8-104　展开【约束】节点

02 在特征树上展开【约束】节点，双击【相合.1】约束，如图8-105所示。系统打开【约束定义】对话框，单击【更多】按钮，对话框的右侧显示出更多的约束相关参数，上方是约束名称，下面是约束类型、组件和状态。

图8-105 【约束定义】对话框

03 在【支持面图元】选项框左侧栏中单击鼠标右键，在弹出的快捷菜单中【居中】命令，在视图中将所选图素的约束显示在中心位置，如图8-106所示。

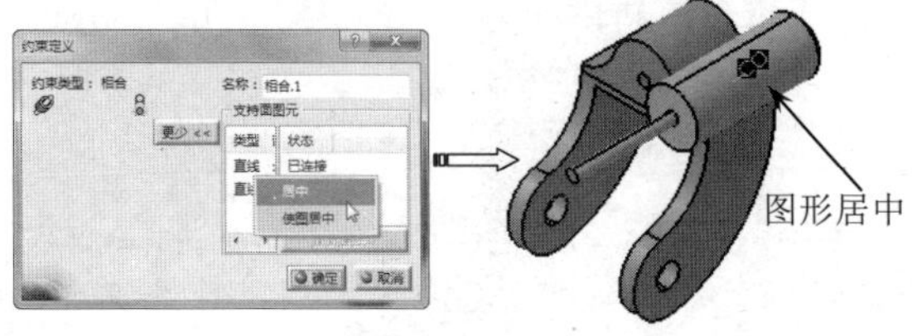

图8-106 居中

04 在【支持面图元】选项框左侧栏中单击鼠标右键，在弹出的快捷菜单中选择【使图居中】命令，在特征树中将所选约束显示在中心位置，如图8-107所示。

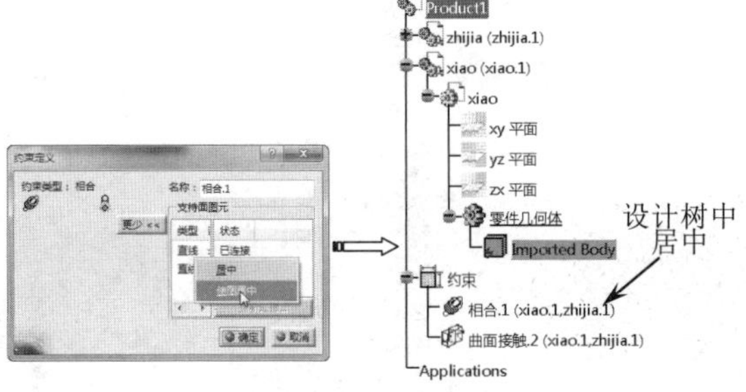

图8-107 使图居中

05 在【支持面图元】选项框右侧栏中选中第二行中的“已连接”，单击【重新连接】按钮，在图形区选择轴线，单击【确定】按钮，完成约束参考图素的编辑，如图8-108所示。

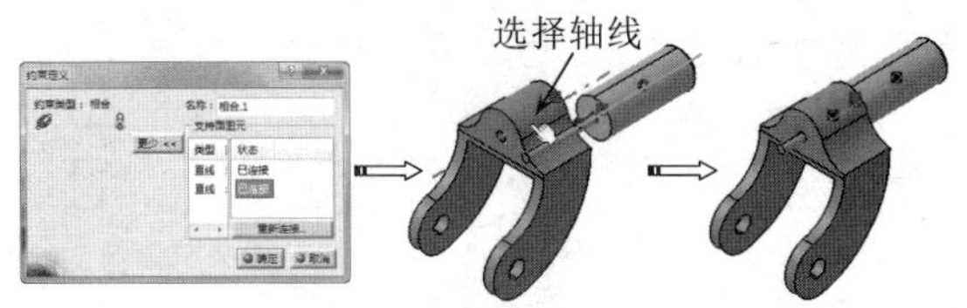

图8-108 编辑约束参考图元

8.5.2 替换部件

【替换部件】是指用已有的新零件替换装配体中的现有零部件。在一个装配文档中，可用两个完全不同的零件互相替换，如用一个千斤顶替换一个车轮；也可用两个相近的零件进行替换，如用另一个型号轴承替换现有轴承。

动手操作——替换部件实例

01 在【标准】工具栏中单击【打开】按钮，在弹出的【选择文件】对话框中选择“8-12.CATProduct”文件。单击【打开】按钮打开一个装配体文件，如图8-109所示。

02 单击【产品结构工具】工具栏中的【替换部件】按钮，从特征树中选择需要替换的零部件，如图8-110所示。

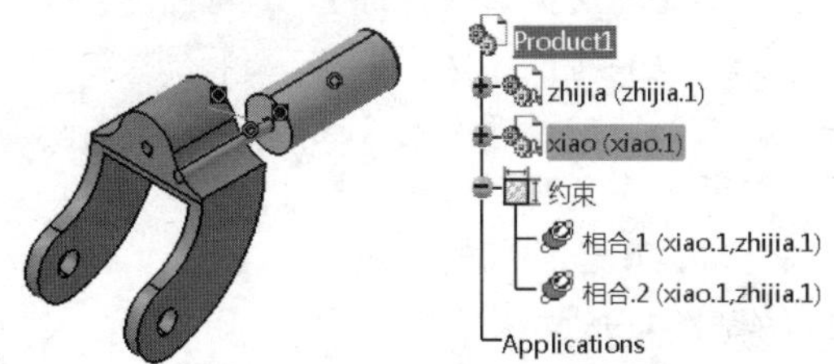

图8-109 打开装配体文件 图8-110 选择要替换的零件

03 系统弹出【选择文件】对话框，选择替换文件，如图8-111所示。单击【打开】按钮完成。

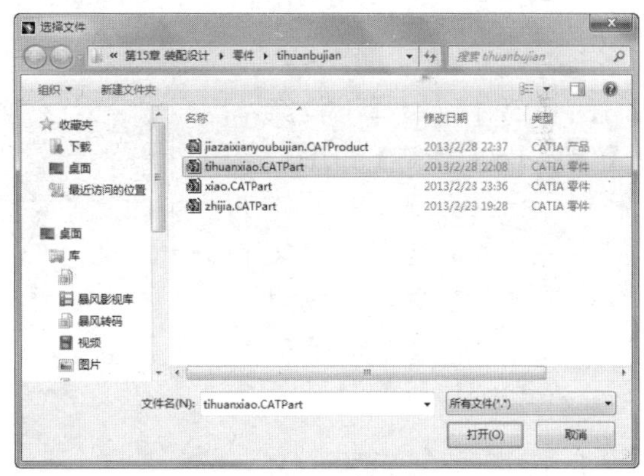

图8-111 【选择文件】对话框

04 系统弹出【对替换的影响】对话框，如图8-112所示。对话框上部显示出需要更新、调整约束，即应用替换命令后受到影响的约束。对话框下部的【是】和【否】按钮用来选择是否替换所选零件的所有实例。单击【确定】按钮完成。

05 替换完成后，共计有两个约束受到影响，观察特征树实例名称没有修改，但前面的零件名称已经修改，如图8-113所示。

图8-112 【对替换的影响】对话框

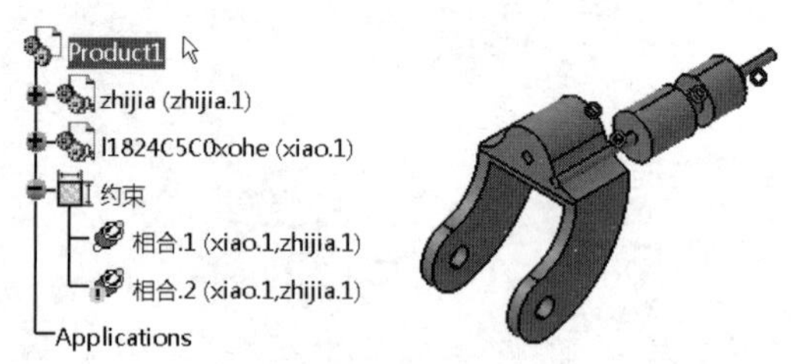

图8-113 替换后的零部件和特征树

8.5.3 图形树重新排序

图形树重新排序是对特征树中选定的装配中的零部件进行重新排序。

单击【产品结构工具】工具栏中的【图形树重新排序】按钮，在特征树中选择要排序的装配部件，在弹出的【图形树重新排序】对话框中选中相关部件，单击需要的按钮即可，如图8-114所示。

图8-114 【图形树重新排序】对话框

【图形树重新排序】对话框相关按钮含义如下：

★ ：将选定的零部件向上移动。

★ ：将选定的零部件向下移动。

★ ：交换两个选定零部件之间的位置。

8.5.4 复制零部件

在特征树上选中要复制的零部件，选择下拉菜单【编辑】|【复制】命令，复制一个已经存在于装配体中的零件，然后选择一个父节点，选择下拉菜单【编辑】|【粘贴】命令，粘贴零部件，如图8-115所示。

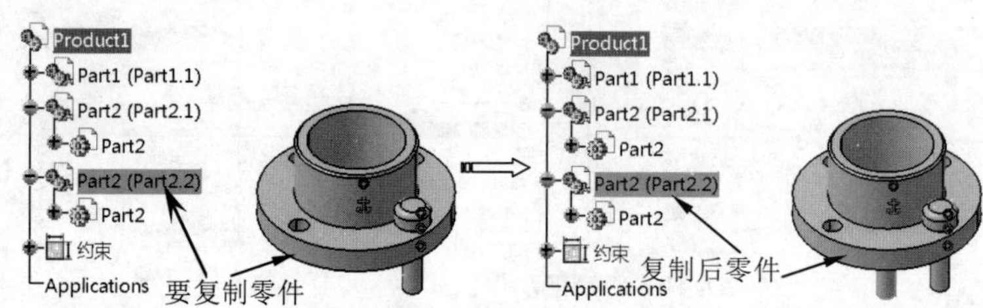

图8-115 复制零部件

8.5.5 多实例化

多实例化可以对已插入的零部件进行多重复制，并可预先设置复制的数量及方向，常用于一个产品中存在多个相同的零部件的情况。主要用于在装配体中重复使用的零部件。

1. 定义多实例化

定义多实例化是指用多实例化参数来复制加载的模型。

单击【产品结构工具】工具栏中的【定义多实例化】按钮，弹出【多实例化】对话框，如图8-116所示。

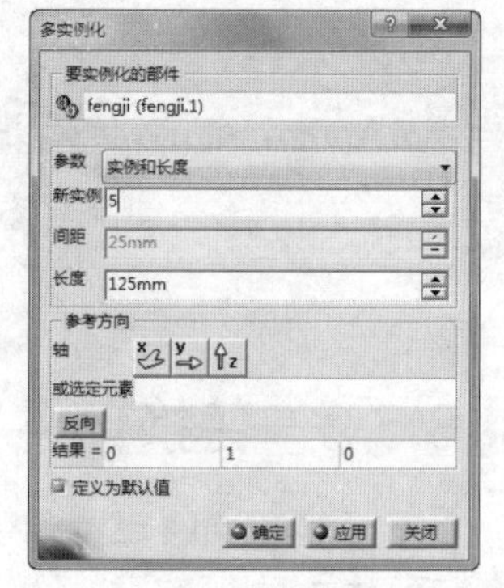

图8-116 【多实例化】对话框

【多实例化】对话框相关选项参数含义如下：

（1）参数

★ 实例和间距：定义实例数和各实例之间的间距来生成实例，间距是指两生成实例间的距离。
★ 实例和长度：定义实例数和实例分布长度来生成实例，生成的实例将在此长度上均匀分布。
★ 间距和长度：定义相邻实例间距和实例分布长度来生成实例，生成实例将按照用于所定义的间距在分布长度上均匀分布。

（2）参考方向

★ 轴：可单击X、Y、Z三个按钮当中的一个，实例将在该坐标轴方向上进行复制。
★ 选定元素：选择几何图形中的直线、轴线或边线作为复制方向。
★ 反转：反转已经定义的复制方向。
★ 定义为默认值：选中该复选框，将当前设置的参数作为默认参数。同时，该参数将被保存并在【快速多实例化】命令中重复使用。

2. 快速多实例化

快速多实例化用于对载入的零部件进行快速复制，复制的方式以“定义多实例化”命令中的默认值为准。

单击【产品结构工具】工具栏中的【快速多实例化】按钮，选择要实例化的部件，单击【确定】按钮，完成实例化，如图8-117所示。

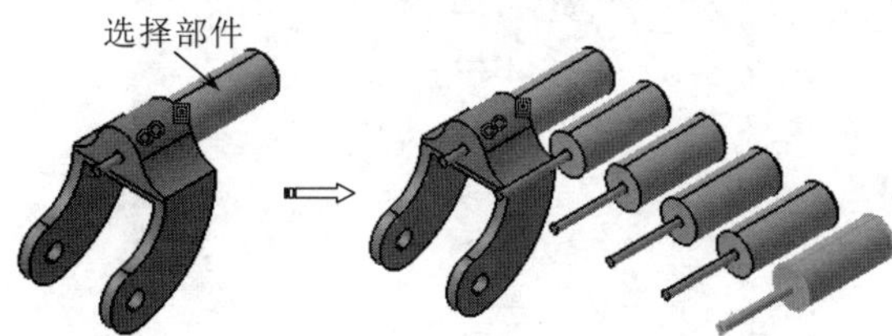

图8-117　快速多实例化

动手操作—多实例化实例

01 在【标准】工具栏中单击【打开】按钮，在弹出的【选择文件】对话框中选择“8-13.CATProduct”文件。单击【打开】按钮打开一个装配体文件，如图8-118所示。

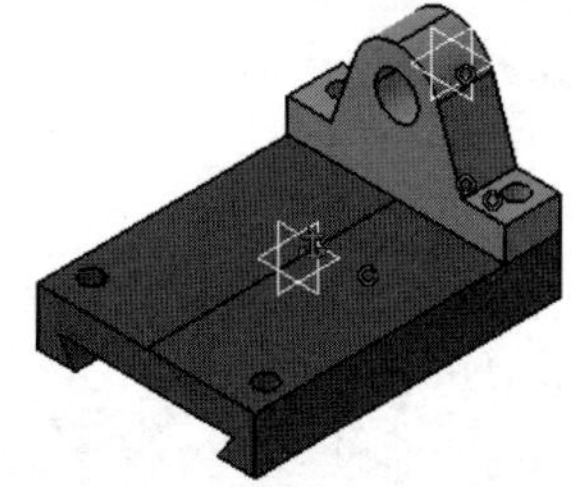

图8-118　打开装配体文件

02 单击【产品结构工具】工具栏中的【定义多实例化】按钮，弹出【多实例化】对话框，选择图中所示的部件，设置相关参数如图8-119所示，单击【确定】按钮完成。

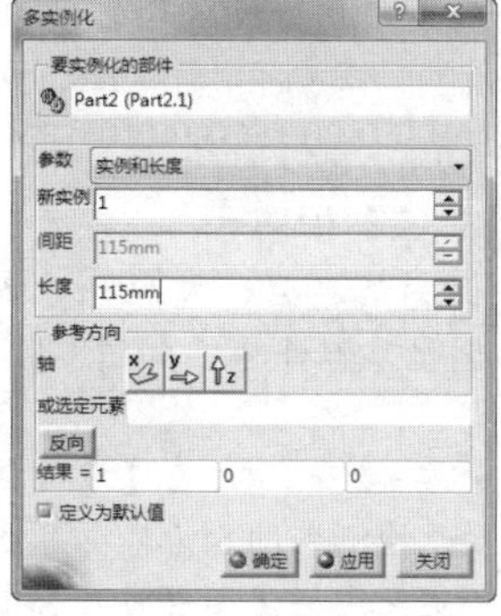

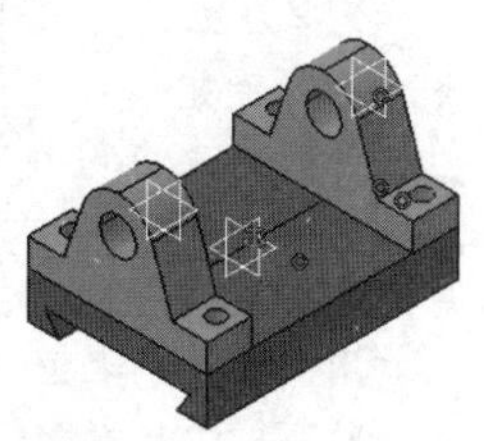

图8-119　定义多实例化

8.5.6 重新使用阵列

【重新使用阵列】是按照零件上已有的阵列样式来生成其他零件的阵列，并设置相关约束关系。

> **提示**
>
> 在装配设计中，许多零件特别是标准件往往重复应用。如果在这之前应用过其他软件，一定会发现CATIA的装配设计中并未提供零件的阵列工具，但这并不能说明不可以进行零件阵列，而是出于对产品设计的稳定性考虑，装配设计中的阵列同样需要应用零件设计时的底层数据，即重用零件阵列式工具。

单击【约束】工具栏上的【重复使用阵列】按钮，弹出【在阵列上实例化】对话框，如图8-120所示。

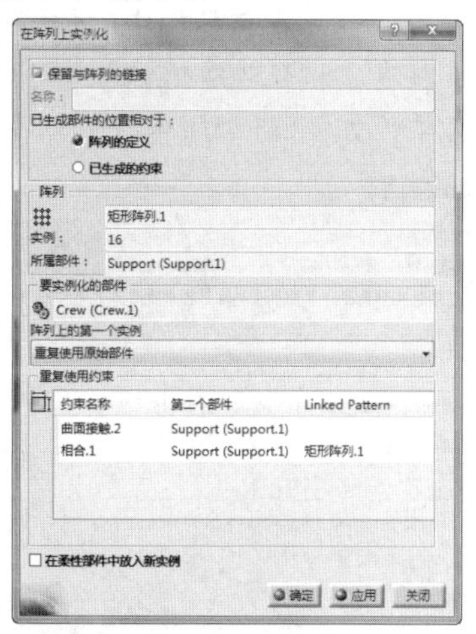

图8-120　【在阵列上实例化】对话框

【在阵列上实例化】对话框相关选项参数含义如下：

（1）【保留与阵列的链接】复选框

选中【保留与阵列的链接】复选框，表示生成的阵列与生成阵列的原零件的关联性。更改原零件，阵列后零件也将进行更新。

（2）已生成部件的位置相对于

★ 阵列的定义：选中该单选按钮，将原始零部件的约束应用到实例化零部件中，如图8-121（a）所示。

★ 已生成的约束：选中该单选按钮，在【重复使用约束】列表框中显示检测到的约束，并列出所有的原始约束，可定义实例化部件时是否复制一个或多个原始约束，如图8-121（b）所示。

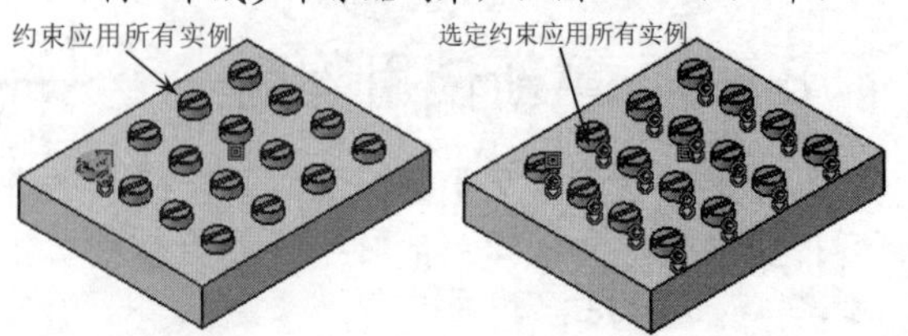

（a）阵列定义　　（b）已生成的约束

图8-121　已生成部件的位置相对于

（3）阵列

用于选择零部件上的阵列特征。

（4）要实例化的部件

用于在特征树上或图形区选择要实例化的对象。

（5）阵列上的第一个实例

★ 重复使用原始部件：原始零件将位于阵列的第一个位置，同时保持在特征树上的位置不变。

★ 创建新实例：原始零件不发生变化，同时在同样位置创建一个一样的零件。

★ 剪切并粘贴原始部件：将原始零件移动到新的阵列位置。

（6）【将柔性部件放入新实例】复选框

用于控制部件在特征树中的位置，选中该复选框，将在实例化中生成的新零部件放置到柔性部件中，如图8-122所示。

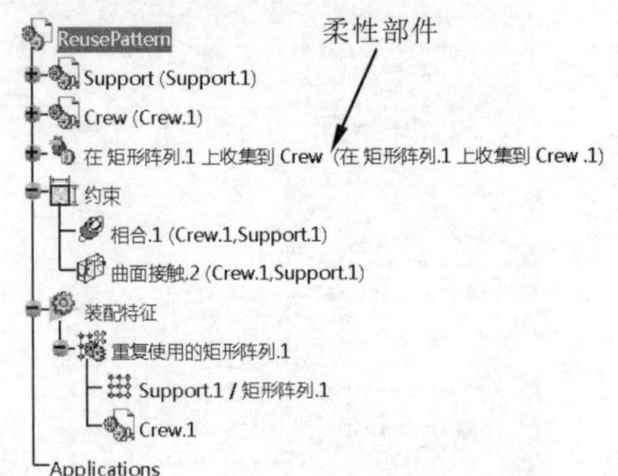

图8-122　【将柔性部件放入新实例】复选框

动手操作—重新使用阵列实例

01 在【标准】工具栏中单击【打开】按钮，在弹出的【选择文件】对话框中选择“jitouti.CATProduct”文件。单击【打开】按钮打开一个装配体文件，如图8-123所示。

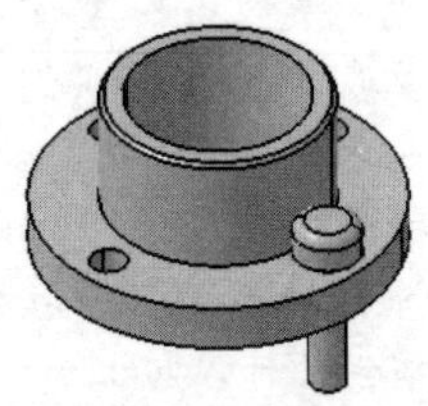

图8-123　打开装配体文件

02 单击【约束】工具栏上的【重复使用阵列】按钮，弹出【在阵列上实例化】对话框，如图8-124所示。激活【要实例化的部件】选择框，选择要阵列部件螺钉，然后激活【阵列】选择框，在特征树上选择零件的阵列特征，如图8-125所示。单击【确定】按钮，系统完成阵列约束，如图8-126所示。

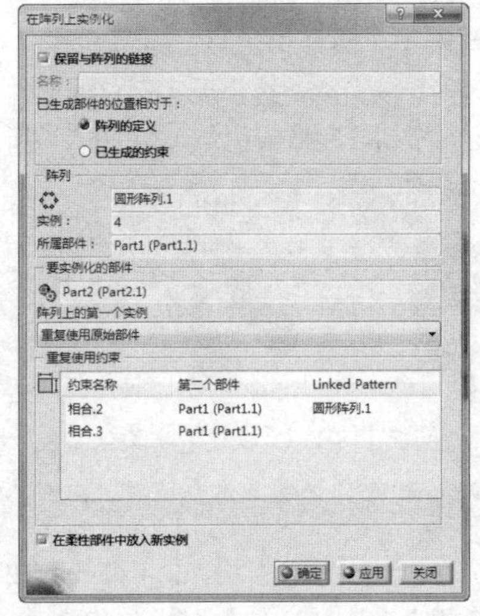

图8-124　【在阵列上实例化】对话框

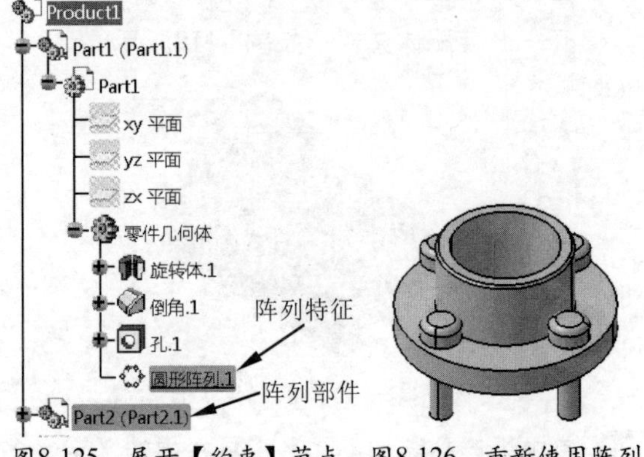

图8-125　展开【约束】节点　图8-126　重新使用阵列

8.6 装配特征

装配特征是在装配设计时，同时应用到多个零件上的特征。装配特征命令集中在【装配特征】工具栏上，相关命令按钮将在下面分别加以介绍。

8.6.1 分割

【分割】命令用于通过曲面或平面来切割多个零部件，加速产品零件创建。

动手操作—分割实例

01 在【标准】工具栏中单击【打开】按钮，在弹出的【选择文件】对话框中选择“8-15.CATProduct”文件。单击【打开】按钮打开一个装配体文件，如图8-127所示。

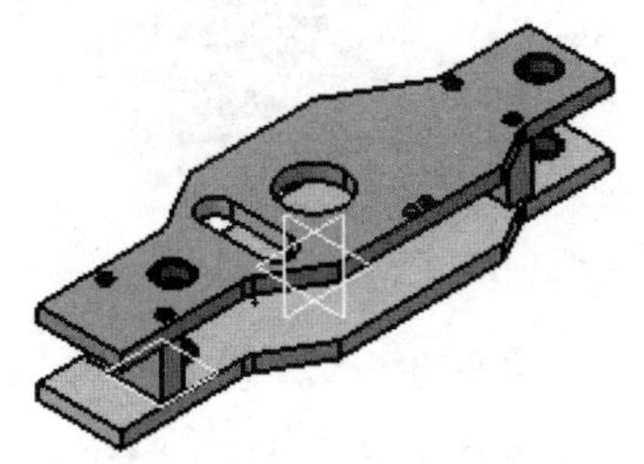

图8-127　打开装配体文件

02 单击【装配特征】工具栏上的【分割】按钮，系统提示选择分割所需平面或曲面，选择图中所示的平面作为分割平面。在弹出的【定义装配特征】对话框，选择要分割的零部件（04），单击按钮，如图8-128所示。

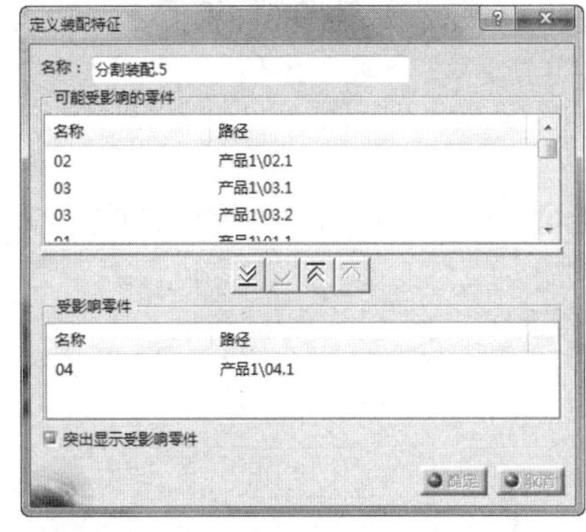

图8-128　【定义装配特征】对话框

03 系统弹出【定义分割】对话框，可重新选择分割平面，如图8-129所示。在图形区显示切割方向橙色箭头，箭头所指方向即为切割保留方向，如图8-130所示。

图8-129　【定义分割】对话框

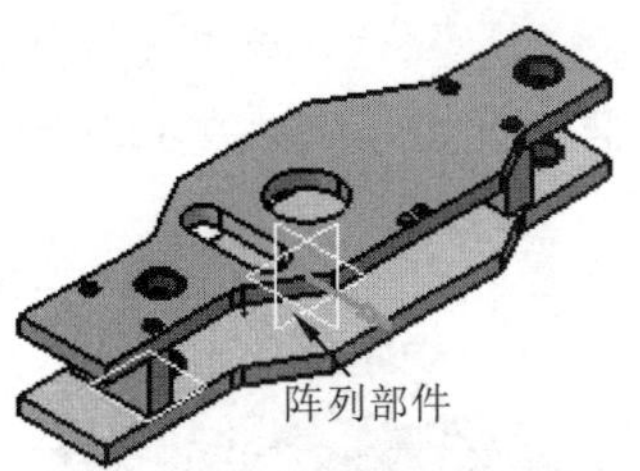

图8-130　显示切割方向箭头

04 单击【定义分割】对话框中的【确定】按钮，完成分割操作，如图8-131所示。此时在特征树下方增加了一个分割特征，并且在相应零件中同样增加了相应的切割标志，如图8-132所示。

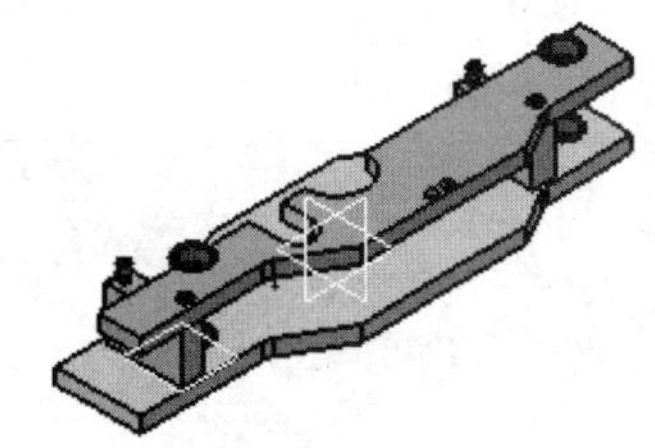

图8-131　创建分割

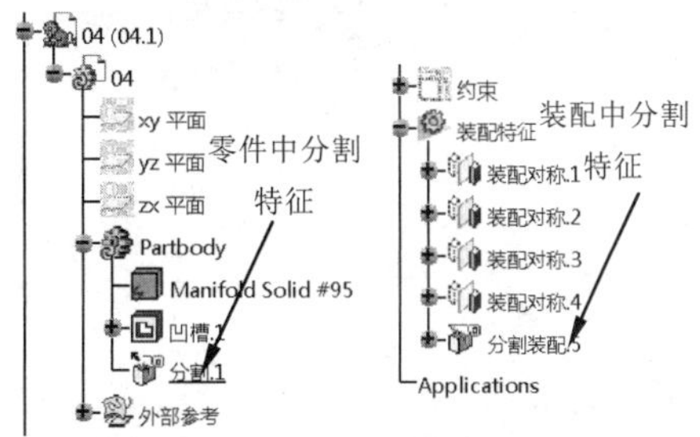

图8-132　分割后的特征树

> **提示**
>
> 如果要切断零件与装配之间由装配特征所创建的联系，在特征树中右击零件上的分割特征，在弹出的快捷菜单中选择【分割.X对象】|【隔离】命令，此时零件上分割特征与零件设计工作台上所创建的分割特征没有任何区别。

8.6.2 孔

【孔】命令用于在装配体不同零件上同时创建一个孔特征。当然可以分别在不同的零件上创建孔特征来完成造型，但通过装配孔特征，可以更快地完成孔设计。

动手操作—孔实例

01 在【标准】工具栏中单击【打开】按钮，在弹出的【选择文件】对话框中选择“8-16.CATProduct”文件。单击【打开】按钮打开一个装配体文件，如图8-133所示。

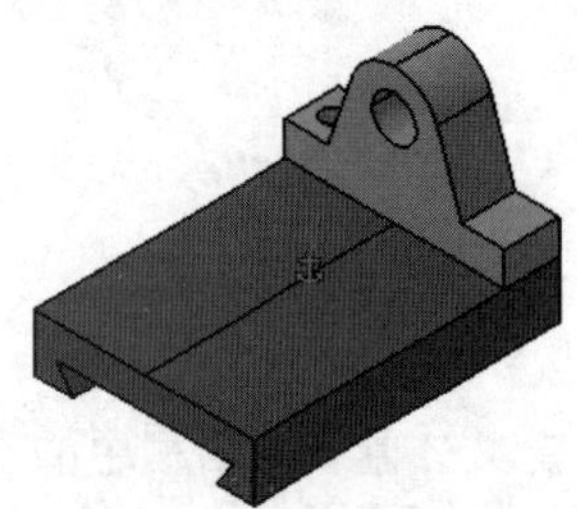

图8-133 打开装配体文件

02 单击【装配特征】工具栏上的【孔】按钮，选择图中所示的钻孔的表面后，在【定义装配特征】对话框中选择孔特征影响零部件，如图8-134所示。

图8-134 【定义装配特征】对话框

03 在同时打开的【定义孔】对话框中设置孔参数后，如图8-135所示。单击【确定】按钮，系统自动完成孔特征，如图8-136所示。

提 示

在装配中创建孔特征，孔的位置不能在装配模块下修改。如果要修改，可切换到零件工作台中进行修改。

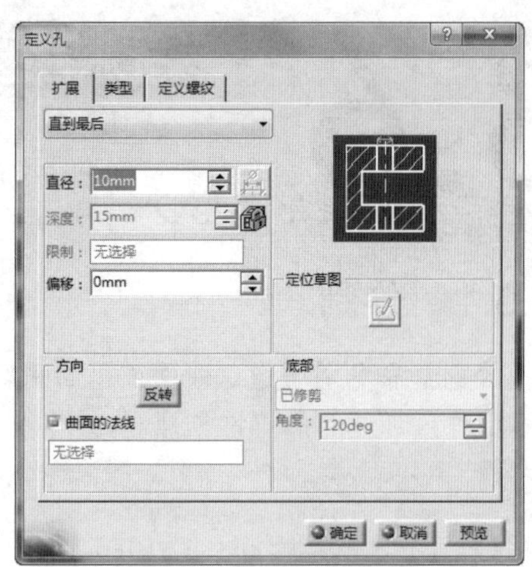

图8-135 【定义孔】对话框

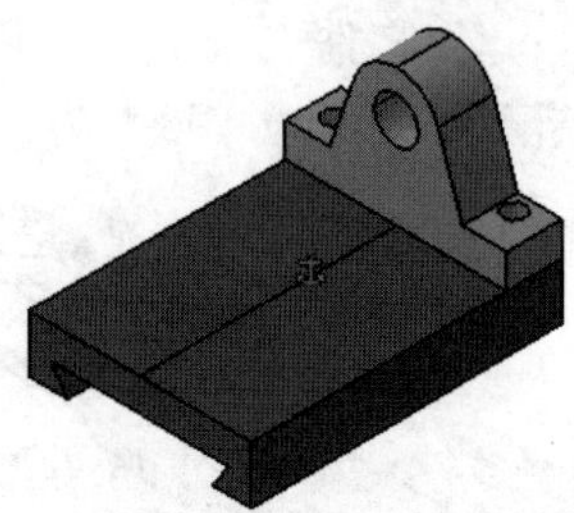

图8-136 创建孔特征

04 单击【装配特征】工具栏上的【孔】按钮，选择如图8-137所示的孔，在【定义装配特征】对话框中选择孔特征影响零部件，如图8-138所示。

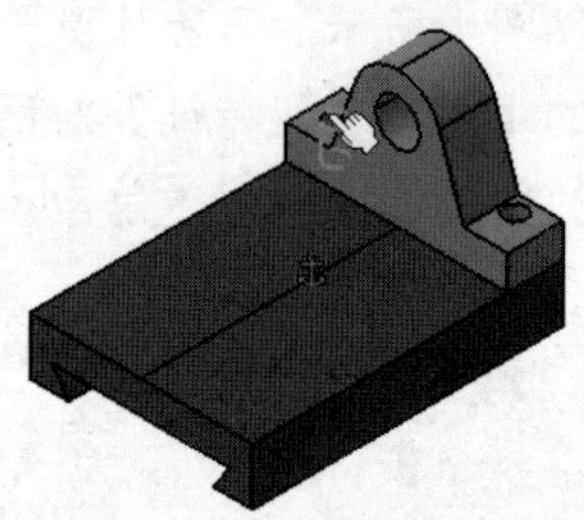

图8-137 选择孔

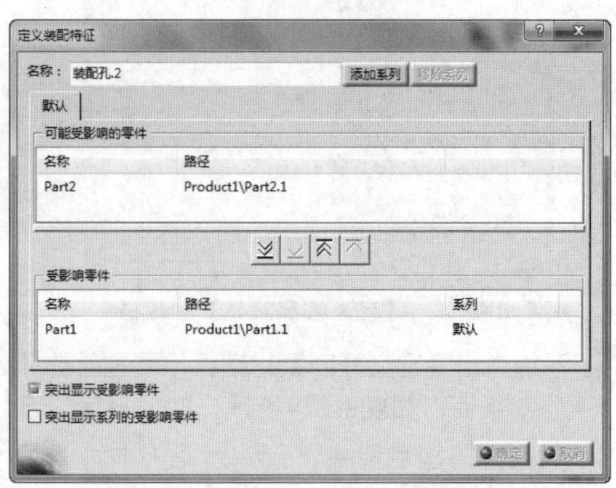

图8-138 【定义装配特征】对话框

05 系统同时打开【定义孔】对话框，如图8-139所示。单击【确定】按钮，系统自动完成孔特征，如图8-140所示。

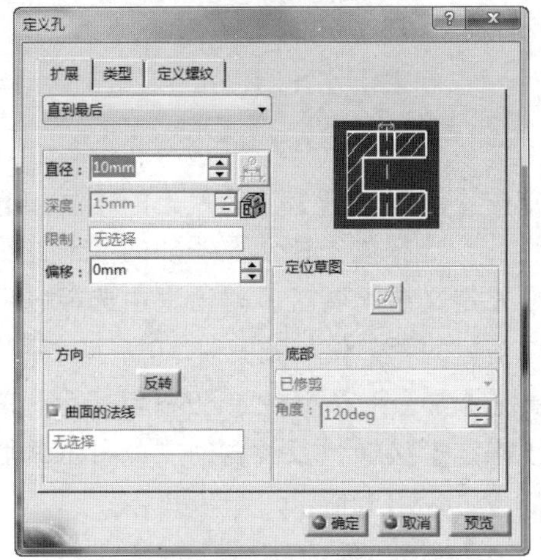

图8-139 【定义孔】对话框

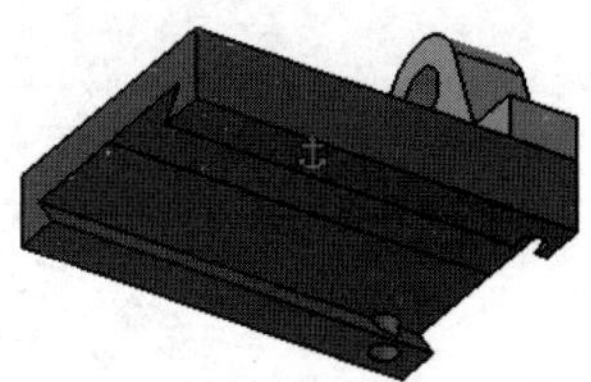

图8-140 创建孔特征

8.6.3 凹槽

【凹槽】命令用于在装配体不同零件上同时创建一个拉伸除料特征。凹槽特征与在零件设计时分别创建的凹槽特征相同，所不同的是，这样做对于一些配合性的凹槽特征更加精确，效率更高。

动手操作—凹槽实例

01 在【标准】工具栏中单击【打开】按钮，在弹出的【选择文件】对话框中选择“8-17.CATProduct”文件。单击【打开】按钮打开一个装配体文件，如图8-141所示。

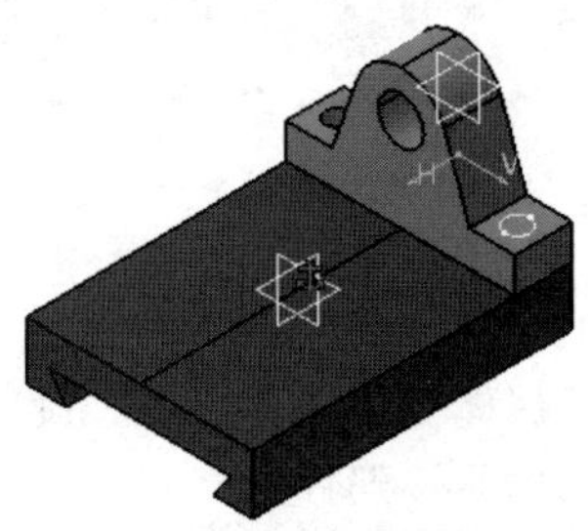

图8-141 打开装配体文件

图8-142 【定义装配特征】对话框

02 单击【装配特征】工具栏上的【凹槽】按钮，选择零部件中的凹槽特征或轮廓后（如图所示的草图），在【定义装配特征】对话框中选择特征影响零部件，如图8-142所示在【定义凹槽】对话框中设置参数，如图8-143所示。单击【确定】按钮，系统自动完成凹槽特征，如图8-144所示。

图8-143 【定义凹槽】对话框

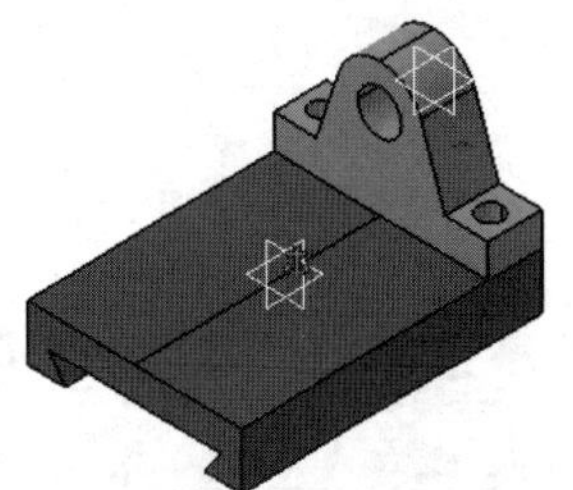

图8-144 创建装配凹槽

8.6.4 移除

【移除】命令用于在多个零件上同时去除一个实体。

动手操作—移除实例

01 在【标准】工具栏中单击【打开】按钮，在弹出的【选择文件】对话框中选择“8-18.CATProduct”文件。单击【打开】按钮打开一个装配体文件，如图8-145所示。

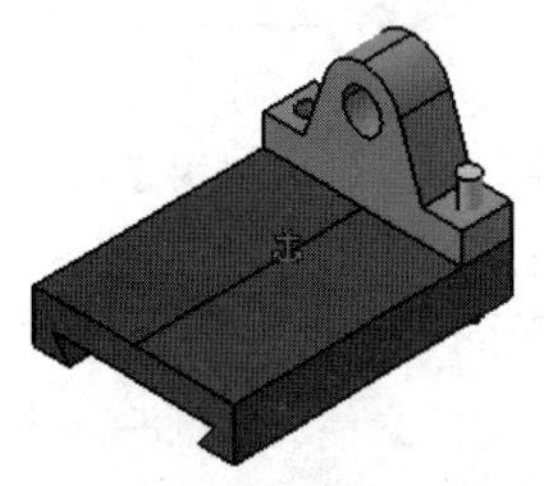

图8-145 打开装配体文件

02 单击【装配特征】工具栏上的【移除】按钮，选择如图所示要移除的零部件后，在【定义装配特征】对话框中选择应用布尔除料的零部件，如图8-146所示，系统弹出【移除】对话框，如图8-147所示。单击【确定】按钮，系统自动完成布尔移除特征，如图8-148所示。

图8-146 【定义装配特征】对话框

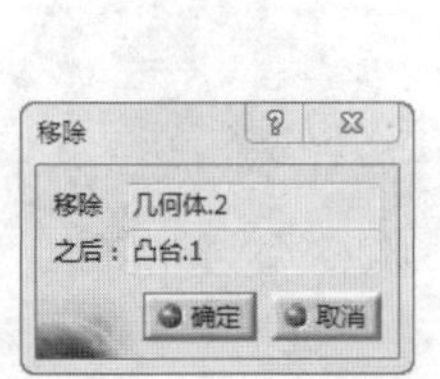

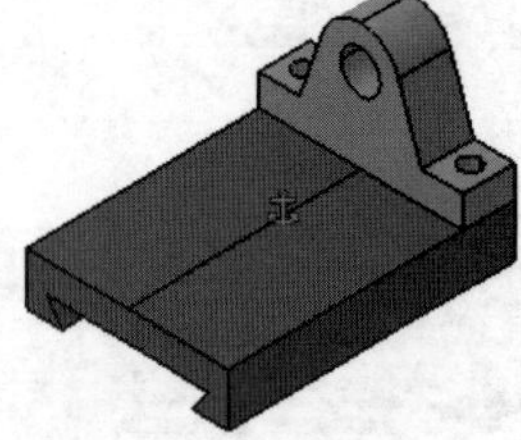

图8-147 【移除】对话框 图8-148 创建移除特征

> **提示**
>
> 为了显示出移除效果，在特征树中右击移除部件，在弹出的快捷菜单中选择【隐藏/显示】命令，隐藏该零件即可。

8.6.5 添加

【添加】用于在装配设计的同时为多个零件添加相同的实体部分。

动手操作—添加实例

操作步骤

01 在【标准】工具栏中单击【打开】按钮，在弹出的【选择文件】对话框中选择“8-19.CATProduct”文件。单击【打开】按钮打开一个装配体文件，如图8-149所示。

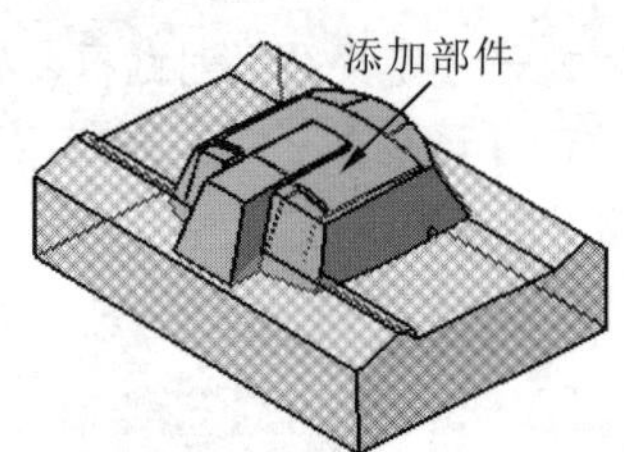

图8-149 打开装配体文件

02 单击【装配特征】工具栏上的【添加】按钮，选择如图所示要添加的零部件后，在【定义装配特征】对话框中选择应用布尔增料的零部件，如图8-150所示，系统弹出【添加】对话框，如图8-151所示。单击【确定】按钮，系统自动完成布尔添加特征，如图8-152所示。

图8-150 【定义装配特征】对话框

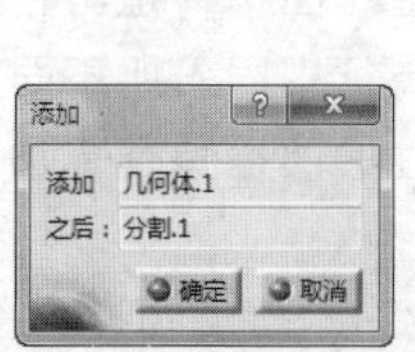

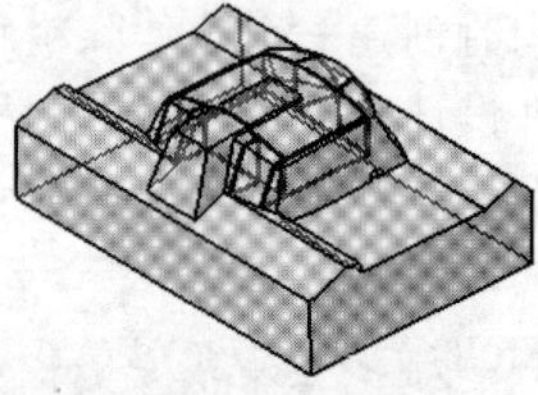

图8-151 【添加】对话框 图8-152 创建添加特征

> **提示**
>
> 为了显示出添加效果，在特征树中右击添加部件，在弹出的快捷菜单中选择【隐藏/显示】命令，显示该零件即可。

8.6.6 对称

在装配设计工作台中，可利用【对称】命令来实现装配体中零部件镜像、旋转等操作，来简化装配相同零部件。

1. 镜像部件

对于对称结构的产品的造型设计，用户只需建立产品一侧的装配，然后利用【镜像】功能建立另一侧装配即可，这样可有效地减小重新装配的麻烦。

单击【装配特征】工具栏上的【对称】按钮，选择要对称的零部件和对称面后，在【装配对称向导】对话框中设置相关参数，单击【确定】按钮，系统自动完成对称操作，如图8-153所示。

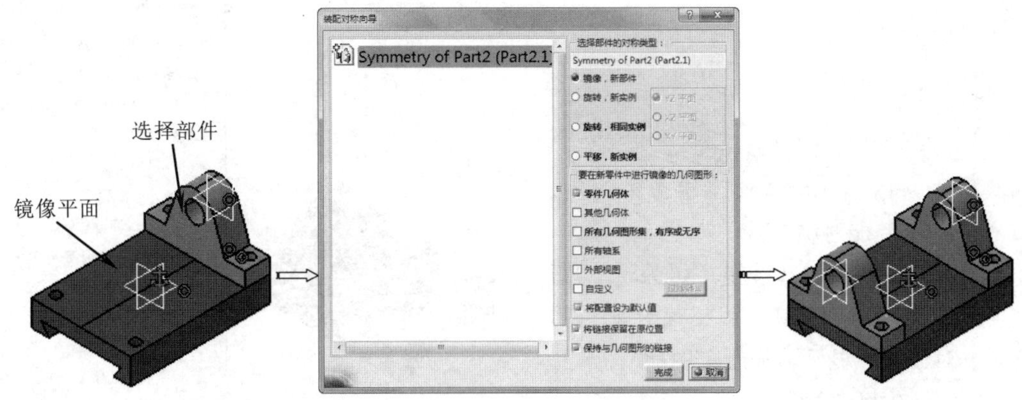

图8-153 镜像操作

动手操作——镜像实例

操作步骤

01 在【标准】工具栏中单击【打开】按钮，在弹出的【选择文件】对话框中选择“8-20.CATProduct”文件。单击【打开】按钮打开一个装配体文件，如图8-154所示。

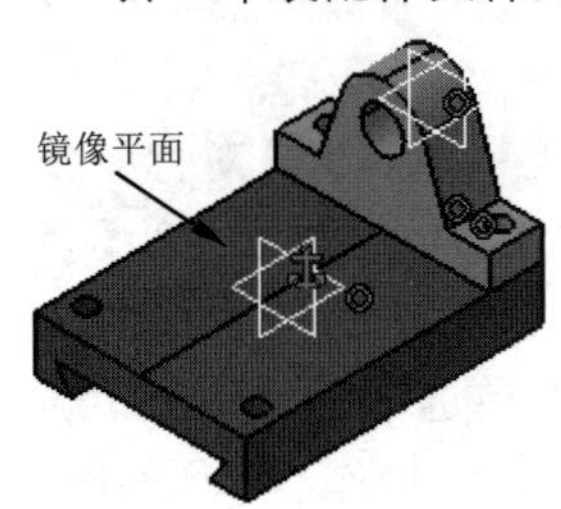

图8-154 打开装配体文件

图8-155 【装配对称向导】对话框

02 单击【装配特征】工具栏上的【对称】按钮，弹出【装配对称向导】对话框，如图8-155所示，选择如图8-154所示的对称的零部件和对称面。

03 系统弹出【装配对称向导】对话框，选中【镜像，新部件】单选按钮，如图8-156所示。单击【确定】按钮，弹出【装配对称结果】对话框，显示增加新部件1个，产品数目1个，如图8-157所示。

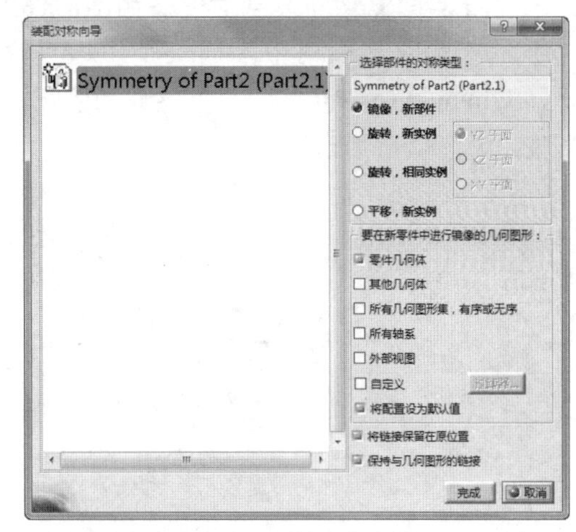

图8-156 【装配对称向导】对话框

04 单击【关闭】按钮，完成镜像如图8-158所示。此时特征树中增加一个“Symmetry of Part2”零件和装配特征，装配特征中包含了镜像平面和镜像组件，如图8-159所示。

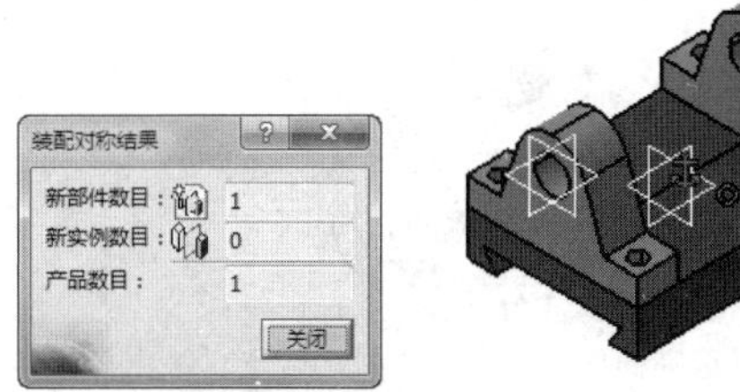

图8-157 【装配对称结果】对话框　图8-158 镜像结果

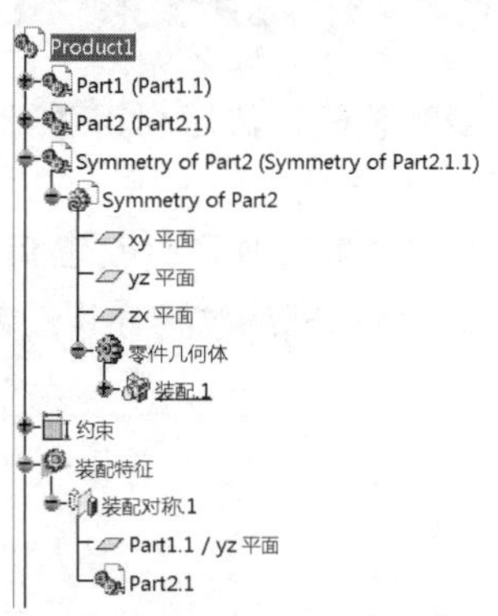

图8-159　镜像后特征树

05 删除上一步所创建的镜像，重复步骤01-03，但在【装配对称向导】对话框，选中【旋转，新实例】单选按钮，如图8-160所示。单击【确定】按钮，弹出【装配对称结果】对话框，显示增加新实例1个，产品数目1个，如图8-161所示。

06 单击【关闭】按钮，完成镜像如图8-162所示。此时特征树中增加一个“Part 2（Symmetry of Part2.1.1）”零件和装配特征，如图8-163所示。

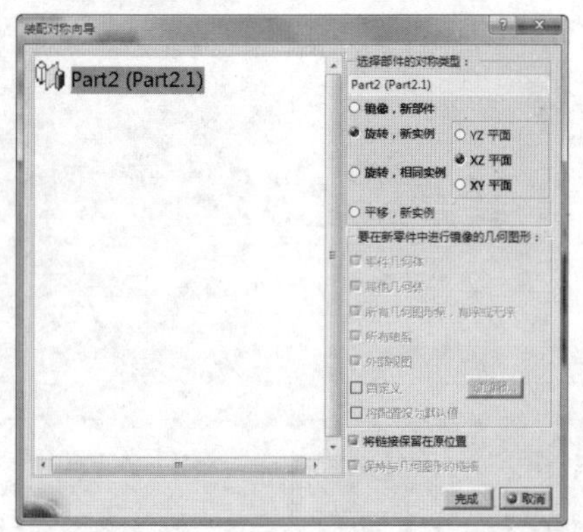

图8-160　【装配对称向导】对话框

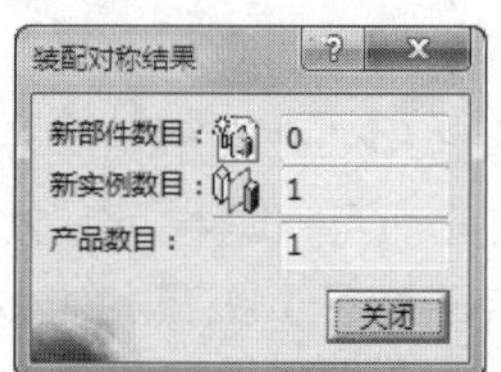

图8-161　【装配对称结果】对话框

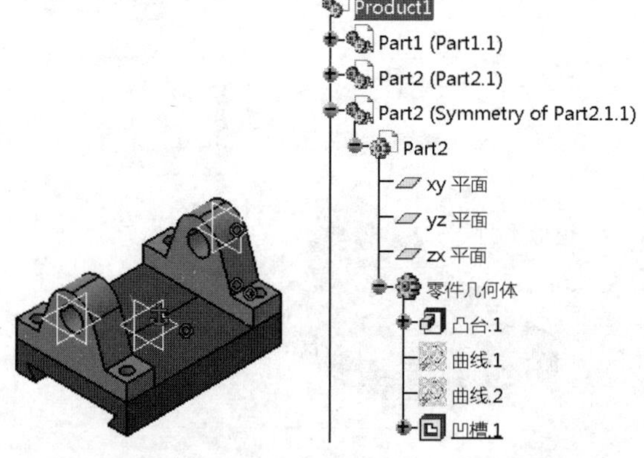

图8-162　镜像结果　　图8-163　镜像后特征树

技术要点

【新部件】是根据镜像对象读入一个体特征，而【新实例】则是将所有的特征完全复制，可以进行编辑操作。

2. 旋转部件

使用对称工具可将选择部件沿指定的轴旋转。

单击【装配特征】工具栏上的【对称】按钮，选择要对称的零部件和对称面后，在【装配对称向导】对话框中选中【旋转，相同实例】或【旋转，新实例】单选按钮，单击【确定】按钮，系统自动完成对称操作，如图8-164所示。

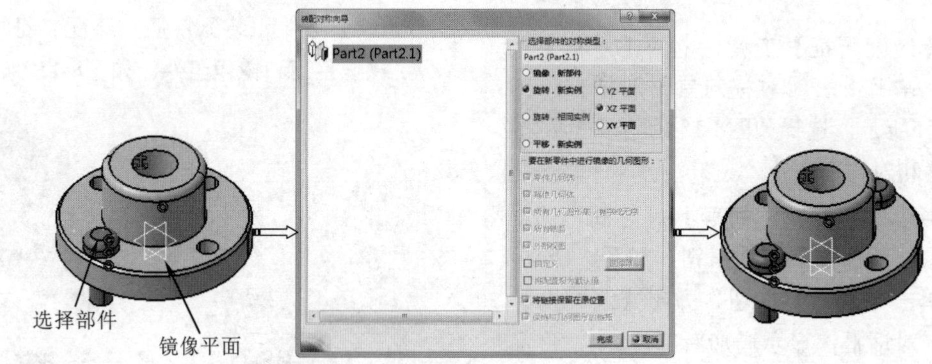

图8-164　旋转操作

动手操作—旋转实例

01 在【标准】工具栏中单击【打开】按钮，在弹出的【选择文件】对话框中选择“8-21.CATProduct”文件。单击【打开】按钮打开一个装配体文件，如图8-165所示。

02 单击【装配特征】工具栏上的【对称】按钮，弹出【装配对称向导】对话框，如图8-166所示，选择如图8-165所示的对称的零部件和对称面。

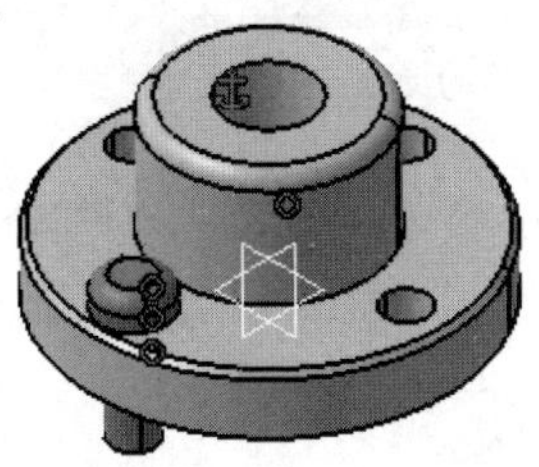

图8-165 打开装配体文件

图8-166 【装配对称向导】对话框

03 系统弹出【装配对称向导】对话框，选中【旋转，相同实例】单选按钮，并选中【YZ平面】单选按钮，如图8-167所示。

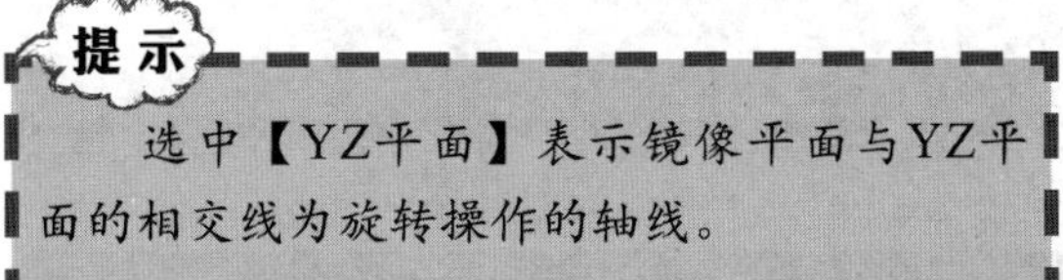

提 示

选中【YZ平面】表示镜像平面与YZ平面的相交线为旋转操作的轴线。

04 单击【确定】按钮，弹出【装配对称结果】对话框，显示增加产品数目1个，如图8-168所示。单击【关闭】按钮，完成镜像，如图8-169所示。

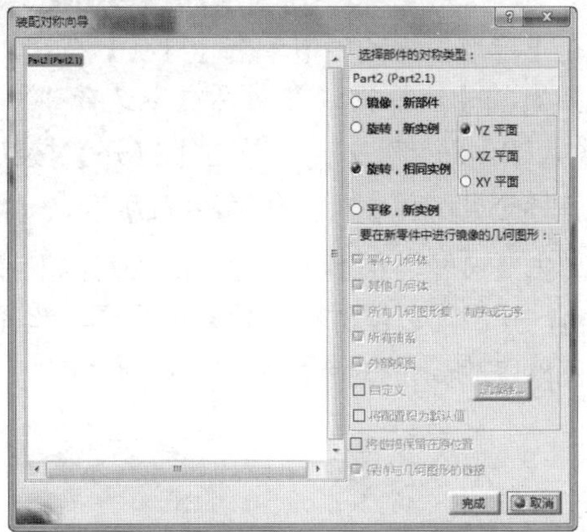

图8-167 【装配对称向导】对话框

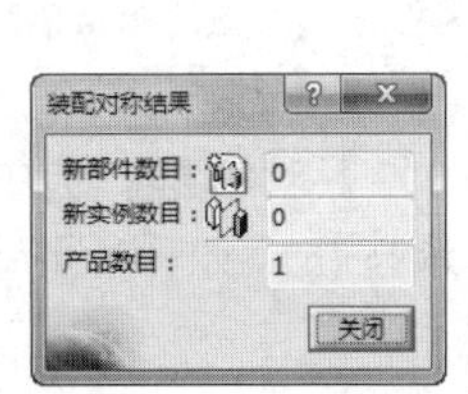

图8-168 【装配对称结果】对话框

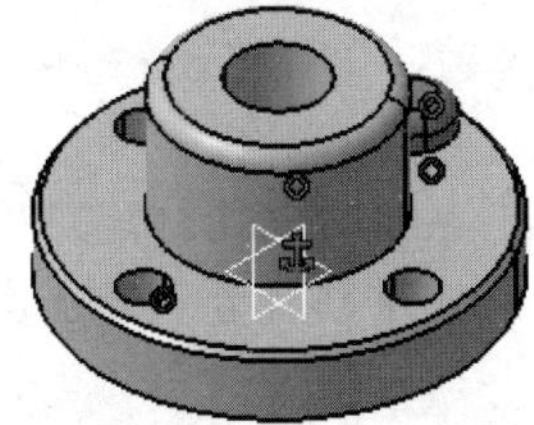

图8-169 旋转结果

3. 平移部件

使用对称工具可将选择部件沿指定的方向移动。

单击【装配特征】工具栏上的【对称】按钮，选择要对称的零部件和对称面后，在【装配对称向导】对话框中选中【平移，新实例】单选按钮，单击【确定】按钮，系统自动完成对称操作，如图8-170所示。

图8-170 平移操作

动手操作—平移实例

01 在【标准】工具栏中单击【打开】按钮，在弹出的【选择文件】对话框中选择“8-22.CATProduct”文件。单击【打开】按钮打开一个装配体文件，如图8-171所示。

02 单击【装配特征】工具栏上的【对称】按钮，弹出【装配对称向导】对话框，选择如图8-172所示的对称的零部件和对称面。

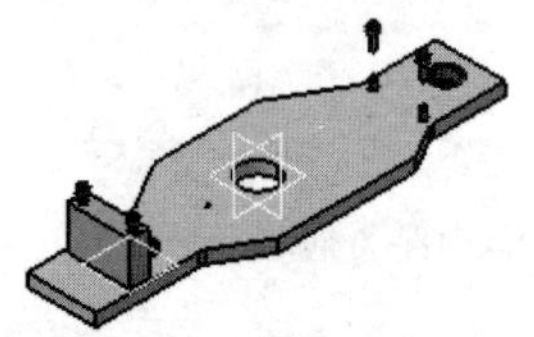

图8-171　打开装配体文件

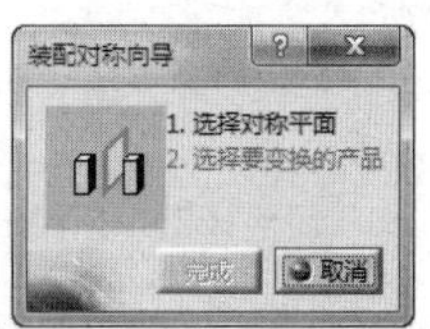

图8-172　【装配对称向导】对话框

03 系统弹出【装配对称向导】对话框，选中【平移，新实例】单选按钮，如图8-173所示。

04 单击【确定】按钮，弹出【装配对称结果】对话框，显示增加新实例数目1个，产品数目1个，如图8-174所示。单击【关闭】按钮，完成平移，如图8-175所示。

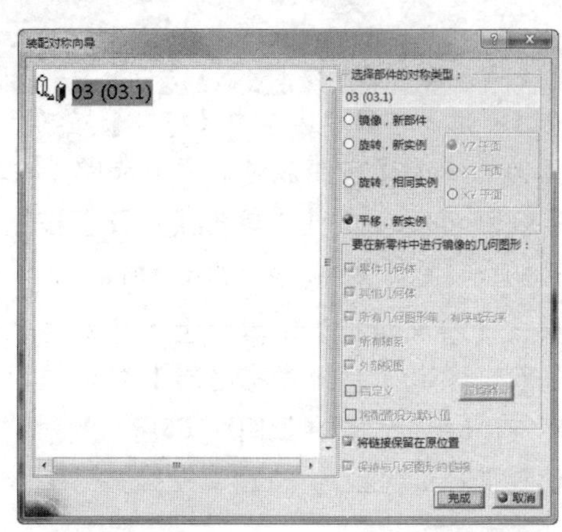

图8-173　【装配对称向导】对话框

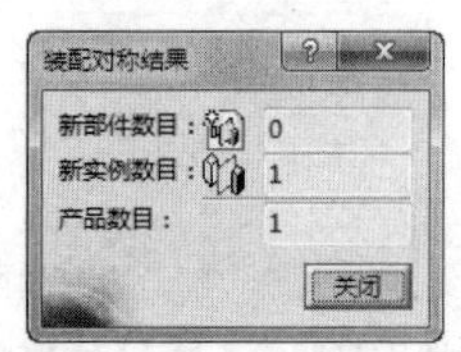

图8-174　【装配对称结果】对话框

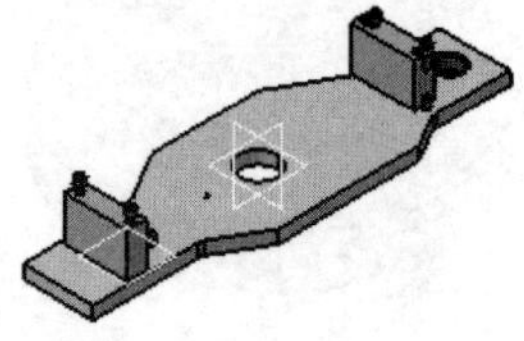

图8-175　平移结果

> **提 示**
>
> 选中【平移，新实例】时，镜像对象以平移方式显示镜像结果，即根据镜像中心的2倍平移距离计算。

8.7 装配分析

完成装配体后接下来要分析装配的干涉、约束、切片观察等，本节介绍CATIA装配中的相关分析方法。

8.7.1 分析装配

1. 更新分析

移动组件与添加约束往往会对一个装配体产生影响，然后需要分析如何获取一个合格的产品。【更新分析】允许查找是否需要更新，并对一个产品或者一个组件进行更新。

动手操作—更新分析实例

01 在【标准】工具栏中单击【打开】按钮，在弹出的【选择文件】对话框中选择“8-23.CATProduct”文件。单击【打开】按钮打开一个装配体文件，如图8-176所示。

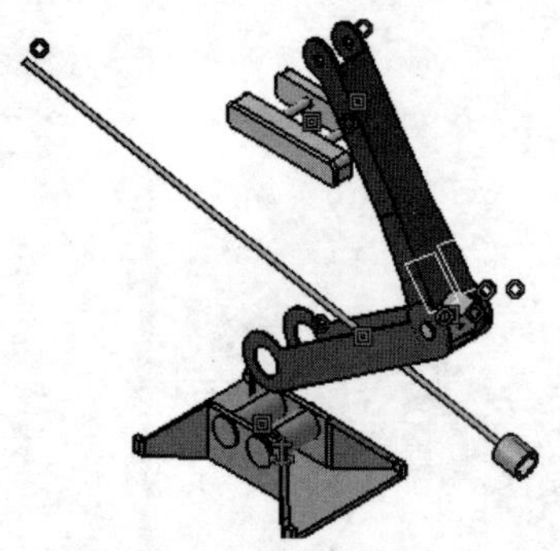

图8-176　打开装配体文件

02 选择下拉菜单【约束】|【更新】命令，弹出【更新分析】对话框，在【要分析部件】下拉列表中可选择要分析的零部件，如图8-177所示。

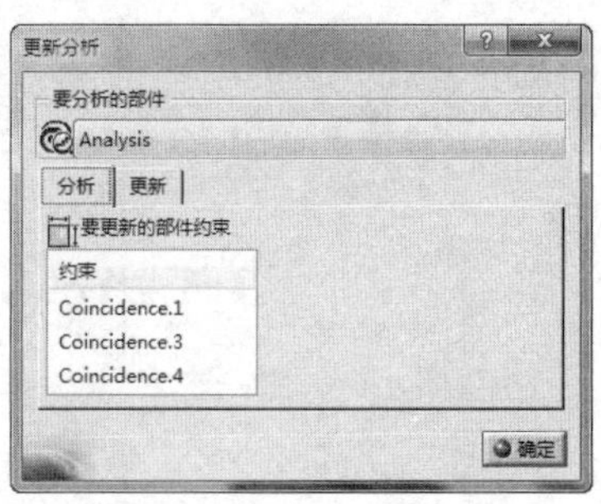

图8-177 【更新分析】对话框

03 在【要更新的部件约束】列表中选择"Coincidence.1"，图形区加亮显示相应的约束，如图8-178所示。

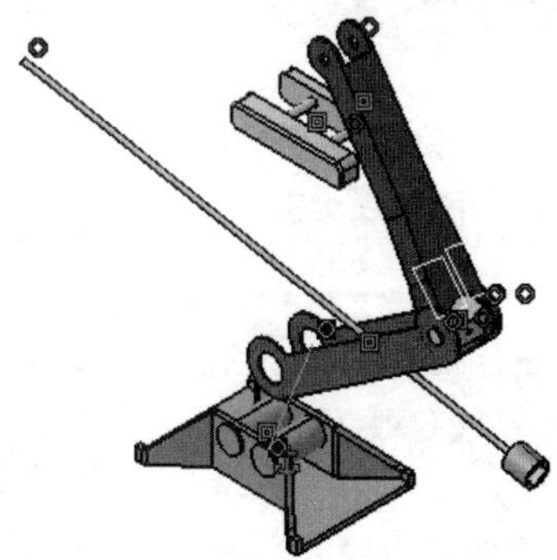

图8-178 选择约束Coincidence.1

04 单击【更新】选项卡，在【要更新的部件】列表中选择所需更新部件，如图8-179所示。单击其后的按钮，完成更新，如图8-180所示。同时系统弹出【更新分析】对话框，如图8-181所示，单击【确定】按钮完成。

图8-179 【更新】选项卡

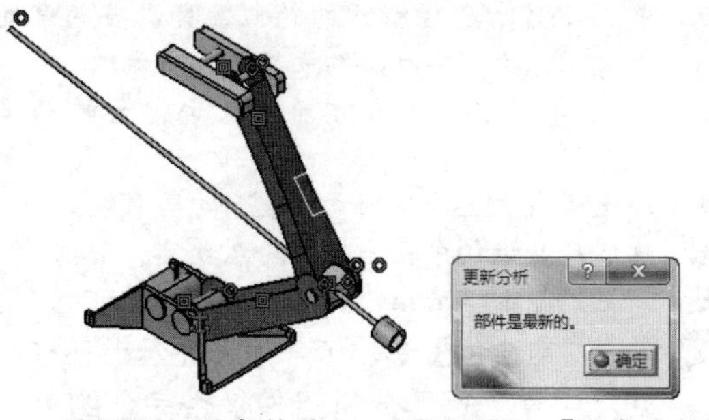

图8-180 更新结果　　图8-181 【更新分析】对话框

2. 约束分析

约束是装配设计的主要环节，也是零部件之间位置关系的体现。完成装配体设计后，约束是否合理，是否符合设计要求，需要进行分析。【约束分析】用于分类展示所有约束。

动手操作—约束分析实例

01 在【标准】工具栏中单击【打开】按钮，在弹出的【选择文件】对话框中选择"8-24.CATProduct"文件。单击【打开】按钮打开一个装配体文件，如图8-182所示。

02 选择下拉菜单【约束】|【分析】命令，弹出【约束分析】对话框，如图8-183所示。在【约束】选项卡中列出当前产品的所有约束，可在最上方的下拉列表中选择其他的子装配体，用于显示该子装配体的约束信息。【约束】选项卡中显示相关信息有：

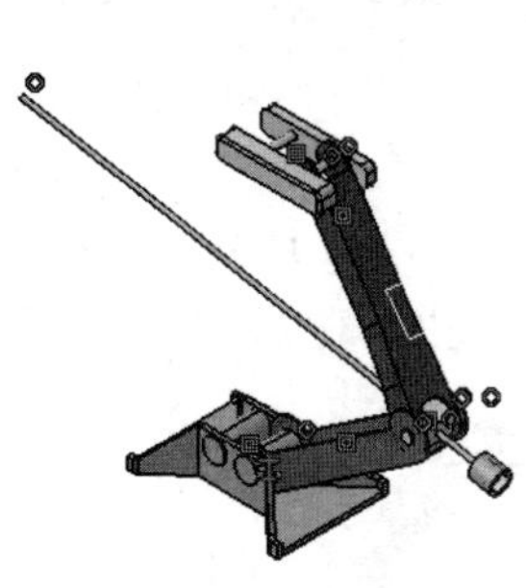

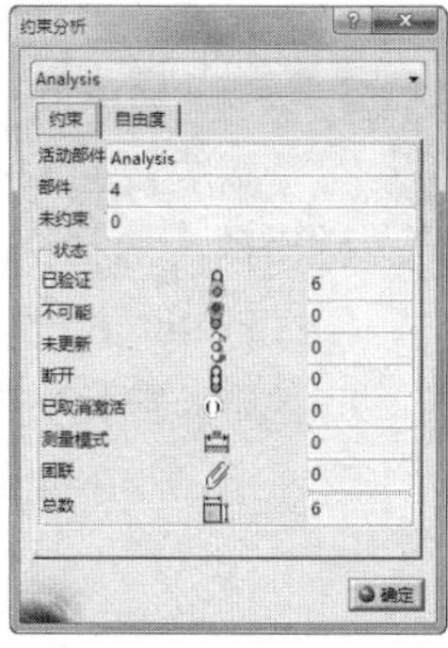

图8-182 打开装配体文件　　图8-183 【约束】选项卡

★ 活动部件：显示活动组件的名称。
★ 部件：在活动组件中约束设计的子组件的数目。
★ 未约束：在活动组件中未约束的子组件数目。
★ 已验证：显示已经验证的约束数目。
★ 不可能：显示不存在的约束数目，不存在意味着几何图形无法符合的约束，例如，在一定距离上添加两个不同的距离约束。
★ 未更新：显示未更新的约束数目。

★ 断开：显示已经断开的约束数目，当约束的参考图元被删除时，约束显示为断开。

★ 已取消激活：显示出解除激活状态的约束数目。

★ 测量模式：显示在测量模式下的约束数目。

★ 固联：显示约束在一起的约束数目。

★ 总数：显示活动组件的所有约束数目。

03 单击【自由度】选项卡，用于显示出各种约束自由度，用于分析组件是否完全约束，如图8-184所示。

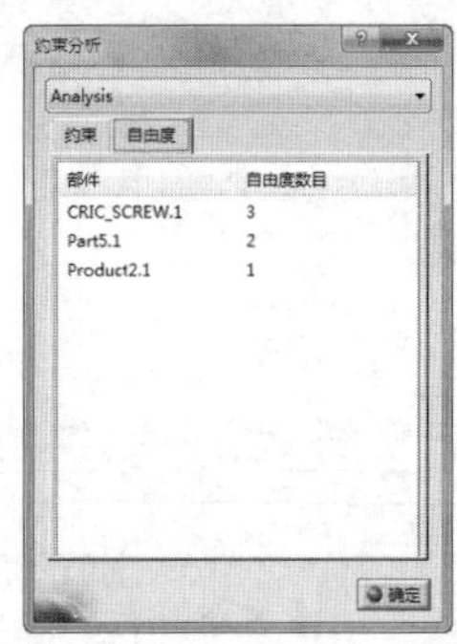

图8-184 【自由度】选项卡

04 在对话框中双击“Part5.1”，在图形区显示出自由度状态，如图8-185所示。同时弹出【自由度】分析对话框，如图8-186所示。

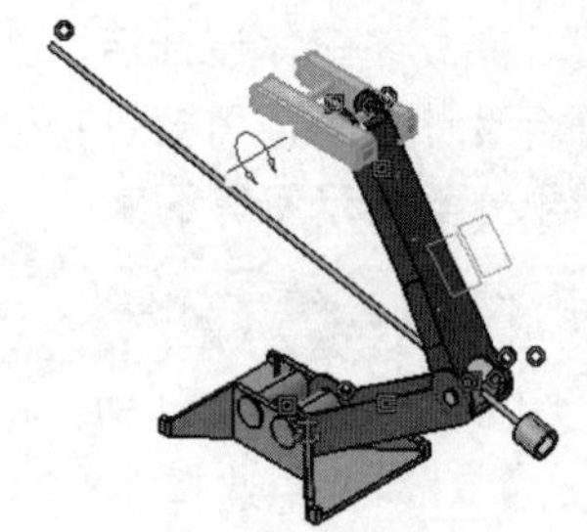

图8-185 显示自由度

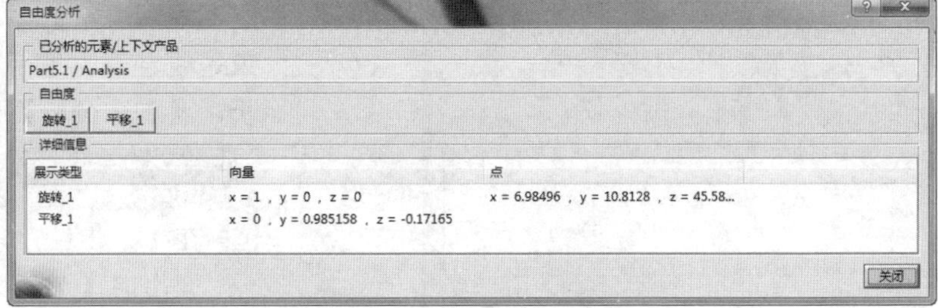

图8-186 【自由度分析】对话框

3. 自由度分析

自由度分析可以检查当前组件是否需要添加更多的约束。自由度分析所针对的约束是装配约束，即零件、组件之间。这样，在零件设计时的约束不参与自由度分析。

技术要点

自由度分析对象必须是活动组件及其子装配。在对一个组件的子装配进行分析时，因所涉及的分析对象只有其活动的父组件，所有必须先激活相应的组件；柔性组件是无法参与自由度分析的。

动手操作—自由度分析实例

01 在【标准】工具栏中单击【打开】按钮，在弹出的【选择文件】对话框中选择“8-26.CATProduct”文件。单击【打开】按钮打开一个装配体文件，如图8-187所示。

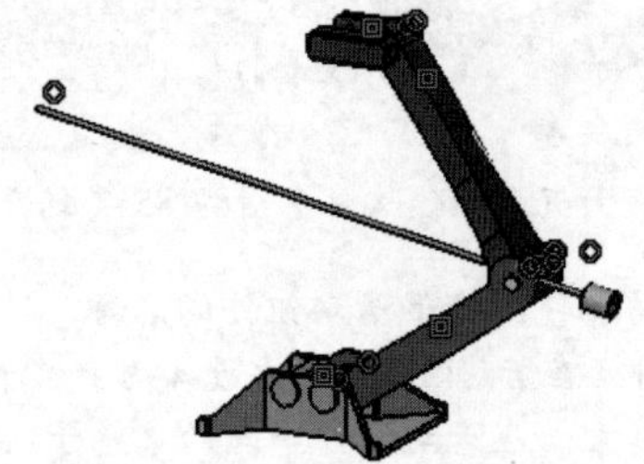

图8-187 打开装配体文件

02 在特征树中选中“CRIC_SCREW（CRIC_SCREW.1)”，单击鼠标右键，在弹出的快捷菜单中选择【CRIC_SCREW.1对象】|【部件的自由度】命令，如图8-188所示。

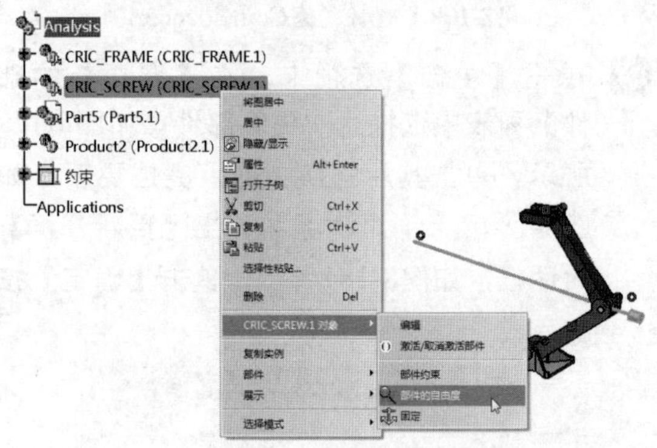

图8-188 选择【部件的自由度】命令

03 选择下拉菜单【约束】|【更新】命令，弹出【更新分析】对话框，在【要分析部件】下拉列表中可选择要分析的零部件。此时，系统弹出【自由度分析】对话框，如图8-189所示。

04 在【自由度分析】对话框中单击【旋转_1】按钮，在图形区相应的自由度加亮以红色显示，如图8-190所示。

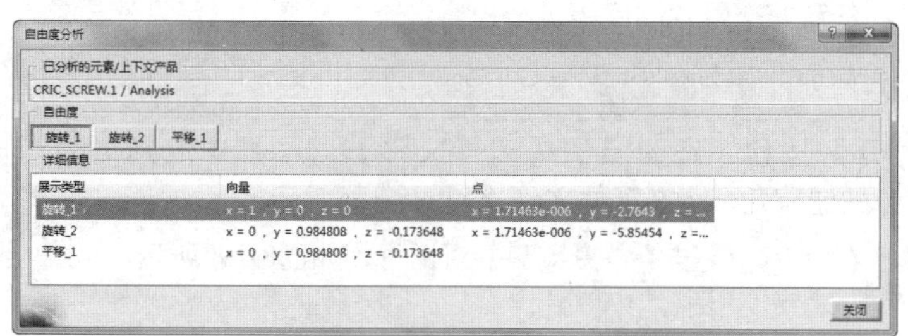

图8-189 【自由度分析】对话框

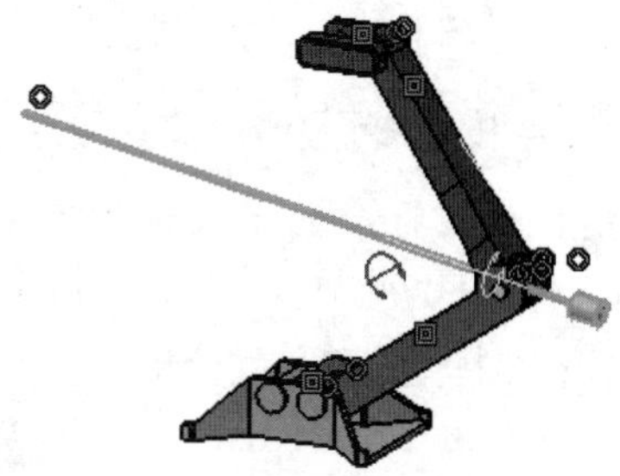

图8-190 单击【旋转_1】按钮后显示自由度

4. 从属分析

【从属分析】可分析组件和约束之间的依赖和从属关系，利用关系树观察这些从属关系。

动手操作—从属分析实例

01 在【标准】工具栏中单击【打开】按钮，在弹出的【选择文件】对话框中选择“8-26.CATProduct”文件。单击【打开】按钮打开一个装配体文件，如图8-191所示。

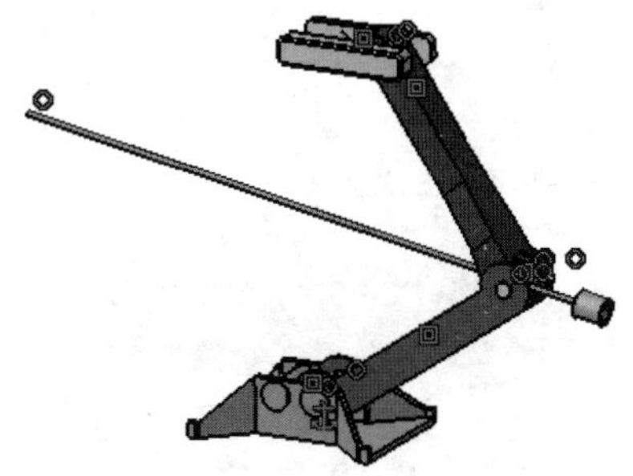

图8-191 打开装配体文件

02 选择下拉菜单【约束】|【依赖项】命令，弹出【装配依赖项结构树】对话框，如图8-192所示。

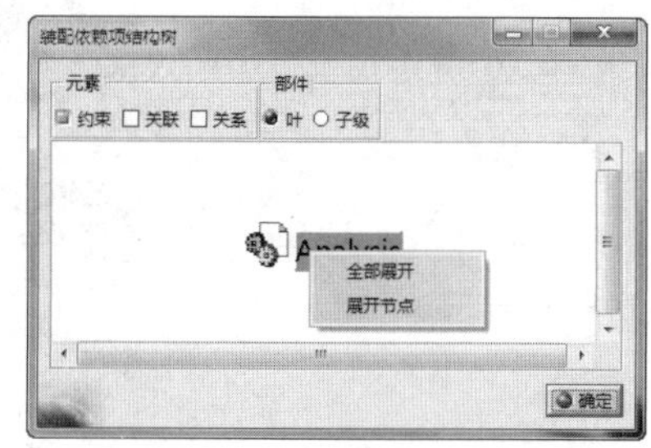

图8-192 【装配依赖项结构树】对话框

03 右击中间的“Analysis”，在弹出的快捷菜单中选择【展开节点】命令，将显示出该部件的所有约束，如图8-193所示。

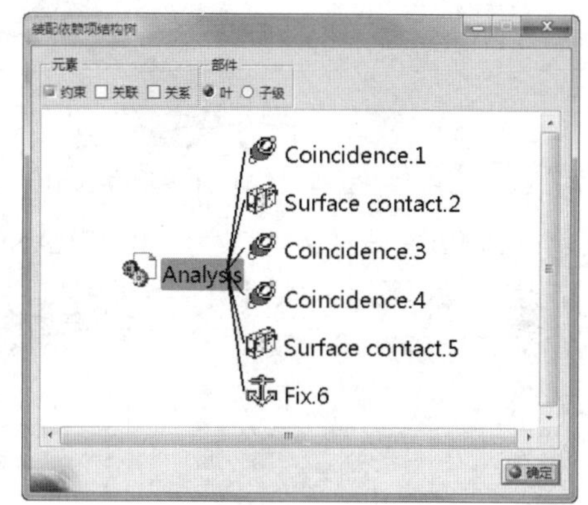

图8-193 显示约束

04 右击中间的“Analysis”，在弹出的快捷菜单中选择【全部展开】命令，将显示出该部件的所有约束和约束相关组件，如图8-194所示。

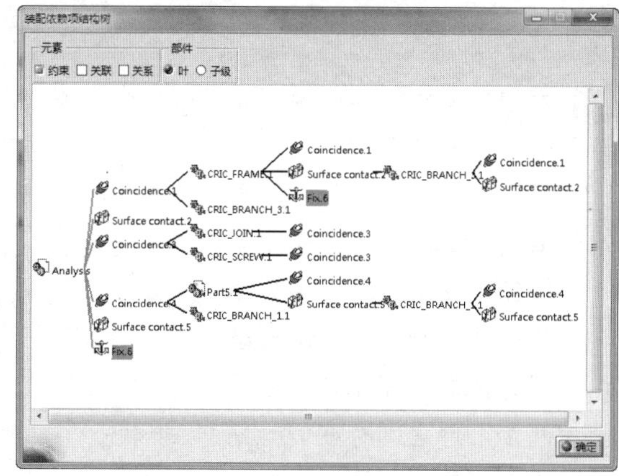

图8-194 显示约束与组件关系

8.7.2 干涉检测与分析

一个装配设计可能由大量零件组成，结构非常复杂，此时查找可能干涉非常困难。在CATIA中，干涉检测与分析可用于分析零部件间的干涉与间隙，下面分别加以介绍。

1. 干涉与间隙计算

干涉与间隙计算是指对装配体中的任意两个零件的间距进行检查，查看其是否满足设计要求。

动手操作—干涉与间隙计算实例

01 在【标准】工具栏中单击【打开】按钮，在弹出的【选择文件】对话框中选择“8-27.CATProduct”文件。单击【打开】按钮打开一个装配体文件，如图8-195所示。

02 选择下拉菜单【分析】|【计算碰撞】命令，弹出【碰撞检测】对话框，如图8-196所示。

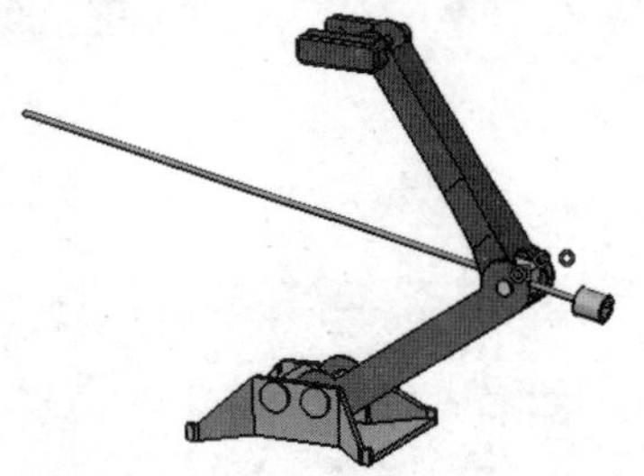

图8-195 打开装配体文件

图8-196 【碰撞检测】对话框

03 按住Ctrl键在特征树中选中CRIC_BRANCH_1和CRIC_BRANCH_3零部件，单击【应用】按钮，在【碰撞检测】对话框中间显示出所选两个零件，在【结果】中显示“接触”，在图形区以黄色加亮显示，则表示两个零件之间有接触，如图8-197所示。

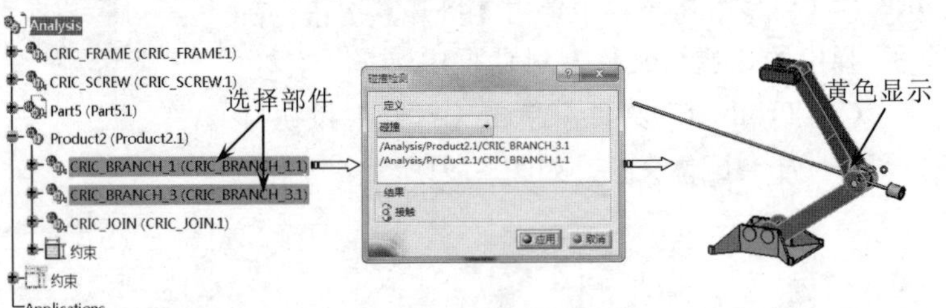

图8-197 碰撞检测

> **提示**
>
> 图形区红色加亮显示表示发生干涉，【结果】为“碰撞”；黄色加亮显示表示两个零件之间有接触，【结果】为“接触”。

04 在图形区空白处单击，即可取消零件选择。再次按住Ctrl键在特征树中选择CRIC_FRAME和Part5，在【定义】下拉列表中选择“间隙”，输入值为300，单击【应用】按钮，在【结果】中显示“间隙违例”，在图形区以绿色加亮显示，则表示两个零件之间存在间隙妨碍，如图8-198所示。

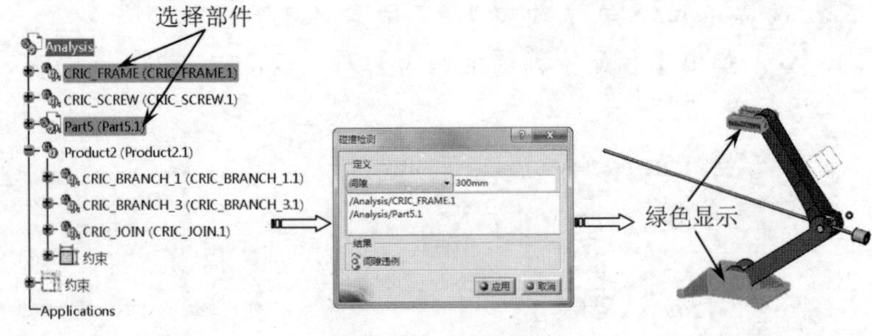

图8-198 间隙计算

2. 碰撞检测

碰撞检测用于检测零件之间的间隙大小以及是否有干涉存在，一般先进行初步计算，然后再进行细节运算。

动手操作—碰撞检测实例

01 在【标准】工具栏中单击【打开】按钮，在弹出的【选择文件】对话框中选择“8-28.

CATProduct”文件。单击【打开】按钮打开一个装配体文件，如图8-199所示。

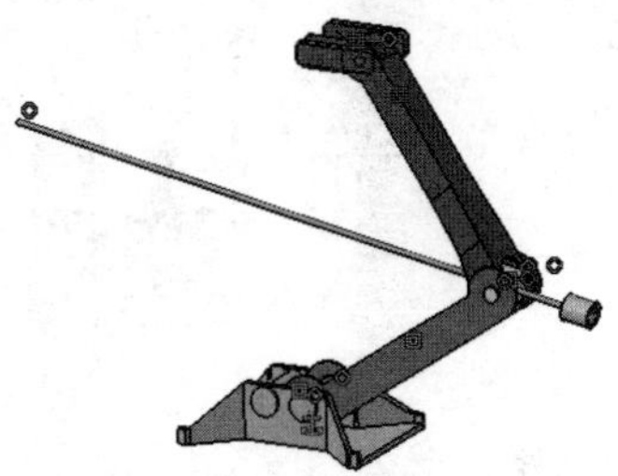

图8-199 打开装配体文件

02 单击【空间分析】工具栏上的【碰撞】按钮，弹出【检查碰撞】对话框，如图8-200所示。

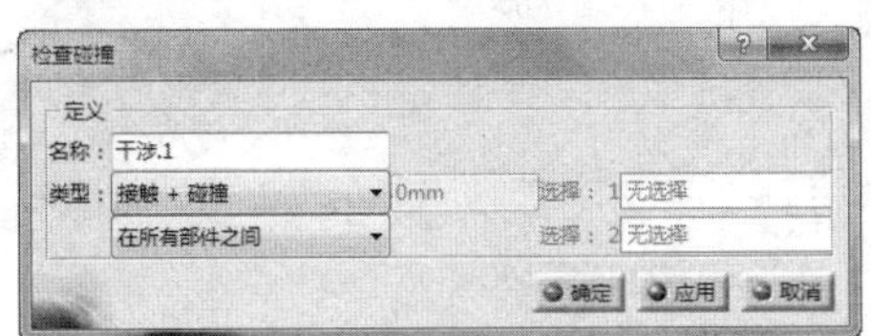

图8-200 【检查碰撞】对话框

【检查碰撞】对话框相关选项参数含义如下：

（1）【类型】选项组第一选项

【类型】下拉列表中选择检查类型，包括以下选项：

★ 接触+碰撞：检查两个产品之间是否占用相同的空间以及两个产品是否接触（最小距离小于总弦高）。

★ 间隙+接触+碰撞：除了检查接触和碰撞之外，还检查两个产品间隔是否小于预定义的间隙距离。

★ 已授权的贯通：在实际的过盈配合时，往往需要零件之间有一定的干涉程度，该方式用于设置最大的校准深度。

★ 碰撞规则：利用预定义好的干涉规则，检查装配之间是否存在不恰当的干涉。

（2）【类型】选项组第二选项

用于定义参与运算的组件，包括以下选项：

★ 一个选择之内：在任意一个选择中检查选择内部所有组件之间的相互关系。

★ 选择之外的全部：检查选择组件之外的所有其他产品组件之间的相互关系。

★ 在所有部件之间：检查产品中所有组件之间的相互关系。

★ 在两个选择之间：检查两个选择对象之间的相互关系。

03 在【检查碰撞】对话框的【类型】下拉列表中选择“接触+碰撞”，选择“在两个选择之间”，分别激活【选择1】和【选择2】编辑框，在特征树中分别选择“Part5”和“Product2”部件，如图8-201所示。

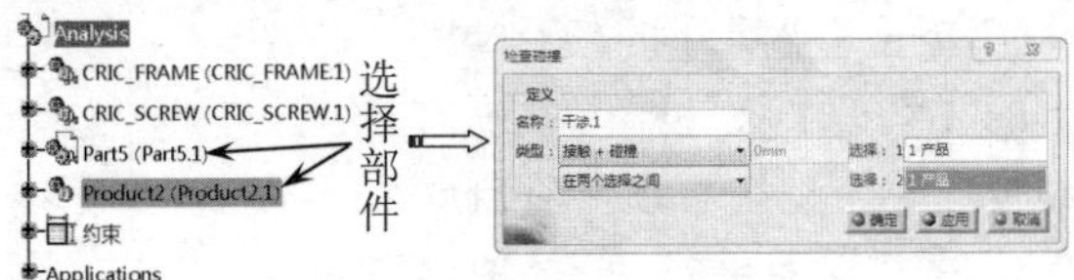

图8-201 选择分析部件

04 单击【应用】按钮，显示出分析结果如图8-202所示。并在图形区显示出碰撞的位置和间隙，如图8-203所示。

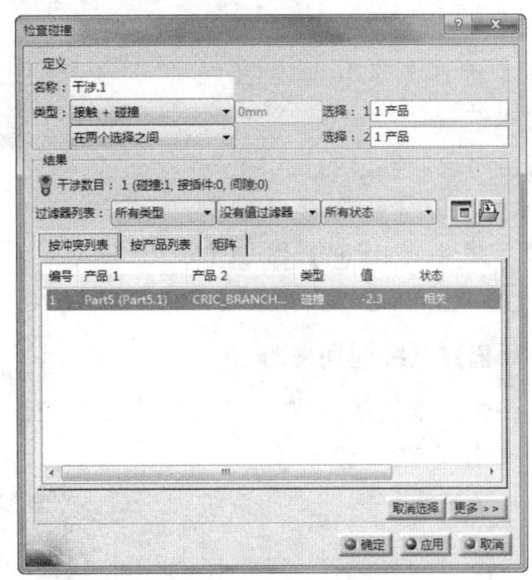

图8-202 碰撞检测结果

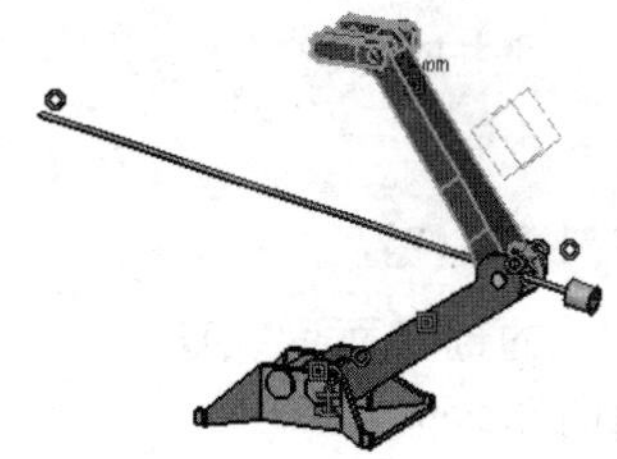

图8-203 碰撞位置和间隙

05 单击【另存为】按钮，弹出【另存为】对话框，系统会将结果保存为xml、txt、model、cgr等格式，如图5-1所示。选择相应格式，单击【确定】按钮完成碰撞检测分析。

8.7.3 切片分析

对于一个产品往往无法看透其中内部的相关状况，通过切片观察可以将装配体进行任何平面观察。同时切片可以创建剖视图，也可以创建局部剖视图和剖视体，以便于在三维环境下更好地观察产品。

1. 创建剖切面

创建一个剖切面往往通过它的默认设置，除此之外也可调整剖切面的法向。

单击【空间分析】工具栏上的【切割】按钮，系统自动生成一个剖切面，一般自动生成的剖切面平行于YZ轴，剖切所有产品，同时弹出【截面.1】窗口显示出剖切位置效果，如图8-204所示。

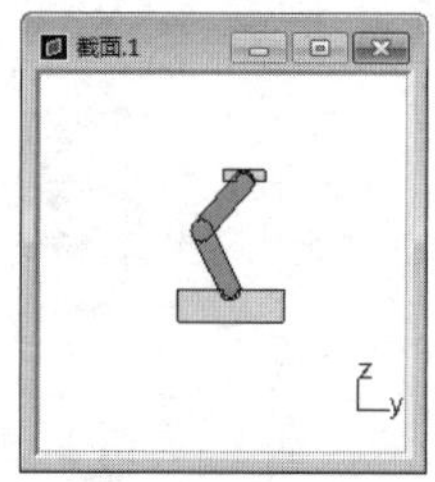
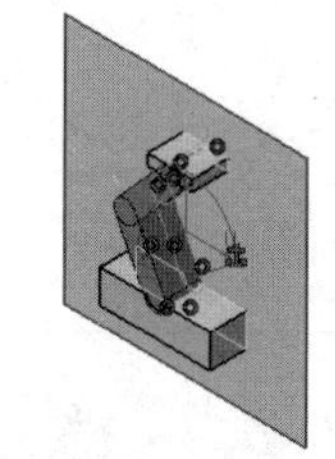

图8-204　剖切面和剖切零部件

同时在设计环境中系统弹出【切割定义】对话框，激活【选择】编辑框，在特征树中选择“chain”零件作为剖切对象，在【截面.1】对话框中显示出两个零件的剖切图，单击【确定】按钮完成剖切，如图8-205所示。

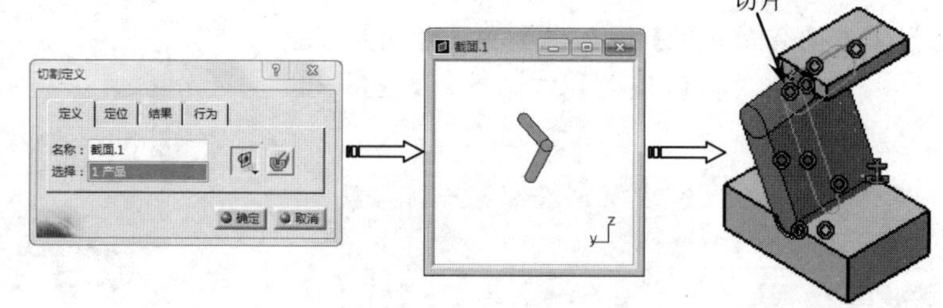

图8-205　创建切片

2. 创建三维剖切视图

在生成剖切视图时，可以生成三维的剖切视图，用于观察产品的内部结构。

单击【空间分析】工具栏上的【切割】按钮，系统自动生成一个剖切面，在弹出的【切割定义】对话框中选中【剪切包络体】按钮，单击【确定】按钮可生成视图，如图8-206所示。

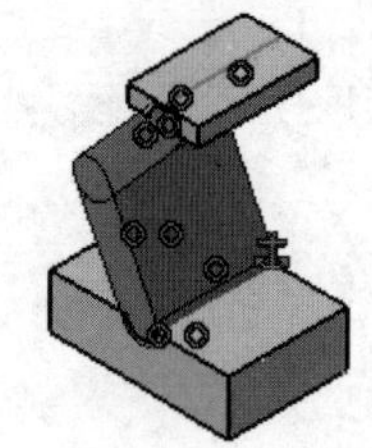

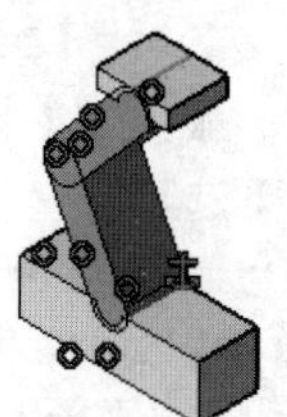

图8-206　创建三维剖切视图

3. 调整剖切面位置

对于生成的剖切面可以直接用鼠标进行平移、旋转、缩放等操作，而且还可通过几何对象定位剖切面的具体位置。

（1）剖切面的直接移动

对于生成的切片视图，将鼠标移动到剖切面边缘，按下左键直接拖动鼠标，在红色边缘上显示出一个绿色双向箭头，同时有一个距离显示，随着鼠标移动，数值动态变化，同时在剖切窗口也发生相应变化，如图8-207所示。

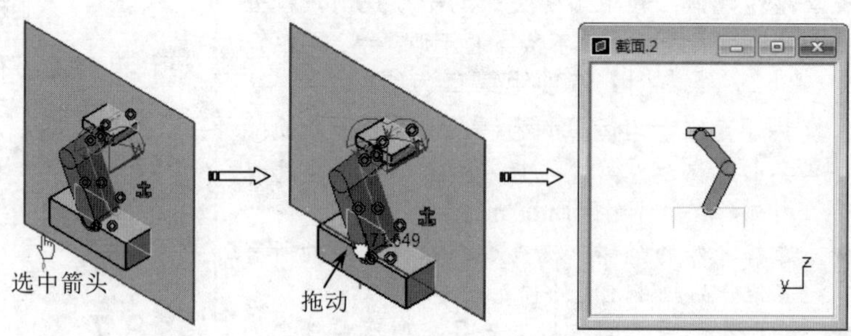

图8-207　剖切面移动

（2）利用几何对象定义剖切面

对于剖切面还以通过用户定义剖切平面的具体位置。

在黄色剖切面右击，选择弹出快捷菜单中的【隐藏/显示】命令，将剖切面隐藏，如图8-208所示。在【切割定义】对话框的【定位】选项卡中单击【几何目标】按钮，如图8-209所示。

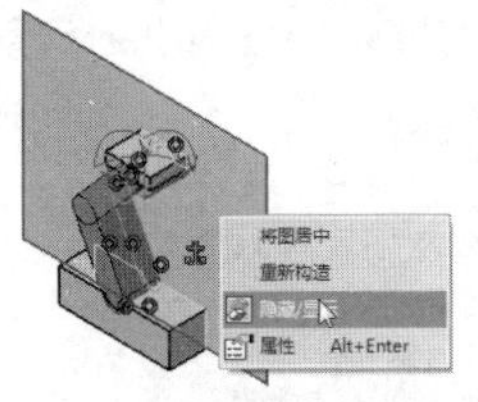

图8-208 隐藏剖切面

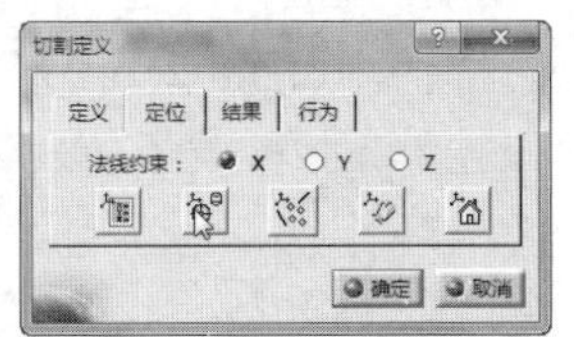

图8-209 【定位】选项卡

在产品上移动鼠标，出现一个位置捕捉标志，由一个平面和箭头组成，用于表示捕捉后剖切面的位置，其中平面即为剖切面所在面，箭头即为剖切面的法向位置，在恰当位置单击，即可选择剖切面，如图8-210所示。

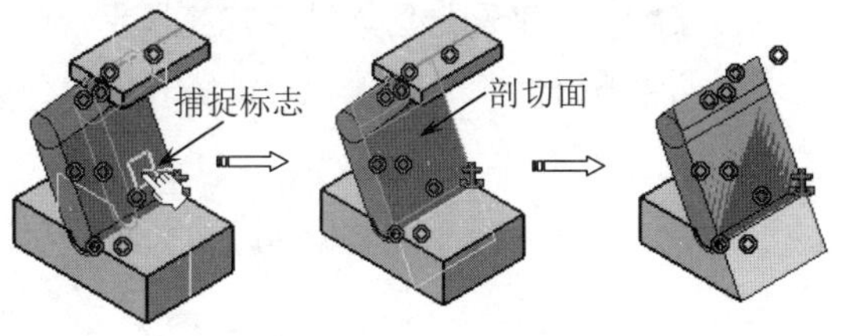

图8-210 指定剖切面

（3）编辑剖切面位置

对于创建的剖切面的位置，可通过编辑相关参数快速、准确地移动剖切平面。

在【定位】选项卡中单击【编辑位置与尺寸】按钮，弹出【编辑位置和尺寸】对话框，在【平移】文本框中输入5mm，单击+Tw -Tw按钮，移动剖切面位置，如图8-211所示。

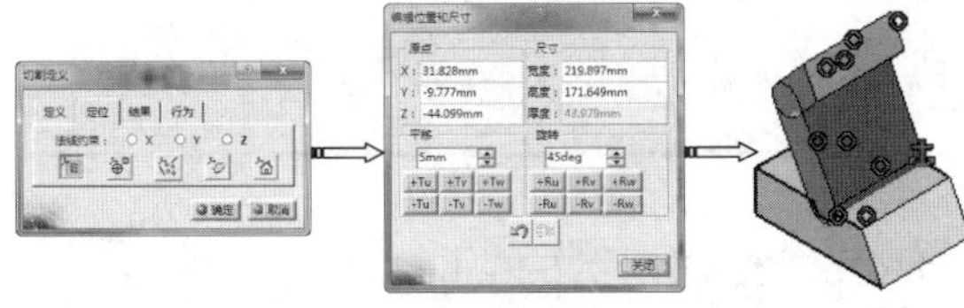

图8-211 编辑剖切面位置

提示

左侧的+Tu、-Tu、+Tv、-Tv、+Tw、-Tw按钮用于调整在三个方向上的移动，每单击一次即以所设步长移动相应的距离；右侧的+Ru、-Ru、+Rv、-Rv、+Rw、-Rw按钮用于调整在三个轴向上的转动，每单击一次即以所设步长旋转相应的角度。

动手操作—创建切片分析实例

01 在【标准】工具栏中单击【打开】按钮，在弹出的【选择文件】对话框中选择“8-29. CATProduct”文件。单击【打开】按钮打开一个装配体文件，如图8-212所示。

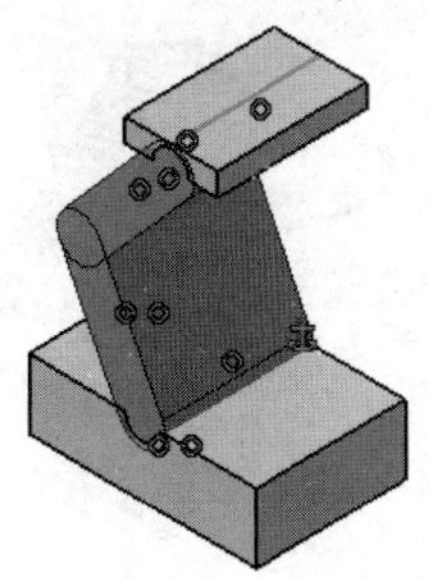

图8-212 打开装配体文件

02 单击【空间分析】工具栏上的【切割】按钮，系统自动生成一个剖切面，一般自动生成的剖切面平行于YZ轴，剖切所有产品，同时弹出【截面.1】窗口显示出剖切位置效果，如图8-213所示。

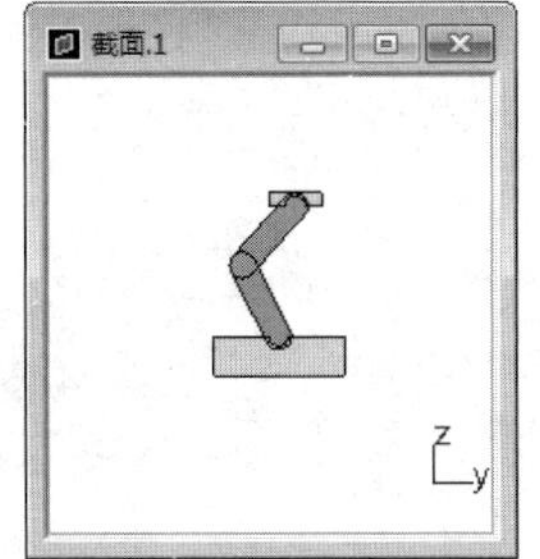

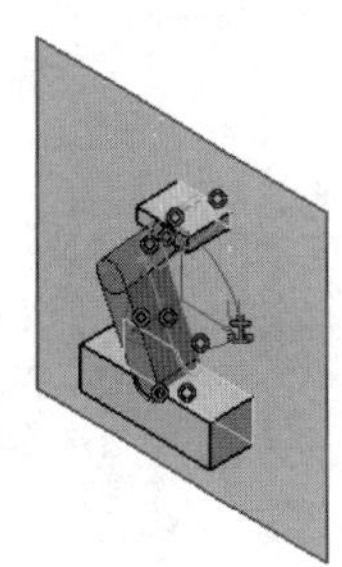

图8-213 剖切面和剖切零部件

03 同时在设计环境中系统弹出【切割定义】对话框，激活【选择】编辑框，在特征树中选择“chain”零件作为剖切对象，在【截面.1】对话框中显示出两个零件的剖切图，单击【确定】按钮完成剖切，如图8-214所示。

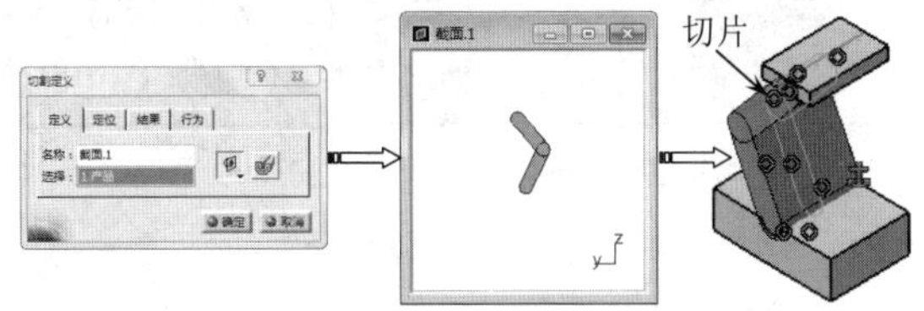

图8-214 创建切片

8.7.4 距离和区域分析

距离和区域分析用于计算指定零部件之间的最小距离。

动手操作—距离和区域分析实例

01 在【标准】工具栏中单击【打开】按钮，在弹出的【选择文件】对话框中选择“8-30. CATProduct”文件。单击【打开】按钮打开一个装配体文件，如图8-215所示。

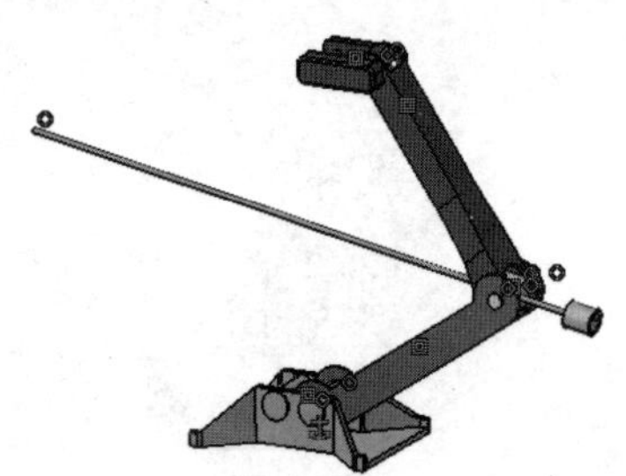

图8-215 打开装配体文件

02 单击【空间分析】工具栏上的【距离和区域分析】按钮，弹出【编辑距离和区域分析】对话框。在【类型】下拉列表中选择"最小值"，选择"两个选择之间"，分别激活【选择1】和【选择2】编辑框，分别在特征树中选中CRIC_FRAME和Part5零部件，如图8-216所示。

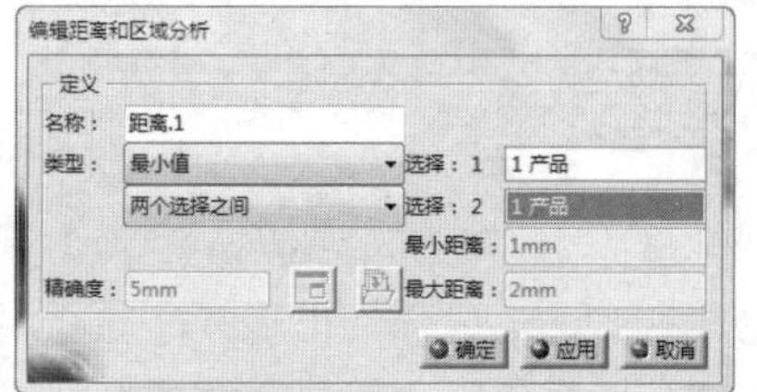

图8-216 【编辑距离和区域分析】对话框

03 单击【应用】按钮，在【碰撞检测】对话框中间显示出所选两个零件，在【结果】中显示"接触"，在图形区以黄色加亮显示，则表示两个零件之间有接触，如图8-217所示。

图8-217 距离分析结果

8.8 实战应用——风机装配设计

引入光盘：无

结果文件：\动手操作\结果文件\Ch08\fengji.CATProduct

视频文件：\视频\Ch08\风机装配设计.avi

下面我们以风机装配为例，详解CATIA V5的装配体技术方法和技巧。风机装配接头如图8-218所示。

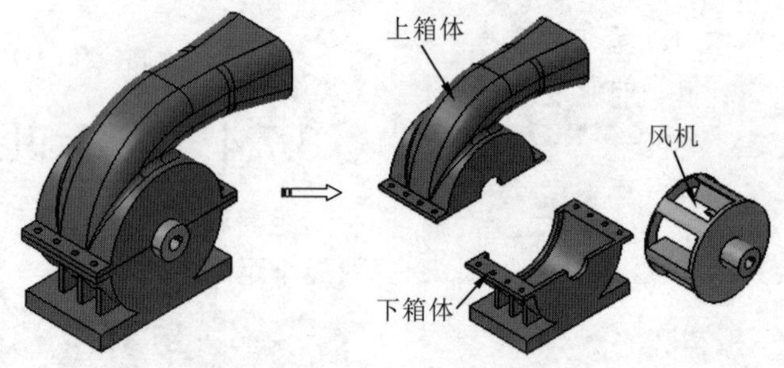

图8-218 风机装配结构

操作步骤

01 在【标准】工具栏中单击【新建】按钮，在弹出的【新建】对话框中选择"Product"。单击【确定】按钮新建一个装配文件，并进入【装配设计】工作台，如图8-219所示。

图8-219 【新建】对话框　图8-220 选择根节点

02 单击【产品结构工具】工具栏中的【现有部件】按钮，在特征树中选取插入位置（Product节点），如图8-220所示。在弹出的【选择文件】对话框中选择文件xiaxiangti.CATPart，单击【打开】按钮，系统自动载入部件，如图8-221所示。

03 单击【约束】工具栏上的【固定约束】按钮，选择下箱体部件，系统自动创建固定约束，如图8-222所示。

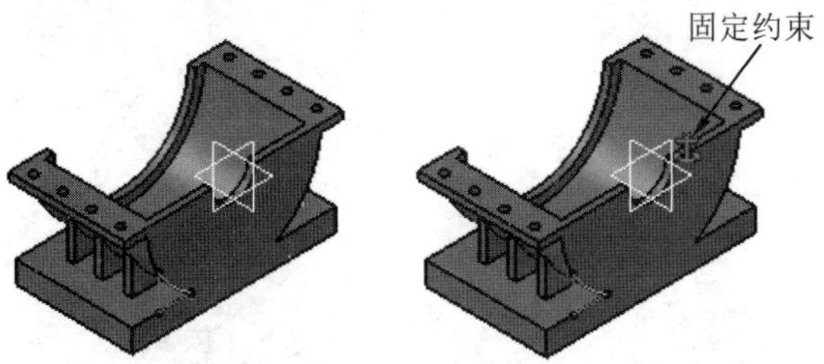

图8-221 打开底座　图8-222 固定约束

04 单击【产品结构工具】工具栏中的【现有部件】按钮，在特征树中选取Product1节点，弹出【选择文件】对话框，选择文件fengji.CATPart，单击【打开】按钮，系统自动载入部件，利用移动操作调整好位置，如图8-223所示。

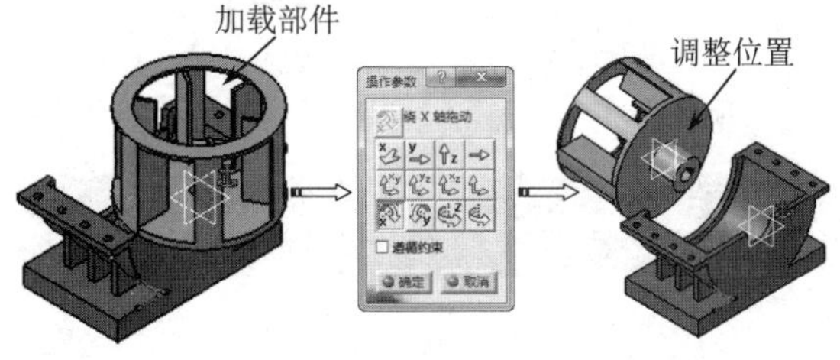

图8-223 加载风机

05 单击【约束】工具栏上的【相合约束】按钮，风机轴线和底座孔轴线，单击【确定】按钮，完成约束，如图8-224所示。

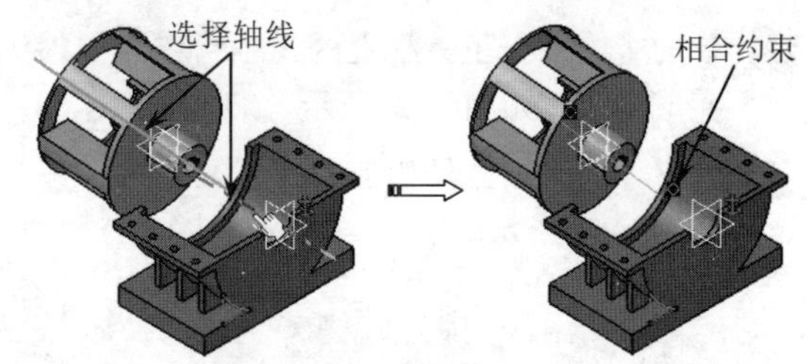

图8-224 创建相合约束

06 单击【约束】工具栏上的【偏移约束】按钮，分别选择风机端面和机座端面，弹出【约束属性】对话框，在【偏移】框中输入距离值10，单击【确定】按钮，如图8-225所示。

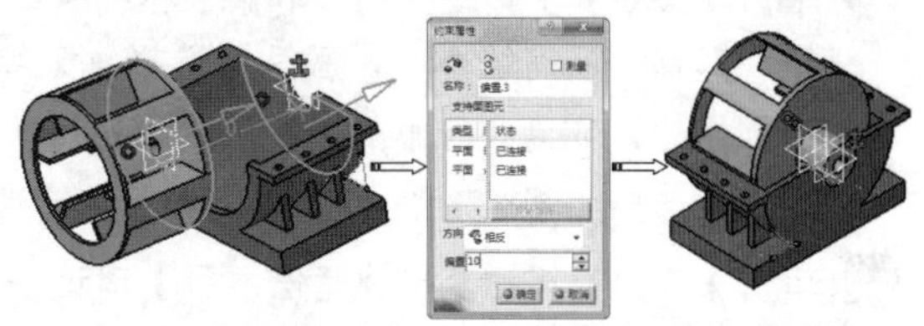

图8-225 创建偏移约束

07 单击【产品结构工具】工具栏中的【现有部件】按钮，在特征树中选取Product1节点，弹出【选择文件】对话框，选择文件shangxiangti.CATPart，单击【打开】按钮，系统自动载入部件，利用移动操作调整好位置，如图8-226所示。

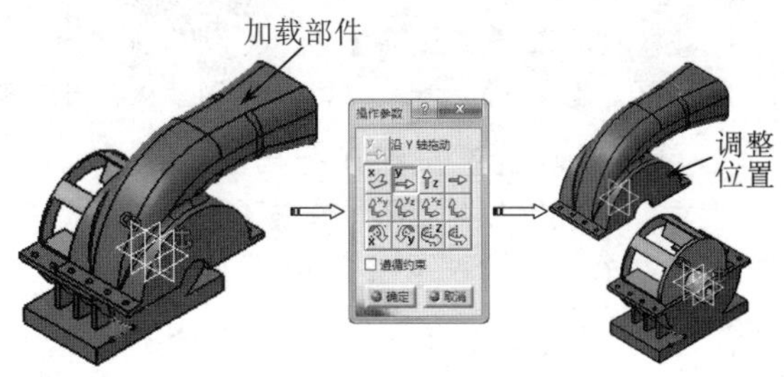

图8-226 加载上箱体

08 单击【约束】工具栏上的【相合约束】按钮，风机轴线和和上箱体孔轴线，单击【确定】按钮，完成约束，如图8-227所示。

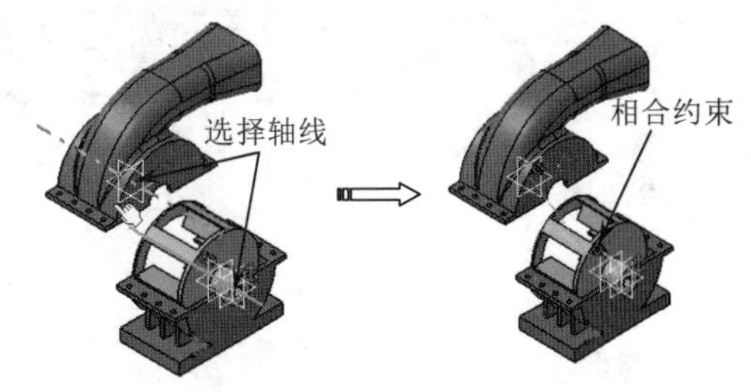

图8-227 创建相合约束

09 单击【约束】工具栏上的【相合约束】按钮，上箱体侧面和底座侧面，单击【确定】按钮，完成约束，如图8-228所示。

10 单击【约束】工具栏上的【接触约束】按钮，上箱体和底座端面，系统自动完成接触约束，如图8-229所示。

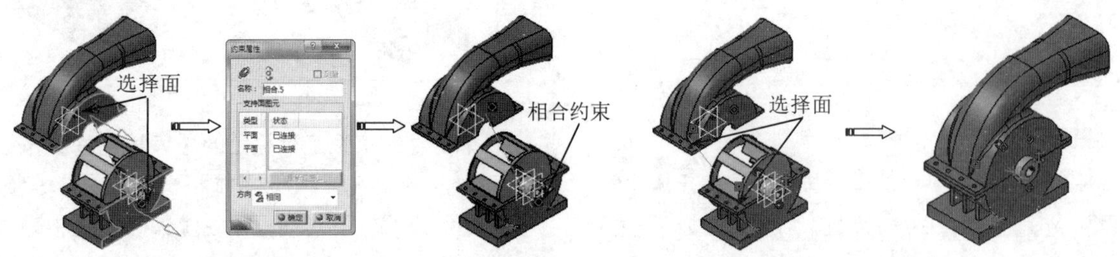

图8-228 创建相合约束　　图8-229 创建接触约束

11 单击【移动】工具栏上的【分解】按钮，弹出【分解】对话框，如图8-230所示。在【深度】框中选择“所有级别”，激活【选择集】编辑框，在特征树中选择装配根节点（即选择所有的装配组件）作为要分解的装配组件，在【类型】下拉列表中选择“3D”，激活【固定产品】编辑框，选择如图8-231所示的零件为固定零件。

12 单击【应用】按钮，出现【信息框】对话框，如图8-232所示，提示可用3D指南针在分解视图内移动产品，并在视图中显示分解预览效果，如图8-233所示。

图8-230 【分解】对话框

固定部件

图8-231 选择固定零件

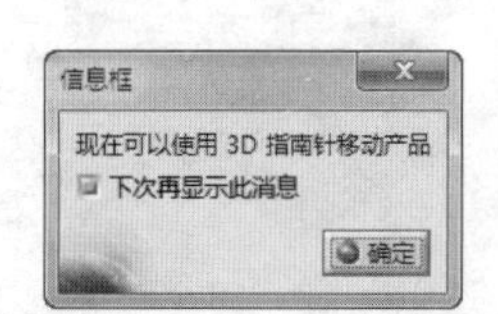

图8-232 【信息框】对话框

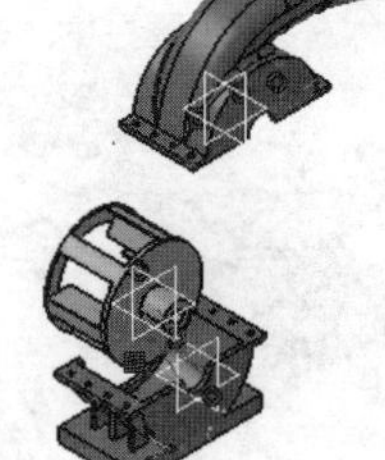

图8-233 创建的爆炸图

13 单击【确定】按钮，弹出【警告】对话框，如图8-234所示。单击【是】按钮，完成分解。

14 单击【工具】工具栏上的【全部更新】按钮即可将分解图恢复到装配状态，如图8-235所示。

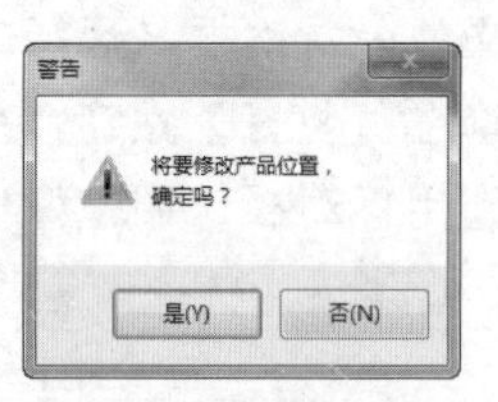

图8-234 【警告】对话框

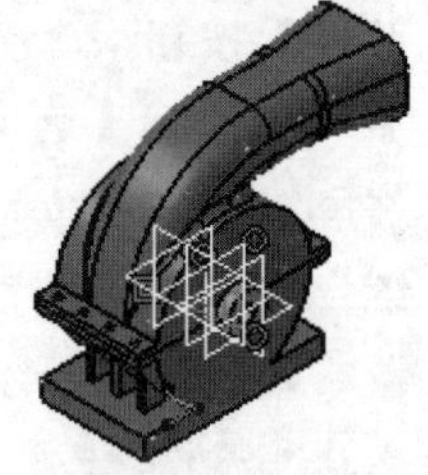

图8-235 取消分解

8.9 课后习题

1. 习题一

通过CATIA装配命令，创建如图8-236所示的装配体。

读者将熟悉如下内容：

（1）创建装配体文件。
（2）添加现有部件。
（3）装配约束。
（4）爆炸图。

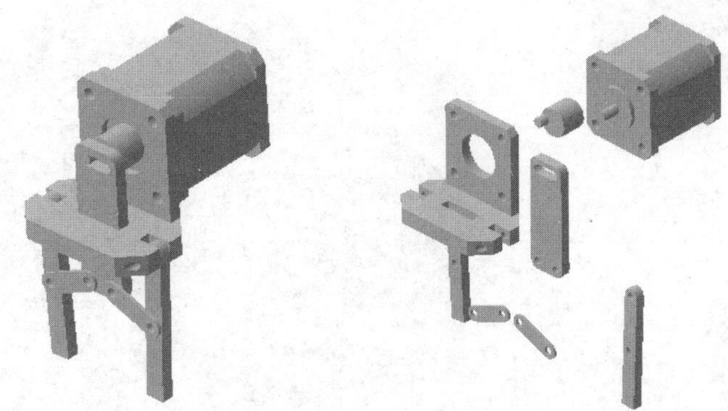

图8-236　范例图

2. 习题二

通过CATIA装配命令，创建如图8-237所示的装配体。

读者将熟悉如下内容：

（1）创建装配体文件。
（2）添加现有部件。
（3）装配约束。
（4）爆炸图。

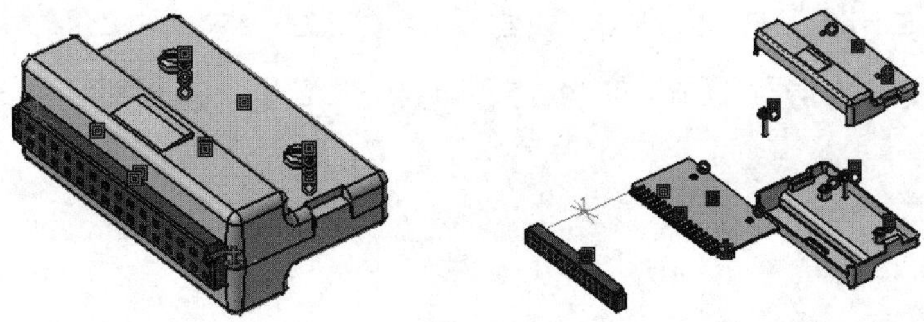

图8-237　范例图

第9章 工程图设计指令

使用CATIA V5R21工程图模块可方便、高效地创建三维零件和装配体的二维图纸，且生成的工程图与模型相关，当模型修改时工程图自动更新。工程图是设计人员与生产人员交流的工具，因此掌握工程图是设计的必然要求。本章介绍CATIA V5工程图设计，包括工程图图框、创建视图、工程视图创建、视图编辑、修饰特征、尺寸标注、文本标注等。

◎ 知识点01：工程图概述

◎ 知识点02：新建图纸页

◎ 知识点03：图框和标题栏设计

◎ 知识点04：建立工程视图

◎ 知识点05：装配编辑与修改

◎ 知识点06：装配特征

◎ 知识点07：装配分析

- 工程图用户界面
- 新建图纸
- 工程图图框和标题栏
- 工程视图创建
- 视图编辑
- 修饰特征
- 尺寸标注
- 文本标注

中文版 CATIA V5R21 完全实战技术手册

9.1 工程图概述

CATIA V5R21提供了两种制图方法：交互式制图和创成式制图。交互式制图类似于AutoCAD设计制图，通过人与计算机之间的交互操作完成；创成式制图从3D零件和装配中直接生成相互关联的2D图样。无论哪种方式，都需要进入工程制图工作台。

9.1.1 进入工程图设计工作台

在利用CATIA V5R21创建工程图时，需要先完成零件或装配设计，然后由三维实体创建二维工程图，这样才能保持相关性，所以在进入CATIA V5R21工程图时要求先打开产品或零件模型，然后再转入工程制图工作台。常用以下两种形式进入工程制图工作台。

1.【开始】菜单法

01 执行【开始】|【机械设计】|【工程制图】命令，如图9-1所示。

图9-1 【开始】菜单命令

02 在弹出的【新建工程图】对话框中选择标准、图纸样式等，如图9-2所示。单击【确定】按钮，进入工程制图工作台，如图9-5所示。

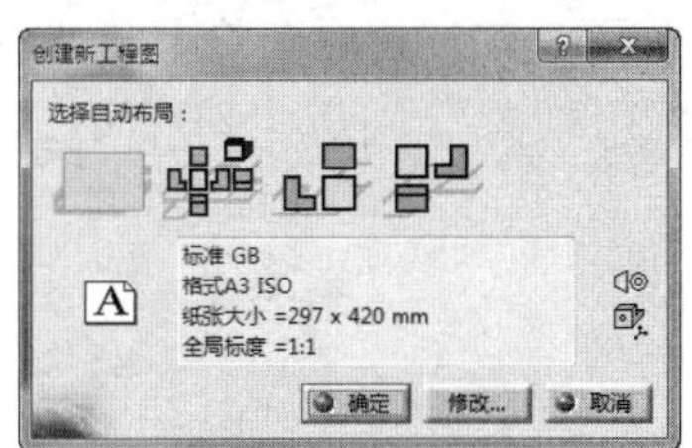

图9-2 【创建新工程图】对话框

【创建新工程图】对话框相关选项参数含义如下：

★ 空图纸：在进入工程制图工作台后将打开一页空白图纸。

★ 所有视图：在进入工程制图工作台后自动创建全部6个基本视图，外加1个轴测图。

★ 正视图、仰视图和右视图：在进入工程制图工作台后自动创建正视图、仰视图和右视图。

★ 正视图、仰视图和左视图：在进入工程制图工作台后自动创建正视图、仰视图和左视图。

2. 新建文件法

01 选择菜单栏【文件】|【新建】命令，弹出【新建】对话框，在【类型列表】中选择【Drawing】选项，单击【确定】按钮，如图9-3所示。

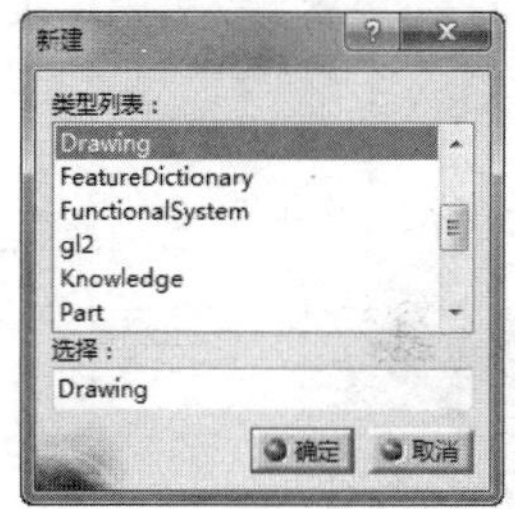

图9-3 【新建零件】对话框

02 在弹出的【新建工程图】对话框中选择标准、图纸样式等，如图9-4所示。单击【确定】按钮，进入工程制图工作台，如图9-5所示。

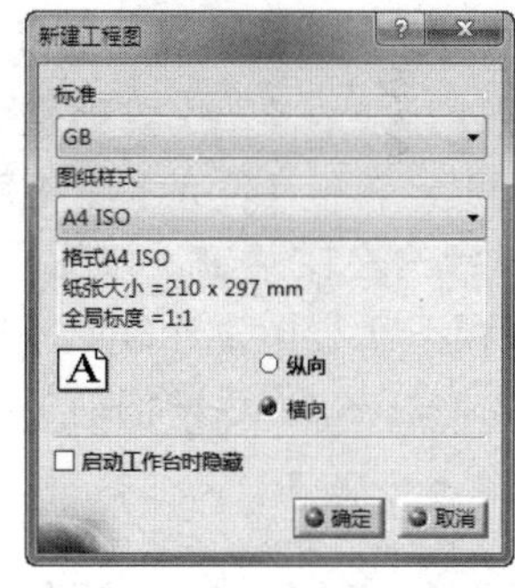

图9-4 【新建工程图】对话框

【新建工程图】对话框相关选项参数含义如下：

★ 标准：选择相应的制图标准，如ISO国际标准、ANSI美国标准、JIS日本标准，由于我国GB多采用国际标准，所以选择GB即可（该GB配置文件需要读者自己安装，CATIA默认没有该选项，具体操作方法见下文“工程图环境设置”）。

★ 图样样式：选择所需的图纸幅面代号。如选择ISO，则对应有A0 ISO、A1 ISO、A2 ISO、A3 ISO、A4 ISO等。

★ 图纸方向：选择“纵向”和“横向”图纸。

9.1.2 工程图工作台用户界面

CATIA V5R21工程图工作台中增加了图纸设计相关命令和操作，其中与工程图有关的菜单有【插入】菜单，与工程图有关的工具栏有【视图】工具栏、【工程图】工具栏、【标注】工具栏、【尺寸标注】工具栏、【修饰】工具栏等，如图9-5所示。

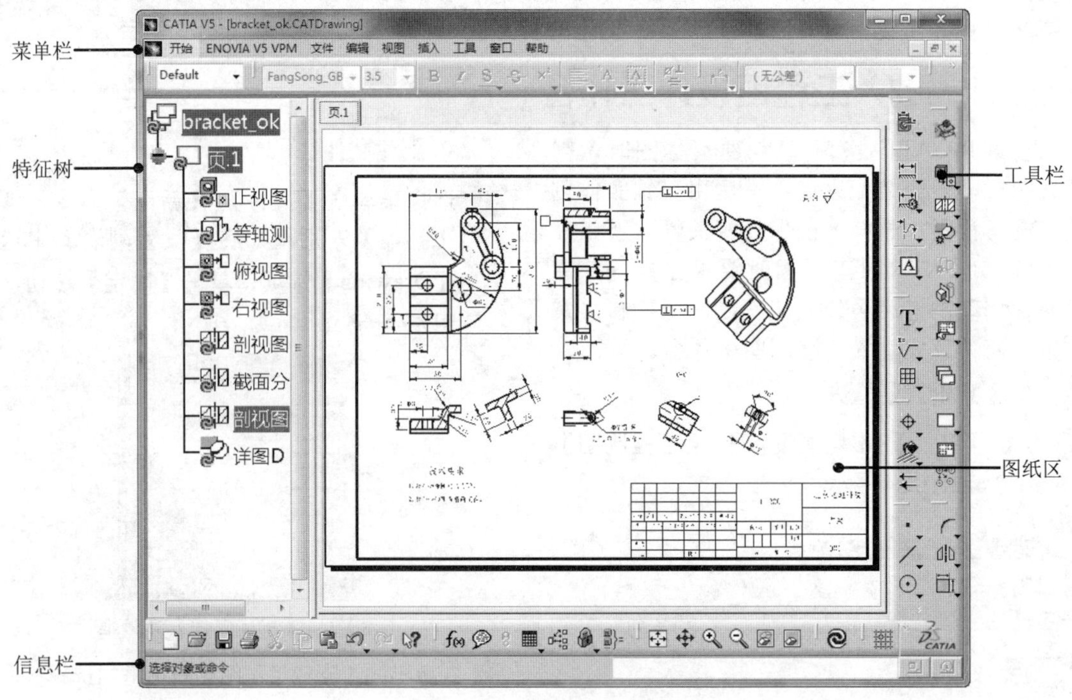

图9-5 工程图工作台界面

1. 工程图设计菜单

进入CATIA V5R21工程图设计工作台后，整个设计平台的菜单与其他模式下的菜单有了较大区别，其中【插入】下拉菜单是工程图设计工作台的主要菜单，如图9-6所示。该菜单集中了所有工程图设计命令，当在工具栏中没有相关命令时，可选择该菜单中的命令。

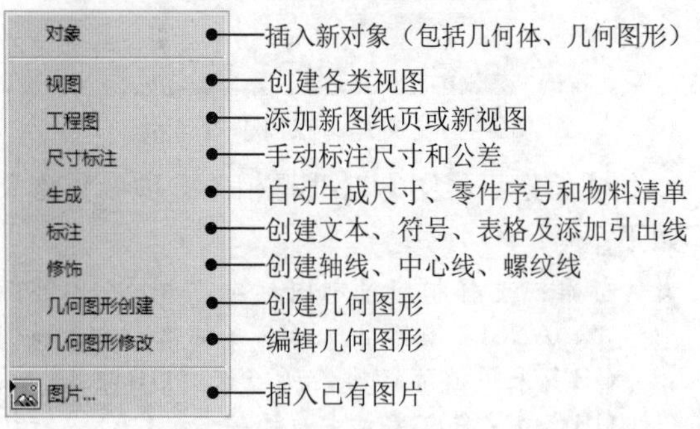

图9-6 【插入】下拉菜单

2. 工程图设计工具栏

利用工程制图工作台中的工具栏命令按钮是启动工程图绘制命令最方便的方法。CATIA V5R21的工程制图工作台主要由【视图】工具栏、【工程图】工具栏、【标注】工具栏、【尺寸标注】工具栏、【修饰】工具栏等组成。工具栏显示了常用的工具按钮，单击工具右侧的黑色三角，可展开下一级工具栏。

（1）【工程图】工具栏

【工程图】工具栏命令用于添加新图纸页、创建新视图、实例化2D部件，如图9-7所示。

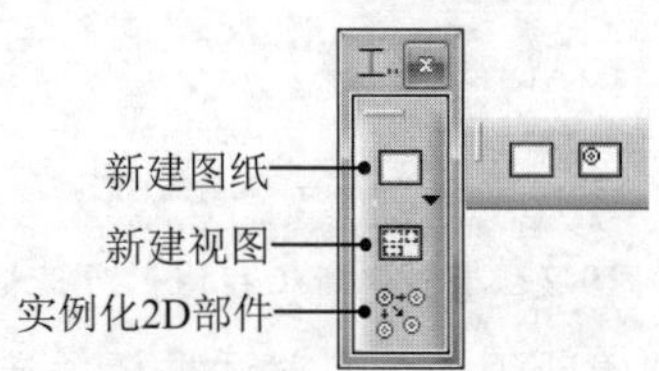

图9-7 【工程图】工具栏

（2）【视图】工具栏

【视图】工具栏命令提供了多种视图生成方式，可以方便的从三维模型生成各种二维视图，如图9-8所示。

（3）【尺寸标注】工具栏

【尺寸标注】工具栏可以方便的标注几何尺寸和公差、形位公差，如图9-9所示。

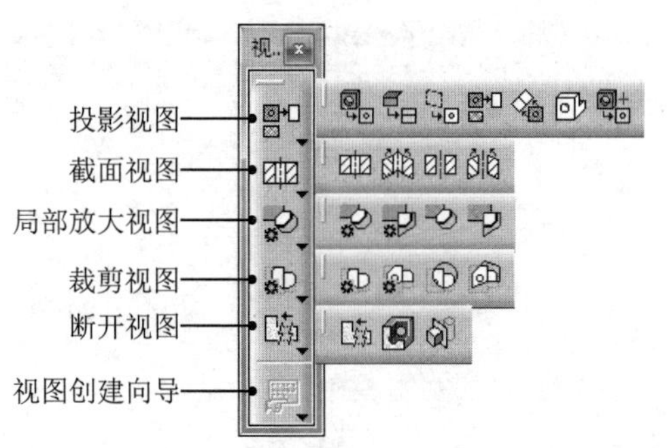

图9-8 【视图】工具栏

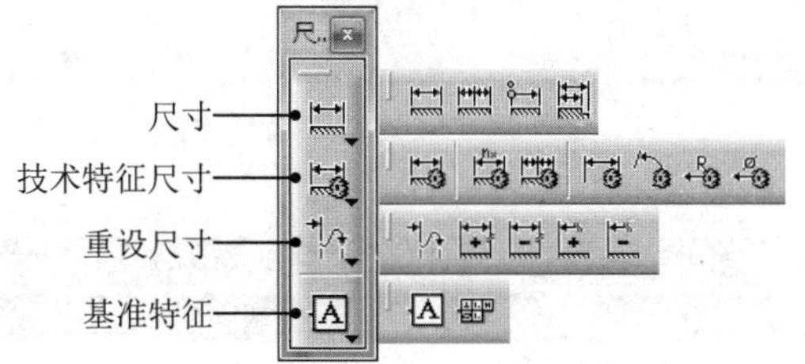

图9-9 【尺寸标注】工具栏

（4）【标注】工具栏

【标注】工具栏用于文字注释、粗糙度标注、焊接符号标注，如图9-10所示。

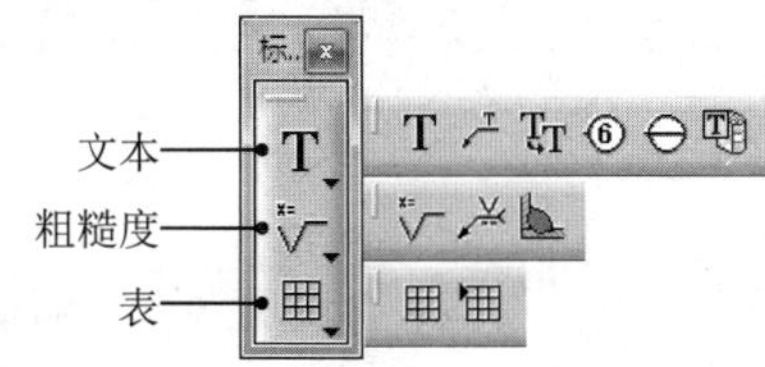

图9-10 【标注】工具栏

（5）【修饰】工具栏

【修饰】工具栏用于中心线、轴线、螺纹线和剖面线的生成，如图9-11所示。

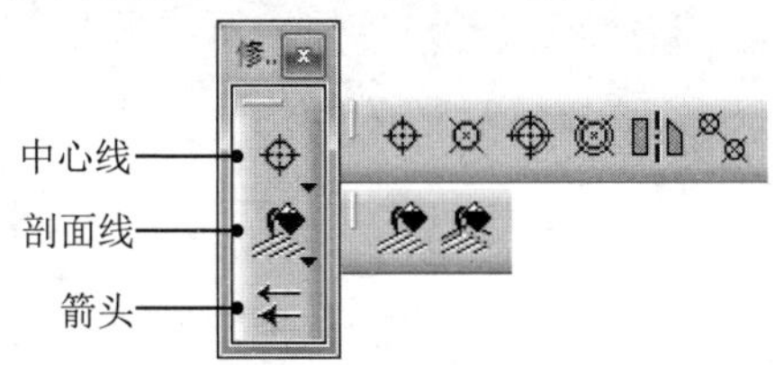

图9-11 【修饰】工具栏

9.1.3 工程图环境设置

在创建工程图之前要设置绘图环境，使其符合GB的基本要求。本书所附盘中GB.xml和ChangFangSong.tff文件提供了符合我国制图标准的相关配置文件，读者只需按照以下操作复制到指定目录即可完成工程图环境设置。具体操作方法如下：

01 首先将本书所附盘中的GB.xml文件复制到:安装目录…\B21\intel_a\resources\standard\drafting\文件夹中，然后将附盘中的ChangFangSong.tff文件拷贝到C：/windows/Fonts目录以及安装目录:\B21\intel_a\resources\fonts\TrueType，安装目录\B21\intel_a\resources\fonts\Stroke之中。

02 选择下拉菜单【工具】|【选项】命令，弹出【选项】对话框，在左侧选择【兼容性】选项，单击右侧【IGES】选项卡，在【工程制图】下拉列表中选择“GB”作为工程图标注，如图9-12所示。

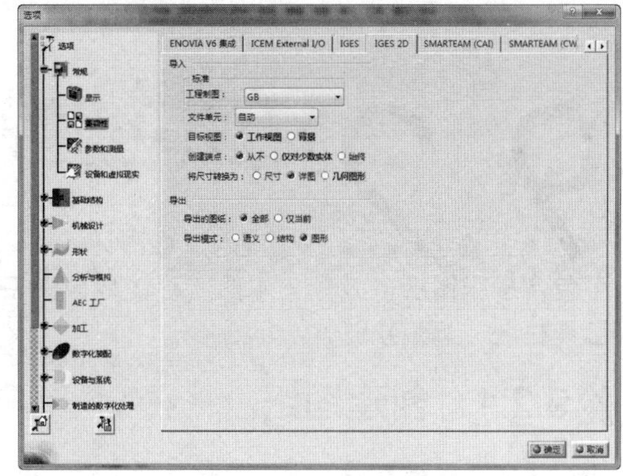

图9-12 制图标准设置

提 示

如果【选项】对话框左侧节点区的文字较小而无法看清楚，请将鼠标指针移动到该节点区，按住中键并单击右键一次，然后上下移动鼠标，可调整文字显示大小。

03 在【选项】对话框中选择【机械设计】|【工程制图】选项，单击右侧【布局】选项卡，选中【视图名称】、【缩放系数】、【视图框架】复选框，如图9-13所示。

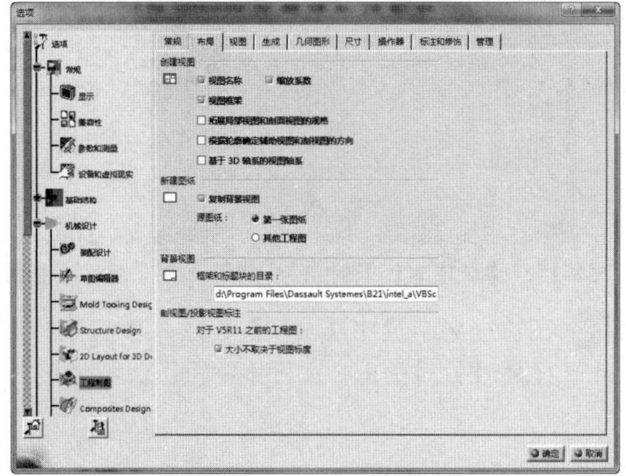

图9-13 【布局】选项卡

04 在【选项】对话框中选择【机械设计】|【工程制图】选项，单击右侧【视图】选项卡，如图9-14所示，选中【生成轴】、【生成螺纹】、【生成中心线】、【生成圆角】复选框，单击圆角后的【配置】按钮，在弹出的【生成圆角】对话框中选中【投影的原始边线】单选按钮。依次单击【确定】按钮完成设置。

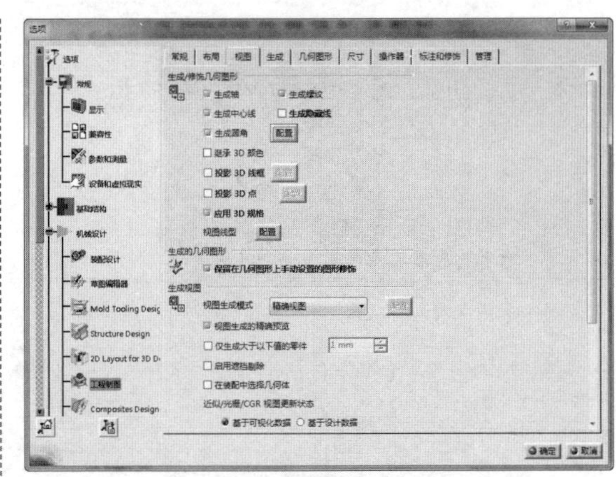

图9-14 【视图】选项卡

9.2 新建图纸页

进入工程图环境后，首先要创建空白的图纸页。对于一个制图文件，可包含多张图纸，就像一本图册可以包含许多页一样。新建图纸页相关命令集中在【工程图】工具栏上，下面分别加以介绍。

9.2.1 创建图纸

【创建图纸】用于创建新的制图文件，并生成第一张图纸。

动手操作—创建图纸实例

01 选择菜单栏【文件】|【新建】命令，弹出【新建】对话框，在【类型列表】中选择【Drawing】选项，单击【确定】按钮，如图9-15所示。

02 在弹出的【新建工程图】对话框中选择标准、图纸样式等，如图9-16所示。单击【确定】按钮，进入工程制图工作台，如图9-17所示。

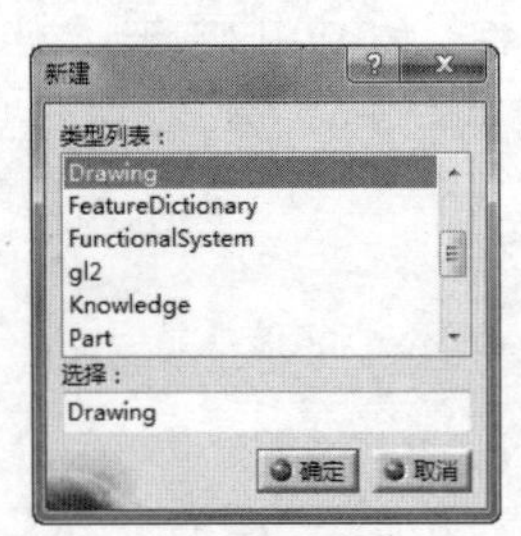

图9-15 【新建零件】对话框

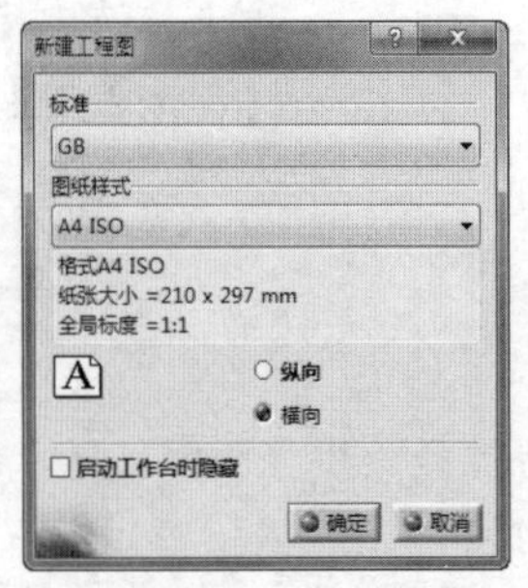

图9-16 【新建工程图】对话框

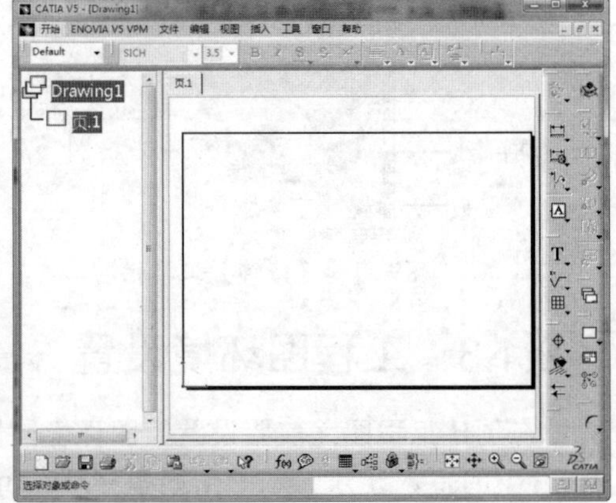

图9-17 创建空白图纸

03 在特征树中选中【页.1】节点，单击鼠标右键，在弹出的快捷菜单中选择【属性】命令，弹出【属性】对话框，如图9-18所示。利用该对话框用户可设置图纸相关属性参数。

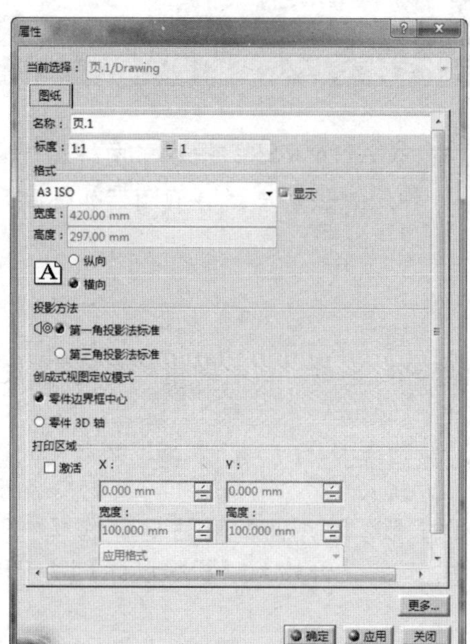

图9-18 【属性】对话框

【属性】对话框相关选项参数含义如下：

（1）名称

用于设置当前图纸页的名称。

（2）标度

用于设置当前图纸页所有视图比例。

（3）格式

用于设置图纸页格式参数，包括以下选项：

★ 显示：选中该复选框，在图形区显示该图纸页的边框。

★ 宽度：用于设置当前图纸页的宽度。

★ 高度：用于设置当前图纸页的高度。

★ 纵向和横向：用于设置图纸是纵向放置还是横向放置。

（4）投影方法

★ 第一角投影法标准：用第一角投影方式生成视图，符合我国制图标准。

★ 第三角投影法标准：用第三角投影方式生成视图，符合欧美制图标准。

（5）创成式视图定位模式

★ 零件边界框中心：根据零部件编辑框中心来对齐视图。

★ 零件3D轴：根据零部件3D轴来对齐视图。

（6）打印区域

选中【激活】复选框，可设置图纸打印区域和范围。

9.2.2 新建图纸

一旦进入工程制图工作台，系统即自动创建一个默认名为“页.1”，这对绘制一个零件工作图已经足够，但对一个包含多个零件的产品来说显得不够。CATIA V5R21可创建一个工程图文件可以包含多个图纸页，不同图纸页上可以绘制不同零件或者装配图的图样，一个产品的所有相关图样都可以集中在一个工程图文件中。

1. 新建图纸

单击【工程图】工具栏上的【新建图纸】按钮，添加一个新图纸页，如图9-19所示。

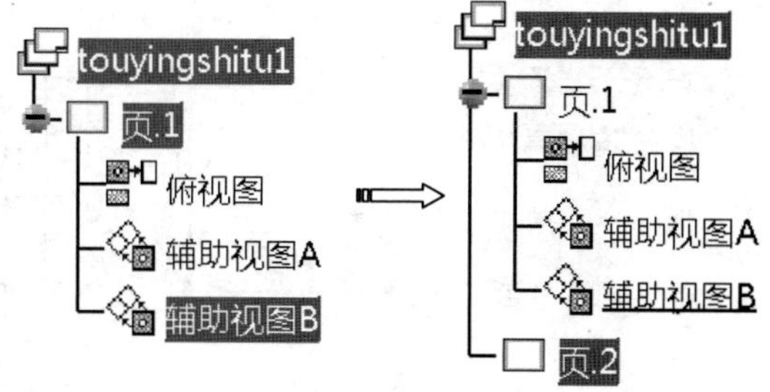

图9-19 创建新图纸

2. 新建详图

单击【工程图】工具栏上的【新建详图】按钮，添加一个新图纸页的同时添加一个新的视图，如图9-20所示。

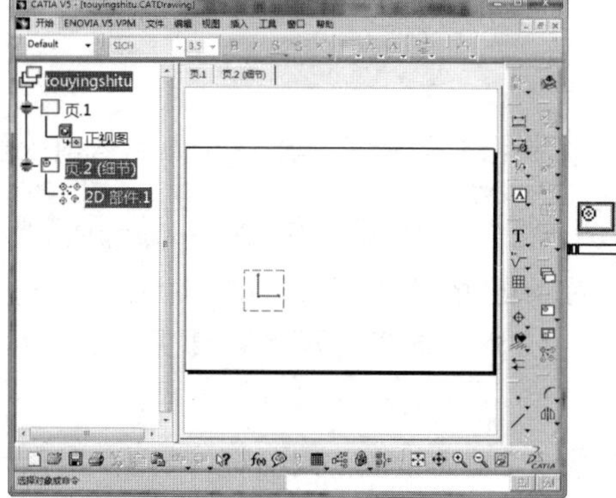

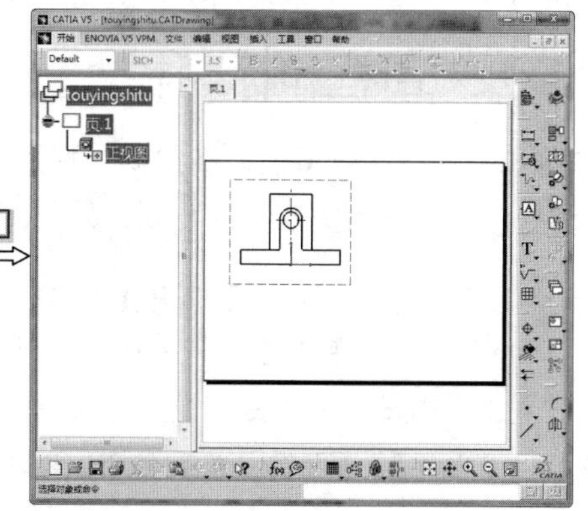

图9-20 新建详图

9.3 图框和标题栏设计

完整的工程图要有图框和标题栏，CATIA V5R21提供了两种工程图图框和标题栏设置功能，一种是创建图框和标题栏，另外一种是直接调用已有的图框和标题栏。下面分别加以介绍。

9.3.1 创建图框和标题栏

在图纸背景下直接利用绘图和编辑命令直接绘制图框和标题栏，或者利用已有模板创建图框和标题栏，绘制好的图框和标题栏可以为后续图纸所用。

动手操作—创建图框和标题栏实例

01 在【标准】工具栏中单击【打开】按钮，在弹出的【选择文件】对话框中选择“9-2.CATDrawing”文件。单击【打开】按钮打开模型文件。选择【开始】|【机械设计】|【工程视图】，进入工程图设计工作台。

02 选择菜单栏【编辑】|【图纸背景】命令，进入图纸背景。

03 单击【工程图】工具栏中的【框架和标题节点】按钮，弹出【管理框架和标题块】对话框，如图9-21所示。

04 在【标题块的样式】下拉列表中选择【标题栏】，在【指令】中选择Creation，在右侧【预览】框显示出样式预览，单击【确定】按钮，即可插入选择的图框和标题栏，如图9-22所示。

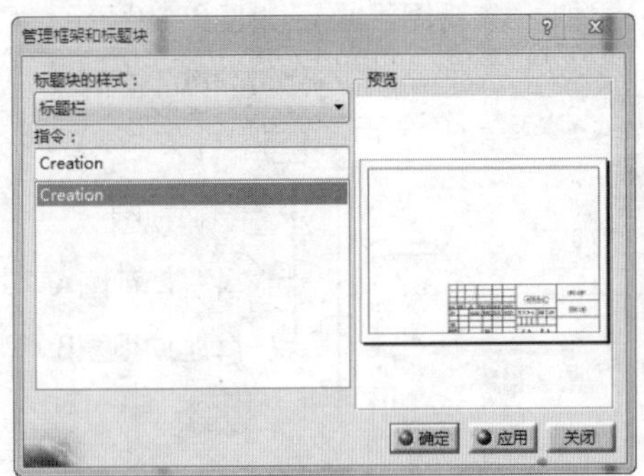

图9-21 【管理框架和标题块】对话框

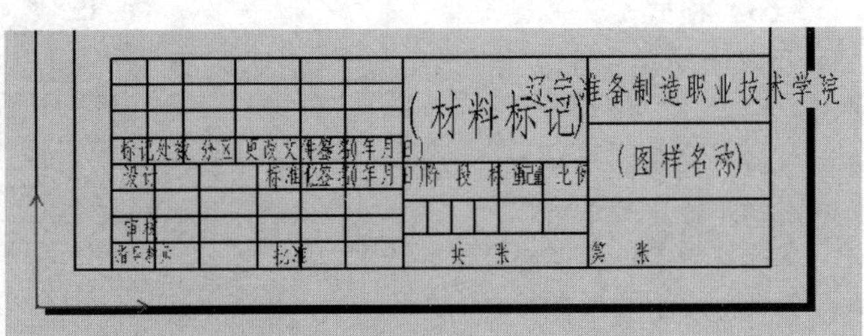

图9-22 创建图框和标题栏

提示

选择菜单栏【编辑】|【图纸背景】命令进入背景编辑环境，在该图层处理完图框和标题栏后，选择菜单栏【编辑】|【工作视图】命令，可返回工作视图层。

9.3.2 引入图框和标题栏

创建图框和标题栏比较繁琐，在绘制工程图时可将已有图框和标题栏引入到当前工程图中。

动手操作—引入图框和标题栏实例

01 在【标准】工具栏中单击【打开】按钮，在弹出的【选择文件】对话框中选择“9-3.CATDrawing”文件。单击【打开】按钮打开模型文件。选择【开始】|【机械设计】|【工程视图】，进入工程图设计工作台。

02 选择菜单栏【文件】|【页面设置】命令，系统弹出【页面设置】对话框，如图9-23所示。

03 单击【Insert Background View】按钮，弹出【将元素插入图纸】对话框，如图9-24所示。单击【浏览】按钮，选择“A3_heng.CATDrawing”的图样样板文件，单击【插入】按钮返回【页面设置】对话框。

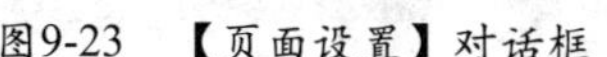
图9-23 【页面设置】对话框

图9-24 【将元素插入图纸】对话框

04 单击【确定】按钮，引入已有的图框和标题栏，如图9-25所示。

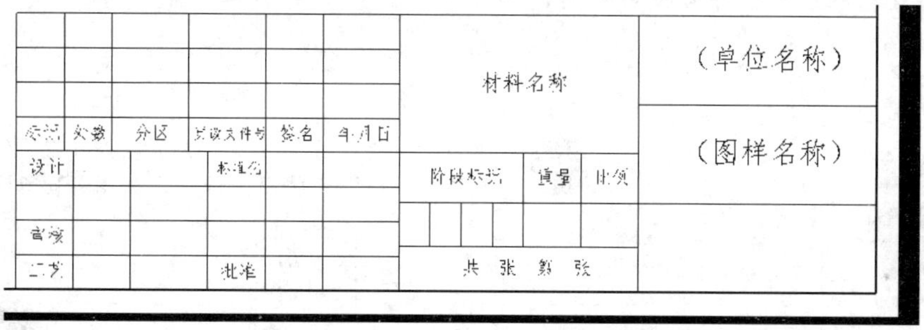

图9-25 引入图样和标题栏

材料名称

（单位名称）

（图样名称）

标记 处数 分区 更改文件号 签名 年月日

设计 标准化 阶段标记 重量 比例

审核

工艺 批准 共 张 第 张

操作技巧

背景视图文件中必须包含有背景视图的内容，只有背景视图的元素才能插入到当前图纸，并且背景视图的规格应该和要插入到的图纸规格一致。

9.4 建立工程视图

在工程图中，视图一般使用二维图形表示零件形状信息，而且它也是尺寸标注、符号标注的载体，由不同方向投影得到的多个视图可以清晰完整地表示零件信息。CATIA工程图是由多个视图组成，在【视图】工具栏提供了CATIA V5R21有关视图创建命令，本节将介绍如何利用CATIA工程图工作台创建视图。

9.4.1 创建投影视图

用正投影方法绘制视图称为投影视图。单击【视图】工具栏中【正视图】按钮右下角的小三角形，弹出有关截面视图命令按钮，如图9-26所示。

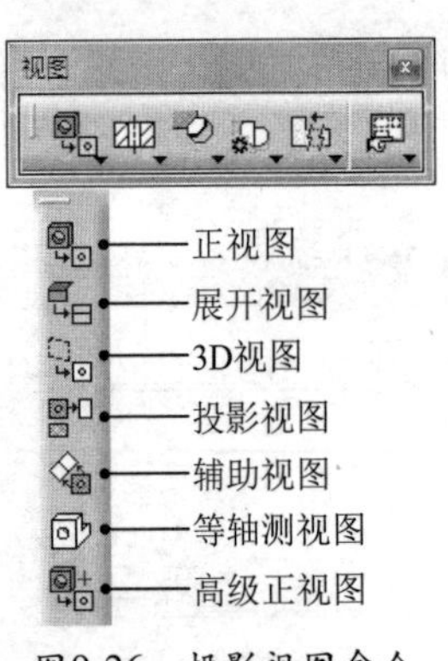

图9-26 投影视图命令

1. 正视图

正视图是添加到图纸的第一个视图，最能表达零件整体外观特征，是CATIA工程视图创建的第一步，有了它才能创建其他视图。

（1）投影平面

投影平面用于设置正视图的投影方向，用户可采用以下几种方式：

★ 选择一个平面作为投影平面，如图9-27所示。

★ 选择一个点和一条直线作为投影平面，如图9-28所示。

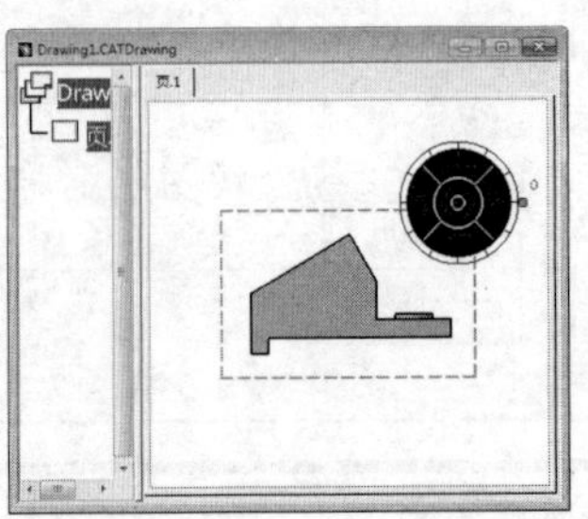

图9-27 选择平面

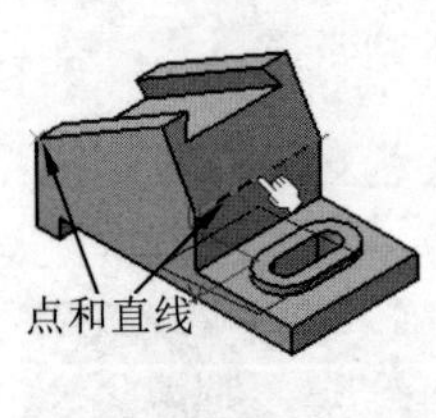

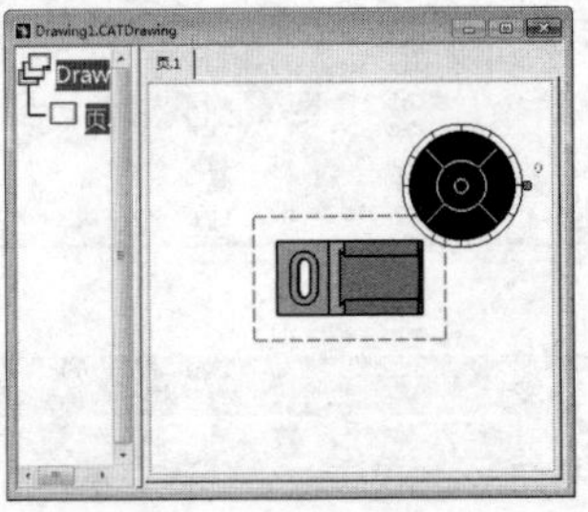

图9-28 选择点和直线

★ 两条不平行的直线作为投影平面，如图9-29所示。

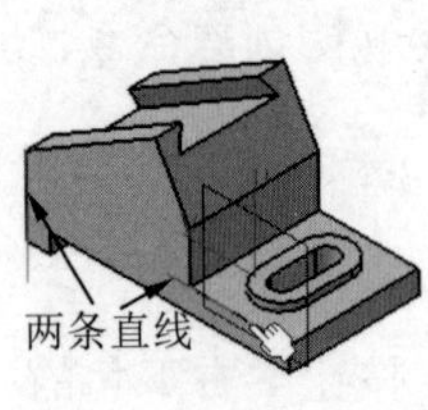

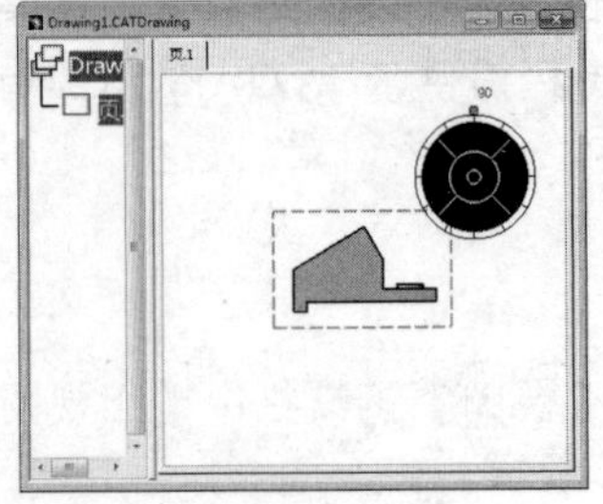

图9-29 选择两条直线

★ 三个不共线的点作为投影平面，如图9-30所示。

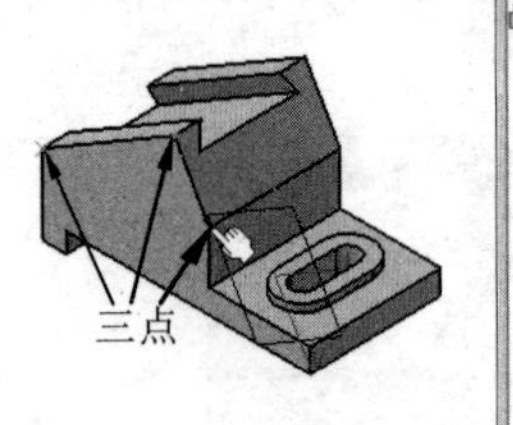

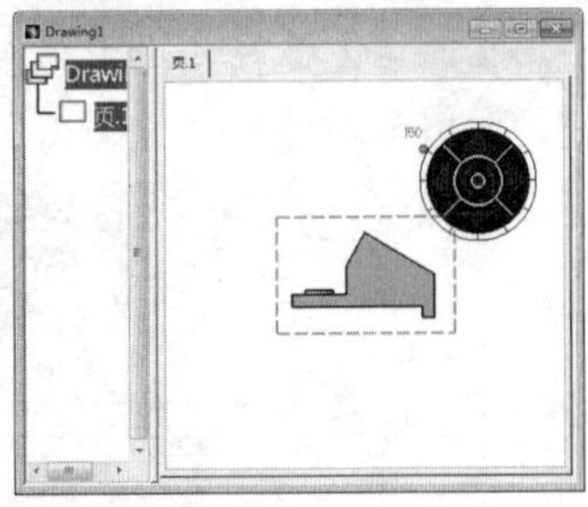

图9-30 选择三点

（2）方向控制器

在创建视图时，窗口的右上角显示出方向控制器，利用它可以调整视图角度，如图9-31所示。

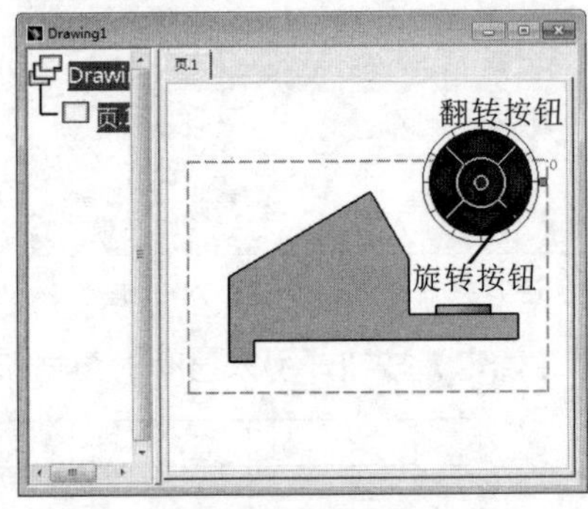

图9-31 方向控制器

★ 旋转手柄：拖动方向控制器中的“旋转手柄”可将视图旋转，如图9-32所示。

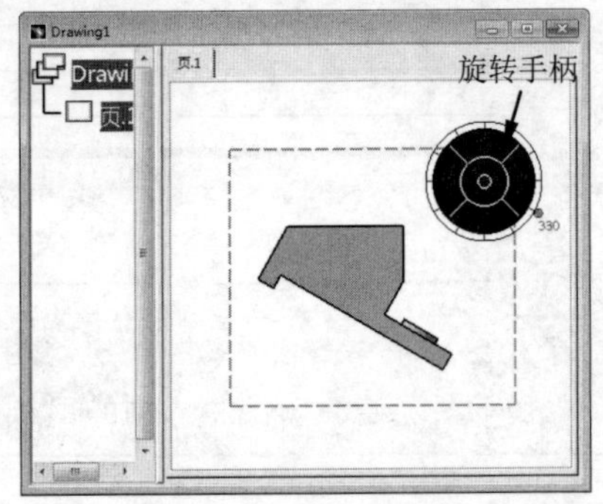

图9-32 旋转手柄操作

★ 翻转按钮：单击一次方向控制中的“翻转按钮”可将视图翻转90°，如图9-33所示。

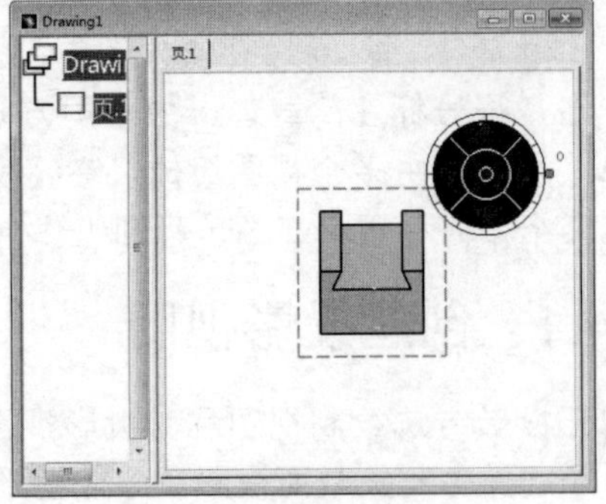

图9-33 翻转按钮操作

★ 旋转按钮：单击一次方向控制器中的“旋转按钮”可将视图旋转30°，如图9-34所示。

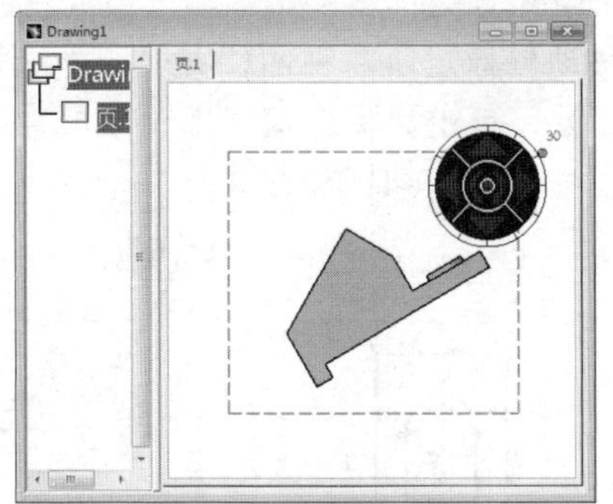

图9-34 旋转按钮

动手操作——正视图实例

01 在【标准】工具栏中单击【打开】按钮，在弹出的【选择文件】对话框中选择“9-4.CATDrawing”文件。单击【打开】按钮打开模型文件。选择【开始】|【机械设计】|【工程视图】，进入工程图设计工作台，如图9-35所示。

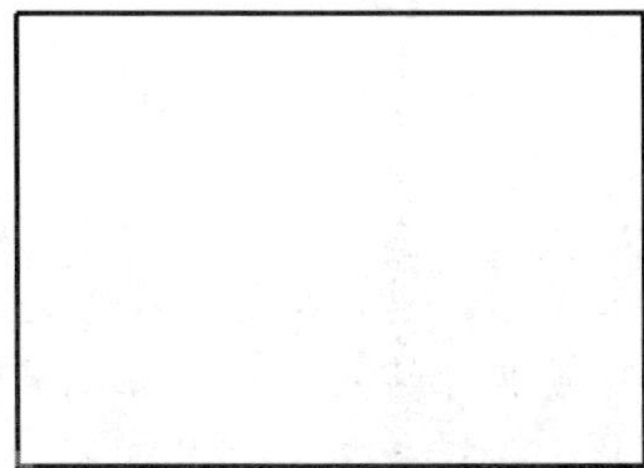

图9-35 打开空白工程图

02 单击【视图】工具栏上的【正视图】按钮，系统提示：将当前窗口切换到3D模型窗口，选择下拉菜单【窗口】|【9-4.CATPart】命令，切换到零件模型窗口。

03 选择投影平面。在图形区或特征树上选择zx平面作为投影平面，如图9-36所示。

图9-36 选择投影平面

04 选择一个平面作为正视图投影平面后，系统自动返回工程图工作台，将显示正视图预览，同时在图纸页右上角显示一个方向控制器，如图9-37所示。拖动绿色旋转按钮顺时针旋转90°，单击方向控制器中心按钮或图纸页空白处，即自动创建出实体模型对应的主视图。

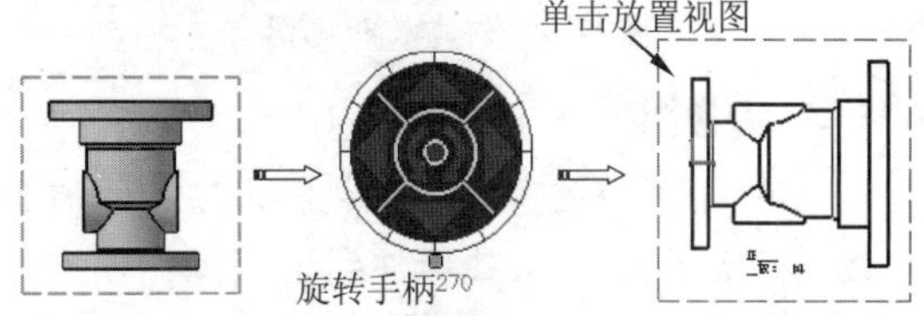

图9-37 创建正视图

05 创建视图后，如果要调整视图的位置，可将鼠标移到主视图虚线边框，光标变成手形，通过拖动其边框将正视图移动到任意位置，如图9-38所示。

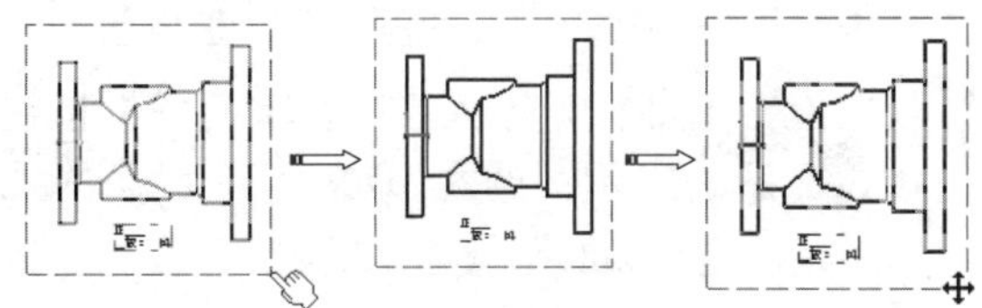

图9-38 移动视图位置

提 示

新建的正视图处于激活状态，处于激活状态的视图外围边框为红色，未处于激活状态视图的外围边框为蓝色。

2. 展开视图

【展开视图】是对钣金件而言，用于创建钣金件的展开二维视图。

动手操作——展开视图实例

01 在【标准】工具栏中单击【打开】按钮，在弹出的【选择文件】对话框中选择“jitouti.CATProduct”文件。单击【打开】按钮打开模型文件。选择【开始】|【机械设计】|【工程视图】，进入工程图设计工作台。

02 单击【视图】工具栏上的【展开视图】按钮，系统提示：将当前窗口切换到3D模型窗口，选择如图9-39所示的表面作为展开视图参考平面。

03 系统自动返回工程图工作台，利用方向控制器调整视图方位后，单击圆盘中心按钮或图纸页空白处，创建展开视图。

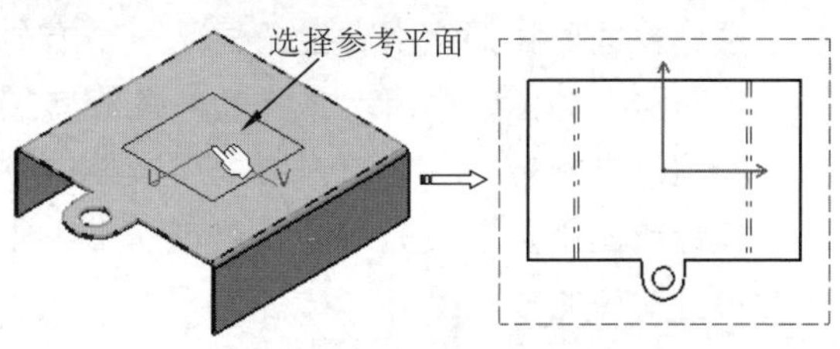

图9-39 创建展开视图

3. 3D视图

【3D视图】是将在零件上标注的尺寸和公差等三维元素投影并标注到工程图中。

动手操作——3D视图实例

01 在【标准】工具栏中单击【打开】按钮，在弹出的【选择文件】对话框中选择“9-6.CATDrawing”文件。单击【打开】按钮打开模型文件。选择【开始】|【机械设计】|【工程视图】，进入工程图设计工作台。

02 单击【视图】工具栏上的【3D视图】按钮，系统提示：选择3D文档中定义的视图，将当前窗口切换到3D模型窗口，选择如图9-40所示的视图。

03 系统自动返回工程图工作台，移动鼠标在所需位置单击放置视图。

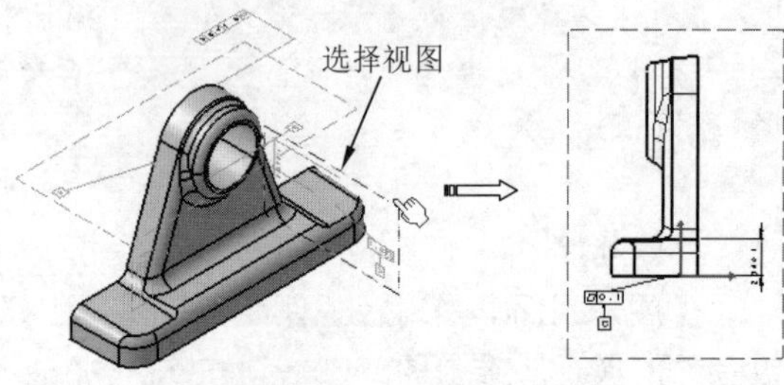

图9-40 创建3D视图

4. 创建投影视图

【投影视图】是从一个已经存在的父视图（通常为正视图）按照投影原理得到的，而且投影视图与父视图存在相关性。投影视图与父视图自动对齐，并且与父视图具有相同的比例。

动手操作——投影视图实例

01 在【标准】工具栏中单击【打开】按钮，在弹出的【选择文件】对话框中选择“9-7.CATDrawing”文件。单击【打开】按钮打开模型文件。选择【开始】|【机械设计】|【工程视图】，进入工程图设计工作台。

02 双击激活投影视图的父视图，单击【视图】工具栏上的【投影视图】按钮，在窗口中出现投影视图预览。

03 移动鼠标至所需视图位置（图中绿框内视图），单击鼠标左键，即生成所需的投影视图，如图9-41所示。

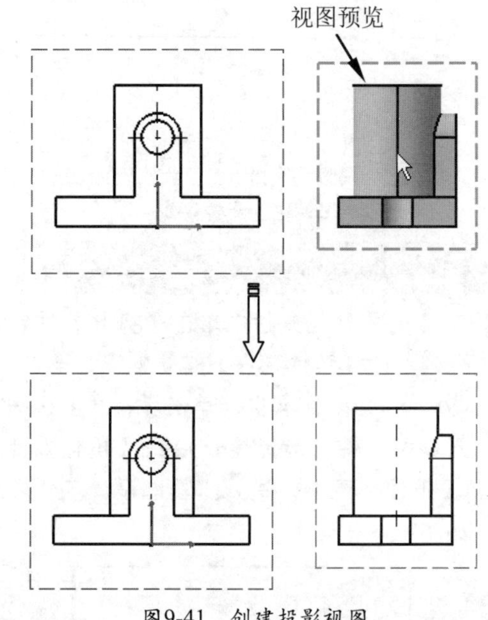

图9-41 创建投影视图

提示

创建投影视图系统默认与父视图对应关系，要想使两者脱离，可激活所创建的投影视图，单击鼠标右键，在弹出的快捷菜单中选择【视图定位】下的相关命令，然后再拖动投影视图即可。

5. 辅助视图

【辅助视图】用于物体向不平行于基本投影面的平面投影所得的视图，用于表达机件倾斜部分外部表面形状。

动手操作——辅助视图实例

01 在【标准】工具栏中单击【打开】按钮，在弹出的【选择文件】对话框中选择“9-8.CATDrawing”文件。单击【打开】按钮打开模型文件。选择【开始】|【机械设计】|【工程视图】，进入工程图设计工作台。

02 单击【视图】工具栏上的【辅助视图】按钮，单击一点来定义线性方向，选择一条直线，系统自动生成一条与选定直线平行的投影线，移动鼠标单击一点结束视图方向定位，沿投影方向移动鼠标，出现预览，如图9-42所示。

03 移动鼠标到视图所需位置，单击鼠标左键，即生成所需的视图。

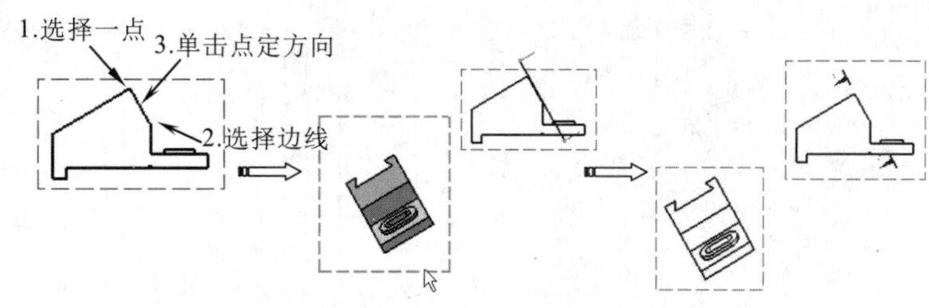

图9-42　创建辅助视图

6. 等轴测视图

【等轴测视图】是轴测投影方向与轴测投影面垂直时所投影得到的轴测图，为了便于读图，通常作为最后视图添加到图纸上。

动手操作——等轴测视图实例

01 在【标准】工具栏中单击【打开】按钮，在弹出的【选择文件】对话框中选择“9-9.CATDrawing”文件。单击【打开】按钮打开模型文件。选择【开始】|【机械设计】|【工程视图】，进入工程图设计工作台。

02 单击【视图】工具栏上的【等轴测视图】按钮，在零件窗口中模型任意位置单击，系统返回工程图窗口。

03 利用方向控制器调整视图方位后，单击圆盘中心按钮或图纸页空白处，即创建轴测图，如图9-43所示。

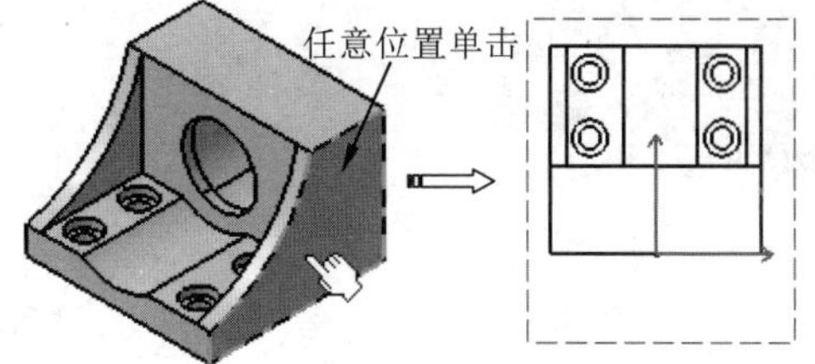

图9-43　创建等轴测视图

> **提示**
>
> 要创建的轴测图满足位置要求，可将模型在零件设计工作台中摆放到合适的视图角度，然后在工程图中再创建轴测图，以满足任意方位轴测图的创建。

7. 高级正视图

【高级正视图】与正视图的作用相同，只是在创建时可对视图名称、视图比例进行设置。

动手操作——高级正视图实例

01 在【标准】工具栏中单击【打开】按钮，在弹出的【选择文件】对话框中选择“9-10.CATDrawing”文件。单击【打开】按钮打开模型文件。选择【开始】|【机械设计】|【工程视图】，进入工程图设计工作台。

02 单击【视图】工具栏上的【高级正视图】按钮，弹出【视图参数】对话框，在【视图名称】文本框中输入合适名称，在【标度】文本框中可修改视图比例，如图9-44所示。单击【确定】按钮完成。

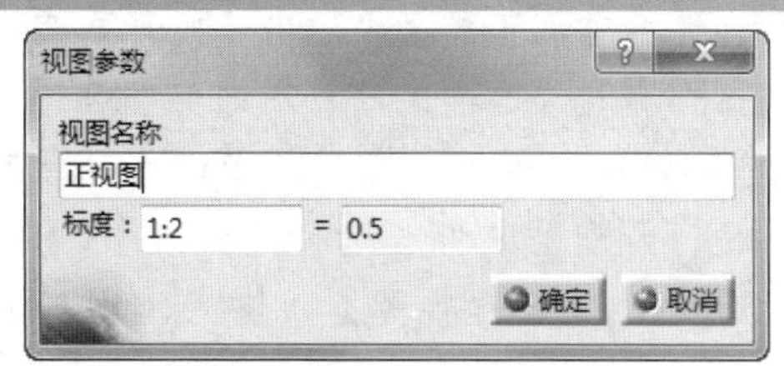

图9-44　【视图参数】对话框

03 系统提示：将当前窗口切换到3D模型窗口，选择如图9-45所示的表面作为投影平面。

04 系统自动返回工程图工作台，利用方向控制器调整视图方位后，单击圆盘中心按钮或图纸页空白处，创建高级正视图。

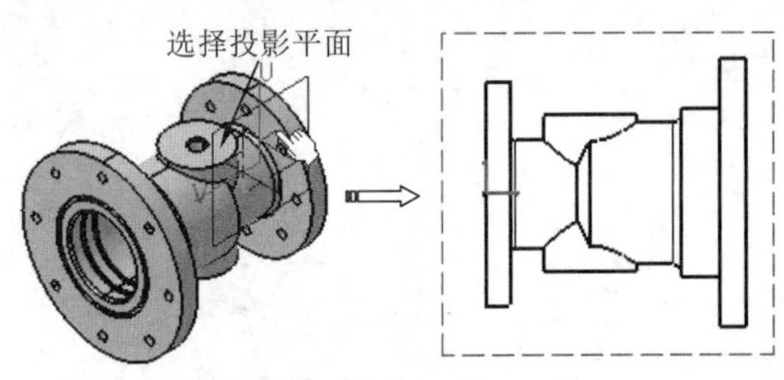

图9-45　创建高级正视图

9.4.2　创建截面视图

截面视图是用假想剖切平面剖开部件，将处在观察者和剖切平面之间的部分移去，而将其余部分向投影面投影得到图形，包括全剖、半剖、阶梯剖、局部剖等。

单击【视图】工具栏中【偏移剖视图】按钮右下角的小三角形，弹出有关截面视图命令按钮，如图9-46所示。

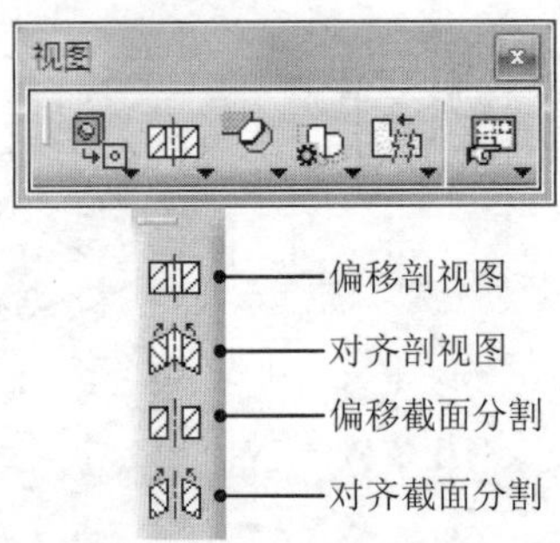

图9-46　截面视图命令

1. 全剖视图

【全剖视图】是以一个剖切平面将部件完全分开，移去前半部分，向正交投影面作投影所得的视图。

动手操作——全剖视图实例

01 在【标准】工具栏中单击【打开】按钮，在弹出的【选择文件】对话框中选择“9-11.CATDrawing”文件。单击【打开】按钮打开模型文件。选择【开始】|【机械设计】|【工程视图】，进入工程图设计工作台。

02 单击【视图】工具栏上的【偏移剖视图】按钮，依次单击两点来定义剖切平面，在拾取第二点时双击鼠标结束拾取。

03 移动鼠标到视图所需位置，单击鼠标左键，即生成所需的全剖视图，如图9-47所示。

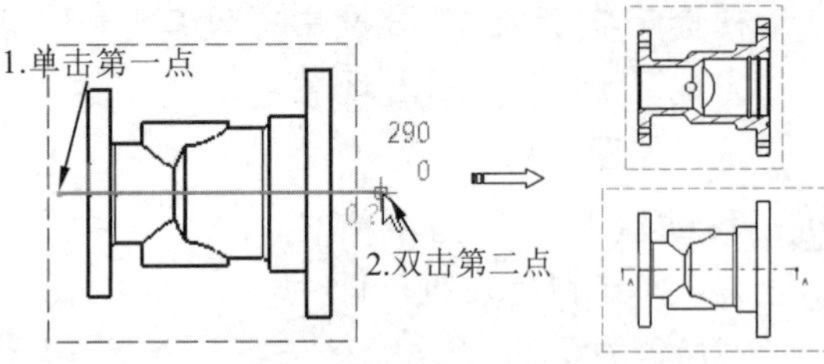

图9-47　创建全剖视图

提示

若要将生成的视图移动到正视图的下方时，正视图上的剖切线方向箭头显示向下；若要将生成的视图移动到正视图的上方时，正视图的剖切线方向箭头则显示向上。

2. 半剖视图

如果零件的内外形状都需要表示，同时该零件左右对称时，可将现有的视图作为父视图，建立半剖视图，即一半为剖视图，一般为模型视图。

提示

CATIA V5R21没有直接创建半剖视图的命令，可采用两个平行平面的方法来实现。创建半剖视图时，在定义剖切平面时，前两点在视图之内，用于定义半剖的剖切面，而后两点则在视图之外，为空剖。

动手操作——半剖视图实例

01 在【标准】工具栏中单击【打开】按钮，在弹出的【选择文件】对话框中选择“9-12.CATDrawing”文件。单击【打开】按钮打开模型文件。选择【开始】|【机械设计】|【工程视图】，进入工程图设计工作台。

02 单击【视图】工具栏上的【偏移剖视图】按钮，依次单击4点来定义剖切平面，在拾取第4点时双击鼠标结束拾取。

03 移动鼠标到视图所需位置，单击鼠标左键，即生成所需的半剖视图，如图9-48所示。

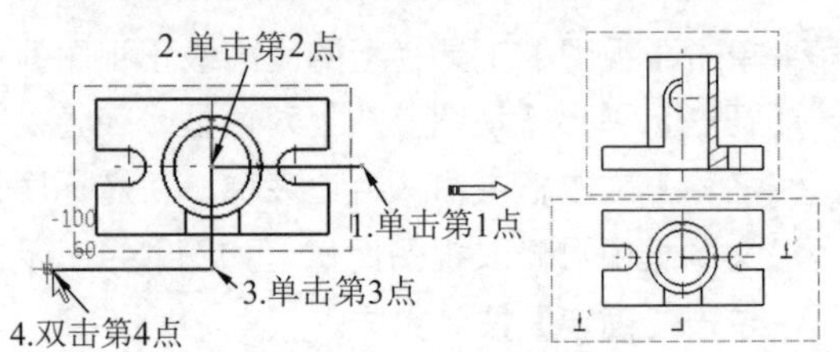

图9-48　创建半剖视图

3. 阶梯剖视图

阶梯剖视图是用几个相互平行的剖切平面剖切机件。

CATIA V5R21没有直接创建阶梯剖视图的命令，可采用多个平行平面的方法来实现。

动手操作—阶梯剖视图实例

01 在【标准】工具栏中单击【打开】按钮，在弹出的【选择文件】对话框中选择“9-13.CATDrawing”文件。单击【打开】按钮打开模型文件。选择【开始】|【机械设计】|【工程视图】，进入工程图设计工作台。

02 单击【视图】工具栏上的【偏移剖视图】按钮，依次单击4点来定义剖切平面，在拾取第4点时双击鼠标结束拾取。

03 移动鼠标到视图所需位置，单击鼠标左键，即生成所需的阶梯剖视图，如图9-49所示。

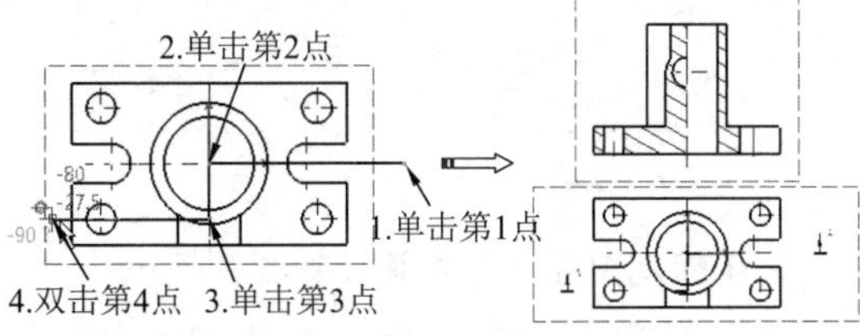

图9-49 创建阶梯剖视图

4. 旋转剖视图

【旋转剖视图】主要用于旋转体投影剖视图，当模型特征无法用直角剖切面来表达时，可通过创建围绕轴旋转的剖视图来表示。

动手操作—旋转剖视图实例

01 在【标准】工具栏中单击【打开】按钮，在弹出的【选择文件】对话框中选择“9-14.CATDrawing”文件。单击【打开】按钮打开模型文件。选择【开始】|【机械设计】|【工程视图】，进入工程图设计工作台。

02 单击【视图】工具栏上的【对齐剖视图】按钮，依次单击4点来定义剖切平面，在拾取第4点时双击鼠标结束拾取。

03 移动鼠标到视图所需位置，单击鼠标左键，即生成所需的旋转剖视图，如图9-50所示。

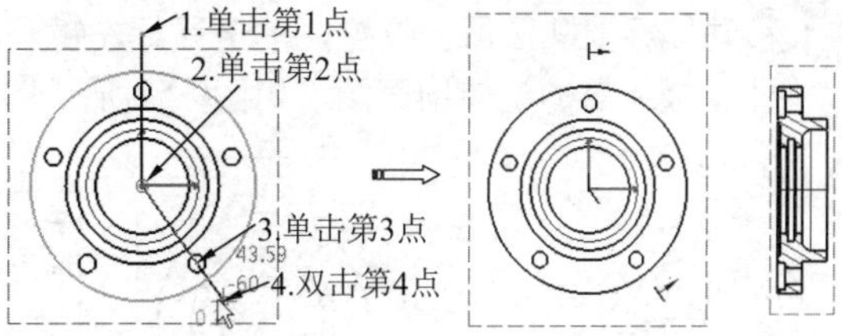

图9-50 创建旋转剖视图

5. 剖面图

【剖面图】只表达形体截面形状，即只显示被剖切平面剖切的部分。

动手操作—剖面图实例

01 在【标准】工具栏中单击【打开】按钮，在弹出的【选择文件】对话框中选择“9-15.CATDrawing”文件。单击【打开】按钮打开模型文件。选择【开始】|【机械设计】|【工程视图】，进入工程图设计工作台。

02 单击【视图】工具栏上的【偏移截面分割】按钮，依次单击两点来定义剖切平面，在拾取第二点时双击鼠标结束拾取。

03 移动鼠标到视图所需位置，单击鼠标左键，即生成所需的剖面图，如图9-51所示。

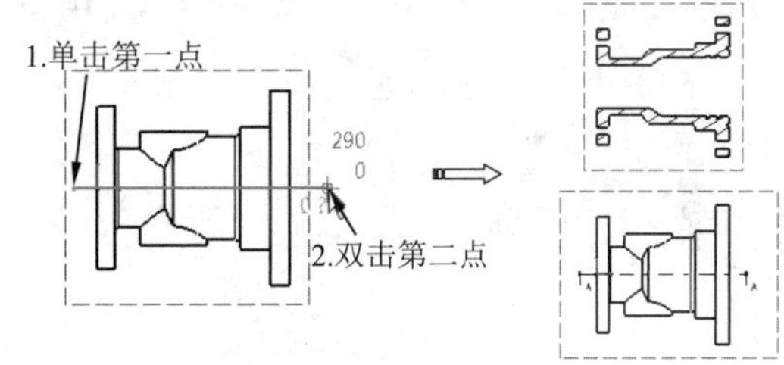

图9-51 创建剖面图

6. 旋转剖面图

【旋转剖面图】又称为旋转截面视图，主要表达剖截面的形状，即只显示被剖切平面剖切的部分。

动手操作—旋转剖面图实例

01 在【标准】工具栏中单击【打开】按钮，在弹出的【选择文件】对话框中选择“9-16.CATDrawing”文件。单击【打开】按钮打开模型文件。选择【开始】|【机械设计】|【工程视图】，进入工程图设计工作台。

02 单击【视图】工具栏上的【对齐截面分割】按钮，依次单击4点来定义剖切平面，在拾取第4点时双击鼠标结束拾取。

03 移动鼠标到视图所需位置，单击鼠标左键，即生成所需的旋转剖面图，如图9-52所示。

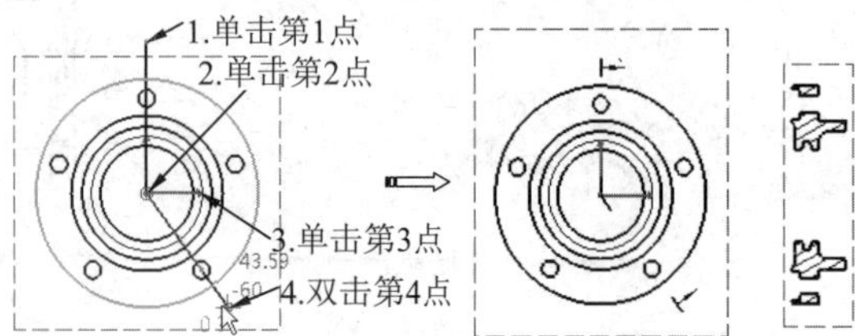

图9-52 创建旋转剖面图

9.4.3 局部放大视图

局部放大视图适用于把机件视图上某些表达不清楚或不便于标注尺寸的细节，用放大比例画出。

单击【视图】工具栏中【详细视图】按钮右下角的小三角形，弹出局部放大视图命令按钮，如图9-53所示。

> **提示**
>
> 快速详细视图由二维视图直接计算生成，而普通详细视图由三维零件计算生成，因此快速生成局部放大视图比局部放大视图生成速度快。

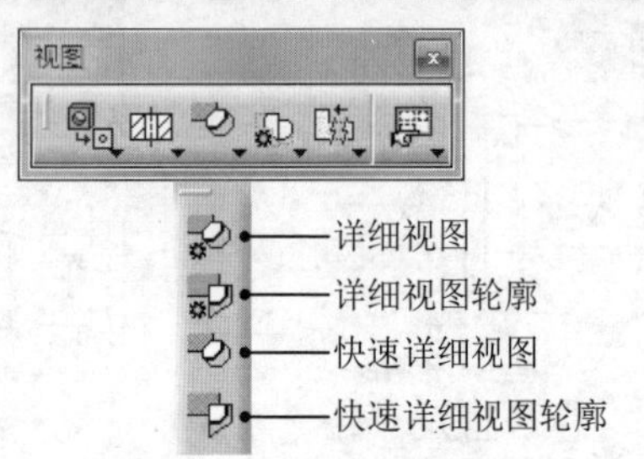

图9-53 局部放大视图命令

1. 详细视图和快速详细视图

详细视图是将视图中的局部圆形区域放大生成视图，分为详细视图和快速详细视图。详细视图是对三维视图进行布尔运算后的结果，快速详细视图由二维视图直接计算生成的图形局部放大视图。

动手操作—详细视图和快速详细视图实例

01 在【标准】工具栏中单击【打开】按钮，在弹出的【选择文件】对话框中选择“9-17.CATDrawing”文件。单击【打开】按钮打开模型文件。选择【开始】|【机械设计】|【工程视图】，进入工程图设计工作台。

02 单击【视图】工具栏上的【详细视图】按钮，选择圆心位置，然后再次单击一点确定圆半径，移动鼠标到视图所需位置，单击鼠标，即生成所需的视图，如图9-54所示。

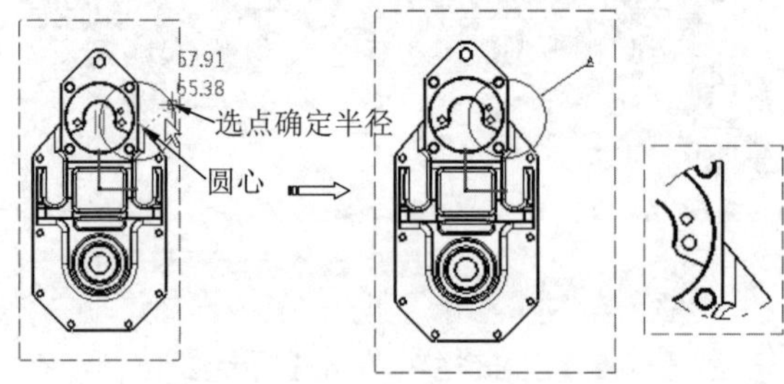

图9-54 创建详细视图

03 单击【视图】工具栏上的【快速详细视图】按钮，选择圆心位置，然后再次单击一点确定圆半径，移动鼠标到视图所需位置，单击鼠标，即生成所需的视图，如图9-55所示。

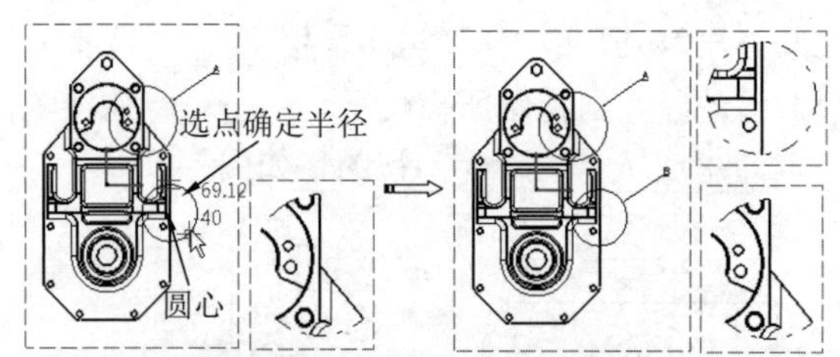

图9-55 创建快速详细视图

2. 详细视图轮廓和快速详细视图轮廓

【详细视图轮廓和快速详细视图轮廓】是将视图中的多边形区域局部放大生成视图。详细视图轮廓是对三维视图进行布尔运算后的结果，快速详细视图轮廓是由二维视图直接计算生成的视图。

动手操作—详细视图轮廓和快速详细视图轮廓实例

01 在【标准】工具栏中单击【打开】按钮，在弹出的【选择文件】对话框中选择“9-18.CATProduct”文件。单击【打开】按钮打开模型文件。选择【开始】|【机械设计】|【工程视图】，进入工程图设计工作台。

02 单击【视图】工具栏上的【详细视图轮廓】按钮，绘制任意的多边形轮廓，双击鼠标左键可使轮廓自动封闭，移动鼠标到视图所需位置，单击鼠标，即生成所需的视图，如图9-56所示。

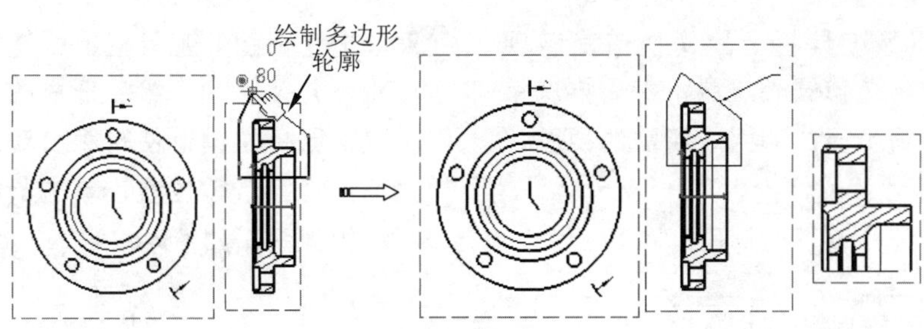

图9-56 创建详细视图轮廓

提 示

如果单击形成封闭的多边形，系统自动结束选择；如果选择形成未封闭多边形，双击最后点，系统自动封闭多边形并结束选择。

03 单击【视图】工具栏上的【快速详细视图轮廓】按钮，绘制任意的多边形轮廓，双击鼠标左键可使轮廓自动封闭，移动鼠标到视图所需位置，单击鼠标，即生成所需的视图，如图9-57所示。

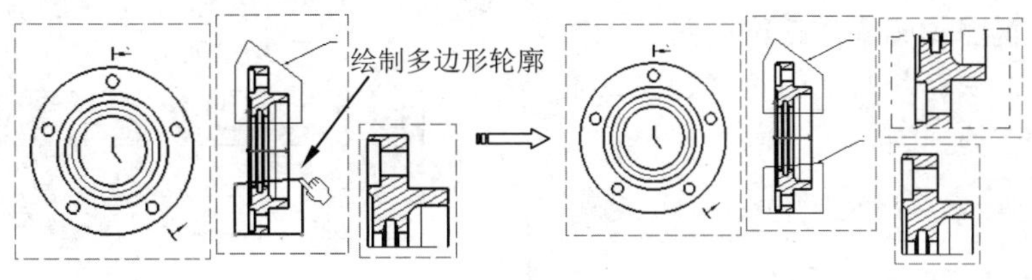

图9-57 创建快速详细视图轮廓

9.4.4 裁剪视图

裁剪视图用于通过圆或多边形来裁剪现有视图，使其只显示需要的部分。

单击【视图】工具栏中【裁剪视图】按钮右下角的小三角形，弹出有关裁剪视图命令按钮，如图9-58所示。

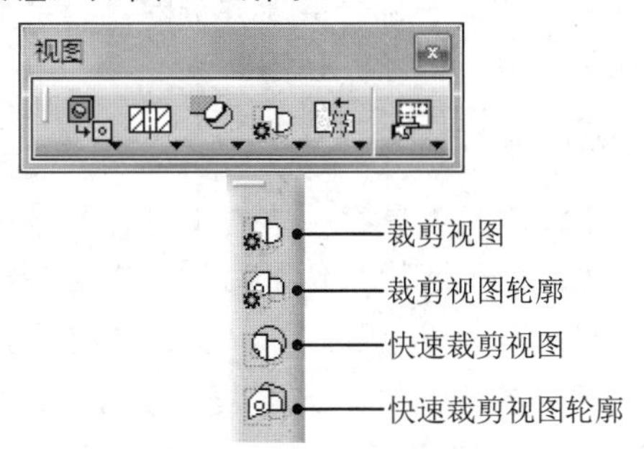

图9-58 裁剪视图命令

1. 裁剪视图和快速裁剪视图

【裁剪视图和快速裁剪视图】是采用圆形区域剪切视图生成新的视图，分为裁剪视图和快速裁剪视图。裁剪视图是对三维视图进行布尔运算后的结果，快速裁剪视图是由二维视图直接计算生成的视图。

动手操作——裁剪视图和快速裁剪视图实例

01 在【标准】工具栏中单击【打开】按钮，在弹出的【选择文件】对话框中选择“9-19.CATDrawing”文件。单击【打开】按钮打开模型文件。选择【开始】|【机械设计】|【工程视图】，进入工程图设计工作台。

02 单击【视图】工具栏上的【裁剪视图】按钮，选择圆心位置，然后再次单击一点确定圆半径，即生成所需的视图，如图9-59所示。

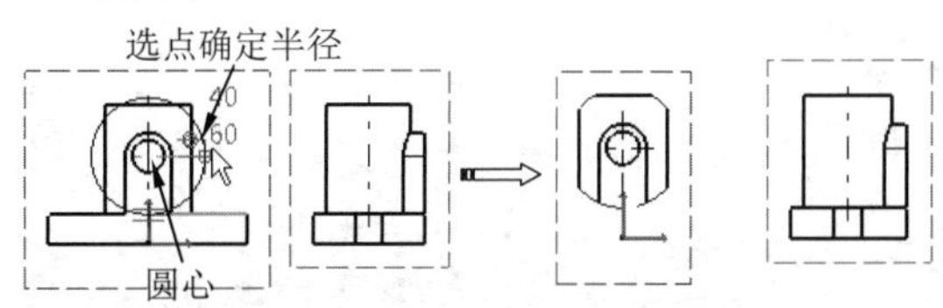

图9-59 创建裁剪视图

03 单击【标准】工具栏上的【撤销】按钮，返回到打开文件时的状态。

04 单击【视图】工具栏上的【快速裁剪视图】按钮，选择圆心位置，然后再次单击一点确定圆半径，即生成所需的视图，如图9-60所示。

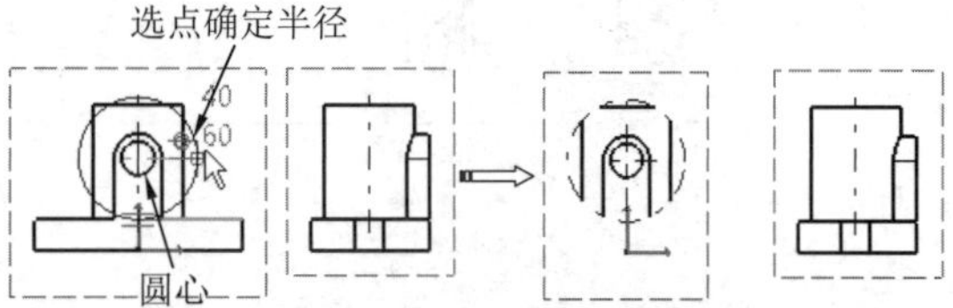

图9-60 创建快速裁剪视图

2. 草绘的裁剪视图轮廓和草绘的快速裁剪视图轮廓

【草绘的裁剪视图轮廓和草绘的快速裁剪视图轮廓】是使用多边形区域裁剪视图，分为草绘的裁剪视图轮廓和草绘的快速裁剪视图轮廓。草绘的裁剪视图轮廓是对三维视图进行布尔运算后的结果，快速裁剪视图轮廓是由二维视图直接计算生成的视图。

动手操作—草绘的裁剪视图轮廓和草绘的快速裁剪视图轮廓实例

01 在【标准】工具栏中单击【打开】按钮，在弹出的【选择文件】对话框中选择“9-20.CATDrawing”文件。单击【打开】按钮打开模型文件。选择【开始】|【机械设计】|【工程视图】，进入工程图设计工作台。

02 单击【视图】工具栏上的【裁剪视图轮廓】按钮，绘制任意的多边形轮廓，双击鼠标左键可使轮廓自动封闭，即生成所需的视图，如图9-61所示。

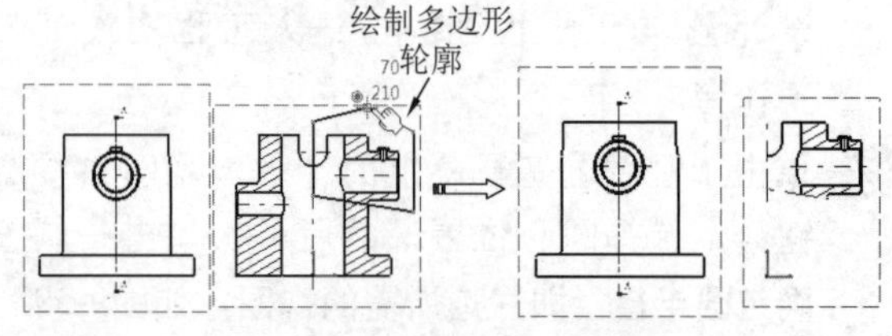

图9-61 创建裁剪视图轮廓

提示

如果单击形成封闭的多边形，系统自动结束选择；如果选择形成未封闭多边形，双击最后点，系统自动封闭多边形并结束选择。

03 单击【标准】工具栏上的【撤销】按钮，返回到打开文件时的状态。

04 单击【视图】工具栏上的【快速裁剪视图轮廓】按钮，绘制任意的多边形轮廓，双击鼠标左键可使轮廓自动封闭，移动鼠标到视图所需位置，单击鼠标，即生成所需的视图，如图9-62所示。

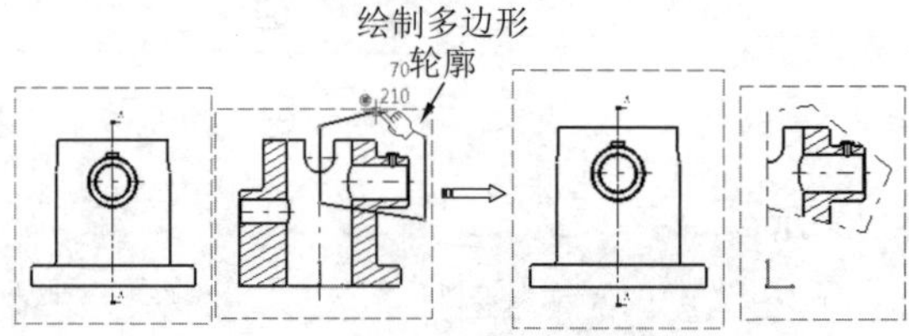

图9-62 创建快速裁剪视图轮廓

9.4.5 断开视图

单击【视图】工具栏中【局部视图】按钮右下角的小三角形，弹出有关断开视图命令按钮，如图9-63所示。

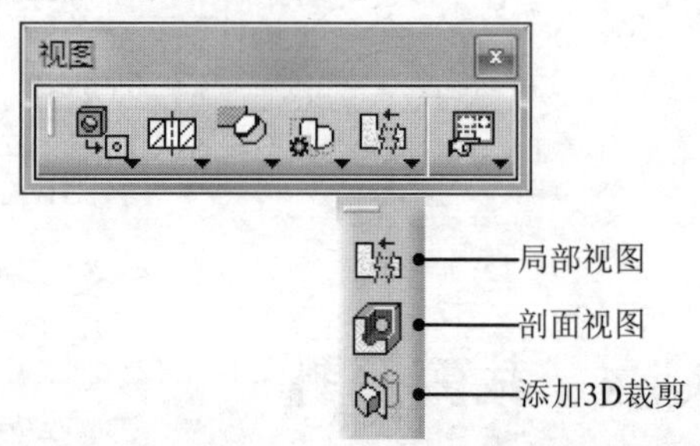

图9-63 断开视图命令

1. 断开视图

对于较长且沿长度方向形状一致或按一定规律变化的机件，如轴、型材、连杆等，通常采用将视图中间一部分截断并删除，将余下两部分靠近绘制，即断开视图。

动手操作—断开视图实例

01 在【标准】工具栏中单击【打开】按钮，在弹出的【选择文件】对话框中选择“9-21.CATDrawing”文件。单击【打开】按钮打开模型文件。选择【开始】|【机械设计】|【工程视图】，进入工程图设计工作台。

02 单击【视图】工具栏上的【局部视图】按钮，选取一点以作为第一条断开线的位置点，移动鼠标使第一条断开线水平或垂直，单击左键确定第一条断开线，如图9-64所示。

提示

选择第一点后，系统出现一条绿色实线和一条绿色虚线，两者相互垂直，实线表示折断的真实位置，移动鼠标指针，实线和虚线相互转换。

03 移动鼠标使第二条断开线至所需位置，单击左键确定第二条断开线，如图9-64所示。

04 在图纸任意位置单击左键，即生成断开视图。

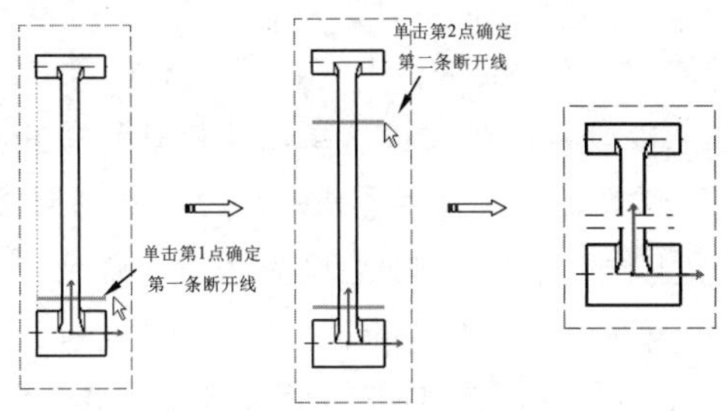

图9-64 创建断开视图

2. 局部剖视图

【局部剖视图】是在原来视图基础上对机件进行局部剖切，以表达该部件内部结构形状的一种视图。

动手操作—局部剖视图实例

01 在【标准】工具栏中单击【打开】按钮，在弹出的【选择文件】对话框中选择“9-22.CATDrawing”文件。单击【打开】按钮打开模型文件。选择【开始】|【机械设计】|【工程视图】，进入工程图设计工作台。

02 单击【视图】工具栏上的【剖面视图】按钮，连续选取多个点，在最后点处双击封闭形成多边形，如图9-65所示。

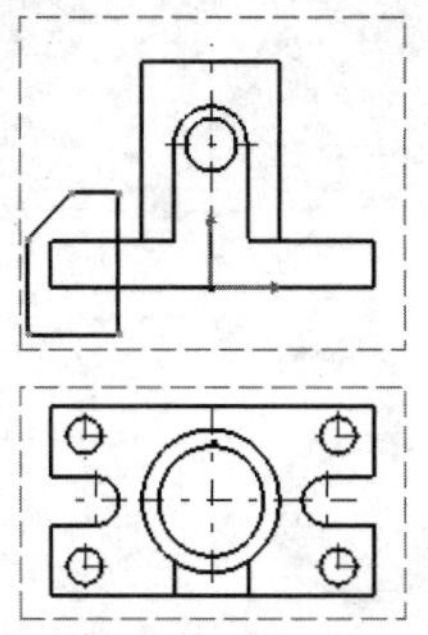

图9-65 创建局部剖轮廓

03 系统弹出【3D查看器】对话框，选中【动画】复选框，如图9-66所示。

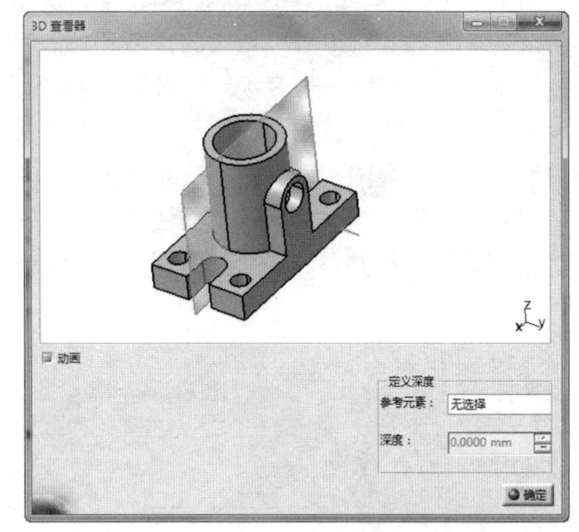

图9-66 【3D查看器】对话框

04 激活【3D查看器】对话框中的【参考元素】编辑框，选择工程图窗口中的圆心为剖切位置，如图9-67所示。

05 单击【确定】按钮，即生成剖面视图。

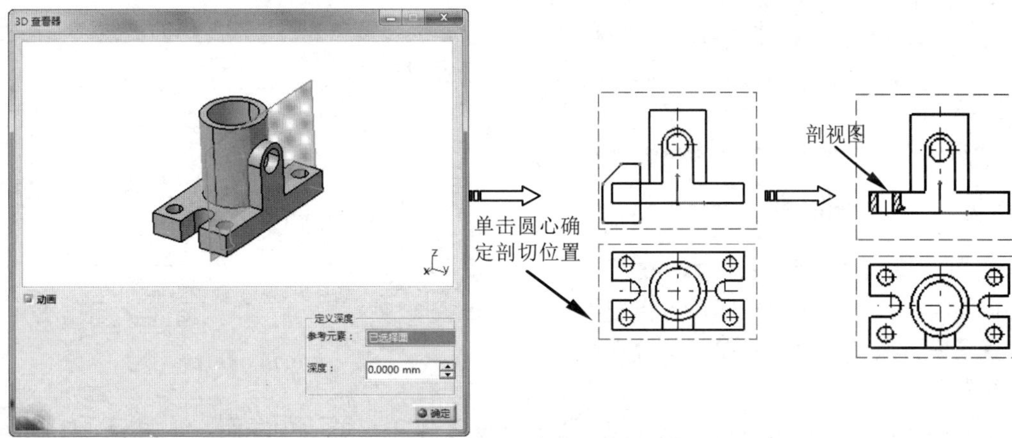

图9-67 创建剖视图

提示

用户可拖动在【3D查看器】对话框中的剖切平面来确定剖切位置。作为剖面的轮廓线一旦生成，无法再对其进行编辑；局部剖视图生成后，单击鼠标右键，在弹出的快捷菜单中选择【辅助视图对象】|【移除剖面】命令可将其删除。

9.5 工程视图编辑

创建的工程视图可通过编辑功能来调整视图位置、显示以及视图属性等，本节将介绍工程视图编辑相关的功能。

9.5.1 移动视图

在CATIA工程图中有两种视图：独立视图和关联视图。独立视图可任意移动，不受其他视图的影响，如正视图、展开视图、轴测视图等；而关联视图是与其他视图关联的，只能沿着投影方向移动，如俯视图、左视图、辅助视图等。

【移动视图】操作简单，只需使用鼠标左键按住视图框架不放并移动到合适位置，如图9-68所示。

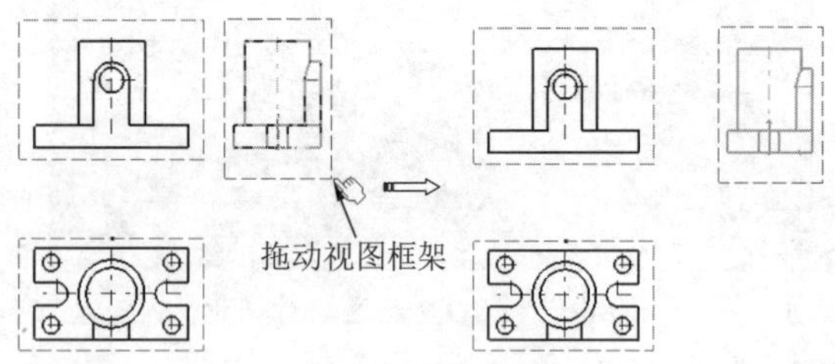

图9-68 移动视图

提示

对于关联视图需要隔离才能任意移动，选中视图框架单击鼠标右键，在弹出的快捷菜单中选择【视图定位】|【不根据参考视图定位】命令，即可完成视图隔离，然后可拖动视图框架自由移动视图。

9.5.2 对齐视图

在使用模板创建各种视图时，投影视图不与主视图关联；或者隔离视图后，当视图移动时，就会变得杂乱无章，需要将部分视图对齐，使视图更加美观。

动手操作—对齐视图实例

01 在【标准】工具栏中单击【打开】按钮，在弹出的【选择文件】对话框中选择“9-23.CATDrawing”文件。单击【打开】按钮打开模型文件。选择【开始】|【机械设计】|【工程视图】，进入工程图设计工作台。

02 在图纸中选中视图框架，单击鼠标右键，在弹出的快捷菜单中选择【视图定位】|【使用元素对齐视图】命令，如图9-69所示。

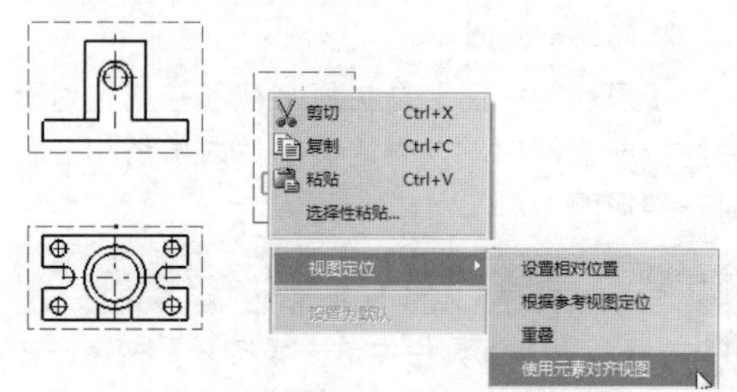

图9-69 选择【使用元素对齐视图】命令

03 系统提示：选择要对齐或叠加的第一个元素（直线、圆或点），选择如图9-70所示的边线，然后系统提示：选择要对齐或叠加的第二个元素，确保它与第一个元素的类型相同，选择如图9-70所示的边线，自动完成视图对齐。

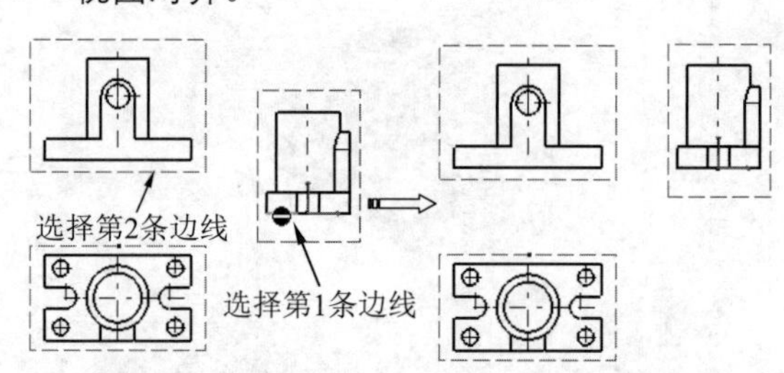

图9-70 对齐视图

9.5.3 视图隐藏、显示和删除

对于暂时不用的视图可采用隐藏操作，当

需要时再将视图显示出来，也可以将不需要的视图删除掉。

1. 隐藏视图

在特征树上选中要隐藏的视图，单击鼠标右键，在弹出的快捷菜单中选择【隐藏/显示】命令，即可将所选视图隐藏，如图9-71所示。

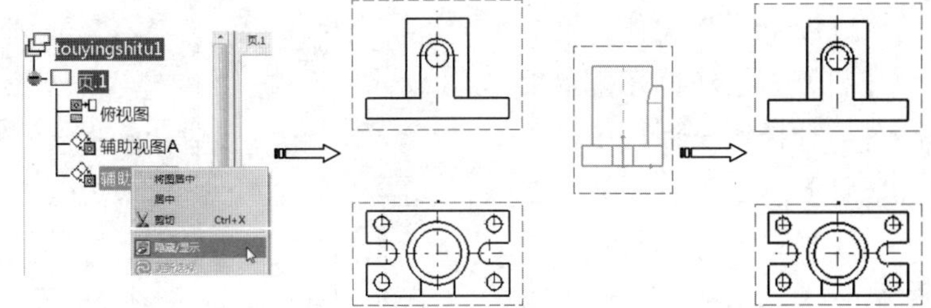

图9-71　隐藏视图

2. 显示视图

在特征树上选中要显示的视图，单击鼠标右键，在弹出的快捷菜单中选择【隐藏/显示】命令，即可将所选视图显示，如图9-72所示。

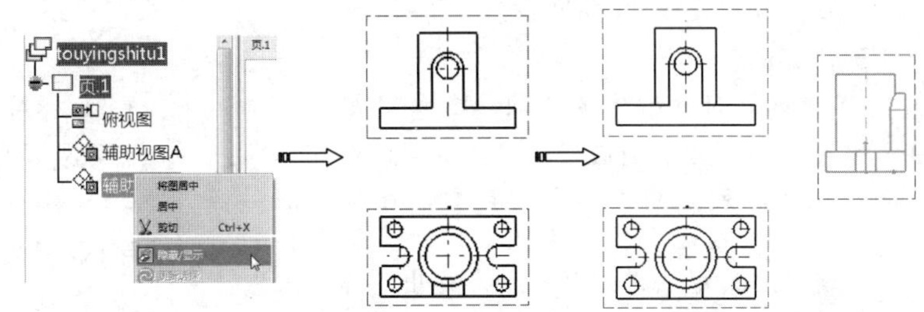

图9-72　显示视图

3. 删除视图

在特征树上选中要删除的视图框架，按Delete键即可将所选视图删除，如图9-73所示。

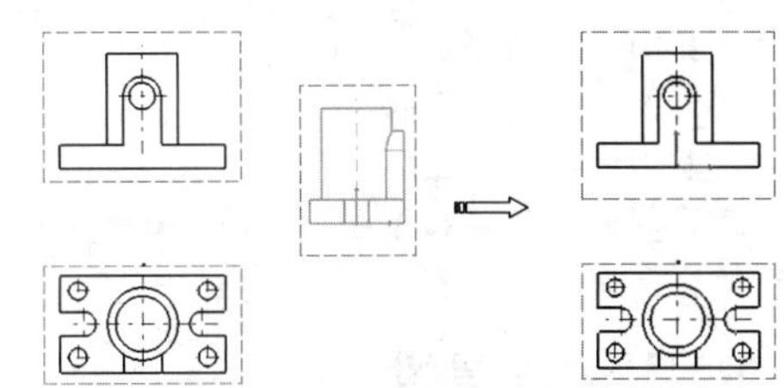

图9-73　删除视图

9.5.4　视图复制和粘贴

在特征树上选中要复制的视图，在弹出的快捷菜单中选择【复制】命令，然后在特征树选中【页.1】，单击鼠标右键在弹出的快捷菜单中选择【粘贴】命令，此时特征树中生成一个新节点，移动复制的视图后结果如图9-74所示。

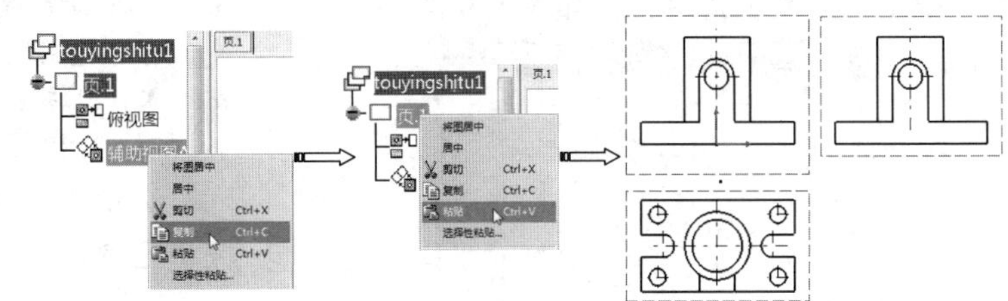

图9-74　复制和粘贴视图

9.5.5　更新视图

如果在零件设计工作台中修改了零件模型，该零件的工程图也要进行相应的更新。此时可选择下拉菜单【编辑】|【更新当前图纸】命令，或单击【更新】工具栏上的【更新当前图纸】按钮，即可将视图更新。

9.5.6　修改剖面线

对于系统生成的剖面线可通过修改功能使其符合工程图的要求。

动手操作—修改剖面线实例

01 在【标准】工具栏中单击【打开】按钮，在弹出的【选择文件】对话框中选择“9-24.CATProduct”文件。单击【打开】按钮打开模型文件。选择【开始】|【机械设计】|【工程视图】，进入工程图设计工作台。

02 双击要编辑的剖面线，弹出【属性】对话框，设置【角度】文本框为45，单击【确定】完成剖面修剪，如图9-75所示。

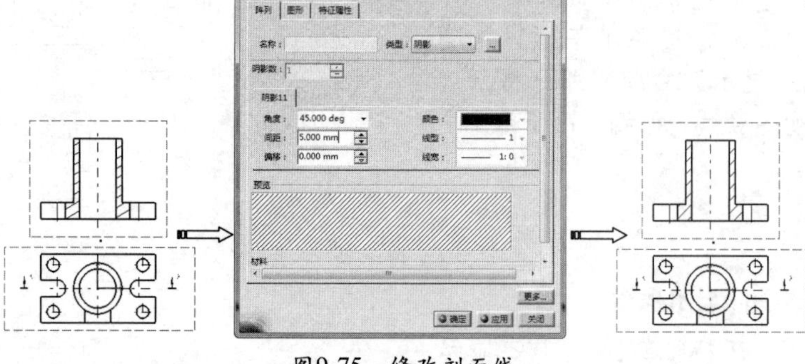

图9-75 修改剖面线

【属性】对话框相关选项参数含义如下：

- ★ 类型：用于设置剖面线的图样类型，可在其后的下拉列表中选择所需类型，包括“阴影”、“点线”、“着色”、“图像”和“无”等。单击其后的按钮，弹出【阵列选择器】对话框，可选择需要的剖面线类型。
- ★ 角度：用于设置剖面线的角度值。
- ★ 颜色：用于设置剖面线的颜色。
- ★ 间距：用于设置剖面线的间距值。
- ★ 线型：用于设置剖面线的线型。
- ★ 偏移：用于设置剖面线的偏移量值。
- ★ 线宽：用于设置剖面线的线宽。

9.5.7 工程图纸属性

在特征树中选中【页.1】节点，单击鼠标右键，在弹出的快捷菜单中选择【属性】命令，弹出【属性】对话框，如图9-76所示。

图9-76 【属性】对话框

【属性】对话框相关选项参数含义如下：

（1）名称

用于设置当前图纸页的名称。

（2）标度

用于设置当前图纸页所有视图比例。

（3）格式

用于设置图纸页格式参数，包括以下选项：

- ★ 显示：选中该复选框，在图形区显示该图纸页的边框。
- ★ 宽度：用于设置当前图纸页的宽度。
- ★ 高度：用于设置当前图纸页的高度。
- ★ 纵向和横向：用于设置图纸是纵向放置还是横向放置。

（4）投影方法

- ★ 第一角投影法标准：用第一角投影方式生成视图，符合我国制图标准。
- ★ 第三角投影法标准：用第三角投影方式生成视图，符合欧美制图标准。

（5）创成式视图定位模式

- ★ 零件边界框中心：根据零部件编辑框中心来对齐视图。
- ★ 零件3D轴：根据零部件3D轴来对齐视图。

（6）打印区域

选中【激活】复选框，可设置图纸打印区域和范围。

9.5.8 视图属性

在特征树上选择创建的视图，或者鼠标移到主视图虚线边框，光标变成手形，单击鼠标右键，在弹出的快捷菜单中选择【属性】命令，弹出【属性】对话框，如图9-77所示。

【属性】对话框相关选项含义如下：

- ★ 【显示视图框架】：选中该复选框，可用一个虚线边框来将视图与其他视图隔开，如图9-78所示。

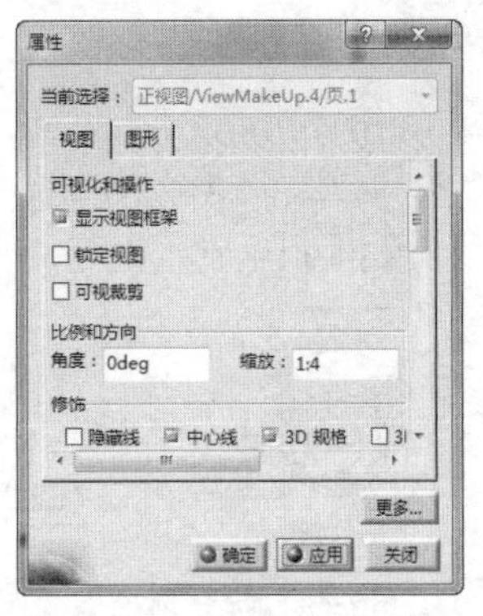

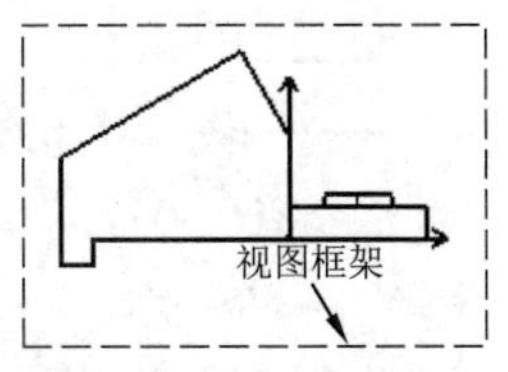

图9-77 【属性】对话框　　图9-78 显示视图框架

★ 【锁定视图】：选中该复选框，使视图锁定，该视图将无法编辑。

★ 【可视裁剪】：选中该复选框，出现一个可编辑边框，拖动边框4个顶点的小正方形，可缩放显示区域范围，如图9-79所示。

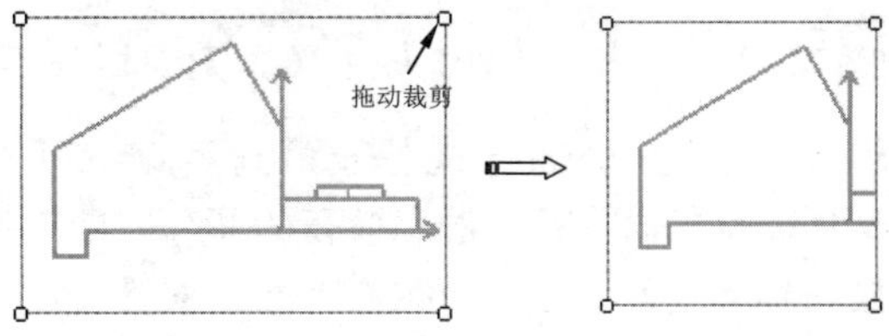

图9-79 可视裁剪

★ 【比例和方向】：用于设置视图比例和角度。

★ 【修饰】：设置图纸的一些修饰符号，例如隐藏线、中心线、螺纹、轴等。

9.6 工程图中的草图绘制实例绘图

CATIA V5R21中所创建的工程图往往与模型相关，改变模型时视图随之发生变化。同时它也提供了草图绘制功能，利用草图绘制功能可以修改视图线条，或者在没有模型的情况下直接利用草图工具创建出所需的视图。所创建的草图曲线将作为视图中与视图相关的曲线，并可关联地约束到视图中的几何体。

9.6.1 工程图中草图绘制工具

1. 几何图形工具栏

工程图中草图绘制方法与零件环境中草图绘制方法基本相同，利用【几何图形创建】工具栏和【几何图形修改】工具栏上的相关命令进行绘制。

（1）【几何图形创建】工具栏

【几何图形创建】工具栏用于创建二维图形元素，如图9-80所示。

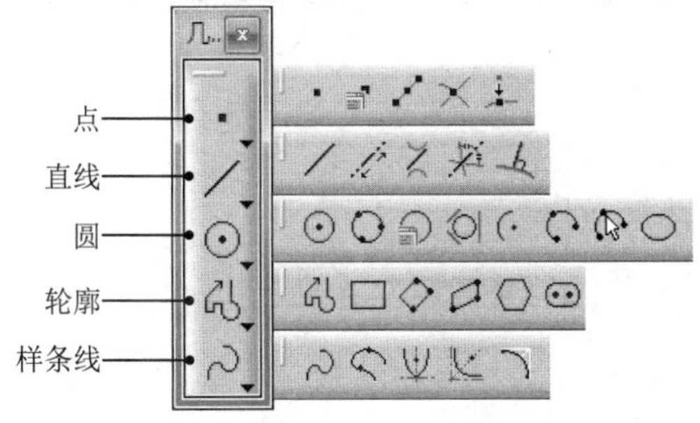

图9-80 【几何图形创建】工具栏

（2）【几何图形修改】工具栏

【几何图形修改】工具栏用于编辑二维图形元素，如图9-81所示。

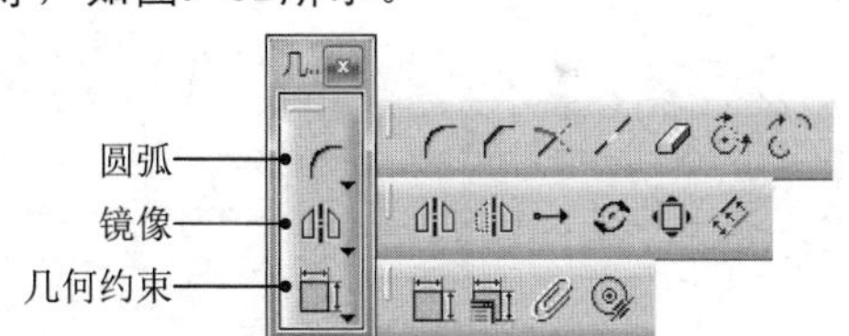

图9-81 【几何图形修改】工具栏

2. 【图形属性】对话框

在绘制图形时，可利用【图形属性】工具栏上的相关选项来更改图形的线宽、线型和图层等，如图9-82所示。

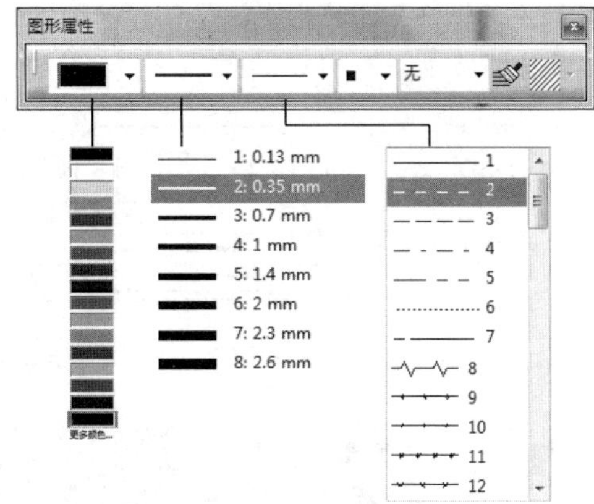

图9-82 【图形属性】工具栏

【图形属性】工具栏相关选项含义如下：

★ [颜色下拉框]：用于设置图形颜色。

★ [线宽下拉框]：用于设置线宽。

★ ——▾：用于设置线型。
★ ▪ ▾：用于设置点的形状。
★ 无 ▾：用于定义层。

9.6.2 筋（肋）特征的处理

对于机件的肋、轮幅及薄壁等,若按纵向剖切（剖切面平行于肋和薄壁的厚度方向或通过轮辐轴线），这些结构均不画剖面符号，而用粗实线与其邻接部分分开，如图9-83所示。

回转体上均匀分布的肋、轮幅、孔等结构不处于剖切面上时，可将这些结构旋转到剖切面上画出，如图9-84所示。

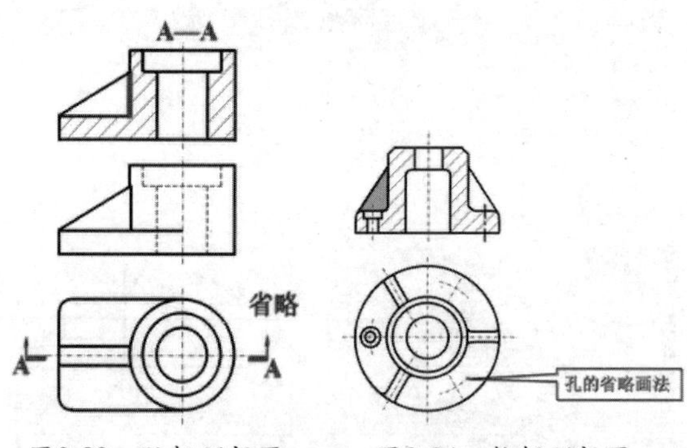

图9-83 肋板剖视图　　图9-84 轮辐剖视图

下面通过实例来讲解筋或肋在制图中的处理方法以及工程图中草绘的绘制过程。

动手操作—工程图中的草图绘制实例

01 在【标准】工具栏中单击【打开】按钮，在弹出的【选择文件】对话框中选择“9-25.CATDrawing”文件。单击【打开】按钮打开模型文件。选择【开始】|【机械设计】|【工程视图】，进入工程图设计工作台。

02 双击图纸中的剖面线，弹出【属性】对话框，在【类型】下拉列表中选择“无”，单击【确定】按钮取消剖面线，如图9-85所示。

03 利用【几何图形创建】工具栏和【几何图形修改】工具栏相关命令按钮，绘制如图9-86所示的草图。

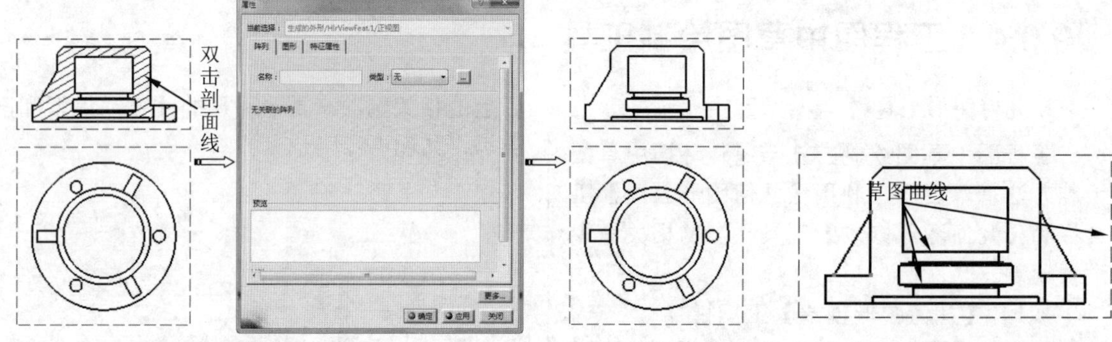

图9-85 取消剖面线　　图9-86 绘制草图曲线

04 单击【修饰】工具栏上的【创建区域填充】按钮，选择填充区域，系统自动填充剖面线，如图9-87所示。

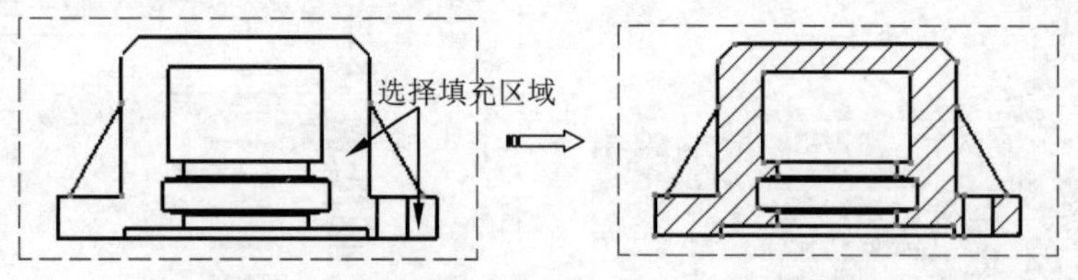

图9-87 填充剖面线

9.7 修饰特征

修饰特征包括生成中心线、生成螺纹线、生成轴线和中心线、生成剖面线（Area Fill）等功能，主要通过集中在【修饰】工具栏下的相关命令按钮来实现，下面分别加以介绍。

9.7.1 创建中心线

用于生成中心线、螺纹线、轴线等。单击【标注】工具栏中【中心线】按钮右下角的小三角形，弹出有关生成中心线命令按钮，如图9-88所示。

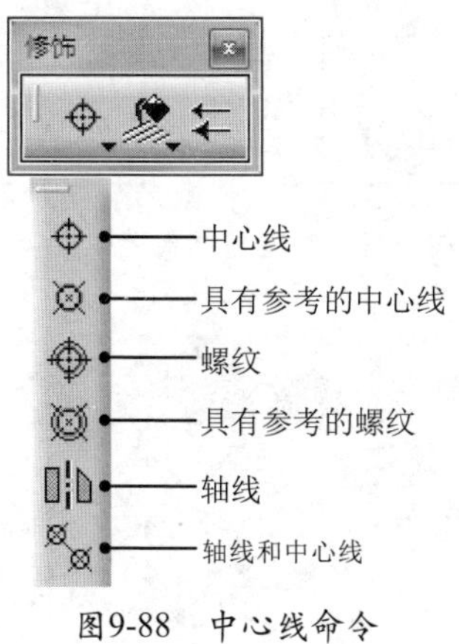

图9-88 中心线命令

1. 中心线

用于生成圆中心线。

单击【修饰】工具栏上的【中心线】按钮，选择圆系统自动生成中心线。单击中心线的控制点，将其拖动到合适位置，在视图空白处单击完成绘制，如图9-89所示。

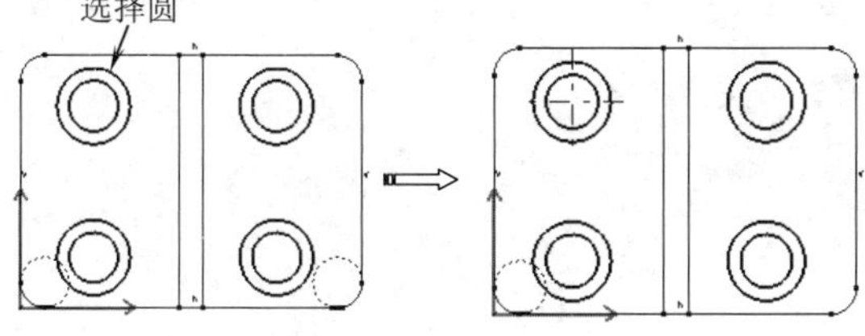

图9-89 创建中心线

2. 具有参考的中心线

用于参考其他元素生成中心线，常用于标注呈环形分布的孔。

单击【修饰】工具栏上的【具有参考的中心线】按钮，选中圆，选中参考的元素，中心线自动生成，如图9-90所示。

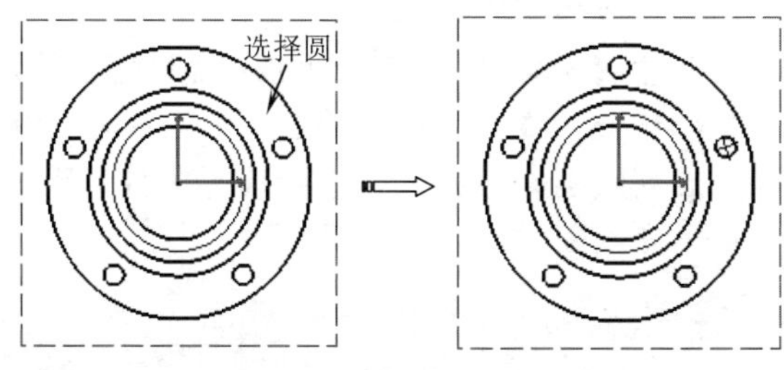

图9-90 创建具有参考的中心线

提示

若参考元素为直线，则中心线分别与参考直线平行和垂直；若参考元素为圆，则中心线分别与两个圆圆心的连线平行和垂直。

3. 螺纹

用于生成螺纹线。

单击【修饰】工具栏上的【螺纹】按钮，弹出【工具控制板】工具栏，选择内螺纹或外螺纹，选择圆，系统自动创建螺纹线，如图9-91所示。

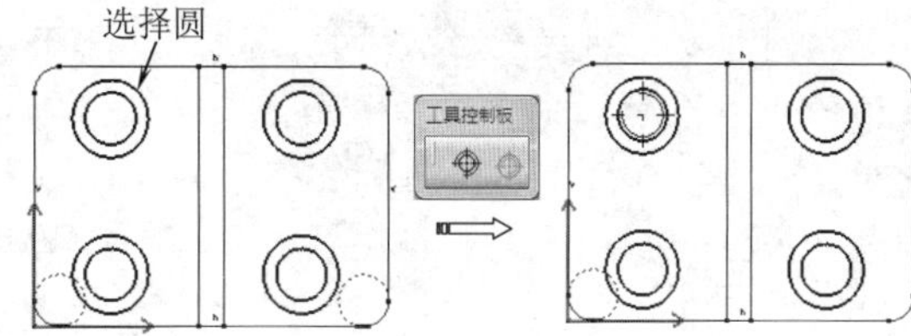

图9-91 创建螺纹线

4. 具有参考的螺纹

用于参考其他元素生成螺纹线，常用于标注呈环形分布的螺纹孔。

单击【修饰】工具栏上的【具有参考的螺纹】按钮，弹出【工具控制板】工具栏，选择内螺纹或外螺纹，选中圆，选中参考的元素，螺纹线自动生成，如图9-92所示。

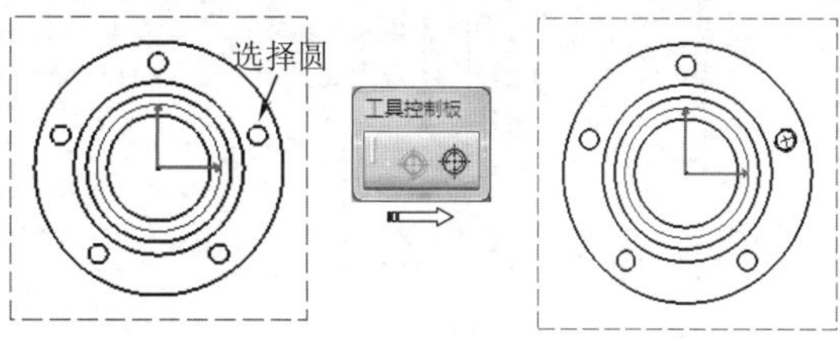

图9-92 创建具有参考的螺纹

提示

若参考元素为直线，则中心线分别与参考直线平行和垂直；若参考元素为圆，则中心线分别与两个圆圆心的连线平行和垂直。

5. 轴线

用于生成轴线。

单击【修饰】工具栏上的【轴线】按钮，选中两条直线，轴线自动生成，如图9-93所示。

6. 轴线和中心线

用于生成轴线和中心线。

单击【修饰】工具栏上的【轴线和中心线】按钮，选中两个圆，则自动生成两圆之间的轴线和中心线，如图9-94所示。

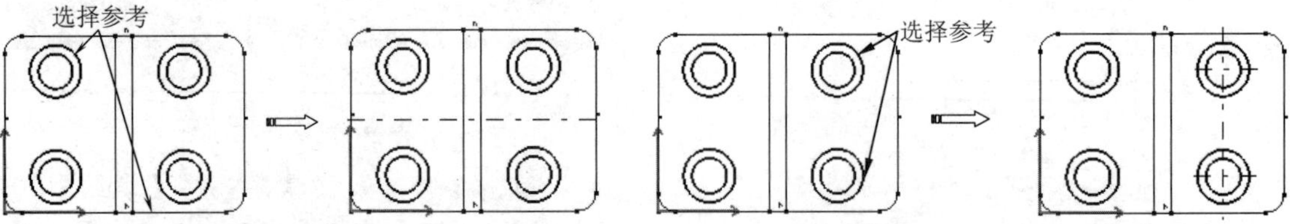

图9-93　创建轴线　　　　图9-94　创建轴线和中心线

提 示

对于从三维模型生成工程图时，系统可自动将原模型中的旋转特征、孔特征和一些回转结构的中心线和轴线自动添加出来。选择下拉菜单【工具】|【选项】命令，在弹出的【选项】对话框中选择【工程制图】选项中的【视图】选项卡，选中要显示的中心线或轴线前面的复选框，如图9-95所示。

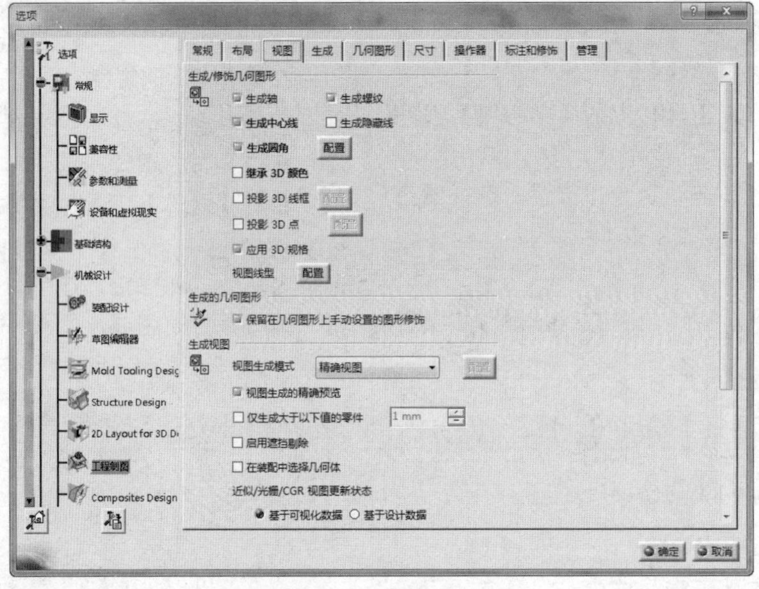

图9-95　【选项】对话框

9.7.2　创建填充剖面线

用于生成剖面线等。单击【标注】工具栏中【创建区域填充】按钮右下角的小三角形，弹出有关生成剖面线命令按钮，如图9-96所示。

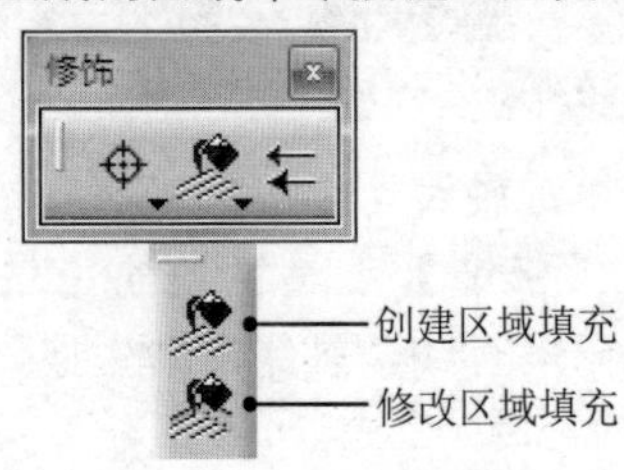

图9-96　填充剖面线命令

1. 创建区域填充

用于生成剖面线。

单击【修饰】工具栏上的【创建区域填充】按钮，弹出【工具控制板】工具栏，按下【自动检测】按钮，选择填充区域，系统自动填充剖面线，如图9-97所示。

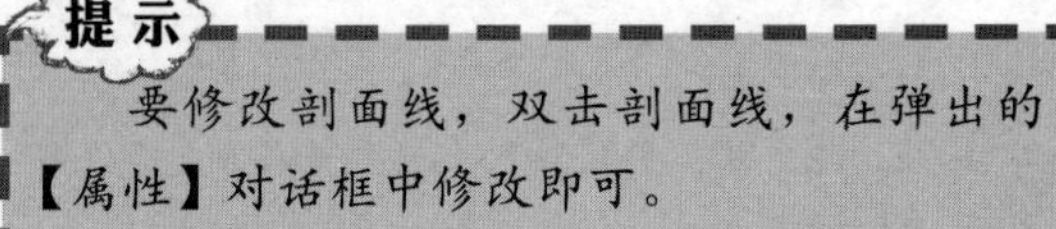

提 示

要修改剖面线，双击剖面线，在弹出的【属性】对话框中修改即可。

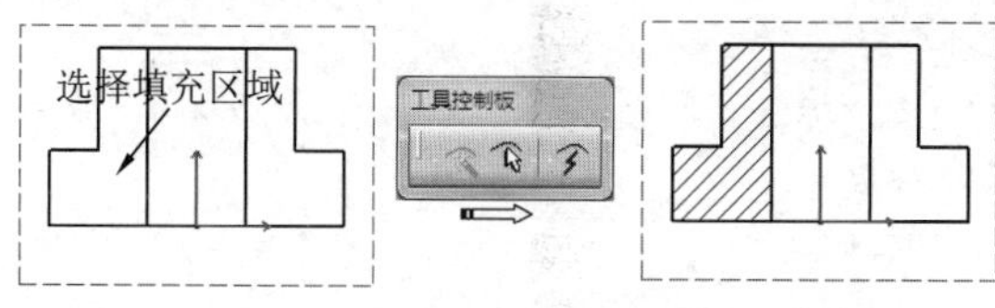

图9-97 创建区域填充

2. 修改区域填充

【修改区域填充】用于切换剖面线填充区域，即如果对填充的剖面线不满意或填充区域选择错误，可使用【修改区域填充】命令，在不删除原来剖面线的前提下来重新填充。

单击【修饰】工具栏上的【修改区域填充】按钮，选择已填充区域，系统弹出【工具控制板】工具栏，按下【自动检测】按钮，选择要填充的区域，系统自动将剖面线切换到新区域，如图9-98所示。

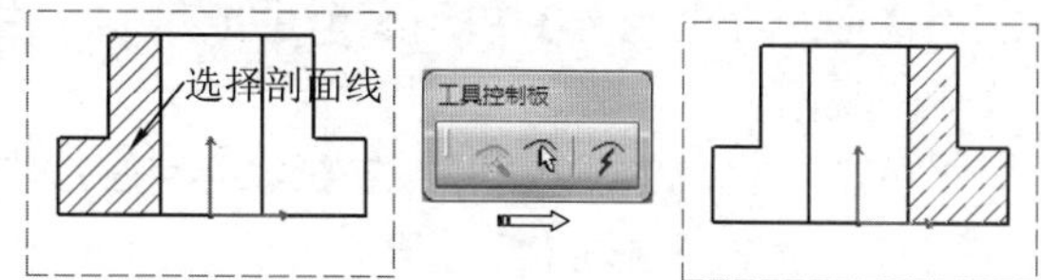

图9-98 修改区域填充

9.7.3 标注箭头

用于增加箭头符号。

单击【修饰】工具栏上的【箭头】按钮，选择一个点作为起点，单击另外一点作为终点，系统自动增加箭头符号，如图9-99所示。

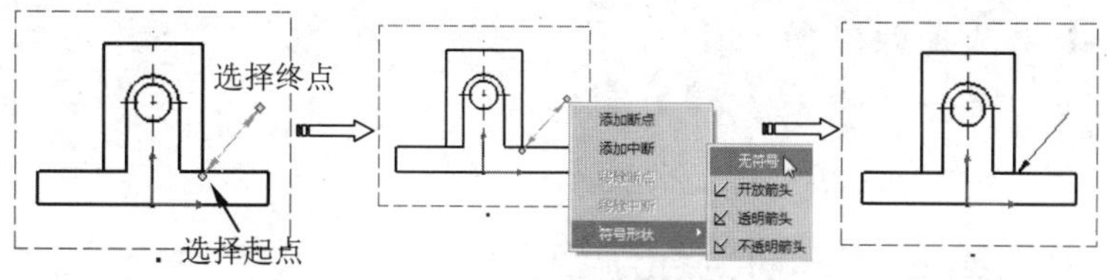

图9-99 标注箭头

9.8 标注尺寸

尺寸标注是工程图的一个重要组成部分，直接影响到实际的生产和加工。CATIA提供了方便的尺寸标注功能，主要集中在【尺寸标注】和【生成】工具栏下的相关命令按钮来实现。下面分别加以介绍。

9.8.1 自动生成尺寸

自动生成功能包括自动标注尺寸、逐步标注尺寸，集中在【生成】工具栏下的相关命令按钮来实现。

1. 自动标注尺寸

自动标注尺寸根据建模时全部尺寸自动标注到工程图中。

选择标注的视图，单击【生成】按钮，弹出【生成的尺寸分析】对话框，单击【确定】按钮，自动完成尺寸标注，如图9-100所示。

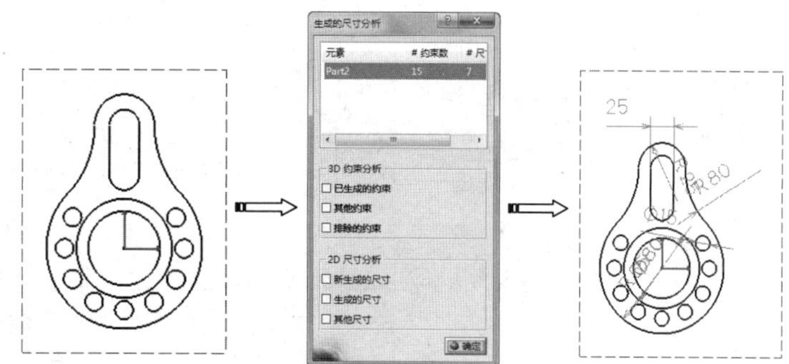

图9-100 自动标注尺寸

【生成的尺寸分析】对话框中相关选项参数含义如下：

（1）3D约束分析

★ 已生成的约束：在三维模型中显示所有在工程图中生成尺寸相关联的约束。

★ 其他约束：在三维模型中显示没有在工程图中生成的尺寸的约束。

★ 排除的约束：在三维模型中显示自动生成尺寸时未采用的约束。

（2）2D尺寸分析

★ 新生成的尺寸：在工程图中突出显示最后一次生成的尺寸标注。

★ 生成的尺寸：在工程图中突出显示所有已生成的尺寸标注。

★ 其他尺寸：在工程图中突出显示所有手动标注的尺寸标注。

2. 逐步标注尺寸

【逐步标注尺寸】用于逐个生成尺寸，生成时可决定是否生成某个尺寸，还可以选择标准尺寸的视图。

单击【生成】工具栏中的【逐步标注尺寸】按钮，弹出【逐步生成】对话框，单击【下一个尺寸生成】按钮，开始一个接一个的生成尺寸，单击【尺寸生成直到结束】按钮，可一次生成剩余的所有尺寸，生成后系统弹出【生成的尺寸分析】对话框，单击【确定】按钮完成，如图9-101所示。

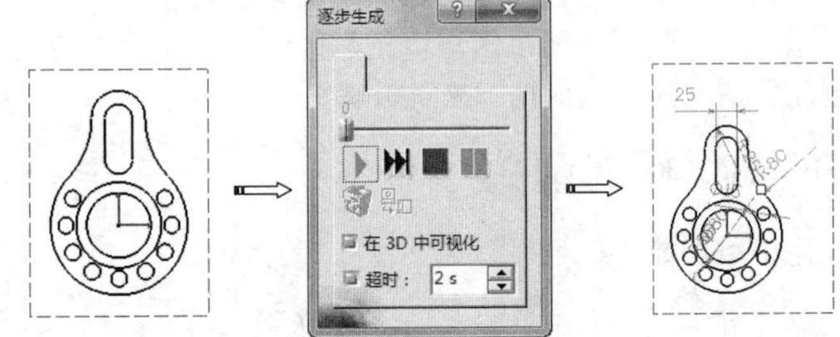

图9-101 逐步标注尺寸

9.8.2 手动标注尺寸

手动尺寸标注指的是在工程图上标注不同的尺寸，包括长度、直径、螺纹、倒角等等，这些尺寸大小是由零件模型来驱动的，所以也称为“从动尺寸”。当零件模型尺寸发生改变时，工程图中的这些尺寸也发生变化，但这些尺寸不能在工程图中进行修改。

CATIA V5R21提供了多种尺寸标注方式，单击【尺寸标注】工具栏中【尺寸】按钮右下角的小三角形，弹出有关标注尺寸命令按钮，如图9-102所示。

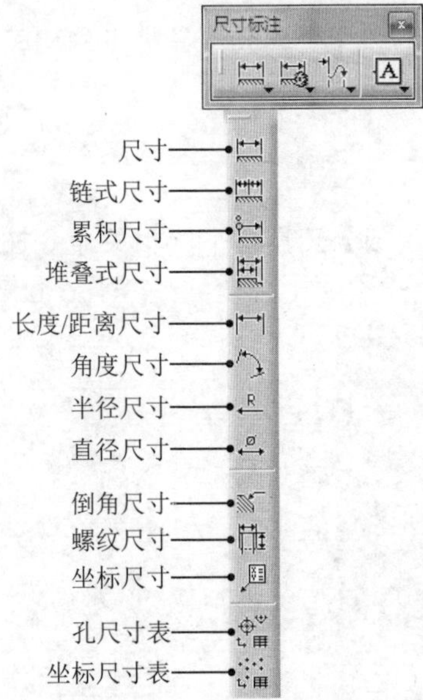

图9-102 尺寸标注命令

1.【工具控制板】工具栏

在手工标注工程图时，系统弹出【工具控制板】工具栏，利用该工具栏上相关按钮可选择标注尺寸的方式，如图9-103所示。

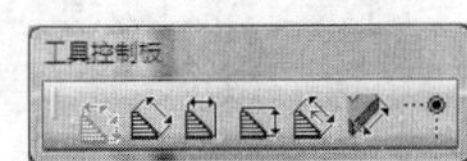

图9-103 【工具控制板】工具栏

【工具控制板】工具栏相关选项参数含义如下：

★ 投影的尺寸：根据尺寸放置位置来确定尺寸标注形式，如图9-104所示。

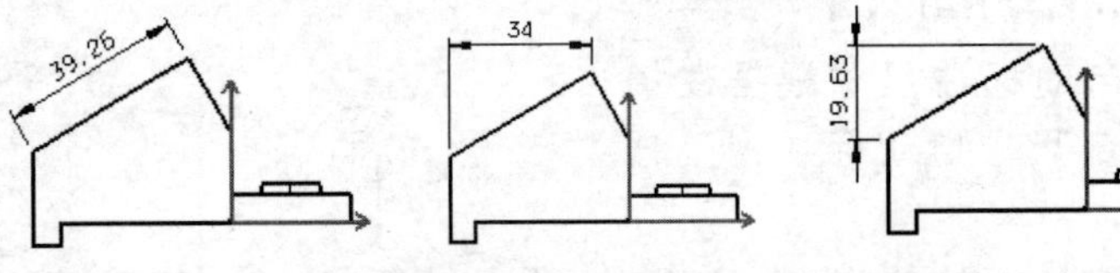

图9-104 投影的尺寸

★ 强制标注元素尺寸：标注长度尺寸，如图9-105所示。

★ 强制尺寸线在视图水平：标注水平尺寸，如图9-106所示。

★ 强制尺寸线在视图垂直：标注竖直方向尺寸，如图9-107所示。

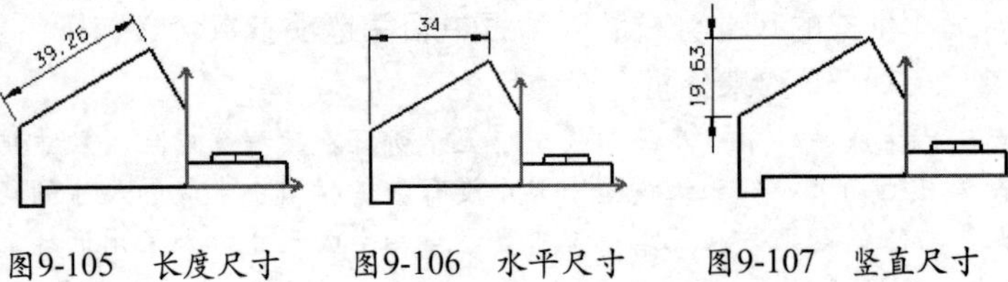

图9-105 长度尺寸　图9-106 水平尺寸　图9-107 竖直尺寸

★ 强制沿同一方向标注尺寸：设置一个尺寸标注方向，所标注的尺寸方向与所选方向相同，如图9-108所示。

★ 实长尺寸：标注实际尺寸，忽略投影所产生的长度变形。

★ 检测相交点：选择该方式，可显示和选取交点或延伸交点，标注相关尺寸，如图9-109所示。

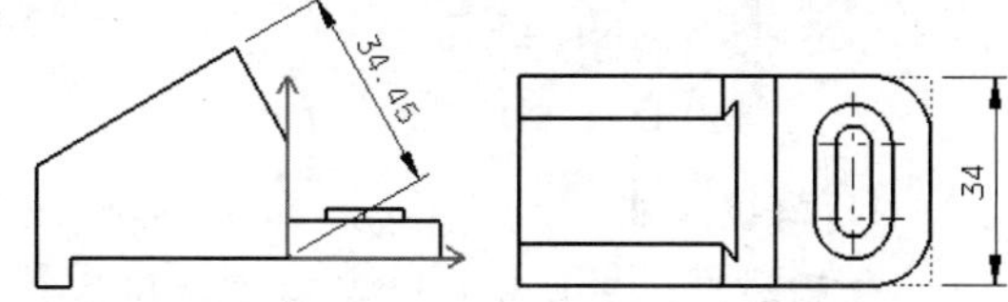

图9-108 强制方向标注尺寸 图9-109 检测相交点

2. 尺寸

【尺寸】命令是一种推导式尺寸标注，可根据用户选择的标注元素自动生成相应尺寸标注，可以产生长度、角度、直径、半径等尺寸标注。

单击【尺寸标注】工具栏上的【尺寸】按钮，弹出【工具控制板】工具栏，选择需要标注的元素，移动鼠标使尺寸移到合适位置，单击鼠标左键，系统自动完成尺寸标注，如图9-110所示。

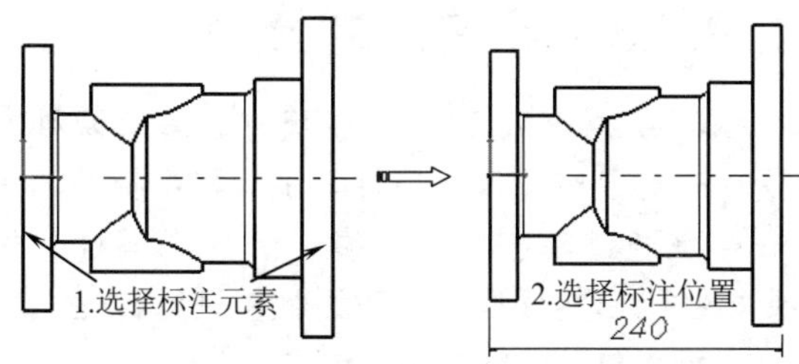

图9-110 创建尺寸标注

3. 链式尺寸

【链式尺寸】用于创建链式尺寸标注，如果要删除一个尺寸，所有的尺寸都被删除，移动一个尺寸，所有尺寸全部移动。

单击【尺寸标注】工具栏上的【链式尺寸】按钮，弹出【工具控制板】工具栏，选中第一个点或线，选中其他的点或线，移动鼠标使尺寸移到合适位置，单击鼠标左键，系统自动完成尺寸标注，如图9-111所示。

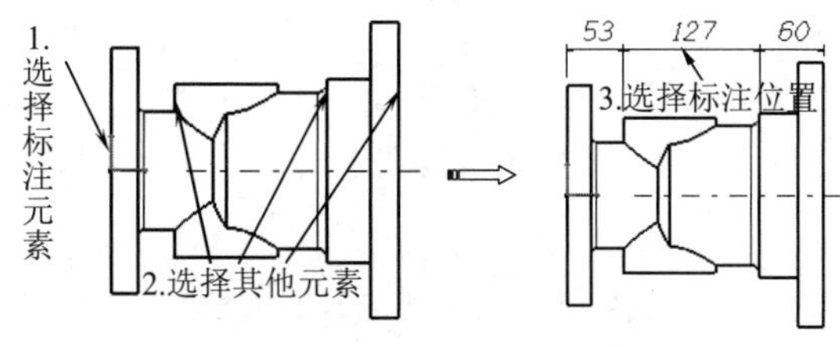

图9-111 创建链式尺寸标注

4. 累积尺寸

【累积尺寸】用于以一个点或线为基准创建坐标式尺寸标注。

单击【尺寸标注】工具栏上的【累积尺寸】按钮，弹出【工具控制板】工具栏，选中第一个点或线作为累积尺寸起点，选中其他的点或线，移动鼠标使尺寸移到合适位置，单击鼠标左键，系统自动完成尺寸标注，如图9-112所示。

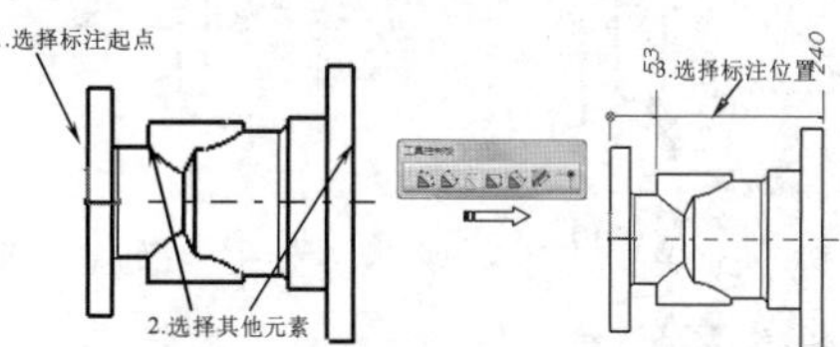

图9-112 创建累积尺寸标注

5. 堆叠式尺寸

【堆叠式尺寸】用于以一个点或线为基准创建阶梯式尺寸标注。

单击【尺寸标注】工具栏上的【堆叠式尺寸】按钮，弹出【工具控制板】工具栏，选中第一个点或线，选中其他的点或线，移动鼠标使尺寸移到合适位置，单击鼠标左键，系统自动完成尺寸标注，如图9-113所示。

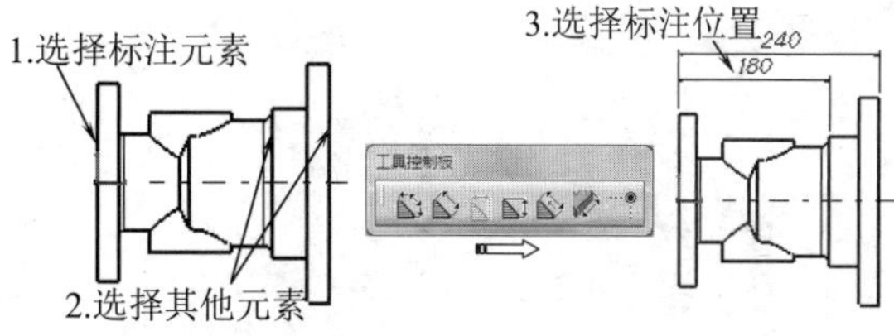

图9-113 创建堆叠式尺寸标注

6. 长度/距离尺寸

【长度/距离尺寸】用于标注长度和距离。

单击【尺寸标注】工具栏上的【长度/距离尺寸】按钮，弹出【工具控制板】工具栏，选中所需元素，移动鼠标使尺寸移到合适位置，单击鼠标左键，系统自动完成尺寸标注，如图9-114所示。

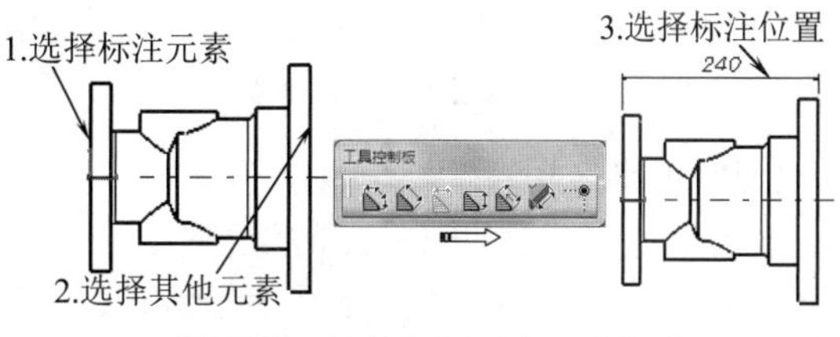

图9-114 创建长度/距离尺寸标注

7. 角度尺寸

【角度尺寸】用于标注角度。

单击【尺寸标注】工具栏上的【角度尺寸】按钮，弹出【工具控制板】工具栏，选中所需元素，移动鼠标使尺寸移到合适位置，单击鼠标左键，系统自动完成尺寸标注，如图9-115所示。

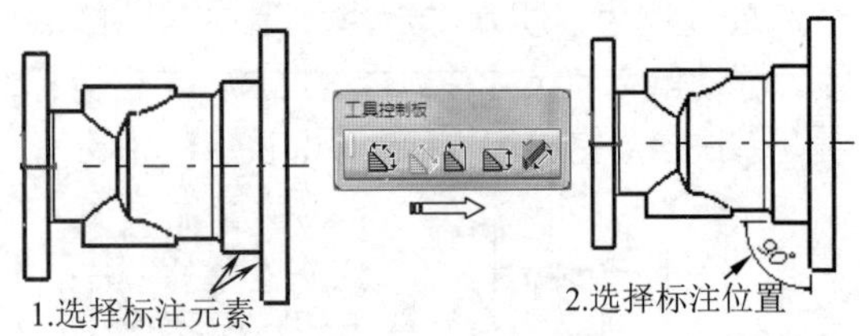

图9-115 创建角度尺寸标注

8. 半径尺寸

【半径尺寸】用于标注半径。

单击【尺寸标注】工具栏上的【半径尺寸】按钮，弹出【工具控制板】工具栏，选中所需元素，移动鼠标使尺寸移到合适位置，单击鼠标左键，系统自动完成尺寸标注，如图9-116所示。

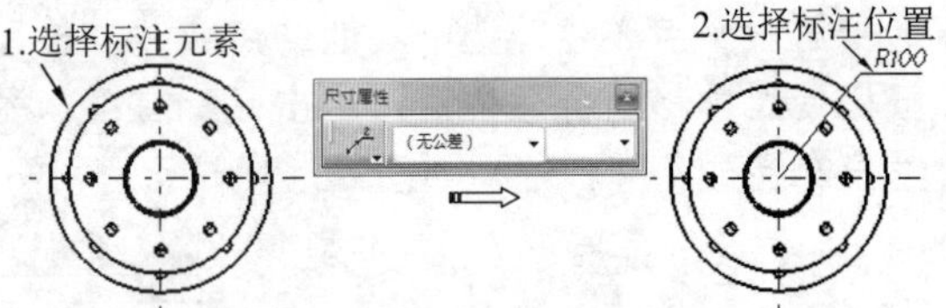

图9-116 创建角度尺寸标注

9. 直径尺寸

【直径尺寸】用于标注直径。

单击【尺寸标注】工具栏上的【直径尺寸】按钮，弹出【工具控制板】工具栏，选中所需元素，移动鼠标使尺寸移到合适位置，单击鼠标左键，系统自动完成尺寸标注，如图9-117所示。

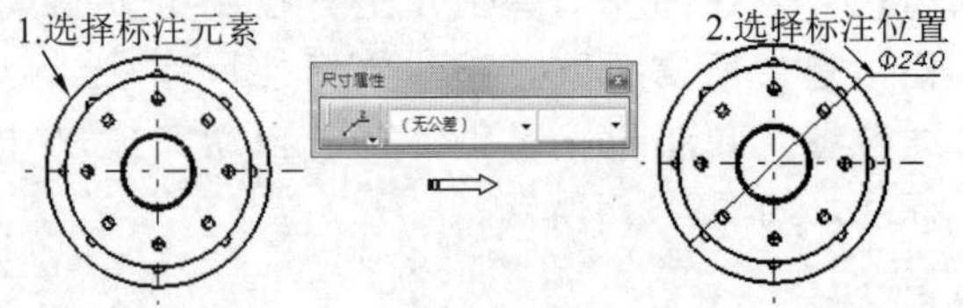

图9-117 创建直径尺寸标注

10. 倒角尺寸

【倒角尺寸】用于标注倒角尺寸。

单击【尺寸标注】工具栏上的【倒角尺寸】按钮，弹出【工具控制板】工具栏，选择角度类型，然后选中欲标注的线，选择参考线或面，移动鼠标使尺寸移到合适位置，单击鼠标左键，系统自动完成尺寸标注，如图9-118所示。

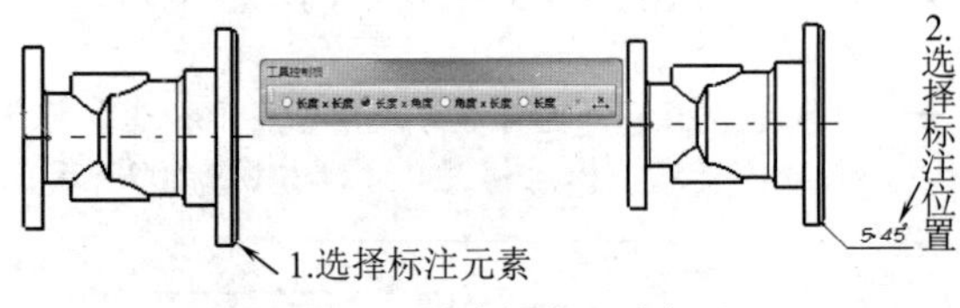

图9-118 创建倒角尺寸标注

11. 螺纹尺寸

【螺纹尺寸】用于标注关联螺纹尺寸。

单击【尺寸标注】工具栏上的【螺纹尺寸】按钮，弹出【工具控制板】工具栏，选中螺纹线，系统自动完成尺寸标注，如图9-119所示。

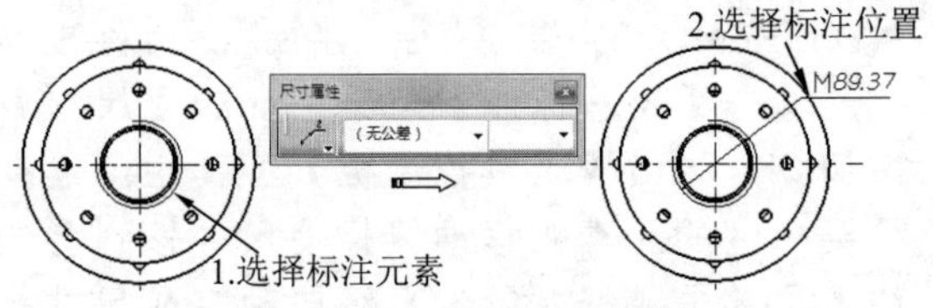

图9-119 创建螺纹尺寸标注

9.8.3 标注尺寸公差

CATIA V5R21中标注尺寸公差有两种方法：一种是在【尺寸属性】工具栏中标注，另一种是通过单击尺寸右键，选择【属性】命令，在弹出的【属性】对话框中进行标注。

1. 【尺寸属性】工具栏

在尺寸标注时，单击要修改的尺寸后，【尺寸属性】和【数字属性】工具栏中的选项将激活，如图9-120和图9-121所示。

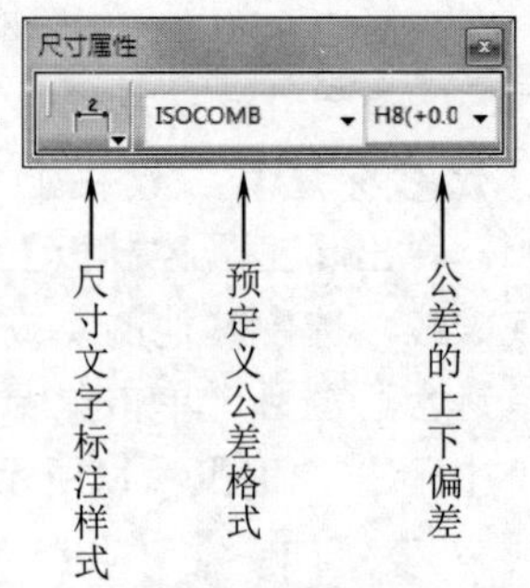

图9-120 【尺寸属性】工具栏

图9-121 【数字属性】工具栏

动手操作——【尺寸属性】工具栏标注公差实例

01 在【标准】工具栏中单击【打开】按钮，在弹出的【选择文件】对话框中选择“9-26.CATDrawing”文件。单击【打开】按钮打开模型文件。选择【开始】|【机械设计】|【工程视图】，进入工程图设计工作台，如图9-122所示。

02 选择φ240尺寸，激活【尺寸属性】工具栏，选择尺寸文字标注样式，如图9-123所示。

03 选择公差样式【ISONUM】，在【偏差】框中输入“+0.035/0”，按ENTER键确定。

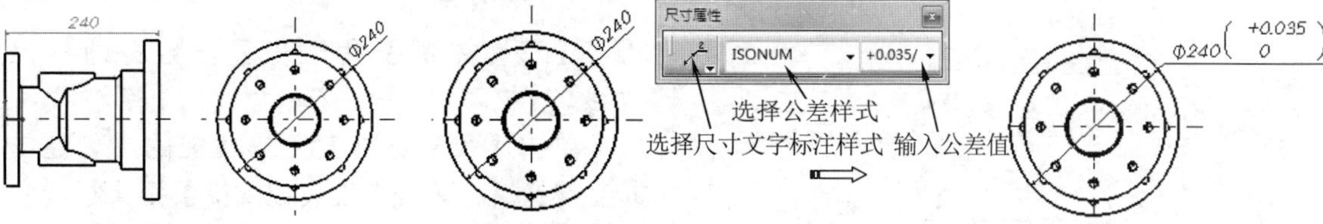

图9-122 打开文件　　图9-123 设置尺寸公差

提示

在【偏差】框中输入上、下偏差值时之间需要用斜杠（/）分开，例如，上偏差+0.035，下偏差为-0.012，则需输入0.035/-0.012。

2.【属性】对话框标注公差

选择要修改尺寸，单击鼠标右键，选择【属性】命令，弹出【属性】对话框来进行尺寸属性编辑。

动手操作——【属性】对话框标注公差实例

01 在【标准】工具栏中单击【打开】按钮，在弹出的【选择文件】对话框中选择“9-26.CATProduct”文件。单击【打开】按钮打开模型文件。选择【开始】|【机械设计】|【工程视图】，进入工程图设计工作台，如图9-124所示。

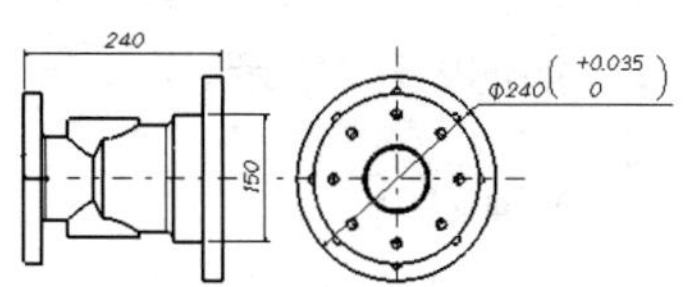

图9-124 打开文件

02 选择150尺寸，单击鼠标右键，弹出【属性】对话框，单击【值】选项卡，修改尺寸数值，单击【应用】按钮，如图9-125所示。

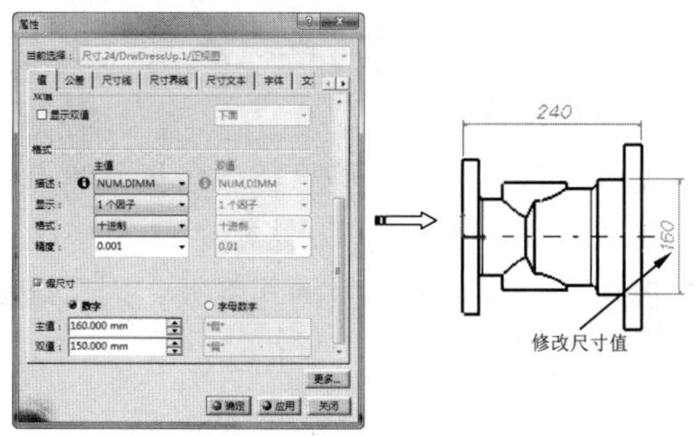

图9-125 修改尺寸值

03 单击【公差】选项卡，在【主值】下拉列表中选择公差标注样式，在【上限值】和【下限值】文本框中输入公差，单击【应用】按钮，如图9-126所示。

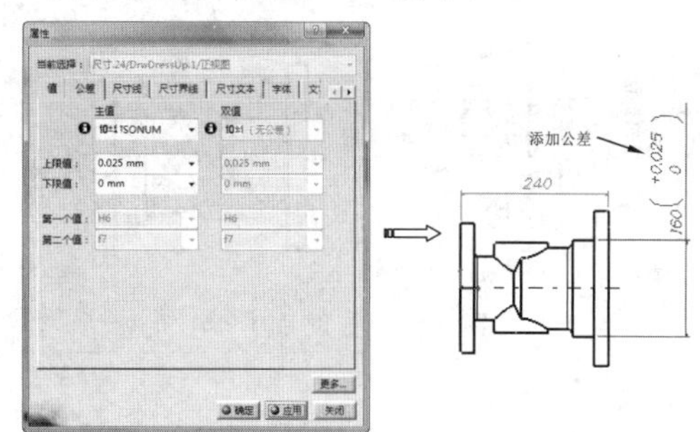

图9-126 修改尺寸公差

04 单击【尺寸文本】选项卡，单击按钮，出现相关插入符号，选择直径符号，单击【确定】按钮，如图9-127所示。

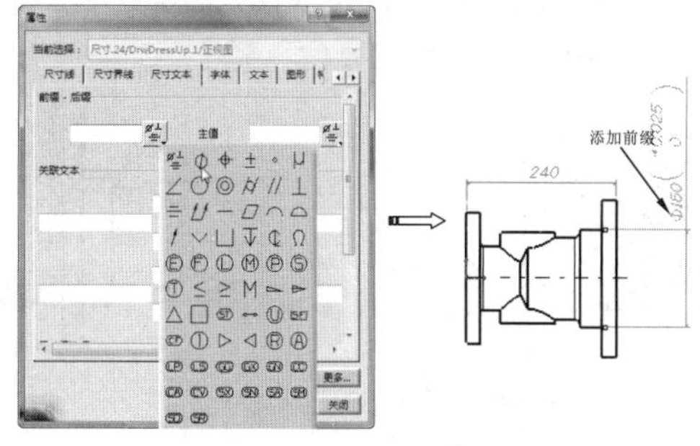

图9-127 插入前缀

9.8.4 修改尺寸标注

CATIA V5R21提供了多种标注尺寸修改功能，单击【尺寸标注】工具栏中【重设尺寸】按钮右下角的小三角形，弹出有关修改标注尺寸命令按钮，如图9-128所示。

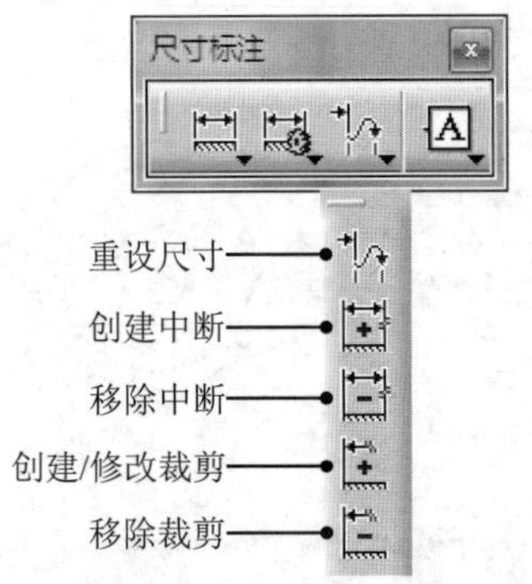

图9-128 修改标注尺寸命令

1. 重设尺寸

【重设尺寸】用于重新选择尺寸标注元素，即尺寸线起始点。

单击【尺寸标注】工具栏上的【重设尺寸】按钮，选择重设尺寸，依次选择尺寸标注元素，系统自动重设尺寸标注，如图9-129所示。

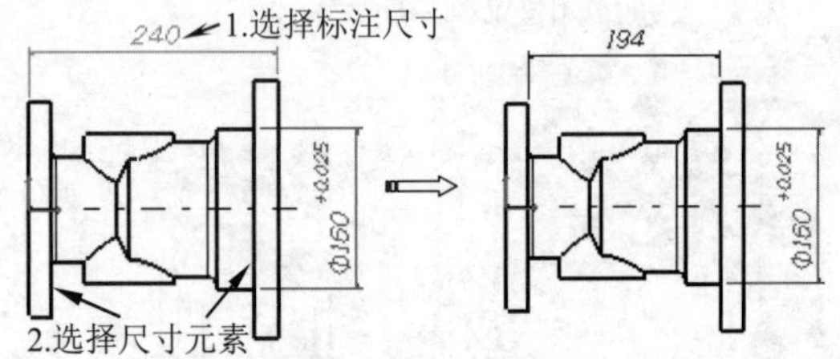

图9-129 重设尺寸

2. 创建中断

【创建中断】用于打断图形中的尺寸线。

单击【尺寸标注】工具栏上的【创建中断】按钮，弹出【工具控制板】工具栏，先选择要打断的尺寸线，再分别选择要打断的起点和终点，尺寸引出线即断开，如图9-130所示。

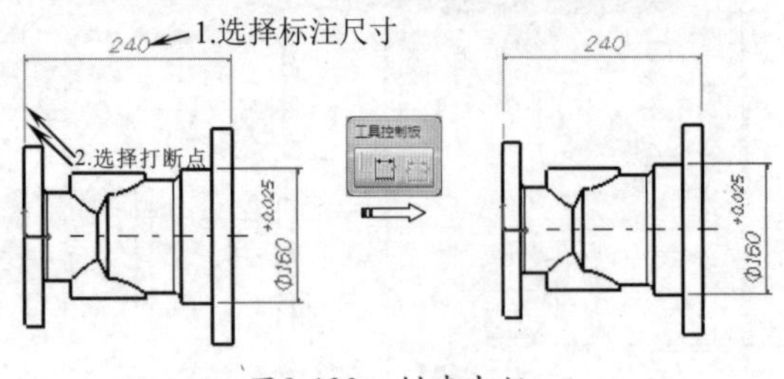

图9-130 创建中断

> **提示**
>
> 在【工具控制板】工具栏中选择打断尺寸线的样式共有两种：第一种是指打断一条尺寸线，第二种是指同时打断两条尺寸线。

3. 移除中断

【移除中断】用于恢复已经打断的尺寸线。

单击【尺寸标注】工具栏上的【创建中断】按钮，弹出【工具控制板】工具栏，先选择要恢复打断的尺寸线，再选择要恢复的一边或是这一边的附近距离，则完成这一边的恢复尺寸线，如图9-131所示。

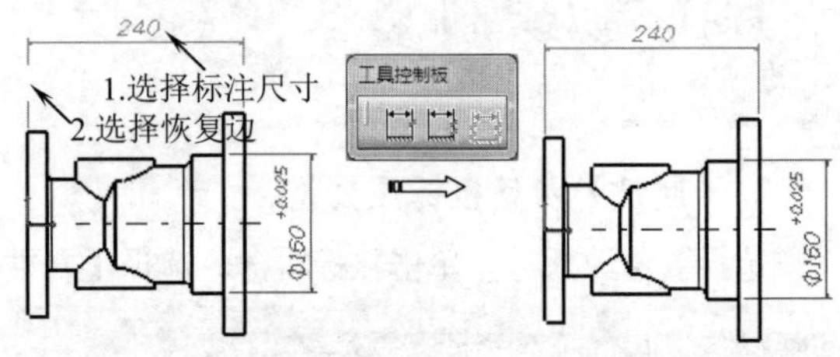

图9-131 移除中断

4. 创建/修改裁剪

【创建/修改裁剪】用于创建或修剪尺寸线。

单击【尺寸标注】工具栏上的【创建/修改裁剪】按钮，先选择要修剪的尺寸线，再选择要保留侧，然后选择裁剪点，则系统完成修剪尺寸线，如图9-132所示。

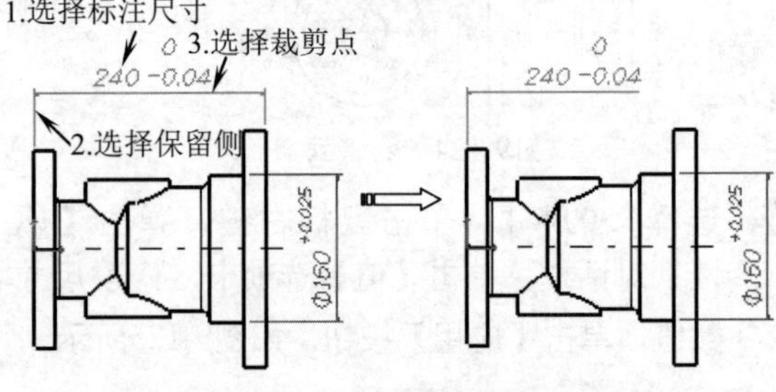

图9-132 创建/修改裁剪

5. 移除裁剪

【移除裁剪】用于移除修剪的尺寸线。

单击【尺寸标注】工具栏上的【移除裁剪】按钮，选择要恢复的尺寸线，则系统完成尺寸线恢复，如图9-133所示。

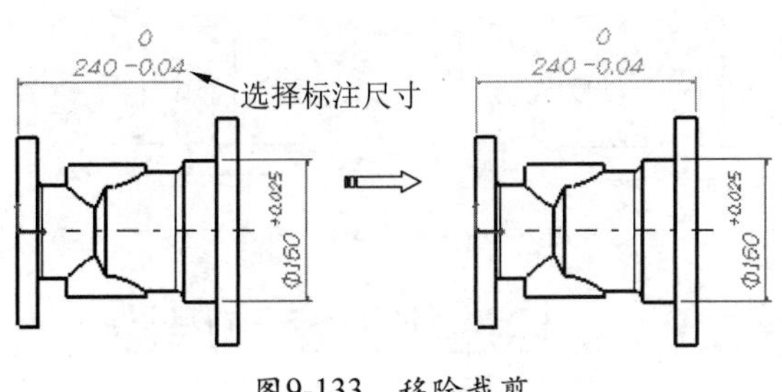

图9-133 移除裁剪

9.8.5 基准特征和形位公差

工程图完成标注尺寸之后，就要为其标注形状和位置公差。CATIA V5R21中提供的公差功能主要包括：基准和形位公差等等。单击【尺寸标注】工具栏中【基准特征】按钮右下角的小三角形，弹出有关标注公差命令按钮，如图9-134所示。

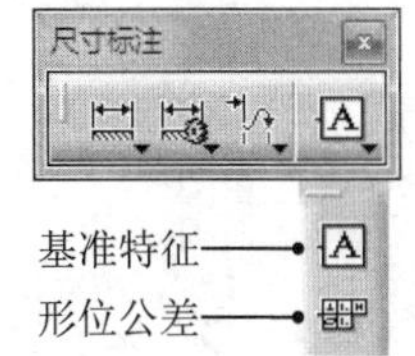

图9-134 标注公差命令

1. 基准特征

【基准特征】用于在工程图上标注基准，基准特征符号用加粗的短划线表示，由基准符号、圆圈（方框）、连线和字母组成。

单击【尺寸标注】工具栏上的【基准特征】按钮，再单击图上要标注基准的直线或尺寸线，出现【创建基准特征】对话框，在对话框中输入基准代号，单击【确定】按钮，则标注出基准特征，如图9-135所示。

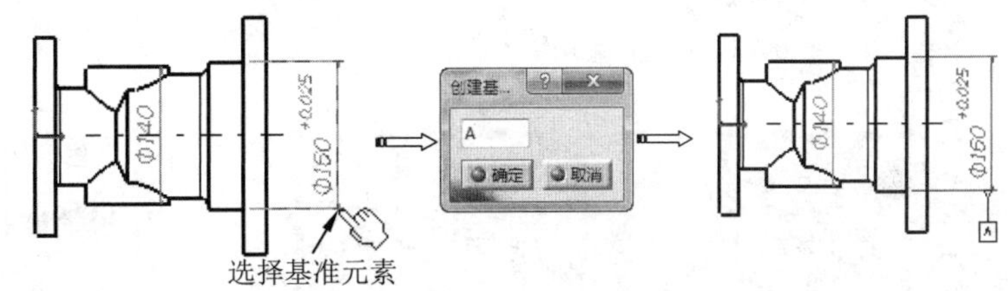

图9-135 创建基准特征

2. 形位公差

【形位公差】用于在工程图上标注形位公差。形位公差代号包括：形位公差特征项目符号、形位公差框格和指引线、形位公差数值、基准符号等。

单击【尺寸标注】工具栏上的【形位公差】按钮，再单击图上要标注公差的直线或尺寸线，出现【形位公差】对话框，设置形位公差参数，单击【确定】按钮，完成形位公差标注，如图9-136所示。

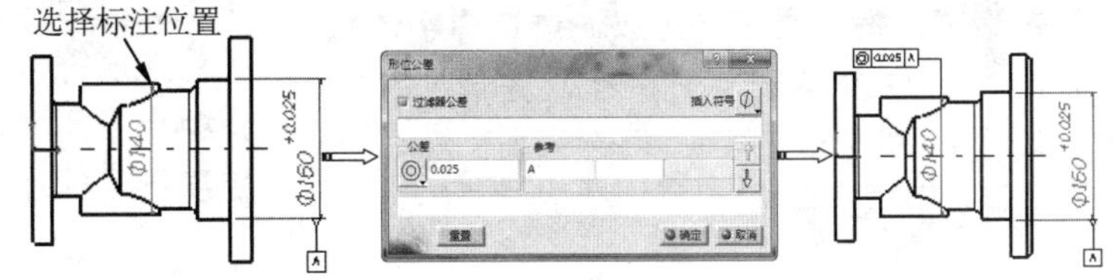

图9-136 标注形位公差

提示

形位公差标注的最初放置位置由系统自动捕捉，创建后可根据需要调整。选中形位公差框上的圆圈单击鼠标右键，在弹出的快捷菜单中选择【标注行为】命令，可将引线放至形位公差框中间；如果箭头与选择对象表面垂直，在选择对象时同时按住Shift键，另外调整公差框位置时，可按住Shift键和鼠标左键进行微调。

9.9 标注注释

注释是工程图的一个重要组成部分，也会影响到实际的生产和加工。CATIA提供了方便的注释功能，主要集中在【标注】工具栏下的相关命令按钮来实现。下面分别加以介绍。

9.9.1 标注文本

标注文本是指在工程图中添加文字信息说明。单击【标注】工具栏中【文本】按钮T右下角的小三角形，弹出有关标注文本命令按钮，如图9-137所示。

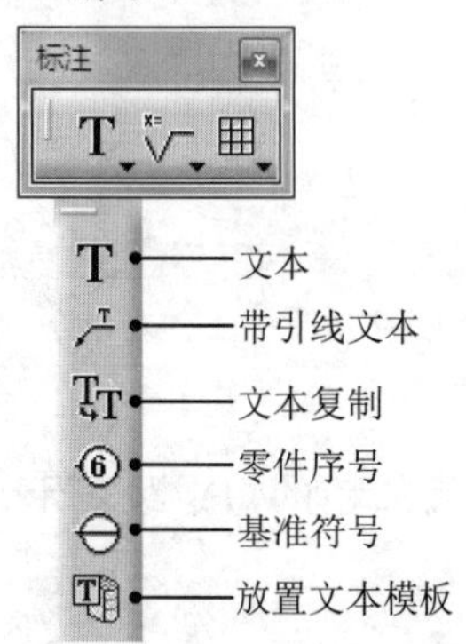

图9-137 标注文本命令

> **提示**
>
> 在文本标注时，或者单击要修改的文本后，【文本属性】工具栏中的选项将激活，可修改文本属性。

1. 文本

【文本】用于标注文字

单击【标注】工具栏上的【文本】按钮T，选择欲标注文字的位置，弹出【文本编辑器】对话框，输入文字（可以通过选择字体输入汉字），单击【确定】按钮，完成文字添加，如图9-138所示。

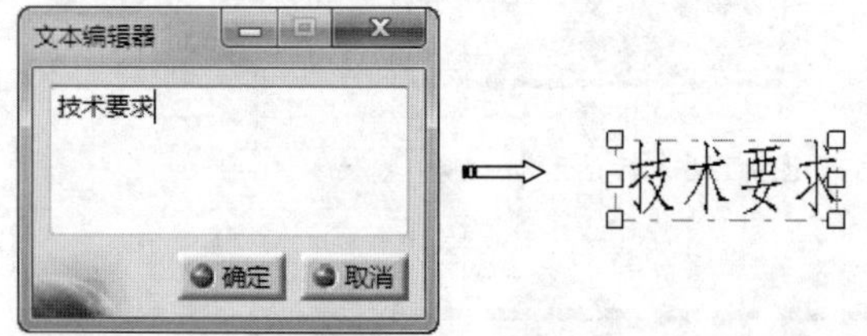

图9-138 创建文本

2. 带引线的文本

【带引线的文本】用于标注带引出线的文字。

单击【标注】工具栏上的【带引线的文本】按钮，选中引出线箭头所指位置，选中欲标注文字的位置，弹出【文本编辑器】对话框，输入文字（可以通过选择字体输入汉字），单击【确定】按钮，完成文字添加，如图9-139所示。

图9-139 带引线的文本

9.9.2 标注粗糙度和焊接符号

单击【标注】工具栏中【文本】按钮T右下角的小三角形，弹出有关标注粗糙度和焊接符号命令按钮，如图9-140所示。

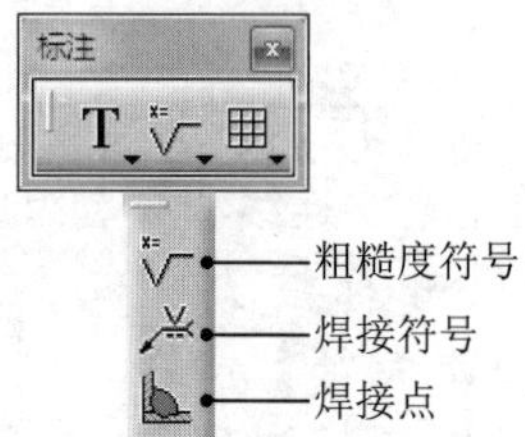

图9-140 粗糙度和焊接符号命令

1. 粗糙度符号

零件表面粗糙度对零件的使用性能和使用寿命影响很大。因此，在保证零件的尺寸、形状和位置精度的同时，不能忽视表面粗糙度的影响。

【粗糙度符号】用于标注粗糙度符号。

单击【标注】工具栏上的【粗糙度符号】按钮，选择粗糙度符号所在位置，在弹出的【粗糙度符号】对话框中输入粗糙度的值、选择粗糙度类型，单击【确定】按钮即可完成粗糙度符号标注，如图9-141所示。

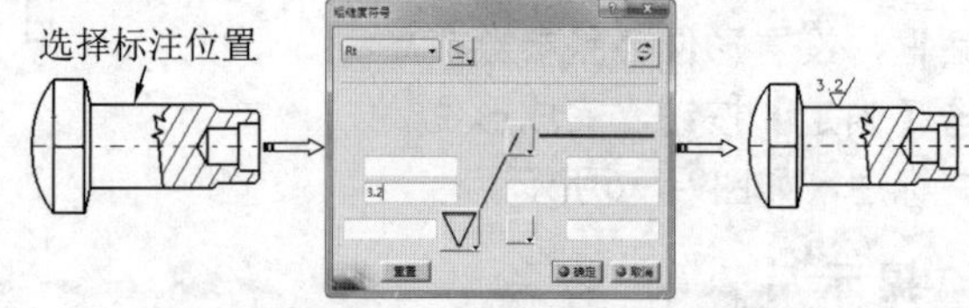

图9-141 创建粗糙度符号

> **提示**
>
> 单击【粗糙度符号】对话框右上角的【反转】按钮，可反转粗糙度符号的方向。

2. 焊接符号

单击【标注】工具栏上的【焊接符号】按钮，选择焊接符号所在位置，弹出【焊接符号】对话框，输入焊接符号和数值，单击【确定】按钮即可完成焊接符号标注，如图9-142所示。

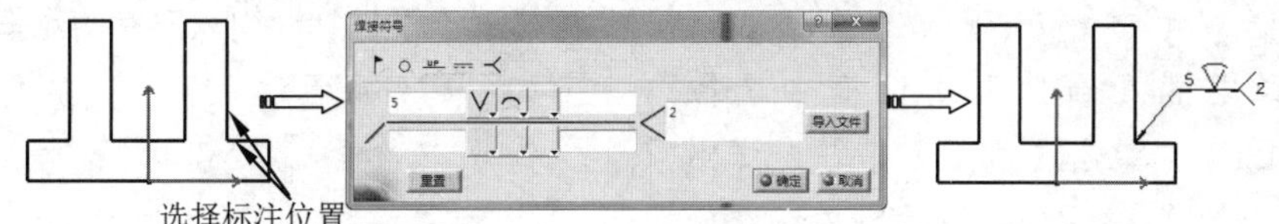

图9-142　创建焊接符号

3. 焊接点

单击【标注】工具栏上的【焊接】按钮，选择第一个元素，如一根直线，选择第二个元素，如另一根直线，弹出【焊接编辑器】对话框，选择焊接类型、输入焊接厚度和角度，单击【确定】按钮即可完成焊接标注，如图9-143所示。

图9-143　创建焊接点

9.10 实战应用——泵体工程图设计

引入光盘：无

结果文件：\动手操作\结果文件\Ch09\bengti.CATDrawing

视频文件：\视频\Ch09\泵体工程图设计.avi

下面我们以泵体零件的工程图绘制过程，详解CATIA V5的工程图绘制的方法和过程。泵体零件工程图如图9-144所示。

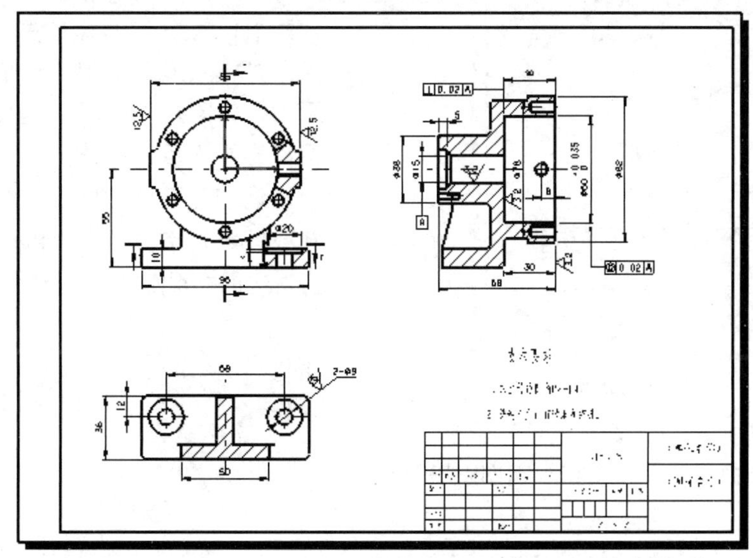

图9-144　泵体工程图

操作步骤

01 在【标准】工具栏中单击【打开】按钮，在弹出的【选择文件】对话框中选择“benti.CATPart”

文件，单击【打开】按钮打开模型文件。

02 在【标准】工具栏中单击【新建】按钮，在弹出的【新建】对话框中选择"Drawing"，单击【确定】按钮，弹出【新建工程图】对话框，设置相关参数如图9-145所示。依次单击【确定】按钮，进入工程图工作台。

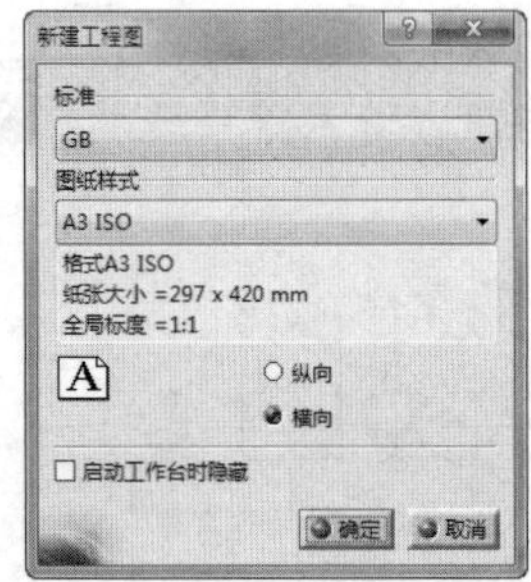

图9-145 【新建工程图】对话框

03 在特征树中选中【页.1】节点，单击鼠标右键，在弹出的快捷菜单中选择【属性】命令，弹出【属性】对话框，修改视图比例1:1，如图9-146所示。

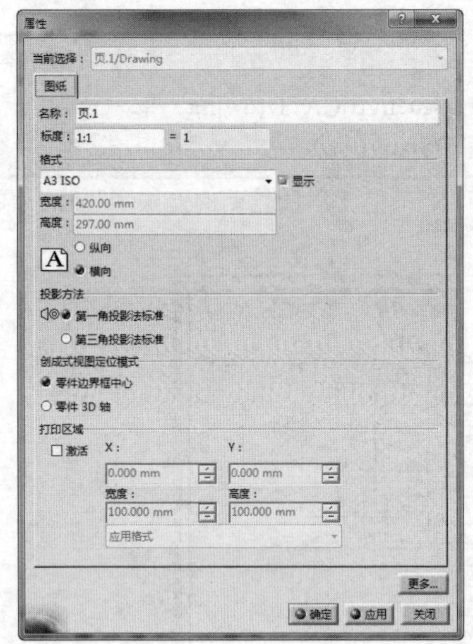

图9-146 修改图纸比例

04 选择菜单栏【文件】|【页面设置】命令，系统弹出【页面设置】对话框，如图9-147所示。

05 单击【Insert Background View】按钮，弹出【将元素插入图纸】对话框，如图9-148所示。单击【浏览】按钮，选择"A3-heng. CATDrawing"的图样样板文件，单击【插入】按钮返回【页面设置】对话框。单击【确定】按钮，引入已有的图框和标题栏，如图9-148所示。

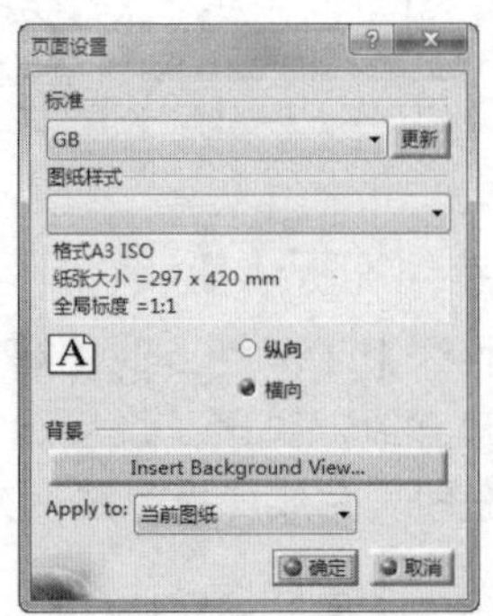

图9-147 【页面设置】对话框

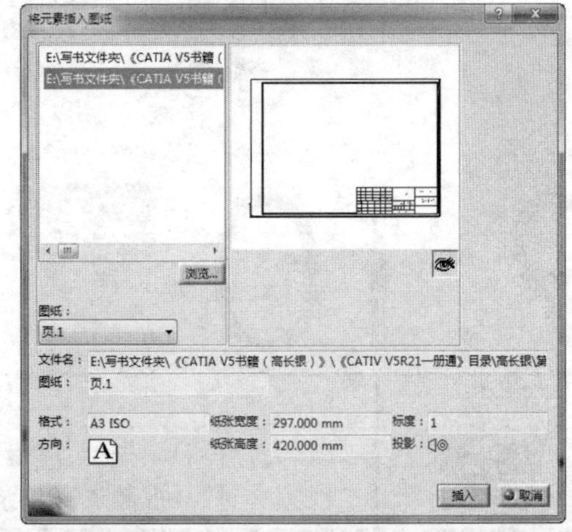

图9-148 【将元素插入图纸】对话框

06 创建正视图。单击【视图】工具栏上的【正视图】按钮，系统提示，将当前窗口切换到3D模型窗口，选择一个平面作为投影平面，如图9-149所示。选择端面作为正视图投影平面后，系统自动返回工程图工作台，调整至满意方位后，单击圆盘中心按钮或图纸页空白处，即自动创建出实体模型对应的主视图。

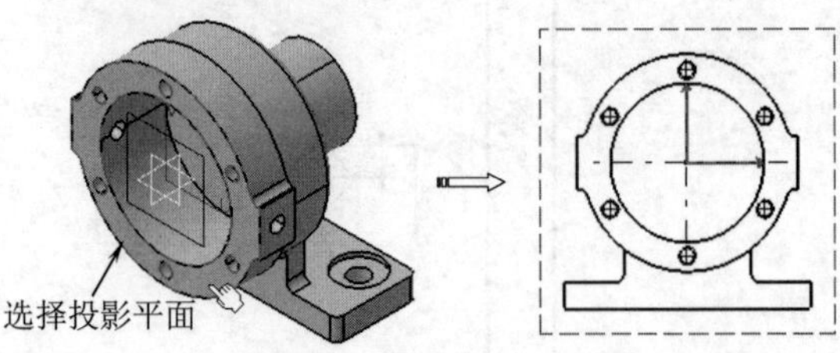

图9-149 创建的正视图

07 单击【视图】工具栏上的【偏移剖视图】按钮，依次单击两点来定义个剖切平面，在拾取第二点时双击鼠标结束拾取，移动鼠标到视图所需位置，单击鼠标左键，即生成所需的全剖视图，如图9-150所示。

08 单击【视图】工具栏上的【偏移剖视图】按钮，依次单击两点来定义剖切平面，在拾取第二点时双击鼠标结束拾取，移动鼠标到视图所需位置，单击鼠标左键，即生成所需的全剖视图，如图9-151所示。

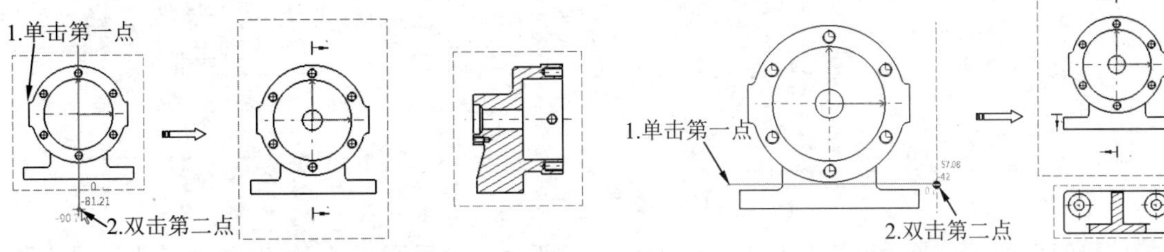

图9-150 创建全剖视图　　图9-151 创建全剖视图

09 单击【视图】工具栏上的【剖面视图】按钮，连续选取多个点，在最后点处双击封闭形成多边形，如图9-152所示。系统弹出【3D查看器】对话框，选中【动画】复选框，如图9-153所示。

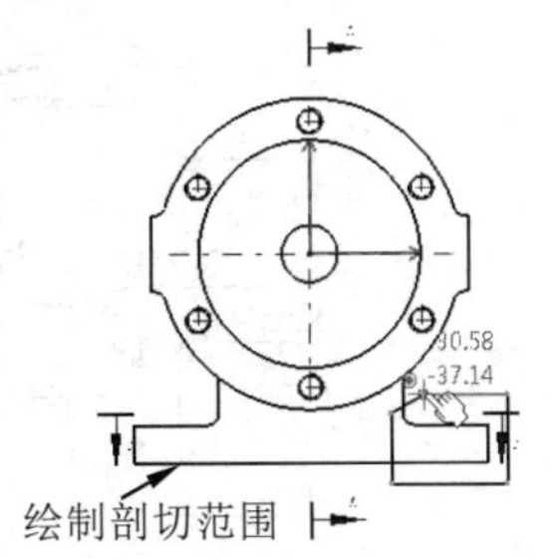

图9-152 创建局部剖轮廓

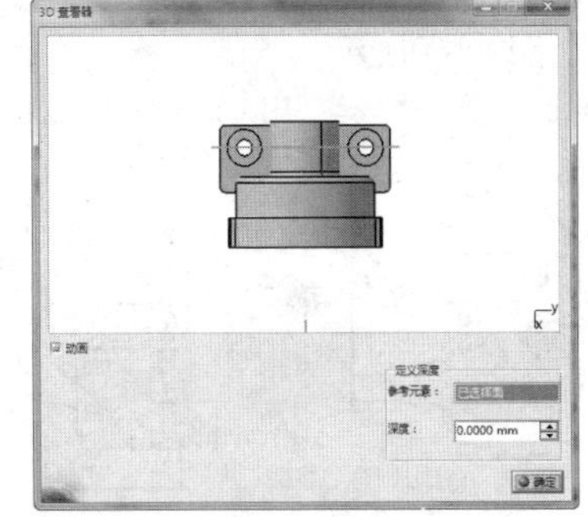

图9-153 【3D查看器】对话框

10 激活【3D查看器】对话框中的【参考元素】编辑框，选择工程图窗口中的圆心为剖切位置，单击【确定】按钮，即生成剖面视图，如图9-154所示。

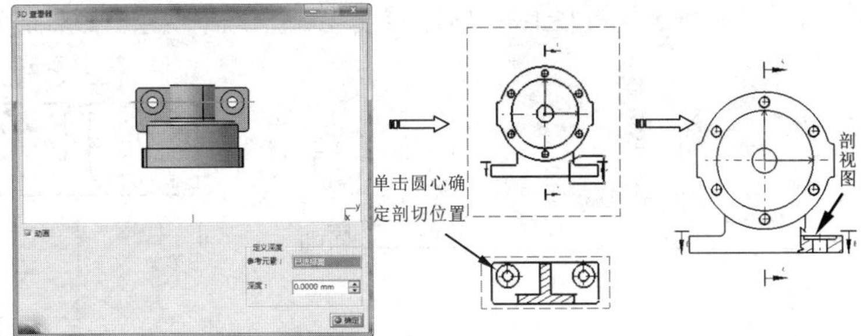

图9-154 创建局部剖视图

11 单击【视图】工具栏上的【剖面视图】按钮，连续选取多个点，在最后点处双击封闭形成多边形，如图9-155所示。系统弹出【3D查看器】对话框，选中【动画】复选框，如图9-156所示。

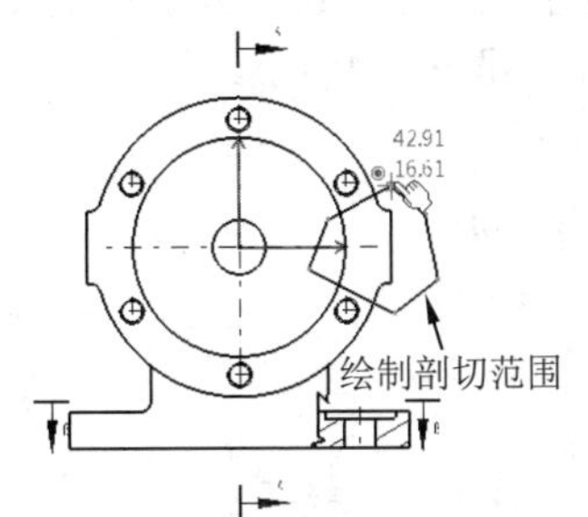

图9-155 创建局部剖轮廓

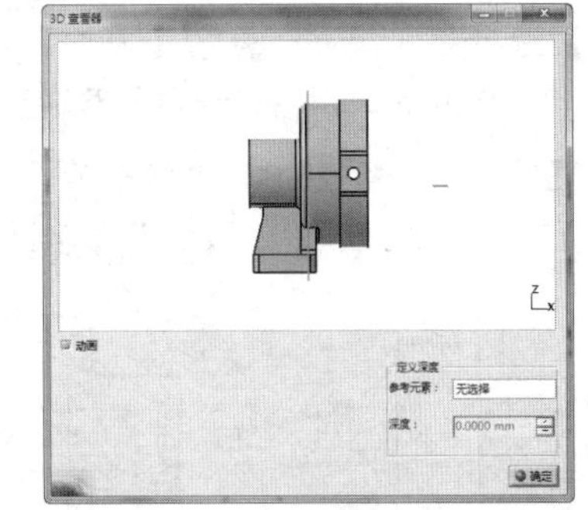

图9-156 【3D查看器】对话框

12 激活【3D查看器】对话框中的【参考元素】编辑框，选择工程图窗口中的圆心为剖切位置，单击【确定】按钮，即生成剖面视图，如图9-157所示。

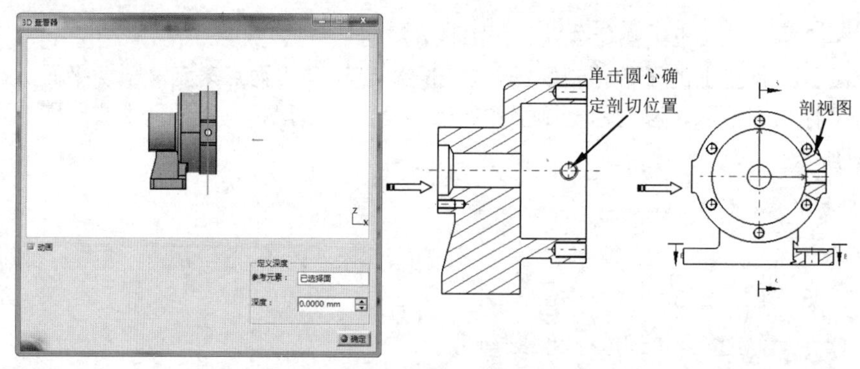

图9-157　创建局部剖视图

13 选中图9-158所示的剖面线，按Deleted键删除该剖面线。然后利用【几何图形创建】工具栏和【几何图形修改】工具栏相关命令按钮绘制如图9-159所示的草图。

14 单击【修饰】工具栏上的【创建区域填充】按钮，选择填充区域，系统自动填充剖面线，如图9-160所示。

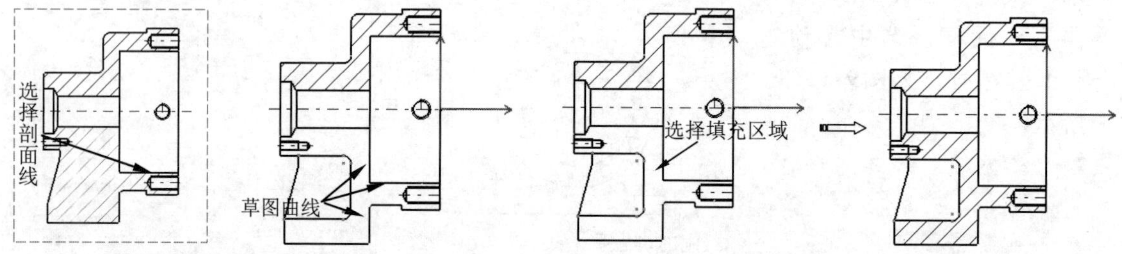

图9-158　取消剖面线　图9-159　绘制草图曲线　图9-160　填充剖面线

15 选中主视图上的中心线，拖动中心线手柄，延伸中心线到合适长度，如图9-161所示。

16 单击【修饰】工具栏上的【轴线】按钮，选中两条直线，轴线自动生成，如图9-162所示。

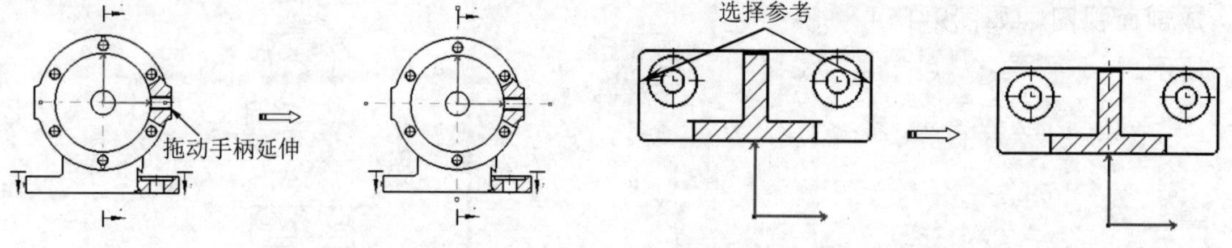

图9-161　延伸中心线　图9-162　创建轴线

17 单击【尺寸标注】工具栏上的【尺寸】按钮，弹出【工具控制板】工具栏，选择需要标注的元素，移动鼠标使尺寸移到合适位置，单击鼠标左键，系统自动完成尺寸标注，如图9-163所示。

18 选择φ60尺寸，激活【尺寸属性】工具栏，选择公差样式【TOL_0.7】，在【偏差】框中输入"+0.035/0"，按ENTER键确定，如图9-164所示。

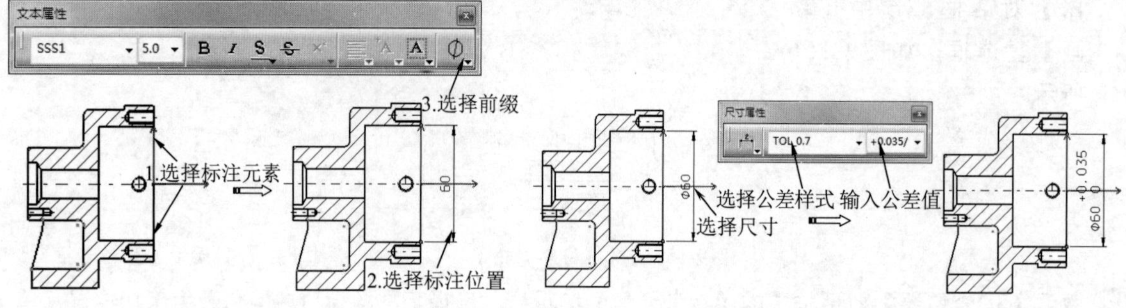

图9-163　长度标注　图9-164　设置尺寸公差

19 利用上述尺寸标注方法标注零件其他尺寸，如图9-165所示。

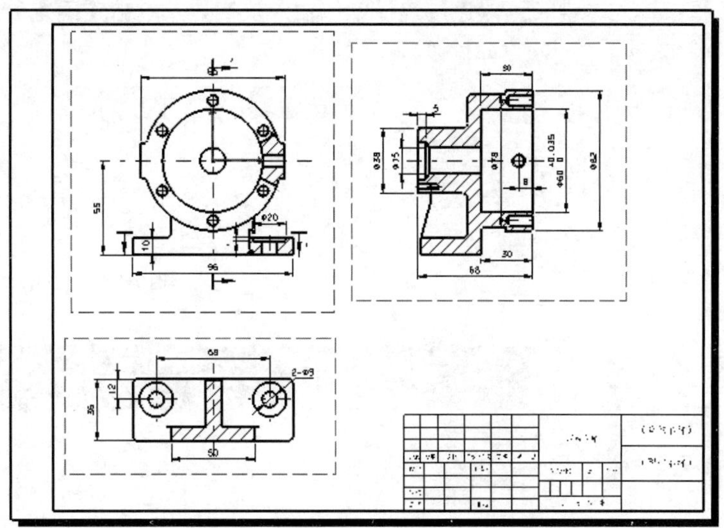

图9-165　标注尺寸

20 单击【标注】工具栏上的【粗糙度符号】按钮，选择粗糙度符号所在位置，在弹出的【粗糙度符号】对话框中输入粗糙度的值并选择粗糙度类型，单击【确定】按钮即可完成粗糙度符号标注，如图9-166所示。

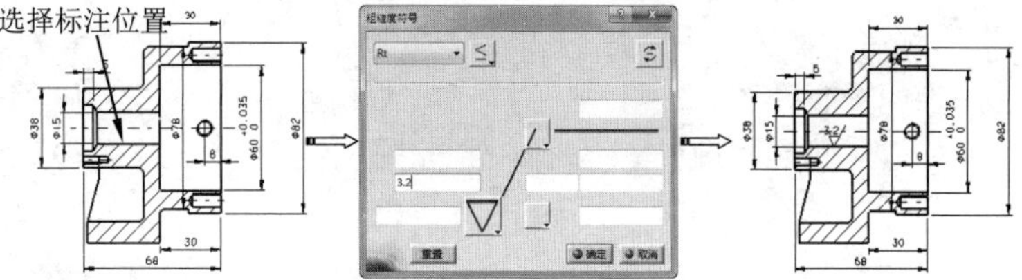

图9-166　创建粗糙度符号

21 单击【尺寸标注】工具栏上的【基准特征】按钮，再单击图上要标注基准的直线或尺寸线，出现【创建基准特征】对话框，在对话框中输入基准代号，单击【确定】按钮，则标注出基准特征，如图9-167所示。

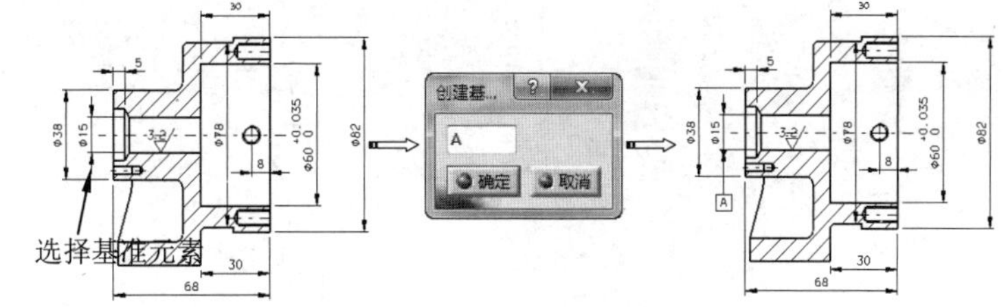

图9-167　创建基准特征

22 单击【尺寸标注】工具栏上的【形位公差】按钮，再按Shift键单击图上要标注公差的直线或尺寸线，出现【形位公差】对话框，设置形位公差参数，单击【确定】按钮，完成形位公差标注，如图9-168所示。

图9-168　标注形位公差

23 重复上述粗糙度、基准和形位公差的标注过程，完成图纸标注，如图9-144所示。

24 单击【标注】工具栏上的【文本】按钮，选择标题栏上方位置为标注文字的位置，弹出【文本编辑器】对话框，输入文字（可以通过选择字体输入汉字），单击【确定】按钮，完成文字添加，如图9-169所示。

25 单击【标注】工具栏上的【文本】按钮T，选择技术要求下方为标注文字的位置，弹出【文本编辑器】对话框，输入文字（可以通过选择字体输入汉字），单击【确定】按钮，完成文字添加，如图9-170所示。

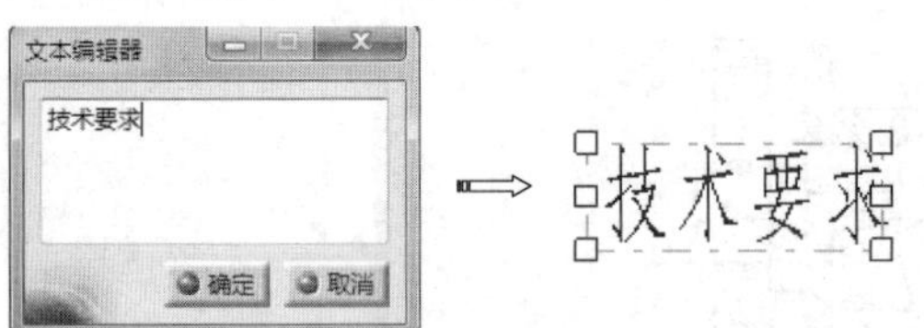

图9-169 创建文本

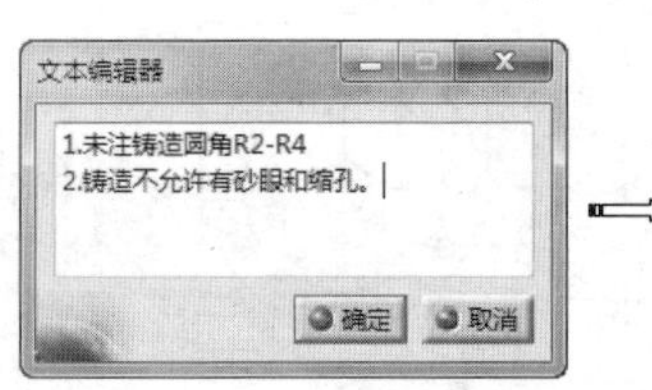

技术要求

1. 未注铸造圆角R2-R4

2. 铸造不允许有砂眼和缩孔。

图9-170 创建文本

9.11 课后习题

1. 习题一

通过CATIA工程图命令，创建如图9-171所示模型的工程图。

读者将熟悉如下内容：

（1）创建图纸。

（2）创建标题栏。

（3）创建正视图。

（4）创建剖视图。

（5）标注尺寸、形位公差。

2. 习题二

通过CATIA工程图命令，创建如图9-172所示模型的工程图。

读者将熟悉如下内容：

（1）创建图纸。

（2）创建标题栏。

（3）创建正视图。

（4）创建剖视图。

（5）标注尺寸。

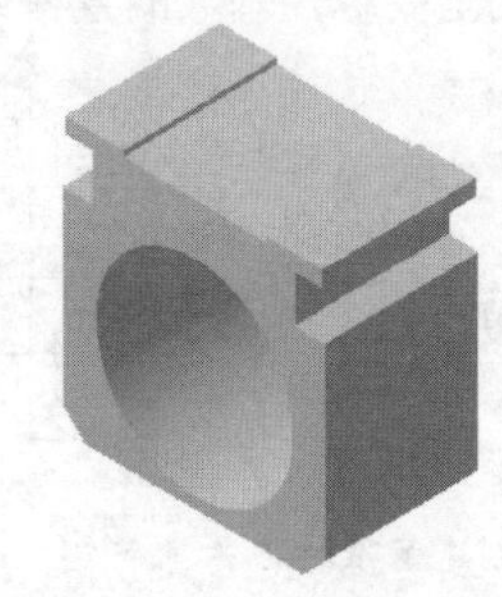

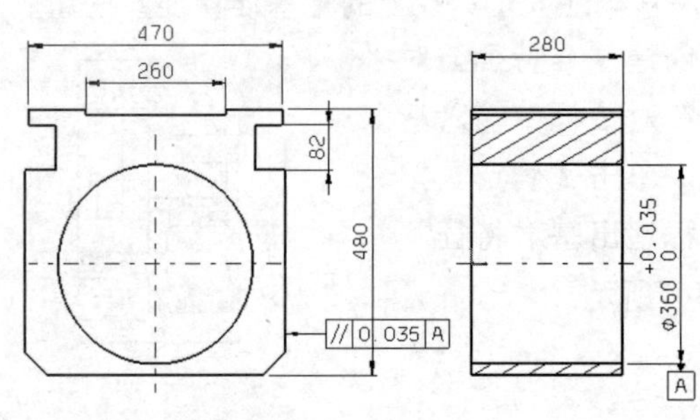

图9-171 范例图1

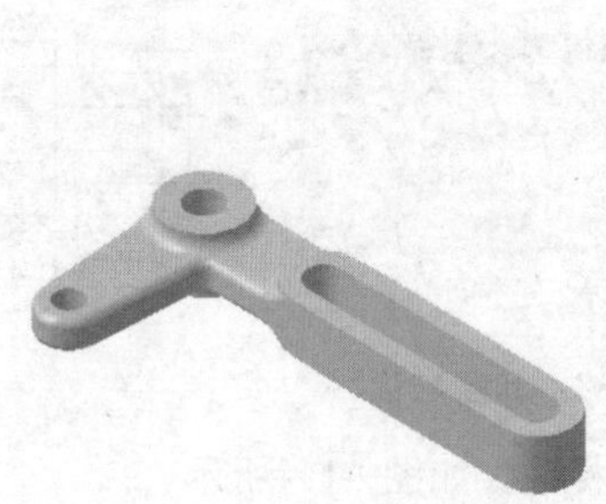

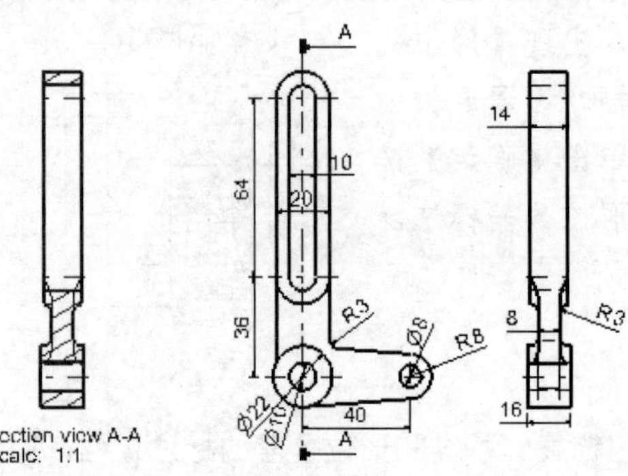

图9-172 范例图2

第10章
机械运动与仿真分析

CATIA V5R21运动仿真是数字样机（Digital Mock-Up，DMU）的功能之一，运动仿真是数字化技术全面应用于产品开发过程的方案论证、功能展示、设计定型和结构优化阶段的必要技术环节。

本章将介绍DMU运动仿真模块相关知识，包括创建机械装置、创建接合、创建驱动、模拟和动画等。

◎ 知识点01：DMU运动仿真用户界面
◎ 知识点02：新机械装置
◎ 知识点03：DMU运动模拟
◎ 知识点04：DMU运动动画
◎ 知识点05：运动机构更新

10.1 DMU运动仿真模块概述

CATIA V5R21运动仿真是数字样机（Digital Mock-Up，DMU）的功能之一，DMU运动仿真就是利用计算机呈现的、可替代物理样机功能的虚拟现实。通过运动仿真可进行机构的运动模拟，并分析其运动相关性能参数。

10.1.1 进入DMU运动仿真工作台

要进行运动仿真和分析，首先要进入DMU运动仿真工作台环境中，常用进入运动仿真工作台方法如下：

1. 系统没有开启任何文件

选择【开始】|【数字化装配】|【DMU运动机构】命令，如图10-1所示，进入DMU运动仿真工作台，如图10-2所示。

2. 开启文件在其他工作台

开启文件在其他工作台时，执行【开始】|【形状】|【FreeStyle】命令，系统将零件切换到自由曲面设计工作台。

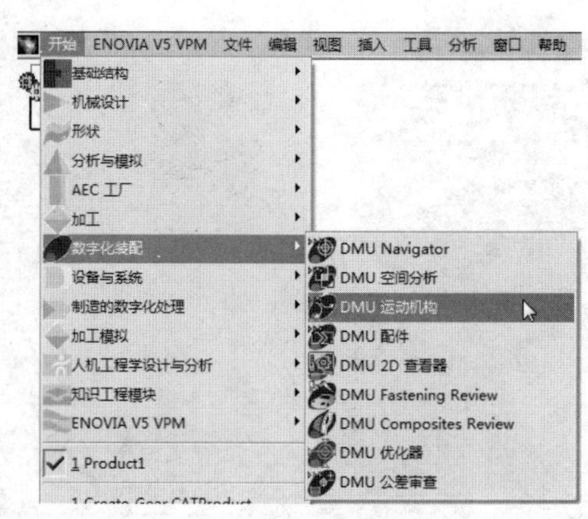

图10-1 【开始】菜单命令

10.1.2 DMU运动仿真工作台用户界面

CATIA V5R21运动仿真工作台中增加了机构运动及相关命令和操作，其中与运动仿真有关的菜单有【插入】菜单，与运动仿真有关的工具栏有【DMU运动机构】工具栏、【运动机构更新】工具栏、【DMU空间分析】工具栏、【DMU一般动画】工具栏等，如图10-2所示。

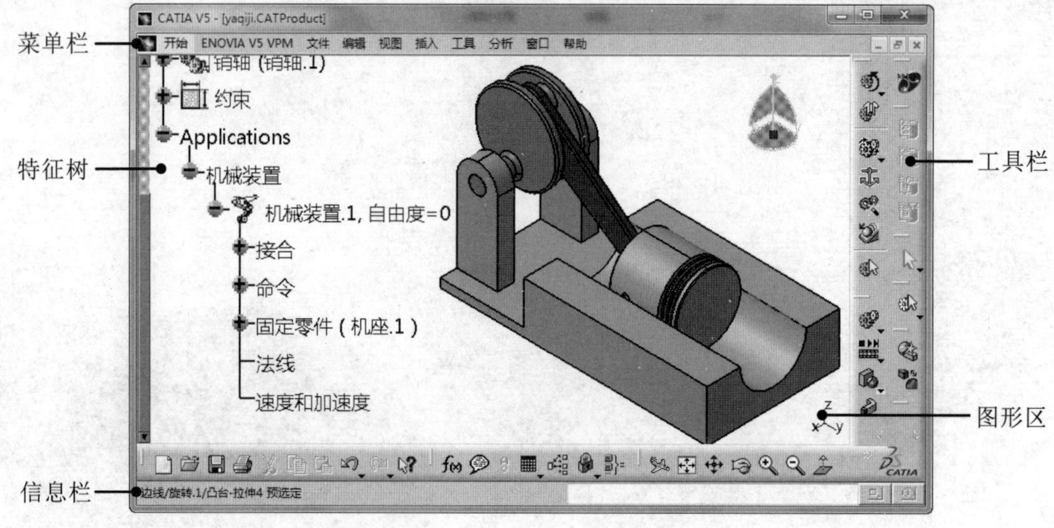

图10-2 运动仿真工作台界面

1. DMU运动仿真菜单

进入CATIA V5R21运动仿真工作台后，整个设计平台的菜单与其他模式下的菜单有了较大区别，其中【插入】下拉菜单是运动仿真工作台的主要菜单，如图10-3所示。该菜单集中了所有运动仿真命令，当在工具栏中没有相关命令时，可选择该菜单中的命令。

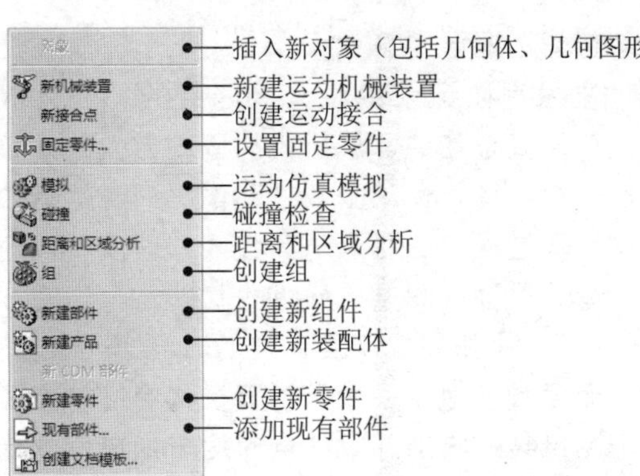

图10-3 【插入】下拉菜单

2. DMU运动仿真工具栏

利用运动仿真工作台中的工具栏命令按钮，是启动工程图绘制命令最方便的方法。CATIA V5R21的运动仿真工作台主要由【DMU运动机构】工具栏、【运动机构更新】工具栏、【DMU空间分析】工具栏、【DMU一般动画】工具栏等组成。工具栏显示了常用的工具按钮，单击工具右侧的黑色三角，可展开下一级工具栏。

（1）【DMU运动机构】工具栏

【DMU运动机构】工具栏命令用于创建各种运动接合以及固定零件，并进行机构模拟，如图10-4所示。

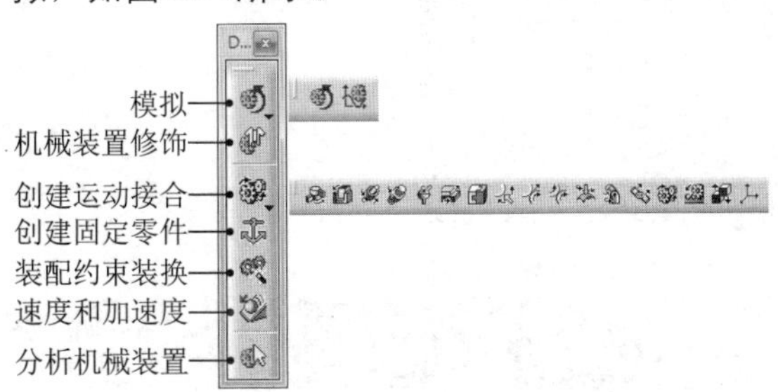

图10-4 【DMU运动机构】工具栏

（2）【运动机构更新】工具栏

【运动机构更新】工具栏用于运动约束改变后的位置更新、子机械装置导入和动态仿真后的机械装置初始位置重置等，如图10-5所示。

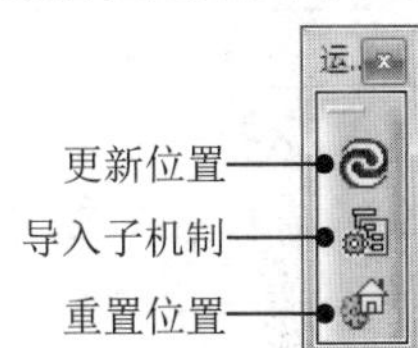

图10-5 【运动机构更新】工具栏

（3）【DMU空间分析】工具栏

【DMU空间分析】工具栏用于空间距离、干涉及运动范围分析，如图10-6所示。

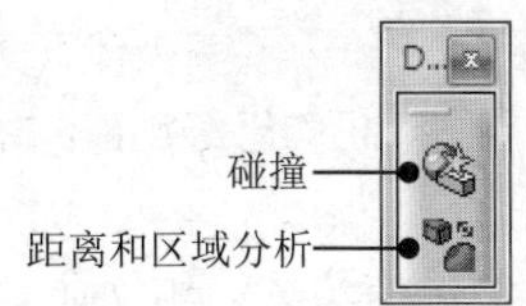

图10-6 【DMU空间分析】工具栏

（4）【DMU一般动画】工具栏

【DMU一般动画】工具栏用于运动仿真的动画制作、管理以及部分运动分析功能，如图10-7所示。

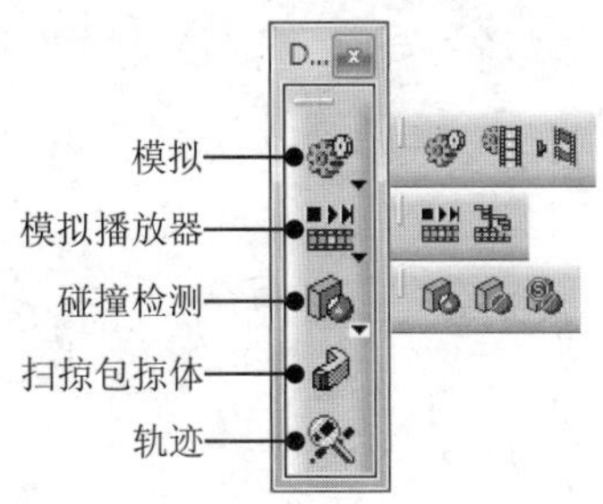

图10-7 【DMU一般动画】工具栏

3. 运动仿真特征树

在运动仿真分析中，产品的特征树在【Applications】节点下出现了运动仿真专用子节点，如图10-8所示。

（1）机械装置

机械装置节点用于记录机械仿真，其中“机械装置.1”为第一个运动机构，一个机械装置可以具有多个运动机构。

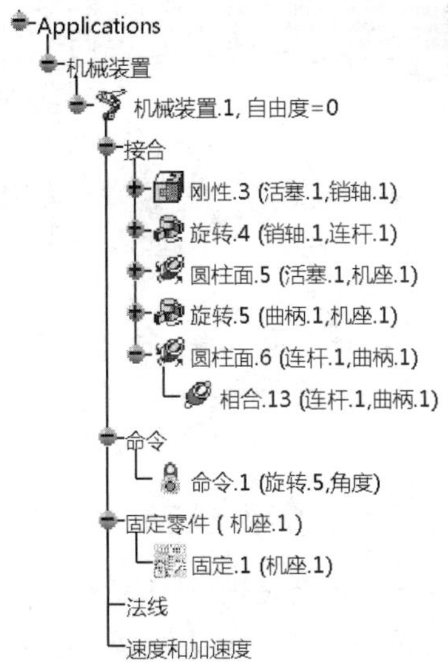

图10-8 【Applications】节点

（2）自由度

自由度显示仿真机构可动零部件的全部自由度。如果显示“自由度=0”，表示固定件完成，接合设置完毕，可以进行运动模拟。

（3）接合

接合显示仿真机构已经创建的所有运动副。

（4）命令

命令记录机构仿真的驱动命令数量和驱动位置。

（5）固定零件

固定零件记录被设计者固定的零部件。固定零件是仿真机构必不可少的，一个运动机构只能有一个固定的零部件，其他要求固定的零件可采用与已固定件刚性连接的方式进行处理。

（6）法线

法线用以记录由设计者固定的、以公式或程序形式存在的、规定机构运动方式的函数或指令集。指定运动函数或动作程序，是运动机构仿真过程中一些运动参数（如速度、加速度、运动轨迹）测量与分析的基础。

（7）速度和加速度

速度和加速度是显示仿真机构中被放置了用于测量某一零部件或某点速度与加速度的传感器，该传感器在运动分析时可激活，采集的信息可以图形或数据的形式供设计人员查看。

10.2 新机械装置

在进行DMU运动仿真之前，需要建立运动仿真机械装置。

选择下拉菜单【插入】|【新机械装置】命令，系统自动在特征树的【Applications】节点下生成“机械装置”节点，如图10-9所示。

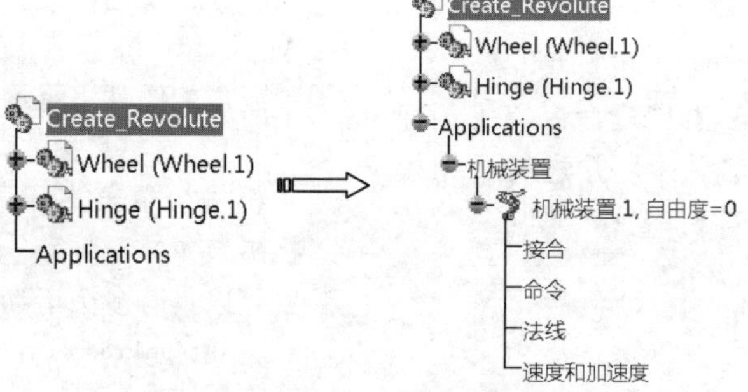

图10-9 创建新机械装置

10.3 DMU运动机构

创建好机械装置后，要搭建运动机构，包括创建运动接合、指定固定零件、运动速度和加速度等，相关命令集中在【DMU运动机构】工具栏上，下面分别加以介绍。

10.3.1 运动接合

创建运动接合是进行DMU运动机构分析的重要步骤，CATIA V5R21提供强大的接合方式，运动接合相关结合方式可在【DMU运动机构】工具栏中单击【旋转结合】按钮旁的下三角按钮展开并选择，如图10-10所示。下面分别加以介绍。

图10-10 创建运动结合的所有方式

1. 旋转接合

【旋转接合】是指两个构件之间的相对运动为转动的运动副，也称为铰链。创建时需要指定两条相合轴线及两个轴向限制。

动手操作—旋转接合实例

01 在【标准】工具栏中单击【打开】按钮，在弹出的【选择文件】对话框中选择“jitouti.CATProduct”文件。单击【打开】按钮打开模型文件。选择【开始】|【数字化装配】|【DMU运动机构】，进入运动仿真设计工作台，如图10-11所示。

02 单击【DMU运动机构】工具栏中的【旋转接合】按钮，弹出【创建接合：旋转】对话框，在图形区分别选中如图10-12所示几何模型的直线1和直线2，并选择两个平面作为轴向限制面，如图10-12所示。

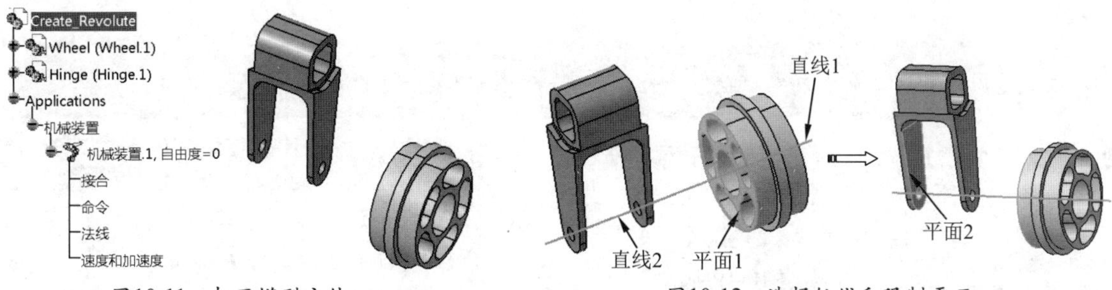

图10-11 打开模型文件　　图10-12 选择轴线和限制平面

提示

限制平面用于限制零件在轴线方向上的位置，通常要求限制平面垂直所选择轴线。此外，为了方便选择，可综合运用放大、缩小、移动、旋转、隐藏等方式调整几何模型。

03 选中【偏移】单选按钮，在其后的文本框中输入2，如图10-13所示。单击【确定】按钮，完成旋转接合创建，在【接合】节点下增加“旋转.1”，在【约束】节点下增加“相合.1”和“偏移.2”，如图10-14所示。

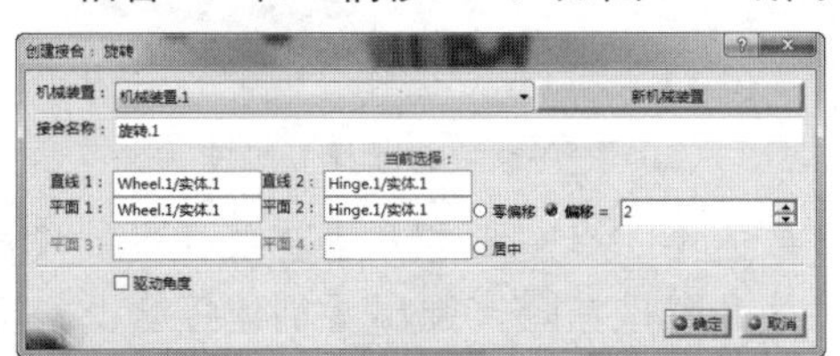

图10-13 【创建接合：旋转】对话框

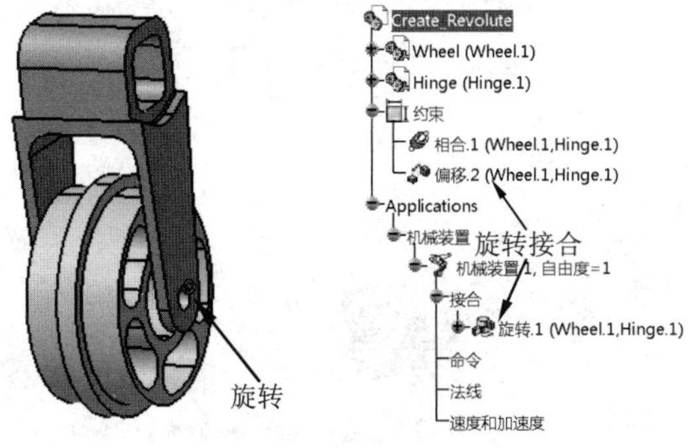

图10-14 创建的接合

04 设置固定零件。单击【DMU运动机构】工具栏中的【固定零件】按钮，弹出【新固定零件】对话框，如图10-15所示。在图形区或特征树上选择Hinge零件为固定件，选中零件在图形区显示固定符号，同时在【固定零件】和【约束】节点增加固定选项，如图10-16所示。

图10-15 【新固定零件】对话框

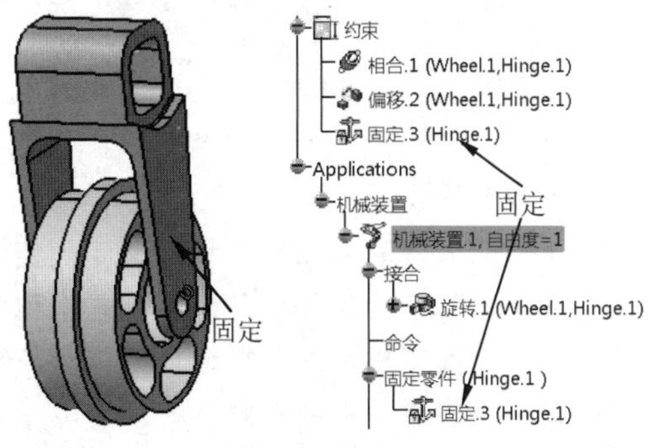

图10-16 固定

05 施加驱动命令。在特征树上双击【旋转.1】节点，显示【编辑接合：旋转.1（旋转)】对话框，选中【驱动角度】复选框，在图形区显示轴旋转方向箭头，如图10-17所示。

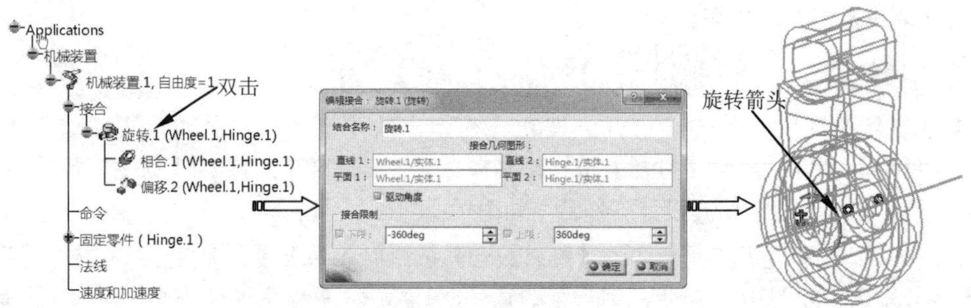

图10-17　施加驱动命令

提 示

如果图中旋转方向与所需旋转方向相反，可单击图中箭头更改运动方向。

06 单击【确定】按钮，弹出【信息】对话框，如图10-18所示。单击【确定】按钮完成，此时特征树中“自由度=0”，并在【命令】节点下增加“命令.1”，如图10-19所示。

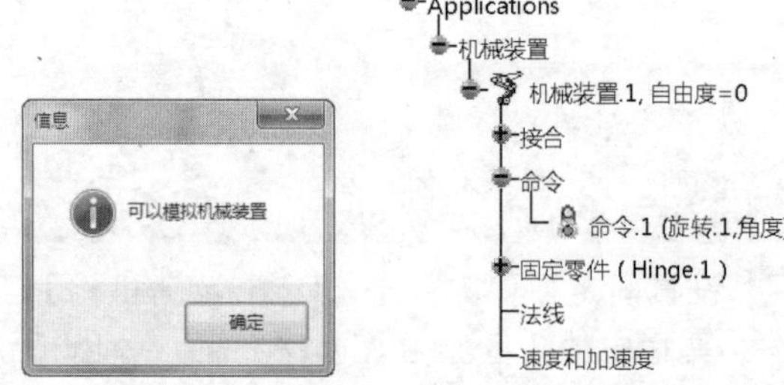

图10-18　【信息】对话框　图10-19　增加【命令】节点

07 运动模拟。单击【DMU运动机构】工具栏中的【使用命令进行模拟】按钮，弹出【运动模拟-机械装置.1】对话框，用鼠标拖动滚动条，可观察产品的旋转运动，如图10-20所示。

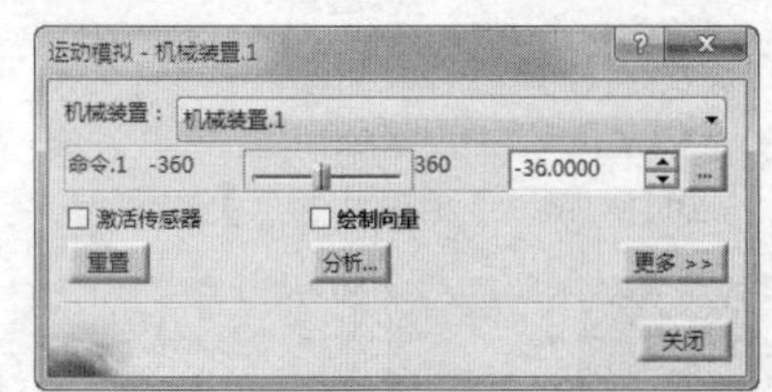

图10-20　【运动模拟-机械装置.1】对话框

2. 棱形接合

【棱形接合】是指两个构件之间的相对运动为沿某一条公共直线滑动运动副，也称为铰链。创建时需要指定两条相合直线以及与直线平行或重合的两个相合平面。

动手操作——棱形接合实例

01 在【标准】工具栏中单击【打开】按钮，在弹出的【选择文件】对话框中选择“10-2.CATProduct”文件。单击【打开】按钮打开模型文件。选择【开始】|【数字化装配】|【DMU运动机构】，进入运动仿真设计工作台，如图10-21所示。

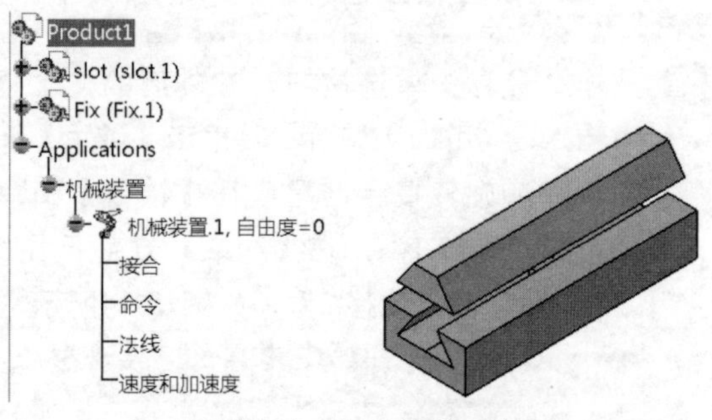

图10-21　打开模型文件

02 单击【DMU运动机构】工具栏中的【棱形接合】按钮，弹出【创建接合：棱形】对话框，如图10-23所示。在图形区分别选中如图10-22所示几何模型的直线1和直线2，并选择两个平面作为相合限制面。

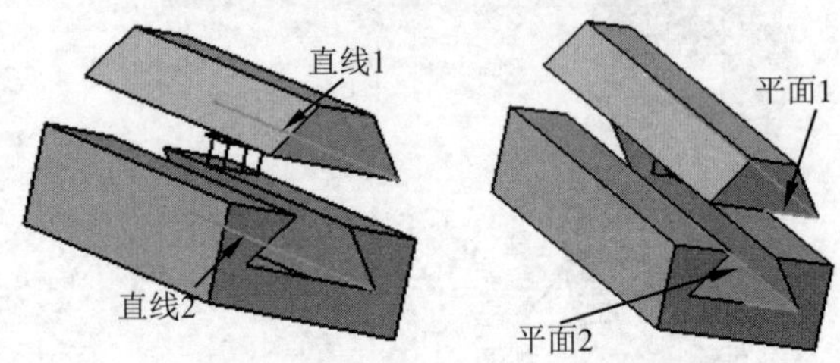

图10-22　选择直线和平面

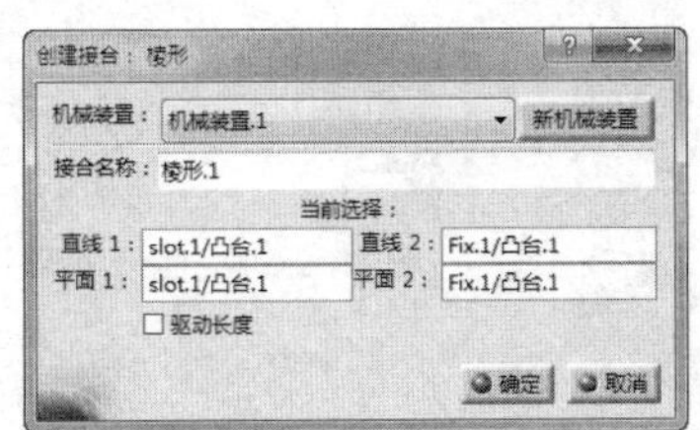

图10-23 【创建接合：棱形】对话框

03 单击【确定】按钮，完成棱形接合创建，在【接合】节点下增加“棱形.1”，在【约束】节点下增加“相合.2”，如图10-24所示。

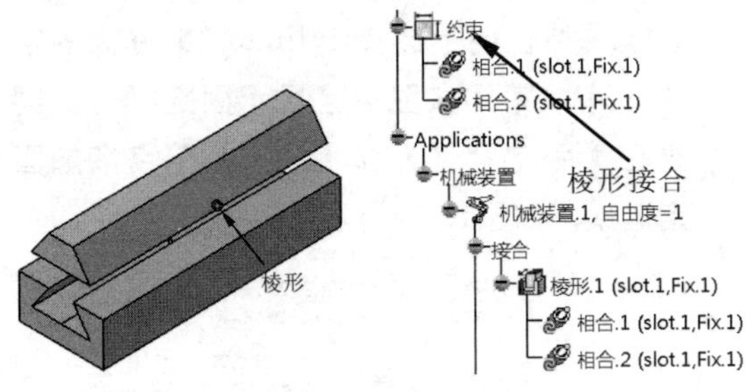

图10-24 创建的接合

04 设置固定零件。单击【DMU运动机构】工具栏中的【固定零件】按钮，弹出【新固定零件】对话框，如图10-25所示。在图形区或特征树上选择Fix零件为固定件，选中零件在图形区显示固定符号，同时在【固定零件】和【约束】节点增加固定选项，如图10-26所示。

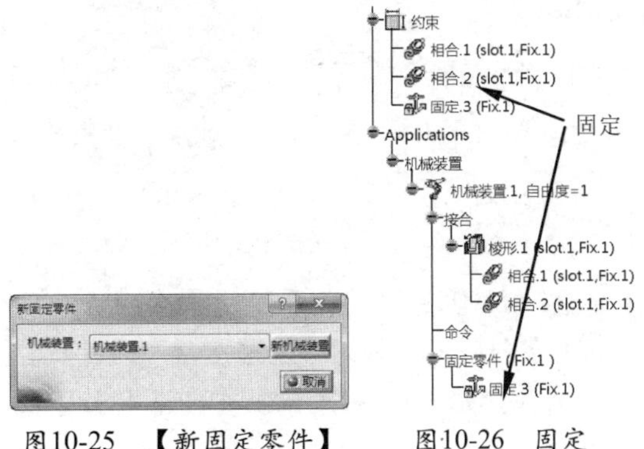

图10-25 【新固定零件】对话框　图10-26 固定

05 施加驱动命令。在特征树上双击【棱形.1】节点，显示【编辑接合：棱形.1（棱形)】对话框，选中【驱动长度】复选框，在图形区显示移动方向箭头，如图10-27所示。

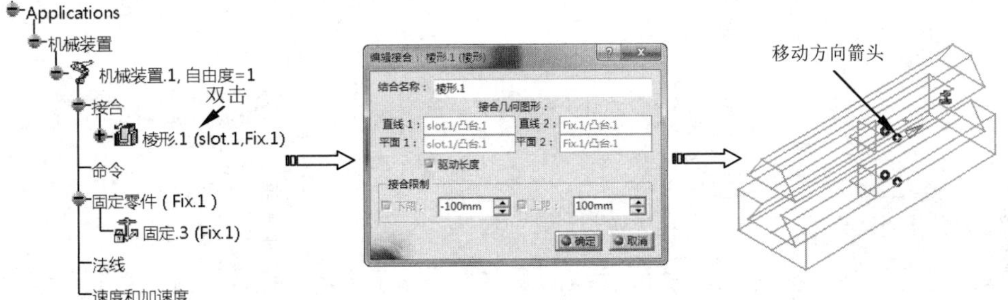

图10-27 施加驱动命令

> **提示**
> 如果图中移动方向与所需移动方向相反，可单击图中箭头更改运动方向。

06 单击【确定】按钮，弹出【信息】对话框，如图10-28所示。单击【确定】按钮完成，此时特征树中“自由度=0”，并在【命令】节点下增加“命令.1”，如图10-29所示。

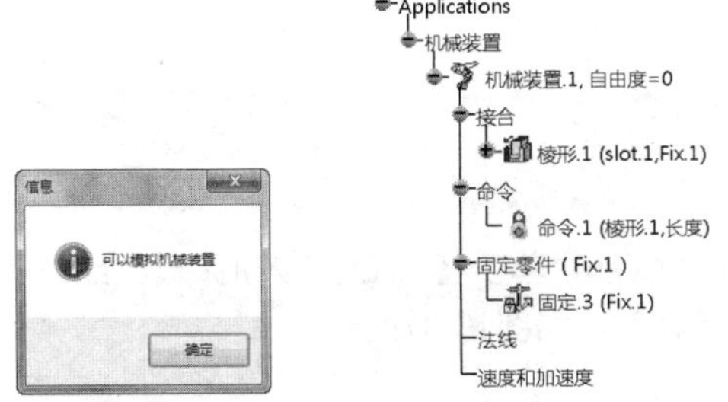

图10-28 【信息】对话框 图10-29 增加【命令】节点

07 运动模拟。单击【DMU运动机构】工具栏中的【使用命令进行模拟】按钮，弹出【运动模拟-机械装置.1】对话框，用鼠标拖动滚动条，可观察产品的直线运动。

3. 圆柱接合

【圆柱接合】是指两个构件之间的沿公共轴线转动又能像棱形副一样沿着该轴线滑动的运动副，如钻床摇臂运动。创建时需要指定两条相合轴线。

动手操作—圆柱接合实例

01 在【标准】工具栏中单击【打开】按钮，

在弹出的【选择文件】对话框中选择“10-3.CATProduct”文件。单击【打开】按钮打开模型文件。选择【开始】|【数字化装配】|【DMU运动机构】，进入运动仿真设计工作台，如图10-30所示。

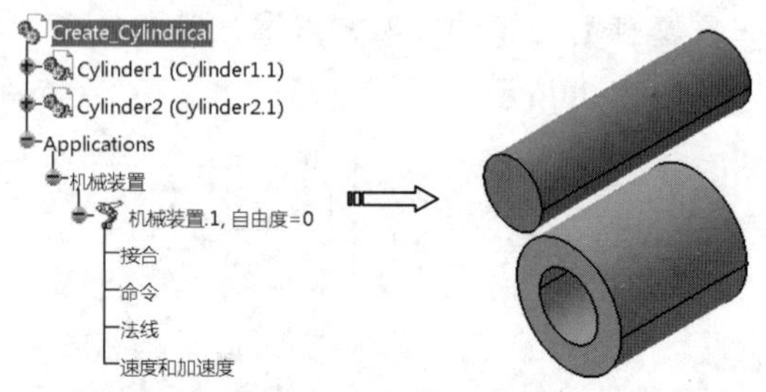

图10-30　打开模型文件

02 单击【DMU运动机构】工具栏中的【圆柱接合】按钮，弹出【创建接合：圆柱面】对话框，如图10-31所示。在图形区分别选中如图10-32所示几何模型的直线1和直线2。单击【确定】按钮，完成圆柱接合创建，在【接合】节点下增加“圆柱面.1”，在【约束】节点下增加“相合.1”。

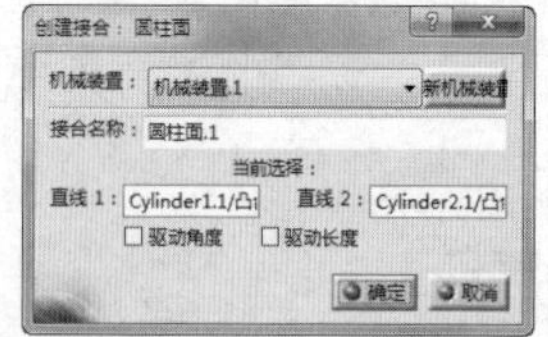

图10-31　【创建接合：圆柱面】对话框

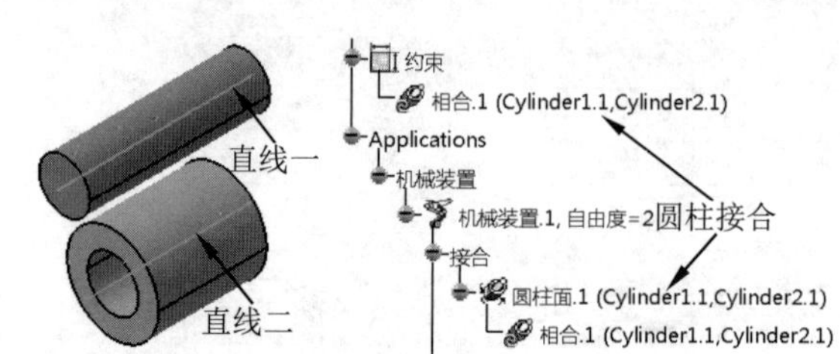

图10-32　创建的接合

03 设置固定零件。单击【DMU运动机构】工具栏中的【固定零件】按钮，弹出【新固定零件】对话框，如图10-33所示。在图形区或特征树上选择Cylinder2零件为固定件，选中零件在图形区显示固定符号，同时在【固定零件】和【约束】节点增加固定选项，如图10-34所示。

图10-33　【新固定零件】对话框

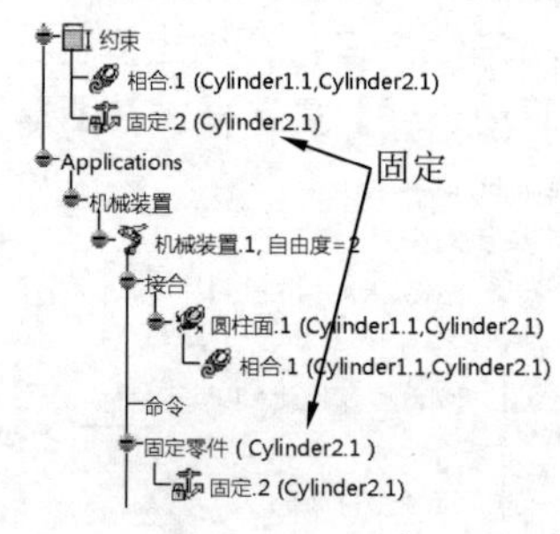

图10-34　固定

04 施加驱动命令。在特征树上双击【圆柱面.1】节点，显示【编辑接合：圆柱面.1（圆柱面)】对话框，选中【驱动角度】和【驱动长度】复选框，在图形区显示移动和旋转方向箭头，如图10-35所示。

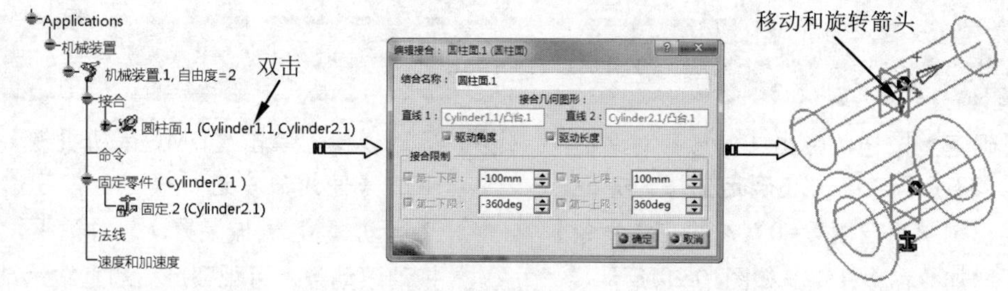

图10-35　施加驱动命令

提示

如果图中移动方向与所需方向相反，可单击图中箭头更改运动方向。

05 单击【确定】按钮，弹出【信息】对话框，如图10-36所示。单击【确定】按钮完成，此时特征树中“自由度=0”，并在【命令】节点下增加“命令.1”，如图10-37所示。

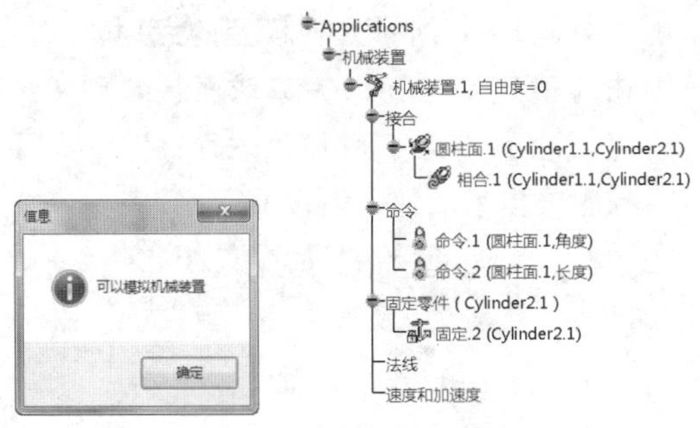

图10-36 【信息】对话框 图10-37 增加【命令】节点

06 运动模拟。单击【DMU运动机构】工具栏中的【使用命令进行模拟】按钮，弹出【运动模拟-机械装置.1】对话框，用鼠标拖动滚动条，可观察产品的直线和旋转运动。

4. 螺钉接合

【螺钉接合】是指两个构件之间沿公共轴线转动以及沿该轴线以螺距为步距移动的联动运动副，如机床上丝杠螺母运动。创建时需要指定两条相合轴线。

动手操作—螺钉接合实例

01 在【标准】工具栏中单击【打开】按钮，在弹出的【选择文件】对话框中选择“10-4.CATProduct”文件。单击【打开】按钮打开模型文件。选择【开始】|【数字化装配】|【DMU运动机构】，进入运动仿真设计工作台，如图10-38所示。

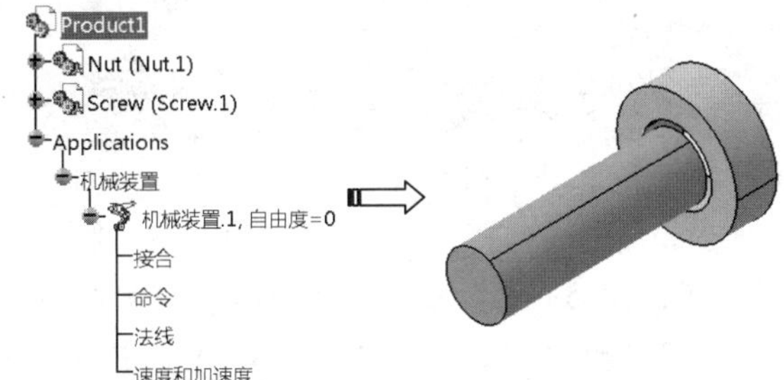

图10-38 打开模型文件

02 单击【DMU运动机构】工具栏中的【螺钉接合】按钮，弹出【创建接合：螺钉】对话框，如图10-39所示。在图形区分别选中如图10-40所示几何模型的直线1和直线2。单击【确定】按钮，完成螺钉接合创建，在【接合】节点下增加“螺钉.1”，在【约束】节点下增加“相合.2”，如图10-40所示。

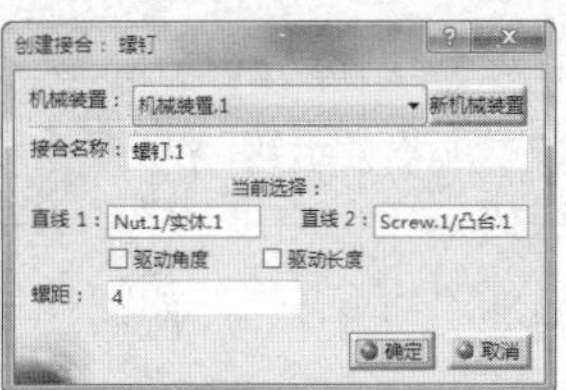

图10-39 【创建接合：螺钉】对话框

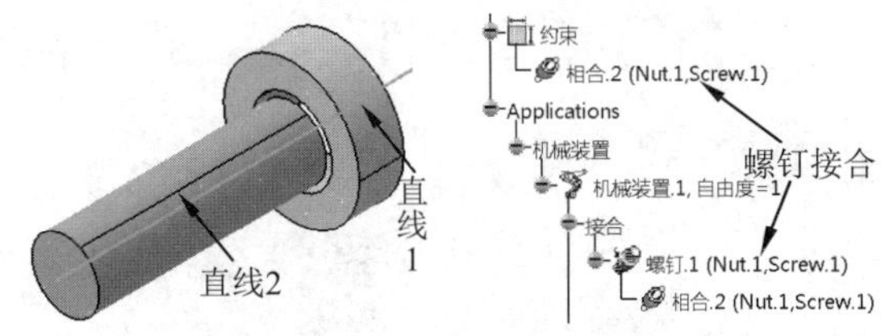

图10-40 创建的接合

03 设置固定零件。单击【DMU运动机构】工具栏中的【固定零件】按钮，弹出【新固定零件】对话框，如图10-41所示。在图形区或特征树上选择Screw零件为固定件，选中零件在图形区显示固定符号，同时在【固定零件】和【约束】节点增加固定选项，如图10-42所示。

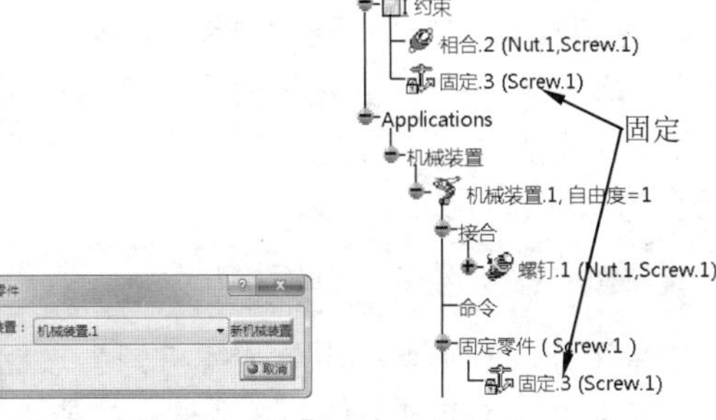

图10-41 【新固定零件】对话框 图10-42 固定

04 施加驱动命令。在特征树上双击【螺钉.1】节点，显示【编辑接合：螺钉.1（螺钉）】对话框，选中【驱动角度】和【驱动长度】复选框，在图形区显示移动和旋转方向箭头，如图10-43所示。

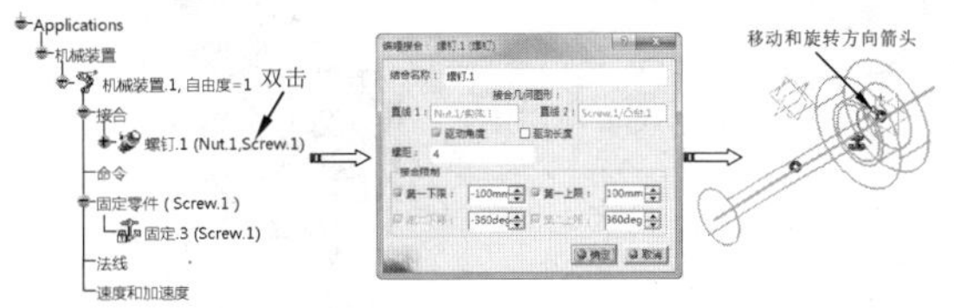

图10-43 施加驱动命令

提示

如果图中移动方向与所需方向相反，可单击图中箭头更改运动方向。

05 单击【确定】按钮，弹出【信息】对话框，如图10-44所示。单击【确定】按钮完成，此时特征树中“自由度=0”，并在【命令】节点下增加“命令.1”，如图10-45所示。

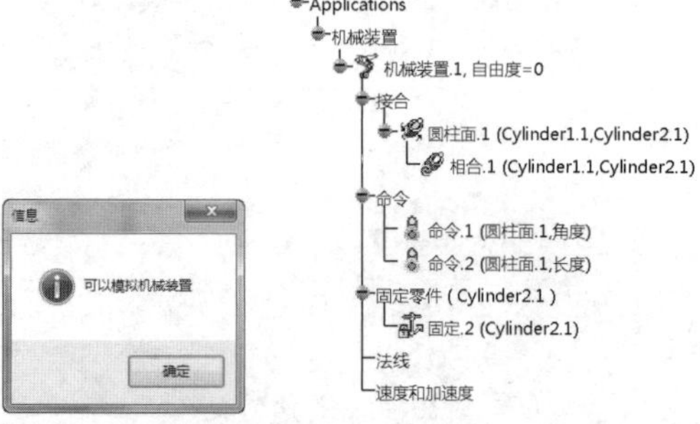

图10-44 【信息】对话框 图10-45 增加【命令】节点

06 运动模拟。单击【DMU运动机构】工具栏中的【使用命令进行模拟】按钮，弹出【运动模拟-机械装置.1】对话框，用鼠标拖动滚动条，可观察产品的直线旋转运动。

5. 球面接合

【球面接合】是指两个构件之间仅被一个公共点或一个公共球面约束的多自由度运动副，可实现多方向的摆动与转动，又称为球铰，如球形万向节。创建时需要指定两条相合的点，对于高仿真模型来讲即两零部件上相互配合的球孔与球头的球心。

动手操作—球面接合实例

01 在【标准】工具栏中单击【打开】按钮，在弹出的【选择文件】对话框中选择“10-5.CATProduct”文件。单击【打开】按钮打开模型文件。选择【开始】|【数字化装配】|【DMU运动机构】，进入运动仿真设计工作台，如图10-46所示。

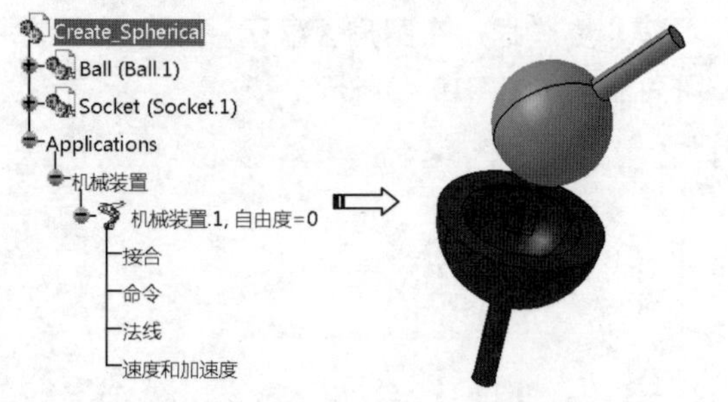

图10-46 打开模型文件

02 单击【DMU运动机构】工具栏中的【球面接合】按钮，弹出【创建接合：球面】对话框，如图10-47所示。在图形区分别选中如图10-48所示几何模型的点1和点2。单击【确定】按钮，完成球面接合创建，在【接合】节点下增加“球面.1”，在【约束】节点下增加“相合.1”。

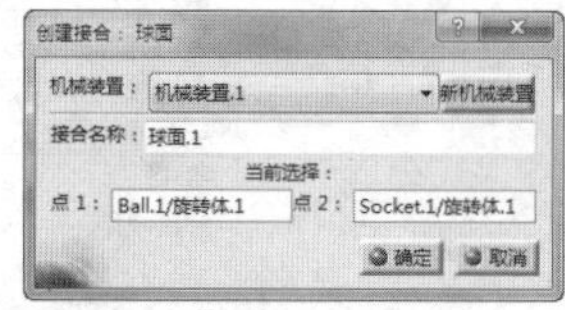

图10-47 【创建接合：球面】对话框

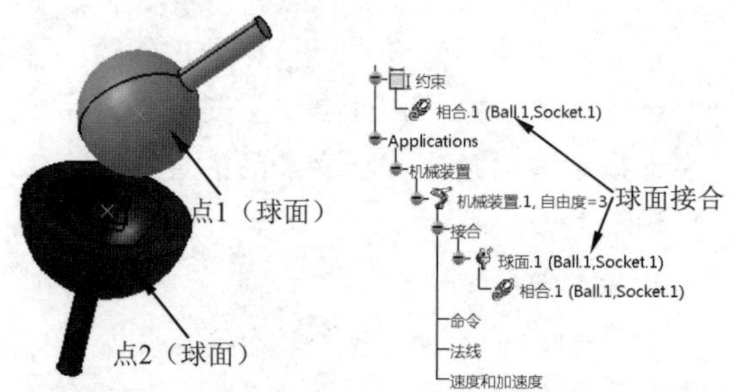

图10-48 创建的接合

> **提示**
>
> 在特征树中显示“自由度=3”，表示球面副不能单独驱动，只能配合其他运动副来建立运动机构。

6. 平面接合

【平面接合】是指两个构件之间以公共的平面为约束，具有除沿平面法向移动及绕平面坐标轴转动之外的3个自由度。创建时需要指定两个相合平面。

动手操作—平面接合实例

01 在【标准】工具栏中单击【打开】按钮，在弹出的【选择文件】对话框中选择“10-6.CATProduct”文件。单击【打开】按钮打开模型文件。选择【开始】|【数字化装配】|【DMU运动机构】，进入运动仿真设计工作台，如图10-49所示。

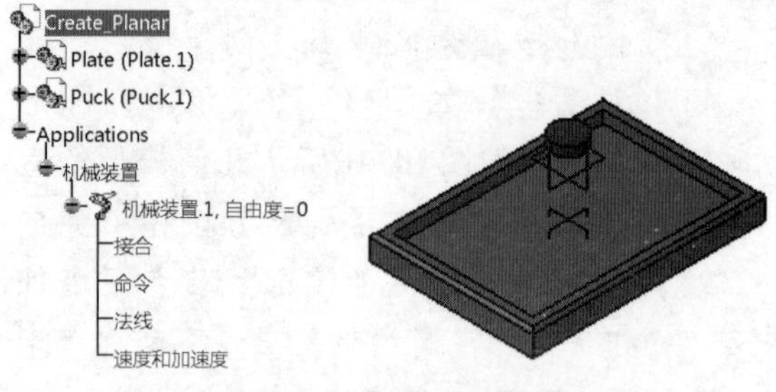

图10-49 打开模型文件

02 单击【DMU运动机构】工具栏中的【平面接合】按钮，弹出【创建接合：平面】对话框，如图10-50所示。在图形区分别选中如图10-51所示几何模型的平面1和平面2。单击【确定】按钮，完成平面接合创建，在【接合】节点下增加“平面.1”，在【约束】节点下增加“相合.1”，如图10-51所示。

图10-50 【创建接合：平面】对话框

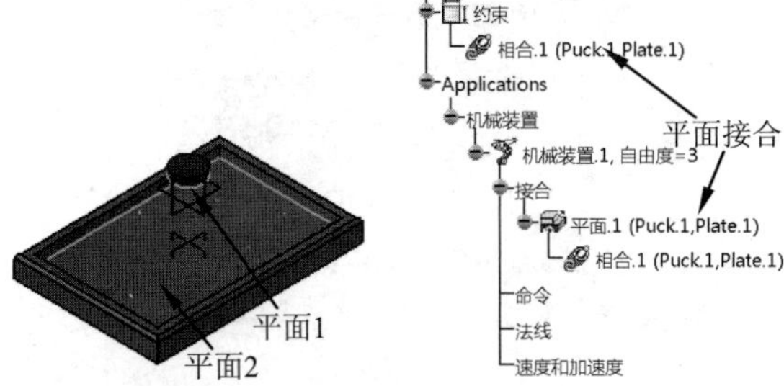

图10-51 创建的接合

技术要点

在特征树中显示“自由度=3”，表示平面副不能单独驱动，只能配合其他运动副来建立运动机构。

7. 刚性接合

【刚性接合】是指两个构件之间在初始位置不变的情况下，实现所有自由度的完全约束，使其具有一个零部件属性。创建时需要指定两个零部件。

动手操作—刚性接合实例

01 在【标准】工具栏中单击【打开】按钮，在弹出的【选择文件】对话框中选择“10-7.CATProduct”文件。单击【打开】按钮打开模型文件。选择【开始】|【数字化装配】|【DMU运动机构】，进入运动仿真设计工作台，如图10-52所示。

02 单击【DMU运动机构】工具栏中的【刚性接合】按钮，弹出【创建接合：刚性】对话框，如图10-53所示。在图形区分别选中如图10-54所示几何模型的零件1和零件2。单击【确定】按钮，完成刚性面接合创建，在【接合】节点下增加“刚性.1”，在【约束】节点下增加“固联.1”。

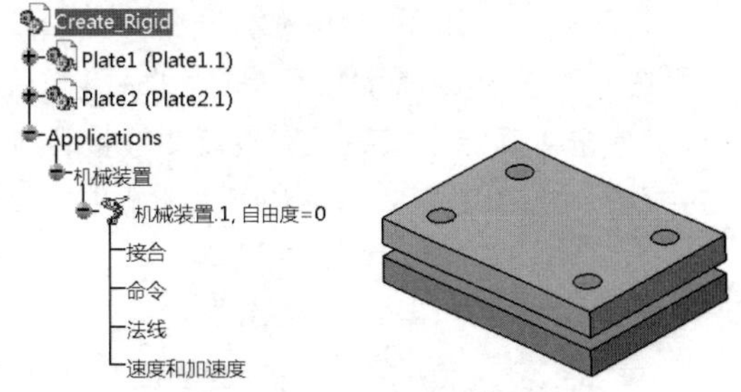

图10-52 打开模型文件

图10-53 【创建接合：刚性】对话框

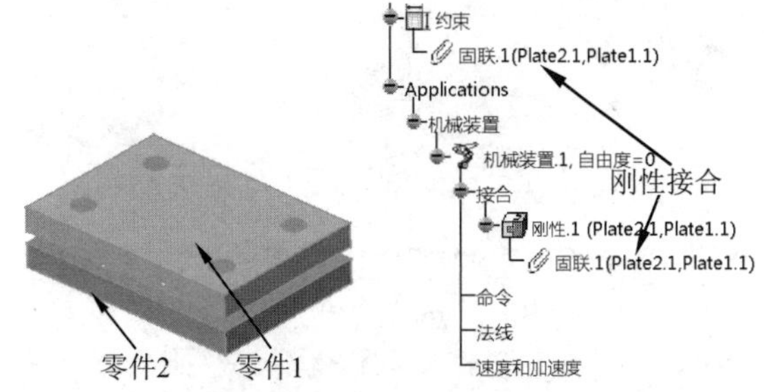

图10-54 创建的接合

8. 点曲线接合

【点曲线接合】是指两个构件之间通过点与曲线的相合创建运动副。创建时需要指定一条线（直线、曲线、草图）和另外一个相合的点。

动手操作—点曲线接合实例

01 在【标准】工具栏中单击【打开】按钮，在弹出的【选择文件】对话框中选择“10-8.CATProduct”文件。单击【打开】按钮打开模型文件。选择【开始】|【数字化装配】|【DMU运动机构】，进入运动仿真设计工作台，如图10-55所示。

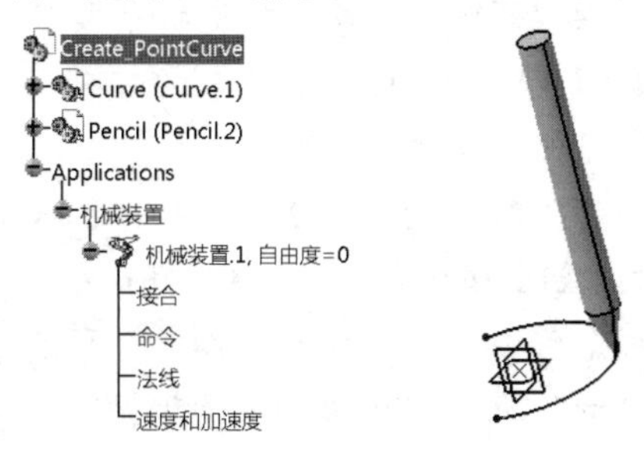

图10-55 打开模型文件

02 单击【DMU运动机构】工具栏中的【点曲线接合】按钮，弹出【创建接合：点曲线】对话框，如图10-56所示。在图形区分别选中如图10-57所示几何模型的曲线1和点1。单击【确定】按钮，完成点曲线接合创建，在【接合】节点下增加“点曲线.1”。

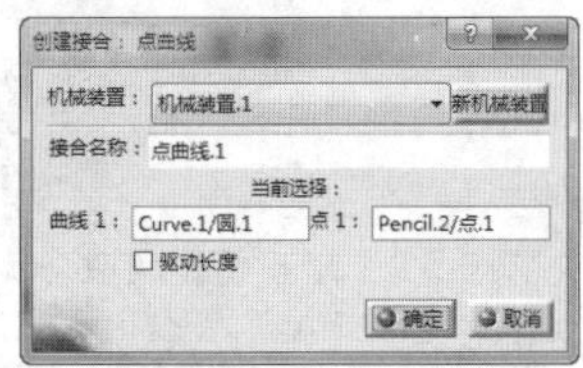

图10-56　【创建接合：点曲线】对话框

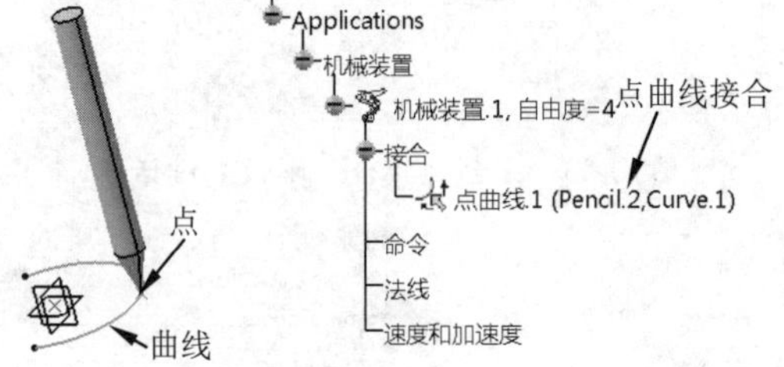

图10-57　创建的接合

提 示

在特征树中显示“自由度=4”，而其本身只有一个【驱动长度】指令，故点曲线接合不能单独驱动，只能配合其他运动副来建立运动机构。

9. 滑动曲线接合

【滑动曲线】是指两个构件之间通过一组相切曲线实现相互约束的、切点速度不为零的运动。创建时需要指定是分属于不同零部件上的相切的两曲线或直线或者直线和曲线。

动手操作—滑动曲线接合实例

01 在【标准】工具栏中单击【打开】按钮，在弹出的【选择文件】对话框中选择“10-9.CATProduct”文件。单击【打开】按钮打开模型文件。选择【开始】|【数字化装配】|【DMU运动机构】，进入运动仿真设计工作台，如图10-58所示。

02 单击【DMU运动机构】工具栏中的【滑动曲线接合】按钮，弹出【创建接合：滑动曲线】对话框，如图10-59所示。在图形区分别选中如图10-60所示几何模型的曲线和直线。单击【确定】按钮，完成滑动曲线接合创建，在【接合】节点下增加“滑动曲线.3”。

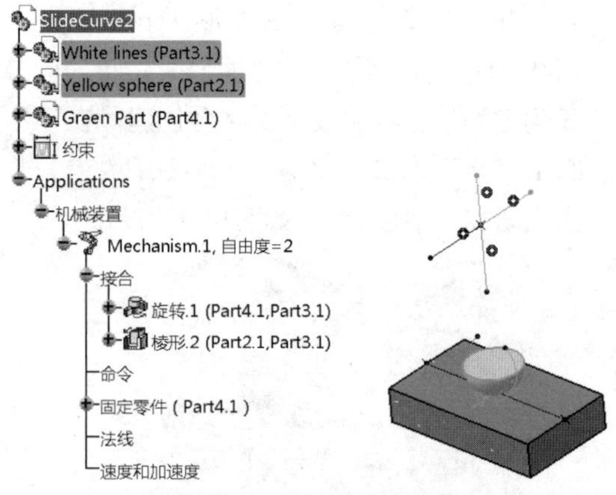

图10-58　打开模型文件

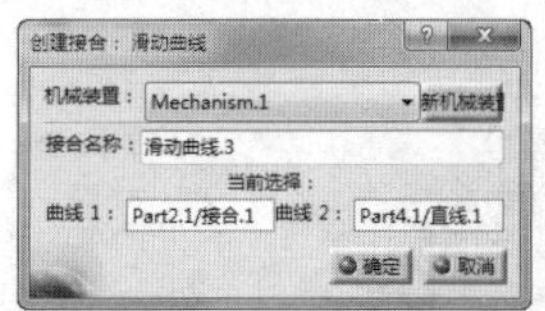

图10-59　【创建接合：滑动曲线】对话框

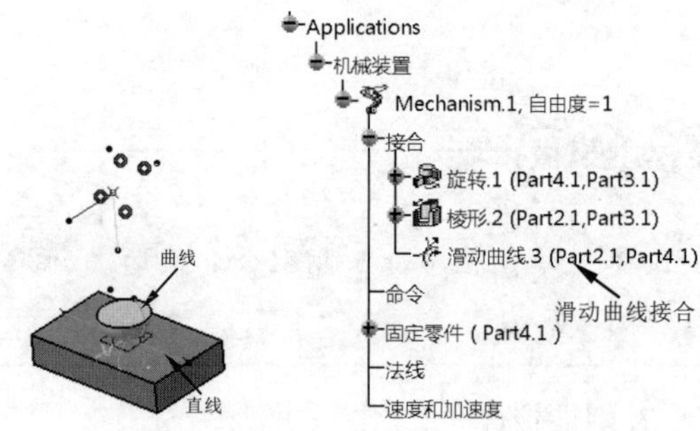

图10-60　创建的接合

03 施加驱动命令。在特征树上双击【旋转.1】节点，显示【编辑接合：旋转.1（旋转)】对话框，选中【驱动角度】复选框，在图形区显示旋转方向箭头，如图10-61所示。

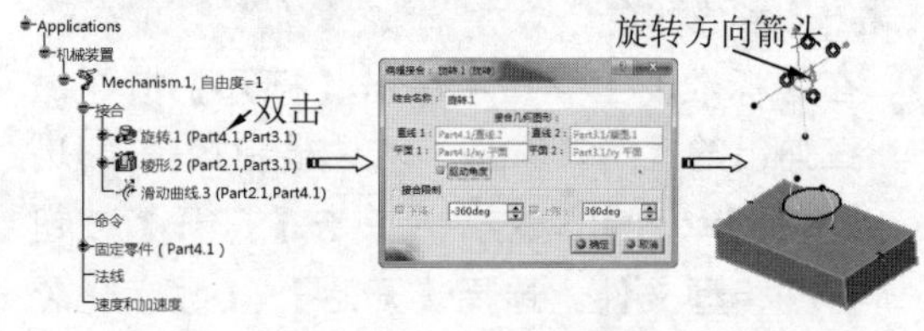

图10-61　施加旋转命令

提 示

如果图中移动方向与所需旋转方向相反，可单击图中箭头更改运动方向。

04 单击【确定】按钮，弹出【信息】对话框，如图10-62所示。单击【确定】按钮完成，此时特征树中“自由度=0”，并在【命令】节点下增加“命令.1”，如图10-63所示。

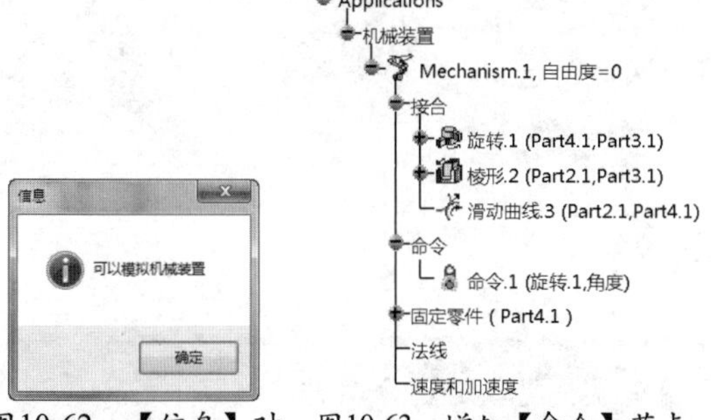

图10-62 【信息】对话框　图10-63 增加【命令】节点

05 运动模拟。单击【DMU运动机构】工具栏中的【使用命令进行模拟】按钮，弹出【运动模拟-机械装置.1】对话框，用鼠标拖动滚动条，可观察产品的滑动运动。

10. 滚动曲线接合

【滚动曲线】是指两个构件之间通过一组相切曲线实现相互约束、切点速度为零的运动。创建时需要指定是分属于不同零部件上的相切的两曲线或直线或者直线和曲线。

动手操作—滚动曲线接合实例

01 在【标准】工具栏中单击【打开】按钮，在弹出的【选择文件】对话框中选择“10-10.CATProduct”文件。单击【打开】按钮打开模型文件。选择【开始】|【数字化装配】|【DMU运动机构】，进入运动仿真设计工作台，如图10-64所示。

图10-64 打开模型文件

02 单击【DMU运动机构】工具栏中的【滚动曲线接合】按钮，弹出【创建接合：滚动曲线】对话框，如图10-65所示。在图形区分别选中如图10-66所示几何模型的曲线1和曲线2。单击【确定】按钮，完成滚动曲线接合创建，在【接合】节点下增加“滚动曲线.1”，如图10-66所示。

图10-65 【创建接合：滚动曲线】对话框

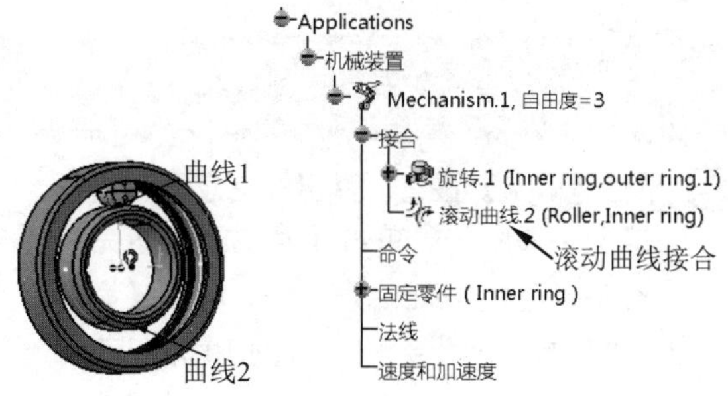

图10-66 创建的接合

03 单击【DMU运动机构】工具栏中的【滚动曲线接合】按钮，弹出【创建接合：滚动曲线】对话框，如图10-67所示。在图形区分别选中如图10-68所示几何模型的曲线1和曲线2。单击【确定】按钮，完成滚动曲线接合创建，在【接合】节点下增加“滚动曲线.3”，如图10-68所示。

图10-67 【创建接合：滚动曲线】对话框

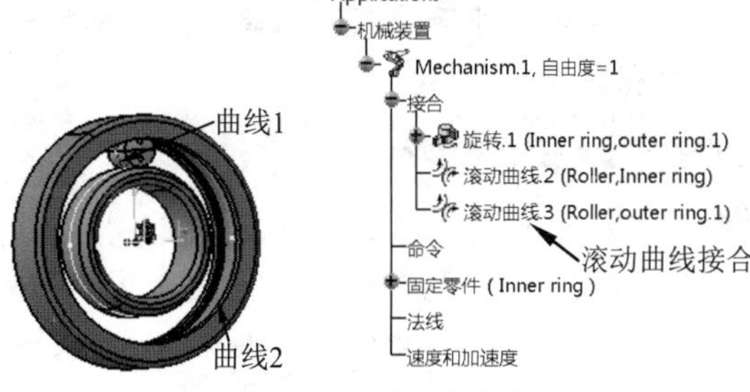

图10-68 创建的接合

04 施加驱动命令。在特征树上双击【旋转.1】节点，显示【编辑接合：旋转.1（旋转)】对话框，选中【驱动角度】复选框，在图形区显示旋转方向箭头，如图10-69所示。

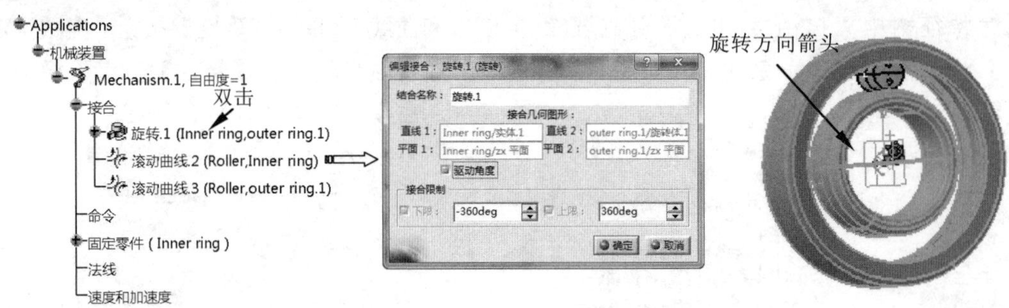

图10-69　施加旋转命令

提示

如果图中旋转方向与所需旋转方向相反，可单击图中箭头更改运动方向。

05 单击【确定】按钮，弹出【信息】对话框，如图10-70所示。单击【确定】按钮完成，此时特征树中“自由度=0”，并在【命令】节点下增加“命令.1”，如图10-71所示。

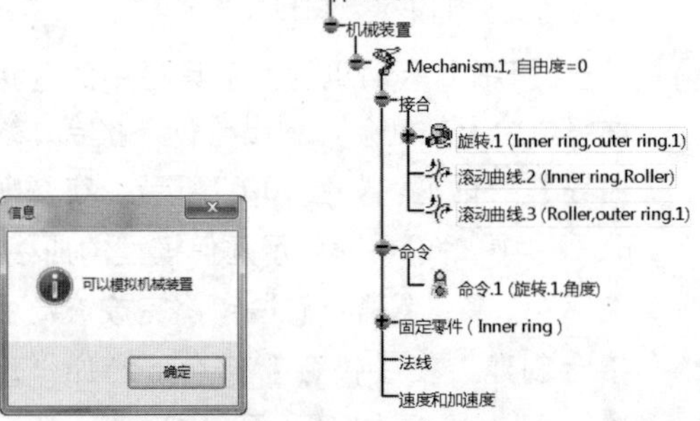

图10-70　【信息】对话框 图10-71　增加【命令】节点

06 运动模拟。单击【DMU运动机构】工具栏中的【使用命令进行模拟】按钮，弹出【运动模拟-机械装置.1】对话框，用鼠标拖动滚动条，可观察产品的滑动运动。

11. 点曲面接合

【点曲面接合】是指两个构件之间通过点与曲面的相合创建运动副。创建时需要指定一个曲面和另外一个相合的点。

动手操作—点曲面接合实例

01 在【标准】工具栏中单击【打开】按钮，在弹出的【选择文件】对话框中选择“10-11.CATProduct”文件。单击【打开】按钮打开模型文件。选择【开始】|【数字化装配】|【DMU运动机构】，进入运动仿真设计工作台，如图10-72所示。

02 单击【DMU运动机构】工具栏中的【点曲面接合】按钮，弹出【创建接合：点曲面】对话框，如图10-73所示。在图形区分别选中如图10-74所示几何模型的曲面和点。单击【确定】按钮，完成点曲面接合创建，在【接合】节点下增加“点曲面.1”。

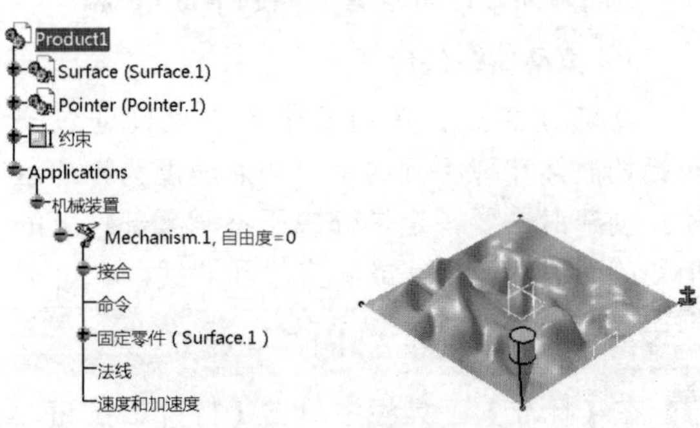

图10-72　打开模型文件

图10-73　【创建接合：点曲面】对话框

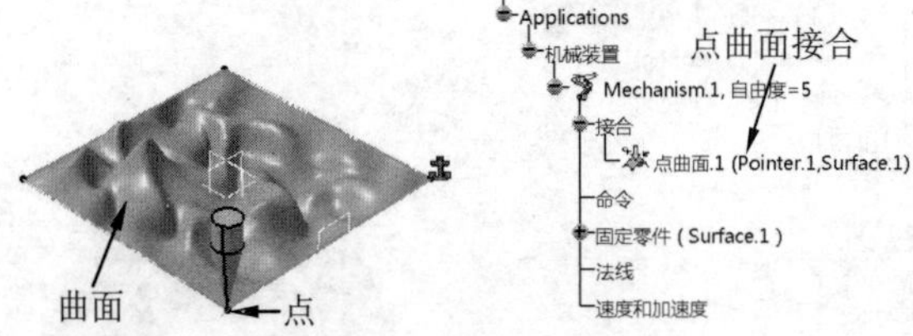

图10-74　创建的接合

提示

在特征树中显示“自由度=5”，故点曲面接合不能单独驱动，只能配合其他运动副来建立运动机构。

12. 通用接合

【通用接合】是用于同步关联两条轴线相

交的旋转，用于不以传动过程为重点的运动机构，创建过程中简化结构并减少操作过程。创建时需要指定不同零件上的两条相交轴线或者已建成的两个轴线相交的旋转接合。

动手操作——通用接合实例

01 在【标准】工具栏中单击【打开】按钮，在弹出的【选择文件】对话框中选择“10-12.CATProduct”文件。单击【打开】按钮打开模型文件。选择【开始】|【数字化装配】|【DMU运动机构】，进入运动仿真设计工作台，如图10-75所示。

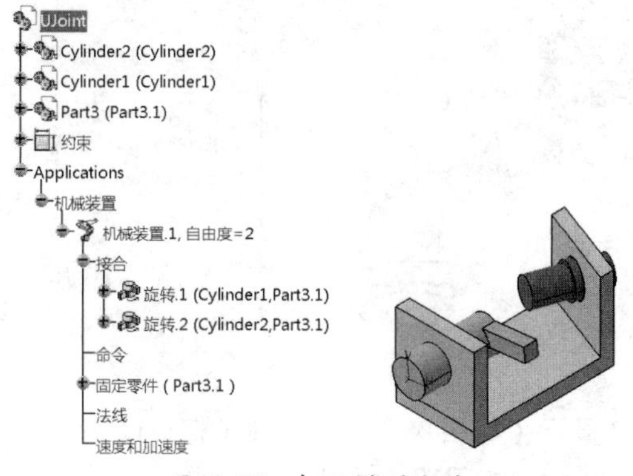

图10-75 打开模型文件

02 单击【DMU运动机构】工具栏中的【通用接合】按钮，弹出【创建接合：U形接合】对话框，如图10-76所示。在图形区分别选中如图10-77所示几何模型的轴线1和轴线2。单击【确定】按钮，完成通用接合创建，在【接合】节点下增加“U形接合.3”，如图10-77所示。

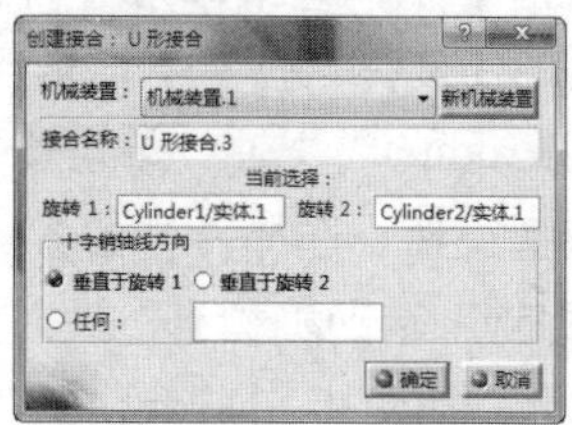

图10-76 【创建接合：U形接合】对话框

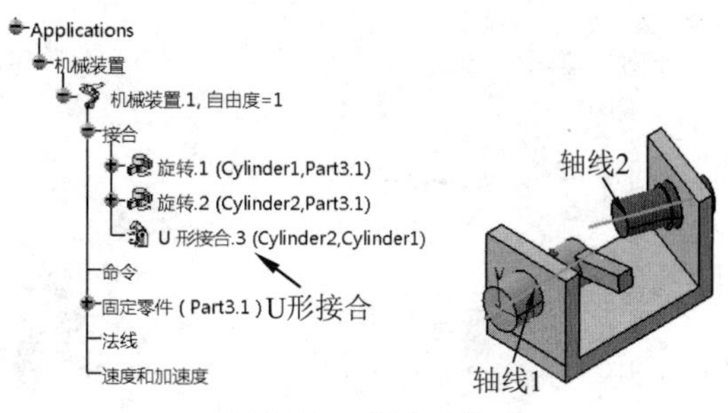

图10-77 创建的接合

03 施加驱动命令。在特征树上双击【旋转.1】节点，显示【编辑接合：旋转.1（旋转)】对话框，选中【驱动角度】复选框，在图形区显示旋转方向箭头，如图10-78所示。

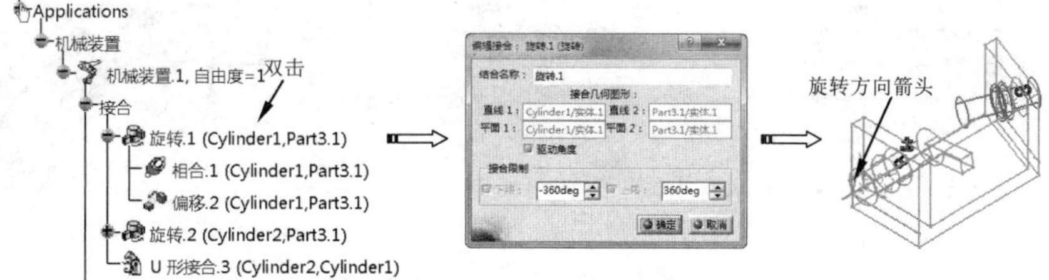

图10-78 施加旋转命令

提 示

如果图中旋转方向与所需旋转方向相反，可单击图中箭头更改运动方向。

04 单击【确定】按钮，弹出【信息】对话框，如图10-79所示。单击【确定】按钮完成，此时特征树中“自由度=0”，并在【命令】节点下增加“命令.1”，如图10-80所示。

05 运动模拟。单击【DMU运动机构】工具栏中的【使用命令进行模拟】按钮，弹出【运动模拟-机械装置.1】对话框，用鼠标拖动滚动条，可观察产品的运动。

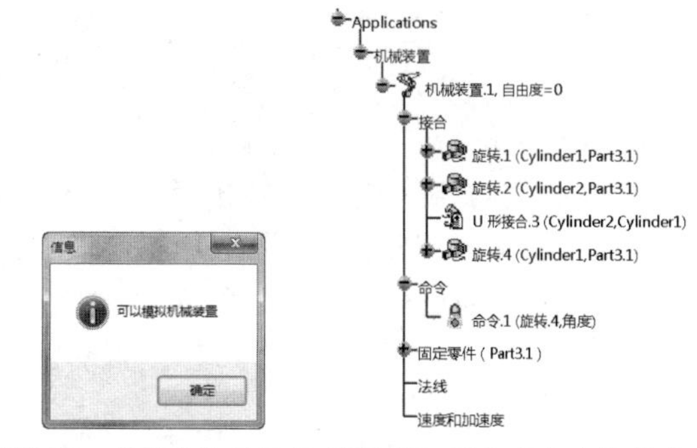

图10-79 【信息】对话框 图10-80 增加【命令】节点

13. CV接合

【CV接合】是用于通过中间轴同步关联两条轴线相交的旋转运动副，用于不以传动过程为重点的运动机构创建过程中简化结构并减少操作过程。创建时需要指定不同零件上的三条相交轴线或者已建成的三个轴线相交的旋转接合。

动手操作—CV接合实例

01 在【标准】工具栏中单击【打开】按钮，在弹出的【选择文件】对话框中选择“10-13.CATProduct”文件。单击【打开】按钮打开模型文件。选择【开始】|【数字化装配】|【DMU运动机构】，进入运动仿真设计工作台，如图10-81所示。

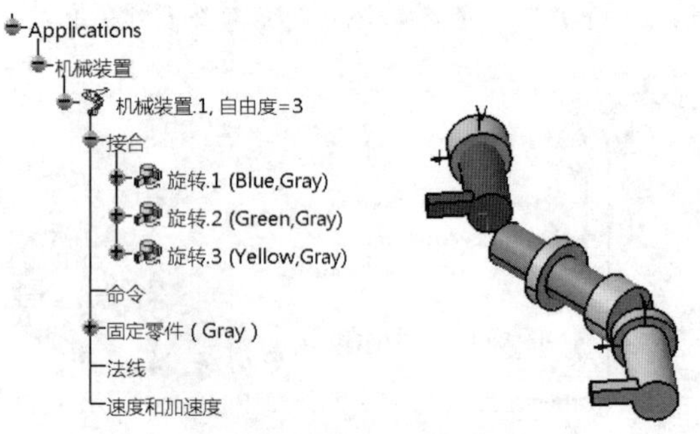

图10-81　打开模型文件

02 单击【DMU运动机构】工具栏中的【CV接合】按钮，弹出【创建接合：CV接合】对话框，如图10-82所示。在图形区分别选中如图10-83所示几何模型的轴线1、轴线2和轴线3。单击【确定】按钮，完成CV接合创建，在【接合】节点下增加“CV接合.4”。

图10-82　【创建接合：CV接合】对话框

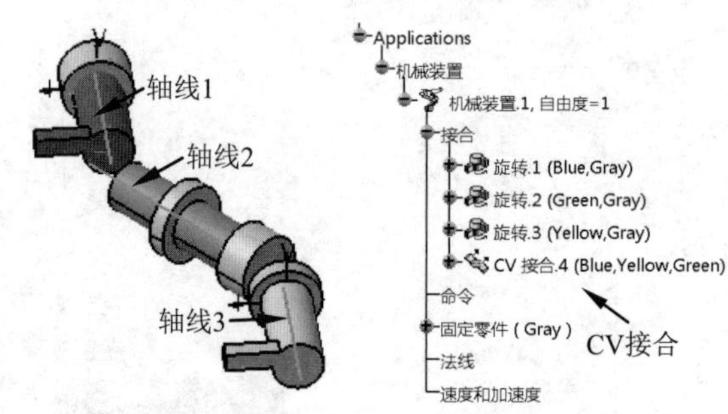

图10-83　创建的接合

03 施加驱动命令。在特征树上双击【旋转.1】节点，显示【编辑接合：旋转.1（旋转)】对话框，选中【驱动角度】复选框，在图形区显示旋转方向箭头，如图10-84所示。

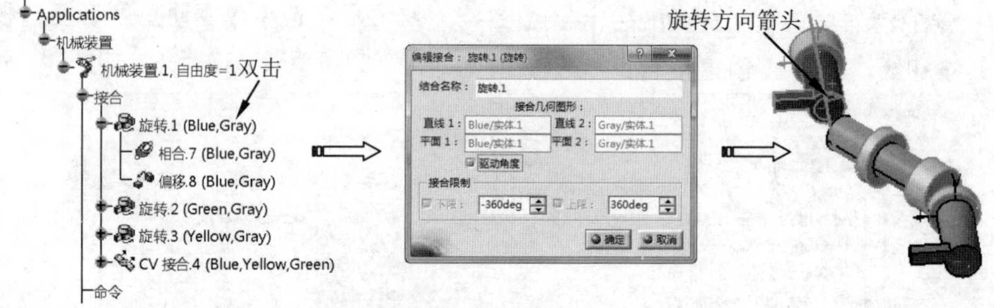

图10-84　施加旋转命令

> **提 示**
>
> 如果图中旋转方向与所需旋转方向相反，可单击图中箭头更改运动方向。

04 单击【确定】按钮，弹出【信息】对话框，如图10-85所示。单击【确定】按钮完成，此时特征树中“自由度=0”，并在【命令】节点下增加“命令.1”，如图10-86所示。

05 运动模拟。单击【DMU运动机构】工具栏中的【使用命令进行模拟】按钮，弹出【运动模拟-机械装置.1】对话框，用鼠标拖动滚动条，可观察产品的运动。

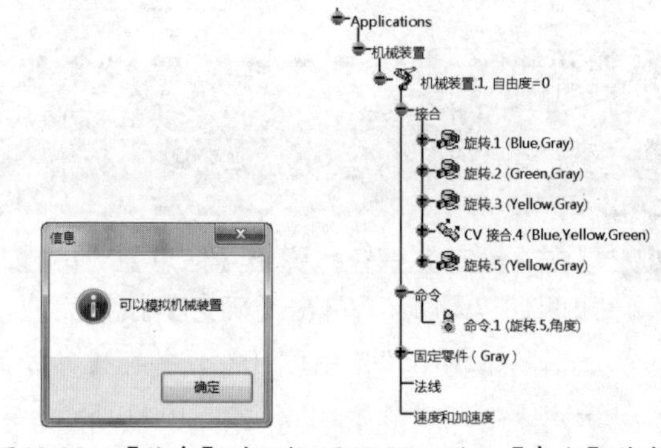

图10-85　【信息】对话框　图10-86　增加【命令】节点

14. 齿轮接合

【齿轮接合】是用于以一定比率关联两个旋转运动副，可创建平行轴、交叉轴和相交轴的各种齿轮运动机构，以正比率关联，还可以模拟带传动和链传动。创建时需要指定两个旋转运动副。

动手操作—齿轮接合实例

01 在【标准】工具栏中单击【打开】按钮，在弹出的【选择文件】对话框中选择“10-14.CATProduct”文件。单击【打开】按钮打开模型文件。选择【开始】|【数字化装配】|【DMU运动机构】，进入运动仿真设计工作台，如图10-87所示。

图10-87　打开模型文件

02 单击【DMU运动机构】工具栏中的【齿轮接合】按钮，弹出【创建接合：齿轮】对话框，如图10-88所示。在特征树上分别选中如图10-89所示旋转1和旋转2接合。单击【确定】按钮，完成齿轮接合创建，在【接合】节点下出现“齿轮.3”。

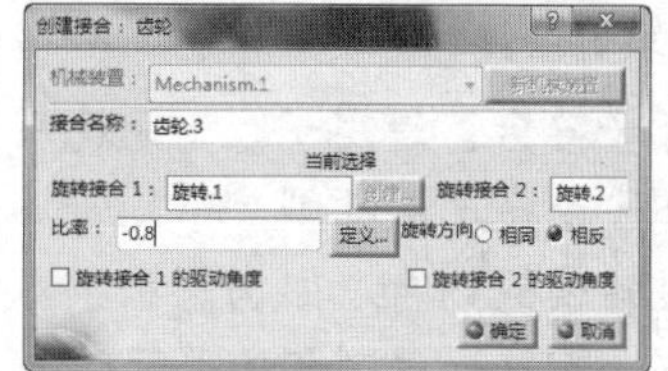

图10-88　【创建接合：齿轮】对话框

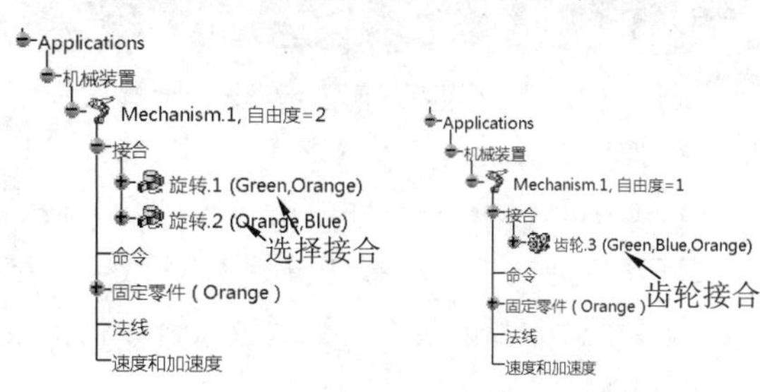

图10-89　创建的接合

提示

定义比率时，可单击其后的【定义】按钮，弹出【定义齿轮比率】对话框，在图形中分别选择两个齿轮的分布圆，系统自动计算比率。

03 施加驱动命令。在特征树上双击【齿轮.3】节点，显示【编辑接合：齿轮.3（齿轮)】对话框，选中【旋转接合1的驱动角度】复选框，在图形区显示旋转方向箭头，如图10-90所示。

图10-90　施加旋转命令

提示

如果图中旋转方向与所需旋转方向相反，可单击图中箭头更改运动方向。此外在创建接合时直接选中【创建接合：齿轮接合】对话框中的【旋转接合1的驱动角度】复选框即可施加旋转命令。

04 单击【确定】按钮，弹出【信息】对话框，如图10-91所示。单击【确定】按钮完成，此时特征树中“自由度=0”，并在【命令】节点下增加“命令.1”，如图10-92所示。

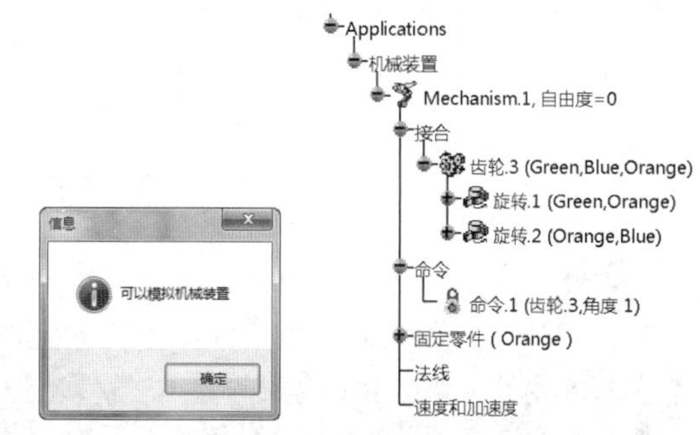

图10-91　【信息】对话框 图10-92　增加【命令】节点

05 运动模拟。单击【DMU运动机构】工具栏中的【使用命令进行模拟】按钮，弹出【运动模拟-机械装置.1】对话框，用鼠标拖动滚动条，可观察产品的运动。

15. 架子接合

【架子接合】是用于以一定比率关联一个旋转副和一个棱形运动副，常用于旋转和直线运动相互转换的场合，如齿轮齿条。创建时需要指定一个旋转运动副和棱形运动副。

动手操作—架子接合实例

01 在【标准】工具栏中单击【打开】按钮，在弹出的【选择文件】对话框中选择“10-15.CATProduct”文件。单击【打开】按钮打开模型文件。选择【开始】|【数字化装配】|【DMU运动机构】，进入运动仿真设计工作台，如图10-93所示。

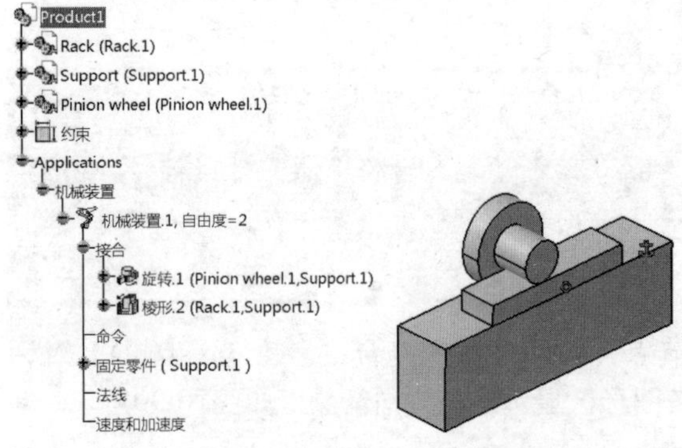

图10-93 打开模型文件

02 单击【DMU运动机构】工具栏中的【架子接合】按钮，弹出【创建接合：架子】对话框，如图10-94所示。在特征树上分别选中如图10-95所示棱形2和旋转1接合。

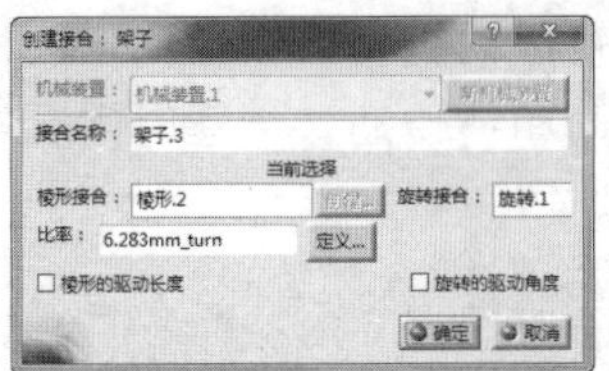

图10-94 【创建接合：架子】对话框

图10-95 选择接合

03 单击【定义】按钮，弹出【定义齿条比率】对话框，在图形区选择如图10-96所示的圆，单击【确定】返回，再次单击【确定】按钮，完成架子接合创建，在【接合】节点下出现“架子.3”，如图10-97所示。

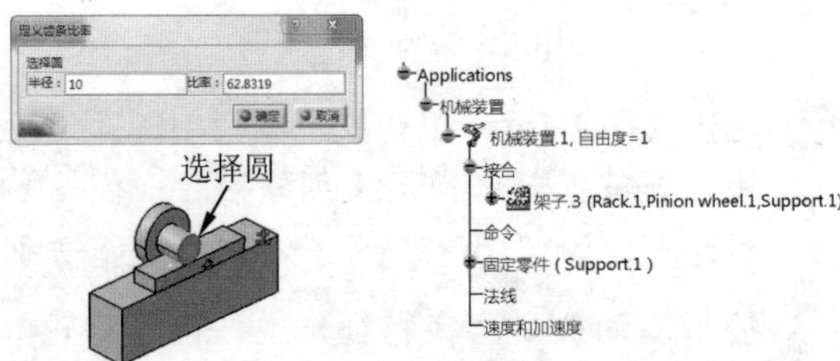

图10-96 定义比率　　图10-97 创建的接合

04 施加驱动命令。在特征树上双击【架子.3】节点，显示【编辑接合：架子.3（架子)】对话框，选中【旋转接合2的驱动角度】复选框，在图形区显示旋转方向箭头，如图10-98所示。

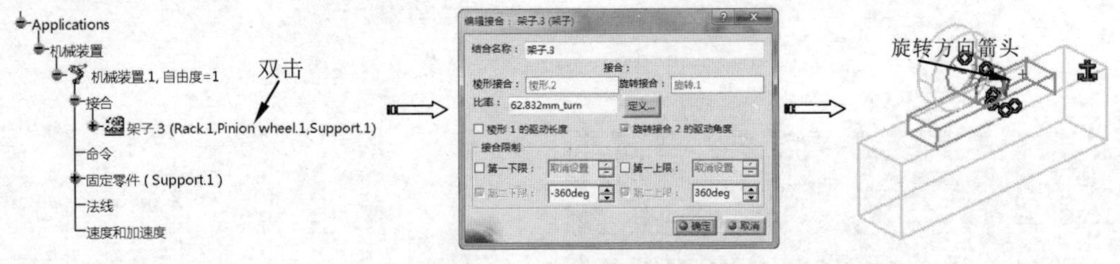

图10-98 施加旋转命令

提示

如果图中旋转方向与所需旋转方向相反，可单击图中箭头更改运动方向。此外可在创建接合时直接选中【创建接合：架子】对话框中的【旋转接合2的驱动角度】复选框施加旋转命令，或者选中【棱形1的驱动长度】复选框施加移动命令。

05 单击【确定】按钮，弹出【信息】对话框，如图10-99所示。单击【确定】按钮完成，此时特征树中“自由度=0”，并在【命令】节点下增加“命令.1”，如图10-100所示。

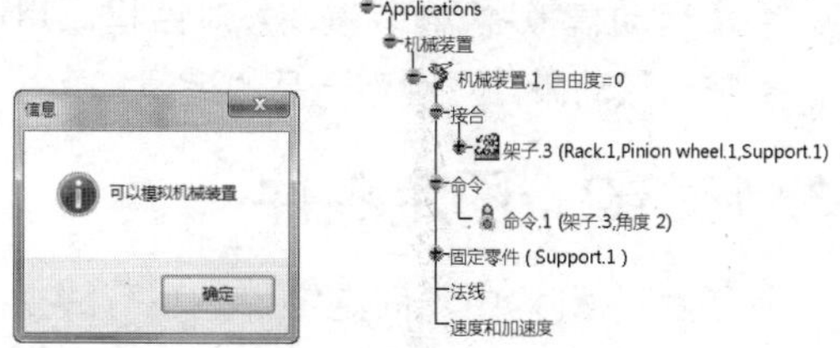

图10-99 【信息】对话框 图10-100 增加【命令】节点

06 运动模拟。单击【DMU运动机构】工具栏中的【使用命令进行模拟】按钮，弹出【运动模拟-机械装置.1】对话框，用鼠标拖动滚动条，可观察产品的运动。

16. 电缆接合

【电缆接合】是用于以一定比率关联两个棱形运动副，来实现具有一定配合关系的两个直线运动。创建时需要指定两个棱形运动副。

动手操作—电缆接合实例

01 在【标准】工具栏中单击【打开】按钮，在弹出的【选择文件】对话框中选择“10-16.CATProduct”文件。单击【打开】按钮打开模型文件。选择【开始】|【数字化装配】|【DMU运动机构】，进入运动仿真设计工作台，如图10-101所示。

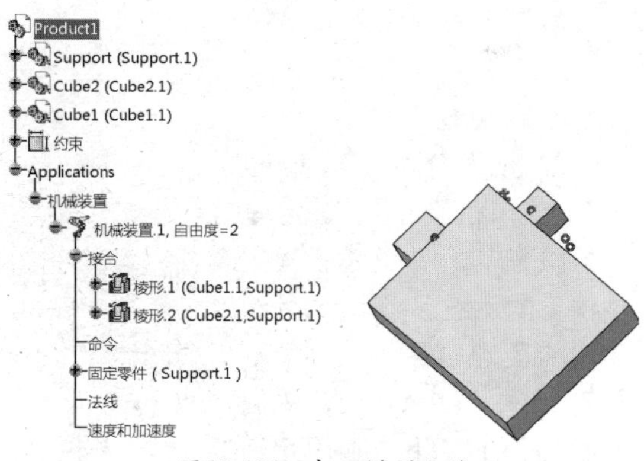

图10-101 打开模型文件

02 单击【DMU运动机构】工具栏中的【电缆接合】按钮，弹出【创建接合：电缆】对话框，如图10-102所示。在特征树上分别选中如图10-103所示棱形1和棱形2接合。单击【确定】按钮，完成电缆接合创建，在【接合】节点下出现“电缆.3”。

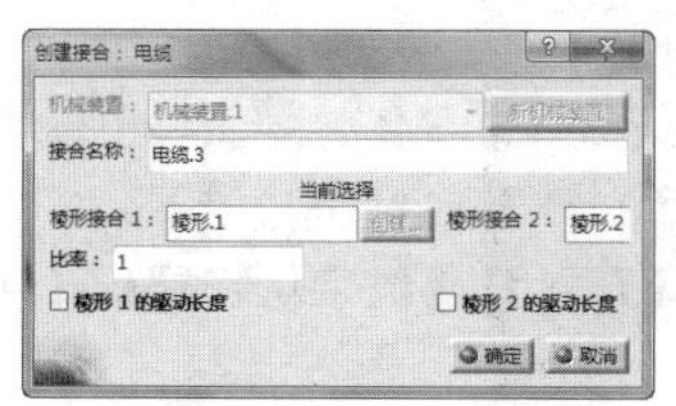

图10-102 【创建接合：电缆】对话框

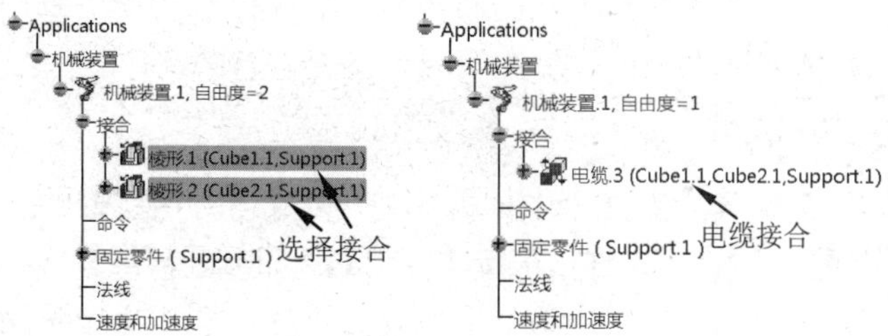

图10-103 创建的接合

03 施加驱动命令。在特征树上双击【齿轮.3】节点，显示【编辑接合：电缆.1（电缆)】对话框，选中【棱形1的驱动长度】复选框，在图形区显示移动方向箭头，如图10-104所示。

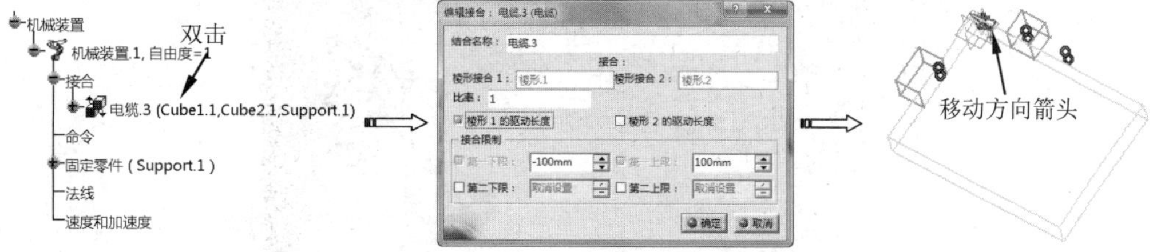

图10-104 施加移动命令

> **提示**
>
> 如果图中移动方向与所需方向相反，可单击图中箭头更改运动方向。此外可在创建接合时直接选中【创建接合：电缆】对话框中的【棱形1的驱动长度】复选框施加移动命令。

04 单击【确定】按钮，弹出【信息】对话框，如图10-105所示。单击【确定】按钮完成，此时特征树中“自由度=0”，并在【命令】节点下增加“命令.1”，如图10-106所示。

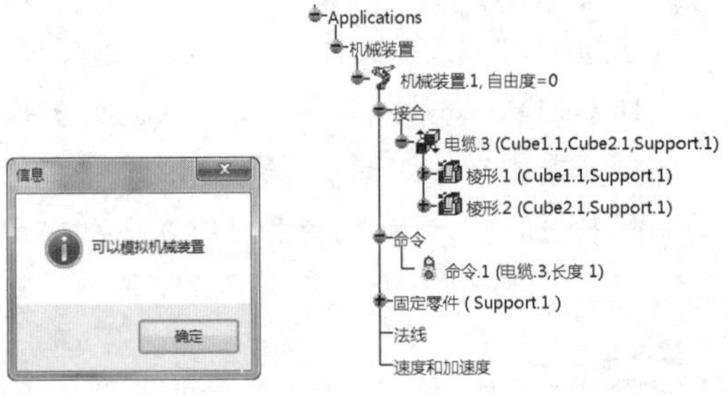

图10-105 【信息】对话框　图10-106 增加【命令】节点

05 运动模拟。单击【DMU运动机构】工具栏中的【使用命令进行模拟】按钮，弹出【运动模拟-机械装置.1】对话框，用鼠标拖动滚动条，可观察产品的运动。

10.3.2 固定零件

在每个机构中，固定零件是不可缺少的参考组件。机构运动是相对于固定零件进行的，因此正确地指定机构的固定零件才能够达到正确的运动结果。

单击【DMU运动机构】工具栏上的【固定零件】按钮，弹出【新固定零件】对话框，在图形区选择需要固定的零件，对话框自动消失，在特征树【固定零件】节点下增加固定选项，如图10-107所示。

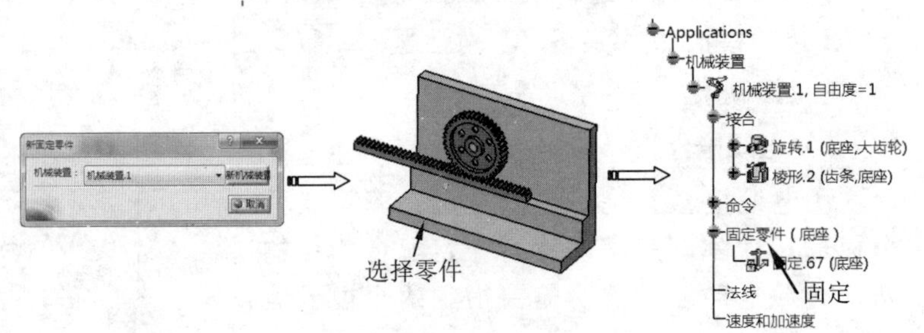

图10-107 固定零件

10.3.3 装配约束转换

【装配约束转换】是指利用静态装配过程中已建立的零部件之间由约束所限制的位置关系转换成运动约束（运动副）。

动手操作—装配约束转换实例

01 在【标准】工具栏中单击【打开】按钮，在弹出的【选择文件】对话框中选择“10-17.CATProduct”文件。单击【打开】按钮打开模型文件。选择【开始】|【数字化装配】|【DMU运动机构】，进入运动仿真设计工作台，如图10-108所示。

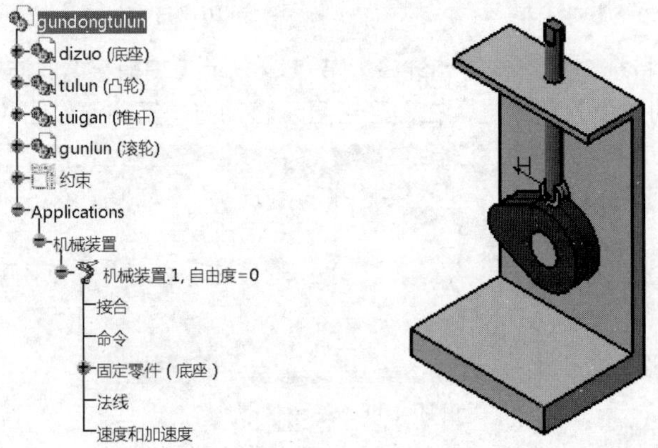

图10-108 打开模型文件

02 单击【DMU运动机构】工具栏中的【装配约束转换】按钮，弹出【转配件约束转换】对话框，设置【未解的对】为3，当前待解对设计的两个零部件在图形区和特征树上高亮显示，在【约束列表】中选择“曲面接触.2”和“相合.1”，【结果类型】信息栏显示【旋转】，单击【创建接合】按钮，创建旋转接合，如图10-109所示。

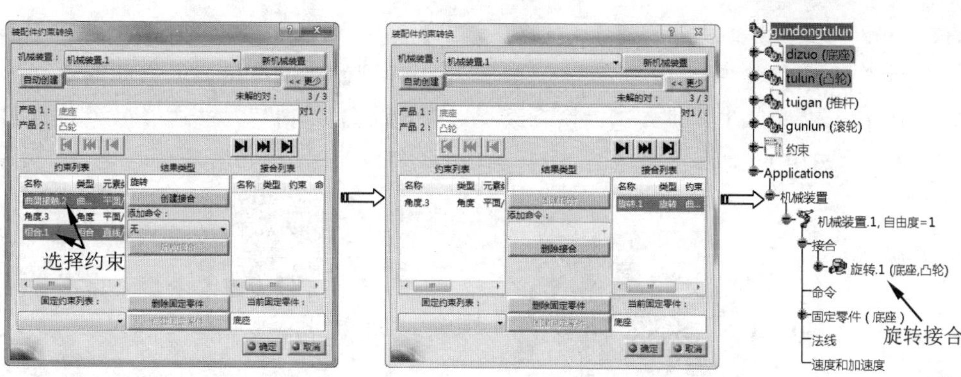

图10-109 装配转换接合

03 单击【转配件约束转换】对话框中的【前进】按钮▶|，设置【未解的对】为3，第二对待解设计的两个零部件在图形区和特征树上高亮显示，在【约束列表】中选择“角度.9”和“相合.7”，【结果类型】信息栏显示【棱形】，单击【创建接合】按钮，创建棱形接合，如图10-110所示。

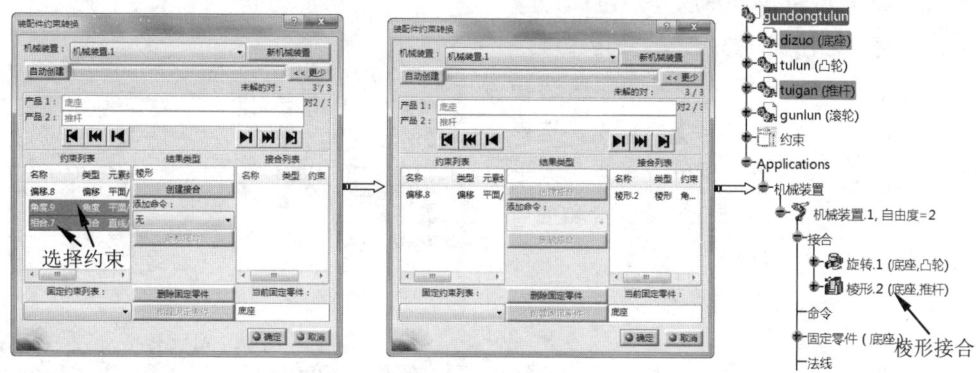

图10-110 装配转换接合

04 单击【转配件约束转换】对话框中的【前进】按钮▶|，设置【未解的对】为3，第三对待解设计的两个零部件在图形区和特征树上高亮显示，在【约束列表】中选择“曲面接触.5”和“相合.4”，【结果类型】信息栏显示【旋转】，单击【创建接合】按钮，创建旋转接合，如图10-111所示。

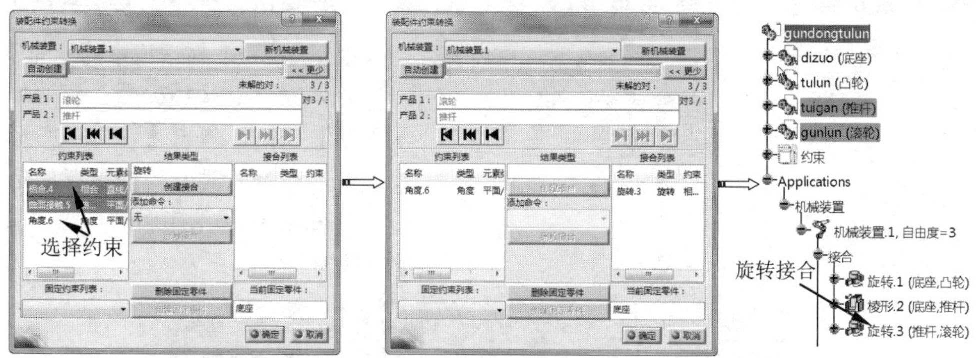

图10-111 装配转换接合

05 单击【转配件约束转换】对话框中的【确定】按钮，完成装配转换。

10.3.4 速度和加速度

【速度和加速度】是用于测量物体上某一点相对于参考件的速度和加速度。

动手操作—速度和加速度实例

01 在【标准】工具栏中单击【打开】按钮，在弹出的【选择文件】对话框中选择“10-18.

CATProduct”文件。单击【打开】按钮打开模型文件。选择【开始】|【数字化装配】|【DMU运动机构】，进入运动仿真设计工作台，如图10-112所示。

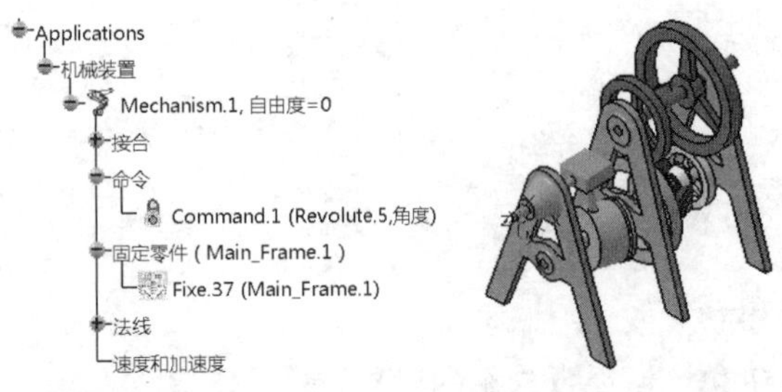

图10-112　打开模型文件

02 单击【DMU运动机构】工具栏上的【速度和加速度】按钮，弹出【速度和加速度】对话框，如图10-113所示。激活【参考产品】编辑框，在特征树上或图形区选择Main_Frame，激活【点选择】编辑框，选择如图10-114所示Eccentric_Shaft上的点，单击【确定】按钮完成，在特征树【速度和加速度】节点下增加“速度和加速度.1”。

图10-113　【速度和加速度】对话框

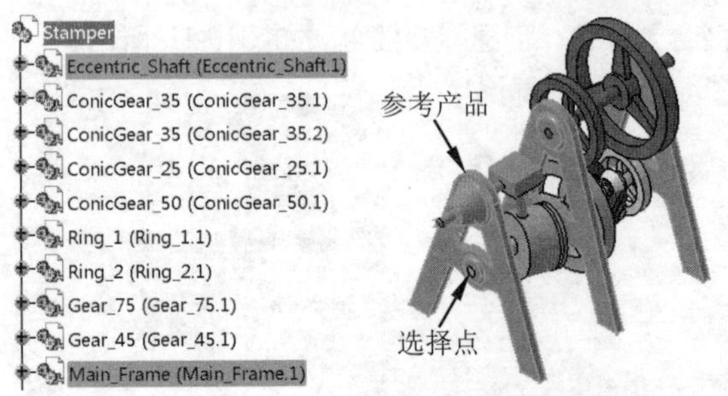

图10-114　选择参考产品和点

03 单击【DMU运动机构】工具栏上的【使用法则曲线进行模拟】按钮，弹出【运动模拟】对话框，选中【激活传感器】复选框，如图10-115所示。

图10-115　【运动模拟】对话框

04 系统弹出【传感器】对话框，在【选择集】中选中“速度和加速度.1\X_点.1”、“速度和加速度.1\Y_点.1”、“速度和加速度.1\Z_点.1”，如图10-116所示。

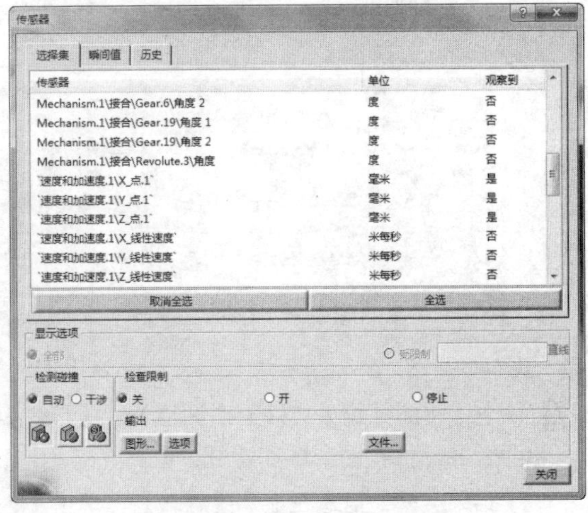

图10-116　【传感器】对话框

05 单击【运动模拟】对话框中的【向前播放】按钮，然后在【传感器】对话框中单击【图形】按钮，弹出【传感器图形显示】对话框，显示以时间为横坐标的选中点的运动规律曲线，如图10-117所示。单击【关闭】按钮完成。

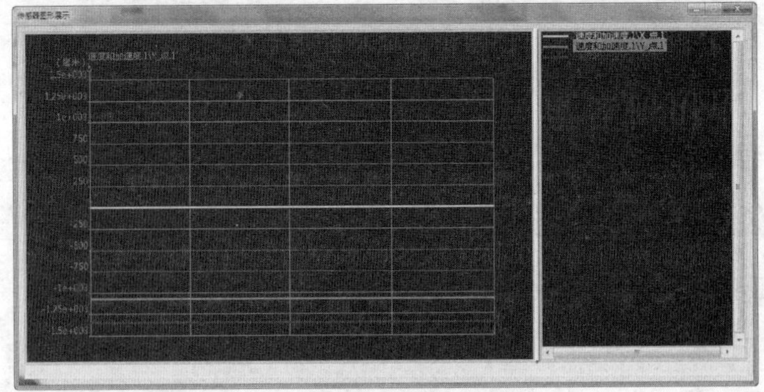

图10-117　【传感器图形显示】对话框

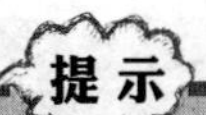

在右侧列表中点选各检测项，可将对应左侧曲线坐标图的纵坐标变为该项的计量单位和标度，用于详细的分析与查看。

10.3.5 分析机械装置

【分析机械装置】用于分析某机构的相关属性和信息。

动手操作—分析机械装置实例

01 在【标准】工具栏中单击【打开】按钮，在弹出的【选择文件】对话框中选择“10-19.CATProduct”文件。单击【打开】按钮打开模型文件。选择【开始】|【数字化装配】|【DMU运动机构】，进入运动仿真设计工作台，如图10-118所示。

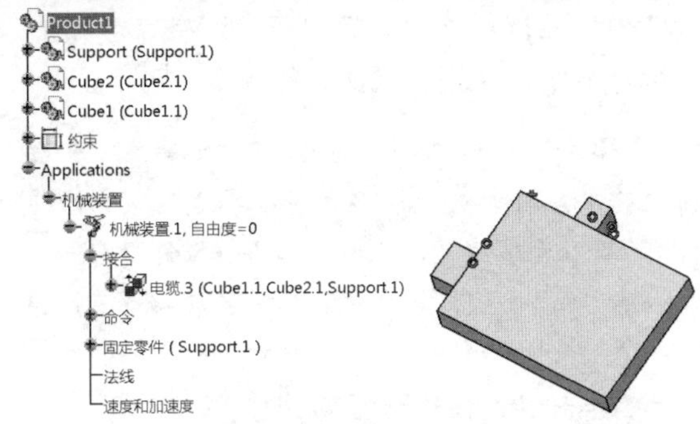

图10-118 打开模型文件

02 单击【DMU运动机构】工具栏上的【分析机械装置】按钮，弹出【分析机械装置】对话框，可查看机械装置的属性信息，如图10-119所示。

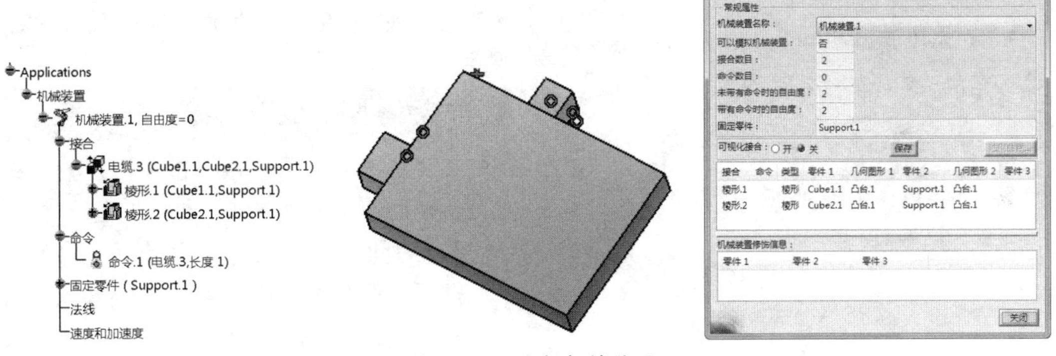

图10-119 分析机械装置

03 在【分析机械装置】对话框的【可视化接合】选项中选中【开】单选按钮，在图形区中运动零部件上标识箭头处显示运动情况，便于观察运动副构成，如图10-120所示。

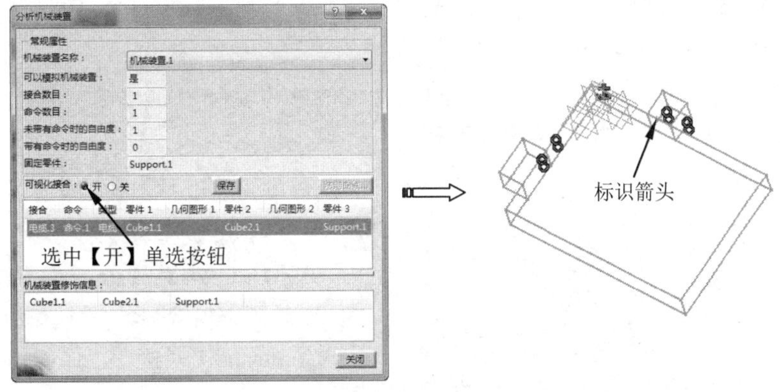

图10-120 显示运动副标识箭头

10.4 DMU运动模拟

在DMU运动机构中，提供了2种模拟方式：使用命令进行模拟和使用法则曲线进行模拟。DMU运动模拟相关命令集中在【DMU运动机构】工具栏上，下面分别加以介绍。

10.4.1 使用命令进行模拟

【使用命令进行模拟】是指仅单纯进行机构几何操作，不考虑时间问题，没有速度和加速度等分析，使用方式比较简单。

> **提示**
>
> 创建机构之后，可使用命令进行模拟机构的基本运动情况，观看机构操作与路径是否正确，但是无法分析记录机构运动的物理量。

动手操作—使用命令进行模拟实例

01 在【标准】工具栏中单击【打开】按钮，在弹出的【选择文件】对话框中选择“10-20.CATProduct”文件。单击【打开】按钮打开模型文件。选择【开始】|【数字化装配】|【DMU运动机构】，进入运动仿真设计工作台，如图10-121所示。

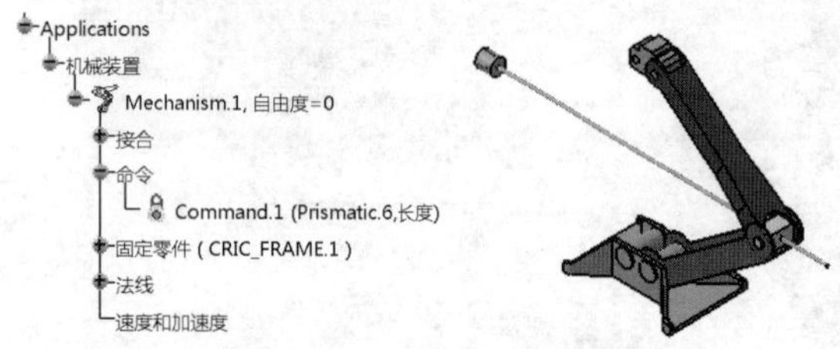

图10-121 打开模型文件

02 单击【DMU运动机构】工具栏中的【使用命令进行模拟】按钮，弹出【运动模拟-Mechanism.1】对话框，在【机械装置】下拉列表中选择“Mechanism.1”作为要模拟的机械装置，如图10-122所示。单击按钮，弹出【滑块】对话框分别设置相关数值，如图10-123所示。

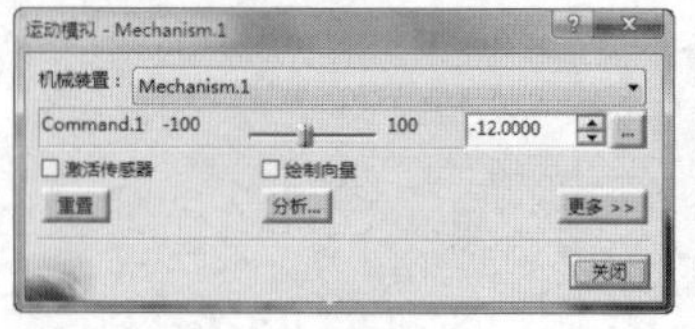

图10-122 【运动模拟】对话框

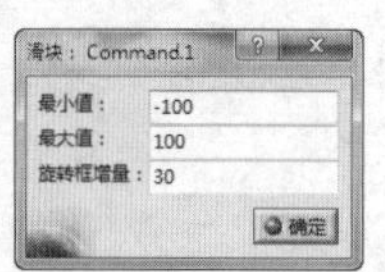

图10-123 【滑块】对话框

03 用鼠标拖动滚动条，可观察产品的运动，如图10-124所示。单击【重置】按钮，机构回到本次模拟之前的位置，单击【关闭】按钮。

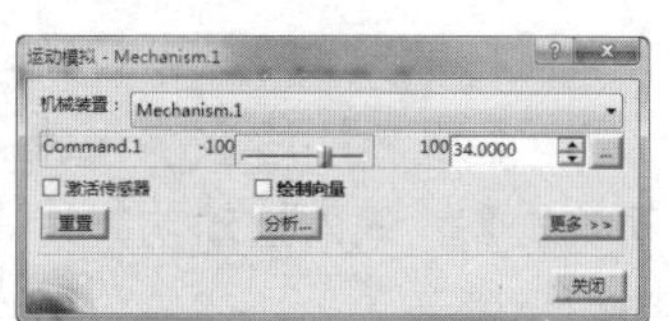

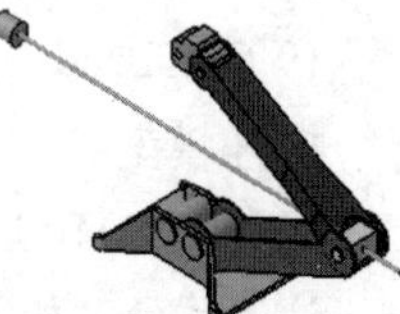

图10-124 拖动模拟仿真

10.4.2 使用法则曲线进行模拟

【使用法则曲线进行模拟】可以指定机构运动的时间，查看并记录此时间内机构的物理量，如速度、加速度、角速度、角加速度等。

动手操作—使用法则曲线进行模拟实例

01 在【标准】工具栏中单击【打开】按钮，在弹出的【选择文件】对话框中选择“10-21.CATProduct”文件。单击【打开】按钮打开模型文件。选择【开始】|【数字化装配】|【DMU运动机构】，进入运动仿真设计工作台，如图10-125所示。

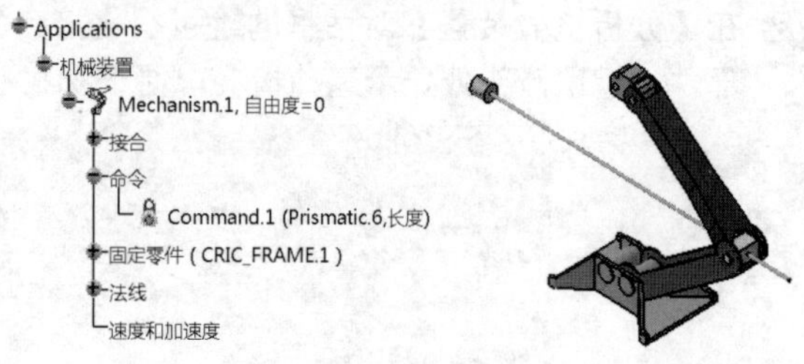

图10-125 打开模型文件

02 单击【知识工程】工具栏上的【公式】按钮，弹出【公式】对话框，在【参数】列表中选择“Mechanism.1\命令\Command.1\长度”，如图10-126所示。

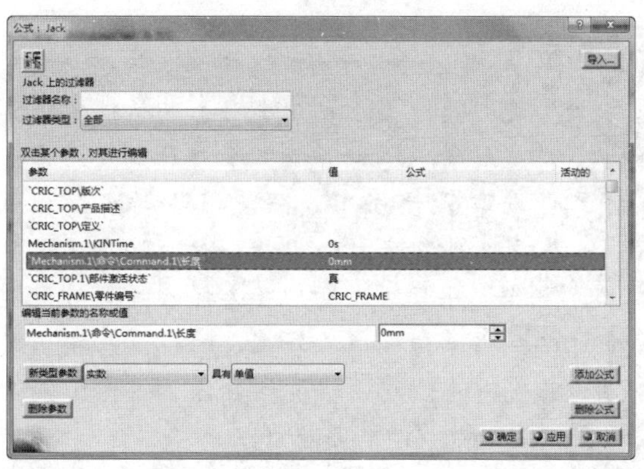

图10-126 【公式】对话框

03 单击【添加公式】按钮添加公式，弹出【公式编辑器】对话框，在【参数的成员】中选择“时间”，在【时间的成员】中选择Mechanism.1\KINTime，并在编辑栏中输入Mechanism.1\KINTime/1s*10mm，表示1s前进10mm，如图10-127所示。

图10-127 【公式编辑器】对话框

04 依次单击【确定】按钮后，在特征树中【法线】节点下插入相应的运动函数，如图10-128所示。

图10-128 插入运动函数

05 单击【DMU运动机构】工具栏中的【使用法则曲线进行模拟】按钮，弹出【运动模拟-Mechanism.1】对话框，在【机械装置】下拉列表中选择“Mechanism.1”作为要模拟的机械装置，如图10-129所示。单击...按钮，弹出【模拟持续时间】对话框设置【最长时限】为10s，如图10-130所示。单击【确定】按钮返回。

图10-129 【运动模拟】对话框

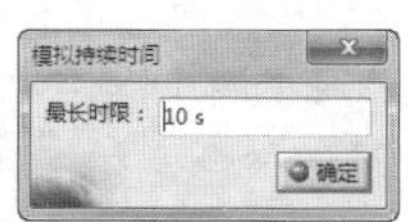

图10-130 【模拟持续时间】对话框

06 在【步骤数】下拉列表中选择80，步骤数越小，则使用播放器播放机构模拟运行时的速度越快，模拟速度快慢只是视觉变化，并不影响后续的基于运动仿真分析的分析结果，如图10-131所示。

07 单击【运动模拟】对话框中的【向前播放】按钮▶和【向后播放】按钮◀可进行正反模拟，如图10-132所示。

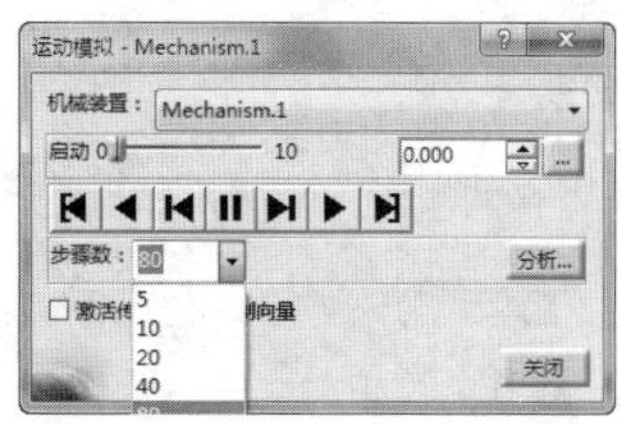

图10-131 选择步骤数

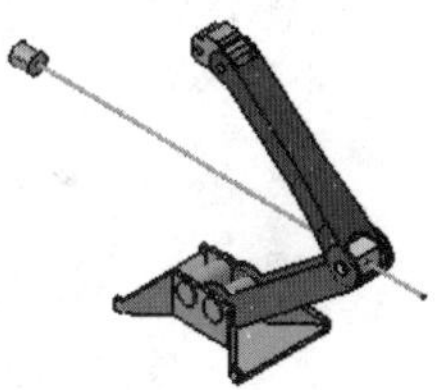

图10-132 播放模拟

08 单击【关闭】按钮，关闭对话框，机构保持在停止模拟时的位置，即对话框中滚动条停留处所控制的运动机构对应位置。

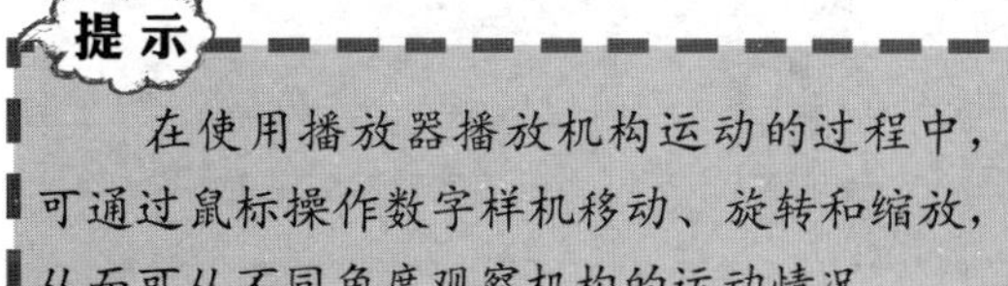

提示

在使用播放器播放机构运动的过程中，可通过鼠标操作数字样机移动、旋转和缩放，从而可从不同角度观察机构的运动情况。

10.5 DMU运动动画

在DMU运动机构中，可实现运动仿真的动画制作、管理。DMU运动动画相关命令集中在【DMU一般动画】工具栏上，下面介绍主要命令。

10.5.1 综合模拟

【综合模拟】可分别单独实现“使用命令模拟”和“使用法则曲线模拟”。

动手操作—综合模拟实例

01 在【标准】工具栏中单击【打开】按钮，在弹出的【选择文件】对话框中选择“10-22.CATProduct”文件。单击【打开】按钮打开模型文件。选择【开始】|【数字化装配】|【DMU运动机构】，进入运动仿真设计工作台，如图10-133所示。

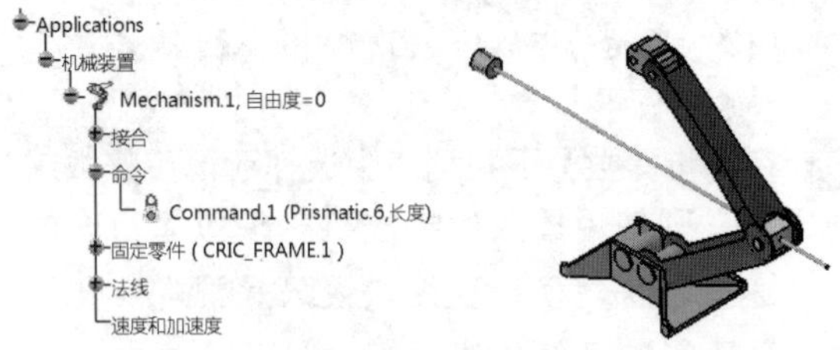

图10-133 打开模型文件

02 单击【DMU一般动画】工具栏中的【模拟】按钮，弹出【选择】对话框，选择“Mechanism.1”作为要模拟的机械装置，如图10-134所示。

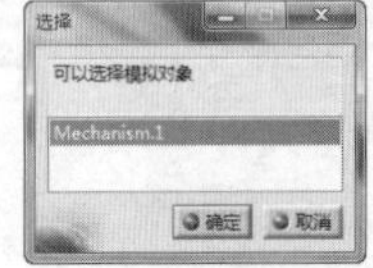

图10-134 【选择】对话框

03 单击【确定】按钮，弹出【运动模拟-Mechanism.1】对话框和【编辑模拟】对话框，如图10-135和图10-136所示。

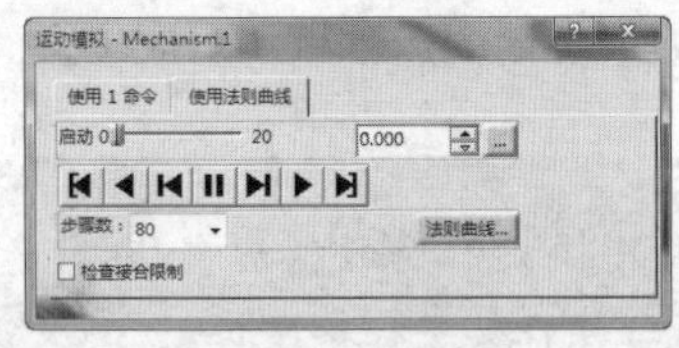

图10-135 【运动模拟-Mechanism.1】对话框

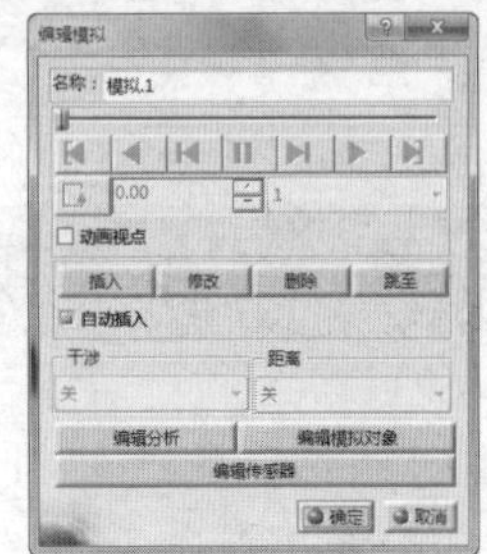

图10-136 【编辑模拟】对话框

提示

【运动模拟-Mechanism.1】对话框中提供了“使用命令”和“使用法则曲线”两种方式，与单独使用命令和使用法则曲线相同，不同之处在于：使用命令中增加了【退出时保留位置】复选框，可选择在关闭对话框时将机构保持在模拟停止时的位置；使用法则曲线有【法则曲线】按钮，单击该按钮可显示驱动命令运动函数曲线。

04 在【编辑模拟】对话框中选中【自动插入】复选框，即在模拟过程中将自动记录运动图片。

05 在【运动模拟-Mechanism.1】对话框选择【使用法则曲线】选项卡，单击【向前播放】按钮和【向后播放】按钮可进行正反模拟，如图10-137所示。

图10-137 选择【使用法则曲线】

06 单击【确定】按钮，关闭对话框，完成综合模拟，在【Applications】节点下生成“模拟”子节点，如图10-138所示。

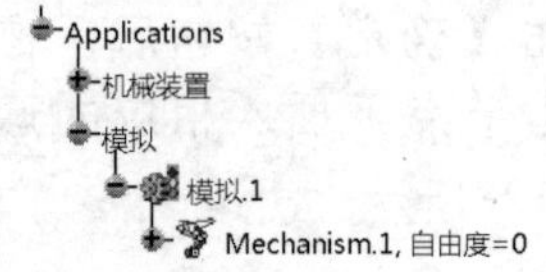

图10-138 生成【模拟】节点

10.5.2 编译模拟

【编译模拟】是以将已有的模拟在CATIA环境下转换为视频段的形式记录在特征树上，并可生成单独的视频文件。

动手操作—编译模拟实例

01 在【标准】工具栏中单击【打开】按钮，在弹出的【选择文件】对话框中选择“10-23.CATProduct”文件。单击【打开】按钮打开模型文件。选择【开始】|【数字化装配】|【DMU运动机构】，进入运动仿真设计工作台，如图10-139所示。

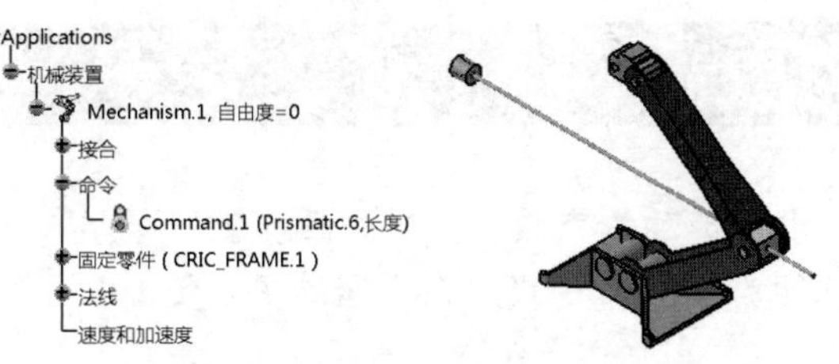

图10-139 打开模型文件

02 单击【DMU一般动画】工具栏中的【编译模拟】按钮，弹出【编译模拟】对话框，如图10-140所示。选择【生成重放】复选框，单击【确定】按钮，对话框下部可显示生成进度条，生成后特征树中增加【重放】节点，如图10-141所示。

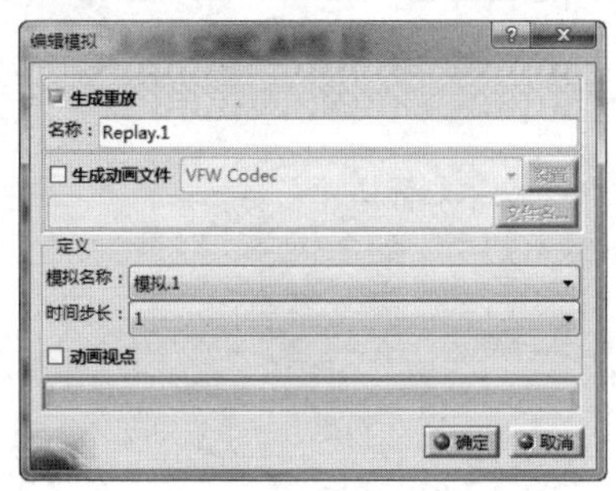

图10-140 【编译模拟】对话框

图10-141 生成【重放】节点

03 单击【DMU一般动画】工具栏中的【编译模拟】按钮，弹出【编译模拟】对话框，如图10-142所示。

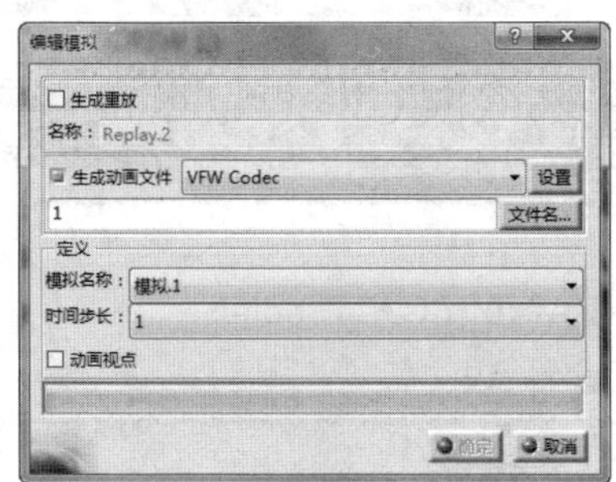

图10-142 【编辑模拟】对话框

04 选择【生成动画文件】复选框，在【文件名】中输入合适的文件名，单击【确定】按钮，对话框下部可显示生成进度条，动画文件生成后对话框自动关闭，可用播放器软件单独打开动画文件，如图10-143所示。

图10-143 单独播放动画文件

10.5.3 观看重放

【观看重放】是将已经生成的重放重新在窗口中显示出来。

动手操作—观看重放实例

01 在【标准】工具栏中单击【打开】按钮，在弹出的【选择文件】对话框中选择“10-24.CATProduct”文件。单击【打开】按钮打开模型文件。选择【开始】|【数字化装配】|【DMU运动机构】，进入运动仿真设计工作台，如图10-144所示。

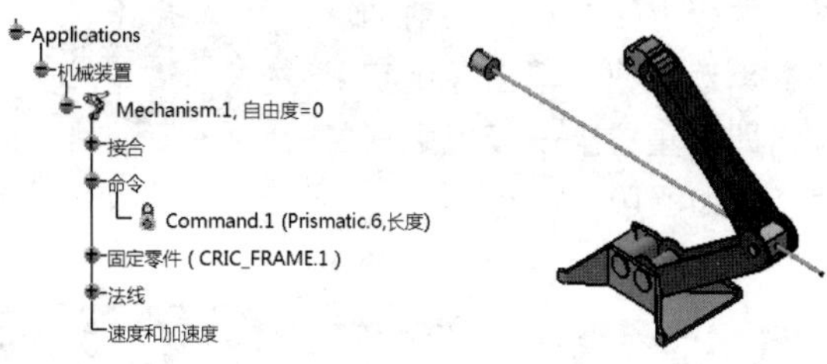

图10-144 打开模型文件

02 单击【DMU一般动画】工具栏中的【重放】按钮，弹出【重放】对话框，如图10-145所示。单击【向前播放】按钮和【向后播放】按钮可在图形区实现重放，如图10-146所示。

图10-145 【重放】对话框　　图10-146 重放

10.6 运动机构更新

运动机构更新提供了运动约束改变后的位置更新、子机械装置导入与动态仿真后的机械装置初始位置重置等功能。相关命令集中在【运动机构更新】工具栏上，下面介绍主要命令。

10.6.1 更新位置

单击【运动机构更新】工具栏上的【全部位置】按钮，弹出【更新机械装置】对话框，选择更新的机械装置，单击【确定】按钮即可将已经施加接合但没有定位的接合更新到接合设置位置，如图10-147所示。

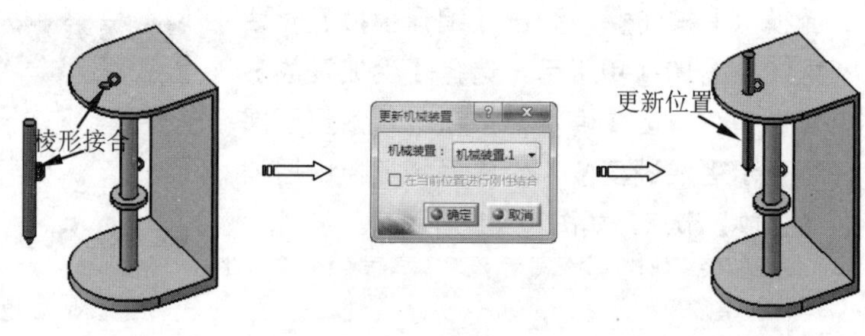

图10-147 更新位置

10.6.2 重置位置

单击【运动机构更新】工具栏上的【重置位置】按钮，弹出【重置机械装置】对话框，选中【将选定机械装置重置为上一个模拟之前的状态】单选按钮，单击【确定】按钮即可重置上一模拟之前的状态，如图10-148所示。

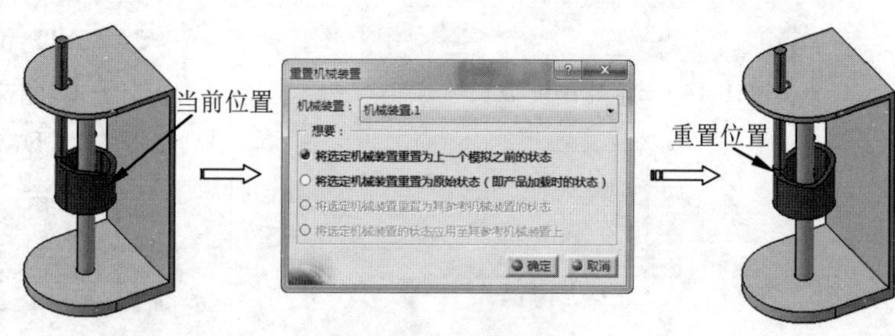

图10-148 重置位置

10.7 实战应用——活塞式压气机运动仿真设计

引入光盘：无
结果文件：\动手操作\结果文件\Ch10\yaqiji.CATProduct
视频文件：\视频\Ch10\压气机仿真设计.avi

下面我们以活塞式压气机为例，详解CATIA V5运动仿真的创建方法和过程。活塞式压气机如图10-149所示。

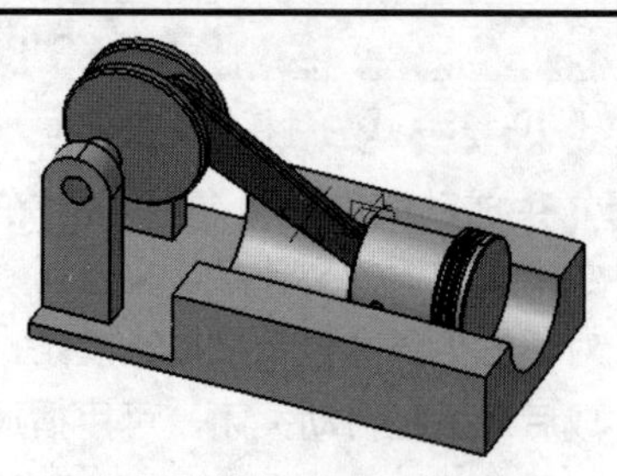

图10-149 活塞式压气机

操作步骤

01 在【标准】工具栏中单击【打开】按钮，在弹出的【选择文件】对话框中选择“jitouti.CATProduct”文件，单击【打开】按钮打开模型文件，如图10-150所示。

02 选择【开始】|【数字化装配】|【DMU运动机构】，进入运动仿真设计工作台。

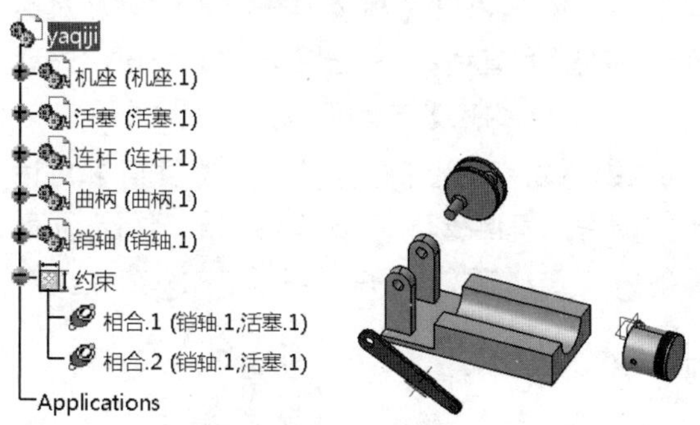

图10-150　打开模型文件

03 选择下拉菜单【插入】|【新机械装置】命令，系统自动在特征树的【Applications】节点下生成。

04 单击【DMU运动机构】工具栏上的【固定零件】按钮，弹出【新固定零件】对话框，在图形区选择机座为固定的零件，对话框自动消失，在特征树【固定零件】节点下增加固定选项。

05 单击【DMU运动机构】工具栏中的【刚性接合】按钮，弹出【创建接合：刚性】对话框，在图形区分别选中如图10-151所示几何模型的零件1和零件2。单击【确定】按钮，完成刚性面接合创建，在【接合】节点下增加“刚性.1”，在【约束】节点下增加“相合.1”。

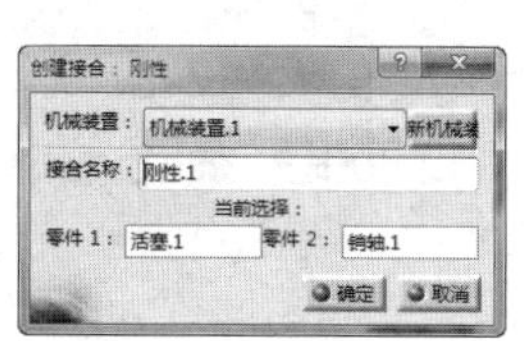

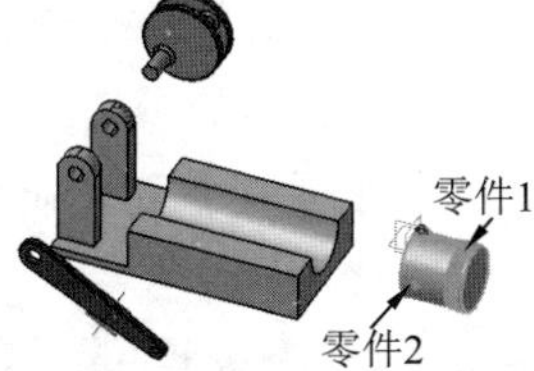

图10-151　创建的刚性接合

06 单击【DMU运动机构】工具栏中的【旋转接合】按钮，弹出【创建接合：旋转】对话框，在图形区分别选中如图10-152所示几何模型的直线1和直线2，并在特征树上选择两个平面作为轴向限制面。

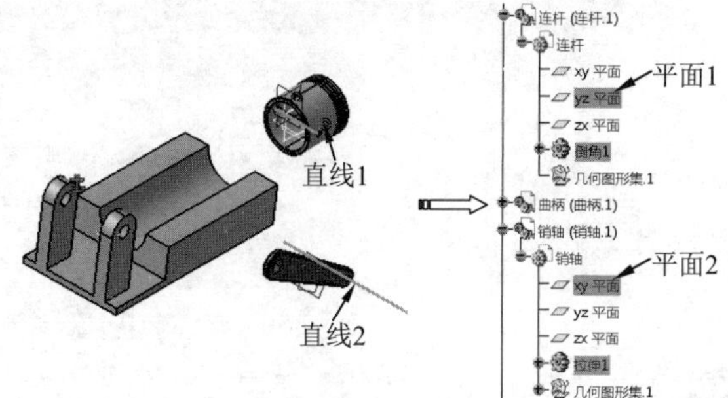

图10-152　选择轴线和限制平面

07 单击【确定】按钮，完成旋转接合创建，如图10-153所示，在【接合】节点下增加“旋转.2”，在【约束】节点下增加“相合”和“偏移”。

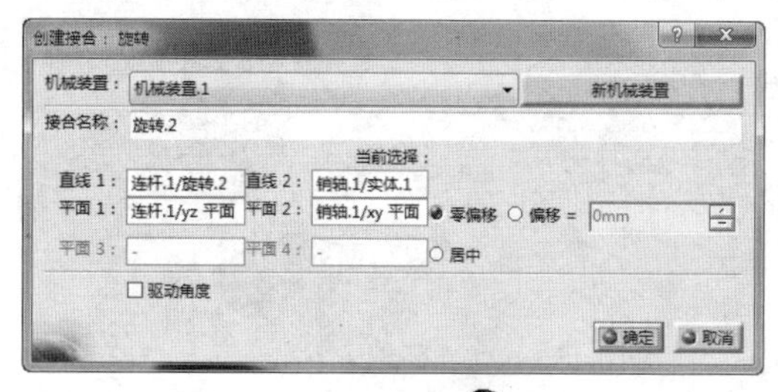

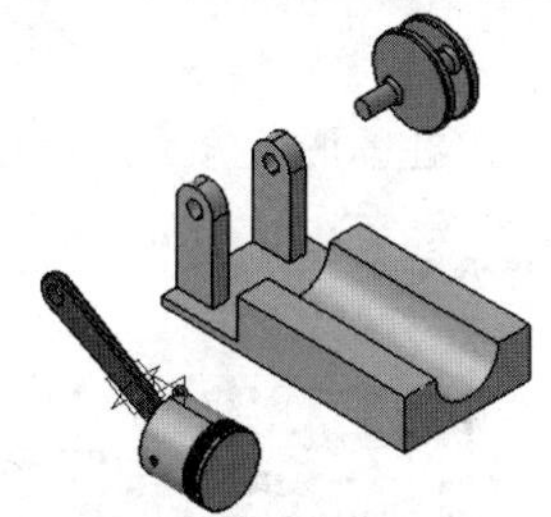

图10-153　创建的旋转接合

08 单击【DMU运动机构】工具栏中的【旋转接合】按钮，弹出【创建接合：旋转】对话框，在图形区分别选中如图10-154所示几何模型的直线1和直线2，并在特征树上选择两个平面作为轴向限制面。

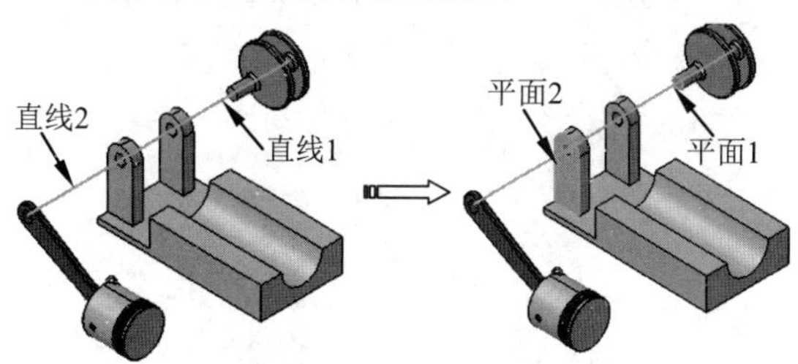

图10-154　选择轴线和限制平面

09 单击【确定】按钮，完成旋转接合创建，如图10-155所示，在【接合】节点下增加“旋转.3”，在【约束】节点下增加“相合”和“偏移”。

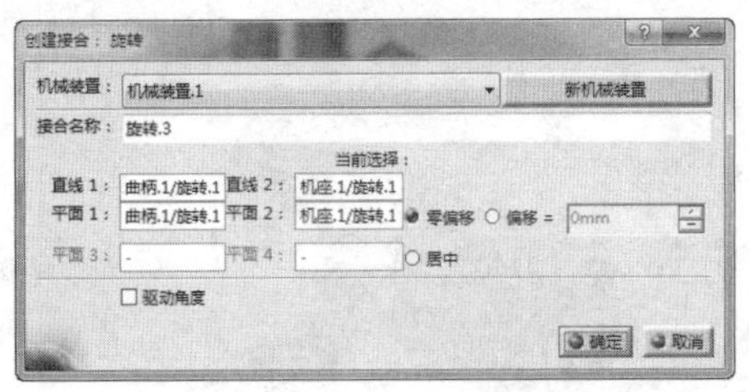

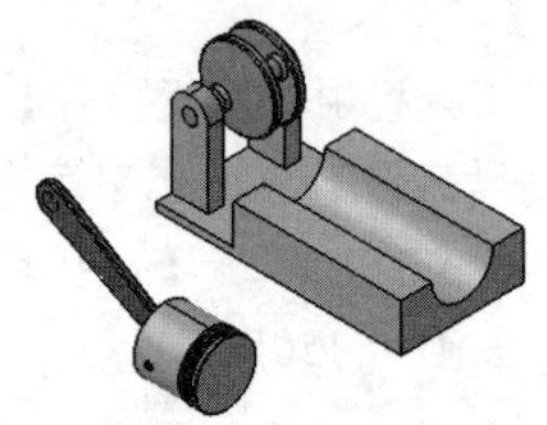

图10-155　创建的旋转接合

10 单击【DMU运动机构】工具栏中的【圆柱接合】按钮，弹出【创建接合：圆柱面】对话框，在图形区分别选中如图10-156所示几何模型的直线1和直线2。单击【确定】按钮，完成圆柱接合创建，在【接合】节点下增加“圆柱面.4”，在【约束】节点下增加“相合”。

11 单击【DMU运动机构】工具栏中的【圆柱接合】按钮，弹出【创建接合：圆柱面】对话框，在图形区分别选中如图10-157所示几何模型的直线1和直线2。单击【确定】按钮，完成圆柱接合创建，在【接合】节点下增加“圆柱面.5”，在【约束】节点下增加“相合”。

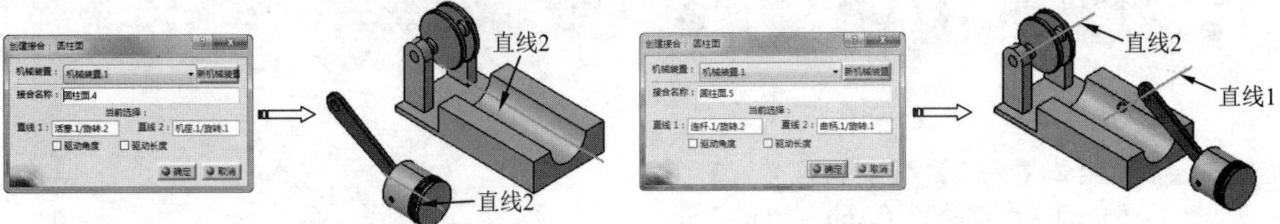

图10-156　创建的圆柱接合　　图10-157　创建的圆柱接合

12 在特征树上双击【旋转.3】节点，显示【编辑接合：旋转.3（旋转)】对话框，选中【驱动角度】复选框，在图形区显示旋转方向箭头，如图10-158所示。

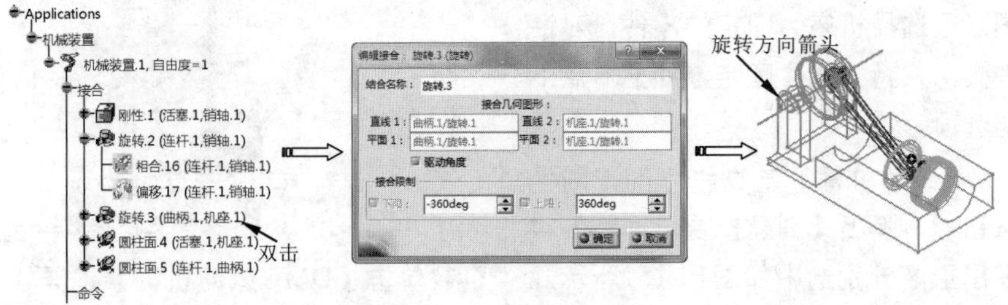

图10-158　施加旋转命令

13 单击【确定】按钮，弹出【信息】对话框，单击【确定】按钮完成，此时特征树中“自由度=0”，并在【命令】节点下增加“命令.1”，如图10-159所示。

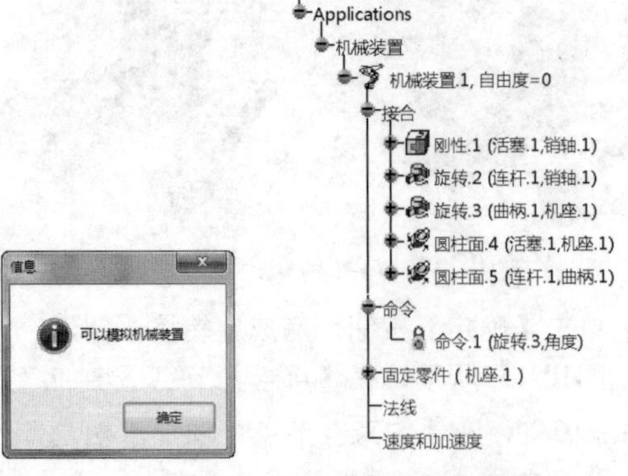

图10-159　增加【命令】节点

14 单击【DMU运动机构】工具栏中的【使用命令进行模拟】按钮，弹出【运动模拟-机械装置.1】对话框，在【机械装置】下拉列表中选择“机械装置.1”作为要模拟的机械装置，如图10-160所示。单击按钮，弹出【滑块】对话框分别设置相关数值，如图10-161所示。

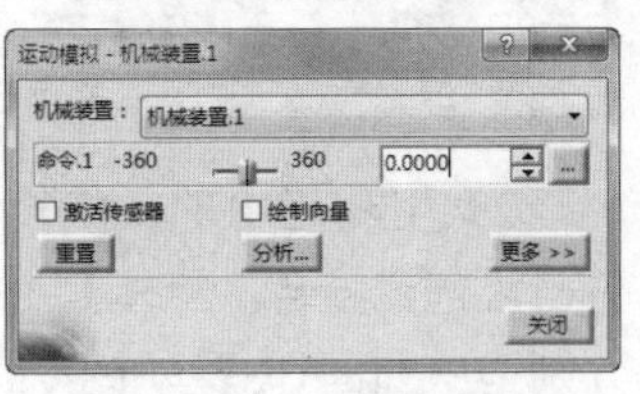

图10-160　【运动模拟】对话框

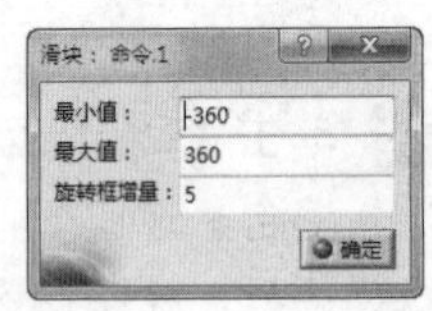

图10-161　【滑块】对话框

15 用鼠标拖动滚动条，可观察产品的运动，如图10-162所示。单击【重置】按钮，机构回到本次模拟之前的位置，然后单击【关闭】按钮。

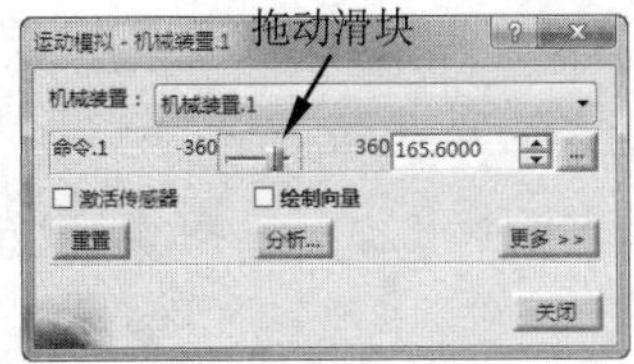

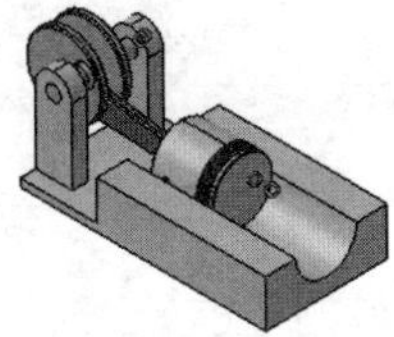

图10-162 拖动模拟仿真

16 单击【知识工程】工具栏上的【公式】按钮f(x)，弹出【公式】对话框，在【参数】列表中选择“机械装置.1\命令\命令.1\角度”，如图10-163所示。

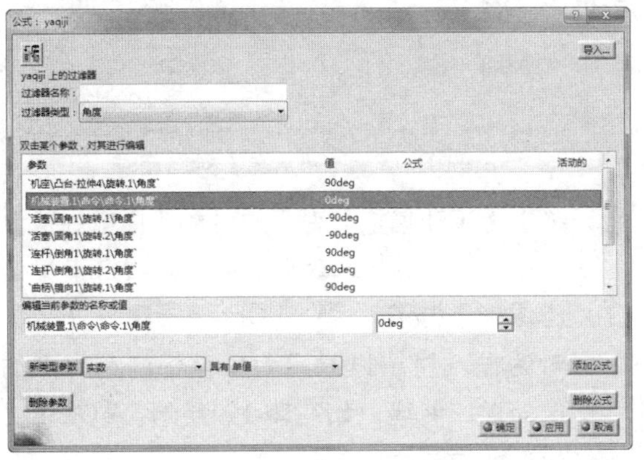

图10-163 【公式】对话框

17 单击【添加公式】按钮，弹出【公式编辑器】对话框，在【参数的成员】中选择“时间”，在【时间的成员】中选择机械装置.1\KINTime，并在编辑栏中输入机械装置.1\KINTime/1s*5deg，表示1s前进5度，如图10-164所示。

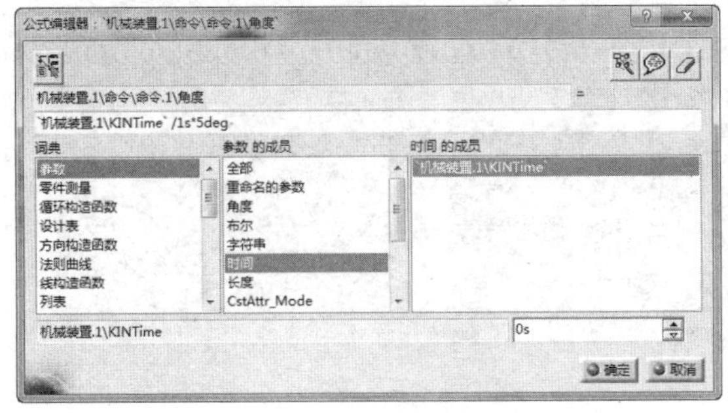

图10-164 【公式编辑器】对话框

18 依次单击【确定】按钮后，在特征树中【法线】节点下插入相应的运动函数，如图10-165所示。

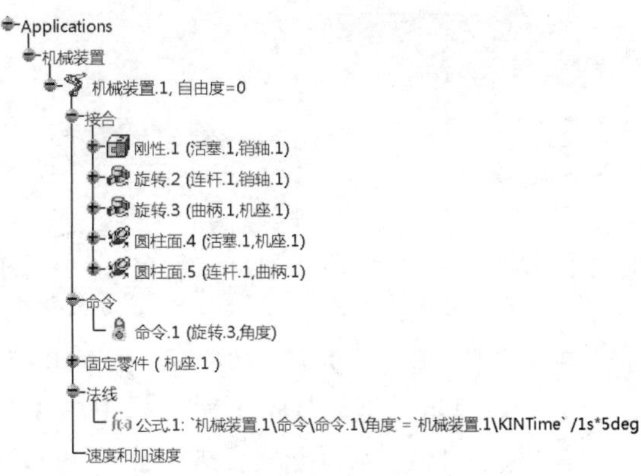

图10-165 插入运动函数

19 单击【DMU运动机构】工具栏上的【速度和加速度】按钮，弹出【速度和加速度】对话框，如图10-166所示。

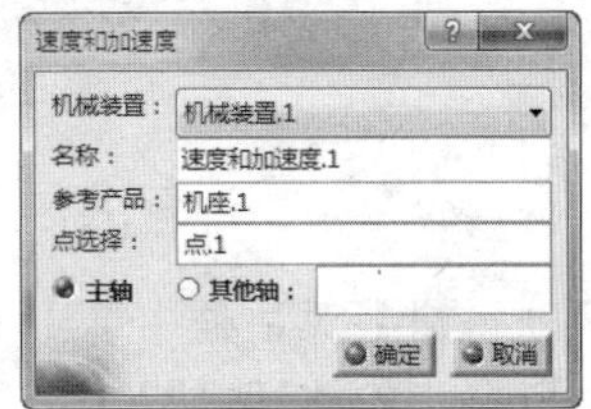

图10-166 【速度和加速度】对话框

20 激活【参考产品】编辑框，在特征树上或图形区选择“机座”，激活【点选择】编辑框，选择如图10-167所示活塞上的点，单击【确定】按钮完成，在特征树【速度和加速度】节点下增加“速度和加速度.1”。

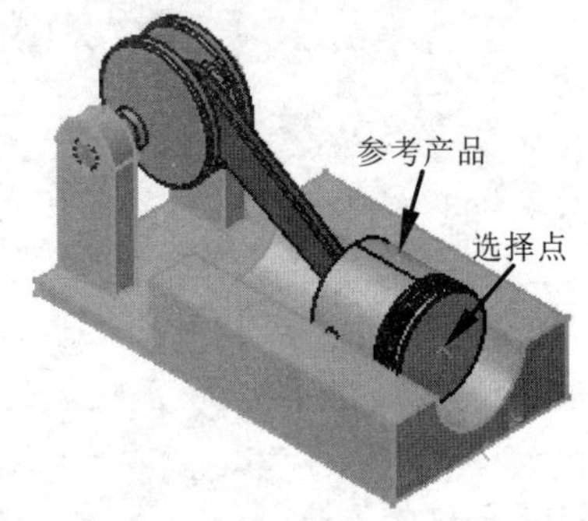

图10-167 选择参考产品和点

21 单击【DMU运动机构】工具栏中的【使用法则曲线进行模拟】按钮，弹出【运动模拟-机械装置.1】对话框，在【机械装置】下拉列表中选择“机械装置.1”作为要模拟的机械装置，如图10-168所示。单击...按钮，弹出【模拟持续时间】对话框，设置【最长时限】为72s，如图10-169所示。单击【确定】按钮返回。

图10-168 【运动模拟】对话框

图10-169 【模拟持续时间】对话框

22 在【步骤数】下拉列表中选择80，如图10-170所示。单击【运动模拟】对话框中的【向前播放】按钮▶和【向后播放】按钮◀可进行正反模拟，如图10-171所示。

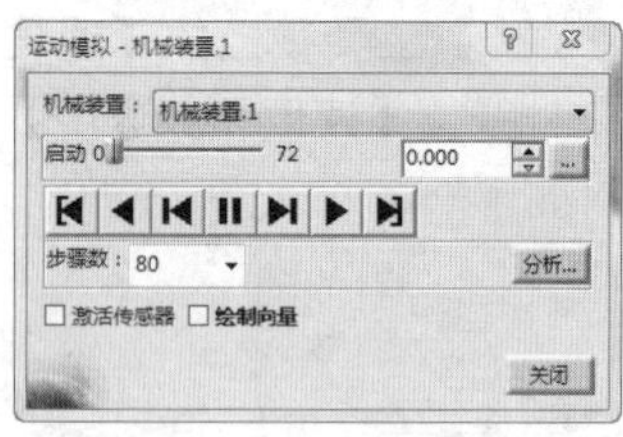

图10-170 选择步骤数

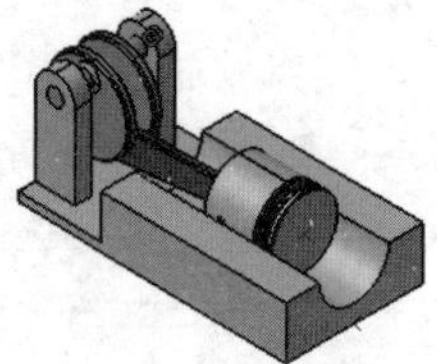

图10-171 播放模拟

23 在【运动模拟】对话框中选中【激活传感器】复选框，如图10-172所示，系统弹出【传感器】对话框，在【选择集】中选中"旋转.3\角度"、"速度和加速度.1\X_点.1"、"速度和加速度.1\Y_点.1"、"速度和加速度.1\Z_点.1"，如图10-173所示。

图10-172 【运动模拟】对话框

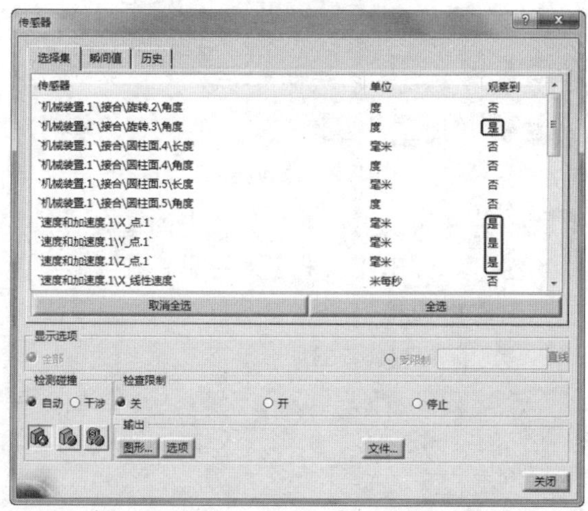

图10-173 【传感器】对话框

24 单击【运动模拟】对话框中的【向前播放】按钮▶，然后在【传感器】对话框中单击【图形】按钮，弹出【传感器图形显示】对话框，显示以时间为横坐标的选中点的运动规律曲线，如图10-174所示。单击【关闭】按钮完成。

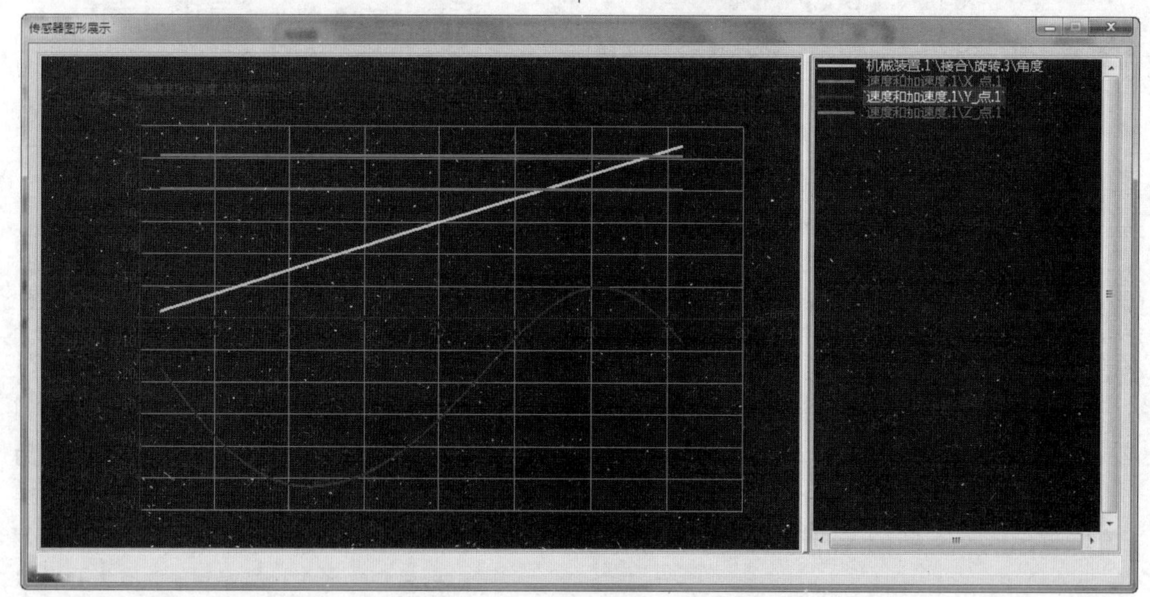

图10-174 【传感器图形显示】对话框

25 单击【关闭】按钮，关闭对话框，机构保持在停止模拟时的位置，即对话框中滚动条停留处所控制的运动机构对应位置。

10.8 课后习题

1. 习题一

通过CATIA运动仿真命令，创建如图10-175所示的装配运动仿真。

读者将熟悉如下内容：

（1）创建运动接合。

（2）创建使用法则曲线模拟。

（3）创建DMU运动动画。

2. 习题二

通过CATIA运动仿真命令，创建如图10-176所示的装配运动仿真。

读者将熟悉如下内容：

（1）创建运动接合。

（2）创建使用法则曲线模拟。

（3）创建DMU运动动画。

图10-175 范例图

图10-176 范例图

第11章 钣金件设计指令

钣金件是利用金属的可塑性，对金属薄板（5mm以下）通过折弯、剪切、冲压等工艺制造出的零件，其显著特征是同一个零件厚度一致。CATIA V5R21提供了独立的钣金设计功能，本章将介绍创成式钣金设计工作台，包括钣金参数设置、创建钣金壁、折弯和展开、切削和成型特征等。

◎ 知识点01：钣金件设计概述
◎ 知识点02：钣金参数设置
◎ 知识点03：创建第一钣金
◎ 知识点04：创建边线侧壁
◎ 知识点05：钣金的切削特征
◎ 知识点06：钣金的成型特征
◎ 知识点07：钣金的变换特征

中文版
CATIA V5R21
完全实战技术手册

11.1 设计概述

创成式钣金设计也称为自发性钣金设计，提供了基于特征造型的钣金设计环境，可与其他应用模块（零件设计、装配设计和工程图工作台等）混合使用。

11.1.1 进入创成式钣金设计工作台

要创建零件首先要进入钣金设计工作台环境中，CATIA V5R21钣金设计是在【创成式钣金设计工作台】下进行的，常用以下形式进入创成式钣金设计工作台。

1. 系统没有开启任何文件

当系统没有开启任何文件时，执行【开始】|【机械设计】|【创成式钣金设计】命令，弹出【新建零件】对话框，在【输入零件名称】文本框中输入文件名称，然后单击【确定】按钮进入创成式钣金设计工作台，如图11-1所示。

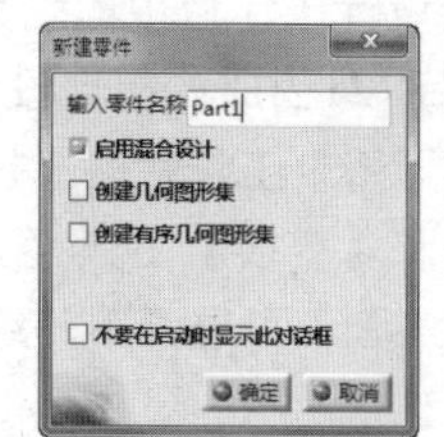

图11-1 【新建零件】对话框

2. 开启文件在其他工作台

开启文件在其他工作台时，执行【开始】|【机械设计】|【创成式钣金设计】命令，系统将零件切换到创成式钣金设计工作台，如图11-2所示。

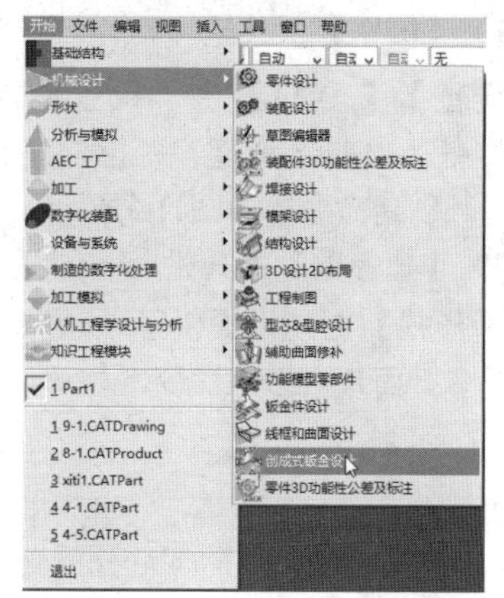

图11-2 【开始】菜单命令

11.1.2 创成式钣金设计界面

创成式钣金设计界面主要包括菜单栏、特征树、图形区、指南针、工具栏、信息栏，如图11-3所示。

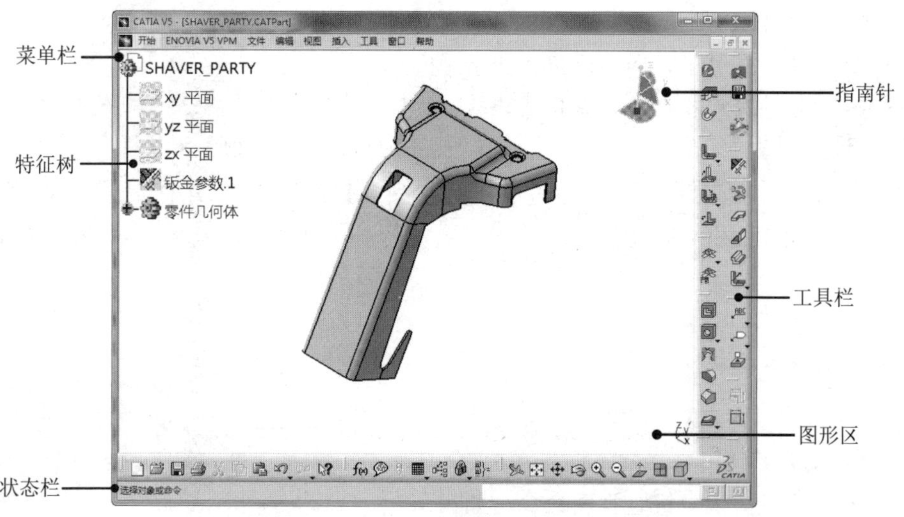

图11-3 创成式钣金设计工作台界面

1. 创成式钣金设计中的菜单

进入钣金设计工作台后，整个设计平台的菜单与其他模式下的菜单有了较大区别，其中【插入】下拉菜单是钣金设计工作台的主要菜单，如图11-4所示。该菜单集中了所有钣金设计命令，当在工具栏中没有相关命令时，可选择该菜单中的命令。

2. 创成式钣金设计中的工具栏

利用钣金设计工作台中的工具栏命令按钮启动特征命令是最方便的方法。CATIA V5R21创成式钣金设计工作台常用的工具栏有6个：【侧壁】工具栏、【桶形壁】工具栏、【折弯】工具栏、【视图】工具栏、【裁剪/冲压】工具栏和【变换】工具栏。工具栏显示了常用的工具按钮，单击工具右侧的黑色三角，可展开下一级工具栏。

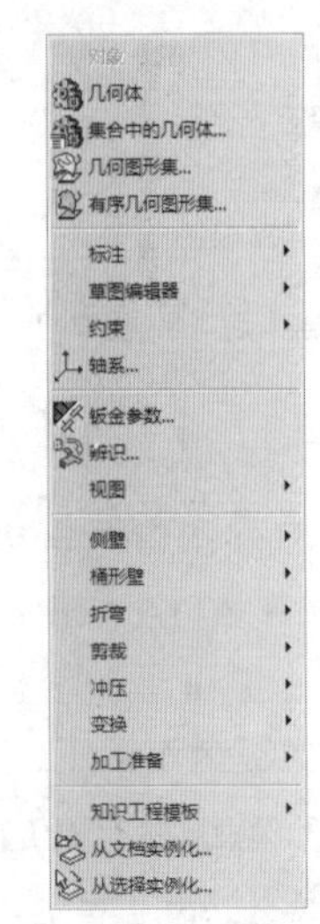

图11-4 【插入】下拉菜单

（1）【侧壁】工具栏

【侧壁】工具栏提供了钣金参数设置、辨识、侧壁（也叫平整壁）、拉伸壁、边线侧壁、弯边等创建命令，如图11-5所示。

（2）【桶形壁】工具栏

【桶形壁】工具栏提供了斗状壁、自由成型曲面、多截面钣金壁等命令，如图11-6所示。

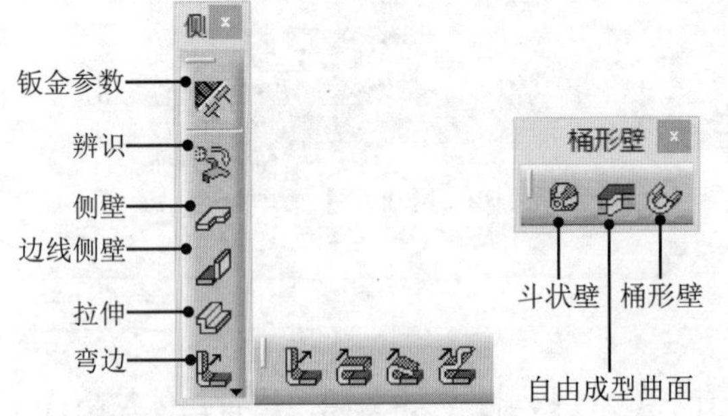

图11-5 【侧壁】工具栏 图11-6 【桶形壁】工具栏

（3）【折弯】工具栏

【折弯】工具栏提供了等半径折弯、变半径折弯、平板折弯、展开和收合、点和曲线对应等命令，如图11-7所示。

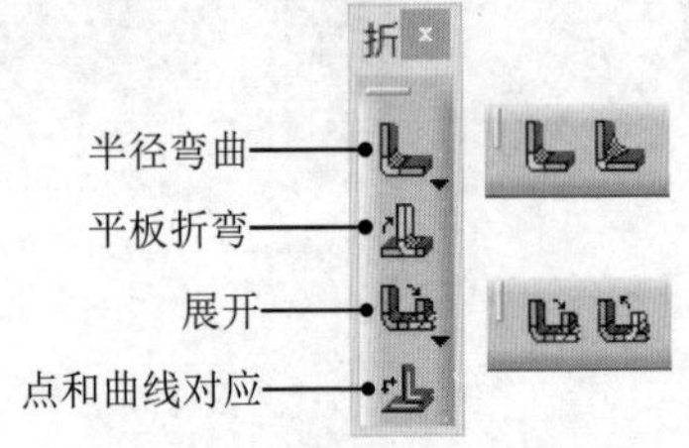

图11-7 【折弯】工具栏

（4）【视图】工具栏

【视图】工具栏提供了钣金视图命令，如图11-8所示。

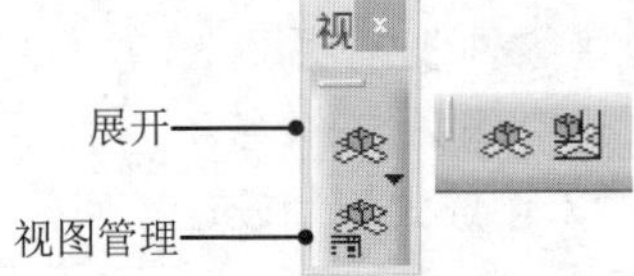

图11-8 【视图】工具栏

（5）【裁剪/冲压】工具栏

【裁剪/冲压】工具栏提供了在钣金件上切削孔、圆角、倒角以及各种钣金冲压成型特征，如图11-9所示。

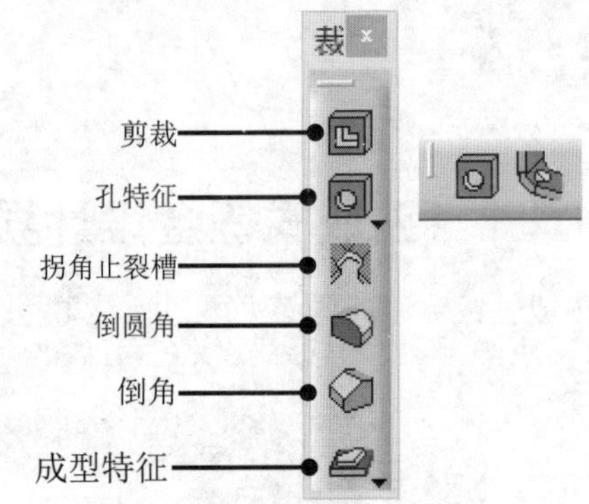

图11-9 【裁剪/冲压】工具栏

（6）【变换】工具栏

【变换】工具栏提供了镜像、矩形阵列、圆形阵列、平移、旋转、对称等命令，如图11-10所示。

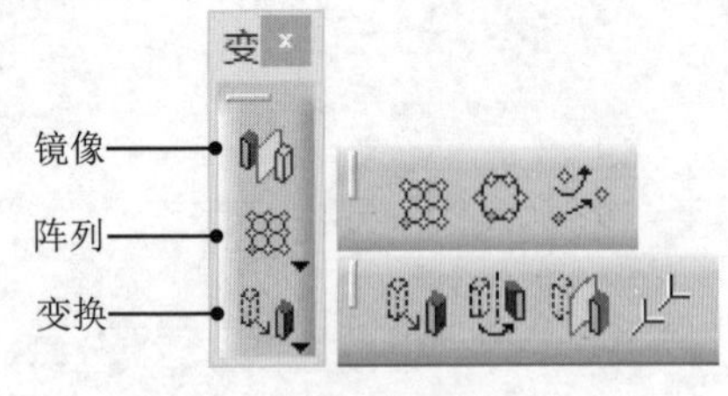

图11-10 【变换】工具栏

11.2 钣金参数设置

在绘制钣金特征之前必须进行钣金件参数设置，否则钣金件设计工具不可用。钣金件参数设置包括钣金件厚度、折弯半径、折弯端口类型以及折弯系数K因子等。

11.2.1 设置钣金壁常量参数

单击【侧壁】工具栏上的【钣金件参数】按钮，弹出【钣金件参数】对话框，单击【参数】选项卡，弹出钣金壁常量参数选项，如图11-11所示。

图11-11 【钣金件参数】对话框

【参数】选项卡相关参数含义如下：

★ Standard：显示折弯参数执行的标准，用右键单击该文本框，可利用右键快捷菜单进行移除关联、编辑、编辑注释等操作。
★ Thickness：用于定义钣金壁的厚度，如图11-12所示。
★ Default Bend Radius：用于定义钣金壁折弯半径值，如图11-13所示。

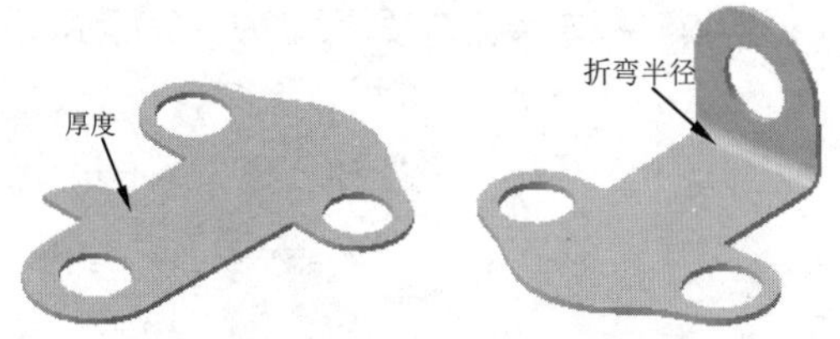

图11-12 Thickness 图11-13 Default Bend Rediums

11.2.2 设置折弯终止方式

为了防止侧边钣金壁与主钣金壁冲压后在尖角处裂开，可以在尖角处设置止裂槽。单击【折弯终止方式】选项卡，切换到折弯终止方式设置选项，如图11-14所示。

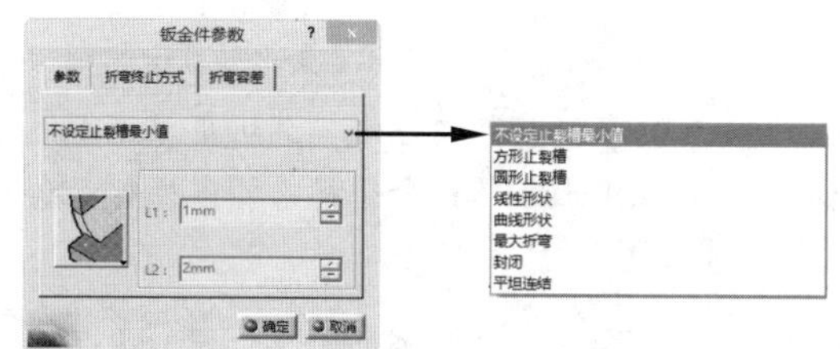

图11-14 【折弯终止方式】选项卡

【折弯终止方式】选项卡提供折弯终止方式如下：

★ 【不设定止裂槽最小值】：表示不设置止裂槽，如图11-15（a）所示。
★ 【方形止裂槽】：表示采用矩形止裂槽，如图11-15（b）所示。
★ 【圆形止裂槽】：表示采用圆形止裂槽，如图11-15（c）所示。
★ 【线性形状】：表示采用线性止裂槽，如图11-15（d）所示。

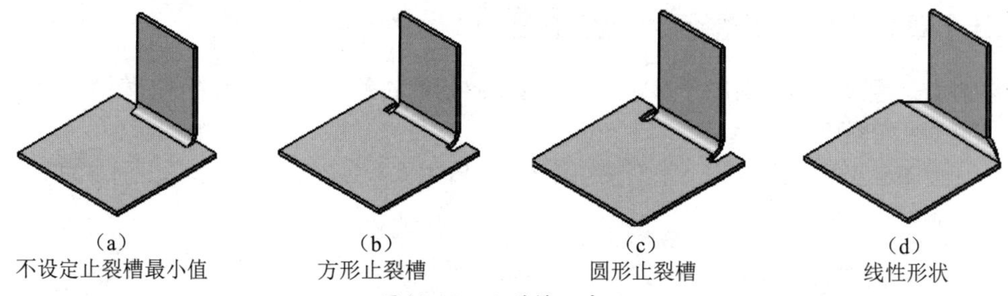

（a）不设定止裂槽最小值 （b）方形止裂槽 （c）圆形止裂槽 （d）线性形状

图11-15 止裂槽示意图1

★ 【曲线形状】：表示采用相切止裂槽，如图11-16（a）所示。
★ 【最大折弯】：表示采用最大止裂槽，如图11-16（b）所示。
★ 【封闭】：表示采用封闭止裂槽，如图11-16（c）所示。
★ 【平坦连结】：表示采用连接止裂槽，如图11-16（d）所示。

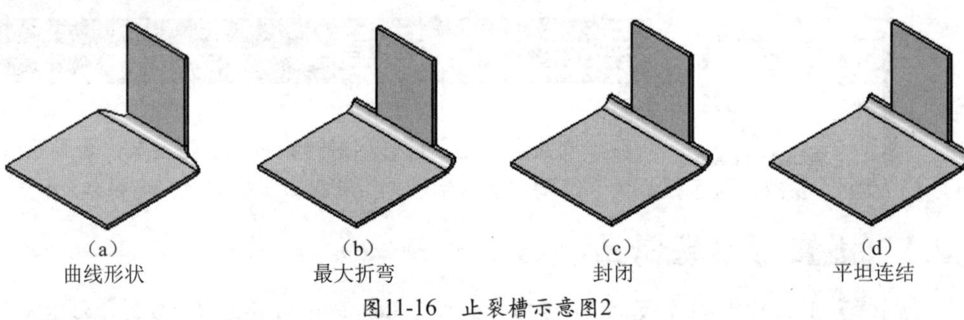

图11-16　止裂槽示意图2

11.2.3　设置钣金折弯容差

钣金材料的折弯容差控制着钣金折弯过渡区域展开后的实际长度，不同材料和厚度等因素会让折弯系数不一样。单击【折弯容差】选项卡，切换到折弯系数选项，如图11-17所示。

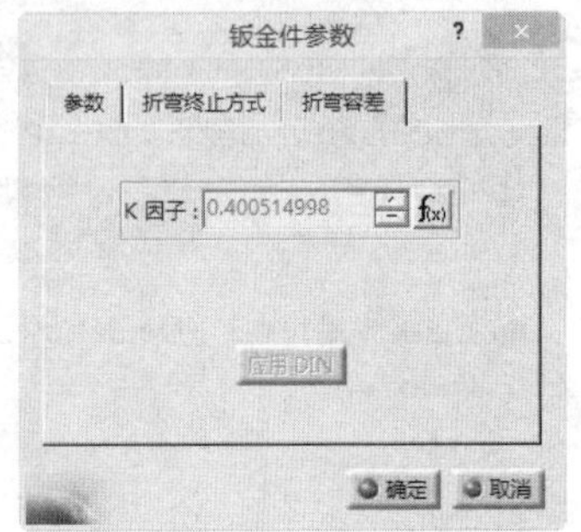

图11-17　【折弯容差】选项卡

【折弯容差】选项卡相关选项如下：

★　K因子：K因子是钣金件材料的中性折弯线的位置所定义的零件常数，是折弯内半径与钣金件厚度的距离比，数值为0~1，数值越小表示材料越软。系统默认不可设置，由系统公式计算所得到。

★　打开用于更改驱动方程式的对话框f(x)：单击该按钮打开【公式编辑器】对话框，可通过编辑公式改变折弯系数，如图11-18所示。

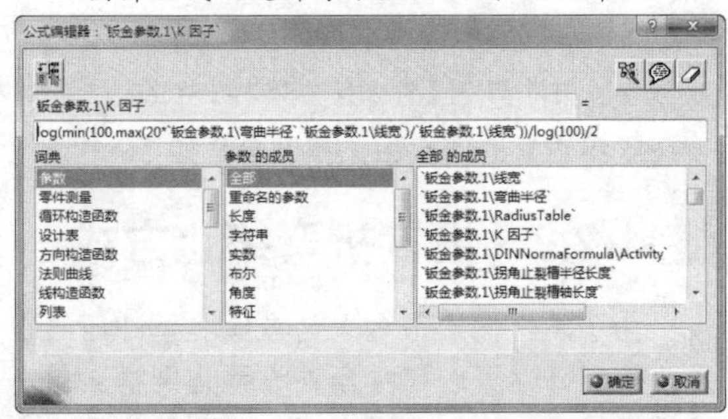

图11-18　【公式编辑器】对话框

11.3 创建第一钣金壁

在钣金件创建时，需要先创建第一钣金壁，然后通过附加壁功能扩转生成钣金件。创建第一钣金壁命令集中在【侧壁】工具栏和【桶形壁】工具栏中，下面将分别介绍。

11.3.1　侧壁（平整第一钣金壁）

【侧壁】是通过草绘截面的外形轮廓（必须是封闭的线条）形成钣金外形，钣金的形状直接与草绘截面相关，如图11-19所示。

单击【侧壁】工具栏上的【侧壁】按钮，弹出【侧壁定义】对话框，如图11-20所示。

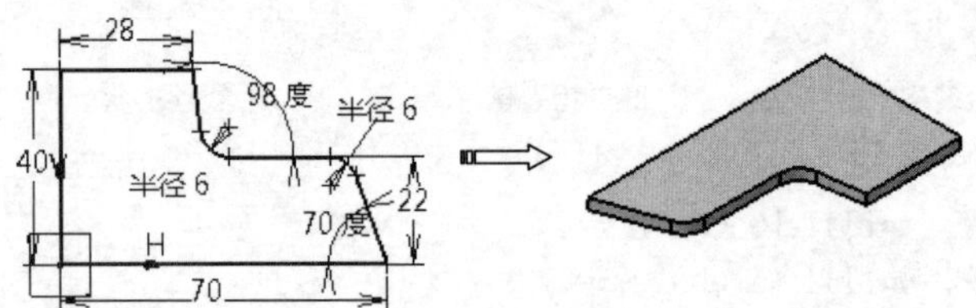

图11-19　平整第一钣金壁

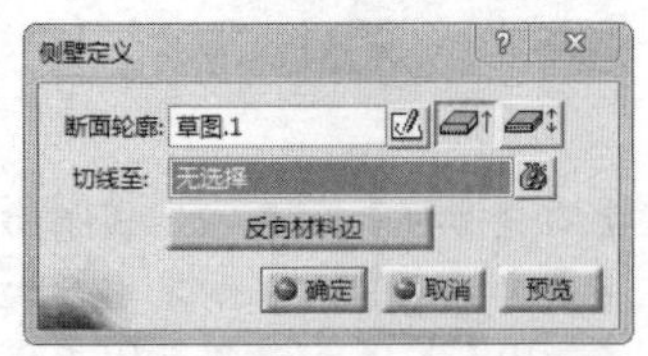

图11-20　【侧壁定义】对话框

【侧壁定义】对话框参数选项含义如下：

1. 断面轮廓

用于选择草绘轮廓，或单击其后的【草绘】按钮，进入草图编辑器中绘制草图轮廓。

★ 草绘：用于绘制钣金壁的截面草图。截面草图可以提前绘制也可以在钣金面上绘制。

★ 两端位置草图：单击该按钮，使钣金壁在草图的一侧。为系统默认选项。

★ Sketch at middle position：单击该按钮，使钣金壁在草图的两侧。

2. 切线至

用于定义所创建的钣金壁与选择钣金壁相切，即两钣金壁连续相切。

3. 反向材料边

单击该按钮，转换材料边，即钣金壁创建方向。

动手操作—创建侧壁

01 在【标准】工具栏中单击【打开】按钮，在弹出【选择文件】对话框中选择“pingzhengbi.CATPart”文件。单击【打开】按钮打开模型文件。选择【开始】|【机械设计】|【创成式钣金设计】命令，进入创成式钣金设计工作台。

02 单击【侧壁】工具栏上的【侧壁】按钮，弹出【侧壁定义】对话框，单击【草绘】按钮，选择xy平面为草绘平面，绘制如图11-21所示的草图。单击【工作台】工具栏上的【退出工作台】按钮，完成草图绘制。

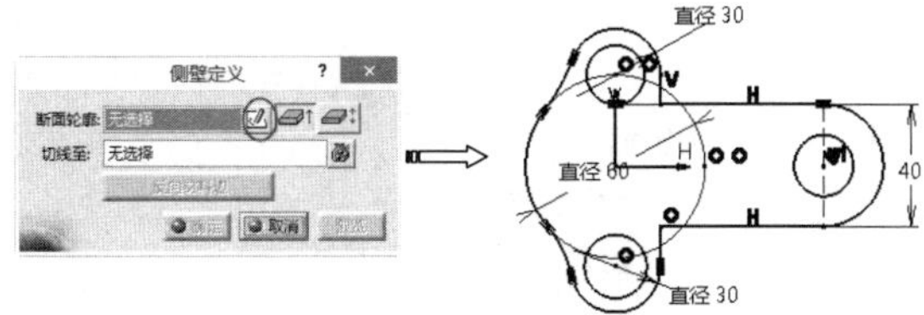

图11-21 创建平整壁草图

03 单击【两端位置草图】按钮，单击【确定】按钮完成平整壁创建，如图11-22所示。

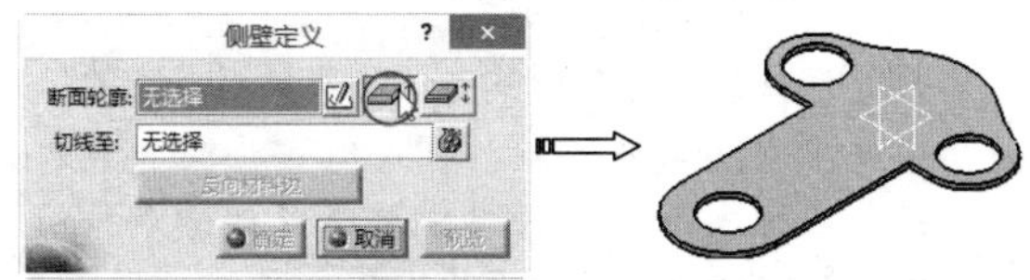

图11-22 创建钣金壁

04 单击【侧壁】工具栏上的【侧壁】按钮，弹出【侧壁定义】对话框，单击【草绘】按钮，选择上一步所创建平整壁的上表面作为草绘平面，绘制如图11-23所示的草图。单击【工作台】工具栏上的【退出工作台】按钮，完成草图绘制。

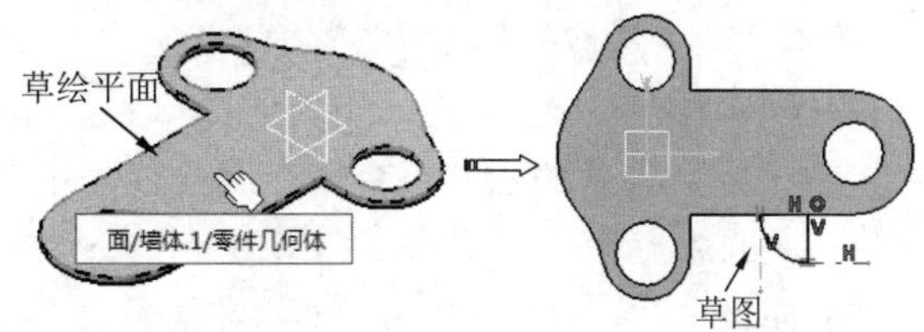

图11-23 绘制相切壁草图

05 激活【切线至】编辑框，选择上一步所创建的钣金壁作为相切壁，单击【确定】按钮完成平整壁创建，如图11-24所示。

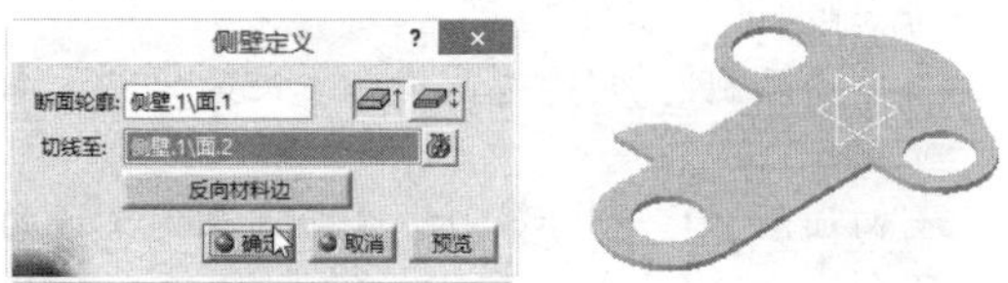

图11-24 创建相切壁

11.3.2 拉伸壁

【拉伸壁】是通过拉伸开放形轮廓线—线条、直线、圆弧等轮廓曲线生成相切连续的钣金件，如图11-25所示。

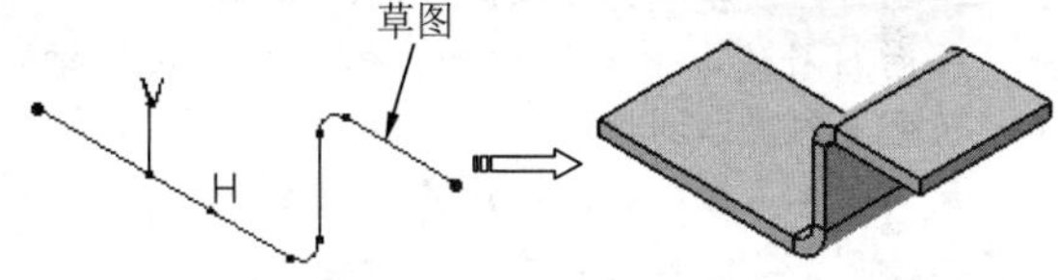

图11-25 拉伸壁

单击【侧壁】工具栏上的【拉伸】按钮，弹出【拉伸成型定义】对话框，如图11-26所示。

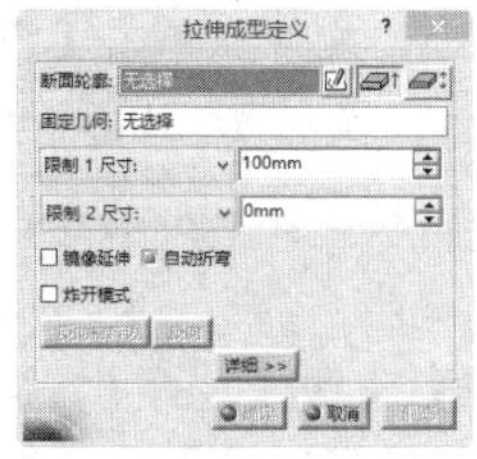

图11-26 【拉伸成型定义】对话框

【拉伸成型定义】对话框各参数选项含义如下。

1. 断面轮廓

用于选择拉伸钣金壁轮廓，或单击其后的

【草绘】按钮，进入草图编辑器中绘制草图轮廓。

★ 草绘：用于绘制钣金壁的截面草图。截面草图可以提前绘制，也可以在钣金面上绘制。
★ 两端位置草图：单击该按钮，使钣金壁在草图的一侧。为系统默认选项。
★ Sketch at middle position：单击该按钮，使钣金壁在草图的两侧。

2. 固定几何

用于定义创建的拉伸钣金壁在展开过程中保持不变的点。

3. 限制

限制1/2尺寸用于定义拉伸方向属性，其中【限制1尺寸】为第一方向属性，【限制2尺寸】为第二方向属性。

★ 限制1尺寸：用于输入数值，以数值方式定义方向限制。
★ 至平面限制1：用于选取一个平面来定义方向限制。
★ 至曲面限制1：用于选取一个曲面来定义方向限制。

4. 其他选项

★ 镜像延伸：选中该复选框，用于镜像当前的拉伸钣金壁。
★ 自动折弯：选中该复选框，当草图中有尖角时，自动创建圆角。
★ 炸开模式：选中该复选框，当草图是非直线轮廓时，以拐点炸开生成多个拉伸壁。
★ 反向材料边：单击该按钮，转换材料边，即钣金壁创建方向。
★ 反向：单击该按钮，可反转拉伸方向。

动手操作—创建拉伸壁

01 在【标准】工具栏中单击【打开】按钮，在弹出的【选择文件】对话框中选择“jitouti.CATProduct”文件。单击【打开】按钮打开模型文件。选择【开始】|【机械设计】|【创成式钣金设计】，进入创成式钣金设计工作台。

02 单击【侧壁】工具栏上的【拉伸】按钮，弹出【拉伸成型定义】对话框，激活【断面轮廓】编辑框，选择如图11-27所示的草图作为拉伸截面。

03 在【限制1尺寸s】文本框中输入数值100mm，在【限制2尺寸s】文本框中输入数值0mm，单击【确定】按钮，完成拉伸壁创建。

图11-27　创建拉伸壁

提示

拉伸壁和平整壁的最大区别在于：拉伸钣金壁的轮廓草图不一定要封闭，而平整壁的轮廓草图则必须封闭。

11.3.3 斗状壁

【斗状壁】是通过多截面曲面或者两个较规则的简单曲面（开放或封闭）创建钣金壁，如图11-28所示。

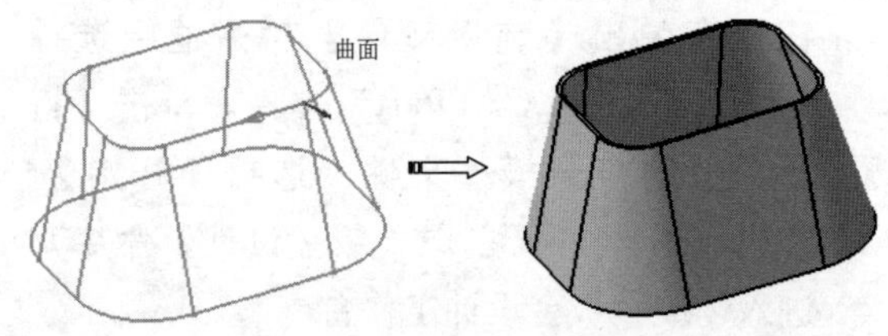

图11-28　漏斗第一钣金壁

1. 通过多截面曲面创建斗状壁

单击【桶形壁】工具栏上的【斗状壁】按钮，弹出【斗状壁】对话框，选择【曲面斗状】类型，如图11-29所示。

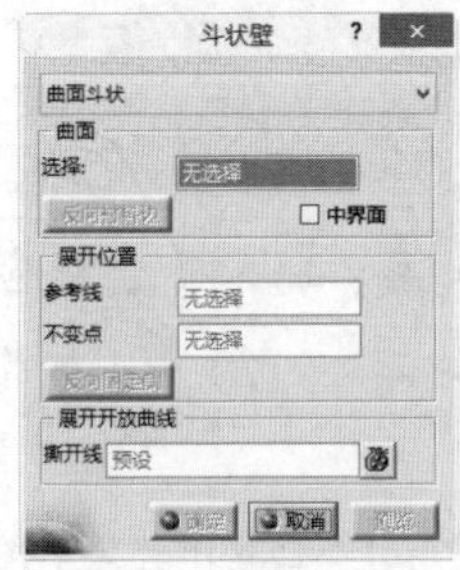

图11-29　【斗状壁】对话框

【斗状壁】对话框参数选项含义如下。

（1）【曲面】选项区

用于选择生成钣金壁的曲面，包括以下选项：

★ 选择：激活该选择框，可选取一个曲面或右击，在弹出的快捷菜单中选择【创建多截面曲面】命令来创建曲面生成钣金壁。

★ 反向材料边：单击该按钮，反转材料边，即反转钣金壁的创建方向。

★ 中界面：选中该复选框，生成的钣金壁在曲面的两侧。

（2）【展开位置】选项区

用于定义钣金在展开时的参考边和参考点，包括以下选项：

★ 参考线：用于定义钣金在展开时的参考边。

★ 不变点：用于定义钣金在展开时的参考点。

（3）【展开开放曲线】选项区

用于选择或创建一条直线以定义钣金壁在展开时的起始边，如图11-30所示。

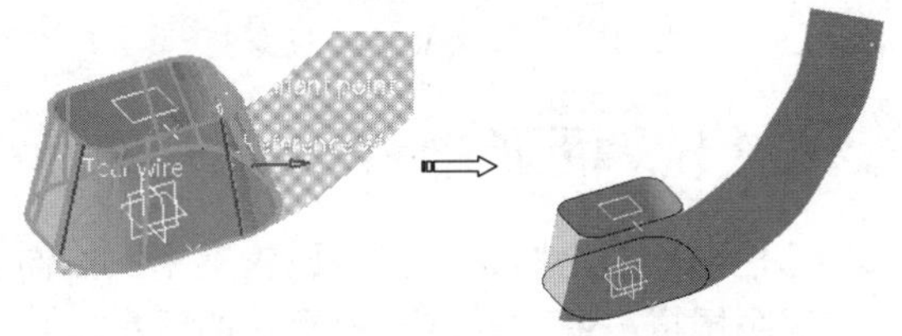

图11-30 展开开放曲线参数

动手操作—通过多截面曲面创建斗状壁

01 在【标准】工具栏中单击【打开】按钮，在弹出的【选择文件】对话框中选择“11-3. CATPart”文件。单击【打开】按钮打开模型文件。选择【开始】|【机械设计】|【创成式钣金设计】，进入创成式钣金设计工作台。

02 单击【桶形壁】工具栏上的【斗状壁】按钮，弹出【斗状壁】对话框，选择【曲面斗状】类型，激活【选择】编辑框选择如图11-31所示的多截面曲面。

03 系统自动完成【展开位置】和【展开开放曲线】参数设置，单击【确定】按钮，完成斗状壁创建。

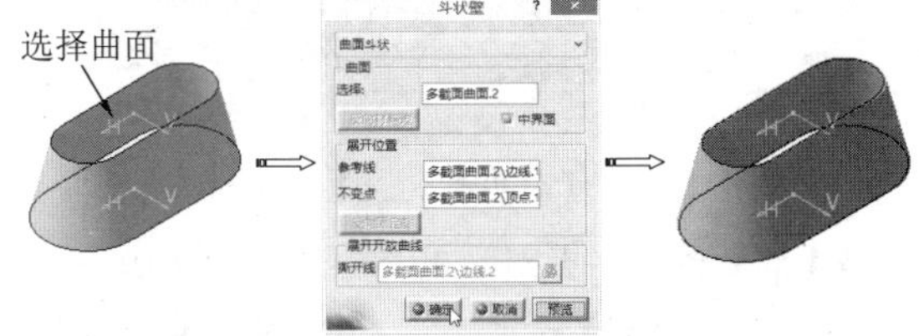

图11-31 创建斗状壁

2. 圆锥斗状壁

单击【桶形壁】工具栏上的【斗状壁】按钮，弹出【斗状壁】对话框，选择【圆锥斗状】类型，如图11-32所示。

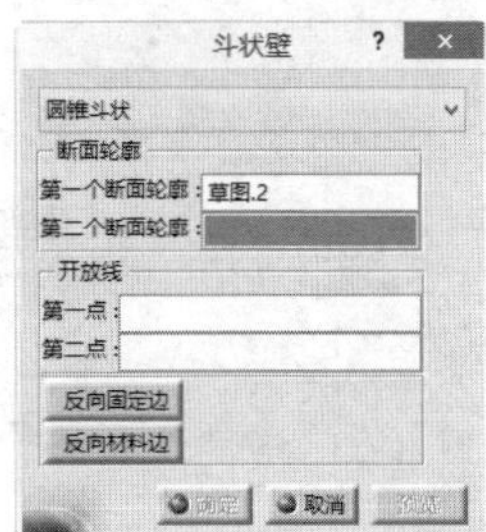

图11-32 【斗状壁】对话框

【斗状壁】对话框相关选项参数含义如下。

（1）【断面轮廓】选项区

用于定义生成钣金壁的截面，包括以下选项：

★ 第一个断面轮廓：用于定义生成钣金壁的第一截面。

★ 第二个断面轮廓：用于定义生成钣金壁的第二截面。

（2）【开放线】选项区

用于定义钣金壁在展开时的开口线，包括以下选项：

★ 第一点：用于定义钣金壁在展平时的开口线的第一个端点。

★ 第二点：用于定义钣金壁在展平时的开口线的第二个端点。

★ 反向固定边：单击该按钮，反转钣金壁展平时的固定侧。

★ 反向材料边：单击该按钮，反转钣金壁的材料侧。

动手操作—创建圆锥斗状壁

01 在【标准】工具栏中单击【打开】按钮，在弹出的【选择文件】对话框中选择“11-4. CATPart”文件。单击【打开】按钮打开模型文件。选择【开始】|【机械设计】|【创成式钣金设计】，进入创成式钣金设计工作台。

02 单击【钣金参数】按钮，设置钣金壁厚度参数。

03 单击【桶形壁】工具栏上的【斗状壁】按钮，弹出【斗状壁】对话框，选择【圆锥斗状】类型。

04 激活【第一个断面轮廓】编辑框，然后选择第一条曲线，激活【第二个断面轮廓】编辑框，接着选择第二条曲线，激活【第一点】编辑框选择点1，激活【第二点】编辑框选择点2，单击【确定】按钮，完成斗状壁创建，如图11-33所示。

图11-33　创建斗状壁

11.3.4　通过自由成型曲面创建第一钣金壁

通过自由成型曲面创建第一钣金壁是指由自由曲面直接生成钣金壁。

单击【桶形壁】工具栏上的【自由成型曲面】按钮，弹出【自由成型曲面定义】对话框，如图11-34所示。

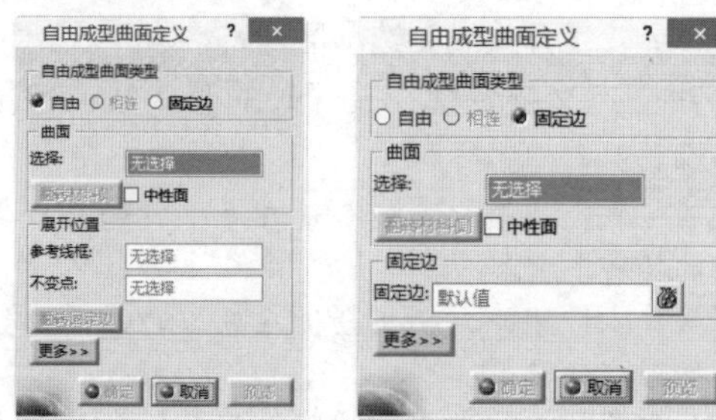

图11-34　【自由成型曲面定义】对话框

【自由成型曲面定义】对话框参数选项含义如下。

1.【自由成型曲面类型】选项区

用于设置生成钣金壁的方式，包括以下类型：

★　自由：通过在【自由曲面】工作台中创建的曲面生成钣金壁，需要在【展开位置】选项中设置参考位置和不变点。

★　相连：通过在【自由曲面】工作台创建的曲面生成与已有钣金壁相连的钣金壁。

★　固定边：通过在【自由曲面】工作台创建的曲面生成钣金壁，需要定义【固定边】参数。

2.【曲面】选项区

用于选择创建钣金壁的曲面。

3.【固定边】选项区

用作固定的参考边线。

动手操作—通过自由成型曲面创建第一钣金壁

01 在【标准】工具栏中单击【打开】按钮，在弹出的【选择文件】对话框中选择“11-5.CATPart”文件。单击【打开】按钮打开模型文件。选择【开始】|【机械设计】|【创成式钣金设计】，进入创成式钣金设计工作台。

02 单击【桶形壁】工具栏上的【自由成型曲面】按钮，弹出【自由成型曲面定义】对话框，选中【自由】类型，激活【曲面】选项中的【选择】编辑框，选择如图11-35所示的曲面，单击【确定】按钮，完成自由曲面钣金壁创建，如图11-35所示。

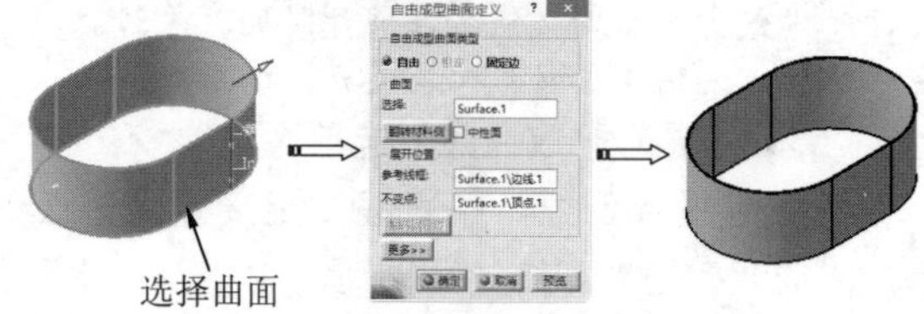

图11-35　创建自由曲面钣金壁

11.3.5　桶形壁

【桶形壁】是将钣金壁侧面轮廓草图拉伸指定深度围成一圈，形状类似桶状的钣金壁，如图11-36所示。

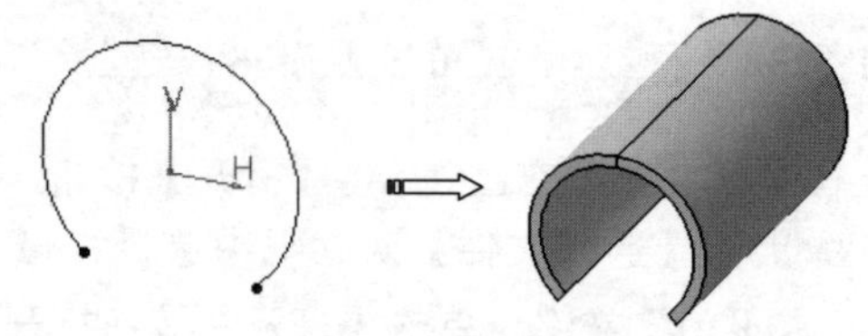

图11-36　桶形壁

单击【桶形壁】工具栏上的【桶形壁】按钮，弹出【桶形壁定义】对话框，如图11-37所示。

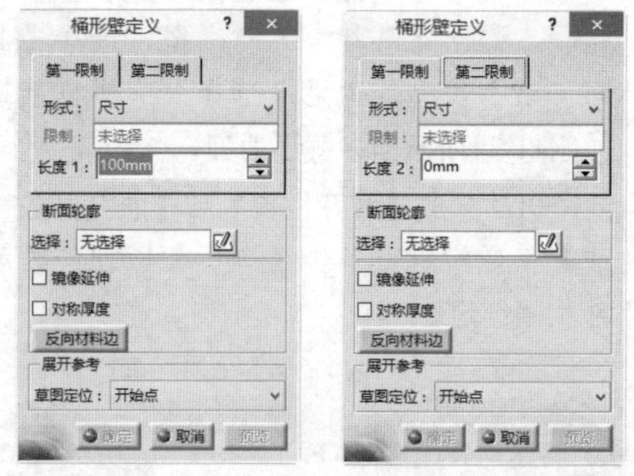

图11-37　【桶形壁定义】对话框

【桶形壁定义】对话框参数选项含义如下。

1.【第一限制】选项卡、【第二限制】选项卡

用于设置第一或第二方向的拉伸限制，包括以下类型：

★　尺寸：通过设置拉伸深度来定义拉伸限制。

★　至平面：选取一个平面来定义拉伸深度值。

★　至曲面：选择一个曲面来定义拉伸深度值。

2. 断面轮廓

用于选择拉伸草图，要求草图轮廓必须由一个圆弧或圆组成。

3. 展开参考

用于设置展平静止点的位置，包括以下方式：

★ 开始点：用于设置展平静止点为草图起始点。
★ 结束点：用于设置展平静止点为草图终止点。
★ 中间点：用于设置展平静止点为草图中点。

动手操作——创建桶形壁

01 在【标准】工具栏中单击【打开】按钮，在弹出的【选择文件】对话框中选择“11-6.CATPart”文件。单击【打开】按钮打开模型文件。选择【开始】|【机械设计】|【创成式钣金设计】，进入创成式钣金设计工作台。

02 单击【桶形壁】工具栏上的【桶形壁】按钮，弹出【桶形壁定义】对话框。激活【断面轮廓】选项中的【选择】编辑框，选择如图11-38所示的草图，设置【形式】为“尺寸”，【长度1】为30mm，单击【确定】按钮，完成桶形壁创建。

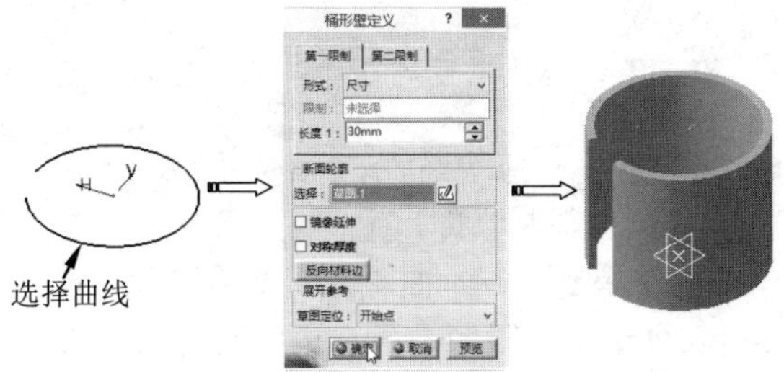

图11-38 创建桶形壁

11.3.6 将实体零件转化为钣金

将实体零件转化为第一钣金壁是将薄壳类零件几何体（壁厚均匀）识别为钣金壁，如图11-39所示。

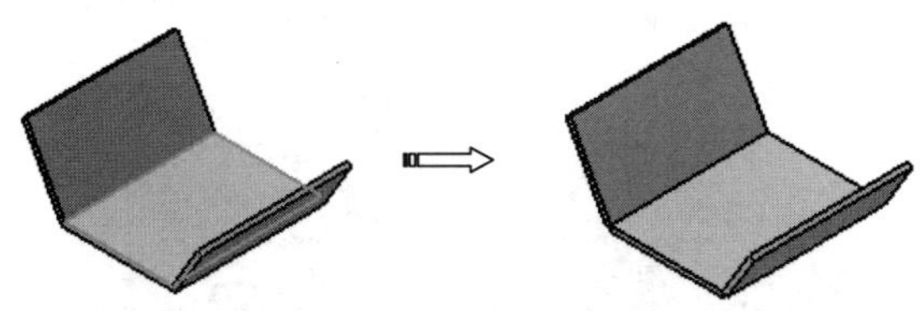
图11-39 将实体零件转化为第一钣金壁

单击【侧壁】工具栏上的【辨识】按钮，弹出【识别定义】对话框，如图11-40所示。

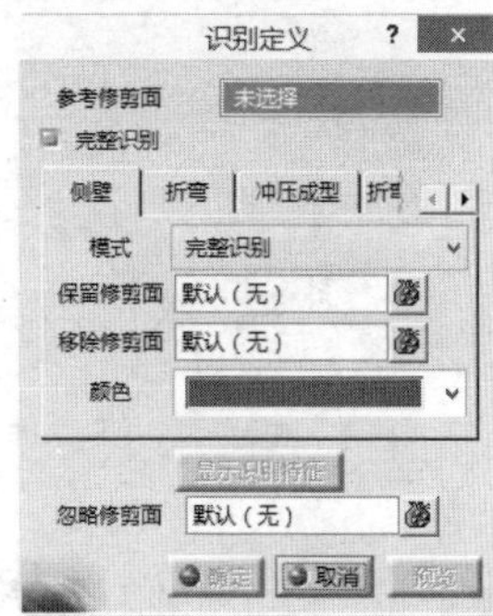
图11-40 【识别定义】对话框

【识别定义】对话框参数选项含义如下。

1. 参考修剪面

用于在绘图区模型上选取一个平面作为识别钣金壁的参考平面。

2. 完整识别

用于设置识别多个特征，如钣金壁、折弯圆角等。

3. 【侧壁】选项卡

用于设置钣金壁识别的相关参数，包括以下参数：

★ 模式：用于识别钣金壁的形式，包括【完整识别】和【部分识别】。
★ 保留修剪面：用于选择模型上要保留的面。
★ 移除修剪面：用于选取模型上要移除的面。
★ 颜色：用于定义钣金壁的颜色。
★ 显示识别特征：用于以指定的颜色显示钣金壁、折弯圆角和折弯线位置。
★ 忽略修剪面：用于选取可以忽略的面，在转化为钣金壁后将其移除。

动手操作——将实体零件转化为钣金壁

01 在【标准】工具栏中单击【打开】按钮，在弹出的【选择文件】对话框中选择“11-7.CATPart”文件。单击【打开】按钮打开模型文件。选择【开始】|【机械设计】|【创成式钣金设计】，进入创成式钣金设计工作台。

02 单击【侧壁】工具栏上的【辨识】按钮，弹出【识别定义】对话框，激活【参考修剪面】编辑框，选择如图11-41所示的面作为识别参考平面，选中【完整识别】复选框，单击【确定】按钮，完成将实体零件转化为第一钣金壁的创建。

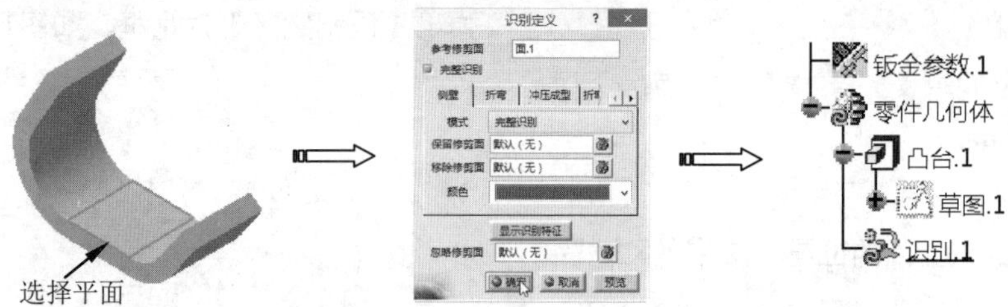

图11-41　实体转化为钣金壁

11.4 创建弯边壁

CATIA钣金环境中的弯边壁种类包括边线侧壁、直边弯边、平行弯边、滴状翻边和用户定义弯边。

11.4.1　边线侧壁

【边线侧壁】是指通过拾取边界，拉伸加厚该边界生成侧壁，或者加厚草图轮廓生成边线侧壁。边线侧壁的创建方法有两种：自动形式的钣金壁和草图基础形式的钣金壁。

1. 自动形式的钣金壁

【自动】形式的钣金壁是指根据所附着边自动创建钣金壁，其厚度与第一钣金壁相同，如图11-42所示。

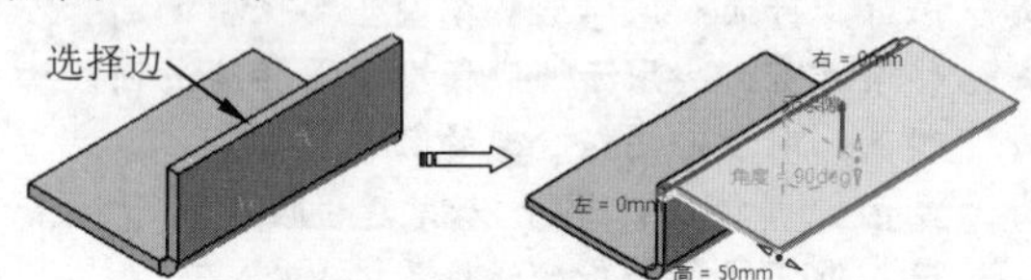

图11-42　自动形式的钣金壁

单击【侧壁】工具栏上的【边线侧壁】按钮，弹出【边线侧壁定义】对话框，在【形式】下拉列表中选择【自动】方式，如图11-43所示。

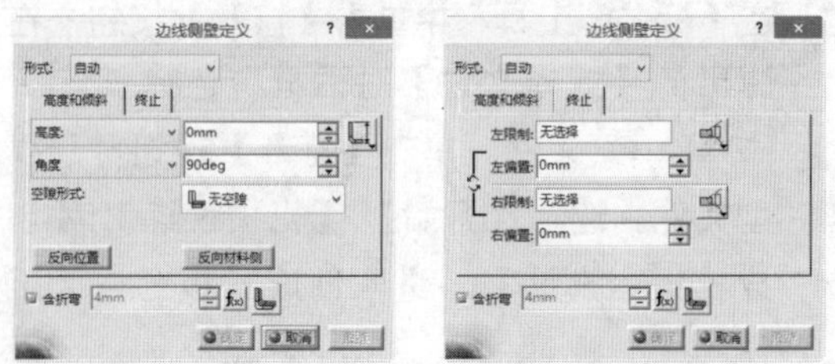

图11-43　【边线侧壁定义】对话框

【高度和倾斜】选项卡相关选项参数含义如下。

（1）【高度】下拉列表

用于设置高度类型，包括以下选项：

★　高度：使用定义的高度值限制平整钣金壁高度，用户可在其后的文本框中输入数值来定义平整钣金壁的高度值。

★　至平面/曲面：使用指定的平面或曲面限制平整钣金壁的高度，激活其后的编辑框，选择一个平面或曲面来限制平整钣金壁的高度。

（2）【长度形式】下拉列表

当选择【高度】类型时，该下拉列表用于设置高度的计算方式，包括以下选项：

★　：表示边线侧壁的高度是从参考壁的底部开始的。

★　：表示边线侧壁的高度是从参考壁的顶部开始的。

★　：表示边线侧壁的高度是从折弯的底部开始的。

★　：表示边线侧壁的高度是从壁的边界开始的。

（3）【限制位置】下拉列表

当选择【至平面/曲面】高度类型时，该下拉列表用于定义限制曲面在边线侧壁的位置，包括以下选项：

★　：表示限制曲面的位置位于边线侧壁的内侧。

★　：表示限制曲面的位置位于边线侧壁的外侧。

（4）角度/方向平面

用于设置边线侧壁的弯曲形式，包括以下方式：

★　角度：用于设置边线侧壁与参考壁之间的夹角，可在其后的文本框中输入数值定义平整钣金壁的弯曲角度，如图11-44所示。

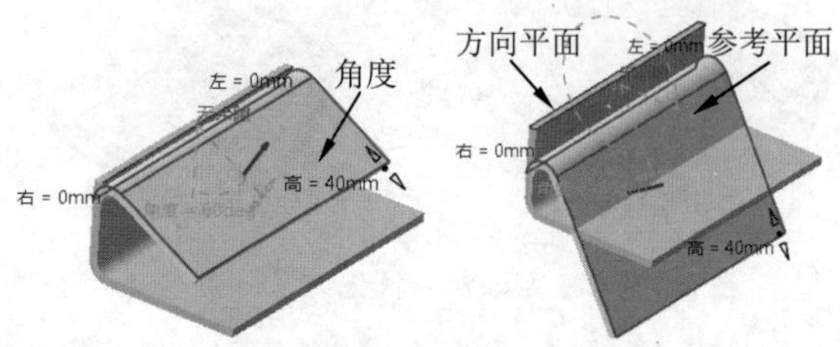

图11-44　角度/方向平面示意图

★ 方向平面：用于选取一个平面来限制钣金壁的弯曲，可在【旋转角度】文本框中设置钣金壁与方向平面之间的夹角。

（5）空隙形式

用于设置平整钣金壁边线与第一钣金壁的拾取边界之间的间隙类型，包括以下选项：

★ 无空隙：表示附加壁与拾取边界之间无间距，如图11-45（a）所示。
★ 单方向：表示附加壁沿一方向偏移，如图11-45（b）所示。
★ 双方向：表示附加壁沿两个方向偏移，如图11-45（c）所示。

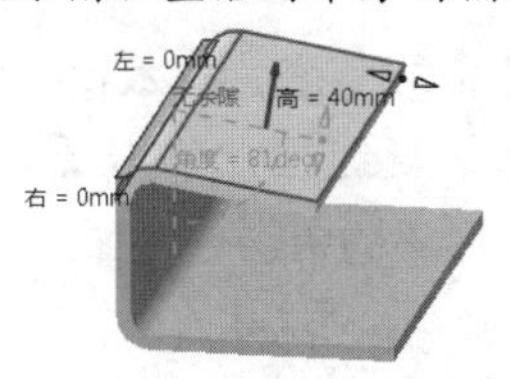

无空隙（a）

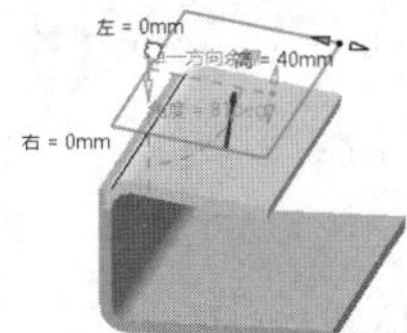

单方向空隙（b）

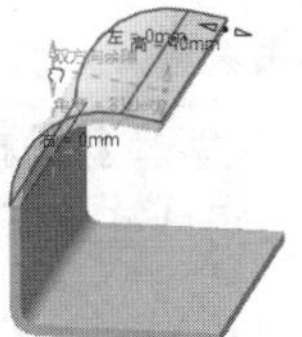

双方向空隙（c）

图11-45 空隙形式示意图

（6）反向位置

单击该按钮，用于改变平整钣金壁的位置，如图11-46所示。

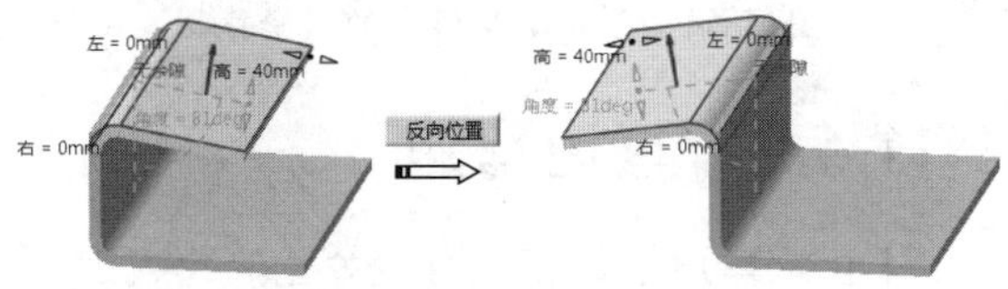

图11-46 反向位置示意图

（7）反向材料边

单击该按钮，用于改变平整边线侧壁在附着边的位置，如图11-47所示。

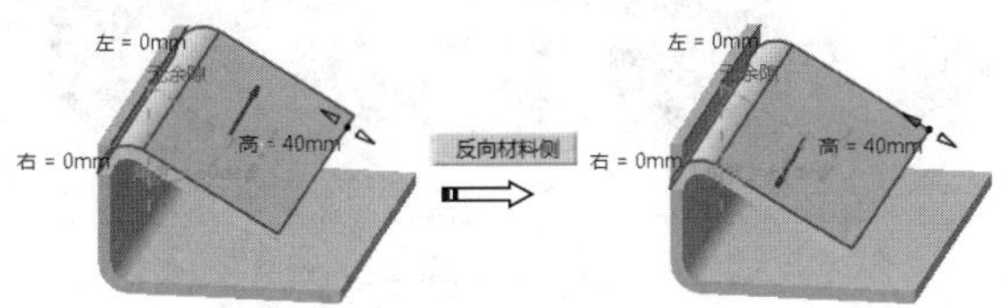

图11-47 反向材料边示意图

（8）含折弯

选中该复选框，用于在创建平整壁同时，在平整壁和参考壁之间创建折弯圆角，否则不使用折弯半径的方式创建边线侧壁，如图11-48所示。

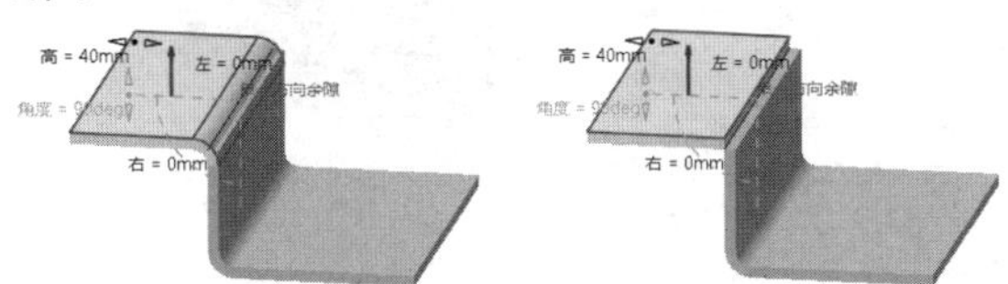

图11-48 含折弯示意图

【终止】选项卡用于设置平面钣金壁的边界限制，包括以下选项：

★ 左限制：用于在图形区选取平整钣金壁的左边界限制。
★ 左偏置：用于定义平整钣金壁左边界与第一钣金壁相应边的距离值。
★ 右限制：用于在图形区选取平整钣金壁的右边界限制。
★ 右偏置：用于定义平整钣金壁右边界与第一钣金壁相应边的距离值。

动手操作——创建自动形式的钣金壁

01 在【标准】工具栏中单击【打开】按钮，在弹出的【选择文件】对话框中选择“11-8.CATPart”文件。单击【打开】按钮打开模型文件。选择【开始】|【机械设计】|【创成式钣金设计】，进入创成式钣金设计工作台。

02 单击【侧壁】工具栏上的【边线侧壁】按钮，弹出【边线侧壁定义】对话框，在【形式】下拉列表中选择“自动”方式，选择如图11-49所示的边作为附着边。

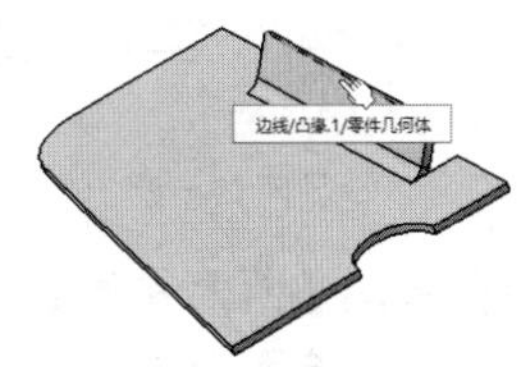

图11-49 选择附着边

03 在【高度和倾斜】选项中，选择【高度】方式，并在其后文本框中输入40，选择【角度】方式，并在其后文本框中输入90。

04 单击【终止】选项卡，在【左偏置】文本框中输入-10mm，在【右偏置】文本框中输入-10mm，单击【确定】按钮，完成平整附加壁创建，如图11-50所示。

图11-50　创建平整边线侧壁

2. 草绘形式的钣金壁

【草绘形式的钣金壁】是指根据所绘制的草图创建钣金壁，如图11-51所示。

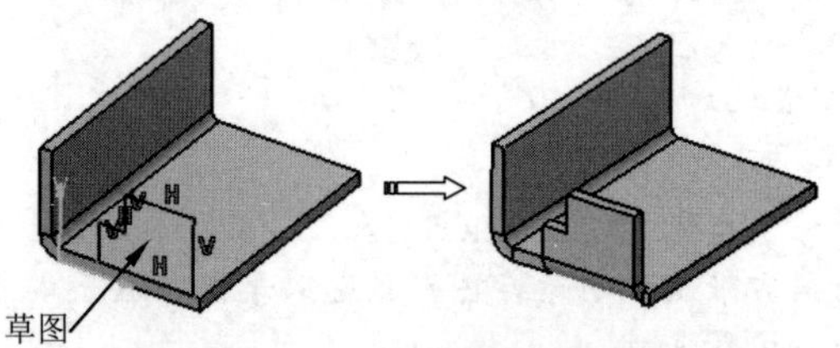

图11-51　草绘形式的钣金壁

动手操作—创建草绘基础形式的钣金壁

01 在【标准】工具栏中单击【打开】按钮，在弹出的【选择文件】对话框中选择“11-9.CATPart”文件。单击【打开】按钮打开模型文件。选择【开始】|【机械设计】|【创成式钣金设计】，进入创成式钣金设计工作台。

02 单击【侧壁】工具栏上的【边线侧壁】按钮，弹出【边线侧壁定义】对话框，在【形式】下拉列表中选择“草图基础”形式，选择如图11-52所示的边作为附着边。

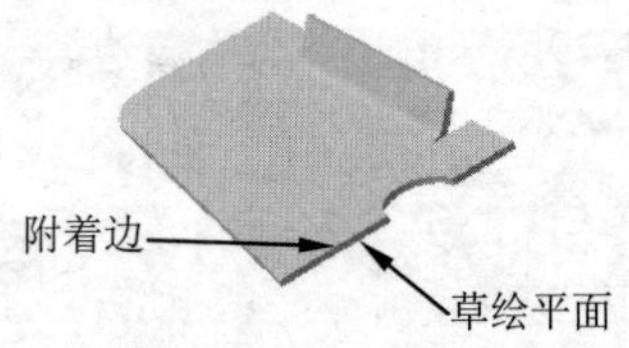

图11-52　附着边和草绘平面

03 单击【断面轮廓】选项后的【草绘】按钮，选取上图所示的面作为草绘平面，绘制如图11-53所示的草图。单击【工作台】工具栏上的【退出工作台】按钮，完成草图绘制。

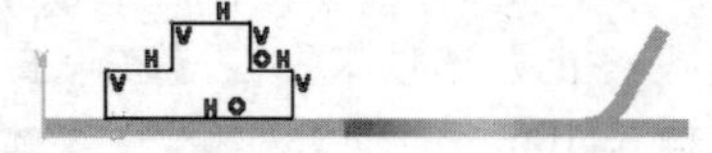

图11-53　绘制草图轮廓

04 在【旋转角度】文本框中输入0，选中【含折弯】复选框，单击【确定】按钮，完成草绘形式的钣金壁，如图11-54所示。

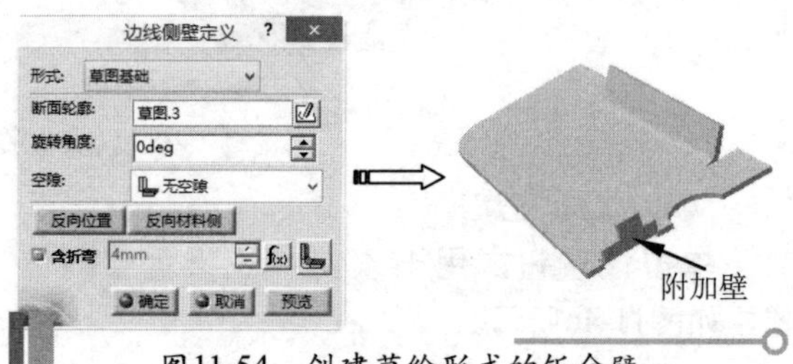

图11-54　创建草绘形式的钣金壁

11.4.2　直边弯边

【直边弯边】是在已有钣金壁的边线上生成钣金薄壁特征，其壁厚与第一钣金壁相同，如图11-55所示。

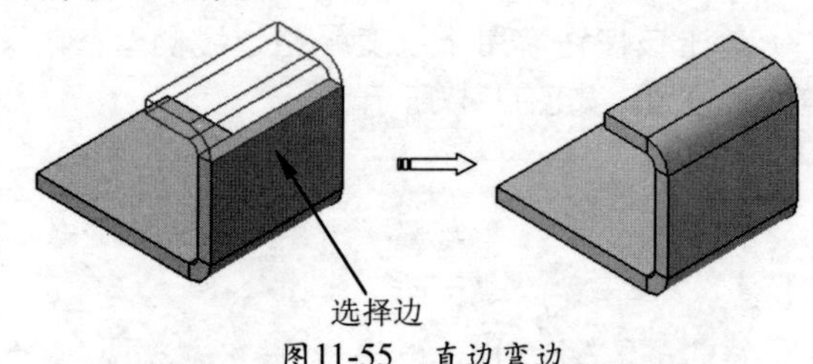

图11-55　直边弯边

单击【侧壁】工具栏上的【直边弯边】按钮，弹出【直边弯边定义】对话框，如图11-56所示。

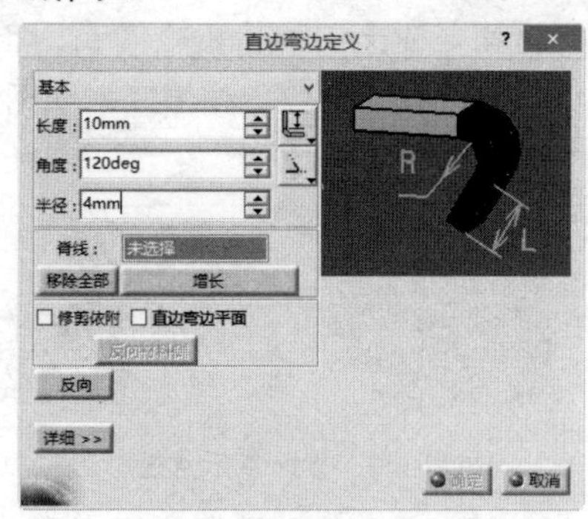

图11-56　【直边弯边定义】对话框

【直边弯边定义】对话框参数选项含义如下：

1.类型

★ 基本：用于在整个选择的脊线上创建弯边。

★ 截断：用于在脊线的部分上生成弯边，此时需要设置【限制1】和【限制2】来限制弯边范围，如图11-57所示。

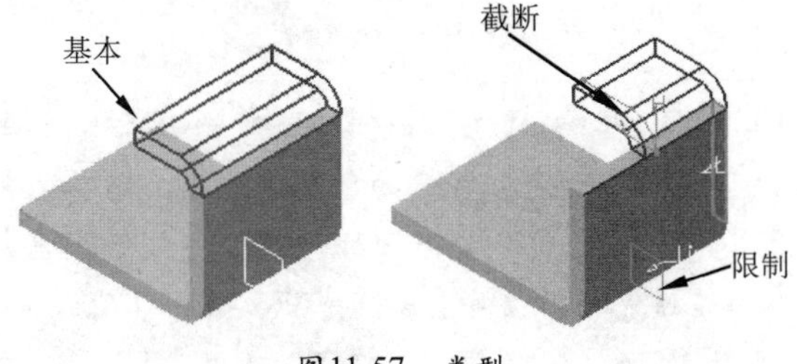

图11-57 类型

2. 尺寸参数

★ 长度：用于定义弯边的长度值，其后的下拉列表提供了4种长度测量方式：是指在弯曲平面区域的墙体长度；是指从弯曲面内侧端部到弯曲平面区域的端部距离；是指从弯曲面外侧的端部到弯曲平面区域的端部距离；是指从弯曲面外部虚拟交点到弯曲平面区域的端部距离。

★ 角度：用于定义弯边折弯角度，包括“内侧角度值”和“外侧角度值”，如图11-58所示。

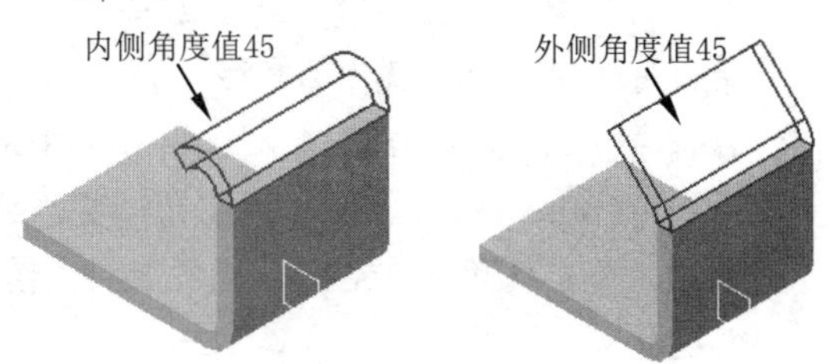

图11-58 角度示意图

★ 半径：用于定义弯边与基础壁之间的圆角半径。

3. 脊线选项

★ 脊线：用于选择弯边的附着边。

★ 移除全部：单击该按钮可以移除所有选择的脊线。

★ 增长：单击该按钮用于选择与所选的脊线相切的所有边。

4. 修剪依附（Trim 依附）

用于是否使用弯边修剪基础壁。选中该复选框，将修剪基础壁，否则不修剪。单击【反向材料边】按钮，可调整修剪方向，如图11-59所示。

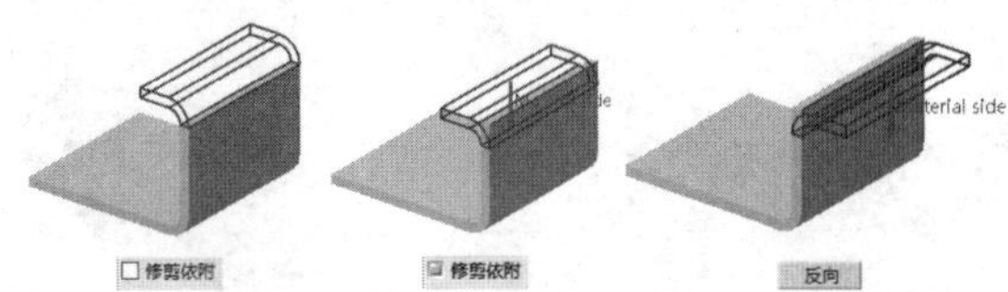

图11-59 修剪依附和反向材料边示意图

5.反向

单击该按钮，用于更改弯边的方向，如图11-60所示。

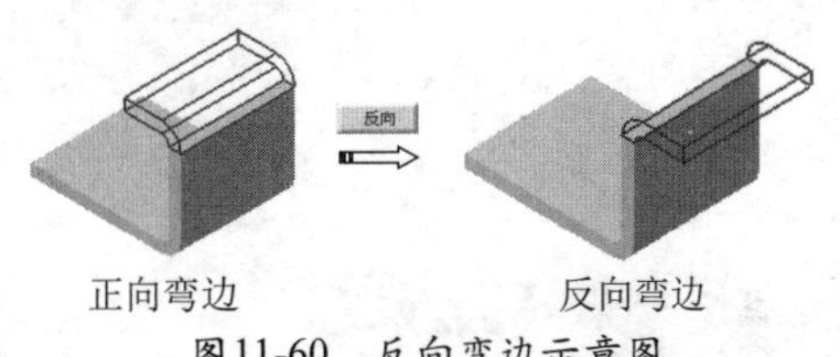

图11-60 反向弯边示意图

动手操作—创建弯边

01 在【标准】工具栏中单击【打开】按钮，在弹出的【选择文件】对话框中选择“11-10.CATPart”文件。单击【打开】按钮打开模型文件。选择【开始】|【机械设计】|【创成式钣金设计】，进入创成式钣金设计工作台。

02 单击【侧壁】工具栏上的【直边弯边】按钮，弹出【直边弯边定义】对话框，选择【截断】类型，激活【脊线】编辑框，选择如图11-61所示的边作为脊线。

03 在【长度】文本框中输入10mm，设置【角度】为90，【半径】为4mm，激活【限制1】编辑框，选择如图所示的平面1，激活【限制2】编辑框选择图中的平面2，单击【确定】按钮，完成法兰壁创建。

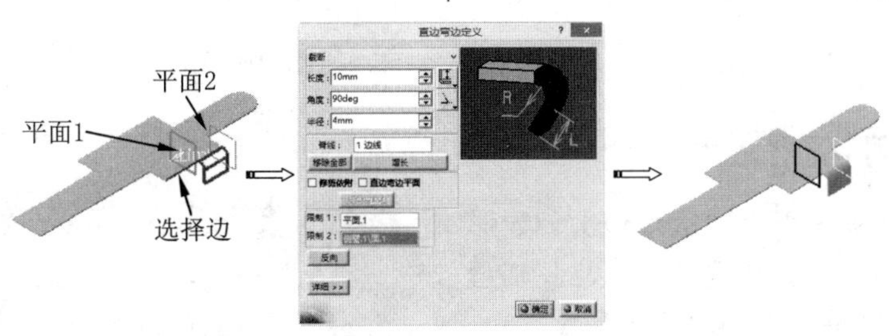

图11-61 创建法兰壁

11.4.3 平行弯边

【平行弯边】是创建与基础壁平行的弯边，并使用圆角过渡连接的侧壁。它与弯边的不同之处在于圆角过渡的角度是不能定义的，如图11-62所示。

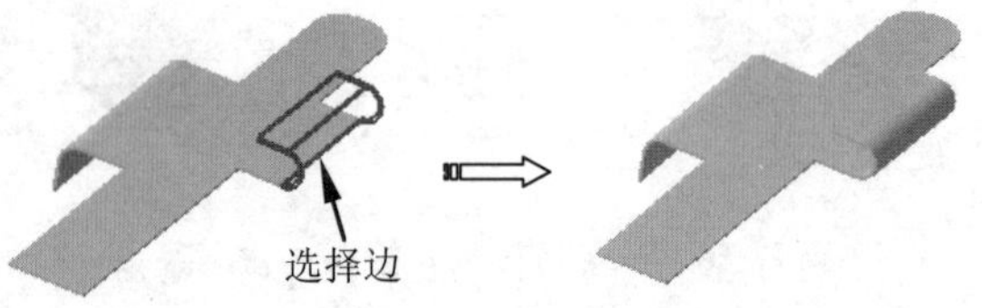

图11-62 平行弯边

提示

平行弯边常用于钣金件周边上，与其他零部件接触或人为接触时，以避免接触钣金的过程中尖锐棱边造成伤害和破坏。

动手操作—创建平行弯边

01 在【标准】工具栏中单击【打开】按钮，在弹出的【选择文件】对话框中选择“11-11.CATPart”文件。单击【打开】按钮打开模型文件。选择【开始】|【机械设计】|【创成式钣金设计】，进入创成式钣金设计工作台。

02 单击【侧壁】工具栏上的【平行弯边】按钮，弹出【平行弯边定义】对话框，选择【基本】类型，激活【脊线】编辑框，选择如图11-63所示的边作为脊线。

03 在【长度】文本框中输入10mm，【半径】为5mm，单击【反向】按钮调整边缘方向，最后单击对话框的【确定】按钮，完成平行弯边特征的创建。

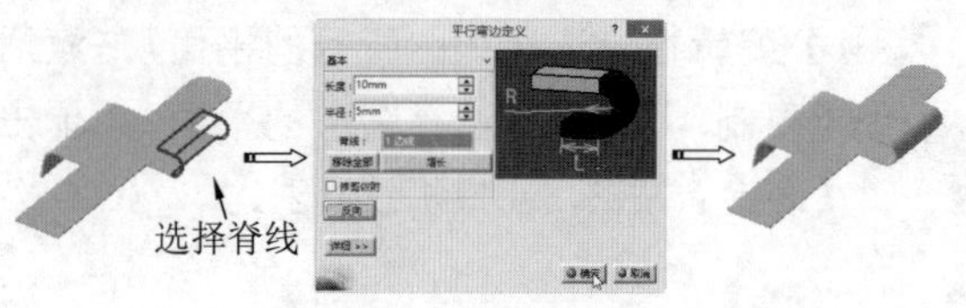

图11-63 创建边缘

11.4.4 滴状翻边

【滴状翻边】是在已有的钣金边上创建形状像泪滴的弯曲壁，其开放端的边缘与基础壁相切，厚度与基础壁相同，如图11-64所示。

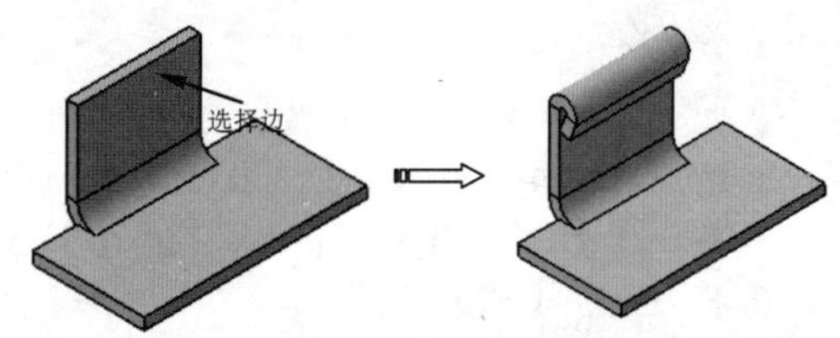

图11-64 滴状翻边

提示

滴状翻边常用于钣金件周边上，与其他零部件接触或人为接触时，以避免接触钣金的过程中尖锐棱边造成伤害和破坏。

动手操作—创建滴状翻边

01 在【标准】工具栏中单击【打开】按钮，在弹出的【选择文件】对话框中选择“11-12.CATPart”文件。单击【打开】按钮打开模型文件。选择【开始】|【机械设计】|【创成式钣金设计】，进入创成式钣金设计工作台。

02 单击【侧壁】工具栏上的【滴状翻边】按钮，弹出【滴状翻边定义】对话框，选择【基本】类型，激活【脊线】编辑框，选择如图11-65所示的边作为脊线。

03 在【长度】文本框中输入10mm，【半径】为4mm，单击【反向】按钮调整边缘方向，单击【确定】按钮，完成滴状翻边创建。

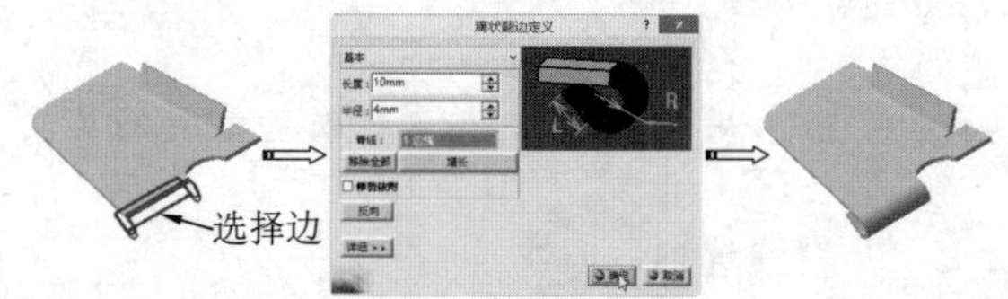

图11-65 创建滴状翻边

11.4.5 用户定义弯边

【用户定义弯边】是在已有的钣金边线上创建定义轮廓线的弯曲壁，其厚度与基础壁相同，如图11-66所示。

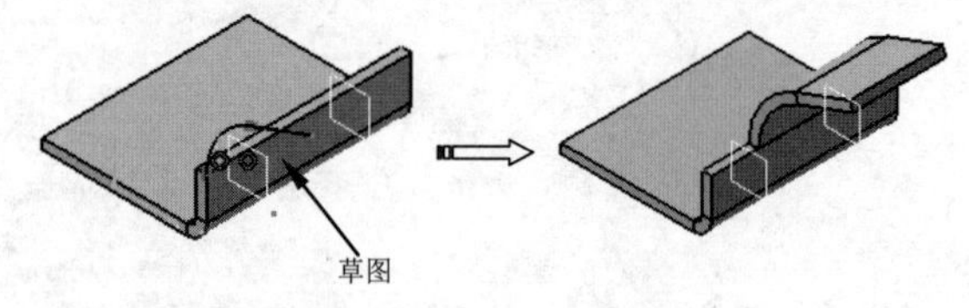

图11-66 用户自定义弯边

动手操作—创建用户定义弯边

01 在【标准】工具栏中单击【打开】按钮，在弹出的【选择文件】对话框中选择“11-13.CATPart”文件。单击【打开】按钮打开模型文件。选择【开始】|【机械设计】|【创成式钣金设计】，进入创成式钣金设计工作台。

02 单击【侧壁】工具栏上的【用户定义弯边】按钮，弹出【用户直边弯边定义】对话框，选择【基本】类型，激活【脊线】编辑框，选择如图11-67所示的边作为附着边。

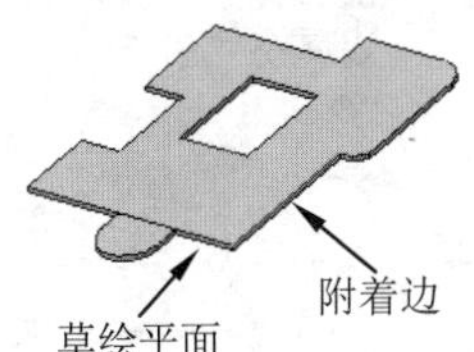

图11-67 附着边和草绘平面

03 单击【断面轮廓】选项后的【草绘】按钮，选取图中所示的面作为草绘平面，绘制如图11-68所示的草图。单击【工作台】工具栏上的【退出工作台】按钮，完成草图绘制。

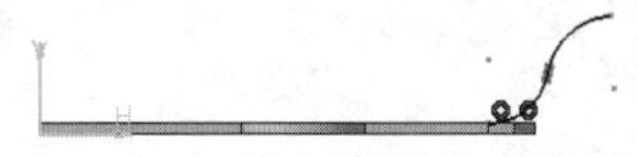

图11-68 绘制草图轮廓

> **提示**
>
> 草图绘制平面必须为边线的法平面，草图轮廓必须与边线所在面相切且连续，仅位置上的相切即可，无需有真正的约束，草图曲线自身也要求相切连续。

04 单击【用户直边弯边定义】对话框中的【确定】按钮，完成用户自定义弯边创建，如图11-69所示。

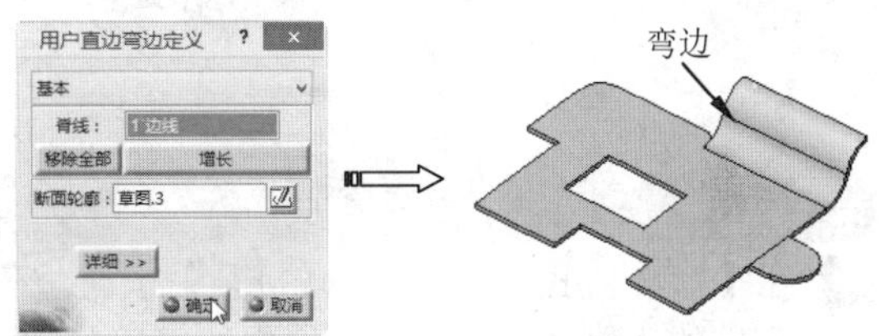

图11-69 创建用户自定义弯边

11.5 钣金的折弯与展开

在钣金件创建过程中可将钣金的平面区域弯曲某一角度（即折弯）。折弯后的钣金可通过展开命令将其展平成二维图形。钣金折弯与展开命令集中在【折弯】工具栏中，下面将分别介绍。

11.5.1 钣金的折弯

钣金件折弯方式有“等半径折弯”、“变半径折弯”和“平板折弯”3种，下面分别加以介绍。

1. 等半径折弯

【等半径折弯】是在两个钣金壁之间形成折弯圆角，即等半径折弯。常用于两相交的钣金壁之间没有过渡圆角时添加折弯过渡圆角，如图11-70所示。

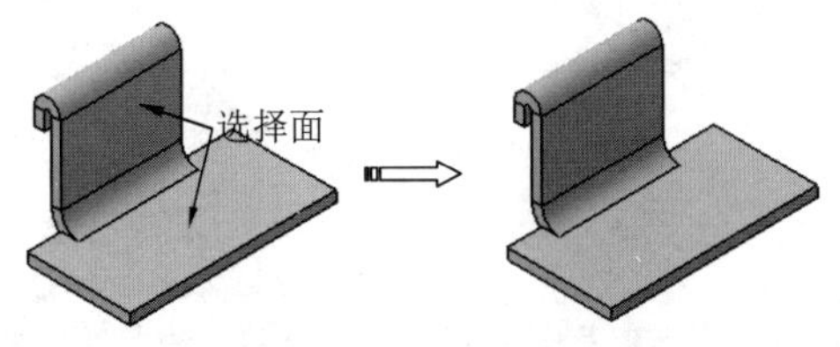

图11-70 等半径折弯

动手操作—创建等半径折弯

01 在【标准】工具栏中单击【打开】按钮，在弹出的【选择文件】对话框中选择“11-14.CATPart”文件。单击【打开】按钮打开模型文件。选择【开始】|【机械设计】|【创成式钣金设计】，进入创成式钣金设计工作台。

02 单击【折弯】工具栏上的【等半径折弯】按钮，弹出【折弯定义】对话框，激活【依附1】编辑框，选择如图11-71所示的钣金壁，激活【依附2】编辑框，选择如图11-71所示的钣金壁，单击【确定】按钮，完成等半径折弯的创建。

图11-71　创建等半径折弯

2. 变半径折弯

【变半径折弯】是在两个钣金壁之间创建锥面折弯圆角，如图11-72所示。常用于两相交的钣金壁之间没有过渡圆角时添加折弯过渡圆角。

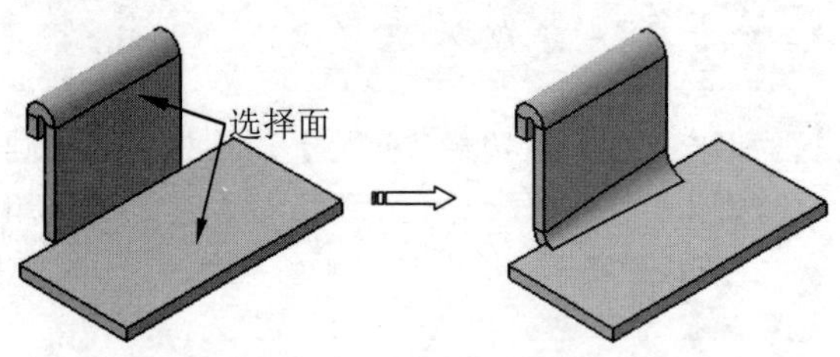

图11-72　变半径折弯

动手操作—创建变半径折弯

01 在【标准】工具栏中单击【打开】按钮，在弹出的【选择文件】对话框中选择“11-15.CATPart”文件。单击【打开】按钮打开模型文件。选择【开始】|【机械设计】|【创成式钣金设计】，进入创成式钣金设计工作台。

02 单击【折弯】工具栏上的【变半径折弯】按钮，弹出【折弯定义】对话框，激活【依附1】编辑框，选择如图11-73所示的钣金壁，激活【依附2】编辑框，选择如下图所示的钣金壁，在【左侧半径】文本框输入2.5mm，在【右侧半径】文本框中输入5mm，单击【确定】按钮，完成变半径折弯创建。

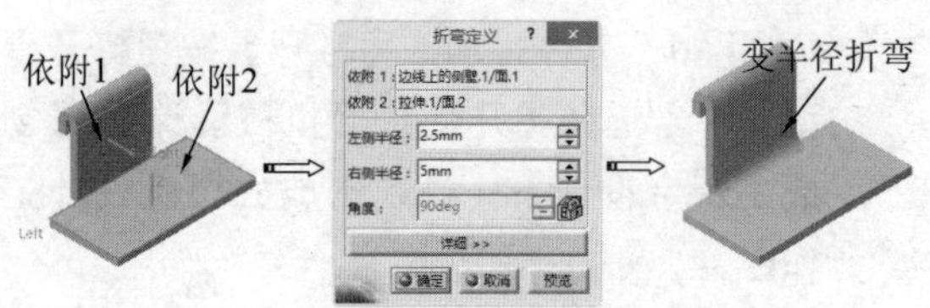

图11-73　创建变半径折弯

3. 平板折弯

【平板折弯】是将钣金的平面区域弯曲一定角度形成所需的形状，是钣金加工中最常用的方法之一，如图11-74所示。

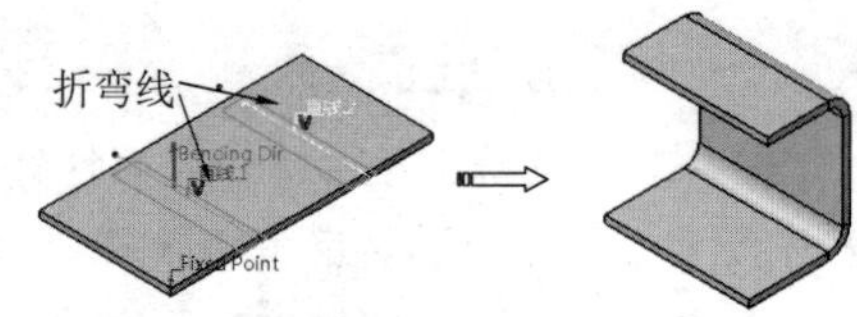

图11-74　平板折弯

单击【折弯】工具栏上的【平板折弯】按钮，弹出【平板折弯定义】对话框，如图11-75所示。

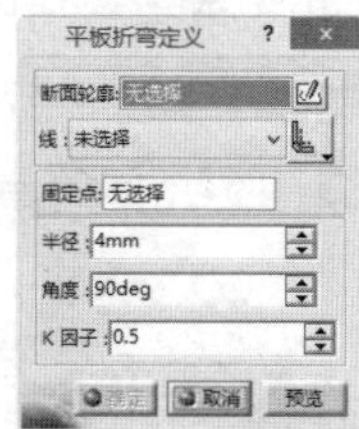

图11-75　【平板折弯定义】对话框

【平板折弯定义】对话框相关选项参数含义如下：

★ 断面轮廓：用于选取折弯草图。如果没有现有草图，可单击【草绘】按钮，绘制折弯草图。
★ 线：用于选择折弯草图中的折弯线。
★ 固定点：用于选择一点作为固定点以确定折弯时的固定侧。
★ 半径：用于定义折弯半径。
★ 角度：用于定义折弯角度。
★ K因子：用于定义折弯系数。

动手操作—创建平板折弯

01 在【标准】工具栏中单击【打开】按钮，在弹出的【选择文件】对话框中选择“11-16.CATPart”文件。单击【打开】按钮打开模型文件。选择【开始】|【机械设计】|【创成式钣金设计】，进入创成式钣金设计工作台。

02 单击【折弯】工具栏上的【平板折弯】按钮，弹出【平板折弯定义】对话框。单击【断面轮廓】选项后的【草绘】按钮，选取如图11-76所示的面作为草绘平面，绘制如图11-77所示的草图。单击【工作台】工具栏上的【退出工作台】按钮，完成草图绘制。

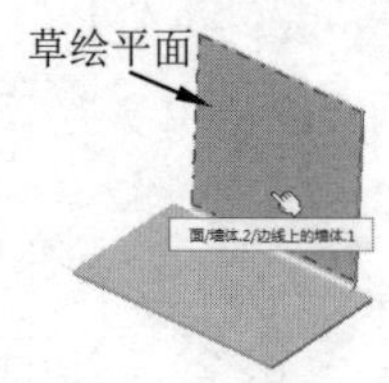

图11-76　选择草绘平面

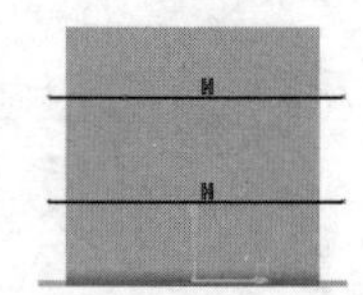

图11-77　绘制草图轮廓

提 示

平板折弯的草图中轮廓只能是直线，一条线代表一次折弯，可以同时绘制多条直线表示折弯多次。

03 激活【固定点】编辑框选择如图11-78所示的点作为固定点，设置【角度】文本框为90，单击【确定】按钮，完成平板折弯创建。

图11-78　创建平板折弯

11.5.2　钣金展开

【钣金展开】是指将三维折弯钣金件展开为二维平面板，以便于裁剪薄板及在展开钣金件上创建特征等，如图11-79所示。

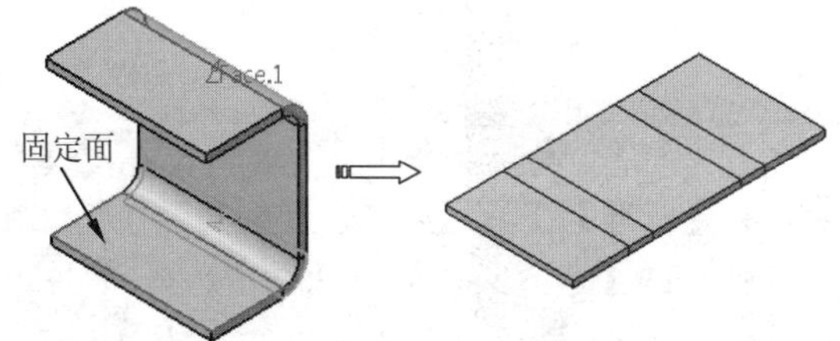

图11-79　钣金的展开

动手操作——创建钣金展开

01 在【标准】工具栏中单击【打开】按钮，在弹出的【选择文件】对话框中选择“11-17.CATPart”文件。单击【打开】按钮打开模型文件。选择【开始】|【机械设计】|【创成式钣金设计】，进入创成式钣金设计工作台。

02 单击【折弯】工具栏上的【钣金展开】按钮，弹出【展开定义】对话框，激活【参考修剪面】编辑框，选择如图11-80所示面作为钣金展开时的固定几何平面，激活【展开修剪面】编辑框，选择如图所示的面作为展开面，单击【确定】按钮，完成钣金展开。

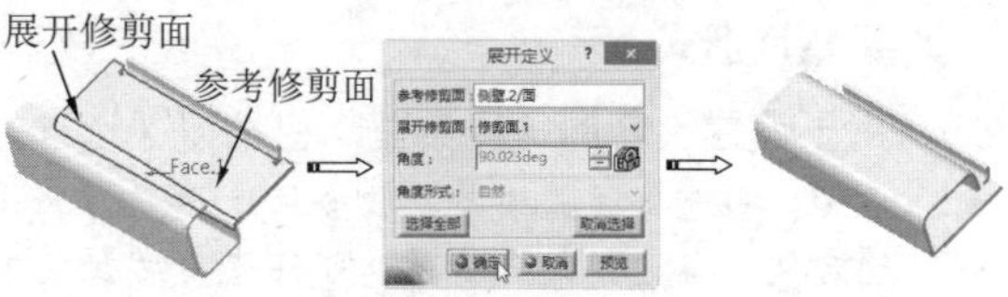

图11-80　创建钣金展开1

03 单击【折弯】工具栏上的【钣金展开】按钮，弹出【钣金展开定义】对话框，激活【参考修剪面】编辑框，选择如图11-81所示面作为钣金展开时的固定几何平面，单击【选择全部】按钮系统自动选择所有展开面，单击【确定】按钮，完成钣金展开。

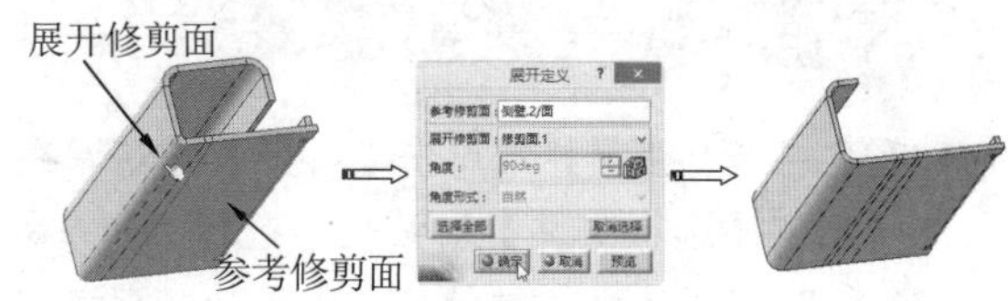

图11-81　创建钣金展开2

提 示

【选择全部】用于自动选择所有展开面，单击【取消选择】按钮用于自动取消选区的所有展开面。

11.5.3　钣金的收合

钣金的【收合】是指将展开的钣金壁部分或全部重新折弯，使其恢复到展开前的状态，如图11-82所示。

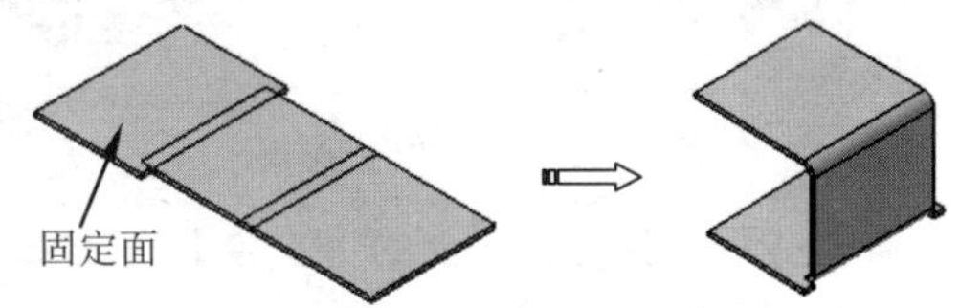

图11-82　钣金收合

单击【折弯】工具栏上的【收合】按钮，弹出【收合定义】对话框，如图11-83所示。

【收合定义】对话框相关选项参数含义如下。

1. 参考修剪面

用于选择收合固定几何平面。

2. 收合修剪面

用于选择收合面，当有多个收合面被选取时，可选择一个收合面来定义其收合角度。

3. 角度

用于定义收合角度值。

4. 角度形式

用于设置收合的角度类型，包括以下选项，如图11-84所示：

★ 自然：当选择该选项时，收合角度设置为展开前的折弯角度值。

★ 已定义：当选择该选项时，可在【角度】文本框中定义收合面的收合角度值。

★ 变形回复：当选择该选项时，收合角度设置为展开前的折弯角度值的补角。

图11-83 【收合定义】对话框

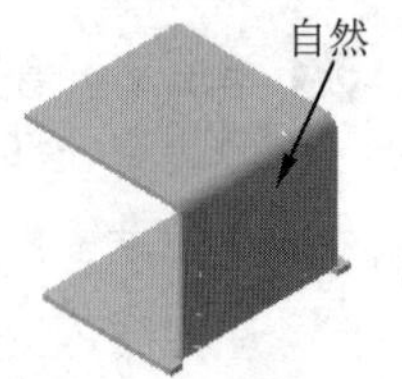

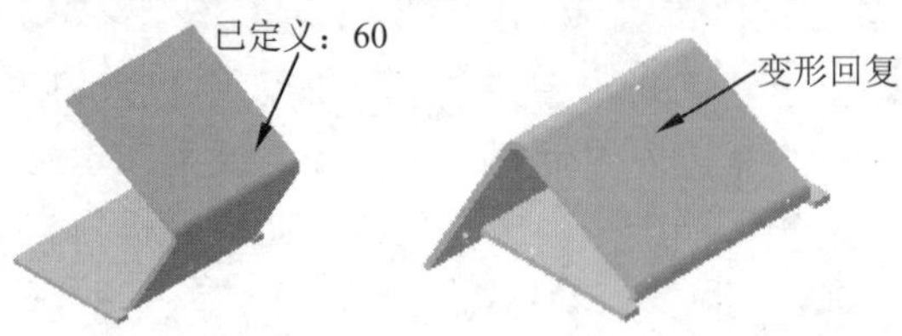

图11-84 角度类型示意图

动手操作——创建钣金收合

01 在【标准】工具栏中单击【打开】按钮，在弹出的【选择文件】对话框中选择“11-18.CATPart”文件。单击【打开】按钮打开模型文件。选择【开始】|【机械设计】|【创成式钣金设计】，进入创成式钣金设计工作台。

02 单击【折弯】工具栏上的【收合】按钮，弹出【收合定义】对话框，激活【参考修剪面】编辑框，选择如图11-85所示面作为钣金收合时的参考平面，激活【展开修剪面】编辑框，选择如图所示的面作为收合面，单击【确定】按钮，完成钣金收合。

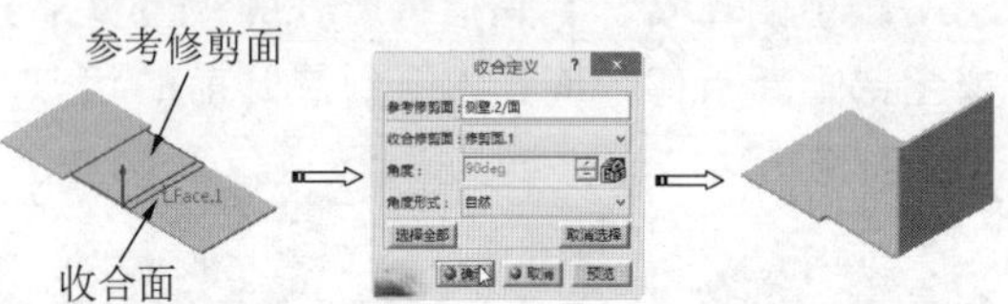

图11-85 创建钣金收合

03 单击【折弯】工具栏上的【收合】按钮，弹出【收合定义】对话框，激活【参考修剪面】编辑框，选择如图11-86所示面作为钣金收合时的固定几何平面，单击【选择全部】按钮系统自动选择所有展开面，单击【确定】按钮，完成钣金收合。

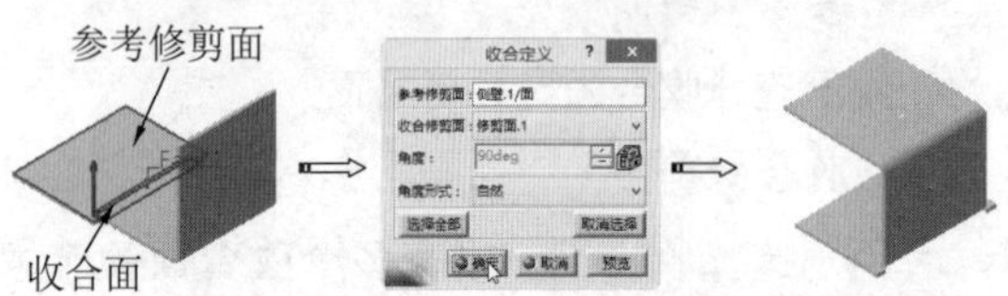

图11-86 创建钣金收合

11.5.4 点和曲线对应

【点和曲线对应】是将草图的点、曲线点和曲线对应到钣金壁上，如图11-87所示。如果当前钣金状态为收合状态，选中的点、线将被点和曲线对应到展开后的支撑壁的位置处；反之如果钣金处于展开状态，选中的点、线将被点和曲线对应到收合后相应的支撑壁位置处。

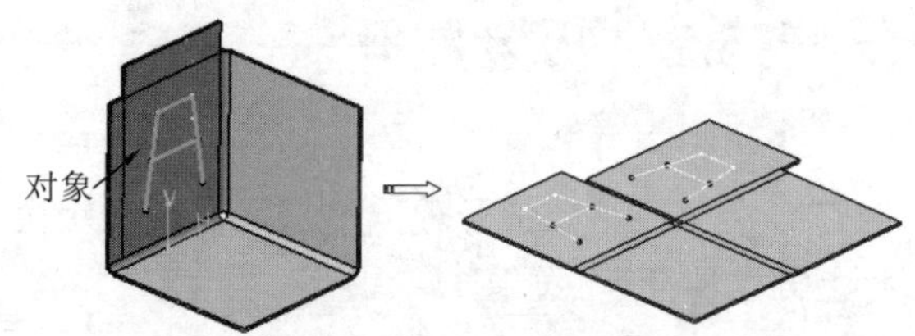

图11-87 点和曲线对应

动手操作——点和曲线对应

01 在【标准】工具栏中单击【打开】按钮，在弹出的【选择文件】对话框中选择“11-19.CATPart”文件。单击【打开】按钮打开模型文件。选择【开始】|【机械设计】|【创成式钣金设计】，进入创成式钣金设计工作台。

02 单击【折弯】工具栏上的【点和曲线对应】按钮，弹出【展开对象定义】对话框，激活【对象表列】编辑框，选择如图11-88所示的展开对象，单击【确定】按钮，完成展开曲线创建。

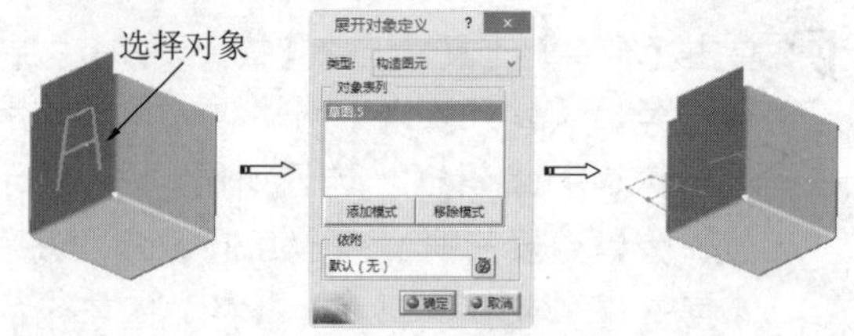

图11-88 创建展开曲线

03 单击【折弯】工具栏上的【钣金展开】按钮，弹出【钣金展开定义】对话框，激活

【参考修剪面】编辑框，选择如图11-89所示面作为钣金展开时的固定几何平面，单击【选择全部】按钮系统自动选择所有展开面，单击【确定】按钮，完成钣金展开。

图11-89　创建钣金展开

11.6 钣金视图和重叠检查

钣金视图可分为3D视图和平面视图。3D视图是指钣金零件在三维空间中的视图，默认情况钣金件都处于3D视图中；平面视图与展开特征基本相同，都是将三维钣金件全部展平为二维平整薄板，但与展开特征的功能相比，平面视图操作更为简单。钣金视图的相关命令集中在【视图】工具栏上，下面分别加以介绍。

11.6.1 钣金视图

钣金视图主要包括平面视图和3D视图转换、视图管理等。

1. 视图转换

【视图转换】是将钣金视图在平面视图和3D视图之间切换。

动手操作—创建视图转换

01 在【标准】工具栏中单击【打开】按钮，在弹出的【选择文件】对话框中选择“11-20. CATPart”文件。单击【打开】按钮打开模型文件。选择【开始】|【机械设计】|【创成式钣金设计】，进入创成式钣金设计工作台。

02 单击【视图】工具栏上的【收合或展开】按钮，可将当前视图转换为平面视图，再次单击该按钮，可将平面视图转换为3D视图，如图11-90所示。

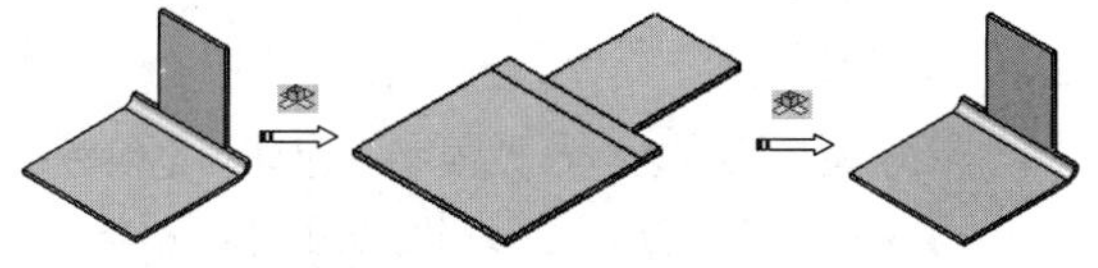
图11-90　视图转换

2. 视图管理

【视图管理】可使钣金件的视图在3D视图和平面视图之间切换。

动手操作—视图管理

01 在【标准】工具栏中单击【打开】按钮，在弹出的【选择文件】对话框中选择“11-21. CATPart”文件。单击【打开】按钮打开模型文件。选择【开始】|【机械设计】|【创成式钣金设计】，进入创成式钣金设计工作台。

02 单击【视图】工具栏上的【视图】按钮，弹出【视图】对话框，选中“平面视图”，单击【当前】按钮，切换到平面视图，如图11-91所示。

图11-91　视图转换

11.6.2 钣金的重叠检查

【重叠检查】是将钣金展开后，看是否存在重合叠加的情况。

动手操作—重叠检查

01 在【标准】工具栏中单击【打开】按钮，在弹出的【选择文件】对话框中选择“11-22. CATPart”文件。单击【打开】按钮打开模型文件。选择【开始】|【机械设计】|【创成式钣金设计】，进入创成式钣金设计工作台。

02 单击【视图】工具栏上的【收合或展开】按钮，可将当前视图转换为平面视图。

03 选择下拉菜单【插入】|【加工准备】|【重叠面检查】命令，系统弹出【重叠】对话框，且显示有2个重叠区域，如图11-92所示。

04 单击【视图】工具栏上的【收合或展开】按钮，可将当前视图转换为3D视图，图形区显示重叠区域边缘生成的曲线。

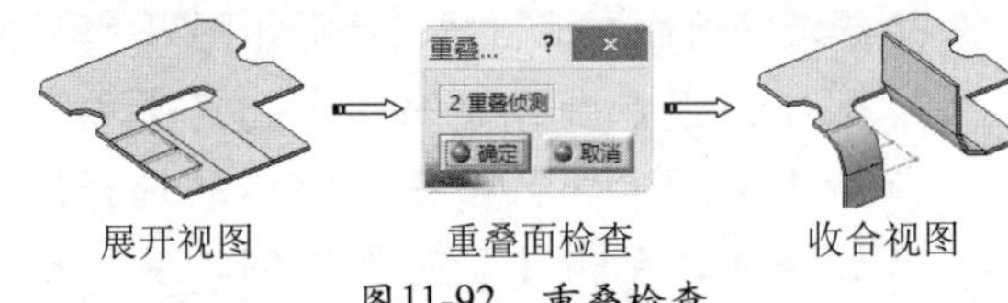

图11-92 重叠检查

11.7 钣金剪裁与冲压

钣金的剪裁与冲压特征是在成形后的钣金零件上创建去除材料的特征，如凹槽、孔和切口等。钣金切削特征命令集中在【裁剪/冲压】工具栏中，下面将分别介绍。

11.7.1 凹槽切削

【凹槽切削】是在钣金件上挖出指定轮廓形状的材料，如图11-93所示。

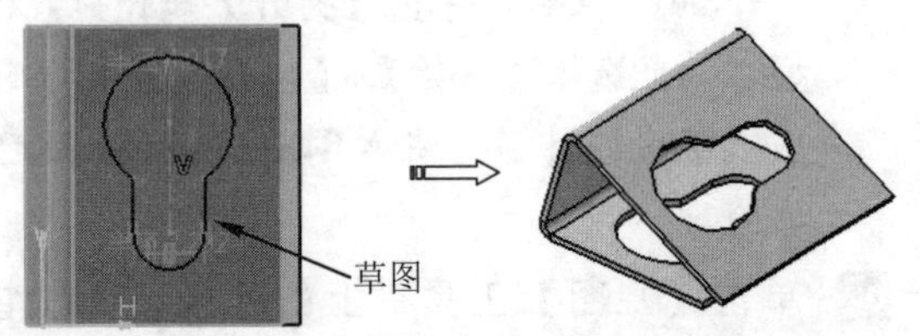

图11-93 凹槽切削

单击【裁剪/冲压】工具栏上的【剪裁】按钮，弹出【剪裁定义】对话框，如图11-94所示。

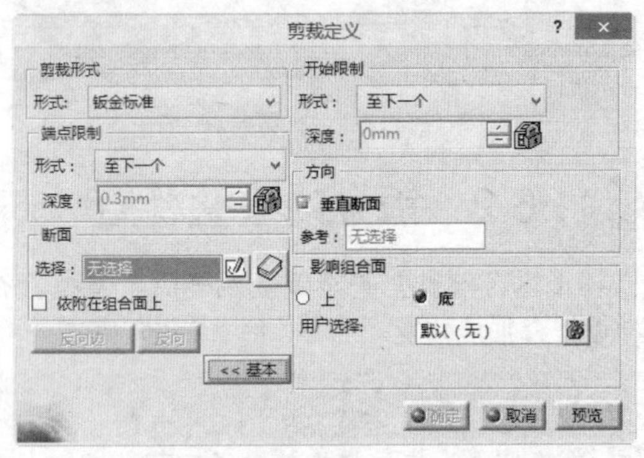

图11-94 【剪裁定义】对话框

【剪裁定义】对话框相关选项参数含义如下。

1. 剪裁形式

用于设置凹槽切削的类型，包括以下选项：

★ 钣金标准：表示多个切除的凹槽与钣金壁垂直，【方向】选项中定义的方向为切削的多个钣金壁方向，如图11-95所示。

★ 钣金减重槽：表示按照【方向】选项定义的方向，拉伸草图轮廓生成凹槽。

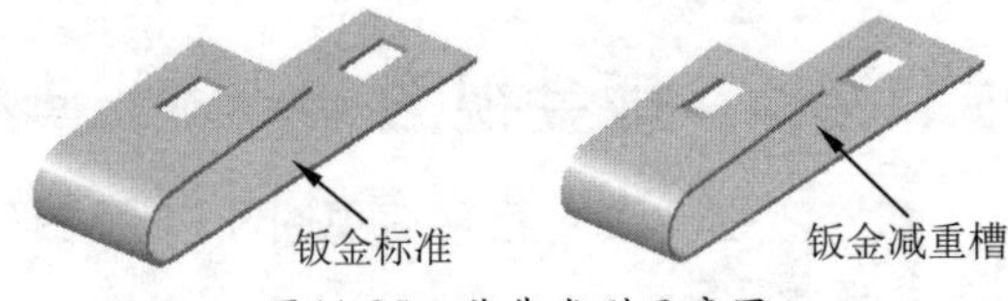

图11-95 剪裁类型示意图

2. 端点限制

用于设置凹槽切削终止限制，包括以下参数：

★ 尺寸：按照【深度】文本框中的深度数值生成凹槽。

★ 至下一个：表示凹槽深度为一个钣金壁厚度，仅适用于钣金标准格式。

★ 至最后：表示凹槽深度为拉伸方向上的所有钣金壁，仅适用于钣金标准格式。

3. 断面

用于设置凹槽切削的截面轮廓的相关参数，包括以下选项：

★ 选择：在图形区选取一个封闭草图作为凹槽切削截面草图。单击【草绘】按钮，可进入草绘器绘制草图。

★ 依附在组合面上：用于表示只切除草图所在的钣金壁。

4. 开始限制

用于设置凹槽切削起始限制，包括以下参数：

★ 形式：用于设置凹槽切削起始条件，包括“尺寸”、“至下一个”、“至最后”等类型。

★ 深度：用于定义凹槽切削从草图平面等距起始位置的深度值。

5. 方向

用于设置凹槽切削方向的相关参数，包括以下选项：

★ 垂直断面：选中该复选框时，使用垂直于草图平面的方向为凹槽切削方向。

★ 参考：用于在图形区选取草图来定义凹槽切削方向。

6. 影响组合面

用于设置固定面相关参数，包括以下选项：

★ 上：选中该单选按钮，使用钣金零件的上表面为固定面。

★ 底：选中该单选按钮，使用钣金零件的下表面为固定面。

★ 用户选择：用于在图形区选择一个面作为固定面。

动手操作—凹槽切削实例

01 在【标准】工具栏中单击【打开】按钮，在弹出的【选择文件】对话框中选择“11-23. CATPart”文件。单击【打开】按钮打开模型文件。选择【开始】|【机械设计】|【创成式钣金设计】，进入创成式钣金设计工作台。

02 单击【裁剪/冲压】工具栏上的【剪裁】按钮，弹出【剪裁定义】对话框，单击【断面】选项区的【草绘】按钮，选取如图11-96所示的面作为草绘平面，然后绘制如图11-97所示的草图。单击【工作台】工具栏上的【退出工作台】按钮，完成草图绘制。

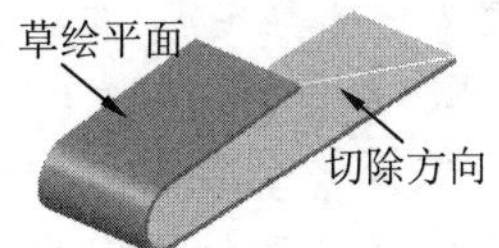

图11-96 选择草绘平面

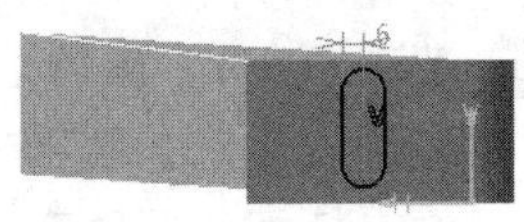
图11-97 绘制草图轮廓

03 在【剪裁类型】选项中选择“钣金减重槽”，设置【深度】为90mm。单击【详细】按钮展开对话框，在【方向】选项区中取消【垂直断面】复选框，激活【参考】编辑框，选择如图11-96所示的直线作为切除方向。最后单击【确定】按钮完成凹槽切削创建，如图11-98所示。

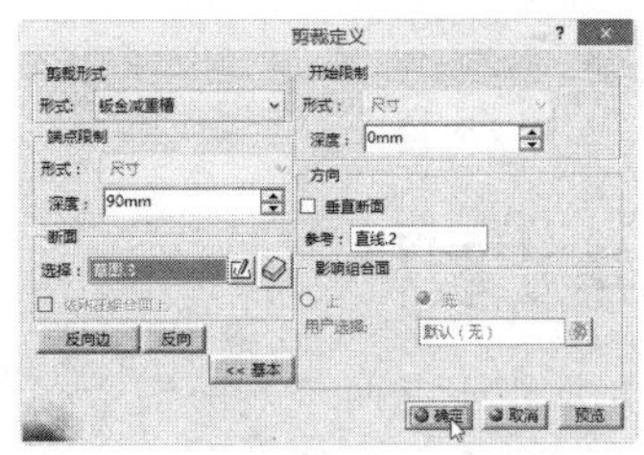
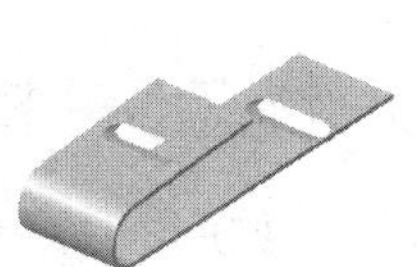
图11-98 创建凹槽切削特征

11.7.2 孔特征

CATIA V5R21提供了多种孔特征创建方法，单击【裁剪/冲压】工具栏上的【孔】按钮右下角的小三角形，弹出有关孔特征命令按钮，如图11-99所示。

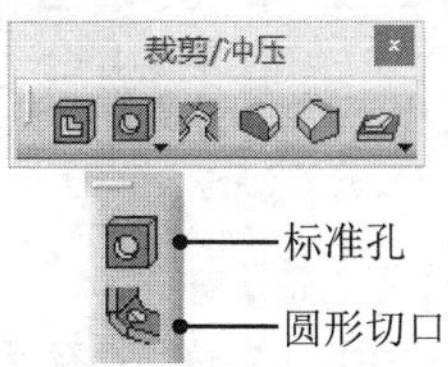

图11-99 孔特征命令按钮

1. 标准孔

【标准孔】是在钣金壁的平面上创建孔。孔的创建方法和步骤与零件设计工作台中创建孔的操作步骤和使用方法相同，如图11-100所示。

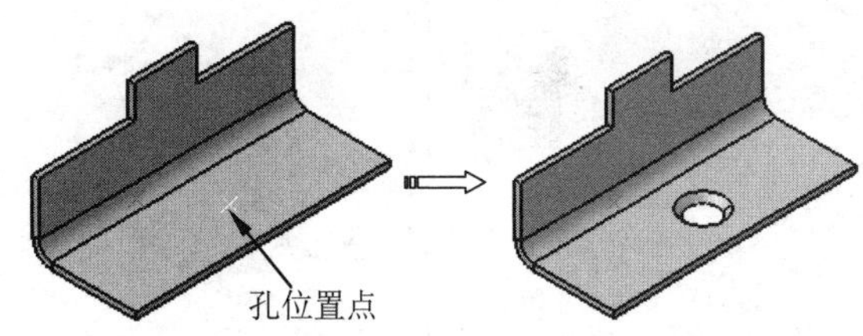

图11-100 标准孔

动手操作—创建标准孔

01 在【标准】工具栏中单击【打开】按钮，在弹出的【选择文件】对话框中选择“11-24. CATPart”文件。单击【打开】按钮打开模型文件。选择【开始】|【机械设计】|【创成式钣金设计】，进入创成式钣金设计工作台。

02 单击【裁剪/冲压】工具栏上的【孔】按钮，选择钻孔的实体表面后，如图11-101所示。

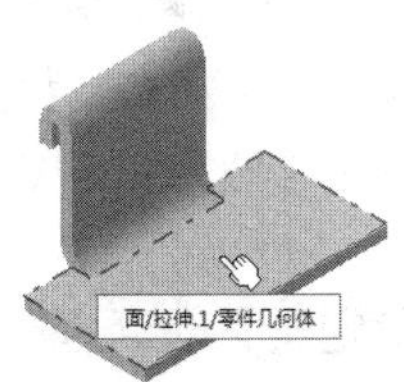

图11-101 选择钻孔表面

03 在弹出的【定义孔】对话框中设置【深度】为10mm，【直径】为10mm，单击【定位草图】按钮，进入草图编辑器，约束定位钻孔位置，单击【工作台】工具栏上的【退出工作台】按钮，如图11-102所示。

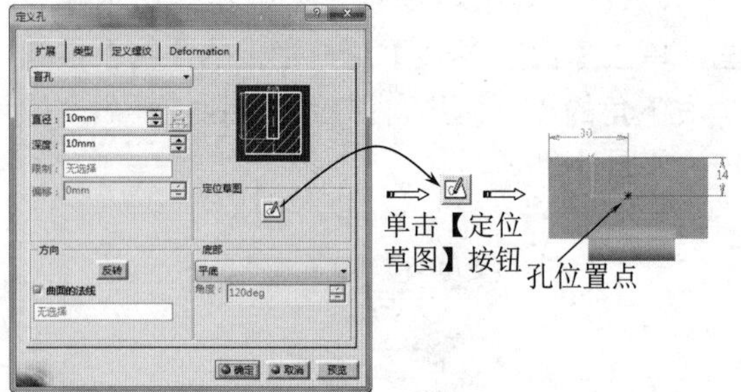

图11-102 定位钻孔位置

04 单击【类型】选项卡，选择【埋头孔】类型，设置【深度】为2mm，【角度】为90，单击【确定】按钮完成孔特征，如图11-103所示。

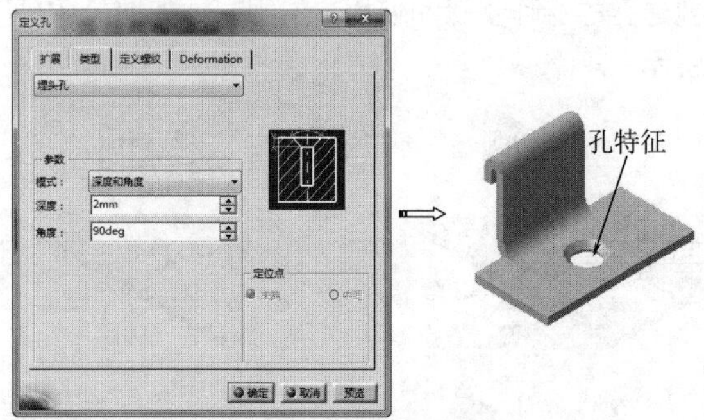

图11-103 创建标准孔

2. 圆形剪裁

【圆形剪裁】常用于在钣金两壁相交处绘制孔特征，且孔的外观形状与钣金壁的厚度和钣金弯曲程度有关，如图11-104所示。

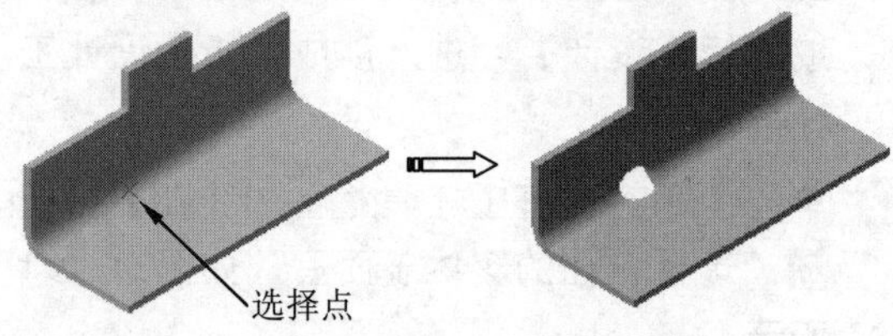

图11-104 圆形剪裁

单击【裁剪/冲压】工具栏上的【圆形剪裁】按钮，弹出【圆形剪裁定义】对话框，如图11-105所示。

【圆形剪裁定义】对话框相关选项参数含义如下：

★ 点：用于在图形区选择一个点作为孔的中心点。

★ 依附：用于在图形区选择一个曲面以确定孔的支持面。

★ 直径：用于设置孔的直径。

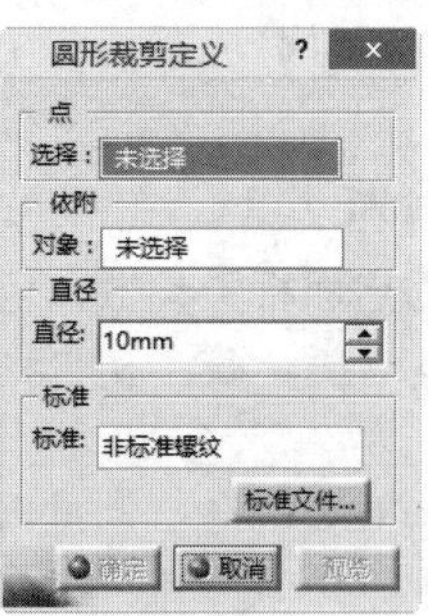

图11-105 【圆形剪裁定义】对话框

提 示

在绘制圆形切口时，由于手动任意选择点，无法准确的定位，应提前设定好定位点的位置尺寸，在绘制圆形切口时，选择设置好的定位点作为定位参照。

动手操作—创建圆形剪裁

01 在【标准】工具栏中单击【打开】按钮，在弹出的【选择文件】对话框中选择“11-25. CATPart”文件。单击【打开】按钮打开模型文件。选择【开始】|【机械设计】|【创成式钣金设计】，进入创成式钣金设计工作台。

02 单击【裁剪/冲压】工具栏上的【圆形剪裁】按钮，弹出【圆形剪裁定义】对话框。

03 激活【选择】编辑框选择一点作为定位点，激活【对象】编辑框，选择一个面作为孔的支持面，此时在选择点的位置处出现孔特征预览状态。

04 在【直径】文本框中输入孔直径10mm，单击【确定】按钮完成圆形剪裁特征，如图11-106所示。

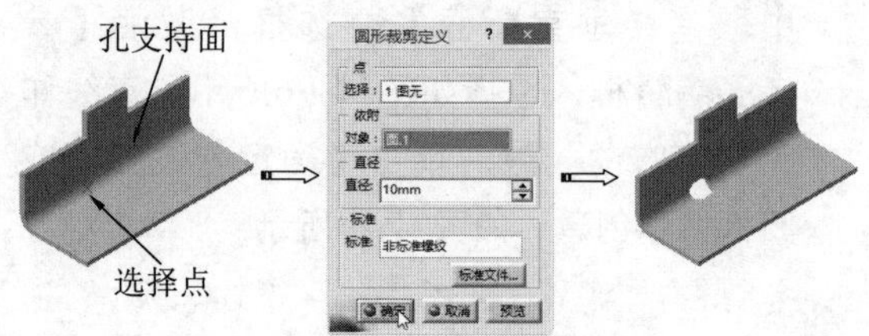

图11-106 创建圆形剪裁

11.7.3 拐角止裂槽

【拐角止裂槽】常用于在两个侧面钣金相交处，由于较为集中，容易产生裂开，为了防止钣金零件裂开，在相交处通常设置止裂槽，如图11-107所示。

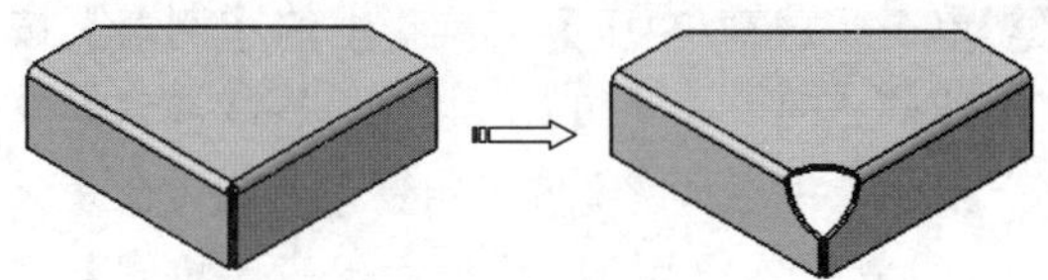

图11-107　拐角止裂槽

单击【裁剪/冲压】工具栏上的【拐角止裂槽】按钮，弹出【拐角止裂槽定义】对话框，如图11-108所示。

图11-108　【拐角止裂槽定义】对话框

【拐角止裂槽定义】对话框中【形式】下拉列表用于设置止裂槽的类型，包括以下选项：

★ 方形：用于生成正方形的止裂槽，需要设置正方向的边长，如图11-109（a）所示。

★ 圆弧：用于生成圆形的止裂槽，需要设置圆形半径，如图11-109（b）所示。

★ 用户配置文件：通过用户定义止裂槽的轮廓曲线生成需要的止裂槽，如图11-109（c）所示。生成用户自定义止裂槽需要在钣金展开状态下完成。

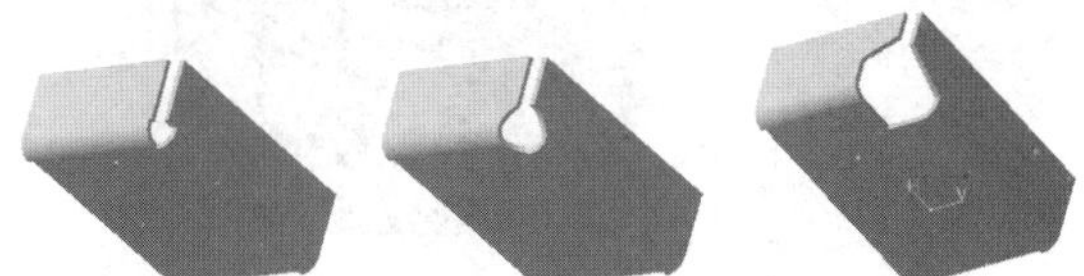

正方形（a）　圆弧（b）　用户配置文件（c）

图11-109　拐角止裂槽类型

动手操作—创建拐角止裂槽

01 在【标准】工具栏中单击【打开】按钮，在弹出的【选择文件】对话框中选择“11-26.CATPart”文件。单击【打开】按钮打开模型文件。选择【开始】|【机械设计】|【创成式钣金设计】，进入创成式钣金设计工作台。

02 单击【裁剪/冲压】工具栏上的【拐角止裂槽】按钮，弹出【拐角止裂槽定义】对话框，在【形式】下拉列表中选择“正方形”。

03 从图形区选择两条要创建止裂槽的圆角边，在【长度】文本框中输入10mm，单击【确定】按钮完成止裂槽特征，如图11-110所示。

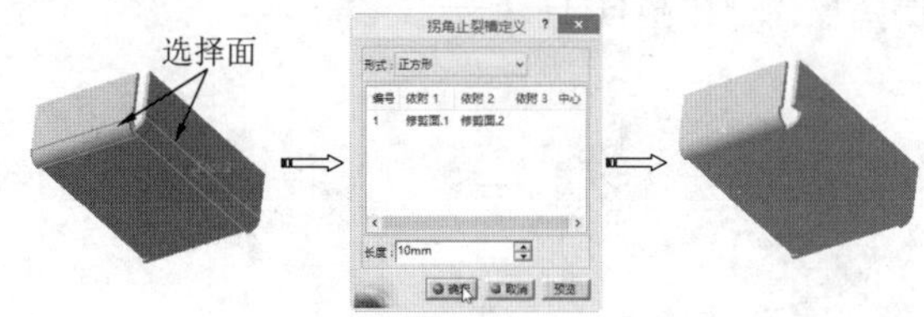

图11-110　创建止裂槽

11.7.4　倒圆角

【倒圆角】是对与钣金壁面垂直的边线进行圆角化的操作，即用圆角连接两侧面，如图11-111所示。

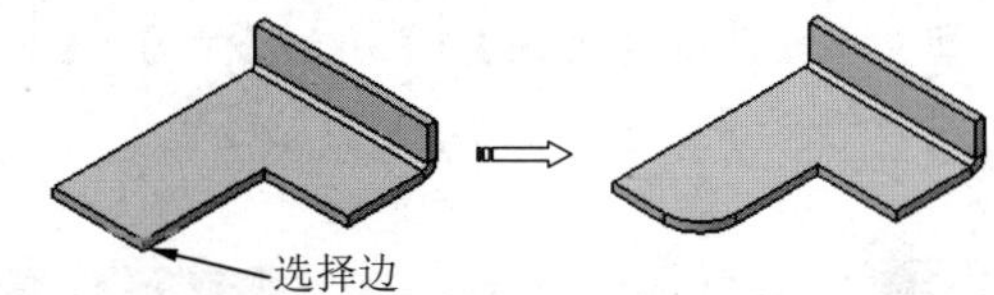

图11-111　倒圆角

动手操作—倒圆角

01 在【标准】工具栏中单击【打开】按钮，在弹出的【选择文件】对话框中选择“11-27.CATPart”文件。单击【打开】按钮打开模型文件。选择【开始】|【机械设计】|【创成式钣金设计】，进入创成式钣金设计工作台。

02 单击【裁剪/冲压】工具栏上的【圆角】按钮，弹出【圆角】对话框，在【半径】文本框中输入10mm作为半径值。

03 激活【边线】编辑框，选择如图11-112所示的边线作为圆角化边线，单击【确定】按钮完成倒圆角特征。

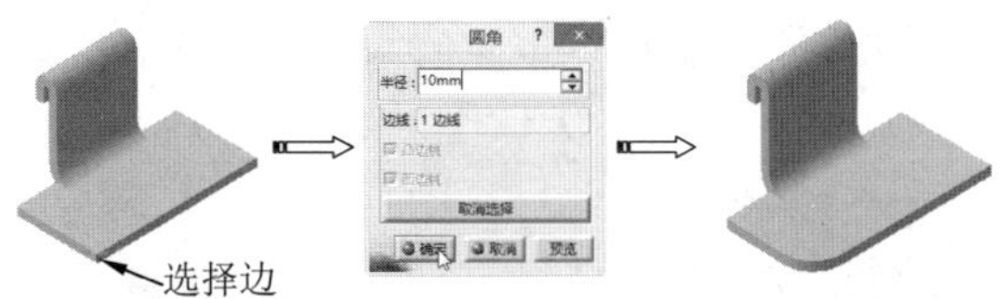

图11-112　创建倒圆角

> **提示**
>
> 如果单击【全选】按钮将选择钣金壁所有能够圆角化的边线，如果选择任何一条圆角化边线，该按钮变成【取消选择】按钮。

11.7.5 倒角

【倒角】是对与钣金壁面垂直的边线进行倒角操作，如图11-113所示。

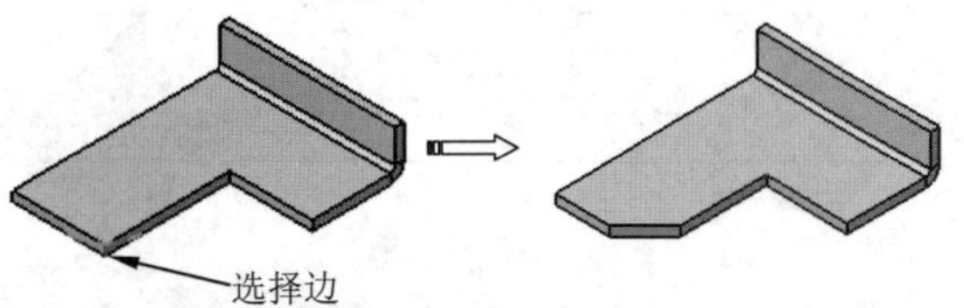

图11-113 倒角

动手操作—倒角

01 在【标准】工具栏中单击【打开】按钮，在弹出的【选择文件】对话框中选择“11-28.CATPart”文件。单击【打开】按钮打开模型文件。选择【开始】|【机械设计】|【创成式钣金设计】，进入创成式钣金设计工作台。

02 单击【裁剪/冲压】工具栏上的【倒角】按钮，弹出【倒角】对话框，在【形式】下拉列表中选择“长度1/角度”方式，在【长度1】文本框中输入10mm，在【角度】文本框中输入45。

03 激活【边线】编辑框，选择如图11-114所示的边线作为倒角边线，单击【确定】按钮完成倒角特征，如图11-114所示。

图11-114 创建倒角

11.8 钣金成型特征

钣金成型特征也称为冲压特征，它是把一个实体零件上的某个形状印贴在钣金壁上。钣金成型特征命令集中在【裁剪/冲压】工具栏中，下面将分别介绍。

技术要点

成型特征仅可在壁、边缘壁上（在折弯处生成的筋除外），如果成型特征创建覆盖了多个特征上（如壁、折弯等），成型特征在钣金展开视图中不可视，且成型特征不能创建在展开的钣金件上，在展开视图中仅有较大的冲压印痕保留在壁上。

11.8.1 曲面冲压

【曲面冲压】是指使用封闭的轮廓形成曲面印贴在钣金壁上完成的冲压，如图11-115所示。

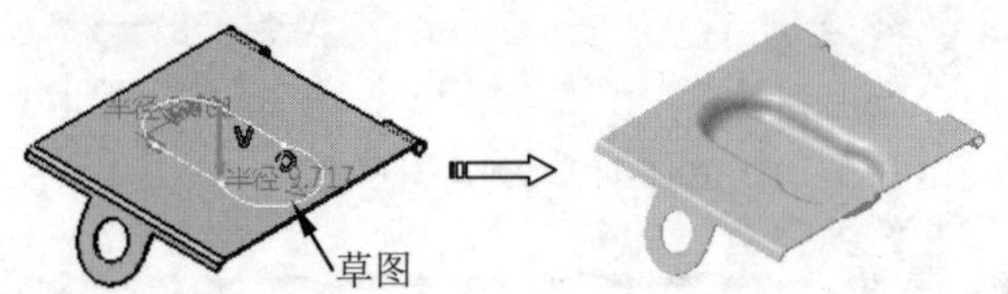

图11-115 曲面冲压

单击【裁剪/冲压】工具栏上的【曲面冲压】按钮，弹出【曲面冲压定义】对话框，如图11-116所示。

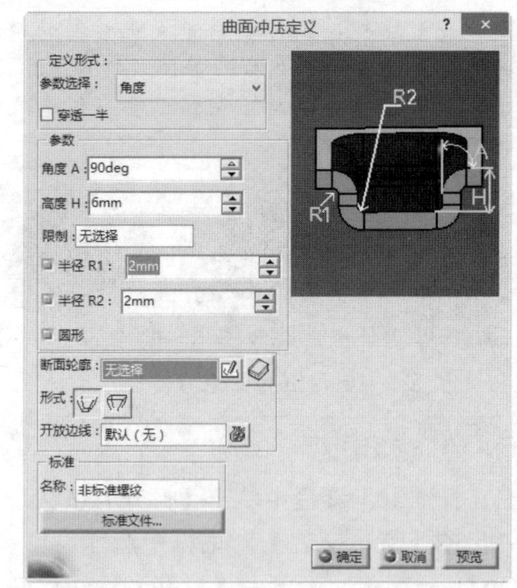

图11-116 【曲面冲压定义】对话框

【曲面冲压定义】对话框相关选项参数含义如下：

1. 定义形式

用于选择创建曲面冲压的类型。其中【参数选择】用于选择限制曲面冲压的参数类型，包括“角度”、“上模或下模”和“两断面轮廓”等。

★ 角度：通过拉伸草图与钣金壁成一定角度生成凸起印记，如图11-117所示。选中【穿透一半】复选框表示生成曲面冲压为钣金壁厚度一半。

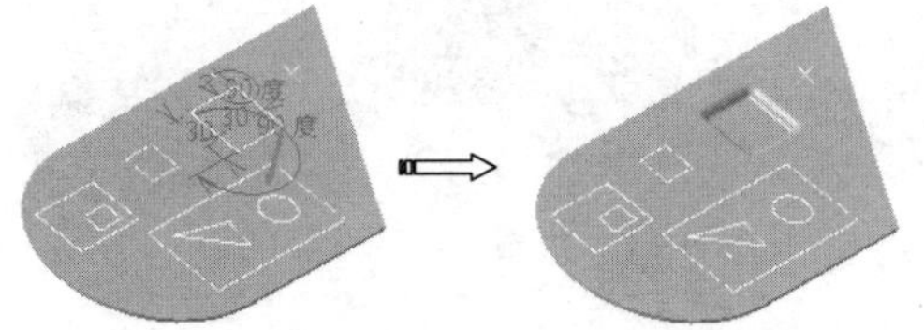

图11-117 角度示意图

★ 上模或下模：通过草图中两个轮廓混合生成凸起印记，一般要求同一草图内轮廓相似，如图11-118所示。

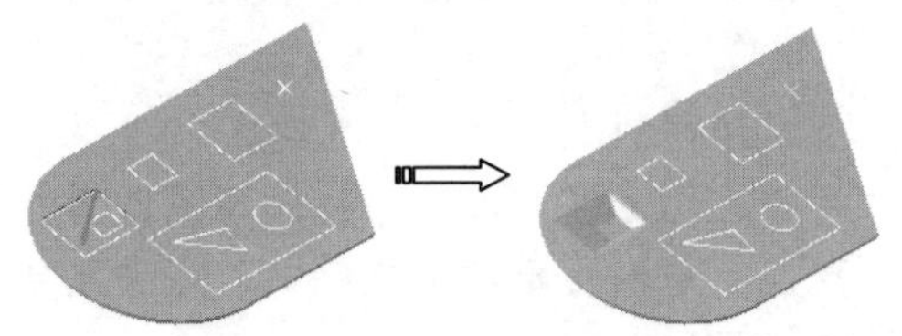

图11-118 上模或下模示意图

★ 两断面轮廓：通过两个草图轮廓混合生成凸起印记，一般要选择两个草图轮廓，且两个草图的草图平面必须平行，同时还要添加耦合点，如图11-119所示。

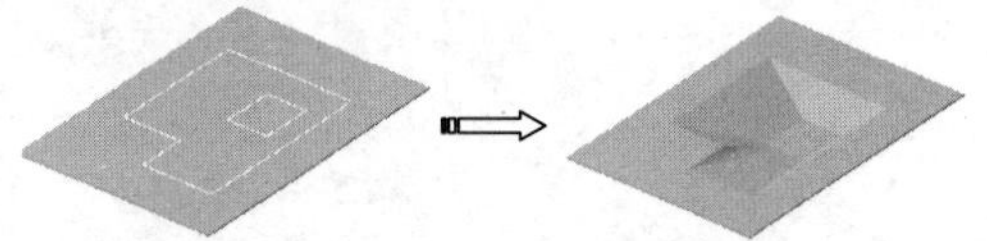

图11-119 两断面轮廓示意图

2. 参数

用于设置冲压曲面的相关参数，包括以下选项：

★ 角度A：用于定义冲压后形成的面和草图平面间的夹角值。

★ 高度H：用于定义冲压深度值。

★ 限制：用于在图形区选择一个平面以限制冲压深度。

★ 半径R1：选中该复选框，可以定义冲压圆角半径R1。

★ 半径R2：选中该复选框，可以定义冲压圆角半径R2。

★ 圆形：选中该复选框，系统自动创建过渡圆角，如图11-120所示。

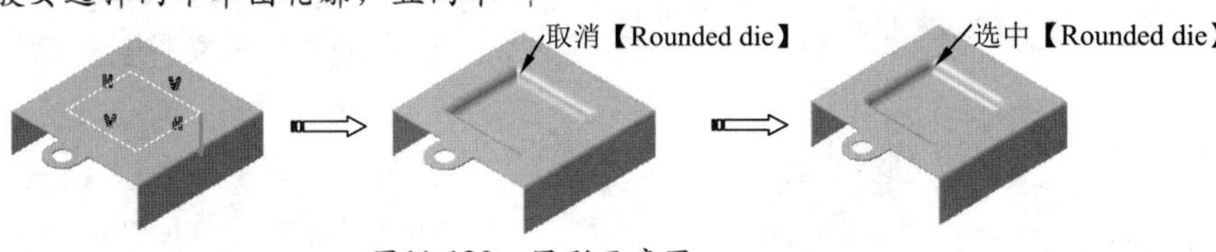

图11-120 圆形示意图

3. 轮廓参数

★ 断面轮廓：在图形区选取一个封闭草图作为冲压截面草图。单击【草绘】按钮，可进入草绘器绘制草图。

★ 形式：用于设置冲压轮廓类型，其中单击按钮，用于设置使用所绘轮廓限制冲压曲面的顶截面；单击按钮，用于设置使用所绘轮廓限制冲压曲面的底截面。

★ 开放边线：用于选择开放段生成开放性的曲面冲压，如图11-121所示。

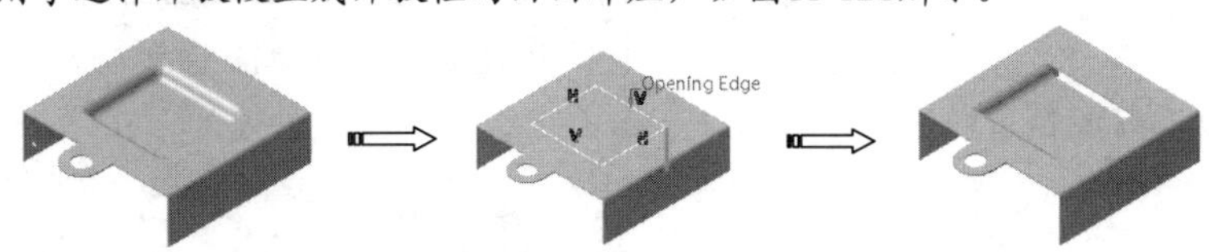

图11-121 开放边线示意图

动手操作—创建曲面冲压

01 在【标准】工具栏中单击【打开】按钮，在弹出的【选择文件】对话框中选择“11-29”文件。单击【打开】按钮打开模型文件。选择【开始】|【机械设计】|【创成式钣金设计】，进入创成式钣金设计工作台。

02 单击【裁剪/冲压】工具栏上的【曲面冲压】按钮，弹出【曲面冲压定义】对话框，在【参数选择】下拉列表中选择“角度”方式。

03 单击【断面轮廓】选项后的【草绘】按钮，选取如图11-122所示的面作为草绘平面，绘制如图11-123所示的草图。单击【工作台】工具栏上的【退出工作台】按钮，完成草图绘制。

04 设置【角度A】为90，【高度】为2mm，其他参数如图11-124所示。单击【确定】按钮，完成曲面冲压创建。

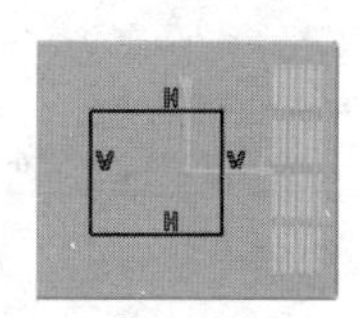

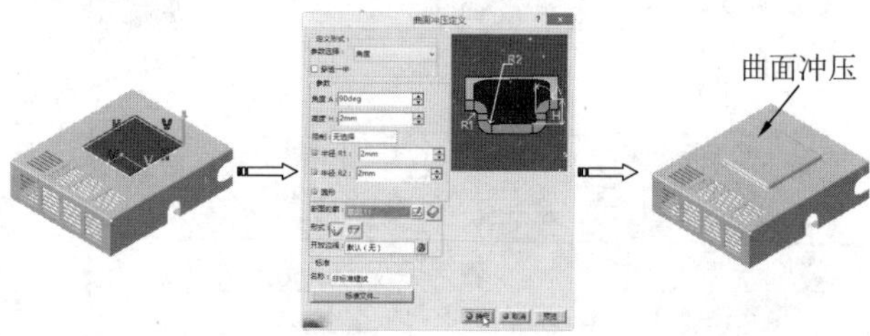

图11-122 选择草绘平面 图11-123 绘制草图轮廓 图11-124 创建曲面冲压

11.8.2 滴状冲压（凸圆冲压）

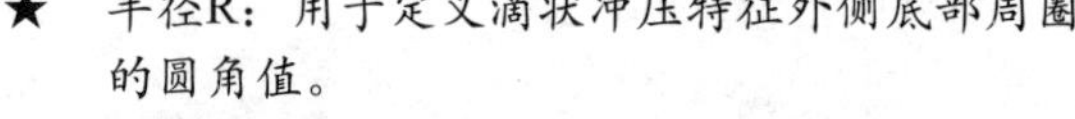

【滴状冲压】是指使用开放轮廓印贴在钣金壁上完成的冲压，如图11-125所示。

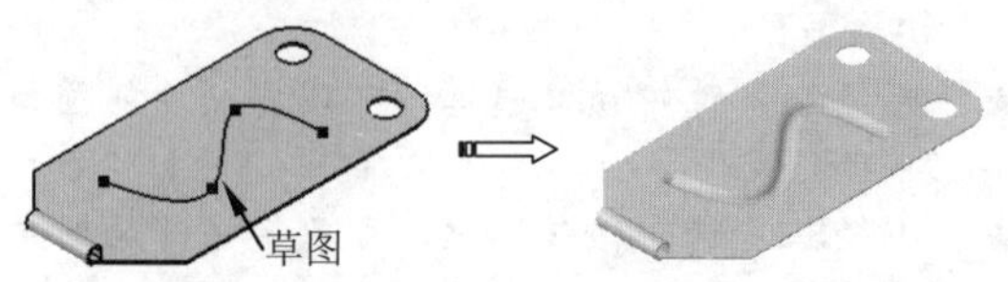

图11-125 滴状冲压

单击【裁剪/冲压】工具栏上的【滴状冲压】按钮，弹出【滴状冲压定义】对话框，如图11-126所示。

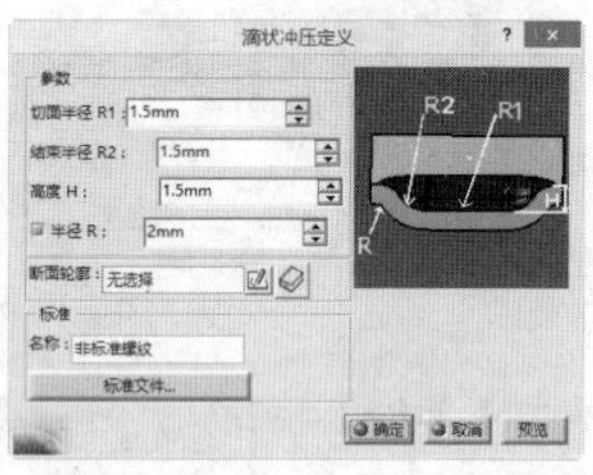

图11-126 【滴状冲压定义】对话框

【滴状冲压定义】对话框相关选项参数含义如下。

1. 参数

用于设置滴状冲压参数，包括以下选项：

★ 切面半径R1：用于定义滴状冲压特征内侧底部圆角值。

★ 结束半径R2：用于定义滴状冲压特征底部两末端圆角值。

★ 高度H：用于设置冲压的深度值。

★ 半径R：用于定义滴状冲压特征外侧底部周圈的圆角值。

2. 断面轮廓

用于在图形区选取一个封闭草图作为冲压截面草图。单击【草绘】按钮，可进入草绘器绘制草图。

动手操作—创建滴状冲压

01 在【标准】工具栏中单击【打开】按钮，在弹出的【选择文件】对话框中选择“11-30.CATPart”文件。单击【打开】按钮打开模型文件。选择【开始】|【机械设计】|【创成式钣金设计】，进入创成式钣金设计工作台。

02 单击【裁剪/冲压】工具栏上的【滴状冲压】按钮，弹出【滴状冲压定义】对话框，单击【断面轮廓】选项后的【草绘】按钮，选取如图11-127所示的面作为草绘平面，绘制如图11-128所示的草图。单击【工作台】工具栏上的【退出工作台】按钮，完成草图绘制。

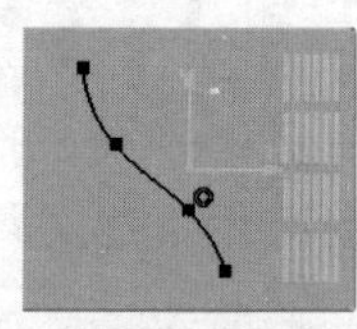

图11-127 选择草绘平面 图11-128 绘制草图轮廓

03 设置【切面半径 R1】文本框为3mm，【结束半径R2】为3mm，【高度H】为3mm，其他参数如图11-129所示。单击【确定】按钮，完成滴状冲压创建。

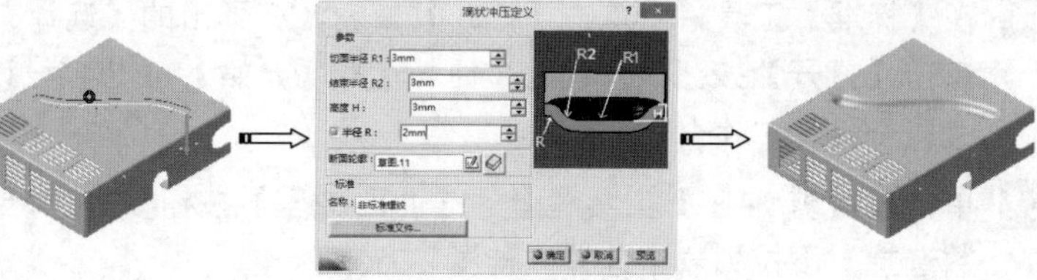

图11-129 创建滴状冲压

提示

凸圆冲压（滴状冲压）的轮廓必须是开放的草图，并且草图不能相交。绘制的凸圆冲压的轮廓在创建冲压时冲压范围不能相交，否则特征无法创建。

11.8.3 曲线冲压

【曲线冲压】是指使用曲线印贴在钣金壁上完成的冲压。曲线冲压与滴状冲压特征类似，但曲线冲压特征具有更多的可自行定义的参数，如图11-130所示。

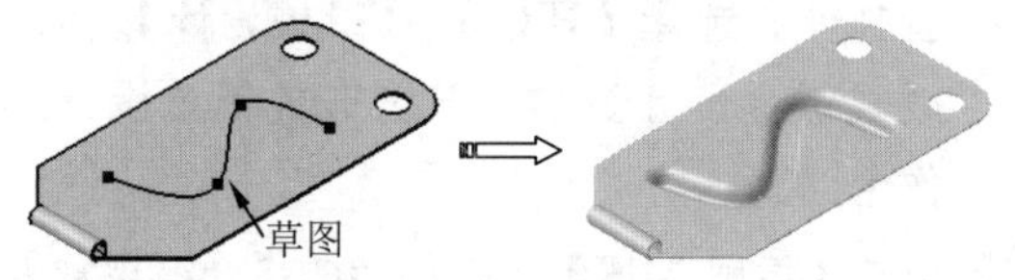

图11-130 曲线冲压

单击【裁剪/冲压】工具栏上的【曲线冲压】按钮，弹出【曲线冲压定义】对话框，如图11-131所示。

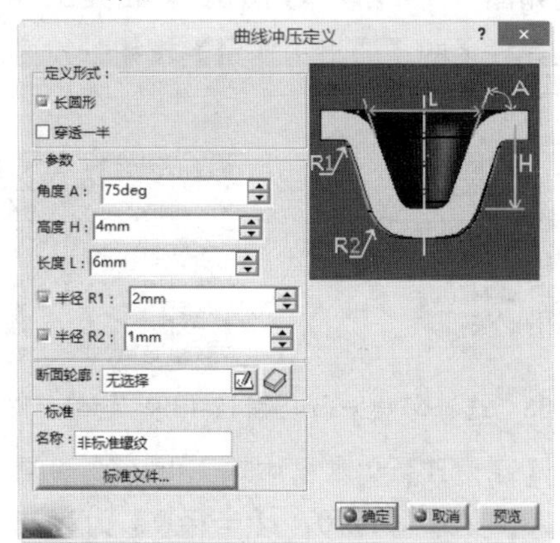

图11-131 【曲线冲压定义】对话框

【曲线冲压定义】对话框相关选项参数含义如下。

1. 定义形式

用于定义曲线冲压类型，包括以下选项：

★ 长圆形：选中该复选框，在冲压曲线草图的末端创建圆弧，如图11-132所示。

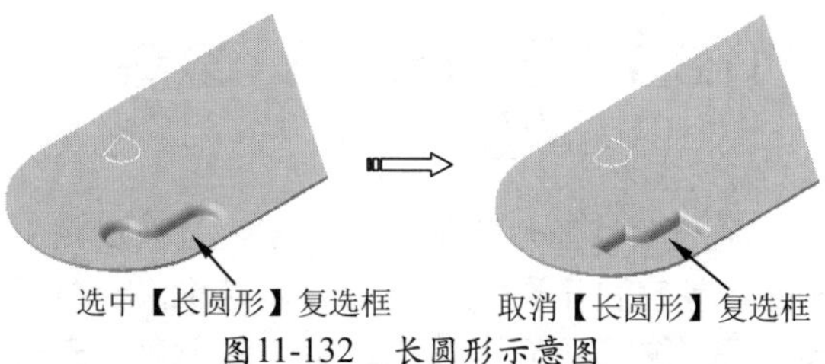

图11-132 长圆形示意图

★ 穿透一半：选中【穿透一半】复选框表示生成冲压为钣金壁厚度一半。

2. 参数

用于设置曲线冲压参数，包括以下选项：

★ 角度A：用于设置冲压形成的斜面与冲压曲线所在平面的夹角值。
★ 高度H：用于设置冲压的深度值。
★ 长度L：用于设置冲压开口截面的长度值。
★ 半径R1：用于定义冲压特征侧面底部周围的圆角值。
★ 半径R2：用于定义冲压特征侧面顶部周围的圆角值。

3. 断面轮廓

用于在图形区选取一个开放草图作为冲压截面草图。单击【草绘】按钮，可进入草绘器绘制草图。

动手操作—创建曲线冲压

01 在【标准】工具栏中单击【打开】按钮，在弹出的【选择文件】对话框中选择“11-31.CATPart”文件。单击【打开】按钮打开模型文件。选择【开始】|【机械设计】|【创成式钣金设计】，进入创成式钣金设计工作台。

02 单击【裁剪/冲压】工具栏上的【曲线冲压】按钮，弹出【曲线冲压定义】对话框，单击【断面轮廓】选项后的【草绘】按钮，选取如图11-133所示的面作为草绘平面，绘制如图11-134所示的草图。单击【工作台】工具栏上的【退出工作台】按钮，完成草图绘制。

图11-133 选择草绘平面

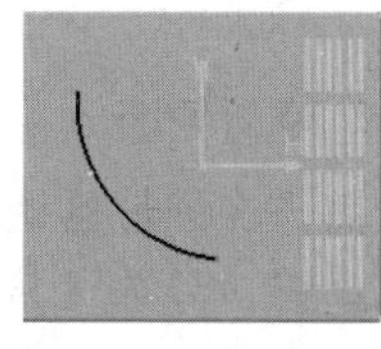

图11-134 绘制草图轮廓

03 在【定义类型】中选中【长圆形】复选框，设置【角度A】文本框为75，【高度H】为6mm，【长度L】为8mm，其他参数如图11-135所示。单击【确定】按钮，完成曲线冲压创建。

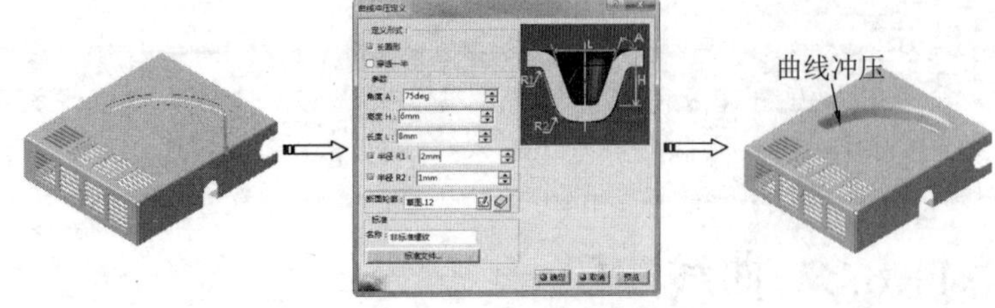

图11-135　创建曲线冲压

11.8.4　凸缘剪裁

【凸缘剪裁】是将封闭轮廓曲线裁剪生成凸起。凸缘剪裁与曲面冲压特征类似，但曲面冲压不开口，如图11-136所示。

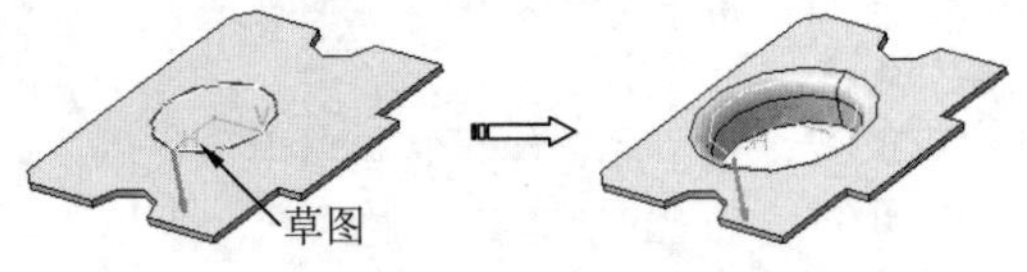

图11-136　凸缘剪裁

单击【裁剪/冲压】工具栏上的【凸缘剪裁剪裁】按钮，弹出【凸缘剪裁定义】对话框，如图11-137所示。

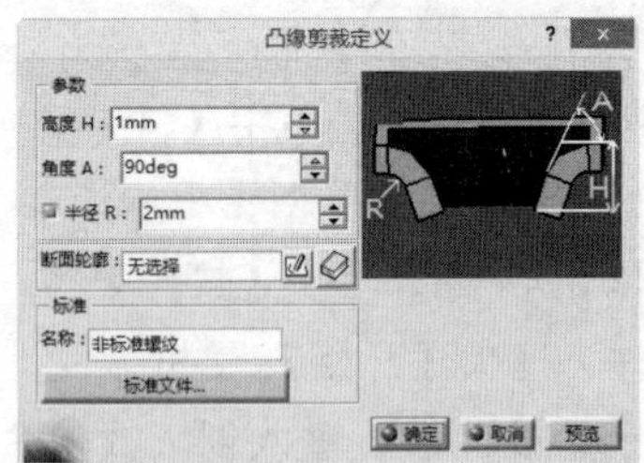

图11-137　【凸缘剪裁剪裁定义】对话框

【凸缘剪裁剪裁定义】对话框相关选项参数含义如下。

1. 参数

用于设置弯边冲压参数，包括以下选项：

★　高度H：用于设置冲压的深度值。

★　角度A：用于设置冲压形成的斜面与冲压曲线所在平面的夹角值。

★　半径R：用于定义冲压特征侧面底部周围的圆角值。

2. 断面轮廓

用于在图形区选取一个开放草图作为冲压截面草图。单击【草绘】按钮，可进入草绘器绘制草图。

动手操作—创建凸缘剪裁

01　在【标准】工具栏中单击【打开】按钮，在弹出的【选择文件】对话框中选择“11-32.CATPart”文件。单击【打开】按钮打开模型文件。选择【开始】|【机械设计】|【创成式钣金设计】，进入创成式钣金设计工作台。

02　单击【裁剪/冲压】工具栏上的【凸缘剪裁】按钮，弹出【凸缘剪裁定义】对话框，单击【断面轮廓】选项后的【草绘】按钮，选取如图11-138所示的面作为草绘平面，绘制如图11-139所示的草图。单击【工作台】工具栏上的【退出工作台】按钮，完成草图绘制。

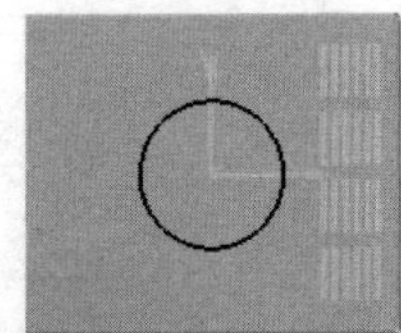

图11-138　选择草绘平面　　图11-139　绘制草图轮廓

03　在【高度H】文本框中输入4mm，设置【角度A】文本框为90，【半径R】为2mm，其他参数如图11-140所示。单击【确定】按钮，完成凸缘剪裁创建。

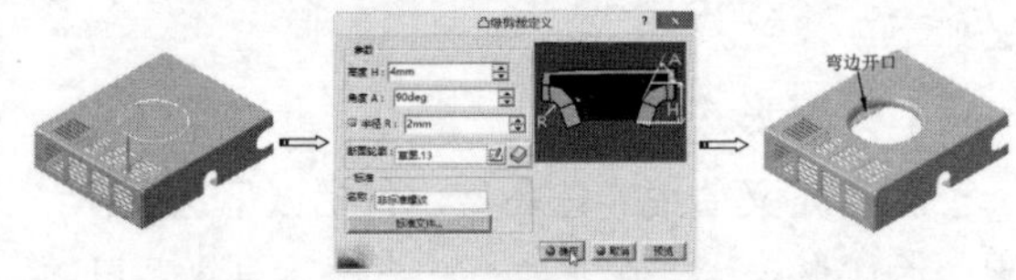

图11-140　创建凸缘剪裁

11.8.5　通气窗冲压（散热孔冲压）

通气窗冲压也叫散热孔冲压，是通过定义散热孔轮廓和开放曲线生成凸起，如图11-141所示。通气窗主要用于降低产品工作温度，延长产品寿命。

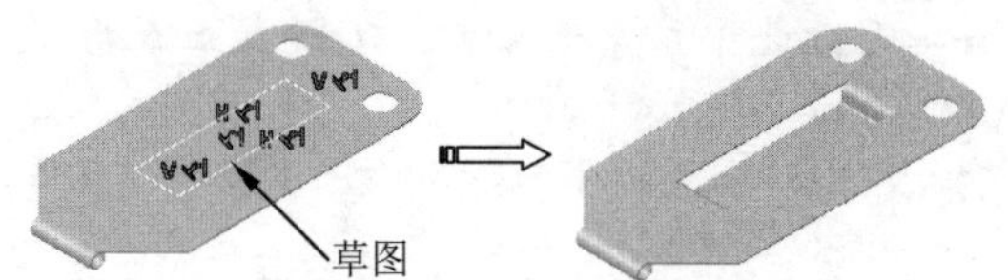

图11-141　通气窗冲压

单击【裁剪/冲压】工具栏上的【通气窗】按钮，弹出【通气窗定义】对话框，如图11-142所示。

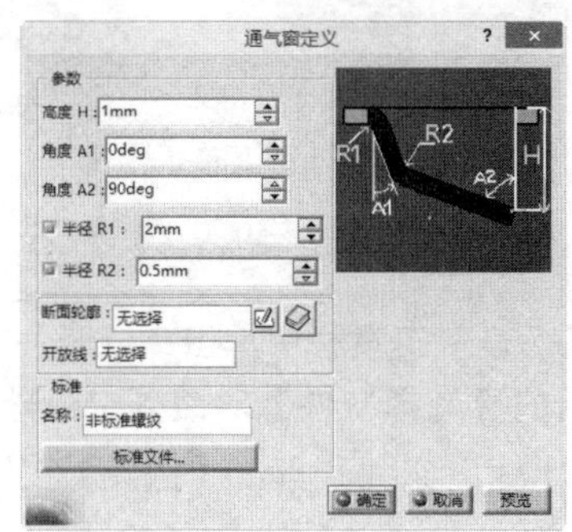

图11-142　【通气窗定义】对话框

【通气窗定义】对话框相关选项参数含义如下。

1. 参数

用于设置弯边冲压参数，包括以下选项：

★ 高度H：用于设置冲压的深度值。
★ 角度A1：用于设置冲压形成较低斜面的拔模角度。
★ 角度A2：用于设置冲压形成顶部斜面的拔模角度。
★ 半径R1：用于定义冲压特征外侧面底部周圈的圆角值。当取消该复选框时，不会在冲压特征外侧底部周围绘制圆角特征。
★ 半径R2：用于定义冲压特征侧面顶部周圈的圆角值。当取消该复选框时，不会在冲压特征外侧顶部周围绘制圆角特征。

2. 轮廓参数

★ 断面轮廓：用于在图形区选取一个开放草图作为冲压截面草图。单击【草绘】按钮，可进入草绘器绘制草图。
★ 开放线：用于选择草图的边线作为散热孔开口处。

动手操作—创建通气窗冲压

01 在【标准】工具栏中单击【打开】按钮，在弹出的【选择文件】对话框中选择“11-33.CATPart”文件。单击【打开】按钮打开模型文件。选择【开始】|【机械设计】|【创成式钣金设计】，进入创成式钣金设计工作台。

02 单击【裁剪/冲压】工具栏上的【通气窗】按钮，弹出【通气窗定义】对话框，单击【断面轮廓】选项后的【草绘】按钮，选取如图11-143所示的面作为草绘平面，绘制如图11-144所示的草图。单击【工作台】工具栏上的【退出工作台】按钮，完成草图绘制。

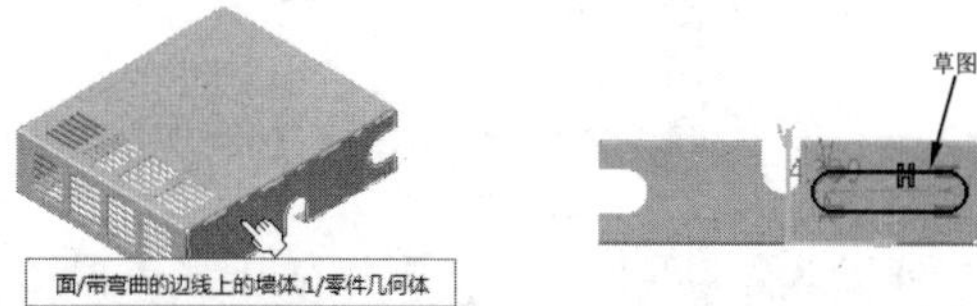

图11-143　选择草绘平面　图11-144　绘制草图轮廓

03 激活【开放线】编辑框，选择如图11-145所示的直线作为开口边，在【高度H】文本框中输入1mm，其他参数如图11-145所示。单击【确定】按钮，完成散热孔创建。

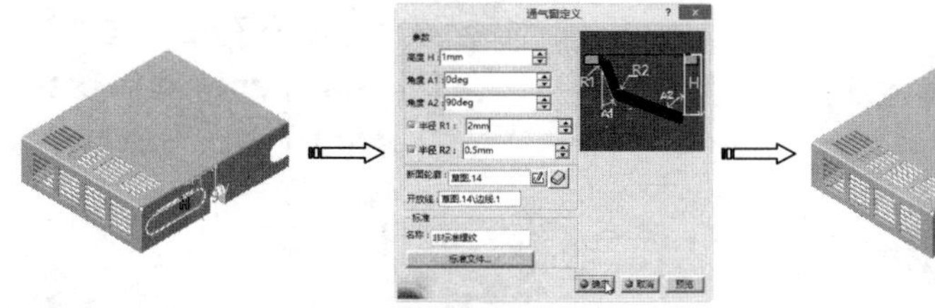

图11-145　创建散热孔冲压

11.8.6　桥接冲压

【桥接冲压】是通过定义点和平面生成凸起，其两侧结构可起到散热的作用，如图11-146所示。

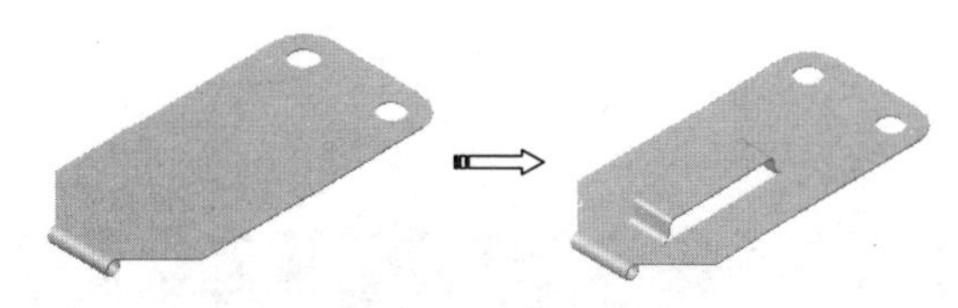

图11-146　桥接冲压

单击【裁剪/冲压】工具栏上的【桥接冲压】按钮，弹出【桥形冲压定义】对话框，如图11-147所示。

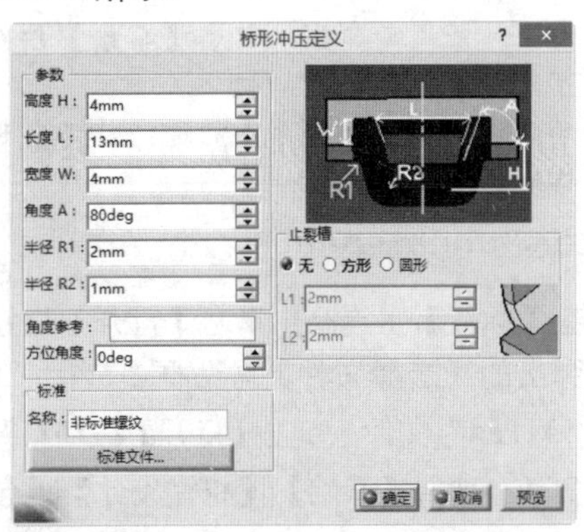

图11-147　【桥接冲压定义】对话框

【桥接冲压定义】对话框相关选项参数含义如下。

1. 参数

用于设置桥接冲压参数，包括以下选项：

★ 高度H：用于设置冲压的深度值。
★ 长度L：用于设置桥接的长度值。
★ 宽度W：用于设置桥接的宽度值。
★ 角度A：用于设置桥接冲压形成斜面与原钣金平面之间的夹角。
★ 半径R1：用于定义冲压特征外侧面周围的圆角值。
★ 半径R2：用于定义冲压特征顶部周围的圆角值。

2. 角度参考和方位角度

★ 角度参考：用于选择一对象作为桥接冲压的方向参考。
★ 方位角度：用于定义桥接冲压在钣金平面内的旋转角度值。

3. 止裂槽

用于设置止裂槽的类型及相关参数，包括以下选项：

★ 无：选中该单选按钮，不设置止裂槽，如图11-148（a）所示。
★ 方形：选中该单选按钮，使用方形止裂槽，如图11-148（b）所示。
★ 圆形：选中该单选按钮，使用圆形止裂槽，如图11-148（c）所示。

无（a）

方形（b）

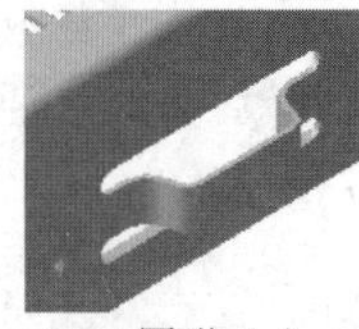
圆形（c）

图11-148　止裂槽示意图

动手操作—创建桥接冲压

01 在【标准】工具栏中单击【打开】按钮，在弹出的【选择文件】对话框中选择“11-34.CATPart”文件。单击【打开】按钮打开模型文件。选择【开始】|【机械设计】|【创成式钣金设计】，进入创成式钣金设计工作台。

02 单击【裁剪/冲压】工具栏上的【桥接冲压】按钮，弹出【桥接冲压定义】对话框，选择如图11-149所示的定位点和放置平面。

提 示

在钣金壁上选择放置位置时，如果未选择点，鼠标单击的位置即为桥接冲压的中心。由于单击位置精度低，建议在绘制特征之前先绘制定位点精确定位。另外也可通过双击特征树桥接节点下的草图，在草图编辑器修改定位中心的位置。

03 在【高度H】文本框中输入4mm，【长度L】为13mm，其他参数如图所示。单击【确定】按钮，完成桥接冲压的创建。

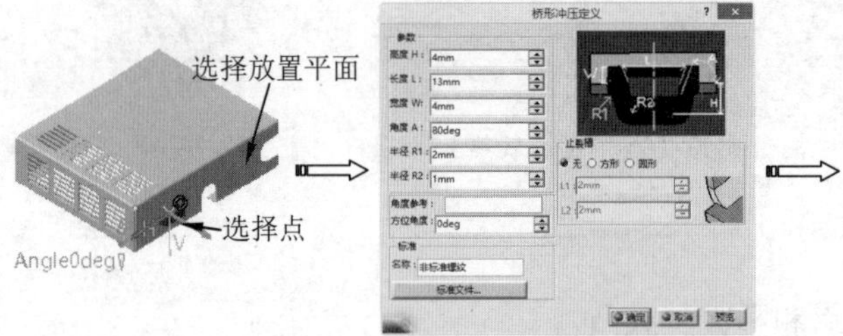

图11-149　创建桥接冲压

在图形区单击方向箭头可以切换冲压的方向。

11.8.7 凸缘孔冲压

【凸缘孔冲压】与凸缘剪裁类似，但凸缘孔只能是圆形，而凸缘剪裁的形状由自己绘制的截面来控制，两者都会沿孔的周边生成一圈弯边，如图11-150所示。

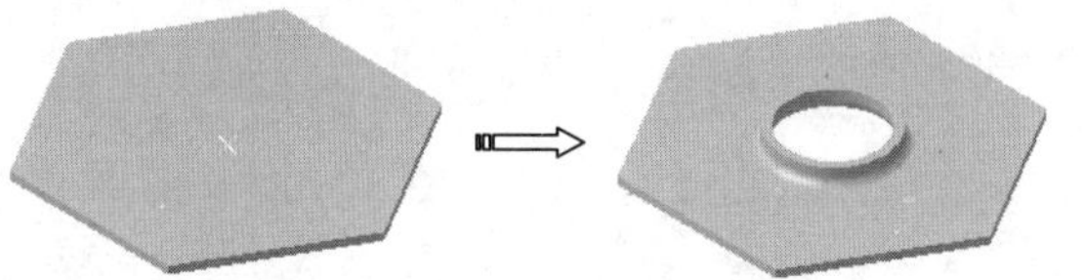

图11-150 凸缘孔冲压

单击【裁剪/冲压】工具栏上的【凸缘孔】按钮，弹出【凸缘孔定义】对话框，如图11-151所示。

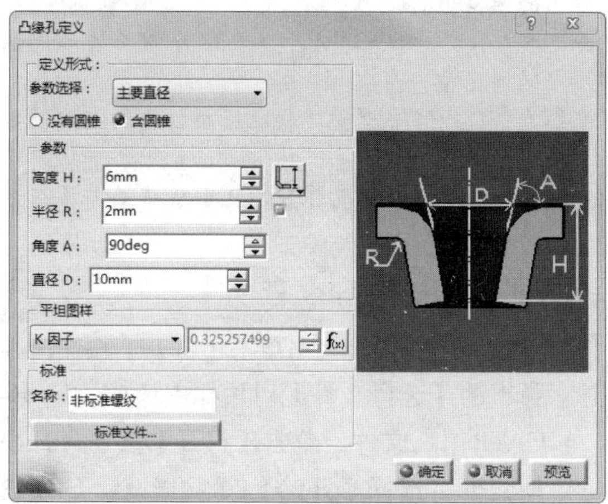

图11-151 【凸缘孔定义】对话框

【凸缘孔定义】对话框相关选项参数含义如下。

1. 定义形式

用于定义凸缘孔的类型，包括以下参数：

★ 参数选择：用于定义凸缘孔的限制参数，其中“主要直径”表示使用最大直径作为限制参数；“次要直径”表示使用最小直径作为限制参数；“两直径”表示使用两端直径做为限制参数；“上模或下模”表示使用中间直径和最小直径作为限制参数。

★ 没有圆锥：选中该单选按钮，不在弯边末端创建圆锥，如图11-152所示。

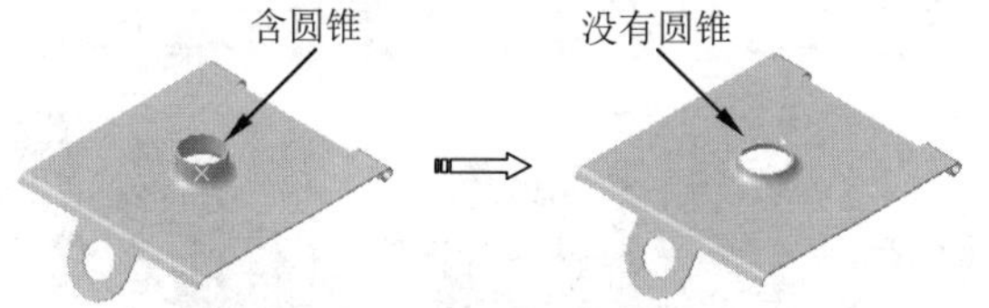

图11-152 创建圆锥

★ 含圆锥：选中该单选按钮，在弯边末端创建圆锥，如上图所示。

2. 参数

用于设置凸缘孔冲压参数，包括以下选项：

★ 高度H：用于设置冲压的深度值。

★ 半径R：用于定义冲压特征外侧面周圈的圆角值。

★ 角度A：用于设置弯边冲压形成斜面与原钣金平面之间的夹角。

★ 直径D：用于设置弯边冲压孔特征内侧末端倒角时的最大直径值。

3. 平坦图样

用于设置折弯参数，包括以下选项：

★ K因子：选择该方式，使用折弯系数（K因子）限制折弯。

★ 平坦直径：选择该方式，使用平面直径限制折弯，用于可在其后的文本框中指定折弯限制值。

动手操作—创建凸缘孔冲压

01 在【标准】工具栏中单击【打开】按钮，在弹出的【选择文件】对话框中选择“11-35.CATPart”文件。单击【打开】按钮打开模型文件。选择【开始】|【机械设计】|【创成式钣金设计】，进入创成式钣金设计工作台。

02 单击【裁剪/冲压】工具栏上的【凸缘孔】按钮，选择如图11-153所示的定位点和放置平面。

> **提示**
>
> 在钣金壁上选择放置位置时，如果未选择点，鼠标单击的位置即为弯边孔冲压的中心。由于单击位置精度低，建议在绘制特征之前先绘制定位点精确定位。另外也可通过双击特征树下凸缘孔节点下的草图，在草图编辑器修改定位中心的位置。

03 在弹出的【凸缘孔定义】对话框中的【参数选择】下拉列表中选择“主要直径”，选中【含圆锥】复选框，设置相关参数。单击【确定】按钮，完成凸缘孔冲压创建，如图11-153所示。

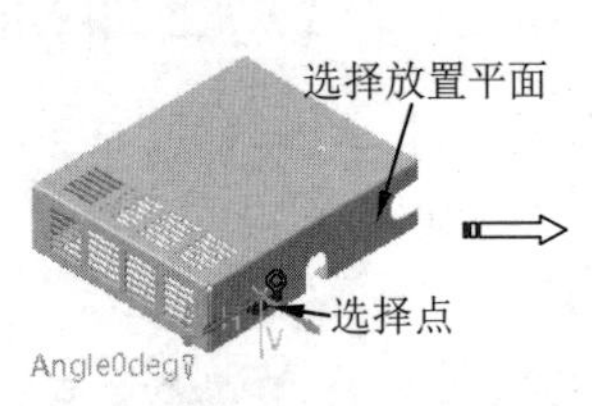

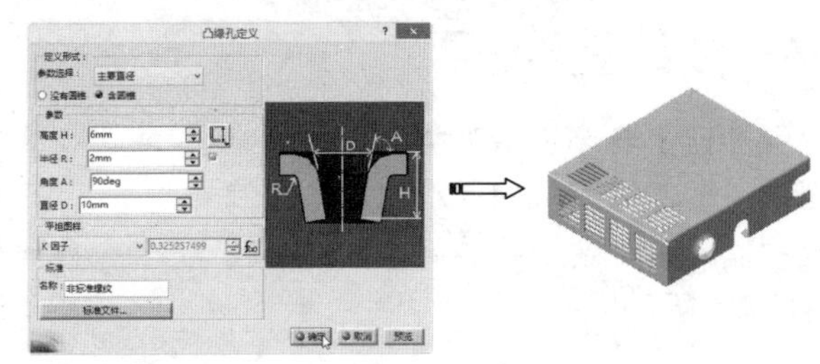

图11-153 创建凸缘孔冲压

11.8.8 圆形冲压（环状冲压）

【圆形冲压】是以圆形的样式冲压形成特定的避让空间，多用于产品中零件干涉位置的避让，如图11-154所示。

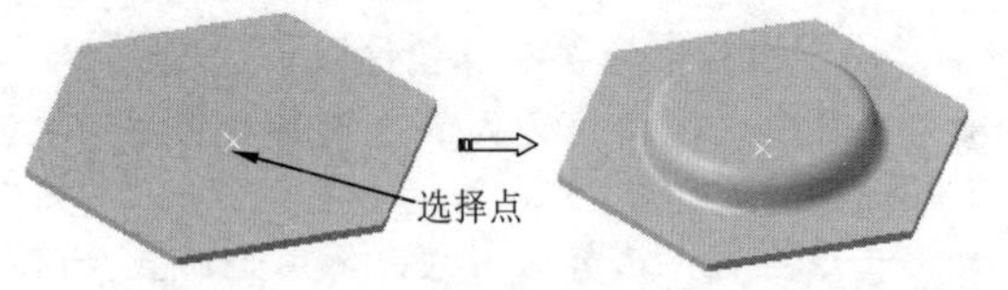

图11-154 环状冲压

单击【裁剪/冲压】工具栏上的【圆形冲压】按钮，弹出【圆形冲压定义】对话框，如图11-155所示。

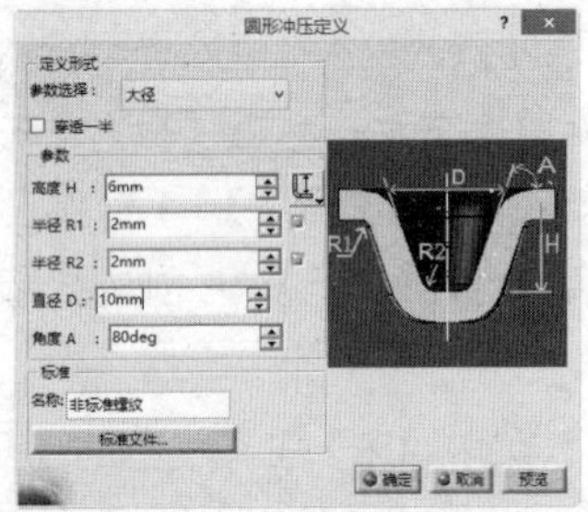

图11-155 【圆形冲压定义】对话框

【圆形冲压定义】对话框相关选项参数含义如下。

1. 定义形式

【参数选择】选项用于定义圆形冲压的类型，包括以下参数：

★ 大径：表示使用最大直径作为限制参数。
★ 小径：表示使用最小直径作为限制参数。
★ 两直径：表示使用两端直径做为限制参数。
★ 上模或下模：表示使用中间直径和最小直径作为限制参数。

2. 参数

用于设置环状冲压参数，包括以下选项：

★ 高度H：用于设置冲压的深度值。
★ 半径R1：用于定义冲压特征外侧面底部周圈的圆角值。
★ 半径R2：用于定义冲压特征外侧面顶部周圈的圆角值。
★ 直径D：用于设置环状冲压特征内侧末端倒角时的最大直径值。
★ 角度A：用于设置环状冲压形成斜面与原钣金平面之间的夹角。

动手操作—创建圆形冲压

01 在【标准】工具栏中单击【打开】按钮，在弹出的【选择文件】对话框中选择“11-36.CATPart”文件。单击【打开】按钮打开模型文件。选择【开始】|【机械设计】|【创成式钣金设计】，进入创成式钣金设计工作台。

02 单击【裁剪/冲压】工具栏上的【圆形冲压】按钮，选择如图11-156所示的定位点和放置平面。

提示

在钣金壁上选择放置位置时，如果未选择点，鼠标单击的位置即为圆形冲压的中心。由于单击位置精度低，建议在绘制特征之前先绘制定位点进行精确定位。另外也可通过双击特征树下圆形节点下的草图，在草图编辑器修改定位中心的位置。

03 在弹出的【圆形冲压定义】对话框中【参数选择】下拉列表中选择“大径”，设置相关参数。单击【确定】按钮，完成圆形冲压创建。

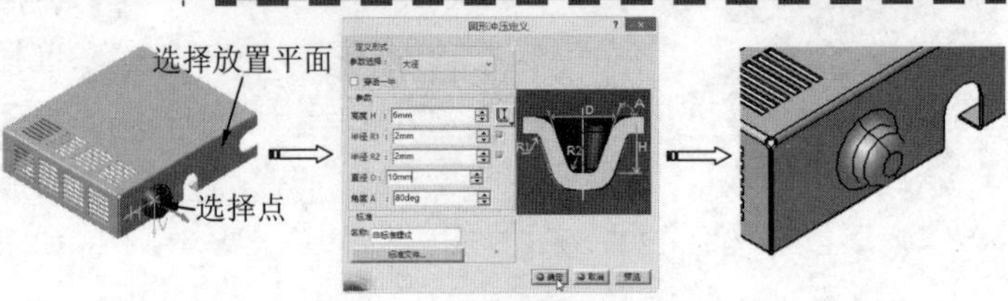

图11-156 创建圆形冲压

11.8.9 加强肋冲压

【加强肋】冲压是以圆形的样式冲压形成特定的避让空间，多用于产品中零件干涉位置的避让，如图11-157所示。

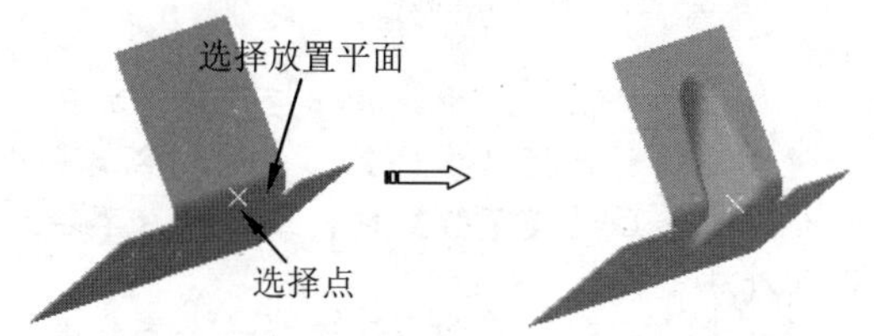

图11-157 加强肋

单击【裁剪/冲压】工具栏上的【加强肋】按钮，弹出【加强肋定义】对话框，如图11-158所示。

【加强肋定义】对话框中参数含义如下：

★ 长度L：用于设置加强肋的长度值。

★ 半径R1：用于设置加强肋冲压特征外侧底部周圈圆角的大小。

★ 半径R2：用于设置加强肋冲压特征内侧顶部周圈圆角的大小。

★ 角度A：用于设置加强肋内侧的拔模角。

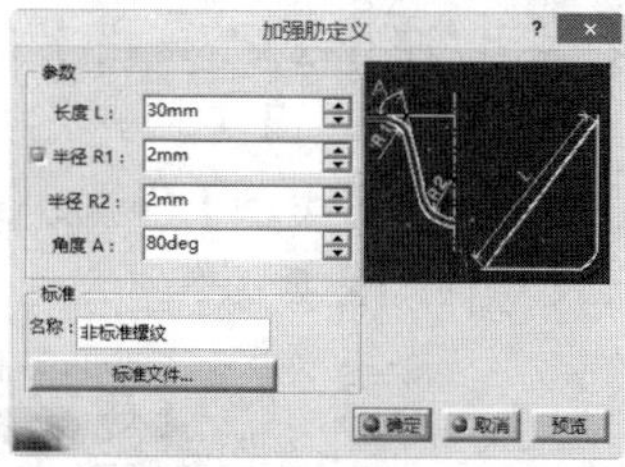

图11-158 【加强肋定义】对话框

动手操作—创建加强肋冲压

01 在【标准】工具栏中单击【打开】按钮，在弹出的【选择文件】对话框中选择“11-37.CATPart”文件。单击【打开】按钮打开模型文件。选择【开始】|【机械设计】|【创成式钣金设计】，进入创成式钣金设计工作台。

02 单击【裁剪/冲压】工具栏上的【加强肋】按钮，选择如图11-159所示的定位点和放置平面。

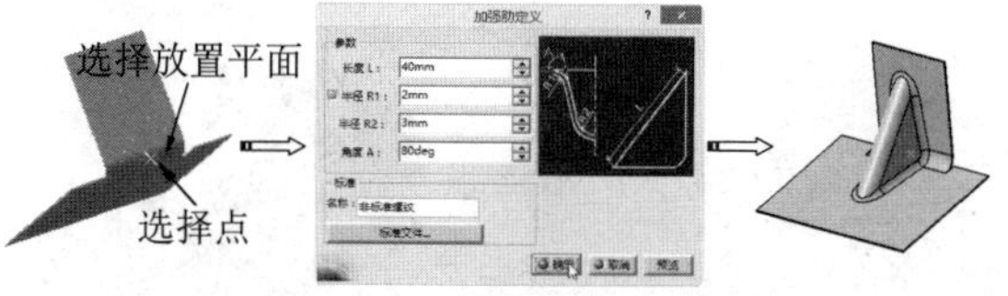

图11-159 创建加强肋冲压

03 在弹出的【加强肋定义】对话框中设置【长度L】为40mm，【角度A】为80，其他相关参数如图所示。单击【确定】按钮，完成加强肋冲压创建。

> **提示**
>
> 在钣金壁上选择放置位置时，如果未选择点，鼠标单击的位置即为加强肋冲压的中心。由于单击位置精度低，建议在绘制特征之前先绘制定位点以精确定位。另外也可通过双击特征树中加强肋节点下的草图，在草图编辑器修改定位中心的位置。

11.8.10 隐藏销冲压

【隐藏销】冲压可产生局部凸起，常用于固定或避开零件机构，如图11-160所示。

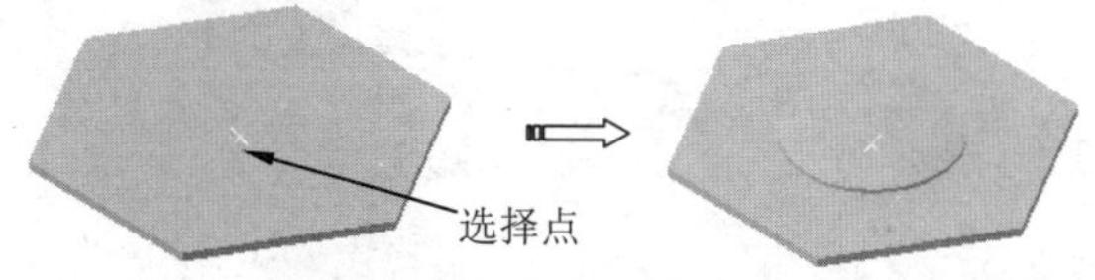

图11-160 隐藏销冲压

单击【裁剪/冲压】工具栏上的【隐藏销】按钮，弹出【隐藏销定义】对话框，如图11-161所示。

【隐藏销定义】对话框中相关选项参数含义如下：

★ 直径D：用于设置隐藏销冲压特征外侧最大直径尺寸。

★ 定位草图：用于草绘隐藏销冲压的定位点。

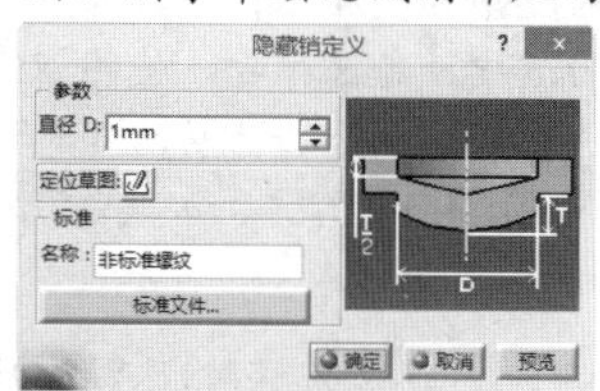

图11-161 【隐藏销定义】对话框

动手操作—创建隐藏销冲压

01 在【标准】工具栏中单击【打开】按钮，在弹出的【选择文件】对话框中选择“11-38.CATPart”文件。单击【打开】按钮打开模型文件。选择【开始】|【机械设计】|【创成式钣金设计】，进入创成式钣金设计工作台。

02 单击【裁剪/冲压】工具栏上的【隐藏销】按钮，选择如图11-162所示的定位点和放置平面。

03 在弹出的【隐藏销定义】对话框中设置【直径D】为20mm，其他相关参数如图所示。单击【确定】按钮，完成隐藏销冲压的创建。

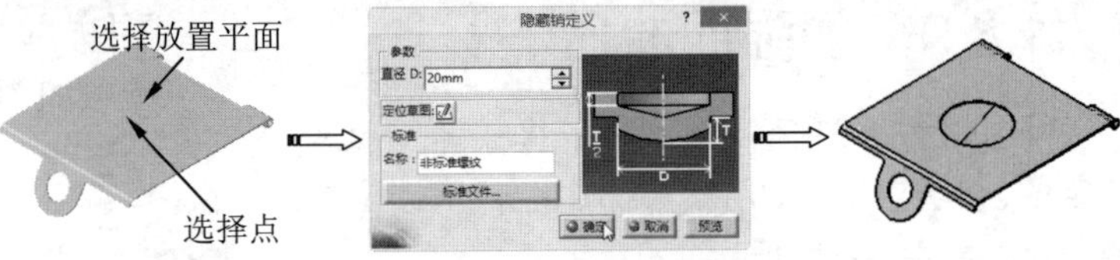

图11-162　创建隐藏销冲压

11.8.11　用户定义冲压

【用户定义冲压】通过自定义冲头或压模生成冲压特征。

单击【裁剪/冲压】工具栏上的【用户定义】按钮，弹出【用户定义冲压定义】对话框，如图11-163所示。

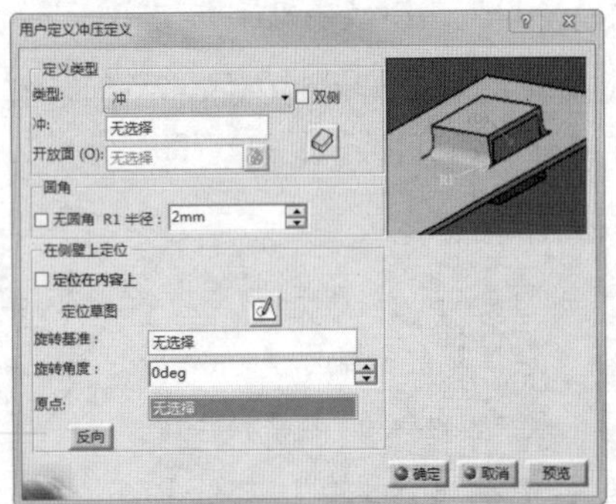
图11-163　【用户定义冲压定义】对话框

【用户定义冲压定义】对话框中相关选项参数含义如下。

1. 定义形式

★ 形式：用于创建用户冲压类型，其中“冲”表示只使用冲头进行冲压；“上模或下模”表示同时使用冲头和压模进行冲压。
★ 双侧：当选中该复选按钮，使用双向冲压。
★ 冲：用于在图形区选择冲头。
★ 开放面（O）：用于选择开放面以创建开放面冲压。

2. 圆角

★ 无圆角：选中该复选框时，在添加冲压特征时不自动创建圆角，如图11-164所示。

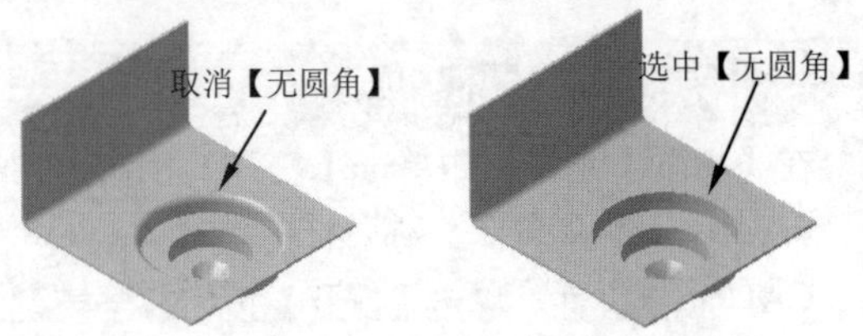

图11-164　无圆角示意图

★ R1半径：用于定义在进行冲压时自动创建圆角半径。

3. 在侧壁上定位

用于设置冲压位置参数，包括以下选项：

★ 定位在内容上：选中该复选框，设置冲压位置为冲头所在模型中位置。否则，单击【定位草图】后的【草绘】按钮，进入草绘确定冲压位置。
★ 旋转基准：用于在图形区选择一个直线或回转面作为冲头旋转的参考。
★ 旋转角度：用于设置冲头旋转的角度。
★ 原点：用于选择一点作为旋转参考点。
★ 反向：单击该按钮，可反转冲压方向。

动手操作—用户自定义冲压

01 在【标准】工具栏中单击【打开】按钮，在弹出的【选择文件】对话框中选择“11-39.CATPart”文件。单击【打开】按钮打开模型文件。选择【开始】|【机械设计】|【创成式钣金设计】，进入创成式钣金设计工作台。

02 单击【裁剪/冲压】工具栏上的【用户定义】按钮，弹出【用户定义冲压定义】对话框，在【类型】下拉列表中选择“冲”，如图11-165所示。

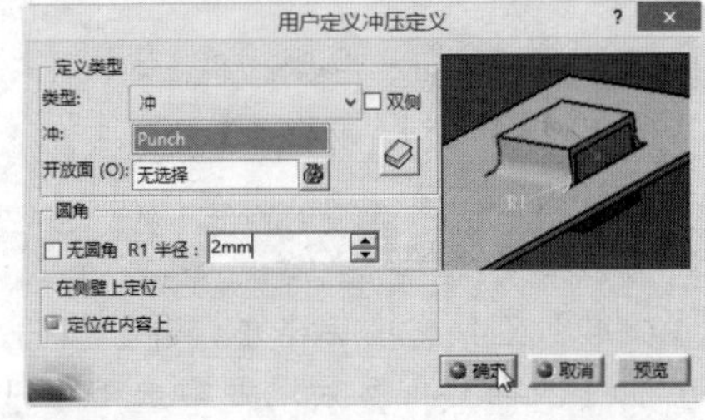
图11-165　【用户定义冲压定义】对话框

03 选择如图11-167所示的表面为附着面，激活【冲】编辑框，选择如图11-166所示的实体作为冲头，取消【无圆角】复选框，其他相关参数如图所示。单击【确定】按钮，完成用户定义冲压创建。

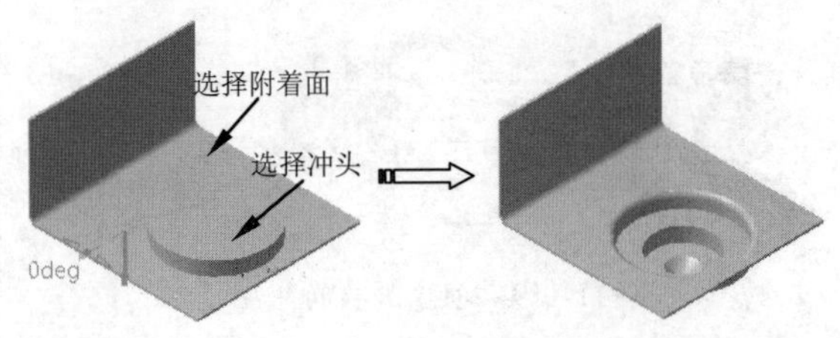

图11-166　创建用户定义冲压

11.9 钣金件变换操作

钣金变换特征与零件变换特征相似，包括镜像、阵列、平移、对称、旋转等，钣金变换特征命令集中在【变换】工具栏中，下面将分别介绍。

11.9.1 镜像

【镜像】用于对钣金体、钣金特征等相对于镜像平面进行镜像操作，钣金镜像特征要求镜像中心平面必须位于钣金壁的正中，否则无法镜像。

单击【变换】工具栏上的【镜像】按钮，弹出【镜射定义：镜像.1】对话框，如图11-167所示。

【镜射定义：镜像.1】对话框中相关选项参数含义如下：

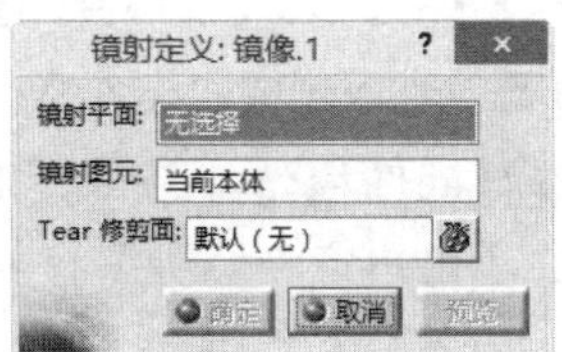

图11-167 【镜射定义：镜像.1】对话框

- ★ 镜射平面：用于选取一个平面作为镜像对称平面。
- ★ 镜射图元：用于选取一个钣金特征或钣金体作为要镜像的对象。
- ★ Tear 修剪面：当通过镜像使钣金体成为一个封闭的环时，可激活该文本框并选取一个平面作为钣金体在展开时的撕裂面。

提示

镜像钣金特征与镜像实体特征不同之处在于可先选择镜像命令再选择实体。使用镜像命令一次只能镜像一个特征。

动手操作—镜像特征

01 在【标准】工具栏中单击【打开】按钮，在弹出的【选择文件】对话框中选择“11-40.CATPart”文件。单击【打开】按钮打开模型文件。选择【开始】|【机械设计】|【创成式钣金设计】，进入创成式钣金设计工作台。

02 单击【变换】工具栏上的【镜像】按钮，弹出【镜像定义：镜像.1】对话框，激活【镜射平面】编辑框，选择zx平面作为镜像平面，系统自动选择整个钣金件为镜像对象，单击【确定】按钮，完成镜像操作，如图11-168所示。

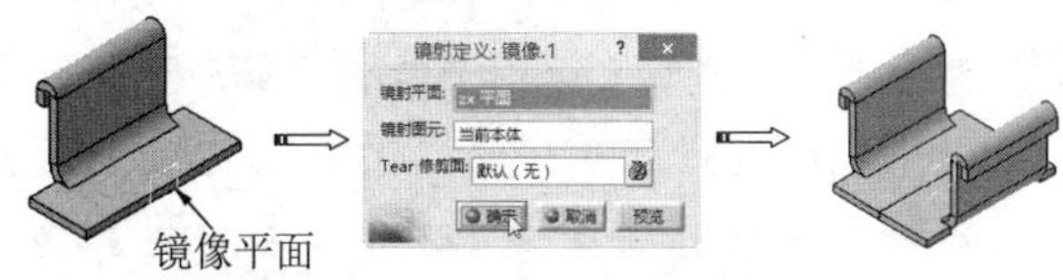

图11-168 镜像操作

11.9.2 阵列特征

在【变换】工具栏中单击【矩形阵列】按钮右下角的黑色三角，展开工具栏，包含“矩形阵列”、“圆周阵列”、“用户定义阵列”工具按钮，如图11-169所示。

钣金阵列操作与实体变换特征中相关操作相同，下面简单加以介绍。

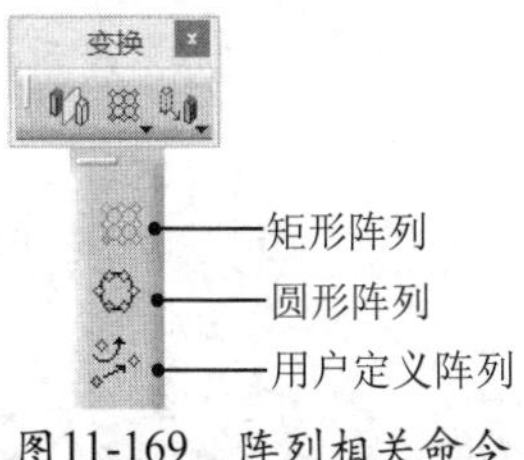

图11-169 阵列相关命令

1. 矩形阵列

【矩形阵列】命令是以矩形排列方式复制选定的曲面特征，形成新的曲面。

动手操作—创建矩形阵列

01 在【标准】工具栏中单击【打开】按钮，在弹出的【选择文件】对话框中选择“11-41.CATPart”文件。单击【打开】按钮打开模型文件。选择【开始】|【机械设计】|【创成式钣金设计】，进入创成式钣金设计工作台。

02 选择要阵列的钣金特征，单击【变换】工具栏上的【矩形阵列】按钮，弹出【定义矩形阵列】对话框。

03 激活【第一方向】选项卡中的【参考元素】编辑框，选择如图11-170所示的边线为方向参考，设置【实例】为4，【间距】为20mm，单击【预览】按钮显示预览。

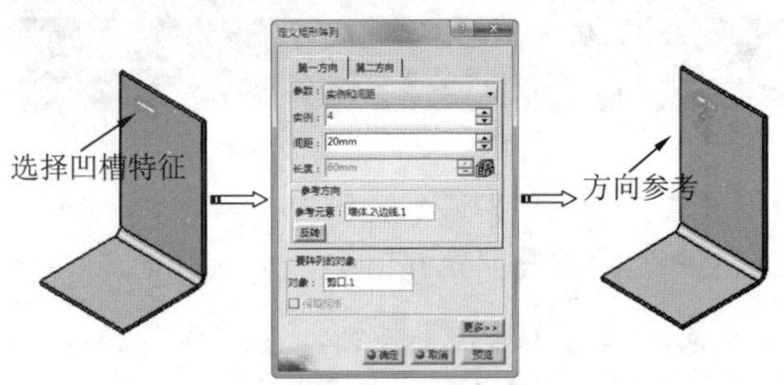

图11-170　设置第一方向

04 激活【第二方向】选项卡中的【参考元素】编辑框，选择如图11-171所示的边线为方向参考，设置【实例】为2，【间距】为25mm，单击【预览】按钮显示预览，单击【确定】按钮完成矩形阵列。

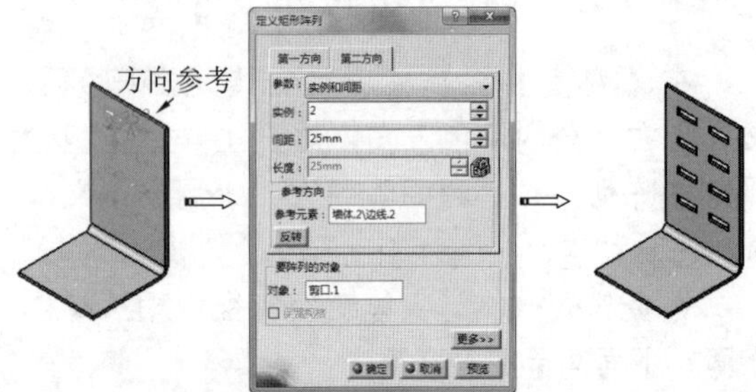

图11-171　创建矩形阵列

2. 圆形阵列

【圆形阵列】用于将钣金特征绕旋转轴进行旋转阵列分布。

动手操作—创建圆形阵列

01 在【标准】工具栏中单击【打开】按钮，在弹出的【选择文件】对话框中选择“11-42.CATPart”文件。单击【打开】按钮打开模型文件。选择【开始】|【机械设计】|【创成式钣金设计】，进入创成式钣金设计工作台。

02 选择要阵列的钣金特征，单击【变换】工具栏上的【圆形阵列】按钮，弹出【定义圆形阵列】对话框。

03 在【轴向参考】选项卡中设置【参数】为“实例和角度间距”，【实例】为8，【角度间距】为45，激活【参考元素】编辑框，选择如图11-172所示的直线，单击【预览】按钮显示预览，单击【确定】按钮完成圆形阵列。

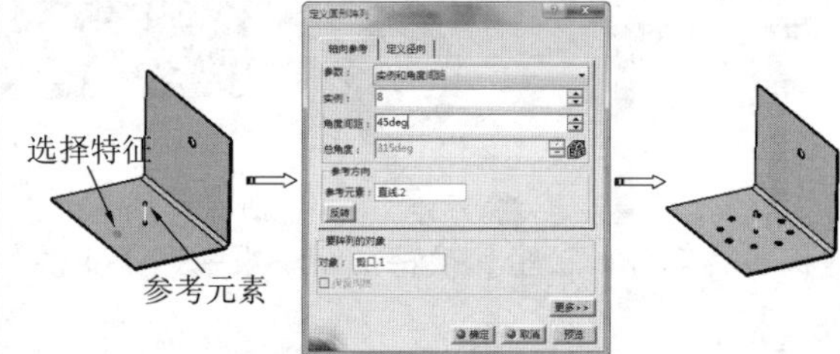

图11-172　创建圆形阵列

3. 用户定义阵列

用户定义阵列是指通过用户自定义方式对钣金特征进行阵列操作。

动手操作—创建用户定义阵列

01 在【标准】工具栏中单击【打开】按钮，在弹出的【选择文件】对话框中选择“11-43.CATPart”文件。单击【打开】按钮打开模型文件。选择【开始】|【机械设计】|【创成式钣金设计】，进入创成式钣金设计工作台。

02 选择要阵列的凹槽特征，单击【变换】工具栏上的【用户定义阵列】按钮，弹出【定义用户阵列】对话框。

03 激活【位置】编辑框，选择如图11-173所示的草图作为阵列位置，单击【预览】按钮显示预览，单击【确定】按钮完成用户阵列。

图11-173　创建用户阵列

11.9.3　平移特征

在【变换】工具栏中单击【平移】按钮右下角的黑色三角，展开工具栏，包含“平移”、“旋转”、“对称”和“定位变换”等4个工具按钮，如图11-174所示。

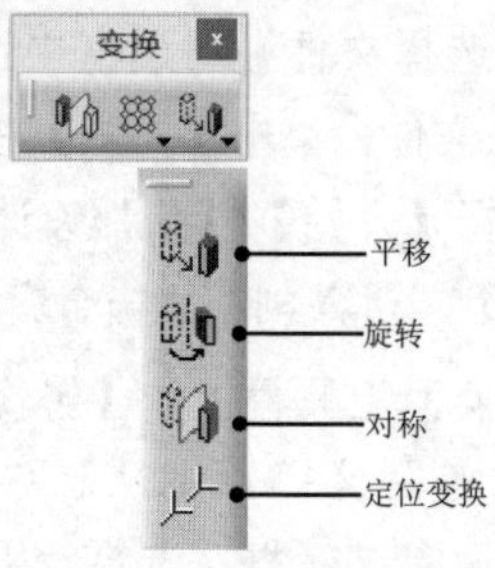

图11-174　转换命令按钮

1. 平移

【平移】用于对钣金特征进行平移操作。

动手操作—平移

01 在【标准】工具栏中单击【打开】按钮，在弹出的【选择文件】对话框中选择“11-44. CATPart”文件。单击【打开】按钮打开模型文件。选择【开始】|【机械设计】|【创成式钣金设计】，进入创成式钣金设计工作台。

02 单击【变换】工具栏上的【平移】按钮，弹出【问题】对话框，单击【是】按钮保留变换规格，如图11-175所示。

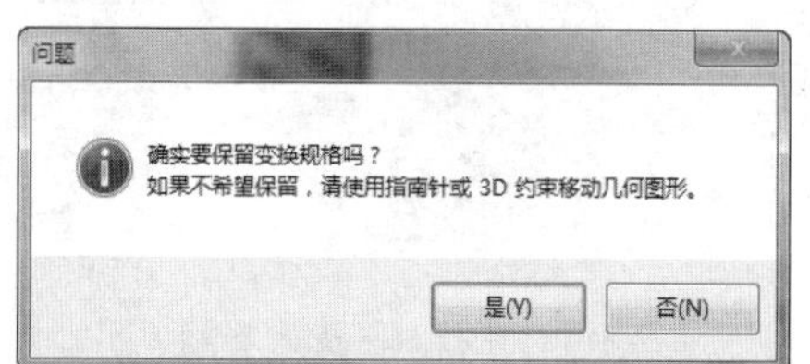

图11-175 【问题】对话框

03 系统弹出【平移定义】对话框，在【向量定义】下拉列表中选择“方向、距离”平移类型，激活【方向】编辑框，选择如图11-176所示的边线为平移方向参考，在【距离】文本框中输入60mm，其他参数保持默认，单击【确定】按钮，系统自动完成平移操作。

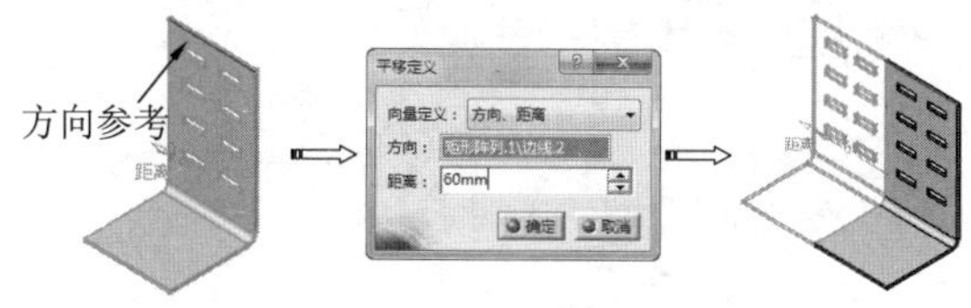

图11-176 平移

2. 旋转

【旋转】用于将钣金件绕一个轴旋转到新位置。

动手操作—旋转

01 在【标准】工具栏中单击【打开】按钮，在弹出的【选择文件】对话框中选择“11-45. CATPart”文件。单击【打开】按钮打开模型文件。选择【开始】|【机械设计】|【创成式钣金设计】，进入创成式钣金设计工作台。

02 单击【变换】工具栏上的【旋转】按钮，弹出【问题】对话框，单击【是】按钮保留变换规格。

03 在弹出的【旋转定义】对话框的【定义模式】下拉列表中选择“轴线-角度”方式，选择需要旋转的曲面，选择一条直线作为旋转轴线，设置【角度】为90，单击【确定】按钮，系统自动完成旋转操作，如图11-177所示。

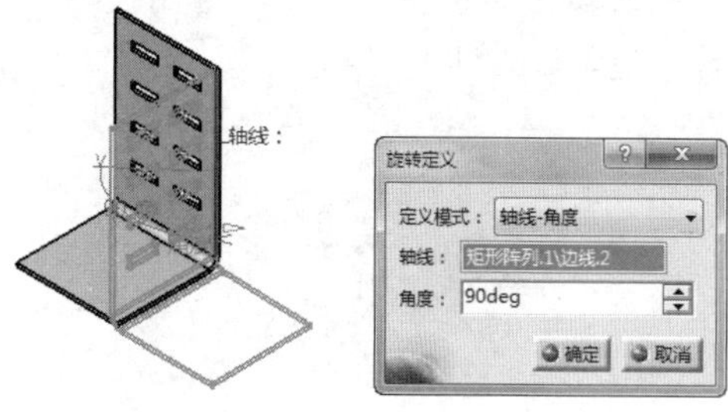

图11-177 旋转操作

3. 对称

【对称】用于将钣金件相对于点、线、面进行镜像，即其相对于坐标系的位置发生变化，操作的结果就是移动。

动手操作—对称

01 在【标准】工具栏中单击【打开】按钮，在弹出的【选择文件】对话框中选择“11-46. CATPart”文件。单击【打开】按钮打开模型文件。选择【开始】|【机械设计】|【创成式钣金设计】，进入创成式钣金设计工作台。

02 单击【变换】工具栏上的【对称】按钮，弹出【问题】对话框，单击【是】按钮保留变换规格。

03 在弹出的【对称定义】对话框，选择需要镜像的曲面，选择点、线、面作为对称面，单击【确定】按钮，系统自动完成对称操作，如图11-178所示。

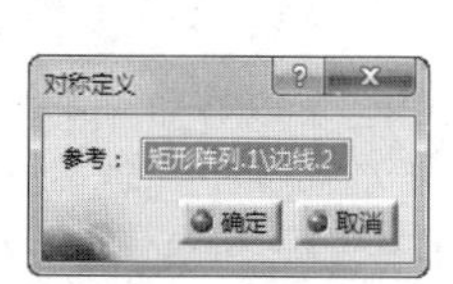

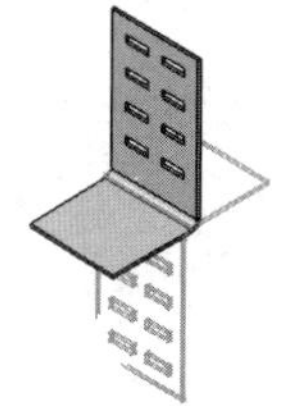

图11-178 对称操作

11.10 实战应用—操作手臂设计

引入光盘：无

结果文件：\动手操作\结果文件\Ch11\caozuoshou.CATPart

视频文件：\视频\Ch11\操作手臂设计.avi

本节以一个工业产品——操作手臂设计实例，来详解钣金创建和编辑的应用技巧。机械手设计造型如图11-179所示。

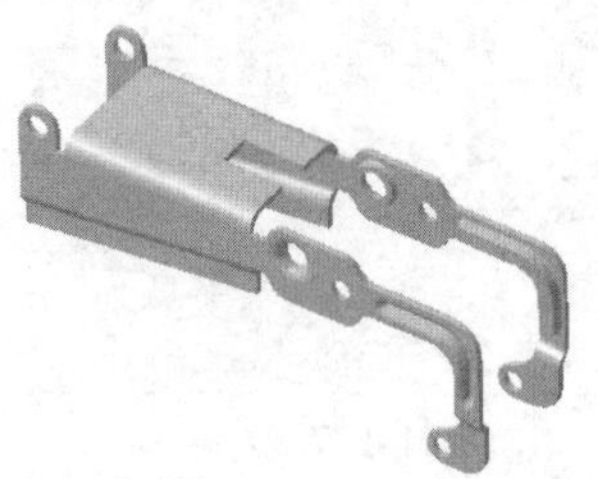

图11-179　操作手臂效果

操作步骤

01 在【标准】工具栏中单击【新建】按钮，在弹出的【新建】对话框中选择“part”，单击【确定】按钮，弹出【新建零件】对话框，单击【确定】按钮新建一个零件文件，并选择【开始】|【机械设计】|【创成式钣金设计】命令，进入钣金设计工作台。

02 设置钣金参数。单击【侧壁】工具栏上的【钣金件参数】按钮，弹出【钣金件参数】对话框，单击【参数】选项卡，设置【Thickness】为2mm，【Default Bend Radius】为4mm，如图11-180所示。单击【折弯终止方式】选项卡，在尖角处设置止裂槽为“不设定止裂槽最小值”，如图11-181所示。

图11-180　【参数】选项卡

图11-181　【折弯终止方式】选项卡

03 单击【侧壁】工具栏上的【侧壁】按钮，弹出【侧壁定义】对话框，单击【草绘】按钮，选择xy平面为草绘平面，绘制如图11-182所示的草图。单击【工作台】工具栏上的【退出工作台】按钮，完成草图绘制。单击【两端位置草图】按钮，再单击【确定】按钮完成平整壁创建。

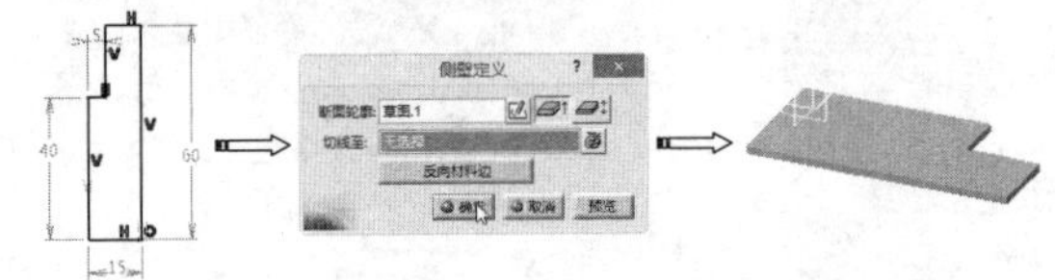

图11-182　创建钣金壁

04 单击【侧壁】工具栏上的【边线侧壁】按钮，弹出【边线侧壁定义】对话框，在【形式】下拉列表中选择“草图基础”方式，选择如图11-183所示的边作为附着边和草绘平面。单击【断面轮廓】选项后的【草绘】按钮，选取如图所示的面作为草绘平面，绘制如图11-184所示的草图。单击【工作台】工具栏上的【退出工作台】按钮，完成草图绘制。

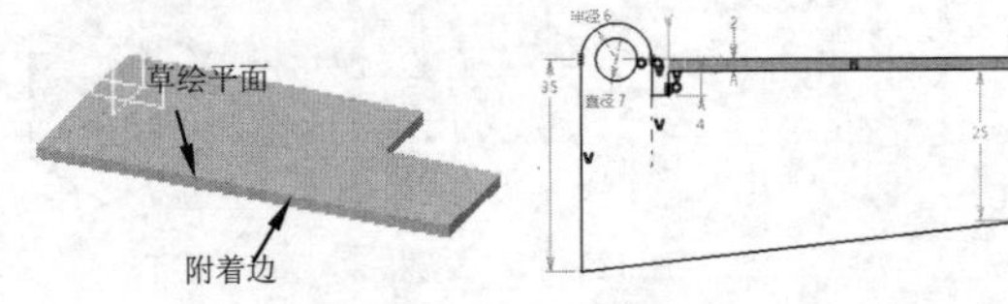

图11-183　附着边和草绘平面　图11-184　绘制草图轮廓

05 在【旋转角度】文本框中输入0，选中【含折弯】复选框，单击【确定】按钮，完成草绘形式的钣金壁，如图11-185所示。

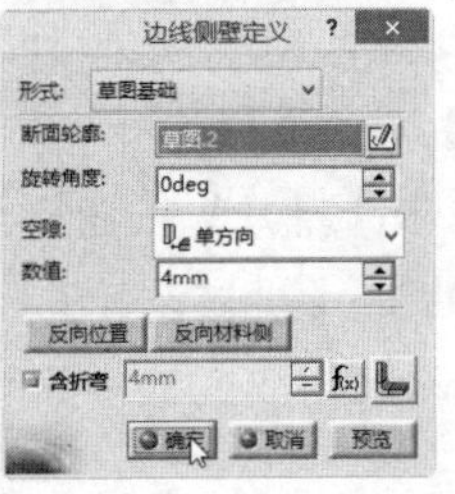

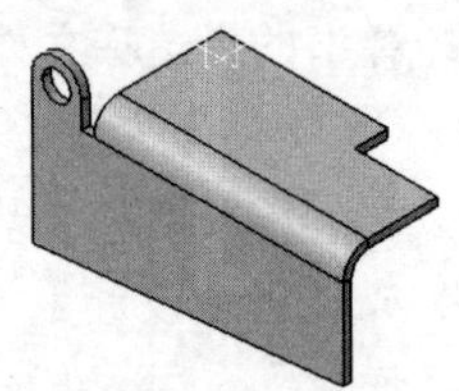

图11-185　创建草绘形式的钣金壁

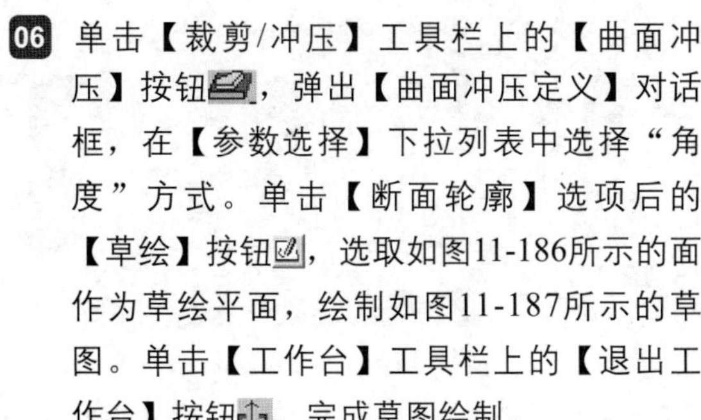

06 单击【裁剪/冲压】工具栏上的【曲面冲压】按钮，弹出【曲面冲压定义】对话框，在【参数选择】下拉列表中选择“角度”方式。单击【断面轮廓】选项后的【草绘】按钮，选取如图11-186所示的面作为草绘平面，绘制如图11-187所示的草图。单击【工作台】工具栏上的【退出工作台】按钮，完成草图绘制。

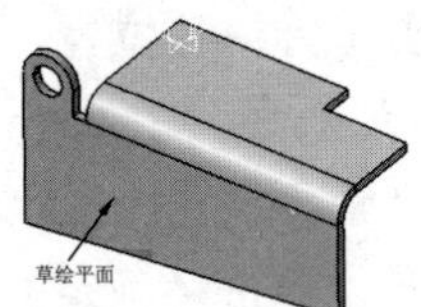

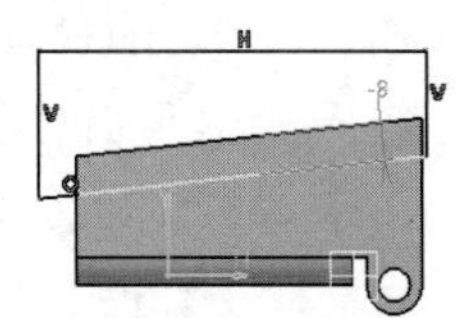

图11-186 选择草绘平面 图11-187 绘制草图轮廓

07 设置【角度A】为90，【高度】为3mm，其他参数如图11-188所示。单击【确定】按钮，完成曲面冲压创建。

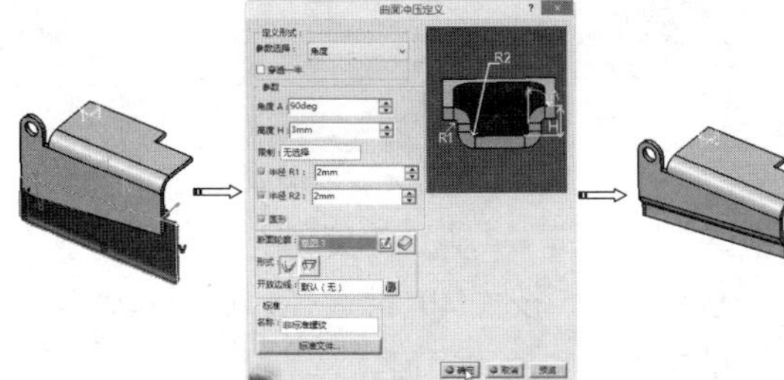

图11-188 创建曲面冲压

08 单击【侧壁】工具栏上的【边线侧壁】按钮，弹出【边线侧壁定义】对话框，在【形式】下拉列表中选择“草图基础”方式，选择如图11-189所示的边作为附着边。单击【断面轮廓】选项后的【草绘】按钮，选取如图所示的面作为草绘平面，绘制如图11-190所示的草图。单击【工作台】工具栏上的【退出工作台】按钮，完成草图绘制。

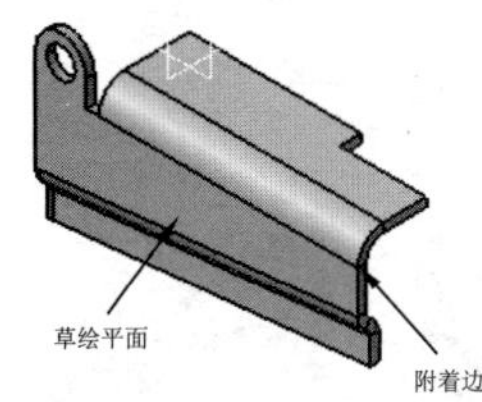

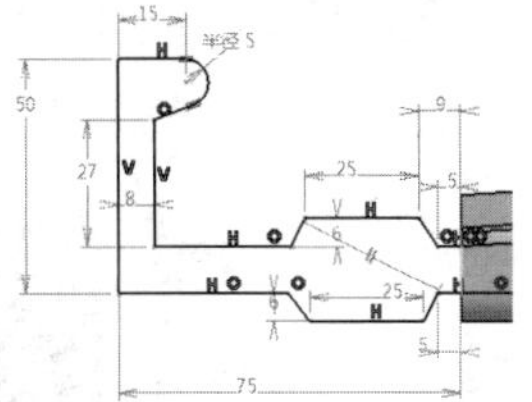

图11-189 附着边和草绘平面 图11-190 绘制草图轮廓

09 在【旋转角度】文本框中输入0，取消【含折弯】复选框，单击【确定】按钮，完成草绘形式的钣金壁，如图11-191所示。

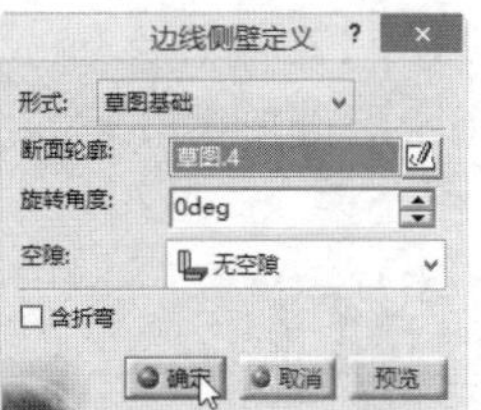

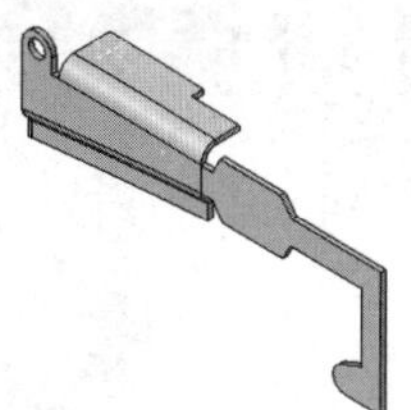

图11-191 创建草绘形式的钣金壁

10 单击【裁剪/冲压】工具栏上的【圆角】按钮，弹出【圆角】对话框，在【半径】文本框中输入4mm作为半径值，激活【边线】编辑框，选择如图11-192所示的边线作为圆角化边线，单击【确定】按钮完成倒圆角特征。

图11-192 创建倒圆角

11 单击【裁剪/冲压】工具栏上的【圆角】按钮，弹出【圆角】对话框，在【半径】文本框中输入8mm作为半径值，激活【边线】编辑框，选择如图11-193所示的边线作为圆角化边线，单击【确定】按钮完成倒圆角特征。

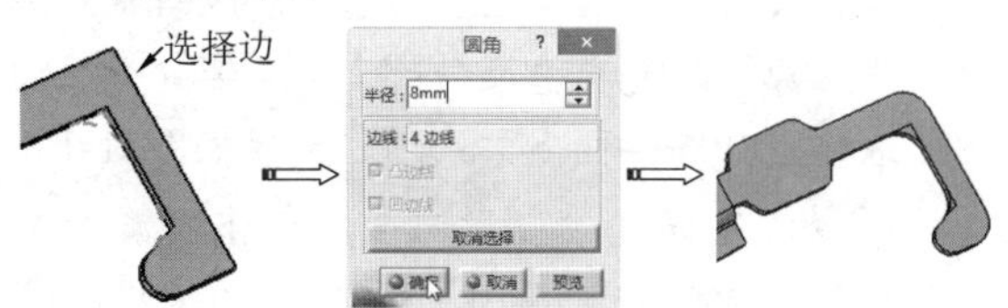

图11-193 创建倒圆角

12 单击【裁剪/冲压】工具栏上的【曲面冲压】按钮，弹出【曲面冲压定义】对话框，在【参数选择】下拉列表中选择“角度”方式。单击【断面轮廓】选项后的【草绘】按钮，选取如图11-194所示的面作为草绘平面，绘制如图11-195所示的草图。单击【工作台】工具栏上的【退出工作台】按钮，完成草图绘制。

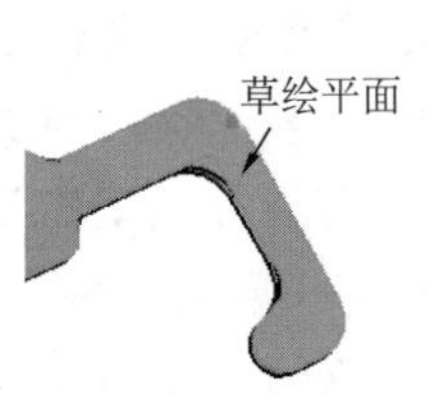

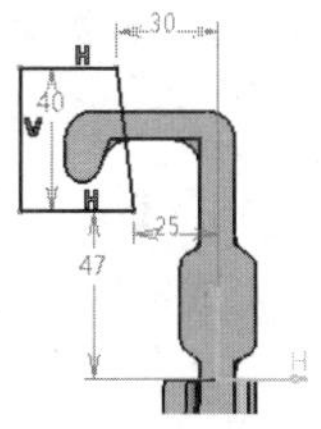

图11-194 选择草绘平面 图11-195 绘制草图轮廓

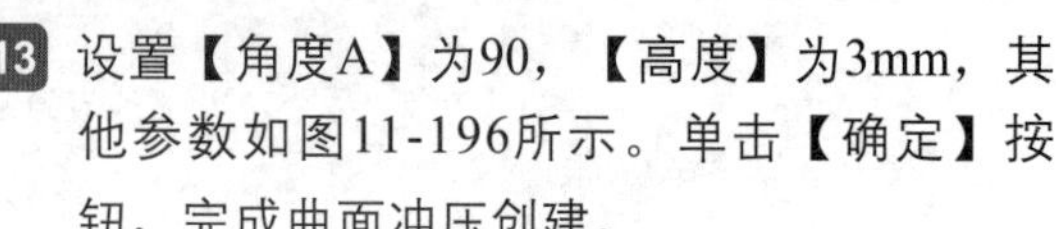

13 设置【角度A】为90，【高度】为3mm，其他参数如图11-196所示。单击【确定】按钮，完成曲面冲压创建。

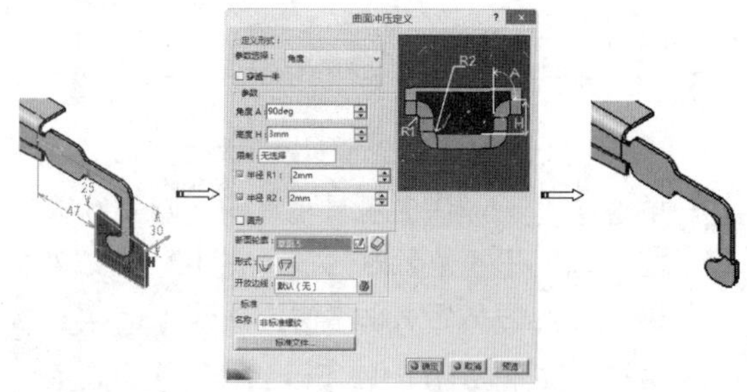

图11-196 创建曲面冲压

14 单击【线框】工具栏上的【点】按钮，弹出【点定义】对话框，在【点类型】下拉列表中选择【平面上】选项，选择如图11-197所示的平面作为参考曲面，单击【确定】按钮，系统自动完成点创建。

图11-197 创建点

15 单击【线框】工具栏上的【点】按钮，弹出【点定义】对话框，在【点类型】下拉列表中选择【平面上】选项，选择如图11-198所示的平面作为参考曲面，单击【确定】按钮，系统自动完成点创建，如图11-198所示。

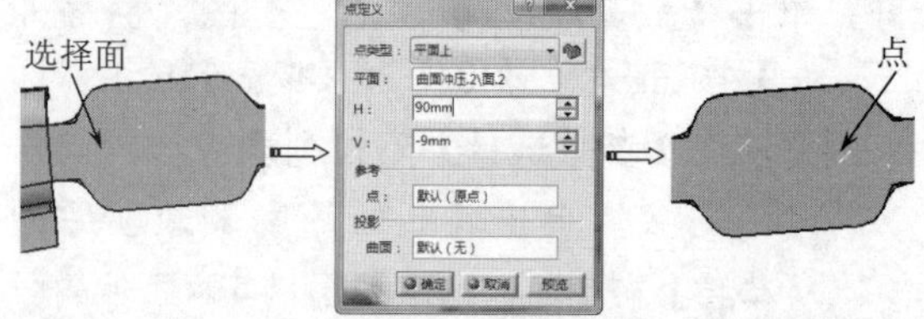

图11-198 创建点

16 单击【裁剪/冲压】工具栏上的【孔】按钮，按住Ctrl键选择圆弧作为钻孔位置点，选择一个平面作为钻孔表面，在弹出的【定义孔】对话框中设置类型为“直到最后”，【直径】为6mm，单击【确定】按钮完成孔特征，如图11-199所示。

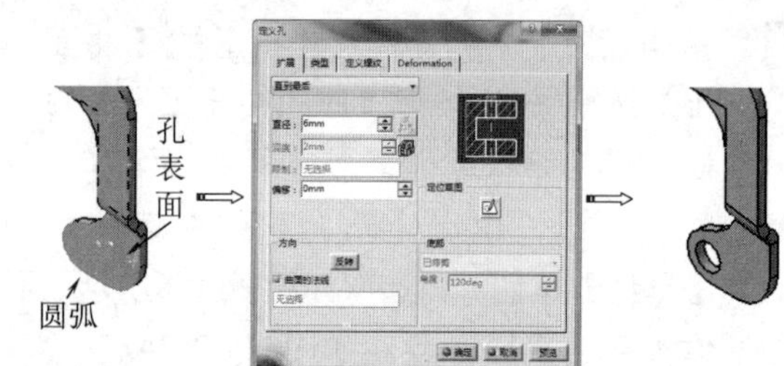

图11-199 创建标准孔

17 单击【裁剪/冲压】工具栏上的【孔】按钮，按住Ctrl键选择点作为钻孔位置点，选择一个平面作为钻孔表面，在弹出的【定义孔】对话框中设置类型为“直到最后”，【直径】为6mm，单击【确定】按钮完成孔特征，如图11-200所示。

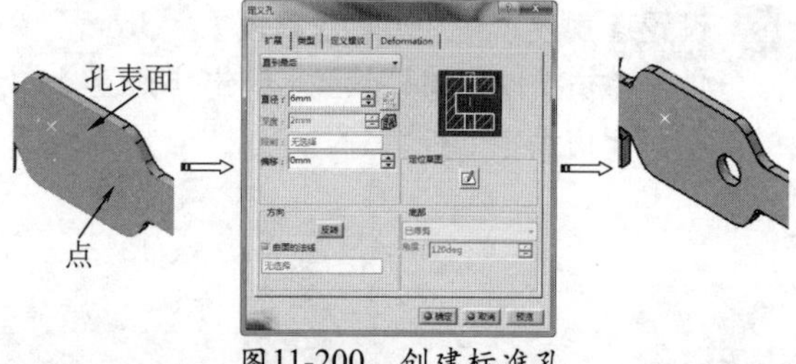

图11-200 创建标准孔

18 单击【裁剪/冲压】工具栏上的【凸缘孔】按钮，按住Ctrl键选择如图11-201所示的定位点和放置平面。

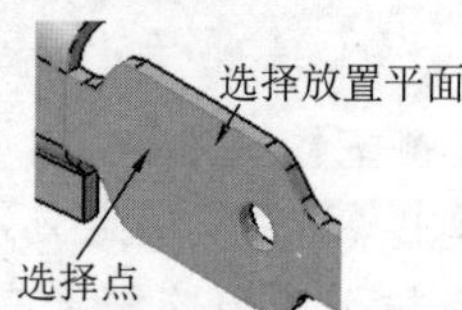

图11-201 选择放置面和定位点

19 在弹出的【凸缘孔定义】对话框中的【参数选择】下拉列表中选择“主要直径”，选中【含圆锥】复选框，设置【直径D】为8，单击【确定】按钮，完成凸缘孔冲压创建，如图11-202所示。

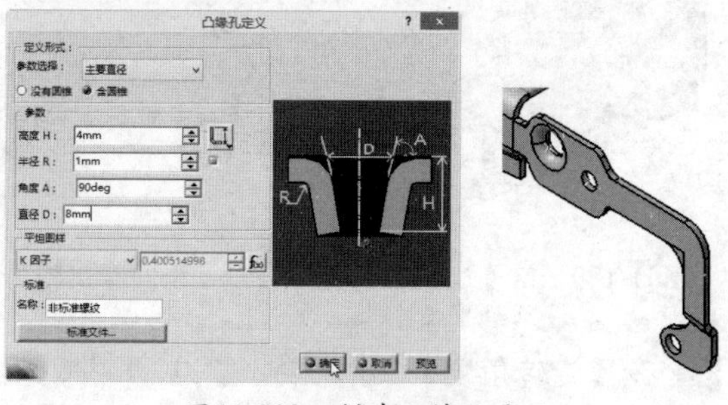

图11-202 创建凸缘孔冲压

20 单击【裁剪/冲压】工具栏上的【曲线冲压】按钮，弹出【曲线冲压定义】对话框，单击【断面轮廓】选项后的【草绘】按钮，选取如图11-203所示的面作为草绘平面，绘制如图11-204所示的草图。单击【工作台】工具栏上的【退出工作台】按钮，完成草图绘制。

图11-203 选择草绘平面

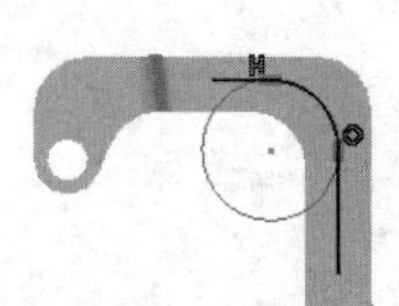

图11-204 绘制草图轮廓

21 在【定义类型】中选中【长圆形】复选框，设置【角度A】为75，【高度H】为3mm，【长度L】为3mm，其他参数如图11-205所示。单击【确定】按钮，完成曲线冲压创建。

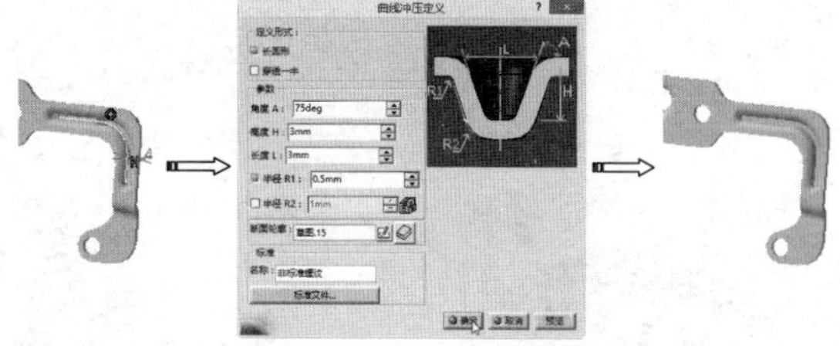

图11-205 创建曲线冲压

22 单击【变换】工具栏上的【镜像】按钮，弹出【镜像定义】对话框，激活【镜射平面】编辑框，选择YZ平面作为镜像平面，如图11-206所示。

23 系统自动选择整个钣金件为镜像对象，单击【确定】按钮，完成镜像操作，即完成整个操作手臂钣金件的设计，如图11-207所示。

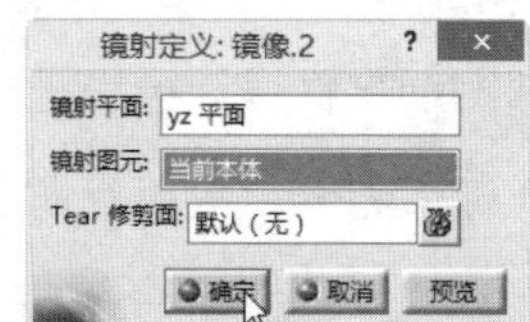

图11-206 【镜像定义】对话框

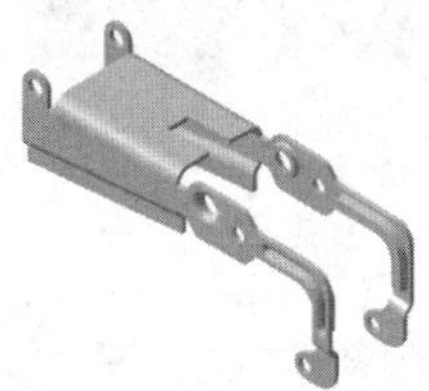

图11-207 镜像操作结果

11.11 课后习题

1. 习题一

通过CATIA钣金命令，创建如图11-208所示的模型。

读者将熟悉如下内容：

（1）创建平整钣金壁。

（2）创建孔特征。

（3）创建凸缘孔冲压。

（4）创建曲面冲压。

（5）创建凹槽切削。

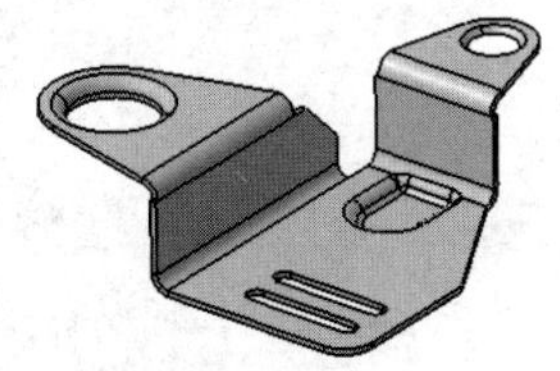

图11-208 范例图

2. 习题二

通过CATIA钣金命令，创建如图11-209所示的模型。

读者将熟悉如下内容：

（1）创建平整钣金壁。

（2）创建弯边特征。

（3）创建收合特征。

（4）创建展开特征。

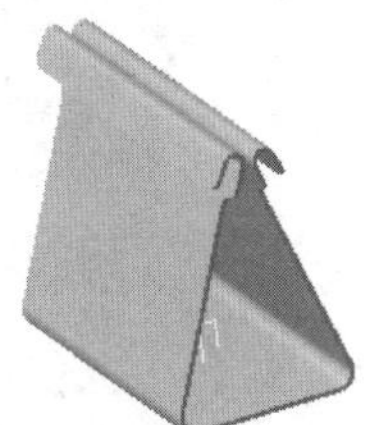

图11-209 范例图

第12章 机械零件设计综合案例

在接下来的这一章中，我们将利用CATIA V5R21的零件设计模块进行高级实例建模，通过对这些复杂的实例进行建模练习，可以进一步提高我们应用零件设计模块进行三维建模的质量和效率。

◎ 知识点01：掌握常用标准件的造型

◎ 知识点02：掌握常用机械轴类、盘类、箱体类和架类零件造型

◎ 知识点03：掌握凸轮零件造型

12.1 机械标准件设计

本节我们将介绍机械设计中常用标准件（螺栓、螺母、齿轮、轴承、销、键和弹簧等）的设计方法和过程，这些零件可以在以后的机械设计中直接调用，提高设计效率。

12.1.1 螺栓、螺母设计

螺栓和螺母是最常用的标准件之一，因此有必要掌握螺栓和螺母的设计方法和过程。

提示

在绘制螺纹时有没有必要绘制出螺纹牙型结构？如果需要应该怎么绘制？不绘制螺纹怎样体现螺纹呢？一般机械设计中没有必要生成螺纹牙型，只需要创建螺纹修饰特征即可。如果要牙型，可以采取肋和已移除的多截面实体命令创建。

动手操作—螺栓设计

螺栓模型如图12-1所示，主要由头部、杆部和螺纹3部分组成。

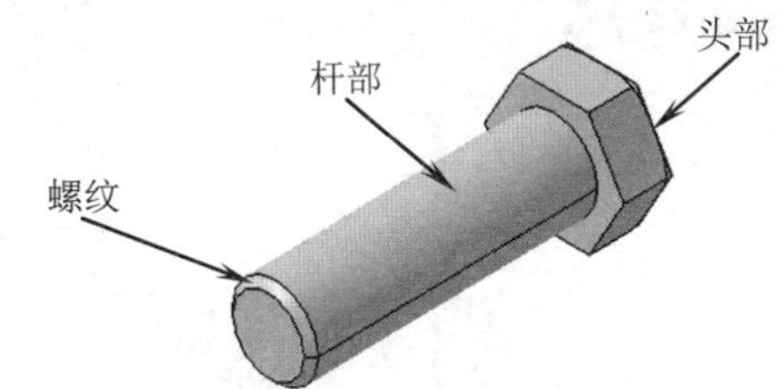

图12-1 螺栓模型

进行螺栓模型创建的操作步骤如下：

01 在【标准】工具栏中单击【新建】按钮，在弹出的对话框中选择“part”，单击【确定】按钮新建一个零件文件，如图12-2所示。选择【开始】|【机械设计】|【零件设计】，进入【零件设计】工作台。

图12-2 新建零件文件

02 单击【草图】按钮，在工作窗口选择草图平面yz平面，系统自动进入草图编辑器。

03 单击【轮廓】工具栏上的【圆】按钮，弹出【草图工具】工具栏，在图形区选择原点作为圆心，绘制直径为18的圆，如图12-3所示。

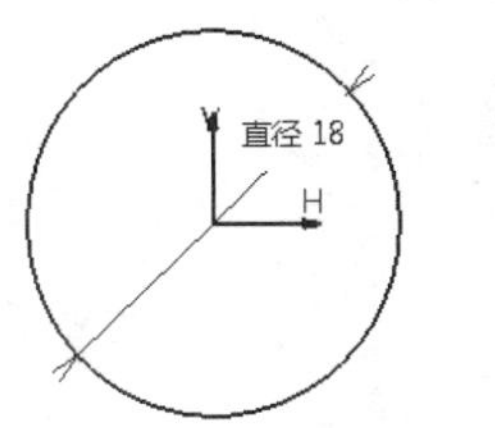

图12-3 绘制草图

04 单击【工作台】工具栏上的【退出工作台】按钮，完成草图绘制，退出草图编辑器环境，返回零件设计工作台。

05 单击【基于草图的特征】工具栏上的【凸台】按钮，弹出【定义凸台】对话框，选择上一步所绘制的草图，拉伸60mm，单击【确定】按钮完成拉伸特征，如图12-4所示。

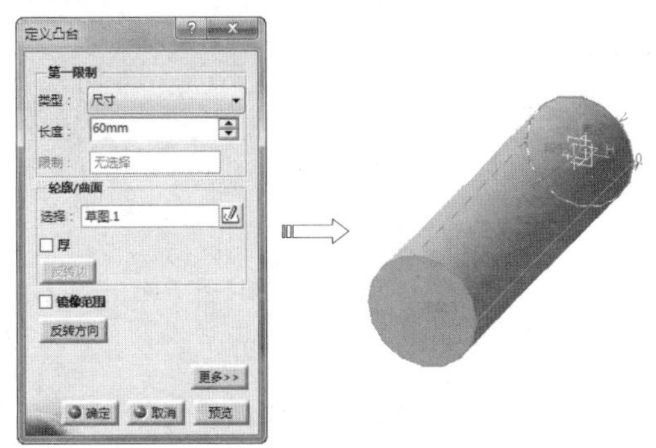

图12-4 创建拉伸特征

06 选择上述所绘实体的表面，单击【草图】按钮，利用【六边形】工具绘制如图12-5所示的六边形。单击【退出工作台】按钮，完成草图绘制。

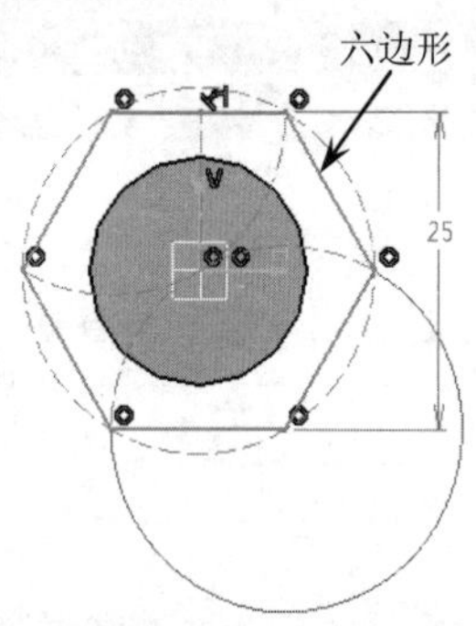

图12-5　绘制草图

07 单击【基于草图的特征】工具栏上的【凸台】按钮，弹出【定义凸台】对话框，选择上一步所绘制的草图，拉伸10mm，单击【确定】按钮完成拉伸特征，如图12-6所示。

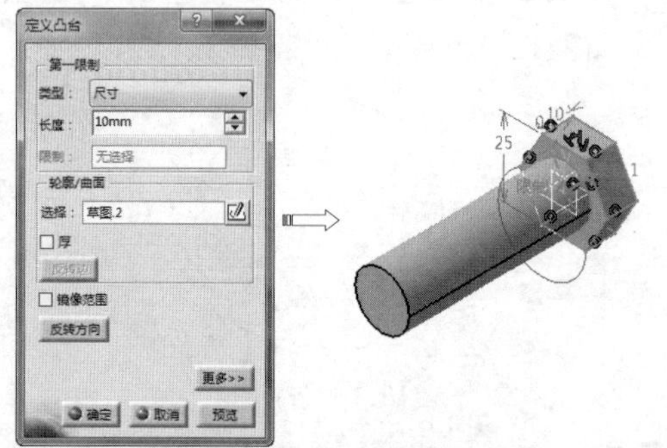
图12-6　创建拉伸特征

08 单击【草图】按钮，在工作窗口选择草图平面xy平面，利用直线、轴线、圆弧工具绘制如图12-7所示的草图。单击【工作台】工具栏上的【退出工作台】按钮，完成草图绘制。

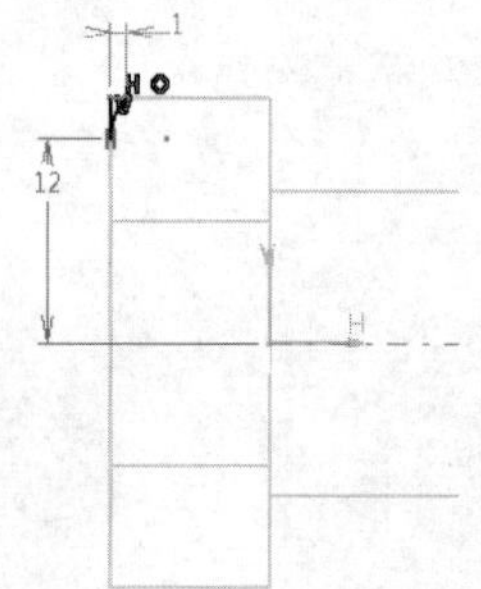

图12-7　绘制草图

09 单击【基于草图的特征】工具栏上的【旋转槽】按钮，选择上一步草图为旋转槽截面，弹出【定义旋转槽】对话框，设置旋转槽参数后，单击【确定】按钮，系统自动完成旋转槽特征，如图12-8所示。

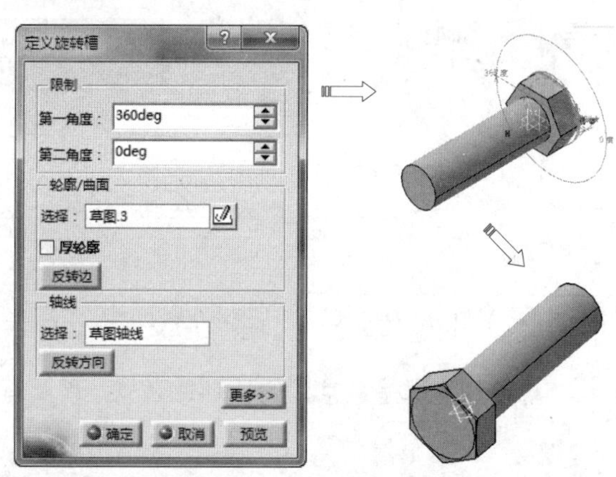

图12-8　创建旋转槽特征

10 单击【修饰特征】工具栏上的【倒角】按钮，弹出【定义倒角】对话框，在【模式】下拉列表中选择【长度1/角度】模式，设置倒角参数为1.5，激活【要倒角的对象】选择框，选择小圆柱边线，单击【确定】按钮，系统自动完成倒角特征，如图12-9所示。

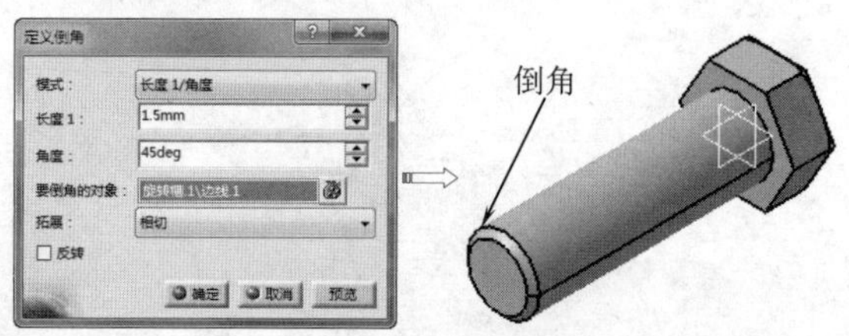

图12-9　创建倒角

11 单击【修饰特征】工具栏上的【内螺纹/外螺纹】按钮，弹出【定义内螺纹/外螺纹】对话框，激活【侧面】编辑框，选择产生螺纹的小圆柱表面，激活【限制面】编辑框，选择小圆柱端面为螺纹起始位置，设置螺纹尺寸参数，如图12-10所示。单击【确定】按钮，系统自动完成螺纹特征。

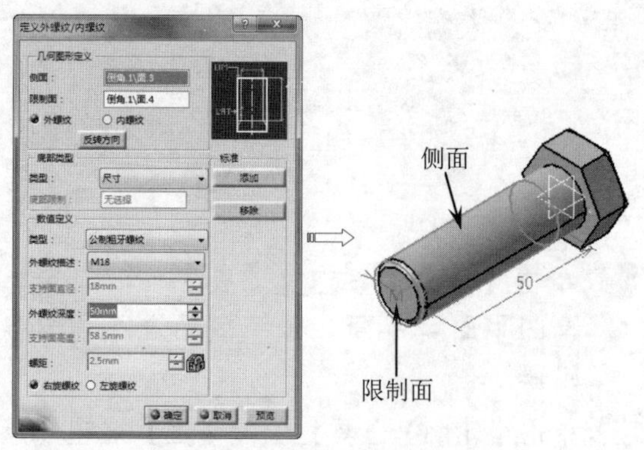

图12-10　创建螺纹修饰特征

动手操作——螺母设计

M12螺母模型如图12-11所示，主要由螺母主体、螺纹孔和倒角等3部分组成。

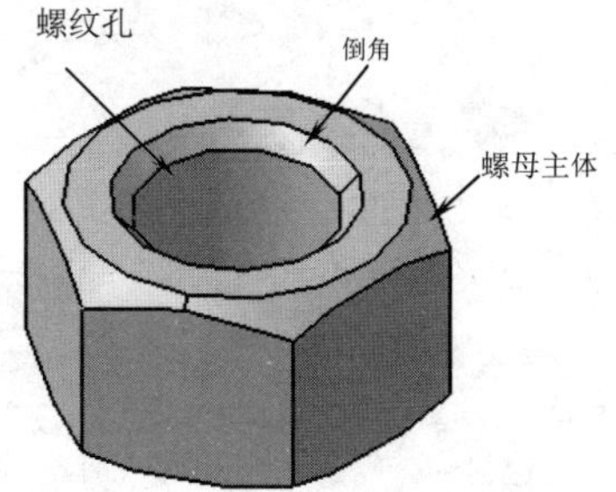

图12-11 螺母模型

进行螺母绘制的操作步骤如下：

01 在【标准】工具栏中单击【新建】按钮，在弹出的对话框中选择“part”，单击【确定】按钮新建一个零件文件，并选择【开始】|【机械设计】|【零件设计】，进入【零件设计】工作台。

02 单击【草图】按钮，在工作窗口选择草图平面xy平面，利用【六边形】工具绘制如图12-12所示的六方形。单击【工作台】工具栏上的【退出工作台】按钮，完成草图绘制。

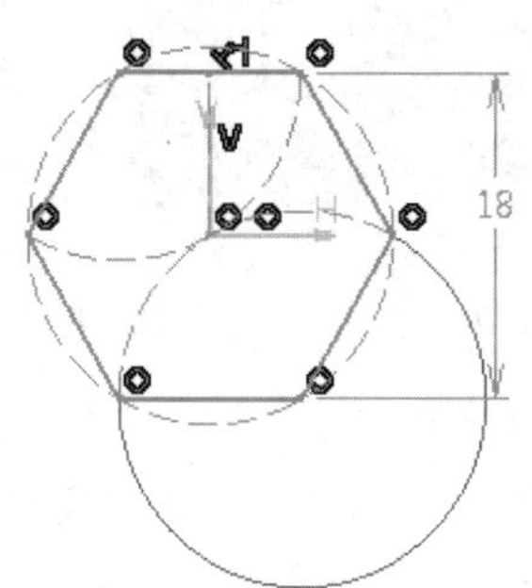

图12-12 绘制草图

03 单击【基于草图的特征】工具栏上的【凸台】按钮，弹出【定义凸台】对话框，选择上一步所绘制的草图，拉伸深度5.25mm，选中【镜像范围】复选框，单击【确定】按钮完成拉伸特征，如图12-13所示。

04 单击【草图】按钮，在工作窗口选择草图平面zx平面，利用直线、轴线工具绘制如图12-14所示的三角形草图。单击【工作台】工具栏上的【退出工作台】按钮，完成草图绘制。

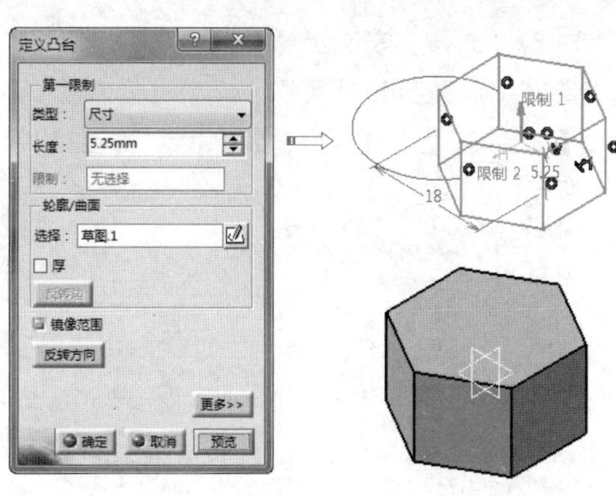

图12-13 创建拉伸特征

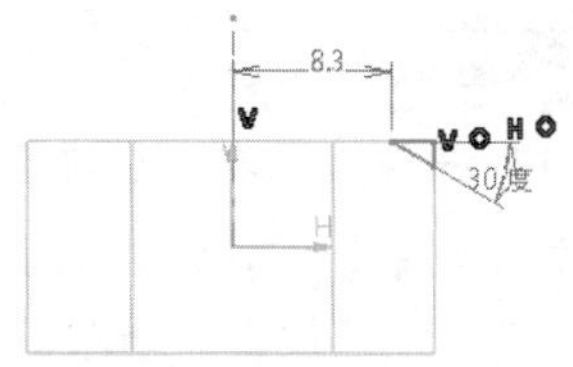

图12-14 绘制草图

05 单击【基于草图的特征】工具栏上的【旋转槽】按钮，选择上一步草图为旋转槽截面，弹出【定义旋转槽】对话框，设置旋转槽参数后，单击【确定】按钮，系统自动完成旋转槽特征，如图12-15所示。

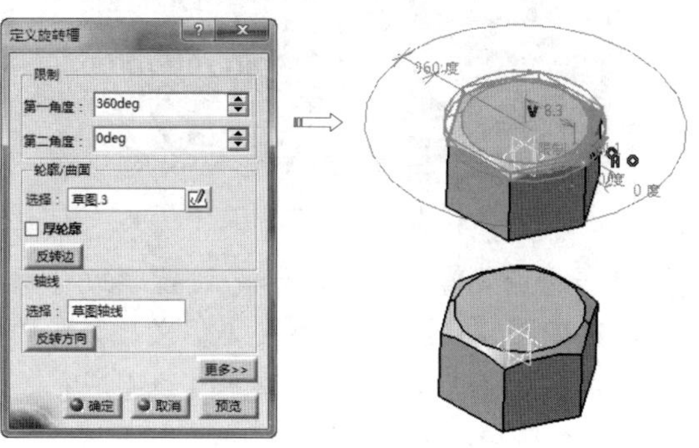

图12-15 创建旋转槽特征

06 选择上一步旋转槽特征，单击【变换特征】工具栏上的【镜像】按钮，选择xy平面作为镜像平面，单击【确定】按钮，系统自动完成镜像特征，如图12-16所示。

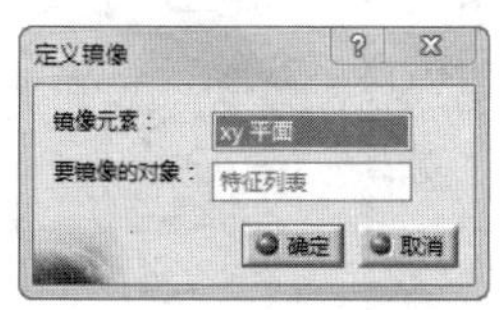

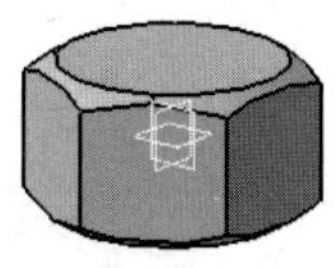

图12-16 创建镜像特征

07 创建螺纹孔特征，具体步骤如下：单击【基于草图的特征】工具栏上的【孔】按钮，选择上表面为钻孔的实体表面后，弹出【定义孔】对话框，设置【扩展】为【直到最后】，【直径】为10.106，如图12-17所示。

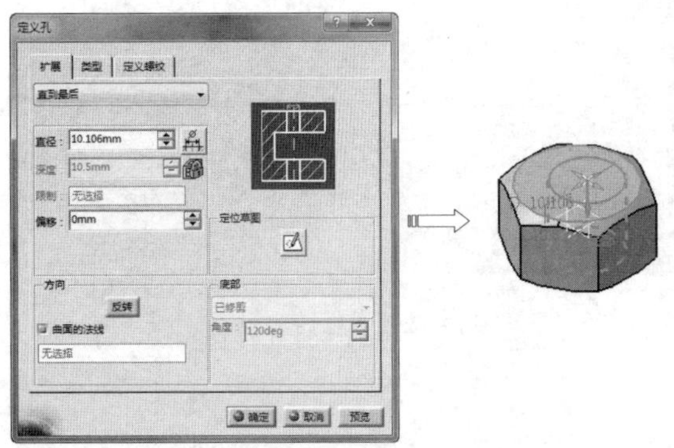

图12-17　选择孔表面和设置孔参数

08 单击【定位草图】按钮，进入草图编辑器，约束定位钻孔位置，如图12-18所示。单击【工作台】工具栏上的【退出工作台】按钮返回。

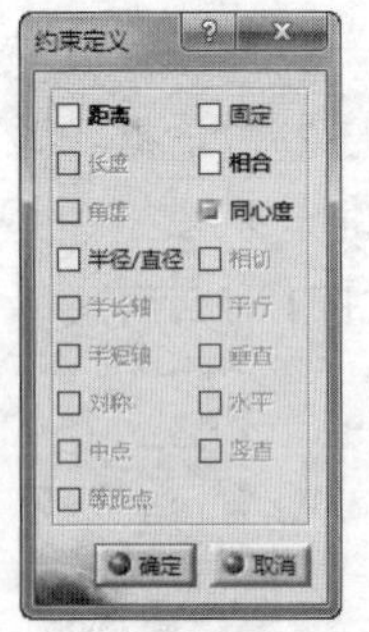

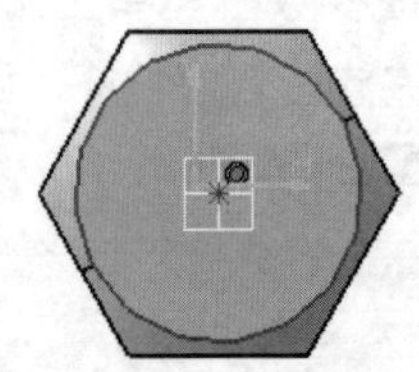

图12-18　定位孔位置

09 单击【定义螺纹】选项卡，设置螺纹孔参数，如图12-19所示。单击【定义孔】对话框中的【确定】按钮，系统自动完成孔特征，如图12-20所示。

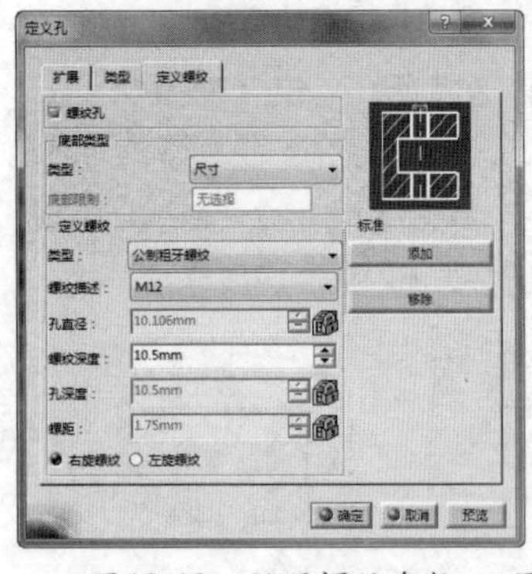

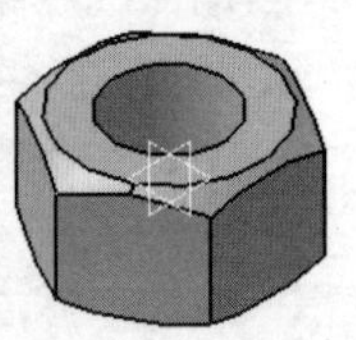

图12-19　设置螺纹参数　　图12-20　创建孔特征

10 单击【修饰特征】工具栏上的【倒角】按钮，弹出【定义倒角】对话框，在【模式】下拉列表中选择【长度1/角度】模式，设置倒角参数为1，激活【要倒角的对象】选择框，选择孔两端边线，单击【确定】按钮，系统自动完成倒角特征，如图12-21所示。

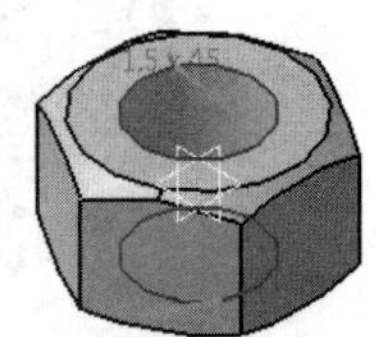

图12-21　创建倒角

12.1.2　齿轮设计

齿轮类零件是常用机械传动零件之一，主要种类有直齿轮、斜齿轮、圆锥齿轮等。下面仅介绍常用的直齿轮和斜齿轮的画法。

动手操作——直齿圆柱齿轮设计

直齿圆柱齿轮由齿形和齿轮基体组成，如图12-22所示。

图12-22　直齿圆柱齿轮模型

直齿圆柱齿轮绘制操作步骤如下：

01 在【标准】工具栏中单击【新建】按钮，在弹出的对话框中选择“part”，单击【确定】按钮新建一个零件文件，并选择【开始】|【机械设计】|【零件设计】，进入【零件设计】工作台。

02 单击【草图】按钮，在工作窗口选择草图平面yz平面，进入草图编辑器。

03 利用圆、圆弧、倒角、轴线等工具绘制如图12-23所示的一侧齿廓草图。

04 单击【操作】工具栏上的【镜像】按钮，首先选择上一步所绘制齿轮廓，然后选择竖直轴线作为镜像线，系统自动完成镜像操作，如图12-24所示。

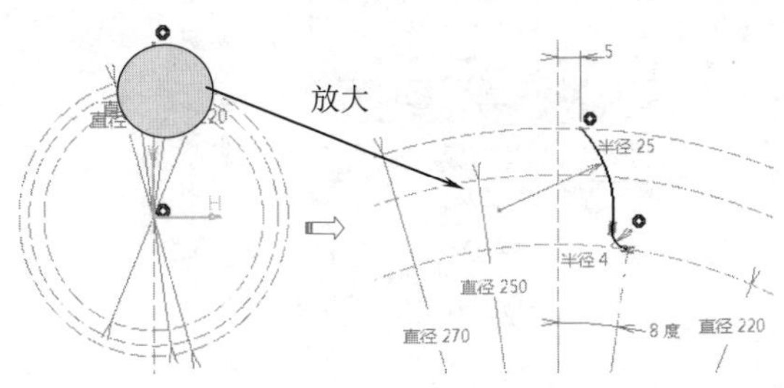

图12-23 绘制一侧齿廓

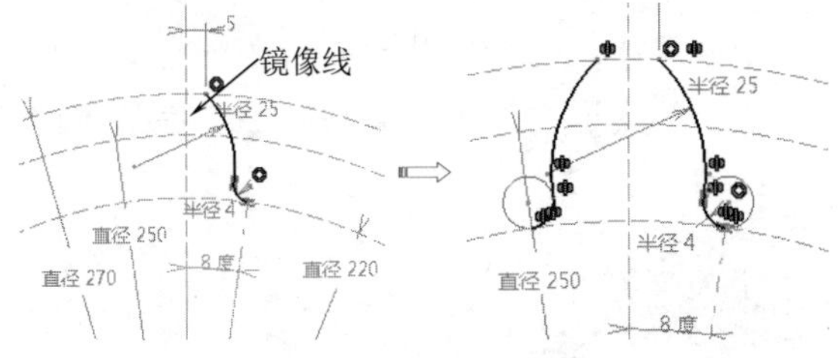

图12-24 镜像轮廓

05 单击【操作】工具栏上的【旋转】按钮，弹出【旋转定义】对话框，选择齿形轮廓为旋转元素，再次选择原点为旋转中心点，设置【实例】为17，角度为20，单击【确定】按钮，系统自动完成旋转操作，如图12-25所示。

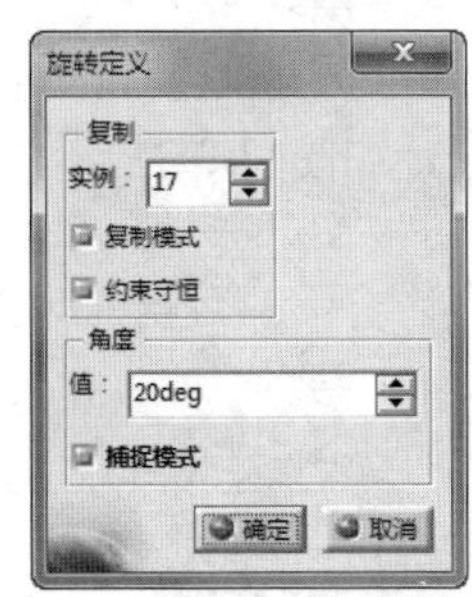

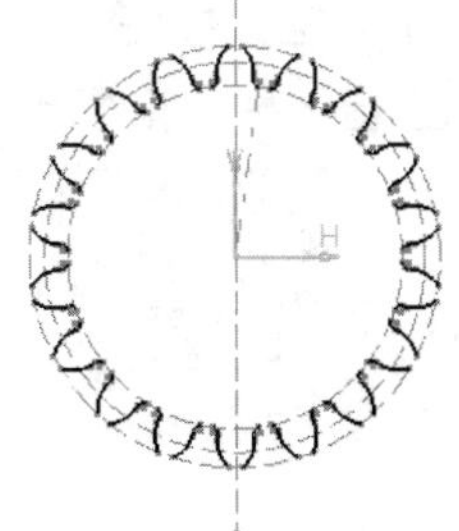

图12-25 旋转操作

06 利用圆、修剪工具绘制如图12-26所示的轮廓，单击【工作台】工具栏上的【退出工作台】按钮，完成草图绘制。

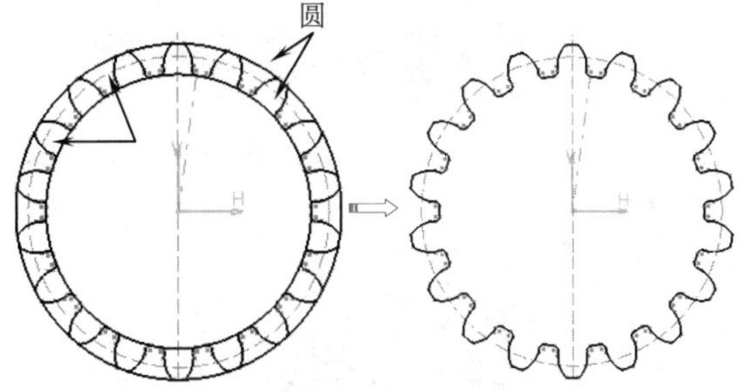

图12-26 绘制草图轮廓

07 单击【基于草图的特征】工具栏上的【凸台】按钮，弹出【定义凸台】对话框，选择上一步所绘制的草图，拉伸深度25mm，选中【镜像范围】复选框，单击【确定】按钮完成拉伸特征，如图12-27所示。

图12-27 创建拉伸特征

08 选择齿轮实体的一个端面，单击【草图】按钮，利用圆工具绘制如图12-28所示的草图。单击【工作台】工具栏上的【退出工作台】按钮，完成草图绘制。

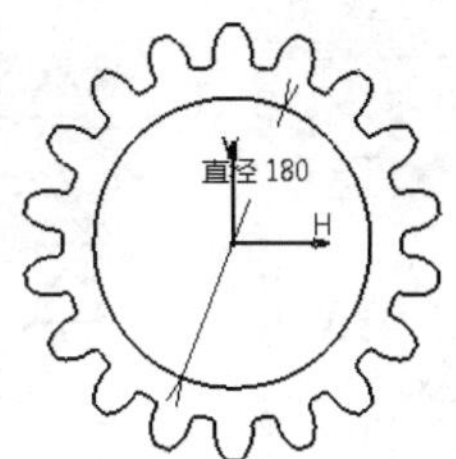

图12-28 绘制圆草图

09 单击【基于草图的特征】工具栏上的【凹槽】按钮，选择上一步草图，弹出【定义凹槽】对话框，设置凹槽【深度】为10，单击【确定】按钮，系统自动完成凹槽特征，如图12-29所示。

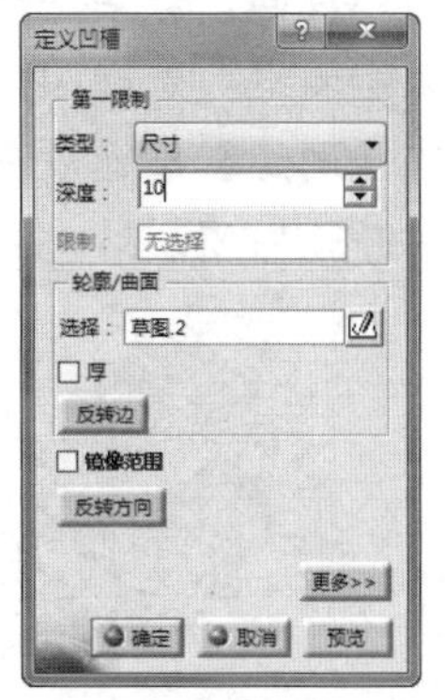

图12-29 创建凹槽特征

10 选择如图12-30所示的表面为草绘平面，单击【草图】按钮，利用【圆】工具绘制如图所示的轮廓。单击【工作台】工具栏上的【退出工作台】按钮，完成草图绘制。

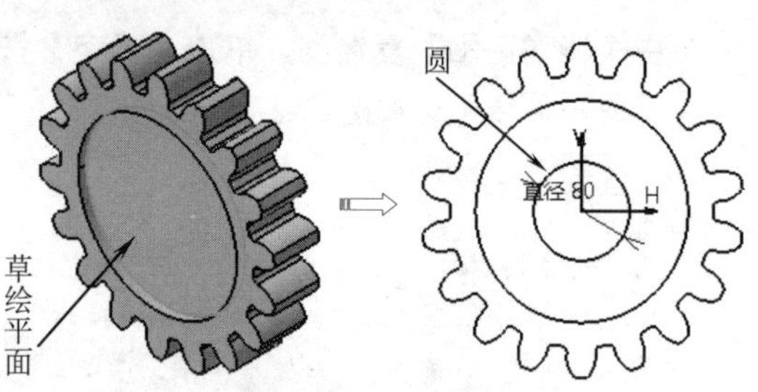

图12-30 绘制草图

11 单击【基于草图的特征】工具栏上的【凸台】按钮，弹出【定义凸台】对话框，选择上一步所绘制的草图，拉伸深度30mm，单击【确定】按钮完成拉伸特征，如图12-31所示。

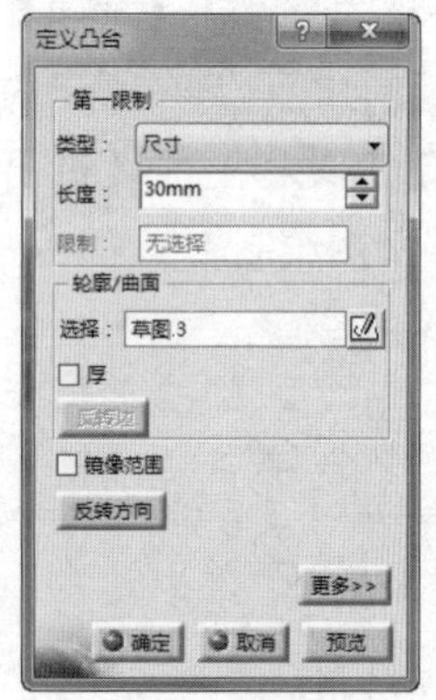

图12-31 创建拉伸特征

12 单击【修饰特征】工具栏上的【拔模斜度】按钮，弹出【定义拔模】对话框，在【角度】文本框中输入拔模角，激活【要拔模的面】编辑框，选择凸台侧面为要拔模面，激活【中性元素】中【选择】编辑框，选择凹槽底面为中性面，激活【拔模方向】中的【选择】编辑框，选择凹槽底面为拔模方向，单击【确定】按钮，系统自动完成拔模特征，如图12-32所示。

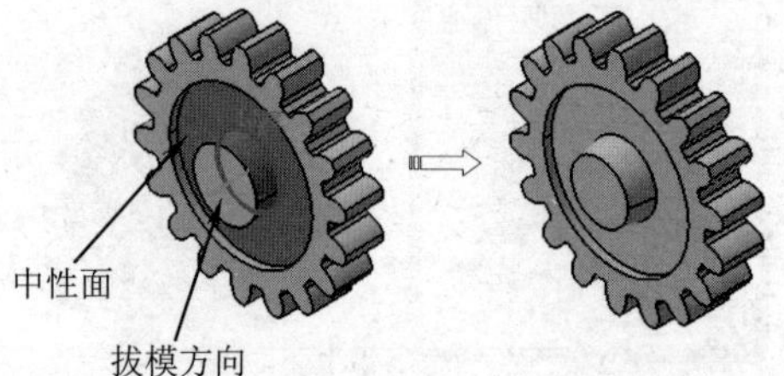

图12-32 创建拔模特征

13 选择凹槽、凸台、拔模特征，单击【变换特征】工具栏上的【镜像】按钮，选择yz平面作为镜像平面，单击【确定】按钮，系统自动完成镜像特征，如图12-33所示。

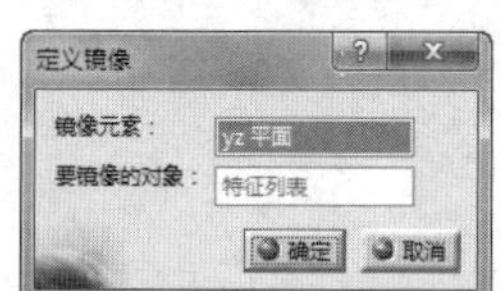

图12-33 创建镜像特征

14 选择如图12-34所示的表面为草绘平面，单击【草图】按钮，利用圆、直线工具绘制如图所示的轮廓。单击【工作台】工具栏上的【退出工作台】按钮，完成草图绘制。

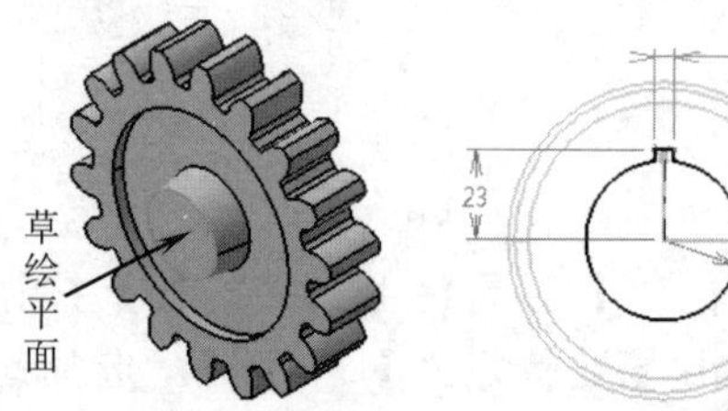

图12-34 绘制草图

15 单击【基于草图的特征】工具栏上的【凹槽】按钮，选择上一步草图，弹出【定义凹槽】对话框，设置凹槽参数后，单击【确定】按钮，系统自动完成凹槽特征，直齿圆柱齿轮绘制完成，如图12-35所示。

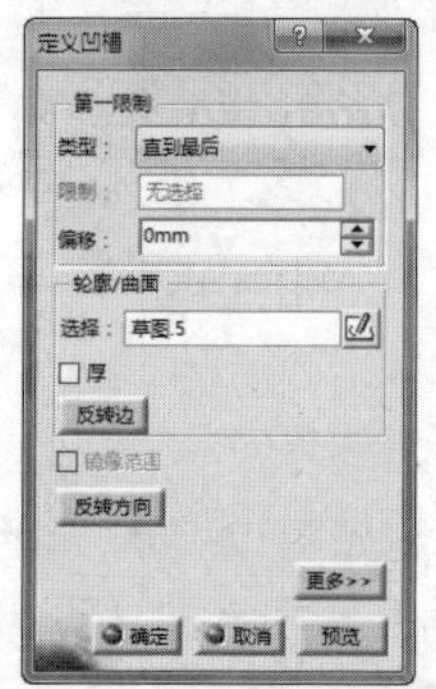

图12-35 创建凹槽特征

动手操作——斜齿圆柱齿轮设计

斜齿圆柱齿轮由齿形和齿轮基体组成，如图12-36所示。

图12-36 斜齿圆柱齿轮模型

斜齿圆柱齿轮绘制操作步骤如下：

01 在【标准】工具栏中单击【新建】按钮，在弹出的对话框中选择“part”，单击【确定】按钮新建一个零件文件，并选择【开始】|【机械设计】|【零件设计】，进入【零件设计】工作台。

02 单击【草图】按钮，在工作窗口选择草图平面yz平面，进入草图编辑器。

03 利用圆、圆弧、倒角、轴线等工具绘制如图12-37所示的草图。

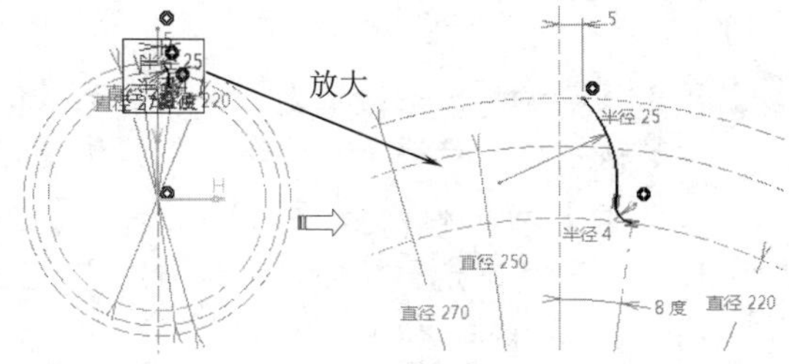

图12-37 绘制一侧齿廓

04 单击【操作】工具栏上的【镜像】按钮，首先选择上一步所绘制的齿轮廓，然后选择竖直轴线作为镜像线，系统自动完成镜像操作，如图12-38所示。

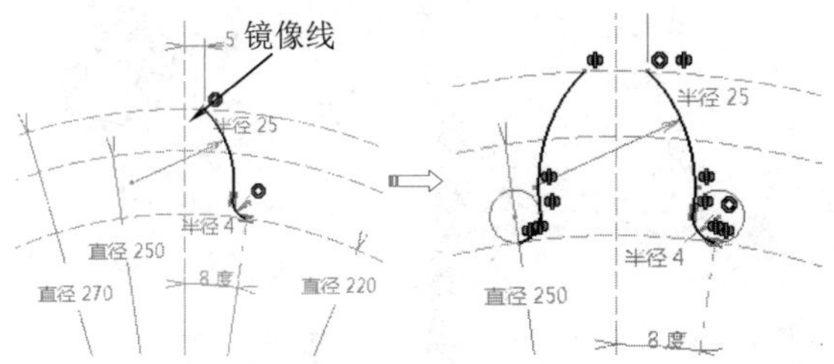

图12-38 镜像轮廓

05 单击【操作】工具栏上的【旋转】按钮，弹出【旋转定义】对话框，选择齿形轮廓为旋转元素，再次选择原点为旋转中心点，设置【实例】为17，角度为20，单击【确定】按钮，系统自动完成旋转操作，如图12-39所示。

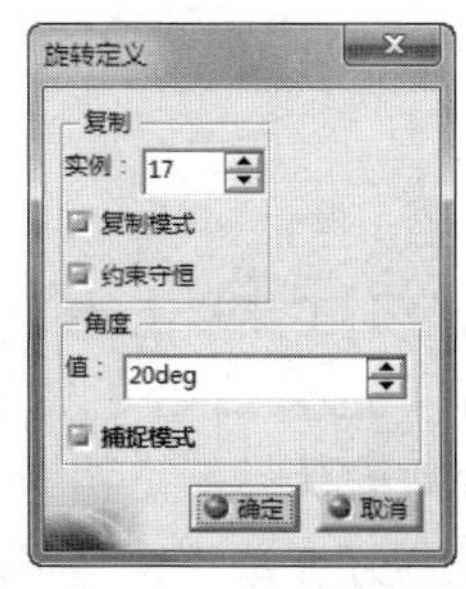

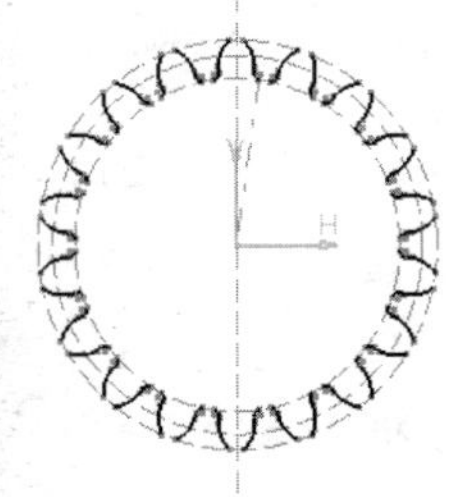

图12-39 旋转操作

06 利用圆、修剪工具绘制如图12-40所示的轮廓，单击【工作台】工具栏上的【退出工作台】按钮，完成草图绘制。

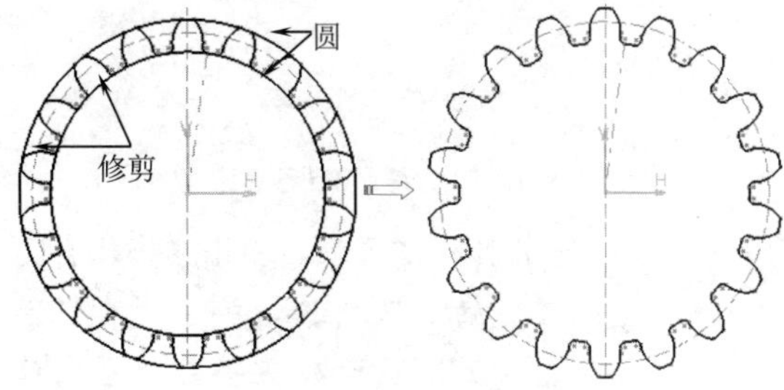

图12-40 绘制草图轮廓

07 单击【参考元素】工具栏上的【平面】按钮，弹出【平面定义】对话框，在【平面类型】下拉列表中选择【偏移平面】选项，选择yz平面作为参考，在【偏移】文本框输入60，单击【确定】按钮，系统自动完成平面创建，如图12-41所示。

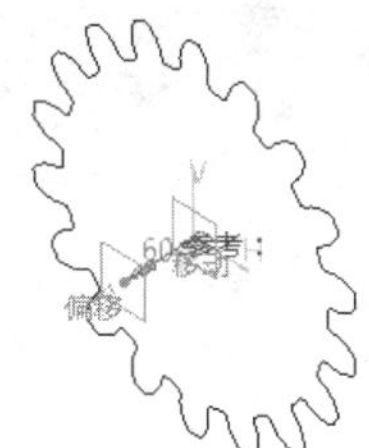

图12-41 创建平面

08 单击【参考元素】工具栏上的【平面】按钮，弹出【平面定义】对话框，在【平面类型】下拉列表中选择【偏移平面】选项，选择yz平面作为参考，在【偏移】文本框输入30，单击【确定】按钮，系统自动完成平面创建，如图12-42所示。

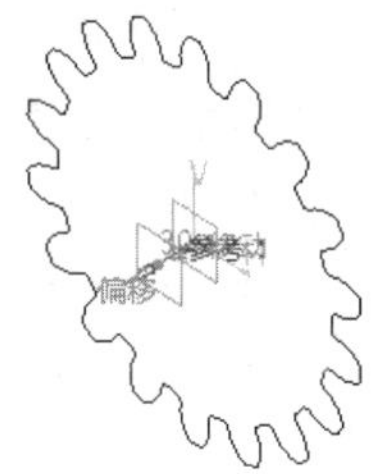

图12-42 创建平面

09 选择平面.1，单击【草图】按钮，进入草图编辑器。选择上一步齿轮轮廓草图，单击【操作】工具栏上的【投影3D元素】按钮，将其投影到草图平面上，并显示为黄色，如图12-43所示。

图12-43　投影3D元素

10 选择上一步投影后的元素，单击【操作】工具栏上的【旋转】按钮，弹出【旋转定义】对话框，定义旋转相关参数，然后选择要旋转的元素，再次选择旋转中心点，单击【确定】按钮，系统自动完成旋转操作，如图12-44所示。

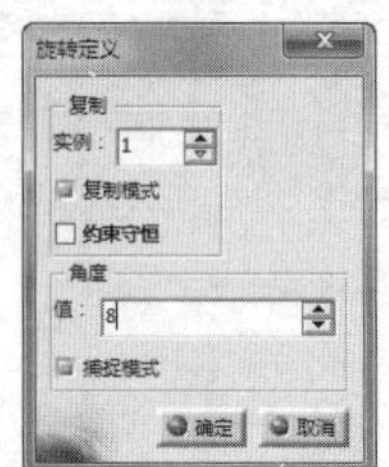

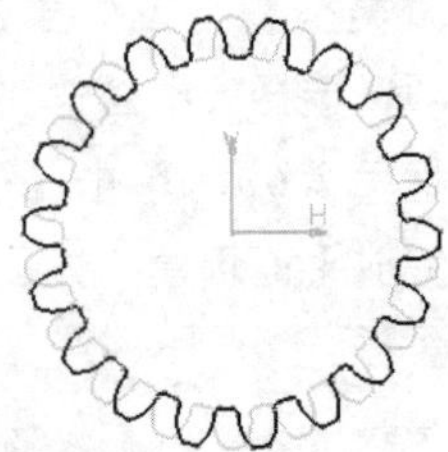

图12-44　绘制草图

11 选择上一步投影后的元素，按DELETE键删除，如图12-45所示。单击【工作台】工具栏上的【退出工作台】按钮，完成草图绘制。

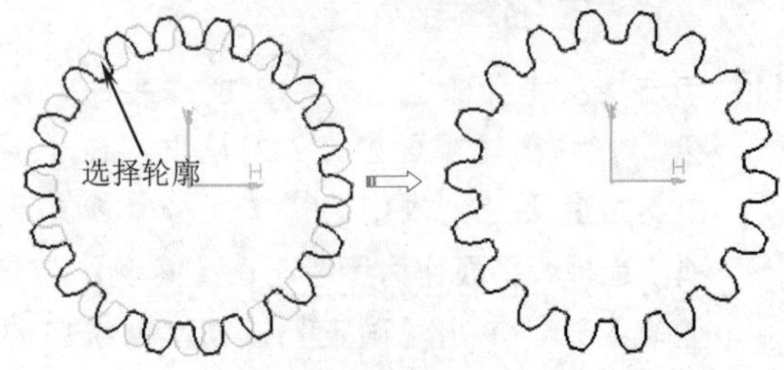

图12-45　删除轮廓

12 单击【基于草图的特征】工具栏上的【多截面实体】按钮，弹出【多截面实体定义】对话框，依次选择两个草图截面，单击【确定】按钮，系统创建多截面实体特征，如图12-46所示。

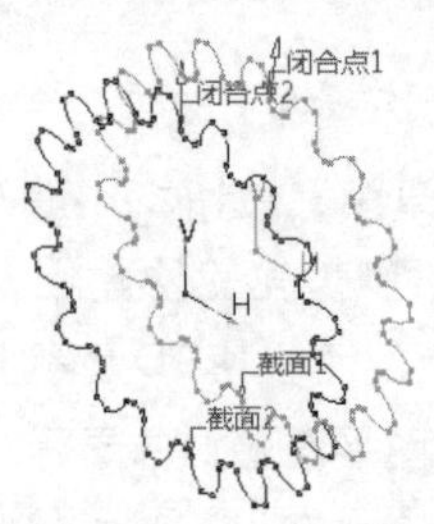

图12-46　创建多截面实体

13 选择齿轮实体的一个端面，单击【草图】按钮，利用【圆】工具绘制如图12-47所示的草图。单击【工作台】工具栏上的【退出工作台】按钮，完成草图绘制。

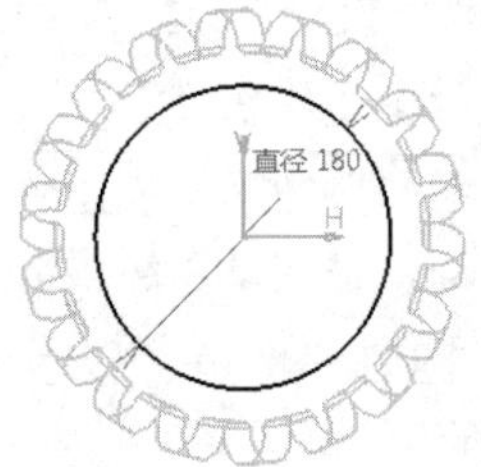

图12-47　绘制草图

14 单击【基于草图的特征】工具栏上的【凹槽】按钮，选择上一步草图，弹出【定义凹槽】对话框，设置凹槽【深度】为15，单击【确定】按钮，系统自动完成凹槽特征，如图12-48所示。

图12-48　创建凹槽特征

15 选择如图12-49所示的表面为草绘平面，单击【草图】按钮，利用【圆】工具绘制如图所示的轮廓。单击【工作台】工具栏上的【退出工作台】按钮，完成草图绘制。

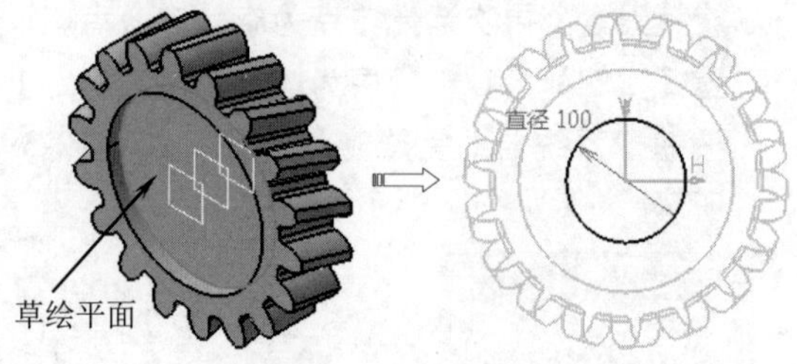

图12-49　绘制草图

16 单击【基于草图的特征】工具栏上的【凸台】按钮，弹出【定义凸台】对话框，选择上一步所绘制的草图，拉伸深度40mm，单击【确定】按钮完成拉伸特征，如图12-50所示。

图12-50 创建拉伸特征

17 单击【修饰特征】工具栏上的【拔模斜度】按钮，弹出【定义拔模】对话框，在【角度】文本框中输入拔模角，激活【要拔模的面】编辑框，选择凸台侧面为要拔模面，激活【中性元素】中【选择】编辑框，选择凹槽底面为中性面，激活【拔模方向】中的【选择】编辑框，选择凹槽底面为拔模方向，单击【确定】按钮，系统自动完成拔模特征，如图12-51所示。

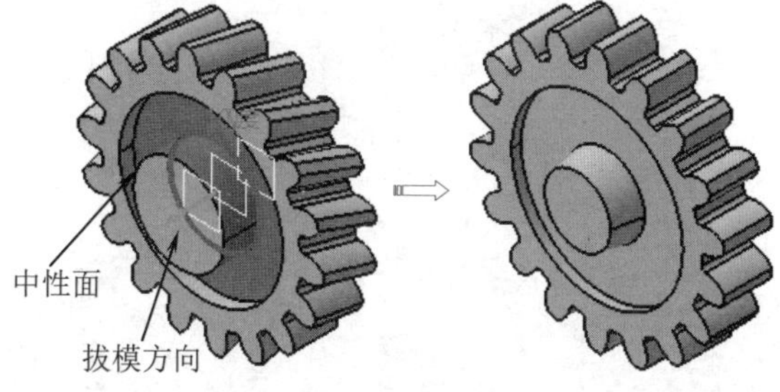

图12-51 创建拔模特征

18 选择凹槽、凸台、拔模特征，单击【变换特征】工具栏上的【镜像】按钮，选择平面.2作为镜像平面，单击【确定】按钮，系统自动完成镜像特征，如图12-52所示。

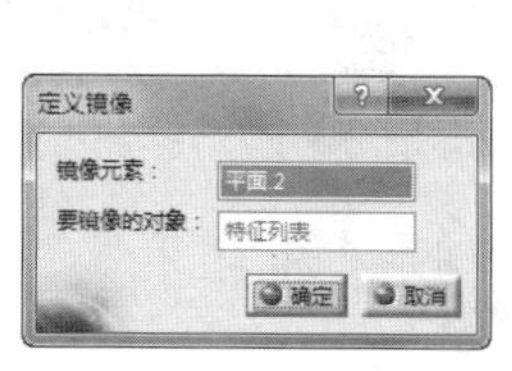

图12-52 创建镜像特征

19 选择如图12-53所示的表面为草绘平面，单击【草图】按钮，利用圆、直线工具绘制如图所示的轮廓。单击【工作台】工具栏上的【退出工作台】按钮，完成草图绘制。

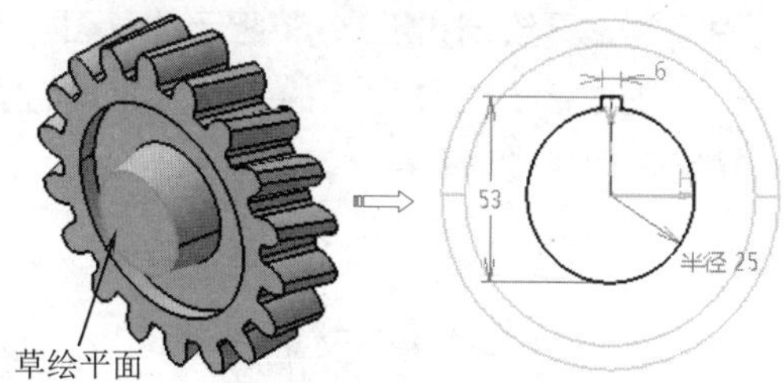

图12-53 绘制草图

20 单击【基于草图的特征】工具栏上的【凹槽】按钮，选择上一步草图，弹出【定义凹槽】对话框，设置凹槽参数后，单击【确定】按钮，系统自动完成凹槽特征，斜齿圆柱齿轮绘制完成，如图12-54所示。

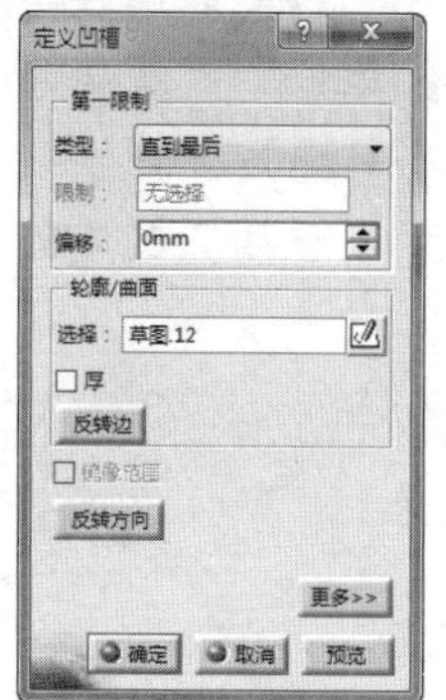

图12-54 创建凹槽特征

12.1.3 轴承设计

滚动轴承如图12-55所示，主要由内圈、外圈、保持架、滚珠4部分组成。

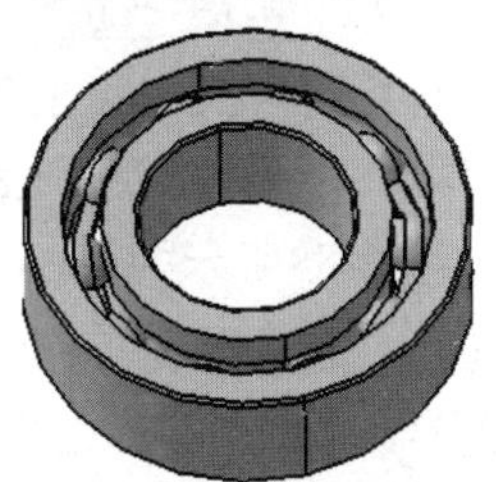
图12-55 滚动轴承模型

动手操作—滚动轴承设计

滚动轴承绘制操作步骤如下：

01 在【标准】工具栏中单击【新建】按钮，在弹出的对话框中选择“part”，单击【确定】按钮新建一个零件文件，并选择【开始】|【机械设计】|【零件设计】，进入【零件设计】工作台。

02 单击【草图】按钮，在工作窗口选择草图平面yz平面，进入草图编辑器。利用矩形、轴线等工具绘制如图12-56所示的草图。单击【工作台】工具栏上的【退出工作台】按钮，完成草图绘制。

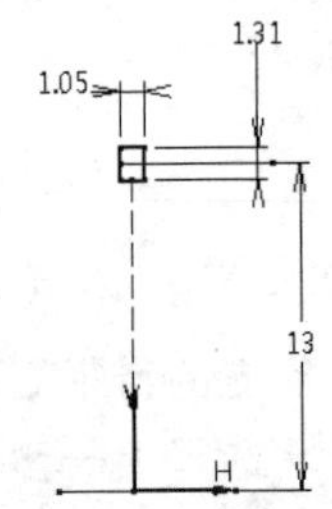

图12-56 绘制草图

03 单击【基于草图的特征】工具栏上的【旋转体】按钮，选择旋转截面，弹出【定义旋转体】对话框，选择上一步草图为旋转槽截面，选择草图H轴为旋转轴线，单击【确定】按钮，系统自动完成旋转槽特征，如图12-57所示。

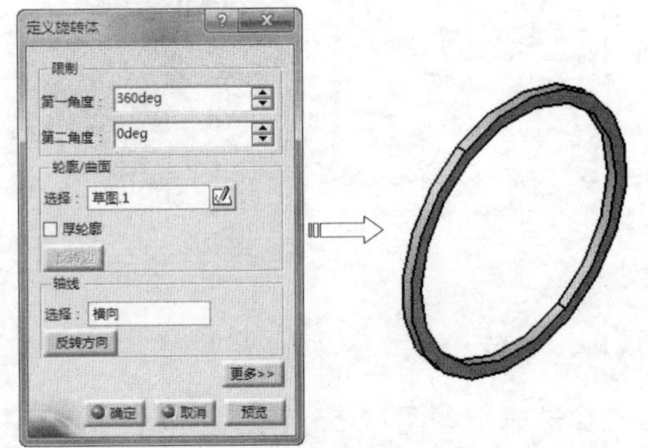

图12-57 创建旋转体特征

04 单击【草图】按钮，在工作窗口选择草图平面zx平面，利用圆弧、直线、轴线等工具绘制如图12-58所示的草图。单击【工作台】工具栏上的【退出工作台】按钮，完成草图绘制。

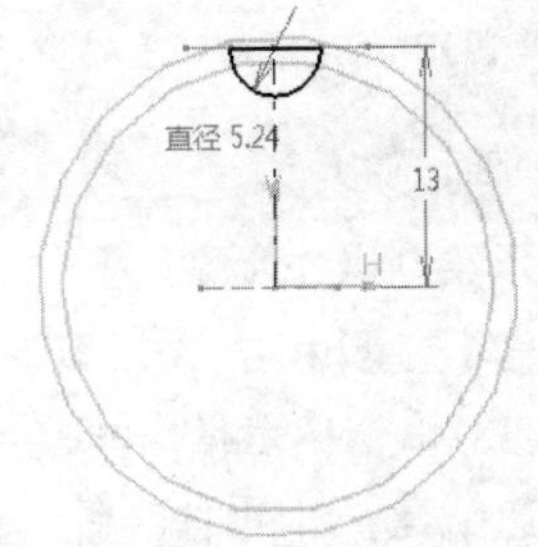

图12-58 绘制草图

05 单击【基于草图的特征】工具栏上的【旋转体】按钮，选择旋转截面，弹出【定义旋转体】对话框，选择上一步草图为旋转槽截面，选择草图H轴为旋转轴线，单击【确定】按钮，系统自动完成旋转槽特征，如图12-59所示。

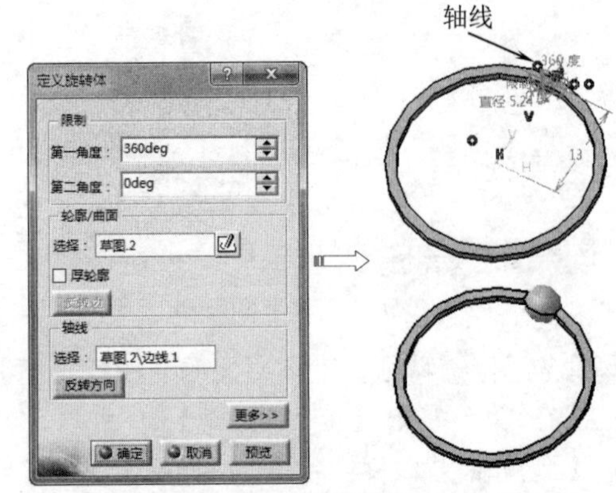

图12-59 创建旋转体特征

06 选择上一步所创建的球特征，单击【变换特征】工具栏上的【圆形阵列】按钮，弹出【定义圆形阵列】对话框，在【轴向参考】选项卡中设置阵列参数，选择圆环上表面为阵列轴，如图12-60所示。

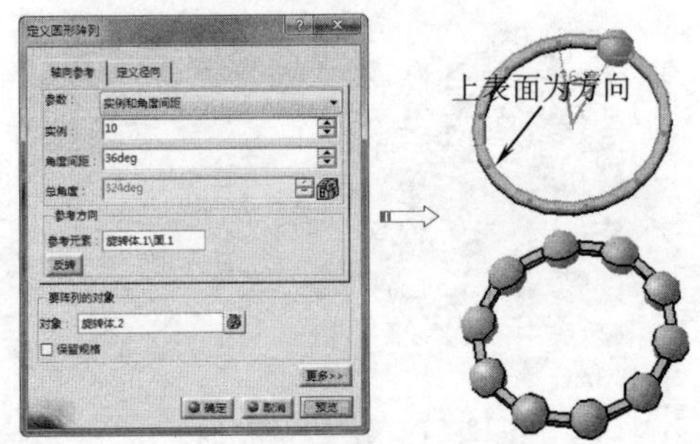

图12-60 创建圆形阵列特征

07 单击【草图】按钮，在工作窗口选择草图平面zx平面，利用圆工具绘制如图12-61所示的草图。单击【工作台】工具栏上的【退出工作台】按钮，完成草图绘制。

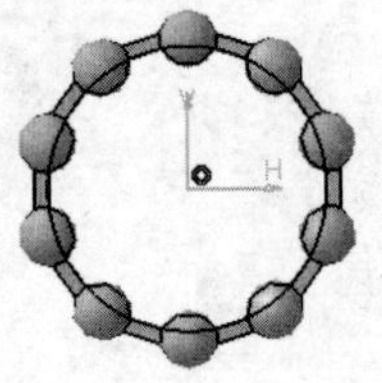

图12-61 绘制圆草图

08 单击【基于草图的特征】工具栏上的【凹槽】按钮，选择上一步草图，弹出【定义凹槽】对话框，设置凹槽参数后，单击【确定】按钮，系统自动完成凹槽特征，如图12-62所示。

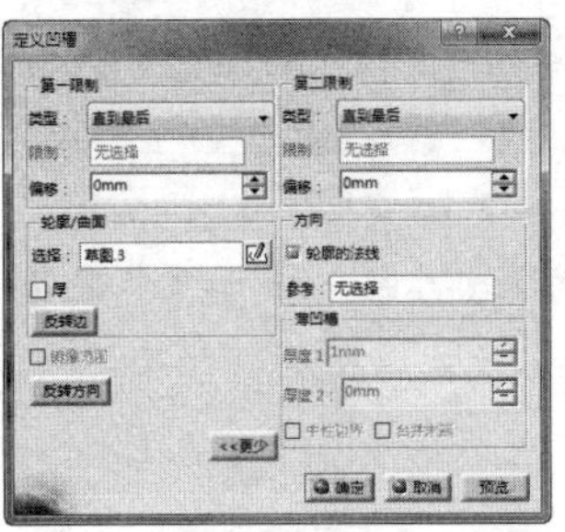
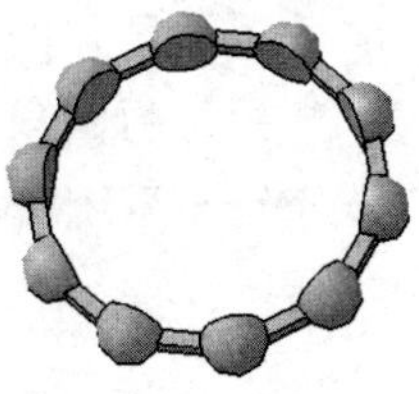

图12-62 创建凹槽特征

09 单击【草图】按钮，在工作窗口选择草图平面zx平面，利用圆工具绘制如图12-63所示的草图。单击【工作台】工具栏上的【退出工作台】按钮，完成草图绘制。

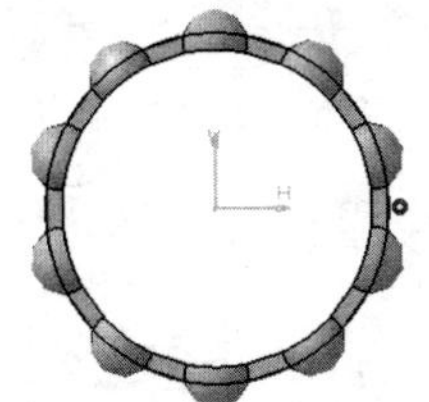

图12-63 绘制圆草图

10 单击【基于草图的特征】工具栏上的【凹槽】按钮，选择上一步草图，弹出【定义凹槽】对话框，设置凹槽参数后，单击【确定】按钮，系统自动完成凹槽特征，如图12-64所示。

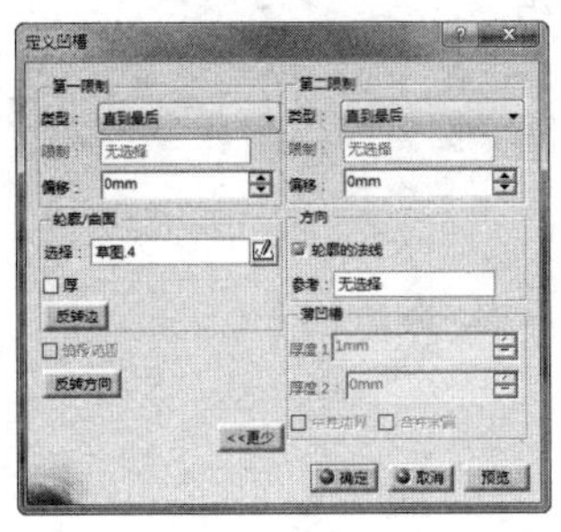

图12-64 创建凹槽特征

11 单击【草图】按钮，在工作窗口选择草图平面zx平面，利用圆弧、直线、轴线等工具绘制如图12-65所示的草图。单击【工作台】工具栏上的【退出工作台】按钮，完成草图绘制。

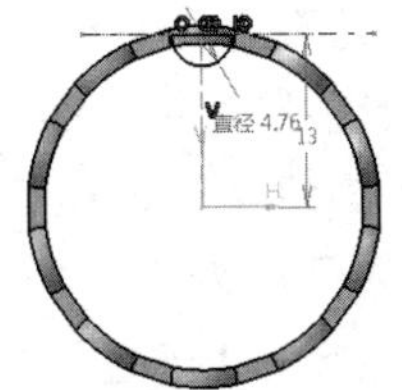

图12-65 绘制草图

12 单击【基于草图的特征】工具栏上的【旋转体】按钮，选择旋转截面，弹出【定义旋转体】对话框，选择上一步草图为旋转槽截面，单击【确定】按钮，系统自动完成旋转槽特征，如图12-66所示。

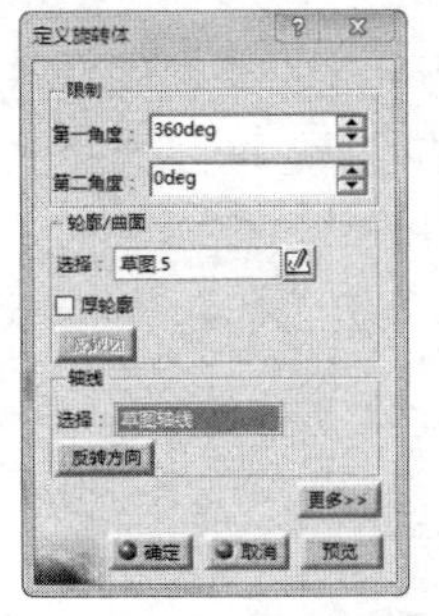
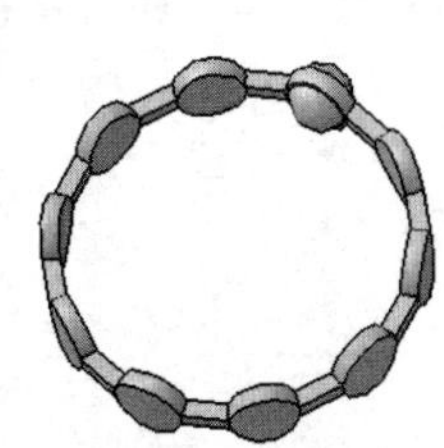

图12-66 创建旋转体特征

13 选择上一步所创建的球特征，单击【变换特征】工具栏上的【圆形阵列】按钮，弹出【定义圆形阵列】对话框，在【轴向参考】选项卡中设置阵列参数，选择如图12-67所示的侧面为阵列轴，如图12-68所示。

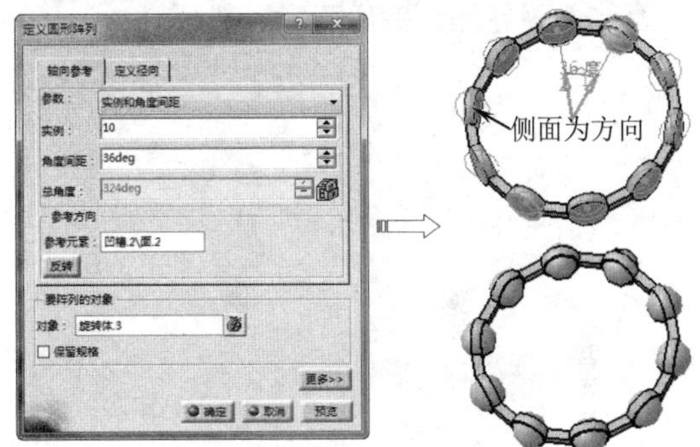

图12-67 创建圆形阵列特征

14 单击【草图】按钮，在工作窗口选择草图平面yz平面，进入草图编辑器。利用矩形、轴线、圆弧等工具绘制如图12-68所示的草图。单击【工作台】工具栏上的【退出工作台】按钮，完成草图绘制。

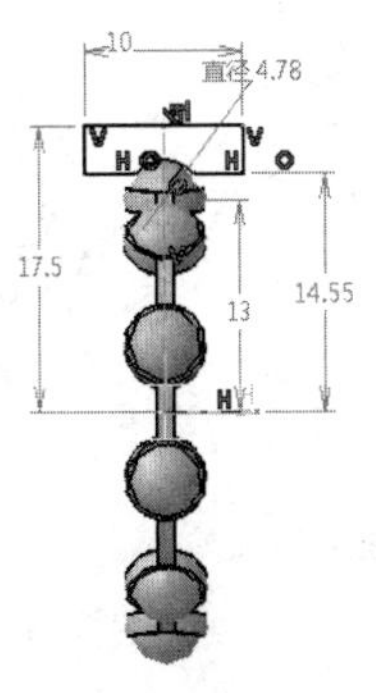

图12-68 绘制草图

15 单击【基于草图的特征】工具栏上的【旋转体】按钮，选择旋转截面，弹出【定义旋转体】对话框，选择上一步草图为旋转槽截面，单击【确定】按钮，系统自动完成旋转槽特征，如图12-69所示。

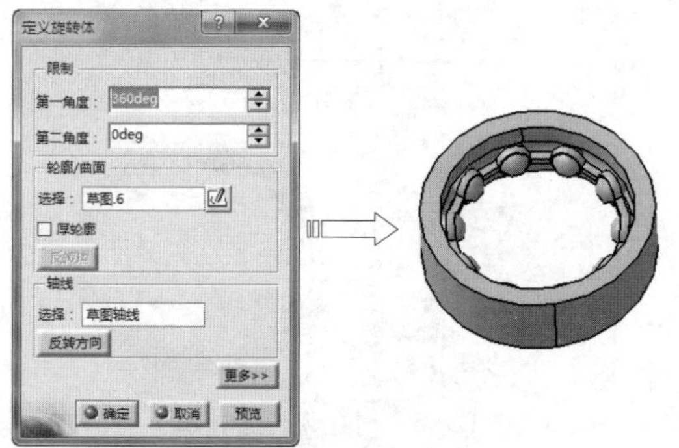

图12-69 创建旋转体特征

16 单击【草图】按钮，在工作窗口选择草图平面yz平面，进入草图编辑器。利用矩形、轴线、圆弧等工具绘制如图12-70所示的草图。单击【工作台】工具栏上的【退出工作台】按钮，完成草图绘制。

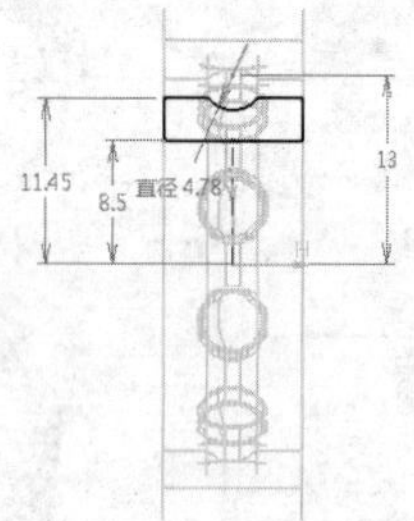

图12-70 绘制草图

17 单击【基于草图的特征】工具栏上的【旋转体】按钮，选择旋转截面，弹出【定义旋转体】对话框，选择上一步草图为旋转槽截面，单击【确定】按钮，系统自动完成旋转槽特征，如图12-71所示。

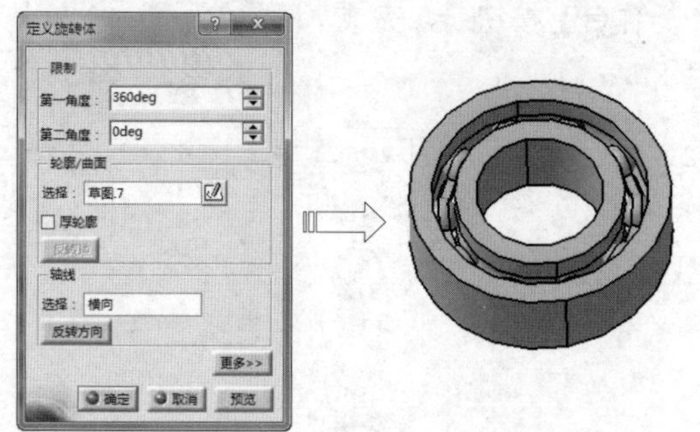

图12-71 创建旋转体特征

18 单击【修饰特征】工具栏上的【倒圆角】按钮，弹出【倒圆角定义】对话框，在【半径】文本框中输入圆角半径0.3，然后激活【要圆角化的对象】编辑框，选择实体上将要进行圆角的边或者面，单击【确定】按钮，系统自动完成圆角特征，如图12-72所示。

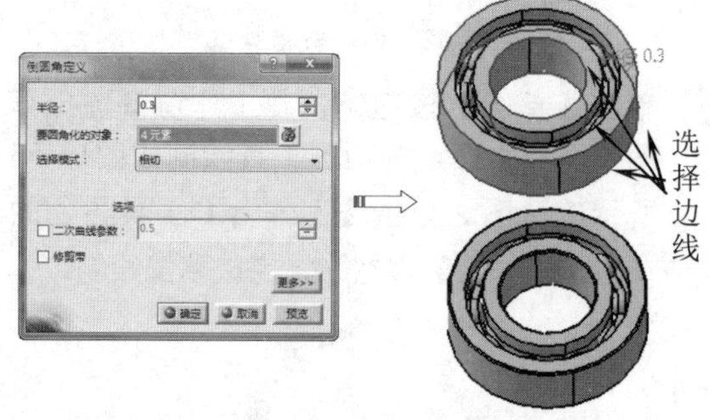

图12-72 创建倒圆角特征

12.1.4 销、键连接设计

销和键是常用的标准件之一。销主要有圆锥销、圆柱销、开口销、销轴、带孔销等，键主要有平键、半圆键和花键等。

动手操作—开口销设计

销主要是回转体零件，结构较为简单，下面以开口销为例介绍销的造型过程，如图12-73所示。

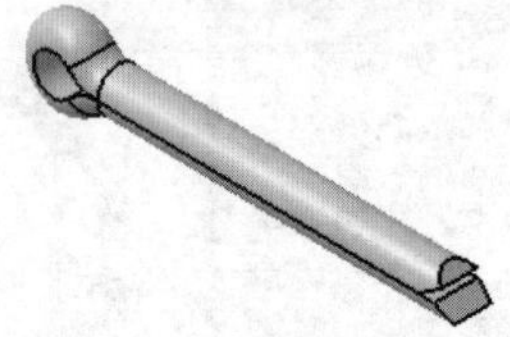

图12-73 开口销模型

开口销绘制操作步骤如下：

01 在【标准】工具栏中单击【新建】按钮，在弹出的对话框中选择“part”，单击【确定】按钮新建一个零件文件，并选择【开始】|【机械设计】|【零件设计】，进入【零件设计】工作台。

02 单击【参考元素】工具栏上的【平面】按钮，弹出【平面定义】对话框，在【平面类型】下拉列表中选择【偏移平面】选项，选择zx平面作为参考，在【偏移】文本框输入160，单击【确定】按钮，系统自动完成平面创建，如图12-74所示。

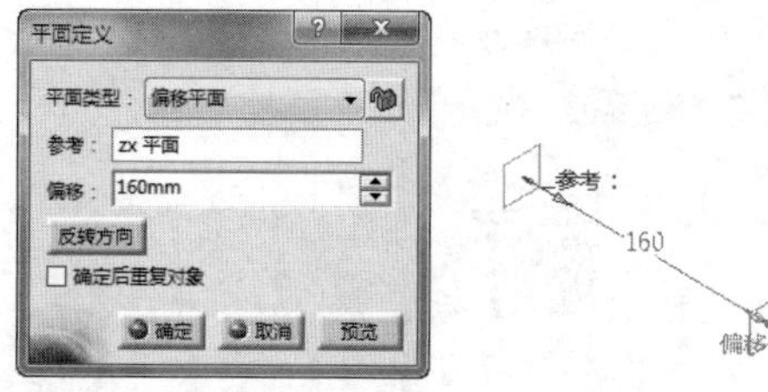

图12-74 创建平面

03 单击【草图】按钮，在工作窗口选择新建的平面.1，进入草图编辑器。利用圆弧、直线等工具绘制如图12-75所示的草图。单击【工作台】工具栏上的【退出工作台】按钮，完成草图绘制。

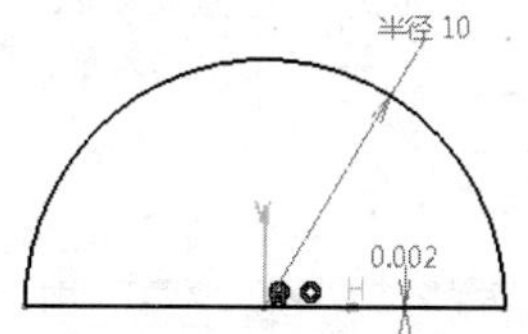

图12-75 绘制草图

04 单击【草图】按钮，在工作窗口选择草图平面yz平面，进入草图编辑器。利用直线、圆弧、圆角等工具绘制如图12-76所示的草图。单击【工作台】工具栏上的【退出工作台】按钮，完成草图绘制。

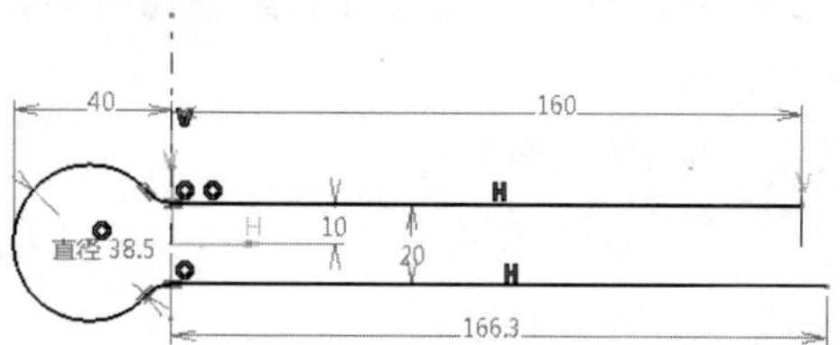

图12-76 绘制草图

05 单击【基于草图的特征】工具栏上的【肋】按钮，弹出【定义肋】对话框，选择"草图.1"为轮廓，选择"草图.2"为中心曲线，单击【确定】按钮，系统创建肋特征，如图12-77所示。

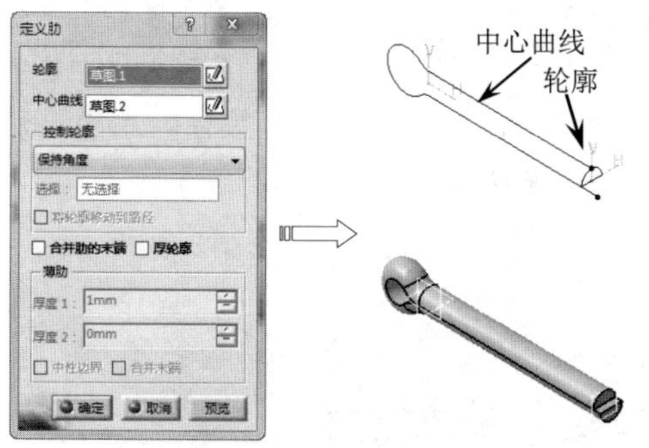

图12-77 创建肋特征

06 单击【草图】按钮，在工作窗口选择草图平面yz平面，进入草图编辑器。利用直线等工具绘制如图12-78所示的草图。单击【工作台】工具栏上的【退出工作台】按钮，完成草图绘制。

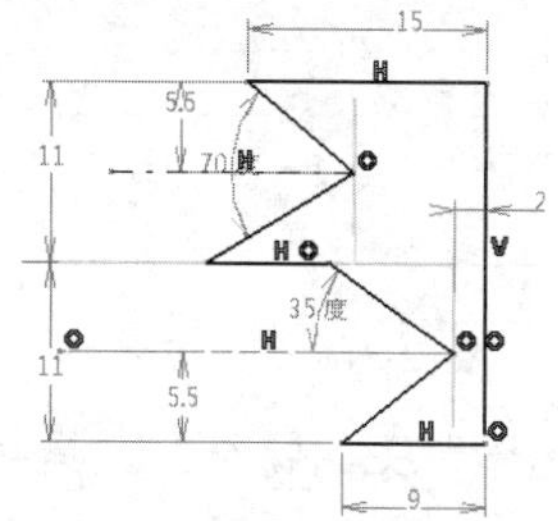

图12-78 绘制草图

07 单击【基于草图的特征】工具栏上的【凹槽】按钮，选择上一步草图，弹出【定义凹槽】对话框，设置凹槽参数后，单击【确定】按钮，系统自动完成凹槽特征，如图12-79所示。

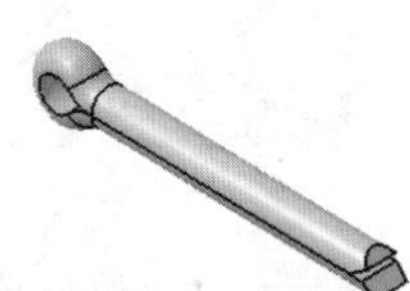

图12-79 创建凹槽特征

动手操作——导向平键设计

键主要有平键、半圆键和花键等。下面以导向平键为例介绍键的造型过程，如图12-80所示。

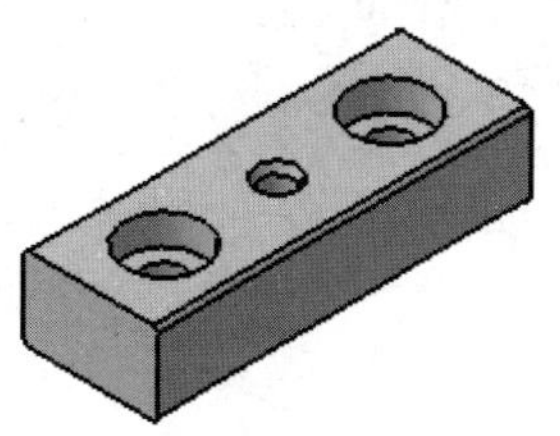

图12-80 导向平键

导向平键绘制操作步骤如下：

01 在【标准】工具栏中单击【新建】按钮，在弹出的对话框中选择"part"，单击【确定】按钮新建一个零件文件，并选择【开始】|【机械设计】|【零件设计】，进入【零件设计】工作台。

02 单击【草图】按钮，在工作窗口选择草图平面xy平面，进入草图编辑器。利用矩形等工具绘制如图12-81所示的草图。单击【工作台】工具栏上的【退出工作台】按钮，完成草图绘制。

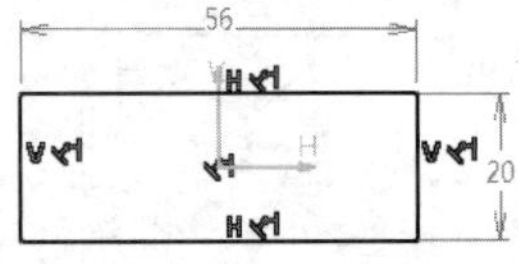

图12-81 绘制草图

03 单击【基于草图的特征】工具栏上的【凸台】按钮，弹出【定义凸台】对话框，选择上一步所绘制的草图，拉伸12mm，单击【确定】按钮完成拉伸特征，如图12-82所示。

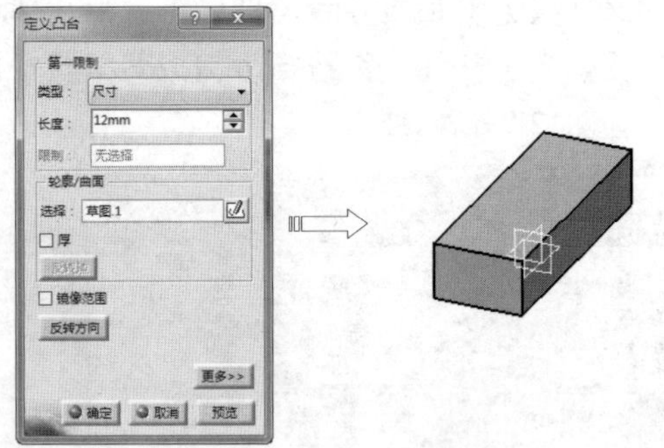
图12-82 创建拉伸特征

04 单击【修饰特征】工具栏上的【倒圆角】按钮，弹出【倒圆角定义】对话框，在【半径】文本框中输入圆角半径0.7，然后激活【要圆角化的对象】编辑框，选择实体上将要进行圆角的边，单击【确定】按钮，系统自动完成圆角特征，如图12-83所示。

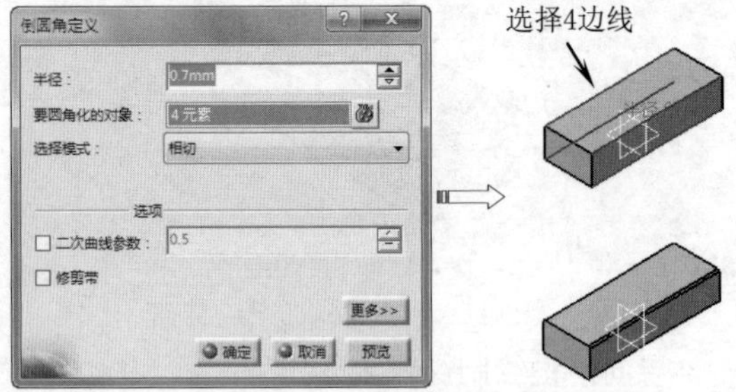

图12-83 创建倒圆角特征

05 创建沉孔特征。单击【基于草图的特征】工具栏上的【孔】按钮，选择上表面为钻孔的实体表面后，弹出【定义孔】对话框，设置【扩展】为【直到最后】，【直径】为6.6，如图12-84所示。

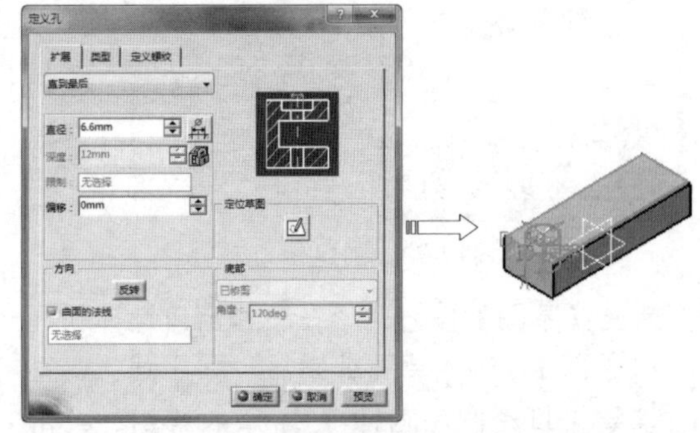
图12-84 选择孔表面和设置孔参数

06 单击【定位草图】按钮，进入草图编辑器，约束定位钻孔位置如图12-85所示。单击【工作台】工具栏上的【退出工作台】按钮返回。

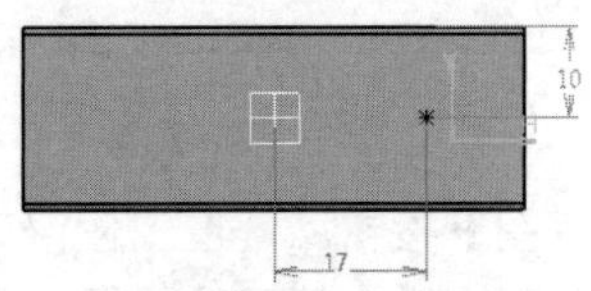

图12-85 定位孔位置

07 单击【类型】选项卡，设置沉孔参数如图12-86所示。单击【定义孔】对话框中的【确定】按钮，系统自动完成孔特征，如图12-87所示。

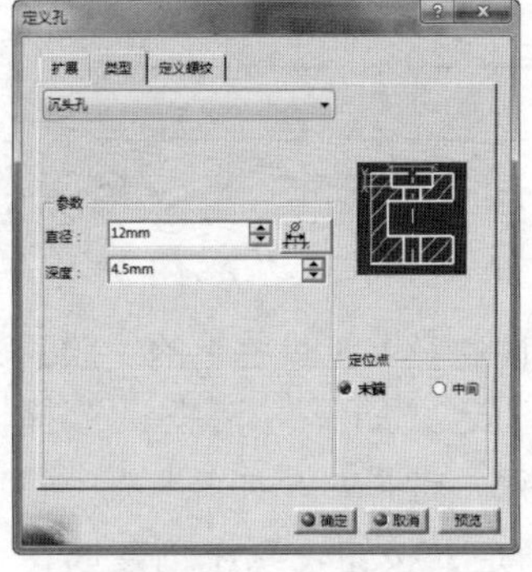
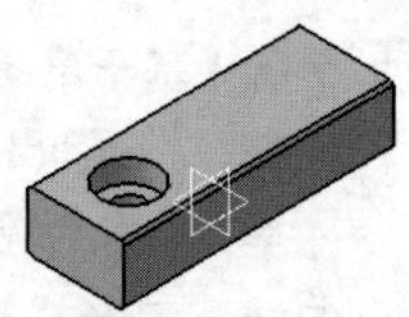
图12-86 设置沉孔参数 图12-87 创建孔特征

08 选择上一步孔特征，单击【变换特征】工具栏上的【镜像】按钮，选择yz平面作为镜像平面，单击【确定】按钮，系统自动完成镜像特征，如图12-88所示。

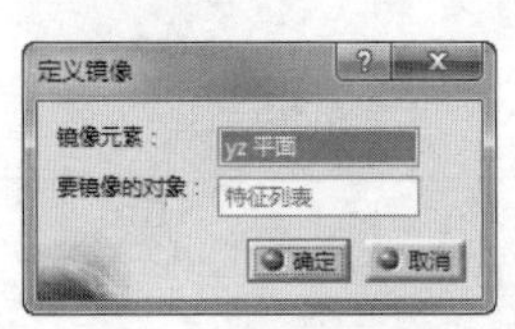
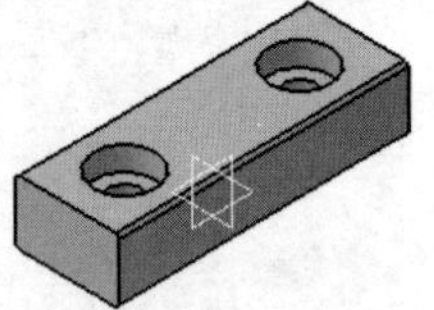
图12-88 创建镜像特征

09 创建螺纹孔特征。单击【基于草图的特征】工具栏上的【孔】按钮，选择上表面为钻孔的实体表面后，弹出【定义孔】对话框，设置【扩展】为【直到最后】，如图12-89所示。

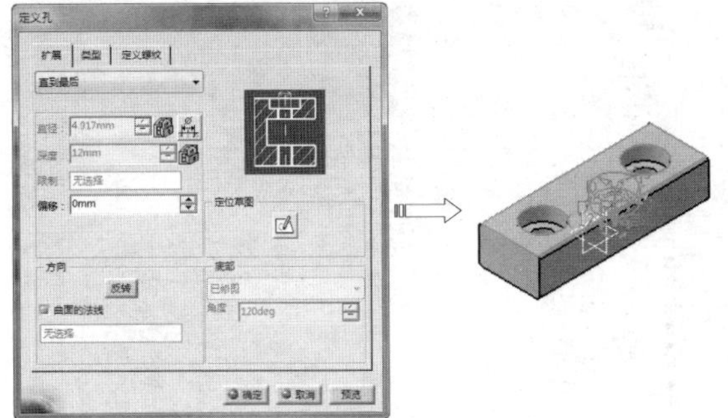

图12-89 选择孔表面和设置孔参数

10 单击【定位草图】按钮，进入草图编辑器，约束定位钻孔位置如图12-90所示。单击【工作台】工具栏上的【退出工作台】按钮返回。

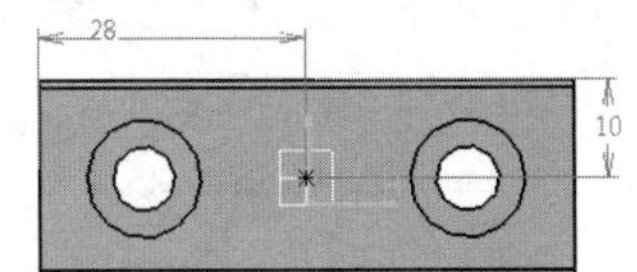

图12-90 定位孔位置

11 单击【定义螺纹】选项卡，设置螺纹孔参数如图12-91所示。单击【定义孔】对话框中的【确定】按钮，系统自动完成孔特征，如图12-92所示。

图12-91 设置螺纹参数

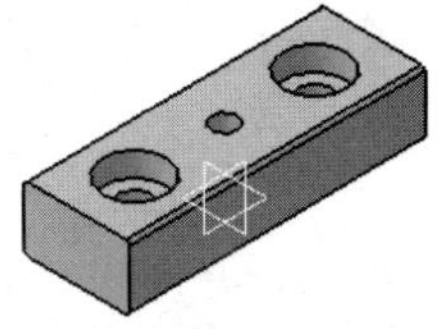

图12-92 创建孔特征

12 单击【修饰特征】工具栏上的【倒角】按钮，弹出【定义倒角】对话框，设置倒角的长度和角度，激活【要倒角的对象】编辑框，选择要倒角的边线，单击【确定】按钮，系统自动完成倒角特征，如图12-93所示。

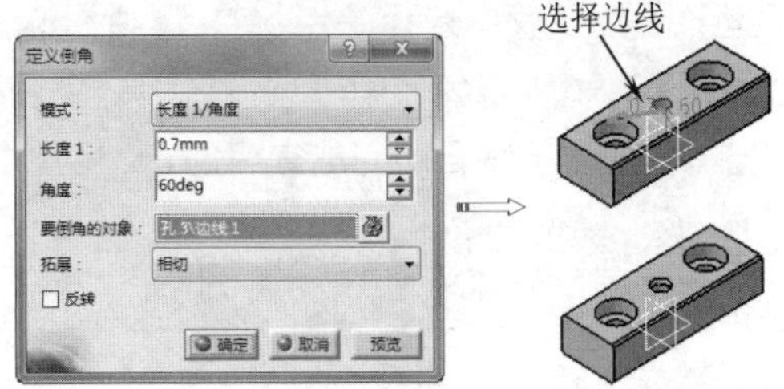

图12-93 创建倒角特征

12.1.5 弹簧设计

弹簧主要有不等节距截锥螺旋弹簧、环形螺旋弹簧、圆柱螺旋拉伸弹簧、圆柱螺旋压缩弹簧等。下面以圆柱螺旋压缩弹簧为例介绍弹簧的造型方法，如图12-94所示。

图12-94 圆柱螺旋压缩弹簧

动手操作—圆柱螺旋压缩弹簧设计

01 在【标准】工具栏中单击【新建】按钮，在弹出的对话框中选择“part”，单击【确定】按钮新建一个零件文件，并选择【开始】|【机械设计】|【零件设计】，进入【零件设计】工作台。

02 选择菜单栏【开始】|【形状】|【创成式外形设计】命令，进入创成式外形设计工作台。

03 单击【线框】工具栏上的【点】按钮，弹出【点定义】对话框，在（50,0,0）,(0,0,0),(0,0,100)处创建点，如图12-95所示。

×

×

×

图12-95 创建点

04 单击【参考元素】工具栏上的【直线】按钮，弹出【直线定义】对话框，在【线

型】下拉列表中选择【点-点】选项，选择如图12-96所示两点作为参考，单击【确定】按钮，系统自动完成直线创建。

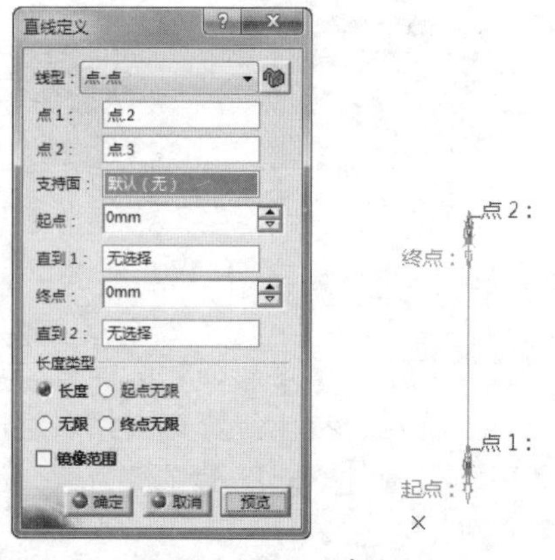

图12-96 创建直线

05 单击【线框】工具栏上的【螺旋】按钮，弹出【螺旋曲线定义】对话框，激活【起点】选择框，选择螺旋线的起点，激活【轴】选择框选择轴线，在【螺距】文本框中设置螺旋线的节距，在【高度】文本框中设置高度，单击【确定】按钮，系统自动完成螺旋线创建，如图12-97所示。

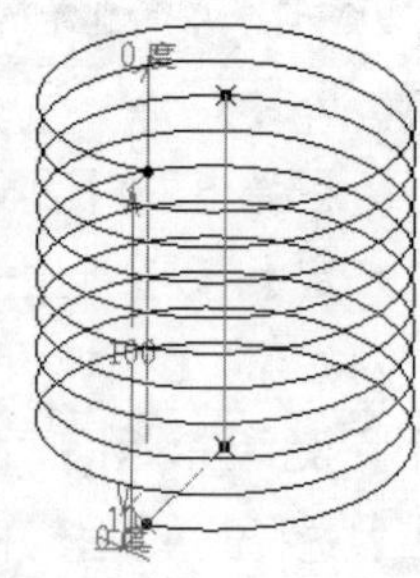

图12-97 创建螺旋线

06 选择菜单栏【开始】|【机械设计】|【零件设计】命令，进入零件设计工作台。

07 单击【草图】按钮，在工作窗口选择草图平面zx平面，进入草图编辑器。利用圆等工具绘制如图12-98所示的草图。单击【工作台】工具栏上的【退出工作台】按钮，完成草图绘制。

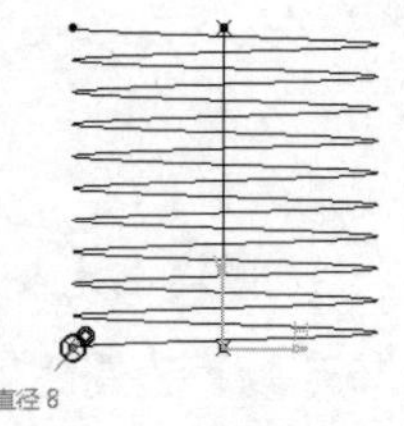

图12-98 绘制草图

08 单击【基于草图的特征】工具栏上的【肋】按钮，弹出【定义肋】对话框，选择草图为轮廓、螺旋线为中心曲线，并设置相关参数后，单击【确定】按钮，系统创建肋特征，如图12-99所示。

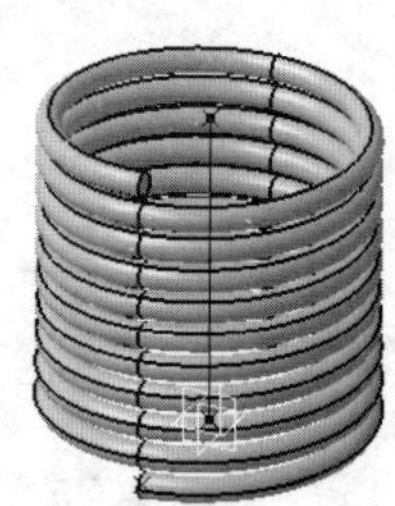

图12-99 创建肋特征

09 选择yz平面为草绘平面，单击【草图】按钮，利用矩形工具绘制如图12-100所示的轮廓。单击【工作台】工具栏上的【退出工作台】按钮，完成草图绘制。

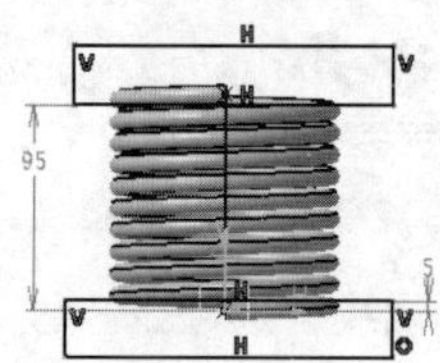

图12-100 绘制草图

10 单击【基于草图的特征】工具栏上的【凹槽】按钮，选择上一步草图，弹出【定义凹槽】对话框，设置凹槽参数后，单击【确定】按钮，系统自动完成凹槽特征，如图12-101所示。

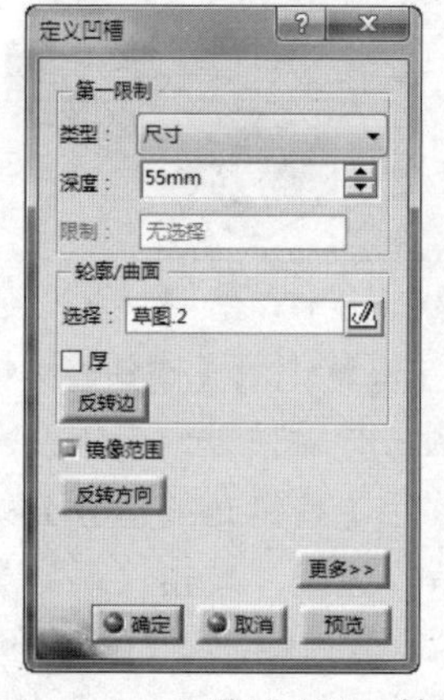

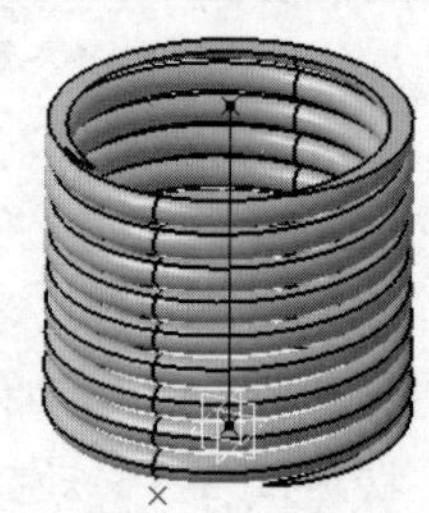

图12-101 创建凹槽特征

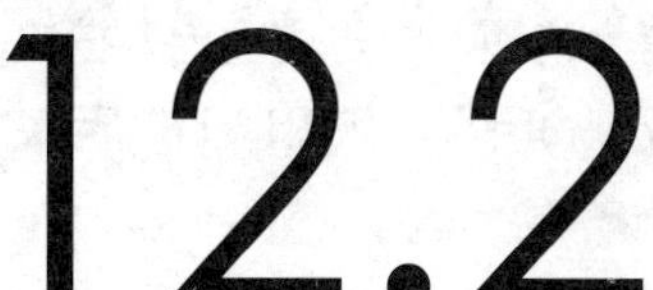

12.2 机械4类零件设计

常用的机械零件主要有轴类、盘盖类、箱体类、支架类、钣金类、叶轮叶片类等，下面介绍最常用的4大类零件绘制方法和过程。

12.2.1 轴类零件设计

轴零件共同特点是：它们一般是回转体，各轴段直径有一定差异呈阶梯状；当传递扭矩时，轴类零件具有键槽或花键槽结构，同时轴端倒角。如果忽略轴类零件的一些次要结构及非对称性结构，那么它主要结构将是由不同直径的等径圆柱体组合而成的，其外形结构一般为阶梯轴。下面以如图12-102所示的传动轴为例来讲解传动轴绘制过程。

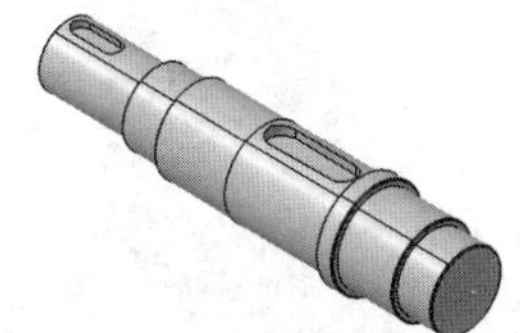

图12-102 传动轴

动手操作——传动轴设计

01 在【标准】工具栏中单击【新建】按钮，在弹出的对话框中选择“part”，单击【确定】按钮新建一个零件文件，并选择【开始】|【机械设计】|【零件设计】，进入【零件设计】工作台。

02 单击【草图】按钮，在工作窗口选择草图平面yz平面，进入草图编辑器。利用轮廓、直线、轴线等工具绘制如图12-103所示的草图。单击【工作台】工具栏上的【退出工作台】按钮，完成草图绘制。

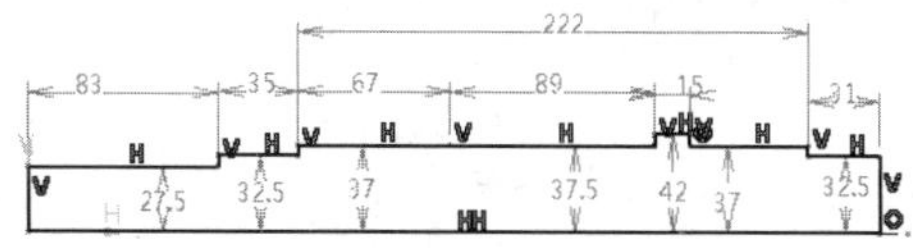

图12-103 绘制草图

03 单击【基于草图的特征】工具栏上的【旋转体】按钮，选择旋转截面，弹出【定义旋转体】对话框，选择上一步草图为旋转槽截面，单击【确定】按钮，系统自动完成旋转体特征，如图12-104所示。

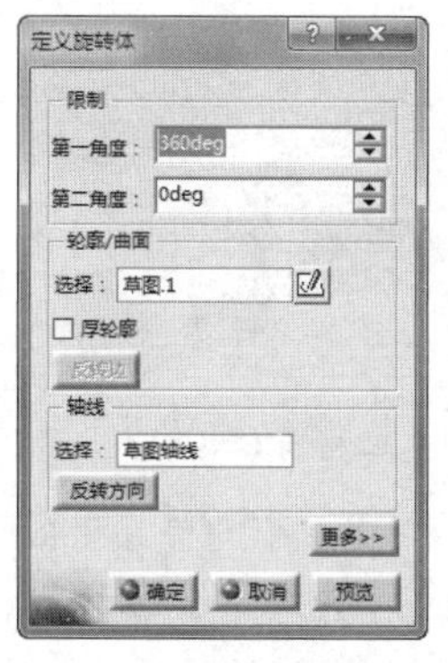

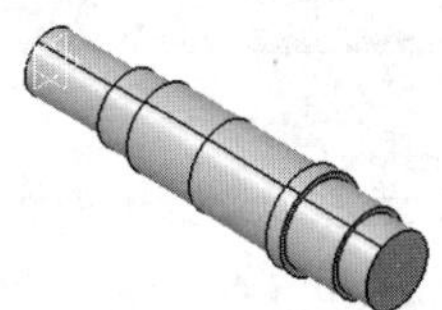

图12-104 创建旋转体特征

04 单击【参考元素】工具栏上的【平面】按钮，弹出【平面定义】对话框，在【平面类型】下拉列表中选择【偏移平面】选项，选择xy平面作为参考，在【偏移】文本框输入37.5，单击【确定】按钮，系统自动完成平面创建，如图12-105所示。

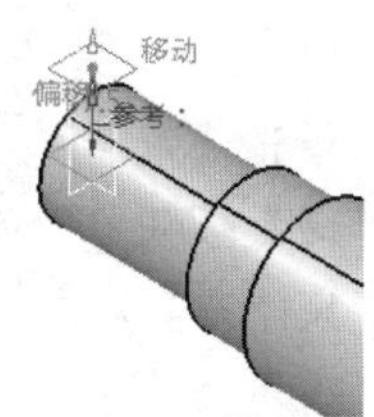

图12-105 创建平面

05 选择上一步所创建的平面作为草绘平面，单击【草图】按钮，进入草图编辑器。利用延长孔等工具绘制如图12-106所示的草图。单击【工作台】工具栏上的【退出工作台】按钮，完成草图绘制。

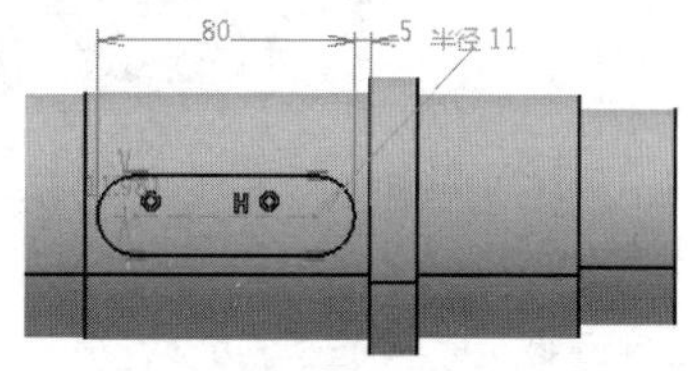

图12-106 创建草图

06 单击【基于草图的特征】工具栏上的【凹槽】按钮，选择上一步草图，弹出【定义凹槽】对话框，设置凹槽【深度】为9，单击【确定】按钮，系统自动完成凹槽特征，如图12-107所示。

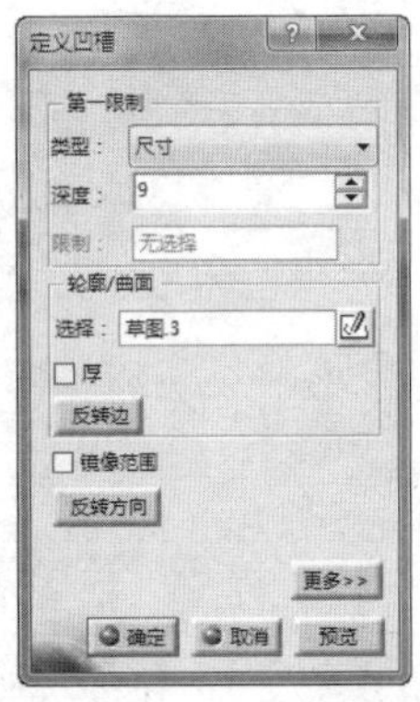
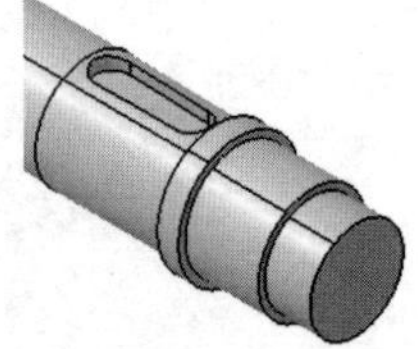

图12-107 创建凹槽特征

07 选择上一步所创建的平面.1作为草绘平面，单击【草图】按钮，进入草图编辑器。利用延长孔等工具绘制如图12-108所示的草图。单击【工作台】工具栏上的【退出工作台】按钮，完成草图绘制。

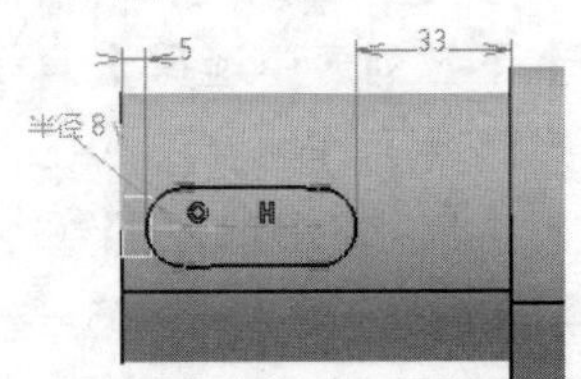

图12-108 创建草图

08 单击【基于草图的特征】工具栏上的【凹槽】按钮，选择上一步草图，弹出【定义凹槽】对话框，设置凹槽【深度】为9，单击【确定】按钮，系统自动完成凹槽特征，如图12-109所示。

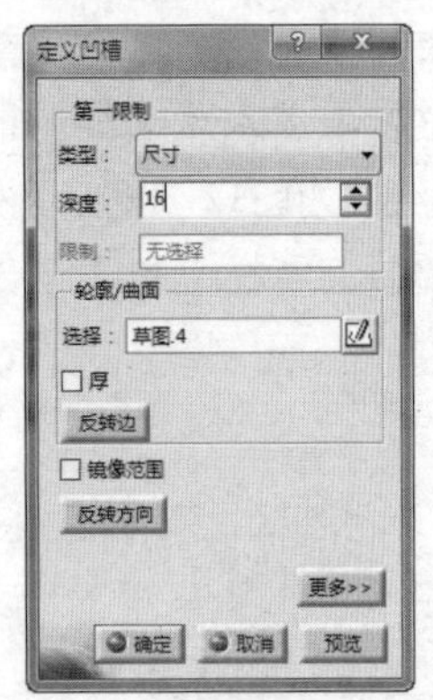
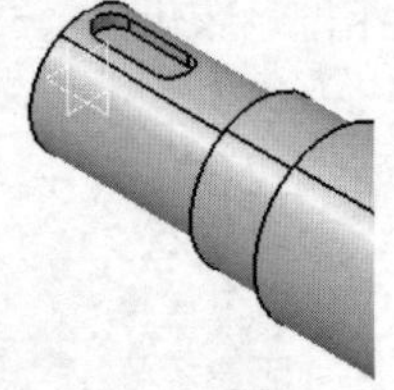

图12-109 创建凹槽特征

09 单击【修饰特征】工具栏上的【倒角】按钮，弹出【定义倒角】对话框，设置倒角的长度为1mm，激活【要倒角的对象】编辑框，选择所有台肩边，单击【确定】按钮，系统自动完成倒角特征，如图12-110所示。

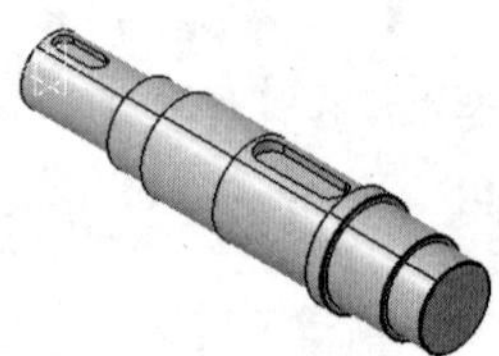

图12-110 创建倒角特征

12.2.2 盘盖类零件设计

盘盖类零件形状复杂多样，建模方法灵活，本节通过某法兰连接盘为例来讲解盘盖类零件建模方法，如图12-111所示。

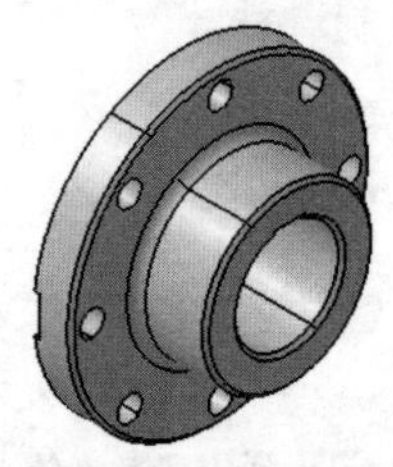

图12-111 法兰连接盘

动手操作—法兰连接盘设计

法兰连接盘绘制操作步骤如下：

01 在【标准】工具栏中单击【新建】按钮，在弹出的对话框中选择“part”，单击【确定】按钮新建一个零件文件，并选择【开始】|【机械设计】|【零件设计】，进入【零件设计】工作台。

02 单击【草图】按钮，在工作窗口选择草图平面yz平面，进入草图编辑器。利用轮廓、直线、轴线等工具绘制如图12-112所示的草图。单击【工作台】工具栏上的【退出工作台】按钮，完成草图绘制。

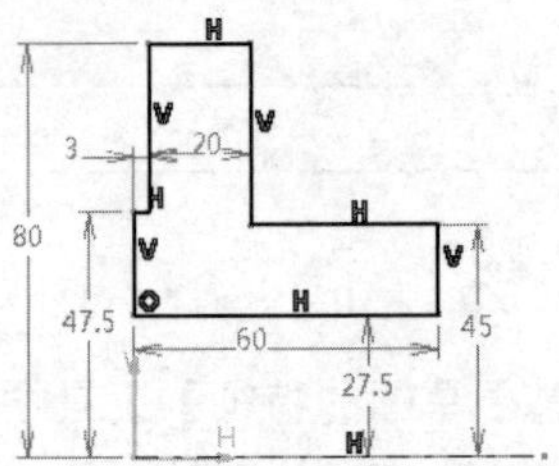

图12-112 绘制草图

03 单击【基于草图的特征】工具栏上的【旋转体】按钮，选择旋转截面，弹出【定义旋转体】对话框，选择上一步草图为旋转槽截面，单击【确定】按钮，系统自动完成旋转体特征，如图12-113所示。

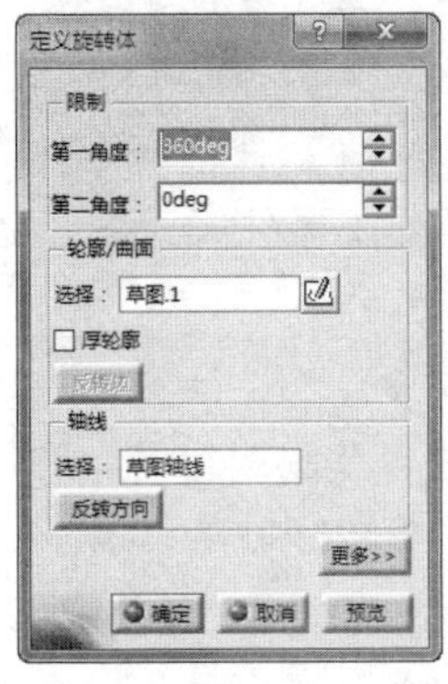

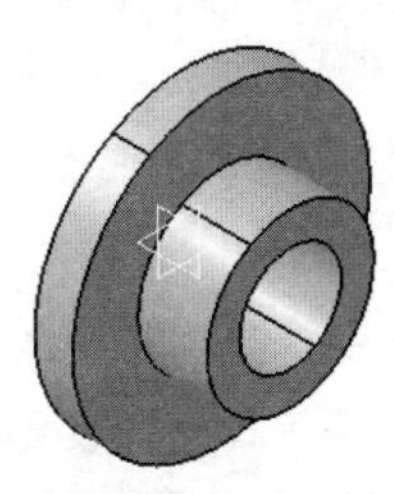

图12-113 创建旋转体特征

04 选择旋转体小头端面，单击【草图】按钮，进入草图编辑器。利用矩形等工具绘制如图12-114所示的草图。单击【工作台】工具栏上的【退出工作台】按钮，完成草图绘制。

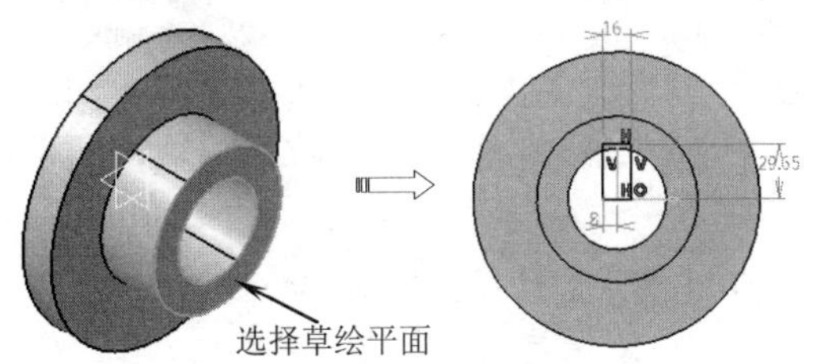

图12-114 绘制草图

05 单击【基于草图的特征】工具栏上的【凹槽】按钮，选择上一步草图，弹出【定义凹槽】对话框，设置凹槽【类型】为【直到最后】，单击【确定】按钮，系统自动完成凹槽特征，如图12-115所示。

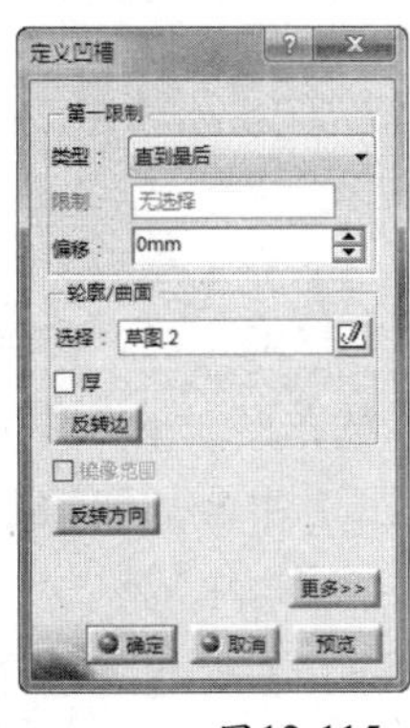

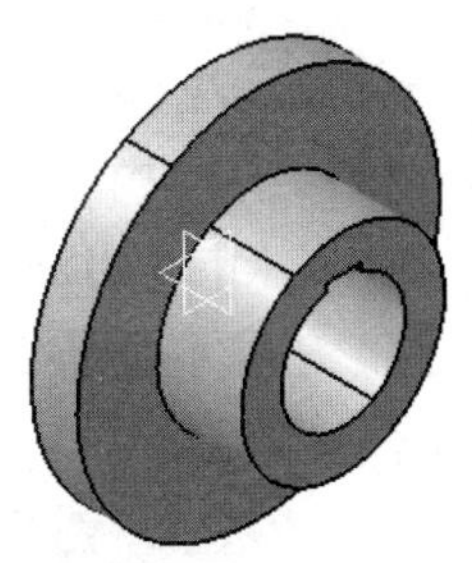

图12-115 创建凹槽特征

06 选择旋转体大头端面，单击【草图】按钮，进入草图编辑器。利用矩形等工具绘制如图12-116所示的草图。单击【工作台】工具栏上的【退出工作台】按钮，完成草图绘制。

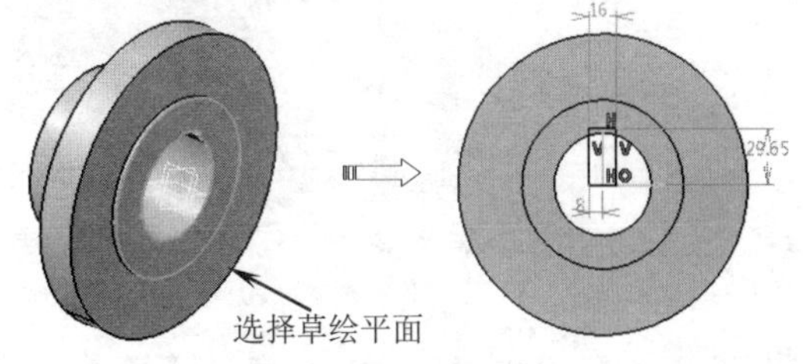

图12-116 绘制草图

07 单击【基于草图的特征】工具栏上的【凹槽】按钮，选择上一步草图，弹出【定义凹槽】对话框，设置凹槽【类型】为【直到最后】，单击【确定】按钮，系统自动完成凹槽特征，如图12-117所示。

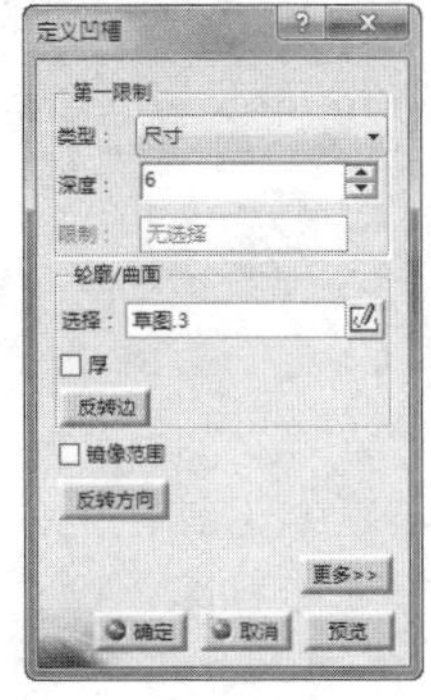

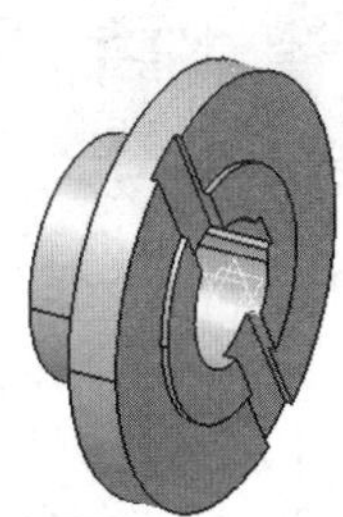

图12-117 创建凹槽特征

08 单击【修饰特征】工具栏上的【倒角】按钮，弹出【定义倒角】对话框，设置倒角的长度为2mm，激活【要倒角的对象】编辑框，选择3条边线，单击【确定】按钮，系统自动完成倒角特征，如图12-118所示。

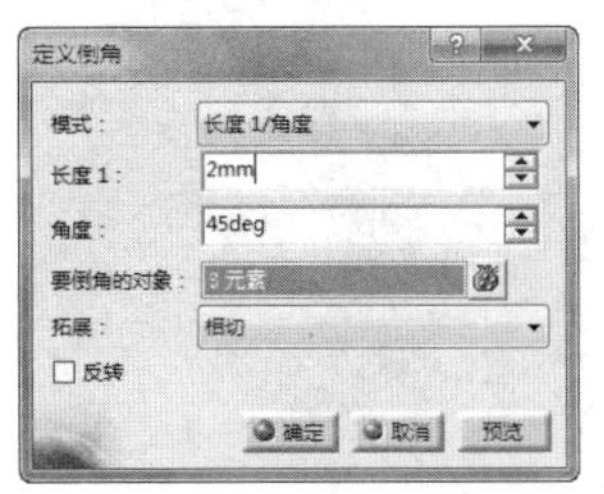

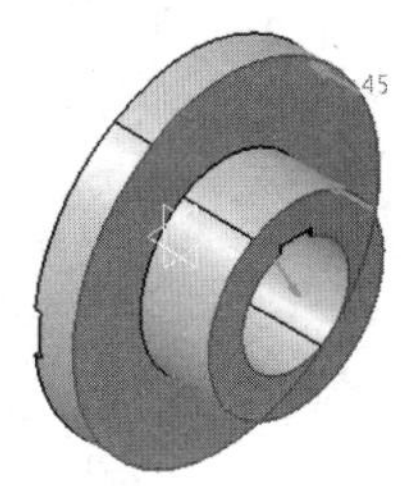

图12-118 创建倒角特征

09 单击【修饰特征】工具栏上的【倒圆角】按钮，弹出【倒圆角定义】对话框，在【半径】文本框中输入圆角半径5，然后激活【要圆角化的对象】编辑框，选择实体上将要进行圆角的边，单击【确定】按钮，系统自动完成圆角特征，如图12-119所示。

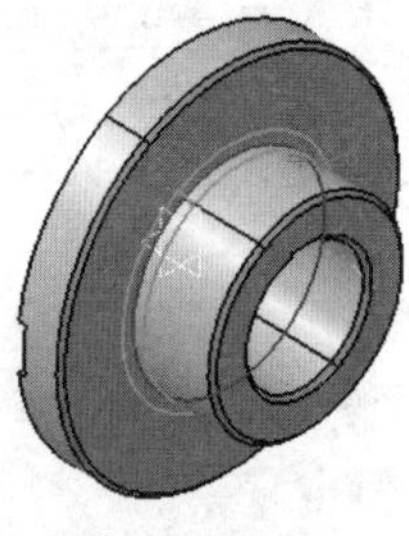

图12-119 创建倒圆角特征

10 选择旋转体如图12-120所示的平面，单击【草图】按钮，进入草图编辑器。利用圆、旋转等工具绘制如图所示的草图。单击【工作台】工具栏上的【退出工作台】按钮，完成草图绘制。

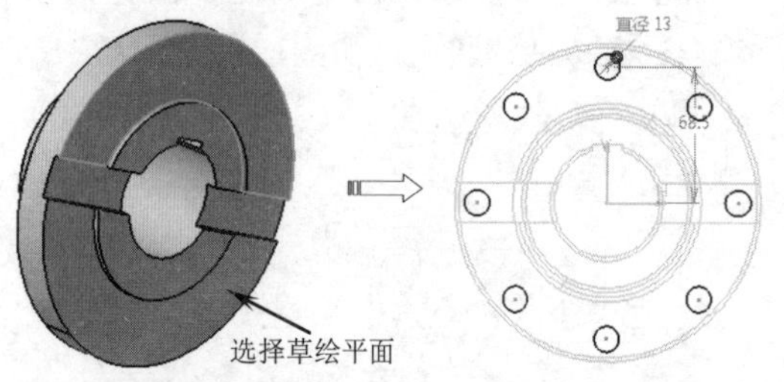

图12-120 绘制草图

11 单击【基于草图的特征】工具栏上的【凹槽】按钮，选择上一步草图，弹出【定义凹槽】对话框，设置凹槽【类型】为【直到最后】，单击【确定】按钮，系统自动完成凹槽特征，如图12-121所示。

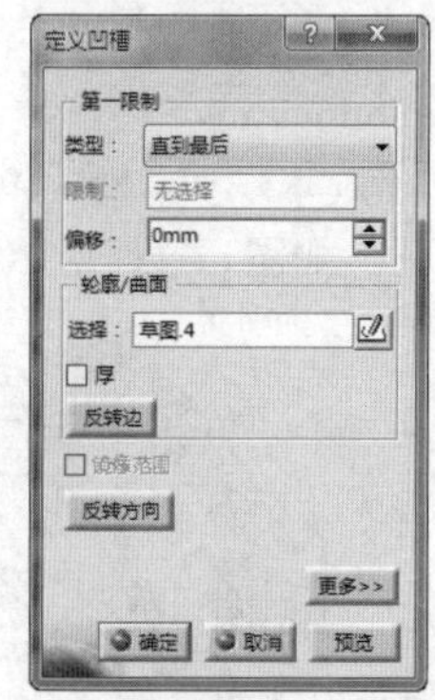
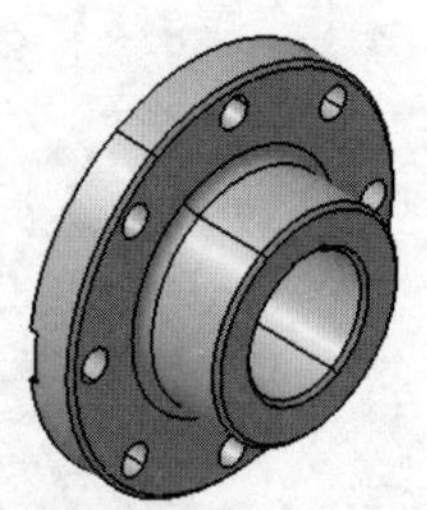

图12-121 创建凹槽特征

12.2.3 箱体类零件

箱体零件种类繁多，结构差异很大，其结构以箱壁、筋板和框架为主，工作表面以孔和凸台为主。在结构上箱体类零件的共性较少，只能针对具体零件具体设计。本节通过变速箱箱体的设计来介绍箱体类零件的创建过程，如图12-122所示。

动手操作—变速箱箱体设计

变速箱箱体绘制操作步骤如下：

01 在【标准】工具栏中单击【新建】按钮，在弹出的对话框中选择“part”，单击【确定】按钮新建一个零件文件，并选择【开始】|【机械设计】|【零件设计】，进入【零件设计】工作台。

02 单击【草图】按钮，在工作窗口选择草图平面xy平面，进入草图编辑器。利用矩形等工具绘制如图12-123所示的草图。单击【工作台】工具栏上的【退出工作台】按钮，完成草图绘制。

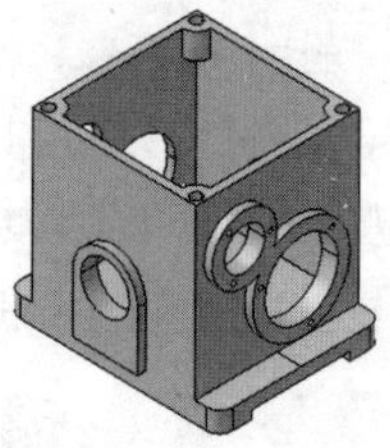
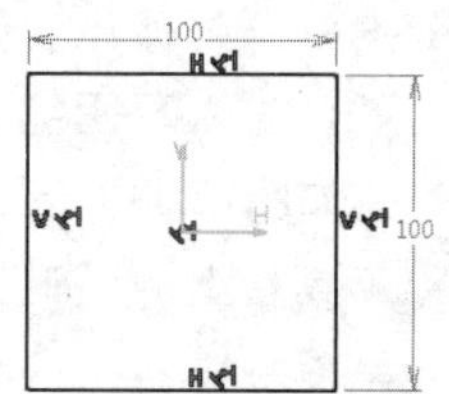

图12-122 变速箱箱体　　图12-123 绘制草图

03 单击【基于草图的特征】工具栏上的【凸台】按钮，弹出【定义凸台】对话框，选择上一步所绘制的草图，拉伸100mm，单击【确定】按钮完成拉伸特征，如图12-124所示。

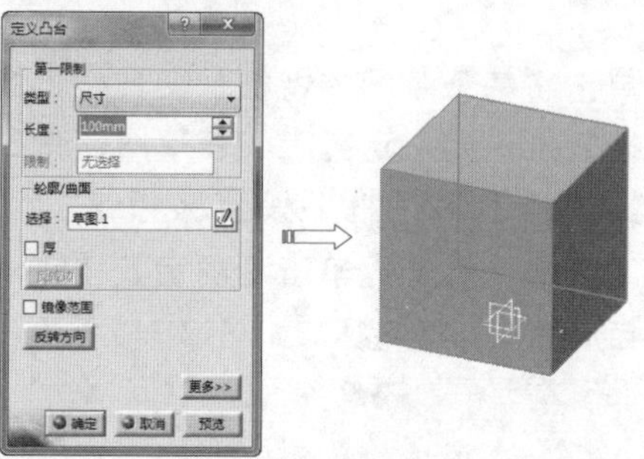

图12-124 创建拉伸特征

04 选择拉伸实体上端面，单击【草图】按钮，进入草图编辑器。利用矩形、圆等工具绘制如图12-125所示的草图。单击【工作台】工具栏上的【退出工作台】按钮，完成草图绘制。

05 单击【基于草图的特征】工具栏上的【凹槽】按钮，选择上一步草图，弹出【定义凹槽】对话框，设置凹槽【深度】为10，单击【确定】按钮，系统自动完成凹槽特征，如图12-126所示。

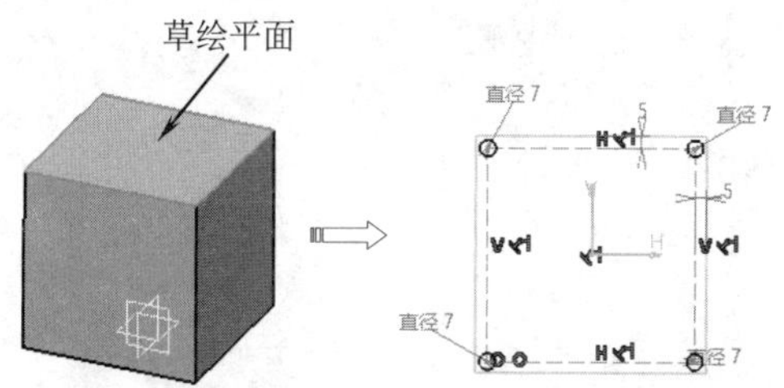

图12-125　绘制草图

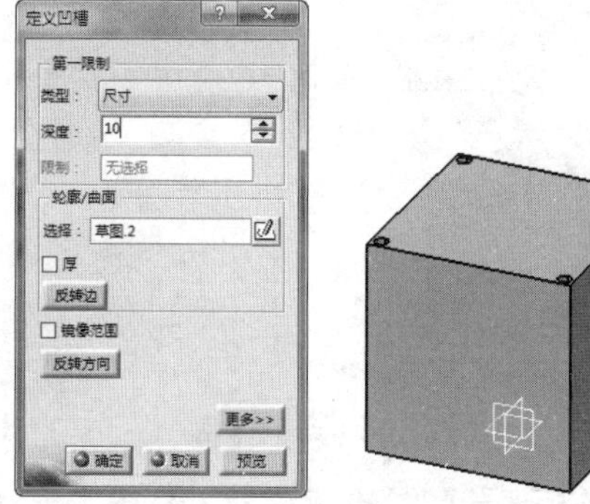

图12-126　创建凹槽特征

06 单击【修饰特征】工具栏上的【盒体】按钮，弹出【定义盒体】对话框，在【默认内侧厚度】文本框中输入5mm，激活【要移除的面】编辑框，选择上表面，单击【确定】按钮，系统自动完成抽壳特征，如图12-127所示。

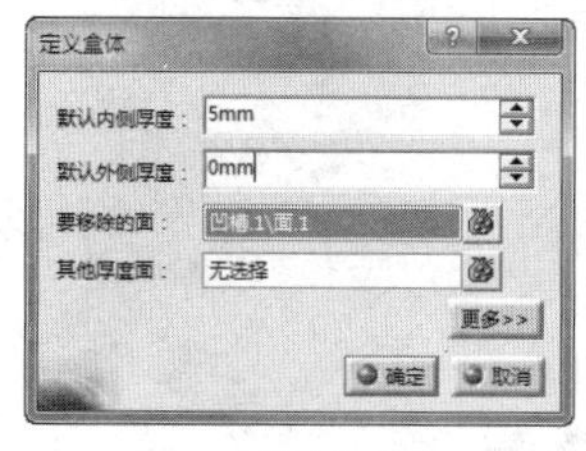

图12-127　创建抽壳特征

07 选择实体前端面，单击【草图】按钮，进入草图编辑器。利用圆弧、直线等工具绘制如图12-128所示的草图。单击【工作台】工具栏上的【退出工作台】按钮，完成草图绘制。

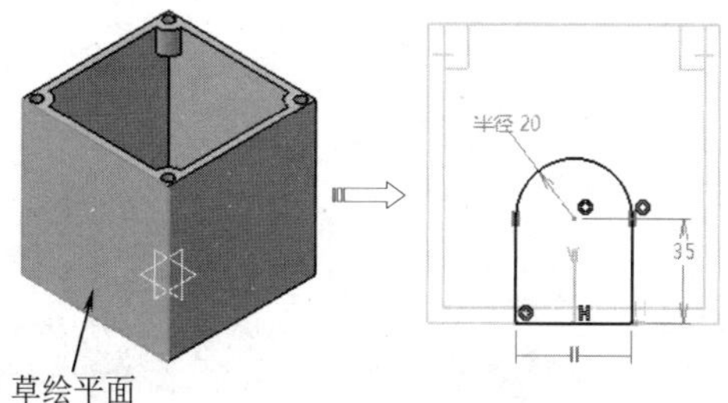

图12-128　绘制草图

08 单击【基于草图的特征】工具栏上的【凸台】按钮，弹出【定义凸台】对话框，选择上一步所绘制的草图，拉伸5mm，单击【确定】按钮完成拉伸特征，如图12-129所示。

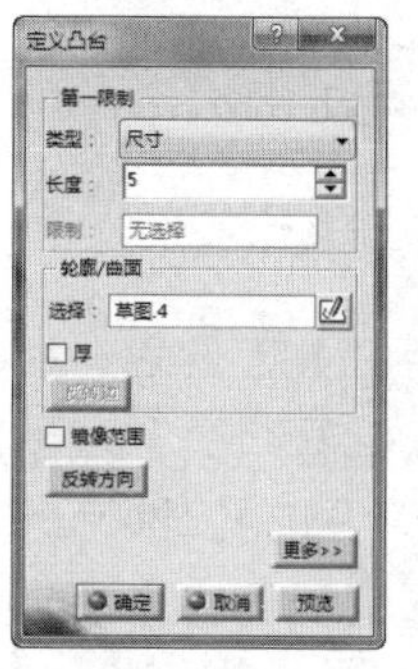

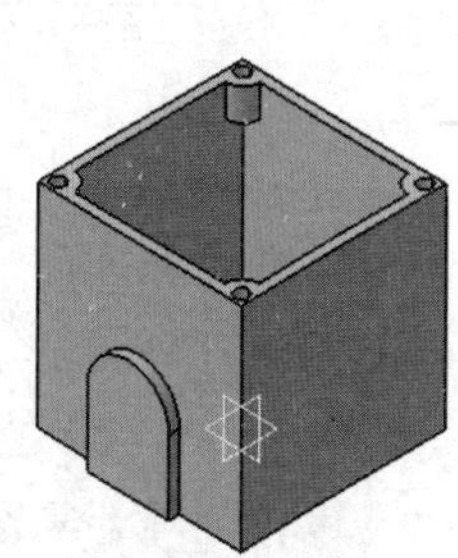

图12-129　创建拉伸特征

09 选择凸台端面，单击【草图】按钮，进入草图编辑器。利用圆弧、直线等工具绘制如图12-130所示的草图。单击【工作台】工具栏上的【退出工作台】按钮，完成草图绘制。

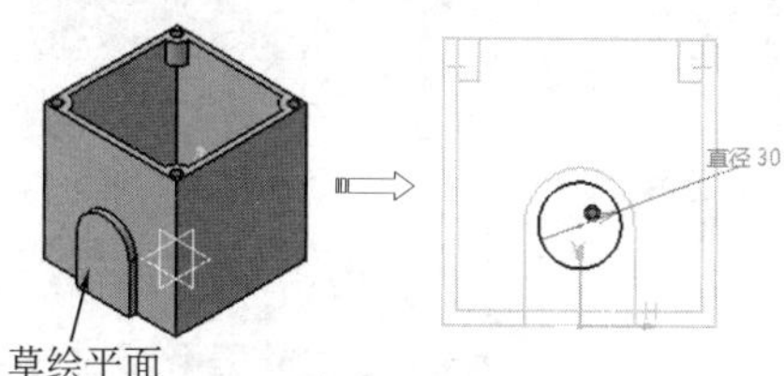

图12-130　绘制草图

10 单击【基于草图的特征】工具栏上的【凹槽】按钮，选择上一步草图，弹出【定义凹槽】对话框，设置凹槽【类型】为【直到最后】，单击【确定】按钮，系统自动完成凹槽特征，如图12-131所示。

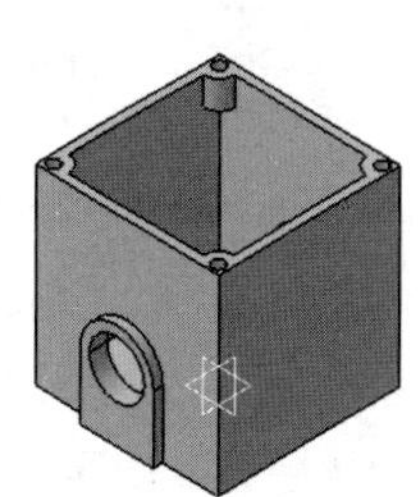

图12-131　创建凹槽特征

11 单击【草图】按钮，在工作窗口选择草图平面zx平面，进入草图编辑器。利用轮廓、镜像等工具绘制如图12-132所示的草图。单击【工作台】工具栏上的【退出工作台】

按钮，完成草图绘制。

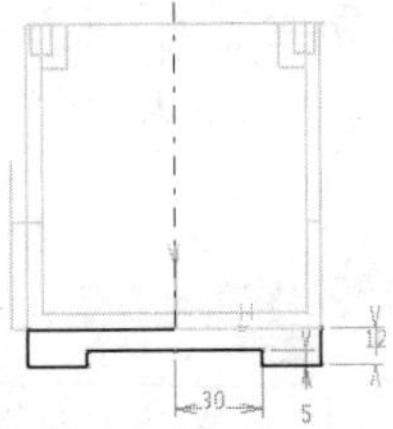

图12-132 绘制草图

12 单击【基于草图的特征】工具栏上的【凸台】按钮，弹出【定义凸台】对话框，选择上一步所绘制的草图，拉伸65mm，选中【镜像范围】复选框，单击【确定】按钮完成拉伸特征，如图12-133所示。

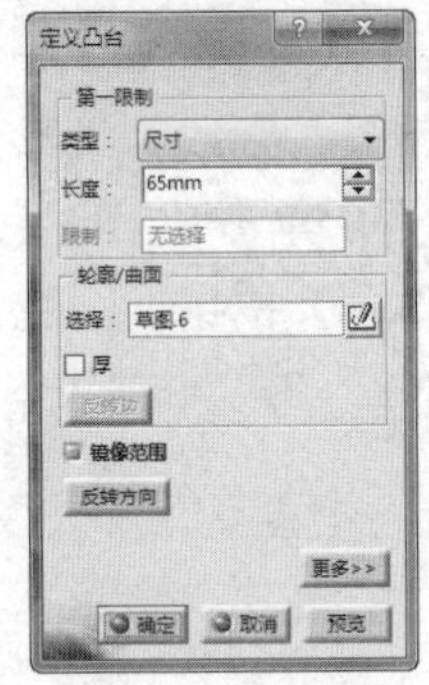

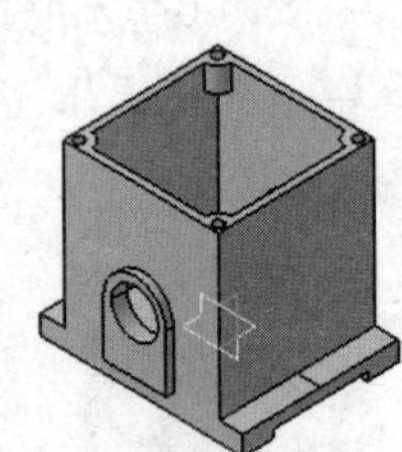

图12-133 创建拉伸特征

13 选择实体右端面，单击【草图】按钮，进入草图编辑器。利用圆弧等工具绘制如图12-134所示的草图。单击【工作台】工具栏上的【退出工作台】按钮，完成草图绘制。

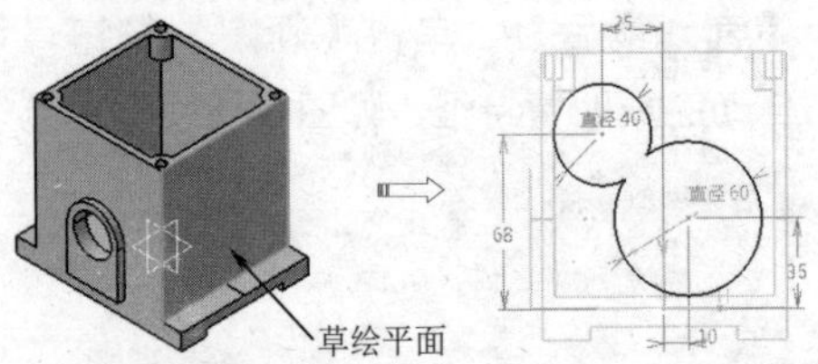

图12-134 绘制草图

14 单击【基于草图的特征】工具栏上的【凸台】按钮，弹出【定义凸台】对话框，选择上一步所绘制的草图，拉伸5mm，单击【确定】按钮完成拉伸特征，如图12-135所示。

15 选择大凸台端面，单击【草图】按钮，进入草图编辑器。利用圆等工具绘制如图12-136所示的草图。单击【工作台】工具栏上的【退出工作台】按钮，完成草图绘制。

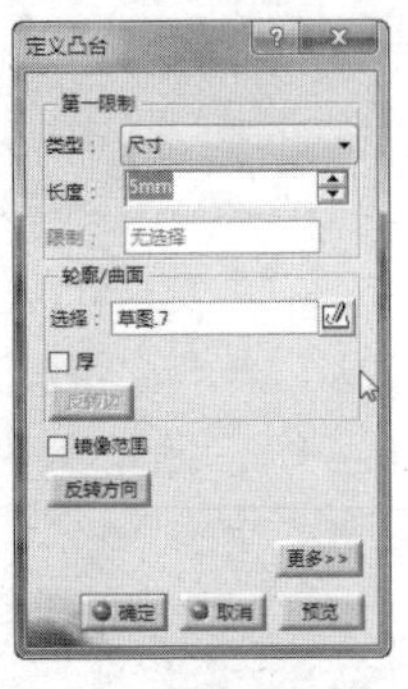

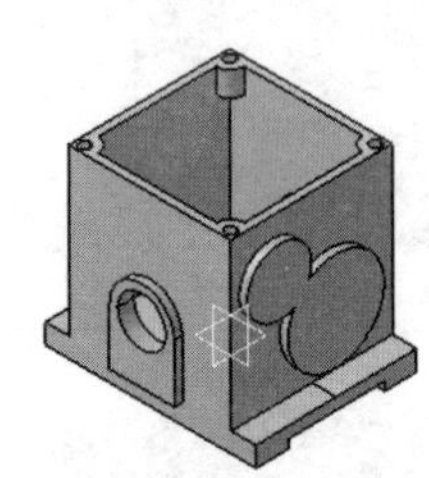

图12-135 创建拉伸特征

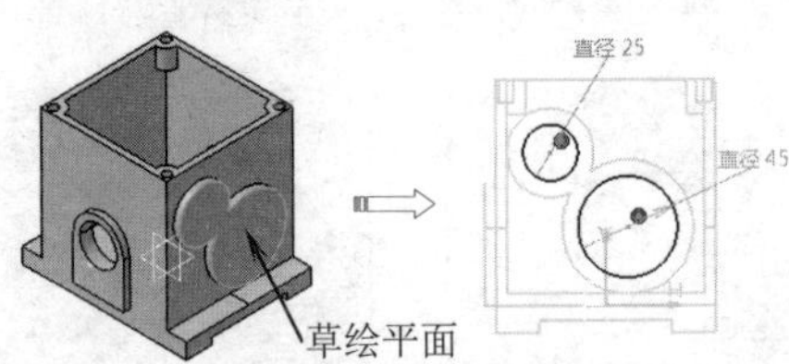

图12-136 绘制草图

16 单击【基于草图的特征】工具栏上的【凹槽】按钮，选择上一步绘制的草图，弹出【定义凹槽】对话框，设置凹槽【类型】为【直到最后】，单击【确定】按钮，系统自动完成凹槽特征，如图12-137所示。

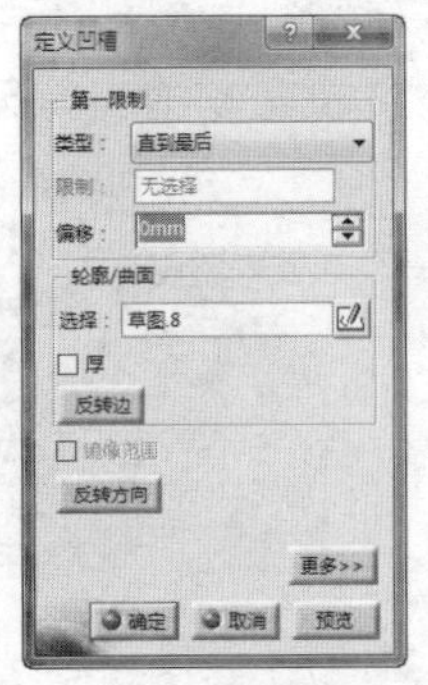

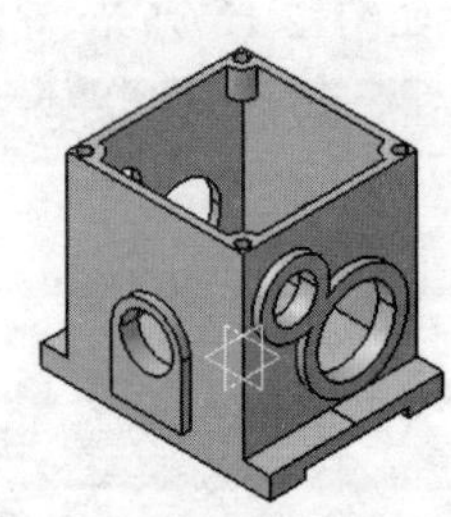

图12-137 创建凹槽特征

17 创建螺纹孔特征。单击【基于草图的特征】工具栏上的【孔】按钮，选择上表面为钻孔的实体表面后，弹出【定义孔】对话框，设置【扩展】为【直到最后】，【直径】为3.242，如图12-138所示。

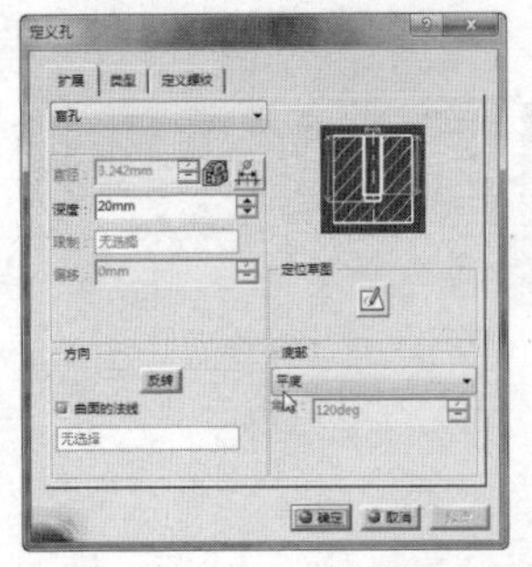

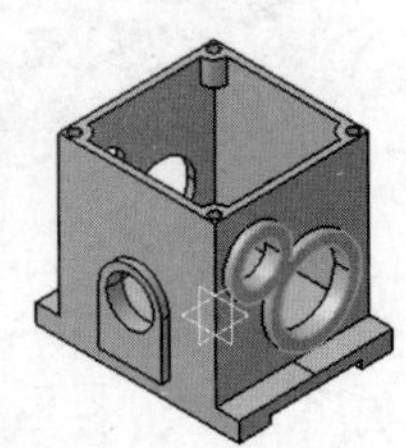

图12-138 选择孔表面和设置孔参数

18 单击【定位草图】按钮，进入草图编辑器，约束定位钻孔位置如图12-139所示。单击【工作台】工具栏上的【退出工作台】按钮返回。

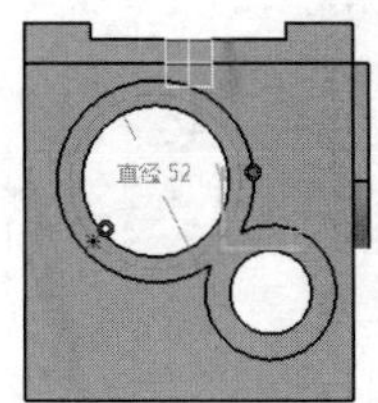

图12-139　定位孔位置

19 单击【定义螺纹】选项卡，设置螺纹孔参数。单击【定义孔】对话框中的【确定】按钮，系统自动完成孔特征，如图12-140所示。

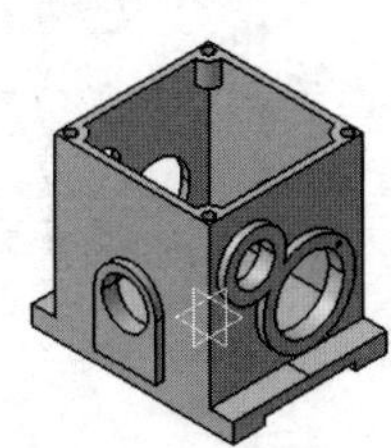

图12-140　设置螺纹参数和创建孔特征

20 选择螺纹孔，单击【变换特征】工具栏上的【圆形阵列】按钮，弹出【定义圆形阵列】对话框，设置阵列参数，选择内孔表面作为阵列方向，单击【确定】按钮，完成圆周阵列特征，如图12-141所示。

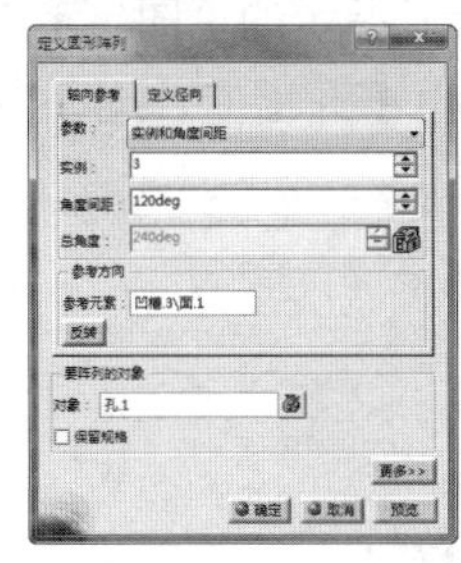
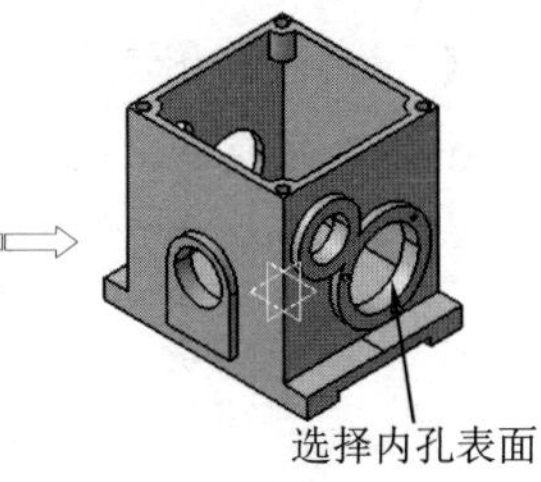

图12-141　创建环形阵列

21 重复步骤17创建螺纹孔，然后进行倒角，最终效果如图12-142所示。

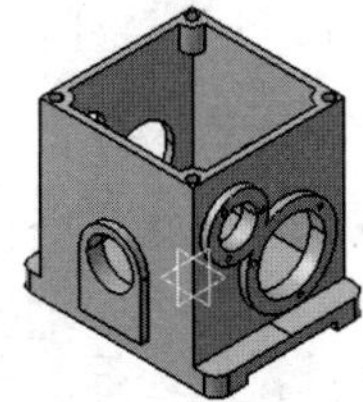

图12-142　变速箱箱体

12.2.4　支架类零件设计

支架类零件主要起支撑和连接作用，其形状结构按功能常分为三部分：工作部分、安装定位部分和连接部分，如图12-143所示。

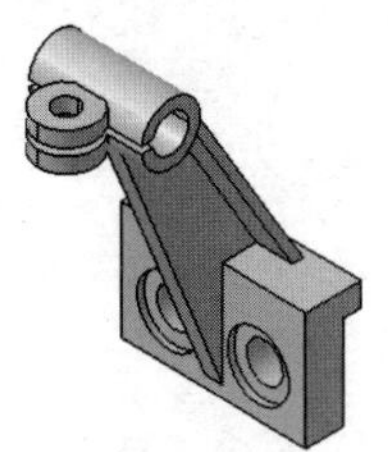

图12-143　托架

动手操作—托架设计

托架绘制操作步骤如下：

01 在【标准】工具栏中单击【新建】按钮，在弹出的对话框中选择“part”，单击【确定】按钮新建一个零件文件，并选择【开始】|【机械设计】|【零件设计】，进入【零件设计】工作台。

02 单击【草图】按钮，在工作窗口选择草图平面yz平面，进入草图编辑器。利用矩形等工具绘制如图12-144所示的草图。单击【工作台】工具栏上的【退出工作台】按钮，完成草图绘制。

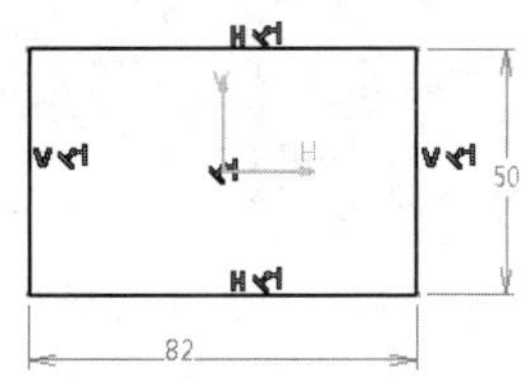

图12-144　绘制草图

03 单击【基于草图的特征】工具栏上的【凸台】按钮，弹出【定义凸台】对话框，选择上一步所绘制的草图，拉伸24mm，单击【确定】按钮完成拉伸特征，如图12-145所示。

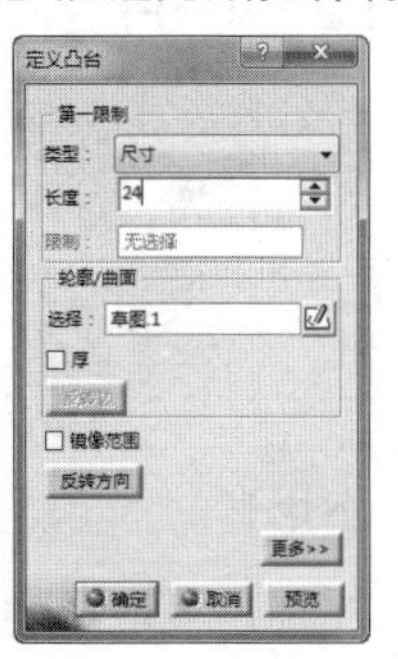
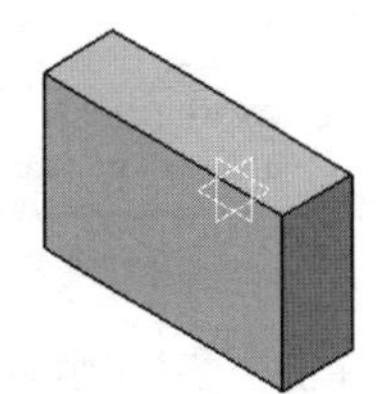

图12-145　创建拉伸特征

04 单击【草图】按钮，在工作窗口选择草图平面zx平面，进入草图编辑器。利用圆等工具绘制如图12-146所示的草图。单击【工作台】工具栏上的【退出工作台】按钮，完成草图绘制。

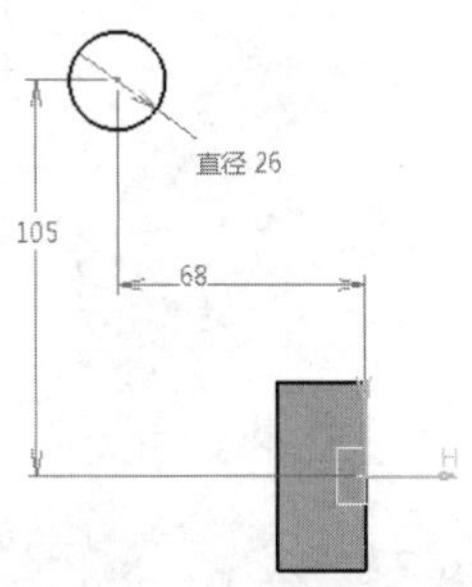

图12-146 绘制草图

05 单击【基于草图的特征】工具栏上的【凸台】按钮，弹出【定义凸台】对话框，选择上一步所绘制的草图，拉伸25mm，选中【镜像范围】复选框，单击【确定】按钮完成拉伸特征，如图12-147所示。

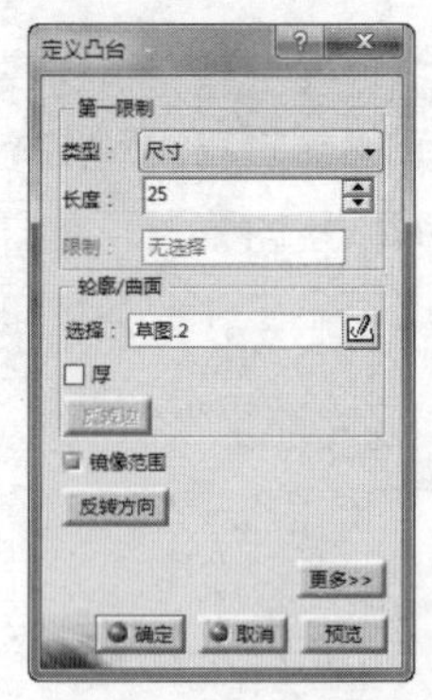

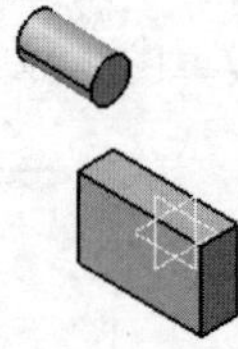

图12-147 创建拉伸特征

06 单击【参考元素】工具栏上的【平面】按钮，弹出【平面定义】对话框，在【平面类型】下拉列表中选择【偏移平面】选项，选择xy平面作为参考，在【偏移】文本框输入105，单击【确定】按钮，系统自动完成平面创建，如图12-148所示。

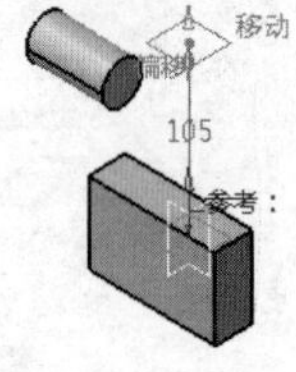

图12-148 创建平面

07 选择上一步所创建的平面，单击【草图】按钮，进入草图编辑器。利用圆等工具绘制如图12-149所示的草图。单击【工作台】工具栏上的【退出工作台】按钮，完成草图绘制。

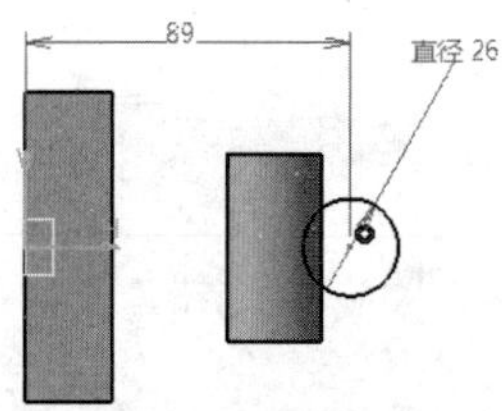

图12-149 绘制草图

08 单击【基于草图的特征】工具栏上的【凸台】按钮，弹出【定义凸台】对话框，选择上一步所绘制的草图，设置拉伸参数，单击【确定】按钮完成拉伸特征，如图12-150所示。

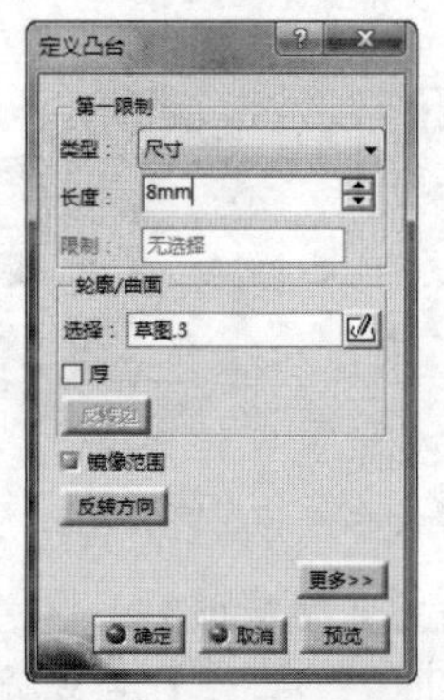

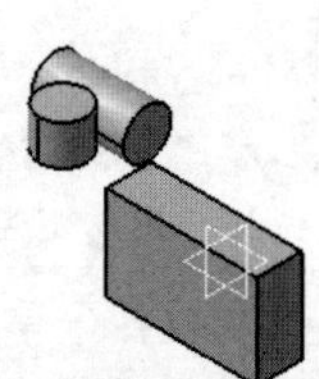

图12-150 创建拉伸特征

09 单击【草图】按钮，在工作窗口选择草图平面zx平面，进入草图编辑器。利用圆、直线等工具绘制如图12-151所示的草图。单击【工作台】工具栏上的【退出工作台】按钮，完成草图绘制。

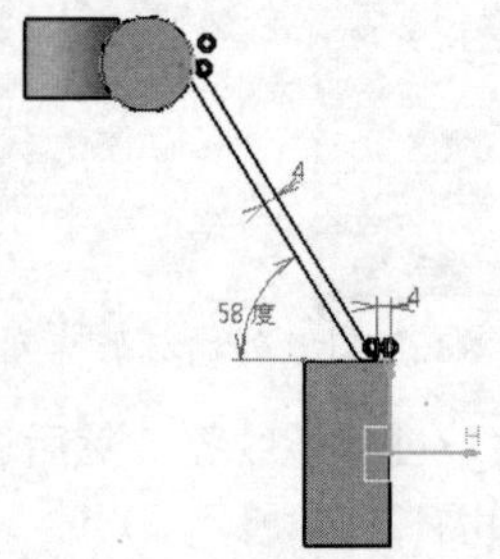

图12-151 绘制草图

10 单击【基于草图的特征】工具栏上的【凸台】按钮，弹出【定义凸台】对话框，选择上一步所绘制的草图，拉伸20mm，选中【镜像范围】复选框，单击【确定】按钮完成拉伸特征，如图12-152所示。

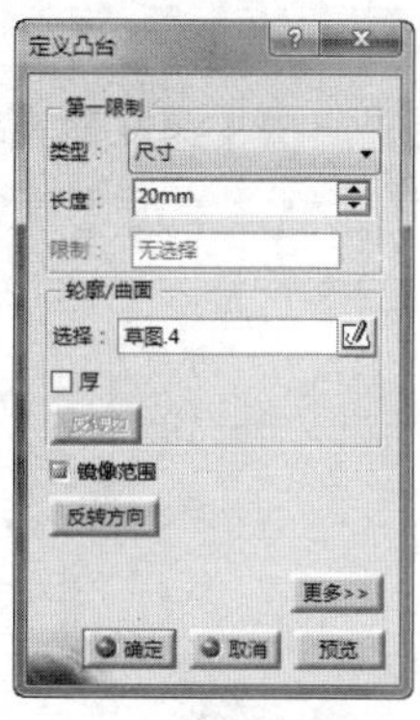
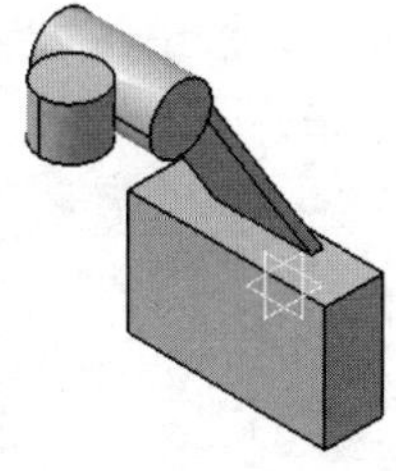

图12-152 创建拉伸特征

11 单击【草图】按钮，在工作窗口选择草图平面zx平面，进入草图编辑器。利用圆、直线等工具绘制如图12-153所示的草图。单击【工作台】工具栏上的【退出工作台】按钮，完成草图绘制。

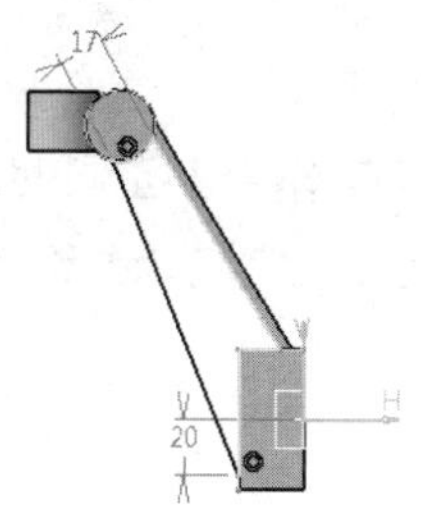

图12-153 绘制草图

12 单击【基于草图的特征】工具栏上的【凸台】按钮，弹出【定义凸台】对话框，选择上一步所绘制的草图，拉伸4mm，选中【镜像范围】复选框，单击【确定】按钮完成拉伸特征，如图12-154所示。

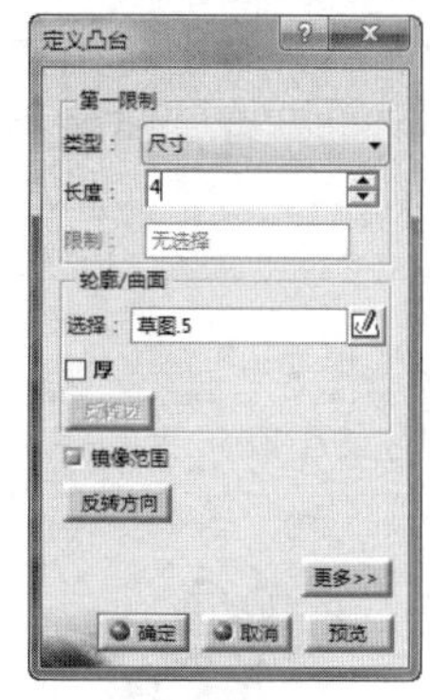
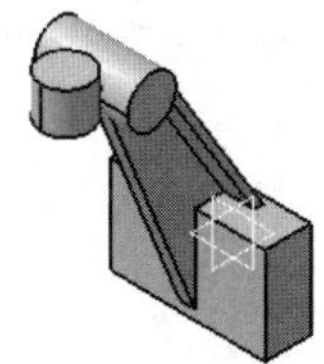

图12-154 创建拉伸特征

13 单击【草图】按钮，在工作窗口选择草图平面zx平面，进入草图编辑器。利用圆、直线等工具绘制如图12-155所示的草图。单击【工作台】工具栏上的【退出工作台】按钮，完成草图绘制。

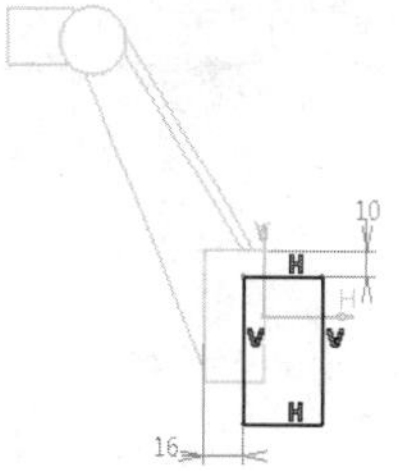

图12-155 绘制草图

14 单击【基于草图的特征】工具栏上的【凹槽】按钮，选择上一步草图，弹出【定义凹槽】对话框，设置凹槽【深度】为50，选中【镜像范围】复选框，单击【确定】按钮，系统自动完成凹槽特征，如图12-156所示。

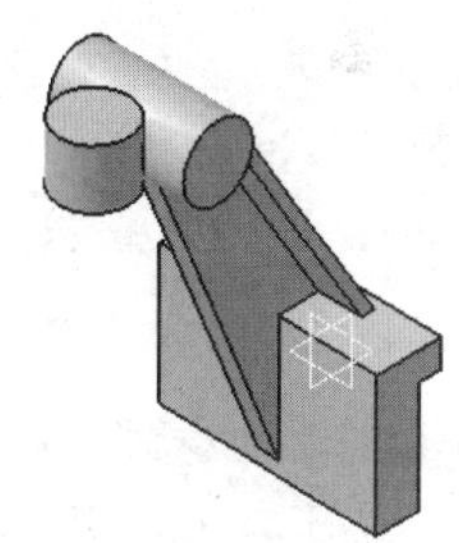

图12-156 创建凹槽特征

15 创建沉头孔特征。单击【基于草图的特征】工具栏上的【孔】按钮，选择上表面为钻孔的实体表面后，弹出【定义孔】对话框，设置【扩展】为【直到最后】，【直径】为16.5，如图12-157所示。

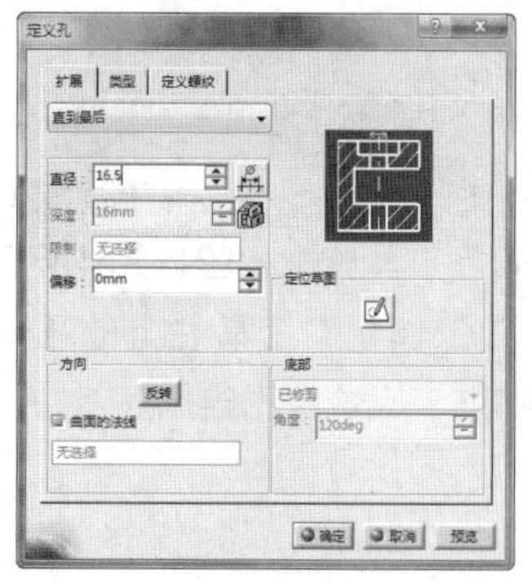
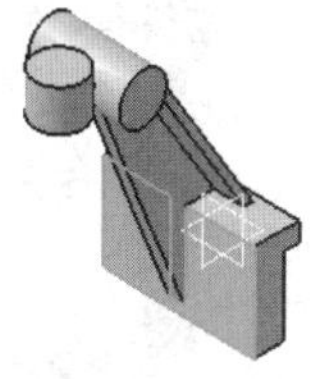

图12-157 选择孔表面和设置孔参数

16 单击【定位草图】按钮，进入草图编辑器，约束定位钻孔位置如图12-158所示。单击【工作台】工具栏上的【退出工作台】按钮返回。

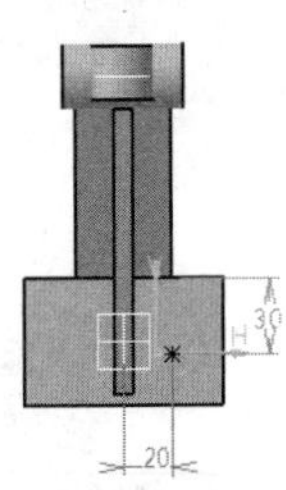

图12-158　定位孔位置

17 单击【类型】选项卡，选择【沉头孔】，设置相关参数。单击【定义孔】对话框中的【确定】按钮，系统自动完成孔特征，如图12-159所示。

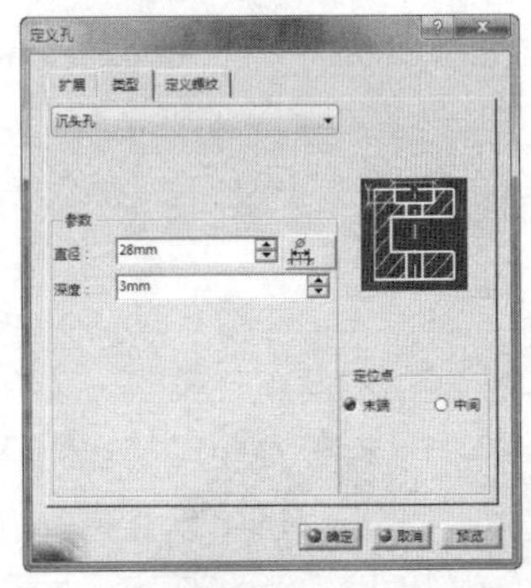

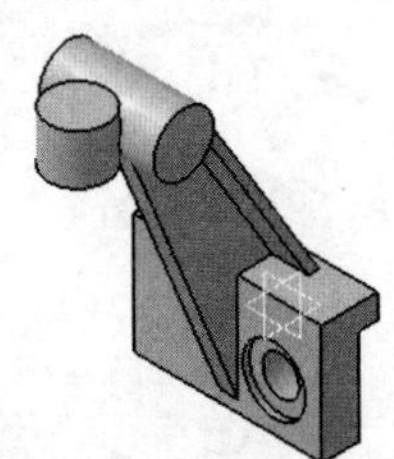

图12-159　设置深头孔参数和创建孔特征

18 选择上一步旋转槽特征，单击【变换特征】工具栏上的【镜像】按钮，选择zx平面作为镜像平面，单击【确定】按钮，系统自动完成镜像特征，如图12-160所示。

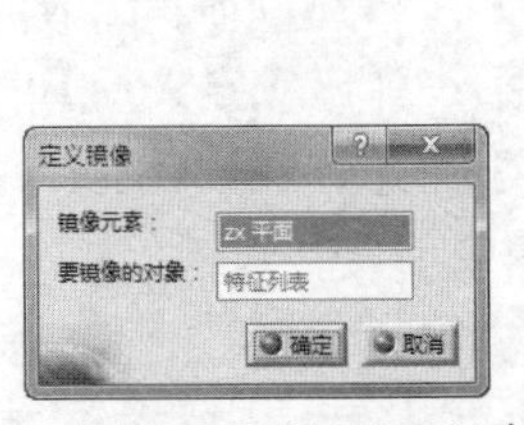

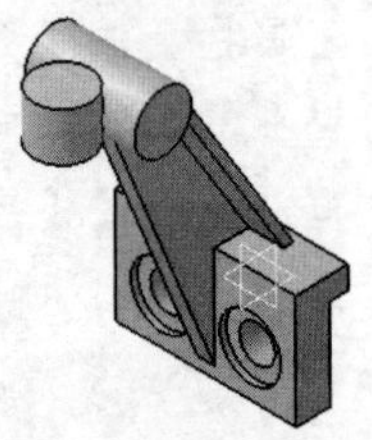

图12-160　创建镜像特征

19 选择如图12-160所示的端面，单击【草图】按钮，利用圆等工具绘制如图12-161所示的草图。单击【工作台】工具栏上的【退出工作台】按钮，完成草图绘制。

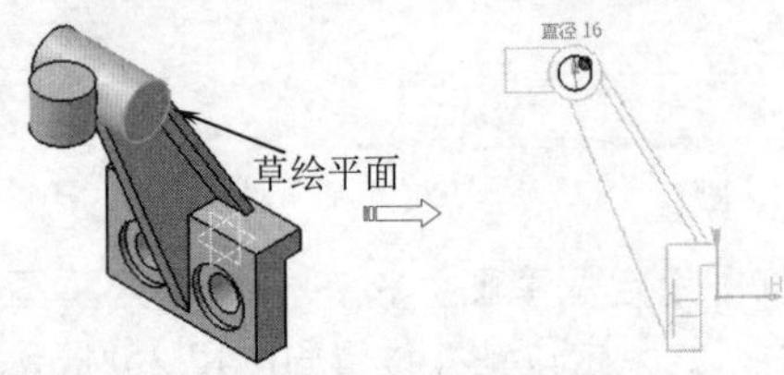

图12-161　绘制草图

20 单击【基于草图的特征】工具栏上的【凹槽】按钮，选择上一步草图，弹出【定义凹槽】对话框，设置凹槽【深度】为55，选中【镜像范围】复选框，单击【确定】按钮，系统自动完成凹槽特征，如图12-162所示。

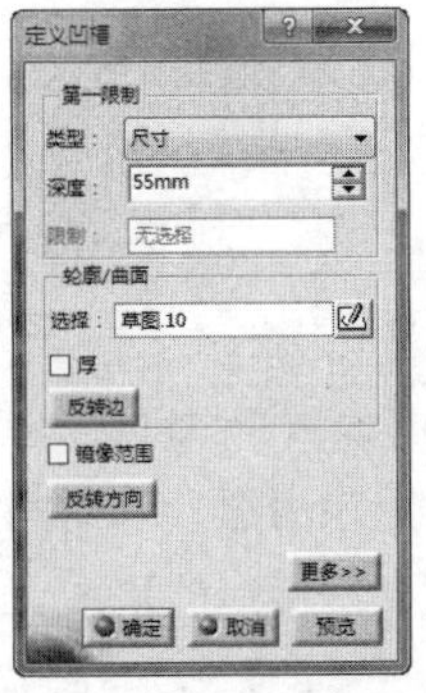

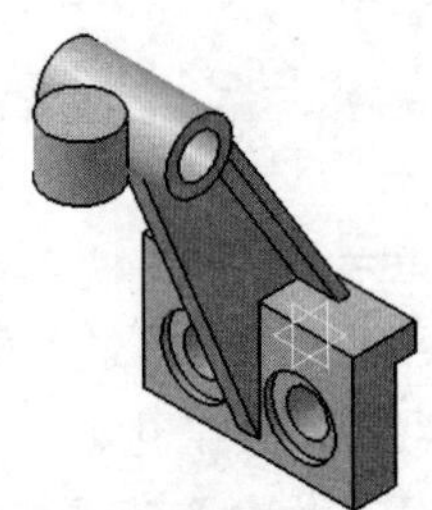

图12-162　创建凹槽特征

21 选择如图12-163所示的端面，单击【草图】按钮，利用圆等工具绘制如图所示的草图。单击【工作台】工具栏上的【退出工作台】按钮，完成草图绘制。

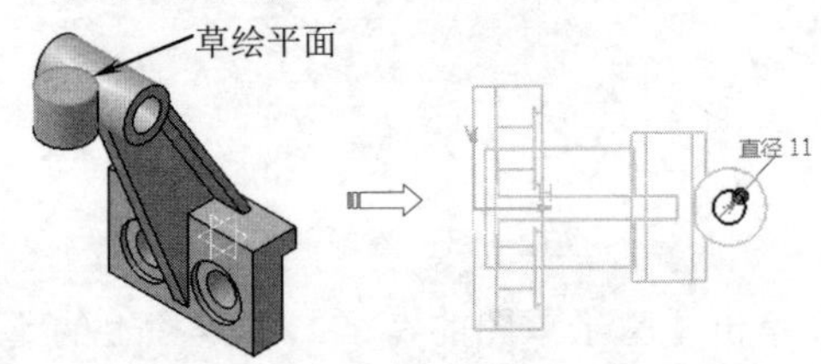

图12-163　绘制草图

22 单击【基于草图的特征】工具栏上的【凹槽】按钮，选择上一步草图，弹出【定义凹槽】对话框，设置凹槽【深度】为55，选中【镜像范围】复选框，单击【确定】按钮，系统自动完成凹槽特征，如图12-164所示。

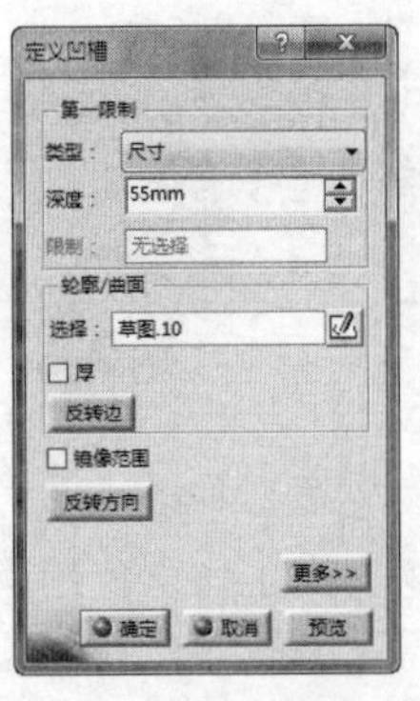

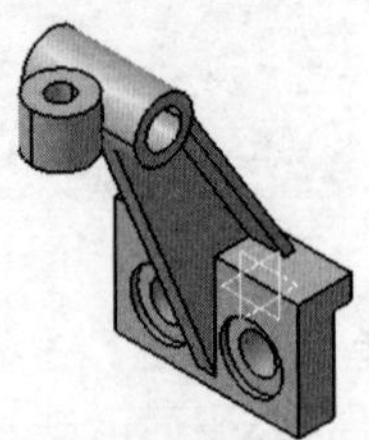

图12-164　创建凹槽特征

23 选择平面.1，单击【草图】按钮，进入草图编辑器。利用圆等工具绘制如图12-165

所示的草图。单击【工作台】工具栏上的【退出工作台】按钮，完成草图绘制。

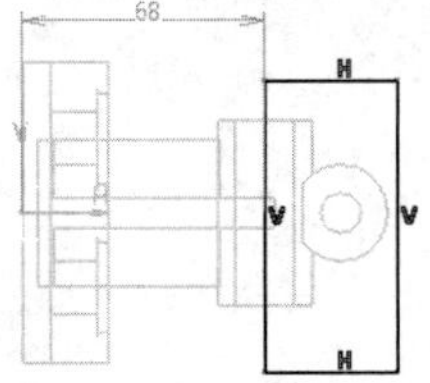

图12-165 绘制草图

24 单击【基于草图的特征】工具栏上的【凹槽】按钮，选择上一步草图，弹出【定义凹槽】对话框，设置凹槽【深度】为1.5，选中【镜像范围】复选框，单击【确定】按钮，系统自动完成凹槽特征，如图12-166所示。

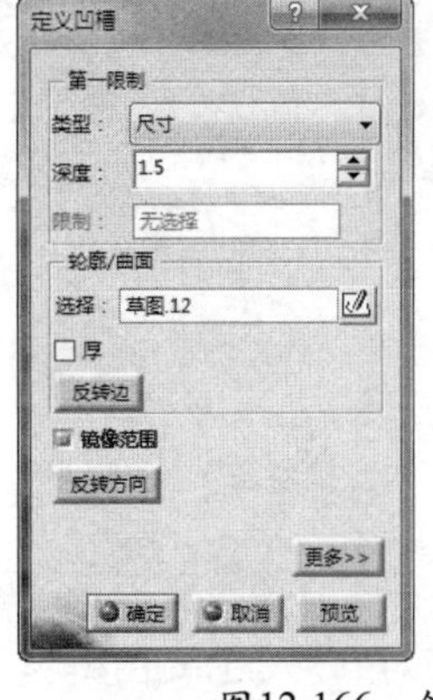

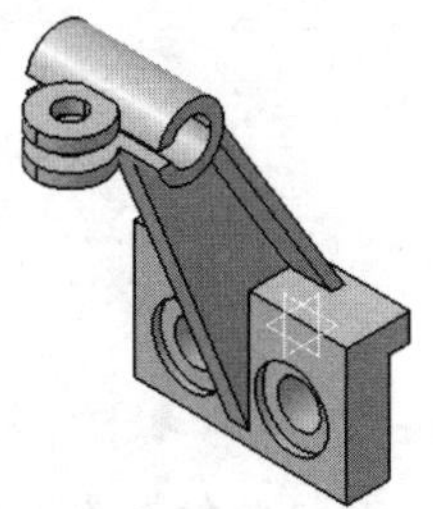

图12-166 创建凹槽特征

12.3 凸轮设计

常用的凸轮有盘形凸轮、圆柱凸轮、线性凸轮和端面凸轮等，下面介绍主要凸轮的创建方法和过程。

动手操作—盘形凸轮设计

盘形凸轮如图12-167所示，主要由基体和凸轮槽组成。

盘形凸轮绘制操作步骤如下：

01 在【标准】工具栏中单击【新建】按钮，在弹出的对话框中选择“part”，单击【确定】按钮新建一个零件文件，并选择【开始】|【机械设计】|【零件设计】，进入【零件设计】工作台。

02 单击【草图】按钮，在工作窗口选择草图平面yz平面，进入草图编辑器。利用轮廓、轴线等工具绘制如图12-168所示的草图。单击【工作台】工具栏上的【退出工作台】按钮，完成草图绘制。

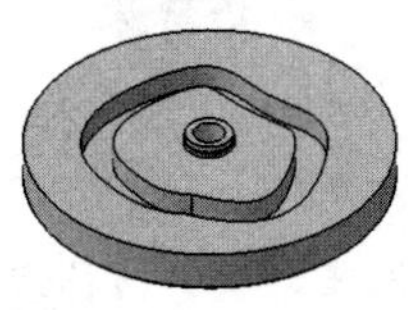

图12-167 盘形凸轮

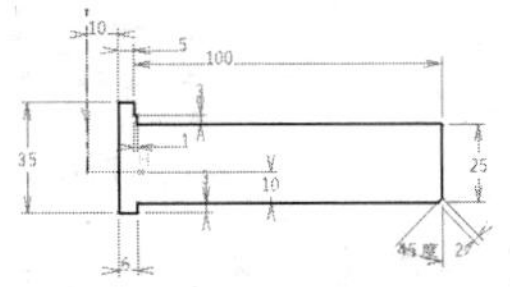

图12-168 绘制草图

03 单击【基于草图的特征】工具栏上的【旋转体】按钮，选择旋转截面，弹出【定义旋转体】对话框，选择上一步的草图为旋转槽截面，单击【确定】按钮，系统自动完成旋转体特征，如图12-169所示。

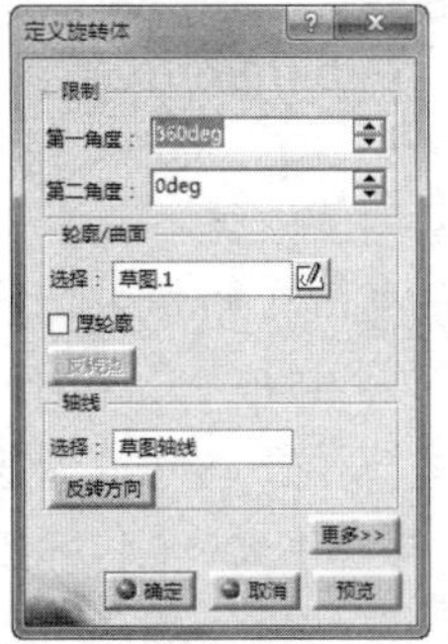

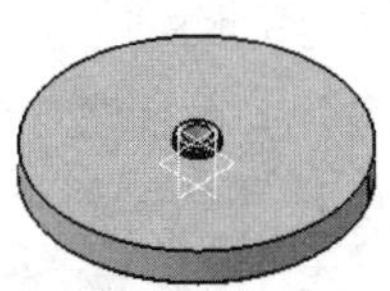

图12-169 创建旋转体特征

04 选择拉伸实体上端面，单击【草图】按钮，进入草图编辑器。利用草图绘制工具绘制如图12-170所示的草图。单击【工作台】工具栏上的【退出工作台】按钮，完成草图绘制。

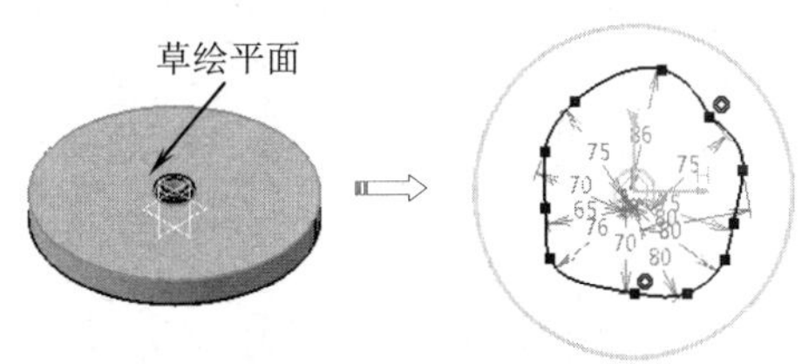

图12-170 绘制草图

05 单击【基于草图的特征】工具栏上的【凹槽】按钮，选择上一步草图，弹出【定义凹槽】对话框，设置凹槽【深度】为15，设置厚度，单击【确定】按钮，系统自动完成凹槽特征，如图12-171所示。

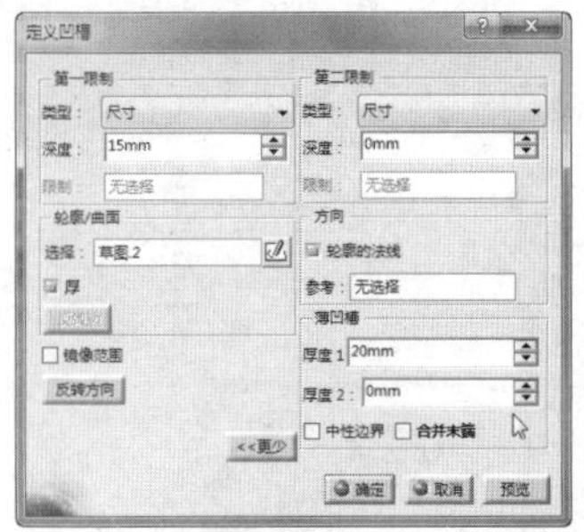
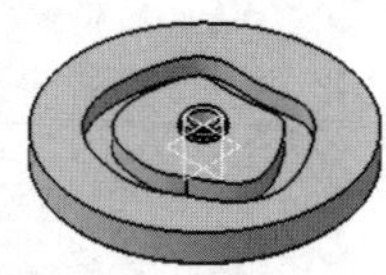

图12-171 创建凹槽特征

动手操作—圆柱凸轮设计

圆柱凸轮如图12-172所示，主要由基体和凸轮槽组成。

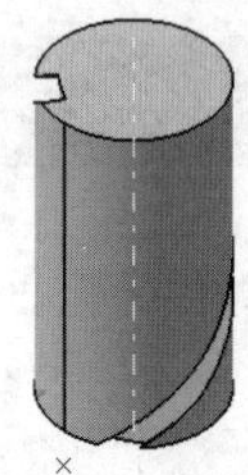

图12-172 圆柱凸轮

端面绘制操作步骤如下：

01 在【标准】工具栏中单击【新建】按钮，在弹出的对话框中选择“part”，单击【确定】按钮新建一个零件文件，并选择【开始】|【机械设计】|【零件设计】，进入【零件设计】工作台。

02 单击【草图】按钮，在工作窗口选择草图平面xy平面，进入草图编辑器。利用圆等工具绘制如图12-173所示的草图。单击【工作台】工具栏上的【退出工作台】按钮，完成草图绘制。

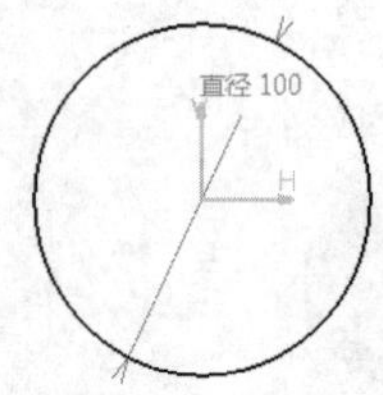

图12-173 绘制草图

03 单击【基于草图的特征】工具栏上的【凸台】按钮，弹出【定义凸台】对话框，选择上一步所绘制的草图，拉伸180mm，单击【确定】按钮完成拉伸特征，如图12-174所示。

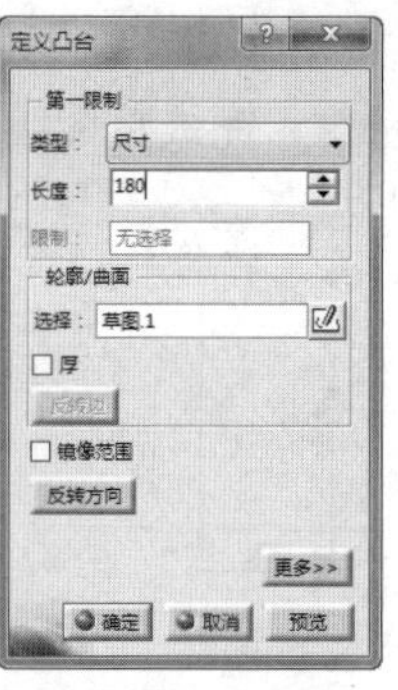

图12-174 创建拉伸特征

04 单击【参考元素】工具栏上的【点】按钮，弹出【点定义】对话框，在【点类型】下拉列表中选择【坐标】选项，输入X、Y、Z坐标(50,0,-20)，单击【确定】按钮，系统自动完成点创建，如图12-175所示。

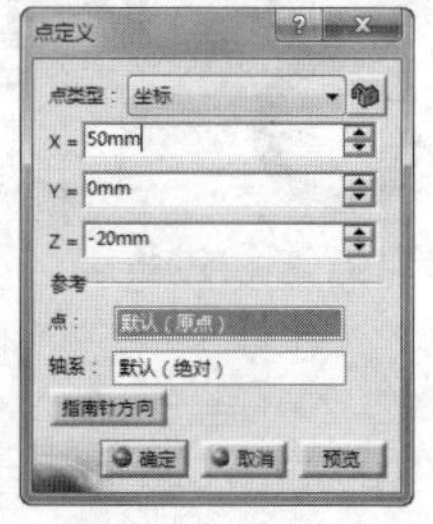

图12-175 创建点

05 选择菜单栏【开始】|【形状】|【创成式外形设计】命令，进入创成式外形设计工作台。

06 单击【线框】工具栏上的【轴线】按钮，弹出【轴线定义】对话框，选择圆柱表面，单击【确定】按钮，系统自动完成轴线创建，如图12-176所示。

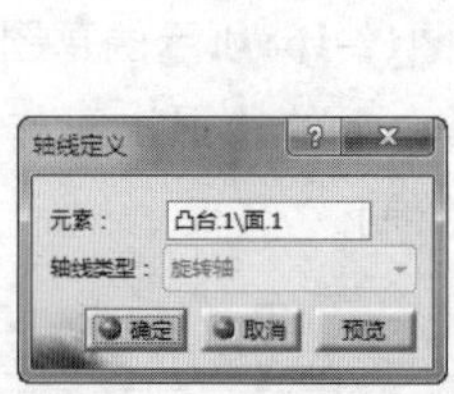
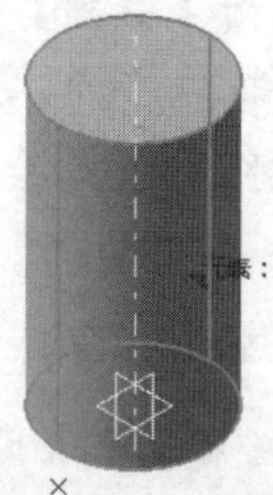

图12-176 创建轴线

07 单击【线框】工具栏上的【螺旋】按钮，弹出【螺旋曲线定义】对话框，激活【起点】选择框，选择螺旋线的起点，激活【轴】选择框选择轴线，在【螺距】文本框中设置螺旋线的节距，在【高度】文本框中设置高度，单击【确定】按钮，系统自动完成螺旋线创建，如图12-177所示。

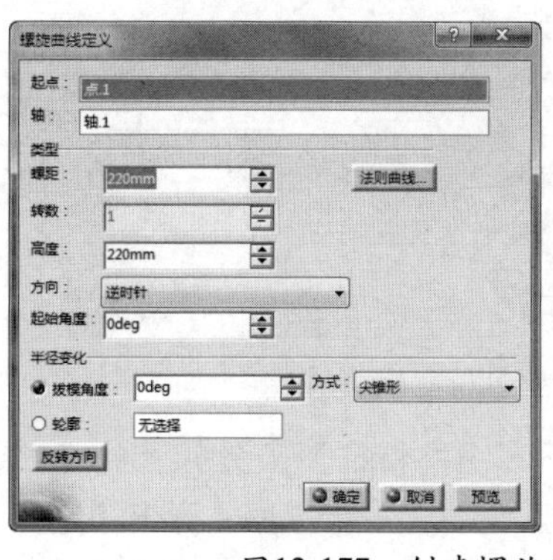
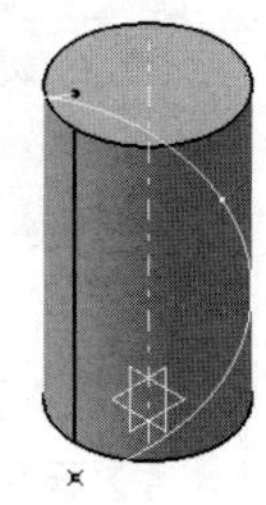

图12-177 创建螺旋线

08 选择菜单栏【开始】|【机械设计】|【零件设计】命令，进入零件设计工作台。

09 单击【草图】按钮，在工作窗口选择草图平面zx平面，进入草图编辑器。利用矩形等工具绘制如图12-178所示的草图。单击【工作台】工具栏上的【退出工作台】按钮，完成草图绘制。

10 单击【基于草图的特征】工具栏上的【开槽】按钮，弹出【定义开槽】对话框，选择上一步草图为轮廓，螺旋线为中心曲线，并设置相关参数后，单击【确定】按钮，系统创建开槽特征，如图12-179所示。

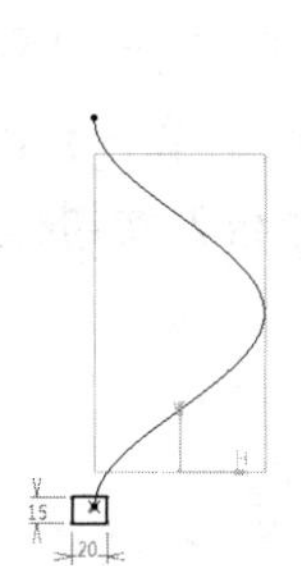

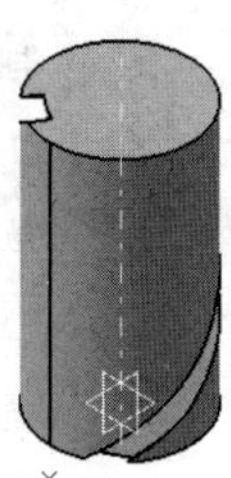

图12-178 绘制草图　　图12-179 创建开槽特征

动手操作—端面凸轮设计

端面凸轮如图12-180所示，主要由基体和凸轮端面组成。

端面凸轮绘制操作步骤如下：

11 在【标准】工具栏中单击【新建】按钮，在弹出的对话框中选择“part”，单击【确定】按钮新建一个零件文件，并选择【开始】|【机械设计】|【零件设计】，进入【零件设计】工作台。

12 单击【草图】按钮，在工作窗口选择草图平面xy平面，进入草图编辑器。利用圆等工具绘制如图12-181所示的草图。单击【工作台】工具栏上的【退出工作台】按钮，完成草图绘制。

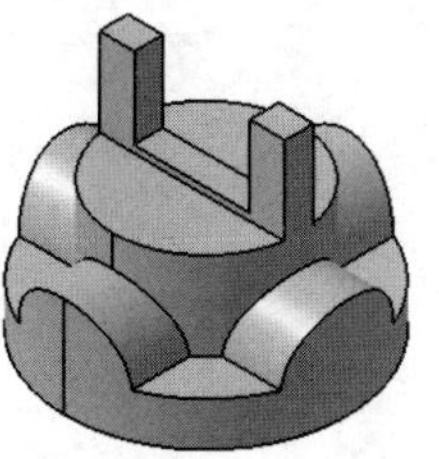
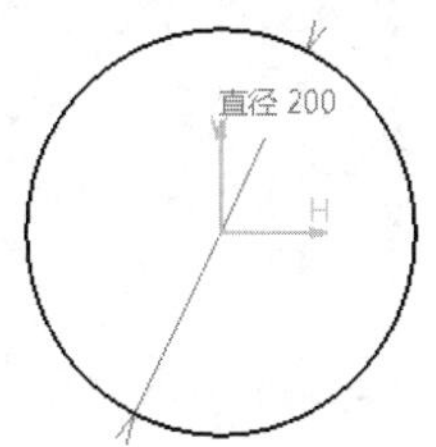

图12-180 端面凸轮　　图12-181 绘制草图

13 单击【基于草图的特征】工具栏上的【凸台】按钮，弹出【定义凸台】对话框，选择上一步所绘制的草图，拉伸30mm，单击【确定】按钮完成拉伸特征，如图12-182所示。

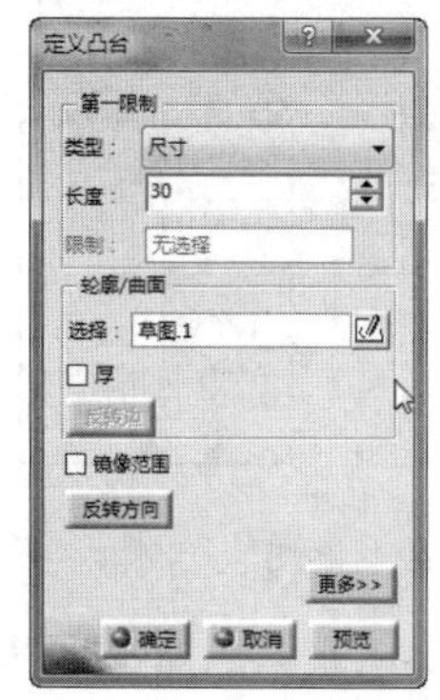
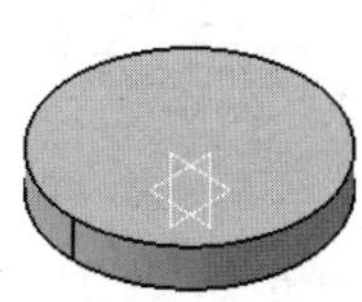

图12-182 创建拉伸特征

14 选择拉伸实体上端面，单击【草图】按钮，进入草图编辑器。利用圆等工具绘制如图12-183所示的草图。单击【工作台】工具栏上的【退出工作台】按钮，完成草图绘制。

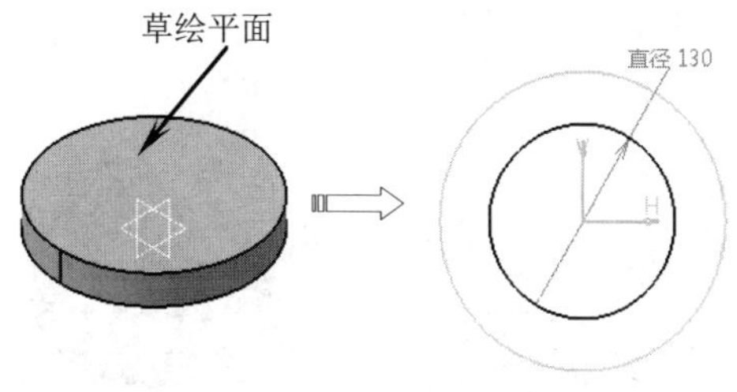

图12-183 绘制草图

15 单击【基于草图的特征】工具栏上的【凸台】按钮，弹出【定义凸台】对话框，选择上一步所绘制的草图，拉伸120mm，单击【确定】按钮完成拉伸特征，如图12-184所示。

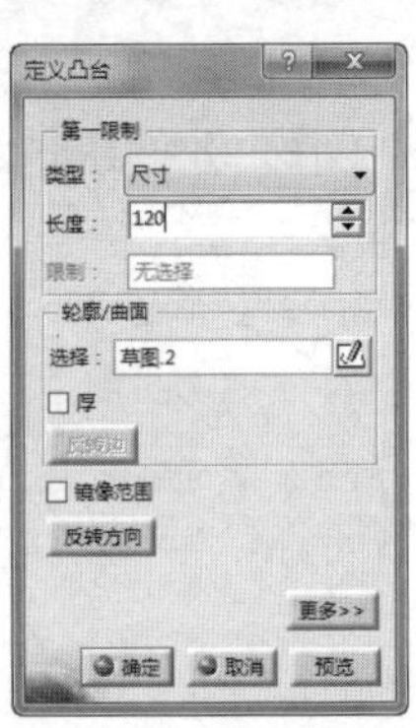
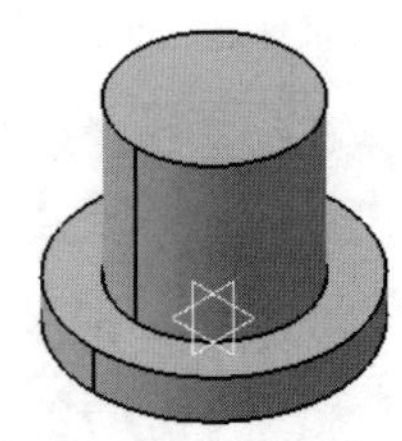

图12-184 创建拉伸特征

16 选择拉伸实体上端面，单击【草图】按钮，进入草图编辑器。利用矩形等工具绘制如图12-185所示的草图。单击【工作台】工具栏上的【退出工作台】按钮，完成草图绘制。

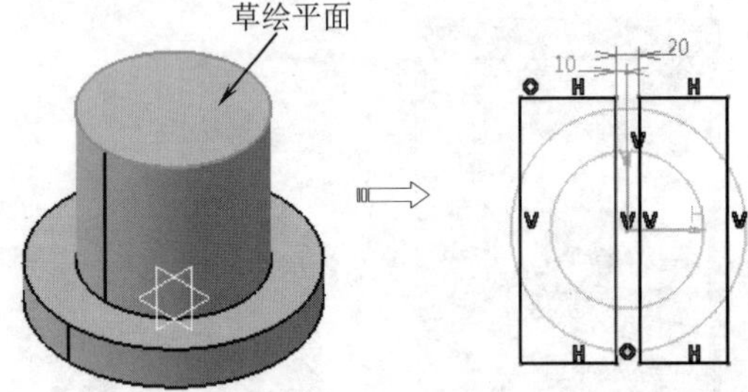

图12-185 绘制草图

17 单击【基于草图的特征】工具栏上的【凹槽】按钮，选择上一步草图，弹出【定义凹槽】对话框，设置凹槽【深度】为60，单击【确定】按钮，系统自动完成凹槽特征，如图12-186所示。

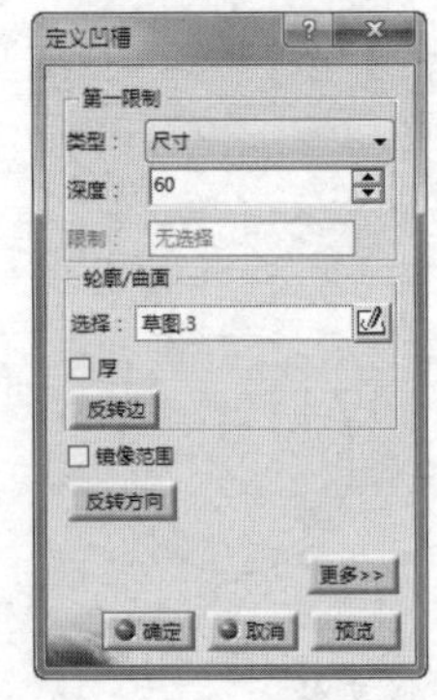
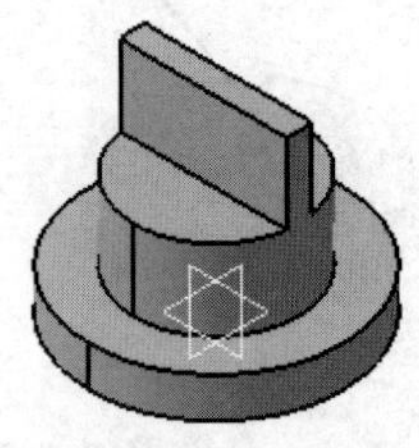

图12-186 创建凹槽特征

18 选择凹槽侧面，单击【草图】按钮，进入草图编辑器。利用矩形等工具绘制如图12-187所示的草图。单击【工作台】工具栏上的【退出工作台】按钮，完成草图绘制。

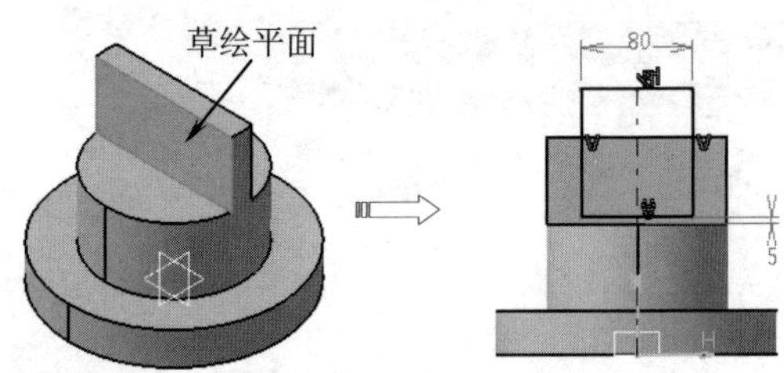

图12-187 绘制草图

19 单击【基于草图的特征】工具栏上的【凹槽】按钮，选择上一步草图，弹出【定义凹槽】对话框，设置凹槽【深度】为30，单击【确定】按钮，系统自动完成凹槽特征，如图12-188所示。

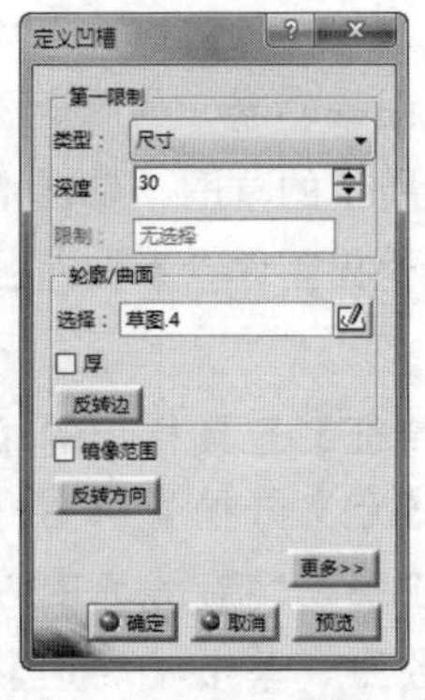
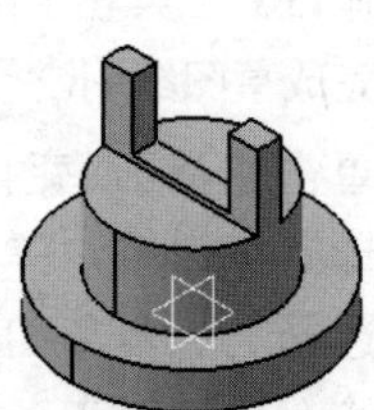

图12-188 创建凹槽特征

20 单击【草图】按钮，在工作窗口选择草图平面zx平面，进入草图编辑器。利用圆等工具绘制如图12-189所示的草图。单击【工作台】工具栏上的【退出工作台】按钮，完成草图绘制。

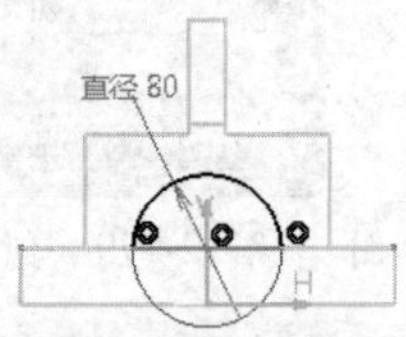

图12-189 绘制草图

21 单击【基于草图的特征】工具栏上的【凸台】按钮，弹出【定义凸台】对话框，选择上一步所绘制的草图，拉伸130mm，单击【确定】按钮完成拉伸特征，如图12-190所示。

22 选择凸台，单击【变换特征】工具栏上的【圆形阵列】按钮，弹出【定义圆形阵列】对话框，设置阵列参数，选择圆柱表面作为阵列方向，单击【确定】按钮，完成圆周阵列特征，如图12-191所示。

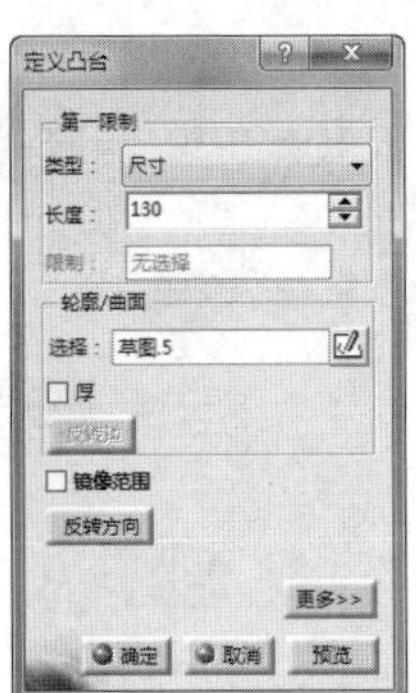
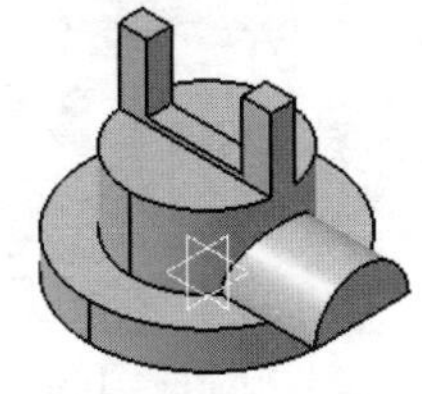

图12-190　创建拉伸特征

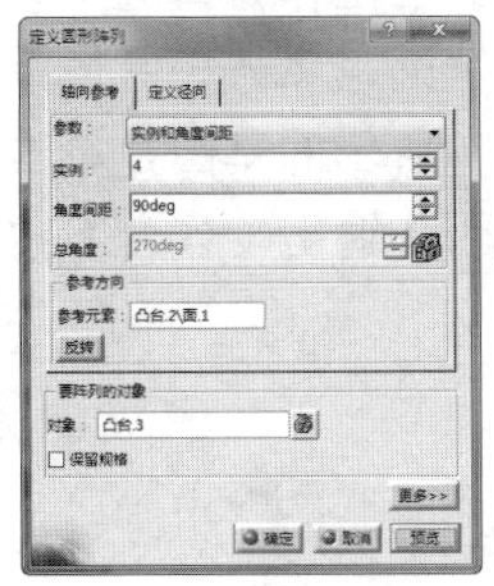
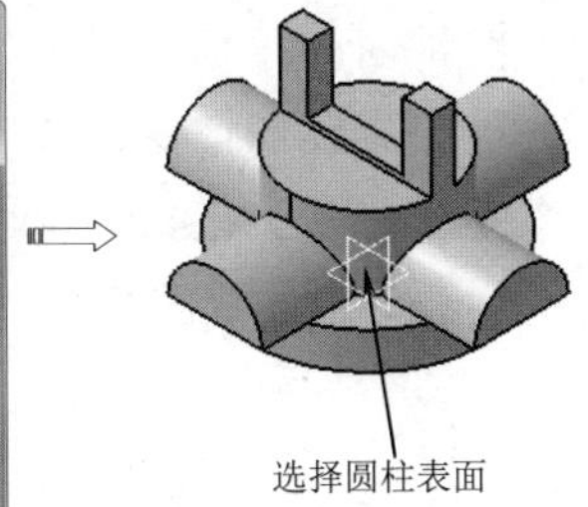

图12-191　创建环形阵列

23 选择凹槽侧面，单击【草图】按钮，进入草图编辑器。利用投影3D元素等工具绘制如图12-192所示的草图。单击【工作台】工具栏上的【退出工作台】按钮，完成草图绘制。

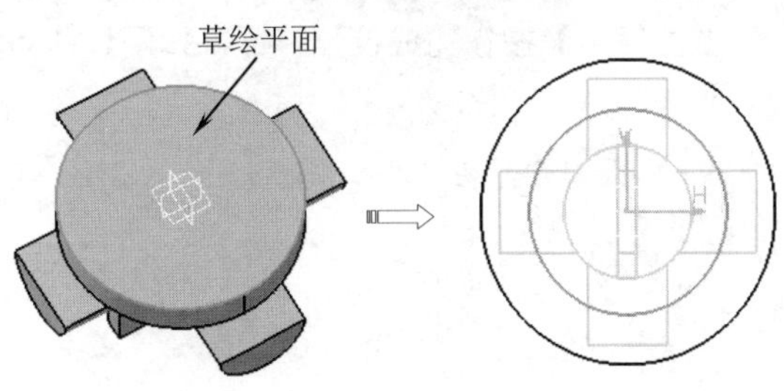

图12-192　绘制草图

24 单击【基于草图的特征】工具栏上的【凹槽】按钮，选择上一步草图，弹出【定义凹槽】对话框，设置凹槽【深度】为130，单击【确定】按钮，系统自动完成凹槽特征，如图12-193所示。

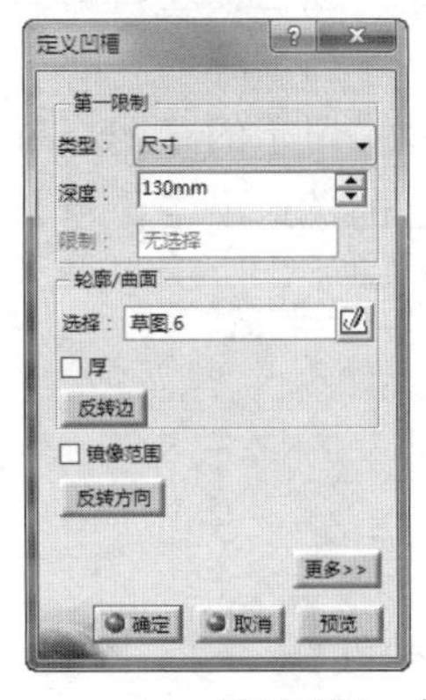
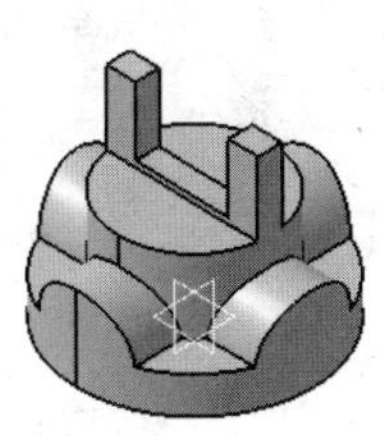

图12-193　创建凹槽特征

12.4 连杆结构设计

本节将以安装盘为例来讲解实体造型中特征创建、特征操作等功能在实际设计中的应用。

图12-194所示为连杆零件。

图12-194　连杆

动手操作—创建连杆

连杆的操作步骤如下：

01 在【标准】工具栏中单击【新建】按钮，在弹出的对话框中选择“part”，单击【确定】按钮新建一个零件文件，并选择【开始】|【机械设计】|【零件设计】，进入【零件设计】工作台。

02 单击【草图】按钮，在工作窗口选择草图平面xy平面，进入草图编辑器。利用圆等工具绘制如图12-195所示的草图。单击【工作台】工具栏上的【退出工作台】按钮，完成草图绘制。

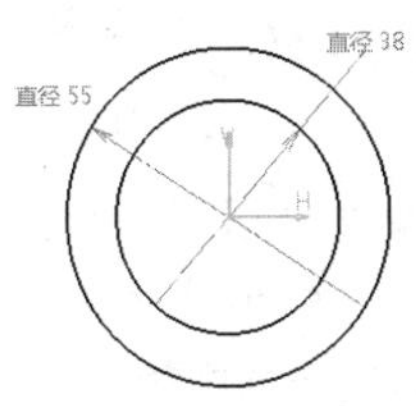

图12-195　绘制草图

03 单击【基于草图的特征】工具栏上的【凸台】按钮，弹出【定义凸台】对话框，选择上一步所绘制的草图，拉伸8mm，单击【确定】按钮完成拉伸特征，如图12-196所示。

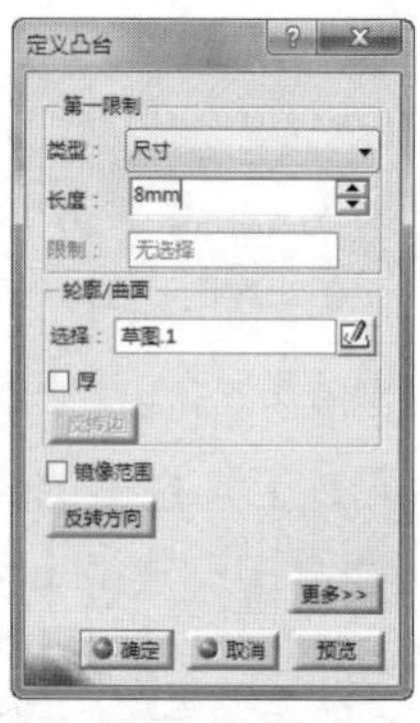

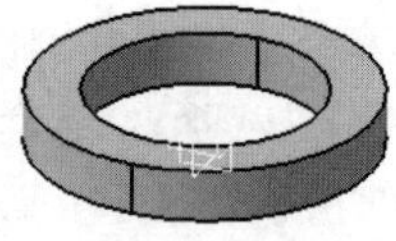

图12-196　创建凸台特征

04 单击【草图】按钮，在工作窗口选择草图平面xy平面，进入草图编辑器。利用圆等工具绘制如图12-197所示的草图。单击【工作台】工具栏上的【退出工作台】按钮，完成草图绘制。

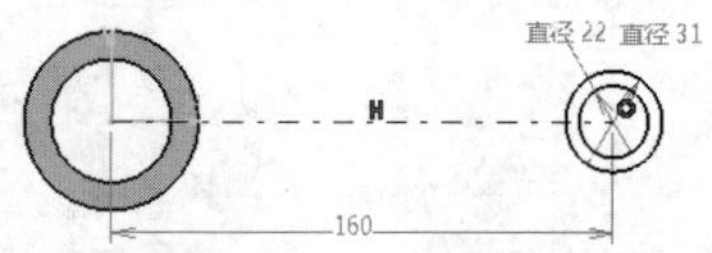

图12-197　绘制草图

05 单击【基于草图的特征】工具栏上的【凸台】按钮，弹出【定义凸台】对话框，选择上一步所绘制的草图，拉伸13mm，单击【确定】按钮完成拉伸特征，如图12-198所示。

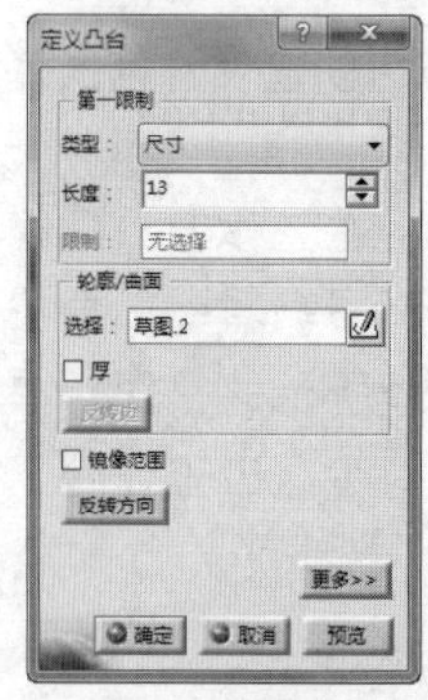

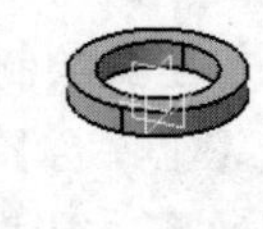

图12-198　创建拉伸特征

06 单击【修饰特征】工具栏上的【拔模斜度】按钮，弹出【定义拔模】对话框，在【角度】文本框中输入7，激活【要拔模的面】编辑框，选择小圆柱外表面，激活【中性元素】中【选择】编辑框，选择xy面，单击【确定】按钮，系统自动完成拔模特征，如图12-199所示。

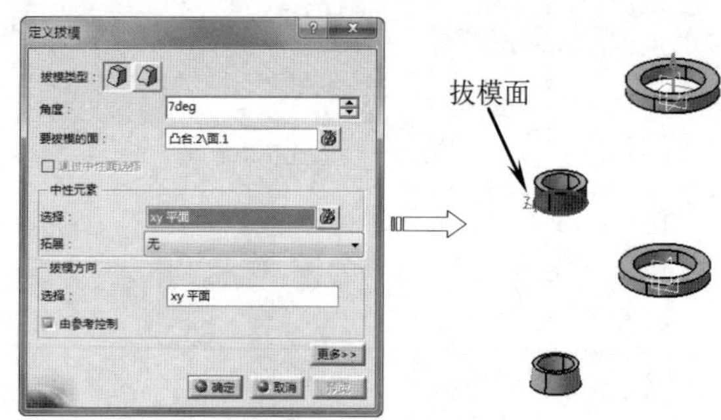

图12-199　创建拔模特征

07 单击【草图】按钮，在工作窗口选择草图平面xy平面，进入草图编辑器。利用圆等工具绘制如图12-200所示的草图。单击【工作台】工具栏上的【退出工作台】按钮，完成草图绘制。

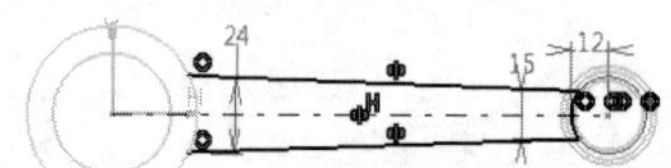

图12-200　绘制草图

08 单击【基于草图的特征】工具栏上的【凸台】按钮，弹出【定义凸台】对话框，选择上一步所绘制的草图，拉伸5.5mm，单击【确定】按钮完成拉伸特征，如图12-201所示。

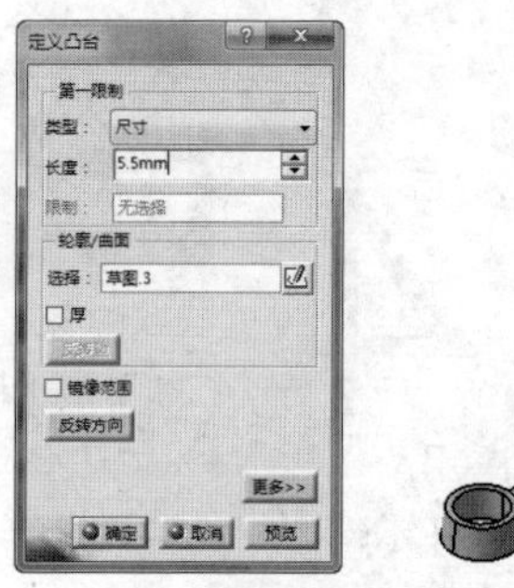

图12-201　创建拉伸特征

09 单击【修饰特征】工具栏上的【拔模斜度】按钮，弹出【定义拔模】对话框，在【角度】文本框中输入7，激活【要拔模的面】编辑框，选择连接体侧面，激活【中性元素】中【选择】编辑框，选择xy面，单击【确定】按钮，系统自动完成拔模特征，如图12-202所示。

10 选择xy平面，单击【草图】按钮，进入草图编辑器。利用圆、圆角、偏移等工具绘制如图12-203所示的草图。单击【工作台】工具栏上的【退出工作台】按钮，完成草图绘制。

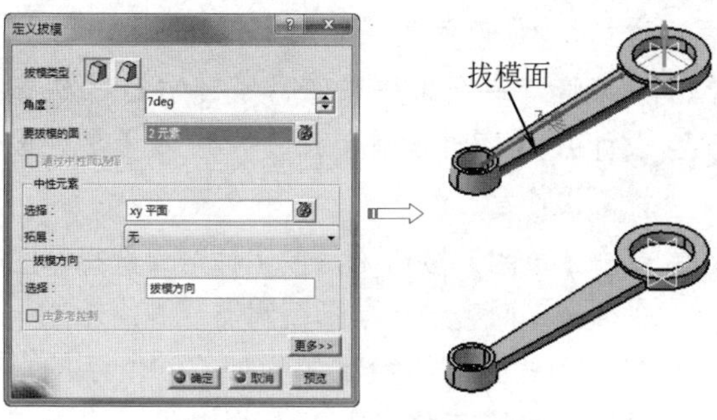

图12-202 创建拔模特征

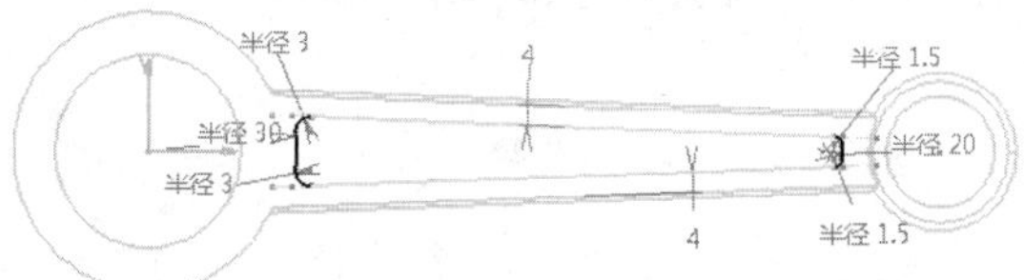

图12-203 绘制草图

11 单击【基于草图的特征】工具栏上的【凹槽】按钮，选择上一步草图，弹出【定义凹槽】对话框，设置凹槽深度为4mm，单击【确定】按钮，系统自动完成凹槽特征，如图12-204所示。

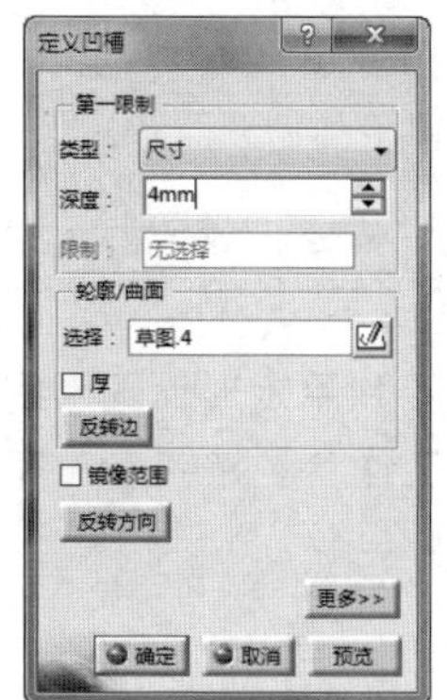

图12-204 创建凹槽特征

12 单击【修饰特征】工具栏上的【倒圆角】按钮，弹出【倒圆角定义】对话框，在【半径】文本框中输入圆角半径40mm，然后激活【要圆角化的对象】编辑框，选择连杆与大圆接触边线，单击【确定】按钮，系统自动完成圆角特征，如图12-205所示。

图12-205 创建倒圆角特征

13 单击【修饰特征】工具栏上的【倒圆角】按钮，弹出【倒圆角定义】对话框，在【半径】文本框中输入圆角半径15mm，然后激活【要圆角化的对象】编辑框，选择连杆与大圆接触边线，单击【确定】按钮，系统自动完成圆角特征，如图12-206所示。

图12-206 创建倒圆角特征

14 单击【变换特征】工具栏上的【镜像】按钮，选择xy平面作为镜像平面，单击【确定】按钮，系统自动完成镜像特征，如图12-207所示。

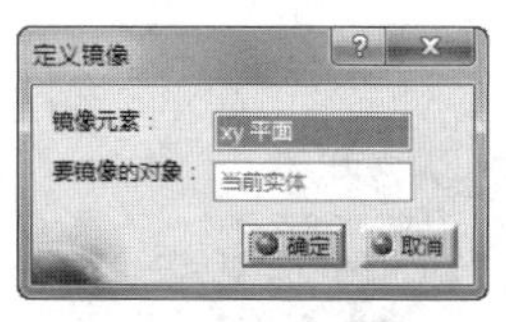

图12-207 创建镜像特征

12.5 实战应用——手枪模型设计

引入光盘：无

结果文件：\动手操作\结果文件\Ch12\shouqiang.CATPart

视频文件：\视频\Ch12\手枪.avi

在本节的实战设计任务中，我们将综合运用凸台、凹槽、倒角、镜像、阵列、旋转槽、创成式外形设计等命令创建案例中的手枪模型。由于本案例相较于以前的案例，难度明显上升。通过本次的建模练习，可以较大幅度地提升我们的建模质量，并且可以加快我们的建模效率。

手枪模型如图12-208所示。

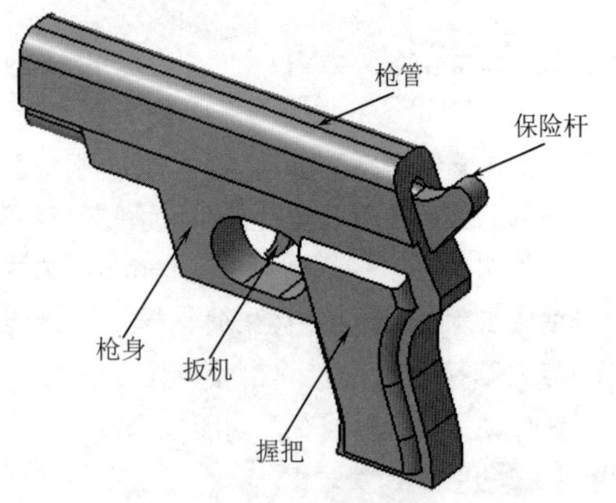

图12-208　电线插头

操作步骤

01 单击【新建】按钮，在弹出的对话框中选择“part”，单击【确定】按钮新建一个零件文件，再在菜单栏执行【开始】|【机械设计】|【零件设计】命令，进入【零件设计】工作台。

02 单击【草图】按钮，在工作窗口选择草图平面zx平面，进入草图编辑器。利用矩形、圆、倒角等工具绘制如图12-209所示的草图。单击【工作台】工具栏上的【退出工作台】按钮，完成草图绘制。

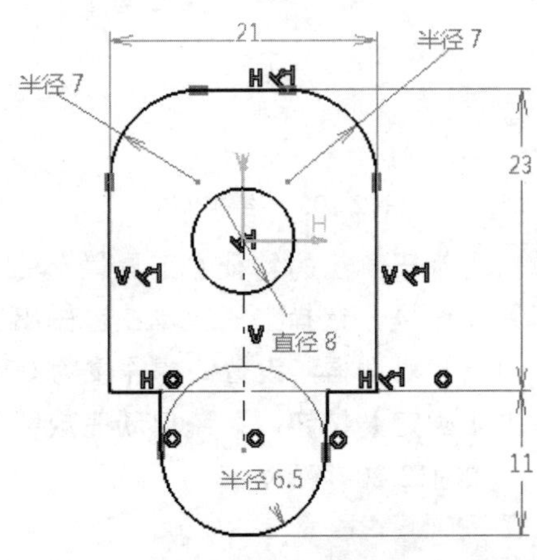

图12-209　绘制草图

03 单击【基于草图的特征】工具栏上的【凸台】按钮，弹出【定义凸台】对话框，选择上一步所绘制的草图，拉伸170mm，单击【确定】按钮完成拉伸特征，如图12-210所示。

04 单击【草图】按钮，在工作窗口选择草图平面yz平面，进入草图编辑器。利用矩形、圆、倒角等工具绘制如图12-211所示的草图。单击【工作台】工具栏上的【退出工作台】按钮，完成草图绘制。

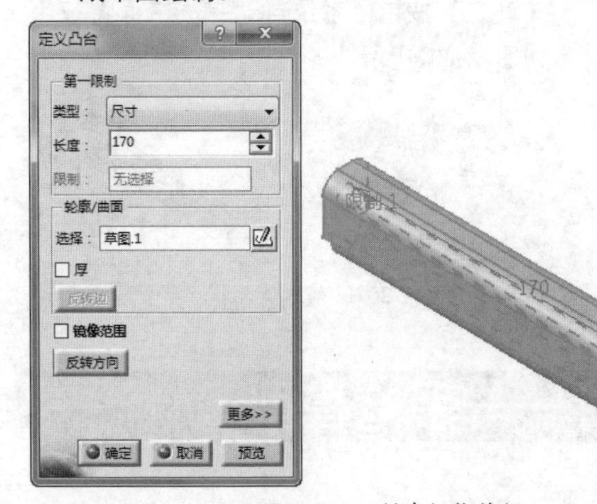

图12-210　创建拉伸特征

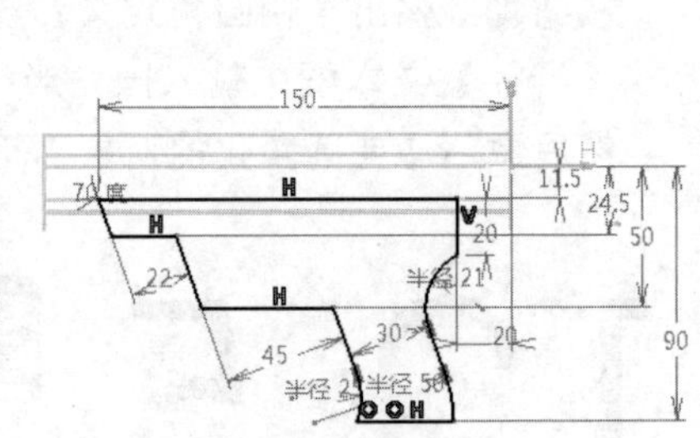

图12-211　绘制草图

05 单击【基于草图的特征】工具栏上的【凸台】按钮，弹出【定义凸台】对话框，选择上一步所绘制的草图，拉伸8mm，选中【镜像范围】复选框，单击【确定】按钮完成拉伸特征，如图12-212所示。

06 单击【草图】按钮，在工作窗口选择草图平面yz平面，进入草图编辑器，绘制如图12-213所示的草图。单击【工作台】工具栏上的【退出工作台】按钮，完成草图绘制。

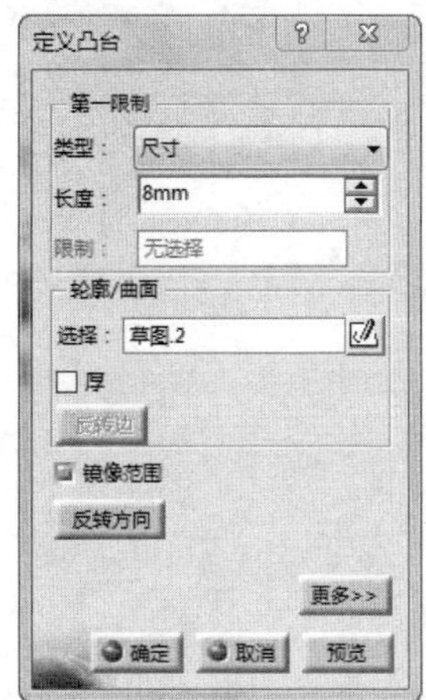

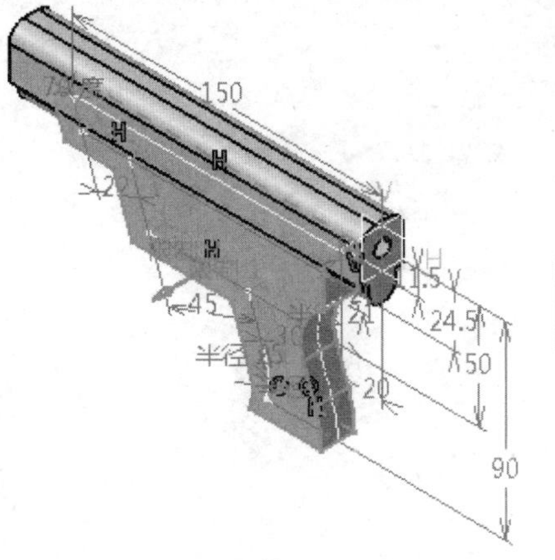

图12-212 创建拉伸特征

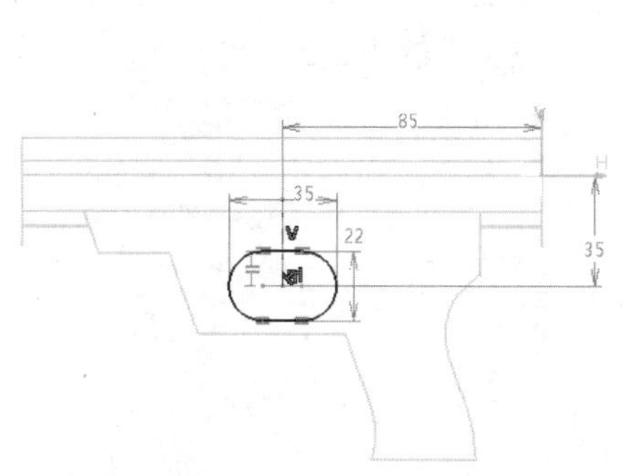

图12-213 绘制草图

07 单击【基于草图的特征】工具栏上的【凹槽】按钮，选择上一步草图，弹出【定义凹槽】对话框，设置凹槽【深度】为12mm，选中【镜像范围】复选框，单击【确定】按钮，系统自动完成凹槽特征，如图12-214所示。

08 单击【草图】按钮，在工作窗口选择草图平面yz平面，进入草图编辑器，绘制如图12-215所示的草图。单击【工作台】工具栏上的【退出工作台】按钮，完成草图绘制。

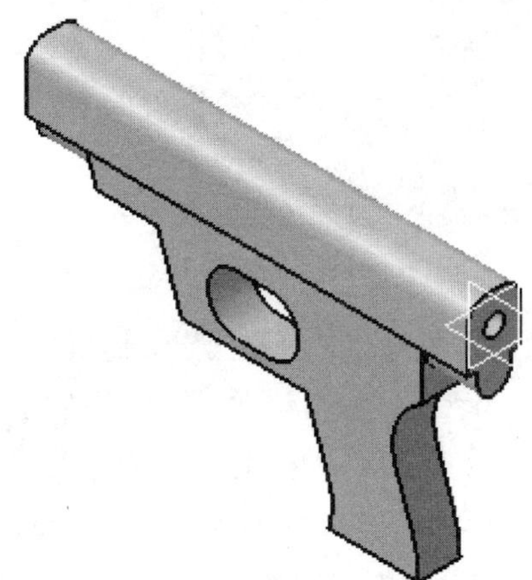

图12-214 创建凹槽特征

图12-215 绘制草图

09 单击【基于草图的特征】工具栏上的【凸台】按钮，弹出【定义凸台】对话框，选择上一步所绘制的草图，拉伸2mm，选中【镜像范围】复选框，单击【确定】按钮完成拉伸特征，如图12-216所示。

图12-216 创建凸台特征

10 选中如图12-217所示的实体表面作为草绘平面，单击【草图】按钮，绘制草图。单击【工作台】工具栏上的【退出工作台】按钮，完成草图绘制。

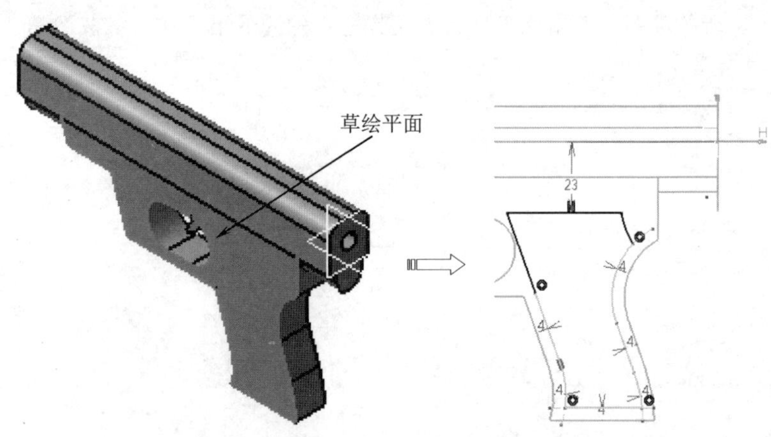

图12-217 绘制草图

11 单击【基于草图的特征】工具栏上的【凸台】按钮，弹出【定义凸台】对话框，选择上一步所绘制的草图，拉伸4mm，单击【确定】按钮完成拉伸特征，如图12-218所示。

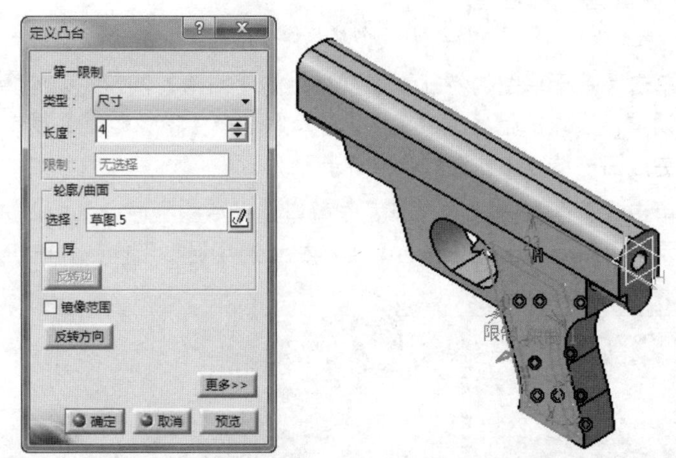

图12-218 创建凸台特征

12 单击【修饰特征】工具栏上的【倒角】按钮，弹出【定义倒角】对话框，在【模式】下拉列表中选择【长度1/角度】模式，设置【长度1】为4，激活【要倒角的对象】选择框，选择如图12-35所示实体边线，单击【确定】按钮，系统自动完成倒角特征，如图12-219所示。

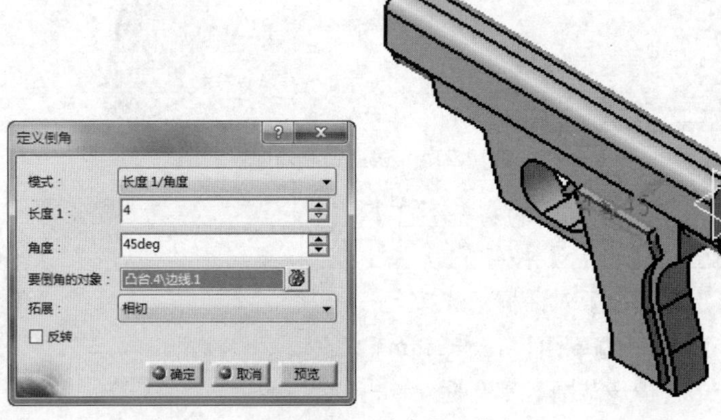

图12-219 创建倒角特征

13 单击【操作】工具栏上的【倒圆角】按钮，弹出【倒圆角定义】对话框，选择如图12-220所示的边线，在【半径】文本框中输入半径值4mm，单击【确定】按钮，系统自动完成圆角操作。

14 选择上一步凸台特征、倒角、倒圆角特征，单击【变换特征】工具栏上的【镜像】按钮，选择yz平面作为镜像平面，单击【确定】按钮，系统自动完成镜像特征，如图12-221所示。

15 在菜单栏执行【开始】/【形状】/【创成式外形设计】命令，系统自动进入创成式外形设计工作台。

16 单击【草图】按钮，在工作窗口选择草图平面yz平面，绘制如图12-222所示草图，单击【工作台】工具栏上的【退出工作台】按钮，完成草图绘制退出草图编辑器环境。

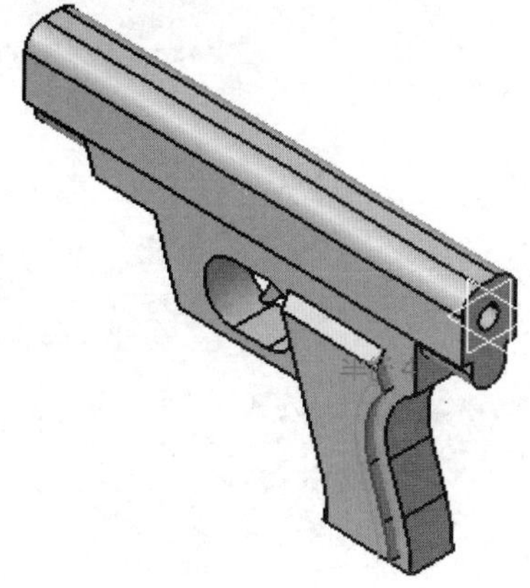

图12-220　创建倒圆角

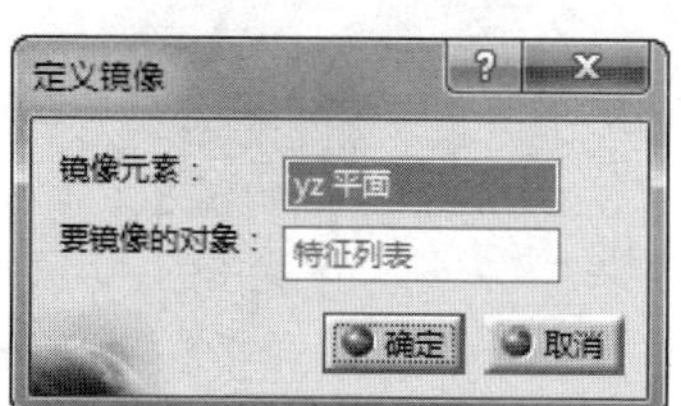

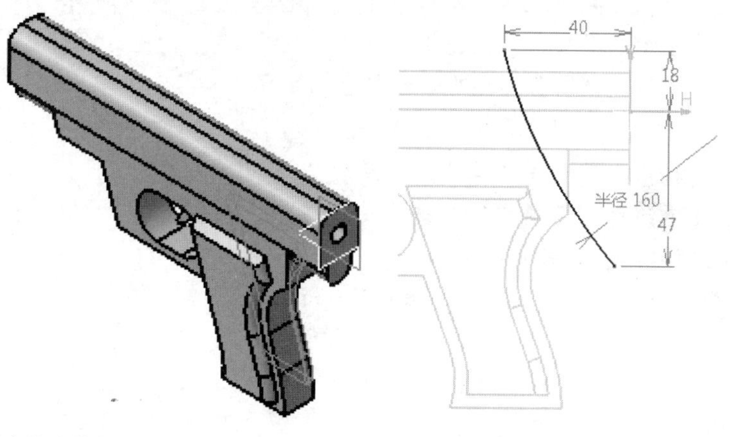

图12-221　创建镜像特征

图12-222　绘制草图

17 单击【曲面】工具栏上的【拉伸】按钮，弹出【拉伸曲面定义】对话框，选择上一步草图为拉伸截面，设置拉伸深度为20mm，选中【镜像范围】复选框，单击【确定】按钮，系统自动完成拉伸曲面创建，如图12-223所示。

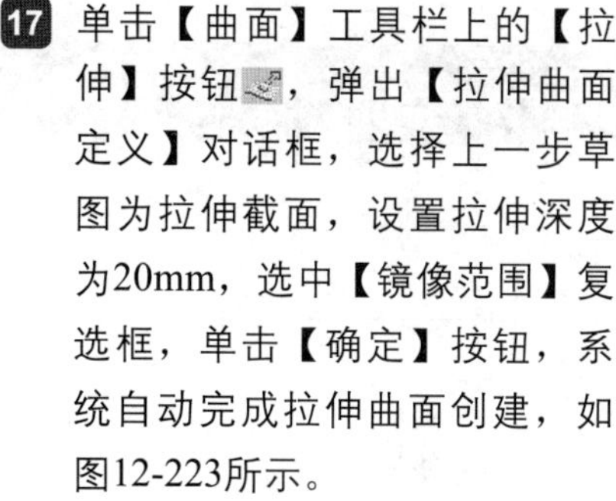

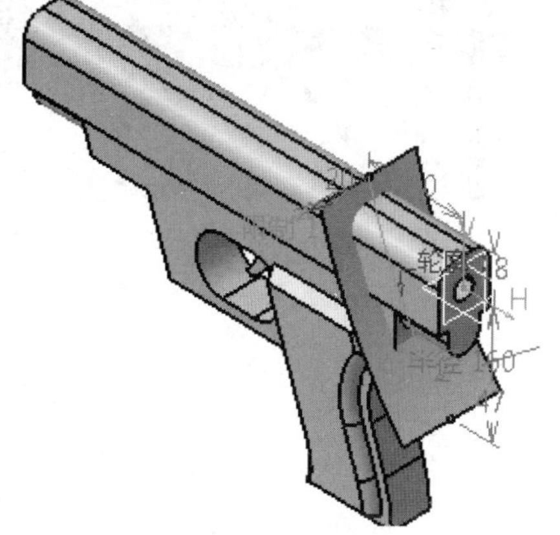

图12-223　创建拉伸曲面

18 在菜单栏执行【开始】/【机械设计】/【零件设计】命令，进入【零件设计】工作台。

19 单击【基于曲面的特征】工具栏上的【分割】按钮，弹出【定义分割】对话框，选择上一步拉伸曲面为分割曲面，单击【确定】按钮，系统创建分割实体特征，如图12-224所示。

20 单击【草图】按钮，在工作窗口选择草图平面yz平面，进入草图编辑器，绘制如图12-225所示的草图。单击【工作台】工具栏上的【退出工作台】按钮，完成草图绘制。

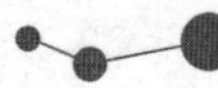

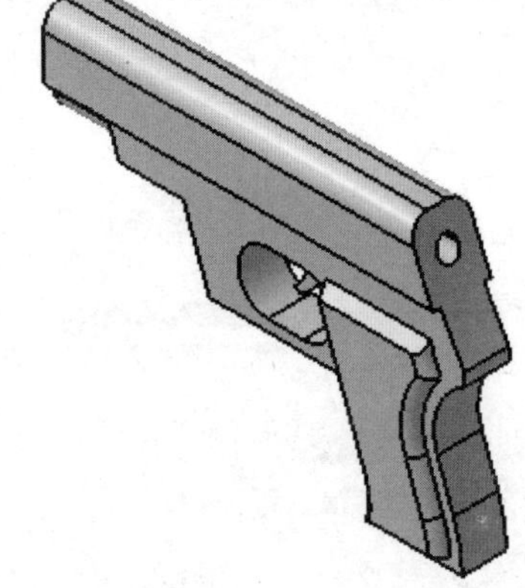

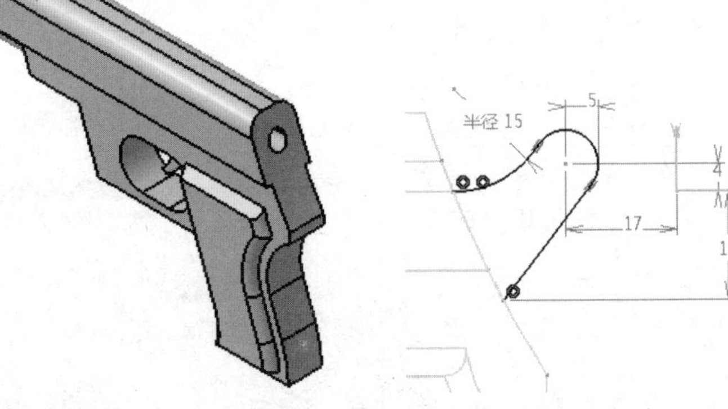

图12-224　创建曲面分割实体

图12-225　绘制草图

21 单击【基于草图的特征】工具栏上的【凸台】按钮，弹出【定义凸台】对话框，选择上一步所绘制的草图，拉伸深度4mm，选中【镜像范围】复选框，单击【确定】按钮完成拉伸特征，如图12-226所示。

22 至此，完成了手枪模型建模工作。

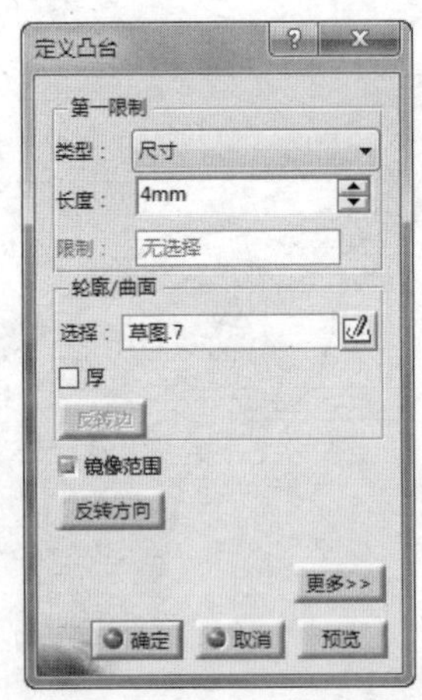

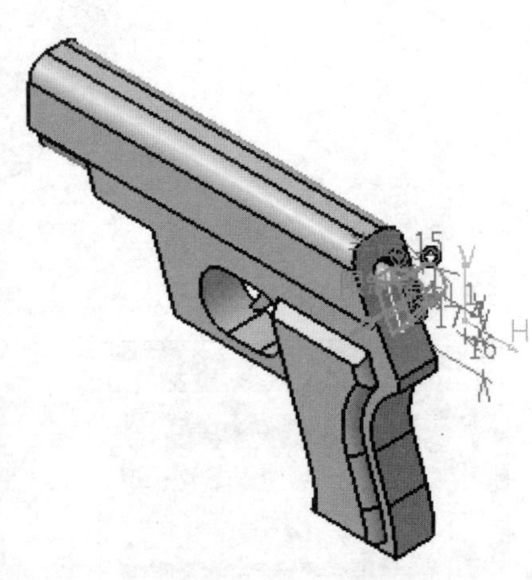

图12-226　创建凸台特征

12.6 课后习题

习题一

绘制如图12-227所示的连杆模型。

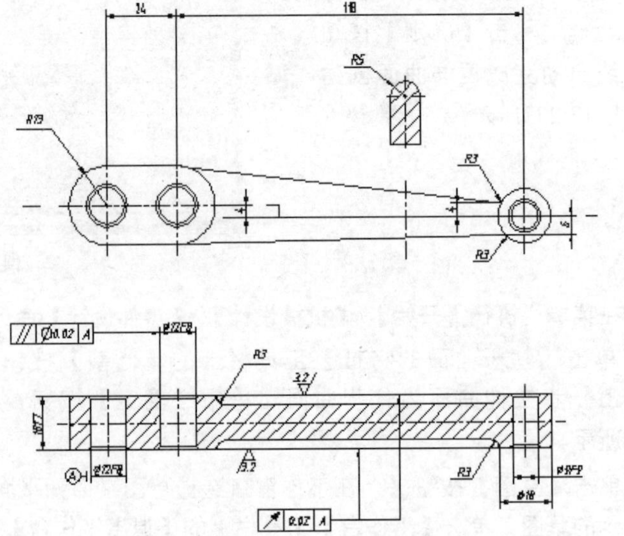

题图12-227　连杆图纸

习题二

绘制如图12-228所示的支架模型

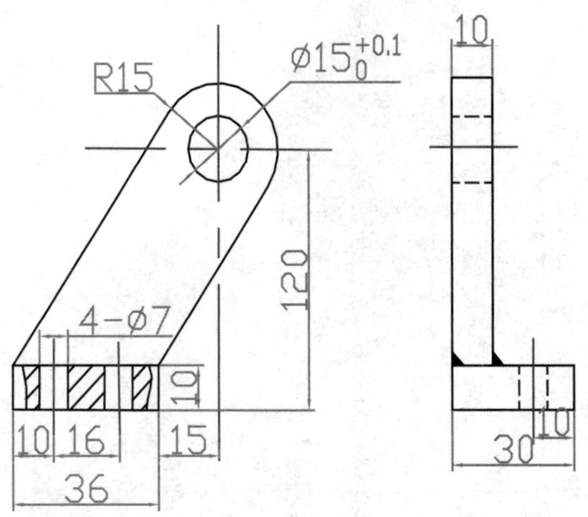

图12-228 支架图纸

习题三

绘制如图12-229所示的底座模型。

操作提示：

（1）绘制拉伸实体；

（2）绘制孔特征；

（3）创建自定义阵列；

（4）创建一个几何体；

（5）绘制长圆孔和孔；

（6）使用布尔运算。

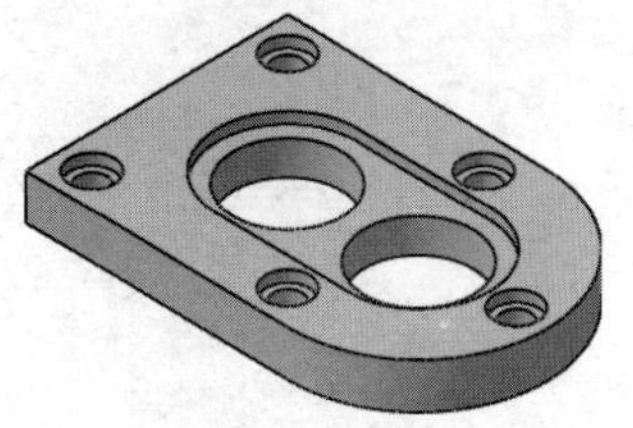

图12-229 底座模型

习题四

绘制如图12-230所示台灯模型。

操作提示：

（1）绘制旋转实体创建灯台特征；

（2）绘制旋转实体创建灯罩特征；

（3）创建自定义阵列完成装饰部分；

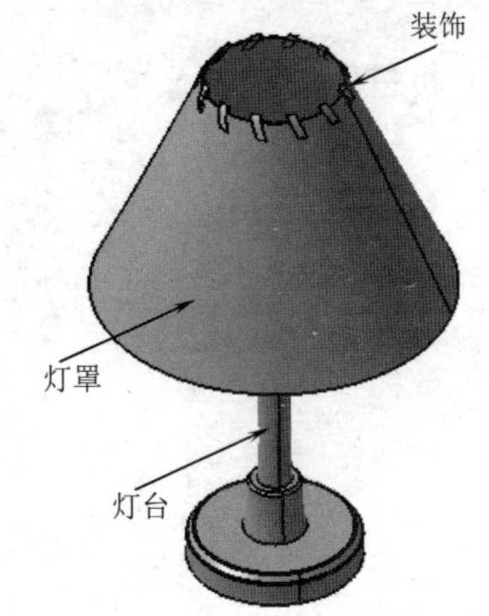

图12-230 台灯模型

第13章 创成式曲线设计指令

曲线是构造曲面的基础，是整个CATIA曲面造型设计中必须要用到的几何图素。因此，了解并熟练掌握曲线的创建方法是进一步学习CATIA曲面设计的基础。

利用CATIA的草绘功能可以创建单一平面内的曲线图素，而利用CATIA专用的曲线命令则可以创建出多种多样的曲线元素，在直接创建空间曲线方面更具有快捷方便的特点。

本章将主要介绍CATIA V5R21创成式外形设计工作台中的各种曲线工具和构建方法。

◎ 知识点01：创成式外形设计模块
◎ 知识点02：空间点与直线
◎ 知识点03：参考平面与轴
◎ 知识点04：空间曲线

13.1 创成式外形设计模块

在CATIA中将平面或三维空间中创建的各种点、线等几何元素统称为线框；将构建的各种面特征统称为曲面；将多个曲面的组合统称为面组。

创成式外形设计是CATIA参数化曲面设计的常用和经典模块，它包含了创建曲线和曲面的各种命令工具。它为用户提供了一整套广泛、强大和完整的曲线、曲面设计工具集，利用创成式外形设计模块能构建出各种复杂的线框结构元素和曲面特征，丰富并补充了CATIA零件设计。同时，创成式外形设计是一种基于特征的设计方法，并采用了全关联的设计技术，在设计的过程中能有效的表达设计意图和修改设计方案。因此，它极大的提高了设计人员的工作质量与效率。

13.1.1 切换至【创成式外形设计】模块

在最初启动CATIA软件时，系统默认在【装配设计】模块下，用户需要手动切换到创成式曲面设计模块中。具体操作方法如下：

在菜单栏执行【开始】|【形状】|【创成式外形设计】命令，系统即可进入【创成式外形设计】模块，如图13-1所示。

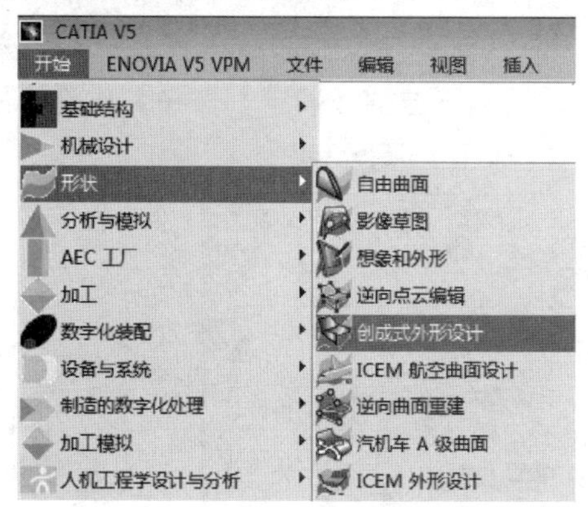

图13-1 进入【创成式外形设计】模块

提示

进入创成式外形设计时的提示：

★ 如在切换【创成式外形设计】模块前已新建零件，则可直接进入该工作台。

★ 如在切换【创成式外形设计】模块前未新建零件系统，则弹出新建零件对话框。

13.1.2 工具栏介绍

在进入【创成式外形设计】模块后，系统提供了各种命令工具栏，它们分别位于绘图窗口的最右侧。因空间局限，工具栏中的命令不能完全显示在屏幕中，用户可以手动将其拖出后再放置在合适的位置，如图13-2所示。

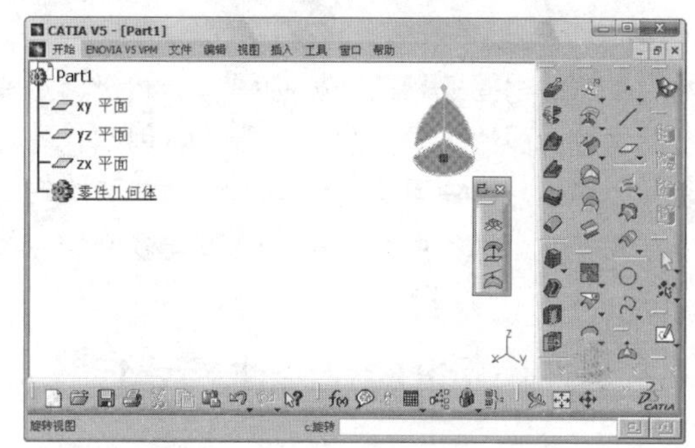

图13-2 【创成式外形设计】窗口

本节将重点介绍【创成式外形设计】模块中的曲线线框工具栏，具体分析如图13-3所示。

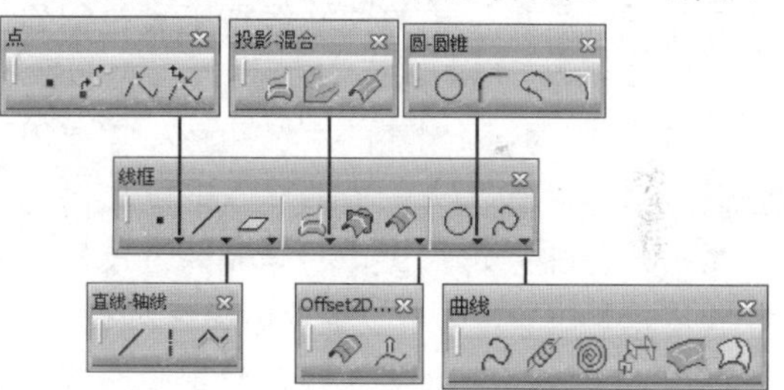

图13-3 【线框】工具集

关于图13-3中所示的各线框工具命令从左至右依次介绍如下：

★ （点）：主要用于创建线框的各种参考点。在使用CATIA创建复杂线框或图形时，系统常常需要使用各种参考点，有效的参考点不仅能提高作图的精确度，还能有效控制图形的绘制。

★ （直线-轴线）：主要用于创建空间直线、折线和回转体特征的轴线。

★ （基准平面）：主要用于创建各种参考基准平面。参考基准平面是创建特征图形的辅助工具，它不仅可以为工具命令指定参考方向，还可以在参考平面内草绘出曲线线框图形。

★ （投影-混合）：主要用于创建各种投影曲线。该工具栏包含了一般投影曲线、混合投影曲线、反射线命令，为用户提供了创建各种功能投影曲线的方法。

★ （相交）：主要通过相交的两个几何图元创建出具有公共边的曲线图形。

★ （偏移）：主要通过偏移参考曲线创建出新曲线。该工具栏包含了参考曲面上偏移曲线和3D偏移曲线命令，为用户提供了自由的偏移曲线功能。

★ （圆-圆锥）：主要用于圆弧类曲线的创建。该工具栏包含了圆、圆角、连接曲线、二次曲线命令，为用户提供了多元的圆弧曲线创建方法。

★ （曲线）：主要用于各种复杂曲线的创建。该工具栏包含了样条曲线、螺旋线、螺线、脊线、轮廓曲线和等参数曲线命令，为用户提供了多元的复杂空间曲线创建方法。

13.2 空间曲线的创建

曲线是曲面的基础结构，是曲面设计中使用率最高的图形对象。因此，熟练掌握各种曲线的构建方法和技巧是创建高质量曲面的基本技能。在CATIA创成式外形设计模块中，用户可利用线框命令创建和编辑直线、螺旋线、样条曲线等各种简单与复杂的曲线图形。

13.2.1 曲线的创建方式

使用CATIA创建各种曲线有两种主要的方式，一是利用草绘工具在草图环境下绘制出用户需要的各种曲线图形，二是直接使用【创成式外形设计】模块中的曲线线框工具栏创建出三维空间式的曲线图形。

在草图环境下创建的曲线图形，在退出草绘后系统将其默认为一段曲线图形。如需对其中某一部分曲线进行操作，则需通过【拆解】或【提取】命令来分解或提取出操作对象。

使用【创成式外形设计】模块中的线框工具命令创建的三维空间曲线，在退出命令后所创建的曲线分别具有独立性。如需对多段曲线进行统一的操作，则需先通过【接合】命令合并各独立的曲线段。

13.2.2 空间点与等距点

空间点与等距点是CATIA中最常用的两种参考点创建方法。其中一般空间点是直接在绘图窗口中快速创建点的方式，创建方法共有7种，具体分析如下：

1. 创建坐标点

在菜单栏执行【插入】|【线框】|【点】命令即可弹出【点定义】对话框。在对话框中用户可选择点类型为【坐标】的方式来创建空间点。下面就以图13-4所示的实例进行操作说明。

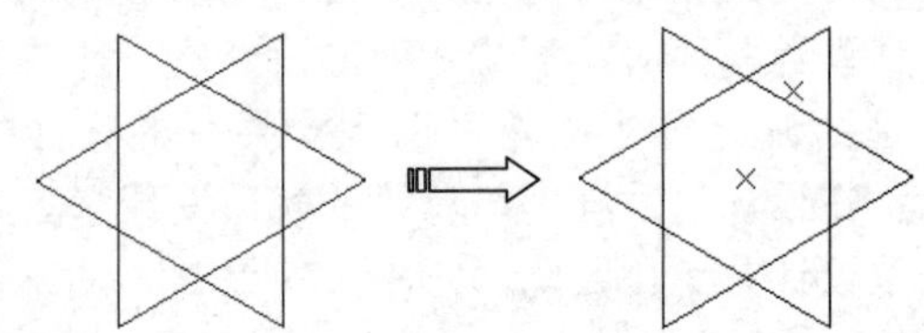

图13-4 坐标点的创建

动手操作——创建坐标点

01 新建一个零件文件并切换至【创成式外形设计】模块。

02 执行菜单栏中的【插入】|【线框】|【点】命令，系统弹出【点定义】对话框。

03 设置【点类型】和坐标值。在【点定义】对话框的类型下拉列表中选择“坐标”选项，默认X、Y、Z的坐标轴栏中的数字为0，默认参考点为系统坐标系原点，单击对话框下方的【确定】按钮完成坐标的创建，如图13-5所示。

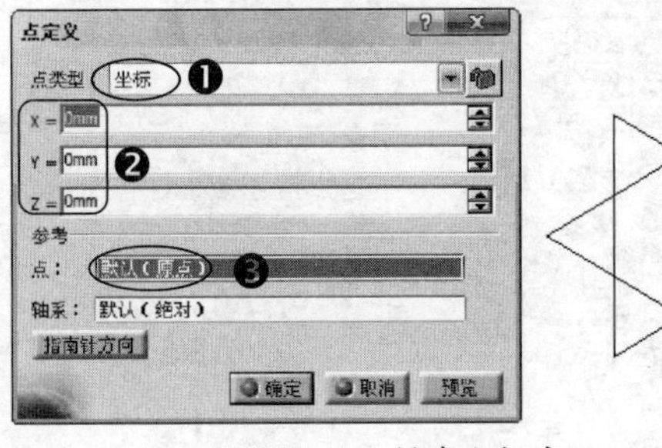

图13-5 创建坐标点1

04 再次执行菜单栏中的【插入】|【线框】|【点】命令。选择点类型为“坐标”，设置X方向值0，Y方向值10，Z方向值20，默认参考点为系统坐标系原点，单击对话框下方的【确定】按钮完成坐标点的创建，如图13-6所示。

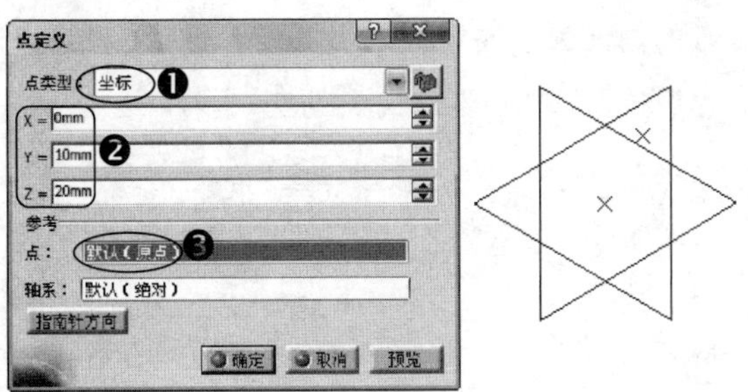

图13-6　创建坐标点2

提示

在创建坐标点时，可以默认使用系统坐标系的原点为参考点，也可以由用户自定义选取图形窗口中已创建的特征点为参考点。

2. **创建曲线上的点**

在菜单栏执行【插入】|【线框】|【点】命令即可弹出【点定义】对话框。在对话框中用户可选择点类型为【曲线上】的方式来创建空间点。下面就以图13-7所示的实例进行操作说明。

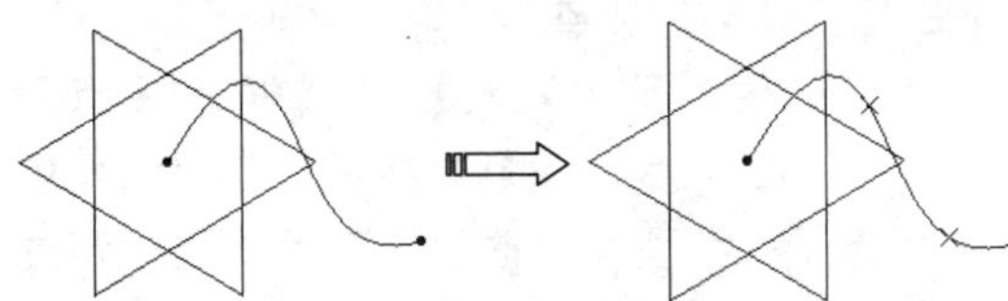

图13-7　创建曲线上的点

动手操作——创建曲线上的点

01 打开光盘文件“源文件\Ch13\ex-1.CATPart”。

02 执行菜单栏中的【插入】|【线框】|【点】命令，系统即可弹出【点定义】对话框。

03 设置【点类型】和参考点的相关参数。在点类型下拉列表中选择“曲线上”选项，选择图13-8所示的曲线，选择【曲线长度比率】选项并设置比率为0.5，指定曲线上的一端点为参考点并确定参考方向，单击对话框中的【确定】按钮完成点创建，如图13-8所示。

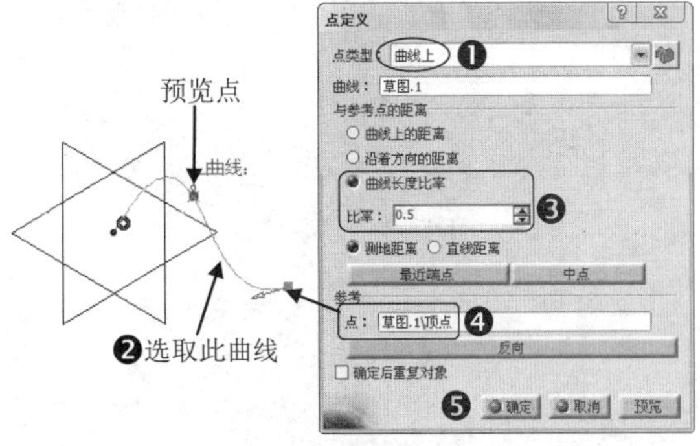

图13-8　创建曲线上的点1

04 再次执行菜单栏中的【插入】|【线框】|【点】命令，系统即可弹出【点定义】对话框。

05 设置【点类型】和参考点相关参数。如图13-9中【点定义】对话框所示。

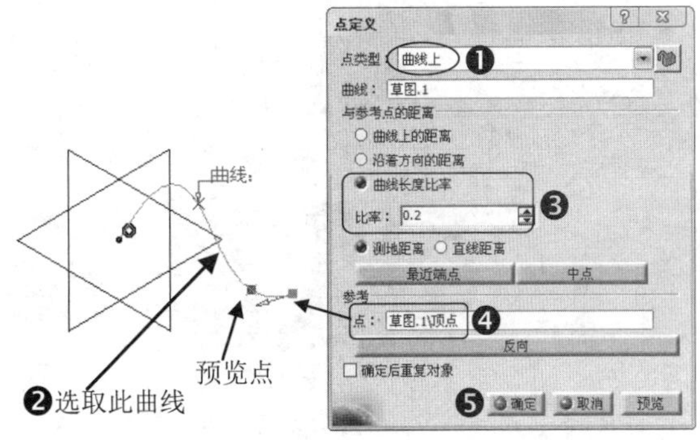

图13-9　创建曲线上的点2

提示

用户可直接单击参考点附近处的指向箭头来快速切换点的参考方向，也可使用“点定义”对话框中的【反向】命令按钮来控制点的参考反向。

关于图13-9所示的【点定义】对话框中的部分区域栏选项说明如下：

★ 【曲线】区域栏：单击此栏后，可在图形窗口中选取创建点的参考曲线。
★ 【曲线上的距离】选项：选择此选项后，则需要指定点在曲线上的距离来确定点的位置。
★ 【沿着方向的距离】选项：选择此选项后，则需要指定点沿某一个方向的偏移距离来确定点的位置。
★ 【曲线长度比率】选项：选择此选项后，则需要指定点在参考曲线上的比率来确定点的位置。
★ 【测地距离】选项：选择此选项后，则表示新点到参考点的距离为两点在曲线上的长度距离。
★ 【直线距离】选项：选择此选项后，则表示新点到参考点的距离为两点之间的直线距离。
★ 【最近端点】按钮：单击此按钮后，则在离点选位置最近的端点处创建新点。
★ 【中点】按钮：单击此按钮后，则在曲线的中点位置创建新点。
★ 【参考点】区域栏：单击此栏后，可在图形窗口中选取一点作为参考点。
★ 【反向】按钮：单击此按钮后，则可调整参考方向。

3. 在平面上创建点

在平面上创建新点是通过确定点在平面上的具体位置来创建点的方法。

在菜单栏执行【插入】|【线框】|【点】命令即可弹出【点定义】对话框。在对话框中用户可选择点类型为“平面上”的方式来创建空间点。下面就以图13-10所示的实例进行操作说明。

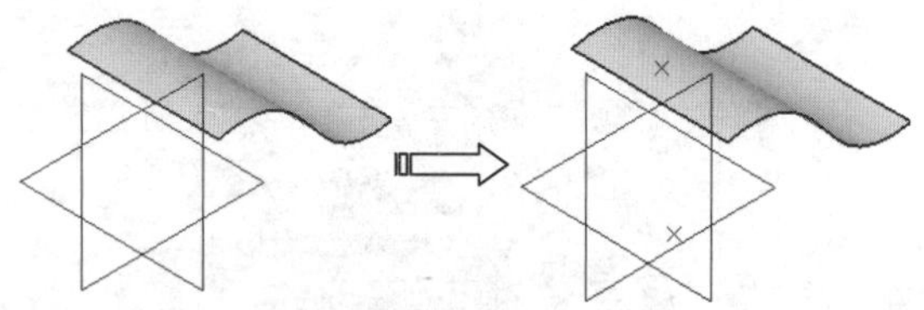

图13-10 平面上创建点

动手操作——在平面上创建点

01 打开光盘文件“源文件\Ch13\ex-2.CATPart”。

02 执行菜单栏中的【插入】|【线框】|【点】命令，系统即可弹出【点定义】对话框。

03 定义【点类型】和相关参数。在【点定义】对话框中的点类型下拉列表中选择“平面上”选项，选取XY平面为点的放置平面。在H文本框中输入10，在V文本框中输入20，默认使用系统坐标系原点为参考点，单击【确定】按钮完成点的创建，如图13-11所示。

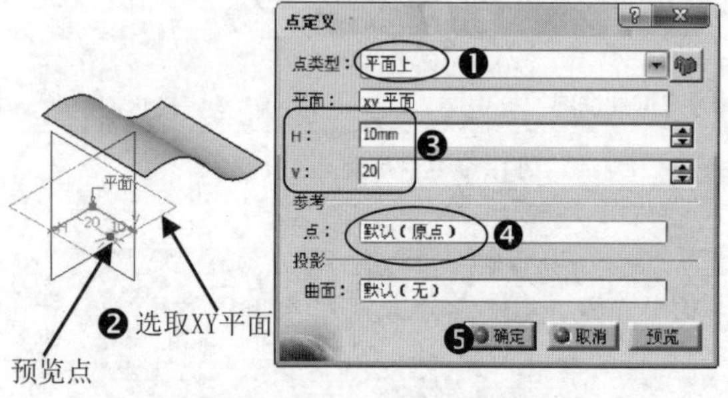

图13-11 创建平面上的点

04 再次执行菜单栏中的【插入】|【线框】|【点】命令，系统即可弹出【点定义】对话框。

05 定义【点类型】和相关参数。在【点定义】对话框中的点类型下拉列表中选择“平面上”选项，选取XY平面为点的放置平面，在H文本框中输入-10，在V文本框中输入-5，默认使用系统坐标系原点为参考点，选取图中的曲面为点的投影面，单击【确定】按钮完成点的创建，如图13-12所示。

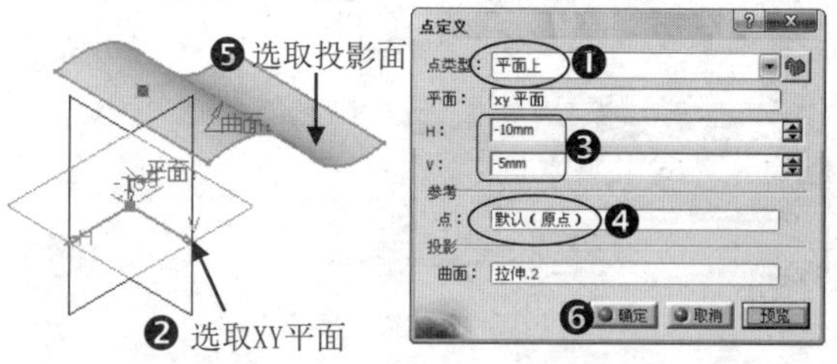

图13-12 创建平面上的投影点

提示

选取平面时应注意如下几点：

★ 选取的平面可以是基准平面。

★ 选取的平面可以是实体特征表面，也可以是曲面特征，但都必须是数学概念上的平面（即平直型面特征）。

4. 在曲面上创建点

在曲面特征上创建点主要是通过定义点在曲面的位置来创建新点。

在菜单栏执行【插入】|【线框】|【点】命令即可弹出【点定义】对话框。在对话框中用户可选择点类型为“曲面上”的方式来创建空间点。下面就以图13-13所示的实例进行操作说明。

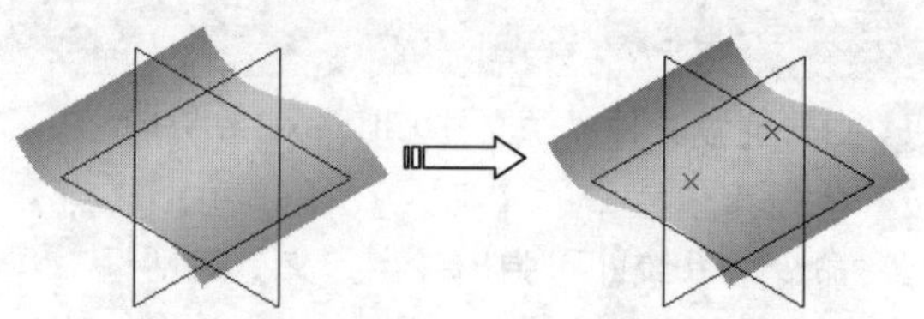

图13-13 曲面上创建点

动手操作——在曲面上创建点

01 打开光盘文件“源文件\Ch13\ex-3.CATPart”。

02 执行菜单栏中的【插入】|【线框】|【点】命令，系统即可弹出【点定义】对话框。

03 定义【点类型】和相关参数。在【点定义】对话框中的点类型下拉列表中选择【曲面上】选项，单击曲面文本框并选取图形窗口中的曲面特征，选取曲面的一条边为参考方向，在距离文本框中输入12，指定新的与参考点的距离，默认使用曲面的中心点为参考点，单击【确定】按钮完成曲面上点的创建，如图13-14所示。

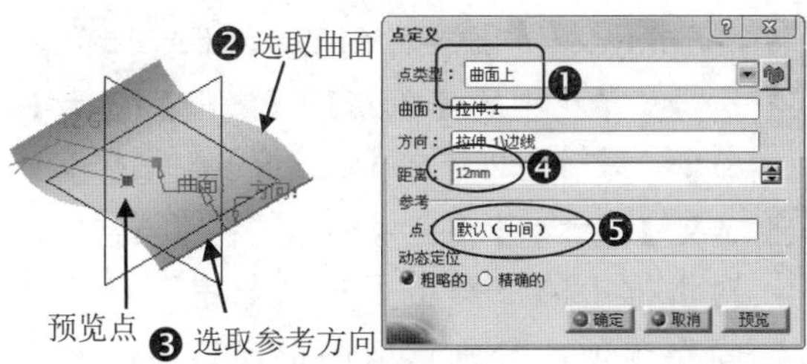

图13-14 创建曲面上的点1

04 再次执行菜单栏中的【插入】|【线框】|【点】命令，系统即可弹出【点定义】对话框。

05 定义【点类型】和相关参数。创建过程如图13-15所示。

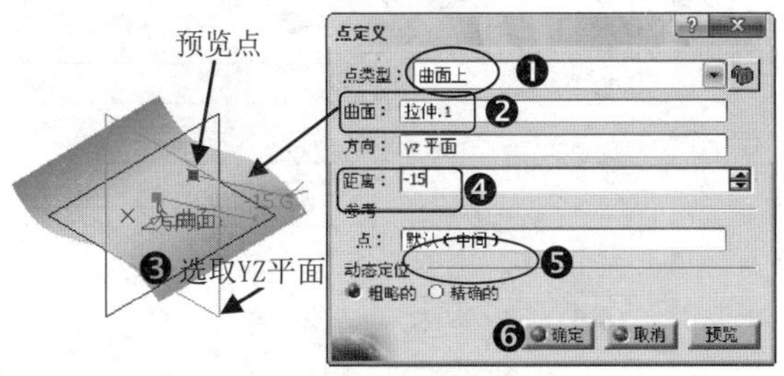

图13-15 创建曲面上的点2

> **提示**
>
> 选取参考方向的技巧有如下几点：
>
> ★ 可以选取任意直线边或直线段为参考方向。
>
> ★ 可以选取图形窗口中的基准面或其他类型的平面为参考方向。
>
> ★ 通过在距离文本框中输入正值或负值，可调整点的放置方向。

5. 创建圆\球面\椭圆中心点

创建圆\球面\椭圆中心点主要是通过直接选取【圆\球面\椭圆】的几何图形，从而创建出其几何中心点。下面就以图13-16所示的实例进行操作说明。

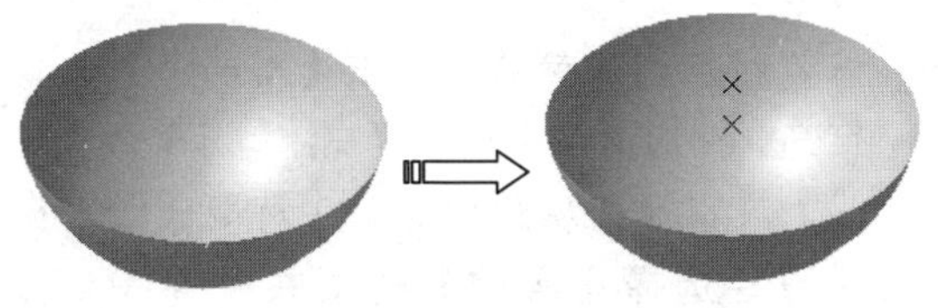

图13-16 圆\球面\椭圆中心点

动手操作——创建圆\球面\椭圆中心点

01 打开光盘文件“源文件\Ch13\ex-4.CATPart”。

02 执行菜单栏中的【插入】|【线框】|【点】命令，系统即可弹出【点定义】对话框。

03 定义【点类型】和相关参数。在【点定义】对话框中的点类型下拉列表中选择“圆\球面\椭圆中心点”选项，单击【圆\球面\椭圆】文本框并选取图形窗口中的曲面，单击【确定】按钮完成点的创建，如图13-17所示。

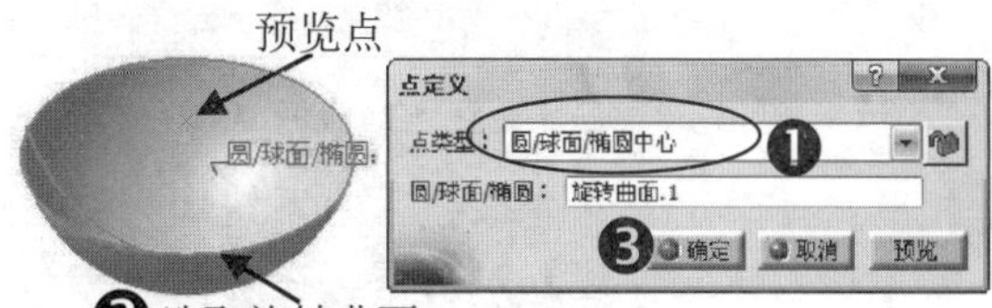

图13-17 创建圆\球面\椭圆中心点1

04 再次执行菜单栏中的【插入】|【线框】|【点】命令，系统即可弹出【点定义】对话框。

05 定义【点类型】和相关参数。在【点定义】对话框中的点类型下拉列表中选择“圆\球面\椭圆中心”选项，选取曲面上的圆弧边为参考对象，单击【确定】按钮完成中心点的创建，如图13-18所示。

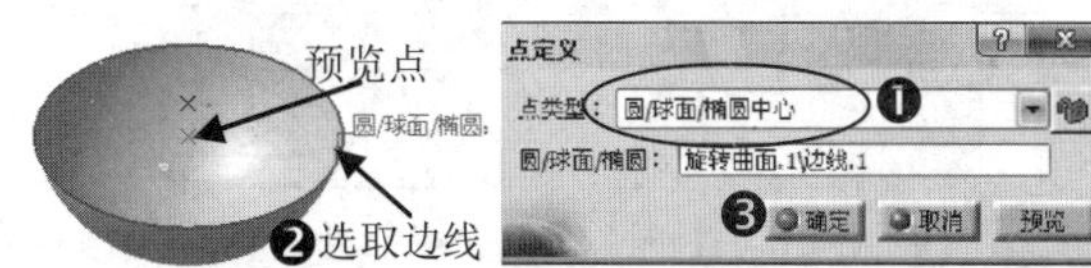

图13-18 创建圆\球面\椭圆中心点2

6. 创建曲线上切线的点

此创建点的方法在曲线与一个方向向量或直线段的切点处创建一个新点。下面就以图13-19所示的实例进行操作说明。

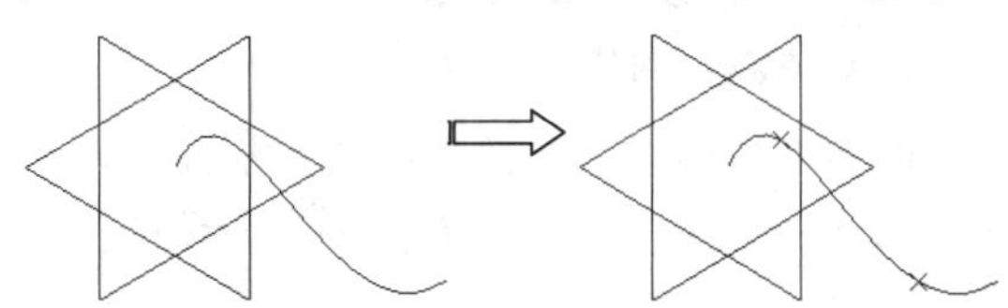

图13-19 曲线上切线的点

动手操作——创建曲线上切线的点

01 打开光盘文件“源文件\Ch13\ex-5.CATPart”。

02 执行菜单栏中的【插入】|【线框】|【点】命令，系统即可弹出【点定义】对话框。

03 定义【点类型】和相关参数。在【点定义】对话框中的点类型下拉列表中选择“曲线上的切线”选项，选取图形窗口中的曲线，选取ZX平面为参考方向向量，单击【确定】按钮完成点参数的设置，如图

13-20所示。

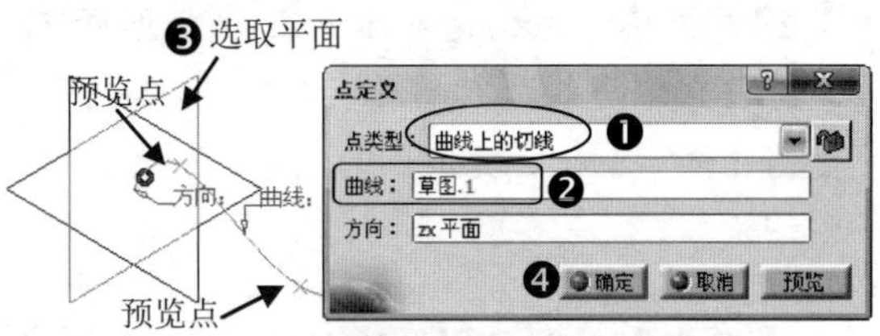

图13-20　创建曲线上切线的点

04 单击【确定】命令按钮后，系统即可弹出【多重结果管理】对话框。在对话框中选择【保留所有子图元】选项，单击对话框的【确定】按钮完成点的创建，如图13-21所示。

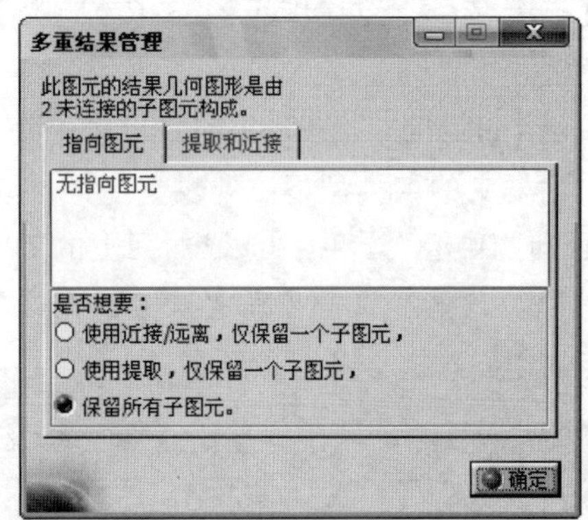

图13-21　【多重结果管理】对话框

> **提示**
>
> 在“多重结果管理”对话框中，用户可根据需要自由选择多个结果的最终保留项。其中“使用提取，仅保留一个子图元”选项可使用户手动选取需要保留的结果。

7. 创建两点间的点

此方法是通过指定两个已知点从而在两点之间创建出新点。下面就以图13-22所示的实例进行操作说明。

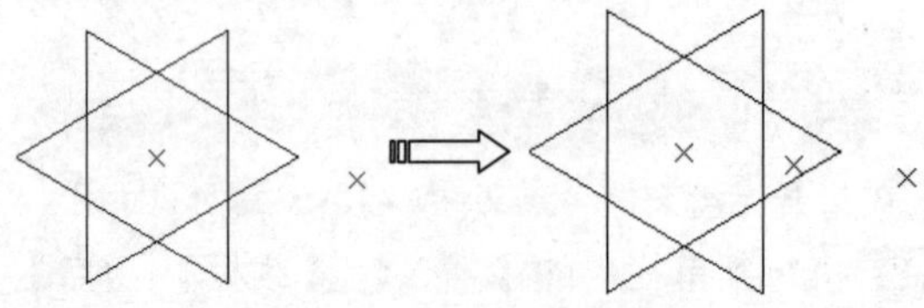

图13-22　创建两点之间的点

动手操作——创建两点间的点

01 打开光盘文件“源文件\Ch13\ex-6.CATPart”。

02 执行菜单栏中的【插入】|【线框】|【点】命令，系统即可弹出【点定义】对话框。

03 定义【点类型】和相关参数。在【点定义】对话框中的点类型下拉列表中选择“之间”选项，分别选取图形窗口中的两个点，在比率文本框中输入数字0.5以指定新点的位置，单击【确定】按钮完成点的创建，如图13-23所示。

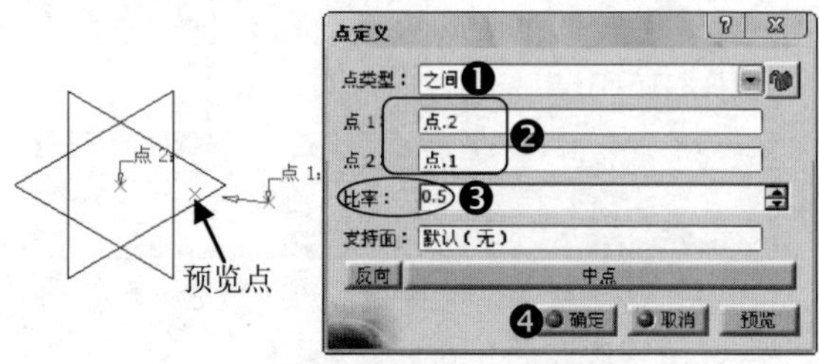

图13-23　创建两点间的点

8. 创建等距点

等距点的创建主要是通过在曲线上按指定的距离建立等分点的方法来创建新点。下面就以图13-24所示的实例进行操作说明。

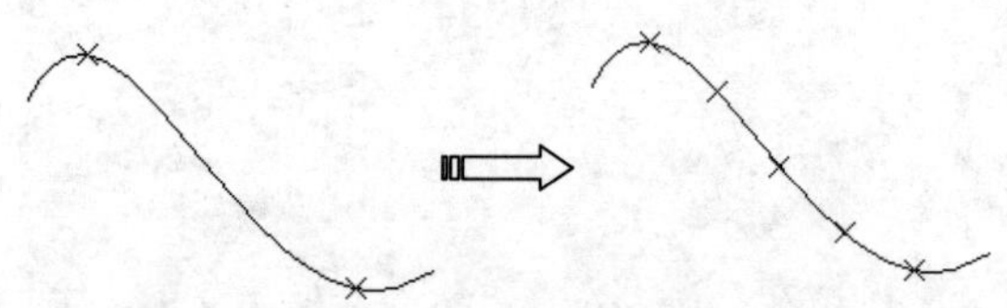

图13-24　等距点的创建

动手操作——创建等距点

01 打开光盘文件“源文件\Ch13\ex-7.CATPart”。

02 执行菜单栏中的【插入】|【线框】|【点面复制】命令，系统即可弹出【点面复制】对话框。

03 设置新点创建参数。单击【第一点】文本框并在图形窗口中选取“点.1”，单击【曲线】文本框并从图形窗口中选取曲线，在参数栏选择【实例】选项并设置等分实例为3，单击【第二点】文本框并在图形窗口中选取“点.2”，单击【确定】命令按钮完成点面复制参数设置，如图13-25所示。

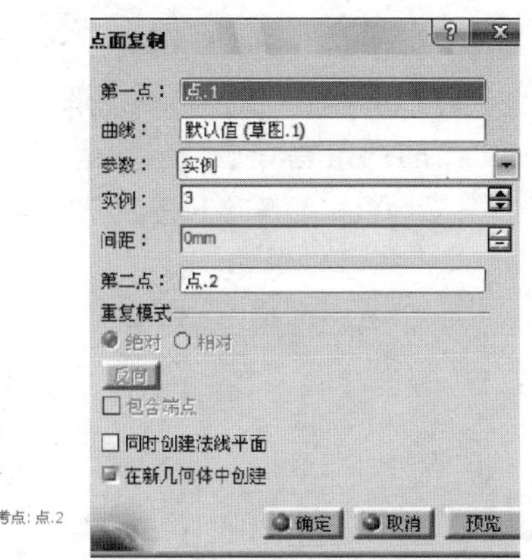

图13-25 创建等距点

提 示

关于【点面复制】对话框中的设置技巧：如图13-25所示，如在【点面复制】对话框中勾选【在新几何体中创建】选项，则系统会在目录树中创建一个【有序几何图形集】并将等距点归入其中。

13.2.3 空间直线

空间直线在曲面造型设计中既可以作为创建各种平面、曲面的参考，又可以作为旋转轴线和方向参考。

直线的分解方法有：点-点、点-方向、曲线的角度/法线、曲线的切线等。下面将分别介绍。

1. 点-点

此方法通过指定选取已有的两个特征点来创建直线，并且可以自由设置直线的长度和终止限制等。下面就以图13-26所示的实例进行操作说明。

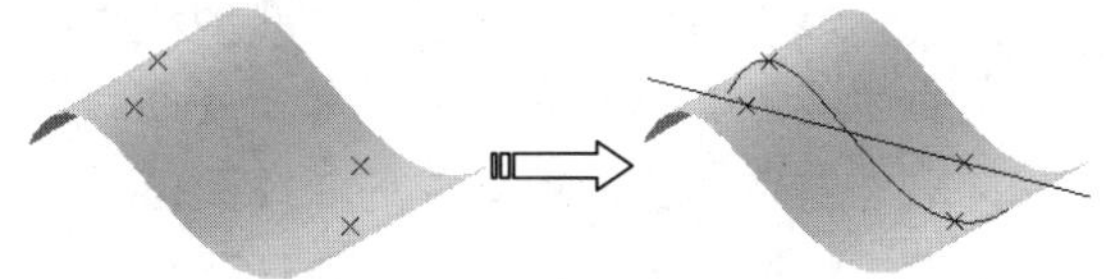

图13-26 两点直线的创建

动手操作——创建“点-点”直线

01 打开光盘文件“源文件\Ch13\ex-8.CATPart”。

02 执行菜单栏中的【插入】|【线框】|【直线】命令，系统即可弹出【直线定义】对话框。

03 定义创建直线的各项参数。在线型栏选取【点-点】选项，分别单击【点.1】和【点.2】文本框并分别选取图形窗口中的两个点，使用系统默认的支持面，设置起点延伸距离为17，设置终点延伸距离为24，单击【确定】按钮以完成两点直线的创建，如图13-27所示。

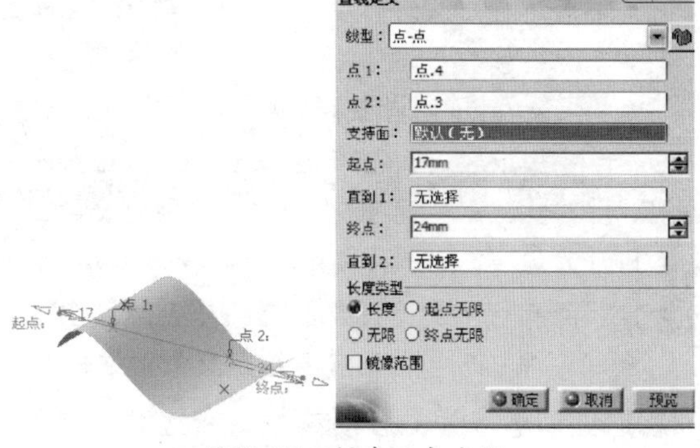

图13-27 创建两点直线

04 再次执行菜单栏中的【插入】|【线框】|【直线】命令，系统即可弹出【直线定义】对话框。

05 定义创建直线的各项参数。在线型栏选取【点-点】选项，再分别选取图形窗口中的两个点，选择【拉伸.1】曲面为支持面，分别选取曲面的两条直线边作为限制边线，单击【确定】命令按钮完成直线的创建，如图13-28所示。

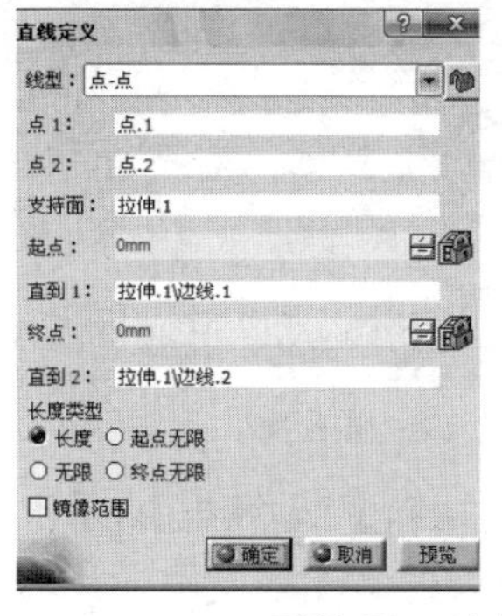

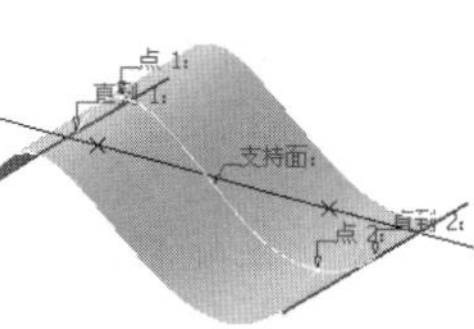

图13-28 创建两点直线

提 示

在使用“点-点”方式创建直线时，如选取一曲面作为直线的支持面，则创建的直线将沿着曲面特征附着其上，成为一条与曲面曲率相同的曲线，如上图13-28所示。

2. 点-方向

此方法是通过指定已知点和方向向量从而创建出直线。下面就以图13-29所示的实例进行操作说明。

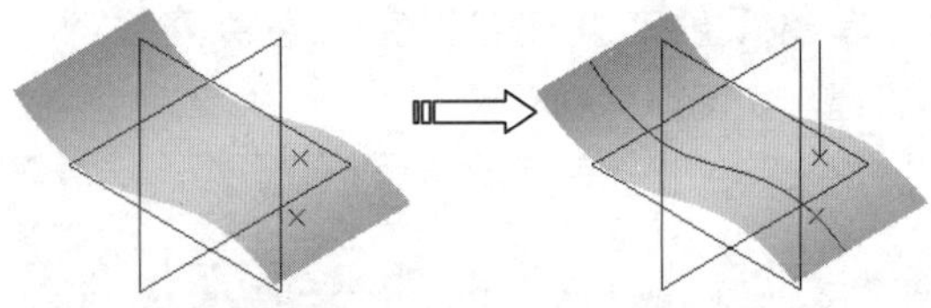

图13-29 点-方向直线的创建

动手操作——创建“点-方向”直线

01 打开光盘文件“源文件\Ch13\ex-9.CATPart”。

02 执行菜单栏中的【插入】|【线框】|【直线】命令，系统即可弹出【直线定义】对话框。

03 定义创建直线的各项参数。在线型栏选取【点-方向】选项，单击【点】文本框并在目录树中选择“点.2”为参考点，在【方向】文本框中选择XY平面为参考方向，在【起点】文本框中输入数字0，在【终点】文本框中输入数字30，如图13-30所示。单击【确定】按钮完成直线的创建。

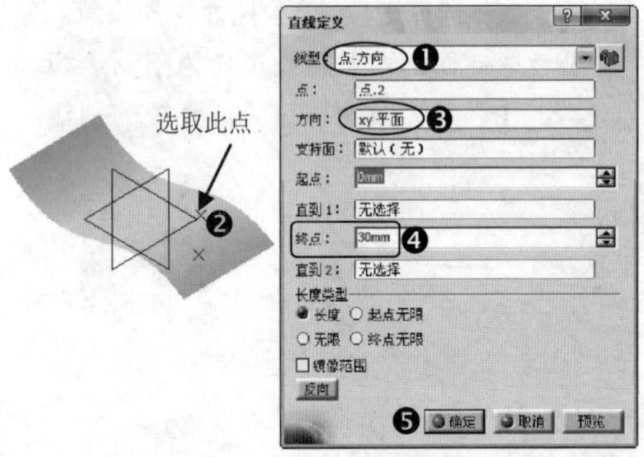

图13-30 创建点-方向直线1

04 执行菜单栏中的【插入】|【线框】|【直线】命令，系统即可弹出【直线定义】对话框。

05 定义创建第二条直线的相关参数。在线型栏选取【点-方向】选项，单击【点】文本框并在目录树中选择“点.1”为参考点，在【方向】文本框中选择ZX平面为参考方向，单击【支持面】文本框并选择图形窗口中的曲面特征为参考曲面，分别选取曲面的两条直线边为参考界限，如图13-31所示。单击【确定】按钮完成直线的创建。

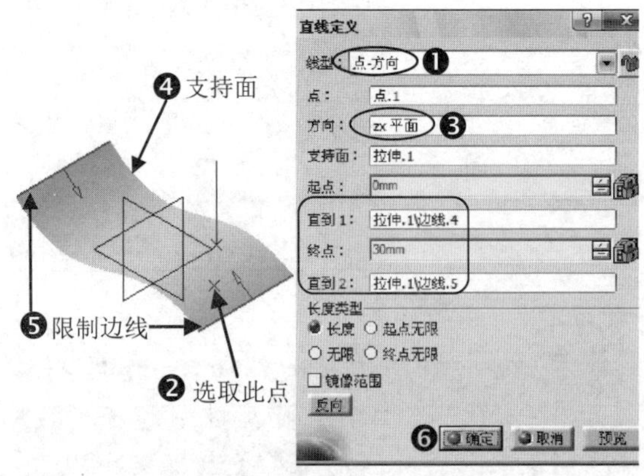

图13-31 创建点-方向直线2

3. 曲线的角度/法线

此方法是通过指定曲线上已知点和曲线的角度来创建直线。下面就以图13-32所示的实例进行操作说明。

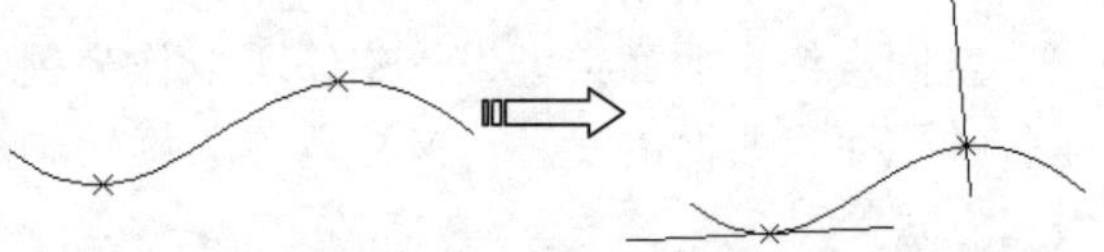

图13-32 曲线角度或法线直线

动手操作——创建“曲线的角度/法线”直线

01 打开光盘文件“源文件\Ch13\ex-10.CATPart”。

02 执行菜单栏中的【插入】|【线框】|【直线】命令，系统即可弹出【直线定义】对话框。

03 定义创建直线的各项参数。在线型栏选取【曲线的角度/法线】选项，单击【曲线】文本框并选择图形窗口中的曲线图形，使用系统默认的支持面，选择特征目录树中的“点.1”为参考点，单击对话框中的【曲线的法线】命令按钮，在【起点】文本框中输入-10，在【终点】文本框中输入30，如图13-33所示。单击【确定】命令按钮完成直线的创建。

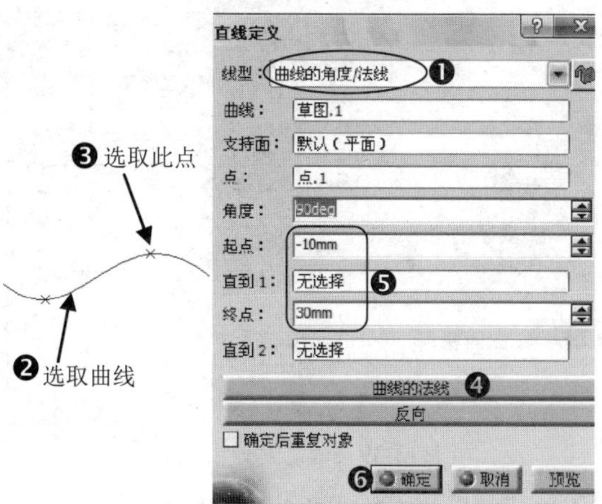

图13-33 创建曲线角度或法线直线1

04 执行菜单栏中的【插入】|【线框】|【直线】命令，系统即可弹出【直线定义】对话框。

05 定义创建第二条直线的相关参数。在线型栏选取【曲线的角度/法线】选项，选择图形窗口中的曲线为参考曲线，使用系统默认的支持面，选择特征目录树中的“点.2”为参考点，在【角度】文本框中输入角度0，在【起点】文本框中输入-25，在【终点】文本框中输入30，如图13-34所示。单击【确定】按钮完成直线的创建。

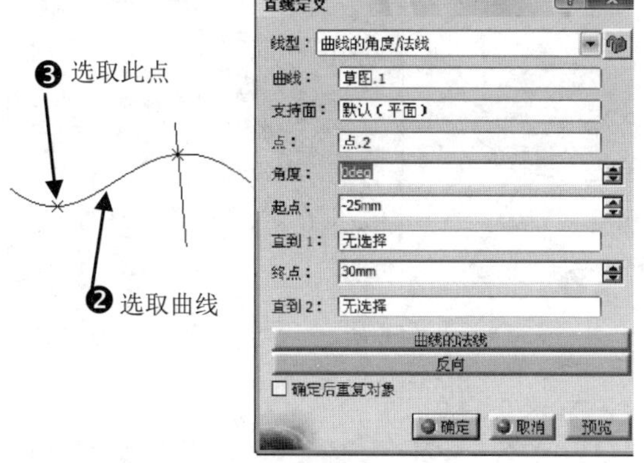

图13-34 创建曲线角度或法线直线2

提 示

创建“曲线角度/法线”直线的技巧：

★ 如图13-34所示的“直线定义”对话框，当单击【曲线的法线】命令按钮时，系统自动在“角度”文本框中采用90°的夹角；如在“角度”文本框中输入角度为0时，则创建的直线为通过曲线上该点的切线。

★ 当单击【反向】命令按钮时，可以自由调整直线的延伸方向。

★ 在“起点”和“终点”文本框中可自由设置直线的两端延伸长度。

4. 曲线的切线

此方法是通过指定已知曲线和已知点，从而创建出该曲线的切线直线。下面就以图13-35所示的实例进行操作说明。

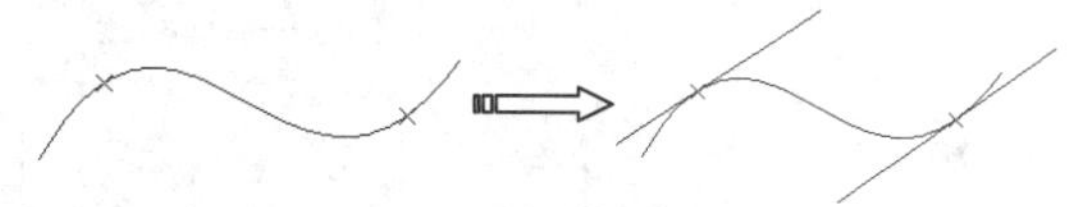

图13-35 曲线上切线的创建

动手操作——创建“曲线的切线”直线

01 打开光盘文件“源文件\Ch13\ex-11.CATPart”。

02 执行菜单栏中的【插入】|【线框】|【直线】命令，系统即可弹出【直线定义】对话框。

03 定义创建直线的各项参数。在线型栏选取【曲线的切线】选项，选择图形窗口中的曲线为参考曲线，选择特征目录树中的“点.1”为参考点，在【类型】栏中选取【单切线】选项，在【起点】文本框中输入-25，在【终点】文本框中输入35，如图13-36所示。单击【确定】按钮完成直线的创建。

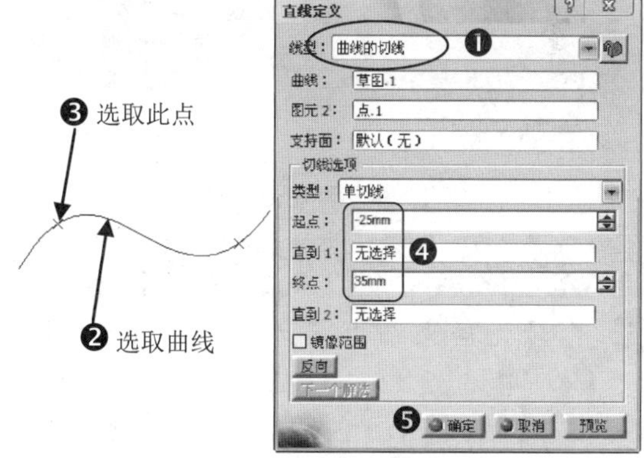

图13-36 创建曲线上的切线1

04 执行菜单栏中的【插入】|【线框】|【直线】命令，系统即可弹出【直线定义】对话框。

05 定义创建直线的各项参数。在线型栏选取【曲线的切线】选项，选择图形窗口中的曲线为参考曲线，选择特征目录树中的“点.2”为参考点，在【类型】栏中选取【单切线】选项，在【起点】文本框中输入-30，在【终点】文本框中输入35，如

图13-37所示。单击【确定】命令按钮完成直线的创建。

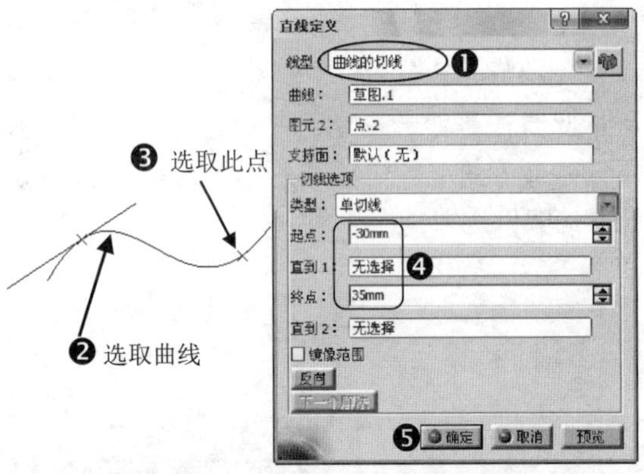

图13-37　创建曲线上的切线2

提 示

如图13-37所示的“直线定义”对话框，用户如在“类型”栏选择“双切线”选项，系统则以参考点为直线的起点创建一条与曲线相切的直线，如系统计算有多种结果，可单击【下一个解法】按钮选择结果。

5. 曲面的法线

此方法是通过指定参考点和参考曲面的法线从而创建出直线。下面就以图13-38所示的实例进行操作说明。

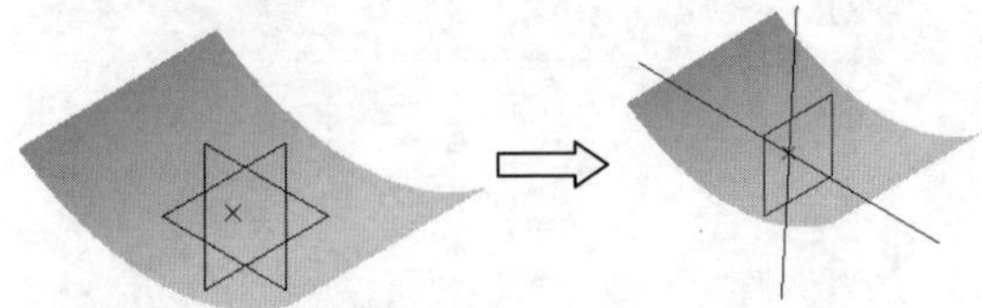

图13-38　曲面的法线

动手操作——创建“曲面的法线”直线

01 打开光盘文件“源文件\Ch13\ex-12.CATPart”。

02 执行菜单栏中的【插入】|【线框】|【直线】命令，系统即可弹出【直线定义】对话框。

03 定义创建直线的各项参数。在线型栏选取【曲面的法线】选项，单击【曲面】文本框并在图形窗口中选择曲面特征，单击【点】文本框并选择曲面上的点特征，在【起点】文本框中输入-50，在【终点】文本框中输入50，设置直线的延伸长度，如图13-39所示。单击【确定】按钮完成直线的创建。

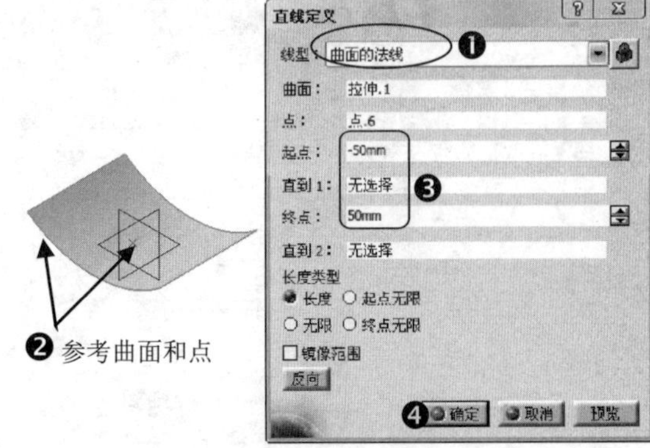

图13-39　创建曲面法线1

04 执行菜单栏中的【插入】|【线框】|【直线】命令，系统即可弹出【直线定义】对话框。

05 定义创建直线的各项参数。在线型栏选取【曲面的法线】选项，单击【曲面】文本框并在图形窗口中选择ZX平面为参考曲面，单击【点】文本框并选择曲面上的点特征，在【起点】文本框中输入-60，在【终点】文本框中输入60，设置直线的延伸长度，如图13-40所示。单击【确定】命令按钮完成直线的创建。

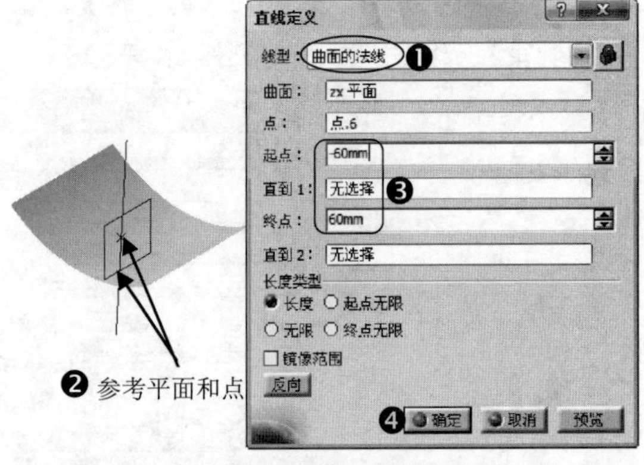

图13-40　创建曲面法线2

提 示

如图13-40所示的“直线定义”对话框，用户可自由选择曲面特征或基准平面为参考曲面；用户可在“直到1”和“直到2”文本框中选择几何图形特征作为直线的界限边，从而定义出直线的长度。

6. 角平分线

此方法是通过指定两条相交直线的角平分线，从而创建出直线。下面就以图13-41所示的实例进行操作说明。

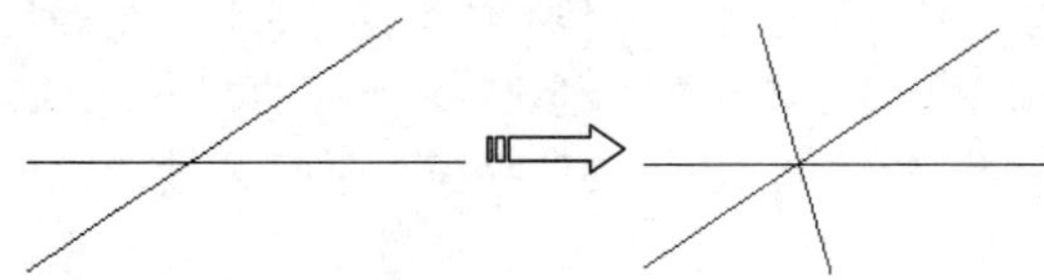

图13-41　角平分线的创建

动手操作——创建“角平分线”直线

01 打开光盘文件“源文件\Ch13\ex-13.CATPart”。

02 执行菜单栏中的【插入】|【线框】|【直线】命令，系统即可弹出【直线定义】对话框。

03 定义创建直线的各项参数。在线型栏选取【角平分线】选项，在【直线1】和【直线2】文本框中分别选择图形窗口中两条直线为参考对象，使用系统默认的通过点和支持面，在【起点】文本框中输入-20，在【终点】文本框中输入25，设置直线的延伸长度，单击【下一个解法】命令按钮以指定需要保留的直线，如图13-42所示。单击【确定】按钮完成直线的创建。

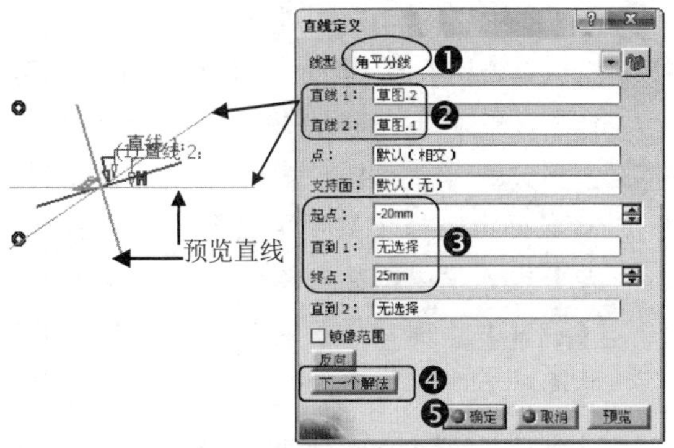

图13-42　创建角平分线

提示

如图13-42所示的“直线定义”对话框，当单击【下一个解法】命令按钮时，系统将在所有的计算结果中切换显示直线，并将当前直线显示为黄色，预备直线显示为蓝色。

13.2.4　空间轴

在造型设计中，空间轴一般用于特征参考线。在【轴线定义】对话框中，系统会根据用户选择的图形对象进行自动识别，从而创建出各种空间位置的轴线。

当用户选择的参考对象是平面几何图形对象时，系统会在【轴线类型】文本框中提供3种轴线的放置参考选项。如选取的对象是圆形图形，系统会提供【与参考方向相同】、【参考方向的法线】、【圆的法线】3种轴线放置选项；如选取的对象是椭圆图形，则系统提供【长轴】、【短轴】、【椭圆的法线】3种轴线放置选项。

当用户选择的参考对象是旋转特征的三维图形时，系统则直接在三维图形的旋转中心处创建轴线。

1. 几何图形的轴线

此方法是通过选取图形窗口中已创建的几何图形对象，再定义轴线的放置参数从而创建出用户需要的几何轴线。下面就以图13-43所示的实例进行操作说明。

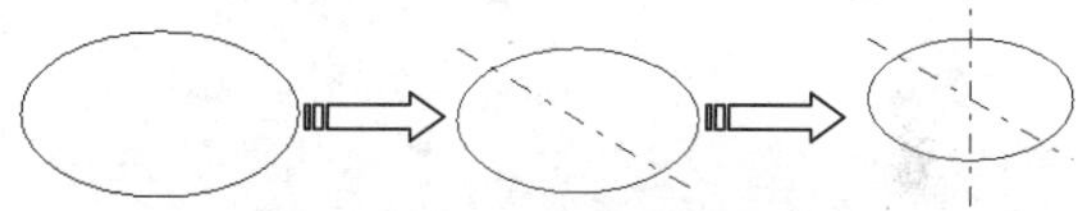

图13-43　几何图形的轴线

动手操作——创建几何图形的轴线

01 打开光盘文件“源文件\Ch13\ex-14.CATPart”。

02 执行菜单栏中的【插入】|【线框】|【轴线】命令，系统即可弹出【轴线定义】对话框。

03 定义轴线的相关参数。选择图形窗口中的几何圆形为图元对象，选择特征目录树中的ZX平面为参考方向，在【轴线类型】文本框中选择【与参考方向相同】选项，单击【确定】按钮完成轴线的定义，如图13-44所示。

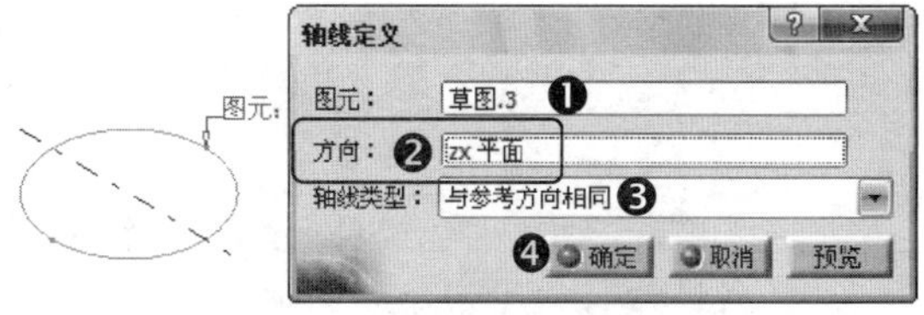

图13-44　与参考方向相同的轴线

04 执行菜单栏中的【插入】|【线框】|【轴线】命令，系统即可弹出【轴线定义】对话框。

05 定义轴线的相关参数。选择图形窗口中的几何圆形为图元对象，在【轴线类型】文本框中直接选取【圆的法线】选项，系统即可预览出轴线，单击【确定】按钮完成轴线的创建，如图13-45所示。

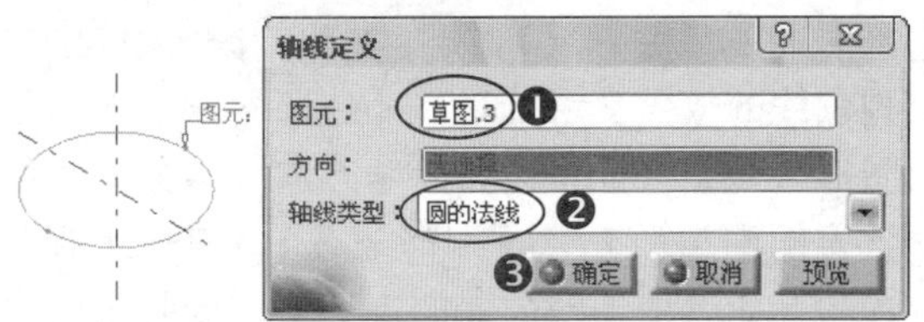

图13-45　圆法线方向的轴线

2. 旋转特征的轴线

此方法是通过直接选取图形窗口中已创建的旋转特征对象，从而快速创建出旋转特征的轴线。下面就以图13-46所示的实例进行操作说明。

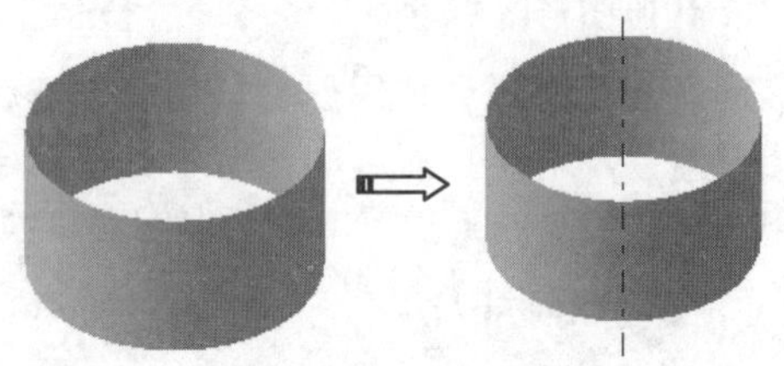

图13-46　旋转特征的轴线

动手操作——创建旋转特征的轴线

01 打开光盘文件“源文件\Ch13\ex-15.CATPart”。

02 执行菜单栏中的【插入】|【线框】|【轴线】命令，系统即可弹出【轴线定义】对话框。

03 定义轴线的相关参数。直接选取图形窗口中的旋转曲面为参考对象，单击【确定】按钮完成轴线的创建，如图13-47所示。

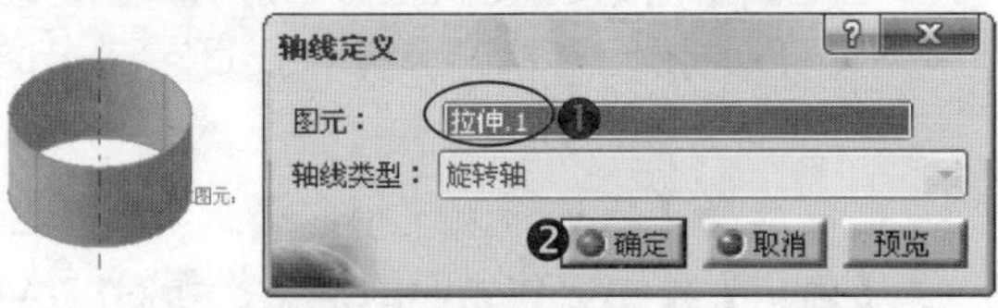

图13-47　创建旋转特征的轴线

提示

“轴线类型”选项的相关说明如下：

★ 当定义的参考对象是圆或椭圆图形时，选择“圆的法线”或“椭圆的法线”选项，则创建的轴线垂直于几何图形的放置平面；如选择其他选项，则创建的轴线放置在几何图形的放置平面内。

★ 当定义的参考对象是旋转特征图形时，系统自动创建出通过旋转特征中心点的轴线。

13.2.5 参考平面

参考平面广泛应用于CATIA的各个设计模块之中，它是创建其他实体特征、曲面特征等几何图形的参考元素。创建参考平面的方法共有11种，它们分别是：偏移平面、平行通过点、与平面成一定角度或垂直、通过三点、通过两条直线、通过点和直线、通过平面曲线、曲线的法线、曲面的切线、方程式、平均通过点。另外还有点面复制和面间复制两种快速创建参考平面的方法。具体分析介绍如下。

1. 偏移平面

此方法是通过指定偏移距离，对已创建的平面进行偏移操作从而创建出新的平面。下面就以图13-48所示的实例进行操作说明。

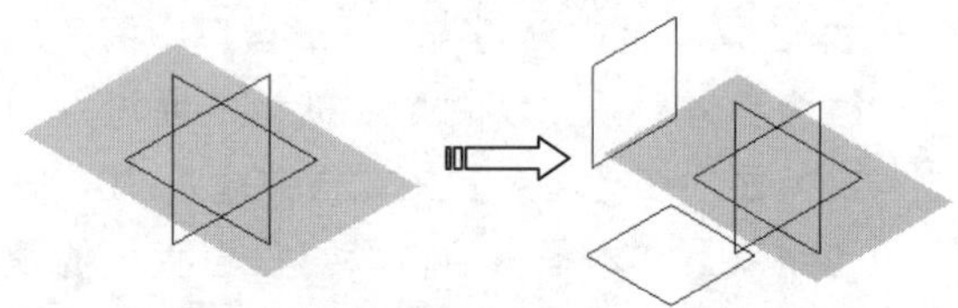

图13-48　偏移平面

动手操作——创建偏移平面

01 打开光盘文件“源文件\Ch13\ex-16.CATPart”。

02 执行菜单栏中的【插入】|【线框】|【平面】命令，系统即可弹出【平面定义】对话框。

03 定义创建平面的相关参数。在【平面类型】文本框中选择【偏置平面】选项，在【参考】文本框中选择目录树中的ZX平面，在【偏置】距离文本框中输入-85，指定偏移平面的方向和距离，如图13-49所示，单击【确定】按钮完成平面的创建。

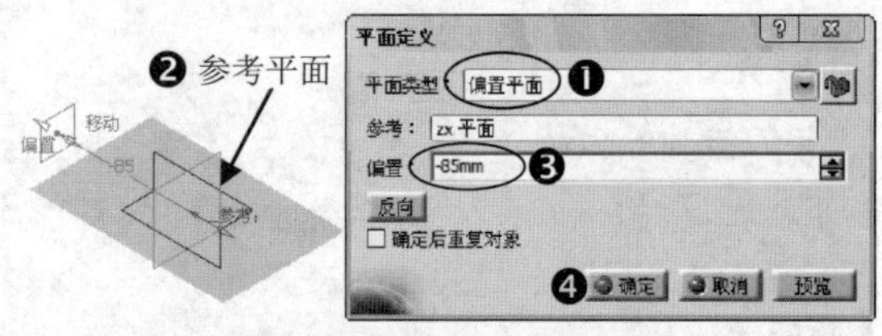

图13-49　创建偏移平面1

04 执行菜单栏中的【插入】|【线框】|【平面】命令，系统即可弹出【平面定义】对话框。

05 定义创建平面的相关参数。在【平面类型】文本框中选择【偏置平面】选项，在【参考】文本框中选择图形窗口中的面特征，在【偏置】距离文本框中输入70，指定偏移平面的方向和距离，如图13-50所示，单击【确定】按钮完成平面的创建。

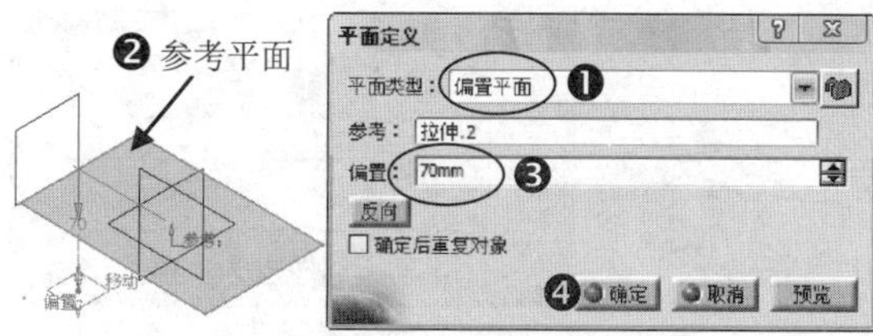

图13-50 创建偏移平面2

提 示

如图13-50所示的“平面定义”对话框，用户在选择参考平面时，无论是选择实体表面、基准平面还是曲面，都必须保证是平整的面特征，否则不能创建偏移平面。

2. 平行通过点

此方法是通过指定一个已知平行平面和一个已知点，从而创建出新平面。下面就以图13-51所示的实例进行操作说明。

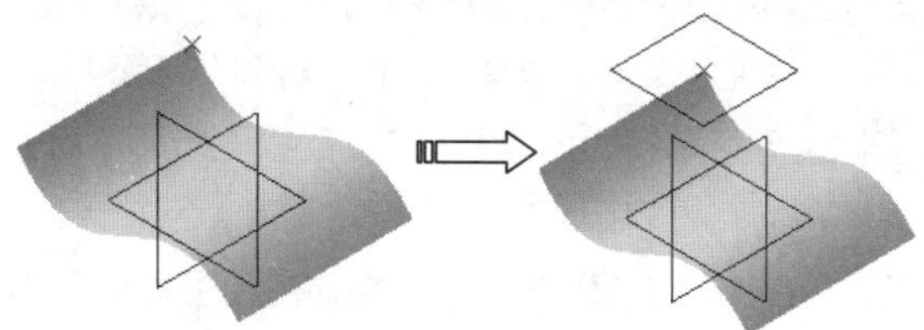

图13-51 平行通过点的平面

动手操作——创建平行通过点

01 打开光盘文件“源文件\Ch13\ex-17.CATPart”。

02 执行菜单栏中的【插入】|【线框】|【平面】命令，系统即可弹出【平面定义】对话框。

03 定义创建平面的相关参数。在【平面类型】文本框中选择【平行通过点】选项，在【参考】文本框中选取目录树中的XY平面为平行的平面，在图形窗口中选取“点.1”为通过点，单击【确定】按钮完成参考平面的创建，如图13-52所示。

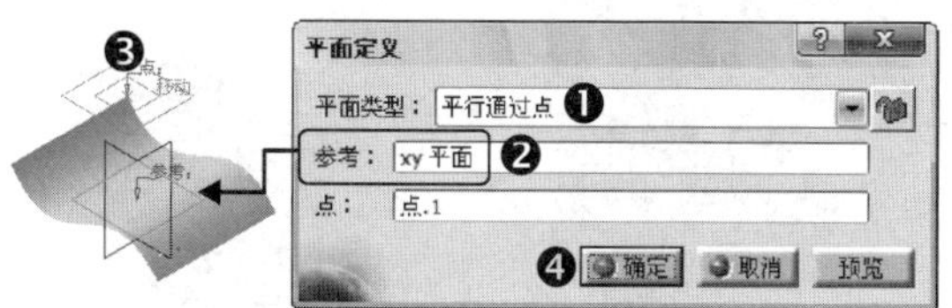

图13-52 创建平行通过点平面

3. 与平面成角度/垂直

此方法是通过指定已知平面和旋转轴，使平面绕旋转轴成一定角度或垂直，从而创建出新平面。下面就以图13-53所示的实例进行操作说明。

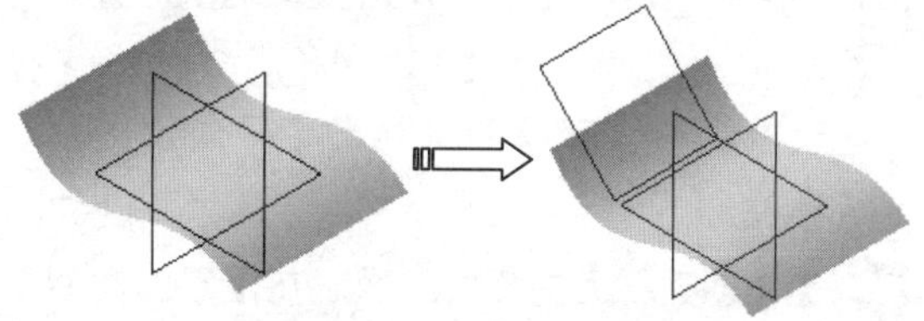

图13-53 与平面成角度的平面

动手操作——创建“与平面成角度/垂直”的平面

01 打开光盘文件“源文件\Ch13\ex-18.CATPart”。

02 执行菜单栏中的【插入】|【线框】|【平面】命令，系统即可弹出【平面定义】对话框。

03 定义创建平面的相关参数。在【平面类型】文本框中选择【与平面成一定角度或垂直】选项，单击【旋转轴】文本框并选取曲面的一条直线边为旋转中心轴，选取目录树中的ZX平面为参考平面，在【角度】文本框中输入-45以指定旋转方向和角度，单击【确定】按钮完成平面的创建，如图13-54所示。

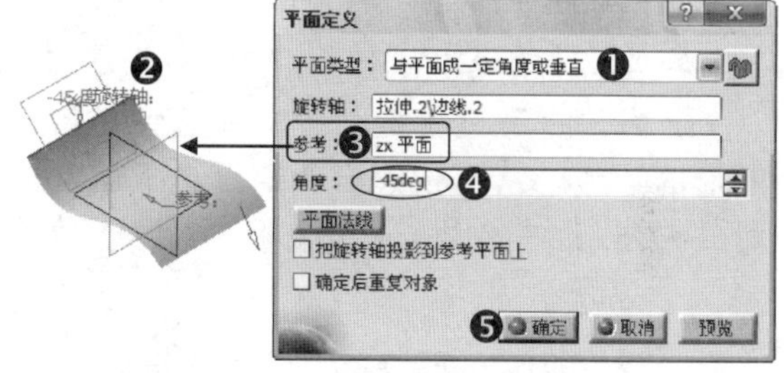

图13-54 创建与平面成角度的平面

提 示

如图13-54所示的“平面定义”对话框，用户可单击【平面法线】命令按钮快速设置创建的平面与参考平面成垂直状态。

4. 通过三个点

此方法是通过指定平面过三个不共线的特征点，从而创建一个新平面。下面就以图13-55所示的实例进行操作说明。

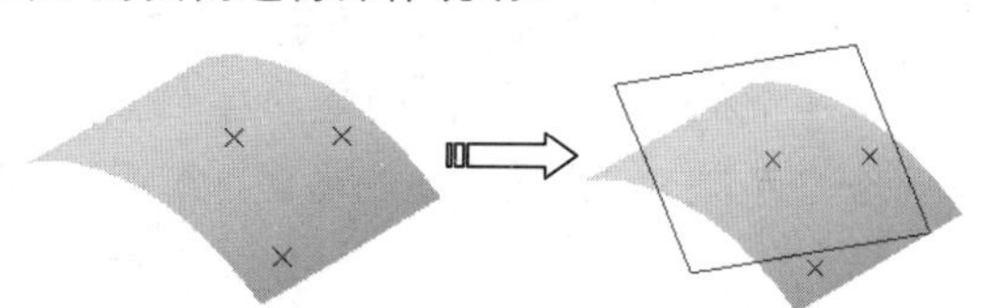

图13-55 通过三点的平面

动手操作——创建“通过三个点”的平面

01 打开光盘文件“源文件\Ch13\ex-19.CATPart”。

02 执行菜单栏中的【插入】|【线框】|【平面】命令，系统即可弹出【平面定义】对话框。

03 定义创建平面的相关参数。在【平面类型】文本框中选择【通过三个点】选项，依次选取图形窗口中的3个点，单击【确定】按钮完成平面的创建，如图13-56所示。

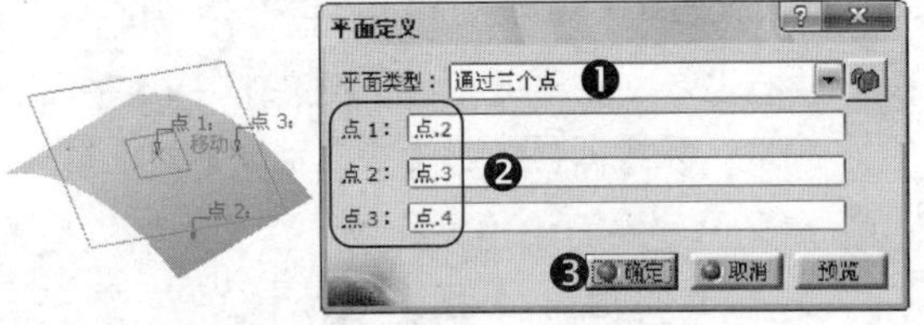

图13-56 创建通过三点的平面

提示

执行菜单栏中的【工具】|【选项】|【基础结构】|【零件基础结构】|【显示】命令，再在“轴系显示大小”区域栏中拖动滑动块，则可自由调整平面的显示大小。

5. 通过两条直线

此方法是通过指定两条空间直线或特征图形的边线，从而创建出新平面。下面就以图13-57所示的实例进行操作说明。

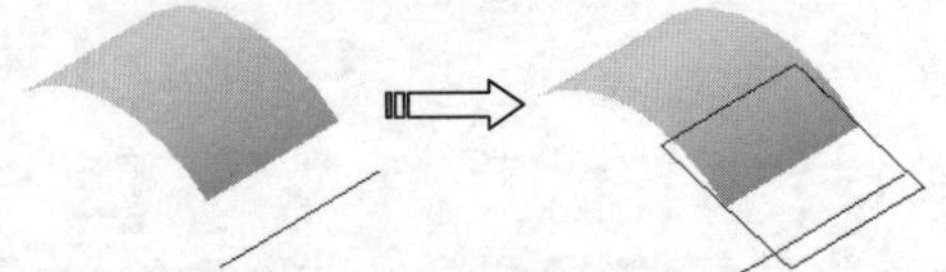

图13-57 通过两直线的平面

动手操作——创建“通过两条直线”平面

01 打开光盘文件“源文件\Ch13\ex-20.CATPart”。

02 执行菜单栏中的【插入】|【线框】|【平面】命令，系统即可弹出【平面定义】对话框。

03 定义创建平面的相关参数。在【平面类型】文本框中选择【通过两条直线】选项，分别选取图形窗口中曲面的直线边和一条空间直线为平面的通过直线，单击【确定】按钮完成平面的创建，如图13-58所示。

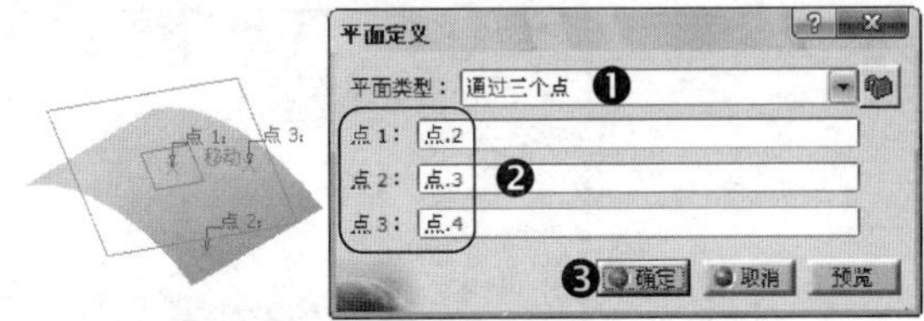

图13-58 创建通过两直线的平面

6. 通过点和直线

此方法是通过指定已知特征点和直线段或直线边，从而创建出新平面。下面就以图13-59所示的实例进行操作说明。

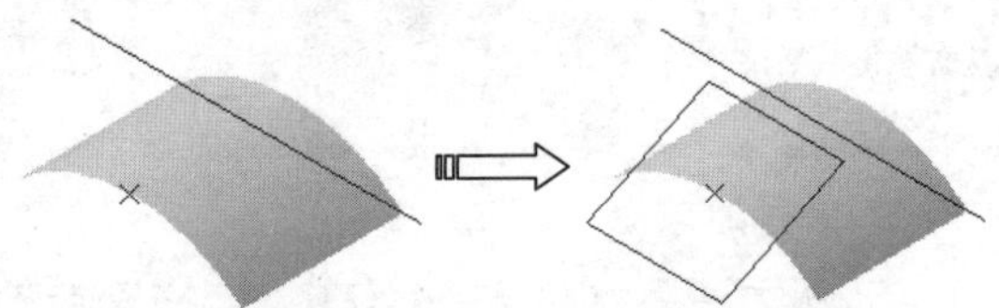

图13-59 通过点和直线的平面

动手操作——创建“通过点和直线”平面

01 打开光盘文件“源文件\Ch13\ex-21.CATPart”。

02 执行菜单栏中的【插入】|【线框】|【平面】命令，系统即可弹出【平面定义】对话框。

03 定义创建平面的相关参数。在【平面类型】文本框中选择【通过点和直线】选项，在图形窗口中分别选取点和直线为平面的通过对象，单击【确定】按钮完成平面的创建，如图13-60所示。

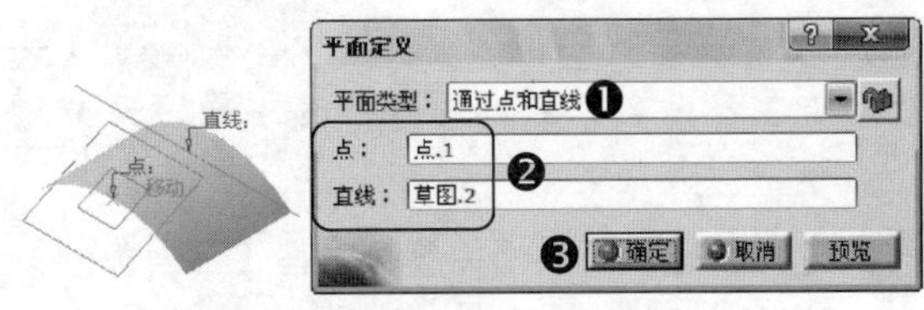

图13-60 创建通过点和直线的平面

7. 通过平面曲线

此方法是通过指定一条放置在平面内的曲线，从而创建出新平面。下面就以图13-61所示的实例进行操作说明。

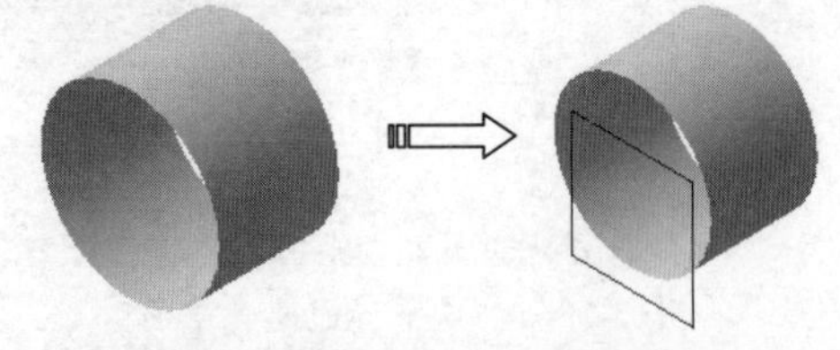

图13-61 通过平面曲线的平面

动手操作——创建“通过平面曲线”平面

01 打开光盘文件“源文件\Ch13\ex-22.CATPart”。

02 执行菜单栏中的【插入】|【线框】|【平面】命令，系统即可弹出【平面定义】对话框。

03 定义创建平面的相关参数。在【平面类型】文本框中选择【通过平面曲线】选项，在图形窗口中选取曲面的一条圆形边线为定义对象，单击【确定】按钮完成平面的创建，如图13-62所示。

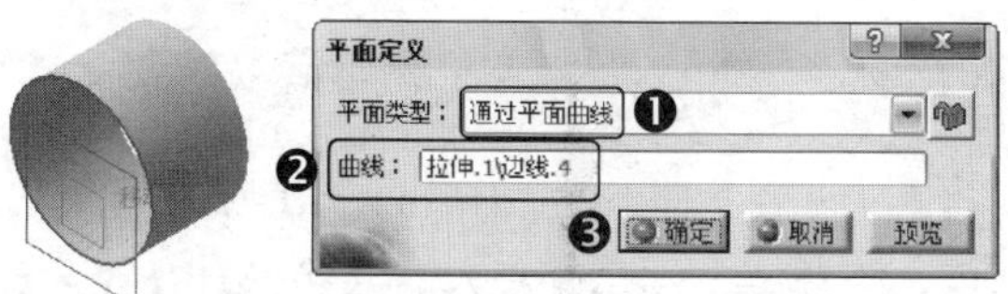

图13-62　创建通过平面曲线的平面

如图13-62所示的“平面定义”对话框，在定义通过的平面曲线时应注意选取的曲线必须是非“直线型”的曲线，否则不能确定新平面的放置位置。

8. **曲线的法线**

此方法是通过指定曲线上一个已知特征点，再在该点处创建一个与曲线成垂直状态的新平面。下面就以图13-63所示的实例进行操作说明。

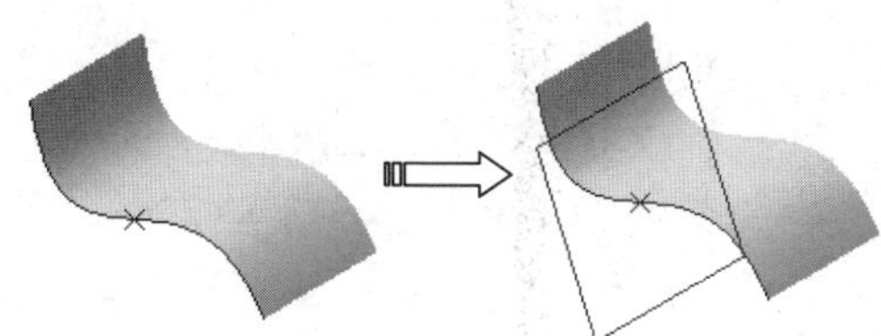

图13-63　曲线法线的平面

动手操作——创建“曲线的法线”平面

01 打开光盘文件“源文件\Ch13\ex-23.CATPart”。

02 执行菜单栏中的【插入】|【线框】|【平面】命令，系统即可弹出【平面定义】对话框。

03 定义创建平面的相关参数。在【平面类型】文本框中选择【曲线的法线】选项，在图形窗口中选取曲面的一条曲线边线，在图形窗口中选取曲线上的一个点为新平面的通过点，单击【确定】按钮完成平面的创建，如图13-64所示。

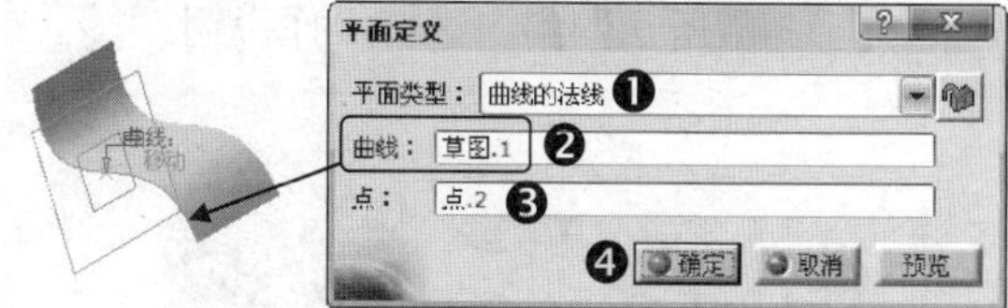

图13-64　创建曲线法线的平面

9. **曲面的切线**

此方法是通过指定一个已知的曲面特征和一个特征点，从而创建出相切于曲面的新平面。下面就以图13-65所示的实例进行操作说明。

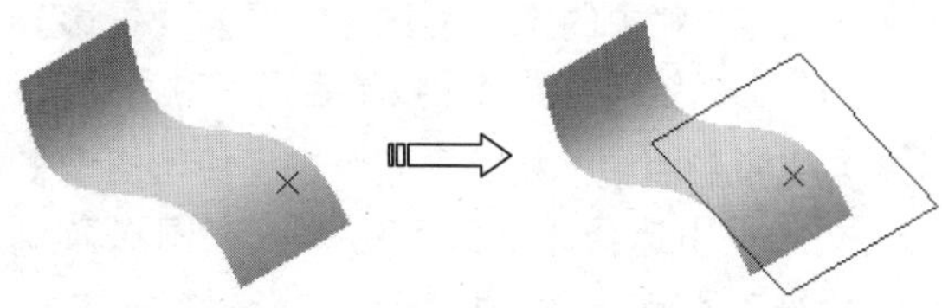

图13-65　曲面切线的平面

动手操作——创建“曲面的切线”平面

01 打开光盘文件“源文件\Ch13\ex-24.CATPart”。

02 执行菜单栏中的【插入】|【线框】|【平面】命令，系统即可弹出【平面定义】对话框。

03 定义创建平面的相关参数。在【平面类型】文本框中选择【曲面的切线】选项，在图形窗口中分别选取曲面特征和上面的一个特征点为定义对象，单击【确定】按钮完成平面的创建，如图13-66所示。

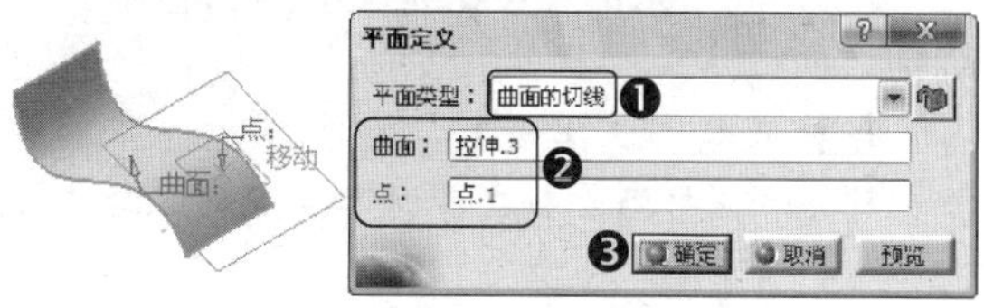

图13-66　创建曲面切线的平面

10. **平均通过点**

此方法主要是通过指定3个或多个特征点，从而创建出新平面，其创建过程与【通过三个点】的平面创建方法相似，不同的是此种方法所选取的点均匀地分布在创建平面的两侧。因创建方法和过程相对简单，此处不做详细的操作演示。

13.2.6 投影曲线

投影曲线是通过指定投影方向、投影的线段、投影的支持曲面，从而将空间中已知的点、线向一个曲面上进行投影附着的操作。下面就以图13-67所示的实例进行操作说明。

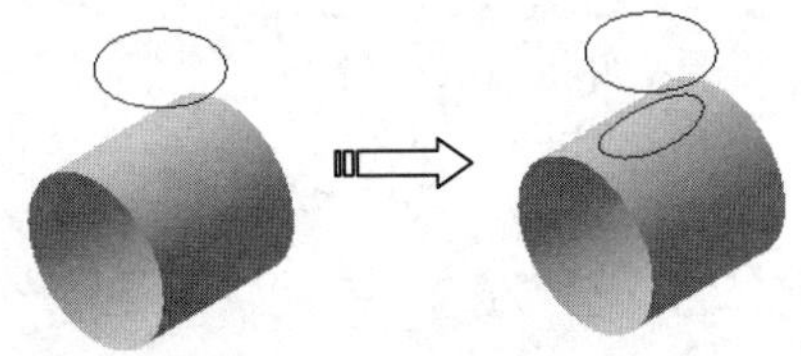

图13-67 投影曲线

动手操作——投影曲线

01 打开光盘文件“源文件\Ch13\ex-25.CATPart”。

02 执行菜单栏中的【插入】|【线框】|【投影】命令，系统即可弹出【投影定义】对话框。

03 定义投影曲线的相关参数。在【投影类型】文本框中选择【法线】选项，在图形窗口中选取曲面上方的圆形为投影对象，在图形窗口中选取圆柱曲面为投影支持面，单击【确定】按钮完成投影曲线的创建，如图13-68所示。

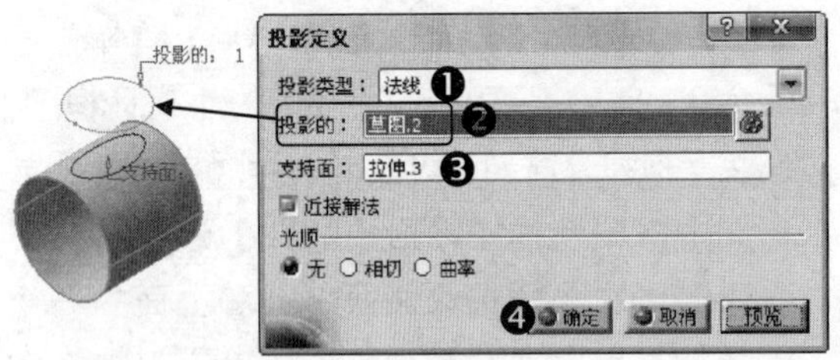

图13-68 创建投影曲线

图13-68所示的【投影定义】对话框中的部分选项说明如下：

- ★ 投影类型—【法线】：当选取此投影类型时，系统将沿着与支持曲面垂直的方向进行投影操作。
- ★ 投影类型—【沿某一方向】：当选取此投影类型时，系统将沿着用户指定的线性方向进行投影操作。
- ★ 近接解法：勾选此选项，系统则保留离投影源对象最近的投影曲线，否则将保留所有的投影结果。
- ★ 【光顺】区域栏：主要用于对投影的曲线进行光顺的处理操作。如在投影曲线后失去源对象曲线的连续性时，可勾选【相切】或【曲率】选项进行调整。

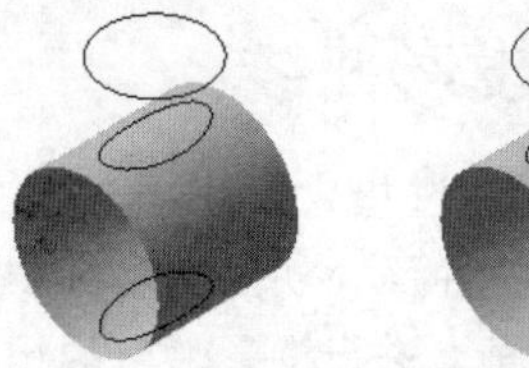

图13-69 近接解法举例

13.2.7 混合曲线

混合曲线是通过指定空间中两条曲线进行假想拉伸操作，再创建出其拉伸面所得的交线。下面就以图13-70所示的实例进行操作说明。

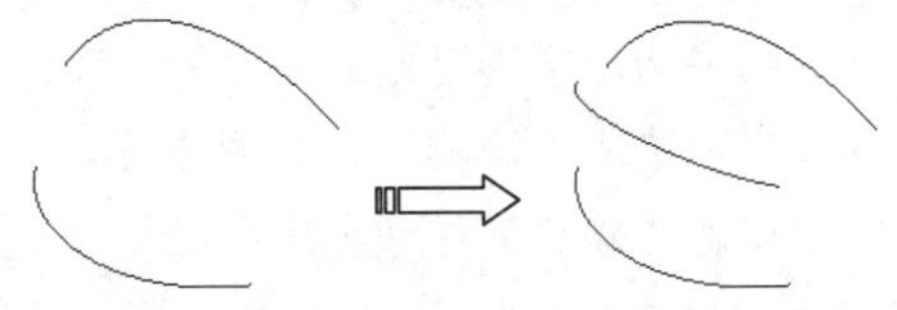

图13-70 混合曲线

动手操作——创建混合曲线

01 打开光盘文件“源文件\Ch13\ex-26.CATPart”。

02 执行菜单栏中的【插入】|【线框】|【混合】命令，系统即可弹出【混合定义】对话框。

03 定义混合曲线的相关参数。在【混合类型】文本框中选择【法线】选项，在图形窗口中分别选取两条需要定义的曲线，单击【确定】按钮完成混合曲线的创建，如图13-71所示。

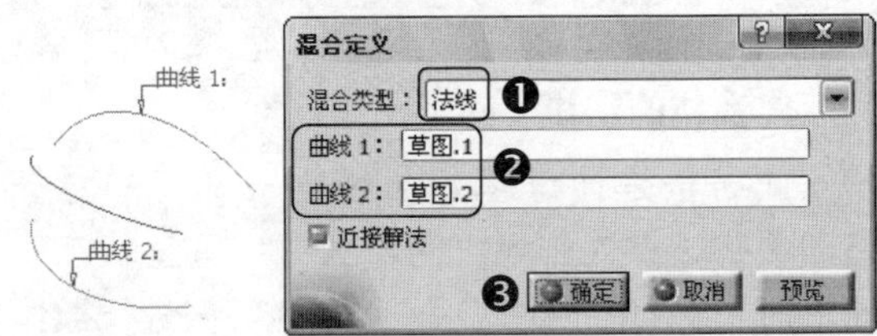

图13-71 创建混合曲线

提 示

在CATIA软件中混合曲线的内容、意义以及创建方法与PROE软件中的“二次投影”曲线、UG软件中的“组合投影”曲线基本相同，都是利用已知的在两个平面内的曲线特征创建出三维空间式的曲线。

13.2.8 相交曲线

此方法是通过指定两个或多个相交的图形对象，从而创建出相交的曲线或点特征。下面就以图13-72所示的实例进行操作说明。

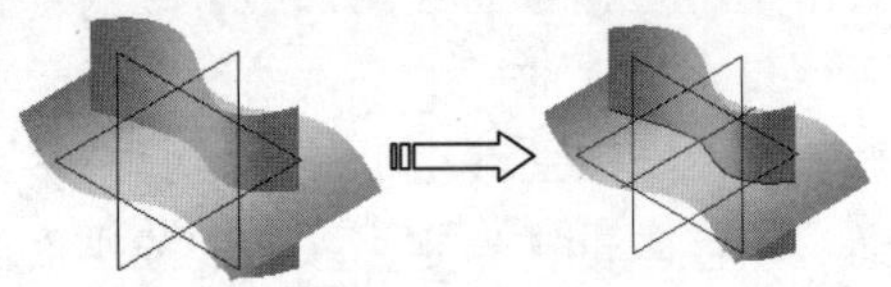

图13-72 相交曲线

动手操作——创建相交曲线

01 打开光盘文件“源文件\Ch13\ex-27.CATPart”。

02 执行菜单栏中的【插入】|【线框】|【相交】命令，系统即可弹出【相交定义】对话框。

03 定义相交曲线的相关参数。单击【第一图元】文本框并选取图形窗口中的一个曲面特征，单击【第二图元】文本框并选取图形窗口中的另一个曲面特征，单击【确定】按钮完成相交曲线的创建，如图13-73所示。

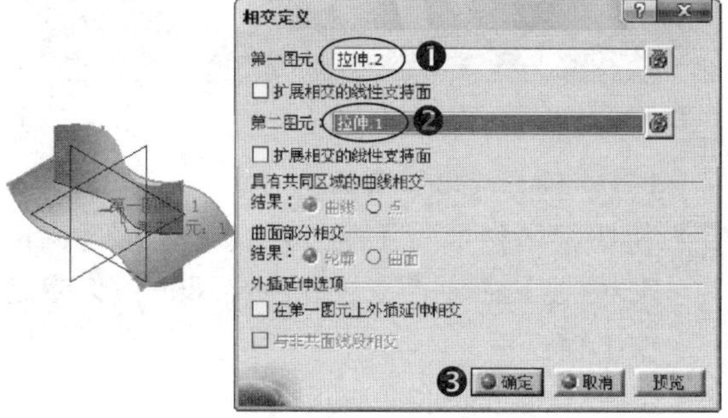

图13-73　创建相交曲线

04 执行菜单栏中的【插入】|【线框】|【相交】命令，系统即可弹出【相交定义】对话框。

05 定义相交曲线的相关参数。单击【第一图元】文本框并选取图形窗口中的【拉伸1】曲面特征，单击【第二图元】文本框并选取图形窗口中的ZX基准平面，单击【确定】按钮完成相交曲线的创建，如图13-74所示。

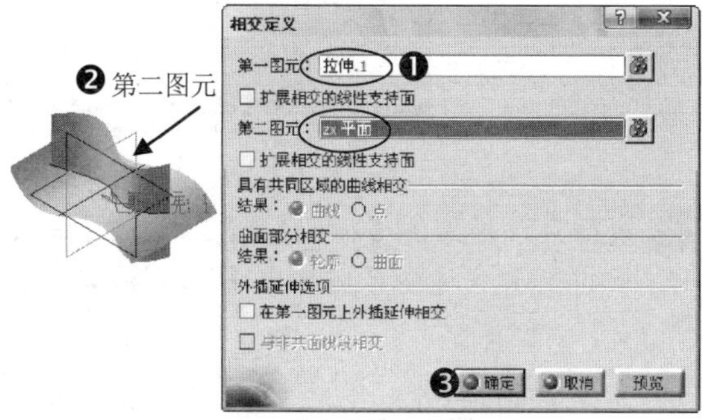

图13-74　创建相交曲线

关于图13-74所示的【相交定义】对话框的部分选项说明如下：

★ 扩展相交的线性支持面：勾选此选项可将第一或第二图元延伸，从而得到相交的点或线。

★ 具有共同区域的曲线相交：此区域主要用于对具有重合段的两图元相交时所产生的结果进行处理。它主要包括【曲线】和【点】两个选项，勾选【曲线】选项时，系统将相交的曲线作为相交结果；勾选【点】选项时，系统将相交的点作为相交结果。

★ 曲面部分相交：此区域主要用于曲面和几何实体相交时所产生的结果进行处理。它主要包括【轮廓】和【曲面】两个选项，勾选【轮廓】选项时，系统将相交的轮廓线作为相交结果；勾选【曲面】选项时，系统将相交的曲面作为相交结果。

★ 外插延伸选项：此区域主要用于对相交的图元进行延伸控制。当勾选【在第一图元上外插延伸相交】选项时，系统将把第二图元延伸至第一图元使其相交；当勾选【与非共面线段相交】选项时，系统将使非共面的两条不相交的线段进行相交操作。

13.2.9　平行曲线

此方法是通过指定空间中的曲线、支持面和点，将曲线进行平移缩放，从而创建出与源对象具有平行状态的新曲线。下面就以图13-75所示的实例进行操作说明。

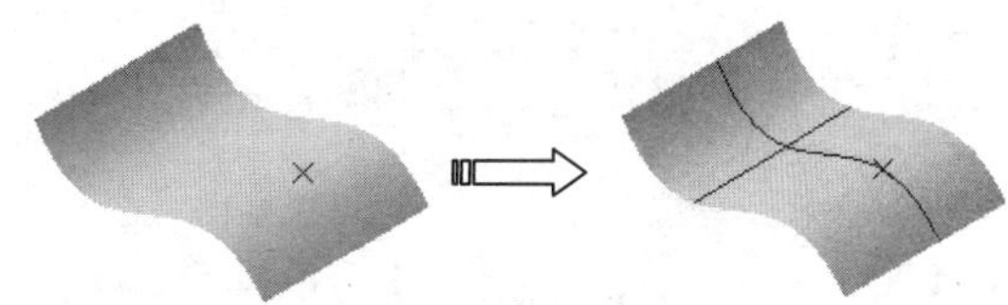

图13-75　平行曲线

动手操作——创建平行曲线

01 打开光盘文件“源文件\Ch13\ex-28.CATPart”。

02 执行菜单栏中的【插入】|【线框】|【平行曲线】命令，系统弹出【平行曲线定义】对话框。

03 定义平行曲线的相关参数。单击【曲线】文本框并选择曲面的一条边线为定义对象，单击【支持面】文本框并选取曲面为曲线的支持面，单击【点】文本框并选取曲面上的点特征为平行曲线的通过点，使用系统默认的平行模式和平行圆角类型选项，单击【确定】按钮完成平行曲线的创建，如图13-76所示。

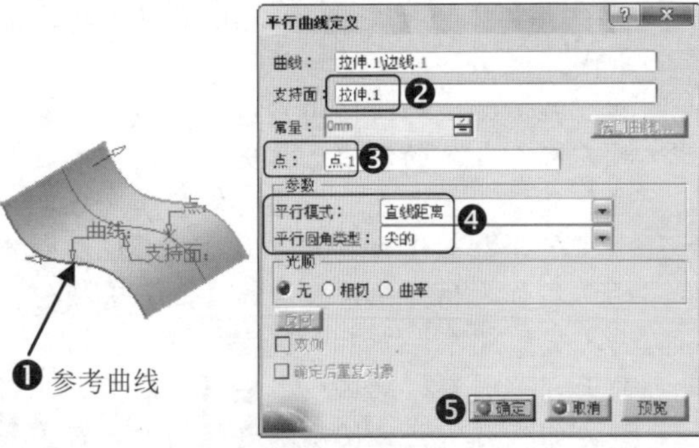

图13-76　创建平行曲线1

04 执行菜单栏中的【插入】|【线框】|【平行】命令，系统弹出【平行曲线定义】对话框。

05 定义平行曲线的相关参数。单击【曲线】文本框并选择曲面的一条直线边为定义对象，单击【支持面】文本框并选取曲面为曲线的支持面，在【常量】文本框中输入50以指定平行直线的偏移距离，使用系统默认的平行模式和平行圆角类型，单击【确定】按钮完成平行曲线的创建，如图13-77所示。

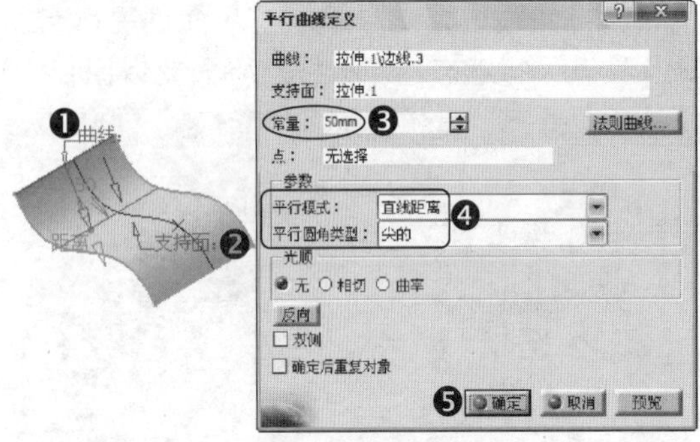

图13-77　创建平行曲线2

提示

指定“平行曲线”放置位置的技巧：

★ 如图13-77所示的【平行曲线定义】对话框，如在【常量】文本框中输入数字，则系统采用指定实际距离的方法来放置偏移的曲线；如在“点”文本框中选取了一特征点，则偏移的曲线将通过此点以确定放置位置。

★ 当选取“平行模式—直线距离”的方式时，系统采用偏移曲线和源对象曲线间的最短距离来确定偏移曲线的位置；当选取“平行模式—测地距离”的方式时，系统采用偏移曲线与源对象曲线之间沿着曲线测量的距离。

★ 勾选【双侧】选项时，系统将向源对象曲线的两侧偏移曲线。

13.2.10　偏置3D曲线

偏置3D曲线命令是一种可以将已知曲线进行3D空间偏移的操作，它通过指定源对象曲线、偏移方向、偏移距离等参数，创建出新的空间曲线。下面就以图13-78所示的实例进行操作说明。

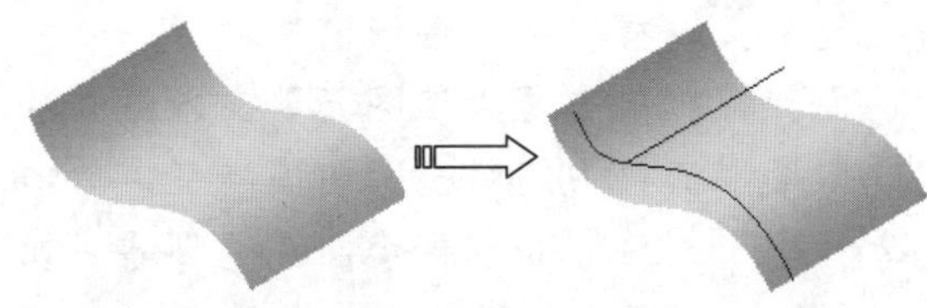

图13-78　偏置3D曲线

动手操作——创建偏置3D曲线

01 打开光盘文件“源文件\Ch13\ex-29.CATPart”。

02 执行菜单栏中的【插入】|【线框】|【偏置3D曲线】命令，系统弹出【3D曲线偏置定义】对话框。

03 定义偏置3D曲线的相关参数。单击【曲线】文本框并选取曲面的一条边线为源对象曲线，右击【拔模方向】文本框，并在弹出的快捷菜单中选取【X部件】选项以指定偏移方向，在【偏置】文本框中输入20以指定偏移距离，单击【确定】按钮完成偏置3D曲线的创建，如图13-79所示。

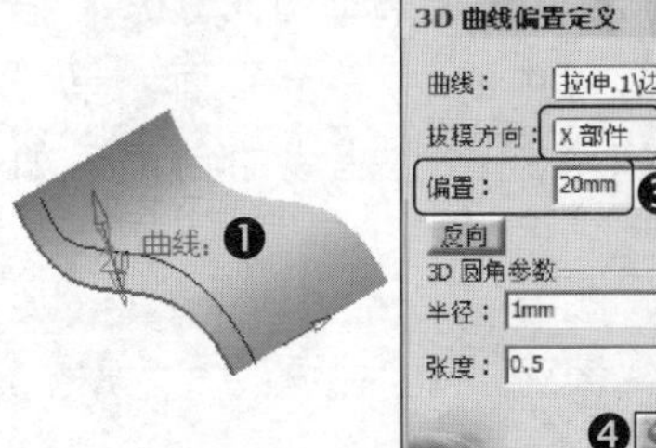

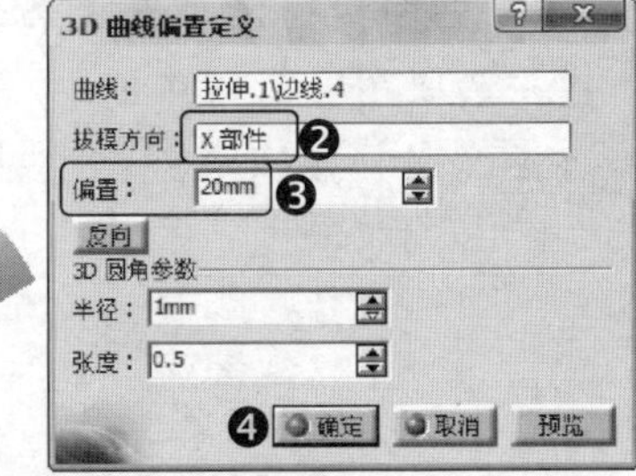

图13-79　创建偏置3D曲线1

04 执行菜单栏中的【插入】|【线框】|【偏置3D曲线】命令，系统弹出【3D曲线偏置定义】对话框。

05 定义偏置3D曲线的相关参数。单击【曲线】文本框并选取曲面的一条直线边为源对象曲线，右击【拔模方向】文本框，并在弹出的快捷菜单中选取【Z部件】选项以指定偏移方向，在【偏置】文本框中输入

50以指定偏移距离，单击【确定】按钮完成偏置3D曲线的创建，如图13-80所示。

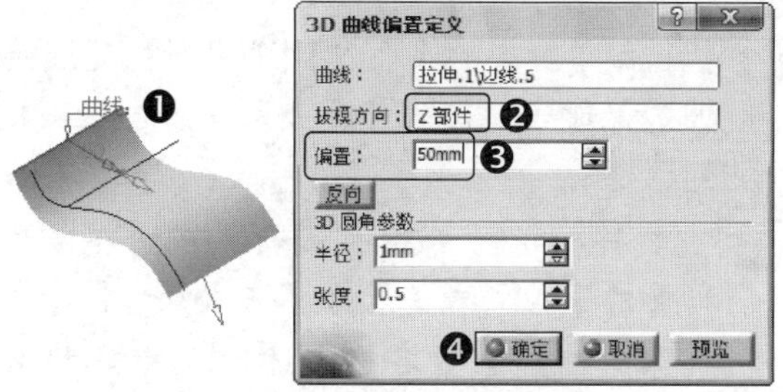

图13-80 创建偏置3D曲线2

13.2.11 空间圆弧类曲线

空间圆弧类曲线主要是指三维空间中的圆和圆弧段图形，它包括了圆、圆角、连接曲线以及二次曲线4个命令。各个工具命令的具体分析如下。

1. 圆

【线框】工具栏中的圆命令为用户提供了多种创建圆形图形的途径，它们主要有【中心和半径】、【中心和点】、【两点和半径】、【三点】、【中心和轴线】、【双切线和半径】、【双切线和点】、【三切线】、【中心和切线】9种定义方式。

其中【中心和半径】方式应用最为普遍和快捷，下面就以图13-81所示的实例进行操作说明。

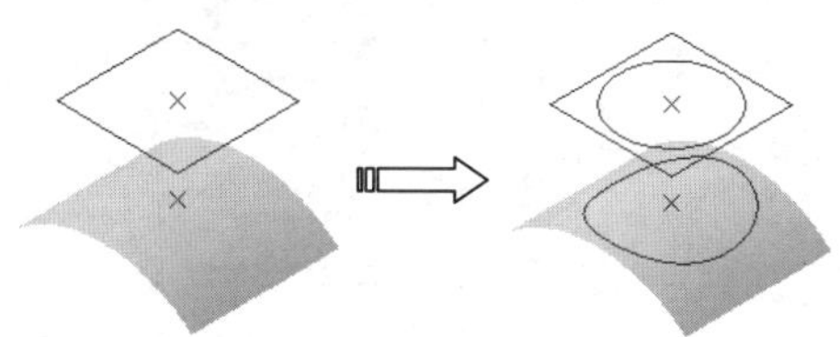

图13-81 空间圆的创建

动手操作——创建圆

01 打开光盘文件“源文件\Ch13\ex-30.CATPart”。

02 执行菜单栏中的【插入】|【线框】|【圆】命令，系统弹出【圆定义】对话框。

03 定义创建圆的相关参数。在【圆类型】的下拉列表中选择【中心和半径】选项，选取图形中上方的点特征为圆心，单击选取图形窗口中的曲面为圆的支持面，在【半径】文本框中输入数字25，指定圆的半径大小，单击【确定】按钮完成圆的创建，如图13-82所示。

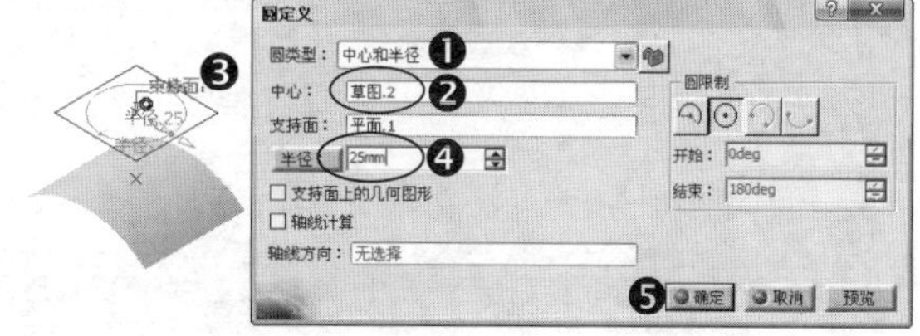

图13-82 使用中心和半径创建圆

04 执行菜单栏中的【插入】|【线框】|【圆】命令，系统弹出【圆定义】对话框。

05 定义创建圆的相关参数。在【圆类型】的下拉列表中选择【中心和半径】选项，选取曲面上的点特征为圆心，再单击选取图形窗口中的曲面为圆的支持面，在【半径】文本框中输入数字30，指定圆的半径大小，勾选对话框中的【支持面上的几何图形】选项，单击【确定】按钮完成圆的创建，如图13-83所示。

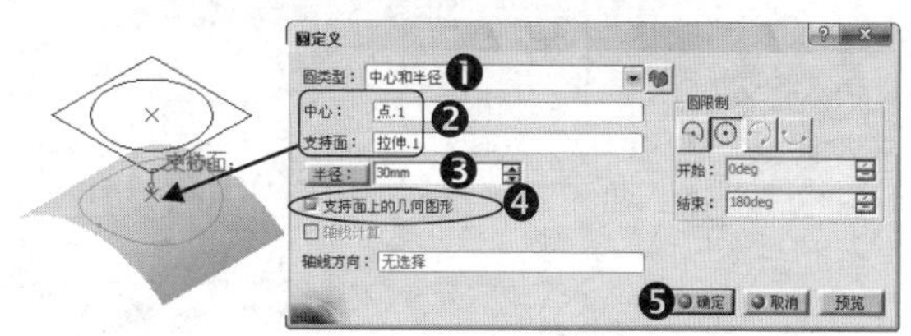

图13-83 投影法创建圆

关于图13-83所示的【圆定义】对话框中的部分选项说明如下：

★ 圆类型：主要用于选择定义圆形的方式。

★ 中心：主要用于定义圆心点。

★ 支持面：主要用于定义放置圆形的位置，可以选择平面或曲面特征。

★ 半径：主要用于输入半径值，以定义圆形的大小。

★ 支持面上的几何图形：勾选此项，则将创建的圆投影到支持面上。

★ 轴线计算：勾选此项，系统将在创建圆的同时创建出圆的轴线。

★ 【圆限制】区域：主要用于定义圆的限制类型与圆弧的起始点位置。按下各图标按钮则创建相应形状的图形，如选择创建圆弧还可设置起始角度。

2. 圆角

使用【线框】工具栏中的【圆角】命令可快速对空间中的两条曲线进行圆角操作。下面就以图13-84所示的实例进行操作说明。

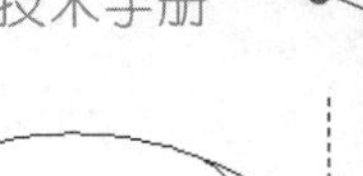

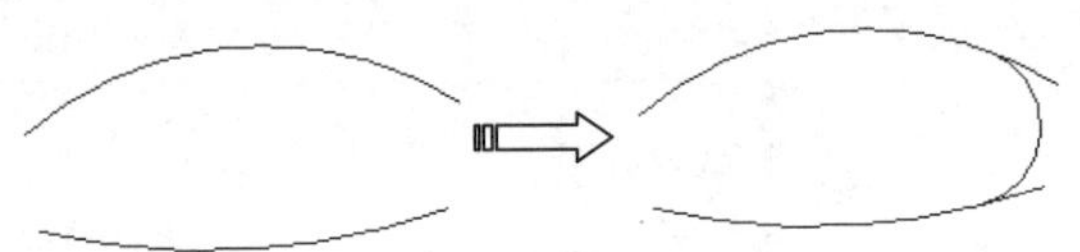

图13-84　3D圆角的创建

动手操作——创建圆角

01 打开光盘文件"源文件\Ch13\ex-31.CATPart"。

02 执行菜单栏中的【插入】|【线框】|【圆角】命令，系统弹出【圆角定义】对话框。

03 定义圆角的相关参数。在【圆角类型】列表中选择【3D圆角】选项，分别选取图形窗口中的两条曲线为圆角对象，在【半径】文本框中输入15，指定圆角的半径值，单击【确定】按钮完成曲线的圆角操作，如图13-85所示。

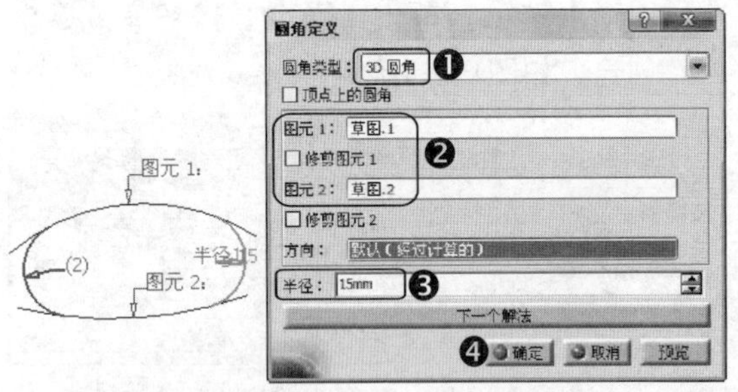

图13-85　创建曲线的3D圆角

关于【圆角定义】对话框中的部分选项说明如下：

★　圆角类型：主要用于定义圆角的类型，包括【支持面上的圆角】和【3D圆角】两项。

★　顶点的圆角：勾选此项，系统将在顶点处创建圆角曲线。

★　修剪图元1和修剪图元2：勾选此两项，系统将修剪圆角的两个图形对象。

★　半径：主要用于设置圆角曲线的半径大小。

3. 连接曲线

连接曲线是用一条空间曲线将两条曲线以一种连续形式进行连接的操作。下面就以图13-86所示的实例进行操作说明。

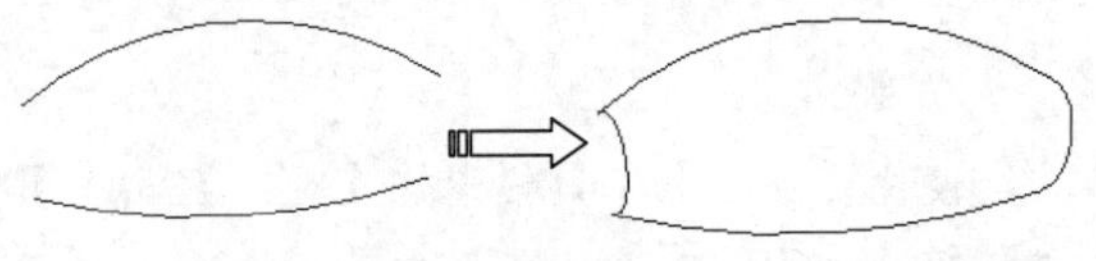

图13-86　连接曲线的创建

动手操作——创建连接曲线

01 打开光盘文件"源文件\Ch13\ex-32.CATPart"。

02 执行菜单栏中的【插入】|【线框】|【连接曲线】命令，系统弹出【连接曲线定义】对话框。

03 定义连接曲线的相关参数。在【连接类型】的下拉列表中选择【法线】选项，在【第一曲线】区域栏中选择【草图.1\顶点.1】和【草图.1】为定义对象，在【连续】的下拉列表中选择【相切】选项为连接曲线的连续方式并设置张度为1，在【第二曲线】区域栏中选择【草图.2\顶点.2】和【草图.2】为定义对象，在【连续】的下拉列表中选择【相切】选项为连接曲线的连续方式并设置张度为1，单击【确定】按钮完成连接曲线的定义，如图13-87所示。

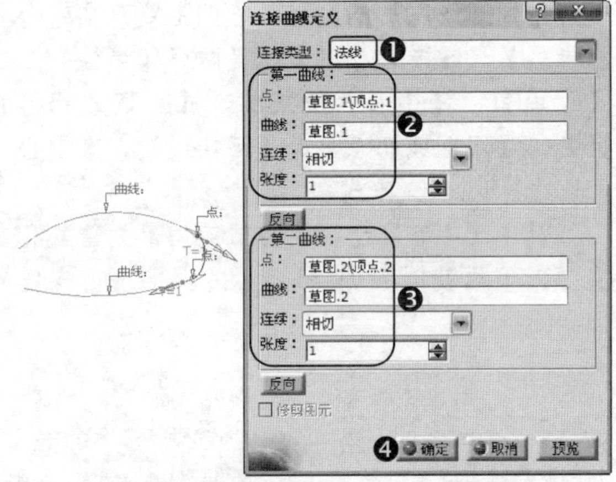

图13-87　创建【法线】连接曲线1

04 执行菜单栏中的【插入】|【线框】|【连接曲线】命令，系统弹出【连接曲线定义】对话框。

05 定义【连接曲线】相关参数。在【连接类型】的下拉列表中选择【基曲线】选项，单击【基曲线】文本框并选取步骤03中创建的连接曲线为基曲线，在【第一曲线】区域中选取草图.1中的端点和曲线为定义对象，在【第二曲线】区域中选取草图.2中的端点和曲线为定义对象，单击【确定】按钮完成连接曲线的定义，如图13-88所示。

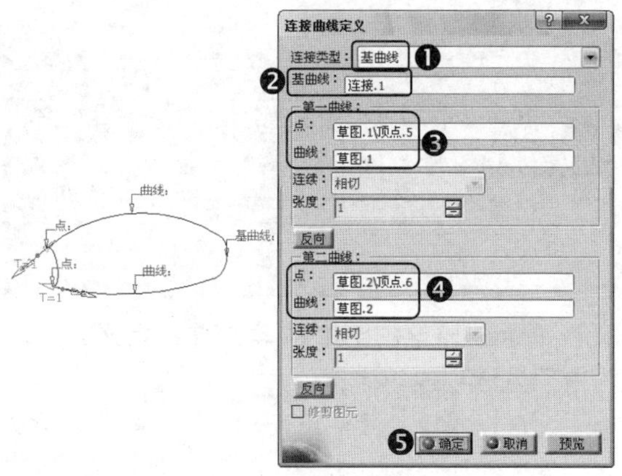

图13-88 创建【基曲线】连接曲线2

4. 二次曲线

二次曲线是通过指定空间中的两点，从而创建出一个相切于两曲线的曲线特征。下面就以图13-89所示的实例进行操作说明。

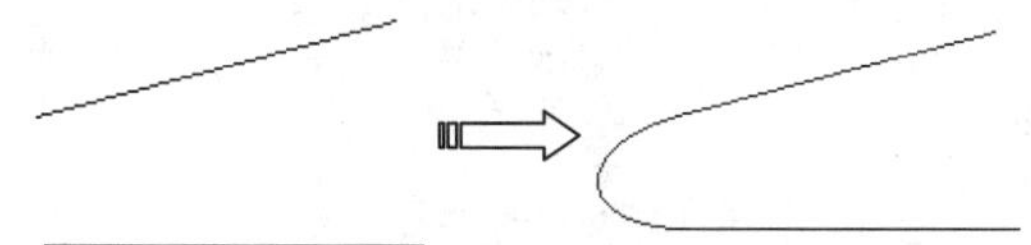

图13-89 二次曲线的创建

动手操作——创建二次曲线

01 打开光盘文件“源文件\Ch13\ex-33.CATPart”。

02 执行菜单栏中的【插入】|【线框】|【二次曲线】命令，系统弹出【二次曲线定义】对话框。

03 定义二次曲线的相关参数。单击【支持面】文本框并选取特征目录树中的YZ平面为支持面，分别选取两条曲线的两个端点为二次曲线的开始点和结束点，分别选取两条曲线为二次曲线的开始切线和结束切线，在【中间约束】区域栏中的【参数】文本框中输入0.2，设置二次曲线的参数，单击【确定】按钮完成二次曲线的参加，如图13-90所示。

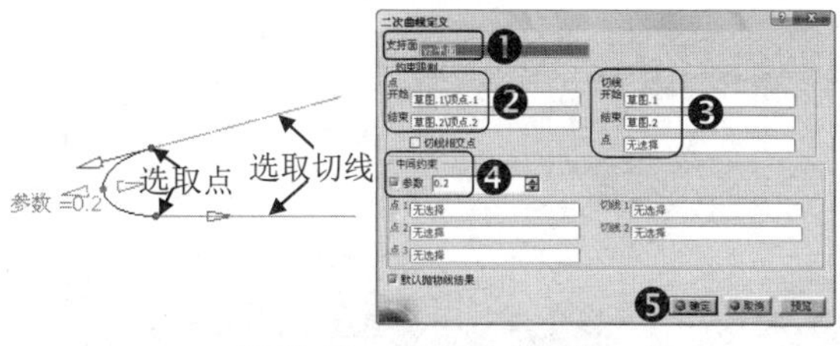

图13-90 创建二次曲线

如图13-90所示的【二次曲线定义】对话框中的部分选项说明如下：

- ★ 【约束限制】区域：主要用于定义二次曲线与已知曲线的几何约束关系。主要包括【点】区域和【切线】区域两大部分，点区域用于设置二次曲线的开始和结束点，切线区域用于设置二次曲线的开始和结束切线。
- ★ 【中间约束】区域：主要用于定义连接的第一条曲线。勾选其中的【参数】选项，则可在后面的文本框中通过输入数字来定义二次曲线的参数。当参数值小于0.5时，二次曲线形状为椭圆；当参数值等于0.5时，二次曲线为抛物线；当参数值大于0.5小于1时，二次曲线为双曲线。
- ★ 默认抛物线结果：勾选此项，二次曲线为抛物线。

13.2.12 空间样条曲线

空间样条曲线命令是通过指定空间中的一系列特征点，并选择合适的方向，建立出的一条光顺的曲线。下面就以图13-91所示的实例进行操作说明。

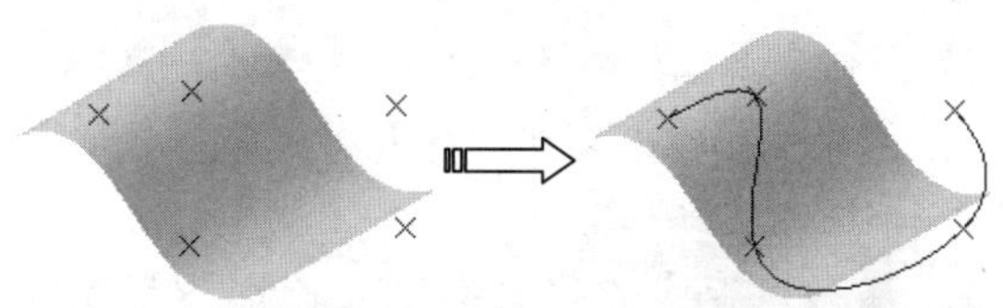

图13-91 空间样条曲线

动手操作——创建空间样条曲线

01 打开光盘文件“源文件\Ch13\ex-34.CATPart”。

02 执行菜单栏中的【插入】|【线框】|【样条曲线】命令，系统弹出【样条线定义】对话框。

03 定义样条曲线的相关参数。依次单击图形窗口中的5个特征点为样条曲线的通过点，单击【确定】按钮完成样条曲线的创建，如图13-92所示。

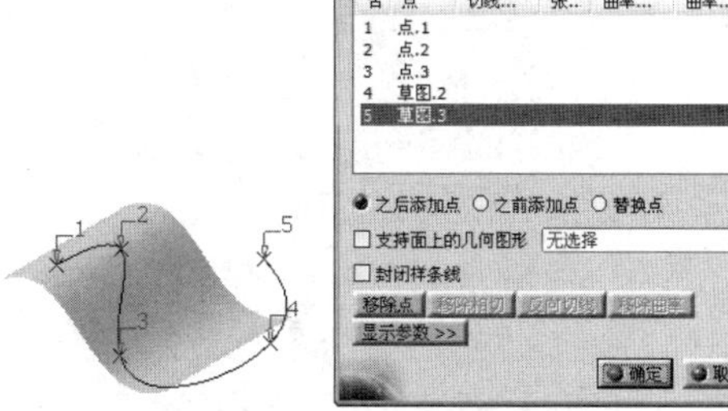

图13-92 创建空间样条曲线

关于【样条线定义】对话框的部分选项说明如下：

★ 支持面上的几何图形：勾选此项，系统将把样条曲线投影到支持面上。
★ 封闭样条曲线：勾选此项，系统将对样条曲线进行封闭操作。

13.2.13 螺旋线

螺旋线命令是通过指定起点、旋转轴线、螺距和高度等参数，从而在空间中创建出一条等距或变距的螺旋线。下面就以图13-93所示的实例进行操作说明。

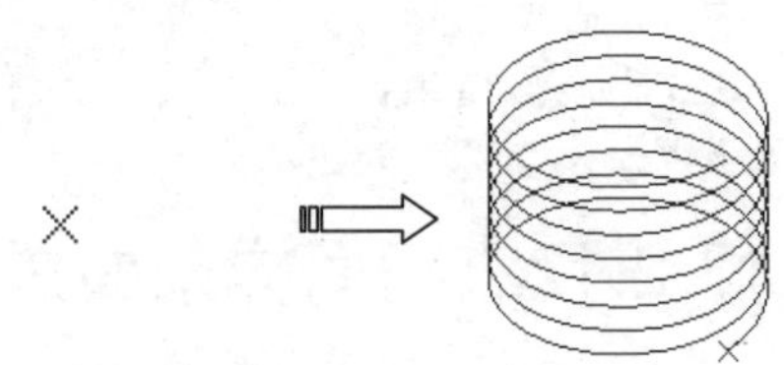

图13-93 等距螺旋线

动手操作——创建螺旋线

01 打开光盘文件“源文件\Ch13\ex-35.CATPart”。

02 执行菜单栏中的【插入】|【线框】|【螺旋线】命令，系统弹出【螺旋曲线定义】对话框。

03 定义螺旋线的相关参数。选取图形窗口中的【点.1】为螺旋线的起点，在【轴】文本框中单击鼠标右键，并在快捷菜单中选取【Z轴】为螺旋线的轴线，在【螺距】文本框中输入数字10，指定螺旋线的螺距，在【高度】文本框中输入数字80，指定螺旋线的总高度，单击【确定】按钮完成螺旋线的创建，如图13-94所示。

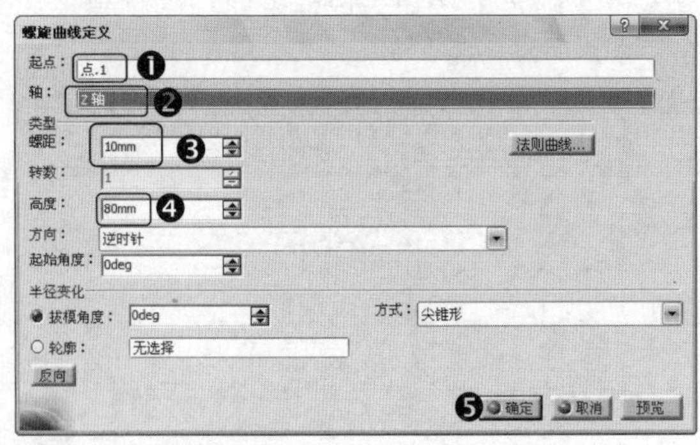

图13-94 螺旋线参数设置

> **提示**
>
> 选择旋转轴时，可选取图形窗口中已创建的线性图元作为旋转轴线；也可在“轴”文本框处右击，再在弹出的快捷菜单中选取或创建旋转轴线。

关于图13-94所示的【螺旋曲线定义】对话框中部分选项说明如下：

★ 方向：用于设置螺旋线的旋转方向，主要包括逆时针和顺时针两种。
★ 拔模角度：用于设置螺旋线的倾斜角度。在【螺旋曲线定义】对话框中将拔模角度设置为15度，系统将改变螺旋线的倾斜形状，如图13-95所示。

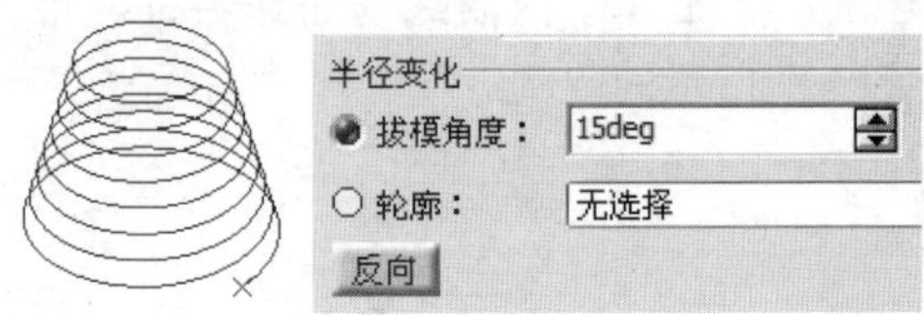

图13-95 锥形螺旋线

★ 方式：用于设置螺旋线的倾斜方向。主要包括【尖锥形】和【倒锥形】。
★ 轮廓：用于设置用户定义的形状创建出螺旋线。勾选此项，再选取图形窗口中的一条曲线以指定螺旋线的外形，如图13-96所示。

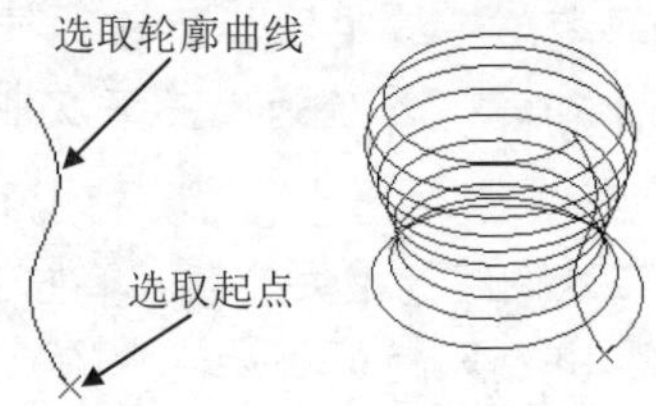

图13-96 自定义螺旋线外形

13.2.14 等参数曲线

等参数曲线通过指定曲面上的一特征点，再创建出通过此点并与曲面曲率相等的曲线。下面就以图13-97所示的实例进行操作说明。

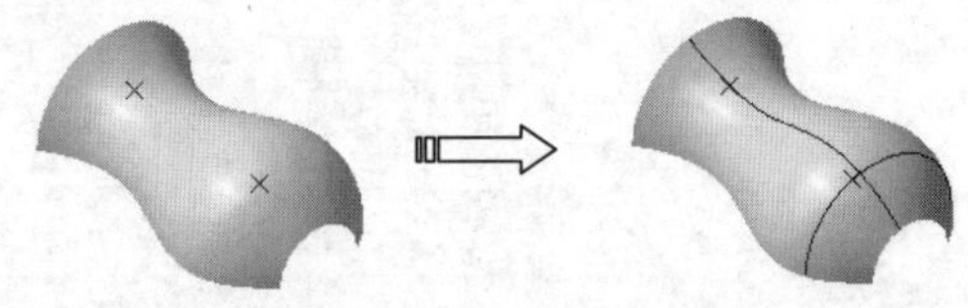

图13-97 等参数曲线

动手操作——创建等参数曲线

01 打开光盘文件“源文件\Ch13\ex-36.CATPart”。

02 执行菜单栏中的【插入】|【线框】|【等参数曲线】命令，系统弹出【等参数曲线】对话框。

03 定义等参数曲线的相关参数。选取图形窗口中的曲面特征为等参数曲线的支持面，选取特征目录树中的【点.1】为等参数曲线的通过点，在【方向】文本框中单击鼠标右键并在快捷菜单中选取【X轴】，指定等参数曲线的方向，单击【确定】按钮完成等参数曲线的创建，如图13-98所示。

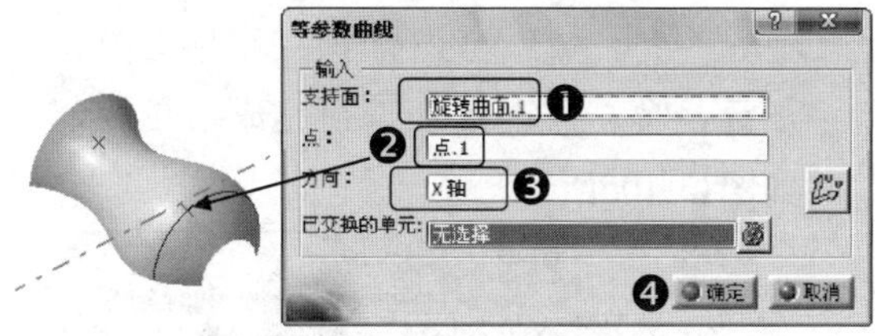

图13-98　创建X方向的等参数曲线

04 执行菜单栏中的【插入】|【线框】|【等参数曲线】命令，系统弹出【等参数曲线】对话框。

05 定义等参数曲线的相关参数。选取图形窗口中的曲面特征为等参数曲线的支持面，选取特征目录树中的【点.2】为等参数曲线的通过点，在【方向】文本框中单击鼠标右键，并在快捷菜单中选取【Y轴】以指定等参数曲线的方向，单击【确定】按钮完成等参数曲线的创建，如图13-99所示。

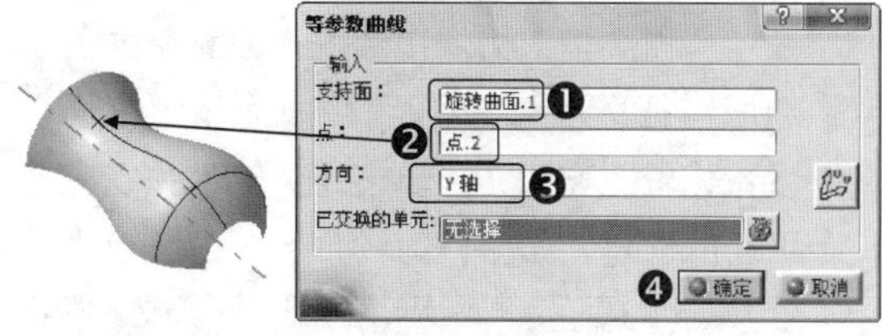

图13-99　创建Y轴方向的等参数曲线

13.3 实战应用

下面用2个案例综合应用前面介绍的曲线命令进行设计。

13.3.1　实战一：口杯线框设计

引入光盘：无

结果文件：\动手操作\结果文件\Ch13\Cup.CATPart

视频文件：\视频\Ch13\实战一：口杯线框设计.avi

上节详细讲解了【点】、【直线】、【投影曲线】等各种曲线线框命令的运用方法和技巧。本节将综合运用上节讲解的各种线框命令来绘制如图13-100所示的口杯三维线框图形。

图13-100　口杯线框设计

01 在菜单栏执行【开始】|【形状】|【创成式外形设计】命令，系统即可弹出【新建文件】对话框。

02 在【输入零件名称】文本框中输入【口杯】并默认勾选【启用混合设计】选项，单击【确定】按钮完成文件的新建。

03 在菜单栏执行【插入】|【轴系】命令，系统即可弹出【轴系定义】对话框。

04 定义轴系参数。在【轴系类型】列表中选择【标准】，使用系统默认的轴系参数，单击【确定】按钮完成轴系的创建，如图13-101所示。

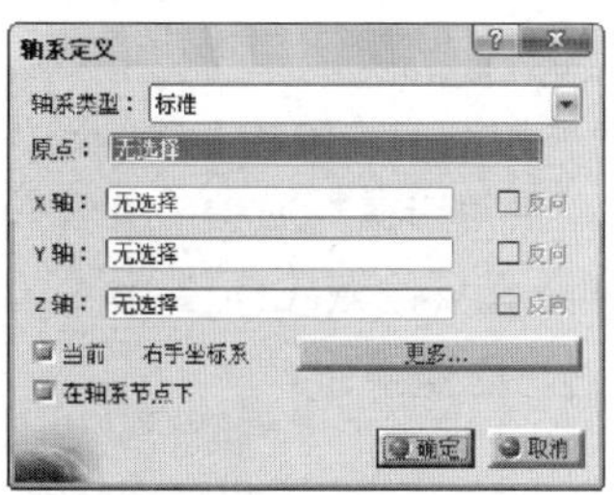

图13-101　创建轴系

05 在菜单栏执行【插入】|【线框】|【圆】命令，系统即可弹出【圆定义】对话框。在【圆类型】列表中选择【中心和半径】选项，选取轴系的原点为圆心，选取XY平面为圆的支持面，在【半径】文本框中输入25以指定圆的大小，在【圆限制】区域中单击圆形图标，单击【确定】按钮完成圆的创建，如图13-102所示。

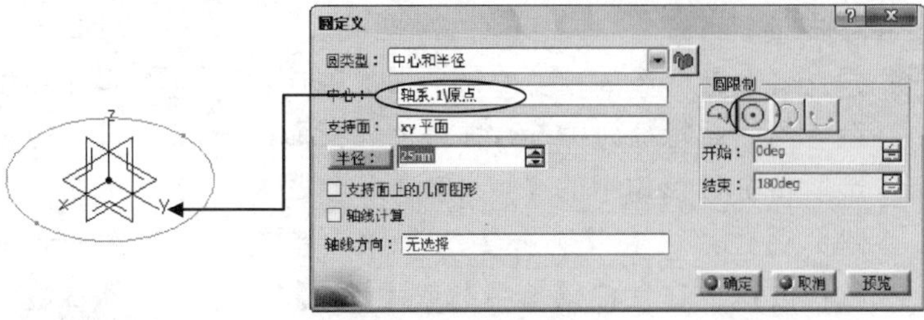

图13-102 创建圆形

06 在菜单栏执行【插入】|【线框】|【平面】命令，系统即可弹出【平面定义】对话框。在【平面类型】列表中选取【偏置平面】，选取特征目录树中的XY平面为参考平面，设置偏置距离为50，单击【确定】按钮完成平面的创建，如图13-103所示。

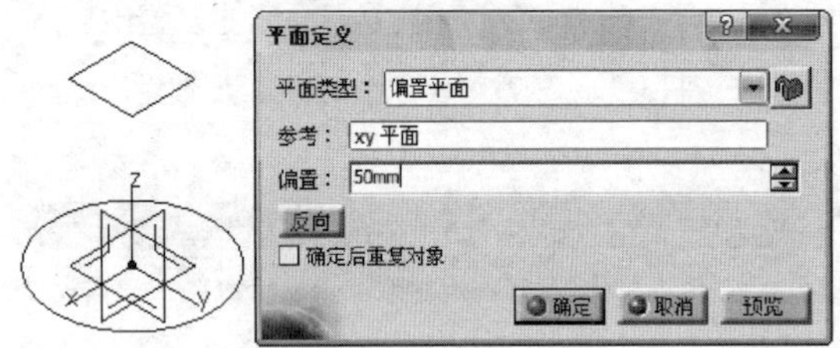

图13-103 创建偏置平面

07 在菜单栏执行【插入】|【线框】|【圆】命令，系统即可弹出【圆定义】对话框。选择【中心和半径】类型选项，选取轴系的原点为圆心，选取上一步骤创建的偏置平面为支持面，在【半径】文本框中输入35以指定圆的大小，勾选【支持面上的几何图形】选项，单击【确定】按钮完成圆形的创建，如图13-104所示。

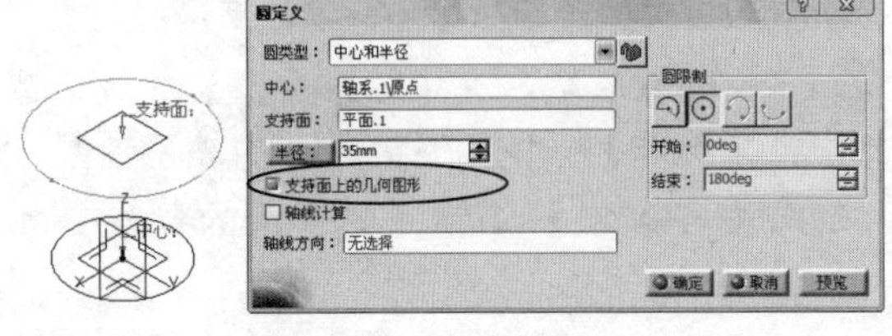

图13-104 创建圆形

08 在目录树中选中【轴系】和创建的偏置【平面1】，再单击鼠标右键，并在弹出的快捷菜单中选择【隐藏/显示】命令，将轴系和平面1进行隐藏操作。

09 执行菜单栏中的【插入】|【线框】|【相交】命令。选取图形窗口中下方的小圆为第一图元，选取目录树中的YZ平面为第二图元，单击【确定】按钮完成相交命令，如图13-105所示。

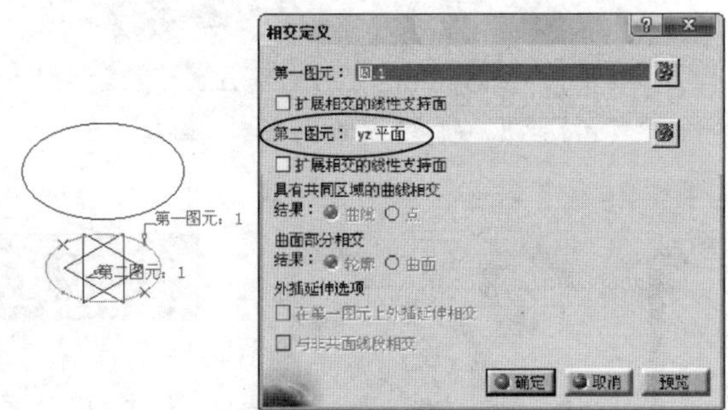

图13-105 创建相交点

10 定义需要保留的相交点。在系统弹出【多重结果管理】对话框后，勾选【保留所有子图元】选项，单击【确定】按钮完成多重结果的操作，如图13-106所示。

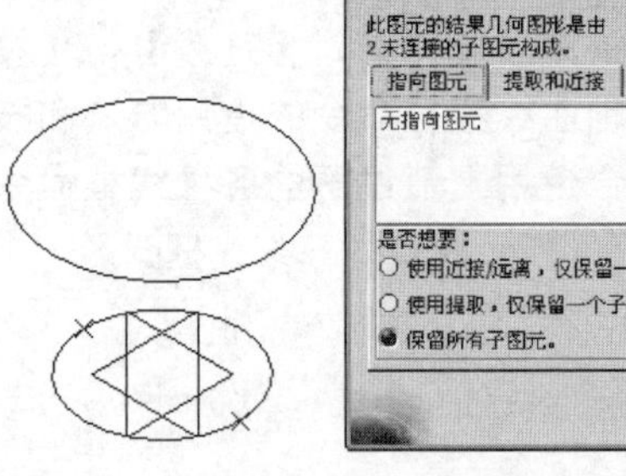

图13-106 定义多重结果

11 执行菜单栏中的【插入】|【线框】|【相交】命令。选取图形窗口中上方的圆形为第一图元，选取目录树中的YZ平面为第二图元，单击【确定】按钮完成相交命令，如图13-107所示。

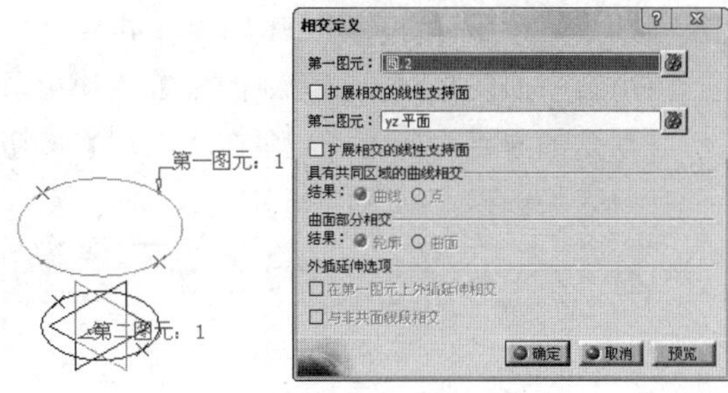

图13-107　创建相交点

12 定义需要保留的相交点。在系统弹出【多重结果管理】对话框后，勾选【保留所有子图元】选项，单击【确定】按钮完成多重结果的操作，如图13-108所示。

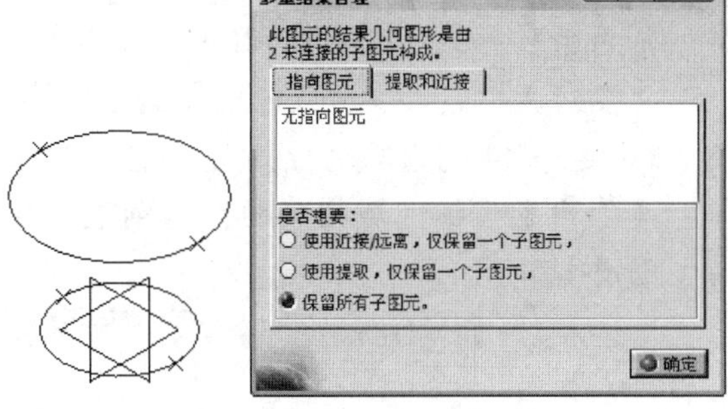

图13-108　定义多重结果

13 在菜单栏执行【插入】|【线框】|【圆】命令，系统即可弹出【圆定义】对话框。选择【两点和半径】类型选项，在【点.1】文本框中单击鼠标右键，在弹出的快捷菜单中选取提取命令，并在图形窗口中选择一个特征点，在【点.2】文本框中单击鼠标右键，在弹出的快捷菜单中选取提取命令并选择图形窗口中的一个特征。指定YZ平面为支持面，在【半径】文本框中输入145以指定圆弧的大小，在【圆限制】区域中选择【修剪圆】选项，单击【确定】按钮完成圆弧的创建，如图13-109所示。

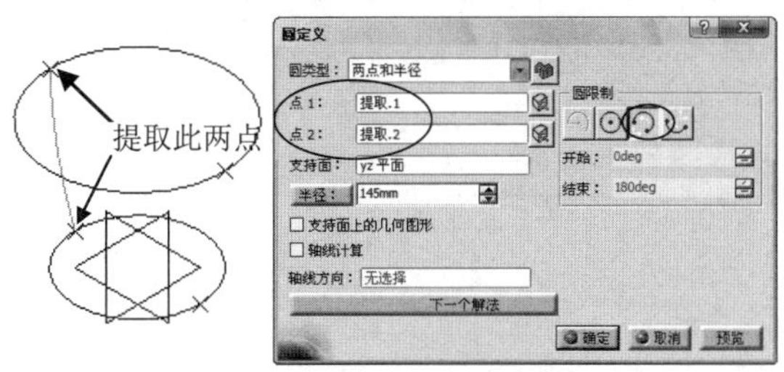

图13-109　创建空间圆弧1

14 在菜单栏执行【插入】|【线框】|【圆】命令，系统即可弹出【圆定义】对话框。选择【两点和半径】类型选项，在【点.1】文本框中单击鼠标右键，再选取提取命令，并在图形窗口中选择一个特征点，在【点.2】文本框中单击鼠标右键，再选取提取命令并在图形窗口中选择一个特征点。指定YZ平面为支持面，在【半径】文本框中输入145以指定圆弧的大小，在【圆限制】区域中选择【补充圆】选项，单击【确定】按钮完成圆弧的创建，如图13-110所示。

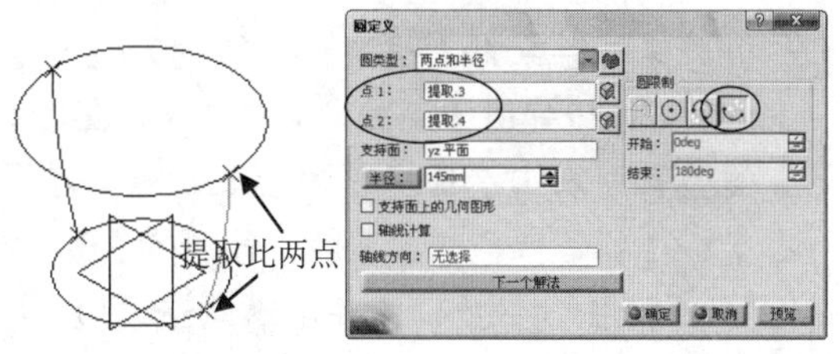

图13-110　创建空间圆弧2

15 执行菜单栏中的【插入】|【线框】|【点】命令，系统弹出【点定义】对话框。在【点类型】列表中选择【曲线上】选项，选取图形窗口中的【圆.4】为参考曲线，勾选【曲线长度比率】选项，并在比率文本框中输入0.8以指定点在曲线上的位置，使用系统默认的参考点和方向，单击【确定】按钮完成点的创建，如图13-111所示。

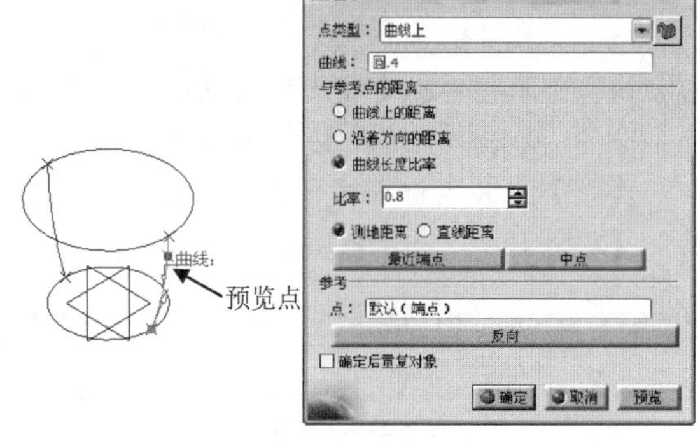

图13-111　创建曲线上的点1

16 执行菜单栏中的【插入】|【线框】|【点】命令，系统弹出【点定义】对话框。在【点类型】列表中选择【曲线上】选项，选取图形窗口中的【圆.4】为参考曲线，勾选【曲线长度比率】选项，并在比率文本框中输入0.2以指定点在曲线上的位置，使用系统默认的参考点和方向，单击【确

定】按钮完成点的创建，如图13-112所示。

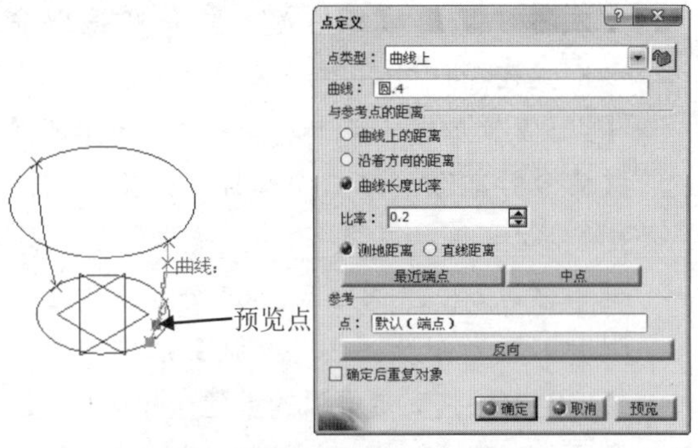

图13-112　创建曲线上的点2

17 执行菜单栏中的【插入】|【线框】|【点】命令，系统弹出【点定义】对话框。在【点类型】列表中选择【平面上】选项，选取【YZ】平面为点的放置面，分别在【H】方向和【V】方向的文本框中输入55和30，指定点在平面内相对于参考点的位置，使用系统默认的原点为参考点，单击【确定】按钮完成点的创建，如图13-113所示。

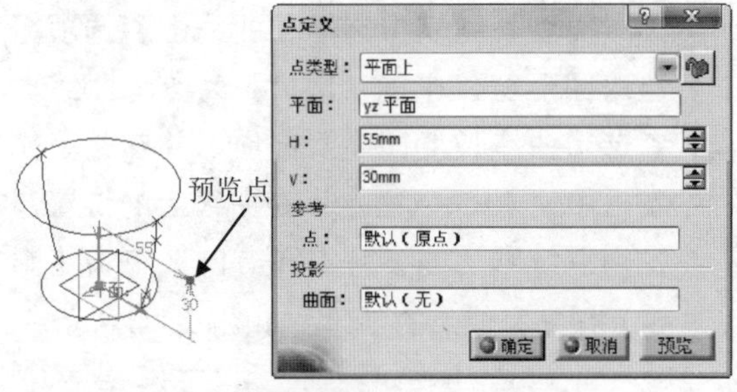

图13-113　创建平面上的点1

18 执行菜单栏中的【插入】|【线框】|【点】命令，系统弹出【点定义】对话框。在【点类型】列表中选择【平面上】选项，选取【YZ】平面为点的放置面，分别在【H】方向和【V】方向的文本框中输入50和18，指定点在平面内相对于参考点的位置，使用系统默认的原点为参考点，单击【确定】按钮完成点的创建，如图13-114所示。

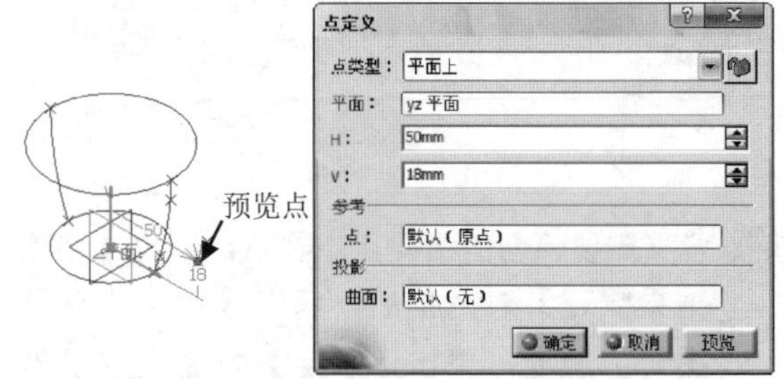

图13-114　创建平面上的点2

19 执行菜单栏中的【插入】|【线框】|【样条曲线】命令，系统即可弹出【样条线定义】对话框。依次选取已创建的点1、点2、点3、点4为样条曲线的通过点，单击【确定】按钮完成样条曲线的创建，如图13-115所示。

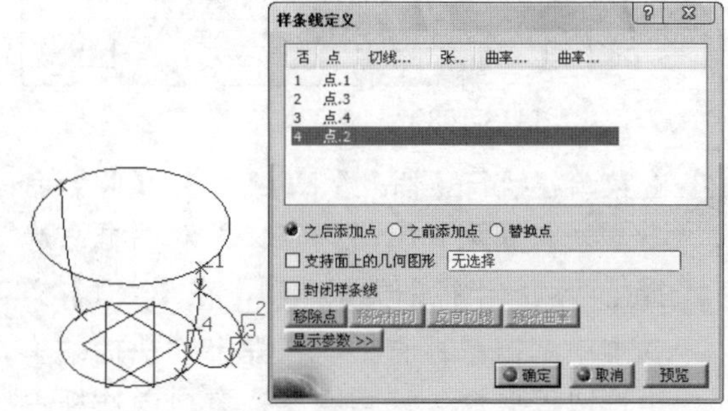

图13-115　创建样条曲线

20 执行菜单栏中的【文件】|【保存】命令，系统即可弹出【另存为】对话框。选择文件的保存路径，再在文件名称栏处输入"Cup"以指定文件的保存名称。

13.3.2　实战二：概念吹风线框设计

引入光盘：无

结果文件：Ch13\air　blower.CATPart

视频文件：Ch13\实战二：概念吹风线框设计.avi

本节将综合运用本章讲解的各种线框命令来绘制如图13-116所示的概念吹风线框图形。

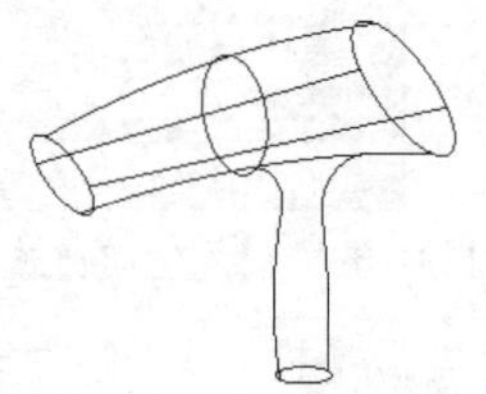

图13-116　概念吹风线框设计

01 新建一零件文件。在菜单栏执行【开始】|【形状】|【创成式外形设计】命令，系统即可进入创成式外形设计平台。

02 执行菜单栏中的【插入】|【线框】|【平面】命令，选取【与平面成一定角度或垂直】选项为平面的创建类型，在【旋转轴】文本框中右击并选取【Y轴】为旋转轴，选取【YZ平面】为参考平面，指定旋转角度为25度，单击【确定】按钮完成新平面的创建，如图13-117所示。

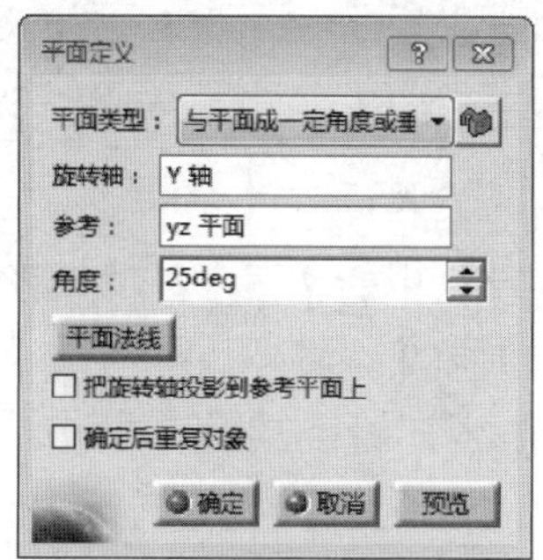

图13-117 创建参考平面1

03 执行菜单栏中的【插入】|【线框】|【平面】命令，选取【偏置平面】选项为平面的创建类型，选取【平面.1】为参考平面，设置偏置距离为200，并指定偏置方向为参考平面右侧，如图13-118所示。

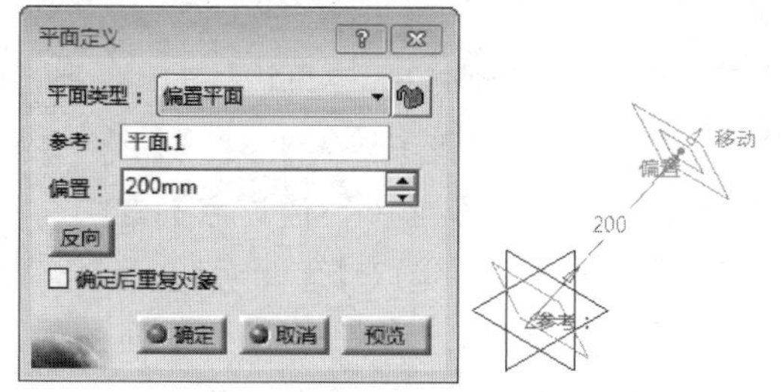

图13-118 创建参考平面2

04 执行菜单栏中的【插入】|【草图编辑器】|【草图】命令，选取【ZX平面】为草图平面，并绘制如图13-119草图1中所示曲线。

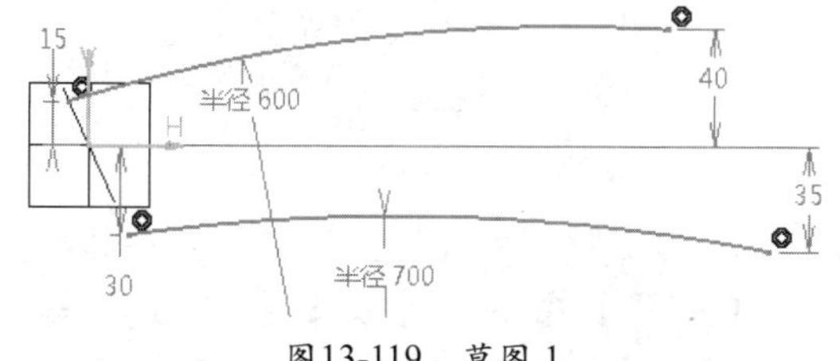

图13-119 草图.1

05 执行菜单栏中的【插入】|【草图编辑器】|【草图】命令，选取【平面.1】为草图平面，并绘制如图13-120草图2中所示的圆形。

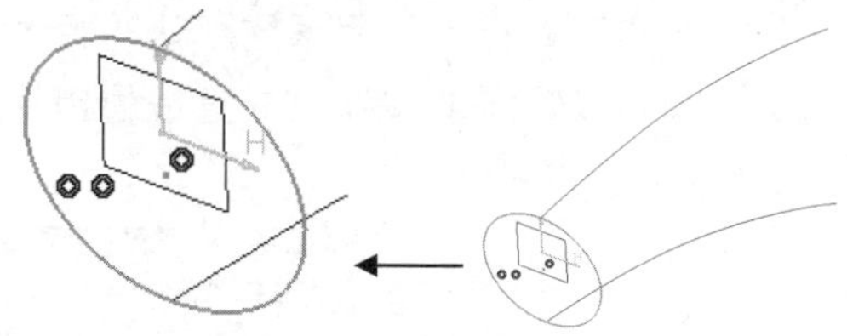

图13-120 草图2

06 执行菜单栏中的【插入】|【草图编辑器】|【草图】命令，选取【平面.2】为草图平面，并绘制如图13-121草图3中所示的圆形。

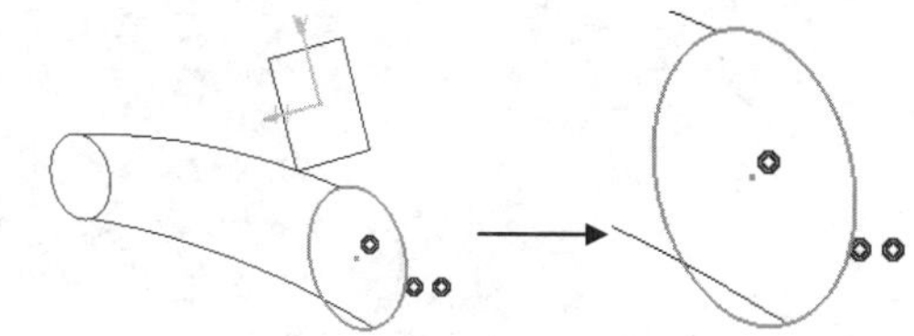

图13-121 草图3

07 执行菜单栏中的【插入】|【线框】|【点】命令，选取【曲线上】选项为点的创建类型，选取【草图.3】为参考曲线，勾选【曲线长度比率】选项并指定比率为0.25，指定草图1曲线上的端点为参考点，单击【确定】按钮完成点的创建，如图13-122所示。

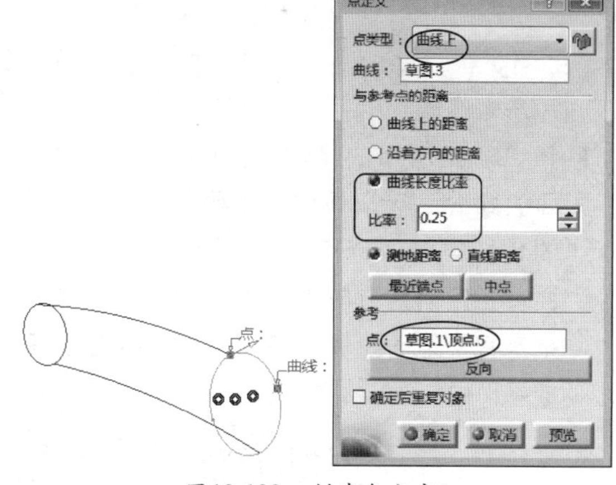

图13-122 创建参考点1

08 重复上步所示的设置参数，分别在两个圆形上创建参考点，最终结果如图13-123所示。

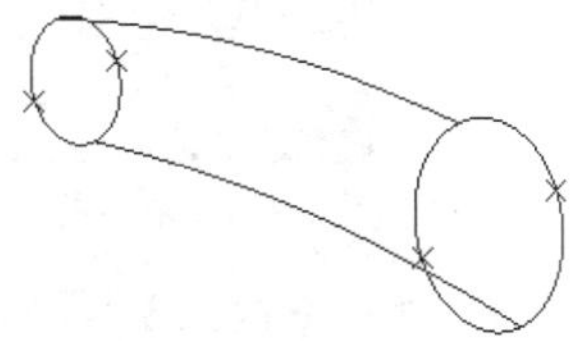

图13-123 创建参考点2

09 执行菜单栏中的【插入】|【线框】|【直线】命令，选取【点.2】和【点.3】为直线的起点和终点，使用系统默认的相关设置，单击【确定】按钮完成直线的创建，如图13-124所示。

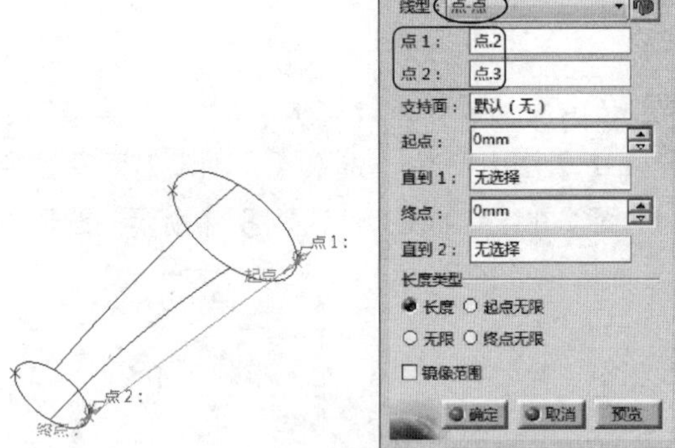

图13-124 创建直线1

10 执行菜单栏中的【插入】|【线框】|【直线】命令，选取【点.1】和【点.4】为直线的起点和终点，创建如图13-125所示的直线。

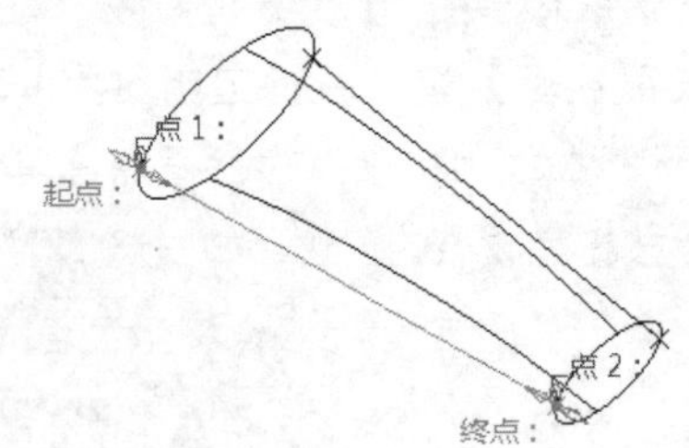

图13-125 创建直线2

11 执行菜单栏中的【插入】|【线框】|【平面】命令，选取【偏置平面】选项为平面的创建类型，选取【YZ平面】为参考平面，指定偏置方向为YZ平面的右侧方向并指定偏置距离为110，单击【确定】按钮完成平面的创建，如图13-126所示。

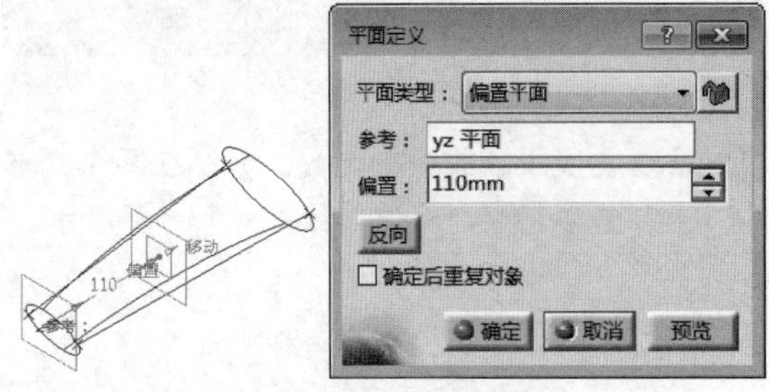

图13-126 创建参考平面3

12 执行菜单栏中的【插入】|【线框】|【相交】命令，分别指定【平面3】和【草图.1】为第一和第二图元，创建出相交点。

13 执行菜单栏中的【插入】|【线框】|【相交】命令，分别指定【平面3】和【直线1】为第一和第二图元，创建出相交点。

14 执行菜单栏中的【插入】|【草图编辑器】|【草图】命令，选取【平面3】为草图平面，并绘制如图13-127草图4中所示的圆形。

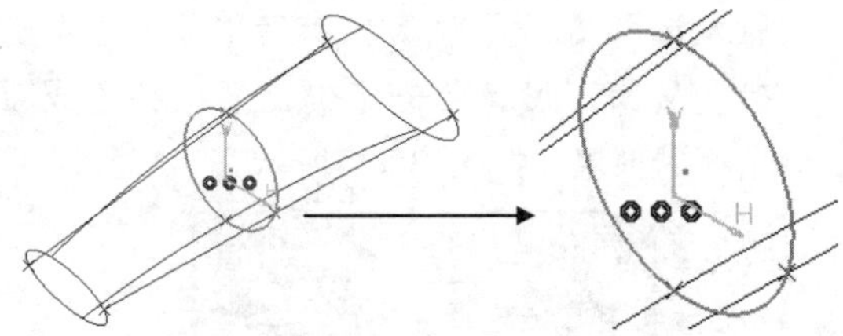

图13-127 草图4

15 执行菜单栏中的【插入】|【草图编辑器】|【草图】命令，选取【ZX平面】为草图平面，并绘制如图13-128草图5中所示的曲线。

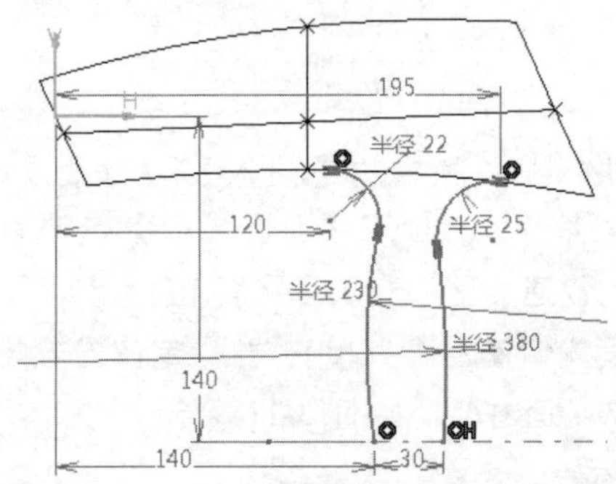

图13-128 草图5

16 执行菜单栏中的【插入】|【线框】|【平面】命令，选取【平行通过点】选项为平面的创建类型，选取【XY平面】为参考平面，指定草图5上的一端点为平面的通过点，单击【确定】按钮完成平面的创建，如图13-129所示。

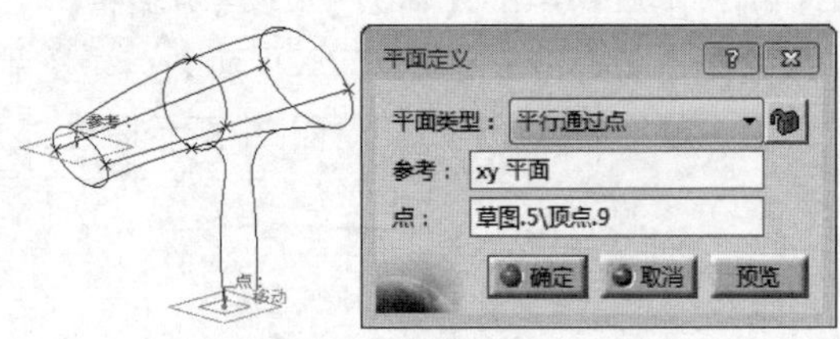

图13-129 创建参考平面4

17 执行菜单栏中的【插入】|【草图编辑器】|【草图】命令，选取【平面4】为草图平面，并绘制如图13-130草图6中所示的圆形。

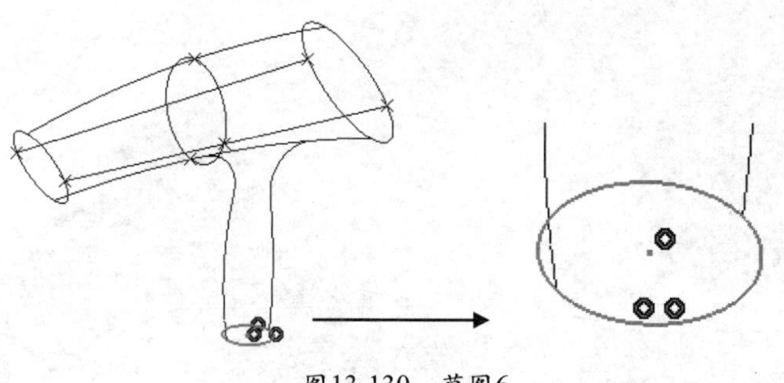

图13-130 草图6

13.4 课后习题

本章主要介绍了CATIA V5R21的创成式外形设计模块中的【线框】设计方法和技巧，详细讲解了空间点、直线、参考平面以及各种空间曲线的创建方法和过程，最后再详细解析了一个简单工业产品的线框设计过程和设计思路。最终，本章在整篇内容和安排上体现了创成式外形设计模块的线框构造方法和构造思路。

为巩固本章所学的线框构造技巧和思路，特安排如下习题：

使用【创成式外形设计】模块中的线框工具完成三通管的三维线框结构设计，如图13-131所示。

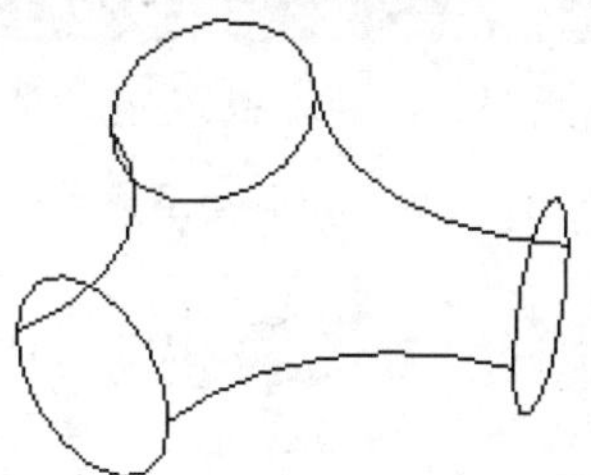

图13-131 三通管线框

第14章 创成式曲面设计指令

曲面造型功能是CATIA软件比之其他同类软件的优势之处，在CATIA V5R21版本中最常用的曲面造型工具有：线框和曲面、创成式外形设计、自由曲面等模块。

本章将向读者重点介绍【创成式外形设计】模块中的曲面造型工具。创成式外形设计模块中的曲面设计工具是具有参数化特点的曲面建模工具，所创建的各种曲面特征都具有参数驱动的特点，能方便地对其进行各种编辑和修改，且能和零件设计、自由曲面、线框和曲面等模块进行任意切换，从而实现真正的无缝链接和混合设计。

◎ 知识点01：常规曲面的创建

◎ 知识点02：复杂曲面的创建

◎ 知识点03：编辑曲线与曲面的方法

◎ 知识点04：曲面与实体的转换方法

中文版CATIA V5R21完全实战技术手册

14.1 创成式曲面简介

创成式曲面设计（GSD）是在【创成式外形设计】模块中使用其曲面造型工具，帮助设计人员创建出各种产品的复杂外形结构。

创成式曲面是比较完整的参数化曲面构造工具，除了可以完成所有空间曲线操作外，还可以完成拉伸、旋转、扫掠、填充等曲面造型功能。

本节将介绍CATIA V5R21创成式外形设计工作台中的曲面工具和构建方法。

14.1.1 创成式曲面设计特点

创成式曲面是基于特征的参数化建模设计思路。它比【线框与曲面】模块，功能更全面、完整，能完成各种复杂的外形曲面设计，并提供快捷的编辑和修改工具集。

使用创成式外形设计模块创建复杂曲面的过程如下：

(1) 创建曲面的曲线轮廓线框结构。

(2) 使用线框结构创建曲面。

(3) 对创建的曲面进行编辑和修改。

(4) 将各个曲面进行合并操作。

14.1.2 工具栏介绍

1. 曲面工具

【创成式外形设计】模块中的曲面工具集如图14-1所示。

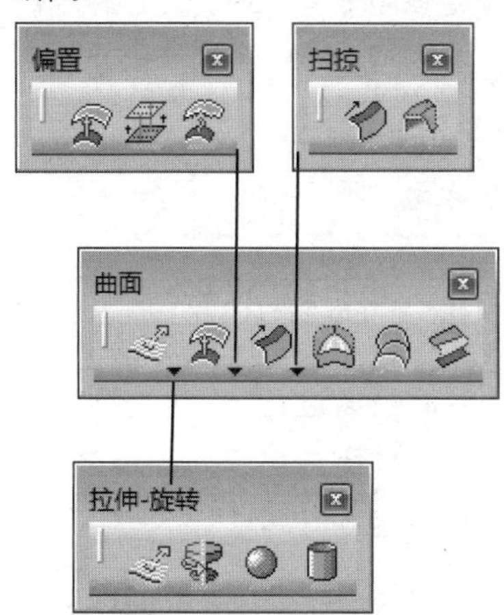

图14-1 创成式曲面工具集

关于图14-1中所示的各曲面工具命令从左至右依次介绍如下：

★ （拉伸-旋转）：此工具集主要用于常规曲面的创建。它包括拉伸、旋转、球面和圆柱面4个曲面工具。

★ （偏置）：此工具集主要用于创建各种偏移曲面。它包括偏置、可变偏置、错略偏置3个曲面偏置工具。

★ （扫掠）：此工具集主要用于创建各种扫掠曲面。它包括扫掠和适应性扫掠2个曲面扫掠工具。

★ （填充）：此工具主要用于将封闭的曲线线框转换为曲面特征。

★ （多截面曲面）：此工具主要用于将多个不同尺寸大小的轮廓曲线创建成曲面特征。

★ （桥接曲面）：此工具主要用于创建连接两个曲面或曲线的曲面特征。

2. 操作工具

针对曲线、曲面的编辑和修改，系统提供了各种操作工具集，如图14-2所示。

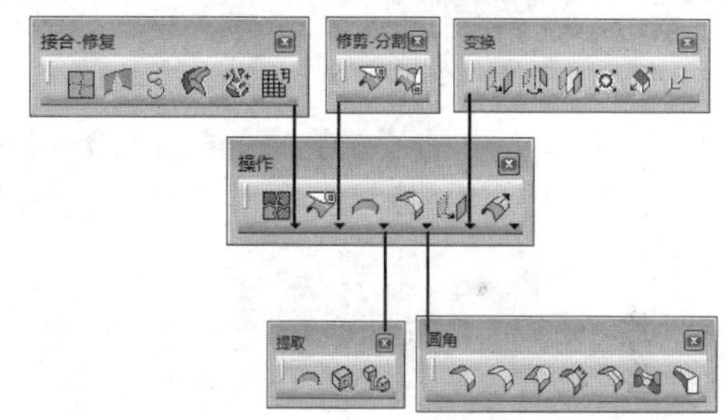

图14-2 操作工具集

关于图14-2中所示的各操作工具命令从左至右依次介绍如下：

★ （接合-修复）：此工具集主要用于对曲线和曲面的接合、修复、曲线光顺、曲面简化、取消修剪和拆解操作。

★ （修剪-分割）：此工具集主要用于对指定的曲线和曲面进行修剪、分割操作。

★ （提取）：此工具集主要用于对指定的曲线、边线或曲面进行提取复制的操作。

★ （圆角）：此工具集主要用于对指定曲面进行简单圆角、倒圆角、可变圆角、弦圆角、样式圆角、面与面的圆角和三切线内圆角的处理。

★ （变换）：此工具集主要用于对指定图形对象进行移动、旋转、镜像、缩放、仿射和定位变换的操作。

★ （外插延伸）：此工具集主要用于对指定曲面进行外插延伸、反向的操作。

14.2 常规曲面

本小节将介绍在【创成式外形设计】模块中创建常规曲面的方法和技巧。针对造型过程中使用率较高的一般曲面特征，CATIA V5R21版本提供了拉伸曲面、旋转曲面、球面和圆柱面4个曲面工具。

14.2.1 拉伸曲面

拉伸曲面与拉伸实体的操作方式基本相同，不同的是拉伸曲面得到的结果是片体，而拉伸实体得到的是三维实体。下面就以图14-3所示的实例进行操作说明。

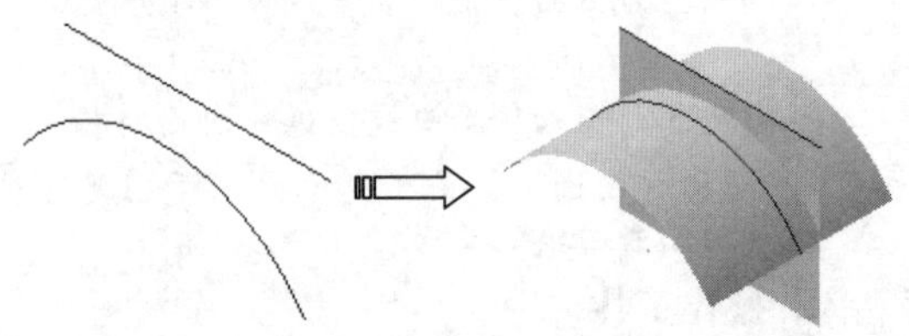

图14-3 拉伸曲面

动手操作——创建拉伸曲面

01 打开光盘文件“源文件\Ch14\ex-1.CATPart”。

02 执行菜单栏中的【插入】|【曲面】|【拉伸】命令，系统即可弹出【拉伸曲面定义】对话框。

03 定义拉伸曲面的相关参数。选取“草图.1”为拉伸曲面的轮廓，使用系统默认的拉伸方向，设置【限制1】方向的拉伸尺寸为30，设置【限制2】方向的拉伸尺寸为30，单击【确定】按钮完成拉伸曲面的创建。如图14-4所示。

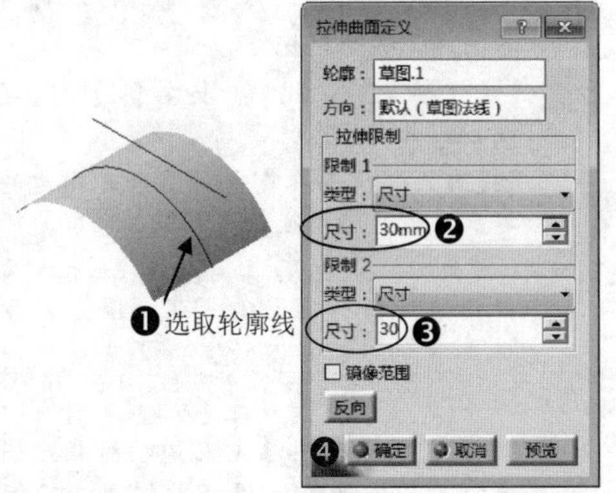

图14-4 创建拉伸曲面1

04 执行菜单栏中的【插入】|【曲面】|【拉伸】命令，系统即可弹出【拉伸曲面定义】对话框。

05 定义拉伸曲面的相关参数。选取“草图.2”为拉伸曲面的轮廓，在【方向】文本框中单击鼠标右键，并在弹出的快捷菜单中选取“Z部件”以指定拉伸方向，在【限制2】区域的尺寸文本框中输入数字50，以指定曲面的拉伸长度，单击【确定】按钮完成拉伸曲面的创建。如图14-5所示。

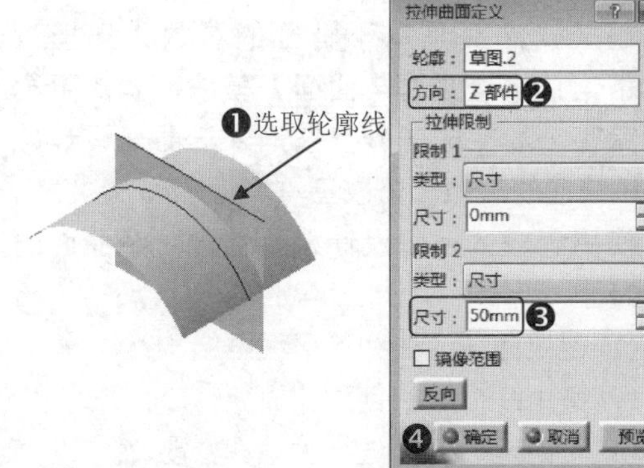

图14-5 创建拉伸曲面2

技术要点

拉伸曲面的方向指定技巧。

★ 单击【方向】文本框后，可在图形窗口中选取一线性图元为拉伸曲面的指定方向。

★ 在【方向】文本框中单击鼠标右键后，在快捷菜单中可直接选取X、Y、Z部件以指定拉伸方向，或在此创建直线、平面以指定拉伸方向。

★ 单击对话框中的【反向】命令按钮可调整拉伸方向。

14.2.2 旋转曲面

旋转曲面是通过指定轮廓绕旋转轴进行旋转，从而创建出指定角度的片体特征。下面就以图14-6所示的实例进行操作说明。

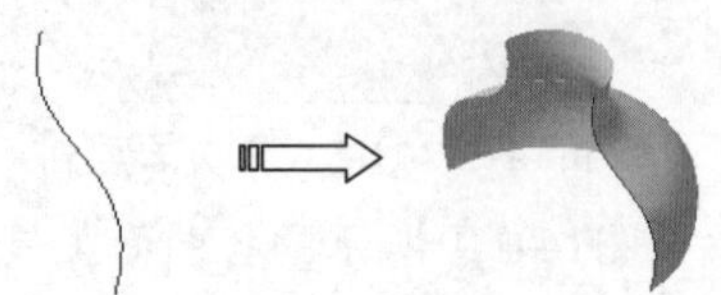

图14-6 旋转曲面

动手操作——创建旋转曲面

01 打开光盘文件“源文件\Ch14\ex-2.CATPart”。

02 执行菜单栏中的【插入】|【曲面】|【旋转】命令，系统即可弹出【旋转曲面定义】对话框。

03 定义旋转曲面的相关参数。选取“草图.1”为旋转曲面的轮廓；在【旋转轴】文本框中单击鼠标右键，并在弹出的快捷菜单中选取Z轴，在【角度1】文本框中输入180以指定旋转的角度值，单击【确定】按钮完成旋转曲面的创建，如图14-7所示。

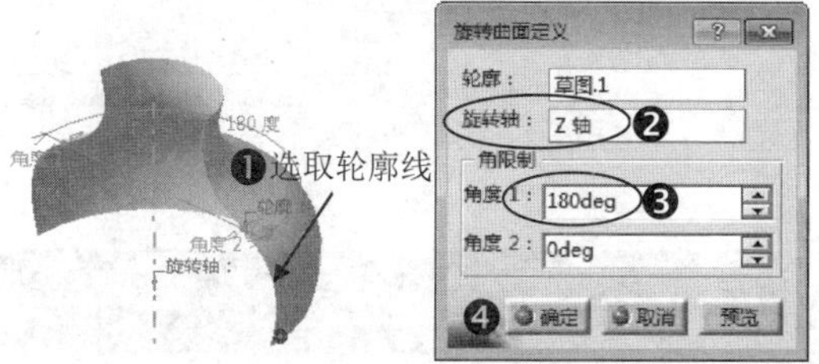

图14-7 创建旋转曲面

提示

在草图模式中创建旋转轮廓时，如直接在草图下绘制出【轴线】，则在创建旋转曲面时系统会自动识别并使用绘制的轴线作为旋转轴。

14.2.3 球面

球面是通过指定空间中一点为球心，从而建立具有一定半径值的球形片体。下面就以图14-8所示的实例进行操作说明。

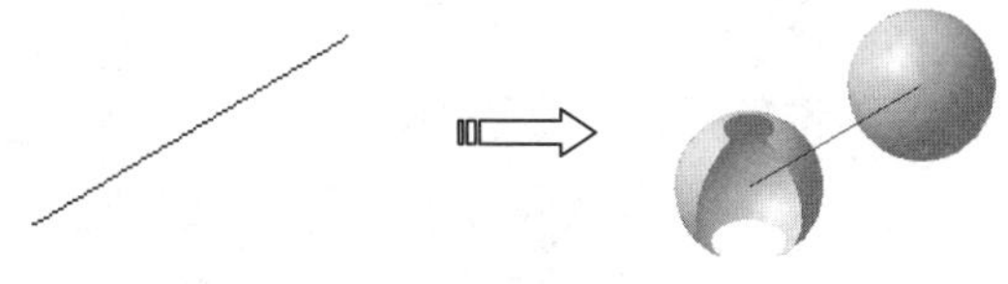

图14-8 球面

动手操作——创建球面

01 打开光盘文件“源文件\Ch14\ex-3.CATPart”。

02 执行菜单栏中的【插入】|【曲面】|【球面】命令，系统即可弹出【球面曲面定义】对话框。

03 定义球面的相关参数。选取直线的右端点为球面的中心点，在【球面半径】文本框中输入23以指定球面的大小，在【球面限制】区域中单击完整球面图标以指定球面的创建类型，单击【确定】按钮完成球面的创建，如图14-9所示。

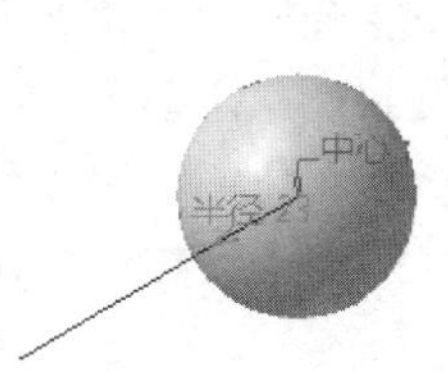

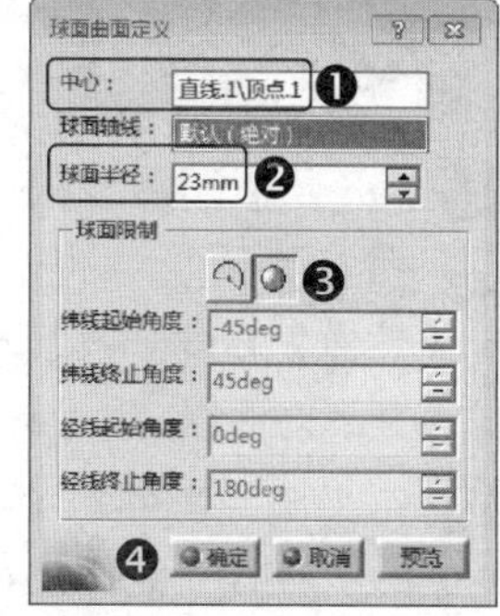

图14-9 创建球面1

04 执行菜单栏中的【插入】|【曲面】|【球面】命令，系统即可弹出【球面曲面定义】对话框。

05 定义球面的相关参数。选取直线的左端点为球面的中心点，在【球面半径】文本框中输入23以指定球面的大小，在【球面限制】区域单击角度球面图标以指定球面的创建类型，在【球面限制】区域的经纬角度文本框中设置曲面参数，单击【确定】按钮完成球面的创建，如图14-10所示。

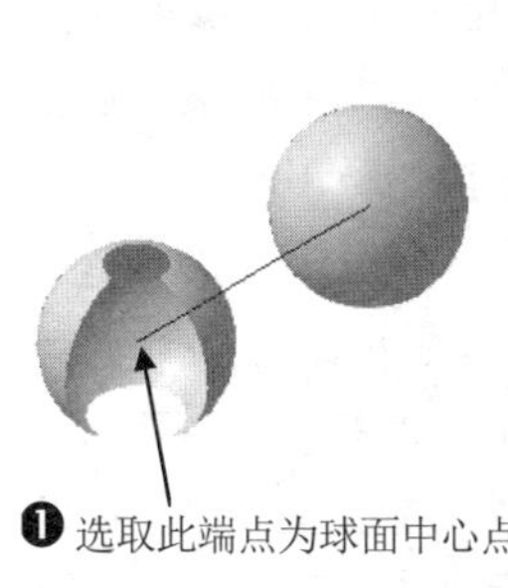

图14-10 创建球面2

14.2.4 圆柱面

圆柱面是通过指定空间中的一点和方向，从而创建出圆柱形的片体。下面就以图14-11所示的实例进行操作说明。

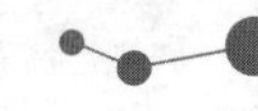

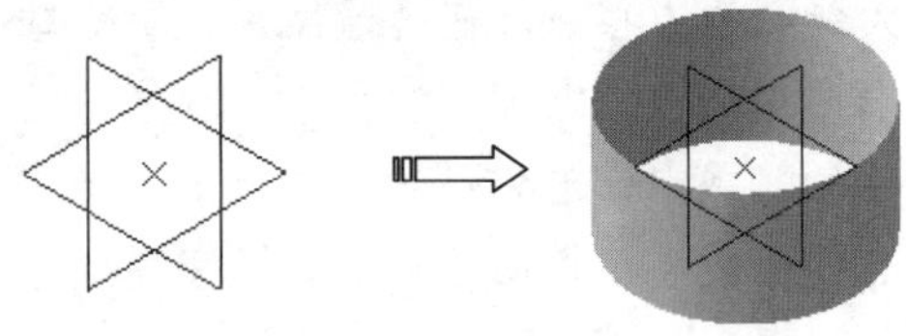

图14-11 圆柱面

动手操作——创建圆柱面

01 打开光盘文件“源文件\Ch14\ex-4.CATPart”。

02 执行菜单栏中的【插入】|【曲面】|【圆柱面】命令，系统即可弹出【圆柱曲面定义】对话框。

03 定义圆柱面的相关参数。选取图形窗口中的“点.1”为圆柱面中心点，在【方向】文本框处单击鼠标右键，并在弹出的快捷菜单中选取“Z部件”以指定方向，在【参数】区域中设置圆柱面的半径和长度，单击【确定】按钮完成圆柱面的创建，如图14-12所示。

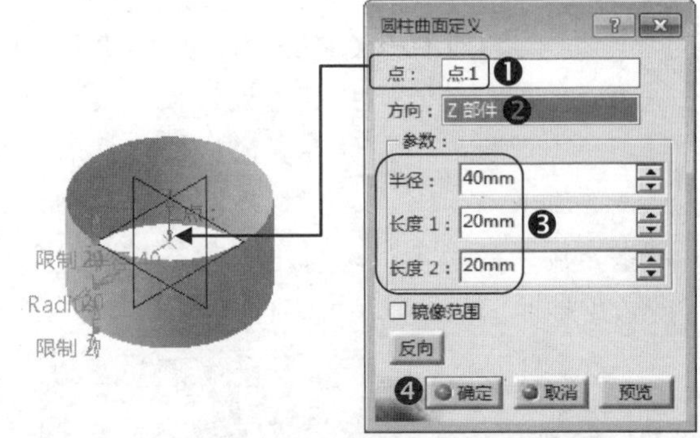

图14-12 创建圆柱面

14.3 复杂曲面

本小节将介绍在【创成式外形设计】模块中创建复杂曲面的方法和技巧。针对产品造型过程复杂的外形结构，CATIA V5R21版本中提供了扫掠曲面、填充曲面、多截面曲面、桥接和偏置曲面等曲面造型工具。

14.3.1 扫掠曲面

扫掠曲面是通过指定轮廓图形和引导曲线，从而创建出复杂的片体。一般扫掠曲面的创建方式主要有：显示扫掠、直线扫掠、圆扫掠和二次曲线扫掠4种。具体分析如下。

1. 显示扫掠

显示扫掠是通过指定一条轮廓线、一条或多条引导线以及脊线，从而创建出复杂的片体特征。创建显示扫掠曲面的方式主要有：使用参考曲面、使用两条引导曲线和按拔模方向3种。下面就以图14-13所示的实例进行操作说明。

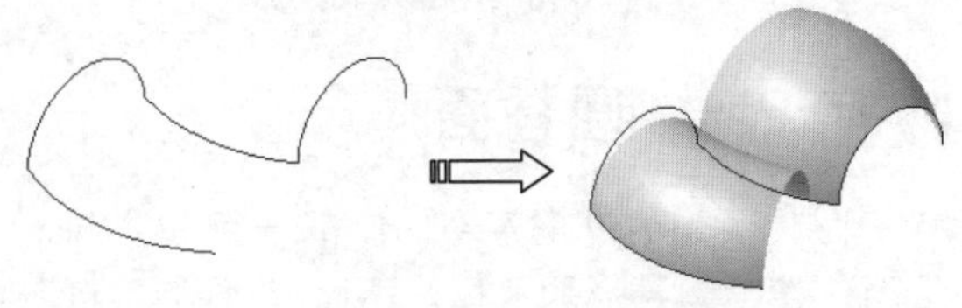

图14-13 显示扫掠曲面

动手操作——创建显示扫掠曲面

01 打开光盘文件“源文件\Ch14\ex-5.CATPart”。

02 执行菜单栏中的【插入】|【曲面】|【扫掠】命令，系统即可弹出【扫掠曲面定义】对话框。

03 定义扫掠曲面的相关参数。单击【轮廓类型】栏处的显示扫掠图标以指定扫掠类型，在【子类型】下拉列表中选取“使用参考曲面”选项，选取“草图.2”为扫掠轮廓，选取“草图.3”为引导曲线，使用系统默认的参考曲面，单击【确定】按钮完成扫掠曲面的创建，如图14-14所示。

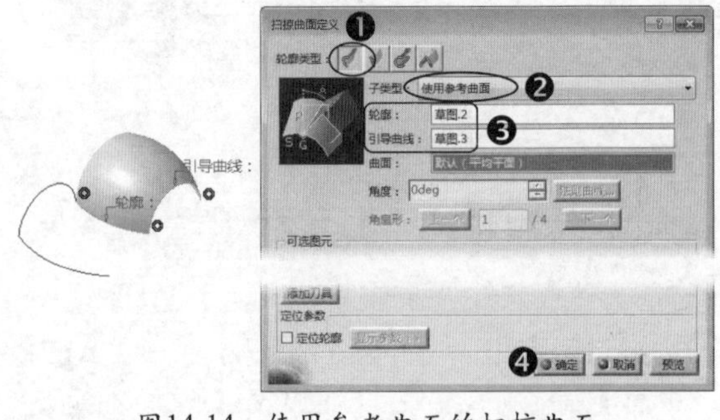

图14-14 使用参考曲面的扫掠曲面

04 执行菜单栏中的【插入】|【曲面】|【扫掠】命令，系统即可弹出【扫掠曲面定义】对话框。

05 定义扫掠曲面的相关参数。单击【轮廓类型】栏处的显示扫掠图标以指定扫掠类型，在【子类型】下拉列表中选取“使用两条引导曲线”选项，选取“圆.1”曲线为扫掠的轮廓，选取“草图.2”为引导曲线1，选取“草图.1”为引导曲线2，在【定位类型】下拉列表中选取“两个点”选项，再分别选取两条引导曲线上的两个端点为定位点，单击【确定】按钮完成扫掠曲面的创建，如图14-15所示。

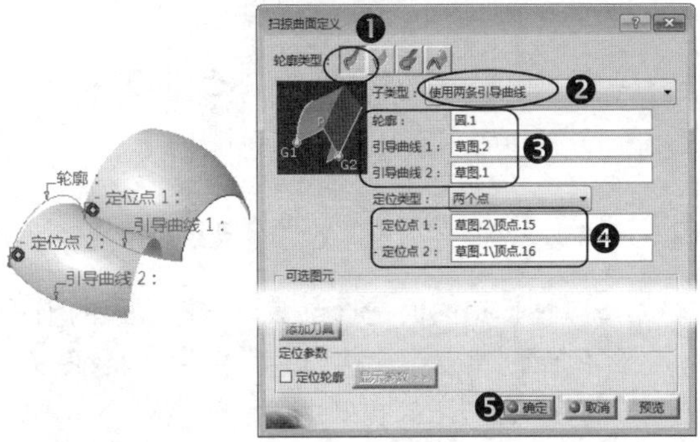

图14-15　使用两条引导曲线的扫掠曲面

提示

选择【使用参考曲面】子类型时，如选取一平面为参考平面，系统将激活【角度】文本框，用户可在此指定一个角度值以旋转轮廓曲线。

2. 直线扫掠

直线扫掠曲面是通过指定引导曲线，系统自动使用直线为轮廓线，从而创建出扫掠的片体。创建直线扫掠曲面的方式主要有：两极限、极限和中间、使用参考曲面、使用参考曲线、使用切面、使用拔模方向和使用双切面7种。下面就以图14-16所示的【两极限】扫掠曲面实例进行操作说明。

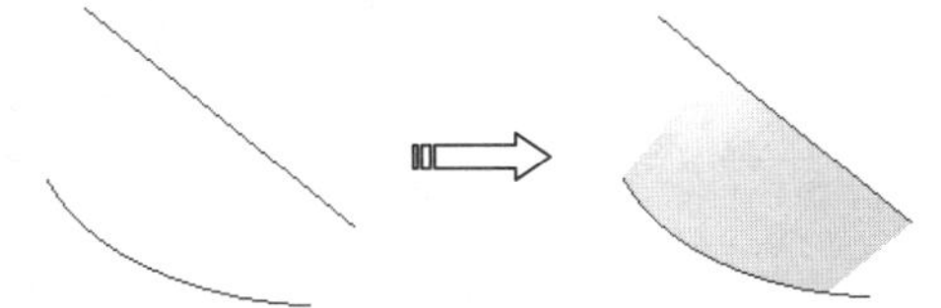

图14-16　两极限扫掠曲面

动手操作——创建直线扫掠曲面

01 打开光盘文件“源文件\Ch14\ex-6.CATPart”。

02 执行菜单栏中的【插入】|【曲面】|【扫掠】命令，系统即可弹出【扫掠曲面定义】对话框。

03 定义扫掠曲面的相关参数。单击【轮廓类型】栏处的直线扫掠图标以指定扫掠类型，在【子类型】列表中选择【两极限】选项，分别选取图形窗口中的两条曲线作为直线扫掠的引导曲线，分别在【长度1】和【长度2】文本框中设置曲面的边界延伸尺寸为0，单击【确定】按钮完成直线扫掠曲面的创建，如图14-17所示。

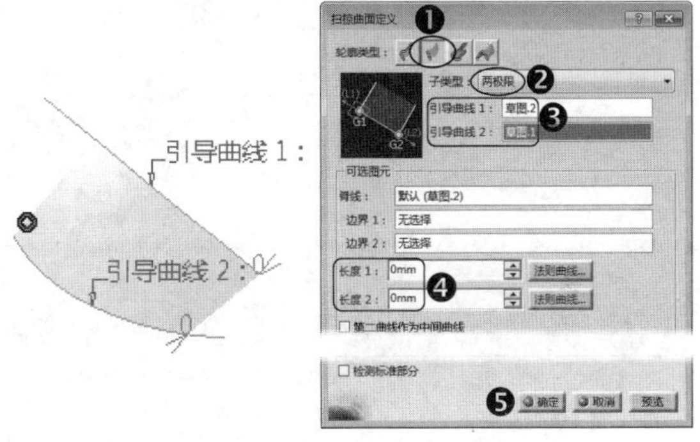

图14-17　创建两极限扫掠曲面

3. 圆扫掠

圆扫掠曲面是通过指定引导曲线，系统自动使用圆或圆弧图形为轮廓，从而创建出扫掠片体。创建圆扫掠曲面的方式主要有：三条引导线、两个点和半径、中心和两个角度、圆心和半径、两条引导线和切面、一条引导线和切面、限制曲线和切面。下面就以图14-18所示的【三条引导线】扫掠曲面实例进行操作说明。

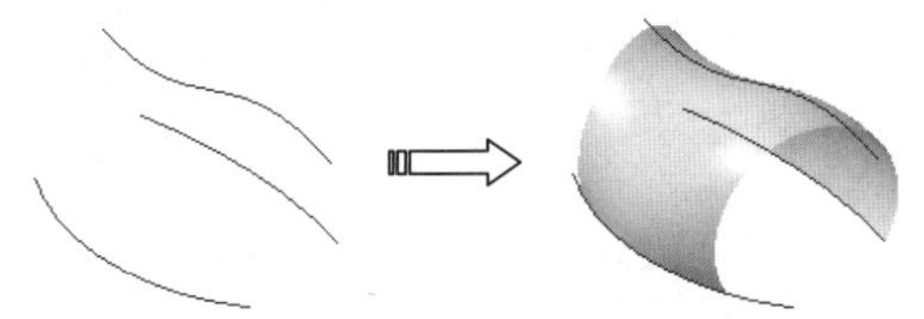

图14-18　使用三条引导线扫掠曲面

动手操作——创建圆扫掠曲面

01 打开光盘文件“源文件\Ch14\ex-7.CATPart”。

02 执行菜单栏中的【插入】|【曲面】|【扫掠】命令，系统即可弹出【扫掠曲面定义】对话框。

03 定义扫掠曲面的相关参数。单击【轮廓类型】栏处的圆扫掠图标以指定扫掠类型，在【子类型】下拉列表中选择【三条引导线】选项，依次选取图形窗口中的3条曲线作为扫掠的引导曲线，单击【确定】按钮完成扫掠曲面的创建，如图14-19所示。

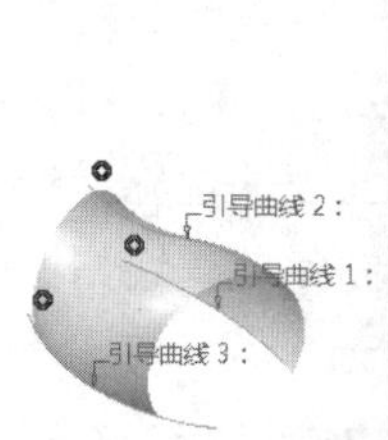

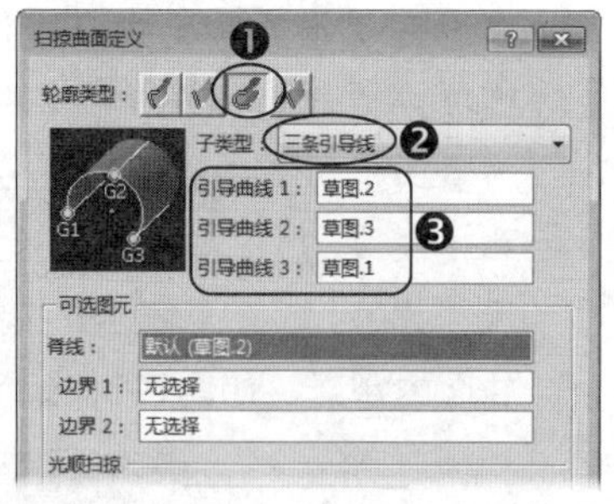

图14-19　创建三条引导线扫掠曲面

提 示

在选取引导曲线时，系统会根据选取的顺序自动创建出相应形状的曲面特征。通常情况，选取的第一条引导曲线和第三条曲线将作为曲面的两个边界，第二条曲线则为曲面的通过曲线。

4.　**二次曲线扫掠**

二次曲线扫掠曲面是通过指定引导线以及相切线，系统自动使用二次曲线作为扫掠轮廓，从而创建出扫掠片体。下面就以图14-20所示的实例进行操作说明。

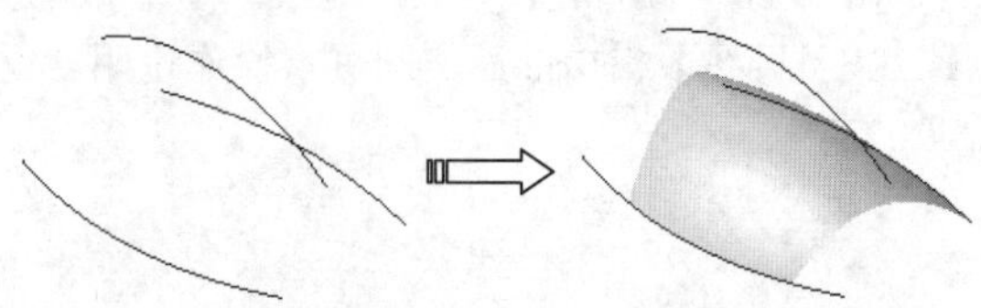

图14-20　二次曲线扫掠曲面

动手操作——创建二次曲线扫掠曲面

01 打开光盘文件“源文件\Ch14\ex-8.CATPart”。

02 执行菜单栏中的【插入】|【曲面】|【扫掠】命令，系统即可弹出【扫掠曲面定义】对话框。

03 定义扫掠曲面的相关参数。单击【轮廓类型】栏处的二次曲线扫掠图标以指定扫掠类型，在【子类型】下拉列表中选择【两条引导曲线】选项，选取“草图.1”为引导曲线1并选取“草图.3”为相切对象，选取“草图.2”为引导曲线2并再次选取“草图.3”为相切对象，单击【确定】按钮完成二次曲线扫掠曲面的创建，如图14-21所示。

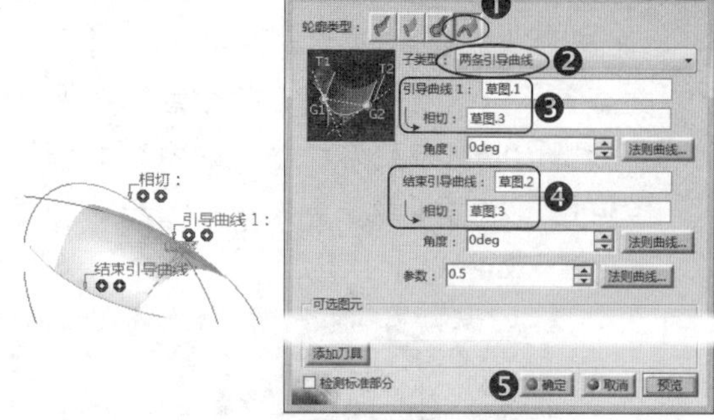

图14-21　创建二次曲线扫掠曲面

14.3.2　适应性扫掠面

适应性扫掠曲面是通过变更扫掠截面的相关参数，从而创建出可变截面的扫掠片体特征。下面就以图14-22所示的实例进行操作说明。

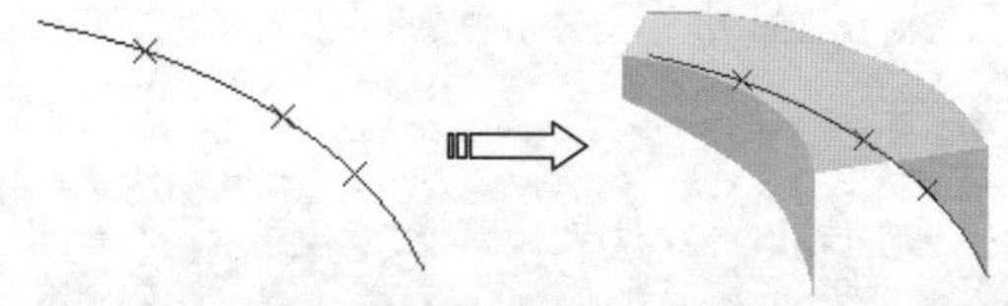

图14-22　适应性扫掠面

动手操作——创建适应性扫掠曲面

01 打开光盘文件“源文件\Ch14\ex-9.CATPart”。

02 执行菜单栏中的【插入】|【曲面】|【适应性扫掠】命令，系统即可弹出【适应性扫掠定义】对话框。

03 选取图形窗口中“草图.1”曲线，系统即可将草图1选取为引导曲线和脊线，单击草图栏后的【草图】按钮，如图14-23所示。

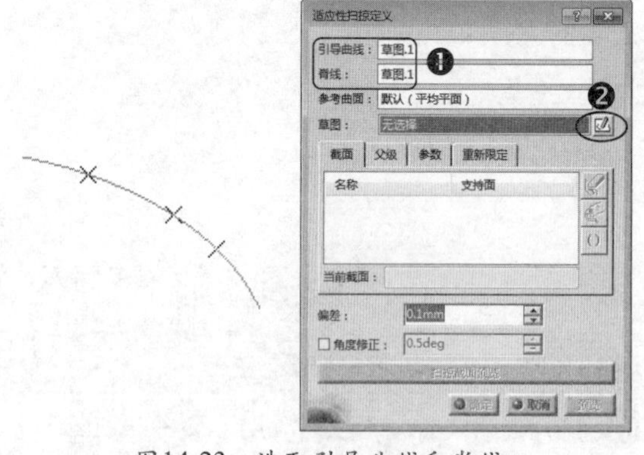

图14-23　选取引导曲线和脊线

04 激活【点】文本框并选取曲线上的一点作为扫掠的起点，单击【确定】按钮进入草绘模式，以系统坐标点为起点绘制3条直线段，如图14-24所示。

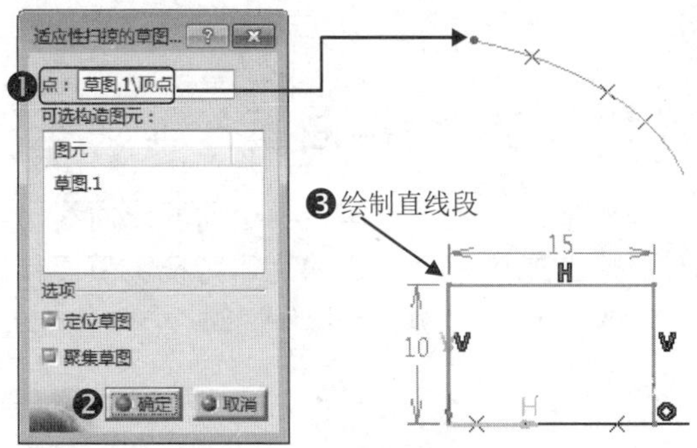

图14-24 绘制截面形状

05 从起点方向依次选取曲线的3个特征点和端点，系统即可在【截面】选项卡中添加用户截面，激活【参数】选项卡，可对各个截面的尺寸进行编辑和修改，具体设置如图14-25所示。

图14-25 定义截面参数

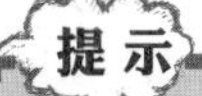

通过单击【扫掠截面预览】按钮，可提前查看并检查适应性扫掠曲面的截面形状特点，如图14-26所示。

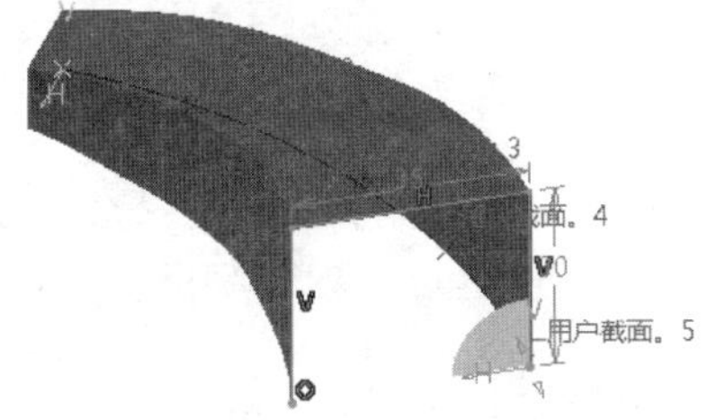

图14-26 预览扫掠截面

14.3.3 填充曲面

填充曲面是由一组曲线围成封闭区域，从而形成的片体。下面就以图14-27所示的实例进行操作说明。

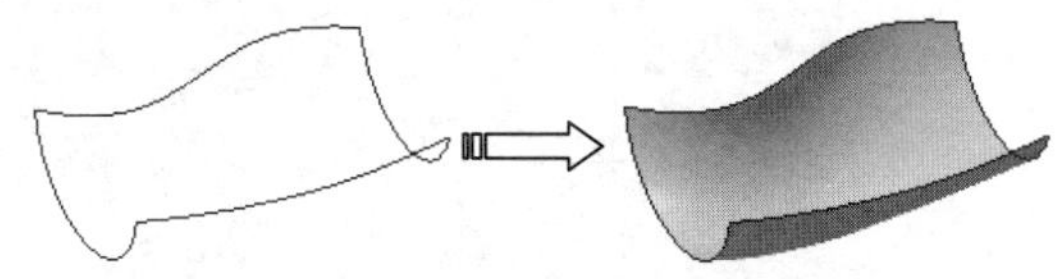

图14-27 填充曲面

动手操作——创建填充曲面

01 打开光盘文件“源文件\Ch14\ex-10.CATPart”。

02 执行菜单栏中的【插入】|【曲面】|【填充】命令，系统即可弹出【填充曲面定义】对话框。

03 定义填充曲面的相关参数。依次选取图形窗口中相互连续的曲线，单击【确定】按钮完成填充曲面的创建，如图14-28所示。

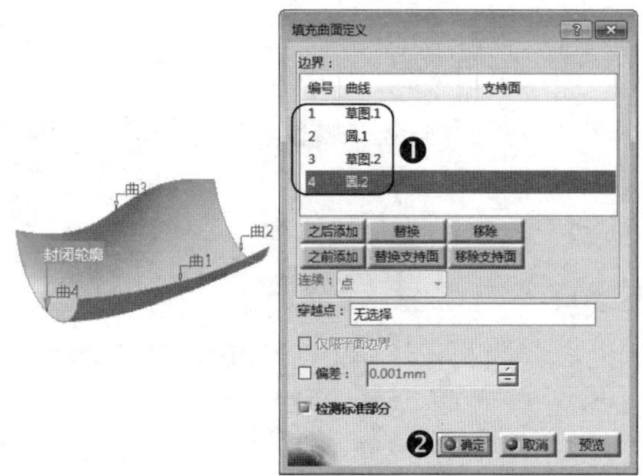

图14-28 创建填充曲面

提示

在完成封闭轮廓曲线的选取后，可单击【穿越点】对话框，再在图形窗口中选取一特征点为填充曲面的穿越点来控制曲面的形状。如图14-29所示。

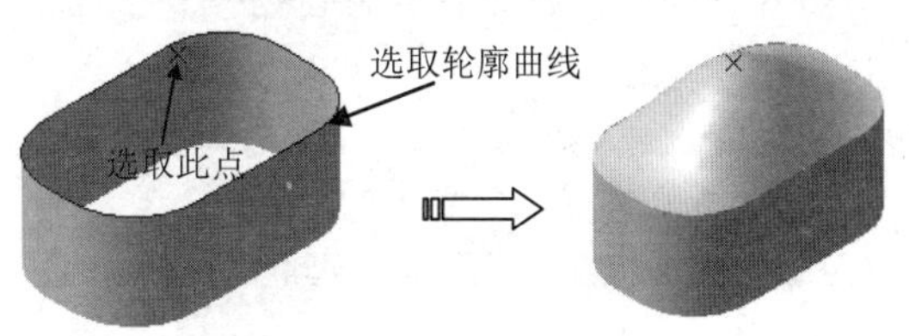

图14-29 选取穿越点的填充曲面

14.3.4 多截面曲面

多截面曲面是通过指定多个截面轮廓曲线，从而创建出扫掠片体特征。下面就以图14-30所示的实例进行操作说明。

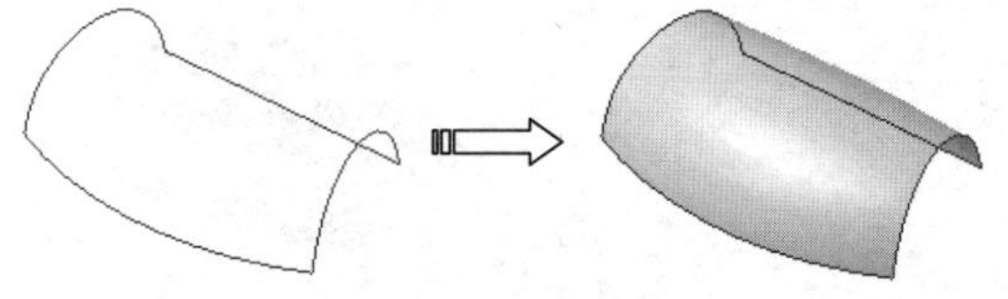

图14-30 多截面曲面

动手操作——创建多截面曲面

01 打开光盘文件“源文件\Ch14\ex-11.CATPart”。

02 执行菜单栏中的【插入】|【曲面】|【多截面曲面】命令，系统即可弹出【多截面曲面定义】对话框。

03 定义多截面曲面的相关参数。选取“圆.1”和“圆.2”为曲面的截面轮廓并使其方向一致，单击【引导线】选项卡，再选取“草图.1”和“草图.2”为曲面的引导线，单击【确定】按钮完成多截面曲面的创建，如图14-31所示。

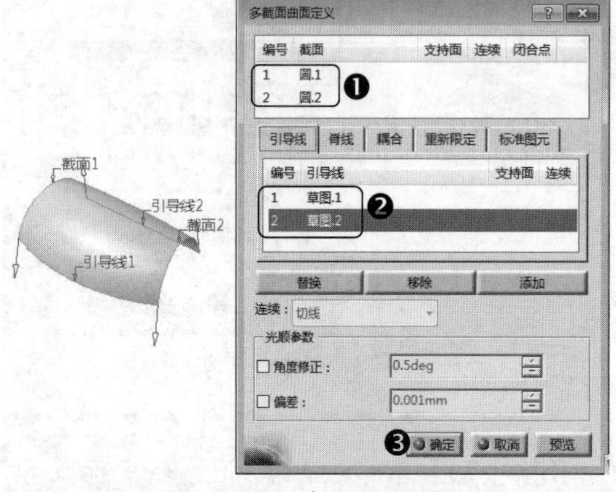

图14-31 创建多截面曲面

提示

在创建多截面曲面时，如只选取截面轮廓曲线，系统将自动计算截面的连接边界，从而创建多截面曲面，如图14-32所示，在选取截面轮廓线和引导线时，应注意创建方向一致。

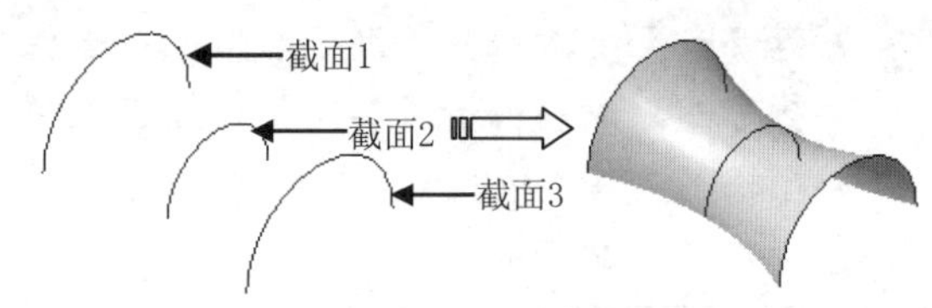

图14-32 多截面曲面

14.3.5 桥接曲面

桥接曲面是通过指定两个曲面或曲线，从而创建出连接两个对象的片体特征。下面就以图14-33所示的实例进行操作说明。

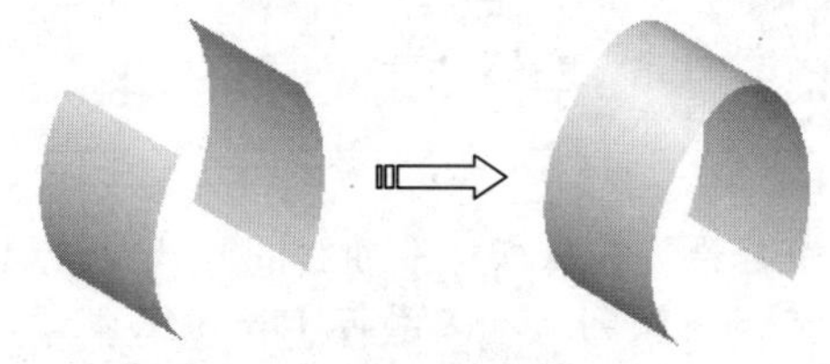

图14-33 桥接曲面

动手操作——创建桥接曲面

01 打开光盘文件“源文件\Ch14\ex-12.CATPart”。

02 执行菜单栏中的【插入】|【曲面】|【桥接曲面】命令，系统即可弹出【桥接曲面定义】对话框。

03 定义桥接曲面的相关参数。选取一曲面的直线边为第一曲线并选取此曲面为支持面，选取另一曲面的直线边为第二曲线，并选取此曲面为支持面，在【第一连续】和【第二连续】的下拉列表中分别选取【相切】选项，单击【确定】按钮完成桥接曲面的创建，如图14-34所示。

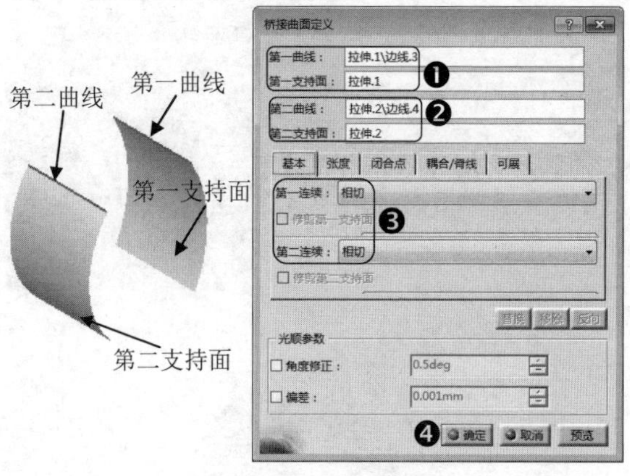

图14-34 创建桥接曲面

14.3.6 偏置曲面

偏置曲面是通过对已知的曲面特征进行偏移操作，从而创建出新的曲面。偏置曲面主要包括一般曲面偏置、可变偏置曲面、粗略偏置3种曲面偏置方式，具体分析如下。

1. 一般曲面偏置

一般曲面偏置是通过指定曲面的偏置方向和距离，从而创建出新曲面。下面就以图14-35所示的实例进行操作说明。

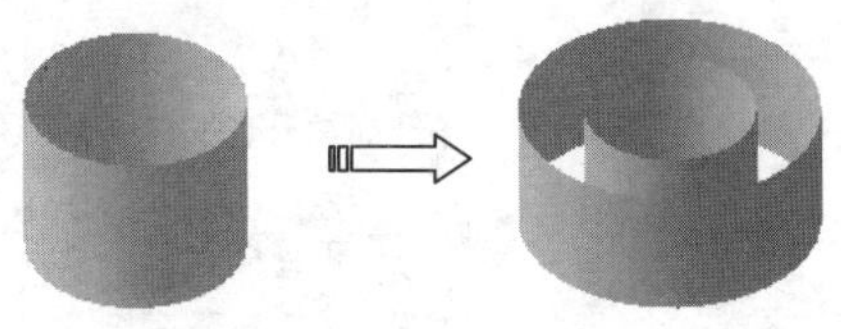

图14-35 一般曲面偏置

动手操作——创建一般曲面偏置

01 打开光盘文件“源文件\Ch14\ex-13.CATPart”。

02 执行菜单栏中的【插入】|【曲面】|【偏置】命令，系统即可弹出【偏置曲面定义】对话框。

03 定义偏置曲面的相关参数。选取图形窗口中的圆柱曲面为参考对象，在【偏置】对话框中输入15以指定曲面的偏置距离，使用系统默认的偏置方向，单击【确定】按钮完成偏置曲面的创建，如图14-36所示。

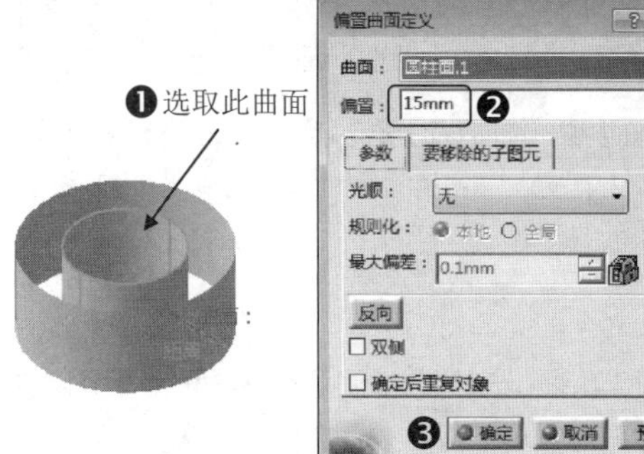

图14-36 创建一般曲面偏置

技术要点

一般曲面偏置的创建技巧：

★ 单击对话框中的【反向】按钮，可调整曲面的偏置方向。

★ 勾选【双侧】选项，可向源对象曲面的两侧进行偏置操作。

★ 在【要移除的子图元】选项卡中，可指定从偏置曲面中移除的子图元。

2. 可变偏置曲面

可变偏置曲面是通过指定偏置曲面中一个或几个图元的可变偏置值，从而创建出新的曲面。下面就以图14-37所示的实例进行操作说明。

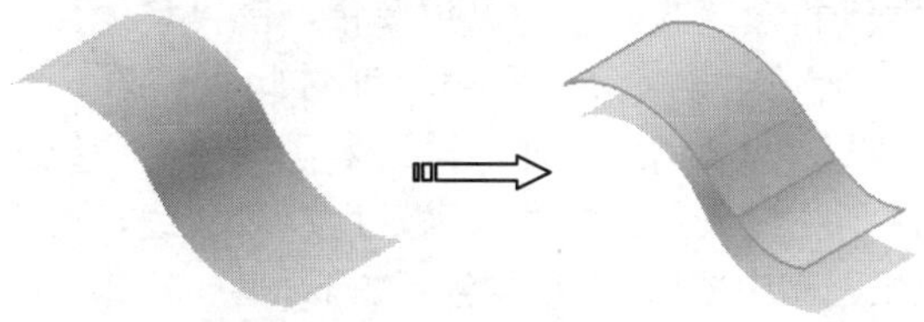

图14-37 可变偏置曲面

动手操作——创建可变偏置曲面

01 打开光盘文件“源文件\Ch14\ex-14.CATPart”。

02 执行菜单栏中的【插入】|【曲面】|【可变偏置】命令，系统即可弹出【可变偏置定义】对话框。

03 定义可变偏置曲面的相关参数。选取“接合.1”曲面为基曲面；在【参数】文本框中单击鼠标右键并选取【提取】命令，提取图14-38所示的【提取.1】曲面，并设置偏置常量为15，提取图14-38所示的【提取.2】曲面，并设置偏置为变量，提取图14-38所示的【提取.3】曲面，并设置常量为20，单击【确定】按钮完成可变偏置曲面的创建，如图14-38所示。

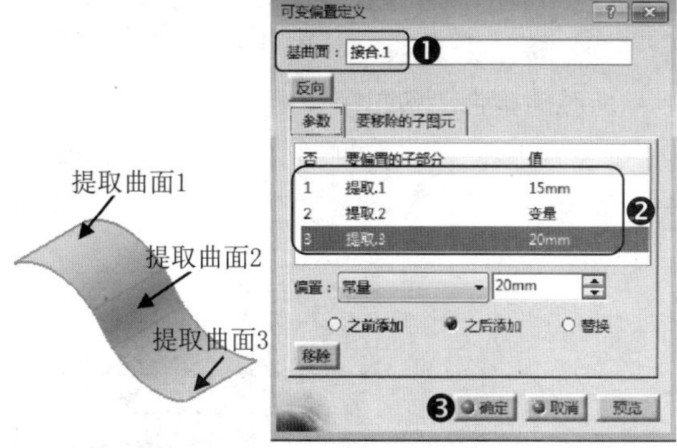

图14-38 创建可变偏置曲面

技术要点

可变偏置曲面的创建技巧：

★ 常量：选择此项后，可在后面的文本框中输入数字以指定偏移距离。

★ 变量：选择此项后，偏移距离由其他连接图元的偏移距离来决定。

14.4 编辑曲线与曲面

在曲面造型设计过程中，常需要对已创建的曲线或曲面进行编辑和修改的操作，包括接合、修复、修剪、分割、圆角以及变换等。针对此种情况，在CATIA的【创成式外形设计】模块中，系统提供了【操作】工具集以满足用户对曲线、曲面的设计编辑要求，具体分析如下。

14.4.1 接合

接合命令是通过指定多个独立的曲线或曲面对象，再将其连接成一个独立的曲线或曲面。下面就以图14-39所示的实例进行操作说明。

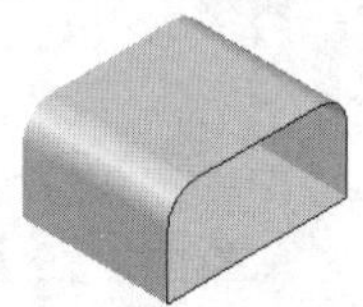

图14-39 接合曲线和曲面

动手操作——接合操作

01 打开光盘文件“源文件\Ch14\ex-15.CATPart”。

02 执行菜单栏中的【插入】|【操作】|【接合】命令，系统即可弹出【接合定义】对话框。

03 定义接合曲线的相关参数。依次选取图形窗口中两曲面的边线为接合对象，勾选【检查连接性】选项，单击【确定】按钮完成曲线的接合，如图14-40所示。

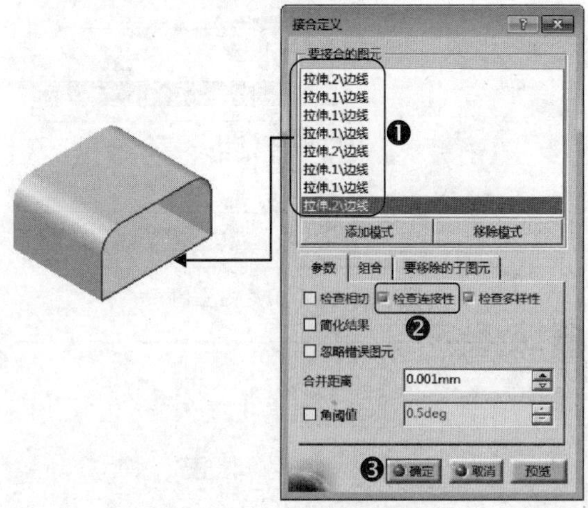

图14-40 创建接合曲线

04 执行菜单栏中的【插入】|【操作】|【接合】命令，系统即可弹出【接合定义】对话框。

05 定义接合曲面的相关参数。分别选取图形窗口中的“拉伸.1”和“拉伸.2”曲面为接合的对象，勾选【检查连接性】选项，单击【确定】按钮完成曲面的接合，如图14-41所示。

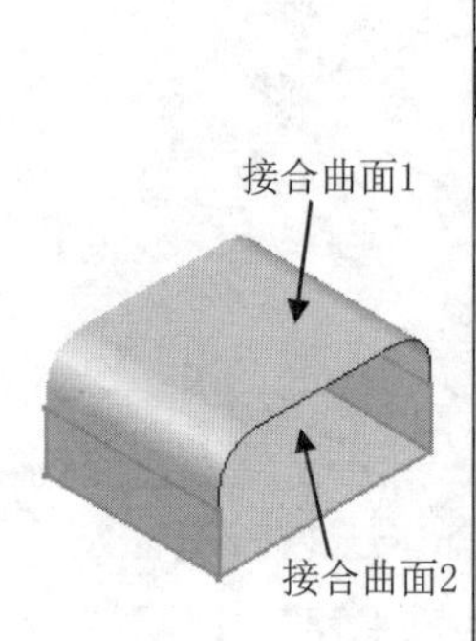

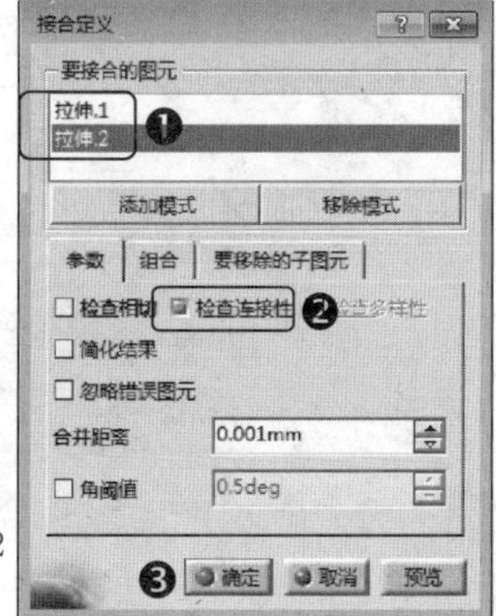

图14-41 创建接合曲面

如图14-41所示的【接合定义】对话框的部分选项说明如下：

★ 检查相切：此项主要用于检查接合的对象是否具有相切状态。如不相切，系统将出现提示信息。

★ 检查连接性：此项主要用于检查接合的对象是否互相连接。如不互相连接，则不能接合两个或多个对象。

★ 检查多样性：此项主要用于检查接合后的对象是否有多个接合结果，此项只用于曲线对象的接合。

★ 合并距离：此项主要用于设置合并对象的间隙距离（合并公差值），系统默认0.001mm。用户可通过适当的设置合并距离以缝合曲面间的缝隙。

14.4.2 修复

修复命令是通过指定两曲面对象，从而修复两个曲面之间的间隙。下面就以图14-42所示的实例进行操作说明。

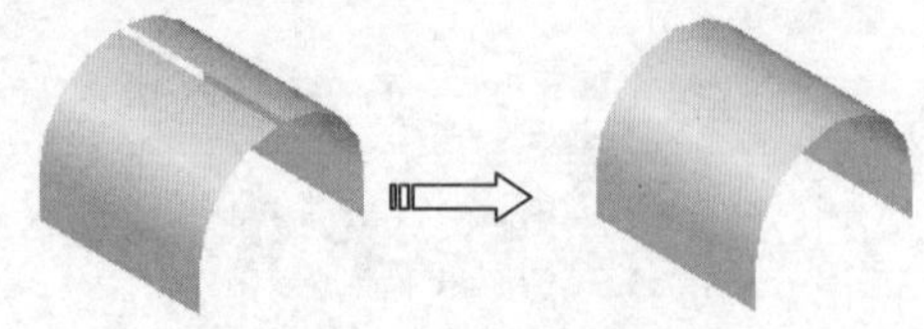

图14-42 修复曲面缝隙

动手操作——修复曲面缝隙

01 打开光盘文件“源文件\Ch14\ex-16.CATPart”。

02 执行菜单栏中的【插入】|【操作】|【修复】命令，系统即可弹出【修复定义】对话框。

03 定义修复曲面的相关参数。选取图形窗口中的两曲面特征为修复的对象，选取【连续】下拉列表中的【切线】选项，在【合并距离】文本框中输入0.1，【距离目标】文本框输入0.001，单击【确定】按钮完成曲面的修复，如图14-43所示。

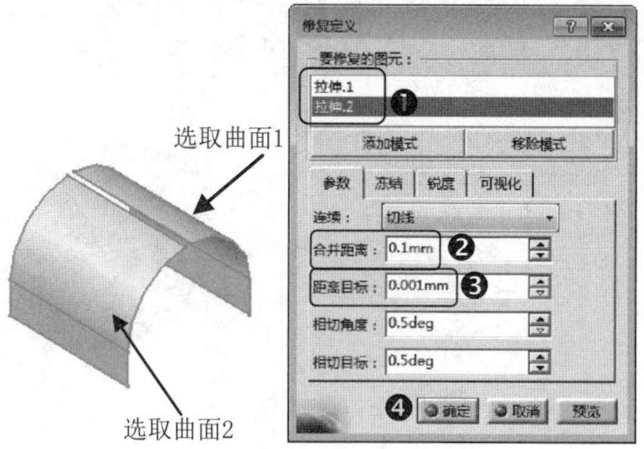

图14-43 修复曲面缝隙

14.4.3 拆解

拆解命令是将由多个图元单位组成的独立整体曲线或曲面分解为各个独立的曲线或曲面。下面就以图14-44所示的实例进行操作说明。

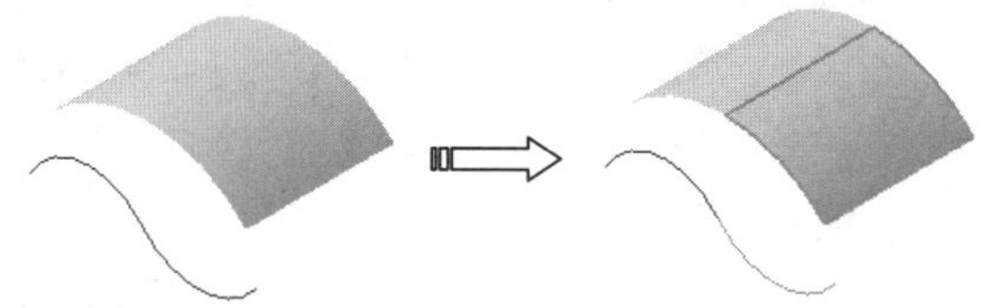

图14-44 拆解曲线、曲面

动手操作——拆解曲线、曲面

01 打开光盘文件“源文件\Ch14\ex-17.CATPart”。

02 执行菜单栏中的【插入】|【操作】|【拆解】命令，系统即可弹出【拆解】对话框。

03 定义拆解对象。选取图形窗口中的曲线为拆解的对象，单击【拆解】对话框中的【所有单元】选项，单击【确定】按钮完成曲线的拆解，如图14-45所示。

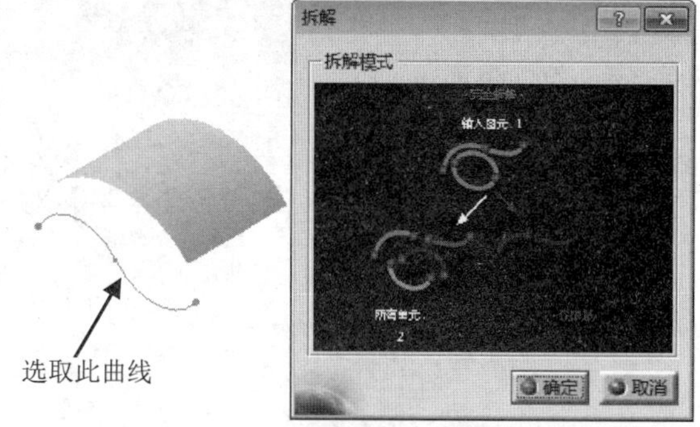

图14-45 拆解曲线

04 执行菜单栏中的【插入】|【操作】|【拆解】命令，系统即可弹出【拆解】对话框。

05 定义拆解对象。选取图形窗口中的接合曲面为拆解的对象，单击【拆解】对话框中的【所有单元】选项，单击【确定】按钮完成曲面的拆解，如图14-46所示。

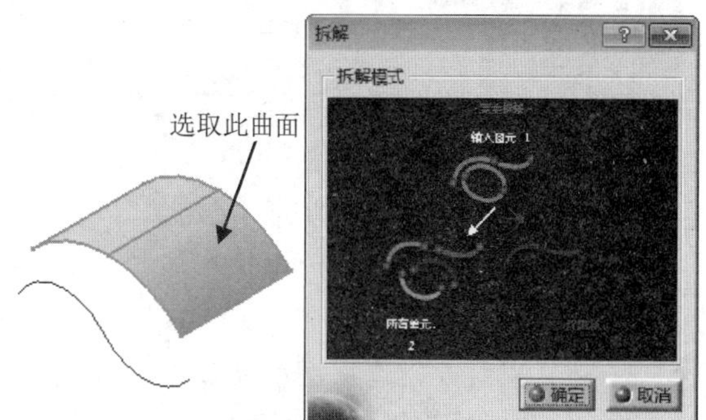

图14-46 拆解曲面

提 示

在拆解图形对象时，系统会根据用户选取的拆解模式自动计算出【所有单元】和【仅限域】模式的拆解元素。

14.4.4 分割

分割命令是通过指定两相交的曲线或曲面，从而切割曲线或曲面的外形。选取的分割对象可以是点、线或面。下面就以图14-47所示的实例进行操作说明。

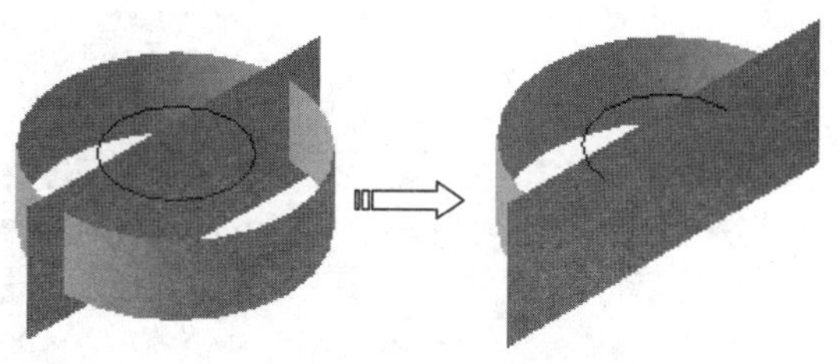

图14-47 分割曲线、曲面

动手操作——创建分割

01 打开光盘文件“源文件\Ch14\ex-18.CATPart”。

02 执行菜单栏中的【插入】|【操作】|【分割】命令，系统即可弹出【定义分割】对话框。

03 定义分割对象。选取图形窗口中的“圆.1”为要切除的图元，选取“拉伸.1”曲面为切除图元，单击【另一侧】命令按钮调整需要保留的圆弧段，单击【确定】按钮完成分割，如图14-48所示。

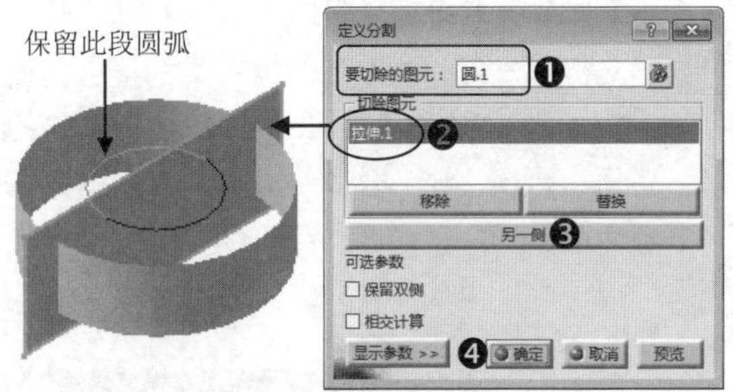

图14-48 分割曲线

04 执行菜单栏中的【插入】|【操作】|【分割】命令，系统即可弹出【定义分割】对话框。

05 定义分割对象。选取图形窗口中的“圆柱面.1”为要切除的图元，选取“拉伸.1”曲面为切除图元，单击【另一侧】命令按钮调整需要保留的曲面段，如图14-49所示。单击【确定】按钮完成分割。

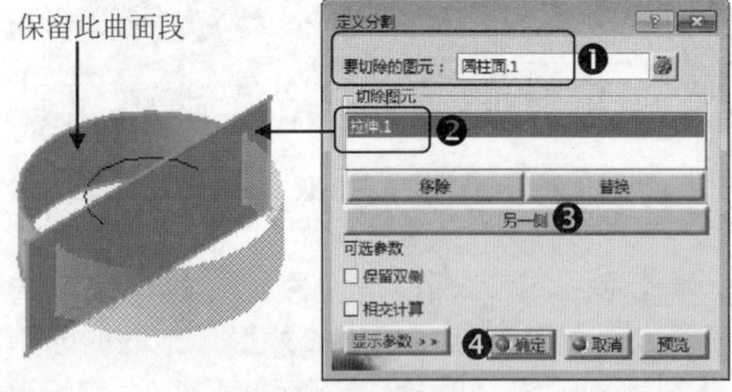

图14-49 分割曲面

提 示

在如图14-49所示的【定义分割】对话框中，当勾选【保留双侧】选项时，系统将会保留被分割后的两部分曲线或曲面对象，如图14-50所示。

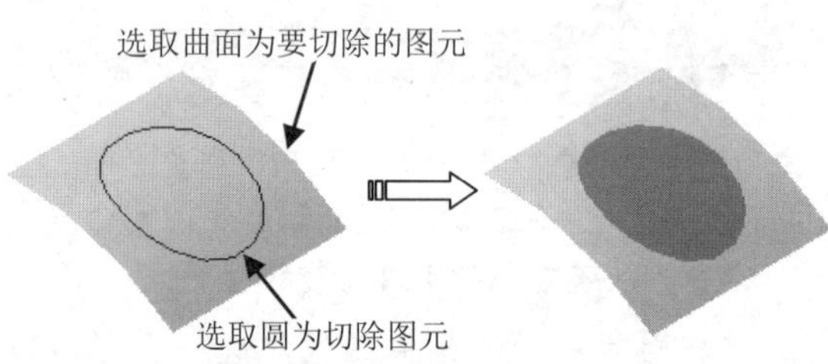

图14-50 保留分割曲面两侧

14.4.5 修剪

修剪命令是通过指定相交的曲线或曲面进行互相裁剪，再根据用户需要保留其中某一部分，并使之合并成为一个新的曲线或曲面对象。下面就以图14-51所示的实例进行操作说明。

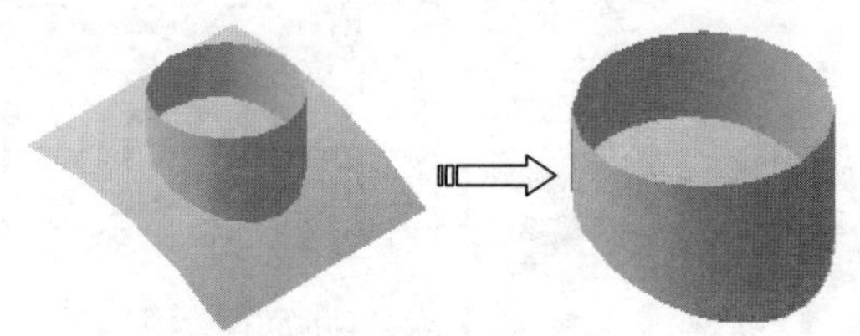

图14-51 修剪曲面

动手操作——修剪曲面

01 打开光盘文件“源文件\Ch14\ex-19.CATPart”。

02 执行菜单栏中的【插入】|【操作】|【修剪】命令，系统即可弹出【修剪定义】对话框。

03 定义曲面的修剪参数。依次选取“拉伸.1”和“拉伸.2”曲面为要修剪的图形对象，单击【另一侧/下一图元】命令按钮调整修剪结果，如图14-52所示。单击【确定】按钮完成曲面的修剪。

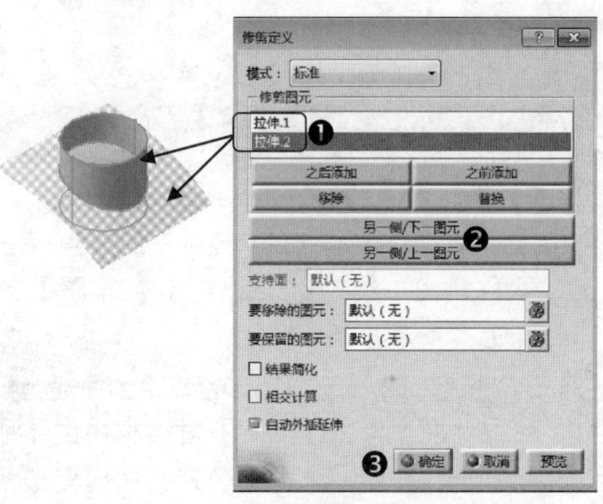

图14-52 创建修剪曲面

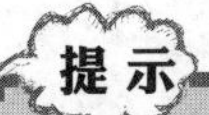

在如图14-52所示的【修剪定义】对话框中，用户可通过单击【另一侧/下一图元】和【另一侧/上一图元】命令按钮来选择修剪的结果。

14.4.6 取消修剪

取消修剪命令是通过指定被修剪或分割的曲面，从而还原曲面被修剪或分割前的形状。下面就以图14-53所示的实例进行操作说明。

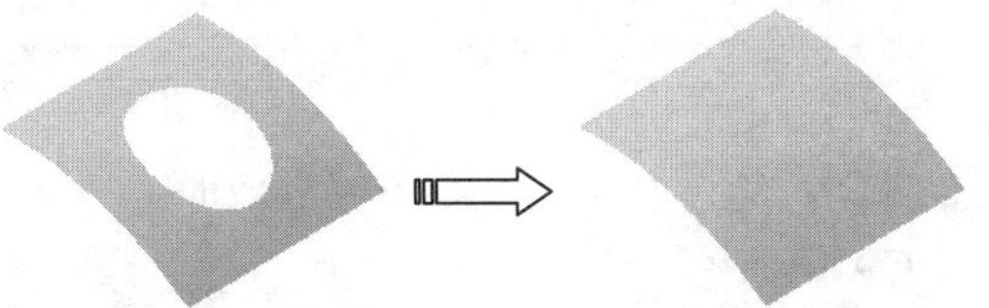

图14-53 取消修剪曲面

动手操作——取消修剪曲面

01 打开光盘文件“源文件\Ch14\ex-20.CATPart”。

02 执行菜单栏中的【插入】|【操作】|【取消修剪】命令，系统即可弹出【取消修剪】对话框。

03 定义取消修剪的相关参数。选取图形窗口中的分割曲面为取消修剪的对象，单击【确定】按钮完成取消修剪，如图14-54所示。

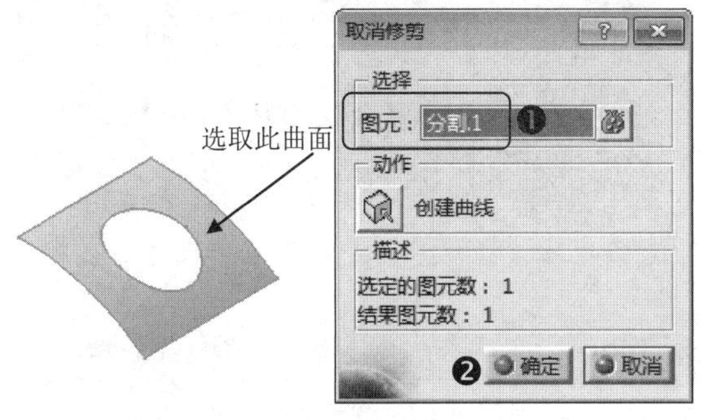

图14-54 取消修剪曲面

14.4.7 提取元素

提取元素是从已知的图形对象中复制提取点、线和面等几何元素，提取元素的方式主要有3种，分别是提取边界、提取面和多重提取。具体分析如下。

1. 提取边界

提取边界是通过选取图形窗口中几何图形的边界，从而复制提取出曲线特征。下面就以图14-55所示的实例进行操作说明。

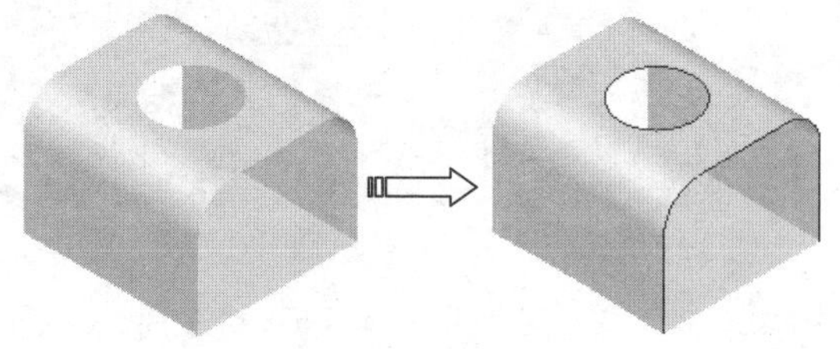

图14-55 提取边界

动手操作——提取边界

01 打开光盘文件“源文件\Ch14\ex-21.CATPart”。

02 执行菜单栏中的【插入】|【操作】|【边界】命令，系统即可弹出【边界定义】对话框。

03 定义提取边界参数。在【拓展类型】的下拉列表中选取【点连续】选项，选取曲面上的一圆孔边线为提取对象，单击【确定】按钮完成边界的提取，如图14-56所示。

图14-56 提取曲面边界1

04 执行菜单栏中的【插入】|【操作】|【边界】命令，系统即可弹出【边界定义】对话框。

05 定义提取边界参数。在【拓展类型】的下拉列表中选取【切线连续】选项，选取曲面的一边线为提取对象，单击【确定】按钮完成边界的提取，如图14-57所示。

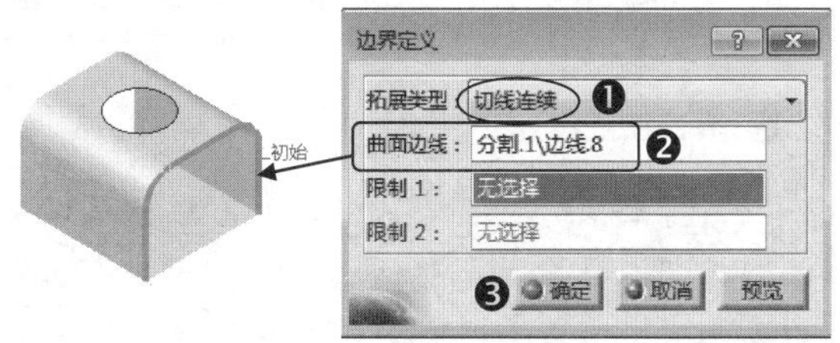

图14-57 提取曲面边界2

提示

提取边界的拓展类型说明如下：

★ 完整边界：选择此拓展类型，系统将复制提取几何对象的所有边线。

★ 点连续：选择此拓展类型，系统将复制提取出与选取的边线相互连接的所有边线对象。

★ 切线连续：选择此拓展类型，系统将复制提取出与选取的边线相切的所有边线对象。

★ 无拓展：选择此拓展类型，系统只复制提取选取的边线。

2. 提取面

提取面是通过选取几何图形的表面，从而复制提取出曲面特征。下面就以图14-58所示的实例进行操作说明。

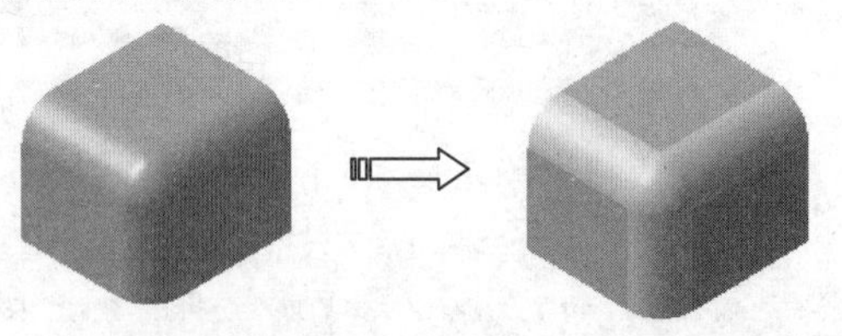

图14-58 提取曲面

动手操作——提取面

01 打开光盘文件“源文件\Ch14\ex-22.CATPart”。

02 按住Ctrl键并选取实体图形的4个圆角面作为提取对象。

03 执行菜单栏中的【插入】|【操作】|【提取】命令，系统即可弹出【提取定义】对话框。

04 定义提取参数。使用系统默认的【无拓展】提取类型，单击【确定】按钮完成曲面的提取，如图14-59所示。

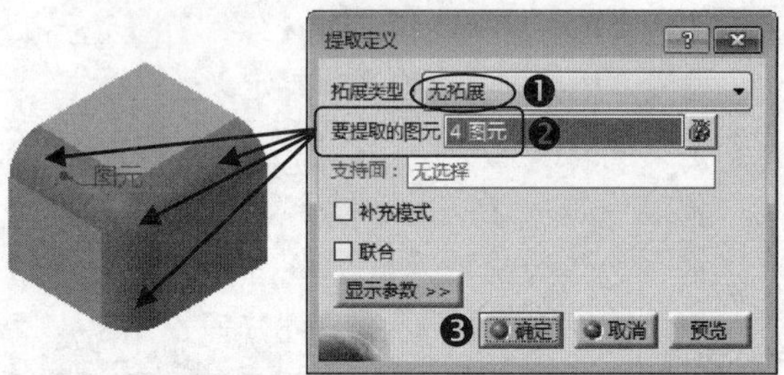

图14-59 创建提取曲面

提 示

在【提取定义】对话框中单击按钮弹出【要提取的图元】对话框，用户可依次选取多个提取对象，如图14-60所示。

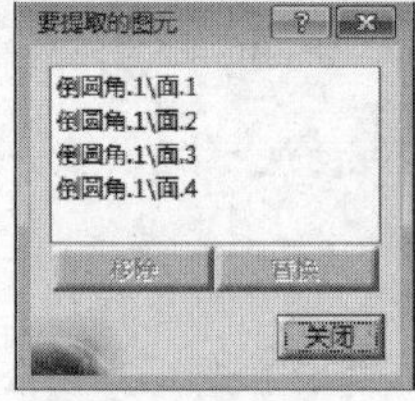

图14-60 【要提取的图元】对话框

3. 多重提取

多重提取是通过选择多个几何对象，从而复制提取出曲线或曲面特征。下面就以图14-61所示的实例进行操作说明。

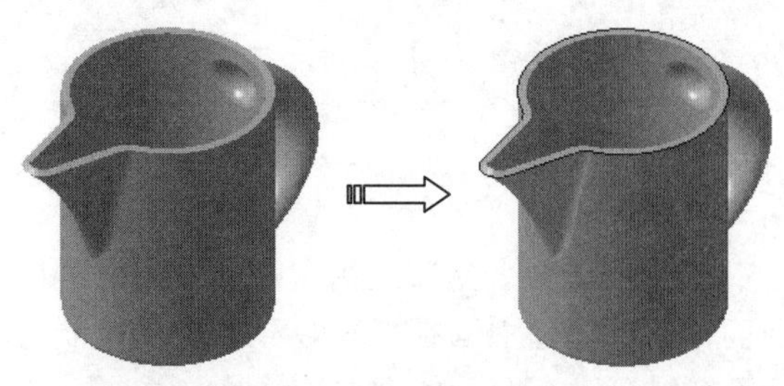

图14-61 多重提取对象

动手操作——多重提取

01 打开光盘文件“源文件\Ch14\ex-23.CATPart”。

02 执行菜单栏中的【插入】|【操作】|【多重提取】命令，系统即可弹出【多重提取定义】对话框。

03 定义多重提取的相关参数。选取实体上方的相连边线为多重提取对象，单击【确定】按钮完成曲线的多重提取，如图14-62所示。

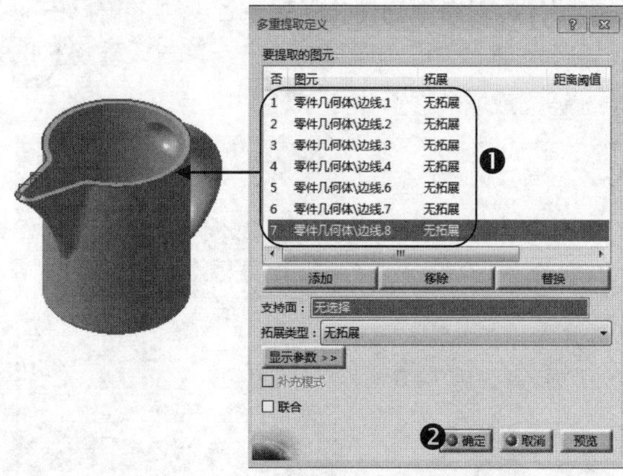

图14-62 多重提取曲线

04 执行菜单栏中的【插入】|【操作】|【多重提取】命令，系统即可弹出【多重提取定义】对话框。

05 定义多重提取的相关参数。选取实体上连续的表面为多重提取的对象，单击【确定】按钮完成曲面的多重提取，如图14-63所示。

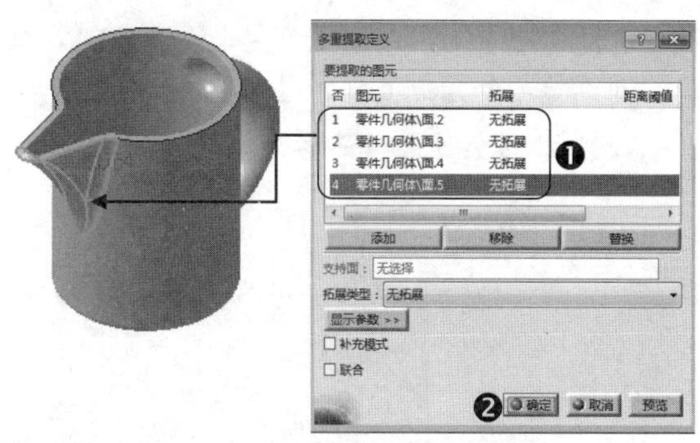

图14-63 多重提取曲面

14.4.8 曲面圆角

在现代的产品设计中，圆角不仅能美化产品的外观，更减少了产品在转角位置处的应力作用。因此，曲面圆角在曲面造型设计中有着重要的地位。在【创成式外形设计】模块中，系统提供了简单圆角、一般倒圆角、可变圆角、弦圆角、样式圆角、面与面的圆角和三切线内圆角7种圆角方式。本小节将介绍实际工作中最常用的几种圆角方式，具体分析如下。

1. 简单圆角

简单圆角是可以直接对两个独立曲面进行圆角处理的命令。下面就以图14-64所示的实例进行操作说明。

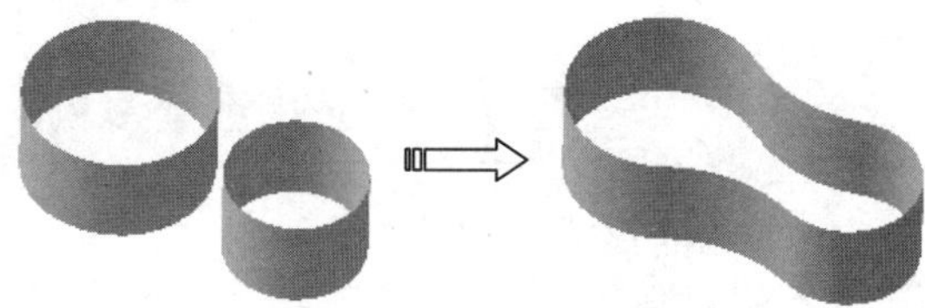

图14-64 简单圆角

动手操作——创建简单圆角

01 打开光盘文件“源文件\Ch14\ex-24.CATPart”。

02 执行菜单栏中的【插入】|【操作】|【简单圆角】命令，系统即可弹出【圆角定义】对话框。

03 定义简单圆角的相关参数。在【圆角类型】下拉列表中选取【双切线圆角】选项，分别选取“圆柱面.1”和“圆柱面.2” 为圆角支持面，在【半径】文本框中输入30以指定圆角的大小，在【端点】下拉列表中使用系统默认的【光顺】选项，使用系统默认的圆角相切方向，单击【确定】按钮完成简单圆角的创建，如图14-65所示。

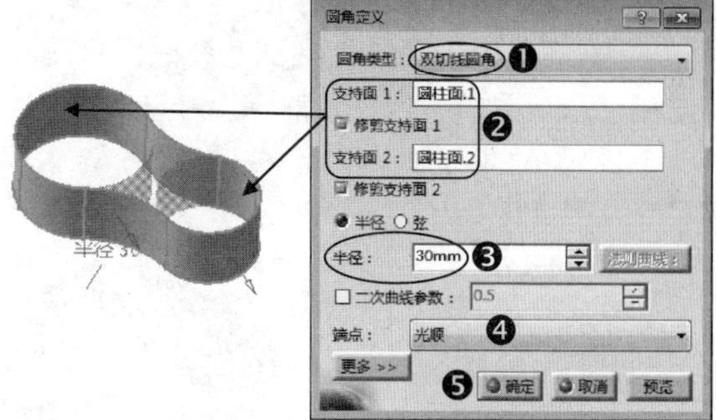

图14-65 创建曲面简单圆角

2. 一般倒圆角

一般倒圆角是在一个独立曲面的边线上进行圆角处理的命令。下面就以图14-66所示的实例进行操作说明。

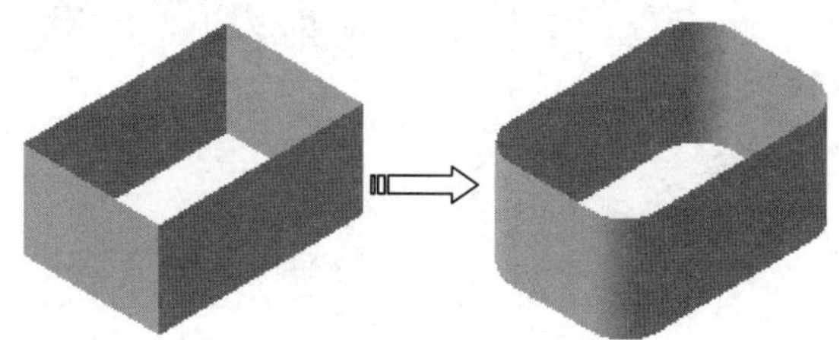

图14-66 曲面倒圆角

动手操作——创建倒圆角

01 打开光盘文件“源文件\Ch14\ex-25.CATPart”。

02 执行菜单栏中的【插入】|【操作】|【倒圆角】命令，系统即可弹出【倒圆角定义】对话框。

03 定义曲面倒圆角的相关参数。默认系统【端点】下拉列表中的【光顺】选项，在【半径】文本框中输入10以指定圆角的大小，选取曲面的4条边线为圆角对象，如图14-67所示，单击【确定】按钮完成曲面的倒圆角。

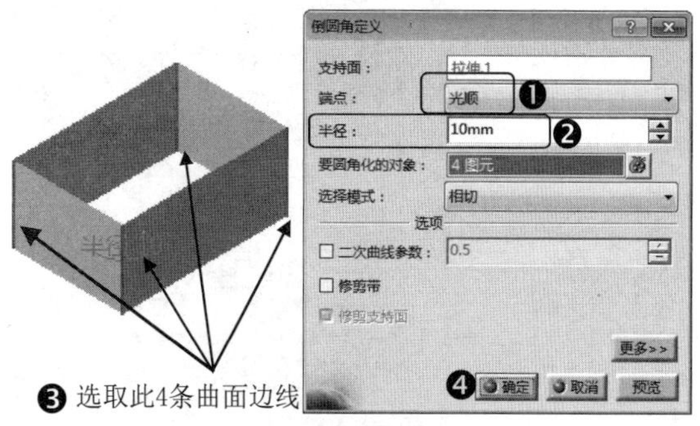

图14-67 创建曲面倒圆角

在选取圆角对象时，如直接选取曲面为圆角化的对象，系统将自动选取此曲面上与其他曲面相交的边线为圆角对象，如图14-68所示。

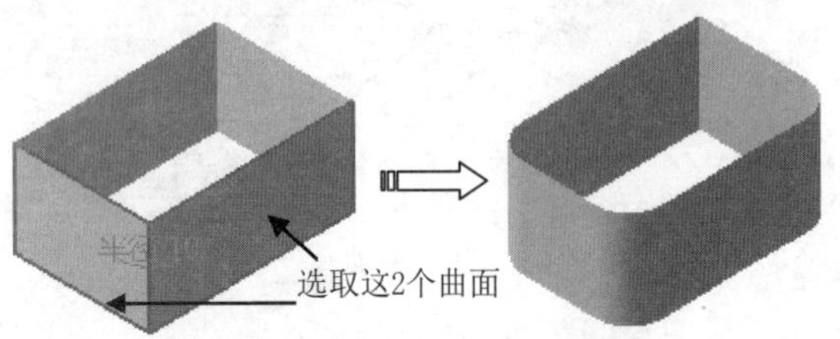

图14-68　选取曲面创建倒圆角

3. 可变圆角

可变圆角就是在曲面边线上不同位置处创建不同半径的圆角特征。下面就以图14-69所示的实例进行操作说明。

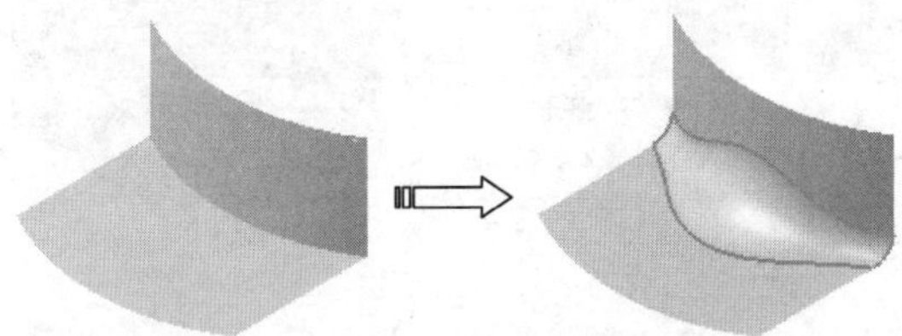

图14-69　可变圆角

动手操作——创建可变圆角

01 打开光盘文件“源文件\Ch14\ex-26.CATPart”。

02 执行菜单栏中的【插入】|【操作】|【可变圆角】命令，系统即可弹出【可变半径圆角定义】对话框。

03 选取圆角边线。选取曲面的一条交线为圆角对象，并在【半径】文本框中输入5以指定边线的两端点处的圆角半径大小，如图14-70所示。

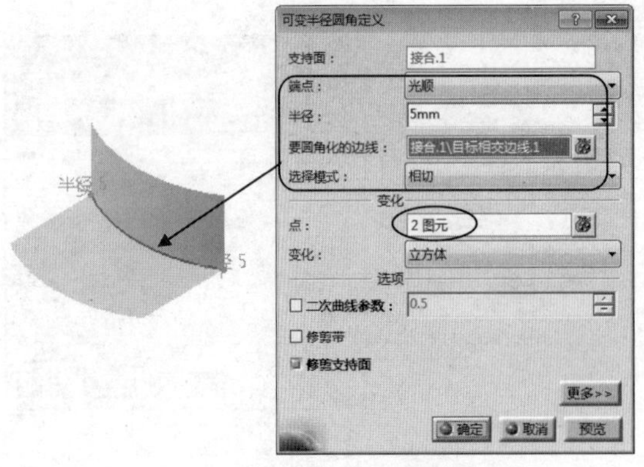

图14-70　选取圆角对象

04 创建边线上中点。在【可变半径圆角定义】对话框中的【点】文本框中单击鼠标右键，在弹出的快捷菜单中选取【创建中点】选项，选取上步中选取的边线为点的参考线，如图14-71所示。

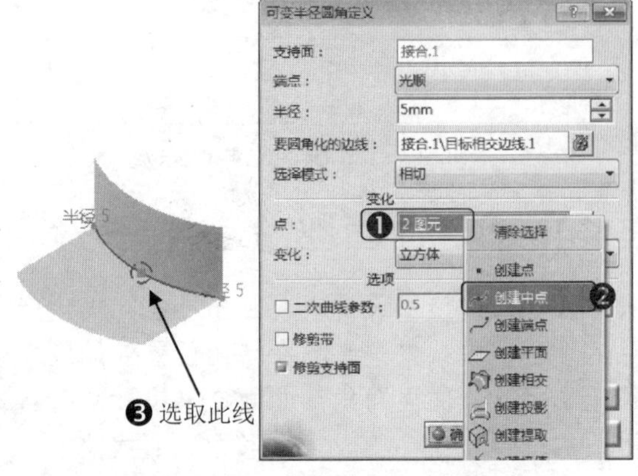

图14-71　创建曲线上的点

05 设置中点处圆角半径值。如图14-72所示，双击图形窗口中显示的【半径5】提示，在弹出的【参数定义】对话框中输入数字15以指定中点位置的圆角半径大小，单击【确定】按钮完成圆角半径的设置。

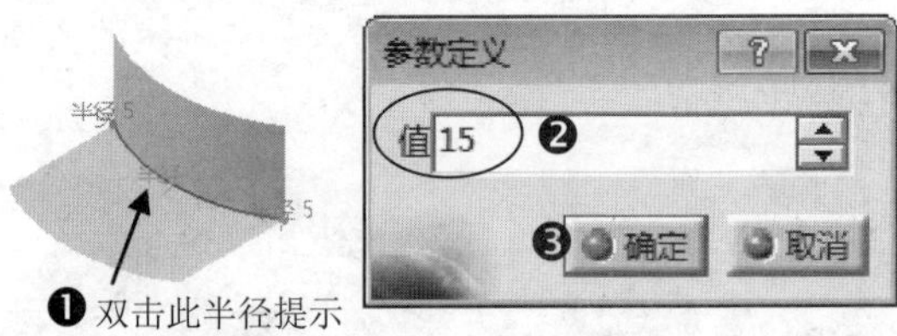

图14-72　设置中点处圆角半径

06 查看设置结果。系统返回【可变半径圆角定义】对话框后，在【点】文本框中将显示出【3图元】的提示信息，单击【预览】命令按钮，查看可变半径圆角的创建结果，如图14-73所示。

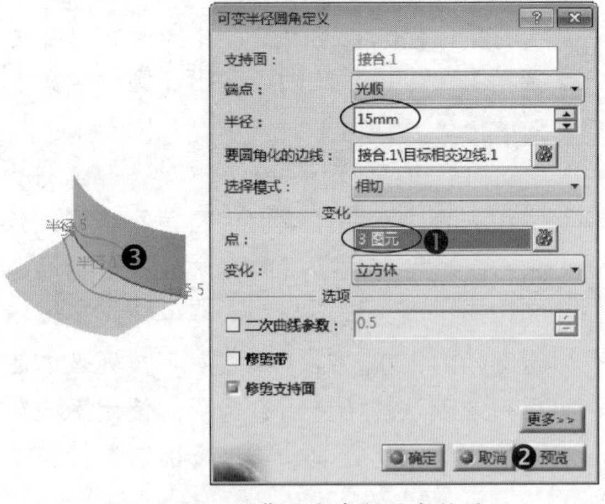

图14-73　预览可变半径圆角结果

07 单击【可变半径圆角定义】对话框的【确定】命令按钮完成可变半径圆角的创建。

提示

在执行【可变半径圆角】命令前，可先在需要圆角的边线上创建出特征点，用以指定可变半径圆角边线上的点。

14.4.9 几何变换

几何变换命令是通过对图形对象进行平移、旋转、对称、缩放、仿射、定位变换等操作，从而改变图形对象的空间位置、尺寸大小。在CATIA的【创成式外形设计】模块中通过变换命令生成的几何特征与源对象具有参数关联，能方便地为用户提供编辑和修改操作。具体的命令操作方法如下。

1. 平移

平移命令是通过指定操作对象、移动方向和移动距离等参数，从而在空间中移动并复制出图形对象。下面就以图14-74所示的实例进行操作说明。

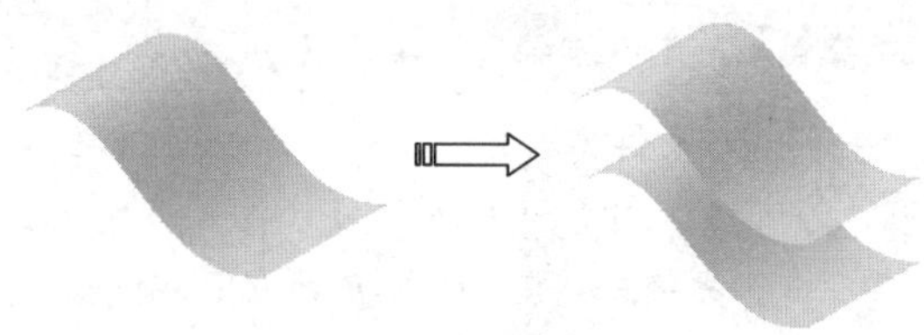

图14-74 平移图形

动手操作——创建平移

01 打开光盘文件“源文件\Ch14\ex-27.CATPart”。

02 执行菜单栏中的【插入】|【操作】|【平移】命令，系统即可弹出【平移定义】对话框。

03 定义曲面的平移参数。使用系统默认的【方向、距离】向量定义选项，选取“拉伸.1”曲面为平移的对象，选取目录树中的【XY平面】为平移的参考方向，在【距离】文本框中输入25以指定平移的距离尺寸，单击【确定】按钮完成曲面的平移，如图14-75所示。

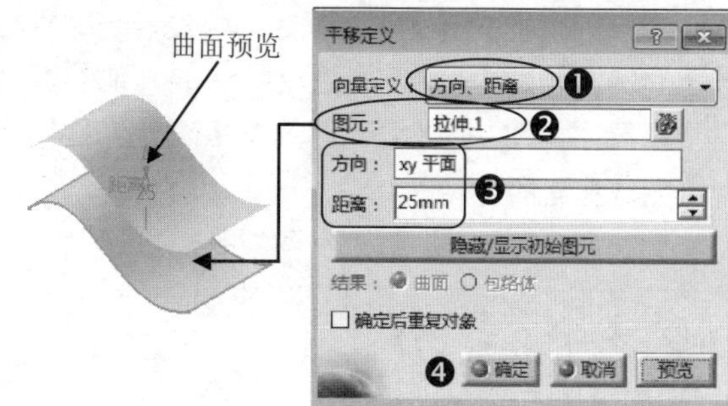

图14-75 创建平移曲面

2. 旋转

旋转命令是通过指定操作对象、旋转轴、旋转角度等参数，从而在空间中旋转并复制出图形对象。下面就以图14-76所示的实例进行操作说明。

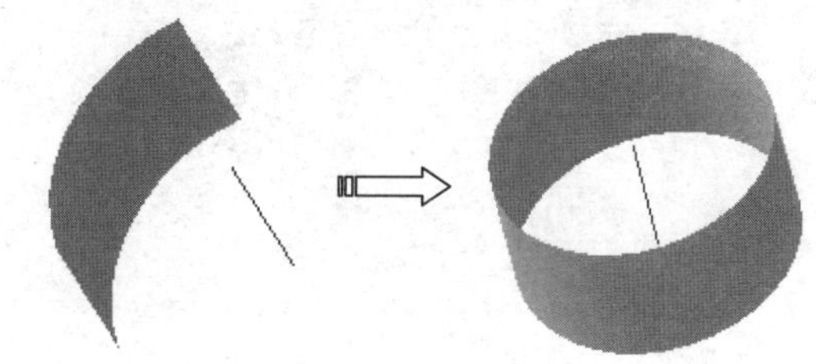

图14-76 旋转图形

动手操作——创建旋转

01 打开光盘文件“源文件\Ch14\ex-28.CATPart”。

02 执行菜单栏中的【插入】|【操作】|【旋转】命令，系统即可弹出【旋转定义】对话框。

03 定义旋转参数。使用系统默认的【轴线—角度】定义模式，选取图形窗口中的曲面特征为旋转对象，选取图形窗口中的直线为旋转轴，在【角度】文本框中输入90以指定旋转的角度，勾选【确定后重复对象】选项，如图14-77所示，单击【确定】按钮完成旋转定义。

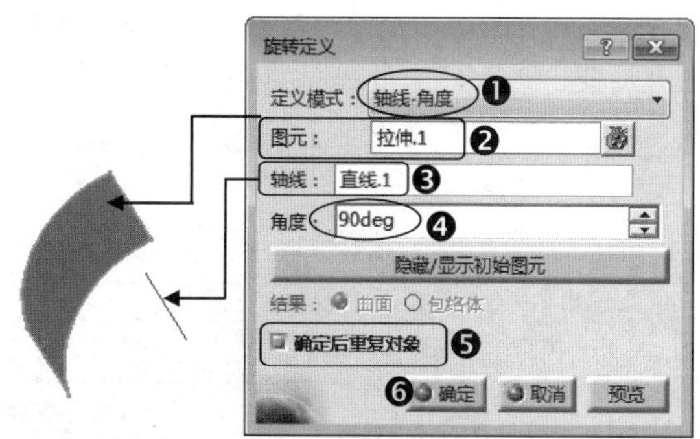

图14-77 定义旋转参数

04 在弹出的【复制对象】对话框中设置旋转复制的实例数为4，使用系统默认的其他参数设置，如图14-78所示，单击【确定】按钮完成曲面的旋转。

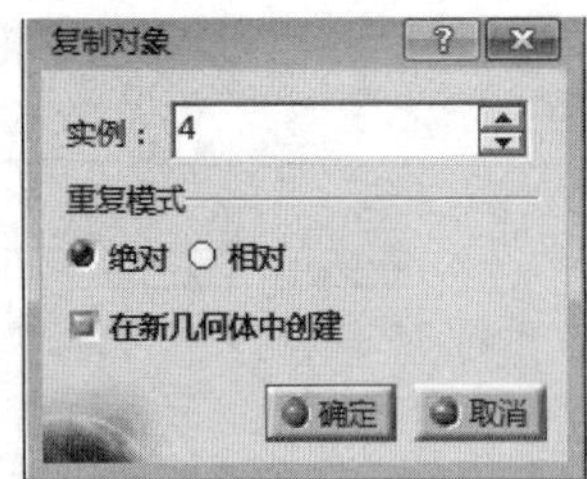

图14-78 设置复制实例

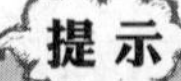

提 示

关于【定义模式】选项的说明如下。

- ★ 轴线—角度：此项主要通过指定旋转轴，再输入旋转角度来控制旋转结果。
- ★ 轴线—两个元素：此项主要通过指定旋转轴和两个参考对象来控制旋转结果。
- ★ 三点：此项主要通过指定三个点来控制旋转结果。

3. 对称

对称命令是通过指定一个或多个操作对象，再将其复制到指定参考元素的对称位置。下面就以图14-79所示的实例进行操作说明。

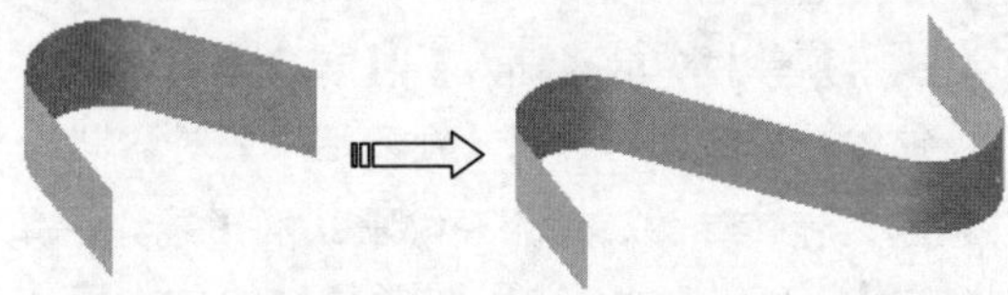

图14-79 对称图形

动手操作——创建对称

01 打开光盘文件"源文件\Ch14\ex-29.CATPart"。

02 执行菜单栏中的【插入】|【操作】|【对称】命令，系统即可弹出【对称定义】对话框。

03 定义对称参数。选取"拉伸.1"曲面为对称图元，选取曲面的一条直线边为对称的参考元素，单击【确定】按钮完成曲面的对称，如图14-80所示。

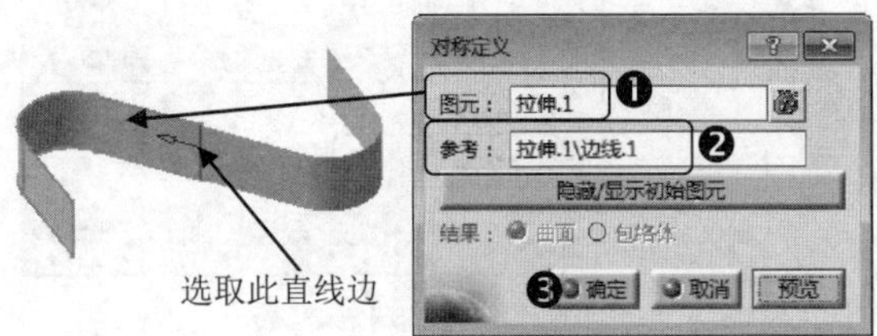

图14-80 创建对称曲面

提 示

在选取参考对象时，如选取的是基准平面、平整的曲面或实体表面，系统将复制源对象到面的对称位置，如图14-81所示。

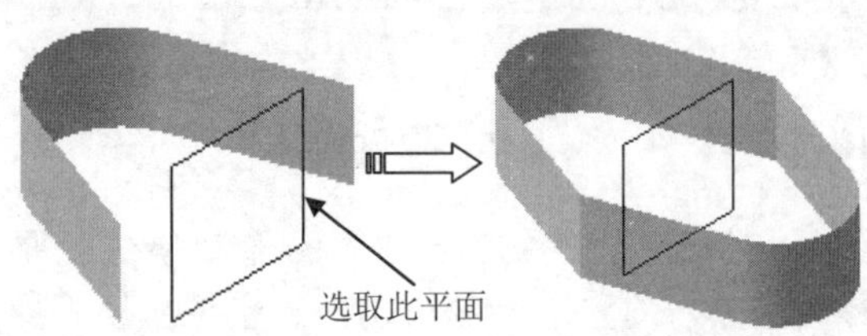

图14-81 选取平面为对称参考

4. 缩放

缩放命令是通过指定一个或多个操作对象，再指定参考和比率从而复制并缩放图形。下面就以图14-82所示的实例进行操作说明。

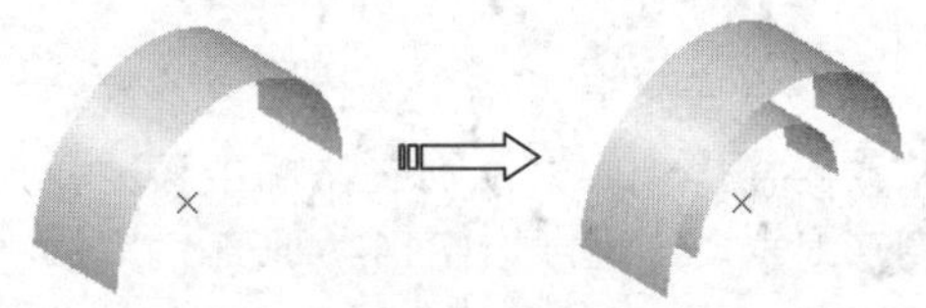

图14-82 缩放图形

动手操作——创建缩放

01 打开光盘文件"源文件\Ch14\ex-30.CATPart"。

02 执行菜单栏中的【插入】|【操作】|【缩放】命令，系统即可弹出【缩放定义】对话框。

03 定义缩放定义参数。选取图形窗口中的曲面为缩放对象，选取图形窗口中的点为参考元素，在【比率】文本框中输入0.6以指定缩放的比率，如图14-83所示，单击【确定】按钮完成曲面的缩放。

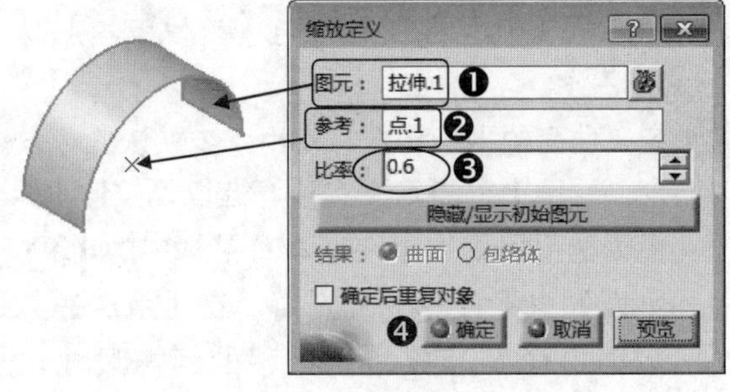

图14-83 定义缩放参数

5. 仿射

仿射是通过指定一个或多个操作对象，再将其沿参考元素的X、Y、Z方向进行比例缩放。下面就以图14-84所示的实例进行操作说明。

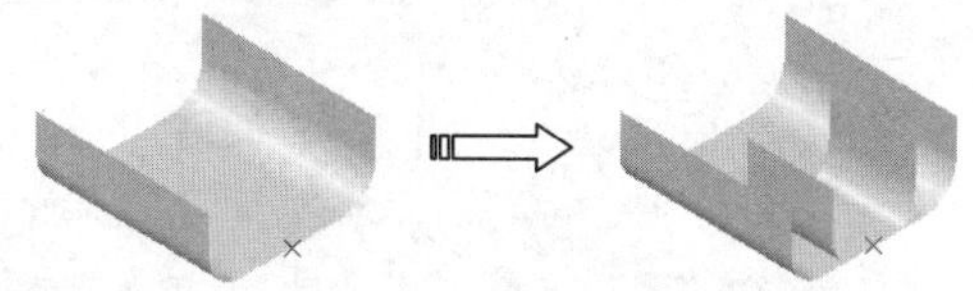

图14-84 仿射图形

动手操作——创建仿射

01 打开光盘文件“源文件\Ch14\ex-31.CATPart”。

02 执行菜单栏中的【插入】|【操作】|【仿射】命令，系统即可弹出【仿射定义】对话框。

03 定义仿射的参数。选取图形窗口中的“拉伸.1”曲面为放射的对象；选取图形窗口中的“点.1”为参考点，选取目录树中的“ZX平面”为参考平面，选取曲面上的一直线边为X轴，在【比率】区域中分别设置X轴比率为1，Y轴比率为0.5，Z轴比率为0.5，如图14-85所示，单击【确定】按钮完成图形的仿射。

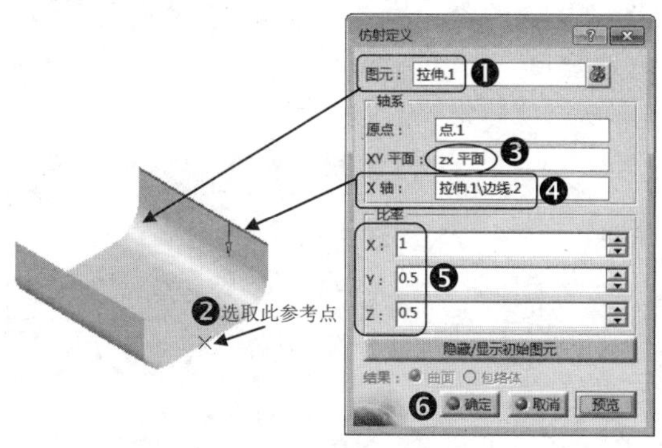

图14-85 定义仿射参数

6. 定位变换

定位变换是通过指定一个或多个操作对象，再将其复制并重新调整到参考坐标系中的空间位置。下面就以图14-86所示的实例进行操作说明。

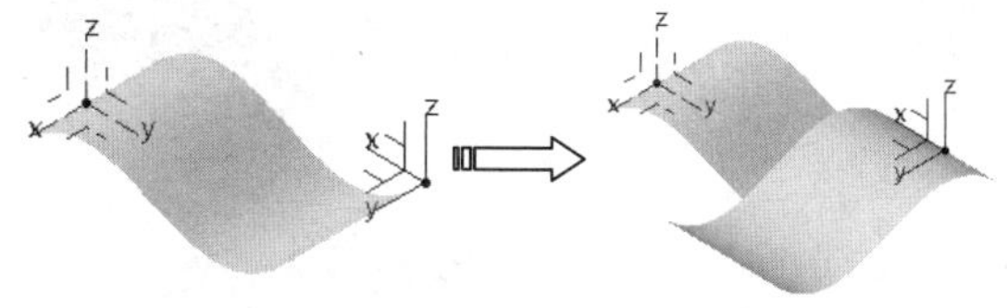

图14-86 定位变换图形

动手操作——创建定位变换

01 打开光盘文件“源文件\Ch14\ex-32.CATPart”。

02 执行菜单栏中的【插入】|【操作】|【定位变换】命令，系统即可弹出【定位变换定义】对话框。

03 定义定位变换的参数。选取图形窗口中的曲面为变换对象，选取【轴系.1】为参考坐标系，选取【轴系.2】为目标坐标系，如图14-87所示，单击【确定】按钮完成图形的定位变换。

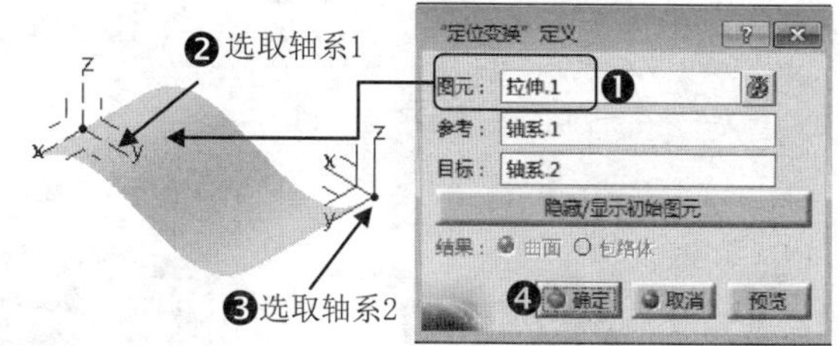

图14-87 定义定位变换参数

14.4.10 曲面延伸

曲面延伸是通过执行【外插延伸】命令并指定曲线或曲面，从而使其沿参考方向进行延伸操作。下面就以图14-88所示的实例进行操作说明。

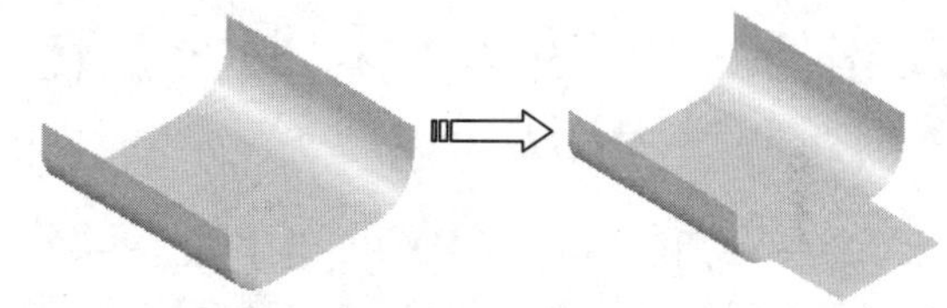

图14-88 曲面延伸

动手操作——创建曲面延伸

01 打开光盘文件“源文件\Ch14\ex-33.CATPart”。

02 执行菜单栏中的【插入】|【操作】|【外插延伸】命令，系统即可弹出【外插延伸定义】对话框。

03 定义曲面延伸参数。选取曲面的一直线边为延伸边界，选取“拉伸.1”曲面为延伸对象，在【长度】文本框中输入25以指定曲面延伸的长度；使用系统默认的其他参数，如图14-89所示，单击【确定】按钮完成曲面的延伸。

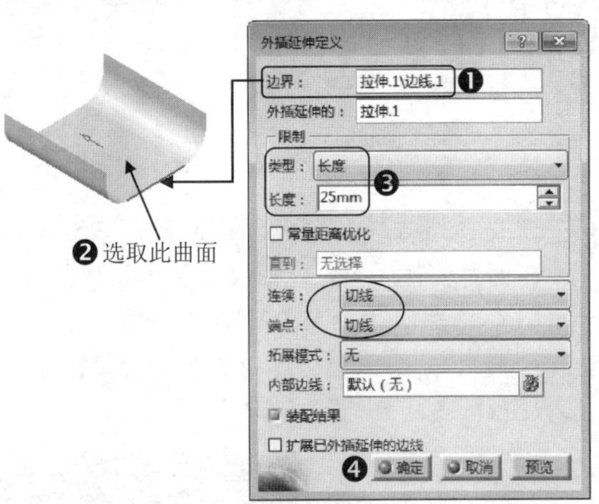

图14-89　创建延伸曲面

提示

在【外插延伸定义】对话框【拓展模式】的下拉列表中选择【相切连续】选项，系统将会选取所有与边界线相切连续的曲线为延伸边界，如图14-90所示。

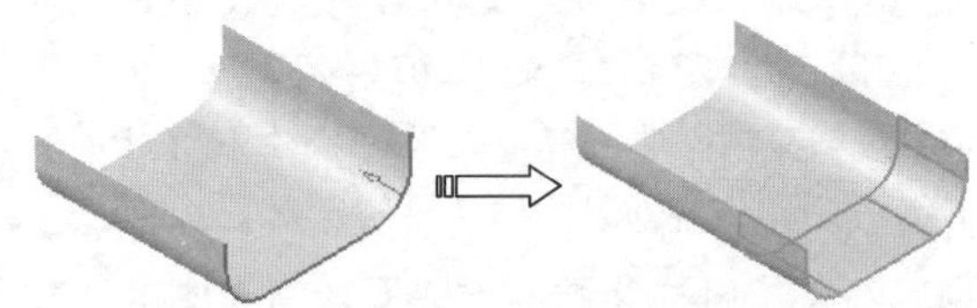

图14-90　相切连续延伸曲面

14.5 曲面与实体的转换

曲面的实体化就是将已创建的面组转换生成实体图形。在产品设计流程中最终的设计图形都将用实体图形来表达，这不仅有利于后续的CAE分析计算，更有利于数控编程和加工。曲面转换实体主要是通过【零件设计】模块中的【封闭曲面】命令和【厚曲面】命令来实现，具体分析如下。

14.5.1 使用【封闭曲面】转化实体

通过使用CATIA【零件设计】模块中的【封闭曲面】命令可将已知的封闭曲面直接转换为实体图形。下面就以图14-91所示的实例进行操作说明。

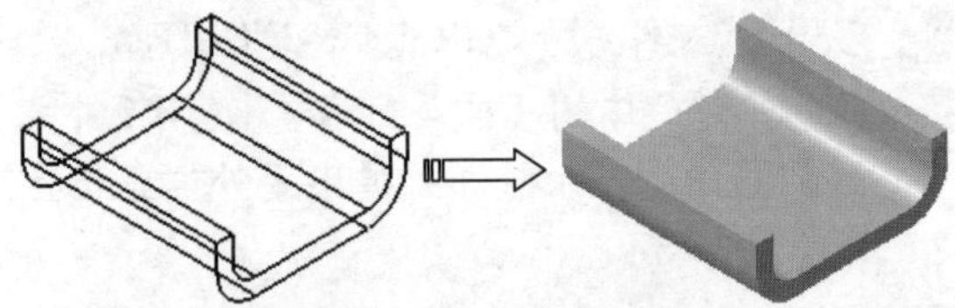

图14-91　面组转换实体

动手操作——使用【封闭曲面】转化实体

01 打开光盘文件“源文件\Ch14\ex-34.CATPart”。

02 执行菜单栏中的【开始】|【机械设计】|【零件设计】命令，系统即可进入【零件设计】模块。

03 执行菜单栏中的【插入】|【基于曲面的特征】|【封闭曲面】命令，系统即可弹出【定义封闭曲面】对话框。

04 选取图形窗口中的【接合.1】曲面为要封闭的对象，如图14-92所示，单击【确定】按钮完成封闭曲面的实体转换。

图14-92　使用封闭曲面转换实体

提示

若选取的是非完全封闭的曲面作为转换对象，系统将以线性的方式封闭曲面并转换为实体，如图14-93所示。

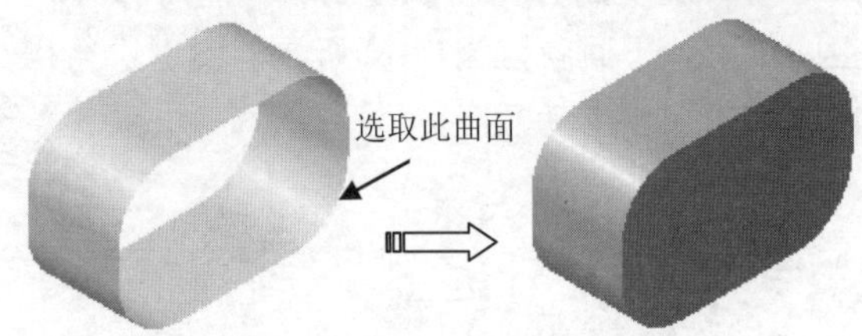

图14-93　使用非封闭曲面转换实体

14.5.2 使用【厚曲面】转化实体

通过使用CATIA【零件设计】模块中的【厚曲面】命令可将已知的曲面或面组直接加

厚为薄板的实体图形。下面就以图14-94所示的实例进行操作说明。

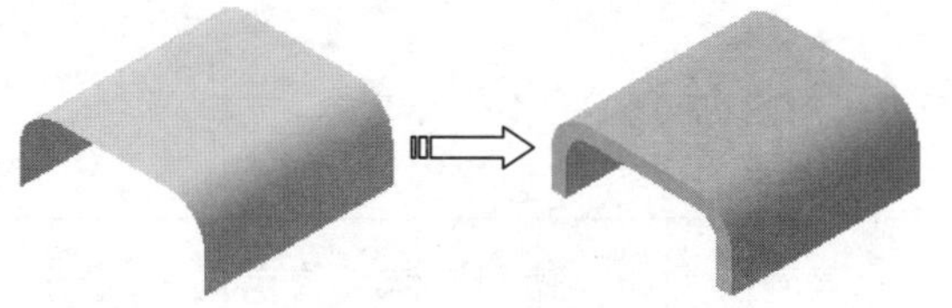

图14-94 加厚曲面转换实体

动手操作——使用【厚曲面】转化实体

01 打开光盘文件“源文件\Ch14\ex-35.CATPart”。

02 执行菜单栏中的【开始】|【机械设计】|【零件设计】命令，系统即可进入【零件设计】模块。

03 执行菜单栏中的【插入】|【基于曲面的特征】|【厚曲面】命令，系统即可弹出【定义厚曲面】对话框。

04 定义厚曲面的相关参数。在【第一偏置】文本框中输入5以指定加厚的尺寸，选取图形窗口中的“拉伸.1”曲面为要偏置的对象，单击【反向】命令按钮调整加厚的方向，如图14-95所示，单击【确定】按钮完成曲面的实体转换。

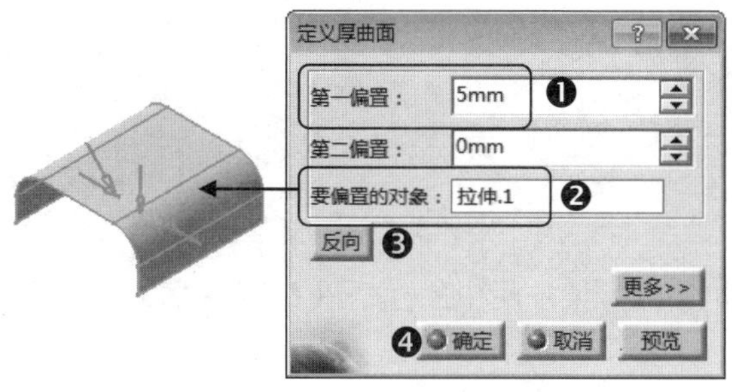

图14-95 使用厚曲面转换实体

14.5.3 曲面分割实体

曲面分割实体是通过CATIA【零件设计】模块中的【分割】命令指定与实体特征相交的曲面或平面，以切除实体的某一部分。下面就以图14-96所示的实例进行操作说明。

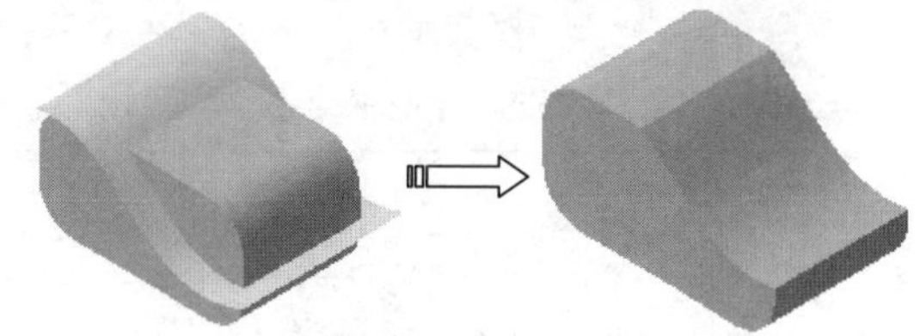

图14-96 分割实体

动手操作——曲面分割实体

01 打开光盘文件“源文件\Ch14\ex-36.CATPart”。

02 执行菜单栏中的【开始】|【机械设计】|【零件设计】命令，系统即可进入【零件设计】模块。

03 执行菜单栏中的【插入】|【基于曲面的特征】|【分割】命令，系统即可弹出【定义分割】对话框。

04 选取图形窗口中的“拉伸.1”曲面为分割图元，如图14-97所示，单击【确定】按钮完成实体分割。

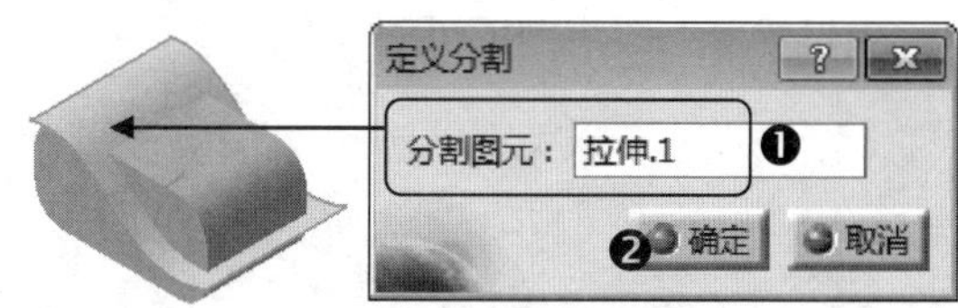

图14-97 定义实体分割

提示

加厚曲面与曲面分割的技巧：

★ 指定加厚曲面后，可单击图形上的箭头符号调整曲面的加厚方向。

★ 使用曲面分割实体时，可以通过单击图形上的箭头符号以指定需要保留的实体部分。

14.6 实战应用

本节将以电吹风壳体和座机电话外壳两个工业产品为实例进行详细的曲面造型讲解。在设计过程中将综合使用【创成式外形设计】模块中的曲线和曲面工具命令，重点体现了线框的构建方法、曲面的创建与编辑技巧以及曲面造型的设计思路。

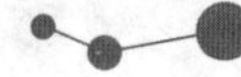

14.6.1 实战一：电吹风壳体

引入光盘：无

结果文件：\动手操作\结果文件Ch14\hair-drier.CATPart

视频文件：\视频\Ch14\实战一：电吹风壳体.avi

本小节将介绍【电吹风壳体】的造型过程。首先运用【创成式外形设计】模块中的曲线工具命令建立电吹风壳体的外形主体结构，再利用各种曲面工具逐步建立各个曲面特征，并将其合并修剪为面组，最后通过【厚曲面】命令将其转换为实体图形，设计模型如图14-98所示。

图14-98　电吹风壳体

01 新建一零件文件并将其命名为“hair-drier”。

02 执行菜单栏中的【插入】|【草图编辑器】|【草图】命令，选取XY平面为草图绘制平面，绘制如图14-99所示的草图1。

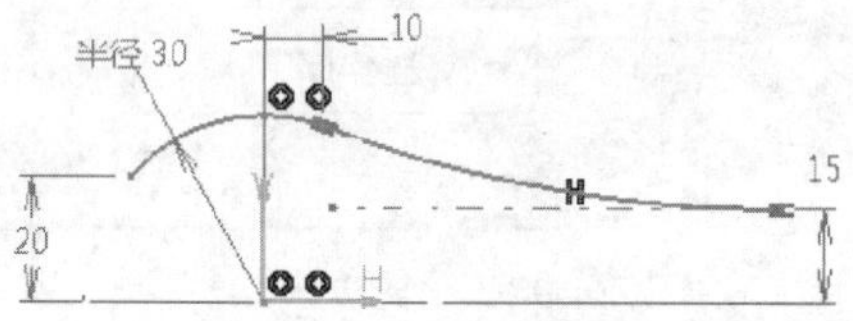

图14-99　草图1

03 执行菜单栏中的【插入】|【操作】|【对称】命令。选取【草图.1】为对称图元，选取目录树中的【ZX平面】为参考平面，单击【确定】按钮完成对称操作，如图14-100所示。

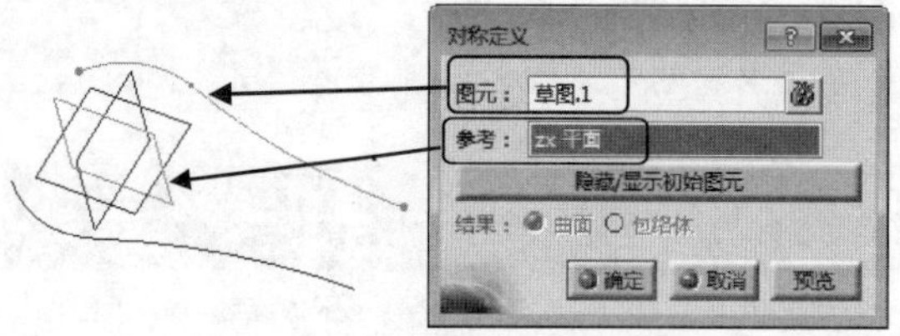

图14-100　创建对称曲线

04 执行菜单栏中的【插入】|【线框】|【圆】命令。选择【两点和半径】为圆类型，分别选取两条曲线的顶点为圆的通过点，选取目录树中的YZ平面为支持面，指定圆半径值为20，使用系统【修剪圆】限制模式，如图14-101所示，单击【确定】按钮完成圆弧的创建。

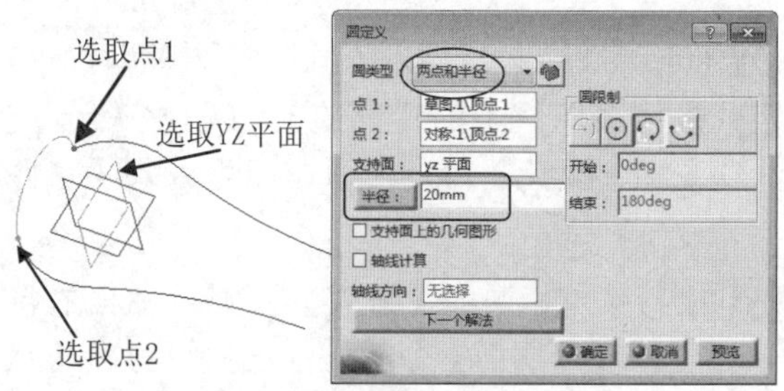

图14-101　创建连接圆弧

05 执行菜单栏中的【插入】|【线框】|【相交】命令。选取【YZ平面】和【对称.1】曲线为相交的图元，创建出一特征点；再次执行【相交】命令，选取【YZ平面】和【草图.1】曲线为相交的图元，创建出一特征点，如图14-102所示。

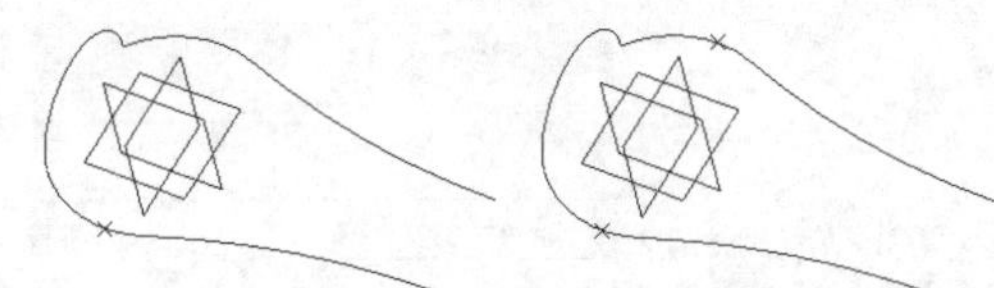

图14-102　创建两相交点

06 执行菜单栏中的【插入】|【线框】|【圆】命令。选择【两点和半径】为圆类型，分别选取上步中创建的两特征点为圆的通过点，选取目录树中的YZ平面为支持面，指定圆半径值为30，使用系统【补充圆】限制模式，如图14-103所示，单击【确定】按钮完成圆弧的创建。

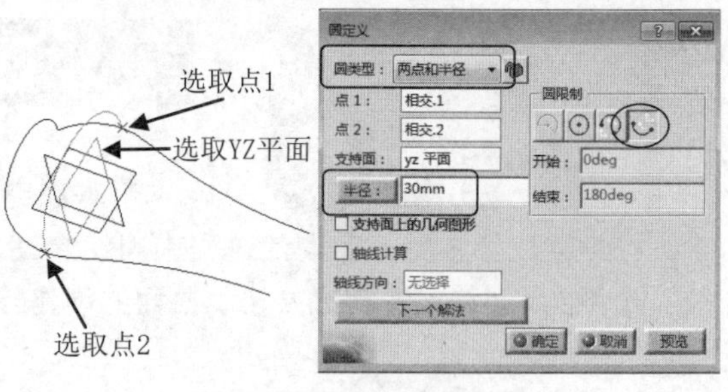

图14-103　创建连接圆弧1

07 执行菜单栏中的【插入】|【线框】|【圆】命令。选择【两点和半径】为圆类型，分别选取两条对称曲线的两个顶点为圆的通过点，选取目录树中的YZ平面为支持面，指定圆半径值为15，使用系统【补充圆】限制模式，如图14-104所示，单击【确定】按钮完成圆弧的创建。

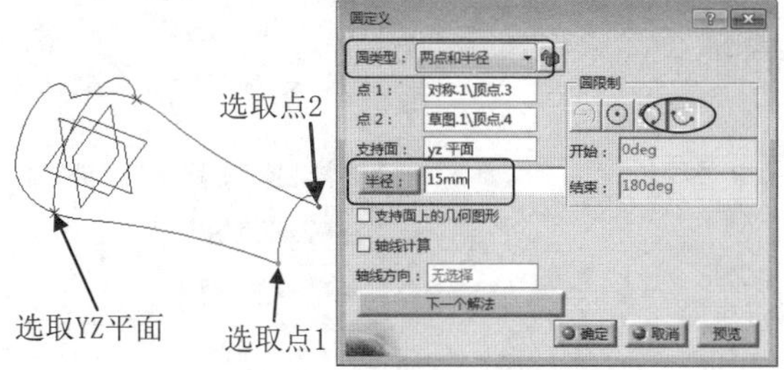

图14-104 创建连接圆弧2

08 执行菜单栏中的【插入】|【曲面】|【多截面曲面】命令。依次选取“圆.3”、“圆.2”、“圆.1”为截面轮廓并使其方向保持一致，单击【引导线】区域空白处以激活引导线，分别选取“草图.1”和“对称.1”两条曲线为曲面的引导线并使其方向保持一致，如图14-105所示，单击【确定】按钮完成多截面曲面的创建。

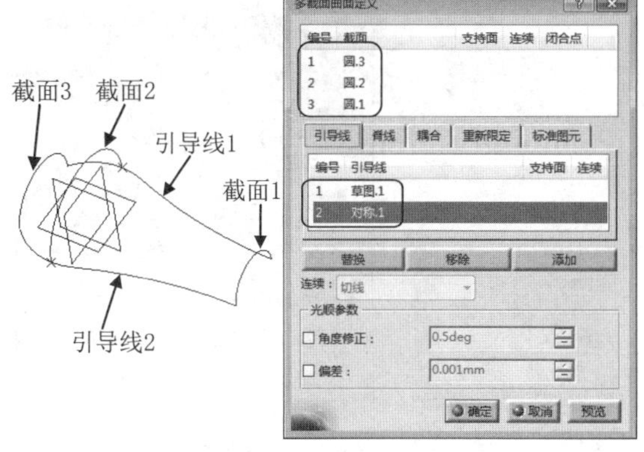

图14-105 定义多截面曲面

09 执行菜单栏中的【插入】|【草图编辑器】|【草图】命令，选取XY平面为草图绘制平面，绘制如图14-106所示的草图2。

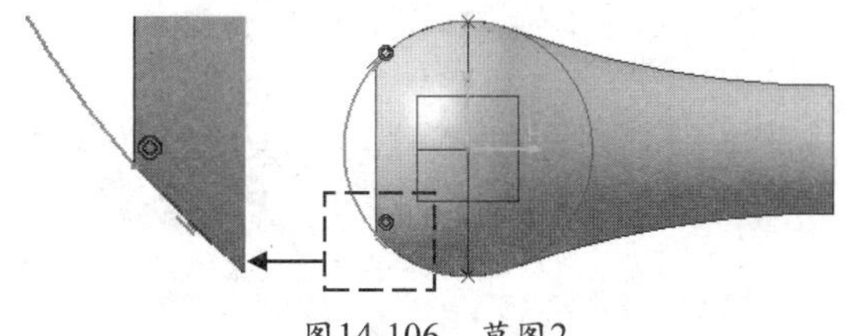

图14-106 草图2

10 执行菜单栏中的【插入】|【曲面】|【桥接曲面】命令。选取“圆.1”为第一曲线，选取“多截面曲面.1”为第一支持面，选取“草图.2”的圆弧为第二曲线，在【第一连续】的下拉列表中选择【相切】选项，如图14-107所示，单击【确定】按钮完成桥接曲面的创建。

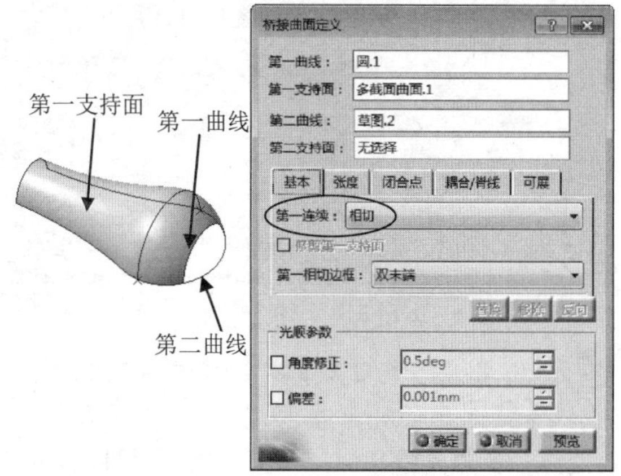

图14-107 创建桥接曲面

11 执行菜单栏中的【插入】|【草图编辑器】|【草图】命令，选取XY平面为草图绘制平面，绘制如图14-108所示的草图3。

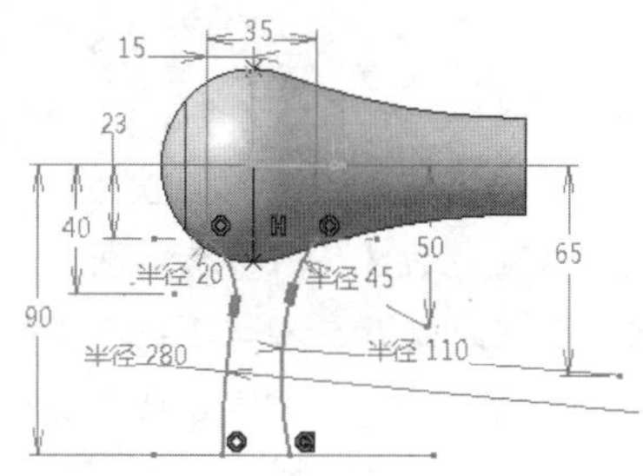

图14-108 草图3

12 执行菜单栏中的【插入】|【操作】|【拆解】命令。在【拆解】对话框中选择【仅区域】选项，选取上步创建的草图3曲线为拆解对象，单击【确定】按钮完成曲线拆解，如图14-109所示。

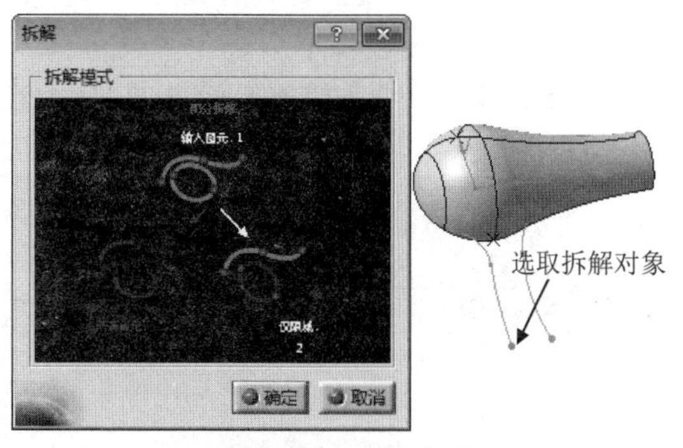

图14-109 拆解曲线

13 在目录树中选中【草图.3】并将其隐藏，系统将只显示拆解后的【曲线.1】和【曲线.2】。

14 执行菜单栏中的【插入】|【线框】|【平面】命令。选取【平行通过点】为平面类型，选取【ZX平面】为参考平面，选取曲线2的顶点为参考点，如图14-110所示。

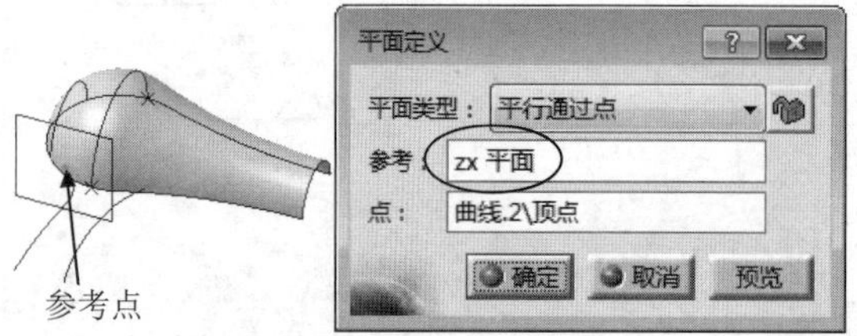

图14-110 创建平面

15 执行菜单栏中的【插入】|【草图编辑器】|【草图】命令，选取上步中创建的【平面.1】为草绘平面，绘制如图14-111所示的草图4。

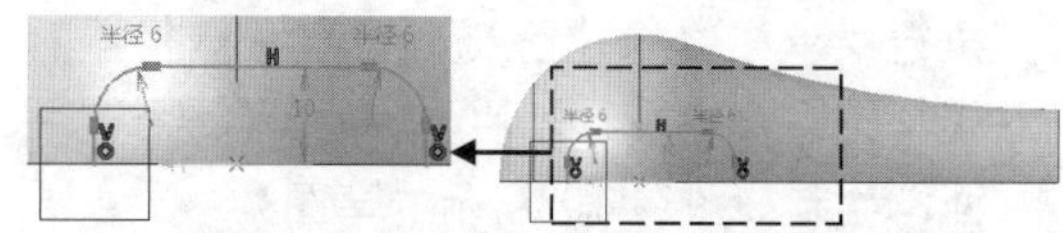

图14-111 草图4

16 执行菜单栏中的【插入】|【线框】|【平面】命令。选取【平行通过点】为平面类型，选取【平面.1】为参考平面，选取【曲线.2】的一顶点为参考点，单击【确定】按钮完成平面的创建，如图14-112所示。

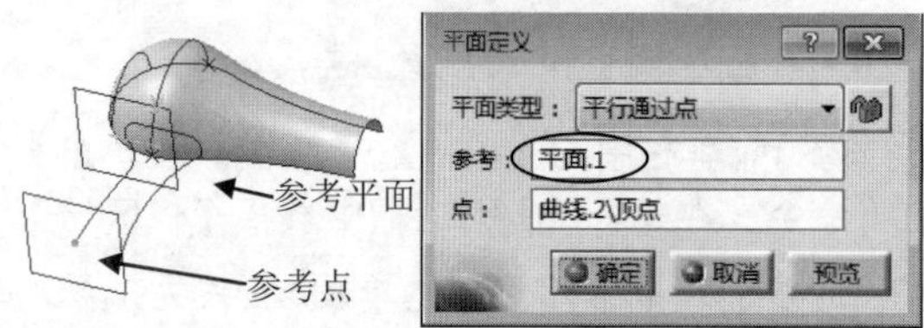

图14-112 创建平面

17 执行菜单栏中的【插入】|【草图编辑器】|【草图】命令，选取上步中创建的【平面.2】为草绘平面，绘制如图14-113所示的草图5。

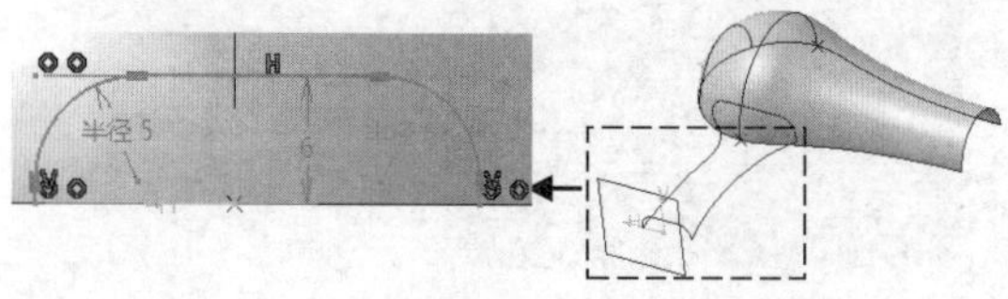

图14-113 草图5

18 执行菜单栏中的【插入】|【曲面】|【多截面曲面】命令。依次选取【草图.4】和【草图.5】为曲面的截面轮廓并使其保持方向一致，激活【引导线】区域再分别选取【曲线.1】和【曲线.2】为引导线并使其方向保持一致，如图14-114所示，单击【确定】按钮完成多截面曲面的创建。

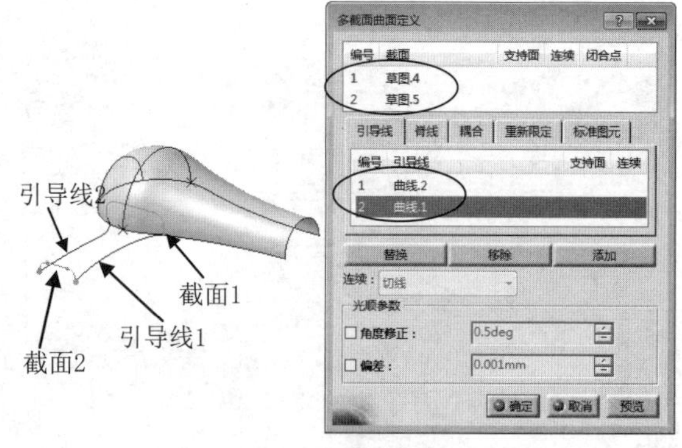

图14-114 创建多截面曲面

19 选中目录树中所有的曲线对象和点对象，再将其隐藏以简洁显示图形。

20 执行菜单栏中的【插入】|【操作】|【修剪】命令。选取【多截面曲面.1】和【多截面曲面.2】为修剪图元，使用系统默认的设置，单击【确定】按钮完成曲面的修剪，如图14-115所示。

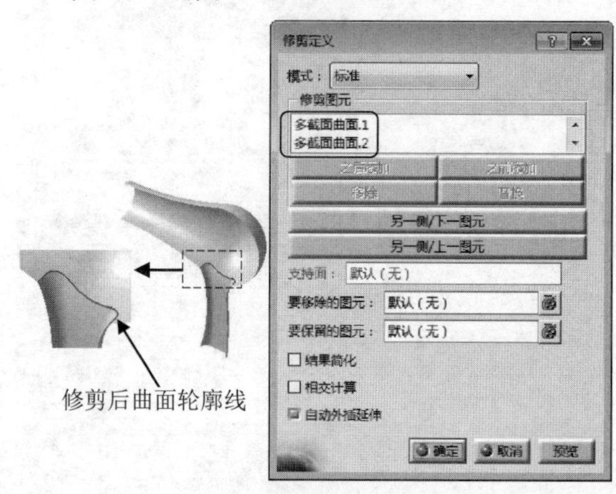

图14-115 修剪曲面

21 执行菜单栏中的【插入】|【草图编辑器】|【草图】命令，选取创建的【平面.2】为草绘平面，绘制如图14-116所示的草图6。

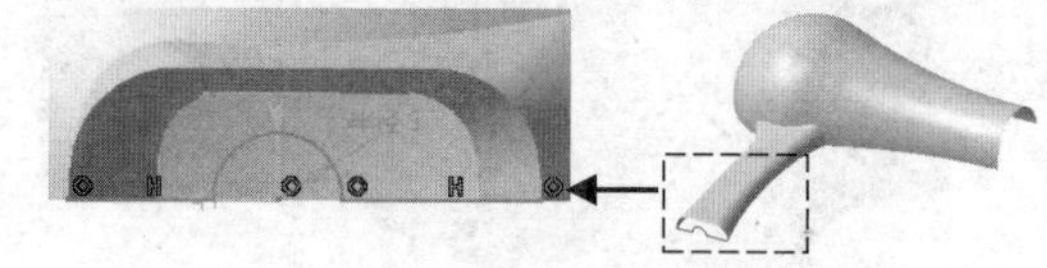

图14-116 草图6

22 执行菜单栏中的【插入】|【曲面】|【填充】命令。依次选取【草图.6】和与之相接的曲面边线，单击【确定】按钮完成填充曲面的创建，如图14-117所示。

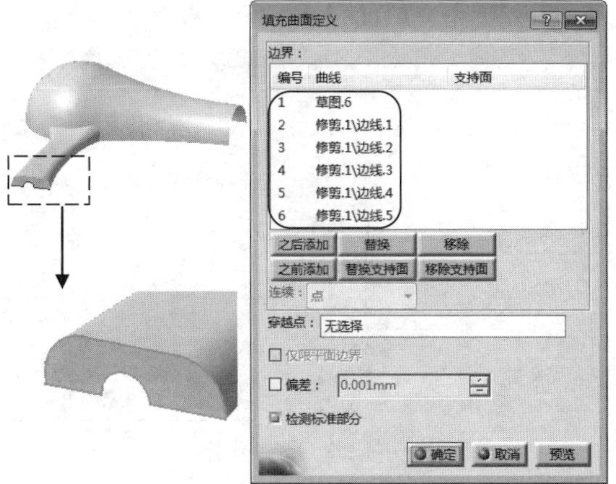

图14-117 创建填充曲面

23 执行菜单栏中的【插入】|【操作】|【接合】命令。选取【修剪.1】曲面、【填充.1】曲面、【桥接曲面.1】为要接合的图元，使用系统默认的合并距离，单击【确定】按钮完成曲面的接合，如图14-118所示。

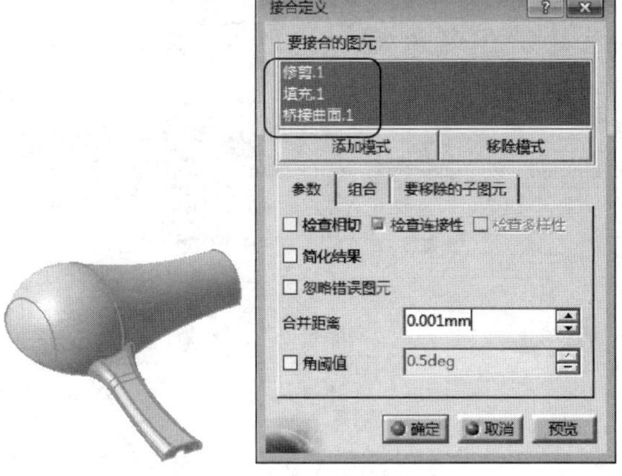

图14-118 创建接合曲面

24 执行菜单栏中的【插入】|【草图编辑器】|【草图】命令，选取XY平面为草绘平面，绘制如图14-119所示的草图7。

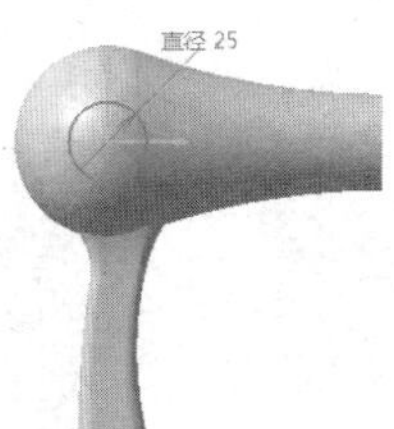

图14-119 草图7

25 执行菜单栏中的【插入】|【曲面】|【拉伸】命令。选取绘制的【草图.7】圆形为拉伸曲面的轮廓线，使用系统默认的拉伸方向，在【限制.1】区域的尺寸文本框中输入35以指定拉伸的长度，如图14-120所示，单击【确定】按钮完成拉伸曲面的创建。

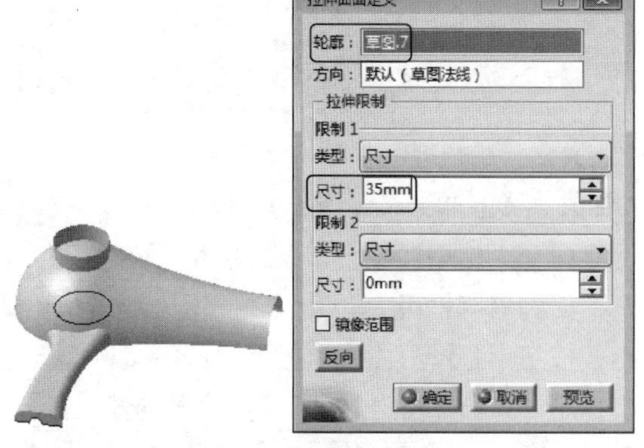

图14-120 创建拉伸曲面

26 执行菜单栏中的【插入】|【曲面】|【偏置】命令。选取【接合.1】曲面为偏置的源对象曲面，在【偏置】文本框中输入3以指定偏置距离，使用系统默认的向内偏置，如图14-121所示，单击【确定】按钮完成曲面的偏置。

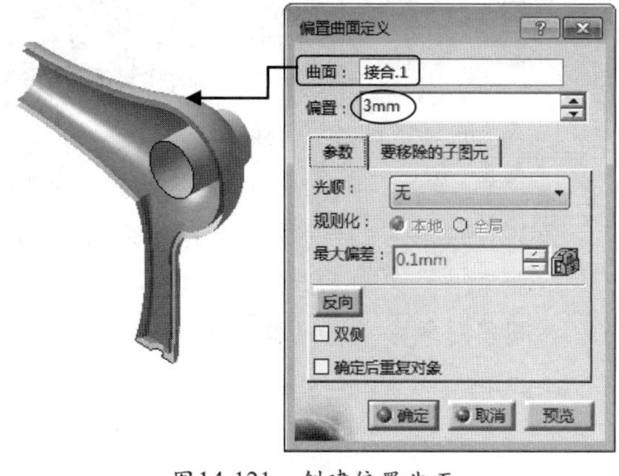

图14-121 创建偏置曲面

27 执行菜单栏中的【插入】|【操作】|【修剪】命令。选取【拉伸.1】曲面和【偏置.1】曲面为修剪图元，单击【另一侧/下一图元】按钮调整修剪曲面的保留侧，如图14-122所示，单击【确定】按钮完成曲面的修剪。

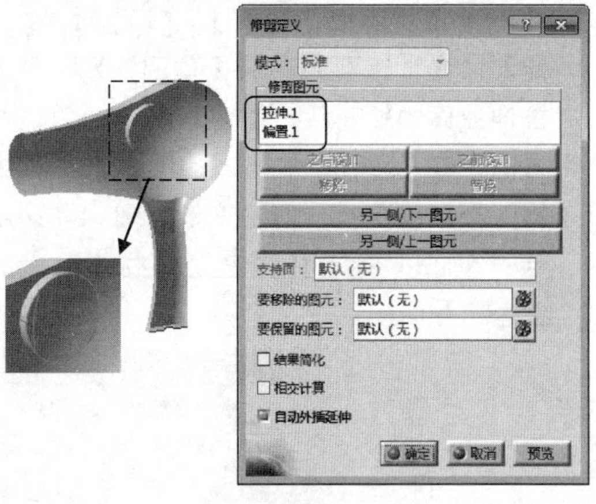

图14-122　修剪曲面

28 执行菜单栏中的【插入】|【操作】|【修剪】命令。选取【接合.1】曲面和【修剪.2】曲面为修剪图元，单击【另一侧/上一图元】按钮调整修剪曲面的保留侧，如图14-123所示，单击【确定】按钮完成曲面的修剪。

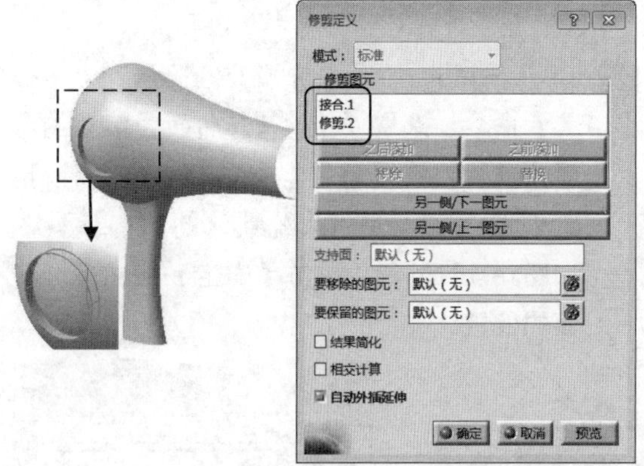

图14-123　修剪曲面

29 执行菜单栏中的【插入】|【操作】|【倒圆角】命令。在【半径】文本框中输入3以指定圆角半径大小，选取曲面上的一条边线为圆角对象，单击【确定】按钮完成曲面倒圆角，如图14-124所示。

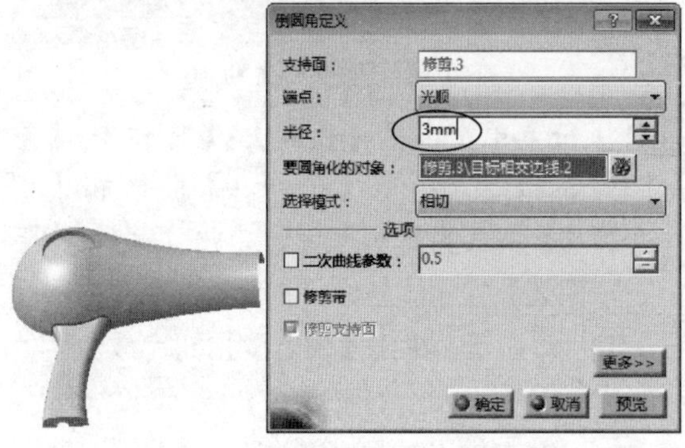

图14-124　曲面倒圆角

30 执行菜单栏中的【插入】|【操作】|【倒圆角】命令。在【半径】文本框中输入1.5以指定圆角半径大小，选取曲面上的3条边线为圆角对象，单击【确定】按钮完成曲面的倒圆角，如图14-125所示。

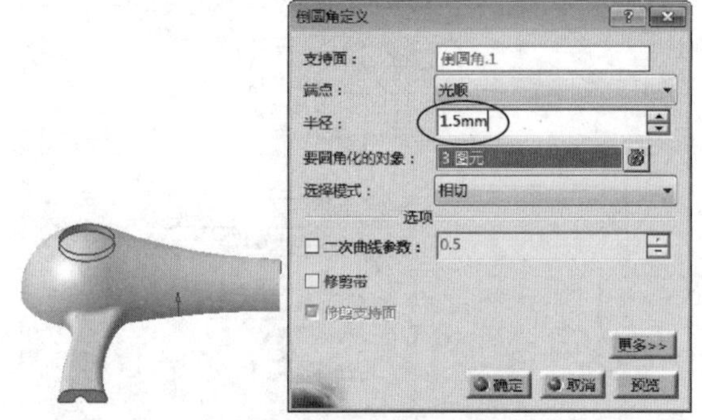

图14-125　曲面倒圆角

31 执行菜单栏中的【开始】|【机械设计】|【零件设计】命令，系统即可进入【零件设计】模块。

32 执行菜单栏中的【插入】|【基于曲面的特征】|【厚曲面】命令。在【第一偏置】文本框中输入1.5以指定曲面加厚的尺寸，选取图形窗口中的【倒圆角.2】曲面为加厚对象，单击【确定】按钮完成曲面的加厚，如图14-126所示。

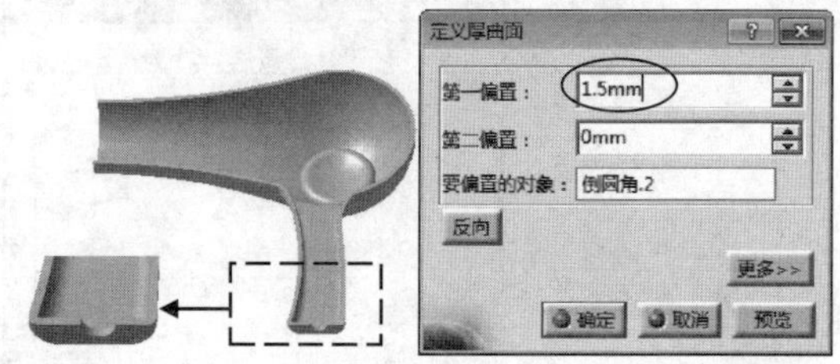

图14-126　曲面加厚

33 选中【倒圆角.2】曲面再将其隐藏以简洁显示图形。

34 执行菜单栏中的【插入】|【草图编辑器】|【草图】命令，选取XY平面为草图绘制平面，绘制如图14-127所示的草图8。

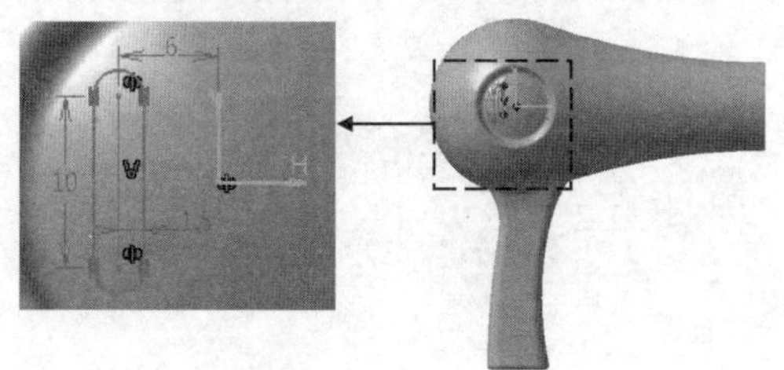

图14-127　草图8

35 执行菜单栏中的【插入】|【基于草图的特征】|【凹槽】命令。在【第一限制】区域的【深度】文本框中输入35以指定拉伸距离，选取【草图.8】为拉伸的轮廓线，单击【确定】按钮完成凹槽的创建，如图14-128所示。

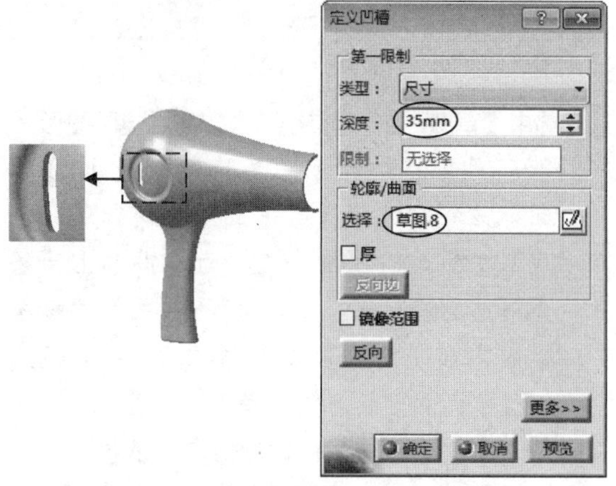

图14-128 创建凹槽特征

36 执行菜单栏中的【插入】|【变换特征】|【矩形阵列】命令。在【参数】下拉列表中选择【实例和间距】选项，在【实例】文本框中输入3以指定矩形阵列数，在【间距】文本框中输入6以指定实例之间的间隔距离，在【参考图元】文本框中单击鼠标右键，并在快捷菜单中选择【X轴】以指定阵列方向，激活【对象】文本框并选取【凹槽】特征为阵列的对象，单击【确定】按钮完成凹槽的矩形阵列，如图14-129所示。

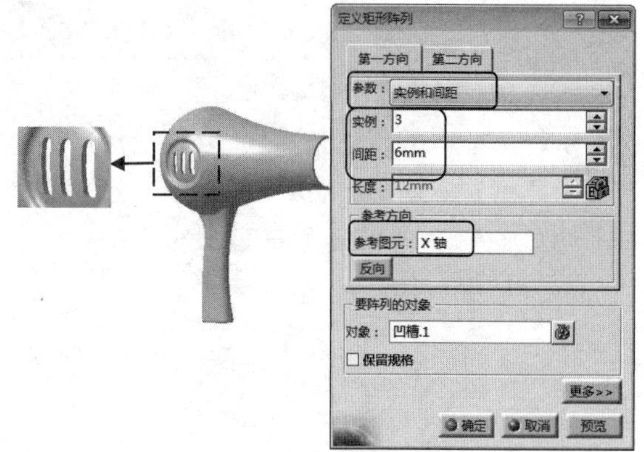

图14-129 阵列凹槽特征

37 执行菜单栏中的【文件】|【保存】命令。在【名称名】文本框中输入“hair –drier”，单击【确定】按钮完成文件的保存。

14.6.2 实战二：座机电话外壳

引入光盘：无
结果文件：\动手操作\结果文件Ch14\telephone.CATPart
视频文件：\视频\Ch14\实战二：座机电话外壳.avi

本小节将介绍【座机电话外壳】的造型过程。本实例将运用【创成式外形设计】模块中的曲线工具命令，建立座机电话外壳的外形主体结构，再逐步建立各个曲面特征并将其合并修剪为面组，最后将其转换为实体图形，完成造型设计。设计模型如图14-130所示。

图14-130 座机电话外壳

01 新建一零件文件并将其命名为“telephone”。

02 执行菜单栏中的【插入】|【草图编辑器】|【草图】命令，选取ZX平面为草绘平面，绘制如图14-131所示的草图1。

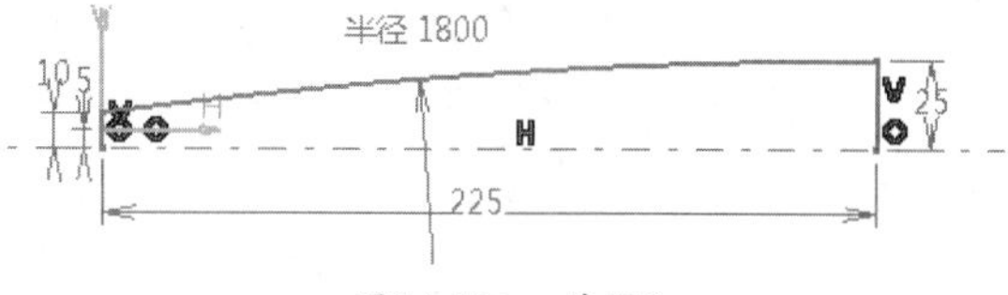

图14-131 草图1

03 执行菜单栏中的【插入】|【曲面】|【拉伸】命令。选取【草图.1】为拉伸曲面的轮廓线，使用系统默认的拉伸方向，分别设置【限制1】和【限制2】区域的拉伸尺寸为82，单击【确定】按钮完成拉伸曲面的创建，如图14-132所示。

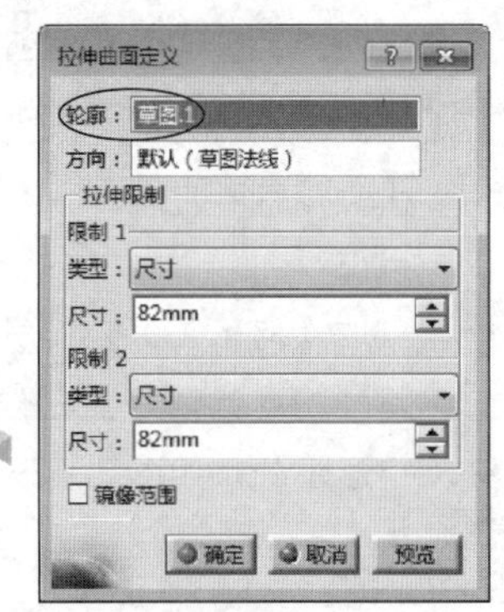

图14-132　创建拉伸曲面

04 执行菜单栏中的【插入】|【草图编辑器】|【草图】命令，选取XY平面为草绘平面，绘制如图14-133所示的草图2。

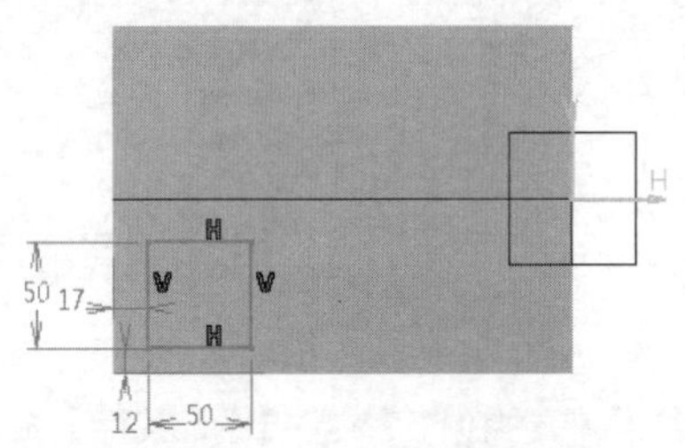

图14-133　草图2

05 执行菜单栏中的【插入】|【线框】|【投影】命令。选择【沿某一方向】为投影的类型，选取【草图.2】为投影源对象，选取【拉伸.1】曲面为支持面，在【方向】文本框中单击鼠标右键，并选取【Z部件】选项以指定投影方向，取消【近接解法】选项，单击【确定】按钮完成投影曲线的创建，如图14-134所示。

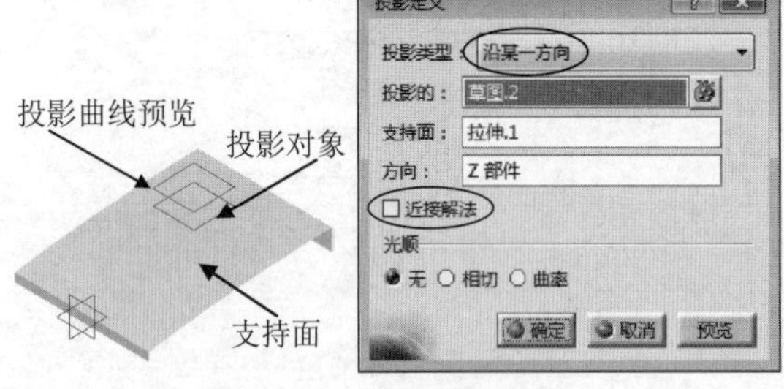

图14-134　创建投影曲线

06 执行菜单栏中的【插入】|【操作】|【分割】命令。选取【拉伸.1】曲面为要切除的图元，选取上步中创建的投影曲线【项目.1】为切除图元，使用系统默认切除曲线内部部分曲面，如图14-135所示，单击【确定】按钮完成曲面的分割。

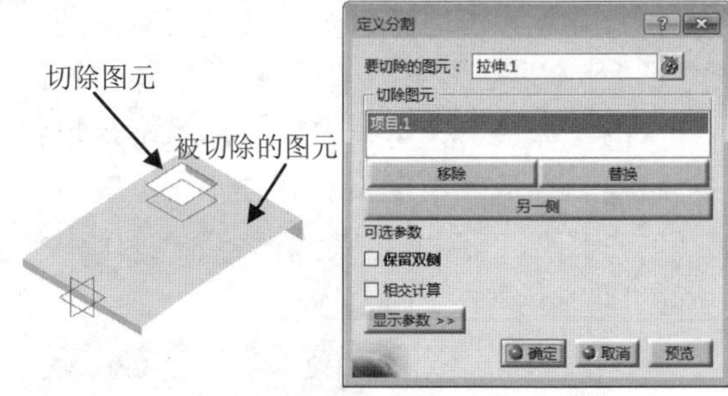

图14-135　分割曲面

07 选中【草图.2】并将其隐藏，以简洁显示图形。

08 执行菜单栏中的【插入】|【线框】|【平面】命令。选择【与平面成一定角度或垂直】为创建的平面类型，选取曲面上一条直线边为旋转轴，选取【XY平面】为参考平面，在【角度】文本框中输入-1以指定新建平面的旋转方向和角度，如图14-136所示，单击【确定】按钮完成平面的创建。

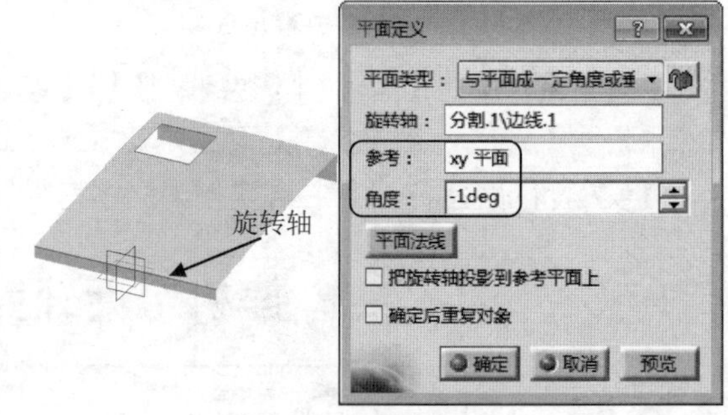

图14-136　创建平面

09 执行菜单栏中的【插入】|【草图编辑器】|【草图】命令，选取上步创建的【平面.1】为草绘平面，绘制出如图14-137所示的草图3。

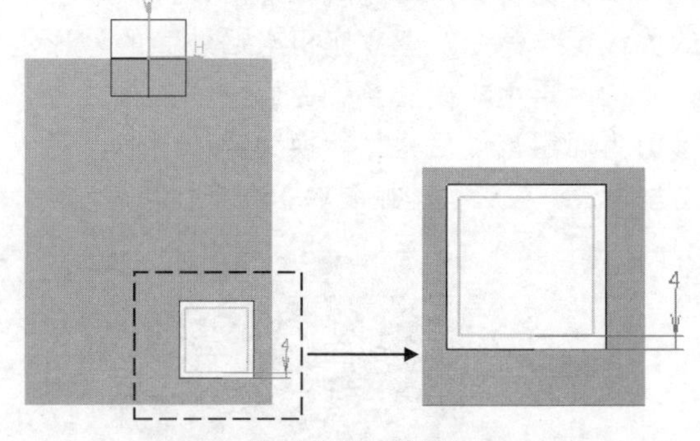

图14-137　草图3

10 选中目录树中所有基准平面并将其隐藏，以简洁显示图形。

11 执行菜单栏中的【插入】|【曲面】|【多截面曲面】命令。分别选取投影曲线【项

目.1】和【草图.3】曲线为多截面曲面的截面轮廓，使其系统默认其他设置，单击【确定】按钮完成多截面曲面的创建，如图14-138所示。

图14-138 创建多截面曲面

12 执行菜单栏中的【插入】|【曲面】|【填充】命令。选取【草图.3】为填充曲面的边界线，单击【确定】按钮完成填充曲面的创建，如图14-139所示。

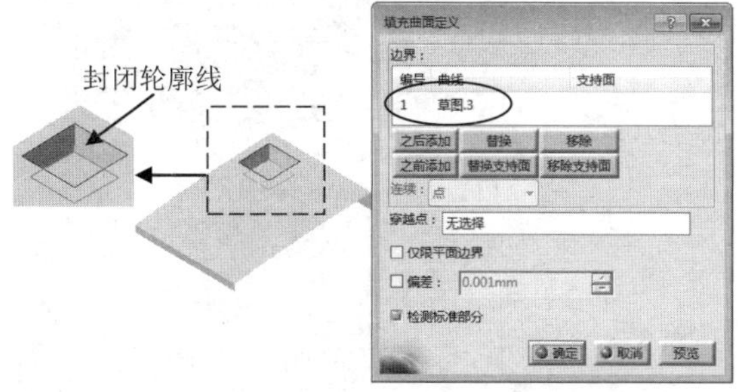

图14-139 创建填充曲面

13 执行菜单栏中的【插入】|【曲面】|【偏置】命令。选取图形窗口中的【分割.1】曲面为偏置的源对象曲面，在【偏置】文本框中输入-10以指定曲面的偏置方向和偏置距离，单击【确定】按钮完成偏置曲面的创建，如图14-140所示。

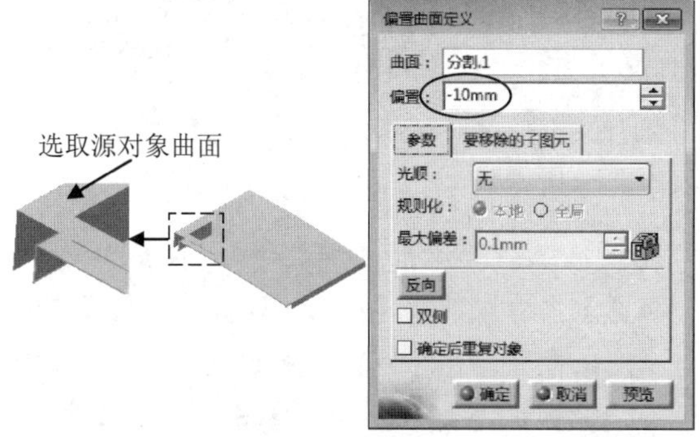

图14-140 创建偏置曲面

14 执行菜单栏中的【插入】|【草图编辑器】|【草图】命令，选取目录树中的XY平面为草绘平面，绘制如图14-141所示的草图4。

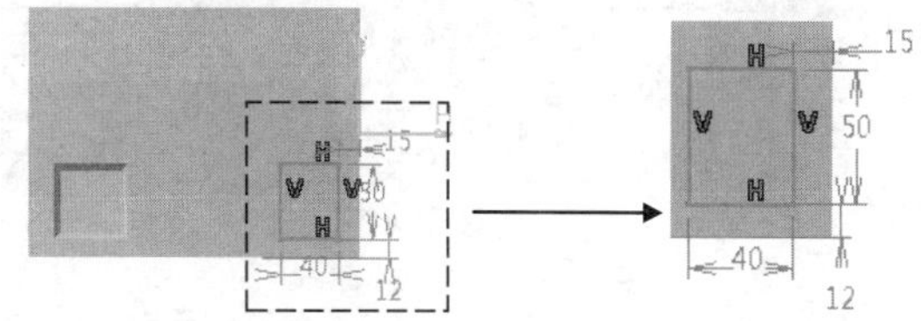

图14-141 草图4

15 执行菜单栏中的【插入】|【线框】|【投影】命令。选择【沿某一方向】为投影的类型，选取【草图.4】的曲线为投影源对象曲线，选取【分割.1】曲面为支持面，在【方向】文本框中单击鼠标右键，并选择快捷菜单中的【Z部件】以指定投影方向，单击【确定】按钮完成投影曲线的创建，如图14-142所示。

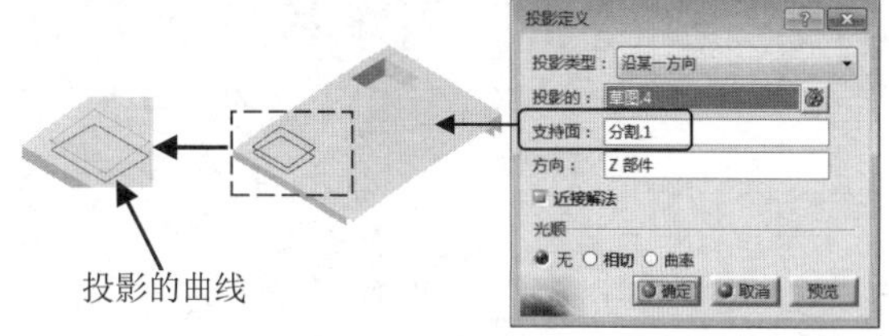

图14-142 创建投影曲线1

16 执行菜单栏中的【插入】|【线框】|【投影】命令。选择【沿某一方向】为投影的类型，选取【草图.4】的曲线为投影源对象曲线，选取【偏置.1】曲面为支持面，选取【Z部件】以指定投影方向，单击【确定】按钮完成投影曲线的创建，如图14-143所示。

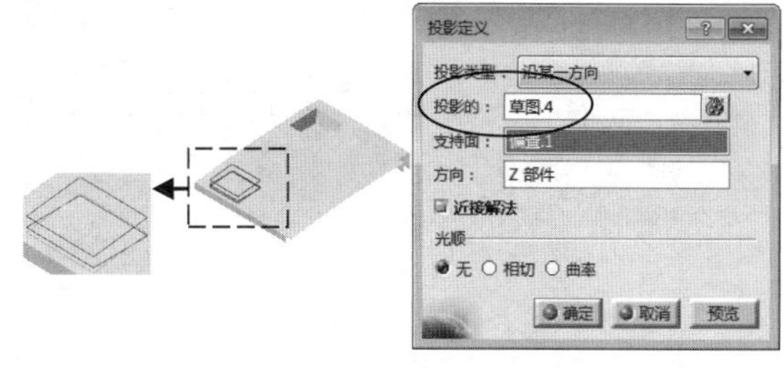

图14-143 创建投影曲线2

17 执行菜单栏中的【插入】|【操作】|【分割】命令。选取【分割.1】曲面为要切除的图元，选取投影曲线【项目.2】为切除图元，单击【确定】按钮完成曲面的分割，

如图14-144所示。

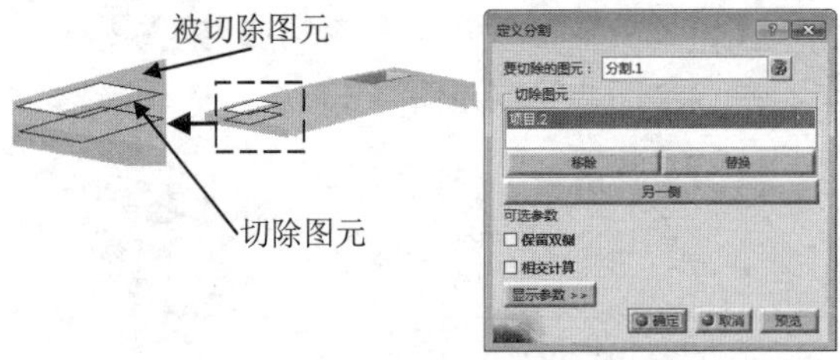

图14-144 分割曲面

18 执行菜单栏中的【插入】|【线框】|【平行曲线】命令。选取投影曲线【项目.3】为源对象曲线，选取【偏置.1】曲面为支持面，在【常量】文本框中输入4以指定平行曲线的偏置距离，单击【确定】按钮完成平行曲线的创建，如图14-145所示。

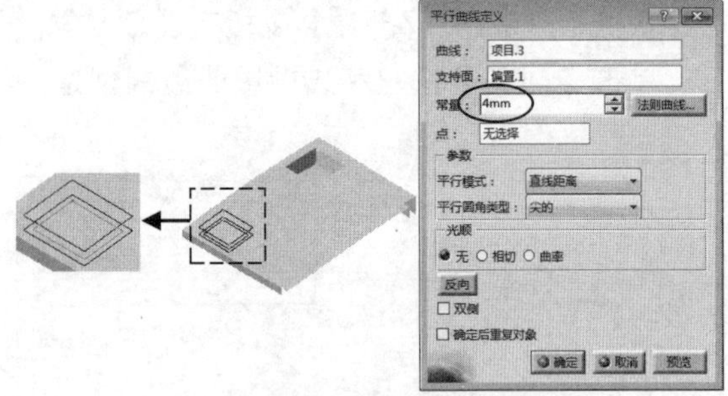

图14-145 创建平行曲线

19 执行菜单栏中的【插入】|【操作】|【分割】命令。选取【偏置.1】曲面为要切除的图元，选取上步创建的【平行1】曲线为切除图元，单击【另一侧】按钮保留平行曲线内部曲面部分，单击【确定】按钮完成曲面的分割，如图14-146所示。

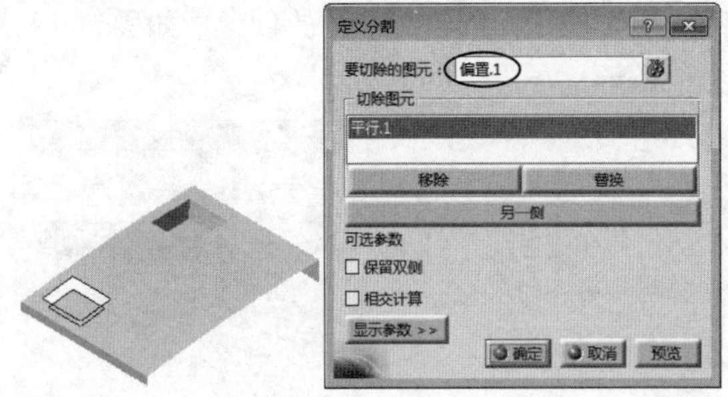

图14-146 分割曲面

20 执行菜单栏中的【插入】|【曲面】|【多截面曲面】命令。分别选取【项目.2】曲线和【平行.1】曲线为多截面曲面的轮廓曲线，激活【耦合】选项卡，在【截面耦合】的下拉列表中选取【顶点】选项，单击【确定】按钮完成多截面曲面的创建，如图14-147所示。

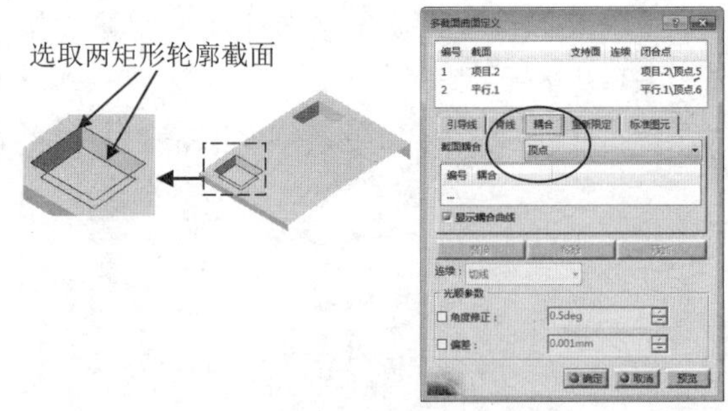

图14-147 创建多截面曲面

21 执行菜单栏中的【插入】|【操作】|【接合】命令。选取【分割.2】、【多截面曲面.1】、【填充.1】、【多截面曲面.2】、【分割.3】曲面为接合的图元，使用系统默认的其他设置，单击【确定】按钮完成曲面的接合，如图14-148所示。

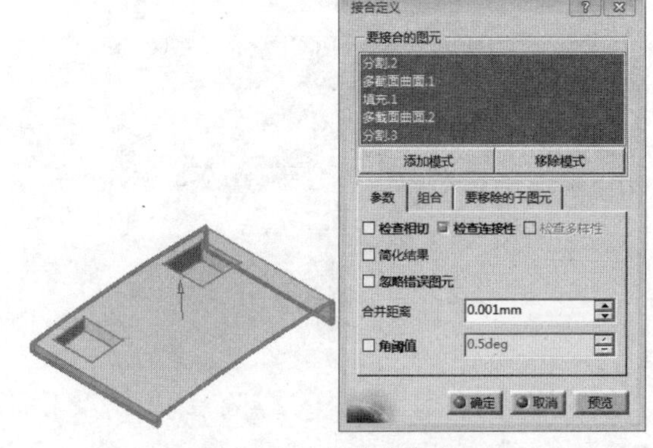

图14-148 创建接合曲面

22 执行菜单栏中的【插入】|【草图编辑器】|【草图】命令，选取XY平面为草绘平面，绘制如图14-149所示的草图5。

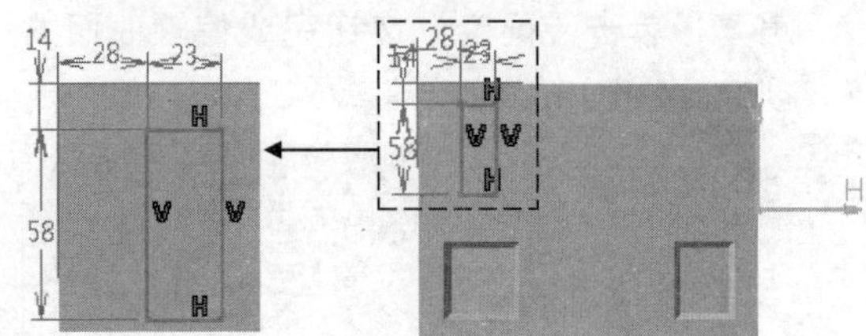

图14-149 草图5

23 执行菜单栏中的【插入】|【曲面】|【偏置】命令。选取【接合.1】曲面为偏置的源对象曲面，在【偏置】文本框中输入-6以指定偏置的方向和距离，单击【确定】按钮完成偏置曲面的创建，如图14-150所示。

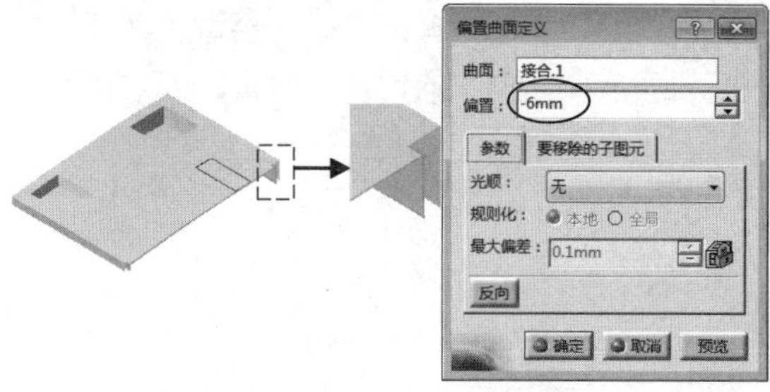

图14-150 创建偏置曲面

24 执行菜单栏中的【插入】|【线框】|【投影】命令。选择【沿某一方向】为投影的类型，选取【草图.5】为投影的源对象曲线，选取【接合.1】曲面为支持面，在【方向】文本框中单击鼠标右键，并在快捷菜单中选取【Z部件】以指定投影方向，单击【确定】按钮完成投影曲线的创建，如图14-151所示。

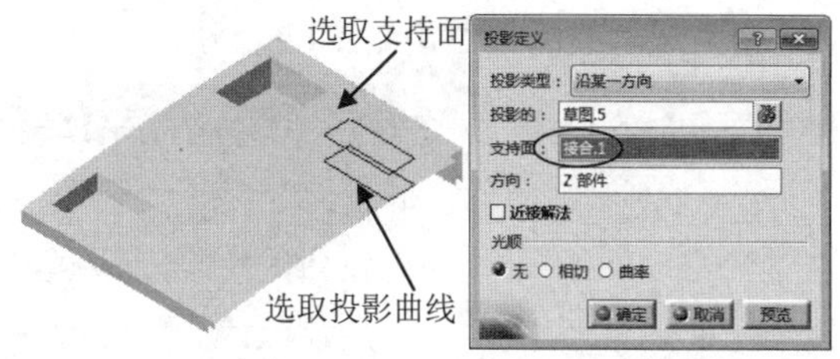

图14-151 创建投影曲线

25 执行菜单栏中的【插入】|【线框】|【投影】命令。选择【沿某一方向】为投影的类型，选取【草图.5】曲线为投影的源对象曲线，选取【偏置.2】曲面为支持面，选取【Z部件】为投影曲线的方向，单击【确定】按钮完成投影曲线的创建，如图14-152所示。

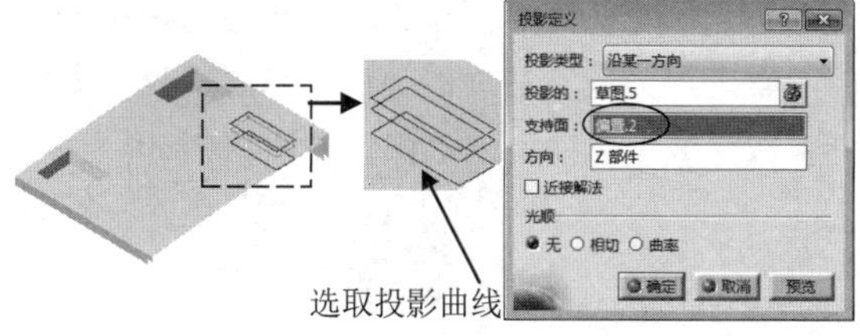

图14-152 创建投影曲线

26 执行菜单栏中的【插入】|【操作】|【分割】命令。选取【接合.1】曲面为要切除的图元，选取投影曲线【项目.4】为切除图元，单击【确定】按钮完成曲面的分割。

27 选中投影曲线【项目.4】和【草图.5】曲线并将其隐藏，以简洁显示图形。

28 执行菜单栏中的【插入】|【线框】|【平行曲线】命令。选取投影曲线【项目.5】为投影的源对象曲线，选择【偏置.2】曲面为支持面，在【常量】文本框中输入2，以指定平行曲线的偏置距离，单击【确定】按钮完成平行曲线的创建，如图14-153所示。

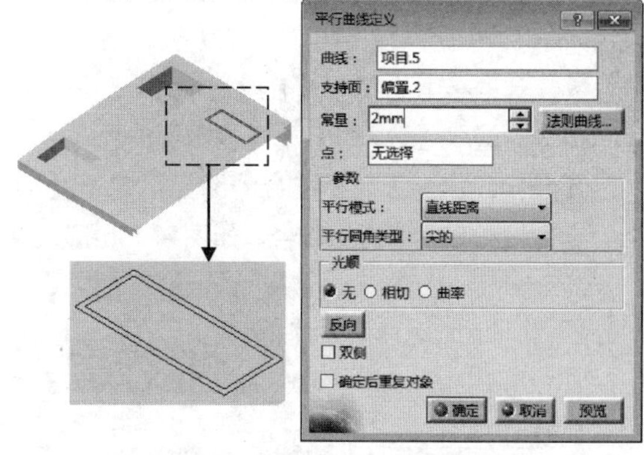

图14-153 创建平行曲线

29 隐藏【项目.5】曲线，再执行菜单栏中的【插入】|【操作】|【分割】命令。选取【偏置.2】曲面为要切除的图元，选取【平行.2】曲线为切除图元，保留平行曲线内部的曲面部分，如图14-154所示，单击【确定】按钮完成曲面的分割。

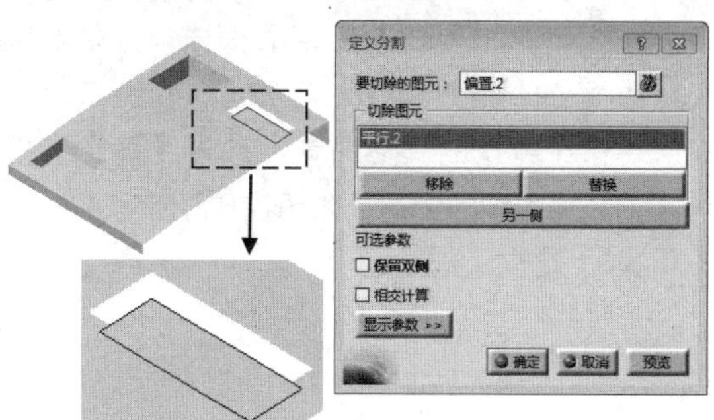

图14-154 分割曲面

30 执行菜单栏中的【插入】|【曲面】|【多截面曲面】命令。选取投影曲线【项目.4】和【平行.2】曲线为多截面曲面的轮廓截面，激活【耦合】选项卡并在【截面耦合】下拉列表中选取【顶点】选项，单击【确定】按钮完成多截面曲面的创建，如图14-155所示。

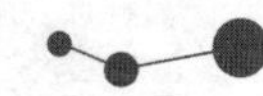

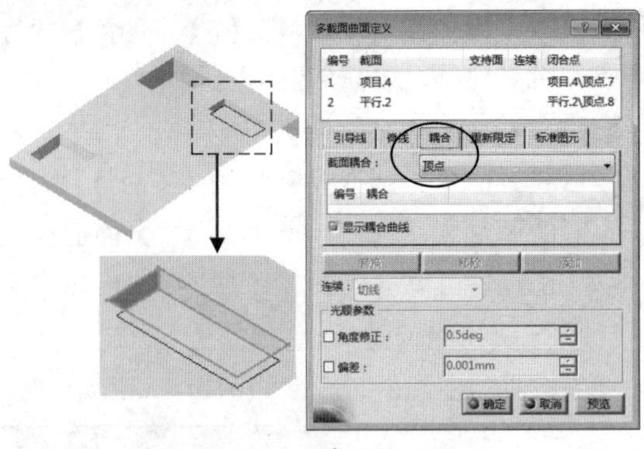

图14-155 创建多截面曲面

31 执行菜单栏中的【插入】|【操作】|【接合】命令。选取【分割.4】、【多截面曲面.3】、【分割.5】曲面为要接合的图元，单击【确定】按钮完成曲面的接合，如图14-156所示。

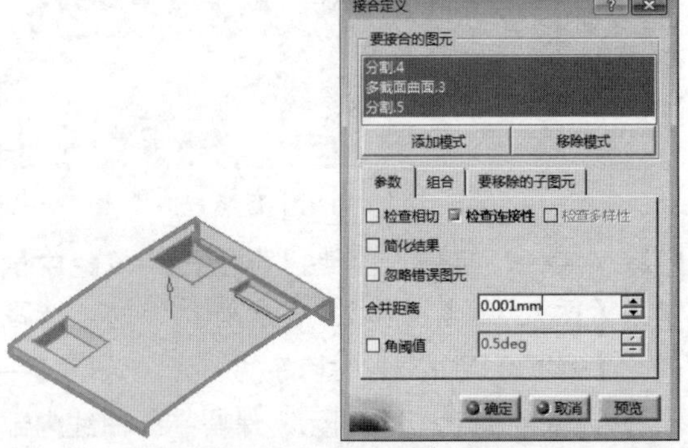

图14-156 创建接合曲面

32 执行菜单栏中的【插入】|【线框】|【直线】命令。选取【点-点】模式，分别选取曲面上的两个顶点为直线起点和终点，使用系统默认的其他设置，单击【确定】按钮完成直线的创建，如图14-157所示。

图14-157 创建直线

33 执行菜单栏中的【插入】|【曲面】|【填充】命令。选取【直线.1】和与之相接的曲面边线为填充曲面的边界，单击【确定】按钮完成填充曲面的创建，如图14-158所示。

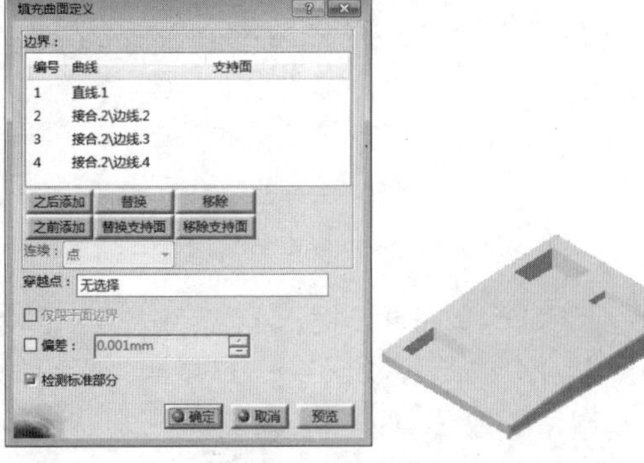

图14-158 创建填充曲面

34 执行菜单栏中的【插入】|【线框】|【直线】命令。选取【点-点】模式，分别选取曲面上的两个顶点为直线起点和终点，使用系统默认的其他设置，单击【确定】按钮完成直线的创建，如图14-159所示。

图14-159 创建直线

35 执行菜单栏中的【插入】|【曲面】|【填充】命令。选取【直线.2】和与之相接的曲面边线为填充曲面的边界，单击【确定】按钮完成填充曲面的创建，如图14-160所示。

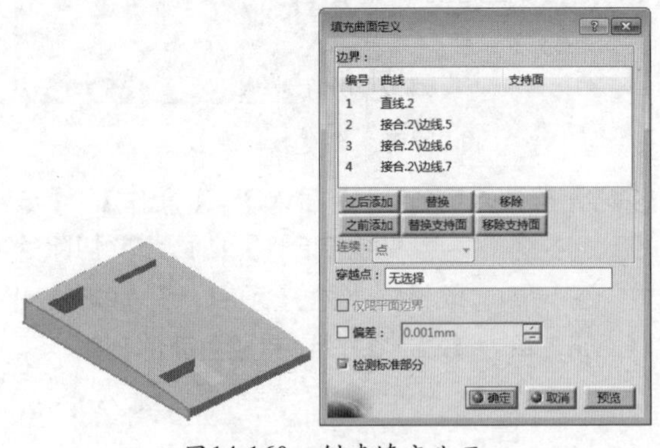

图14-160 创建填充曲面

36 执行菜单栏中的【插入】|【操作】|【接合】命令。选取【接合.2】、【填充.2】、【填充.3】曲面为要接合的图元，单击【确定】按钮完成曲面的接合，如图14-161所示。

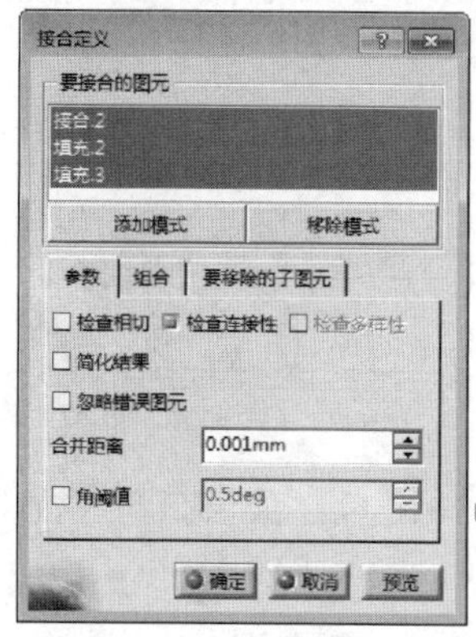

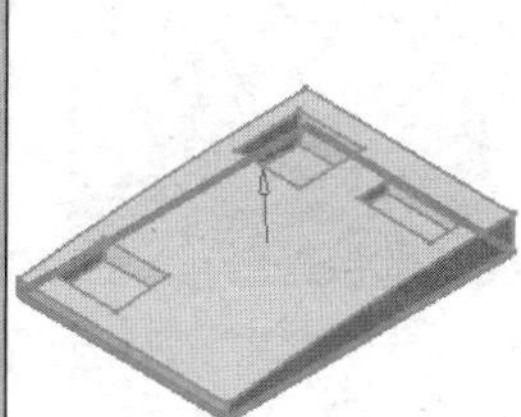

图14-161 创建接合曲面

37 执行菜单栏中的【插入】|【操作】|【倒圆角】命令。选取【接合.4】曲面的4条边线为圆角对象，在【半径】文本框中输入8以指定圆角大小，如图14-162所示，单击【确定】按钮完成曲面圆角。

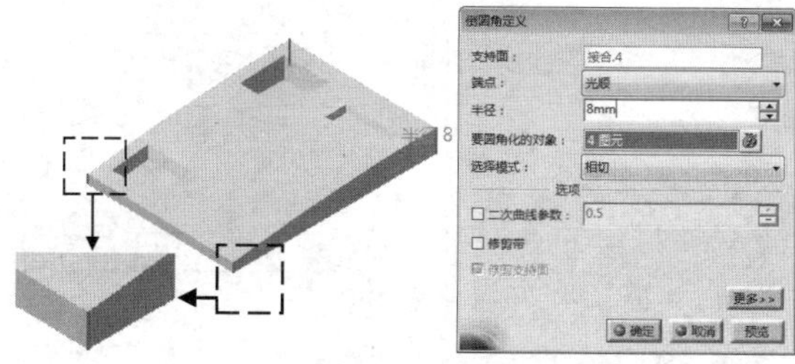

图14-162 曲面倒圆角1

38 执行菜单栏中的【插入】|【操作】|【倒圆角】命令。选取曲面的一边线为圆角对象，并设置圆角半径为2，单击【确定】按钮完成曲面圆角，如图14-163所示。

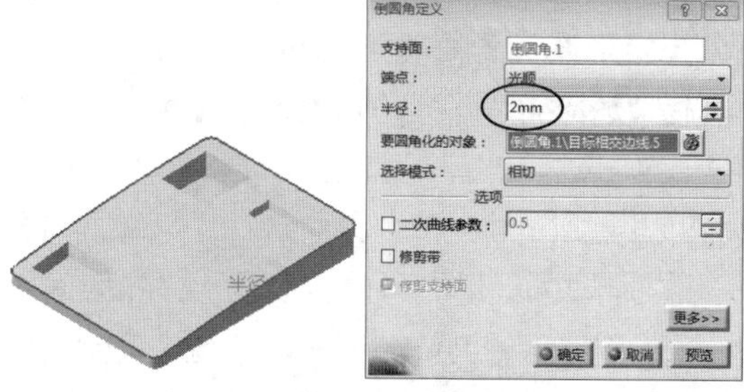

图14-163 曲面倒圆角2

39 执行菜单栏中的【插入】|【操作】|【倒圆角】命令。选取多截面曲面的12条边线为圆角对象，在【半径】文本框中输入5以指定圆角半径的大小，如图14-164所示，单击【确定】按钮完成曲面倒圆角。

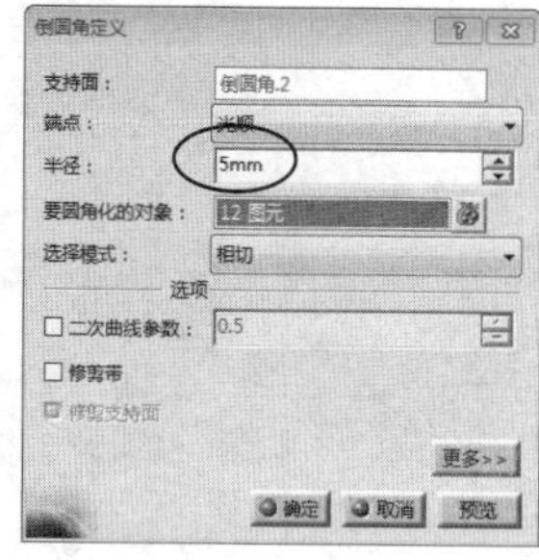

图14-164 曲面倒圆角3

40 执行菜单栏中的【插入】|【操作】|【倒圆角】命令。选取曲面的6条边线为圆角对象，在【半径】文本框中输入2以指定圆角半径大小，单击【确定】按钮完成曲面倒圆角，如图14-165所示。

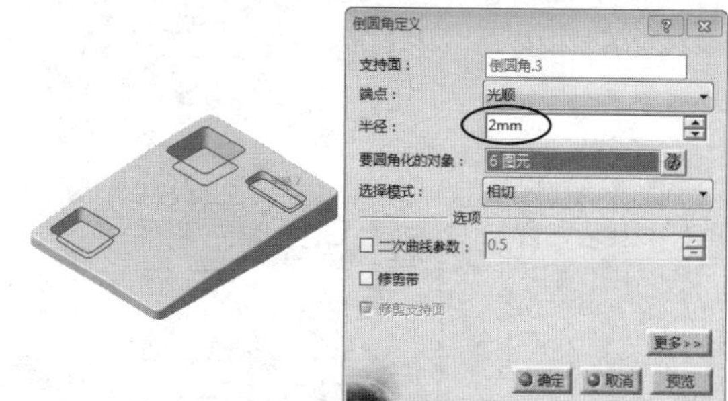

图14-165 曲面倒圆角4

41 执行菜单栏中的【开始】|【机械设计】|【零件设计】命令，系统即可进入【零件设计】模块。

42 执行菜单栏中的【插入】|【基于曲面的特征】|【厚曲面】命令。选取【倒圆角.4】曲面为加厚的曲面特征，在【第一偏置】文本框中输入3以指定曲面的加厚尺寸，单击【确定】按钮完成曲面的实体转换，如图14-166所示。

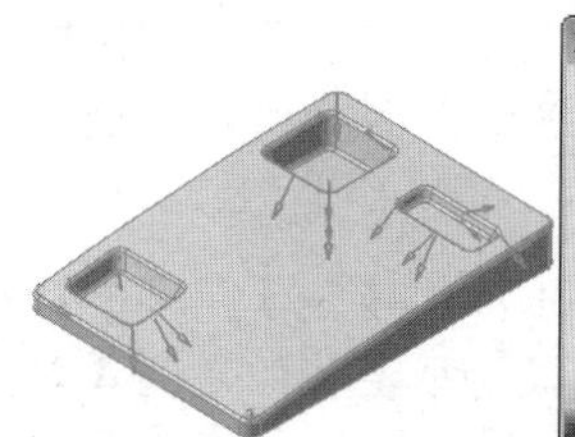

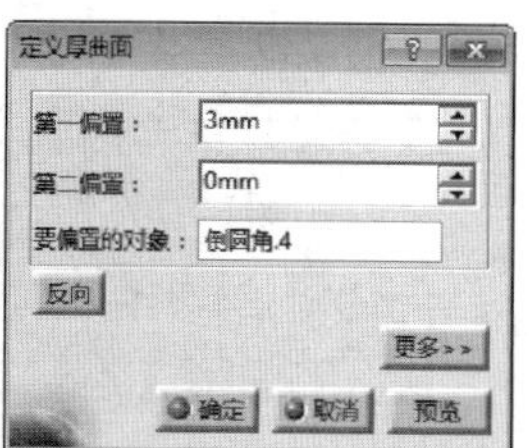

图14-166 曲面加厚

43 选中【倒圆角.4】曲面再将其隐藏，以简洁显示图形。

44 执行菜单栏中的【插入】|【草图编辑器】|【草图】命令。选取XY平面为草绘平面，绘制如图14-167所示的草图6。

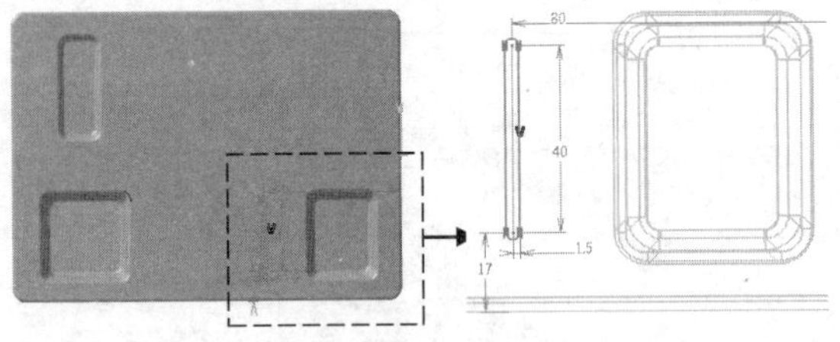

图14-167 草图6

45 执行菜单栏中的【插入】|【基于草图的特征】|【凹槽】命令。选取上步绘制的【草图.6】为凹槽的轮廓线，指定凹槽的拉伸尺寸为25，方向向上，单击【确定】按钮完成凹槽的创建，如图14-168所示。

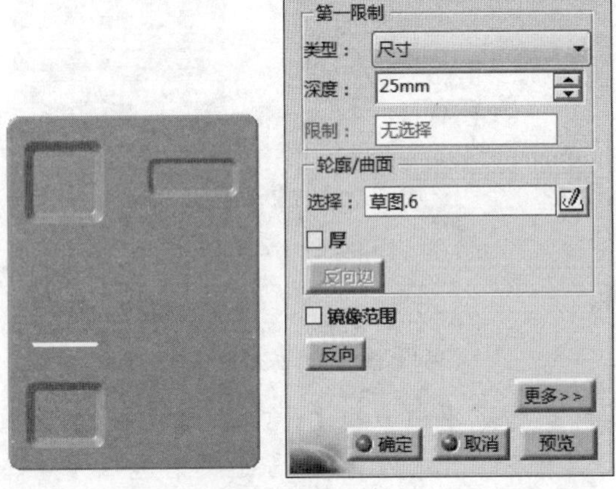

图14-168 创建凹槽

46 执行菜单栏中的【插入】|【变换特征】|【矩形阵列】命令。选取【凹槽】特征为阵列对象，在【第一方向】选项卡中设置阵列方式为【实例和间距】，设置阵列实例数6，间距10，指定阵列的参考方向为X轴，如图14-169所示。

47 执行菜单栏中的【插入】|【草图编辑器】|【草图】命令。选取XY平面为草绘平面，绘制如图14-170所示的草图7。

48 执行菜单栏中的【插入】|【基于草图的特征】|【凹槽】命令。选取上步绘制的【草图.7】为凹槽的拉伸轮廓线，指定凹槽的拉伸尺寸为25，方向向上，单击【确定】按钮完成凹槽的创建，如图14-171所示。

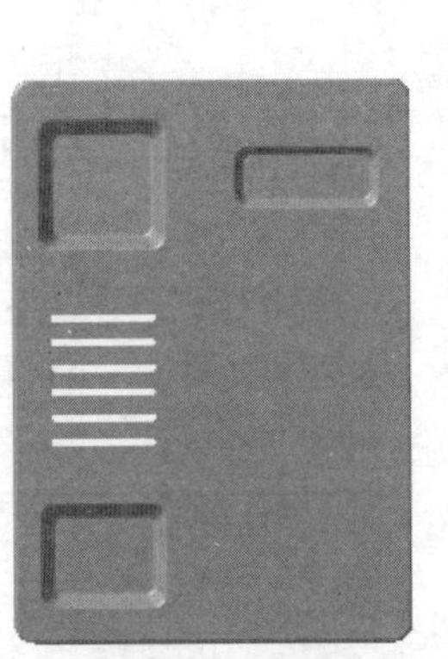
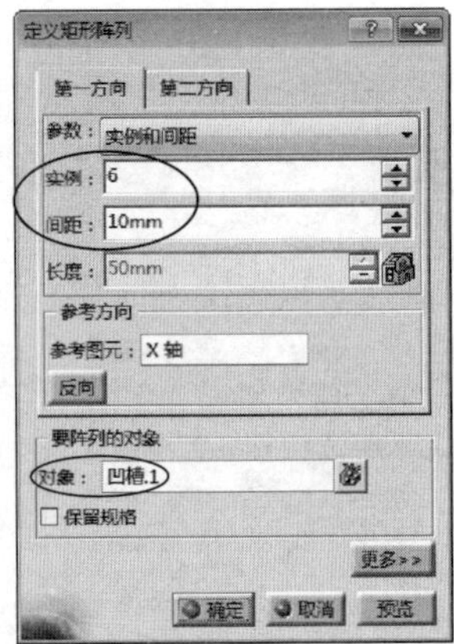

图14-169 创建矩形阵列

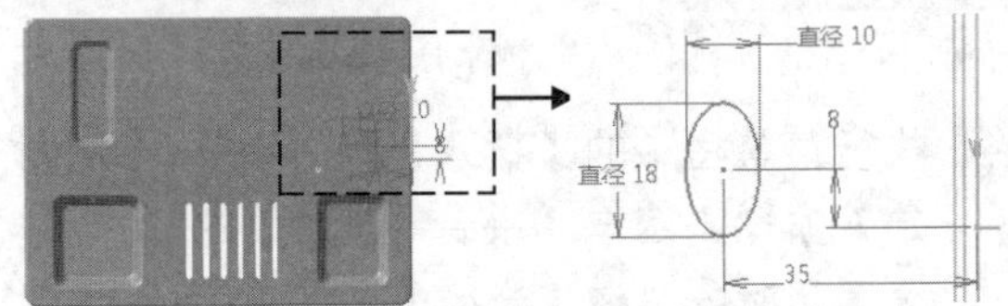

图14-170 草图7

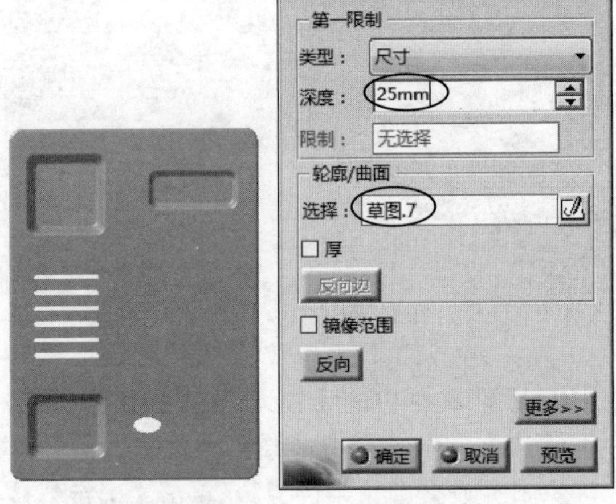

图14-171 创建凹槽

49 执行菜单栏中的【插入】|【变换特征】|【矩形阵列】命令。选取上步创建的【凹槽.2】特征为阵列的对象，在【第一方向】选项卡中设置阵列的实例数3，阵列间距25，选取Y轴为阵列方向，在【第二方向】选项卡中设置阵列的实例数4，阵列间距25，选取X轴为阵列方向，单击【确定】按钮完成凹槽的阵列，如图14-172所示。

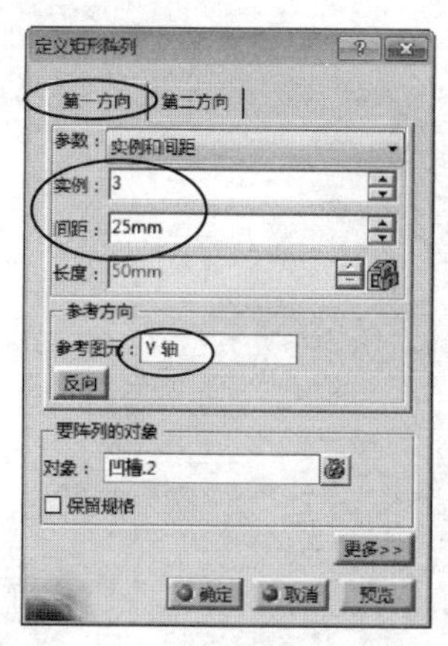

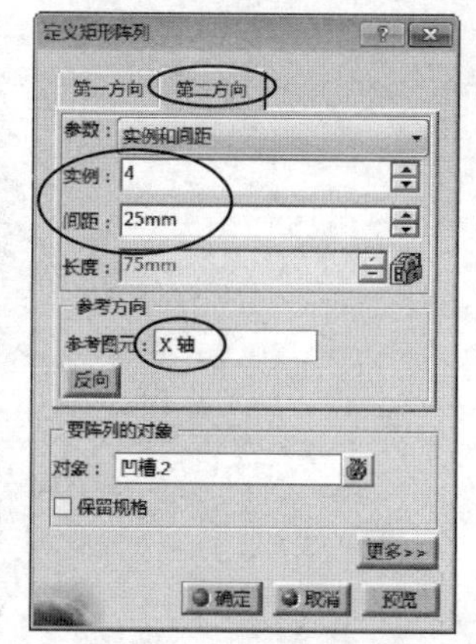

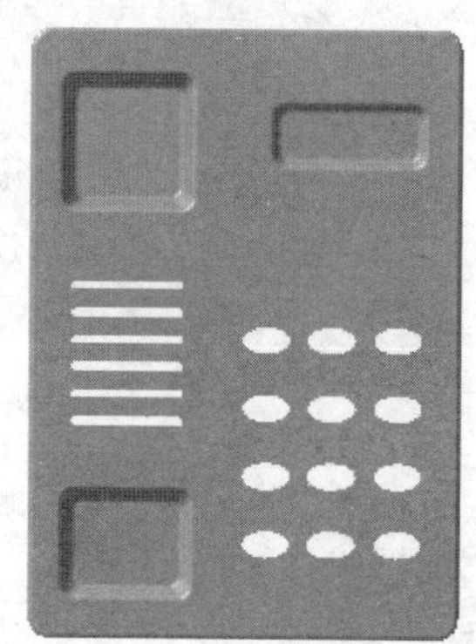

图14-172 创建矩形阵列

14.7 课后习题

本章主要介绍了CATIA V5R21的创成式外形设计模块中的【曲面】设计方法和技巧，详细讲解了常规曲面以及复杂曲面的创建方法和过程，最后再详细解析了两个简单工业产品的曲面造型设计过程和设计思路。

最终，本章在整篇内容和安排上体现了创成式外形设计模块的线框构造方法和构造思路。

为巩固本章所学的曲面构造技巧和思路，安排了如下习题供读者思考练习，如图14-173所示。

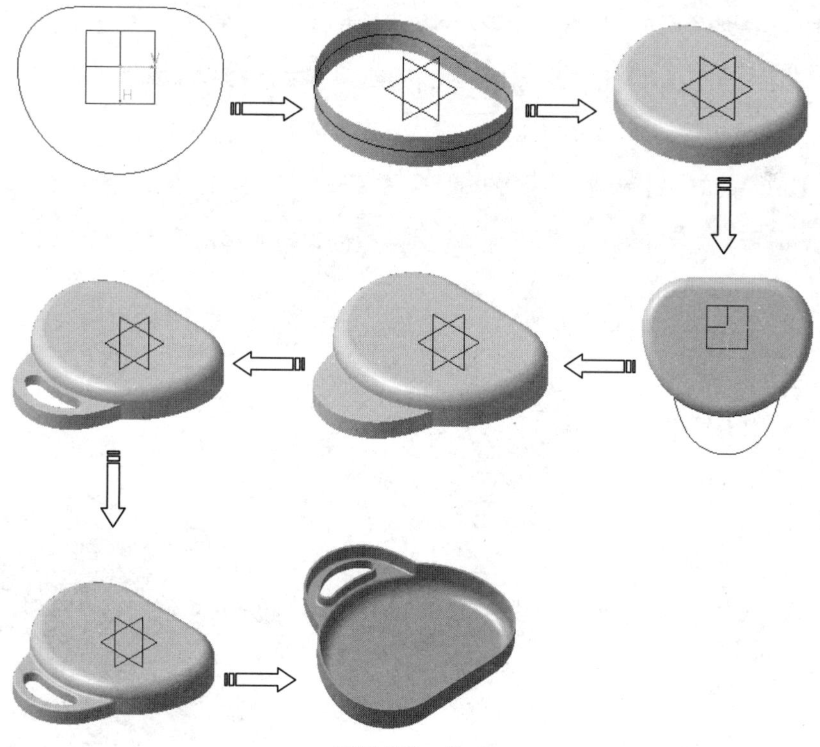

图14-173 练习

第15章 自由曲面设计

自由曲面设计（Free Style）功能模块是基于曲面的工具，主要用以创建出更具审美要求的各种产品的复杂外形。通过草图以及数字化的设计数据，设计人员可以创建出任意的3D曲线和曲面，并能实时地调整和修改设计，使之符合设计要求。同时，该模块提供了曲线和曲面诊断工具以方便用户对已创建的曲线、曲面进行实时检查。

自由曲面设计是CATIA曲面设计的重要组成部分，它是一个非参数设计的工作台，其创建的各种曲线和曲面都完全非参数。本章将详细介绍CATIA自由曲面设计的基础知识和造型技巧。

◎ 知识点01：曲线的创建
◎ 知识点02：曲面的创建
◎ 知识点03：曲线与曲面的编辑
◎ 知识点04：曲面外形修改

15.1 CATIA自由曲面概述

自由曲面是CATIA中的一个非参数设计模块，它主要针对设计过程中的各种更为复杂的曲面。用户使用该模块可以快速自由地创建出产品的各种复杂的外形，并且该模块还提供了快捷的曲线、曲面编辑修改和分析工具，以便于用户能实时检查已创建的曲线和曲面的质量。

15.1.1 切换到【自由曲面】模块

在菜单栏执行【开始】|【形状】|【自由曲面】命令，系统即可进入【自由曲面】设计模块。如图15-1所示。

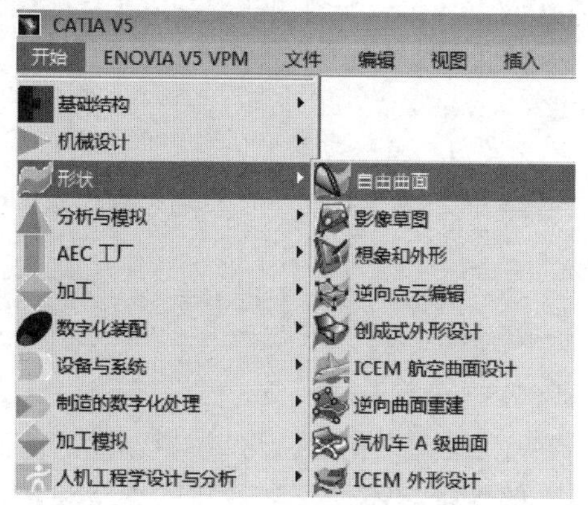

图15-1 进入【自由曲面】模块

提示

进入【自由曲面】设计模块的提示：

★ 如在切换【自由曲面】模块前已新建零件，则可直接进入该工作台。

★ 如在切换【自由曲面】模块前未新建零件，则系统弹出新建零件对话框。

15.1.2 工具栏介绍

在进入【自由曲面】模块后，系统提供了各种命令工具栏，它们分别位于绘图窗口的上侧和右侧。因空间局限，工具栏中的命令不能完全显示在屏幕中，用户可将其拖放至合适的位置，如图15-2所示。

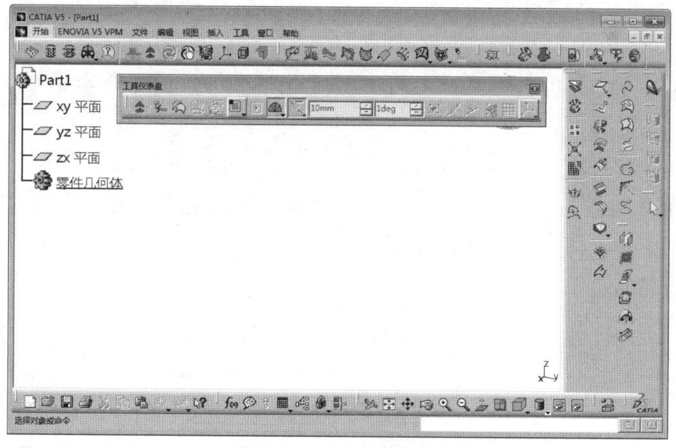

图15-2 【自由曲面】设计窗口

1. 曲线工具栏

针对各种复杂的空间曲线，自由曲面设计模块提供了丰富的创建曲线的工具命令集，如图15-3所示。

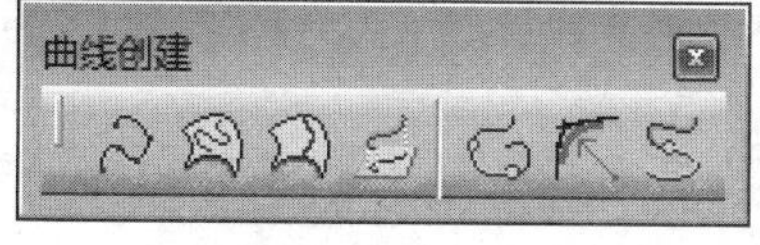

图15-3 曲线工具栏

关于图15-3中所示的曲线创建工具命令，从左至右依次如下。

★ （3D曲线）：主要用于创建空间样条曲线。

★ （曲面上的曲线）：主要用于在已知的曲面上创建出各种曲线。

★ （等参数曲线）：主要用于在已知曲面上创建出与曲面参数相同的曲线。

★ （投影曲线）：主要用于将空间中的曲线

投影至曲面上创建出新的曲线。

★ （桥接曲线）：主要用于创建一条连接两曲线的空间曲线。

★ （样式圆角）：主要用于两条空间曲线的圆角操作。

★ （匹配曲线）：主要用于创建一条连接两曲线，且具有曲率连续性的空间曲线。

2. 曲面工具栏

针对各种复杂的曲面特征，自由曲面设计模块提供了更为自由的曲面创建工具栏，如图15-4所示。

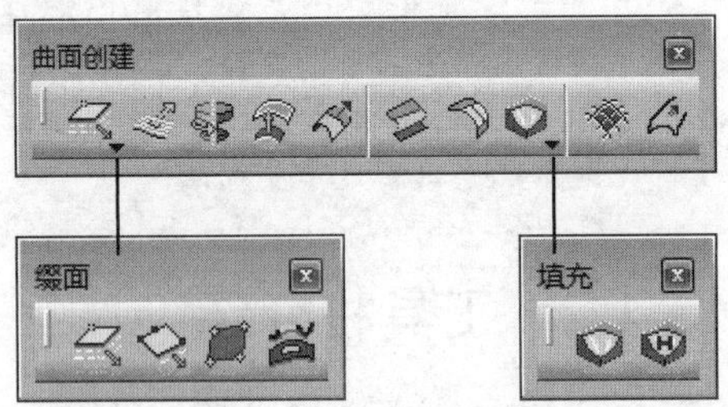

图15-4　曲面工具栏

关于图15-4中所示的曲面创建工具命令从左至右依次如下。

★ （缀面）：主要用于指定通过点来创建各种曲面。主要有2点缀面、3点缀面、4点缀面等工具命令。

★ （拉伸）：主要用于创建各种拉伸曲面。

★ （旋转）：主要用于创建各种旋转曲面。

★ （偏置）：主要通过平移已知曲面从而创建出新曲面。

★ （延伸）：主要用于延伸已知曲面的边界从而创建出新曲面。

★ （桥接）：主要用于创建一个连接两个不相交曲面的新曲面特征。

★ （样式圆角）：主要用于在两个相交曲面间创建圆角曲面。

★ （填充）：主要通过指定封闭曲线从而创建出新曲面。主要有填充和自由造形填充两个工具命令。

★ （网状曲面）：主要通过指定已知的网状曲线从而创建出新曲面。

★ （扫掠曲面）：主要通过指定轮廓曲线、脊线、引导线从而创建出新曲面。

3. 操作工具栏

针对各种复杂的曲面特征，自由曲面设计模块提供了更为自由的曲面创建工具栏，如图15-5所示。

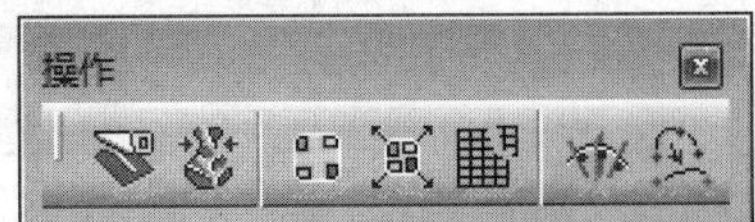

图15-5　操作工具栏

关于图15-5中所示的操作工具命令，从左至右依次如下。

★ （断开）：主要用于中断曲线或曲面特征从而达到修剪的效果。

★ （未修剪）：主要用于取消对曲线或曲面的修剪效果。

★ （连接）：主要用于连接两个独立的曲线或曲面，使之成为一个独立的特征。

★ （拆散）：主要用于将一个几何特征沿指定方向分割为多个几何特征。

★ （分解）：主要用于将一个由多个单位组成的几何体分解为多个独立的几何体。

★ （变换向导）：主要用于将曲线或曲面转换为NUPBS曲线或曲面。

★ （复杂几何参数）：主要用于将目标曲线或曲面的相关参数复制到其他曲线或曲面上。

4. 修改外形工具栏

在【自由曲面】设计模块中创建的曲面是无参数的特征，不便于参数化的编辑和修改。因此，自由曲面设计模块提供了功能非常强大的曲面外形修改工具，使用户能自由编辑和修改已创建的曲面特征，如图15-6所示。

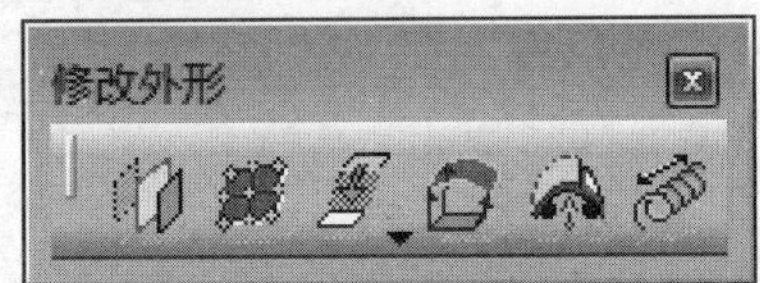

图15-6　修改外形工具栏

关于图15-6中所示的修改外形工具命令，从左至右依次如下。

★ （对称）：主要用于将指定图元镜像复制到一平面的对称位置上。

★ （控制点）：主要用于调整曲线或曲面上的控制点以改变曲线或曲面的外形。

★ （匹配曲面）：主要用于改变指定曲面的连续性使之与其他曲面相连接。

★ （拟合几何图形）：主要用于对指定曲线或曲面与目标图元进行外形拟合。

★ （全局变形）：主要用于将曲面沿指定的图形元素进行外形修改。

★ （扩展）：主要用于扩展指定曲线或曲面的长度。

15.2 曲线的创建

15.2.1 3D曲线

3D曲线是通过指定空间中已知的各种特征点，从而创建出空间的样条曲线。下面就以图15-7所示的实例进行操作说明。

图15-7 3D曲线

动手操作——创建3D曲线

01 新建文件并执行【开始】|【形状】|【自由曲面】命令进入【自由设计】模块。

02 定义活动平面。单击【工具仪表盘】工具栏中的【指南针工具栏】命令按钮，系统即可弹出【快速确定指南针方向】工具栏，再单击YZ命令按钮以确定3D曲线的放置平面，如图15-8所示。

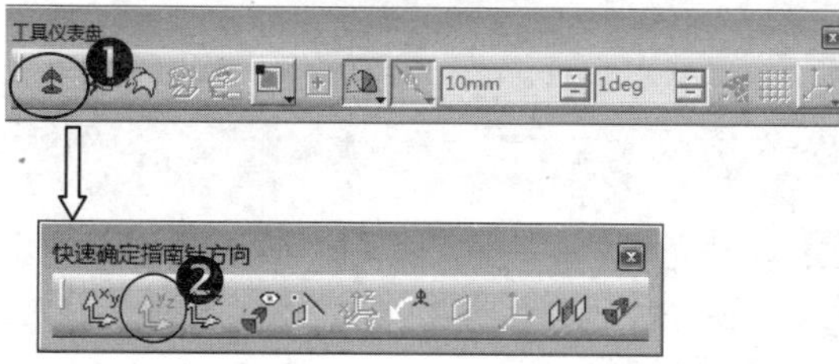

图15-8 定义活动平面

03 调整视图显示方位。单击【视图】工具栏中的【正视图】命令按钮，将视图的显示方位调整为正视角。

04 执行菜单栏中【插入】|【曲线创建】|【3D曲线】命令，系统即可弹出【3D曲线】对话框。

05 定义曲线通过点。使用系统默认创建类型【通过点】选项，依次单击图形窗口中的任意空白处，确定并创建出曲线要通过的各个特征点，单击【确定】命令按钮完成空间3D曲线的创建，如图15-9所示。

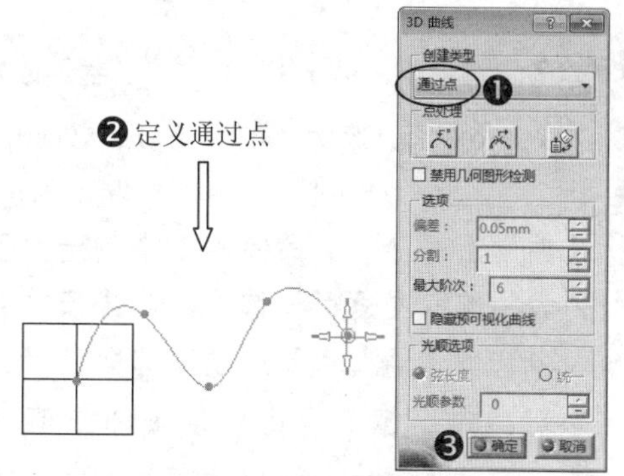

图15-9 创建3D曲线

06 再次定义活动平面。单击【快速确定指南针方向】工具栏中的XY命令按钮，单击【视图】工具栏中的【俯视图】命令按钮将视图的显示方位调整为俯视角。

07 修改3D曲线的相关参数。双击图形窗口中已创建的3D曲线，选取曲线上一特征点并将其拖动至图形窗口中的任意位置处，如图15-10所示。

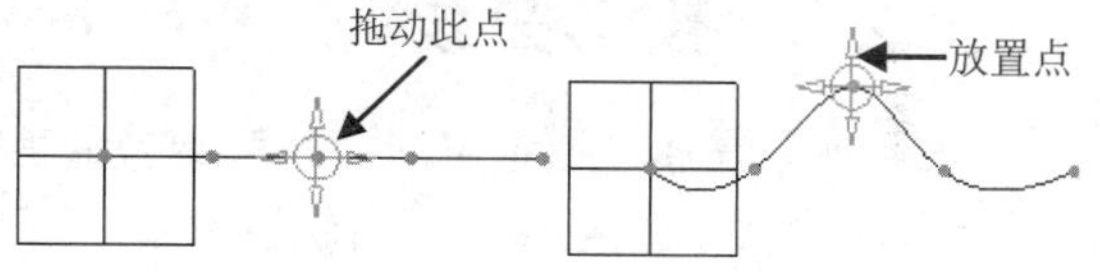

图15-10 移动控制点

08 单击【3D曲线】对话框中的【确定】命令按钮完成3D曲线的编辑修改。

提示

关于【活动平面】的说明如下。

★ 系统默认3D曲线放置在活动平面之上，因此在创建3D曲线之前应先定义曲线的活动平面。

★ 在创建3D曲线时，可将视图方位调整到活动平面的平行面上以方便曲线的创建。

★ 使用F5键，可快速转换活动平面。

15.2.2 曲面上的曲线

在自由曲面模块中也可以在已知的曲面上创建出各种形状的曲线。下面就以图15-11所示

的实例进行操作说明。

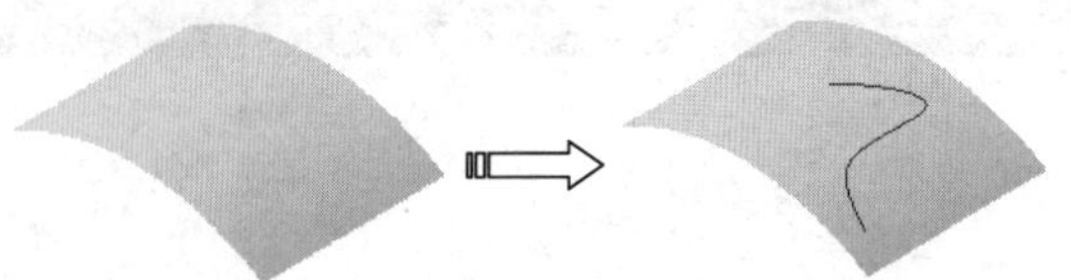

图15-11 曲面上的曲线

动手操作——创建曲面上的曲线

01 打开光盘文件“源文件\Ch15\ex-1.CATPart”。

02 执行菜单栏中的【插入】|【曲线创建】|【曲面上的曲线】命令，在【创建类型】列表中选取【逐点】选项，在【模式】列表中选取【通过点】选项，选取参考曲面并在曲面上依次单击以指定曲线的通过点，单击【确定】命令按钮完成曲面上曲线的创建，如图15-12所示。

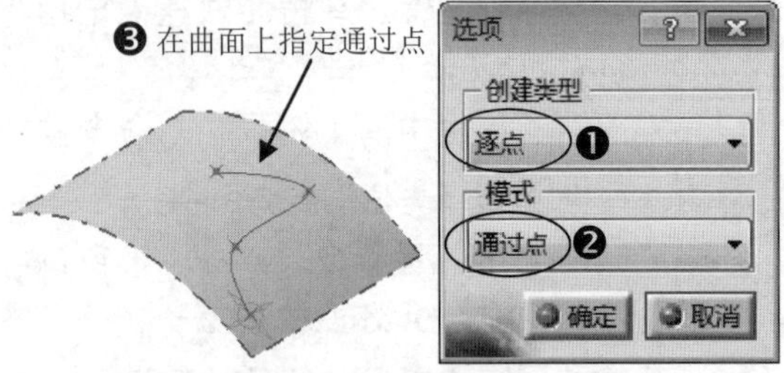

图15-12 创建曲面上的曲线

15.2.3 投影曲线

投影曲线是通过指定空间曲线和参考曲面从而创建出曲面上的曲线。下面就以图15-13所示的实例进行操作说明。

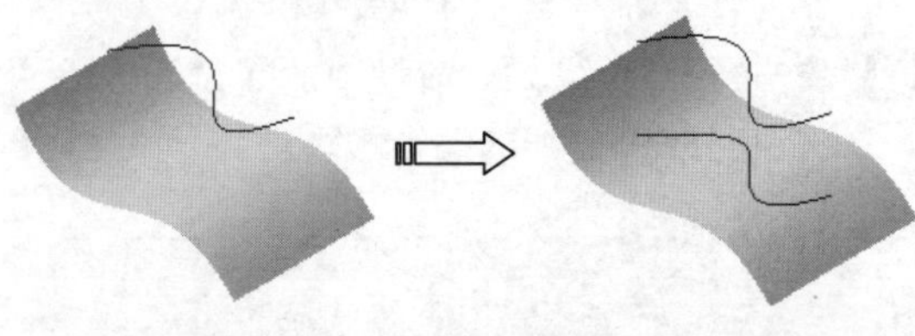

图15-13 投影曲线

动手操作——创建投影曲线

01 打开光盘文件“源文件\Ch15\ex-2.CATPart”。

02 执行菜单栏中【插入】|【曲线创建】|【投影曲线】命令，系统即可弹出【投影】对话框。

03 定义投影曲线相关参数。使用系统默认的【指南针投影】选项并单击【快速确定指南针方向】工具栏中的XY平面按钮，以指定投影方向，按下Ctrl键选取图形窗口中的曲线和曲面，系统即可预览投影曲线，单击【确定】命令按钮完成投影曲线的创建，如图15-14所示。

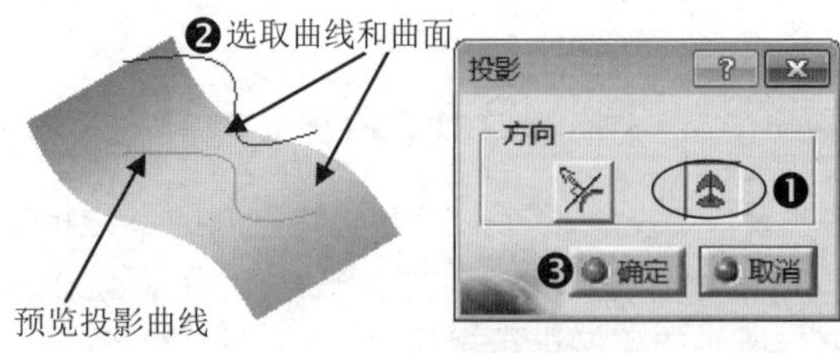

图15-14 创建投影曲线

> **提示**
>
> 关于【投影】方向选项说明如下。
>
> ★ 按钮：主要用于指定曲面的一条法线为投影方向。
>
> ★ 按钮：主要用于指定系统指南针方向为投影方向。

15.2.4 桥接曲线

桥接曲线是通过将两条空间曲线进行连接操作，从而创建出一条与两曲线相切并连续的曲线。下面就以图15-15所示的实例进行操作说明。

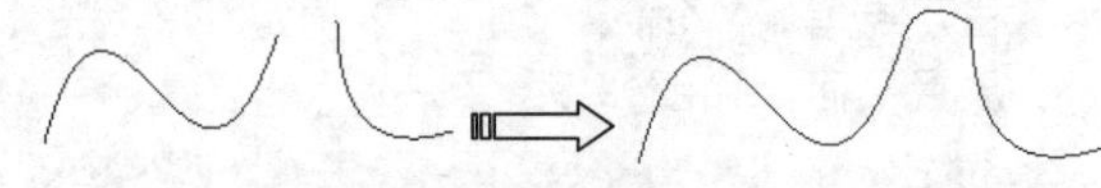

图15-15 桥接曲线

动手操作——创建桥接曲线

01 打开光盘文件“源文件\Ch15\ex-3.CATPart”。

02 执行菜单栏中的【插入】|【曲线创建】|【桥接曲线】命令，系统即可弹出【桥接曲线】对话框。

03 定义桥接曲线对象。选取图形窗口中的两条曲线为连接的对象，单击连接点处的信息提示并分别将其修改为【切线】和【点】选项，单击【确定】命令按钮完成桥接曲线的创建，如图15-16所示。

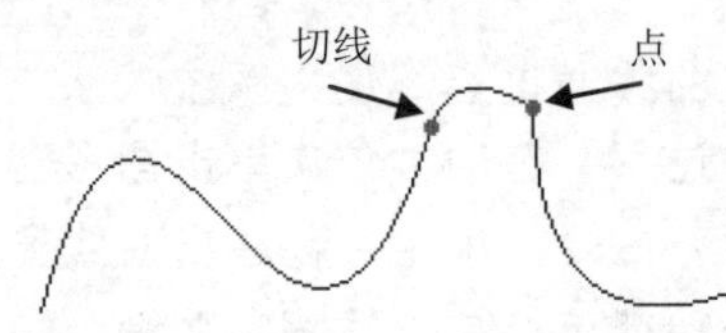

图15-16 创建桥接曲线

15.2.5 样式圆角

样式圆角是在两条空间曲线之间创建一条相切于两曲线的曲线对象。下面就以图15-17所示的实例进行操作说明。

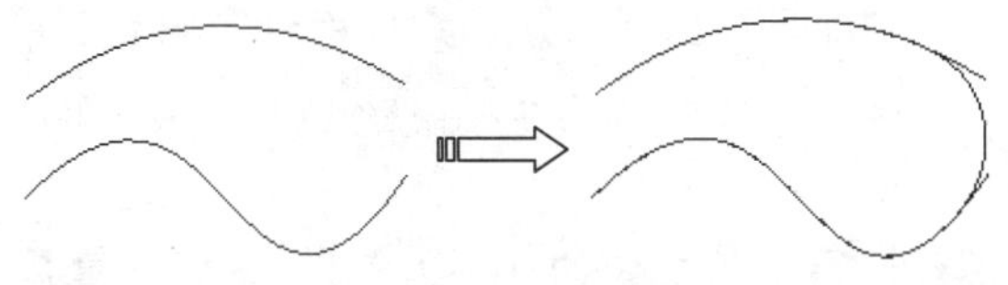

图15-17 样式圆角

动手操作——创建样式圆角

01 打开光盘文件“源文件\Ch15\ex-4.CATPart”。

02 执行菜单栏中的【插入】|【曲线创建】|【样式圆角】命令，系统即可弹出【样式圆角】对话框。

03 定义圆角对象。在【半径】文本框中输入15以指定圆角半径大小，默认使用系统【修剪】选项，分别选取图形窗口中的两条曲线为样式圆角的对象，单击【应用】按钮预览圆角曲线，再单击【确定】按钮完成曲线样式圆角，如图15-18所示。

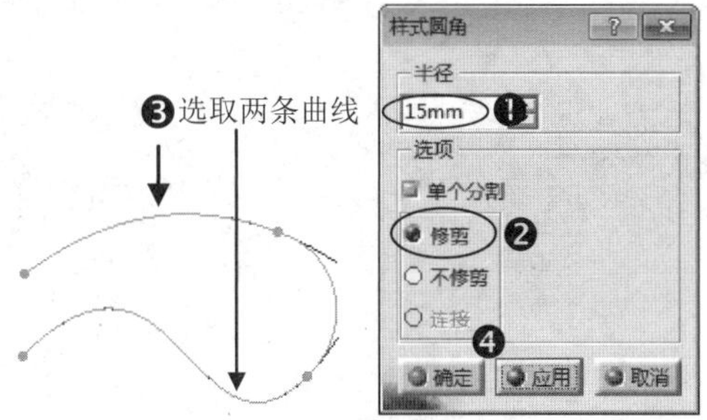

图15-18 创建样式圆角

提 示

关于【样式圆角】部分选项说明如下。

★ 单个分割：勾选此项，系统将强制限定圆角曲线的控制点数量，并获得单一的弧形曲线。

★ 修剪：勾选此项，系统将使圆角曲线在连接点上复制修剪源对象曲线。

★ 不修剪：勾选此项，系统将不修剪源对象曲线而直接创建出圆角曲线。

15.2.6 匹配曲线

匹配曲线是指定一条曲线沿其曲率方向连接到另一条曲线上。下面就以图15-19所示的实例进行操作说明。

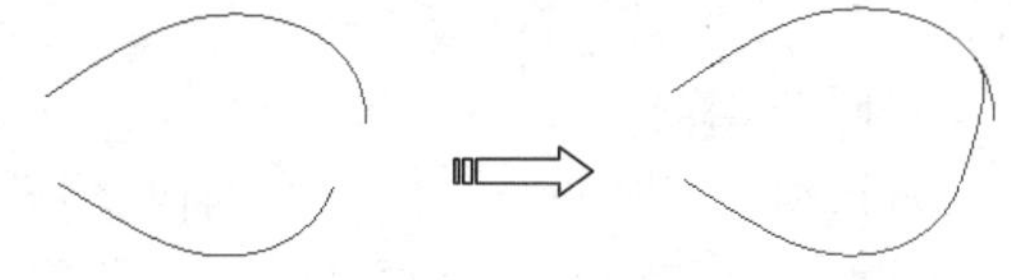

图15-19 匹配曲线

动手操作——创建匹配曲线

01 打开光盘文件“源文件\Ch15\ex-5.CATPart”。

02 执行菜单栏中的【插入】|【曲线创建】|【匹配曲线】命令，系统即可弹出【匹配曲线】对话框。

03 定义匹配曲线对象。分别选取图形窗口中的两条曲线为桥接对象，设置匹配曲线的约束为【切线】模式，单击【确定】命令按钮完成匹配曲线的创建，如图15-20所示。

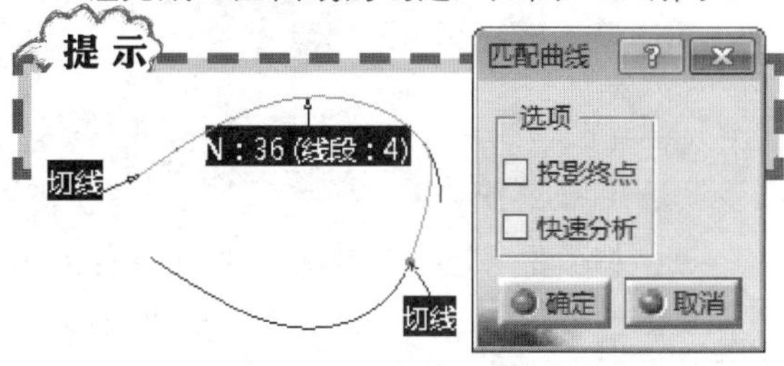

图15-20 创建匹配曲线

提 示

关于【匹配曲线】对话框选项说明如下。

★ 投影终点：勾选此项，系统会将源对象曲线的终点沿曲线匹配点的切线方向的直线最短距离投影到目标曲线上。

★ 快速分析：勾选此项，系统将诊断匹配点质量。

15.3 曲面的创建

在【创成式曲面设计】模块中创建的各种曲线或曲面基本上都是基于参数的特征，编辑和修改都由各种参数驱动，因此对用户操作要求比较严格。

在【自由曲面】模块中创建的各种曲线或曲面基本上都是无参数的特征，其创建方法和编辑修改都比较任意。在此模块中的曲面创建方法与其他模块中的曲面创建方法基本上相似，具体分析介绍如下。

15.3.1 平面缀面

平面缀面是【自由曲面】模块中的基础曲面，其主要创建方式包括两点缀面、三点缀面、四点缀面、几何提取。具体操作方法介绍如下。

1. 两点缀面

两点缀面是通过指定空间中的两个特征点，从而创建出一规则曲面特征。下面就以图15-21所示的实例进行操作说明。

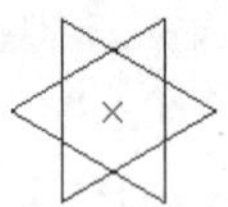
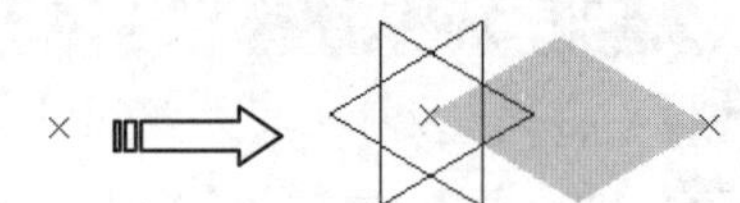

图15-21 两点缀面

动手操作——创建两点缀面

01 打开光盘文件“源文件\Ch15\ex-6.CATPart”。

02 定义活动平面。单击【工具仪表盘】工具栏中的【指南针工具栏】命令按钮，系统即可弹出【快速确定指南针方向】工具栏，再单击XY命令按钮以确定缀面的所在平面。

03 执行菜单栏中的【插入】|【曲面创建】|【两点缀面】命令。

04 定义缀面的创建要素。选取图形窗口中的【点1】为缀面的第一点，移动鼠标光标系统即可显示临时缀面网格，单击鼠标右键并在快捷菜单中选择【编辑阶次】选项，在【阶次】对话框中设置缀面的阶次，选取图形窗口中的【点2】为缀面的第二点，如图15-22所示。

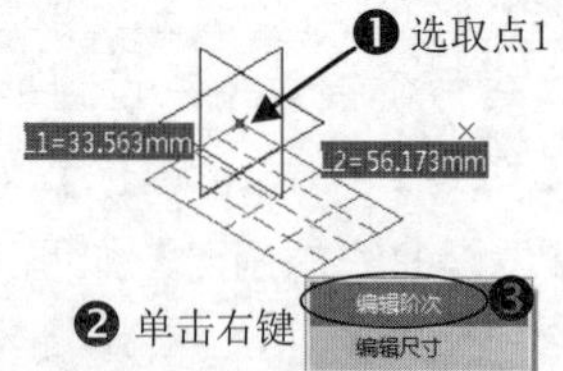

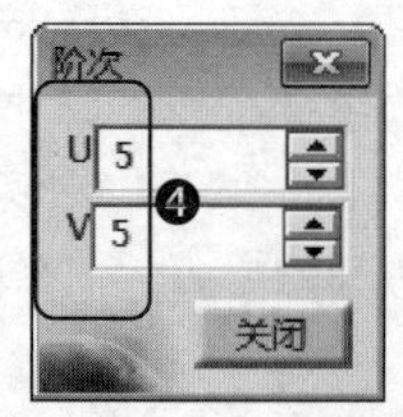

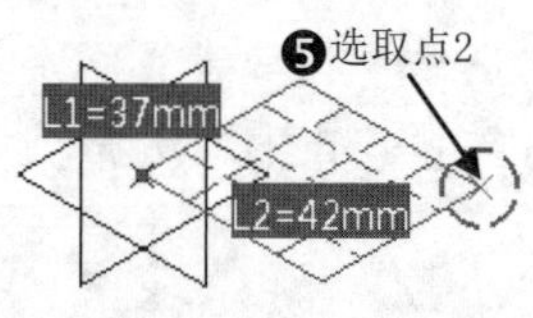

图15-22 创建两点缀面

2. 三点缀面

三点缀面是通过指定空间中的3个特征点，从而创建出一规则曲面特征。下面就以图15-23所示的实例进行操作说明。

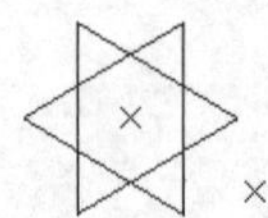
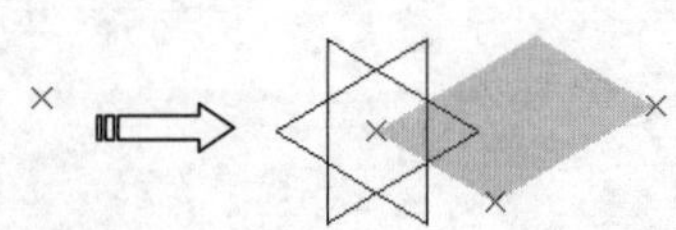

图15-23 三点缀面

动手操作——创建三点缀面

01 打开光盘文件“源文件\Ch15\ex-7.CATPart”。

02 执行菜单栏中【插入】|【曲面创建】|【三点缀面】命令。

03 定义缀面的创建要素。依次选取图形窗口中的【点1】、【点2】、【点3】3个特征点为缀面的通过点，如图15-24所示。

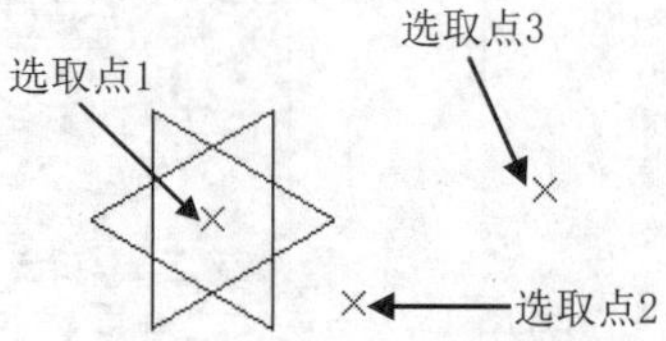

图15-24 创建三点缀面

3. 四点缀面

四点缀面是通过指定空间中的4个特征点，从而创建出一规则曲面特征。下面就以图15-25所示的实例进行操作说明。

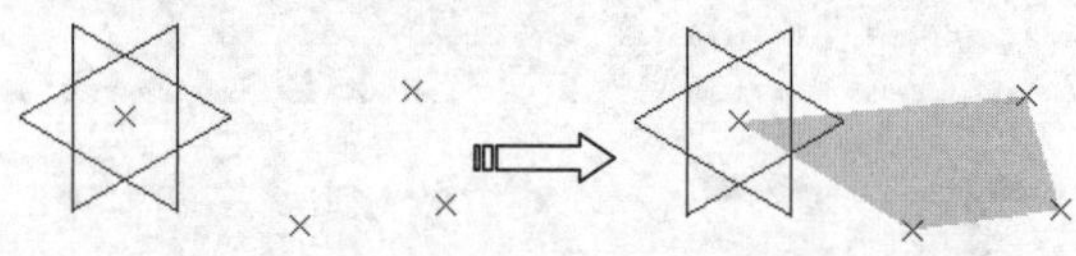

图15-25 四点缀面

动手操作——创建四点缀面

01 打开光盘文件“源文件\Ch15\ex-8.CATPart”。

02 执行菜单栏中的【插入】|【曲面创建】|【四点缀面】命令。

03 定义缀面的创建要素。依次选取图形窗口中的【点1】、【点2】、【点3】、【点4】4个特征点为缀面的通过点，如图15-26所示。

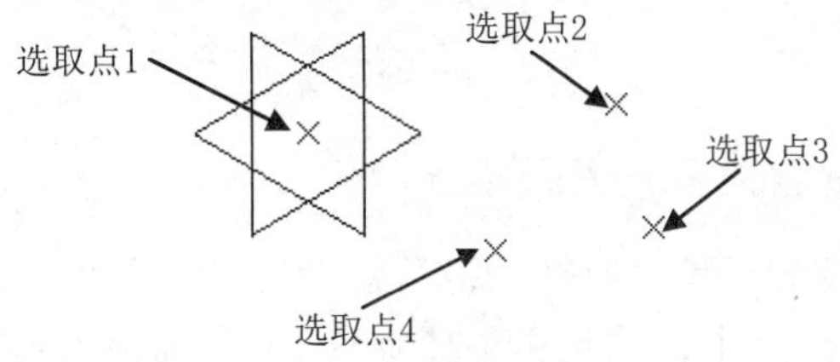

图15-26　创建四点缀面

4. 几何提取

几何提取是通过在已知曲面上指定通过点，从而创建出新曲面特征。下面就以图15-27所示的实例进行操作说明。

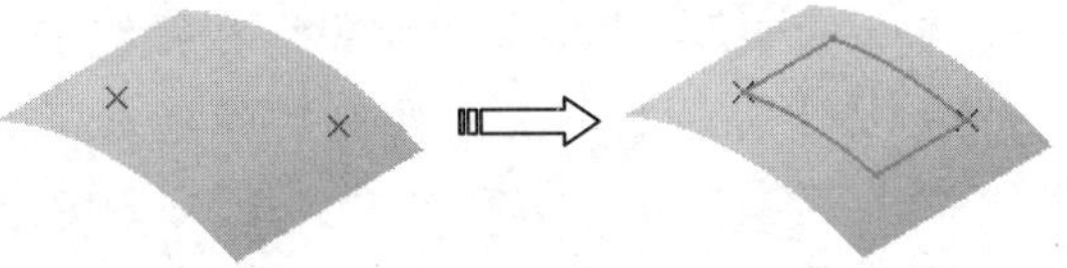

图15-27　几何提取创建缀面

动手操作——创建几何提取

01 打开光盘文件"源文件\Ch15\ex-9.CATPart"。

02 执行菜单栏中的【插入】|【曲面创建】|【几何提取】命令。

03 定义缀面的创建要素。选取图形窗口中的曲面为缀面的附着对象，依次选取曲面上的【点1】和【点2】为缀面的通过点，如图15-28所示。

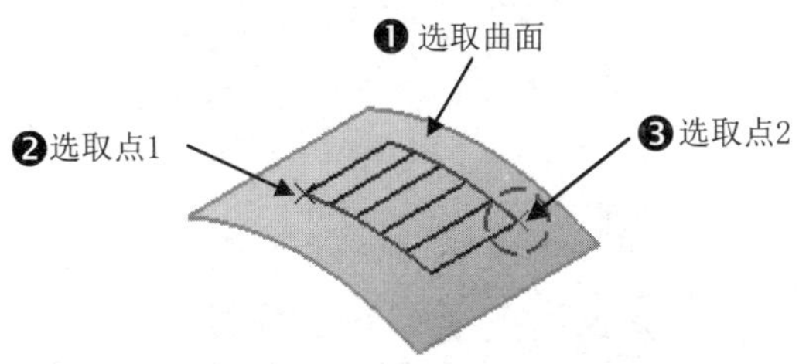

图15-28　使用几何提取创建缀面

15.3.2　拉伸曲面

拉伸曲面是通过指定已知的曲线对象，并将其延伸，从而创建出曲面特征。下面就以图15-29所示的实例进行操作说明。

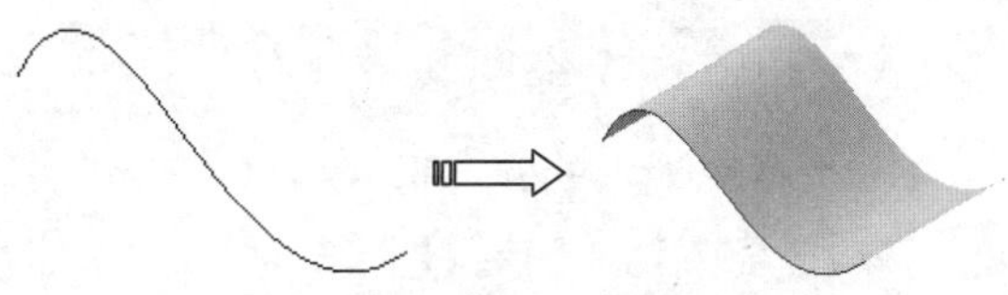

图15-29　拉伸曲面

动手操作——创建拉伸曲面

01 打开光盘文件"源文件\Ch15\ex-10.CATPart"。

02 执行菜单栏中的【插入】|【曲面创建】|【拉伸曲面】命令，系统即可弹出【拉伸曲面】对话框。

03 定义拉伸曲面创建要素。选取图形窗口中的【3D曲线.1】为图元对象，在【长度】文本框中输入42以指定曲面的拉伸尺寸，如图15-30所示，单击【确定】按钮完成拉伸曲面的创建。

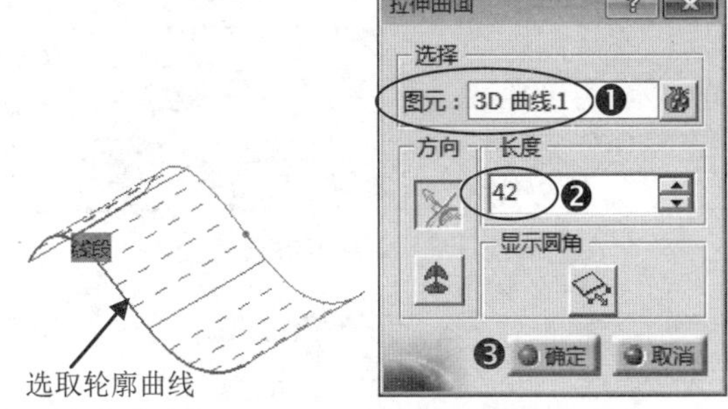

图15-30　创建拉伸曲面

技术要点

关于【拉伸曲面】对话框部分按钮说明如下：

★ 按钮：主要用于指定拉伸方向为曲面的法向。

★ 按钮：主要用于指定拉伸方向为指南针的法向。

15.3.3　旋转曲面

旋转曲面是通过指定曲面轮廓线和旋转轴，从而创建出一个新曲面特征。下面就以图15-31所示的实例进行操作说明。

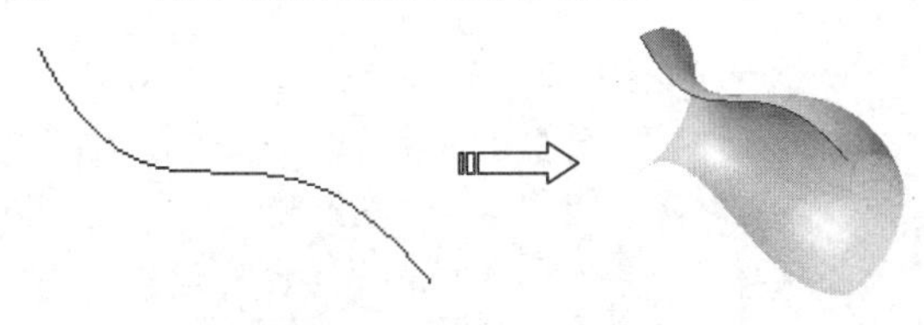

图15-31　旋转曲面

动手操作——创建旋转曲面

01 打开光盘文件“源文件\Ch15\ex-11.CATPart”。

02 执行菜单栏中的【插入】|【曲面创建】|【旋转曲面】命令，系统即可弹出【旋转曲面定义】对话框。

03 定义旋转曲面创建要素。选取图形窗口中的【3D曲线.1】为旋转曲面的轮廓线，在【旋转轴】文本框中单击鼠标右键，并从快捷菜单中选取【Y轴】，在【角度2】文本框中设置旋转角度为180，如图15-32所示，单击【确定】命令按钮完成旋转曲面的创建。

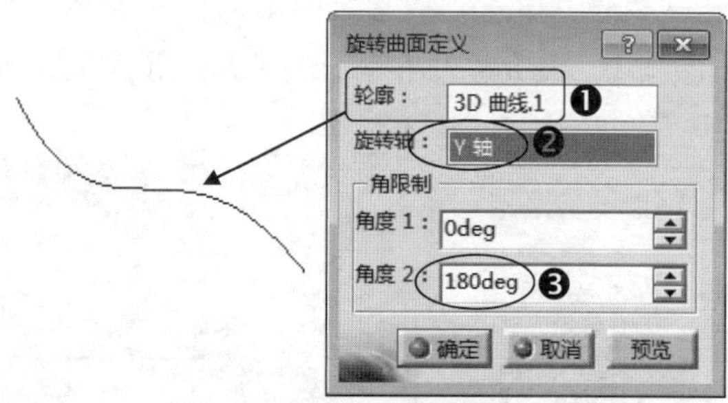

图15-32 创建旋转曲面

15.3.4 偏置曲面

偏置曲面是通过指定已知曲面和偏移距离，从而创建出一新曲面特征。下面就以图15-33所示的实例进行操作说明。

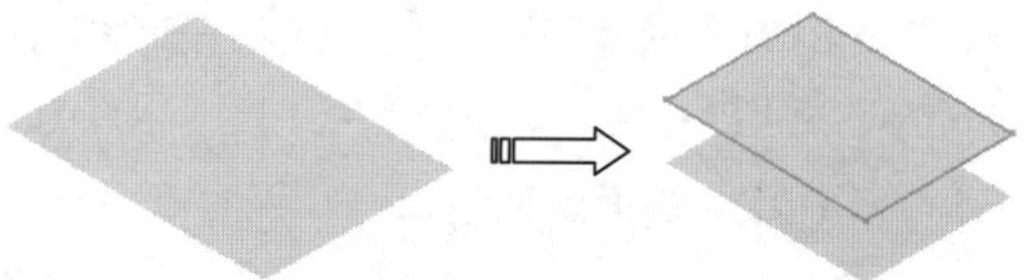

图15-33 偏置曲面

动手操作——创建偏置曲面

01 打开光盘文件“源文件\Ch15\ex-12.CATPart”。

02 选中目录树中的【曲面1】并使用快捷键【Ctrl+C】和【Ctrl+V】将其复制出副本。

03 执行菜单栏中的【插入】|【曲面创建】|【偏置曲面】命令，系统即可弹出【偏置曲面】对话框。

04 定义偏置曲面创建要素。选取复制出的副本【曲面2】为偏置源对象，在系统的提示尺寸信息处单击鼠标右键并选取【编辑】选项，在【编辑框】中输入-20以指定偏置方向和尺寸，单击【关闭】按钮退出对话框，系统即可预览偏置结果，单击【确定】按钮完成偏置曲面的创建，如图15-34所示。

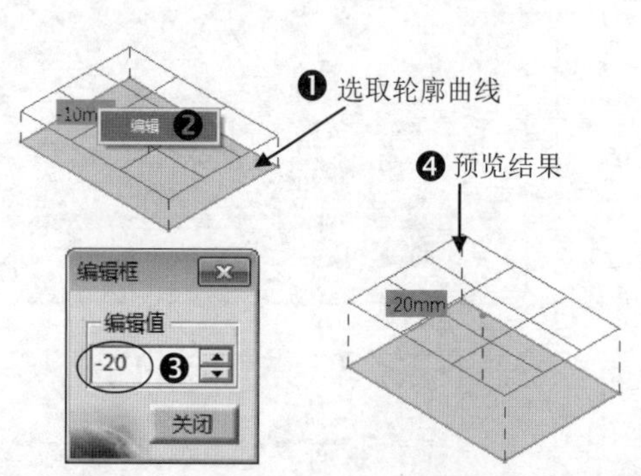

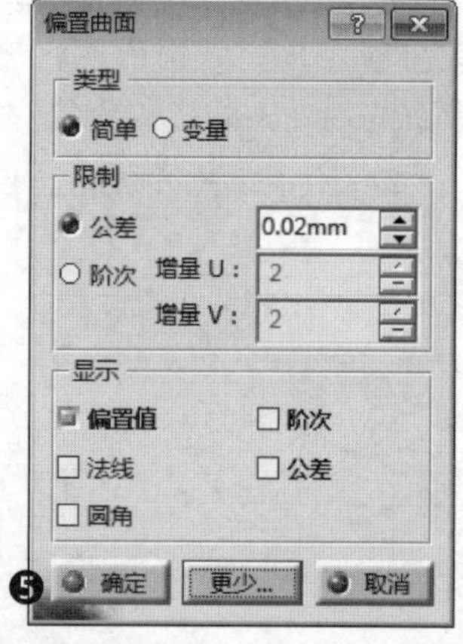

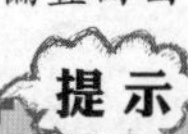

图15-34 创建偏置曲面

高手指点

关于【偏置曲面】对话框部分选项说明如下：

- ★ 偏置值：主要用于显示曲面的偏移距离值。
- ★ 阶次：主要用于显示偏置曲面的阶次。
- ★ 法线：主要用于显示偏置曲面的方向。
- ★ 公差：主要用于显示偏置曲面的公差值。
- ★ 圆角：主要用于显示偏置曲面的各个角的顶点。

提示

使用【自由曲面】设计模块中【偏置曲面】命令偏移曲面后，系统不会保留源对象曲面，如需要保留源对象曲面则需将其复制。

15.3.5 外插延伸

外插延伸是指通过曲面的延伸边，将曲面沿相切方向进行延伸操作，从而创建出一新曲面特征。下面就以图15-35所示的实例进行操作说明。

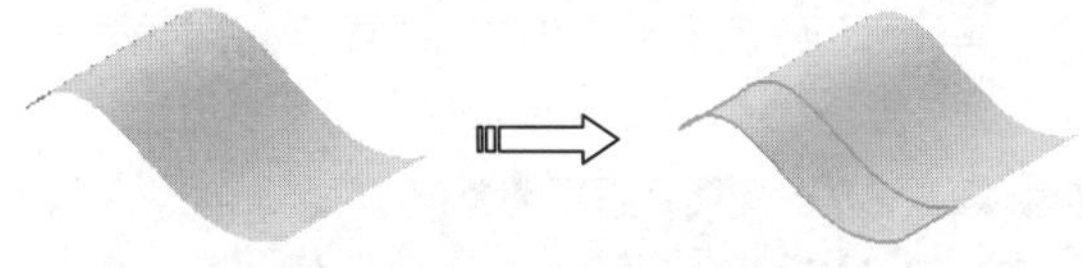

图15-35 延伸曲面

动手操作——创建外插延伸

01 打开光盘文件“源文件\Ch15\ex-13.CATPart”。

02 执行菜单栏中的【插入】|【曲面创建】|【外插延伸】命令，系统即可弹出【外插延伸】对话框。

03 定义外插延伸曲面的创建要素。选取曲面的一条边线为延伸图元，在【限制类型】列表中选取【长度】选项，并在长度文本框中输入20以指定曲面延伸尺寸，使用系统默认的【切线】选项，单击【确定】按钮完成曲面的延伸，如图15-36所示。

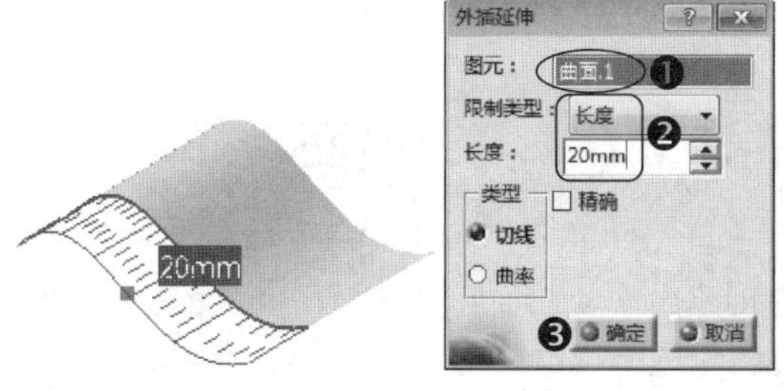

图15-36 创建延伸曲面

提 示

如选取【限制类型】列表中【直到】选项为外插延伸的类型，则可指定一已知图元为曲线或曲面的延伸限制位置，如图15-37所示。

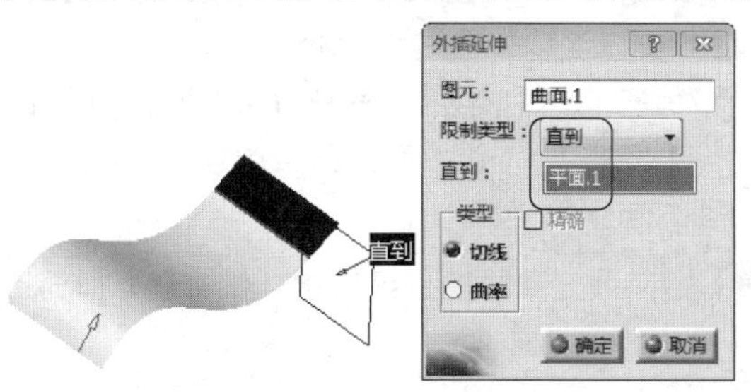

图15-37 使用【直到】类型创建延伸曲面

15.3.6 桥接曲面

桥接曲面是通过指定两个不相接的曲面特征，从而创建一个连接两曲面的新曲面特征。下面就以图15-38所示的实例进行操作说明。

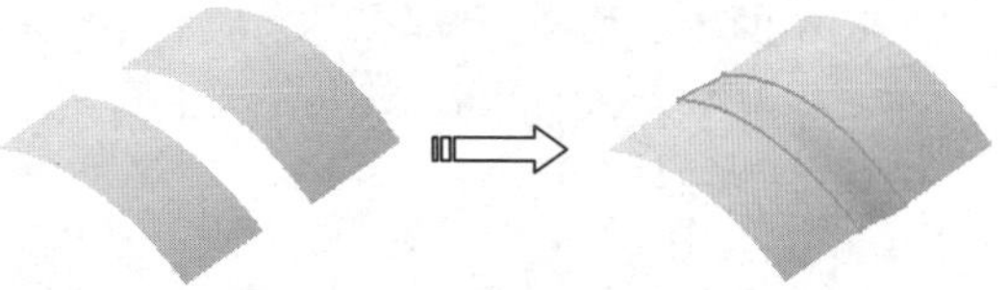

图15-38 桥接曲面

动手操作——创建桥接曲面

01 打开光盘文件“源文件\Ch15\ex-14.CATPart”。

02 执行菜单栏中的【插入】|【曲面创建】|【桥接曲面】命令，系统即可弹出【桥接曲面】对话框。

03 定义桥接曲面的创建要素。使用系统默认的【自动】桥接曲面类型，选取图形窗口中的【拉伸.1】曲面为第一个对象，选取图形窗口中的【曲面.1】为第二个对象，单击图形中的提示信息并将其修改为【切线】选项，单击【确定】按钮完成桥接曲面的创建，如图15-39所示。

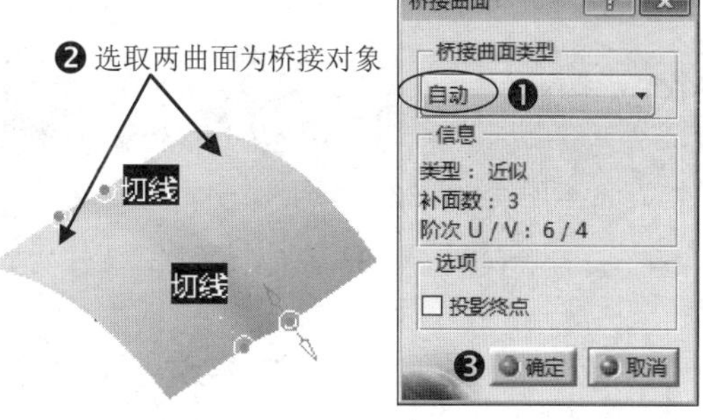

图15-39 创建桥接曲面

15.3.7 曲面样式圆角

曲面样式圆角是在两个已知的相交曲面之间，创建一个相切于两个曲面的圆角曲面特征。下面就以图15-40所示的实例进行操作说明。

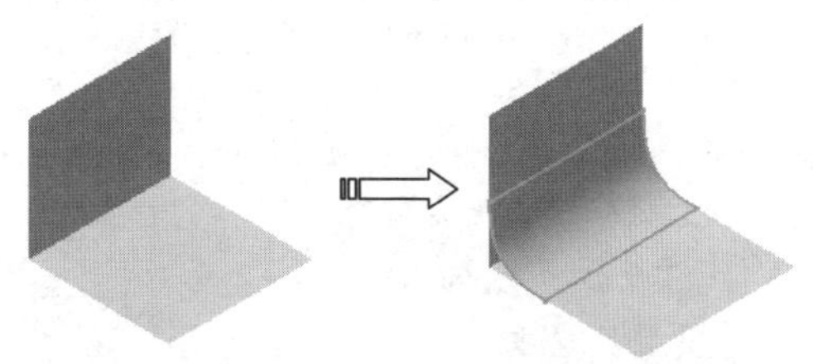

图15-40 曲面样式圆角

动手操作——创建曲面样式圆角

01 打开光盘文件“源文件\Ch15\ex-15.CATPart”。

02 执行菜单栏中的【插入】|【曲面创建】|【样式圆角】命令，系统即可弹出【样式圆角】对话框。

03 定义曲面样式圆角的创建要素。选取特征目录树中的【曲面.2】为第一支持面，选取特征目录树中的【曲面.1】为第二支持面，单击选择【连续】区域的【G2】按钮以指定圆角类型，在【半径】文本框中输入15以指定圆角半径大小，单击【确定】按钮完成曲面样式圆角，如图15-41所示。

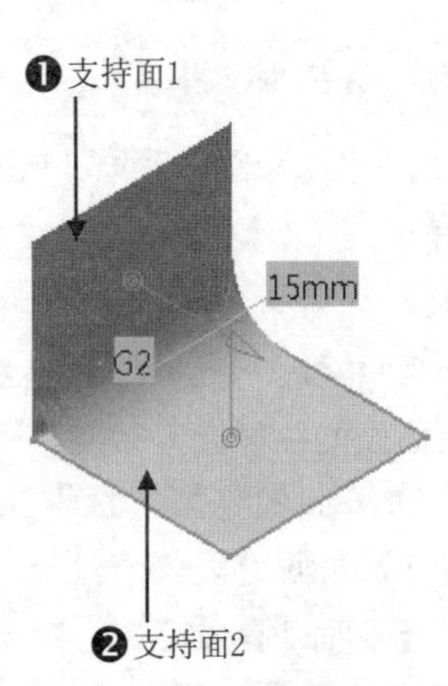

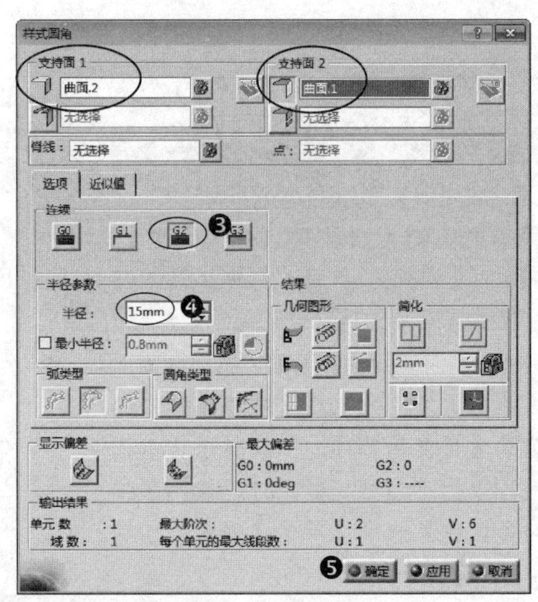

图15-41　创建曲面样式圆角

高手支招

关于【样式圆角】对话框中的【连续】区域部分选项说明如下：

★ G0按钮：圆角曲面与源对象曲面保持位置连续。

★ G1按钮：圆角曲面与源对象曲面保持相切连续。

★ G2按钮：圆角曲面与源对象曲面保持曲率连续。

★ G3按钮：圆角曲面与源对象曲面保持曲率的变化连续。

关于【样式圆角】对话框中的【圆角类型】区域部分选项说明如下：

★ 按钮：主要用于定义圆角为可变半径的圆角。

★ 按钮：主要用于定义使用弦长的穿越部分替代半径来确定圆角。

★ 按钮：主要用于配合G2和G3连续类型计算迹线约束。

15.3.8 填充曲面

填充曲面是通过指定一个封闭区域并在其内创建出一新曲面特征。下面就以图15-42所示的实例进行操作说明。

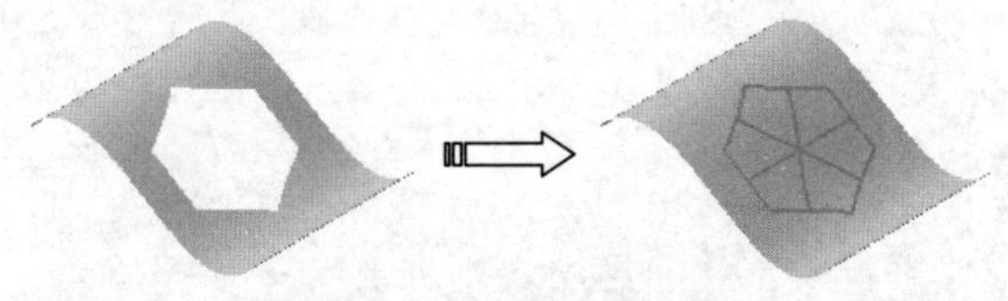

图15-42　填充曲面

动手操作——创建填充曲面

01 打开光盘文件“源文件\Ch15\ex-16.CATPart”。

02 执行菜单栏中的【插入】|【曲面创建】|【填充】命令，系统即可弹出【填充】对话框。

03 定义填充曲面的创建要素。依次选取曲面上的5条边界线为填充曲面的指定区域，使用系统默认的【切线】模式，单击【确定】命令按钮完成填充曲面的创建，如图15-43所示。

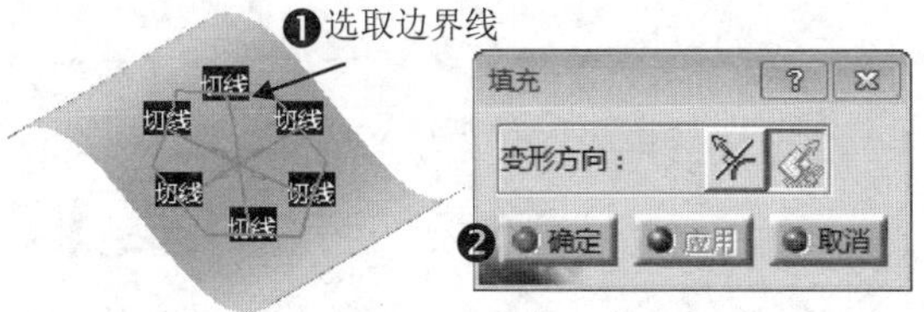

图15-43 创建填充曲面

15.3.9 自由填充曲面

自由填充曲面是通过指定一个封闭的线框区域，从而创建出一新曲面特征。下面就以图15-44所示的实例进行操作说明。

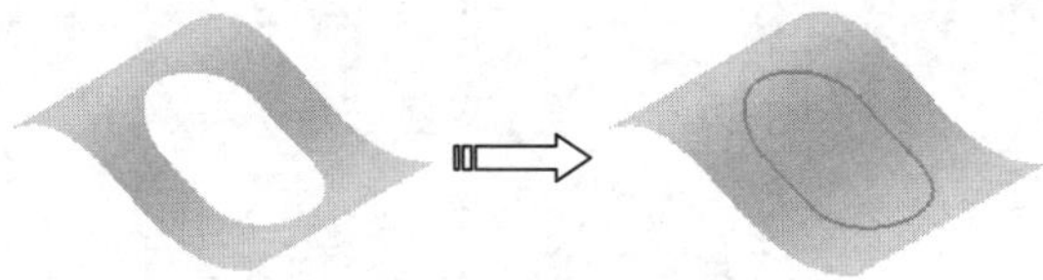

图15-44 自由填充曲面

动手操作——创建自由填充曲面

01 打开光盘文件“源文件\Ch15\ex-17.CATPart”。

02 执行菜单栏中的【插入】|【曲面创建】|【自由填充】命令，系统即可弹出【填充】对话框。

03 定义自由填充曲面的创建要素。使用系统默认的【自动】选项为填充类型，依次选取曲面上的4条边界线为填充曲面的指定曲面，使用系统【切线】模式，单击【确定】命令按钮完成自由填充曲面的创建，如图15-45所示。

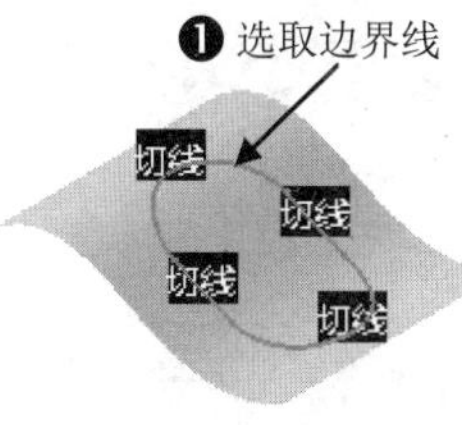

图15-45 创建自由填充曲面

提示

使用【填充曲面】命令创建的曲面特征与源对象曲面没有参数关联，而使用【自由填充曲面】命令创建的曲面特征与源对象曲面具有参数关联。

如图15-45所示的【填充】对话框，其填充类型选项说明如下：

★ 自动：此选项是最优化的计算模式，系统会自动分析并使用【分析】或【进阶】方式来创建填充曲面。

★ 分析：此选项是根据填充元素的数目来创建单个或多个填充曲面。

★ 进阶：此选项是指定创建单个填充曲面。

15.3.10 网状曲面

网状曲面是通过指定已知的互相交叉的曲线对象，从而创建出新的曲面特征。下面就以图15-46所示的实例进行操作说明。

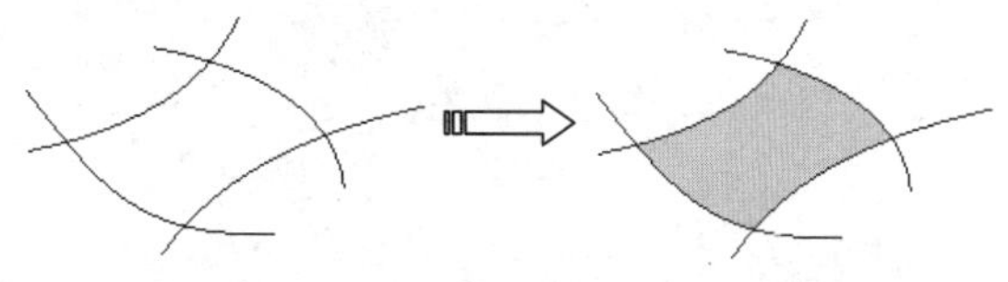

图15-46 网状曲面

动手操作——创建网状曲面

01 打开光盘文件“源文件\Ch15\ex-18.CATPart”。

02 执行菜单栏中的【插入】|【曲面创建】|【网状曲面】命令，系统即可弹出【网状曲面】对话框。

03 选取引导线。按住Ctrl键，并在图形窗口中选取两条方向相同的曲线为引导线。如图15-47所示。

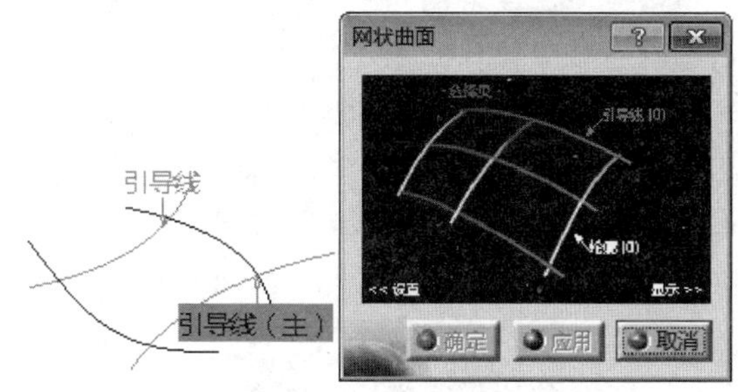

图15-47 选取引导线

04 选取轮廓线。单击【网状曲面】对话框中的

【轮廓】字体信息提示，按住Ctrl键并在图形窗口中选取另外两条方向相同的曲面为轮廓线，如图15-48所示，单击【确定】命令按钮完成网状曲面的创建。

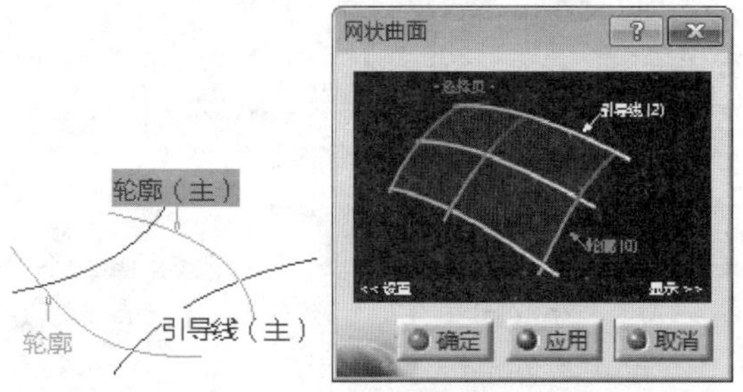

图15-48 选取轮廓线

15.3.11 样式扫掠曲面

样式扫掠曲面是通过指定已知的轮廓线、引导线和脊线，从而创建出一新曲面特征。下面就以图15-49所示的实例进行操作说明。

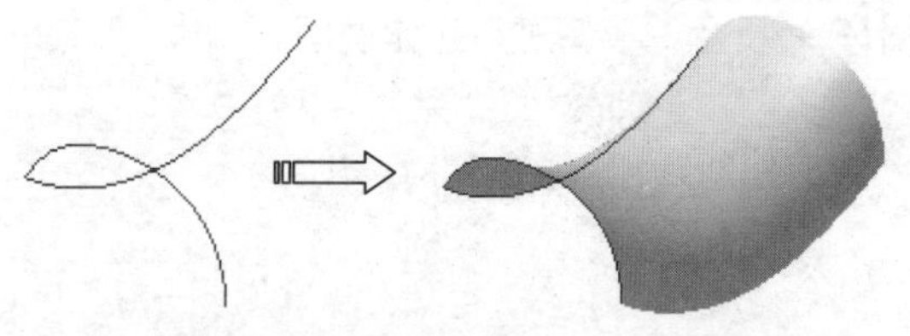

图15-49 样式扫掠曲面

动手操作——创建样式扫掠曲面

01 打开光盘文件“源文件\Ch15\ex-19.CATPart”。

02 执行菜单栏中的【插入】|【曲面创建】|【样式扫掠曲面】命令，系统即可弹出【样式扫掠】对话框。

03 定义扫掠曲面的创建要素。使用系统默认的【简单扫掠】为扫掠类型，选取图形窗口中的【3D曲线1】为轮廓线，选取【3D曲线2】为脊线，如图15-50所示，单击【确定】命令按钮完成样式扫掠曲面的创建。

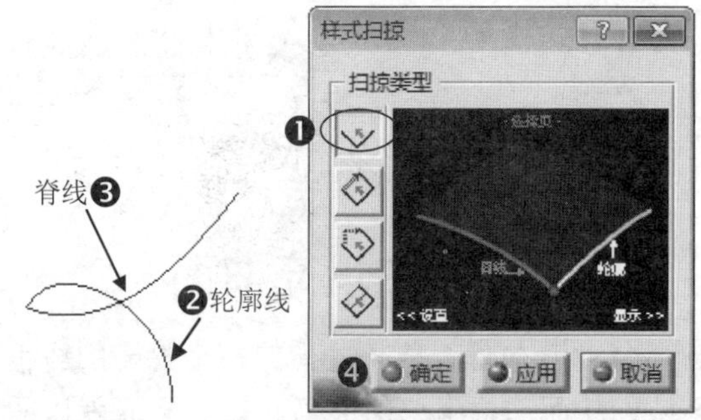

图15-50 创建简单扫掠曲面

高手支招

如图15-50所示的【样式扫掠】对话框，4种扫掠类型说明如下：

- ★ 简单扫掠：主要用于指定轮廓线和脊线来创建扫掠曲面。
- ★ 扫掠和捕捉：主要用于指定轮廓线、脊线、引导线来创建扫掠与捕捉。
- ★ 扫掠和拟合：主要用于指定轮廓线、脊线、引导线来创建扫掠与拟合。
- ★ 近接轮廓扫掠：主要用于指定轮廓线、脊线、引导线、参考轮廓来创建近接轮廓。

15.4 曲线与曲面的编辑

在自由曲面造型设计过程中，常需要对已创建的曲线或曲面进行编辑、修改操作，如：断开、连接、拆散、转换曲线或曲面等。针对此种情况，在CATIA的【自由曲面】模块中，系统提供了【操作】工具集以满足用户对曲线、曲面的设计编辑要求。具体分析如下。

15.4.1 断开

断开操作是通过指定曲面和曲面上的曲线为操作对象，并根据需要将其割断。下面就以图15-51所示的实例进行操作说明。

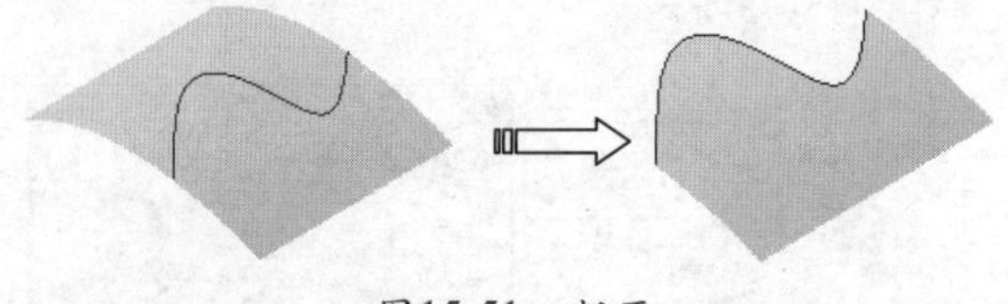

图15-51 断开

动手操作——断开操作

01 打开光盘文件“源文件\Ch15\ex-20.CATPart”。

02 执行菜单栏中的【插入】|【操作】|【断开】命令，系统即可弹出【断开】对话框。

03 定义断开对象。单击【中断类型】中的【中断曲面】按钮，选取图形窗口中的【曲面.1】为断开图元，选取【曲线.1】为断开的限制元素，单击【应用】命令按钮预览断开效果，在图形窗口中选择曲线1右侧的曲面为断开后的保留曲面。如图15-52所示。

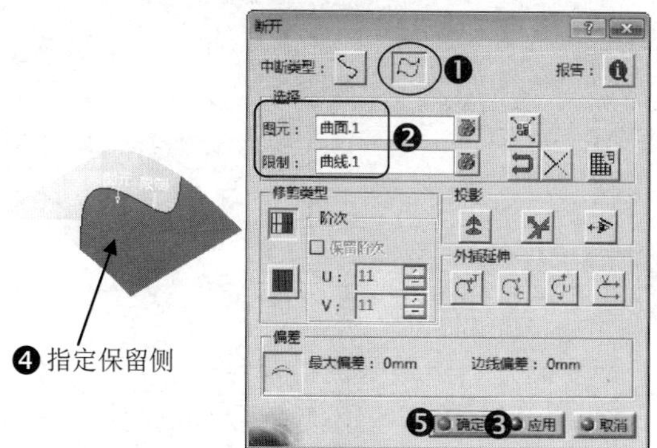

图15-52 断开曲面

15.4.2 取消修剪

取消修剪是通过指定已断开或修剪的图形对象，从而将其还原为切割前的形状。下面就以图15-53所示的实例进行操作说明。

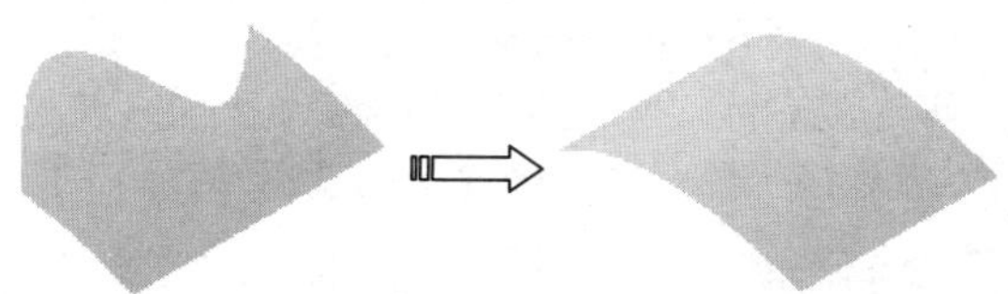

图15-53 取消修剪

动手操作——取消修剪

01 打开光盘文件“源文件\Ch15\ex-21.CATPart”。

02 执行菜单栏中的【插入】|【操作】|【取消修剪】命令，系统即可弹出【取消修剪】对话框。

03 定义取消修剪的操作对象。选取图形窗口中的曲面为取消修剪的对象，如图15-54所示，单击【确定】按钮完成曲面的取消修剪操作。

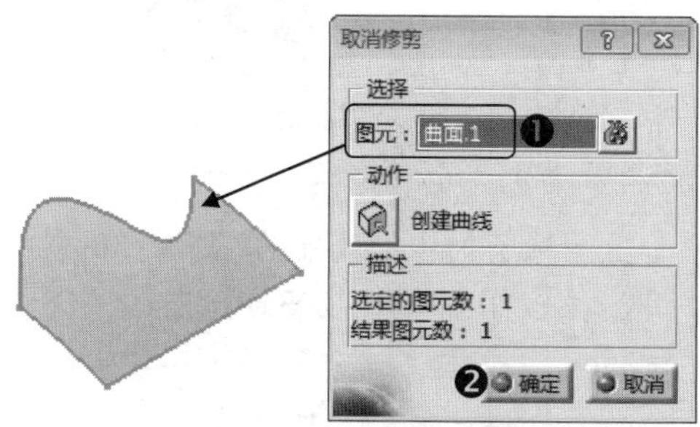

图15-54 取消修剪曲面

15.4.3 连接

连接是通过指定两个图形窗口中的已知曲线或曲面特征，并将其进行合并操作，从而创建出一整体型的曲线或曲面。下面就以图15-55所示的实例进行操作说明。

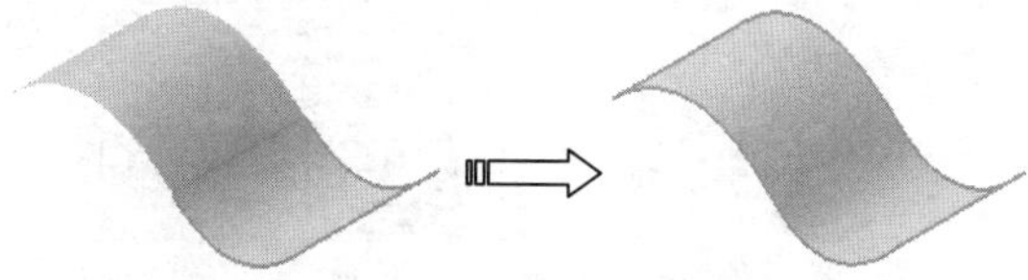

图15-55 连接曲面

动手操作——创建连接曲面

01 打开光盘文件“源文件\Ch15\ex-22.CATPart”。

02 执行菜单栏中的【插入】|【操作】|【连接】命令，系统即可弹出【连接】对话框。

03 定义连接操作的相关要素。按住Ctrl键选取图形窗口中的【曲面.1】和【曲面.2】为连接对象，在【连接】对话框中设置公差值为0.2，单击【应用】命令按钮预览连接后的曲面效果，如图15-56所示，单击【确定】按钮完成曲面的连接。

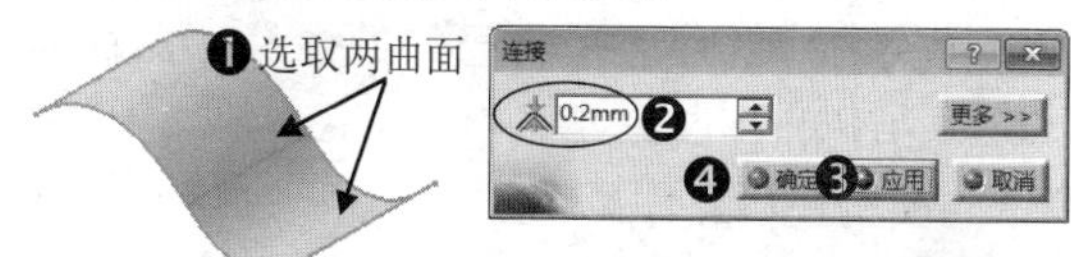

图15-56 曲面的连接

15.4.4 拆散

拆散是通过指定已进行合并或连接操作的曲线或曲面对象，并将其按U/V方向分割为单个的图元。下面就以图15-57所示的实例进行操作说明。

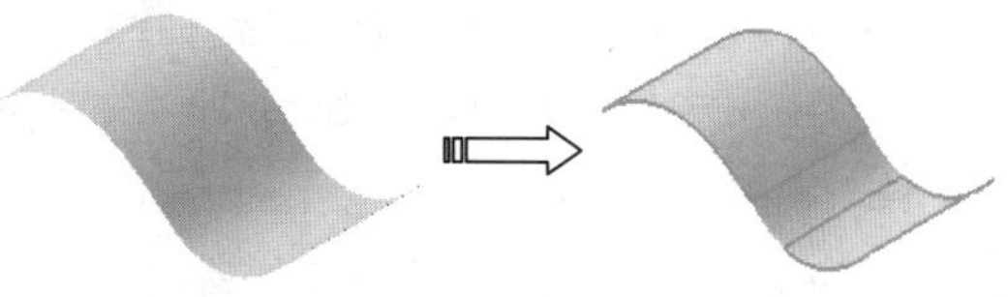

图15-57 拆散曲面

动手操作——创建拆散曲面

01 打开光盘文件“源文件\Ch15\ex-23.CATPart”。

02 执行菜单栏中的【插入】|【操作】|【拆散】命令，系统即可弹出【分段】对话框。

03 定义拆散操作的相关要素。勾选【UV方向】

选项为分割方向，选取图形窗口中的曲面特征为拆散对象，如图15-58所示，单击【确定】按钮完成曲面的拆散操作。

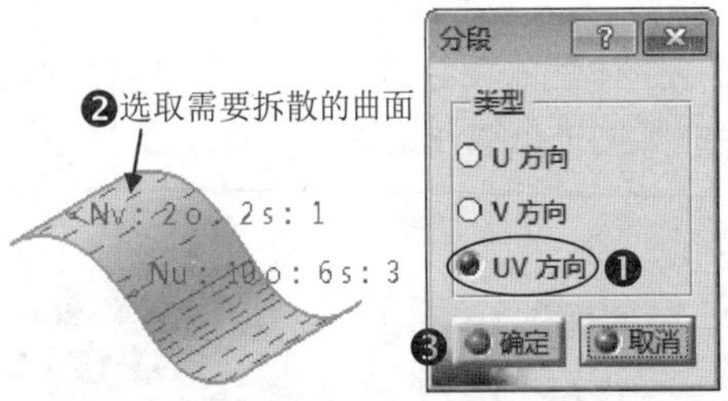

图15-58 曲面的拆散

提 示

如图15-58所示的【分段】对话框中的各选项说明如下：

- ★ U方向：主要用于指定U方向上的分割元素。
- ★ V方向：主要用于指定V方向上的分割元素。
- ★ UV方向：主要用于指定U和V方向上的分割元素。

15.4.5 转换曲线或曲面

转换曲线或曲面是将已知的曲线、曲面特征转换为NUPBS曲线或曲面。下面就以图15-59所示的实例进行操作说明。

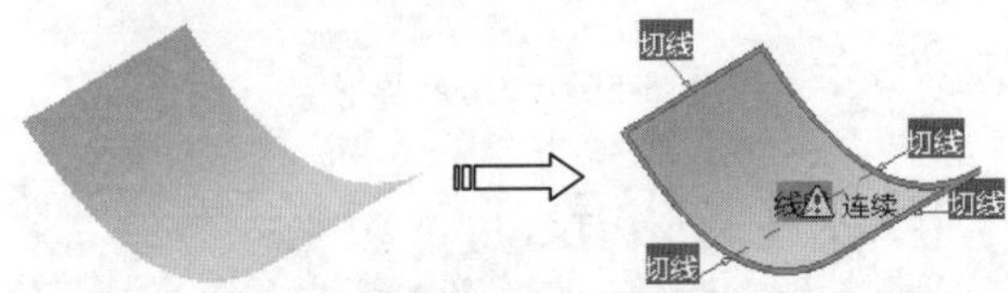

图15-59 转换曲面

动手操作——创建转换曲线或曲面

01 打开光盘文件“源文件\Ch15\ex-24.CATPart”。

02 执行菜单栏中的【插入】|【操作】|【变换向导】命令，系统即可弹出【转换器向导】对话框。

03 定义转换的相关要素。选取图形窗口中的曲面为转换对象，单击按钮激活公差文本框并设置相应的公差值，单击按钮激活阶次区域的设置选项，并在【沿U】和【沿V】文本框中输入5，单击按钮激活分割区域，单击【应用】按钮预览转换效果，单击【确定】按钮完成曲面的转换，如图15-60所示。

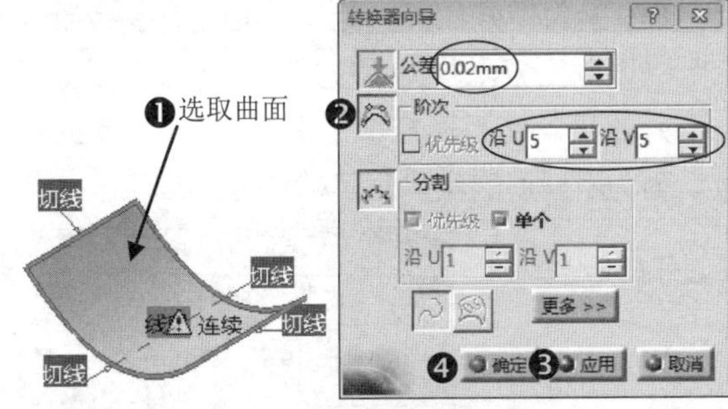

图15-60 曲面的转换操作

15.4.6 复制几何参数

复制几何参数是通过指定一已知的曲线，并将其相关的阶次、段数等参数复制至另一条曲线之上。下面就以图15-61所示的实例进行操作说明。

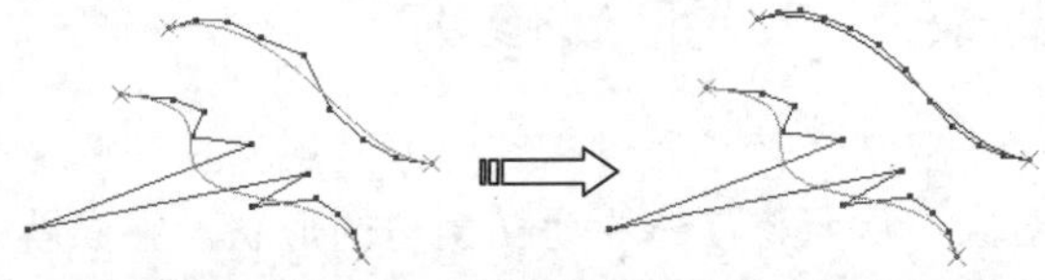

图15-61 复制曲线几何参数

动手操作——复制几何参数

01 打开光盘文件“源文件\Ch15\ex-25.CATPart”。

02 执行菜单栏中的【插入】|【操作】|【复制几何参数】命令，系统即可弹出【复制几何参数】对话框。

03 单击【工具仪表盘】中的【隐秘显示】按钮以显示曲线的控制点，如图15-62所示，选取图形窗口中的【曲线1】为源对象曲线。

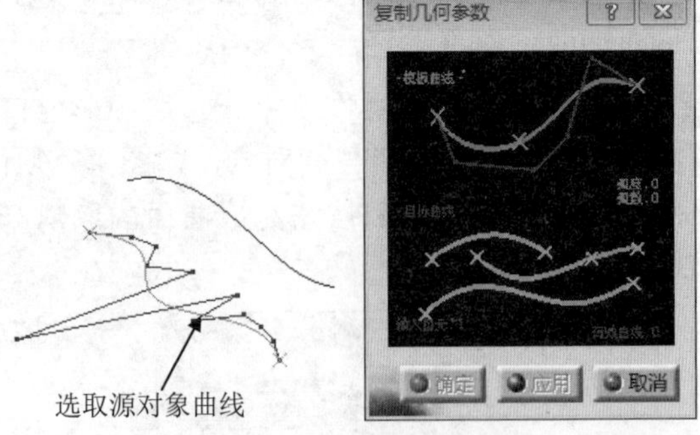

图15-62 选取源对象曲线

04 单击图形窗口中的【曲线2】为目标曲线，单击【应用】命令按钮预览曲线的参数复制效果，单击【确定】命令按钮完成几何参数的复制，如图15-63所示。

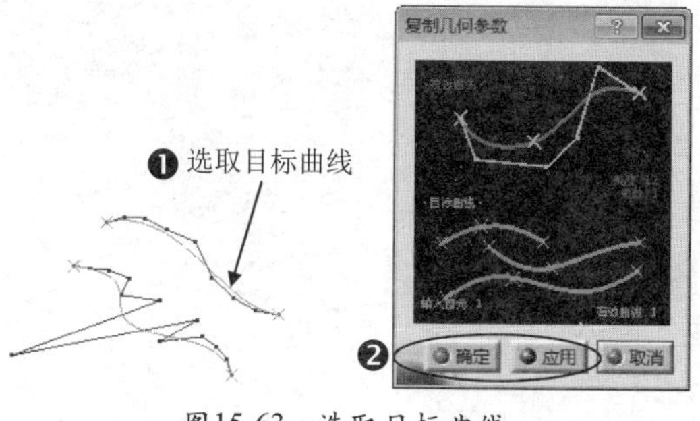

图15-63 选取目标曲线

> **提示**
>
> 源对象曲线和目标曲线必须是具有阶次的曲线，可通过转换曲线或曲面的方式将曲线转换为NUPBS曲线，再执行复制几何参数命令。

15.5 曲面外形修改

由于【自由曲面】设计模块是非参数化的设计工具，相对于【创成式外形设计】模块，其创建的曲线、曲面特征的修改性就更为自由和直接，其主要修改思路也与参数化设计思路大相径庭。具体的应用分析如下。

15.5.1 对称

对称是通过指定已知的图元和参考平面，将图元对象镜像复制到参考平面的对称位置处。下面就以图15-64所示的实例进行操作说明。

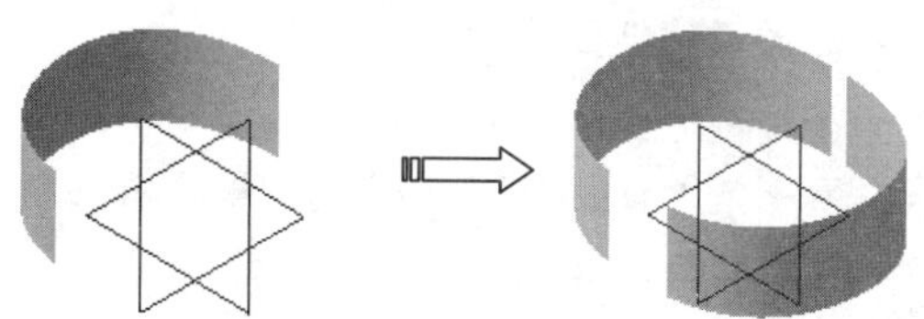
图15-64 对称曲面

动手操作——创建对称

01 打开光盘文件“源文件\Ch15\ex-26.CATPart”。

02 执行菜单栏中的【插入】|【修改外形】|【对称】命令，系统即可弹出【对称定义】对话框。

03 定义对称操作的相关要素。选取图形窗口中的【曲面1】为对称操作的源对象，选取目录树中的【ZX平面】为参考平面，单击【确定】按钮完成对称操作，如图15-65所示。

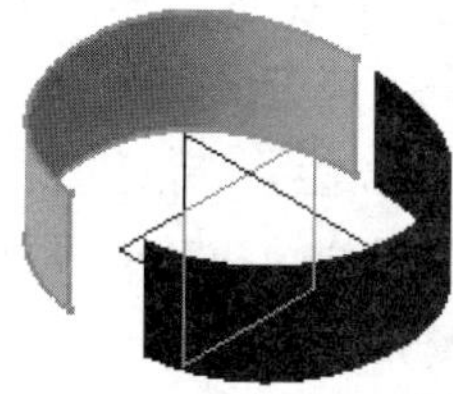
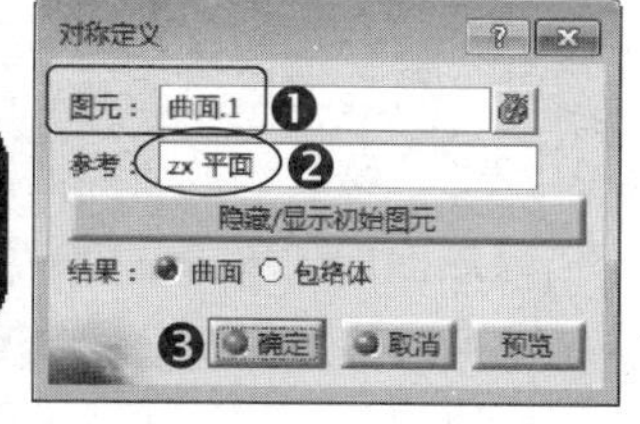

图15-65 曲面的对称操作

15.5.2 调整控制点

调整控制点是通过对指定的曲线或曲面上的控制点进行编辑修改，从而改变曲线或曲面的外形。下面就以图15-66所示的实例进行操作说明。

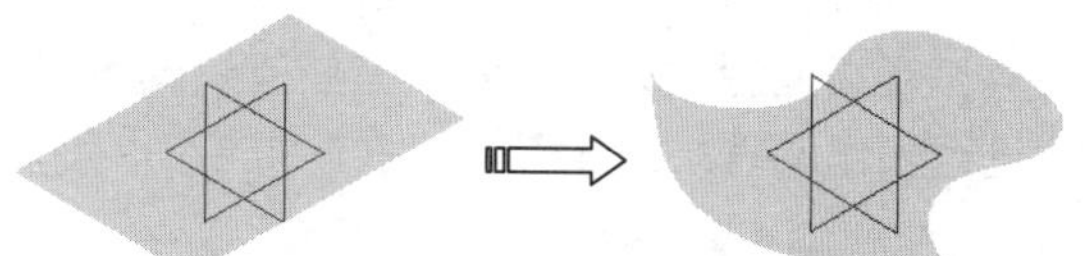
图15-66 修改曲面外形

动手操作——调整控制点修改曲面外形

01 打开光盘文件“源文件\Ch15\ex-27.CATPart”。

02 调整视图显示方位。单击【视图】工具栏中的【俯视图】命令按钮，将视图的显示方位调整为俯视角。

03 执行菜单栏中的【插入】|【修改外形】|【调整控制点】命令，系统即可弹出【控制点】对话框。

04 定义控制参数。选取图形窗口中的【曲面.1】为变形的控制图元，单击【对称】文本框并选取图形窗口中的【ZX】平面，单击【支持面】区域的指南针平面按钮，使用默认的其他相关参数，向内移动曲面右上方的控制点，向右上方移动曲面右下方的控制点，单击【确定】按钮完成曲面外形的调控，如图15-67所示。

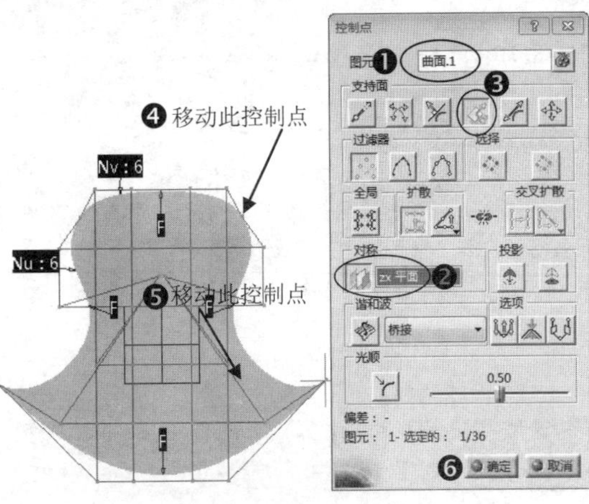

图15-67 调控曲面外形

15.5.3 匹配曲面

匹配曲面是通过指定已知的曲面，将其外形变形至能与其他曲面具有连续性的形状。匹配曲面的方式主要有单边匹配曲面和多重边匹配曲面两种，具体介绍如下。

1. 单边匹配曲面

单边匹配曲面是指定曲面上的一条边界与另一条曲面的边进行匹配接合操作，并使两曲面具有连续性特点。下面就以图15-68所示的实例进行操作说明。

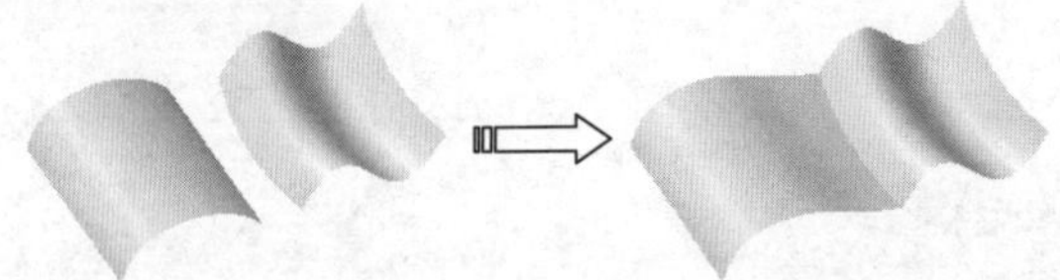

图15-68 单边匹配曲面

动手操作——创建单边匹配曲面

01 打开光盘文件“源文件\Ch15\ex-28.CATPart”。

02 执行菜单栏中的【插入】|【修改外形】|【单边匹配曲面】命令，系统即可弹出【匹配曲面】对话框。

03 定义匹配曲面相关参数。使用系统默认的【自动】类型，选取图形窗口左方曲面的一条边线为匹配边线，选取图形窗口右方曲面的一条边线为匹配曲线，在图形窗口中【点】提示信息处单击右键并选取【曲率连续】选项，单击【确定】按钮完成曲面的匹配操作，如图15-69所示。

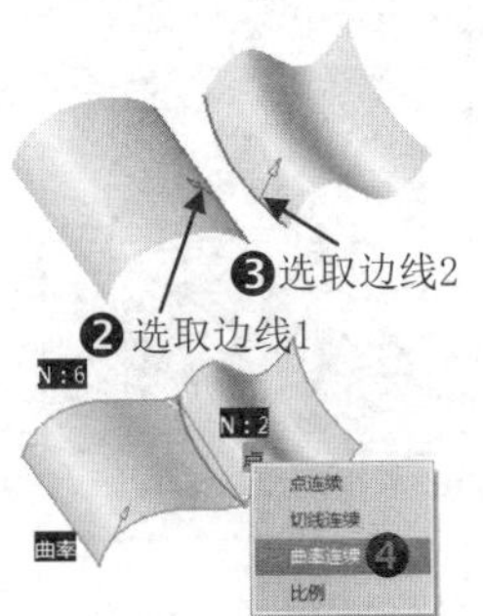

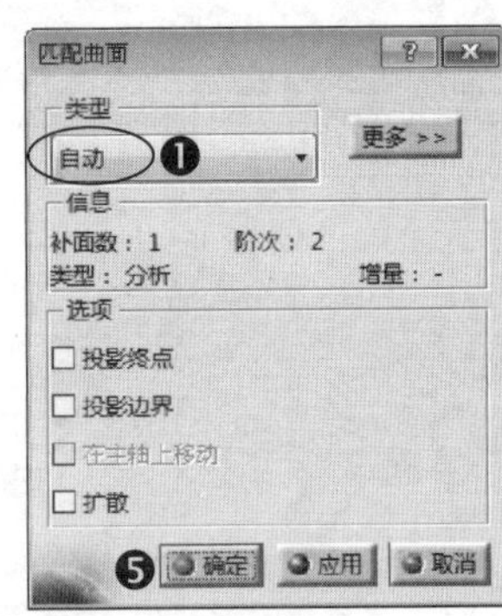

图15-69 匹配两曲面

提示

在如图15-69所示的【匹配曲面】对话框中，【选项】区域部分功能说明如下：

- ★ 投影终点：主要用于投影第二条曲线上的边界终点。
- ★ 投影边界：主要用于投影第二个曲面上的边界线。
- ★ 在主轴上移动：主要用于匹配的约束控制使其沿指南针主轴方向移动。
- ★ 扩散：主要用于截线方向的曲面扩散变形。

2. 多重边匹配曲面

多重边匹配曲面是将指定的曲面的所有边界与另一条曲面的边界进行匹配接合操作，并使两曲面具有连续性特点。下面就以图15-70所示的实例进行操作说明。

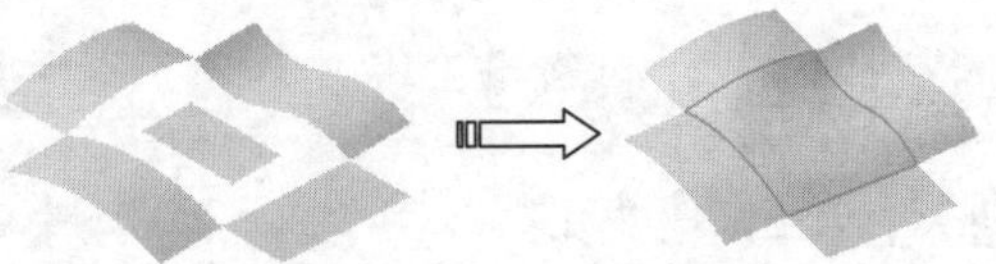

图15-70 多重边匹配曲面

动手操作——创建多重边匹配曲面

01 打开光盘文件“源文件\Ch15\ex-29.CATPart”。

02 执行菜单栏中的【插入】|【修改外形】|【多重边匹配曲面】命令，系统即可弹出【多边匹配】对话框。

03 定义匹配对象。勾选【散射变形】和【优化连续】选项，选取【曲面5】的某一条边线，再选取周边曲面上与之相近的边线为匹配边，继续选取各曲面匹配边线，在【点】信息提示上单击右键，并选取快捷菜单中的【曲率连续】选项，如图15-71所示。

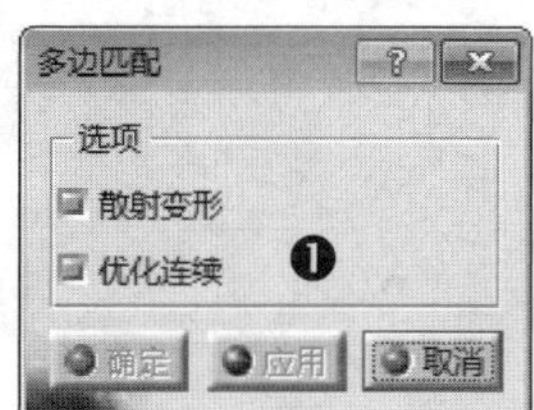

图15-71　选取匹配边线

04 单击【应用】命令按钮预览匹配结果，单击【确定】命令按钮完成多重边匹配，如图15-72所示。

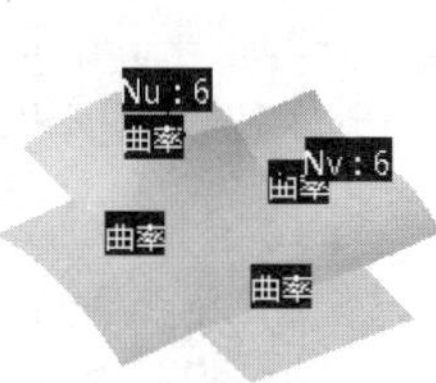

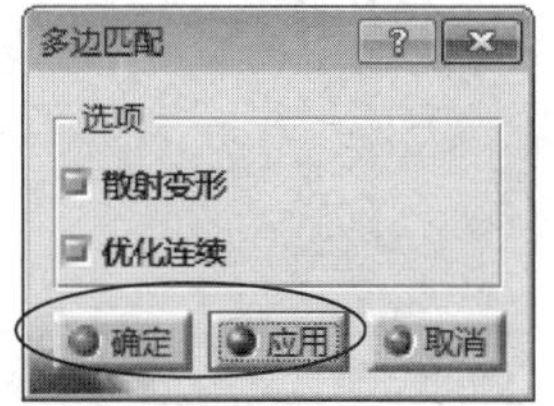

图15-72　完成曲面匹配

15.5.4　拟合几何图形

拟合几何图形是通过对已知的曲线、曲面，与另一目标曲线、曲面进行外形上的拟合操作，从而使其外形上逼近目标曲线或曲面。下面就以图15-73所示的实例进行操作说明。

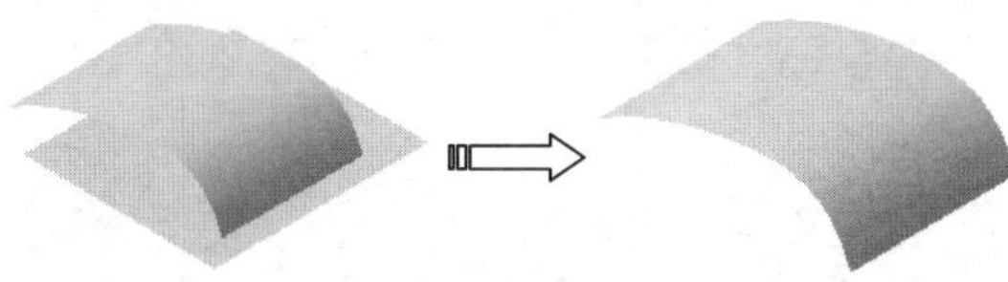

图15-73　拟合曲面

动手操作——拟合几何图形

01 打开光盘文件“源文件\Ch15\ex-30.CATPart”。

02 执行菜单栏中的【插入】|【修改外形】|【拟合几何图形】命令，系统即可弹出【拟合几何图形】对话框。

03 选取图形窗口中的【曲面2】为拟合的源对象曲面，如图15-74所示。

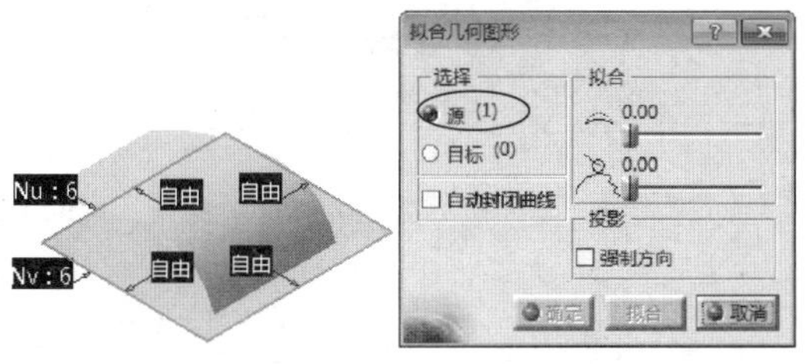

图15-74　选取源对象曲面

04 勾选对话框中的【目标】选项，选取图形窗口中的【曲面1】为拟合的目标曲面，如图15-75所示。

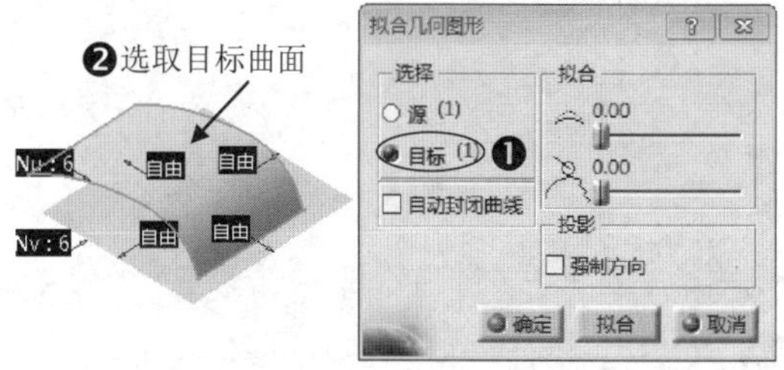

图15-75　选取目标曲面

05 定义拟合的相关参数。将【拟合】区域中的滑块拖至最右方，调整参数至1，将滑块拖至最右方，调整参数至1，单击【拟合】命令按钮预览拟合结果，单击【确定】按钮完成曲面的拟合操作，如图15-76所示。

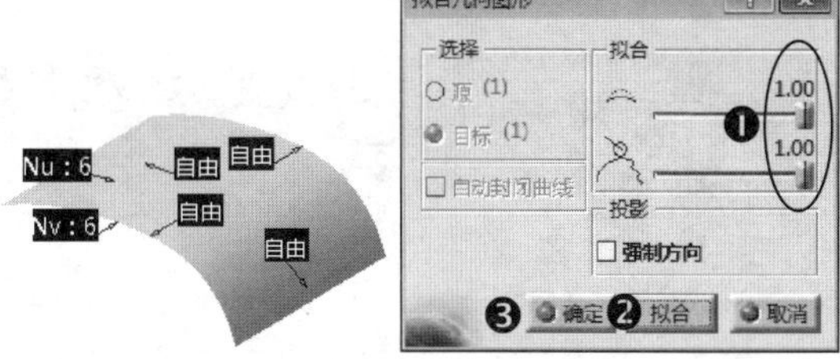

图15-76　设置拟合参数

提 示

在如图15-76所示的【拟合几何图形】对话框中，部分选项功能说明如下：

★ 自动封闭曲线：此选项主要用于定义自动封闭拟合的曲线。

★ 滑块：主要用于设置拟合对象的张度系数。

★ 滑块：主要用于设置拟合对象的光顺系数。

★ 强制方向：主要用于定义拟合的投影方向。

15.5.5　全局变形

全局变形是通过将已知的曲面沿指定的空间元素进行外形上的改变，其主要的创建方式有使用中间曲面和使用引导曲面两种。具体介绍如下。

1. 使用中间曲面变形

使用中间曲面的方式主要是通过调整控制点来改变曲面的外形。下面就以图15-77所示的实例进行操作说明。

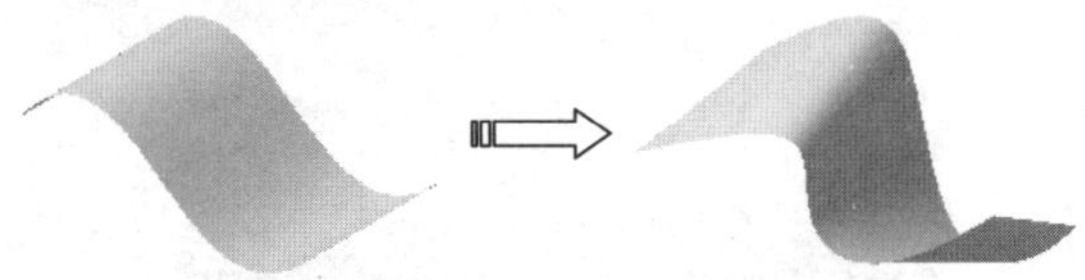

图15-77　使用中间曲面变形

动手操作——使用中间曲面变形

01 打开光盘文件“源文件\Ch15\ex-31.CATPart”。

02 执行菜单栏中的【插入】|【修改外形】|【全局变形】命令，系统即可弹出【全局变形】对话框。

03 定义变形类型和对象。使用系统默认的【中间曲面】类型，选取图形窗口中的曲面特征为变形对象，单击【运行】命令按钮以弹出【控制点】对话框，如图15-78所示。

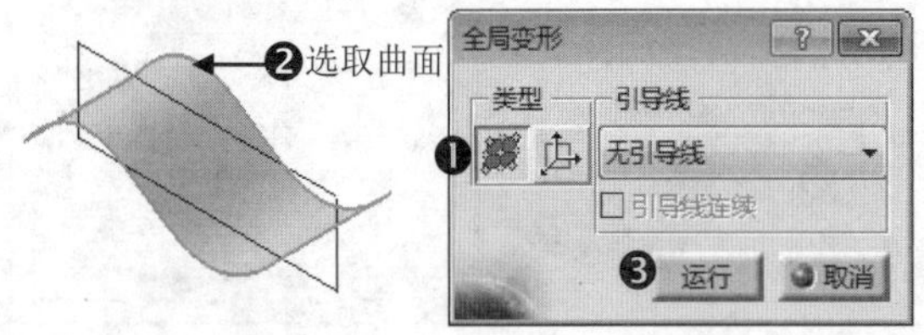

图15-78　定义变形类型和对象

04 定义变形控制点的参数。单击【支持面】区域的【垂直于指南针】按钮，选取图形上一控制点并向右拖动，如图15-79所示。

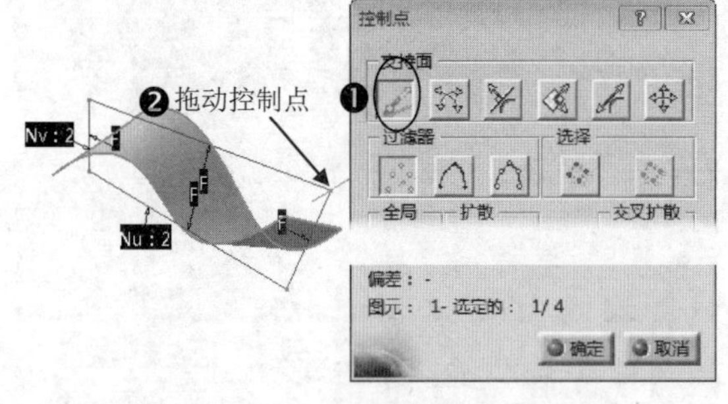

图15-79　沿垂直指南针方向变形曲面

05 定义变形控制点的参数。单击【支持面】区域的【指南针平面】按钮，选取图形上一控制点并向右下方拖动，单击【确定】按钮完成曲面的全局变形操作，如图15-80所示。

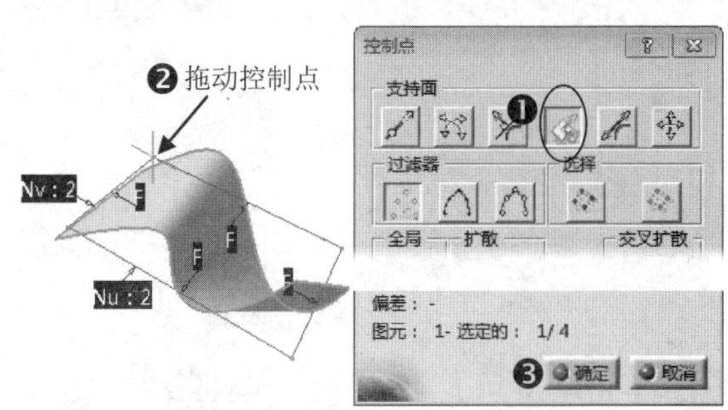

图15-80　沿指南针平面变形曲面

2. 使用引导曲面变形

使用引导曲面即对已知曲面进行限制约束，从而改变曲面的外形。下面就以图15-81所示的实例进行操作说明。

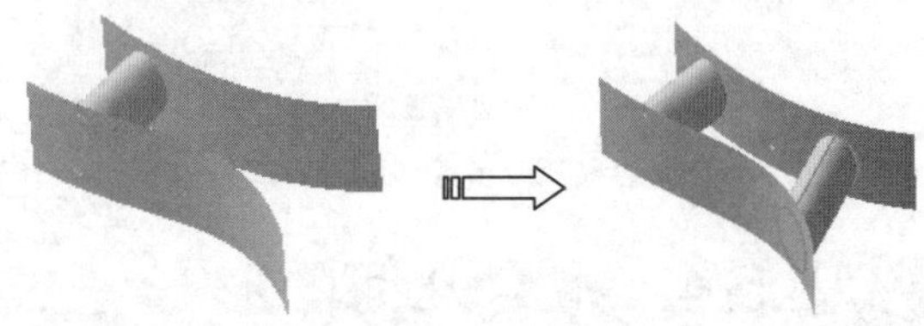

图15-81　使用引导曲面变形曲面

动手操作——使用引导曲面变形

01 打开光盘文件“源文件\Ch15\ex-32.CATPart”。

02 执行菜单栏中的【插入】|【修改外形】|【全局变形】命令，系统即可弹出【全局变形】对话框。

03 定义变形类型和对象。单击【使用轴】按钮切换变形类型，按住Ctrl键选取椭圆形曲面的全部曲面体为变形对象，选取【引导线】下拉列表中的【2条引导线】选项，单击【运行】命令按钮完成变形曲面的选取，如图15-82所示。

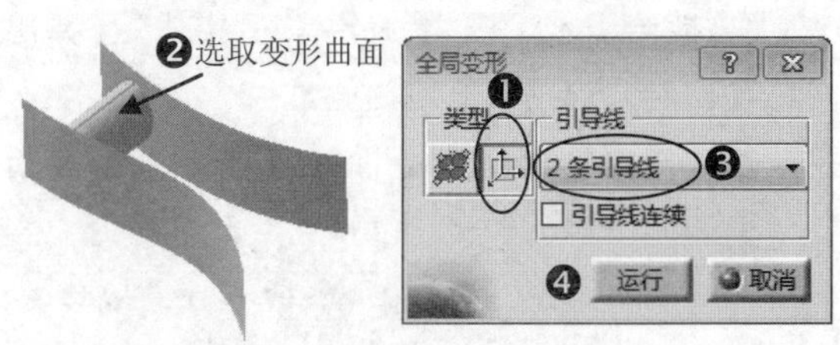

图15-82　定义变形类型和对象

04 定义引导曲面和变形位置。选取【曲面1】和【曲面2】为引导曲面，向右拖动椭圆曲面上的控制器，将控制器放置在右侧合适位置处，如图15-83所示。

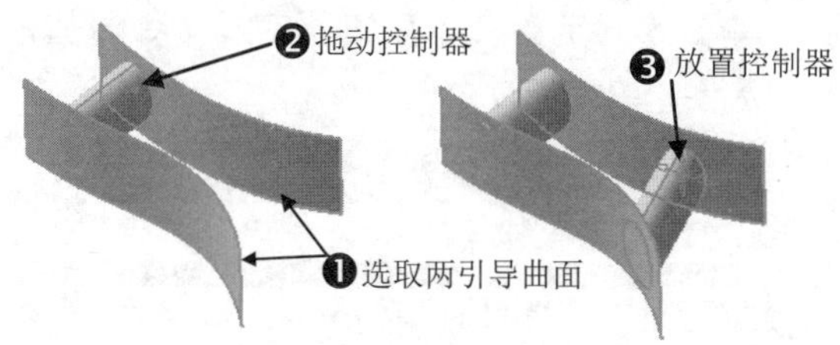

图15-83　定义变形参数

05 单击【确定】按钮完成使用引导曲面变形曲面的操作。

15.5.6 扩展曲面

扩展曲面是通过指定曲线或曲面为扩展对象，并将其向外延展扩张。下面就以图15-84所示的实例进行操作说明。

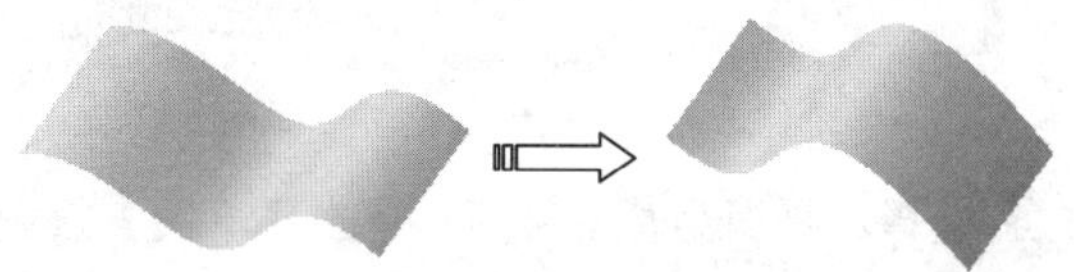

图15-84　延伸曲面

动手操作——创建扩展曲面

01 打开光盘文件“源文件\Ch15\ex-33.CATPart”。

02 执行菜单栏中的【插入】|【修改外形】|【扩展】命令，系统即可弹出【扩展】对话框。

03 定义扩展模式和对象。勾选对话框中【保留分段】选项，选取图形窗口中的曲面特征为扩展对象，如图15-85所示。

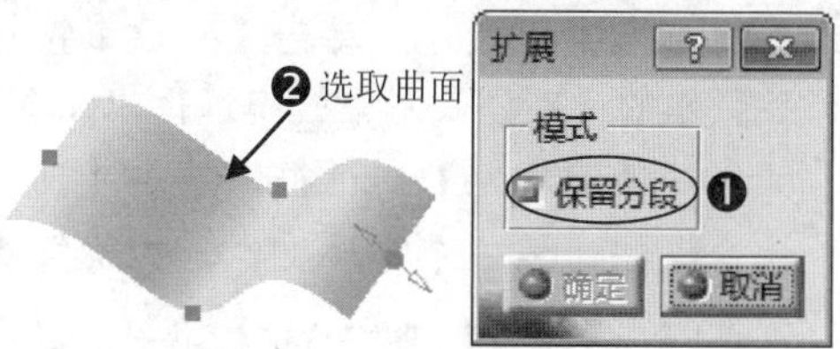

图15-85　选取扩展曲面1

04 定义曲面扩展位置。选取曲面上的控制器并向右下方拖动，拖动控制器至合适位置处放置，以完成曲面的扩展操作，如图15-86所示。

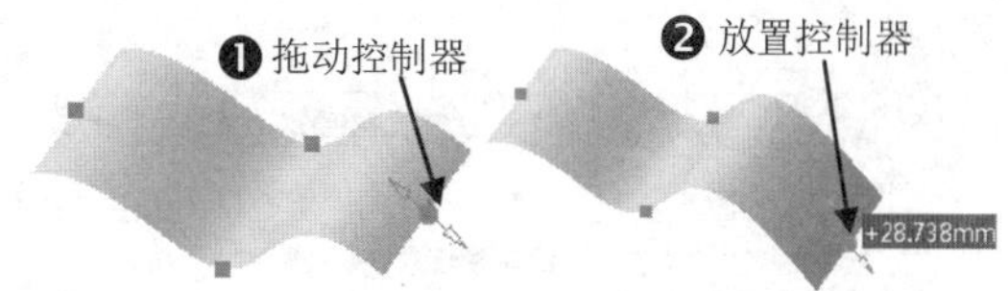

图15-86　操作曲面扩展1

05 定义曲面扩展位置。选取曲面上的控制器并向右下方拖动，拖动控制器至合适位置处放置，以完成曲面的扩展操作，如图15-87所示。

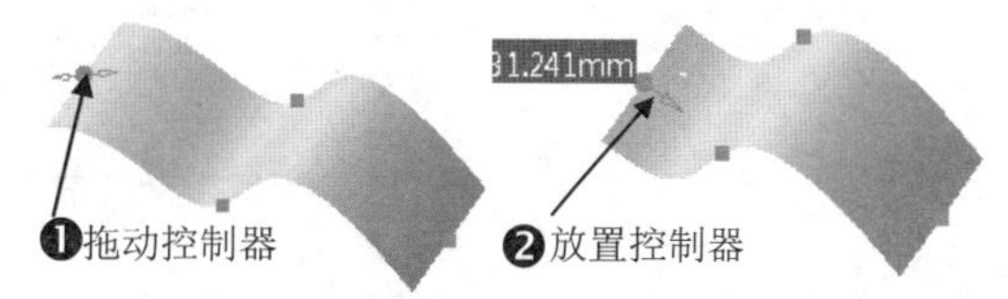

图15-87　操作曲面扩展2

提示

勾选【保留分段】选项，则系统将允许设置负值尺寸。

15.6 实战应用——小音箱面板设计

引入光盘：无
结果文件：\动手操作\结果文件\Ch15\yinxiang.CATPart
视频文件：\视频\Ch15\音箱设计.avi

本节以一个工业产品——小音箱面板设计实例，来详解自由曲线、草图、自由曲面创建和编辑相结合的应用技巧。小音箱面板造型如图15-88所示。

图15-88　小音箱面板效果

01 在【标准】工具栏中单击【新建】按钮，在弹出的【新建】对话框中选择“part”，弹出【新建零件】对话框。单击【确定】命令按钮新建一个零件文件，并选择【开始】|【形状】|【FreeStyle】命令，进入自由曲面设计工作台。

02 执行菜单栏【工具】|【自定义】命令，弹出【自定义】对话框，单击【工具栏】选项卡，选中左侧的【Curve Creation】选项，单击右侧的【添加命令】按钮，如图15-89所示。

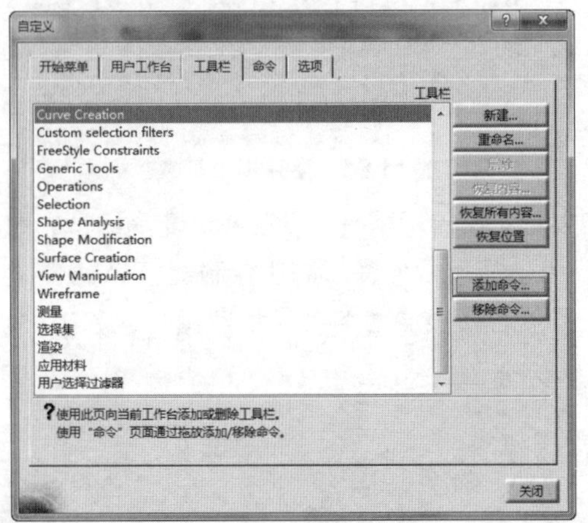

图15-89 【自定义】对话框

03 在弹出的【命令列表】对话框中选择【草图】选项，单击【确定】命令按钮，完成命令添加，如图15-90所示。

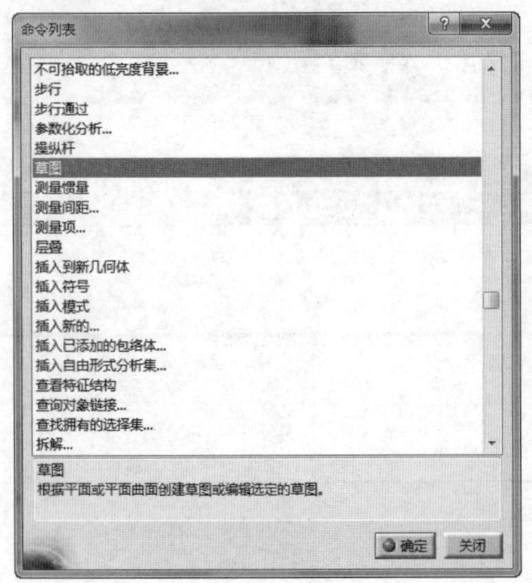

图15-90 添加草图命令

04 再次单击【添加命令】按钮，在弹出的【命令列表】对话框中选择【Point…】选项，单击【确定】命令按钮，完成命令添加，如图15-91所示。

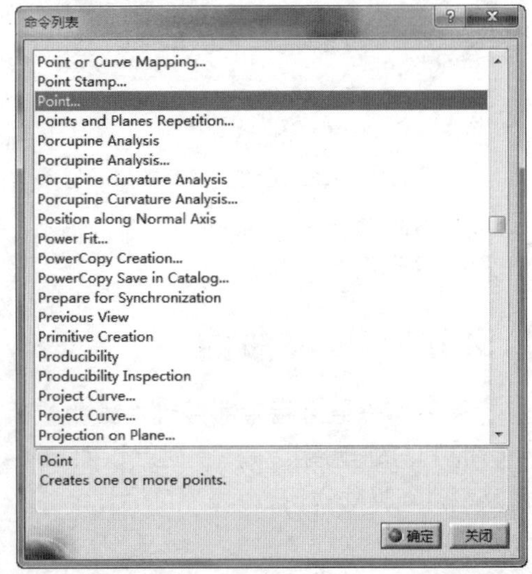

图15-91 添加Point（点）命令

05 选择zx平面为草图平面，单击【草图】按钮，进入草图编辑器。利用草绘工具绘制如图15-92所示的草图。单击【工作台】工具栏上的【退出工作台】按钮，完成草图绘制。

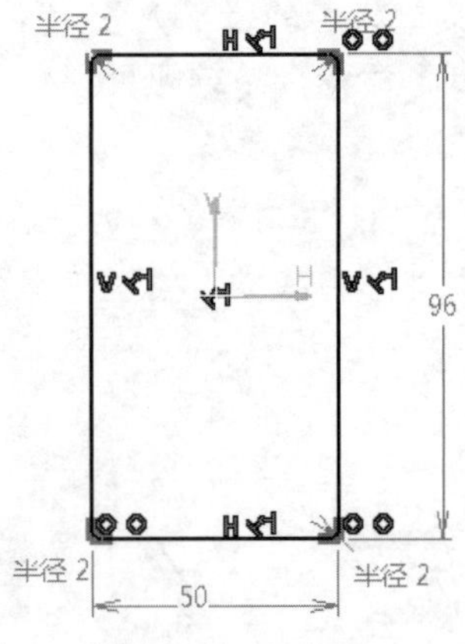

图15-92 绘制草图

06 单击【工具仪表盘】工具栏上的【指南针工具栏】按钮，如图15-93所示，弹出【快速确定指南针方向】工具栏，选中按钮，确定活动平面，如图15-94所示。

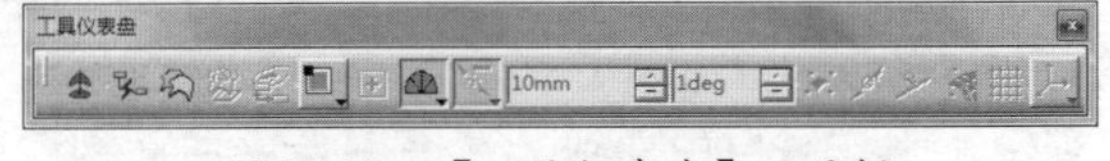

图15-93 【工具仪表盘】工具栏

图15-94 【快速确定指南针方向】工具栏

07 单击【Surface Creation】工具栏上的【拉伸曲面】按钮，选择草图为要拉伸的曲线，设置拉伸长度20mm，单击【确定】按钮，完成拉伸曲面，如图15-95所示。

08 选择yz平面为草图平面，单击【草图】按钮，进入草图编辑器。利用草绘工具绘制如图15-96所示的草图。单击【工作台】工具栏上的【退出工作台】按钮，完成草图绘制。

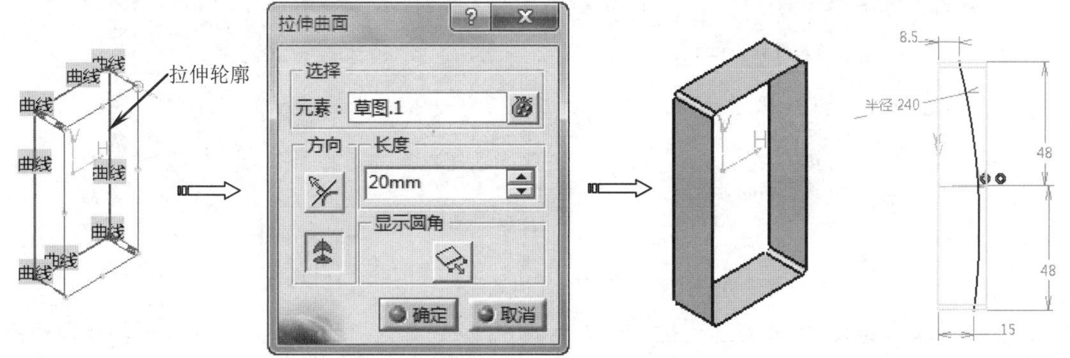

图15-95 创建拉伸曲面　　图15-96 绘制草图

09 单击【Operations】工具栏上的【中断曲面或曲线】按钮，弹出【断开】对话框，选择中断类型，激活【元素】选择框，选择如图15-97所示的曲面，激活【限制】选择框，选择曲线，单击【确定】命令按钮完成剪切曲面操作。

10 重复上述曲面剪切过程，依次剪切其余7个曲面，如图15-98所示。

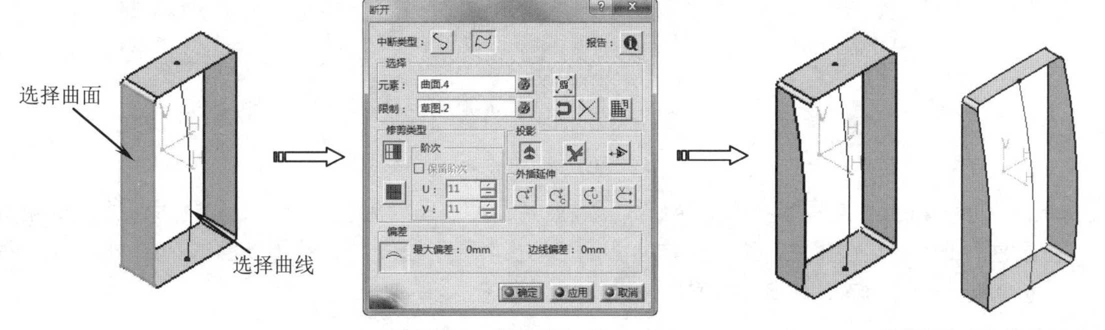

图15-97 创建剪切曲面　　图15-98 修剪其他曲面

11 单击【Surface Creation】工具栏上的【Styling sweep】按钮，弹出【样式扫掠】对话框，选择扫掠类型，单击【轮廓】按钮，选择拉伸曲面边线作为轮廓线，单击【脊线】按钮，选择上一步草图作为脊线，单击【确定】命令按钮完成扫掠曲面创建，如图15-99所示。

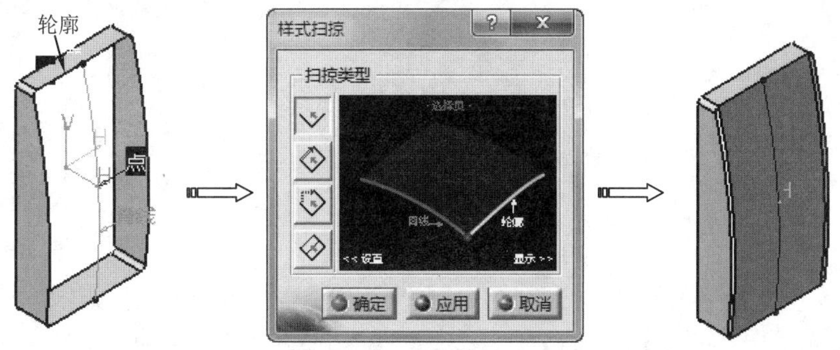

图15-99 创建扫掠曲面

12 单击【Shape Modification】工具栏上的【Extend】按钮，弹出【扩展】对话框，选择扫掠曲面，设置【长度】为10mm，单击【确定】命令按钮完成延伸曲面，如图15-100所示。

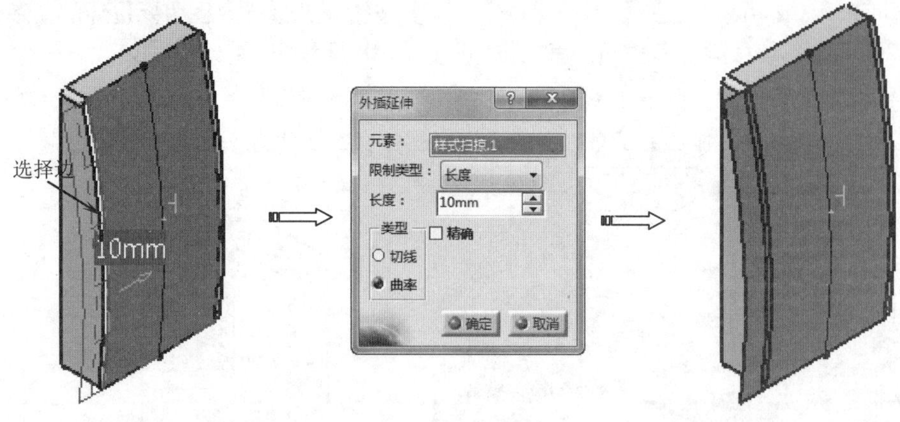

图15-100　延伸曲面1

13 单击【Shape Modification】工具栏上的【Extend】按钮，弹出【扩展】对话框，选择扫掠曲面，设置【长度】为10mm，单击【确定】命令按钮完成延伸曲面，如图15-101所示。

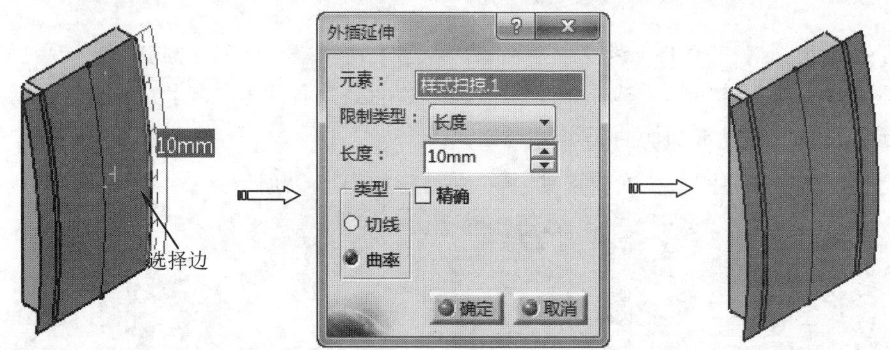

图15-101　延伸曲面2

14 单击【Operations】工具栏上的【中断曲面或曲线】按钮，弹出【断开】对话框，选择中断类型，激活【元素】选择框，选择延伸曲面，激活【限制】选择框，选择草图1，单击【确定】命令按钮完成剪切曲面，如图15-102所示。

15 重复上述曲面剪切过程，剪切另一侧延伸曲面，如图15-103所示。

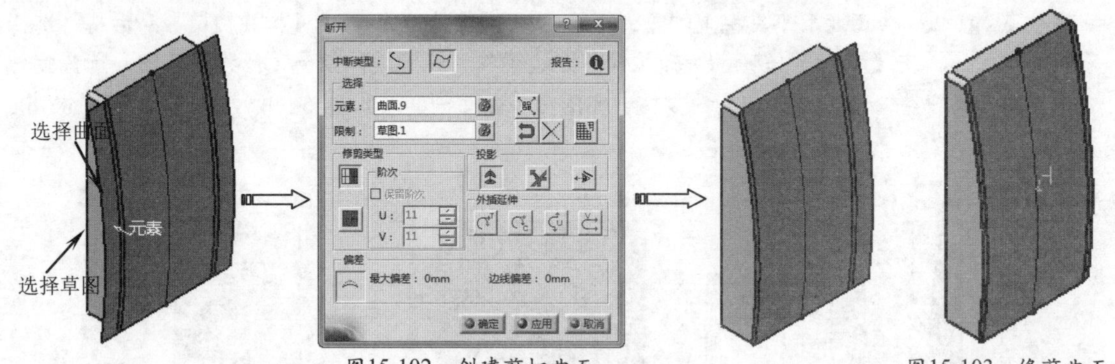

图15-102　创建剪切曲面　　图15-103　修剪曲面

16 选择zx平面为草图平面，单击【草图】按钮，进入草图编辑器。利用草绘工具绘制如图15-104所示的草图。单击【工作台】工具栏上的【退出工作台】按钮，完成草图绘制。

17 单击【Operations】工具栏上的【中断曲面或曲线】按钮，弹出【断开】对话框，选择中断类型，激活【元素】选择框，选择扫掠曲面，激活【限制】选择框，选择上一步创建的草图，单击【确定】命令按钮完成剪切曲面，如图15-105所示。

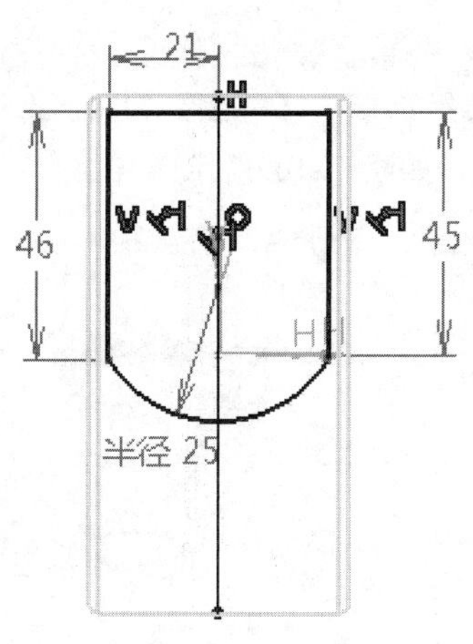

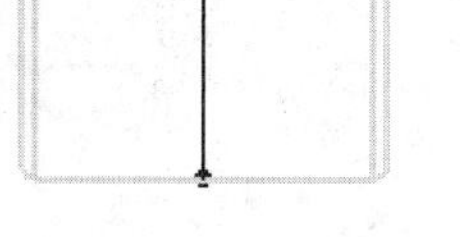

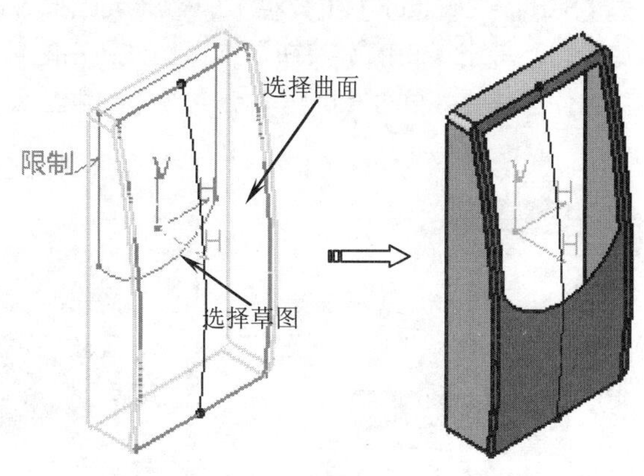

图15-104 绘制草图　　图15-105 创建剪切曲面

18 选择yz平面为草图平面，单击【草图】按钮，进入草图编辑器。利用草绘工具绘制如图15-106所示的草图。单击【工作台】工具栏上的【退出工作台】按钮，完成草图绘制。

19 单击【线框】工具栏上的【点】按钮，弹出【点定义】对话框，在【点类型】下拉列表中选择【曲线上】选项，选择上一步创建草图，依次单击【最近端点】、【确定】命令按钮，系统自动完成点创建，如图15-107所示。

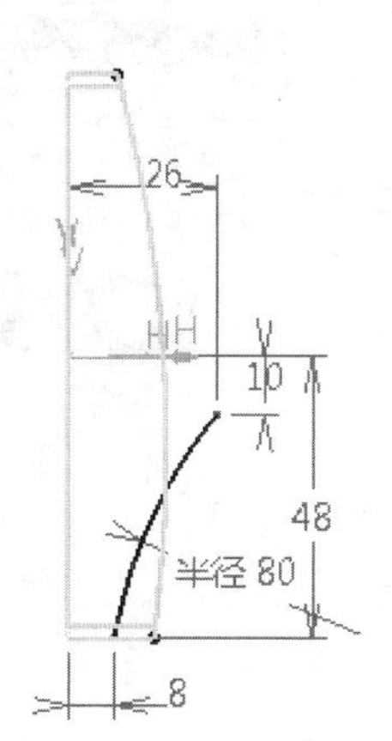

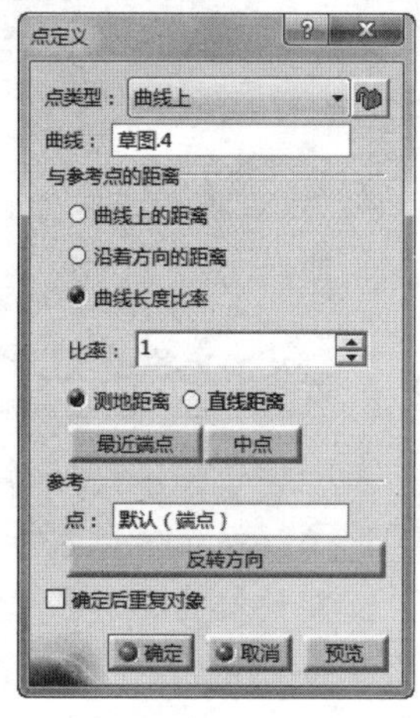

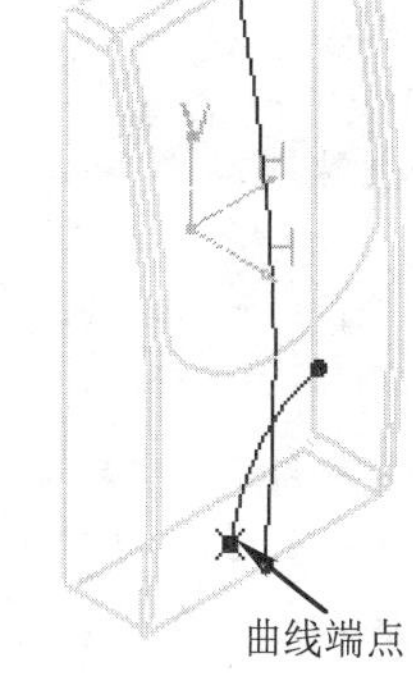

图15-106 绘制草图　　图15-107 创建点

20 单击【Curve Creation】工具栏上的【Curve on Surface】按钮，弹出【选项】对话框，在【创建类型】下拉列表中选择【逐点】选项，在【模式】下拉列表中选择【通过点】选项。在图形区选择拉伸曲面，然后在曲面上选择通过的点，单击【确定】命令按钮，系统自动完成曲面上曲线的创建，如图15-108所示。

图15-108 创建曲面上的曲线

21 单击【Surface Creation】工具栏上的【Styling sweep】按钮，弹出【样式扫掠】对话框，选择扫掠类型，单击【轮廓】按钮，选择拉伸曲面边线作为轮廓线，单击【脊线】按钮，选择上一步草图作为脊线，单击【确定】命令按钮完成扫掠曲面创建，如图15-109所示。

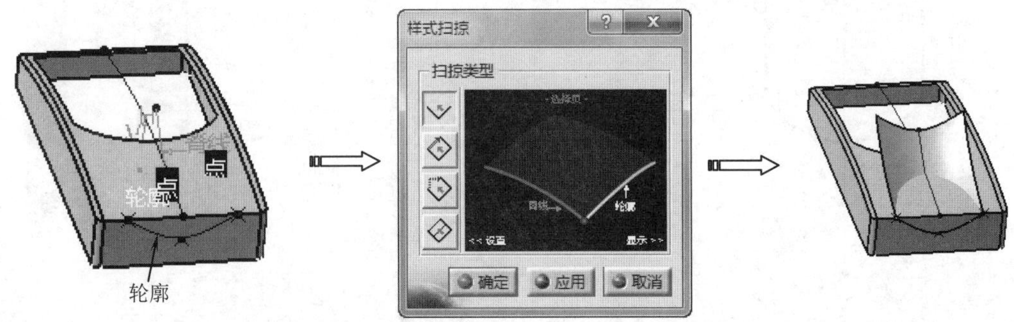

图15-109 创建扫掠曲面

22 单击【Curve Creation】工具栏上的【Curve on Surface】按钮，弹出【选项】对话框，在【创建类型】下拉列表中选择【逐点】选项，在【模式】下拉列表中选择【通过点】选项。在图形区选择拉伸曲面，然后在曲面上选择通过的点，单击【确定】命令按钮，系统自动完成曲面上曲线的创建，如图15-110所示。

图15-110 创建曲面上的曲线

23 单击【Surface Creation】工具栏上的【Styling sweep】按钮，弹出【样式扫掠】对话框，选择扫掠类型，单击【轮廓】按钮，选择拉伸曲面边线作为轮廓线，单击【脊线】按钮，选择上一步草图作为脊线，单击【确定】命令按钮完成扫掠曲面创建，如图15-111所示。

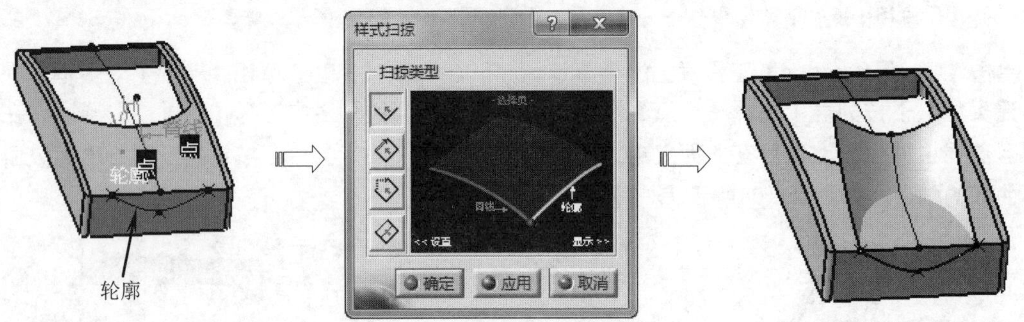

图15-111 创建扫掠曲面

24 单击【Operations】工具栏上的【中断曲面或曲线】按钮，弹出【断开】对话框，选择中断类型，激活【元素】选择框，选择如图15-112所示的曲面，激活【限制】选择框，选择扫掠曲面，单击【确定】命令按钮完成剪切曲面。

图15-112 创建剪切曲面

25 重复上述过程，修剪其余曲面，得到小音箱面板曲面，如图15-113所示。

图15-113 小音箱面板曲面

15.7 课后习题

通过多个扫描与混合命令，创建如图15-114所示的模型。

读者将熟悉如下内容：

（1）创建旋转曲面。

（2）创建3D曲线。

（3）创建填充曲面。

（4）创建对称特征。

（5）圆周阵列。

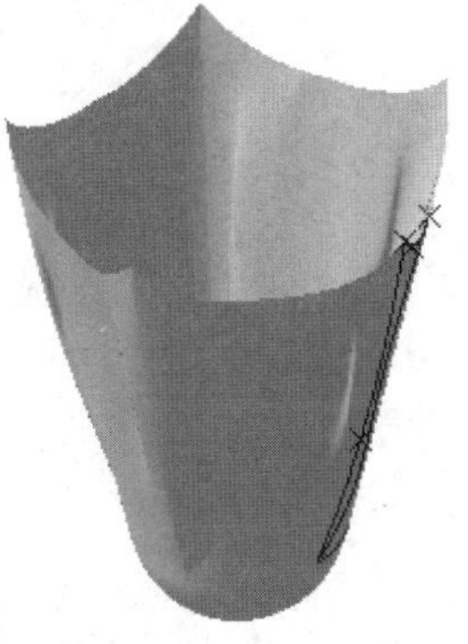

图15-114 范例图

第16章 曲线与曲面优化分析

在产品造型设计的过程中，曲线设计的质量好坏将直接影响曲面的设计效果。针对造型过程中的各种连续和相切曲面的设计，曲线的构造就显得更为谨慎和重要，常常需要在曲线设计过程中实时进行检查和分析。

本章将详细介绍CATIA软件中常用的曲线、曲面分析工具，使读者能了解并运用CATIA对创建的曲线、曲面进行实时检测。

本章将在【创成式外形设计】平台和【自由曲面】平台中进行曲线、曲面分析。

◎ 知识点01：曲线的连续性和曲率分析
◎ 知识点02：曲面的曲率分析
◎ 知识点03：曲面的脱模分析
◎ 知识点04：曲面的斑马线分析

中文版CATIA V5R21完全实战技术手册

16.1 分析曲线

高质量的曲线是构建高质量曲面的关键，曲线设计的质量好坏将直接影响曲面的设计效果。CATIA软件提供了专业的曲线分析工具命令来对已创建的曲线对象进行检查和分析，其主要包括曲线连续性分析和曲线曲率的分析两大类别。具体使用方法介绍如下。

16.1.1 分析曲线的连续性

曲线的连续性分析主要包括点连续分析、相切连续分析和曲率连续分析等方式，用户可根据设计需要选择相应的曲线连续性分析。曲线的连续性分析工具既可在【创成式外形设计】平台下执行，也可在【自由曲面】平台中执行。

下面就以图16-1所示曲线的G0连续分析实例进行操作说明。

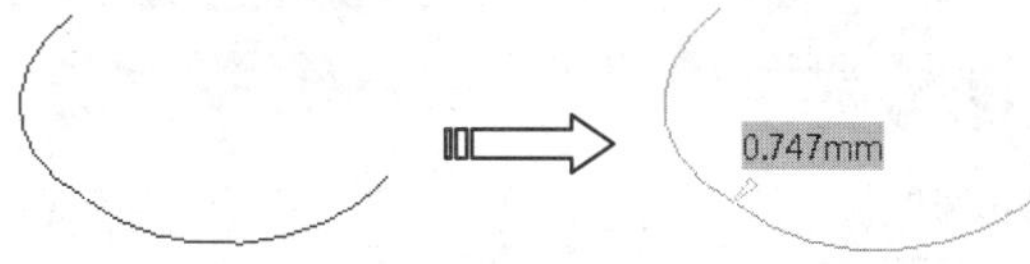

图16-1 曲线的连续性分析

动手操作——分析曲线的连续性

01 打开光盘文件“源文件\Ch16\ex-1.CATPart”。

02 执行菜单栏中的【插入】|【形状分析】|【连接检查器分析】命令，系统即可弹出【连接检查器】对话框。

03 定义分析类型和分析对象。单击选择【类型】区域的【曲线-曲线连接】按钮以指定分析的类型，单击【G0】按钮以选择曲线的连续方式，选取图形窗口中的曲线特征为分析对象，系统即可在图形窗口中预览分析结果，单击【确定】命令按钮完成曲线的连续性分析，如图16-2所示。

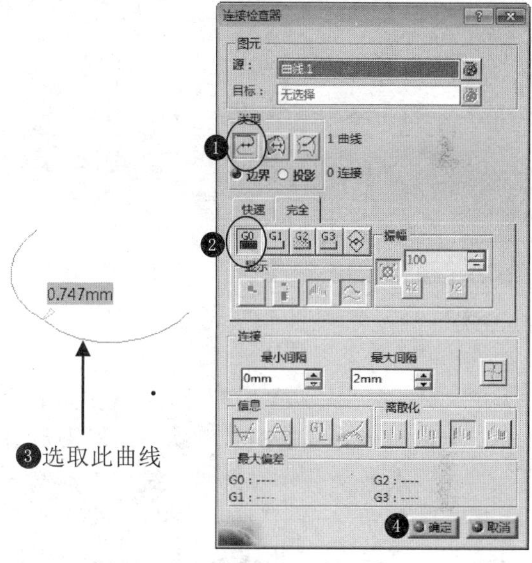

图16-2 曲线G0连续检查

提示

在【连接检查器】对话框中，分别单击G1、G2、G3和交叠缺陷按钮，可选择曲线的连续性分析方式。如图16-3所示。

图16-3 G1/G2/G3/交叠缺陷检查

提示

如图16-2所示的【连接检查器】对话框中的各类按钮说明如下：

- ★ （曲线-曲线连接）：用于曲线之间的连续性分析。
- ★ （曲面-曲面连接）：用于曲面之间的连续性分析。
- ★ （曲面-曲线连接）：用于曲面与曲线之间的连续性分析。

16.1.2 分析曲线的曲率

曲线的曲率分析是通过检查曲线的梳状图并从图中显示的【波峰】状态来判断曲线的平滑程度。曲线的曲率分析工具既可在【创成式外形设计】平台下执行，也可在【自由曲面】平台中执行。

下面就以图16-4所示的实例进行曲线曲率分析的操作说明。

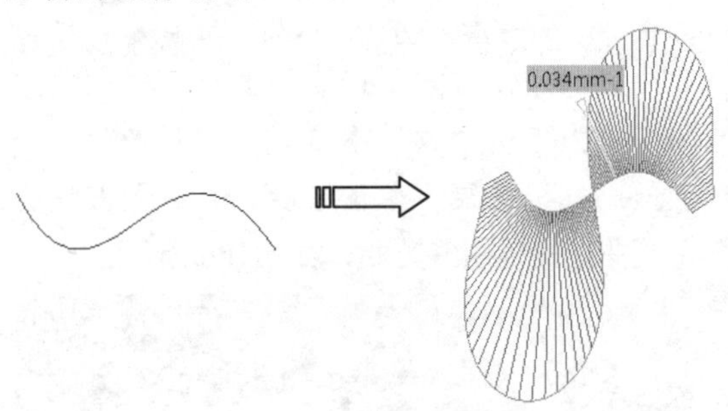

图16-4 曲线的曲率分析

动手操作——曲线的曲率分析

01 打开光盘文件“源文件\Ch16\ex-2.CATPart”。

02 执行菜单栏中的【插入】|【形状分析】|【箭状曲率分析】命令，系统即可弹出【箭状曲率】对话框。

03 定义分析类型和对象。在对话框【类型】下拉列表中选择【曲率】选项，选取图形窗口中的曲线为分析对象，系统即可预览分析结果，单击【确定】命令按钮完成曲线曲率的分析，如图16-5所示。

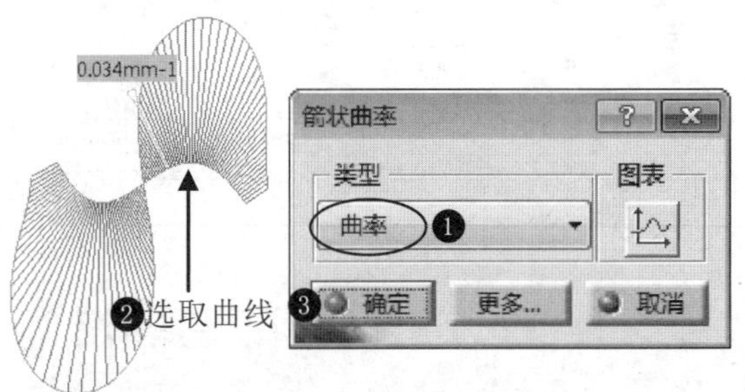

图16-5 曲线曲率分析

提示

在【箭状曲率】对话框中，单击【图表】区域中的【显示图表窗口】命令按钮，系统即可弹出【2D图表】对话框，在此对话框中可详细查看曲线的曲率分布状态。如图16-6所示。

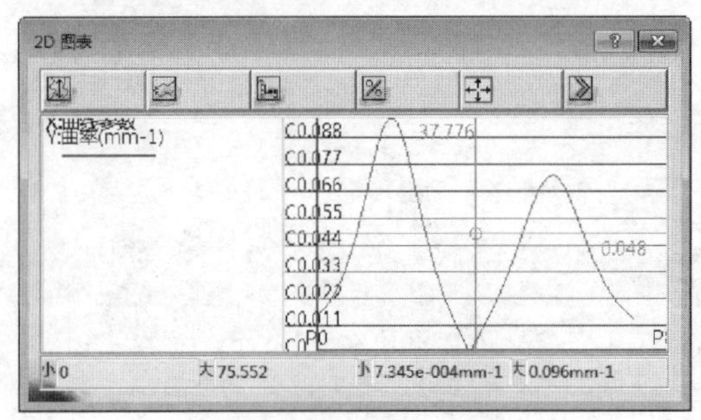

图16-6 曲线曲率2D图表

16.2 分析曲面

在产品造型设计过程中对曲面进行实时分析，能减少设计错误、优化设计结构、提高整体的设计效率。因此，在转换实体模型前或曲面设计完成后，都应对所创建的曲面特征进行实时的检查和分析。曲面的常用分析方式如下。

16.2.1 曲面的曲率分析

曲面的曲率分析主要是通过观察分析结果中的各种不同的颜色卡所对应的曲率分析值，从而判断曲面曲率的状态。曲面的曲率分析工具既可在【创成式外形设计】平台下执行，也可在【自由曲面】平台中执行。

下面就以图16-7所示的实例进行曲线曲率分析的操作说明。

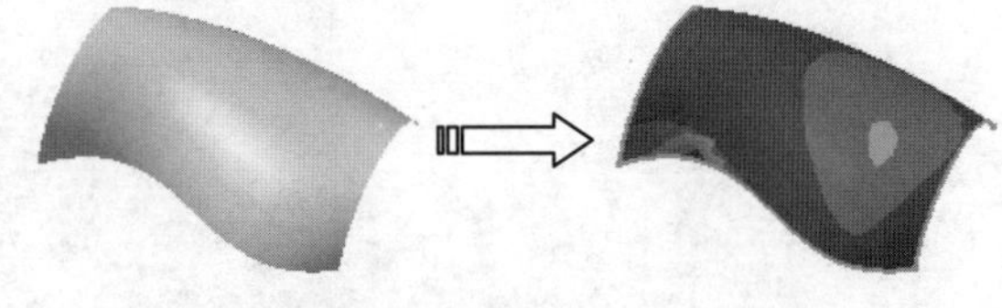
图16-7 曲面的曲率分析

动手操作——曲面的曲率分析

01 打开光盘文件“源文件\Ch16\ex-3.CATPart”。

02 执行菜单栏中的【插入】|【形状分析】|【曲面曲率分析】命令，系统即可弹出【曲面曲率】和【曲面曲率分析】对话框。

03 定义分析类型和对象。在【曲面曲率】对话框中选取【高斯】选项以指定分析类型，选取图形窗口中的曲面特征为分析对象，系统即可改变曲面的显示颜色，如图16-8所示。

图16-8 定义曲面曲率分析

04 单击【曲面曲率分析】对话框中的【使用最小值和最大值】按钮以显示曲面的曲率分布状态，如图16-9所示。

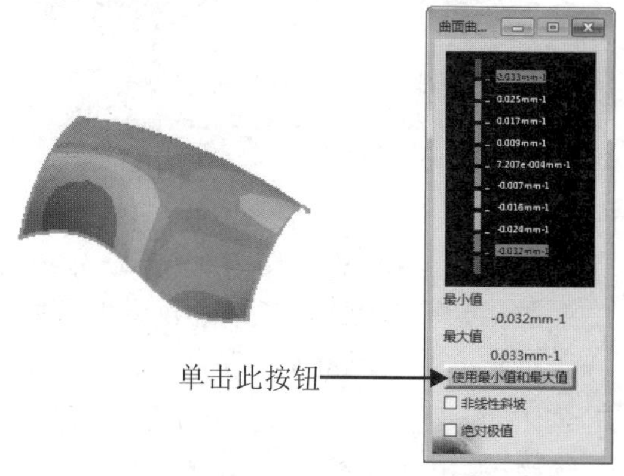

图16-9 查看曲面曲率分布状态

05 查看曲面曲率最大值。在曲面曲率对话框的【类型】下拉列表中选取【最大值】选项，勾选【显示选项】区域中的【运行中】选项以实时显示信息，在曲面特征上移动鼠标光标以查看曲面曲率的实时变化，单击【确定】按钮完成曲面曲率的分析，如图16-10所示。

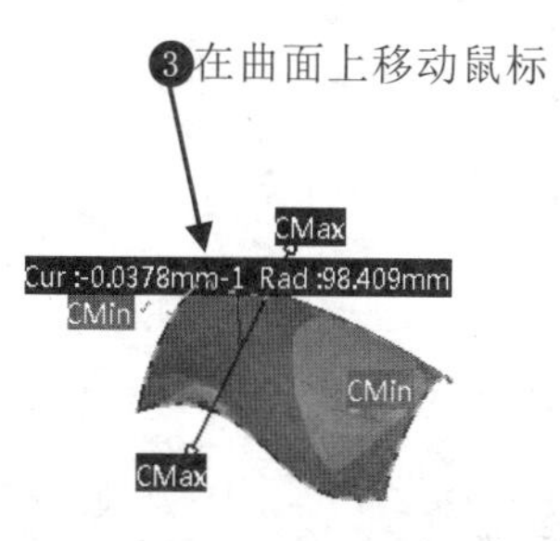

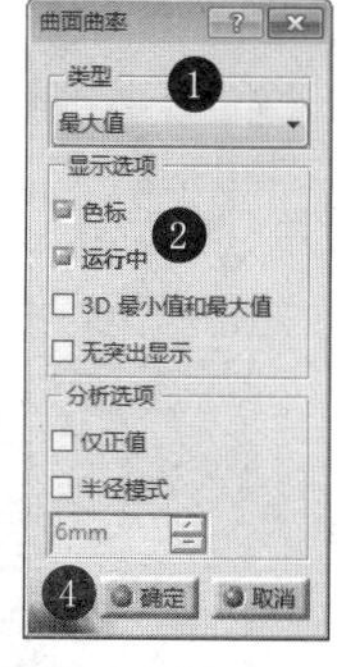

图16-10 查看曲率最大值

16.2.2 切除面分析

切除面分析是通过在指定的已知曲面上创建出多个切割平面特征，再对切割平面与曲面的相交线进行计算分析。下面就以图16-11所示的实例进行切除面分析的操作说明。

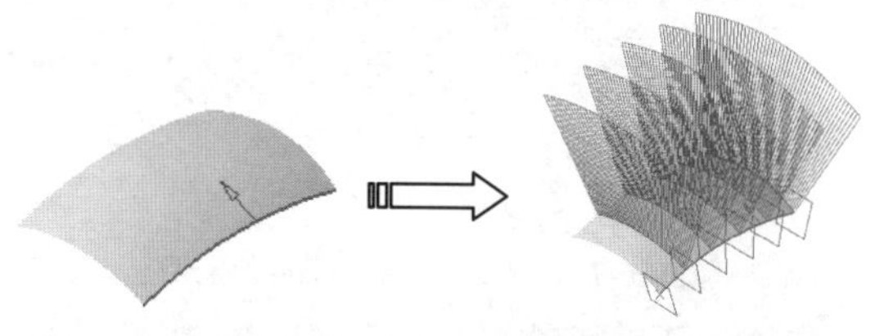

图16-11 切除面分析

动手操作——切除面分析

01 打开光盘文件“源文件\Ch16\ex-4.CATPart”。

02 执行菜单栏中的【开始】|【形状】|【自由曲面】命令，系统即可进入自由曲面平台。

03 执行菜单栏中的【插入】|【形状分析】|【切除面分析】命令，系统即可弹出【分析切除面】对话框。

04 定义分析参数。选取图形窗口中的曲面特征为分析对象，单击【截面类型】区域中的【与曲线垂直的平面】按钮以定义截面类型，选取曲面上的一条边线为分析线，在【数目】文本框中输入6以设置截面数量，单击【显示】区域中的【平面】按钮以显示切除平面，单击【显示】区域中的【曲率】按钮以显示分析梳状图，单击【确定】命令按钮完成切除面的分析，如图16-12所示。

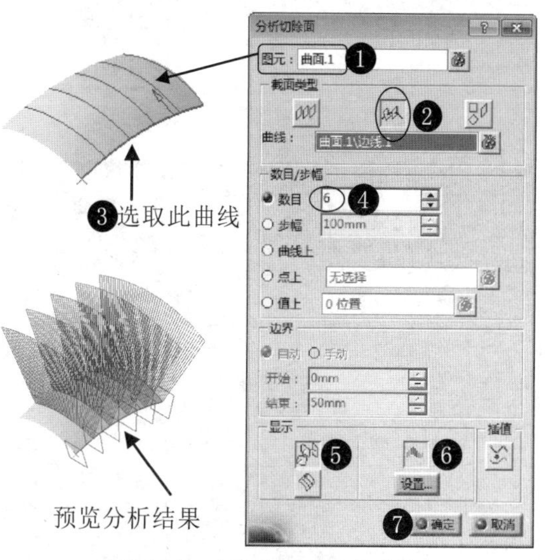

图16-12 定义切除面分析参数

16.2.3 强调显示线分析

强调显示线分析是通过分析曲面上的强调曲线进而将其高亮显示以便用户查看。下面就以图16-13所示的实例进行强调显示线的分析操作说明。

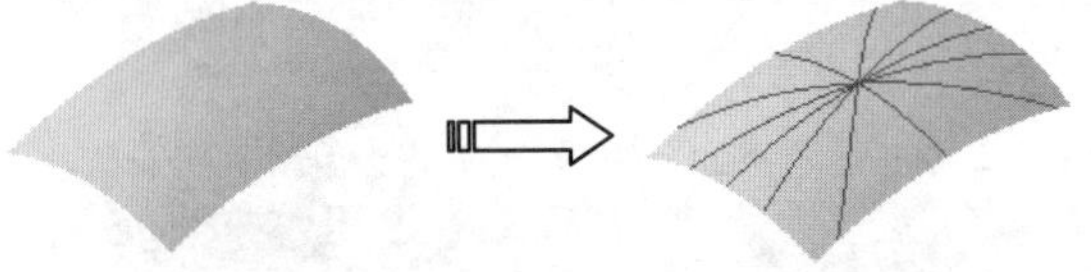

图16-13 曲面强调显示线分析

动手操作——强调显示线分析

01 打开光盘文件“源文件\Ch16\ex-5.CATPart”。

02 执行菜单栏中的【开始】|【形状】|【自由曲面】命令，系统即可进入自由曲面平台。

03 执行菜单栏中的【插入】|【形状分析】|【强调显示线分析】命令，系统即可弹出【强调线】对话框。

04 定义分析参数。选取图形窗口中的曲面特征为分析对象，使用系统默认的【按角度】和【切线】分析选项，在【螺纹角】文本框中输入30以指定螺旋角度，单击【确定】命令按钮完成强调显示线的分析，如图16-14所示。

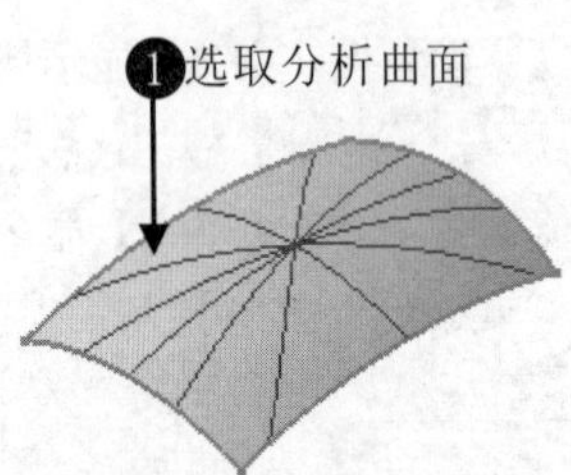

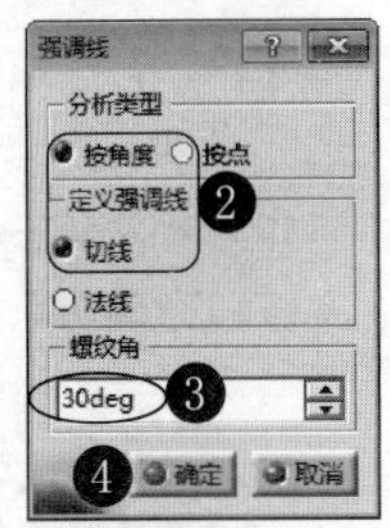

图16-14 定义强调线分析参数

提示

如图16-14所示的【强调线】对话框中的选项说明如下：

★ 切线：主要用于设置是否显示曲面上点的切线方向与指南针Z轴方向成螺旋角度的位置。

★ 法线：主要用于设置是否显示曲面上点的法向方向与指南针Z轴方向成螺旋角度的位置。

★ 螺纹角：主要用于设置螺旋角度的具体大小。

16.2.4 脱模分析

在产品造型设计过程中常常需要对产品进行实时的脱模分析，以保证设计的产品能在模具制造过程中顺利地脱出型腔。

脱模分析也称为拔模分析，它是通过对已知的曲面特征进行脱模角度的计算和分析，进而检查出曲面特征的脱模角度变化。曲面的脱模角度分析工具既可在【创成式外形设计】平台下执行，也可在【自由曲面】平台中执行。下面就以图16-15所示的实例进行曲面脱模角度的分析操作说明。

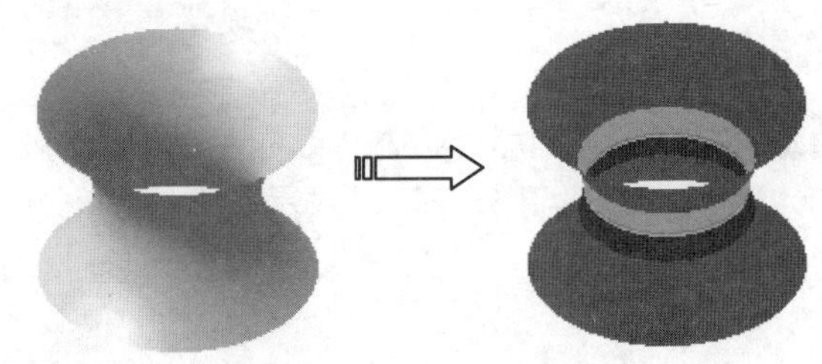

图16-15 脱模角分析

动手操作——脱模分析

01 打开光盘文件“源文件\Ch16\ex-6.CATPart”。

02 执行菜单栏中的【插入】|【形状分析】|【脱模分析】命令，系统即可弹出【拔模分析】和【拔模分析.1】两个对话框。

03 定义拔模分析参数。单击【曲面分析模式】按钮 以切换并更新分析模式的数据，选取图形窗口中的曲面特征为分析对象，系统在曲面上高亮显示不同拔模角的曲面区域，查看【拔模分析.1】对话框中的拔模分析数据，单击【拔模分析】对话框中的【确定】命令按钮完成曲面的脱模分析，如图16-16所示。

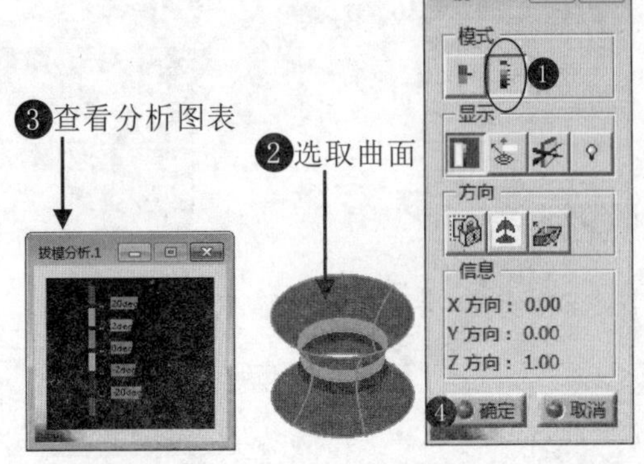

图16-16 定义脱模分析参数

16.2.5 曲面连续性分析

曲面的连续性分析是通过对指定曲面的连接检查从而分析出曲面是否有间隙以及间隙的大小。曲面的连续性分析工具既可在【创成式外形设计】平台下执行，也可在【自由曲面】平台中执行。下面就以图16-17所示的实例进行曲面连续性分析的操作说明。

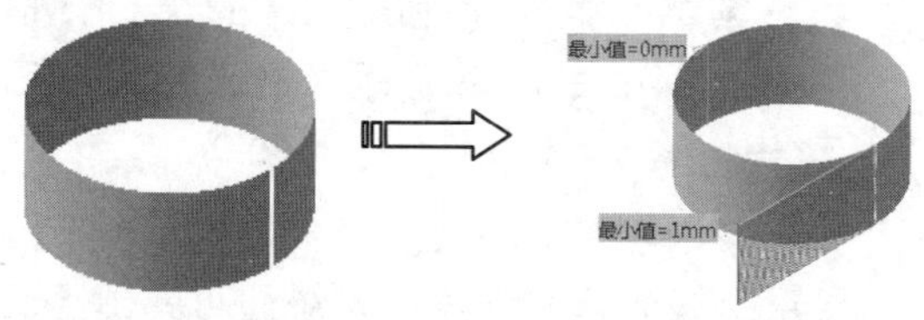

图16-17 曲面连续性分析

动手操作——曲面的连续性分析

01 打开光盘文件“源文件\Ch16\ex-7.CATPart”。

02 执行菜单栏中的【插入】|【形状分析】|【连接检查器分析】命令，系统即可弹出【连接检查器】对话框。

03 定义曲面连续性分析参数。单击【类型】区域中的【曲面-曲面连接】按钮，单击【G0】按钮以选择曲面的连续方式，按住Ctrl键选择图形窗口中的两个曲面特征为分析对象，在【最大间隔】文本框中输入3以指定分析间隙的最大上限值，单击【确定】命令按钮完成曲面连续性分析，如图16-18所示。

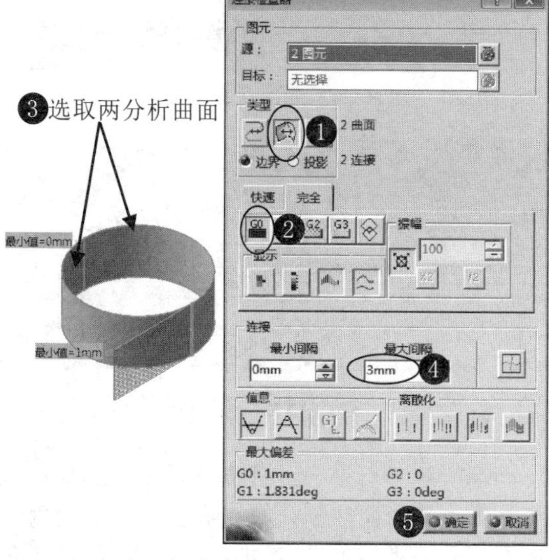

图16-18 定义曲面连续性分析

> **提示**
>
> 关于曲线、曲面G0、G1、G2、G3连续性检查的说明如下：
>
> ★ G0：主要用于曲线或曲面的间隙分析。
>
> ★ G1：主要用于曲线或曲面的相切分析。
>
> ★ G2：主要用于曲线或曲面的曲率分析。
>
> ★ G3：主要用于曲线或曲面的曲率变化率分析。

16.2.6 环境对映分析

环境对映分析是通过将已知图形放入一特定的环境中，再将其映射到曲面特征上，以此来检查曲面的质量和效果。下面就以图16-19所示的实例进行环境对映分析的操作说明。

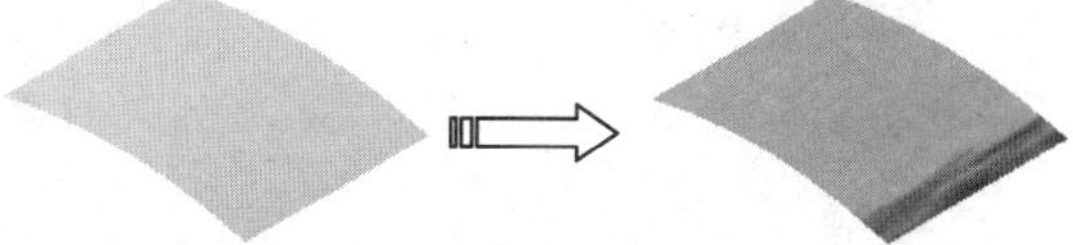

图16-19 曲面环境对映分析

动手操作——环境对映分析

01 打开光盘文件“源文件\Ch16\ex-8.CATPart”。

02 执行菜单栏中的【开始】|【形状】|【自由曲面】命令，系统即可进入自由曲面平台。

03 执行菜单栏中的【插入】|【形状分析】|【环境对映分析】命令，系统即可弹出【映射】对话框。

04 定义分析参数。选取【图像定义】下拉列表中的【海滩】选项，选取图形窗口中的曲面为分析对象，单击【确定】命令按钮完成环境对映分析，如图16-20所示。

> **提示**
>
> 在【图像定义】区域栏中，可选取【用户定义的文件】，再选取磁盘上的图案文件为分析图像。

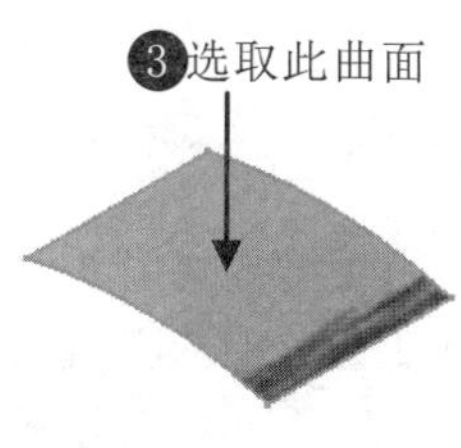

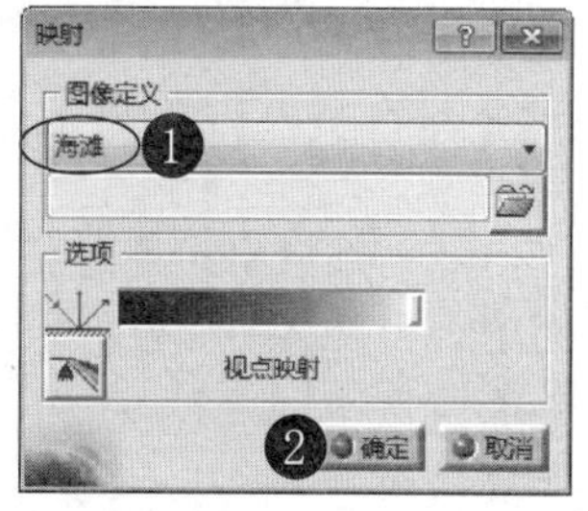

图16-20 定义环境对映分析

16.2.7 斑马线分析

斑马线分析也称为等照度线映射分析，它是一条等距离的条纹，通过观察此条纹线在曲面上的反射状态即可观察曲面的质量和效果。下面就以图16-21所示的实例进行斑马线分析的操作说明。

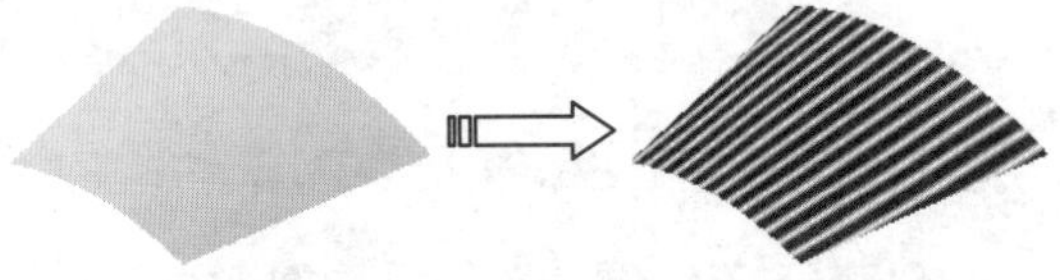

图16-21 曲面斑马线分析

动手操作——斑马线分析

01 打开光盘文件“源文件\Ch16\ex-9.CATPart”。

02 执行菜单栏中的【开始】|【形状】|【自由曲面】命令，系统即可进入自由曲面平台。

03 执行菜单栏中的【插入】|【形状分析】|【等照度线映射分析】命令，系统即可弹出【等照度线映射分析】对话框。

04 定义分析参数。单击【类型选项】区域中的【球面模式】按钮，再选取【圆柱模式】按钮，拖动【条纹参数】区域的滑块以调整条纹数和间距，选取图形窗口中的曲面特征为分析对象，单击【确定】命令按钮完成曲面的斑马线分析，如图16-22所示。

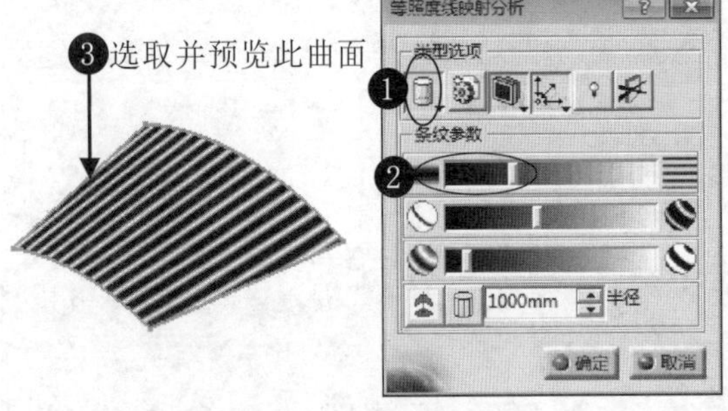

图16-22 定义斑马线分析

16.2.8 反射线分析

反射线分析是通过将一直线对象映射至曲面上，再观察曲面上的反射效果来分析曲面。下面就以图16-23所示的实例进行反射线分析的操作说明。

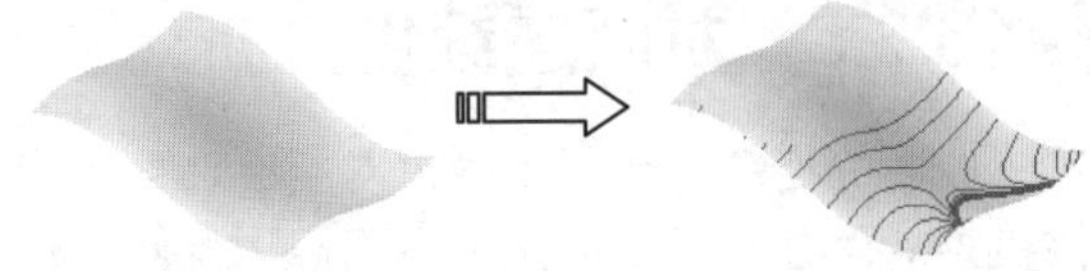

图16-23 曲面反射线分析

动手操作——反射线分析

01 打开光盘文件“源文件\Ch16\ex-10.CATPart”。

02 执行菜单栏中的【开始】|【形状】|【自由曲面】命令，系统即可进入自由曲面平台。

03 执行菜单栏中的【插入】|【形状分析】|【反射线分析】命令，系统即可弹出【反射线】对话框。

04 定义霓虹线的参数。在【反射线】对话框中设置线条数量为15，设置线条间隔为5，选取图形窗口中的曲面特征为分析对象，单击【确定】命令按钮完成反射线的分析，如图16-24所示。

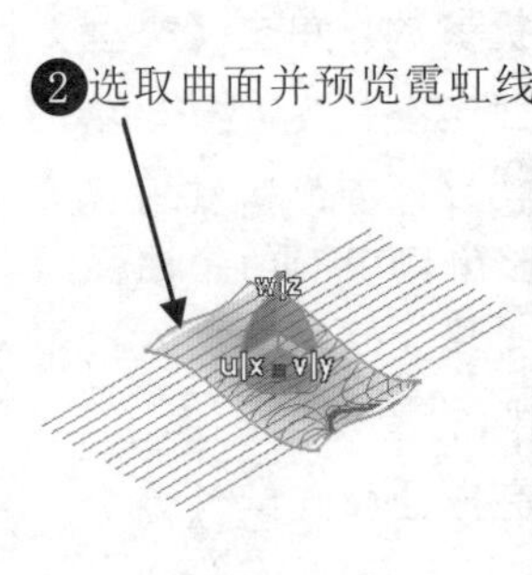

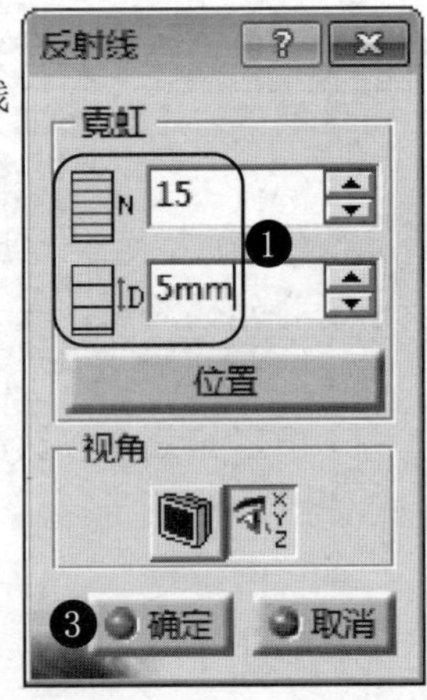

图16-24 定义反射线分析

提示

如图16-24所示的【反射线】对话框的【霓虹】区域文本框说明如下：

★ N按钮：主要用于设置霓虹线条的数量。

★ D按钮：主要用于设置霓虹线条的间隔。

16.2.9 衍射线分析

衍射线分析是通过建立分析曲面的反曲线（曲率为零的曲线），再观察曲面上的衍射线效果来分析曲面。下面就以图16-25所示的实例进行衍射线分析的操作说明。

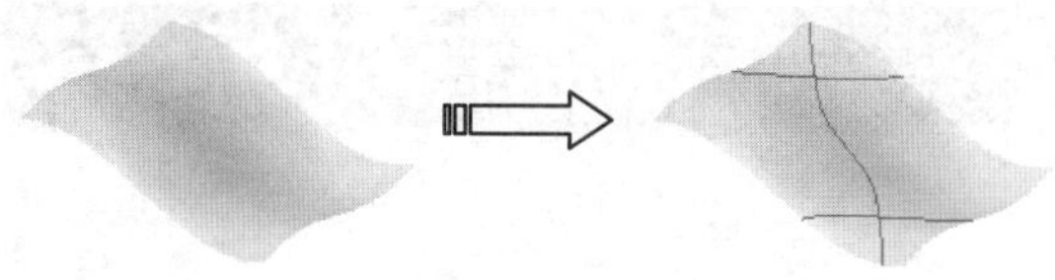

图16-25　曲面的衍射线分析

动手操作——衍射线分析

01 打开光盘文件“源文件\Ch16\ex-11.CATPart”。

02 执行菜单栏中的【开始】|【形状】|【自由曲面】命令，系统即可进入自由曲面平台。

03 执行菜单栏中的【插入】|【形状分析】|【衍射线分析】命令，系统即可弹出【衍射线】对话框。

04 定义衍射线分析参数。使用系统默认的【指南针平面】选项，选取图形窗口中的曲面特征为分析对象，单击【确定】按钮完成衍射线的分析，如图16-26所示。

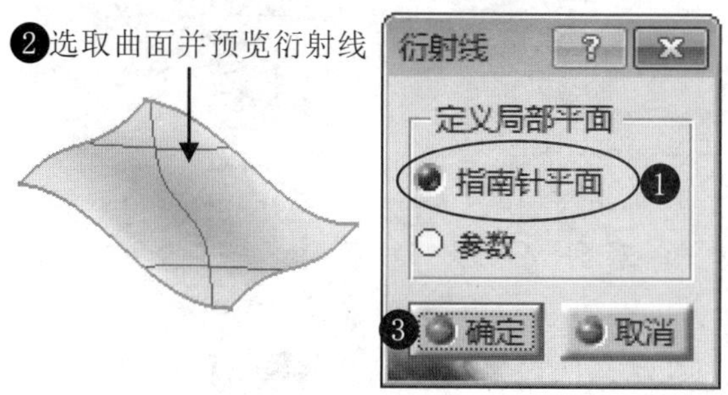

图16-26　定义衍射线分析

16.2.10　曲面的距离分析

曲面的距离分析是可以分析曲面与曲面、曲面与曲线、曲线与曲线、点与曲线、点与曲面之间的距离长度。下面就以图16-27所示的实例进行曲面与曲面的距离分析的操作说明。

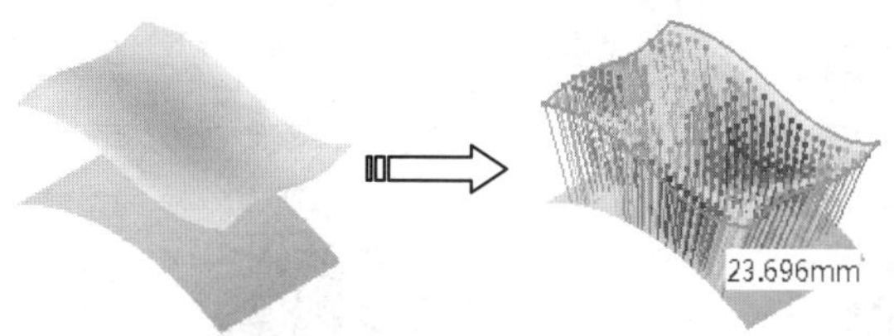

图16-27　曲面的距离分析

动手操作——曲面的距离分析

01 打开光盘文件“源文件\Ch16\ex-12.CATPart”。

02 执行菜单栏中的【开始】|【形状】|【自由曲面】命令，系统即可进入自由曲面平台。

03 执行菜单栏中的【插入】|【形状分析】|【Distance Analysis】命令，系统即可弹出【距离分析】对话框。

04 定义曲面距离分析参数。使用【投影空间】和【测量方向】区域的系统默认选项设置，单击【显示选项】区域的【完整颜色范围】按钮，单击【梳选项】区域中的【显示梳】按钮，选取图形窗口中的【曲面.1】为源对象曲面，激活【目标】文本框并选取【曲面.2】为目标曲面，将鼠标光标移至预览的直线上，系统即可显示该线的长度尺寸，单击【确定】按钮完成曲面的距离分析，如图16-28所示。

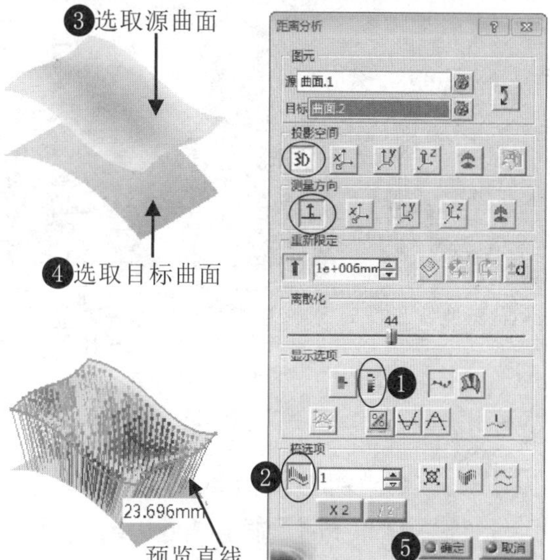

图16-28　定义曲面的距离分析

提示

在单击【完整颜色范围】按钮后，系统即可弹出【Colors】颜色显示对话框。在选取分析曲面后对话框将更新相关的数据。如图16-29所示。

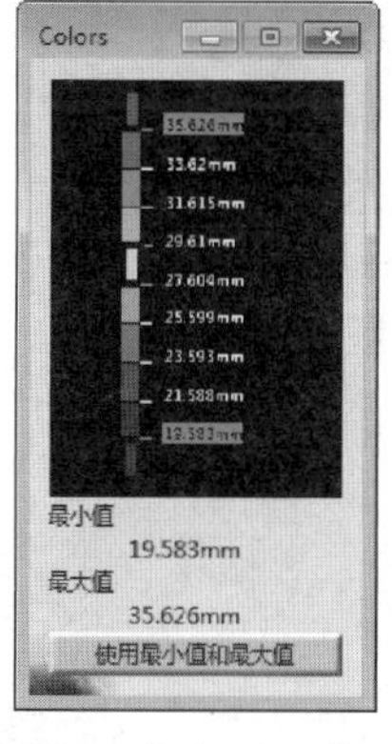

图16-29　颜色显示对话框

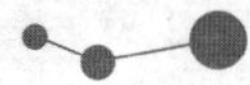

16.3 实战应用——瓶体曲面分析

引入光盘：\动手操作\源文件文件\Ch16\analyse.CATPart
结果文件：\动手操作\结果文件\Ch16\analyse.CATPart
视频文件：\视频\Ch16\瓶体曲面分析.avi

本节中，以一个工业产品——瓶体曲面特征为分析实例，来详细演练曲面的各种分析操作方法和技巧。在本次曲面分析过程中将对曲面进行曲面曲率的分析、曲面脱模角度的分析和曲面斑马线分析。最终分析结果如图16-30所示。

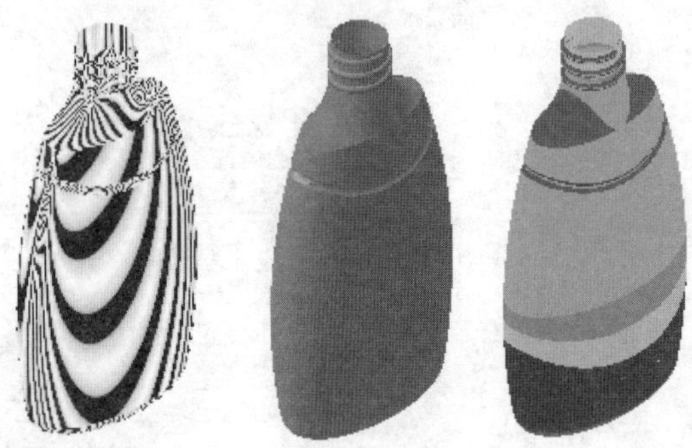

图16-30 瓶体曲面分析结果

操作步骤

01 打开光盘文件“源文件\Ch16\analyse.CATPart”。

02 执行菜单栏中的【开始】|【形状】|【自由曲面】命令，系统进入自由曲面设计平台。

03 选取图形窗口中的曲面特征为分析对象。

04 执行菜单栏中的【插入】|【形状分析】|【曲面曲率分析】命令。在【曲面曲率】对话框中选取【高斯】选项为分析类型，勾选【色标】和【运行中】选项以实时显示分析面的变化状态，如图16-31所示。

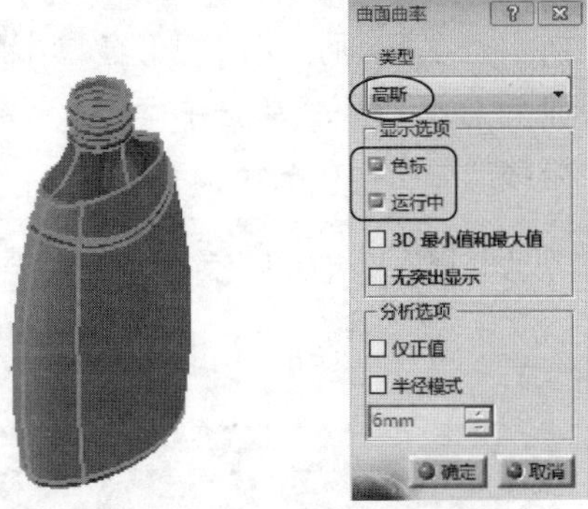

图16-31 选取分析对象

05 定义曲面分析部位及参数。移动鼠标光标至曲面上，即可显示光标在该点的各项曲率参数值，单击【使用最小值和最大值】按钮，系统即可更新显示分析数据，如图16-32所示。

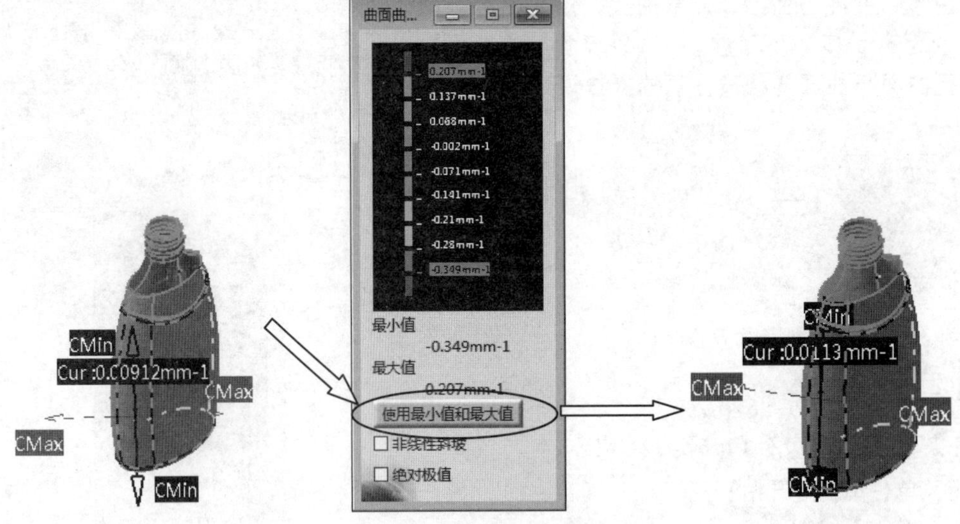

图16-32 定义分析参数

06 单击【曲面曲率】对话框中的【取消】命令按钮退出曲面曲率分析对话框。

07 执行菜单栏中的【插入】|【形状分析】|【脱模分析】命令，选取图形窗口中的曲面特征为分析对象，系统即可显示该曲面的角度变化图示，如图16-33所示。

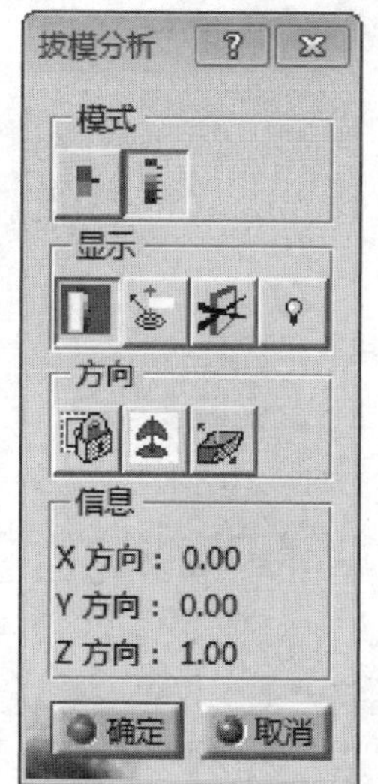

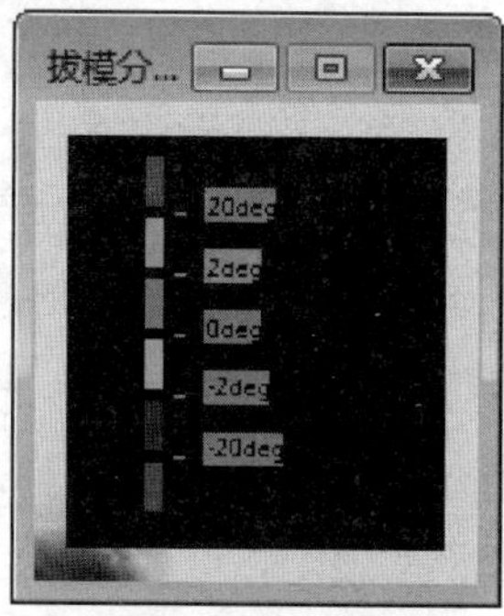

图16-33 曲面拔模分析

08 单击【拔模分析】对话框中的【取消】命令按钮退出拔模分析对话框。

09 执行菜单栏中的【插入】|【形状分析】|【等照度线映射分析】命令。选取图形窗口中的曲面特征为分析对象，在【条纹参数】区域设置调整斑马线，系统即可更新斑马线的显示，结果如图16-34所示。

10 单击【等照度线映射分析】对话框中的【确定】命令按钮完成曲面斑马线分析，系统即可在目录树中添加【等照度线映射分析.1】节点。最终结果如图16-35所示。

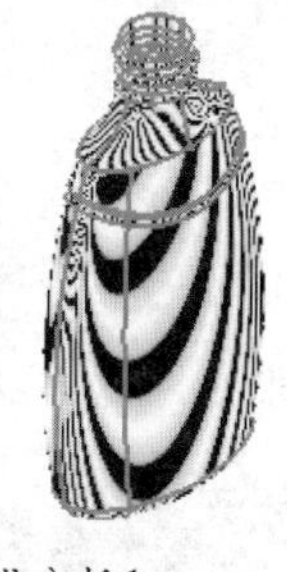

图16-34 曲面斑马线分析1

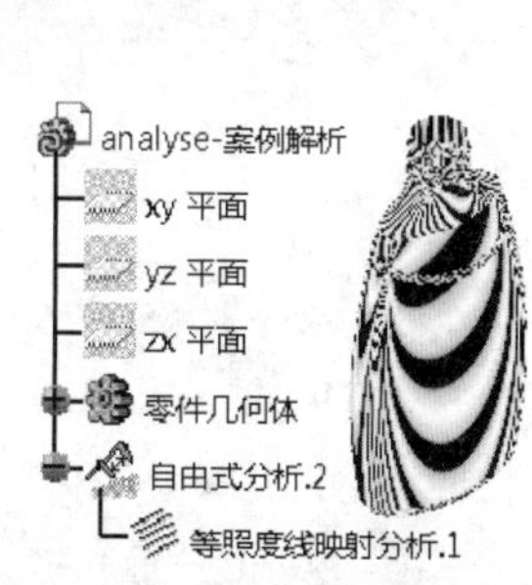

图16-35 曲面斑马线分析2

16.4 课后习题

本章主要介绍了CATIA V5R21的曲线曲面分析方法和技巧，详细讲解了曲线的连续性和曲率分析、曲面的连续性和曲率分析、切除面分析、脱模角分析和斑马线分析等。

为巩固本章所学的曲线、曲面分析方法和技巧，如图16-36所示，特安排了如下习题供读者思考练习。

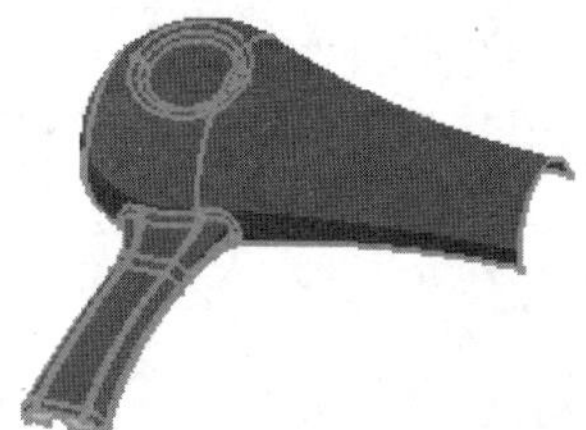

图16-36 吹风机壳体曲面分析

第17章 逆向工程曲面设计

产品的【逆向设计】是在没有设计图纸和模型的前提下，对已经存在的产品进行三维的测量并重建数字模型的设计过程。产品的逆向设计不仅是对源对象产品的简单模仿，更是对产品的重新定义和改造。本章将讲解通过CATIA的逆向造型设计平台进行产品的逆向设计过程。

◎ 知识点01：点云数据的处理
◎ 知识点02：点云网格化处理
◎ 知识点03：曲线的构建
◎ 知识点04：逆向曲面重建

中文版CATIA V5R21完全实战技术手册

17.1 逆向工程曲面简介

在工业设计过程中，一般正向设计方式是从无到有的过程。设计人员直接利用计算机构建产品模型的各个细节特征和相关的技术参数，再将其转入制造工艺流程以完成整个产品的设计。逆向工程设计则是一个对已有产品进行重新测量并构建产品的外形的设计过程，它是在没有数字化模型的前提下，通过对已有的实际产品的三维测量，并对其进行数据处理，从而构造一个新的产品数字模型。

本节就介绍逆向工程设计的一般流程和CATIA逆向设计的基本平台。

17.1.1 逆向工程的概念

逆向工程设计也称为“抄数设计”，它是一种反向设计，主要是通过现代三维扫描技术，对已存在的产品进行技术测量，以获得产品的三维数据点（点云），再利用逆向工程设计软件，对其进行整理和编辑，以构建或还原产品的外形特征。

逆向设计一般要遵循点—线—面—实体的造型过程，具体分析如下：

★ 三维点云的测量。在进行三维扫描前应先规划好测量点的稀密布局，产品表面曲率变化大的地方应布局密集些，产品表面平缓的地方应布局稀松些，在产品的重要的特征处也应重点布局测量点。

★ 构建产品特征曲线。在整理、排除冗余点云数据后，根据产品的外形特征和造型思路构建出产品的重要特征曲线。在构建曲线的过程中，应注意曲线之间的各种连续性关系，为后续的曲面构建提供良好的基础条件。

★ 构建产品外形曲面。在构建产品特征曲线后，可通过网格曲面、扫掠曲面等各种曲面创建方式构建出产品的外形曲面特征。在创建外形曲面时应注意曲面之间的各种连续性关系，为产品的外观设计和制造提供良好的基础条件。

★ 转换实体模型。在构建产品外形曲面后通常需要进行曲面的各种分析，以保证曲面的质量，再使用各个独立的曲面特征合并连接为一个曲面组，最后将面组转换为产品实体模型。

17.1.2 CATIA逆向设计模块

CATIA软件中应用于逆向工程设计的模块主要有【逆向点云编辑】和【逆向曲面重建】两大设计模块。其中【逆向点云编辑】模块主要用于曲面构建前期的点云数据的导入、输出以及各种编辑处理；【逆向曲面重建】模块主要用于逆向工程设计过程中的各种曲面特征的创建和编辑。

使用CATIA进行逆向设计的一般思路介绍如下：

★ 选定造型思路。首先分析三维测量得到的点云数据和产品的源对象模型，从而整理并划分出产品的各个重点特征区域，再计划出产品造型的大概步骤和思路，做到心中有数。

★ 分析构建产品的特征曲线。使用CATIA中的各个设计平台构建出产品模型的重要特征曲线，并分析其连续性等相关参数。

★ 选定构建产品的曲面类型。使用CATIA各个设计平台中的曲面创建工具创建出产品的外形曲面特征。针对规则的曲面特征（如：圆柱面、球面、平面等曲面特征），一般直接采用正向设计的方式创建，而没有必要去几何拟建一个曲面；针对各种复杂且变化较多的曲面特征，一般需要采用方便调整曲线和曲面的设计平台来创建特征。

17.1.3 切换到【逆向点云编辑】模块

在菜单栏执行【开始】|【形状】|【逆向点云编辑】命令，系统即可进入【逆向点云编辑】设计模块。如图17-1所示。

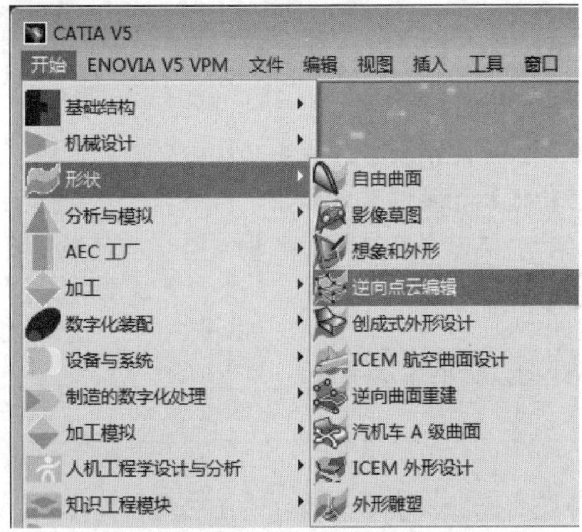

图17-1　进入【逆向点云编辑】模块

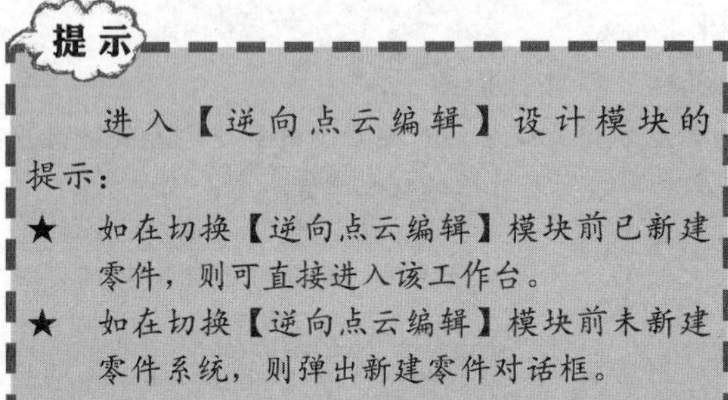

提示

进入【逆向点云编辑】设计模块的提示：

★　如在切换【逆向点云编辑】模块前已新建零件，则可直接进入该工作台。

★　如在切换【逆向点云编辑】模块前未新建零件系统，则弹出新建零件对话框。

17.1.4　工具栏介绍

在进入【逆向点云编辑】模块后，系统提供了各种命令工具栏，它们分别位于绘图窗口的上侧和右侧。因空间局限，工具栏中的命令不能完全显示在屏幕中，用户可将其拖至合适的位置，如图17-2所示。

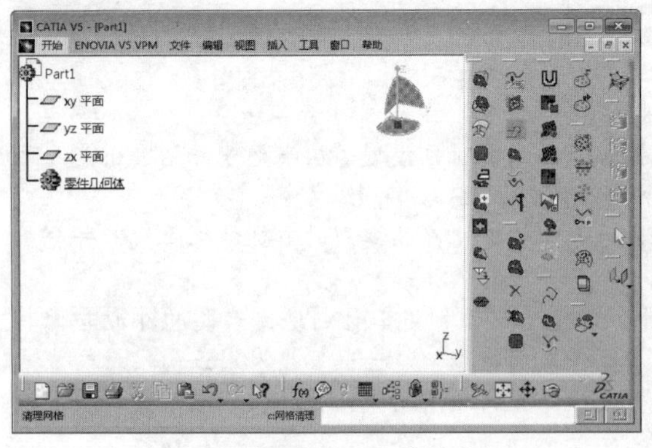

图17-2　【逆向点云编辑】窗口

1. 点云输入工具栏

针对逆向造型的工艺操作过程，CATIA在【逆向点云编辑】模块中提供了点云数据输入输出的相关命令工具，如图17-3所示。

图17-3　点云输入工具栏

关于图中所示的点云输入工具命令从左至右依次介绍如下：

★　（输入）：主要用于加载外部点云数据至CATIA系统中。

★　（输出）：主要用于将点云数据从CATIA系统中导出为其他格式的数据文件。

2. 点云编辑工具栏

针对逆向造型的工艺操作过程，CATIA在【逆向点云编辑】模块中提供了点云数据编辑的相关命令工具，如图17-4所示。

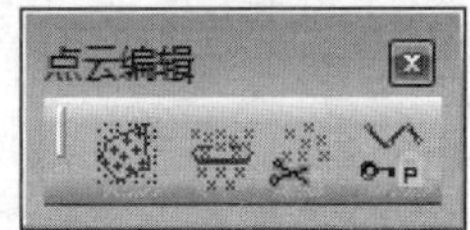

图17-4　点云编辑工具栏

关于图中所示的点云编辑工具命令从左至右依次介绍如下：

★　（激活点云）：主要用于激活局部的点云数据。

★　（过滤点云）：主要用于过滤处理点云数据，提高数据处理速度。

★　（移除点云）：主要用于将当前图形窗口中的部分点云数据删除。

★　（保护）：主要用于对当前已进行图层或单元归类的点云数据进行保护操作。

3. 点云重定位工具栏

针对逆向造型的工艺操作过程，CATIA在【逆向点云编辑】模块中提供了点云重定位的相关命令工具，如图17-5所示。

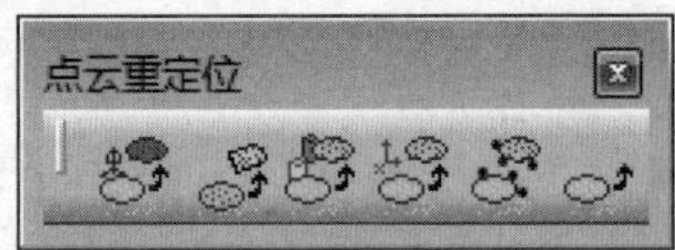

图17-5　点云重定位工具栏

关于图中所示的点云重定位工具命令从左至右依次介绍如下：

★　（指南针对正）：使用系统的指南针来重新定位点云数据。

★　（适应对正）：主要通过重定位点云和目标点云的指定区域进行对正。

★　（约束对正）：利用约束关系来对正点云。

★　（与RPS对正）：利用轴系进行对正。

★ （球对正）：在定位点云时加入对准球，可以很方便地进行对正。

★ （与前一个变换对正）：利用上一个对正的操作来对正点云。

4. 网格工具栏

针对逆向造型的工艺操作过程，CATIA在【逆向点云编辑】模块中提供了网格创建和网格编辑的相关命令工具，如图17-6所示。

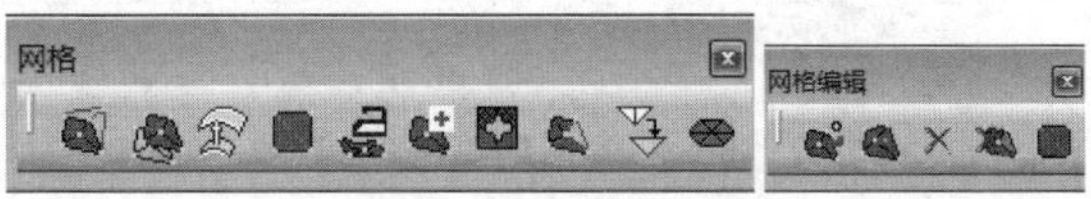

图17-6 网格工具栏

关于图中所示的网格工具命令从左至右依次介绍如下：

★ （创建网格）：利用此命令在点云上创建网格曲面。

★ （网格偏置）：与曲面偏置类似，此功能可以将网格曲面沿曲面法向偏置一定距离。

★ （粗略偏置）：沿着指定方向偏置网格曲面，并形成曲面延伸。

★ （翻转边线）：通过翻转边线来修正网格曲面的边线，使得网格曲面变得更加平滑。

★ （光顺网格）：利用此功能，使网格曲面更加光顺。

★ （网格清理）：利用此功能，删除不合理的网格，达到优化网格曲面的目的。

★ （孔填充）：利用从功能，修补网格曲面上的孔。

★ （交互式三角网格面）：利用此功能，交替生成三角网格曲面。

★ （精简）：利用此功能，可以简化三角网格的数目（密度），使网格质量提高，同时也使系统分析网格的运行速度增加。

★ （优化）：利用此功能，优化网格曲面，使网格曲面分析起来更加精准。

★ （增加点）：增加点，建立新的单元网格。

★ （移动点）：移动点云中的点，改变网格的形状。

★ （移除图元）：利用此功能，移除单元网格。

★ （折叠图元）：利用此功能，折叠单元网格。

★ （翻转边线）：利用此功能，可翻转边线。

5. 点云操作工具栏

针对逆向造型的工艺操作过程，CATIA在【逆向点云编辑】模块中提供了点云和网格面操作的相关命令工具，如图17-7所示。

图17-7 点云操作工具栏

关于图中所示的点云操作工具命令从左至右依次介绍如下：

★ （合并点云）：合并多个独立点云成整体。

★ （合并网格）：合并多个网格曲面成一整体网格曲面。

★ （析出网格）：利用此功能，析出网格中的数据便于操作。

★ （拆散网格）：将单个网格曲面拆分成多个网格曲面，可以单独操作某个拆分后的网格。

★ （分割网格）：将单个网格曲面分割成多个网格曲面，求得分割线。

★ （裁剪/分割）：将网格曲面进行修剪或分割。

★ （投影至平面）：将网格或点云投影到指定平面。

★ （点云/点变换）：将点云变换成单个点，或将多个独立点变换成点云数据。

6. 曲线创建工具栏

针对逆向造型的工艺操作过程，CATIA在【逆向点云编辑】模块中提供了扫描创建和曲线创建的相关命令工具，如图17-8所示。

图17-8 曲线创建工具栏

关于图中所示的扫描创建和曲线创建工具命令从左至右依次介绍如下：

★ （投影曲线）：将曲线投影到网格曲面上。

★ （平面交线）：通过一组平面与点云或与网格面相交可以形成一组交线。

★ （点云扫描曲线）：通过在点云上选取一系列的点构成的交线。

★ （自由边线）：通过选取网格曲面，由曲面边缘生成边线。

★ （离散曲线)：将选取的曲线变成离散曲线。

★ （扫描编辑）：选择扫描的曲线进行编辑。

★ （3D曲线）：在空间或点云上创建任意形状的空间曲线。

★ （网格曲线）：在网格曲面上选取点来创建曲线。

★ （扫描曲线）：将点云上构成的交线扫描成曲线。

7. 点云分析工具栏

针对逆向造型的工艺操作过程，CATIA在【逆向点云编辑】模块中提供了点云分析的相关命令工具，如图17-9所示。

图17-9　点云分析工具栏

关于图中所示的点云分析工具命令从左至右依次介绍如下：

★ （信息分析）：利用此功能，可以查看点云的分析情况。

★ （偏差分析）：利用此功能，分析点与点、点与曲面及点与曲线之间的距离偏差。

17.2 点云数据处理

在使用三维坐标机对产品进行坐标扫描后得到的点云数据通常比较粗糙，不能直接使用其进行三维造型，此时应通过CATIA中提供的一系列点云处理工具，对其数据进行处理后，方可使用其进行产品的造型设计。

17.2.1 点云数据的导入

点云数据的导入是指将已获得的点云数据文件导入至CATIA设计平台中，以方便后续的相关点云处理操作。下面就以图17-10所示的实例进行操作说明。

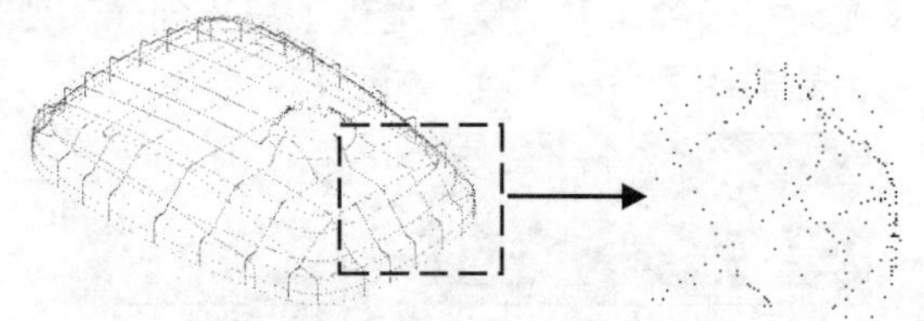

图17-10　导入点云数据

动手操作——点云数据的导入

01 执行菜单栏中的【开始】|【形状】|【逆向点云编辑】命令并创建一新零部件文件，系统即可进入【逆向点云编辑】设计平台。

02 执行菜单栏中的【插入】|【输入】命令，系统即可弹出【输入】对话框。

03 在【格式】栏列表中选取【Iges】选项为导入的文件格式，浏览并打开光盘文件“源文件\Ch17\ex-1.igs”，单击【应用】命令按钮确认读取文件无误，再单击【确定】按钮完成点云数据的导入，如图17-11所示。

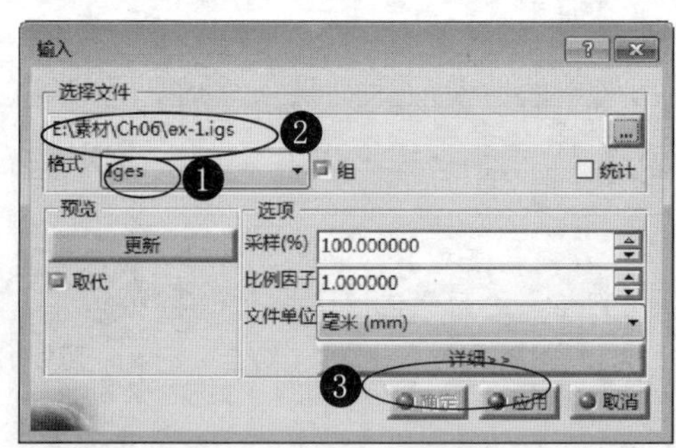

图17-11　点云导入设置

提 示

关于导入点云数据文件的相关技巧如下：

★ 在CATIA V5R21中可以导入如IGES、STL、CGO、ATOS、3DXML等多种格式的点云数据文件。

★ 勾选【输入】对话框中的【组】选项，系统在导入多个点云数据时会将其合并为一个点云，且目录树中只显示一个点云导入节点。

17.2.2 点云数据的输出

点云数据的输出是指利用CATIA设计平台，将点云数据转换并导出为其他格式的数据文件，以方便其他设计系统共享信息。下面就以图17-12所示的实例进行操作说明。

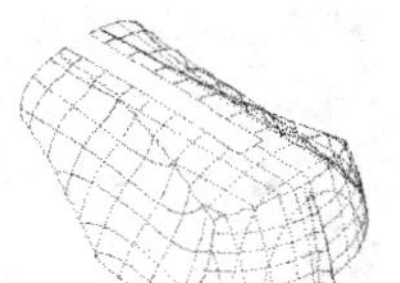

图17-12 导出点云数据

动手操作——点云数据的输出

01 打开光盘文件“源文件\Ch17\ex-2.CATPart”，执行菜单栏中的【开始】|【形状】|【逆向点云编辑】命令，以确保系统进入【逆向点云编辑】平台。

02 执行菜单栏中的【插入】|【输出】命令，系统即可弹出【输出】对话框。

03 选取目录树中【slt.1】为输出的图元对象，单击【浏览】命令按钮系统即可弹出【另存为】对话框，选择输出文件的保存路径，指定保存的文件名称为“ex-2”，指定文件类型为【asc】文件，单击【保存】命令按钮完成文件保存设置。单击【输出】对话框中的【确定】按钮完成点云文件的导出，如图17-13所示。

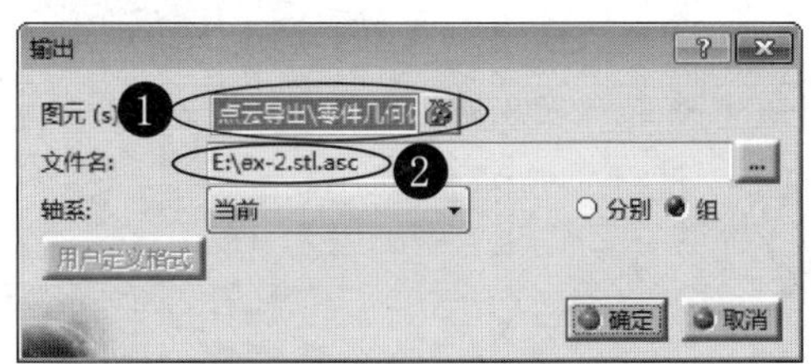

图17-13 点云导出设置

17.2.3 编辑点云

在导入点云数据文件后，需要对其进行一系列的操作处理使之符合造型设计目标的需要。在CATIA中，点云的常用编辑方式主要有【激活点云】、【过滤点云】和【移除点云】，具体分析介绍如下。

1. 激活点云

激活点云命令主要是将点云中指定的局部点云进行激活，下面就以图17-14所示的实例进行操作说明。

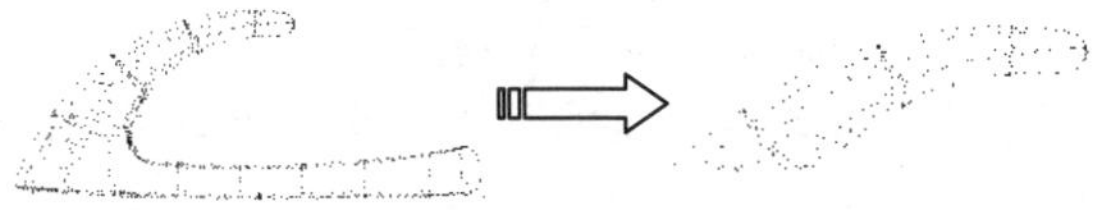

图17-14 激活点云局部

动手操作——激活点云

01 打开光盘文件“源文件\Ch17\ex-3.CATPart”。

02 选取目录树中的【guagou.1】节点为激活的点云对象。

03 执行菜单栏中的【插入】|【点云编辑】|【激活】命令，系统即可弹出【激活】窗口。

04 定义点云激活部分。在【激活】窗口中选取【圈选】模式和【矩形】框选形式，使用系统默认的【圈选内】选项，使用鼠标光标在图形上框选出需要激活的点云，单击【确定】命令按钮完成点云的局部激活，结果如图17-15所示。

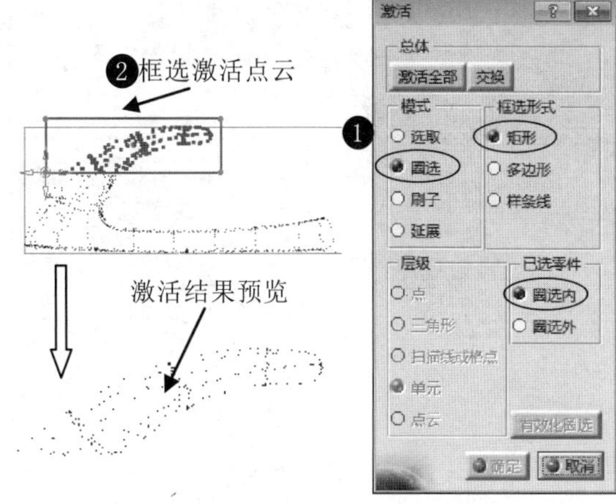

图17-15 指定点云激活部位

2. 过滤点云

在处理点云数据时可对点云进行过滤操作，以方便操作密度较大的点云数据和提高操作效率。下面就以图17-16所示的实例进行操作说明。

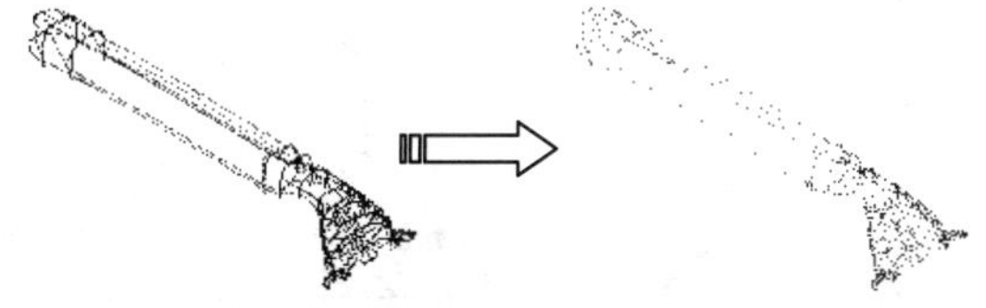

图17-16 过滤点云数据

动手操作——过滤点云

01 打开光盘文件“源文件\Ch17\ex-4.CATPart”。

02 选中目录树中的【TX.1】节点为过滤的点云数据对象。

03 执行菜单栏中【插入】|【点云编辑】|【过滤器】命令，系统即可弹出【过滤】对话

框，并在其中显示当前点云的相关数据信息。

04 定义过滤参数。勾选【弦偏差】选项，并在其文本框中设置偏差值为0.1，单击【应用】命令按钮系统即可预览点云过滤结果，单击【确定】命令按钮完成点云的过滤处理，如图17-17所示。

技术要点

关于【过滤】对话框中的部分选项说明如下：

★ 公差球：勾选此选项，则通过输入公差球的半径值来控制点云的稀疏。半径值越大，过滤的点云越稀松。

★ 弦偏差：勾选此选项，则通过输入弦偏差值来控制点云的稀疏。使用此方法容易保留特征明显的点云部分。

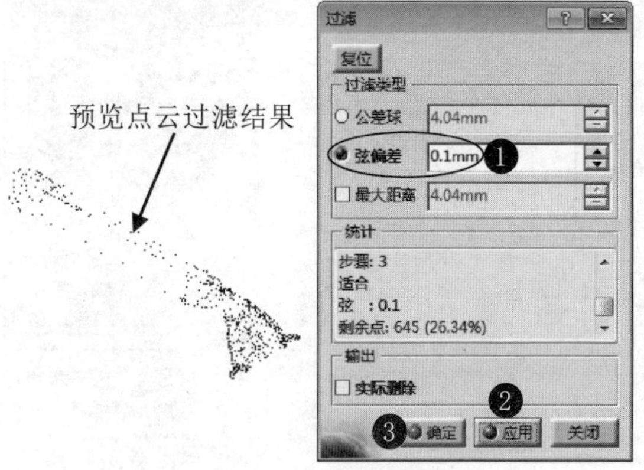

图17-17 定义点云过滤参数

3. 移除点云

移除点云是指将指定的点云部分进行删除操作。下面就以图17-18所示的实例进行操作说明。

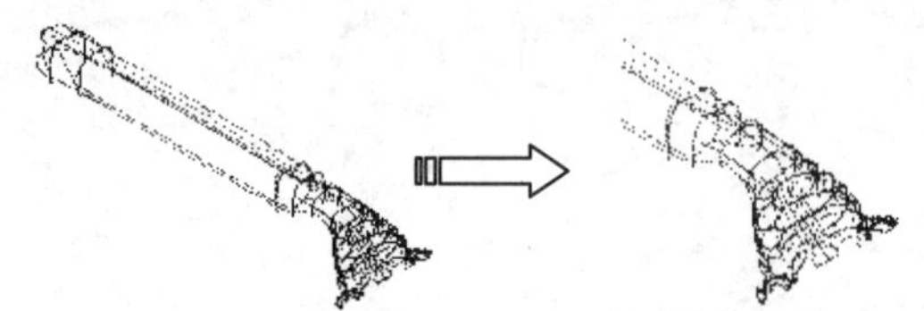

图17-18 移除点云数据

动手操作——移除点云

01 打开光盘文件“源文件\Ch17\ex-5.CATPart”。

02 选中目录树中的【TX.1】节点为移除的点云数据对象。

03 执行菜单栏中的【插入】|【点云编辑】|【移除】命令，系统即可弹出【移除】窗口。

04 定义移除的点云对象。勾选【圈选】选项为移除的选择模式，勾选【矩形】选项为框选形式，使用系统默认的【圈选内】选项，使用鼠标光标在图形上框选出需要移除的点云部分，单击【确定】命令按钮完成点云的移除，如图17-19所示。

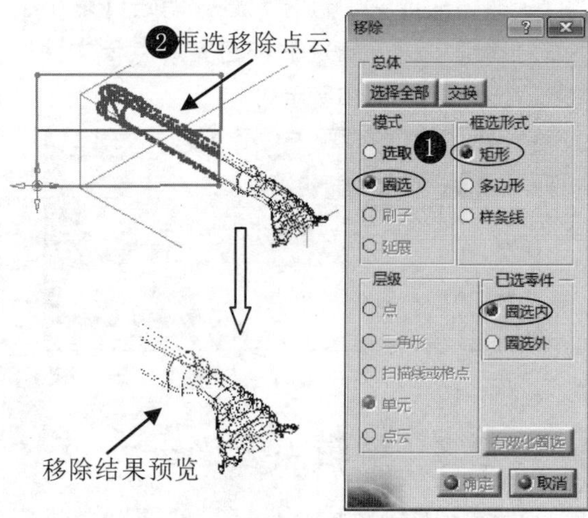

图17-19 定义移除点云

17.3 点云重定位

在使用坐标扫描仪器对产品进行抄数扫描时，有时因为产品过大不能一次完全扫描出产品的全部形状，这就需要对产品进行多次扫描，然后分别将各个点云数据导入并对齐合并，以得到正确的点云数据。

在合并各个点云数据前，需要将各个点云数据进行对齐操作以正确反映产品的外观形状。点云的对正方法主要有使用罗盘对正点云、以最佳适应对正、以约束对正、以Rps方式对正、以球对正等。具体分析介绍如下。

17.3.1 使用罗盘对正点云

使用罗盘对正点云操作是通过指定需要对齐的两点云数据，再移动罗盘指针使其中一个点云对象移动至另一点云处。下面就以图17-20所示的实例进行操作说明。

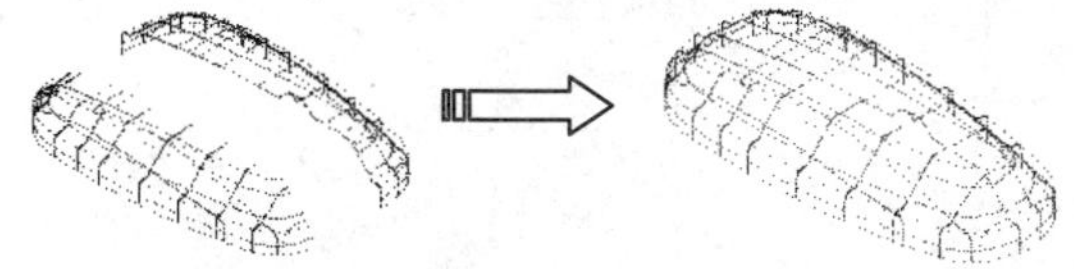

图17-20 使用罗盘对正点云

动手操作——使用罗盘对正点云

01 打开光盘文件“源文件\Ch17\ex-6.CATPart”。

02 执行菜单栏中的【插入】|【点云重定位】|【使用指南针对正】命令，系统即可弹出【使用指南针对正】对话框。

03 指定对齐的点云对象。分别选取图形窗口中的【001.1】和【002.1】点云为对齐的点云数据，如图17-21所示。

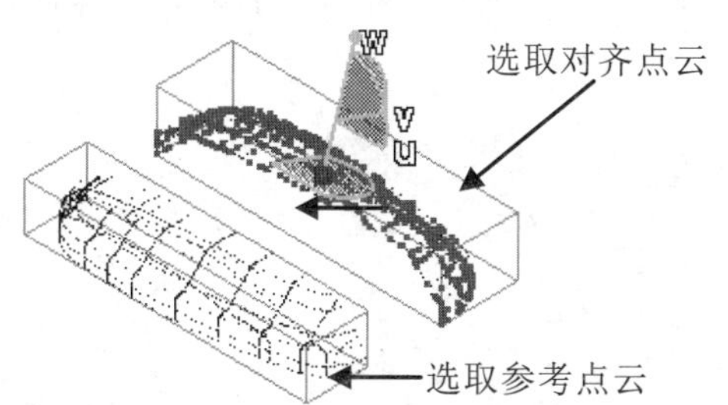

图17-21 选取对齐点云

04 移动对齐点云。单击对话框中的指南针按钮，根据设计需要移动指南针至合适的位置上，即可移动点云使其与另一点云对齐，单击【确定】命令按钮完成点云的对齐操作，隐藏源对象点云数据以简洁显示图形，如图17-22所示。

提示

关于【使用指南针对正】对话框中的部分选项说明如下：

★ 按钮：单击此按钮，则指定惯性轴来对正点云数据。

★ 按钮：单击此按钮，则移动指南针来对正点云数据。

★ 按钮：单击此按钮，则取消指南针移动点云对正。

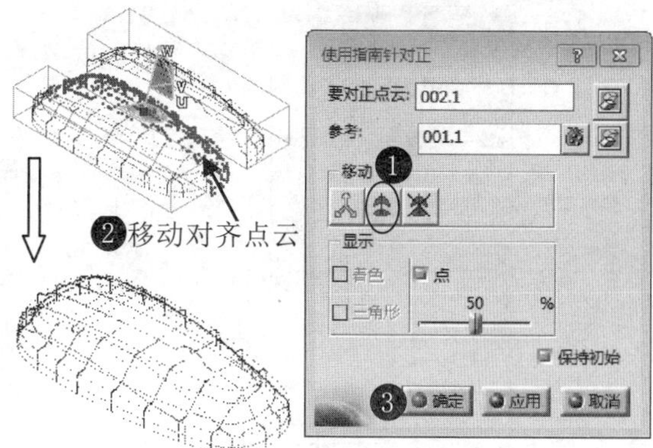

图17-22 移动对齐点云

17.3.2 以最佳适应对正

以最佳适应位置对正点云数据是通过指定需要对齐的点云部位，系统自动拟合，进行最佳位置的对正操作。下面就以图17-23所示的实例进行操作说明。

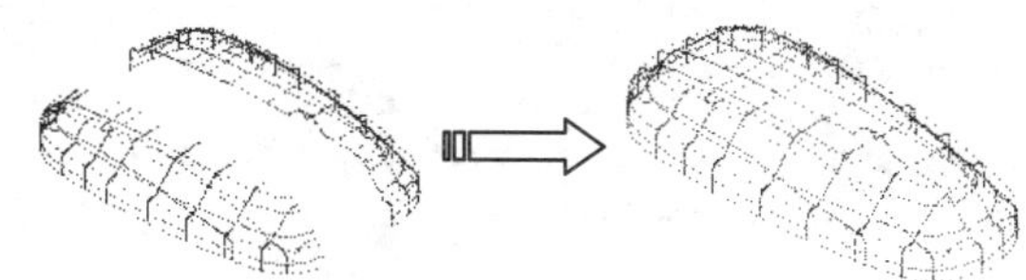

图17-23 最佳适应对正点云

动手操作——以最佳适应位置对正点云数据

01 打开光盘文件“源文件\Ch17\ex-7.CATPart”。

02 执行菜单栏中的【插入】|【点云重定位】|【以最佳适应对正】命令，系统即可弹出【与最适对正】对话框。

03 指定对齐的点云对象。分别选取图形窗口中的【001.1】和【002.1】点云为对齐的点云数据，如图17-24所示。

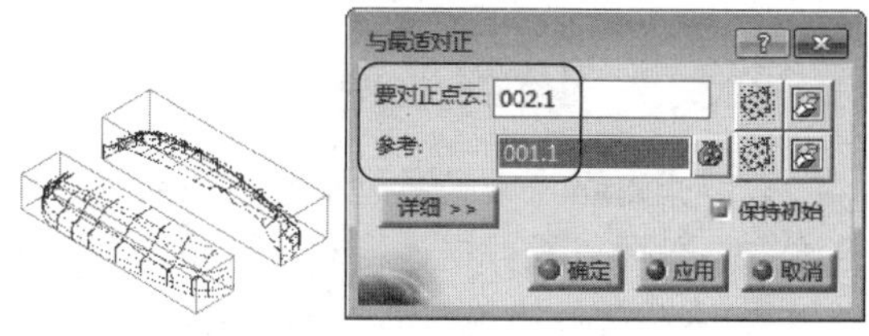

图17-24 选取对齐点云

04 指定对正点云的对正区域。单击对话框中的【要对正点云】栏后的激活按钮，系统即可弹出【激活】对话框，勾选【选取】选项和【点】选项，在对正点云对象上选取3个点为拟合对象点，单击【确定】命令按钮返回对话框，如图17-25所示。

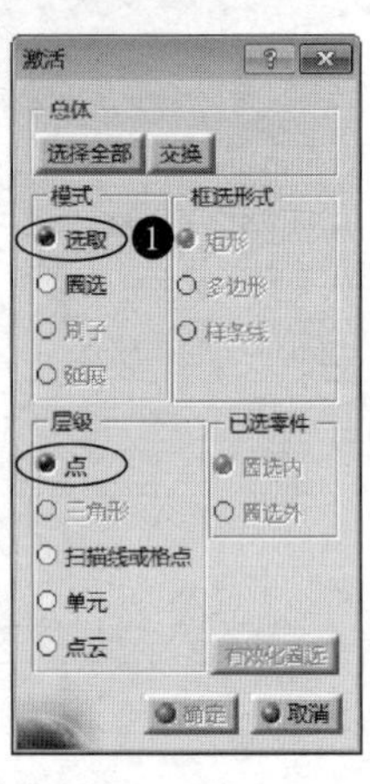

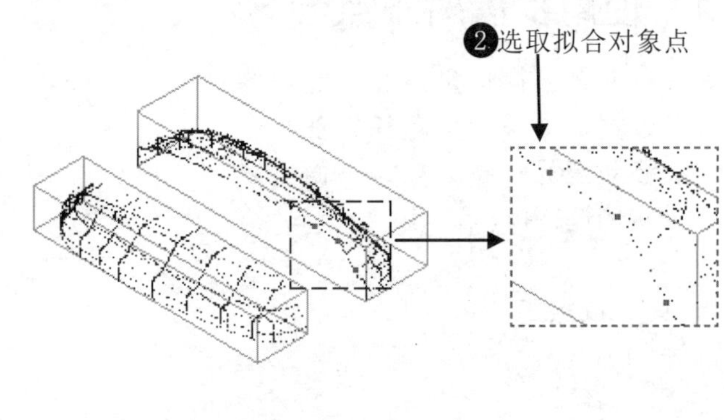

图17-25　指定对齐点云的拟合点

05 指定参考点云的对正区域。单击对话框中的【参考】栏后的激活按钮，勾选【选取】选项和【点】选项，在参考点云上选取3点为拟合对象点，单击【确定】按钮返回对话框，如图17-26所示。

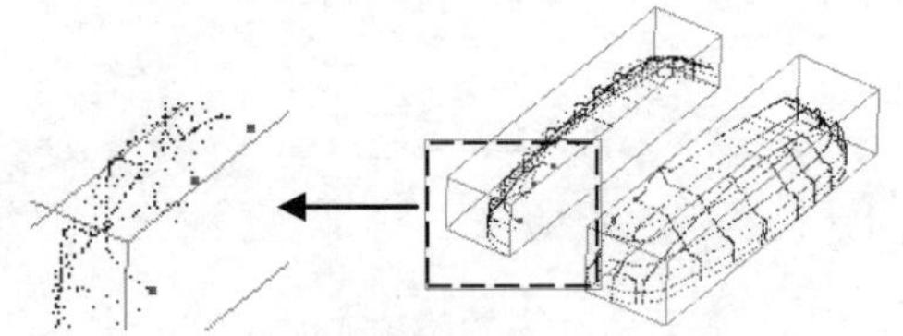

图17-26　选取参考点云的拟合点

06 单击【与最适对正】对话框中的【确定】按钮，系统即可将两指定点云进行拟合对正操作，结果如图17-27所示。

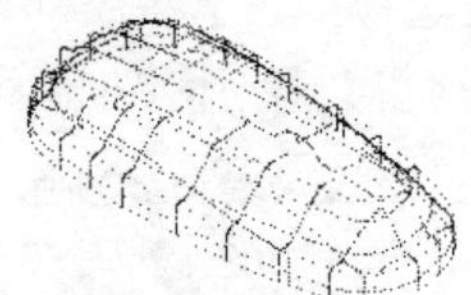

图17-27　拟合对正结果

17.3.3　以约束对正

以约束对正点云是通过指定对齐约束和对齐方向，将两点云数据进行对正的操作。下面就以图17-28所示的实例进行操作说明。

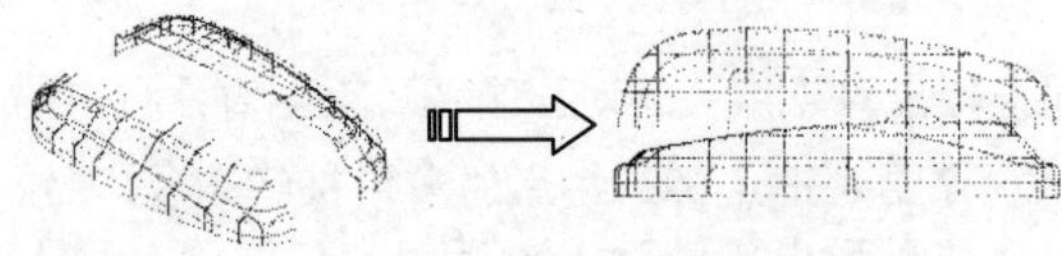

图17-28　以约束对正点云

动手操作——以约束对正点云

01 打开光盘文件“源文件\Ch17\ex-8.CATPart”。

02 执行菜单栏中的【插入】|【点云重定位】|【以约束对正】命令，系统即可弹出【与约束对正】对话框。

03 定义约束对正相关参数。选取【001.1】点云为对正对象，单击【新增】按钮以激活约束选取，选取【YZ平面】为对正约束平面，选取【XY平面】为参考平面，如图17-29所示，单击【确定】按钮完成点云约束对正。

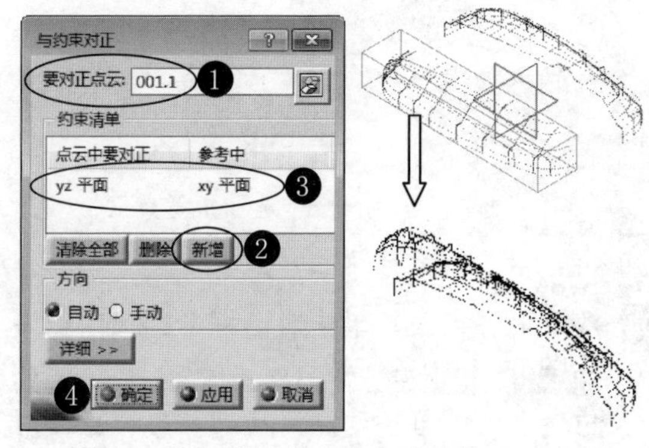

图17-29　定义约束对正点云

17.3.4　以球对正

以球对正点云是通过在点云重叠的部位加入校正球，快速对点云数据进行定位对正操作。下面就以图17-30所示的实例进行操作说明。

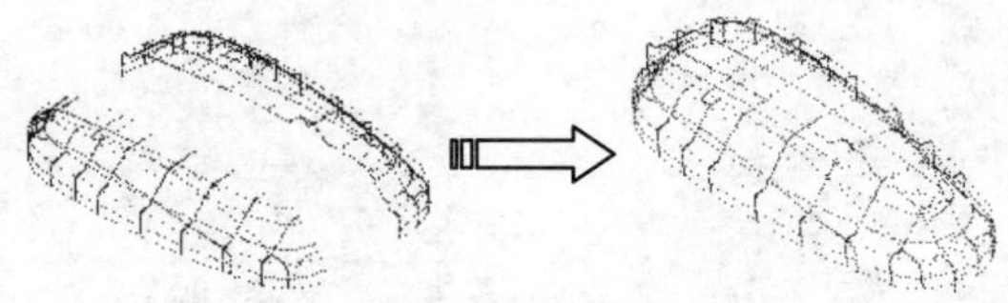

图17-30　以球对正点云

动手操作——以球对正点云

01 打开光盘文件“源文件\Ch17\ex-9.CATPart”。

02 执行菜单栏中的【插入】|【点云重定位】|【以球对正】命令，系统即可弹出【与球对正】对话框。

03 指定对齐的点云对象。分别选取图形窗口中的【001.1】和【002.1】点云为对齐的点云数据，如图17-31所示。

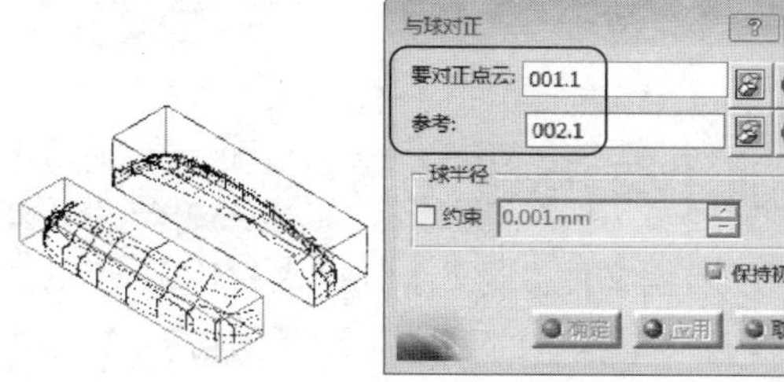

图17-31 选取对正点云

04 定义对齐点云上的校正球。勾选对话框中的【约束】选项，并在其文本框中输入数字3以指定球半径大小，单击【要对正点云】栏后的球按钮，再在对齐点云上选取对正球，如图17-32所示。

05 定义参考点云上的校正球。单击【参考点云】栏后的球按钮，再在参考点云上选取对正球。如图17-33所示。

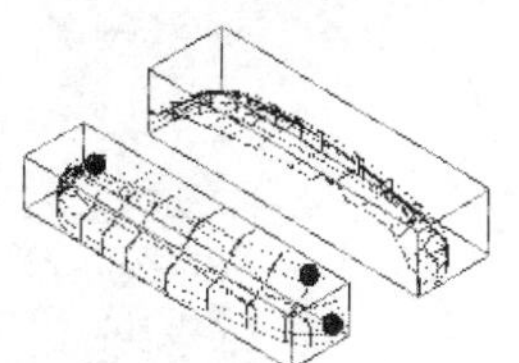

图17-32 定义对齐点云校正球

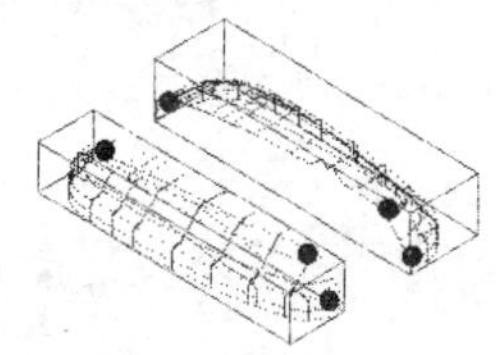

图17-33 定义参考点云校正球

06 单击【与球对正】对话框中的【应用】命令按钮则可预览对齐结果，单击【确定】按钮完成点云对正操作，如图17-34所示。

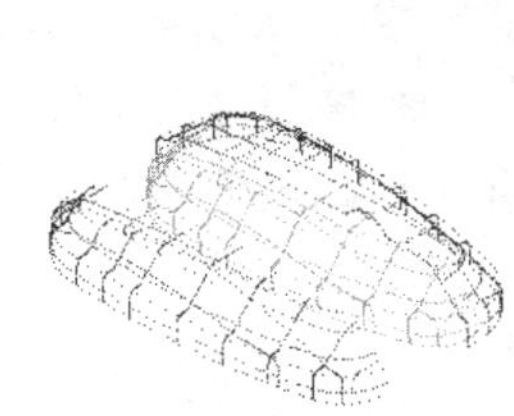

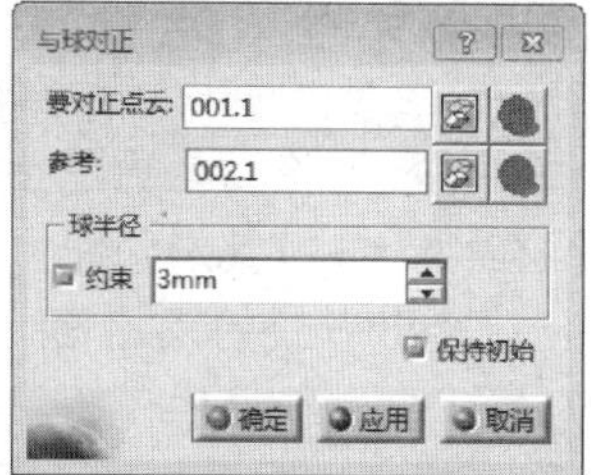

图17-34 完成点云对齐操作

17.4 点云网格化处理

点云网格化处理是通过在点云数据上创建各种形状的网格特征，以凸显出点云表现的产品几何形状。使用点云网格化处理的方式，能为后续创建各种几何曲线、曲面提供更为方便的特征参考。具体分析介绍如下。

17.4.1 创建网格面

创建网格面是通过指定一完整点云数据，从而创建出一个片体特征的图形对象。下面就以图17-35所示的实例进行操作说明。

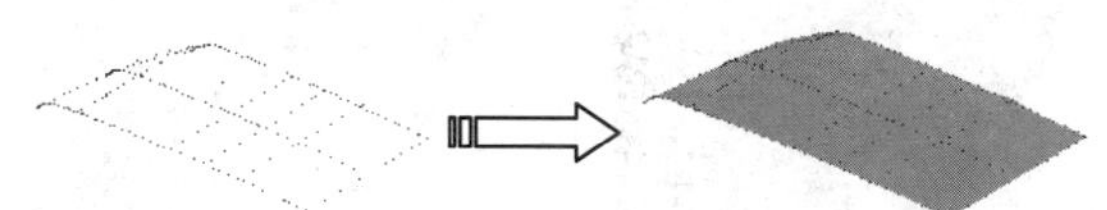

图17-35 创建网格面

动手操作——创建网格面

01 打开光盘文件“源文件\Ch17\ex-10.CATPart”。

02 执行菜单栏中的【插入】|【网格】|【创建网格】命令，系统即可弹出【创建网格】对话框。

03 定义网格面创建参数。选取【001.1】点云为网格面的创建对象，在【创建网格】对话框中设置【邻近】数为10，单击【确定】命令按钮完成网格面的创建，如图17-36所示。

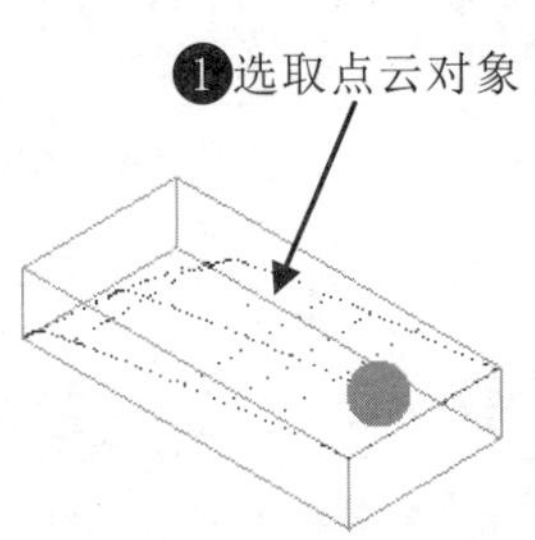

图17-36　定义网格面创建参数

提示

关于【创建网格】对话框中的部分选项说明如下：

★ 3D网格器：勾选此项，系统将根据点云自动拟合创建网格面。
★ 2D网格器：勾选此项，系统将根据投影方向来创建网格面。
★ 邻近：勾选此项，可设置小平面的边缘长度值。

17.4.2　偏移网格面

偏移网格面是通过指定图形窗口中已有的网格面，并将其沿法线方向进行距离偏置，从而创建出一新的网格面。下面就以图17-37所示的实例进行操作说明。

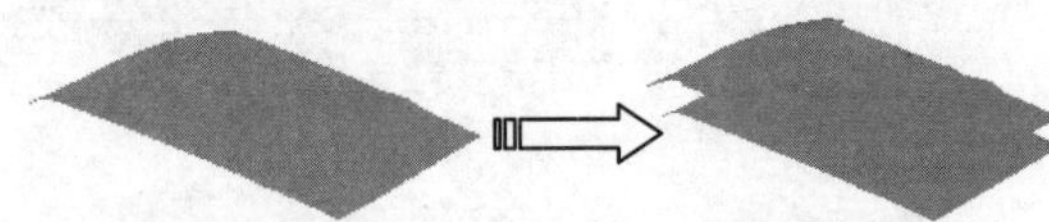

图17-37　创建偏移网格面

动手操作——偏移网格面

01 打开光盘文件“源文件\Ch17\ex-11.CATPart”。

02 执行菜单栏中的【插入】|【网格】|【网格偏置】命令，系统即可弹出【网格偏置】对话框。

03 定义偏移网格面参数。选取【创建网格.1】为偏置对象，在【网格偏置】对话框中设置偏置值为3，单击【确定】按钮完成偏移网格面的创建，如图17-38所示。

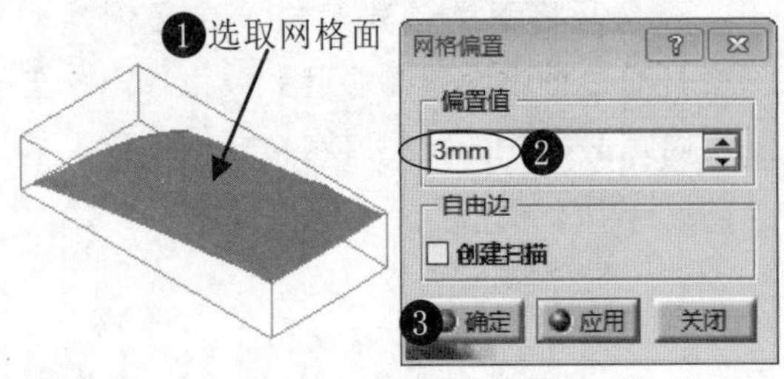

图17-38　定义偏移网格面

17.4.3　光顺网格面

光顺网格面是通过将已创建的网格面进行平顺操作，从而使网格面更为光顺。下面就以图17-39所示的实例进行操作说明。

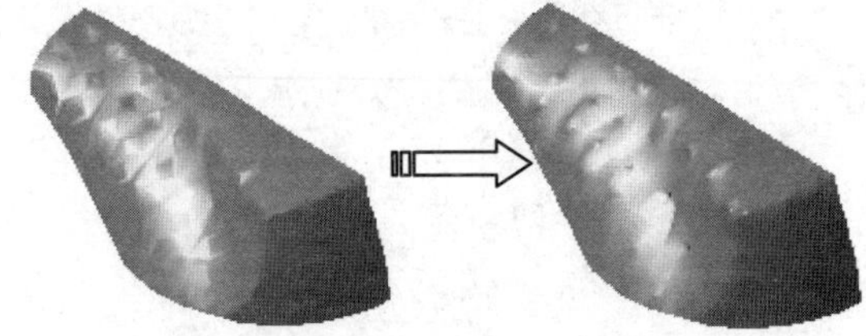

图17-39　光顺网格面

动手操作——光顺网格面

01 打开光盘文件“源文件\Ch17\ex-12.CATPart”。

02 执行菜单栏中的【插入】|【网格】|【光顺网格】命令，系统即可弹出【网格光顺】对话框。

03 定义光顺网格面相关参数。选取【创建网格.1】为光顺操作对象，在【光顺网格】对话框中拖动【系数】栏的滑块以调整光顺系数，结果如图17-40所示。

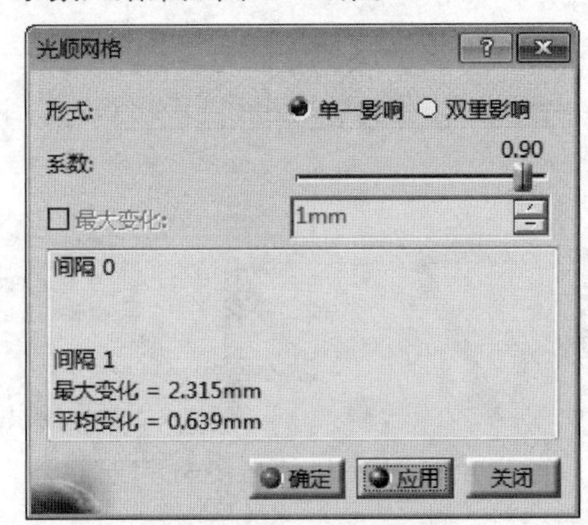

图17-40　设置光顺系数值

17.4.4　降低网格密度

降低网格密度是通过减少网格的数量，从而改变网格面外观形状。下面就以图17-41所示的实例进行操作说明。

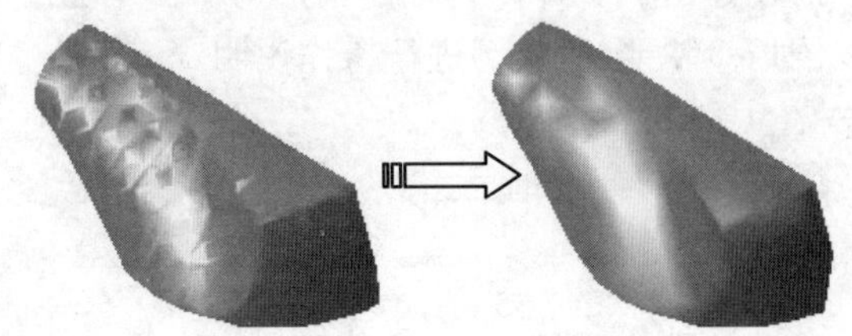

图17-41　降低网格面密度

动手操作——降低网格面密度

01 打开光盘文件“源文件\Ch17\ex-13.CATPart”。

02 执行菜单栏中的【插入】|【网格】|【精简】命令，系统即可弹出【简化】对话框。

03 定义网格面简化参数。选取图形窗口中的【创建网格面.1】为简化对象，在【简化】对话框中勾选【最大】选项并在其文本框中设置数值为0.7，单击【确定】按钮完成网格面的简化操作，如图17-42所示。

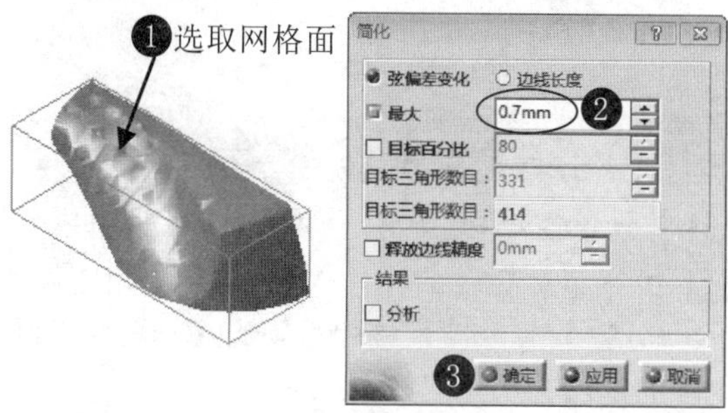

图17-42 定义网格面简化参数

提示

关于【简化】对话框中的部分选项说明如下：

★ 弦偏差变化：勾选此选项，再勾选【最大】选项并在其文本框中设置偏差最大值。

★ 边线长度：勾选此选项，再勾选【最小】选项并在其文本框中设置网格面的最小值，然后将小于此值的网格面移除。

17.4.5 优化网格面

优化网格面是对图形窗口中已创建的网格面进行优化处理，使网格面更为均匀平顺。下面就以图17-43所示的实例进行操作说明。

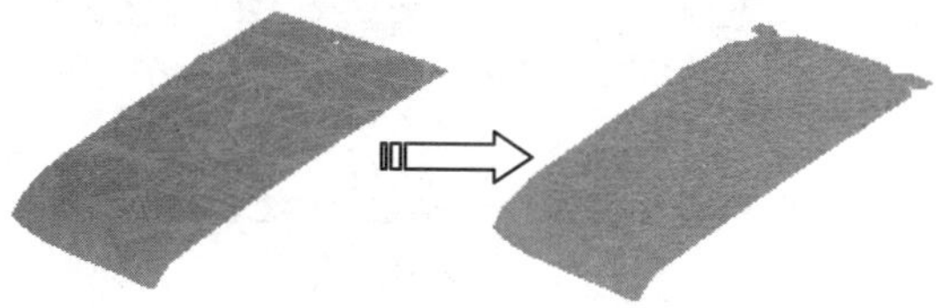

图17-43 优化网格面

动手操作——优化网格面

01 打开光盘文件“源文件\Ch17\ex-14.CATPart”。

02 执行菜单栏中的【插入】|【网格】|【优化】命令，系统即可弹出【优化】对话框。

03 定义网格面优化参数。选取图形窗口中的【创建网格面.1】为优化对象，在【优化】对话框中设置最小长度0.9，最大长度2，两面夹角30度，单击【应用】按钮进行优化计算，单击【确定】按钮完成网格面的优化操作，如图17-44所示。

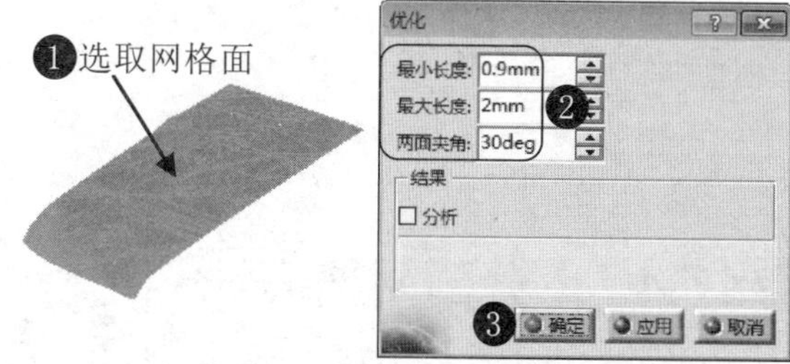

图17-44 定义网格面优化参数

17.4.6 合并点云或网格面

合并网格面是通过将指定的多个点云或网格面进行接合操作将其合并为一个点云数据或网格面。下面就以图17-45所示的实例进行操作说明。

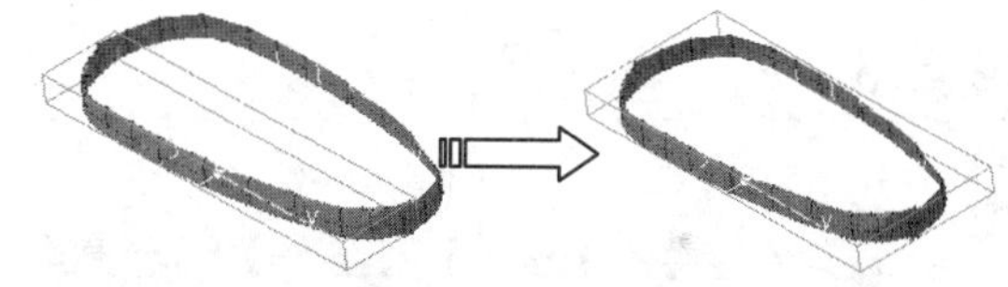

图17-45 合并网格面

动手操作——合并网格面

01 打开光盘文件“源文件\Ch17\ex-15.CATPart”。

02 执行菜单栏中的【插入】|【操作】|【合并网格】命令，系统即可弹出【网格合并】对话框。

03 定义合并对象。分别选取【创建网格.1】和【创建网格.2】为网格的合并对象，如图17-46所示，单击【确定】命令按钮完成网格面的合并操作。

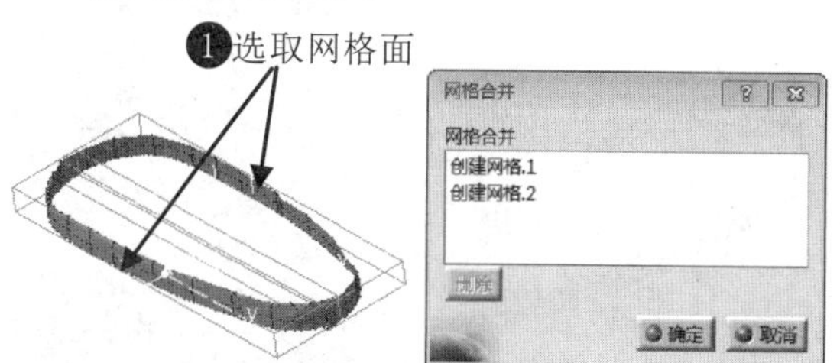

图17-46 选取合并网格面

提示

执行菜单栏中的【插入】|【操作】|【合并点云】命令，不仅可以合并图形窗口中的点云数据，还可以合并已创建的网格面，如图17-47所示。

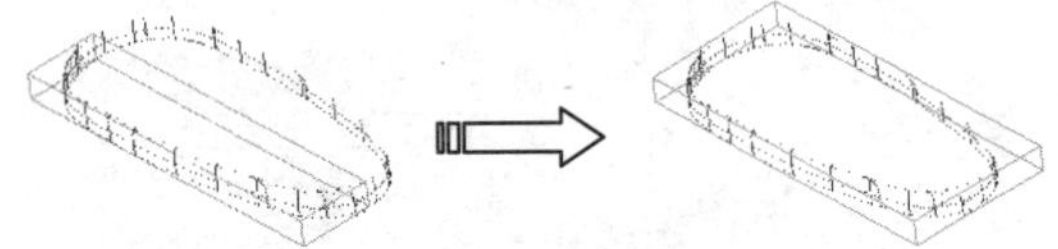

图17-47 合并点云

17.4.7 分割网格面

分割网格面是将一独立的网格面分割为几个或多个独立的网格面的操作。下面就以图17-48所示的实例进行操作说明。

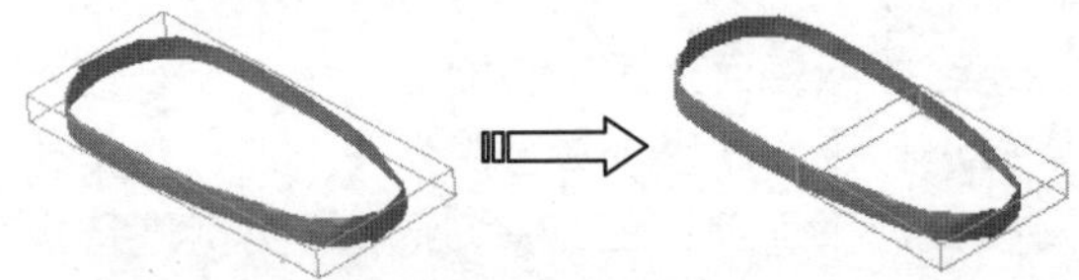

图17-48 分割网格面

动手操作——分割网格面

01 打开光盘文件“源文件\Ch17\ex-16.CATPart”。

02 执行菜单栏中的【插入】|【操作】|【分割网格】命令，系统即可弹出【分割】对话框。

03 定义分割对象。勾选【圈选】选项，勾选【矩形】选项，框选需要分割的网格面，单击【确定】命令按钮完成网格面的分割，如图17-49所示。

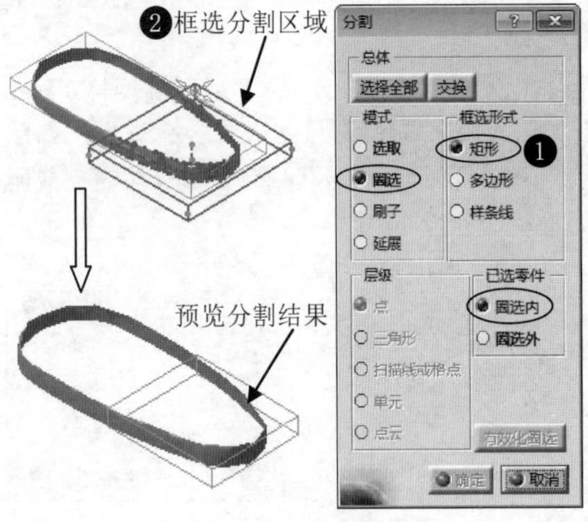

图17-49 定义网格分割参数

17.4.8 修剪或分割网格面

修剪或分割网格面是通过指定需要修剪的网格面，并将其进行裁剪操作，以保留需要的网格面部位，从而达到设计目标的操作。下面就以图17-50所示的实例进行操作说明。

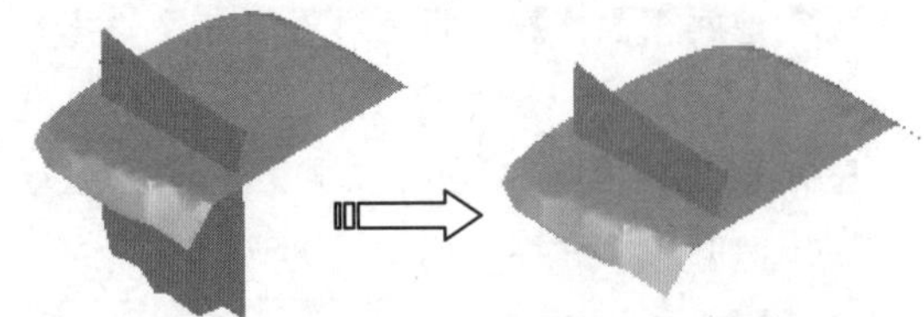

图17-50 修剪网格面

动手操作——修剪或分割网格面

01 打开光盘文件“源文件\Ch17\ex-17.CATPart”。

02 执行菜单栏中的【插入】|【操作】|【裁剪/分割】命令，系统即可弹出【修剪/分割】对话框。

03 定义修剪对象。选取【创建网格.2】为修剪或分割的图元对象，选取【创建网格.1】为切割图形对象，单击修剪按钮 以激活工具，单击需要修剪的网格面的一侧，系统即可在此添加修剪图示，单击【应用】命令按钮预览修剪结果，如图17-51所示，单击【确定】命令按钮完成网格面的修剪。

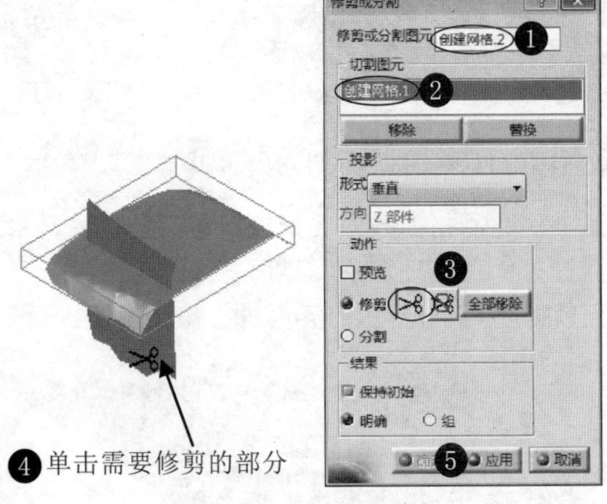

图17-51 定义修剪对象

17.4.9 投影至平面

投影至平面是通过指定需要投影的点云或网格面，从而创建一个平面式的点云或网格面。下面就以图17-52所示的实例进行操作说明。

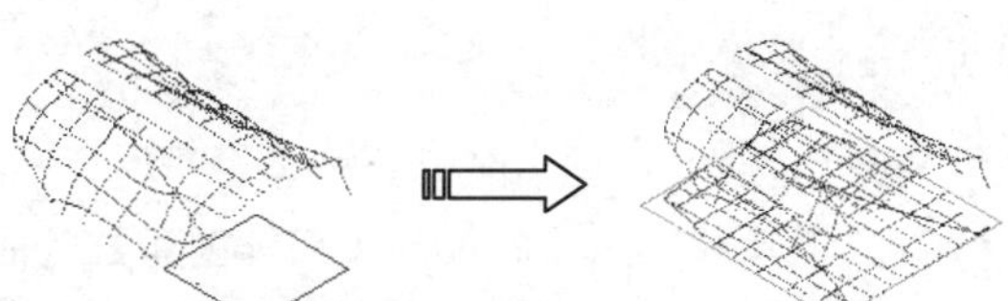
图17-52 投影点云

动手操作——投影至平面

01 打开光盘文件“源文件\Ch17\ex-18.CATPart”。

02 执行菜单栏中的【插入】|【操作】|【投影至平面】命令，系统即可弹出【投影至平面】对话框。

03 定义投影对象。选取图形窗口中的点云图形为投影图元，选取【XY平面】为投影支持平面，单击【应用】命令按钮预览投影结果，如图17-53所示，单击【确定】命令按钮完成点云的投影创建。

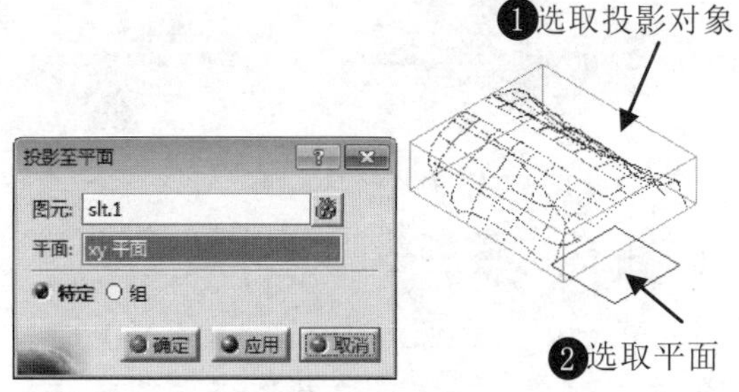

图17-53 定义投影对象

提示

选取的投影对象既可以是点云对象，也可以是已创建的网格面对象。如图17-54所示的选取网格面为投影图元。

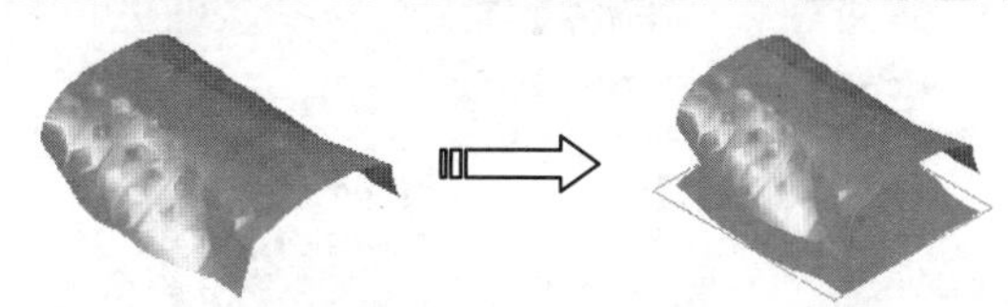
图17-54 投影网格面

17.5 曲线的构建

在【逆向点云编辑】设计平台中的曲线构建，是通过在点云数据上创建各种形状的曲线特征，以凸显出点云表现的产品几何形状。在点云上构建曲线，能为后续创建各种曲面特征提供更为方便的特征参考。具体分析介绍如下。

17.5.1 3D曲线

3D曲线是通过指定空间中的点云特征点，从而创建出空间曲线特征。下面就以图17-55所示的实例进行操作说明。

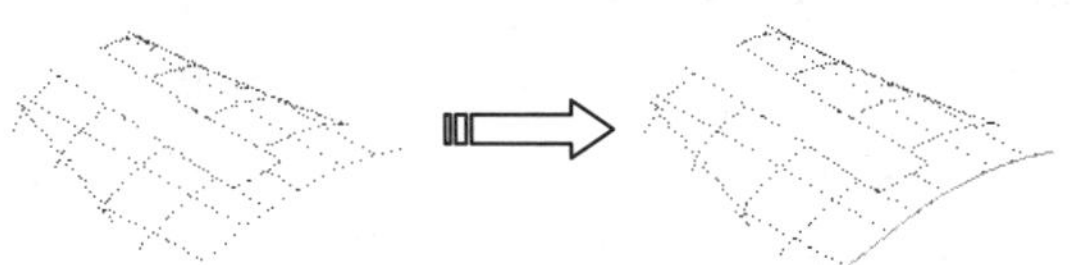
图17-55 创建3D曲线

动手操作——创建3D曲线

01 打开光盘文件“源文件\Ch17\ex-19.CATPart”。

02 执行菜单栏中的【插入】|【曲线创建】|【3D曲线】命令，系统即可弹出【3D曲线】对话框。

03 定义3D曲线。在【3D曲线】对话框中选取【通过点】选项为曲线的创建类型，依次选取点云上的各个特征点以指定曲线的通过点，单击【确定】按钮完成3D曲线的创建，如图17-56所示。

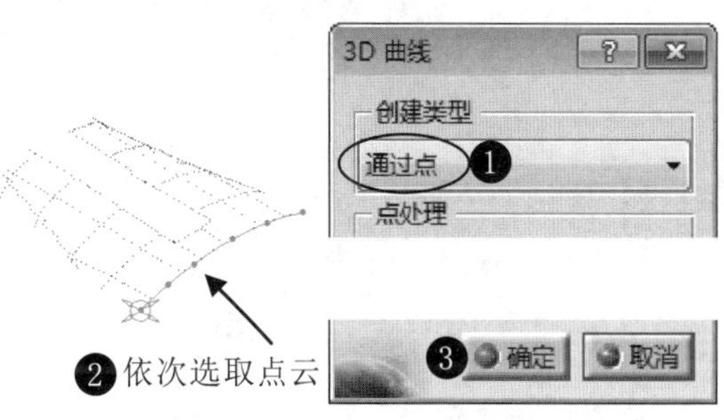

图17-56 选取曲线通过点

17.5.2 网格面上创建曲线

在网格面上创建曲线特征是通过指定已创建的网格面和曲线的通过点，从而创建出空间曲线特征。下面就以图17-57所示的实例进行操作说明。

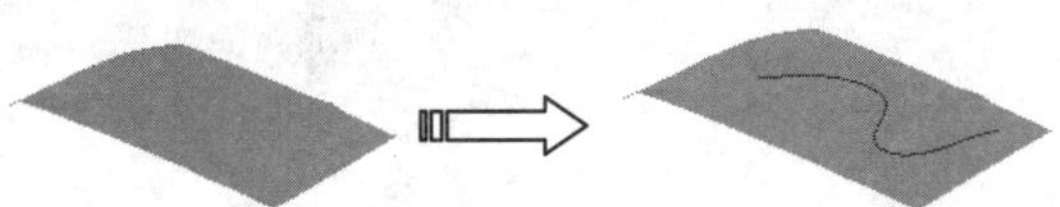

图17-57　在网格面上创建曲线

动手操作——在网格面上创建曲线

01 打开光盘文件“源文件\Ch17\ex-20.CATPart”。

02 执行菜单栏中的【插入】|【曲线创建】|【网格上曲线】命令，系统即可弹出【网格上曲线】对话框。

03 定义曲线参数。选取图形窗口中的【创建网格.1】为曲线的依附面，使用系统默认的相关参数，在网格面上依次单击以指定曲线的通过点，单击【确定】命令按钮完成网格面曲线的创建，如图17-58所示。

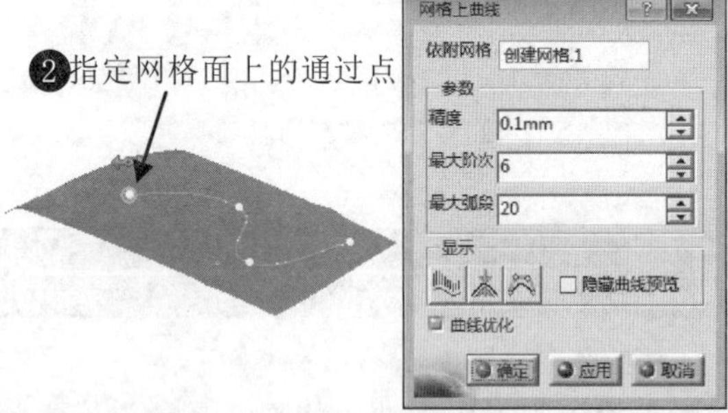

图17-58　定义曲线通过点

技术要点

【网格上曲线】对话框中【显示】区域的按钮说明如下：

★ （曲率梳按钮）：主要用于显示曲线的曲率梳状态。

★ （曲线距离按钮）：主要用于显示曲线距离网格面的最大距离。

★ （曲线阶次按钮）：主要用于显示曲线的阶次。

17.5.3　创建投影曲线

投影曲线是通过将指定曲线投影到点云或网格面上，从而创建出投影的曲线特征。下面就以图17-59所示的实例进行操作说明。

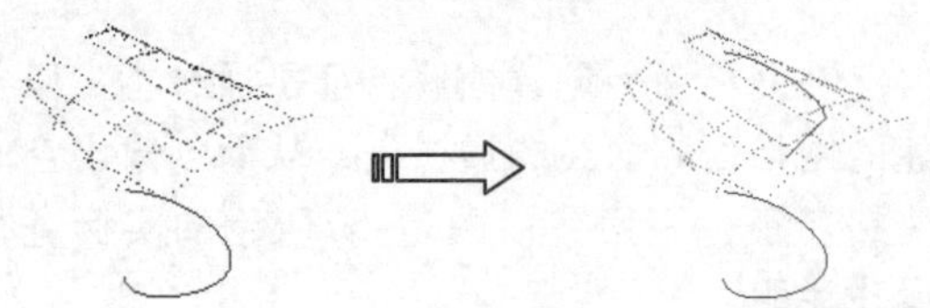

图17-59　创建投影曲线

动手操作——创建投影曲线

01 打开光盘文件“源文件\Ch17\ex-21.CATPart”。

02 执行菜单栏中的【插入】|【扫描创建】|【曲线投影】命令，系统即可弹出【网格上曲线】对话框。

03 定义投影曲线的相关参数。使用系统默认的投影方向和偏差、距离值，选取图形窗口中的曲线特征为投影曲线对象，选取点云为曲线的投影附着对象，单击【应用】命令按钮预览投影结果，单击【确定】命令按钮完成投影曲线的创建，如图17-60所示。

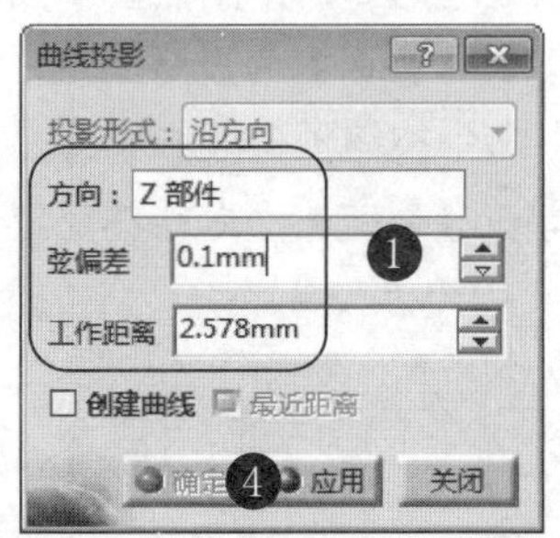

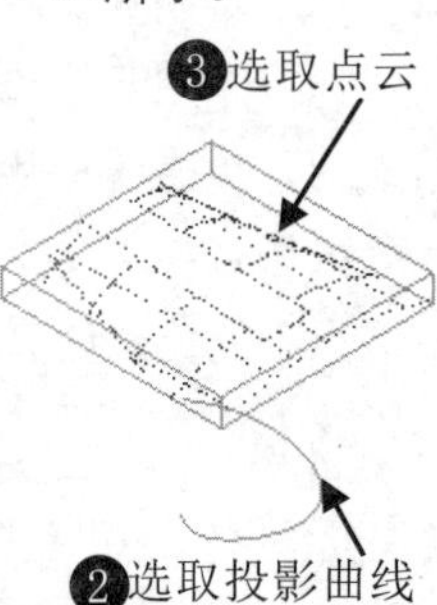

图17-60　定义投影曲线

17.5.4　创建平面交线

平面交线是通过指定一剖切平面与点云或网格面相交，从而创建出相交曲线特征。下面就以图17-61所示的实例进行操作说明。

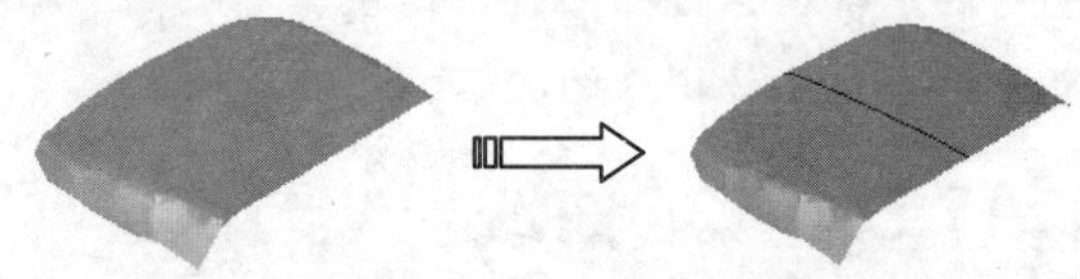

图17-61　创建相交曲线

动手操作——创建相交曲线

01 打开光盘文件“源文件\Ch17\ex-22.CATPart”。

02 执行菜单栏中的【插入】|【扫描创建】|【平面形式切面】命令，系统即可弹出【平面形式切面】对话框。

03 选取相交曲线的创建对象。选取图形窗口中的网格面为相交图元，单击【参考】栏的 按钮以指定剖切平面，单击指南针按钮 以激活罗盘移动，拖动图形窗口中的罗盘，依次单击【应用】命令按钮和【确定】按钮完成相交曲线的创建。如图17-62所示。

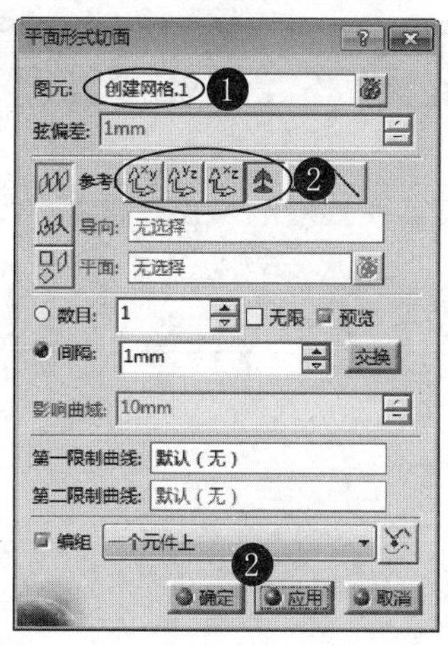

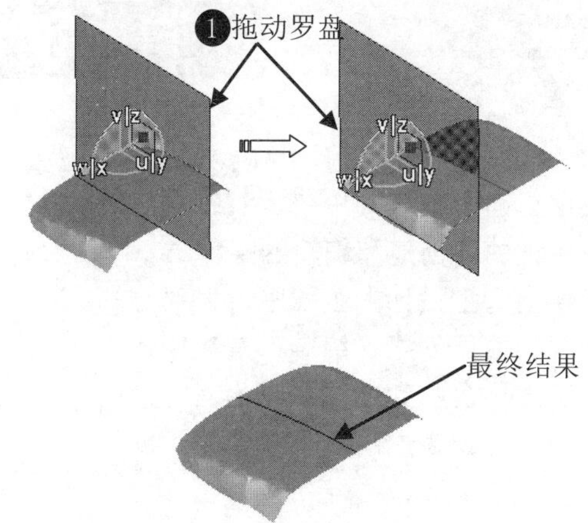

图17-62 定义相交曲线

17.5.5 点云扫描创建曲线

点云扫描创建曲线是通过指定点云上的特征点为曲线的通过点，从而创建出曲线特征。下面就以图17-63所示的实例进行操作说明。

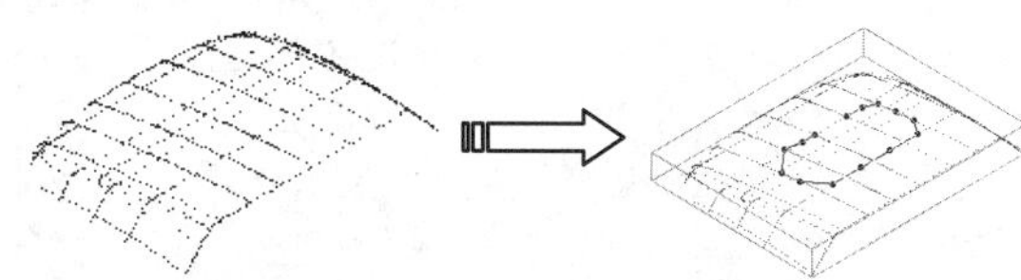

图17-63 创建点云扫描曲线

动手操作——创建点云扫描曲线

01 打开光盘文件“源文件\Ch17\ex-23.CATPart”。

02 执行菜单栏中的【插入】|【扫描创建】|【点云上扫描】命令。

03 定义曲线通过点。依次选取点云上的各个点为曲线的通过点，系统即可显示出曲线特征，如图17-64所示。

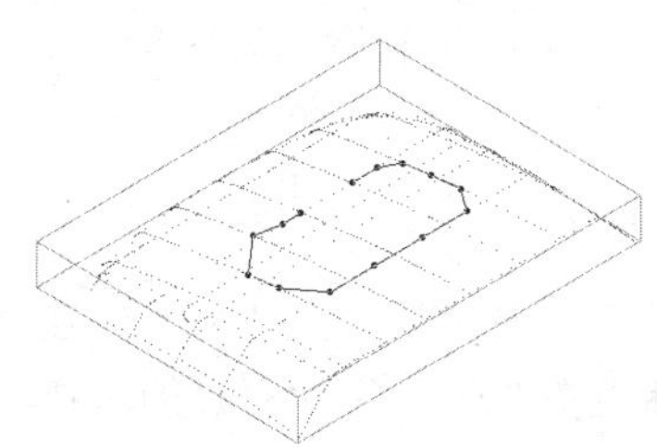

图17-64 定义曲线通过点

17.5.6 创建网格面边线

网格面的边线是通过指定已创建的网格面特征，从而创建出网格面边界曲线特征。下面就以图17-65所示的实例进行操作说明。

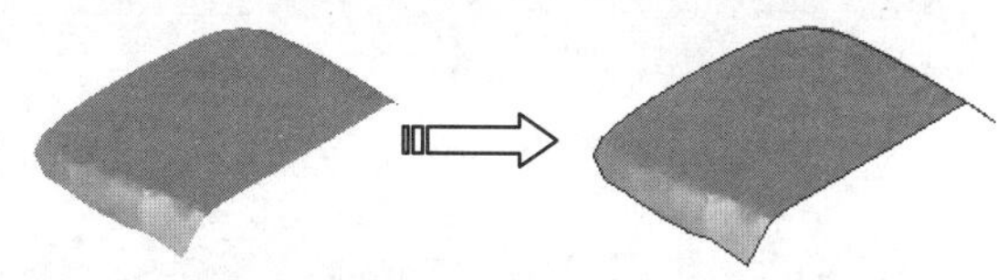

图17-65 创建网格面的边线

动手操作——创建网格面的边线

01 打开光盘文件“源文件\Ch17\ex-24.CATPart”。

02 执行菜单栏中的【插入】|【扫描创建】|【自由边线】命令。系统即可弹出【未固定边界】对话框。

03 使用系统默认的【组】选项，选取图形窗口中的网格面为边线的附着对象，单击【应用】和【确定】按钮完成网格面边线的创建，如图17-66所示。

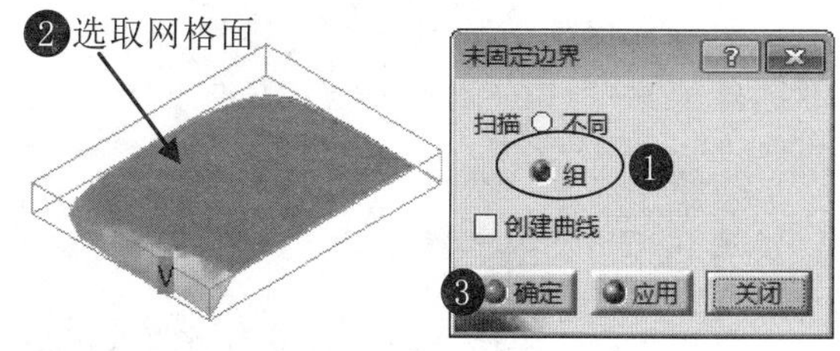

图17-66 定义网格面边线

17.6 逆向曲面重建

【逆向点云编辑】模块主要针对的是点云的相关处理工作，而【逆向曲面重建】模块则主要针对在逆向造型过程中的各种曲面创建和编辑的操作。

在整个逆向造型设计的工程中，大部分的曲线编辑修改和曲面创建、编辑都是在【逆向曲面重建】工作平台中完成的。因此，【逆向曲面重建】模块可视为逆向造型设计的后期处理平台。

17.6.1 切换到【逆向曲面重建】模块

在菜单栏执行【开始】|【形状】|【逆向曲面重建】命令，系统即可进入【逆向曲面重建】设计模块。如图17-67所示。

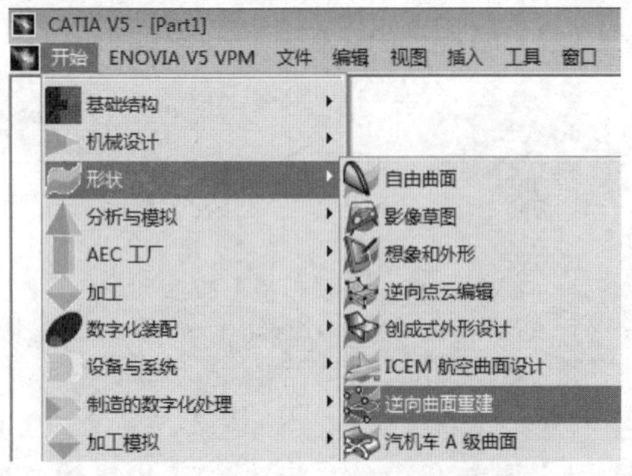

图17-67　进入【逆向曲面重建】模块

【逆向曲面重建】模块中的各种工具命令与【逆向点云编辑】、【创成式外形设计】和【自由曲面】设计模块中的部分工具命令类似，操作方法也基本相同。故此处不再详细介绍该模块中的各个工具栏和工具命令。

针对逆向曲面重建的过程中常用的一些工具命令和操作方法与技巧，本节将讲解演示这些工具命令的使用技巧。具体分析介绍如下。

17.6.2 曲线切片

曲线切片即曲线分割，主要通过将两相交的曲线进行切割处理，从而将原来的单个独立曲线特征分割为多个独立曲线特征。下面就以图17-68所示的实例进行操作说明。

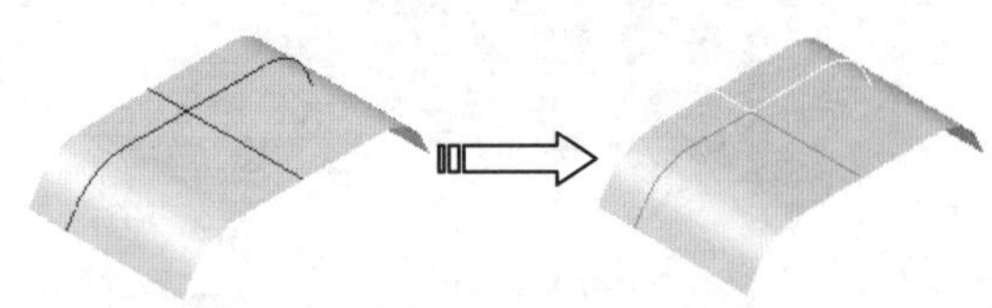

图17-68　分割曲线

动手操作——曲线分割

01 打开光盘文件“源文件\Ch17\ex-25.CATPart”。

02 执行菜单栏中的【插入】|【动作】|【曲线切片】命令，系统即可弹出【曲线切片】对话框。

03 定义曲线分割对象。分别选取图形窗口中的曲线对象为分割元素，如图17-69所示，单击对话框中的【确定】命令按钮完成曲线的分割。

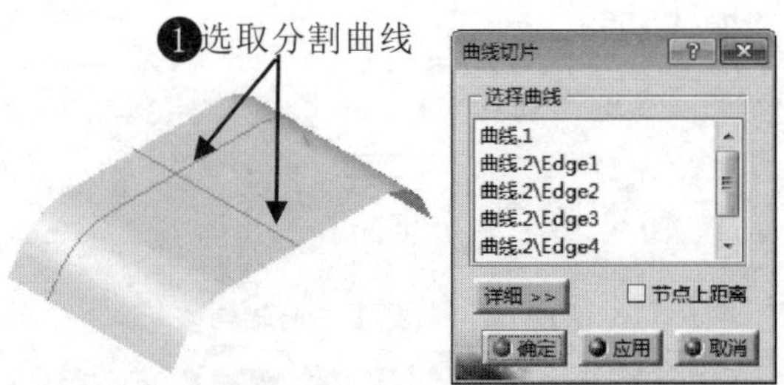

图17-69　定义分割对象

提示

展开【曲线切片】对话框中的【详细】按钮，系统有如下【参数】区域：

★ 最大距离：主要用于设置曲线间的最大距离值。

★ 最小长度：主要用于设置曲线间的最小值，大于该值的曲线将被系统移除。

17.6.3 调整节点

调整节点是通过调整曲线上的连接点，从而将指定的曲线进行重新连接的操作。下面就以图17-70所示的实例进行操作说明。

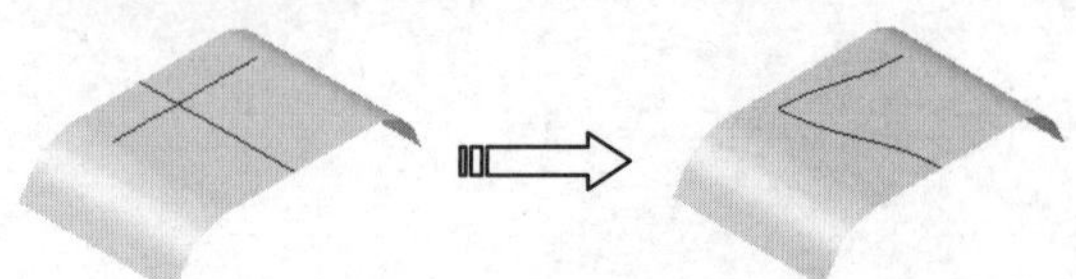

图17-70　调整曲线节点

动手操作——调整节点

01 打开光盘文件“源文件\Ch17\ex-26.CATPart”。

02 执行菜单栏中的【插入】|【动作】|【调整节点】命令，系统即可弹出【调整节点】对话框。

03 定义调整参数。分别选取曲面上的两条曲线为调整对象，在【最大角度G1】文本框中设置角度为2，如图17-71所示，单击【确定】命令按钮完成曲线的选取。

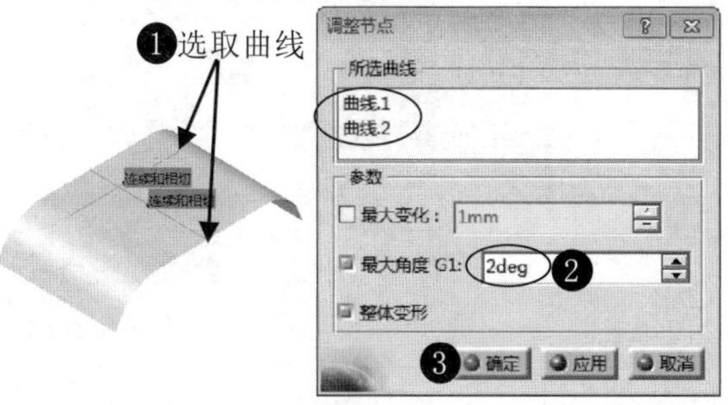

图17-71　定义节点调整对象

04 如有多个计算结果系统将弹出【提取】对话框，勾选【保留所有子图元】选项，并单击【确定】按钮完成曲线节点的调整。

17.6.4　清理轮廓

清理轮廓是将图形窗口中的各个独立的曲线，接合为一个独立的曲线特征的操作。下面就以图17-72所示的实例进行操作说明。

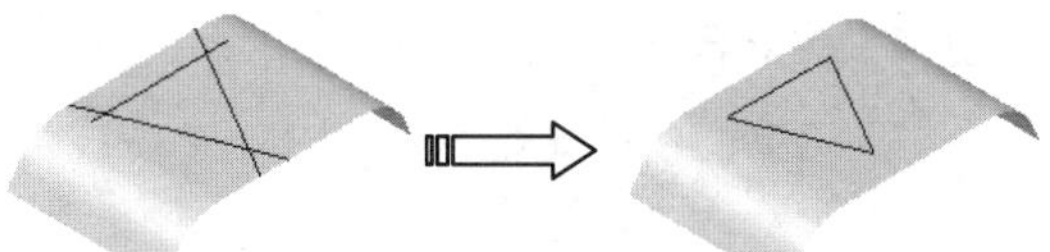

图17-72　清理曲线轮廓

动手操作——清理轮廓

01 打开光盘文件“源文件\Ch17\ex-27.CATPart”。

02 执行菜单栏中的【插入】|【创建区域】|【清理外形】命令，系统即可弹出【清理轮廓】对话框。

03 定义清理轮廓对象。分别选取图形窗口中的【曲线.1】、【曲线.2】和【曲线.3】为要连接的图元对象，在【最大角度G1】文本框中设置角度为2，如图17-73所示，单击【确定】按钮完成曲线轮廓清理。

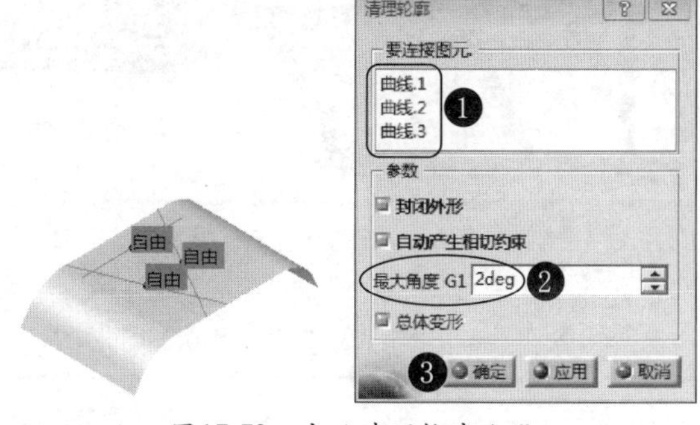

图17-73　定义清理轮廓曲线

17.6.5　自动曲面

自动曲面是通过指定已创建的网格面特征，从而创建出与该网格面外观形状一样的曲面特征。下面就以图17-74所示的实例进行操作说明。

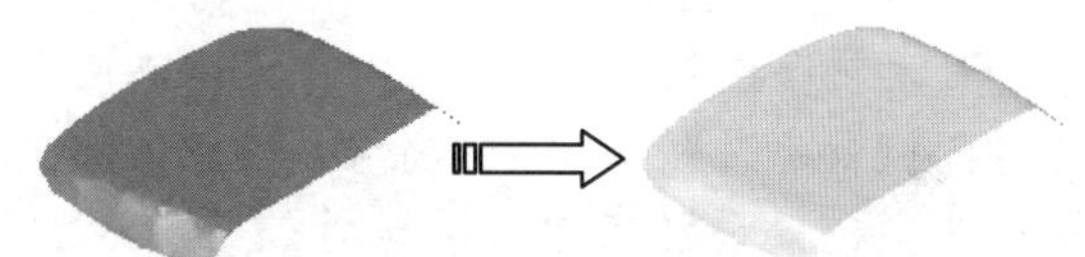

图17-74　自动曲面转换

动手操作——创建自动曲面

01 打开光盘文件“源文件\Ch17\ex-28.CATPart”。

02 执行菜单栏中的【插入】|【创建曲面】|【自动曲面】命令，系统即可弹出【自动曲面】对话框。

03 选取图形窗口中的【创建网格.1】为自动曲面的创建对象，使用系统默认的相关转换参数，单击【确定】命令按钮完成曲面的创建，隐藏【创建网格.1】以凸显曲面特征。结果如图17-75所示。

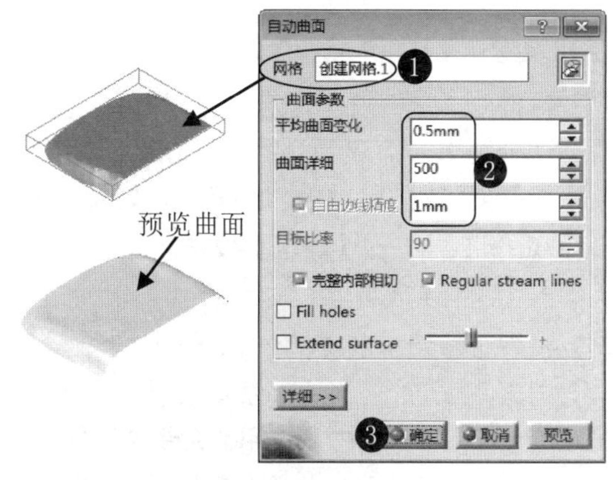

图17-75　定义自动曲面转换对象

17.7 实战应用——后视镜壳体

引入光盘：无

结果文件：\动手操作\结果文件\Ch17\rearview mirror.CATPart

视频文件：\视频\Ch17\后视镜壳体.avi

本节以一个工业产品——汽车后视镜的壳体为解析案例，来向读者讲解另一种逆向造型的方法。此种造型方法，相对于直接使用CATIA逆向设计平台来创建各种曲线、曲面的方式更为方便和直观，且更易操作。其整体造型思路是使用已加载的点云数据为参考对象，创建出与之相近的曲线或曲面特征，进而还原产品的真实外观结构。

在后视镜逆向曲面造型过程中，首先使用【逆向点云编辑】设计平台将导入的点云数据进行相关的处理和操作，再利用【创成式外形设计】和【零件设计】平台中的相关工具命令，来共同完成曲面特征的创建。最终结果如图17-76所示。

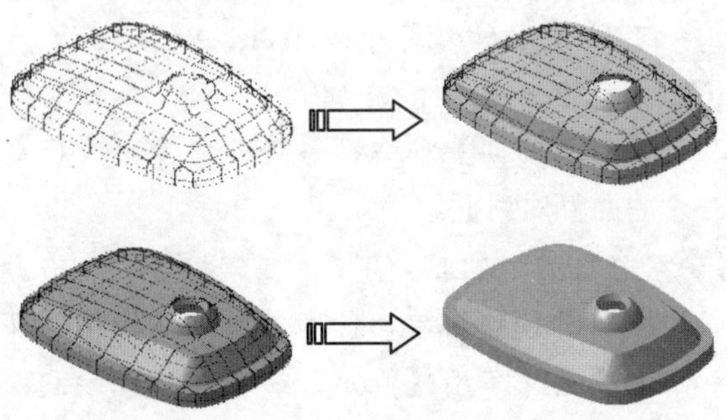

图17-76　汽车后视镜逆向造型

1. 导入点云数据

操作步骤

01 执行菜单栏中的【开始】|【形状】|【逆向点云编辑】命令，系统即可弹出【新建零件】对话框，设置文件名称为【rearview mirror】并单击【确定】按钮，系统即可进入【逆向点云编辑】设计平台。

02 执行菜单栏中的【插入】|【输入】命令，浏览并打开光盘文件“源文件\Ch17\rearview mirror.igs”，单击【应用】命令按钮确认读取文件无误，再单击【确定】命令按钮完成点云数据的导入，如图17-77所示。

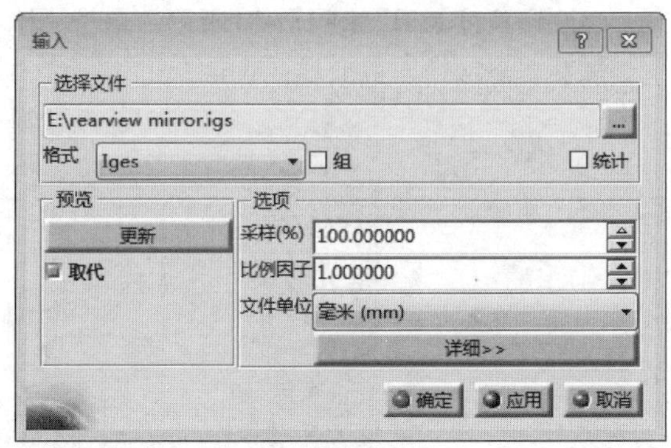

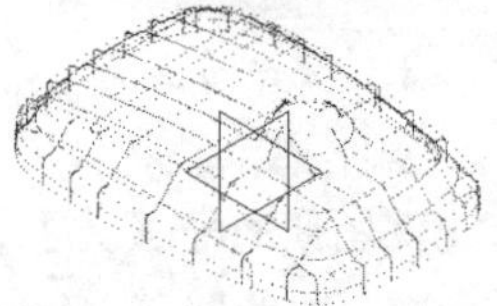

图17-77　导入点云数据

2. 构建曲线、曲面

操作步骤

01 执行菜单栏中的【开始】|【形状】|【创成式外形设计】命令，系统即可进入创成式外形设计平台。

02 执行菜单栏中的【插入】|【草图编辑器】|【草图】命令，选取XY平面为草图绘制平面，绘制如图17-78所示的草图1。

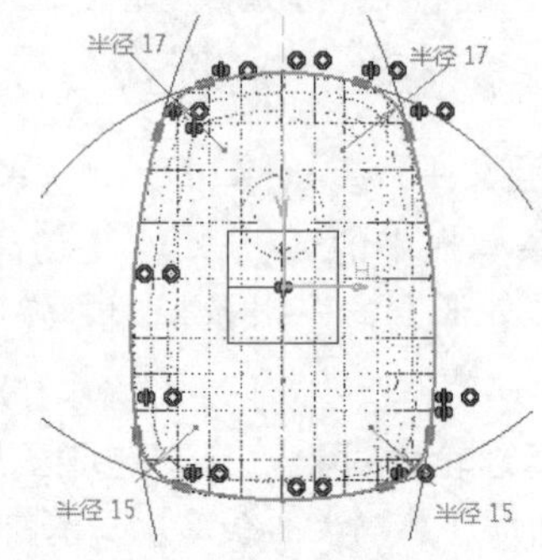

图17-78　草图1

03 单击【测量】工具栏中的【测量间距】命令按钮，测量点云上一重要特征点与上步创建的草图1之间的距离，如图17-79所示。

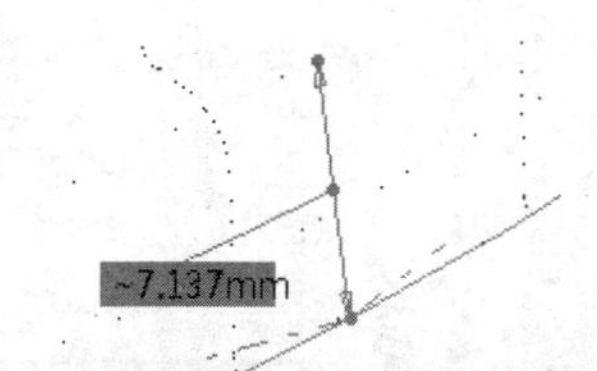

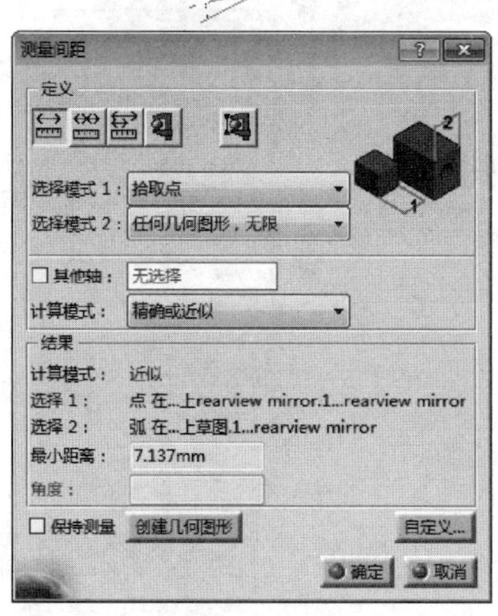

图17-79 测量距离

04 执行菜单栏中的【插入】|【线框】|【平面】命令，创建如图17-80所示的偏移平面1。

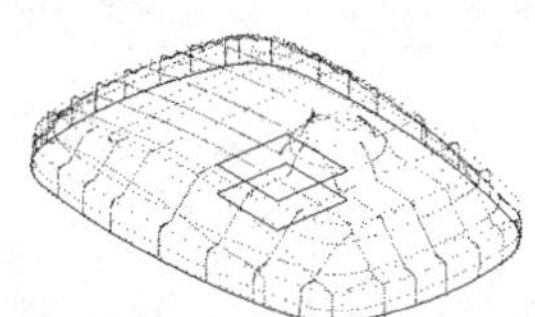

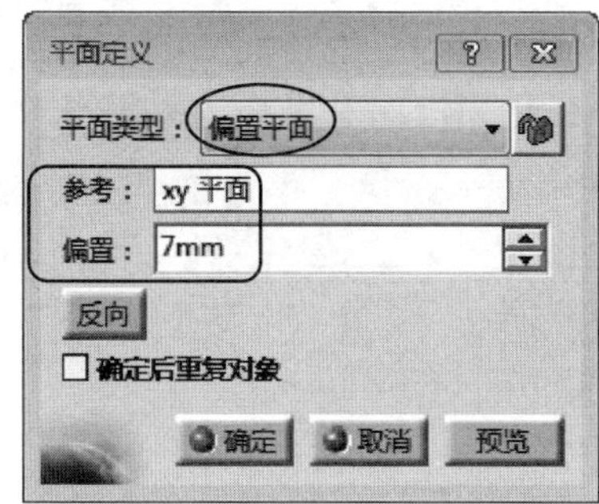

图17-80 创建偏移平面1

05 执行菜单栏中的【插入】|【草图编辑器】|【草图】命令，选取上步创建的平面1为草图平面，并绘制如图17-81所示的草图2。

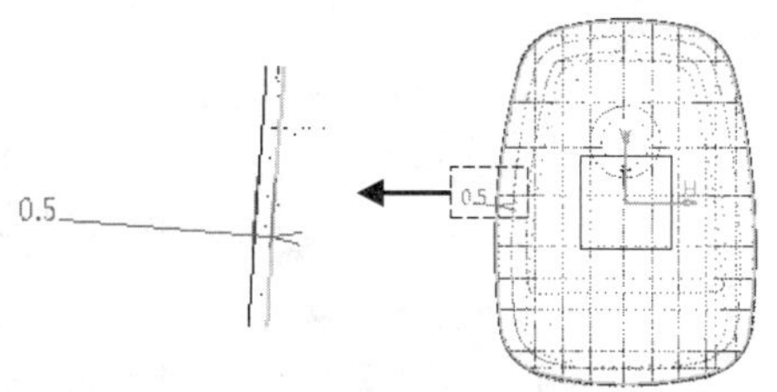

图17-81 草图2

06 执行菜单栏中的【插入】|【曲面】|【多截面曲面】命令，创建出如图17-82所示的曲面特征。

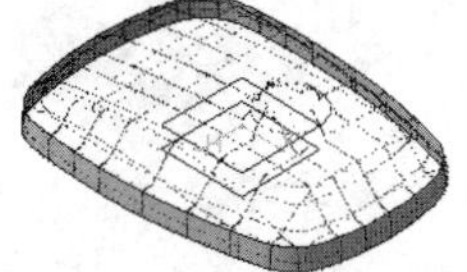

图17-82 创建多截面曲面

07 执行菜单栏中的【插入】|【草图编辑器】|【草图】命令，选取上步创建的【平面.1】为草图平面并绘制如图17-83所示的草图3。

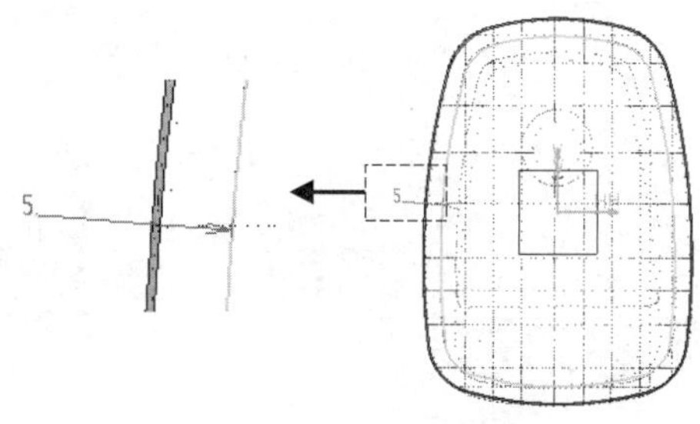

图17-83 草图3

08 执行菜单栏中的【插入】|【曲面】|【拉伸】命令，创建出如图17-84所示的曲面特征。

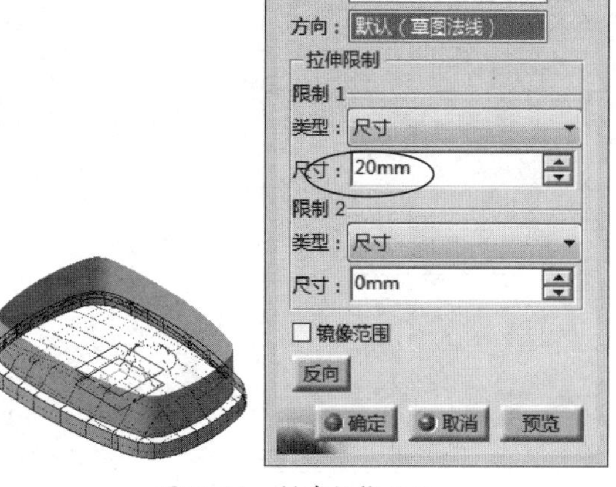

图17-84 创建拉伸曲面

09 执行菜单栏中的【插入】|【曲面】|【扫掠】命令，单击【直线】按钮指定扫掠类型，分别选取【草图.2】和【草图.3】为引导曲线，创建出如图17-85所示的曲面特征。

10 执行菜单栏中的【插入】|【草图编辑器】|【草图】命令，选取YZ平面为草图平面，并绘制如图17-86所示的草图4。

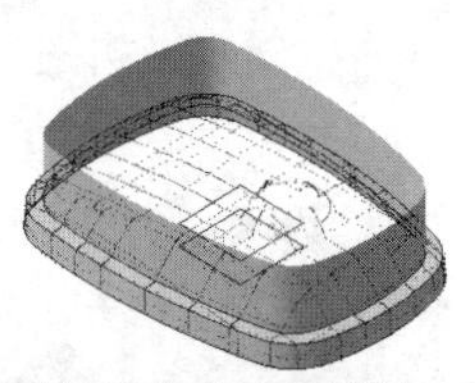

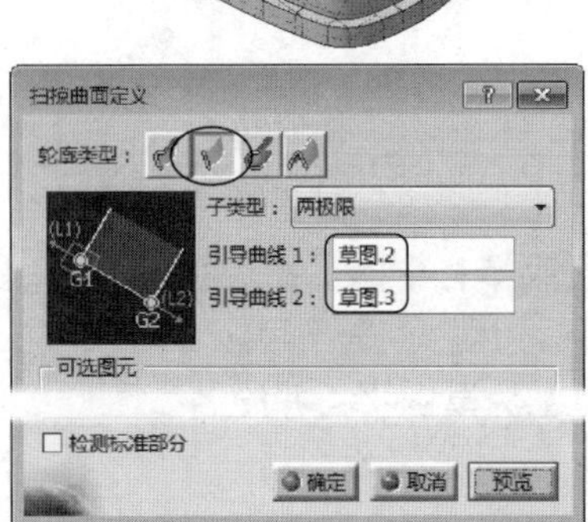

图17-85　创建扫掠曲面

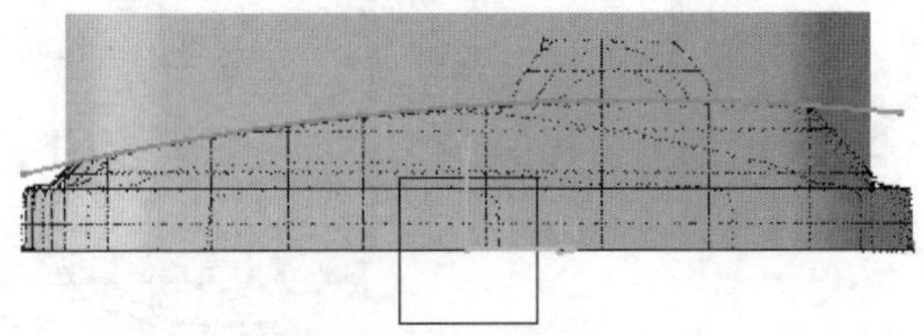

图17-86　草图4

11 执行菜单栏中的【插入】|【曲面】|【拉伸】命令，创建出如图17-87所示的曲面特征。

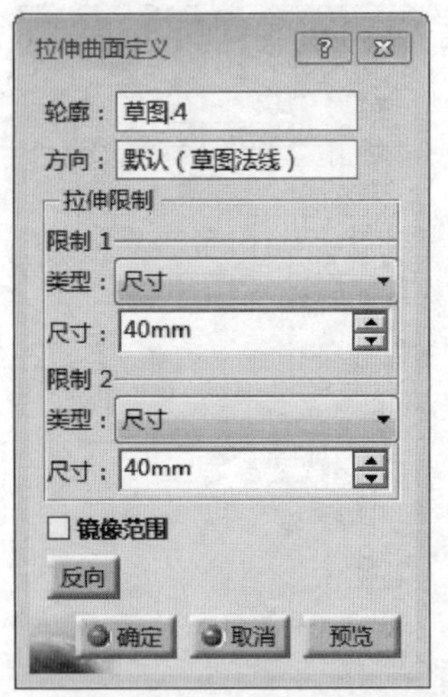

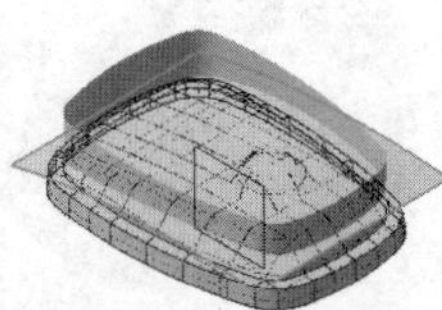

图17-87　创建拉伸曲面

12 执行菜单栏中的【插入】|【操作】|【修剪】命令，选取【拉伸.1】和【拉伸.2】曲面为修剪的图元对象，创建出如图17-88所示的修剪曲面。

13 执行菜单栏中的【插入】|【操作】|【接合】命令，选取【修剪.1】、【多截面曲面.1】和【扫掠.1】曲面为接合对象，创建出如图17-89所示的接合曲面。

图17-88　修剪曲面

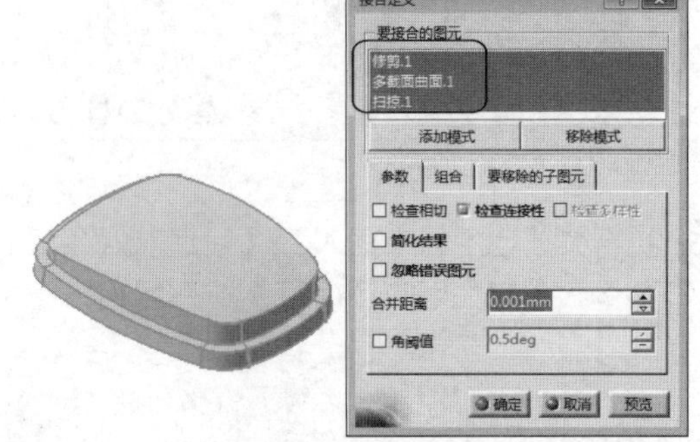

图17-89　接合曲面

14 执行菜单栏中的【插入】|【草图编辑器】|【草图】命令，选取YZ平面为草图平面，并绘制如图17-90所示的草图5。

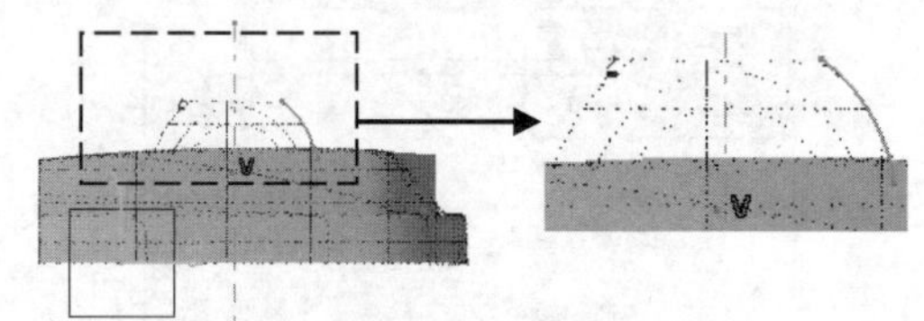

图17-90　草图5

15 执行菜单栏中的【插入】|【曲面】|【旋转】命令，创建出如图17-91所示的曲面特征。

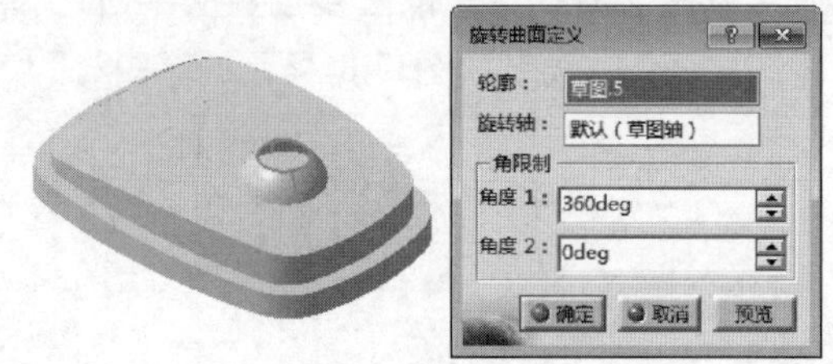

图17-91　创建旋转曲面

16 执行菜单栏中的【插入】|【操作】|【修剪】命令，选取【旋转曲面.1】和【接合.1】曲面为

修剪对象，创建出如图17-92所示的修剪曲面。

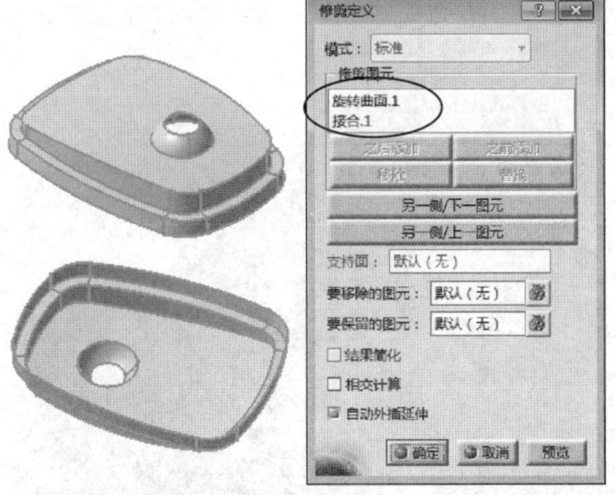

图17-92 修剪曲面

17 执行菜单栏中的【开始】|【机械设计】|【零件设计】命令，系统即可进入零件设计平台。

18 执行菜单栏中的【插入】|【基于曲面的特征】|【厚曲面】命令，设置第一偏置距离为3，并指定偏置方向为向内偏置，如图17-93所示。

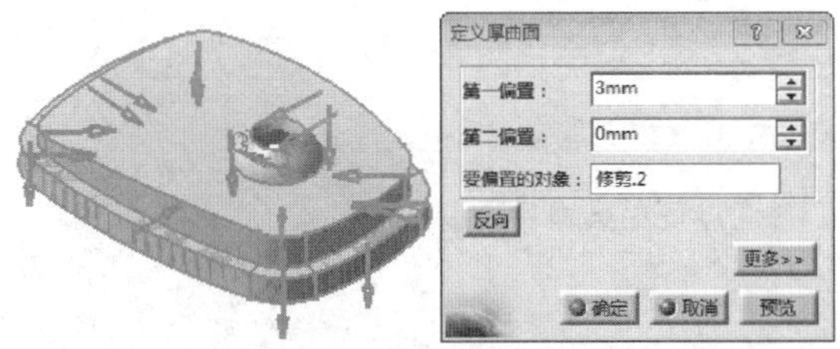

图17-93 加厚曲面

19 隐藏创建的曲面特征，以凸显实体零件特征。

20 执行菜单栏中的【插入】|【修饰特征】|【拔模】命令，创建如图17-94所示的拔模特征。

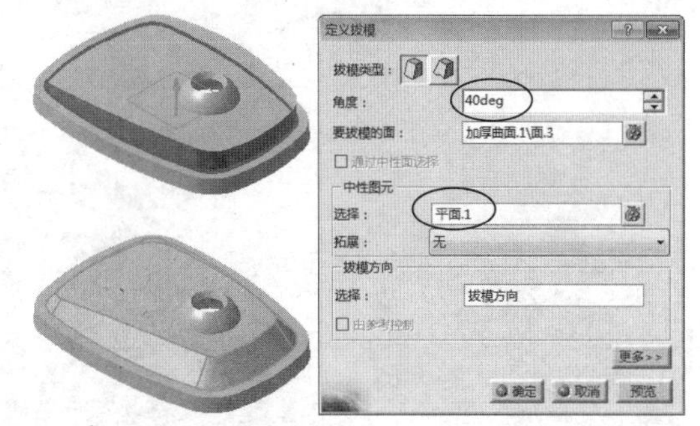

图17-94 创建实体拔模特征

21 执行菜单栏中的【插入】|【修饰特征】|【拔模】命令，创建如图17-95所示的拔模特征。

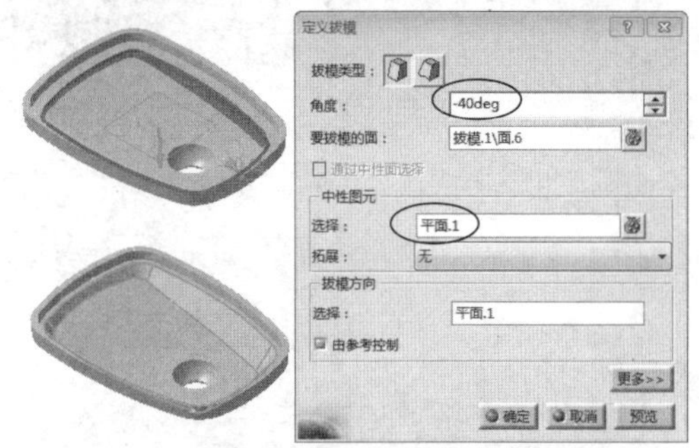

图17-95 创建实体拔模特征

17.8 课后习题

本章主要介绍了CATIA V5R21的逆向工程曲面的常规设计方法和技巧，具体详细地讲解了【逆向点云编辑】和【逆向曲面重建】两大设计平台中的常用工具命令。

为巩固本章所学造型方法和技巧，特安排了如下习题供读者思考练习。

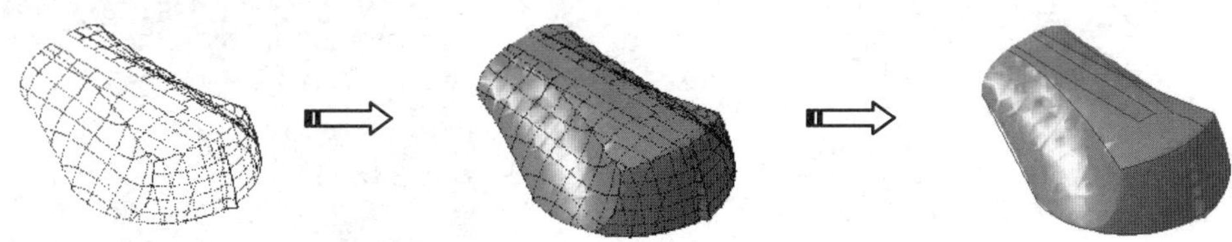

图17-96 网格面和线框的创建

第18章 曲面优化与模型渲染

本章将详细介绍曲面优化设计的方法和渲染技巧。其中曲面优化设计包括交接曲面、曲面变形、曲面中心凸起等曲面操作，这些曲面用普通的曲面创建方式很难完成。因此，在CATIA的【创成式外形设计】模块中提供了这些曲面优化操作的各种工具命令集。

CATIA的实时渲染模块适用于产品造型的后期处理，并通过使用具有各种参数的材质来逼真的渲染出产品的外观。

◎ 知识点01：中心凹凸曲面
◎ 知识点02：基于曲面的变形
◎ 知识点03：曲面外形渐变
◎ 知识点04：材料的应用
◎ 知识点05：场景编辑器的应用

18.1 曲面优化设计

曲面的优化设计是创成式外形设计平台中提供的曲面高级操作。它主要用于非常规的曲面造型优化设计，以方便用户完成一些特殊的曲面设计。

18.1.1 中心凹凸曲面

中心凹凸曲面是以曲面上的曲线为区域边界，以一点为中心按指定的方向进行凹凸变形，从而创建出一新曲面特征。下面就以图18-1所示的实例进行操作说明。

动手操作——创建中心凹凸曲面

01 打开光盘文件“动手操作\源文件\Ch18\18-1.CATPart”。

02 执行菜单栏中的【开始】|【形状】|【创成式外形设计】命令，系统即可进入创成式外形设计平台。

03 执行菜单栏中的【插入】|【高级曲面】|【凹凸】命令，系统即可弹出【凹凸变形定义】对话框。

04 选取图形窗口中的曲面为变形图元，选取曲面上的圆形为限制曲线，选取曲面上的点1为变形中心，指定X轴为变形方向，设置变形距离为20，如图18-2所示，单击【确定】按钮完成曲面的凸起变形操作。

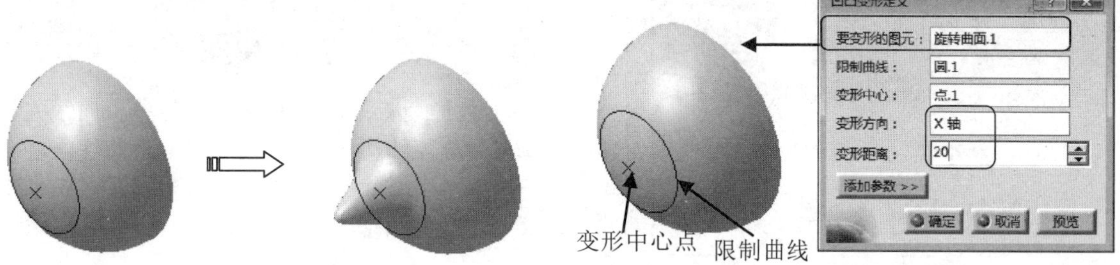

图18-1 中心凸起曲面　　图18-2 创建曲面凸起

提示

选取的限制曲线必须在曲面上或者是曲面的边界线，否则不能创建中心凸起曲面特征。

18.1.2 基于曲线的曲面变形

基于曲线的曲面变形是将曲面的一组参考曲线变形到目标曲线上。下面就以图18-3所示的实例进行操作说明。

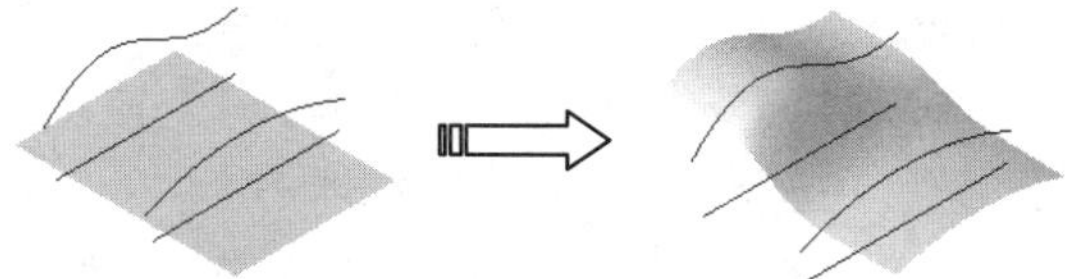

图18-3 基于曲线的曲面变形

动手操作——基于曲线的曲面变形

01 打开光盘文件“动手操作\源文件\Ch18\ 18-2.CATPart”。

02 执行菜单栏中的【开始】|【形状】|【创成式外形设计】命令，系统即可进入创成式外形设计平台。

03 执行菜单栏中的【插入】|【高级曲面】|【包裹曲线】命令，系统即可弹出【包裹曲线定义】对话框。

04 选取图形窗口中的曲面特征为变形对象，依次选取如图18-4所示的【参考1】和【目标1】为对应曲线，选取【参考2】和【目标2】为对应曲线，如图18-4所示，单击【确定】命令按钮完成曲面的变形操作。

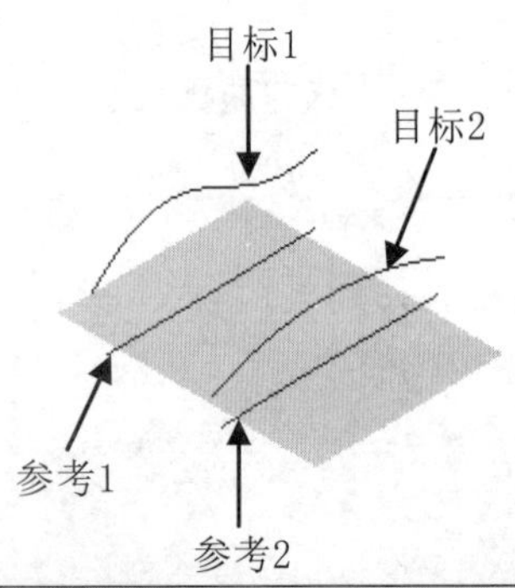

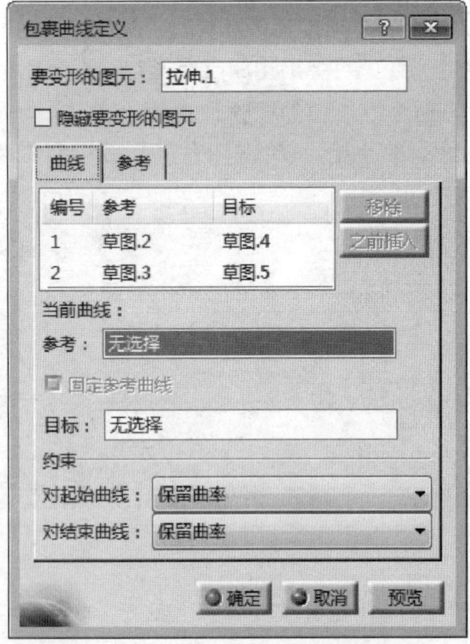

图18-4　选取对应曲线

18.1.3　基于曲面的曲面变形

基于曲面的曲面变形是通过指定一组参考曲面变形到另一目标曲面上。下面就以图18-5所示的实例进行操作说明。

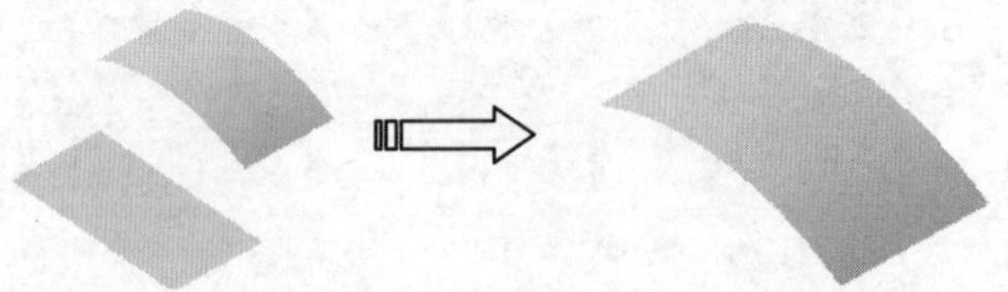

图18-5　基于曲面的曲面变形

动手操作——基于曲面的曲面变形

01 打开光盘文件“动手操作\源文件\Ch18\ 18-3.CATPart”。

02 执行菜单栏中的【开始】|【形状】|【创成式外形设计】命令，系统即可进入创成式外形设计平台。

03 执行菜单栏中的【插入】|【高级曲面】|【包裹曲面】命令，系统即可弹出【包裹曲面变形定义】对话框。

04 选取【拉伸.1】曲面为要变形的图元和参考曲面，选取【拉伸.2】曲面为目标曲面，使用系统默认的【3D】选项为包裹类型，如图18-6所示，单击【确定】按钮完成曲面的变形操作。

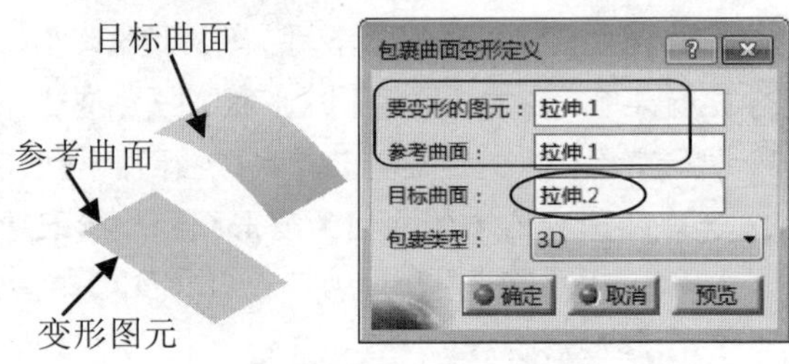

图18-6　定义变形曲面

18.1.4　外形渐变

外形渐变曲面也是通过指定参考曲线并将其变形到目标曲线上，从而将参考曲线所在的曲面外形进行变形。下面就以图18-7所示的实例进行操作说明。

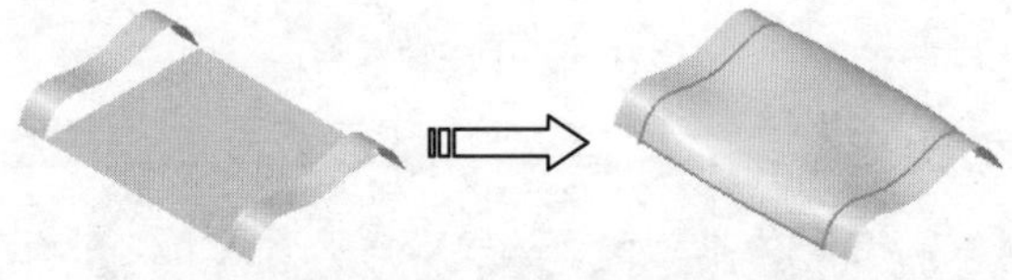

图18-7　曲面外形渐变

动手操作——创建外形渐变曲面

01 打开光盘文件“动手操作\源文件\Ch18\ 18-4.CATPart”。

02 执行菜单栏中的【开始】|【形状】|【创成式外形设计】命令，系统即可进入创成式外形设计平台。

03 执行菜单栏中的【插入】|【高级曲面】|【外形渐变】命令，系统即可弹出【外形变形定义】对话框。

04 选取【拉伸.1】曲面为要变形的图元，分别选取如图18-8所示的参考曲线和目标曲线对象，单击【确定】按钮完成曲面的外形渐变。

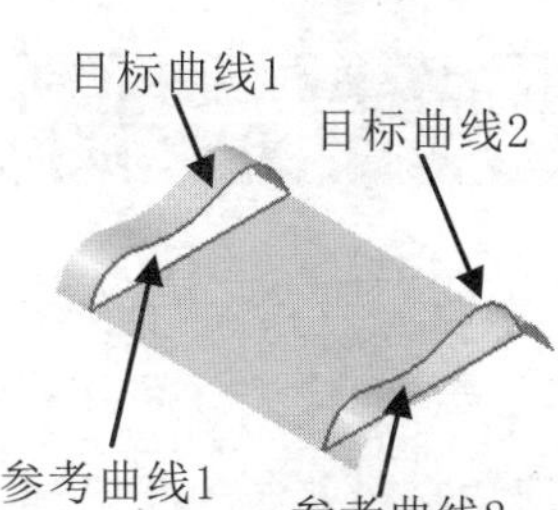

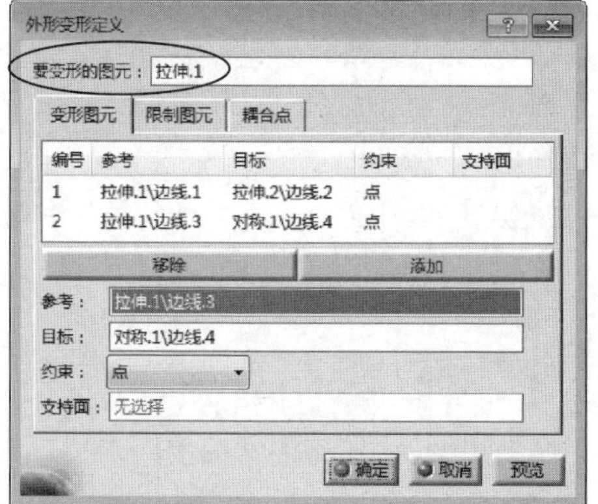

图18-8 定义外形变形参数

提 示

在上图所示的【外形变形定义】对话框中，可在【约束】栏中选取【切线】选项，并选择相切控制的支持面来控制曲面的变形，如图18-9所示。

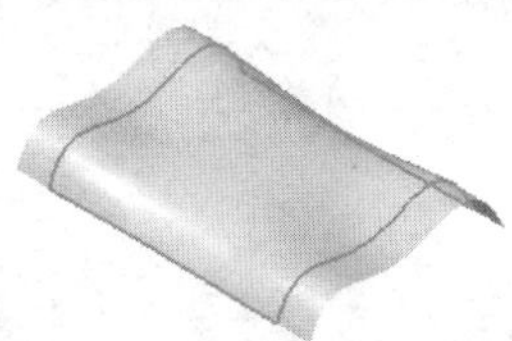

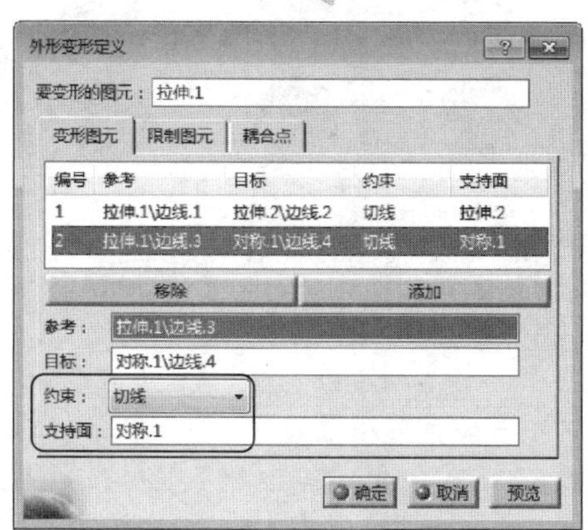

图18-9 定义相切约束

18.1.5 自动圆角

曲面的自动圆角是通过指定需要圆角的支持曲面，系统将自动选取圆角的边线，最终创建出圆角特征。下面就以图18-10所示的实例进行操作说明。

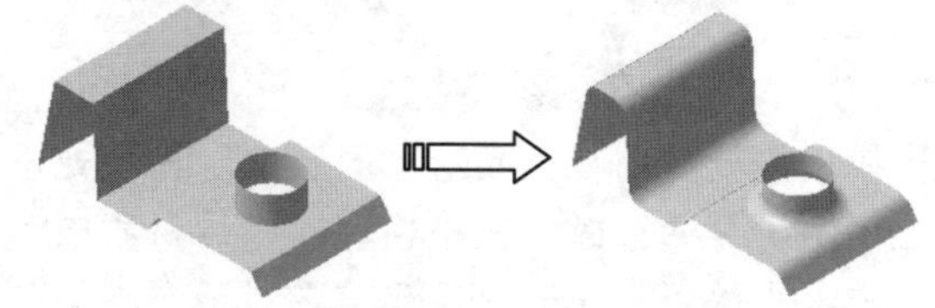

图18-10 自动圆角

动手操作——创建自动圆角

01 打开光盘文件“动手操作\源文件\Ch18\ 18-5.CATPart”。

02 执行菜单栏中的【开始】|【形状】|【创成式外形设计】命令，系统即可进入创成式外形设计平台。

03 执行菜单栏中的【插入】|【高级操作】|【自动圆角】命令，系统即可弹出【定义自动圆角化】对话框。

04 选取图形窗口中的【曲面.1】为支持面，在【圆角半径】文本框中设置半径尺寸为7，使用系统默认的其他相关设置，单击【预览】按钮即可显示相关的圆角边线，如图18-11所示，单击【确定】按钮完成曲面自动圆角。

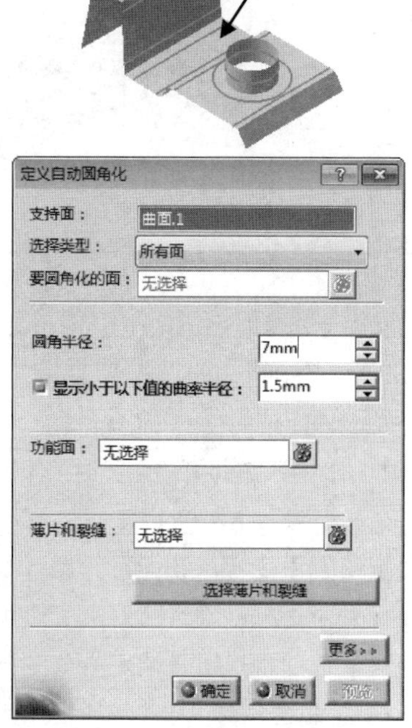

图18-11 定义自动圆角参数

18.2 CATIA实时渲染

本节将讲解CATIA实时渲染的相关功能、操作方法和技巧，该模块主要应用在产品造型的后期制作和处理流程中，并通过赋予三维模型的各种材质以渲染出逼真的效果来表达产品，它对于产品的前期市场推广具有一定的积极作用。

在菜单栏执行【开始】|【基础结构】|【实时渲染】命令，系统即可进入【实时渲染】模块，如图18-12所示。

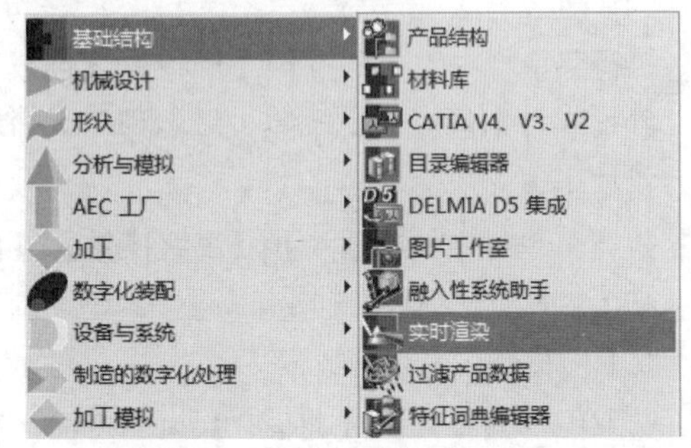

图18-12　进入【实时渲染】模块

18.2.1　应用材料

在CATIA造型设计过程中通过对三维模型赋予相关的实际材质，从而观察出产品在实际的材质情况下表现的状态。下面就以图18-13所示的实例进行操作说明。

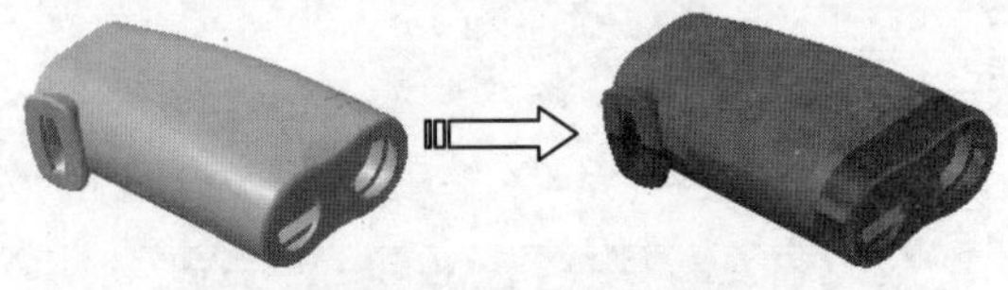

图18-13　应用材料

动手操作——应用材料

01 打开光盘文件“动手操作\源文件\Ch18\剃须刀\ Shaver.CATProduct”。

02 执行菜单栏中的【开始】|【基础结构】|【实时渲染】命令，系统即可进入实时渲染平台。

03 执行菜单栏中的【视图】|【渲染样式】|【自定义视图】命令，系统即可弹出【视图模式自定义】对话框，勾选【着色】选项，勾选【材料】选项，单击【确定】命令按钮完成视图模式自定义，如图18-14所示。

04 选中目录树中的【end-cover】零部件作为材质应用的实体，单击【应用材料】工具栏中的【应用材料】命令按钮，系统即可弹出材料【库】对话框。

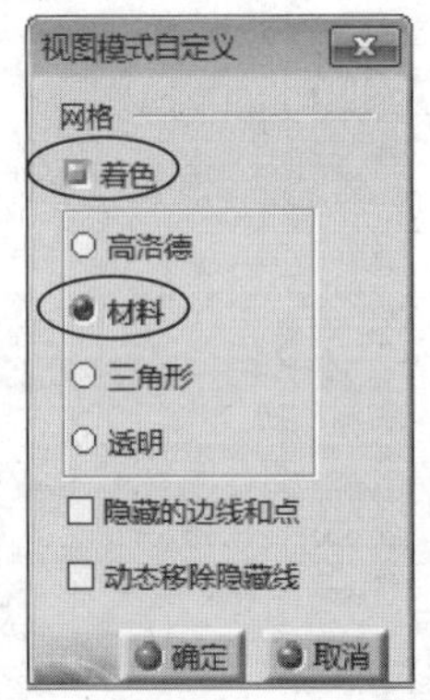

图18-14　自定义视图模式

05 选取【Metal】选项卡以指定材料类型，选取【Bronze】材料为应用的材料，单击【应用材料】按钮和【确定】按钮完成材料的应用，如图18-15所示。

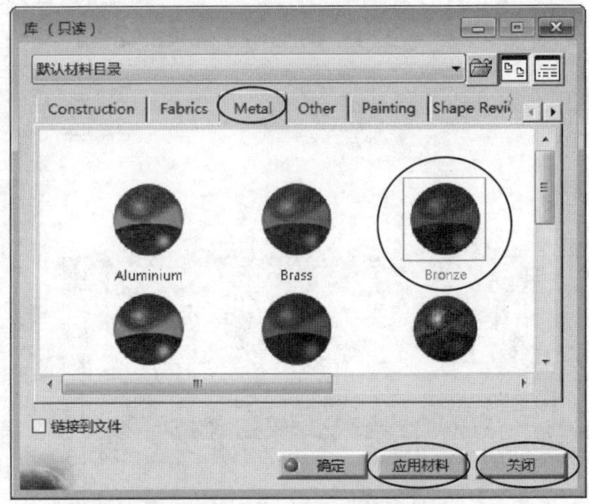

图18-15　定义应用材料

06 选中目录树中的【up-cover】零部件作为材质应用的实体，单击【应用材料】工具栏中的【应用材料】命令按钮，系统即可弹出材料【库】对话框。

07 选取【Metal】选项卡以指定材料类型，选取【Brushed metal】材料为应用的材料，单击【应用材料】按钮和【确定】按钮完成材料的应用，如图18-16所示。

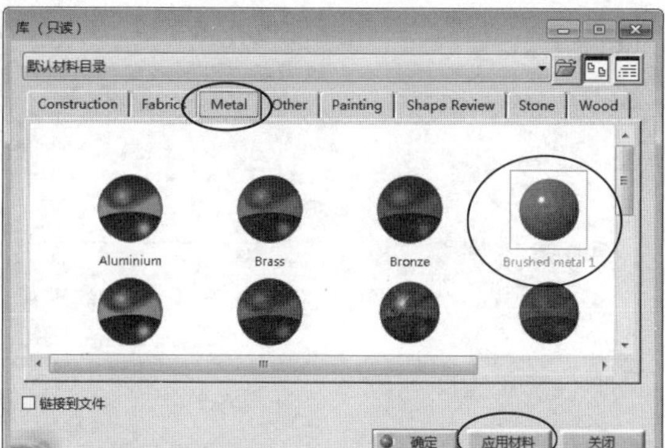

图18-16 定义应用材料

08 选中目录树中的【down-cover】零部件作为材质应用的实体，单击【应用材料】工具栏中的【应用材料】命令按钮，系统即可弹出材料【库】对话框。

09 选取【Fabrics】选项卡以指定材料类型，选取【Alcantara】材料为应用的材料，单击【应用材料】按钮和【确定】按钮完成材料的应用，如图18-17所示。

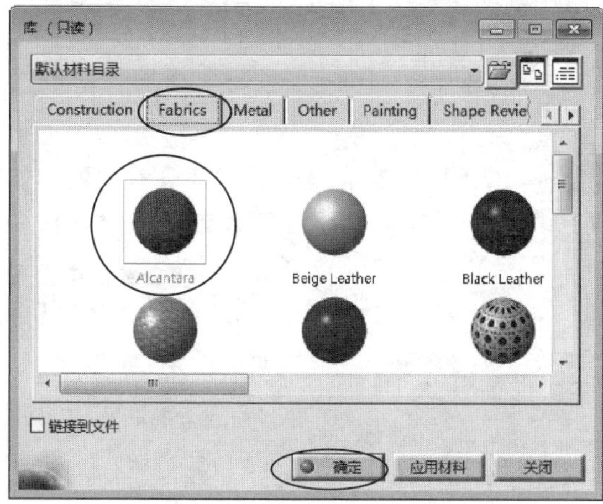

图18-17 定义应用材料

10 选中目录树中的【septalium】零部件作为材质应用的实体，单击【应用材料】工具栏中的【应用材料】命令按钮，系统即可弹出材料【库】对话框。

11 选取【Construction】选项卡以指定材料类型，选取【PVC】材料为应用的材料，单击【应用材料】按钮和【确定】按钮完成材料的应用，如图18-18所示。

12 执行菜单栏中的【视图】|【渲染样式】|【含材料着色】命令，系统即可将已应用材料的零部件的效果在图形窗口中显示出来。最终结果如图18-19所示。

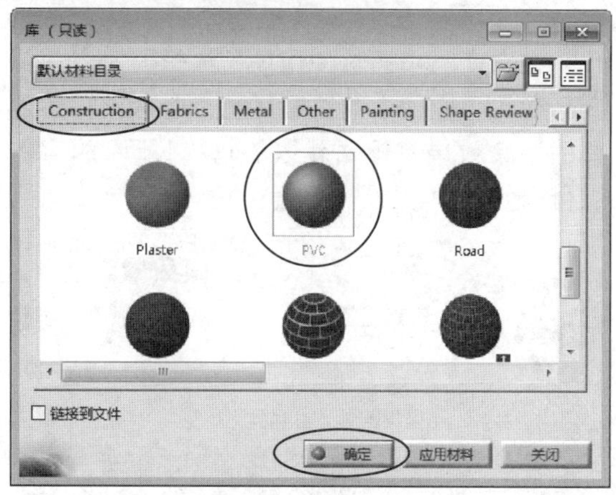

图18-18 定义应用材料

图18-19 材料应用效果

> **提示**
>
> 在【库】对话框中的材质图标上单击鼠标右键，并在弹出的快捷菜单中选择【属性】选项命令，再单击【渲染】选项卡，即可在此面板中设置渲染材料的各种相关的参数。其中包括【环境】、【散射】、【粗糙度】等具体的参数设置。如图18-20所示。

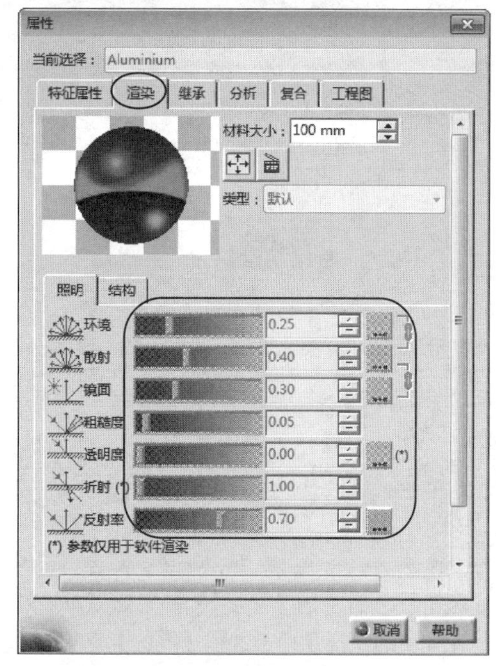

图18-20 设置应用材料的渲染参数

18.2.2 场景编辑器

在CATIA中通过使用场景编辑器可以模拟产品在实际应用中的实时环境，以达到更为逼真的渲染效果。下面就以图18-21所示的实例进行操作说明。

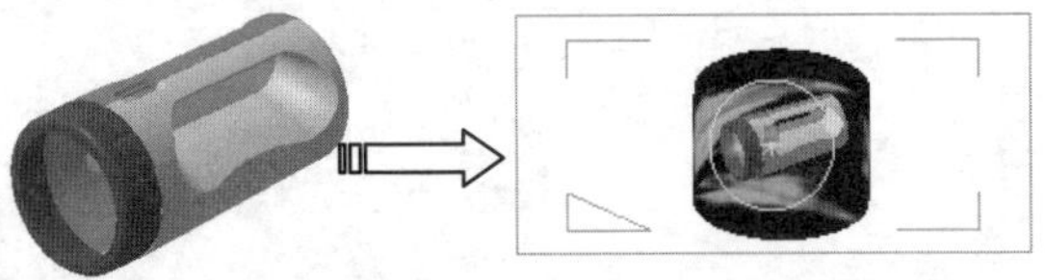

图18-21 应用渲染场景

动手操作——应用场景编辑器

1. **创建环境**

01 打开光盘文件“动手操作\源文件\Ch18\探照灯\searchlight.CATProduct”。

02 执行菜单栏中的【开始】|【基础结构】|【实时渲染】命令，系统即可进入实时渲染平台。

03 单击【场景编辑器】工具栏中的【创建圆柱环境】命令按钮，系统即可在图形窗口中显示环境并在目录树中添加【环境】节点。如图18-22所示。

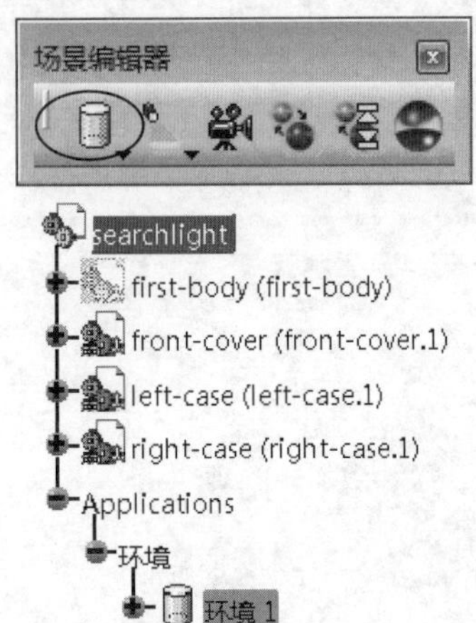

图18-22 添加圆柱环境

提 示

在CATIA V5系统中可以建立如【箱环境】、【球面环境】和【圆柱环境】以及自定义环境，但一个数字模型中只能激活一种应用环境。

04 选中目录树中的【环境1】并单击鼠标右键，在弹出的快捷菜单中选择【属性】选项，系统即可弹出【属性】对话框。如图18-23所示。

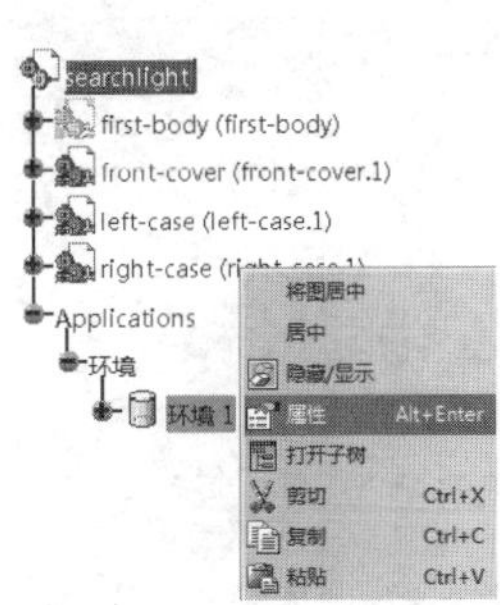

图18-23 定义环境属性

05 单击【尺寸】选项卡以切换设置类型，如图18-24所示，在【尺寸】区域中通过拨动按钮来调整圆柱环境的【半径】和【高度】，单击【确定】命令按钮完成圆柱环境的显示尺寸调整。

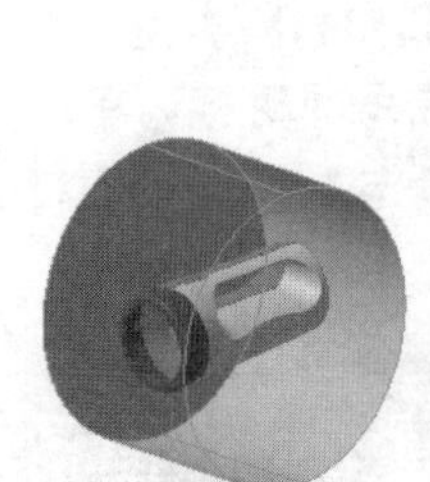

图18-24 调整圆柱尺寸

06 单击【位置】选项卡以切换设置类型，如图18-25所示，在【轴】区域中通过拨动按钮或在文本框中设置相应数字，可调整圆柱环境的方位，单击【确定】命令按钮完成圆柱环境的显示位置的调整。

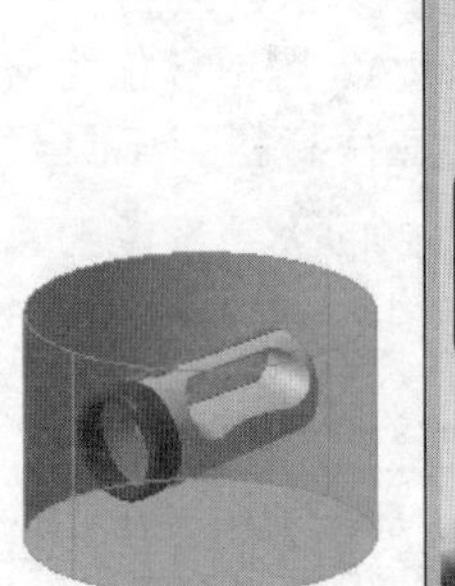

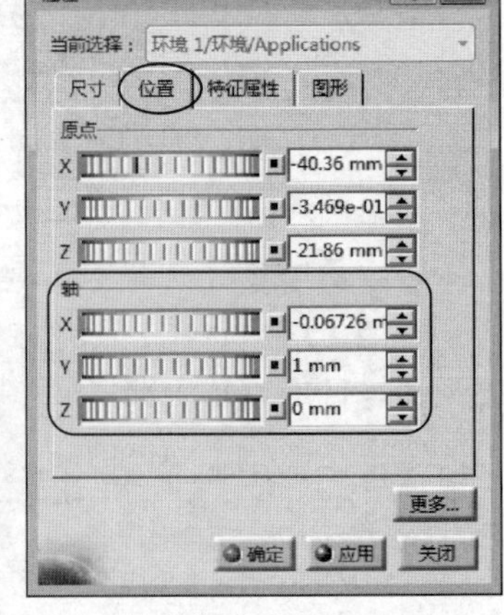

图18-25 调整圆柱位置

07 激活【环境定义】对话框。双击目录树中Applications节点下的【环境】图标，系统即可弹出【环境定义】对话框。

2. 创建环境壁纸

01 定义环境壁纸。在【侧壁结构】区域中分别选取【上】、【北】、【南】、【下】方位，再单击【结构定义】区域中的浏览按钮，并选取磁盘中的【动手操作\源文件\Ch18\探照灯\环境壁纸.jpg】为环境壁纸。单击【确定】命令按钮完成壁纸定义，结果如图18-26所示。

02 创建点光源。单击【场景编辑器】工具栏中的【创建点光源】命令按钮，系统即可出现球形边界，如图18-27所示。

03 调整点光源位置。拖动球形边界中心的控制点，并将其放置在图形中合适的位置以调整光源的投影位置，如图18-28所示。

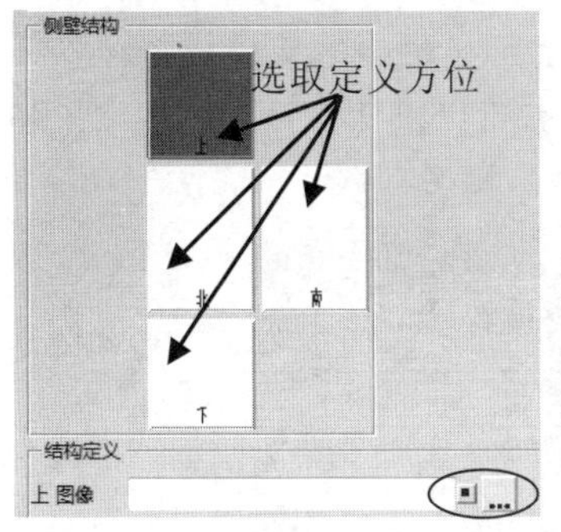

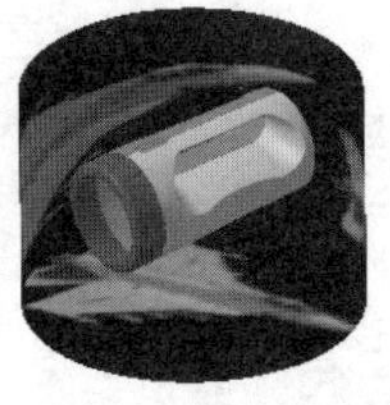

图18-26 定义环境壁纸

图18-27 创建点光源

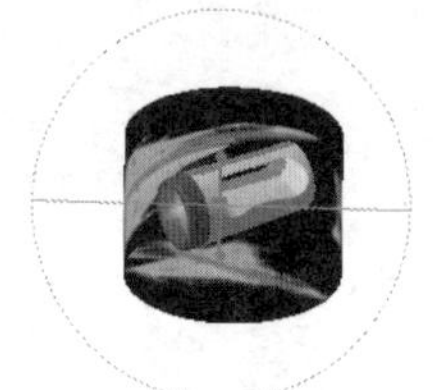

图18-28 调整点光源

04 选中目录树中的【光源1】并单击鼠标右键，在弹出的快捷菜单中选择【属性】选项，系统即可弹出【属性】对话框，如图18-29所示。

> **提示**
>
> 在【属性】对话框中可调整光源投影的相关参数，如激活【照明】选项卡，可调整光源类型、光源投影角度、颜色等相关设置。

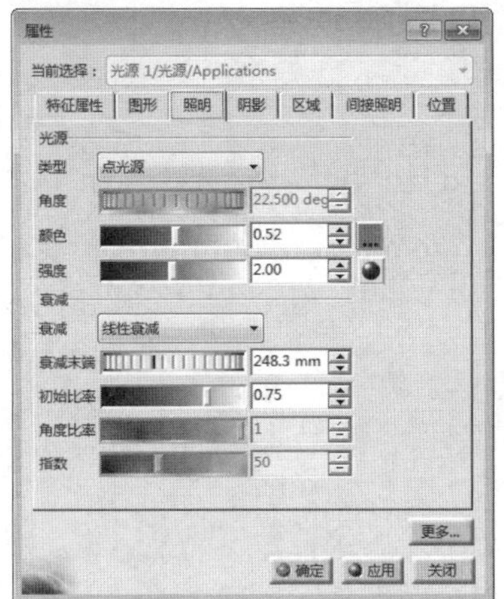

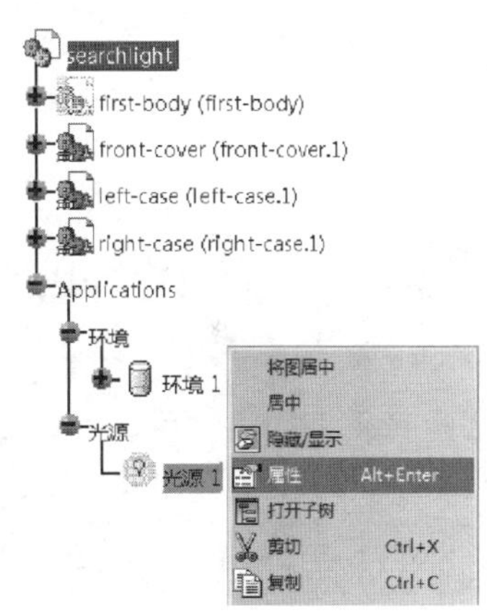

图18-29 定义光源参数

05 单击【确定】按钮完成光源的设置。

3. 创建摄影机

01 创建摄影机。单击【场景编辑器】工具栏中的【创建照相机】命令按钮，系统即可添加摄像窗口，如图18-30所示。

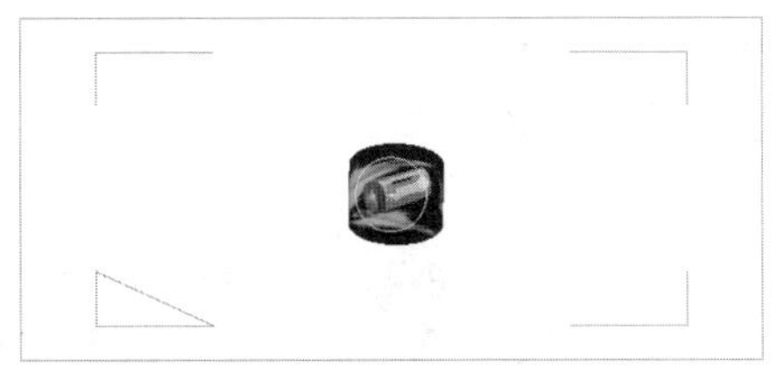

图18-30 创建摄像机

02 定义摄像焦点。选中目录树中的【照相机】并单击鼠标右键，在弹出的快捷菜单中选择【属性】选项，系统即可弹出【属性】对话框，如图18-31所示。

> **提示**
>
> 在【属性】对话框中可调整摄像机的相关参数。如激活【镜头】选项卡，可调整摄像类型、焦点等相关设置，并能进行实时的预览。

03 单击【确定】命令按钮完成摄像机的创建。

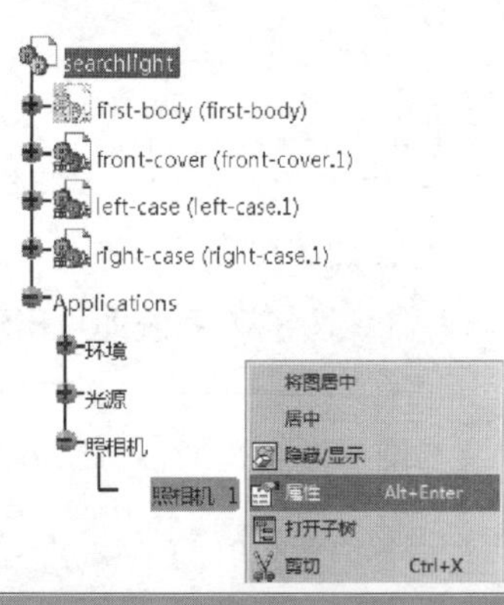

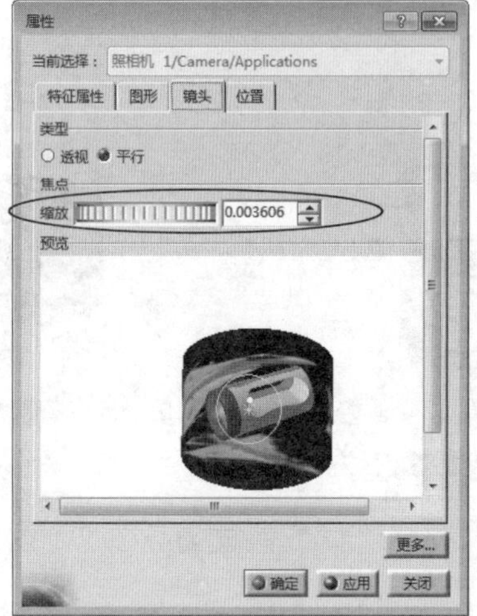

图18-31 定义摄像焦点

18.2.3 制作动画

在完成【应用材料】、【场景编辑】和【摄像机】的操作后，可对相关的三维模型进行实时的运动仿真并输出动画影片。

动手操作——制作动画

1. 创建旋转轴

01 单击【动画】工具栏中的【创建转盘】命令按钮，系统即可弹出【转盘】对话框。如图18-32所示。

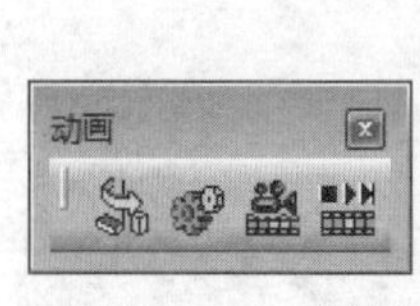

图18-32 激活转盘命令

02 定义旋转轴。系统默认将【指南针】定位到三维产品模型的原点并以Z轴为旋转轴，拖动Z轴上顶点的控制点可自由旋转指南针以重新定义旋转轴，如图18-33所示。

03 单击【确定】按钮完成旋转轴的定义。

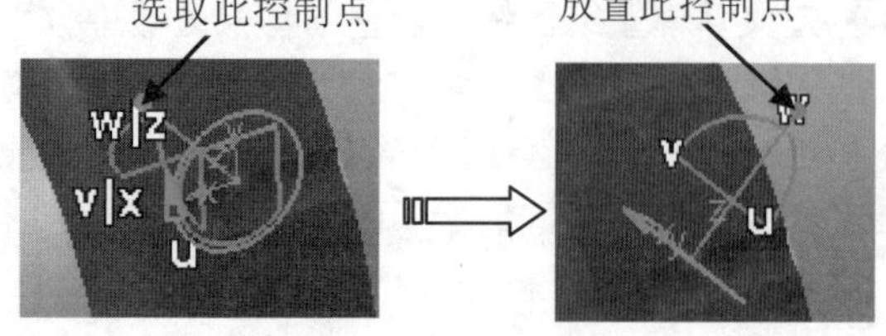

图18-33 调整旋转轴

2. 定义仿真运动

01 单击【动画】工具栏中的【模拟】命令按钮，系统即可弹出【选择】对话框。如图18-34所示。

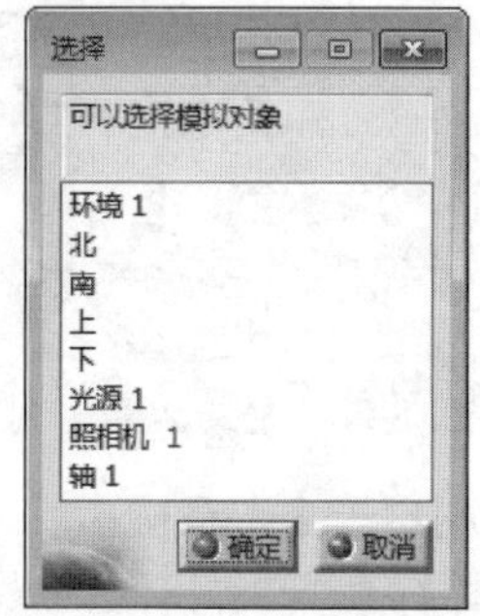

图18-34 模拟对象选择对话框

02 编辑模拟相关参数。选取【选择】对话框中的各项为需要模拟对象，单击【确定】按钮完成模拟对象的选取，系统即可弹出【操作】工具栏和【编辑模拟】对话框，如图18-35所示。

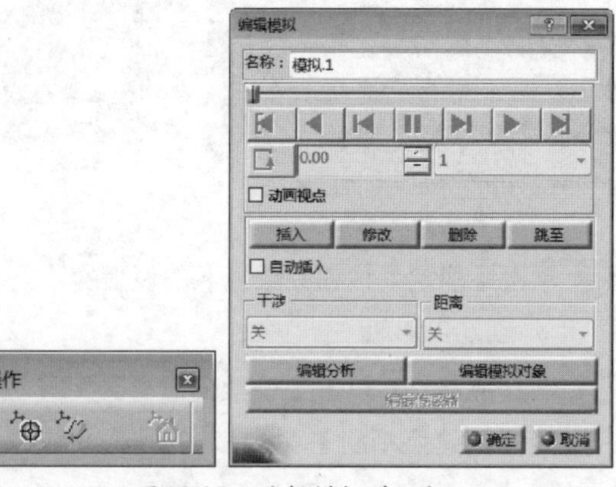

图18-35 编辑模拟对话框

03 修改模拟名称。如图18-36所示，在对话框的【名称】文本框中修改模拟名称为【演示模拟】。

04 单击【插入】按钮插入帧数用于设置模拟动画的位置变化，多次单击【插入】按钮继续设置相关帧数，单击【确定】命令按钮完成设置。

图18-36 插入帧数设置

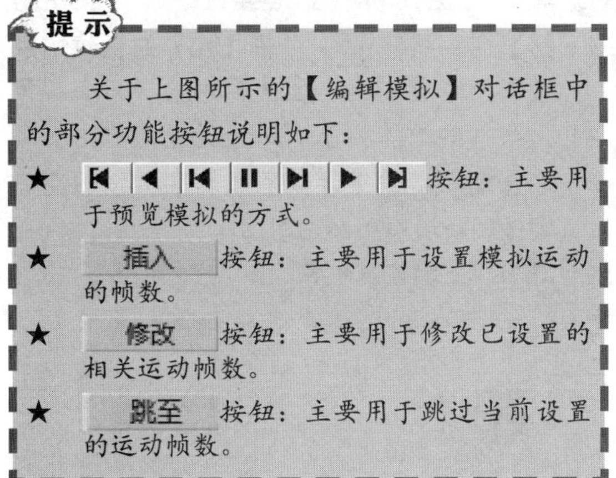

提 示

关于上图所示的【编辑模拟】对话框中的部分功能按钮说明如下：

★ 按钮：主要用于预览模拟的方式。

★ 插入 按钮：主要用于设置模拟运动的帧数。

★ 修改 按钮：主要用于修改已设置的相关运动帧数。

★ 跳至 按钮：主要用于跳过当前设置的运动帧数。

3. 生成视频

01 选中目录树中的【演示模拟】节点，单击【动画】工具栏中的【生成视频】命令按钮，系统即可弹出【播放器】和【视频生成】对话框。如图18-37所示。

02 单击【播放器】对话框中的【向前播放】按钮，系统即可播放已制作的模拟仿真运动过程。

03 设置播放参数。单击【播放器】对话框中的【参数】按钮，系统即可弹出【播放器参数】对话框，设置如图18-38所示的播放参数。

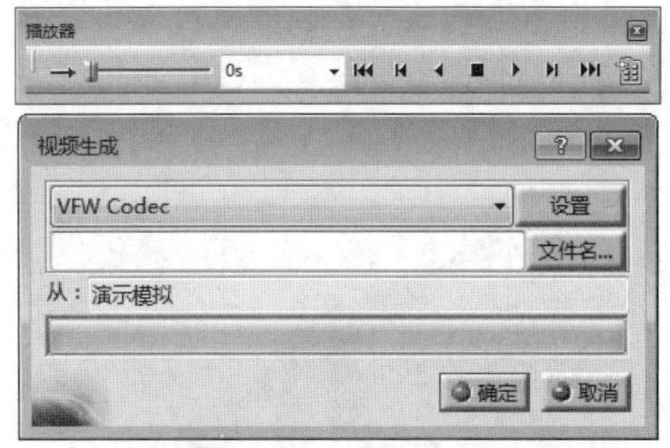

图18-37 生成视频对话框

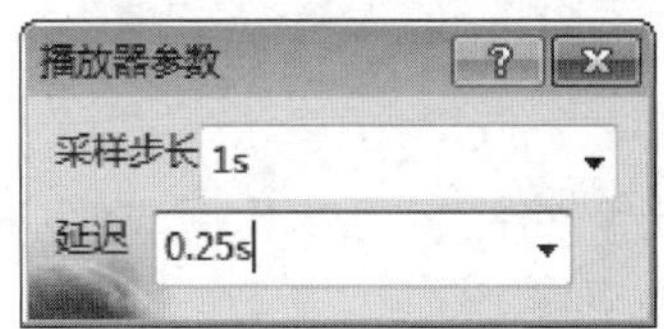

图18-38 设置播放参数

04 单击【视频生成】对话框中的【设置】命令按钮 设置 ，系统即可弹出【Choose Compressor】对话框；此处使用系统默认的视频压缩参数即可，单击【确定】命令按钮退出该对话框，如图18-39所示。

图18-39 Choose Compressor对话框

05 单击【视频生成】对话框中的【文件名】命令按钮 文件名... ，系统即可弹出【另存为】对话框，设置好视频文件的保存路径和文件名称，单击【确定】命令按钮完成视频文件的制作。

18.3 实战应用——M41步枪渲染

引入光盘：动手操作\源文件\Ch18\M41.CATProduct

结果文件：动手操作\结果文件\Ch18\M41.CATProduct

视频文件：视频\Ch18\ M41玩具枪渲染.avi

本节以一个军工产品——M41步枪渲染演示实例，来详解产品在CATIA系统中的实时渲染过程。在本实例的渲染过程中，将应用系统中已有的各种材料对M41步枪的各个零部件进行材质的渲染。最终效果如图18-40所示。

图18-40　M41步枪渲染

操作步骤

01 打开光盘文件“动手操作\源文件\Ch18\ M41.CATProduct”。

02 执行菜单栏中的【开始】|【基础结构】|【实时渲染】命令，系统即可进入实时渲染平台。

03 执行菜单栏中的【视图】|【渲染样式】|【自定义视图】命令，系统即可弹出【视图模式自定义】对话框，勾选【着色】选项，勾选【材料】选项，单击【确定】命令按钮完成视图模式自定义。

04 执行菜单栏中的【视图】|【渲染样式】|【含材料着色】命令，以便图形渲染后能实时的显示在图形窗口中。

05 选中目录树中的【QIANGTUO】零部件作为材质应用的实体零件。

06 单击【应用材料】工具栏中的【应用材料】命令按钮，单击【库】对话框中的【Wood】选项卡，选择【Bright Oak】材料为零件的附着材质，单击【应用材料】命令按钮预览效果，单击【确定】按钮完成零件的材料应用，如图18-41所示。

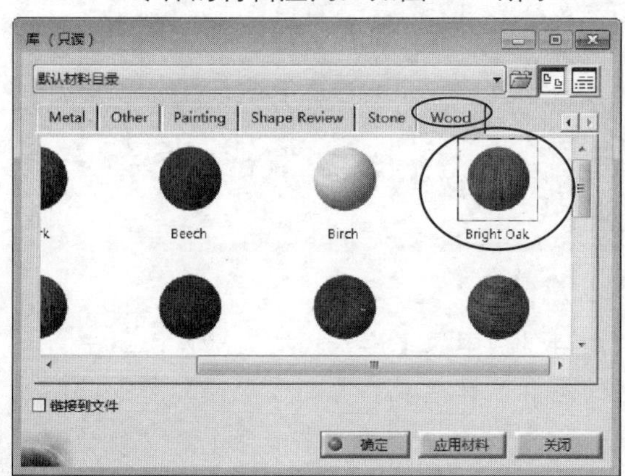

图18-41　定义木质枪拖把1

07 选中目录树中的【SHOUBA】零部件作为材质应用的实体零件。

08 单击【应用材料】工具栏中的【应用材料】命令按钮，单击【库】对话框中的【Wood】选项卡，选择【Wild Cherry】 材料为零件的附着材质，单击【应用材料】命令按钮预览效果，单击【确定】按钮完成零件的材料应用，如图18-42所示。

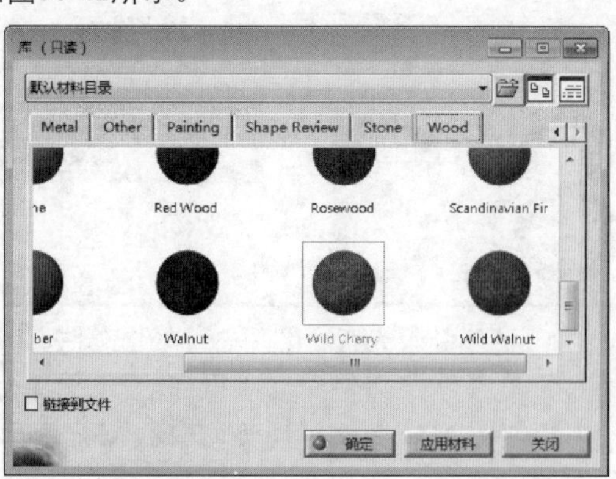

图18-42　定义木质枪把2

09 选中目录树中的【DANJIA】、【QIANGTUO22】、【QIANGGUAN】、【MIAOZHUNZHIZUO】、【SANREGUAN】、【GUANTAO】、【LIANJIETAO】、【SHANGGAI】零部件作为材质应用的实体零件。

10 单击【应用材料】工具栏中的【应用材料】命令按钮，单击【库】对话框中的【Metal】选项卡，选择【Aluminium】材料为零件的附着材质，单击【应用材料】命令按钮预览效果，单击【确定】按钮完成零件的材料应用，如图18-43所示。

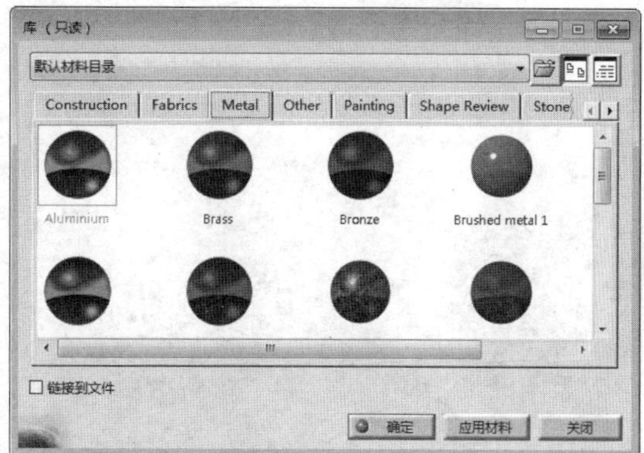

图18-43　定义金属材质1

11 选中目录树中的【ZHUTI1】零部件作为材质应用的实体零件。

12 单击【应用材料】工具栏中的【应用材料】命令按钮，单击【库】对话框中的【Metal】选项卡，选择【Gold】材料为零件的附着材质，单击【应用材料】命令按钮预览效果，单击【确定】按钮完成零件的材料应用，如图18-44所示。

图18-44　定义金属壳体材质2

18.4 课后习题

本章主要介绍了CATIA V5R21的曲面优化与渲染方法和技巧，具体详细的讲解了曲面的各种变形操作、材料应用、场景编辑和动画制作等操作技巧。

为巩固本章所学的曲面优化与渲染方法和技巧，特安排了如图18-45所示习题供读者思考练习。

图18-45　挖掘机渲染

第19章 关联设计

在实际的产品设计工作中产品的研发周期一般都较长，产品往往需要反复的验证和修改。针对产品设计过程的这一情况，CATIA提供了基于特征的建模平台和参数化设计思路。

本章将介绍CATIA 的关联设计方法和技巧，其主要运用了草图设计、零件设计、装配设计和曲面设计的相关技巧。通过学习本章的关联设计方法，可使读者了解产品设计的基本方法、思路以及相关的技巧等知识。

本章将承接“创成式外形设计”章节并运用CATIA基础模块的建模方法来讲述关联设计的具体操作技巧。

◎ 知识点01：关联设计的概念
◎ 知识点02：装配体参考法
◎ 知识点03：曲面分割法

中文版CATIA V5R21完全实战技术手册

19.1 关联设计简介

关联设计也称为自顶向下设计或Top—Down设计，它是目前机械设计软件中应用较为广泛的设计方法。

CATIA的关联设计方法是在基于特征的参数化设计的思路和技巧上，运用草图设计、装配设计的相关功能和命令，将两个设计目标进行参数关联操作。它是一种由整体到局部、由装配到零件的设计方法，目前主要应用于电子产品设计、玩具设计、家电设计和生活用品设计等领域。

使用CATIA的关联设计方法对于产品研发有着重要的作用，其优点主要表现在如下几个方面：

★ 方便对产品装配的各个项目零件进行编辑和修改。

★ 针对装配中多数零件的尺寸不确定的情况，关联设计方法能提高产品设计效率，缩短设计周期。

★ 针对装配体的相关零部件具有复杂曲面和紧密配合的情况，关联设计能轻松的将零部件之间的配合部分进行造型处理。

★ 使用关联设计方法能方便的管理装配文件。

19.2 常见的两种关联设计

使用CATIA进行关联设计的常用方式主要有装配体参考法和曲面分割法两种。不论使用哪种方式来实现关联设计，都需要使用参数化的思路来贯穿整个设计过程。具体分析介绍如下。

19.2.1 装配体参考法

装配体参考法是通过装配文件中已引入的参考零件的几何关系，再在装配体中创建一个零件。在创建新零件的基础特征或其他设计特征时，需要与参考零件的几何特征建立关联的设计关系。

装配体参考法的具体设计方法主要包括如下流程：

★ 新建一个装配文件。在设计之初新建一个装配文件作为后续相关设计的布局和控制文件。

★ 引入已创建的零件。引入第一个装配的零部件作为装配体的参考零件。

★ 在装配体中新建零件。用户在装配文件中直接新建一个零部件并定义新零件的原点。

★ 建立新零件的基础特征。激活新建的零件并切换到零件设计平台中，选取一平面为草图绘制平面。选取的平面可以是图形窗口中已有的基准平面，也可以是参考零件的几何平面，如选取参考零件的几何平面，新零件的基础特征将与参考零件建立关联关系。

★ 建立其他关联特征。在激活新建零件的状态下，选取参考零件的几何图元作为参考对象建立关联关系，进一步建立新零件的特征形状。

19.2.2 曲面分割法

针对造型立体感强烈和曲面复杂程度较高的产品，使用装配体参考法进行产品的关联设计就显得操作频繁和复杂，不便于用户的反复修改，且零件更新成功过程中易出现几何参考丢失的现象。针对此种情况，CATIA软件提供了一种利用曲面切割的方法来布局装配文件中的各个零部件，再通过对各个切割出来的零部件进行特征细化编辑，将其修改为符合设计目标的零部件。

使用曲面分割法进行产品的关联设计，相对于装配体参考法操作简单且易于产品的外形形状控制。使用CATIA曲面分割法进行产品关联设计的主要流程如下：

★ 建立产品外观控件。使用CATIA的各个设计平台建立一个产品完整装配后的零件文件。

★ 建立产品的各零件分割曲面。使用曲面工具在产品外观控件上建立曲面特征，此曲面一般建立在具有装配关系的位置处，且形状具有产品装配的特点。

★ 发布产品外观控件零件和分割曲面特征。通过发布命令将已建立了的外观控件零件和曲面特征进行发布操作，为后续的零件分割提供关联参照。

★ 通过“复制”和“选择性粘贴”命令将产品的外观控件关联到新建的零部件中。

★ 使用已发布的曲面特征分割产品外观形状，以产生装配体的各个零部件。

★ 针对各个零部件的外形和结构特点，完善并修饰相关零部件的具体细节特征。

19.3 案例解析

本节将以“时尚U盘”和“电动剃须刀”两个工业产品为实例，进行详细的曲面造型和关联设计的讲解。在设计过程中将综合使用“零件设计”和“创成式外形设计”模块中的参数化工具命令来完成产品的关联设计。

19.3.1 时尚U盘

引入光盘：\源文件\Ch19\first-body.CATPart

结果文件：\结果文件\Ch19\U盘\USB-flash-disk.CATProduct

视频文件：\视频\Ch19\时尚U盘设计.avi

本节将以“时尚U盘”为实例进行关联设计的大致思路演练操作。在设计过程中将综合使用“零件设计”的相关实体分割命令，重点体现了产品的各个零部件的参数分割方法和技巧。其操作流程如图19-1所示。

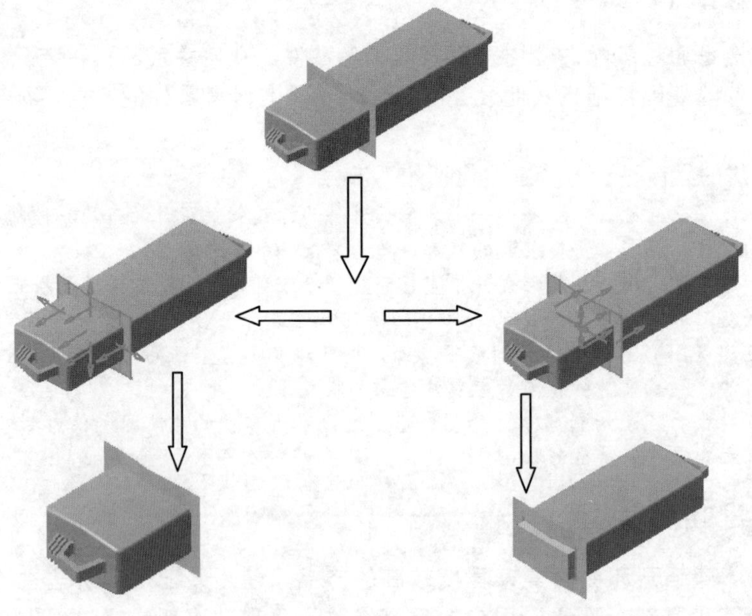

图19-1　U盘的零件关联设计

操作步骤

01 执行菜单栏中的【开始】|【机械设计】|【装配设计】命令，系统即可进入装配设计平台。

02 修改装配文件的名称。在“Product1”名称上单击鼠标右键，在快捷菜单中选择“属性”选项，在“产品”选项卡的“零件编号”文本框中输入“U盘装配”，单击【确定】按钮完成名称的修改。

03 引入参考零件。双击目录树中“U盘装配”名称以激活装配，再执行菜单栏中的【插入】|【现有部件】命令。选择光盘文件“结果文件\Ch08\U盘\ first-body.CATPart”并将其打开，系统即可将其加载到装配文件中，如图19-2所示。

高手指点

引入的参考零件，需要在“零件设计”平台下执行【工具】|【发布】命令，将其实体结果和分割曲面进行发布操作。

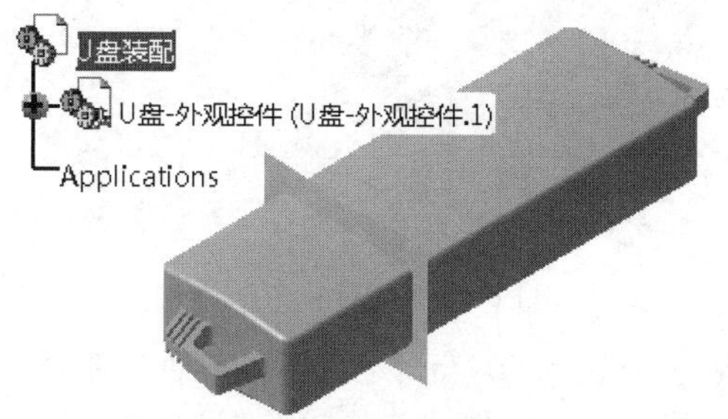

图19-2 加载外观控件

04 新建零部件。双击目录树中“U盘装配”名称以激活装配，再执行菜单栏中的【插入】|【新建零件】命令。系统即可弹出“新零件：原点”对话框，单击“是”命令按钮完成零件的新建，如图19-3所示。

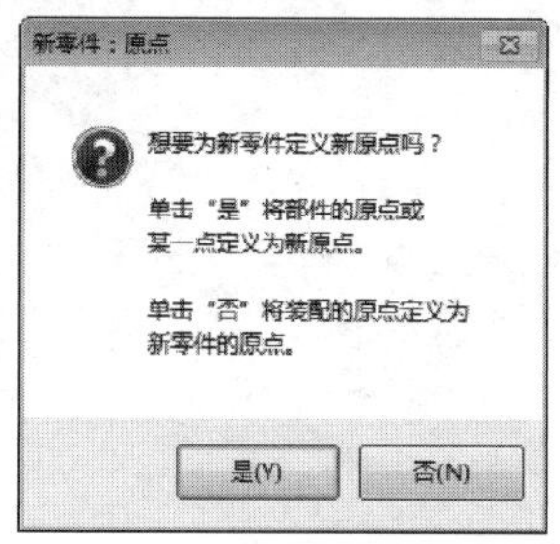

图19-3 新建零部件

05 修改新建零件的名称。在“Part1.1”名称上单击鼠标右键，再在快捷菜单中选择“属性”选项，在“产品”选项卡的“实例名称”和“零件编号”文本框中输入“U盘端盖”，单击【确定】按钮完成名称的修改。

06 引入参考零件的发布结果。双击“U盘-外观控件”以激活零部件，再展开目录树中的发布并选取“零件几何体”的发布结果，按下Ctrl+C键复制选取的发布结果，如图19-4所示。

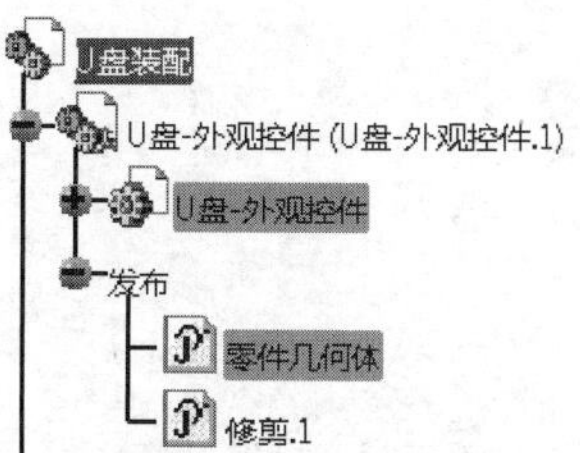

图19-4 复制发布结果

07 关联粘贴发布结果。双击“U盘端盖”以激活零部件。在“U盘端盖”名称上单击鼠标右键，并从弹出的快捷菜单中选择“选择性粘贴”选项，在系统弹出的“选择性粘贴”对话框中选择“与原文档相关联的结果”选项，单击【确定】按钮完成关联复制，如图19-5所示。

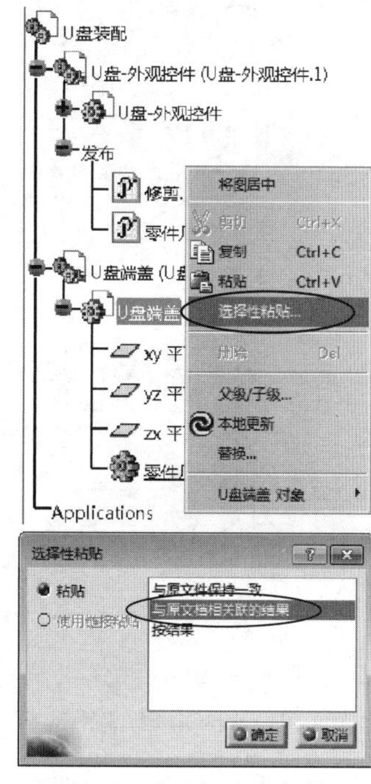

图19-5 关联粘贴发布结果

08 在“几何体.1”上右击并指向“几何体.1对象”，再选取“添加”命令选项完成布尔运算，如图19-6所示。

09 引入分割参考曲面。展开“U盘-外观控件”的“发布”结果，选中“修剪.1”曲面并按下Ctrl+C键复制选取的发布结果，如图19-7所示。

10 关联粘贴发布结果。右击“U盘端盖”，并从弹出的快捷菜单中选择“选择性粘贴”选项，再选择“与原文档相关联的结果”选项，单击【确定】按钮系统即可在目录树中添加一个“外部参考”集，如图19-8所示。

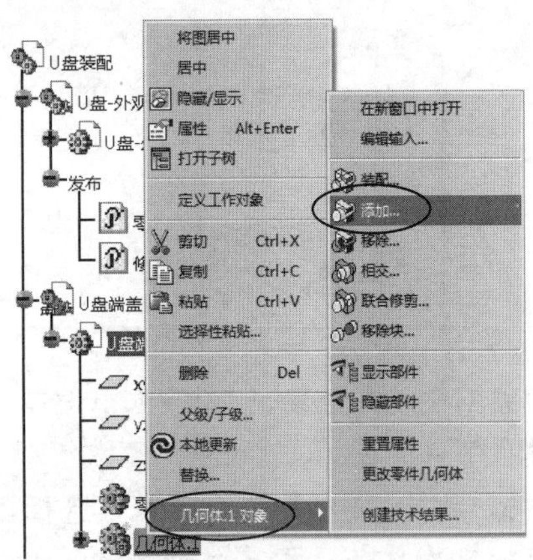

图19-6 布尔运算操作

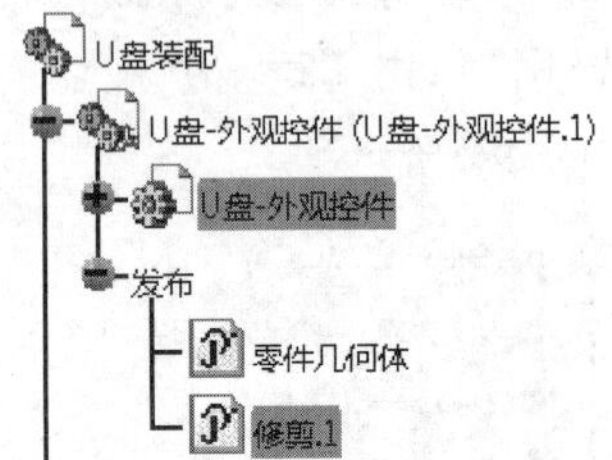

图19-7 复制曲面发布结果

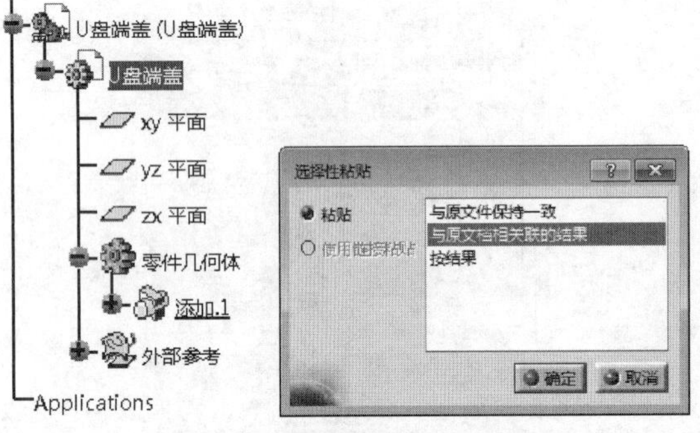

图19-8 关联粘贴参考曲面

11 按下Ctrl+S键系统即可弹出另存为对话框，在对话框中将新建的零部件名称改为“Second”并保存。

12 在目录树中选中“U盘-外观控件”零部件并将其隐藏，以简洁显示产品结构。

13 执行菜单栏中的【插入】|【基于曲面的特征】|【分割】命令，选取外部参考曲面为分割曲面并指定保留方向，单击【确定】按钮完成U盘端盖零件主体的分割，如图19-9所示。

14 在目录树中选中“U盘端盖”零部件并将其隐藏，双击“U盘装配”总目录节点以激活总装配。

15 新建零部件。执行菜单栏中的【插入】|【新建零件】命令。系统即可弹出“新零件：原点”对话框，单击“是”命令完成零件的新建，在“Part1.2”名称上单击鼠标右键，分别在“实例名称”和“零件编号”文本框中输入“U盘主体”以修改文件内部显示名称。

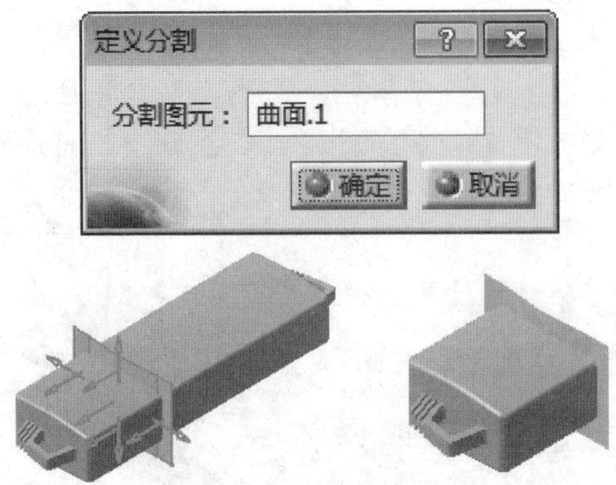

图19-9 分割U盘端盖主体

16 重新显示“U盘外观控件”零件。激活“U盘主体”零件并参照上述“U盘端盖”的关联操作方法，分别将“U盘外观控件”的实体和分割曲面关联复制至“U盘主体”零件中，最终结果如图19-10所示。

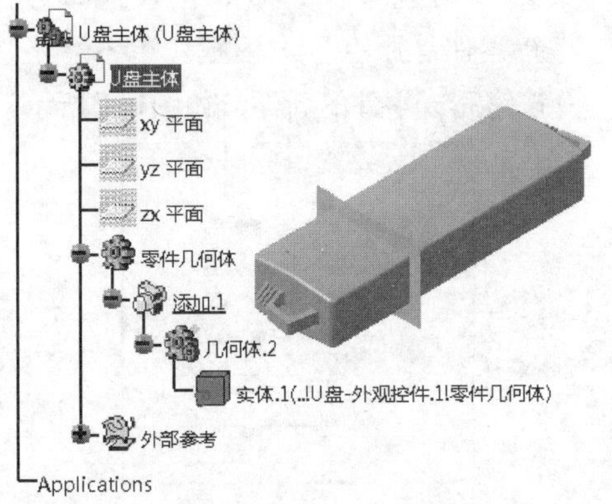

图19-10 建立U盘主体零件

17 再次隐藏“U盘-外观控件”零部件以简介显示图形。

18 执行菜单栏中的【插入】|【基于曲面的特征】|【分割】命令，选取外部参考曲面为分割曲面并指定保留方向，单击【确定】按钮完成U盘端盖零件主体的分割，最终结果如图19-11所示。

19 按下Ctrl+S键将文件在磁盘保存为“USB-Body”。至此，U盘的基本零件参数分割完成。

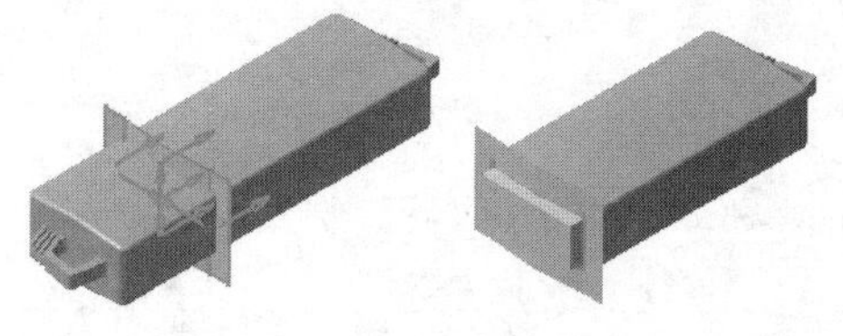

图19-11　分割U盘主体零件

上述U盘的零部件参数分割演示，集中体现了CATIA关联设计的基本流程和思路。针对U盘的零件细节特征，用户还可利用“零件设计”平台中的“抽壳”和“圆角”等工具单独对其进行修饰和编辑，最终达到零件的设计目标。

19.3.2　剃须刀壳体

引入光盘：无

结果文件：\结果文件\Ch19\剃须刀\Shaver.CATProduct等

视频文件：\视频\Ch19\剃须刀设计.avi

本节将以“剃须刀壳体”为实例进行详细的产品关联设计演练操作。在设计过程中将综合使用“创成式曲面设计”和“零件设计”的曲面造型、实体分割等命令，重点体现了产品的外观曲面造型方法和技巧，以及产品的关联设计方法，其操作流程如图19-12所示。

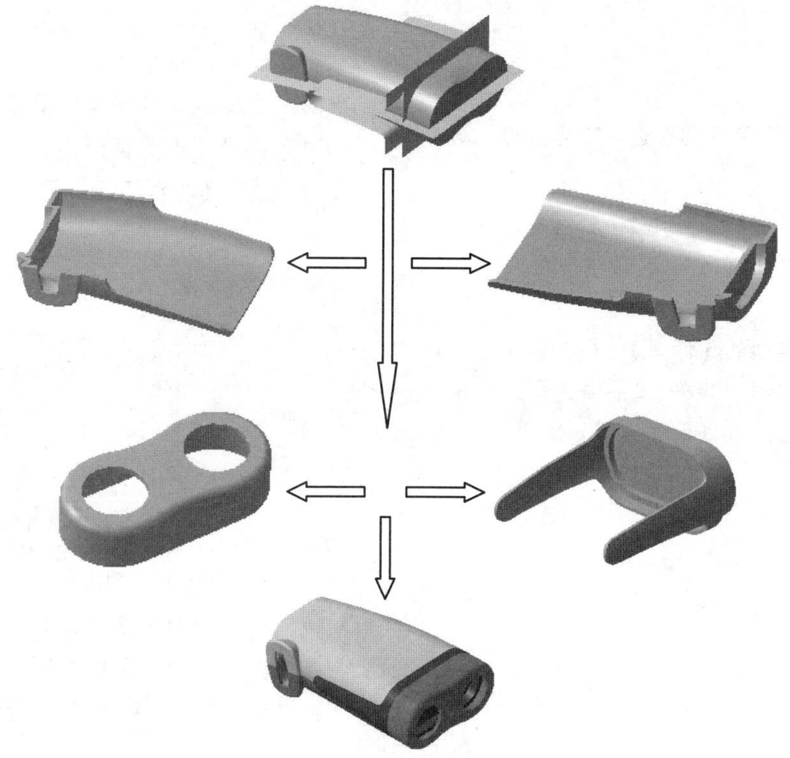

图19-12　电动剃须刀关联设计

1. 创建外观控件

操作步骤

01 执行菜单栏中的【开始】|【机械设计】|【装配设计】命令，系统即可进入装配设计平台。

02 修改装配文件名称。右击“Product1”，再在快捷菜单中选择“属性”选项，在“产品”选项卡的“零件编号”文本框中输入“Shaver”，单击【确定】按钮完成名称的修改。

03 创建“外观控件”零件。双击目录树中“Shaver”名称以激活装配，再执行菜单栏中的【插入】|【新建零件】命令。系统即可弹出“新零件：原点”对话框，单击“是”命令按钮完成零件的新建。

04 修改文件名称。在“Part1.1”名称上单击鼠标右键，再在快捷菜单中选择“属性”选项，在“产品”选项卡的“实例名称”和“零件编号”文本框中输入“fitst-body”，单击【确定】按钮完成名称的修改，如图19-13所示。

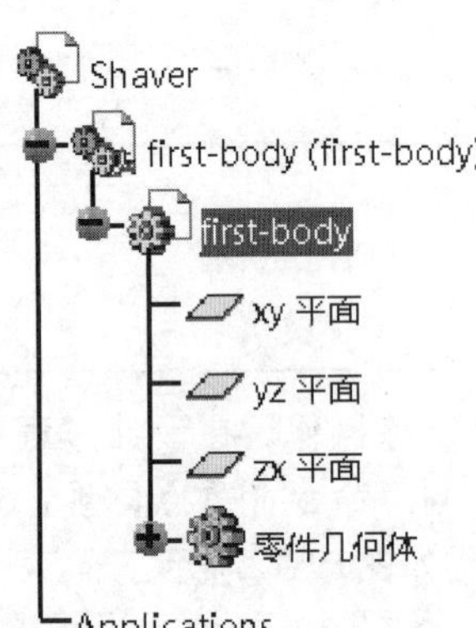

图19-13　修改新建零部件文件名称

05 激活“first-body”零部件。双击目录树上的“first-body”节点切换进入“零部件设计”平台。

06 执行菜单栏中的【开始】|【外形】|【创成式曲面设计】命令，系统即可进入“创成式曲面设计”平台。

07 执行菜单栏中的【插入】|【草图编辑器】|【草图】命令，选取XY平面为草绘平面，并绘制如图19-14所示的草图1。

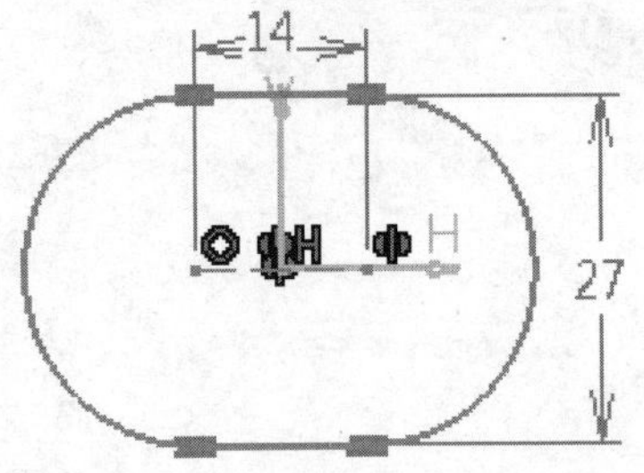

图19-14　草图1

08 执行菜单栏中的【插入】|【线框】|【平面】命令，选取“平行通过点”为创建类型，选取YZ平面为参考平面，选取草图1上直线段的端点为通过点，单击【确定】按钮完成平面的创建，如图19-15所示。

09 执行菜单栏中的【插入】|【草图编辑器】|【草图】命令，选取上步创建的平面1为草绘平面，并绘制如图19-16所示的草图2。

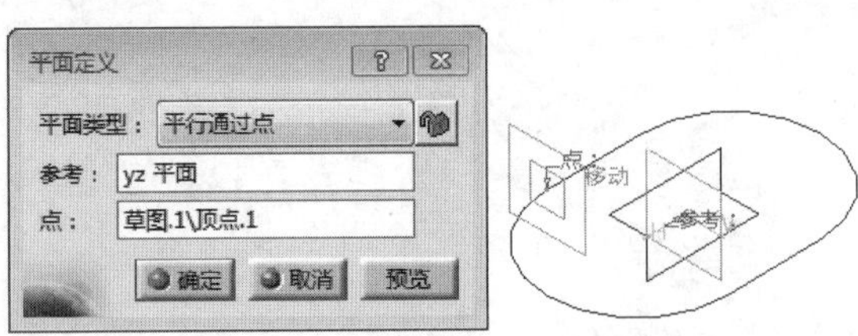

图19-15　创建参考平面1

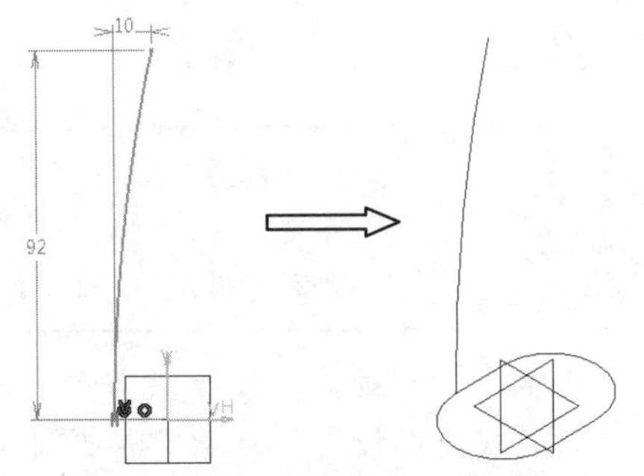

图19-16　草图2

10 执行菜单栏中的【插入】|【线框】|【平面】命令，选取“平行通过点”为创建类型，选取ZX平面为参考平面，选取草图1上的直线段端点为通过点，单击【确定】按钮完成平面的创建，如图19-17所示。

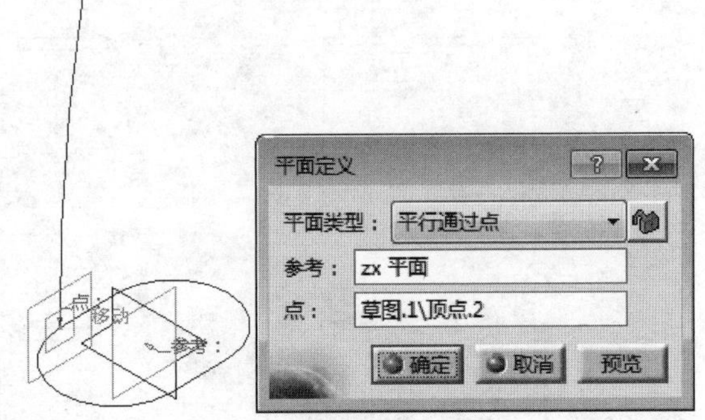

图19-17　创建参考平面2

11 执行菜单栏中的【插入】|【草图编辑器】|【草图】命令，选取上步创建的平面2为草绘平面，并绘制如图19-18所示的草图3。

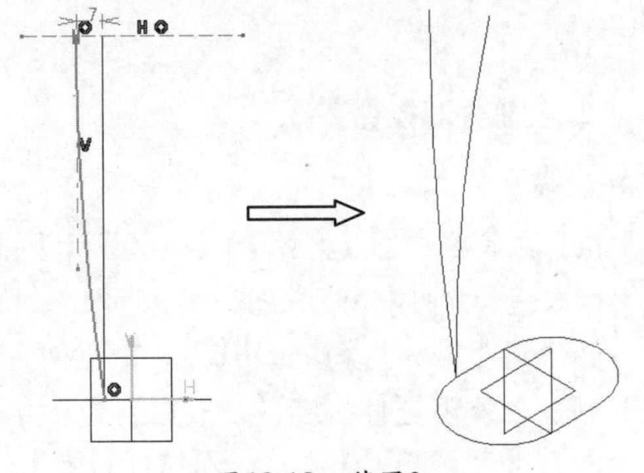

图19-18　草图3

12 执行菜单栏中的【插入】|【线框】|【混合】命令，选择“法线”混合类型，选取“草图.2”和“草图.3”两条曲线为混合对象，单击【确定】按钮完成混合曲线的创建，如图19-19所示。

图19-19　创建混合曲线

13 选中目录树中的“草图.2”和“草图.3”并将其隐藏，以简洁显示图形。

14 执行菜单栏中的【插入】|【操作】|【平移】命令，选取“点到点”向量定义，选取“混合.1”曲线为平移曲线，选取平移曲线与“草图.1”曲线的交点为起点，选取“草图.1”上另一条直线的端点为终点，单击【确定】按钮完成曲线的平移操作，如图19-20所示。

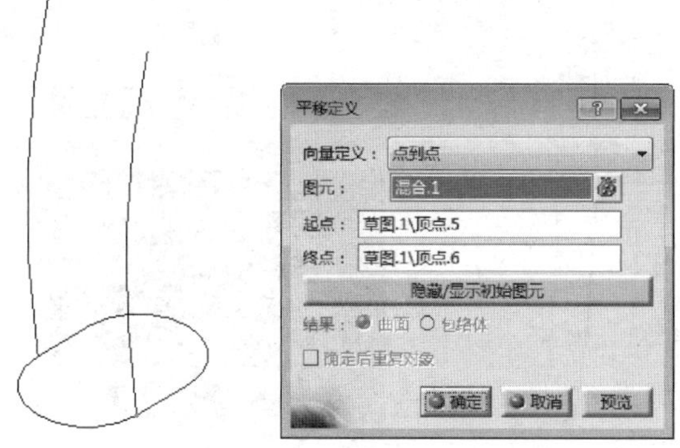

图19-20　创建平移曲线

15 执行菜单栏中的【插入】|【操作】|【相交】命令，选取ZX平面和提取“草图.1”上的圆弧段为相交定义对象，单击【确定】按钮完成相交点的创建，如图19-21所示。

16 执行菜单栏中的【插入】|【线框】|【平面】命令，选取“曲线的法线”为创建类型，选取“混合.1”曲线为参考曲线，选取曲线上的一端点为通过点，单击【确定】按钮完成平面的创建，如图19-22所示。

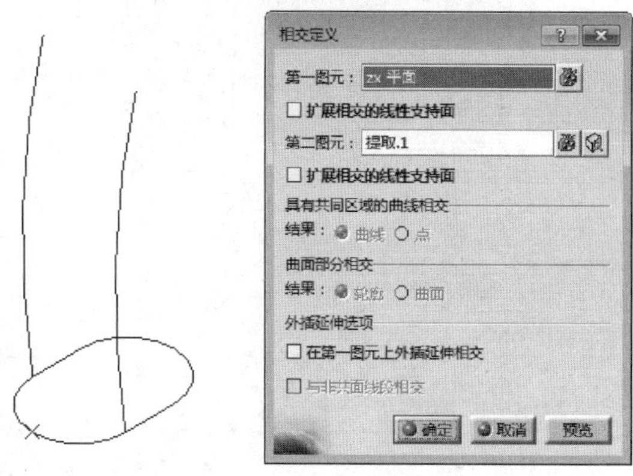

图19-21　创建相交点

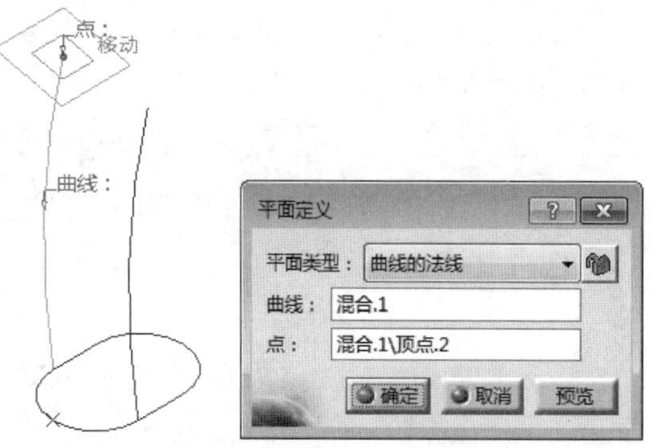

图19-22　创建参考平面3

17 执行菜单栏中的【插入】|【草图编辑器】|【草图】命令，选取ZX平面为草绘平面并绘制如图19-23所示的草图4。

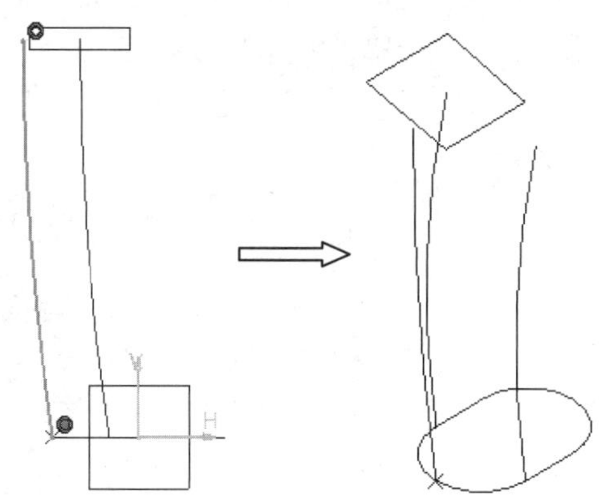

图19-23　草图4

18 执行菜单栏中的【插入】|【草图编辑器】|【草图】命令，选取YZ平面为草绘平面并绘制如图19-24所示的草图5。

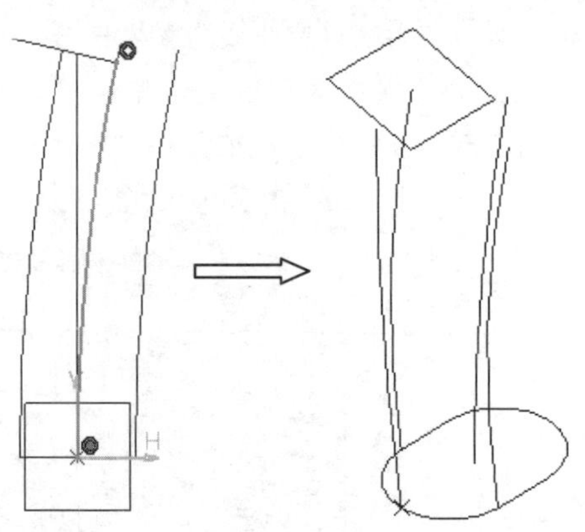

图19-24　草图5

19 执行菜单栏中的【插入】|【线框】|【混合】命令，选择“法线”混合类型，选取“草图.4”和“草图.5”所示的曲线为混合定义的对象，单击【确定】命令按钮完成混合曲线的创建，如图19-25所示。

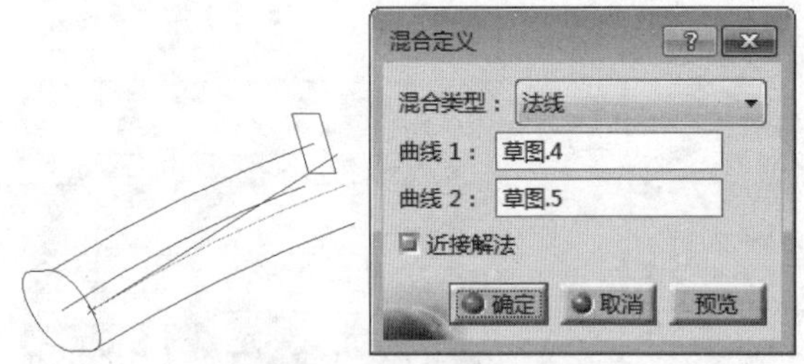

图19-25　创建混合曲线

20 选中目录树中的“草图.4”、“草图.5”再将其隐藏以简洁显示图形。

21 执行菜单栏中的【插入】|【操作】|【分割】命令，选取“平移.2”曲线为要切除的图元对象，选取“平面.3”为切除图元，如图19-26所示，单击【确定】按钮完成曲线的分割。

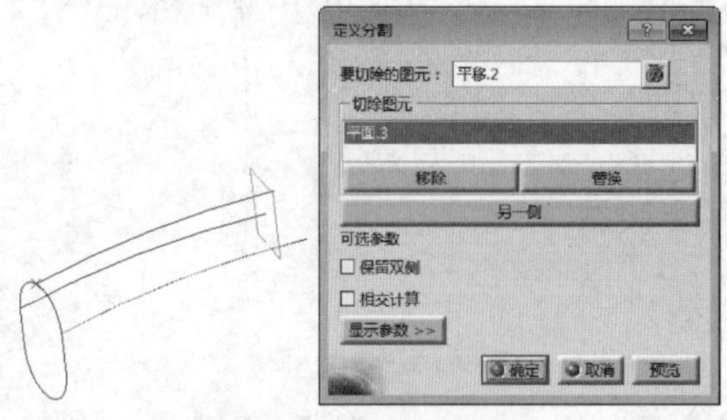

图19-26　完成曲线分割

22 执行菜单栏中的【插入】|【线框】|【圆】命令，选择“三点”为圆的创建类型，分别选取如图19-27所示三条曲线的端点为圆的通过点，选择“修剪圆”模式，单击【确定】按钮完成圆弧的创建，如图19-27所示。

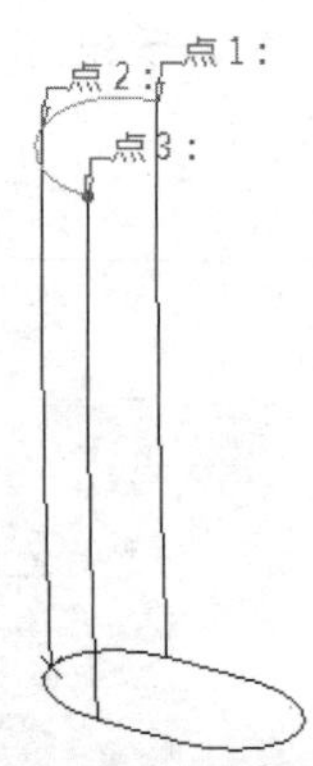

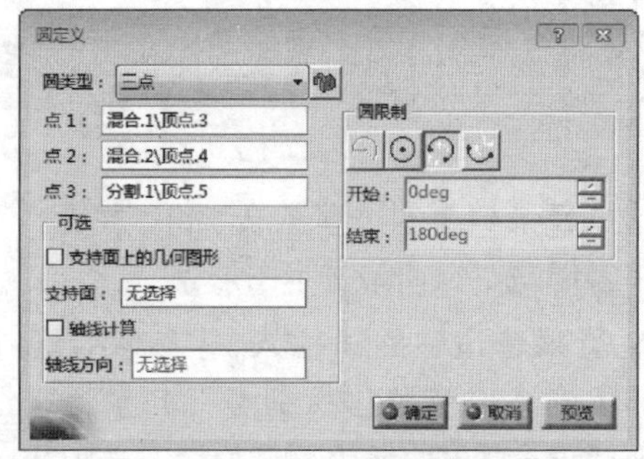

图19-27　创建圆弧

23 执行菜单栏中的【插入】|【操作】|【拆解】命令，选取“草图.1”为拆解对象，选取“所有单元”选项，单击【确定】按钮完成曲线的拆解，如图19-28所示。

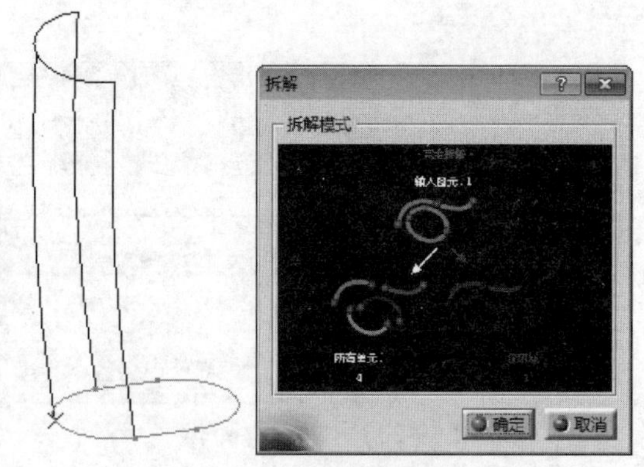

图19-28　拆解曲线

24 执行菜单栏中的【插入】|【曲面】|【多截面曲面】命令，选取“圆.1”和“圆.3”为多截面曲面的截面轮廓线，激活“引导线”区域，再分别选取“混合.1”、“混合.2”和“分割.1”曲线为多截面曲面的引导曲线，单击【确定】命令按钮完成多截

面曲面的创建，如图19-29所示。

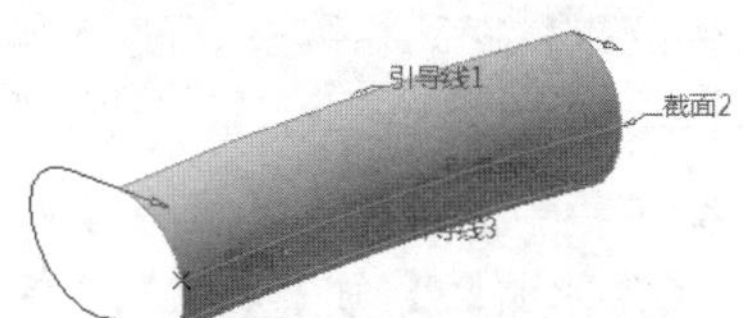

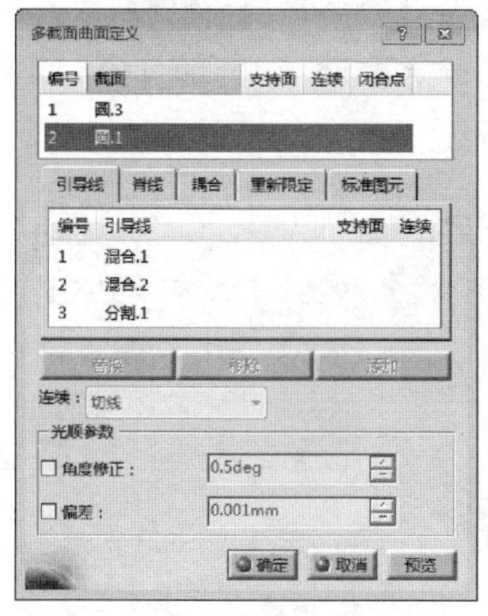

图19-29　创建多截面曲面

25 执行菜单栏中的【插入】|【操作】|【对称】命令，选取“多截面曲面.1”为对称图元，选取YZ平面为对称的参考平面，单击【确定】命令按钮完成对称曲面的创建，如图19-30所示。

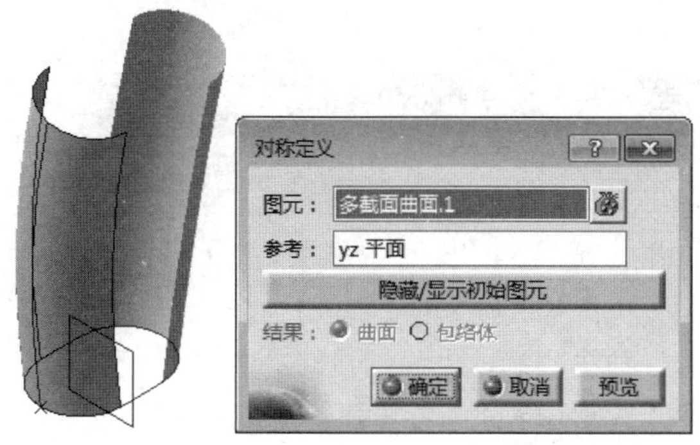

图19-30　创建对称曲面

26 执行菜单栏中的【插入】|【线框】|【连接曲线】命令，分别选取两曲面上的圆弧边线为第一和第二曲线，并设置连续性为“相切”，分别选取两圆弧边线上的端点为连接点，单击【确定】按钮完成连接曲线的创建，如图19-31所示。

27 执行菜单栏中的【插入】|【曲面】|【填充】命令，依次选取如图19-32所示的相互连接曲线为填充边界，单击【确定】按钮完成填充曲面创建。

图19-31　创建连接曲线

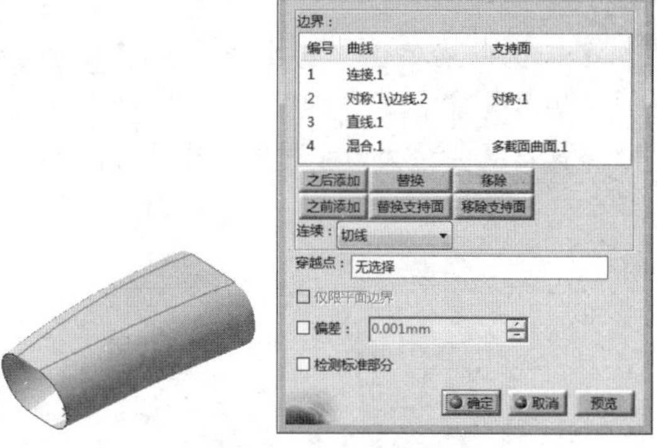

图19-32　创建填充曲面

28 执行菜单栏中的【插入】|【线框】|【连接曲线】命令，分别选取两曲面上的边界圆弧为第一和第二曲线，并设置连续性为“相切”，分别选取两圆弧边线上的端点为连接端点，单击【确定】按钮完成连接曲线的创建，如图19-33所示。

图19-33　创建连接曲线

29 执行菜单栏中的【插入】|【曲面】|【填充】命令，依次选取如图19-34所示的相互连接的曲线为填充边界，单击【确定】按钮完成填充曲面的创建。

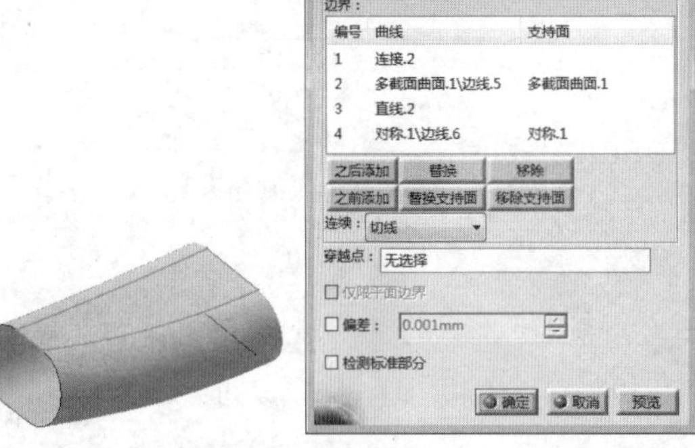

图19-34　创建填充曲面

30 多次执行菜单栏中的【插入】|【曲面】|【填充】命令，分别选取曲面体两端的封闭连接的曲线为填充边界，创建如图19-35所示两填充曲面。

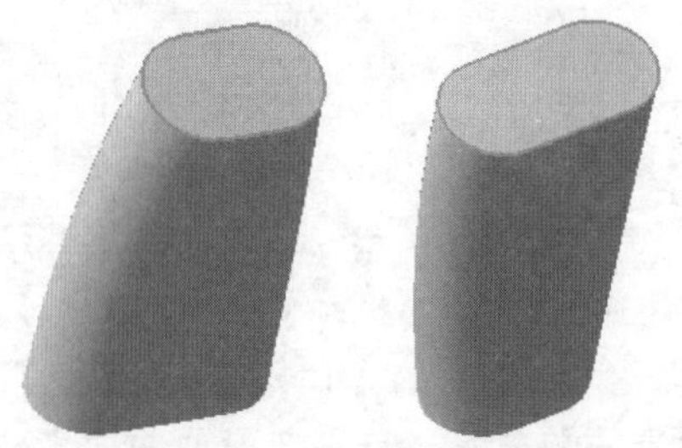

图19-35　创建两填充曲面

31 执行菜单栏中的【插入】|【操作】|【接合】命令，选取图形窗口中所有的曲面特征为接合对象，单击【确定】按钮完成曲面的接合操作，如图19-36所示。

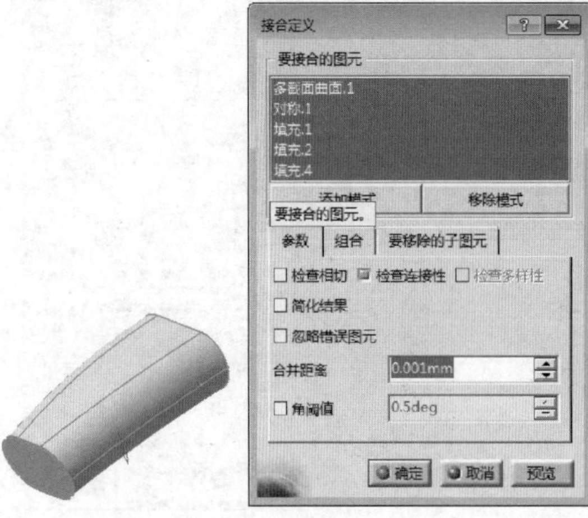

图19-36　创建接合曲面

32 执行菜单栏中的【开始】|【机械设计】|【零件设计】命令，系统即可进入零件设计平台。

33 执行菜单栏中的【插入】|【基于曲面的特征】|【封闭曲面】命令，选取“接合.1”曲面为需要转换的曲面特征，单击【确定】按钮完成实体特征的转换，如图19-37所示。

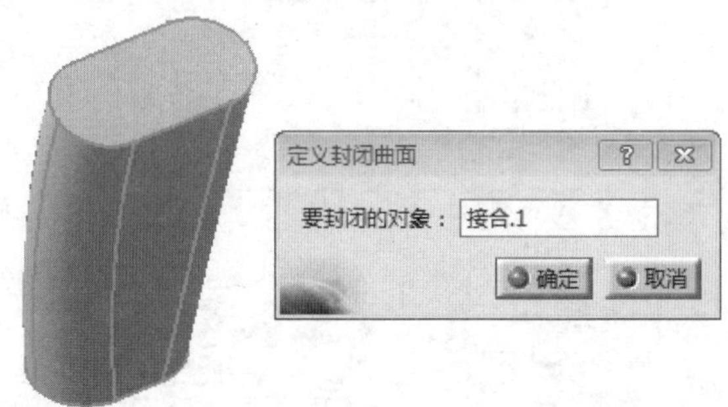

图19-37　转换实体特征

34 执行菜单栏中的【插入】|【参考】|【平面】命令，选取YZ平面为参考，设置偏移距离为25，单击【确定】按钮完成偏移平面的创建，如图19-38所示。

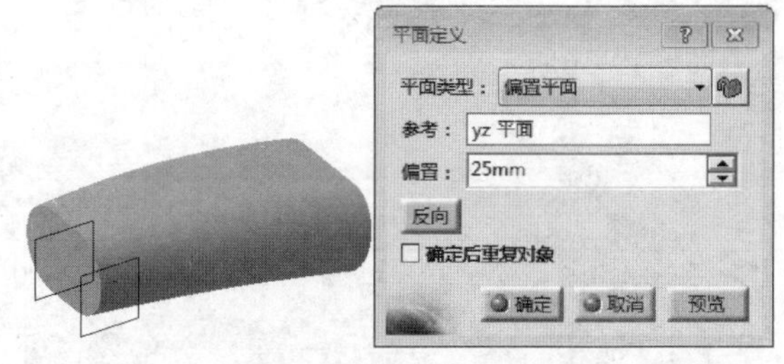

图19-38　创建参考平面4

35 执行菜单栏中的【插入】|【参考】|【平面】命令，选取上步创建的平面4为参考，向内偏移10创建参考平面5，如图19-39所示。

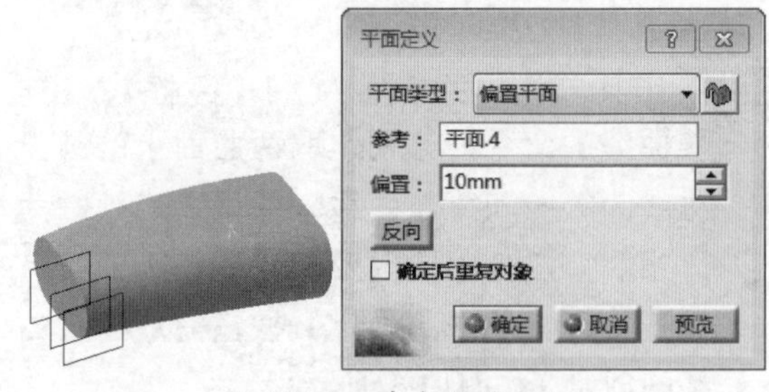

图19-39　建参考平面5

36 执行菜单栏中的【插入】|【草图编辑器】|【草图】命令，选取“平面.4”为草绘平面，并绘制如图19-40所示的草图6。

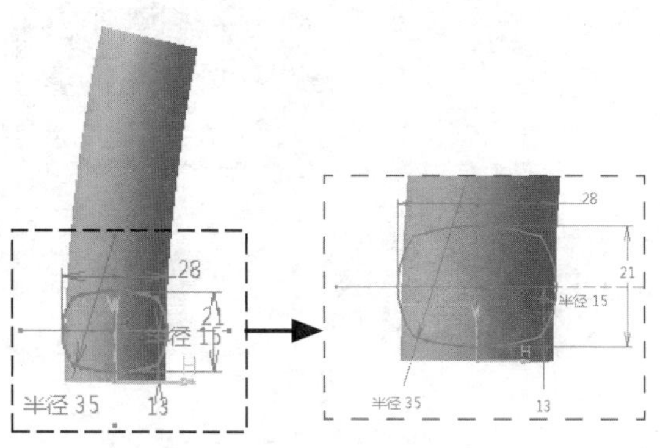

图19-40 草图6

37 执行菜单栏中的【插入】|【草图编辑器】|【草图】命令，选取“平面.5”为草绘平面，并绘制如图19-41所示的草图7。

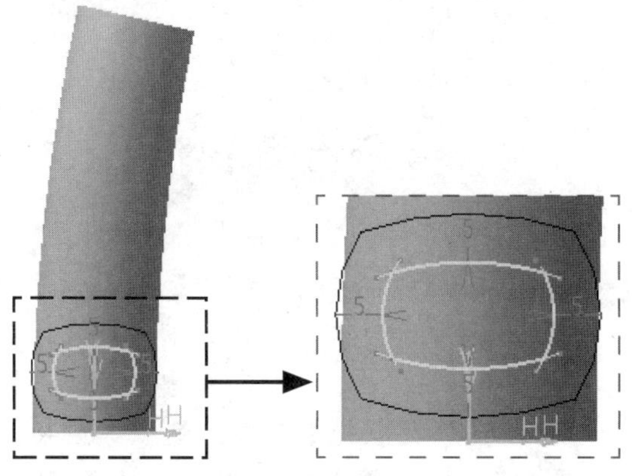

图19-41 草图7

38 执行菜单栏中的【插入】|【基于草图的特征】|【多截面实体】命令，选取“草图.6”和“草图.7”为多截面实体的轮廓截面，单击【确定】按钮完成多截面实体的创建，如图19-42所示。

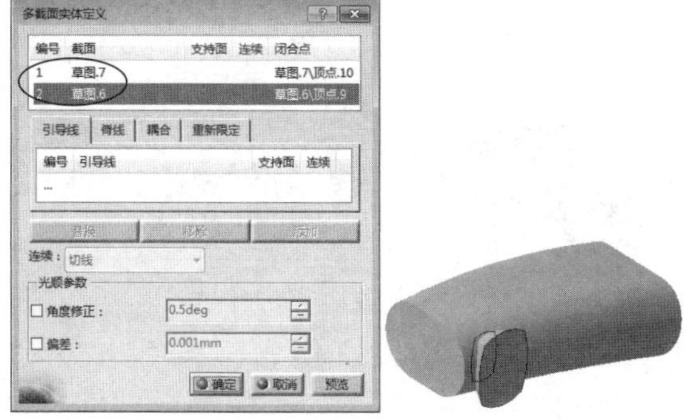

图19-42 创建多截面实体

39 执行菜单栏中的【插入】|【修饰特征】|【倒圆角】命令，选取图19-43所示的4条棱角边为圆角对象，指定圆角半径为5，单击【确定】按钮完成实体特征圆角处理。

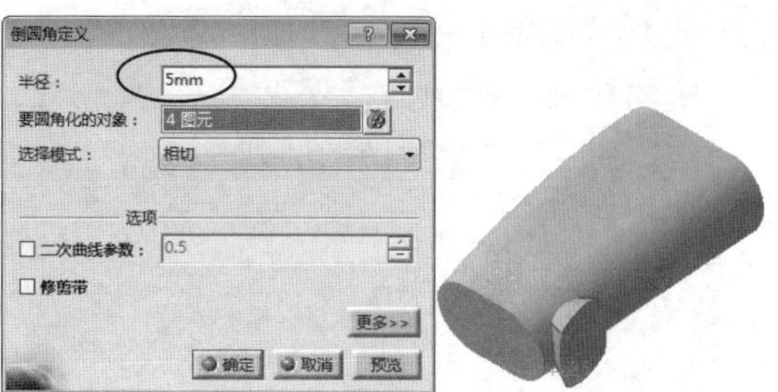

图19-43 创建圆角特征

40 执行菜单栏中的【插入】|【修饰特征】|【倒圆角】命令，选取图19-44所示的实体边界为圆角对象，指定圆角半径为1，如图19-44所示，单击【确定】按钮完成实体特征圆角处理。

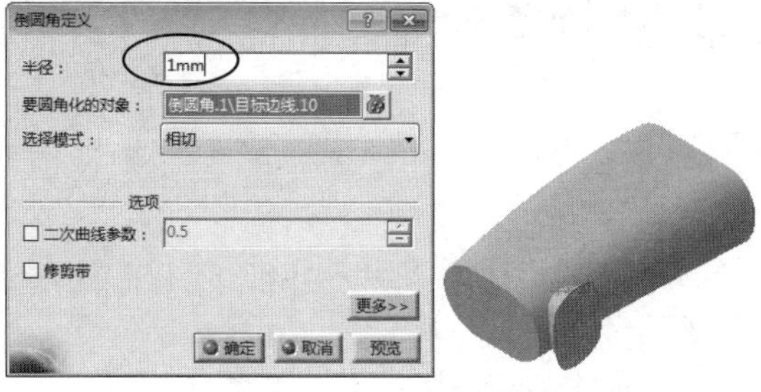

图19-44 创建圆角特征

41 执行菜单栏中的【插入】|【修饰特征】|【倒角】命令，选取图19-45所示的实体边线为倒角对象，指定倒角距离为1.5，倒角角度为45度，如图19-45所示，单击【确定】按钮完成实体边倒角处理。

图19-45 创建倒角特征

42 执行菜单栏中的【插入】|【草图编辑器】|【草图】命令，选取实体对象的底平面为草绘平面，绘制如图19-46所示的草图8。

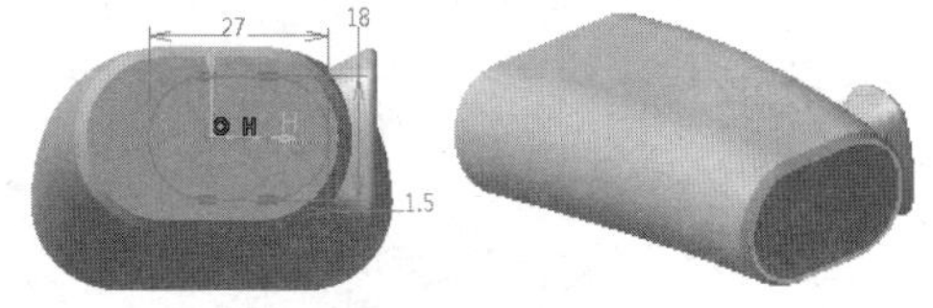

图19-46 草图8

43 执行菜单栏中的【插入】|【基于草图的特

征】|【凹槽】命令，选取“草图.8”为凹槽的轮廓，指定凹槽深度为3，单击【确定】命令按钮完成凹槽的创建，如图19-47所示。

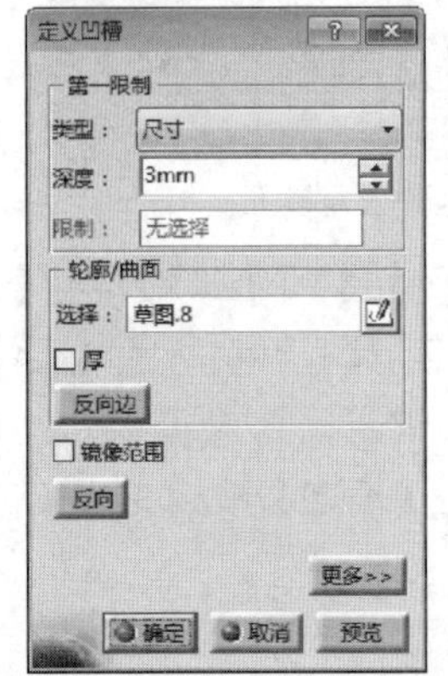
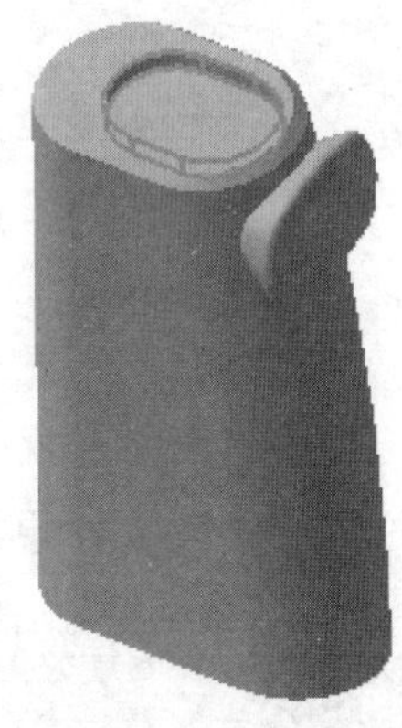

图19-47 创建凹槽特征

44 执行菜单栏中的【插入】|【草图编辑器】|【草图】命令，选取实体顶面为草绘平面，并绘制如图19-48所示的草图9。

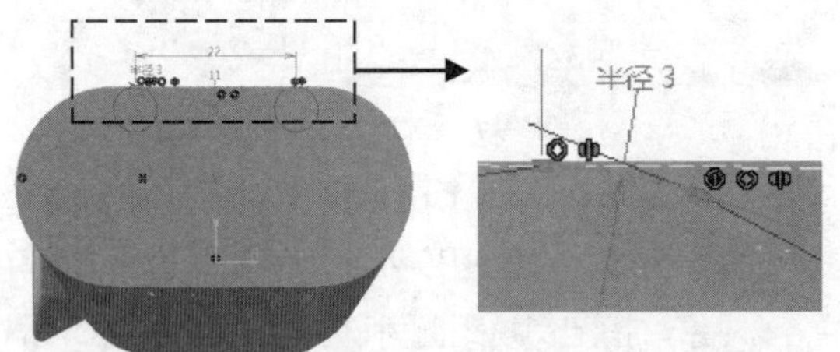

图19-48 草图9

45 执行菜单栏中的【插入】|【参考】|【平面】命令，选取“通过三个点”选项为平面类型，分别选取“草图.9”曲线上的两个端点为通过点，再插入创建一个新点为通过的第三点，如图19-49所示。

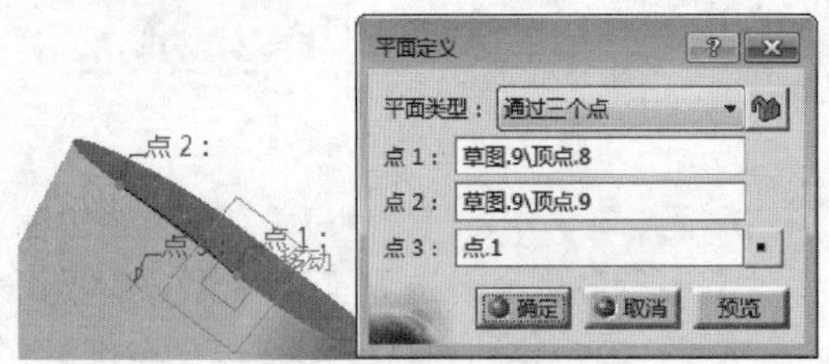

图19-49 创建参考平面6

操作技巧

在“点3”文本框中单击鼠标右键，再选取菜单中“创建点”，即可在当前操作流程中插入一新点。点3的具体参数如图19-50所示。

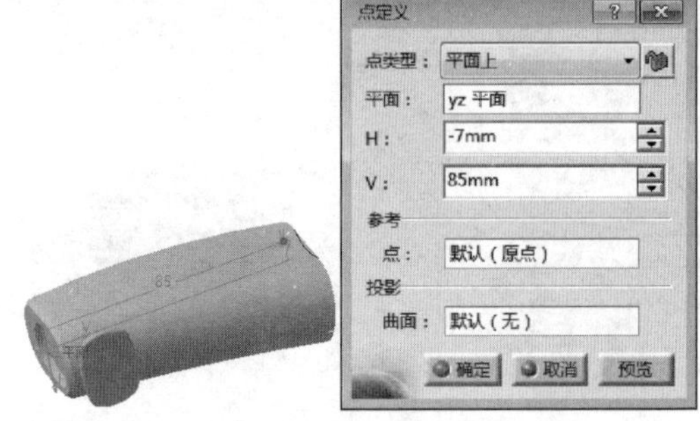

图19-50 创建点3

46 执行菜单栏中的【插入】|【草图编辑器】|【草图】命令，选取上步中创建的“平面.6”为草绘平面，并绘制如图19-51所示的草图10。

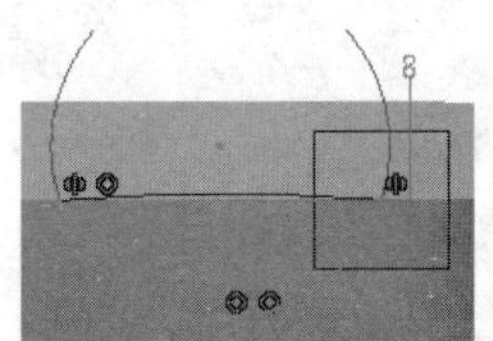

图19-51 草图10

47 执行菜单栏中的【开始】|【形状】|【创成式外形设计】命令，系统即可切换至创成式外形设计平台，执行菜单栏【插入】|【线框】|【投影】命令，选取“沿某一方向”选项为投影类型，选取“草图.10”曲线为投影曲线，选取实体上一表面为支持面，指定ZX平面为投影方向，单击【确定】命令按钮完成投影曲线的创建，如图19-52所示。

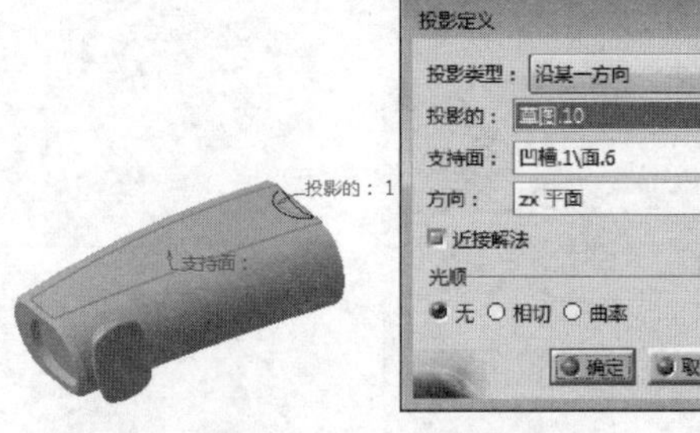

图19-52 创建投影曲线

48 执行菜单栏【插入】|【曲面】|【填充】命令，选取“草图.9”曲线和“项目.1”投影曲线为填充边界，单击【确定】命令按钮完成填充曲面的创建，如图19-53所示。

49 执行菜单栏中的【插入】|【曲面】|【拉伸】命令，选取“项目.1”曲线为拉伸曲面的轮廓曲线，在“限制1”区域中设置

拉伸尺寸为5，单击【确定】按钮完成拉伸曲面的创建，如图19-54所示。

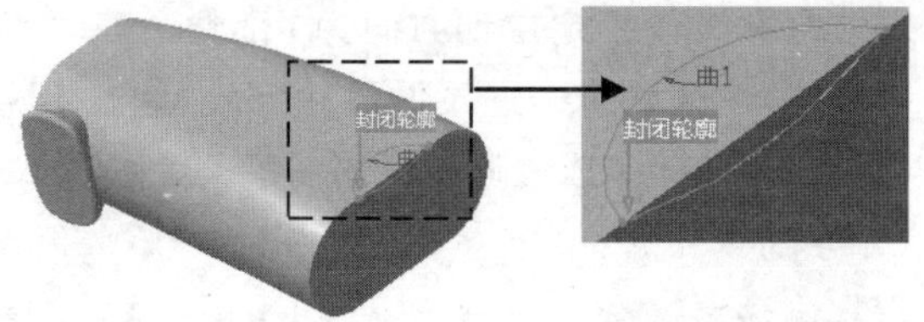

图19-53　选取填充边界

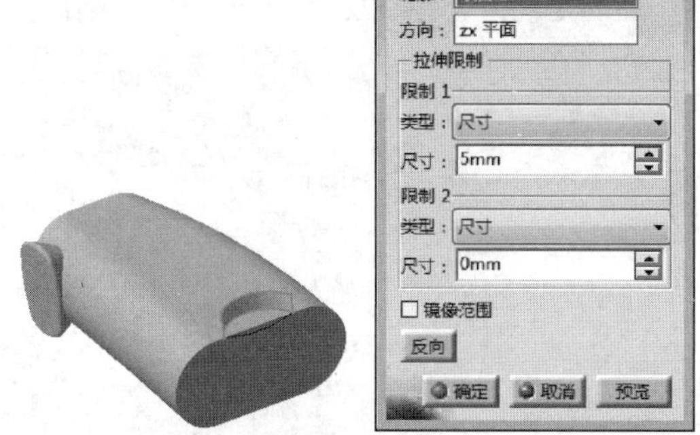

图19-54　创建拉伸曲面

50 执行菜单栏【插入】|【操作】|【接合】命令，选取“填充.5”曲面和“拉伸.1”曲面为接合曲面，单击【确定】按钮完成曲面的接合操作，如图19-55所示。

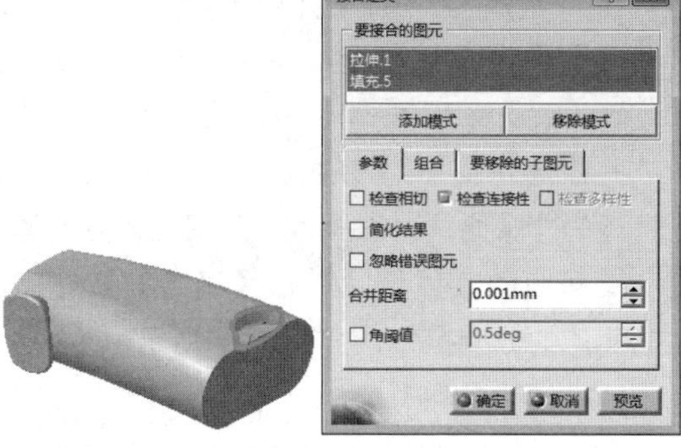

图19-55　创建曲面接合

51 执行菜单栏中的【开始】|【机械设计】|【零件设计】命令，系统即可进入零件设计平台，执行菜单栏中的【插入】|【操作】|【分割】命令，选取“接合.2”曲面为分割图元，选择分割实体的保留侧并单击【确定】按钮完成实体的分割，如图19-56所示。

52 执行菜单栏中的【开始】|【形状】|【创成式外形设计】命令，系统即可进入创成式外形设计平台。执行菜单栏中的【插入】|【线框】|【平面】命令，选取“与平面成一定角度或垂直”选项为平面的创建类型，在“旋转轴”文本框中插入创建“直线.4”并作为新平面的旋转轴，选取实体顶部的平面为参考平面，在“角度”文本框中输入90以指定旋转角度，单击【确定】按钮完成新平面的创建，如图19-57所示。

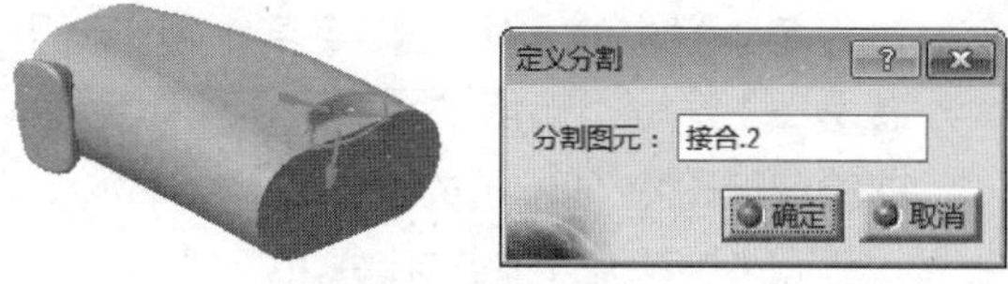

图19-56　分割实体

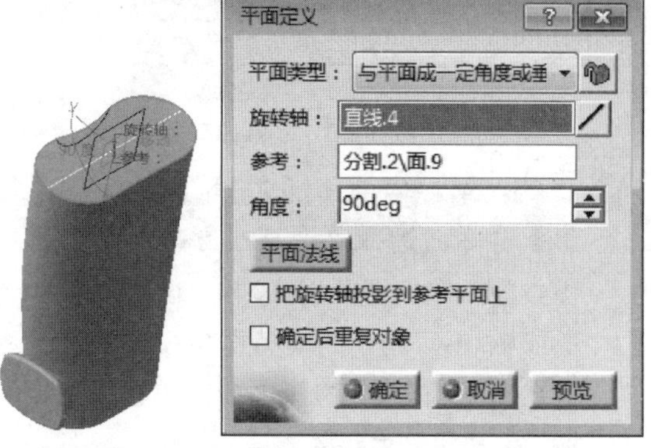

图19-57　创建参考平面7

操作技巧

在“旋转轴”文本框中单击鼠标右键，再选取菜单中的“创建直线”，即可在当前操作流程中创建一直线。直线4的具体参数如图19-58所示。

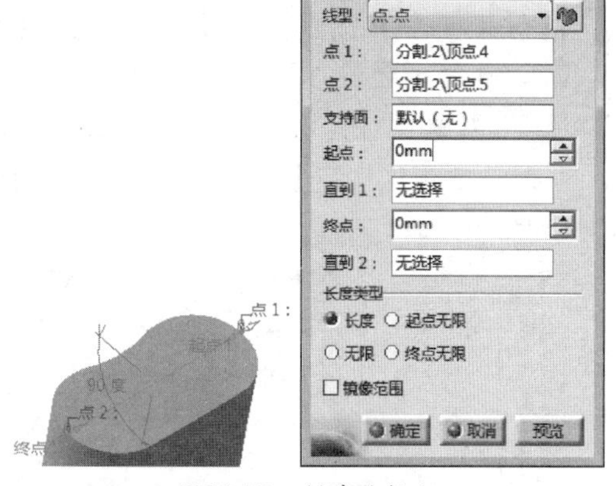

图19-58　创建旋转轴

53 执行菜单栏中的【插入】|【草图编辑器】|【草图】命令，选取实体上表面为草绘平

面，并绘制如图19-59所示的草图11。

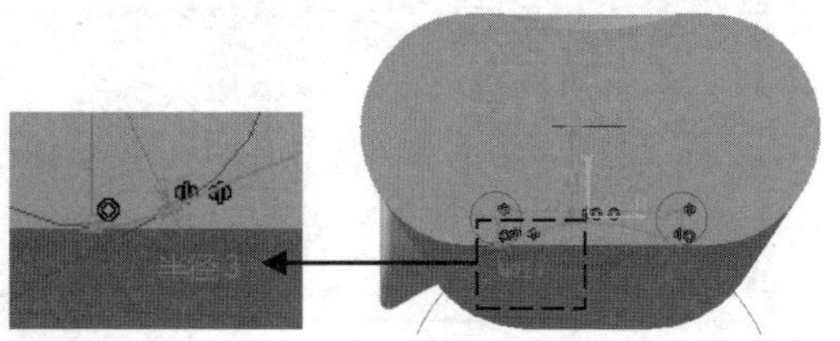

图19-59　草图11

54 执行菜单栏中的【插入】|【草图编辑器】|【草图】命令，选取“平面.7”为草绘平面并绘制如图19-60所示的草图12。

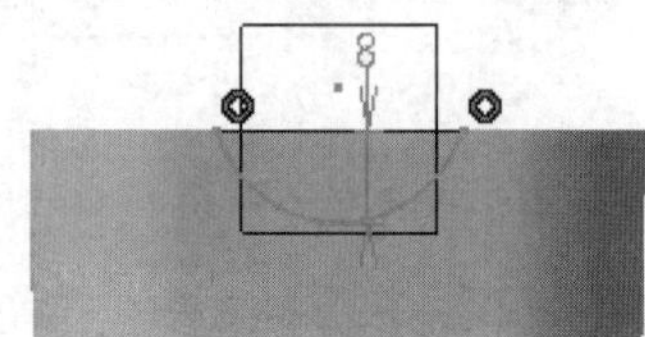

图19-60　草图12

55 执行菜单栏中的【插入】|【线框】|【投影】命令，选择“沿某一方向”选项为投影类型，选取“草图.12”为投影对象，选取如图19-61所示的支持面为投影面，选取“平面.7”以指定投影方向，单击【确定】按钮完成投影曲线的创建。

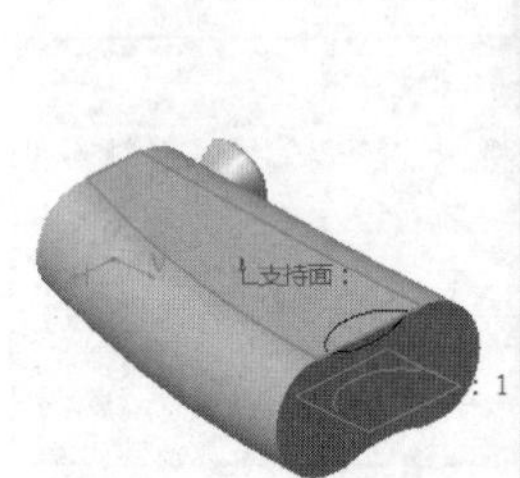

图19-61　创建投影曲线

56 执行菜单栏中的【插入】|【曲面】|【填充】命令，选取“草图.11”曲线和“项目.2”投影曲线为填充的边界，如图19-62所示，单击【确定】按钮完成填充曲面的创建。

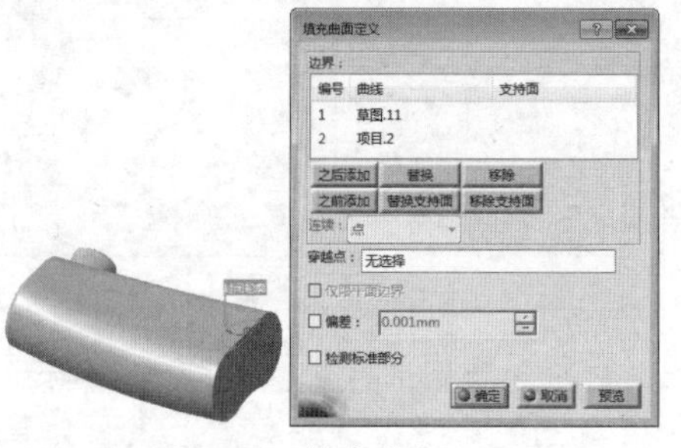

图19-62　创建填充曲面

57 执行菜单栏中的【插入】|【曲面】|【拉伸】命令，选取“项目.2”投影曲线为拉伸轮廓线，指定拉伸方向为Y部件，在“限制1”区域中设置拉伸尺寸为5，单击【确定】按钮完成拉伸曲面的创建，如图19-63所示。

58 执行菜单栏中的【插入】|【操作】|【接合】命令，选取目录树中的“填充6”曲面和上步创建的“拉伸.2”曲面为接合对象，单击【确定】按钮完成曲面的接合操作。

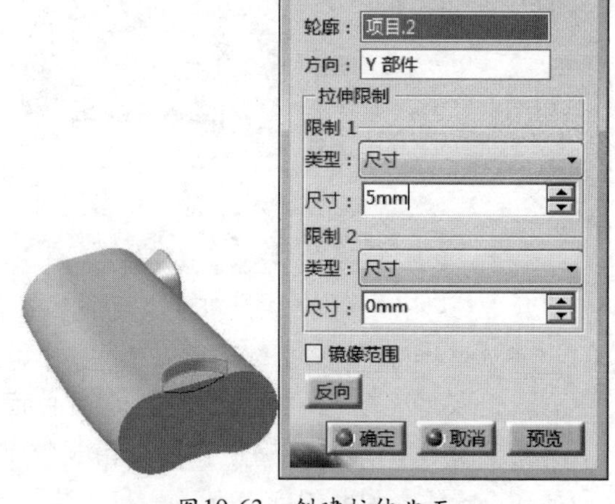

图19-63　创建拉伸曲面

59 执行菜单栏中的【开始】|【机械设计】|【零件设计】命令，系统即可进入零件设计平台，执行菜单栏中的【插入】|【基于曲面的特征】|【分割】命令，选取上步创建的“接合.3”曲面为分割图元，并选择需要保留的实体侧，单击【确定】按钮完成实体的分割操作，如图19-64所示。

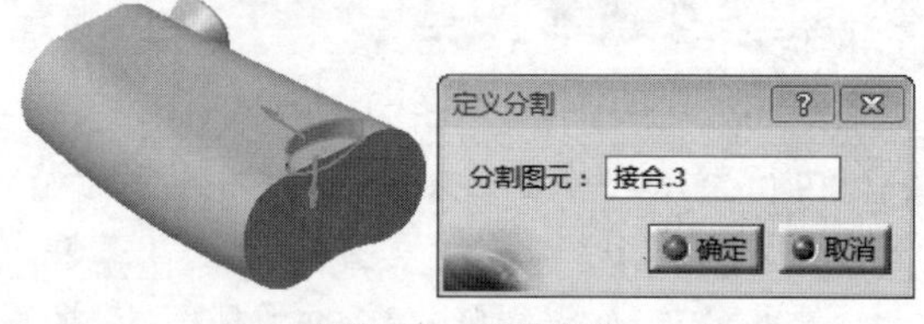

图19-64　分割实体

60 执行菜单栏中【插入】|【修饰特征】|【圆角】命令，选取如图19-65所示的实体边线为圆角边线，设置圆角半径为0.5，单击【确定】按钮完成实体边线的圆角处理。至此，电动剃须刀的基本外观造型完成。

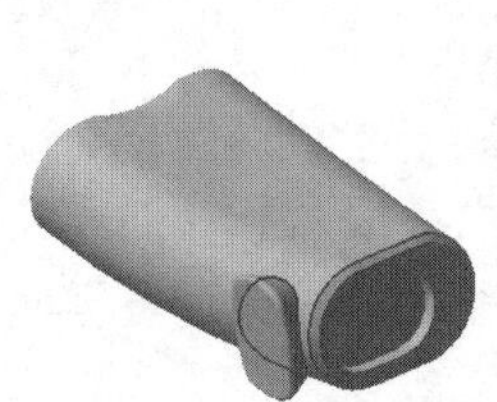

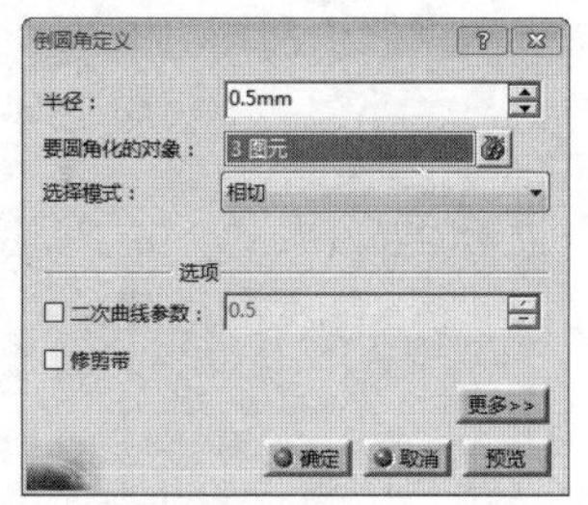

图19-65 创建圆角特征

2. 创建主体零件分割曲面

操作步骤

01 执行菜单栏中【插入】|【草图编辑器】|【草图】命令，选取YZ平面为草绘平面，并绘制如图19-66所示的草图13。

02 执行菜单栏中【开始】|【形状】|【创成式外形设计】命令，系统即可进入创成式外形设计平台。执行菜单栏中【插入】|【曲面】|【拉伸】命令，选取上步创建的“草图.13”为拉伸轮廓曲线，分别在“限制1”和“限制2”尺寸文本框中设置拉伸尺寸为32，如图19-67所示，单击【确定】命令按钮完成拉伸曲面的创建。

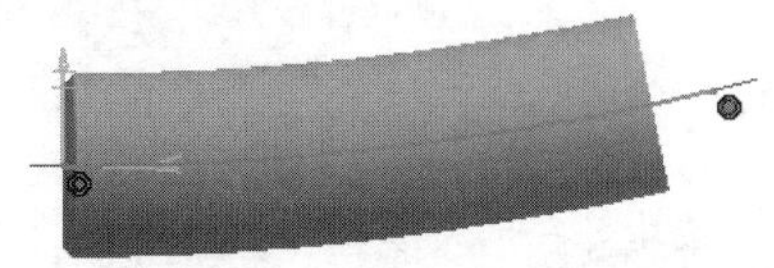

图19-66 草图13

03 执行菜单栏中【插入】|【草图编辑器】|【草图】命令，选取YZ平面为草绘平面，并绘制如图19-68所示的草图14。

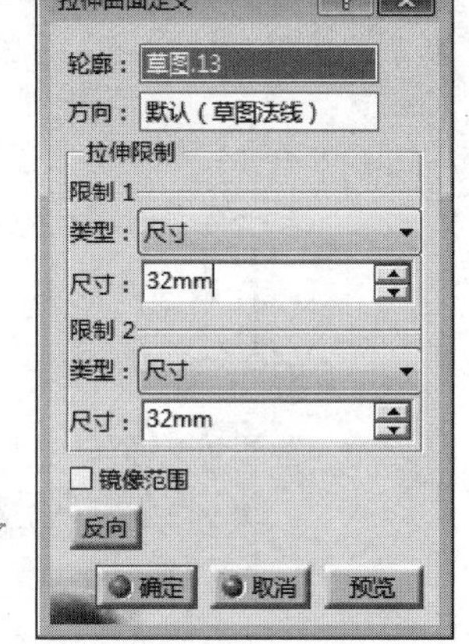

图19-67 创建拉伸曲面

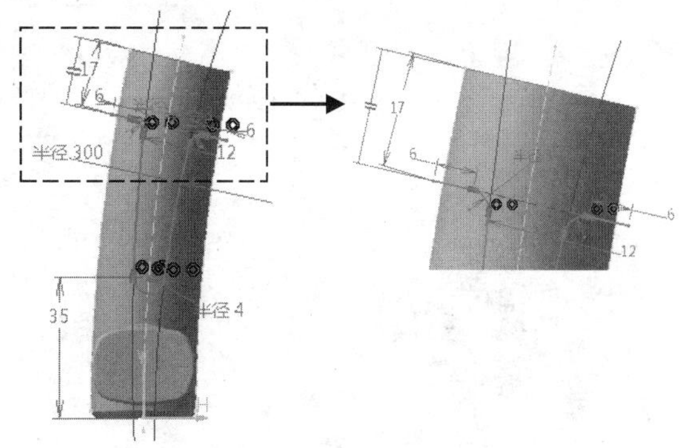

图19-68 草图14

04 执行菜单栏中【插入】|【曲面】|【拉伸】命令，选取上步创建的“草图.14”为拉伸的轮廓曲线，分别在“限制1”和“限制2”尺寸文本框中设置拉伸尺寸为35，如图19-69所示，单击【确定】命令按钮完成拉伸曲面的创建。

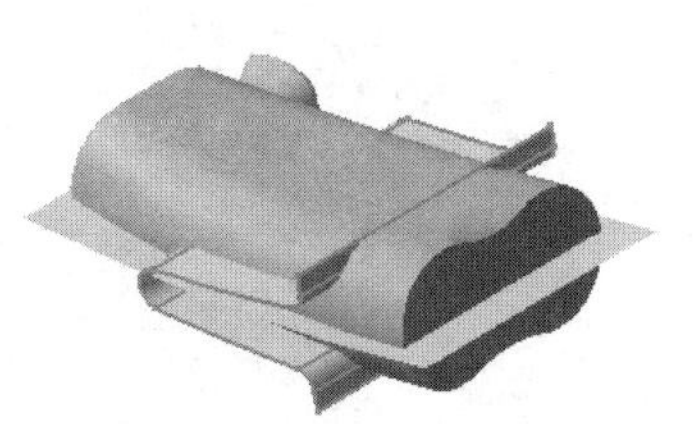

图19-69 创建拉伸曲面

05 执行菜单栏中【插入】|【草图编辑器】|【草图】命令，选取YZ平面为草图平面，并绘制如图19-70所示的草图15。

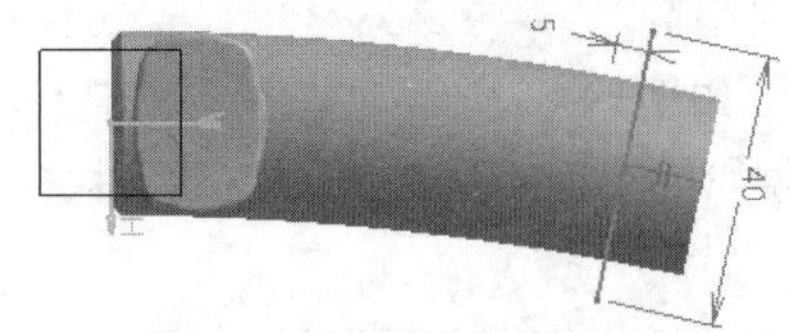

图19-70 草图15

06 执行菜单栏中【插入】|【曲面】|【拉伸】命令，选取上步绘制的“草图.15”为拉伸曲面的轮廓线，分别在“限制1”和“限制2”区域中设置拉伸尺寸为30，如图19-71所示，单击【确定】命令按钮完成拉伸曲面的创建。

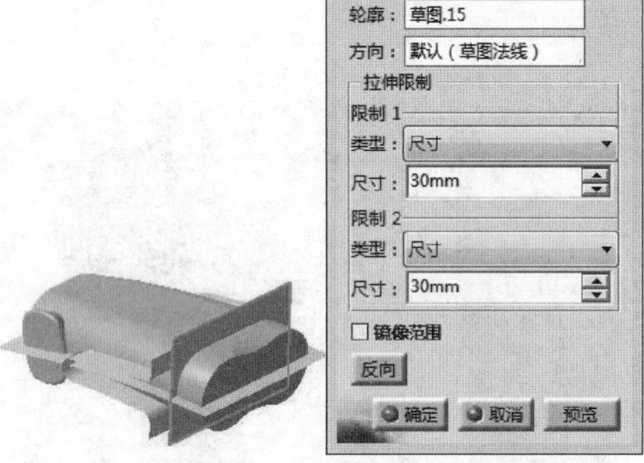

图19-71 创建拉伸曲面

07 发布关联特征。执行菜单栏中【工具】|【发布】命令，系统即可弹出“发布”对话框，选取目录中的“零件几何体”、“拉伸.3”曲面、“拉伸.4”曲面和“拉伸.5”曲面为发布的对象，单击【确定】命令按钮完成对象的发布操作，如图19-72所示。

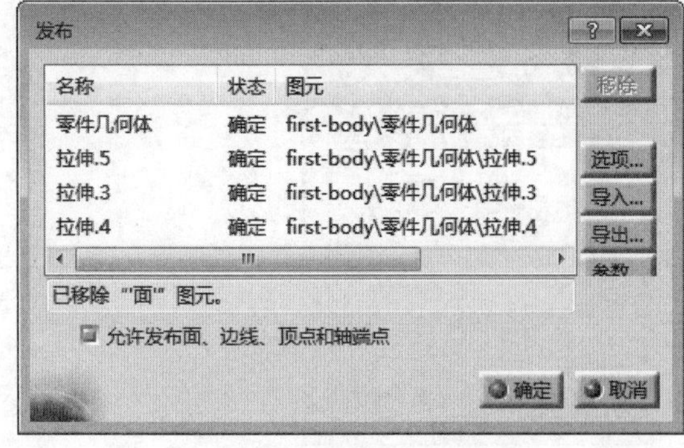

图19-72 发布关联特征

3. 创建剃须刀上盖

操作步骤

01 双击目录树中的“Shaver”以激活装配设计平台，执行菜单栏中【插入】|【新建零件】命令，单击“是”命令按钮完成零件的新建。

02 修改新零件名称。在“Part1.2”名称上单击鼠标右键，再在快捷菜单中选择“属性”，在“产品”选项卡的“实例名称”和“零件编号”文本框中输入“up cover”，单击【确定】命令按钮完成零件名称的修改，如图19-73所示。

03 创建零件关联参数。双击“up-cover”以激活零件设计平台，展开“first-body”目录树中的“发布”项，并选中“零件几何体”，按下Ctrl+C键复制出first-body的实体几何图形。

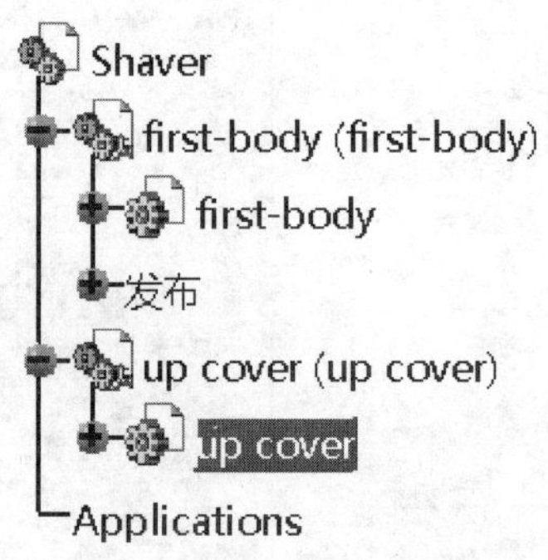

图19-73 创建剃须刀上盖零件

04 关联粘贴几何实体。选中目录树中的“up-cover”零件并单击鼠标右键，在快捷菜单中选择“选择性粘贴”选项，选中“与原文档相关联的结果”选项为粘贴的类型，单击【确定】命令按钮完成几何实体的关联粘贴，如图19-74所示。

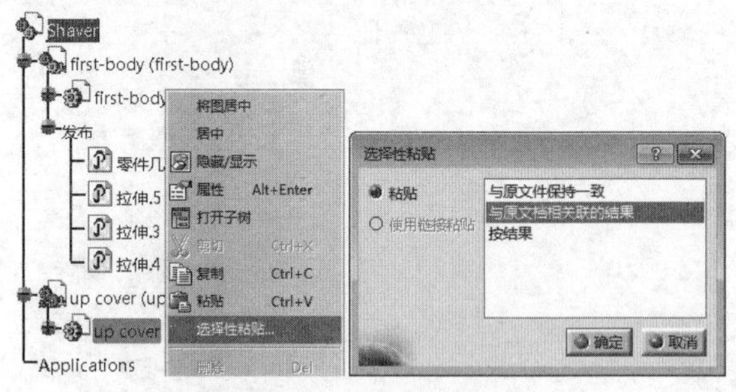

图19-74 关联几何实体

05 添加布尔运算。在“几何体.1”上右击并指向“几何体.1对象”，再选取“添加”命令选项完成布尔运算，如图19-75所示。

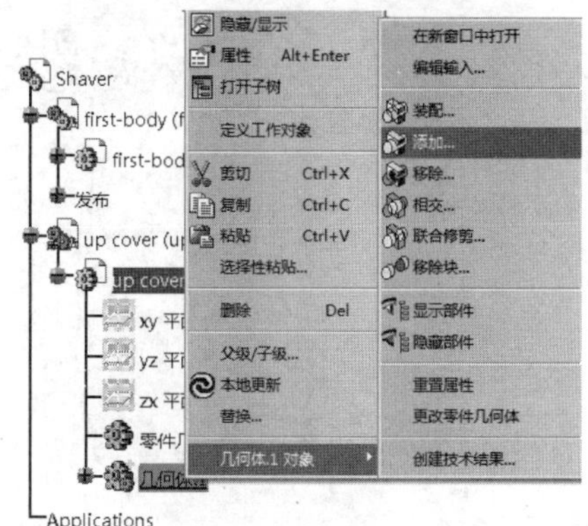

图19-75　创建布尔运算

06 关联分割曲面。选中目录树中“first-body”零件的“发布”项中的“拉伸.3”曲面和“拉伸.4”曲面，再按下Ctrl+C键复制出分割曲面。

07 关联粘贴分割曲面。选中目录树中的“up-cover”零件并单击鼠标右键，在快捷菜单中选择“选择性粘贴”选项，选中“与原文档相关联的结果”选项为粘贴的类型并单击【确定】按钮，系统即可在“up-cover”零件目录树节点中添加“外部参考”曲面。

08 选中目录树中的“first-body”零件名称并将其隐藏，只显示“up-cover”零件以简洁显示图形。如图19-76所示。

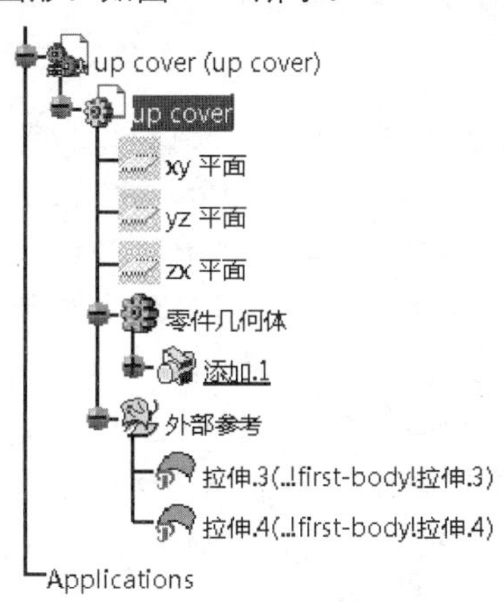

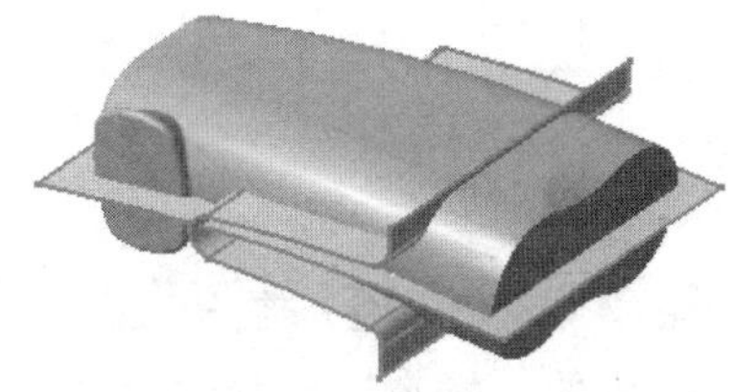

图19-76　关联分割曲面

09 执行菜单栏中【开始】|【机械设计】|【零件设计】命令，以保证切换至零件设计平台下进行后续的设计操作。

10 执行菜单栏中【插入】|【基于曲面的特征】|【分割】命令，选取“外部参考”项中的“拉伸.4”曲面为分割曲面，调整保留侧，单击【确定】命令按钮完成实体分割，如图19-77所示。

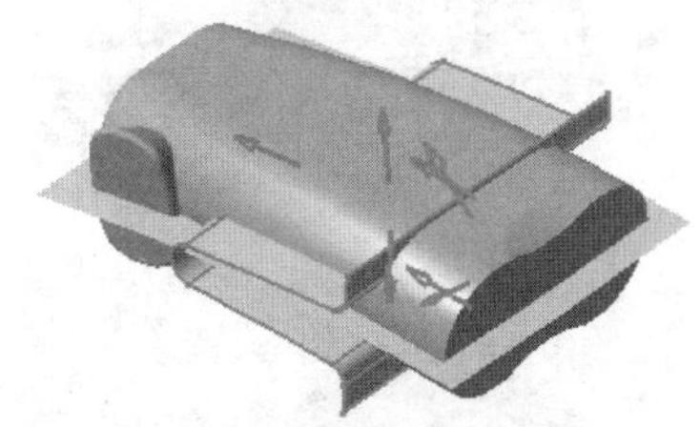

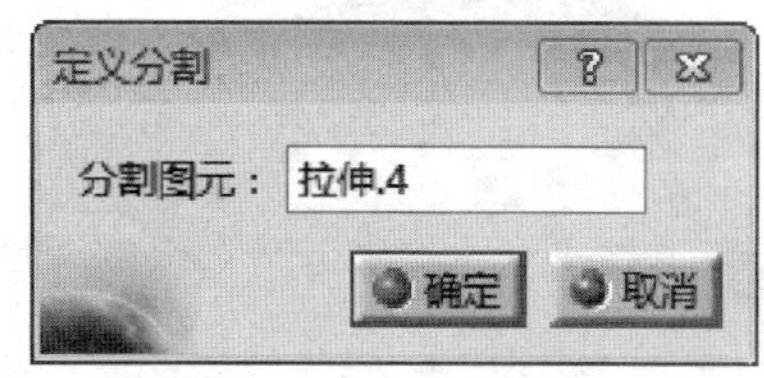

图19-77　分割实体

11 执行菜单栏中【插入】|【基于曲面的特征】|【分割】命令，选取“外部参考”项中的“拉伸.3”曲面为分割曲面，如图19-78所示，调整保留侧，单击【确定】命令按钮完成实体分割。

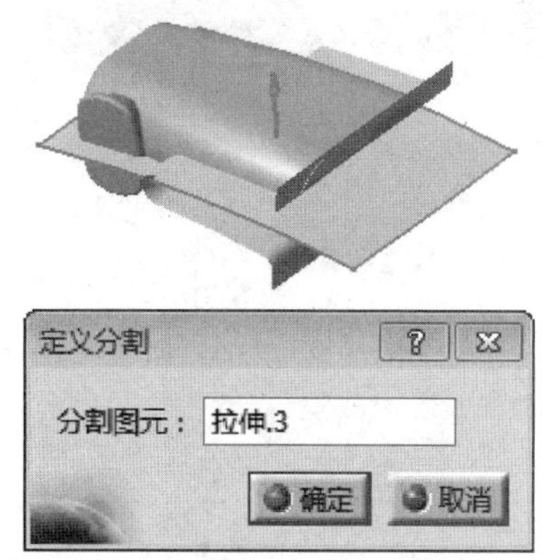

图19-78　分割实体

12 选中“外部参考”节点项并将其隐藏，以简洁显示图形。

13 执行菜单栏中【插入】|【修饰特征】|【抽壳】命令，选取如图19-79所示的实体面为要移除的面，设置内侧抽壳厚度为1.5，单击【确定】命令按钮完成实体的抽壳操作，如图19-79所示。

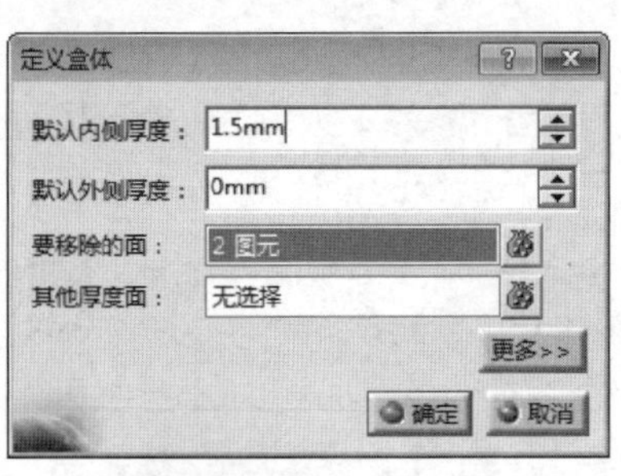

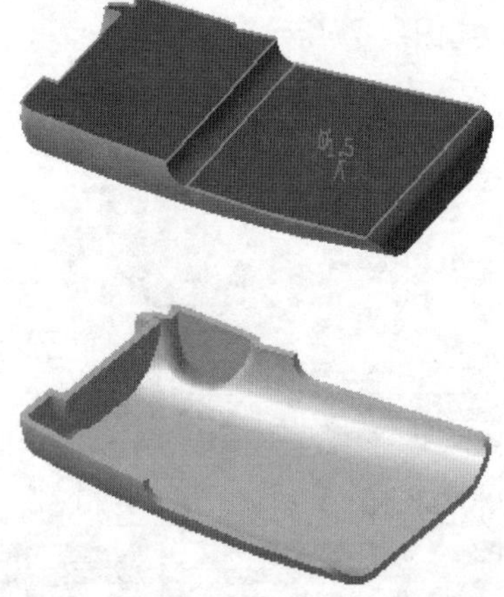

图19-79 实体抽壳

14 执行菜单栏中【插入】|【草图编辑器】|【草图】命令，选取图19-80所示的实体平面为草绘平面，并绘制草图1。

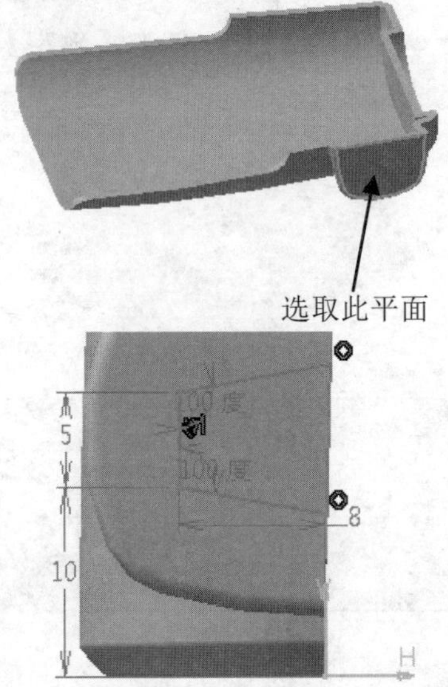

图19-80 草图1

15 执行菜单栏中【插入】|【基于草图的特征】|【凹槽】命令，选取上步创建的“草图1”为凹槽的轮廓线，设置凹槽的拉伸尺寸为3，如图19-81所示，单击【确定】命令按钮完成凹槽的创建。

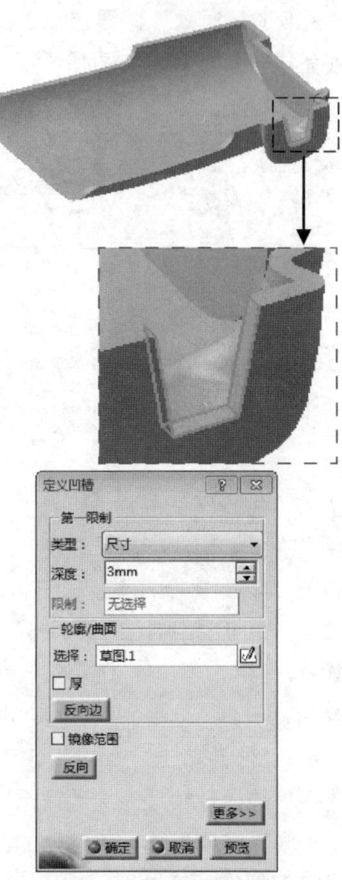

图19-81 创建凹槽特征

至此，剃须刀上盖的基本结构造型完成，用户可单独打开此零件文件进行更为详细具体的细节特征的创建。

4. 创建剃须刀下盖

操作步骤

01 双击目录树中的“Shaver”以激活装配设计平台，选中“up cover”零件并将其隐藏，执行菜单栏中【插入】|【新建零件】命令，单击“是”命令按钮完成零件的新建。

02 修改新零件名称。在“Part1.3”名称上单击鼠标右键，再在快捷菜单中选择“属性”，在“产品”选项卡的“实例名称”和“零件编号”文本框中输入“down-cover”，单击【确定】命令按钮完成零件名称的修改。

03 创建零件关联参数。双击“down-cover”以激活零件设计平台，展开“first-body”目录树中的“发布”项并选中“零件几何体”，按下Ctrl+C键复制出first-body的实体几何图形。

04 关联粘贴几何实体。选中目录树中的“down-cover”零件并单击鼠标右键，在快捷菜单中选择“选择性粘贴”选项，选中“与原文档相关联的结果”选项为粘贴的类型，单击【确定】命令按钮完成几何实体的关联粘贴，如图19-82所示。

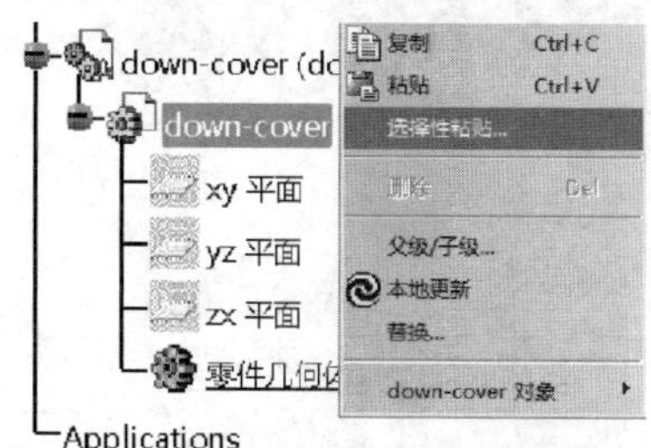

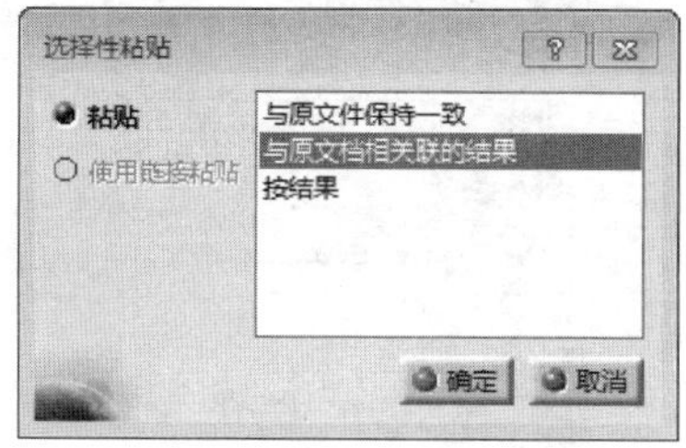

图19-82 关联几何实体

05 添加布尔运算。在“几何体.2”上右击并用鼠标指向“几何体.2对象”，再选取“添加”命令选项完成布尔运算。

06 关联分割曲面。选中目录树中“first-body”零件的“发布”项中的“拉伸.3”和“拉伸.4”曲面为复制对象，再按下Ctrl+C键复制出分割曲面。选中目录树中的“down-cover”零件并单击鼠标右键，在快捷菜单中选择“选择性粘贴”选项，选择“与原文档相关联的结果”选项为粘贴类型，并单击【确定】按钮，系统即可在“down-cover”零件目录树节点中添加“外部参考”曲面，如图19-83所示。

07 执行菜单栏中【插入】|【基于曲面的特征】|【分割】命令，选取“外部参考”项中的“拉伸.4”曲面为分割曲面，调整保留侧，单击【确定】命令按钮完成实体分割，如图19-84所示。

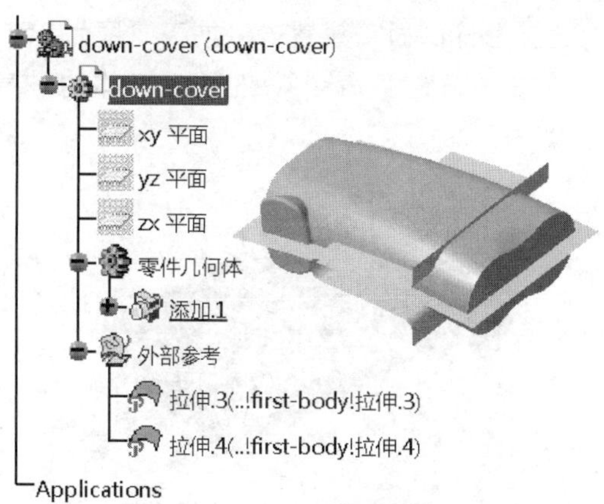

图19-83 关联分割曲面

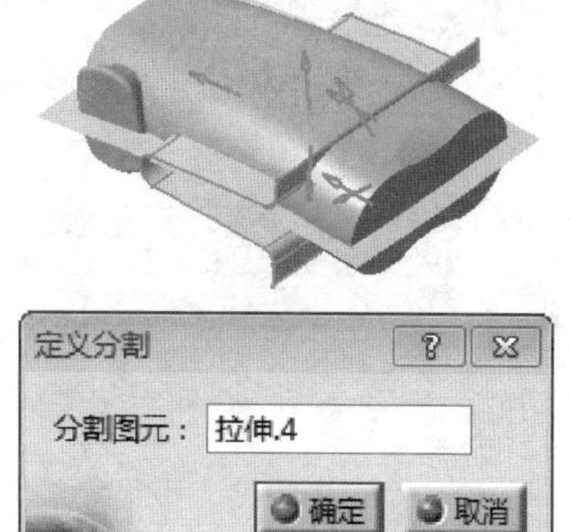

图19-84 分割实体

08 执行菜单栏中【插入】|【基于曲面的特征】|【分割】命令，选取“外部参考”项中的“拉伸.3”曲面为分割曲面，调整保留侧，单击【确定】命令按钮完成实体分割，如图19-85所示。

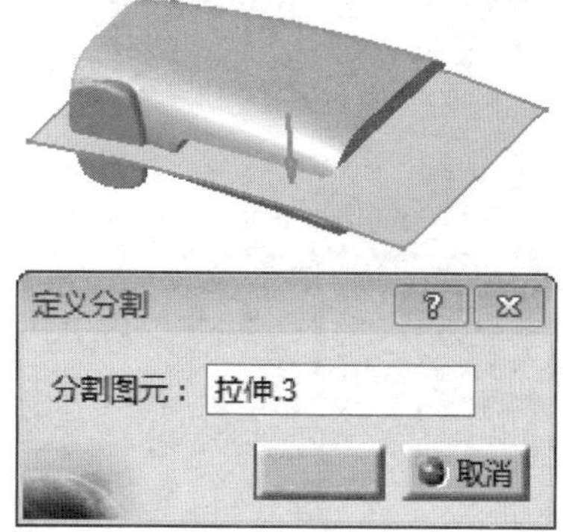

图19-85 分割实体

09 执行菜单栏中【插入】|【修饰特征】|【抽壳】命令，选取如图19-86所示的实体面

为要移除的面，设置内侧抽壳厚度为1.5，单击【确定】命令按钮完成实体的抽壳操作。

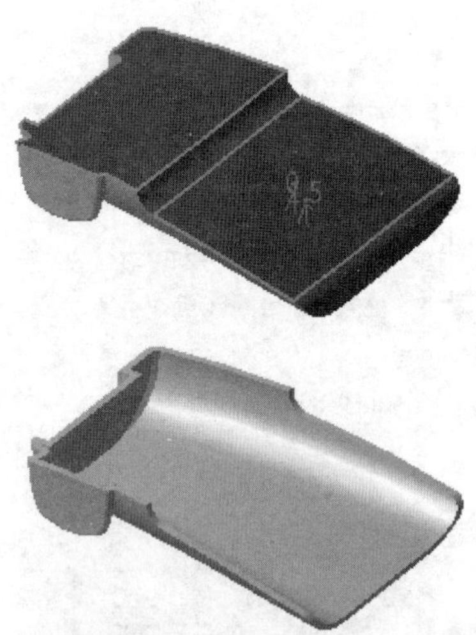

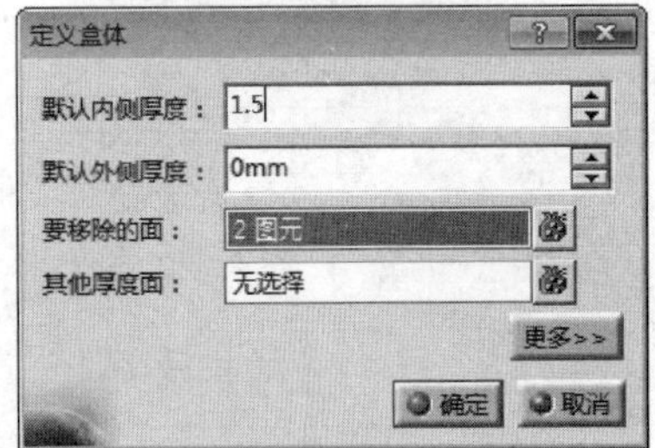

图19-86　实体抽壳

10 执行菜单栏中【插入】|【草图编辑器】|【草图】命令，选取图19-87所示的实体平面为草绘平面并绘制草图1。

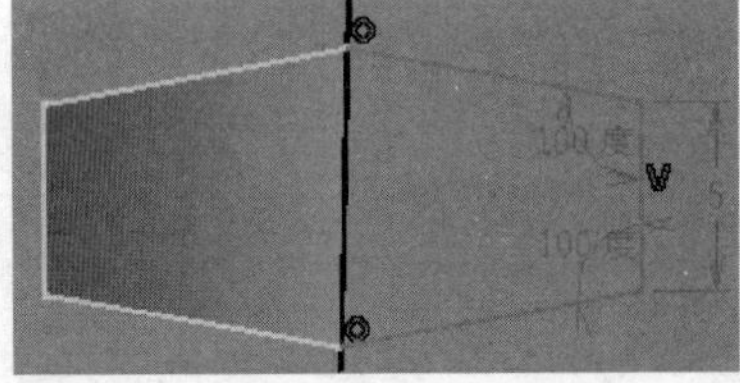

图19-87　草图1

高手支招

在绘制“草图1”时，可将“up-cover”零件显示出来，为绘制的草图轮廓提供相关的几何参考。

11 执行菜单栏中【插入】|【基于草图的特征】|【凹槽】命令，选取上步创建的“草图.1”为凹槽的轮廓线，设置凹槽的拉伸尺寸为3，如图19-88所示，单击【确定】命令按钮完成凹槽的创建。

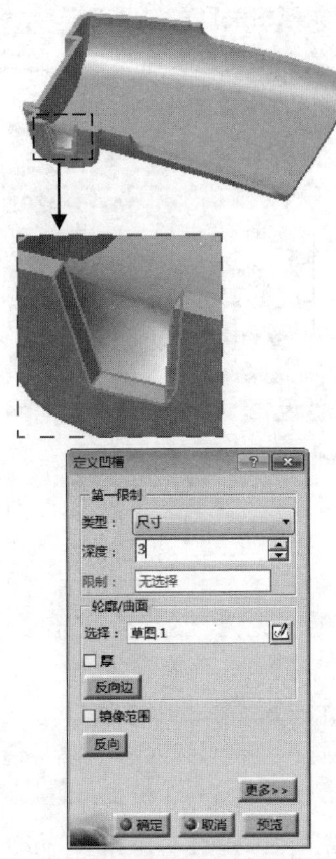

图19-88　创建凹槽特征

至此，剃须刀下盖的基本结构造型完成，用户可单独打开此零件文件进行更为详细具体的细节特征的创建。

5. 创建剃须刀端盖

操作步骤

01 双击目录树中的“Shaver”以激活装配设计平台，执行菜单栏中【插入】|【新建零件】命令，单击“是”命令按钮完成零件的新建。

02 修改新零件名称。在“Part1.4”名称上单击鼠标右键，再在快捷菜单中选择“属性”，在“产品”选项卡的“实例名称”和“零件编号”文本框中输入“end-cover”，单击【确定】命令按钮完成零件名称的修改。

03 创建零件关联参数。双击“end-cover”以激活零件设计平台，展开“first-body”目录树中的“发布”项并选中“零件几何体”，按下Ctrl+C键复制出first-body的实体几何图形。

04 关联粘贴几何实体。选中目录树中的“end-cover”零件并单击鼠标右键，在快捷菜单中选择“选择性粘贴”选项，选中“与原文档相关联的结果”选项为粘贴的类型，单击【确定】命令按钮完成几何实体的关联粘贴。

05 添加布尔运算。在“几何体.2”上右击并用鼠标指向“几何体.2对象”，再选取“添加”命令选项完成布尔运算。

06 关联分割曲面。选中目录树中“first-body”零件的“发布”项中的“拉伸.5”曲面为复制对象，再按下Ctrl+C键复制出分割曲面，选中目录树中的“end-cover”零件并单击鼠标右键，在快捷菜单中选择“选择性粘贴”选项，选择“与原文档相关联的结果”选项为粘贴类型，并单击【确定】按钮，系统即可在“end-cover”零件目录树节点中添加“外部参考”曲面，如图19-89所示。

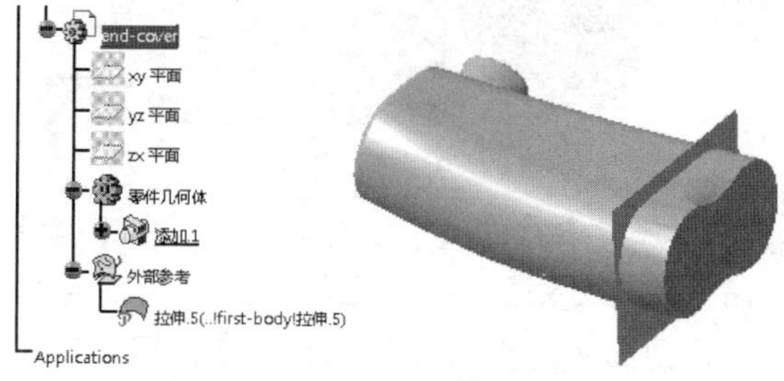

图19-89 关联分割曲面

07 执行菜单栏中【插入】|【基于曲面的特征】|【分割】命令，选取“拉伸.5”曲面为分割图元，如图19-90所示，单击【确定】命令按钮完成实体的分割。

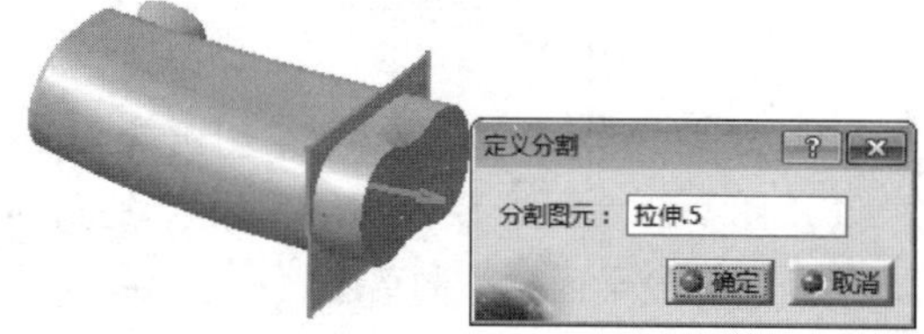

图19-90 分割实体

08 执行菜单栏中【插入】|【修饰特征】|【倒圆角】命令，选取实体上表面的边线为圆角对象，设置倒圆角的半径为2，如图19-91所示，单击【确定】命令按钮完成实体边圆角。

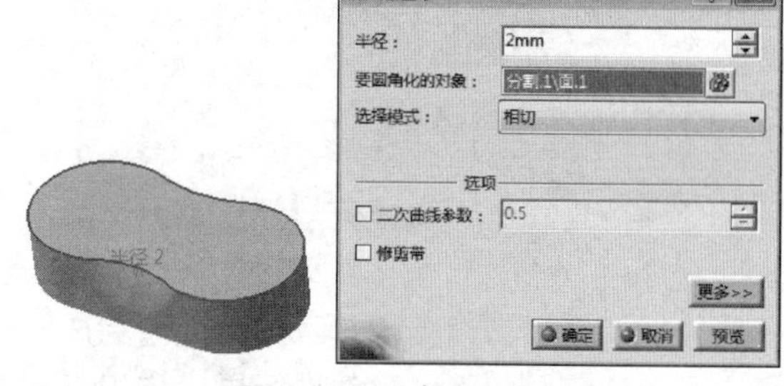

图19-91 创建圆角特征

09 执行菜单栏中【插入】|【修饰特征】|【抽壳】命令，选取实体的底面为抽壳需要移除的面，设置抽壳内侧厚度为1.5，单击【确定】命令按钮完成对实体的抽壳操作，如图19-92所示。

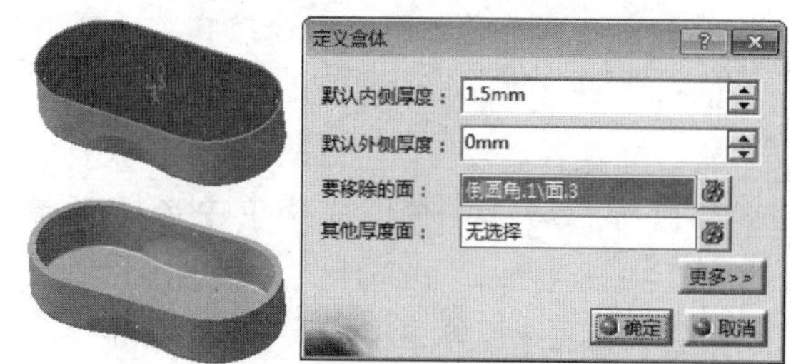

图19-92 实体抽壳

10 执行菜单栏中【插入】|【草图编辑器】|【草图】命令，选取如图19-93所示的实体表面为草绘平面并绘制草图1。

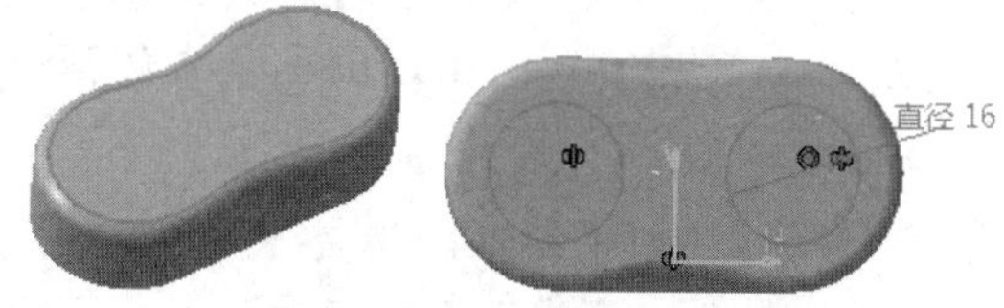

图19-93 草图1

11 执行菜单栏中【插入】|【基于草图的特征】|【凹槽】命令，在“第一限制”区域中设置拉伸类型为“直到最后”，选取上步创建的“草图.1”为凹槽的轮廓线，单击【确定】命令按钮完成凹槽的创建，如图19-94所示。

图19-94 创建凹槽特征

至此，剃须刀端盖的基本结构造型完成，用户可单独打开此零件文件进行更为详细具体的细节特征的创建。

6. 创建剃须刀隔板

操作步骤

01 双击目录树中的“Shaver”以激活装配设计平台，执行菜单栏中【插入】|【新建零件】命令，单击“是”命令按钮完成零件的新建。

02 修改新零件名称。在“Part1.5”名称上单击鼠标右键，再在快捷菜单中选择“属性”，在“产品”选项卡的“实例名称”和“零件编号”文本框中输入“septalium”，单击【确定】命令按钮完成零件名称的修改。

03 创建零件关联参数。双击“septalium”以激活零件设计平台，展开“first-body”目录树中的“发布”项并选中“零件几何体”，按下Ctrl+C键复制出first-body的实体几何图形。

04 关联粘贴几何实体。选中目录树中的“septalium”零件并单击鼠标右键，在快捷菜单中选择“选择性粘贴”选项，选中“与原文档相关联的结果”选项为粘贴的类型，单击【确定】命令按钮完成几何实体的关联粘贴。

05 添加布尔运算。在“几何体.2”上右击并鼠标指向“几何体.2对象”，再选取“添加”命令选项完成布尔运算。

06 关联分割曲面。选中目录树中“first-body”零件的“发布”项中的“拉伸.4”和“拉伸.5”曲面为复制对象，再按下Ctrl+C键复制出分割曲面，选中目录树中的“septalium”零件并单击鼠标右键，在快捷菜单中选择“选择性粘贴”选项，选择“与原文档相关联的结果”选项为粘贴类型，并单击【确定】按钮，系统即可在“septalium”零件目录树节点中添加“外部参考”曲面，如图19-95所示。

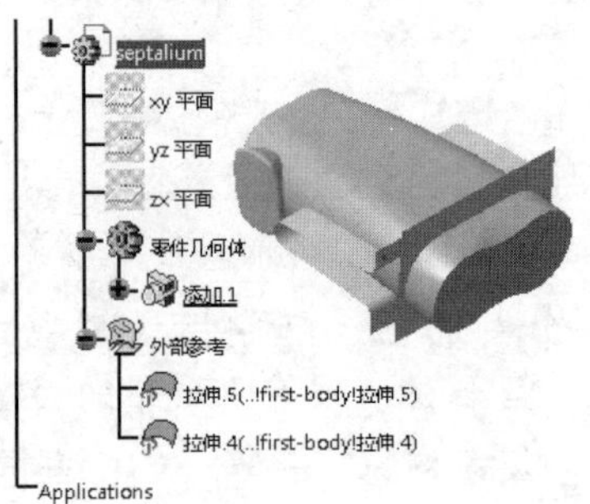

图19-95 关联分割曲面

07 执行菜单栏中【插入】|【基于曲面的特征】|【分割】命令，选取“拉伸.5”曲面为分割图元，如图19-96所示，单击【确定】命令按钮完成实体的分割。

图19-96 分割实体1

08 执行菜单栏中【插入】|【基于曲面的特征】|【分割】命令，选取“拉伸.4”曲面为分割图元，单击【确定】命令按钮完成实体的分割，如图19-97所示。

图19-97 分割实体2

09 执行菜单栏中【插入】|【草图编辑器】|【草图】命令，选取如图19-98所示的实体平面为草绘平面并绘制草图1。

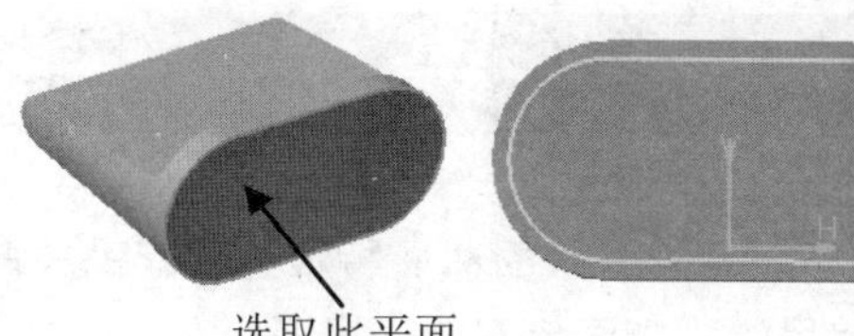

图19-98　草图1

10 执行菜单栏中【插入】|【基于草图的特征】|【凸台】命令，选取上步创建的“草图.1”为凸台的轮廓线，设置凸台的拉伸尺寸为6，单击【确定】命令按钮完成凸台的创建，如图19-99所示。

图19-99　创建凸台特征

11 执行菜单栏中【插入】|【草图编辑器】|【草图】命令，选取如图19-100所示的实体平面为草绘平面并绘制草图2。

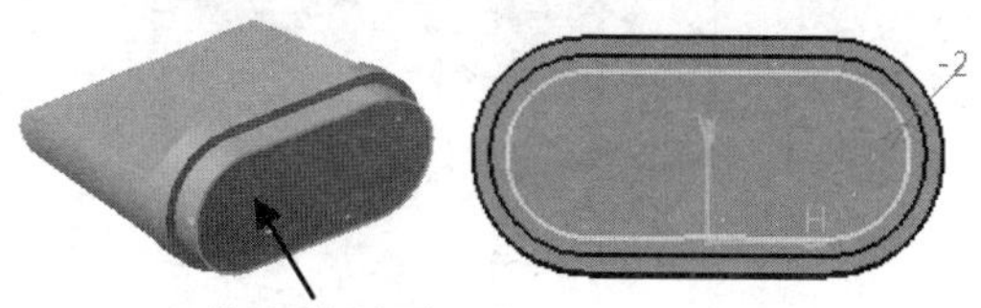

图19-100　草图2

12 执行菜单栏中【插入】|【基于草图的特征】|【凹槽】命令，选取上步创建的“草图.2”为凹槽的轮廓线，设置凹槽的拉伸尺寸为4，单击【确定】命令按钮完成凹槽的创建，如图19-101所示。

13 执行菜单栏中【插入】|【修饰特征】|【抽壳】命令，选取如图19-102所示的实体表面为抽壳移除的面，设置抽壳内侧厚度尺寸为1，单击【确定】命令按钮完成实体抽壳操作。

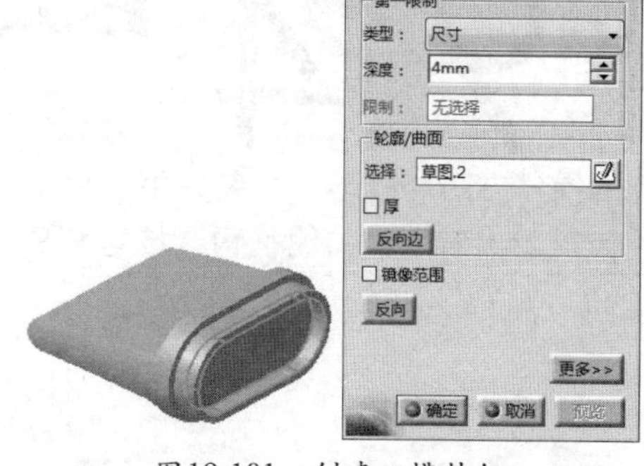

图19-101　创建凹槽特征

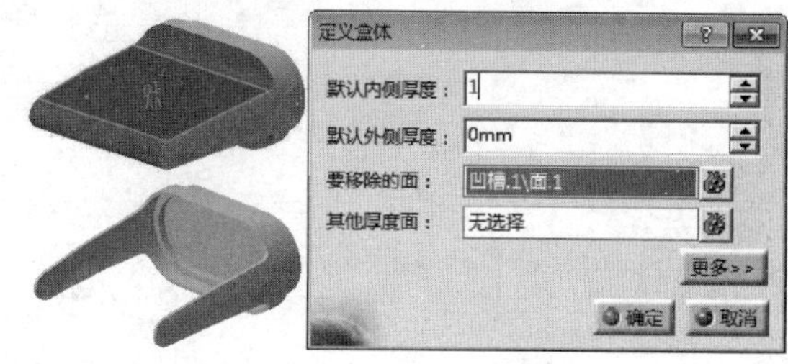

图19-102　实体抽壳

14 至此，剃须刀隔板槽的基本结构造型完成，用户可单独打开此零件文件进行更为详细具体的细节特征的创建，此处不再赘述。

7. 查看装配效果

操作步骤

01 选中“first-body”外形控件零件并将其隐藏，以简洁显示图形。

02 显示“up- cover”、“down-cover”、“end-cover”、“septalium”零部件，并分别对各零部件赋予不同的颜色，以区分不同的零部件，如图19-103所示。

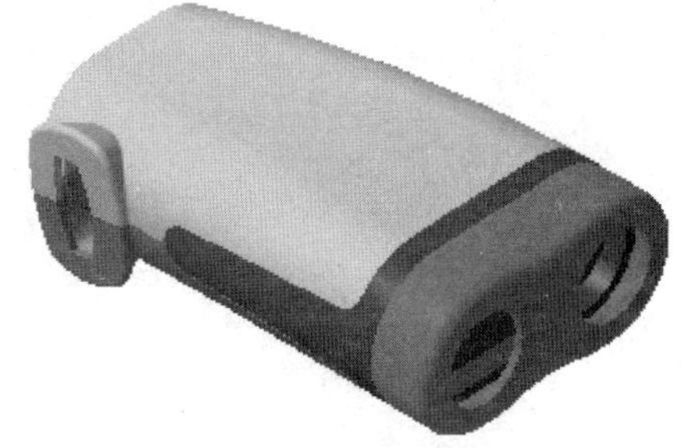

图19-103　着色显示各零部件

03 双击目录树中的“Shaver”以激活装配设计平台，按下Ctrl+S键保持图形窗口中显示的所有零部件文件。

19.4 课后习题

本章主要介绍了使用CATIA V5R21的曲面特征进行产品关联设计的操作方法和技巧，主要讲解和分析了关联设计中常用的“曲面分割法”思路。

为巩固本章所学的线框构造技巧和思路，特安排了如下习题，如图19-104所示。

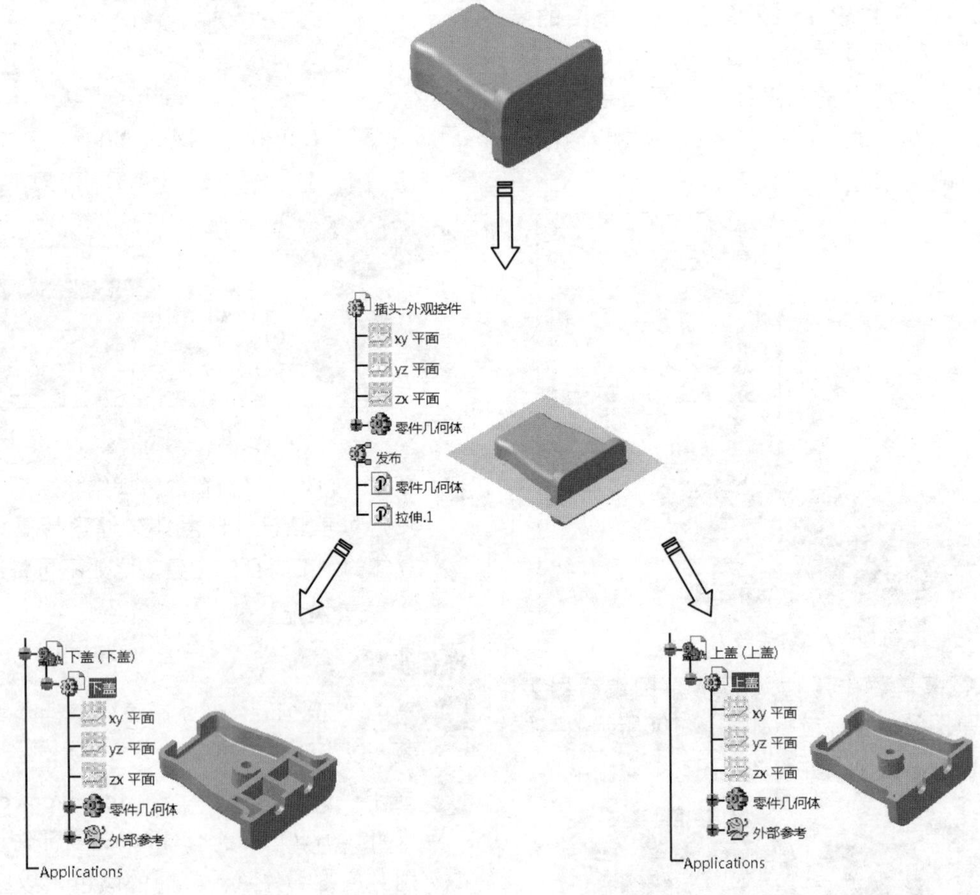

图19-104 插头关联设计流程

第20章 产品造型综合案例一

本章将以各种实际产品为原型进行造型案例的拆解和分析。主要运用了“创成式外形设计”和“零件设计”等基础设计平台构建产品的外观曲面形状，再通过前面章节已讲解的关联设计方法，来创建产品的各个零部件以及相关特征。

◎ 知识点01：QQ企鹅外观造型

◎ 知识点02：沐浴露瓶体外观造型

◎ 知识点03：电话听筒结构关联设计

◎ 知识点04：探照灯结果关联设计

中文版CATIA V5R21完全实战技术手册

20.1 QQ企鹅造型设计

引入光盘：无

结果文件：动手操作\结果文件\QQ企鹅\Ch20\Penguin.CATProduct

视频文件：视频\Ch20\QQ企鹅造型设计.avi

本节将以“QQ企鹅”为设计原型进行曲面造型的案例讲解，该产品是以塑料或陶瓷为材料的制品，其表面具有光滑、有光泽的特点。在进行曲面造型时，应重点注意曲线的光顺、连接方法与技巧，其次是曲面的分割和特征颜色修改等基本操作技巧。最终造型设计的结果如图20-1所示。

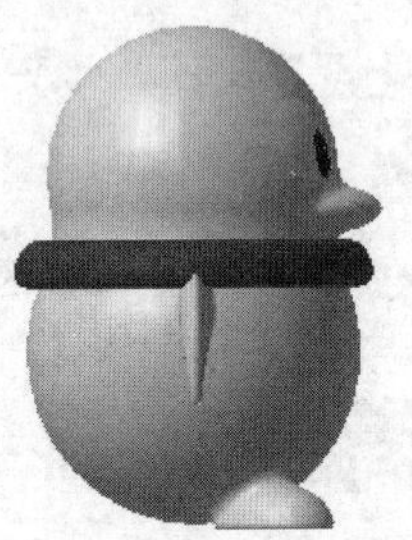

图20-1 QQ企鹅

20.1.1 造型流程分析

QQ企鹅是一款经典的消费品设计，其外形圆弧度较大，设计上要求曲线、曲面的连接流畅。同时为便于加工和制作，通常采用瓣合模的形式进行设计，因此，在产品的分型线两侧不可具有较大曲率变化的外形。其造型大致流程如图20-2所示。

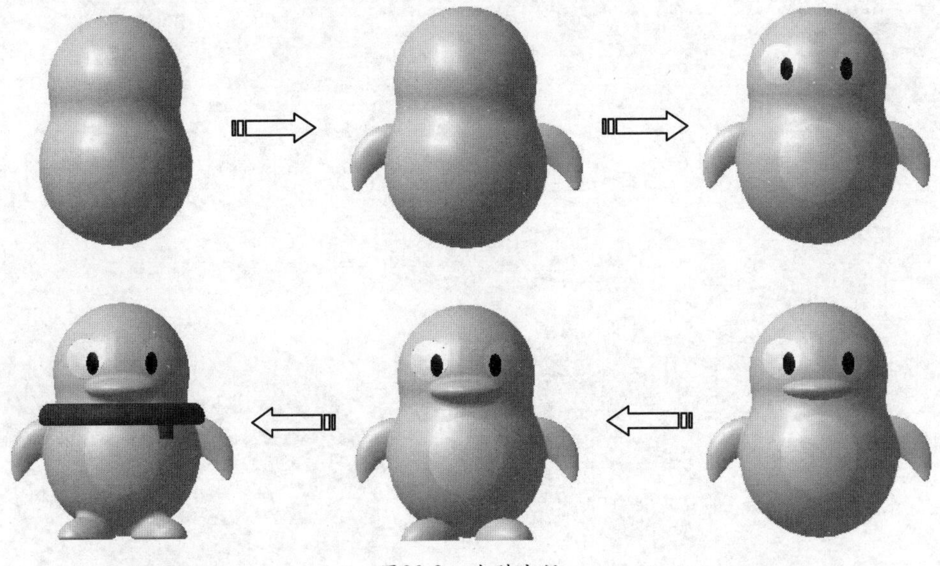

图20-2 造型流程

20.1.2 造型过程

下面将以图20-2所示的设计流程为指导，对QQ企鹅进行详细的造型步骤解析。在造型过程中应注意整体思路的运用和曲面相关技巧的使用。

1. 创建主体曲面

操作步骤

01 执行菜单栏中【开始】|【形状】|【创成式外形设计】命令，系统即可进入创成式外形设计平台。

02 执行菜单栏中【插入】|【草图编辑器】|【草图】命令，选取“YZ”平面为草绘平面，绘制如图20-3所示的草图1。

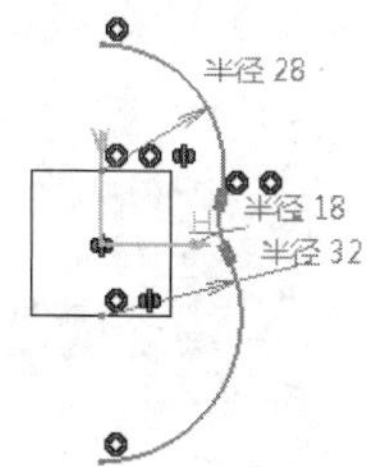

图20-3 草图1

03 执行菜单栏中【插入】|【曲面】|【旋转】命令，选取上步绘制的“草图.1”为旋转轮廓，在“旋转轴”文本框中右击并选取“Z轴”以指定旋转轴，设置旋转角度1为360，单击【确定】命令按钮完成旋转曲面的创建，如图20-4所示。

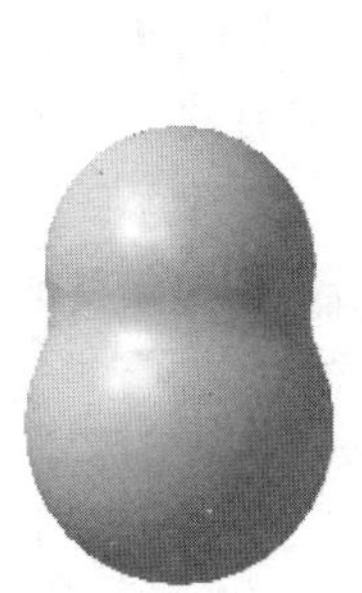

图20-4 创建旋转曲面

2. 创建双翼曲面

操作步骤

01 执行菜单栏中【插入】|【草图编辑器】|【草图】命令，选取“YZ”平面为草绘平面，并绘制如图20-5所示的草图2。

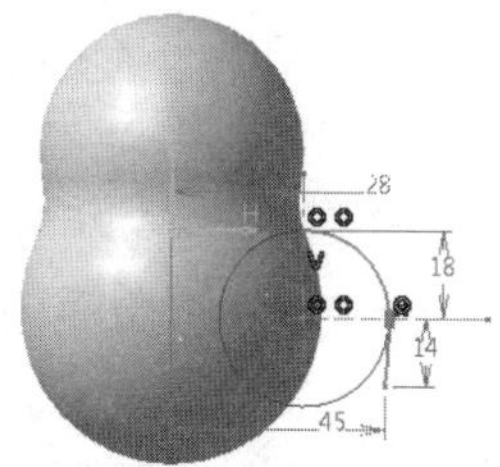

图20-5 草图2

02 执行菜单栏中【插入】|【草图编辑器】|【草图】命令，选取“YZ”平面为草绘平面并绘制如图20-6所示的草图3。

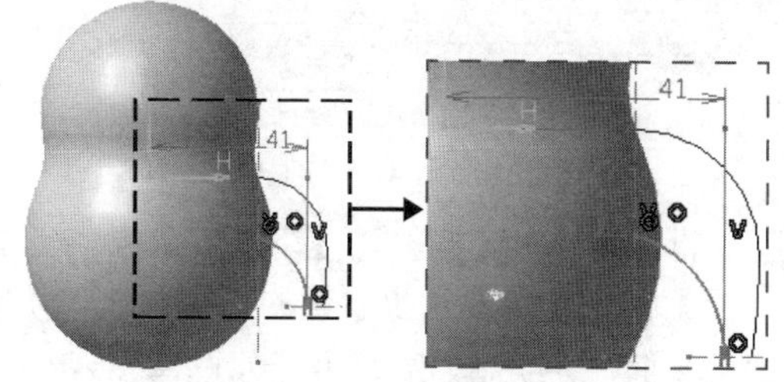

图20-6 草图3

03 执行菜单栏中【插入】|【线框】|【平面】命令，选取“平行通过点”为创建类型，选取“ZX”平面为参考平面，选取“草图.2”上的一端点为通过点，单击【确定】命令按钮完成平面的创建，如图20-7所示。

04 执行菜单栏中【插入】|【草图编辑器】|【草图】命令，选取上步创建的“平面.1”为草绘平面，并绘制如图20-8所示的草图4。

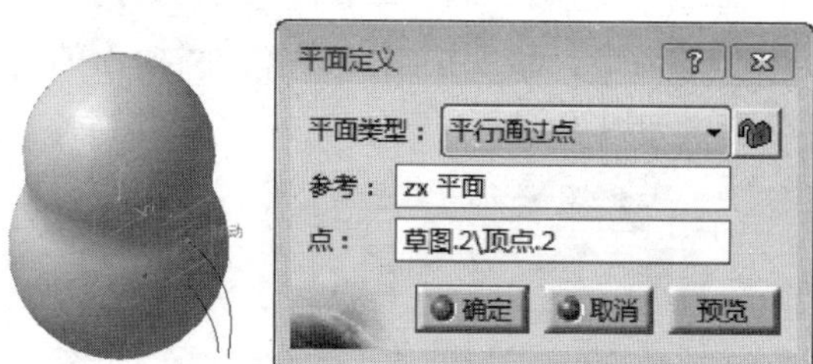

图20-7 创建参考平面1

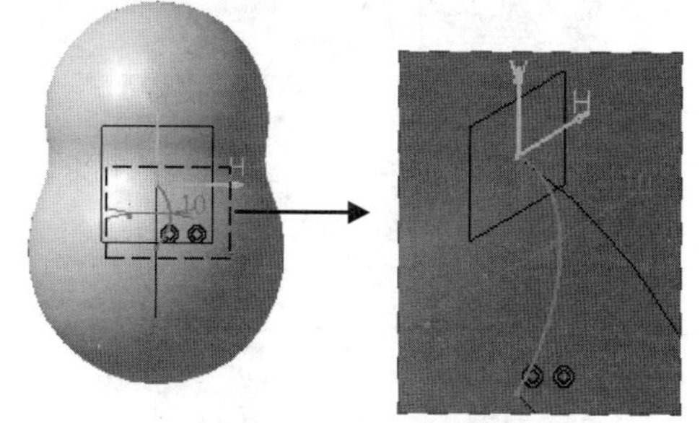

图20-8 草图4

05 执行菜单栏中【插入】|【线框】|【平面】命令，选取“平行通过点”为创建类型，选取“XY”平面为参考平面，选取“草图.3”上一端点为通过点，单击【确定】命令按钮完成平面的创建，如图20-9所示。

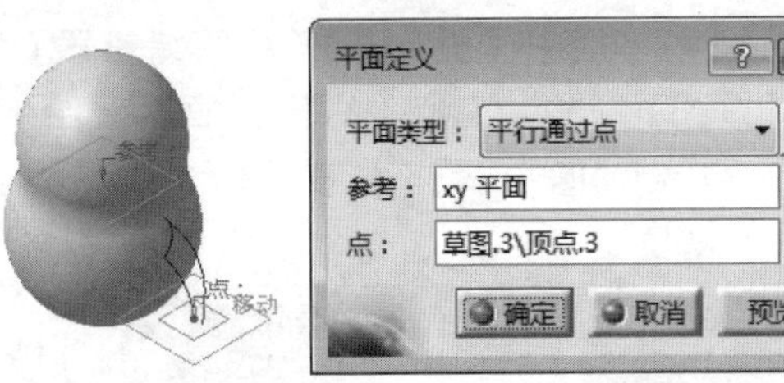

图20-9 创建参考平面2

06 执行菜单栏中【插入】|【草图编辑器】|【草图】命令，选取上步创建的"平面.2"为草绘平面，并绘制如图20-10所示的草图5。

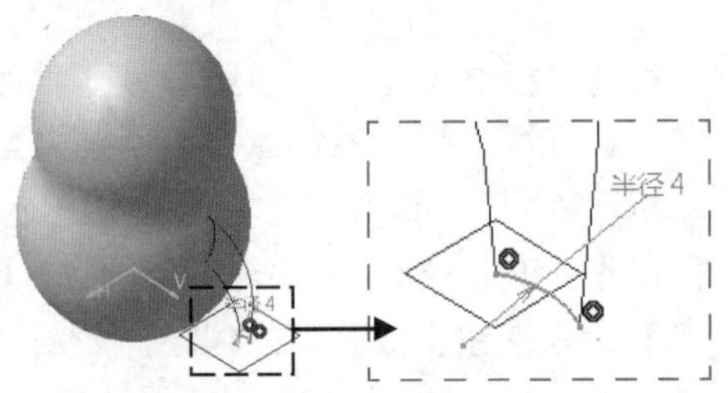

图20-10 草图5

07 执行菜单栏中【插入】|【曲面】|【多截面曲面】命令，选取"草图.4"和"草图.5"为轮廓线，激活"引导线"区域并选取"草图.2"和"草图.3"为引导线，单击【确定】命令按钮完成多截面曲面的创建，如图20-11所示。

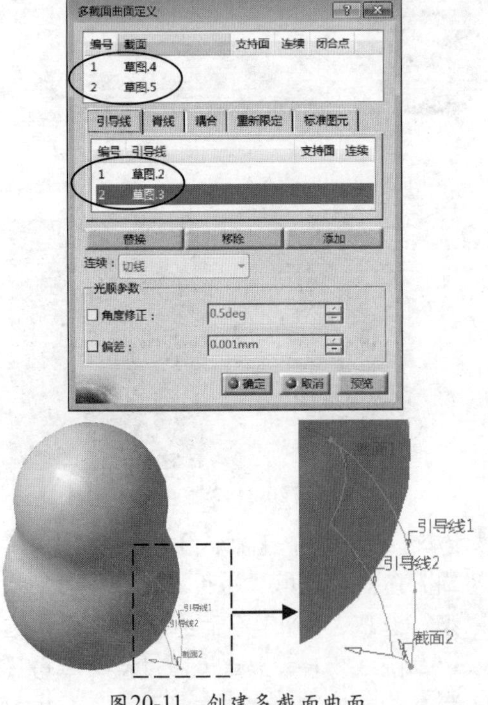

图20-11 创建多截面曲面

08 执行菜单栏中【插入】|【操作】|【对称】命令，选取上步创建的"多截面曲面.1"为对称图元，选取"YZ平面"为对称参考平面，单击【确定】命令按钮完成曲面的对称操作。

09 执行菜单栏中【插入】|【操作】|【接合】命令，选取"多截面曲面.1"和"对称.1"曲面为接合对象，使用系统默认的相关设置，单击【确定】命令按钮完成曲面接合操作，如图20-12所示。

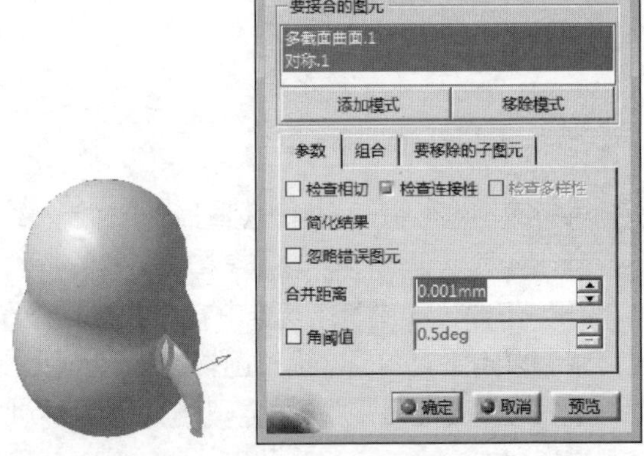

图20-12 创建接合曲面

10 执行菜单栏中【插入】|【操作】|【倒圆角】命令，选取上步创建的接合曲面为圆角对象，设置圆角半径为1，使用系统默认的相关参数，如图20-13所示，单击【确定】命令按钮完成曲面的圆角。

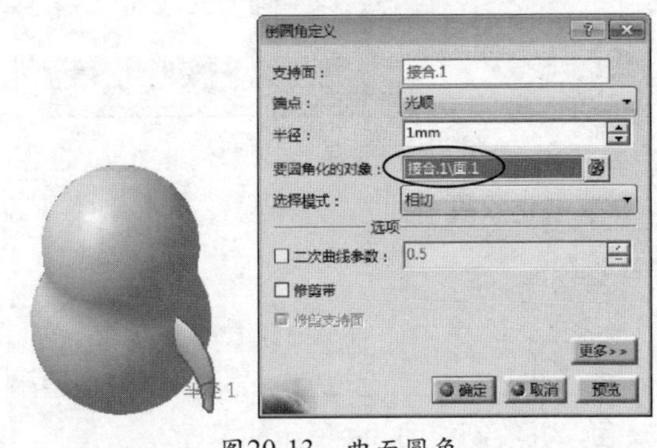

图20-13 曲面圆角

11 执行菜单栏中【插入】|【操作】|【对称】命令，选取"倒圆角.1"曲面为对称图元，选取"ZX平面"为对称参考平面，单击【确定】命令按钮完成曲面的对称操作，如图20-14所示。

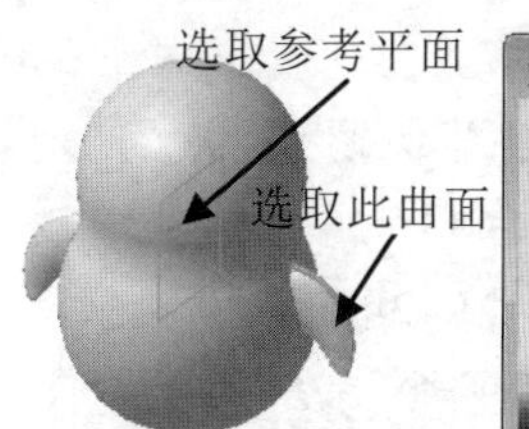

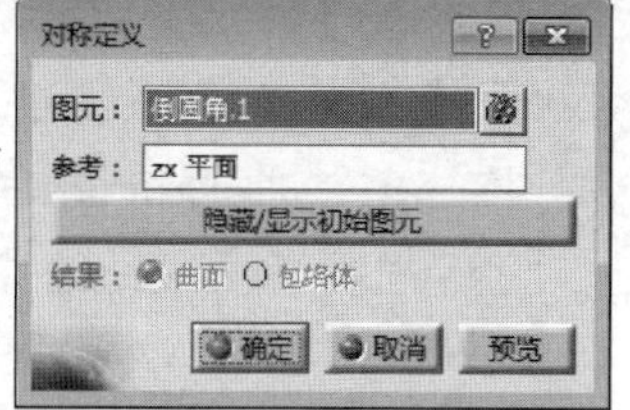

图20-14 创建对称曲面

12 执行菜单栏中【插入】|【操作】|【修剪】命令，选取“旋转曲面.1”、“倒圆角.1”和“对称.2”曲面为相互修剪的曲面对象，保留曲面外观显示的部分，如图20-15所示，单击【确定】命令按钮完成曲面的修剪。

图20-15 修剪曲面

13 执行菜单栏中【插入】|【操作】|【倒圆角】命令，选取双翼与主体曲面相交的两曲线为圆角边线，设置圆角半径为1，使用系统默认的相关设置，如图20-16所示，单击【确定】命令按钮完成曲面圆角的创建。

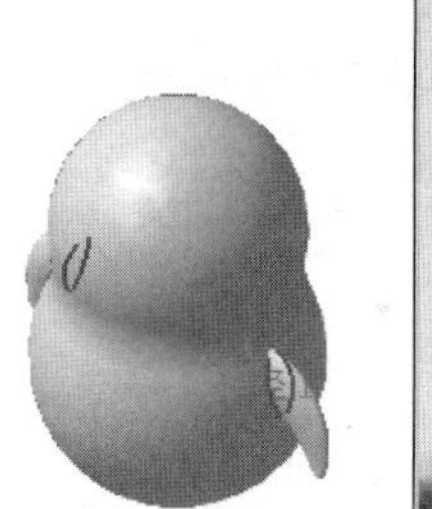

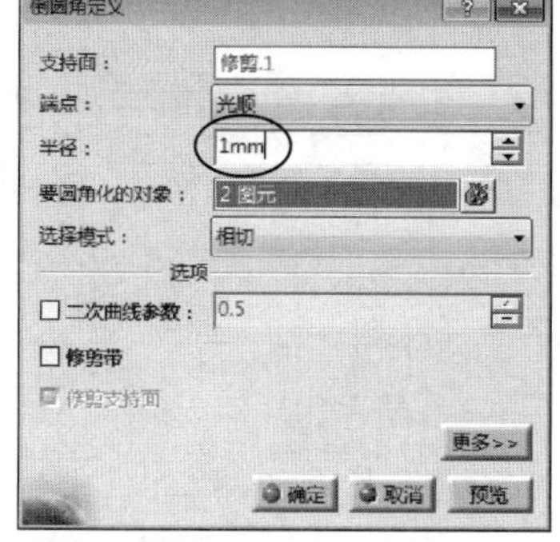

图20-16 曲面倒圆角

3. **创建企鹅面部特征**

操作步骤

01 执行菜单栏中【插入】|【草图编辑器】|【草图】命令，选取“YZ平面”为草图平面，并绘制如图20-17所示的草图6。

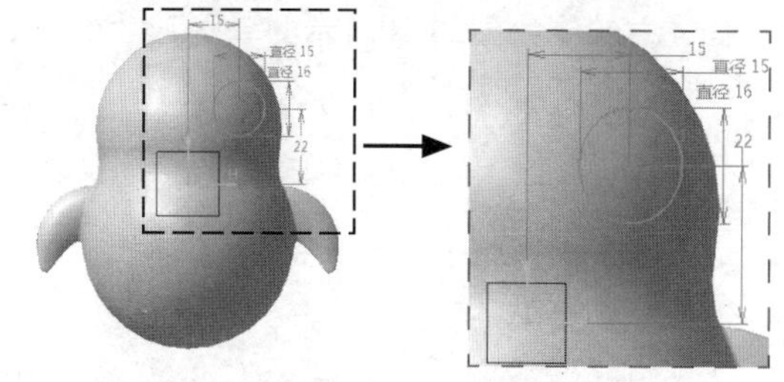

图20-17 草图6

02 执行菜单栏中【插入】|【线框】|【投影】命令，选择“沿某一方向”选项为投影的类型，选取“草图.6”为投影的曲线，选取“倒圆角.2”曲面为支持面，选取“YZ平面”以指定投影方向，单击【确定】命令按钮完成投影曲线的创建，如图20-18所示。

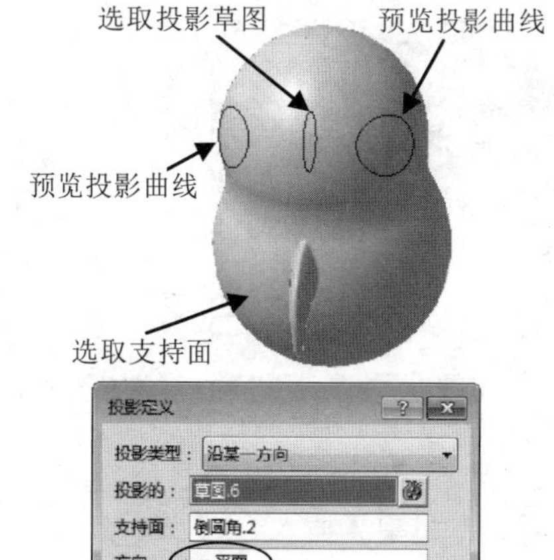

图20-18 创建投影曲线

提 示

在创建投影曲线时，如有多个解法，系统会提示是否使用“提取”命令对多个投影结果进行提取操作，如图20-19所示。

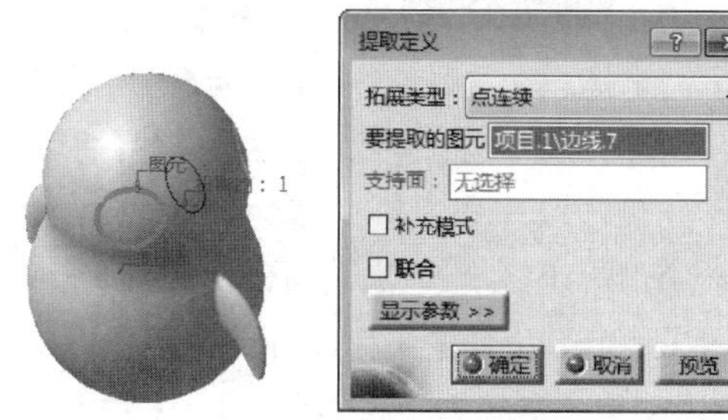

图20-19 提取投影结果

03 执行菜单栏中【插入】|【草图编辑器】|【草图】命令，选取“YZ平面”为草图平面，并绘制如图20-20所示的草图7。

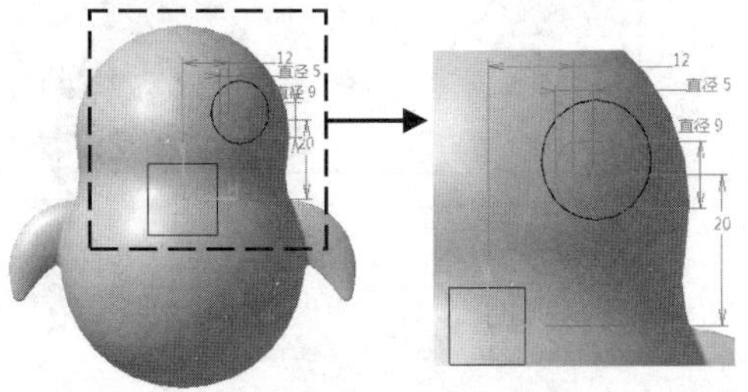

图20-20　草图7

04 执行菜单栏中【插入】|【线框】|【投影】命令，选取上步创建的“草图.7”为投影图元，选取“倒圆角.2”曲面为支持面，利用系统的插入提取功能提取投影结果，如图20-21所示。

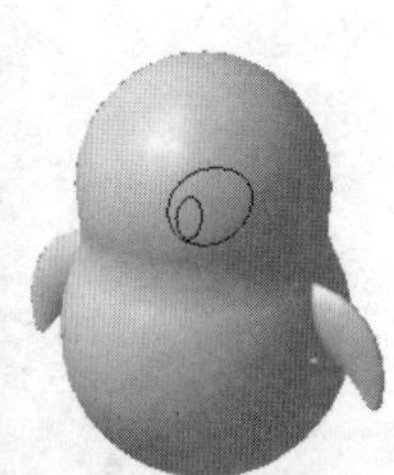

图20-21　创建投影曲线

05 执行菜单栏中【插入】|【操作】|【对称】命令，选取投影的两曲线特征为对称图元，选取“ZX平面”为对称参考平面，单击【确定】命令按钮完成对称操作，如图20-22所示。

图20-22　创建对称曲线

06 执行菜单栏中【插入】|【操作】|【分割】命令，选取“倒圆角.2”曲面为需要切除的图元，选取一条投影曲线为切除图元，勾选“保留双侧”选项，如图20-23所示，单击【确定】命令按钮完成曲面的分割。

07 再次执行菜单栏中【插入】|【操作】|【分割】命令，使用其他3条曲面上的曲线来分割曲面特征并保留双侧，分别将分割的曲面特征在其“属性”中修改颜色显示，结果如图20-24所示。

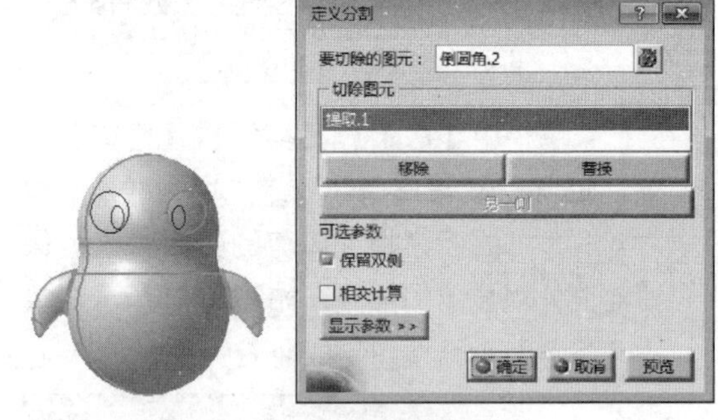

图20-23　分割曲面

图20-24　着色显示分割曲面

08 执行菜单栏中【插入】|【线框】|【平面】命令，选取“偏置平面”为创建类型，选取“YZ平面”为参考平面，设置偏置距离为28，偏置方向为正视方向，单击【确定】命令按钮完成新平面的创建，如图20-25所示。

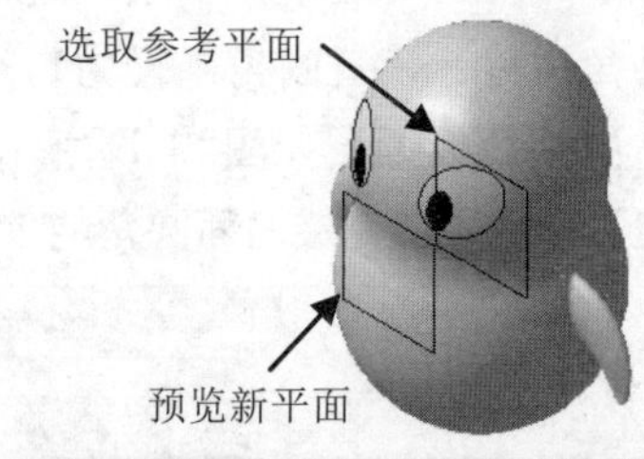

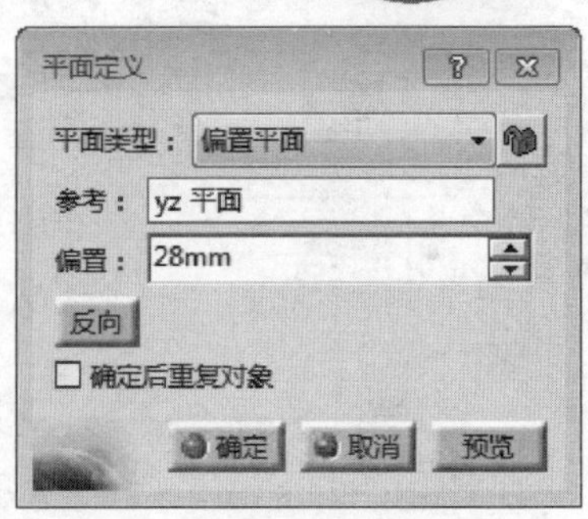

图20-25　创建参考平面3

09 执行菜单栏中【插入】|【操作】|【分割】命令，选取主体曲面“分割.5”为需要切除

的图元，选取上步创建的“平面.3”为切除图元，勾选“保留双侧”选项，单击【确定】命令按钮完成曲面的分割，将已分割的曲面片在“属性”中修改其颜色显示，结果如图20-26所示。

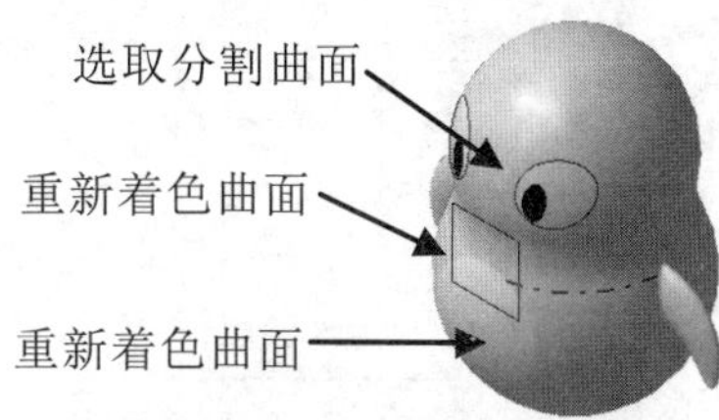

图20-26 分割并着色曲面

10 执行菜单栏中【插入】|【线框】|【平面】命令，选取“偏置平面”为创建类型，选取“XY平面”为参考平面，指定其向Z方向偏置10，单击【确定】命令按钮完成平面创建，如图20-27所示。

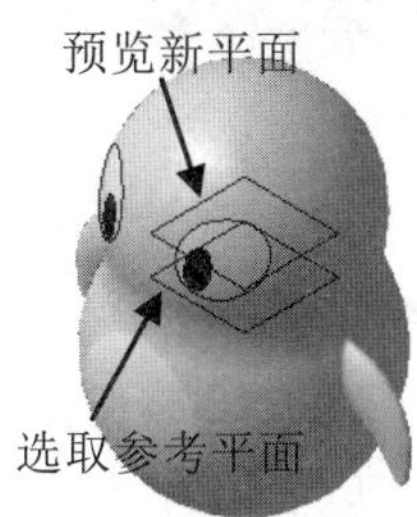

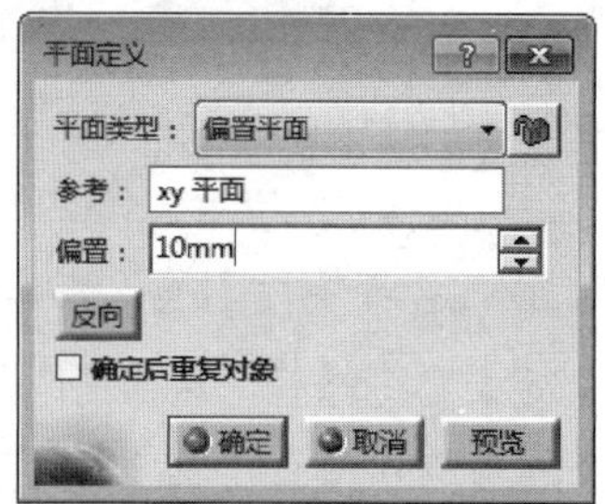

图20-27 创建参考平面4

11 执行菜单栏中【插入】|【草图编辑器】|【草图】命令，选取上步创建的“平面.4”为草图平面，绘制如图20-28所示的草图8。

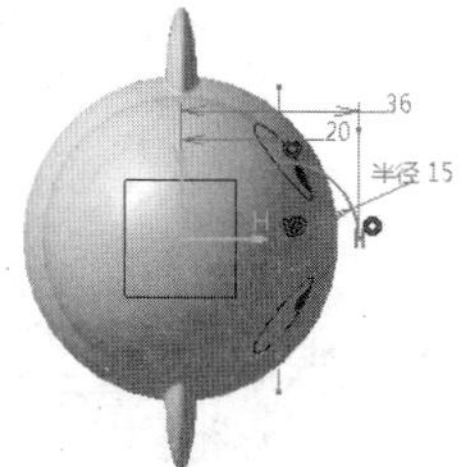

图20-28 草图8

12 执行菜单栏中【插入】|【操作】|【对称】命令，选取上步创建的“草图.8”为对称图元，选取“ZX平面”为参考平面，如图20-29所示，单击【确定】命令按钮完成曲线的对称操作。

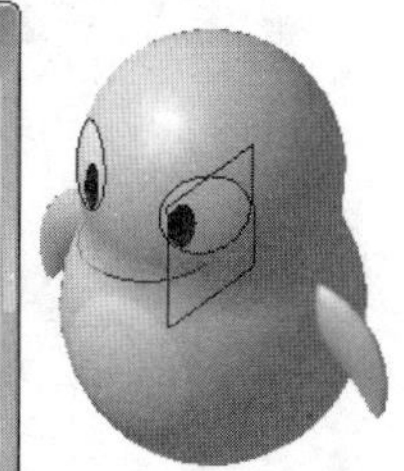

图20-29 创建对称曲线

13 执行菜单栏中【插入】|【线框】|【平面】命令，选取“平行通过点”为平面创建类型，选取“YZ平面”为参考平面，选取上步创建的曲线的一端点为通过点，单击【确定】命令按钮完成平面的创建，如图20-30所示。

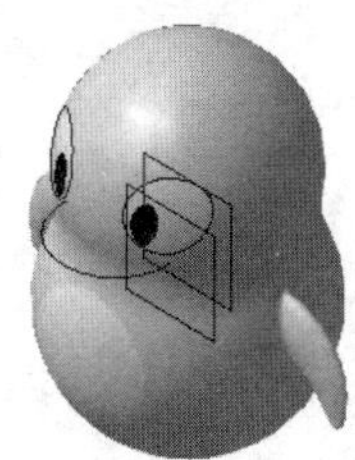

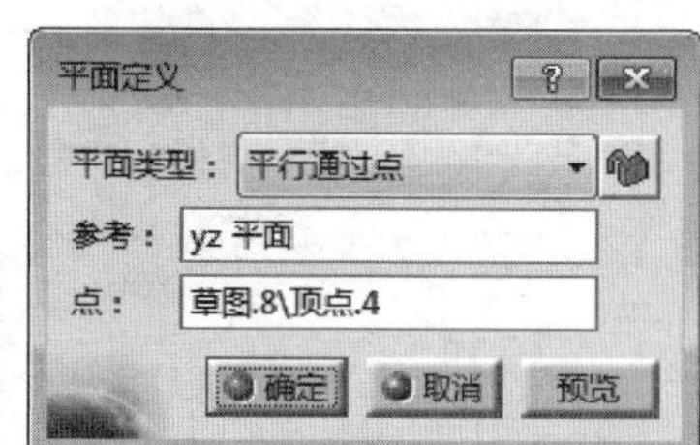

图20-30 创建参考平面5

14 执行菜单栏中【插入】|【草图编辑器】|【草图】命令，选取上步创建的“平面.5”为草图平面，绘制如图20-31所示的草图9。

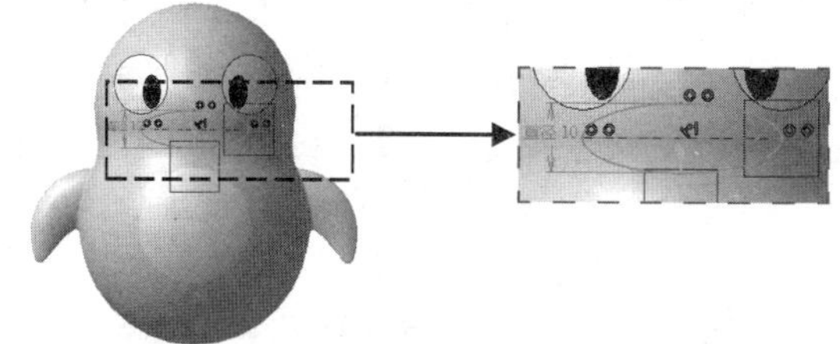

图20-31 草图9

15 执行菜单栏中【插入】|【线框】|【直线】命令，选取“点-方向”为直线的创建类型，选取“草图.8”上的端点为直线的参考点，选取“X部件”为直线的创建方向，在“终点”文本框中设置直线尺寸为20，如图20-32所示，单击【确定】命令按钮完成直线的创建。

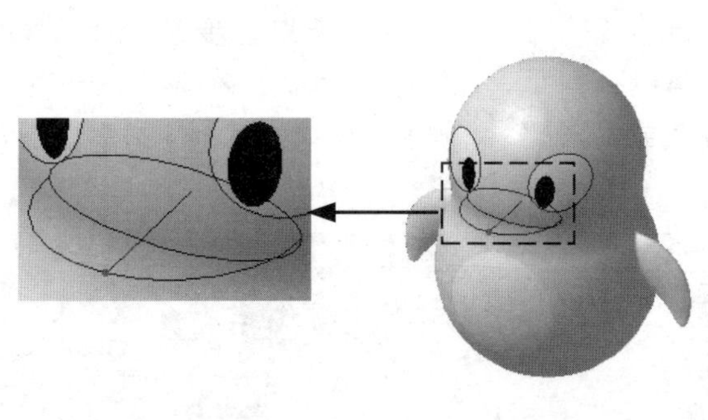
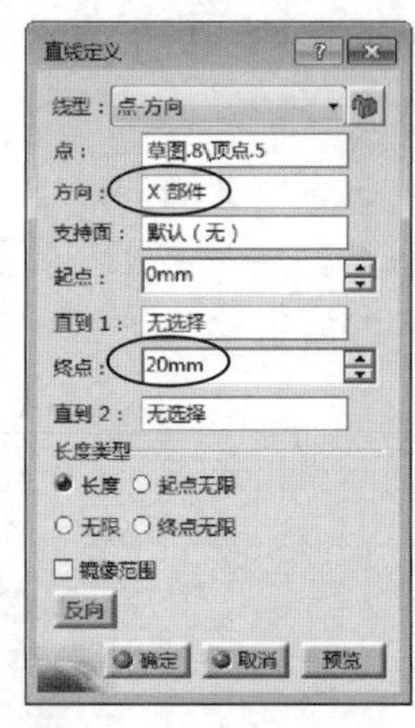

图20-32 创建直线

16 执行菜单栏中【插入】|【曲面】|【扫掠】命令，选择“使用两条引导曲线”选项为创建类型，选取“草图.9”为扫掠曲面的轮廓线，选取“草图.8”和“对称.5”曲线为引导曲线，选取“直线.1”为扫掠曲面的脊线，其他使用系统默认的相关设置，如图20-33所示，单击【确定】命令按钮完成扫掠曲面的创建。

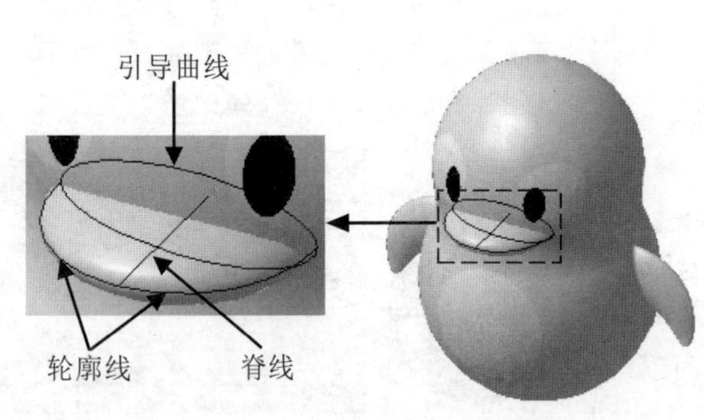

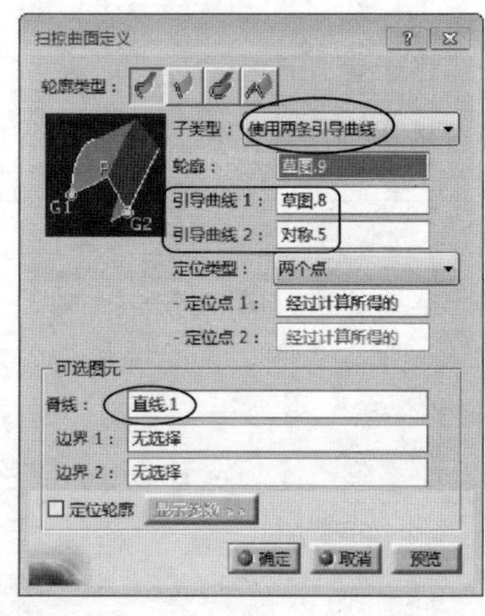

图20-33 创建扫掠曲面

17 执行菜单栏中【插入】|【操作】|【修剪】命令，选取主体曲面“分割.9”和上步创建的“扫掠1”曲面为修剪对象，保留曲面的外观部分，完成曲面的修剪。

18 执行菜单栏中【插入】|【操作】|【倒圆角】命令，选取企鹅嘴部与主体曲面的相交线为圆角边，设置圆角半径为3，如图20-34所示，单击【确定】命令按钮完成曲面圆角。

19 执行菜单栏中【插入】|【线框】|【平面】命令，选取“偏置平面”选项为创建类型，选取“XY平面”为参考平面，设置偏置距离为49并指定向下偏移，单击【确定】命令按钮完成平面的创建，如图20-35所示。

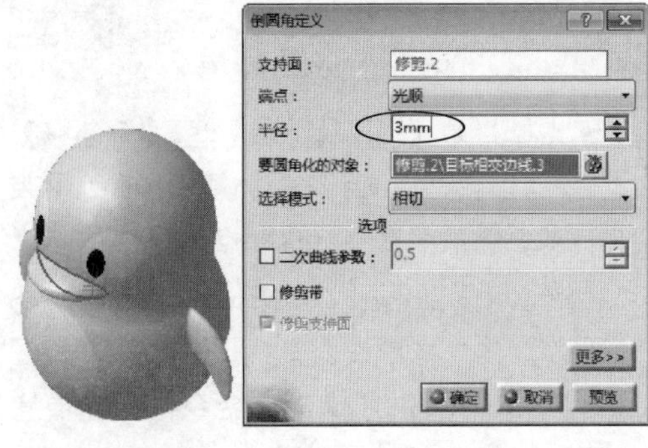

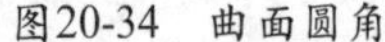

图20-34 曲面圆角

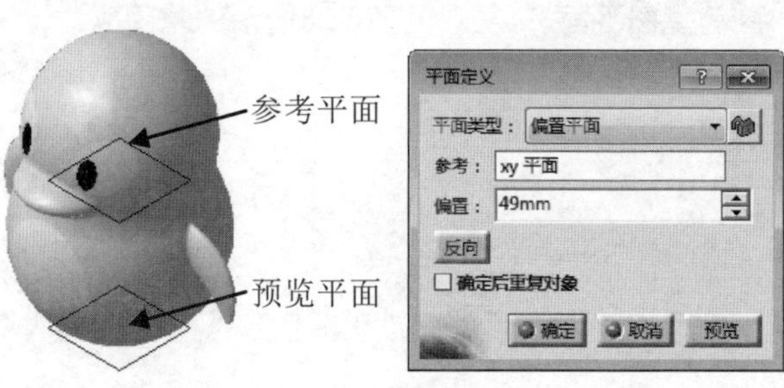

图20-35 创建参考平面6

4. 创建企鹅脚曲面

操作步骤

01 执行菜单栏中【插入】|【草图编辑器】|【草图】命令，选取上步创建的“平面.6”为草图平面，并绘制如图20-36所示的草图10。

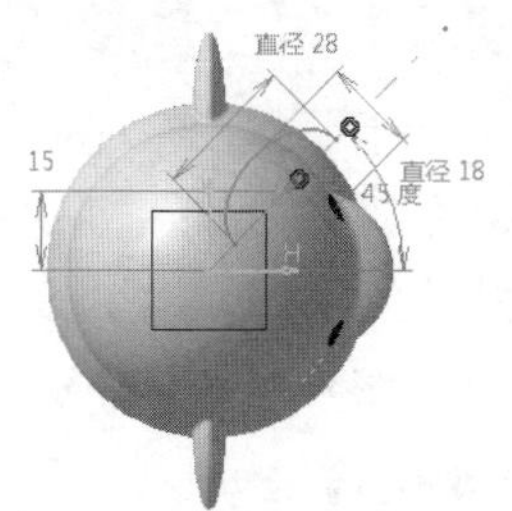

图20-36　草图10

02 执行菜单栏中【插入】|【曲面】|【旋转】命令，选取上步创建的“草图.10”为旋转曲面的轮廓线，使用系统默认的旋转轴，设置旋转角度1为360度，单击【确定】命令按钮完成旋转曲面的创建，如图20-37所示。

图20-37　创建旋转曲面

03 执行菜单栏中【插入】|【操作】|【分割】命令，选取上步创建的“旋转曲面.2”为要切除的图元，选取“平面.6”为切除图元，指定保留旋转曲面的上侧，如图20-38所示，单击【确定】命令按钮完成曲面的分割。

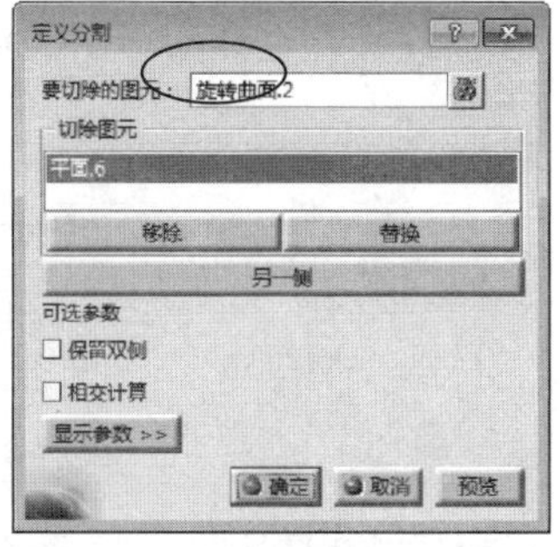

图20-38　分割曲面

04 执行菜单栏中【插入】|【操作】|【对称】命令，选取上步操作得到的“分割.11”曲面为对称图元，选取“ZX平面”为对称参考平面，单击【确定】命令按钮完成曲面对称操作，如图20-39所示。

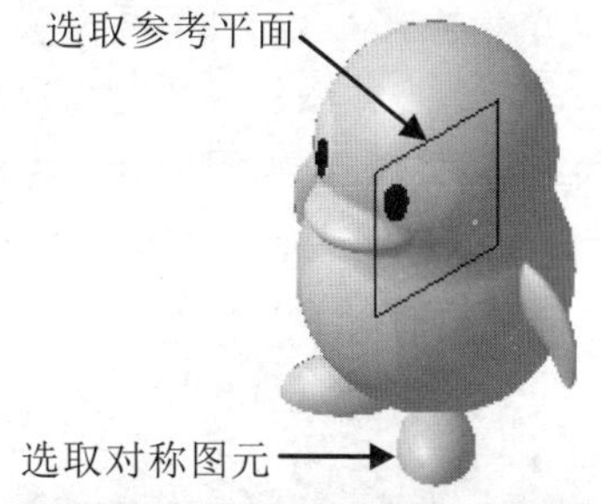

图20-39　创建对称曲面

05 多次执行菜单栏中【插入】|【操作】|【修剪】命令，分别选取企鹅主体曲面和企鹅双脚曲面特征为修剪对象，分别保留曲面的外部显示部分为修剪的效果，如图20-40所示。

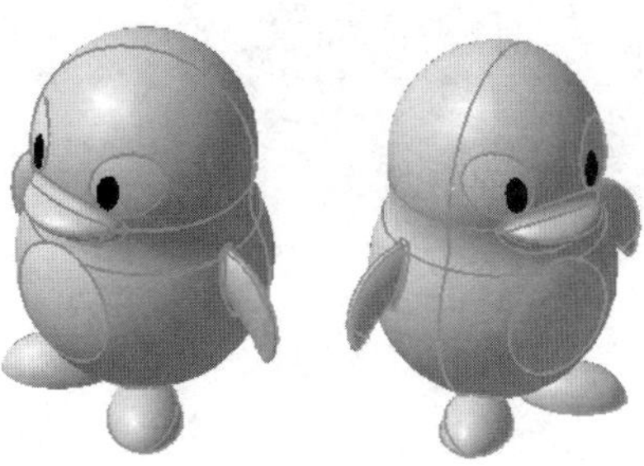

图20-40　修剪曲面

06 多次执行菜单栏中【插入】|【曲面】|【填充】命令，分别选取企鹅双脚曲面底部的边线为填充区域，分别创建出两填充曲面，结果如图20-41所示。

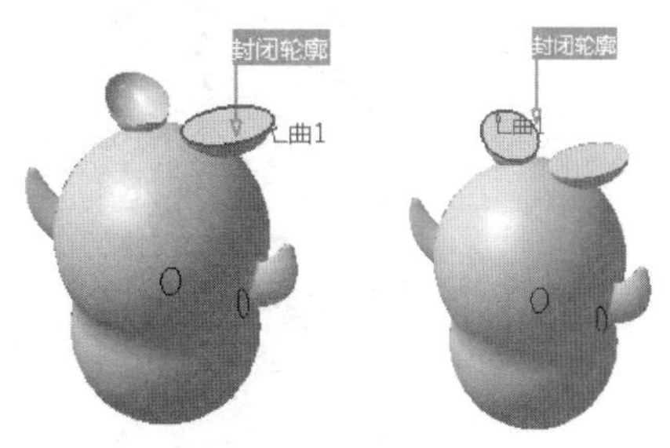

图20-41　创建填充曲面

07 执行菜单栏中【插入】|【操作】|【接合】命令，将上步创建的两填充曲面与其相邻的曲面进行接合操作。

08 执行菜单栏中【插入】|【操作】|【倒圆角】命令，选取如图20-42所示的两条曲面边线为圆角对象，设置圆角半径为1，单击【确定】命令按钮完成曲面倒圆角。

图20-42　曲面圆角

09 执行菜单栏中【插入】|【操作】|【倒圆角】命令，选取如图20-43所示的两条曲面边线为圆角对象，设置圆角半径为2，单击【确定】命令按钮完成曲面倒圆角。

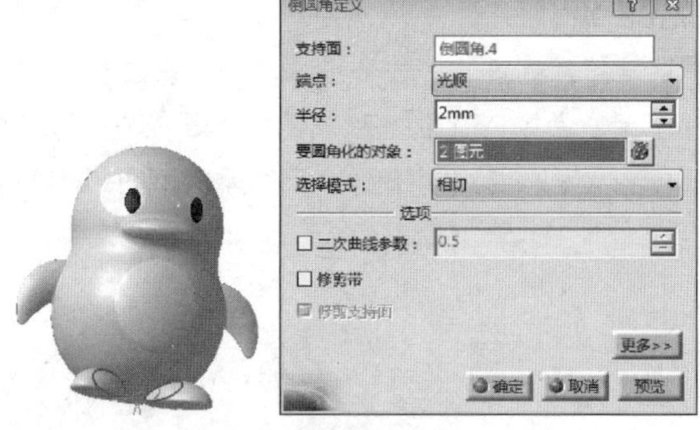

图20-43　曲面倒圆角

5. 创建企鹅装饰

操作步骤

01 执行菜单栏中【插入】|【草图编辑器】|【草图】命令，选取“XY平面”为草图平面，并绘制如图20-44所示的草图11。

02 执行菜单栏中【插入】|【草图编辑器】|【草图】命令，选取“YZ平面”为草图平面，并绘制如图20-45所示的草图12。

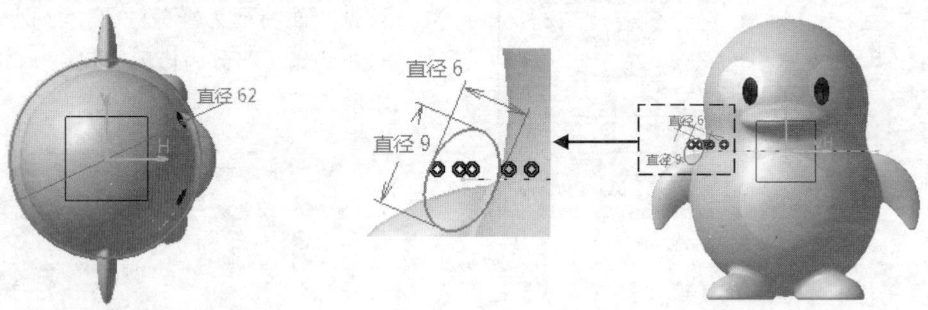

图20-44　草图11　　　图20-45　草图12

03 执行菜单栏中【插入】|【曲面】|【扫掠】命令，选择“使用参考曲面”选项为扫掠曲面的创建类型，选取“草图.12”为扫掠曲面的轮廓线，选取“草图.11”为引导曲线，如图20-46所示，单击【确定】命令按钮完成扫掠曲面的创建。

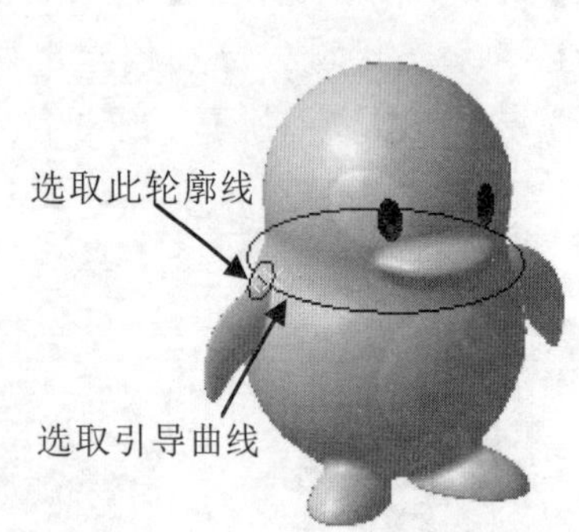

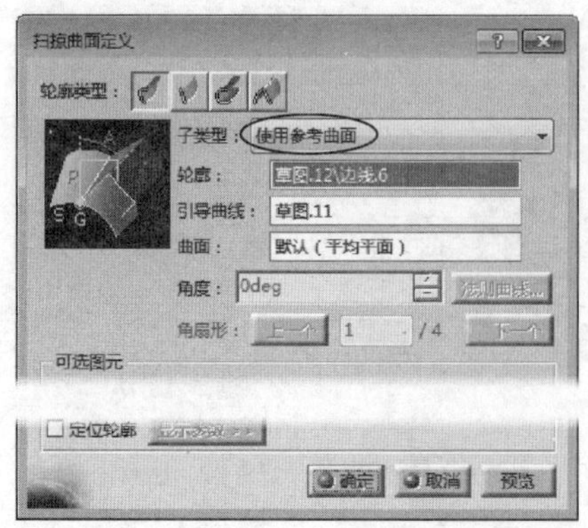

图20-46　创建扫掠曲面

04 选中上步创建的“扫掠.2”曲面，单击鼠标右键并选取“属性”选项，再调整该特征的显示颜色，结果如图20-47所示。

05 执行菜单栏中【插入】|【线框】|【点】命令，在“点类型”下拉列表中选取“曲线上”选项，选取“草图.11”为点的参考曲线，使用系统默认的参考点，勾选“曲线长度比率”选项，并在比率文本框中输入-0.08以指定点在曲线上的位置，单击【确定】命令按钮完成曲线上点的创建，如图20-48所示。

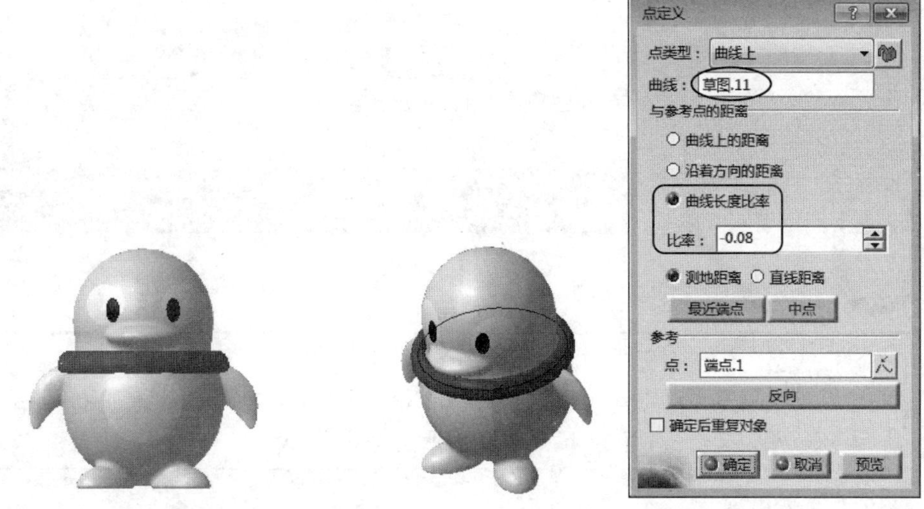

图20-47　着色显示扫掠曲面　　图20-48　创建曲线上的点

06 执行菜单栏中【插入】|【线框】|【直线】命令，选取“点-方向”选项为直线的创建方式，选取上步创建的“点.1”为参考点，选取“Z部件”为直线的延伸方向，在“终点”文本框中设置直线长度为10，单击【确定】命令按钮完成直线的创建，如图20-49所示。

07 执行菜单栏中【插入】|【草图编辑器】|【草图】命令，选取“XY平面”为草图平面，并绘制如图20-50所示的草图13。

图20-49　创建直线　　图20-50　草图13

08 执行菜单栏中【插入】|【曲面】|【扫掠】命令，选取“使用参考曲面”为扫掠曲面的创建方式，选取“草图.13”为扫掠曲面的轮廓曲线，选取“直线.2”为引导曲线，使用系统默认的其他相关设置，单击【确定】命令按钮完成扫掠曲面的创建，如图20-51所示。

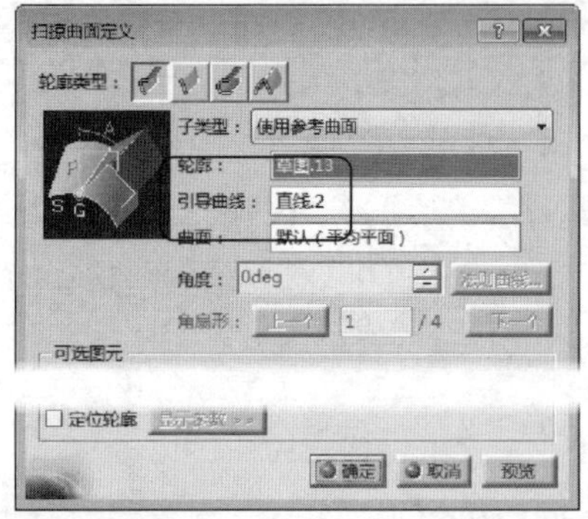

图20-51　创建扫掠曲面

20.2 沐浴露瓶体造型设计

引入光盘：无
结果文件：动手操作\结果文件\沐浴露瓶\Ch20\bottle.CATProduct
视频文件：视频\Ch20\沐浴露瓶造型设计.avi

本节将以“沐浴露瓶体”为设计原型进行曲面造型的案例讲解，该产品是一种塑料制品，其表面具有规则光滑的特点。在进行曲面造型时，应重点注意各曲线、曲面的连接方法和技巧，以达到光顺连接曲面的设计目标。最终造型设计的结果如图20-52所示。

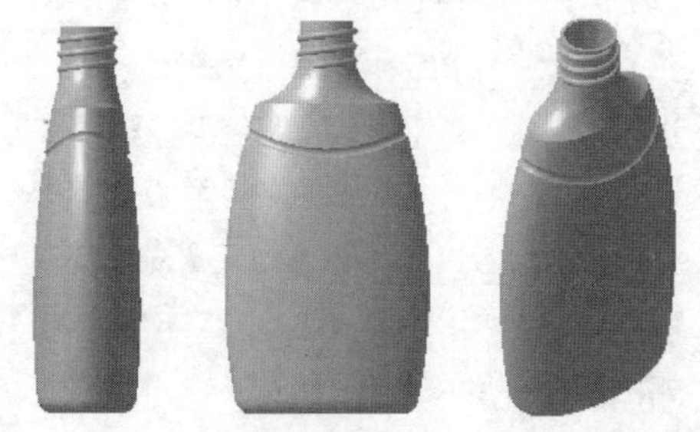

图20-52　沐浴露瓶体

20.2.1　造型流程分析

沐浴露瓶体是一种塑胶消费品设计，其外形圆弧程度规则，设计上要求曲线、曲面的连接流畅即可。其造型大致流程如图20-53所示。

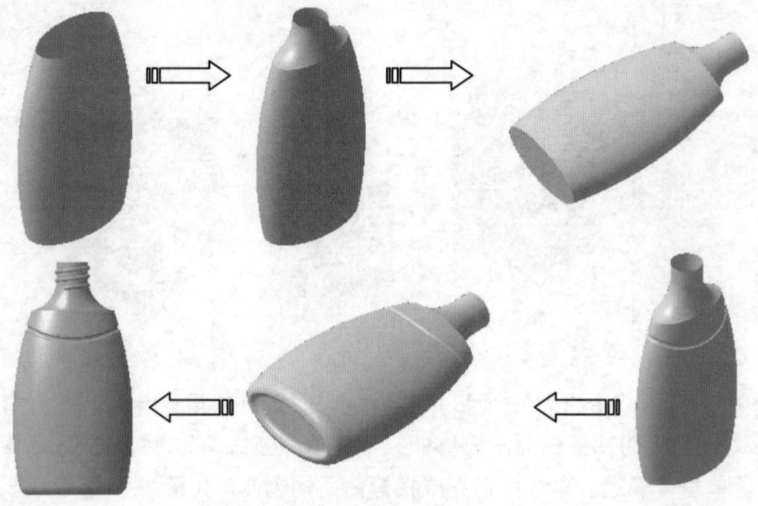

图20-53　造型流程

20.2.2 造型过程

下面将以图20-53所示的设计流程为指导，对沐浴露瓶体进行详细的造型步骤解析。在造型过程中应注意曲线的构建技巧和曲面的连接方式。

操作步骤

01 执行菜单栏中【开始】|【形状】|【创成式外形设计】命令，系统即可进入创成式外形设计平台。

02 执行菜单栏中【插入】|【草图编辑器】|【草图】命令，选取“XY”平面为草绘平面，并绘制如图20-54所示的草图1。

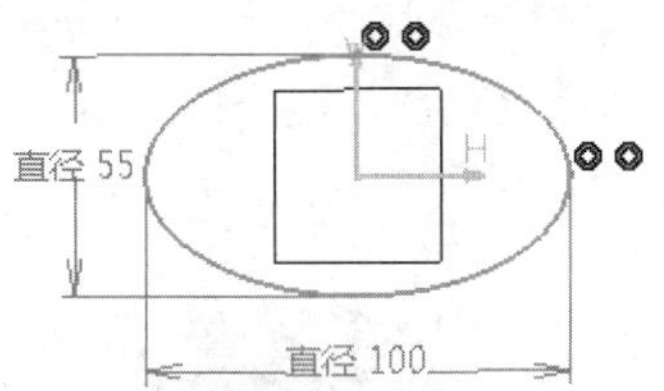

图20-54 草图1

03 执行菜单栏中【插入】|【线框】|【平面】命令，选择“偏置平面”为创建类型，选取“XY”平面为参考平面，设置偏移距离170，并指定偏置方向为Z轴正方向，单击【确定】命令按钮完成平面的创建，如图20-55所示。

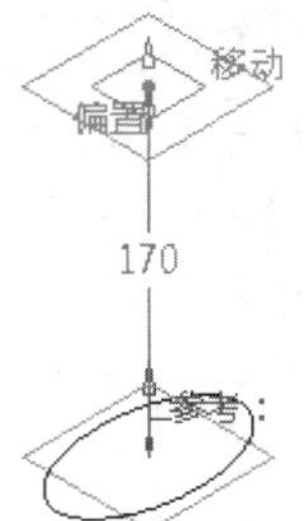

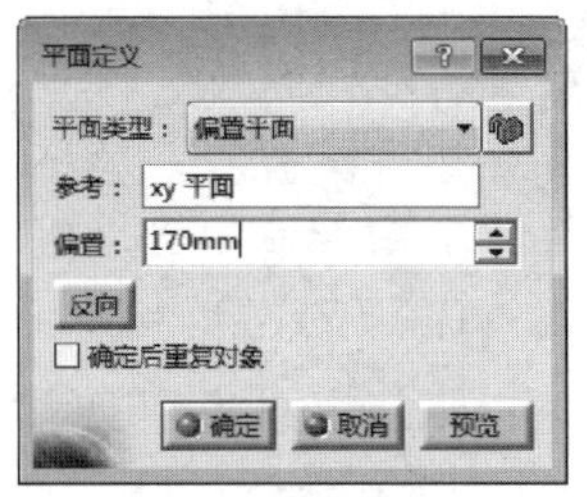

图20-55 创建参考平面1

04 执行菜单栏中【插入】|【草图编辑器】|【草图】命令，选取上步创建的“平面.1”为草图平面，并绘制如图20-56所示的草图2。

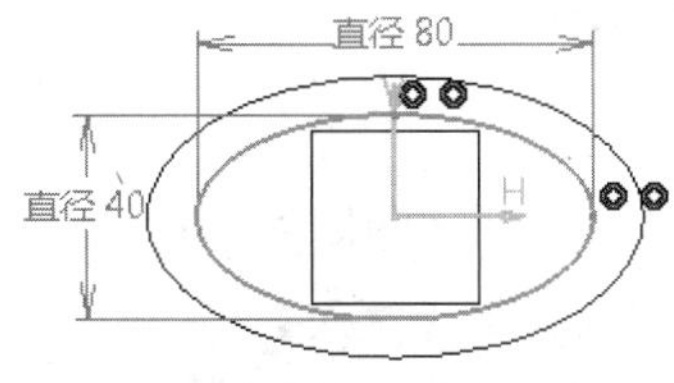

图20-56 草图2

05 执行菜单栏中【插入】|【草图编辑器】|【草图】命令，选取“ZX平面”为草图平面，并绘制如图20-57所示的草图3。

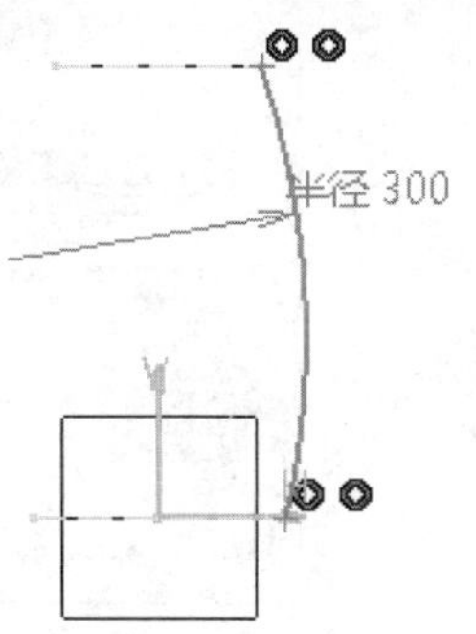

图20-57 草图3

06 执行菜单栏中【插入】|【操作】|【对称】命令，选取上步创建的“草图.3”曲线为对称图元，选取“YZ平面”为参考平面，单击【确定】命令按钮完成曲线的对称操作，如图20-58所示。

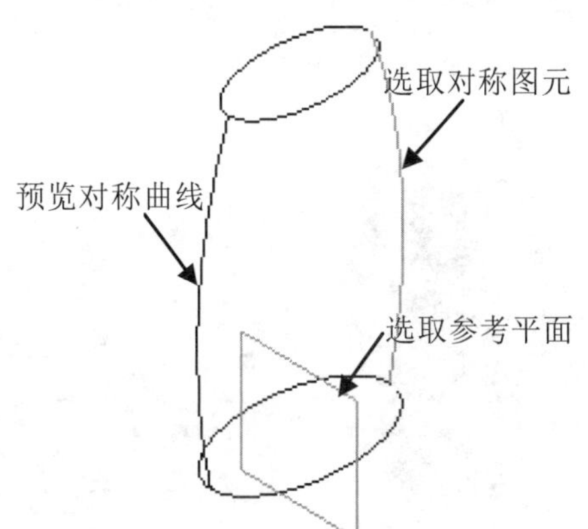

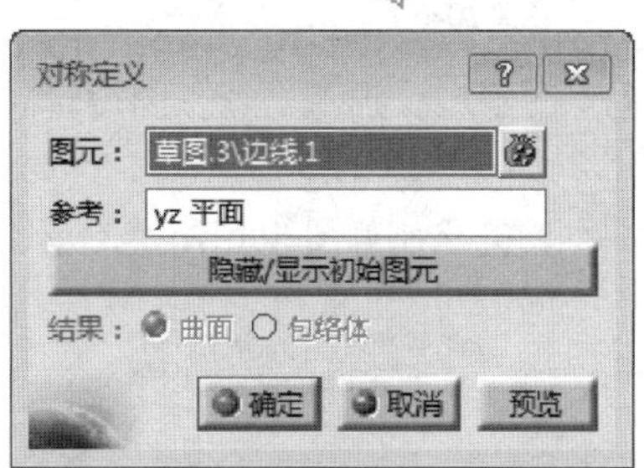

图20-58 创建对称曲线

07 执行菜单栏中【插入】|【曲面】|【多截面曲面】命令，选取“草图.1”和“草图.2”曲线为多截面曲面的轮廓线，激活“引导线”区域，分别选取“草图.3”和“对称.1”曲线为多截面曲面的引导线，单击【确定】命令按钮完成多截面曲面的创建，如图20-59所示。

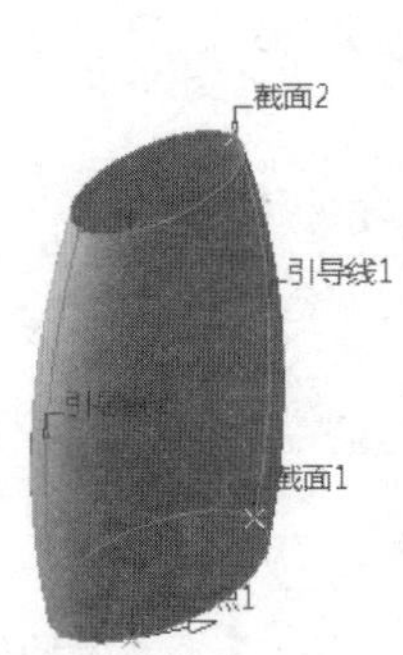

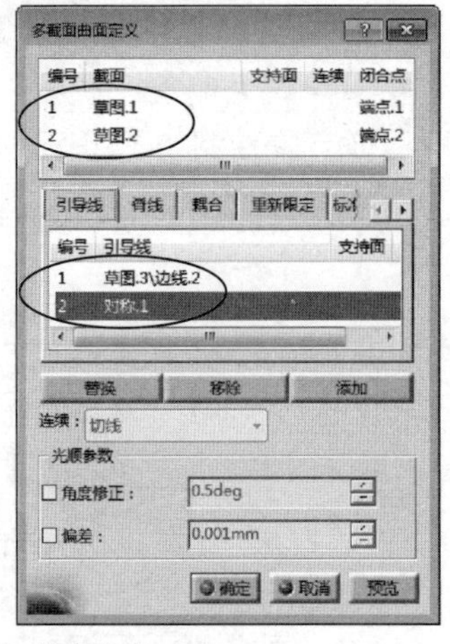

图20-59 创建多截面曲面

08 执行菜单栏中【插入】|【线框】|【平面】命令，选择“偏置平面”为创建类型，选取“平面.1”为参考平面，设置偏置距离为30，并指定偏置方向为Z轴正方向，单击【确定】命令按钮完成平面的创建，如图20-60所示。

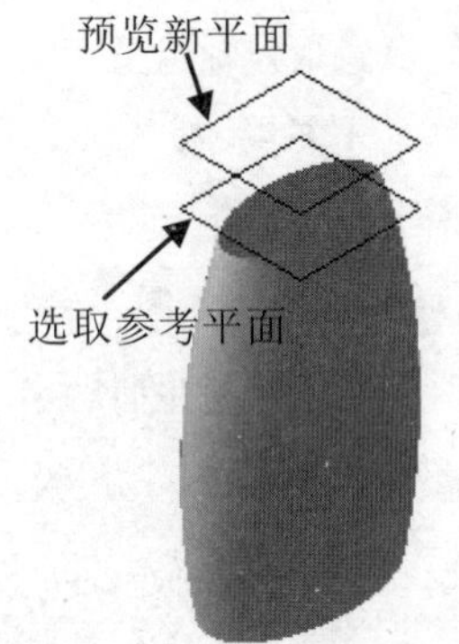

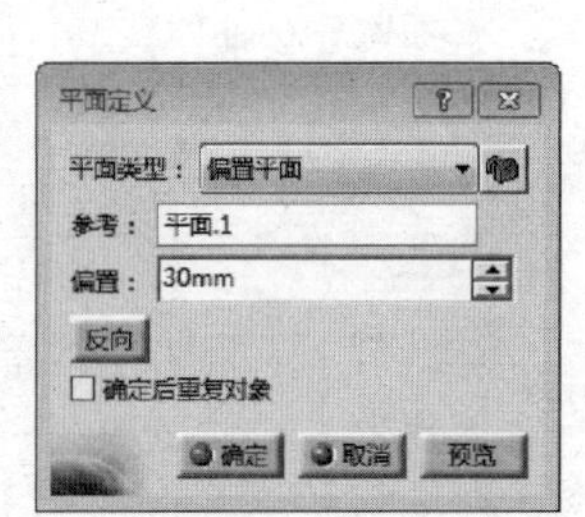

图20-60 创建参考平面2

09 执行菜单栏中【插入】|【草图编辑器】|【草图】命令，选取上步创建的“平面.2”为草图平面，并绘制如图20-61所示的草图4。

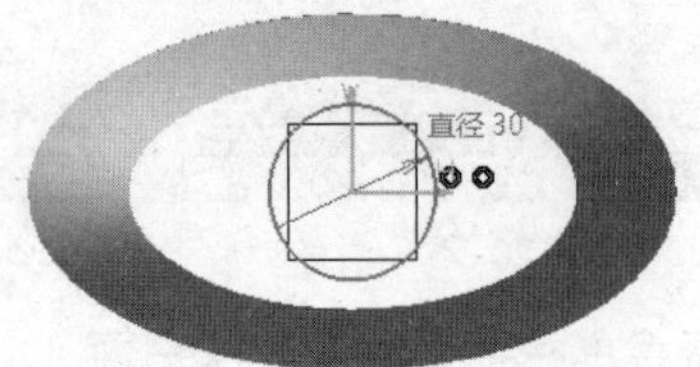

图20-61 草图4

10 执行菜单栏中【插入】|【草图编辑器】|【草图】命令，选取“ZX平面”为草图平面，并绘制如图20-62所示的草图5。

11 执行菜单栏中【插入】|【操作】|【对称】命令，选取上步绘制的“草图.5”曲线为对称图元，选取“YZ平面”为对称的参考平面，单击【确定】命令按钮完成曲线的对称操作，如图20-63所示。

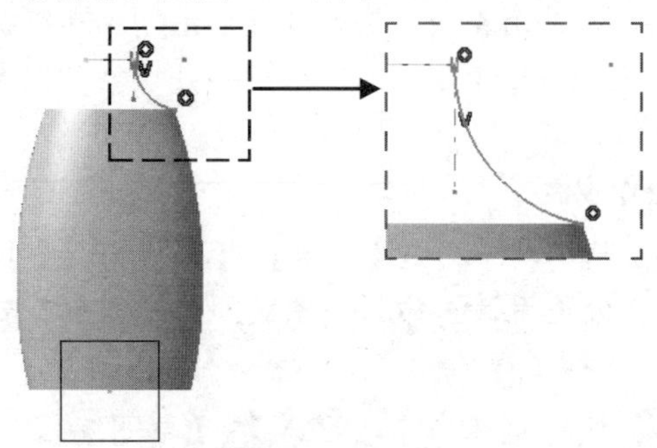

图20-62 草图5

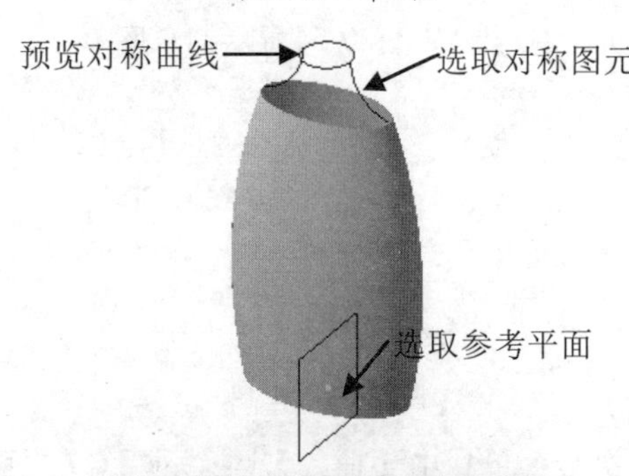

图20-63 创建对称曲线

12 执行菜单栏中【插入】|【草图编辑器】|【草图】命令，选取“YZ平面”为草图平面，并绘制如图20-64所示的草图6。

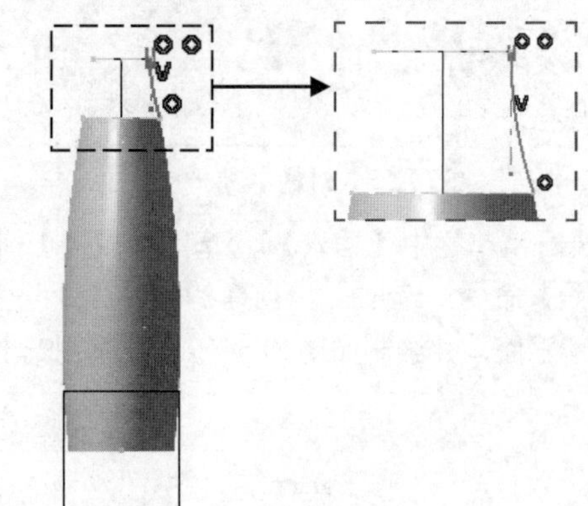

图20-64 草图6

13 执行菜单栏中【插入】|【操作】|【对称】命令，将上步创建的“草图.6”曲线通过

“ZX平面”对称复制。

14 执行菜单栏中【插入】|【曲面】|【多截面曲面】命令，分别选取“草图.2”和“草图.4”曲线为轮廓线，选取“草图.5”、“对称.2”、“对称.3”和“草图.6”曲线为多截面曲面的引导线，单击【确定】命令按钮完成多截面曲面的创建，如图20-65所示。

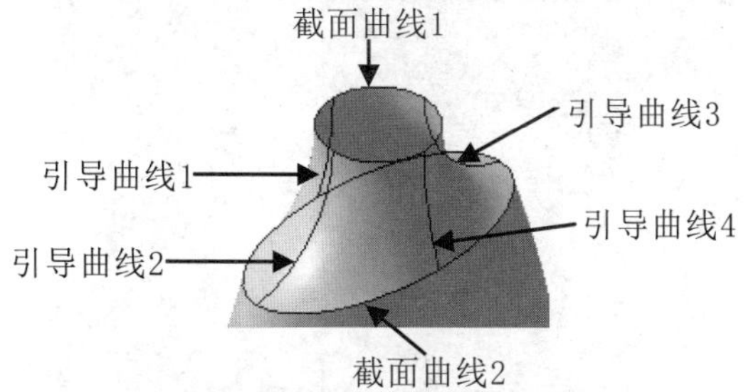

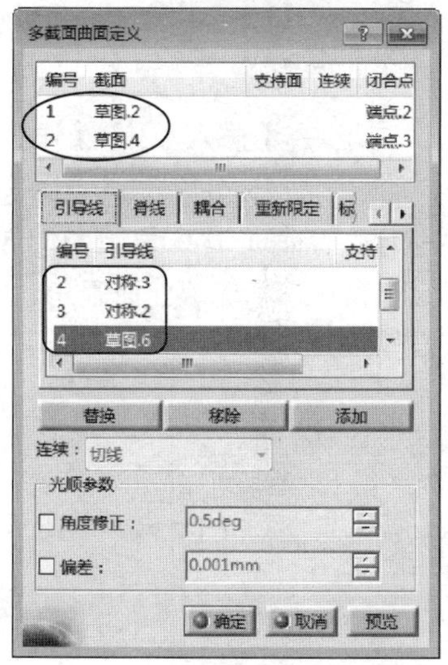

图20-65 创建多截面曲面

15 执行菜单栏中【插入】|【曲面】|【拉伸】命令，选取“草图.4”曲线为拉伸曲面的轮廓线，设置拉伸尺寸15，单击【确定】命令按钮完成拉伸曲面的创建，如图20-66所示。

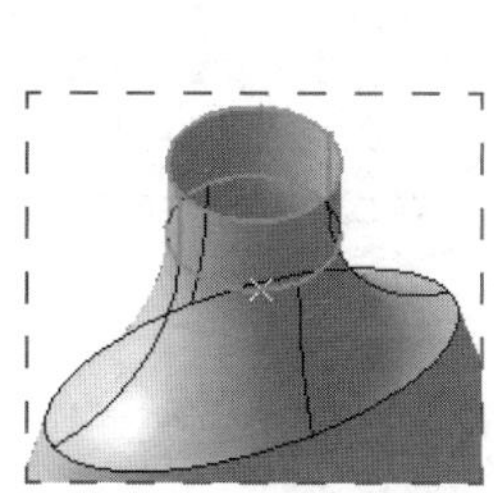

图20-66 创建拉伸曲面

16 执行菜单栏中【插入】|【曲面】|【填充】命令，选取曲面特征底部的椭圆形区域（或“草图.1”曲线）为填充对象，单击【确定】命令按钮完成填充曲面的创建，如图20-67所示。

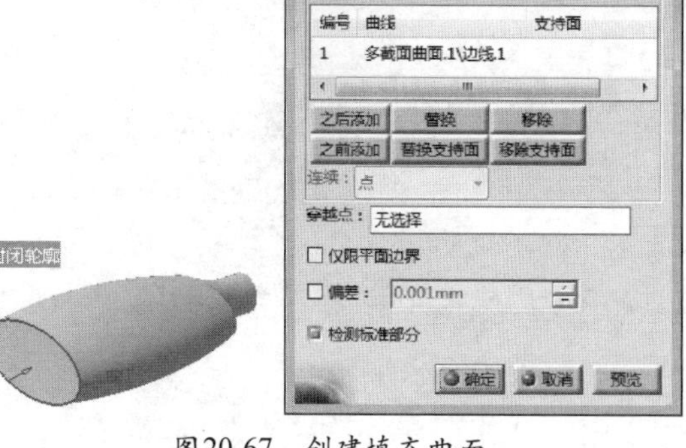

图20-67 创建填充曲面

17 执行菜单栏中【插入】|【操作】|【接合】命令，选取图形窗口中已创建的“多截面曲面.1”、“多截面曲面.2”、“拉伸.1”和“填充.1”曲面为接合对象，单击【确定】命令按钮完成曲面的接合，如图20-68所示。

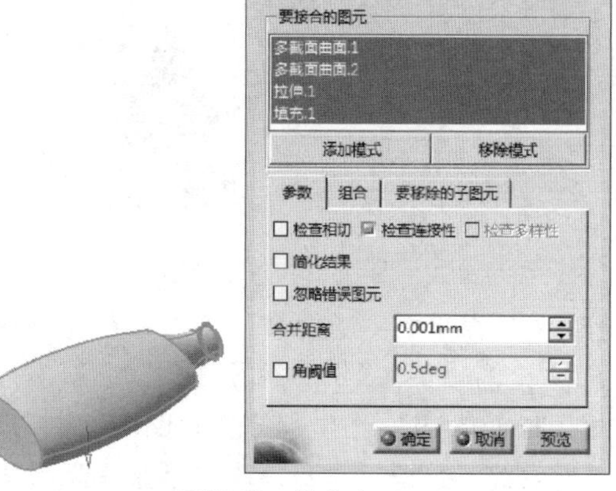

图20-68 接合曲面

18 执行菜单栏中【插入】|【草图编辑器】|【草图】命令，选取“ZX平面”为草图平面，并绘制如图20-69所示的草图7。

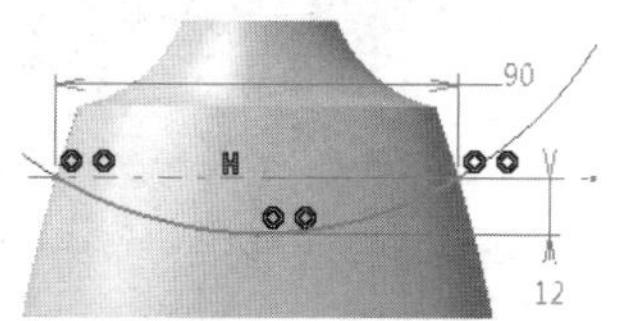

图20-69 草图7

19 执行菜单栏中【插入】|【线框】|【投影】

命令，选择“沿某一方向”选项为投影类型，选取上步创建的“草图.7”曲线为投影曲线，选取“接合.1”曲面为投影支持面，指定“Y部件”为投影的方向，取消勾选“近接解法”选项，单击【确定】命令按钮完成投影曲线的创建，如图20-70所示。

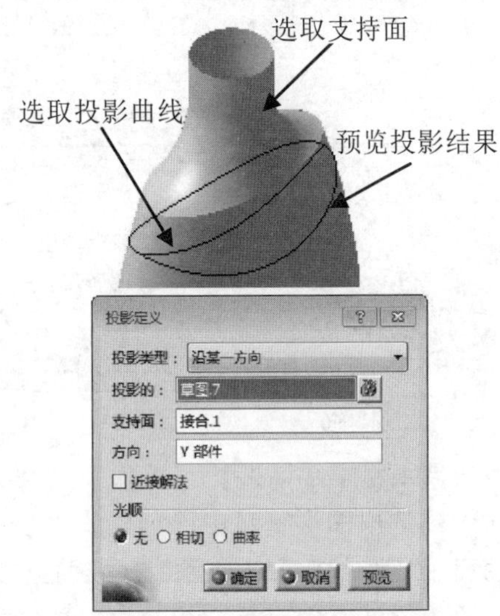

图20-70　创建投影曲线

20 执行菜单栏中【插入】|【草图编辑器】|【草图】命令，选取“ZX平面”为草图并绘制如图20-71所示的草图8。

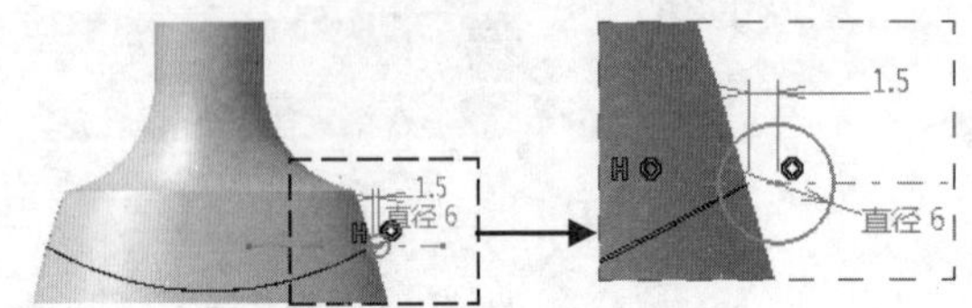

图20-71　草图8

21 执行菜单栏中【插入】|【曲面】|【扫掠】命令，选择“使用参考曲面”选项为扫掠曲面的创建类型，选取“草图.8”为扫掠轮廓线，选取“项目.1”投影曲线为引导曲线，单击【确定】命令按钮完成扫掠曲面的创建，如图20-72所示。

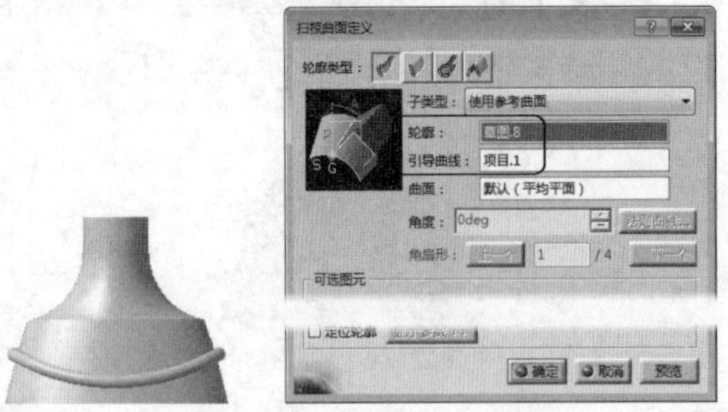

图20-72　创建扫掠曲面

22 执行菜单栏中【插入】|【操作】|【修剪】命令，选取“接合.1”和“扫掠.1”曲面为修剪对象，修剪结果如图20-73所示。

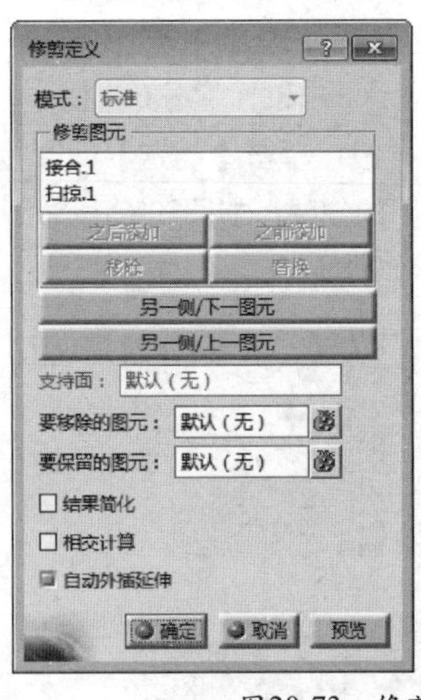

图20-73　修剪曲面

23 执行菜单栏中【插入】|【操作】|【倒圆角】命令，设置圆角半径为10，选取如图20-74所示的曲面边线为圆角对象，单击【确定】命令按钮完成曲面圆角。

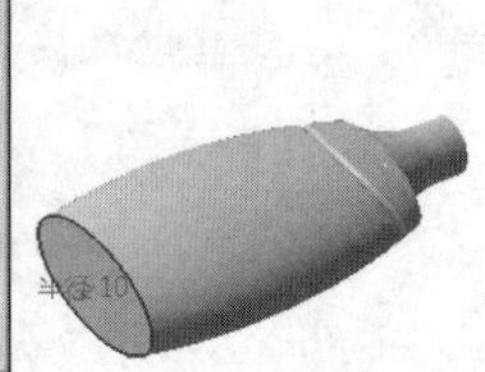

图20-74　曲面圆角

24 执行菜单栏中【插入】|【操作】|【分割】命令，选取“倒圆角.1”曲面为要切除的图元，选取圆角边线为切除图元，指定切除边线内部的曲面部分，如图20-75所示，单击【确定】命令按钮完成曲面的分割。

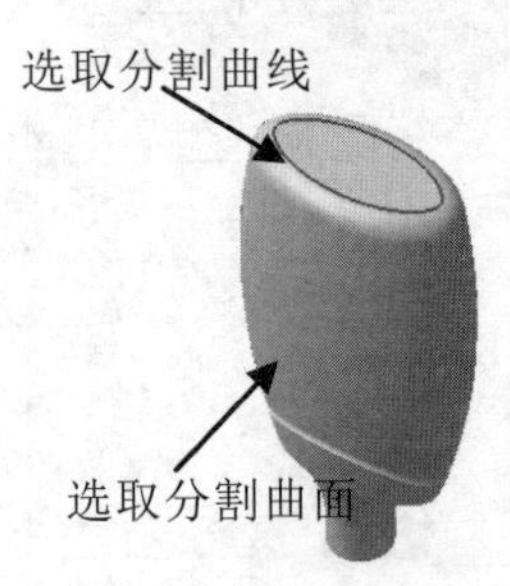

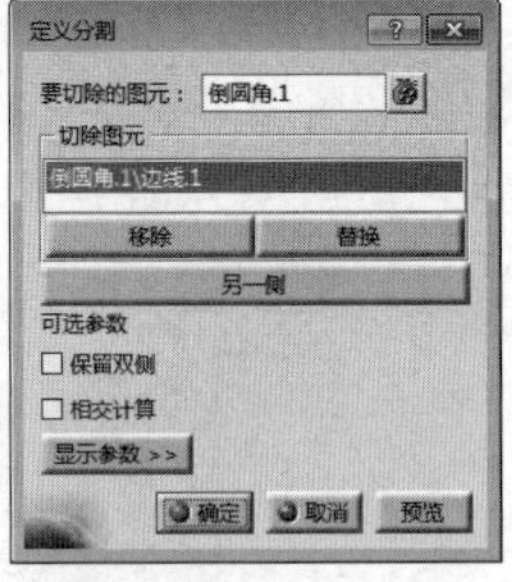

图20-75　分割曲面

25 执行菜单栏中【插入】|【曲面】|【拉伸】命令，选取曲面分割后的边线为拉伸曲面的轮廓线，指定拉伸方向为“Z部件”方向，指定拉伸尺寸为5，如图20-76所示，单击【确定】命令按钮完成拉伸曲面的创建。

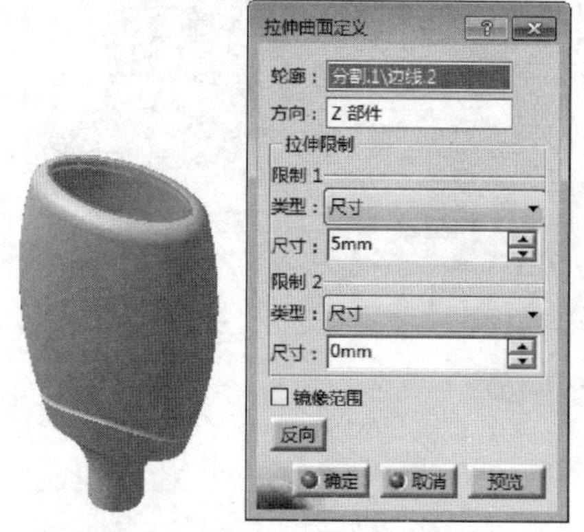

图20-76 创建拉伸曲面

26 执行菜单栏中【插入】|【曲面】|【填充】命令，选取拉伸曲面的边线为填充区域，创建如图20-77所示的填充曲面。

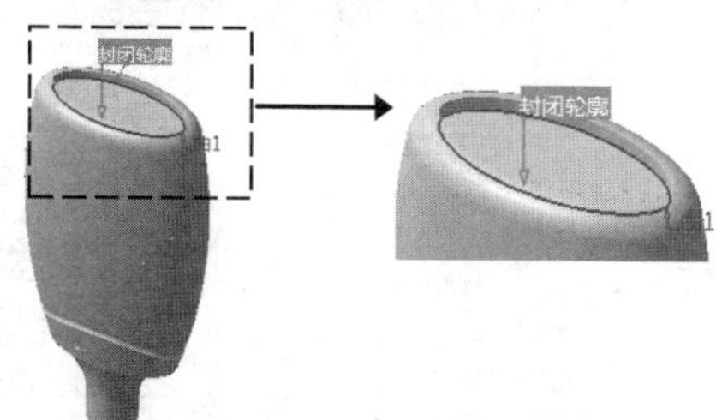

图20-77 创建填充曲面

27 执行菜单栏中【插入】|【操作】|【接合】命令，选取图形窗口中所有显示的曲面特征为接合对象，创建出“接合.2”曲面。

28 执行菜单栏中【插入】|【操作】|【倒圆角】命令，设置圆角半径为5，选取如图20-78所示的曲面边线为圆角对象，单击【确定】命令按钮完成曲面圆角。

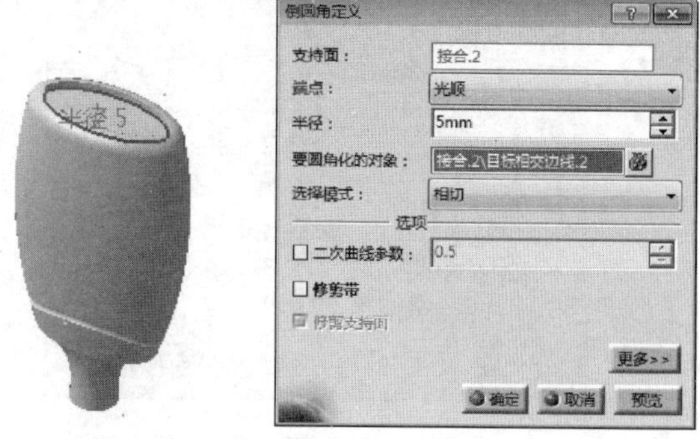

图20-78 曲面圆角1

29 执行菜单栏中【插入】|【操作】|【倒圆角】命令，设置圆角半径为2，选取如图20-79所示的曲面边线为圆角对象，单击【确定】命令按钮完成曲面圆角。

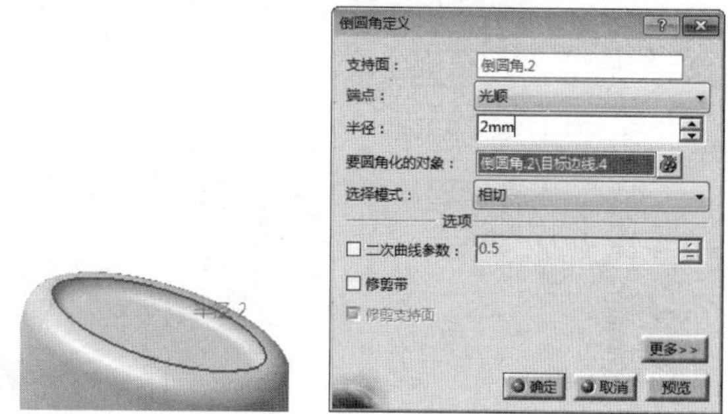

图20-79 曲面圆角2

30 执行菜单栏中【插入】|【线框】|【点】命令，在“点类型”下拉列表中选择“曲线上”选项为点创建的类型，使用系统默认的参考点，选取瓶口的边线为参考曲线，勾选“曲线长度比率”选项，并在比率文本框中设置比率为0.5，如图20-80所示，单击【确定】命令按钮完成点的创建。

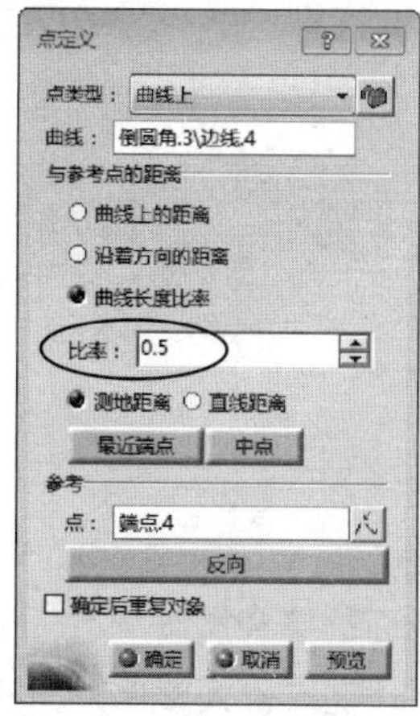

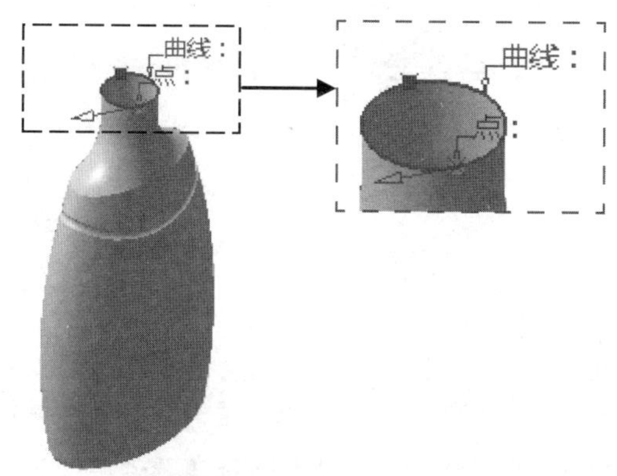

图20-80 创建曲线上的点

31 执行菜单栏中【插入】|【线框】|【螺旋线】命令，选取上步创建的“点.1”为螺旋线的起点，指定Z轴为螺旋线的轴线，设置螺距为8，高度为24，起始角度为150度，使用系统其他默认设置，如图20-81所示，单击【确定】命令按钮完成螺旋线的创建。

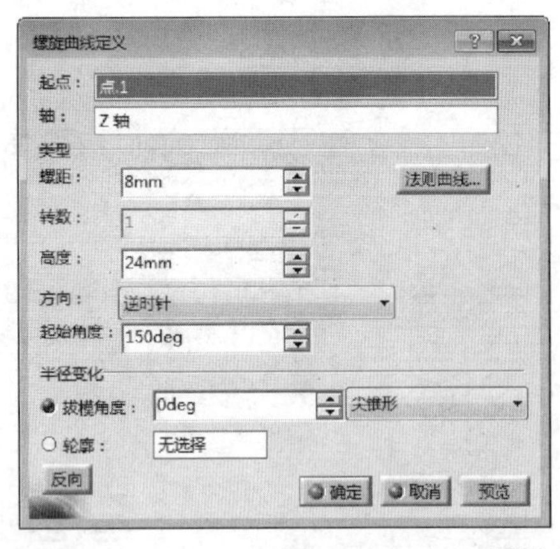

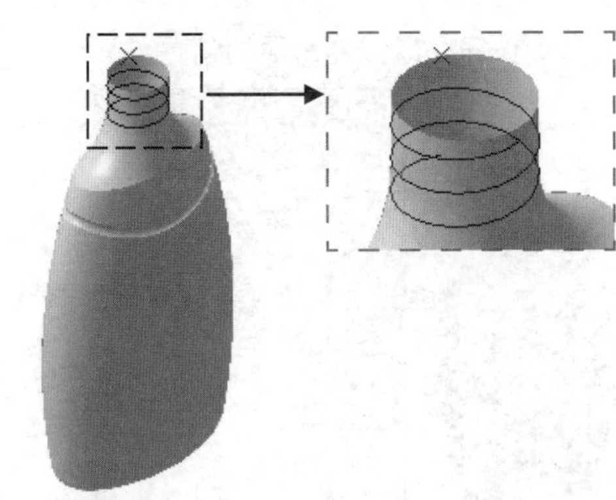

图20-81　创建螺旋线

32 执行菜单栏中【插入】|【线框】|【圆】命令，选择“中心和半径”选项为圆的创建类型，选取螺旋线的一端点为圆心，选取“YZ平面”为圆的支持面，设置圆半径为2，单击【确定】命令按钮完成圆形的创建，如图20-82所示。

33 执行菜单栏中【插入】|【曲面】|【扫掠】命令，选取上步创建的“圆.1”曲线为扫掠曲面的轮廓线，选取螺旋线为扫掠曲面的引导曲线，单击【确定】命令按钮完成扫掠曲面的创建，如图20-83所示。

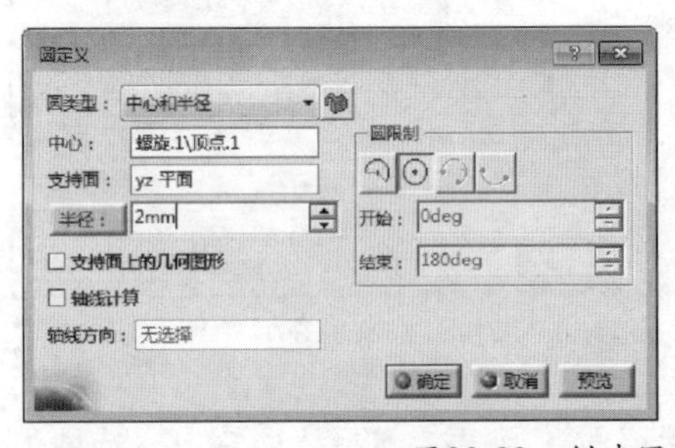

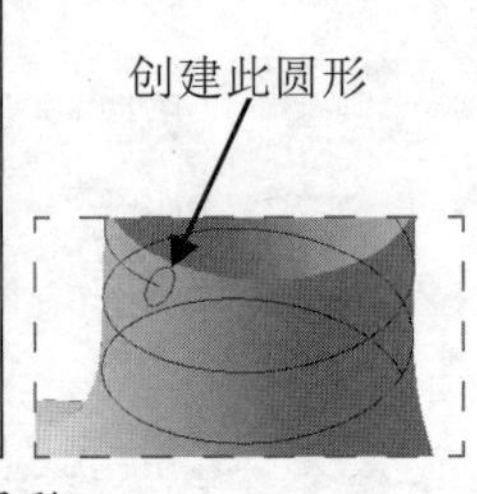

图20-82　创建圆形

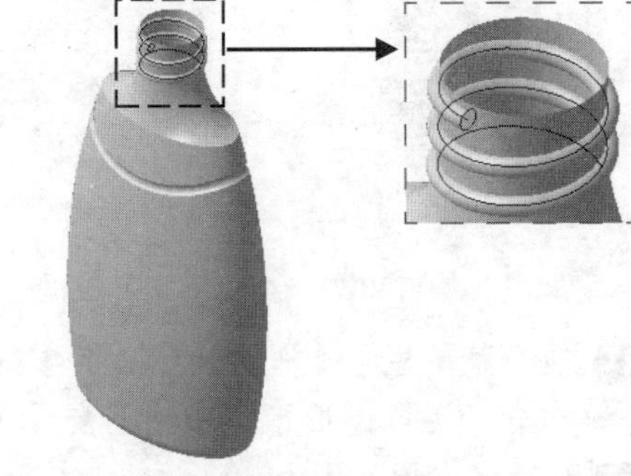

图20-83　创建扫掠曲面

34 将瓶体的主体曲面特征（倒圆角.3）隐藏，以凸显扫掠曲面。

35 多次执行菜单栏中【插入】|【曲面】|【填充】命令，分别选取扫掠曲面的两端圆形边界为填充区域，创建出两填充曲面特征，如图20-84所示。

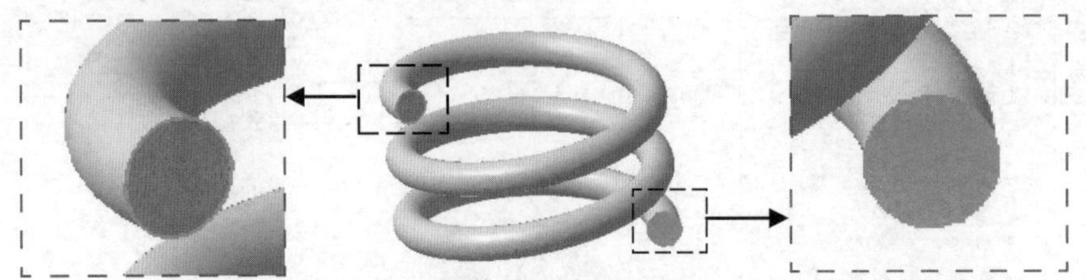

图20-84　创建填充曲面

36 执行菜单栏中【插入】|【操作】|【接合】命令，选取“扫掠.2”、“填充.3”和“填充.4”曲面为接合对象，如图20-85所示，单击【确定】命令按钮完成曲面的接合操作。

37 执行菜单栏中【开始】|【机械设计】|【零件设计】命令，系统即可进入零件设计平台。

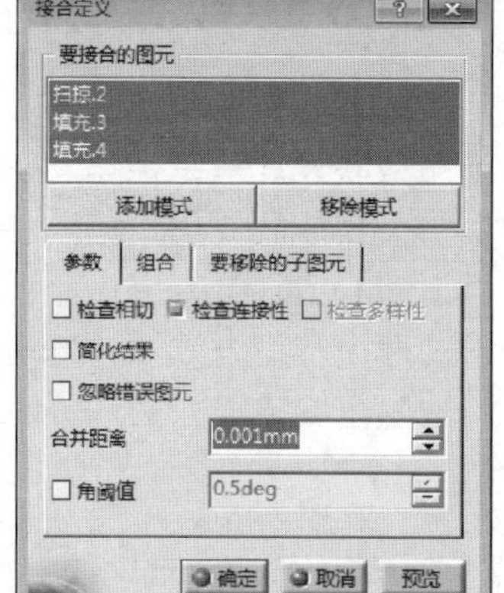

图20-85　接合曲面

38 执行菜单栏中【插入】|【基于曲面的特征】|【封闭曲面】命令，选取“接合.3”曲面为封闭的曲面对象，单击【确定】命令按钮完成曲面的实体转换，如图20-86所示。

选取此接合曲面

图20-86　转化实体特征

39 显示瓶体的主体曲面特征（倒圆角.3），隐藏“接合.3”曲面特征。

40 执行菜单栏中【插入】|【基于曲面的特征】|【分割】命令，选取“倒圆角3.”曲面为分割图元，指定保留实体特征在“倒圆角.3”曲面外侧的部分，如图20-87所示，单击【确定】命令按钮完成曲面对实体的分割。

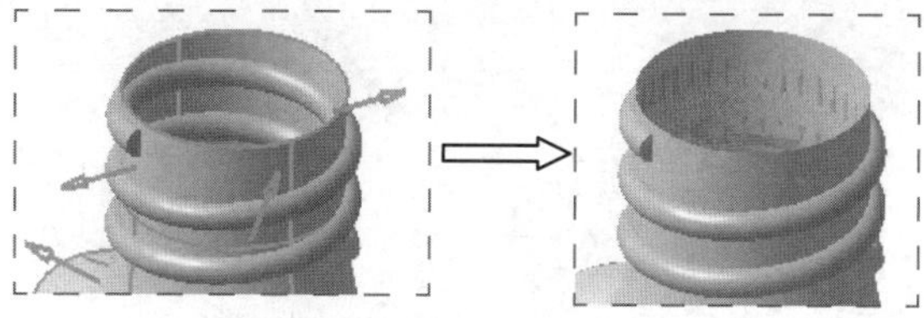

图20-87　分割实体

41 执行菜单栏中【插入】|【基于曲面的特征】|【厚曲面】命令，选取“倒圆角.3”曲面为厚曲面的偏置对象，设置第一偏置距离为2，指定偏置方向向内，单击【确定】命令按钮完成加厚曲面操作，如图20-88所示。

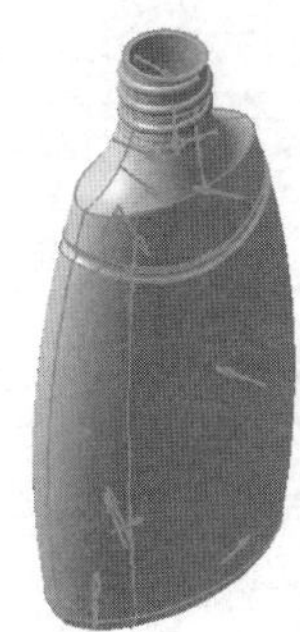

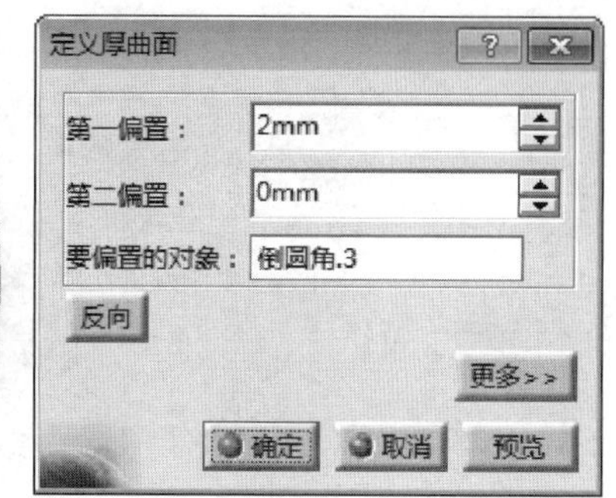

图20-88　加厚曲面

42 隐藏图形窗口中所有的曲面特征，以凸显实体特征，结果如图20-89所示。

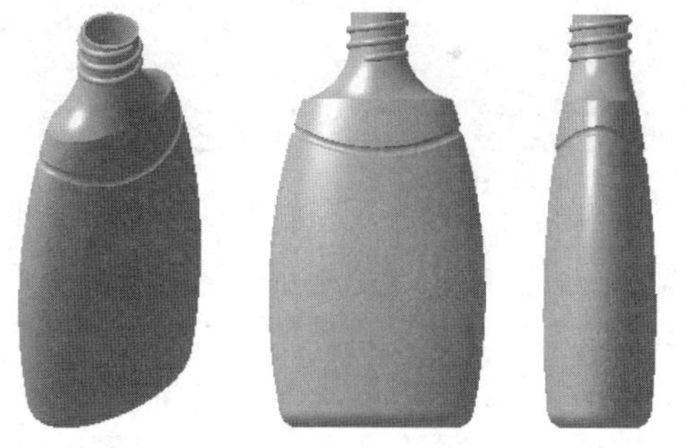

图20-89　显示实体结果

20.3 电话听筒关联设计

引入光盘：无

结果文件：动手操作\结果文件\电话听筒\Ch20\telephone.CATProduct

视频文件：视频\Ch20\电话听筒关联设计.avi

本节将以“电话听筒”为设计原型进行曲面造型和零部件结构关联设计的案例讲解。在进行曲面造型时，应重点注意各曲线、曲面的连接方法和技巧，以及分割曲面的创建位置。在分割听筒上下壳体盖时，应注意正确的关联和选取参考曲面特征。最终造型设计的结果如图20-90所示。

图20-90 电话听筒

20.3.1 设计思路分析

本节将以“电话听筒”为实例进行详细的产品关联设计演练操作。在设计过程中将综合使用“创成式曲面设计”和“零件设计”的曲面造型、实体分割等命令，重点体现了产品的外观曲面造型方法和技巧，以及产品的关联设计方法，其流程如图20-91所示。

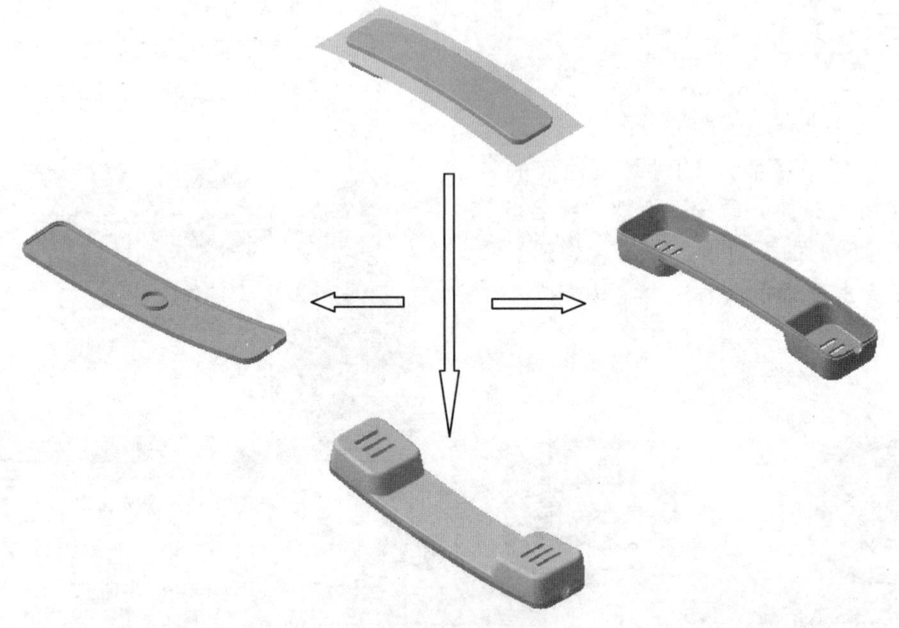

图20-91 设计流程

20.3.2 创建外观控件

本节将讲解演示“电话听筒”的外观曲面造型过程。在整个产品外观设计过程中，将综合运用“创成式外形设计”和“零件设计”平台的相关功能，来创建产品的曲面特征以及各零部件的分割曲面，最后将实体特征与分割曲面发布为参考几何特征。

操作步骤

01 执行菜单栏中【开始】|【机械设计】|【装配设计】命令，系统即可进入装配设计平台。

02 修改装配文件名称。右击“Product1”，再在快捷菜单中选择“属性”选项，在“产品”选项卡的“零件编号”文本框中输入“telephone”，单击【确定】命令按钮完成名称的修改。

03 创建“外观控件”零件。双击目录树中“telephone”名称以激活装配，再执行菜单栏中【插入】|【新建零件】命令。系统即可弹出“新零件：原点”对话框，单击“是”命令按钮完成零件的新建。

04 修改文件名称。在“Part1.1”名称上单击鼠标右键，再在快捷菜单中选择“属性”选项，在“产品”选项卡的“实例名称”和“零件编号”文本框中输入“first-body”，单击【确定】命令按钮完成名称的修改。

05 激活“first-body”零部件。双击目录树上的“first-body”节点切换进入“零部件设计”平台，再执行菜单栏中【开始】|【外形】|【创成式曲面设计】命令，系统即可切换至“创成式外形设计”平台。

06 执行菜单栏中【插入】|【草图编辑器】|【草图】命令，选取“YZ平面”为草绘平面，并绘制如图20-92所示的草图1。

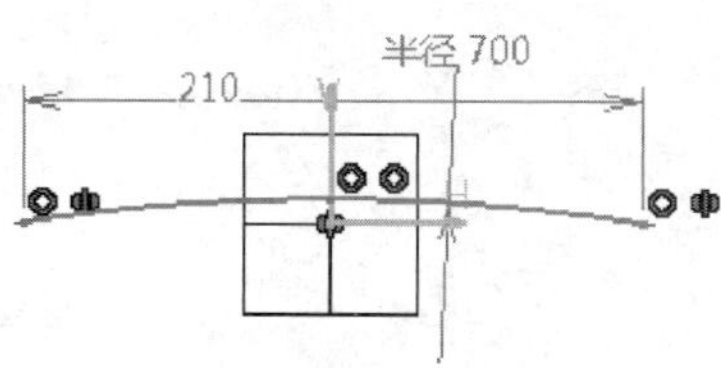

图20-92　草图1

07 执行菜单栏中【插入】|【曲面】|【拉伸】命令，选取上步创建的“草图.1”曲线为拉伸的轮廓线，设置限制1和限制2的尺寸为23，单击【确定】命令按钮完成拉伸曲面的创建，如图20-93所示。

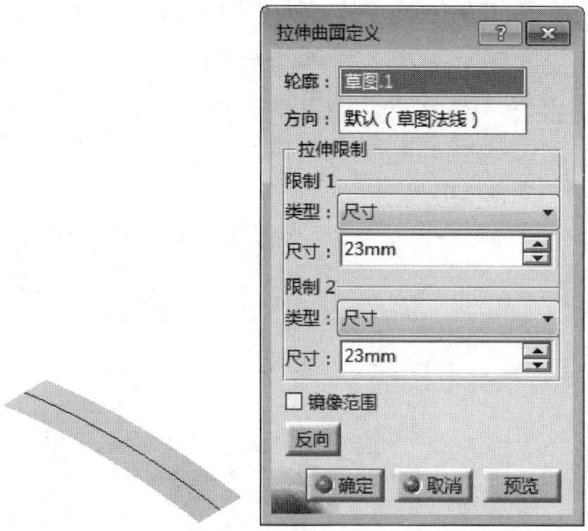

图20-93　创建拉伸曲面

08 执行菜单栏中【插入】|【曲面】|【偏置】命令，选取“拉伸.1”曲面为偏置对象，设置偏置距离为25并指定偏置方向，单击【确定】命令按钮完成曲面的偏置，如图20-94所示。

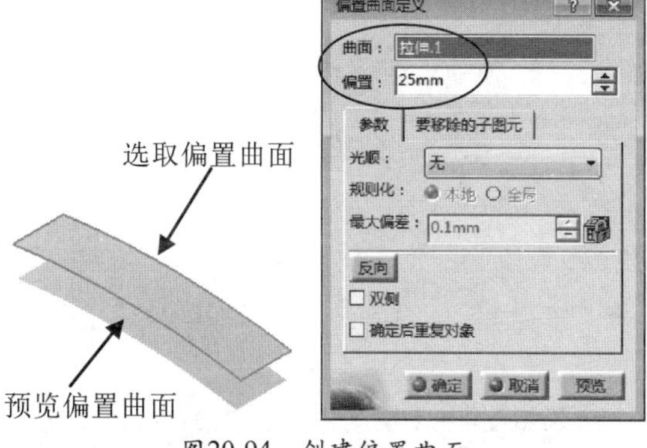

图20-94　创建偏置曲面

09 执行菜单栏中【插入】|【草图编辑器】|【草图】命令，选取“ZX平面”为草图平面并绘制如图20-95所示的草图2。

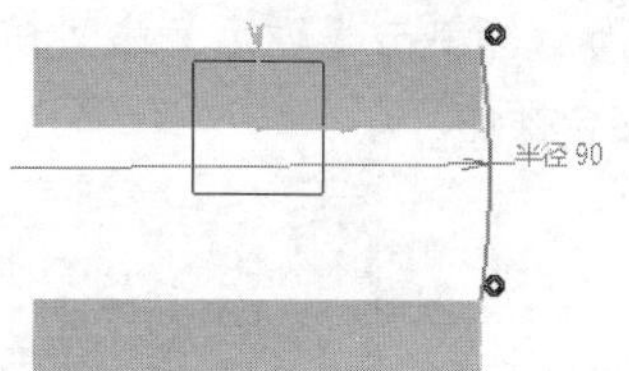

图20-95　草图2

10 执行菜单栏中【插入】|【曲面】|【扫掠】命令，选择“使用两条引导曲线”选项为显示扫掠曲面的创建子类型，选取“草图.2”曲线为轮廓曲线，分别选取拉伸曲面和偏置曲面的两条边线为引导曲线，其他使用系统默认设置，如图20-96所示，单击【确定】命令按钮完成扫掠曲面的创建。

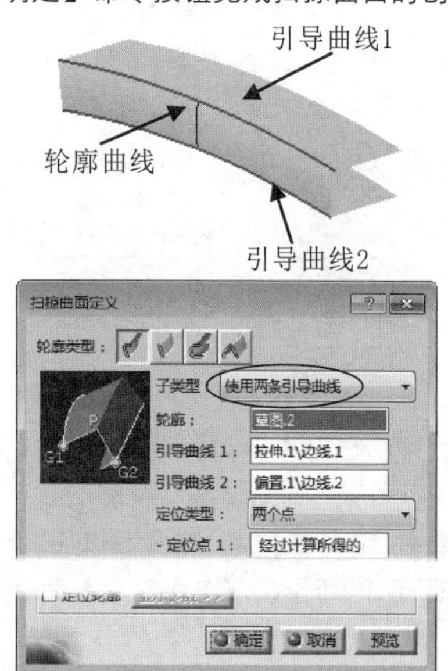

图20-96　创建扫掠曲面

11 执行菜单栏中【插入】|【操作】|【对称】命令，选取上步创建的“扫掠.1”曲面为对称图元，选取“YZ平面”为对称参考平面，如图20-97所示，单击【确定】命令按钮完成曲面的对称操作。

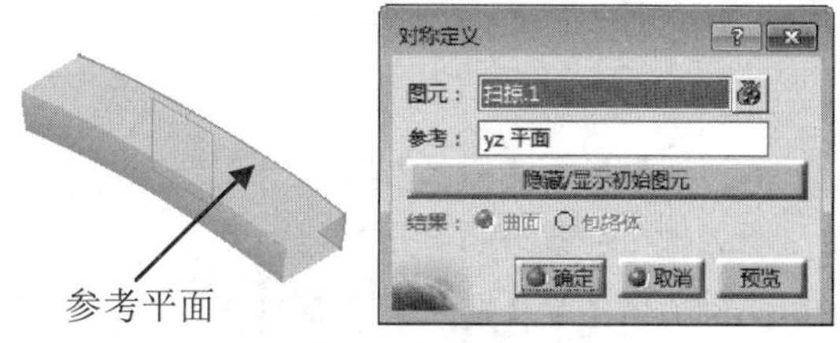

图20-97　创建对称曲面

12 执行菜单栏中【插入】|【操作】|【接合】命令，选取“拉伸.1”、“扫掠.1”、“偏置.1”和“对称.1”曲面为接合对象，如图

20-98所示，单击【确定】命令按钮完成曲面的接合操作。

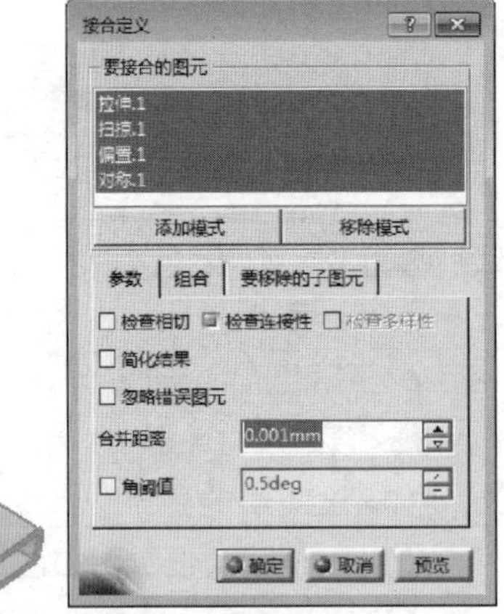

图20-98　接合曲面

13 执行菜单栏中【插入】|【草图编辑器】|【草图】命令，选取“YZ平面”为草绘平面，并绘制如图20-99所示的草图3。

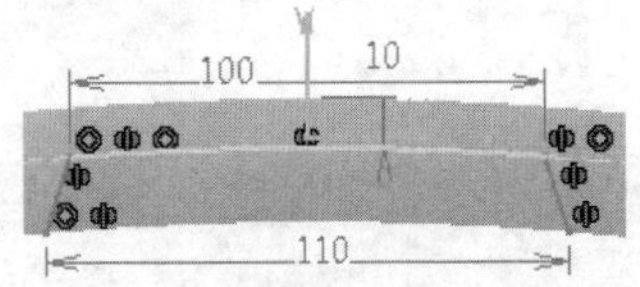

图20-99　草图3

14 执行菜单栏中【插入】|【曲面】|【拉伸】命令，选取上步创建的“草图.3”曲线为拉伸轮廓线，设置限制1和限制2的尺寸为40，如图20-100所示，单击【确定】命令按钮完成拉伸曲面的创建。

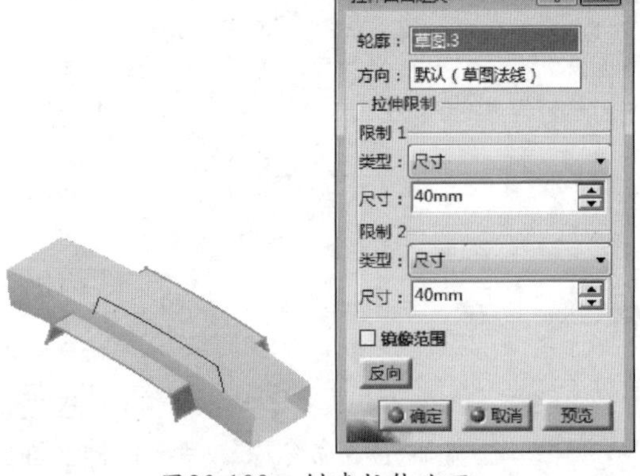

图20-100　创建拉伸曲面

15 执行菜单栏中【插入】|【操作】|【修剪】命令，选取“接合.1”和“拉伸.2”曲面为修剪对象，调整需要保留的曲面侧，单击【确定】命令按钮完成曲面的修剪，如图20-101所示。

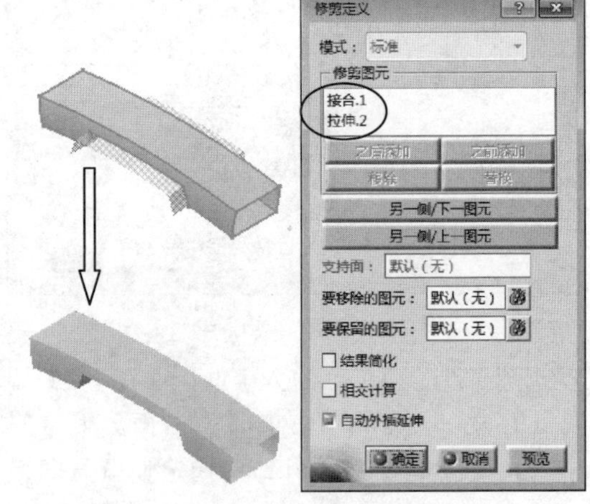

图20-101　修剪曲面

16 多次执行菜单栏中【插入】|【曲面】|【填充】命令，选取如图20-102所示的曲面边界为填充区域，创建出两填充曲面，如图20-102所示。

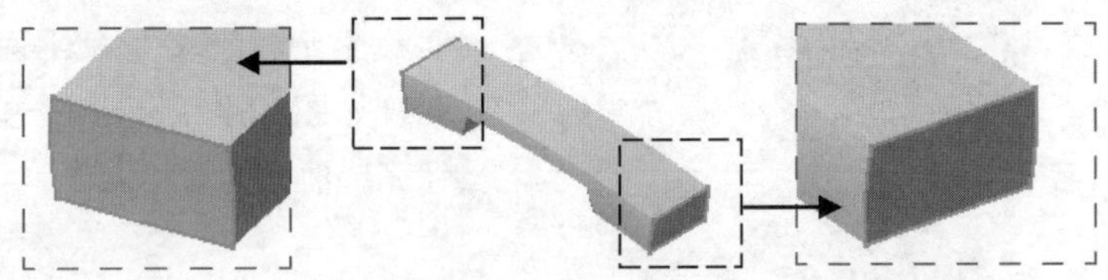

图20-102　创建填充曲面

17 执行菜单栏中【插入】|【操作】|【接合】命令，将“修剪.1”、“填充.1”和“填充.2”曲面选取为接合对象并将其接合。

18 执行菜单栏中【插入】|【操作】|【倒圆角】命令，选取如图20-103所示的4条曲面边线为圆角对象，设置圆角半径为10，单击【确定】命令按钮完成曲面圆角。

19 执行菜单栏中【插入】|【操作】|【倒圆角】命令，选取如图20-104所示的曲面边线为圆角对象，设置圆角半径为3，单击【确定】命令按钮完成曲面圆角。

20 执行菜单栏中【插入】|【操作】|【倒圆角】命令，选取如图20-105所示的曲面边线为圆角对

象，设置圆角半径为1，单击【确定】命令按钮完成曲面圆角。

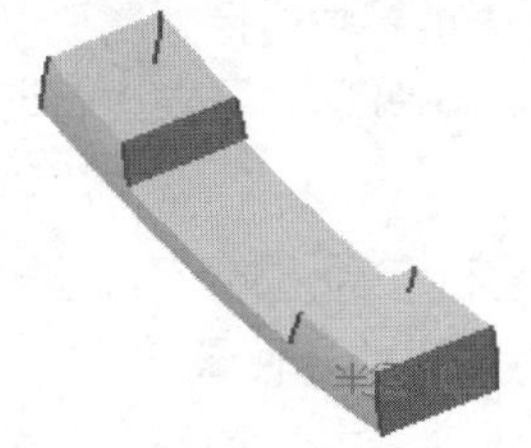

图20-103 曲面圆角1

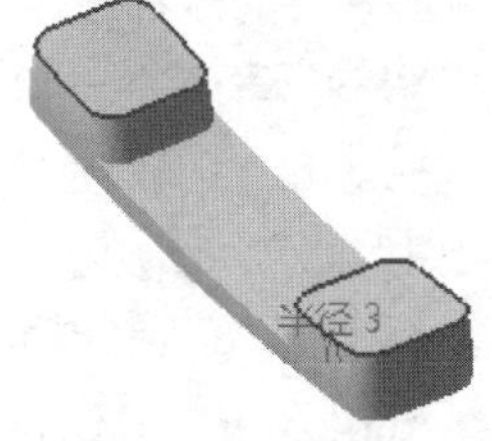

图20-104 曲面圆角2

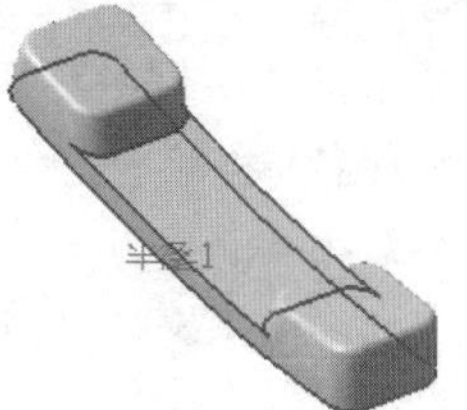

图20-105 曲面圆角3

21 执行菜单栏中【开始】|【机械设计】|【零件设计】命令，系统即可进入零件设计平台。

22 执行菜单栏中【插入】|【基于曲面的特征】|【封闭曲面】命令，选取“倒圆角.3”曲面为封闭的曲面对象，将其转换为实体特征，如图20-106所示。

23 隐藏“倒圆角.3”曲面以凸显实体特征，执行菜单栏中【开始】|【形状】|【创成式外形设计】命令，系统即可再次进入创成式外形设计平台。

24 执行菜单栏中【插入】|【草图编辑器】|【草图】命令，选取“YZ平面”为草图平面，并绘制如图20-107所示的草图4。

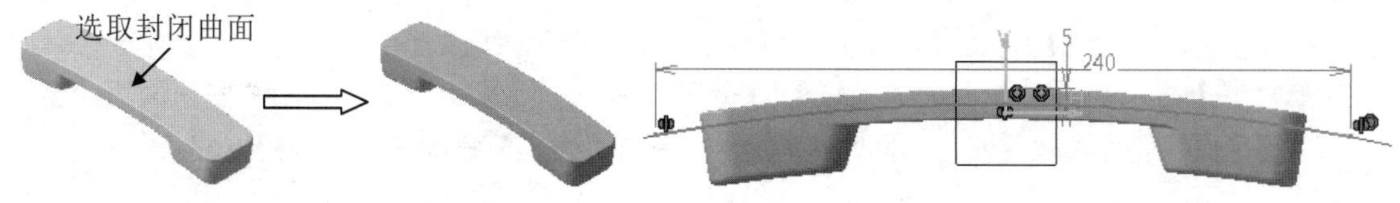

图20-106 转换实体特征　　图20-107 草图4

25 执行菜单栏中【插入】|【曲面】|【拉伸】命令，选取上步创建的“草图.4”曲线为拉伸曲面的轮廓线，使用系统默认的拉伸方向，设置限制1和限制2的尺寸为40，如图20-108所示，单击【确定】命令按钮完成拉伸曲面的创建。

26 执行菜单栏中【工具】|【发布】命令，选取图形窗口中的“零件几何体”和“拉伸.3”曲面为发布对象，最终结果如图20-109所示。

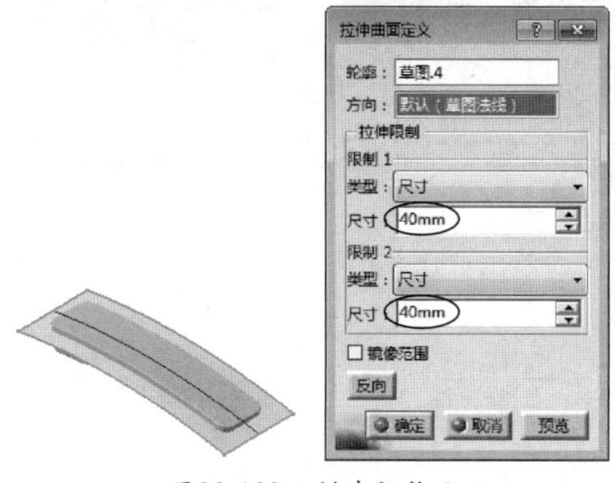

图20-108 创建拉伸曲面

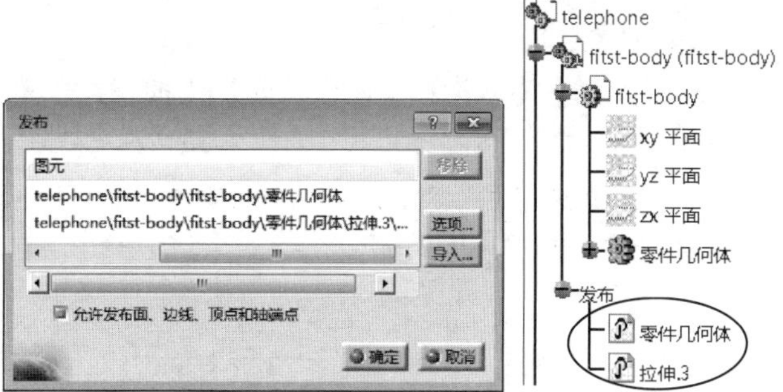

图20-109 发布几何体与分割曲面

20.3.3 分割听筒上盖

本节将讲解演示“电话听筒”的上盖零件的分割过程。在整个听筒上盖零件的创建过程中，将使用“零件设计”平台中的相关工具命令，来修饰完成零件的各个细节特征。具体操作过程分析如下。

操作步骤

01 双击目录树中的“telephone”以激活装配设计平台，执行菜单栏中【插入】|【新建零件】命令，

单击“是”命令按钮完成零件的新建。

02 修改新零件名称。在“Part1.2”名称上单击鼠标右键，再在快捷菜单中选择“属性”，在“产品”选项卡的“实例名称”和“零件编号”文本框中输入“up-cover”，单击【确定】命令按钮完成零件名称的修改。

03 创建零件关联参数。双击“up-cover”以激活零件设计平台，展开“first-body”目录树中的“发布”项，并选中“零件几何体”，按下Ctrl+C键复制出first-body的实体几何图形。

04 关联粘贴几何实体。选中目录树中的“up-cover”零件并单击鼠标右键，在快捷菜单中选择“选择性粘贴”选项，选中“与原文档相关联的结果”选项为粘贴的类型，单击【确定】命令按钮完成几何实体的关联粘贴。

05 添加布尔运算。在“几何体.2”上右击并用鼠标指向“几何体.2对象”，再选取“添加”命令选项完成布尔运算。

06 关联分割曲面。选中目录树中“first-body”零件的“发布”项中的“拉伸.3”曲面为复制对象，再按下Ctrl+C键复制出分割曲面，选中目录树中的“up-cover”零件并单击鼠标右键，在快捷菜单中选择“选择性粘贴”选项，选择“与原文档相关联的结果”选项为粘贴类型，单击【确定】按钮，系统即可在“up-cover”零件目录树节点中添加“外部参考”曲面。如图20-110所示。

07 执行菜单栏中【开始】|【机械设计】|【零件设计】命令，以确认系统进入零件设计平台，执行菜单栏中【插入】|【基于曲面的特征】|【分割】命令，选取图形窗口中的关联曲面为分割图元，指定保留侧为实体上侧，如图20-111所示，单击【确定】命令按钮完成实体分割。

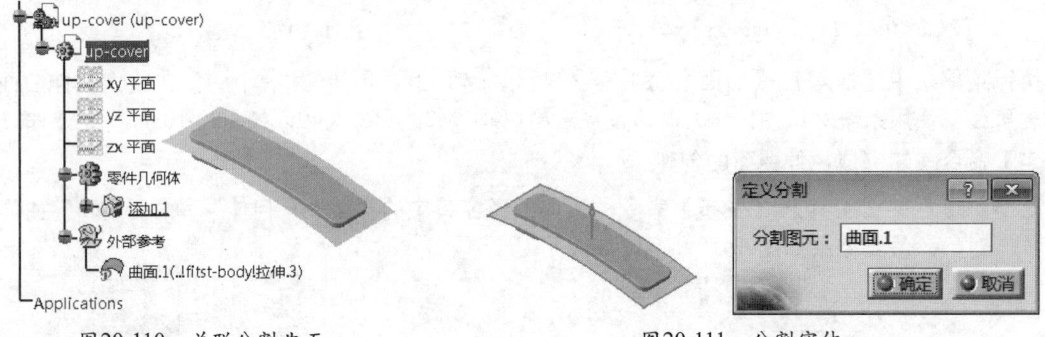

图20-110 关联分割曲面　　图20-111 分割实体

08 执行菜单栏中【插入】|【修饰特征】|【抽壳】命令，选取如图20-112所示的实体表面为抽壳要移除的面，设置抽壳内侧厚度尺寸为2，单击【确定】命令按钮完成实体抽壳操作。

09 根据设计意图，可以对“up-cover”零件进行细节修饰，创建出“凹槽”特征和“凸台”特征等具体结构，如图20-113所示。

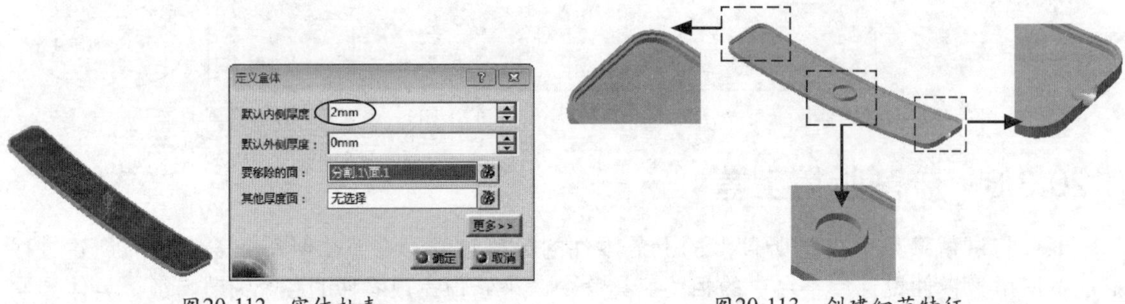

图20-112 实体抽壳　　图20-113 创建细节特征

20.3.4 分割听筒下盖

本节将讲解演示“电话听筒”的下盖零件的分割过程。在整个听筒下盖零件的创建过程中，将使用“零件设计”平台中的相关工具命令，来修饰完成零件的各个细节特征。具体操作过程如下。

操作步骤

01 双击目录树中的“telephone”以激活装配设计平台，执行菜单栏中【插入】|【新建零件】命令，并直接将零件名称命名为“down-cover”，单击“是”命令按钮完成零件的新建。

02 创建零件关联参数。双击“down-cover”以激活零件设计平台，展开“first-body”目录树中的“发布”项并选中“零件几何体”，按下Ctrl+C键复制出first-body的实体几何图形。

03 关联粘贴几何实体。选中目录树中的“down-cover”零件并单击鼠标右键，在快捷菜单中选择“选择性粘贴”选项，选中“与原文档相关联的结果”选项为粘贴的类型，单击【确定】命令按钮完成几何实体的关联粘贴。

04 添加布尔运算。在“几何体.2”上右击并将鼠标指向“几何体.2对象”，再选取“添加”命令选项完成布尔运算。

05 关联分割曲面。选中目录树中“first-body”零件的“发布”项中的“拉伸.3”曲面为复制对象，再按下Ctrl+C键复制出分割曲面，选中目录树中的“down-cover”零件并单击鼠标右键，在快捷菜单中选择“选择性粘贴”选项，选择“与原文档相关联的结果”选项为粘贴类型并单击【确定】按钮，系统即可在“down-cover”零件目录树节点中添加“外部参考”曲面。如图20-114所示。

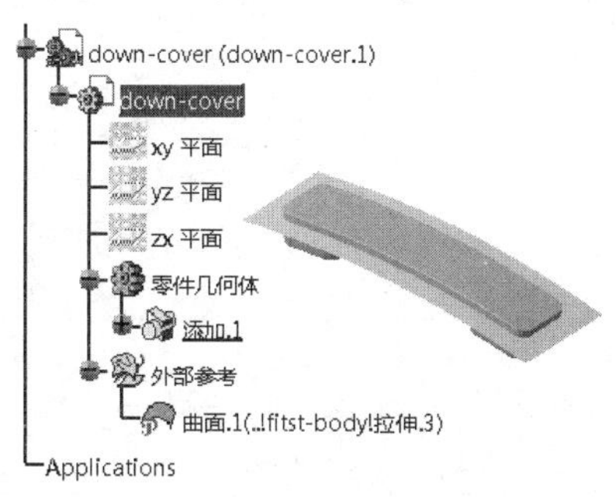

图20-114　关联分割曲面

06 执行菜单栏中【插入】|【基于曲面的特征】|【分割】命令，选取图形窗口中的关联曲面为分割图元，指定保留侧为实体下侧，如图20-115所示，单击【确定】命令按钮完成实体的分割。

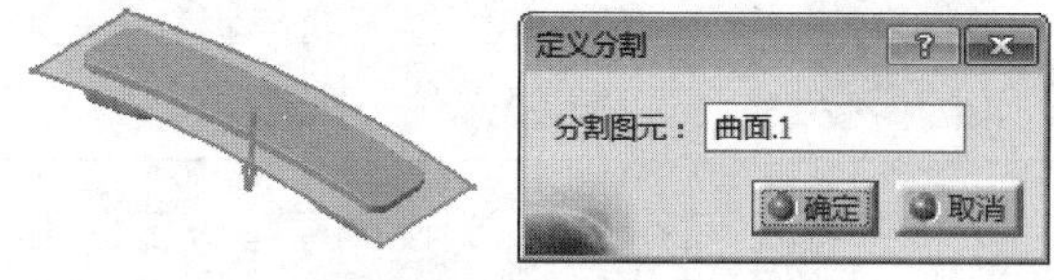

图20-115　分割实体

07 执行菜单栏中【插入】|【修饰特征】|【抽壳】命令，选取如图20-116所示的实体表面为抽壳移除面，设置抽壳内侧厚度尺寸为2，单击【确定】命令按钮完成实体抽壳操作。

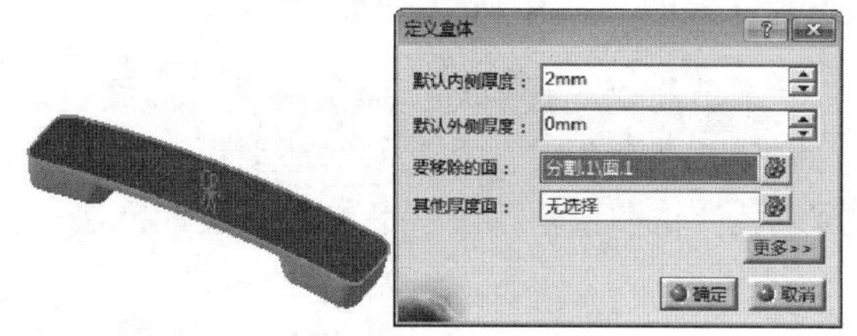

图20-116　实体抽壳

08 根据设计意图，可以对“down-cover”零件进行细节修饰，创建出如“子口”特征、“凹槽“特征等，结果如图20-117所示。

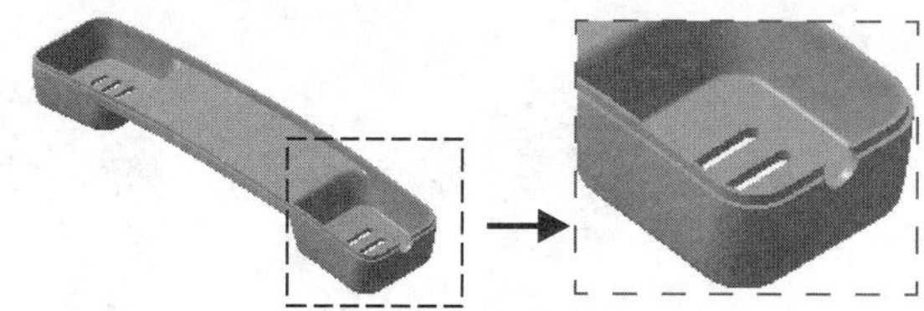

图20-117　创建细节特征

09 双击目录树中的“telephone”以激活装配设计平台，将“first-body”零件隐藏，显示“up-cover”和“down-cover”零件，并分别对其进行着色以观察装配体，结果如图20-118所示。

图20-118　观察装配结果

10 按下Ctrt+S键保存装配文件和零部件文件。

20.4 探照灯关联设计

引入光盘：无

结果文件：动手操作\结果文件\探照灯\Ch20\searchlight.CATProduct

视频文件：视频\Ch20\探照灯关联设计.avi

本节将以“探照灯”为设计原型进行曲面造型和零部件结构关联设计的案例讲解。在进行曲面造型时，应重点注意曲面的创建方法和技巧，以及分割曲面的创建位置。在创建零部件上的细节特征时，应注意相关曲面的创建方法和技巧。最终造型设计的结果如图20-119所示。

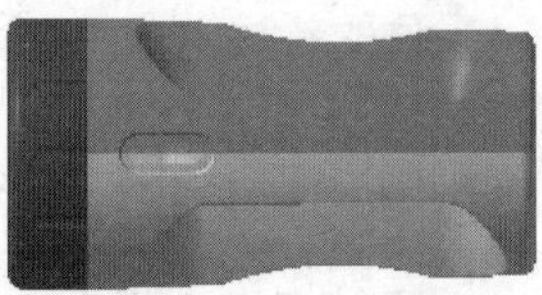

图20-119 探照灯壳体

20.4.1 设计思路分析

本节将以“探照灯”为实例进行详细的产品关联设计演练操作。在设计过程中将综合使用“创成式曲面设计”和“零件设计”的曲面造型、实体分割等命令，重点体现了产品的外观曲面造型方法和技巧以及产品的关联设计方法。其流程如图20-120所示。

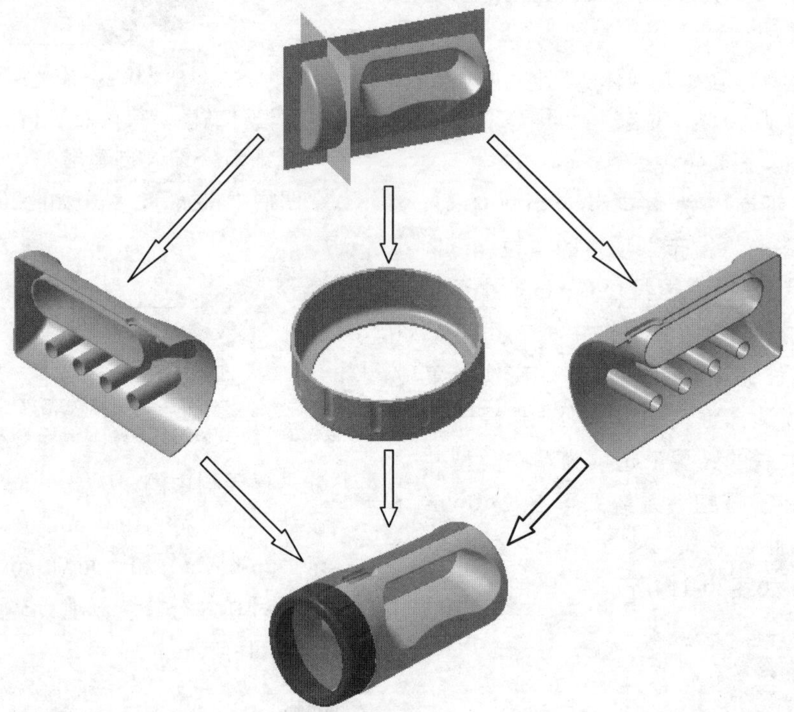

图20-120 设计流程

20.4.2 创建外观控件

本节将讲解演示“探照灯”的外观控件造型过程。在整个产品外观设计过程中，将综合运用“创成式外形设计”和“零件设计”平台的相关功能，来创建产品的曲面特征以及各零部件的分割曲面，最后将实体特征与分割曲面发布为参考几何特征。

操作步骤

01 执行菜单栏中【开始】|【机械设计】|【装配设计】命令，系统即可进入装配设计平台。

02 修改装配文件名称。右击“Product1”再在快捷菜单中选择“属性”选项，在“产品”选项卡的“零件编号”文本框中输入“searchlight”，单击【确定】命令按钮完成名称的修改。

03 创建“外观控件”零件。双击目录树中“searchlight”名称以激活装配，再执行菜单栏中【插入】|【新建零件】命令。系统即可弹出“新零件：原点”对话框，单击“是”命令按钮完成零件的新建。

04 修改文件名称。在“Part1.1”名称上单击鼠标右键，再在快捷菜单中选择“属性”选项，在“产品”选项卡的“实例名称”和“零件编号”文本框中输入“fitst-body”，单击【确定】命令按钮完成名称的修改。

05 激活“first-body”零部件。双击目录树上的“first-body”节点切换进入“零部件设计”平台，再执行菜单栏中【开始】|【外形】|【创成式曲面设计】命令，系统即可切换至“创成式外形设计”平台。

06 执行菜单栏中【插入】|【线框】|【平面】命令，选择“偏置平面”选项为平面的创建类型，选取“YZ平面”为参考平面，设置偏置距离为160并指定偏置方向，单击【确定】命令按钮完成平面的创建，如图20-121所示。

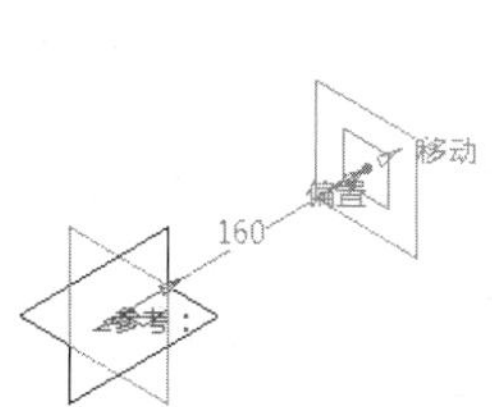

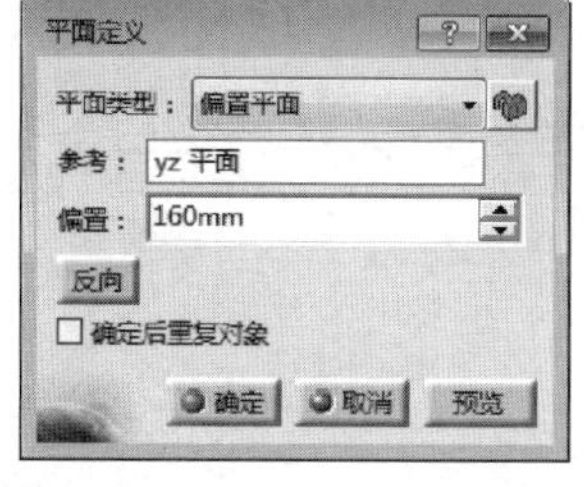

图20-121 创建参考平面1

07 执行菜单栏中【插入】|【草图编辑器】|【草图】命令，选取“YZ平面”为草绘平面，绘制如图20-122所示的草图1。

08 执行菜单栏中【插入】|【草图编辑器】|【草图】命令，选取“平面.1”为草图平面，绘制如图20-123所示的草图2。

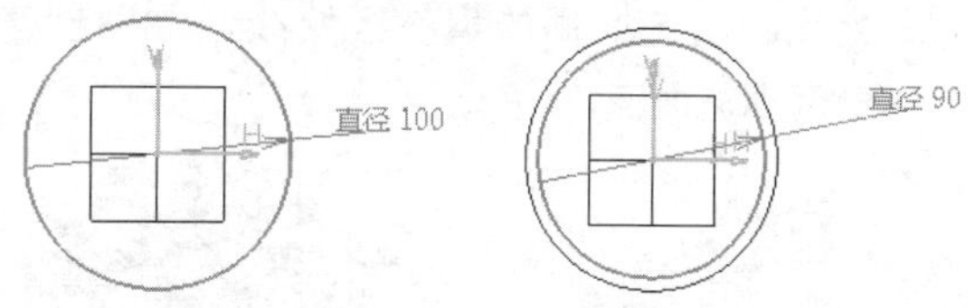

图9-122 草图1　　图9-123 草图2

09 执行菜单栏中【插入】|【曲面】|【多截面曲面】命令，选取“草图.1”和“草图.2”曲线为多截面曲面的轮廓线，如图20-124所示，单击【确定】命令按钮完成多截面曲面的创建。

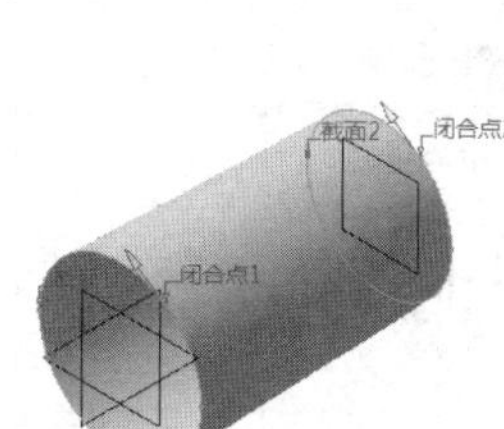

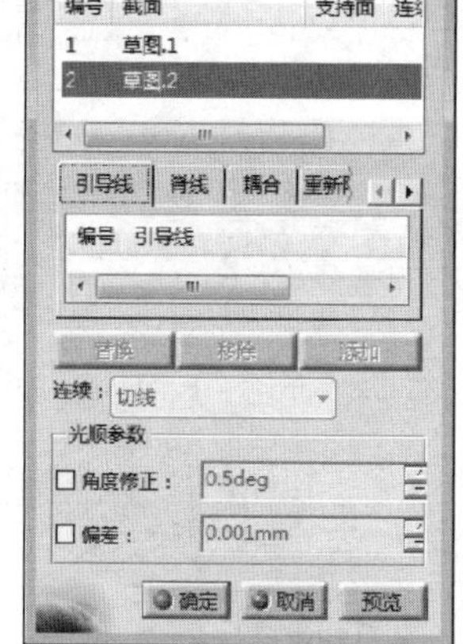

图20-124 创建多截面曲面

10 执行菜单栏中【插入】|【曲面】|【拉伸】命令，选取“草图.1”曲线为拉伸曲面的轮廓线，使用系统默认的拉伸方向，在“限制1”区域中设置拉伸距离为40，如图20-125所示，单击【确定】命令按钮完成拉伸曲面的创建。

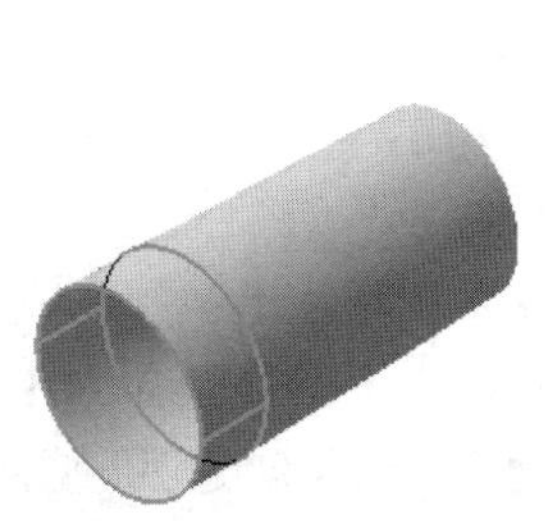

图20-125 创建拉伸曲面

11 多次执行菜单栏中【插入】|【曲面】|【拉伸】命令，分别选取如图20-126所示的曲面边线为填充曲面的填充区域线，分别创建出两填充曲面。

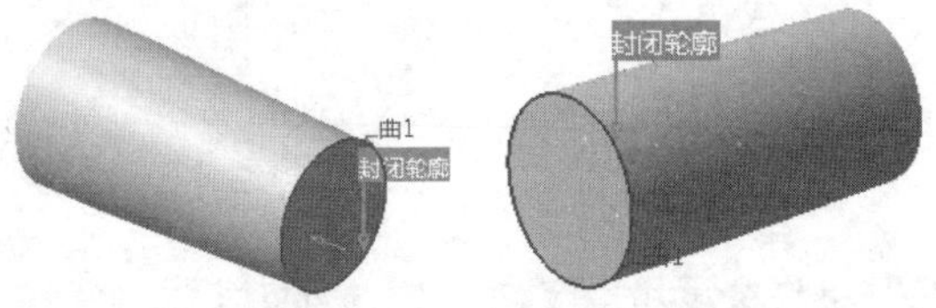

图20-126 创建两填充曲面

12 执行菜单栏中【插入】|【操作】|【接合】命令，选取图形窗口中所有的曲面为接合对象，如图20-127所示，单击【确定】命令按钮完成曲面的接合操作。

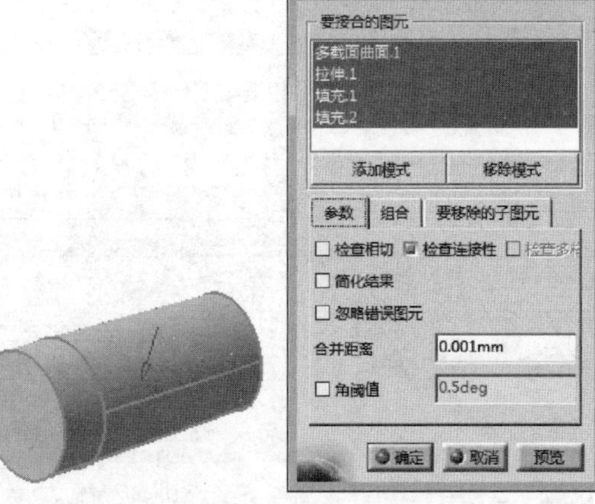

图20-127 接合曲面

13 执行菜单栏中【插入】|【草图编辑器】|【草图】命令，选取“XY平面”为草图平面并绘制如图20-128所示的草图3。

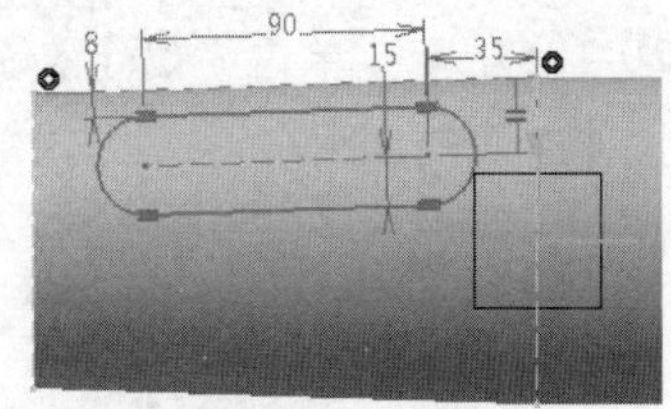

图20-128 草图3

14 执行菜单栏中【插入】|【线框】|【平面】命令，选择“平行通过点”选项为平面的创建类型，选取“YZ平面”为参考平面。

15 执行菜单栏中【插入】|【草图编辑器】|【草图】命令，选取上步创建的“平面.2”为草图平面，绘制如图20-130所示的草图4。

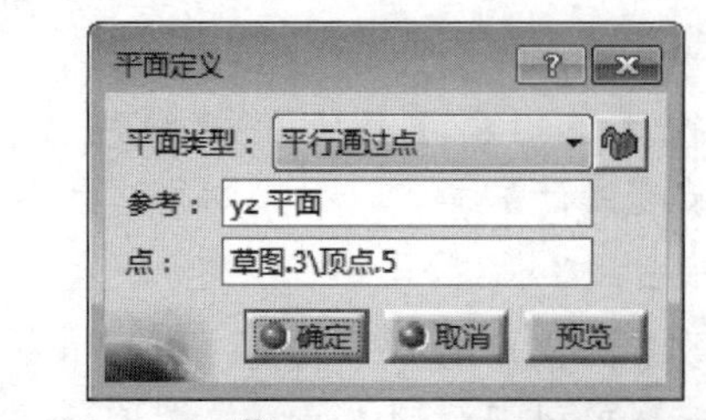

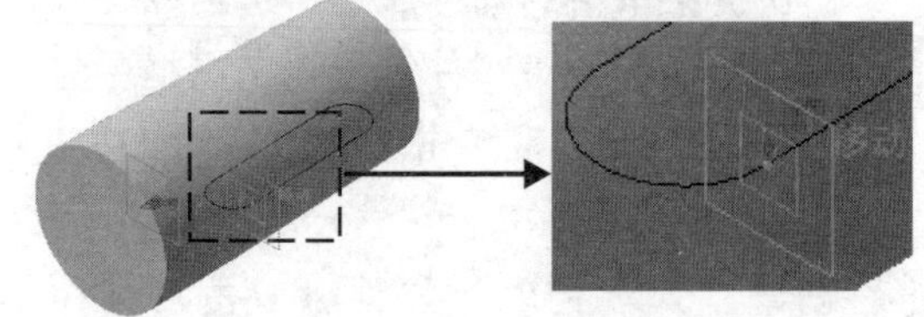
图20-129 创建参考平面2

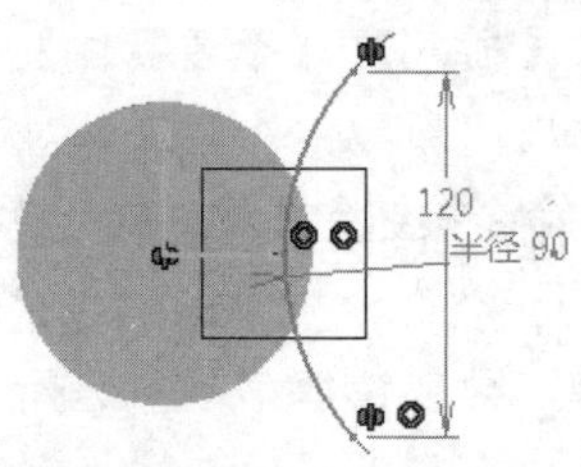

图20-130 草图4

16 执行菜单栏中【插入】|【曲面】|【扫掠】命令，选择“使用参考曲面”选项为显示扫掠曲面的创建类型，选取“草图.4”曲线为扫掠曲面的轮廓线，选取“草图.3”曲线为扫掠曲面的引导曲线，其他使用系统默认的相关设置，如图20-131所示，单击【确定】命令按钮完成扫掠曲面的创建。

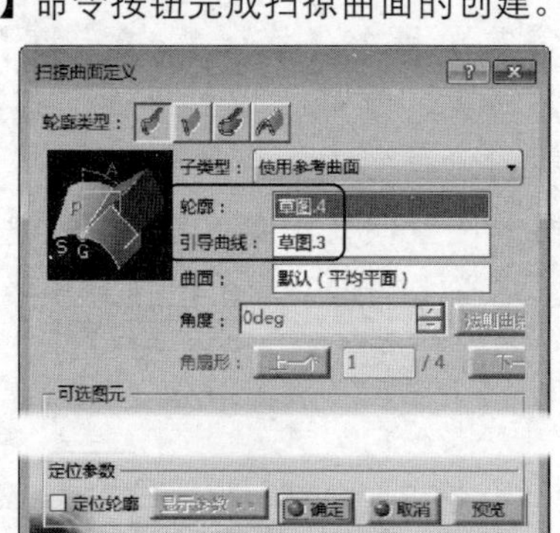

图20-131 创建扫掠曲面

17 执行菜单栏中【插入】|【操作】|【修剪】命令，选择“接合.1”曲面和“扫掠.1”曲面为修剪对象曲面，指定曲面的保留侧，单击【确定】命令按钮完成曲面的修剪，如图20-132所示。

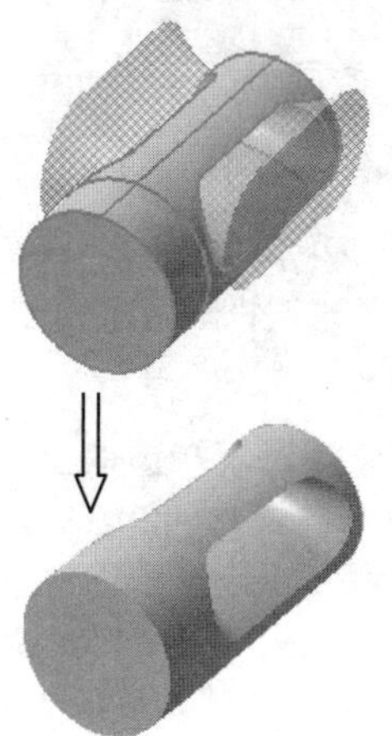
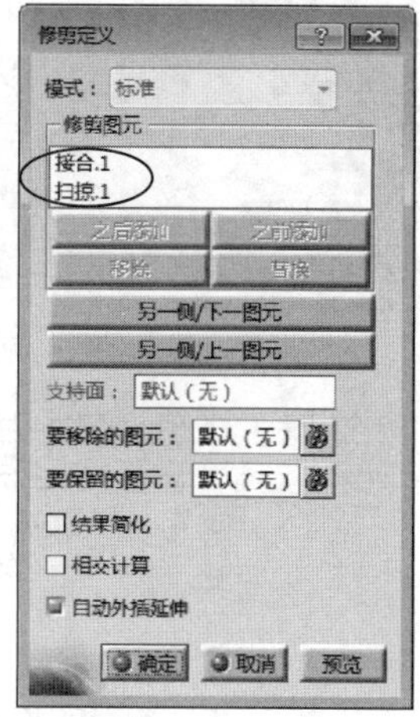

图20-132 修剪曲面

18 执行菜单栏中【插入】|【草图编辑器】|【草图】命令，选取“ZX平面”为草图平面，绘制如图20-133所示的草图5。

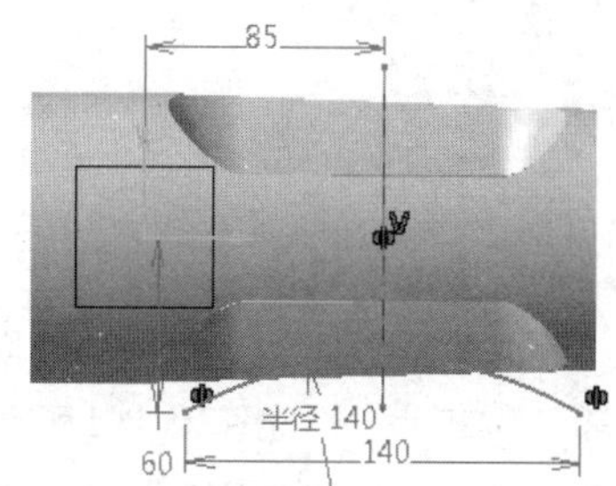

图20-133 草图5

19 执行菜单栏中【插入】|【曲面】|【拉伸】命令，选取上步创建的“草图.5”曲线为拉伸曲面的轮廓线，使用系统默认的拉伸方向；在“限制1”区域中设置拉伸尺寸20，在“限制2”区域中设置拉伸尺寸40，如图20-134所示，单击【确定】命令按钮完成拉伸曲面的创建。

20 执行菜单栏中【插入】|【操作】|【对称】命令，选取上步创建的“拉伸.2”曲面为对称图元，选取“XY平面”为参考平面，单击【确定】命令按钮完成曲面的对称复制，如图20-135所示。

21 执行菜单栏中【插入】|【操作】|【对称】命令，选取上步创建的“拉伸.2”曲面为对称图元，选取“XY平面”为参考平面，单击【确定】命令按钮完成曲面的对称复制。如图20-135所示。

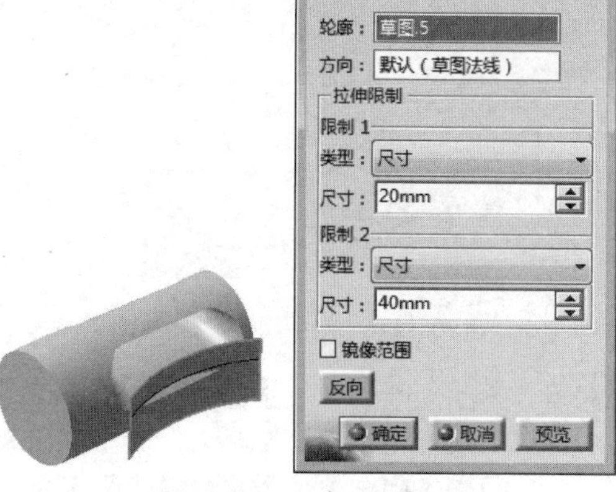

图20-134 创建拉伸曲面

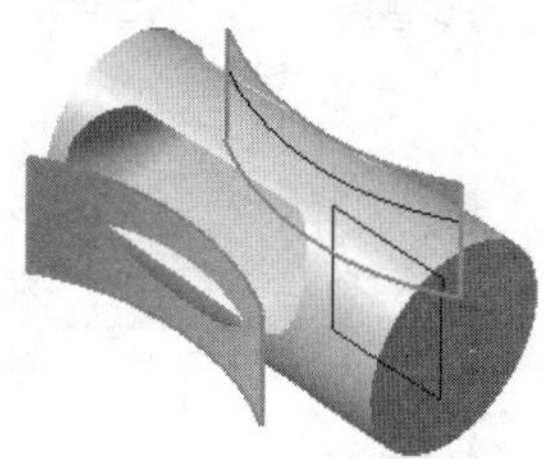

图20-135 创建对称曲面

22 执行菜单栏中【插入】|【操作】|【修剪】命令，选择“修剪.1”曲面、“拉伸.2”曲面和“对称.2”曲面为修剪对象，指定需要保留的曲面部分，单击【确定】命令按钮完成曲面的修剪操作，如图20-136所示。

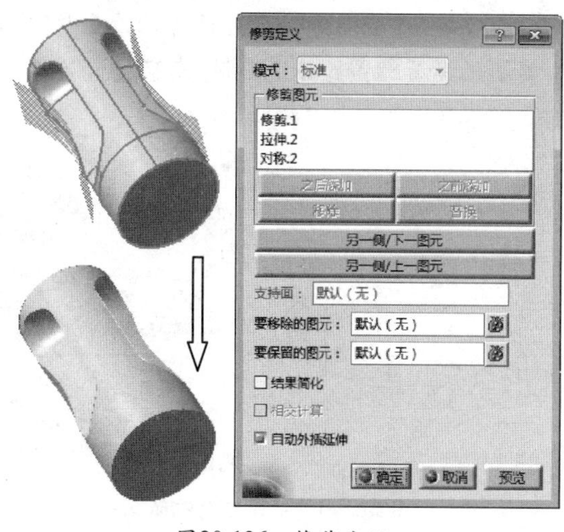

图20-136 修剪曲面

23 执行菜单栏中【插入】|【草图编辑器】|【草图】命令，选取“ZX平面”为草图平面，绘制如图20-137所示的草图6。

24 执行菜单栏中【插入】|【线框】|【投影】命令，选择“沿某一方向”选项为投影的类型，选取上步绘制的“草图.6”曲线为投影图元，选择“修剪.2”曲面为投影的支持面，指定投影方向为“Y部件”，提取如图20-138所示的投影结果，最终结果如图所示。

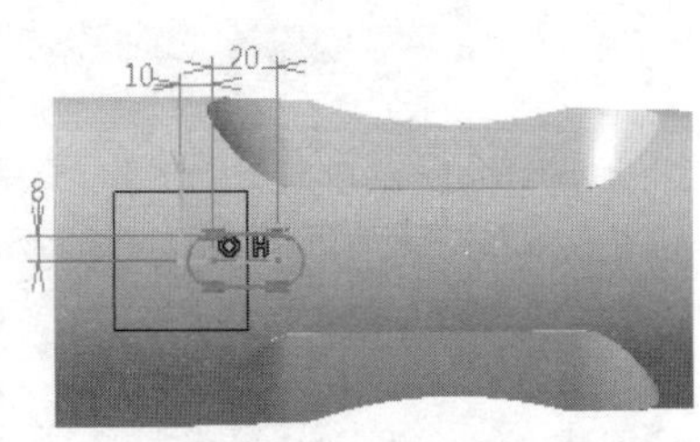

图20-137 草图6

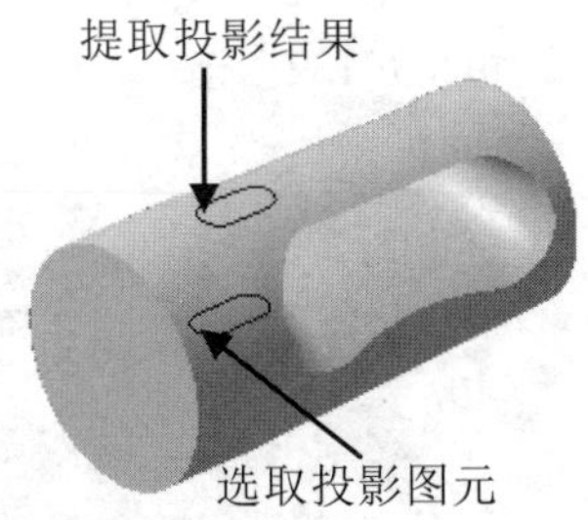

图20-138 创建投影曲线

25 执行菜单栏中【插入】|【操作】|【分割】命令，选取“修剪.2”曲面为分割对象，选取上步提取的投影曲线为切除图元，勾选“保留双侧”选项以保留分割后的两侧曲面，如图20-139所示，单击【确定】命令按钮完成曲面的分割。

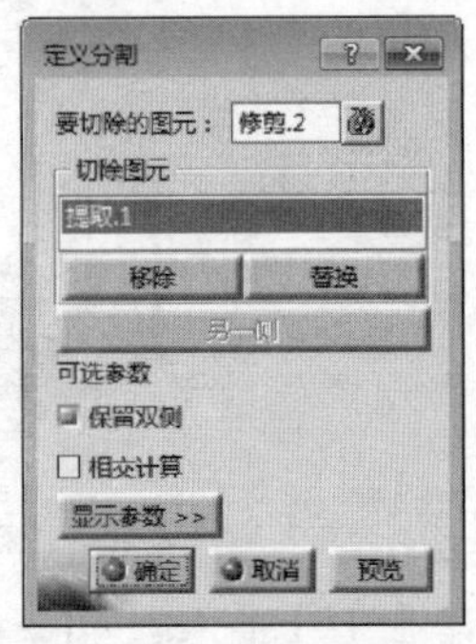

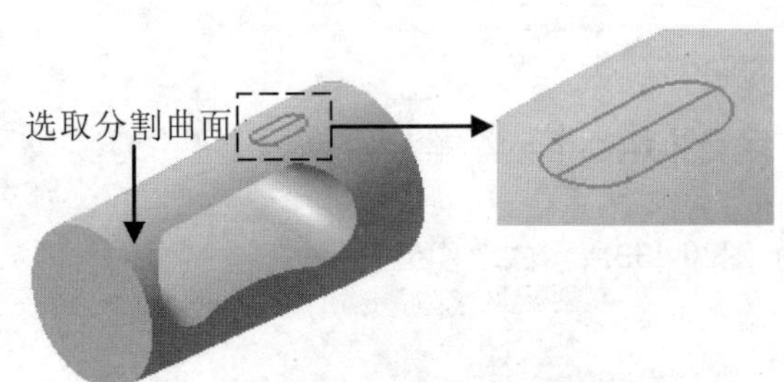

图20-139 分割曲面

26 隐藏“分割.1”曲面，只显示“分割.2”曲面以方便后续的相关操作。

27 执行菜单栏中【插入】|【曲面】|【偏置】命令，选取“分割.2”曲面为偏置源对象曲面，设置偏置距离为2.5并指定偏置方向向下，结果如图20-140所示。

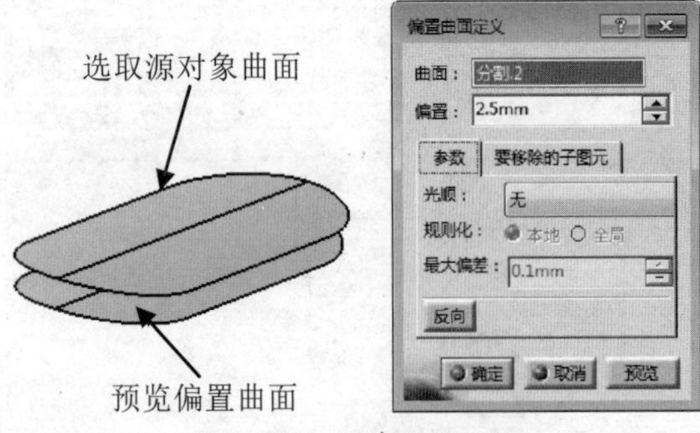

图20-140 创建偏置曲面

28 隐藏“分割.2”曲面，只显示“偏置.1”曲面以方便后续的相关操作。

29 执行菜单栏中【插入】|【线框】|【平行曲线】命令，选取“偏置”曲面的边线为曲线对象，选取“偏置.1”曲面为支持面，设置偏置常量距离为1，如图20-141所示，单击【确定】命令按钮完成平行曲线的创建。

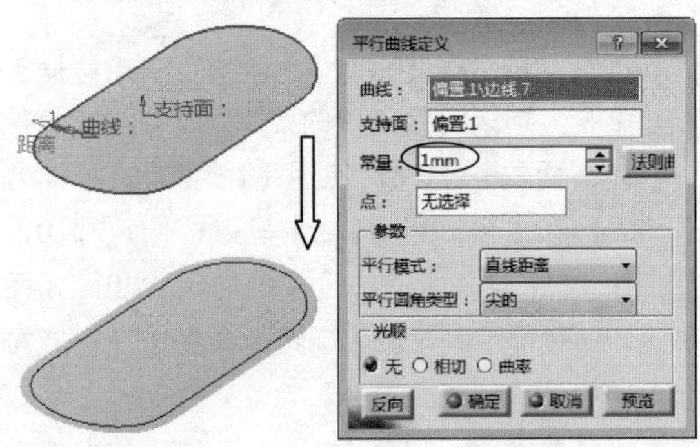

图20-141 创建平行曲线

30 执行菜单栏中【插入】|【操作】|【分割】命令，选取“偏置.1”曲面为分割的图元对象，选取上步创建的“平行.1”曲线为切除图元，保留曲线内部的曲面部分，如图20-142所示，单击【确定】命令按钮完成曲面分割。

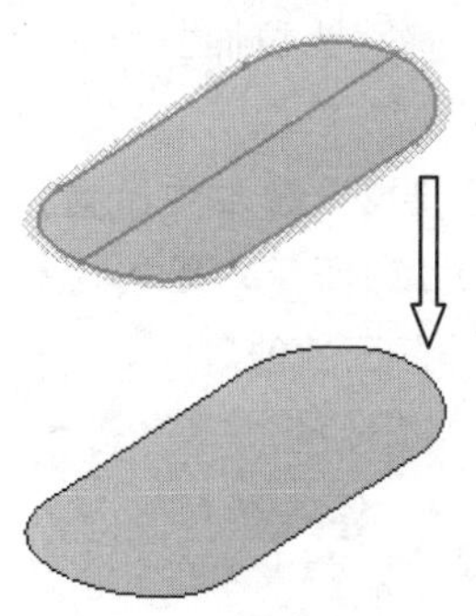

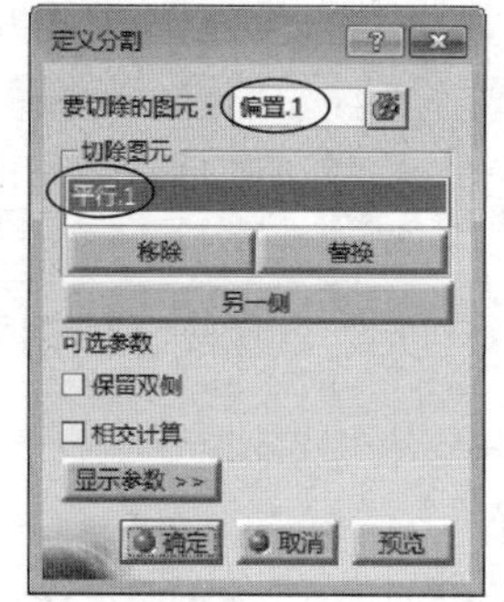

图20-142　分割曲面

31 显示“提取.1”投影曲线。执行菜单栏中【插入】|【曲面】|【扫掠】命令，选择“两极限”选项为直线扫掠曲面的创建类型，分别选取“提取.1”和“平行.1”曲线为引导曲线，使用系统其他默认设置，单击【确定】命令按钮完成扫掠曲面的创建，如图20-143所示。

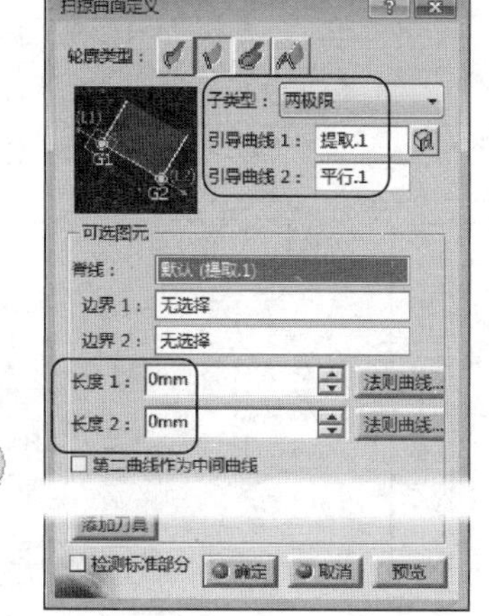

图20-143　创建扫掠曲面

32 执行菜单栏中【插入】|【操作】|【接合】命令，选取图形窗口中的所有曲面特征为接合的图元，如图20-144所示，单击【确定】命令按钮完成曲面的接合。

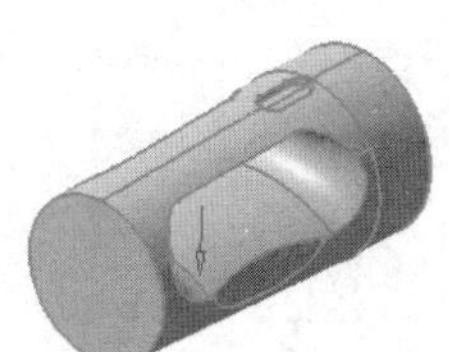

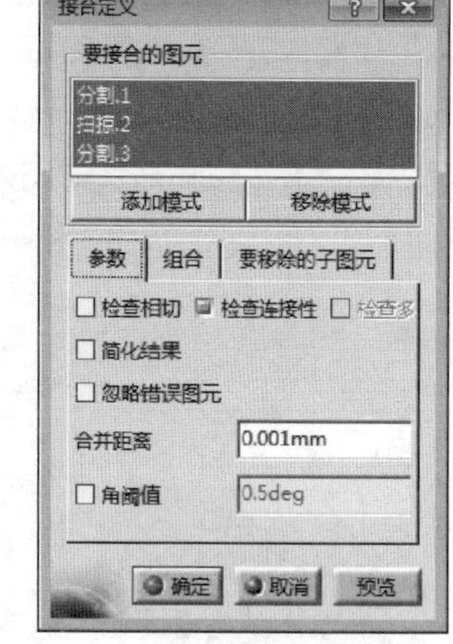

图20-144　接合曲面

33 执行菜单栏中【插入】|【操作】|【倒圆角】命令，选取如图20-145所示的曲面边线为圆角对象，设置圆角半径为1.5，单击【确定】命令按钮完成曲面圆角。

34 执行菜单栏中【插入】|【操作】|【倒圆角】命令，选取如图20-146所示的曲面边线为圆角对象，设置圆角半径为1.5，单击【确定】命令按钮完成曲面圆角。

35 执行菜单栏中【插入】|【操作】|【倒圆角】命令，选取如图20-147所示的曲面边线为圆角对象，设置圆角半径为5，单击【确定】命令按钮完成曲面圆角。

36 执行菜单栏中【插入】|【基于曲面的特征】|【封闭曲面】命令，选取“倒圆角”曲面为封闭的曲面对象，将其转换为实体特征，如图20-148所示。

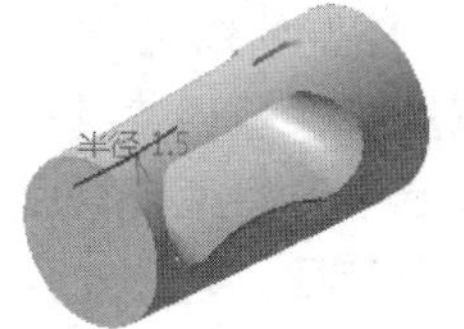

图20-145　曲面圆角1

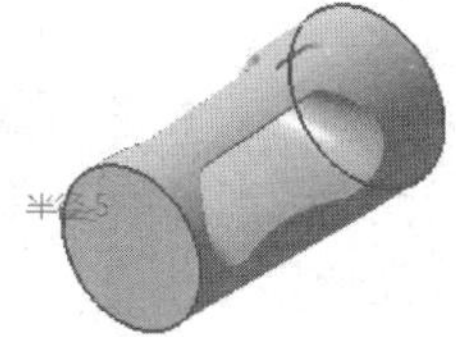

图20-146　曲面圆角2

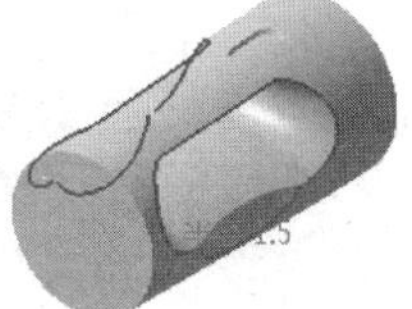

图20-147　曲面圆角3

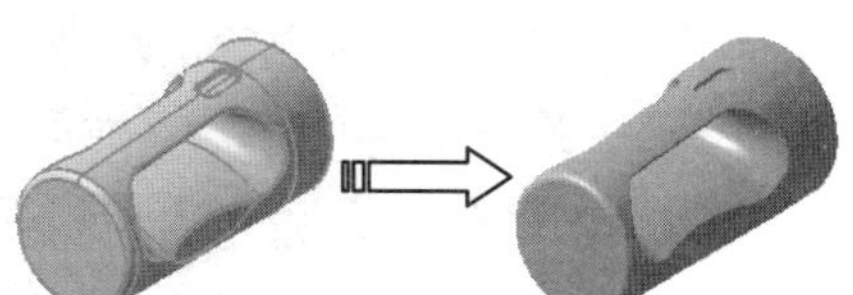

图20-148　转换实体特征

37 执行菜单栏中【插入】|【草图编辑器】|【草图】命令，选取“ZX平面”为草图平面，绘制如图20-149所示的草图7。

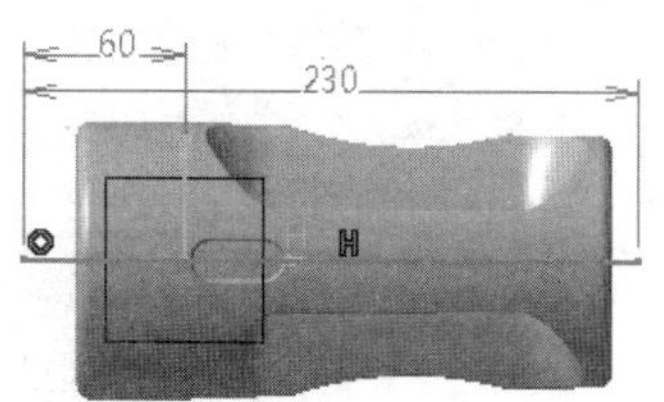

图20-149　草图7

38 执行菜单栏中【插入】|【曲面】|【拉伸】命令，选取“草图.7”曲线为拉伸曲面的轮廓线，使用系统默认的拉伸方向，分别在“限制1”和“限制2”区域中设置拉伸距离70，如图20-150所示，单击【确定】命令按钮完成拉伸曲面的创建。

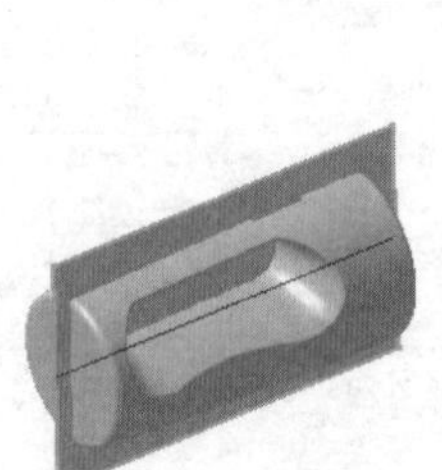
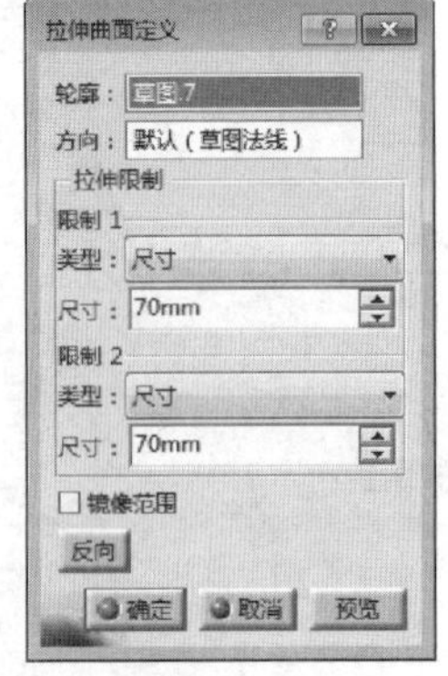

图20-150 创建拉伸曲面

39 执行菜单栏中【插入】|【线框】|【平面】命令，选择“偏置平面”选项为平面的创建类型，选取“YZ平面”为偏置参考平面，设置偏置距离为10并指定偏置方向，如图20-151所示，单击【确定】命令按钮完成平面的创建。

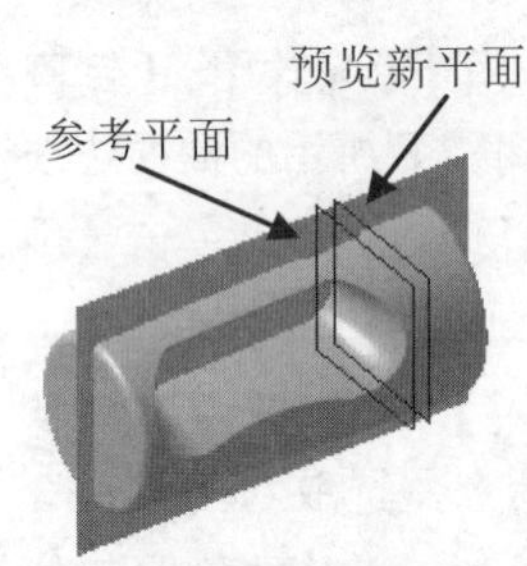

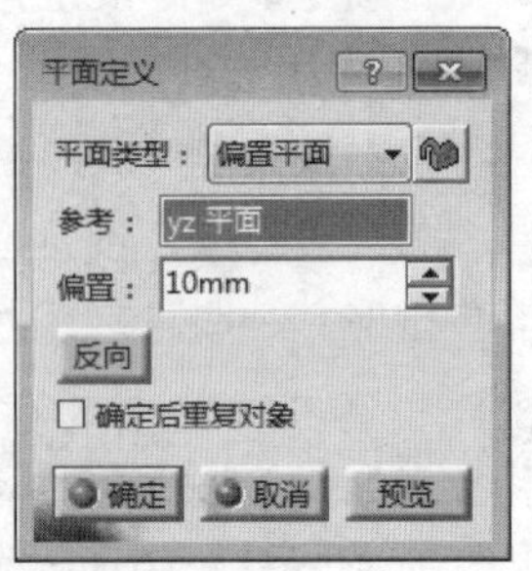

图20-151 创建参考平面3

40 执行菜单栏中【插入】|【草图编辑器】|【草图】命令，选取上步创建的“平面.3”为草图平面并绘制如图20-152所示的草图8。

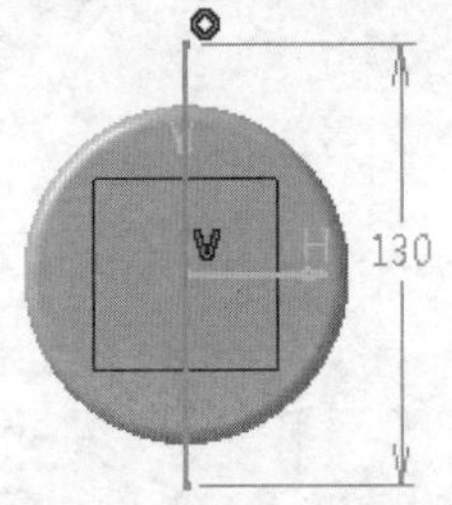

图20-152 草图8

41 执行菜单栏中【插入】|【曲面】|【拉伸】命令，选取“草图.8”曲线为拉伸曲面的轮廓线，指定拉伸方向为“Y部件”方向，分别在“限制1”和“限制2”区域中设置拉伸尺寸为70，如图20-153所示，单击【确定】命令按钮完成拉伸曲面的创建。

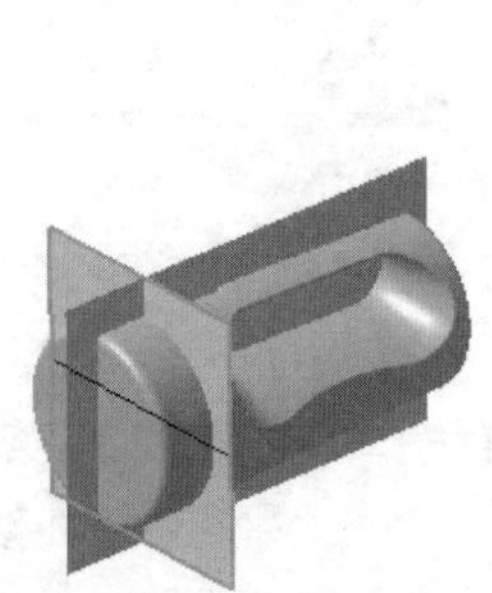
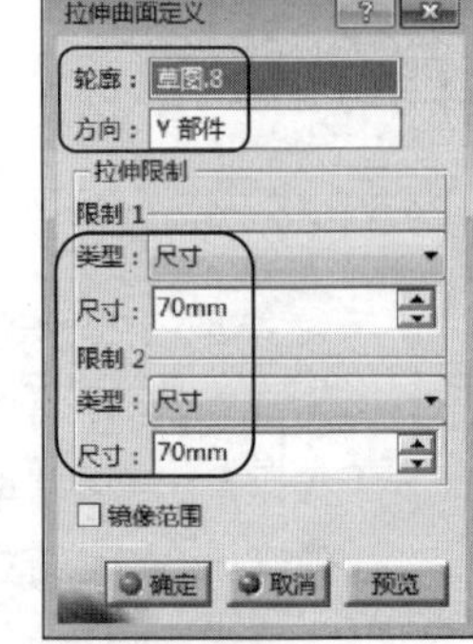

图20-153 创建拉伸曲面

42 执行菜单栏中【工具】|【发布】命令，选取图形窗口中的“零件几何体”和“拉伸.3”、“拉伸.4”曲面为发布对象，最终结果如图20-154所示。

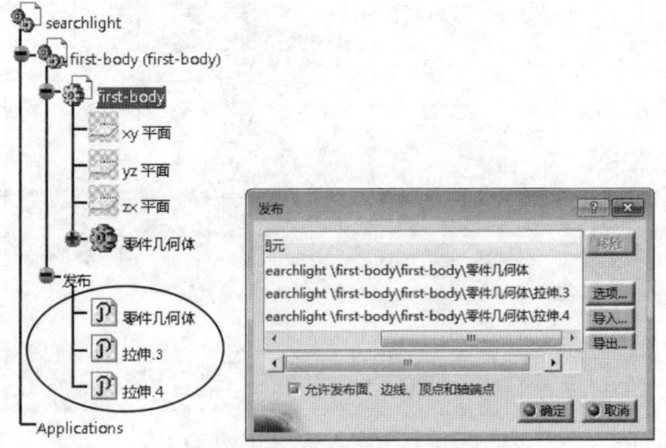

图20-154 发布几何体与分割曲面

20.4.3 分割前罩盖

本节将讲解演示“探照灯”的前罩盖零件的分割过程。在整个前罩盖零件的创建过程中，将使用“零件设计”平台中的相关工具命令来修饰完成零件的各个细节特征。具体操作过程如下。

操作步骤

01 双击目录树中的“searchlight”以激活装配设计平台，执行菜单栏中【插入】|【新建零件】命令，单击“是”命令按钮完成零件的新建。

02 修改新零件名称。在“Part1.2”名称上单击鼠标右键，再在快捷菜单中选择“属性”，在“产品”选项卡的“实例名称”和“零件编号”文本框中输入“front-cover”，单击【确定】命令按钮完成零件名称的修改。

03 创建零件关联参数。双击“front-cover”以激活零件设计平台，展开“first-body”目录树中的“发布”项并选中“零件几何体”，按下Ctrl+C键复制出first-body的实体几何图形。

04 关联粘贴几何实体。选中目录树中的“front-cover”零件并单击鼠标右键，在快捷菜单中选择“选择性粘贴”选项，选中“与原文档相关联的结果”选项为粘贴的类型，单击【确定】命令按钮完成几何实体的关联粘贴。

05 添加布尔运算。在“几何体.2”上右击并将鼠标指向“几何体.2对象”，再选取“添加”命令选项完成布尔运算。

06 关联分割曲面。选中目录树中“first-body”零件的“发布”项中的“拉伸.4”曲面为复制对象，再按下Ctrl+C键复制出分割曲面，选中目录树中的“front-cover”零件并单击鼠标右键，在快捷菜单中选择“选择性粘贴”选项，选择“与原文档相关联的结果”选项为粘贴类型并单击【确定】按钮，系统即可在“front-cover”零件目录树节点中添加“外部参考”曲面，如图20-155所示。

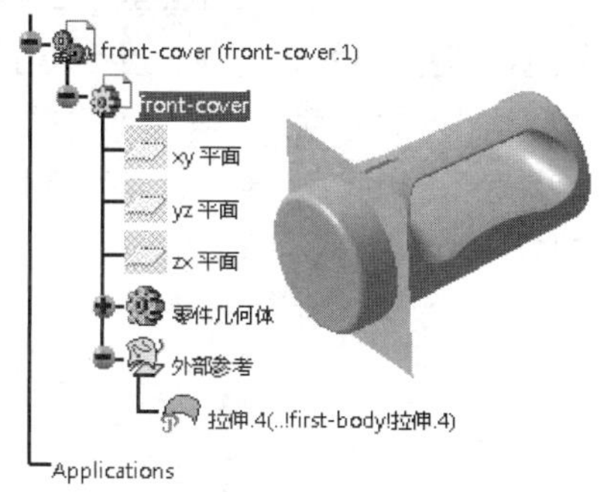

图20-155 关联分割曲面

07 执行菜单栏中【开始】|【机械设计】|【零件设计】命令，以确认系统进入零件设计平台，执行菜单栏中【插入】|【基于曲面的特征】|【分割】命令，选取图形窗口中的关联曲面为分割图元，指定保留侧为实体左侧，如图20-156所示，单击【确定】命令按钮完成实体分割。

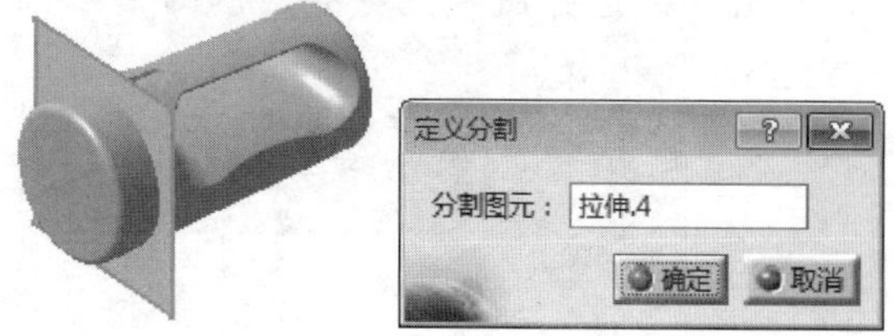

图20-156 分割实体

08 执行菜单栏中【插入】|【修饰特征】|【抽壳】命令，选取如图20-157所示的实体表面为抽壳要移除的面，设置抽壳内侧厚度尺寸为2，单击【确定】命令按钮完成实体抽壳操作。

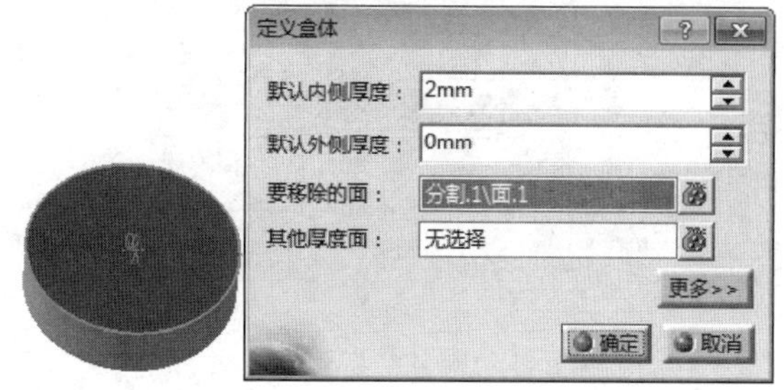

图20-157 实体抽壳

09 执行菜单栏中【插入】|【参考】|【平面】命令，创建如图20-158所示的平面1。

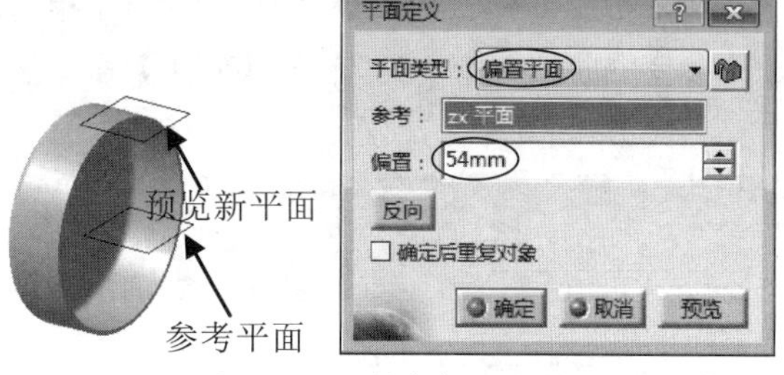

图20-158 创建参考平面1

10 执行菜单栏中【插入】|【草图编辑器】|【草图】命令，选取上步创建的“平面.1”为草图平面，绘制如图20-159所示的草图1。

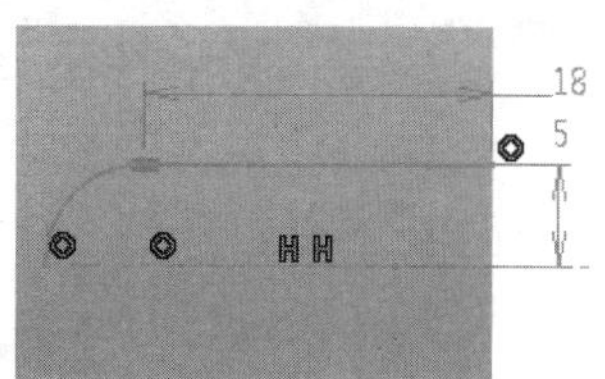

图20-159 草图1

11 执行菜单栏中【插入】|【基于草图的特征】|【旋转槽】命令，选取上步绘制的

“草图.1”曲线为旋转轮廓线，使用系统默认的旋转轴线，设置第一旋转角度为360，单击【确定】命令按钮完成旋转槽的创建，如图20-160所示。

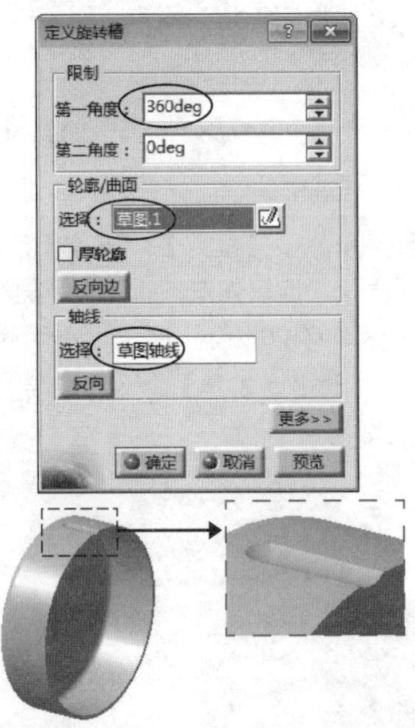

图20-160　创建旋转槽特征

12 执行菜单栏中【插入】|【变换操作】|【圆形阵列】命令，选取上步创建的“旋转槽.1”特征为阵列对象，在“轴向参考”选项卡中设置实例数12，角度间距30，指定参考方向为“X轴”，单击【确定】命令按钮完成圆形阵列的创建，如图20-161所示。

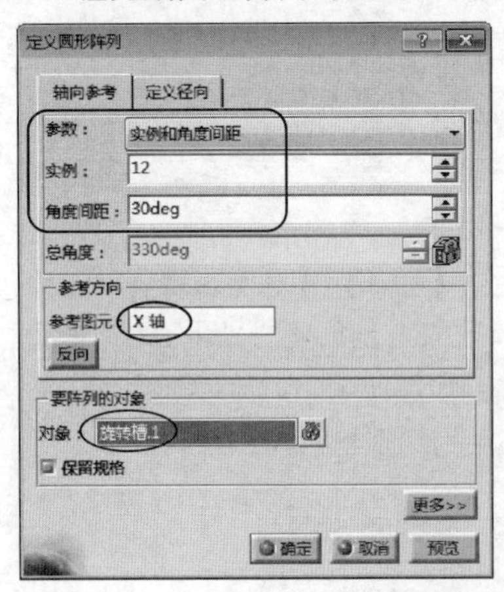

图20-161　创建圆形阵列

13 执行菜单栏中【插入】|【修饰特征】|【内螺纹/外螺纹】命令，创建如图20-162所示的内螺纹特征。

14 执行菜单栏中【插入】|【草图编辑器】|【草图】命令，选取如图20-163所示的实体面为草图平面，并绘制如图所示的草图2。

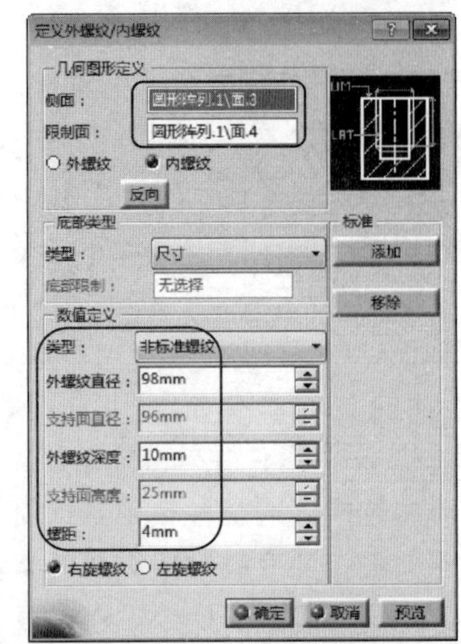

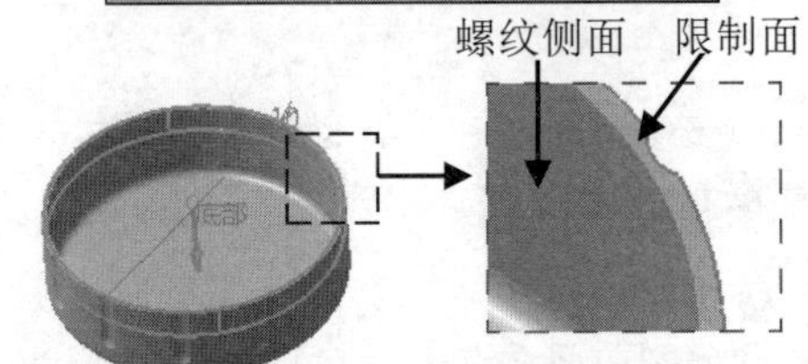

图20-162　创建工程螺纹

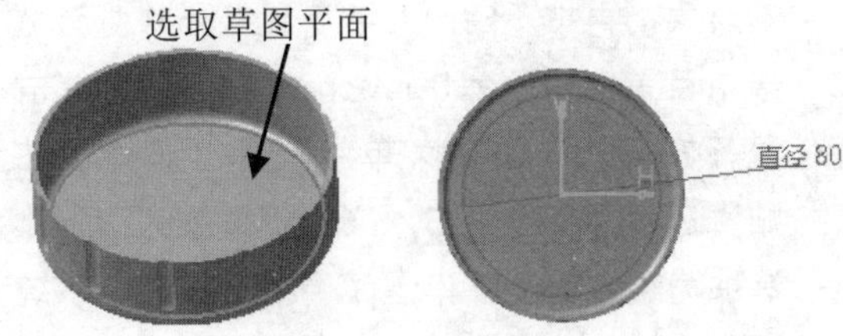

图20-163　草图2

15 执行菜单栏中【插入】|【基于草图的特征】|【凹槽】命令，选取上步创建的“草图.2”为凹槽的轮廓线，设置凹槽的拉伸类型为“直到最后”，单击【确定】命令按钮完成凹槽的创建，如图20-164所示。

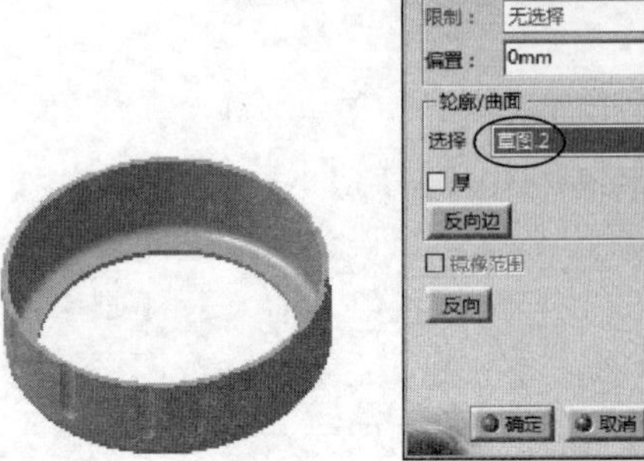

图20-164　创建凹槽特征

20.4.4 分割左右侧壳体

本节将讲解演示“探照灯”的左侧壳体零件的分割过程。在整个左侧壳体零件的创建过程中，将使用“零件设计”平台中的相关工具命令，来修饰完成零件的各个细节特征。具体操作过程如下。

操作步骤

01 双击目录树中的“searchlight”以激活装配设计平台，执行菜单栏中【插入】|【新建零件】命令，单击“是”命令按钮完成零件的新建。

02 修改新零件名称。在“Part1.3”名称上单击鼠标右键，再在快捷菜单中选择“属性”，在“产品”选项卡的“实例名称”和“零件编号”文本框中输入“left-case”，单击【确定】命令按钮完成零件名称的修改。

03 创建零件关联参数。双击“left-case”以激活零件设计平台，展开“first-body”目录树中的“发布”项并选中“零件几何体”，按下Ctrl+C键复制出first-body的实体几何图形。

04 关联粘贴几何实体。选中目录树中的“left-case”零件并单击鼠标右键，在快捷菜单中选择“选择性粘贴”选项，选中“与原文档相关联的结果”选项为粘贴的类型，单击【确定】命令按钮完成几何实体的关联粘贴。

05 添加布尔运算。在“几何体.2”上右击并将鼠标指向“几何体.2对象”，再选取“添加”命令选项完成布尔运算。

06 关联分割曲面。选中目录树中“first-body”零件的“发布”项中的“拉伸.3”和“拉伸.4”曲面为复制对象，再按下Ctrl+C键复制出分割曲面，选中目录树中的“left-case”零件并单击鼠标右键，在快捷菜单中选择“选择性粘贴”选项，选择“与原文档相关联的结果”选项为粘贴类型并单击【确定】按钮，系统即可在“left-case”零件目录树节点中添加“外部参考”曲面，如图20-165所示。

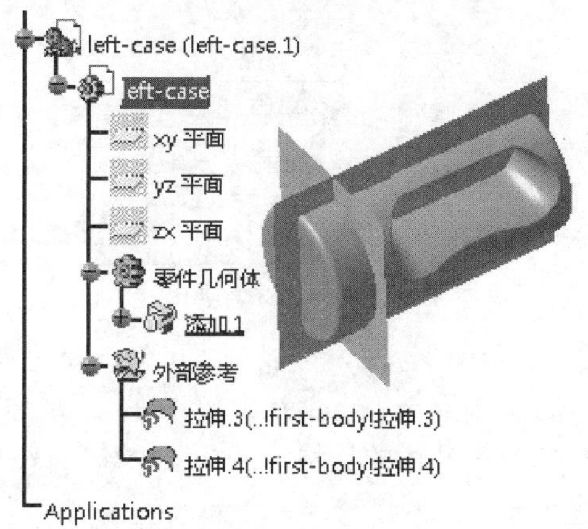

图20-165 关联分割曲面

07 执行菜单栏中【开始】|【机械设计】|【零件设计】命令，以确认系统进入零件设计平台，执行菜单栏中【插入】|【基于曲面的特征】|【分割】命令，选取图形窗口中关联的“拉伸.4”曲面为分割图元，指定保留侧为实体右侧，如图20-166所示，单击【确定】命令按钮完成实体分割。

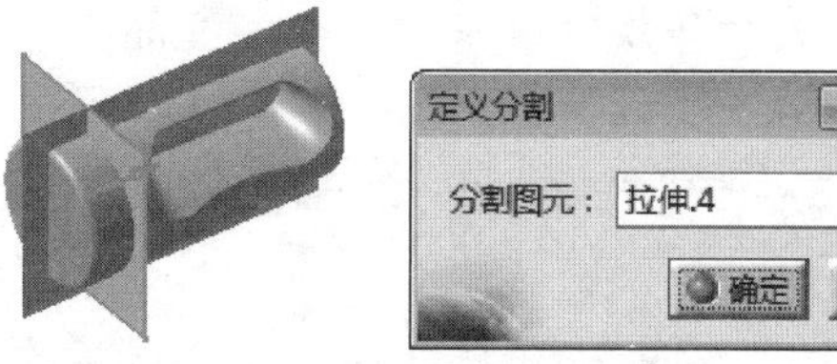

图20-166 分割实体

08 执行菜单栏中【插入】|【修饰特征】|【抽壳】命令，选取如图20-167所示的实体面为抽壳要移除的面，设置抽壳内侧厚度尺寸为1.5，单击【确定】命令按钮完成实体抽壳操作。

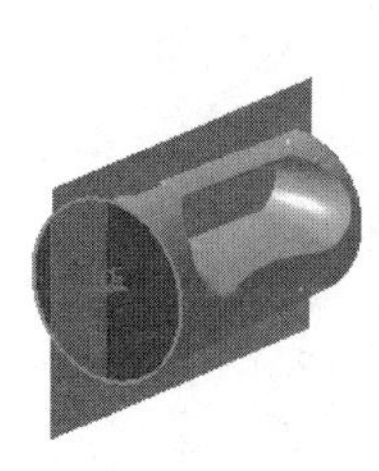

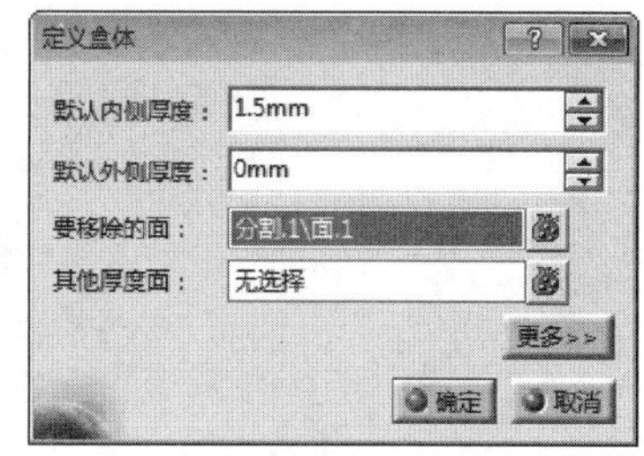

图20-167 实体抽壳

09 执行菜单栏中【插入】|【基于曲面的特征】|【分割】命令，选取关联的“拉伸.3”曲面为分割图元，指定实体的左侧为保留侧，如图20-168所示，单击【确定】命令按钮完成实体的分割操作。

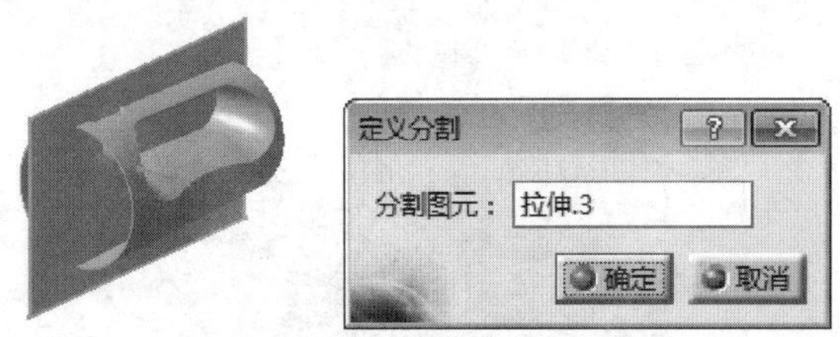

图20-168　分割实体

10 根据设计意图，可以对“left-case”零件进行细节修饰，创建出如“柱位”、“凹槽”等具体的结构特征，结果如图20-169所示。

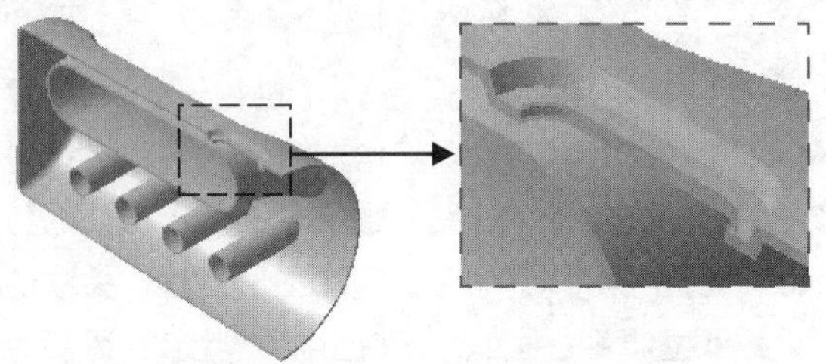

图20-169　创建细节特征

11 根据上述的“left-case”的操作方法和技巧，创建并分割出“right-case”零部件的外形，再根据设计需要直接参考“left-case”零件中的“柱位”和“凹槽”特征，创建出“right-case”零部件的相关细节修饰特征，结果如图20-170所示。

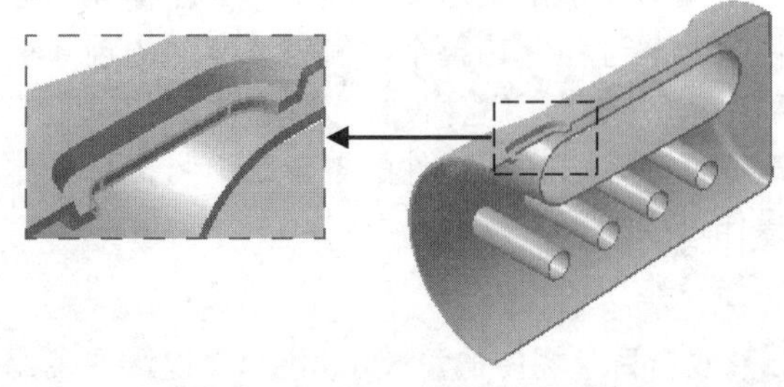

图20-170　分割right-case零部件

12 双击目录树中的“searchlight”以激活装配设计平台，将“first-body”零件隐藏，显示“front-cover”、“left-case”和“right-case”零件，并分别对其进行着色以观察装配体，结果如图20-171所示。

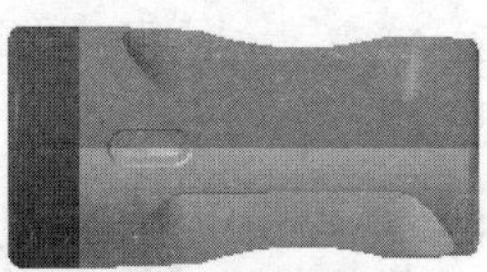

图20-171　观察装配结果

13 按下Ctrt+S键保存装配文件和零部件文件。

第21章 产品造型综合案例二

本章将以各种实际产品为原型进行产品逆向曲面造型案例的拆解和分析。主要运用了“逆向点云编辑”、“逆向曲面重建”、“创成式外形设计”和“零件设计”等基础设计平台构建产品的外观曲线和曲面形状特征。

◎ 知识点01：曲线、曲面的构建方法
◎ 知识点02：产品结构关联设计方法
◎ 知识点03：零件设计方法
◎ 知识点04：装配设计方法

21.1 万能充电器设计

引入光盘：无

结果文件：动手操作\结果文件\Ch21\万能充电器\Universal charger.CATProduct

视频文件：视频\Ch21\万能充电器设计.avi

本节将以日常生活中常用的“万能充电器”的塑胶壳体为设计原型，进行产品造型设计的案例讲解，该产品是以塑料和金属为材料的制品，在进行产品造型设计时，应重点注意产品造型设计思路的总结和运用。产品造型如图21-1所示。

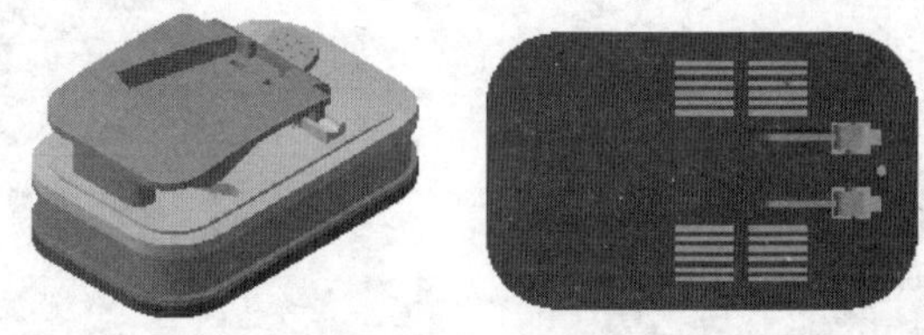

图21-1 万能充电器

21.1.1 设计思路分析

本节将以“万能充电器”壳体零件为实例，进行详细的产品关联设计和装配设计的演练操作。在设计过程中将综合使用“创成式曲面设计”和“零件设计”的曲面造型、实体分割等命令，以及“装配设计”中的外部参考关联设计方法和非关联设计方法，重点体现了产品的外观曲面造型方法和技巧，以及产品的设计方法。其流程如图21-2所示。

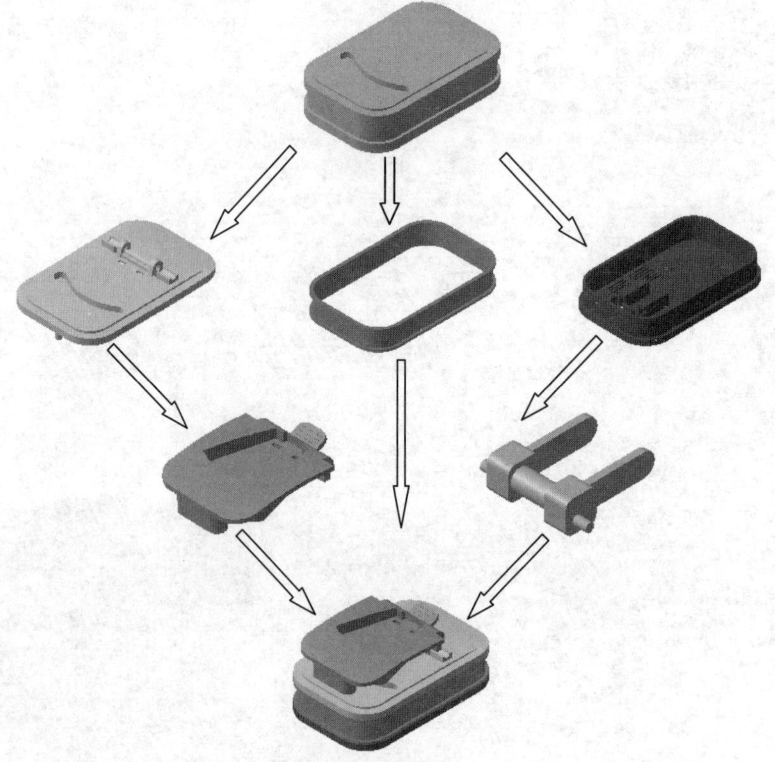

图21-2 设计流程

21.1.2 创建基体控件

本节将讲解演示“万能充电器”的外观造型过程。在整个产品外观设计过程中，将综合运用“创成式外形设计”和“零件设计”平台的相关功能，来创建产品的外形特征，最后将实体几何体特征发布为参考几何特征。

操作步骤

01 执行菜单栏中【开始】|【机械设计】|【装配设计】命令，系统即可进入装配设计平台。

02 修改装配文件名称。右击“Product1”，再在快捷菜单中选择【属性】选项，在【产品】选项卡的【零件编号】文本框中输入“Universal charger”，单击【确定】命令按钮完成名称的修改。

03 创建“外观控件”零件。双击目录树中的“Universal charger”名称以激活装配，再执行菜单栏中【插入】|【新建零件】命令，系统即可弹出【新零件：原点】对话框，单击【是】命令按钮完成零件的新建。

04 修改文件名称。在“Part1.1”名称上单击鼠标右键，再在快捷菜单中选择【属性】选项，在【产品】选项卡的【实例名称】和【零件编号】文本框中输入“fitst-body”，单击【确定】命令按钮完成名称的修改。

05 激活“first-body”零部件。双击目录树上的“first-body”节点切换进入【零部件设计】平台，再执行菜单栏中【开始】|【机械设计】|【零件设计】命令，系统即可切换至【零件设计】平台。

06 执行菜单栏中【插入】|【草图编辑器】|【草图】命令，选取“XY平面”为草图平面，绘制如图21-3所示的草图1。

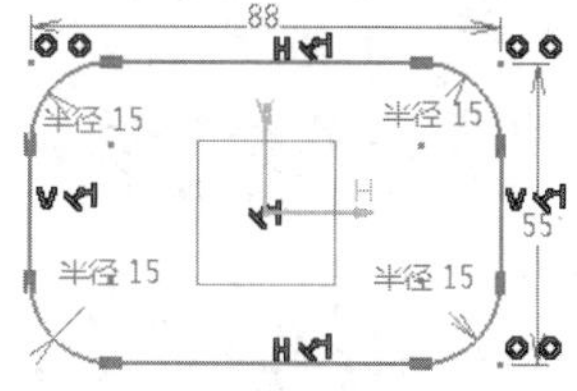

图21-3　草图1

07 执行菜单栏中【插入】|【基于草图的特征】|【凸台】命令，选取上步创建的“草图.1”为轮廓曲线，分别设置第一和第二限制的长度为10，单击【确定】命令按钮完成凸台的创建，如图21-4所示。

08 执行菜单栏中【插入】|【草图编辑器】|【草图】命令，选取“XY平面”为草图平面，绘制如图21-5所示的草图2。

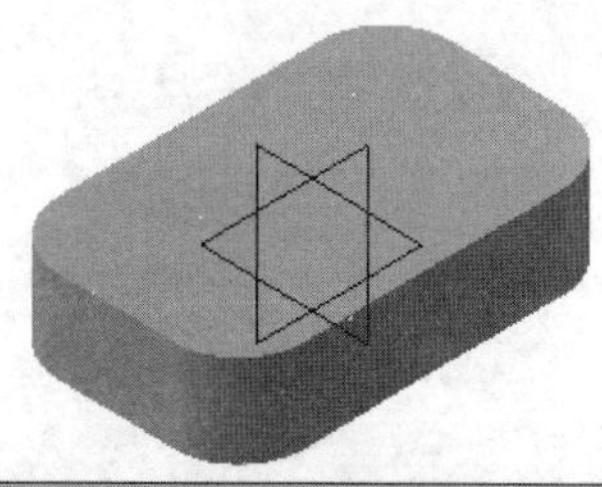

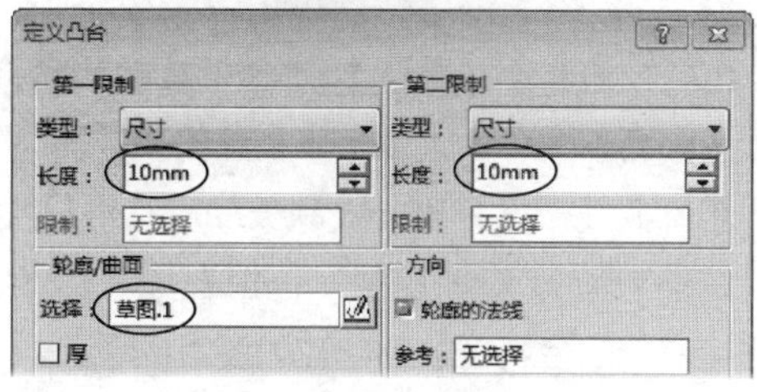

图21-4　创建凸台特征

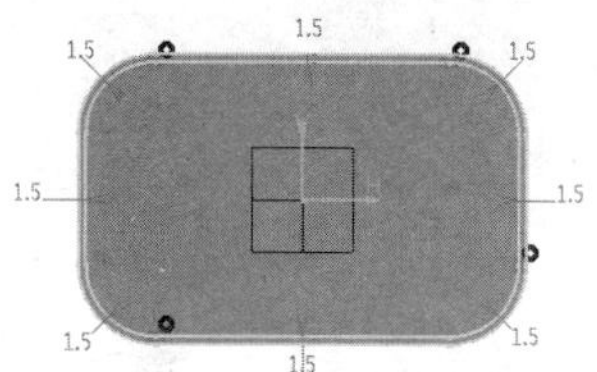

图21-5　草图2

09 执行菜单栏中【插入】|【基于草图的特征】|【凹槽】命令，选取上步创建的“草图.2”为轮廓曲线，分别设置第一和第二限制的长度为5，如图21-6所示，单击【确定】命令按钮完成凹槽特征的创建。

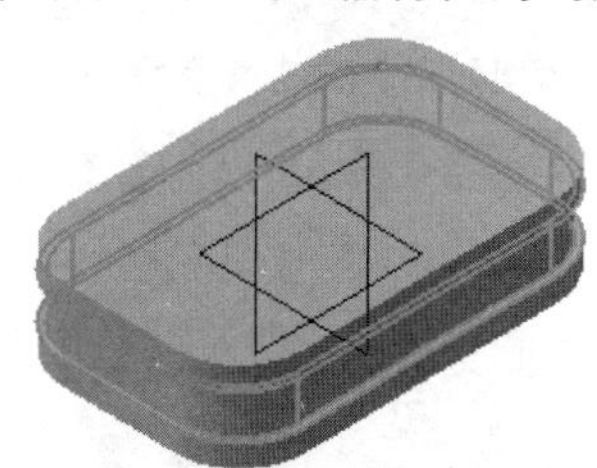

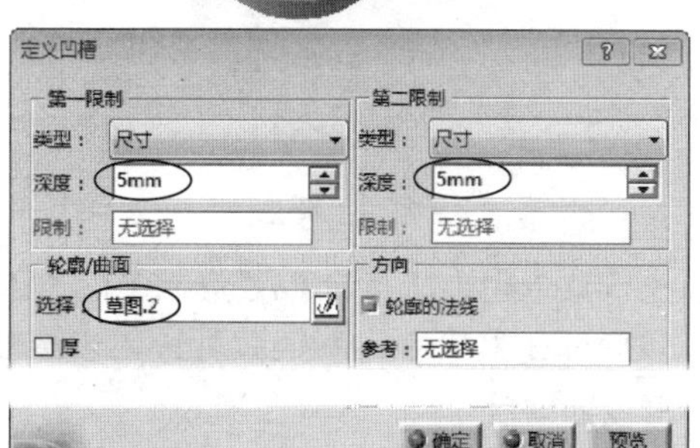

图21-6　创建凹槽特征

10 执行菜单栏中【插入】|【草图编辑器】|

【草图】命令，选取实体上表面为草图平面，绘制如图21-7所示的草图3。

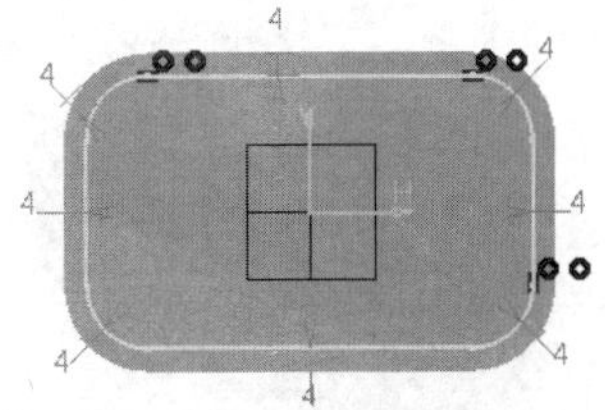

图21-7 草图3

11 执行菜单栏中【插入】|【基于草图的特征】|【凸台】命令，选取上步创建的“草图.3”为轮廓曲线，设置第一限制长度尺寸为1并指定拉伸方向为实体上方，单击【确定】命令按钮完成凸台特征的创建，如图21-8所示。

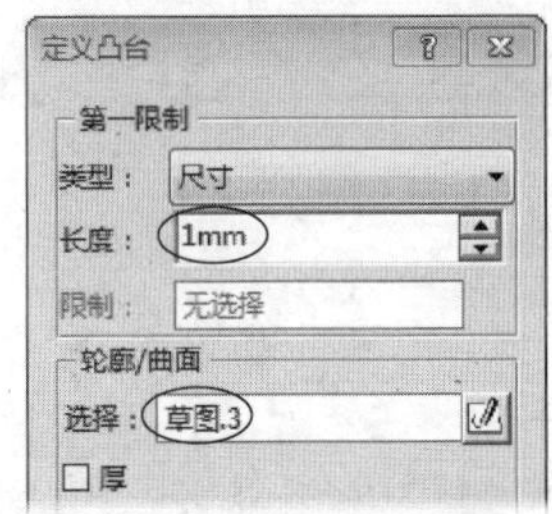

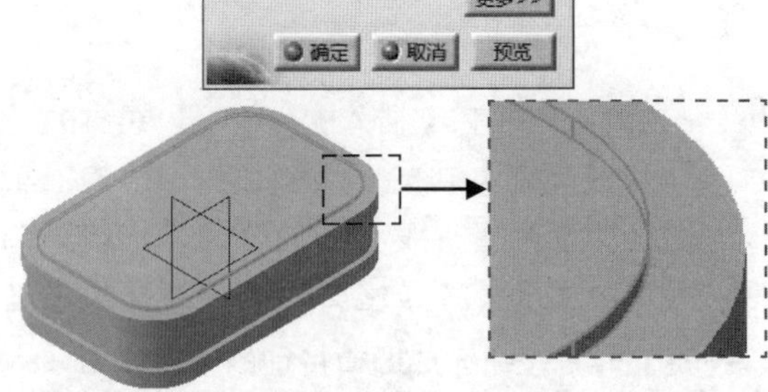

图21-8 创建凸台特征

12 执行菜单栏中【插入】|【草图编辑器】|【草图】命令，选取“ZX平面”为草图平面，并绘制如图21-9所示的草图4。

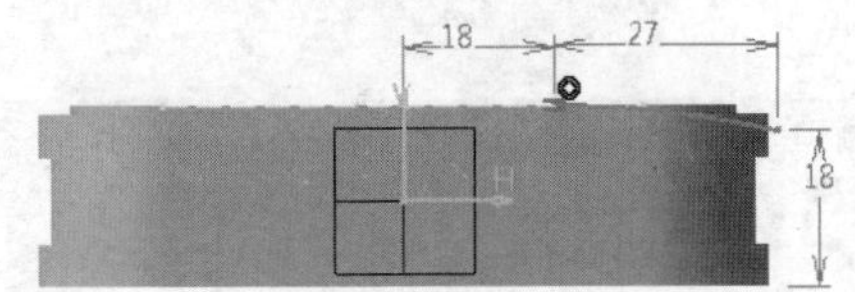

图21-9 草图4

13 执行菜单栏中【开始】|【形状】|【创成式外形设计】命令，系统即可进入创成式外形设计平台。

14 执行菜单栏中【插入】|【曲面】|【拉伸】命令，创建如图21-10所示的拉伸曲面特征。

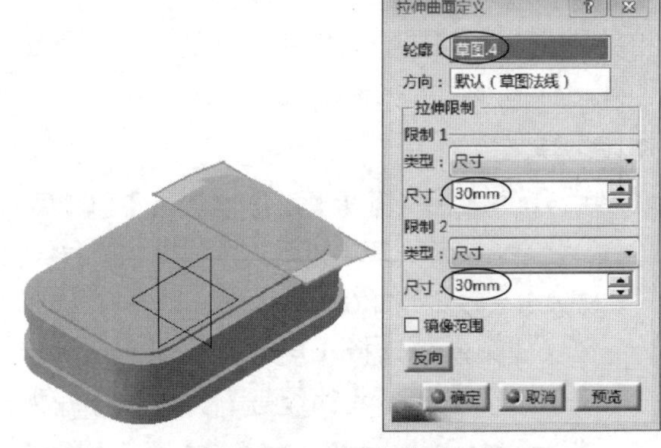

图21-10 创建拉伸曲面

15 执行菜单栏中【开始】|【机械设计】|【零件设计】命令，系统即可切换至零件设计平台，执行菜单栏中【插入】|【基于曲面的特征】|【分割】命令，选取“拉伸.1”曲面为分割图元，指定保留实体的下侧，如图21-11所示，单击【确定】命令按钮完成实体分割。

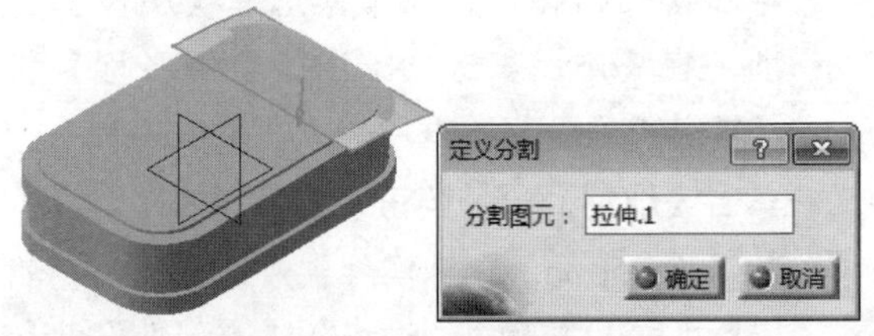

图21-11 分割实体

16 隐藏“拉伸1”曲面，以凸显实体特征。

17 执行菜单栏中【插入】|【草图编辑器】|【草图】命令，选取实体的上表面为草图平面，绘制如图21-12所示的草图5。

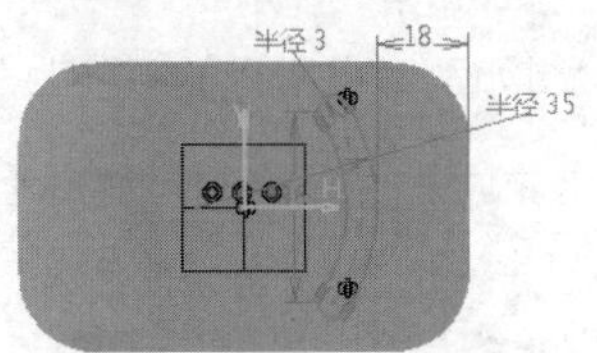

图21-12 草图5

18 执行菜单栏中【插入】|【基于草图的特征】|【凹槽】命令，选取上步创建的“草图.5”为拉伸轮廓曲线，设置第一限制长度尺寸为3，单击【确定】命令按钮完成凹槽特征的创建，如图21-13所示。

19 执行菜单栏中【工具】|【发布】命令，选取图形窗口中的“零件几何体”为发布对象，最终结果如图21-14所示。

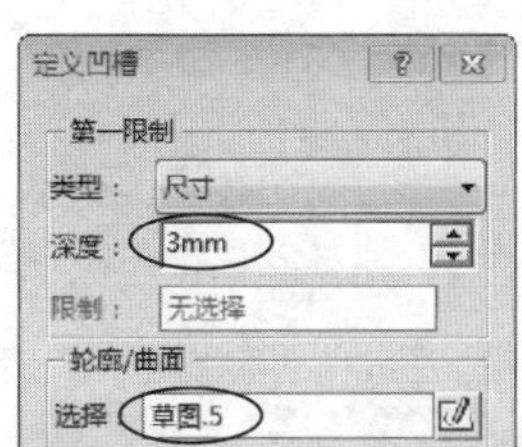

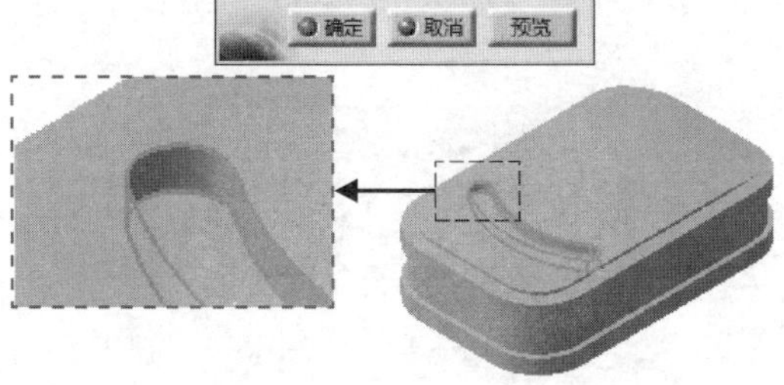

图21-13　创建凹槽特征

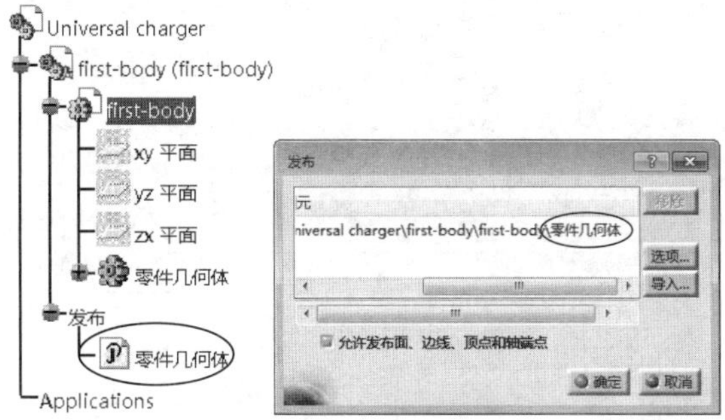

图21-14　发布几何体

21.1.3　分割基体上盖

本节将讲解演示“万能充电器”的基体上盖的分割过程。在整个基体上盖的设计过程中，将综合运用“创成式外形设计”和“零件设计”平台的相关功能，来创建分割曲面和上盖的各个细节特征，具体操作如下。

操作步骤

01 双击目录树中的“Universal charger”以激活装配设计平台，执行菜单栏中【插入】|【新建零件】命令，单击“是”命令按钮完成零件的新建。

02 修改新零件名称。在“Part1.2”名称上单击鼠标右键，再在快捷菜单中选择“属性”，在“产品”选项卡的“实例名称”和“零件编号”文本框中输入“up-cover”，单击【确定】命令按钮完成零件名称的修改。

03 创建零件关联参数。双击“up-cover”以激活零件设计平台，展开“first-body”目录树中的“发布”项并选中“零件几何体”，按下Ctrl+C键复制出“first-body”的实体几何图形。

04 关联粘贴几何实体。选中目录树中的“up-cover”零件并单击鼠标右键，在快捷菜单中选择“选择性粘贴”选项，选中“与原文档相关联的结果”选项为粘贴的类型，单击【确定】命令按钮完成几何实体的关联粘贴。

05 隐藏“first-body”零件以凸显“up-cover”零件。在“几何体.2”上右击并将鼠标指向“几何体.2对象”，再选取“添加”命令选项完成布尔运算。

06 执行菜单栏中【开始】|【外形】|【创成式曲面设计】命令，系统即可切换至“创成式外形设计”平台。

07 执行菜单栏中【插入】|【草图编辑器】|【草图】命令，选取“ZX平面”为草图平面，并绘制如图21-15所示的草图1。

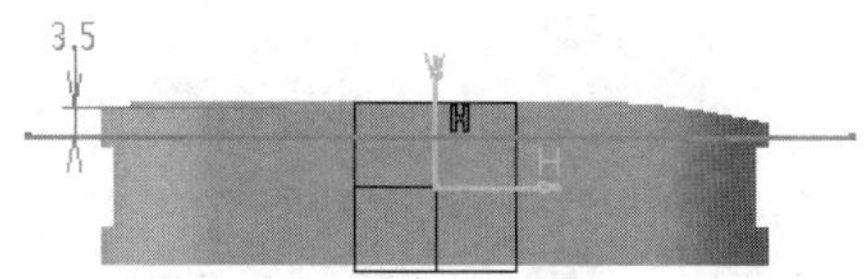

图21-15　草图1

08 执行菜单栏中【插入】|【曲面】|【拉伸】命令，创建出如图21-16所示的拉伸曲面特征。

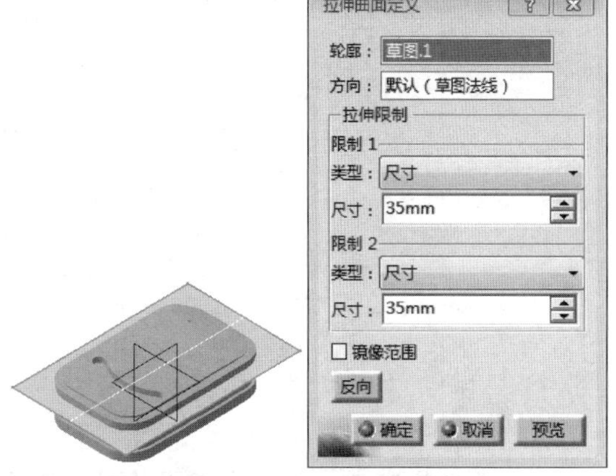

图21-16　创建拉伸曲面

09 执行菜单栏中【开始】|【机械设计】|【零件设计】命令，切换至零件设计平台。

10 执行菜单栏中的【插入】|【基于曲面的特征】|【分割】命令，选取"拉伸.1"曲面为分割图元，指定保留实体的上侧，单击【确定】命令按钮完成实体分割，如图21-17所示。

图21-17 分割实体

11 执行菜单栏中【插入】|【修饰特征】|【抽壳】命令，选取实体底面为移除面，设置抽壳内侧厚度为1.5，如图21-18所示，单击【确定】命令按钮完成实体抽壳操作。

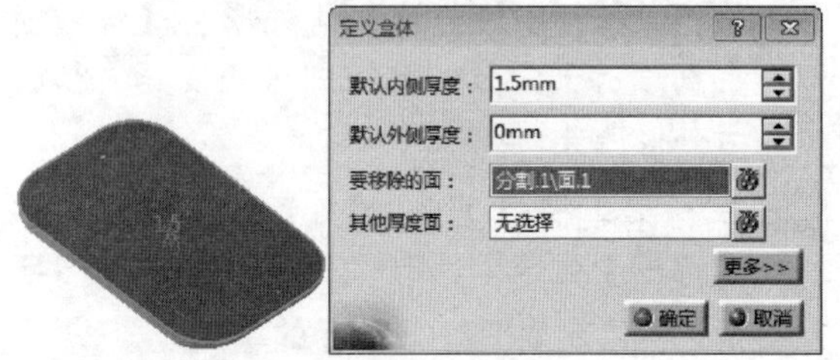

图21-18 实体抽壳

12 执行菜单栏中【插入】|【草图编辑器】|【草图】命令，选取如图21-19所示的实体平面为草图平面，绘制如图所示的草图2曲线。

13 执行菜单栏中【插入】|【基于草图的特征】|【凸台】命令，创建如图21-20所示的凸台特征。

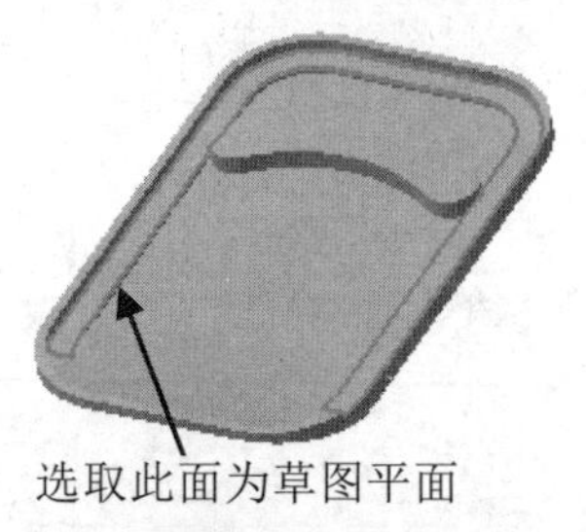

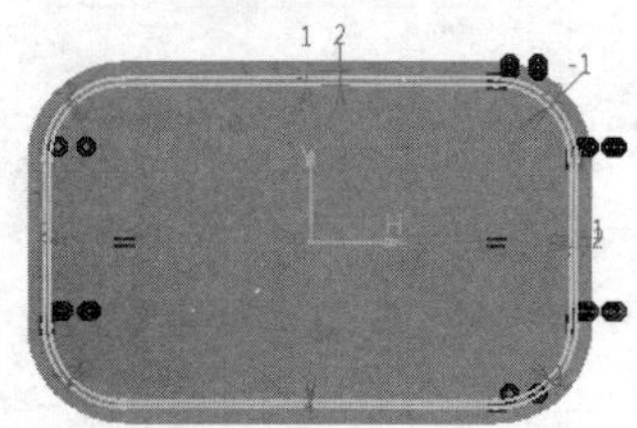

图21-19 草图2

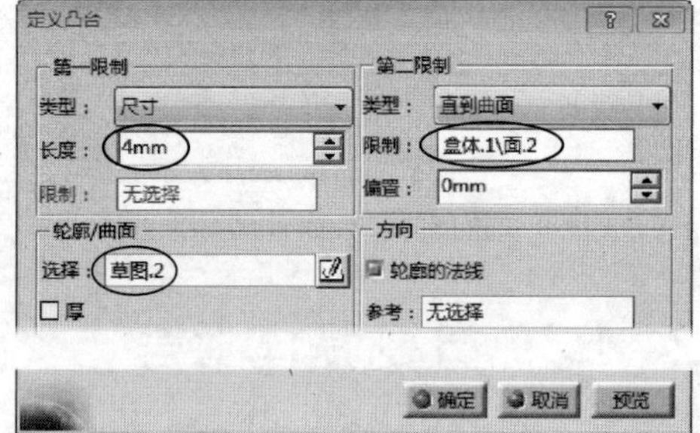

图21-20 创建凸台特征

14 执行菜单栏中【插入】|【草图编辑器】|【草图】命令，选取"ZX平面"为草图平面并绘制如图21-21所示的草图3。

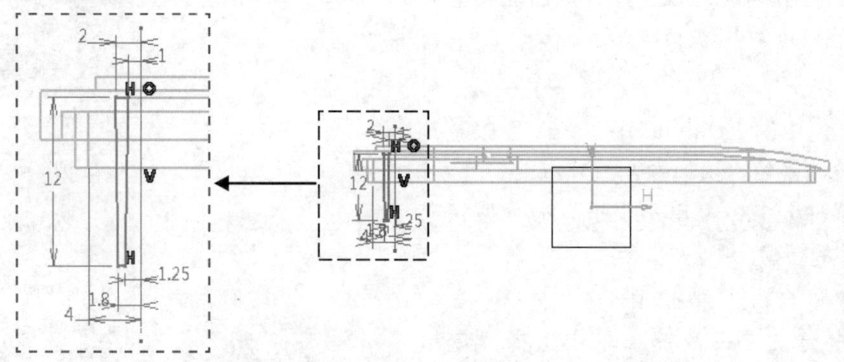

图21-21 草图3

15 执行菜单栏中【插入】|【基于草图的特征】|【旋转体】命令，选取上步创建的"草图.3"为轮廓曲线，设置第一旋转角度为360，单击【确定】命令按钮完成旋转体的创建，如图21-22所示。

16 执行菜单栏中【插入】|【草图编辑器】|【草图】命令，绘制如图21-23所示草图4。

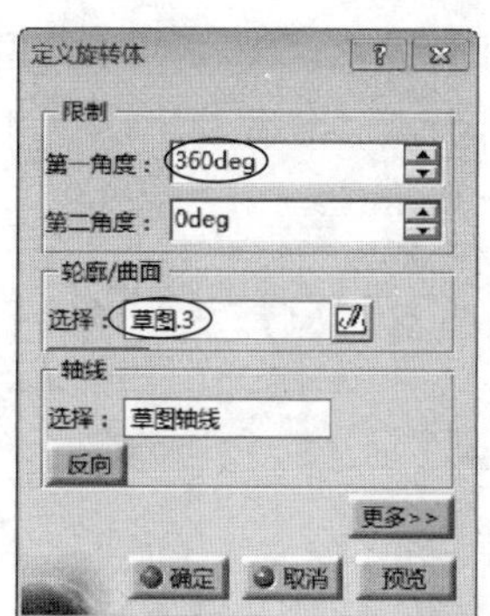

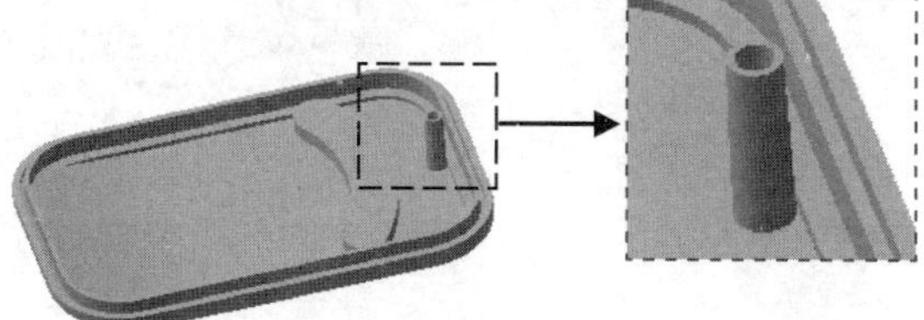

图21-22 创建旋转体特征

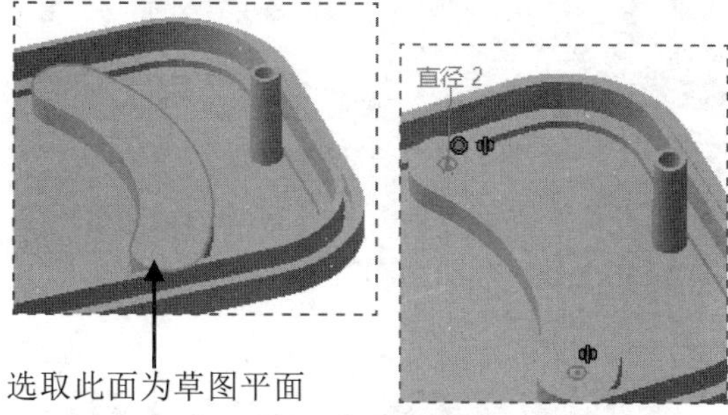

图21-23 草图4

17 执行菜单栏中【插入】|【基于草图的特征】|【凸台】命令，选取“草图.4”为凸台拉伸轮廓曲线，设置第一限制长度尺寸为3，单击【确定】命令按钮完成凸台特征的创建，如图21-24所示。

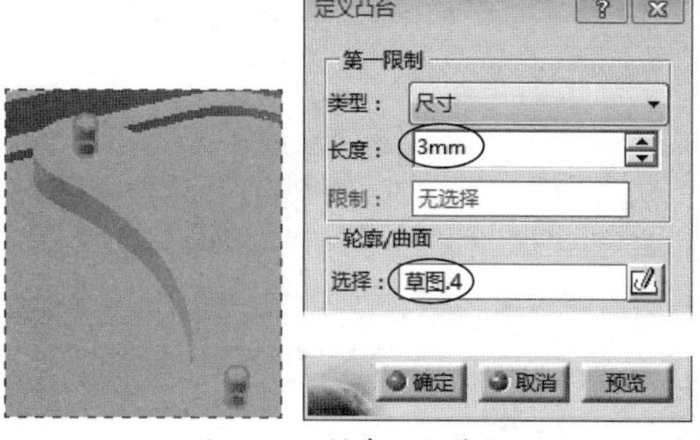

图21-24 创建凸台特征

18 执行菜单栏中【插入】|【修饰特征】|【倒圆角】命令，选取上步创建的凸台边线为圆角边，设置圆角半径为1，使用系统默认的圆角模式，如图21-25所示，单击【确定】命令按钮完成圆角的创建。

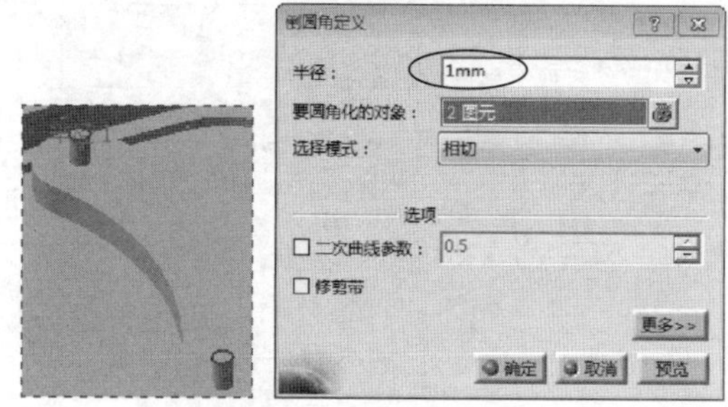

图21-25 创建实体圆角

19 执行菜单栏中【插入】|【草图编辑器】|【草图】命令，绘制如图21-26所示草图5。

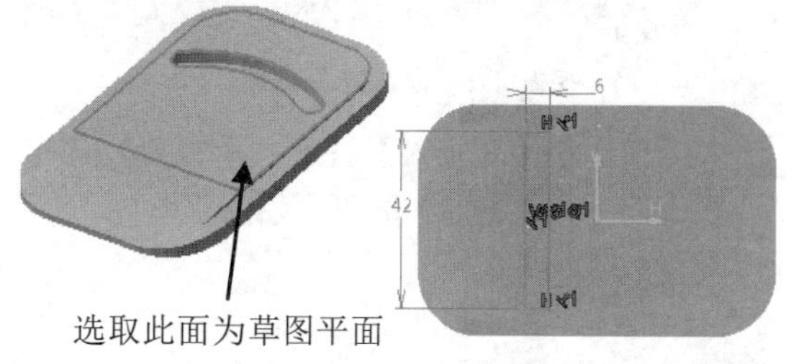

图21-26 草图5

20 执行菜单栏中【插入】|【基于草图的特征】|【凸台】命令，创建如图21-27所示的凸台特征。

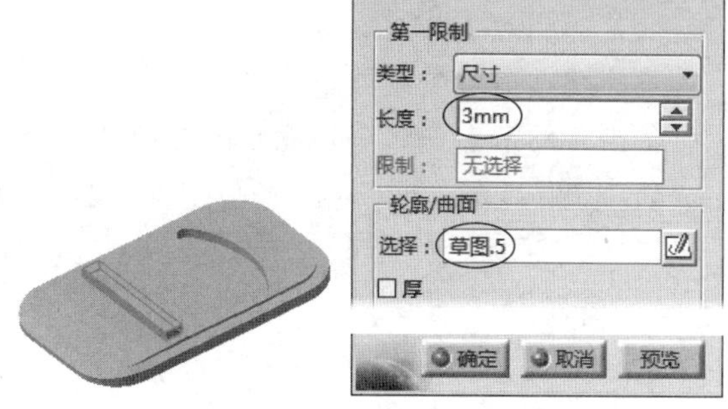

图21-27 创建凸台特征

21 执行菜单栏中【插入】|【草图编辑器】|【草图】命令，选取“ZX平面”为草图平面并绘制如图21-28所示的草图6。

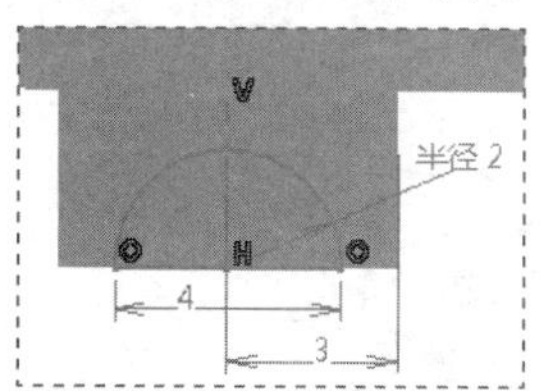

图21-28 草图6

22 执行菜单栏中【插入】|【基于草图的特征】|【凹槽】命令，分别指定第一和第二限制长度尺寸为20，单击【确定】命令按钮完成凹槽特征的创建，如图21-29所示。

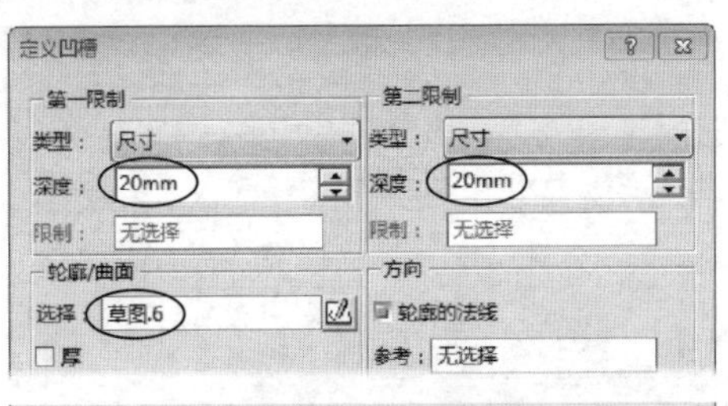

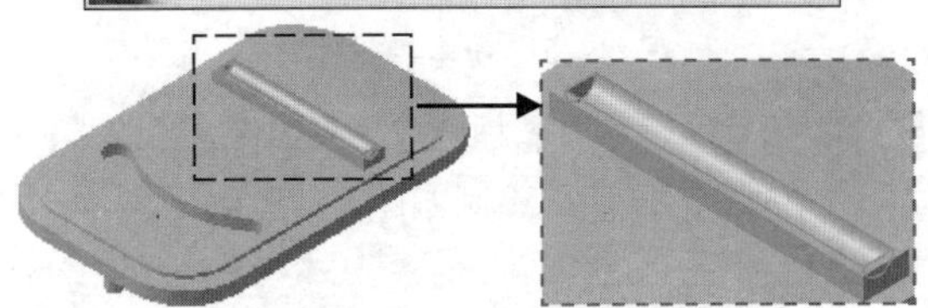

图21-29 创建凹槽特征

23 执行菜单栏中【插入】|【草图编辑器】|【草图】命令，创建如图21-30所示的草图7。

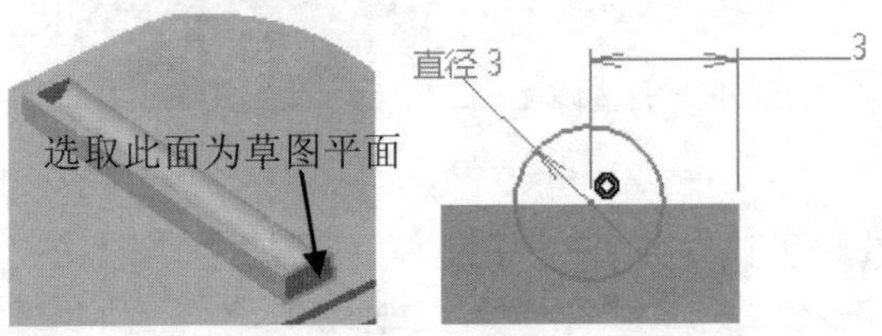

图21-30 草图7

24 执行菜单栏中【插入】|【基于草图的特征】|【凹槽】命令，选取“草图.7”为轮廓曲线，指定限制类型为“直到最后”，单击【确定】命令按钮完成凹槽特征的创建，如图21-31所示。

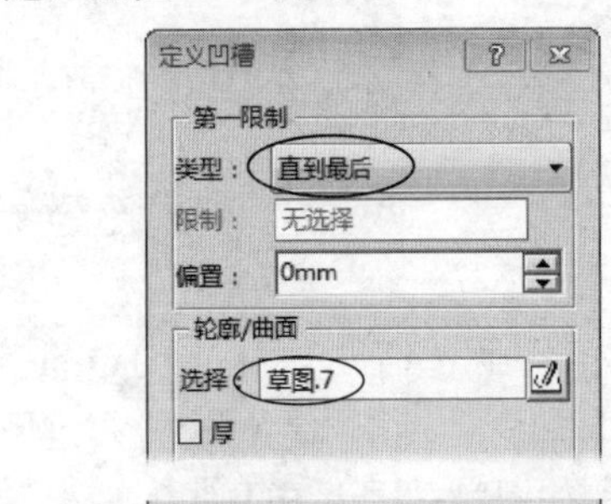

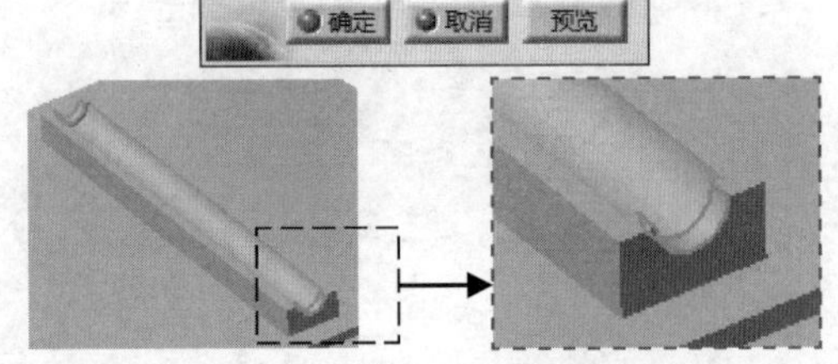

图21-31 创建凹槽特征

25 执行菜单栏中【插入】|【草图编辑器】|【草图】命令，创建如图21-32所示的草图8。

26 执行菜单栏中【插入】|【基于草图的特征】|【凹槽】命令，创建出如图21-33所示凹槽特征。

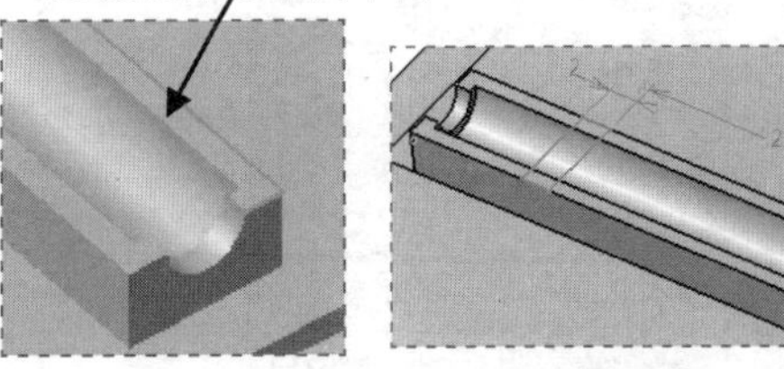

图21-32 草图8

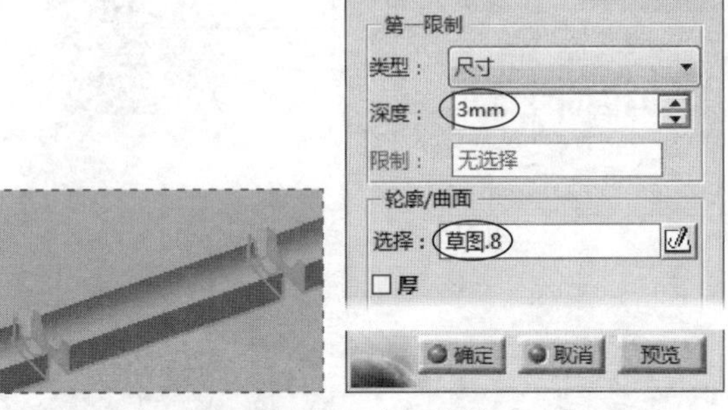

图21-33 创建凹槽特征

27 执行菜单栏中【插入】|【草图编辑器】|【草图】命令，创建如图21-34所示的草图9。

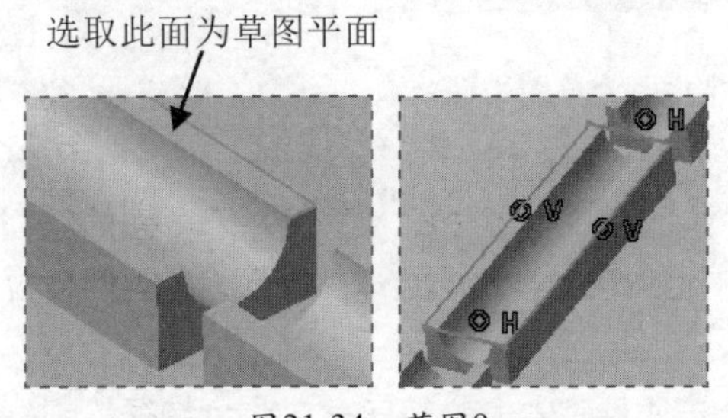

图21-34 草图9

28 执行菜单栏中【插入】|【基于草图的特征】|【凹槽】命令，创建出如图21-35所示的凹槽特征。

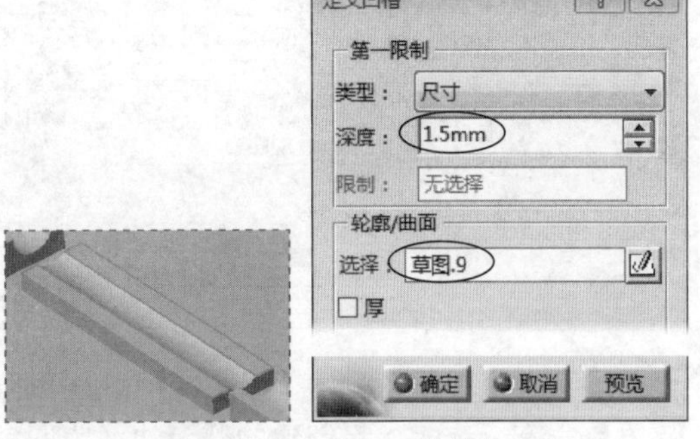

图21-35 创建凹槽特征

29 执行菜单栏中【插入】|【草图编辑器】|【草图】命令，创建如图21-36所示的草图10。

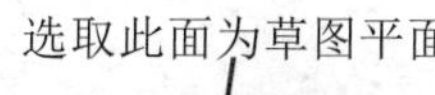

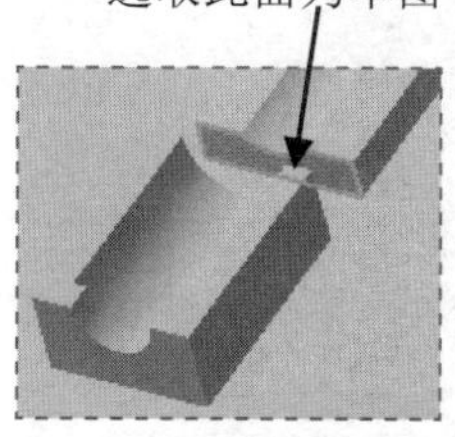

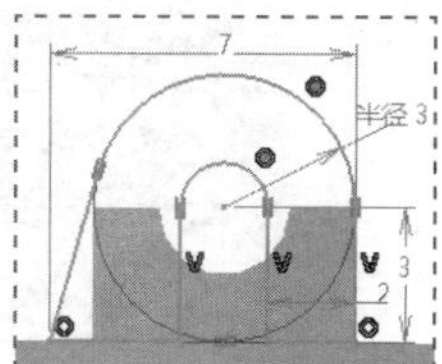

图21-36　草图10

30 执行菜单栏中【插入】|【基于草图的特征】|【凸台】命令，创建出如图21-37所示的凸台特征。

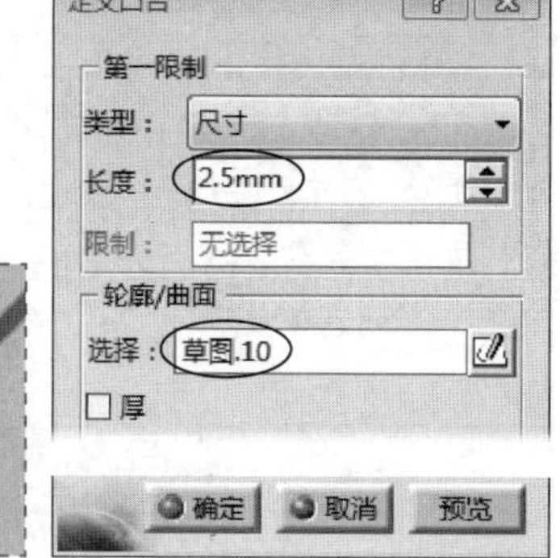

图21-37　创建凸台特征

31 执行菜单栏中【插入】|【变换特征】|【镜像】命令，选取上步创建的凸台特征为镜像图元，选取“ZX平面”为对称参考平面，创建出如图21-38所示的对称凸台特征。

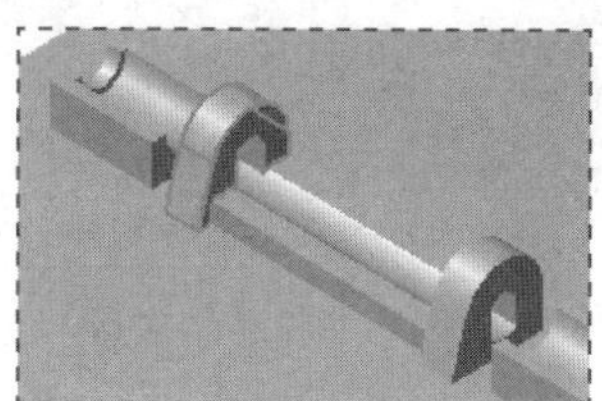

图21-38　创建镜像凸台特征

32 执行菜单栏中【插入】|【草图编辑器】|【草图】命令，创建如图21-39所示的草图11。

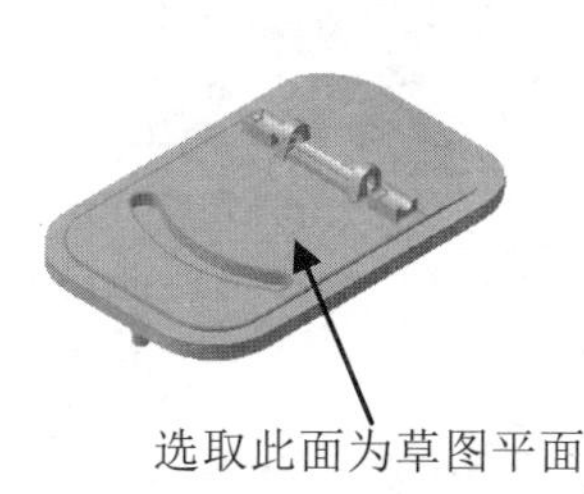

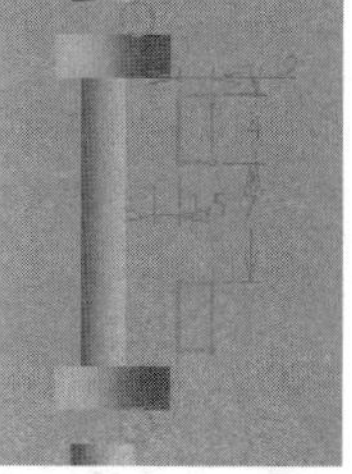

图21-39　草图11

33 执行菜单栏中【插入】|【基于草图的特征】|【凹槽】命令，创建出如图21-40所示的凹槽特征。

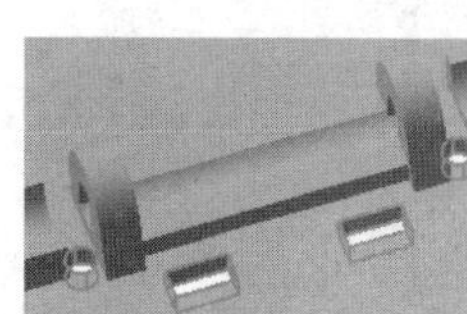

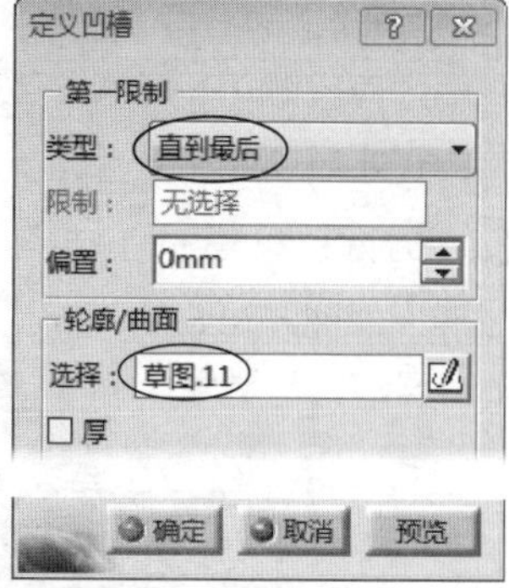

图21-40　创建凹槽特征

21.1.4　分割基体下盖

本节将讲解演示“万能充电器”的基体下盖的分割过程。在整个基体下盖的设计过程中，将综合运用“创成式外形设计”和“零件设计”平台的相关功能，来创建分割曲面和下盖的各个细节特征。具体操作如下。

操作步骤

01 双击目录树中的“Universal charger”以激活装配设计平台，执行菜单栏中【插入】|【新建零件】命令，单击“是”命令按钮完成零件的新建。

02 修改新零件名称。在“Part1.3”名称上单击鼠标右键，再在快捷菜单中选择“属性”，在“产品”选项卡的“实例名称”和“零件编号”文本框中输入“down-cover”，单击【确定】命令按钮完成零件名称的修改。

03 创建零件关联参数。双击“down-cover”以激活零件设计平台，展开“first-body”目录树中的“发布”项并选中“零件几何体”，按下Ctrl+C键复制出first-body的实体几何图形。

04 关联粘贴几何实体。选中目录树中的“down-cover”零件并单击鼠标右键，在快捷菜单中选择“选择性粘贴”选项，选中“与原文档相关联的结果”选项为粘贴的类型，单击【确定】命令按钮完成几何实体的关联粘贴。

05 隐藏“first-body”零件以凸显“down-cover”零件。在“几何体.2”上右击并将鼠标指向“几何体.2对象”，再选取“添加”命令选项完成布尔运算。

06 执行菜单栏中【开始】|【外形】|【创成式曲面设计】命令，系统即可切换至“创成式外形设计”平台。

07 执行菜单栏中【插入】|【草图编辑器】|【草图】命令，选取“ZX平面”为草图平面，并绘制如图21-41所示的草图1。

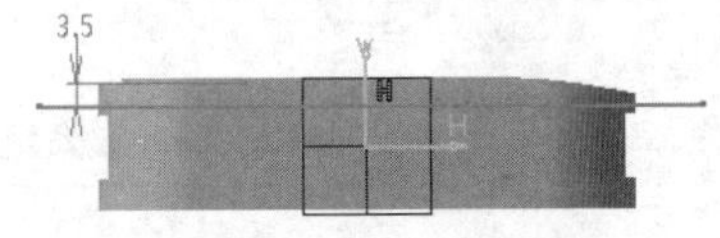

图21-41 草图1

08 执行菜单栏中【插入】|【曲面】|【拉伸】命令，创建出如图21-42所示的拉伸曲面特征。

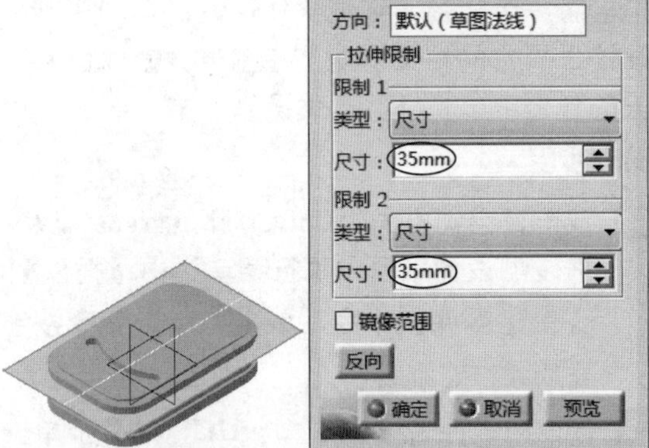

图21-42 创建拉伸曲面

09 执行菜单栏中【开始】|【机械设计】|【零件设计】命令，切换至零件设计平台。

10 执行菜单栏中【插入】|【基于曲面的特征】|【分割】命令，选取“拉伸.1”曲面为分割图元，指定保留实体的下侧，如图21-43所示，单击【确定】命令按钮完成实体分割。

图21-43 分割实体

11 执行菜单栏中【插入】|【草图编辑器】|【草图】命令，选取实体上表面为草图平面，绘制如图21-44所示的草图2。

12 执行菜单栏中【插入】|【草图编辑器】|【草图】命令，选取“ZX平面”为草图平面，绘制如图21-45所示的草图3。

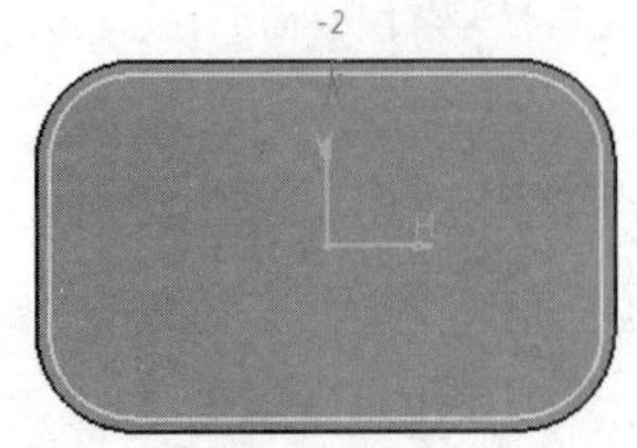

图21-44 草图2

图21-45 草图3

13 执行菜单栏中【开始】|【形状】|【创成式外形设计】命令，切换至创成式外形设计平台。

14 执行菜单栏中【开始】|【曲面】|【拉伸】命令，创建如图21-46所示的拉伸曲面特征。

图21-46 创建拉伸曲面1

15 执行菜单栏中【开始】|【曲面】|【拉伸】命令，创建如图21-47所示的拉伸曲面特征。

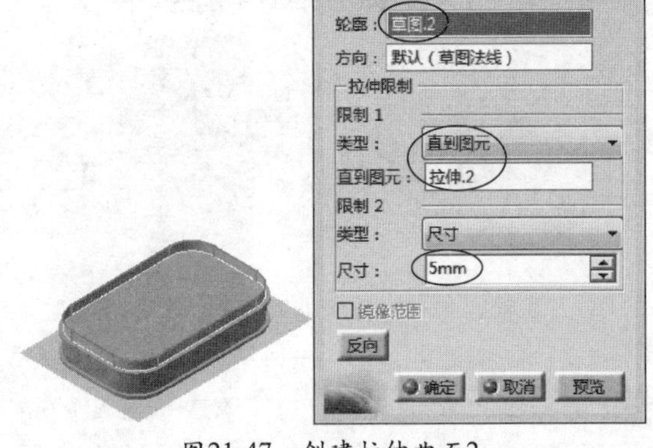

图21-47 创建拉伸曲面2

16 隐藏实体特征以凸显曲面特征，方便观察后续的曲面操作。

17 执行菜单栏中【开始】|【操作】|【修剪】命令，选取“拉伸.2”和“拉伸.3”曲面为修剪图元，创建出如图21-48所示的修剪曲面。

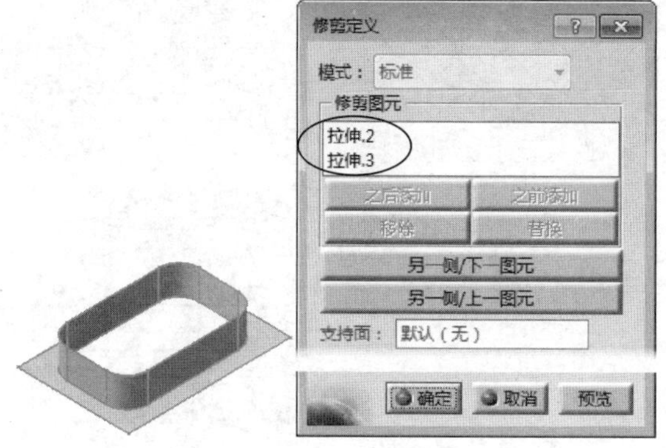

图21-48 修剪曲面

18 显示实体特征以方便后续相关操作。执行菜单栏中【开始】|【机械设计】|【零件设计】命令，切换至零件设计平台。

19 执行菜单栏中【插入】|【基于曲面的特征】|【分割】命令，选取“修剪.1”曲面为分割图，保留实体内部一侧实体，如图21-49所示，单击【确定】命令按钮完成实体分割操作。

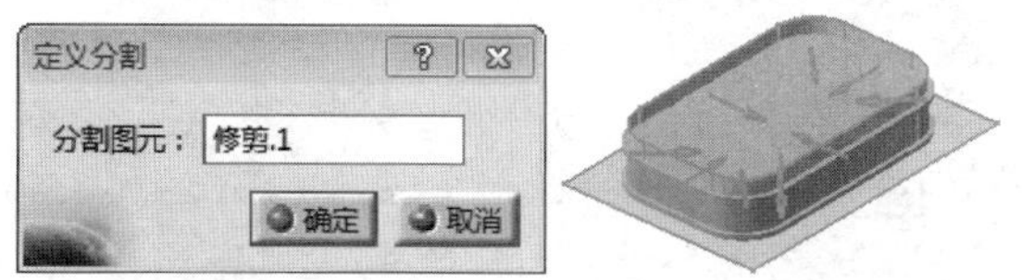

图21-49 分割实体

20 隐藏曲面特征以凸显实体特征，方便后续相关操作。执行菜单栏中【插入】|【草图编辑器】|【草图】命令，选取实体上表面为草图平面，绘制如图21-50所示的草图4。

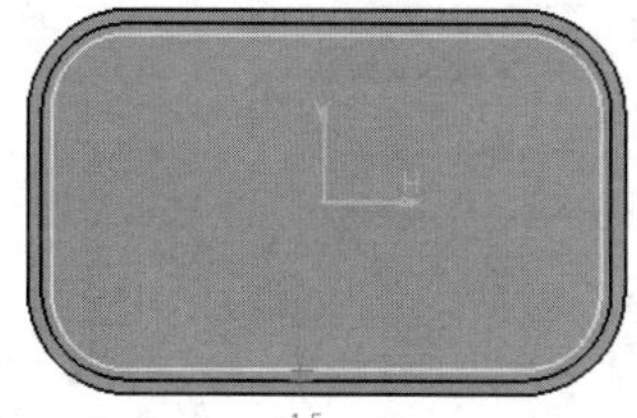

图21-50 草图4

21 执行菜单栏中【插入】|【基于草图的特征】|【凹槽】命令，选取上步创建的“草图.4”为轮廓曲线，创建如图21-51所示的凹槽特征。

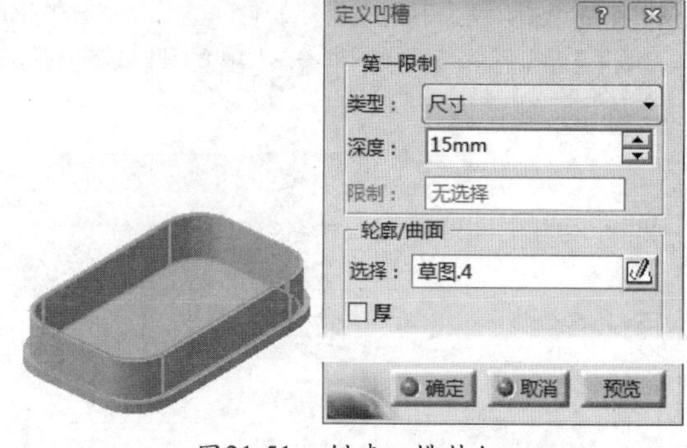

图21-51 创建凹槽特征

22 执行菜单栏中【插入】|【草图编辑器】|【草图】命令，创建如图21-52所示的草图5。

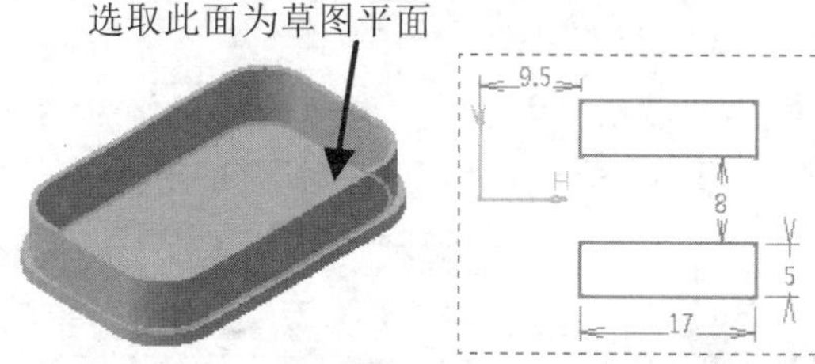

图21-52 草图5

23 执行菜单栏中【插入】|【基于草图的特征】|【凸台】命令，创建出如图21-53所示的凸台特征。

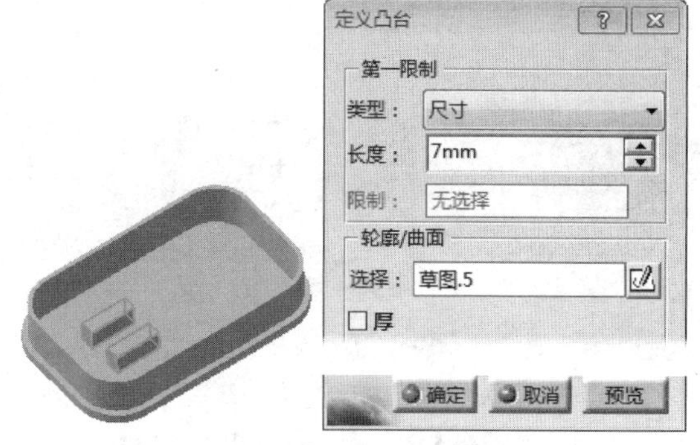

图21-53 创建凸台特征

24 执行菜单栏中【插入】|【草图编辑器】|【草图】命令，创建如图21-54所示的草图6。

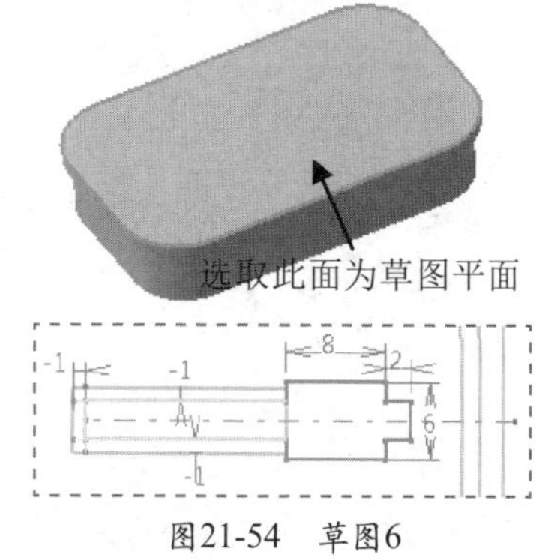

图21-54 草图6

25 执行菜单栏中【插入】|【基于草图的特征】|【凹槽】命令，创建出如图21-55所示的凹槽特征。

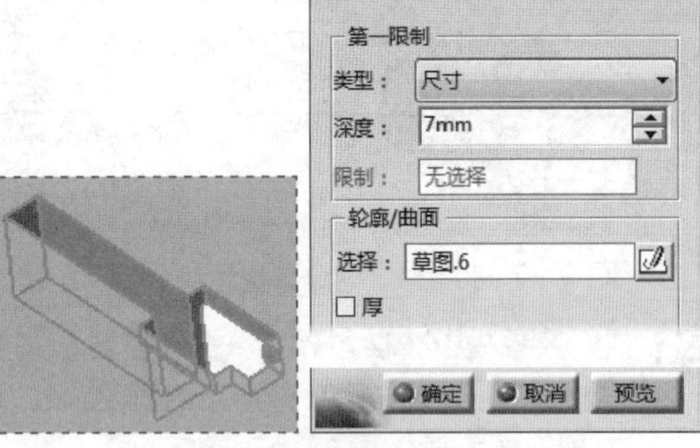

图21-55 创建凹槽特征

26 执行菜单栏中【插入】|【变换特征】|【镜像】命令，创建如图21-56所示的对称特征。

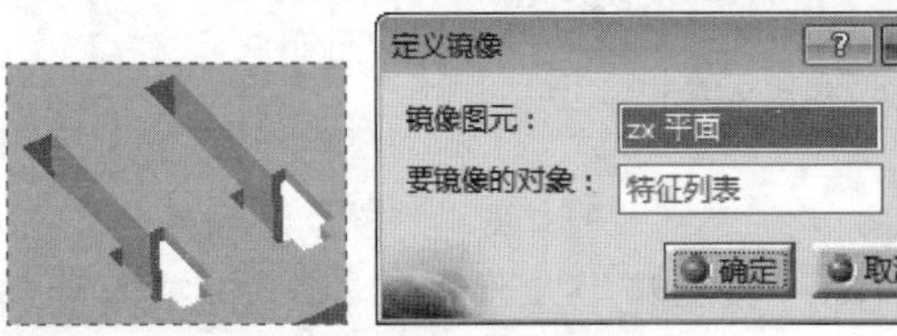

图21-56 创建镜像特征

27 执行菜单栏中【插入】|【草图编辑器】|【草图】命令，创建如图21-57所示的草图7。

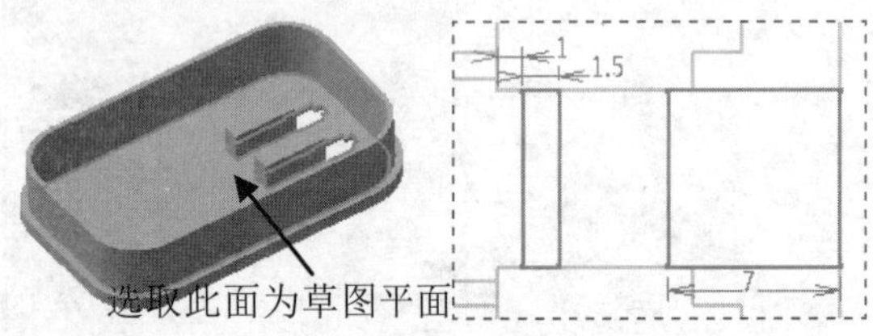

图21-57 草图7

28 执行菜单栏中【插入】|【基于草图的特征】|【凸台】命令，创建出如图21-58所示的凸台特征。

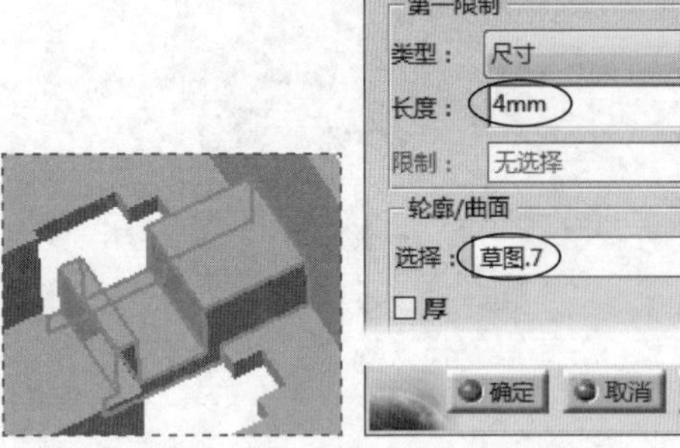

图21-58 创建凸台特征

29 执行菜单栏中【插入】|【基于草图的特征】|【孔】命令，创建出如图21-59所示的孔特征。

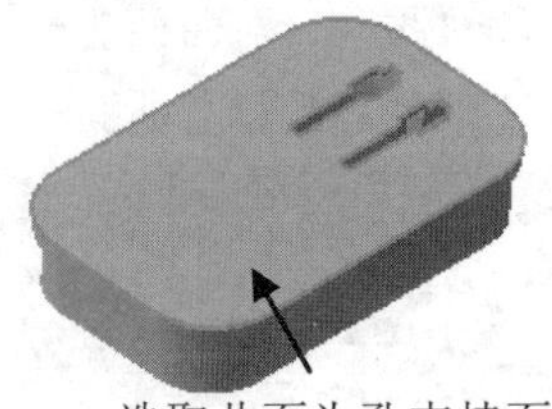

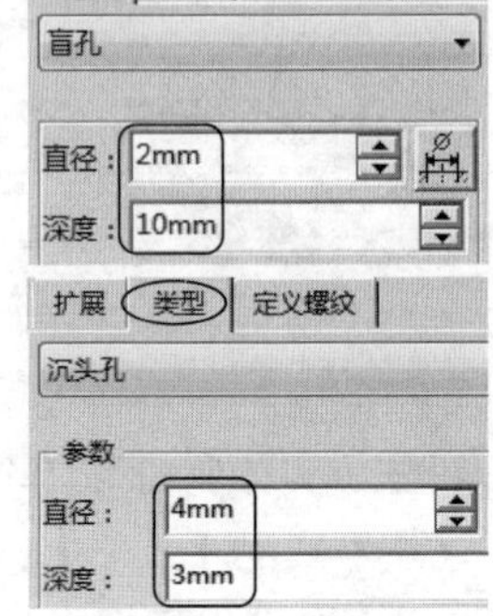

图21-59 创建孔特征

30 执行菜单栏中【插入】|【草图编辑器】|【草图】命令，创建如图21-60所示的草图9。

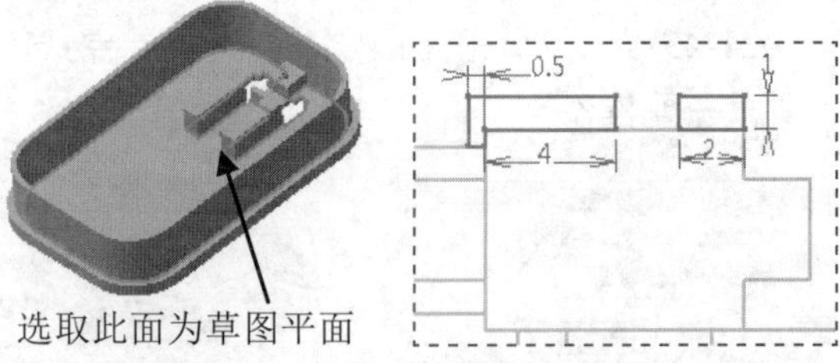

图21-60 草图9

31 执行菜单栏中【插入】|【基于草图的特征】|【凸台】命令，创建出如图21-61所示的凸台特征。

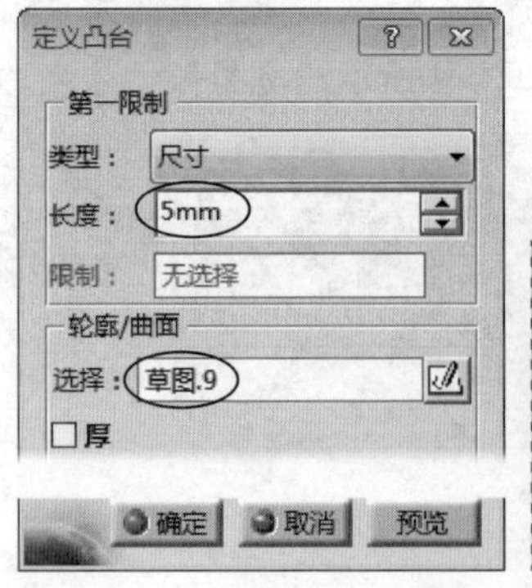

图21-61 创建凸台特征

32 执行菜单栏中【插入】|【变换特征】|【镜像】命令，创建如图21-62所示的对称特征。

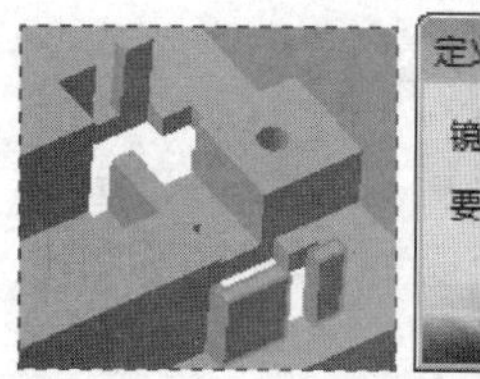
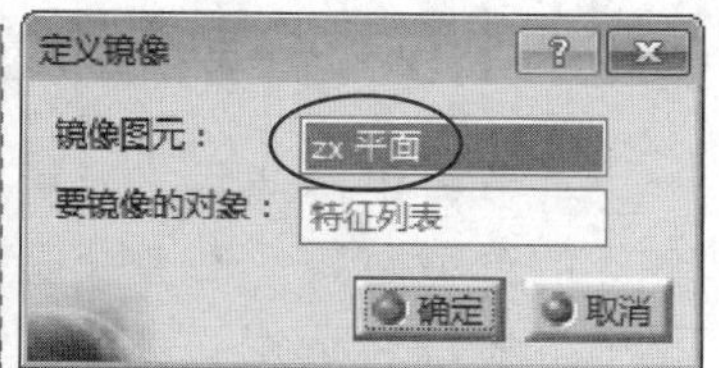

图21-62 创建镜像特征

33 执行菜单栏中【插入】|【修饰特征】|【倒圆角】命令，选取如图21-63所示的6条实体边为圆角对象，设置圆角半径为1，单击【确定】命令按钮完成实体的圆角操作。

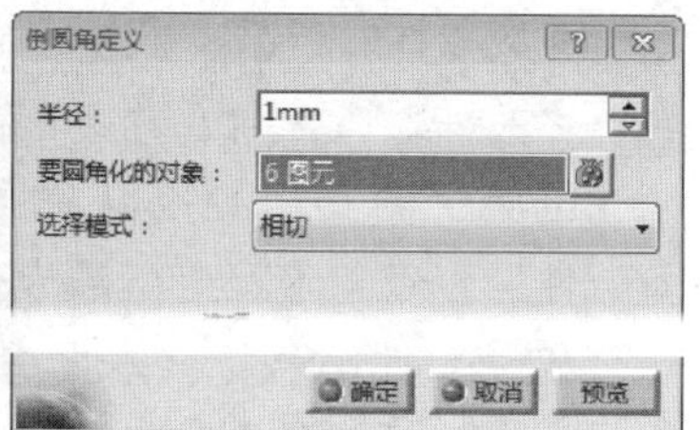

图21-63 创建圆角特征

34 执行菜单栏中【插入】|【修饰特征】|【拔模】命令，创建如图21-64所示的拔模特征。

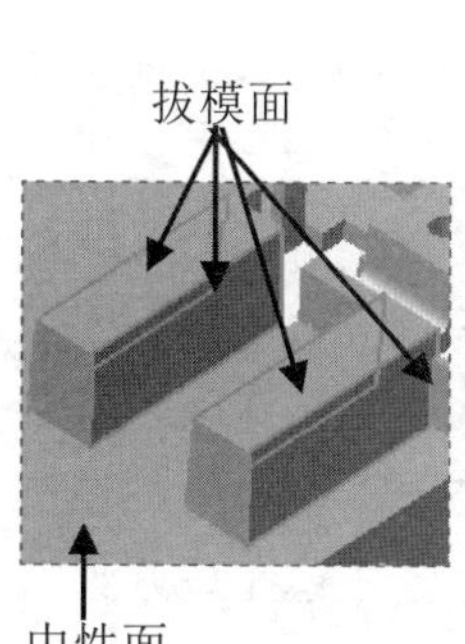

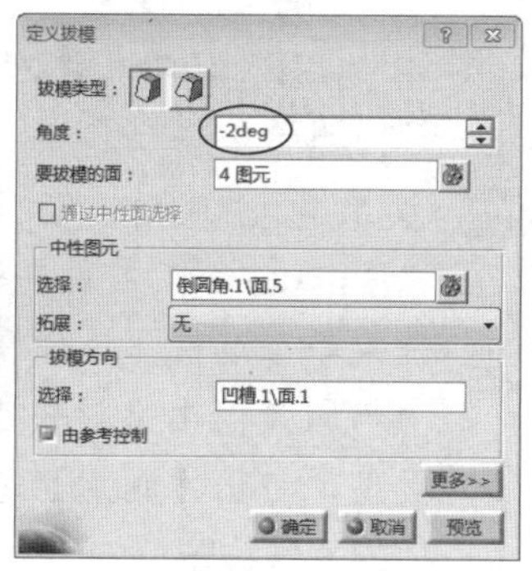

图21-64 创建拔模特征1

35 执行菜单栏中【插入】|【修饰特征】|【拔模】命令，创建如图21-65所示的拔模特征。

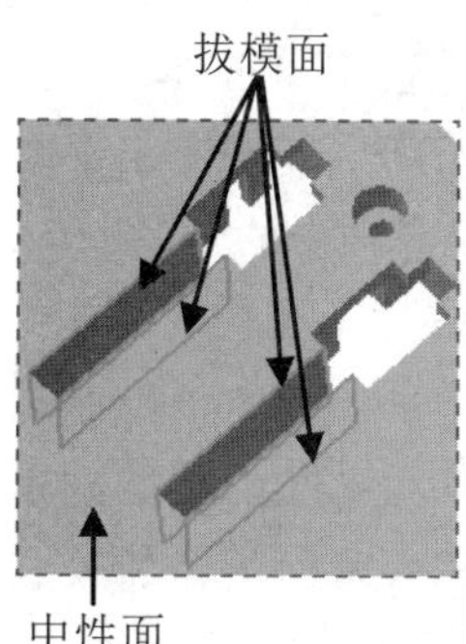

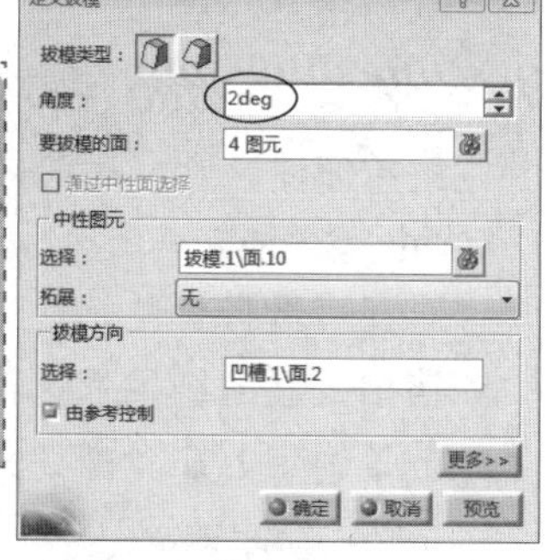

图21-65 创建拔模特征2

36 执行菜单栏中【插入】|【草图编辑器】|【草图】命令，创建如图21-66所示的草图10。

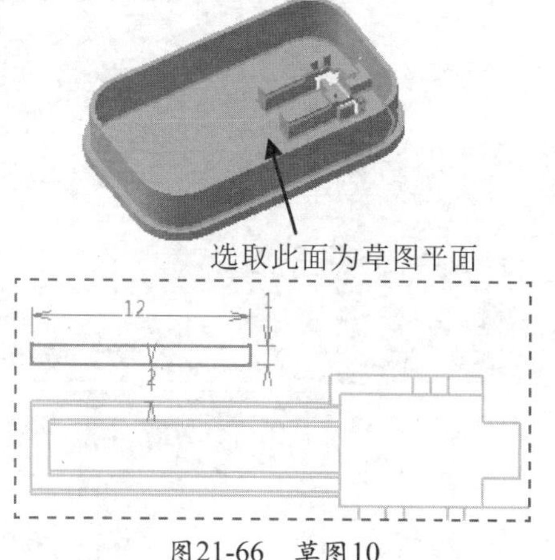

图21-66 草图10

37 执行菜单栏中【插入】|【基于草图的特征】|【凹槽】命令，选取上步创建的“草图.10”为轮廓曲线，创建出如图21-67所示的凹槽特征。

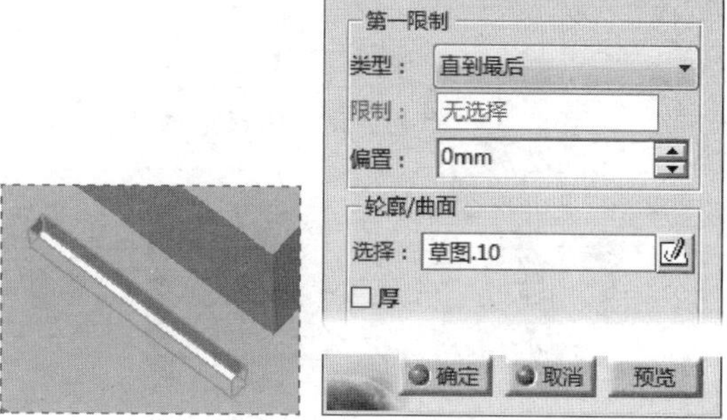

图21-67 创建凹槽特征

38 执行菜单栏中【插入】|【变换特征】|【矩形阵列】命令，创建出如图21-68所示的矩形阵列特征。

39 参照上述操作步骤创建出具有对称特性的凹槽和阵列特征，最终结果如图21-69所示。

40 执行菜单栏中【插入】|【修饰特征】|【厚度】命令，将实体子口配合面向下减2mm。最终结果如图21-70所示。

41 显示此零件目录树中的“拉伸.1”和“修剪.1”曲面特征，执行菜单栏中【工具】|【发布】命令，选取目录树中的“拉伸.1”和“修剪.1”曲面为发布对象并将其发布。结果如图21-71所示。

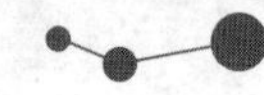

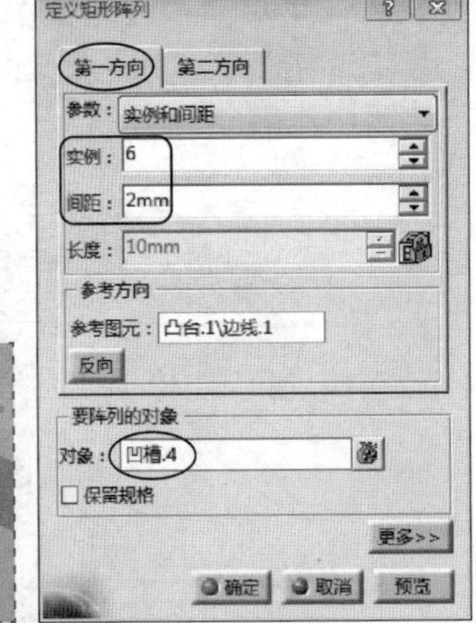

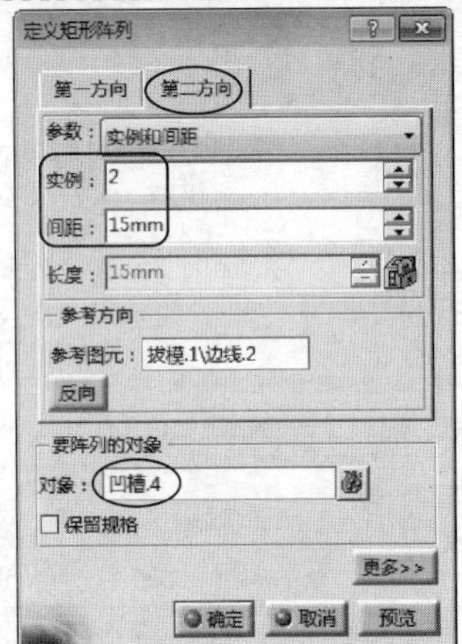

图21-68　创建矩形阵列特征

图21-69　创建对称凹槽及阵列特征

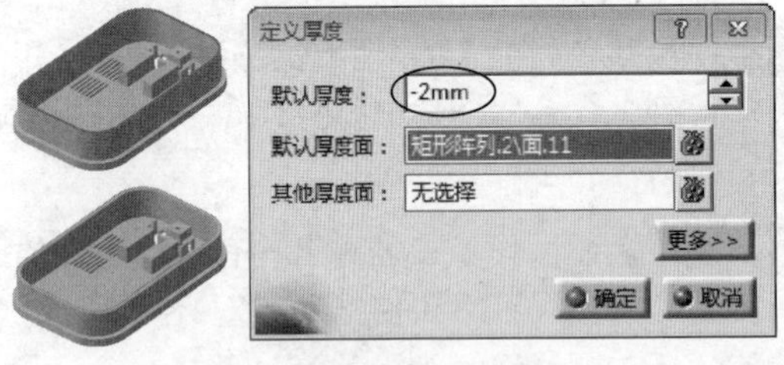

图21-70　创建实体厚度特征

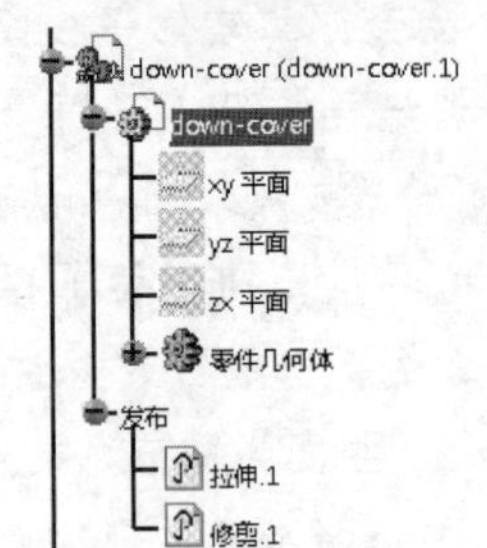

图21-71　发布参考曲面

21.1.5　分割基体套环

本节将讲解演示“万能充电器”的基体套环的分割过程。在整个基体套环的设计过程中，将综合运用“零件设计”平台的相关功能来分割出套环的外观机构形状。具体操作如下。

操作步骤

01 双击目录树中的“Universal charger”以激活装配设计平台，执行菜单栏中【插入】|【新建零件】命令，单击“是”命令按钮完成零件的新建。

02 修改新零件名称。在“Part1.4”名称上单击鼠标右键，再在快捷菜单中选择“属性”，在“产品”选项卡的“实例名称”和“零件编号”文本框中输入“lantern-ring”，单击【确定】命令按钮完成零件名称的修改。

03 创建零件关联参数。双击“lantern-ring”以激活零件设计平台，展开“first-body”目录树中的“发布”项并选中“零件几何体”，按下Ctrl+C键复制出first-body的实体几何图形。

04 关联粘贴几何实体。选中目录树中的“lantern-ring”零件并单击鼠标右键，在快捷菜单中选择“选择性粘贴”选项，选中“与原文档相关联的结果”选项为粘贴的类型，单击【确定】命令按钮完成几何实体的关联粘贴。

05 在“几何体.2”上右击并将鼠标指向“几何体.2对象”，再选取“添加”命令选项完成布尔运算。

06 关联粘贴分割曲面。展开“down-cover”目录树中的“发布”项并选中“拉伸.1”和“修剪.1”曲面，按下Ctrl+C键复制出关联参考曲面特征，选中目录树中的“lantern-ring”零件并单击鼠标右键，在快捷菜单中选择“选择性粘贴”选项，选中“与原文档相关联的结果”选项为粘贴的类型，单击【确定】命令按钮完成几何实体的关联粘贴。结果如图21-72所示。

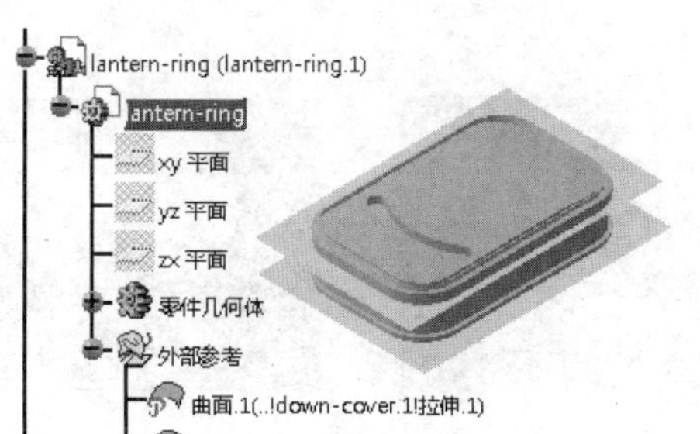

图21-72 关联分割曲面

07 执行菜单栏中【插入】|【基于曲面的特征】|【分割】命令，选取“曲面.1”为分割图元，指定保留实体的下侧，创建出如图21-73所示实体分割。

图21-73 分割实体1

08 执行菜单栏中【插入】|【基于曲面的特征】|【分割】命令，选取“曲面.2”为分割图元，指定保留实体的外侧，创建出如图21-74所示实体分割。

图21-74 分割实体2

09 隐藏关联曲面特征以凸显实体特征。最终套环分割结果如图21-75所示。

10 显示“up-cover”和“down-cover”，以查看装配效果，分别对up-cover、down-cover和lantern-ring零件进行着色显示以方便观察。结果如图21-76所示。

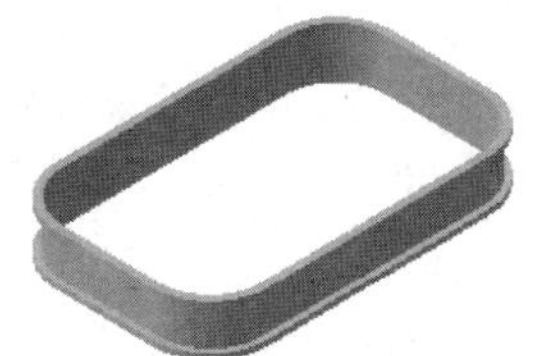

图21-75 套环

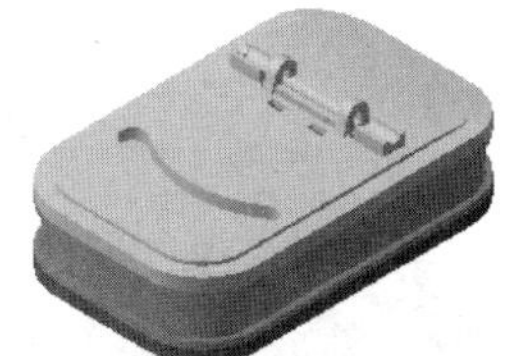

图21-76 着色显示装配体

21.1.6 创建转动插头

本节将讲解演示“万能充电器”的转动插头的创建。在整个转动插头的设计过程中，将综合运用“零件设计”平台的相关功能和“装配体关联设计”方法来创建出转动插头的外观机构形状。具体操作如下。

操作步骤

01 执行菜单栏中【工具】|【选项】，系统即可打开“选项”对话框，展开“基础结构”项目并单击“零件设计”项目，在“常规”选项卡中勾选“保持与选定对象的链接”选项，以设置外部参考具有关联性。

02 双击目录树中的“Universal charger”以激活装配设计平台，执行菜单栏中【插入】|【新建零件】命令，创建出名称为“plug”的零部件。

03 双击目录树中的“plug”节点以激活此零部件，系统即可进入零件设计平台中。

04 隐藏“up-cover”零件以方便观察“plug”零件的创建过程。

05 执行菜单栏中【插入】|【草图编辑器】|【草图】命令，选取“down-cover”零件底面为草图平面，并绘制如图21-77所示的草图1。

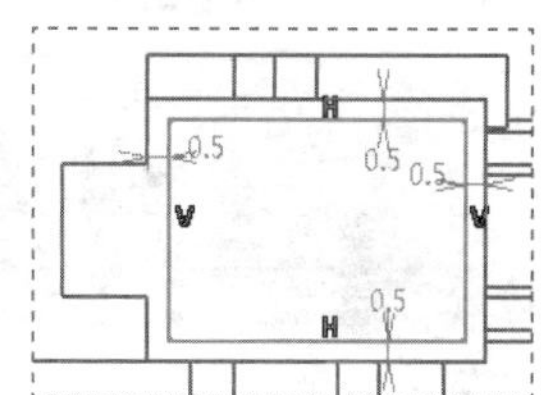

图21-77 草图1

06 执行菜单栏中【插入】|【基于草图的特征】|【凸台】命令，创建出如图21-78所示的凸台特征。

07 执行菜单栏中【插入】|【草图编辑器】|【草图】命令，创建如图21-79所示的草图2。

08 执行菜单栏中【插入】|【基于草图的特征】|【凸台】命令，创建出如图21-80所示的凸台特征。

09 选中已创建的“凸台.1”和“凸台.2”为镜像源特征，执行菜单栏中【插入】|【变换特征】|【镜像】命令，选取“ZX平面为镜像图元，如图21-81所示。

10 执行菜单栏中【插入】|【草图编辑器】|【草图】命令，绘制出与“down-cover”零

件的支架部位三边相切的圆形，如图21-82所示。

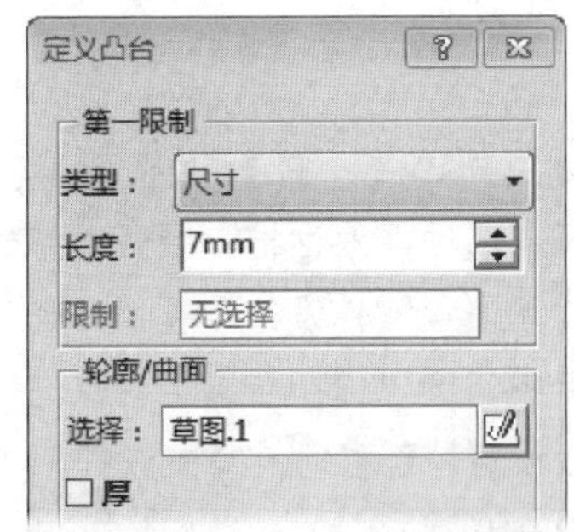

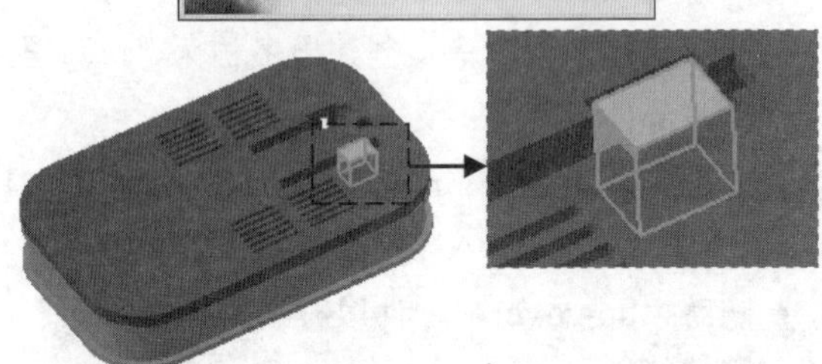

图21-78　创建凸台特征

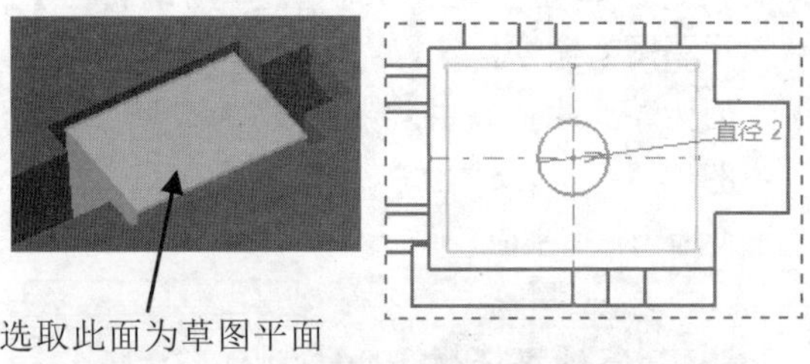

图21-79　草图2

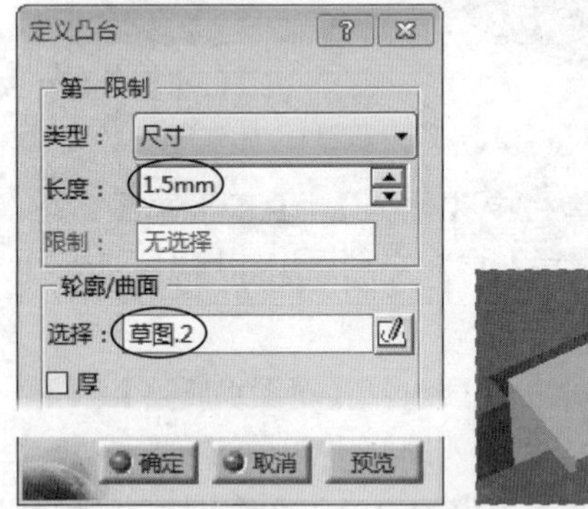

图21-80　创建凸台特征

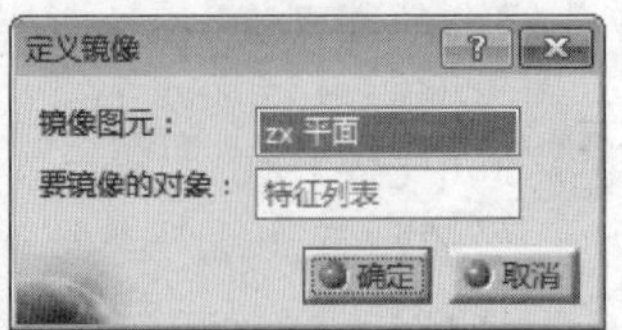

图21-81　创建镜像特征

11 执行菜单栏中【插入】|【基于草图的特征】|【凸台】命令，创建出如图21-83所示的凸台特征。

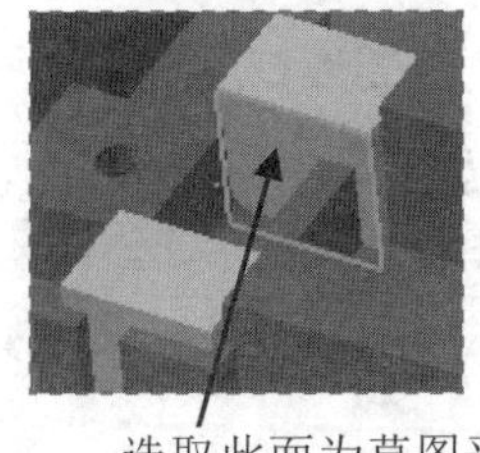

图21-82　草图3

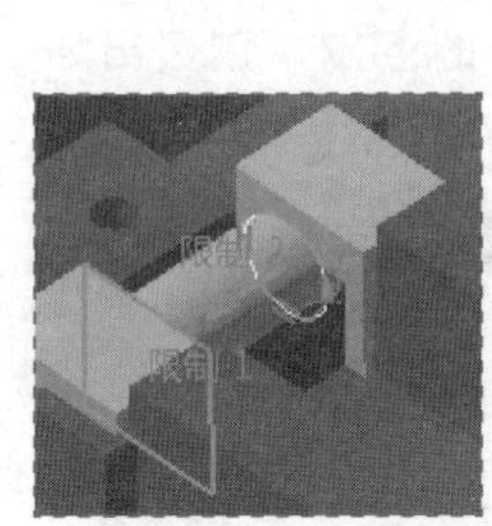

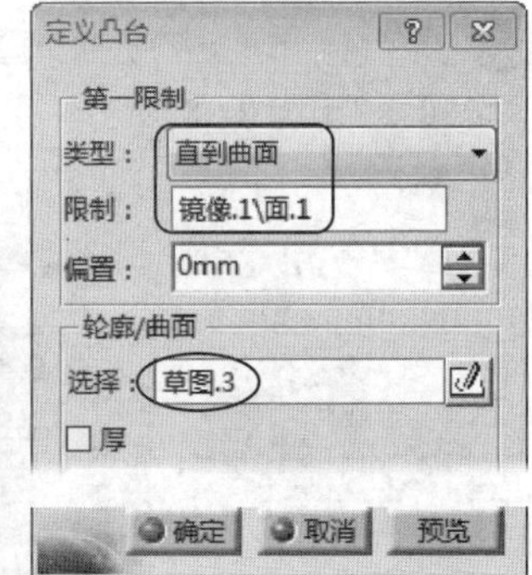

图21-83　创建凸台特征

12 执行菜单栏中【插入】|【草图编辑器】|【草图】命令，绘制出与“down-cover”零件的支架部位三边相切的圆形，如图21-84所示。

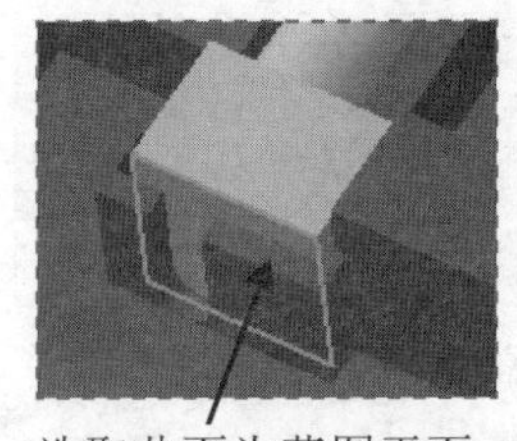

图21-84　草图4

13 执行菜单栏中【插入】|【基于草图的特征】|【凸台】命令，创建出如图21-85所示的凸台特征。

图21-85　创建凸台特征

14 执行菜单栏中【插入】|【变换特征】|【镜

像】命令，将上步创建的凸台特征通过ZX平面进行镜像对称复制。

15 隐藏“down-cover”和“lantern-ring”零件，以方便观察和操作。

16 执行菜单栏中【插入】|【修饰特征】|【倒圆角】命令，创建如图21-86所示的圆角特征。

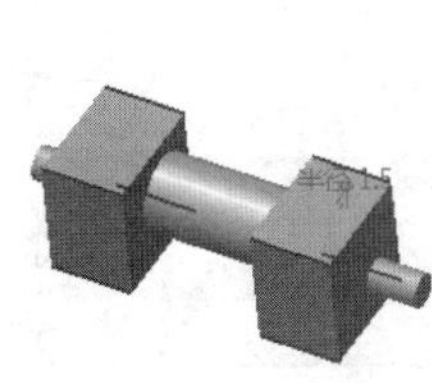
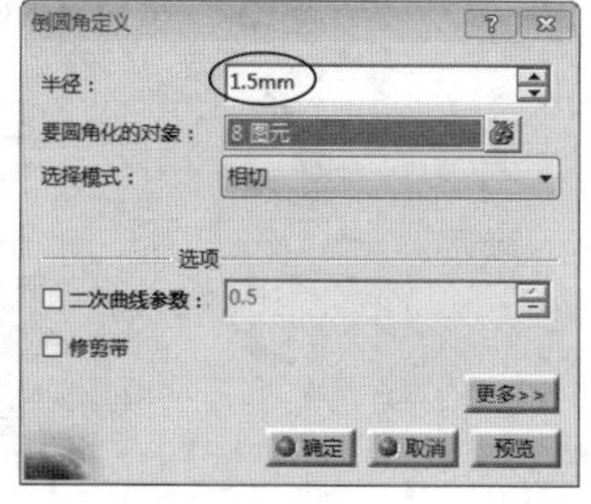

图21-86 创建圆角特征

17 执行菜单栏中【插入】|【草图编辑器】|【草图】命令，绘制如图21-87所示的草图5。

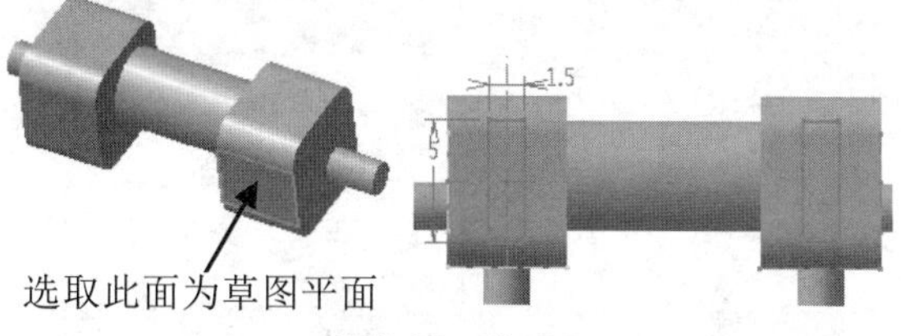

图21-87 草图5

18 执行菜单栏中【插入】|【基于草图的特征】|【凸台】命令，创建出如图21-88所示的凸台特征。

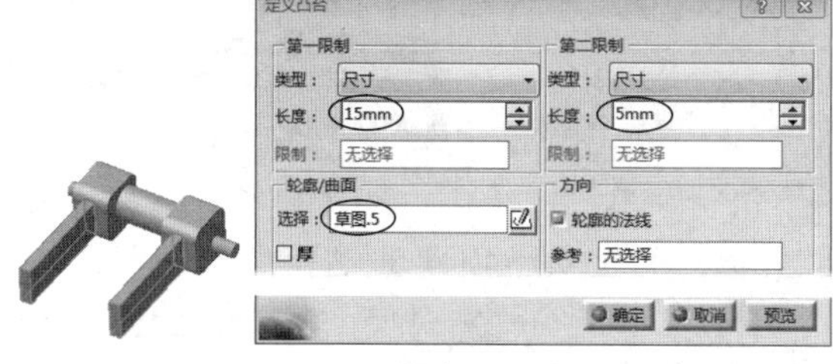

图21-88 创建凸台特征

19 执行菜单栏中【插入】|【修饰特征】|【倒圆角】命令，创建如图21-89所示的实体圆角特征。

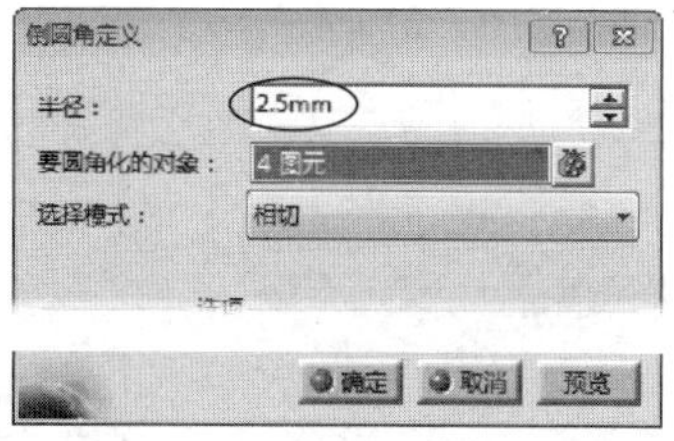

图21-89 创建圆角特征

21.1.7 创建夹板

本节将讲解演示“万能充电器”的上夹板的创建。在整个上夹板的设计过程中，将综合运用“零件设计”、“创成式外形设计”平台的相关功能和“装配体关联设计”方法来创建出上夹板的外观机构形状，具体操作如下。

操作步骤

01 双击目录树中的“Universal charger”以激活装配设计平台，执行菜单栏中【插入】|【新建零件】命令，创建出名称为“upper-plate”的零部件。

02 双击目录树中的“upper-plate”节点，系统即可激活此零件并进入零件设计平台中。

03 隐藏“down-cover”、“lantern-ring”、“pulg”，只显示“up-cover”零件以方便观察和参考相关的几何图形。

04 执行菜单栏中【插入】|【草图编辑器】|【草图】命令，选取“up-cover”零件的一实体表面为草图平面，并绘制如图21-90所示的草图1。

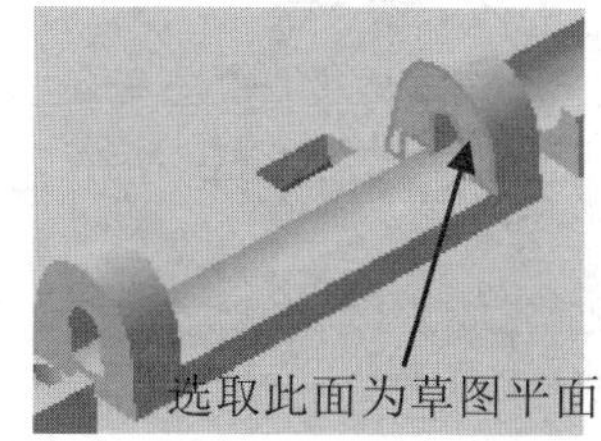

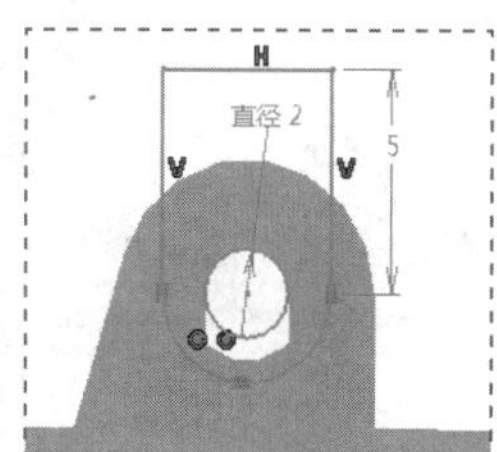

图21-90 草图1

05 执行菜单栏中【插入】|【基于草图的特征】|【凸台】命令，创建出如图21-91所示的凸台特征。

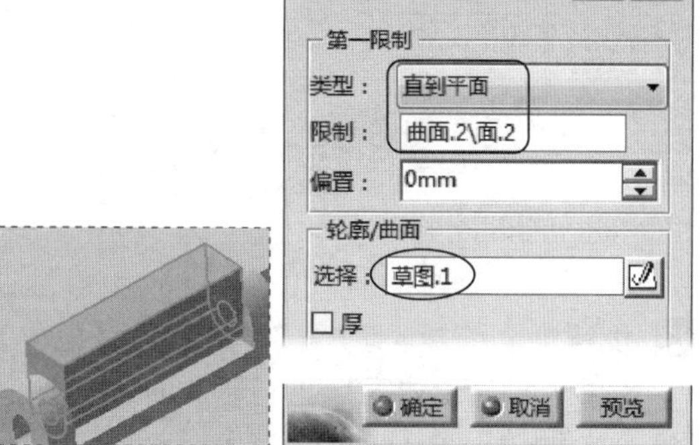

图21-91 创建凸台特征

06 执行菜单栏中【插入】|【草图编辑器】|

【草图】命令，选取“ZX平面”为草图平面，并绘制如图21-92所示的草图2。

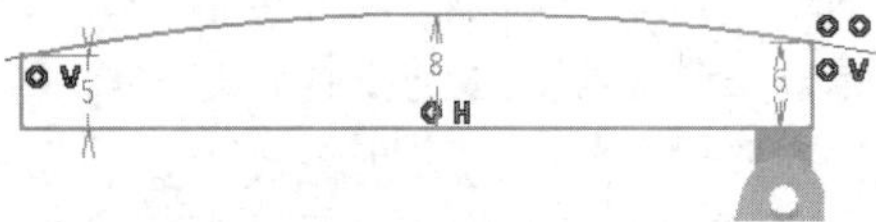

图21-92 草图2

07 隐藏“up-cover”零件，以凸显和方便观察操作“upper-plate”零件。

08 执行菜单栏中【插入】|【基于草图的特征】|【凸台】命令，创建出如图21-93所示的凸台特征。

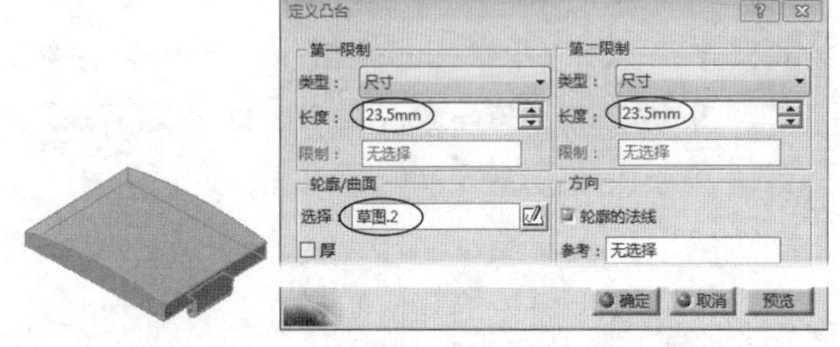

图21-93 创建凸台特征

09 执行菜单栏中【插入】|【修饰特征】|【倒圆角】命令，创建如图21-94所示的圆角特征。

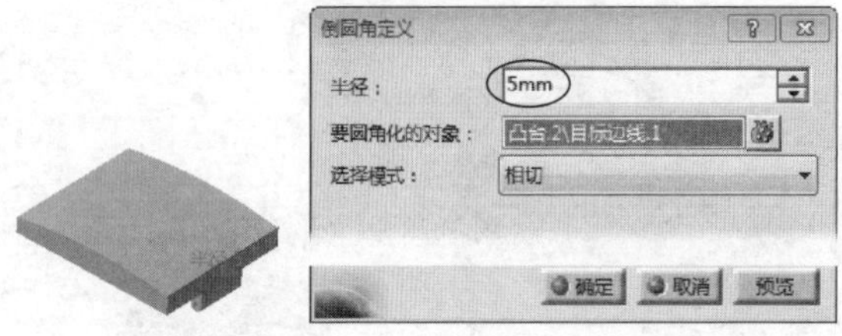

图21-94 创建圆角特征

10 执行菜单栏中【开始】|【形状】|【创成式外形设计】命令，系统即可切换至创成式外形设计平台。

11 执行菜单栏中【插入】|【草图编辑器】|【草图】命令，选取“ZX平面”为草图平面，并绘制如图21-95所示的草图3。

图21-95 草图3

12 执行菜单栏中【插入】|【曲面】|【拉伸】命令，创建出如图21-96所示的曲面特征。

13 执行菜单栏中【插入】|【草图编辑器】|【草图】命令，选取实体底平面为草图平面，并绘制如图21-97所示的草图4。

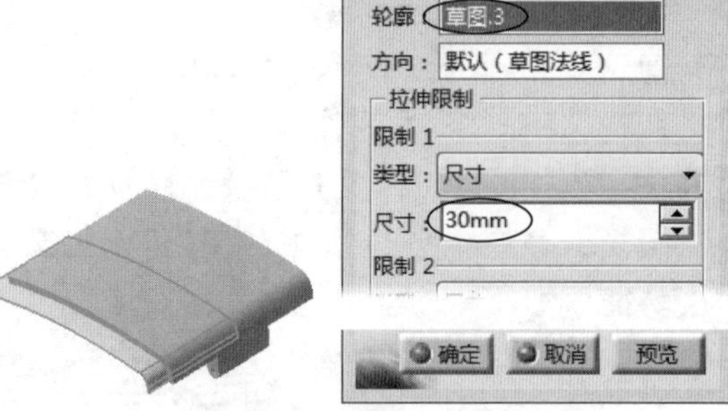

图21-96 创建拉伸曲面

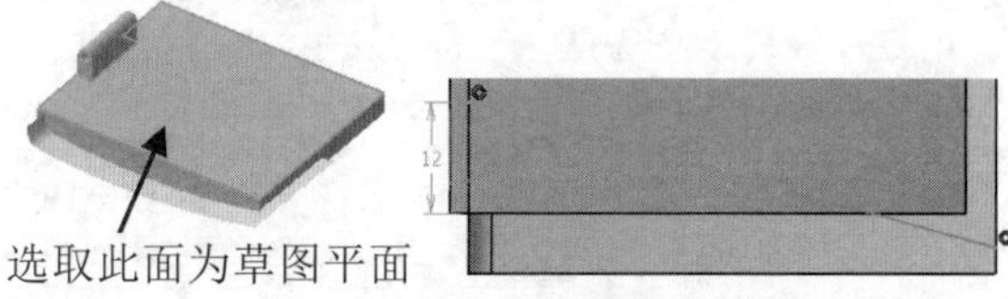

图21-97 草图4

14 执行菜单栏中【插入】|【曲面】|【拉伸】命令，创建出如图21-98所示的拉伸曲面特征。

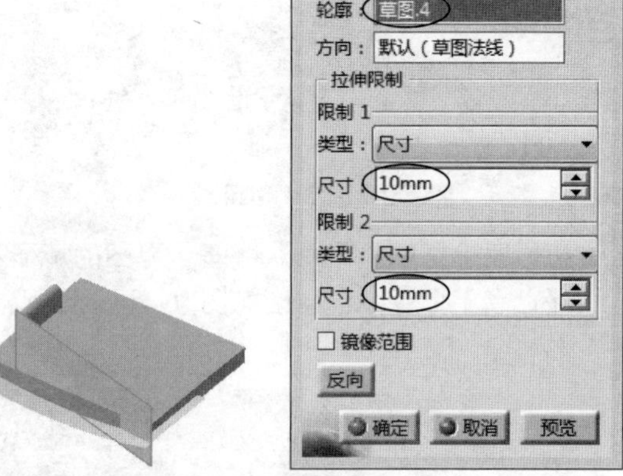

图21-98 创建拉伸曲面

15 执行菜单栏中【插入】|【操作】|【修剪】命令，选取已创建的“拉伸.1”和“拉伸.2”曲面为修剪对象，创建出如图21-99所示的曲面修剪结果。

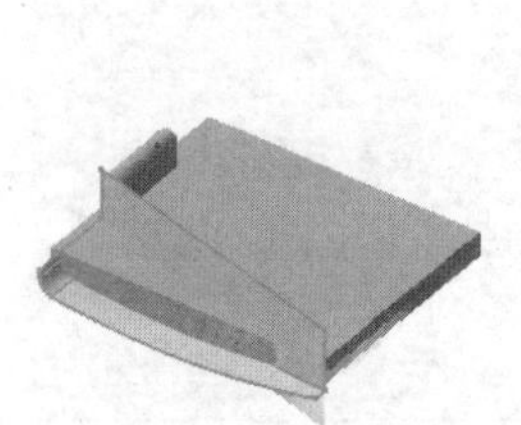
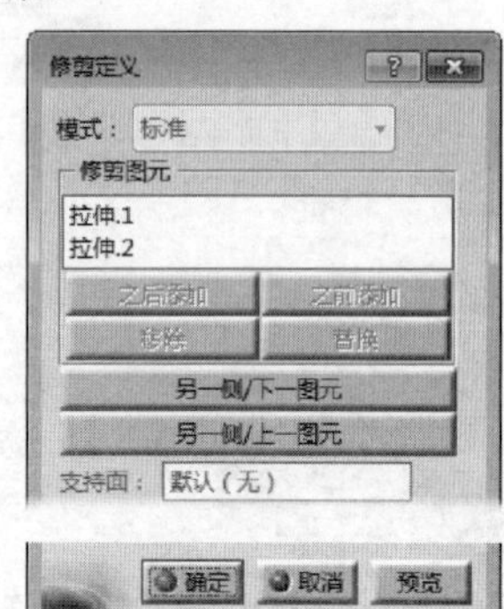

图21-99 修剪曲面

16 执行菜单栏中【插入】|【操作】|【对称】命令，创建出如图21-100所示的对称曲面特征。

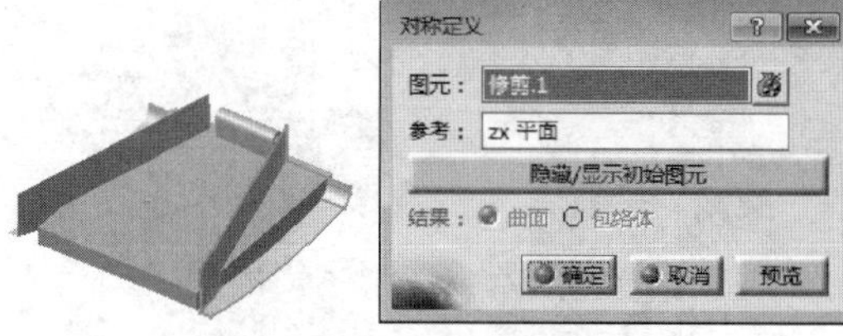

图21-100 创建对称曲面

17 执行菜单栏中【开始】|【机械设计】|【零件设计】命令，系统即可进入零件设计平台。

18 多次执行菜单栏中【插入】|【基于曲面的特征】|【分割】命令，分别选取“修剪.1”和“对称.1”曲面为分割图元，并指定保留实体内侧，创建出如图21-101所示的实体分割特征。

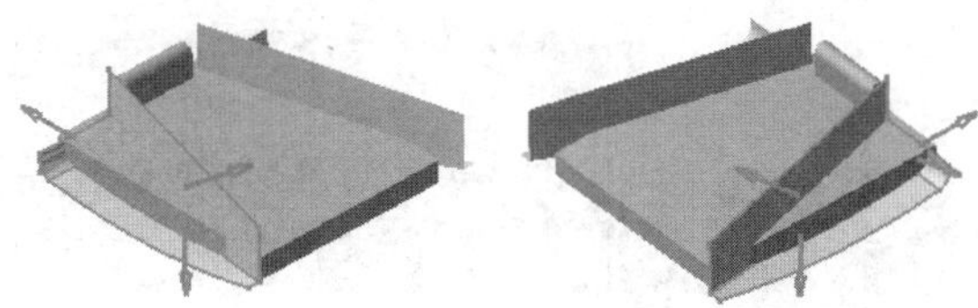

图21-101 分割实体

19 隐藏“修剪.1”和“对称.1”曲面以凸显实体造型。

20 多次执行菜单栏中【插入】|【修饰特征】|【倒圆角】命令，创建出如图21-102所示的实体圆角特征。

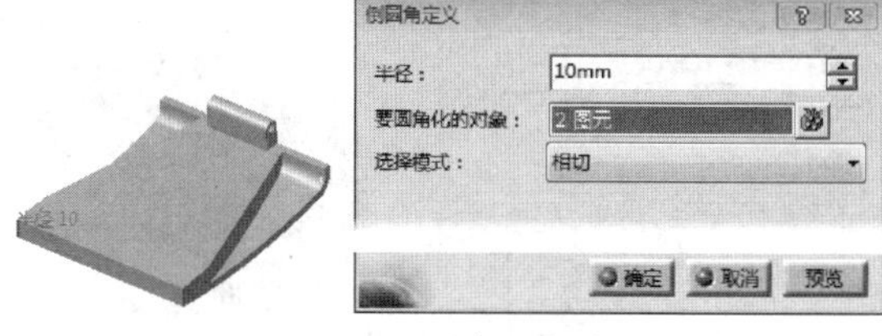

图21-102 创建圆角特征

21 执行菜单栏中【开始】|【形状】|【创成式外形设计】命令，系统即可切换至创成式外形设计平台。

22 执行菜单栏中【插入】|【草图编辑器】|【草图】命令，选取“ZX平面”为草图平面，并绘制如图21-103所示的草图5。

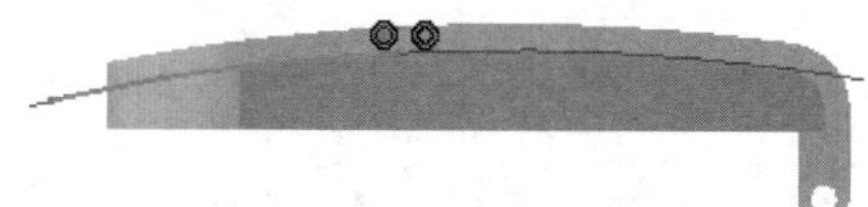

图21-103 草图5

23 执行菜单栏中【插入】|【曲面】|【拉伸】命令，创建出如图21-104所示的拉伸曲面特征。

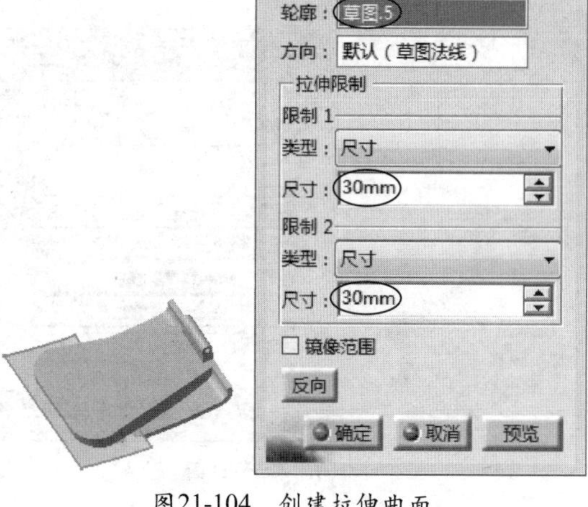

图21-104 创建拉伸曲面

24 执行菜单栏中【插入】|【草图编辑器】|【草图】命令，选取实体底面为草图平面，并绘制如图21-105所示的草图6。

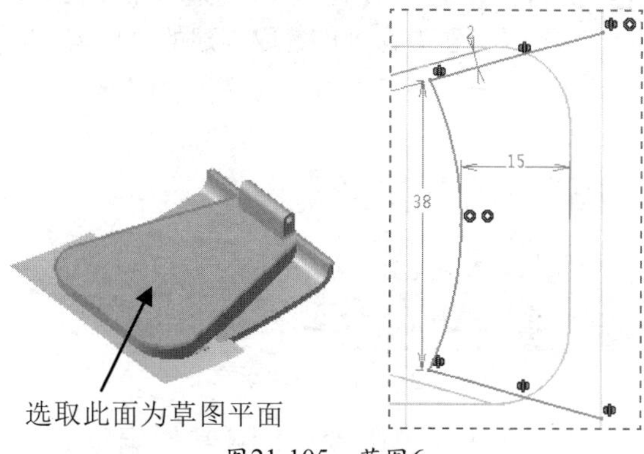

图21-105 草图6

25 执行菜单栏中【插入】|【曲面】|【拉伸】命令，创建出如图21-106所示的拉伸曲面特征。

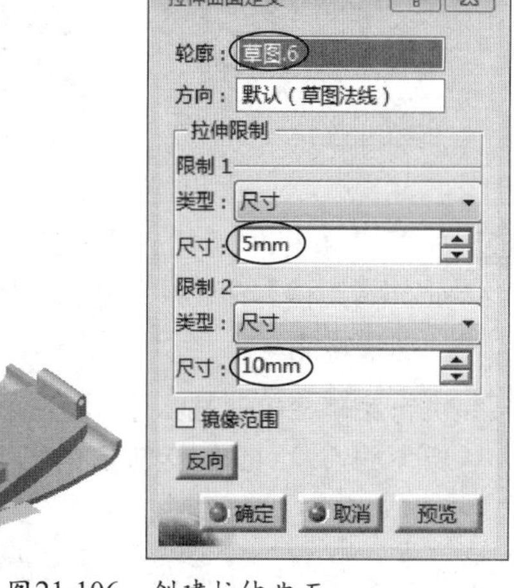

图21-106 创建拉伸曲面

26 执行菜单栏中【插入】|【操作】|【修剪】命令，选取已创建的“拉伸.3”和“拉伸.4”曲面为修剪对象，创建出如图21-107所示的曲面修剪结果。

图21-107 修剪曲面

27 执行菜单栏中【开始】|【机械设计】|【零件设计】命令，系统即可进入零件设计平台。

28 执行菜单栏中【插入】|【基于曲面的特征】|【分割】命令，选取创建的“修剪.2”曲面为分割图元并指定保留实体外侧，如图21-108所示。

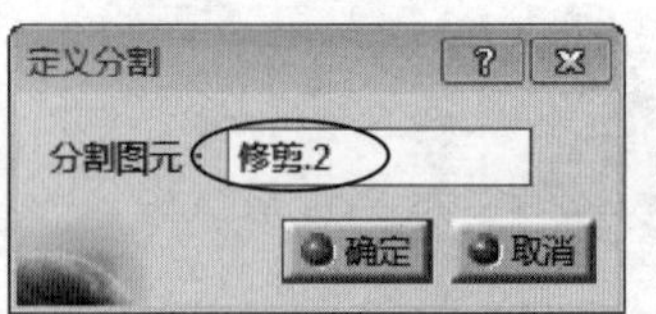

图21-108 分割实体

29 执行菜单栏中【插入】|【草图编辑器】|【草图】命令，创建出如图21-109所示的草图7。

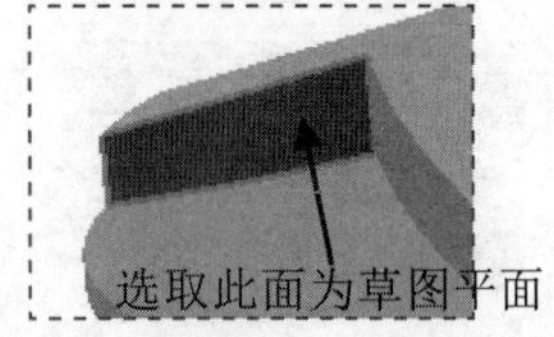

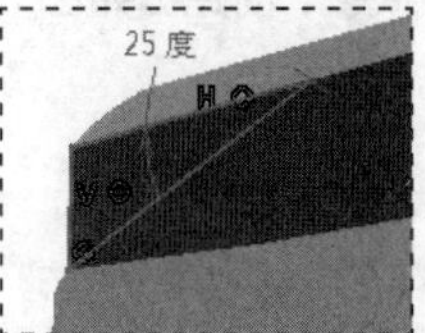

图21-109 草图7

30 执行菜单栏中【插入】|【基于草图的特征】|【凹槽】命令，创建出如图21-110所示的凹槽特征。

31 执行菜单栏中【插入】|【变换特征】|【镜像】命令，将上步创建的凹槽特征通过“ZX平面”镜像复制。

32 执行菜单栏中【插入】|【修饰特征】|【倒圆角】命令，创建如图21-111所示的实体圆角特征。

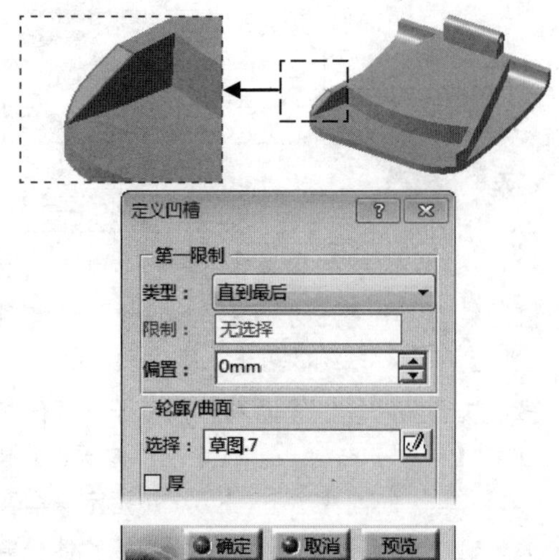

图21-110 创建凹槽特征

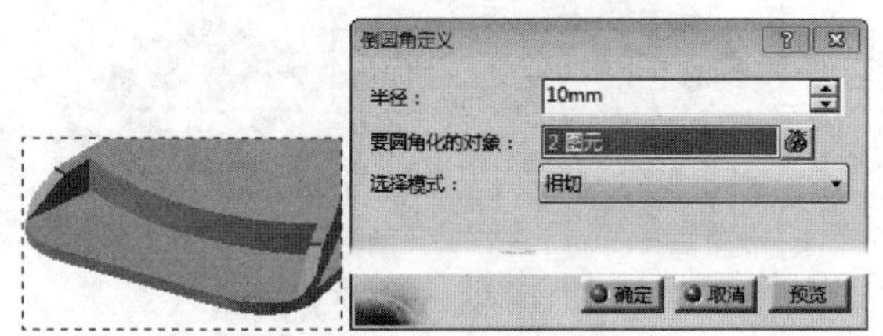

图21-111 创建圆角特征

33 执行菜单栏中【插入】|【线框】|【平面】命令，创建出向下偏移2mm的参考平面，如图21-112所示。

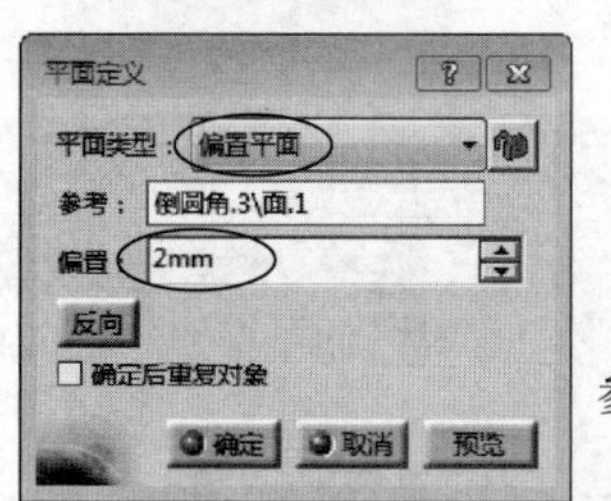

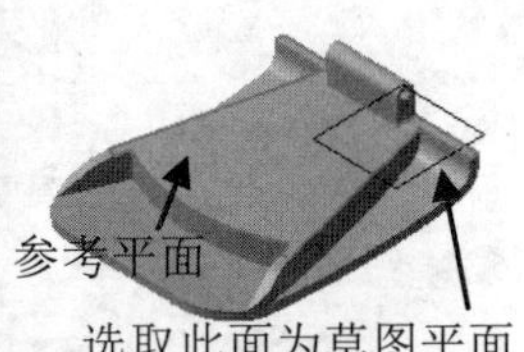

图21-112 创建参考平面1

34 执行菜单栏中【插入】|【草图编辑器】|【草图】命令，创建出如图21-113所示的草图8。

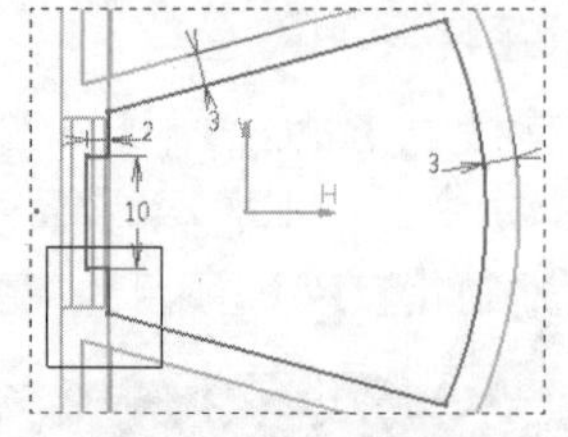

图21-113 草图8

35 执行菜单栏中【插入】|【基于草图的特征】|【凹槽】命令，指定方向为实体正上

方，创建出如图21-114所示的凹槽特征。

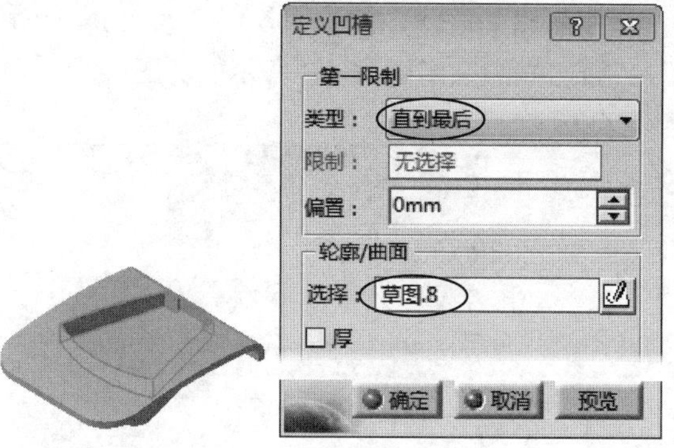

图21-114　创建凹槽特征

36 执行菜单栏中【插入】|【草图编辑器】|【草图】命令，选取凹槽底面为草图平面，并绘制如图21-115所示的草图9。

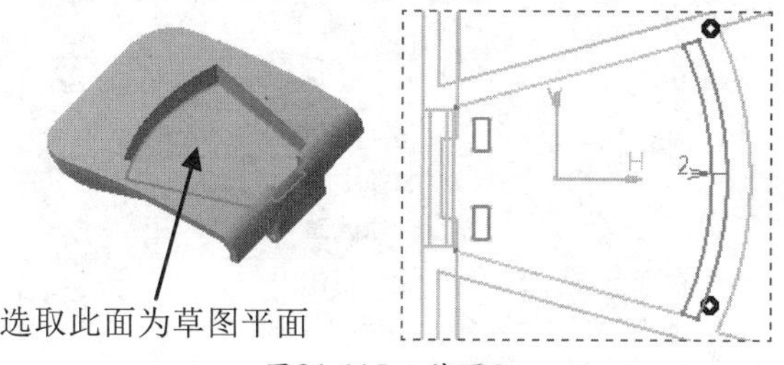

图21-115　草图9

37 执行菜单栏中【插入】|【基于草图的特征】|【凹槽】命令，创建出如图21-116所示的凹槽特征。

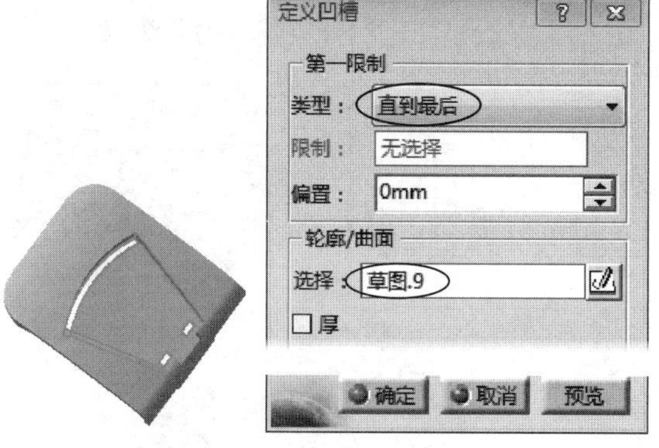

图21-116　创建凹槽特征

38 执行菜单栏中【插入】|【草图编辑器】|【草图】命令，选取实体底平面为草图平面，绘制如图21-117所示的草图10。

39 执行菜单栏中【插入】|【基于草图的特征】|【凸台】命令，创建出如图21-118所示的凸台特征。

40 执行菜单栏中【插入】|【草图编辑器】|【草图】命令，选取“ZX平面”为草图平面，并绘制如图21-119所示的草图11。

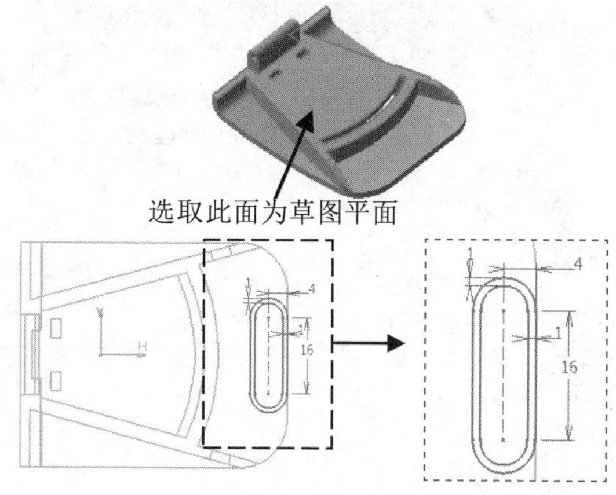

图21-117　草图10

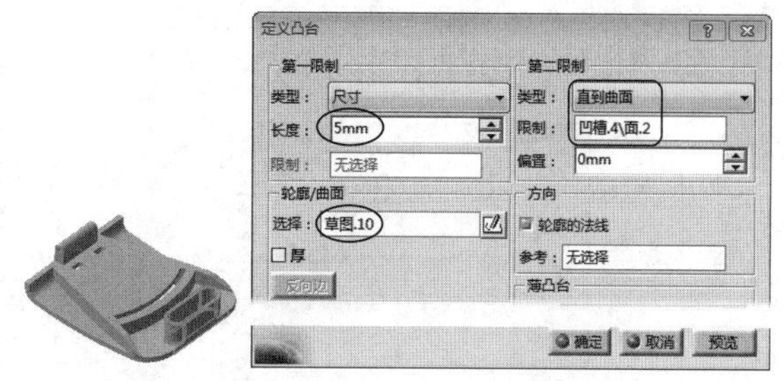

图21-118　创建凸台特征

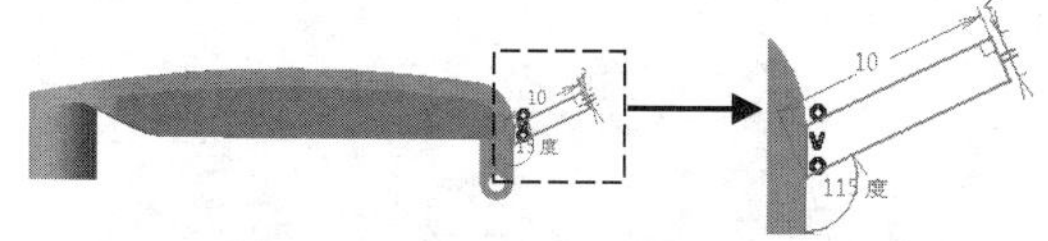

图21-119　草图11

41 执行菜单栏中【插入】|【基于草图的特征】|【凸台】命令，创建出如图21-120所示的凸台特征。

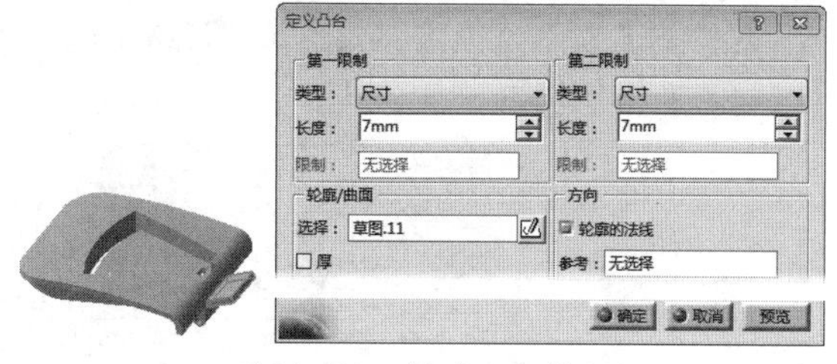

图21-120　创建凸台特征

42 执行菜单栏中【插入】|【修饰特征】|【倒圆角】命令，创建出如图21-122所示的实体圆角特征。

43 执行菜单栏中【插入】|【草图编辑器】|【草图】命令，选取上步创建的凸台上表面为草图平面，并绘制如图21-122所示的草图12。

44 执行菜单栏中【插入】|【基于草图的特征】|【凸台】命令，创建出如图21-123所

示的凸台特征。

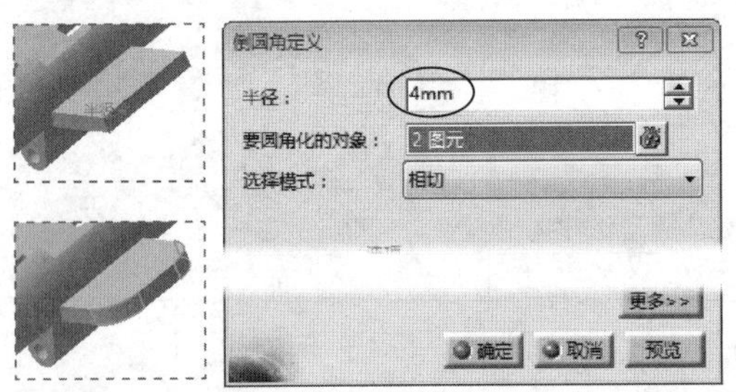

图21-121 创建圆角特征

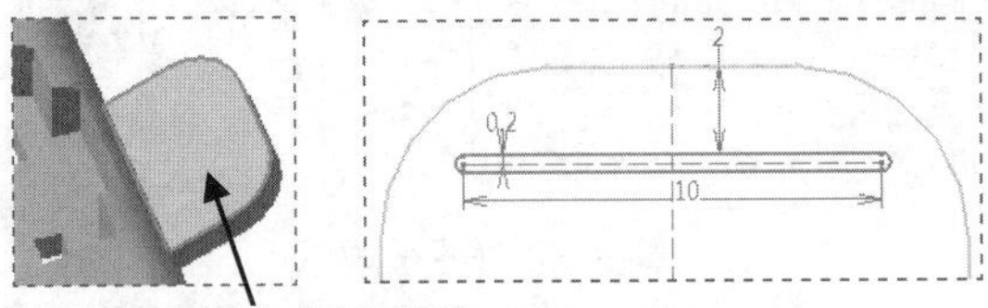

图21-122 草图12

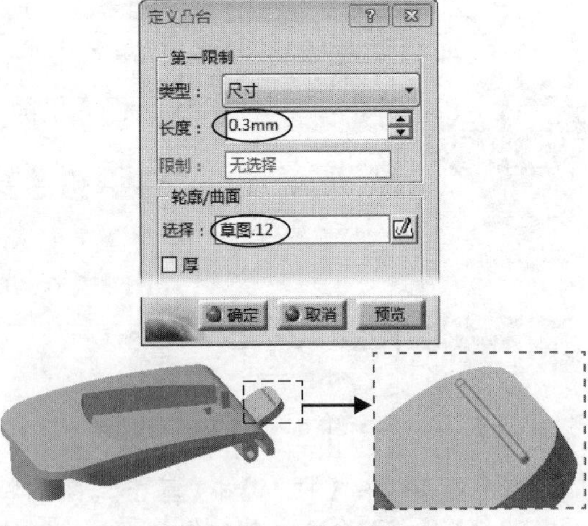

图21-123 创建凸台特征

45 执行菜单栏中【插入】|【变换特征】|【矩形阵列】命令，创建出如图21-124所示的凸台矩形阵列特征。

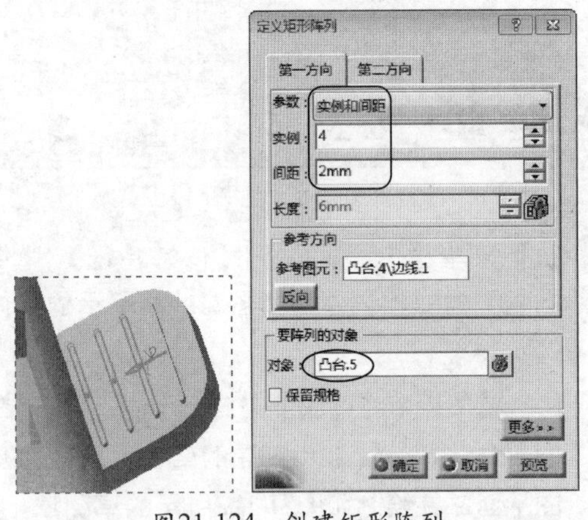

图21-124 创建矩形阵列

46 执行菜单栏中【插入】|【草图编辑器】|【草图】命令，选取“XY平面”为草图平面，并绘制如图21-125所示的草图13。

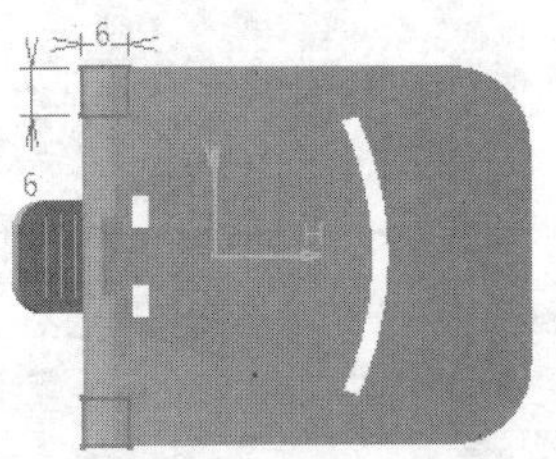

图21-125 草图13

47 执行菜单栏中【插入】|【基于草图的特征】|【凹槽】命令，创建出如图21-126所示的凹槽特征。

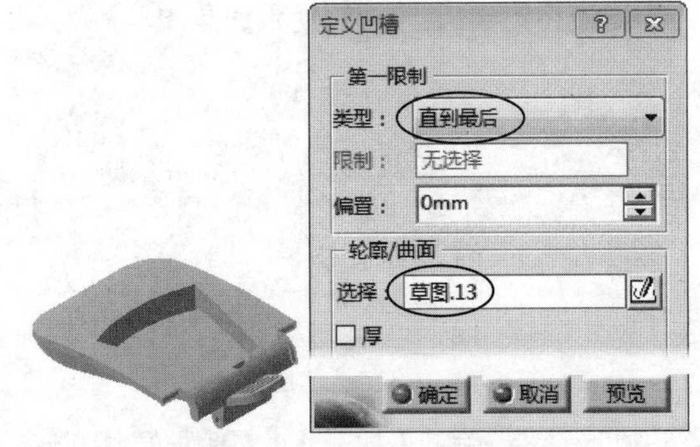

图21-126 创建凹槽特征

48 执行菜单栏中【插入】|【草图编辑器】|【草图】命令，选取实体底平面为草图平面，并绘制如图21-127所示的草图14。

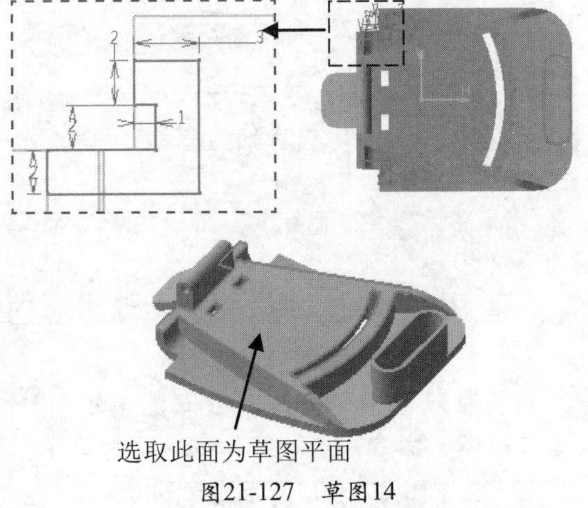

图21-127 草图14

49 执行菜单栏中【插入】|【基于草图的特征】|【凸台】命令，创建出如图21-128所示的凸台特征。

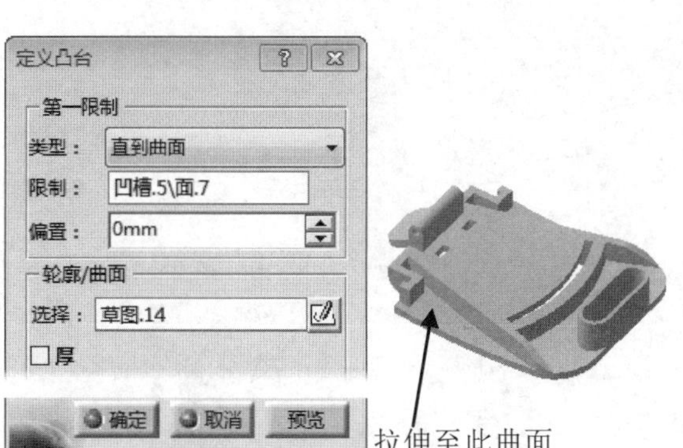

图21-128 创建凸台特征

21.1.8 显示总装配

操作步骤

01 双击目录树中的“Universal charger”以激活装配设计平台。

02 隐藏“first-body”零件，显示“up-cover”、“down-cover”、“lantern-ring”、“plug”和“upper-plate”零件。

03 分别选取目录树中的各个零部件节点，再分别单击“移动”工具栏中的“移动”命令按钮，移动各个零部件以创建装配分解图示，如图21-129所示。

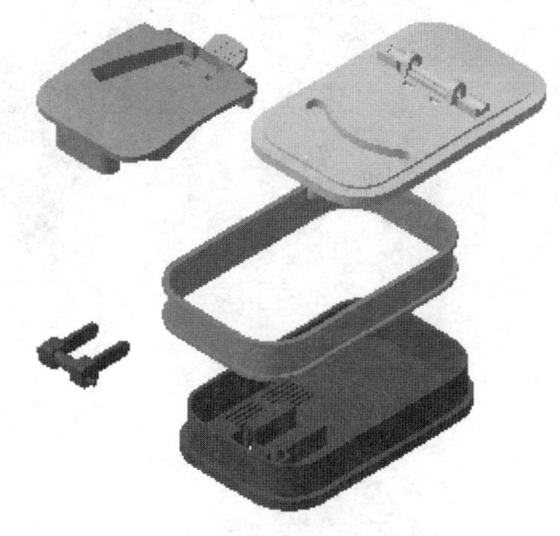

图21-129 装配分解图

21.2 吹风机设计

引入光盘：无
结果文件：动手操作\结果文件\Ch21\吹风机\hair-dryer.CATProduct
视频文件：视频\Ch21\吹风机设计.avi

本节将以日常生活中常用的“吹风机”的塑胶壳体为设计原型，进行产品造型设计的案例讲解，该产品是以塑料为主材料的制品，在进行产品造型设计时，应重点注意产品的造型设计思路和关联设计方法的总结和运用。产品造型结果如图21-130所示。

图21-130 吹风机

21.2.1 设计思路分析

本节将以“吹风机”的主要壳体零件为实例，进行详细的产品关联设计和装配设计的演练操作。在设计过程中将综合使用“创成式曲面设计”和“零件设计”的曲面造型、实体分割等命令，以及“装配设计”中的外部参考关联设计方法，重点体现了产品的外观曲面造型方法和技巧，以及产品的设计方法。其流程如图21-131所示。

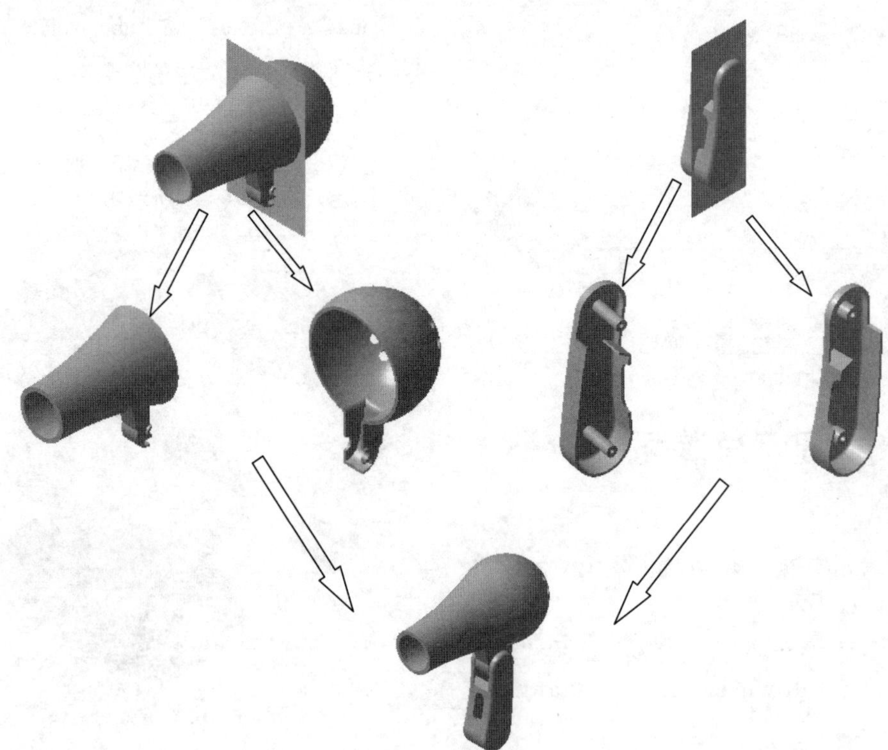

图21-131 设计流程

21.2.2 创建第一外观控件

本节将讲解演示“吹风机”的上壳体外观造型过程。在整个产品外观设计过程中，将综合运用“创成式外形设计”和“零件设计”平台的相关功能来创建产品的外形特征，最后将实体几何体特征发布为参考几何特征。

操作步骤

01 执行菜单栏中【开始】|【机械设计】|【装配设计】命令，系统即可进入装配设计平台。

02 修改装配文件名称。右击“Product1”再在快捷菜单中选择“属性”选项，在“产品”选项卡的“零件编号”文本框中输入“hair-dryer”，单击【确定】命令按钮完成名称的修改。

03 创建“外观控件”零件。双击目录树中“hair-dryer”名称以激活装配，再执行菜单栏中【插入】|【新建零件】命令。系统即可弹出“新零件：原点”对话框，单击“是”命令按钮完成零件的新建。

04 修改文件名称。在“Part1.1”名称上单击鼠标右键，再在快捷菜单中选择“属性”选项，在“产品”选项卡的“实例名称”和“零件编号”文本框中输入“fitst-body”，单击【确定】命令按钮完成名称的修改。

05 激活“first-body”零部件。双击目录树上的“first-body”节点切换进入“零部件设计”平台，再执行菜单栏中【开始】|【形状】|【创成式外形设计】命令，系统即可切换至创成式外形设计平台。

06 执行菜单栏中【插入】|【线框】|【平面】命令，创建出如图21-132所示的参考平面1。

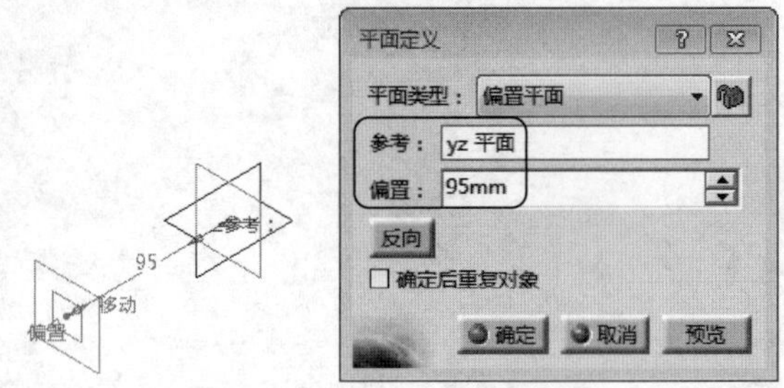

图21-132 创建参考平面1

07 执行菜单栏中【插入】|【线框】|【平面】命令，创建出如图21-133所示的参考平面2。

08 执行菜单栏中【插入】|【线框】|【圆】命令，创建如图21-134所示的圆形（在“中

心”文本框中插入创建坐标为（0,0,0）的点为中心点）。

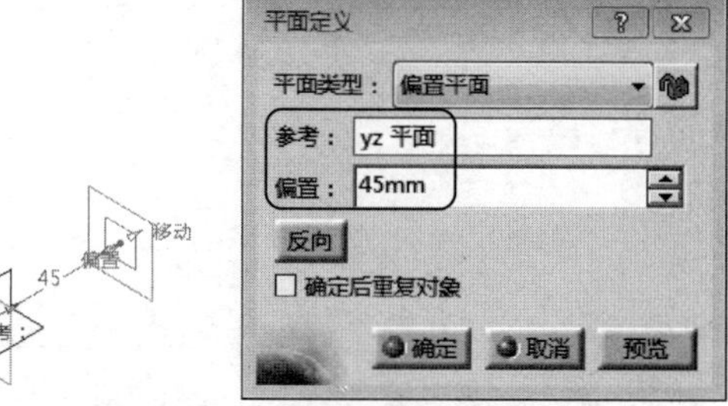

图21-133 创建参考平面2

图21-134 创建圆形1

09 执行菜单栏中【插入】|【线框】|【圆】命令，创建如图21-135所示的圆形。

图21-135 创建圆形2

10 执行菜单栏中【插入】|【线框】|【圆】命令，创建如图21-136所示的圆形。

图21-136 创建圆形3

11 执行菜单栏中【插入】|【草图编辑器】|【草图】命令，选取“ZX平面”为草图平面，并绘制如图21-137所示的草图1。

12 执行菜单栏中【插入】|【操作】|【对称】命令，选取上步创建的“草图.1”曲线为对称图元，选取“XY平面”为对称参考平面，创建出如图21-138所示的对称曲线。

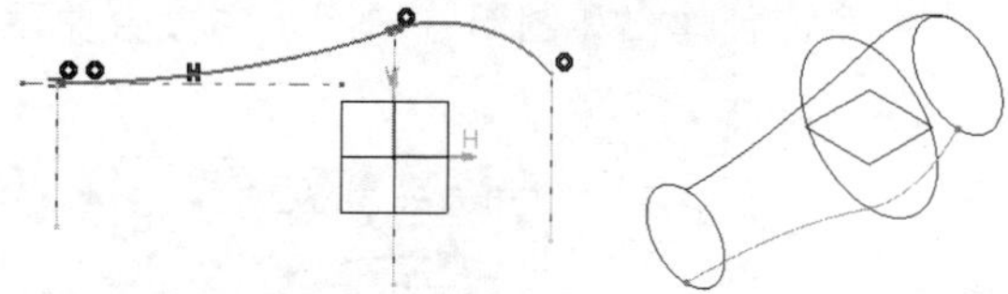

图21-137 草图1　　图21-138 对称曲线

13 执行菜单栏中【插入】|【曲面】|【多截面曲面】命令，分别选取已创建的“圆.1”、“圆.2”、“圆.3”为曲面的截面轮廓线，分别选取“草图.1”和“对称.1”曲线为多截面曲面的引导线，创建出如图21-139所示的多截面曲面特征。

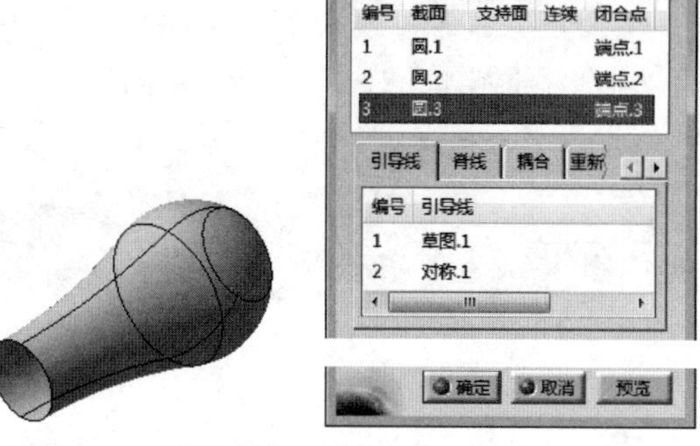

图21-139 创建多截面曲面

14 执行菜单栏中【插入】|【草图编辑器】|【草图】命令，选取“ZX平面”为草图平面，并绘制如图21-140所示的草图2。

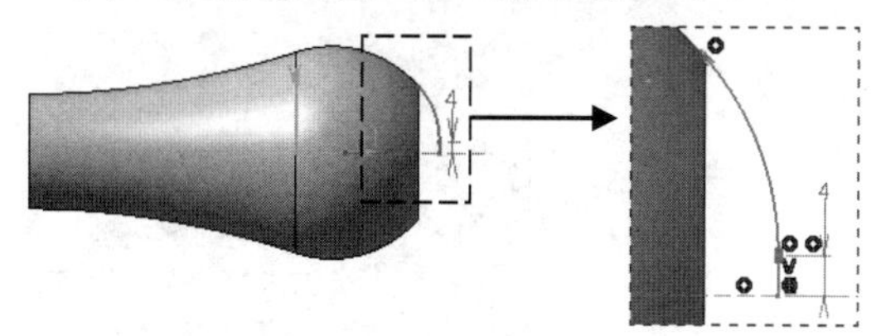

图21-140 草图2

15 执行菜单栏中【插入】|【曲面】|【旋转】命令，选取“草图.2”曲线为轮廓曲线，创建出如图21-141所示的旋转曲面特征。

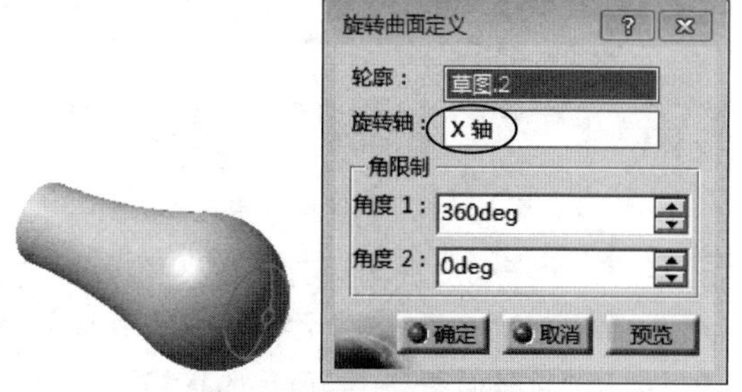

图21-141 创建旋转曲面

16 执行菜单栏中【插入】|【操作】|【接合】命令，创建出如图21-142所示的接合曲面特征。

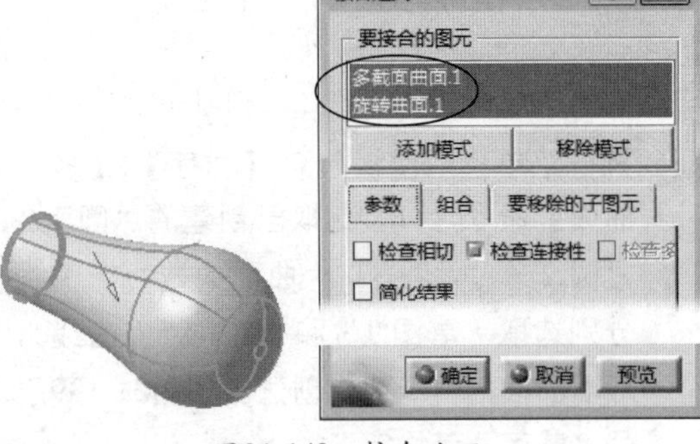

图21-142 接合曲面

17 执行菜单栏中【插入】|【草图编辑器】|【草图】命令，选取“ZX平面”为草图平面，并绘制如图21-143所示的草图3。

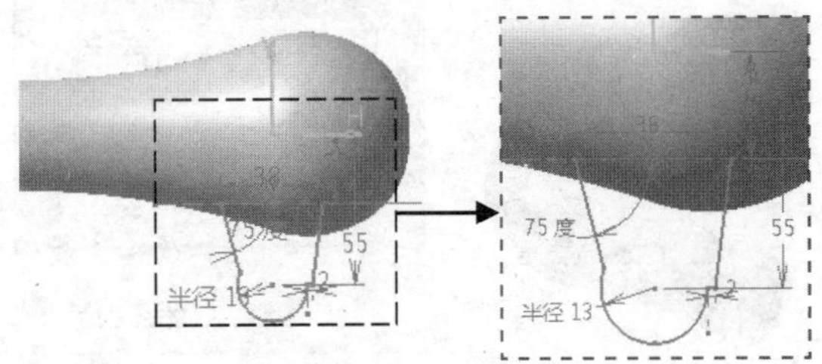

图21-143 草图3

18 执行菜单栏中【插入】|【曲面】|【拉伸】命令，选取“草图.3”曲线为轮廓曲线，创建出如图21-144所示的拉伸曲面特征。

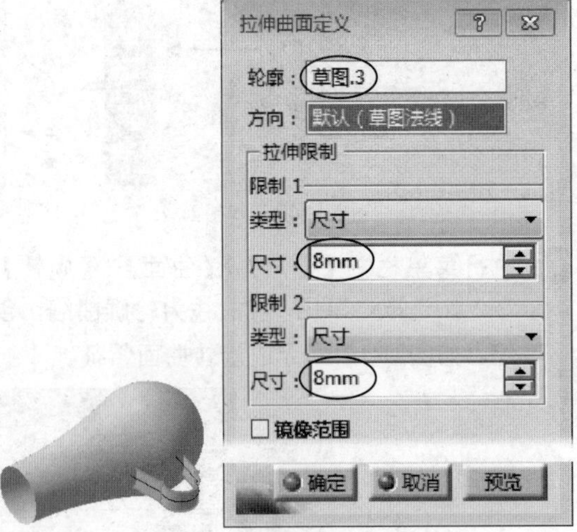

图21-144 创建拉伸曲面

19 隐藏“接合.1”曲面以方便观察和操作，执行菜单栏中【插入】|【线框】|【直线】命令，创建出如图21-145所示的直线。

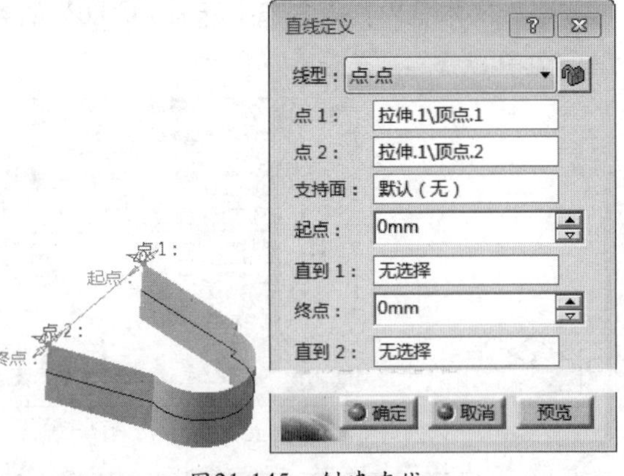

图21-145 创建直线

20 执行菜单栏中【插入】|【曲面】|【填充】命令，创建出如图21-146所示的填充曲面特征。

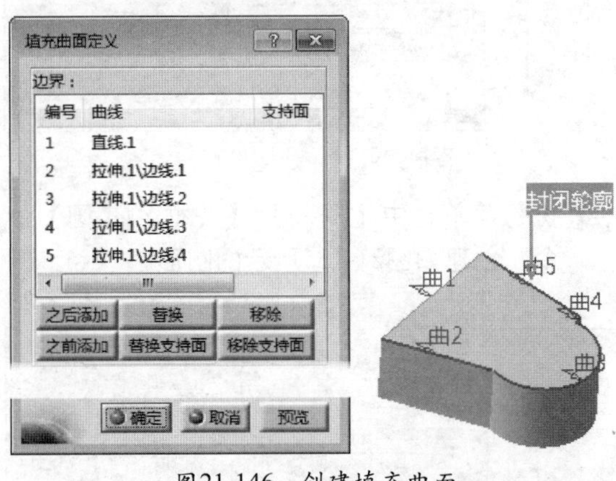

图21-146 创建填充曲面

21 执行菜单栏中【插入】|【操作】|【对称】命令，创建出如图21-147所示的对称曲面特征。

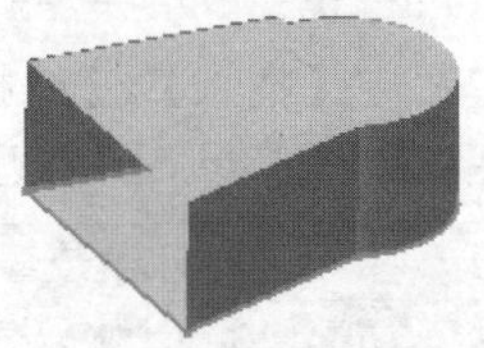

图21-147 创建对称曲面

22 执行菜单栏中【插入】|【操作】|【接合】命令，创建出如图21-148所示的接合曲面特征。

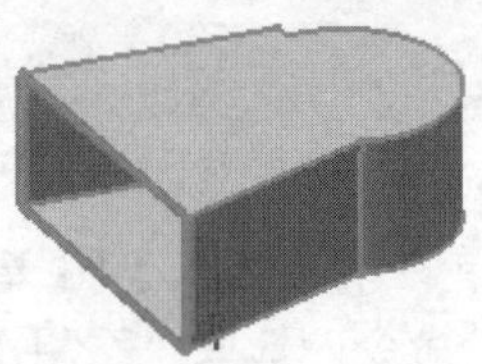

图21-148 接合曲面

23 显示“接合.1”曲面。执行菜单栏中【插入】|【操作】|【修剪】命令，选取“接合.1”和“接合.2”曲面为修剪对象，创建

出如图21-149所示的修剪曲面特征。

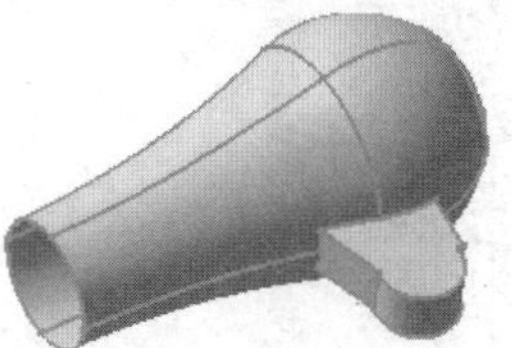

图21-149　修剪曲面

24 执行菜单栏中【插入】|【草图编辑器】|【草图】命令，创建如图21-150所示的草图5。

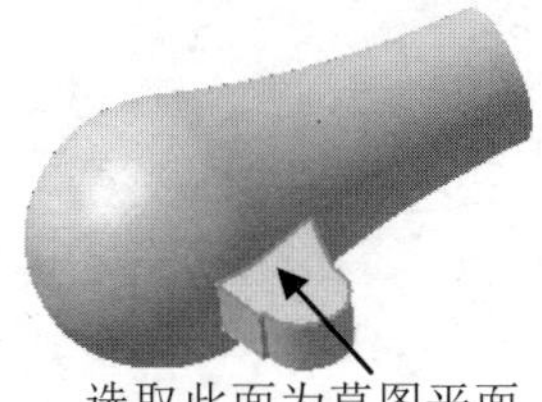
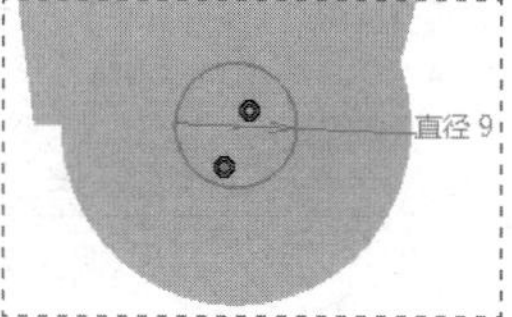

选取此面为草图平面

图21-150　草图4

25 执行菜单栏中【插入】|【曲面】|【拉伸】命令，创建如图21-151所示的拉伸曲面特征。

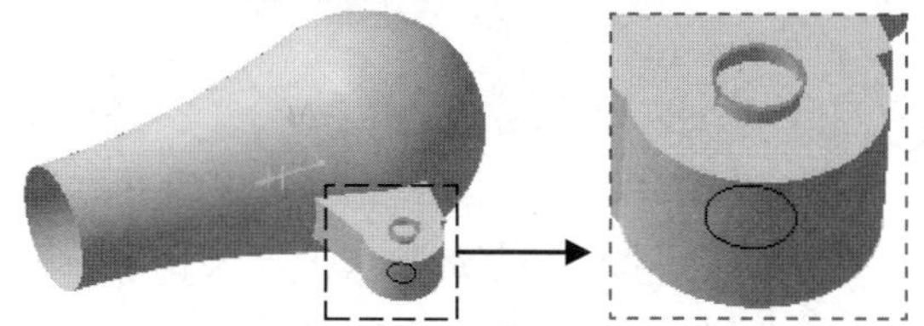

图21-151　创建拉伸曲面

26 执行菜单栏中【插入】|【操作】|【修剪】命令，选取“修剪.1”和“拉伸.2”曲面为修剪对象，创建出如图21-152所示的修剪曲面。

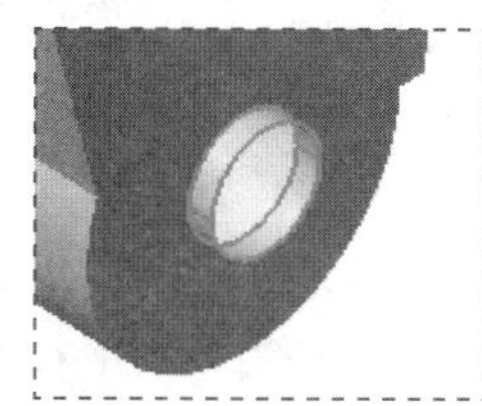
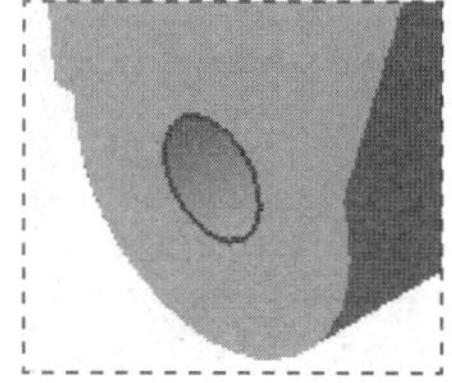

图21-152　修剪曲面

27 执行菜单栏中【插入】|【草图编辑器】|【草图】命令，创建如图21-153所示的草图5。

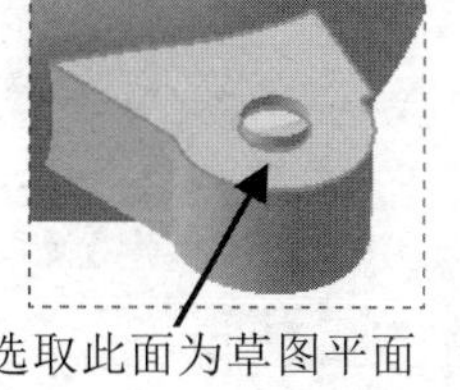
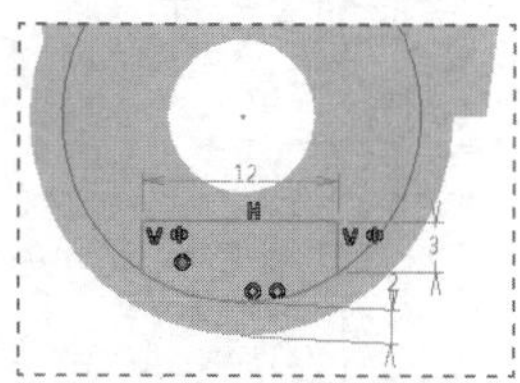

选取此面为草图平面

图21-153　草图5

28 执行菜单栏中【插入】|【操作】|【分割】命令，选取“修剪.2”曲面为要分割的图元，选取上步创建的“草图.5”曲线为切除图元，创建出如图21-154所示的分割结果。

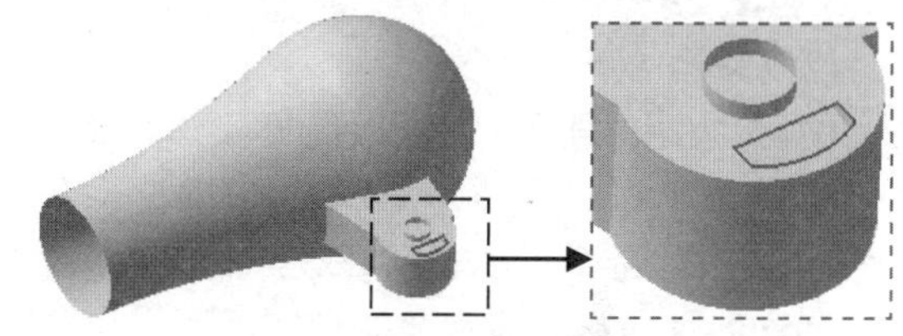

图21-154　分割曲面

29 执行菜单栏中【插入】|【操作】|【倒圆角】命令，创建出如图21-155所示的曲面圆角特征。

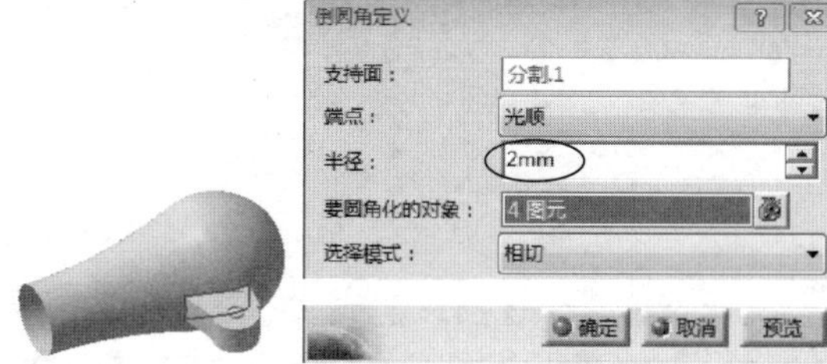

图21-155　创建曲面圆角1

30 执行菜单栏中【插入】|【操作】|【倒圆角】命令，创建出如图21-156所示的曲面圆角特征。

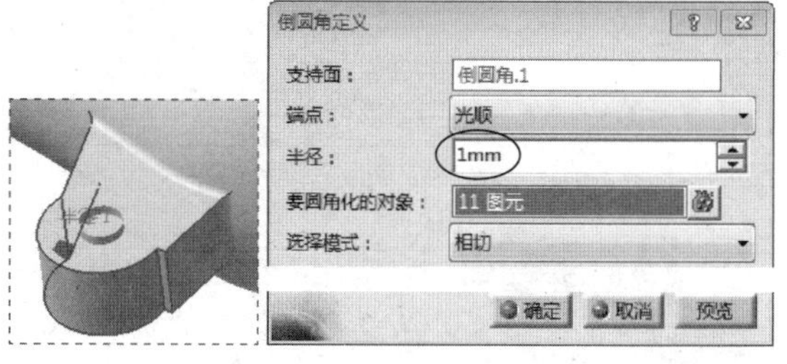

图21-156　创建曲面圆角2

31 执行菜单栏中【开始】|【机械设计】|【零件设计】命令，系统即可切换至零件设计平台。

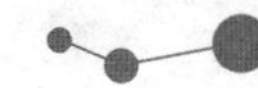

32 执行菜单栏中【插入】|【基于曲面的特征】|【厚曲面】命令，创建如图21-157所示的加厚特征。

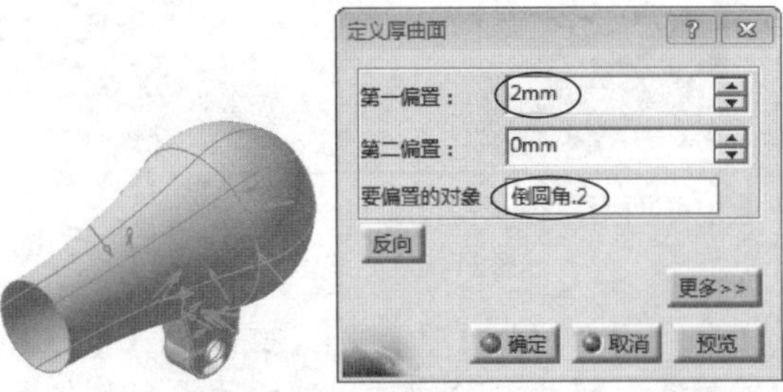

图21-157 加厚曲面特征

33 执行菜单栏中【开始】|【形状】|【创成式外形设计】命令，系统即可切换至创成式外形设计平台。

34 隐藏“倒圆角.2”曲面以凸显实体特征，执行菜单栏中【插入】|【草图编辑器】|【草图】命令，选取“ZX平面”并绘制如图21-158所示的草图6。

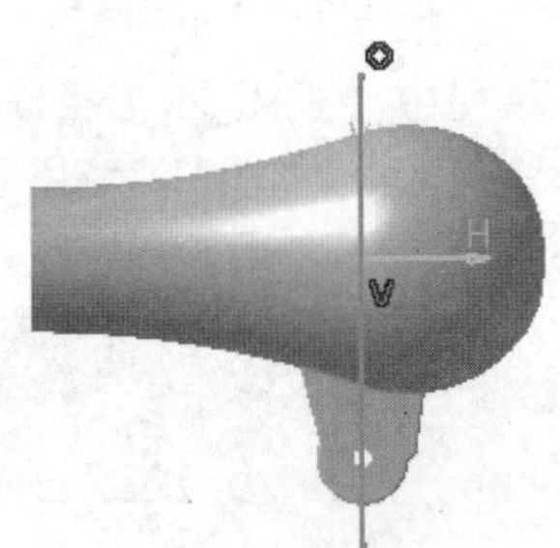

图21-158 草图6

35 执行菜单栏中【插入】|【曲面】|【拉伸】命令，创建出如图21-159所示的拉伸曲面特征。

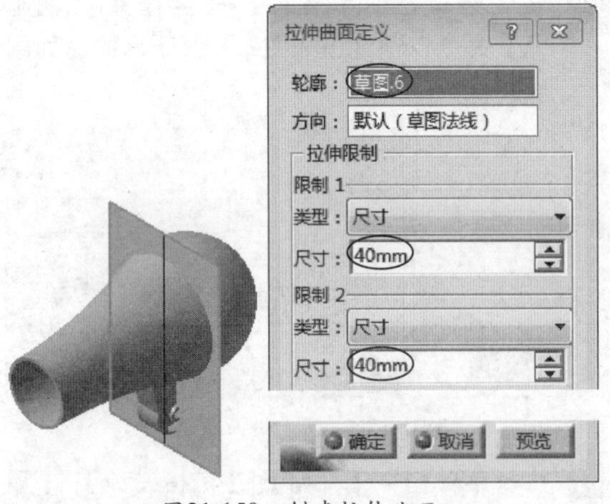

图21-159 创建拉伸曲面

36 执行菜单栏中【工具】|【发布】命令，选取图形窗口中的“零件几何体”和上步创建的“拉伸.3”曲面为发布对象。最终结果如图21-160所示。

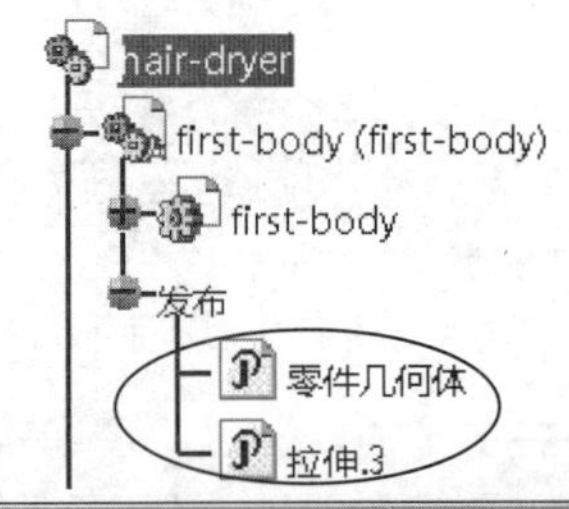

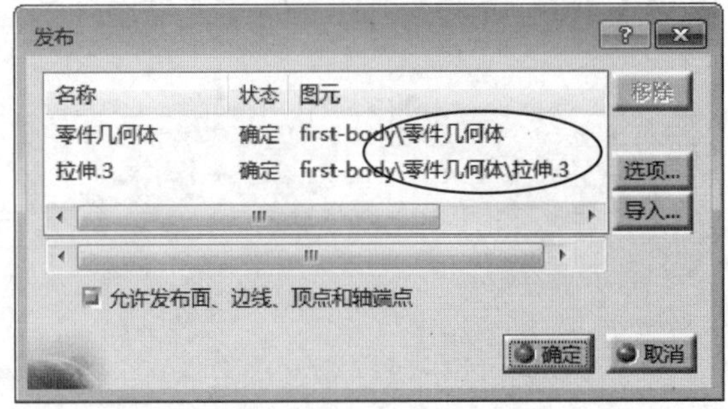

图21-160 发布几何体

21.2.3 分割前罩体

本节将讲解演示“吹风机”的上壳体前罩体的分割过程。在整个前罩体的设计过程中，将运用“零件设计”平台的相关功能来分割和创建前罩体的各个细节特征，具体操作如下。

操作步骤

01 双击目录树中的“hair-dryer”以激活装配设计平台，执行菜单栏中【插入】|【新建零件】命令，单击“是”命令按钮完成零件的新建。

02 修改新零件名称。在“Part1.2”名称上单击鼠标右键，再在快捷菜单中选择“属性”，在“产品”选项卡的“实例名称”和“零件编号”文本框中输入“front-cover”，单击【确定】命令按钮完成零件名称的修改。

03 创建零件关联参数。双击“front-cover”以激活零件设计平台，展开“first-body”目录树中的“发布”项并选中“零件几何体”，按下Ctrl+C键复制出first-body的实体几何图形。

04 关联粘贴几何实体。选中目录树中的“front-cover”零件并单击鼠标右键，在快捷菜单中选择“选择性粘贴”选项，选中

"与原文档相关联的结果"选项为粘贴的类型，单击【确定】命令按钮完成几何实体的关联粘贴。

05 隐藏"first-body"零件以凸显"front-cover"零件。在"几何体.2"上右击并将鼠标指向"几何体.2对象"，再选取"添加"命令选项完成布尔运算。

06 关联粘贴分割曲面。展开"first-body"目录树中的"发布"项并选中"拉伸.3"曲面，按下Ctrl+C键复制出关联参考曲面特征，选中目录树中的"front-cover"零件并单击鼠标右键，在快捷菜单中选择"选择性粘贴"选项，选中"与原文档相关联的结果"选项为粘贴的类型，单击【确定】命令按钮完成几何实体的关联粘贴。

07 隐藏"first-body"以凸显"front-cover"零件。

08 执行菜单栏中【开始】|【机械设计】|【零件设计】命令，进入零件设计平台。执行菜单栏中【插入】|【基于曲面的特征】|【分割】命令，创建如图21-161所示的实体分割。

图21-161 分割实体

09 执行菜单栏中【插入】|【草图编辑器】|【草图】命令，创建如图21-162所示的草图1。

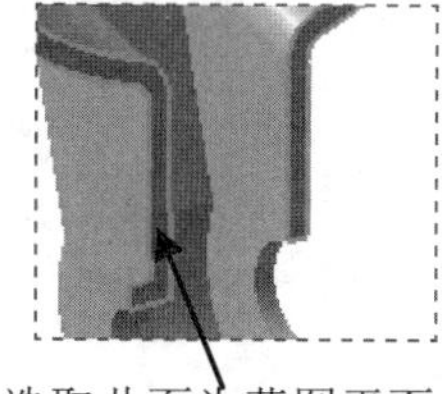

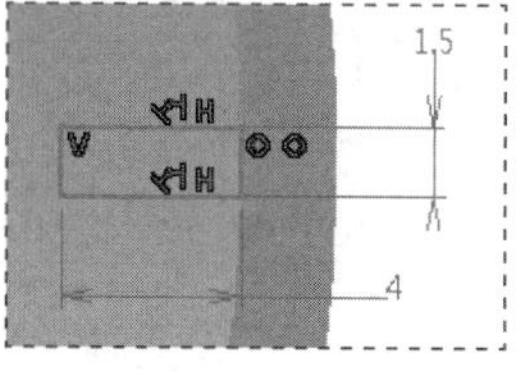

图21-162 草图1

10 执行菜单栏中【插入】|【基于草图的特征】|【凸台】命令，选取上步创建的"草图.1"为轮廓曲线，指定实体内部表面为凸台拉伸限制面，创建出如图21-163所示的凸台特征。

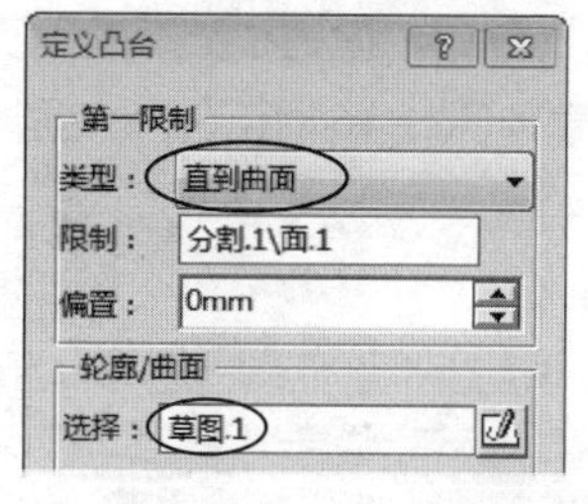

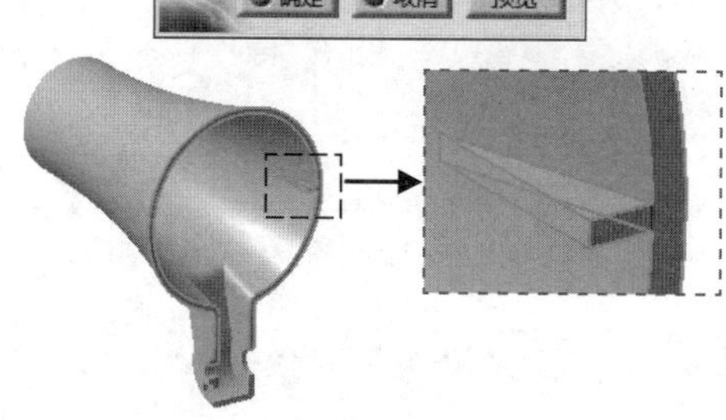

图21-163 创建凸台特征

11 执行菜单栏中【插入】|【变换特征】|【圆形阵列】命令，创建如图21-164所示的圆形阵列特征。

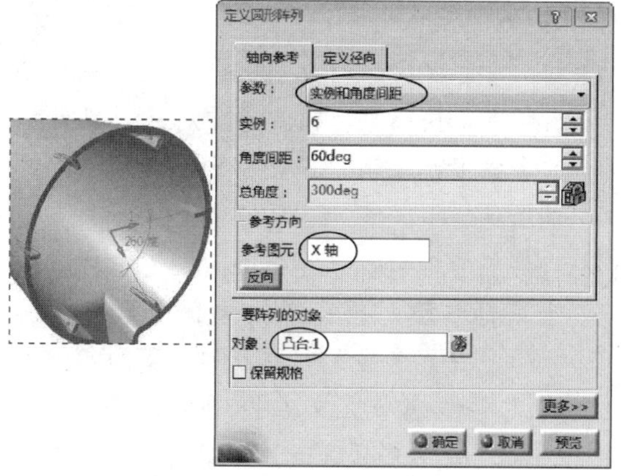

图21-164 创建圆形阵列特征

12 执行菜单栏中【插入】|【修饰特征】|【倒圆角】命令，选取"凸台.1"和"圆形阵列.1"实体图形的一直角边为圆角对象，指定圆角半径为3，创建出实体的圆角特征。

13 执行菜单栏中【插入】|【草图编辑器】|【草图】命令，创建如图21-165所示的草图2。

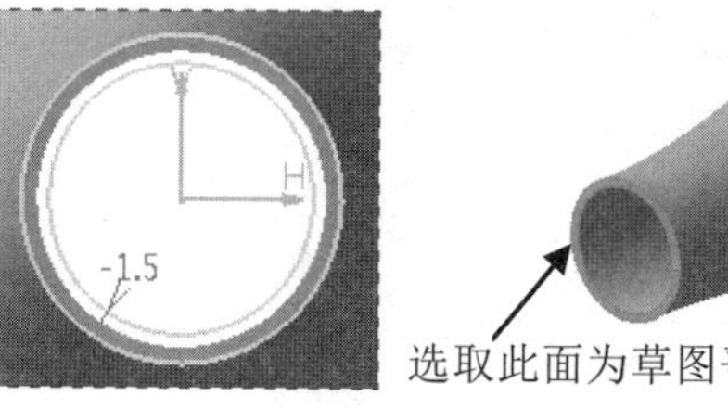

图21-165 草图2

14 执行菜单栏中【插入】|【基于草图的特征】

【凸台】命令，指定拉伸方向为实体内部方向，创建如图21-166所示的凸台特征。

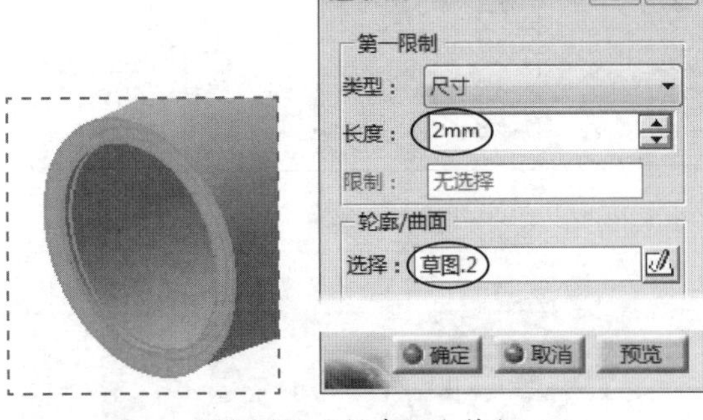

图21-166 创建凸台特征

21.2.4 分割后罩体

本节将讲解演示“吹风机”的上壳体后罩体的分割过程。在整个后罩体的设计过程中，将运用“零件设计”平台的相关功能来分割和创建后罩体的各个细节特征。具体操作如下。

操作步骤

01 双击目录树中的“hair-dryer”以激活装配设计平台，执行菜单栏中【插入】|【新建零件】命令，单击“是”命令按钮完成零件的新建。

02 修改新零件名称。在“Part1.3”名称上单击鼠标右键，再在快捷菜单中选择“属性”，在“产品”选项卡的“实例名称”和“零件编号”文本框中输入“after-cover”，单击【确定】命令按钮完成零件名称的修改。

03 创建零件关联参数。双击“after-cover”以激活零件设计平台，展开“first-body”目录树中的“发布”项并选中“零件几何体”，按下Ctrl+C键复制出first-body的实体几何图形。

04 关联粘贴几何实体。选中目录树中的“after-cover”零件并单击鼠标右键，在快捷菜单中选择“选择性粘贴”选项，选中“与原文档相关联的结果”选项为粘贴的类型，单击【确定】命令按钮完成几何实体的关联粘贴。

05 隐藏“first-body”零件以凸显“after-cover”零件。在“几何体.2”上右击并将鼠标指向“几何体.2对象”，再选取“添加”命令选项完成布尔运算。

06 关联粘贴分割曲面。展开“first-body”目录树中的“发布”项并选中“拉伸.3”曲面，按下Ctrl+C键复制出关联参考曲面特征，选中目录树中的“after-cover”零件并单击鼠标右键，在快捷菜单中选择“选择性粘贴”选项，选中“与原文档相关联的结果”选项为粘贴的类型，单击【确定】命令按钮完成几何实体的关联粘贴。

07 隐藏“first-body”和“front-cover”零件以凸显“after-cover”零件。

08 执行菜单栏中【开始】|【机械设计】|【零件设计】命令，进入零件设计平台，执行菜单栏中【插入】|【基于曲面的特征】|【分割】命令，创建如图21-167所示的实体分割。

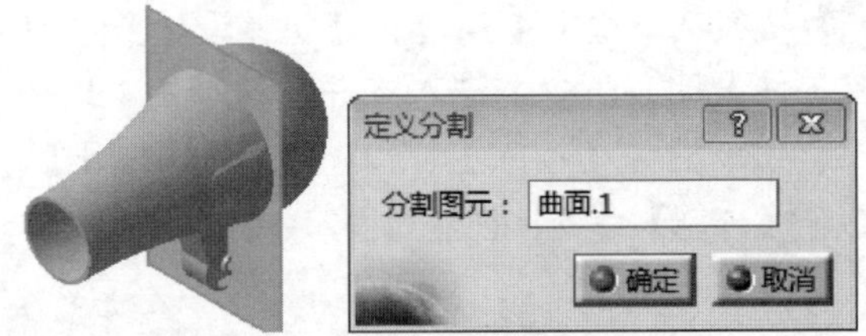

图21-167 分割实体

09 执行菜单栏中【插入】|【草图编辑器】|【草图】命令，选取“XY平面”为草图平面，并绘制如图21-168所示的草图1。

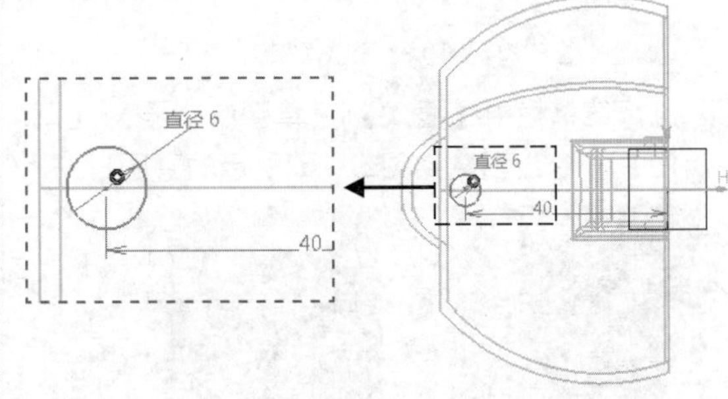

图21-168 草图1

10 执行菜单栏中【插入】|【基于草图的特征】|【凹槽】命令，创建如图21-169所示的凹槽特征。

11 执行菜单栏中【插入】|【变换特征】|【圆形阵列】命令，创建如图21-170所示的圆形阵列特征。

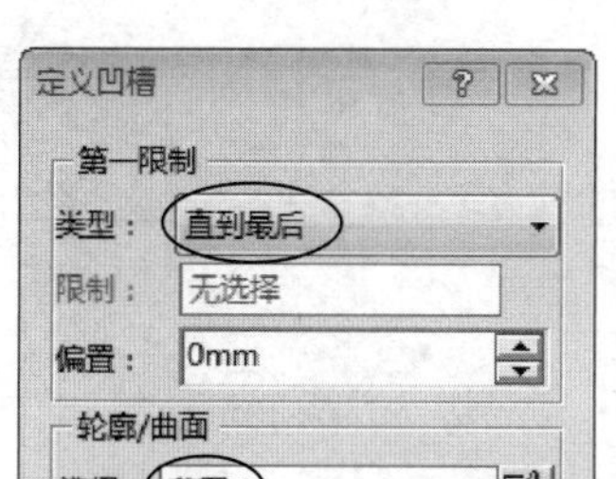

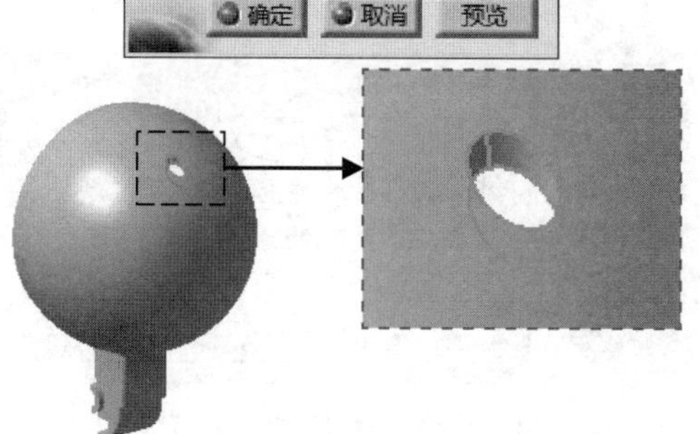

图21-169 创建凹槽特征

图21-170 创建圆形阵列特征

12 执行菜单栏中【插入】|【草图编辑器】|【草图】命令，选取“YZ平面”为草图平面，并绘制如图21-171所示的草图2。

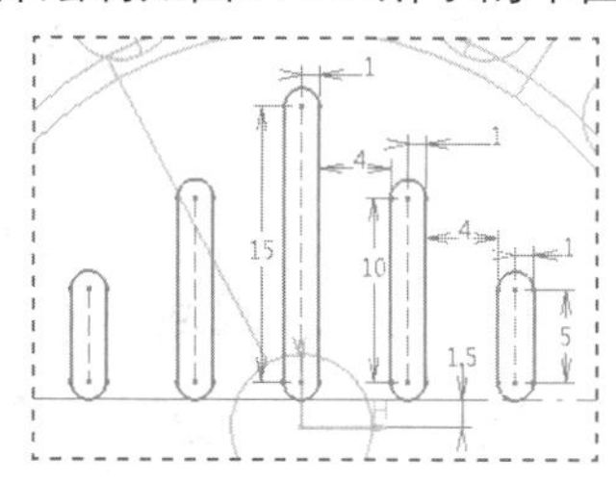

图21-171 草图2

13 执行菜单栏中【插入】|【基于草图的特征】|【凹槽】命令，创建如图21-172所示的凹槽特征。

14 执行菜单栏中【插入】|【变换特征】|【镜像】命令，选取上步创建的凹槽特征为镜像的源对象特征，选取“XY平面”为镜像图元参考，创建如图21-173所示的镜像特征。

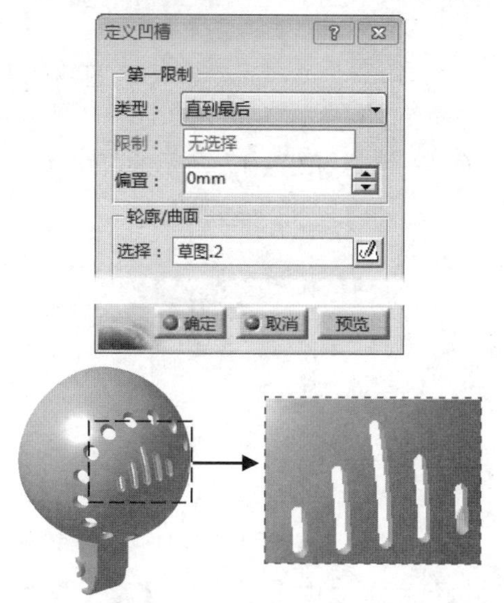

图21-172 创建凹槽特征

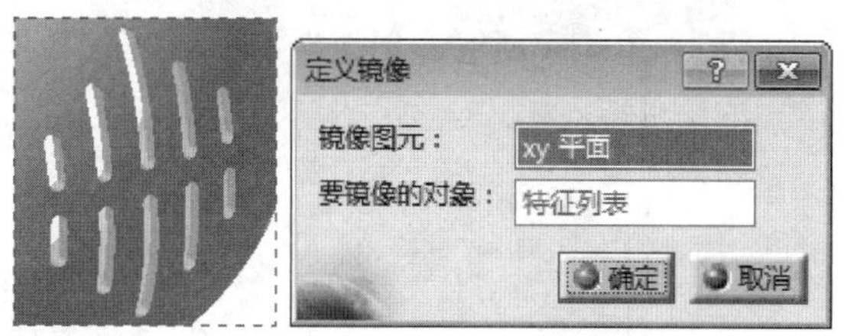

图21-173 创建镜像特征

21.2.5 创建第二外观控件

本节将讲解演示“吹风机”的手柄外观造型过程。在整个产品外观设计过程中，将综合运用“创成式外形设计”和“零件设计”平台的相关功能来创建产品的外形特征，最后将实体几何体特征和分割曲面发布为参考图元。

操作步骤

01 双击目录树中的“hair-dryer”以激活装配设计平台，执行菜单栏中【插入】|【新建零件】命令，单击“是”命令按钮完成零件的新建。

02 修改新零件名称。在“Part1.4”名称上单击鼠标右键，再在快捷菜单中选择“属性”，在“产品”选项卡的“实例名称”和“零件编号”文本框中输入“second-body”，单击【确定】命令按钮完成零件名称的修改。

03 显示“front-cover”和“after-cover”零件为

"second-body"的创建提供外形上的参考。

04 双击"second-body"节点以激活此零件并进入零件设计平台。

05 执行菜单栏中【插入】|【草图编辑器】|【草图】命令，选取"ZX平面"为草图平面，并绘制如图21-174所示的草图1。

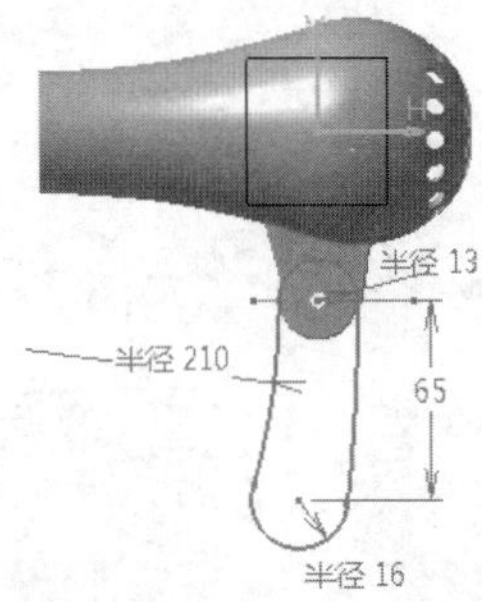

图21-174 草图1

06 执行菜单栏中【插入】|【基于草图的特征】|【凸台】命令，选取上步创建的"草图1"为轮廓曲线，创建出如图21-175所示的凸台特征。

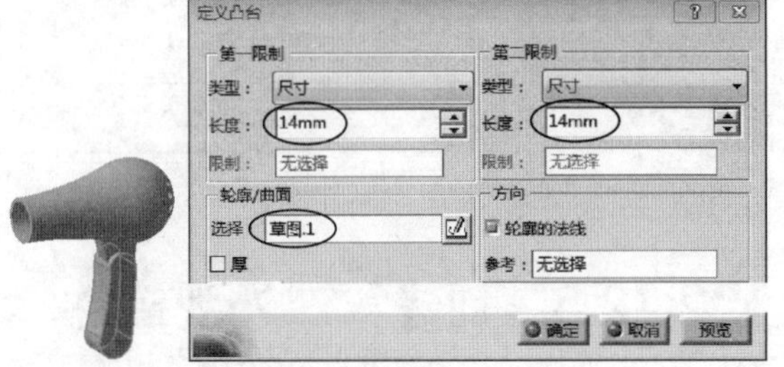

图21-175 创建凸台特征

07 执行菜单栏中【插入】|【草图编辑器】|【草图】命令，选取"ZX平面"为草图平面，并绘制如图21-176所示的草图2。

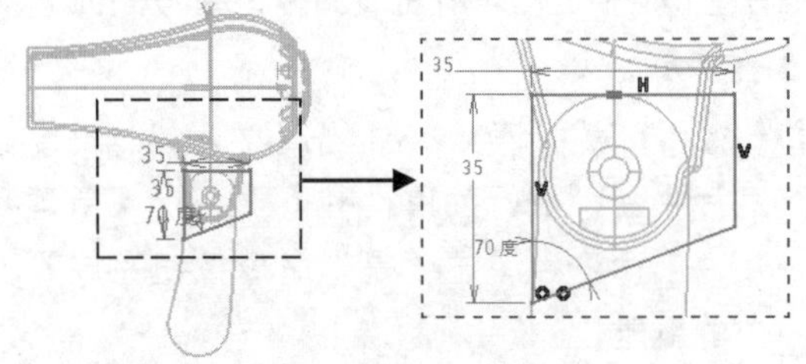

图21-176 草图2

08 执行菜单栏中【插入】|【基于草图的特征】|【凹槽】命令，创建出如图21-177所示的凹槽特征。

09 执行菜单栏中【插入】|【修饰特征】|【倒圆角】命令，创建如图21-178所示的实体圆角特征。

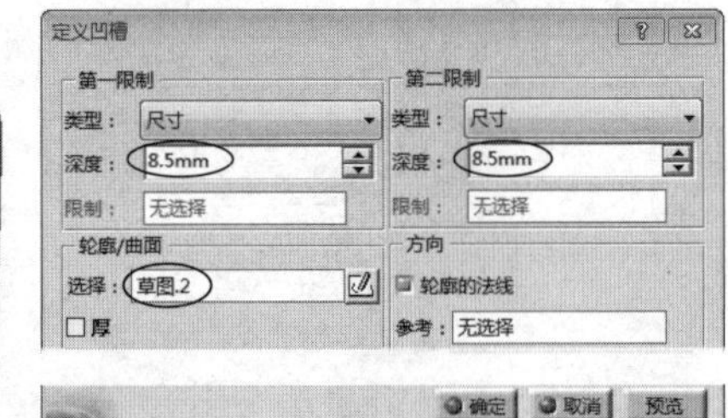

图21-177 创建凹槽特征

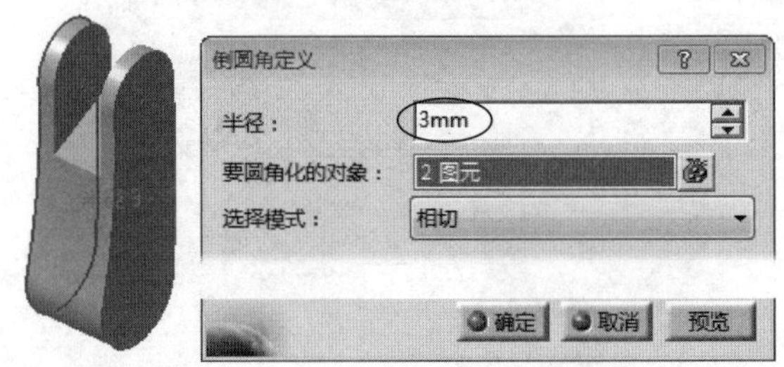

图21-178 创建实体圆角特征

10 执行菜单栏中【插入】|【修饰特征】|【抽壳】命令，创建如图21-179所示的实体抽壳特征。

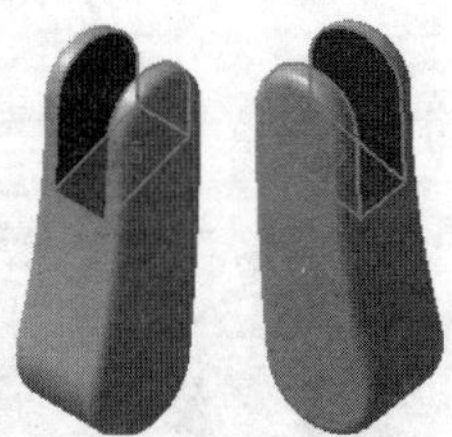

图21-179 实体抽壳

11 执行菜单栏中【插入】|【草图编辑器】|【草图】命令，选取"ZX平面"为草图平面，并绘制如图21-180所示的草图3。

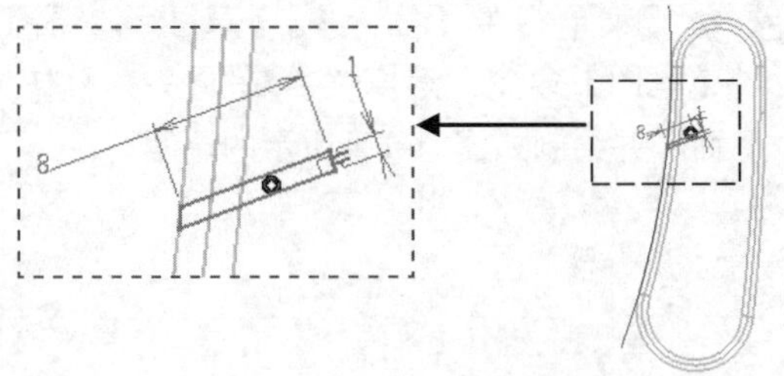

图21-180 草图3

12 执行菜单栏中【插入】|【基于草图的特征】|【凸台】命令，选取上步创建的"草图.3"为轮廓曲线，指定抽壳实体的内侧表面为限制面，创建如图21-181所示的凸台特征。

13 执行菜单栏中【插入】|【草图编辑器】|【草图】命令，选取"YZ平面"为草图平面，并绘制如图21-182所示的草图4。

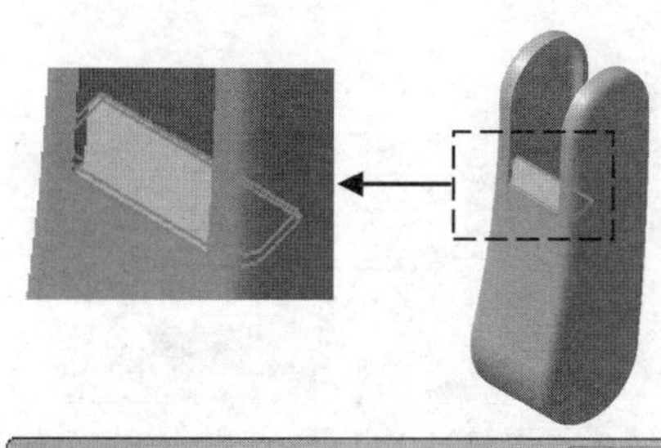

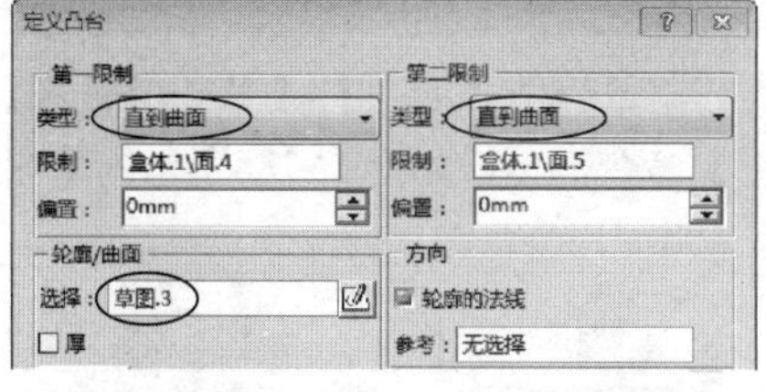

图21-181　创建凸台特征

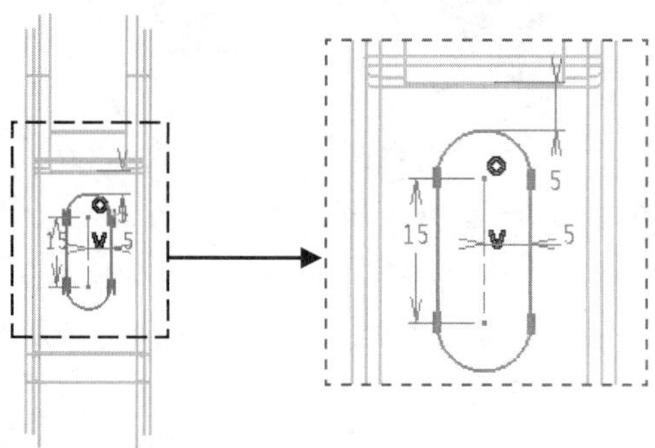

图21-182　草图4

14 执行菜单栏中【插入】|【基于草图的特征】|【凹槽】命令，创建如图21-183所示的凹槽特征。

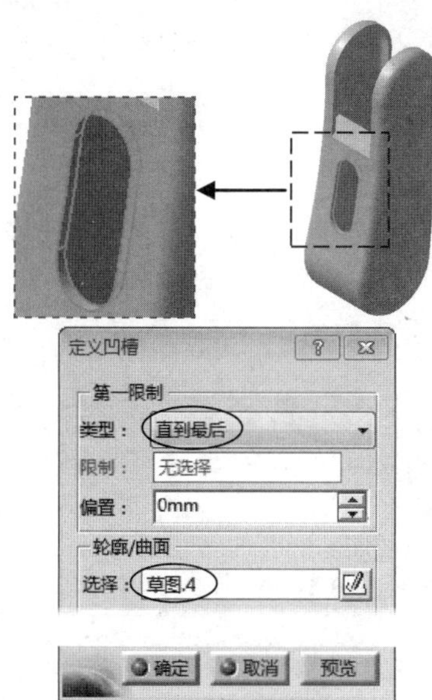

图21-183　创建凹槽特征

15 执行菜单栏中【插入】|【草图编辑器】|【草图】命令，选取“YZ平面”为草图平面，并绘制如图21-184所示的草图5。

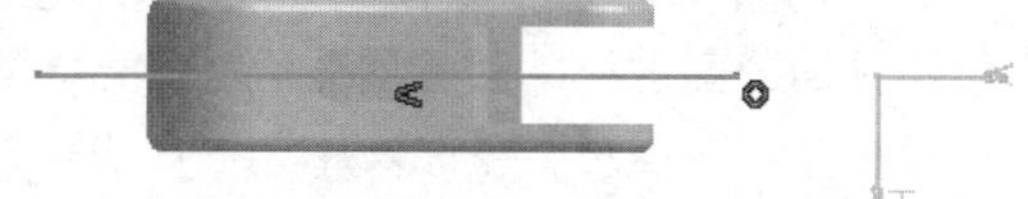

图21-184　草图5

16 执行菜单栏中【开始】|【形状】|【创成式外形设计】命令，系统即可进入创成式外形设计平台。

17 执行菜单栏中【插入】|【曲面】|【拉伸】命令，创建如图21-185所示的拉伸曲面特征。

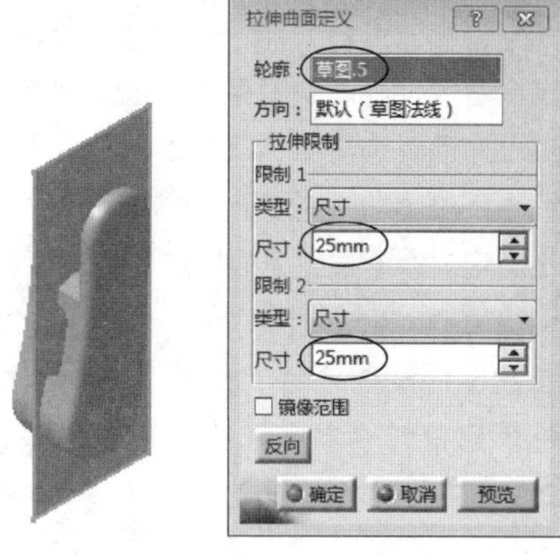

图21-185　创建拉伸曲面

18 执行菜单栏中【工具】|【发布】命令，选取图形窗口中的“零件几何体”和上步创建的“拉伸.1”曲面为发布对象。最终结果如图21-186所示。

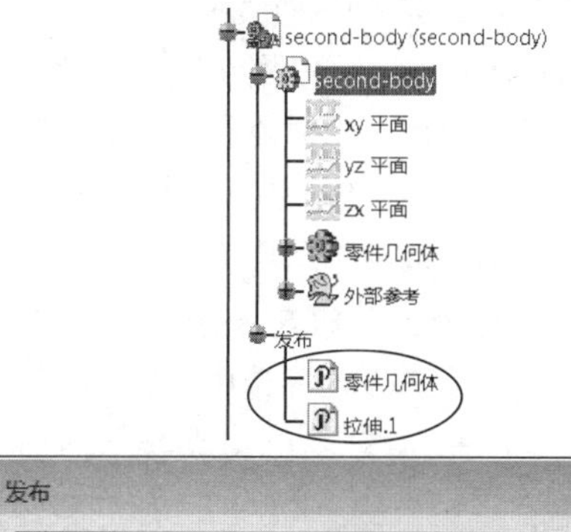

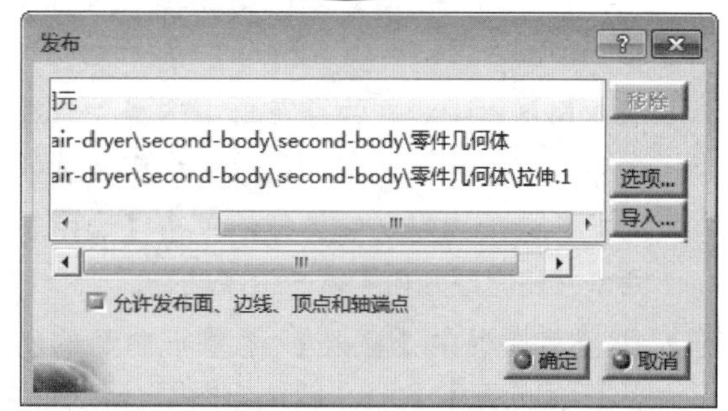

图21-186　发布几何体

21.2.6 分割手柄左壳体

本节将讲解演示“吹风机”的手柄左侧壳体零件的分割过程，在整个手柄左侧壳体的设计过程中，将运用“零件设计”平台的相关功能来分割和创建手柄左侧壳体的各个细节特征。具体操作如下。

操作步骤

01 双击目录树中的“hair-dryer”以激活装配设计平台，执行菜单栏中【插入】|【新建零件】命令，单击“是”命令按钮完成零件的新建。

02 修改新零件名称。在“Part1.5”名称上单击鼠标右键，再在快捷菜单中选择“属性”，在“产品”选项卡的“实例名称”和“零件编号”文本框中输入“left-handle”，单击【确定】命令按钮完成零件名称的修改。

03 创建零件关联参数。双击“left-handle”以激活零件设计平台，展开“second-body”目录树中的“发布”项并选中“零件几何体”，按下Ctrl+C键复制出second-body的实体几何图形。

04 关联粘贴几何实体。选中目录树中的“left-handle”零件并单击鼠标右键，在快捷菜单中选择“选择性粘贴”选项，选中“与原文档相关联的结果”选项为粘贴的类型，单击【确定】命令按钮完成几何实体的关联粘贴。

05 隐藏“second-body”等零件以凸显“left-handle”零件。在“几何体.2”上右击并将鼠标指向“几何体.2对象”，再选取“添加”命令选项完成布尔运算。

06 关联粘贴分割曲面。展开“second-body”目录树中的“发布”项并选中“拉伸.1”曲面，按下Ctrl+C键复制出关联参考曲面特征，选中目录树中的“left-handle”零件并单击鼠标右键，在快捷菜单中选择“选择性粘贴”选项，选中“与原文档相关联的结果”选项为粘贴的类型，单击【确定】命令按钮完成几何实体的关联粘贴。

07 执行菜单栏中【插入】|【基于曲面的特征】|【分割】命令，创建如图21-187所示的实体分割。

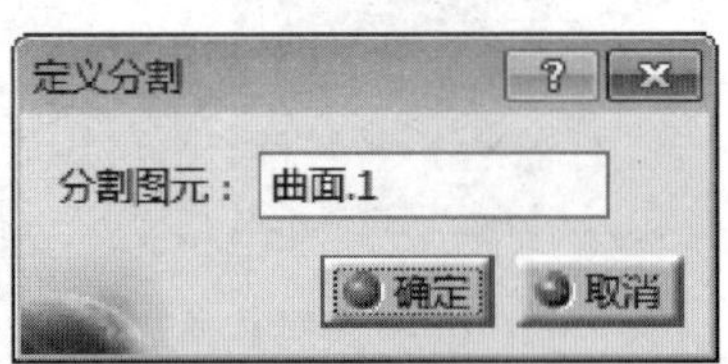

图21-187 分割实体

08 执行菜单栏中【插入】|【草图编辑器】|【草图】命令，创建如图21-188所示的草图1。

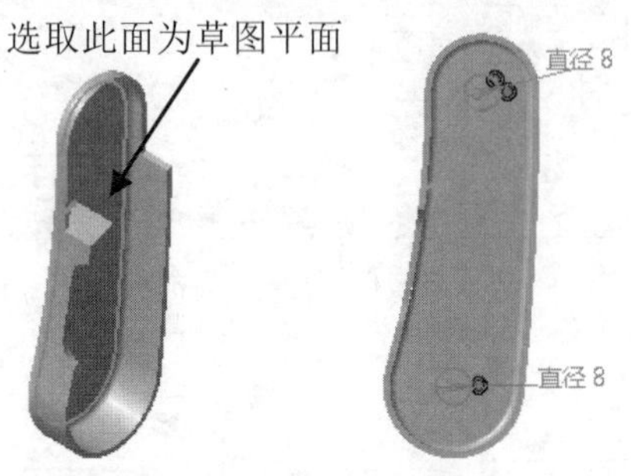

图21-188 草图1

09 执行菜单栏中【插入】|【基于草图的特征】|【凸台】命令，选取上步创建的“草图.1”为轮廓曲线，创建如图21-189所示的凸台特征。

图21-189 创建凸台特征

10 执行菜单栏中【插入】|【基于草图的特征】|【孔】命令，创建如图21-190所示的孔设置参数的孔特征。

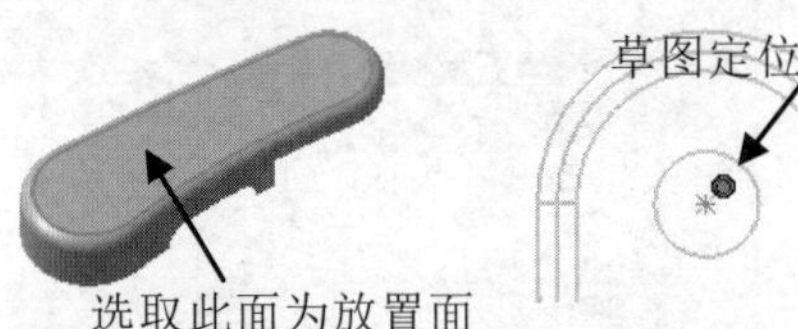

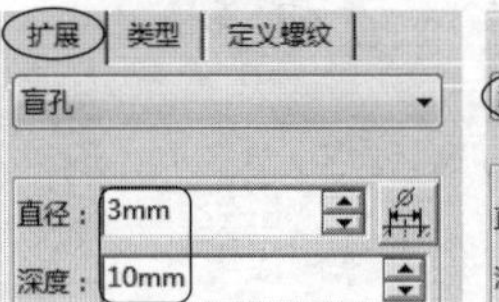

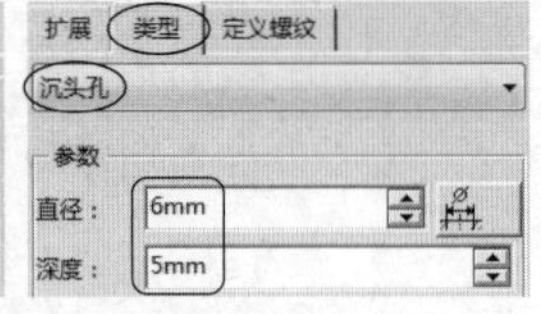

图21-190 创建孔特征

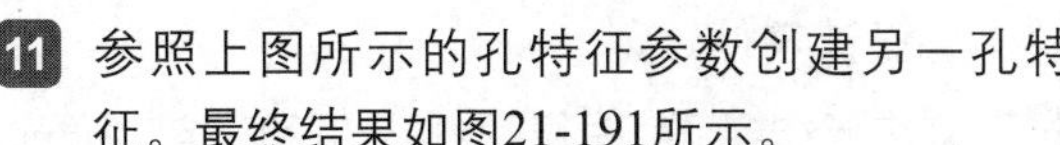

11 参照上图所示的孔特征参数创建另一孔特征。最终结果如图21-191所示。

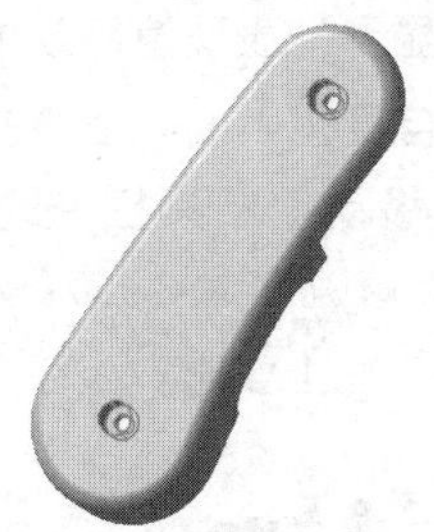

图21-191 创建孔特征

21.2.7 分割手柄右壳体

本节将讲解演示"吹风机"的手柄右侧壳体零件的分割过程，在整个手柄右侧壳体的设计过程中，将运用"零件设计"平台的相关功能来分割和创建手柄右侧壳体的各个细节特征。具体操作如下。

操作步骤

01 双击目录树中的"hair-dryer"以激活装配设计平台，执行菜单栏中【插入】|【新建零件】命令，单击"是"命令按钮完成零件的新建。

02 修改新零件名称。在"Part1.6"名称上单击鼠标右键，再在快捷菜单中选择"属性"，在"产品"选项卡的"实例名称"和"零件编号"文本框中输入"right-handle"，单击【确定】命令按钮完成零件名称的修改。

03 创建零件关联参数。双击"right-handle"以激活零件设计平台，展开"second-body"目录树中的"发布"项并选中"零件几何体"，按下Ctrl+C键复制出second-body的实体几何图形。

04 关联粘贴几何实体。选中目录树中的"right-handle"零件并单击鼠标右键，在快捷菜单中选择"选择性粘贴"选项，选中"与原文档相关联的结果"选项为粘贴的类型，单击【确定】命令按钮完成几何实体的关联粘贴。

05 隐藏"second-body"等零件以凸显"right-handle"零件。在"几何体.2"上右击并将鼠标指向"几何体.2对象"，再选取"添加"命令选项完成布尔运算。

06 关联粘贴分割曲面。展开"second-body"目录树中的"发布"项并选中"拉伸.1"曲面，按下Ctrl+C键复制出关联参考曲面特征，选中目录树中的"right-handle"零件并单击鼠标右键，在快捷菜单中选择"选择性粘贴"选项，选中"与原文档相关联的结果"选项为粘贴的类型，单击【确定】命令按钮完成几何实体的关联粘贴。

07 执行菜单栏中【插入】|【基于曲面的特征】|【分割】命令，创建如图21-192所示的实体分割。

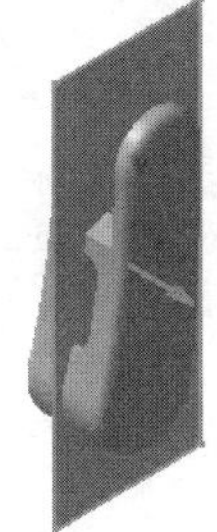

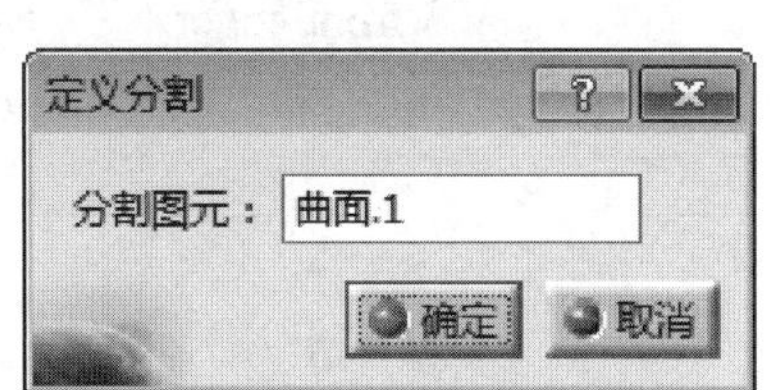

图21-192 分割实体

08 执行菜单栏中【插入】|【草图编辑器】|【草图】命令，创建如图21-193所示的草图1。

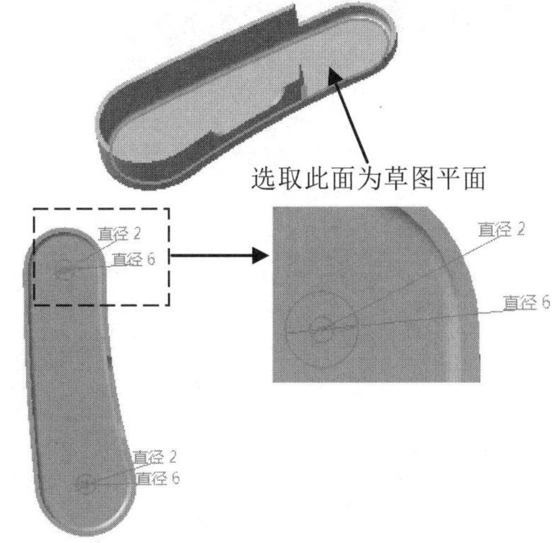

图21-193 草图1

09 执行菜单栏中【插入】|【基于草图的特征】|【凸台】命令，创建如图21-194所示的凸台特征。

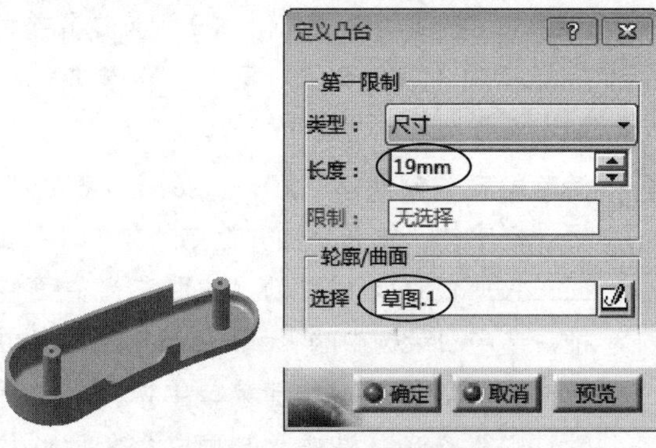

图21-194 创建凸台特征

21.2.8 显示总装配

操作步骤

01 双击目录树中的“hair-dryer”以激活装配设计平台。

02 隐藏“first-body”和“second-body”零件，显示“front-cover”、“after-cover”、“left-handle”和“right-handle”，以展示各设计零件。

03 对各个零部件进行材料应用和渲染，再以“含材料显示”表现渲染效果。

04 分别选取目录树中的各个零部件节点，再分别单击“移动”工具栏中的“移动”命令按钮，移动各个零部件以创建装配分解图示，如图21-195所示。

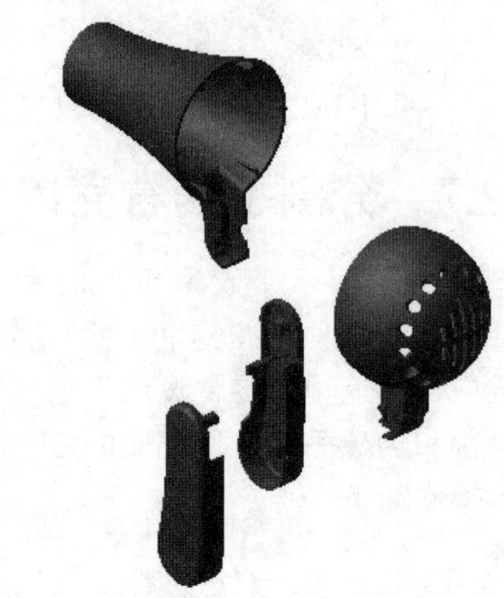

图21-195 装配分解图

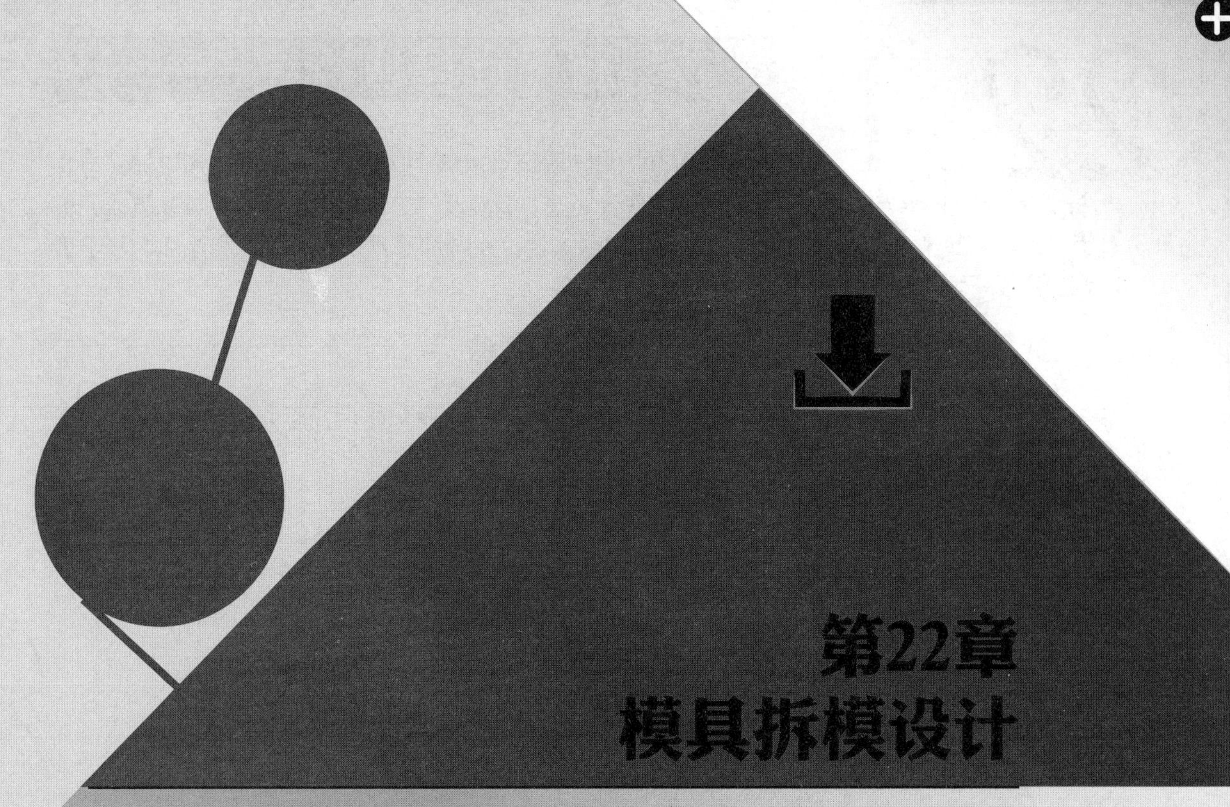

第22章 模具拆模设计

模具是产品制造工艺之一，广泛用于压力铸造、工程塑料、橡胶、陶瓷等制品的压塑或注塑的成形加工中。模具一般包括动模和定模(或型芯和型腔)两个部分，分开时装入坯料或取出制件，合拢时使制件与坯料分离或成形。CATIA V5R21中包含型芯&型腔设计工作台和模架设计工作台用以设计模具，本章将主要把型芯&型腔设计工作台详解给大家，包括加载分析模型、定义开模方向、创建分型面等。

◎ 知识点01：加载模型
◎ 知识点02：主、次开模方向
◎ 知识点03：变换图元
◎ 知识点04：分割和集合模具区域
◎ 知识点05：创建分模线
◎ 知识点06：创建分型面

中文版CATIA V5R21完全实战技术手册

22.1 型芯型腔设计模块概述

CATIA V5R21模具设计共有两个工作台：型芯&型腔设计（型芯/型腔设计）工作台和模架设计（模具设计）工作台。型芯型腔设计工作台主要用于完成开模前分析和分型面创建，而模架设计工作台完成模架、标准件、浇注系统和冷却系统等设计和添加。限于篇幅，本章仅介绍【型芯型腔设计】工作台相关知识内容。

22.1.1 进入【型芯&型腔设计】工作台

要创建零件首先要进入型芯型腔工作台环境中，CATIA V5R21模具型芯型腔设计是在【型芯&型腔设计】工作台下进行的，常用以下形式进入工作台。

1. 系统没有开启任何文件

当系统没有开启任何文件时，执行【开始】|【机械设计】|【型芯&型腔设计】命令，弹出【新建零件】对话框，在【输入零件名称】文本框中输入文件名称，然后单击【确定】按钮进入型芯&型腔设计工作台，如图22-1所示。

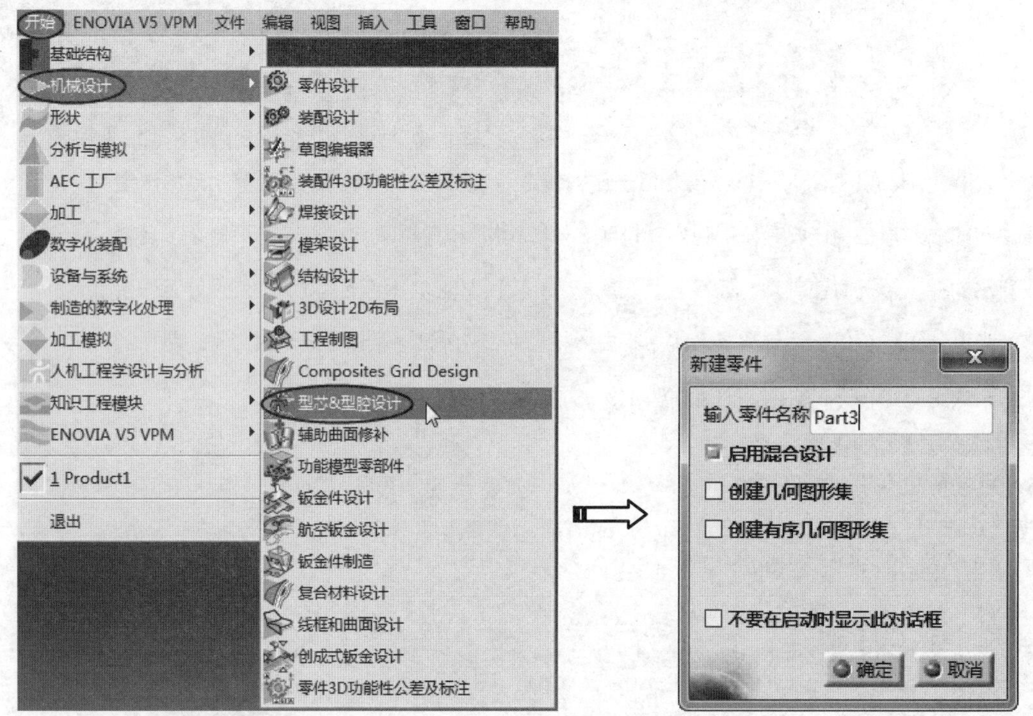

图22-1 【新建零件】对话框

2. 开启文件在其他工作台

开启文件在其他工作台时，执行【开始】|【机械设计】|【型芯&型腔设计】命令，系统将当前设计工作台切换到型芯&型腔设计工作台，如图22-2所示。

22.1.2 型芯型腔设计工作台用户界面

CATIA V5R21型芯型腔设计工作台中增加了模具设计相关命令和操作，其中与模具有关的菜单有【插入】菜单，与模具拆模设计有关的工具栏有【输入模型】工具栏、脱模方向【输入模型】工具栏、【曲线】工具栏、【曲面】工具栏、【线框】工具栏、【操作】工具栏等，如图22-3所示。

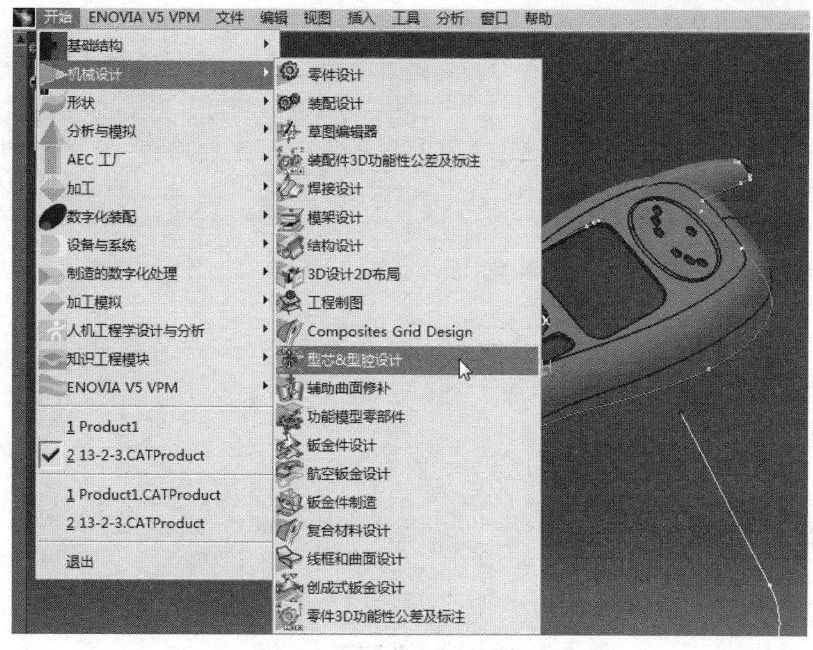

图22-2 【开始】菜单命令

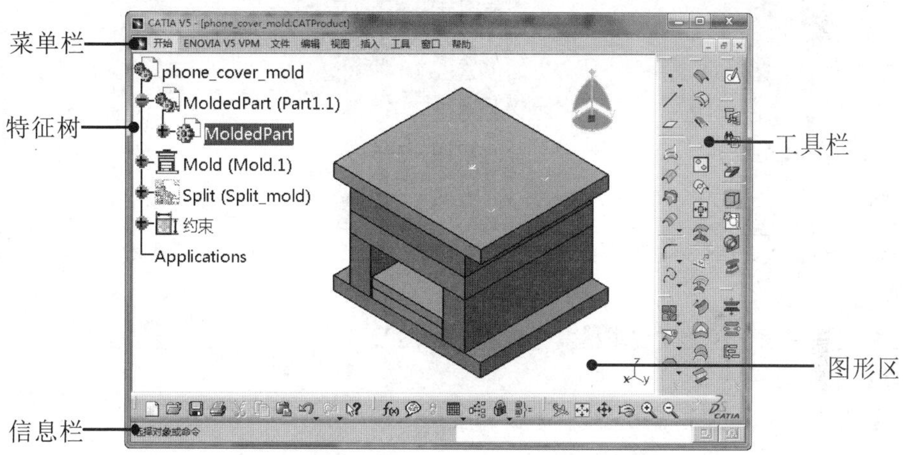

图22-3 型芯型腔设计工作台界面

1. 型芯型腔设计菜单

进入CATIA V5R21型芯型腔设计工作台后，整个设计平台的菜单与其他模式下的菜单有了较大区别，其中【插入】下拉菜单是型芯型腔设计工作台的主要菜单，如图22-4所示。该菜单集中了所有型芯型腔设计命令，当在工具栏中没有相关命令时，可选择该菜单中的命令。

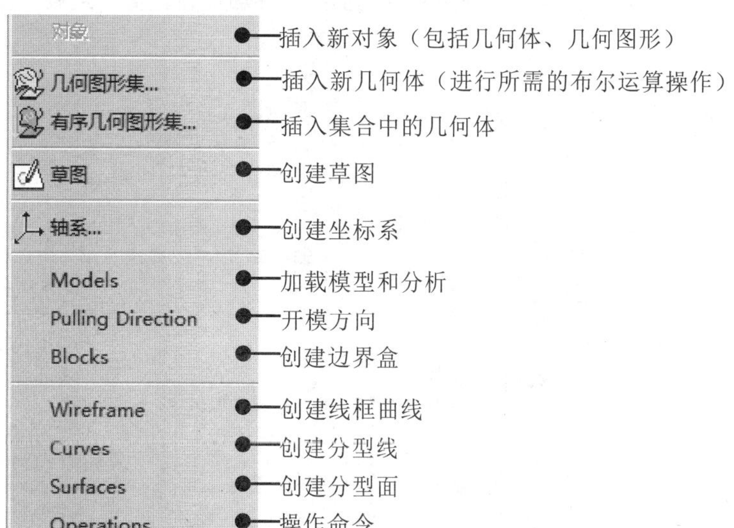

图22-4 【插入】下拉菜单

2. 型芯型腔设计工具栏

利用型芯型腔工作台中的工具栏命令按钮是启动型芯型腔绘制命令最方便的方法。CATIA V5R21的型芯型腔工作台主要由【输入模型】工具栏、【输入模型】工具栏、【曲线】工具栏、【曲面】工具栏、【线框】工具栏、【操作】工具栏等组成。工具栏显示了常用的工具按钮，单击工具右侧的黑色三角，可展开下一级工具栏。

(1)【输入模型】工具栏

【输入模型】工具栏命令用于加载模型、模型比较、开模方向分析、边界盒等，如图22-5所示。

(2) 脱模方向【输入模型】工具栏

脱模方向【输入模型】工具栏命令提供了开模方向创建、次开模方向创建、变换图元、分割和集合模具区域等，如图22-6所示。

(3)【曲线】工具栏

【曲线】工具栏用于创建模具的分模线，如图22-7所示。

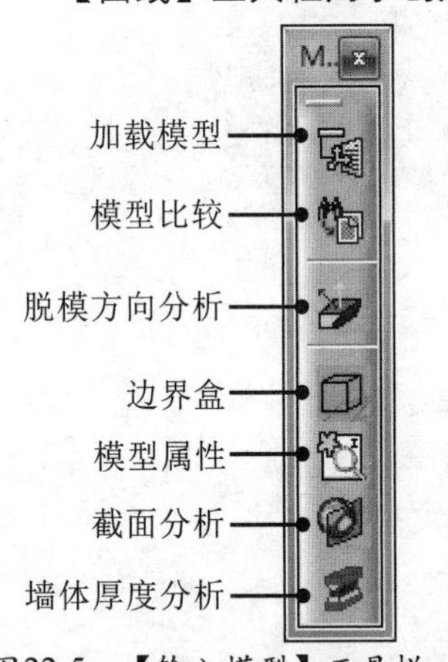

图22-5 【输入模型】工具栏

P...
主要脱模方向
滑块和斜顶脱模方向
变换图元
分割模具区域
聚集模具区域
分解视图
面方向

图22-6 脱模方向【输入模型】工具栏

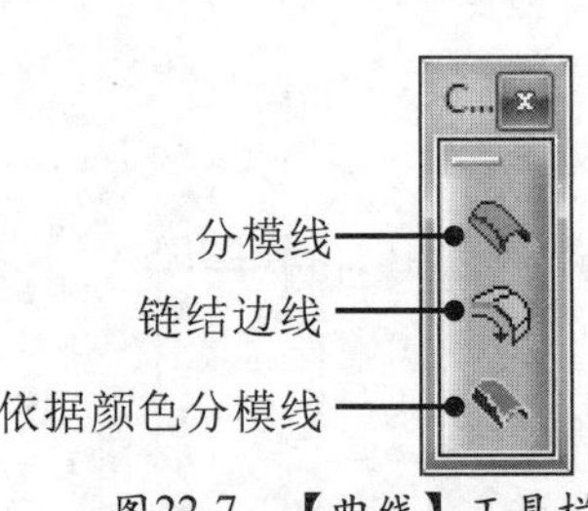

图22-7 【曲线】工具栏

(4)【曲面】工具栏

【曲面】工具栏用于创建或编辑模具分型面，如图22-8所示。

(5)【线框】工具栏

【线框】工具栏用于创建点、直线、平面和各种曲线，如图22-9所示。

(6)【操作】工具栏

【操作】工具栏是对已建立的曲线、曲面进行裁剪、连接、倒圆角等操作，如图22-10所示。

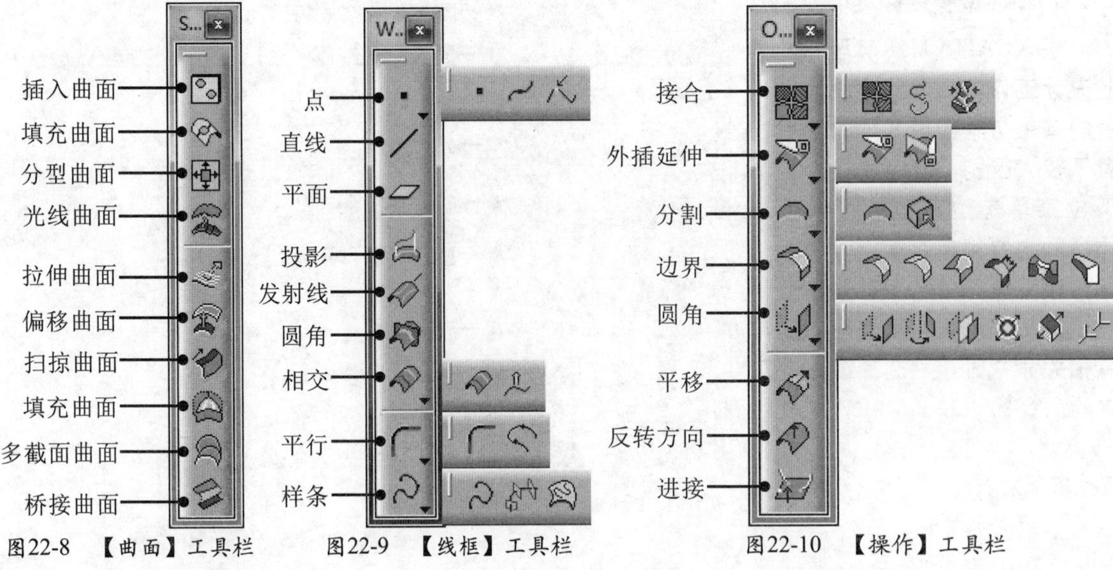

图22-8 【曲面】工具栏　　图22-9 【线框】工具栏　　图22-10 【操作】工具栏

22.2 加载和分析模型

在进行产品模具设计时，必须要先将产品导入到【型芯&型腔设计】工作台中，为后续零件分模做好准备。加载和分析模型相关命令集中在【输入模型】工具栏上，下面分别加以介绍。

22.2.1 加载模型

【加载模型】是将零部件加载到型芯&型腔设计模块中。

单击【输入模型】工具栏上的【输入模型】按钮，弹出【输入模具零件】对话框，如图22-11所示。

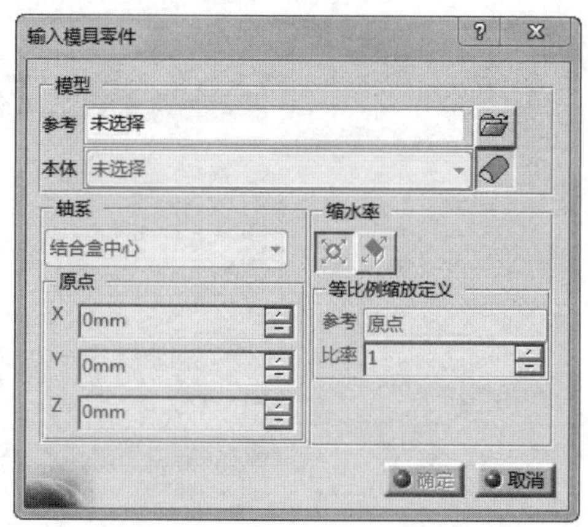

图22-11 【输入模具零件】对话框

【输入模具零件】对话框相关选项参数含义如下。

1. 模型

用于设置加载模型的路径和需要开模的特征，包括以下选项：

- ★ 参考：用于选择加载模型路径和零件。单击其后的【开启模具零件】按钮，弹出【选择文件】对话框，选择需要开模的零件。
- ★ 本体：用于选择参考文件的元素。如果导入的是实体特征，则在该选项的下拉列表中会显示【零件几何体】；如果导入的是一组曲面，此时显示导入一组曲面按钮，然后再选择文件。
- ★ 曲面：如在【本体】后显示图标，则【曲面】下拉列表中以列表形式显示几何集特征，默认的状态下显示几何集中的最后一个曲面（即最完整的曲面）；如【本体】后显示的是图标，则在【曲面】下显示几何集中共有的曲面数目。

2. 轴系

用于定义模具制品的原点及其坐标系，包括以下选项：

- ★ 结合盒中心：选择该选项，将以加载模具制品的最小包络的矩形体中心为原点，如图22-12（a）所示。
- ★ 重心：选择该选项，将模具制品的重力中心定义为原点，如图22-12（b）所示。
- ★ 坐标系：选择该选项，可在【Origin】区域输入X、Y、Z坐标来定义原点，如图22-12（c）所示。
- ★ 局部轴系：选择该选项，系统将模具制品默认坐标系原点定义为原点，如图22-12（d）所示。

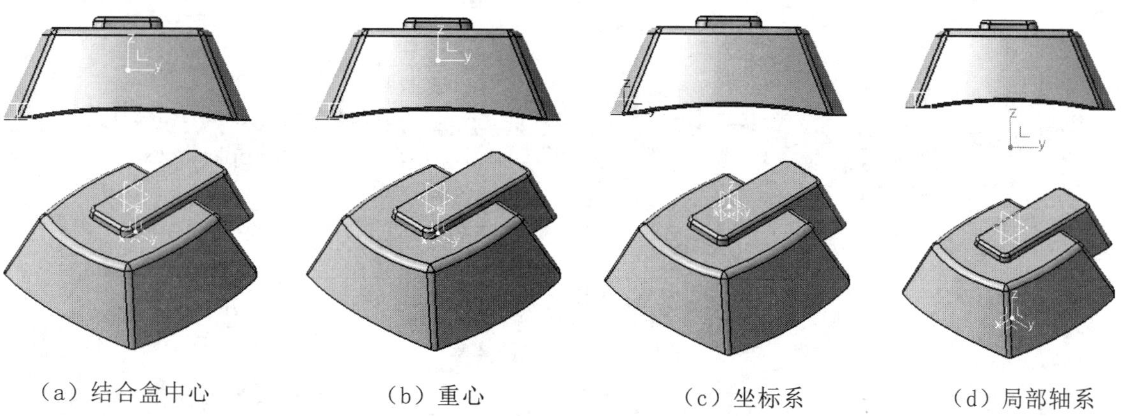

（a）结合盒中心　（b）重心　（c）坐标系　（d）局部轴系

图22-12 轴系示意图

3. 缩水率

用于设置模具制品相对于原点的收缩率，包括以下选项，如图22-13所示。

★ 等比例缩放：单击该按钮，可在【缩水率】选项下的【比率】文本框中输入收缩率值。缩放的参考点是前面设置的坐标原点，系统默认的缩水率值为1。

★ 相似性等比例缩放：单击该按钮，可在【相似定义】选项下的【X比率】、【Y比率】、【Z比率】文本框分别设置各个方向收缩率，系统默认的收缩率值为1。

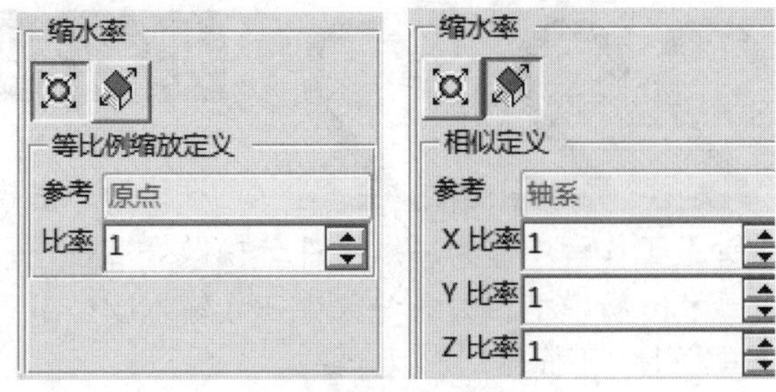

图22-13 缩水率

动手操作——加载模型实例

01 选择菜单栏【文件】|【新建】命令，弹出【新建】对话框，在【类型列表】中选择【Product】选项，单击【确定】按钮，如图22-14所示。双击特征树上的【Product1】节点，激活产品，如图22-15所示。

02 选择【开始】|【机械设计】|【型芯&型腔设计】命令，进入型芯型腔设计工作台，如图22-16所示。

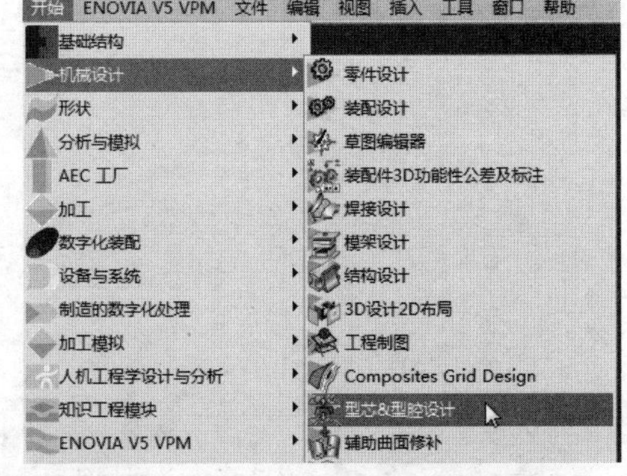

图22-14 【新建】对话框　　图22-15 激活产品Product1　　图22-16 选择【型芯&型腔设计】模块

03 选中【Product1】节点，单击鼠标右键，在弹出的快捷菜单中选择【属性】命令，在弹出的【属性】对话框中的【产品】选项卡的【零件编号】文本框中输入“jiazai”，单击【确定】按钮修改产品名称，如图22-17所示。

图22-17 修改产品名称

04 单击【输入模型】工具栏上的【加载模型】按钮，弹出【输入模具零件】对话框，如图22-18所示。单击其后的【开启模具零件】按钮，弹出【选择文件】对话框，选择需要开模的零件“FilterCover.CATPart”，如图22-19所示，单击【打开】按钮，此时【输入模具零件】对话框更名为【输入FilterCover.CATPart】对话框，如图22-20所示。

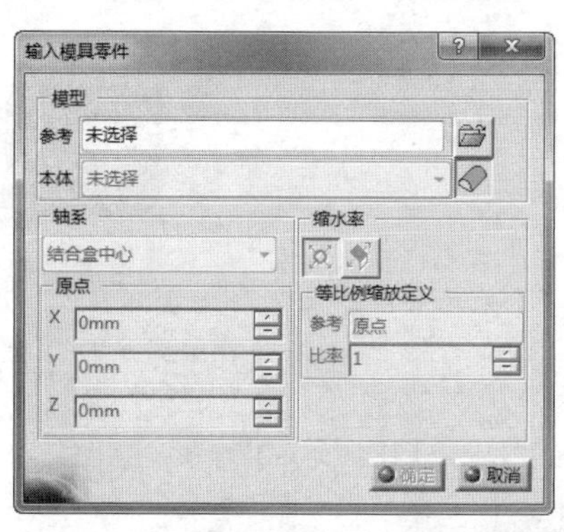

图22-18 【输入模具零件】对话框

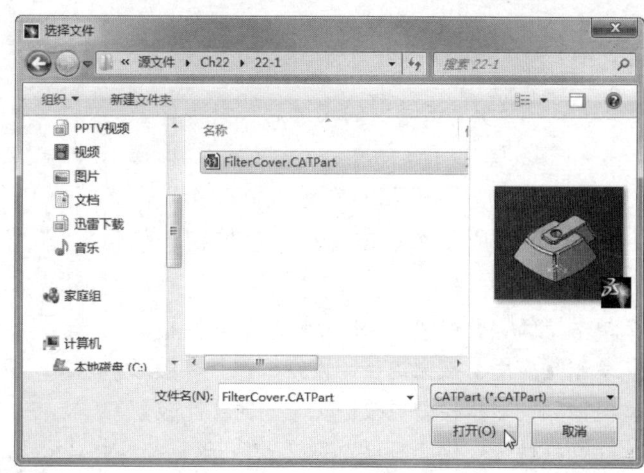

图22-19 【选择文件】对话框

05 在【轴系】下拉列表中选择坐标轴定义方式为“结合盒中心”，在【缩水率】选项中选择【等比例缩放】，在【比率】文本框输入1.006，单击【确定】按钮，完成模型加载，如图22-21所示。

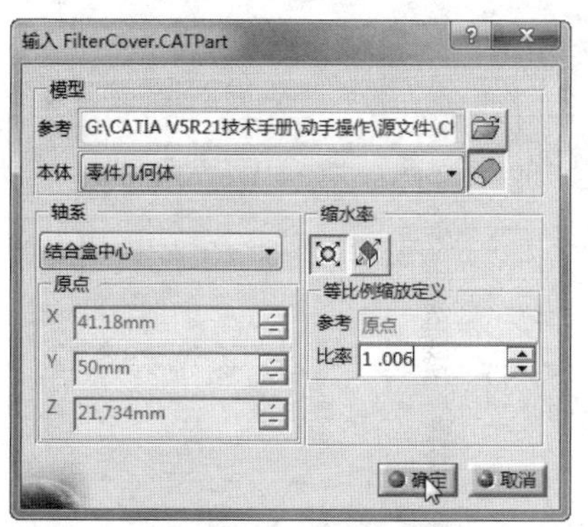

图22-20 对话框更名

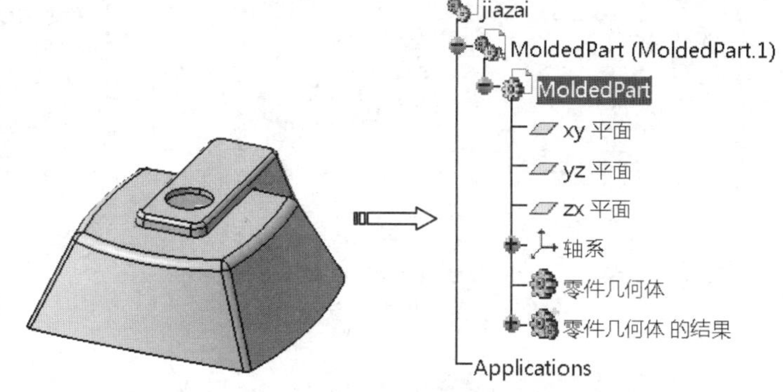

图22-21 加载模型

06 在特征树上双击jiazai节点，选择下拉菜单【文件】|【全部保存】命令，即可保存所有文件。

22.2.2 模型比较

【模型比较】是指将生成的模具（包括型芯、型腔）与模具制品之间进行对比，以查看原模型的改变情况。

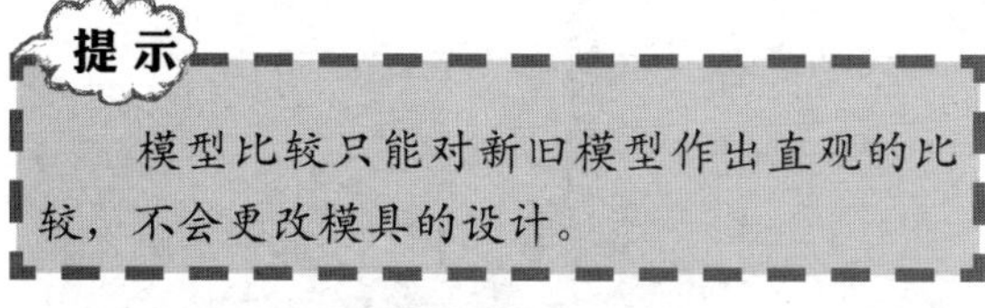

提 示

模型比较只能对新旧模型作出直观的比较，不会更改模具的设计。

动手操作——模型比较实例

01 在【标准】工具栏中单击【打开】按钮，在弹出的【选择文件】对话框中选择“22-2.CATProduct”文件，单击【打开】按钮打开模型文件，如图22-22所示。

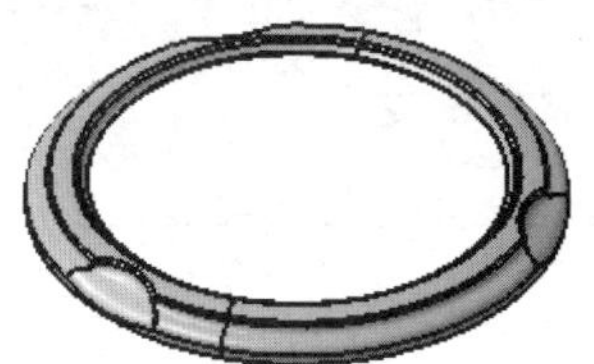

图22-22 打开模型

02 单击展开窗口左侧的特征树，双击【MoldedPart】节点，如图22-23所示，进入型芯型腔设计工作台。

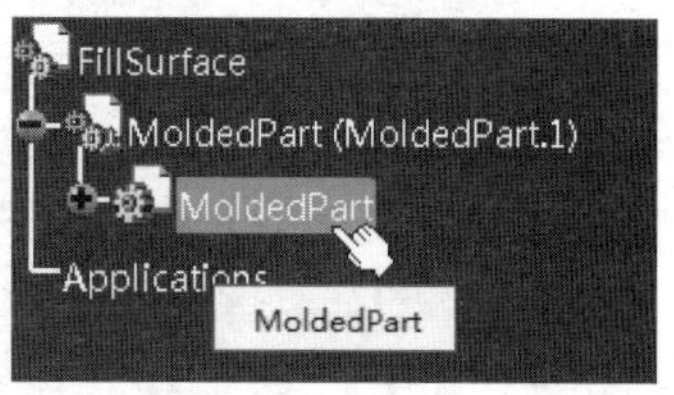

图22-23 双击模型进入型芯型腔工作台

03 单击【输入模型】工具栏上的【比较】按钮，弹出【比较模具零件】对话框，如图22-24所示。单击其后的【开启模具零件】按钮，弹出【选择文件】对话框，选择需要开模的零件“FilterCover.CATPart”，如图22-25所示，单击【打开】按钮，如图22-26所示。

04 单击【确定】按钮，弹出【比较】对话框，单击【应用】按钮进行比较分析，并在图形区以颜色显示模型更改情况，同时【比较】对话框显示变化情况，如图22-27所示。

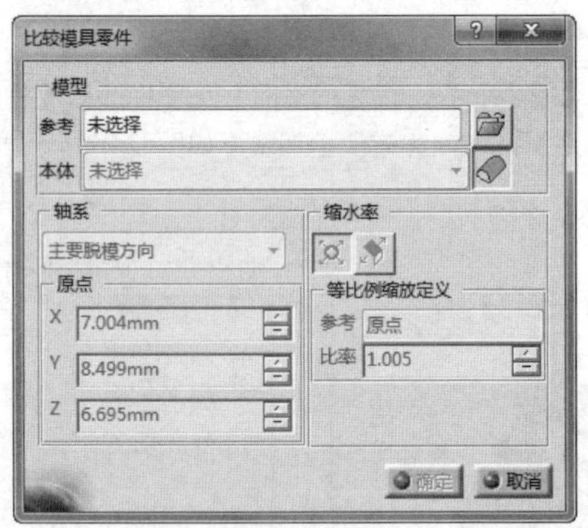

图22-24 【比较模具零件】对话框

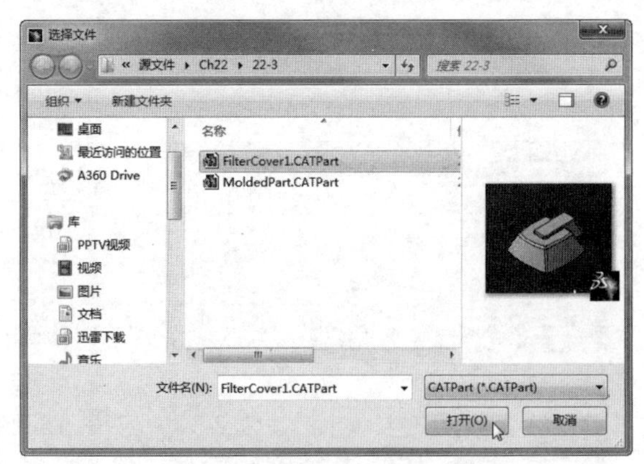

图22-25 【选择文件】对话框

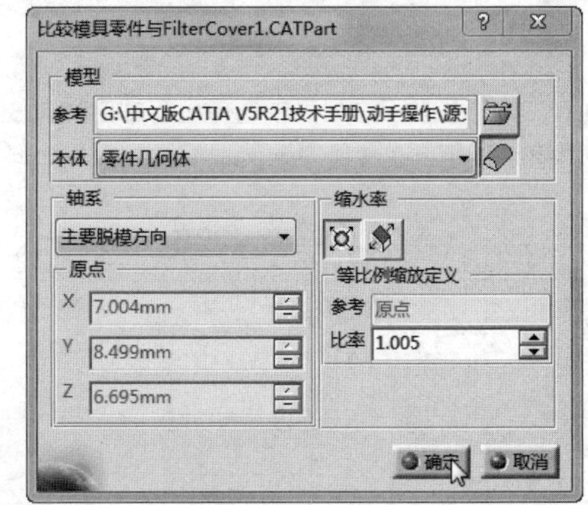

图22-26 对话框更名

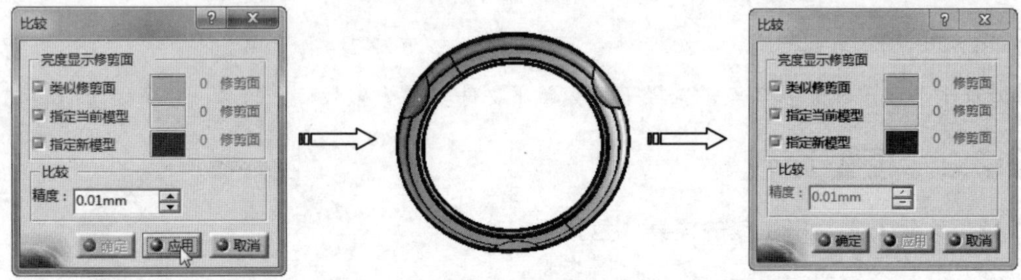

图22-27 模型比较

22.2.3 脱模方向分析

【脱模方向分析】是指将曲面上点的垂直方向与脱模方向角度差用不同颜色来体现。

动手操作——脱模方向分析实例

01 在【标准】工具栏中单击【打开】按钮，在弹出的【选择文件】对话框中选择“22-3.CATProduct”文件，单击【打开】按钮打开模型文件，如图22-28所示。

02 单击展开窗口左侧的特征树，双击【MoldedPart】节点，如图22-29所示，随后自动进入型芯型腔设计工作台。

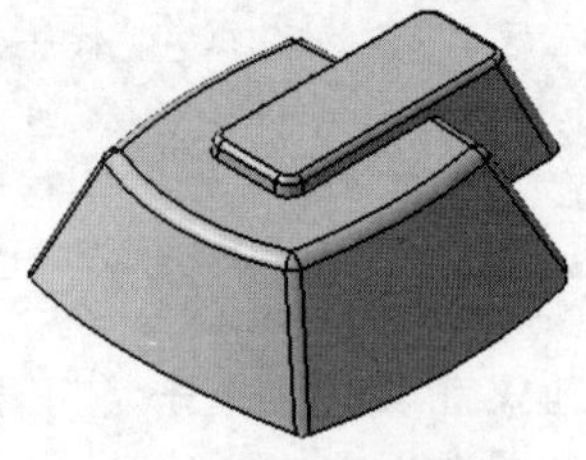

图22-28 打开模型

03 单击【输入模型】工具栏上的【脱模方向分析】按钮，弹出【脱模方向分析】对话框，如图22-30所示。激活【模型】选项下的【图元】编辑框，选择特征树中【零件几何体的结果】下的“缩放.1”作为要分析的模型，在【脱模方向】的【方向】中选择Z轴，定义脱模方向，在【拔模角度范围】选项中设置不同脱模角度显示颜色。

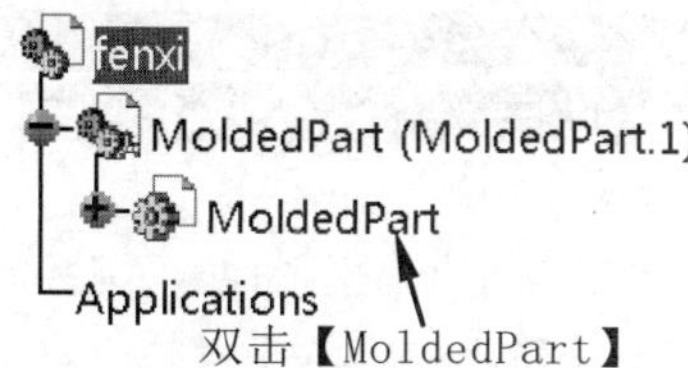

图22-29 双击模型进入型芯型腔工作台

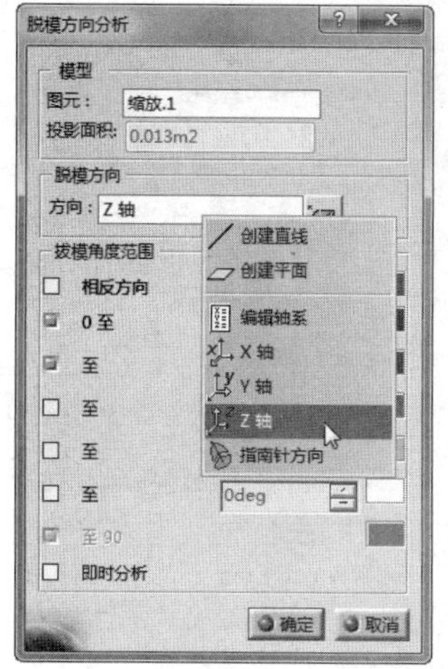

图22-30 颜色显示脱模方向

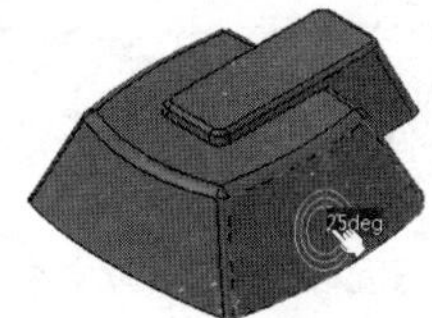

图22-31 动态分析脱模方向

04 选中【即时分析】复选框，将鼠标移动到模型的任何位置，即可显示该点的法向与开模方向之间的角度差，如图22-31所示。

05 单击【确定】按钮完成脱模方向分析。

22.2.4 创建边界盒

【边界盒】是指在模型制品周围生成一个矩形盒体。

动手操作——边界盒实例

01 在【标准】工具栏中单击【打开】按钮，在弹出的【选择文件】对话框中选择“22-4.CATProduct”文件，单击【打开】按钮打开模型文件，如图22-32所示。

02 单击展开窗口左侧的特征树，双击【MoldedPart】节点，如图22-33所示，随后自动进入型芯型腔设计工作台。

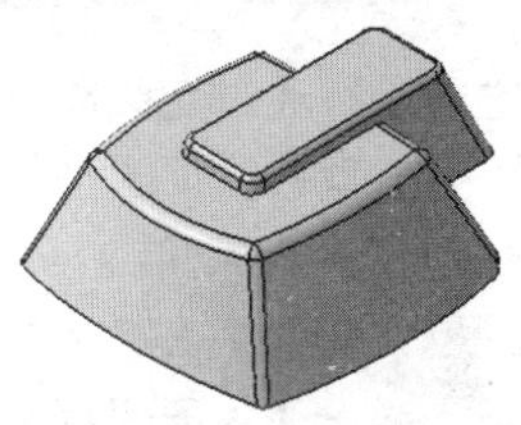

图22-32 打开模型

图22-33 双击模型进入型芯型腔工作台

03 单击【输入模型】工具栏上的【边界盒】按钮，弹出【创建Bounding Box】对话框，如图22-34所示。激活【Shape and轴系】选项下的【Shape】文本框，选择特征树中【零件几何体的结果】下的“缩放.1”作为要分析的模型，在【Bounding Box Definition】选项中选择【Box】单选按钮，单击【确定】按钮创建边界盒。

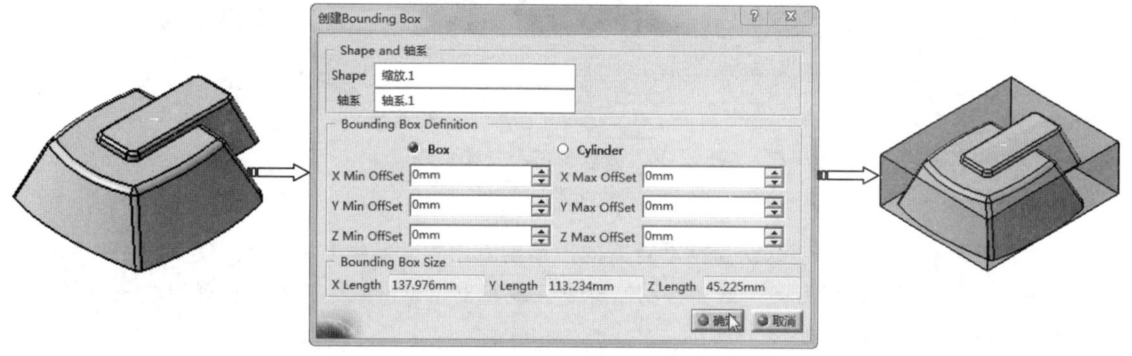

图22-34 创建边界盒

提示

系统根据模具大小和X、Y、Z偏移量，自动计算边界和大小并显示在【Bounding Box Size】下，此外选择【Cylinder】将创建圆柱形边界盒。

22.3 定义脱模方向

使用脱模方向系统将自动分析并生成型芯曲面、型腔曲面和其他曲面，以方便设计型芯和型腔。定义脱模方向相关命令集中在【输入模型】工具栏上，下面分别加以介绍。

22.3.1 创建主脱模方向

主脱模方向是指通过定义脱模方向，系统将自动分析并生成型芯曲面、型腔曲面和其他曲面，以方便设计型芯和型腔。

单击【脱模方向】工具栏上的【主要脱模方向】按钮，弹出【主要脱模方向定义】对话框，如图22-35所示。

图22-35 【主要脱模方向定义】对话框

1. 形状

用于从图形区选择要分析的零件，通常选择缩放后的模具制品。

★ Extract or color：单击该按钮，将以颜色显示脱模面，并可生成分模线。

★ Extract：单击该按钮，即可生成型芯和型腔曲面，如图22-36所示。

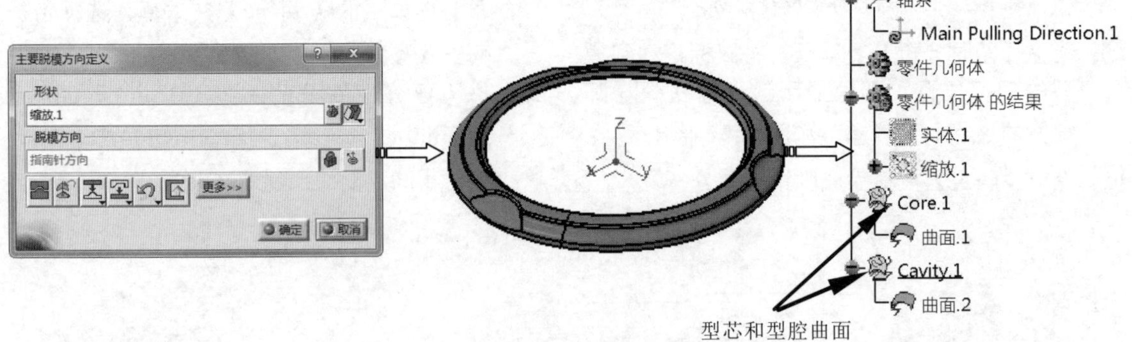

图22-36 提取型芯和型腔曲面

2. 脱模方向

用于定义开模方向，系统默认为指南针方向，单击其后的【解锁】按钮，使其可用，可在图形中选择线性图元定义开模方向，或者移动鼠标到该编辑框，单击鼠标右键，在弹出的快捷菜单中选择开模方向定义方式，如图22-37所示。

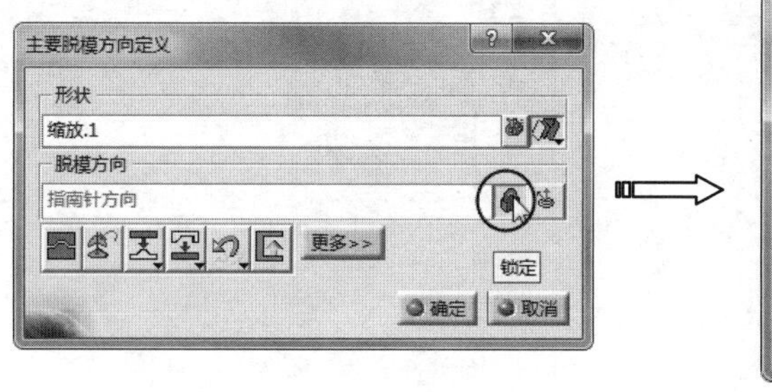

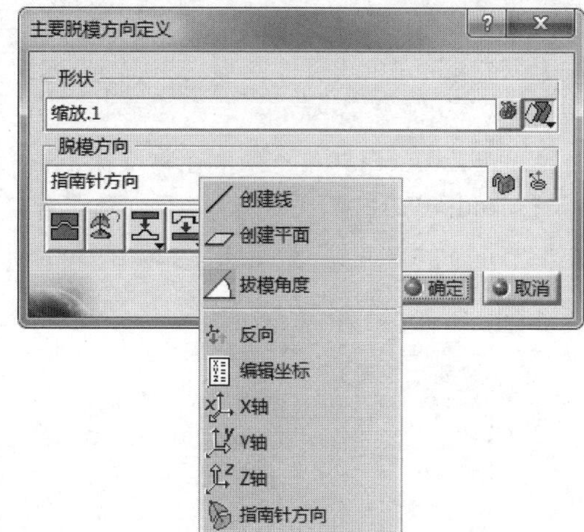

图22-37 脱模方向快捷菜单

3. 按钮区

★ 快速分离：选择该按钮，系统按照脱模方向计算，快速生成脱模方向。

★ 计算指南针方向：选择该按钮，按照当前指南针方向重新定义脱模方向。

★ 由其他指派给型芯：选择该按钮，将系统识别的其他曲面转化为型芯曲面。

★ 由其他指派给型腔：选择该按钮，将系统识别的其他曲面转化为型腔曲面。

★ 同时指派：选择该按钮，将尽量减少其他曲面、型芯、型腔之间的转换。

★ 由未知面指派给其他：选择该按钮，将系统识别的无脱模曲面转化为其他曲面。

★ 优化处理：选择该按钮，系统经过优化，合理分配型芯和型腔。

★ 切换型芯/型腔：选择该按钮，在型腔和型芯之间换向转换。

★ 撤销：单击该按钮，撤销上一步操作。

★ 复位：单击该按钮，取消前面的各种设置。

★ 计算过切：单击该按钮，重新计算分割型芯和型腔。

4. Areas to Extract

用于设置型芯、型腔、其他、无脱模方向曲面的显示颜色和分模线以及显示各区域的曲面数和面积。

5. 可视化

用于选择开模的显示方式，包括以下选项：

★ 面显示：系统默认选中该单选按钮，当用户选取一个曲面后，各个曲面的颜色就会显示出来。

★ 小平面显示：当曲面上有一个小平面不能确定是型芯还是型腔区域时，系统就会自动将这一区域定义到其他面区域，此时用户可选中该单选按钮，系统会将其他面定义到型腔或型芯区域。

★ 爆炸：选中该单选按钮，用户可在下面的文本框中输入数值来定义型芯和型腔区域的间距。

6. 局部调整

★ Facets to ignore：选中该复选框，可调节可忽略的小平面的百分率。

★ Target：用于选择型芯面、型腔面、其他面、非拔模定义目标面，另外通过右侧下拉列表选择未增长（无扩展）、点连续（点连续）、No draft face（非拔模面）和By Area（面区域）来定义选择面的方式。

动手操作——主脱模方向实例

01 在【标准】工具栏中单击【打开】按钮，在弹出的【选择文件】对话框中选择“22-5.CATProduct”文件，单击【打开】按钮打开模型文件，如图22-38所示。

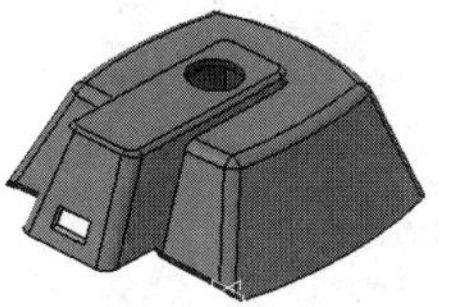

图22-38 打开模型

02 单击展开窗口左侧的特征树，双击【MoldedPart】节点，如图22-39所示，随后自动进入型芯型腔设计工作台。

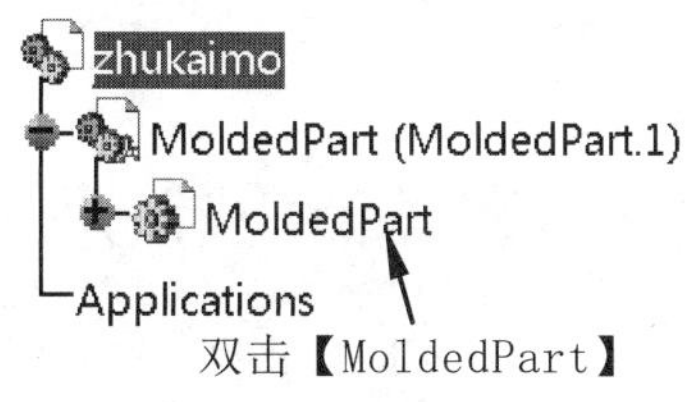

图22-39 双击模型进入型芯型腔工作台

03 单击【脱模方向】工具栏上的【主要脱模方向】按钮，弹出【主要脱模方向定义】对话框，如图22-40所示。选中【形状】选项后的【Extract】按钮，在特征树上选中【MoldedPart】下的【零件几何体的结果】节点下的“缩放.1”，如图22-41所示。

图22-40 【主要脱模方向定义】对话框

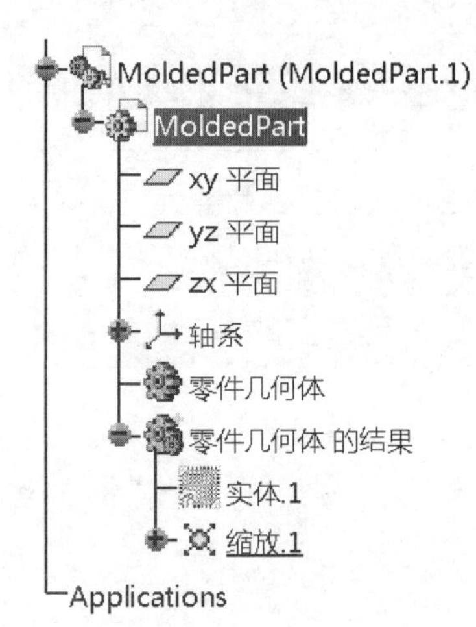

图22-41 选择缩放.1

04 单击【更多】按钮，在【可视化】选项中选中【爆炸】单选按钮，然后在下面的文本框输入数值100mm，在图形区空白处单击，如图22-42所示。

05 在【可视化】选项中选中【面显示】单选按钮，单击【确定】按钮，显示计算进程条，计算完成后在特征树中增加两个几何图形集，同时在模型中显示两个区域，如图22-43所示。

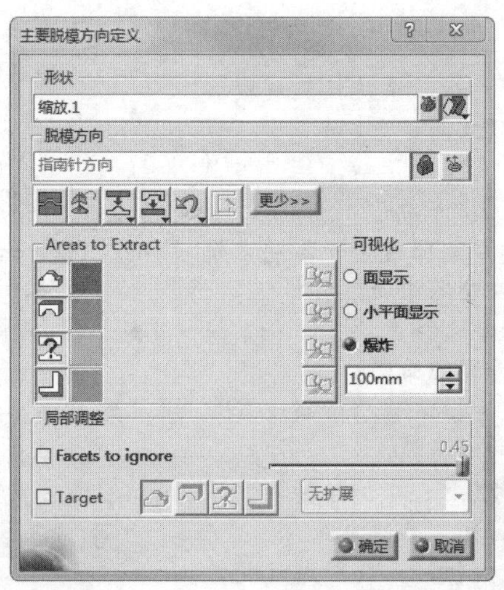

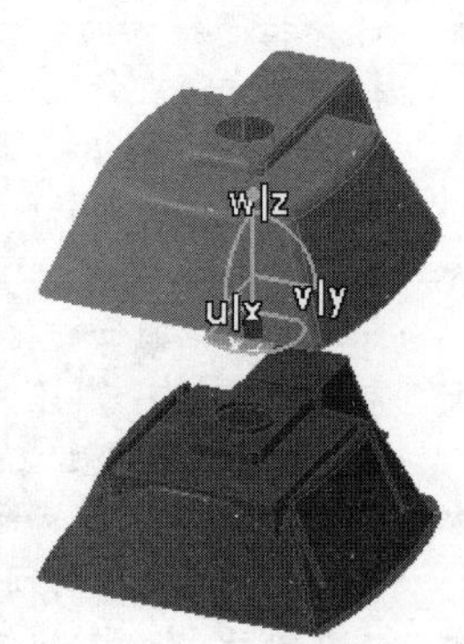

图22-42 分解区域视图

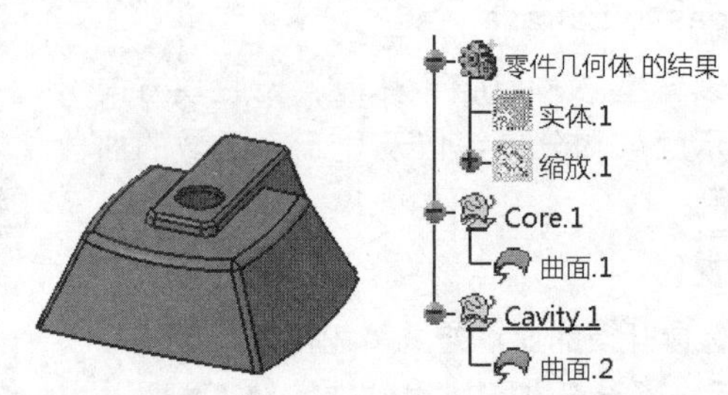

图22-43 创建主开模方向

22.3.2 定义滑块和斜顶开模方向

对主开模方向中未能开模的曲面重新定义新的开模方向，对生成的滑块或斜顶重新定义开模方向。单击【输入模型】工具栏上的【定义滑块和斜顶脱模方向】按钮，弹出【滑块和斜顶脱模方向定义方向】对话框，如图22-44所示。【滑块和斜顶脱模方向定义方向】对话框中相关选项参数与【主要脱模方向定义】对话框中基本相同。

图22-44 【滑块和斜顶脱模方向定义方向】对话框

动手操作——滑块和斜顶开模方向实例

操作步骤

01 在【标准】工具栏中单击【打开】按钮，在弹出的【选择文件】对话框中选择“22-6.CATProduct”文件，单击【打开】按钮打开模型文件，如图22-45所示。

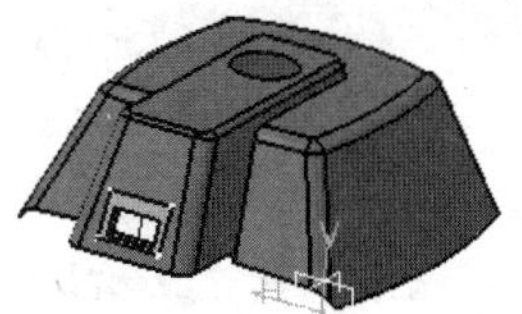

图22-45 打开模型

02 单击展开窗口左侧的特征树，双击【MoldedPart】节点，如图22-46所示，随后自动进入型芯型腔设计工作台。

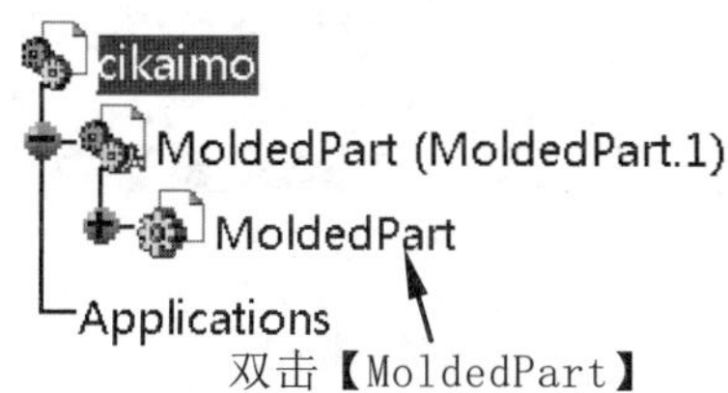

图22-46 双击模型进入型芯型腔工作台

03 单击【脱模方向】工具栏上的【定义滑块和斜顶脱模方向】按钮，弹出【滑块和斜顶脱模方向定义方向】对话框，如图22-47所示。选中【形状】选项后的【Extract】按钮，激活【Shape】编辑框，选择如图22-48所示的“曲面.8”。

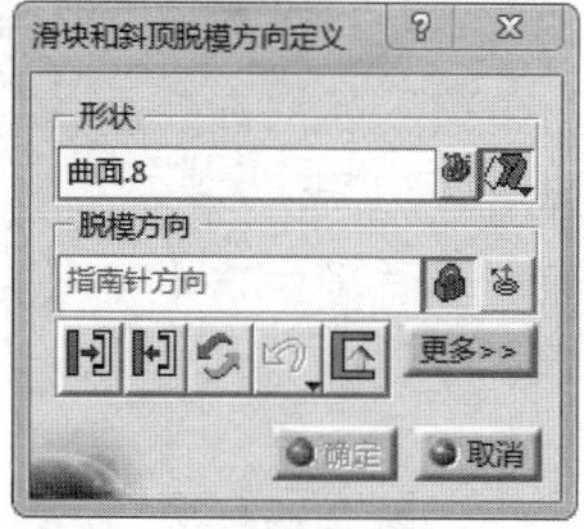

图22-47 【滑块和斜顶脱模方向定义方向】对话框

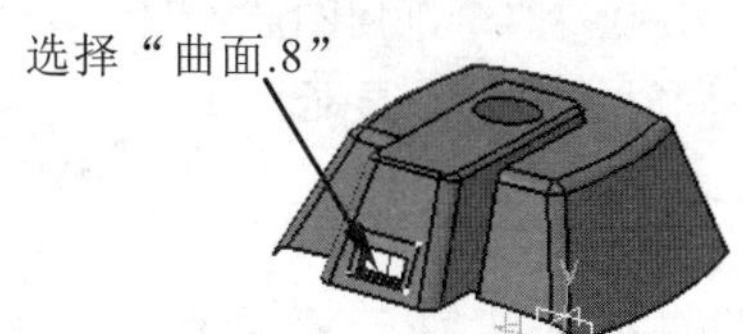

图22-48 选择曲面

04 单击【由其他指派给滑块/斜顶】按钮，然后单击【脱模方向】编辑框后的按钮使其解锁，激活编辑框，单击鼠标右键，在弹出的快捷菜单中选择【编辑坐标】命令，如图22-49所示。在弹出的【方向】对话框中设置开模方向，如图22-50所示，完成编辑后重新锁定脱模方向。

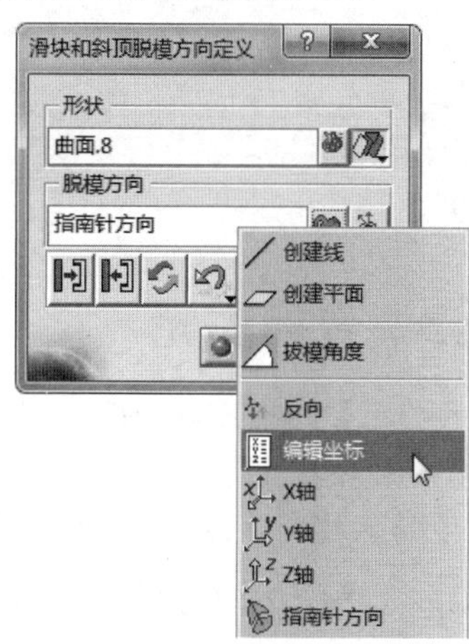

图22-49 选择快捷命令

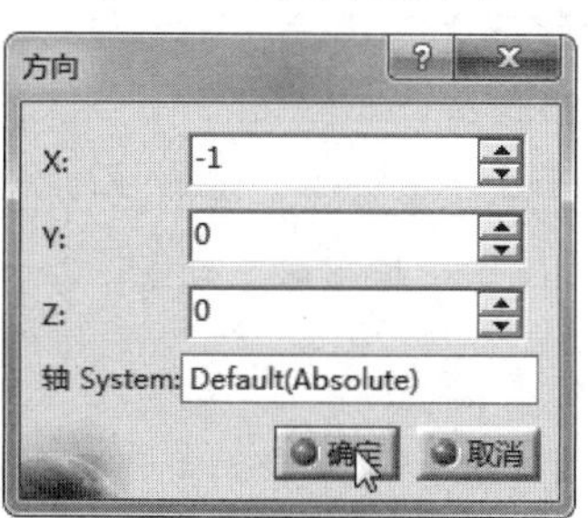

图22-50 【方向】对话框

05 单击【更多】按钮，在【可视化】选项中选中【爆炸】单选按钮，然后在下面的文本框输入数值50mm，在图形区空白处单击，如图22-51所示。

06 在【可视化】选项中选中【面显示】单选按钮，单击【确定】按钮，显示计算进程条，计算完成后在特征树中增加1个几何图形集，同时在模型中显示两个区域，如图22-52所示。

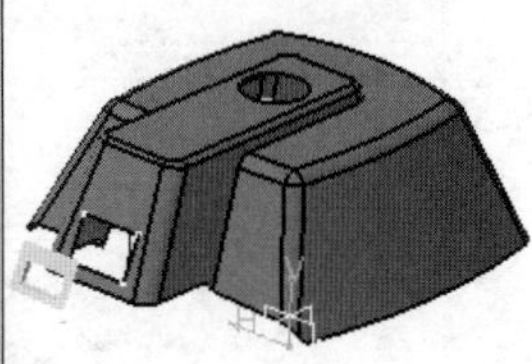

图22-51 分解区域视图

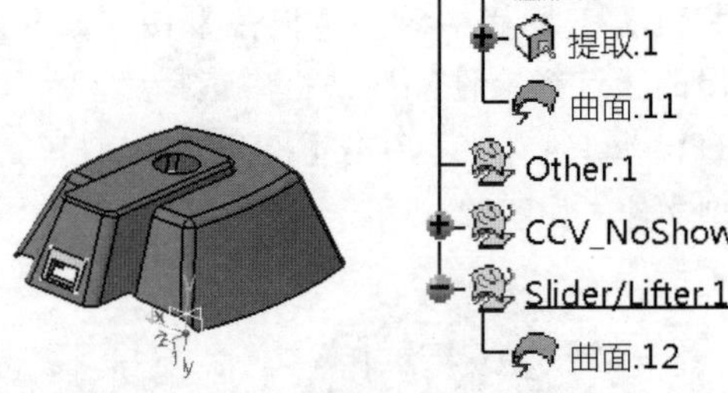

图22-52 创建次开模方向

22.3.3 变换图元

【变换图元】是指模具型芯、型腔、其他曲面、滑块或斜顶之间进行相互转换。

单击【输入模型】工具栏上的【变换图元】按钮，弹出【变换图元】对话框，如图22-53所示。

【变换图元】对话框相关选项参数含义如下。

1. 延伸形式

用于设置延伸方式，单击其后的按钮可使用多边形图形选择对象。其包括以下选项：

★ 未增长：不延伸只选择用户选择的面，如图22-54（a）所示。

★ 点连续：选择与所选面有点连接的所有表面，如图22-54（b）所示。

★ 相切连续：选择与所选面相切连接的所有表面，如图22-54（c）所示。

图22-53 【变换图元】对话框

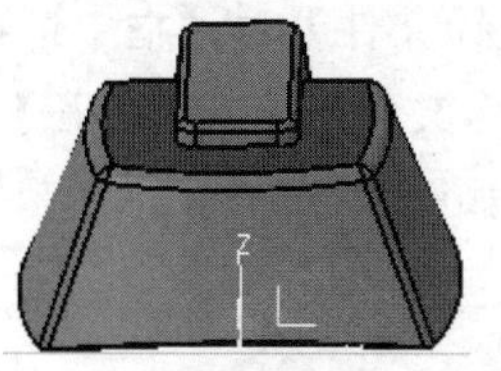
(a) 未增长

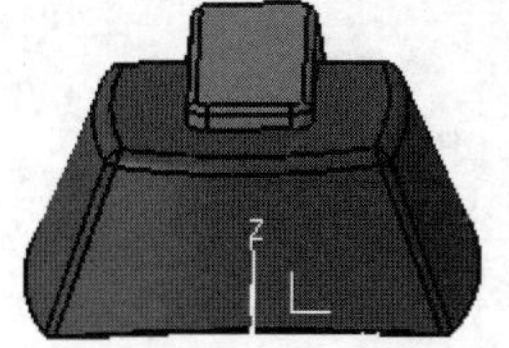
(b) 点连续

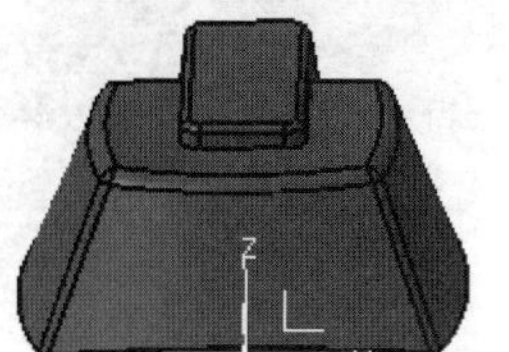
(c) 相切连续

图22-54 延伸形式示意图

2. **目标地**

用于选择转换后的曲面类型，包括型芯core、型腔和其他、滑块/斜顶等。

3. **命令按钮**

★ 移除图元：选中列表框中的对象，单击该按钮可删除选择的对象。

★ 修改图元：选中列表框中对象，单击该按钮可编辑选择的对象。

★ 移动：将选定的对象移动到目标地所确定的目标类型中。

★ 复制：将选定的对象复制到目标地所确定的目标类型中。

动手操作——变换图元实例

01 在【标准】工具栏中单击【打开】按钮，在弹出的【选择文件】对话框中选择“22-7.CATProduct”文件，单击【打开】按钮打开模型文件，如图22-55所示。

02 展开窗口左侧的特征树，双击【MoldedPart】节点，如图22-56所示，随后自动进入型芯型腔设计工作台。

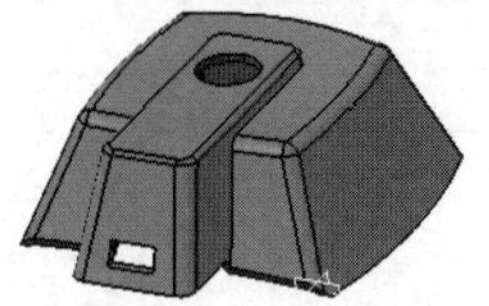
图22-55 打开模型

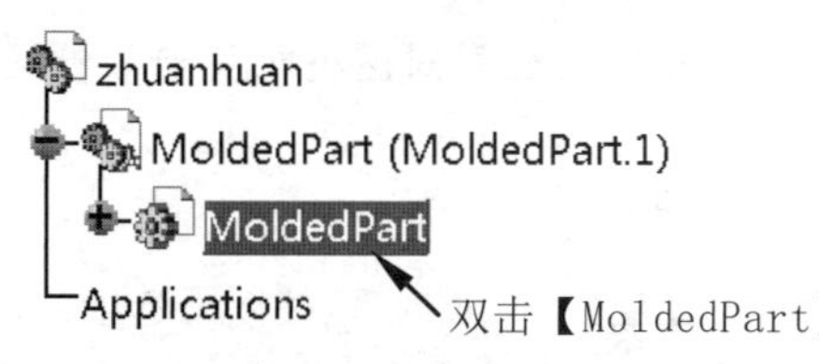

图22-56 双击模型进入型芯型腔工作台

03 单击【脱模方向】工具栏上的【变换图元】按钮，弹出【变换图元】对话框，在【目标地】下拉列表中选择“other.1”，如图22-57所示。

04 在图形区选择侧面开口的壁边曲面，单击【确定】按钮完成变换图元确定，并在特征树中增加【other.1】节点。

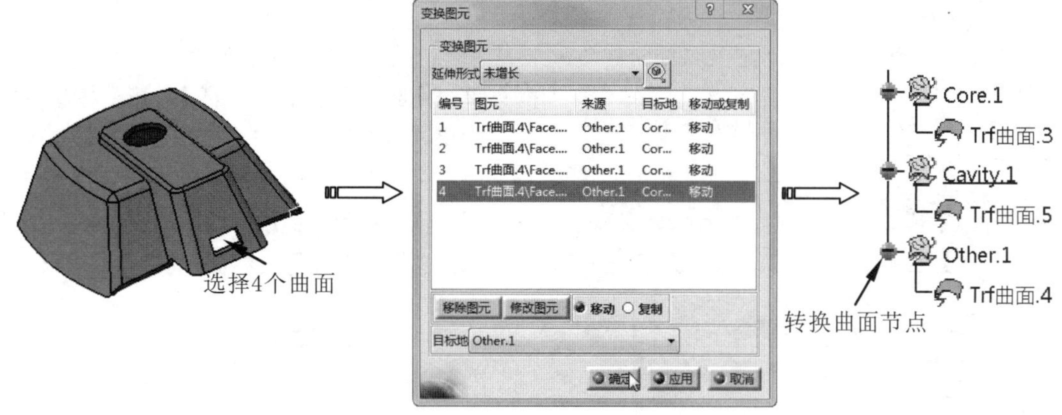

图22-57 创建变换图元

22.3.4 分割模具区域

【分割模具区域】是指通过几何元素对型芯、型腔曲面进行分割，以便于接合成为型芯、型腔、滑块、斜顶等分型曲面。

单击【脱模方向】工具栏上的【分割模具区域】按钮，弹出【分割模具区域】对话框，如图22-58所示。

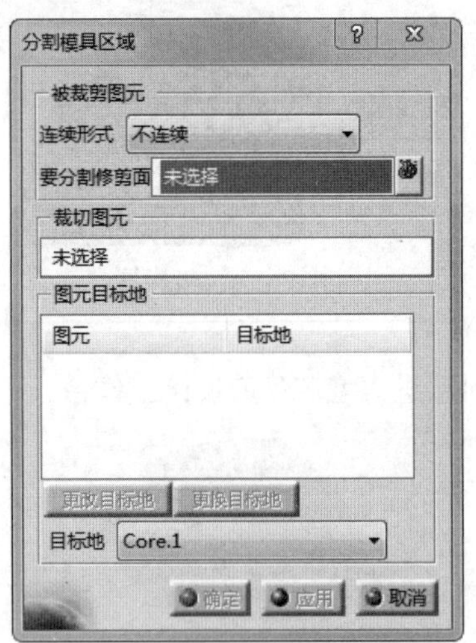

图22-58 【分割模具区域】对话框

【分割模具区域】对话框相关选项参数含义如下。

1. 被裁减图元

用于设置被分割元素，包括以下选项：

- ★ 连续形式：用于设置延伸方式，包括“不连续”、“点连续”、“相切连续”等。
- ★ 要分割修剪面：用于选取要分割的面。

2. 剪切图元

用于选择分割面的裁剪元素，可以是线、平面或曲面等。

3. 图元目标地

用于选择分割后的类型，包括以下选项：

- ★ 更改目标地：单击该按钮，可更改分割后的某个区域类型。
- ★ 更换目标地：单击该按钮，可交换分割后的区域类型。
- ★ 目标地：用于在该下拉列表中选择某个区域来进行区域更改。

动手操作——分割模具区域实例

01 在【标准】工具栏中单击【打开】按钮，在弹出的【选择文件】对话框中选择“22-8.CATProduct”文件，单击【打开】按钮打开模型文件，如图22-59所示。

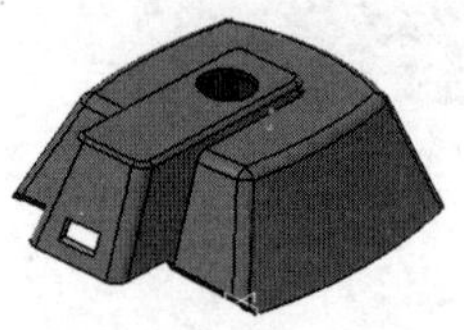

图22-59 打开模型

02 单击展开窗口左侧的特征树，双击【MoldedPart】节点，如图22-60所示，随后自动进入型芯型腔设计工作台。

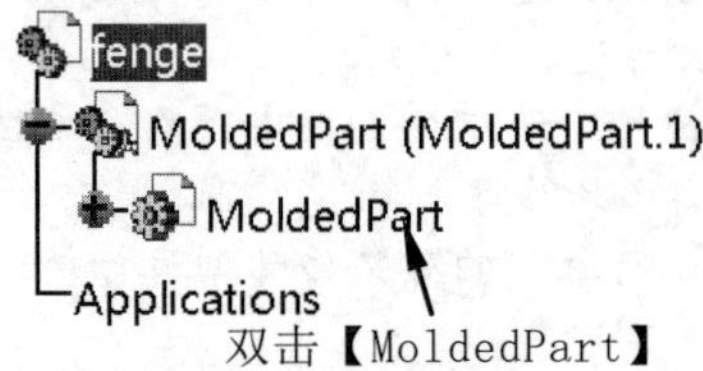

图22-60 双击模型进入型芯型腔工作台

03 单击【草图】按钮，在工作窗口选择草图平面yz平面，进入草图编辑器。利用矩形工具绘制如图22-61所示的草图。单击【工作台】工具栏上的【退出工作台】按钮，完成草图绘制。

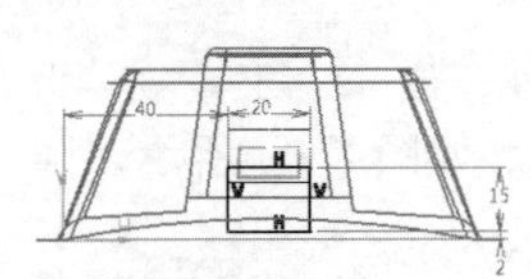

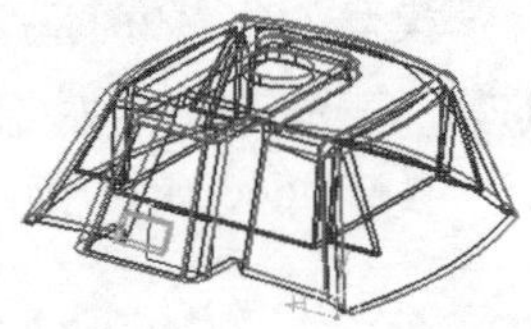

图22-61 绘制草图

04 单击【线框】工具栏上的【投影】按钮，弹出【投影定义】对话框，在【投影类型】下拉列表中选择【法线】选项，选择上一步草图作为投影的曲线，然后选择如图22-62所示的曲面作为投影支持面。

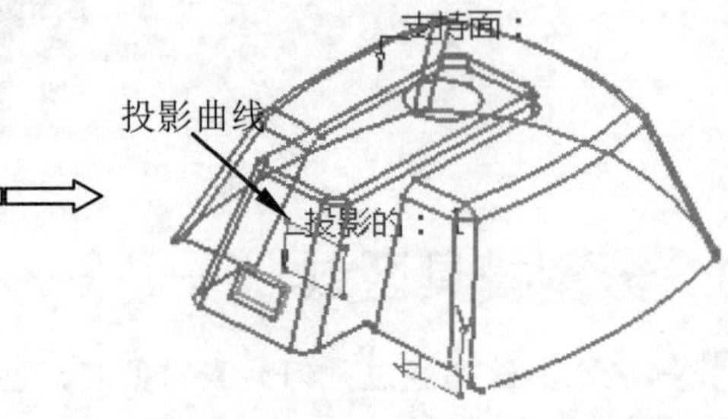

图22-62 创建投影曲线

05 单击【确定】按钮，弹出【多重结果管理】对话框，选中【使用提取，仅保留一个子元素】单选按钮，单击【确定】按钮。

06 在弹出的【提取定义】对话框的【拓展类型】中选择“点连续”，激活【要提取的元素】编辑框，选择如图22-63所示的曲线作为要提取的元素，单击【确定】按钮，完成投影曲线创建。

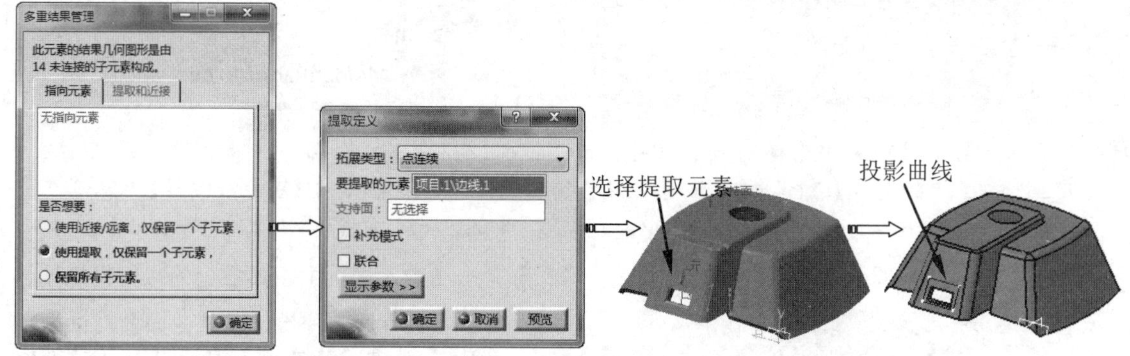

图22-63 创建投影曲线

07 单击【输入模型】工具栏上的【分割模具区域】按钮，弹出【分割模具区域】对话框，激活【要分割修剪面】编辑框，选择如图22-64所示曲面作为要分割的曲面，激活【裁切图元】编辑框，选择上一步创建的投影曲线作为裁剪元素，单击【应用】按钮。

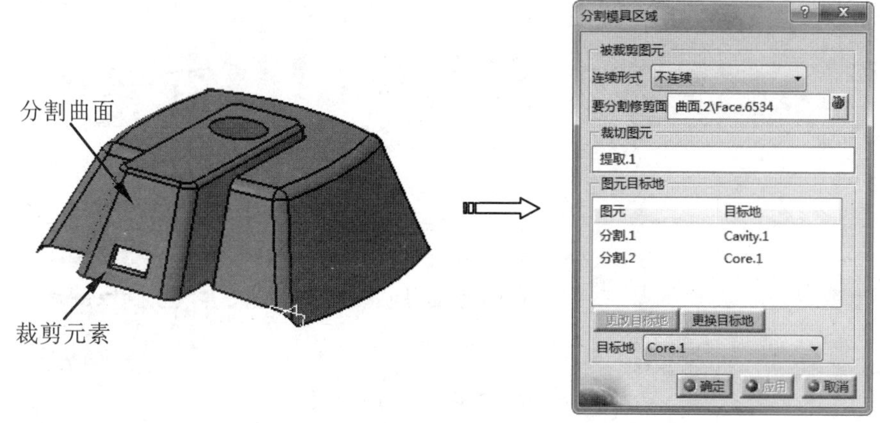

图22-64 选择分割曲面和裁剪元素

08 在【图元目标地】列表中选中【分割.1】，单击鼠标右键，在弹出的快捷菜单中选择【->型芯】命令，选中【分割.2】单击鼠标右键，在弹出的快捷菜单中选择【->型腔】命令，单击【确定】按钮，完成分割模具区域，如图22-65所示。

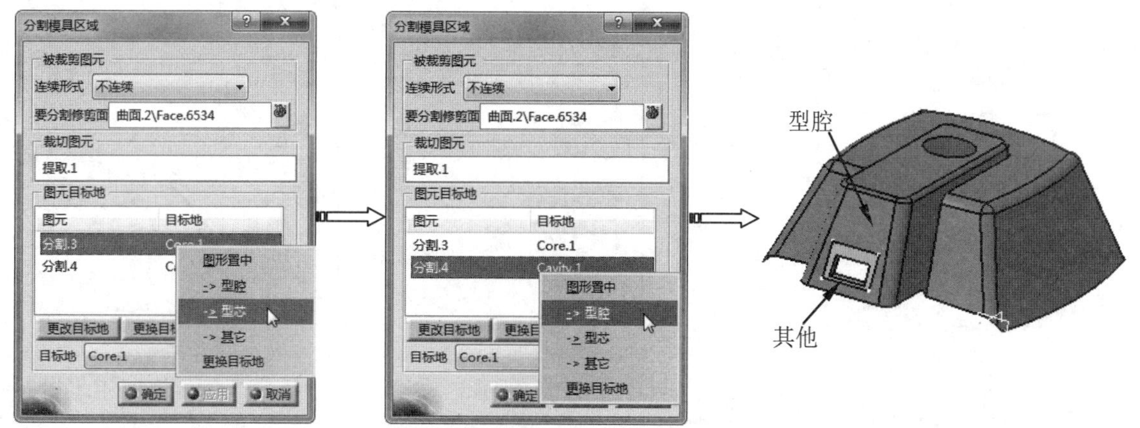

图22-65 创建分割模具区域

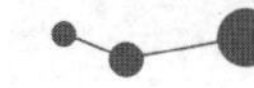

22.3.5 集合模具区域

【聚集模具区域】是把模具中的型芯、型腔、滑块等曲面集中为一个整体，以避免在操作时逐一选取，减少操作过程。

动手操作——集合模具区域实例

01 在【标准】工具栏中单击【打开】按钮，在弹出的【选择文件】对话框中选择“22-9.CATProduct”文件，单击【打开】按钮打开模型文件，如图22-66所示。

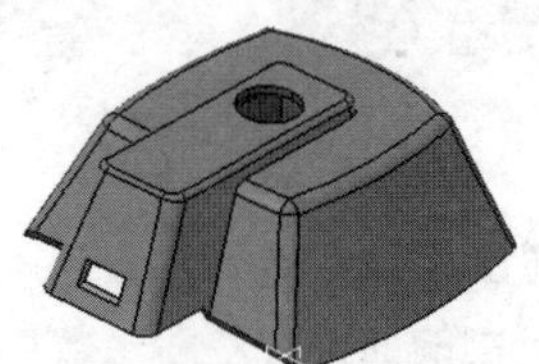

图22-66 打开模型

02 单击展开窗口左侧的特征树，双击【MoldedPart】节点，如图22-67所示，随后自动进入型芯型腔设计工作台。

图22-67 双击模型进入型芯型腔工作台

03 单击【输入模型】工具栏上的【聚集模具区域】按钮，弹出【聚集曲面】对话框，选中【创建连结基准】复选框，在特征树中选择【cavity.1】节点下的所有曲面，单击【确定】按钮完成型腔曲面的集合，如图22-68所示。

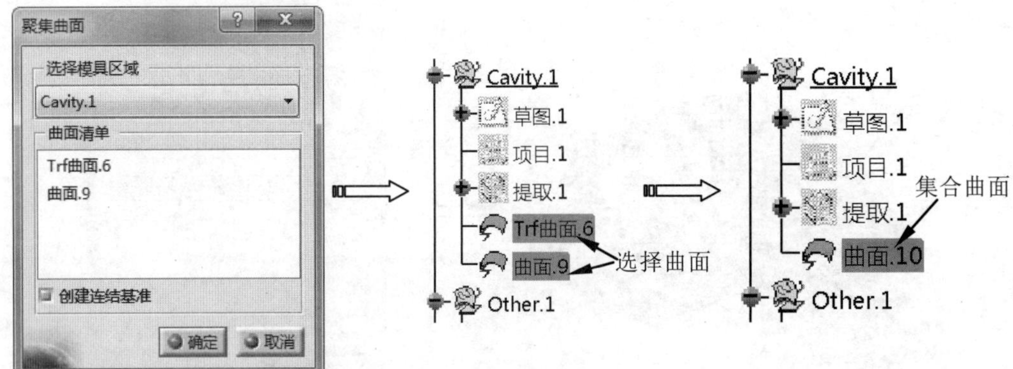

图22-68 创建型腔曲面集合

04 单击【输入模型】工具栏上的【聚集模具区域】按钮，弹出【聚集曲面】对话框，选中【创建连结基准】复选框，在特征树中选择【other.1】节点下的所有曲面，单击【确定】按钮完成滑块曲面的集合，如图22-69所示。

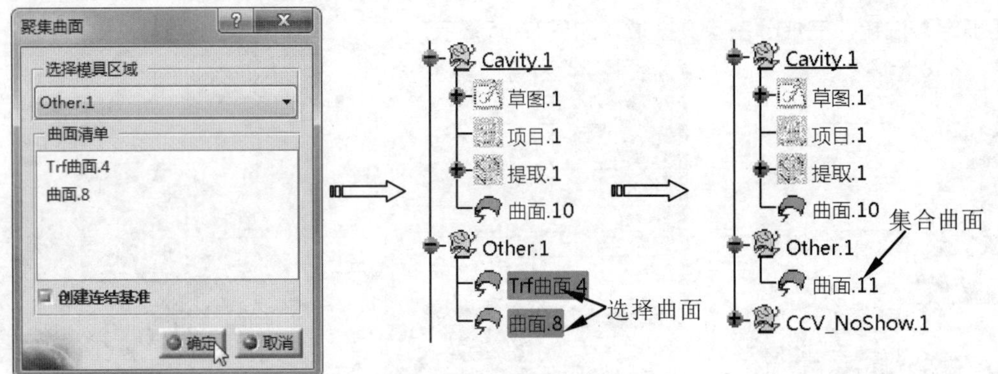

图22-69 创建滑块曲面集合

22.3.6 创建分解视图

【分解视图】是指型芯、型腔、滑块等曲面沿主脱模和次脱模方向分开，以便观察。

动手操作——分解视图实例

01 在【标准】工具栏中单击【打开】按钮，在弹出的【选择文件】对话框中选择“22-10.CATProduct”文件，单击【打开】按钮打开模型文件，如图22-70所示。

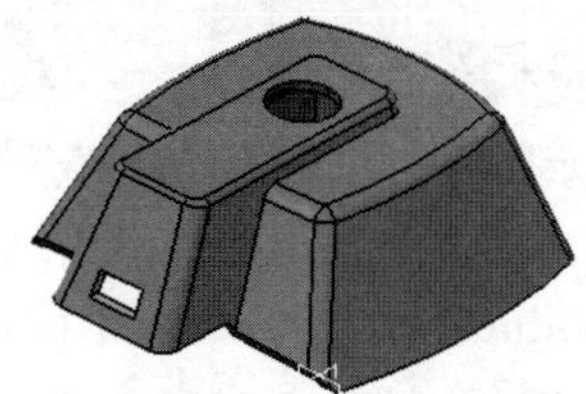

图22-70　打开模型

02 单击展开窗口左侧的特征树，双击【MoldedPart】节点，如图22-71所示，随后自动进入型芯型腔设计工作台。

图22-71　双击模型进入型芯型腔工作台

03 单击【输入模型】工具栏上的【分解视图】按钮，弹出【分解视图】对话框，在【分解数值】文本框中输入100mm，单击【确定】按钮创建爆炸图，如图22-72所示。

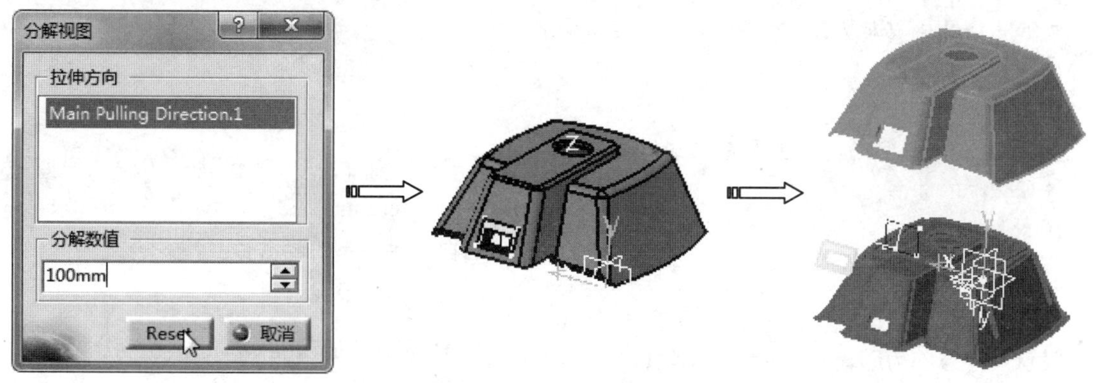

图22-72　创建分解视图

22.4 绘制分模线

分模线是指塑料与模具相接触的边界线，一般产品分模线与零件的形状（最大界面处）和脱模的方向有关。分模线是用于创建分型面必须的几何元素，可采用专用工具创建，也可通过【线框】工具栏上的曲线工具绘制。绘制分模线相关命令集中在【曲线】工具栏上，下面分别加以介绍。

22.4.1 创建分模线

【分模线】是指创建型芯、型腔分型时的分型线。

单击【曲线】工具栏上的【分模线】按钮，弹出【分模线】对话框，如图22-73所示。

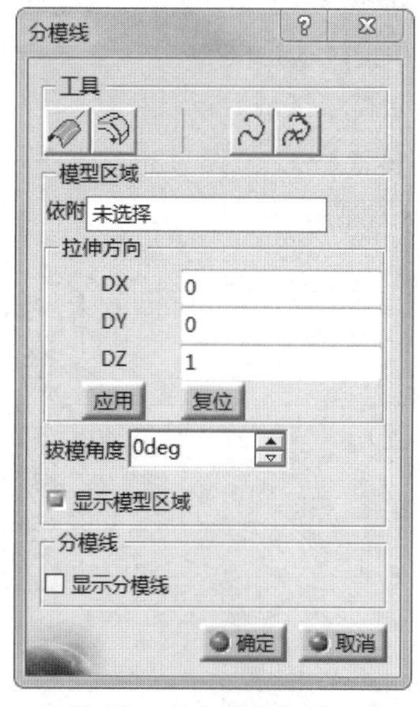

图22-73　【分模线】对话框

【分模线】对话框相关选项参数含义如下。

1. **工具**

用于选择分模线的创建方式，包括以下选项：

- ★ 载入反射线命令：单击该按钮，弹出【反射线定义】对话框，可根据选择的支持面和方向，按照反射原理在支持面上生成曲线作为分模线，参见“第7章　样条线”。
- ★ 载入链接边线命令：单击该按钮，弹出【链结边线】对话框，可提取曲面上的线作为分模线，参见“17.4.2　创建链结曲线”。
- ★ 载入脊线命令：单击该按钮，弹出【样条线定义】对话框，可通过空间一系列点创建样条线作为分模线，参见“第7章　样条线”。
- ★ 载入选择命令：单击该按钮，弹出【分模线Selector】对话框，可将曲线连接成一条分模线。

2. **模型区域**

激活【依附】编辑框，用于在图形区选择分模线所依附的曲面。

3. **拉伸方向**

用于定义脱模方向，如果定义了脱模方向，该方向为开模方向，如果未定义脱模方向，默认拉伸方向为DX=0，DY=0，DZ=1。

提示

修改脱模方向后，单击【应用】按钮完成，单击【复位】按钮可恢复系统默认脱模方向。

4. **拔模角度**

用于设置拔模角度。

5. **显示模型区域**

选中该复选框，将显示型芯和型腔等特征，如图22-74所示。

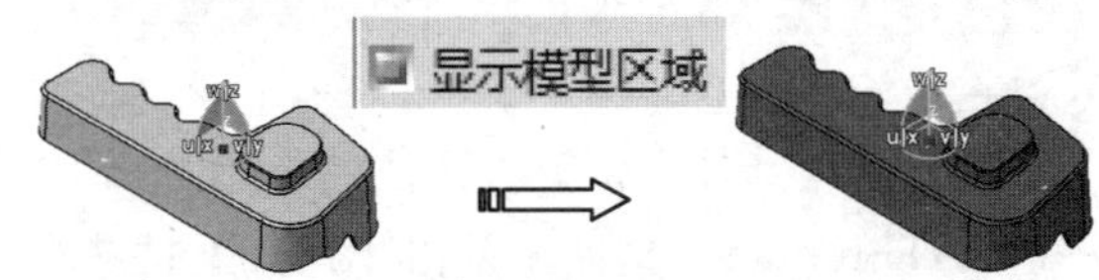

图22-74　显示模型区域示意图

动手操作——创建分模线实例

01 在【标准】工具栏中单击【打开】按钮，在弹出的【选择文件】对话框中选择“22-11.CATProduct”文件，单击【打开】按钮打开模型文件，如图22-75所示。

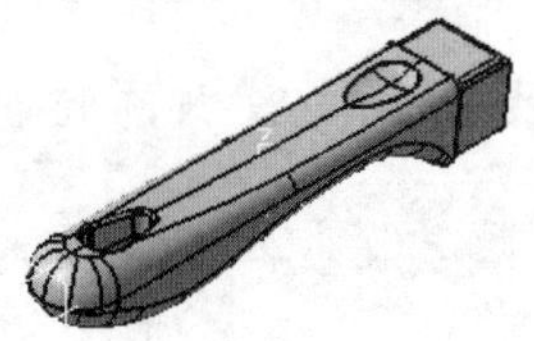

图22-75　打开模型

02 展开窗口左侧的特征树，双击【MoldedPart】节点，如图22-76所示，随后自动进入型芯型腔设计工作台。

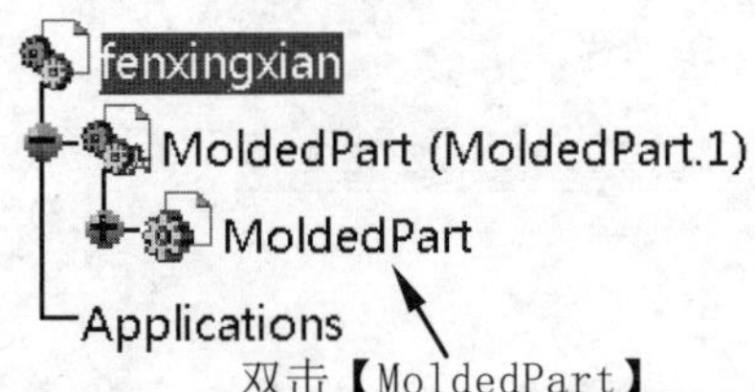

图22-76　双击模型进入型芯型腔工作台

03 单击【曲线】工具栏上的【分模线】按钮，弹出【分模线】对话框，激活【依附】编辑框，在特征树上选择【缩放.1】节点，选中【显示模型区域】复选框，如图22-77所示。

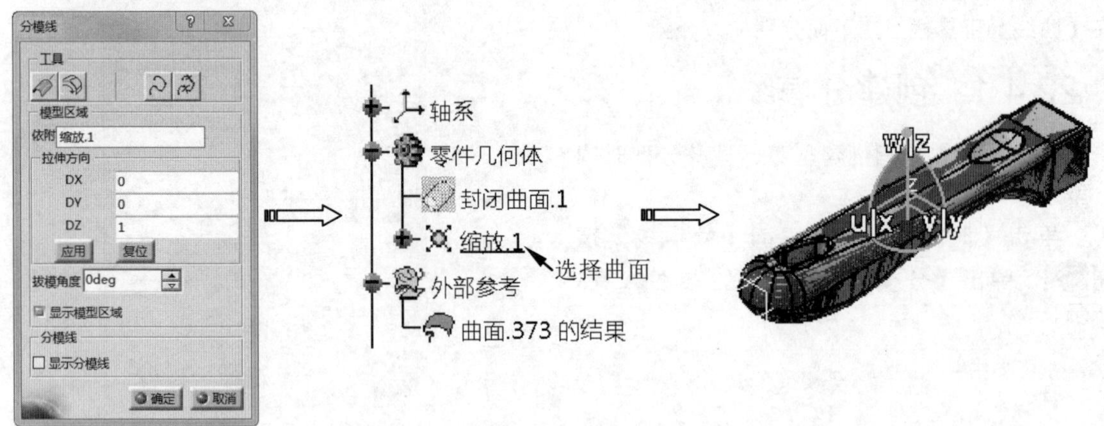

图22-77　选择依附曲面

04 单击【工具】选项下的【载入反射线命令】按钮，弹出【反射线定义】对话框，激活【支持面】编辑框，选择特征树下的【曲面.373的结果】节点，单击【确定】按钮，如图22-78所示。

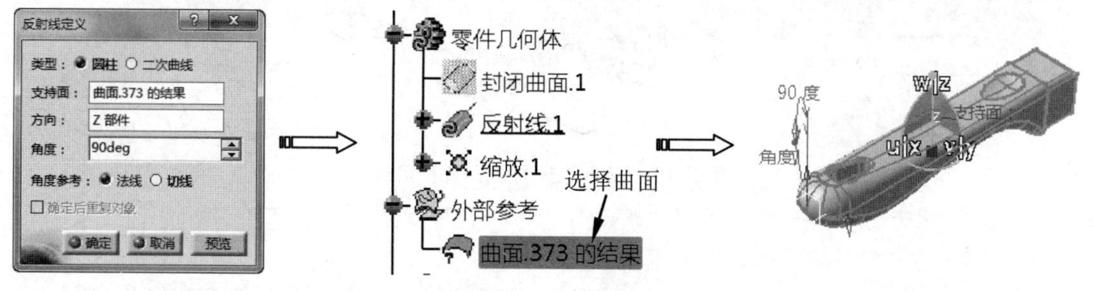

图22-78 反射线定义

05 单击【确定】按钮，弹出【多重结果管理】对话框，选中【保留所有子元素】单选按钮。最后再单击【分模线】对话框中的【确定】按钮，完成分模线创建，如图22-79所示。

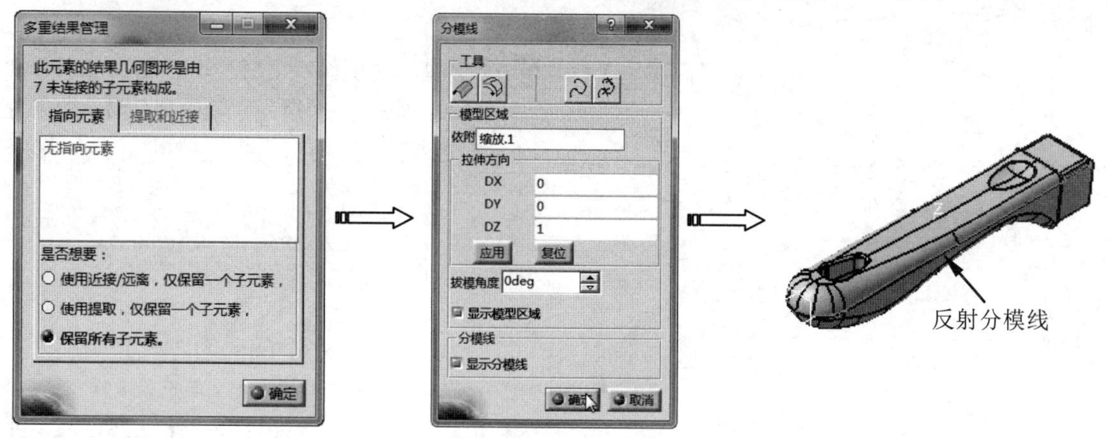

图22-79 创建分模线

22.4.2 创建链结边线

【链结边线】是指提取曲面上的边线来创建分模线。

单击【曲线】工具栏上的【链结边线】按钮，弹出【链结边线】对话框，如图22-80所示。

【链结边线】对话框相关选项参数含义如下。

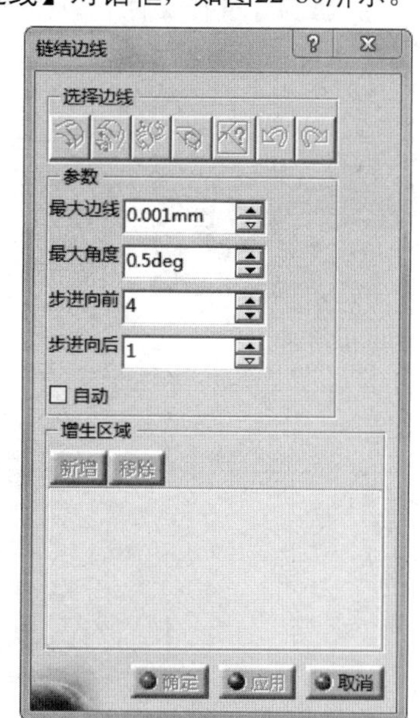

图22-80 【链结边线】对话框

1. 选择边线

用于定义选择边线操作，包括以下命令按钮：

★ 在边线环带上浏览：选择的分模线在边线环带上。
★ 由选择中移除边线：移除所选择的边线。
★ 反向增生方向：反转分模线的增加方向，也可单击图形区的方向箭头反向。
★ 复位选择和增生区域：重新开始分模线的设置和选择。
★ 隐藏和显示求助箭头：开关求助箭头的显示和隐藏。

2. 参数

用于设置操作的参数，包括以下参数：

★ 最大边线：用于设置所能连接边线的最大间距，当选择的边线与下一边线的间距小于该值，单击按钮，下一条边线将被选中连接，如图22-81所示。
★ 最大角度：用于设置所能连接边线的最大角度，当选择的边线与下一边线的夹角小于该值，单击按钮，下一条边线将被选中连接，如图22-81所示。

参数
最大边线 0.001mm
最大角度 0.5deg
步进向前 4
步进向后 1
□自动

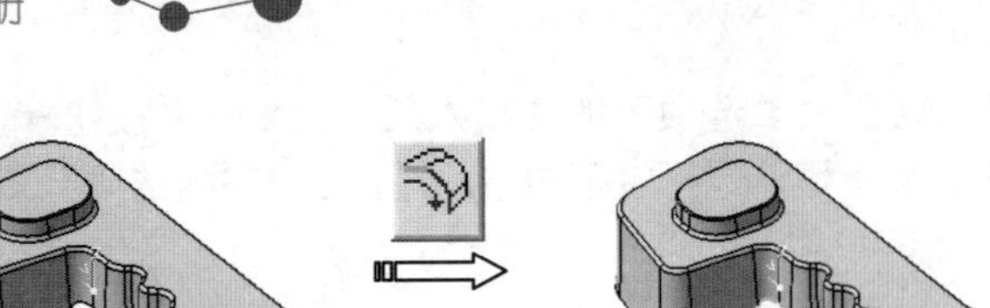

图22-81　最大边线和最大角度用法

★　步进向前：用于设置向前所能连接的边线数，适用于【由选择中移除边线】按钮，如图22-82所示。

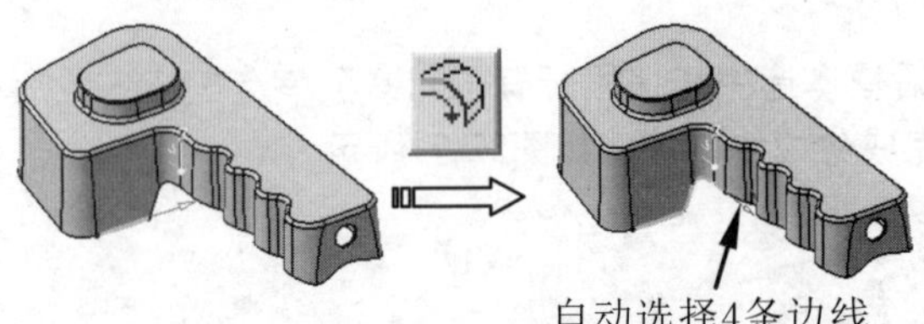

图22-82　步进向前示意图

★　步进向后：用于设置向后移除的边线数，适用于【在边线环带上浏览】按钮，如图22-83所示。

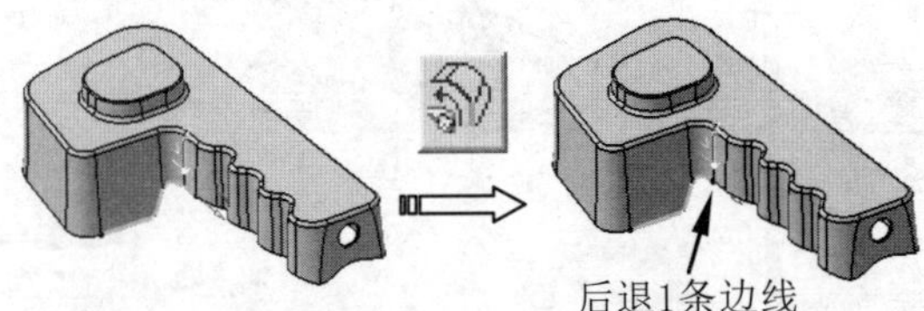

图22-83　步进向后示意图

★　自动：系统自动计算向前连接的边线数。

动手操作——链结边线实例

01 在【标准】工具栏中单击【打开】按钮，在弹出的【选择文件】对话框中选择“22-12.CATProduct”文件，单击【打开】按钮打开模型文件，如图22-84所示。

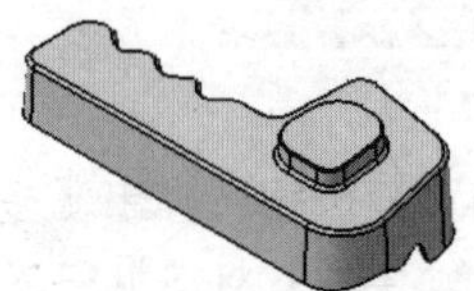

图22-84　打开模型

02 展开窗口左侧的特征树，双击【MoldedPart】节点，如图22-85所示，随后自动进入型芯型腔设计工作台。

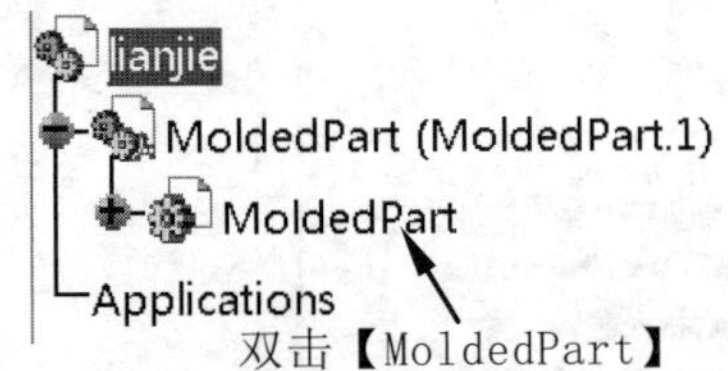

图22-85　双击模型进入型芯型腔工作台

03 单击【曲线】工具栏上的【链结边线】按钮，弹出【链结边线】对话框，选择如图22-86所示边线，然后单击【由选择中移除边线】按钮连续选择边线形成封闭曲线。单击【应用】按钮，将提取所选择的边线，单击【确定】按钮完成链结边线创建。

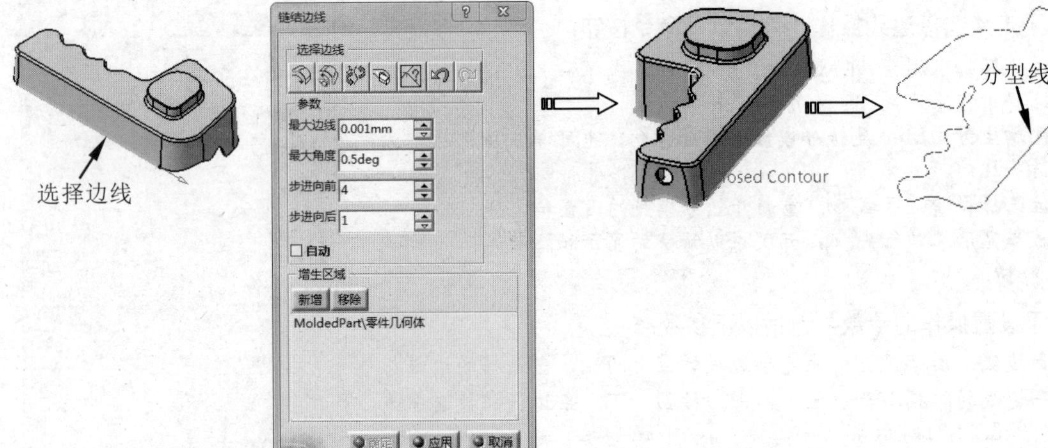

图22-86　创建链结边线的分模线

22.4.3 依据颜色创建分模线

【依据颜色创建分模线】是指通过提取的型芯生成分模线。

动手操作——依据颜色创建分模线实例

01 在【标准】工具栏中单击【打开】按钮，在弹出的【选择文件】对话框中选择“22-13. CATProduct”文件，单击【打开】按钮打开模型文件，如图22-87所示。

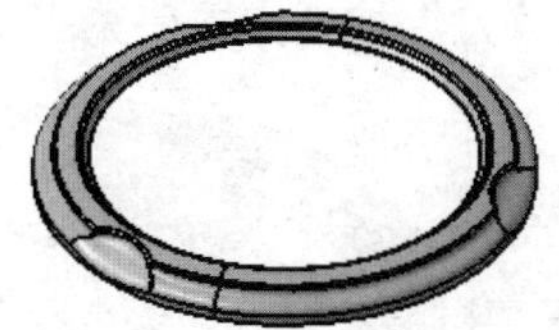

图22-87 打开模型

02 展开窗口左侧的特征树，双击【MoldedPart】节点，如图22-88所示，随后自动进入型芯型腔设计工作台。

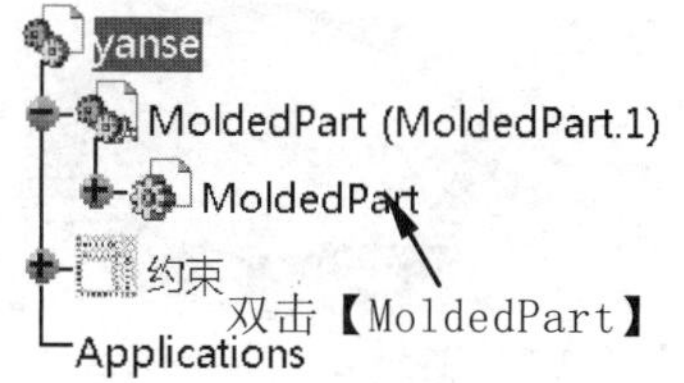

图22-88 双击模型进入型芯型腔工作台

03 单击【曲线】工具栏上的【依据颜色分模线】按钮，弹出【依据颜色分模线】对话框，激活【形状】编辑框，在特征树上选择【曲面.1】节点下的曲面，单击【应用】按钮生成曲线，单击【确定】按钮完成分模线创建，如图22-89所示。

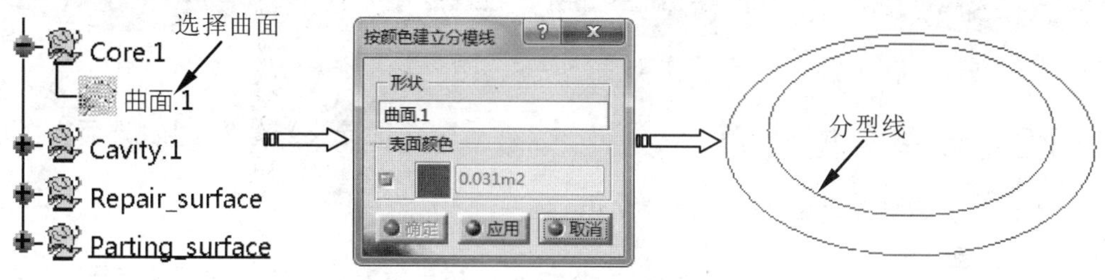

图22-89 创建分模线

22.5 绘制分型面

塑料在模具型腔凝固形成塑件，为了将塑件取出来，必须将模具型腔打开，也就是将模具分成两部分，即定模和动模两大部分。分型面就是模具动模和定模的接触面，模具分开后由此可取出塑件或浇注系统。绘制分型面的相关命令集中在【曲面】工具栏上，下面将分别加以介绍。

22.5.1 创建填充曲面

【填充曲面】是指将所选择的曲面所在的型芯、型腔等模具特征中的空洞进行填充，形成曲面内部封闭的曲面体。

单击【曲面】工具栏上的【填充曲面】按钮，弹出【填充曲面】对话框，单击【更多】按钮展开，如图22-90所示。利用该对话框可分别选择“填充孔”、“平面填充”、“非平面填充”、“非填充”等。

图22-90 【填充曲面】对话框

动手操作——填充曲面实例

01 在【标准】工具栏中单击【打开】按钮，在弹出的【选择文件】对话框中选择“22-14. CATProduct”文件，单击【打开】按钮打开模型文件，如图22-91所示。

02 展开窗口左侧的特征树，双击【MoldedPart】节点，如图22-92所示，随后自动进入型芯型腔设计工作台。

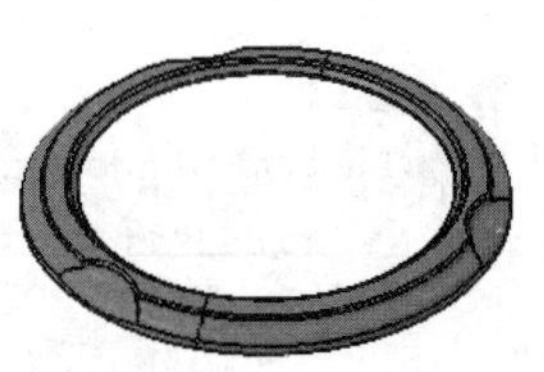

图22-91　打开模型

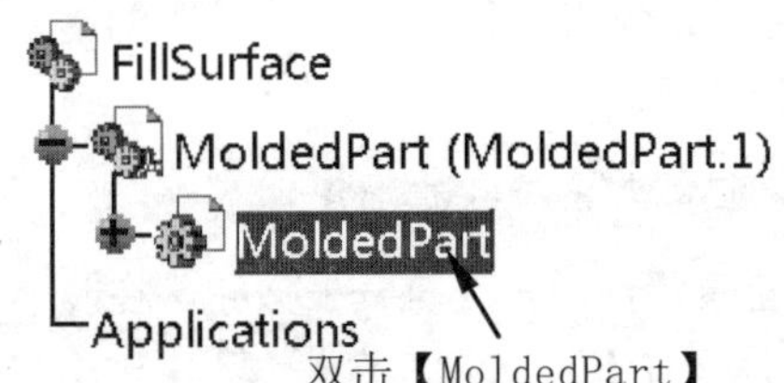

图22-92　双击模型进入型芯型腔工作台

03 单击【曲面】工具栏上的【填充曲面】按钮，弹出【填充曲面】对话框，选择如图22-93所示的曲面，单击【应用】按钮显示出填充曲面预览，单击【确定】按钮完成填充曲面创建。

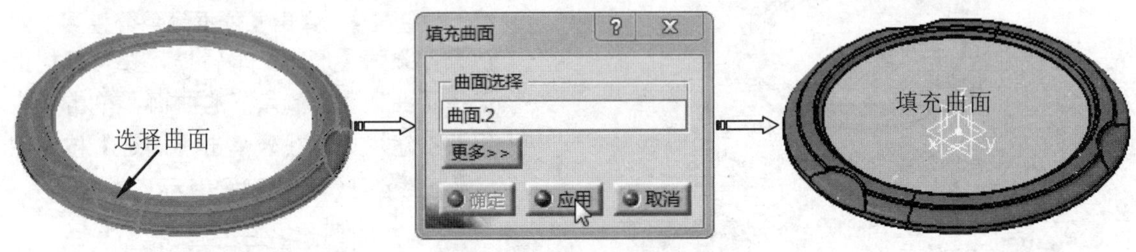

图22-93　创建填充曲面

22.5.2　创建分型曲面

【分型曲面】是指通过多截面或拉伸将模具曲面延伸生成新的曲面。

单击【曲面】工具栏上的【分型曲面】按钮，弹出【分模面定义】对话框，如图22-94所示。

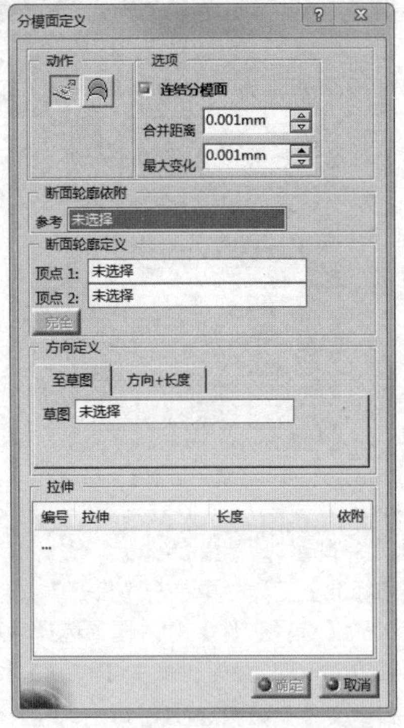

图22-94　【分模面定义】对话框

【分模面定义】对话框相关选项参数如下。

1. 公共参数定义

（1）动作

用于设置分模曲面的创建方式，包括“拉伸”和“叠层”两种方式。

（2）选项

用于设置分模面的连接方式、距离和偏差等，包括以下选项：

- ★ 连结分模面：选中该复选框，可将创建的拉伸分模面自动合并。
- ★ 合并距离：用于在该文本框中输入数值来定义合并距离。
- ★ 最大变化：用于在该文本框中输入偏差的最大距离。

（3）断面轮廓依附

选择要拉伸或多截面的对象。

（4）断面轮廓定义

用于定义轮廓线，包括以下选项：

- ★ 顶点1：用于选择轮廓线的顶点1。
- ★ 顶点2：用于选择轮廓线的顶点2。

2. 拉伸动作定义

【方向定义】选项用于定义拉伸分模面的方向和长度，包括以下选项：

- ★ 至草图：选择草图的一条边线作为拉伸终止对象，如图22-95所示。
- ★ 方向+长度：选择一条线性元素作为拉伸方

向，并输入拉伸长度来创建拉伸曲面，如图22-96所示。

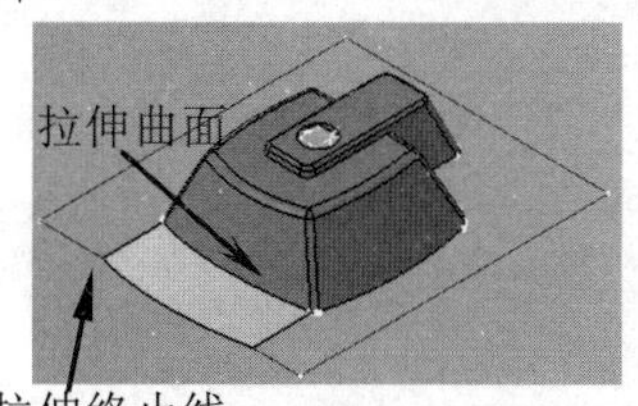

图22-95 至草图示意图

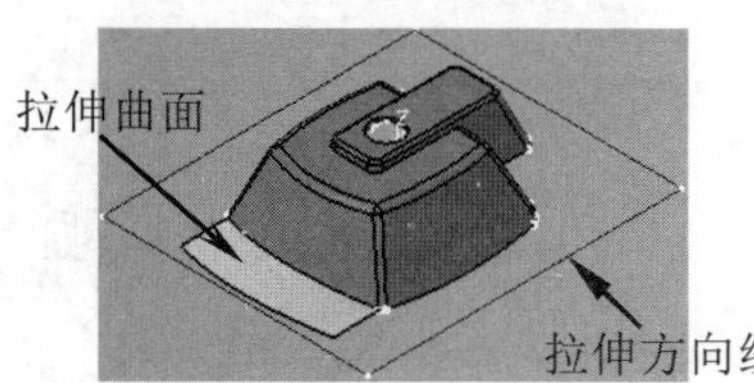

图22-96 方向+长度示意图

3. 叠层动作定义

【导向定义】选项用于定义多截面断面轮廓曲线，包括以下选项：

★ 切面1：用于选择第一条轮廓曲线或所在曲面。
★ 切面2：用于选择第二条轮廓曲线或所在曲面，如图22-97所示。

动手操作——分型曲面实例

01 在【标准】工具栏中单击【打开】按钮，在弹出的【选择文件】对话框中选择“22-15.CATProduct”文件，单击【打开】按钮打开模型文件，如图22-98所示。

02 单击展开窗口左侧的特征树，双击【MoldedPart】节点，如图22-99所示，随后自动进入型芯型腔设计工作台。

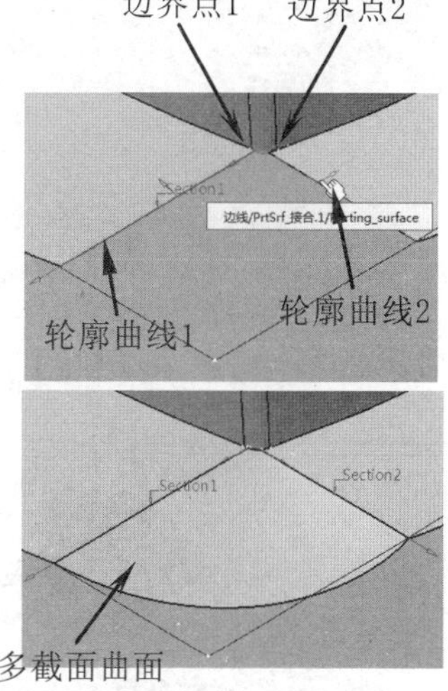

图22-97 多截面曲面

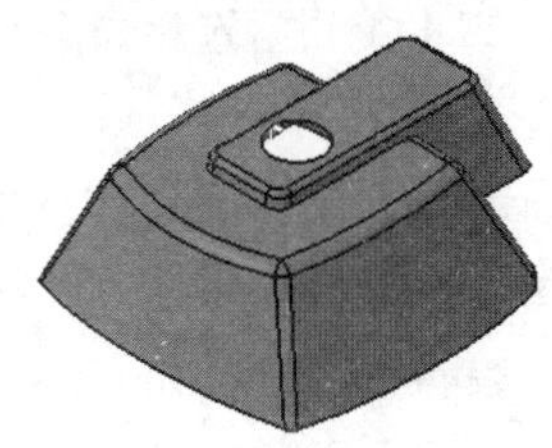

图22-98 打开模型

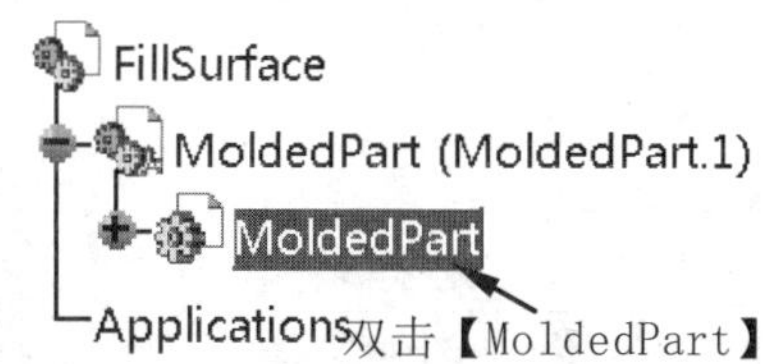

图22-99 双击模型进入型芯型腔工作台

03 选择下拉菜单【插入】|【几何图形集】命令，弹出【插入几何图形集】对话框，在【名称】文本框中输入“Parting_曲面”，在【父级】下拉列表中选择“MoldedPart”，单击【确定】按钮完成几何图形集创建，如图22-100所示。

图22-100 创建新几何图形集

04 单击【草图】按钮，在工作窗口选择草图平面xy平面，进入草图编辑器。利用矩形工具绘制如图22-101所示的草图。单击【工作台】工具栏上的【退出工作台】按钮，完成草图绘制。

05 单击【曲面】工具栏上的【分型曲面】按钮，弹出【分模面定义】对话框，如图22-102所示。单击【动作】选项中的按钮，在图形区选择如图22-103所示的曲面，此时在零件模型上会显示出许多边界点。

图22-101 绘制草图

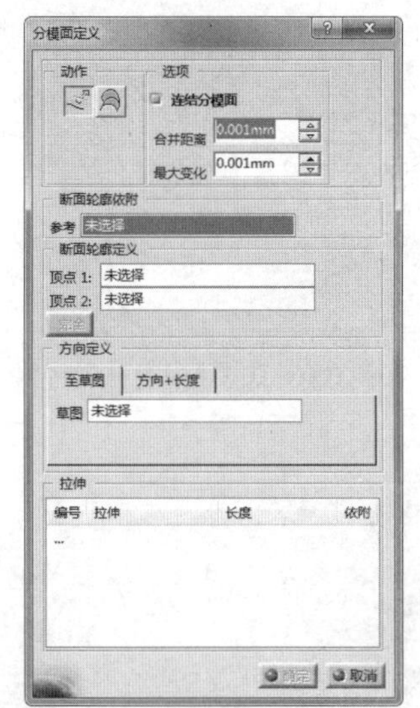

图22-102 【分模面定义】对话框

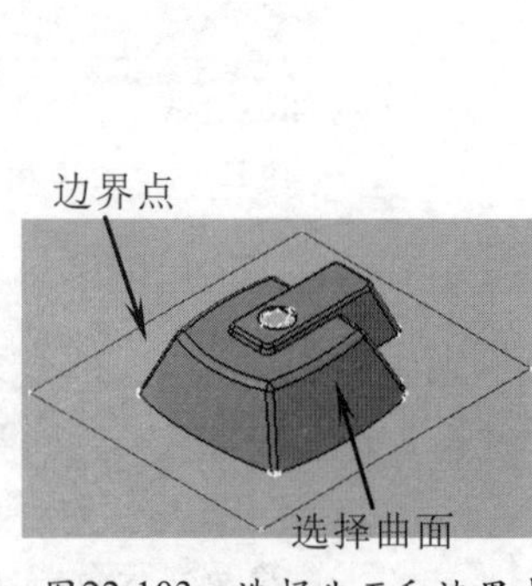

图22-103 选择曲面和边界点

06 激活【顶点1】编辑框选择如图22-104所示点作为边界点1，激活【顶点2】编辑框选择图中所示点作为边界点2。

07 在【方向定义】选项中的【至草图】选项卡中激活【草图】编辑框，选择如图所示的草图曲面作为拉伸终止线，完成拉伸曲面创建。

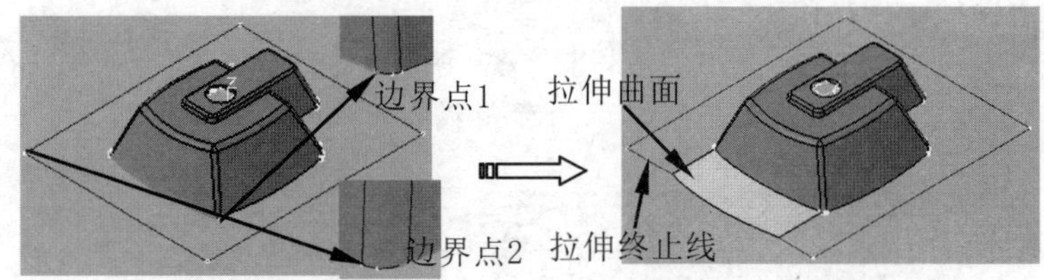

图22-104 创建拉伸曲面

08 重复上述步骤，选择如图22-105所示的边界点和拉伸终止草图，创建拉伸曲面，最后单击【确定】按钮完成。

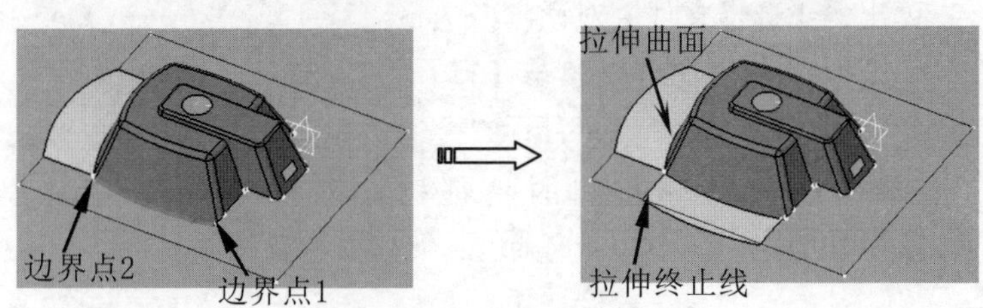

图22-105 创建拉伸曲面

09 单击【曲面】工具栏上的【分型曲面】按钮，弹出【分模面定义】对话框，如图22-106所示。单击【动作】选项中的按钮，在图形区选择如图22-107所示的曲面，此时在零件模型上会显示出许多边界点。

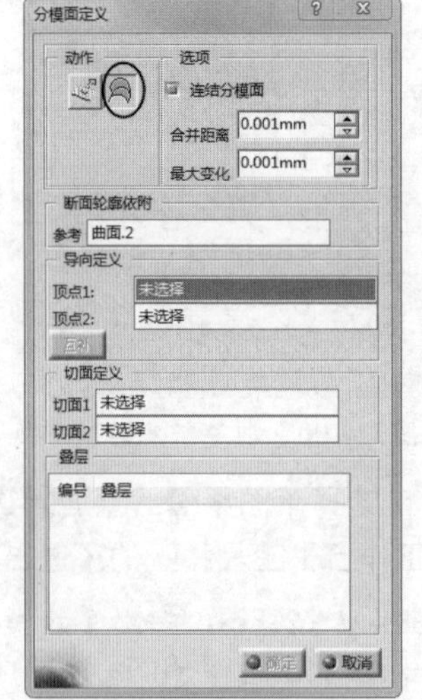

图22-106 【分模面定义】对话框

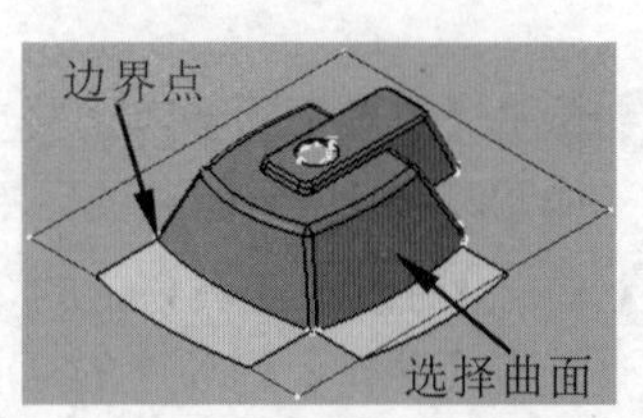

图22-107 选择曲面和边界点

10 激活【顶点1】编辑框，选择如图22-108所示点作为边界点1，激活【顶点2】编辑框，选择如图22-108所示点作为边界点2。

11 激活【切面1】编辑框，选择如图所示线作为轮廓线1，激活【切面2】编辑框，选择图中所示线作为轮廓线2。

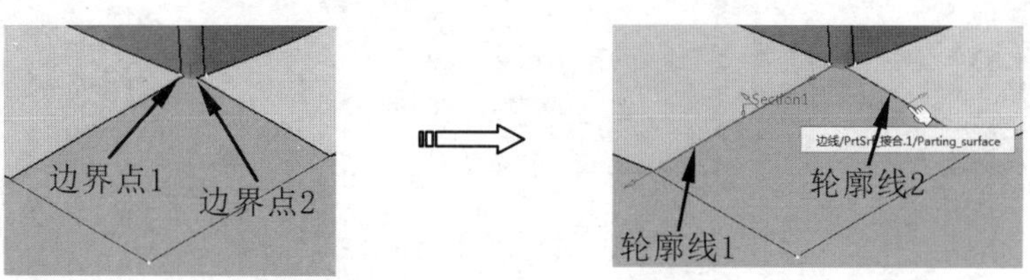

图22-108 选择边界点和轮廓线

12 单击【确定】按钮，完成多截面曲面的创建，如图22-109所示。

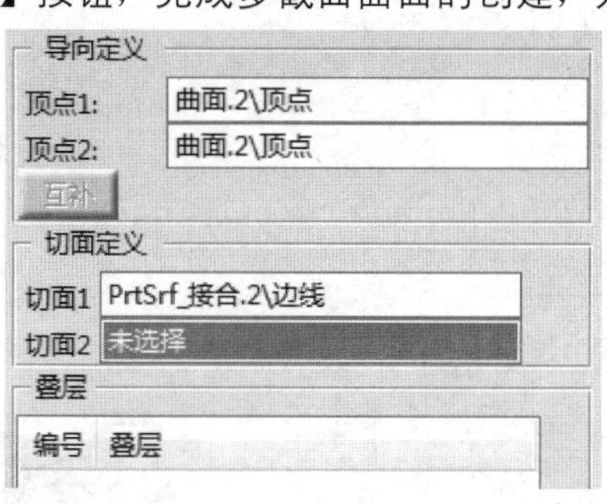

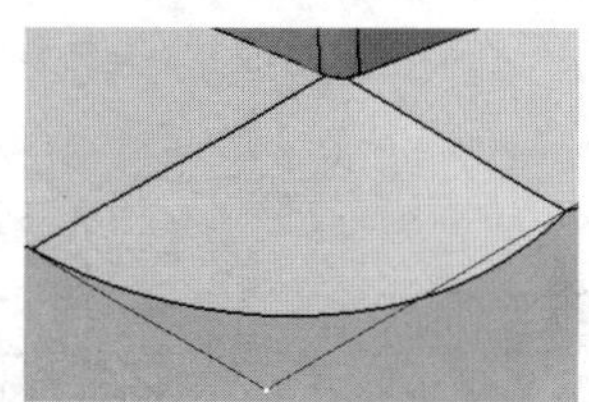

图22-109 创建多截面曲面

22.5.3 创建扫掠曲面

【扫掠曲面】是指将一个轮廓沿着一条引导线生成曲面，截面线可以是已有的任意曲线，也可以是规则曲线，如直线、圆弧等。

提 示

在【型芯&型腔设计】工作台中创建扫掠曲面的操作步骤与“第7章 曲线和曲面设计”中扫掠曲面过程基本相同，由于在模具设计中常用，故本节以实例来演示在模具设计中的应用。

动手操作——扫掠曲面实例

01 在【标准】工具栏中单击【打开】按钮，在弹出的【选择文件】对话框中选择“22-16.CATProduct”文件，单击【打开】按钮打开模型文件，如图22-110所示。

02 单击展开窗口左侧的特征树，双击【MoldedPart】节点，如图22-111所示，随后自动进入型芯型腔设计工作台。

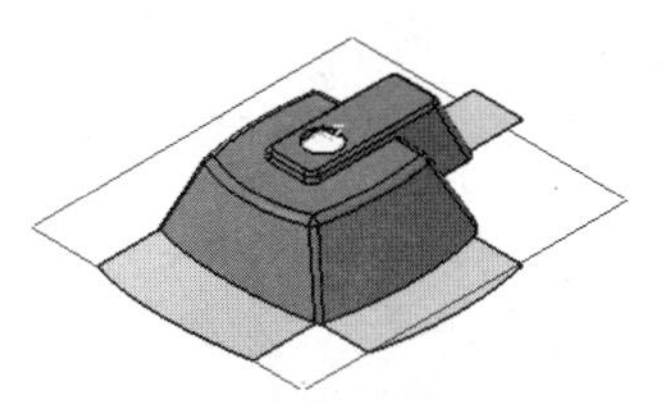

图22-110 打开模型

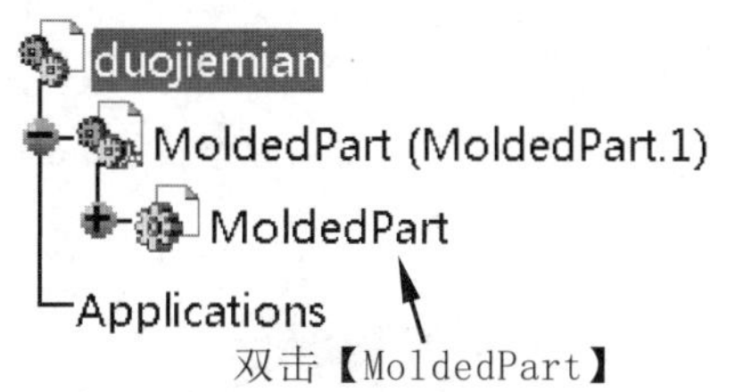

图22-111 双击模型进入型芯型腔工作台

03 单击【操作】工具栏上的【接合】按钮，弹出【接合定义】对话框，选择如图22-112所示的边线，单击【确定】按钮，完成接合曲线创建。

图22-112　创建接合曲线

04 单击【曲面】工具栏上的【扫掠】按钮，弹出【扫掠曲面定义】对话框，在【轮廓类型】选择【显式】图标，在【子类型】下拉列表中选择【使用参考曲面】选项，选择上一步接合曲线作为轮廓，选择拉伸曲面边线作为引导曲线，单击【确定】按钮，系统自动完成扫掠曲面创建，如图22-113所示。

图22-113　创建扫掠曲面

22.5.4　创建填充曲面

【填充曲面】用于由一组曲线或曲面的边线围成的封闭区域中形成曲面。

提 示

在【型芯&型腔设计】工作台中创建填充曲面的操作步骤与“第7章　曲线和曲面设计”中填充曲面过程基本相同。由于在模具设计中常用，故本节以实例来演示在模具设计中的应用。

动手操作——填充曲面实例

01 在【标准】工具栏中单击【打开】按钮，在弹出的【选择文件】对话框中选择“22-17.CATProduct”文件，单击【打开】按钮打开模型文件，如图22-114所示。

02 单击展开窗口左侧的特征树，双击【MoldedPart】节点，如图22-115所示，随后自动进入型芯型腔设计工作台。

图22-114　打开模型

图22-115　双击模型进入型芯型腔工作台

03 选择下拉菜单中的【插入】|【几何图形集】命令，弹出【插入几何图形集】对话框，在【名称】文本框中输入“Fill_surface”，在【父级】下拉列表中选择“MoldedPart”，单击【确定】按钮完成几何图形集创建，如图22-116所示。

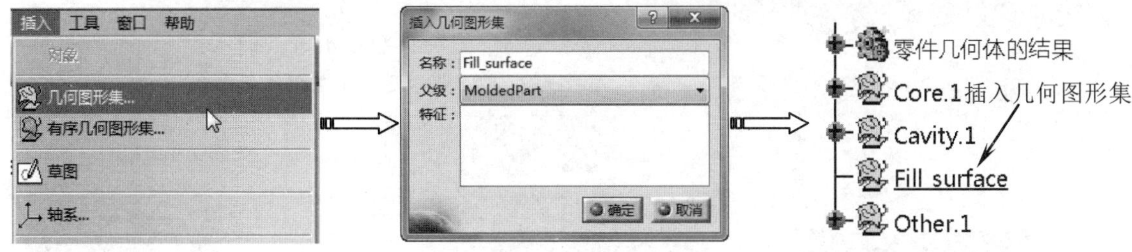

图22-116 创建新几何图形集

04 单击【曲面】工具栏上的【填充曲面】按钮，弹出【填充曲面定义】对话框，选择一组封闭的边界曲线和支持面，单击【确定】按钮，系统自动完成填充曲面创建，如图22-117所示。

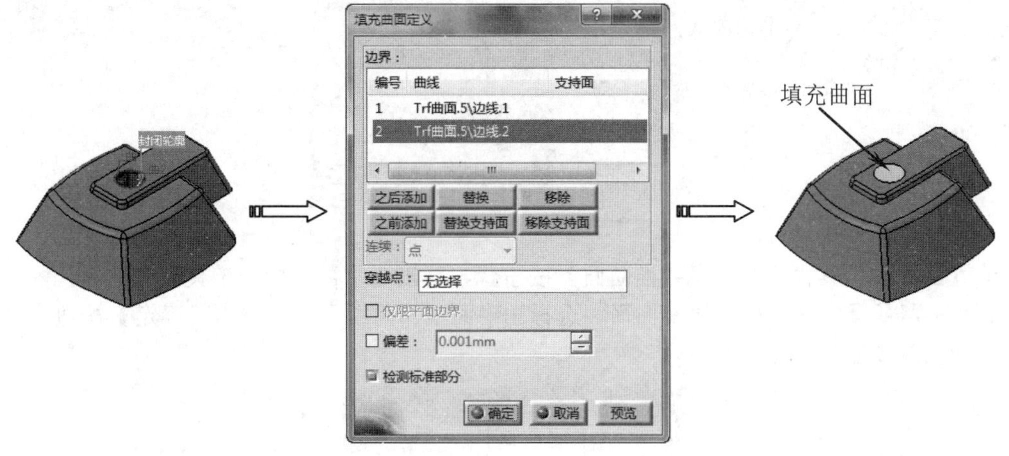

图22-117 填充曲面

22.5.5 创建多截面曲面

【多截面曲面】是通过多个截面线扫掠生成曲面。创建多截面曲面时，可使用引导线、脊线，也可以设置各种耦合方法。

> **提 示**
>
> 在【型芯&型腔设计】工作台中创建多截面曲面的操作步骤与【创成式曲面设计指令】一章中多截面曲面过程基本相同，由于在模具设计中常用，故本节以实例来演示在模具设计中的应用。

动手操作——多截面曲面实例

01 在【标准】工具栏中单击【打开】按钮，在弹出的【选择文件】对话框中选择“22-18.CATProduct”文件，单击【打开】按钮打开模型文件，如图22-118所示。

02 单击展开窗口左侧的特征树，双击【MoldedPart】节点，如图22-119所示，随后自动进入型芯型腔设计工作台。

03 单击【线框】工具栏上的【样条】按钮，弹出【连接曲线定义】对话框，在【连接类型】下拉列表中选择“法线”，依次选择两条曲线上的两个连接点和两个曲线，单击【确定】按钮，系统自动完成连接曲线创建，如图22-120所示。

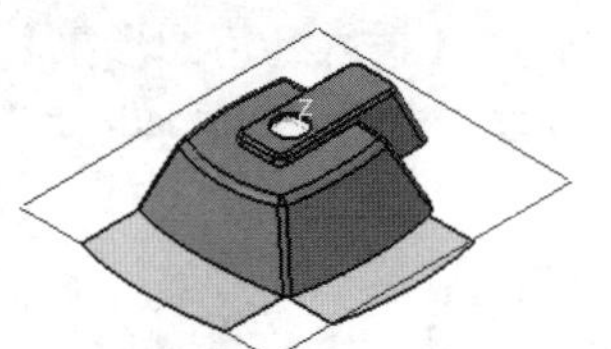

图22-118　打开模型

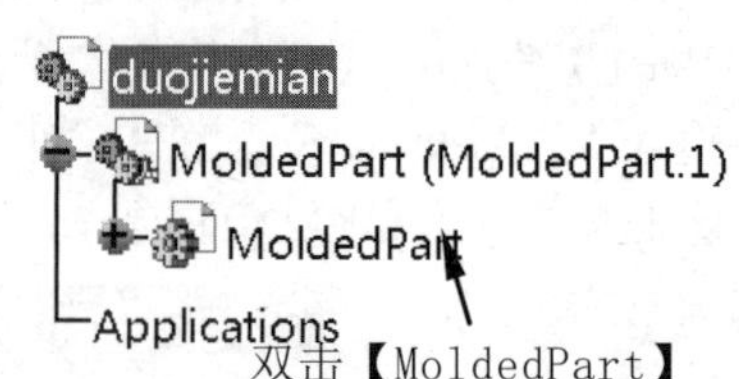

图22-119　双击模型进入型芯型腔工作台

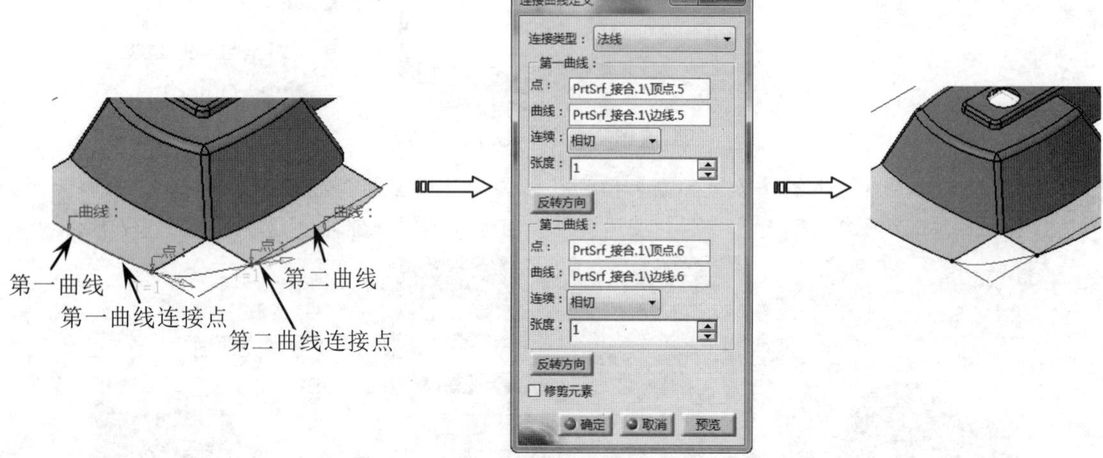

图22-120　创建连接曲线

04 单击【曲面】工具栏上的【多截面曲面】按钮，弹出【多截面曲面定义】对话框，依次选取如图22-121所示的两个截面轮廓曲面，选择图中曲线作为引导线，单击【确定】按钮，系统自动完成多截面曲面创建。

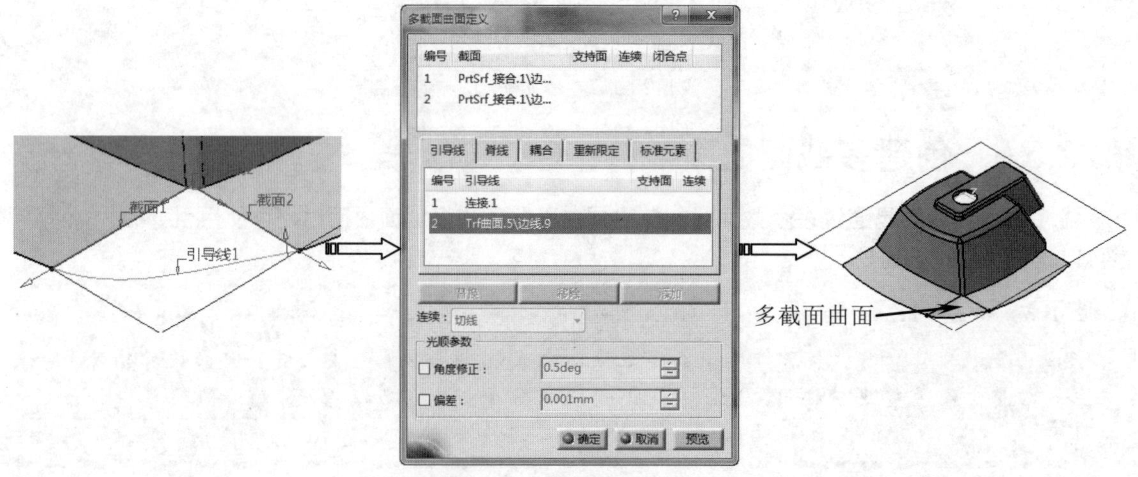

图22-121　创建多截面曲面

22.5.6　创建接合曲面

【接合】用于将已有的多个曲面或多条曲线结合在一起而形成整体曲面或曲线。

提示

在【型芯&型腔设计】工作台中创建接合曲面的操作步骤与“第7章　曲线和曲面设计”中接合过程基本相同。由于在模具设计中常用，故本节以实例来演示在模具设计中的应用。

动手操作——接合曲面实例

01 在【标准】工具栏中单击【打开】按钮，在弹出的【选择文件】对话框中选择“22-19.CATProduct”文件，单击【打开】按钮打开模型文件，如图22-122所示。

02 单击展开窗口左侧的特征树，双击【MoldedPart】节点，如图22-123所示，随后自动进入型芯型腔设计工作台。

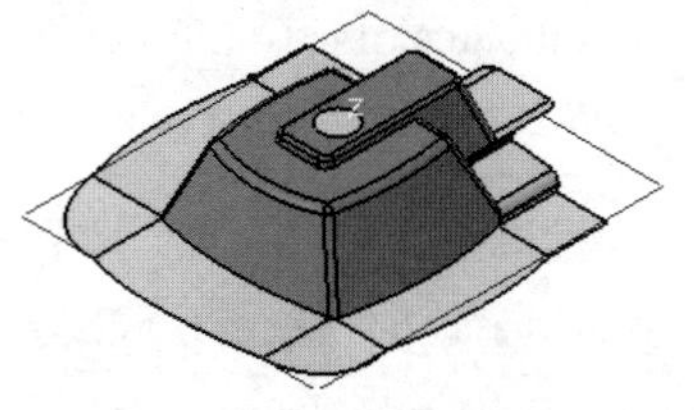

图22-122 打开模型

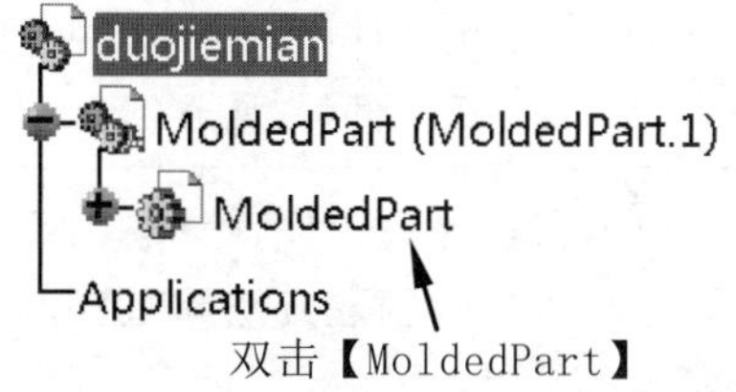

图22-123 双击模型进入型芯型腔工作台

03 单击【操作】工具栏上的【接合】按钮，弹出【接合定义】对话框，依次选择如图22-124所示的所有曲面，单击【确定】按钮，系统自动完成接合曲面创建。

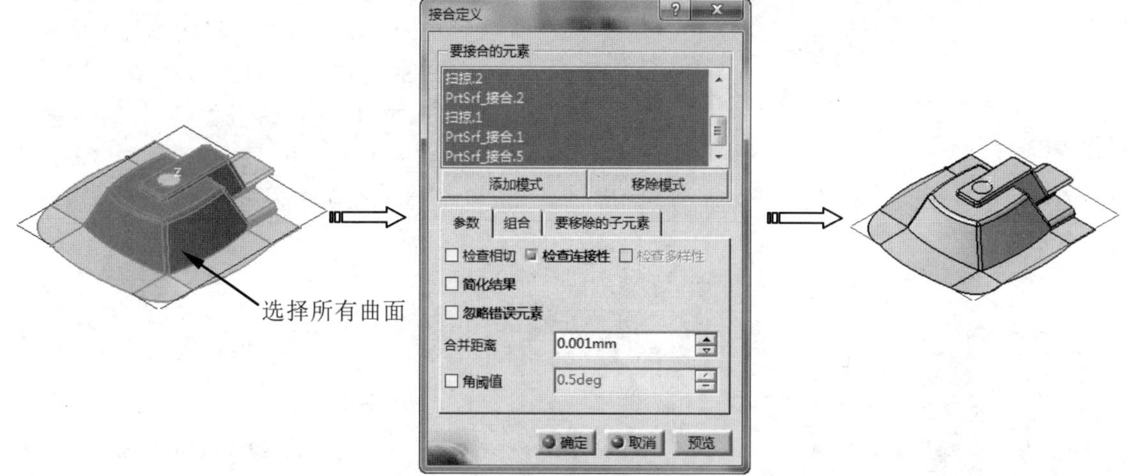

图22-124 创建接合曲面

04 在特征树中选中上一步所创建的接合曲面节点，单击鼠标右键在弹出的快捷菜单中选择【属性】命令，弹出【属性】对话框，在【特征属性】选项卡的【特征名称】文本框中输入“cavity_surface”，单击【确定】按钮，完成特征重命名，如图22-125所示。

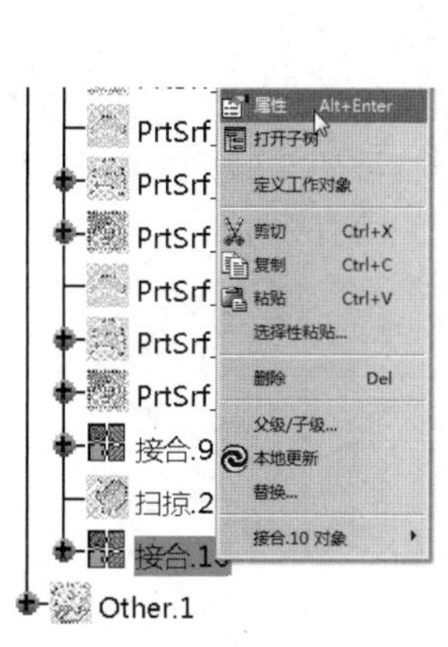

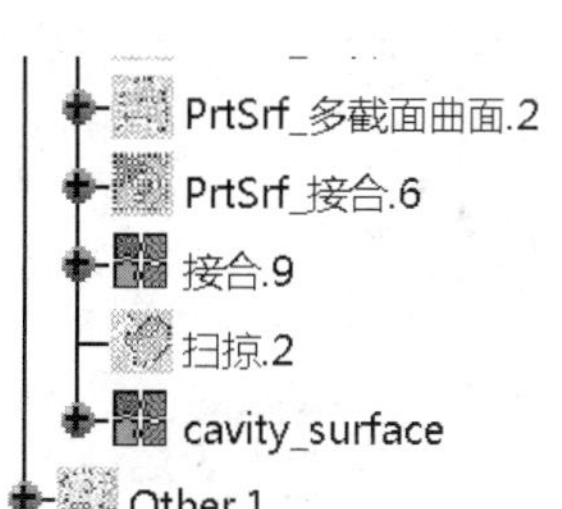

图22-125 特征重命名

22.6 实战应用——电器操作盒模具设计

引入光盘：\动手操作\源文件\Ch22\dianqihe.CATProduct

结果文件：\动手操作\结果文件\Ch22\dianqihe\dianqihe.CATProduct

视频文件：\视频\Ch22\电器盒模具设计.avi

下面我们以电器操作盒为例，详解CATIA V5R21模具型芯和型腔的创建方法和过程。电器操作盒如图22-126所示。

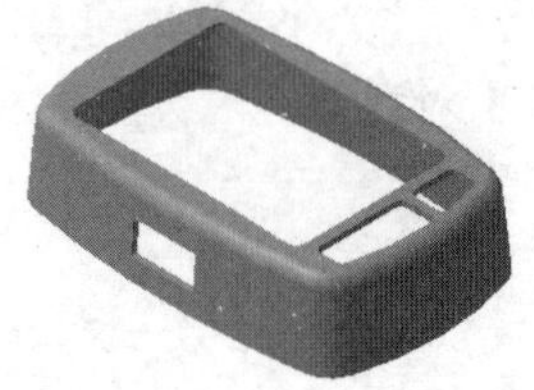

图22-126 电器操作盒零件

操作步骤

01 选择菜单栏【文件】|【新建】命令，弹出【新建】对话框，在【类型列表】中选择【Product】选项，单击【确定】按钮。

02 选中特征树上的【Product1】节点，选择【开始】|【机械设计】|【型芯&型腔设计】命令，进入型芯型腔设计工作台。

03 选中【Product1】节点，单击鼠标右键，在弹出的快捷菜单中选择【属性】命令，在弹出的【属性】对话框中的【产品】选项卡的【零件编号】文本框中输入"dianqihe"，单击【确定】按钮修改产品名称，如图22-127所示。

图22-127 修改产品名称

04 单击【输入模型】工具栏上的【加载模型】按钮，弹出【输入模具零件】对话框。单击其后的【开启模具零件】按钮，弹出【选择文件】对话框，选择需要开模的零件"dianqihe.CATPart"，单击【打开】按钮，此时【输入模具零件】对话框更名。

05 在【轴系】下拉列表中选择坐标轴定义方式为"结合盒中心"，在【缩水率】选项中选择【等比例缩放】，在【比率】文本框输入1.006，单击【确定】按钮，完成模型加载，如图22-128所示。

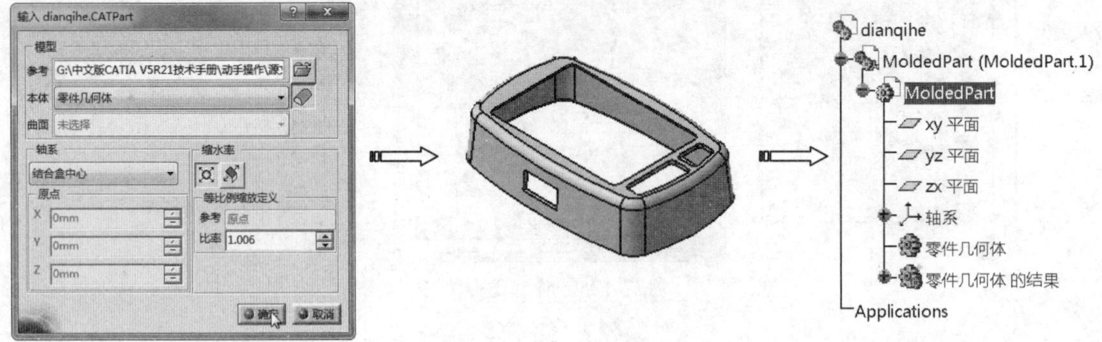

图22-128 加载模型

06 单击【脱模方向】工具栏上的【主要脱模方向】按钮，弹出【主要脱模方向定义】对话框，如图22-129所示。选中【形状】选项后的【Extract】按钮，在特征树上选中【MoldedPart】下的【零件几何体的结果】节点下的“缩放.1”，如图22-130所示。

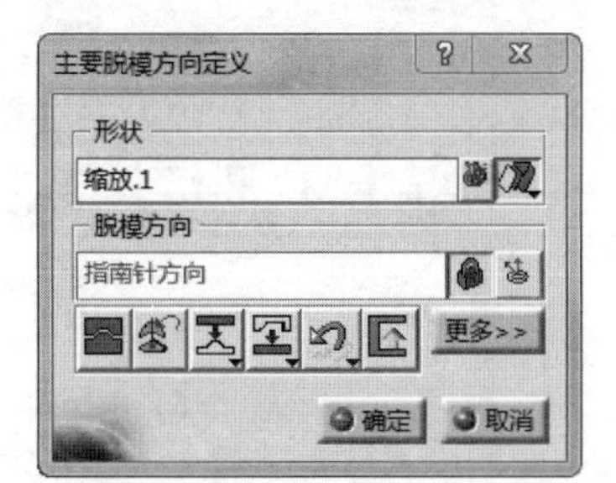

图22-129 【主要脱模方向定义】对话框

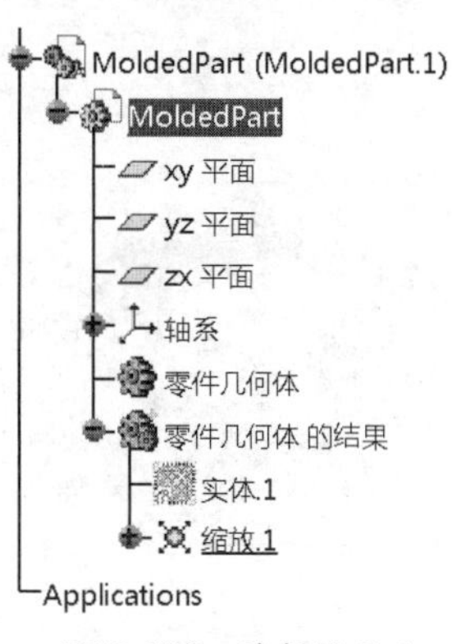

图22-130 选择缩放.1

07 单击【更多】按钮，在【可视化】选项中选中【爆炸】单选按钮，然后在下面的文本框输入数值100mm，在图形区空白处单击，如图22-131所示。

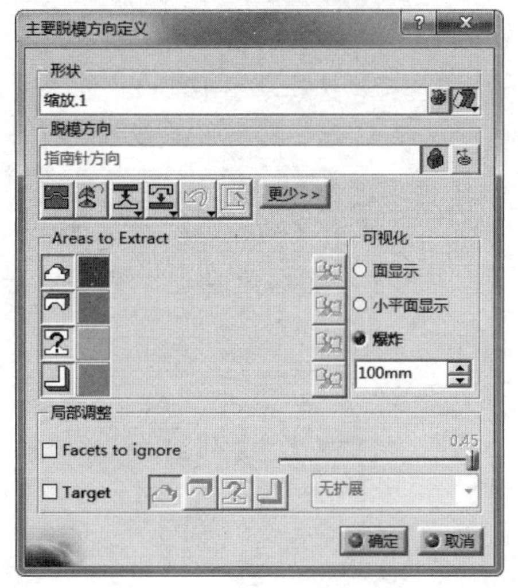

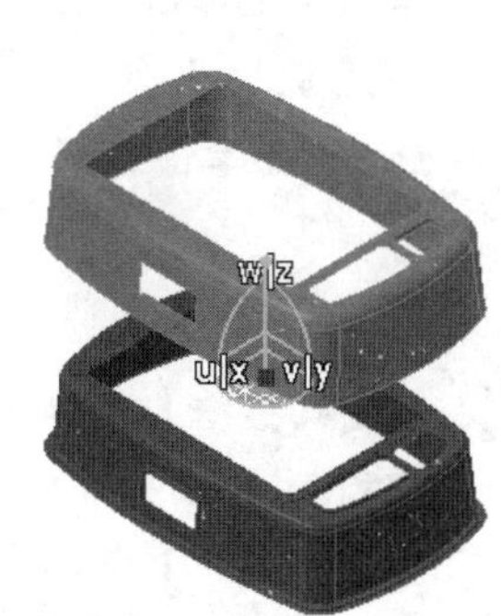

图22-131 分解区域视图

08 在【可视化】选项中选中【面显示】单选按钮，单击【确定】按钮，显示计算进程条，计算完成后在特征树中增加两个几何图形集，同时在模型中显示两个区域，如图22-132所示。

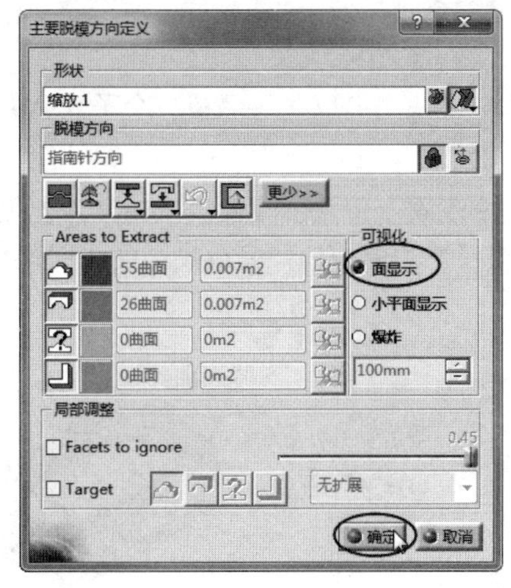

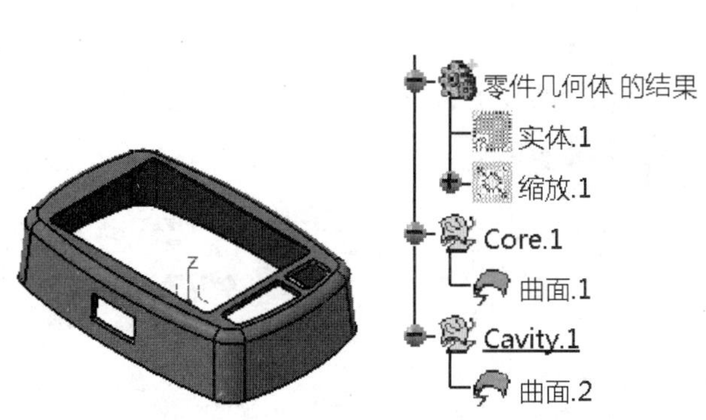

图22-132 创建主开模方向

09 单击【脱模方向】工具栏上的【变换图元】按钮，弹出【变换图元】对话框，在【目标地】下拉列表中选择“other.1”，如图22-133所示。在图形区选择侧面开口的壁边曲面，单击【确定】按钮完成变换图元确定，并在特征树中增加【other.1】节点，如图22-133所示。

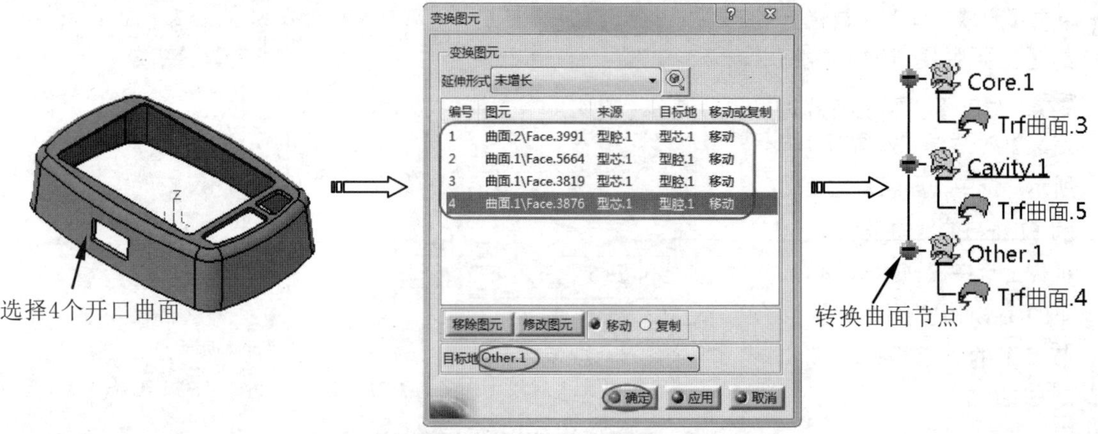

图22-133　创建变换图元

10 单击【草图】按钮，在工作窗口选择草图平面yz平面，进入草图编辑器。利用矩形工具绘制如图22-134所示的草图。

单击【工作台】工具栏上的【退出工作台】按钮，完成草图绘制。

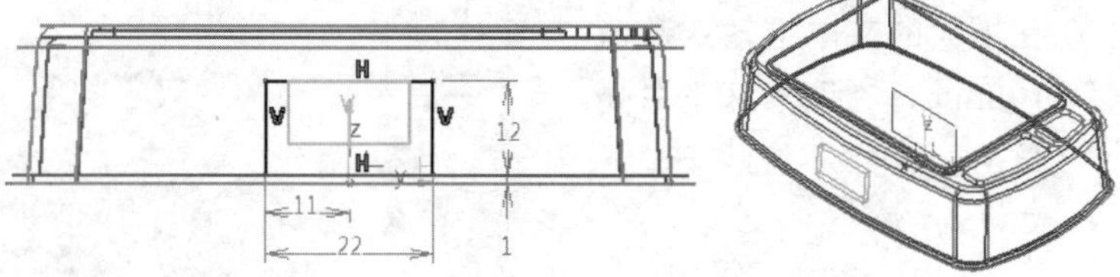

图22-134　绘制草图

11 单击【线框】工具栏上的【投影】按钮，弹出【投影定义】对话框，在【投影类型】下拉列表中选择【法线】选项，选择上一步草图作为投影的曲线，然后选择如图22-135所示的曲面作为投影支持面。

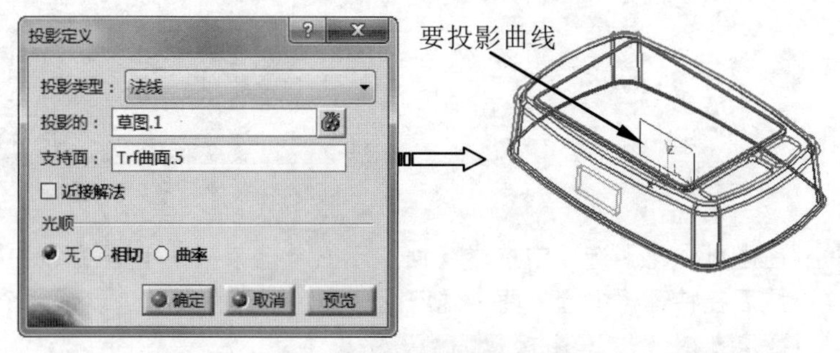

图22-135　选择要投影曲线

12 单击【确定】按钮，弹出【多重结果管理】对话框，选中【使用提取，仅保留一个子元素】单选按钮，单击【确定】按钮。

13 在弹出的【提取定义】对话框的【拓展类型】中选择“点连续”，激活【要提取的元素】编辑框，选择如图22-136所示的曲线作为要提取的元素，单击【确定】按钮，完成投影曲线创建。

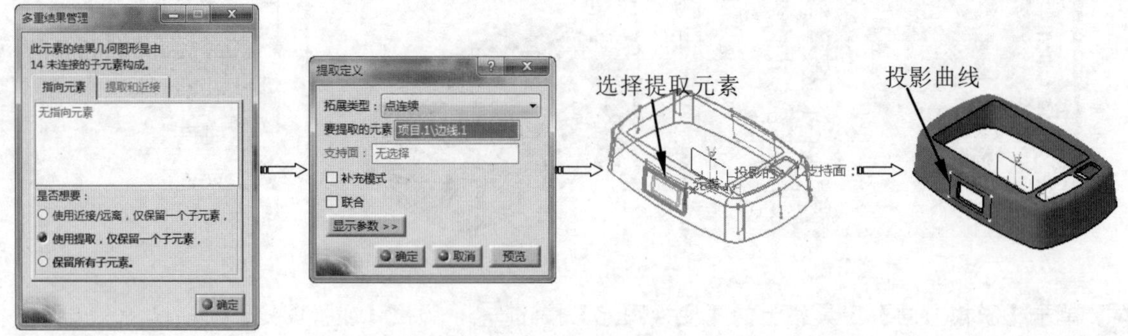

图22-136　创建投影曲线

14 单击【输入模型】工具栏上的【分割模具区域】按钮，弹出【分割模具区域】对话框，激活【要分割修剪面】编辑框，选择如图22-137所示曲面作为要分割的曲面，激活【裁切图元】编辑框，选择上一步创建的投影曲线作为裁剪元素，单击【应用】按钮。

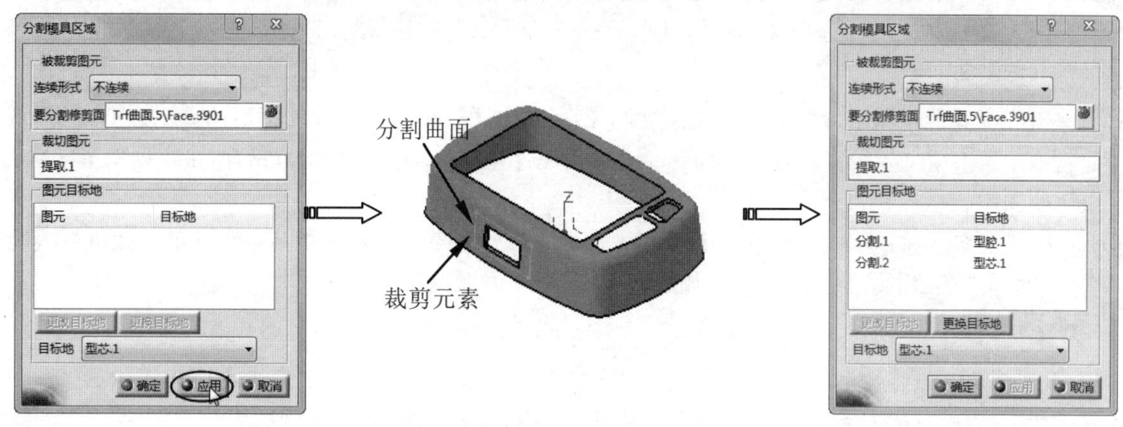

图22-137 选择分割曲面和裁剪元素

15 在【图元目标地】列表中选中【分割.2】，单击鼠标右键，在弹出的快捷菜单中选择【->其他】命令，单击【确定】按钮，完成分割模具区域，如图22-138所示。

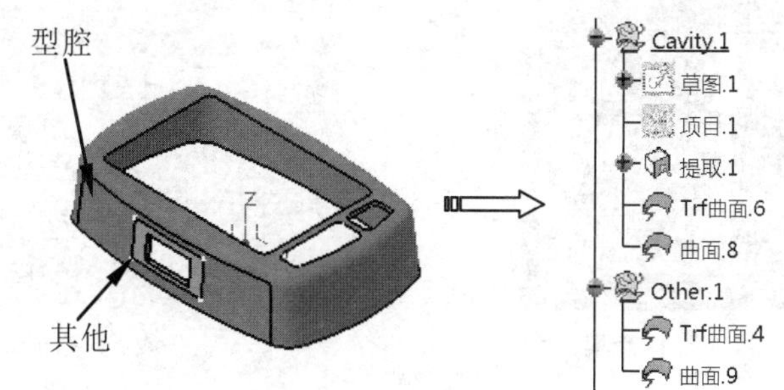

图22-138 创建分割模具区域

16 单击【输入模型】工具栏上的【聚集模具区域】按钮，弹出【聚集曲面】对话框，选中【创建连结基准】复选框，在特征树中选择【cavity.1】节点下的所有曲面，单击【确定】按钮完成型腔曲面的集合，如图22-139所示。

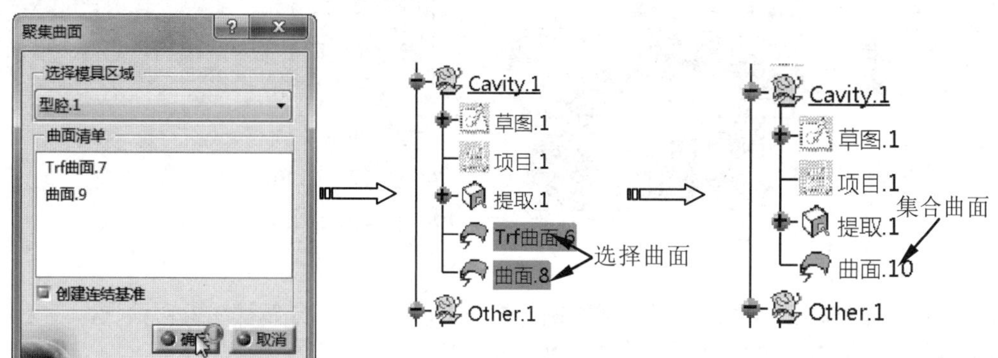

图22-139 创建型腔曲面集合

17 单击【输入模型】工具栏上的【聚集模具区域】按钮，弹出【聚集曲面】对话框，选中【创建连结基准】复选框，在特征树中选择【other.1】节点下的所有曲面，单击【确定】按钮完成滑块曲面的集合，如图22-140所示。

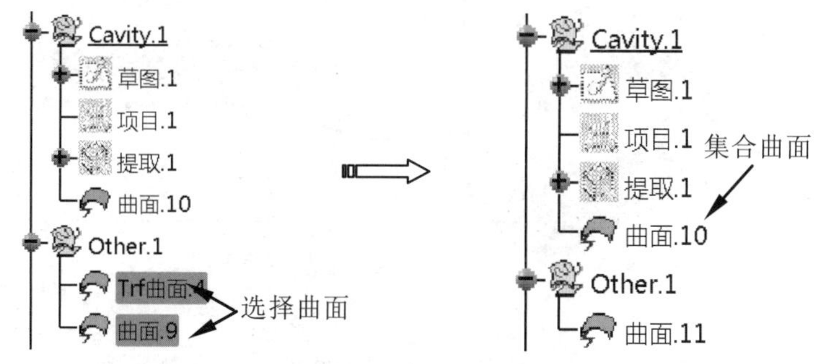

图22-140 创建滑块曲面集合

18 单击【输入模型】工具栏上的【定义滑块和斜顶脱模方向】按钮，弹出【滑块和斜顶脱模方向定义】对话框，选中【形状】选项后的【Extract】按钮，激活【形状】编辑框，选择“其他”曲面。

19 单击【由其他指派给滑块/斜顶】按钮，然后单击【脱模方向】编辑框后的按钮，激活编辑框，单击鼠标右键，在弹出的快捷菜单中选择【X轴】命令，如图22-141所示。然后单击按钮锁紧。

20 单击【更多】按钮，在【可视化】选项中选中【爆炸】单选按钮，然后在下面的文本框输入数值50mm，在图形区空白处单击，如图22-142所示。

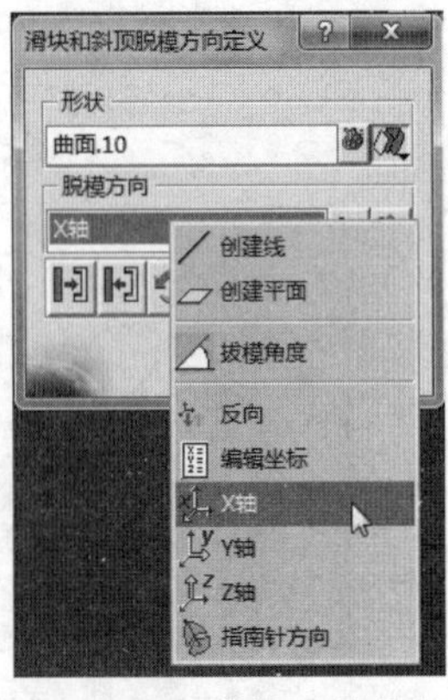

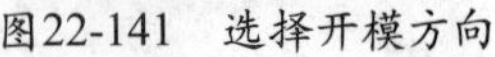

图22-141 选择开模方向

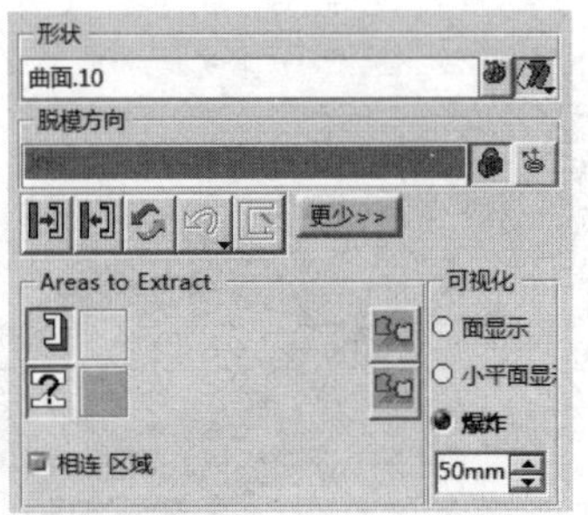

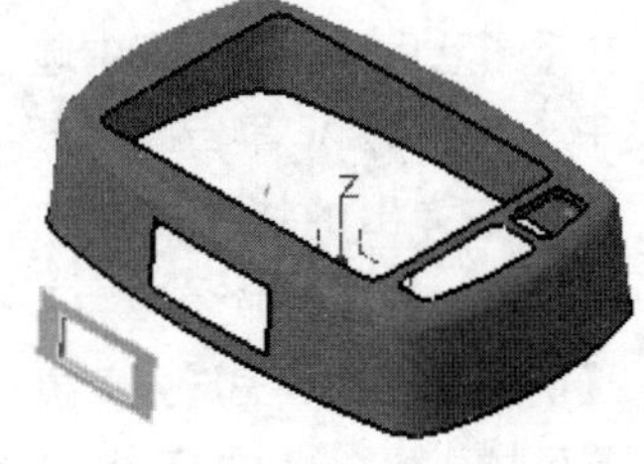

图22-142 分解区域视图

21 在【可视化】选项中选中【面显示】单选按钮，单击【确定】按钮，显示计算进程条，计算完成后在特征树中增加1个几何图形集，同时在模型中显示两个区域，如图22-143所示。

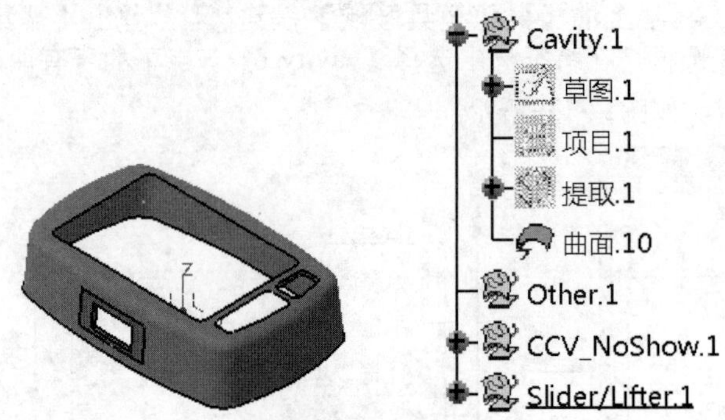

图22-143 创建滑块开模方向

22 单击【输入模型】工具栏上的【分解视图】按钮，弹出【分解视图】对话框，在【分解数值】文本框中输入50mm，单击【确定】按钮创建爆炸图，如图22-144所示。

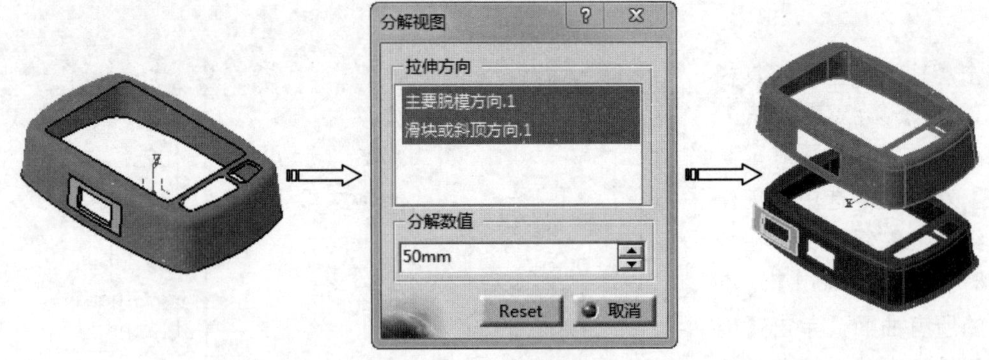

图22-144 创建分解视图

提 示

系统有主要开模方向和滑块开模方向，因此会自动选取两个移动方向，当产生爆炸曲面时，型芯、型腔和滑块完全分开，说明开模设置正确。

23 选择下拉菜单【插入】|【几何图形集】命令，弹出【插入几何图形集】对话框，在【名称】文本框中输入“Mend_surface”，在【父级】下拉列表中选择“MoldedPart”，单击【确定】按钮完成几何图形集创建，如图22-145所示。

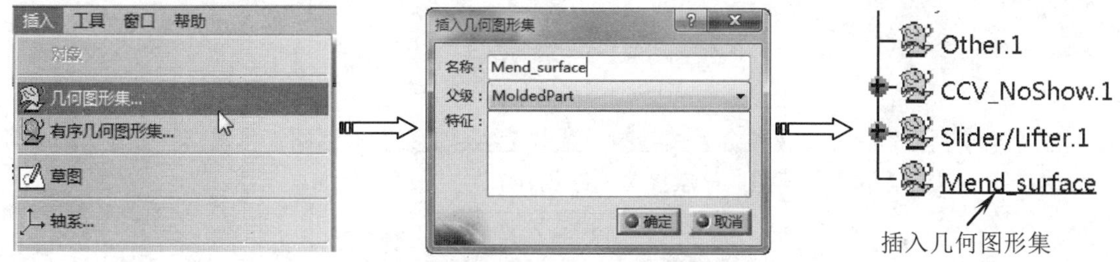

图22-145 创建新几何图形集

24 单击【曲面】工具栏上的【填充曲面】按钮，弹出【填充曲面定义】对话框，选择一组封闭的边界曲线和支持面，单击【确定】按钮，系统自动完成填充曲面创建，如图22-146所示。

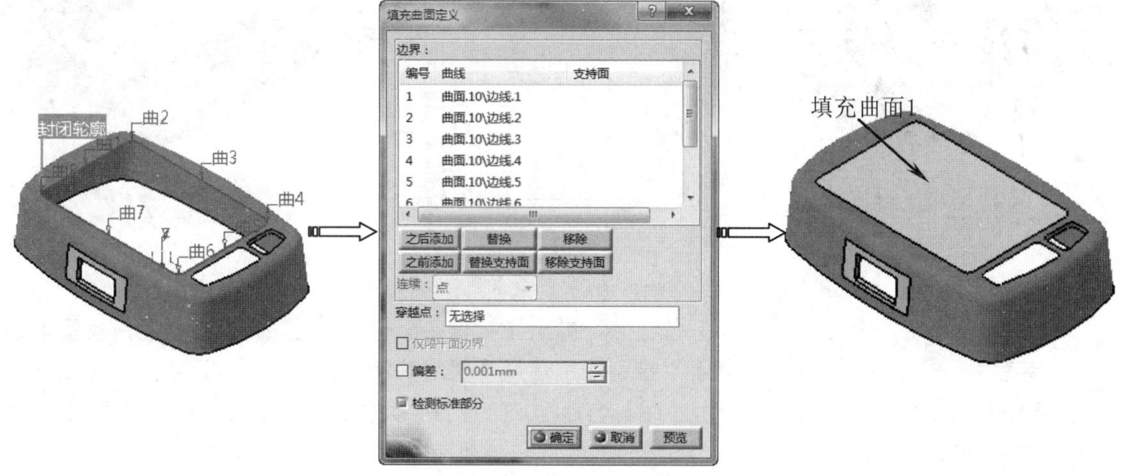

图22-146 创建填充曲面

25 重复上述填充曲面创建过程创建其他3个填充曲面，如图22-147所示。

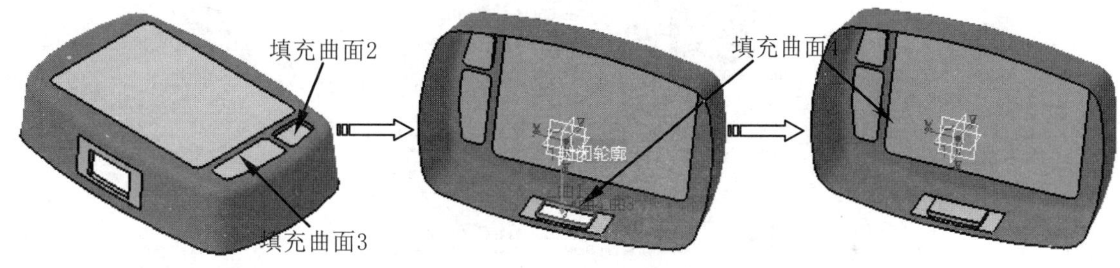

图22-147 创建其他填充曲面

提 示

创建填充曲面时，为了便于操作，可选中Core.1节点，单击鼠标右键选择【隐藏/显示】命令，隐藏型芯曲面。

26 选择下拉菜单【插入】|【几何图形集】命令，弹出【插入几何图形集】对话框，在【名称】文本框中输入“Parting_surface”，在【父级】下拉列表中选择“MoldedPart”，单击【确定】按钮完成几何图形集创建，如图22-148所示。

图22-148 创建新几何图形集

27 单击【操作】工具栏上的【接合】按钮，弹出【接合定义】对话框，依次选择如图22-149所示的边线，单击【确定】按钮，完成接合曲线创建。

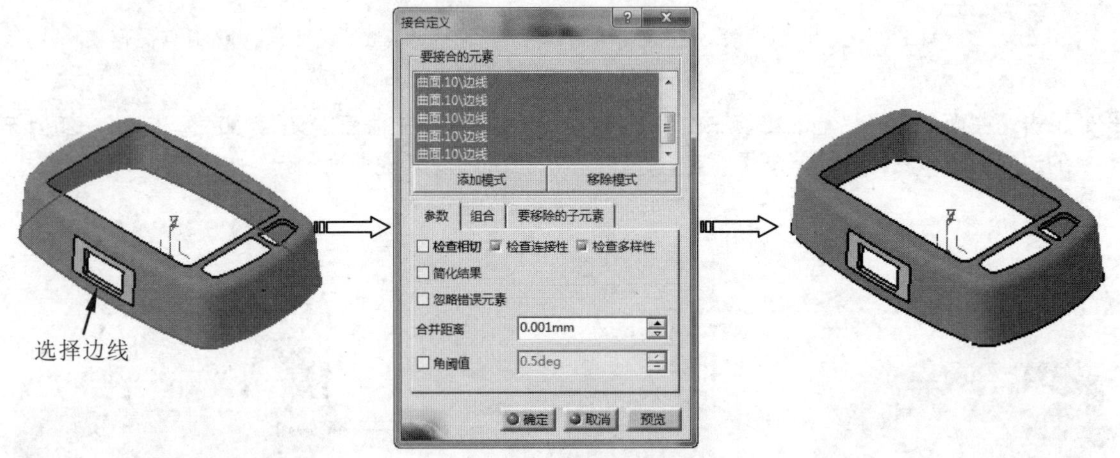

图22-149 创建接合曲线

28 单击【曲面】工具栏上的【扫掠】按钮，弹出【扫掠曲面定义】对话框，在【轮廓类型】选择【直线】图标，在【子类型】下拉列表中选择【使用参考曲面】选项，选择上一步创建接合曲线作为引导曲线，激活【参考曲面】选择框，选择xy平面作为参考曲面，在【长度1】文本框中输入50，单击【确定】按钮，系统自动完成扫掠曲面创建，如图22-150所示。

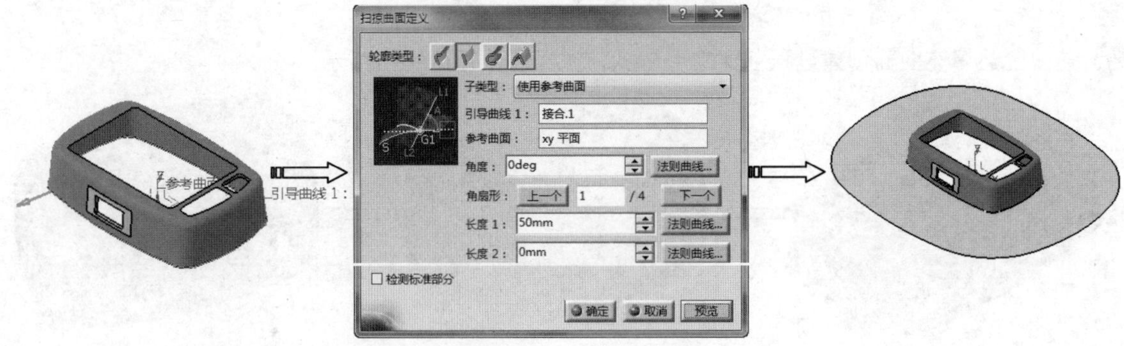

图22-150 创建扫掠曲面

29 单击【草图】按钮，在工作窗口选择草图平面xy平面，进入草图编辑器。利用矩形工具绘制如图22-151所示的草图。单击【工作台】工具栏上的【退出工作台】按钮，完成草图绘制。

30 单击【曲面】工具栏上的【分型曲面】按钮，弹出【分模面定义】对话框，如图22-152所示。单击【动作】选项中的按钮，在图形区选择如图22-153所示的曲面，此时在零件模型上会显示出许多边界点。

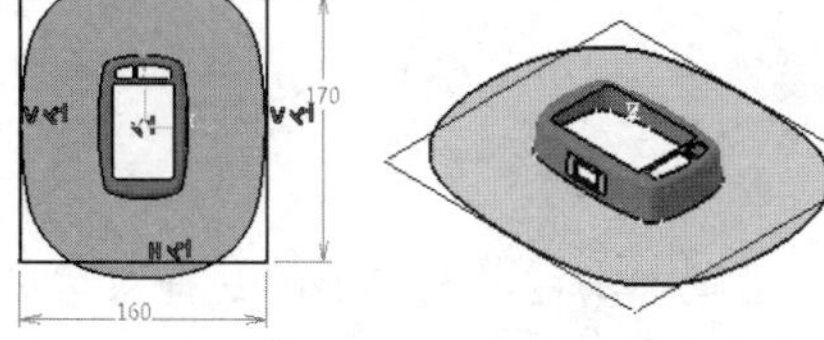

图22-151 绘制草图

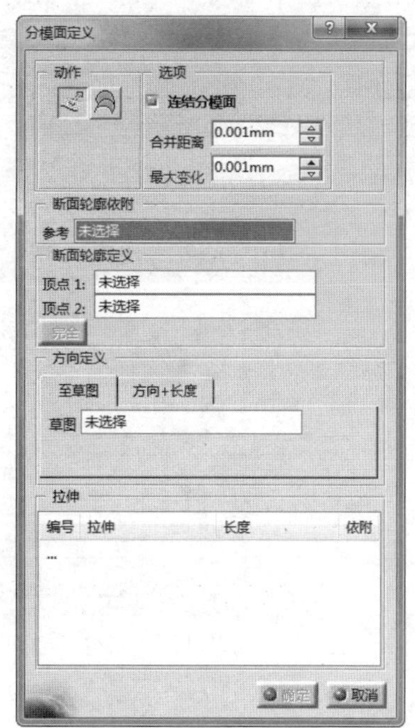

图22-152 【分模面定义】对话框

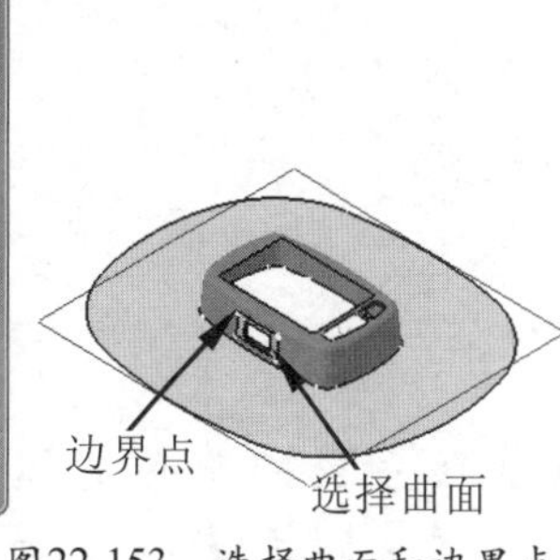

图22-153 选择曲面和边界点

31 激活【顶点1】编辑框，选择如图22-154所示点作为边界点1，激活【顶点2】编辑框，选择图中所示点作为边界点2，在【方向定义】选项中的【至草图】选项卡中激活【草图】编辑框，选择如图所示的草图曲面作为拉伸终止线，完成拉伸曲面创建。

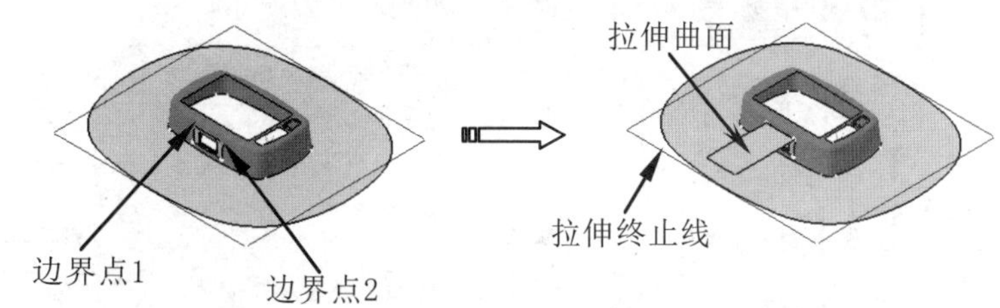

图22-154 创建拉伸曲面

32 重复上述步骤，创建滑块分割曲面边界处的其他3个拉伸曲面，最后单击【确定】按钮完成，如图22-155所示。

33 创建滑块分型面。在特征树中选中【Slider/Lifter.1】节点，单击鼠标右键，在弹出的快捷菜单中选择【定义工作对象】命令。

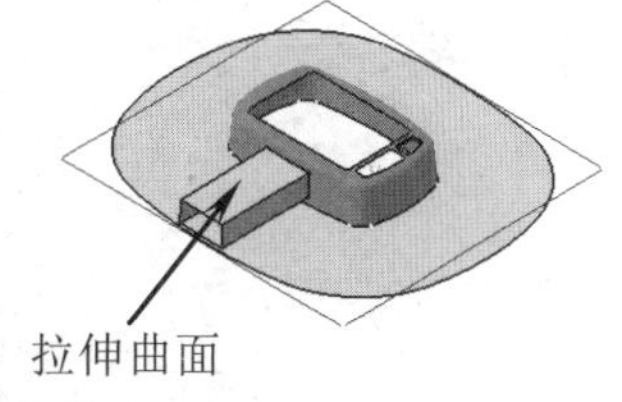

图22-155 创建拉伸曲面

34 单击【操作】工具栏上的【接合】按钮，弹出【接合定义】对话框，选择 Slider/Lifter.1 中所有曲面、 Mend_surface 中填充曲面4、 Parting_surface 中的拉伸曲面，单击【确定】按钮，系统自动完成结合曲面创建，如图22-156所示。

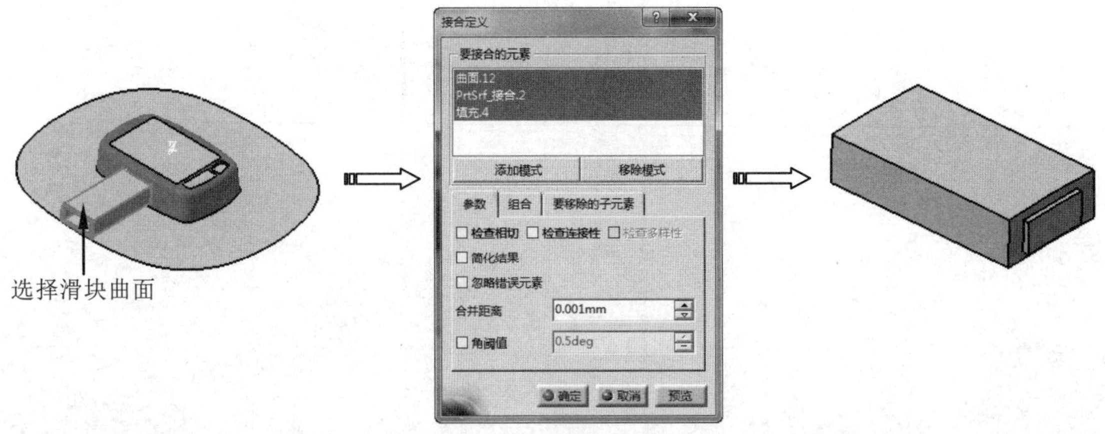

图22-156 创建接合曲面

35 在特征树中选中【Slider/Lifter.1】下的【接合.3】节点，单击鼠标右键，在弹出的快捷菜单中选择【属性】命令，在弹出的【属性】对话框中输入【特征名称】为“Slider_surface”，单击【确定】按钮完成特征重命名，如图22-157所示。

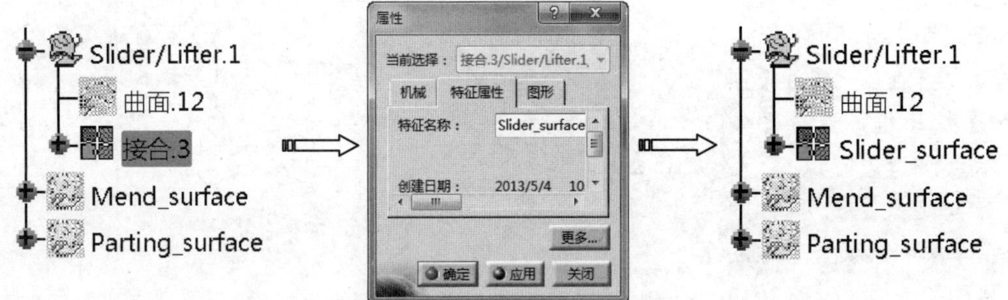

图22-157 特征重命名

36 创建型腔分型面。在特征树中选中【cavity.1】节点，单击鼠标右键，在弹出的快捷菜单中选择【定义工作对象】命令。

37 单击【操作】工具栏上的【接合】按钮，弹出【接合定义】对话框，选择 Slider/Lifter.1 中曲面.12、 Mend_surface 中填充曲面1,2,3,4, Parting_surface 中的扫掠曲面，单击【确定】按钮，系统自动完成接合曲面创建，如图22-158所示。

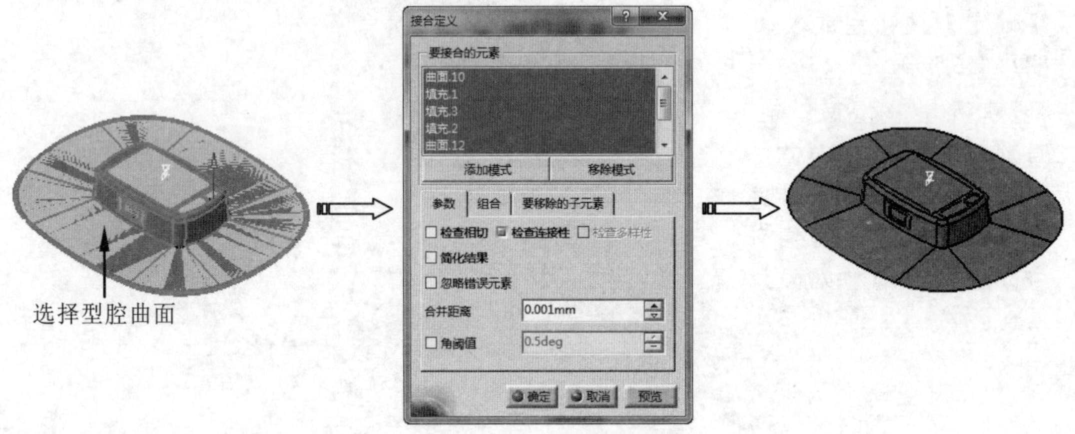

图22-158 创建接合曲面

38 在特征树中选中【cavity.1】下的【接合.4】节点，单击鼠标右键，在弹出的快捷菜单中选择【属性】命令，在弹出的【属性】对话框中输入【特征名称】为“cavity_surface”，单击【确定】按钮完成特征重命名，如图22-159所示。

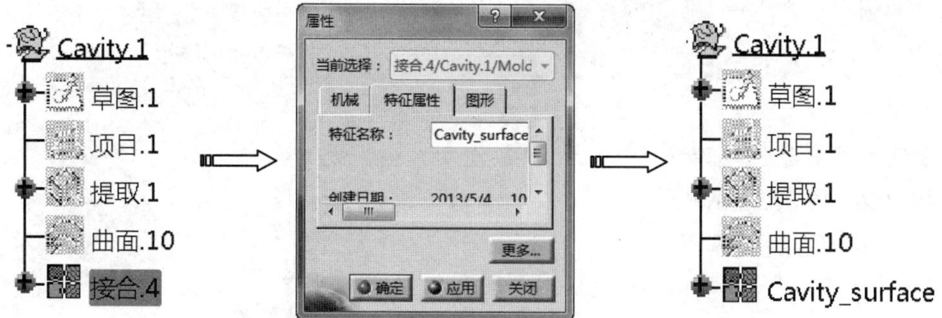

图22-159 特征重命名

39 创建型芯分型面。在特征树中选中【Core.1】节点，单击鼠标右键，在弹出的快捷菜单中选择【定义工作对象】命令。

40 单击【操作】工具栏上的【接合】按钮，弹出【接合定义】对话框，选择Core.1中所有曲面、Mend_surface中所有填充曲面、Parting_surface 中的扫掠曲面，单击【确定】按钮，系统自动完成接合曲面创建，如图22-160所示。

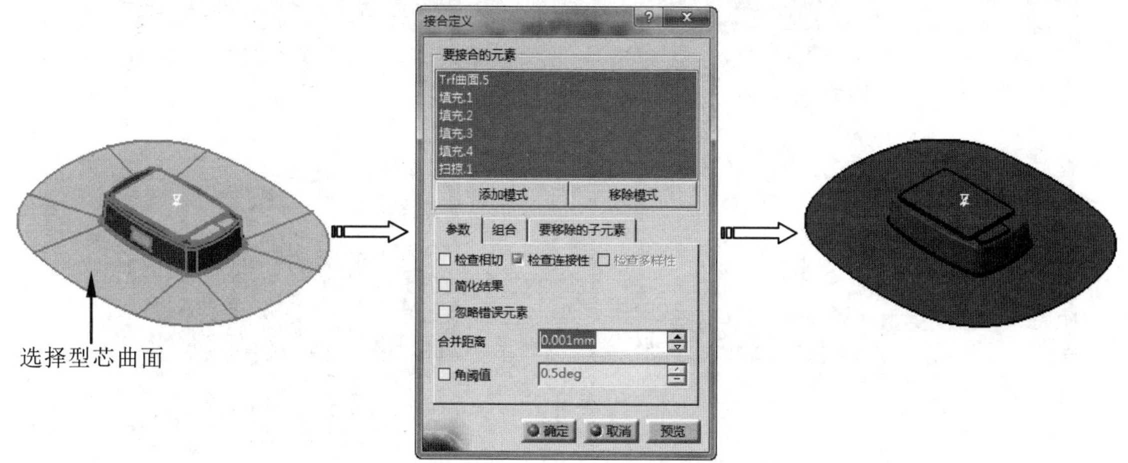

图22-160 创建接合曲面

41 在特征树中选中【Core.1】下的【接合.5】节点，单击鼠标右键，在弹出的快捷菜单中选择【属性】命令，在弹出的【属性】对话框中输入【特征名称】为“Core_surface”，单击【确定】按钮完成特征重命名，如图22-161所示。

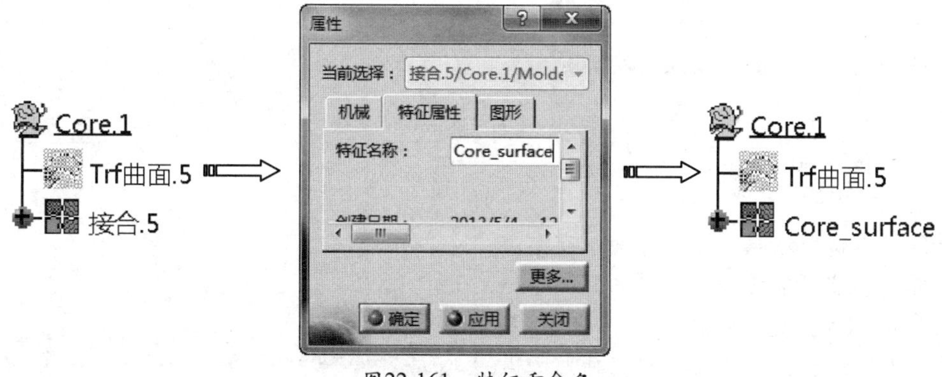

图22-161 特征重命名

提示

在创建分型面的过程中曲面很多，可采用隐藏/显示功能，隐藏掉不需要的曲面，只显示实际操作的曲面，可方便操作。

42 选择下拉菜单【开始】|【机械设计】|【模架设计】命令，进入模架设计工作台。在特征树中双击根节点激活装配部件。

43 选择下拉菜单中的【插入】|【模板部件】|【新镶块】命令，弹出【镶块定义】对话框。

44 定义工件类型。单击按钮，弹出【目录浏览器】对话框，双击【Pad_with_chamfer】图标，在弹出的对话框中双击【Pad】类型，如图22-162所示。

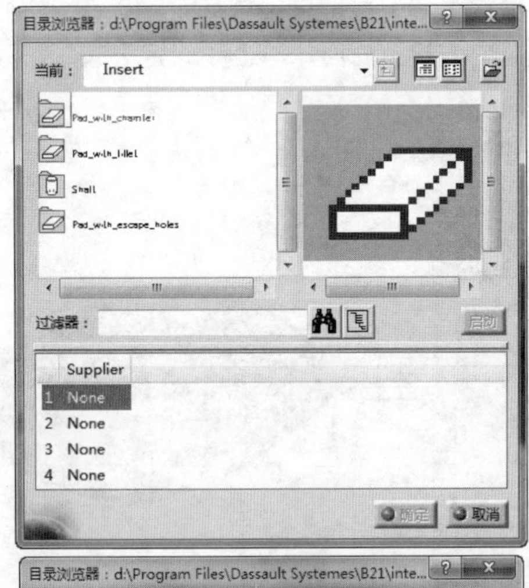

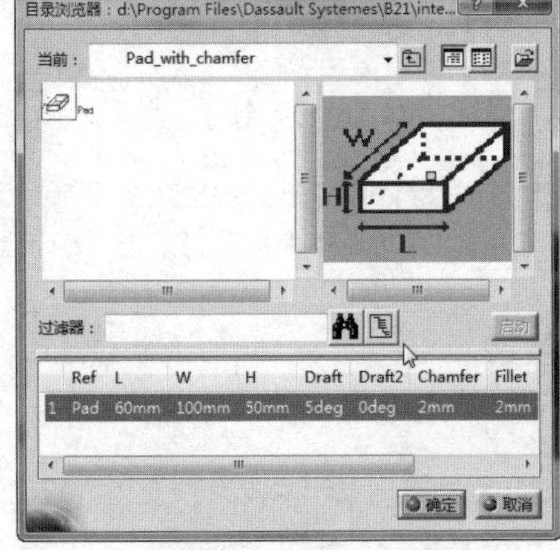

图22-162 定义工件类型

45 在特征树中选取xy平面为放置面，在型芯分型面上单击任意位置，在【X】文本框中输入0，【Y】文本框中输入0，在【Z】文本框中输入40。在【参数】选项卡中设置工件参数L=90mm，W=120mm，H=60，Draft=0，单击【位置】选项卡在【“标准钻孔”区的“至”】编辑框中，单击使其显示为“无选择”，如图22-163所示。

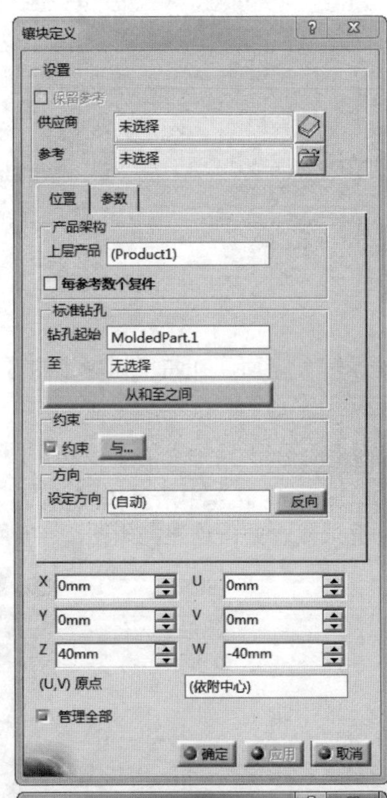

图22-163 【镶块定义】对话框

46 单击【镶块定义】对话框中的【确定】按钮完成工件创建，如图22-164所示。

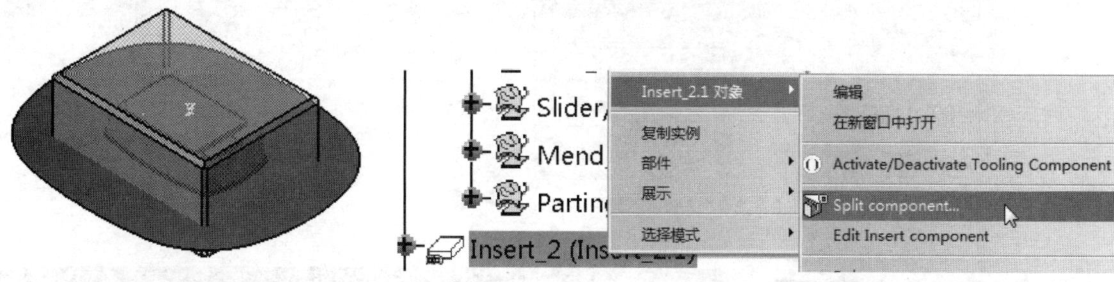

图22-164 创建工件　　　　图22-165 选择快捷菜单命令

47 在特征树中选择新建工件【Insert_2】节点，单击鼠标右键，在弹出的快捷菜单中选择【Insert_2.1对象】|【split component】命令，如图22-165所示。系统弹出【split Definition】对话框，选择上面创建的Core_surface为分割曲面，单击【确定】按钮完成型芯创建，如图22-166所示。

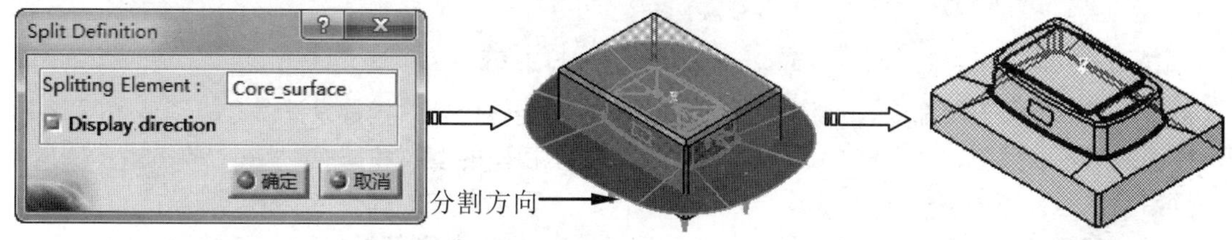

图22-166 创建型芯

提 示

如果分割方向与图形相反，可单击图形区的箭头，反转切割方向。

48 重复上述型芯创建步骤，分别以“cavity_surface”和“Slider_surface”为分割面创建型腔和滑块，如图22-167和图22-168所示。

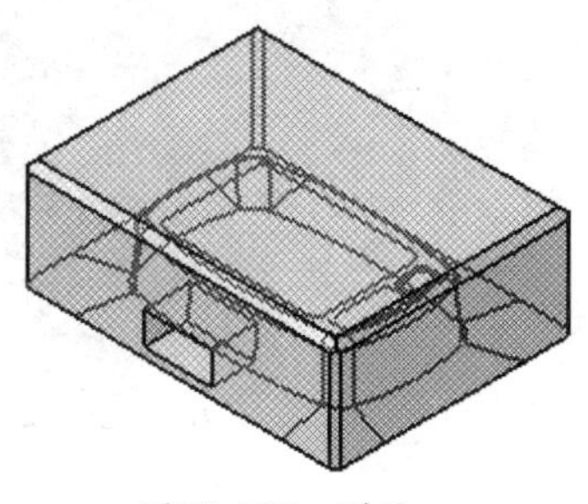

图22-167 型腔

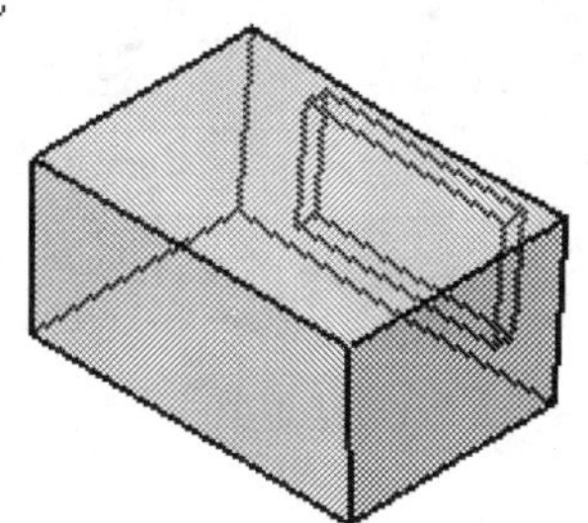

图22-168 滑块

提 示

在型腔创建过程中要执行两次分割，第一次采用型腔分型面分割，第二次采用滑块分型面分割。

49 选择菜单【开始】|【机械设计】|【装配设计】命令，进入装配模块。

50 单击【移动】工具栏上的【分解】按钮，弹出【分解】对话框，如图22-169所示。在【深度】框中选择“所有级别”，激活【选择集】编辑框，在特征树中选择装配根节点（即选择所有的装配组件）作为要分解的装配组件，在【类型】下拉列表中选择“3D”，激活【固定产品】编辑框，选择型芯为固定零件。

51 单击【应用】按钮，出现【信息框】对话框，提示可用3D罗盘在分解视图内移动产品，并在视图中显示分解预览效果，如图22-170所示。单击【取消】按钮，取消分解，完成操作。

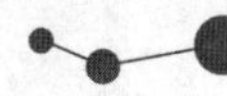

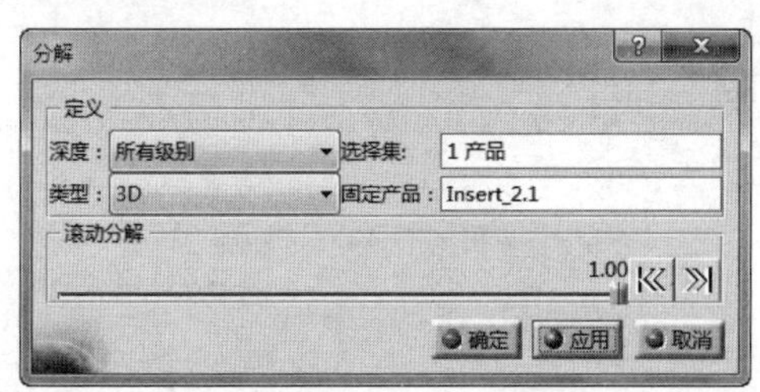

图22-169 【分解】对话框

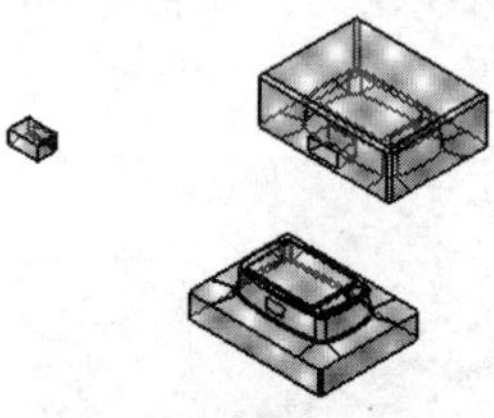

图22-170 分解图

22.7 课后习题

1. 练习一

通过CATIA模具设计命令，创建如图22-171所示模型的型芯和型腔。

读者将熟悉如下内容：

（1）加载模型。

（2）设置收缩率。

（3）定义主要脱模方向。

（4）创建填充曲面。

（5）创建扫掠分型面。

（6）模具分型。

图22-171 范例图

2. 练习二

通过CATIA模具设计命令，创建如图22-172所示模型的型芯和型腔。

读者将熟悉如下内容：

（1）加载模型。

（2）设置收缩率。

（3）定义主要脱模方向。

（4）创建填充曲面。

（5）创建分型面。

（6）模具分型。

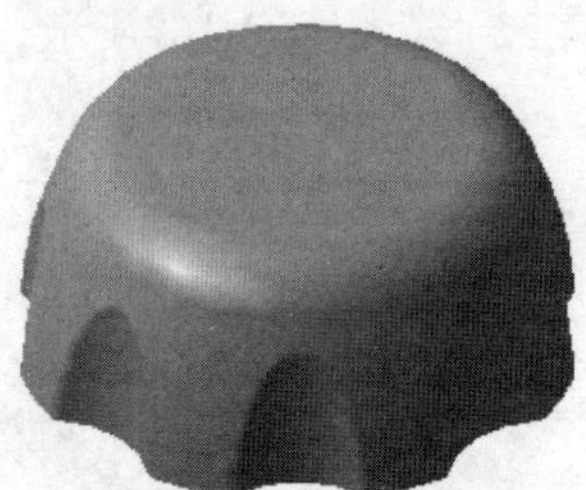

图22-172 范例图

第23章 数控加工技术引导

CATIA V5R21能够模拟数控加工的全过程，掌握和理解数控加工的一般流程和操作方法，为熟练应用数控加工模块奠定基础。我们在本章中特地把有关数控加工基础技巧介绍给大家，介绍不完全之处敬请读者朋友指正并提出，我们当虚心接受！

在本章中，除了介绍数控加工环境外，还要详细介绍加工机床、加工坐标系、加工毛坯零件、零件操作、刀路仿真和后处理等各种方法。虽然方法不尽相同，但都有异曲同工之妙，这可为后续的具体数控加工方法提供技术支持。

◎ 知识点01：CATIA数控加工环境设置
◎ 知识点02：毛坯零件创建
◎ 知识点03：加载目标加工零件
◎ 知识点04：设置安全平面
◎ 知识点05：加工仿真与后处理设置

中文版CATIA V5R21完全实战技术手册

23.1 CATIA数控加工知识要点

了解CATIA数控加工流程，并理解其思想，在数控加工设计阶段有着非常重要的指导作用。

23.1.1 加工环境设置

在开始数控加工之前，需要设置CATIA加工环境来适合个人的工作习惯。

动手操作——CATIA数控加工环境设置方法

01 启动CATIA V5R21，单击【标准】工具栏上的【打开】按钮，打开【选择文件】对话框，选择“ex_1.CATProcess”文件。

02 选择下拉菜单【工具】|【选项】命令，将对话框左侧选项栏切换至【加工】选项，弹出【选项】对话框。

03 单击【general】选项卡，显示常规选项设置，如图23-1所示。

提示

选中【Create a CATPart to store geometry】复选框，系统会自动创建一个毛坯文件。如果在进行加工前，已经将目标加工零件和毛坯零件装配在一起，则应取消该复选框。

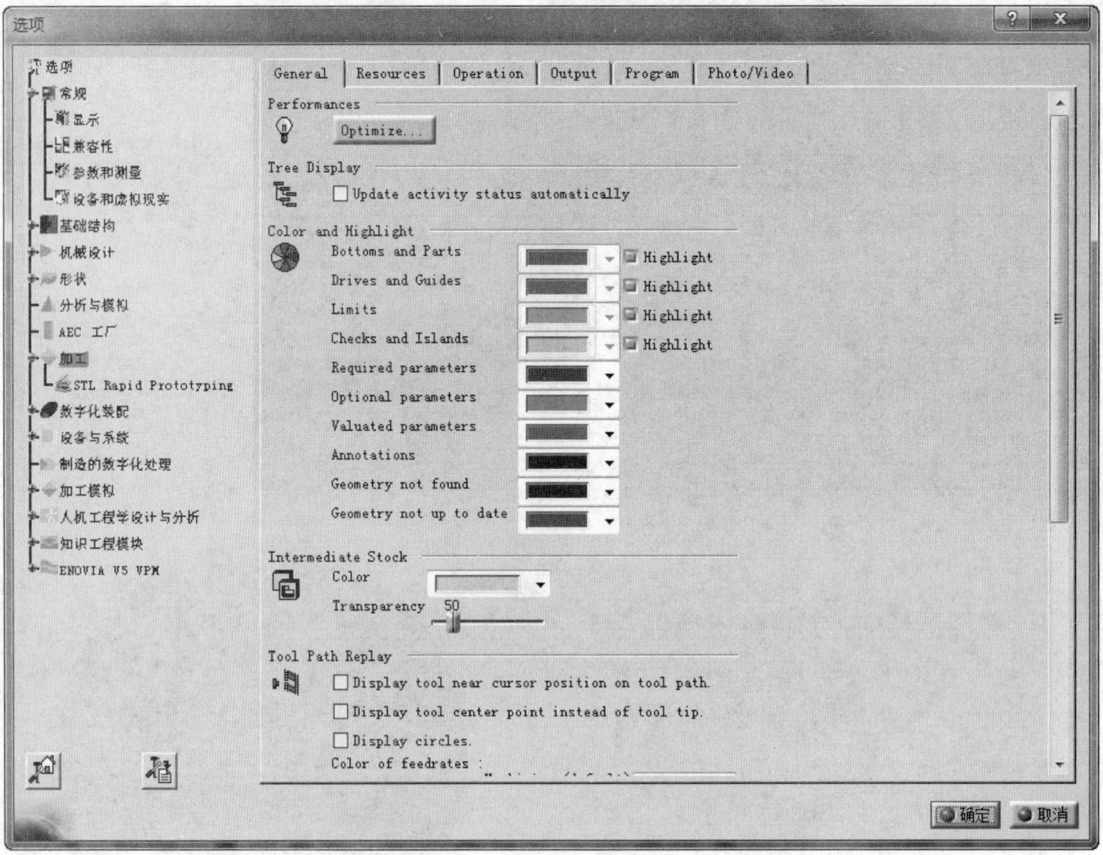

图23-1 【General】选项卡

04 单击【Optimize】按钮，弹出【Information】对话框，显示优化选项内容，单击【是】按钮设置生效，如图23-2所示。

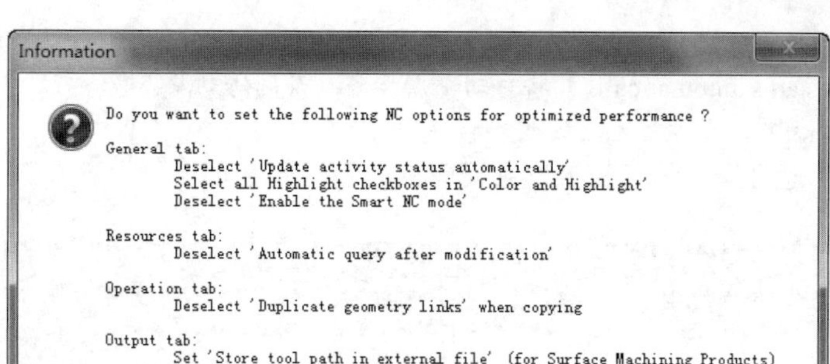

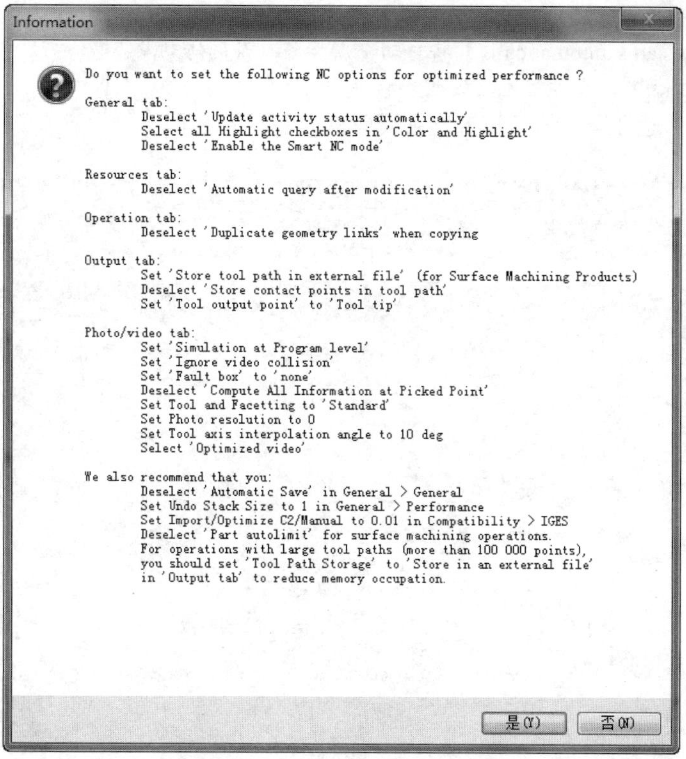

图23-2 【Information】对话框

05 选中【Create a CATPart to store geometry】复选框，系统会自动创建一个毛坯文件，如图23-3所示。

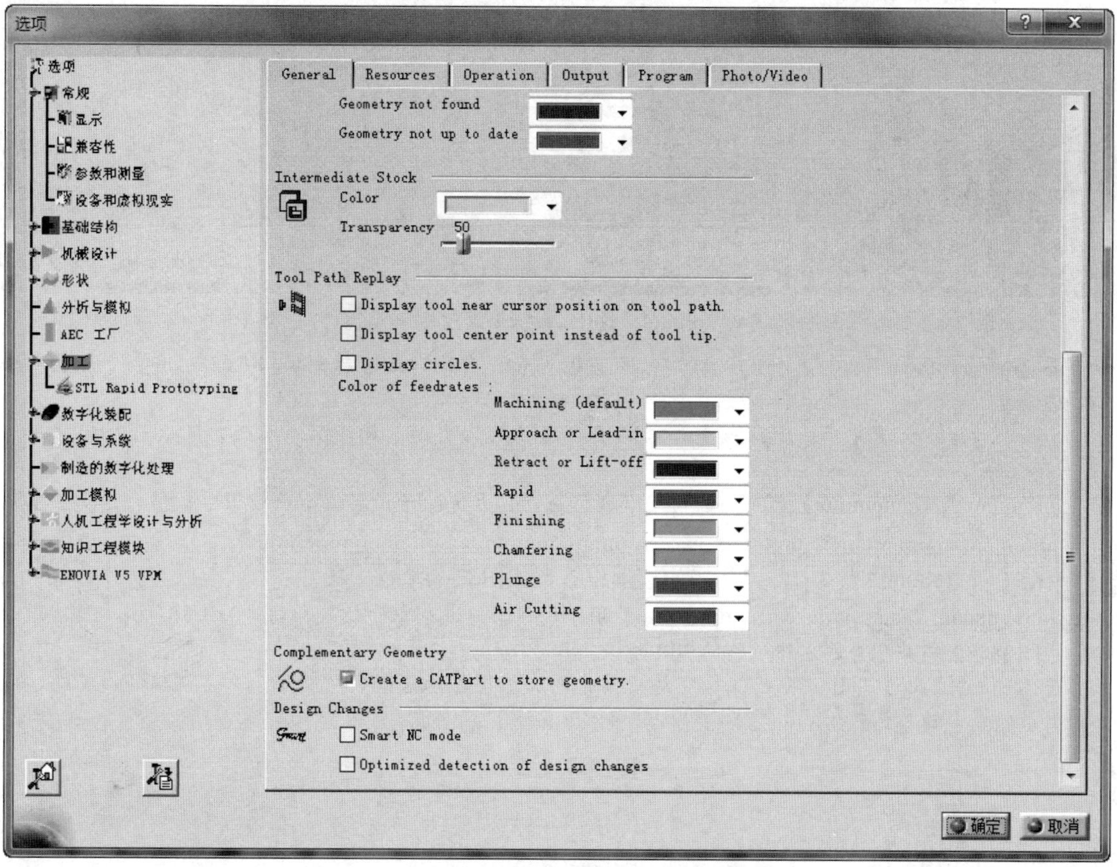

图23-3 【Create a CATPart to store geometry】选项

★ 【Optimize】按钮用于自动地设置一系列具有优化性能的NC加工选择。

★ 【Update activity status automatically】将自动更新树状目录的活动状态。

★ 【Intermediate Stock】用于设置毛坯的颜色和透明度。

06 单击【Resource】选项卡，显示资源选项设置，如图23-4所示。

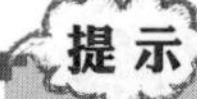
提示

【Resource】为资源选项设置，通过保持默认即可。

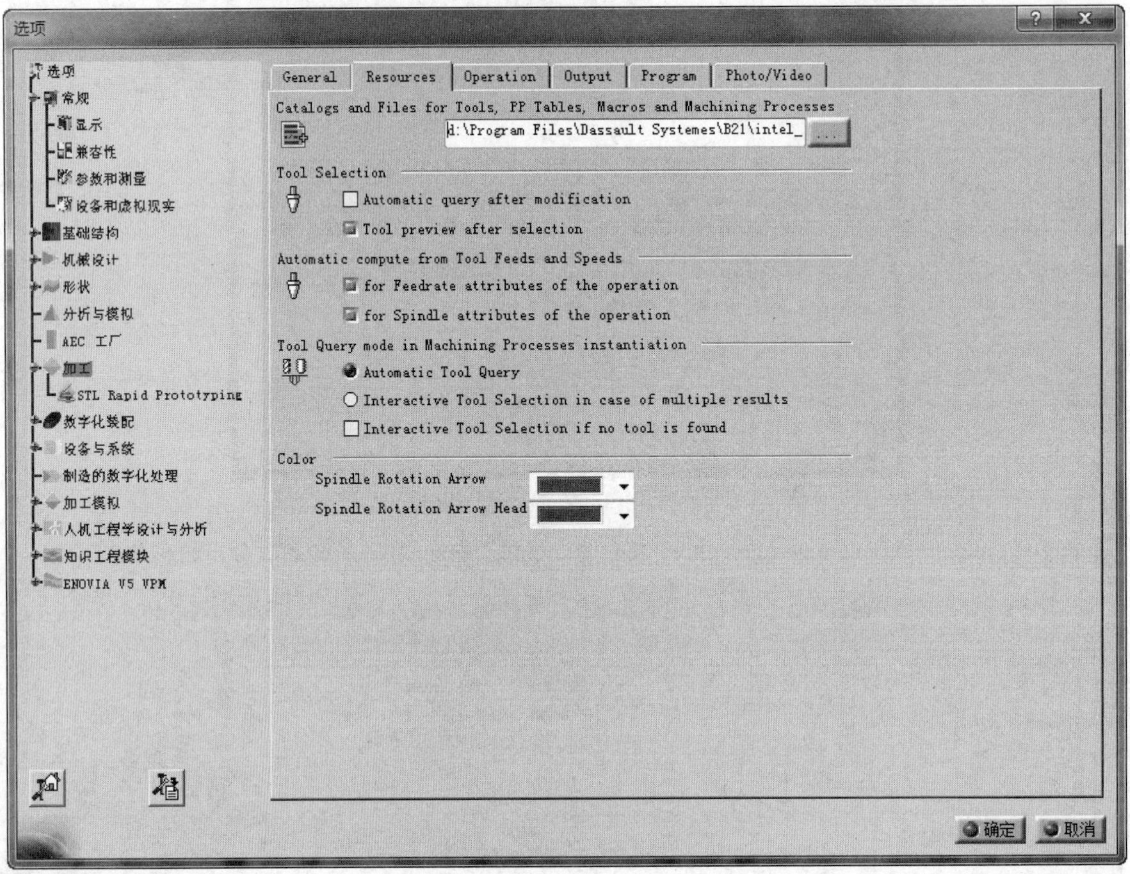

图23-4 【Resource】选项卡

★ 【Catalogs and Files】用于设置刀具目录、后置表、宏和加工过程文件路径，可用分号设置多个路径。

★ 【Tool selection】中第一个选项将激活刀具参数修改后自动问询，第二选项在刀具选择后将出现预览。

★ 【Automatic Compute…】第一个选项用默认值自动更新进给量，第二个选项用默认值自动更新主轴速度。

07 单击【Operation】选项卡，显示操作选项设置，如图23-5所示。

★ 【Use default values of the current program】用于使用当前过程中的数值来创建加工操作。

★ 【Display】将演示当前零件操作的刀具路径。

★ 【User Interface】用于三轴加工，将给出简化的加工操作对话框，即仅显示产生正确的加工轨迹所要求的最少的必要参数。

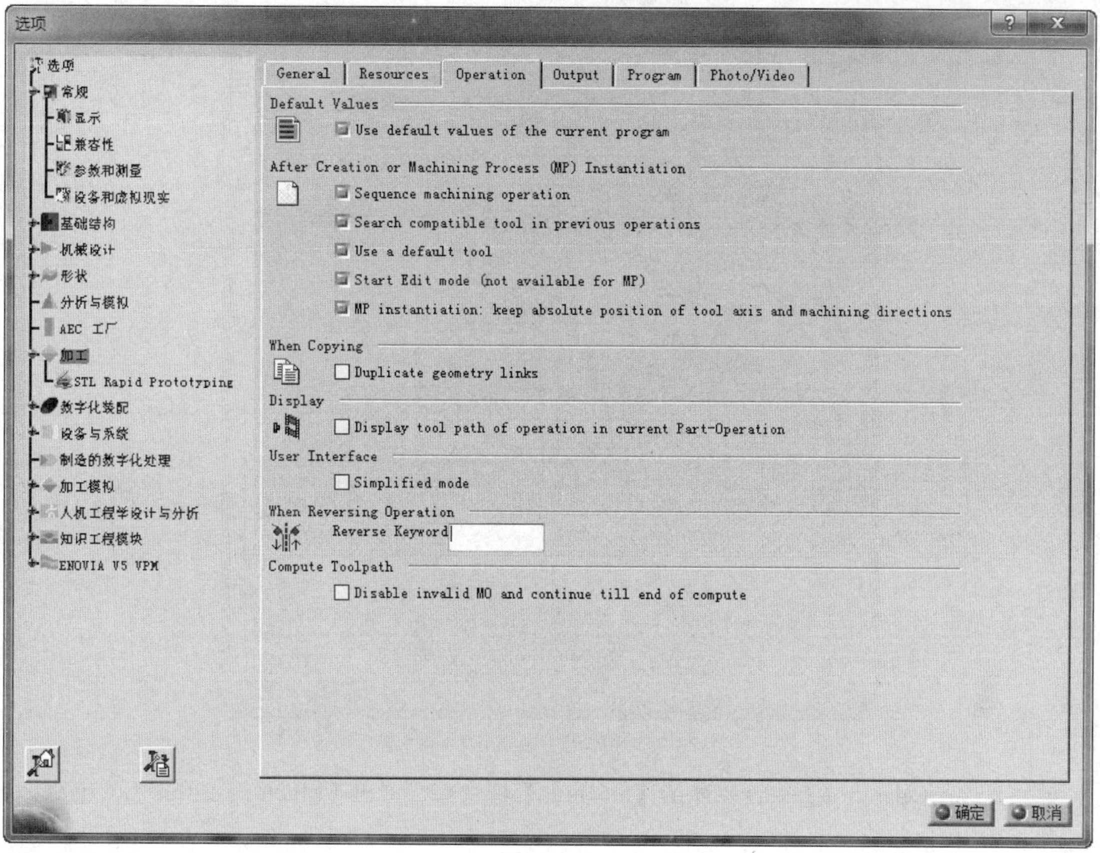

图23-5 【Operation】选项卡

23.1.2 加工机床

“选择机床”用于指定进行数控加工所用机床种类和型号。根据进行的加工模块不同可选择不同形式的机床，例如三轴铣床、五轴铣床、卧式车床和立式车床等。

动手操作——设置加工机床

01 启动CATIA V5R21，单击【标准】工具栏上的【打开】按钮，打开【选择文件】对话框，选择“ex_2.CATProcess”文件，此时P.P.R特征树，如图23-6所示。

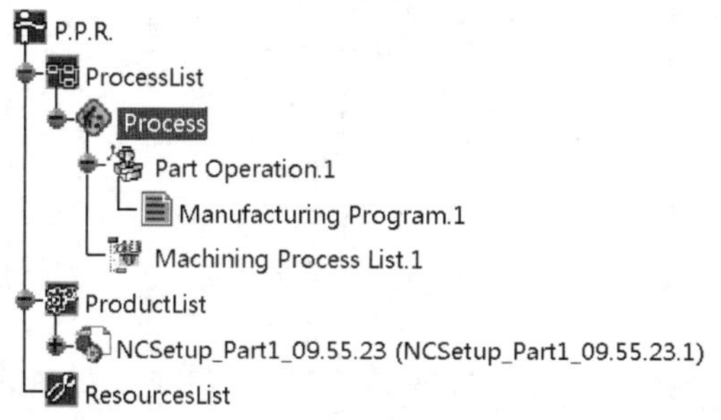

图23-6 P.P.R特征树

> **提示**
>
> 在CATIA V5R21加工中，“P.P.R特征树”记录了当前制造的所有内容和过程。【ProcessList（过程清单）】：用于记录所有把零件从毛坯编程成品的加工操作、使用的相关刀具和其他辅助操作。其中【Part Operation（零件操作）】：用于记录制造资源和相关参考数据。【Manufacturing Program】：用于记录零件操作所执行的所有加工操作和刀具变换清单。

02 双击特征树P.P.R.中【Process】节点下的【Part Operation.1】节点，弹出【Part Operation】对话框，如图23-7所示。

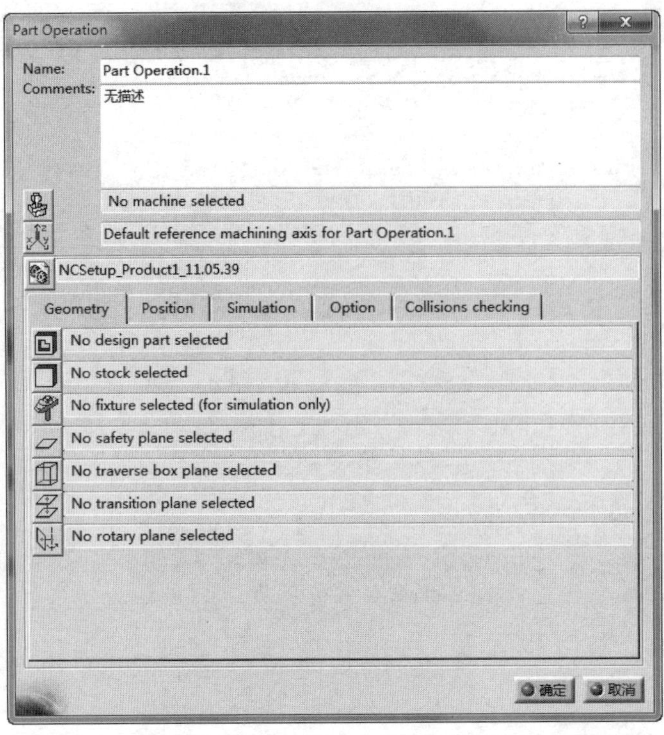

图23-7 【Part Operation】对话框

03 单击【Part Operation】对话框中的【machine】按钮，弹出【Machine Editor】对话框，如图23-8所示。

> **提示**
>
> 【3-axis Machine】表示三轴联动机床。其中【home point】表示机械原点，【Orientation】用于设置主轴在坐标系中的方位。

04 单击【3-axis With Rotary Table Machine】按钮，【Machine Editor】对话框如图23-9所示。

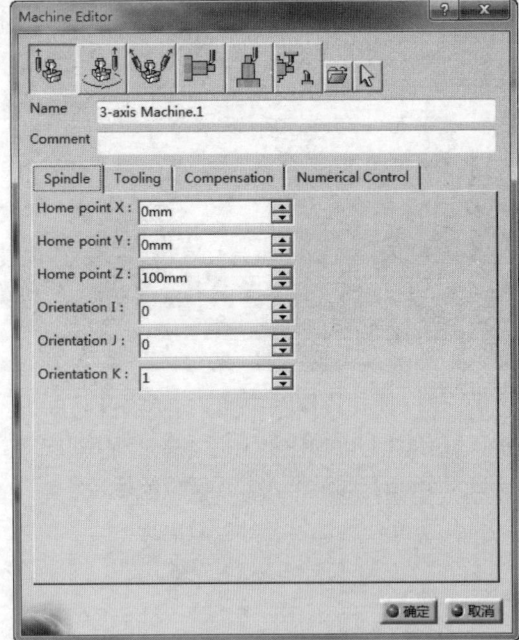

图23-8 【Machine Editor】对话框

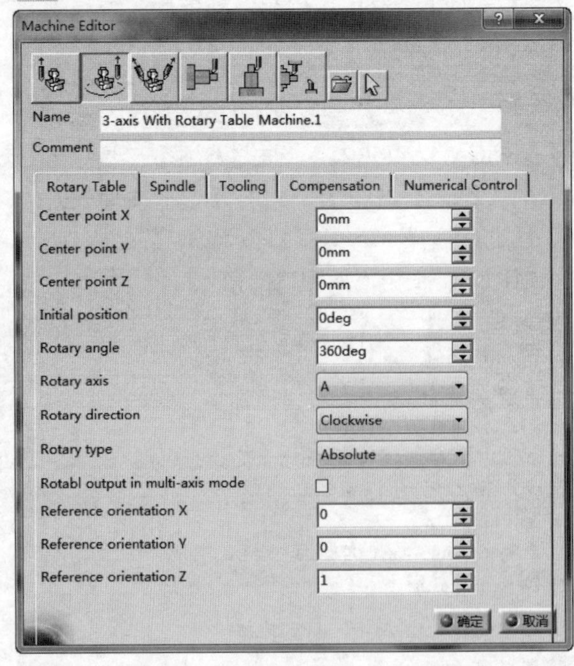

图23-9 【3-axis With Rotary Table Machine】设置

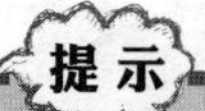

【3-axis With Rotary Table Machine】设置四轴联动机床。其中【Center Point X Y Z】表示旋转中心；【Orientation】用于设置主轴在坐标系中的方位；【Rotary angle】表示旋转角度，例如输入360度，表示旋转轴可在360度范围内旋转；【Rotary axis】下拉列表中的A、B、C，分别表示机床或转台的旋转轴为机床的X、Y、Z轴。

05 单击【5-axis Machine】按钮，【Machine Editor】对话框如图23-10所示。

提示

【5-axis Machine】为五轴联动机床。其中【home point】表示机械原点，【Orientation】用于设置主轴在坐标系中的初始方位。

06 单击【Horizontal Lathe Machine】按钮，【Machine Editor】对话框如图23-11所示。

提示

【Horizontal Lathe Machine】为水平（卧式）车床，其中【Spindle axis】为主轴旋转轴，【Radial axis】为刀具径向进给轴方向。

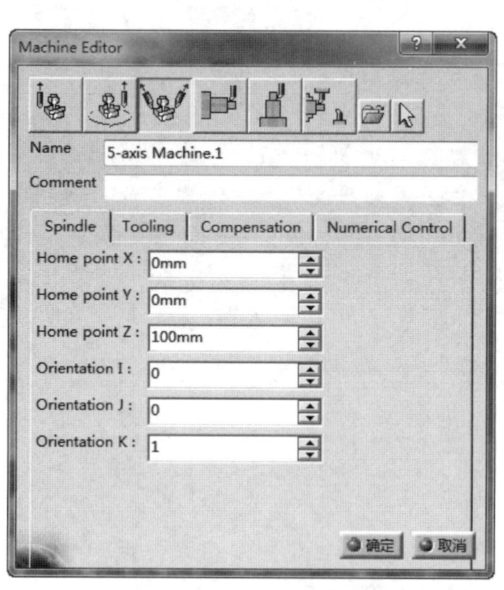

图23-10 【5-axis Machine】设置

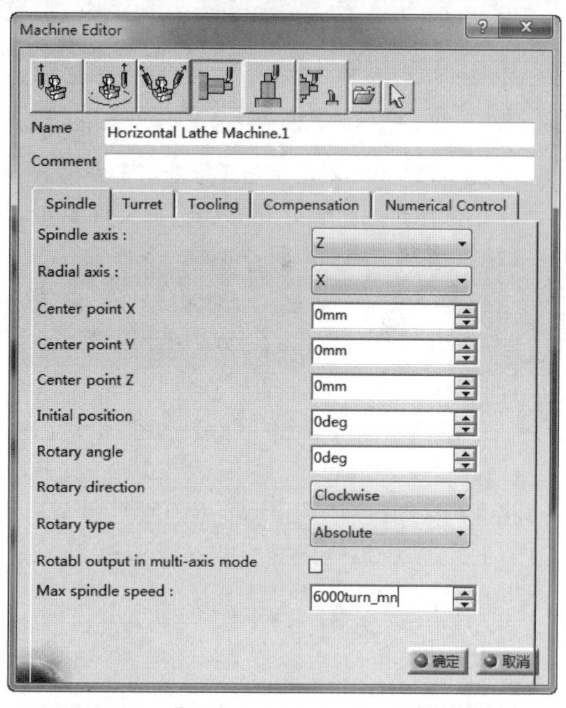

图23-11 【Horizontal Lathe Machine】设置

07 单击【Vertical Lathe Machine Deprecated】按钮，【Machine Editor】对话框如图23-12所示。

08 单击【Multi-slide Lathe Machine】按钮，【Machine Editor】对话框如图23-13所示。

【Multi-slide Lathe Machine】为多轴车床。

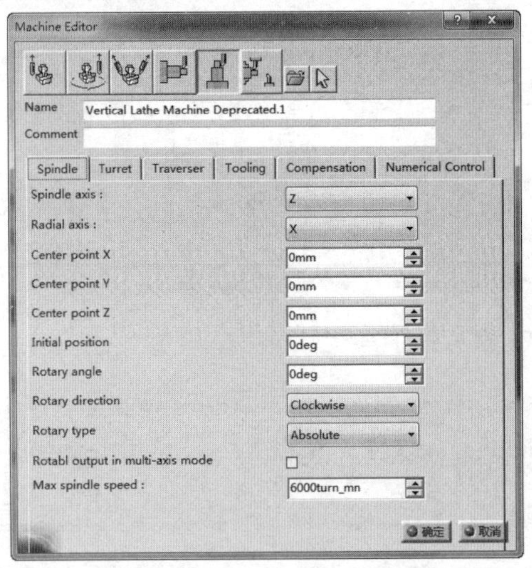

图23-12 【Vertical Lathe Machine Deprecated】设置

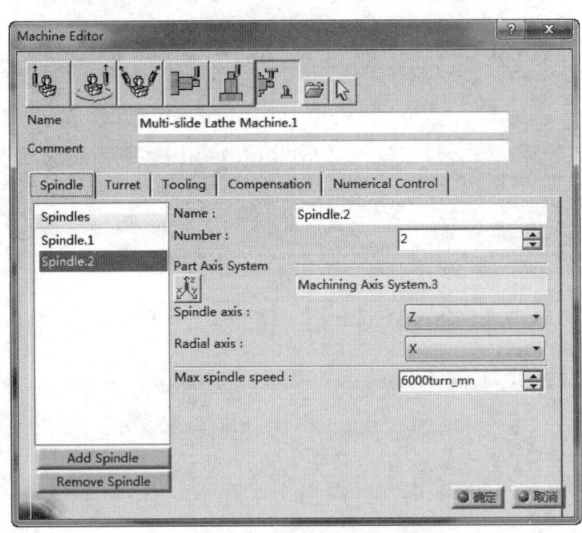

图23-13 【Multi-slide Lathe Machine】设置

23.1.3 加工坐标系

加工坐标系是指以加工原点为基准所建立的坐标系。加工原点也称为程序原点，是指零件被装夹好后，相应的编程原点在机床坐标系中的位置。

动手操作——建立加工坐标系

01 启动CATIA V5R21，单击【标准】工具栏上的【打开】按钮，打开【选择文件】对话框，选择“ex_3.CATProcess”文件。

02 选择下拉菜单【开始】|【形状】|【创成式外形设计】命令，进入创成式外形设计工作环境。

03 单击【线框】工具栏上的【点】按钮，弹出【点定义】对话框，选择【点类型】为“曲线上”，选择如图23-14所示的边线，单击【中点】按钮，然后单击“确定”按钮创建点1。

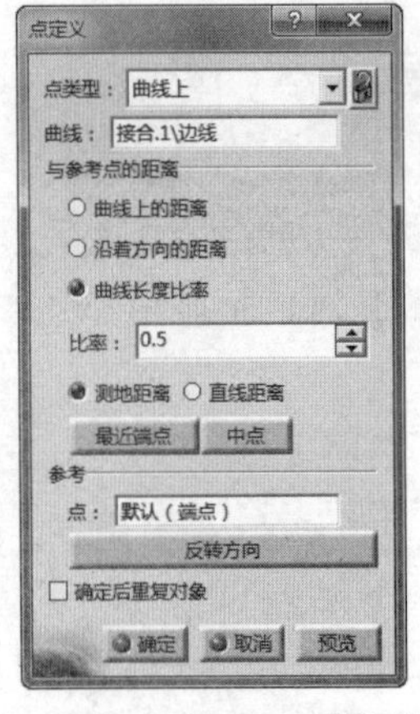

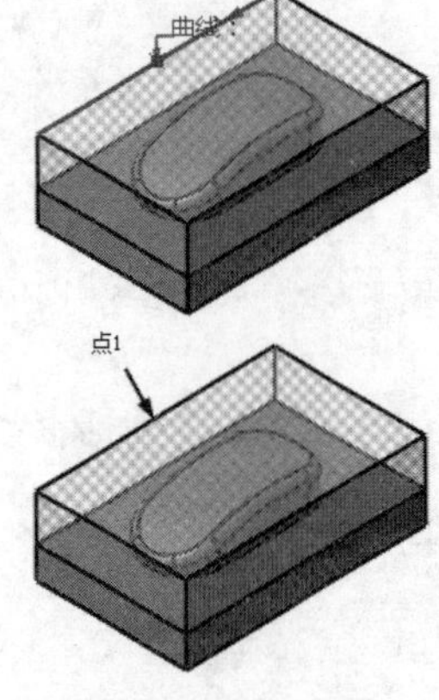

图23-14 创建点1

提示

工件坐标系是在数控编程和加工时，用于确定工件几何图形上各几何要素（如点、直线和圆弧）的形状、位置和刀具相对于工件运动而建立的坐标系。为保证编程与机床加工的一致性，工件坐标系也采用右手笛卡尔坐标系，即工件坐标系与机床坐标系的坐标轴方向相一致，工件坐标系的原点称为工件原点，或称为工件零点。数控铣床上加工工件时，工件原点一般设在进刀方向一侧工件轮廓表面的某个角上或对称中心上，进刀深度方向的零点，大多数取工件表面。加工开始时要设置工件坐标系，用G92指令可建立工件坐标系，用G54~G59指令可选择工件坐标系。

04 单击【线框】工具栏上的【点】按钮，弹出【点定义】对话框，选择【点类型】为“曲线上”，选择如图23-15所示的边线，单击【中点】按钮，然后单击【确定】按钮创建点2。

05 单击【线框】工具栏上的【点】按钮，弹出【点定义】对话框，在【点类型】下拉列表中选择“之间”选项，选择“点.1”和“点.2”作为参考点，单击【中点】按钮，单击【确定】按钮，完成点3创建，如图23-16所示。

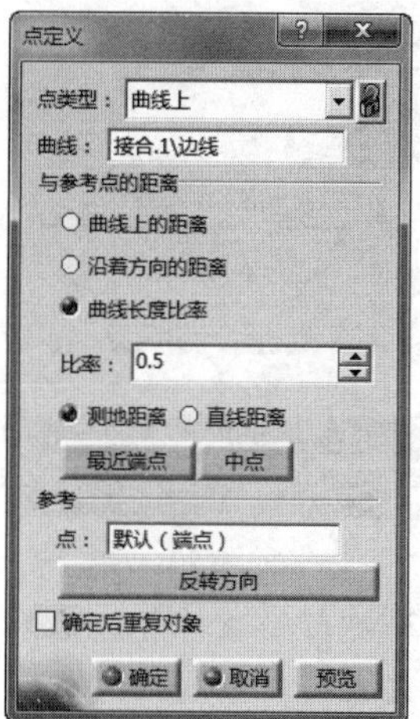

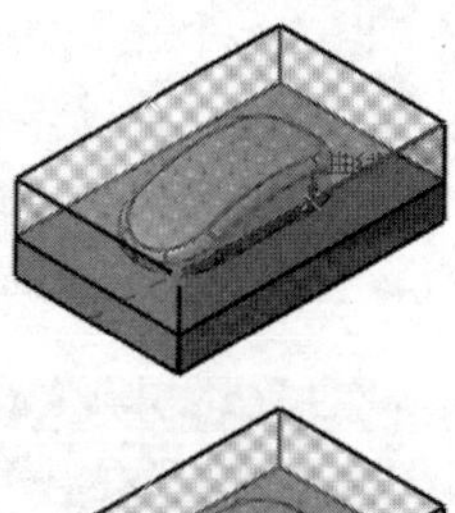
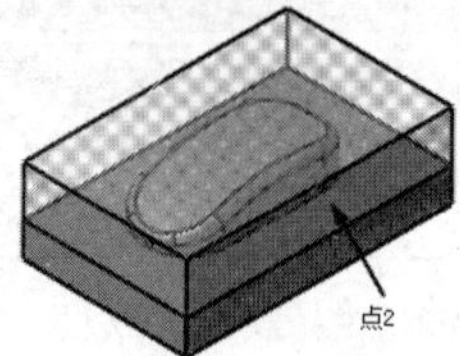

图23-15 创建点2

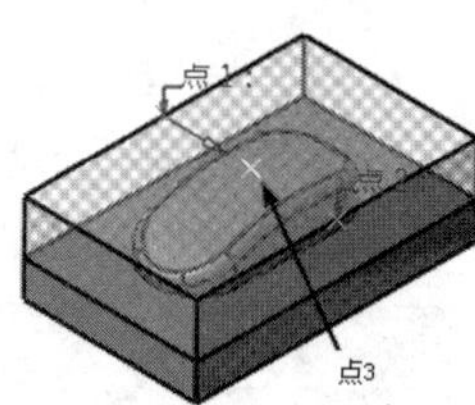

图23-16 创建点3

06 双击【Part Operation.1】节点，返回数控加工模块，双击特征树P.P.R.中【Process】节点下的【Part Operation.1】节点，弹出【Part Operation】对话框。

07 单击【Part Operation】对话框中的【Default reference machining axis system】按钮，弹出【Default reference machining axis for Part Operation.1】对话框，如图23-17所示。

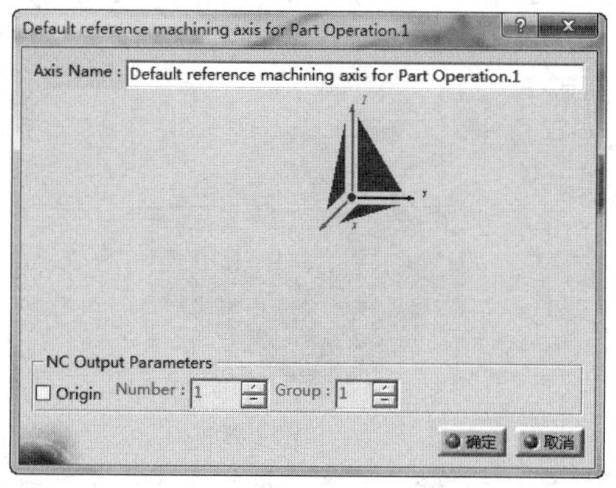

图23-17 【Default reference machining axis for Part Operation.1】对话框

08 在【Default reference machining axis for Part Operation.1】对话框的【Axis Name】文本框中输入“NC machine axis”作为坐标系名称，单击红色坐标原点，选择如图23-18所示的点作为坐标原点。

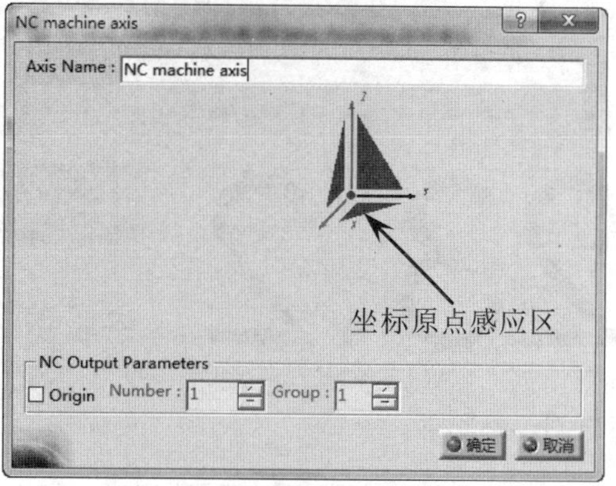

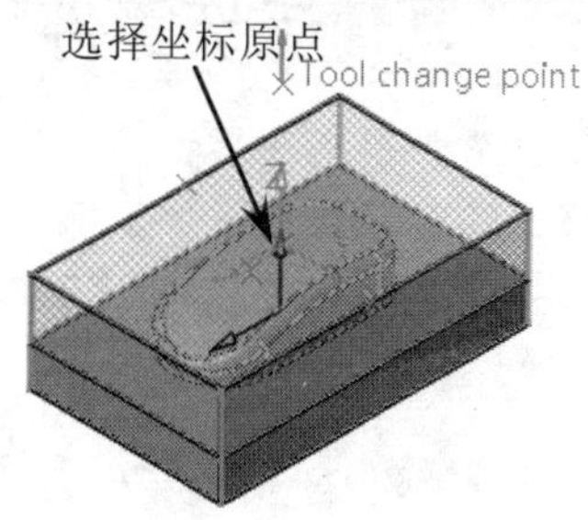

图23-18 定义加工坐标系原点

09 单击对话框中的X轴，系统弹出【Direction X】对话框，设置X轴方向如图23-19所示。单击【确定】按钮完成设置。

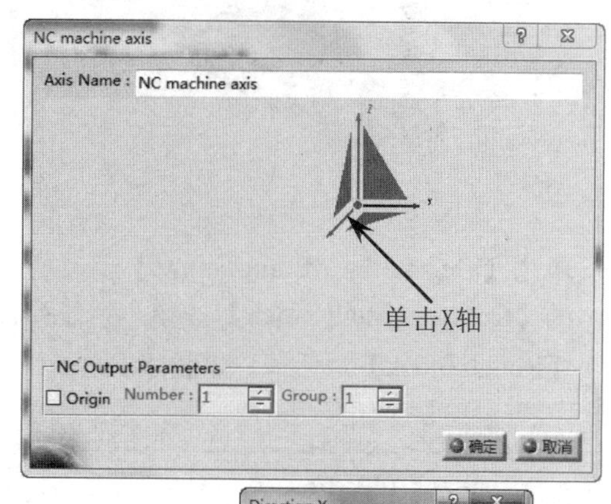

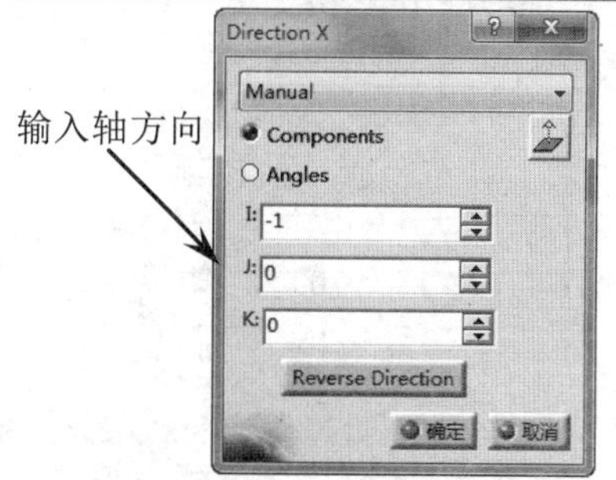

图23-19 指定坐标轴方向

创建的加工坐标系尽可能与机床坐标系保持一致。机床坐标系的Z轴是刀具的运动方向，并且刀具向上运动为正方向，即远离工件的方向。当面对机床进行操作时，刀具相对于工件的左右运动方向为X轴，并且刀具相对工件向右运动时为X轴的正方向，Y轴方向可用右手法则确定。

23.2 毛坯零件

毛坯用于表示被加工零件毛坯的几何形状，是系统计算刀轨的重要依据。CATIA V5R21中毛坯零件的创建方法有三种：创建毛坯零件、装配建立毛坯零件和几何体创建毛坯零件。

23.2.1 创建毛坯零件

建立毛坯零件是指在零件周围建立最小的长方体毛坯，该毛坯将用于加工坯料，加工完成后毛坯零件的几何参数应与目标加工零件的几何参数一致。

动手操作——创建毛坯零件

01 启动CATIA V5R21，单击【标准】工具栏上的【打开】按钮，打开【选择文件】对话框，选择“ex_4.CATProcess”文件，如图23-20所示。

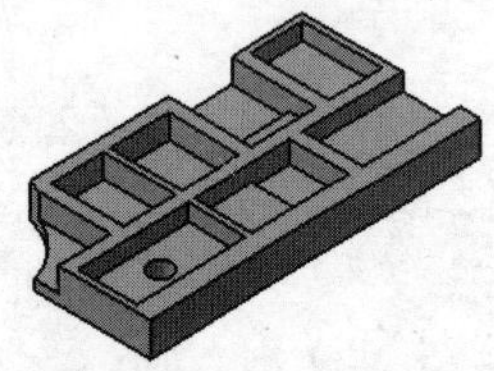

图23-20 打开加工文件

02 单击【Geometry Management】工具栏上的【Creates rough stock】按钮，系统弹出【Rough Stock】对话框，如图23-21所示。

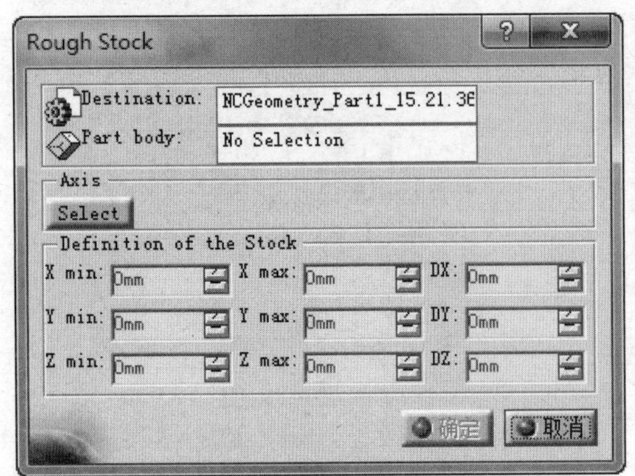

图23-21 选择目标加工零件

03 单击选中【Part body】选择框，选择如图23-20所示的目标加工零件，在图形区一个线框包围整个零件，【Rough Stock】对话框下部将显示毛坯尺寸，如图23-22所示。用户可根据需要编辑毛坯尺寸数值。

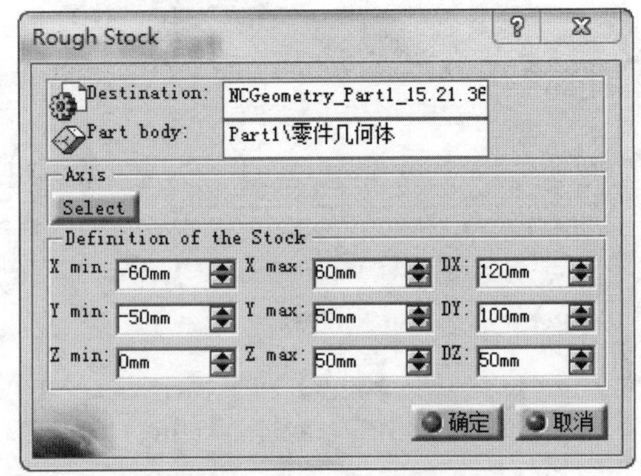

图23-22 【Rough Stock】对话框

04 单击【Rough Stock】对话框中的【确定】按钮，完成毛坯零件的建立，如图23-23所示。

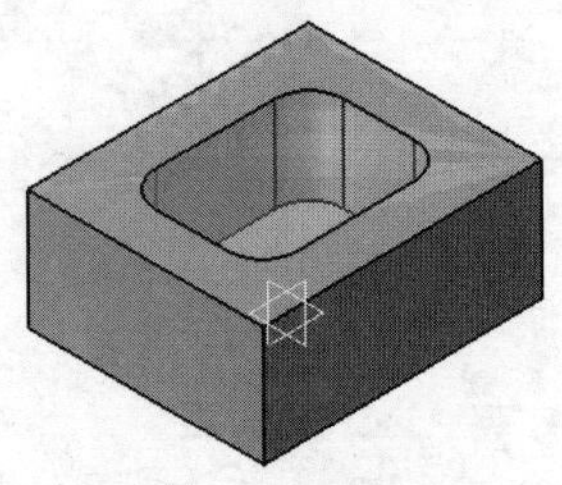

图23-23 创建毛坯零件

05 所创建的毛坯零件位于P.P.R特征树的【ProductList】节点下的【NCSetup_Part1_09.55.23】节点下的“NCGeometry_Part1_09.55.23”文件中，如图23-24所示。

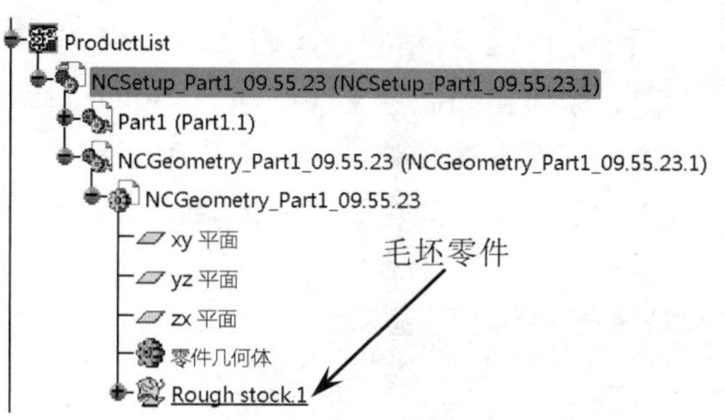

图23-24 P.P.R特征树

06 双击特征树P.P.R.中【Process】节点下的【Part Operation.1】节点，弹出【Part Operation】对话框，单击【Stock】按钮，系统自动隐藏【Part Operation】对话框，在图形区选择所创建的零件作为毛坯零件，然后双击空白处返回【Part Operation】对话框即可完成毛坯零件确定。

23.2.2 装配毛坯零件

装配毛坯零件是指首先创建加工零件和毛坯零件CATPart，然后建立两者之间的装配文件，在加工时采用指定方式选择指定零件为毛坯零件。

动手操作——装配毛坯零件

01 在菜单栏执行【开始】|【机械设计】|【装配设计】命令，系统自动进入装配设计工作台，利用装配工作台装配ex_5.CATPart和ex_5_stock.CATPart零件，如图23-25所示。

> **提示**
>
> 装配要进入装配工作台，执行【开始】|【机械设计】|【装配设计】命令，系统自动进入装配设计工作台。

02 选择下拉菜单【开始】|【加工】|【Surface Machining】命令，进入曲面铣削加工环境。

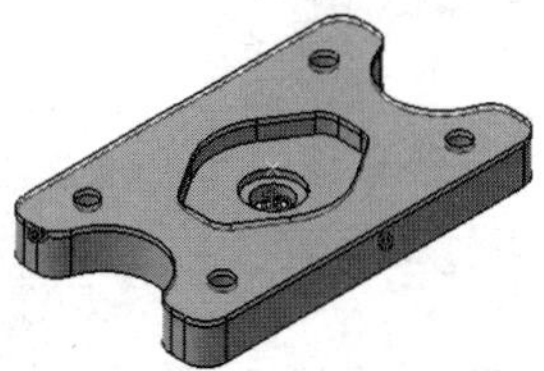

图23-25 装配制造模型

03 双击特征树P.P.R.中【Process】节点下的【Part Operation.1】节点，弹出【Part Operation】对话框，如图23-26所示。

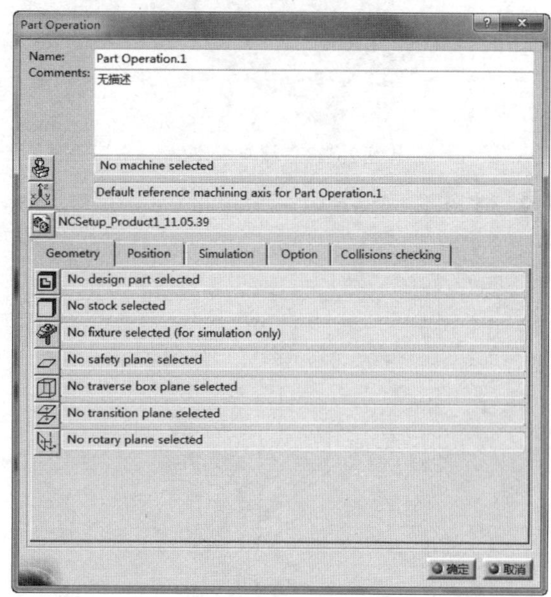

图23-26 【Part Operation】对话框

04 单击【Stock】按钮，系统自动隐藏【Part Operation】对话框，在图形区装配零件作为毛坯零件，然后双击空白处返回【Part Operation】对话框，如图23-27所示。

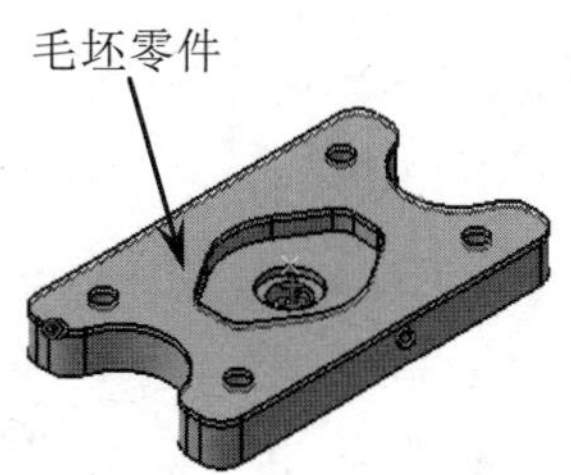

图23-27 选择毛坯零件

> **提示**
>
> 在选择毛坯零件时，也可展开“P.P.R特征树”【ProductList（产品清单）】节点，然后单击特征树中的零件来指定毛坯零件。

23.2.3 毛坯几何体

在目标零件中单独创建一个几何体，可在加工时指定该几何体为毛坯零件。

01 启动CATIA V5R21，单击【标准】工具栏上的【打开】按钮，打开【选择文件】对话框，选择“ex.CATPart”文件，如图23-28所示。

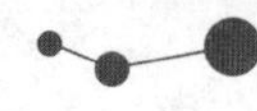

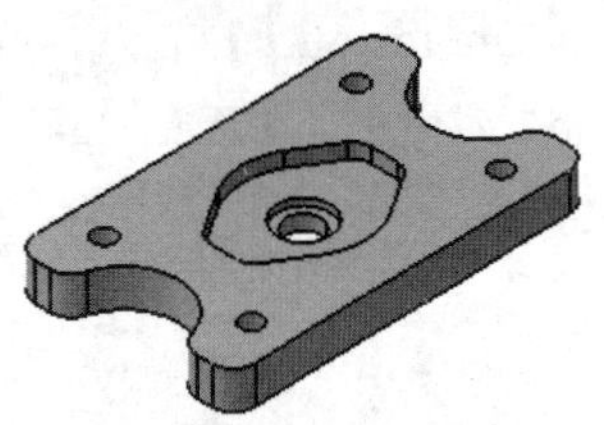

图23-28 打开零件

02 选择下拉菜单【插入】|【几何体】命令，在特征树中插入一个新的几何体，如图23-29所示。

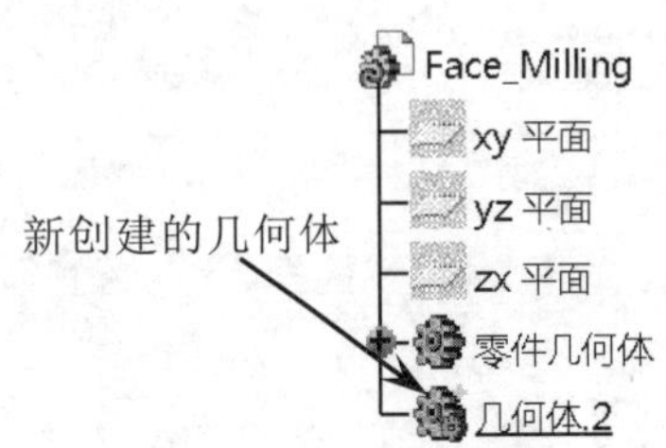

图23-29 插入几何体

03 利用草绘和实体创建工具创建如图23-30所示的实体。

04 选择下拉菜单【开始】|【加工】|【Surface Machining】命令，进入曲面铣削加工环境。

05 双击特征树P.P.R.中【Process】节点下的【Part Operation.1】节点，弹出【Part Operation】对话框。单击【Stock】按钮，系统自动隐藏【Part Operation】对话框，在图形区创建几何体作为毛坯零件，然后双击空白处返回【Part Operation】对话框，如图23-31所示。

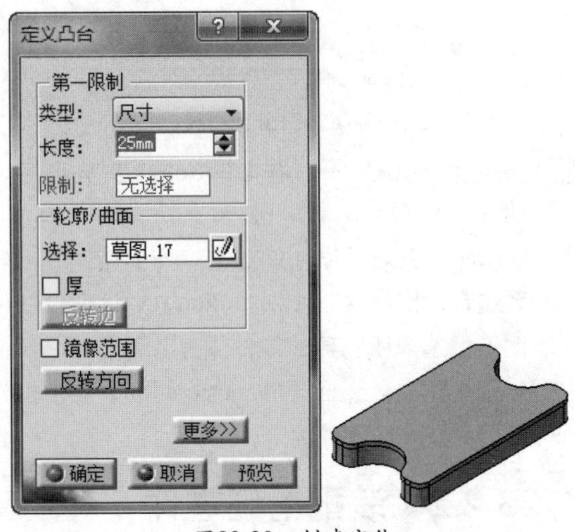

图23-30 创建实体

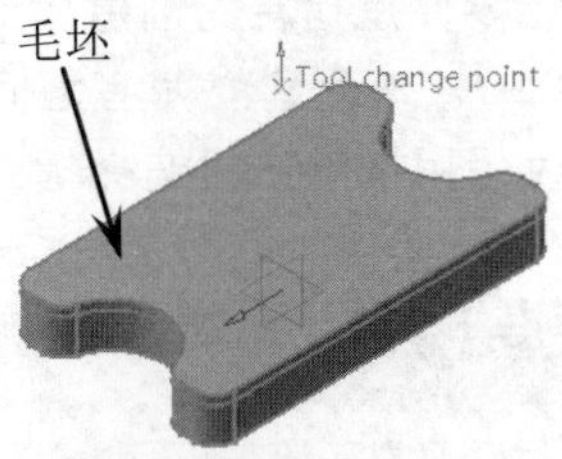

图23-31 选择毛坯零件

23.3 加工前的准备工作

在进行数控加工过程前，还要做一些准备工作，如加载加工模型、设置安全平面、创建零件加工操作、刀具设置等。

23.3.1 加载加工模型

在进行CATIA V5加工之前，应先创建一个制造模型，通常是一个目标加工零件和一个毛坯零件装配在一起，组成一个制造模型文件。要实现加工，必须要加载目标零件。

提示

加载目标加工零件可以采用直接用CATIA打开零件模型，然后再转入数控工作台的方法进行。如果新建Process文件后，系统进入其他工作台，则需要选择【开始】|【加工】|【曲面加工】命令切换到该工作台。

动手操作——加载模型

01 启动CATIA V5R21，选择下拉菜单【文件】|【新建】命令，在弹出的【新建】对话框中选择

【Process】选项，如图23-32所示。单击【确定】按钮，显示如图23-33所示特征树，进入曲面加工工作台。

图23-32 【新建】对话框

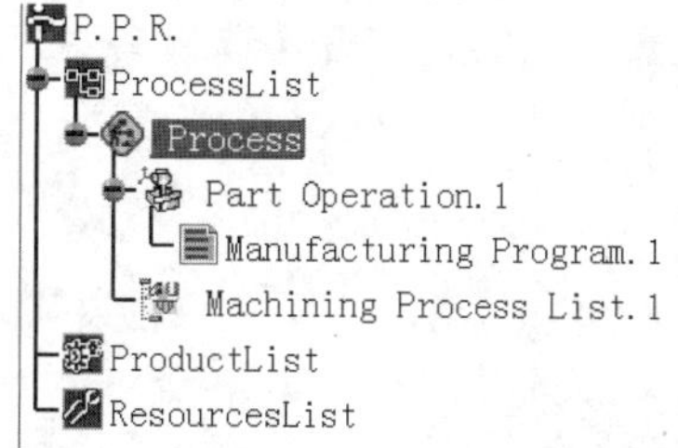

图23-33 P.P.R特征树

02 双击【Part Operation.1】节点，弹出【Part Operation】对话框，单击【Product or Part】按钮，弹出【选择文件】对话框，选择“ex_7.Product”，如图23-34所示。

03 单击【打开】按钮，完成加工模型的引入，如图23-35所示。

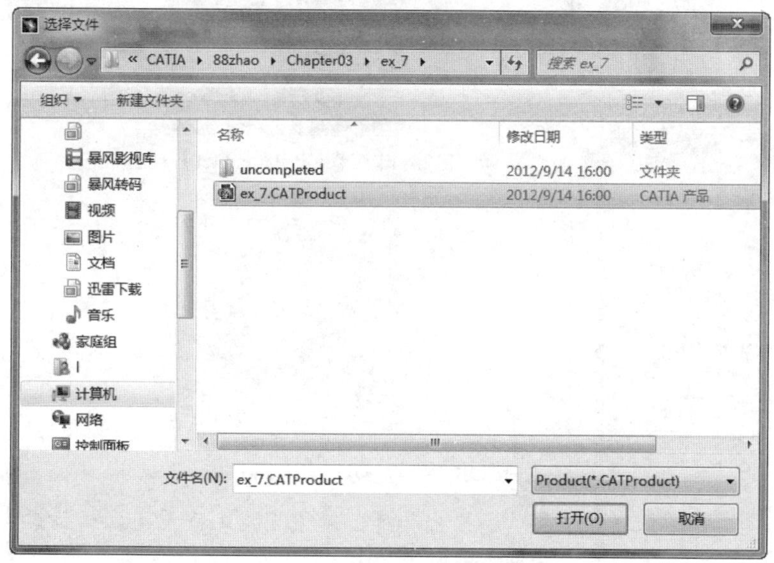

图23-34 【选择文件】对话框

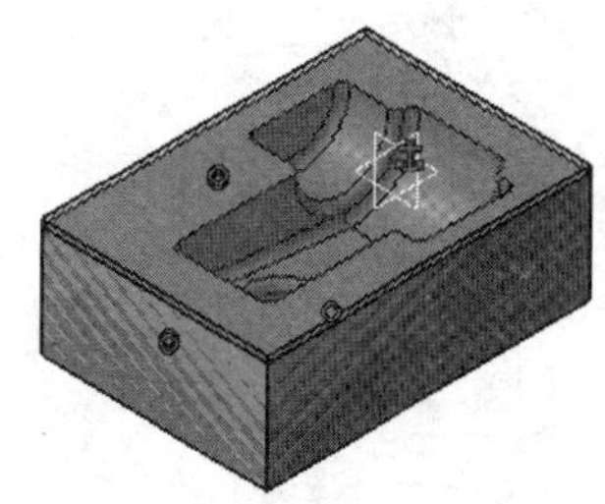

图23-35 加载加工模型

加载加工模型后，要进行零件操作设置，其设置过程与一般零件操作设置过程相同。

23.3.2 安全平面

安全高度是为了避免刀具碰撞工件或夹具而设定的高度，即在Z轴上的偏移值，由安全平面定义。在铣削过程中，如果刀具需要转移位置，将会退到这一高度，然后再进行G00插补到下一个进刀位置。一般情况下这个高度应大于零件的最大高度（即零件的最高表面）。

加工过程中，当设定为抬刀时，刀具将先提高到安全平面，再在安全平面上移动，否则将直接在两点间移动而不提刀。直接移动可以节省抬刀时间，但是必须要注意安全，在移动路径中不能有凸出的部位。在粗加工时，对较大面积的加工通常建议使用抬刀，以便在加工时可以暂停，对刀具进行检查，而在精加工时，常使用不抬刀以加快加工速度，特别是像角落部分的加工，抬刀将造成加工时间大幅延长。

动手操作——设置安全平面

01 启动CATIA V5R21，单击【标准】工具栏上的【打开】按钮，打开【选择文件】对话框，选择“ex_8.CATProcess”文件，如图23-36所示。

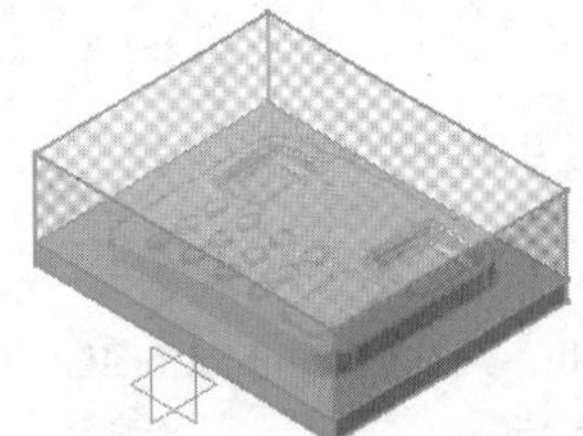

图23-36 打开文件

02 双击特征树P.P.R.中【Process】节点下的【Part Operation.1】节点，弹出【Part Operation】对话框，如图23-37所示。

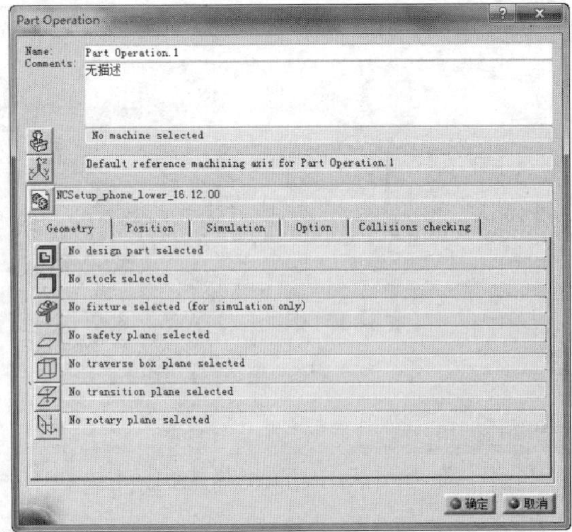

图23-37 【Part Operation】对话框

03 单击【Safety plane】按钮，系统提示“Select a planar face or point to define the safety plane”，一般选择毛坯上表面，系统创建如图23-38所示的安全平面。

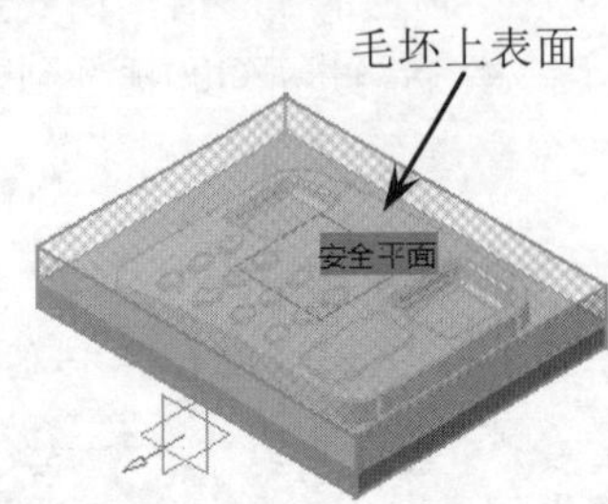

图23-38 选择毛坯上表面

04 右键单击所创建的安全平面，在弹出的快捷菜单中选择“Offset”命令，如图23-39所示。

图23-39 快捷菜单

05 系统弹出【Edit Parameter】对话框，在【Thickness】文本框中输入偏移值10，如图23-40所示。单击【确定】按钮，完成安全平面设置，如图23-41所示。

图23-40 【Edit Parameter】对话框

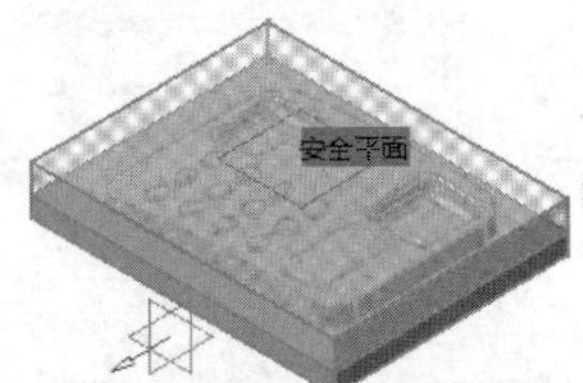

图23-41 创建安全平面

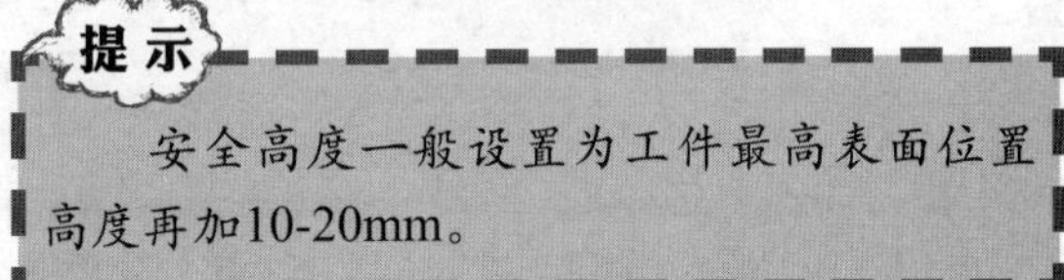

提示

安全高度一般设置为工件最高表面位置高度再加10-20mm。

23.3.3 创建零件操作

零件操作是根据指派给机床的唯一零件，联系所有对该零件的必要操作，零件操作通过相关的机床、夹具和制造过程等联系这些操作。

01 启动CATIA V5R21，单击【标准】工具栏上的【打开】按钮，打开【选择文件】对话框，选择“ex_9.CATProcess”文件，此时P.P.R特征树如图23-42所示。

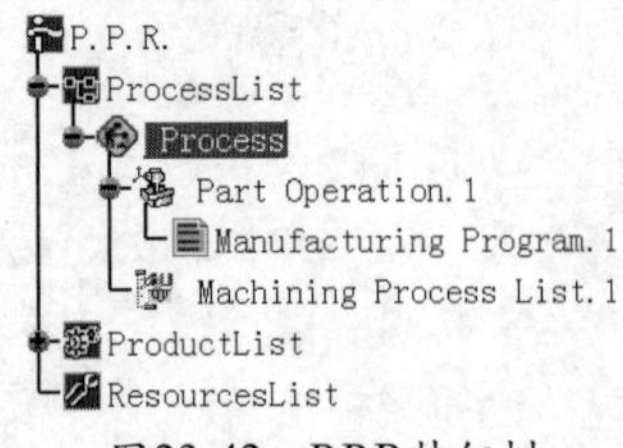

图23-42 P.P.R特征树

02 单击【Manufacturing Program】工具栏上的【Part Operation】按钮，系统提示“Select a reference operation to insert a new one after it”，在特征树P.P.R.中选择【Part Operation.1】节点，此时在【Process】节点下出现【Part Operation.2】节点，如图23-43所示。

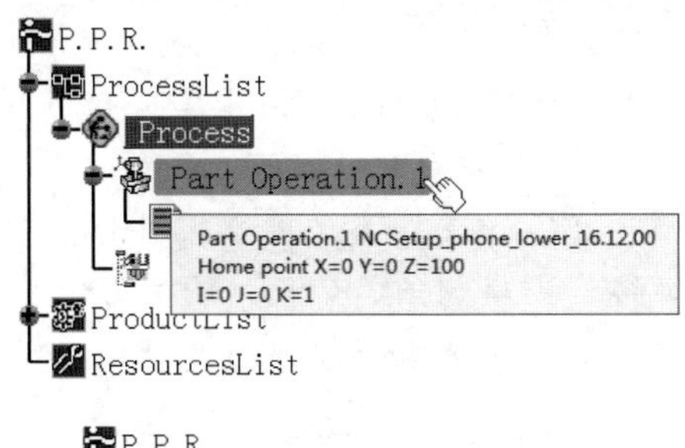

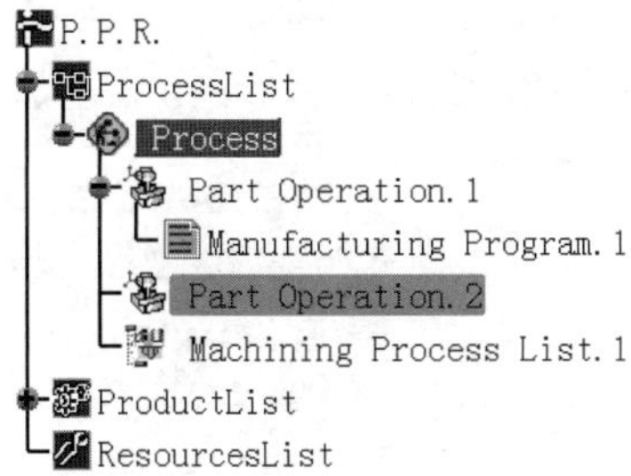

图23-43 增加Part Operation.2

03 双击特征树P.P.R.中【Process】节点下的【Part Operation.2】节点，弹出【Part Operation】对话框，如图23-44所示。

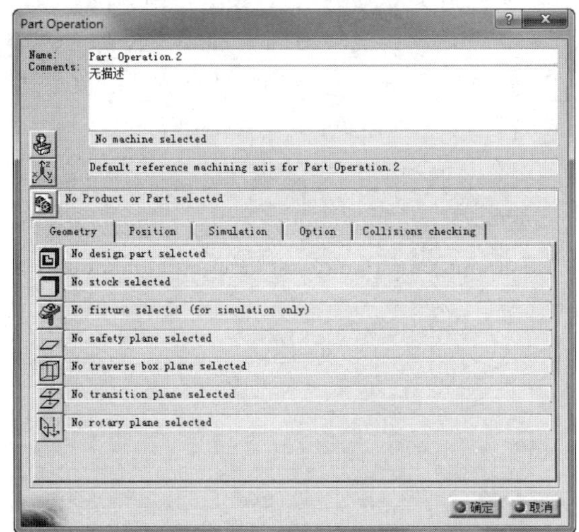

图23-44 【Part Operation】对话框

04 单击【Manufacturing Program】工具栏上的【Manufacturing Program】按钮，系统提示“Select a reference operation to insert a new one after it”，在特征树P.P.R.中选择【Part Operation.2】节点，此时在【Process】节点下出现【Manufacturing Program.2】节点，如图23-45所示。

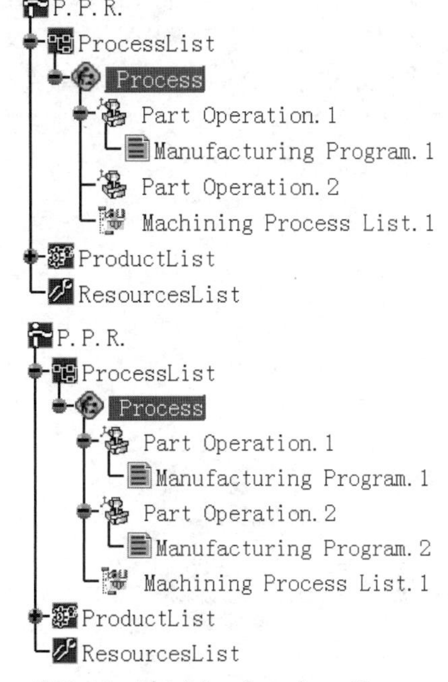

图23-45 增加Manufacturing Program

05 双击特征树P.P.R.中【Process】节点下的【Manufacturing Program.2】节点，弹出【Manufacturing Program.2】对话框，如图23-46所示。

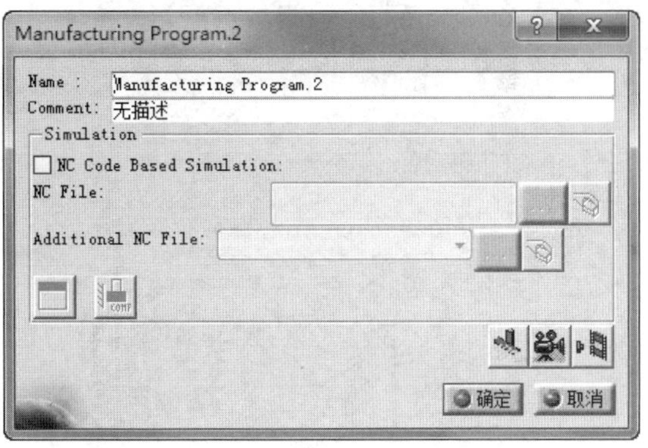

图23-46 【Manufacturing Program.2】对话框

提 示

【Manufacturing Program.2】用于描述NC加工作业项目的处理流程，包括刀具轨迹计算、加工操作、辅助命令和后置处理指示等。

23.3.4 加工刀具设置与管理

在加工过程中，刀具是从工件上切除材料

的工具，因此定义刀具是CAM编程的重要内容之一。对于每个加工操作都需要指定一把加工刀具。在一个加工操作过程中，可以选择【刀具参数】选项卡来定义，可对当前加工操作所使用的加工刀具进行创建、设置及管理。刀具定义也可以在单击【Auxiliary Operations】工具栏上按钮右下角的黑色三角，利用相关命令按钮定义刀具。本例选择后者来定义刀具。

动手操作——设置刀具

01 启动CATIA V5R21，单击【标准】工具栏上的【打开】按钮，打开【选择文件】对话框，选择“ex_10.CATProcess”文件，如图23-47所示。

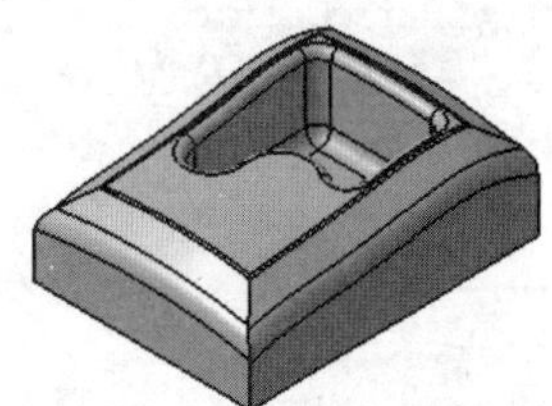

图23-47 打开文件

02 单击【Auxiliary Operations】工具栏上所要创建的刀具类型按钮（例如【End Mill Tool Change】按钮），在特征树上选择插入刀具的【ResourcesList】节点，弹出【Tooling creation】对话框，如图23-48所示。

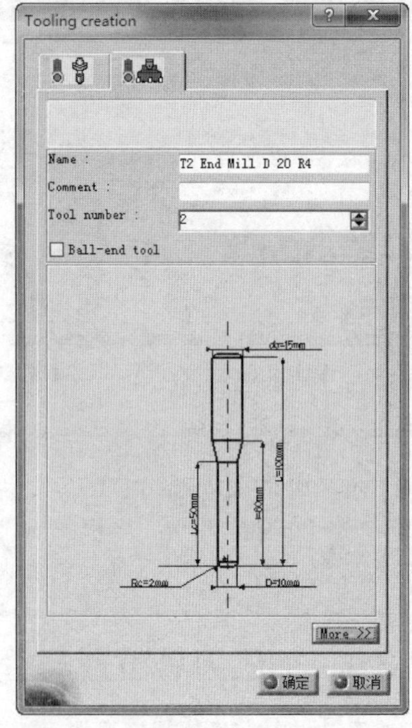

图23-48 【Tooling creation】对话框

> **提示**
>
> 【Name】：用于输入刀具名称。刀具名称最好能够表现出刀具的典型特征，如刀具在刀具库中的编号T、刀具的类型、刀具的直径D以及下半径R等。例如创建编号为1，直径为10，下半径为2的立铣刀，可以将其名称设为“T1 End Mill D10 R2”。

03 单击【More】按钮，展开【Tool creation】对话框，用于设置刀具的具体参数。

04 单击【Geometry】选项卡，用于设置刀具直径、刀具圆角、全长、切削刃长度、长度、刀柄本体直径、外部直径和切削角度等参数，如图23-49所示。

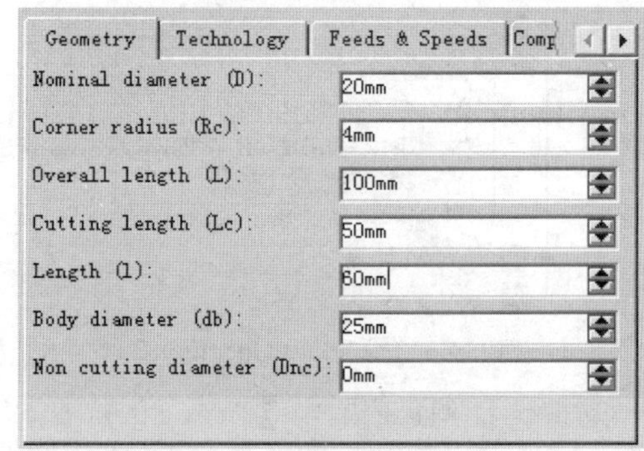

图23-49 【Geometry】选项卡

05 单击【Technology】选项卡，用于设置刀刃数量、刀具旋转方向、加工质量、刀具轴向倾斜角度、刀具半径倾斜角度、刀齿材料、刀具寿命等，如图23-50所示。

Technology	Feeds & Speeds	Compensation
Number of flutes :	4	
Way of rotation :	Right hand	
Machining quality :	Either	
Composition :	One piece	
Tooth material :	High speed steel	
Tooth description :		
Tooth material desc. :		
Axial tool rake angle :	0deg	
Radial tool rake angle :	0deg	
Max plunge angle :	120deg	
Max machining length :	0mm	
Max life time :	0s	
Coolant syntax :		
Weight syntax :		

图23-50 【Technology】选项卡

提示

【Number of flutes】设置刀刃数量；【Axial tool rake angle】选项是设置刀具的拔模角，也就是刀具的侧边锥角，是轴线与侧边所成的角。【Radial tool rake angle】选项是设置刀具的顶角，也就是刀具的端部与垂直于刀轴的方向所成的角度。

06 单击【Feeds & Speeds】选项卡，用于设置粗加工和精加工时的进给量和切削速度，如图23-51所示。

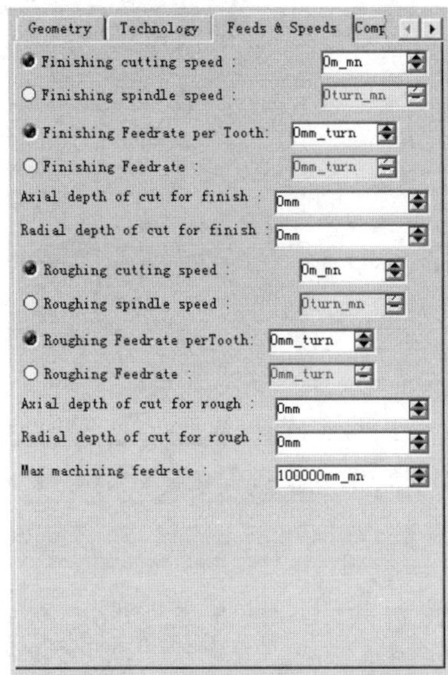

图23-51 【Feeds & Speeds】选项卡

07 单击【Compensation】选项卡，用于定义刀具补偿ID和补偿编号，如图23-52所示。

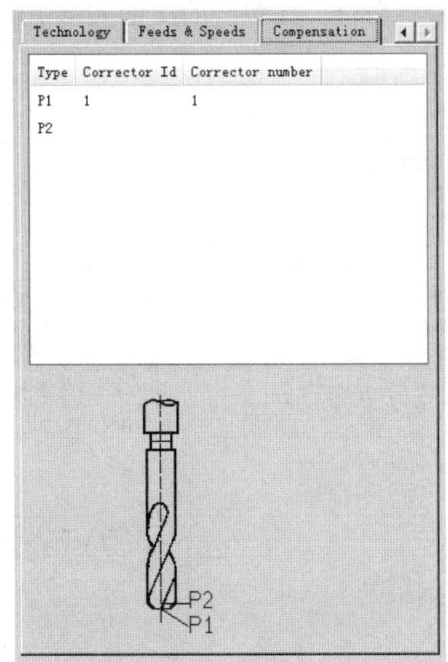

图23-52 【Compensation】选项卡

08 双击P.P.R特征树中【ProcessList】节点下的【Roughing.1】加工节点，展开【Roughing.1】对话框，单击【Roughing.1】对话框中的图标，切换到【刀具参数】选项卡，如图23-53所示。

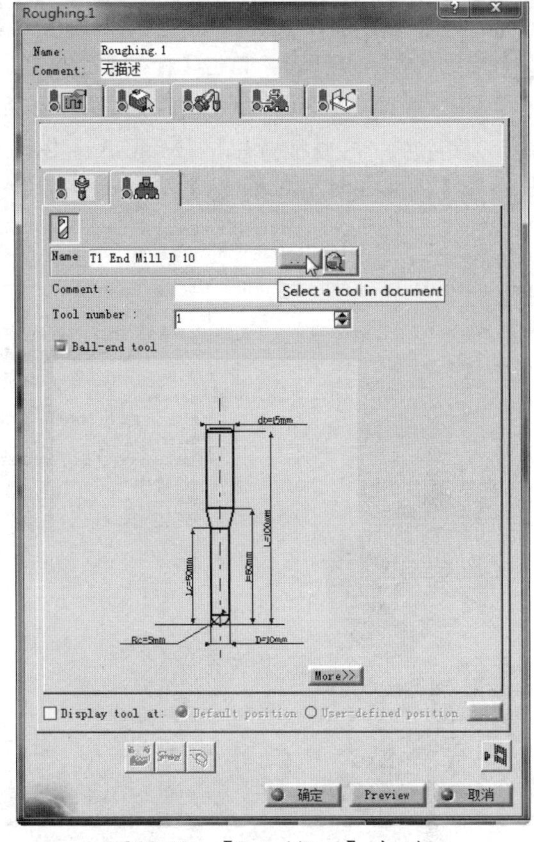

图23-53 【Roughing.1】对话框

09 单击【Select a tool in document】按钮，弹出【Search Tool】对话框，选择“T2 End Mill D20 R4”标识，如图23-54所示。

10 单击【Roughing.1】对话框中的【Tool Path Replay】按钮图标，在图形区显示刀路轨迹，如图23-55所示。

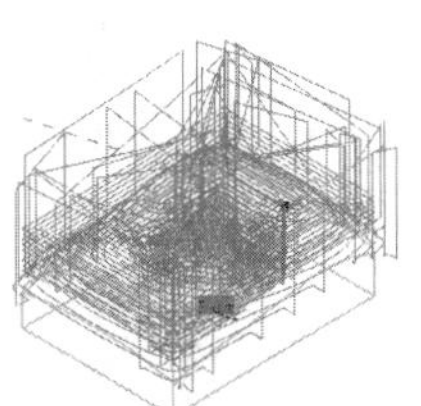

图23-54 【Search Tool】对话框 图23-55 生成刀具路径

23.3.5 刀路变换

刀路变换包括平移、旋转和镜像等，刀路变换是对数控加工中整个刀路进行编辑。

刀路变化可以简化编程，例如利用刀路变换功能（相当于工作台旋转功能）来实现多工位零件的加工。

动手操作——刀路变换

01 启动CATIA V5R21，单击【标准】工具栏上的【打开】按钮，打开【选择文件】对话框，选择“ex_11.CATProcess”文件，如图23-56所示。

02 刀路锁定。在特征树右击【Multi-Axis Sweeping.1（Computed）】节点，在弹出的快捷菜单中选择【Multi-axis Sweeping.1】|【Lock】命令，锁紧刀路，如图23-57所示。

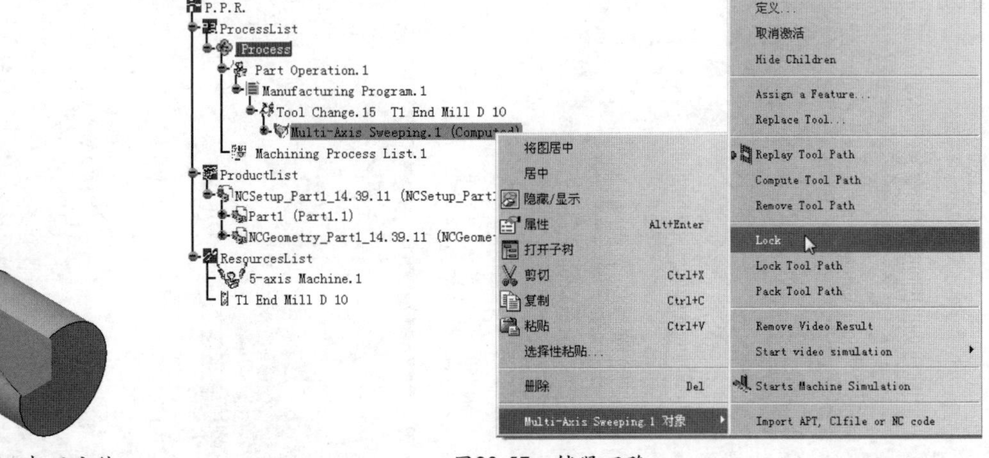

图23-56 打开文件　　图23-57 锁紧刀路

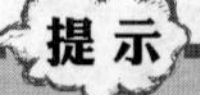

要进行刀路变换，首先要锁定刀路，然后复制要变换的刀路。

03 刀路复制。在特征树上选择【Multi-Axis Sweeping.1】节点，单击鼠标右键，在弹出的快捷菜单中选择【复制】命令，如图23-58所示。

04 在特征树上选择【Multi-Axis Sweeping.1】节点，单击鼠标右键，在弹出的快捷菜单中选择【粘帖】命令，粘贴刀路，如图23-59所示。

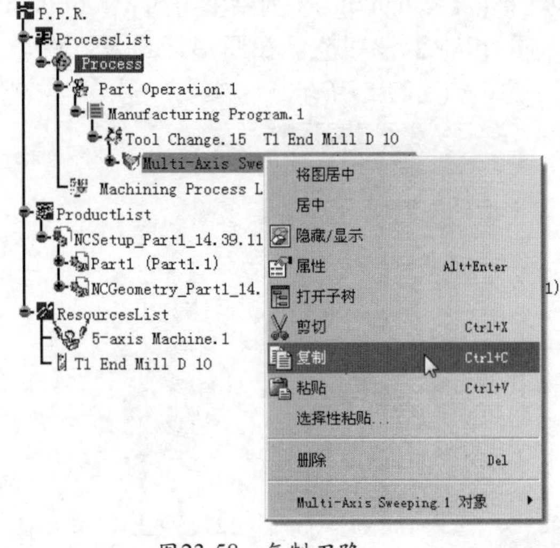

图23-58 复制刀路

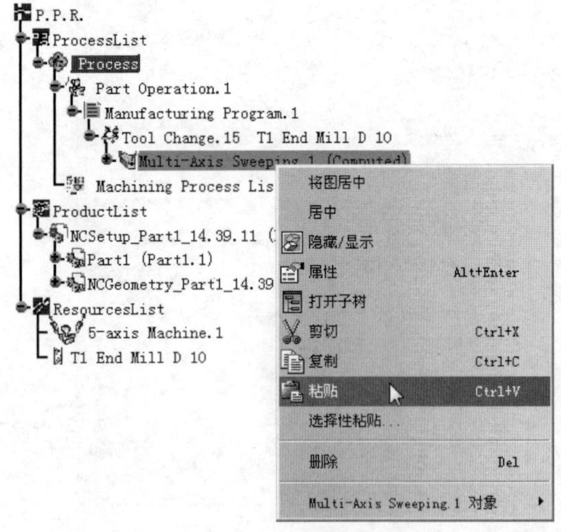

图23-59 刀路复制

05 刀路旋转。展开【Multi-Axis Sweeping.2】节点，右击【Tool path】节点，在弹出的快捷菜单中选择【Tool path对象】|【Edit】命令，弹出【Muti-Axis Sweeping.2】对话框，如图23-60所示。

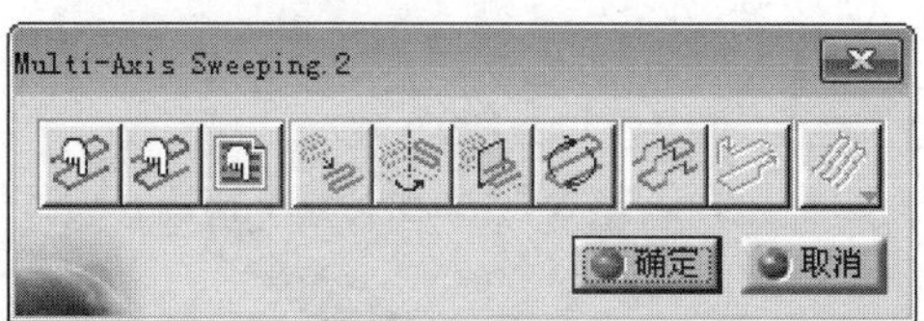

图23-60 【Muti-Axis Sweeping.2】对话框

06 单击【Rotation】按钮，然后双击图形区中的“Angle=0”，在弹出的【Angle】对话框中输入90度，单击【确定】按钮，如图23-61所示。

提示

刀路旋转时，首先要输入旋转角，然后再选择旋转轴线。

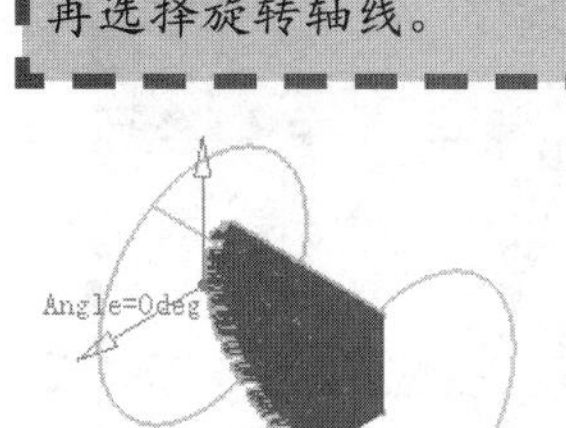

图23-61 设置旋转角度

07 在图形区双击圆柱体的轴线，选择该轴线为旋转轴，然后单击【Muti-Axis Sweeping.2】对话框中的【确定】按钮，完成刀路旋转，如图23-62所示。

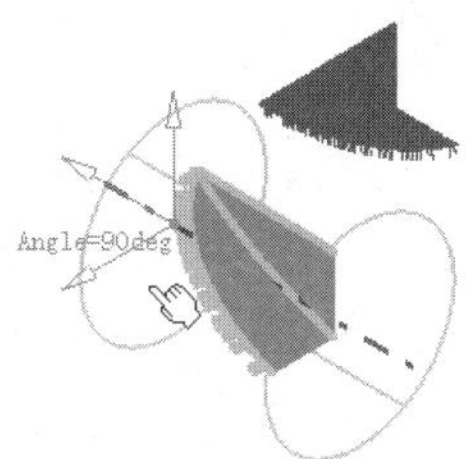

图23-62 选择旋转轴

23.3.6 刀路仿真

刀路仿真可以让用户直观地观察刀具的运动过程，以检验各种参数定义的合理性。

动手操作——刀路仿真

01 启动CATIA V5R21，单击【标准】工具栏上的【打开】按钮，打开【选择文件】对话框，选择“ex_12.CATProcess”文件，如图23-63所示。

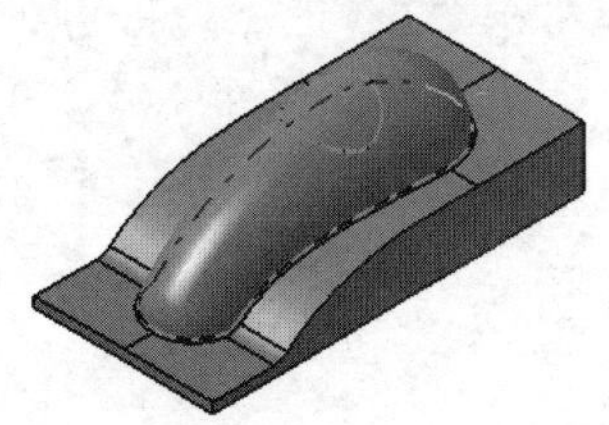

图23-63 打开文件

02 双击P.P.R特征树中【ProcessList】节点下的【Pencil.1】加工节点，展开【Pencil.1】对话框，如图23-64所示。单击对话框中的【Tool Path Replay】按钮，在图形区显示刀路轨迹，如图23-65所示。单击按钮可显示刀路路径过程。

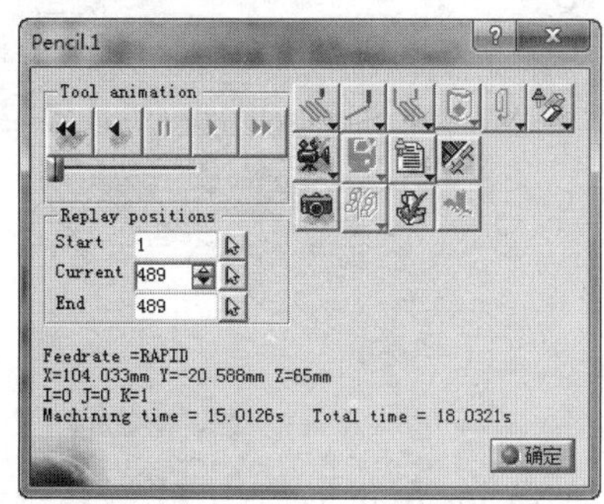

图23-64 【Pencil.1】对话框

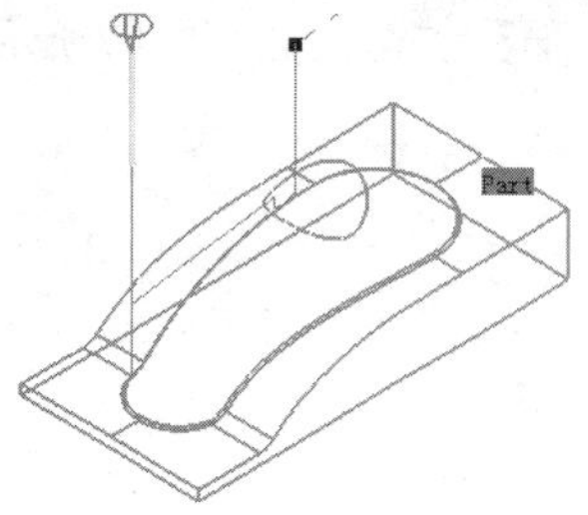

图23-65 生成刀具路径

提示

对话框中显示的信息有进给量(Feedrate)、当前刀尖的位置（X、Y、Z）和刀具轴的方向（I、J、K）、加工时间(Machining time)和总时间(Total time)。总时间包括加工时间和非加工时间（例如进刀和退刀时间等）。

03 单击对话框中的【Photo】按钮，出现照片窗口及显示材料去除结果，如图23-66所示。

提示

视频有3种形式，【Full Video】模拟整个零件操作或制造过程材料去除过程。【Video from last saved result】显示先前已存储的结果后的材料去除情况。【Mixed Photo/video】照片显示选择操作之前的材料去除情况，视频模拟所选择的操作。

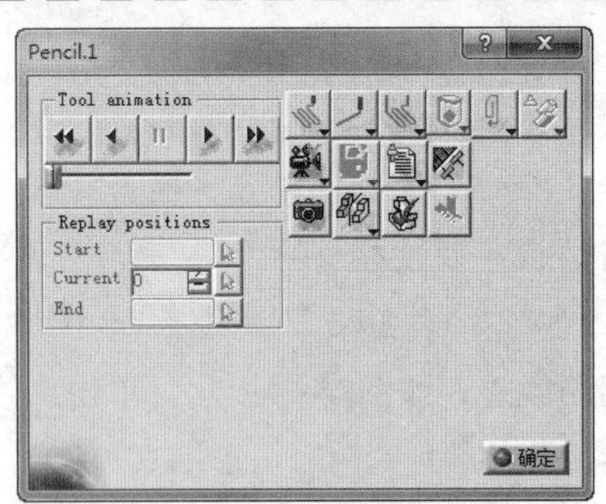

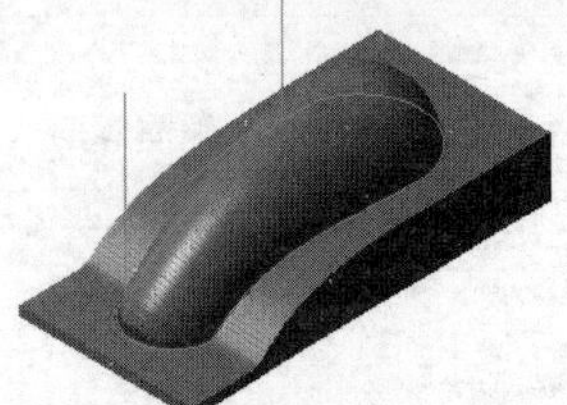

图23-66　显示材料去除结果

04 单击【View from last result】按钮，然后单击【Forward replay】按钮，显示实体加工过程和结果，如图23-67所示。

提示

要显示刀轨轨迹，双击一个已经设置完成的加工操作，单击对话框中的【Tool Path Replay】按钮，在图形区显示刀路轨迹。

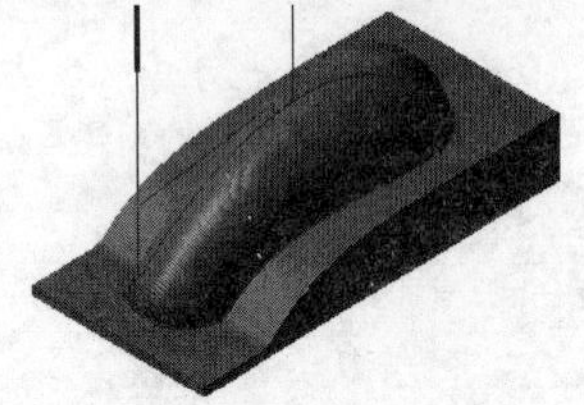

图23-67　实体切削仿真

23.3.7　余量/过切检测

余量和过切检验用于分析加工后的零件是否剩余材料，是否过切，然后修改加工参数，以达到所需的加工要求。

动手操作——余量/过切检测

01 启动CATIA V5R21，单击【标准】工具栏上的【打开】按钮，打开【选择文件】对话框，选择“ex_13.CATProcess”文件，如图23-68所示。

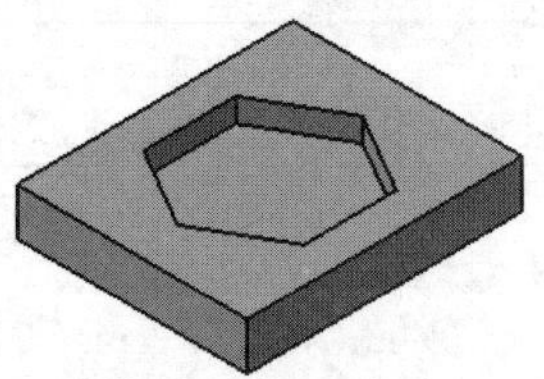

图23-68　打开文件

02 双击P.P.R特征树中【ProcessList】节点下的【Facing.1】加工节点，展开【Facing.1】对话框，如图23-69所示。单击对话框中的【Tool Path Replay】按钮，在图形区显示刀路轨迹，如图23-70所示。

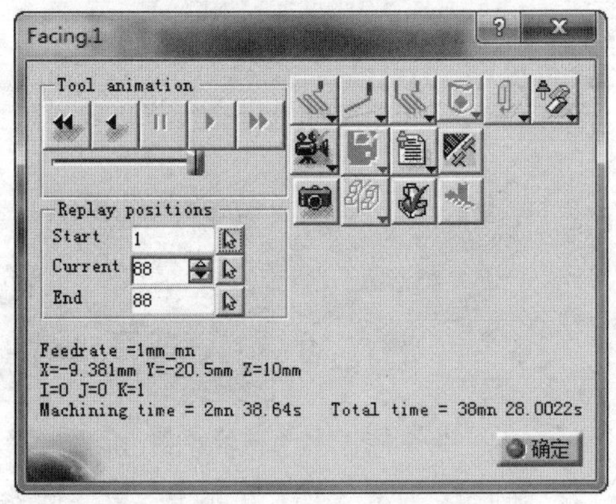

图23-69　【Pencil.1】对话框

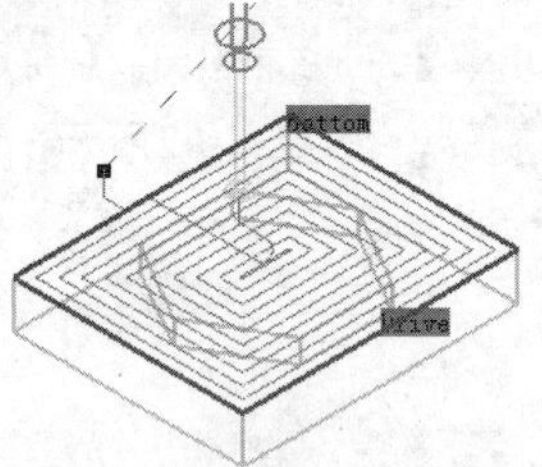

图23-70　生成刀具路径

03 单击对话框中的【Photo】按钮，出现照片窗口及显示材料去除结果，如图23-71所示。

04 余量检测，具体步骤如下。单击【Analyze】按钮，弹出【Analysis】对话框，选中【Remaining Material】复选框，设置相关参数如图23-72所示。

05 单击【应用】按钮，图形区显示余量检测结果，如图23-73所示。

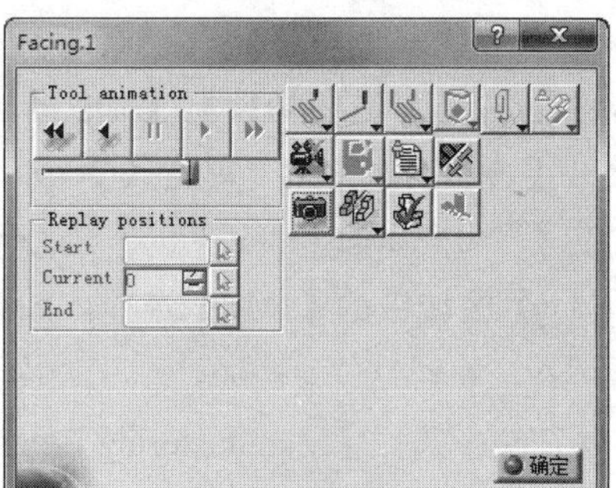

图23-71 显示材料去除结果

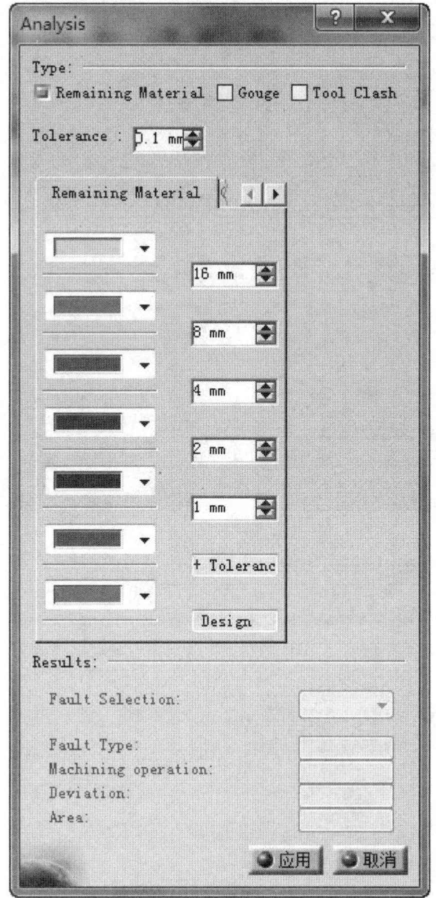

图23-72 余量检测设置

图23-73 余量检测结果

06 过切检测，具体步骤如下。在【Analysis】对话框中选中【Gouge】复选框，设置相关参数如图23-74所示。

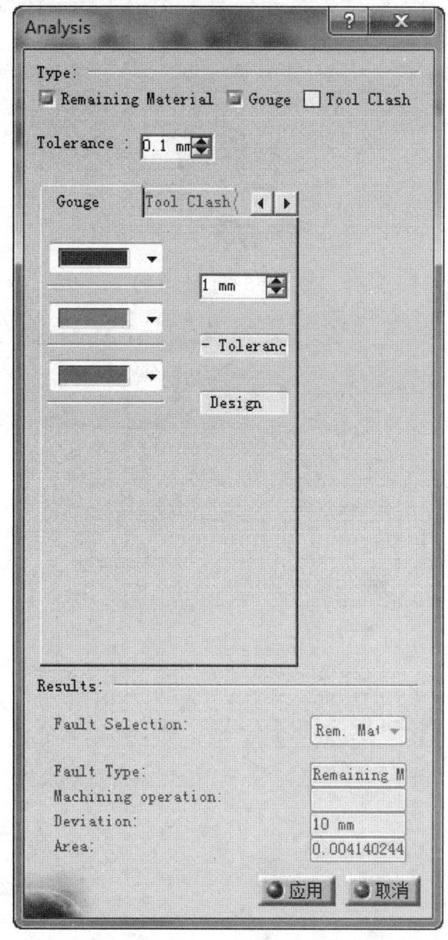

图23-74 过切检测设置

07 单击【应用】按钮，如果没有过切现象，将出现【Analysis Information】对话框，如图23-75所示。

图23-75 【Analysis Information】对话框

23.3.8 后处理设置方法

后处理是为了将加工操作中的加工刀路转换为数控机床可以识别的数控程序（NC代码）。

动手操作——后处理设置

01 启动CATIA V5R21，单击【标准】工具栏上的【打开】按钮，打开【选择文件】对话框，选择“ex_14.CATProcess”文件，如图23-76所示。

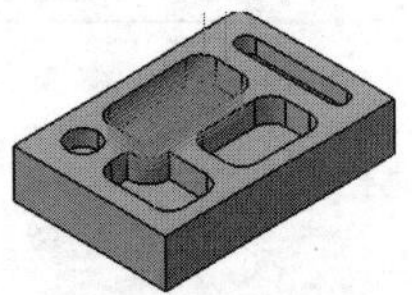

图23-76　打开文件

02 选择下拉菜单【工具】|【选项】命令，将对话框左侧选项栏切换至【加工】选项，弹出【选项】对话框，单击【Output】选项卡在【Post Processor and Controller Emulator Folder】区域中的【IMS】选项，如图23-77所示。

03 在特征树中选择【Manufacturing Program.1】节点，单击鼠标右键选择【Manufacturing Program.1对象】|【Generate NC Code Interactively】命令，如图23-78所示。

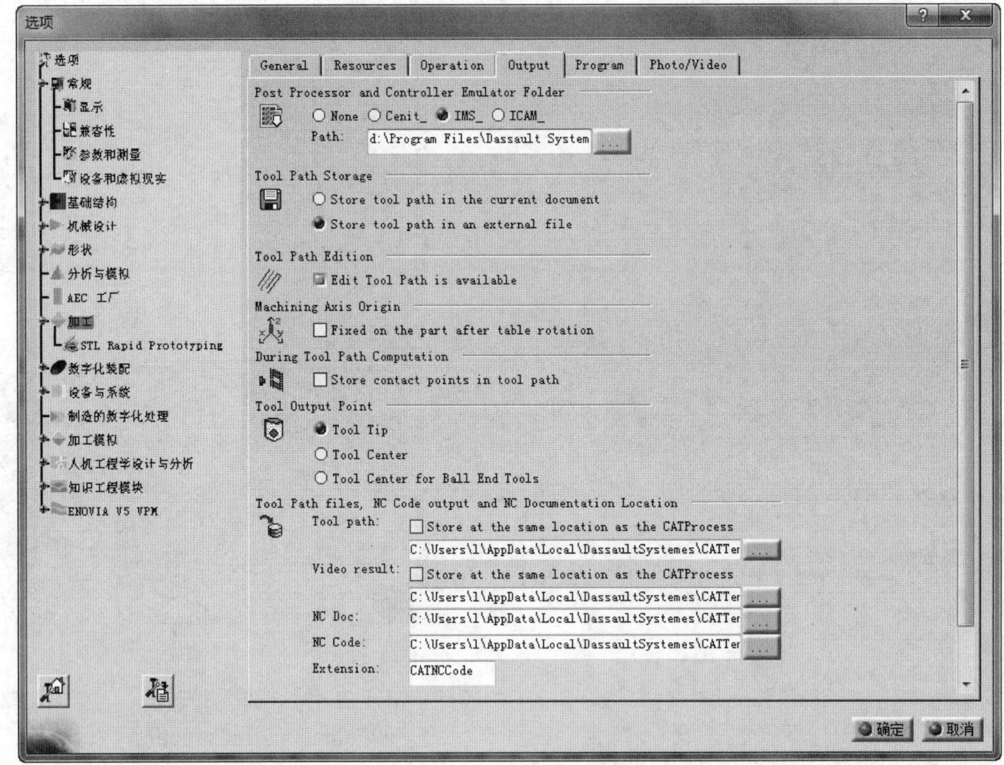

图23-77　【Output】选项卡

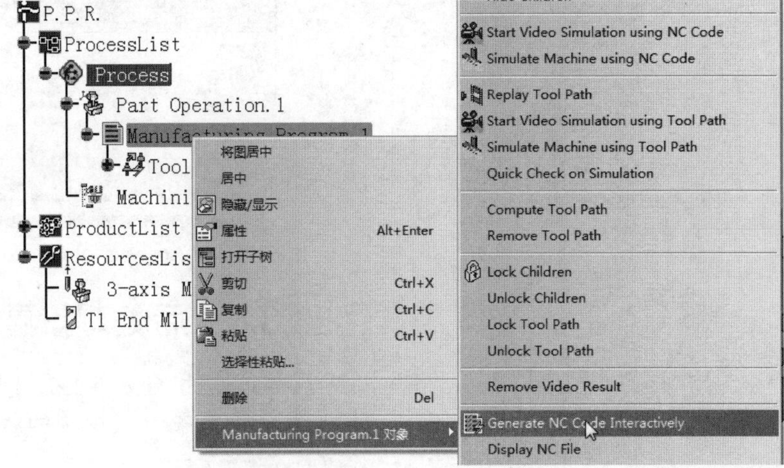

图23-78　选择右键快捷命令

04 系统弹出【Generate NC Output Interactively】对话框，选择【NC data type】下拉列表中的"NC Code"选项，在【Output File】选项下设置输出数据文件路径，如图23-79所示。

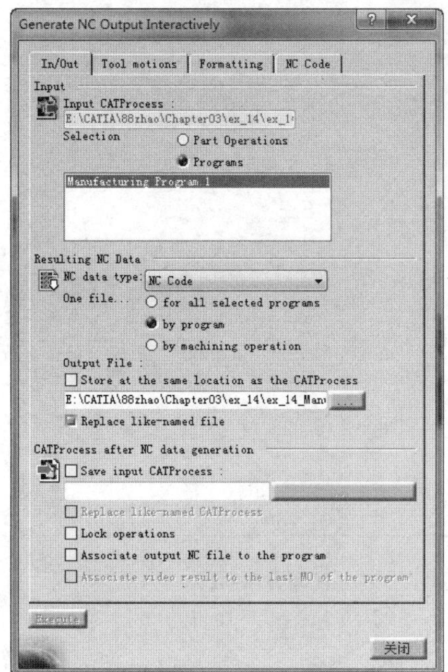

图23-79 【Generate NC Output Interactively】对话框

05 单击【NC Code】选项卡，在【IMS Post-processor file】下拉列表中选择"fanuc0"选项，如图23-80所示。

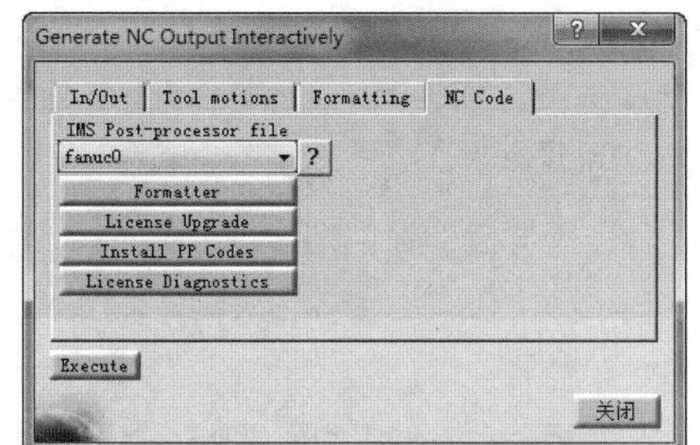

图23-80 【NC Code】选项卡

06 单击【Execute】按钮，系统弹出【IMSpost-Runtime Message】对话框，用于输入程序号，如图23-81所示。

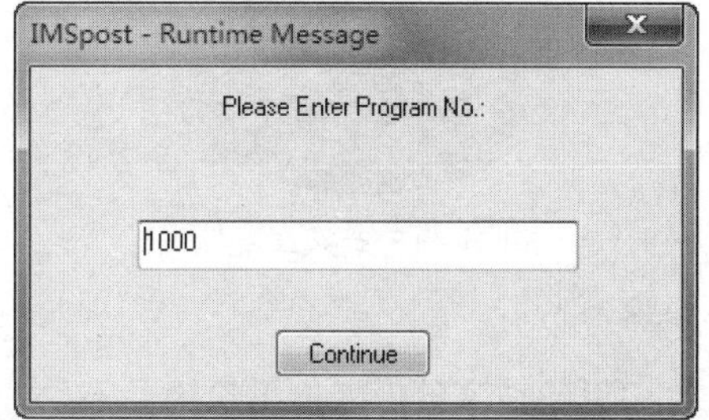

图23-81 【IMSpost-Runtime Message】对话框

07 单击【Continue】按钮，生成后处理程序后，系统弹出【Manufacturing Information】对话框，如图23-82所示。单击【确定】按钮完成。

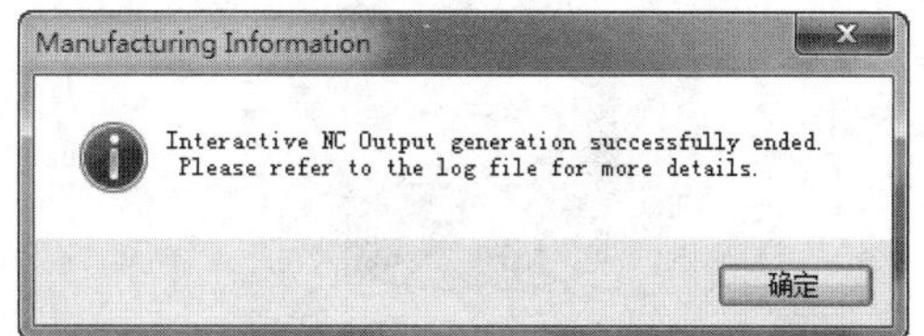

图23-82 【Manufacturing Information】对话框

08 在生成的后处理程序文件中，用记事本打开"ex_14_Manufacturing_program_1.CATNCCode"文件，如图23-83所示。

图23-83 打开后处理文件

23.4 实战应用——安装盘数控加工范例

引入光盘：\动手操作\源文件\Ch23\case\case.CATPart

结果文件：\动手操作\结果文件\Ch23\case\NCSetup_Part1_08.32.51.CATProduct

视频文件：\视频\Ch23\安装盘数控加工.avi

安装盘零件如图23-84所示，直壁为凹槽侧壁面为直面，需要加工的面是槽腔表面（内孔除

外），本例通过型腔铣削方法来演示CATIA数控加工过程。

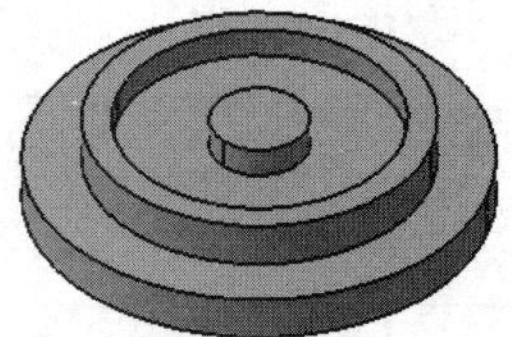

图23-84 安装盘零件

操作步骤

1. 打开模型文件进入加工模块

01 启动CATIA V5R21后，单击【标准】工具栏上的【打开】按钮，打开【选择文件】对话框，选择“case.catpart”，单击【OK】按钮，文件打开后如图23-85所示。

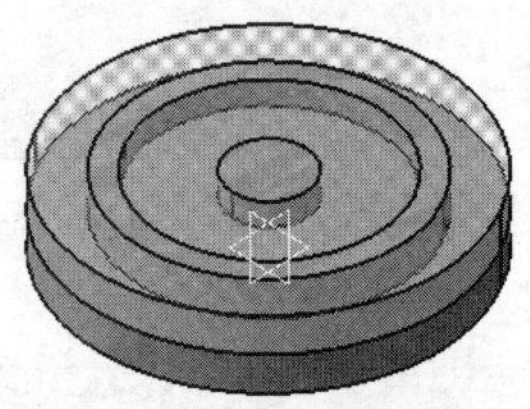

图23-85 打开的模型文件

02 选择下拉菜单【开始】|【加工】|【Prismatic Machining】命令，进入2.5轴铣削加工环境。

2. 定义零件操作

01 在特征树上双击【Part Operation.1】节点，弹出【Part Operation】对话框，如图23-86所示。

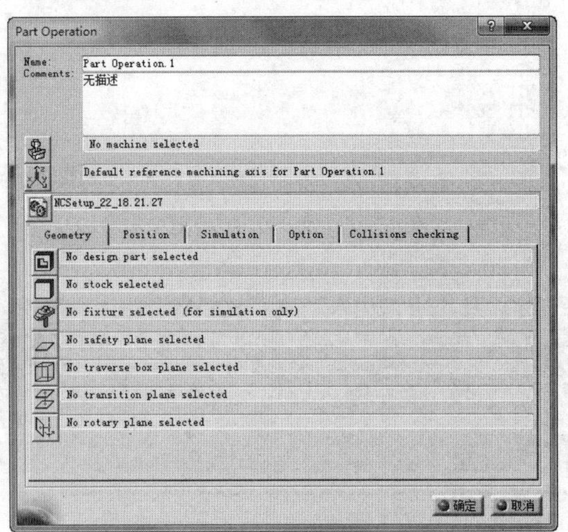

图23-86 【Part Operation】对话框

02 机床设置。单击【Part Operation】对话框中的【machine】按钮，弹出【Machine Editor】对话框，保持默认设置“3-axis Machine.1”，如图23-87所示。

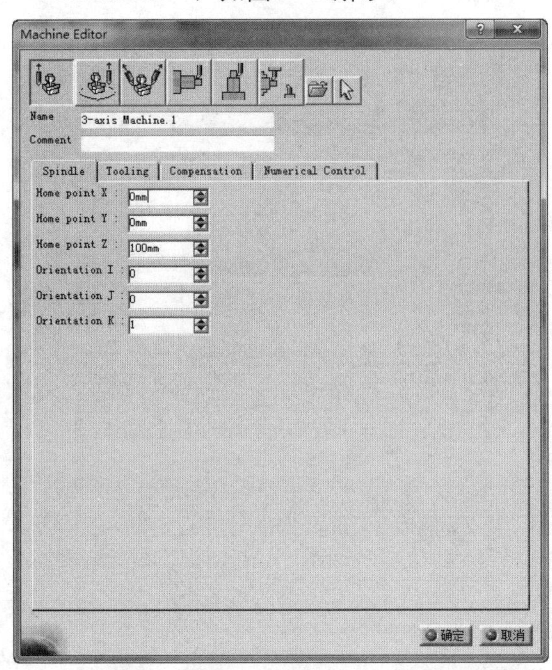

图23-87 【Machine Editor】对话框

03 定义加工坐标系。单击【Part Operation】对话框中的“Default reference machining axis system”按钮，弹出“Default reference machining axis for Part Operation.1”对话框。在“Axis Name”文本框中输入“NC machine axis”作为坐标系名称，单击红色坐标原点，选择如图23-88所示的圆作为坐标原点。

图23-88 定义加工坐标系

04 定义目标加工零件。单击【Design part for simulation】按钮，系统自动隐藏【Part Operation】对话框，在图形区选择打开的实体模型作为目标加工零件，然后双击空白处返回【Part Operation】对话框，如图23-89所示。

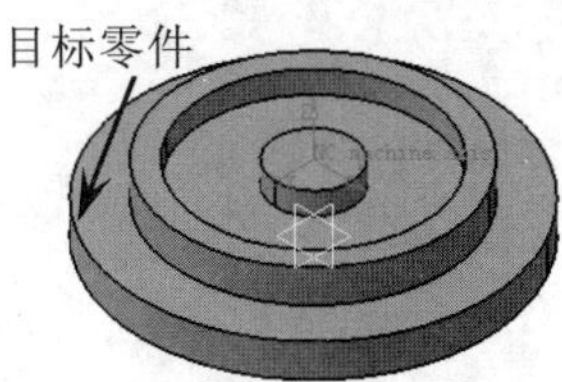

图23-89 选择目标加工零件

05 定义毛坯零件。单击【Stock】按钮，系统自动隐藏【Part Operation】对话框，在图形区创建毛坯实体作为毛坯零件，然后双击空白处返回【Part Operation】对话框，如图23-90所示。

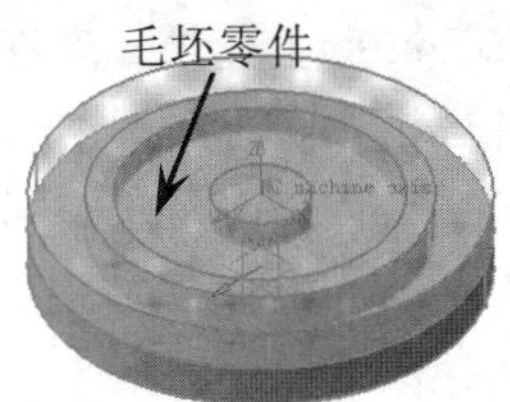

图23-90 选择毛坯零件

06 安全平面。具体操作步骤如下。单击【Safety plane】按钮，系统提示“Select a planar face or point to define the safety plane”，一般选择零件上表面，系统创建如图23-91所示的安全平面。右键单击所创建的安全平面，在弹出的快捷菜单中选择“Offset”命令。

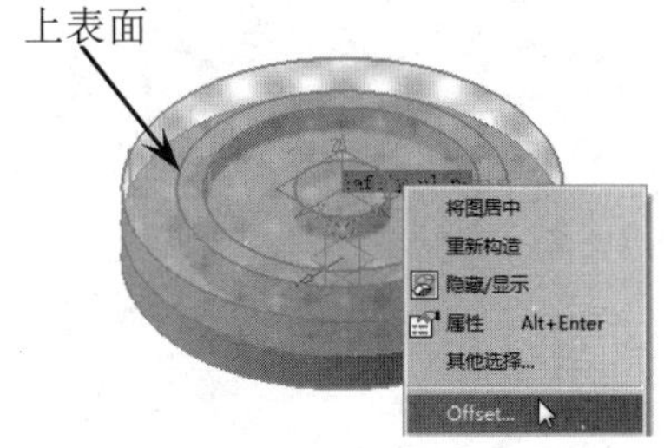

图23-91 快捷菜单

07 系统弹出【Edit Parameter】对话框，在【Thickness】文本框中输入偏移值50，单击【确定】按钮，完成安全平面设置，如图23-92所示。

图23-92 【Edit Parameter】对话框

3. 型腔铣削凹槽

01 在特征树中选择【Manufacturing Program.1】节点，选择下拉菜单【插入】|【Maching Operations】|【Pocketing】命令，或者单击【Machining Operations】工具栏上的【Pocketing】按钮，弹出【Pocketing.1】对话框，如图23-93所示。

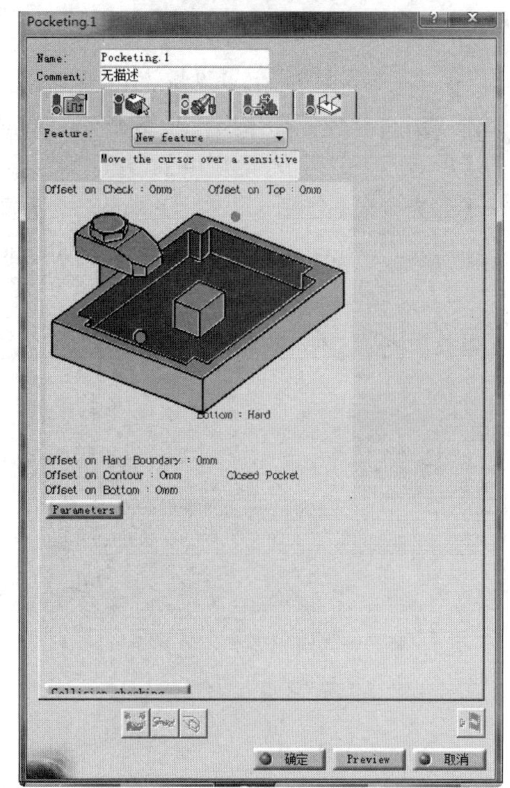

图23-93 【Pocketing.1】对话框

02 选择加工几何。具体操作步骤如下。单击对话框中底面感应区，感应区颜色由深红色变成橙黄色，选择如图23-94所示的表面为加工表面，系统返回【Pocketing.1】对话框，此时底面和侧面感应区颜色变为深绿色。

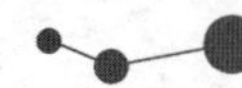

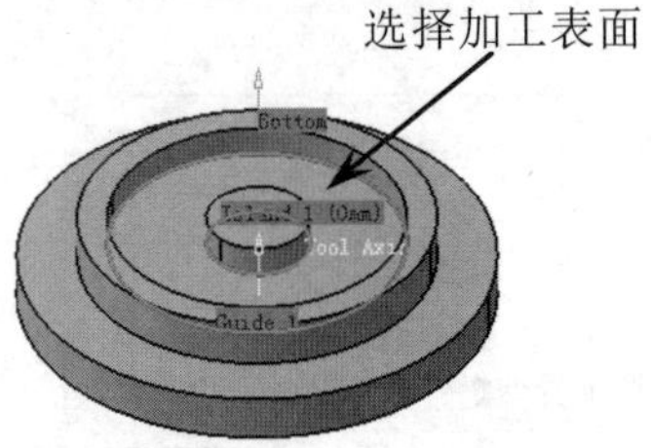

图23-94 选择加工表面

03 单击顶面感应区，选择如图23-95所示的表面，双击空白处返回。

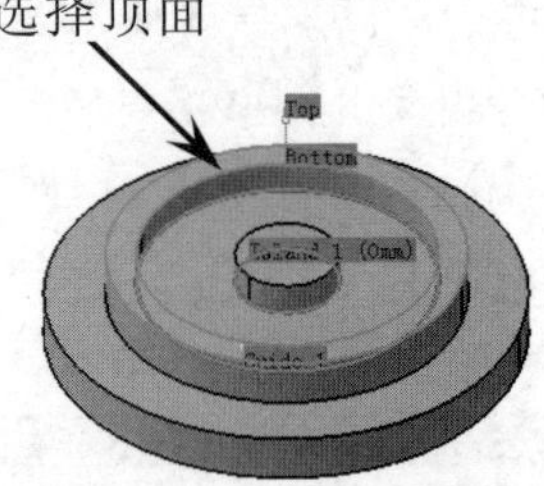

图23-95 选择顶面

04 定义刀具参数，具体操作步骤如下：单击【Pocketing.1】对话框中的图标，切换到【刀具参数】选项卡，在“Name”文本框中输入“T1 End Mill D8”，取消【Ball-end tool】复选框，如图23-96所示。

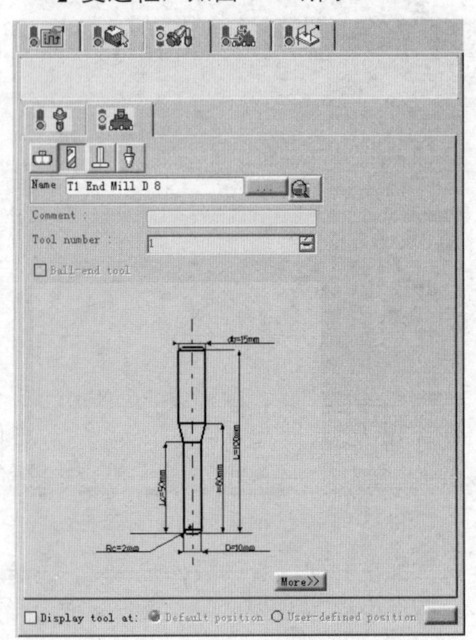

图23-96 【刀具参数】选项卡

05 单击【More】按钮，单击【Geometry】选项卡，设置刀具参数如图23-97所示。

06 定义刀具路径参数。单击【Pocketing.1】对话框中的图标，切换到【刀具路径参数】选项卡。

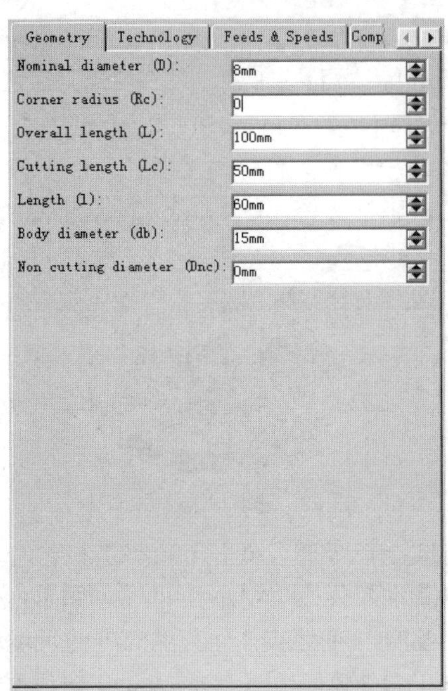

图23-97 定义刀具参数

07 单击【Machining】选项卡，在【Tool path style】下拉列表中选择【Inward Helical】选项，在【Direction of cut】下拉列表中选择【Climb】选项，其他选项采用系统默认，如图23-98所示。

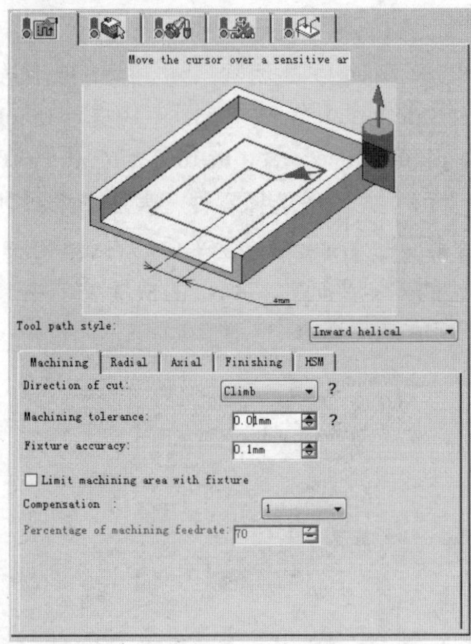

图23-98 【Machining】选项卡

08 单击【Radial】选项卡，在【Mode】下拉列表中选择【Tool diameter ratio】选项，在【Percentage of tool diameter】文本框输入50，其他参数默认，如图23-99所示。

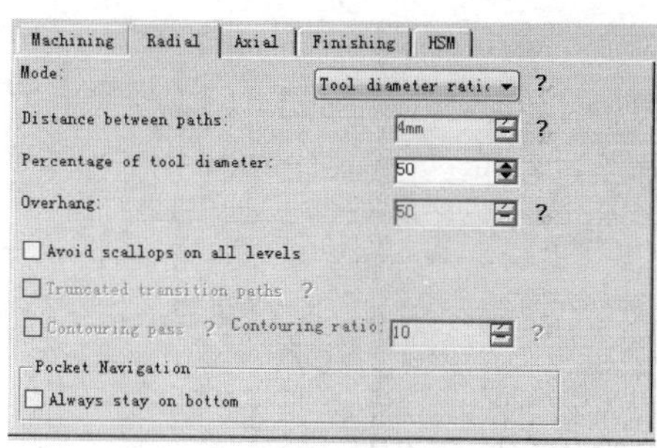

图23-99　【Radial】选项卡

09 单击【Axial】选项卡，在【Mode】下拉列表中选择【Maximum depth of cut】选项，在【Maximum depth of cut】文本框输入4，其他参数默认，如图23-100所示。

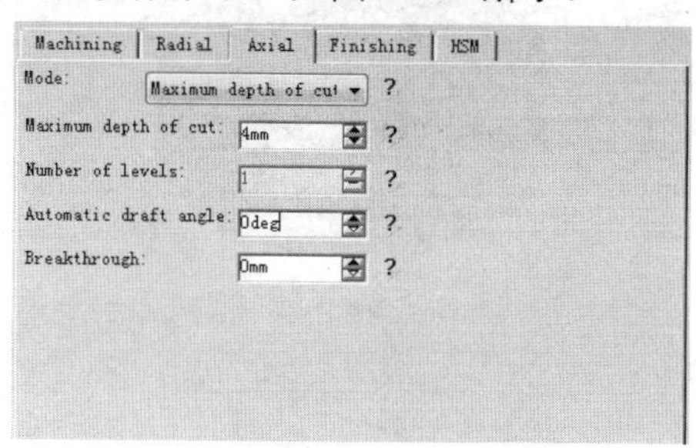

图23-100　【Axial】选项卡

10 定义进退刀路径。单击【Pocketing.1】对话框中的，切换到【进退刀路径】选项卡。

11 在【Macro Management】区域列表框中选择【Approach】选项，单击鼠标右键，在弹出的快捷菜单中选择【Activate】命令，并在【Mode】下拉列表中选择【Ramping】选项，选择斜线进刀类型，如图23-101所示。

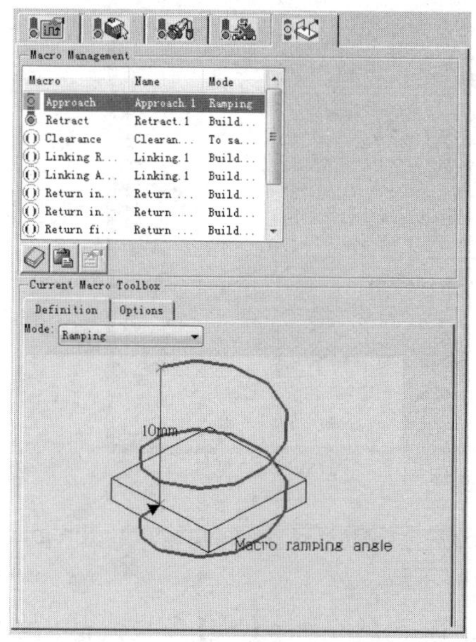

图23-101　设置Approach参数

12 在【Macro Management】区域列表框中选择【Retract】选项，单击鼠标右键，在弹出的快捷菜单中选择【Activate】命令，并在【Mode】下拉列表中选择【Axial】选项，选择直线退刀类型，如图23-102所示。

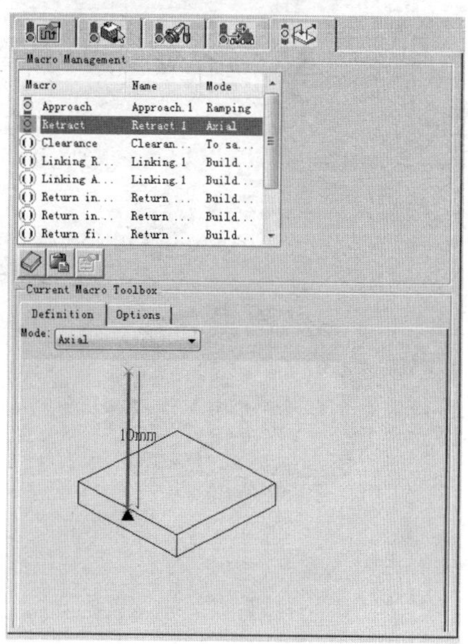

图23-102　设置Retract参数

4. 刀路仿真

01 单击【Pocketing.1】对话框中的【Tool Path Replay】按钮，弹出【Pocketing.1】对话框，如图23-103所示。同时在图形区显示刀路轨迹，如图23-104所示。单击按钮可显示刀路路径过程。

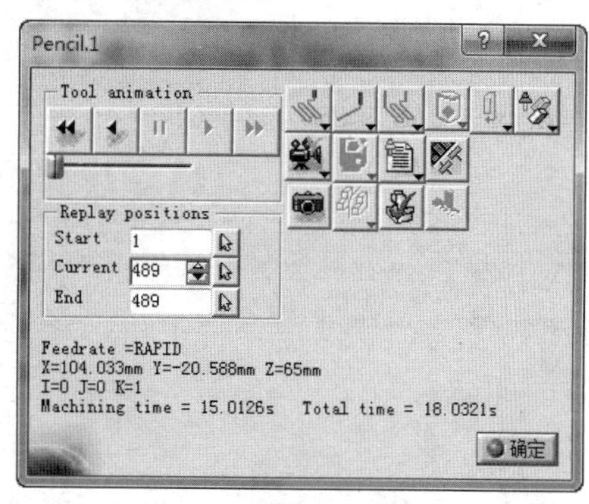

图23-103　【Pocketing.1】对话框

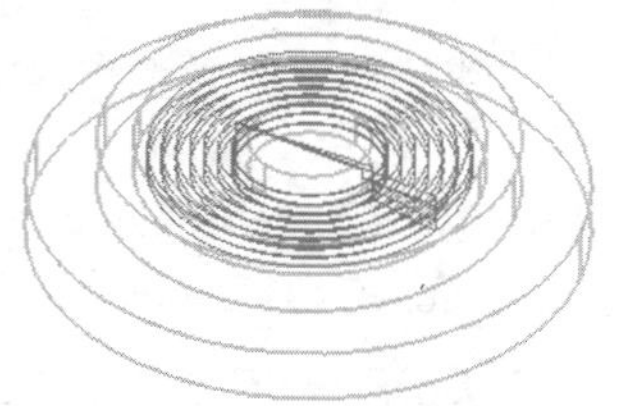

图23-104　生成刀具路径

02 单击对话框中的【Photo】按钮，出现照片窗口及显示材料去除结果，如图23-105所示。

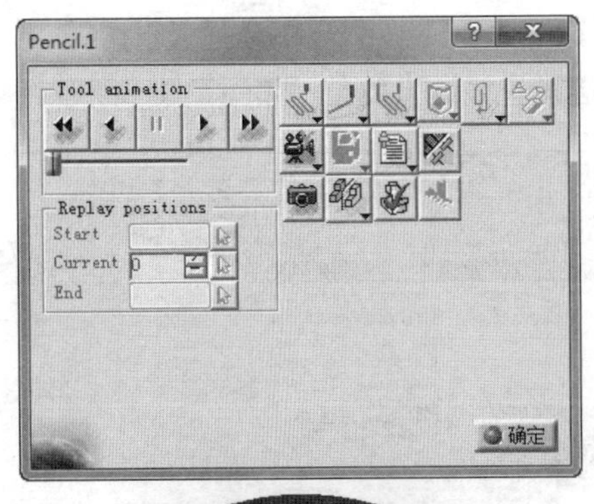

图23-105　显示材料去除结果

03 单击【View from last result】按钮，然后单击【Forward replay】按钮，显示实体加工过程和结果，如图23-106所示。

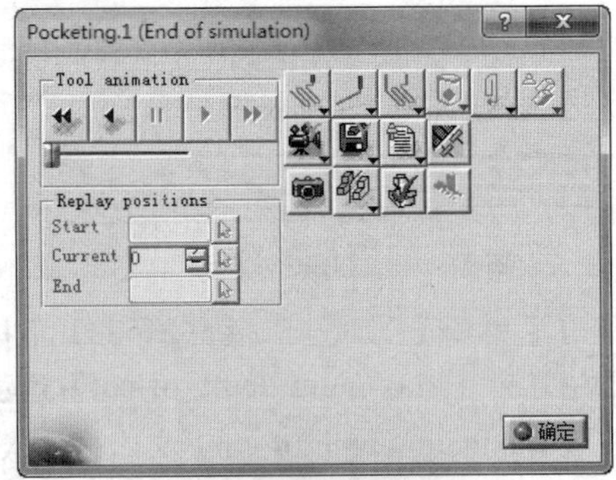

图23-106　实体切削仿真

5. **后处理**

01 选择下拉菜单【工具】|【选项】命令，将对话框左侧选项栏切换为【加工】选项，弹出【选项】对话框，单击【Output】选项卡，在【Post Processor and Controller Emulator Folder】区域中选中【IMS】选项，如图23-107所示。

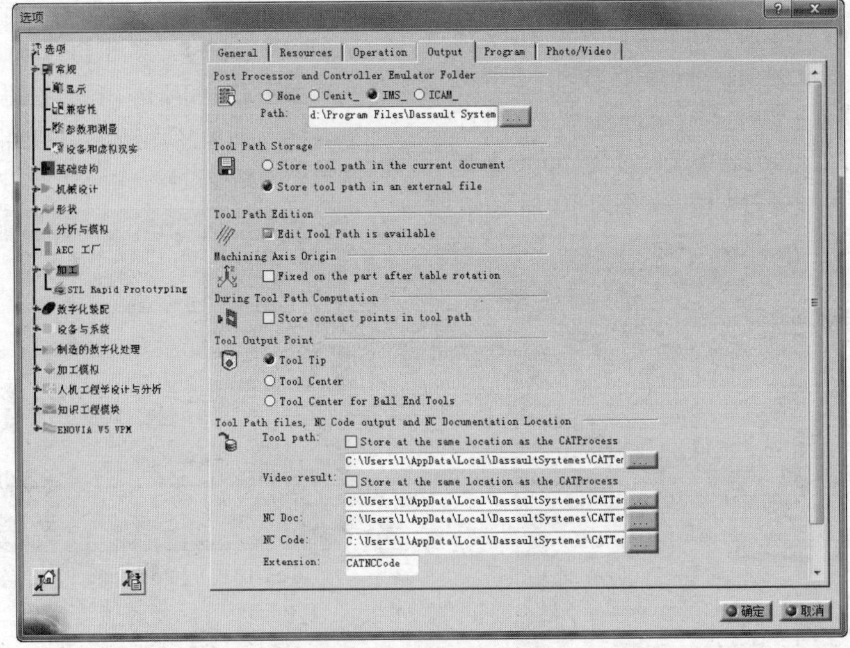

图23-107　【Output】选项卡

02 在特征树中选择【Manufacturing Program.1】节点，单击鼠标右键选择【Manufacturing Program.1对象】|【Generate NC Code Interactively】命令，如图23-108所示。

03 系统弹出【Generate NC Output Interactively】对话框，选择【NC data type】下拉列表中的“NC Code”选项，在【Output File】选项下设置输出数据文件路径，如图23-109所示。

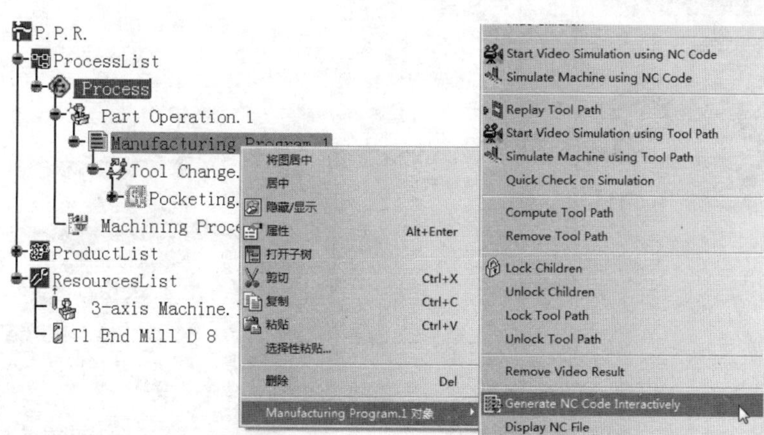

图23-108 选择右键快捷命令

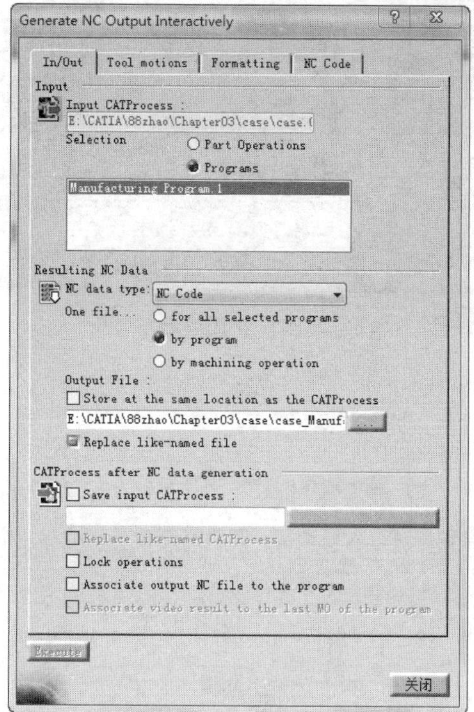

图23-109 【Generate NC Output Interactively】对话框

04 单击【NC Code】选项卡，在【IMS Post-processor file】下拉列表中选择“fanuc0”选项，如图23-110所示。

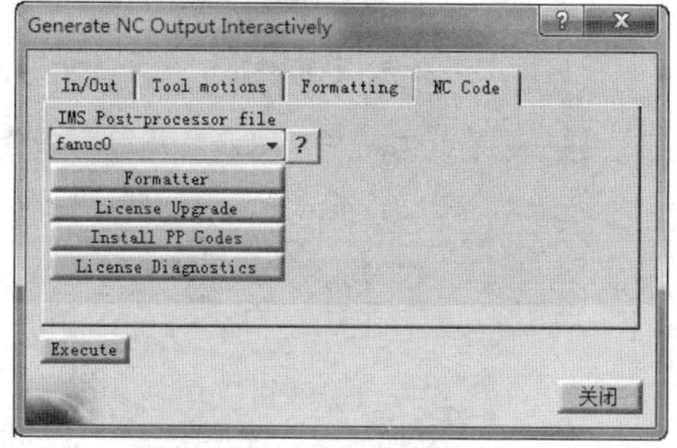

图23-110 【NC Code】选项卡

05 单击【Execute】按钮，系统弹出【IMSpost-Runtime Message】对话框，用于输入程序号，如图23-111所示。

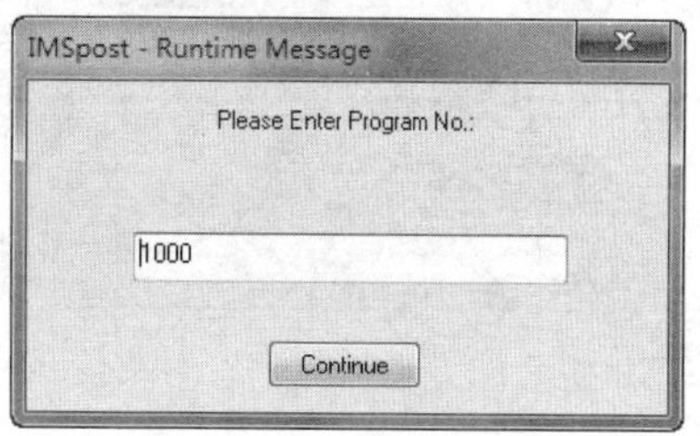

图23-111 【IMSpost-Runtime Message】对话框

06 单击【Continue】按钮，生成后处理程序后，系统弹出【Manufacturing Information】对话框，如图23-112所示。单击【确定】按钮完成。

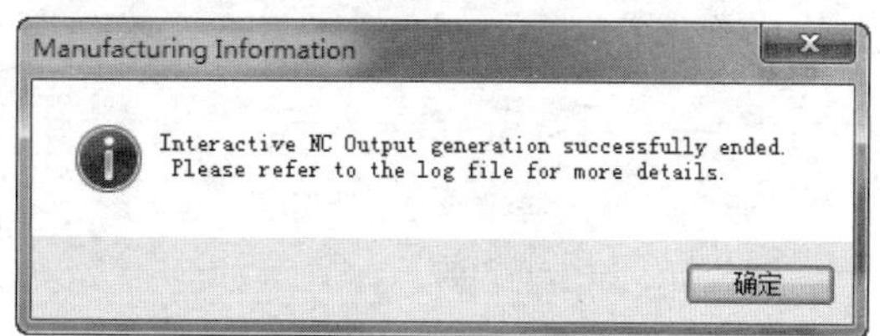

图23-112 【Manufacturing Information】对话框

07 在生成的后处理程序文件中，用记事本打开“case_Manufacturing_Program_1.CATNCCode”文件，如图23-113所示。

图23-113 打开后处理文件

第24章 2.5轴铣削加工

2.5轴铣削加工是指在加工中产生水平方向的XY两轴联动，而Z轴方向只在完成一层加工后进入下一层时再做XY轴加工。我们在本章中特地把有关平面铣削加工技巧介绍给大家。

在本章中，除了介绍各种2.5轴铣削加工方法外，还要详细介绍2.5轴铣削加工中几何参数、刀具路径类型、刀具路径参数以及进退刀路径设置的各种方法。几何参数、刀具路径参数以及进退刀路径设置是2.5轴铣削数控加工的核心，掌握各种参数设置方法可以更加灵活的应用2.5轴加工操作。

◎ 平面铣削几何参数设置
◎ 型腔铣削几何参数设置
◎ 粗加工几何参数设置
◎ 两平面间轮廓铣削几何参数设置
◎ 二维加工区域的创建和使用方法

24.1 几何参数设置

2.5轴铣削适合加工整个形状由平面和与平面垂直的面构成的零件，一般情况下，对于直壁和水平底面为平面的零件，应该优先选择2.5轴铣削加工完成。

下面介绍几种铣削加工方法的几何参数设置。

24.1.1 平面铣削几何参数设置

平面铣削（Facing）就是对大面积的没有任何曲面或凸台的零件表面进行加工，一般选用平底立铣刀或端铣刀，如图2-1所示。使用该方法既可进行粗加工，又可进行精加工。对于加工余量大又不均匀的表面，采用粗加工，其铣刀直径应较小以减少切削力矩；对于精加工，其铣刀直径应较大，最好能包容整个加工面。

平面铣削加工几何参数用于设置平面铣削需要加工的区域及有关参数。

动手操作——平面铣削几何参数设置

01 启动CATIA V5R21，单击【标准】工具栏上的【打开】按钮，打开【选择文件】对话框，选择“ex_1.CATProcess”文件，如图24-1所示。

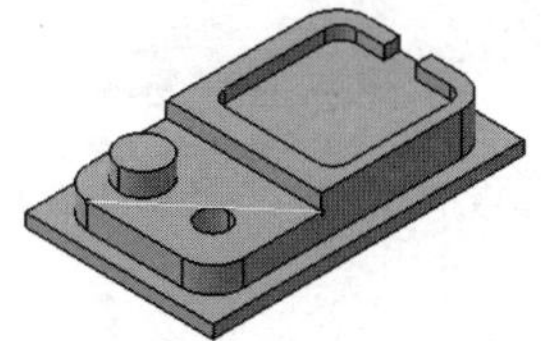

图24-1 打开加工文件

02 双击P.P.R特征树中【ProcessList】节点下的【面铣.1】加工节点，展开【面铣.1】对话框，单击，切换到【几何参数】选项卡，如图24-2所示。

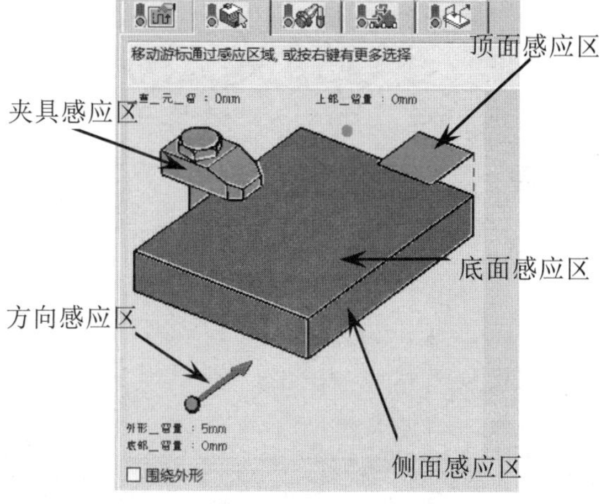

图24-2 【加工参数】选项卡

技术要点

【顶面感应区】用于定义加工零件的最高平面。【底面感应区】用于定义加工零件的最低平面。【侧面感应区】用于定义加工限制边界，此时可指定切削加工的边界侧。

03 单击对话框中底面感应区，感应区颜色由深红色变成橙黄色，选择如图24-3所示的表面为加工表面，系统返回【面铣.1】对话框，此时底面和侧面感应区颜色变为深绿色。

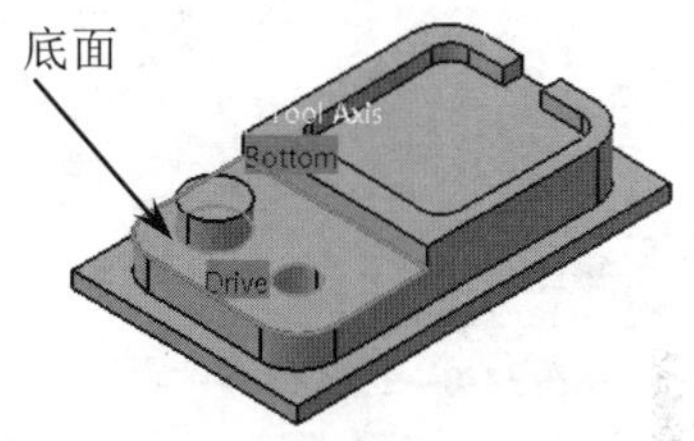

图24-3 选择加工表面

技术要点

感应区中的颜色为深红色时，表示未定义几何参数，此时不能进行加工仿真，感应区中的颜色为深绿色时，表示已经定义几何参数，此时可以进行加工仿真。

04 单击对话框中夹具感应区，感应区颜色由深红色变成橙黄色，选择如图24-4所示的凸台侧面，系统返回【面铣.1】对话框。

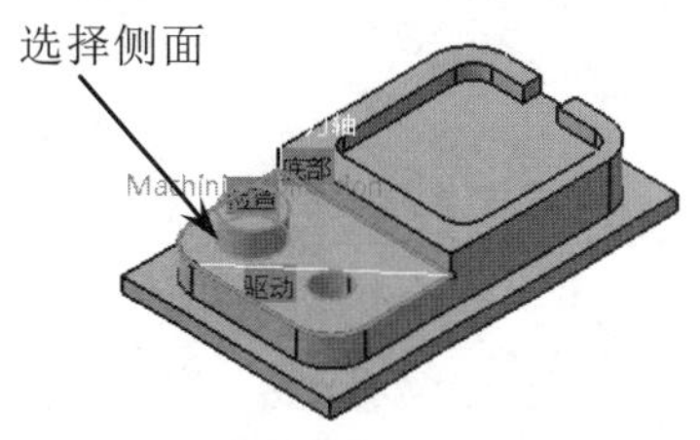

图24-4 选择避让区

技术要点

由于要加工的平面上含有凸台，因此需要将凸台指定为避让区。

05 双击对话框中的【外形_留量】，弹出【编辑参数】对话框，在【外形预留量】文本框中输入值5mm，单击【确定】按钮，如图24-5所示。

图24-5 【编辑参数】对话框

06 单击对话框中方向感应区箭头，弹出【加工方向】对话框，选择【选择】方式，选择如图24-6所示直线为刀路方向。

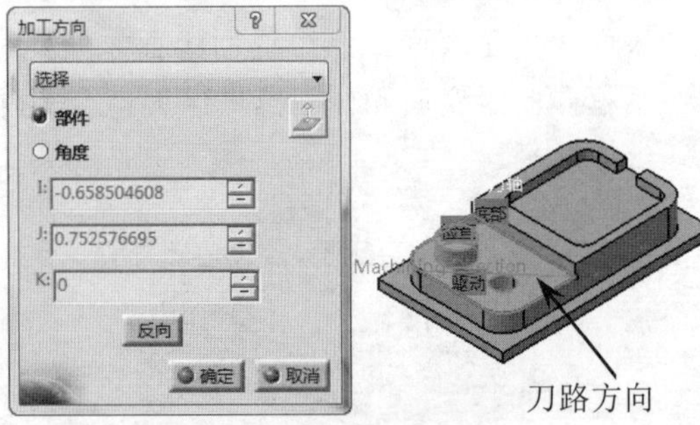

图24-6 选择刀路方向

技术要点

指定刀路方向时，可以选择一条直线、边线或者在对话框中设定一个方向矢量来作为刀路方向。

07 单击【面铣.1】对话框中的【播放刀具路径】按钮，弹出另外一个【面铣.1】对话框，同时在图形区显示刀路轨迹，如图24-7所示。

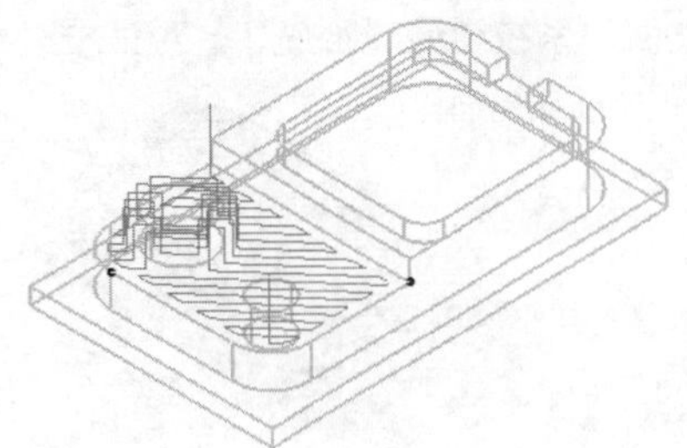

图24-7 生成刀具轨迹

24.1.2 型腔铣削几何参数设置

型腔铣削(Pocketing)是2.5轴铣削加工的重要加工类型，主要用于腔槽部分加工，如图24-8所示。

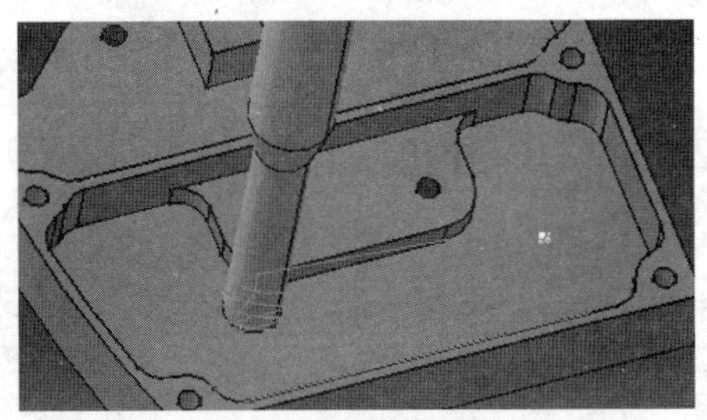

图24-8 型腔铣削(Pocketing)

可设置的型腔铣削有三种，开放式型腔铣削、封闭式型腔铣削和无底型腔铣削。下面分别讲解型腔铣几何参数设置方法。

技术要点

无论型腔铣加工类型是什么，型腔铣削有两个必要的几何参数需要定义，一个是加工的底面，另一个是加工的边界（轮廓）。必须定义的几何参数在示意图中是红色的，而几何参数示意图中的其他参数是可选项。

动手操作——型腔铣削几何参数设置

01 启动CATIA V5R21，单击【标准】工具栏上的【打开】按钮，打开【选择文件】对话框，选择“ex_2.CATProcess”文件，如图24-9所示。

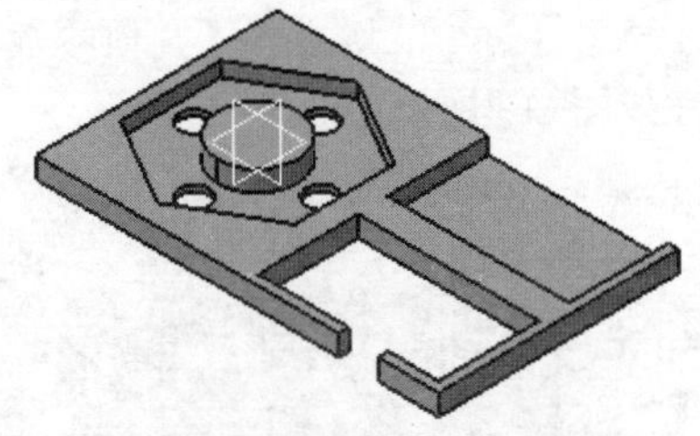

图24-9 打开加工文件

02 双击P.P.R特征树中【ProcessList】节点下的【Pocketing.1】加工节点，展开【Pocketing.1】对话框，单击图标，切换到“几何参数”选项卡，如图24-10所示。

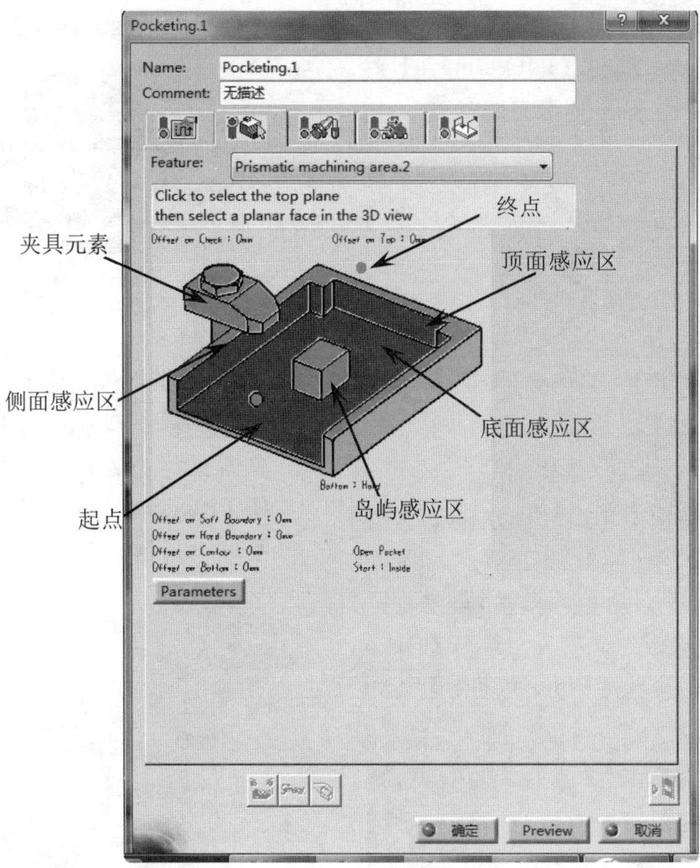

图24-10 【Pocketing.1】对话框

技术要点

【顶面感应区】用于定义加工零件的最高平面，【底面感应区】用于定义加工零件的最低平面。【起点】用于定义起始加工点，【终点】用于定义的结束加工点。【侧面感应区】用于定义加工侧面边界（轮廓）。

03 单击对话框中底面感应区，感应区颜色由深红色变成橙黄色，选择如图24-11所示的表面为加工表面，双击空白处，系统返回【Pocketing.1】对话框，此时底面和侧面感应区颜色变为深绿色。

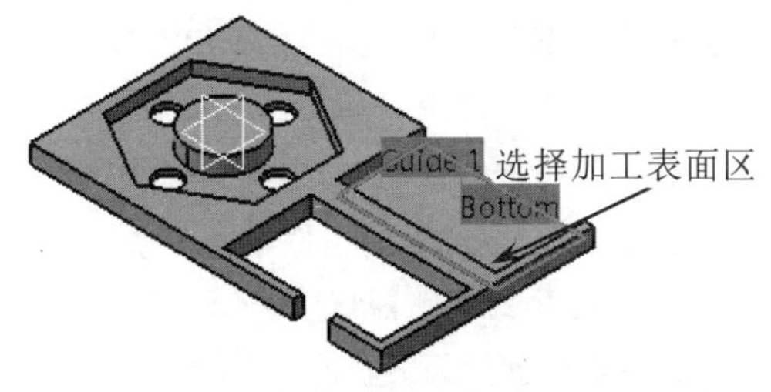

图24-11 选择加工表面

04 型腔铣削默认的进刀位置在切削区域之内，单击对话框中的【Start Inside】字样，字样变成【Start Outside】，切削起点在切削区域之外，此时双击尺寸，弹出【编辑参数】对话框，设置起点距离5mm，如图24-12所示。

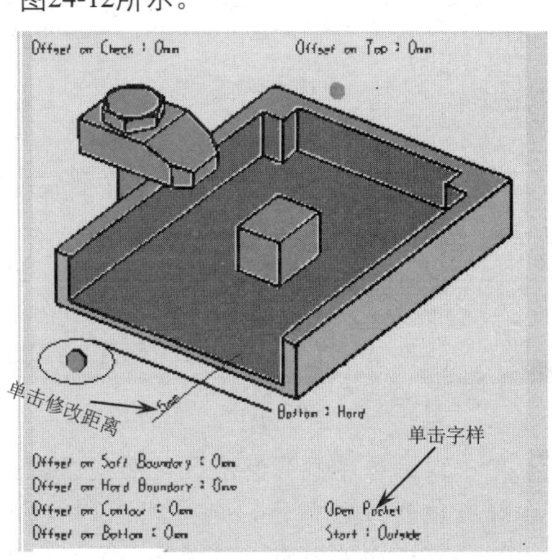

图24-12 改变切点方位

05 单击【Pocketing.1】对话框中的【播放刀具路径】按钮，弹出【Pocketing.1】对话框，同时在图形区显示刀路轨迹，如图24-13所示。

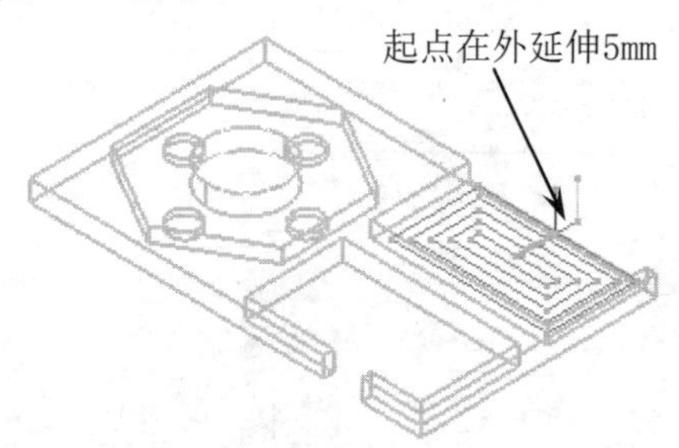

图24-13　生成刀具路径

06 双击P.P.R特征树中【ProcessList】节点下的【Pocketing.2】加工节点，展开【Pocketing.2】对话框，单击图标，切换到“几何参数”选项卡，单击【Open Pocket】字样改变为【Close Pocket】，如图24-14所示。

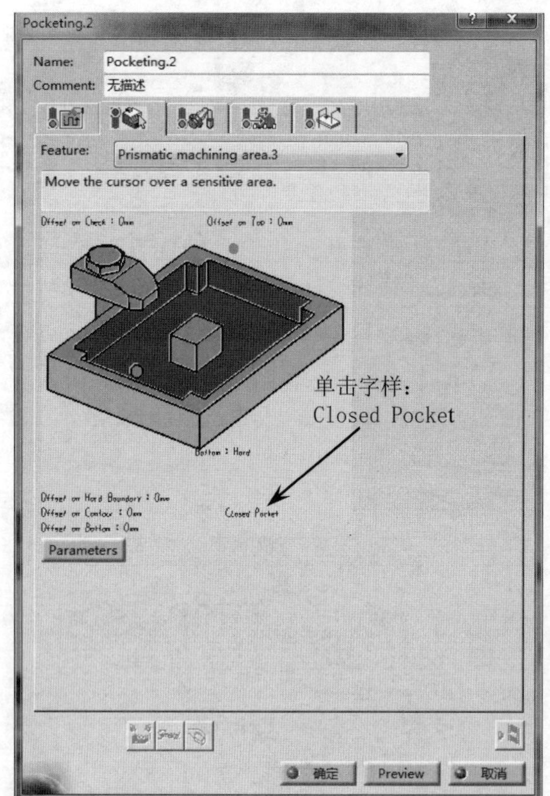

图24-14　【Pocketing.2】对话框

07 单击对话框中底面感应区，感应区颜色由深红色变成橙黄色，选择如图24-15所示的表面为加工表面，双击空白处系统返回【Pocketing.2】对话框，此时底面和侧面感应区颜色变为深绿色。

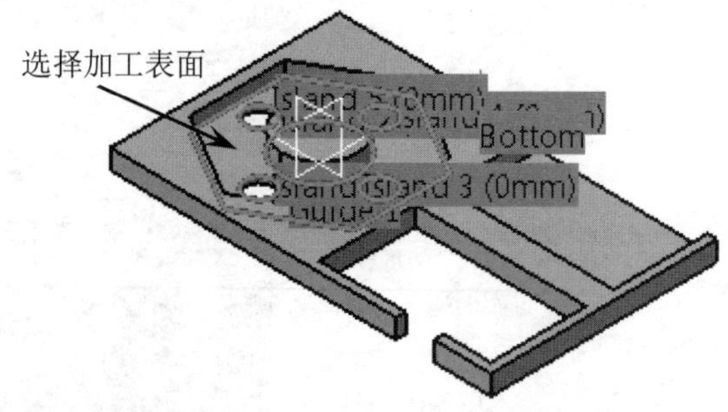

图24-15　选择加工表面

08 依次选择4个孔处的“Island X（0mm）”，单击鼠标右键，在弹出的快捷菜单中选择【Remove Island X】命令，移除孔，如图24-16所示。

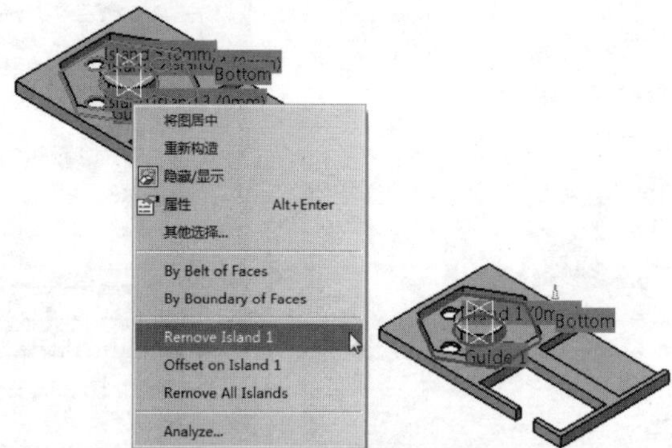

图24-16　移除岛屿

技术要点

由于底面孔刀具路径不应该跳过，因此需要将该处岛屿删除。如果需要再次增加已经删除的孔所在的岛屿，在对话框中的几何参数示意图上单击岛屿图标，接着选择孔所在的边界。选择完成后需要单击【Edge Selection】工具栏中的【OK】按钮，返回对话框中。每次选择只能选择一个岛屿的边界，如果需要选择多个岛屿，需要分多次进行选择。

09 选择中心凸台岛屿“Island 1（0mm）”，单击鼠标右键在弹出的快捷菜单中选择【Offset on Island 1】命令，弹出【编辑参数】对话框，设置岛屿偏置2mm，如图24-17所示。

10 单击【Pocketing.2】对话框中的“播放刀具路径”按钮，弹出【Pocketing.2】对话框，同时在图形区显示刀路轨迹，如图24-18所示。

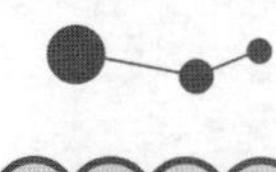

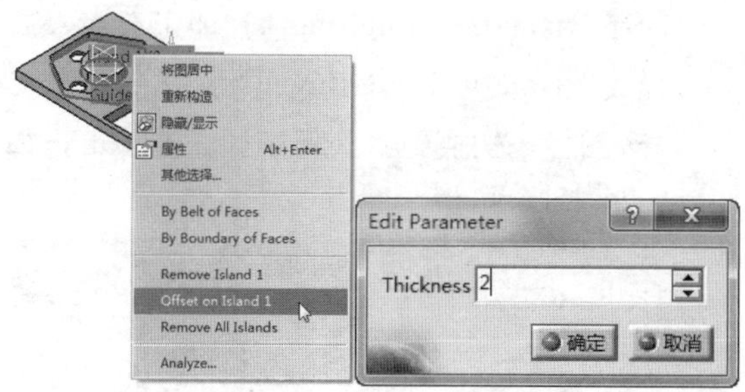

图24-17 设置岛屿偏置

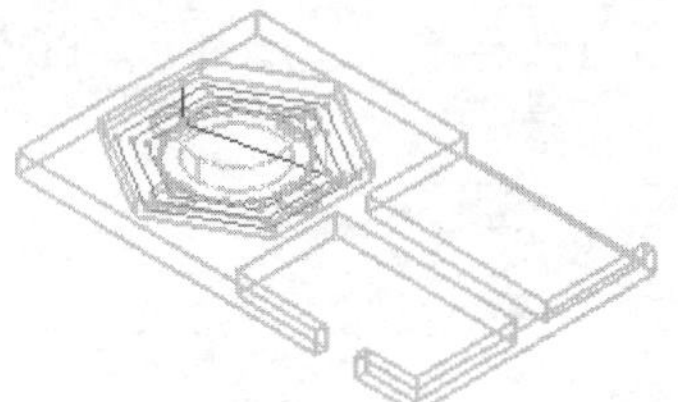

图24-18 生成刀具路径

11 双击P.P.R特征树中【ProcessList】节点下的【Pocketing.3】加工节点，展开【Pocketing.3】对话框，单击图标，切换到“几何参数”选项卡，单击【Open Pocket】字样改变为【Close Pocket】，单击【Bottom：Hard】字样改变为【Bottom：Soft】，如图24-19所示。

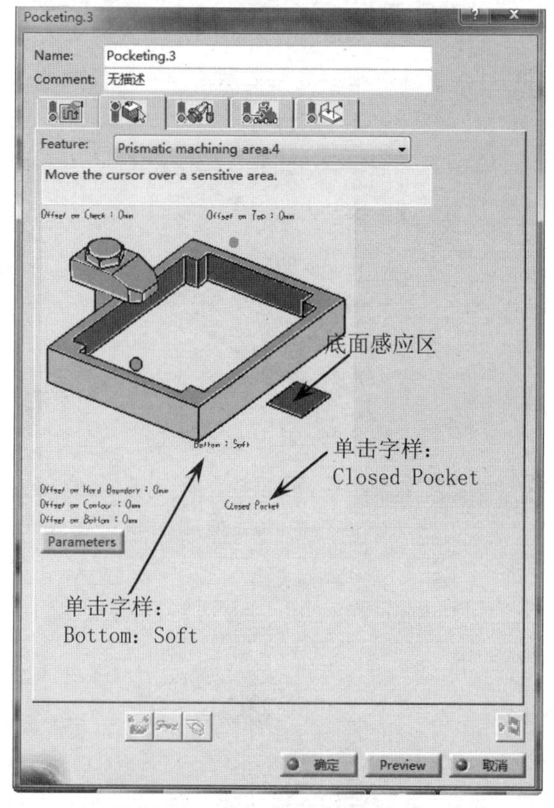

图24-19 【Pocketing.2】对话框

技术要点

对于无底形式的型腔铣削，同样需要选择两个必要几何参数：底面和侧面。这里的底面是软边界，它只是表示切削的深度边界。而侧面是确定铣削的轮廓，是硬边界。

12 单击对话框中底面感应区，感应区颜色由深红色变成橙黄色，选择如图24-20所示的表面为加工表面，双击空白处系统返回【Pocketing.3】对话框，此时底面感应区颜色变为深绿色。

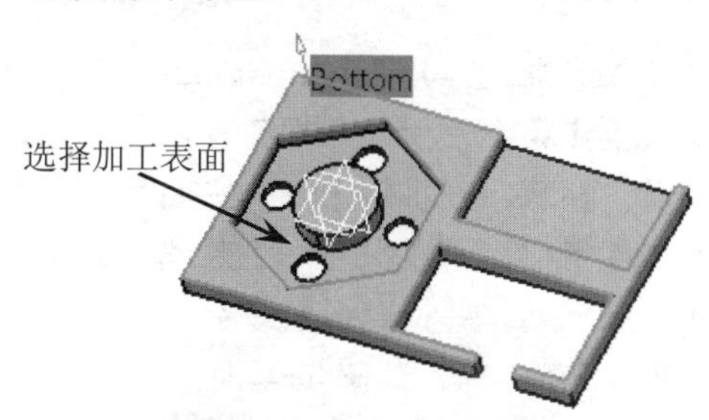

图24-20 选择加工表面

13 单击对话框中侧面感应区，感应区颜色由深红色变成橙黄色，选择如图24-21所示的边线，单击【Edge Selection】工具栏上的按钮封闭轮廓，双击空白处系统返回【Pocketing.3】对话框，此时侧面感应区颜色变为深绿色。

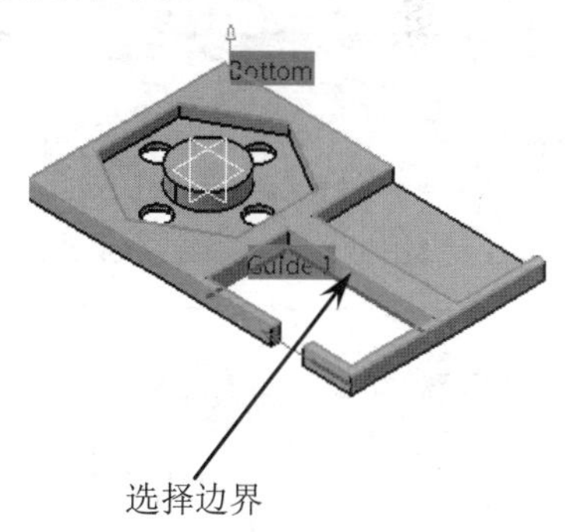

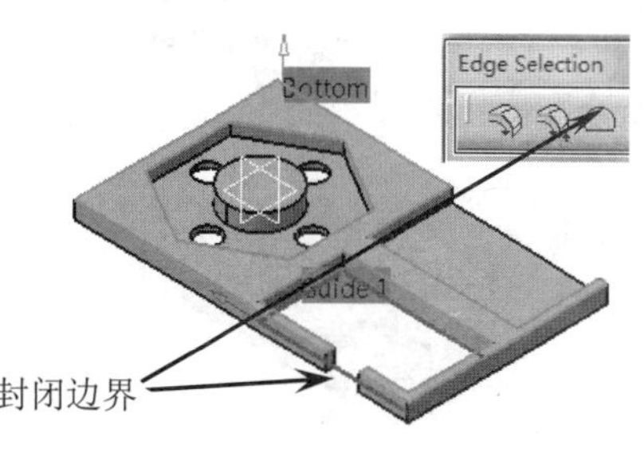

图24-21 选择侧面边界

14 单击【Pocketing.3】对话框中的【播放刀具路径】按钮，弹出【Pocketing.3】对话框，同时在图形区显示刀路轨迹，如图24-22所示。

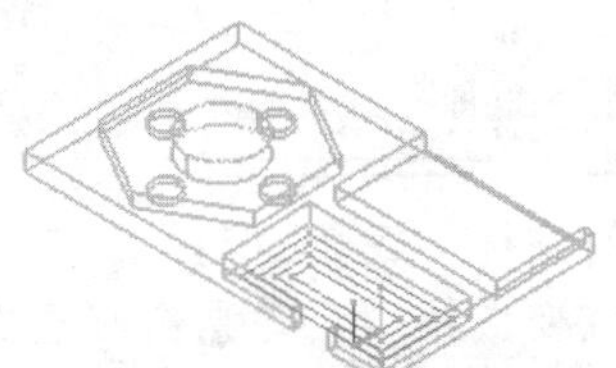

图24-22 生成刀具路径

24.1.3 粗加工几何参数设置

2.5轴粗加工（Prismatic Roughing）可以在一个加工步骤中使用同一把刀具，将毛坯的大部分材料切除，这种加工形式主要用于去除大量的工件材料，可以提高加工效率、减少加工时间、降低成本并提高经济效益，适用于直壁平面零件的粗加工，如图24-23所示。

图24-23 粗加工

技术要点

粗加工型腔铣削有两个必要的几何参数需要定义，一个是目标零件（Part），另一个是毛坯零件（Rough Stock），其他参数是可选项。

动手操作——粗加工几何参数设置

01 启动CATIA V5R21，单击【标准】工具栏上的【打开】按钮，打开【选择文件】对话框，选择“ex_3.CATProcess”文件，如图24-24所示。

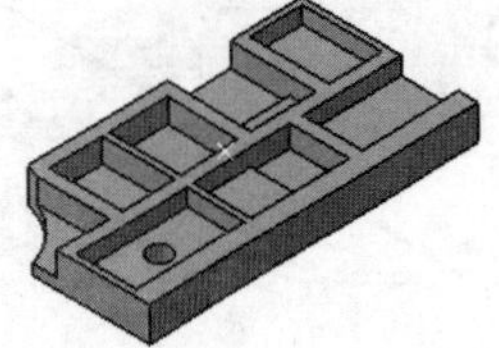

图24-24 打开加工文件

02 双击P.P.R特征树中【ProcessList】节点下的【Prismatic Roughing.1】加工节点，展开【Prismatic Roughing.1】对话框，单击图标，切换到“几何参数”选项卡，如图24-25所示。

图24-25 【Prismatic Roughing.1】对话框

03 单击对话框中目标零件感应区，感应区颜色由深红色变成橙黄色，选择如图24-26所示的加工零件，双击图形区空白处系统返回【Prismatic Roughing.1】对话框。

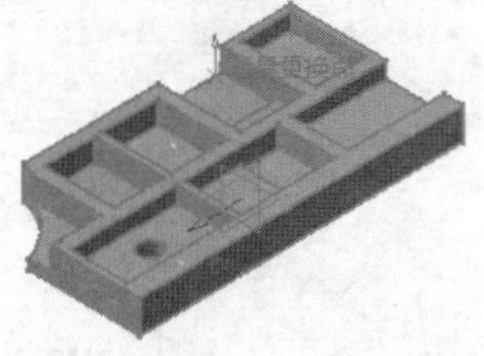

图24-26 选择加工零件

04 单击对话框中毛坯感应区，感应区颜色由深红色变成橙黄色，选择如图24-27所示的毛坯零件，双击图形区空白处，系统返回【Prismatic Roughing.1】对话框。

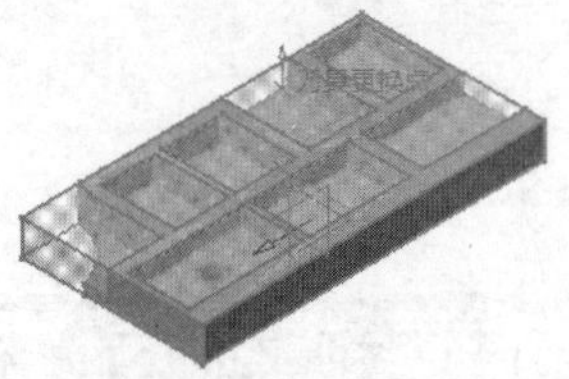

图24-27 选择毛坯零件

05 单击对话框中顶面感应区，感应区颜色由深红色变成橙黄色，选择如图24-28所示的零件上表面，系统返回【Prismatic Roughing.1】对话框。

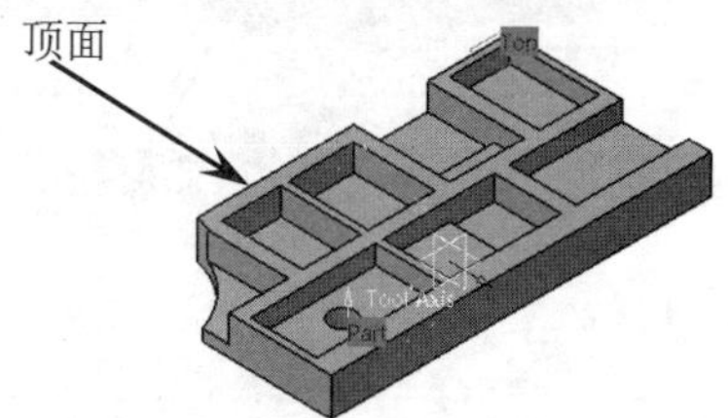

图24-28 选择顶面

06 单击对话框中底面感应区，感应区颜色由深红色变成橙黄色，选择如图24-29所示的零件上表面，系统返回【Prismatic Roughing.1】对话框。

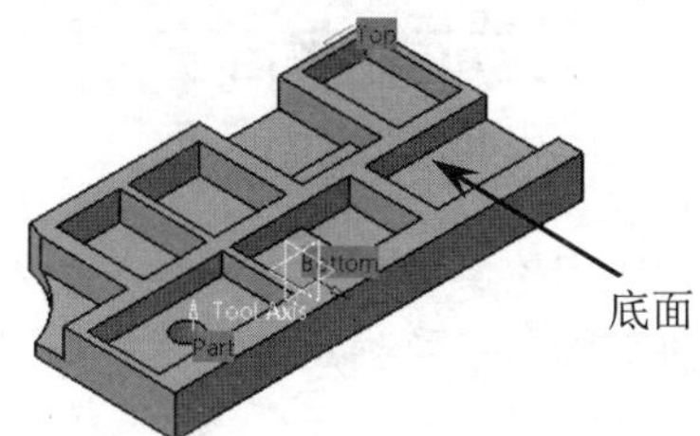

图24-29 选择底面

07 单击对话框中加工边界感应区，选择如图24-30所示的零件上表面，单击【Edge Selection】工具栏上的【OK】按钮，系统返回【Prismatic Roughing.1】对话框。

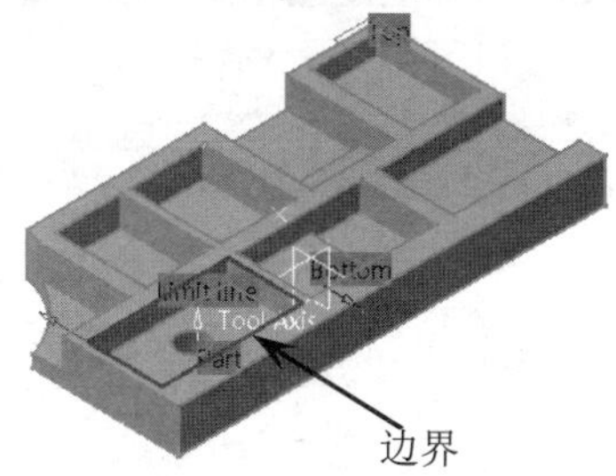

图24-30 选择边界

08 单击【几何参数】选项卡中的设置【Limit Definition】选项，如图24-31所示。

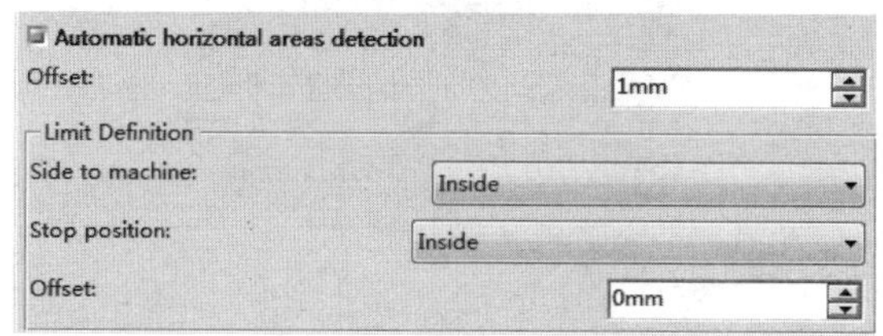

图24-31 设置【Limit Definition】参数

09 单击【Prismatic Roughing.1】对话框中的【播放刀具路径】按钮，弹出【Prismatic Roughing.1】对话框，同时在图形区显示刀路轨迹，如图24-32所示。

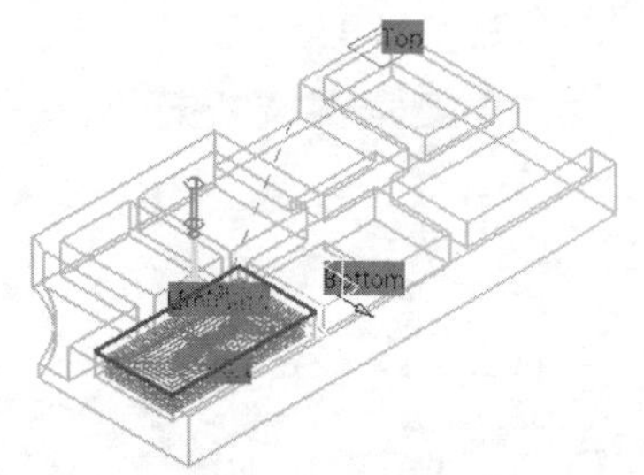

图24-32 生成刀具路径

24.1.4 两平面间轮廓铣削几何参数设置

两平面间轮廓铣削就是沿着零件的轮廓线对两边界平面之间的加工区域进行切削，可以加工有底和无底的轮廓，如图24-33所示。

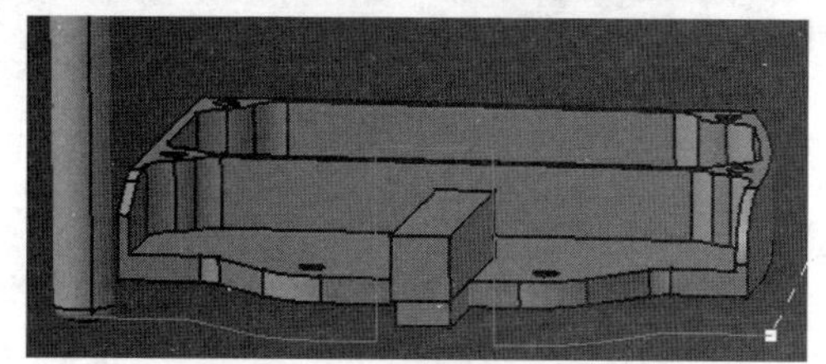

图24-33 两平面间轮廓铣削

动手操作——两平面间轮廓铣削几何参数设置

01 启动CATIA V5R21，单击【标准】工具栏上的【打开】按钮，打开【选择文件】对话框，选择“ex_3.CATProcess”文件，如图24-34所示。

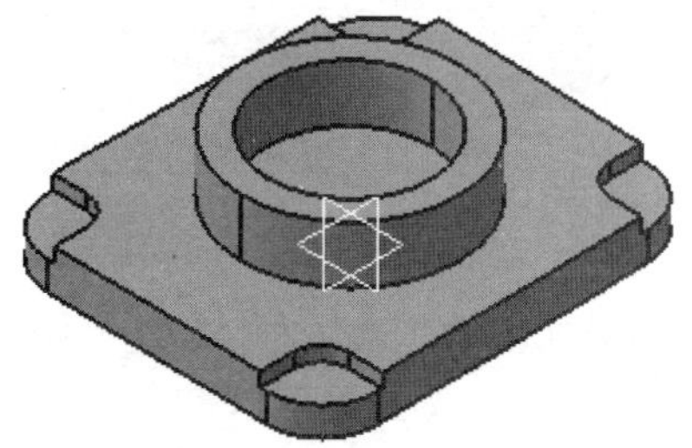

图24-34 打开加工文件

02 在特征树选择【Manufacturing Program.1】节点，选择下拉菜单【插入】|【Machining Operations】|【Profile Contouring】命令，或者单击【Machining Operations】工具栏

上的【Profile Contouring】按钮，弹出【Profile Contouring.1】对话框，单击图标，切换到【几何参数】选项卡，在【Mode】下拉列表中选择【Between Two Planes】，如图24-35所示。

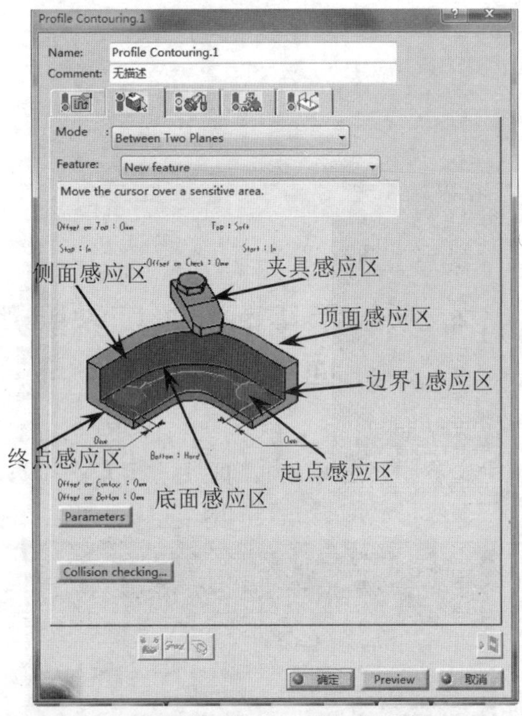

图24-35 【几何参数】选项卡

03 单击对话框中顶面感应区，在图形区选择如图24-36所示的表面。双击图形区空白处系统返回【Profile Contouring.1】对话框。

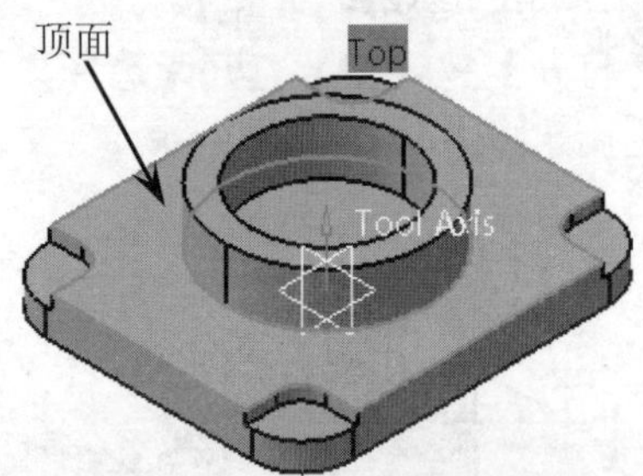

图24-36 选择顶面

04 单击对话框中底面感应区，选择如图24-37所示平面，双击图形区空白处系统返回【Profile Contouring.1】对话框。

05 单击【Profile Contouring.1】对话框中的【播放刀具路径】按钮，弹出【Profile Contouring.1】对话框，同时在图形区显示刀路轨迹，如图24-38所示。

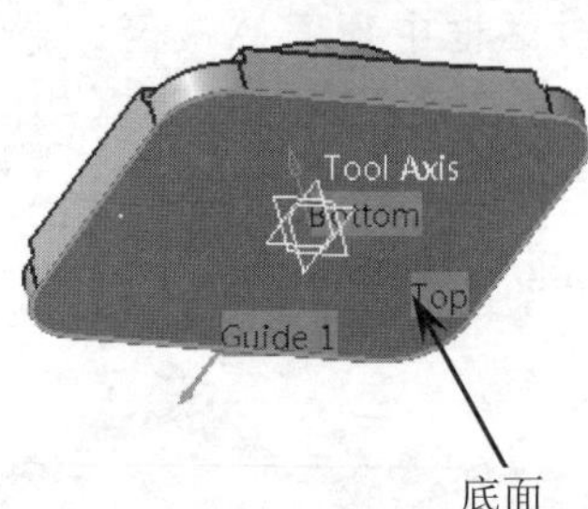

图24-37 选择底面

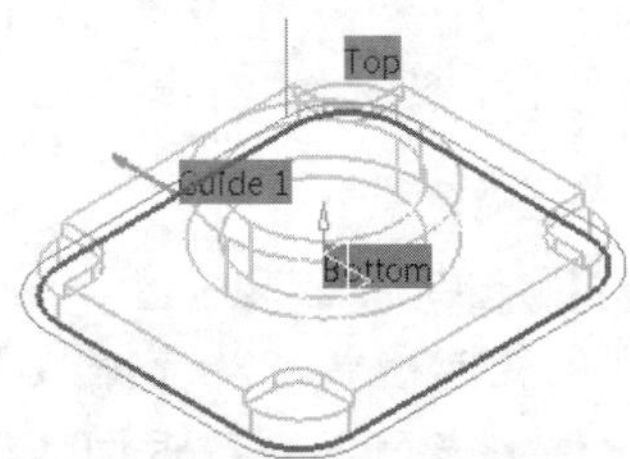

图24-38 生成刀具路径

24.1.5 两曲线间轮廓铣削几何参数设置

两曲线间轮廓铣削对由一条主引导曲线和一条辅助引导曲线所确定的加工区域进行轮廓铣削，如图24-39所示。

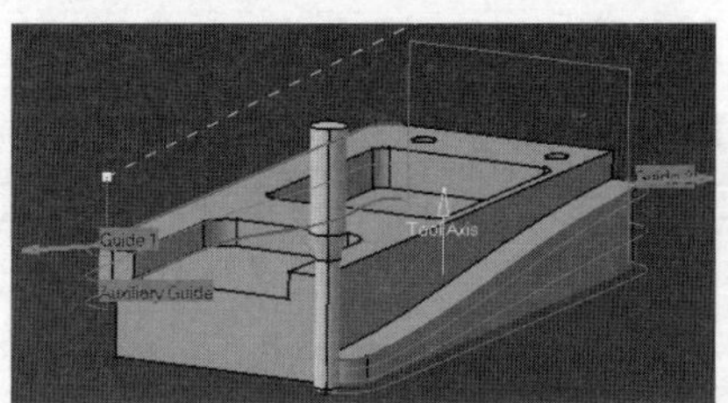

图24-39 两曲线间轮廓铣削

动手操作——两曲线间轮廓铣削几何参数设置

01 启动CATIA V5R21，单击【标准】工具栏上的【打开】按钮，打开【选择文件】对话框，选择“ex_5.CATProcess”文件，如图24-40所示。

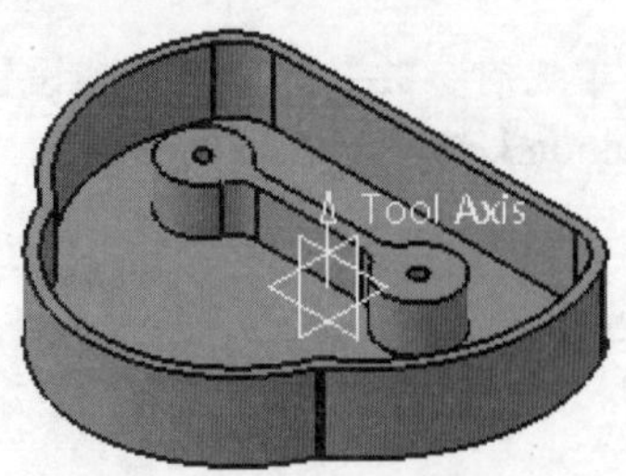

图24-40 打开加工文件

02 在特征树选择Manufacturing Program.1，

选择下拉菜单【插入】|【Machining Operations】|【Profile Contouring】命令，或者单击【Machining Operations】工具栏上的【Profile Contouring】按钮，弹出【Profile Contouring.1】对话框，单击图标，切换到【几何参数】选项卡，在【Mode】下拉列表中选择【Between Two Curves】，如图24-41所示。

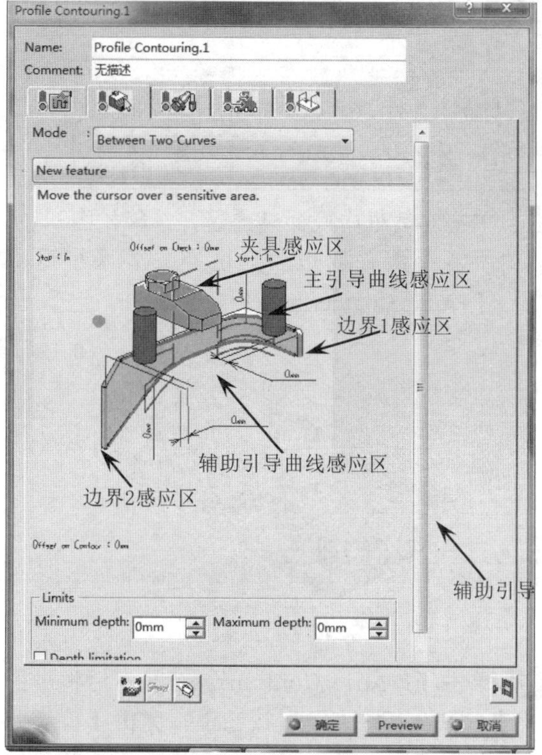

图24-41 【几何参数】选项卡

技术要点

主引导曲线是必须定义的，用于定位刀具的径向位置，辅助引导曲线用于定位刀具的轴向位置。如果没有定义辅助引导曲线，主引导曲线同时定位刀具的径向和轴向位置。

03 单击对话框中主引导曲线感应区，在图形区选择如图24-42所示的边线。单击【Edge Selection】工具条上的【OK】按钮，返回【Profile Contouring.1】对话框。

04 单击对话框中辅助引导感应区，选择如图24-43所示的边线，单击【Edge Selection】工具条上的【OK】按钮，系统返回【Profile Contouring.1】对话框。

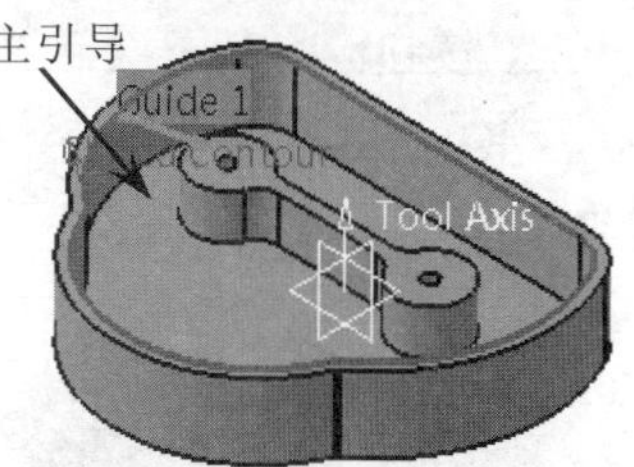

图24-42 选择主引导曲线

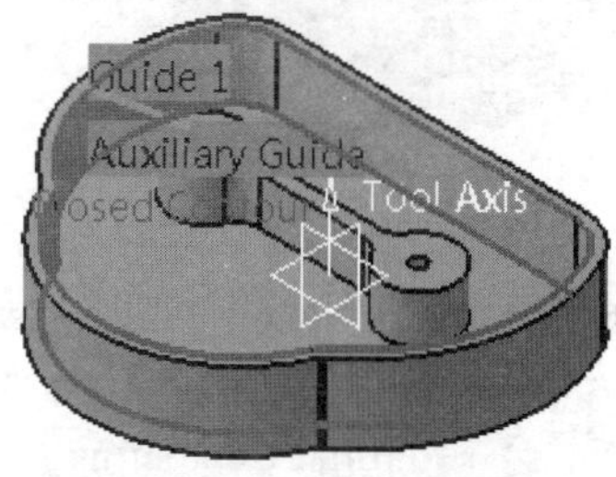

图24-43 选择辅助引导曲线

05 单击【Profile Contouring.1】对话框中的【播放刀具路径】按钮，弹出【Profile Contouring.1】对话框，同时在图形区显示刀路轨迹，如图24-44所示。

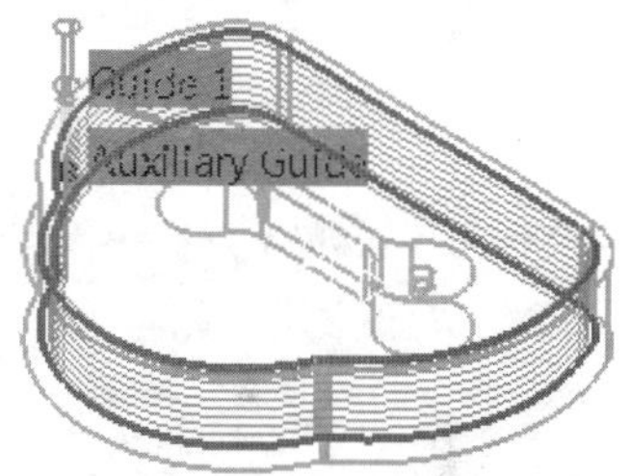

图24-44 生成刀具路径

24.1.6 曲线与曲面间轮廓铣削几何参数设置

曲线与曲面间轮廓铣削就是对由一组引导线串和一组曲面底面所确定的区域进行轮廓铣削，如图24-45所示。

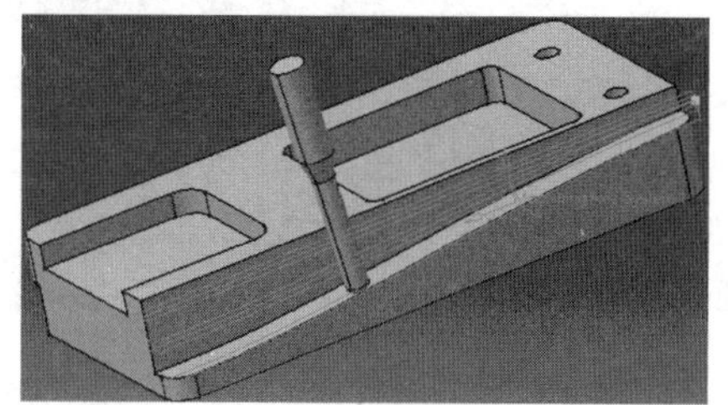

图24-45 曲线与曲面间轮廓铣削

动手操作——曲线与曲面间轮廓铣削几何参数设置

01 启动CATIA V5R21，单击【标准】工具栏上的【打开】按钮，打开【选择文件】对话框，选择“ex_3.CATProcess”文件，如图24-46所示。

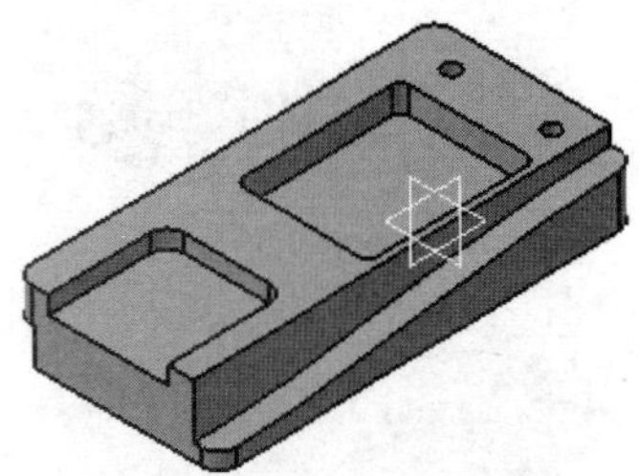

图24-46 打开加工文件

02 在特征树中选择【Manufacturing Program.1】节点，选择下拉菜单【插入】|【Machining Operations】|【Profile Contouring】命令，或者单击【Machining Operations】工具栏上的【Profile Contouring】按钮，弹出【Profile Contouring.1】对话框，单击图标，切换到【几何参数】选项卡，在【Mode】下拉列表中选择【Between Curve and Surfaces】，如图24-47所示。

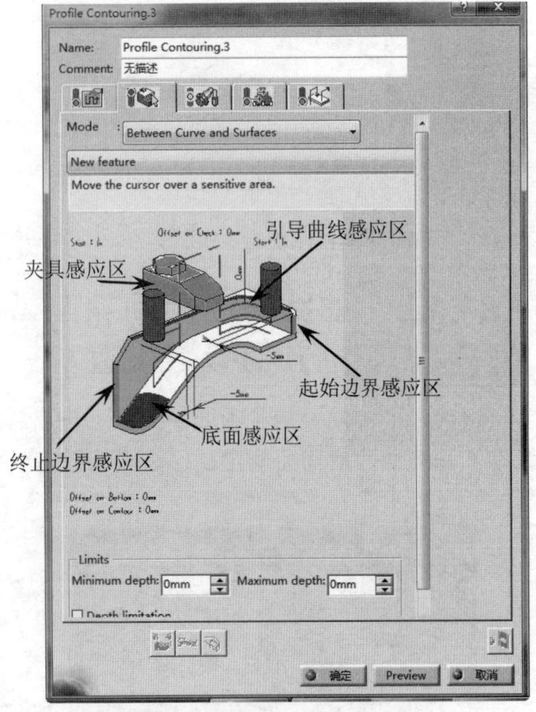

图24-47 【几何参数】选项卡

03 单击对话框中引导曲线感应区，在图形区选择如图24-48所示的边线。双击图形区空白处系统返回【Profile Contouring.1】对话框。

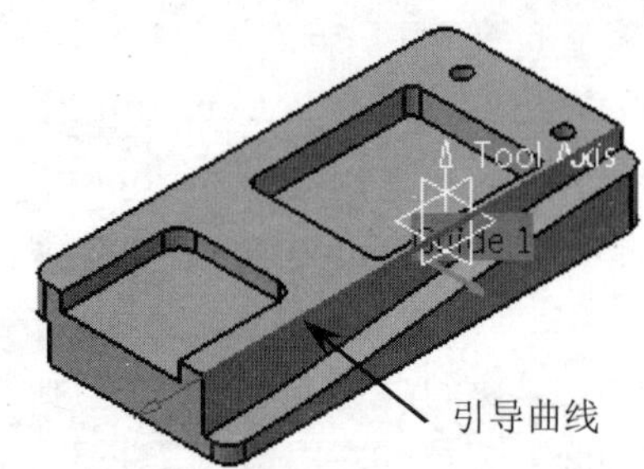

图24-48 选择引导曲线

技术要点

轮廓线上的红色箭头指示了刀路所在的轮廓方位，箭头方向不同，刀路的方位也不同。

04 单击对话框中底面感应区，选择如图24-49所示平面，双击图形区空白处系统返回【Profile Contouring.1】对话框。

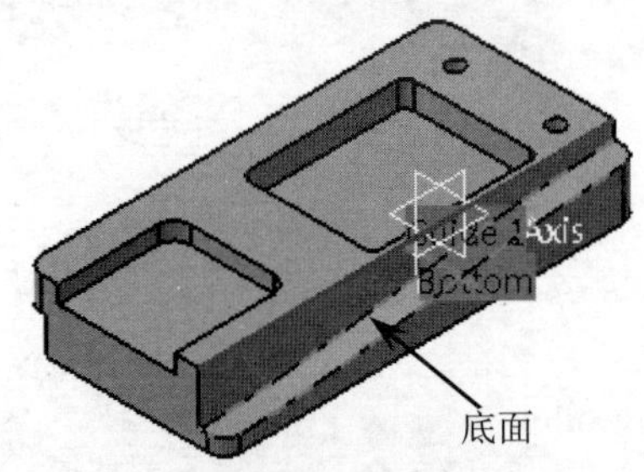

图24-49 选择底面

05 单击【Profile Contouring.1】对话框中的“播放刀具路径”按钮，弹出【Profile Contouring.1】对话框，同时在图形区显示刀路轨迹，如图24-50所示。

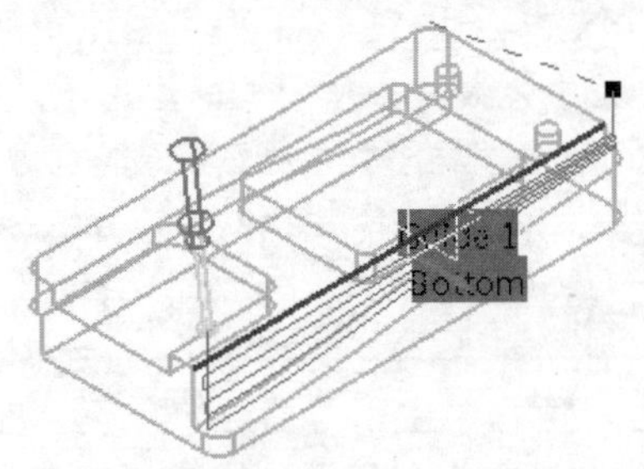

图24-50 生成刀具路径

24.1.7 端平面铣削几何参数设置

端平面铣削就是对与刀具轴线平行的侧壁平面进行铣削，如图24-51所示。

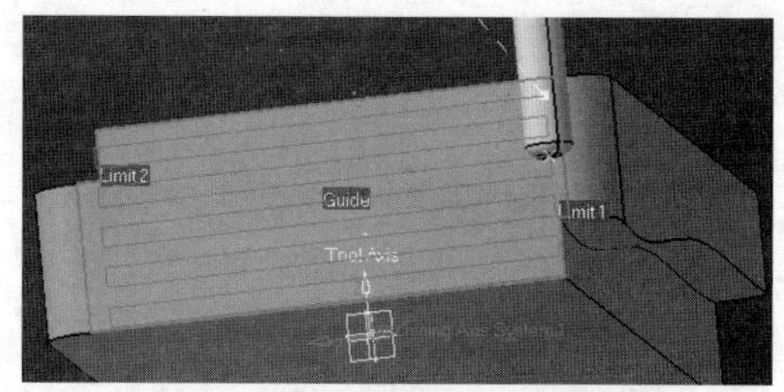

图24-51　端平面间轮廓铣削

动手操作——端平面铣削几何参数设置

01 启动CATIA V5R21，单击【标准】工具栏上的【打开】按钮，打开【选择文件】对话框，选择“ex_7.CATProcess”文件，如图24-52所示。

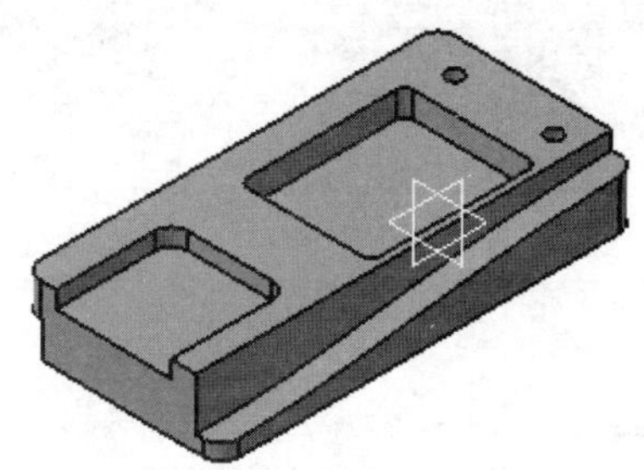
图24-52　打开加工文件

02 在特征树选择Manufacturing Program.1，选择下拉菜单【插入】|【Machining Operations】|【Profile Contouring】命令，或者单击【Machining Operations】工具栏上的【Profile Contouring】按钮，弹出【Profile Contouring.1】对话框，单击图标，切换到【几何参数】选项卡，在【Mode】下拉列表中选择【By Flank Contouring】，如图24-53所示。

03 单击对话框中端面感应区，在图形区选择如图24-54所示的表面。双击图形区空白处，系统返回“Profile Contouring.1”对话框。

04 依次单击对话框中边界感应区，选择如图24-55所示边线，双击图形区空白处，系统返回“Profile Contouring.1”对话框。

05 单击【Profile Contouring.1】对话框中的【播放刀具路径】按钮，弹出【Profile Contouring.1】对话框，同时在图形区显示刀路轨迹，如图24-56所示。

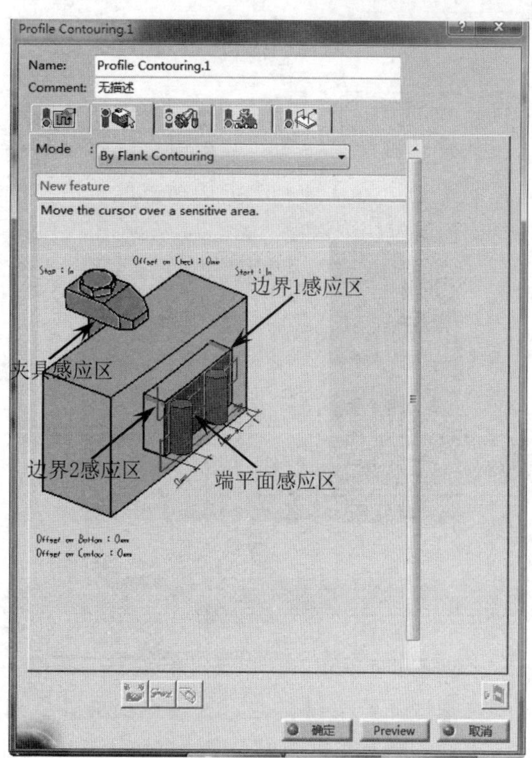

图24-53　【几何参数】选项卡

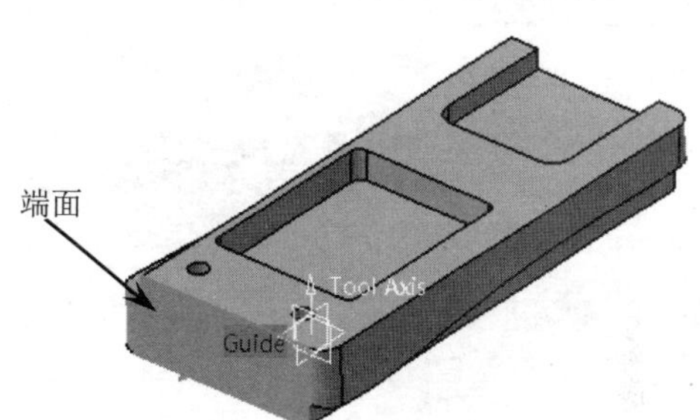

图24-54　选择端面

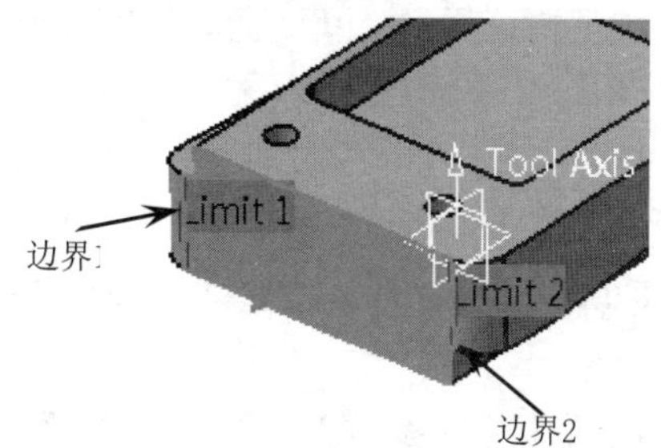

图24-55　选择边界

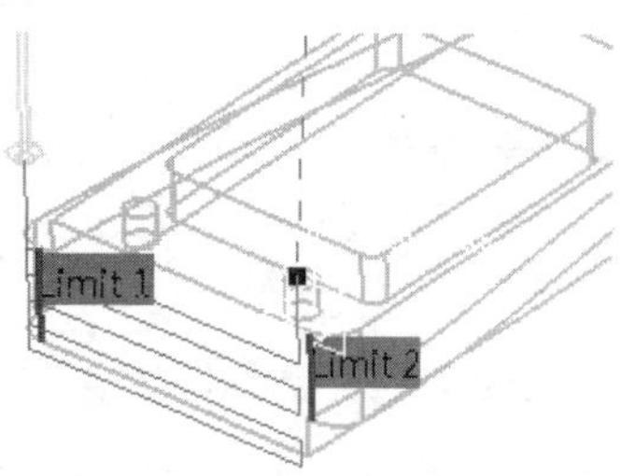

图24-56　生成刀具路径

24.1.8 曲线铣削几何参数设置

曲线铣削就是选取一系列引导曲线来驱动刀具的运动，刀具直径决定切削宽度，刀具的轴向偏置决定切削深度，如图24-57所示。

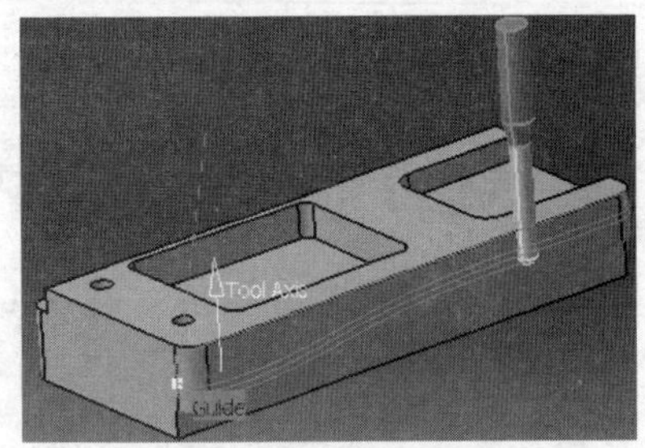

图24-57 曲线铣削

动手操作——曲线铣削几何参数设置

01 启动CATIA V5R21，单击【标准】工具栏上的【打开】按钮，打开【选择文件】对话框，选择“ex_3.CATProcess”文件，如图24-58所示。

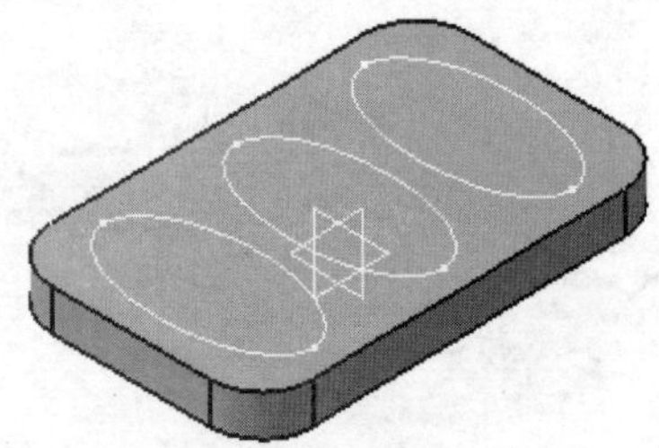

图24-58 打开加工文件

02 在特征树选择Manufacturing Program.1，选择下拉菜单【插入】|【Machining Operations】|【Curve Following】命令，或者单击【Machining Operations】工具栏上的【Curve Following】按钮，弹出【Curve Following.1】对话框，单击图标，切换到【几何参数】选项卡，如图24-59所示。

03 单击对话框中引导曲线感应区，在图形区选择如图24-60所示的曲线。双击图形区空白处，系统返回【Profile Contouring.1】对话框。

04 双击对话框中的尺寸，弹出【编辑参数】对话框中边界感应区，输入-10mm，如图24-61所示。单击【确定】按钮。

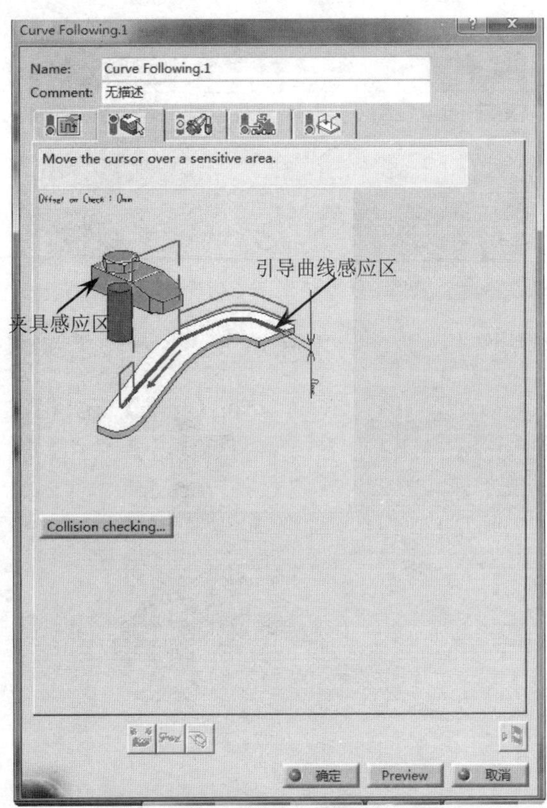

图24-59 【几何参数】选项卡

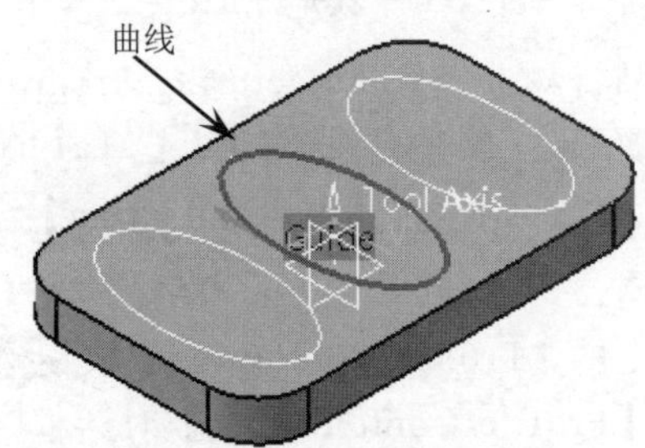

图24-60 选择引导曲线

图24-61 选择边界

技术要点

所输入的尺寸就是刀具沿刀轴方向的偏置量，即切削深度。

05 单击【Profile Contouring.1】对话框中的【播放刀具路径】按钮，弹出【Profile Contouring.1】对话框，同时在图形区显示刀路轨迹，如图24-62所示。

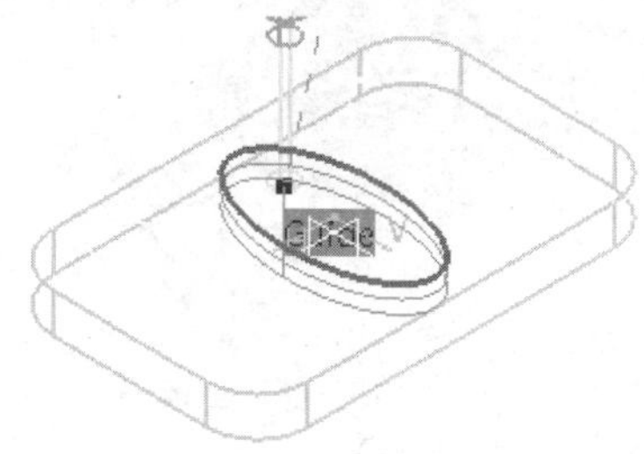

图24-62　生成刀具路径

24.1.9　凹槽铣削几何参数设置

凹槽加工可对各种不同形状的凹槽类特征进行加工，如图24-63所示。

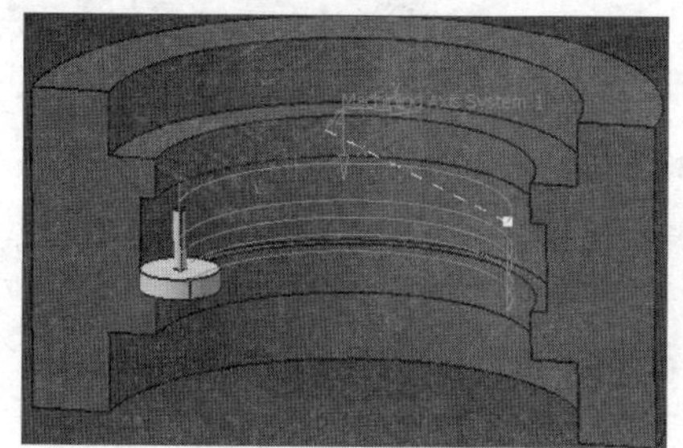

图24-63　凹槽铣削

动手操作——凹槽铣削几何参数设置

01 启动CATIA V5R21，单击【标准】工具栏上的【打开】按钮，打开【选择文件】对话框，选择“ex_9.CATProcess”文件，如图24-64所示。

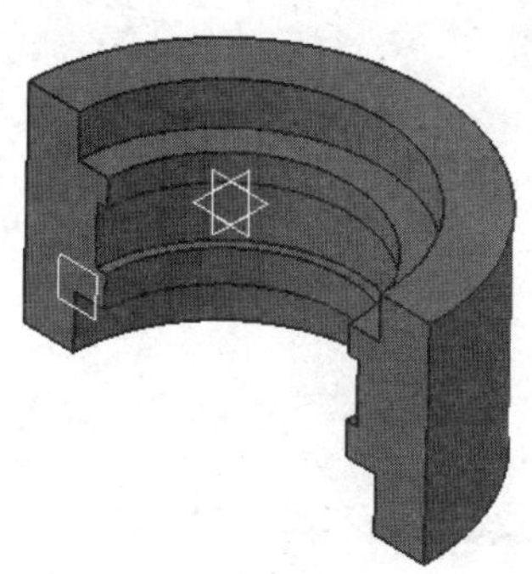

图24-64　打开加工文件

02 在特征树选择【Manufacturing Program.1】节点，选择下拉菜单【插入】|【Machining Operations】|【Groove Milling】命令，或者单击【Machining Operations】工具栏上的【Groove Milling】按钮，弹出【Groove Milling.1】对话框，单击图标，切换到“几何参数”选项卡，如图24-65所示。

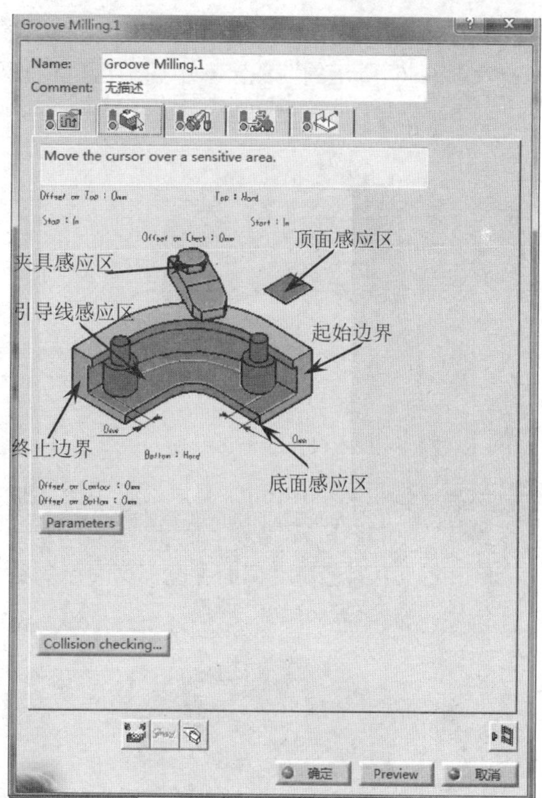

图24-65　“几何参数”选项卡

03 单击对话框中底面感应区，在图形区选择如图24-66所示的曲面。双击图形区空白处系统返回【Groove Milling.1】对话框。

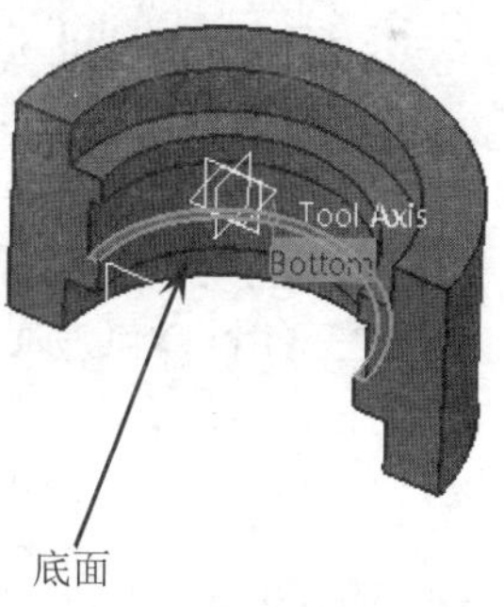

图24-66　选择底面

04 单击对话框中顶面感应区，在图形区选择如图24-67所示的面。双击图形区空白处系统返回【Groove Milling.1】对话框。

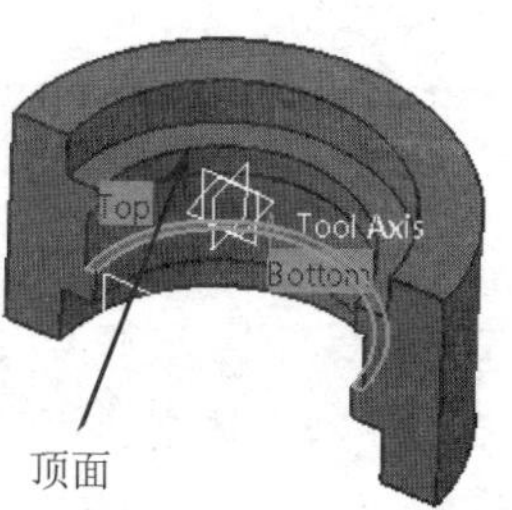

图24-67　选择顶面

05 单击对话框中引导线感应区，在图形区选择如图24-68所示的曲线。双击图形区空白处系统返回【Groove Milling.1】对话框。

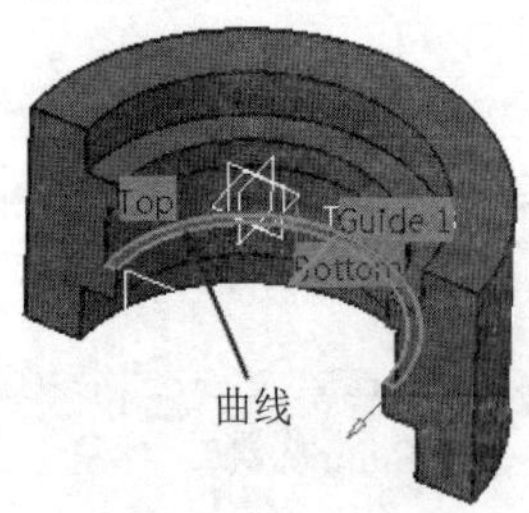

图24-68　选择引导线

06 单击【Groove Milling.1】对话框中的【播放刀具路径】按钮，弹出【Groove Milling.1】对话框，同时在图形区显示刀路轨迹，如图24-69所示。

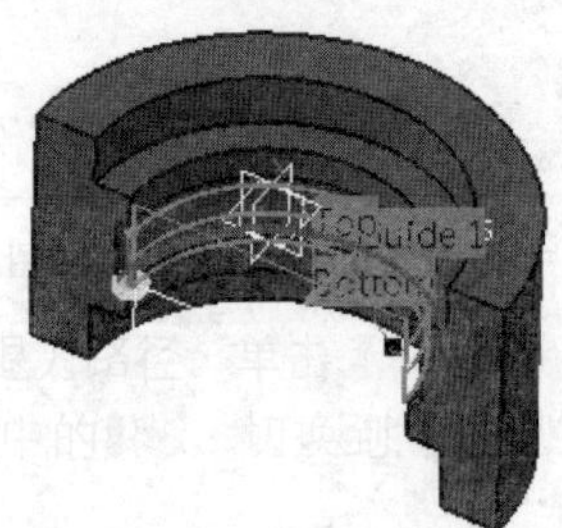

图24-69　生成刀具路径

24.1.10　摆线铣削几何参数设置方法

刀具沿摆线走刀，如图24-70所示。摆线刀路可以改善刀具被工件材料包埋时的工况，但是摆线方式会延长加工时间。

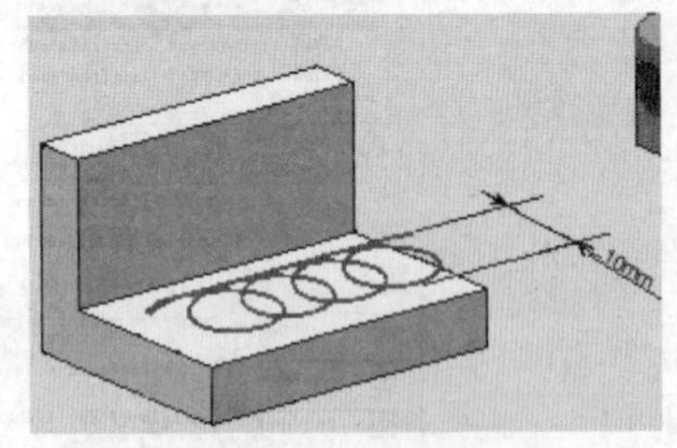

图24-70　摆线铣削

动手操作——摆线铣削几何参数设置方法

01 启动CATIA V5R21，单击【标准】工具栏上的【打开】按钮，打开【选择文件】对话框，选择“ex_10.CATProcess”文件，如图24-71所示。

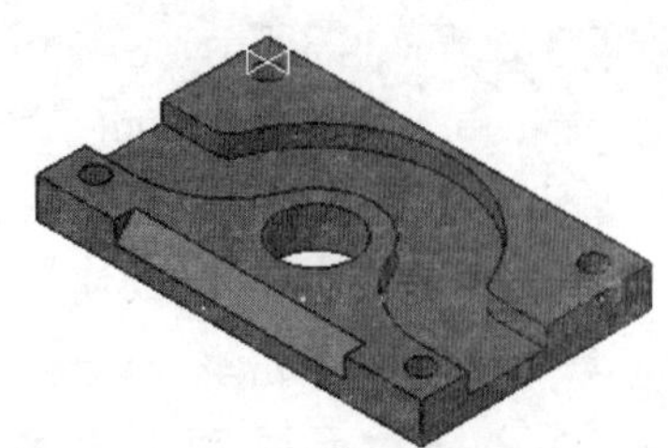

图24-71　打开加工文件

02 在特征树中选择【Manufacturing Program.1】节点，选择下拉菜单【插入】|【Machining Operations】|【Trochoid milling operation】命令，或者单击【Machining Operations】工具栏上的【Trochoid milling operation】按钮，弹出【Trochoid milling.1】对话框，单击图标，切换到【几何参数】选项卡，如图24-72所示。

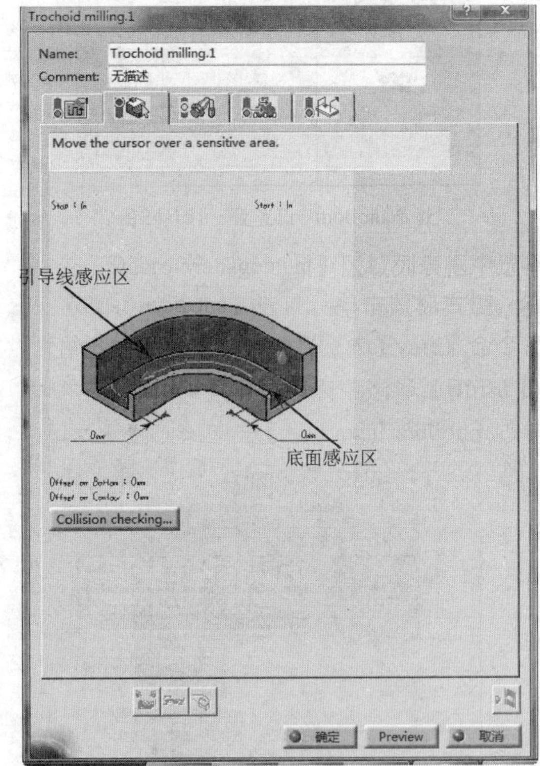

图24-72　【几何参数】选项卡

03 单击对话框中底面感应区，在图形区选择如图24-73所示的曲面。双击图形区空白处，系统返回【Trochoid milling.1】对话框。

04 单击对话框中引导线感应区，在图形区选择如图24-74所示的点。双击图形区空白处，系统返回【Trochoid milling.1】对话框。

05 单击【Trochoid milling.1】对话框中的【播

放刀具路径】按钮，弹出【Trochoid milling.1】对话框，同时在图形区显示刀路轨迹，如图24-75所示。

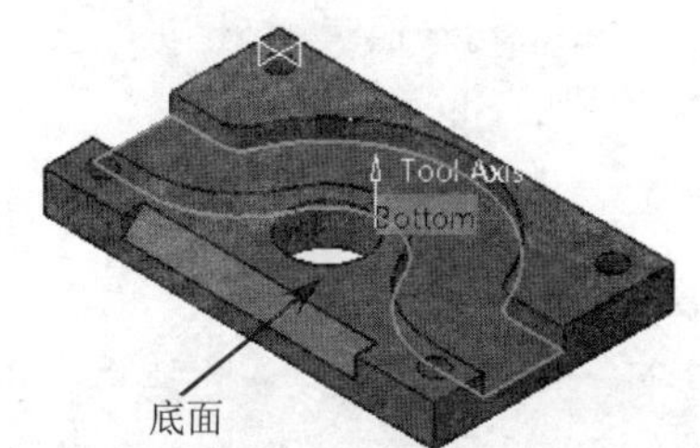

图24-73 选择底面

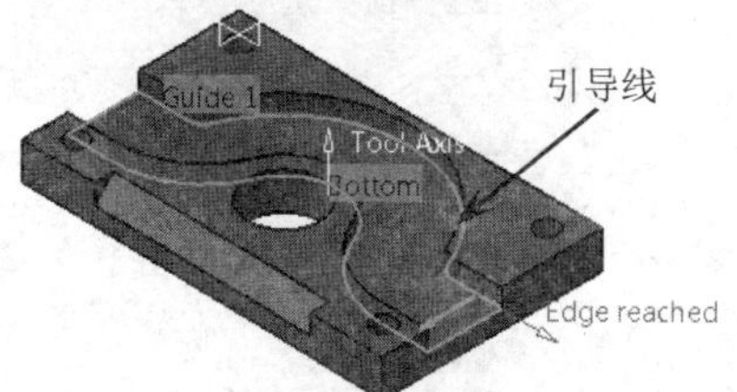

图24-74 选择引导线

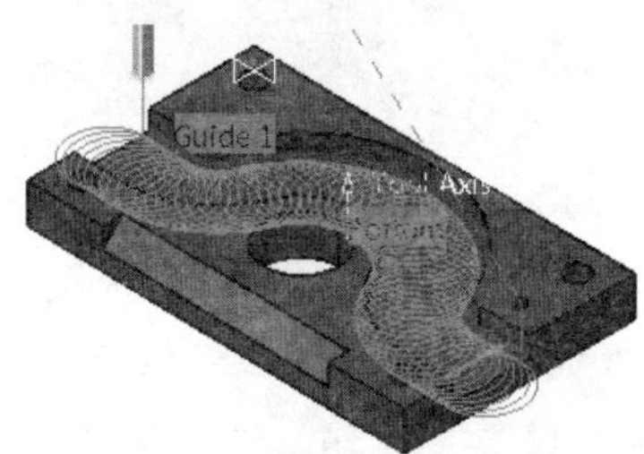

图24-75 生成刀具路径

24.1.11 2.5轴刀具路径类型设置

刀具路径类型用于决定加工切削区域的刀具路径的模式与走刀方式。用户需要根据加工零件的形状来选择相应的走刀方式，2.5轴加工中常用的走刀方式有：往复式走刀、单向走刀、同心、螺旋等。

动手操作——2.5轴刀具路径类型设置

01 启动CATIA V5R21，单击【标准】工具栏上的【打开】按钮，打开【选择文件】对话框，选择“ex_11.CATProcess”文件，如图24-76所示。

02 双击P.P.R特征树中【ProcessList】节点下的【Facing.1】加工节点，展开【Facing.1】对话框，如图24-77所示。

03 单击【Facing.1】对话框中的，切换到【刀具路径参数】选项卡，在【Tool path style】下拉列表中选择【Back and forth】选项，如图24-78所示。单击【播放刀具路径】按钮，在图形区显示刀路轨迹，如图24-79所示。

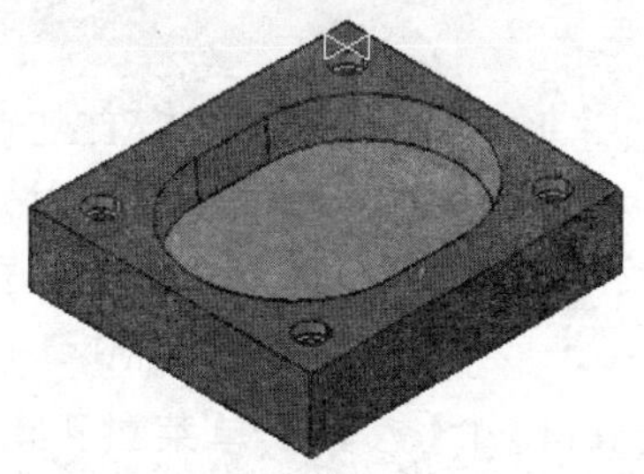
图24-76 打开加工文件

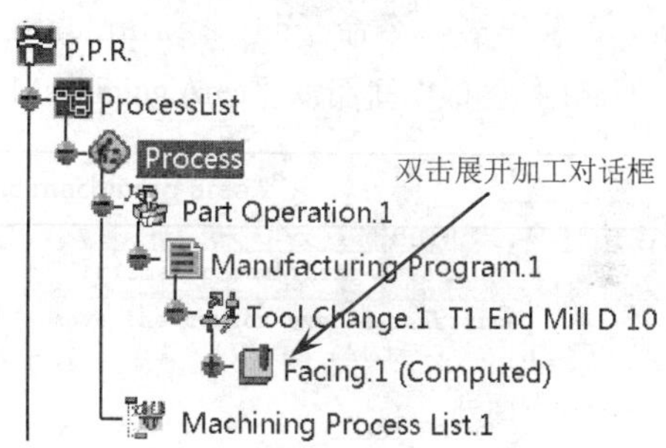

图24-77 双击展开节点

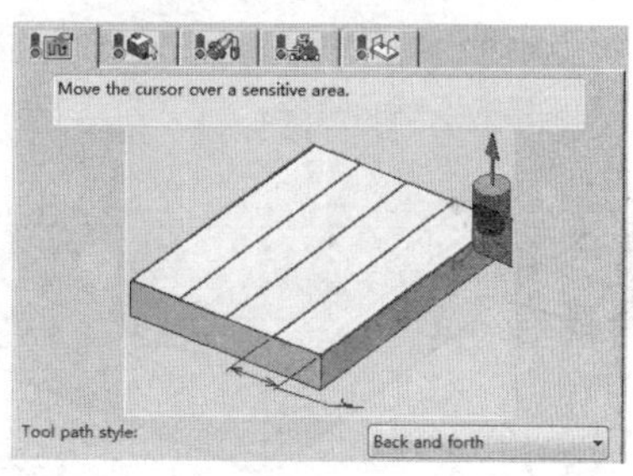

图24-78 设置走刀方式

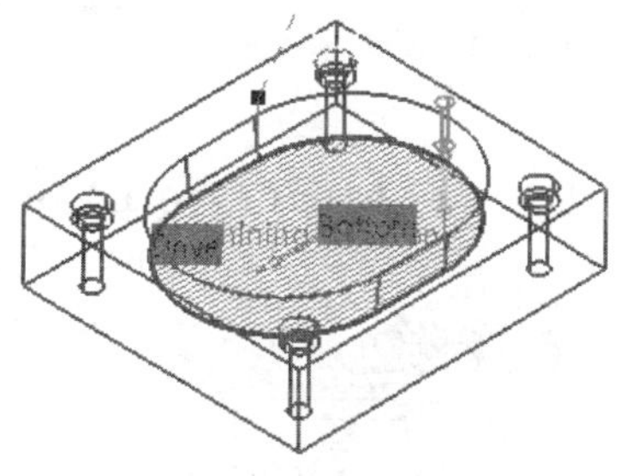
图24-79 生成刀具路径

04 单击【Facing.1】对话框中的，切换到【刀具路径参数】选项卡，在【Tool path style】下拉列表中选择【One way】选项，如图24-80所示。单击【播放刀具路径】按钮，在图形区显示刀路轨迹，如图24-81所示。

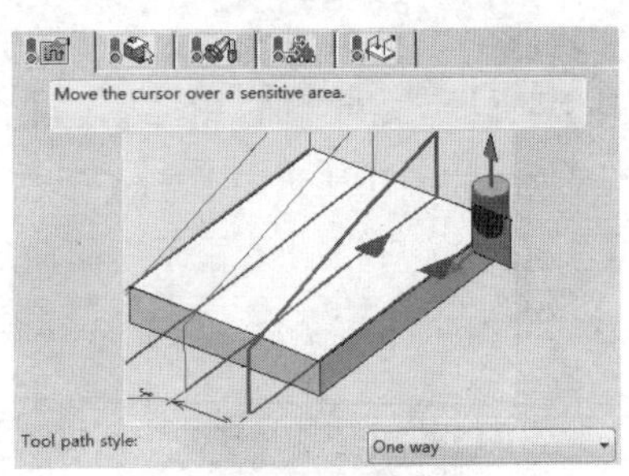

图24-80　设置走刀方式

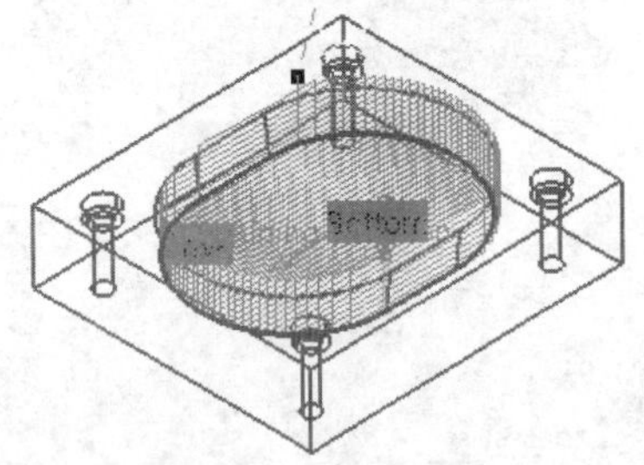

图24-81　生成刀具路径

05 单击【Pocketing.1】对话框中的，切换到【刀具路径参数】选项卡，在【Tool path style】下拉列表中选择【Outward helical】选项，如图24-82所示。单击【播放刀具路径】按钮，在图形区显示刀路轨迹，如图24-83所示。

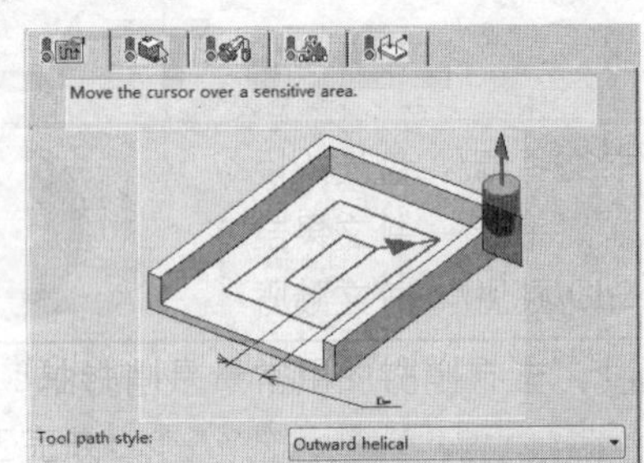

图24-82　设置走刀方式

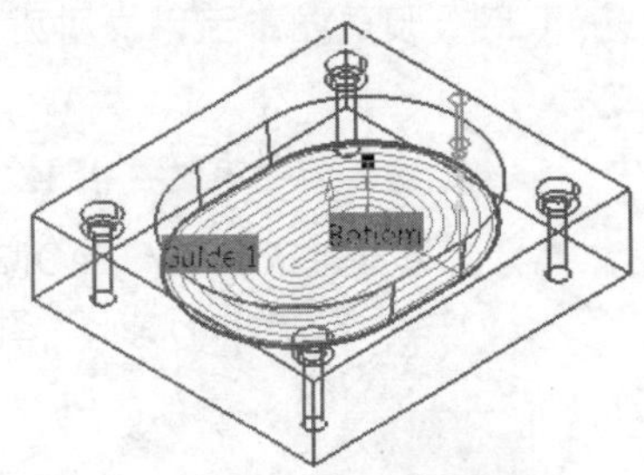

图24-83　生成刀具路径

06 单击【Pocketing.1】对话框中的，切换到【刀具路径参数】选项卡，在【Tool path style】下拉列表中选择【Concentric】选项，如图24-84所示。单击【播放刀具路径】按钮，在图形区显示刀路轨迹，如图24-85所示。

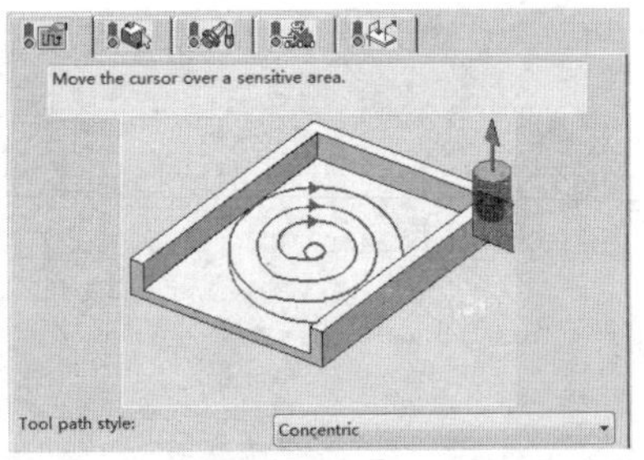

图24-84　设置走刀方式

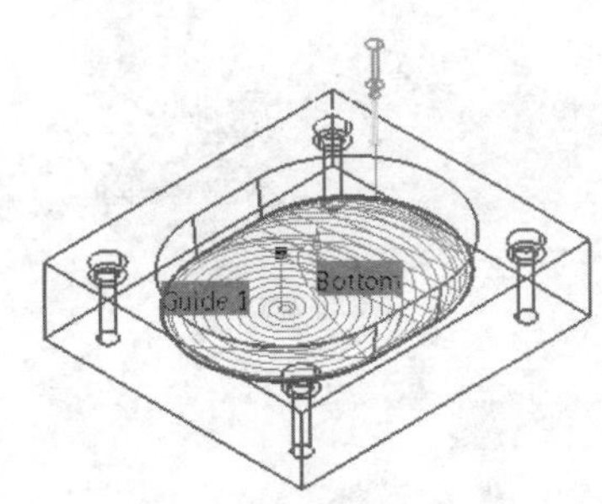

图24-85　生成刀具路径

07 单击【Pocketing.1】对话框中的，切换到【刀具路径参数】选项卡，在【Tool path style】下拉列表中选择【Outward spiral morphing】选项，如图24-86所示。单击【播放刀具路径】按钮，在图形区显示刀路轨迹，如图24-87所示。

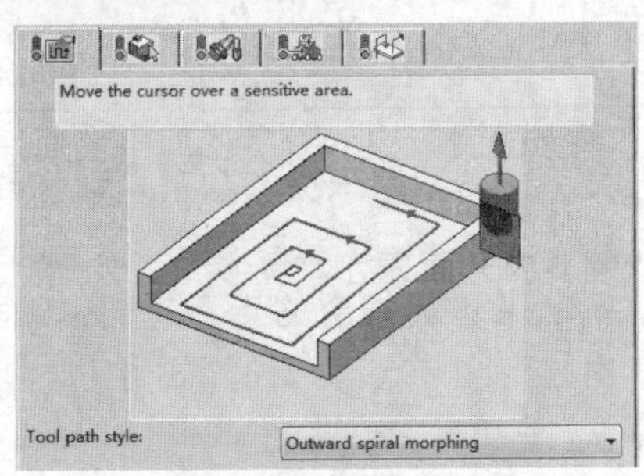

图24-86　设置走刀方式

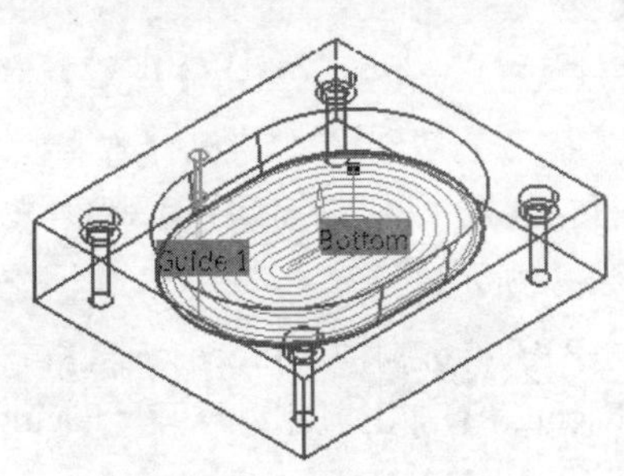

图24-87　生成刀具路径

24.1.12 型腔铣刀具路径参数设置

定义刀具路径参数就是通过定义一些参数来规定刀具在加工过程中所走的轨迹，根据不同的加工方法，刀具路径参数也有所不同。下面以型腔铣削为例讲解2.5轴刀具路径参数。

动手操作——型腔铣刀具路径参数设置

01 启动CATIA V5R21，单击【标准】工具栏上的【打开】按钮，打开【选择文件】对话框，选择“ex_12.CATProcess”文件，如图24-88所示。

02 双击P.P.R特征树中【ProcessList】节点下的【Pocketing.1】加工节点，展开【Pocketing.1】对话框，单击，切换到【刀具路径参数】选项卡，设置相关参数如图24-89所示。

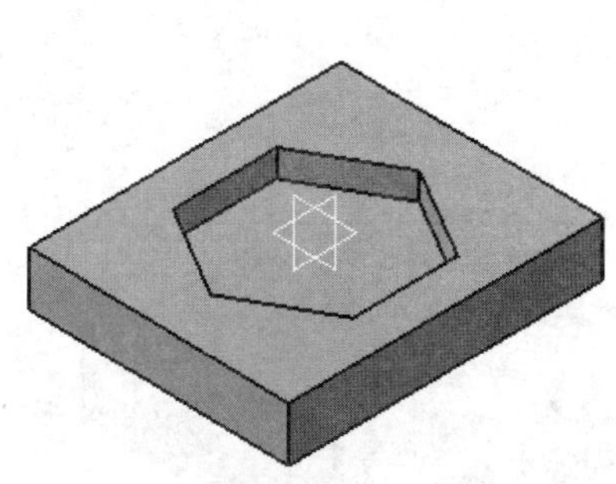

图24-88 打开加工文件

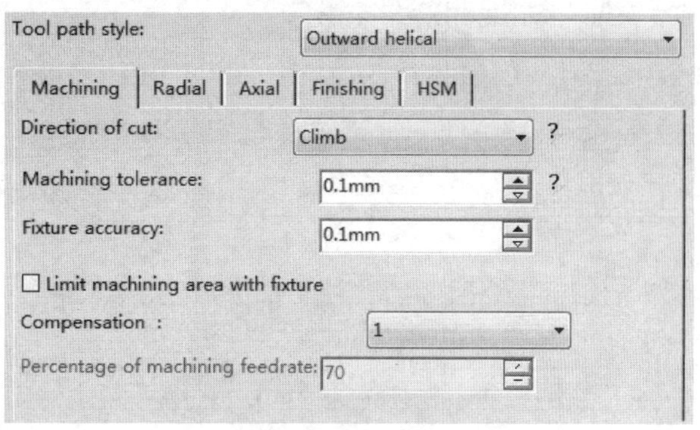

图24-89 【Machining】选项卡

03 单击【Radial】选项卡，设置相关参数如图24-90所示。

04 单击【Axial】选项卡，设置相关参数如图24-91所示。

Machining | Radial | Axial | Finishing | HSM

Mode: Tool diameter ratio ?

Distance between paths: 5mm ?

Percentage of tool diameter: 50

Overhang: 50 ?

☐ Avoid scallops on all levels

☐ Truncated transition paths ?

☐ Contouring pass ? Contouring ratio: 10 ?

图24-90 【Radial】选项卡

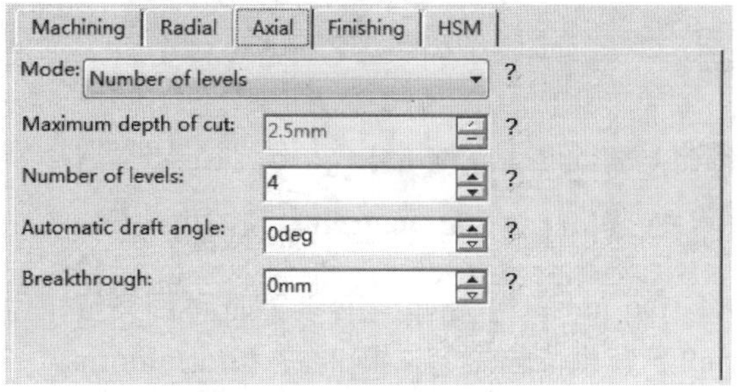

图24-91 【Axial】选项卡

05 单击【Finishing】选项卡，设置相关参数如图24-92所示。

06 单击【播放刀具路径】按钮，在图形区显示刀路轨迹，如图24-93所示。

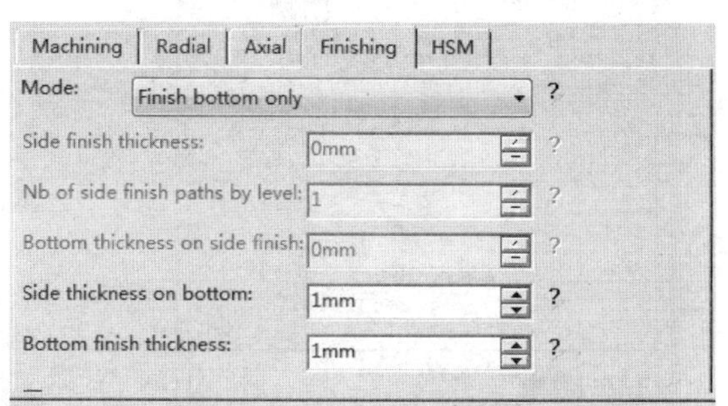

图24-92 【Finishing】选项卡

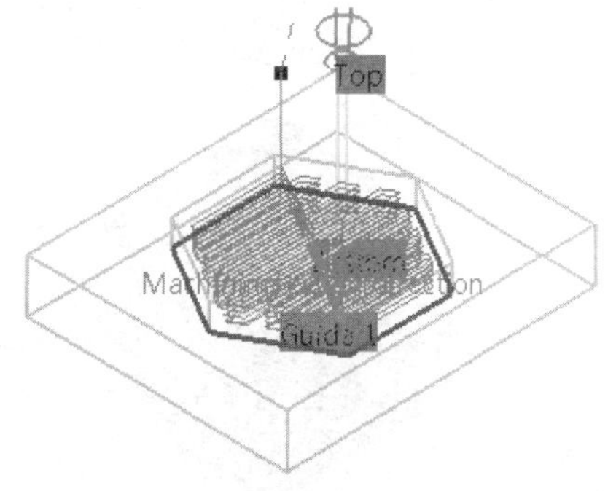

图24-93 生成刀具路径

24.1.13 设置起点进刀和终点退刀—Approach and Retract

Approach起点进刀，是该加工操作开始时的刀具进刀切削起点的方式，Retract终点退刀，是该加工操作完成时的退刀方式，如图24-94所示。

【Mode（模式）】下拉列表用于选择进退刀模式，包括以下选项：

★ 【None】：选择不设置进刀或退刀路径。
★ 【Build by user】：用于自定义进刀或退刀路径。
★ 【Horizontal horizontal axial】：选择“水平-水平-轴向”进刀或退刀方式。
★ 【Axial】：选择轴向进刀或退刀方式。
★ 【Ramping】：选择斜线进刀或退刀模式。

动手操作——设置起点进刀和终点退刀

01 启动CATIA V5R21，单击【标准】工具栏上的【打开】按钮，打开【选择文件】对话框，选择“ex_13.CATProcess”文件，如图24-95所示。

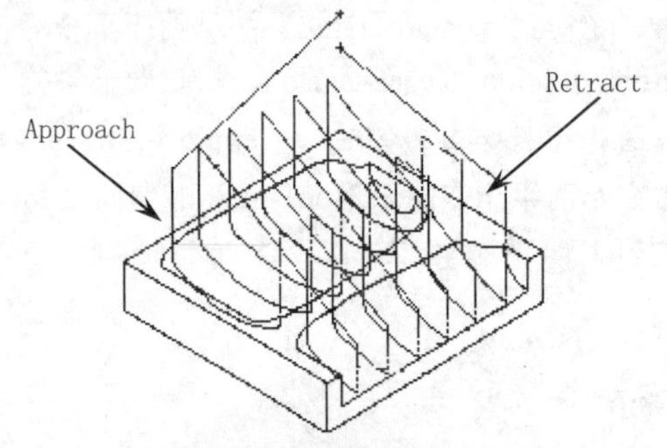

图24-94 起点进刀和终点退刀

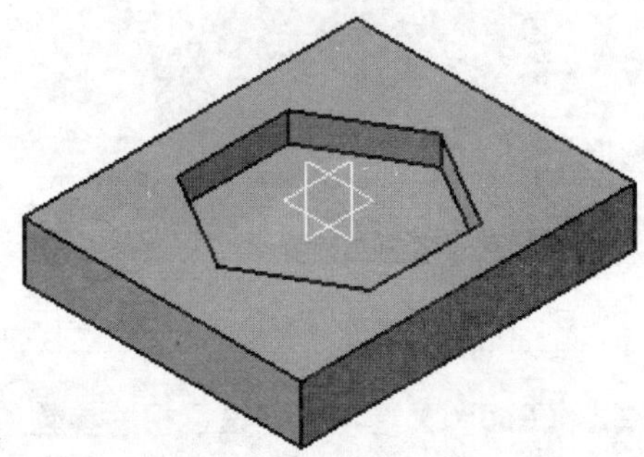

图24-95 打开加工文件

02 双击P.P.R特征树中【ProcessList】节点下的【Facing.1】加工节点，展开【Facing.1】对话框，单击，切换到【进退刀路径】选项卡。

03 设置进退刀类型为None。

04 在【Macro Management】区域列表框中选择【Approach】选项，单击鼠标右键，在弹出的快捷菜单中选择【Activate】命令，并在【Mode】下拉列表中选择【None】选项，选择无进刀，如图24-96所示。

05 在【Macro Management】区域列表框中选择【Retract】选项，单击鼠标右键，在弹出的快捷菜单中选择【Activate】命令，并在【Mode】下拉列表中选择【None】选项，选择无退刀。

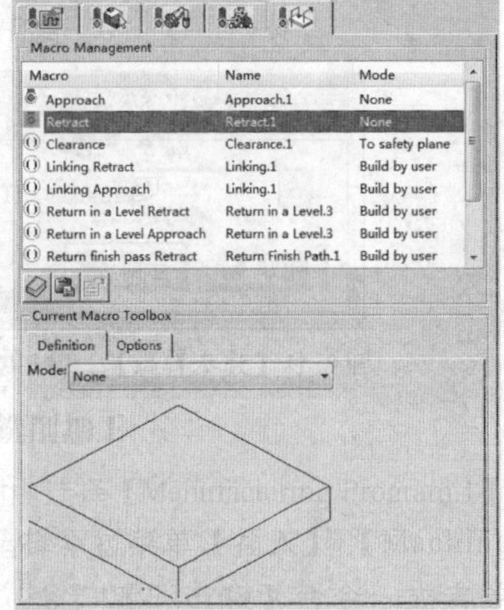

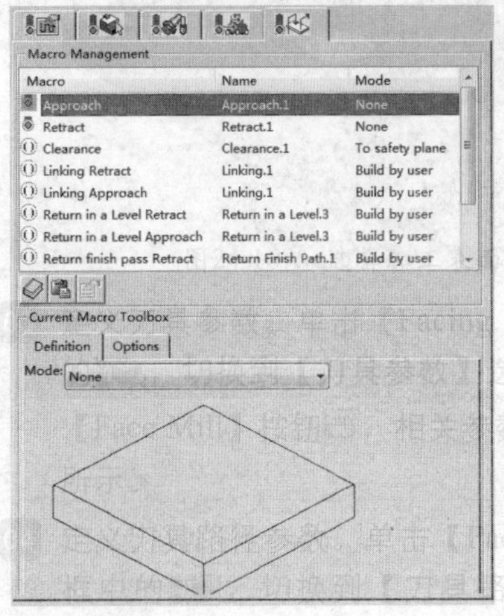

图24-96 设置进退刀参数

06 单击【Facing.1】对话框中的【播放刀具路径】按钮，弹出【Facing.1】对话框，同时在图形区显示刀路轨迹，如图24-97所示。

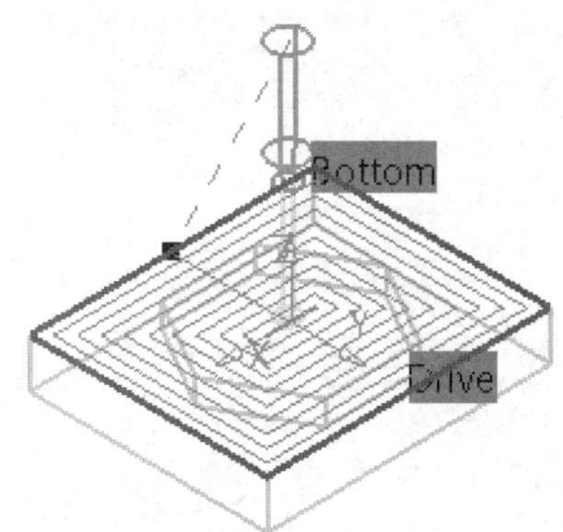

图24-97　生成刀具路径

07 设置进退刀类型为Axial。

08 在【Macro Management】区域列表框中选择【Approach】选项，单击鼠标右键，在弹出的快捷菜单中选择【Activate】命令，并在【Mode】下拉列表中选择【Axial】选项，选择轴向进刀，如图24-98所示，双击数字，在弹出的对话框中输入20mm，单击【确定】按钮确定。

09 在【Macro Management】区域列表框中选择【Retract】选项，单击鼠标右键，在弹出的快捷菜单中选择【Activate】命令，并在【Mode】下拉列表中选择【Axial】选项，选择轴向退刀，双击数字，在弹出的对话框中输入10mm，单击【确定】按钮确定。

10 单击【Facing.1】对话框中的“播放刀具路径”按钮，弹出【Facing.1】对话框，同时在图形区显示刀路轨迹，如图24-99所示。

11 设置进退刀类型为Ramping，具体操作步骤如下。

12 在【Macro Management】区域列表框中选择【Approach】选项，单击鼠标右键，在弹出的快捷菜单中选择【Activate】命令，并在【Mode】下拉列表中选择【Ramping】选项，选择倾斜进刀，设置参数如图24-100所示。

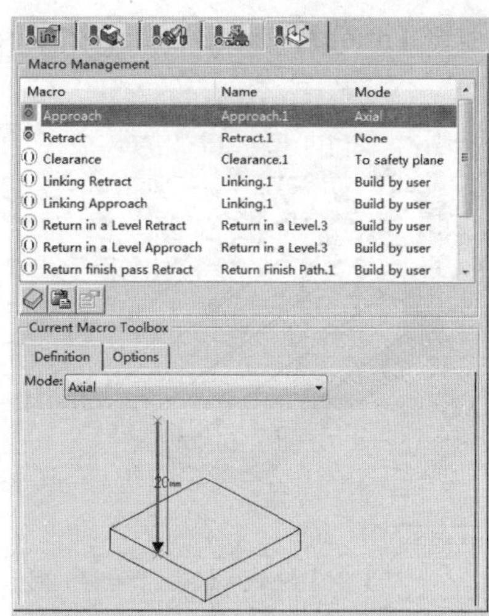

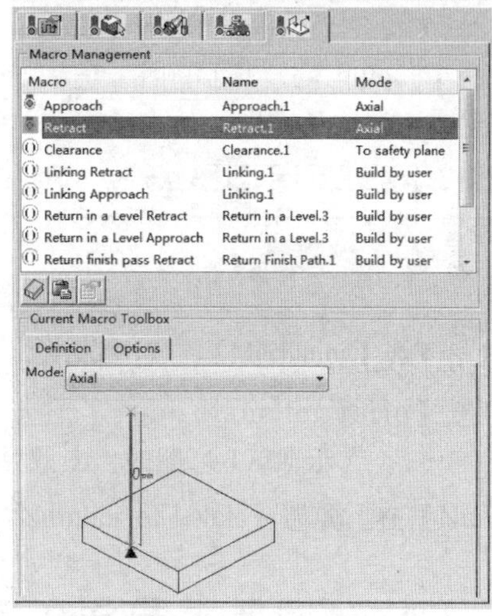

图24-98　设置进退刀参数

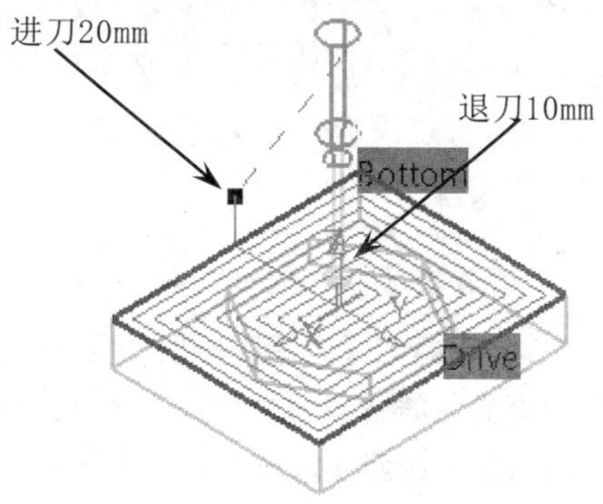

图24-99　生成刀具路径

13 在【Macro Management】区域列表框中选择【Retract】选项，单击鼠标右键，在弹出的快捷菜单中选择【Activate】命令，并在【Mode】下拉列表中选择【Axial】选项，选择轴向退刀，双击数字，在弹出的对话框中输入10mm，单击【确定】按钮确定。

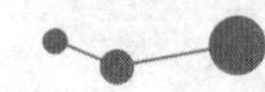

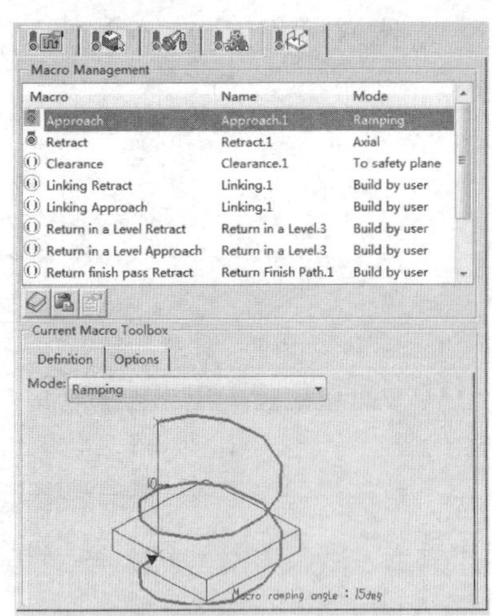

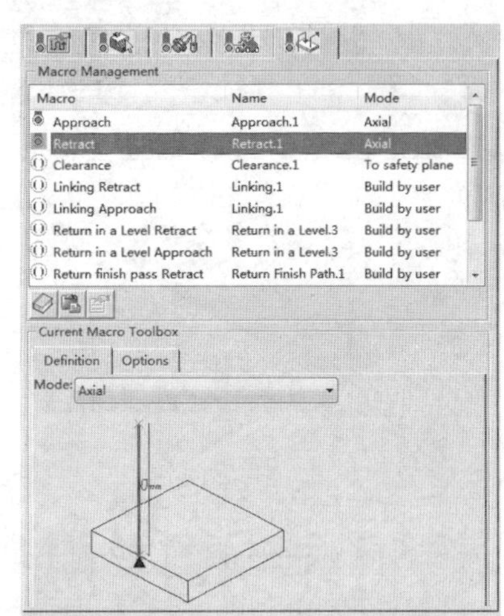

图24-100　设置进退刀参数

14 单击【Facing.1】对话框中的【播放刀具路径】按钮，弹出【Facing.1】对话框，同时在图形区显示刀路轨迹，如图24-101所示。

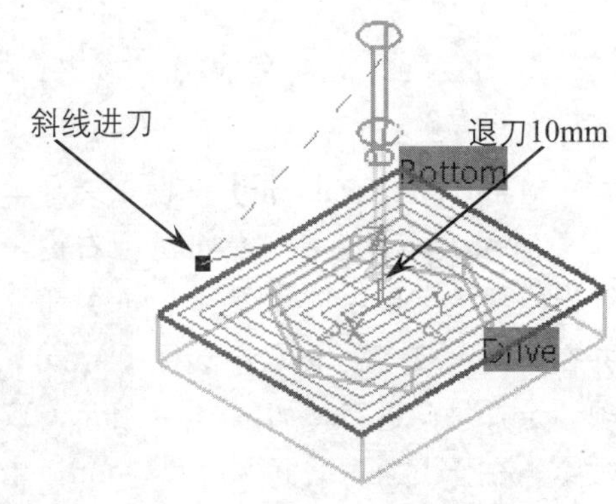

图24-101　生成刀具路径

24.1.14　设置连接进刀和退刀—Link Approach and Linking Retract

Link Approach用于区域之间连接进刀，Linking Retract用于设置区域之间连接退刀刀具路径，如图24-102所示。【Mode（模式）】下拉列表用于选择进退刀模式，其选项参数与“起点进刀和终点退刀”含义基本相同。

动手操作——设置连接进刀和退刀方式

01 启动CATIA V5R21，单击【标准】工具栏上的【打开】按钮，打开【选择文件】对话框，选择“ex_14.CATProcess”文件，如图24-103所示。

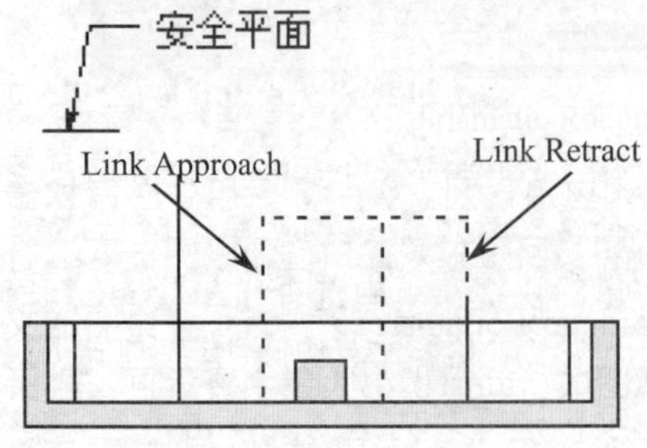

图24-102　连接进刀和退刀示意图

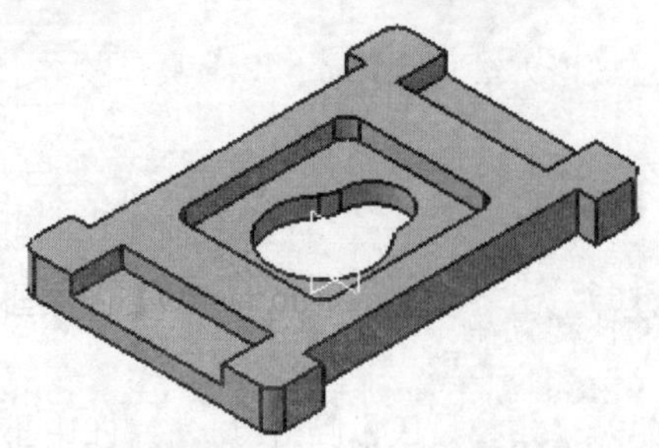

图24-103　打开加工文件

02 双击P.P.R特征树中【ProcessList】节点下的【Profile Contouring.1】加工节点，展开【Profile Contouring.1】对话框，单击，切换到【进退刀路径】选项卡。

03 在【Macro Management】区域列表框中选择【Linking Retract】选项，单击鼠标右键，在弹出的快捷菜单中选择【Activate】命令，并在【Mode】下拉列表中选择【Axial】选项，双击数字，弹出【编辑参数】对话框，输入30mm，如图24-104所示。

04 在【Macro Management】区域列表框中选择【Link Approach】选项，单击鼠标右键，在弹出的快捷菜单中选择【Activate】命令，并在【Mode】下拉列表中选择【Horizontal horizontal axial】选项，如图24-105所示。

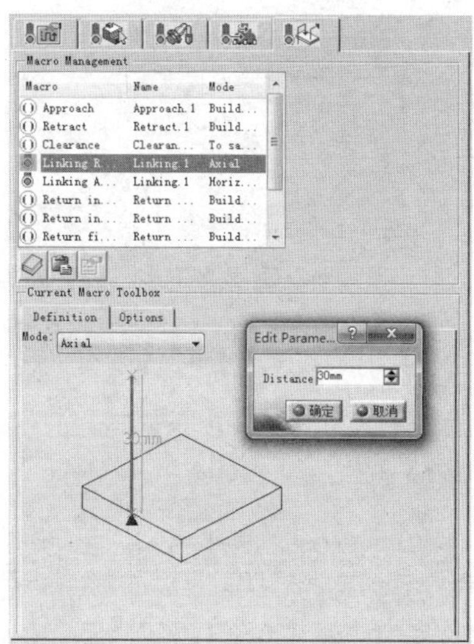

图24-104 设置连接退刀参数

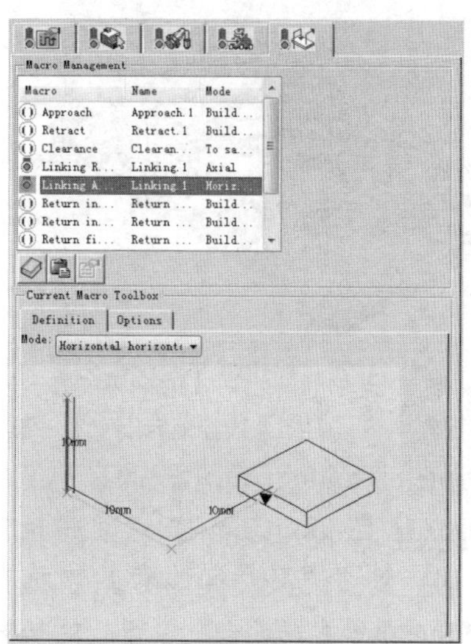

图24-105 设置连接进刀参数

05 单击【Profile Contouring.1】对话框中的"播放刀具路径"按钮，弹出【Profile Contouring.1】对话框，同时在图形区显示刀路轨迹，如图24-106所示。

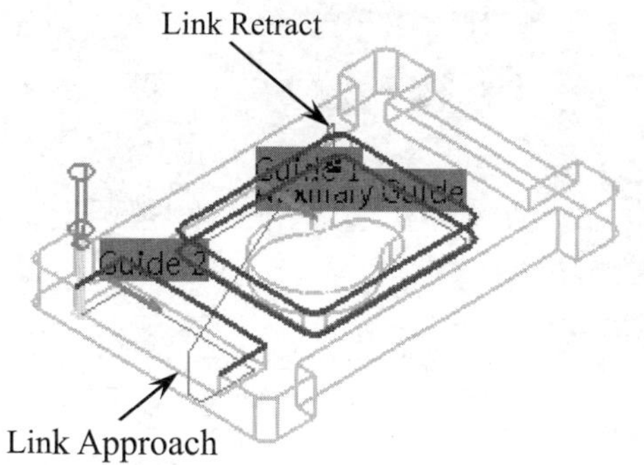

图24-106 生成刀具路径

24.1.15 设置同层之间刀轨的进刀退刀—Return in a Level Retract/Approach

Return in a Level Retract/Approach用于同层之间刀轨的进刀退刀，如图24-107所示。【Mode（模式）】下拉列表用于选择进退刀模式，其选项参数与"起点进刀和终点退刀"含义基本相同。

动手操作——设置同层之间刀轨的进刀退刀

01 启动CATIA V5R21，单击【标准】工具栏上的【打开】按钮，打开【选择文件】对话框，选择"ex_15.CATProcess"文件，如图24-108所示。

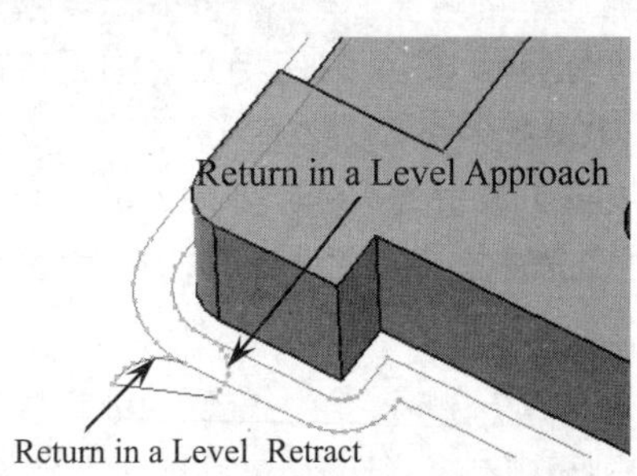

图24-107 层间进刀和退刀示意图

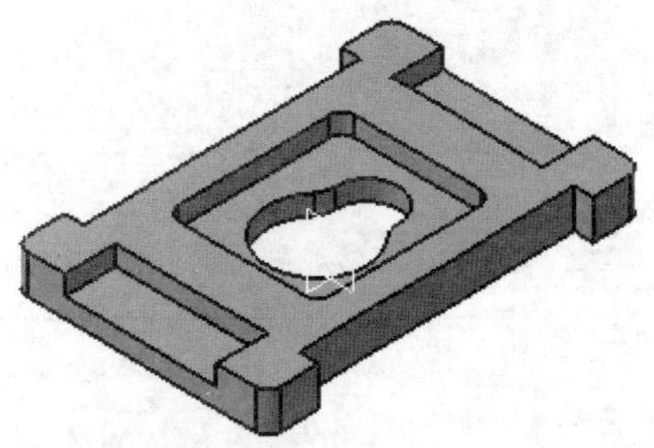

图24-108 打开加工文件

02 双击P.P.R特征树中【ProcessList】节点下的【Profile Contouring.1】加工节点，展开【Profile Contouring.1】对话框，单击，切换到【刀具路径参数】选项卡，选择【Stepover】选项卡，设置相关参数如图24-109所示。

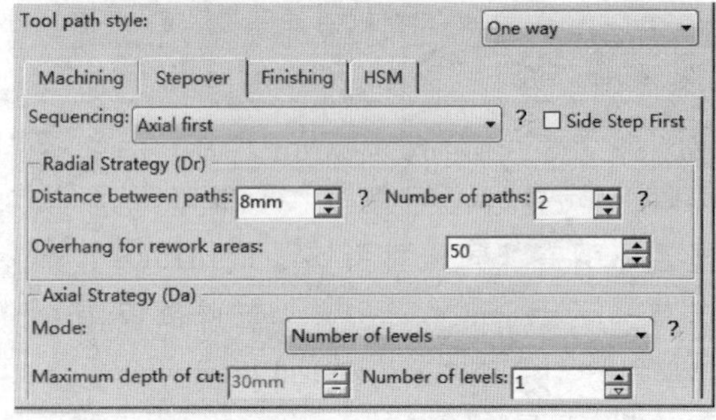

图24-109 设置Stepover参数

03 单击，切换到【进退刀路径】选项卡，在【Macro Management】区域列表框中选择【Return in a Level Retract】选项，单击鼠标右键，在弹出的快捷菜单中选择【Activate】命令，并在【Mode】下拉列表中选择【Circular horizontal axial】选项，如图24-110所示。

04 在【Macro Management】区域列表框中选择【Return in a Level Approach】选项，单击鼠标右键，在弹出的快捷菜单中选择【Activate】命令，并在【Mode】下拉列表中选择【Circular horizontal axial】选项，如图24-111所示。

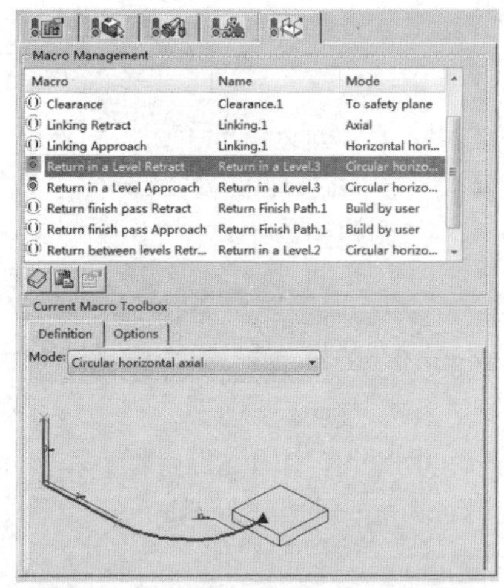

图24-110 设置【Return in a Level Retract】

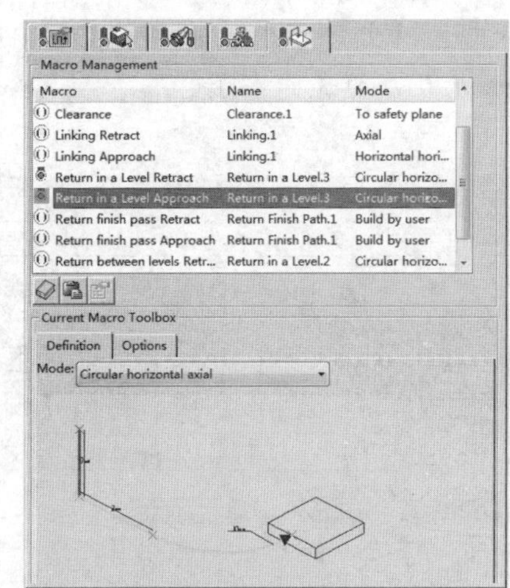

图24-111 设置【Return in a Level Approach】

05 单击【Profile Contouring.1】对话框中的【播放刀具路径】按钮，弹出【Profile Contouring.1】对话框，同时在图形区显示刀路轨迹，如图24-112所示。

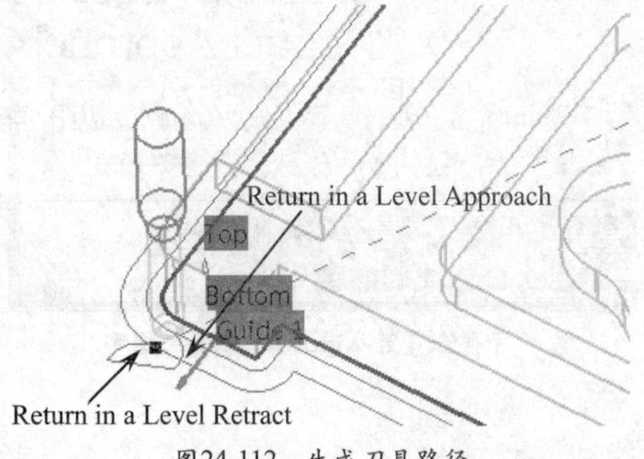

图24-112 生成刀具路径

24.1.16 设置精加工进刀和退刀路线—Return finish pass Retract/Approach

Return finish pass Retract/Approach用于完成粗加工后的精加工进刀和退刀路线，如图24-113所示。【Mode（模式）】下拉列表用于选择进退刀模式，其选项参数与“起点进刀和终点退刀”含义基本相同。

动手操作——设置精加工进刀和退刀路线

01 启动CATIA V5R21，单击【标准】工具栏上的【打开】按钮，打开【选择文件】对话框，选择“ex_16.CATProcess”文件，如图24-114所示。

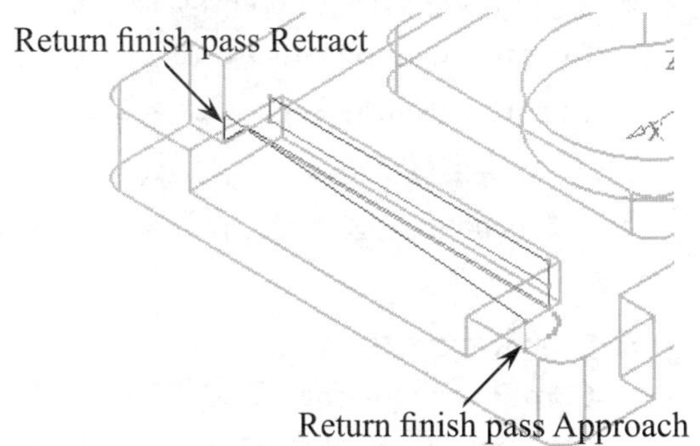

图24-113 精加工进刀和退刀示意图

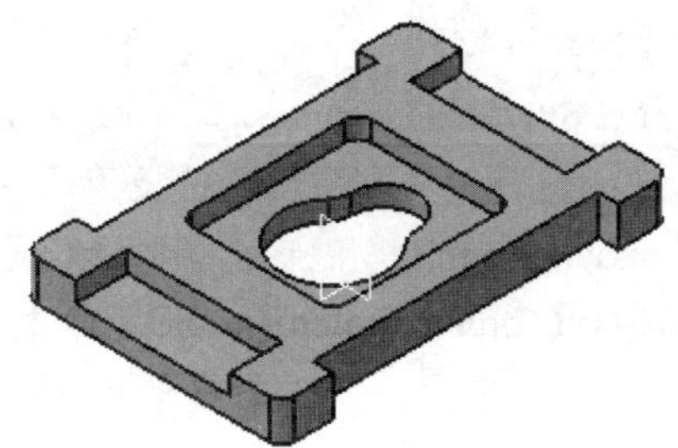

图24-114 打开加工文件

02 双击P.P.R特征树中【ProcessList】节点下的【Profile Contouring.1】加工节点，展开【Profile Contouring.1】对话框，单击，切换到【刀具路径参数】选项卡，选择【Finishing】选项卡，设置相关参数如图24-115所示。

03 单击，切换到【进退刀路径】选项卡，在【Macro Management】区域列表框中选择【Return finish pass Retract】选项，单击鼠标右键，在弹出的快捷菜单中选择【Activate】命令，并在【Mode】下拉列表中选择【Horizontal horizontal axial】选项，如图24-116所示。

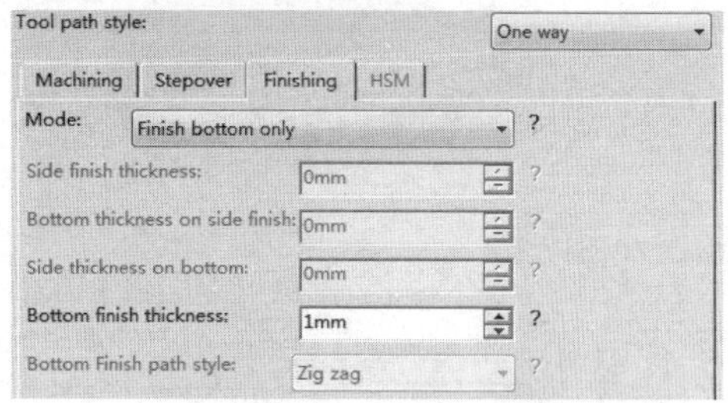

图24-115 设置精加工参数

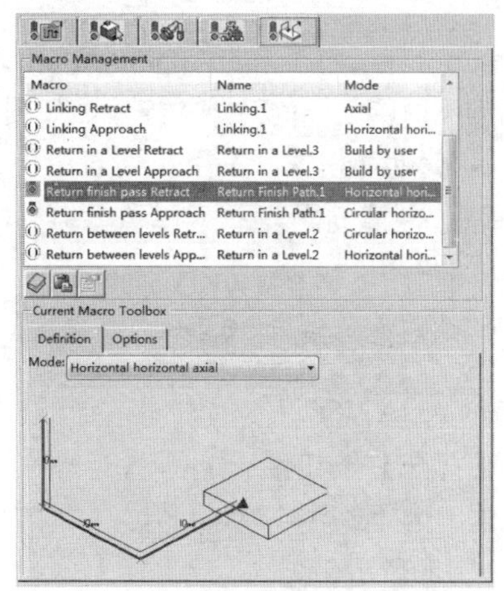

图24-116 设置【Return finish pass Retract】选项

04 在【Macro Management】区域列表框中选择【Return finish pass Approach】选项，单击鼠标右键，在弹出的快捷菜单中选择【Activate】命令，并在【Mode】下拉列表中选择【Circular horizontal axial】选项，如图24-117所示。

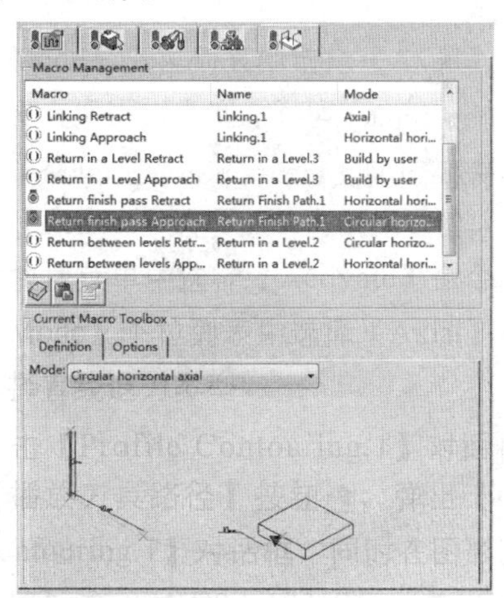

图24-117 设置【Return finish pass Approach】选项

05 单击【Profile Contouring.1】对话框中的【播放刀具路径】按钮，弹出【Profile Contouring.1】对话框，同时在图形区显示刀路轨迹，如图24-118所示。

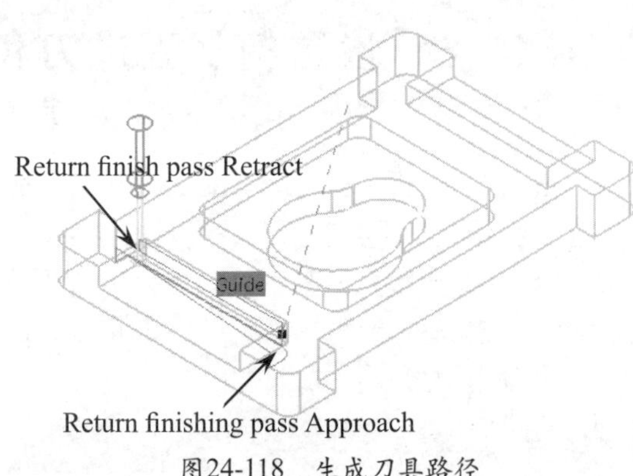

图24-118 生成刀具路径

24.1.17 设置多层之间刀轨的连接—Return between levels Approach/Retract

Return between levels Approach/Retract用于多层切削不同层之间的刀路的连接，如图24-119所示。【Mode（模式）】下拉列表用于选择进退刀模式，其选项参数与“起点进刀和终点退刀”含义基本相同。

动手操作——设置多层之间刀轨的连接

01 启动CATIA V5R21，单击【标准】工具栏上的【打开】按钮，打开【选择文件】对话框，选择“ex_17.CATProcess”文件，如图24-120所示。

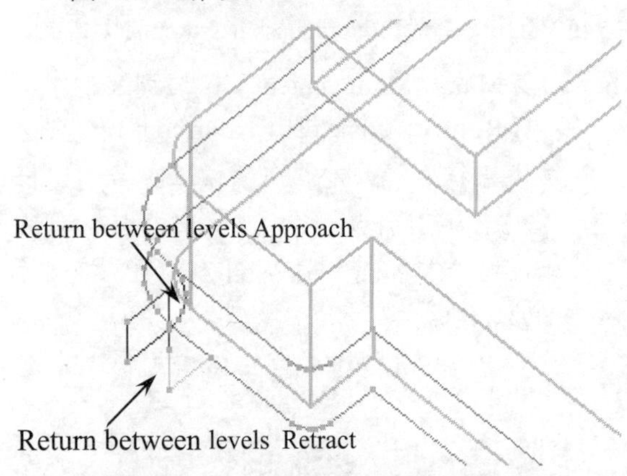

图24-119 不同层间进刀和退刀示意图

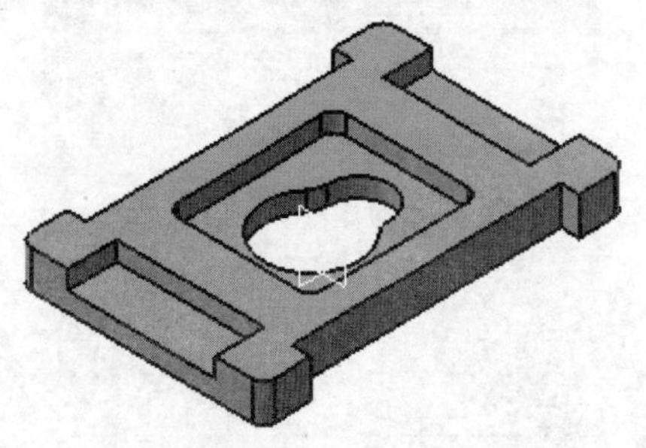

图24-120 打开加工文件

02 双击P.P.R特征树中【ProcessList】节点下的【Profile Contouring.1】加工节点，展开【Profile Contouring.1】对话框，单击，切换到【刀具路径参数】选项卡，选择【Stepover】选项卡，设置相关参数如图24-121所示。

03 双击P.P.R特征树中【ProcessList】节点下的【Profile Contouring.1】加工节点，展开【Profile Contouring.1】对话框，单击，切换到“进退刀路径”选项卡。

04 在【Macro Management】区域中列表框中选择【Return between levels Retract】选项，单击鼠标右键，在弹出的快捷菜单中选择【Activate】命令，并在【Mode】下拉列表中选择【Circular horizontal axial】选项，如图24-122所示。

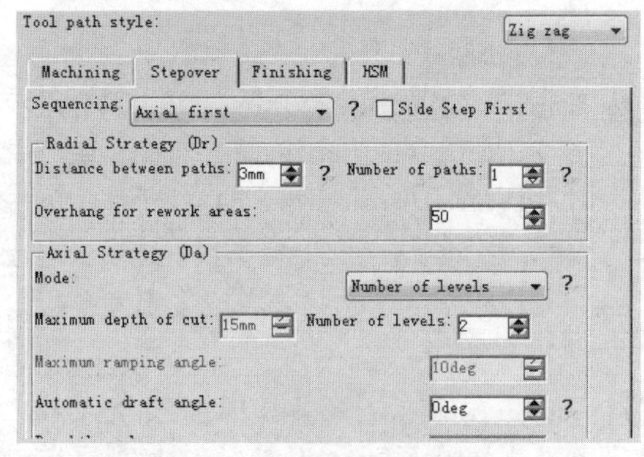

图24-121 【Stepover】选项卡

05 在【Macro Management】区域列表框中选择【Return between levels Approach】选项，单击鼠标右键，在弹出的快捷菜单中选择

【Activate】命令，并在【Mode】下拉列表中选择【Horizontal horizontal axial】选项，如图24-123所示。

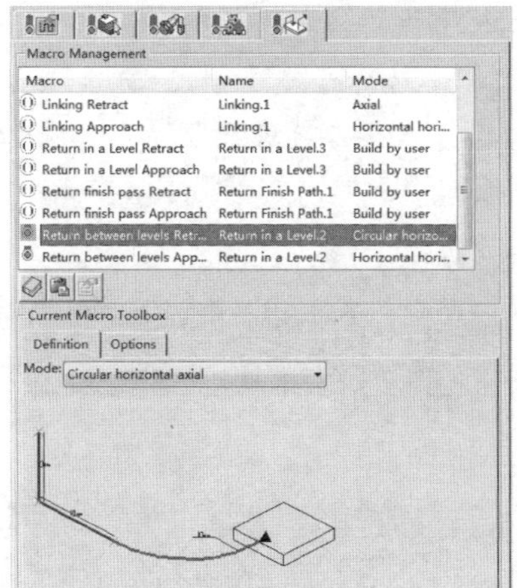

图24-122 设置【Return between levels Retract】选项

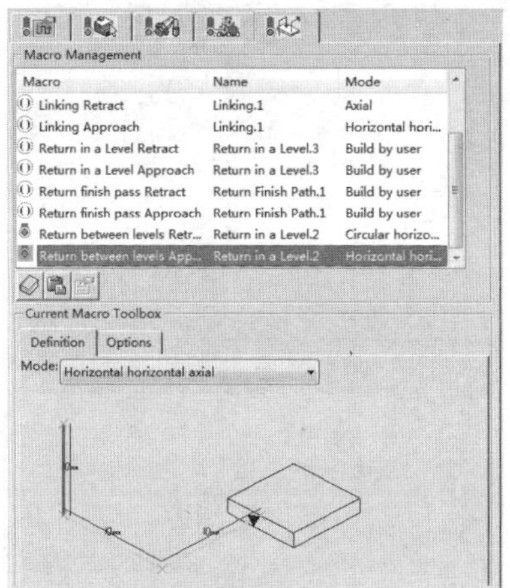

图24-123 设置【Return between levels Approach】选项

06 单击【Profile Contouring.1】对话框中的【播放刀具路径】按钮，弹出【Profile Contouring.1】对话框，同时在图形区显示刀路轨迹，如图24-124所示。

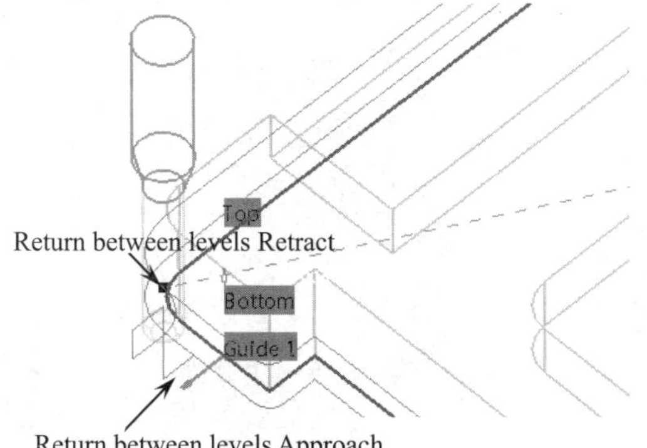

图24-124 生成刀具路径

24.1.18 创建孔加工操作

2.5轴数控钻孔加工包括了多种加工类型，有中心钻、钻孔、镗孔、铰孔、沉孔和倒角孔等，如图24-125所示。

下面通过实例讲解两种最常用的钻孔功能：中心钻和钻孔。

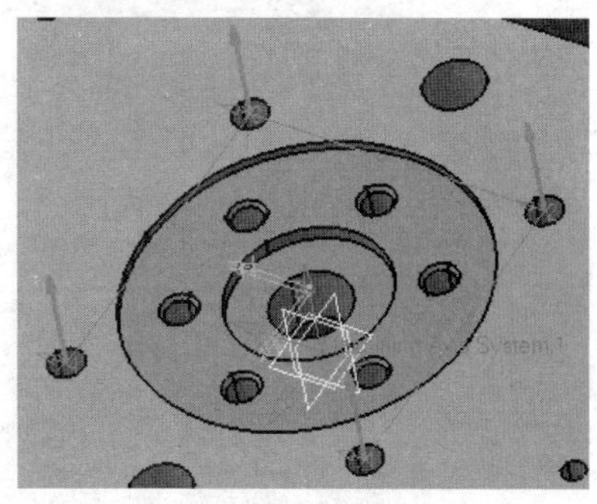

图24-125 孔加工

动手操作——创建孔加工操作

01 启动CATIA V5R21，单击【标准】工具栏上的【打开】按钮，打开【选择文件】对话框，选择“ex_18.CATProcess”文件，如图24-126所示。

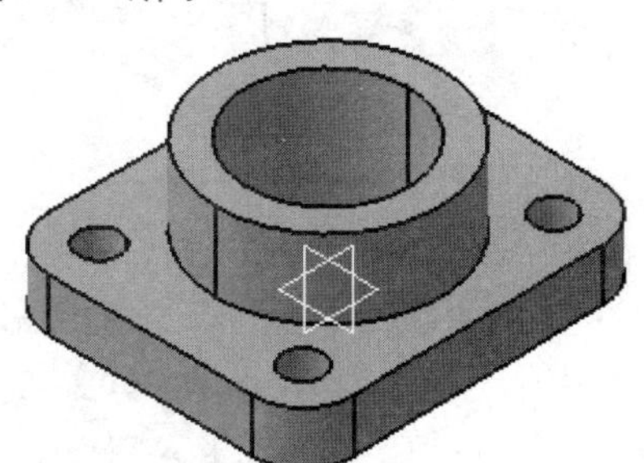

图24-126 打开加工文件

02 在特征树中选择【Manufacturing Program.1】节点，选择下拉菜单【插入】|【Machining Operations】|【Axial Machining Operations】|【Spot Drilling】命令，或者单击【Machining Operations】工具栏上的【Spot Drilling】按钮，弹出【Spot Drilling.1】对话框，单击图标，切换到【几何参数】选项卡，如图24-127所示。

03 单击对话框中孔位感应区，弹出【Pattern Selection】对话框，在图形区依次选择孔边线，如图24-128所示。双击图形区空白处系统返回【Spot Drilling.1】对话框。

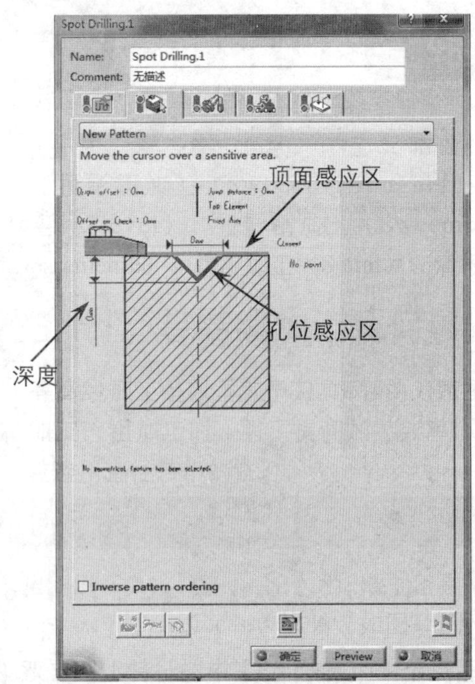

图24-127 【几何参数】选项卡

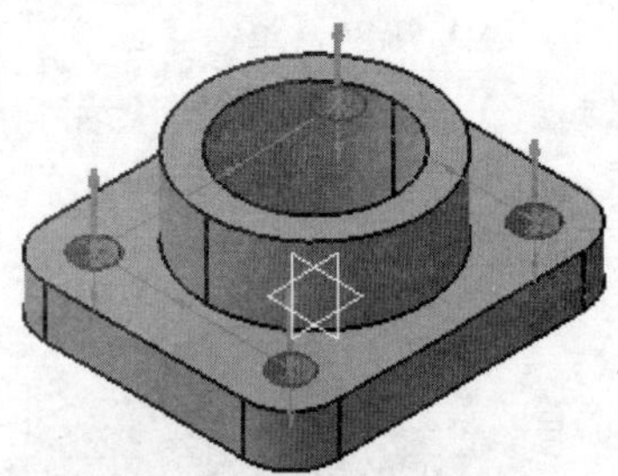

图24-128 选择孔位

04 单击对话框中顶面感应区，选择如图24-129所示平面，单击【Face Selection】对话框中的【OK】按钮，双击图形区空白处系统返回【Spot Drilling.1】对话框。

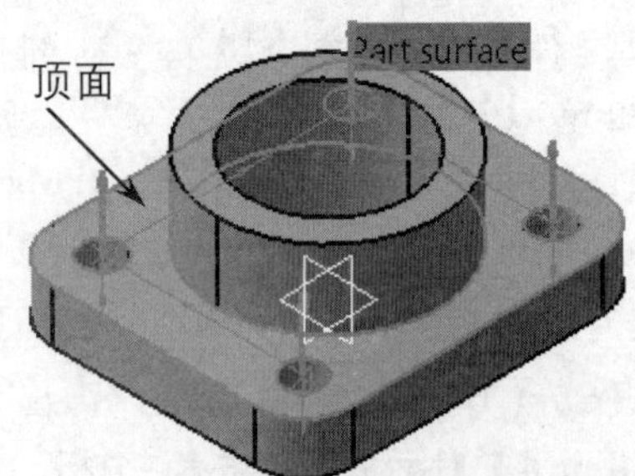

图24-129 选择顶面

05 双击对话框中深度，弹出【编辑参数】对话框，在【Depth】文本框中输入3，单击【确定】按钮，如图24-130所示。

06 定义进退刀路径。单击【Spot Drilling.1】对话框中的，切换到【进退刀路径】选项卡，在【Macro Management】区域列表框中分别选择【Link Approach】和【Link Retract】选项，单击鼠标右键，在弹出的快捷菜单中选择【Activate】命令，设置进退刀参数，如图24-131所示。

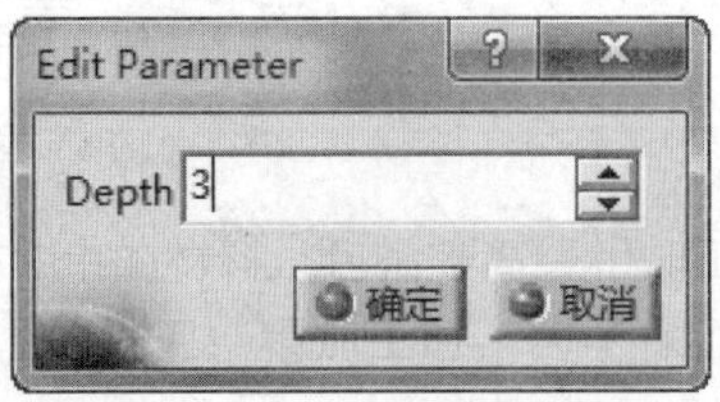

图24-130 【编辑参数】对话框

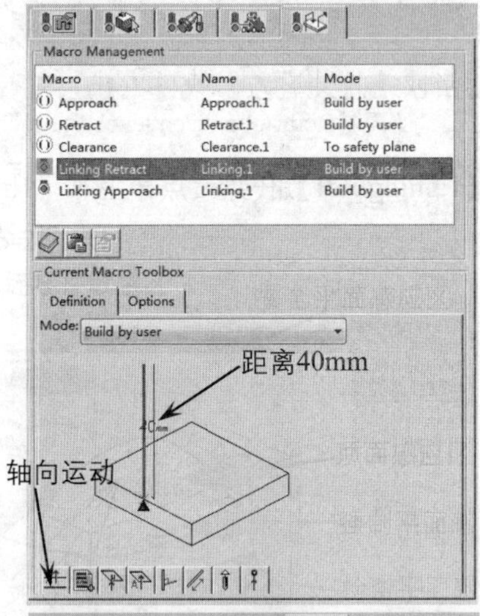

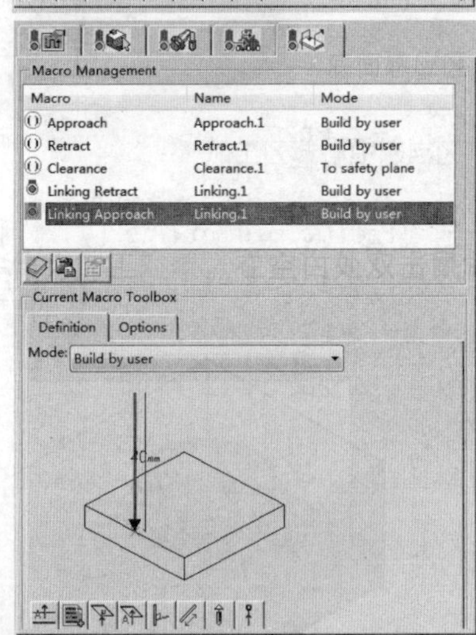

图24-131 设置进退刀参数

07 单击【Spot Drilling.1】对话框中的【播放刀具路径】按钮，弹出【Spot Drilling.1】对话框，同时在图形区显示刀路轨迹，如图24-132所示。

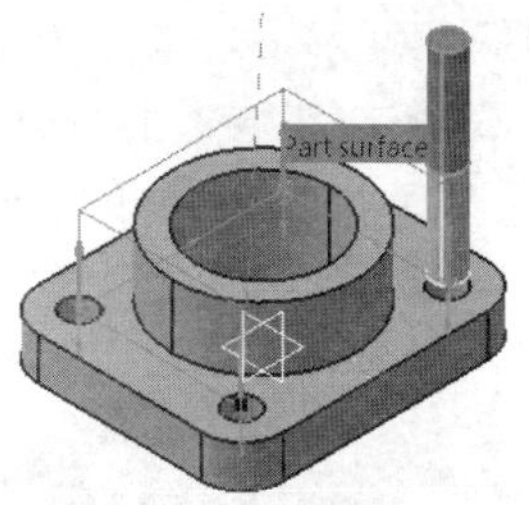

图24-132 生成刀具路径

08 在特征树中选择【Spot Drilling.1】节点，选择下拉菜单【插入】|【Machining Operations】|【Axial Machining Operations】|【Drilling】命令，或者单击【Machining Operations】工具栏上的【Drilling】按钮，弹出【Drilling.1】对话框，单击图标，切换到【几何参数】选项卡，如图24-133所示。

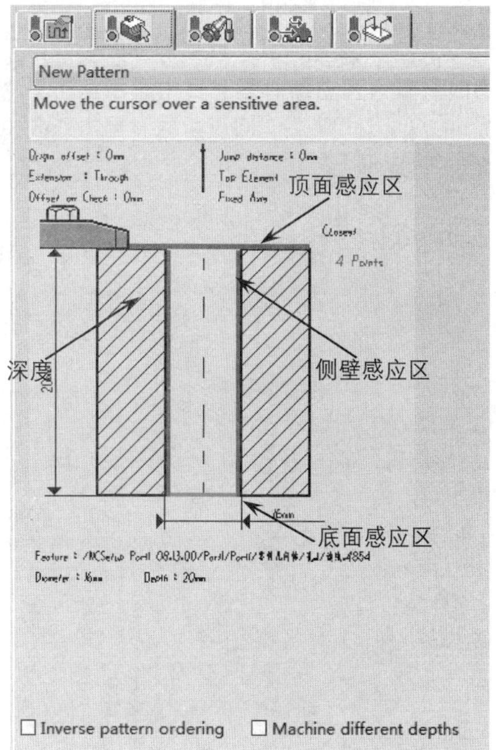

图24-133 【几何参数】选项卡

09 单击对话框中侧壁感应区，弹出【Pattern Selection】对话框，在图形区依次选择孔边线，如图24-134所示。双击图形区空白处系统返回【Drilling.1】对话框。

10 单击对话框中顶面感应区，选择如图24-135所示平面，单击【Face Selection】对话框中的【OK】按钮，双击图形区空白处系统返回【Drilling.1】对话框。

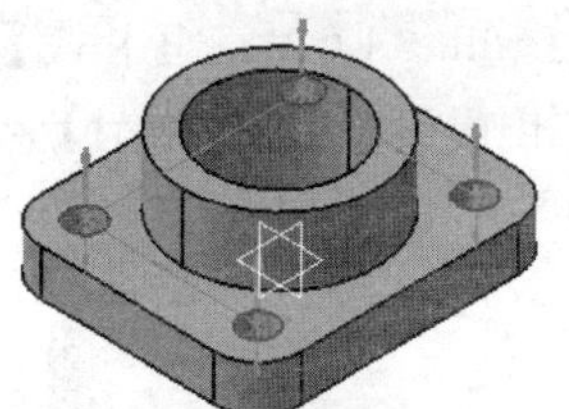

图24-134 选择孔位

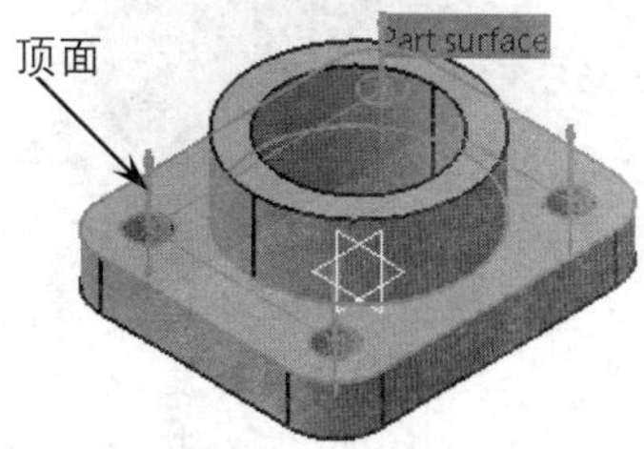

图24-135 选择顶面

11 双击对话框中深度，弹出【Edit Parameter】对话框，在【Depth】文本框中输入25，单击【确定】按钮，如图24-136所示。

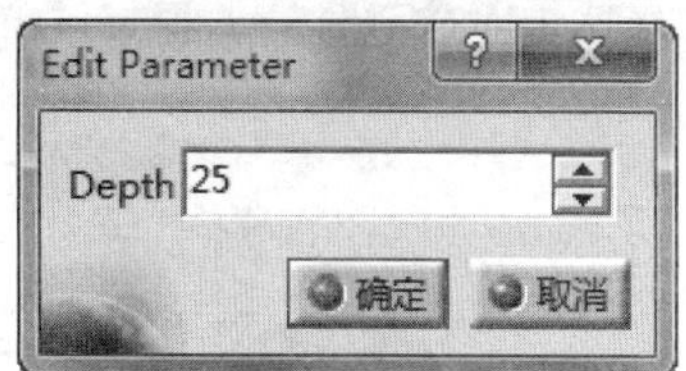

图24-136 【Edit Parameter】对话框

12 定义刀具路径参数。单击【Spot Drilling.1】对话框中的，切换到【刀具路径参数】选项卡，在【Approach Clearance】中输入1，【Depth mode】中选择【By tip】，其他参数默认，如图24-137所示。

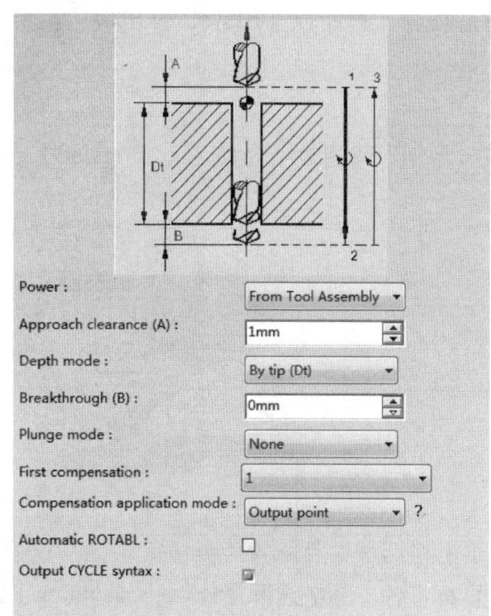

图24-137 【刀具路径参数】选项卡

13 单击【Drilling.1】对话框中的【播放刀具路径】按钮，弹出【Drilling.1】对话框，同时在图形区显示刀路轨迹，如图24-138所示。

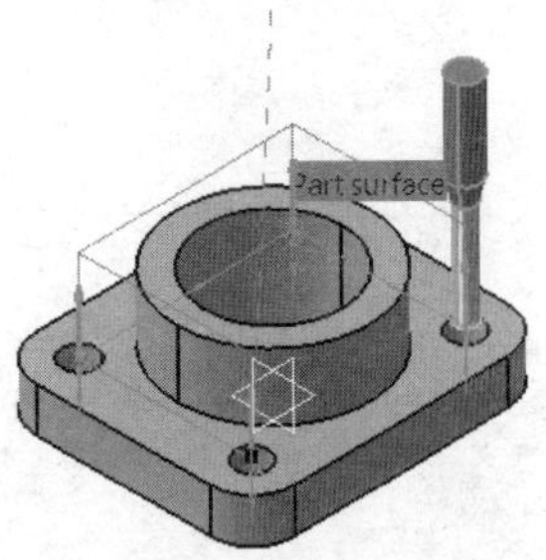

图24-138 生成刀具路径

24.1.19 创建多型腔铣加工操作

多型腔就是在一个加工操作中，使用同一刀具对零件的所有型腔以及侧壁进行加工。

动手操作——创建多型腔铣加工操作

01 启动CATIA V5R21后，单击【标准】工具栏上的【打开】按钮，打开【选择文件】对话框，选择“ex_19.catprocess”，单击【OK】按钮，文件打开后如图24-139所示。

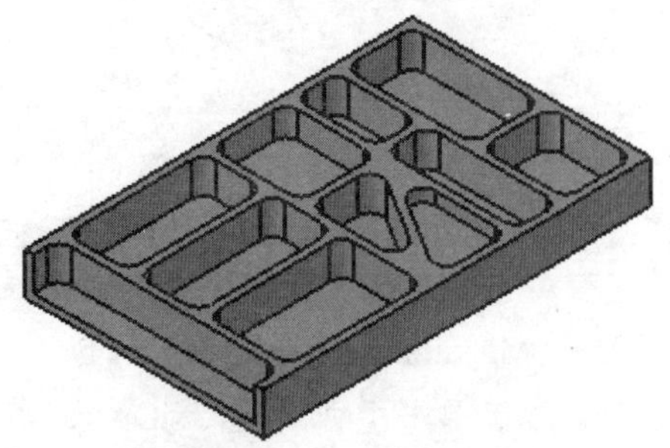

图24-139 打开模型

02 在特征树中选择【Manufacturing Program.1】节点，选择下拉菜单【插入】|【Multi-Pockets Operations】|【Power Machining】命令，弹出【Power machining.1】对话框，如图24-140所示。

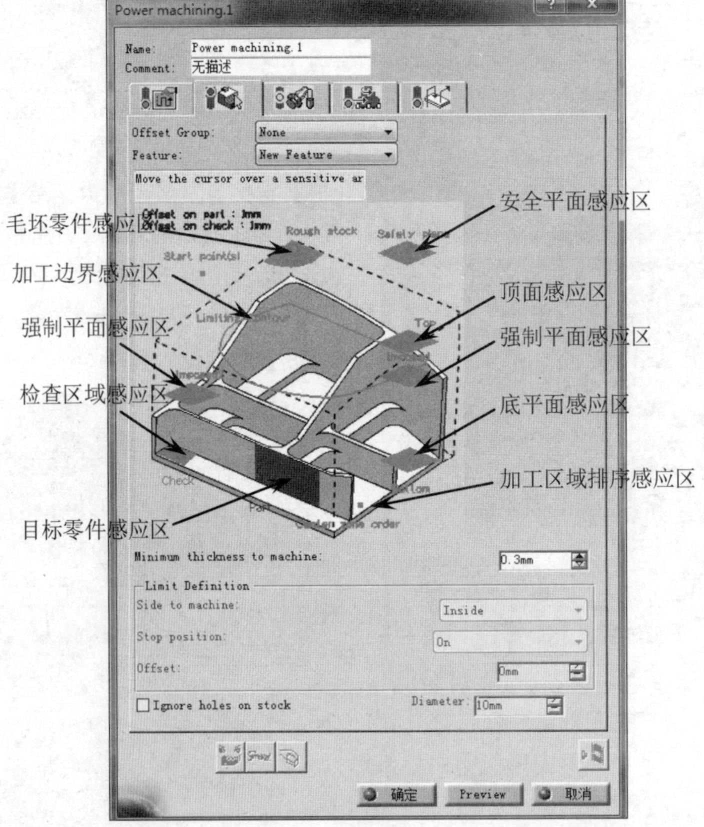

图24-140 【Power machining.1】对话框

03 单击对话框中目标零件感应区，感应区颜色由深红色变成橙黄色，选择如图24-141所示的实体为目标零件，系统返回【Power machining.1】对话框，此时底面和侧面感应区颜色变为深绿色。

04 单击对话框中加工区域排序感应区，在图形中依次选择如图24-142所示的11个型腔面，选择后双击空白处返回。

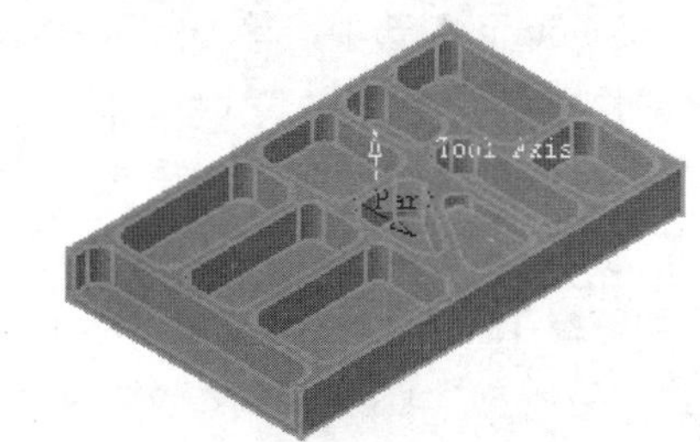

图24-141 选择目标零件

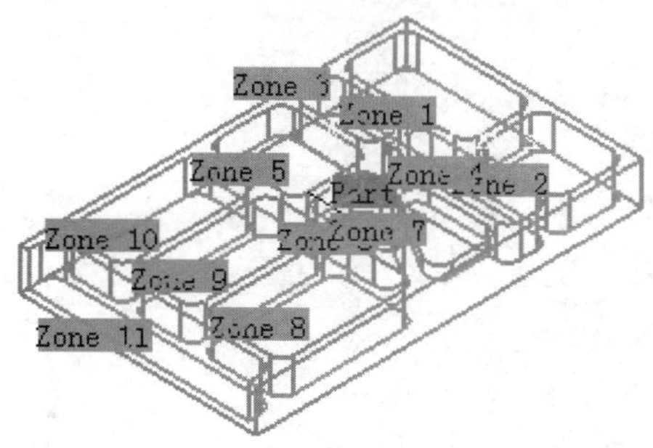

图24-142 选择加工顺序

05 定义刀具参数。单击【Power machining.1】对话框中的图标，切换到【刀具参数】选项卡，相关参数如图24-143所示。

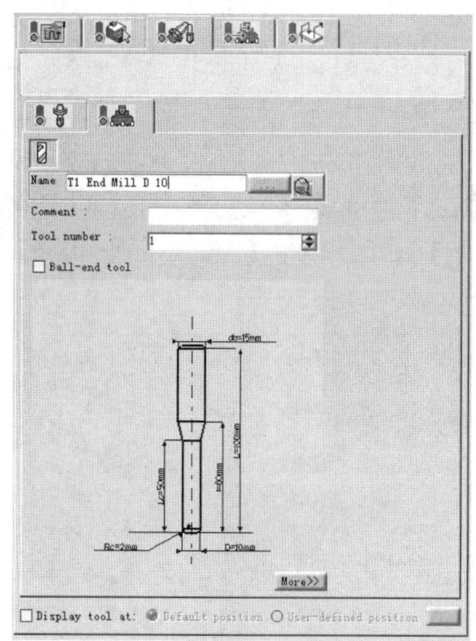

图24-143 【刀具参数】选项卡

06 定义刀具路径参数。单击【Power machining.1】对话框中的图标，切换到【刀具路径参数】选项卡。

07 单击【General】选项卡，在【Machining strategy】下拉列表中选择【Center（1）and Side（2）】选项，其他选项如图24-144所示。

08 单击【Center】选项卡，在【Machining】选项卡中设置相关参数如图24-145所示。

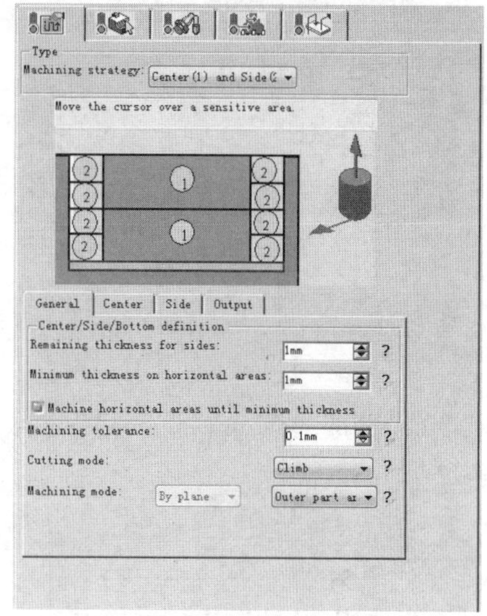

图24-144 【刀具路径参数】选项卡

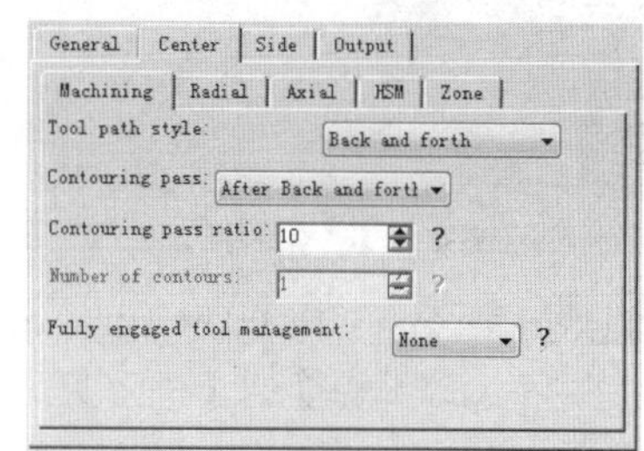

图24-145 【Machining】选项卡

09 单击【Radial】选项卡，在【Stepover】下拉列表中选择“Overlap ratio”选项，如图24-146所示。

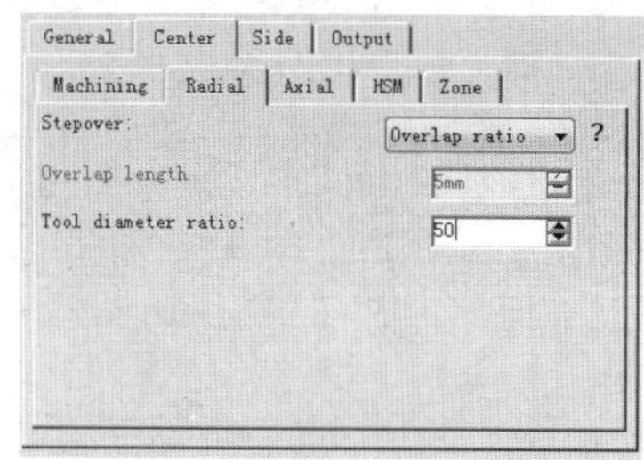

图24-146 【Radial】选项卡

10 单击【Axial】选项卡，在【Maximum cut depth】文本框中输入5mm，如图24-147所示。

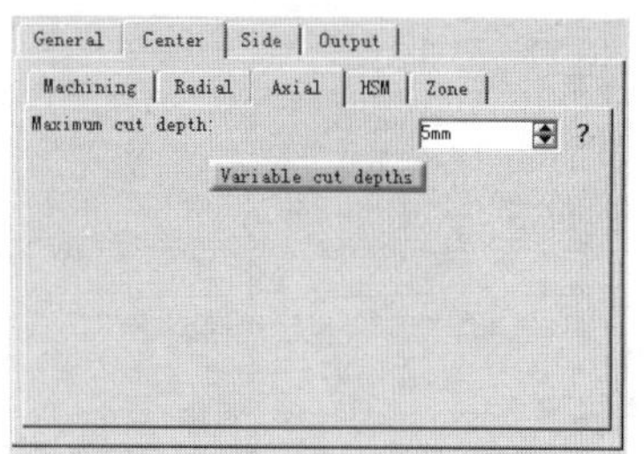

图24-147 【Axial】选项卡

11 单击【Side】选项卡，在【Machining】选项卡中设置相关参数如图24-148所示。

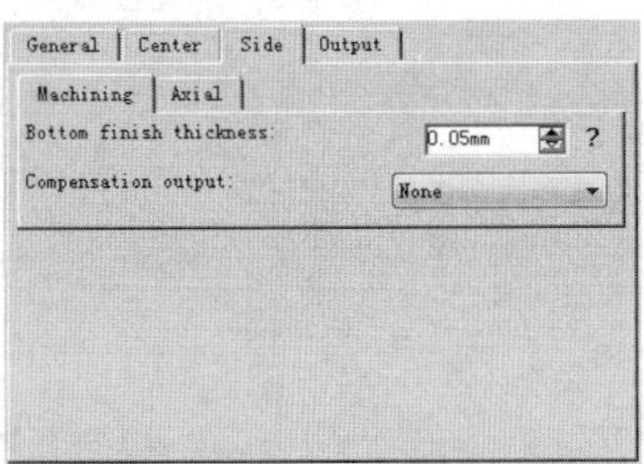

图24-148 【Machining】选项卡

12 单击【Axial】选项卡，设置相关参数如图24-149所示。

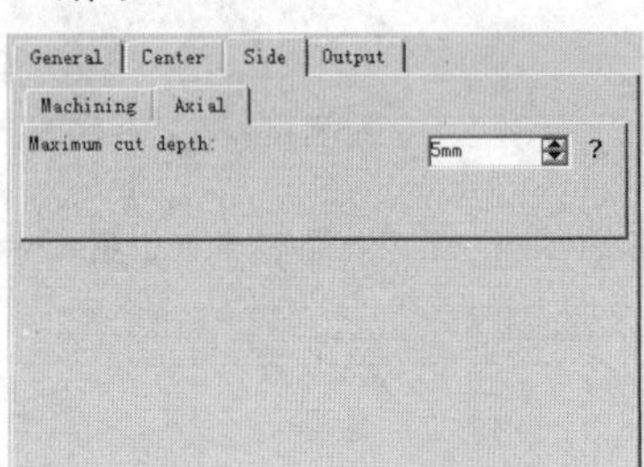

图24-149 【Axial】选项卡

13 定义进退刀路径。单击【Power machining.1】对话框中的，切换到【进退刀路径】选项卡。

14 在【Macro Management】区域列表框中选择【Automatic】选项，单击鼠标右键，在弹出的快捷菜单中选择【Activate】命令，并在【Mode】下拉列表中选择【Helix】选项，设置相关参数如图24-150所示。

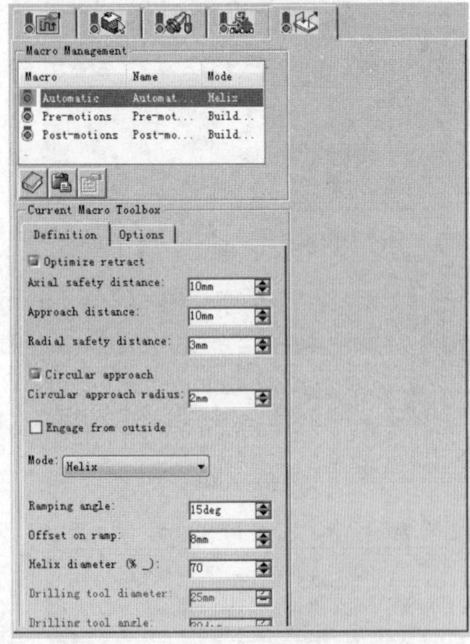

图24-150 设置【Automatic】参数

15 在【Macro Management】区域列表框中选择【Pre-motions】选项，单击鼠标右键，在弹出的快捷菜单中选择【Activate】命令，并在【Mode】下拉列表中选择【Build by user】选项，单击【Add axial motion】按钮，如图24-151所示。

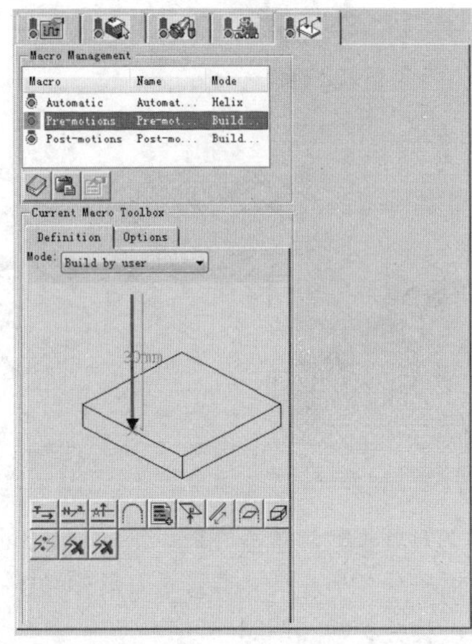

图24-151 设置Pre-motions参数

16 在【Macro Management】区域列表框中选择【Post-motions】选项，单击鼠标右键，在弹出的快捷菜单中选择【Activate】命令，并在【Mode】下拉列表中选择【Build by user】选项，单击【Add axial motion】按钮，如图24-152所示。

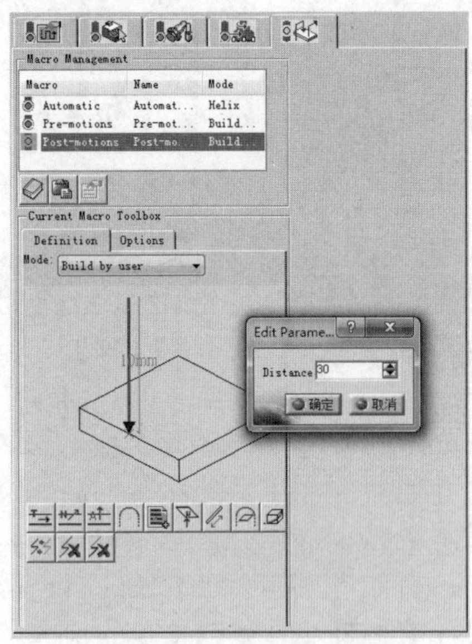

图24-152 设置Post-motions参数

17 单击【Power machining.1】对话框中的【播放刀具路径】按钮，弹出【Power machining.1】对话框，同时在图形区显示刀路轨迹，如图24-153所示。

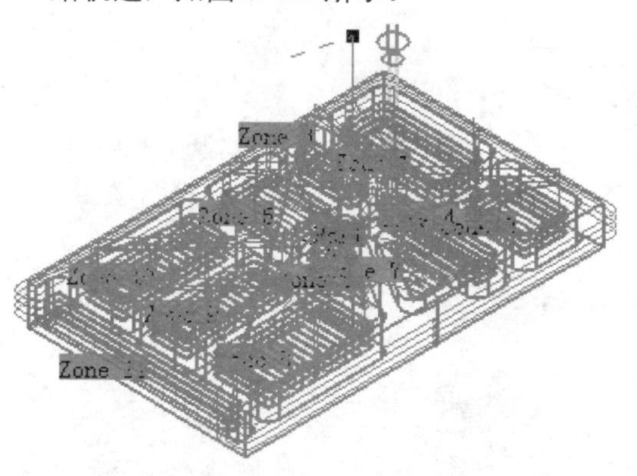

图24-153 生成刀具路径

24.1.20 二维加工区域的创建

加工区域功能可在零件上选择全部或者部分区域作为加工区域，从而在加工中可循环重复使用，简化加工操作。

动手操作——创建二维加工区域

01 启动CATIA V5R21，单击“标准”工具栏上的【打开】按钮，打开【选择文件】对话框，选择“ex_20.CATProcess”文件，如图24-154所示。

02 选择下拉菜单【插入】|【Machining Features】|【Milling Features】|【Prismatic Machining Area】命令，弹出【Prismatic Machining Area】对话框，如图24-155所示。

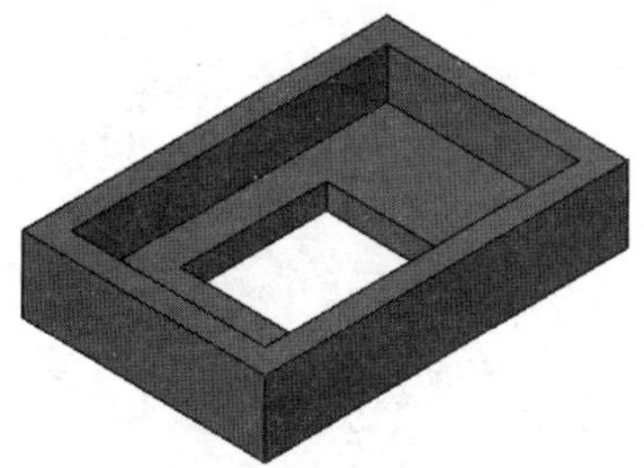

图24-154 打开加工文件

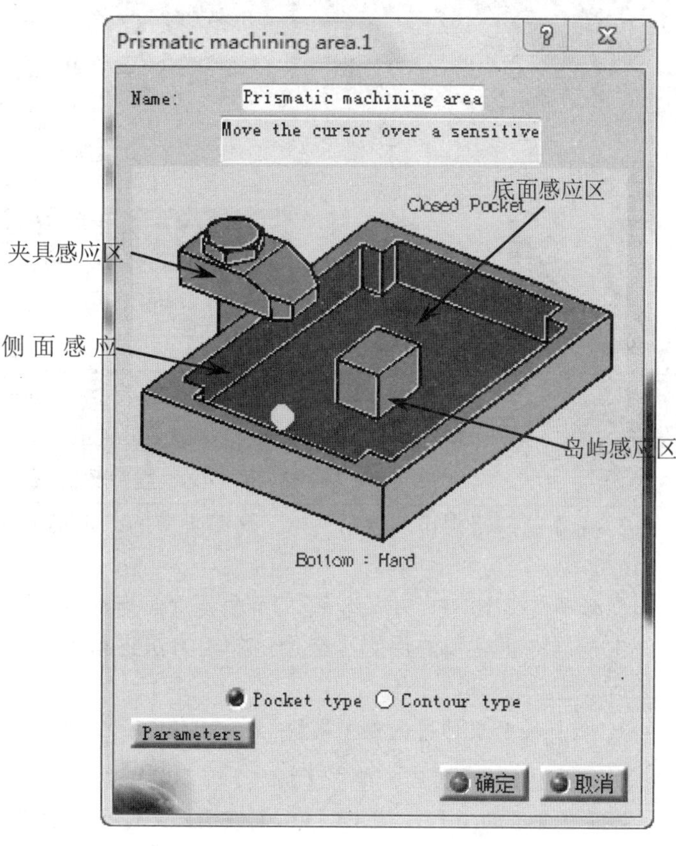

图24-155 【Prismatic Machining Area】对话框

03 单击对话框中底面感应区，选择如图24-156所示的零件表面，双击空白处返回【Prismatic Machining Area】对话框。单击【确定】按钮完成创建。

技术要点

所创建的加工区域在特征树中没有明确显示，但在加工对话框的【Feature】下拉列表中可列出，以便于用户选择使用。

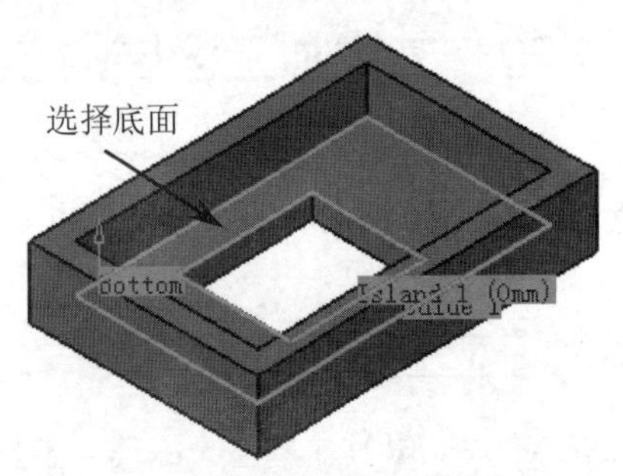

图24-156 选择底面

04 双击P.P.R特征树中【ProcessList】节点下的【Pocketing.1】加工节点，展开【Pocketing.1】对话框，单击图标，切换到【几何参数】选项卡，在【Feature】下拉列表中选择【Prismatic Machining Area.1】，如图24-157所示。

05 单击【Pocketing.1】对话框中的【播放刀具路径】按钮，弹出【Pocketing.1】对话框，同时在图形区显示刀路轨迹，如图24-158所示。

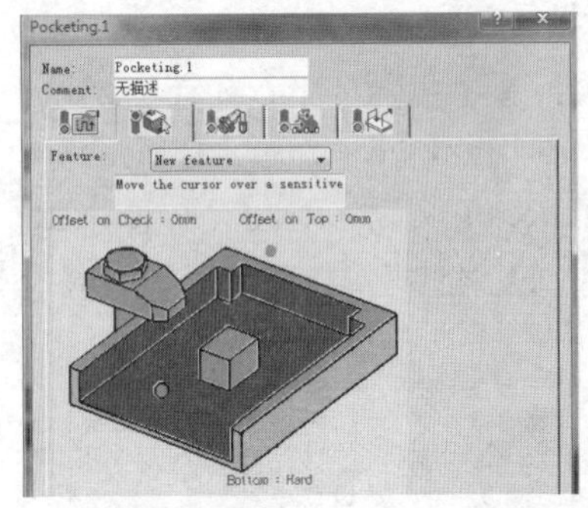

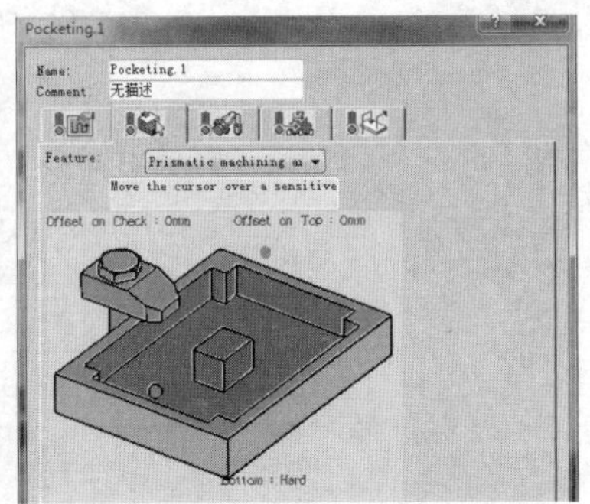

图24-157 选择加工区域

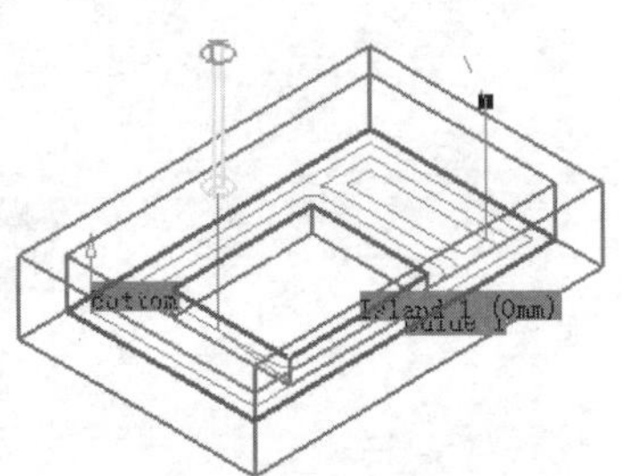

图24-158 生成刀具路径

24.2 实战应用——面板加工

引入光盘：\动手操作\源文件\Ch24\case\case.CATPart

结果文件：\动手操作\结果文件\Ch24\case\NCSetup_Part1_08.32.51.CATProduct

视频文件：\视频\Ch24\安装盘数控加工.avi

2.5轴铣削是最常用的铣削方法，对于直壁的、水平底面为平面的零件，应该优先选择2.5轴铣削加工完成。

面板零件如图24-159所示，轮廓面是侧壁面为直面，需要加工的面是槽腔表面（内孔除外）。本例中根据先粗后精的原则，采用粗加工方法进行型腔粗加工，然后利用轮廓铣削完成侧壁精加工。

1. 打开模型文件进入加工模块

01 启动CATIA V5R21后，单击【标准】工具栏上的【打开】按钮，打开【选择文件】对话框，选择“case.catpart”，单击【OK】按钮，文件打开后如图24-160所示。

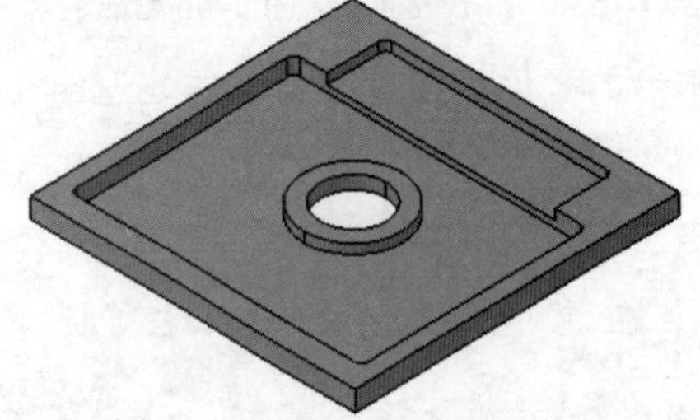

图24-159 面板零件

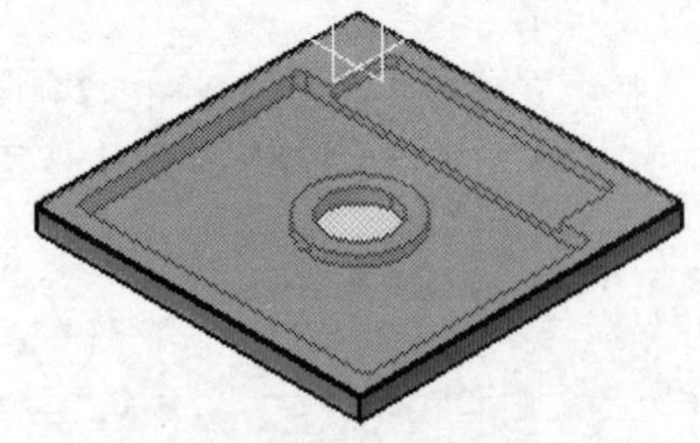

图24-160 打开的模型文件

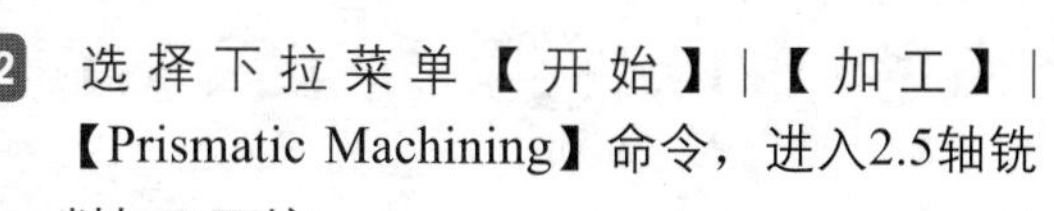

02 选择下拉菜单【开始】|【加工】|【Prismatic Machining】命令，进入2.5轴铣削加工环境。

2. 定义零件操作

01 在特征树上双击【Part Operation.1】节点，弹出【Part Operation】对话框，如图24-161所示。

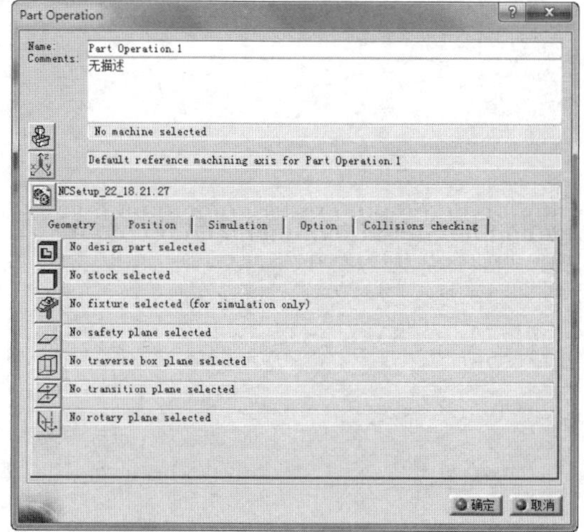

图24-161 【Part Operation】对话框

02 机床设置。单击【Part Operation】对话框中的【machine】按钮，弹出【Machine Editor】对话框，保持默认设置“3-axis Machine.1”，如图24-162所示。

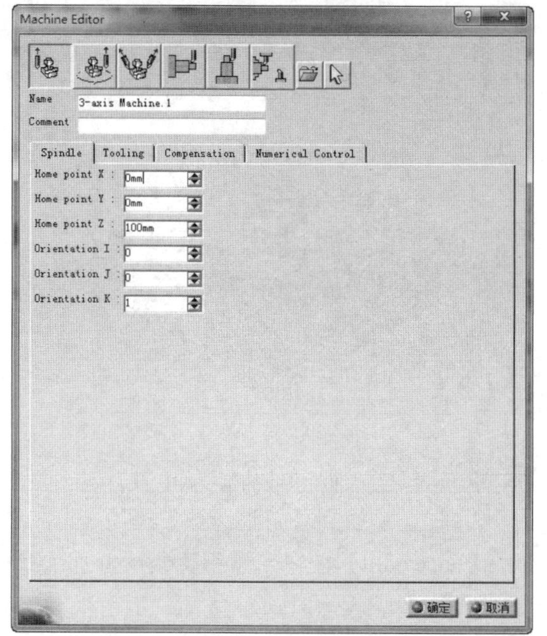

图24-162 【Machine Editor】对话框

03 定义加工坐标系。单击【Part Operation】对话框中的“Default reference machining axis system”按钮，弹出“Default reference machining axis for Part Operation.1”对话框。在“Axis Name”文本框中输入“NC machine axis”作为坐标系名称，单击红色坐标原点，选择如图24-163所示的角点作为坐标原点。

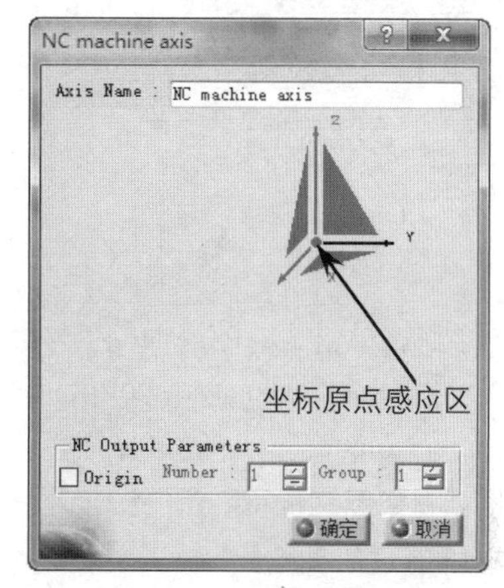

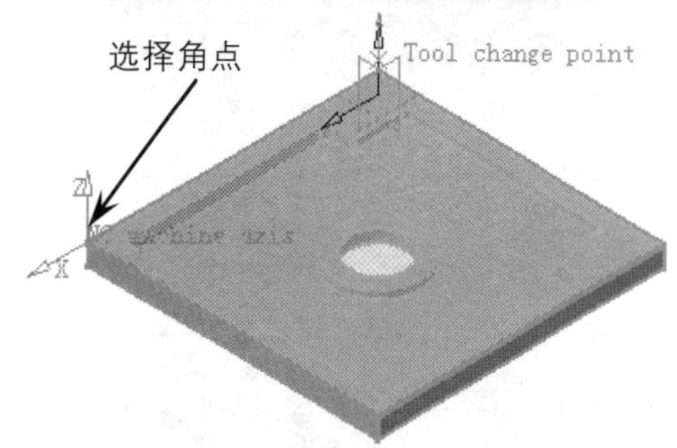

图24-163 定义加工坐标系

04 定义目标加工零件。单击【Design part for simulation】按钮，系统自动隐藏【Part Operation】对话框，在图形区选择打开的实体模型作为目标加工零件，然后双击空白处返回【Part Operation】对话框，如图24-164所示。

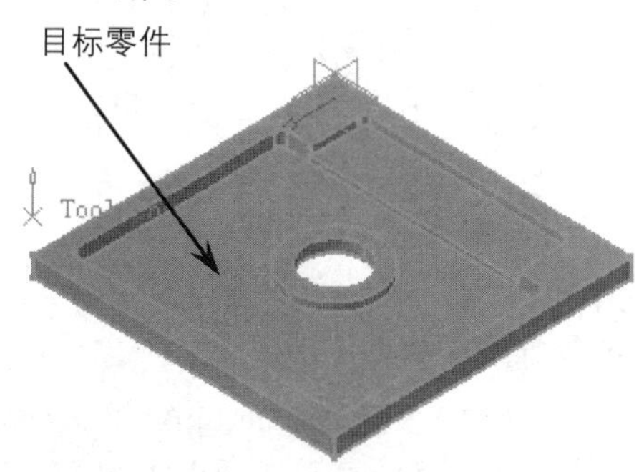

图24-164 选择目标加工零件

05 定义毛坯零件。单击【Stock】按钮，系统自动隐藏【Part Operation】对话框，在图形区创建毛坯实体作为毛坯零件，然后双击空白处返回【Part Operation】对话框，如图24-165所示。

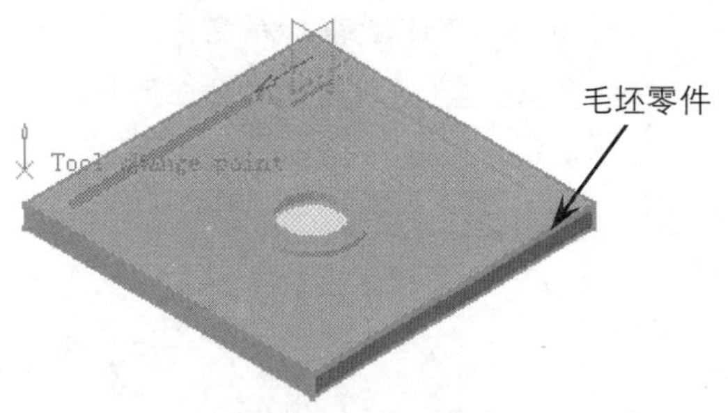

图24-165 选择毛坯零件

06 安全平面。单击【Safety plane】按钮，系统提示“Select a planar face or point to define the safety plane”，一般选择零件上表面，系统创建如图24-166所示的安全平面。右键单击所创建的安全平面，在弹出的快捷菜单中选择“Offset”命令。

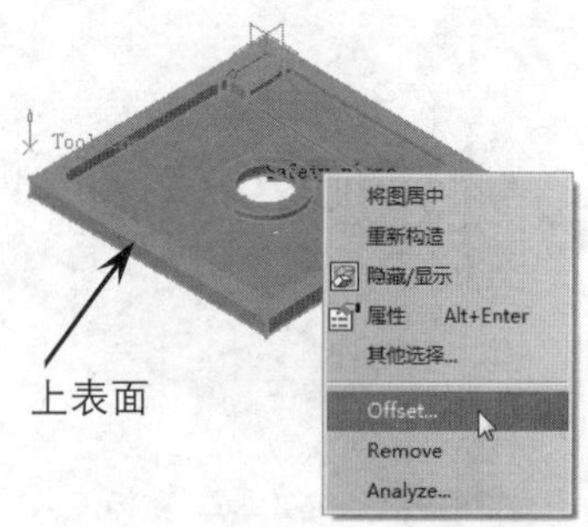

图24-166 快捷菜单

07 系统弹出【编辑参数】对话框，在【Thickness】文本框中输入偏移值50，单击【确定】按钮，完成安全平面设置，如图24-167所示。

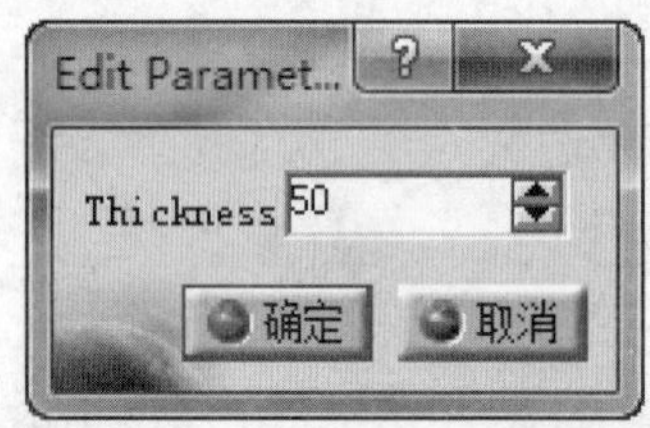

图24-167 【编辑参数】对话框

3. 平面铣削加工

01 在特征树中选择【Manufacturing Program.1】节点，选择下拉菜单【插入】|【Maching Operations】|【Facing】命令，或者单击【Machining Operations】工具栏上的【Facing】按钮，弹出【Facing.1】对话框，如图24-168所示。

02 单击对话框中底面感应区，感应区颜色由深红色变成橙黄色，选择如图24-169所示的表面为加工表面，系统返回【Facing.1】对话框，此时底面和侧面感应区颜色变为深绿色。

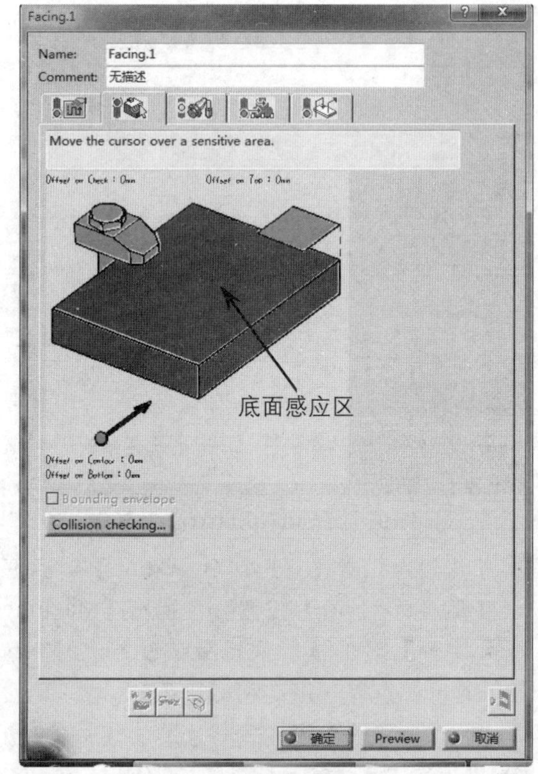

图24-168 【Facing.1】对话框

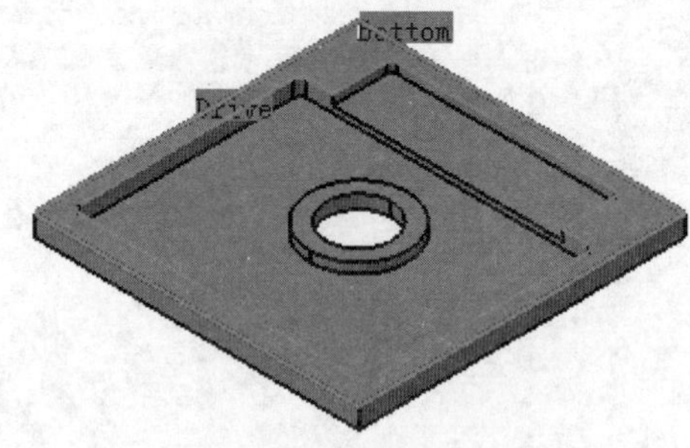

图24-169 选择加工表面

03 定义刀具参数。单击【Facing.1】对话框中的，切换到【刀具参数】选项卡，单击【Face Mill】按钮，相关参数如图24-170所示。

04 定义刀具路径参数。单击【Facing.1】对话框中的，切换到【刀具路径参数】选项卡。

05 单击【Machining】选项卡，在【Tool path style】下拉列表中选择【Back and forth】选项，其他选项采用系统默认，如图24-171所示。

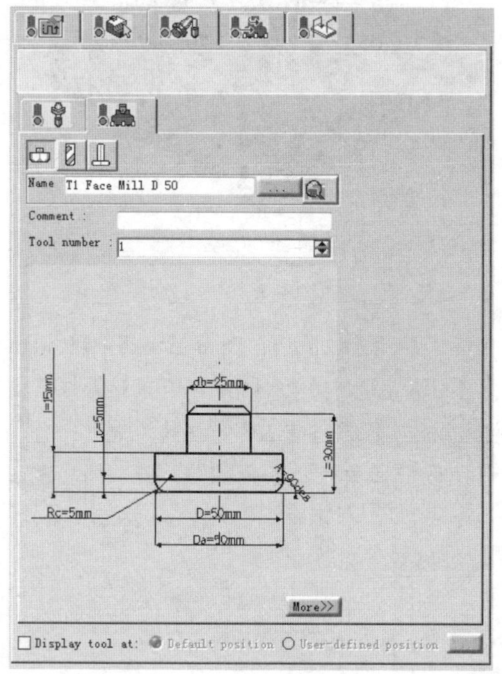

图24-170 【刀具参数】选项卡

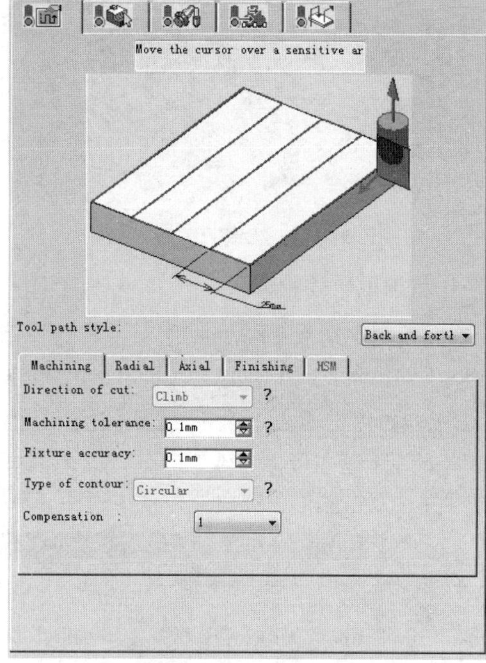

图24-171 【Machining】选项卡

06 单击【Radial】选项卡，在【Mode】下拉列表中选择【Tool diameter ratio】选项，在【Percentage of tool diameter】文本框输入50，其他参数默认，如图24-172所示。

07 单击【Axial】选项卡，在【Mode】下拉列表中选择【Number of levels】选项，在【Number of levels】文本框输入1，其他参数默认，如图24-173所示。

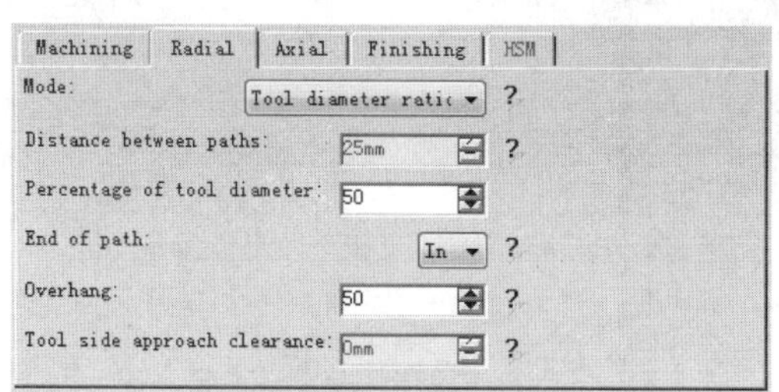

图24-172 【Radial】选项卡

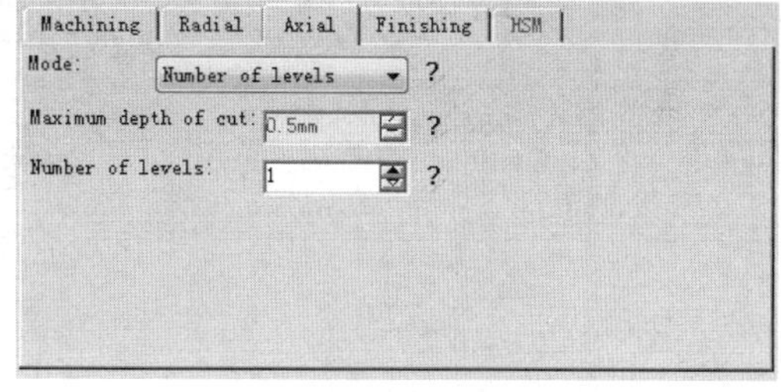

图24-173 【Axial】选项卡

08 定义进退刀路径。单击【Facing.1】对话框中的，切换到【进退刀路径】选项卡。

09 在【Macro Management】区域列表框中选择【Approach】选项，单击鼠标右键，在弹出的快捷菜单中选择【Activate】命令，并在【Mode】下拉列表中选择【Ramping】选项，选择斜线进刀类型。

10 在【Macro Management】区域列表框中选择【Retract】选项，单击鼠标右键，在弹出的快捷菜单中选择【Activate】命令，并在【Mode】下拉列表中选择【Axial】选项，选择直线退刀类型。

11 单击【Facing.1】对话框中的【播放刀具路径】按钮，弹出【Facing.1】对话框，同时在图形区显示刀路轨迹，如图24-174所示。单击【View from last result】按钮，然后单击【Forward replay】按钮，显示实体加工结果，如图24-175所示。

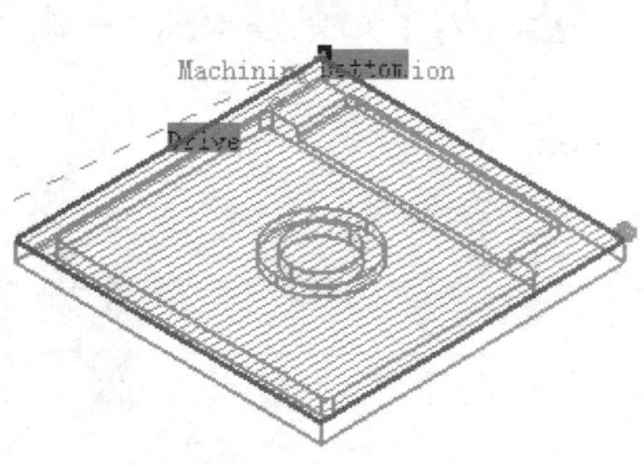

图24-174 生成刀具路径

图24-175 实体仿真验证

4. **粗加工型腔轮廓**

01 在特征树中选择【Facing.1】节点，选择下拉菜单【插入】|【Machining Operations】|【Roughing Operations】|【Prismatic Roughing】命令，或者单击【Machining Operations】工具栏上的【Prismatic Roughing】按钮，弹出【Prismatic Roughing.1】对话框，如图24-176所示。

02 单击对话框中目标零件感应区，感应区颜色由深红色变成橙黄色，选择如图24-177所示的加工零件，双击图形区空白处，系统返回【Prismatic Roughing.1】对话框。

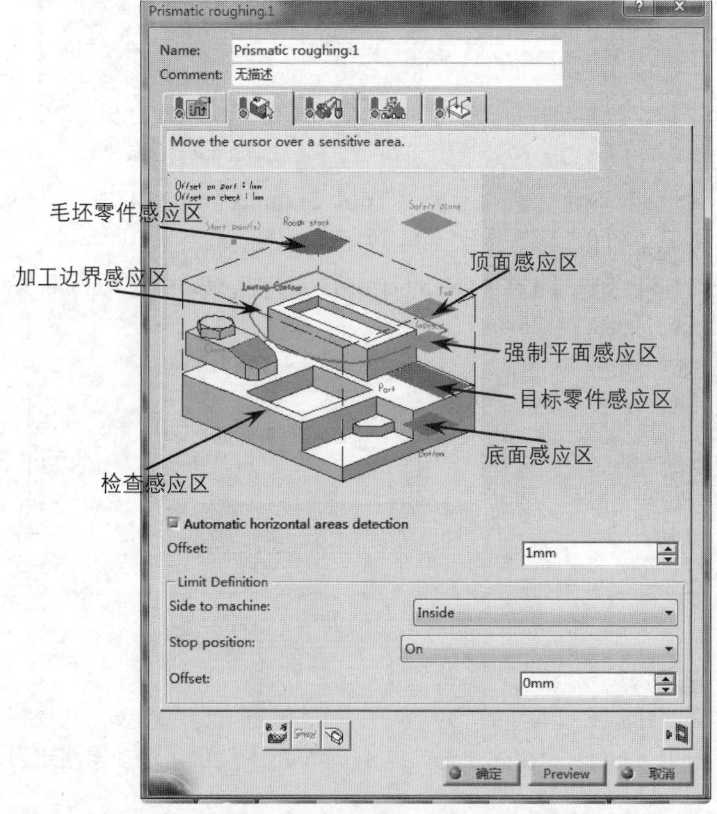

图24-176 【Prismatic Roughing.1】对话框

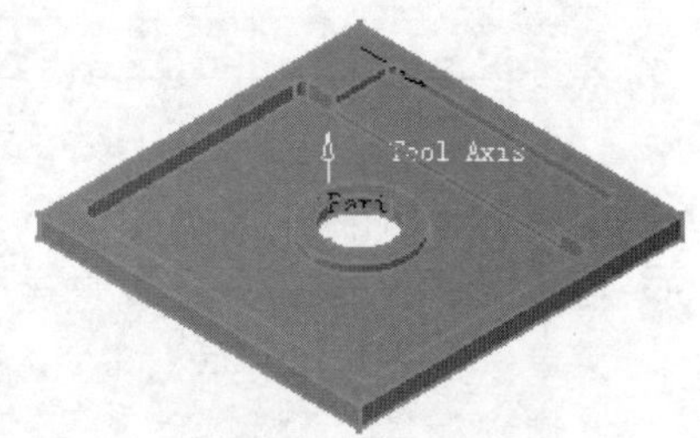

图24-177 选择加工零件

03 单击对话框中毛坯零件感应区，感应区颜色由深红色变成橙黄色，选择如图24-178所示的毛坯零件，双击图形区空白处系统返回【Prismatic Roughing.1】对话框。

04 定义部件余量。双击【Prismatic Roughing.1】对话框中的【Offset on Part】，弹出【编辑参数】对话框，可设置余量大小为1mm，如图24-179所示。

05 定义刀具参数。单击【Prismatic Roughing.1】对话框中的，切换到【刀具参数】选项卡，取消【Ball-end tool】复选框，如图24-180所示。单击【More】按钮，在【Geometry】选项卡中设置相关参数如图24-181所示。

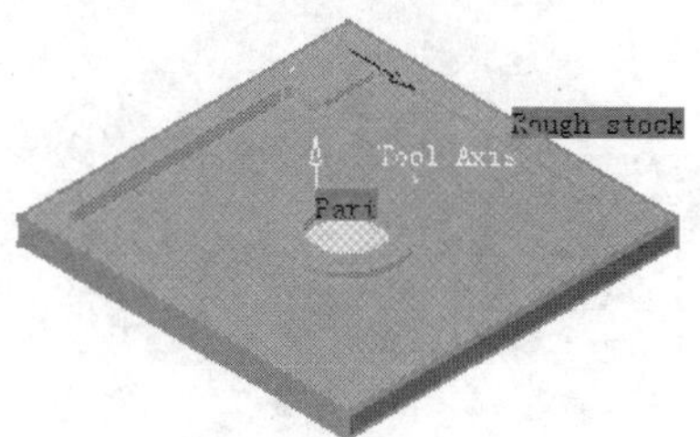

图24-178 选择毛坯零件

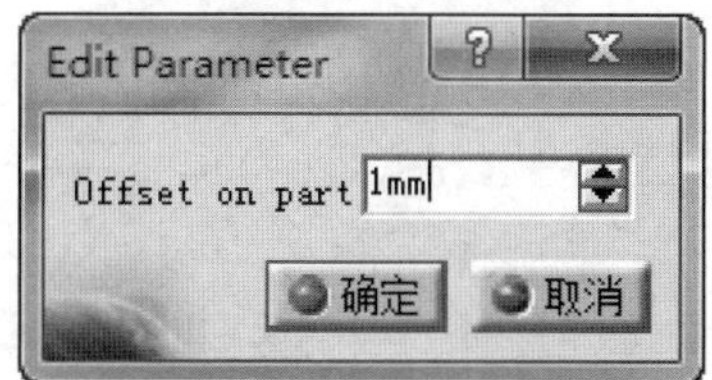

图24-179 【编辑参数】对话框

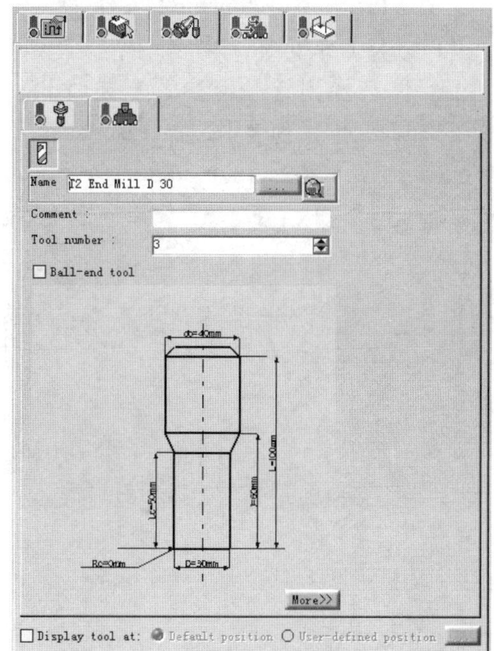

图24-180 【刀具参数】选项卡

06 定义刀具路径参数。单击【Prismatic Roughing.1】对话框中的，切换到【刀具路径参数】选项卡。

07 单击【Machining】选项卡，在【Tool path style】下拉列表中选择“Helical”，在【Direction of cut】下拉列表中选择【Climb】选项，其他选项如图24-182所示。

08 单击【Radial】选项卡，在【Stepover】下拉列表中选择【Stepover ratio】选项，在【Tool diameter ratio】文本框输入75，如图24-183所示。

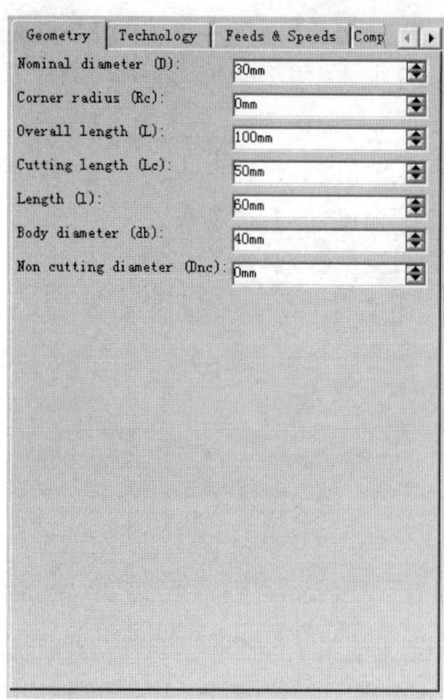

图24-181 【Geometry】选项卡

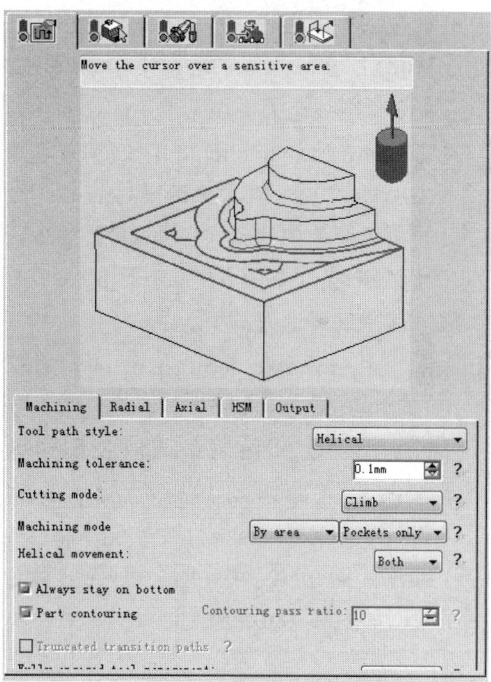

图24-182 【刀具路径参数】选项卡

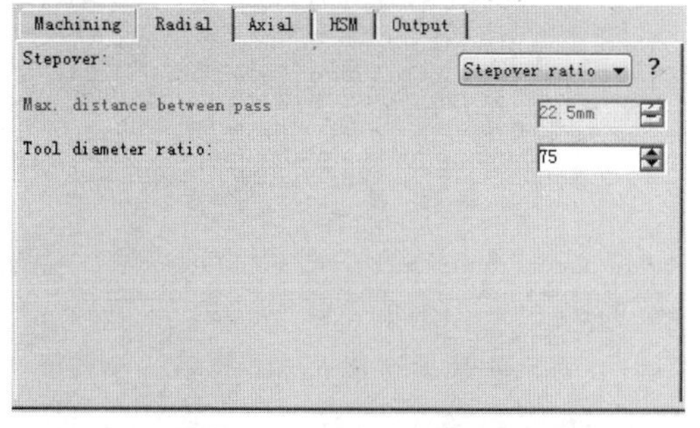

图24-183 【Radial】选项卡

09 单击【Axial】选项卡，在【Maximum cut depth】文本框中输入5，如图24-184所示。

10 定义进退刀路径。单击【Prismatic Roughing.1】对话框中的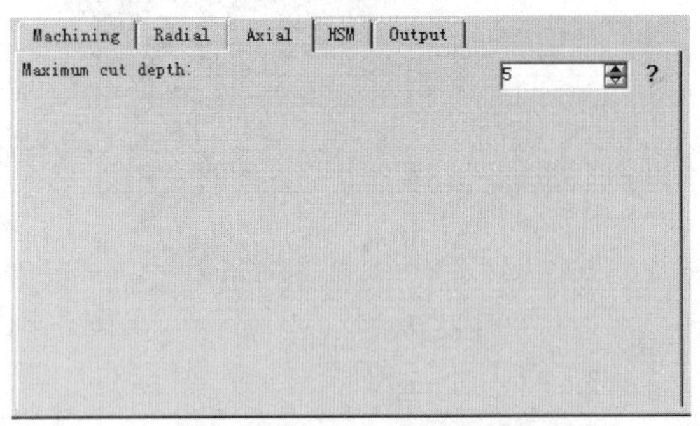，切换到【进退刀路径】选项卡。

图24-184 【Axial】选项卡

11 在【Macro Management】区域列表框中选择【Approach】选项，单击鼠标右键，在弹出的快捷菜单中选择【Activate】命令，并在【Mode】下拉列表中选择【Ramping】选项，选择斜线进刀类型。

12 在【Macro Management】区域列表框中选择【Retract】选项，单击鼠标右键，在弹出的快捷菜单中选择【Activate】命令，并在【Mode】下拉列表中选择【Axial】选项，选择直线退刀类型。

13 单击【Prismatic Roughing.1】对话框中的【播放刀具路径】按钮，弹出【Facing.1】对话框，同时在图形区显示刀路轨迹，如图24-185所示。单击【View from last result】按钮，然后单击【Forward replay】按钮，显示实体加工结果，如图24-186所示。

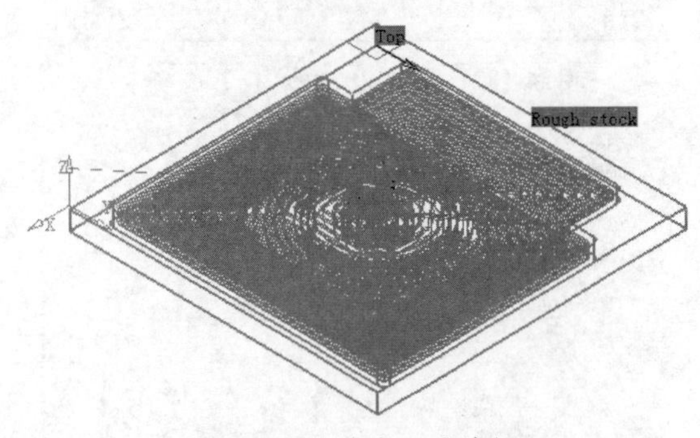

图24-185 生成刀具路径

图24-186 实体仿真验证

5. 两曲线间轮廓铣削精加工侧壁

01 在特征树中选择【Prismatic Roughing.1】节点，选择下拉菜单【插入】|【Machining Operations】|【Profile Contouring】命令，或者单击【Machining Operations】工具栏上的【Profile Contouring】按钮，弹出【Profile Contouring.1】对话框，单击图标，切换到【几何参数】选项卡，在【Mode】下拉列表中选择【Between Two Curves】，如图24-187所示。

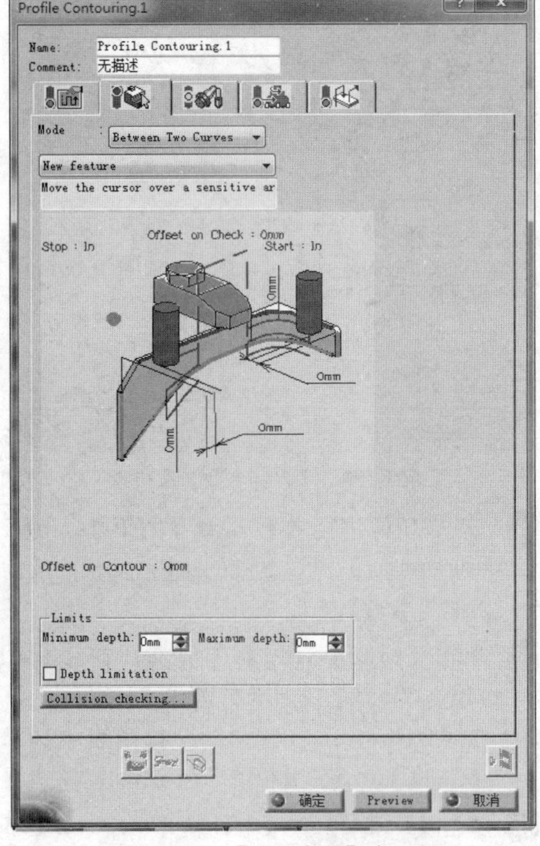

图24-187 【几何参数】选项卡

02 单击对话框中主引导曲线感应区，在图形区选择如图24-188所示的边线。单击【Edge Selection】工具条上的【OK】按钮，返回【Profile Contouring.1】对话框。

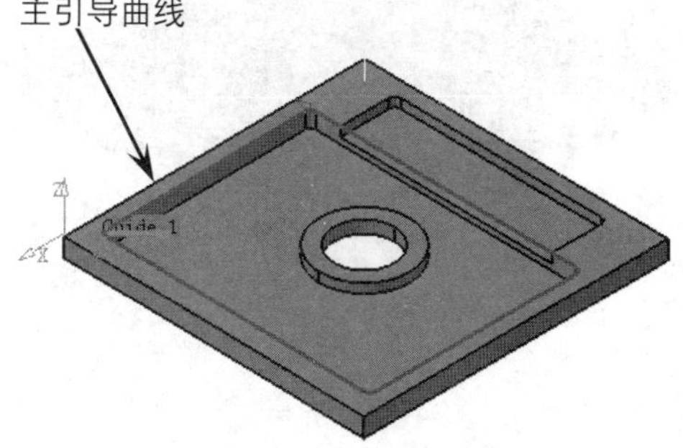

图24-188 选择主引导曲线

03 单击对话框中辅助引导感应区，选择如图24-189所示的边线，单击【Edge Selection】工具条上的【OK】按钮，系统返回【Profile Contouring.1】对话框。

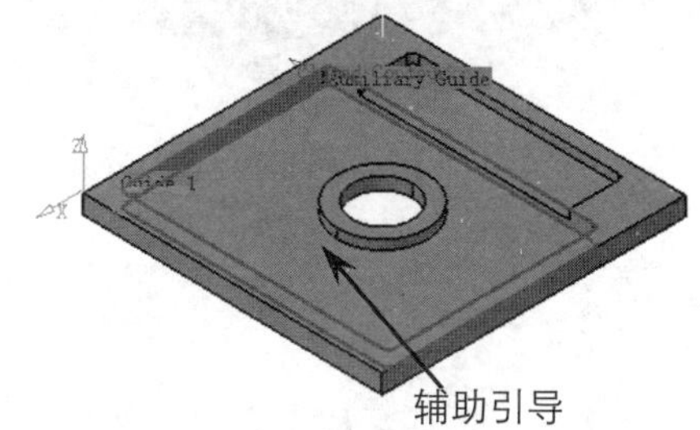

图24-189 选择辅助引导曲线

技术要点

选取边时，要利用【Edge Selection】工具栏中的【Close Contour with Line】按钮来封闭选择轮廓线。

04 定义刀具路径参数。单击【Profile Contouring.1】对话框中的，切换到【刀具路径参数】选项卡。

05 单击【Machining】选项卡，在【Tool path style】下拉列表中选择“Zig zag”，在【Direction of cut】下拉列表中选择【Climb】选项，其他选项如图24-190所示。

06 单击【Stepover】选项卡，在【Number of levels】文本框中输入5，如图24-191所示。

07 定义进退刀路径。单击【Profile Contouring.1】对话框中的，切换到【进退刀路径】选项卡。

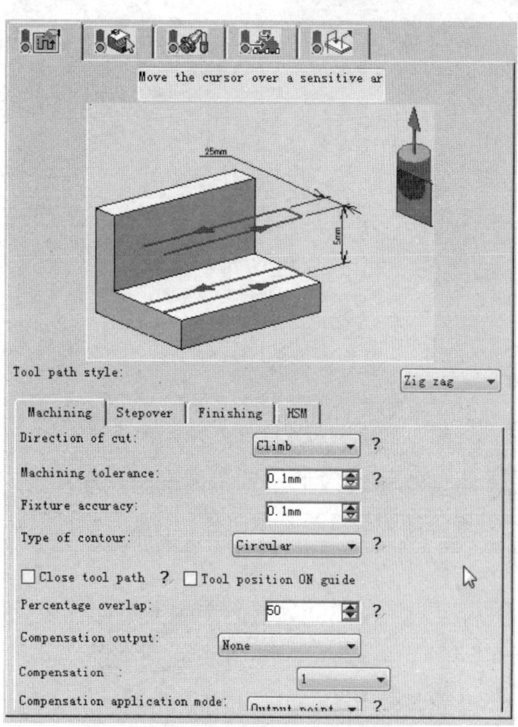

图24-190 【刀具路径参数】选项卡

Machining | Stepover | Finishing | HSM
Sequencing: Radial first ? Side Step First
Radial Strategy (Dr)
Distance between paths: 25mm ? Number of paths: 1 ?
Overhang for rework areas: 50
Axial Strategy (Da)
Mode: Number of levels ?
Maximum depth of cut: 5mm Number of levels: 5
Maximum ramping angle: 10deg
Automatic draft angle: 0deg ?

图24-191 【Stepover】选项卡

08 在【Macro Management】区域列表框中选择【Approach】选项，单击鼠标右键，在弹出的快捷菜单中选择【Activate】命令，并在【Mode】下拉列表中选择【Axial】选项，选择直线进刀类型。

09 在【Macro Management】区域列表框中选择【Retract】选项，单击鼠标右键，在弹出的快捷菜单中选择【Activate】命令，并在【Mode】下拉列表中选择【Axial】选项，选择直线退刀类型。

10 单击【Profile Contouring.1】对话框中的【播放刀具路径】按钮，弹出【Profile Contouring.1】对话框，同时在图形区显示刀路轨迹，如图24-192所示。单击【View

from last result】按钮，然后单击【Forward replay】按钮，显示实体加工结果，如图24-193所示。

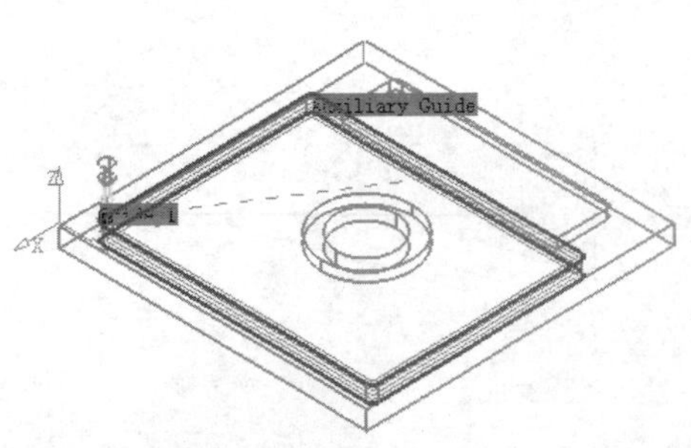
图24-192 生成刀具路径

图24-193 实体仿真验证

11 重复上述过程加工另一侧槽腔，在图形区显示刀路轨迹，如图24-194所示，显示实体加工结果，如图24-195所示。

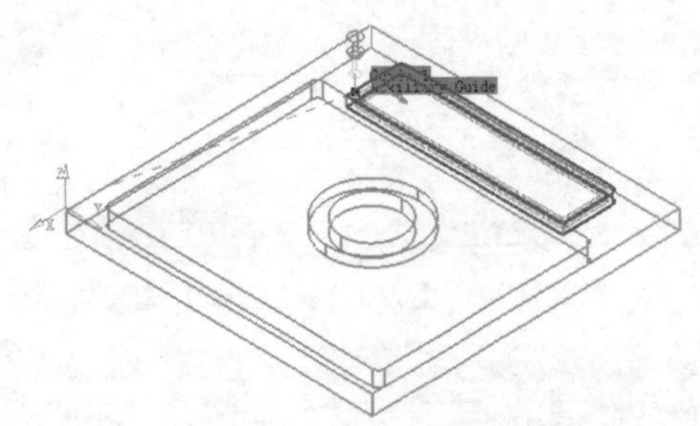
图24-194 生成刀具路径

图24-195 实体仿真验证

第25章 三轴曲面铣削加工要点

三轴曲面铣削加工应用广发，可满足各种复杂型面、型腔、实体、曲面等零件的加工，是数控加工的核心，我们在本章中特地把有关三轴曲面铣削加工技巧介绍给大家。

在本章中，除了介绍各种三轴加工外，还详细介绍三轴加工中刀具路径类型、刀具路径参数以及进退刀路径设置。刀具路径类型、刀具路径参数以及进退刀路径设置是三轴数控加工的核心，掌握各种参数设置可以更加灵活应用三轴加工操作。

◎ 等高线加工几何
◎ 等高线加工刀具路径
◎ 等高线加工进退刀参数设置
◎ 投影粗加工几何和刀具路径
◎ 加工区域创建和使用

中文版CATIA V5R21完全实战技术手册

25.1 三轴曲面铣削加工要点

三轴曲面加工分为粗加工和精加工。粗加工有两种加工方式：投影粗加工（Sweeping roughing）和等高线粗加工（Roughing）。精加工有等高线精加工（Zlevel）、投影精加工（Sweeping）、轮廓驱动加工（Contour-driven）、沿面加工（Isoparametric）、螺旋加工（Spiral）、清根加工（Pencil）等。

25.1.1 等高线加工几何参数设置

等高线加工是以垂直于刀具Z轴的刀路主层切除毛坯零件中的材料，包括等高线粗加工和等高线精加工。粗加工时，为了提高加工效率，应选用较大直径的铣刀；精加工时，为了保证零件精度，应选用直径较小的铣刀。

动手操作——等高线加工几何参数设置

01 启动CATIA V5R21，单击【标准】工具栏上的【打开】按钮，打开【选择文件】对话框，选择“ex_1.CATProcess”文件，如图25-1所示。

02 双击P.P.R特征树中【ProcessList】节点下的【Roughing.1】加工节点，展开【Roughing.1】对话框，单击，切换到“几何参数”选项卡，如图25-2所示。

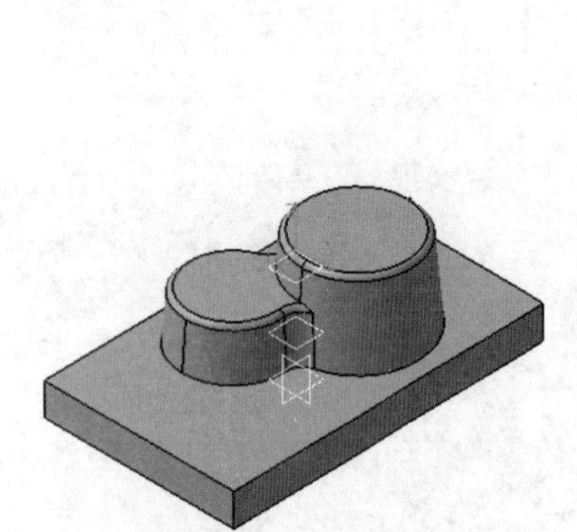

图25-1 打开加工文件

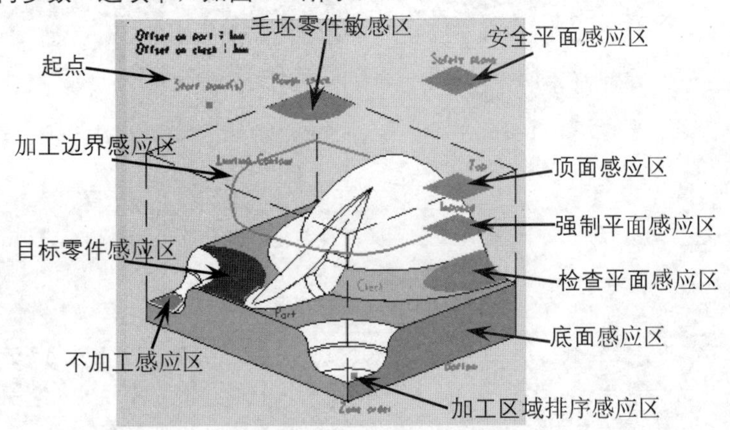

图25-2 加工几何参数

03 单击对话框中目标零件感应区，选择整个目标加工零件作为加工对象，在空白处双击鼠标左键返回。单击毛坯零件感应区，选择如图25-3所示的毛坯零件。

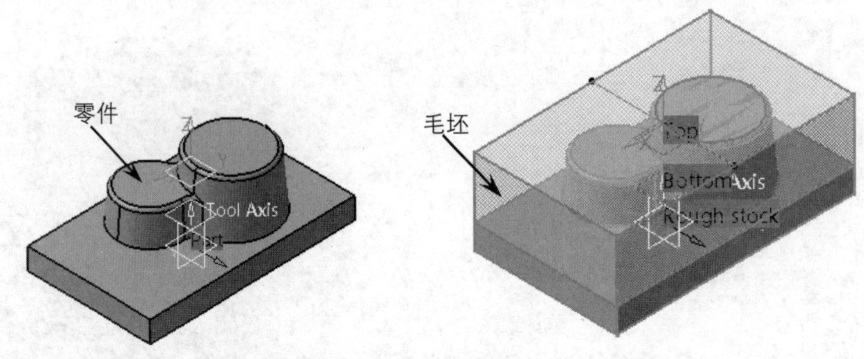

图25-3 选择目标零件和毛坯零件

04 单击【Roughing.1】对话框中的“Tool Path Replay”按钮，弹出【Roughing.1】对话框，同时在图形区显示刀路轨迹，如图25-4所示。

05 单击【确定】按钮，并返回【几何参数】选项卡。

06 单击对话框中顶面感应区，选择如图25-5所示的平面，选择底面感应区，选择如图所示的平面作为底面，在空白处双击鼠标左键返回。

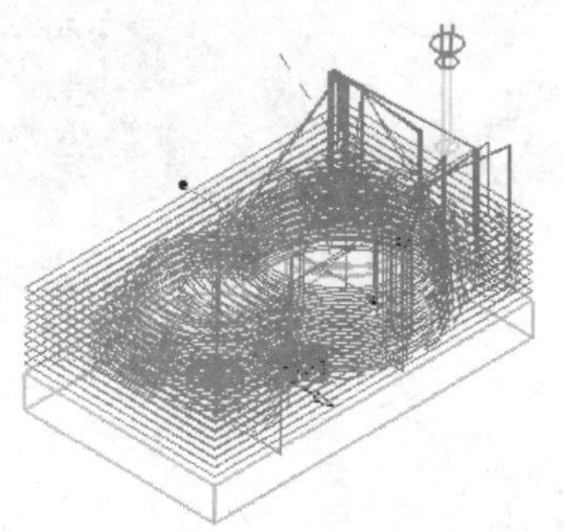

图25-4 生成刀具轨迹

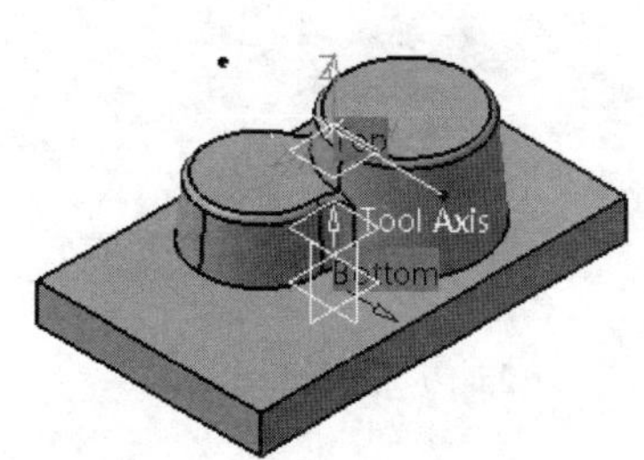

图25-5 选择底面和顶面

07 单击【Roughing.1】对话框中的【Tool Path Replay】按钮，弹出【Roughing.1】对话框，同时在图形区显示刀路轨迹，如图25-6所示。

08 双击P.P.R特征树中【ProcessList】节点下的【Zlevel.1】加工节点，展开【Zlevel.1】对话框，单击，切换到“几何参数”选项卡。

09 单击对话框中目标零件感应区，选择如图25-7所示的整个目标加工零件作为加工对象，在空白处双击鼠标左键返回。

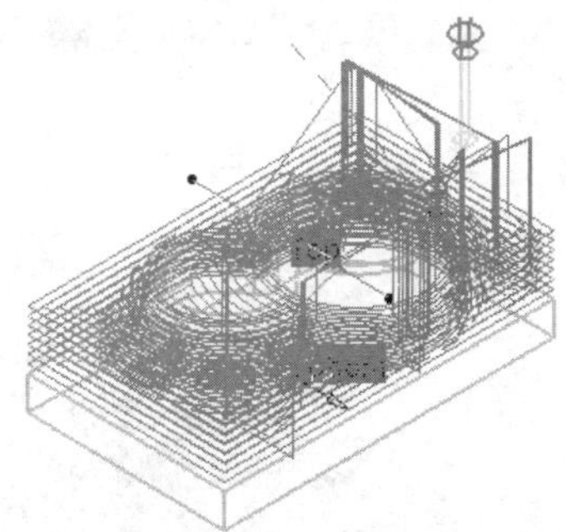

图25-6 生成刀具轨迹

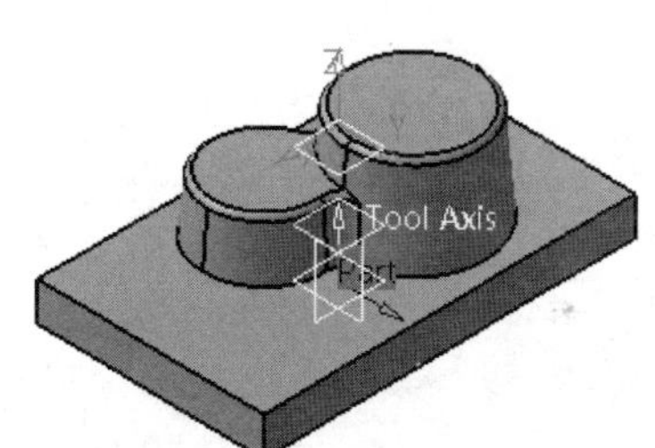

图25-7 选择目标零件

10 单击【Zlevel.1】对话框中的【Tool Path Replay】按钮，弹出【Zlevel.1】对话框，同时在图形区显示刀路轨迹，如图25-8所示。

11 单击【确定】按钮，并返回【几何参数】选项卡。

12 在加工区域感应区上单击右键，在弹出的菜单中选择【Select faces】命令，如图25-9所示。选择如图25-10所示的曲面为加工对象。

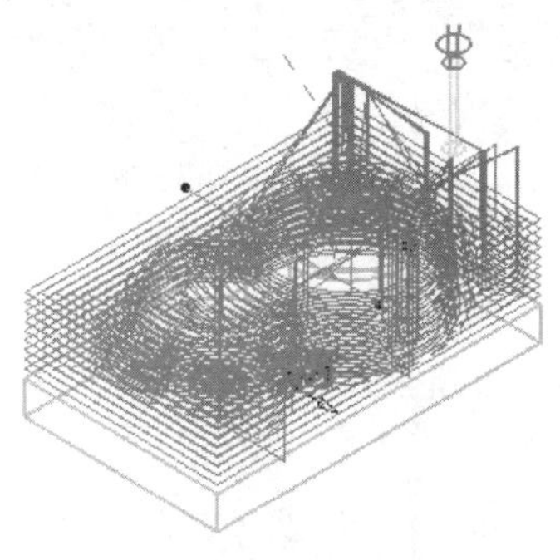

图25-8 生成刀具轨迹

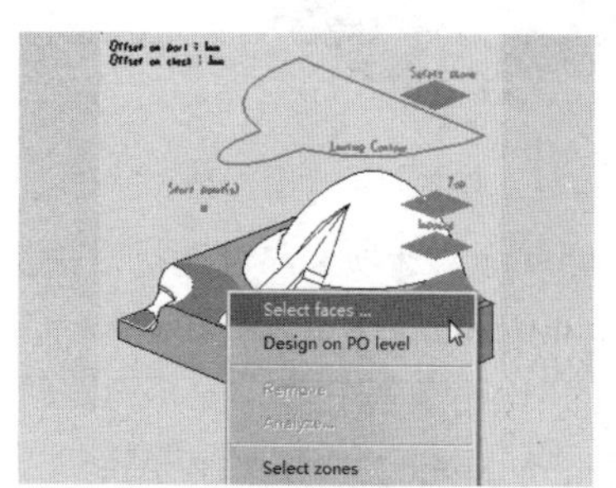

图25-9 选择面命令

13 单击【Zlevel.1】对话框中的“Tool Path Replay”按钮，弹出【Zlevel.1】对话框，同时在图形

区显示刀路轨迹，如图25-11所示。

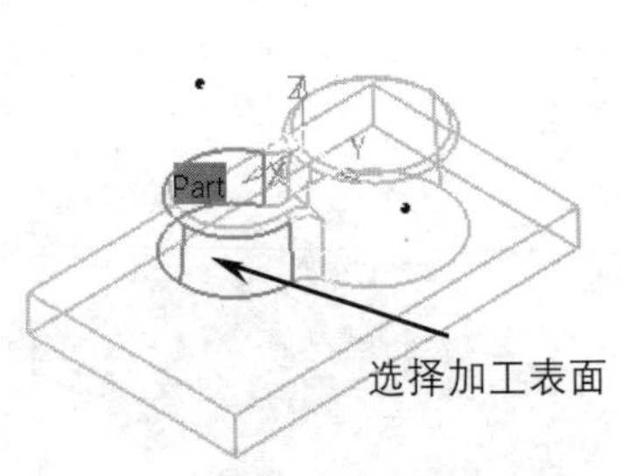

图25-10 选择加工表面

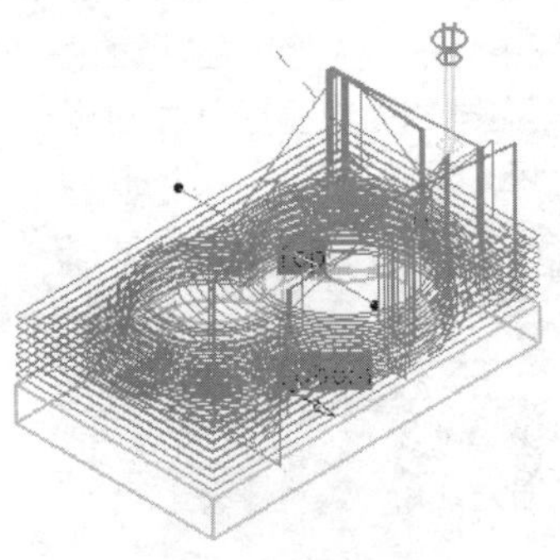

图25-11 生成刀具轨迹

25.1.2 等高线加工刀具路径参数设置

等高线加工刀具路径参数用于确定刀轨的走刀路线和方式。

动手操作——等高线加工刀具路径参数设置

01 启动CATIA V5R21，单击【标准】工具栏上的【打开】按钮，打开【选择文件】对话框，选择“ex_2.CATProcess”文件，如图25-12所示。

02 双击P.P.R特征树中【ProcessList】节点下的【Roughing.1】加工节点，展开【Roughing.1】对话框，单击对话框中的，切换到“刀具路径参数”选项卡，如图25-13所示。

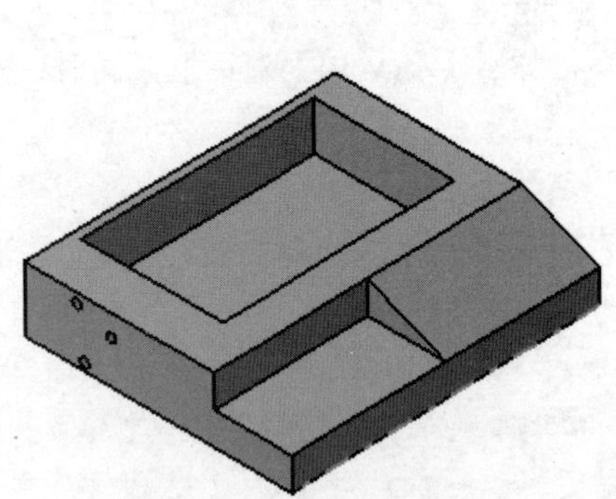

图25-12 打开加工文件

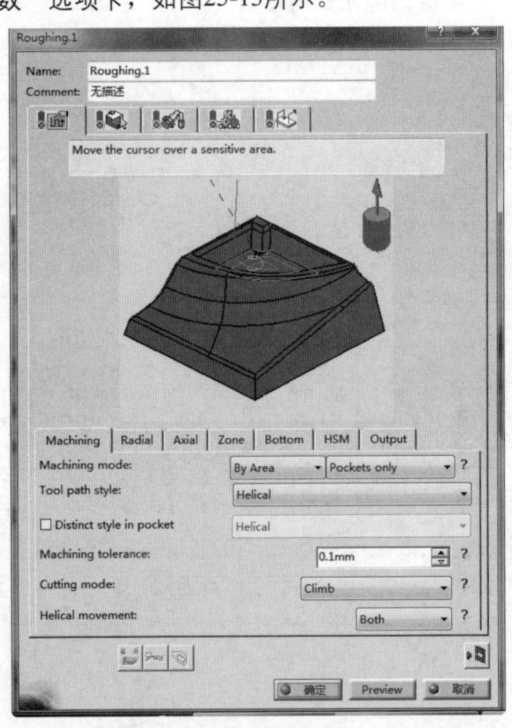

图25-13 【Roughing.1】对话框

03 单击【Machining】选项卡，可进行相关参数设置。

04 在【Machining mode】选择“By Area”，接着选择【Pockets only】选项，单击对话框中的【Tool Path Replay】按钮，显示刀路轨迹，如图25-14所示。

05 在【Machining mode】选择“By Area”，接着选择【Outer part】选项，单击对话框中的【Tool Path Replay】按钮，显示刀路轨迹，如图25-15所示。

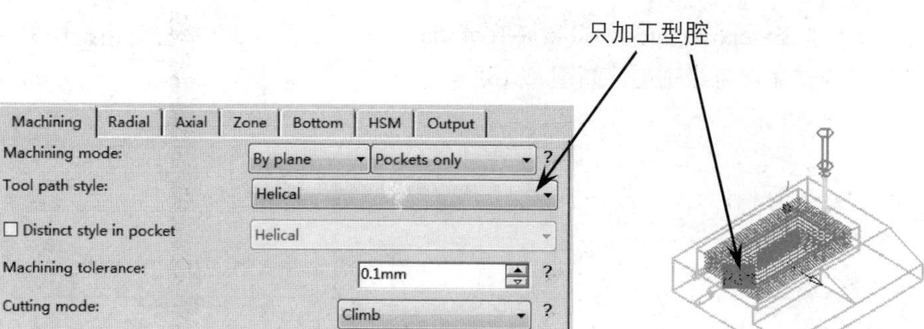

图25-14 Pockets only选项示例

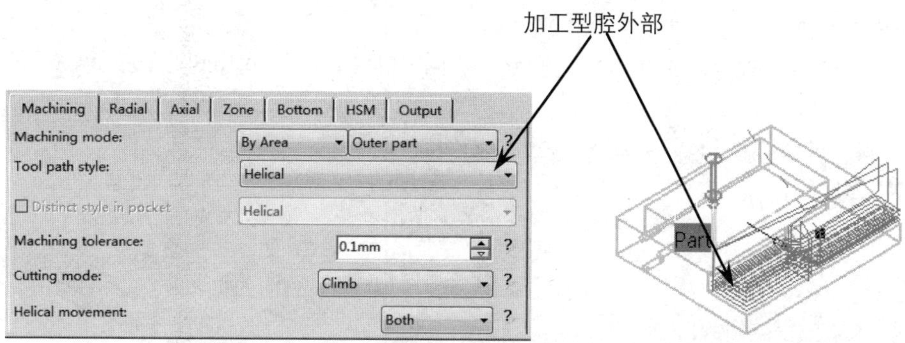

图25-15 outer part选项示例

06 在【Tool path style】选择Zig-zag，选中【Distinct style in pocket】复选框，并选择Concentric，单击对话框中的【Tool Path Replay】按钮，显示刀路轨迹，如图25-16所示。

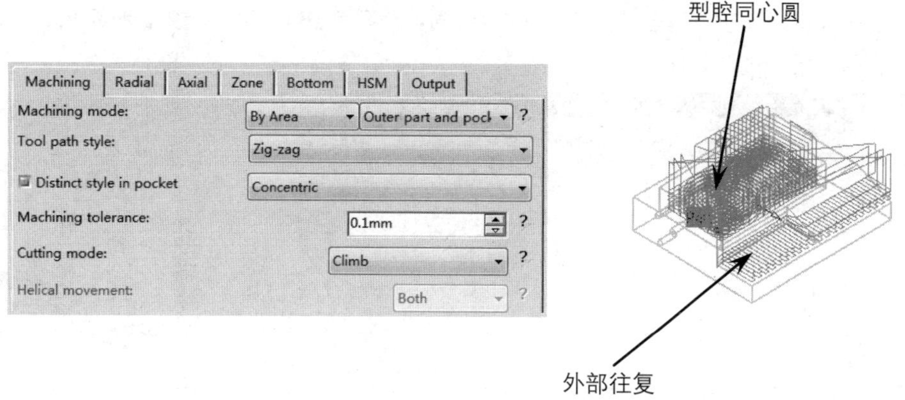

图25-16 设置Tool path style方式

07 单击【Radial】选项卡，可进行相关参数设置。

08 在【Stepover】选择Overlap ratio，设置【Tool diameter ratio】为5，单击对话框中的【Tool Path Replay】按钮，显示刀路轨迹，如图25-17所示。

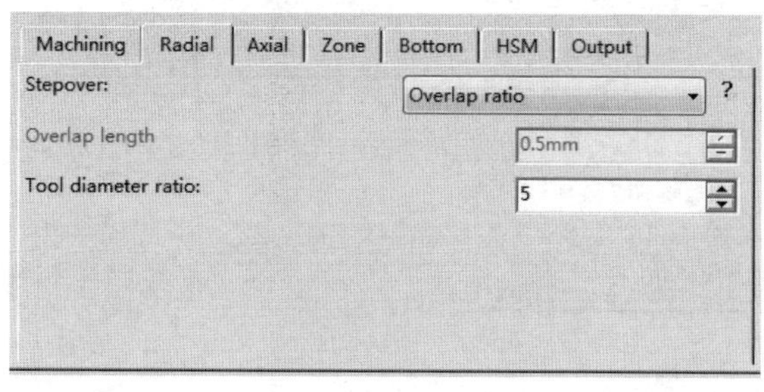

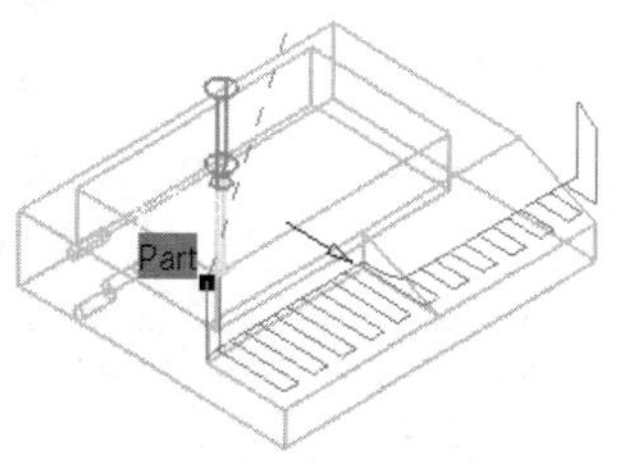

图25-17 设置径向步距1

09 在【Stepover】选择Stepover ratio，设置【Tool diameter ratio】为5，单击对话框中的【Tool Path Replay】按钮，显示刀路轨迹，如图25-18所示。

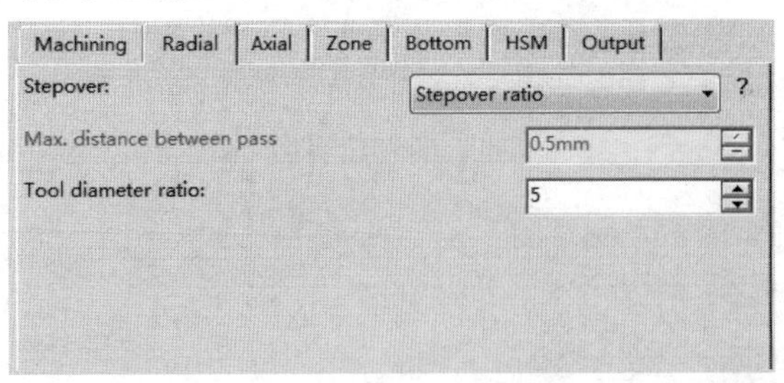

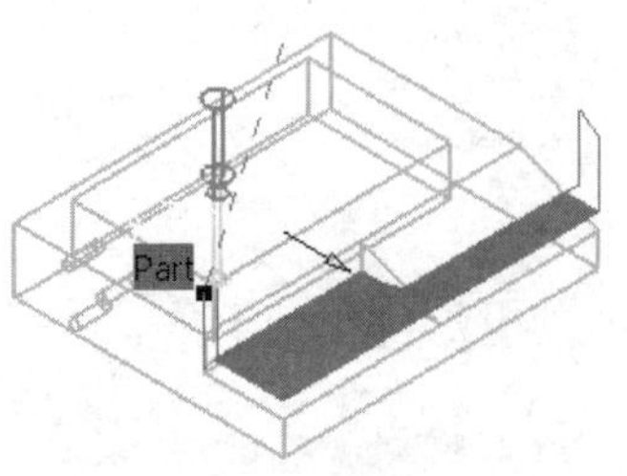

图25-18　设置径向步距2

10 单击【Axial】选项卡，可进行相关参数设置。

11 在【Maximum cut depth】设置2mm，单击对话框中的【Tool Path Replay】按钮，显示刀路轨迹，如图25-19所示。

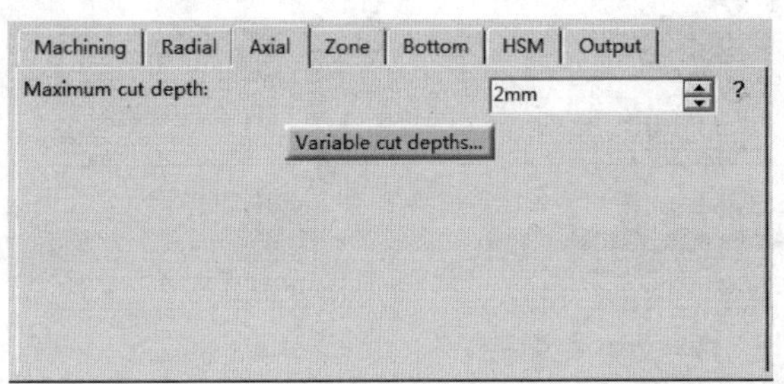

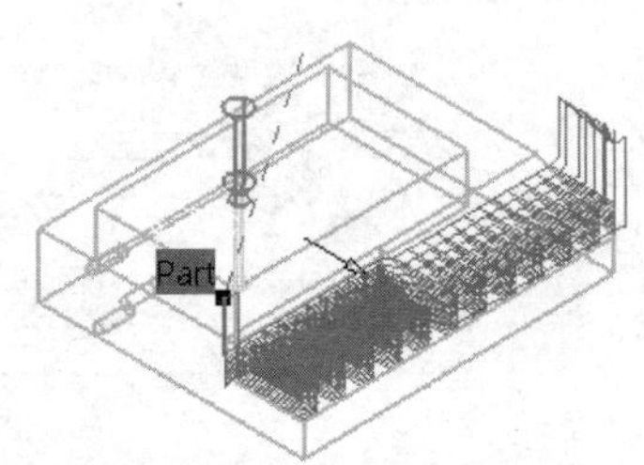

图25-19　设置轴向切深

12 单击【Variable cut depths】按钮，弹出【Variable cut depths】对话框，输入如图25-20所示的参数，单击【Add】按钮，单击【确定】按钮返回，然后单击对话框中的【Tool Path Replay】按钮，显示刀路轨迹，如图25-20所示。

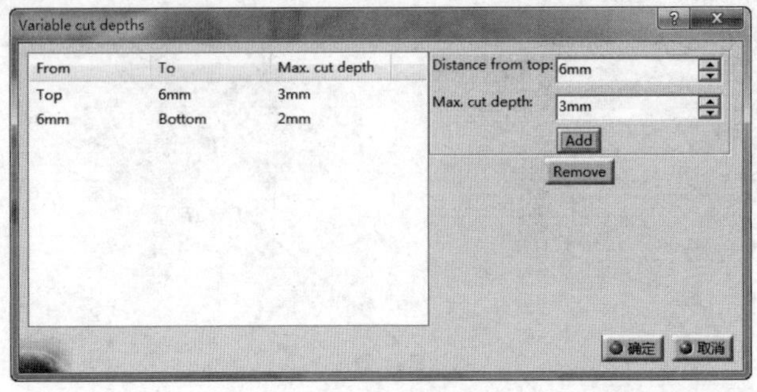

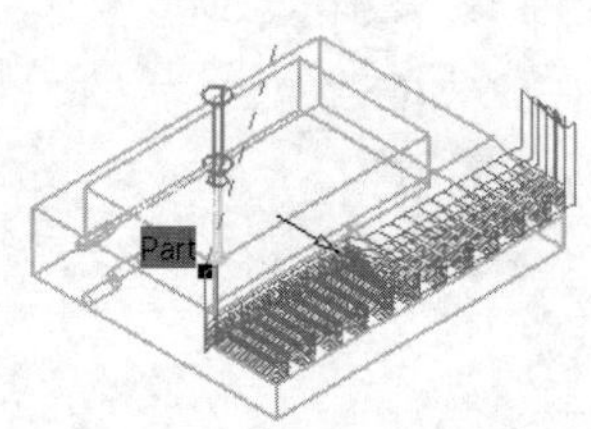

图25-20　设置轴向变化切深

13 单击【HSM】选项卡，选中【High speed milling】复选框，设置【Corner radius】为10mm，单击对话框中的【Tool Path Replay】按钮，显示刀路轨迹，如图25-21所示。

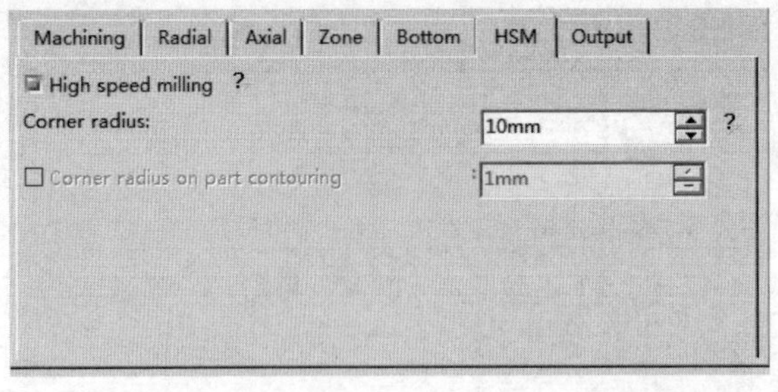

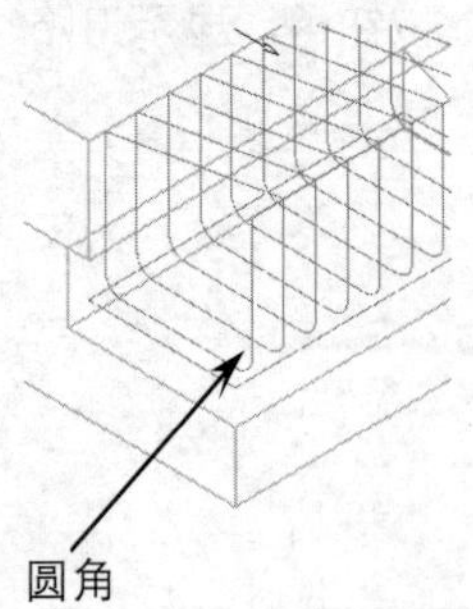

图25-21　设置HSM选项

25.1.3 等高线加工进退刀参数设置

进退刀路径是指加工中刀具进刀、退刀、抬刀及平移的路径，进退刀路径设置好坏对加工影响较大。

动手操作——等高线加工进退刀参数设置

01 启动CATIA V5R21，单击【标准】工具栏上的【打开】按钮，打开【选择文件】对话框，选择“ex_3.CATProcess”文件，如图25-22所示。

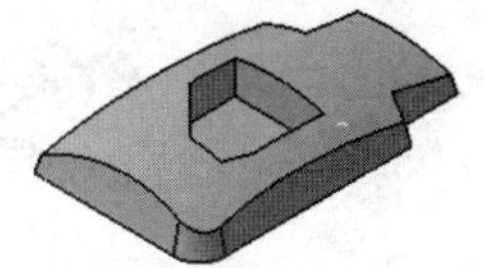

图25-22 打开加工文件

02 双击P.P.R特征树中【ProcessList】节点下的【Roughing.1】加工节点，展开【Roughing.1】对话框，单击图标，切换到“进/退刀参数”选项卡。

03 在【Macro Management】选项中选择【Automatic】选项，单击鼠标右键，在弹出的菜单中选择【Activate】命令，选中【Optimize retract】复选框，然后在【mode】下拉列表中选择【Ramping】，单击【确定】按钮返回，如图25-23所示。

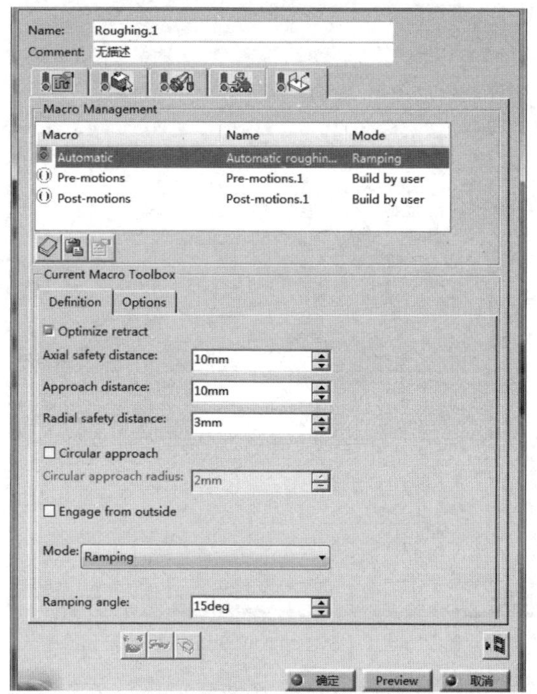

图25-23 设置Automatic运动

04 在【Macro Management】选项中选择【Pre-motions】选项，可进行该选项设置。

05 选中【Pre-motions】选项，单击鼠标右键，在弹出的菜单中选择【Activate】命令，然后单击【Add Axial motion】按钮，双击数字标识输入长度300mm，单击【确定】按钮返回，如图25-24所示。

06 单击【Roughing.1】对话框中的【Tool Path Replay】按钮，弹出【Roughing.1】对话框，同时在图形区显示刀路轨迹，如图25-25所示。

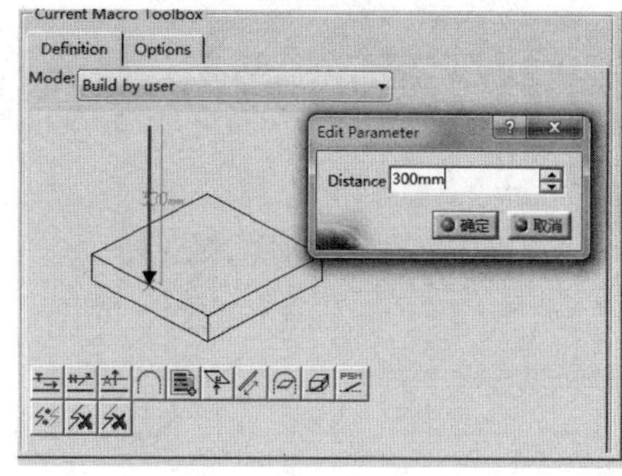

图25-24 设置Pre-motions运动

07 在【Macro Management】选项中选择【Post-motions】选项，可进行该选项设置。

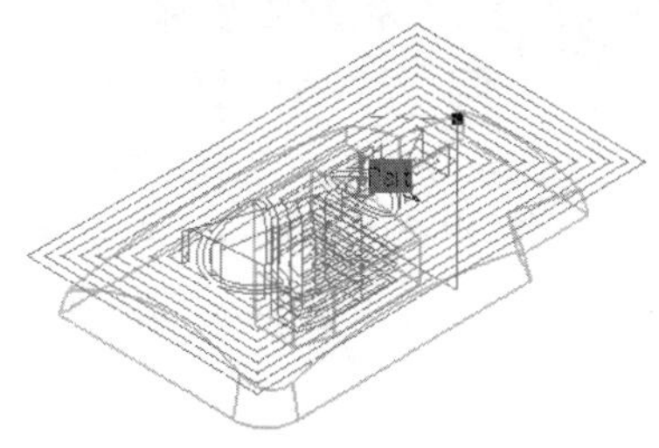

图25-25 生成刀具路径

08 选中【Post-motions】选项，单击鼠标右键，在弹出的菜单中选择【Activate】命令，然后单击【Add distance along a line motion】按钮，双击数字标识输入长度100mm，如图25-26所示。单击【确定】按钮返回。

09 单击对话框中的线感应区，弹出【line-Axis Definition】对话框，选择如图25-27所示的边线作为运动方向。

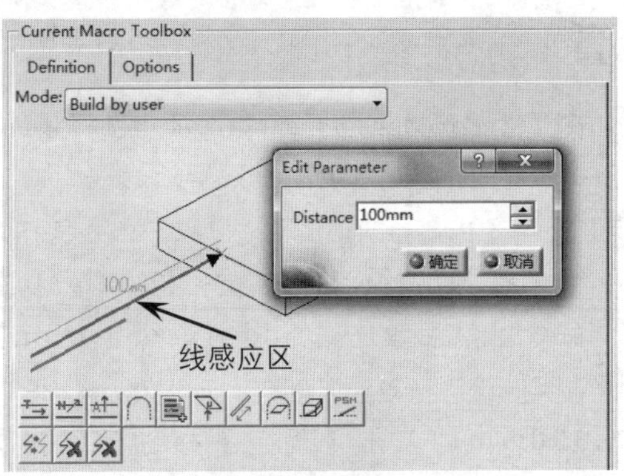

图25-26 设置Post-motions运动

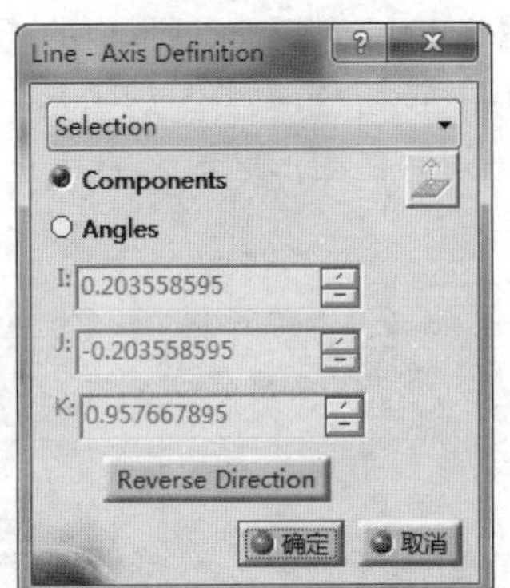

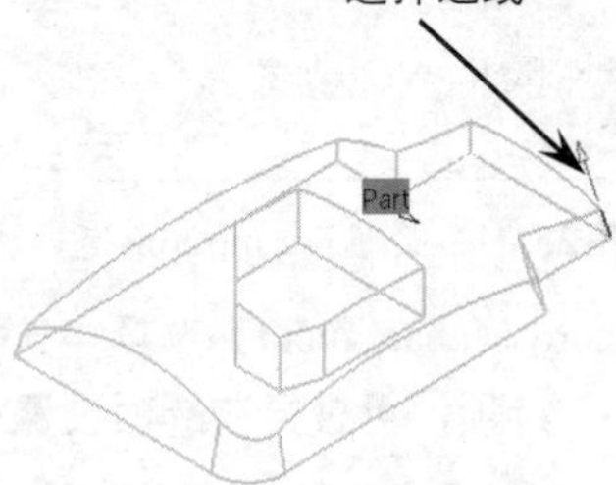

图25-27 选择直线

10 单击【Roughing.1】对话框中的“Tool Path Replay”按钮，弹出【Roughing.1】对话框，同时在图形区显示刀路轨迹，如图25-28所示。

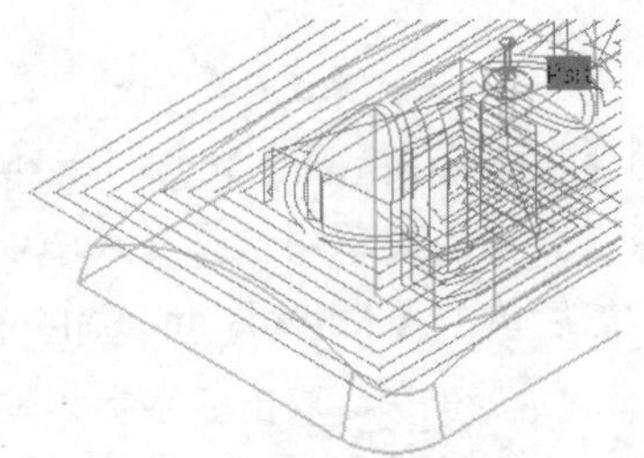

图25-28 生成刀具路径

25.1.4 投影粗加工几何和刀具路径参数设置

投影粗加工是指以某个平面（一般是加工坐标系中的yz平面）作为投影面来生成刀路，所有刀路都是加工对象的表面轮廓在与该平面平行的平面上的投影。

动手操作——投影粗加工几何和刀具路径参数设置

01 启动CATIA V5R21，单击【标准】工具栏上的【打开】按钮，打开【选择文件】对话框，选择“ex_4.CATProcess”文件，如图25-29所示。

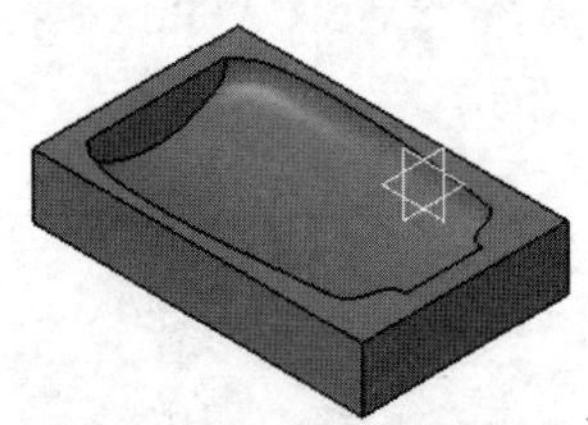

图25-29 打开加工文件

02 双击P.P.R特征树中【ProcessList】节点下的【Sweep roughing.1】加工节点，展开【Sweep roughing.1】对话框，单击图标，切换到“几何参数”选项卡，如图25-30所示。

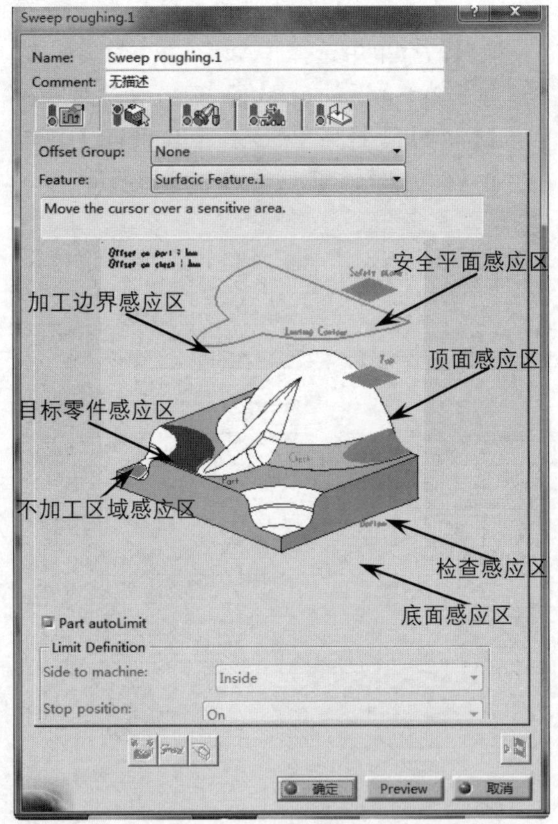

图25-30 【Sweep roughing.1】对话框

03 单击对话框中目标零件感应区，感应区颜色由深红色变成橙黄色，选择如图25-31所示的加工零件，双击图形区空白处系统返回【Sweep roughing.1】对话框。

04 单击对话框中加工边界感应区，感应区颜色由深红色变成橙黄色，选择如图25-32所示的边线，双击图形区空白处系统返回【Sweep roughing.1】对话框。

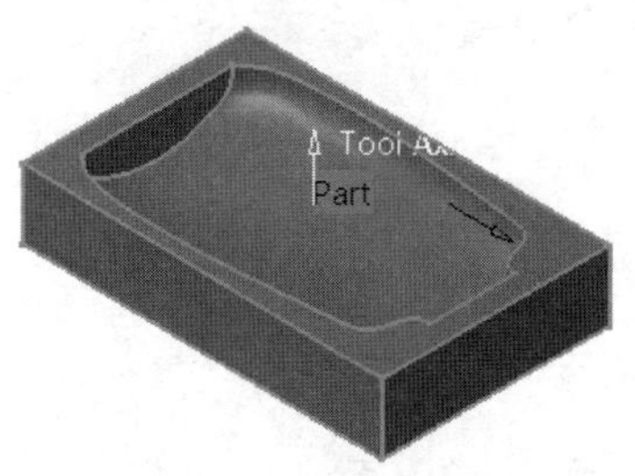

图25-31 选择加工零件

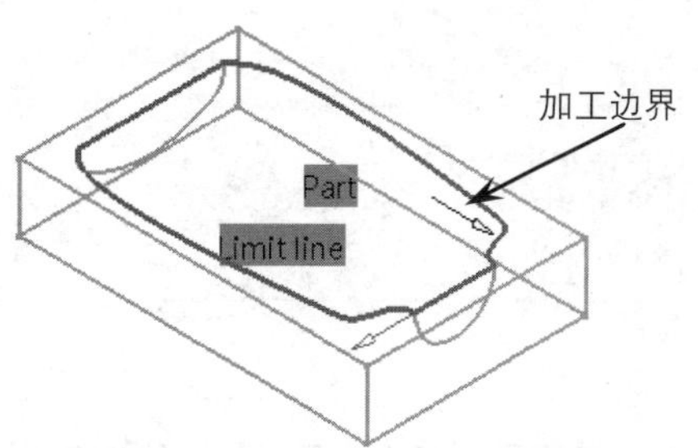

图25-32 选择加工边界

05 选中【Part autoLimit】复选框，设置【Side to machine】为“Inside”，单击对话框中的【Tool Path Replay】按钮，在图形区显示刀路轨迹，如图25-33所示。

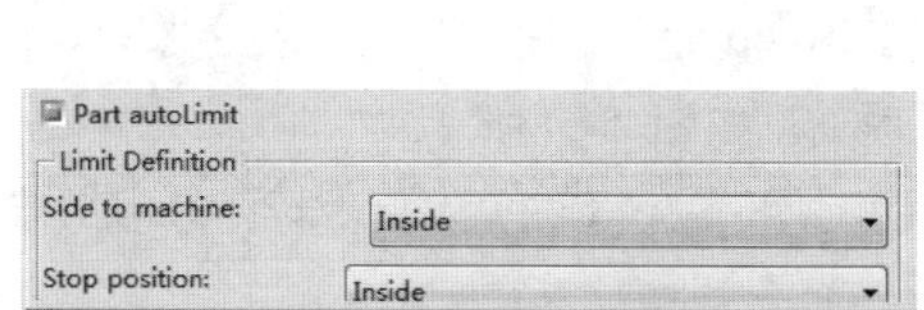

图25-33 生成刀具路径

06 单击【Sweep rouging.1】对话框中的，切换到【刀具路径参数】选项卡，可进行加工参数设置。

07 在【Roughing type】中选择“ZOffset”选项，单击对话框中的“Tool Path Replay”按钮，在图形区显示刀路轨迹，如图25-34所示。

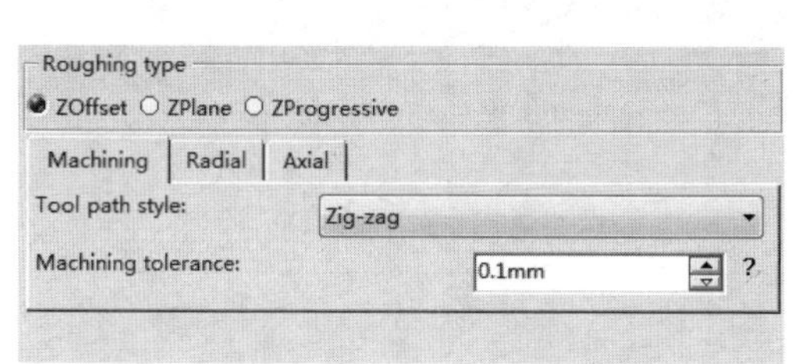

图25-34 生成刀具路径1

08 在【Roughing type】中选择“ZPlane”选项，单击按钮，在图形区显示刀路轨迹，如图25-35所示。

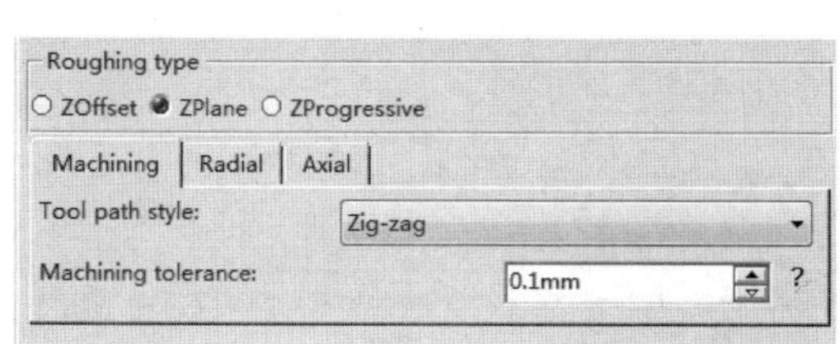

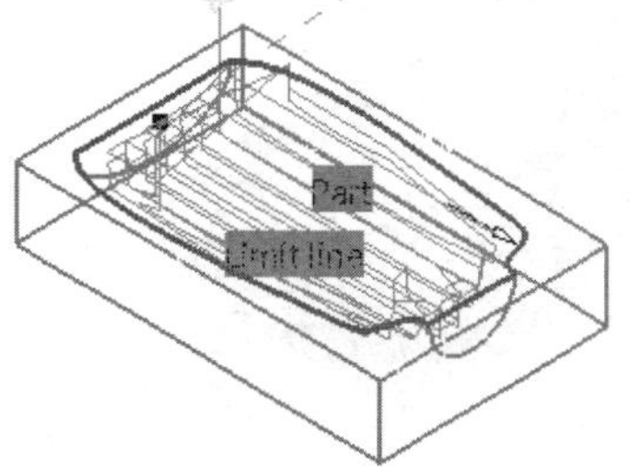

图25-35 生成刀具路径2

09 在【Roughing type】中选择“ZProgressive”选项，单击按钮，在图形区显示刀路轨迹，如图25-36所示。

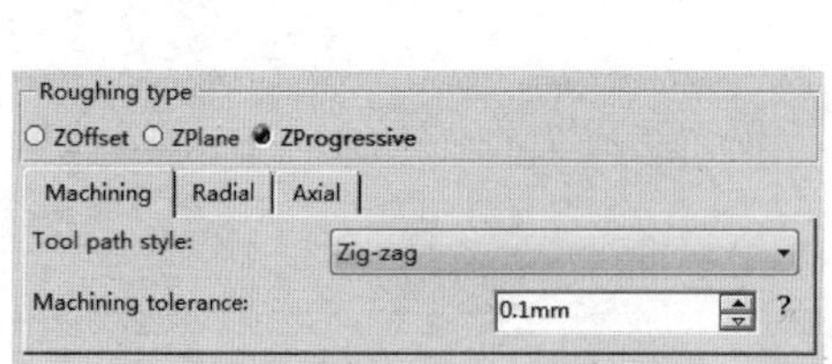

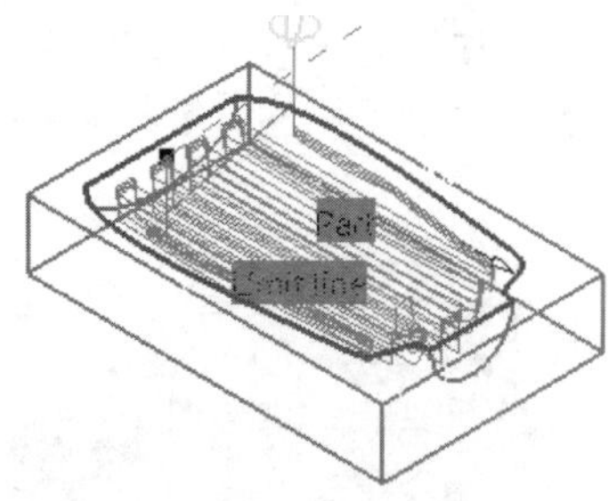

图25-36 生成刀具路径3

25.1.5 投影精加工几何和刀具路径参数设置

投影精加工是以一系列与刀具轴线（Z轴）平行的平面与零件的加工表面相交得到的刀路。

动手操作——投影精加工几何和刀具路径参数设置

01 启动CATIA V5R21，单击【标准】工具栏上的【打开】按钮，打开【选择文件】对话框，选择“ex_5.CATProcess”文件，如图25-37所示。

02 双击P.P.R特征树中【ProcessList】节点下的【Sweeping.1】加工节点，展开【Sweeping.1】对话框，单击图标，切换到【几何参数】选项卡，如图25-38所示。

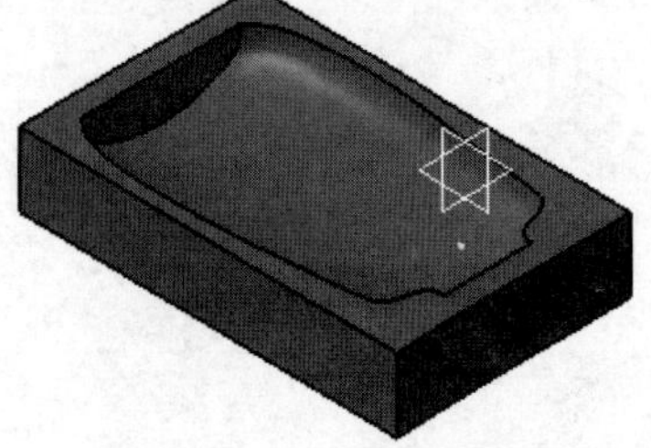

图25-37 打开加工文件

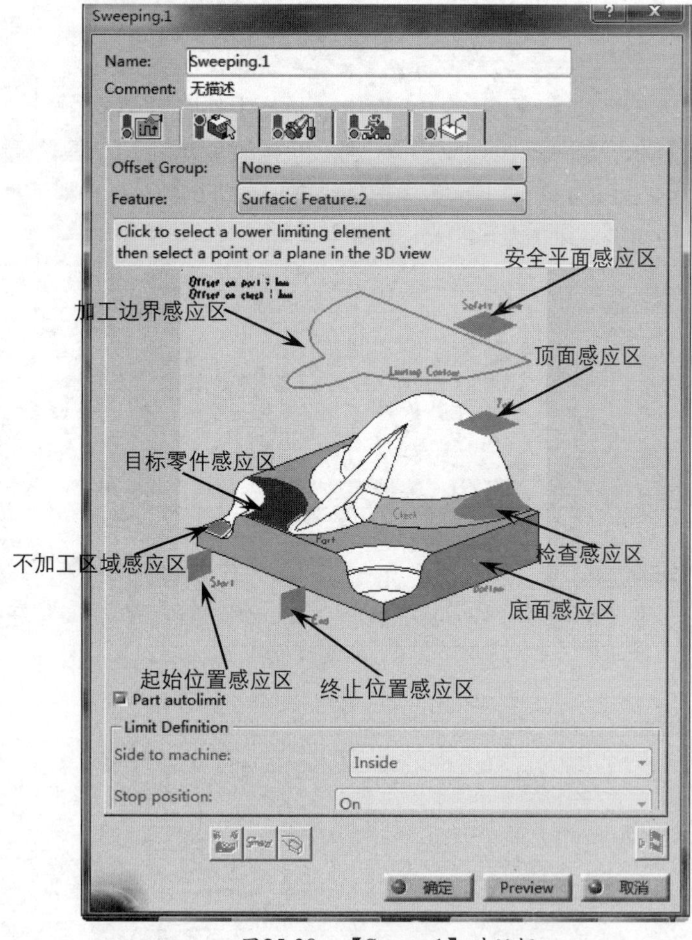

图25-38 【Sweep.1】对话框

03 右键单击对话框中目标零件感应区，在弹出的快捷菜单中选择【Select faces】命令，选择如图25-39所示的零件表面，系统返回【Sweeping.1】对话框。

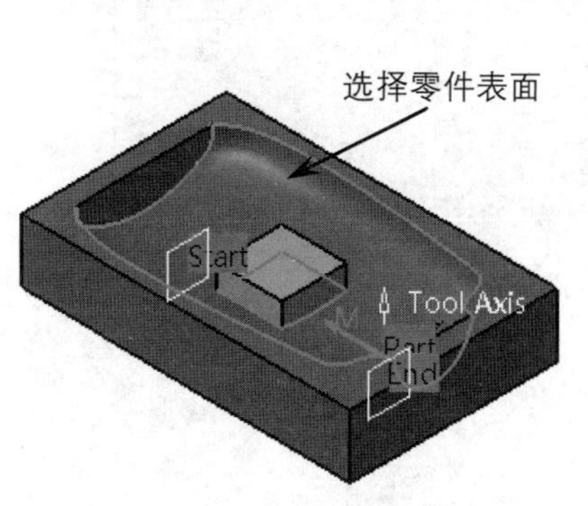

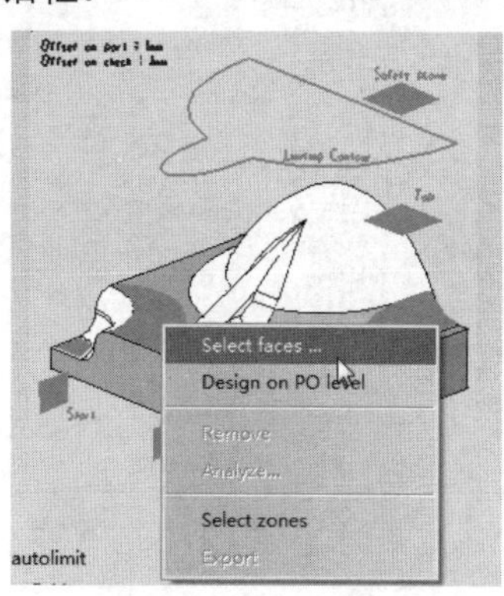

图25-39 选择加工表面

04 单击【Sweeping.1】对话框中的【Tool Path Replay】按钮，在图形区显示刀路轨迹，如图25-40所示。

05 双击图形区的切削方向箭头，弹出【Machining】对话框，设置参数如图25-41所示。单击【确定】按钮返回。

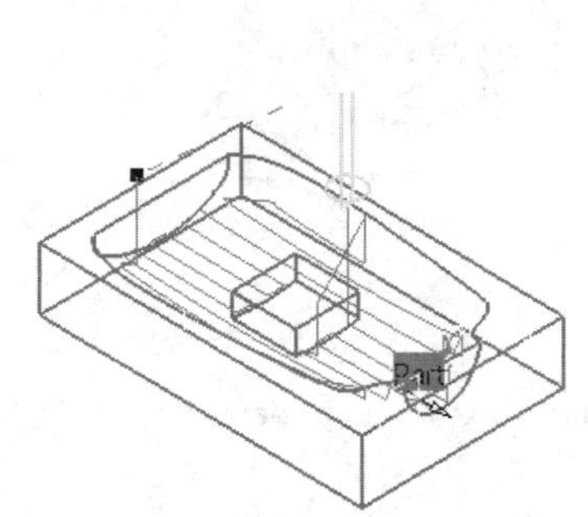

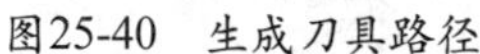

图25-40 生成刀具路径

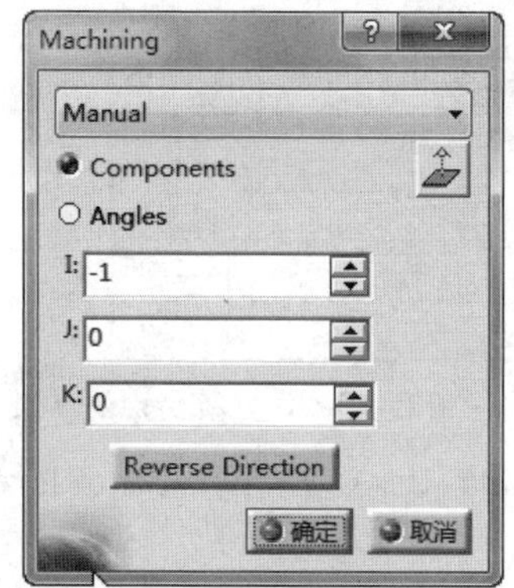

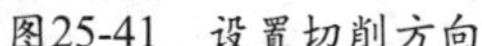

图25-41 设置切削方向

06 单击对话框中起始和终止位置感应区，选择如图25-42所示的平面，单击对话框中的【Tool Path Replay】按钮，在图形区显示刀路轨迹。

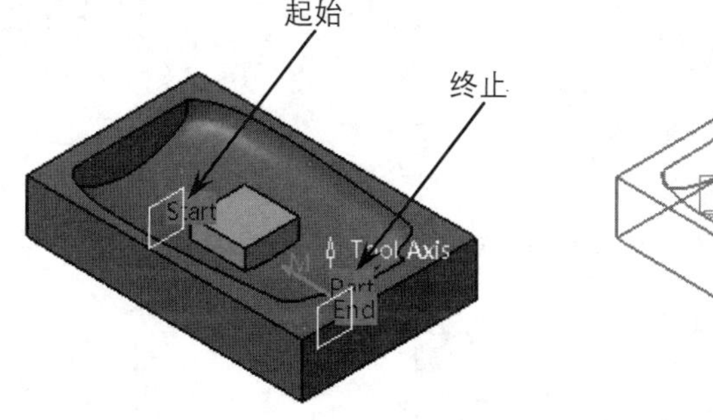

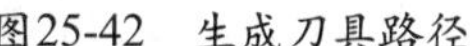

图25-42 生成刀具路径

07 单击【Sweeping.1】对话框，切换到【刀具路径参数】选项卡，可进行加工参数设置。

08 在【Machining】选项卡中设置参数，如图25-43所示。

09 在【Tool path style】中分别设置Zig-zag和One-way next走刀，生成如图25-44所示刀轨。

10 在【Radial】选项卡中设置【Stepover】为“Via scallop height”，生成如图25-45所示刀轨。

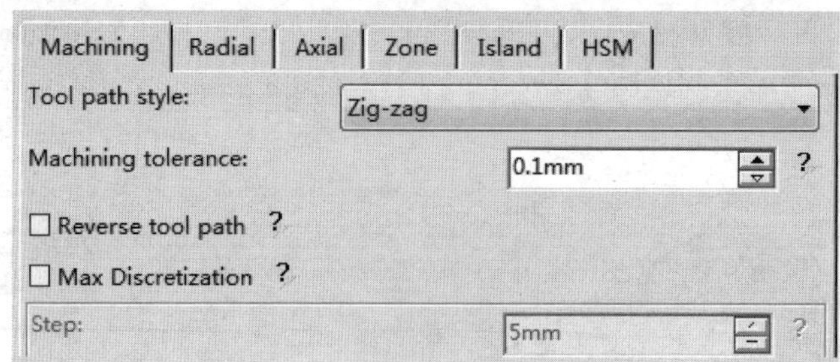

图25-43 【Machining】选项卡

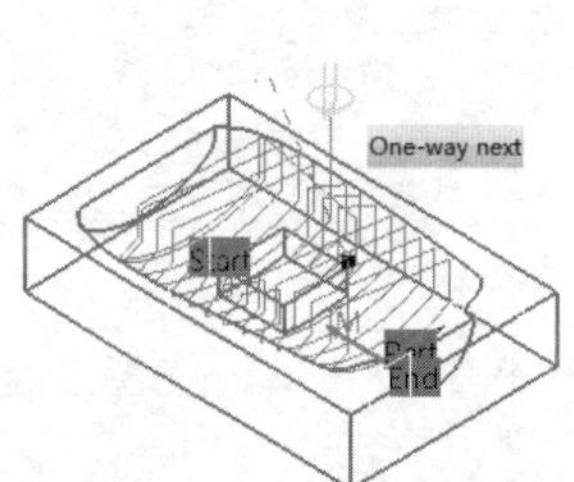

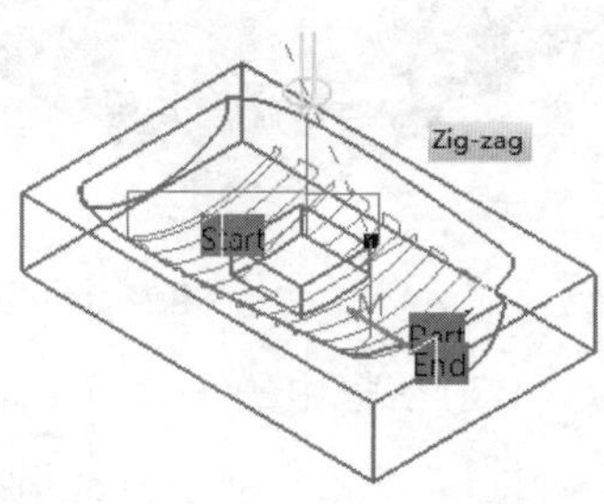

图25-44 设置走刀方式

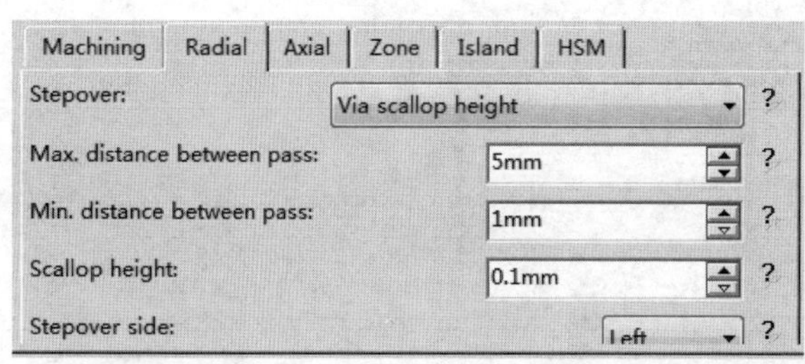

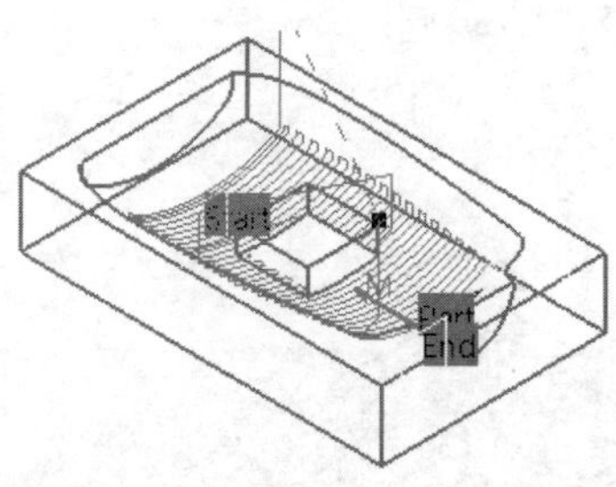

图25-45 设置径向切削参数

11 在【Axial】选项卡中设置【Multi-pass】为“Number of levels and Maximum cut depth”，生成如图25-46所示刀轨。

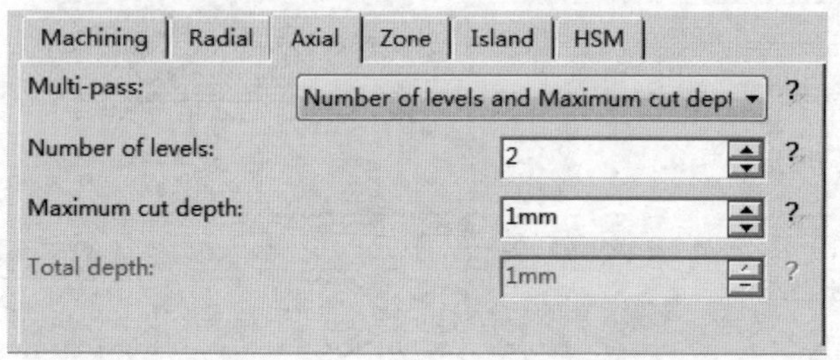

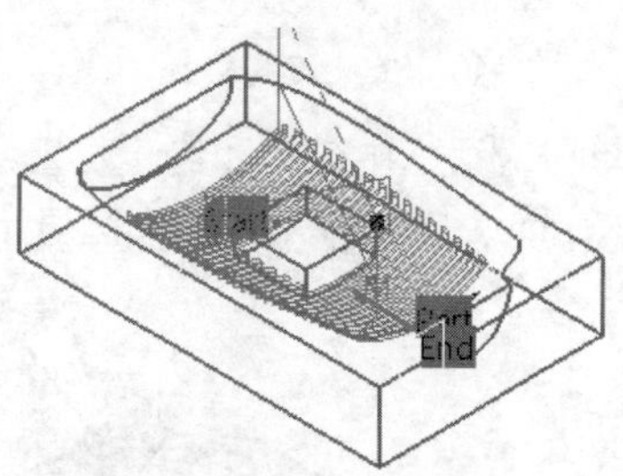

图25-46 设置轴向切削参数

12 在【Zone】选项卡中设置【zone】为“Horizontal zones”，生成如图25-47所示刀轨。

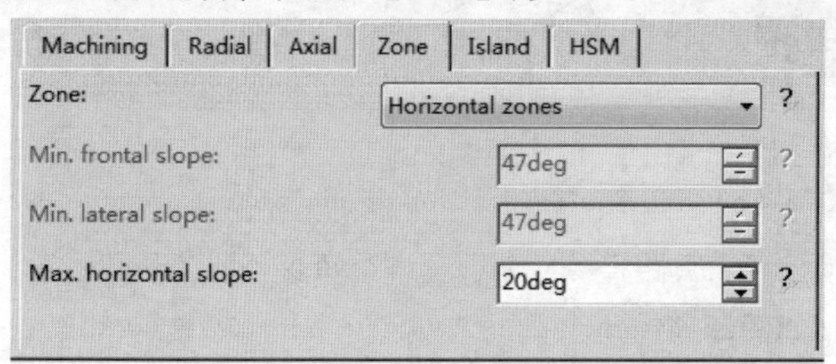

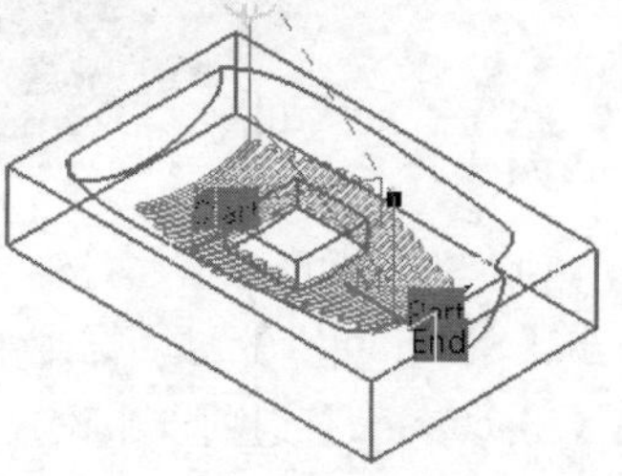

图25-47 设置加工区域参数

13 在【Island】选项卡中设置【Island skip】选项，如图25-48所示。

14 在【Island】选项卡中勾选或取消【Island skip】选项，生成如图25-49所示刀轨。

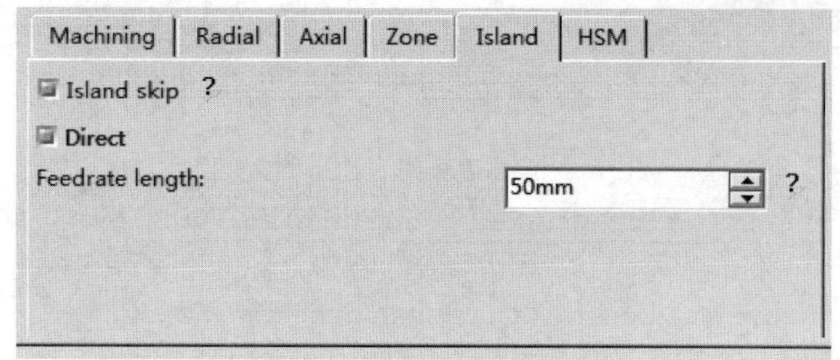

图25-48 【Island】选项卡

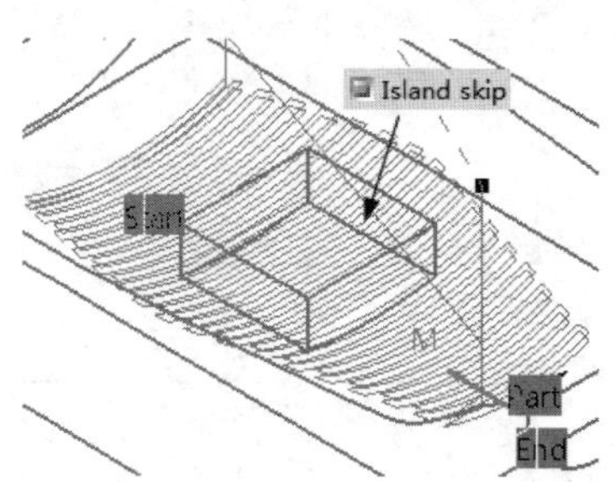

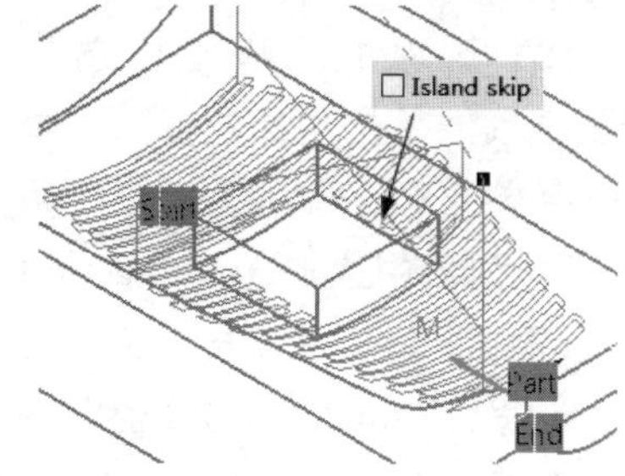

图25-49 生成刀具路径

25.1.6 投影加工起点进刀和终点退刀—Approach and Retract

Approach起点进刀，是该加工操作开始时的刀具进刀方式，Retract终点退刀，是该加工操作完成时的退刀方式，如图25-50所示。

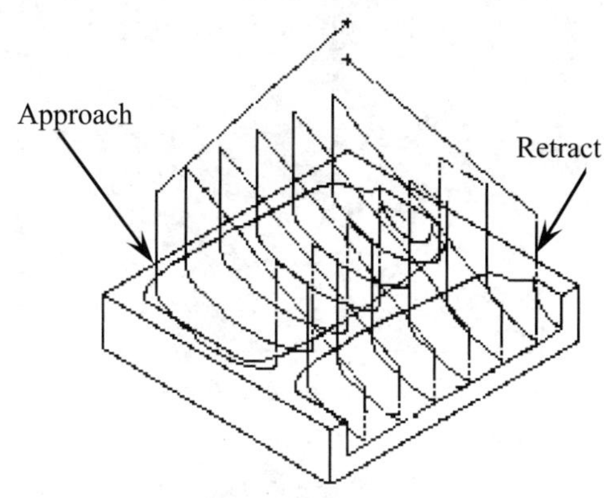

图25-50 起点进刀和终点退刀

动手操作——投影加工起点进刀和终点退刀

01 启动CATIA V5R21，单击【标准】工具栏上的【打开】按钮，打开【选择文件】对话框，选择“ex_6.CATProcess”文件，如图25-51所示。

02 双击P.P.R特征树中【ProcessList】节点下的【Sweeping.1】加工节点，展开【Sweeping.1】对话框，单击，切换到“进退刀路径”选项卡。

图25-51 打开加工文件

03 设置进刀类型为None。在【Macro Management】区域的列表框中选择【Approach】选项，单击鼠标右键，在弹出的快捷菜单中选择【Activate】命令，并在【Mode】下拉列表中选择【None】选项，选择无进刀。

04 设置退刀类型为None。在【Macro Management】区域的列表框中选择【Retract】选项，单击鼠标右键，在弹出的快捷菜单中选择【Activate】命令，并在【Mode】下拉列表中选择【None】选项，选择无退刀。

05 单击【Sweeping.1】对话框中的【Tool Path Replay】按钮，弹出【Sweeping.1】对话框，同时在图形区显示刀路轨迹，如图25-52所示。

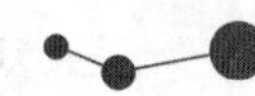

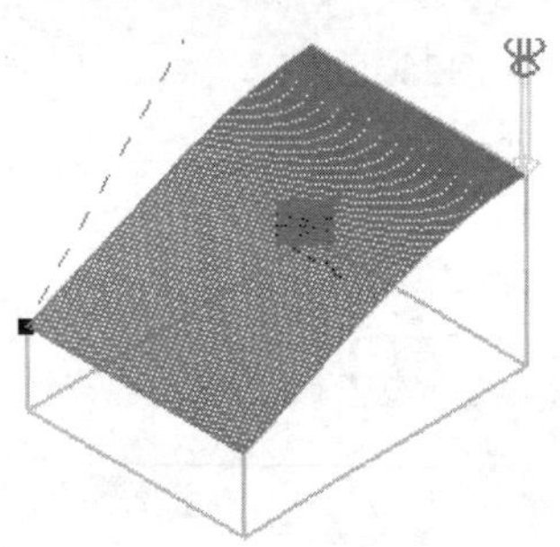

图25-52 生成刀具路径

06 设置进刀为Along tool axis。在【Macro Management】区域的列表框中选择【Approach】选项，单击鼠标右键，在弹出的快捷菜单中选择【Activate】命令，并在【Mode】下拉列表中选择【Along tool axis】选项，选择轴向进刀，双击数字，在弹出的对话框中输入20mm，单击【确定】按钮确定，如图25-53所示。

07 设置退刀为Along a vector。在【Macro Management】区域的列表框中选择【Retract】选项，单击鼠标右键，在弹出的快捷菜单中选择【Activate】命令，并在【Mode】下拉列表中选择【Along a vector】选项，选择矢量退刀，双击矢量感应区，在弹出的【Line-Axis Definition】对话框中设置矢量方向，单击【确定】按钮确定。

08 单击对话框中的【Tool Path Replay】按钮，在图形区显示刀路轨迹，如图25-54所示。

09 设置进刀为Normal。在【Macro Management】区域的列表框中选择【Approach】选项，单击鼠标右键，在弹出的快捷菜单中选择【Activate】命令，并在【Mode】下拉列表中选择【Normal】选项，选择垂直进刀，设置参数如图25-55所示。

10 设置退刀为Tangent to movement。在【Macro Management】区域的列表框中选择【Retract】选项，单击鼠标右键，在弹出的快捷菜单中选择【Activate】命令，并在【Mode】下拉列表中选择【Tangent to movement】选项，选择轴向退刀，双击数字，在弹出的对话框中输入30mm，单击【确定】按钮确定。

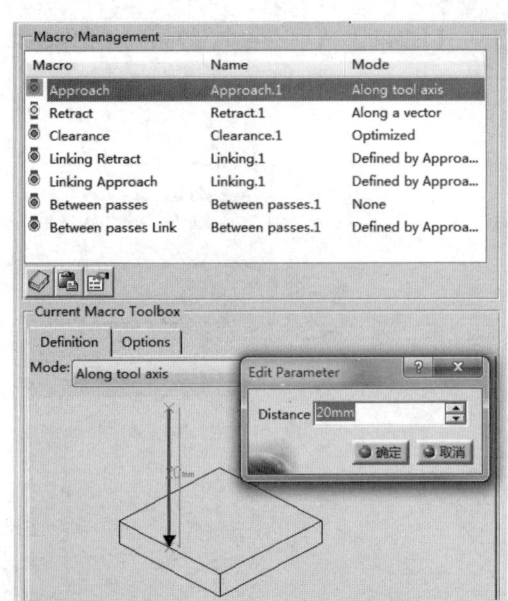

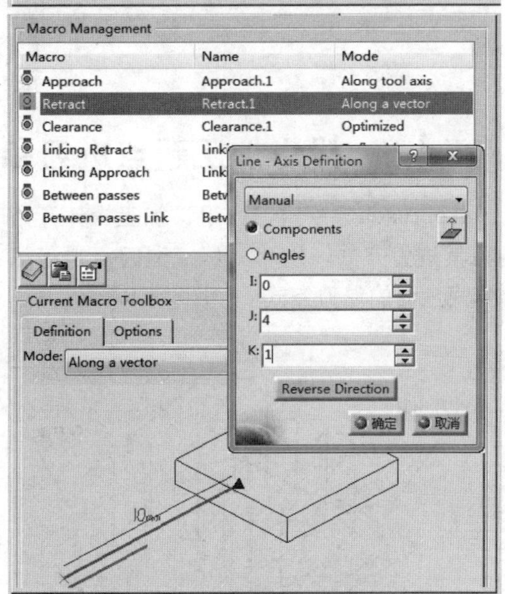

图25-53 设置进退刀参数

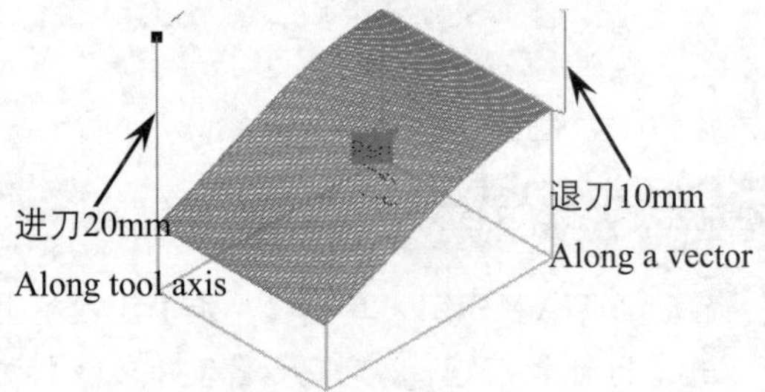

图25-54 生成刀具路径

11 单击对话框中的【Tool Path Replay】按钮，在图形区显示刀路轨迹，如图25-56所示。

12 设置进刀为Circular。在【Macro Management】区域的列表框中选择

【Approach】选项，单击鼠标右键，在弹出的快捷菜单中选择【Activate】命令，并在【Mode】下拉列表中选择【Circular】选项，设置参数如图25-57所示。

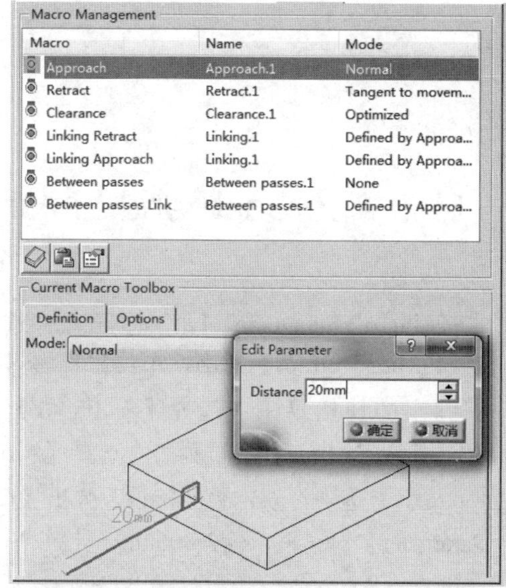

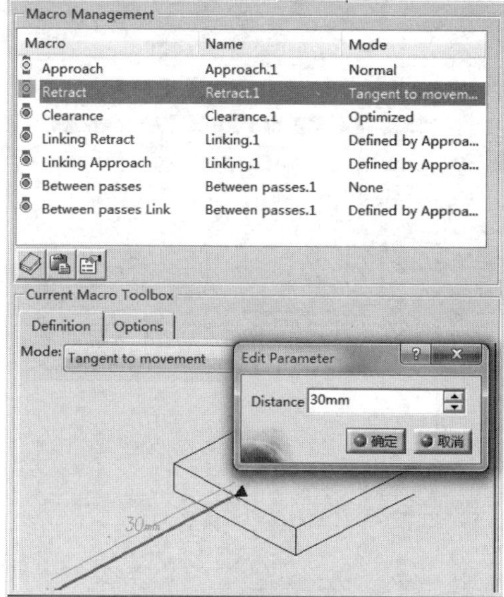

图25-55　设置进退刀参数

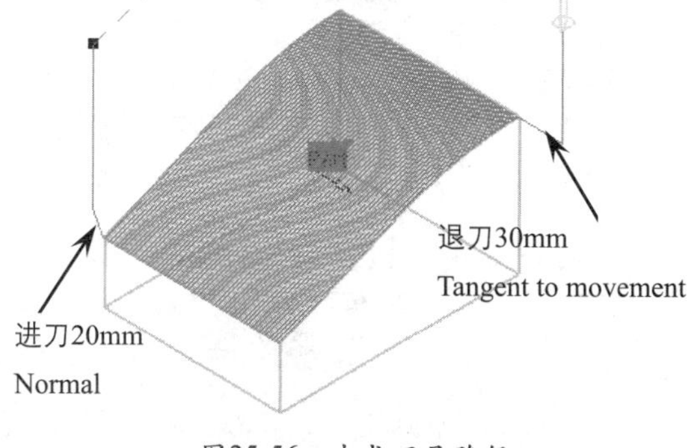

图25-56　生成刀具路径

13 设置退刀为Back。在【Macro Management】区域的列表框中选择【Retract】选项，单击鼠标右键，在弹出的快捷菜单中选择【Activate】命令，并在【Mode】下拉列表中选择【Back】选项，选择轴向退刀，双击数字，在弹出的对话框中输入20mm，单击【确定】按钮确定。

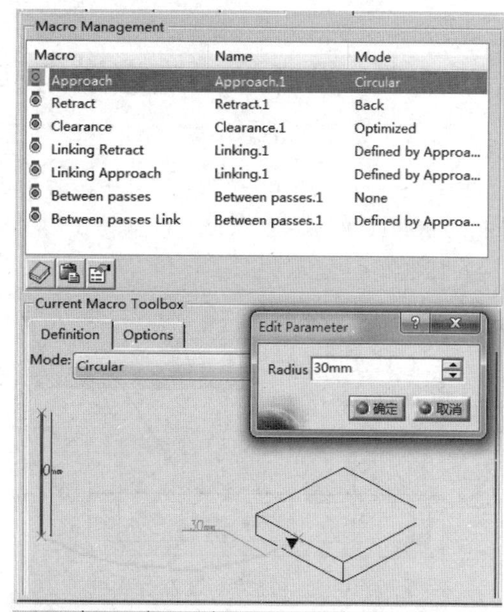

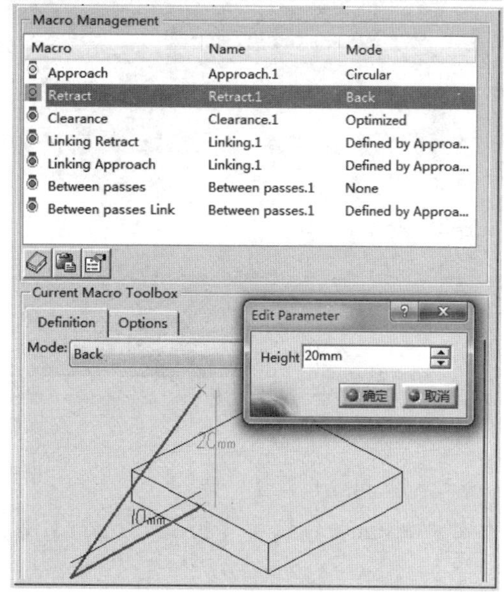

图25-57　设置进退刀参数

14 单击对话框中的【Tool Path Replay】按钮，在图形区显示刀路轨迹，如图25-58所示。

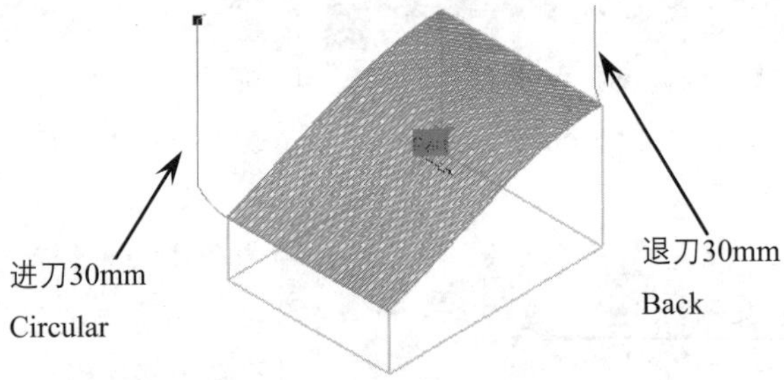

图25-58 生成刀具路径

25.1.7 投影加工连接进刀和退刀—Link Approach and Linking Retract

Link Approach用于区域之间连接进刀，Linking Retract用于设置区域之间连接退刀刀具路径，如图25-59所示。

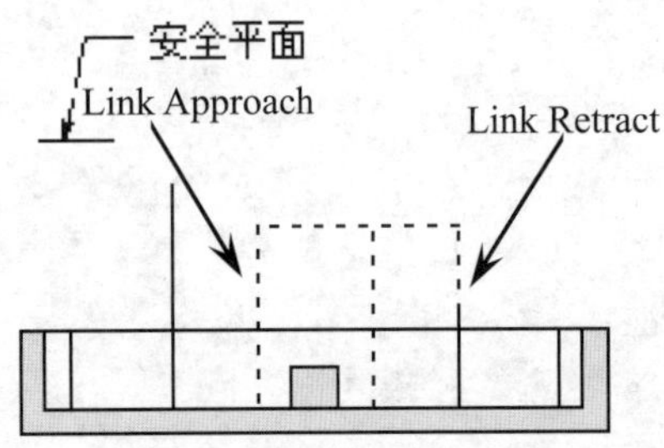

图25-59 连接进刀和退刀示意图

动手操作——投影加工连接进刀和退刀

01 启动CATIA V5R21，单击【标准】工具栏上的【打开】按钮，打开【选择文件】对话框，选择“ex_7.CATProcess”文件，如图25-60所示。

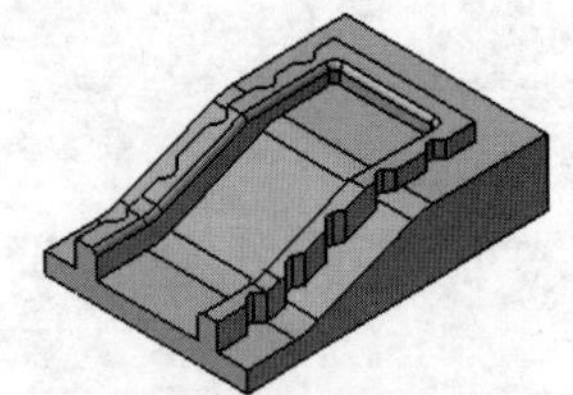

图25-60 打开加工文件

02 双击P.P.R特征树中【ProcessList】节点下的【Sweeping.1】加工节点，展开【Sweeping.1】对话框，单击，切换到“进退刀路径”选项卡。

03 在【Macro Management】区域列表框中选择【Link Approach】选项，单击鼠标右键，在弹出的快捷菜单中选择【Activate】命令，并在【Mode】下拉列表中选择【Circular】选项，如图25-61所示。

04 在【Macro Management】区域列表框中选择【Linking Retract】选项，单击鼠标右键，在弹出的快捷菜单中选择【Activate】命令，并在【Mode】下拉列表中选择【Along tool axis】选项，双击数字标识，弹出【Edit Parameter】对话框，输入30mm。

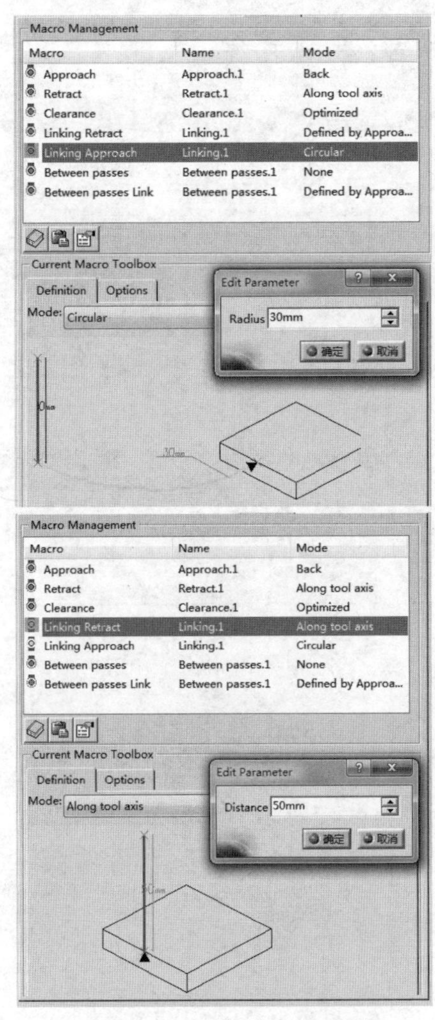

图25-61 设置连接进退刀参数

05 单击【Sweeping.1】对话框中的【Tool Path Replay】按钮，弹出【Sweeping.1】对话框，同时在图形区显示刀路轨迹，如图25-62所示。

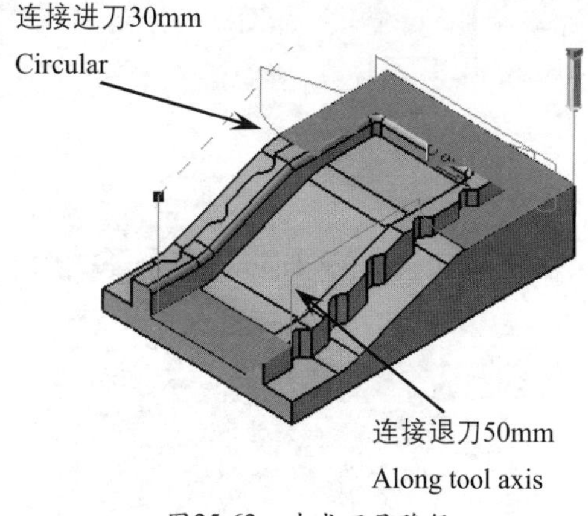

图25-62 生成刀具路径

25.1.8 投影加工行间刀轨连接—Between passes Link

Between passes Link用于行间刀轨连接方式，如图25-63所示。

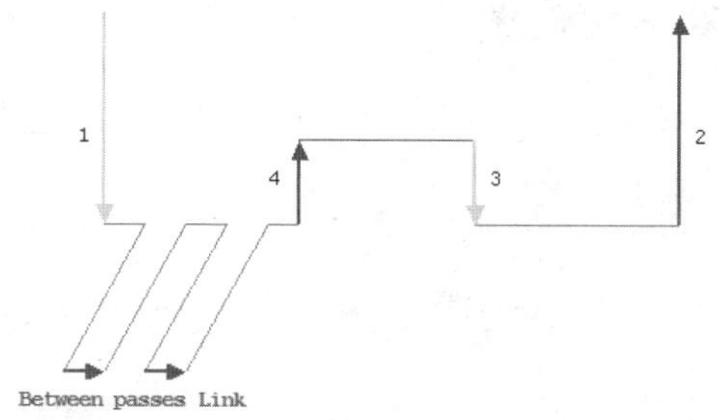

图25-63 行间刀轨连接示意图

动手操作——投影加工行间刀轨连接

01 启动CATIA V5R21，单击【标准】工具栏上的【打开】按钮，打开【选择文件】对话框，选择“ex_8.CATProcess”文件，如图25-64所示。

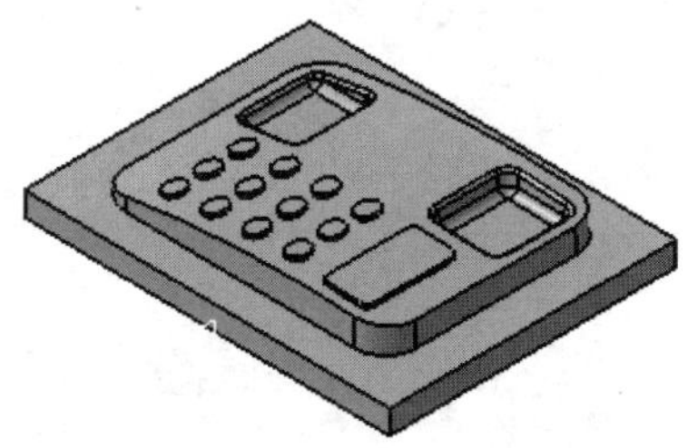

图25-64 打开加工文件

02 双击P.P.R特征树中【ProcessList】节点下的【Sweeping.1】加工节点，展开【Sweeping.1】对话框，单击，切换到“刀具路径参数”选项卡，选择【Radial】选项卡，设置相关参数，如图25-65所示。

03 单击，切换到【进退刀路径】选项卡，在【Macro Management】区域列表框中选择【Between passes】选项，单击鼠标右键，在弹出的快捷菜单中选择【Activate】命令，并在【Mode】下拉列表中选择【Tangent to movement】选项，如图25-66所示。

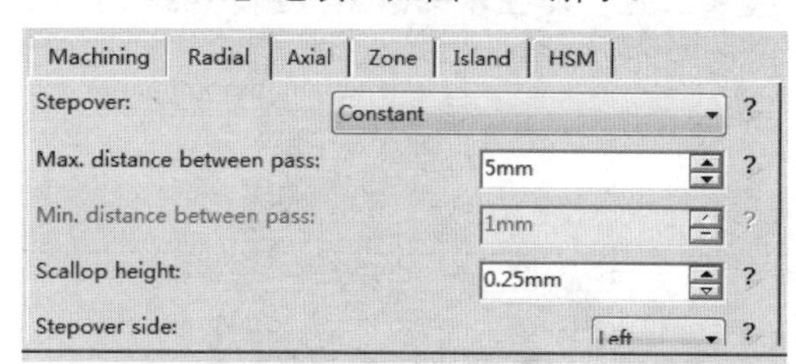

图25-65 设置【Radial】参数

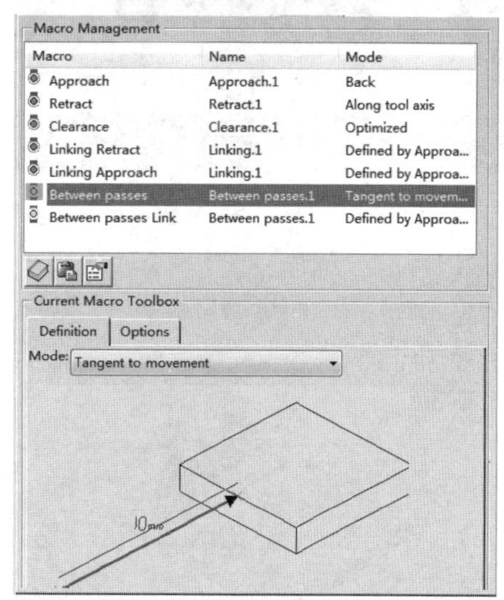

图25-66 设置【Between passes】选项

04 在【Macro Management】区域列表框中选择【Between passes link】选项，单击鼠标右键，在弹出的快捷菜单选择【Activate】命令，并在【Mode】下拉列表中选择【High

speed milling】选项，如图25-67所示。

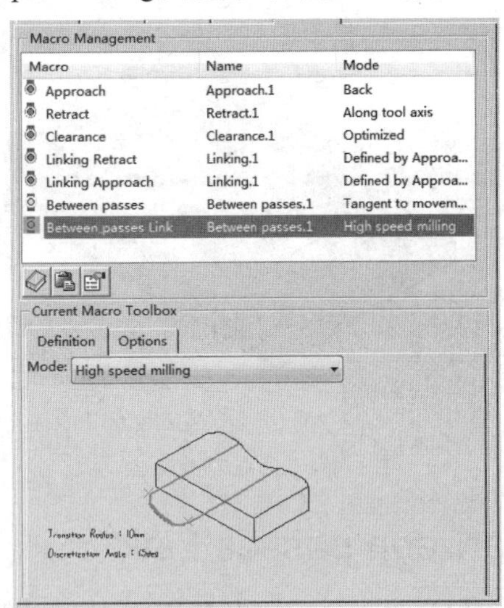

图25-67 设置【Between passes link】选项

05 单击【Sweeping.1】对话框中的【Tool Path Replay】按钮，弹出【Sweeping.1】对话框，同时在图形区显示刀路轨迹，如图25-68所示。

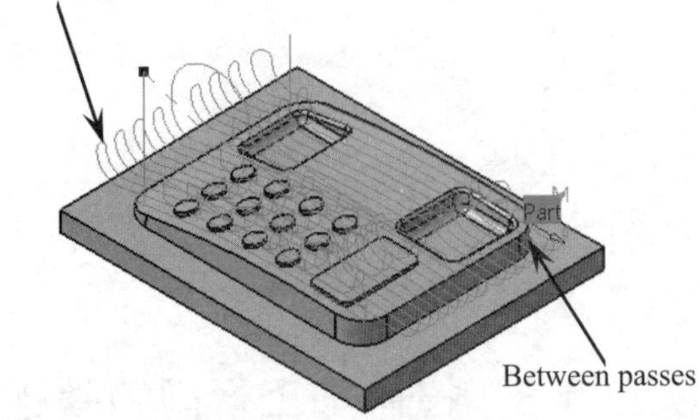

图25-68 生成刀具路径

25.1.9 先进精加工几何和刀具路径参数设置

先进精加工是指在零件的陡峭面上采用等高线精加工，而在水平区域采用轮廓驱动精加工，如图25-69所示。

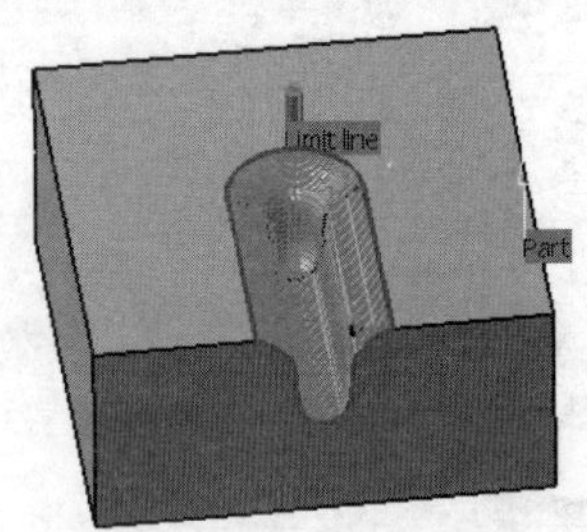

图25-69 先进精加工

动手操作——先进精加工几何和刀具路径参数设置

01 启动CATIA V5R21，单击【标准】工具栏上的【打开】按钮，打开【选择文件】对话框，选择“ex_9.CATProcess”文件，如图25-70所示。

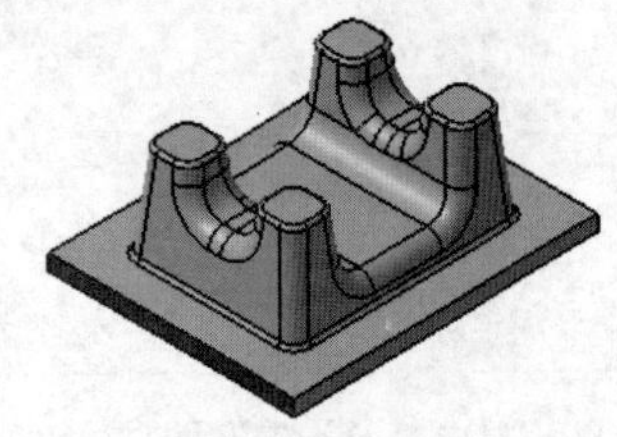

图25-70 打开加工文件

02 在特征树选择【Manufacturing Program.1】节点，单击【Machining Operations】工具栏上的【Advanced Finishing】按钮，弹出【Advanced Finishing.1】对话框，单击图标，切换到【几何参数】选项卡，如图25-71所示。

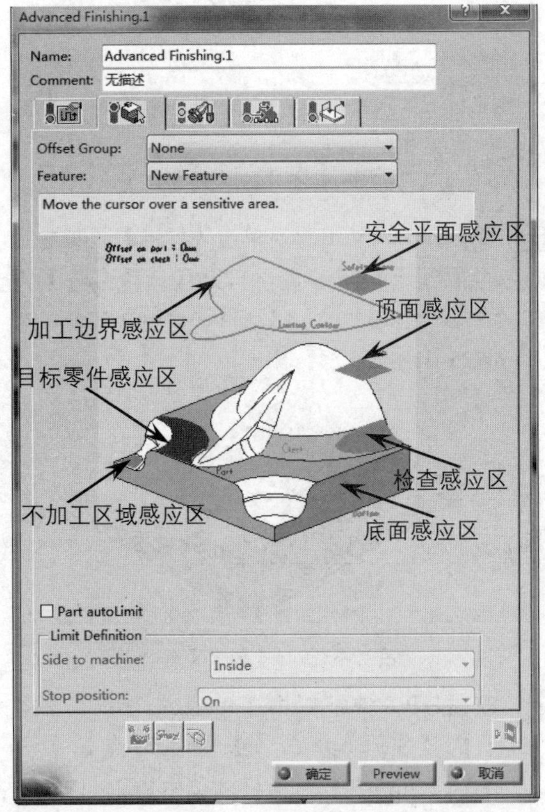

图25-71 【Advanced Finishing.1】对话框

03 单击对话框中目标零件感应区，选择如图25-72所示的零件表面，双击空白处返回

【Advanced Finishing.1】对话框。

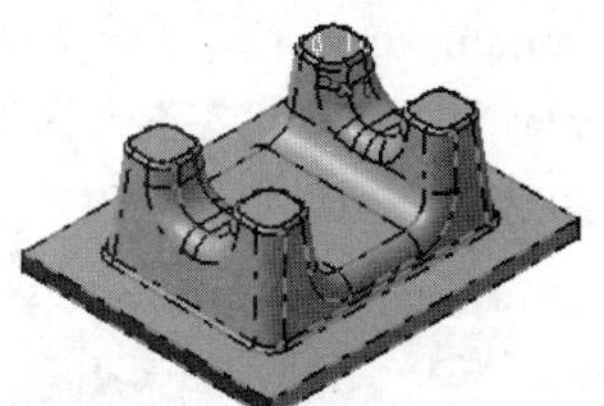

图25-72 选择加工零件

04 单击【Advanced Finishing.1】对话框中的【Tool Path Replay】按钮，在图形区显示刀路轨迹，如图25-73所示。

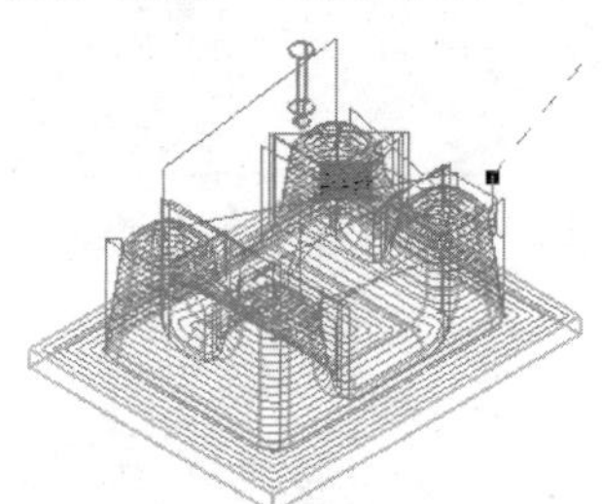

图25-73 生成刀具路径

05 单击【Advanced Finishing.1】对话框，切换到【刀具路径参数】选项卡，设置加工参数。

06 在【Zone】选项卡中设置【Max. horizontal slope】为60，其他参数如图25-74所示。

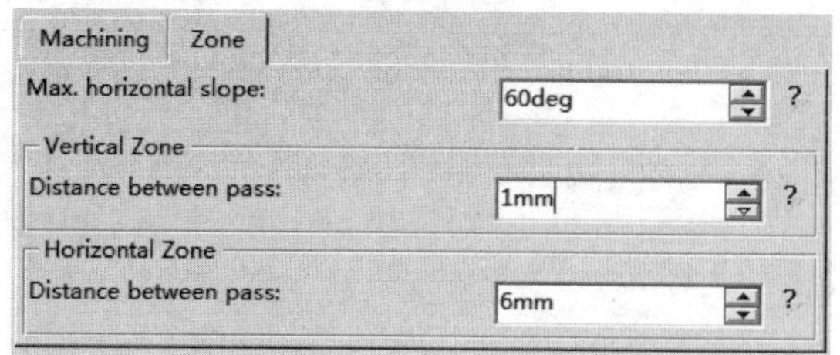

图25-74 【Zone】选项卡

07 单击【Advanced Finishing.1】对话框中的【Tool Path Replay】按钮，在图形区显示刀路轨迹，如图25-75所示。

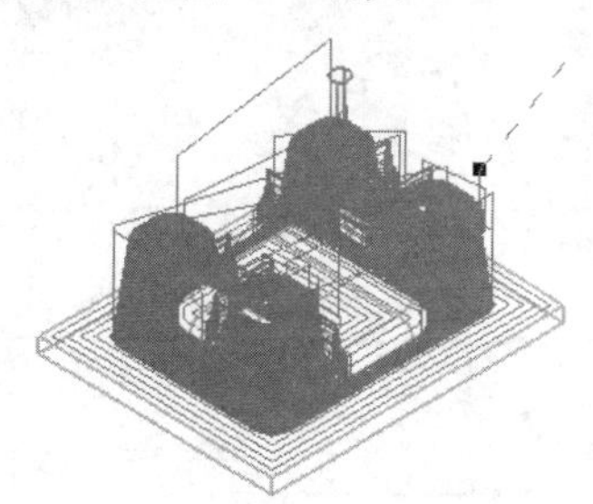

图25-75 生成刀具路径

25.1.10 双引导线驱动轮廓驱动加工几何和刀具路径参数设置

双引导线驱动是指选择两条曲线作为引导线，系统给通过的两条曲线进行插值计算得到刀路，用户可以选择两条边界曲线，如图25-76所示。

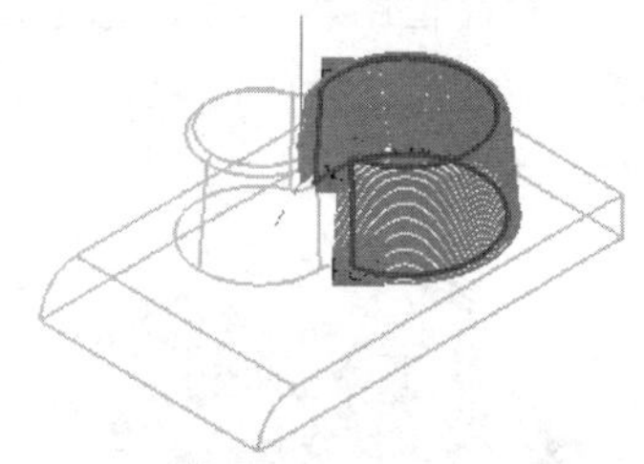

图25-76 双引导线驱动轮廓驱动精加工

动手操作——双引导线驱动轮廓驱动加工几何和刀具路径参数设置

01 启动CATIA V5R21，单击【标准】工具栏上的【打开】按钮，打开【选择文件】对话框，选择“ex_10.CATProcess”文件，如图25-77所示。

02 在特征树选择【Manufacturing Program.1】节点，单击【Machining Operations】工具栏上的【Contour-driven】按钮，弹出【Contour-driven.1】对话框，单击图标，切换到【几何参数】选项卡，如图25-78所示。

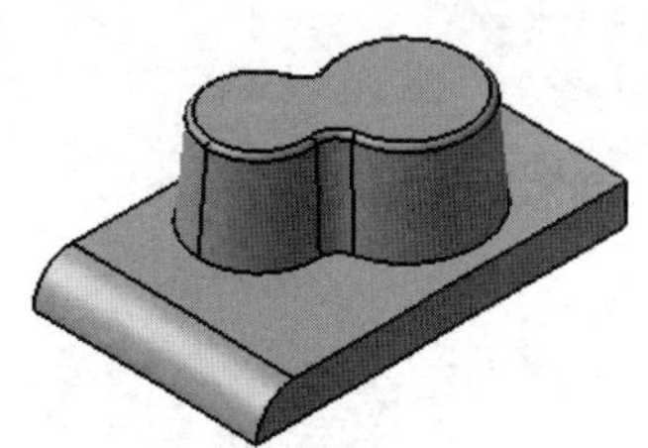

图25-77 打开加工文件

03 单击对话框中目标零件感应区，选择如图25-79所示的零件，双击空白处返回【Contour-driven.1】对话框。

04 单击【Contour-driven.1】对话框，切换到【刀具路径参数】选项卡，选中【Between contours】和【4 open contours】单选按钮，单击导引线感应区，选择如图25-80所示的边线作为导引线，双击空白处返回。

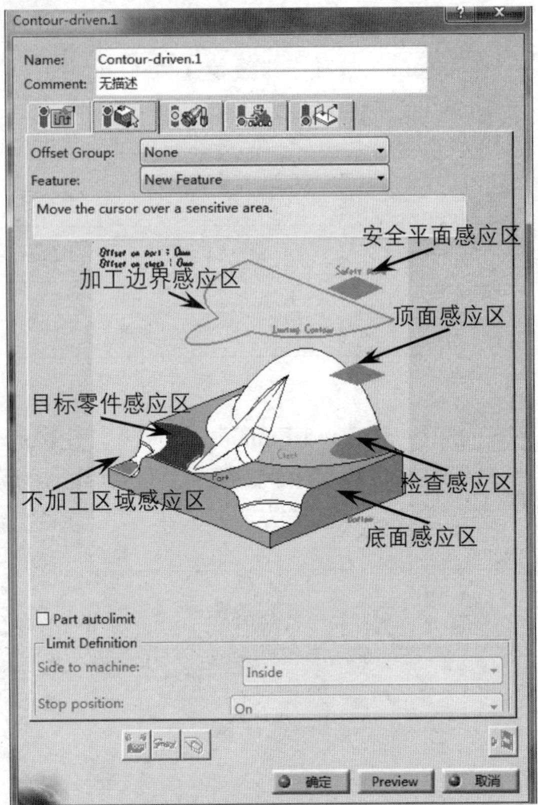

图25-78 【Contour-driven.1】对话框

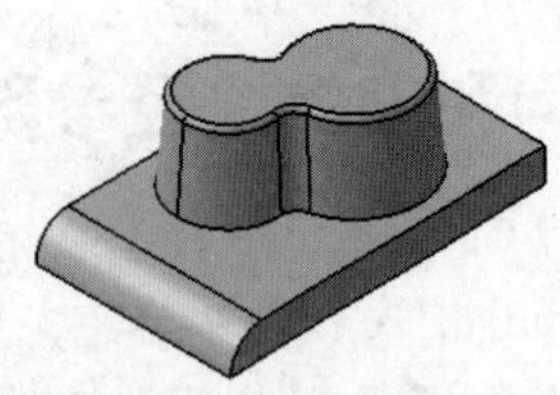

图25-79 选择目标零件

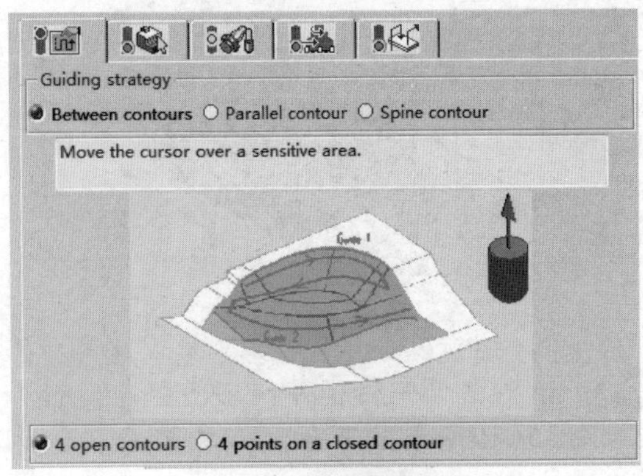

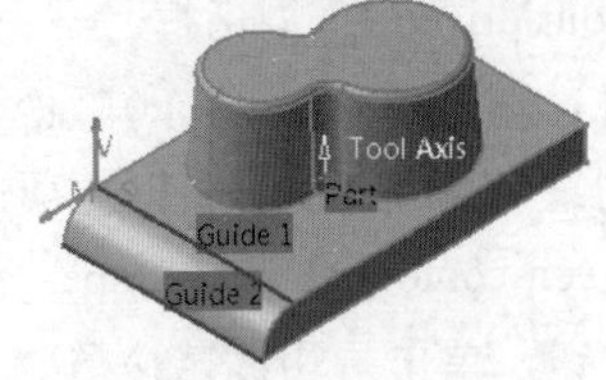

图25-80 选择导引线

05 选中【Strategy】选项卡，设置【Position on guide】为On，如图25-81所示。

06 单击【Contour-driven.1】对话框中的【Tool Path Replay】按钮，在图形区显示刀路轨迹，如图25-82所示。

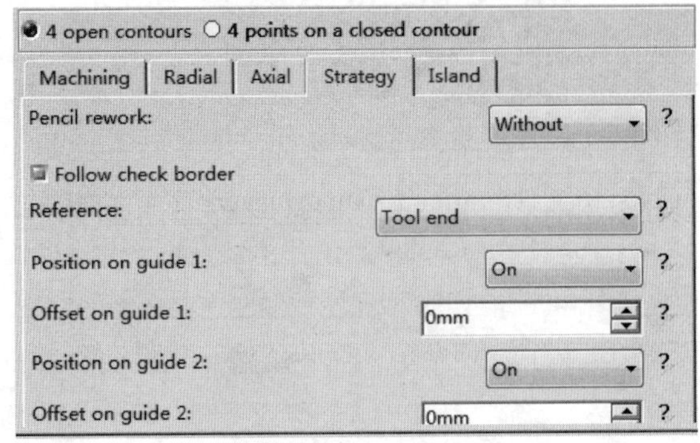

图25-81 【Strategy】选项卡

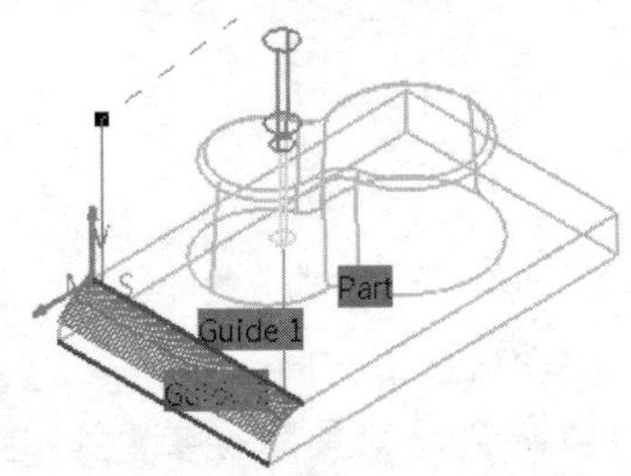

图25-82 生成刀具路径

07 在特征树中选择【Contour-driven.1】节点，单击【Machining Operations】工具栏上的【Contour-driven】按钮，弹出【Contour-driven.2】对话框。

08 单击图标，切换到【几何参数】选项卡，单击对话框中目标零件感应区，选择如图25-83所示的零件，双击空白处返回【Contour-driven.2】对话框。

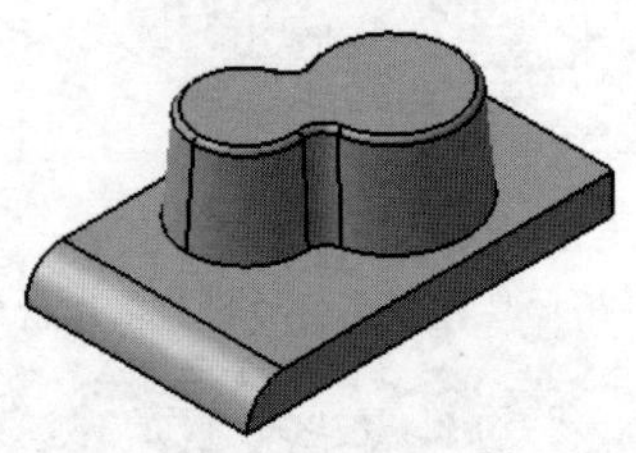

图25-83 选择目标零件

09 单击【Contour-driven.2】对话框，切换到【刀具路径参数】选项卡，选中【Between contours】和【4 points on a closed contour】单选按钮，单击导引线感应区，选择如图25-84所示的边线作为导引线，双击空白处返回。

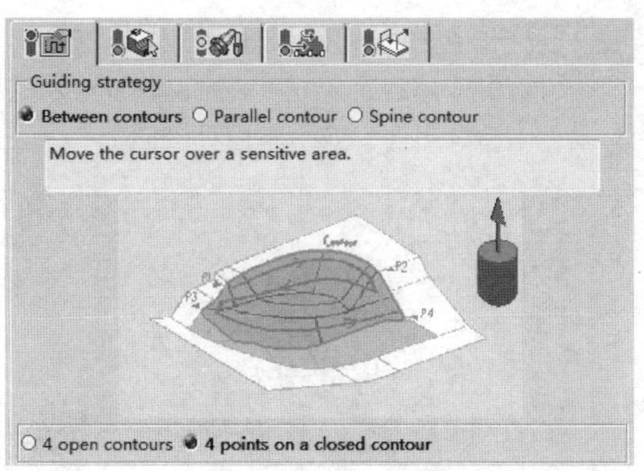

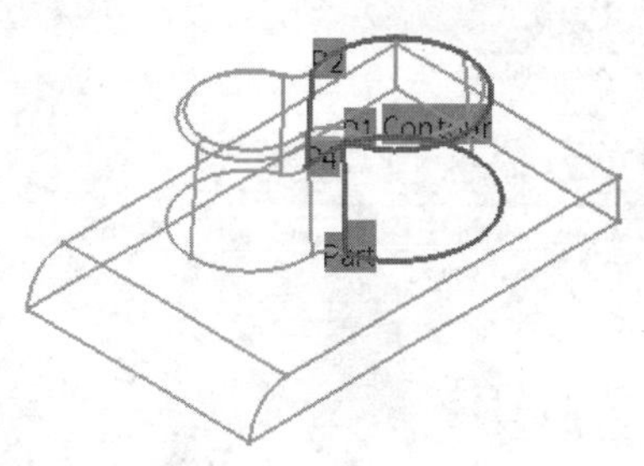

图25-84 选择导引线和边界点

10 选中【Strategy】选项卡，设置【Position on guide】为Outside，如图25-85所示。

11 单击【Contour-driven.2】对话框中的【Tool Path Replay】按钮，在图形区显示刀路轨迹，如图25-86所示。

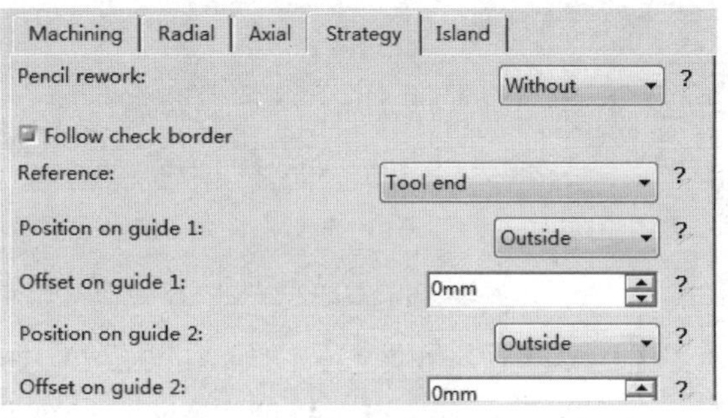

图25-85 【Strategy】选项卡

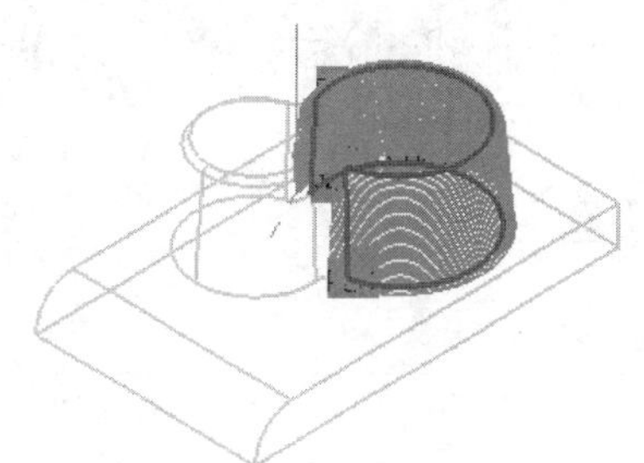

图25-86 生成刀具路径

25.1.11 平行曲线驱动轮廓驱动加工几何和刀具路径参数设置

平行曲线驱动是指选择一条曲线作为导引线，加工区域上的刀路平行于所指定的引导线，如图25-87所示。

动手操作——平行曲线驱动轮廓驱动加工几何和刀具路径参数设置

01 启动CATIA V5R21，单击【标准】工具栏上的【打开】按钮，打开【选择文件】对话框，选择“ex_11.CATProcess”文件，如图25-88所示。

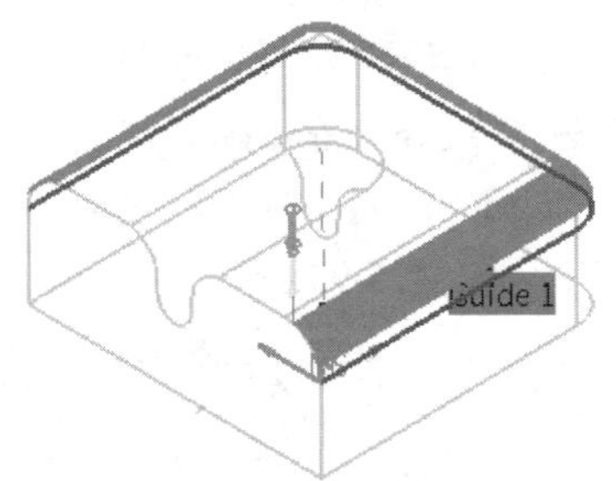

图25-87 平行曲线驱动轮廓精加工

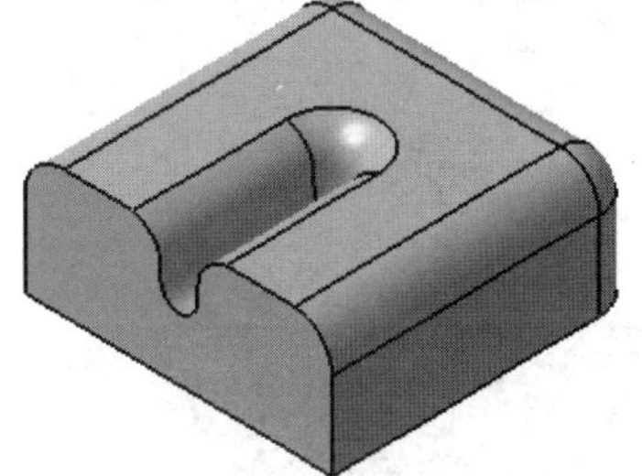

图25-88 打开加工文件

02 在特征树选择【Manufacturing Program.1】节点，单击【Machining Operations】工具栏上的【Contour-driven】按钮，弹出【Contour-driven.1】对话框，单击图标，切换到“几何参数”选项卡，如图25-89所示。

03 右键单击对话框中目标零件感应区，在弹出的快捷菜单中选择【Select faces】命令，选择如图

25-90所示的零件表面，双击空白处返回【Contour-driven.1】对话框。

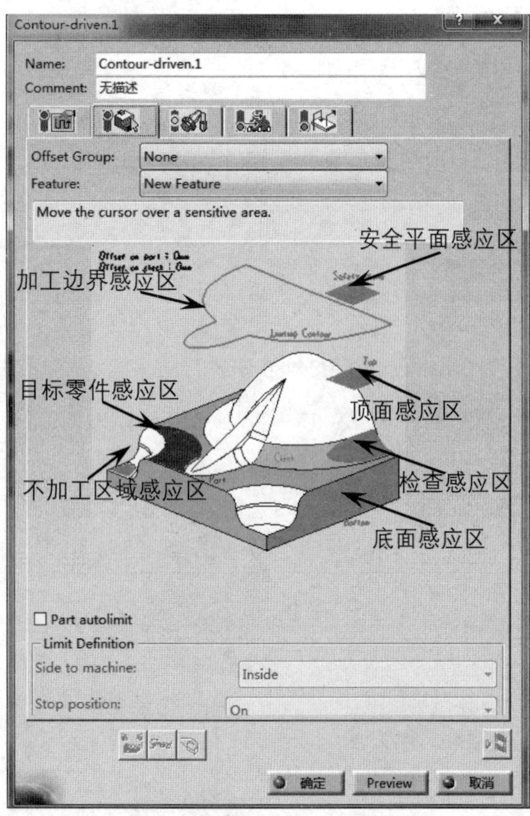

图25-89 【Contour-driven.1】对话框

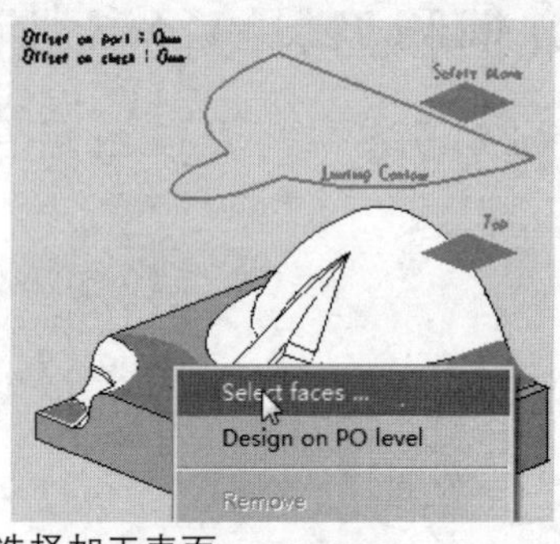

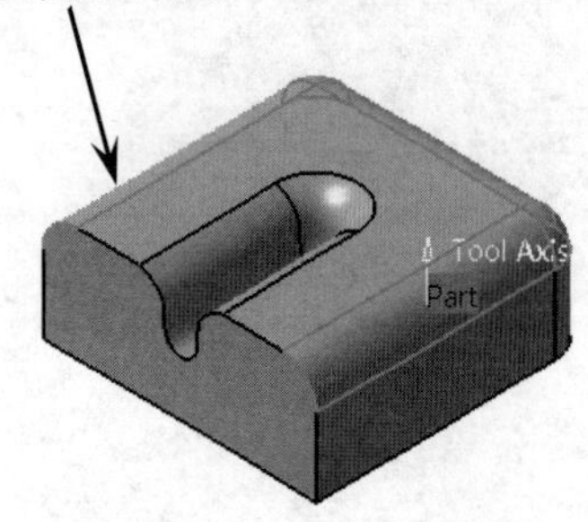

图25-90 选择加工表面

04 单击【Contour-driven.1】对话框，切换到【刀具路径参数】选项卡，设置加工参数。

05 选中【Parallel contour】单选按钮，单击导引线感应区，选择如图25-91所示的边线作为导引线，双击空白处返回。

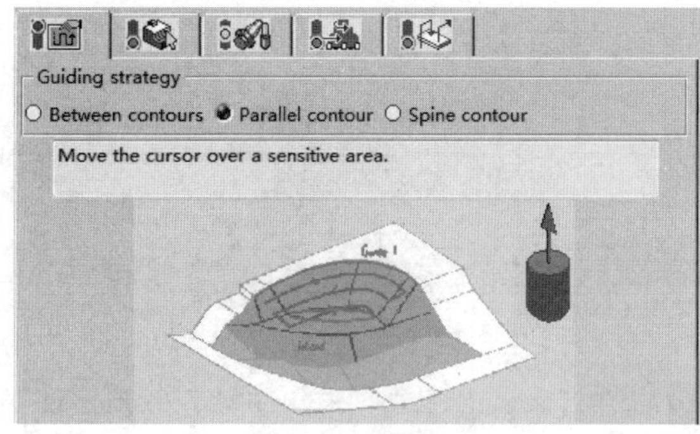

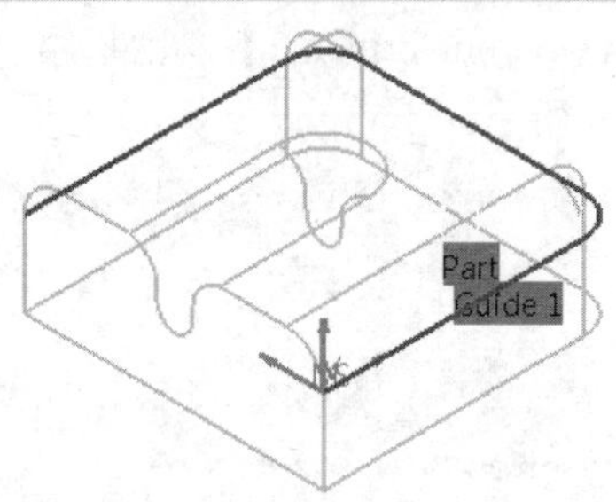

图25-91 选择导引线

06 选中【Strategy】选项卡，设置【Offset on guide】为5，【Maximum width to machine】为50mm，如图25-92所示。

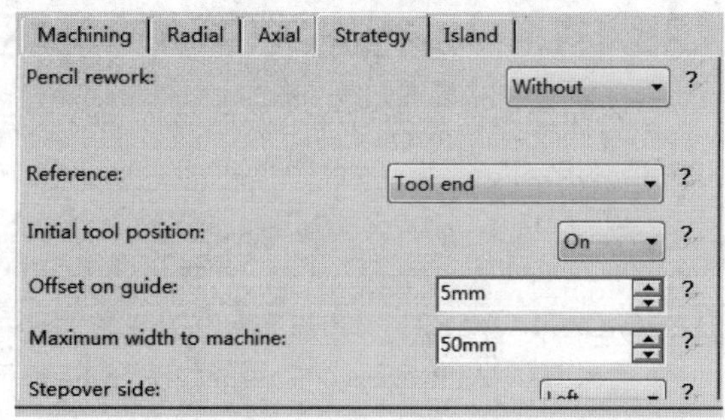

图25-92 【Strategy】选项卡

07 单击【Contour-driven.1】对话框中的【Tool Path Replay】按钮，在图形区显示刀路轨迹，如图25-93所示。

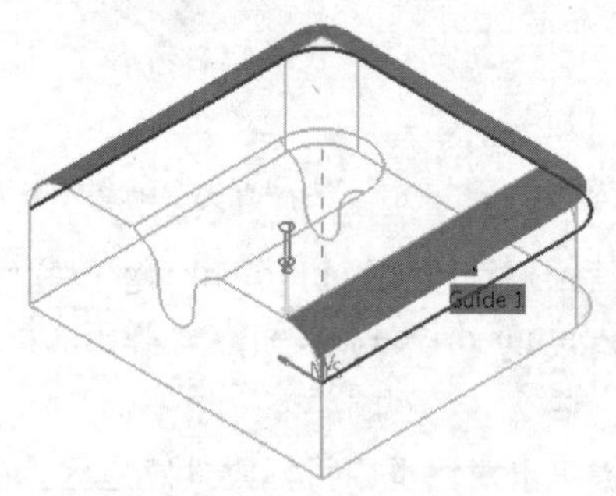

图25-93 生成刀具路径

25.1.12 脊线驱动轮廓驱动加工几何和刀具路径参数设置

脊线驱动(Spine contour) 是选择一条或者一组曲线作为导引线(Guide)，加工区域上的刀路都垂直于所指定的导引线，如图25-94所示。

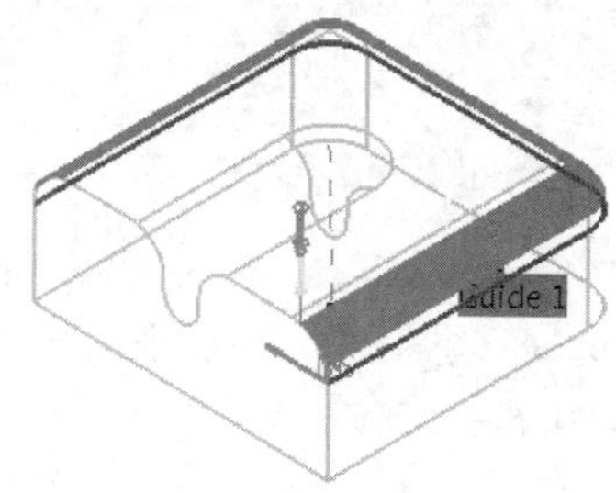

图25-94 脊线驱动轮廓精加工

实例文件：实例\Ch05\ex-13\...\ex_13.CATProcess

操作录像：视频\Ch05\ex-13\ex_13.avi

动手操作——脊线驱动轮廓驱动加工几何和刀具路径参数设置

01 启动CATIA V5R21，单击【标准】工具栏上的【打开】按钮，打开【选择文件】对话框，选择“ex_13.CATProcess”文件，如图25-95所示。

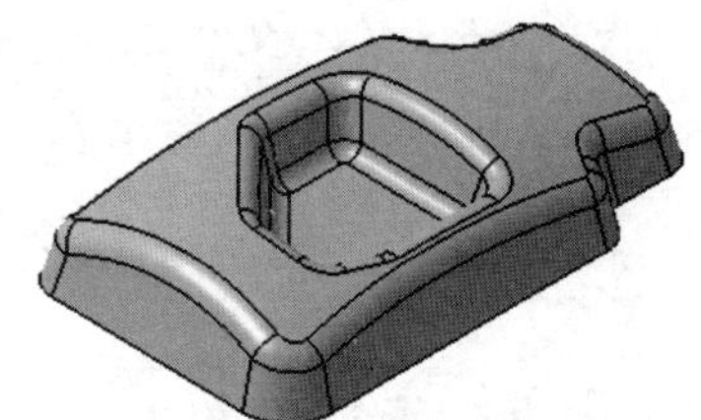

图25-95 打开加工文件

02 在特征树中选择【Manufacturing Program.1】节点，单击【Machining Operations】工具栏上的【Contour-driven】按钮，弹出【Contour-driven.1】对话框，单击图标，切换到“几何参数”选项卡，如图25-96所示。

03 右键单击对话框中目标零件感应区，在弹出的快捷菜单中选择【Select faces】命令，选择如图25-97所示的零件表面，双击空白处返回【Contour-driven.1】对话框。

04 单击【Contour-driven.1】对话框，切换到【刀具路径参数】选项卡，设置加工参数。

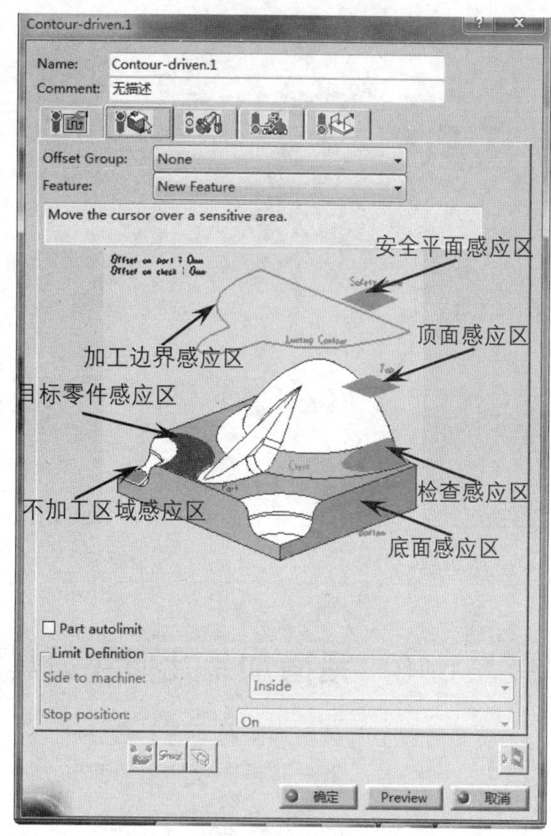

图25-96 【Contour-driven.1】对话框

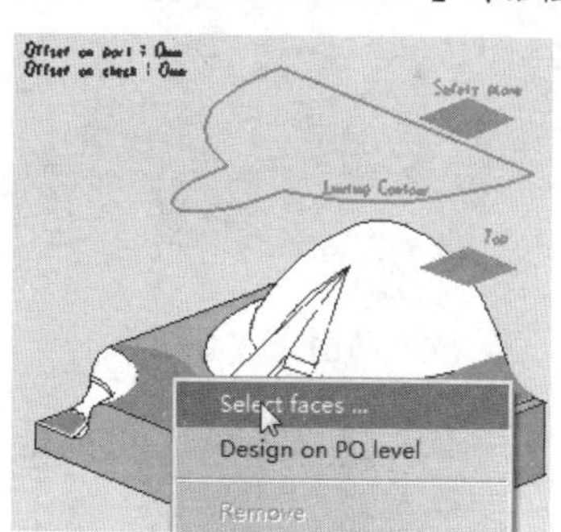

选择加工表面

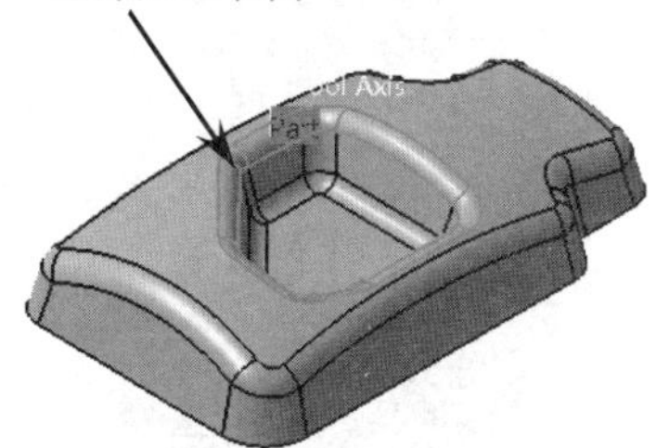

图25-97 选择加工表面

05 选中【Parallel contour】单选按钮，单击导引线感应区，选择如图25-98所示的边线作为导引线，双击空白处返回。

06 选中【Radial】选项卡，设置【Stepover】

为“Constant 2D”，【Max. distance between paths】为1mm，如图25-99所示。

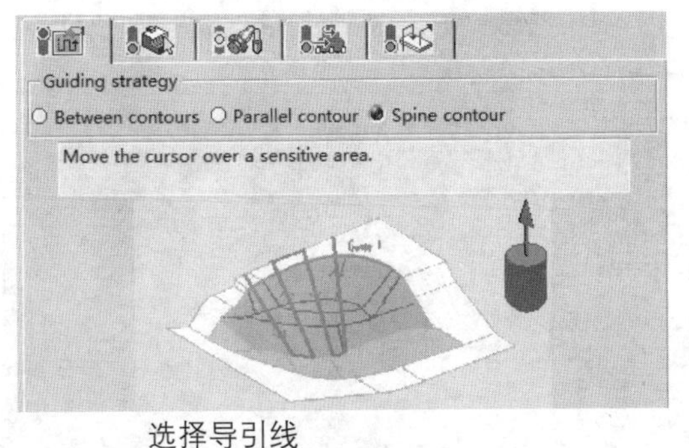

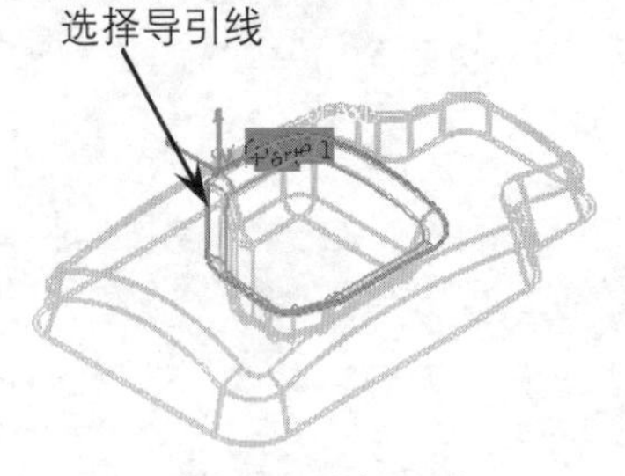

图25-98　选择导引线

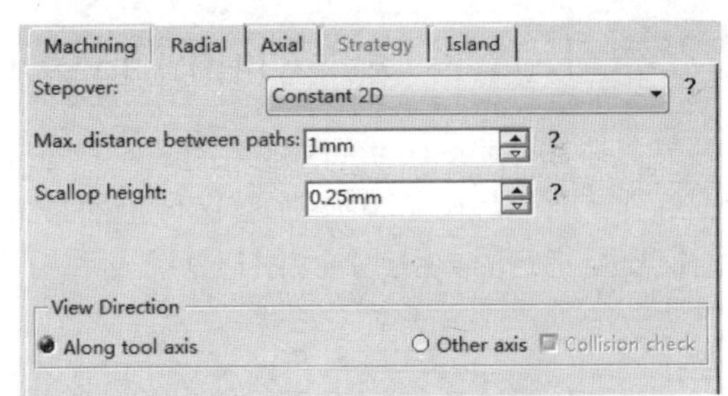

图25-99　【Radial】选项卡

07 单击【Contour-driven.1】对话框中的【Tool Path Replay】按钮，在图形区显示刀路轨迹，如图25-100所示。

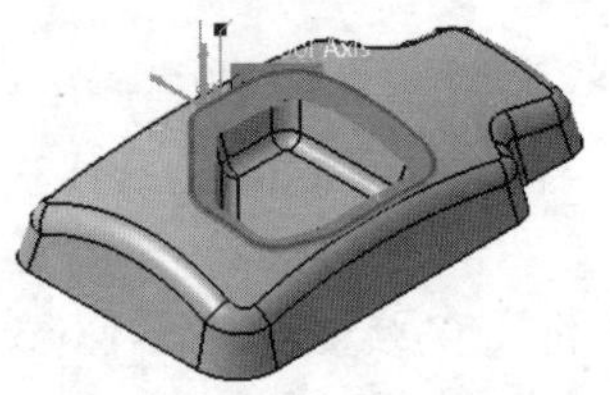

图25-100　生成刀具路径

25.1.13　沿面加工几何和刀具路径参数设置

沿面精加工就是由加工曲面等参数线U、V来确定切削路径，用户需要选取加工曲面和4个端点作为几何参数，如图25-101所示。

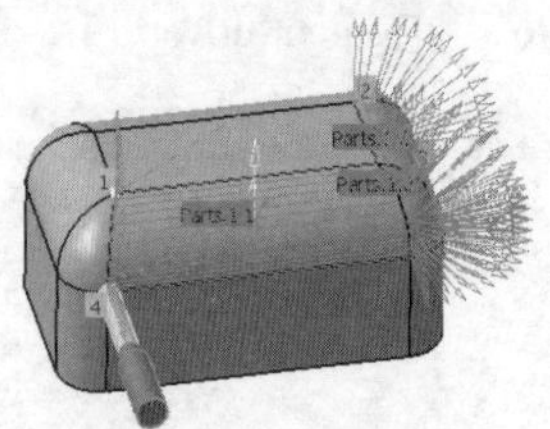

图25-101　沿面加工

动手操作——沿面加工几何和刀具路径参数设置

01 启动CATIA V5R21，单击【标准】工具栏上的【打开】按钮，打开【选择文件】对话框，选择“ex_13.CATProcess”文件，如图25-102所示。

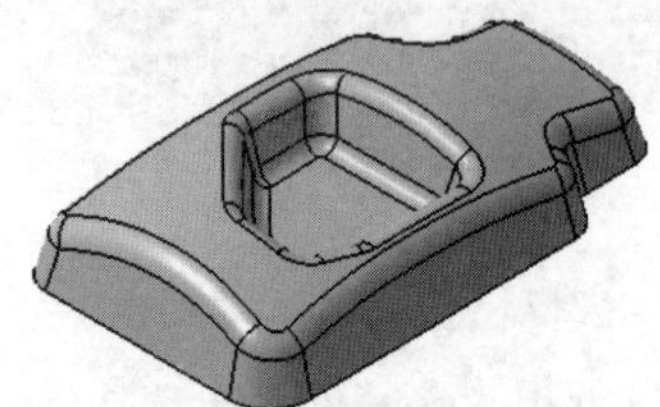

图25-102　打开加工文件

02 在特征树中选择【Manufacturing Program.1】节点，单击【Machining Operations】工具栏上的【Isoparametric Machining】按钮，弹出【Isoparametric Machining.1】对话框，单击图标，切换到“几何参数”选项卡，如图25-103所示。

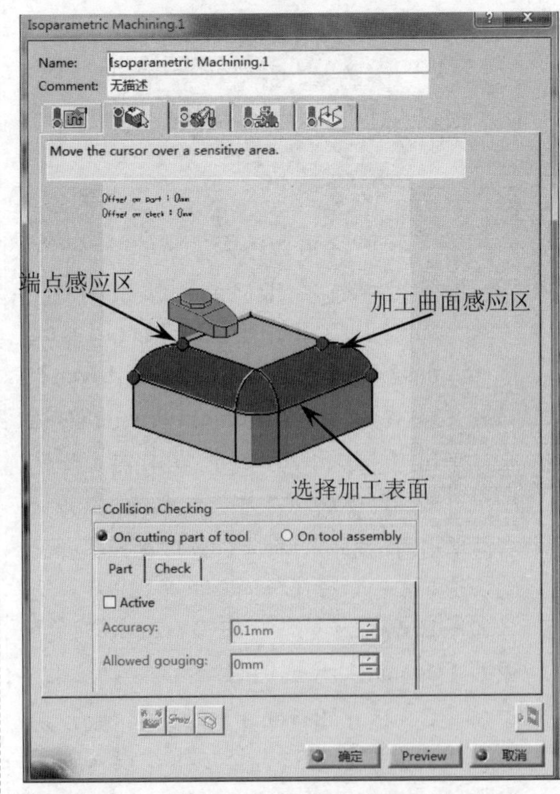

图25-103　【Isoparametric Machining.1】对话框

03 单击对话框中目标零件感应区，选择如图25-104所示的曲面，双击空白处返回【Isoparametric Machining.1】对话框。

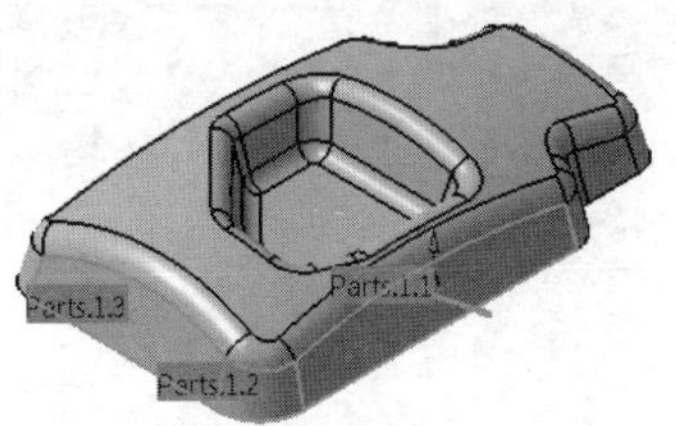

图25-104 选择加工表面

04 单击对话框中端点感应区，单击如图25-105所示的点1，系统自动生成点2，点12方向确定切削方向。

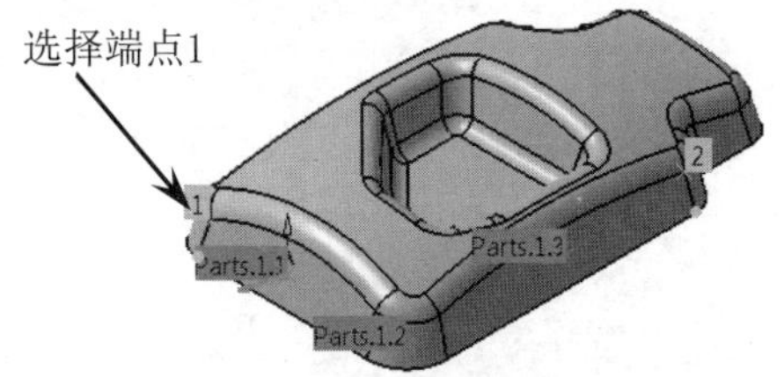

图25-105 选择切削方向

05 接着选择如图25-106所示的点3，系统自动生成点4，点13方向确定步进方向。

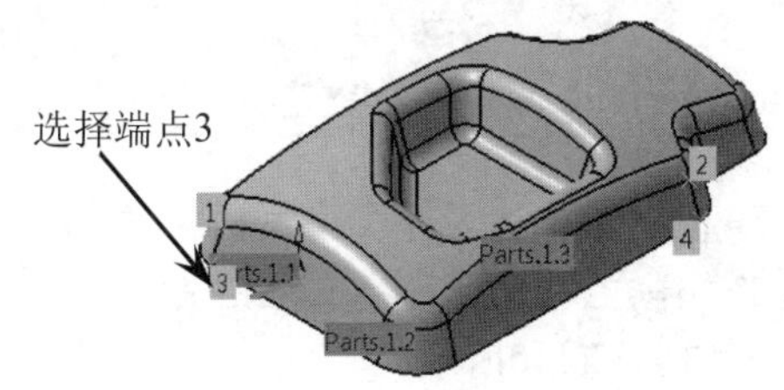

图25-106 选择步进方向

06 单击【Isoparametric Machining.1】对话框，切换到【刀具路径参数】选项卡，在【Radial】选项卡中设置【Stepover】为“Number of paths”，其他参数如图25-107所示。

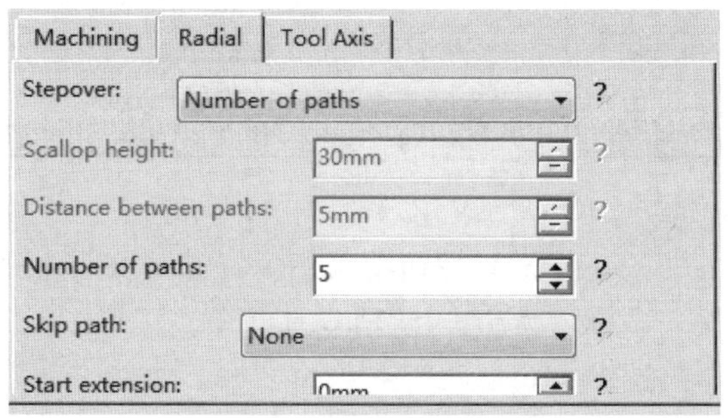

图25-107 【Radial】选项卡

07 单击【Isoparametric Machining.1】对话框中的【Tool Path Replay】按钮，在图形区显示刀路轨迹，如图25-108所示。

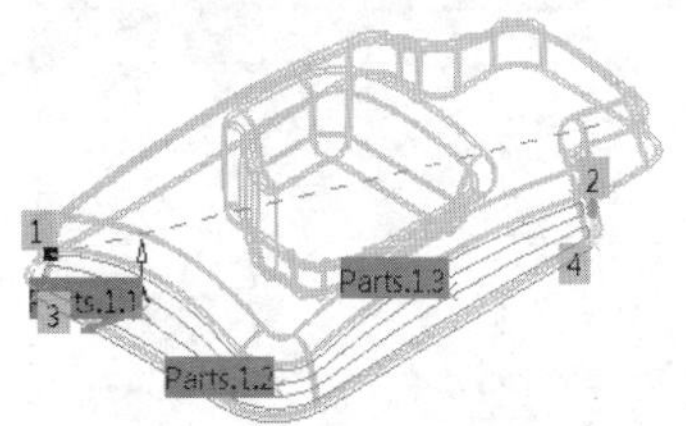

图25-108 生成刀具路径

25.1.14 螺旋加工几何和刀具路径参数设置

螺旋精加工就是在选定的加工区域中，对指定角度以下的平坦区域进行精加工，如图25-109所示。

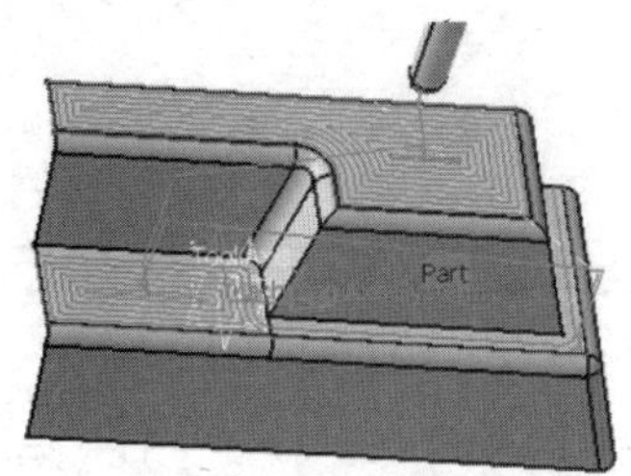

图25-109 螺旋加工

动手操作——螺旋加工几何和刀具路径参数设置

01 启动CATIA V5R21，单击【标准】工具栏上的【打开】按钮，打开【选择文件】对话框，选择“ex_14.CATProcess”文件，如图25-110所示。

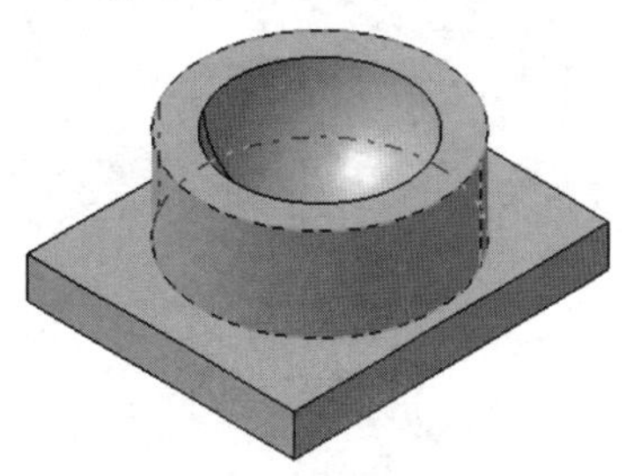

图25-110 打开加工文件

02 在特征树中选择【Manufacturing Program.1】节点，单击【Machining Operations】工具栏上的【Spiral Milling】按钮，弹出【Spiral Milling.1】对话框，单击图标，切换到“几何参数”选项卡，如图25-111所示。

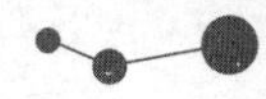

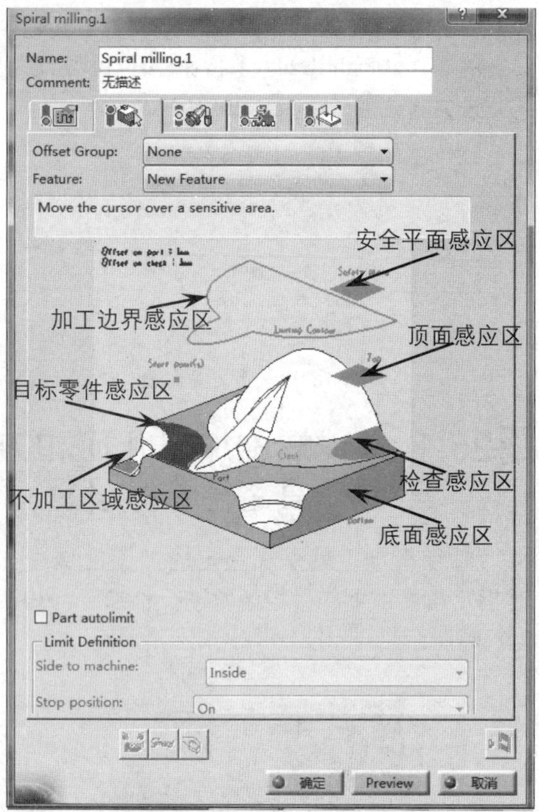

图25-111 【Spiral Milling.1】对话框

03 右键单击对话框中目标零件感应区，选择【Select faces】方式，选择如图25-112所示的零件表面，双击空白处返回【Spiral Milling.1】对话框。

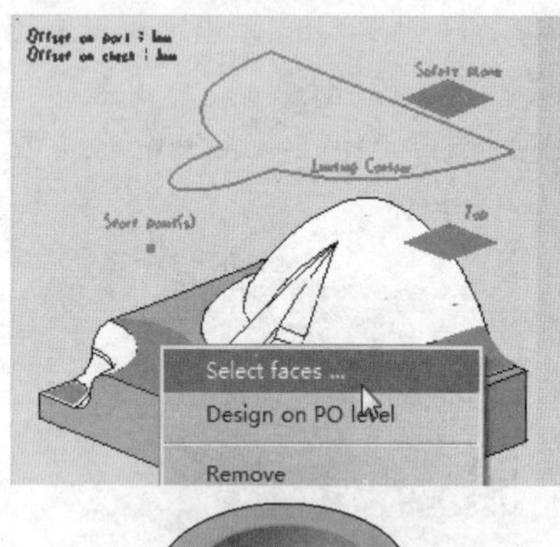

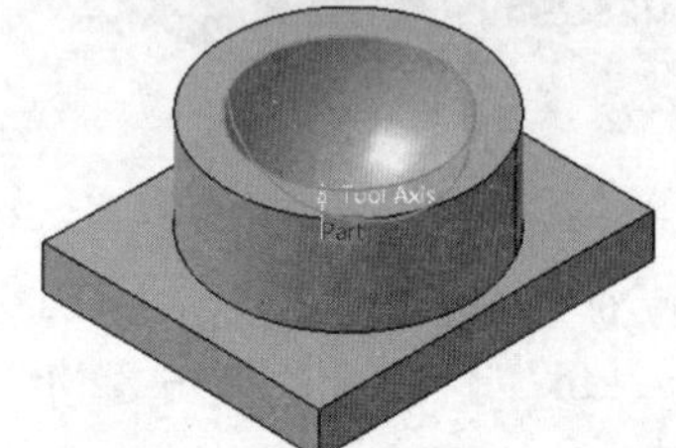

图25-112 【Spiral Milling.1】对话框

04 单击【Spiral Milling.1】对话框，切换到【刀具路径参数】选项卡，在【Zone】选项卡中设置【Max. frontal slope】为90，其他参数如图25-113所示。

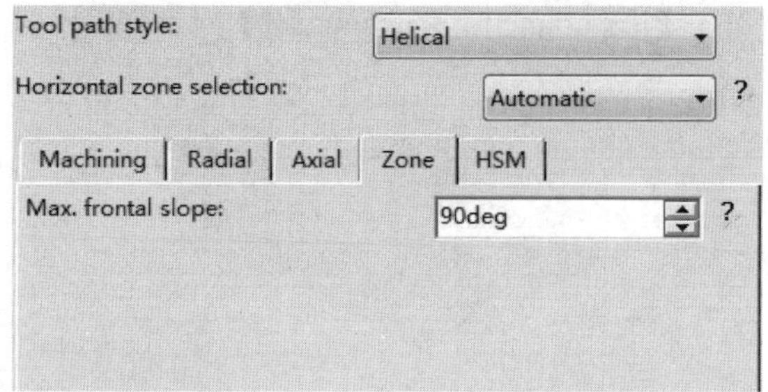

图25-113 【Zone】选项卡

05 单击【Spiral Milling.1】对话框中的【Tool Path Replay】按钮，在图形区显示刀路轨迹，如图25-114所示。

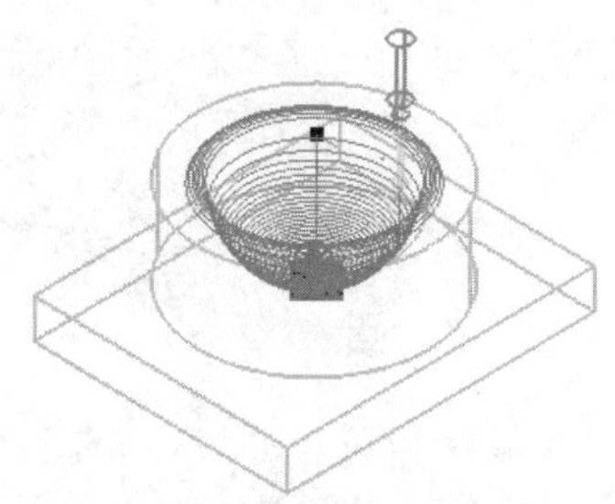

图25-114 生成刀具路径

25.1.15 清根加工几何和刀具路径参数设置

清根加工是以两个面之间的交线作为运动路径来切削上一个加工操作留在两个面之间的残料，如图25-115所示。

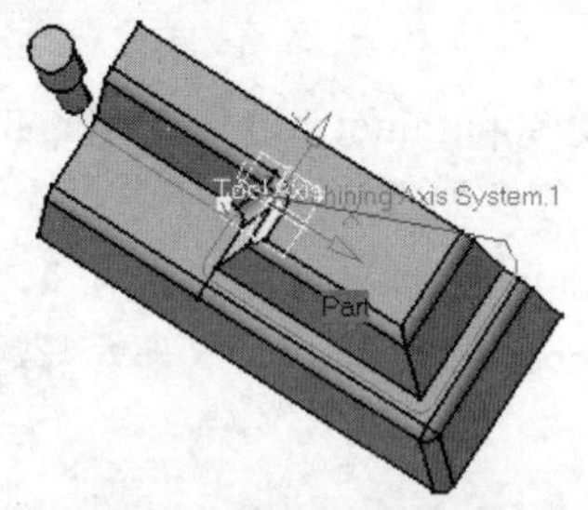

图25-115 清根加工

动手操作——清根加工几何和刀具路径参数设置

01 启动CATIA V5R21，单击【标准】工具栏上的【打开】按钮，打开【选择文件】对话框，选择“ex_15.CATProcess”文件，如图25-116所示。

02 在特征树中选择【Manufacturing Program.1】节点，单击【Machining Operations】工具栏

上的【Pencil】按钮，弹出【Pencil.1】对话框，单击图标，切换到“几何参数”选项卡，如图25-117所示。

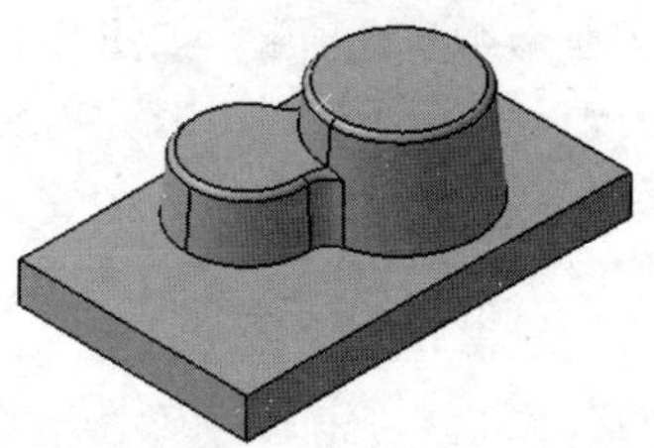

图25-116　打开加工文件

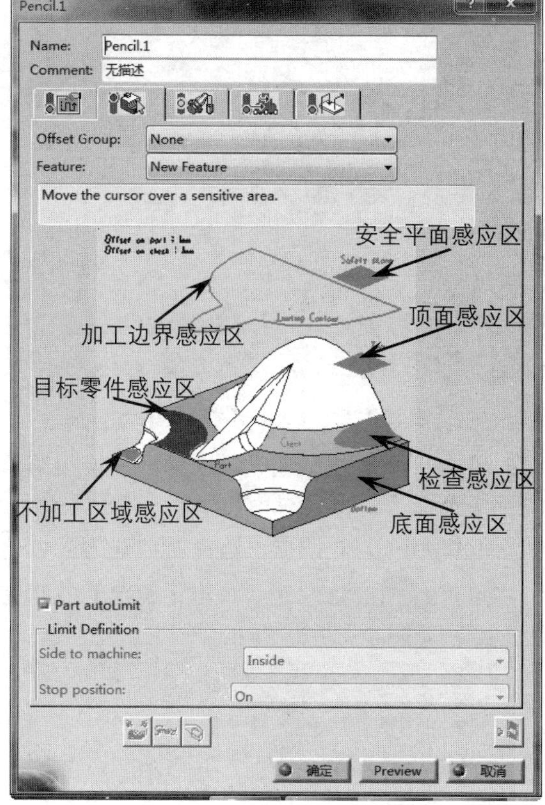

图25-117　【Pencil.1】对话框

03 单击对话框中目标零件感应区，选择如图25-118所示的零件，双击空白处返回【Pencil.1】对话框。

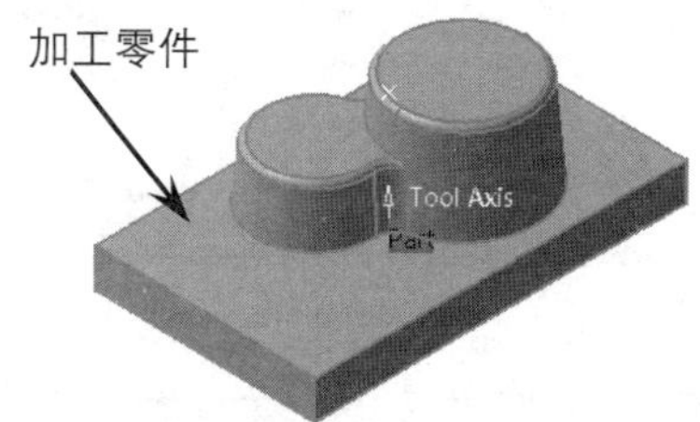

图25-118　选择加工零件

04 单击【Pencil.1】对话框，切换到【刀具路径参数】选项卡，在【Machining】选项卡中设置【Axial direction】为Down，其他参数如图25-119所示。

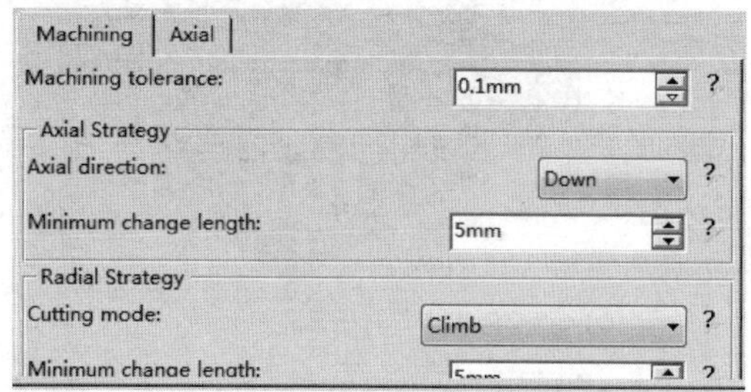

图25-119　【Machining】选项卡

05 在【Axial】选项卡中设置【Number of levels】为5，其他参数如图25-120所示。

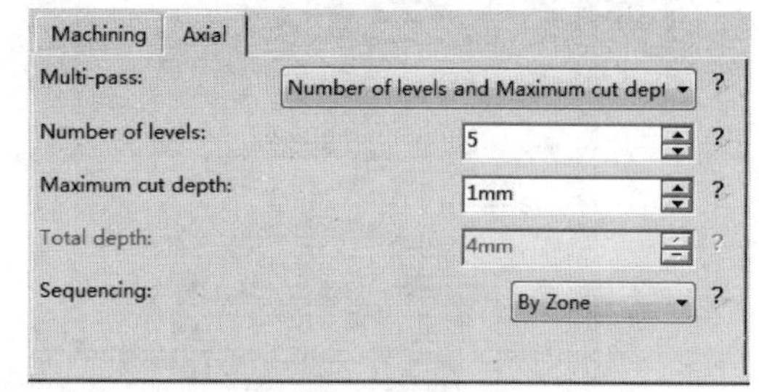

图25-120　【Axial】选项卡

06 单击【Pencil.1】对话框中的【Tool Path Replay】按钮，在图形区显示刀路轨迹，如图25-121所示。

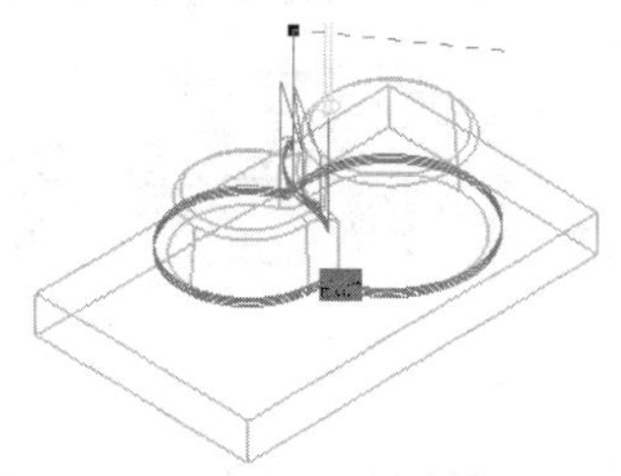

图25-121　生成刀具路径

25.1.16　几何区域创建和使用

几何加工区域就是建立点、线串、曲面以及平面的几何元素，以便于加工操作。

动手操作——几何区域创建和使用

01 启动CATIA V5R21，单击【标准】工具栏上的【打开】按钮，打开【选择文件】对话框，选择“ex_16.CATProcess”文件，如图25-122所示。

02 选择下拉菜单【插入】→【Machining Features】→【Milling Features】→【Geometrical Zone】命令，弹出

【Geometrical Zone】对话框，如图25-123所示。

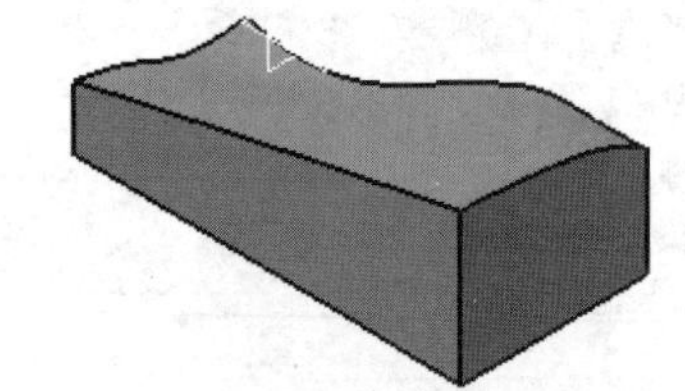

图25-122 打开加工文件

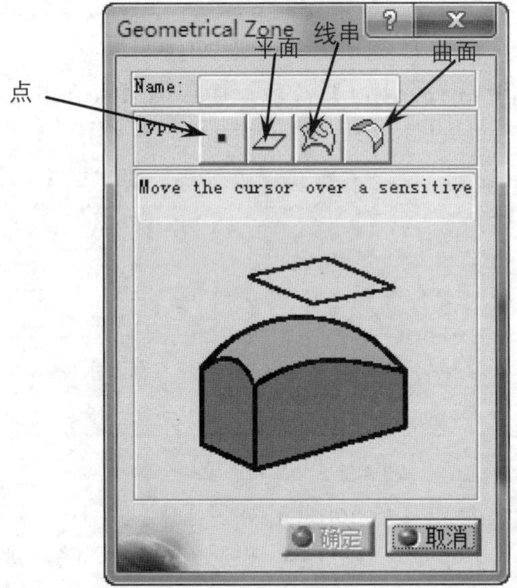

图25-123 【Geometrical Zone】对话框

03 选中【面】图标，右键单击对话框中面感应区，在弹出的快捷菜单中选择【Select faces】命令，选择如图25-124所示的表面，双击空白处返回，单击【确定】按钮完成。

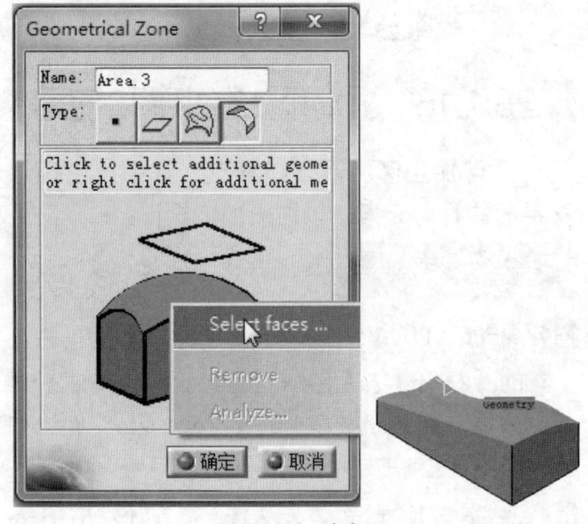

图25-124 选择面

04 双击P.P.R特征树中【ProcessList】节点下的【Sweeping.1】加工节点，展开【Sweeping.1】对话框，单击图标，切换到“几何参数”选项卡，如图25-125所示。

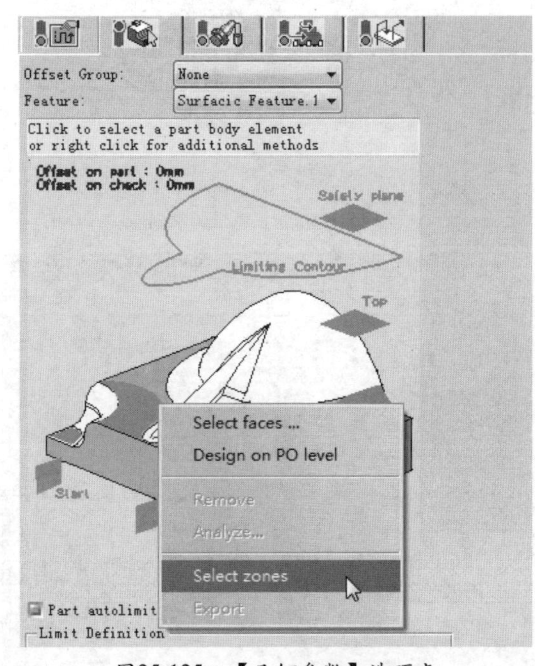

图25-125 【几何参数】选项卡

05 单击目标零件感应区，在弹出的快捷菜单中选择【Select zones】命令，弹出【Zones Selection】对话框，选择所创建的区域，单击按钮，然后单击【确定】按钮完成，如图25-126所示。

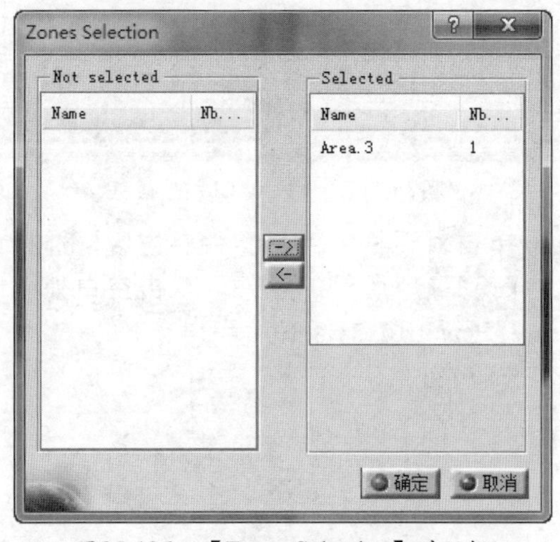

图25-126 【Zones Selection】对话框

06 单击对话框中的【Tool Path Replay】按钮，在图形区显示刀路轨迹，如图25-127所示。

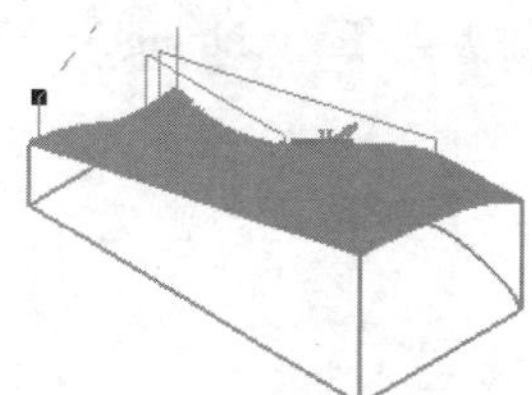
图25-127 生成刀具路径

25.1.17 加工区域创建和使用

加工区域功能（Machining/Slope area）可在零件上选择全部或者部分区域作为加工区域，并选择某种加工应用到定义的加工区域上。

动手操作——加工区域创建和使用

01 启动CATIA V5R21，单击【标准】工具栏上的【打开】按钮，打开【选择文件】对话框，选择“ex_17.CATProcess”文件，如图25-128所示。

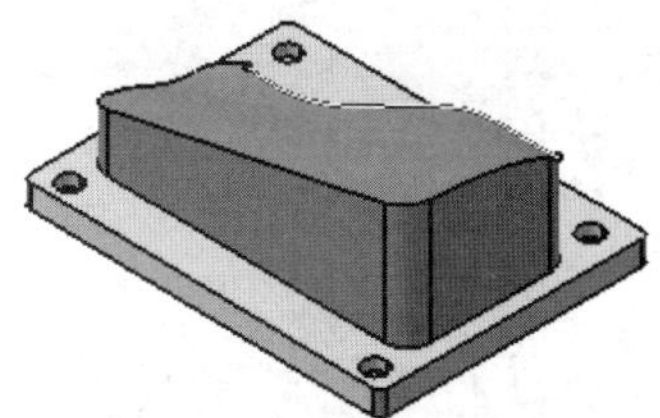
图25-128 打开加工文件

02 选择下拉菜单【插入】→【Machining Features】→【Milling Features】→【Machining/Slope Area】命令，弹出【Machining Area】对话框，如图25-129所示。

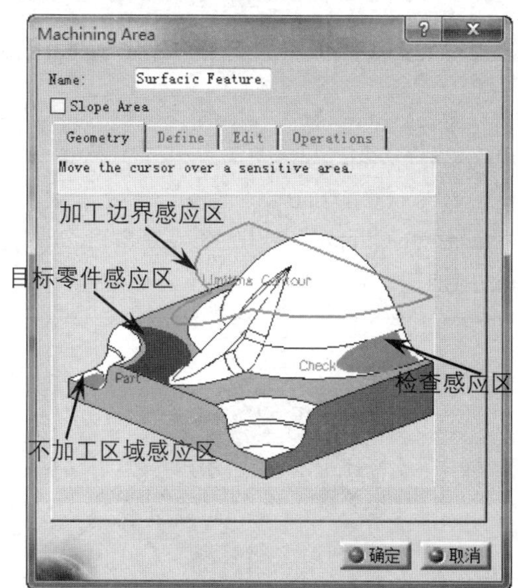

图25-129 【Machining Area】对话框

03 单击对话框中目标零件感应区，选择如图25-130所示的零件，双击空白处返回【Machining Area】对话框。

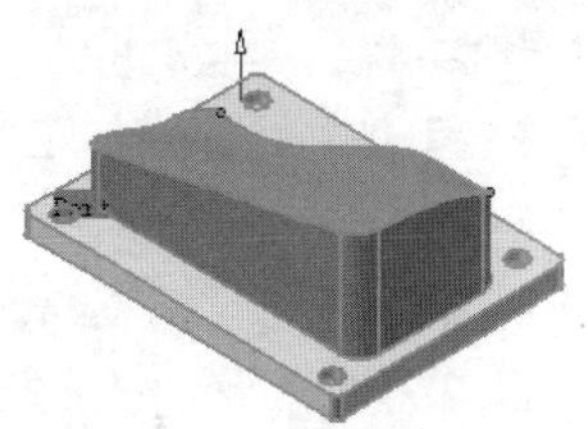
图25-130 选择加工零件

04 选中【Slope Area】复选框，单击【Define】选项卡，设置参数如图25-131所示。

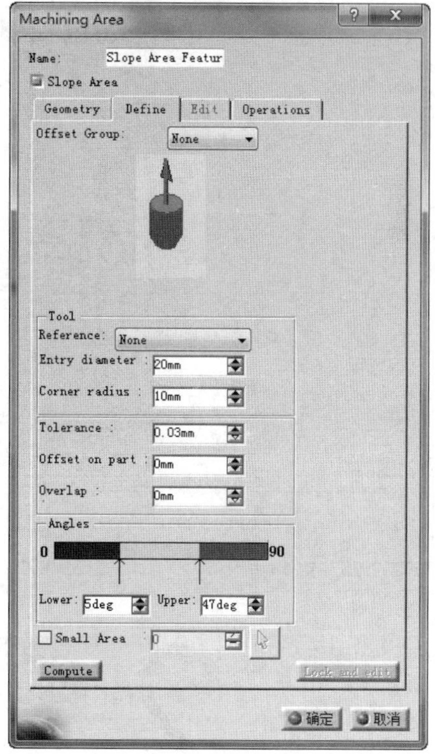

图25-131 【Define】选项卡

05 单击【Compute】按钮，系统计算加工区域，结果如图25-132所示。

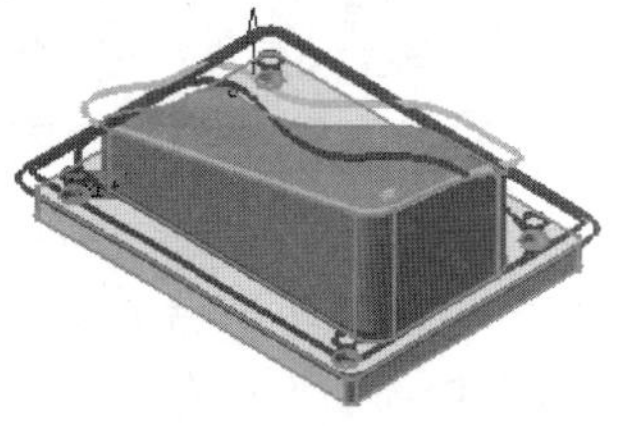
图25-132 计算的加工区域

06 选择【Operations】选项卡，单击【Insertion Level】文本框。

07 系统提示：Select a manufacturing program，在

特征树中选择【Manufacturing program.1】节点为插入点，系统返回【Machining Area】对话框，如图25-133所示。

08 依次选择Vertical、Intermediate、Horizontal，在【Assign】下拉列表中选择加工操作，如图25-134所示。

09 单击【确定】按钮，完成加工区域的定义，在特征树中添加三个加工操作节点，如图25-135所示。

P.P.R.
ProcessList
Process
Part Operation.1
Manufacturing Program.1

图25-133 选择插入点

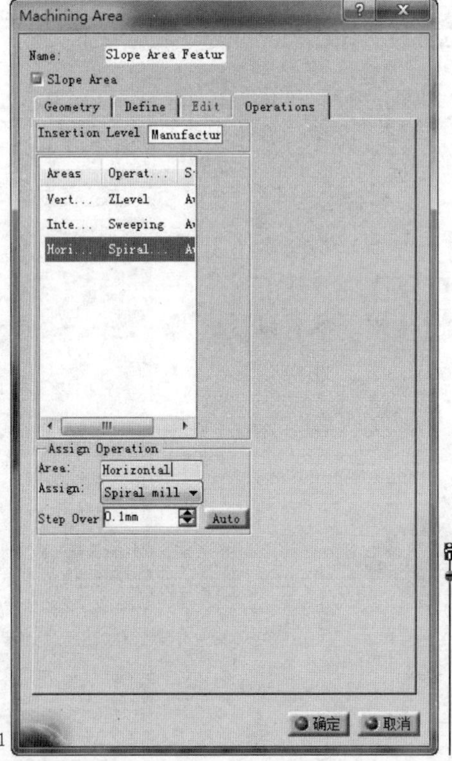

图25-134 【Operations】选项卡

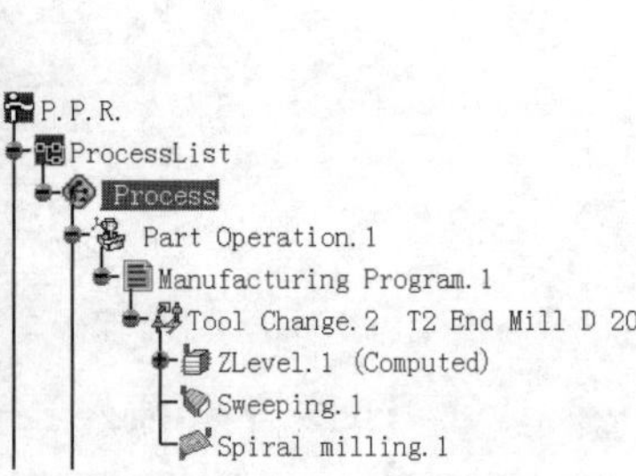

图25-135 添加加工操作节点

25.2 实战应用——V型腔三轴铣削加工

引入光盘：\动手操作\源文件\Ch25\case\Vslot.CATPart

结果文件：\动手操作\结果文件\Ch25\case\ NCSetup_55_10.58.44.CATProduct

视频文件：\视频\Ch25\ V型腔三轴铣削加工.avi

如图25-136所示的V型腔，截面形状为V型，上部为一个直壁凹形台阶，毛坯已经加工，需完成型腔内部加工。

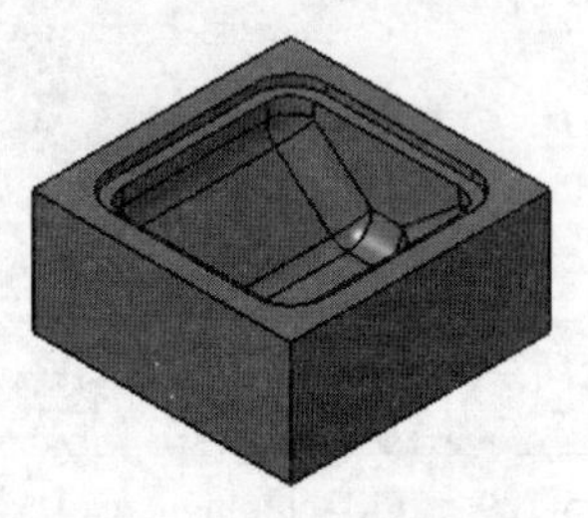

图25-136 V型腔零件

操作步骤

1. 打开模型文件进入加工模块

01 启动CATIA V5R21后，单击【标准】工具栏上的【打开】按钮，打开【选择文件】对话框，选择“Vslot.catpart”，单击【OK】按钮，文件打开后如图25-137所示。

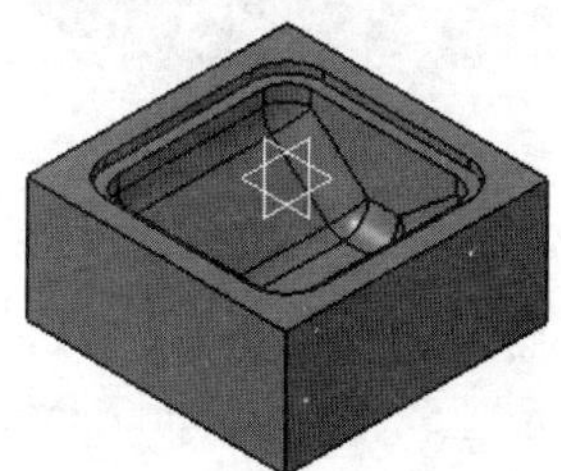

图25-137 打开的模型文件

02 选择下拉菜单【开始】|【加工】|【Surface Machining】命令，进入曲面铣削加工环境。

2. 创建毛坯零件

01 单击【Geometry Management】工具栏上的【Creates rough stock】按钮，系统弹出【Rough Stock】对话框，激活【Part body】编辑框，选择如图25-138所示的模型零件为目标加工零件。

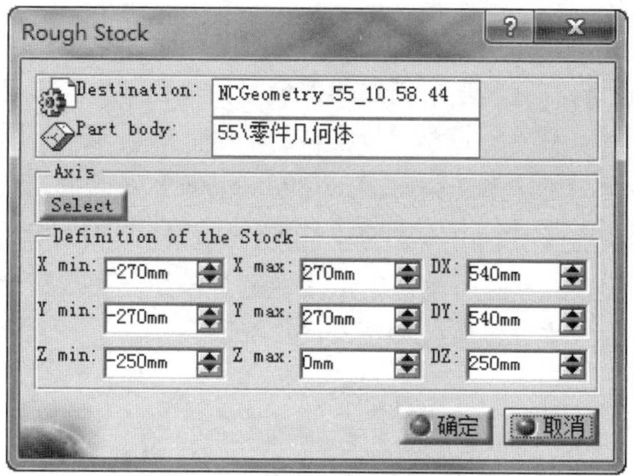

图25-138 【Rough Stock】对话框

02 单击【确定】按钮，完成毛坯零件的建立，如图25-139所示。

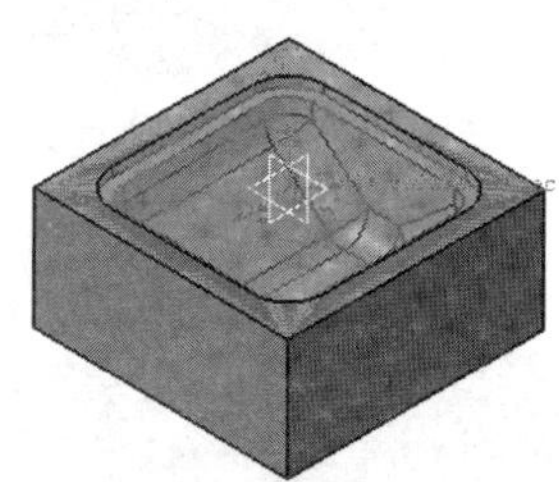

图25-139 创建的毛坯零件

3. 定义零件操作

01 在特征树上双击【Part Operation.1】节点，弹出【Part Operation】对话框，如图25-140所示。

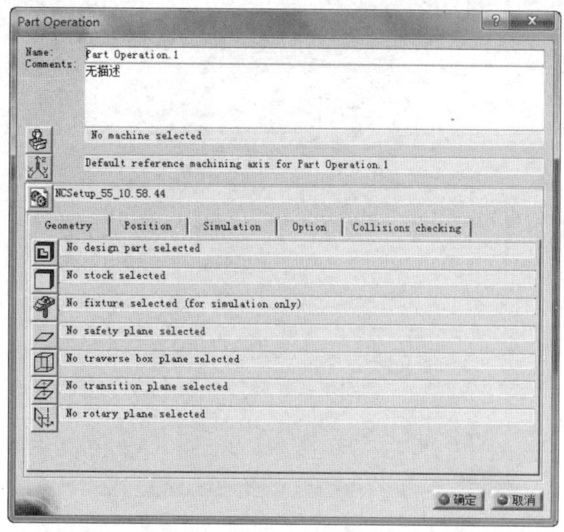

图25-140 【Part Operation】对话框

02 机床设置。单击【Part Operation】对话框中的【machine】按钮，弹出【Machine Editor】对话框，保持默认设置“3-axis Machine.1”，如图25-141所示。

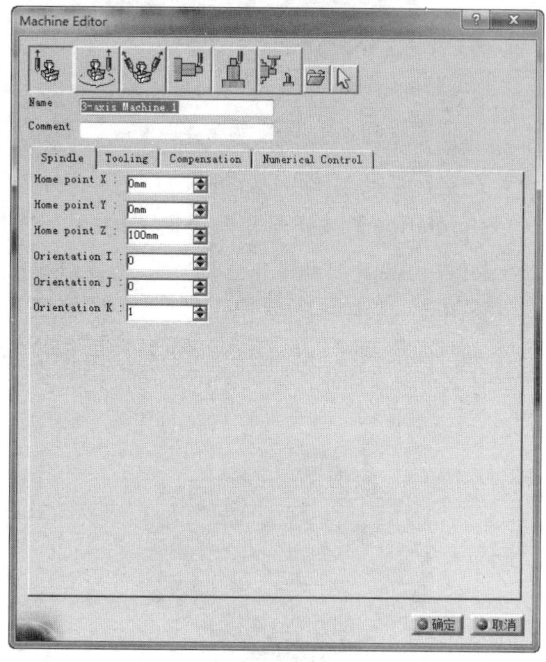

图25-141 【Machine Editor】对话框

03 定义加工坐标系。单击【Part Operation】对话框中的【Default reference machining axis system】按钮，弹出【NC Machine axis】

对话框，如图25-142所示。单击【确定】按钮，完成坐标系定义，如图25-143所示。

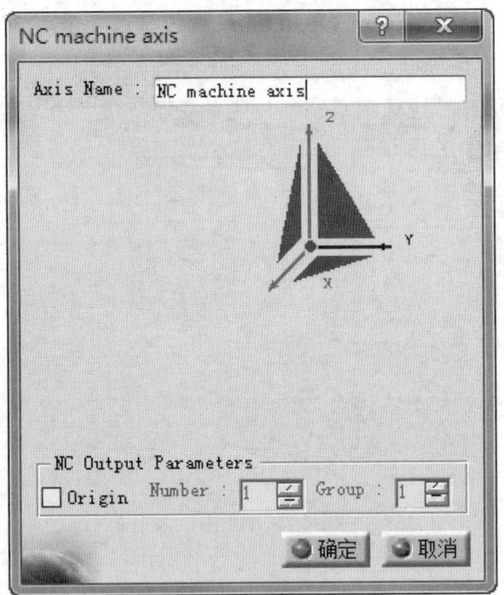

图25-142 【NC Machine axis】对话框

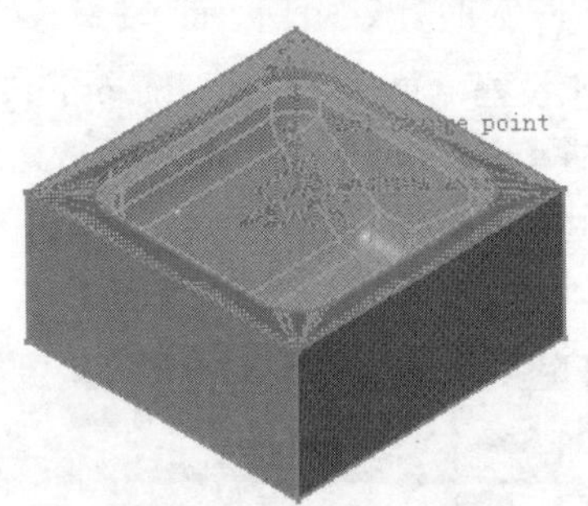
图25-143 定义加工坐标系

04 定义目标加工零件。单击【Design part for simulation】按钮，系统自动隐藏【Part Operation】对话框，在图形区选择打开的实体模型作为目标加工零件，然后双击空白处返回【Part Operation】对话框，如图25-144所示。

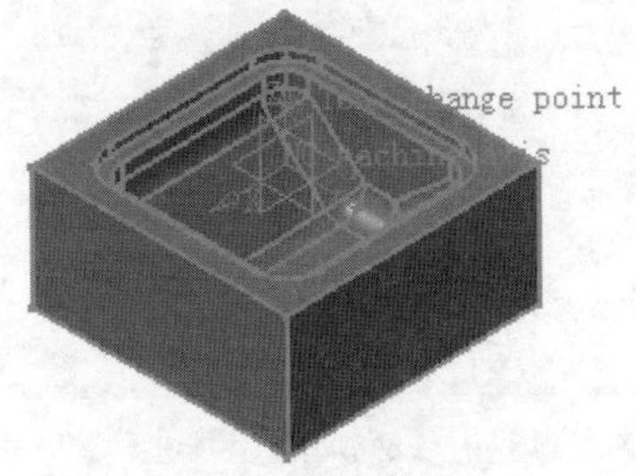
图25-144 选择目标加工零件

05 定义毛坯零件。单击【Stock】按钮，系统自动隐藏【Part Operation】对话框，在图形区创建毛坯实体作为毛坯零件，然后双击空白处返回【Part Operation】对话框，如图25-145所示。

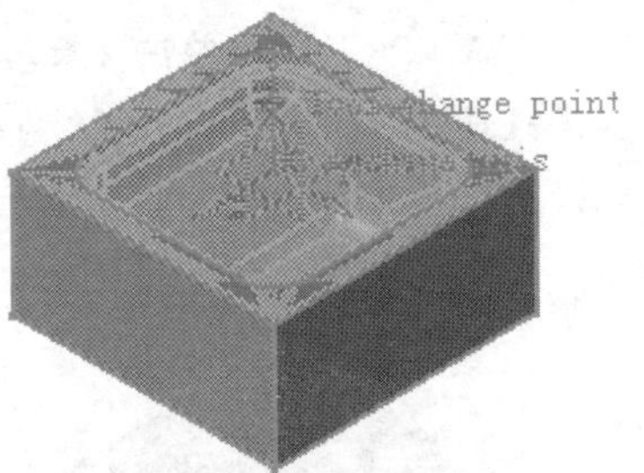
图25-145 选择毛坯零件

06 安全平面。单击【Safety plane】按钮，系统提示【Select a planar face or point to define the safety plane】，一般选择毛坯上表面，系统创建如图25-146所示的安全平面。

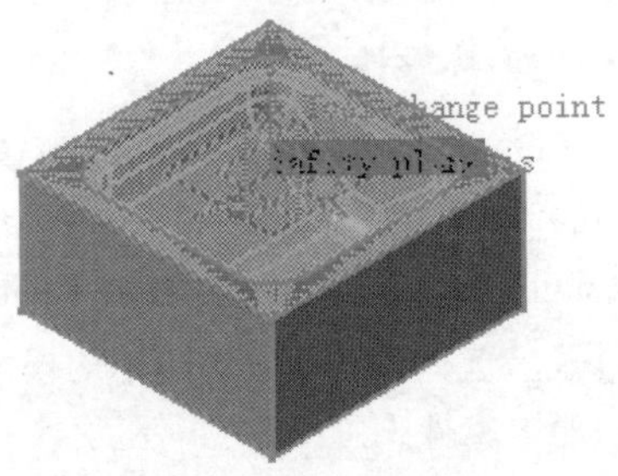
图25-146 创建安全平面

07 右键单击所创建的安全平面，在弹出的快捷菜单中选择【Offset】命令，如图25-147所示。系统弹出【Edit Parameter】对话框，在【Thickness】文本框中输入偏移值30，如图25-148所示，单击【确定】按钮，完成安全平面设置，如图25-149所示。

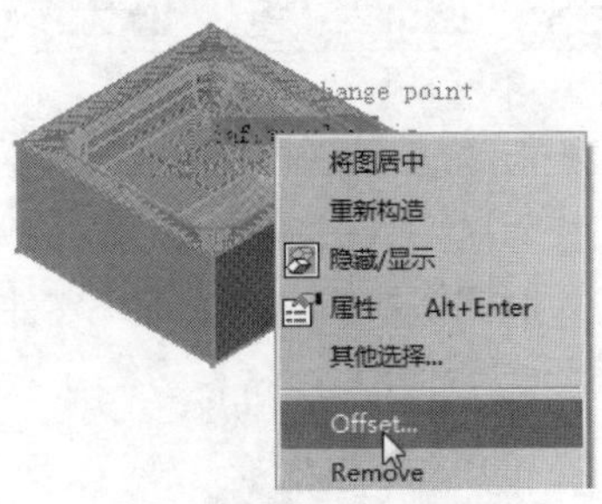

图25-147 快捷菜单

图25-148 【Edit Parameter】对话框

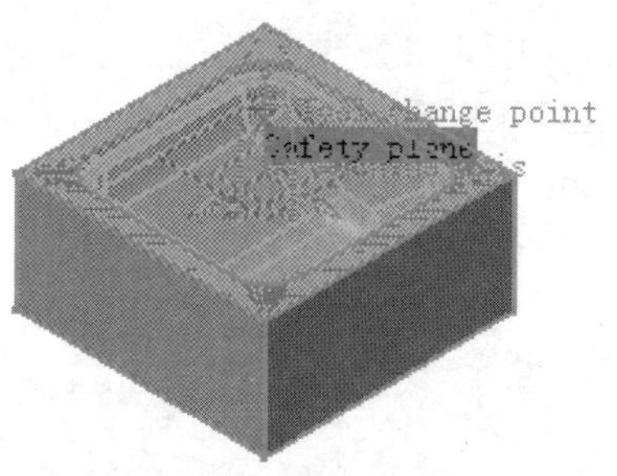

图25-149 创建的安全平面

4. 等高线粗加工

01 在特征树选择【Manufacturing Program.1】节点，选择下拉菜单【插入】|【Machining Operations】|【Roughing】命令，或者单击【Machining Operations】工具栏上的【Roughing】按钮，弹出【Roughing.1】对话框，如图25-150所示。

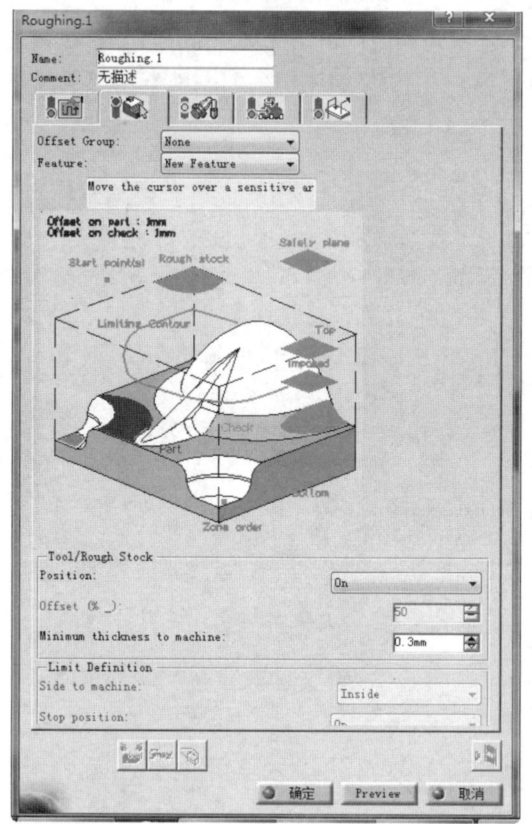

图25-150 【Roughing.1】对话框

02 设置几何参数。定义加工区域。单击【Roughing.1】对话框中的，切换到【几何参数】选项卡，单击对话框中目标零件感应区，选择整个目标加工零件作为加工对象，在空白处双击鼠标左键返回，如图25-151所示。

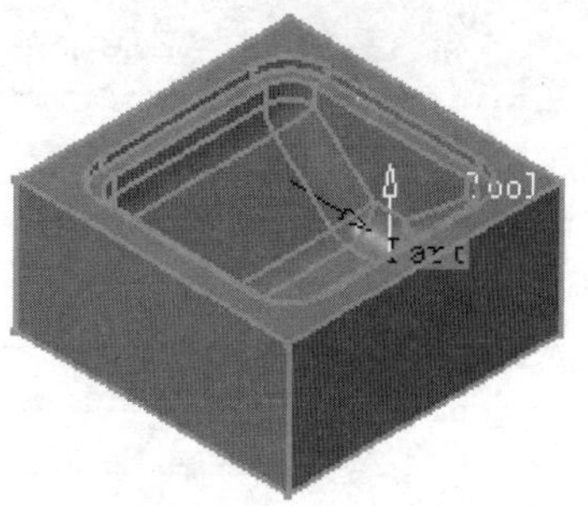

图25-151 选择加工区域

03 定义零件余量。双击【Rough.1】对话框中的【Offset on part】标志，弹出【Edit Parameter】对话框，可设置余量大小为1mm，如图25-152所示。

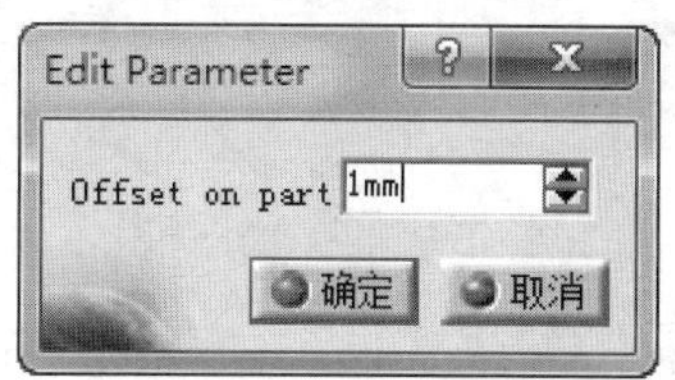

图25-152 定义零件余量

04 定义刀具参数。单击【Roughing.1】对话框中的，切换到【刀具参数】选项卡，在“Name”文本框中输入“T1 End Mill D63”，取消【Ball-end tool】复选框，如图25-153所示。

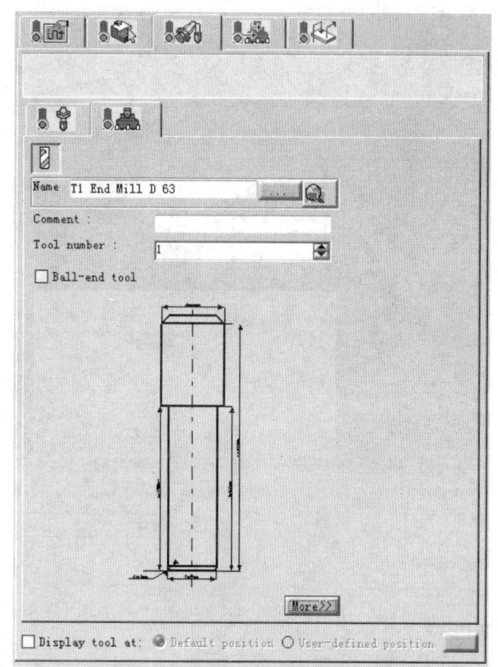

图25-153 【刀具参数】选项卡

05 单击【More】按钮，单击【Geometry】选项卡，设置刀具参数如图25-154所示。

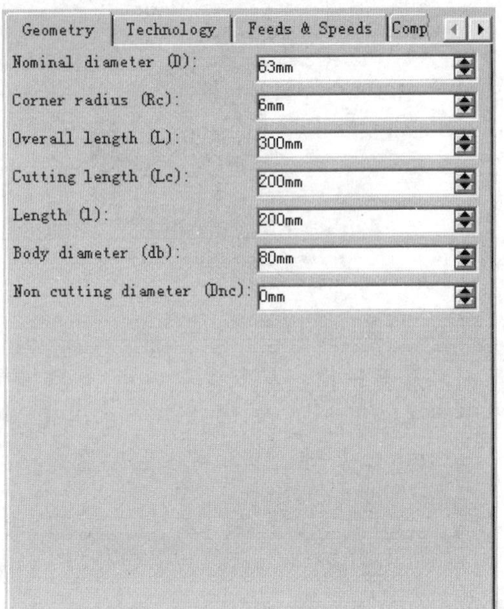

图25-154　定义刀具参数

06 定义刀具路径参数。单击【Roughing.1】对话框中的，切换到【刀具路径参数】选项卡，设置相关参数。

07 单击【Machining】选项卡，在【Machine mode】下拉列表中选择“By Area”和“Pockets only”选项，在【Tool path style】下拉列表中选择“Helical”选项，如图25-155所示。

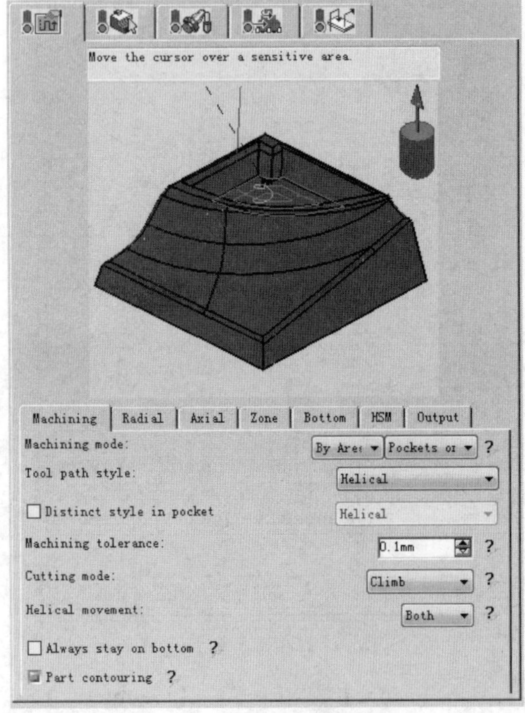

图25-155　【Machining】选项卡

08 单击【Radial】选项卡，在【Stepover】下拉列表中选择“Stepover ratio”，在【Tool diameter ratio】文本框中输入75，如图25-156所示。

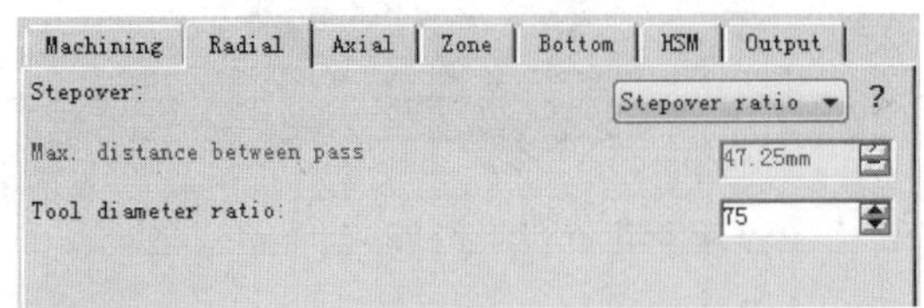

图25-156　【Radial】选项卡

09 单击【Axial】选项卡，在【Maximum cut depth】文本框中输入5mm，如图25-157所示。

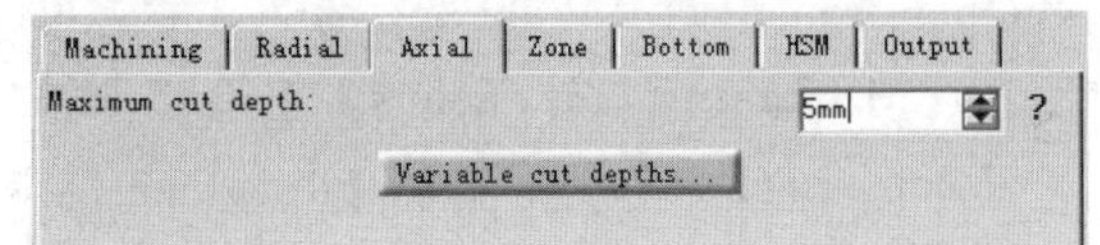

图25-157　【Axial】选项卡

10 定义进给率。单击【Roughing.1】对话框中的，切换到【进给率参数】选项卡，如图25-158所示。

Feedrate
Automatic compute from tooling Feeds and Speeds
Approach: 300mm_mn
Machining: 1000mm_mn
Retract: 1000mm_mn
Transition: Machining 5000mm_mn
Slowdown rate: 100
Unit: Linear
Feedrate reduction in corners
Feedrate reduction in corners
Reduction rate: 80
Minimum angle: 45deg
Maximum radius: 1mm
Distance before corner: 1mm
Distance after corner: 1mm
Spindle Speed
Automatic compute from tooling Feeds and Speeds
Spindle output
Machining: 900turn_mn
Unit: Angular
Quality: Rough　Compute

图25-158　【进给率参数】选项卡

11 定义进退刀路径。单击【Roughing.1】对话框中的，切换到【进退刀路径】选项卡，进行设置。

12 在【Macro Management】区域中的列表框中选择“Automatic”，在【mode】下拉列表中选择“Ramping”，设置其他参数如图25-159所示。

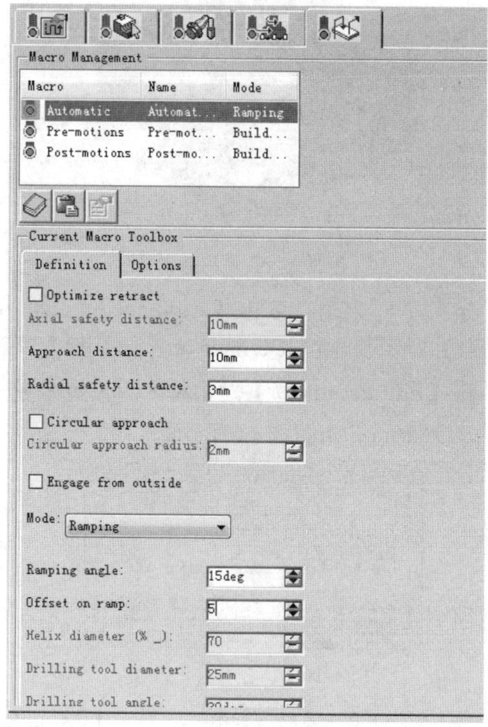

图25-159 【进退刀路径】选项卡

13 在【Macro Management】区域的列表框选择“Pre-motions”，单击【Add axial motion】按钮，如图25-160所示。

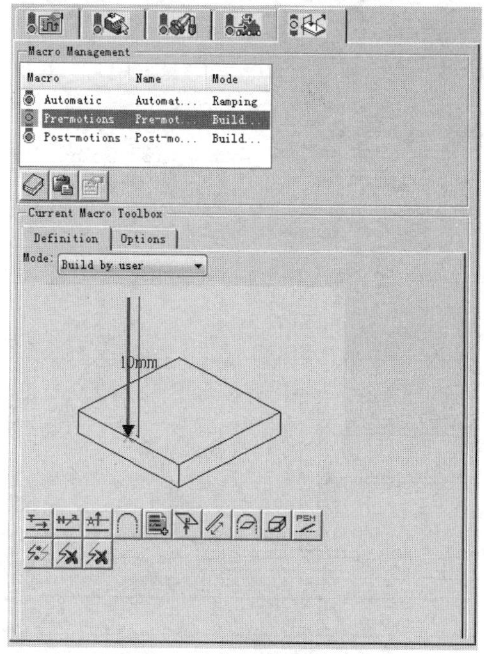

图25-160 设置Pre-motions

14 在“Macro Management”区域的列表框中选择“Post-motions”，单击“Add axial motion”按钮，如图25-161所示。

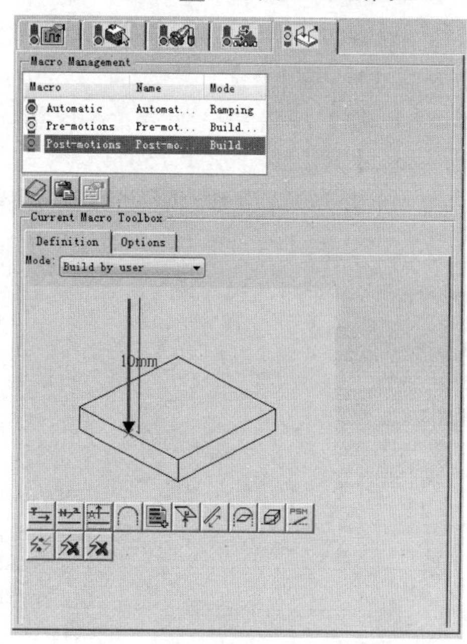

图25-161 设置Post-motions

15 刀路仿真。单击【Roughing.1】对话框中的【Tool Path Replay】按钮，弹出【Roughing.1】对话框，同时在图形区显示刀路轨迹，如图25-162所示。

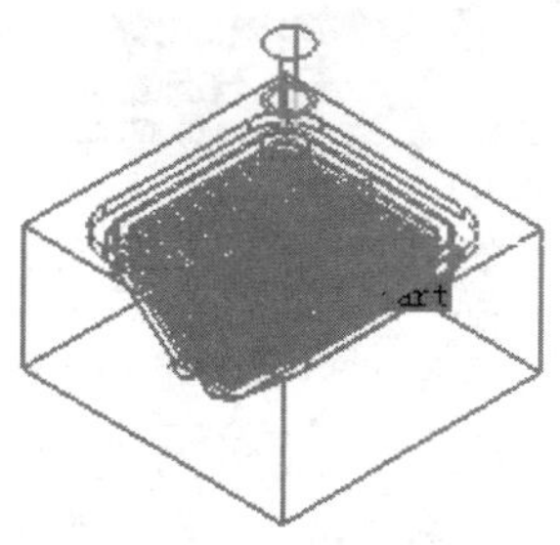

图25-162 生成刀具路径

16 单击【View from last result】按钮，然后单击【Forward replay】按钮，显示实体加工结果，如图25-163所示。

图25-163 实体切削仿真

5. **先进精加工型腔面**

01 在特征树中选择【Roughing.1】节点，选择下拉菜单【插入】|【Machining Operations】|【Advanced Finishing】命令，或者单击【Machining Operations】工具栏上的【Advanced Finishing】按钮，弹出【Advanced Finishing.1】对话框，如图25-164所示。

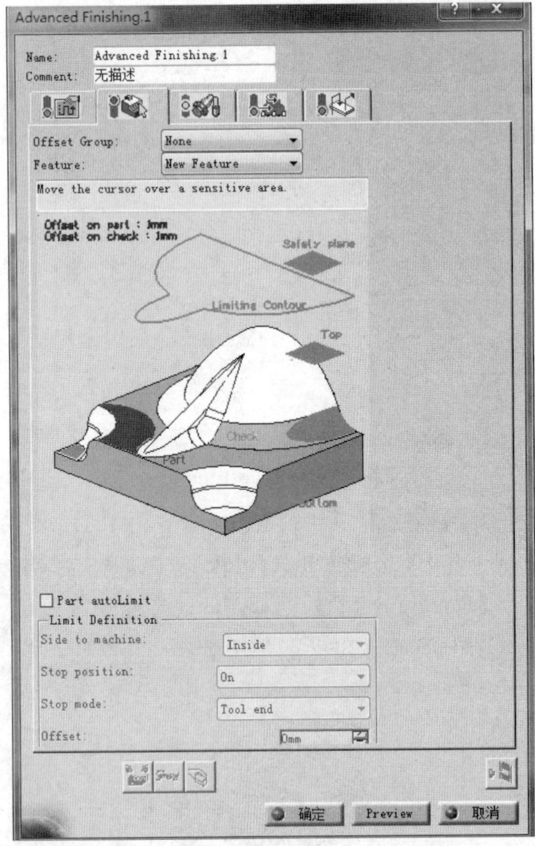

图25-164 【Advanced Finishing.1】对话框

02 设置几何参数，定义加工区域。单击【Advanced Finishing.1】对话框中的，切换到【几何参数】选项卡，单击对话框中目标零件感应区，选择整个目标加工零件作为加工对象，在空白处双击鼠标左键返回，如图25-165所示。

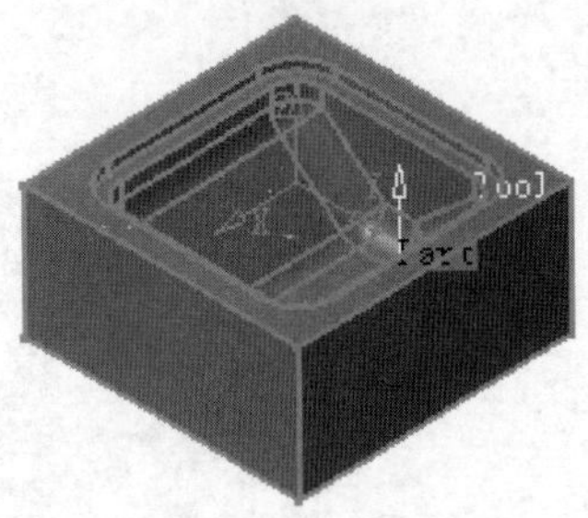

图25-165 选择加工区域

03 单击边界感应区，选择如图25-166所示的曲线为边界，双击空白处返回。

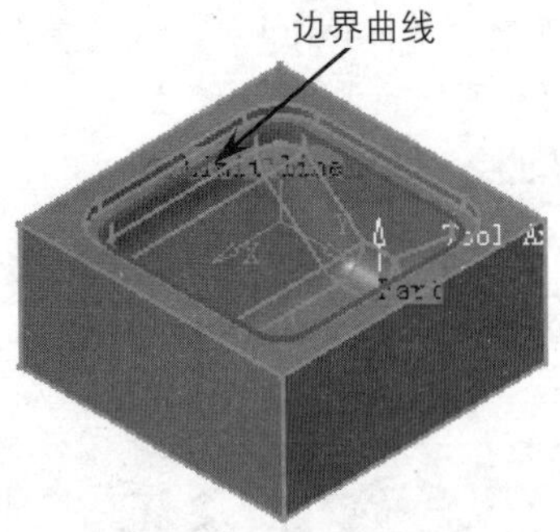

图25-166 选择加工边界

04 定义零件余量。双击【Advanced Finishing .1】对话框中的【Offset on part】标志，弹出【Edit Parameter】对话框，可设置余量大小为0mm，如图25-167所示。

图25-167 定义零件余量

05 定义刀具参数。单击【Advanced Finishing.1】对话框中的，切换到【刀具参数】选项卡，在【Name】文本框中输入“T1 End Mill D 20”，选中“Ball-end tool”复选框，如图25-168所示。

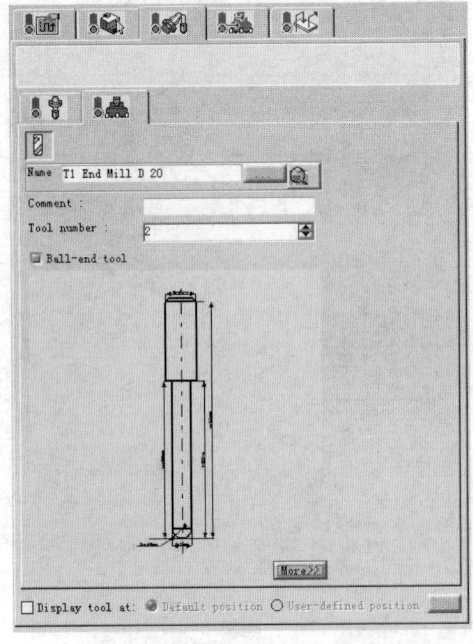

图25-168 【刀具参数】选项卡

06 单击【More】按钮，单击【Geometry】选项卡，设置刀具参数如图25-169所示。

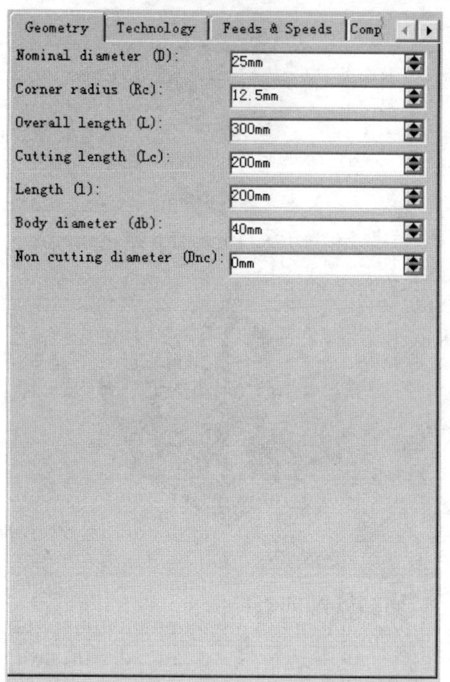

图25-169 定义刀具参数

07 定义刀具路径参数。单击【Advanced Finishing.1】对话框中的，切换到【刀具路径参数】选项卡，设置相关参数。

08 单击【Machining】选项卡，在【Machine tolerance】文本框中输入0.1mm，在【Cutting mode】下拉列表中选择“Climb”选项，如图25-170所示。

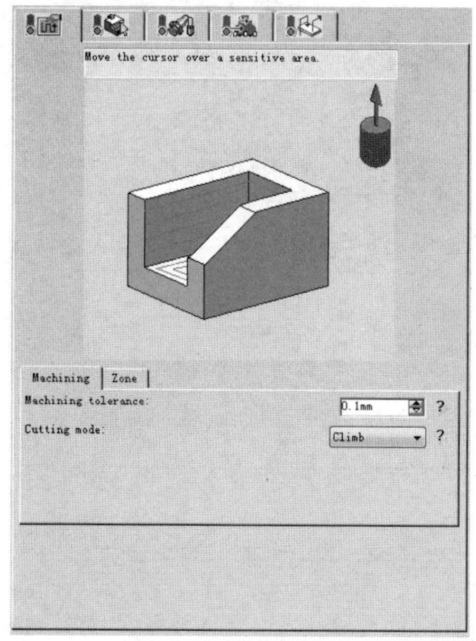

图25-170 【Machining】选项卡

09 单击【Zone】选项卡，在【Max. horizontal slope】文本框中输入70，在【Distance between pass】文本框中输入如图25-171所示的数值。

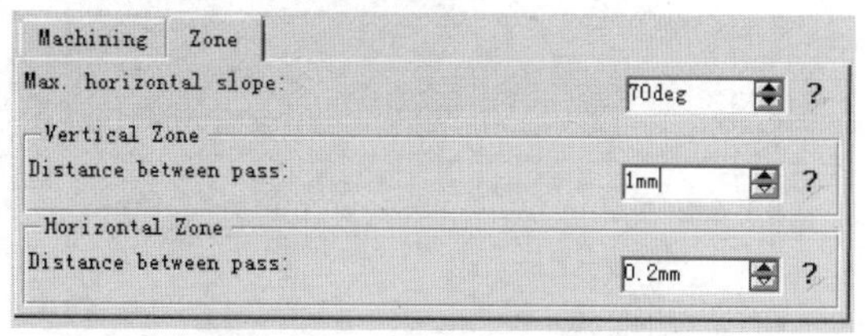

图25-171 【Zone】选项卡

10 定义进给率。单击【Advanced Finishing.1】对话框中的，切换到【进给率参数】选项卡，如图25-172所示。

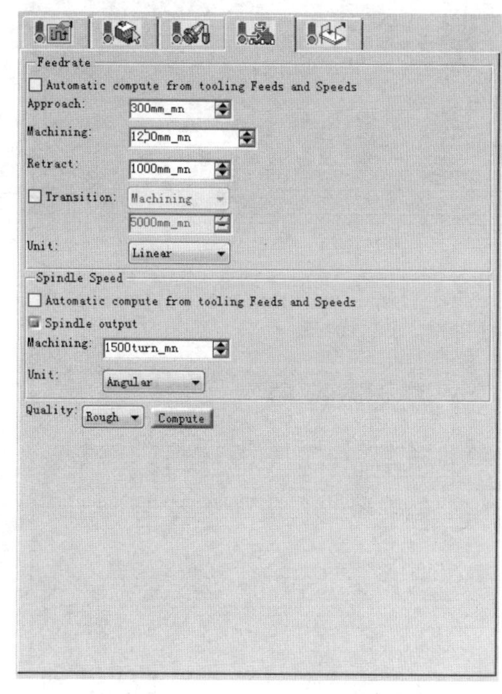

图25-172 【进给率参数】选项卡

11 定义进退刀路径。单击【Advanced Finishing.1】对话框中的，切换到【进退刀路径】选项卡，进行设置。

12 在【Macro Management】区域中的列表框中选择“Approach”，单击鼠标右键，在弹出的快捷菜单中选择【Activate】命令，在【mode】下拉列表中选择“Circular or ramping”，设置其他参数如图25-173所示。

13 在【Macro Management】区域中的列表框中选择“Retract”，单击鼠标右键，在弹

出的快捷菜单中选择【Activate】命令，在【mode】下拉列表中选择“Along tool axis”，设置其他参数如图25-174所示。

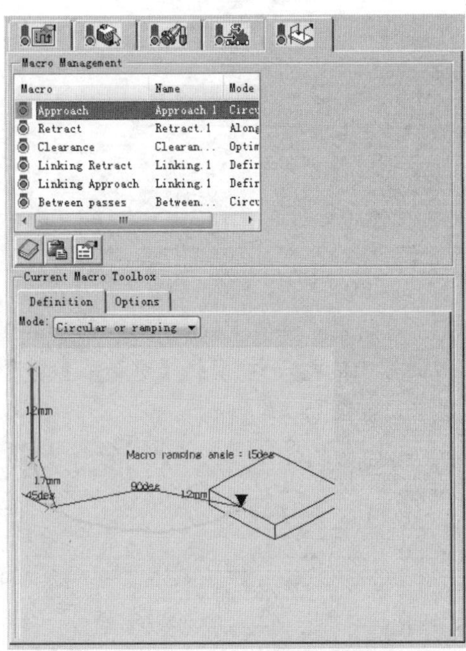

图25-173　设置Approach参数

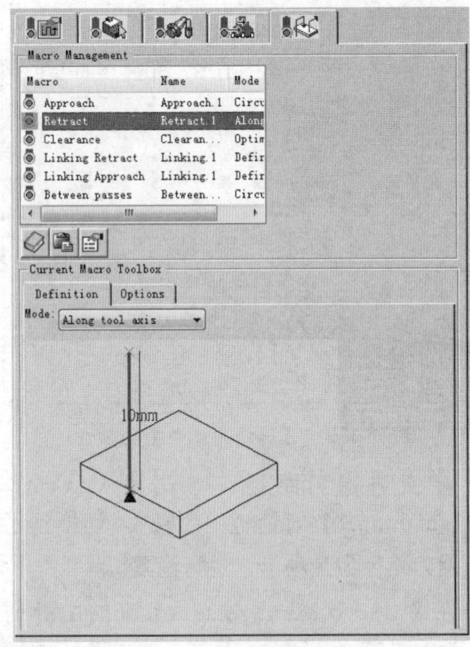

图25-174　设置Retract参数

14 刀路仿真。单击【Advanced Finishing.1】对话框中的【Tool Path Replay】按钮，弹出“Advanced Finish.1”对话框，同时在图形区显示刀路轨迹，如图25-175所示。

15 单击【View from last result】按钮，然后单击【Forward replay】按钮，显示实体加工结果，如图25-176所示。

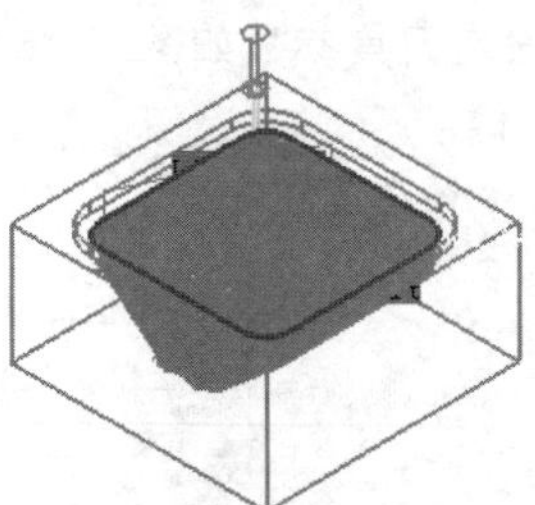

图25-175　生成刀具路径

图25-176　实体切削仿真

6. 型腔铣削凹台阶

01 在特征树中选择【Advanced Finishing.1】节点，选择下拉菜单【插入】|【Machining Operations】|【Pocketing】命令，或者单击【Machining Operations】工具栏上的【Pocketing】按钮，弹出【Pocketing.1】对话框，如图25-177所示。

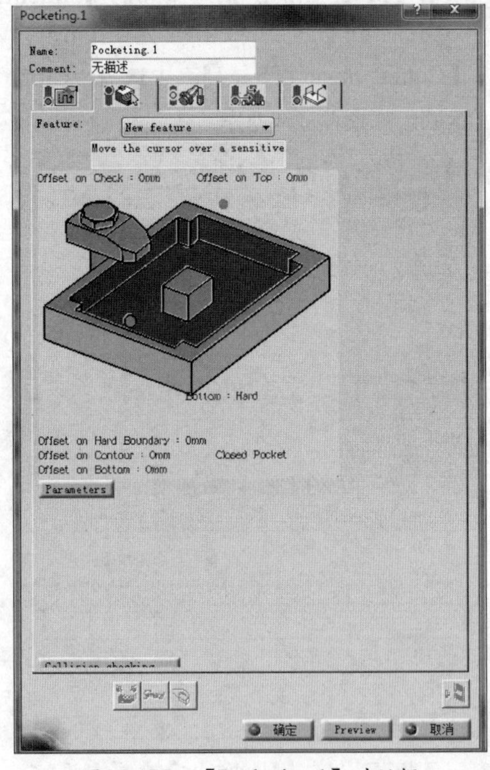

图25-177　【Pocketing.1】对话框

02 选择加工几何。单击对话框中底面感应区，感应区颜色由深红色变成橙黄色，选择如图25-178所示的表面为加工表面，系统返回【Pocketing.1】对话框，此时底面和侧面感应区颜色变为深绿色。

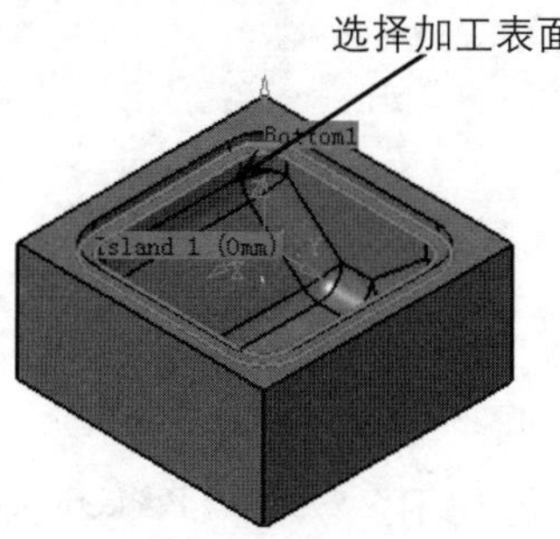

图25-178　选择加工表面

03 单击顶面感应区，选择如图25-179所示的平面作为顶面，双击空白处返回。

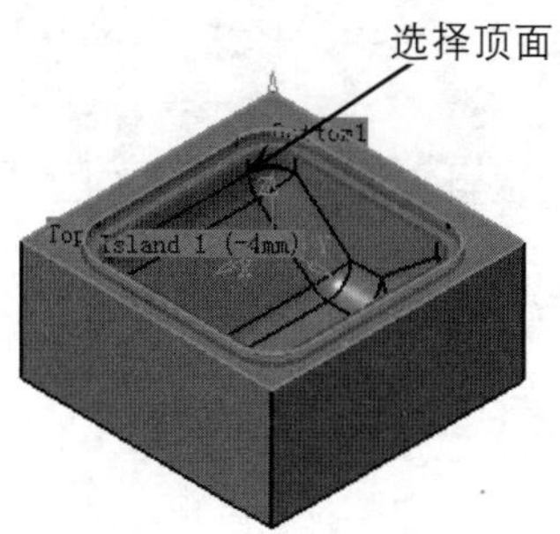

图25-179　选择顶面

04 选择【Island X（0mm）】标识，单击鼠标右键，在弹出的快捷菜单中选择【Offset on Island 1】命令，弹出【Edit Parameter】对话框，输入-4，如图25-180所示，单击【确定】按钮返回。

图25-180　设置岛屿偏置

05 定义底面余量。双击【Pocketing.1】对话框中的【Offset on Bottom】标识，弹出【Edit Parameter】对话框，可设置余量大小为0mm，如图25-181所示。

图25-181　【Edit Parameter】对话框

06 定义刀具参数。单击【Pocketing.1】对话框中的 ，切换到【刀具参数】选项卡，单击【End Mill】按钮 ，相关参数如图25-182所示。

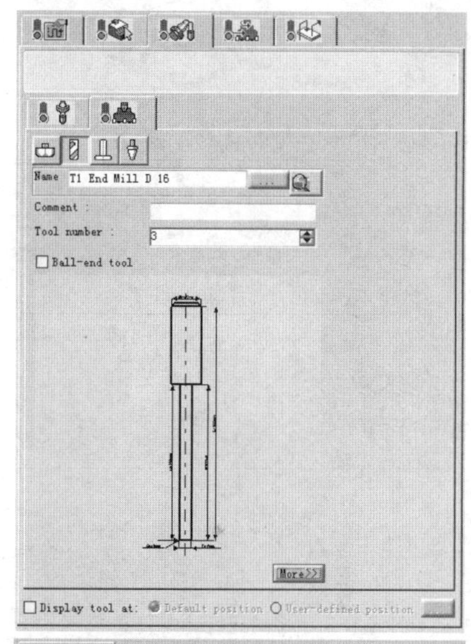

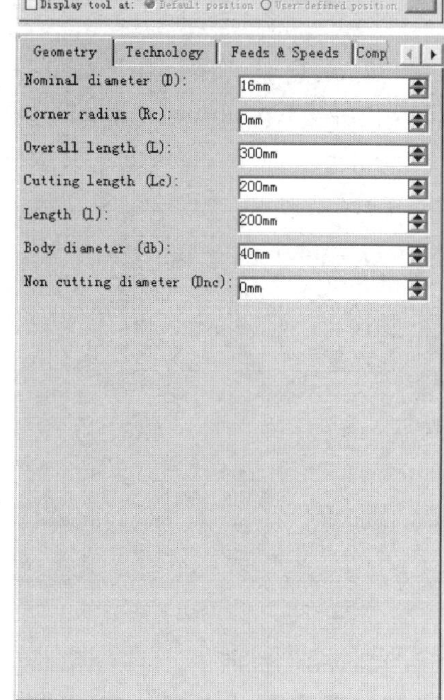

图25-182　【刀具参数】选项卡

07 定义刀具路径参数。单击【Pocketing.1】对话框中的，切换到【刀具路径参数】选项卡。

08 单击【Machining】选项卡，在【Tool path style】下拉列表中选择【Outward helical】选项，在【Direction of cut】下拉列表中选择【Climb】选项，其他选项采用系统默认，如图25-183所示。

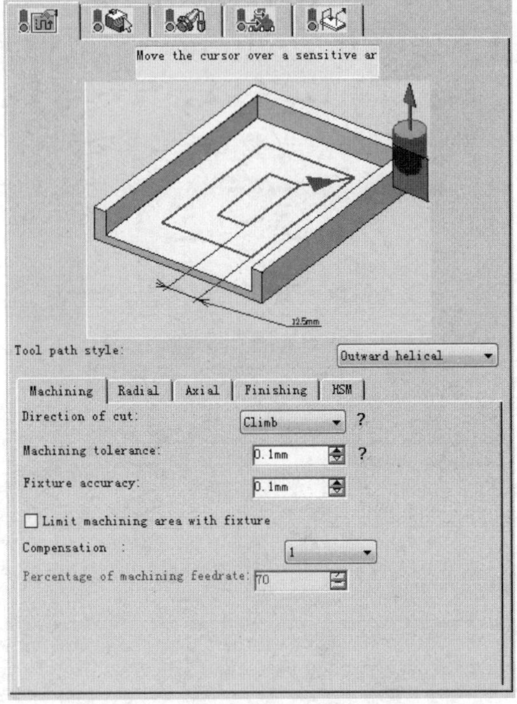

图25-183 【Machining】选项卡

09 单击【Radial】选项卡，在【Mode】下拉列表中选择【Tool diameter ratio】选项，在【Percentage of tool diameter】文本框输入50，其他参数默认，如图25-184所示。

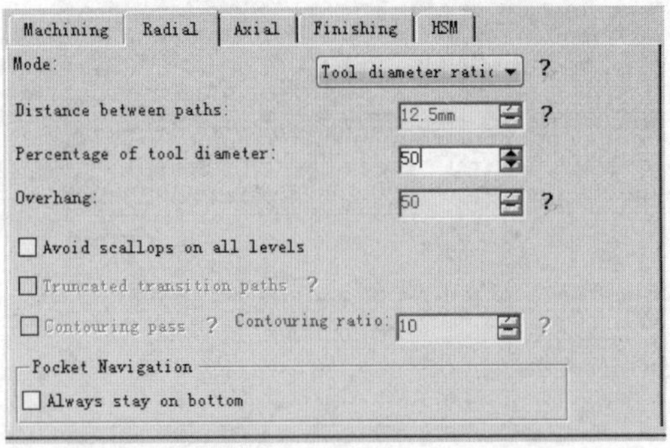

图25-184 【Radial】选项卡

10 单击【Axial】选项卡，在【Mode】下拉列表中选择【Number of levels】选项，在【Number of levels】文本框输入10，其他参数默认，如图25-185所示。

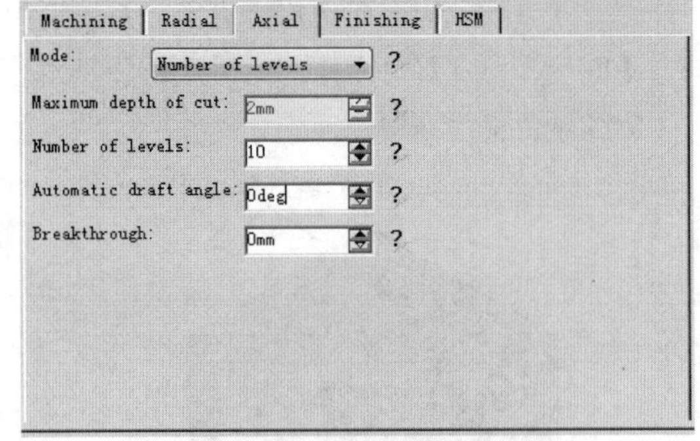

图25-185 【Axial】选项卡

11 定义进退刀路径。单击【Pocketing.1】对话框中的，切换到【进退刀路径】选项卡。

12 在【Macro Management】区域的列表框中选择【Approach】选项，单击鼠标右键，在弹出的快捷菜单中选择【Activate】命令，并在【Mode】下拉列表中选择【Ramping】选项，选择斜线进刀类型，如图25-186所示。

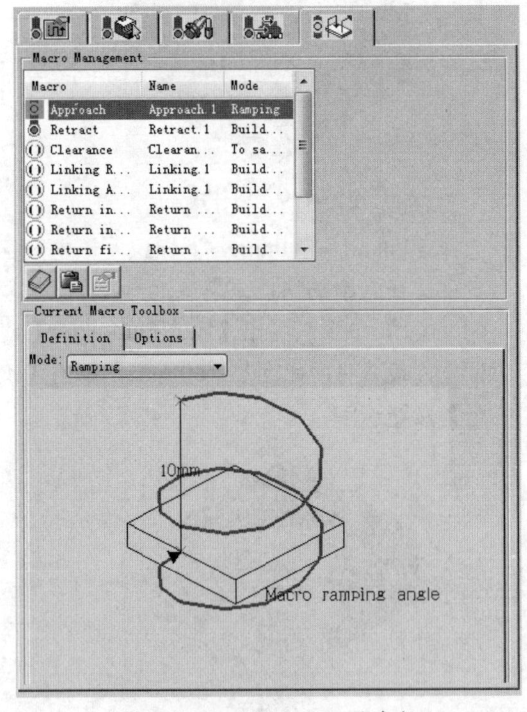

图25-186 设置Approach参数

13 在【Macro Management】区域的列表框中选择【Retract】选项，单击鼠标右键，在弹出的快捷菜单中选择【Activate】命令，并在【Mode】下拉列表中选择【Axial】选项，选择直线退刀类型，如图25-187所示。

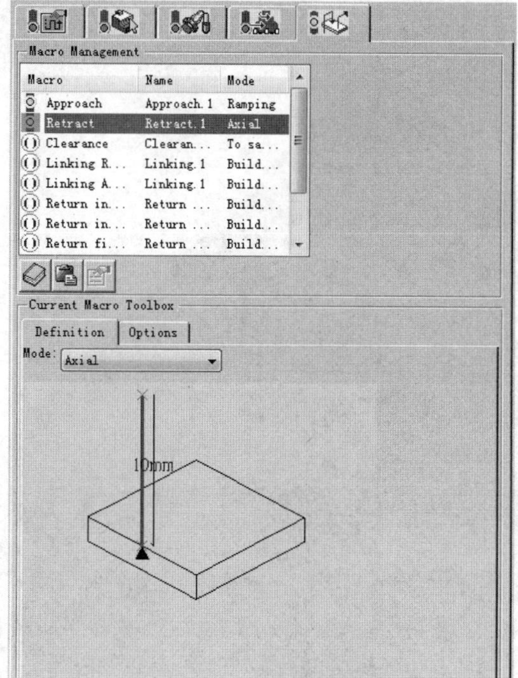

图25-187　设置Retract参数

14 刀路仿真。单击【Pocketing.1】对话框中的【Tool Path Replay】按钮，弹出【Pocketing.1】对话框，同时在图形区显示刀路轨迹，如图25-188所示。

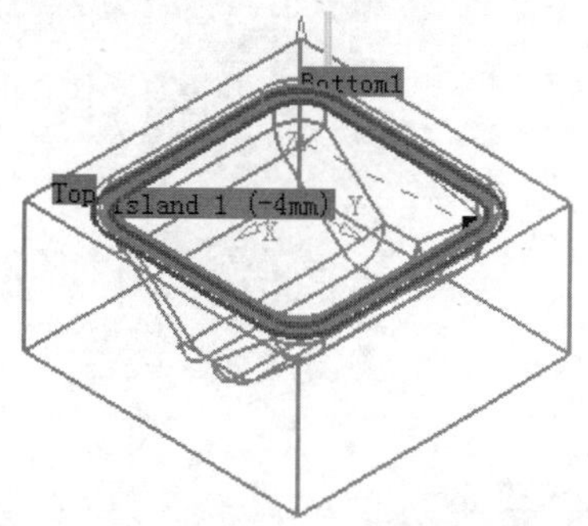

图25-188　生成刀具路径

15 单击【View from last result】按钮，然后单击【Forward replay】按钮，显示实体加工结果，如图25-189所示。

图25-189　实体切削仿真

第26章 多轴铣削加工

多轴数控加工就是指在一台机床上至少有4个坐标轴（三个直线坐标和一个或多个旋转坐标），而且可在计算机数控系统控制下同时协调运动进行加工。由于多轴加工机床的广泛应用，我们在本章中特地把有关多轴铣削加工技巧介绍给大家。

本章详细介绍了多轴加工中刀轴控制方法、投影加工、管道加工、侧刃加工等。刀轴控制方法是多轴数控加工的核心，掌握各种多轴铣削加工方法可以更加灵活应用2.5加工操作。

◎ 知识点01：固定刀轴设置与应用

◎ 知识点02：前倾和侧倾刀轴设置与应用

◎ 知识点03：通过点刀轴设置与应用

◎ 知识点04：垂直直线刀轴设置与应用

◎ 知识点05：4轴曲线投影加工几何和刀具路径参数设置

26.1 多轴铣削加工的操作与设置

了解CATIA多轴铣削加工流程，并理解其思想，在数控加工设计阶段有着非常重要的指导作用。

26.1.1 固定刀轴设置与应用——Fixed axis

固定刀轴是指刀轴方向保持恒定，由【Tool Axis】对话框中的I、J、K矢量来定义刀轴方向。

动手操作—固定刀轴设置

01 启动CATIA V5R21，单击【标准】工具栏上的【打开】按钮，打开【选择文件】对话框，选择“ex_1.CATProcess”文件，如图26-1所示。

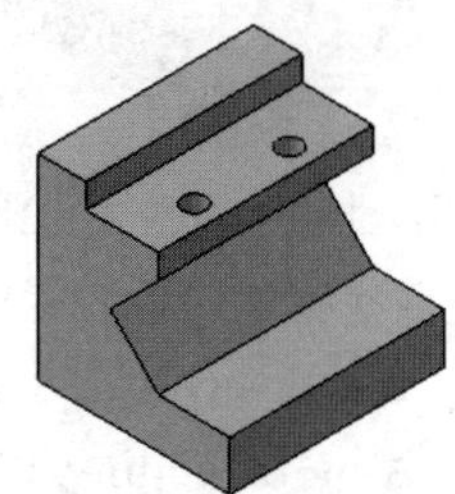

图26-1 打开加工文件

02 双击P.P.R特征树中【ProcessList】节点下的【Multi-Axis Sweeping.1】加工节点，展开【Multi-Axis Sweeping.1】对话框，单击，切换到【刀具路径参数】选项卡，选择【Tool axis】选项卡，在【Tool axis mode】下拉列表中选择【Fixed axis】选项，如图26-2所示。

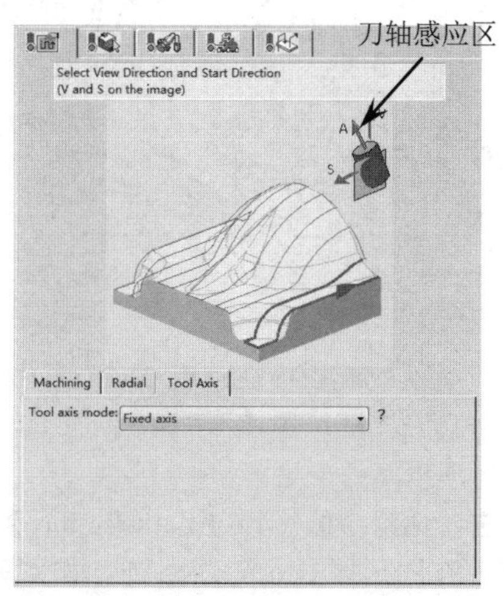

图26-2 【Tool axis】选项卡

03 单击刀轴感应区，弹出【Tool Axis】对话框，输入刀轴方向为（0,1.5,1），如图26-3所示，单击【确定】按钮返回。

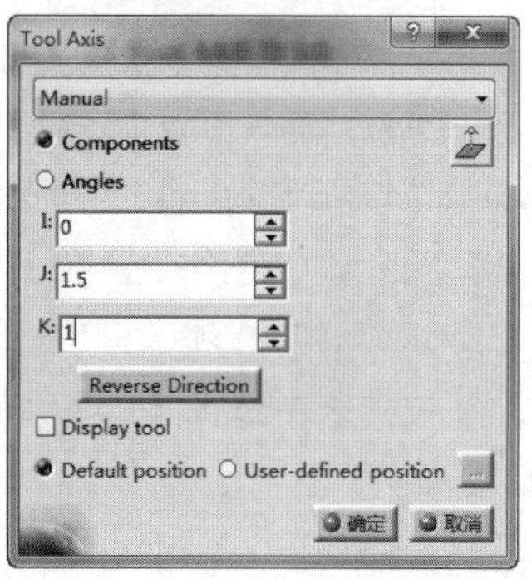

图26-3 【Tool Axis】对话框

04 单击对话框中的【Tool Path Replay】按钮，在图形区显示刀路轨迹，如图26-4所示。

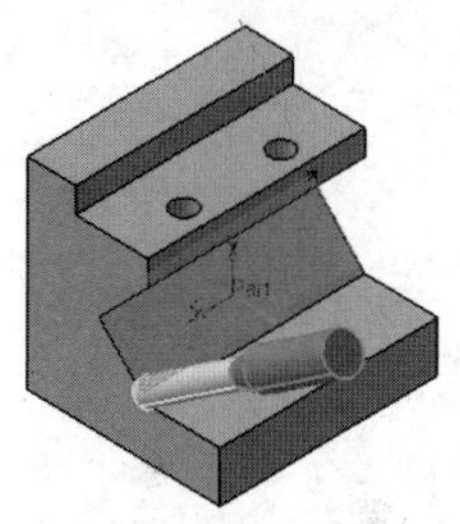

图26-4 生成刀具轨迹

26.1.2 前倾和侧倾刀轴设置与应用——Lead and tilt

刀轴相对于切削方向成一定夹角，包括前倾角lead和侧倾角tilt，如图26-5所示。

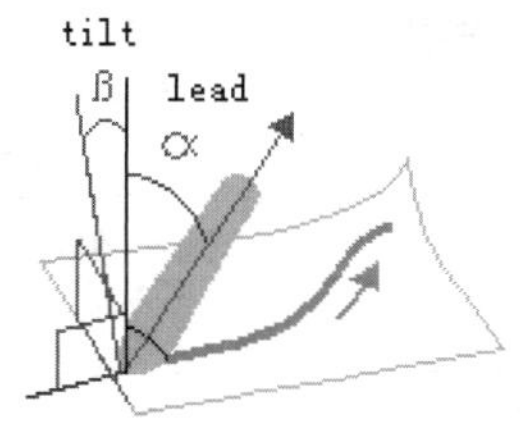

图26-5 前倾和侧倾刀轴

动手操作—前倾和侧倾刀轴设置

01 启动CATIA V5R21，单击【标准】工具栏上的“打开”按钮，打开“选择文件”对话框，选择“ex_2.CATProcess”文件，如

图26-6所示。

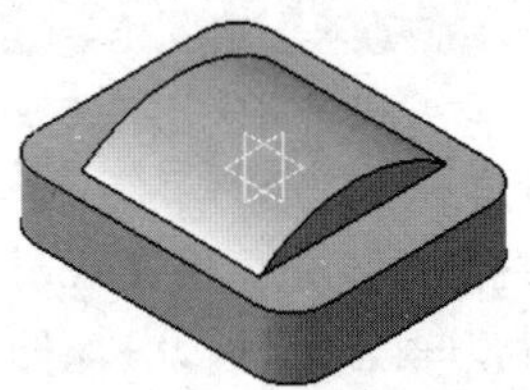

图26-6 打开加工文件

02 双击P.P.R特征树中【ProcessList】节点下的【Multi-Axis Sweeping.1】加工节点，展开【Multi-Axis Sweeping.1】对话框，单击，切换到【刀具路径参数】选项卡，选择【Tool axis】选项卡，在【Tool axis mode】下拉列表中选择【Lead and tilt】选项，如图26-7所示。

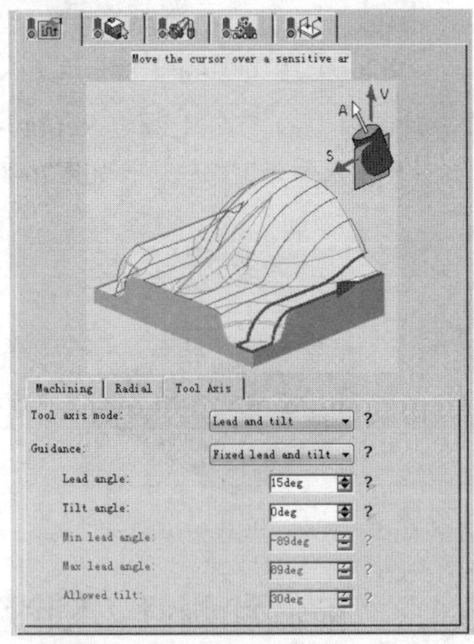

图26-7 【Tool axis】选项卡

03 单击对话框中的【Tool Path Replay】按钮，在图形区显示刀路轨迹，如图26-8所示。

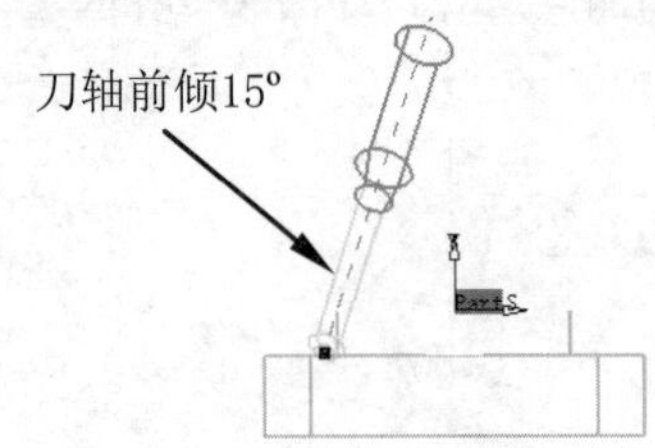

图26-8 生成刀具轨迹

26.1.3 通过点刀轴设置与应用——Thru a point

通过点是指刀具通过指定的点，可以是朝向点或者远离点，如图26-9所示。

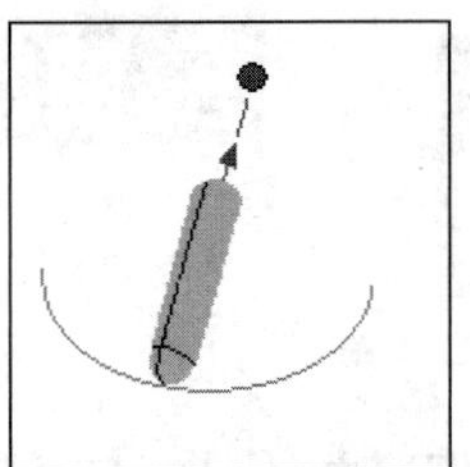

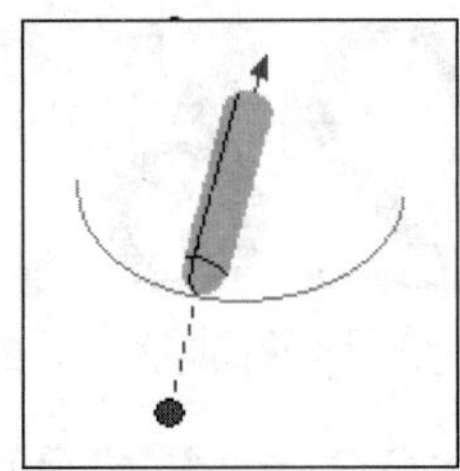

图26-9 通过点刀轴

动手操作—通过点刀轴设置与应用

01 启动CATIA V5R21，单击【标准】工具栏上的【打开】按钮，打开【选择文件】对话框，选择“ex_3.CATProcess”文件，如图26-10所示。

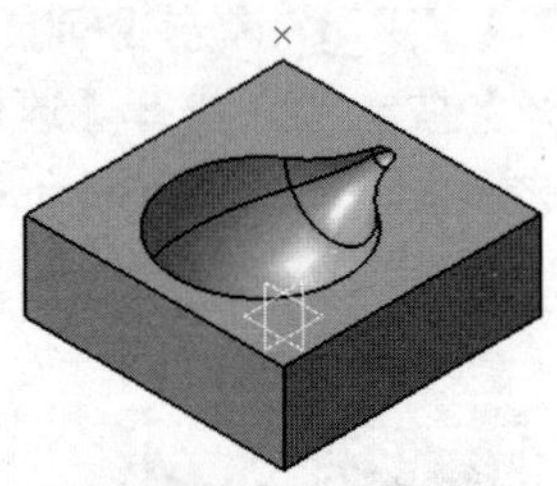

图26-10 打开加工文件

02 双击P.P.R特征树中【ProcessList】节点下的【Multi-Axis Sweeping.1】加工节点，展开【Multi-Axis Sweeping.1】对话框，单击，切换到【刀具路径参数】选项卡，选择【Tool axis】选项卡，在【Tool axis mode】下拉列表中选择【Thru a point】选项，如图26-11所示。

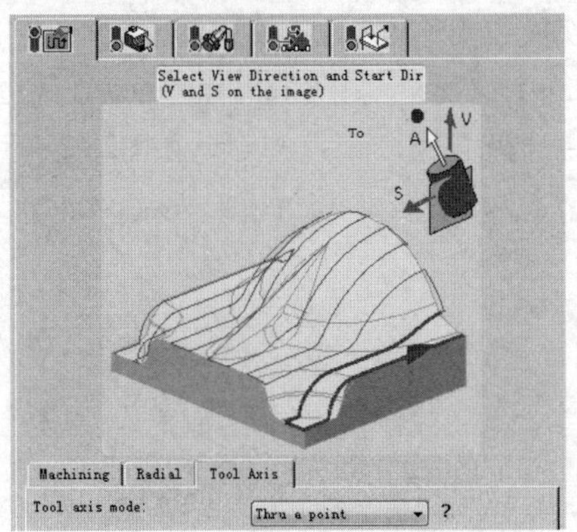

图26-11 【Tool axis】选项卡

03 单击点感应区，选择如图26-12所示的点为刀轴通过点。

04 单击对话框中的【Tool Path Replay】按钮，在图形区显示刀路轨迹，如图26-13所示。

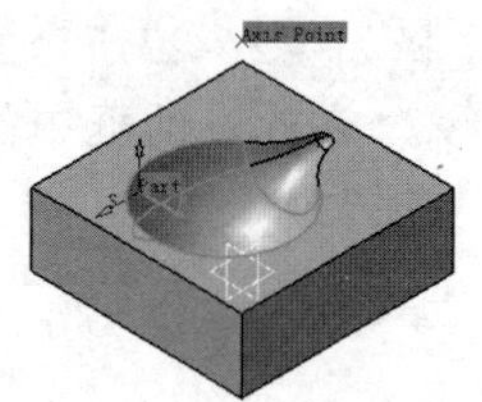

图26-12 选择点

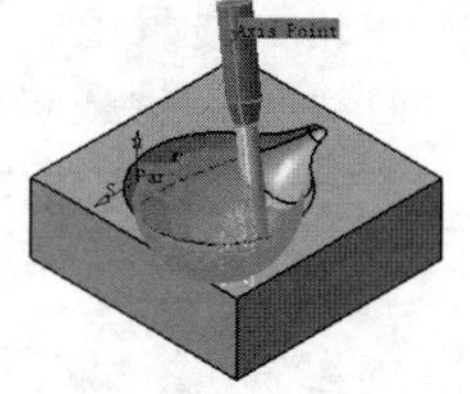

图26-13 生成刀具轨迹

26.1.4 垂直直线刀轴设置与应用——Normal to line

垂直直线是指刀轴垂直于直线，包括朝向直线和离开直线，如图26-14所示。

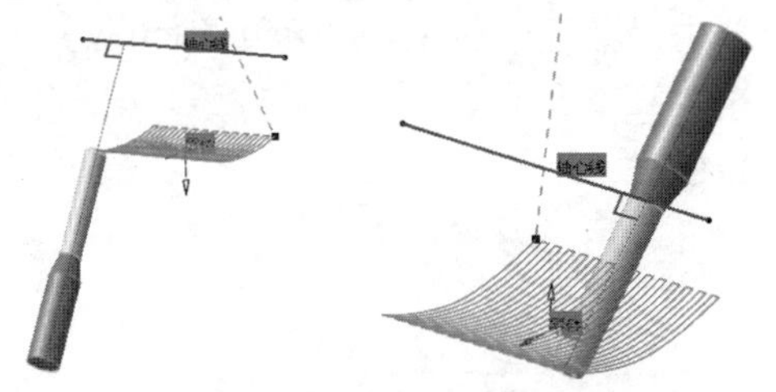

图26-14 垂直于直线刀轴

动手操作—垂直直线刀轴设置与应用

01 启动CATIA V5R21，单击【标准】工具栏上的【打开】按钮，打开【选择文件】对话框，选择“ex_4.CATProcess”文件，如图26-15所示。

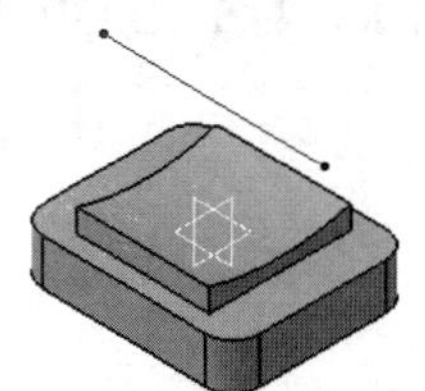

图26-15 打开加工文件

02 双击P.P.R特征树中【ProcessList】节点下的【Multi-Axis Sweeping.1】加工节点，展开【Multi-Axis Sweeping.1】对话框，单击，切换到【刀具路径参数】选项卡，选择【Tool axis】选项卡，在【Tool axis mode】下拉列表中选择【Normal to line】选项，如图26-16所示。

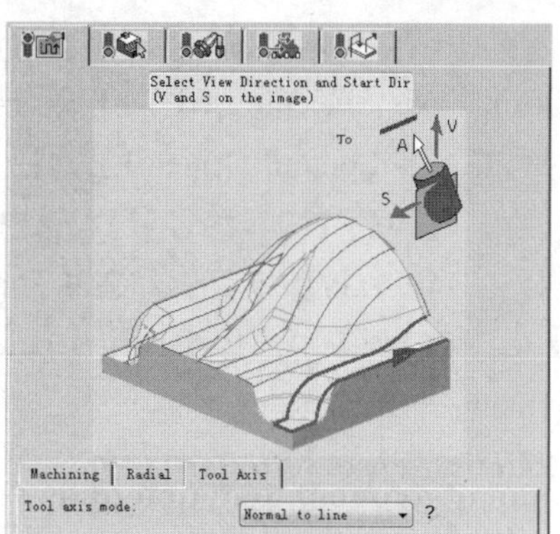

图26-16 【Tool axis】选项卡

03 单击点感应区，选择如图26-17所示的直线为刀轴通过直线。

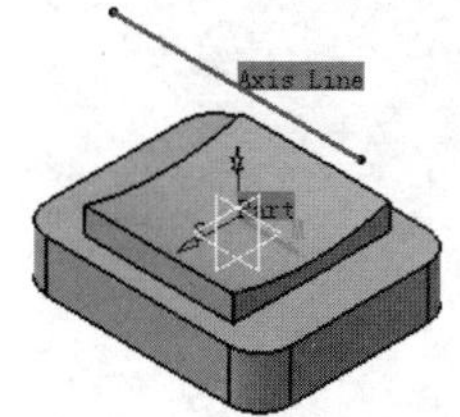

图26-17 选择直线

04 单击对话框中的【Tool Path Replay】按钮，在图形区显示刀路轨迹，如图26-18所示。

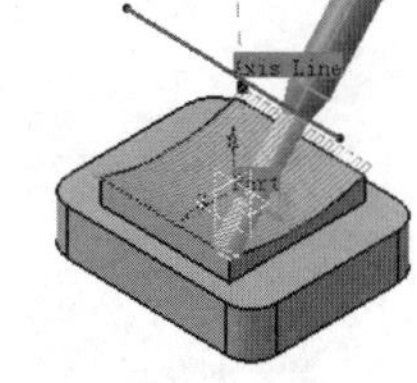

图26-18 生成刀具轨迹

26.1.5 通过引导刀轴设置与应用——Thru a guide

通过引导是指刀轴通过引导曲线，如图26-19所示。

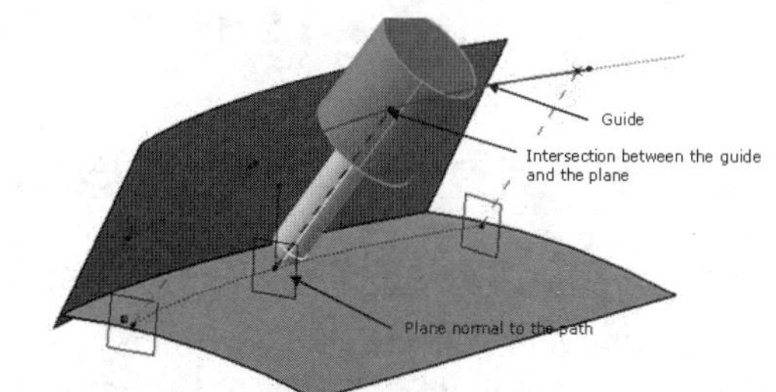

图26-19 通过引导刀轴

动手操作—通过引导刀轴设置与应用

01 启动CATIA V5R21，单击【标准】工具栏上的【打开】按钮，打开【选择文件】对话框，选择“ex_5.CATProcess”文件，如图26-20所示。

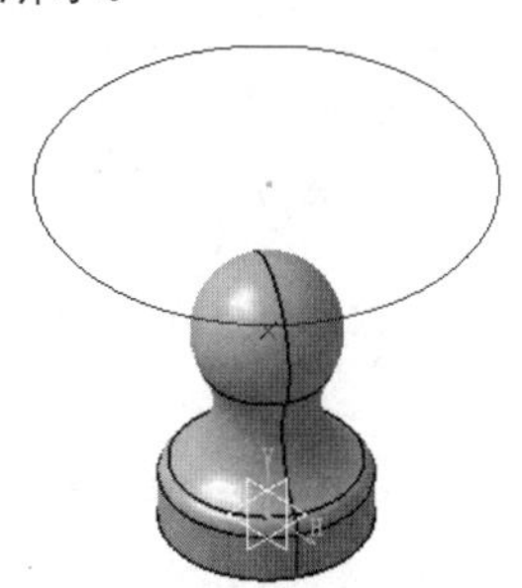

图26-20 打开加工文件

02 双击P.P.R特征树中【ProcessList】节点下的【Multi-Axis Sweeping.1】加工节点，展开【Multi-Axis Contour Driven.1】对话框，单击，切换到【刀具路径参数】选项卡，选择【Tool axis】选项卡，在【Tool axis mode】下拉列表中选择【Thru a guide】选项，如图26-21所示。

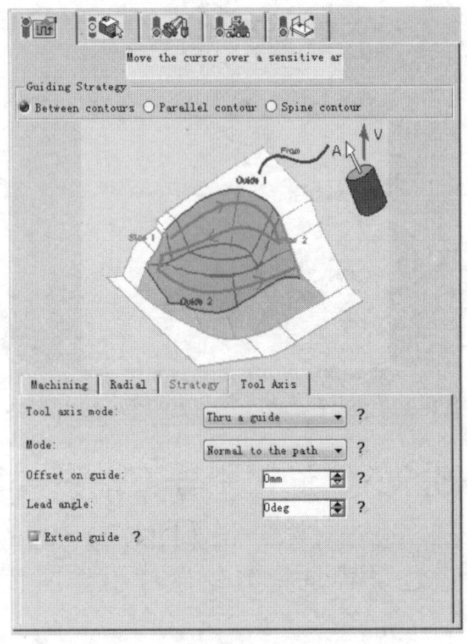

图26-21 【Tool axis】选项卡

03 单击曲线感应区，选择如图26-22所示的曲线为刀轴通过曲线。单击对话框中的"From"，可转换为"To"。

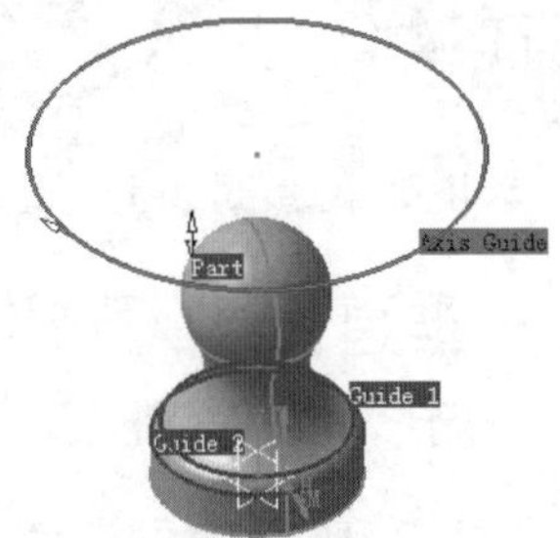

图26-22 选择曲线

04 单击对话框中的【Tool Path Replay】按钮，在图形区显示刀路轨迹，如图26-23所示。

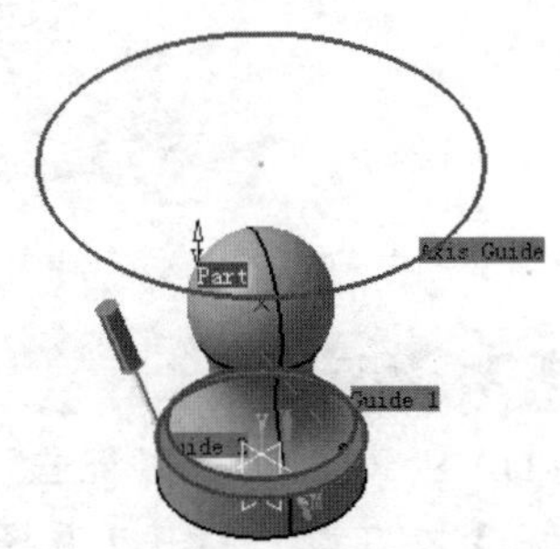

图26-23 生成刀具轨迹

26.1.6 垂直于驱动曲面刀轴设置与应用——Normal to drive surface

垂直于驱动曲面用于定义刀轴每个点处垂直于所选驱动曲面的可变刀轴。

动手操作—垂直于驱动曲面刀轴设置与应用

01 启动CATIA V5R21，单击【标准】工具栏上的【打开】按钮，打开【选择文件】对话框，选择"ex_6.CATProcess"文件，如图26-24所示。

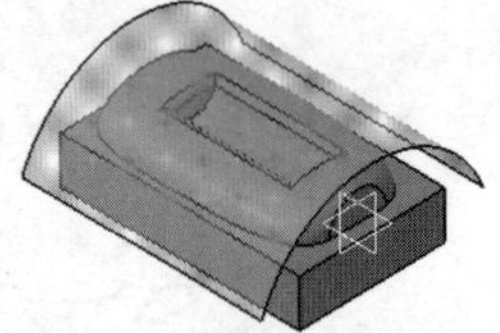

图26-24 打开加工文件

02 双击P.P.R特征树中【ProcessList】节点下的【Multi-Axis Sweeping.1】加工节点，展开【Multi-Axis Sweeping.1】对话框，单击，切换到"刀具路径参数"选项卡，选择【Tool axis】选项卡，在【Tool axis mode】下拉列表中选择【Normal to drive surface】选项，如图26-25所示。

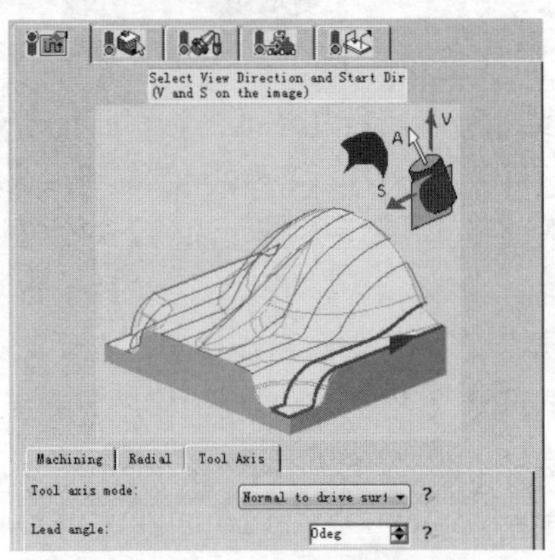

图26-25 【Tool axis】选项卡

03 单击驱动曲面感应区，选择如图26-26所示的曲面为刀轴垂直曲面。

04 单击对话框中的【Tool Path Replay】按钮

，在图形区显示刀路轨迹，如图26-27所示。

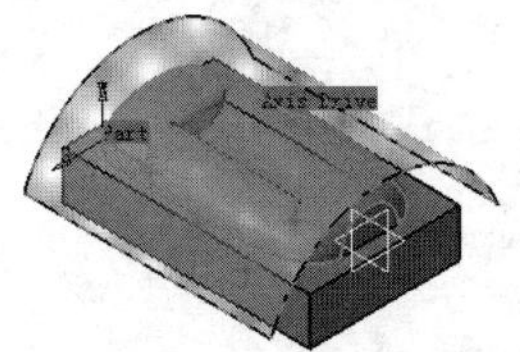

图26-26 选择点

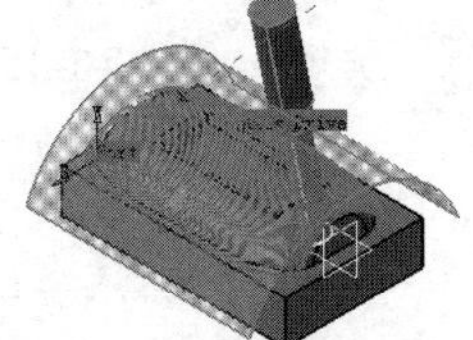

图26-27 生成刀具轨迹

26.1.7 插值刀轴设置与应用——Interpolation

插补通过在指定点定义矢量方向来控制刀轴。实际加工曲面上任意点处的刀轴都将按指定的矢量插补，指定的矢量越多，越容易对刀轴进行控制。

动手操作—插值刀轴设置与应用

01 启动CATIA V5R21，单击【标准】工具栏上的【打开】按钮，打开【选择文件】对话框，选择“ex_7.CATProcess”文件，如图26-28所示。

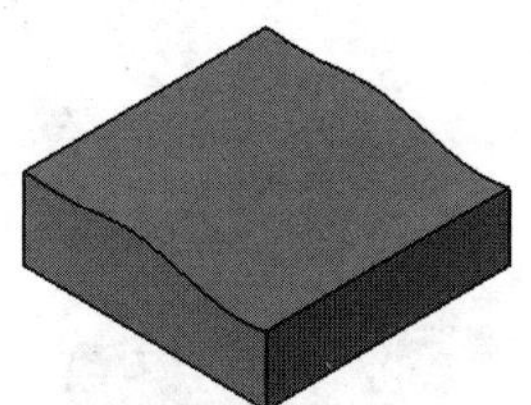

图26-28 打开加工文件

02 双击P.P.R特征树中【ProcessList】节点下的【Isoparametric Machining.1】加工节点，展开【Isoparametric Machining.1】对话框，单击，切换到【刀具路径参数】选项卡，选择【Tool axis】选项卡，在【Tool axis mode】下拉列表中选择【Interpolation】选项，如图26-29所示。

03 单击刀轴感应区，弹出【Interpolation Axes】对话框，选中I.1行，单击【Edit】按钮，在弹出的对话框中设置该点刀轴方向，如图26-30所示。

04 在弹出的【Interpolation Axes】对话框中选中I.2行，单击【Edit】按钮，在弹出的对话框中设置该点刀轴方向，如图26-31所示。

05 单击对话框中的【Tool Path Replay】按钮，在图形区显示刀路轨迹，如图26-32所示。

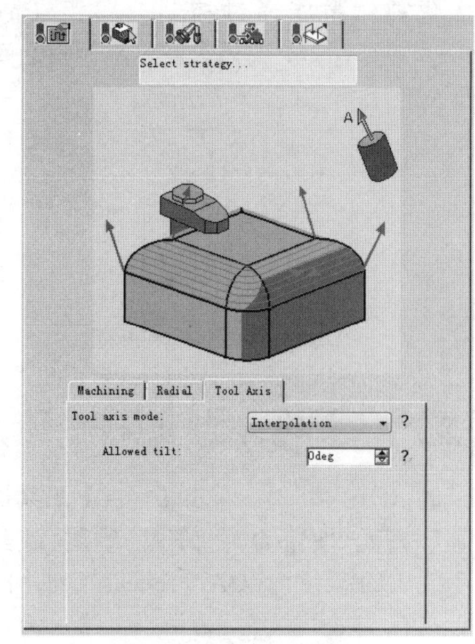

图26-29 【Tool axis】选项卡

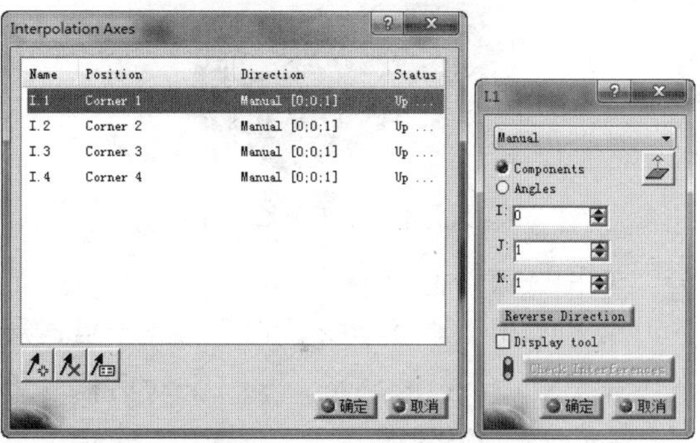

图26-30 设置第一点刀轴

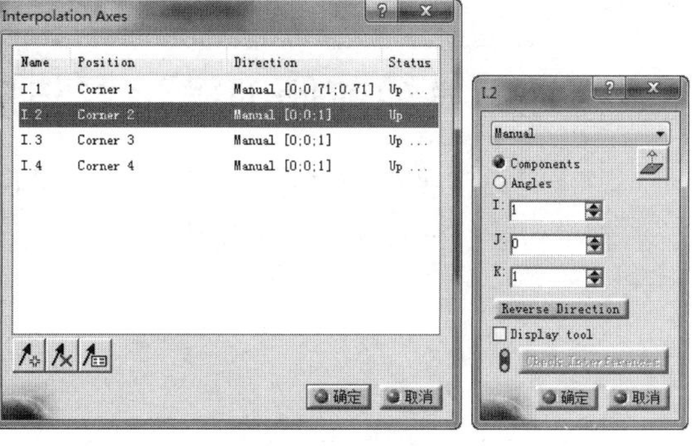

图26-31 设置第二点刀轴

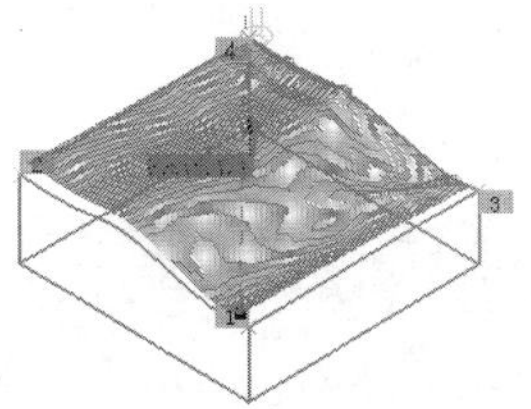

图26-32 生成刀具轨迹

26.1.8 优化前倾刀轴设置与应用——Optimized lead

优化前倾是指通过控制刀跟距（heel distance）来允许刀具在最大和最小倾角之间变化进而设定刀轴，如图26-33所示。

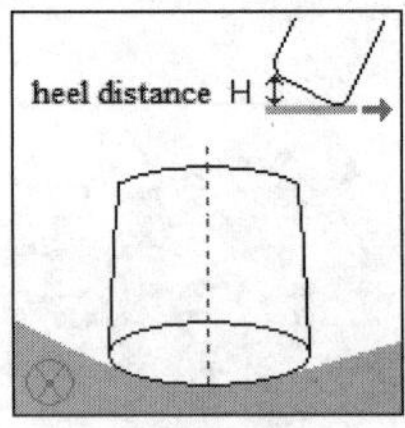

图26-33 Minimum heel distance示意图

动手操作—优化前倾刀轴设置与应用

01 启动CATIA V5R21，单击【标准】工具栏上的【打开】按钮，打开【选择文件】对话框，选择“ex_8.CATProcess”文件，如图26-34所示。

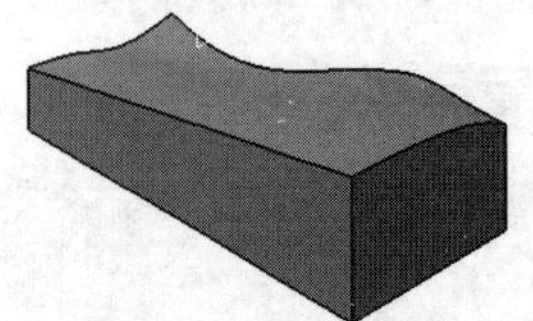

图26-34 打开加工文件

02 双击P.P.R特征树中【ProcessList】节点下的【Multi-Axis Sweeping.1】加工节点，展开【Multi-Axis Sweeping.1】对话框，单击，切换到【刀具路径参数】选项卡，选择【Tool axis】选项卡，在【Tool axis mode】下拉列表中选择【Optimized lead】选项，如图26-35所示。

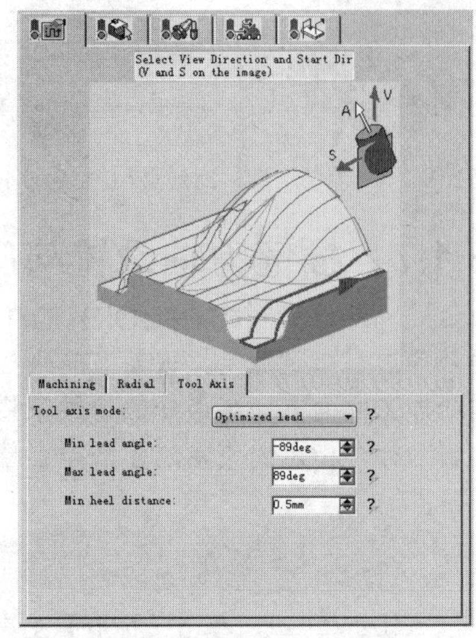

图26-35 【Tool axis】选项卡

03 单击对话框中的【Tool Path Replay】按钮，在图形区显示刀路轨迹，如图26-36所示。

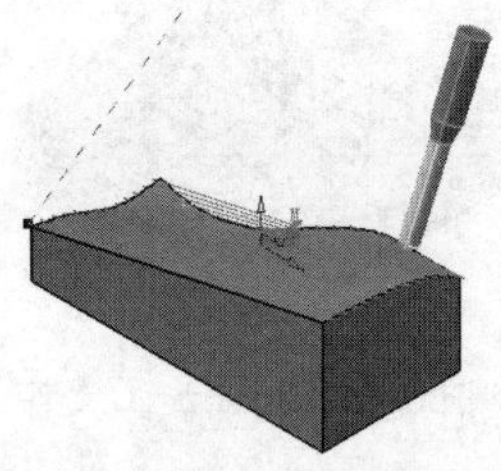

图26-36 生成刀具轨迹

26.1.9 4轴前倾刀轴设置与应用——4 Axis lead/lag

刀轴在限定平面内垂直于加工表面，可设置刀轴相对于切削方向成一定夹角，如图26-37所示。

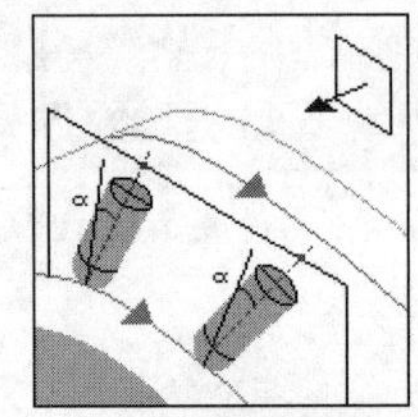

图26-37 4轴前倾刀轴示意图

动手操作—轴前倾刀轴设置与应用

01 启动CATIA V5R21，单击【标准】工具栏上的【打开】按钮，打开【选择文件】对话框，选择“ex_9.CATProcess”文件，如图26-38所示。

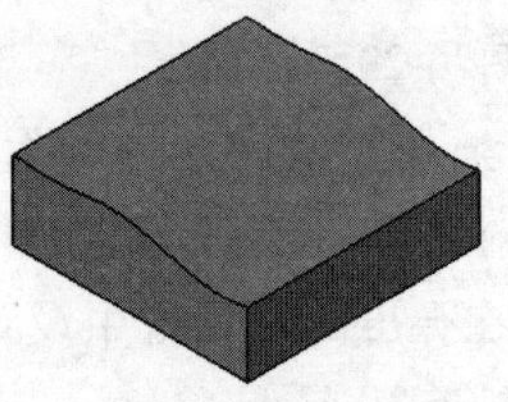

图26-38 打开加工文件

02 双击P.P.R特征树中【ProcessList】节点下的【Isoparametric Machining.1】加工节点，展开【Isoparametric Machining.1】对话框，单击，切换到【刀具路径参数】选项卡，

选择【Tool axis】选项卡，在【Tool axis mode】下拉列表中选择【4-Axis lead/lag】选项，如图26-39所示。

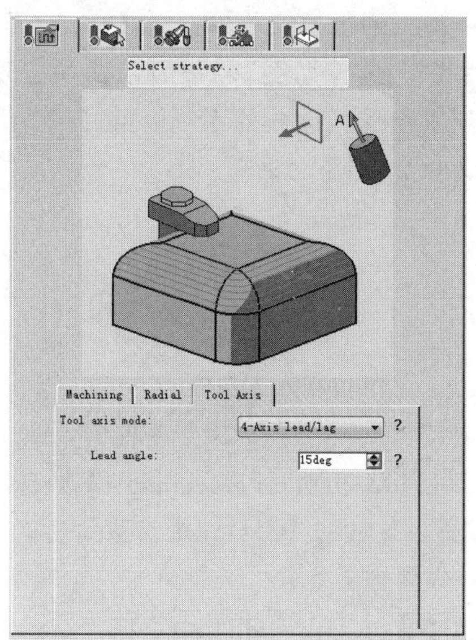

图26-39 【Tool axis】选项卡

03 单击平面感应区，选择如图26-40所示的平面为刀轴所在平面。

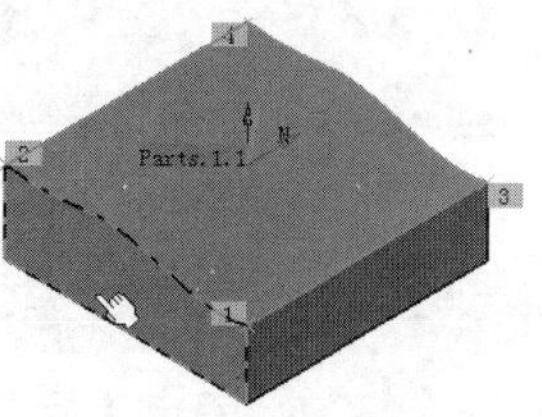

图26-40 选择刀轴平面

04 单击对话框中的【Tool Path Replay】按钮，在图形区显示刀路轨迹，如图26-41所示。

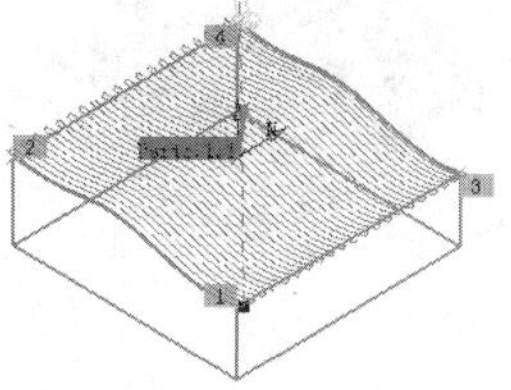

图26-41 生成刀具轨迹

26.1.10 自动侧倾刀轴设置与应用——Automatic tilt

自动侧倾刀轴使用被加工的零件曲面来自动定义刀轴的侧倾角，以使其与曲面相切。

动手操作—自动侧倾刀轴设置与应用

01 启动CATIA V5R21，单击【标准】工具栏上的【打开】按钮，打开【选择文件】对话框，选择“ex_10.CATProcess”文件，如图26-42所示。

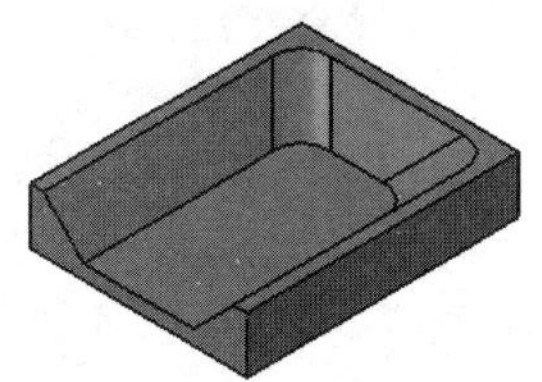

图26-42 打开加工文件

02 双击P.P.R特征树中【ProcessList】节点下的【Multi-Axis Sweeping.1】加工节点，展开【Multi-Pockets Flank contouring.1】对话框，单击，切换到【刀具路径参数】选项卡，选择【Tool axis】选项卡，在【Tool axis mode】下拉列表中选择【Automatic tilt】选项，如图26-43所示。

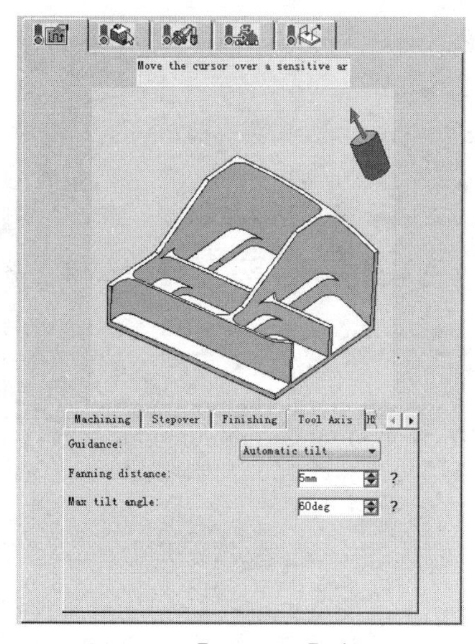

图26-43 【Tool axis】选项卡

03 单击对话框中的【Tool Path Replay】按钮，在图形区显示刀路轨迹，如图26-44所示。

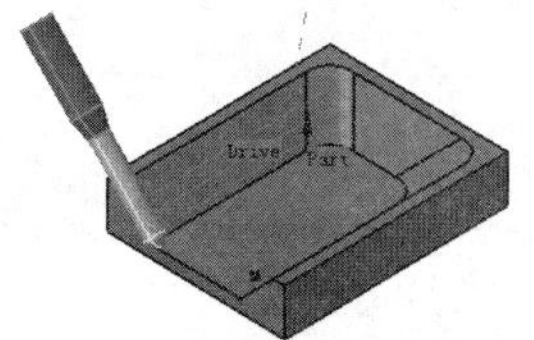

图26-44 生成刀具轨迹

26.1.11 多轴投影加工几何和刀具路径参数设置方法——Multi-Axis Sweeping

多轴投影加工与三轴中投影加工相同，不同之处在于可以控制刀轴方向。

动手操作—多轴投影加工几何和刀具路径参数设置方法

01 启动CATIA V5R21，单击【标准】工具栏上的【打开】按钮，打开【选择文件】对话框，选择“ex_11.CATProcess”文件，如图26-45所示。

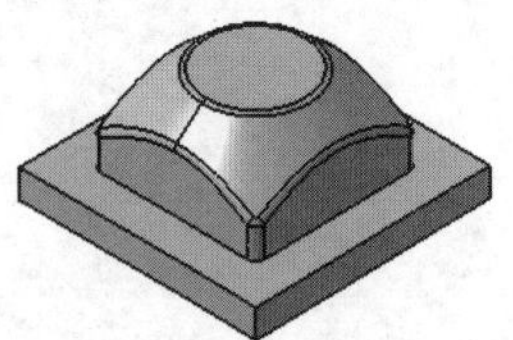

图26-45 打开加工文件

02 在特征树选择【Manufacturing Program.1】节点，选择下拉菜单【插入】|【Machining Operations】|【Multi Axis Machining Operations】|【Multi-Axis Sweeping】命令，弹出【Multi-Axis Sweeping.1】对话框，如图26-46所示。

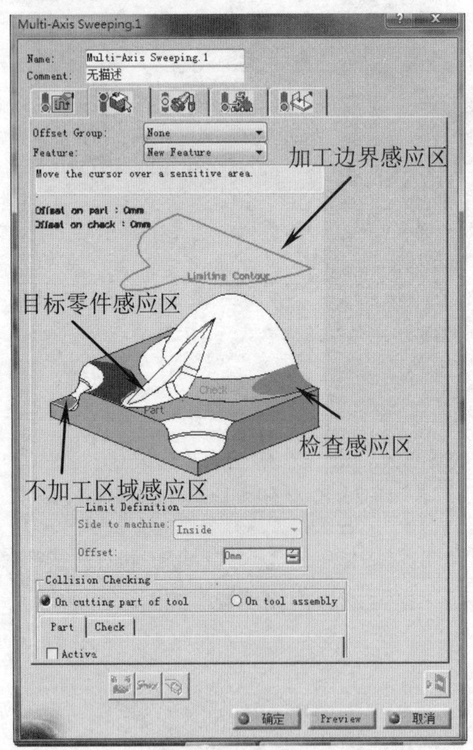

图26-46 【Multi-Axis Sweeping.1】对话框

03 鼠标右键单击对话框中目标零件感应区，在弹出的快捷菜单中选择【Select faces】命令，选择如图26-47所示的加工表面，双击图形区空白处系统返回【Multi-Axis Sweeping.1】对话框。

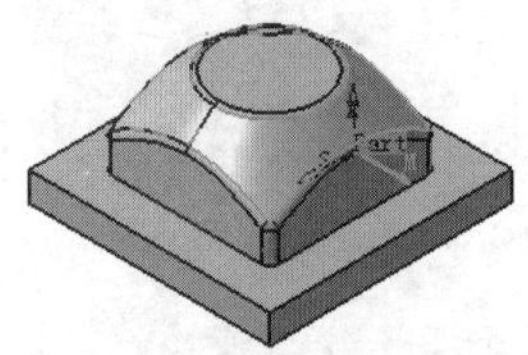

图26-47 选择加工表面

04 单击【Multi-Axis Sweeping.1】对话框中的，切换到【刀具路径参数】选项卡，开始设置加工参数。

05 在【Tool path style】中选择“Zig zag”选项，其他参数如图26-48所示。

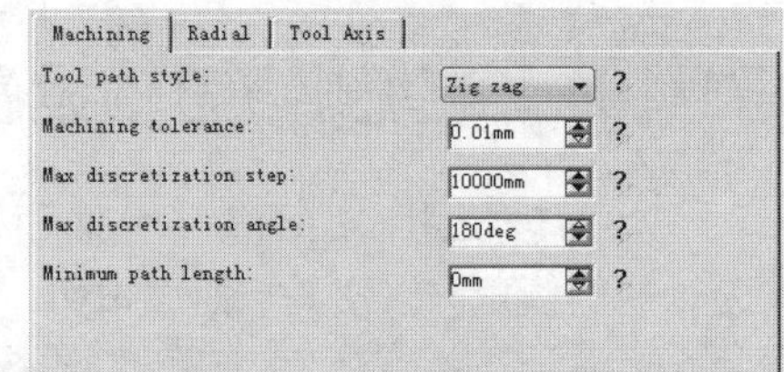

图26-48 【Machining】选项卡

06 在【Stepover】下拉列表中选择“Scallop height”选项，其他参数如图26-49所示。

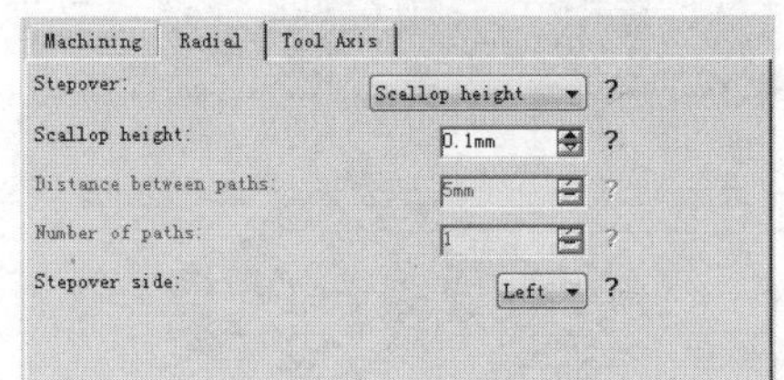

图26-49 【Radial】选项卡

07 在【Tool axis mode】下拉列表中选择“Lead and tilt”选项，【Lead angle】文本框中输入5，其他参数如图26-50所示。

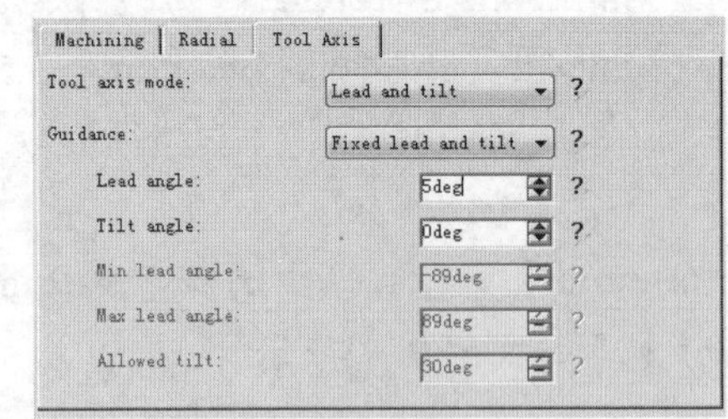

图26-50 【Tool Axis】选项卡

08 单击【Multi-Axis Sweeping.1】对话框中的【Tool Path Replay】按钮，在图形区显示刀路轨迹，如图26-51所示。

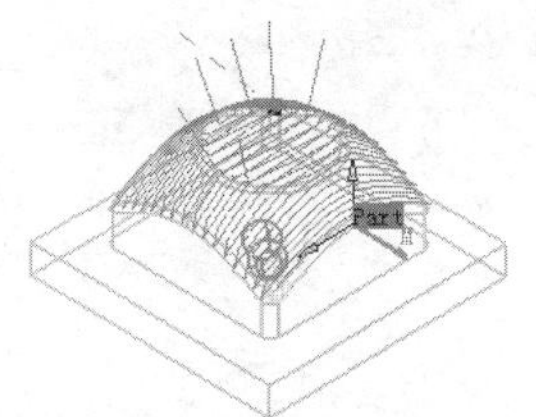

图26-51 生成刀具路径

26.1.12 多轴沿面加工几何和刀具路径参数设置——Isoparametric Machining

多轴沿面精加工就是由加工曲面等参数线U、V来确定切削路径，用户可设定刀轴方向。

动手操作—多轴沿面加工几何和刀具路径参数设置

01 启动CATIA V5R21，单击【标准】工具栏上的【打开】按钮，打开【选择文件】对话框，选择“ex_12.CATProcess”文件，如图26-52所示。

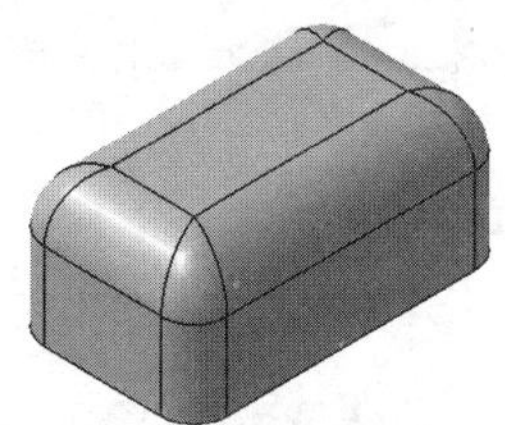

图26-52 打开加工文件

02 在特征树选择【Manufacturing Program.1】节点，单击【Machining Operations】工具栏上的【Isoparametric Machining】按钮，弹出【Isoparametric Machining.1】对话框，单击图标，切换到“几何参数”选项卡，如图26-53所示。

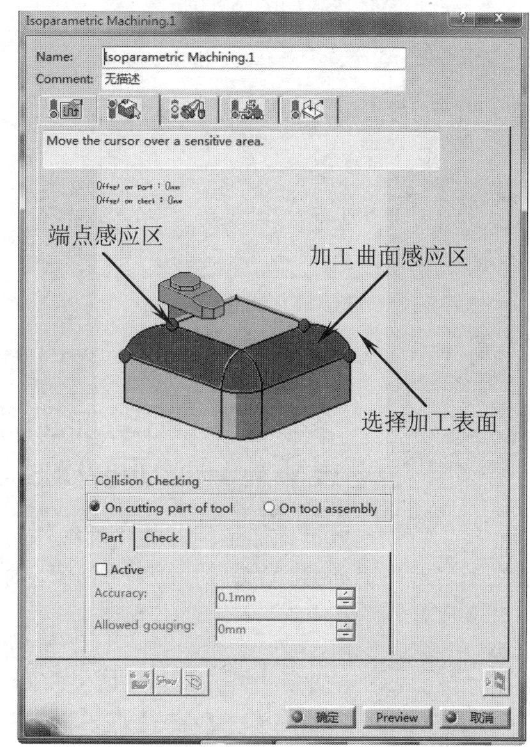

图26-53 【Isoparametric Machining.1】对话框

03 单击对话框中目标零件感应区，选择如图26-54所示的曲面，双击空白处返回【Isoparametric Machining.1】对话框。

04 单击对话框中端点感应区，单击如图26-55所示的点1，系统自动生成点2，点12方向确定切削方向。

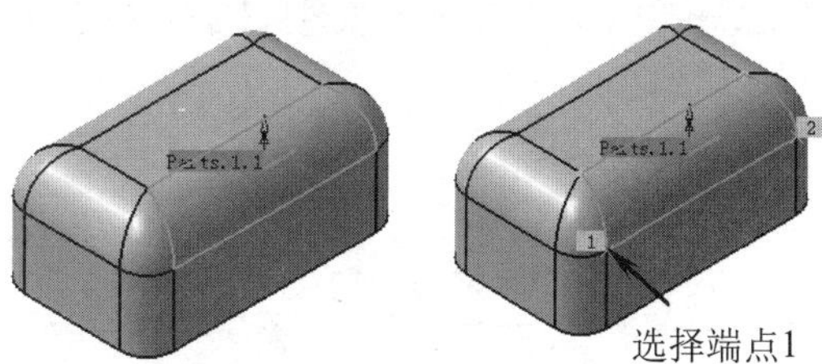

图26-54 选择加工表面 图26-55 选择切削方向

05 接着选择如图26-56所示的点3，系统自动生成点4，点13方向确定步进方向。

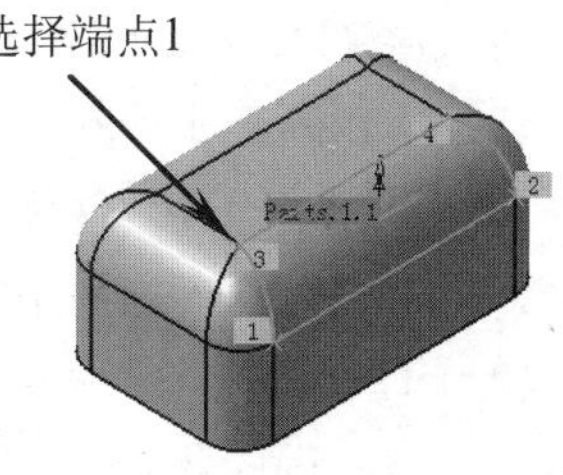

图26-56 选择步进方向

06 单击【Isoparametric Machining.1】对话框，切换到【刀具路径参数】选项卡。

07 在【Machining】选项卡中设置【Tool path style】为“Zig zag”，其他参数如图26-57所示。

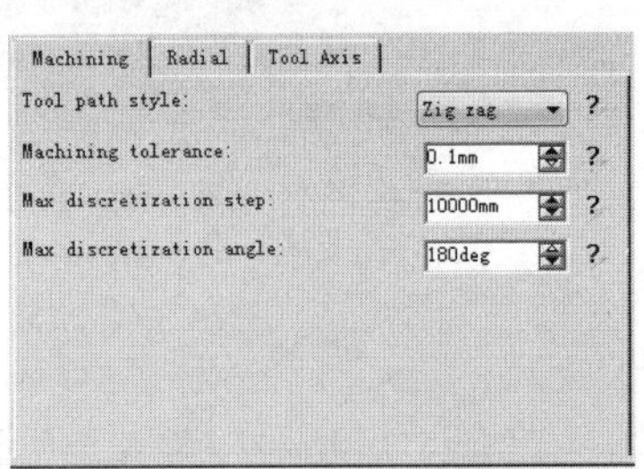

图26-57 【Machining】选项卡

08 在【Radial】选项卡中设置【Stepover】为"Scallop height"，设置【Scallop height】为0.1mm，其他参数如图26-58所示。

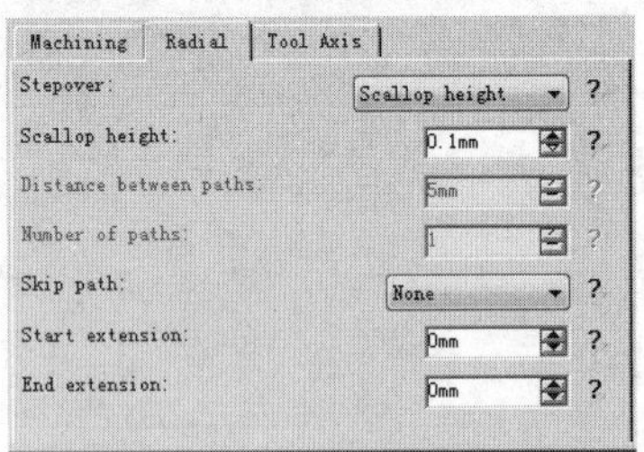

图26-58 【Radial】选项卡

09 在【Tool Axis】选项卡中设置【Tool axis mode】为"Lead and tilt"，其他参数如图26-59所示。

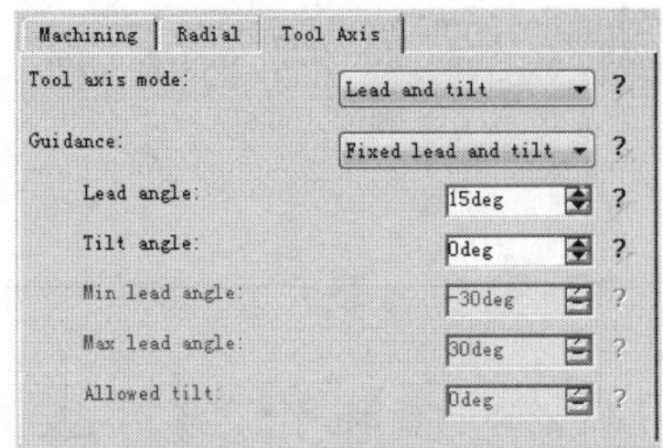

图26-59 【Tool Axis】选项卡

10 单击【Isoparametric Machining.1】对话框中的【Tool Path Replay】按钮，在图形区显示刀路轨迹，如图26-60所示。

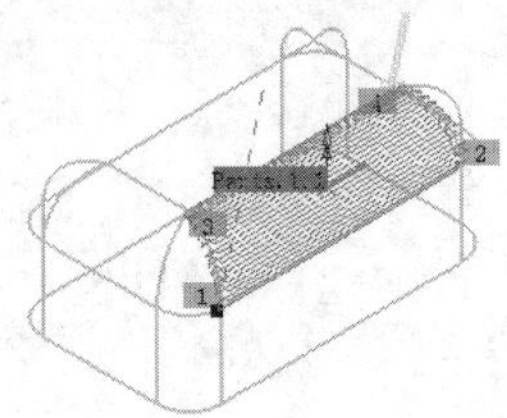

图26-60 生成刀具路径

26.1.13 多轴轮廓驱动加工几何和刀具路径参数设置——Multi-Axis Contour Driven

轮廓驱动是以选择加工区域的轮廓线作为加工引导线来驱动刀具的运动，多轴轮廓驱动中可设置刀轴方向。

动手操作—多轴轮廓驱动加工几何和刀具路径参数设置

01 启动CATIA V5R21，单击【标准】工具栏上的【打开】按钮，打开【选择文件】对话框，选择"ex_13.CATProcess"文件，如图26-61所示。

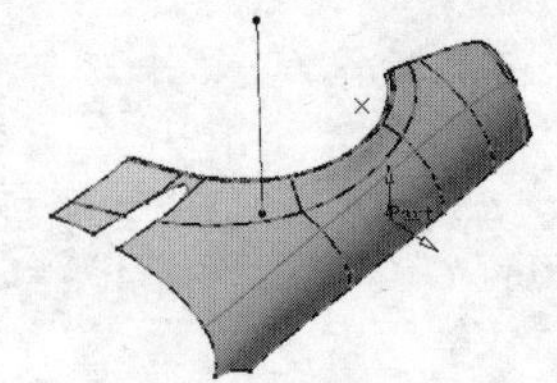

图26-61 打开加工文件

02 在特征树选择【Manufacturing Program.1】节点，选择下拉菜单【插入】|【Machining Operation】|【Multi Axis Machining Operations】|【Multi-Axis Contour Driven】命令，弹出【Multi-Axis Contour Driven.1】对话框，单击图标，切换到【几何参数】选项卡，如图26-62所示。

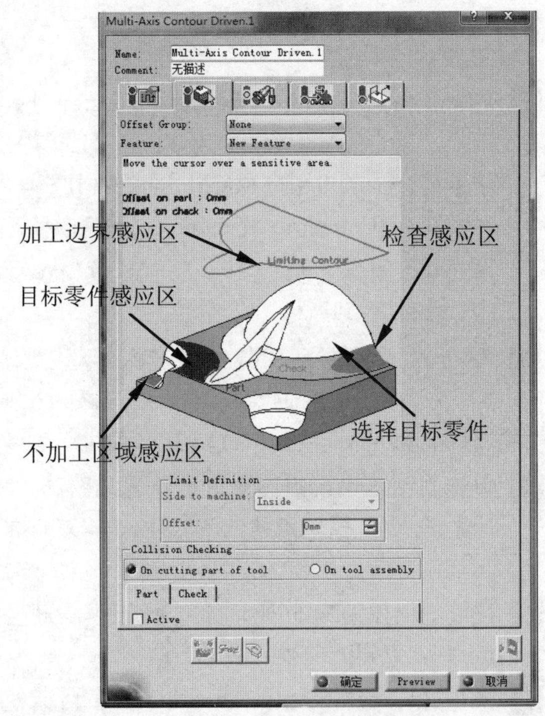

图26-62 【Multi-Axis Contour-driven.1】对话框

03 单击对话框中目标零件感应区，选择如图26-63所示的零件，双击空白处返回【Multi-

Axis Contour-driven.1】对话框。

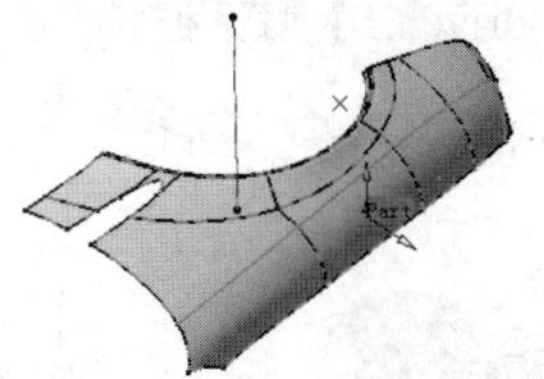

图26-63　选择目标零件

04 单击【Multi-Axis Contour-driven.1】对话框![icon]，切换到【刀具路径参数】选项卡。

05 选中【Between contours】单选按钮，单击导引线感应区，分别选择如图26-64所示的两条边线作为导引线，双击空白处返回。

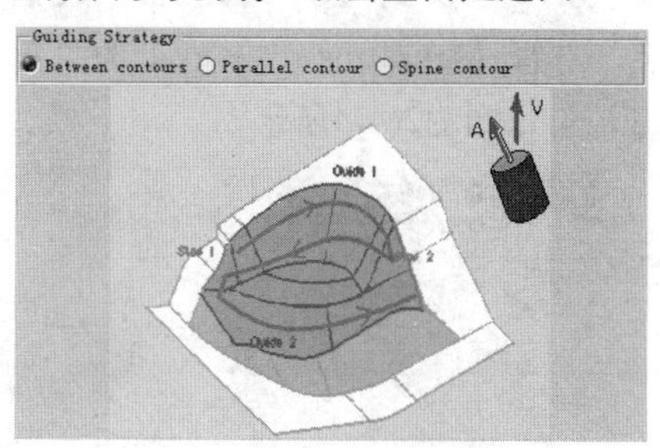

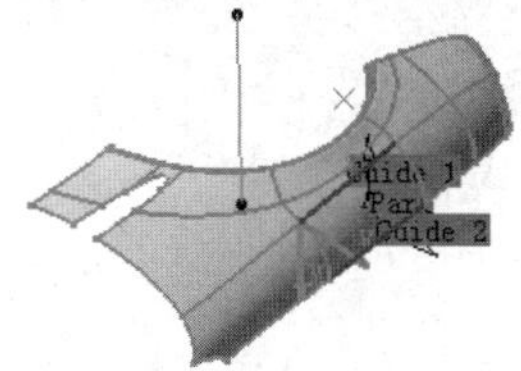

图26-64　选择导引线

06 选中【Machining】选项卡，设置【Tool path style】为“Zig zag”，如图26-65所示。

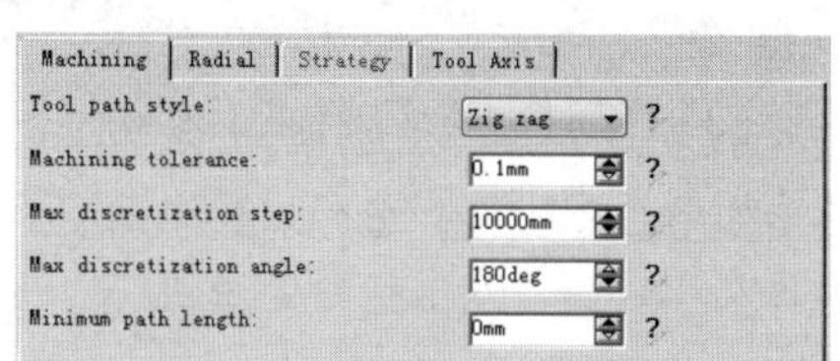

图26-65　【Machining】选项卡

07 在【Radial】选项卡中设置【Stepover】为“Scallop height”，设置【Scallop height】为0.1mm，其他参数如图26-66所示。

08 选择【Tool axis】选项卡，在【Tool axis mode】下拉列表中选择【Normal to drive surface】选项，如图26-67所示。单击驱动区域感应区，选择如图26-68所示的曲面作为驱动曲面。

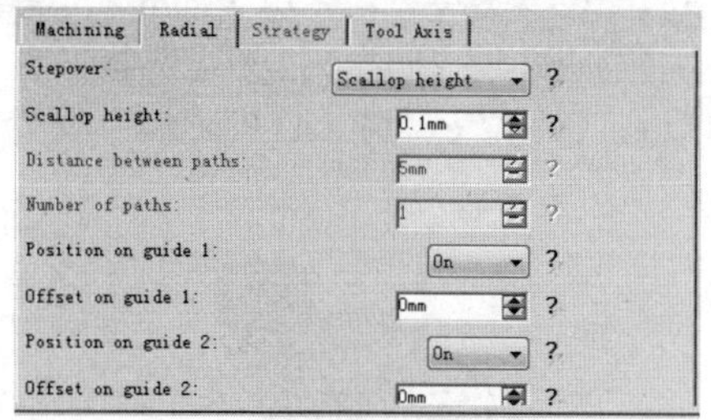

图26-66　【Radial】选项卡

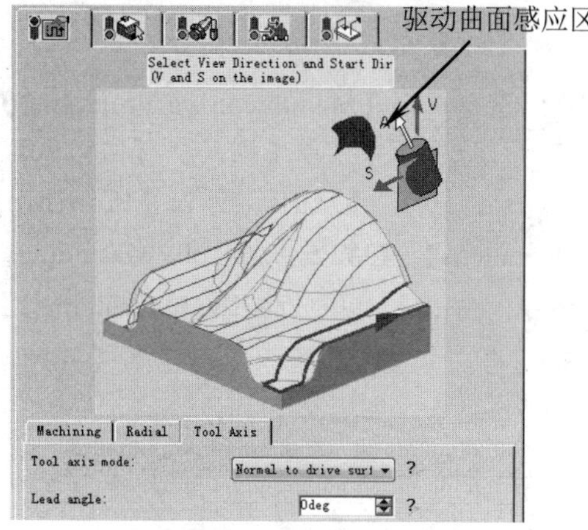

图26-67　【Tool axis】选项卡

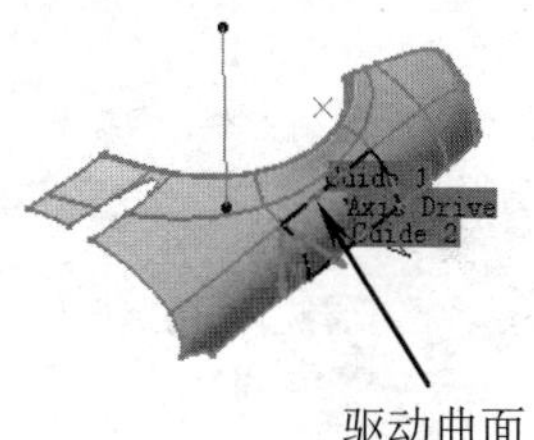

图26-68　选择驱动曲面

09 单击【Multi-Axis Contour-driven.1】对话框中的【Tool Path Replay】按钮![icon]，在图形区显示刀路轨迹，如图26-69所示。

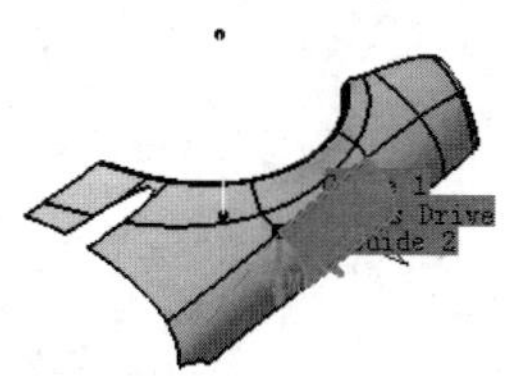

图26-69　生成刀具路径

26.1.14　多轴管道加工几何和刀具路径参数设置——Multi-Axis　Tube Machining

管道加工用于汽车缸盖进排管道和船舶机械特殊管道的加工，管道内壁大多数采用铸造成型，管道内孔较为粗糙。

动手操作——多轴管道加工几何和刀具路径参数设置

01 启动CATIA V5R21，单击【标准】工具栏上的【打开】按钮，打开【选择文件】对话框，选择“ex_14.CATProcess”文件，如图26-70所示。

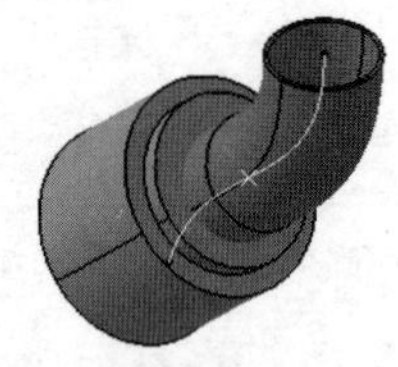

图26-70 打开加工文件

02 在特征树选择【Manufacturing Program.1】节点，选择下拉菜单【插入】|【Machining Operation】|【Multi Axis Machining Operations】|【Multi-Axis Tube Machining】命令，弹出【Multi-Axis Tube Machining.1】对话框，单击图标，切换到【几何参数】选项卡，如图26-71所示。

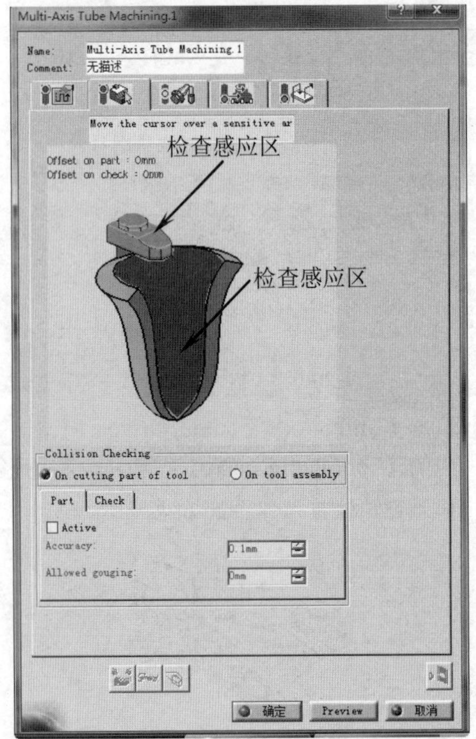

图26-71 【Multi-Axis Contour-driven.1】对话框

03 单击对话框中目标零件感应区，选择如图26-72所示的零件，双击空白处返回【Multi-Axis Contour-driven.1】对话框。

04 单击检查零件感应区，选择如图26-73所示的零件，双击空白处返回【Multi-Axis Contour-driven.1】对话框。

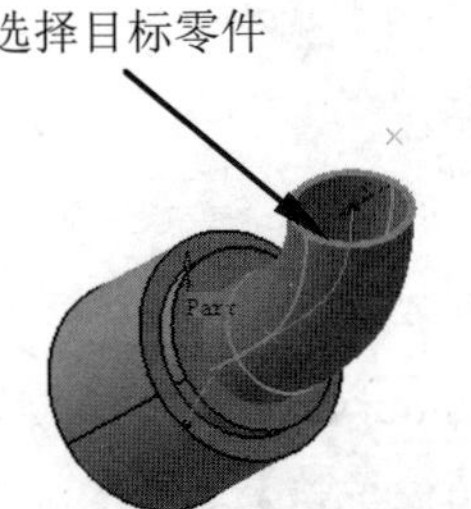

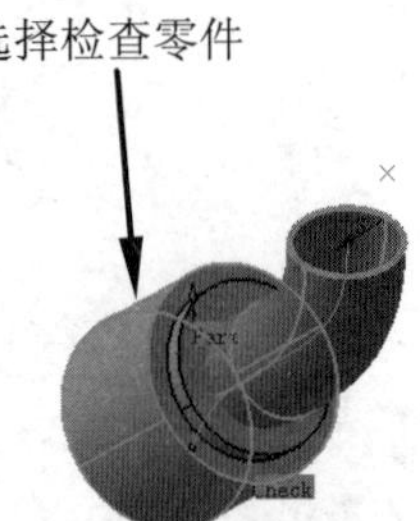

图26-72 选择目标零件　图26-73 选择检查零件

05 单击【Multi-Axis Contour-driven.1】对话框，切换到【刀具路径参数】选项卡，选择【Guiding strategy】为“Around guide”，如图26-74所示。

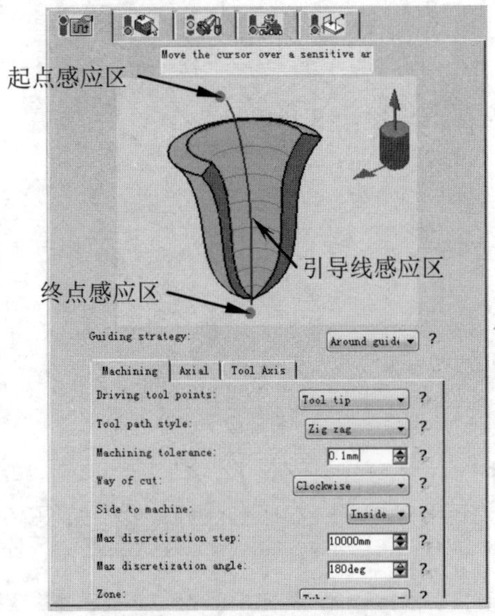

图26-74 【刀具路径参数】选项卡

06 单击引导线感应区，选择如图26-75所示的曲线作为引导线，双击空白处返回。

07 单击终点感应区，选择如图26-76所示的点作为终点线，双击空白处返回。

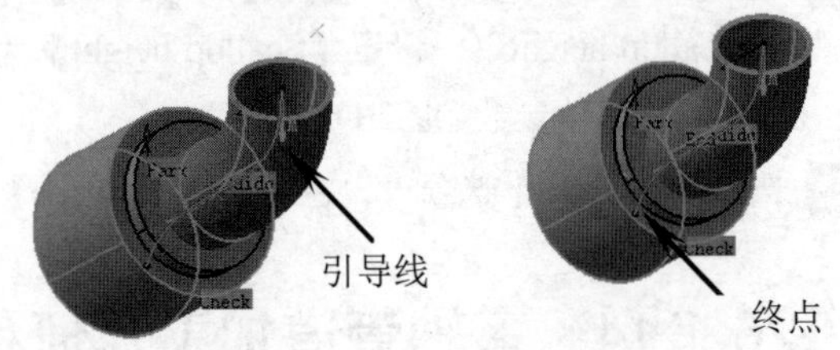

图26-75 选择导引线　图26-76 选择终点

08 选择【Tool axis】选项卡，在【Tool axis mode】下拉列表中选择【Thru a point】选

项，如图26-77所示。单击刀轴点感应区，选择如图26-78所示的点。

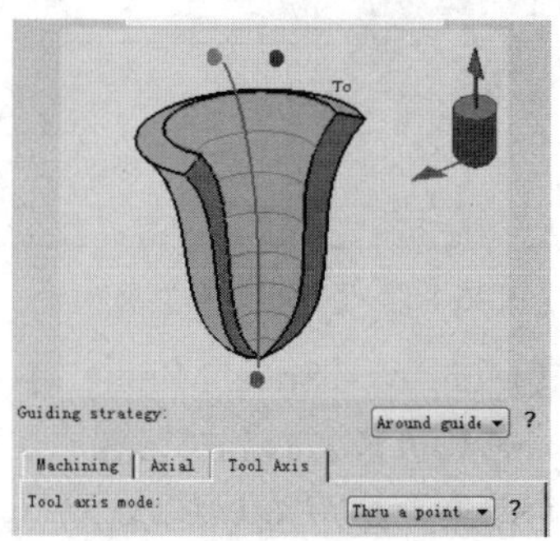

图26-77 【Tool axis】选项卡

09 单击【Multi-Axis Contour-driven.1】对话框中的【Tool Path Replay】按钮，在图形区显示刀路轨迹，如图26-79所示。

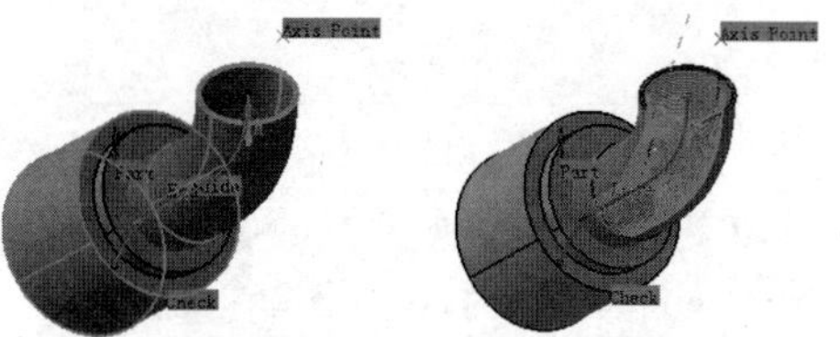

图26-78 选择点　　图26-79 生成刀具路径

26.1.15 多轴螺旋加工几何和刀具路径参数设置——Multi-Axis Spiral Milling

多轴螺旋加工是指刀具沿曲面生成螺旋形刀具路径，可通过设置来控制刀轴方向。

动手操作—多轴螺旋加工几何和刀具路径参数设置

01 启动CATIA V5R21，单击【标准】工具栏上的【打开】按钮，打开【选择文件】对话框，选择“ex_15.CATProcess”文件，如图26-80所示。

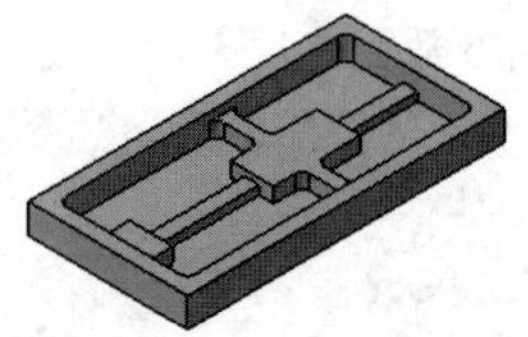

图26-80 打开加工文件

02 在特征树选择【Manufacturing Program.1】节点，选择下拉菜单【插入】|【Machining Operations】|【Multi Axis Machining Operations】|【Multi-Axis Spiral Milling】命令，弹出【Multi-Axis Spiral Milling.1】对话框，单击图标，切换到【几何参数】选项卡，如图26-81所示。

03 单击对话框中目标曲面感应区，选择如图26-82所示的曲面，双击空白处返回【Multi-Axis Spiral Milling.1】对话框。

04 单击对话框中驱动曲面感应区，选择如图26-83所示的曲面，双击空白处返回【Multi-Axis Spiral Milling.1】对话框。

05 单击【Multi-Axis Spiral Milling.1】对话框，切换到【刀具路径参数】选项卡。

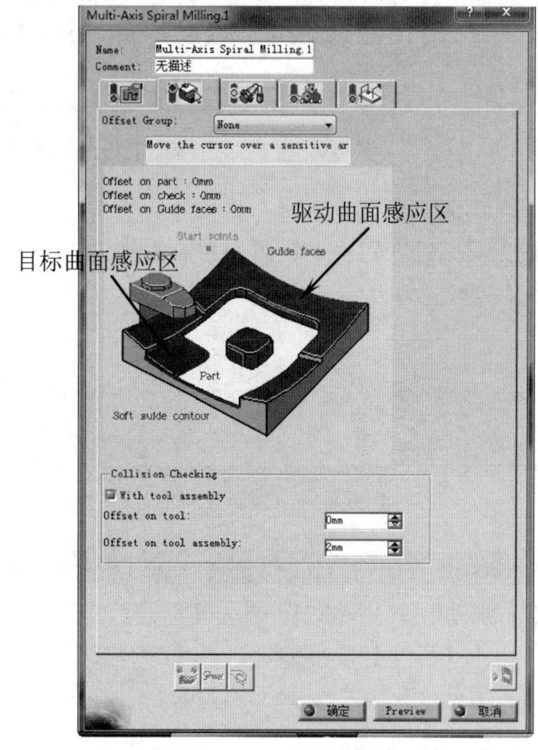

图26-81 【Multi-Axis Spiral Milling.1】对话框

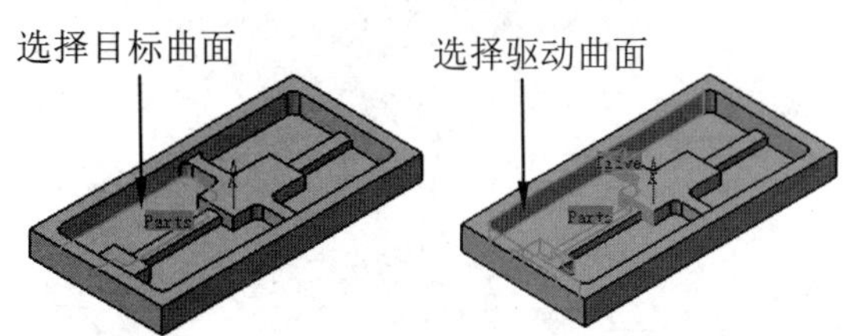

图26-82 选择目标曲面　　图26-83 选择驱动曲面

06 在【Machining】选项卡中，设置【Machining tolerance】为0.03mm，如图26-84所示。

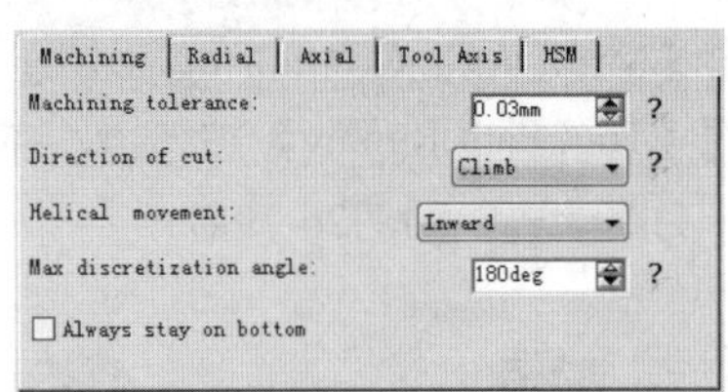

图26-84 【Machining】选项卡

07 在【Radial】选项卡中，设置【Distance between paths】为5，如图26-85所示。

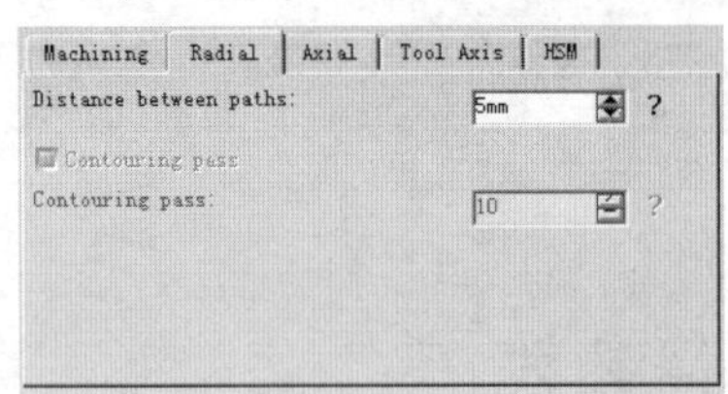

图26-85 【Radial】选项卡

08 选择【Tool axis】选项卡，在【Tool axis mode】下拉列表中选择【Normal to part】选项，如图26-86所示。

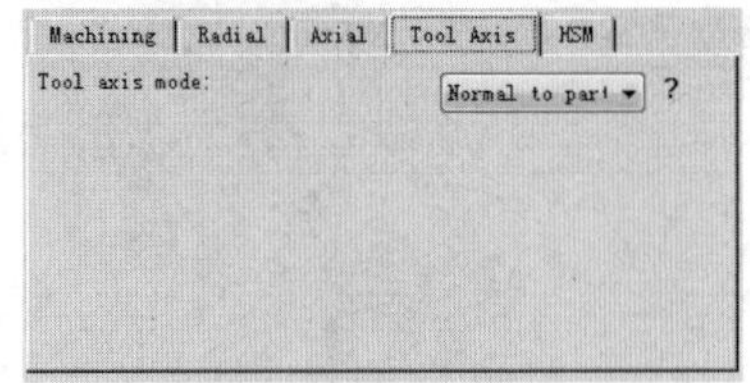

图26-86 【Tool axis】选项卡

09 单击【Multi-Axis Spiral Milling.1】对话框中的【Tool Path Replay】按钮，在图形区显示刀路轨迹，如图26-87所示。

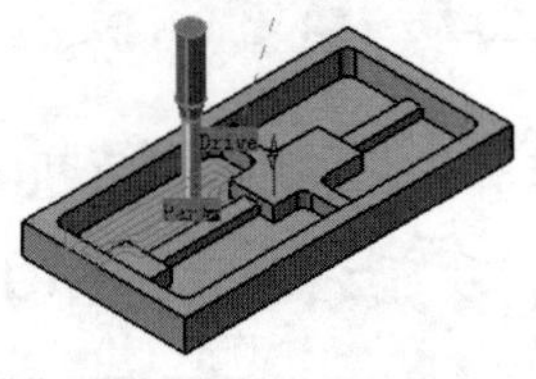

图26-87 生成刀具路径

26.1.16 多轴曲线加工几何和刀具路径参数设置——Multi-Axis Curve Machining

多轴曲线加工是指刀具沿曲线进行走刀生成刀具路径，可通过设置来控制刀轴方向，如图26-88所示。

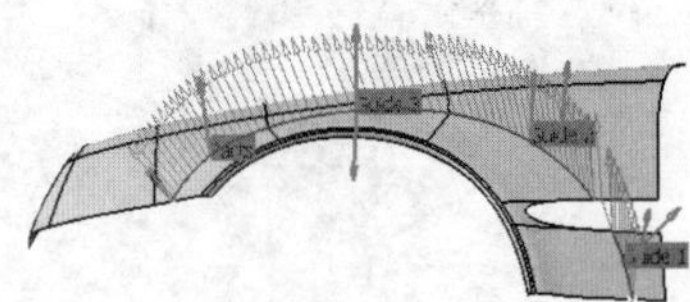

图26-88 多轴曲线加工

动手操作——多轴曲线加工几何和刀具路径参数设置

01 启动CATIA V5R21，单击【标准】工具栏上的【打开】按钮，打开【选择文件】对话框，选择“ex_16.CATProcess”文件，如图26-89所示。

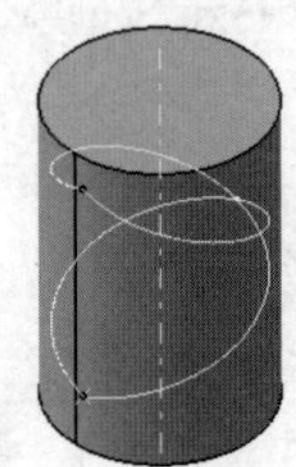

图26-89 打开加工文件

02 在特征树选择【Manufacturing Program.1】节点，选择下拉菜单【插入】|【Machining Operations】|【Multi Axis Machining Operations】|【Multi-Axis Curve Machining】命令，弹出【Multi-Axis Curve Machining. 1】对话框，单击图标，切换到【几何参数】选项卡，如图26-90所示。

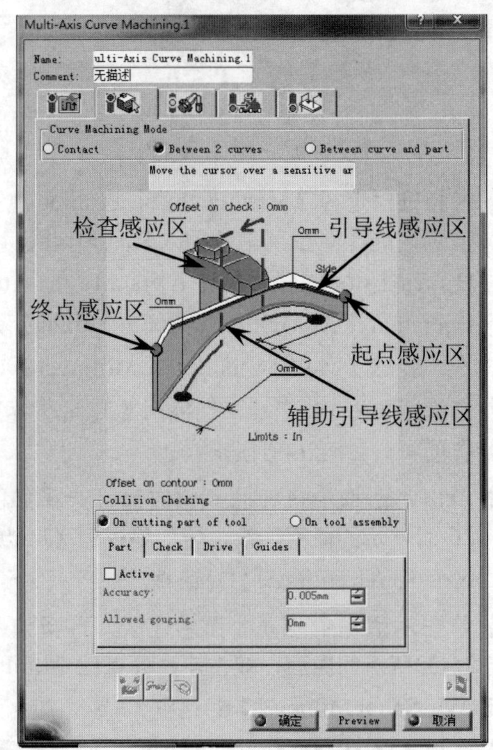

图26-90 【Multi-Axis Curve Machining. 1】对话框

03 单击对话框中引导线感应区，选择如图26-91所示的曲线，双击空白处返回【Multi-Axis Curve Machining.1】对话框。

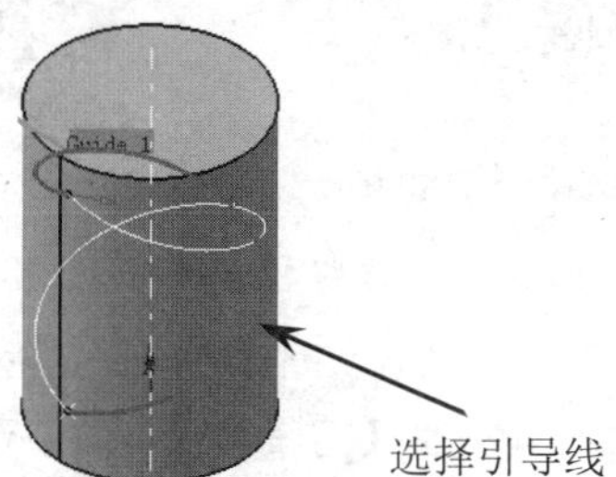

图26-91 选择引导线

04 单击【Multi-Axis Curve Machining.1】对话框，切换到【刀具路径参数】选项卡。

05 在【Machining】选项卡中，设置【Machining tolerance】为0.1mm，如图26-92所示。

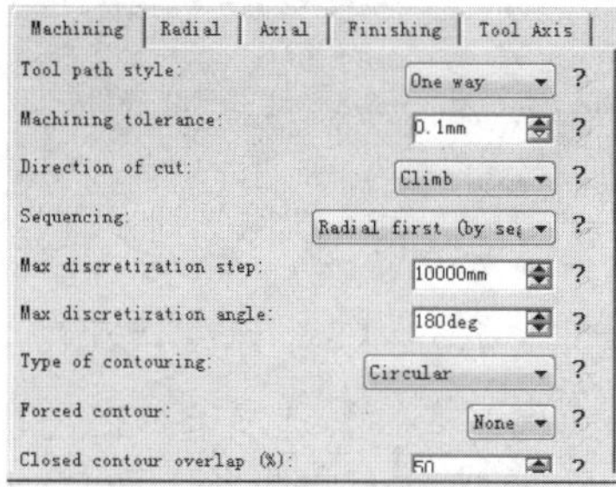

图26-92 【Machining】选项卡

06 在【Axial】选项卡中，设置【Number of levels】为2，如图26-93所示。

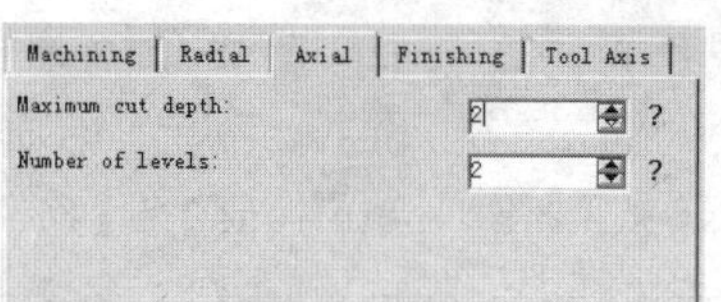

图26-93 【Axial】选项卡

07 选择【Tool axis】选项卡，在【Tool axis mode】下拉列表中选择【Normal to line】选项，如图26-94所示。单击刀轴直线感应区，选择如图26-95所示的直线。

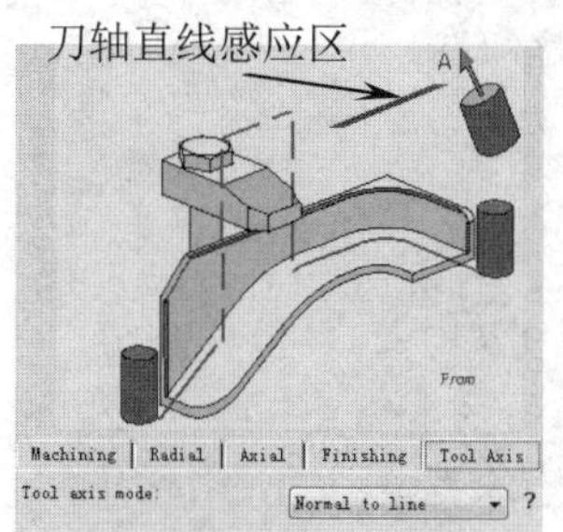

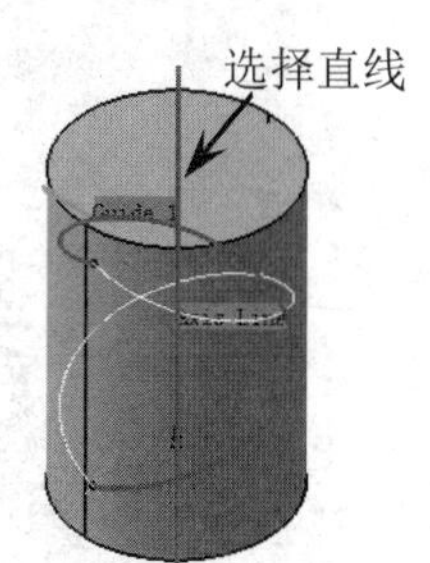

图26-94 【Tool axis】选项卡　图26-95 选择直线

08 单击【Multi-Axis Curve Machining.1】对话框中的【Tool Path Replay】按钮，在图形区显示刀路轨迹，如图26-96所示。

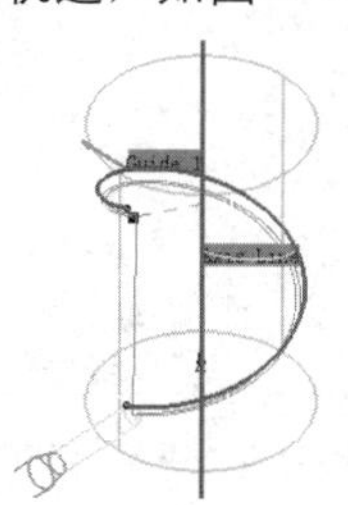

图26-96 生成刀具路径

26.1.17 多轴侧刃轮廓加工几何和刀具路径参数——Multi-Axis Flank Contouring

有些零件需要仅加工侧壁，可通过多轴侧刃轮廓加工，用刀具侧刃进行加工，如图26-97所示。

图26-97 多轴侧刃轮廓加工

动手操作—多轴侧刃轮廓加工几何和刀具路径参数

01 启动CATIA V5R21，单击“标准”工具栏上的“打开”按钮，打开【选择文件】对话框，选择“ex_17.CATProcess”文件，如图26-98所示。

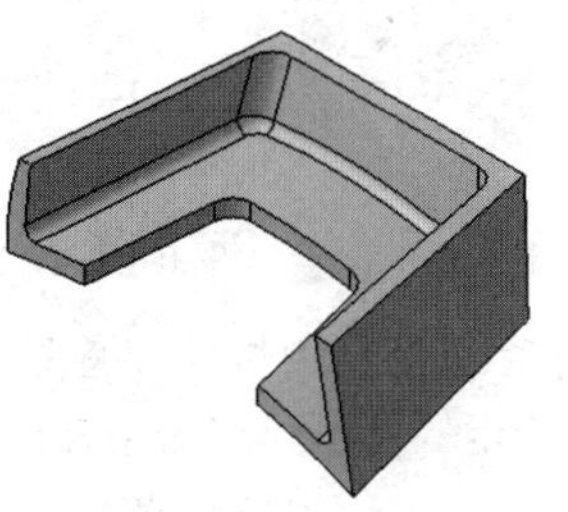

图26-98 打开加工文件

02 在特征树选择【Manufacturing Program.1】节点，选择下拉菜单【插入】|【Machining Operations】|【Multi-Axis Machining Operations】|【Multi-Axis Flank Contouring】命令，弹出【Multi-Axis Flank Contouring.1】对话框，单击图标，切换到【几何参数】选项卡，如图26-99所示。

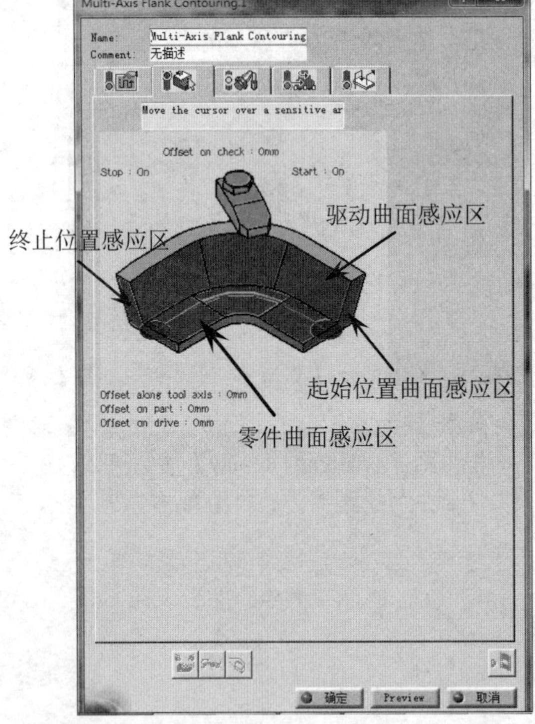

图26-99 【Multi-Axis Flank Contouring.1】对话框

03 单击对话框中驱动曲面感应区，选择如图26-100所示的曲面，双击空白处返回。单击对话框中零件曲面感应区，选择如图26-101所示的曲面，双击空白处返回【Multi-Axis Flank Contouring.1】对话框。

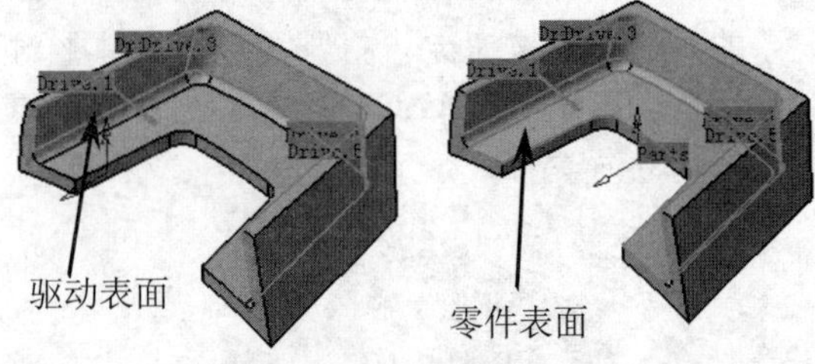

图26-100 选择驱动表面 图26-101 选择部件表面

04 单击对话框中起始位置感应区，单击如图26-102所示的曲面，双击空白处返回。单击对话框中终止位置感应区，单击如图所示的曲面，双击空白处返回。

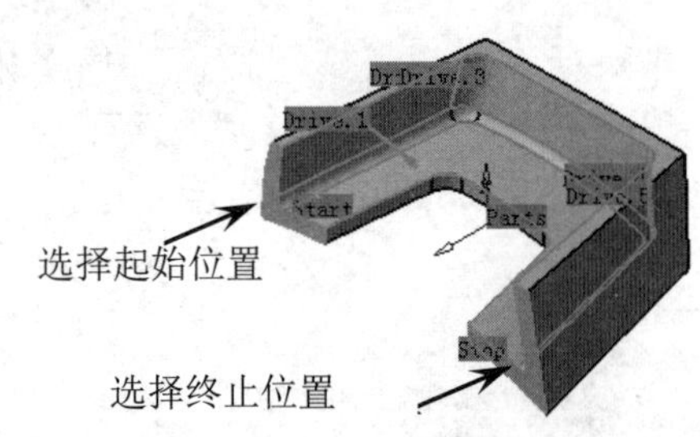

图26-102 选择起始和终止位置

05 单击【Multi-Axis Flank Contouring.1】对话框，切换到【刀具路径参数】选项卡。

06 在【Stepover】选项卡中设置【Axial Strategy】中的【Distance between paths】为8mm，【Number of levels】为4，其他参数如图26-103所示。

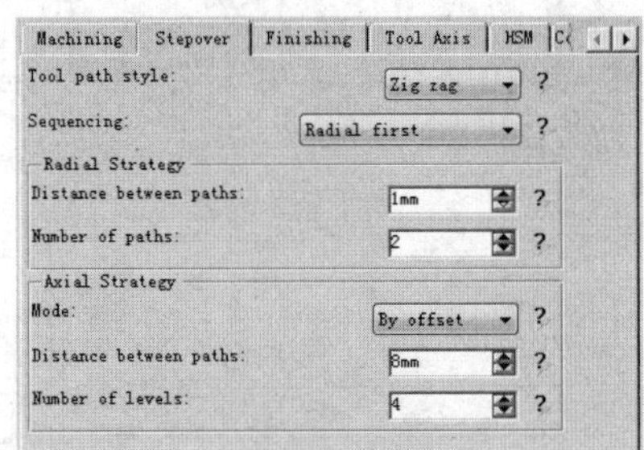

图26-103 【Stepover】选项卡

07 选择【Tool axis】选项卡，在【Tool axis mode】下拉列表中选择【Tanto Fan】选项，如图26-104所示。

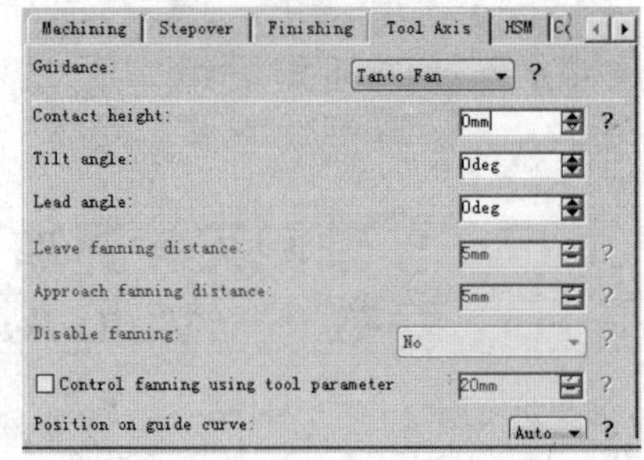

图26-104 【Tool axis】选项卡

08 单击【Multi-Axis Flank Contouring.1】对话框中的【Tool Path Replay】按钮，在图形区显示刀路轨迹，如图26-105所示。

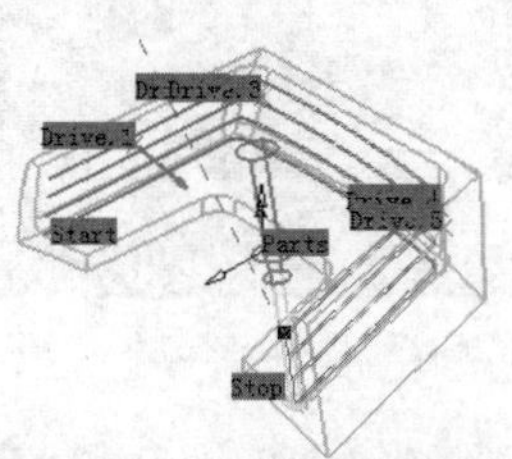

图26-105 生成刀具路径

26.1.18 多腔侧刃轮廓加工几何和刀具路径参数设置——Multi-Pockets Flank contouring

多腔侧刃轮廓加工与多轴侧刃轮廓加工基本相同，也是用刀具侧刃进行加工，只是刀轴的控制方法和加工参数稍微不同。

动手操作—多腔侧刃轮廓加工几何和刀具路径参数设置

01 启动CATIA V5R21，单击【标准】工具栏上的【打开】按钮，打开【选择文件】对话框，选择“ex_18.CATProcess”文件，如图26-106所示。

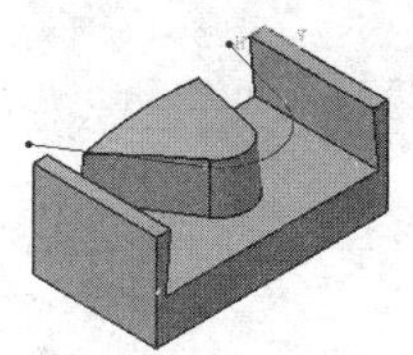

图26-106 打开加工文件

02 在特征树选择【Manufacturing Program.1】节点，选择下拉菜单【插入】|【Machining Operations】|【Multi-Axis Machining Operations】|【Multi- Pockets Flank Contouring】命令，弹出【Multi- Pockets Flank Contouring.1】对话框，单击图标，切换到【几何参数】选项卡，如图26-107所示。

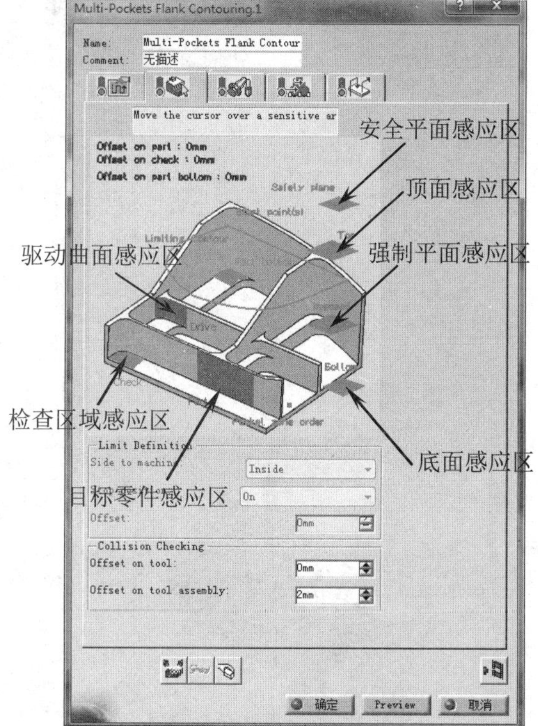

图26-107 【Multi-Axis Flank Contouring.1】对话框

03 单击对话框中目标零件感应区，选择如图26-108所示的零件，双击空白处返回。单击对话框中驱动曲面感应区，选择如图26-109所示的曲面，双击空白处返回【Multi- Pockets Flank Contouring.1】对话框。

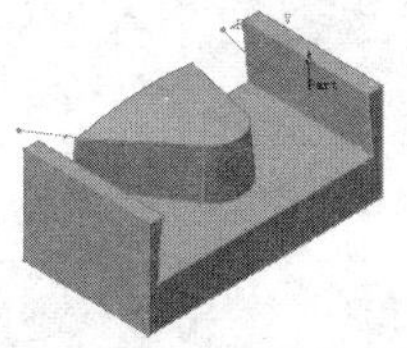

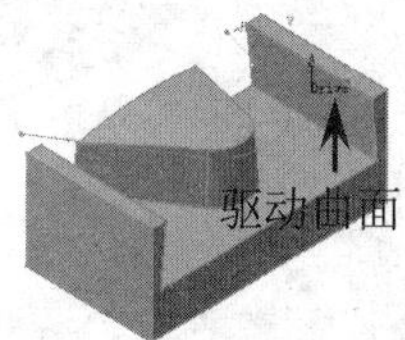

图26-108 选择目标零件 图26-109 选择驱动表面

04 单击【Multi-Pockets Flank Contouring.1】对话框，切换到“刀具路径参数”选项卡。

05 在【Stepover】选项卡中设置【Axial Strategy】中的【Distance between paths】为2mm，其他参数如图26-110所示。

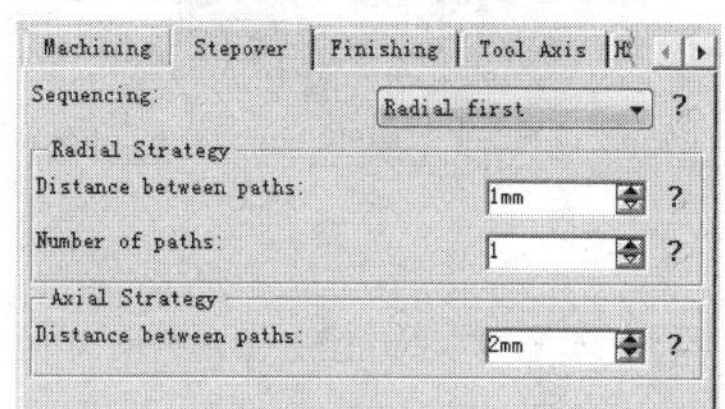

图26-110 【Stepover】选项卡

06 选择【Tool axis】选项卡，在【Tool axis mode】下拉列表中选择【Automatic tilt】选项，如图26-111所示。

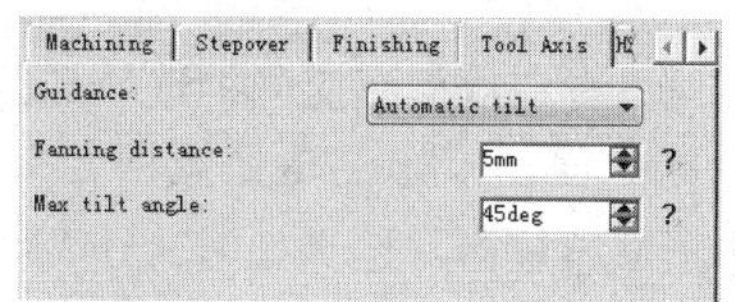

图26-111 【Tool axis】选项卡

07 单击【Multi- Pockets Flank Contouring.1】对话框中的【Tool Path Replay】按钮，在图形区显示刀路轨迹，如图26-112所示。

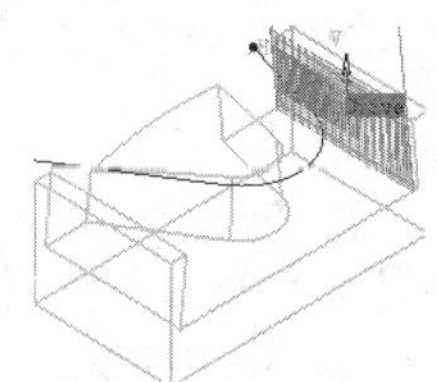

图26-112 生成刀具路径

26.1.19 4轴型腔铣加工几何和刀具路径参数设置——4 Axis Pocketing

4轴型腔铣削(4 Axis Pocketing)用于腔槽部分加工，能实现刀轴的4轴联动，如图26-113所示。

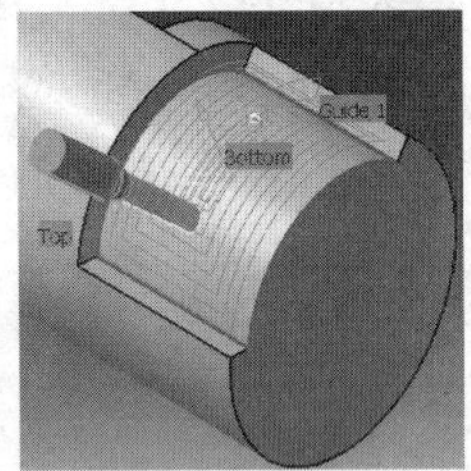

图26-113 4轴型腔铣加工

动手操作—4轴型腔铣加工几何和刀具路径参数设置

01 启动CATIA V5R21，单击【标准】工具栏上的【打开】按钮，打开【选择文件】对话框，选择“ex_19.CATProcess”文件，如图26-114所示。

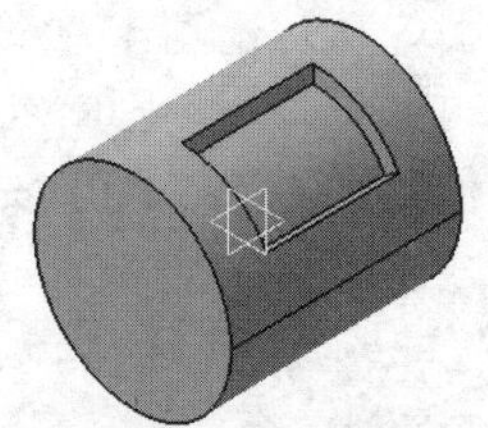

图26-114 打开加工文件

02 在特征树选择【Manufacturing Program.1】节点，选择下拉菜单【插入】→【Machining Operations】→【Prismatic Machining Operations】→【4 Axis Pocketing】命令，弹出【4 Axis Pocketing.1】对话框，单击图标，切换到【几何参数】选项卡，如图26-115所示。

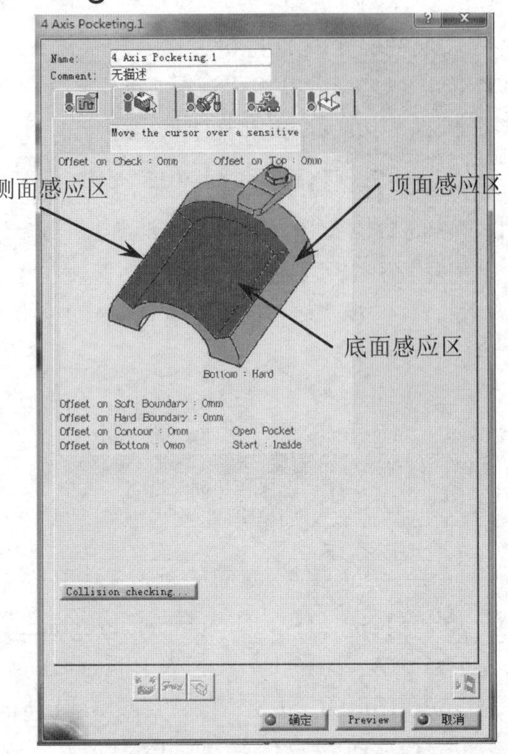

图26-115 【4 Axis Pocketing.1】对话框

03 单击对话框中底面感应区，选择如图26-116所示的曲面，双击空白处返回。单击对话框中顶面感应区，选择如图26-117所示的曲面，双击空白处返回【4 Axis Pocketing.1】对话框。

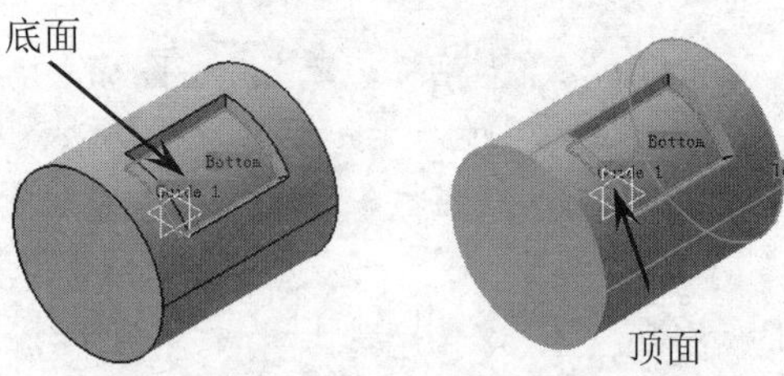

图26-116 选择底面　　图26-117 选择顶面

04 单击【4 Axis Pocketing.1】对话框，切换到【刀具路径参数】选项卡。在【Axial】选项卡中设置【Number of levels】为5，其他参数如图26-118所示。

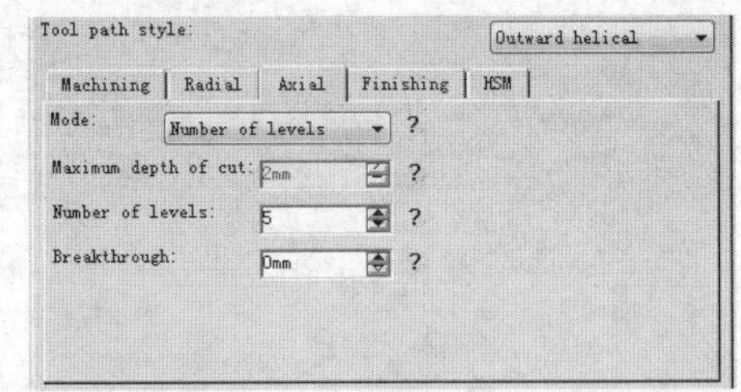

图26-118 【Axial】选项卡

05 单击【4 Axis Pocketing.1】对话框中的【Tool Path Replay】按钮，在图形区显示刀路轨迹，如图26-119所示。

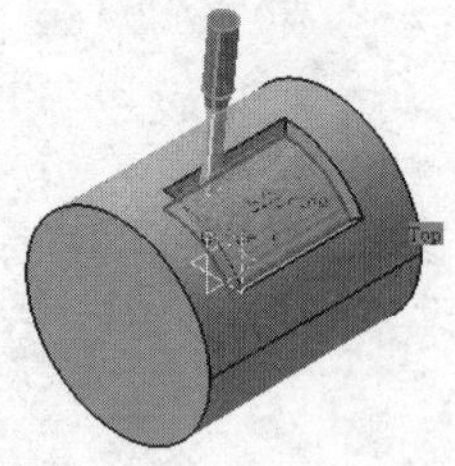

图26-119 生成刀具路径

26.1.20 4轴曲线投影加工几何和刀具路径参数设置方法——4 Axis Curve Sweeping

用于生成沿曲面的4轴投影刀具路径，如图26-120所示。

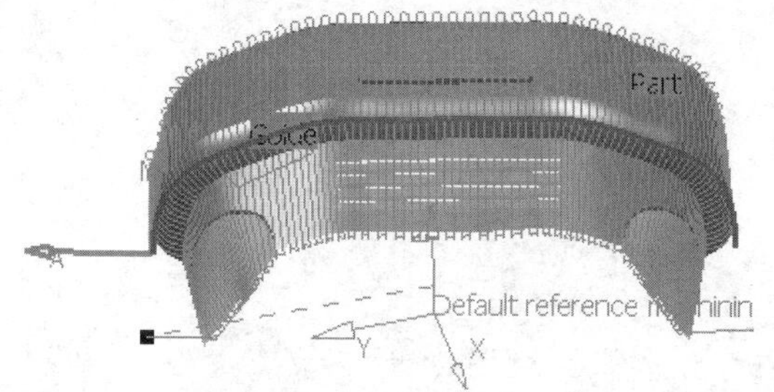

图26-120 4轴曲线投影

动手操作—4轴曲线投影加工几何和刀具路径参数设置

01 启动CATIA V5R21，单击【标准】工具栏上的【打开】按钮，打开【选择文件】对话框，选择“ex_20.CATProcess”文件，如图26-121所示。

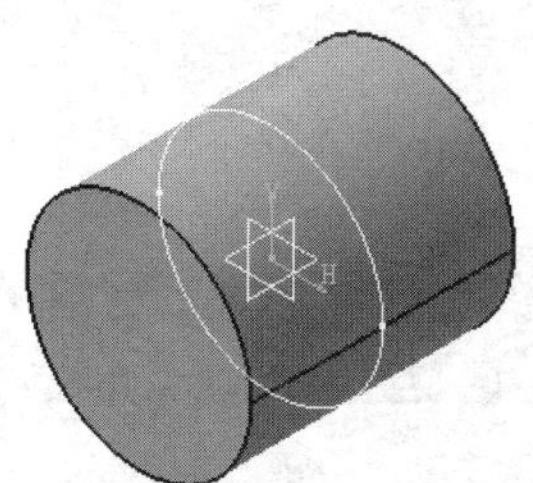

图26-121 打开加工文件

02 在特征树选择【Manufacturing Program.1】节点，选择下拉菜单【插入】|【Machining Operations】|【Surface Machining Operations】|【4 Axis Curve Sweeping】命令，弹出【4 Axis Curve Sweeping.1】对话框，单击图标，切换到【几何参数】选项卡，如图26-122所示。

03 单击对话框中目标零件感应区，选择如图26-123所示的零件，双击空白处返回【4 Axis Curve Sweeping.1】对话框。

04 单击【4 Axis Curve Sweeping.1】对话框，切换到【刀具路径参数】选项卡。

05 在【Machining】选项卡中单击引导线感应区，选择如图26-124所示的曲线。

06 在【Radial】选项卡中设置【Distance on guide】为5，其他参数如图26-125所示。

07 在【Tool Axis】选项卡中设置【Lead angle】为0，其他参数如图26-126所示。

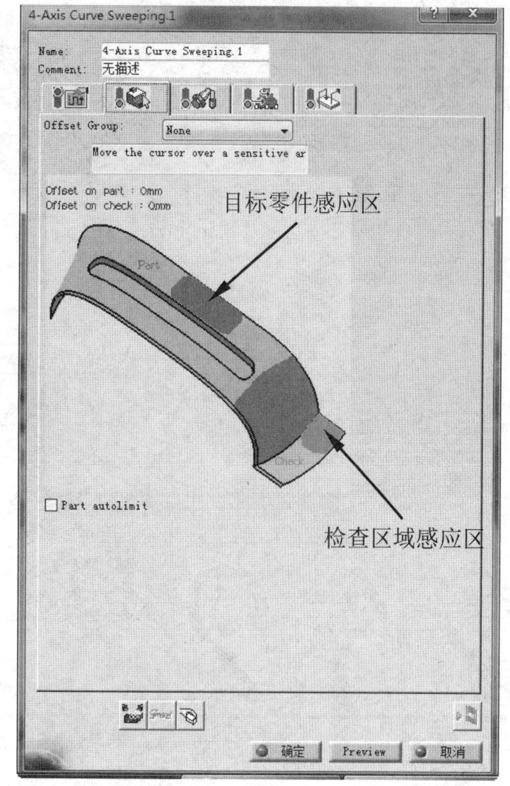

图26-122 【4 Axis Curve Sweeping.1】对话框

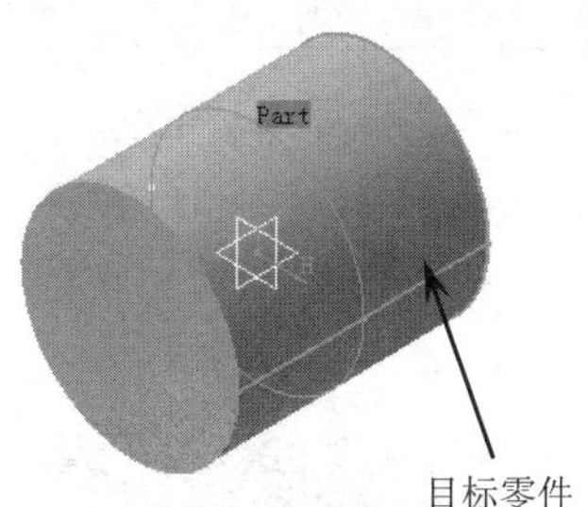

图26-123 选择目标零件

08 单击【4 Axis Curve Sweeping.1】对话框中的【Tool Path Replay】按钮，在图形区显示刀路轨迹，如图26-127所示。

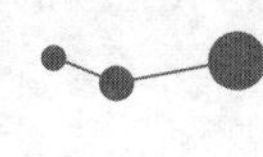

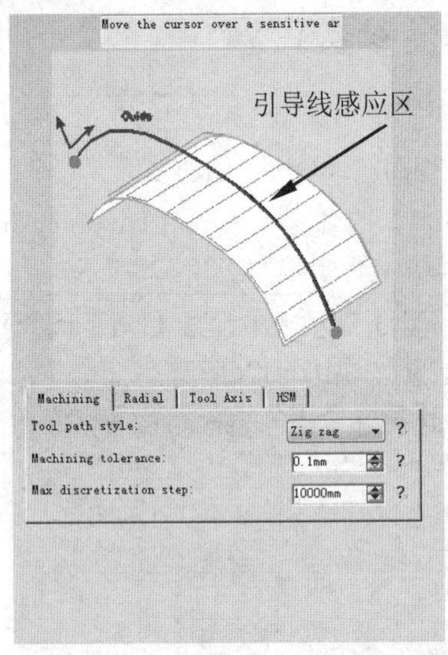

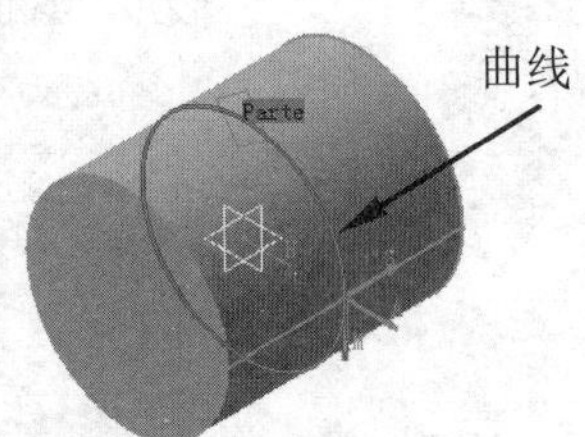

图26-124 【Machining】选项卡

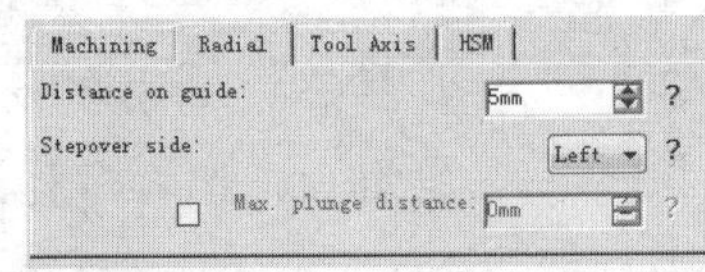

图26-125 【Radial】选项卡

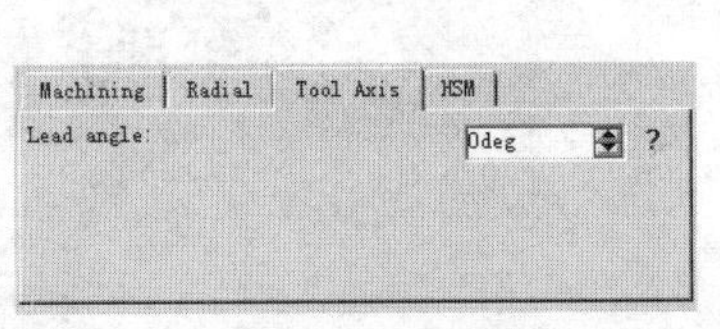

图26-126 【Tool Axis】选项卡

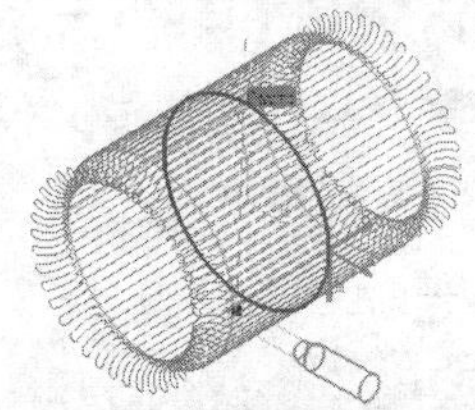

图26-127 生成刀具路径

26.2 实战应用——车灯凸模多轴加工

引入光盘：\动手操作\源文件\Ch26\case\shade.CATPart
结果文件：\动手操作\结果文件\Ch26\case\NCSetup_Part1_19.11.31 .CATProduct
视频文件：\视频\Ch26\车灯凸模多轴加工.avi

如图26-128所示的车灯凸模，侧壁为拔模斜面，可采用五轴加工，利用刀具的侧刃进行铣削，从而保证加工精度。

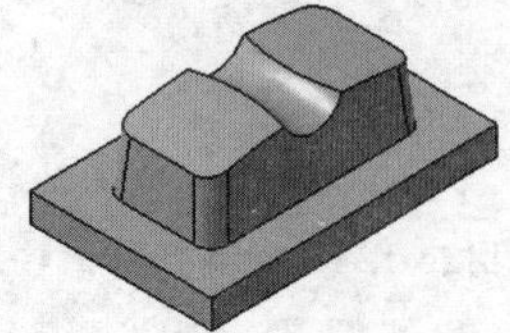

图26-128 车灯凸模

操作步骤

1. 打开模型文件进入加工模块

01 启动CATIA V5R21后，单击【标准】工具栏上的【打开】按钮，打开【选择文件】对话框，选择“shade.catpart”，单击【OK】按钮，文件打开后如图26-129所示。

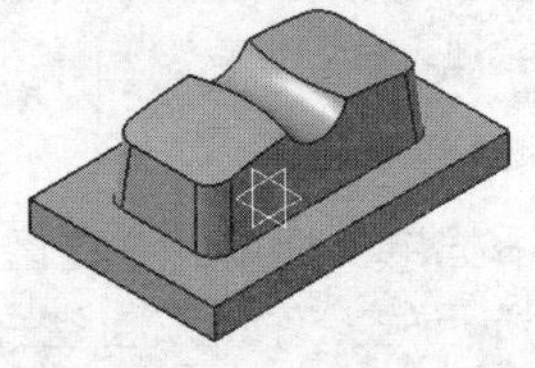

图26-129 打开的模型文件

02 选择下拉菜单【开始】|【加工】|【Surface Machining】命令，进入曲面铣削加工环境。

2. 创建毛坯零件

01 单击【Geometry Management】工具栏上的【Creates rough stock】按钮，系统弹出【Rough Stock】对话框，激活【Part body】编辑框，选择如图26-129所示的模型零件为

目标加工零件，如图26-130所示。

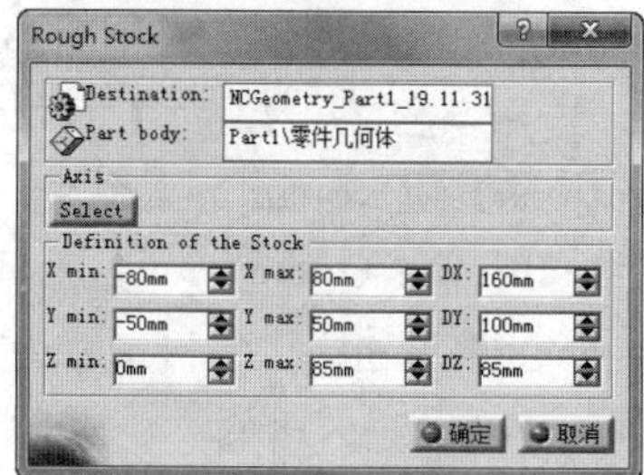

图26-130 【Rough Stock】对话框

02 单击【确定】按钮，完成毛坯零件的建立，如图26-131所示。

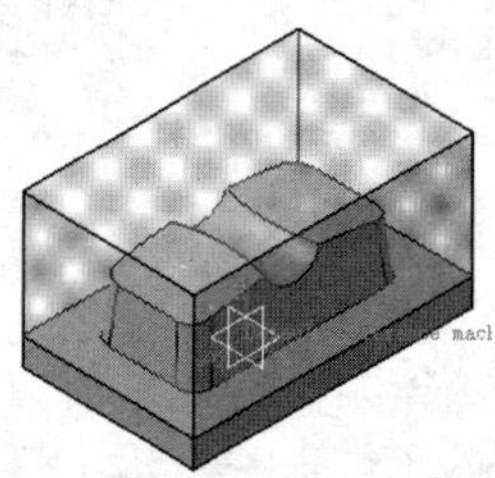

图26-131 创建的毛坯零件

3. 定义零件操作

01 在特征树上双击【Part Operation.1】节点，弹出【Part Operation】对话框，如图26-132所示。

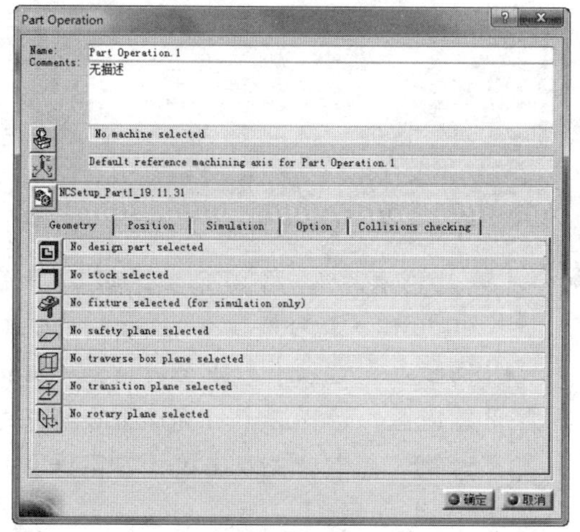

图26-132 【Part Operation】对话框

02 机床设置。单击【Part Operation】对话框中的【machine】按钮，弹出【Machine Editor】对话框，选择“26-axis Machine.1”，如图26-133所示。

03 定义加工坐标系。单击【Part Operation】对话框中的【Default reference machining axis system】按钮，弹出【Default reference machining axis for Part Operation.1】对话框，如图26-134所示。单击坐标原点感应区，选择如图26-135所示的角点。单击【确定】按钮，完成坐标系定义

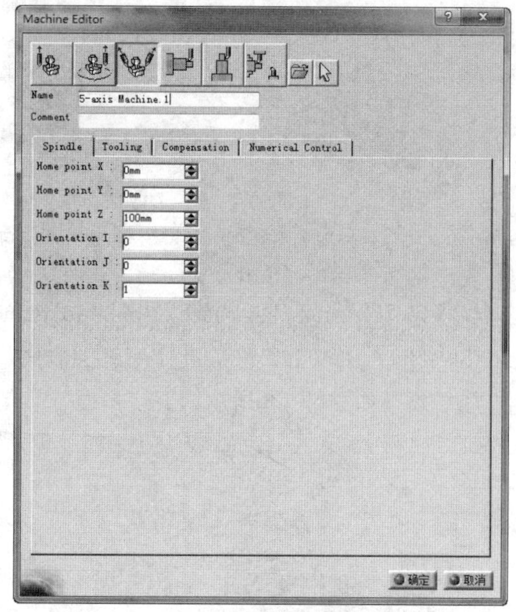

图26-133 【Machine Editor】对话框

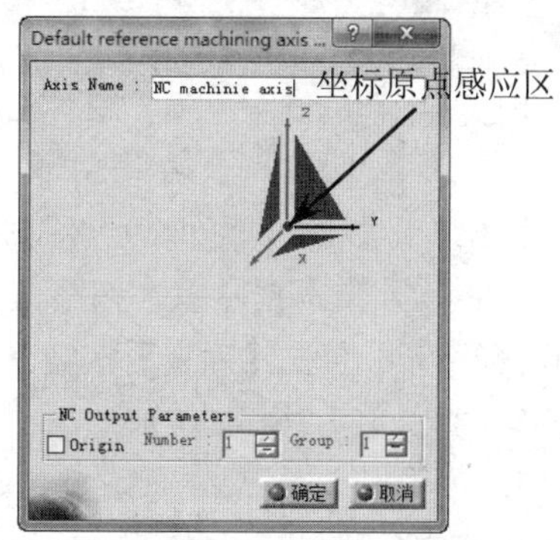

图26-134 【Default reference machining axis for Part Operation.1】对话框

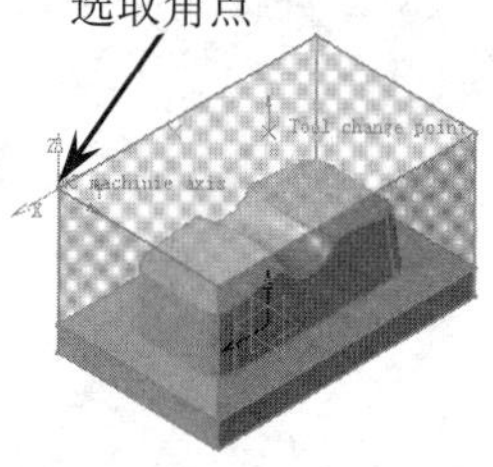

图26-135 定义加工坐标系

04 定义目标加工零件。单击【Design part for simulation】按钮，系统自动隐藏【Part Operation】对话框，在图形区选择打开的实体模型作为目标加工零件，然后双击空白处返回【Part Operation】对话框，如图26-136所示。

05 定义毛坯零件。单击【Stock】按钮，系统自动隐藏【Part Operation】对话框，在图形区创

建毛坯实体作为毛坯零件，然后双击空白处返回【Part Operation】对话框，如图26-137所示。

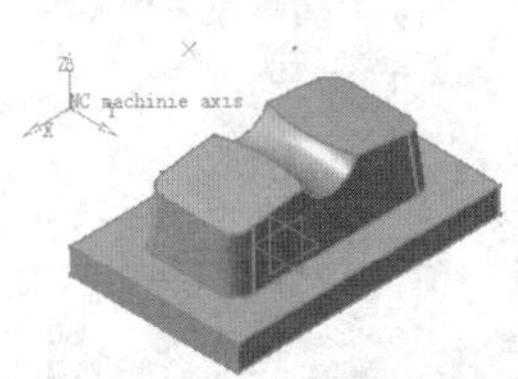

图26-136 选择目标加工零件

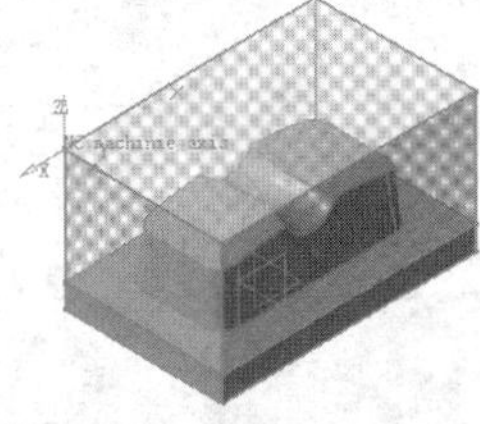

图26-137 选择毛坯零件

06 安全平面。单击【Safety plane】按钮，系统提示【Select a planar face or point to define the safety plane】，一般选择毛坯上表面，系统创建如图26-138所示的安全平面。

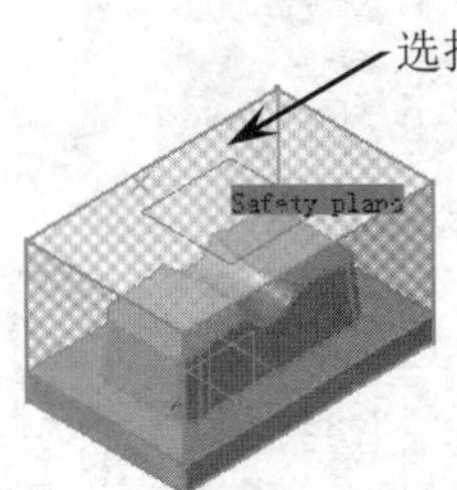

图26-138 创建安全平面

07 右键单击所创建的安全平面，在弹出的快捷菜单中选择【Offset】命令，如图26-139所示。系统弹出【Edit Parameter】对话框，在【Thickness】文本框中输入偏移值50，如图26-140所示。单击【确定】按钮，完成安全平面设置，如图26-141所示。

图26-139 快捷菜单

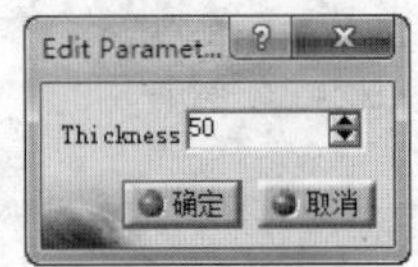

图26-140 【Edit Parameter】对话框

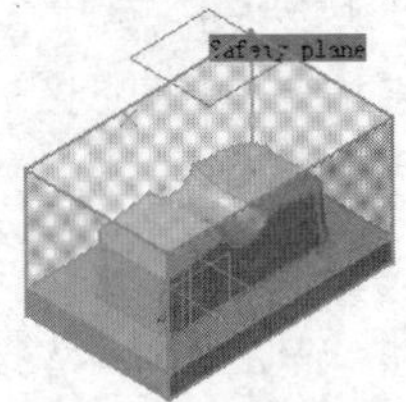

图26-141 创建的安全平面

4. 等高线粗加工

01 在特征树选择【Manufacturing Program.1】节点，选择下拉菜单【插入】|【Machining Operations】|【Roughing】命令，或者单击【Machining Operations】工具栏上的【Roughing】按钮，弹出【Roughing.1】对话框，如图26-142所示。

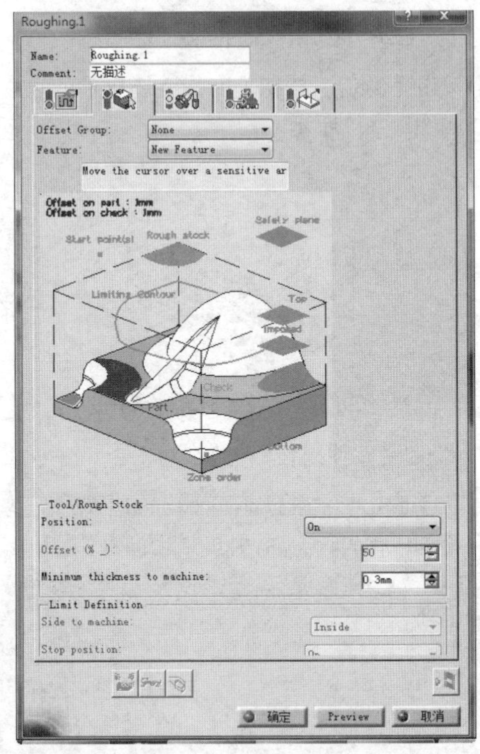

图26-142 【Roughing.1】对话框

02 设置几何参数。定义加工区域。单击【Roughing.1】对话框中的，切换到【几何参数】选项卡，单击对话框中目标零件感应区，选择整个目标加工零件作为加工对象，在空白处双击鼠标左键返回，如图26-143所示。

03 定义零件余量。双击【Roughing.1】对话框中的【Offset on part】标志，弹出【Edit Parameter】对话框，可设置余量大小为1mm，如图26-144所示。

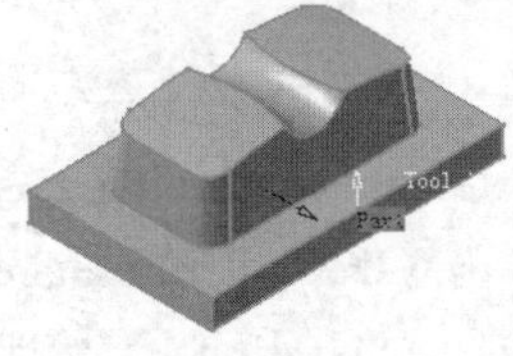

图26-143 选择加工区域

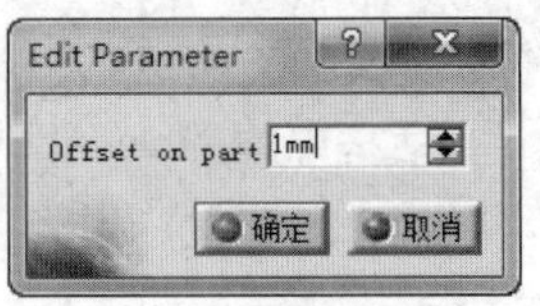

图26-144 定义零件余量

04 定义刀具参数。单击【Roughing.1】对话框中的，切换到【刀具参数】选项卡，在“Name”文本框中输入“T1 End Mill D20”，取消【Ball-end tool】复选框，如图26-145所示。

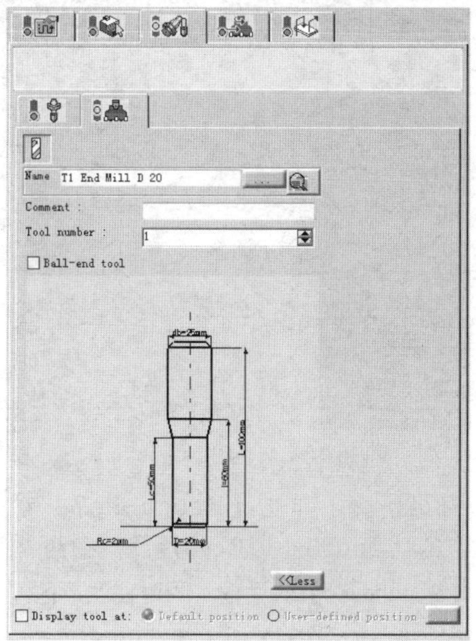

图26-145 【刀具参数】选项卡

05 单击【More】按钮，单击【Geometry】选项卡，设置刀具参数如图26-146所示。

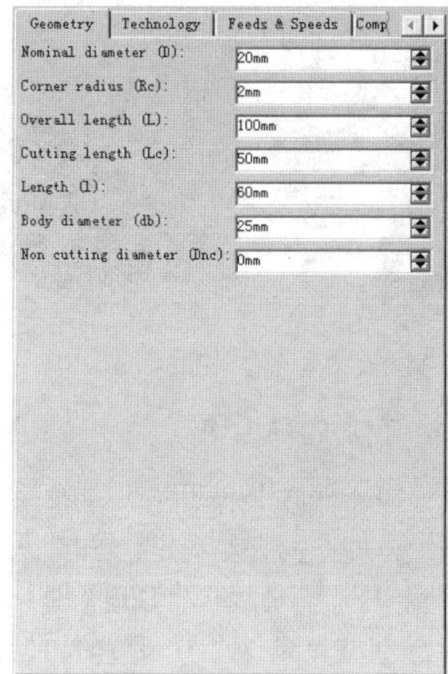

图26-146 定义刀具参数

06 定义刀具路径参数。单击【Roughing.1】对话框中的，切换到【刀具路径参数】选项卡，设置相关参数。

07 单击【Machining】选项卡，在【Machine mode】下拉列表中选择“By Area”和“Outer part and pockets”选项，在【Tool path style】下拉列表中选择“Helical”选项，如图26-147所示。

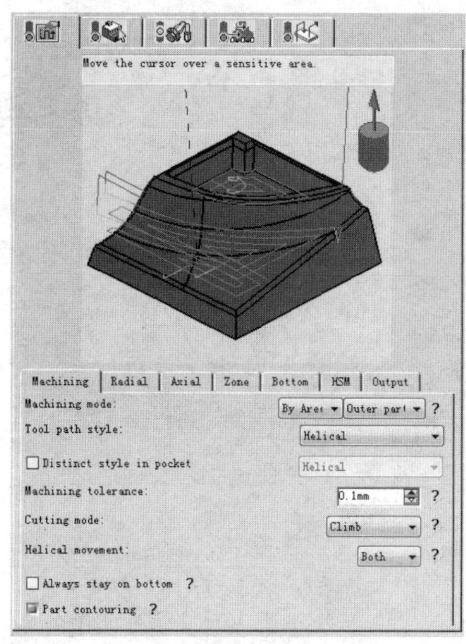

图26-147 【Machining】选项卡

08 单击【Radial】选项卡，在【Stepover】下拉列表中选择“Stepover ratio”，在【Tool diameter ratio】文本框中输入75，如图26-148所示。

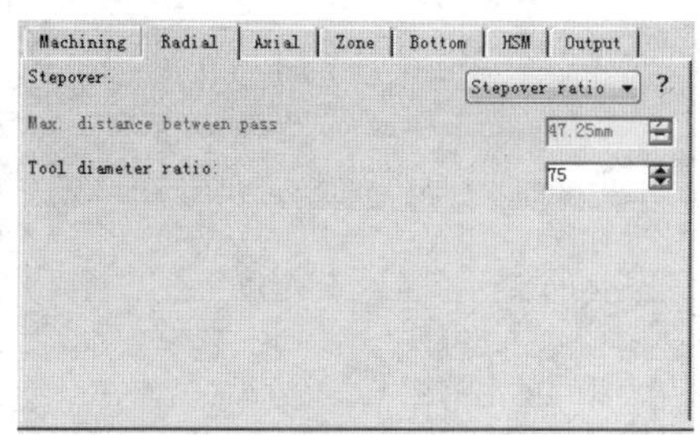

图26-148 【Radial】选项卡

09 单击【Axial】选项卡，在【Maximum cut depth】文本框中输入2，如图26-149所示。

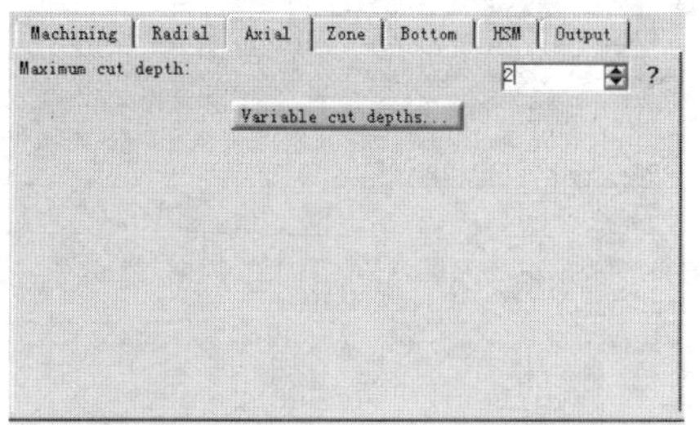

图26-149 【Axial】选项卡

10 定义进退刀路径。单击【Roughing.1】对话框中的，切换到【进退刀路径】选项卡。

11 在【Macro Management】区域中的列表框中选择"Automatic"，在【mode】下拉列表中选择"Ramping"，设置其他参数如图26-150所示。

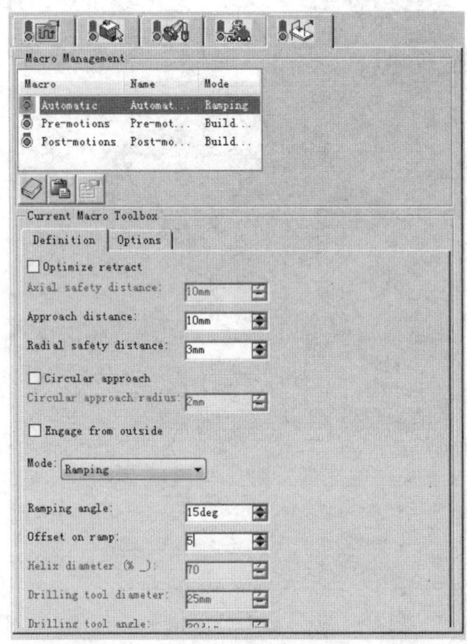

图26-150 【进退刀路径】选项卡

12 在【Macro Management】区域的列表框选择"Pre-motions"，单击【Add axial motion】按钮，如图26-151所示。

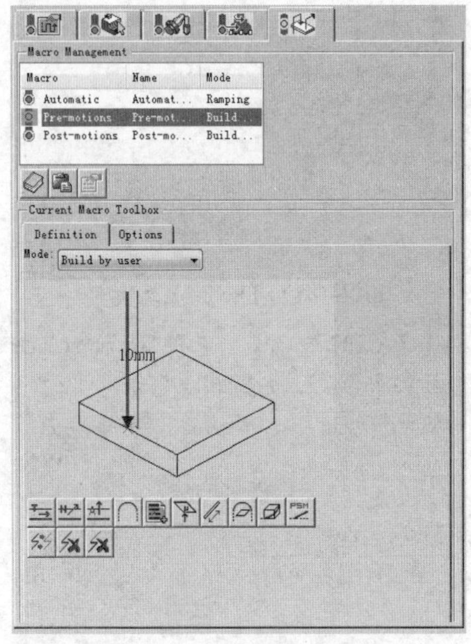

图26-151 设置Pre-motions

13 在【Macro Management】区域的列表框中选择"Post-motions"，单击【Add axial motion】按钮，如图26-152所示。

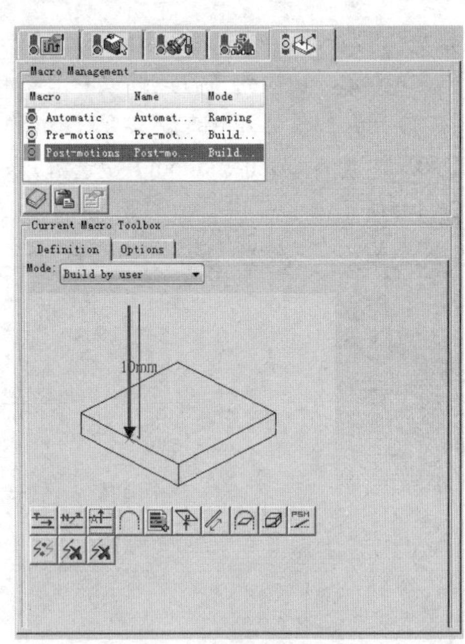

图26-152 设置Post-motions

14 刀路仿真。单击【Roughing.1】对话框中的【Tool Path Replay】按钮，弹出【Roughing.1】对话框，同时在图形区显示刀路轨迹，如图26-153所示。

15 单击【View from last result】按钮，然后单击【Forward replay】按钮，显示实体加工结果，如图26-154所示。

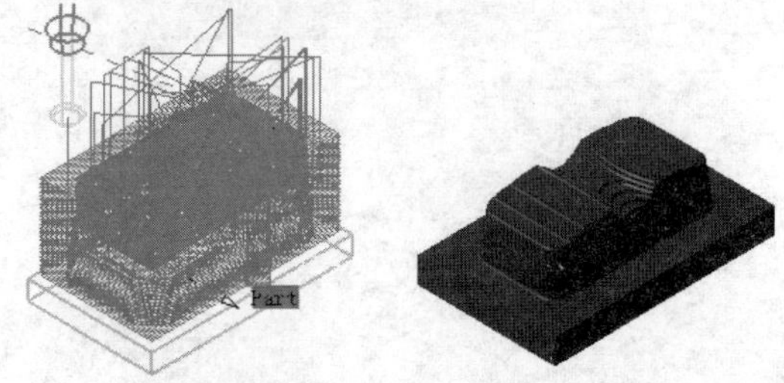

图26-153 生成刀具路径 图26-154 实体切削仿真

5. 多轴投影精加工顶面

01 在特征树选择【Roughing.1】节点，选择下拉菜单【插入】|【Machining Operations】|【Multi Axis Machining Operations】|【Multi-Axis Sweeping】命令，弹出【Multi-Axis Sweeping.1】对话框，如图26-155所示。

02 鼠标右键单击对话框中目标零件感应区，在弹出的快捷菜单中选择【Select faces】命令，选择如图26-156所示的加工表面，双击图形区空白处，系统返回【Multi-Axis Sweeping.1】对话框。

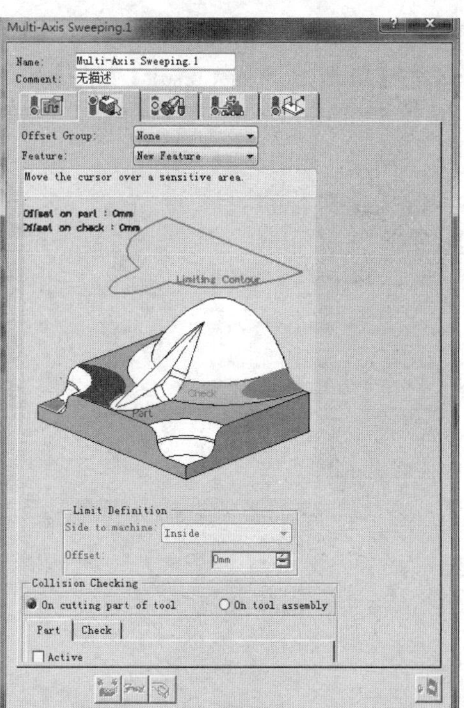

图26-155 【Multi-Axis Sweeping.1】对话框

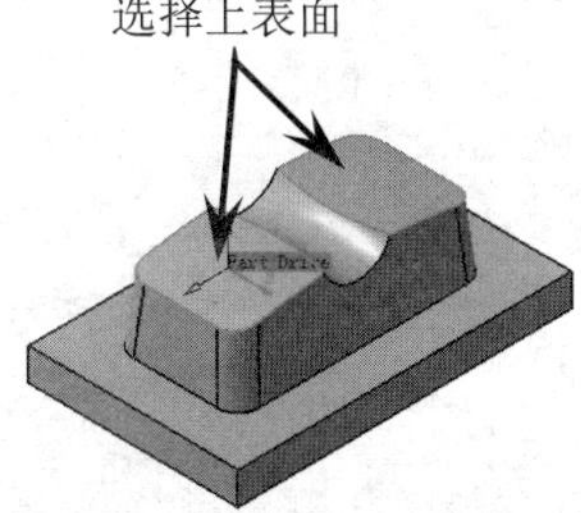

图26-156 选择加工表面

03 定义刀具参数。单击【Multi-Axis Sweeping.1】对话框中的，切换到【刀具参数】选项卡，在“Name”文本框中输入“T1 End Mill D8”，选中【Ball-end tool】复选框，如图26-157所示。

04 单击【More】按钮，单击【Geometry】选项卡，设置刀具参数如图26-158所示。

05 单击【Multi-Axis Sweeping.1】对话框中的，切换到【刀具路径参数】选项卡。

06 单击“Machining”选项卡，在【Tool path style】选择“Zig zag”选项，其他参数如图26-159所示。

07 单击“Radial”选项卡，在【Stepover】下拉列表中选“Scallop height”选项，其他参数如图26-160所示。

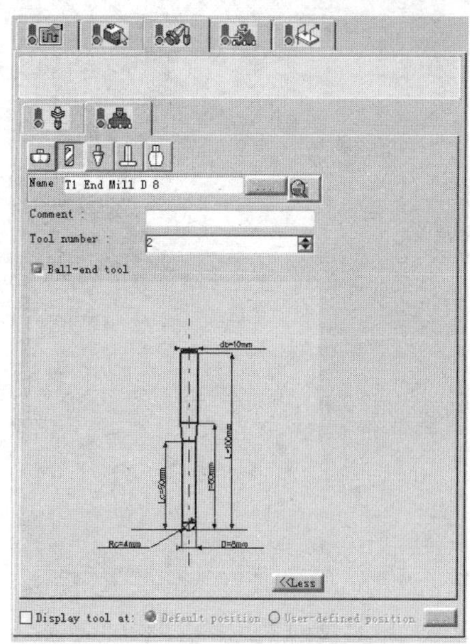

图26-157 【刀具参数】选项卡

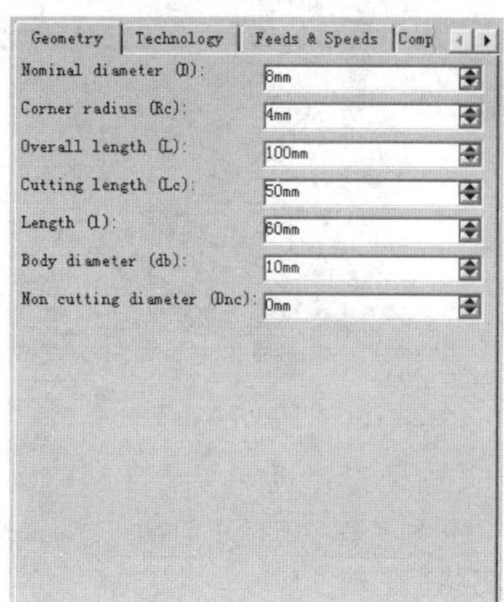

图26-158 定义刀具参数

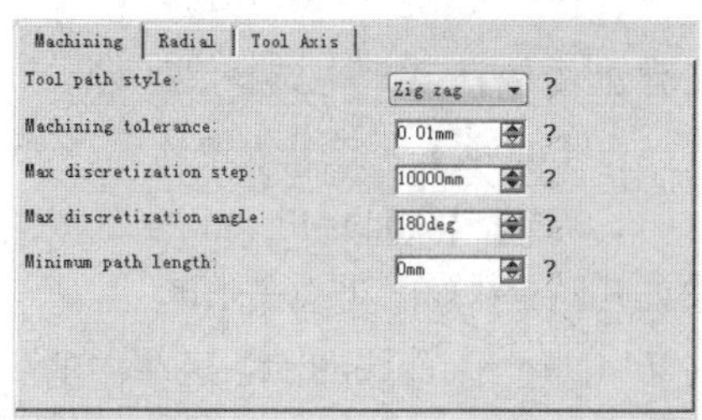

图26-159 【Machining】选项卡

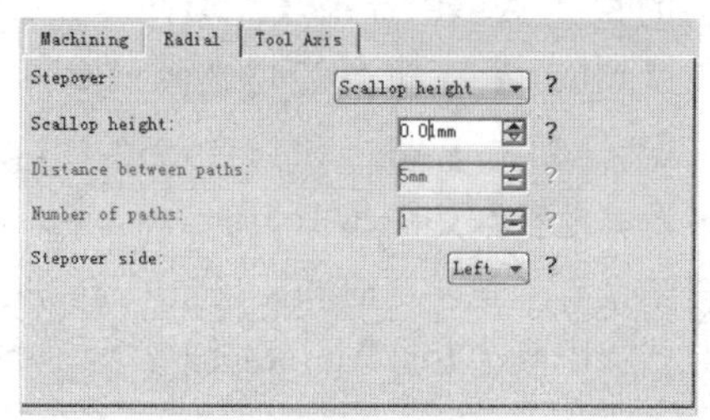

图26-160 【Radial】选项卡

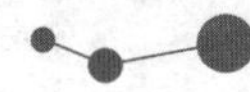

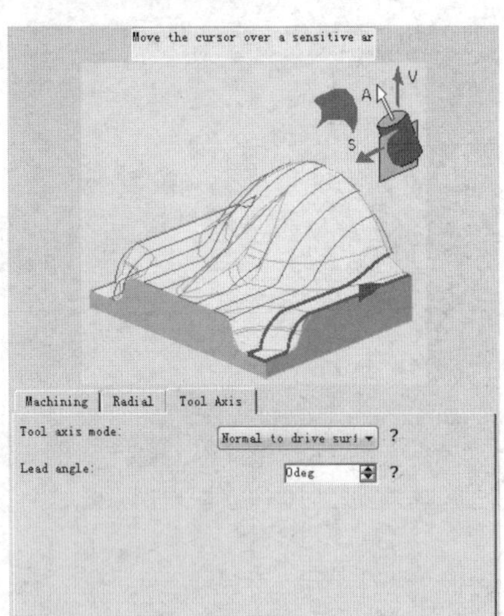

08 单击“Tool Axis”选项卡，在【Tool axis mode】下拉列表中选“Normal to drive surface”选项，单击驱动曲面感应区，选择如图26-161所示的曲面，双击空白处返回。

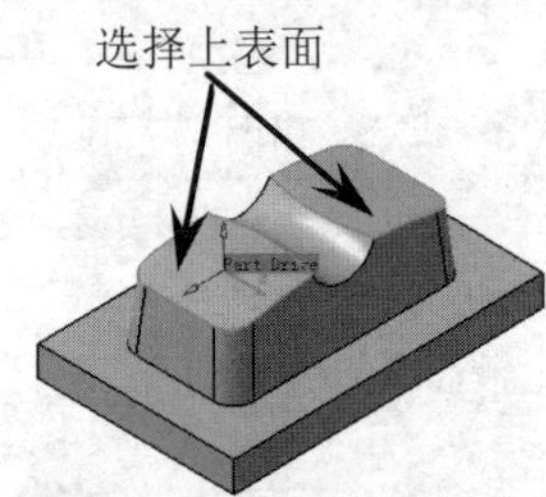

图26-161 【Tool Axis】选项卡

09 定义进退刀路径。单击【Multi-Axis Sweeping.1】对话框中的，切换到【进退刀路径】选项卡。

10 在【Macro Management】区域中的列表框中选择“Approach”，单击鼠标右键，在弹出的快捷菜单中选择【Activate】命令，在【mode】下拉列表中选择“Build by user”，单击【Add helix motion】按钮，设置其他参数如图26-162所示。

11 在【Macro Management】区域中的列表框中选择“Retract”，单击鼠标右键，在弹出的快捷菜单中选择【Activate】命令，在【mode】下拉列表中选择“Build by user”，单击【Add axial motion】按钮，设置其他参数如图26-163所示。

12 刀路仿真。单击【Multi-Axis Sweeping.1】对话框中的【Tool Path Replay】按钮，弹出【Multi-Axis Sweeping.1】对话框，同时在图形区显示刀路轨迹，如图26-164所示。

13 单击【View from last result】按钮，然后单击【Forward replay】按钮，显示实体加工结果，如图26-165所示。

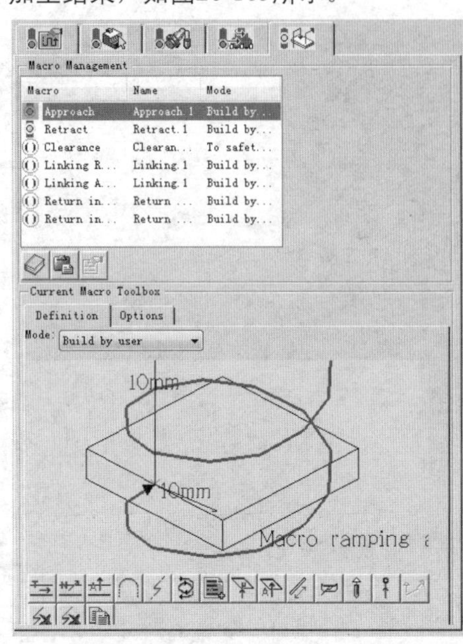

图26-162 设置Approach参数

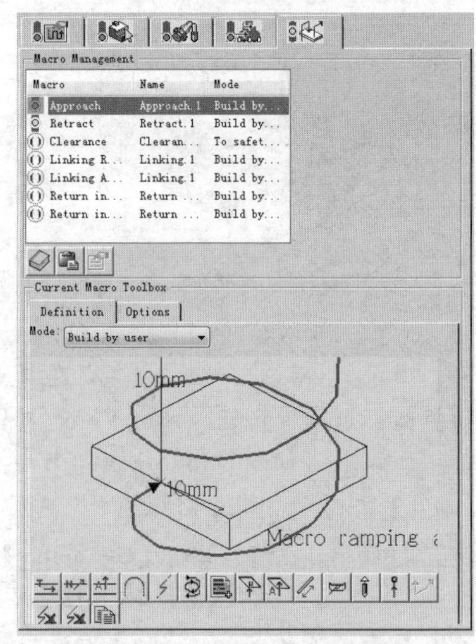

图26-163 设置Retract参数

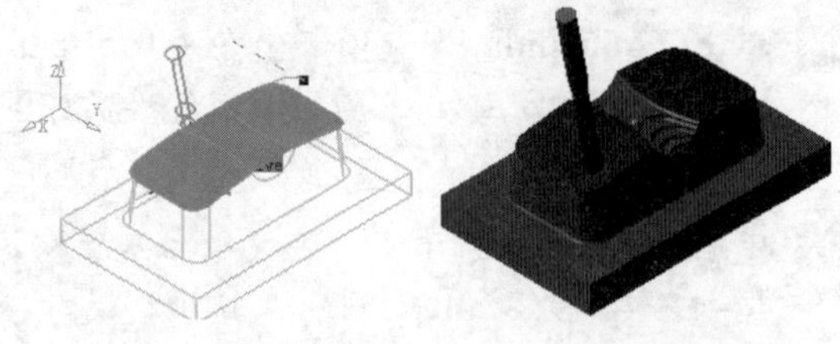

图26-164 生成刀具路径 图26-165 实体切削仿真

6. 多轴投影精加工顶面凹槽

01 在特征树选择【Multi-Axis Sweeping.1】节点，单击鼠标右键，在弹出的快捷菜单中选择【复制】命令，然后选择【粘贴】命令，如图26-166所示。

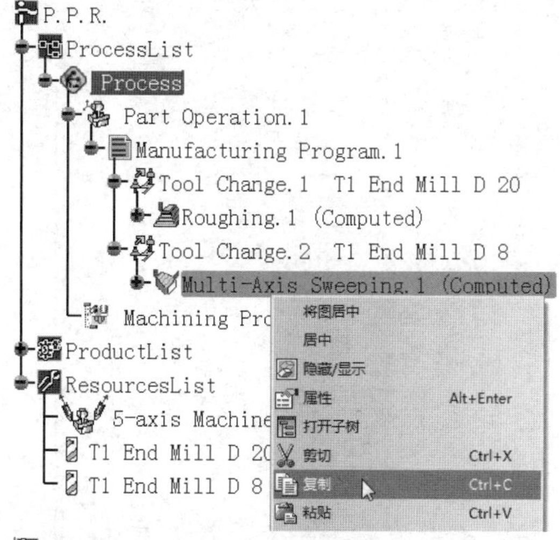

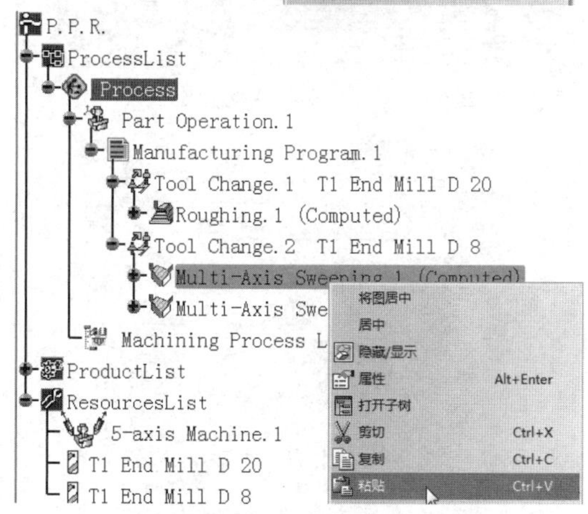

图26-166 复制和粘贴Multi-Axis Sweeping操作

02 在特征树双击【Multi-Axis Sweeping.2】节点，弹出【Multi-Axis Sweeping.2】对话框，右键单击对话框中的目标零件感应区，在弹出的快捷菜单中选择【Remove】命令，然后单击对话框中的目标零件感应区，在弹出的快捷菜单中选择【Select faces】命令，选择如图26-167所示的加工表面，双击图形区空白处，系统返回【Multi-Axis Sweeping.2】对话框。

03 定义刀具路径参数。单击【Multi-Axis Sweeping.2】对话框中的，切换到【刀具路径参数】选项卡，单击【Tool Axis】选项卡，在【Tool axis mode】下拉列表中选择【Normal to line】，单击刀轴直线感应区，选择如图26-168所示的直线作为刀轴，双击空白处返回。

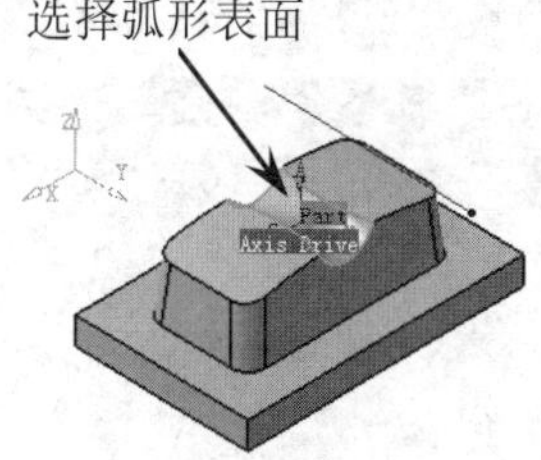

图26-167 选择加工表面

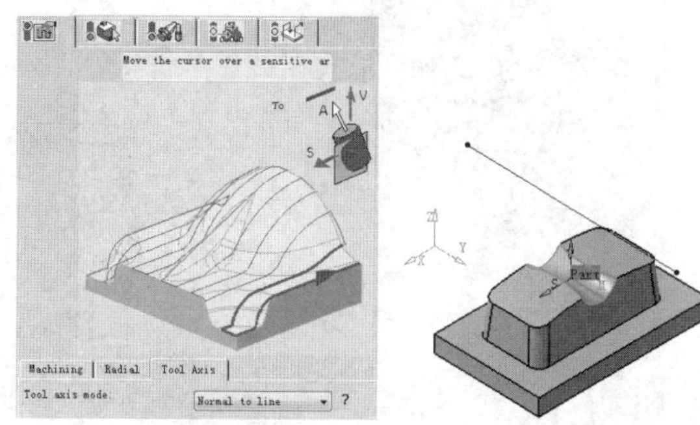

图26-168 【Tool Axis】选项卡

04 刀路仿真。单击【Multi-Axis Sweeping.2】对话框中的【Tool Path Replay】按钮，弹出【Multi-Axis Sweeping.2】对话框，同时在图形区显示刀路轨迹，如图26-169所示。

05 单击【View from last result】按钮，然后单击【Forward replay】按钮，显示实体加工结果，如图26-170所示。

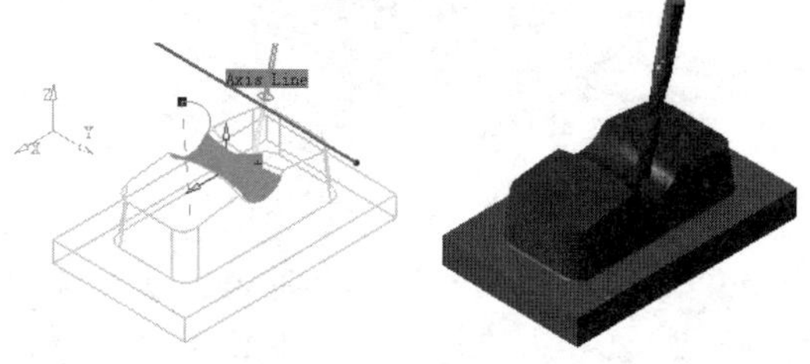

图26-169 生成刀具路径 图26-170 实体切削仿真

7. 型腔铣削分型面

01 在特征树选择【Multi-Axis Sweeping.2】节点，选择下拉菜单【插入】|【Machining Operations】|【Pocketing】命令，或者单击【Machining Operations】工具栏上的【Pocketing】按钮，弹出【Pocketing.1】对话框，如图26-171所示。

02 选择加工几何。单击对话框中底面感应区，

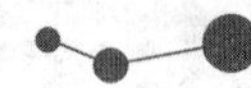

感应区颜色由深红色变成橙黄色，选择如图26-172所示的表面为加工表面，系统返回【Pocketing.1】对话框，此时底面和侧面感应区颜色变为深绿色。

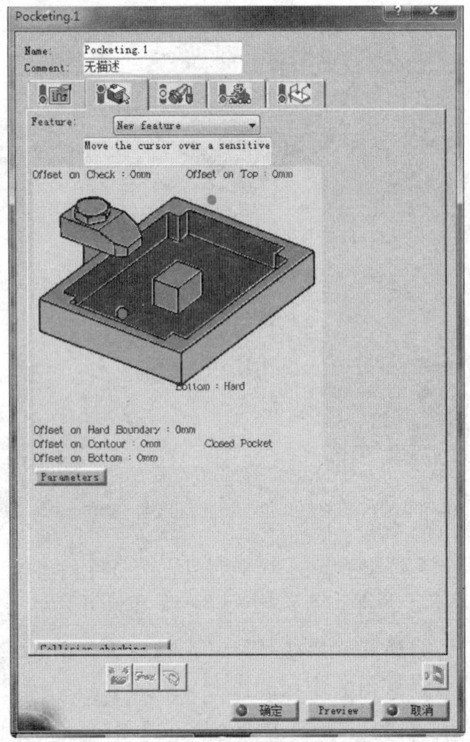

图26-171 【Pocketing.1】对话框

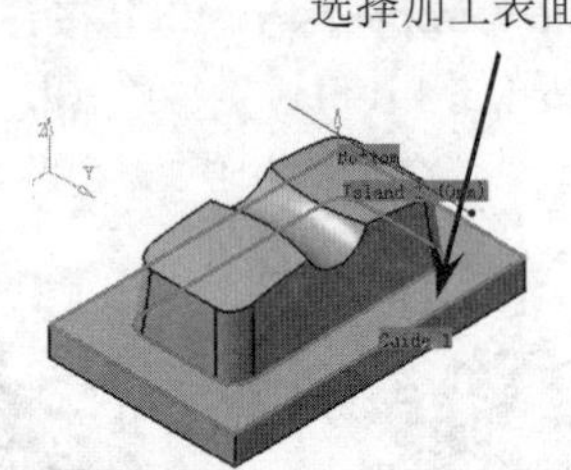

图26-172 选择加工表面

03 定义刀具参数。单击【Pocketing.1】对话框中的，切换到【刀具参数】选项卡，在“Name”文本框中输入“T1 End Mill D8R1”，取消【Ball-end tool】复选框，如图26-173所示。

04 单击【More】按钮，单击【Geometry】选项卡，设置刀具参数如图26-174所示。

05 定义刀具路径参数。单击【Pocketing.1】对话框中的，切换到【刀具路径参数】选项卡。

06 单击【Machining】选项卡，在【Tool path style】下拉列表中选择【Offset on part zig-zag】选项，在【Direction of cut】下拉列表中选择【Climb】选项，其他选项采用系统默认的，如图26-175所示。

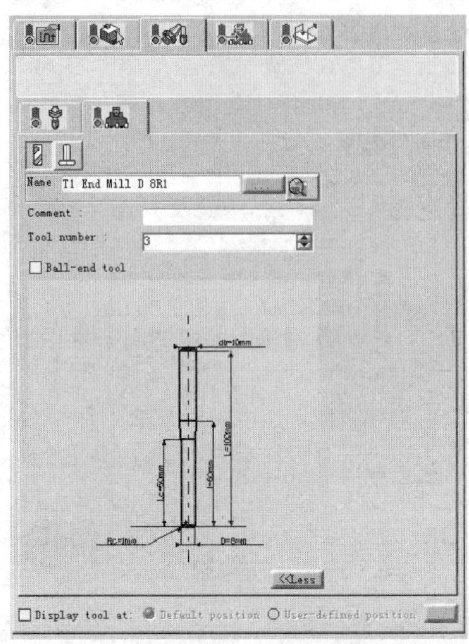

图26-173 【刀具参数】选项卡

Geometry	Technology	Feeds & Speeds	Comp
Nominal diameter (D):	8mm		
Corner radius (Rc):	1mm		
Overall length (L):	100mm		
Cutting length (Lc):	50mm		
Length (l):	60mm		
Body diameter (db):	10mm		
Non cutting diameter (Dnc):	0mm		

图26-174 定义刀具参数

07 单击【Radial】选项卡，在【Mode】下拉列表中选择【Tool diameter ratio】选项，在【Percentage of tool diameter】文本框输入50，其他参数默认，如图26-176所示。

08 刀路仿真。单击【Pocketing.1】对话框中的【Tool Path Replay】按钮，弹出【Pocketing.1】对话框，同时在图形区显示刀路轨迹，如图26-177所示。

09 单击【View from last result】按钮，然后单击【Forward replay】按钮，显示实体加工结果，如图26-178所示。

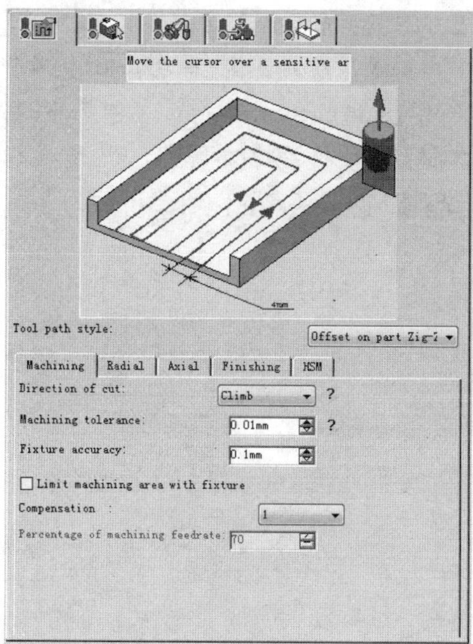

图26-175 【Machining】选项卡

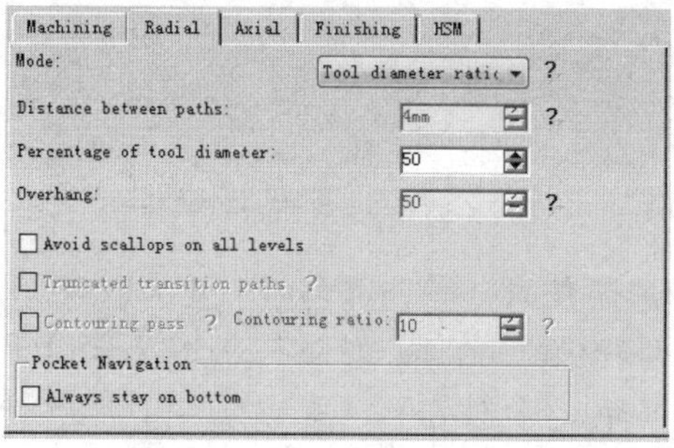

图26-176 【Radial】选项卡

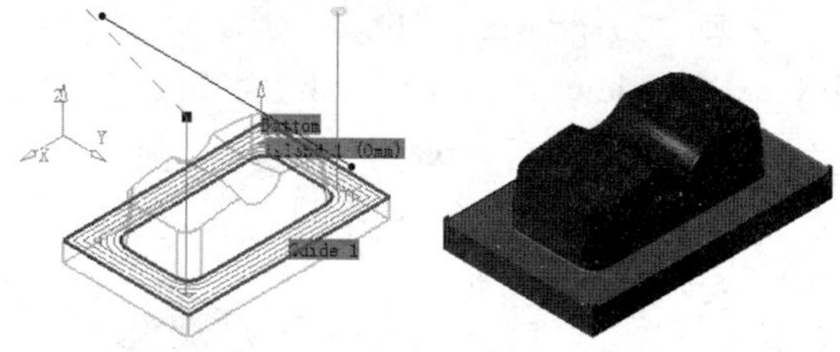

图26-177 生成刀具路径 图26-178 实体切削仿真

8. **多腔侧刃轮廓加工侧面**

01 在特征树选择【Pocketing.1】节点，选择下拉菜单【插入】|【Machining Operations】|【Multi-Axis Machining Operations】|【Multi- Pockets Flank Contouring】命令，弹出【Multi- Pockets Flank Contouring.1】对话框，单击图标，切换到【几何参数】选项卡，如图26-179所示。

02 单击对话框中目标零件感应区，选择如图26-180所示的零件，双击空白处返回。单击对话框中驱动曲面感应区，选择如图26-181所示的曲面，双击空白处返回【Multi- Pockets Flank Contouring.1】对话框。

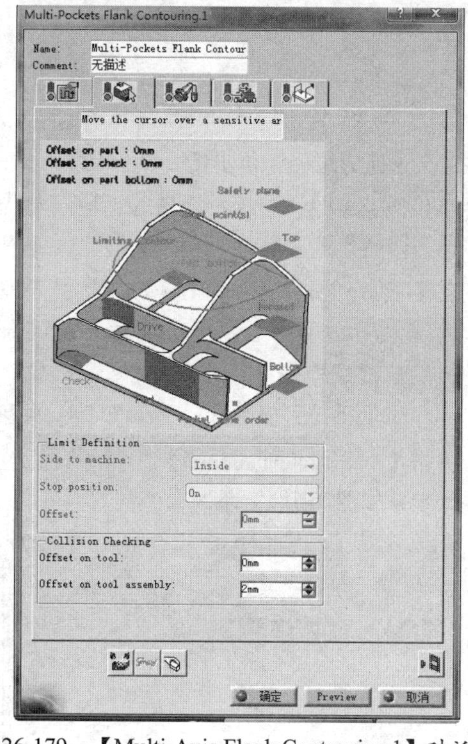

图26-179 【Multi-Axis Flank Contouring.1】对话框

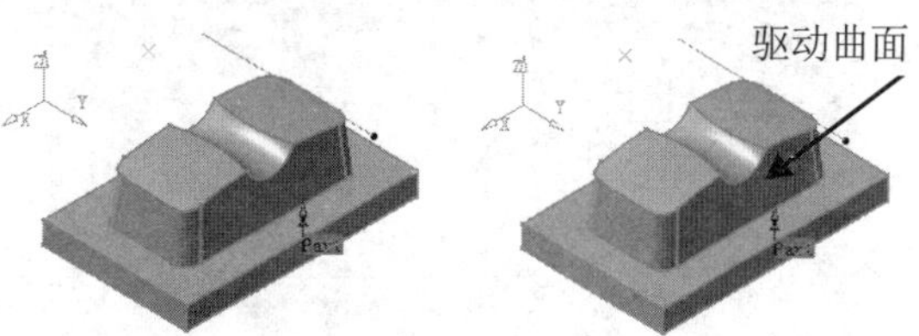

图26-180 选择目标零件 图26-181 选择驱动表面

03 单击【Multi- Pockets Flank Contouring.1】对话框，切换到【刀具路径参数】选项卡。

04 在【Stepover】选项卡中设置【Axial Strategy】中的【Distance between paths】为2mm，其他参数如图26-182所示。

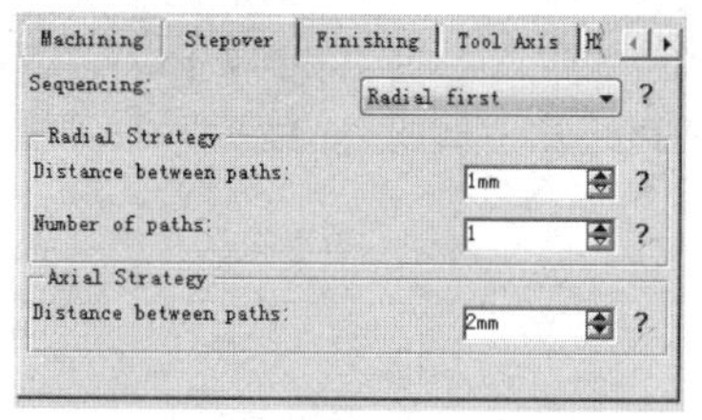

图26-182 【Stepover】选项卡

05 选择【Tool axis】选项卡，在【Tool axis mode】下拉列表中选择【Automatic tilt】选项，如图26-183所示。

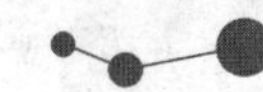

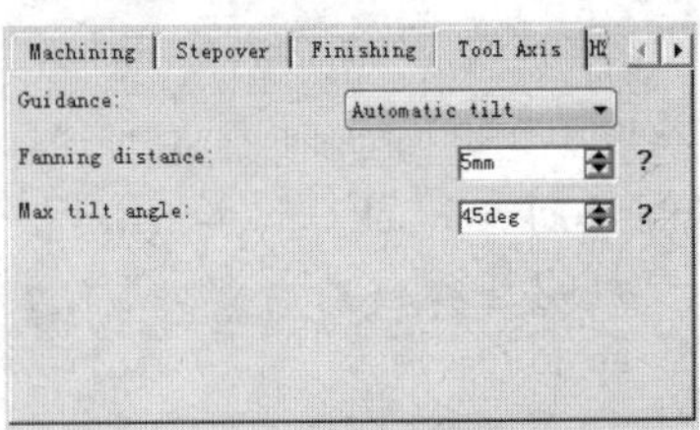

图26-183 【Tool axis】选项卡

06 定义进退刀路径。单击【Multi- Pockets Flank Contouring.1】对话框中的，切换到【进退刀路径】选项卡。

07 在【Macro Management】区域中的列表框中选择“Approach”，单击鼠标右键，在弹出的快捷菜单中选择【Activate】命令，在【mode】下拉列表中选择“Build by user”，单击【Add circular motion】按钮，设置其他参数如图26-184所示。

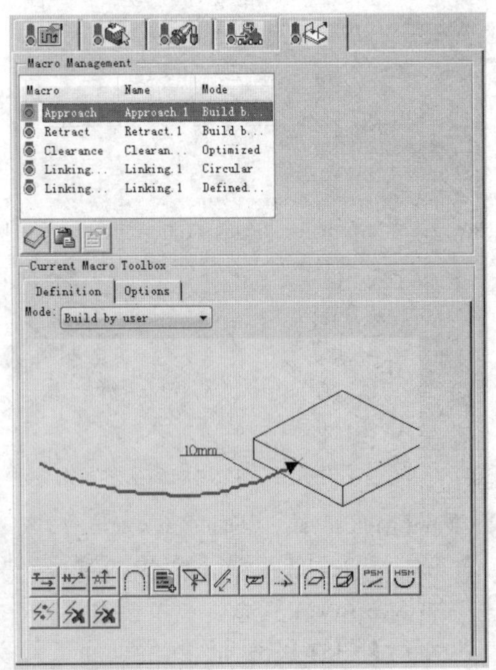

图26-184 设置Approach参数

08 在【Macro Management】区域中的列表框中选择“Retract”，单击鼠标右键，在弹出的快捷菜单中选择【Activate】命令，在【mode】下拉列表中选择“Build by user”，单击【Add circular motion】按钮，设置其他参数如图26-185所示。

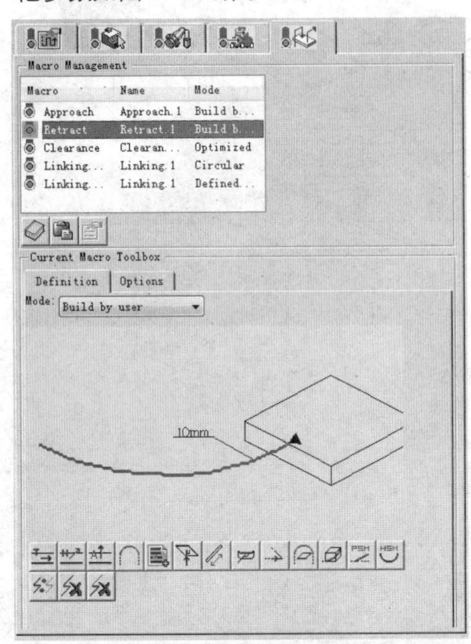

图26-185 设置Retract参数

09 刀路仿真。单击【Multi- Pockets Flank Contouring.1】对话框中的【Tool Path Replay】按钮，弹出【Multi- Pockets Flank Contouring.1】对话框，同时在图形区显示刀路轨迹，如图26-186所示。

10 单击【View from last result】按钮，然后单击【Forward replay】按钮，显示实体加工结果，如图26-187所示。

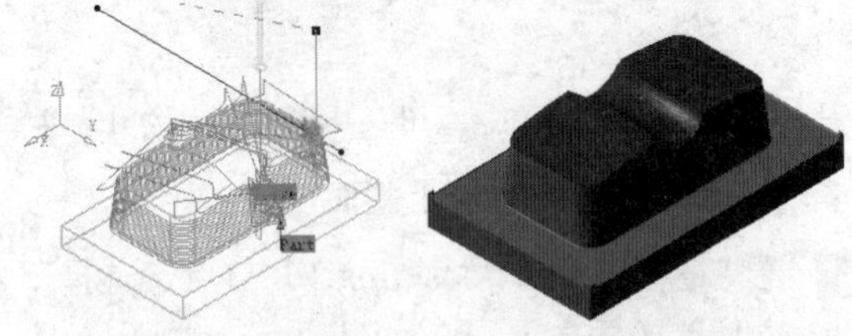

图26-186 生成刀具路径 图26-187 实体切削仿真